TABLES OF
SPECTRAL LINES

TABLES OF
SPECTRAL LINES

**A. N. Zaidel', V. K. Prokof'ev, S. M. Raiskii,
V. A. Slavnyi, and E. Ya. Shreider**

Translated from Russian

IFI/PLENUM • NEW YORK–LONDON • 1970

The Russian work underlying this translation is the third, revised edition, published by Nauka Press in Moscow in 1969. The translation is published under an agreement with Mezhdunarodnaya Kniga, the Soviet book export agency.

Зайдель Александр Натанович,
Прокофьев Владимир Константинович,
Райский Соломон Менделевич,
Славный Виктор Алексеевич,
Шрейдер Елена Яковлевна

ТАБЛИЦЫ СПЕКТРАЛЬНЫХ ЛИНИЙ

TABLITSY SPEKTRAL'NYKH LINII

Library of Congress Catalog Card Number 70-120028

SBN 306-65151-3

© 1970 IFI/Plenum Data Corporation
A Subsidiary of Plenum Publishing Corporation
227 West 17th Street, New York, N.Y. 10011

United Kingdom edition published by Plenum Press, London
A Division of Plenum Publishing Company, Ltd.
Donington House, 30 Norfolk Street, London, W.C.2, England

CONTENTS

PREFACE TO THE FIRST EDITION

The broad development of spectroscopy in our country and, in particular, the extensive industrial applications of methods of spectral analysis make the need for basic reference literature a pressing one.

Tables of spectral lines, as basic, primary material necessary for the identification of spectra, are the most important of these reference books.

The need for such tables is acutely felt by all who work in spectroscopy, and numerous requests for such a book have been received by the Commission on Spectroscopy of the Academy of Sciences of the USSR.

On the world book market there are fairly complete tables that cover a very great number of spectral lines and that have been complied rather carefully, although they are not free of errors. Tables of this kind are undoubtedly necessary in general spectroscopic research and must be included among the reference books of large scientific institutions. But the number of workers who need such complete tables is comparatively limited. Therefore, after long discussion it was deemed impractical to republish these tables.

Bearing in mind, first of all, the interests of a vast circle of practicing spectroscopists, the Commission on Spectroscopy considered it advisable to compile a new book that would contain fairly complete lists of the spectral lines of the more important elements but would not be overloaded with an abundance of weak lines, especially those associated with relatively unabundant elements, for an extremely large amount of data makes it difficult to use tables. The judicious selection of the most important lines was the first essential task of the compilers, who were guided by the vast practical experience that has been accumulated in our country. Their choice was based on the importance of particular elements that form the basis of industrial materials or represent impurities whose presence or absence is of technological significance. These data make up the first part of the book, where the spectral lines are arranged in order of decreasing wavelength. Harrison's tables,* which were the most complete, served as the starting material for this part of the book.

This part is basic tabular material containing the wavelengths of approximately 40,000 lines (of Harrison's 109,000). It must be consulted especially often in identifying spectra, performing quantative spectral analysis, and in developing methods of quantitative analysis.

Moreover, the book contains a number of other tables that represent a different classification of spectral lines or include additional data. Thus, in the second part

---

* G. R. H a r r i s o n, Wavelength Tables, M.I.T. Press, Cambridge, Mass. (1939).

the spectral lines are arranged by element. These data are particularly important in analyzing materials for purity, and also in other theoretical and practical problems. It is often essential to know the nature of excitation of a particular line. Therefore, this part of the book indicates whether a line pertains to the spectrum of an atom or ion, and it also gives the excitation potentials of a great number of lines. These data greatly increase the value of the tables and make it unnecessary for the reader to resort to the insufficiently systematized and difficult-to-obtain original literature. The selection of the material for this part of the book also required careful consideration and was based on the vast experience of the compilers.

The third part gives important reference material of an auxiliary nature: tables of the principal physical constants of the elements and their important compounds (molecular weight, melting and boiling points, volatility tables, etc.); tables of recent lines of the elements; tables of ionization potentials; data on the dispersion of domestic spectral apparatus; etc.

Thus, this book gives, in convenient form, fairly completely all of the reference material required for the everyday work of the spectroscopist.

It was considered inadvisable to include photographic reproductions of the more important spectra, as was done in the tables edited by S. L. Mandel'shtam and S. M. Raiskii, which were published in 1938. The need for good graphical material is, of course, very great, but at present it cannot be met by such photographic reproductions. What are required are atlases that have independent value and correspond to the original Soviet apparatus with which our laboratories are equipped. One atlas of this type (A. K. Rusanov) is already on sale; others are being prepared for publication (S. K. Kalinin, A. A. Yavnel', *et al.*). They are fully adequate texts, which, along with the prenset tables of spectral lines, will afford our spectroscopists normal working conditions.

Academician G. S. Landsberg

FROM THE PREFACE TO THE SECOND EDITION

The second edition incorporates very valuable comments from a number of spectroscopists, to whom the authors are deeply indebted.

Information on the spectra of elements studied in recent years has been included. The list of lines belonging to the spectra of individual elements has been expanded, and a great number of lines in the vacuum ultraviolet and lines of multiply charged ions have been included. The table of spectral lines of molecular hydrogen has been omitted, but tables of wavelength standards and of spectra of hydrogen isotopes have been added. The data on linear dispersion are represented as a graph, which allows the basic types of prismatic instruments to be evaluated. Finally, references have been added to the tables.

Part One was compiled by S. M. Raiskii, Part Two by A. N. Zaidel' and E. Ya. Shreider, and Part Three and the excitation potentials for a great number of the elements in Part Two were compiled by V. K. Prokof'ev.

I. I. Komissarova, E. A. Ptitsyna, R. P. Rebezova, V. A. Slavnyi, and L. V. Sokolova rendered a great deal of assistance in checking the wavelengths and calculating the excitation potentials. We also thank G. Gorodnigus for making available his excitation-potential calculations.

The Authors

PREFACE TO THE THIRD EDITION

The book has been substantially revised for the third edition. The data in Part One have been supplemented and made more accurate. Part Two has been completely redone, and Part Three has been enlarged and partially replaced with new material. The nature and arrangement of the material remain the same, however.

The basic information on atomic spectra necessary for the overwhelming majority of work in applied spectroscopy is covered, as is certain other information of interest primarily to analytic spectroscopists.

All of the data on wavelengths and excitation potentials have been rechecked and recalculated according to modern publications. The references have been enlarged and annotated. Part One was compiled by S. M. Raiskii and V. A. Slavnyi, Part Two by A. N. Zaidel' and E. Ya. Shreider, and Part Three by V. K. Prokof'ev.

We sincerely thank all of the spectroscopists who sent their comments, and we shall appreciate comments on this edition.

The Authors

February 1968

INTRODUCTION

This book has three parts. Part One contains the spectral lines of 60 elements in order of decreasing wavelength. Part Two gives the spectral lines of 98 elements individually for each element. Part Three provides auxiliary reference material. The most difficult problem in compiling the tables in which selected data are given was the selection itself. The lines have been reselected in accordance with new information and the increasing requirements of practicing spectroscopists. The total number of lines has been increased and is approximately 52,000 in Part One and about 38,000 in Part Two. Parts One and Three cover the region from 8000 to 2000 Å, i.e., the region that is usually used in quantitative and qualitative spectral analysis.

In Part One, the lines of 32 elements that are necessary for analysis of the most important metals and alloys are given very completely. These elements are aluminum, antimony, arsenic, bismuth, cadmium, calcium, carbon, cerium, chromium, cobalt, copper, gold, indium, iron, lead, magnesium, manganese, molybdenum, nickel, niobium, phosphorous, platinum, silicon, sodium, sulfur, silver, tin, titanium, tungsten, vanadium, zinc, and zirconium.

The spectral lines of air (oxygen and nitrogen) excited in the light sources that are usually employed in spectral analysis are also given rather completely, as are the lines of mercury, which is used everywhere in the laboratory, and the spectra of elements that have few lines: boron, lithium, beryllium, and hydrogen.

The spectra of 21 elements whose content in ordinary industrial materials is small are given with considerable abridgments, due to low line intensity. These elements are barium, cesium, gallium, germanium, hafnium, iodine, iridium, osmium, palladium, potassium, rhenium, rhodium, rubidium, ruthenium, scandium, selenium, strontium, tantalum, tellurium, thallium, and yttrium.

In order not to overload the tables with lines of elements that are rarely encountered in spectral analysis of metals and alloys, we omitted entirely from Part One the lines of the inert gases, the radioactive elements, halogens (except iodine), lanthanides (except cerium), and actinides.

Part One also gives the wavelengths of the edges of the intense molecular bands that are usually present in the spectra (designated by the letter к in front of the symbol of the element).

Analysis of the totality of the data in the literature has shown that measurement accuracy does not allow wavelengths to be given to 0.001 Å, as was done in part in the earlier editions of this book. The discrepancies between the data of different authors sometimes exceed 0.1 Å, and discrepancies of 0.02–0.03 Å are common. Therefore, the wavelengths of all lines, with the exception of the standards, are given to 0.01 Å, and the last significant figure cannot be considered reliable. The tables show the data that seemed to us most accurate, but their selection contains an element of arbitrariness, since it was impossible to compare the experimental conditions under which measurements were made.

Where it was possible, it is noted whether a line pertains to a neutral atom or an ion (by use of the symbols I, II, III, etc., after the element symbol or before the wavelength). When data on the classification of the spectrum are absent, the lines attributed to an atom or an ion of one or another multiplicity are not reliable. In Part One, such designations are given in parentheses. In Part Two, this uncertainty is indicated by the absence of information on the excitation energy.

Line intensities in Part One are given for three light sources: arc, spark, and discharge tube (in the latter case, the numbers are in parentheses).

The data on intensity should be used with great care and considered provisional, since the relative intensity of the spectra of atoms and ions varies greatly according to the parameters of the power supply of the light source.

Moreover, intensity measurements are often made incorrectly—without proper quantitative calibration of the instrument and receiver. As a result, the measurements made by various authors can differ by a factor of 100 or more. In particular, the very elaborate measurements of Meggers, Corliss, and Scribner, who studied the intensities of a great many lines of 70 elements {11}, were, as a Corliss later showed, invalid for all lines shorter than 2450 Å. In this case, the factor for converting from the old measurements to the new reached 300. The corresponding recalculations were made where we used the data of {11} in Part Two. There are bases for assuming that the data of Meggers et al. on the intensity of lines in the infrared are also understated.

It should be borne in mind that the intensity estimates for an arc are for a constant current of $\sim$10 A.

The intensity scale proposed by Harrison {1} is used in Parts One and Three. A proportional scale in which the most intense line of a given element has 1000 relative intensity units (individual, especially intense lines have up to 9000 units) is used to estimate the line intensity of each element. Thus, these intensity estimates can serve only for comparison of the lines of one and the same element. Great care, however, should be exercised in comparing lines located in widely separated regions of the spectrum.

With all of the shortcomings of the Harrison scale, the principal one being the subjective nature of the intensity estimates, it has the indubitable virtue that all of the data in {1} were obtained by a single method in the same laboratory.

Part Two of the tables contains the wavelengths of the lines of all elements whose spectra have been studied grouped by element. The lines are arranged in order of decreasing wavelength, and the elements are in alphabetical order by their chemical symbols.*

The line wavelengths of 98 elements—from hydrogen (1) to einsteinium (99)—are given. There are no data in the literature on the spectra of francium (87) or any element whose atomic number is greater than 99.

Unlike Part One, we included in Part Two information on lines in the vacuum ultraviolet and infrared regions, and also the excitation potentials of the lines.

All wavelengths of less than 2000 Å are adjusted to a vacuum.

The excitation energies are read from the normal states of the atoms and ions and are given in electron volts.

The lines of Th III and U II, for which the reference point is not always known, are exceptions.

All excitation energies were obtained from the spectroscopic values of the levels (1 eV—8067.1 cm^{-1}).

---

* Note that J rather than I has been used for iodine.

When two or more excitation energies are given for a single line, it is because of accidental coincidence of the wavelengths of lines that correspond to transitions between levels with different upper-level energies. If lines that belong to ions with different multiplicities coincide, the excitation potential of the line of the ion with the lower degree of ionization is given first.

Most of the data on excitation energy are taken from original works. When these data are absent in original articles, however, the excitation energies are taken from the tables of Moore {3, 4} and Meggers et al. {11}.

It was considered inadvisable to retain the Harrison intensity scale in Part Two. For a number of lines, the intensity data were taken from the tables of Meggers et al. {11}. The intensity scale in these tables is constructed as follows. The spectra of the 70 elements studied were excited in an arc between copper or silver electrodes. The element under study was contained in the electrode material as an impurity in atomic concentrations of 0.1, 0.01, 0.001, 0.0001, ... %. The lines that appeared in the spectrum only at a 0.1% concentration were assigned an intensity of 1; the lines that appeared at a 0.01% concentration were assigned an intensity of 10; etc. Thus, this scale is well-adapted to the requirements of spectral analysis of metals and alloys.

The tables of Meggers, Corliss, and Scribner, however, do not contain a great number of lines. We attempted to extend their scale to lines taken from other sources, so that the intensities of the greatest possible number of lines of each element could be given in the same units. With this in mind, we selected in the spectrum of an element several lines for the intensities of which there were data by Meggers et al. and in other places. A factor for conversion from one scale to another was calculated from the set of these intensity values.

It should be noted that the conversion factors calculated from different lines of the same element sometimes differ by a factor of more than 100. In these cases, the scales are incomparable for all practical purposes, and we were forced to abandon conversion of the other data to the Meggers scale.

In all other cases, the intensity values are given in the scale used in the original work. The light source used is also indicated. It should be borne in mind that the data for the different sources have little relationship to one another and only the intensities of lines for the same source can be compared.

Note, also, that although the intensity of the lines of Fe I and Fe II is given according to Harrison's tables, the intensity of the lines of Fe II shorter than 2250 Å is given according to Moore's tables {3}.

A dash in an intensity scale, as a rule, indicates the absence of quantitative intensity estimates, although the line is intense enough to be included in the table.

The following principle underlies the selection of the lines in Part Two: the spectra of hydrogen, helium, aluminum, and other elements with few lines are represented as completely as possible, while the other elements are represented by their intense lines. The lack of reliably comparable data on the intensity of lines that belong not only to the spectra of different elements but also to the spectrum of the same element makes such a selection nonunique.

In selecting the material for Part Two, we attempted to represent more thoroughly the elements that are of industrial importance, but of course, our personal tastes and interests probably played a certain role, and we cannot claim that the selection of lines is the best possible.

The following reference data for spectral analysis are included in Part Three.

1. A table of sensitive lines arranged in the alphabetical order of the elements.
2. A table of sensitive lines arranged according to wavelength.
3. A table of line wavelengths for the isotopes of hydrogen.
4. A table of wavelength standards.

5. A table of provisional wavelength standards for the vacuum region of the spectrum.

6. A table of oscillator strengths.

7. Corrections for conversion from wavelength in air to wavelength in a vacuum.

8. A graph of the linear dispersion of spectrographs. Approximate values of the linear dispersion of the main types of prismatic instruments are given.

9. A table of the order of appearance of the lines of the elements in a carbon arc.

10. A table of the ionization potentials of atoms of the elements and their ions.

11. A table of melting and boiling points of the elements and their oxides.

12. A periodic table.

The data published in the works listed below were taken into account in the preparation of the third edition.

ANNOTATED BIBLIOGRAPHY

The following symbols are used in the References.
1. The letters 'кл' indicate that data on the classification of the spectrum or on the level energy are given.
2. The words "wavelength standards" mean that lines that are assumed to be or are used as wavelength standards are given.

Tables and Reference Publications

{1} G. R. Harrison, M. I. T. Wavelength Tables of 100 000 Spectrum Lines, New York, 1939.
{2} A. Gatterer, J. Junkes, Atlas der Restlinien, Italia. Specola Vaticana. Bd. I. Atlas der Restlinien von 30 chemischen Elementen. 1937. Bd. II. Spektren der seltenen Erden, 1945.
{3} C. E. Moore, An Ultraviolet Multiplet Table. Circular of the National Bureau of Standards 488, Section I, Washington, 1950, Section II, 1952. Section III, 1964.
{4} C. E. Moore, A Multiplet Table of Astrophysical Interest Princeton. Part I, Part II, 1945.
{5} W. R. Brode, Chemical Spectroscopy, 2d ed., New York—London, 1943.
{6} Handbook of Chemistry and Physics. Chemical Rubber Publishing Co. Cleveland, Ohio, 38th ed., 1956.
{7} Landolt Börnstein, Zahlenwerte und Funktionen aus Physik, Chemie, Astronomie, Geophysik und Technik. VI. Auflage, I. Band, I. Teil, Berlin, 1950.
{8} C. E. Moore, Atomic energy levels., vol. I, 1949; vol. II, 1952; vol. III, 1958, Washington.
{9} A. Fowler, Report on Series in Line Spectra. London, 1922.
{10} R. N. Kniseley, V. A. Fassel, C. F. Lentz, Spectrochim. Acta **16**, 863, 1960. (Corrections of Harrison's tables.)
{11} W. F. Meggers, C. H. Corliss, B. F. Scribner, Tables of Spectral-Line Intensities, 1961.
{12} A. P. Striganov, N. S. Sventitskii, Tables of Spectral Lines of Neutral and Ionized Atoms [in Russian], Atomizdat (1966); English translation: IFI Plenum, New York (1968).
{13} B. Edlén, Rep. Progr. in Phys. **26**, 181 (1963). (Vacuum ultraviolet region.)
{14} A. N. Zaidel', E. Ya. Shreider, Vacuum Ultraviolet Spectroscopy [in Russian], Nauka (1967), pp. 246–271.
{15} Í. Kuba, L. Kučera, F. Plzak, M. Dvořák, J. Mraz, Tables of Co-incidences in Atomic Spectroscopy [in Czech], Czechoslovak Academy of Sciences, Prague (1964).
{16} C. H. Corliss, Spectrochim. Acta **23B**, 177 (1967).
{17} J. A. Norris, Wavelength Table of Rare-Earth Elements and Associated Elements including Zr, Re and Te, U.S. Atomic Energy Commission Reports, ORNL-2774, 1961.

Ac

1. W. F. Meggers, M. Fred, F. S. Tomkins, J. Res. Nat. Bur. Standards **58**, 297 (1957) (Ac I, II, III 7890—2060 Å, кл.).
2. W. F. Meggers, Spectrochimica Acta **10**, 195 (1958) (Ac I, II, III 7870—2550 Å, кл.).
3. N. I. Kaliteevskii, A. N. Razumovskii, Atomnaya énergiya, **3**, 548 (1957) (4040–2720 Å).

Ag

1. A. G. Shenstone, Phys. Rev. **57**, 894 (1940) (Ag I 40 000—1250 Å, кл.).
2. E. Rasmussen, Danske Kgl. Vidensk. Selsk. Mat.-Fys. Medd. **18**, N° 5, 32 (1940) (Ag I, II, кл.) — cited in {3, 4}.

3. A. G. S h e n s t o n e, Phys. Rev. **31**, 317 (1928) (Ag II 3400—1110 Å, кл.).
4. W. P. G i l b e r t, Phys. Rev. **47**, 847 (1935) (Ag II 11 000—4000 Å; 2600—500 Å, кл.).
5 E. R a s m u s s e n, Phys. Rev. **57**, 840 (1940) (Ag II 5540—3180 Å, кл.).
6. L. B l o c h, E. B l o c h, L. K. T a o, Ann. de Phys. **20**, 1 (1945) (Ag II, III 7000—2270 Å, кл.).
7. W. P. G i l b e r t, Phys. Rev. **48,** 338 (1935) (Ag III 3020—700 Å, кл.).

Al

1. S. W e n i g e r, R. H e r m a n, C. R. Acad. Sci. **232**, 2300 (1951) (Al I 3100—2090 Å, кл.).
2. K. B. S. E r i k s s o n, H. B. S. I s b e r g, Ark. Fys. **23**, 527 (1963) (Al I 21165—1750 Å, кл.).
3. N. P. P e n k i n, L. N. S h a b a n o v a, Optika i spektroscopiya, **18**, 749 (1965) (Al I 2150–2070 Å, кл.).
4. S. W e n i g e r, Ann. d'Astrophys. **28**, 117 (1965) (Al I 4000—2100 Å, кл.).
5. K. B. S. E r i k s s o n, H. B. S. I s b e r g, Ark. Fys. **33**, 593 (1967) (Al I 2150—2100 Å, кл.).
6. F. P a s c h e n. Ann. der Physik **12**, 509 (1932) (Al I 4260—2090 Å, кл; Al II 1989—1834 Å, кл.).
7. F. P a s c h e n, R. R i t s c h l, Ann. der Physik **18**, 867 (1933) (Al I 21 164—16 750 Å, кл; Al II 10 130—2637 Å, кл.).
8. R. A. S a w y e r, F. P a s c h e n, Ann. der Physik **84**, 1 (1927) (Al II, 7480—930 Å, кл.).
9. R. V. Z u m s t e i n, Phys. Rev. **38**, 2214 (1931) (Al II, III 1870—1670 Å, кл.).
10. F. P a s c h e n, Ann. der Physik **71**, 142 (1923) (Al III 5730—1350 Å, кл.).
11. E. E k e f o r s, Z. Physik **51**, 471 (1928) (Al III 2000—480 Å, кл.).
12. J. S o d e r q u i s t, Nova Acta Reg. Soc. Sci. Uppsala **9**, № 7 (1934) (Al IV, V, VI 2000—600 Å, кл.).
13. E. F e r n e r, Ark. Mat. Astr. Fys. **36A**, № 1 (1948) (Al V, VI, VII, VIII, IX, X, XI 120—39 Å, кл.).
14. H. F l e m b e r g, Ark. Mat. Astr. Fys. **28A**, № 18 (1942) (Al XII 2000—600 Å, кл.).

Am

1. M. F r e d, F. S. T o m k i n s, JOSA **39**, 357 (1949) (4380—2660 Å).
2. **M.** N. O g a n o v, A. R. S t r i g a n o v, Yu. P. S o b o l e v, Optika i spektroskopiya, **1**, 965 (1956) (7700–2480 Å).
3. M. F r e d, F. S. T o m k i n s, JOSA **47**, 1076 (1957) (Am I, II 8500—2520 Å, кл.).

Ar

1. K. W. M e i s s n e r, Z. Physik **39**, 172 (1926) (Ar I 11 590—2940 Å, кл.).
2. K. W. M e i s s n e r, Z. Physik **40**, 839 (1927) (Ar I 9770—4150 Å, 1070—790 Å, кл.).
3. W. F. M e g g e r s, C. J. H u m p h r e y s, J. Res. Nat. Bur. Standards **10**, 427 (1933) (Ar I 13 720—7610 Å, кл.).
4. W. F. M e g g e r s, J. Res. Nat. Bur. Standards **14**, 487 (1935) (Ar I 13 000—10 470 Å, кл.).
5. W. R. S i t t n e r, E. R. P e c k, JOSA **39**, 474 (1949) (Ar I 18 000—11 400 Å, кл.).
6. C. J. H u m p h r e y s, H. J. K o s t k o w s k i, J. Res. Nat. Bur. Standards **49**, 73 (1952) (Ar I 16 940—12 110 Å, кл.).
7. T. A. L i t t l e f i e l d, D. T. T u r n b u l l, Proc. Roy. Soc. **A218**, 577 (1953) (Ar I 6540—3550 Å, secondary standards).
8. E. P a u l, C. J. H u m p h r e y s, JOSA **49**, 1186 (1959) (Ar I 25 130—13 860 Å, кл.).
9. G. H e p n e r, Ann. de Physique **6**, 735 (1961) (Ar I 25 660—18 420 Å, кл.).
10. B. P e t e r s s o n, Ark. Fys. **27**, 317 (1964) (Ar I 1070—820 Å, кл.).
11. J. C. B o y c e, Phys. Rev. **48**, 396 (1935) (Ar I 1070—860 Å; Ar II 1980—480 Å; Ar III 1970—390 Å; Ar IV, 1200—390 Å; Ar V 840—700 Å, кл.).
12. T. L. de B r u i n, Z. Physik **51**, 108 (1928) (Ar II 5290—3130 Å, кл.).
13. T. L. de B r u i n, Z. Physik **61**, 307 (1930) (Ar II 7620—2120, 765—485 Å, кл.).
14. G. H e r z b e r g, Proc. Roy. Soc. **A248**, 309 (1958) (Ar II 7940—3230 Å, 730—520 Å, кл. and secondary standards).
15. L. M i n n h a g e n, Ark. Fys. **14,** 483 (1958) (Ar II 2000—480 Å, кл.).
16. L. M i n n h a g e n, Ark. Fys. **25**, 203 (1963) (Ar II 12 490—1460 Å, кл.).
17. L. M i n n h a g e n, L. S t i g m a r k, Ark. Fys. **13**, 27 (1957) (Ar II, III, IV 3400—2500 Å).
18. T. L. de B r u i n, Proc. Roy. Acad. Amsterdam **36**, 724 (1933) (Ar III 3520—2140 Å, кл.).
19. J. C. B o y c e, Phys. Rev. **49**, 351 (1936) (Ar III 1210—570 Å, кл.).
20. T. L. de B r u i n, Proc. Roy. Acad. Amsterdam **40**, 340 (1937) (Ar III 10 300—2070 Å, кл.).
21. B. E d l é n, Phys. Rev. **62**, 434 (1942) (Ar III 1210—530 Å, кл.).
22. E. S c h o n h e i t, Optik **23**, 409 (1965/1966) (Ar III—VIII 940—390 Å).
23. T. L. de B r u i n, Physica **3**, 809 (1936) (Ar IV 3140—2300 Å, кл.).
24. L. W. P h i l l i p s, W. L. P a r k e r, Phys. Rev. **60**, 301 (1941) (Ar V—VIII 840—40 Å, кл.).

25. B. C. Fawcett, B. B. Jones, R. Wilson, Proc. Phys. Soc. **78**, 1223, (1961) (Ar VI, VIII 770—700 Å, кл.).
26. B. C. Fawcett, A. H. Gabriel, B. B. Jones, N. J. Peacock, Proc. Phys. Soc. **84**, 257 (1964) (Ar IX—XII 170—30 Å, кл.).
27. B. C. Fawcett, A. H. Gabriel, Proc. Phys. Soc. **84**, 1038 (1964) (Ar XI 190—150 Å, кл.; Ar XII, 230—150 Å, кл.).

As

1. W. F. Meggers, A. G. Shenstone, C. E. Moore, J. Res. Nat. Bur. Standards **45**, 346, 1950 (As I 11 700—1400 Å, кл.).
2. A. S. Rao, Indian J. Phys. **7**, 561, 1932 (As II 8400—800 Å, кл.).
3. K. R. Rao, Proc. Phys. Soc. **43**, 68 (1931) (As III 8000—1300 Å, кл.).
4. R. A. Sawyer, C. J. Humphreys, Phys. Rev. **32**, 583 (1928) (As IV, V 1100—400 Å, кл.).

At

1. R. McLaughlin, JOSA **54**, 965 (1964). (Two lines in the 3000-2100 Å region.)

Au

1. J. R. Platt, R. A. Sawyer, Phys. Rev. **60**, 866 (1941) (Au I, II 10 100—820 Å, кл.).
2. J. B. Green, H. N. Maxwell, JOSA **45**, 98 (1955) (Au I, II 6500—2400 Å, кл.).
3. L. Bloch, E. Bloch, Ann. de Physique **1**, 70 (1946) (Au I—IV 6720—2240 Å).
4. L. Iglesias, J. Res. Nat. Bur. Standards **A64**, 481 (1960) (Au III 6600—500 Å, кл.); correction **A70**, 465 (1966).

B

1. I. S. Bowen, Phys. Rev. **29**, 231 (1927) (B I 2500—1820 Å, кл.).
2. H. E. Clearman, JOSA **42**, 373 (1952) (B I 2500—1370 Å, кл.).
3. B. Edlén, Nova Acta Reg. Soc. Sci. Uppsala **9**, N°6 (1934) (B II—V 6100—40 Å, кл.).

Ba

1. H. N. Russell, C. E. Moore, J. Res. Nat. Bur. Standards **55**, 299 (1955) (Ba I 30 940—2210 Å, кл.).
2. W. R. S. Garton, K. Codling, Proc. Phys. Soc. **75**, 87 (1960) (Ba I 2460—2150 Å, кл.).
3. E. Rasmussen, Z. Physik **83**, 404 (1933) (Ba II 8740—1480 Å, кл.).
4. F. A. Saunders, E. G. Schneider, E. Buckingham, Proc. Nat. Acad. Sci. **20**, 291 (1934) (Ba II 14 220—1400 Å, кл.).
5. M. A. Fitzgerald, R. A. Sawyer, Phys. Rev. **46**, 576 (1934) (Ba IV 4600—570 Å, кл.).

Be

1. L. Johansson, Ark. Fys. **23**, 119 (1962) (Be I 18 150—1420 Å, кл.).
2. F. Paschen, P. G. Kruger, Ann. der Physik **8**, 1005 (1931) (Be I, II 8260—720 Å, кл.).
3. L. Johansson, Ark. Fys. **20**, 489 (1961) (Be II 12 100—770 Å, кл.).
4. B. Edlén, Nova Acta Reg. Soc. Sci. Uppsala **9**, N° 6 (1934) (Be III 3800—80 Å, кл.).
5. B. Edlén, Ark. Fys. **4**, 441 (1952) (Be III 6141, 2 Å, кл.).

Bi

1. V. Thorsen, Z. Physik **40**, 642 (1926) (Bi I 20 000—1800 Å, кл.).
2. G. R. Toshnival, Phil. Mag. **4**, 774 (1927) (Bi I 22 550—1900 Å, кл.).
3. S. Mrozowski, Phys. Rev. **62**, 526 (1942) (Bi I 22 550—1800 Å, кл.).
4. S. Mrozowski, Phys. Rev. **69**, 169 (1946) (Bi I 8800—3000 Å, кл.).
5. H. E. Clearman, JOSA **42**, 373 (1952) (Bi I 4270—1350 Å, кл.).
6. M. F. Crawford, A. B. McLay, Proc. Roy. Soc. **A143**, 540 (1934) (Bi II, III 8900—590 Å, кл.).
7. A. B. McLay, M. F. Crawford, Phys. Rev. **44**, 986 (1933) (Bi IV 5400—400 Å, кл.).
8. G. K. Schoepfle, Phys. Rev. **47**, 232 (1935) (Bi V 1150—350 Å, кл.).
9. J. E. Mack, M. Fromer, Phys. Rev. **48**, 357 (1935) (Bi VI 1100—320 Å, кл.).
10. G. K. Schoepfle, Phys. Rev. **50**, 538 (1936) (Bi VI 1400—180 Å, кл.).

Bk

1. R. G. Gutmacher, E. K. Hulet, R. Lougheed, JOSA 55, 1029 (1965) (4500—2500 Å).

Br

1. C. C. Kiess, T. L. de Bruin, J. Res. Nat. Bur. Standards 4, 667 (1930) (Br I 9320—3730 Å, кл.).
2. J. L. Tech, C. H. Corliss, J. Res. Nat. Bur. Standards 65A, 159 (1961) (Br I 12 970—3320 Å, 1640—1060 Å).
3. J. L. Tech, J. Res. Nat. Bur. Standards 67A, 505 (1963) (Br I 24 100—3320 Å, кл.).
4. R. Ramandham, K. Rao, Indian J. Phys. 18, 317 (1944) (Br II 6400—700 A, кл.).
5. Y. Bhupala Rao, Indian J. Phys. 32, 497 (1958) (Br II 9450—1000 Å).
6. Y. Bhupala Rao, Indian J. Phys. 30, 95, 371 (1956) (Br II, III, кл.).
7. K. R. Rao, C. G. Krishnamurty, Proc. Roy. Soc. A161, 38 (1937) (Br III 4520—660 Å, кл.).
8. Y. B. Rao, Indian J. Phys. 35, 386 (1961). (Br III 7700—6100 Å, кл.).
9. A. S. Rao, S. G. Krishnamurty, Proc. Phys. Soc. 46, 531 (1934) (Br IV 3040—530 Å, кл.).
10. A. S. Rao, K. R. Rao, Proc. Phys. Soc. 46, 163 (1934) (Br V—VII 950—400 Å, кл.).

C

1. L. Minnhagen, Ark. Fys. 7, 413 (1954) (C I 9660—8330 Å, кл.).
2. L. Minnhagen, Ark. Fys. 14, 481 (1958) (C I 11 330—10 680 Å, кл.).
3. L. Johansson, Ark Fys. 25, 425 (1963) (C I 9660—3420 Å, кл.).
4. P. G. Wilkinson, K. L. Andrew, JOSA 53, 710 (1963) (C I 2480—1560 Å, wavelength standards).
5. L. Johansson, U. Litzén, Ark. Fys. 29, 175 (1965) (C I 25 850—11 620 Å, кл.).
6. J. Junkes, E. W. Salpeter, G. Milazzo, Atomic spectra in the vacuum ultraviolet, Specola Vaticana (1965) (cited in {7.}).
7. L. Johansson, Ark. Fys. 31, 201 (1966) (C I 11 330—2470 Å, кл.; 2000—940 Å, кл.).
8. V. Kaufman, J. F. Ward, JOSA 56, 1591 (1966) (C I 1930—1450 Å, кл. and wavelength standards).
9. B. Edlén, Nova Acta Reg. Soc. Sci. Uppsala 9, Nº 6 (1934) (C I 22 910—1250 Å, кл.; C II 7240—420 Å, кл.; C III 5830—260 Å, кл.; C IV 5820—190 Å, кл.; C V 248; 40 Å, кл.).
10 S. Glad, Ark. Fys. 7, 7 (1954) (C II 8800—1980 Å, кл.).
11. K. Bockasten, Ark. Fys. 9, 457 (1955) (C III 9720—1920 Å, кл.; 1250—1170 Å, кл ; 580—290 Å. кл.).
12. K. Bockasten, Ark. Fys. 10, 567 (1956) (C IV 7730—1540 Å, кл.).

Ca

1. W. F. Meggers, J. Res. Nat. Bur. Standards 10, 669 (1933) (Ca I 10 880—6570 Å, кл.).
2. C. J. Humphreys, J. Res. Nat. Bur. Standards 47, 262 (1951) (Ca 1 22 660—12 810 Å, кл.).
3. R. J. Lang, Astrophys. J. 64, 167 (1926) (Ca II 1880—1310 Å, кл.).
4. E. W. H. Selwyn, Proc. Phys. Soc. 41, 392 (1929) (Ca II 2120—1650 Å, кл.).
5. B. Edlén, P. Risberg, Ark. Fys. 10, 553 (1956) (Ca II 21 430—1340 Å, кл.).
6. I. S. Bowen, Phys. Rev. 31, 497 (1928) (Ca III 4090—400 Å, кл.).
7. E. Ekefors, Z. Physik 71, 53 (1931) (Ca III—Ca VII 1040—130 Å).

Cd

1. H. Beutler, Z. Physik 87, 19 (1933) (Cd I 1030—680 Å, кл.).
2. K. Burns. K. B. Adams, JOSA 46, 94 (1956) (Cd I 8200—2140, кл.).
3. A. G. Shenstone, J. T. Pittenger, JOSA 39, 219 (1949) (Cd II 8070—760 Å. кл.: Cd III 3040—670 Å, кл.).
4. M. Green, Phys. Rev. 60, 117 (1941) (Cd IV 1930—480 Å).

Ce

1. S. É. Frish, Doklady Akad. Nauk SSSR, 14, 287 (1937) (Ce I, кл.).
2. W. Albertson, G. Harrison, Phys. Rev. 52, 1209 (1937) (Ce II 4990—2860 Å, кл.).
3. G. Harrison, W. Albertson, N. Hosford, JOSA 31, 439 (1941) (Ce II 6990—2590 Å, кл.).
4. H. Russell, R. King, R. Lang, Phys. Rev. 52, 456 (1937) (Ce III 3550—1680 Å, кл.).
5. J. Sugar, JOSA 55, 33 (1965) (Ce III 11 100—770 Å, кл.).
6. R. Lang, Canad. J. Res. A13, 1 (1935) (Ce IV 2780—900 Å, кл.).

Cf

1. J. G. C o n w a y, E. K e n n e t h H u l e t, R. J. M o r r o w, JOSA **52**, 222 (1962) (4340—3700 Å).

Cl

1. C. C. K i e s s, J. Res. Nat. Bur. Standards **10**, 827 (1933) (Cl I 10 430—3940 Å, кл.).
2. J. B. G r e e n, J. T. L y n n, Phys. Rev. **69**, 165 (1946) (Cl I 9200—3690 Å, кл.).
3. S. A v e l l e n, Ark. Fys. **8**, 211 (1954) (Cl I 1400—1330 Å, кл.).
4. C. J. H u m p h r e y s, E. J. P a u l, JOSA **49**, 1180 (1959) (Cl I 25 330—6920 Å, кл.).
5. L. M i n n h a g e n, JOSA **51**, 298 (1961) (Cl I 16 290—10 280 Å, кл.).
6. C. C. K i e s s, T. L. de B r u i n, J. Res. Nat. Bur. Standards **23**, 443 (1939) (Cl II 9490—550 Å, кл.).
7. I. S. B o w e n, Phys. Rev. **31**, 34 (1928) (Cl II 1080—630 Å, кл.; Cl III 3850—2230 Å, 1020—570 Å, кл.; Cl IV 990—460 Å, кл.; Cl V 900—670 Å, кл.).
8. I. S. B o w e n, Phys. Rev. **45**, 401 (1934) (Cl III 4980—400 Å, кл.; Cl IV 3170—310 Å, кл.; Cl V 560—280 Å, кл.).
9. I. S. B o w e n, Phys. Rev. **46**, 377 (1934) (Cl IV 760—330 Å, кл.).
10. L. W. P h i l l i p s, W. L. P a r k e r, Phys. Rev. **60**, 301 (1941) (Cl V 550—230 Å, кл.; Cl VI 580—565 Å, кл.).
11. W. L. P a r k e r, L. W. P h i l l i p s, Phys. Rev. **57**, 140 (1940) (Cl VI 740—190 Å, кл.).
12. L. W. P h i l l i p s, Phys. Rev. **53**, 248 (1938) (Cl VII 820—170 Å, кл.).

Cm

1. J. G. C o n w a y, M. F. M o o r e, W. W. T. C r a n e, J. Amer. Chem. Soc. **73**, 1308 (1951) (5000—2510 Å).
2. J. G. C o n w a y, R. D. M c L a u g h l i n, JOSA **46**, 91 (1956) (5250—3050 Å).
3. E. F. W o r d e n, R. G. G u t m a c h e r, J. G. C o n w a y, Appl. Optics. **2**, 707 (1963) (Cm I, II 3800—3490 Å).

Co

1. H. N. R u s s e l l, R. B. K i n g, C. M o o r e, Phys. Rev. **58**, 407 (1940) (Co I 11 900—1810 Å, кл.).
2. V. L. G i n z b u r g, I. N. G r a m e n i t s k i i, S. E. K a s h l i n s k a y a, D. M. L i f s h i t s, Izv. Akad. Nauk SSSR, ser. fiz., **19**, 215 (1955) (Co I 2970–2570 Å, corrections for Harrison's tables and for the first edition of tables by A. N. Zaidel' *et al.*, Gostekhizdat, 1952).
3. G. R a c a h, Phys. Rev. **61**, 537 (1942) (Co I, кл.).
4. J. H. F i n d l a y, Phys. Rev. **36**, 5 (1930) (Co II 3620—1940 Å, кл.).
5. A. G. S h e n s t o n e, Canad. J. Phys. **38**, 677 (1960) (Co III 3780—640 Å, кл.).

Cr

1. C. C. K i e s s, J. Res. Nat. Bur. Standards **51**, 247 (1953) (Cr I 11 610—1880 Å, кл.).
2. V. S u r y a n a r a y a n a, V. R a m a k r i s h n a R a o, Indian J. Phys. **27**, 585 (1953) (Cr II, кл.).
3. C. C. K i e s s, J. Res. Nat. Bur. Standards **47**, 385 (1951) (Cr II 7320—2000 Å, кл.).

Cs

1. H. R. K r a t z, Phys. Rev. **75**, 1844 (1949) (Cs I 8950—3190 Å, кл.).
2. I. J o h a n s s o n, Ark. Fys. **20**, 135 (1961) (Cs I 30 110—8520 Å, кл.).
3. J. S e g u i e r, C. R. Acad. Sci. **255**, 489 (1962) (Cs I 30 950—21 866 Å, кл.).
4. H. K. K l e i m a n, JOSA **52**, 441 (1962) (Cs I 10 130—3870 Å, кл.).
5. J. O l t h o f f, R. A. S a w y e r, Phys. Rev. **42**, 766 (1932) (Cs II 6960—600 Å, кл.).
6. M. A. W h e a t l e y, R. A. S a w y e r, Phys. Rev. **61**, 591 (1942) (Cs II 5930—560 Å, кл.).
7. M. A. F i t z g e r a l d, R. A. S a w y e r, Phys. Rev. **46**, 576 (1934) (Cs III 880—530 Å, кл.).

Cu

1. A. G. S h e n s t o n e, Phil. Trans. Roy. Soc. **A241**, 297 (1948) (Cu I 18 230—1500 Å, кл.).
2. C. H. C o r l i s s, J. Res. Nat. Bur. Standards **66A**, 497 (1962) (Cu I 7160—2620 Å, кл.).
3. A. G. S h e n s t o n e, Phil. Trans. Roy. Soc. **A235**, 195 (1936) (Cu II 10 180—670 Å, кл.).
4. A. G. S h e n s t o n e, JOSA **45**, 868 (1955) (Cu II 2490—1940 Å, wavelength standards).
5. P. G. W i l k i n s o n, JOSA **47**, 182 (1957) (Cu II 1530—860 Å, wavelength standards).

6. J. Reader, K. W. Meissner, K. L. Andrew, JOSA **50**, 221 (1960) (Cu II 2890—1970 Å, 1670—980 Å, and wavelength standards).
7. V. Kaufman, J. F. Ward, JOSA **56**, 1591 (1966) (Cu II 1670—810 Å, кл. and wavelength standards).
8. A. G. Shenstone, L. Wilets, Phys. Rev. **83**, 104 (1951) (Cu III 2830—670 Å, кл.).

Dy

1. A. S. King, C. E. Moore, Astrophys. J. **98**, 33 (1943) (Dy I, II 5915—3000 Å).

Er

1. L. C. Marquet, S. P. Davis, JOSA **55**, 471 (1965) (Er I, кл.).
2. L. C. Marquet, W. E. Behring, JOSA **55**, 576 (1965) (Er I, кл.).
3. N. Spector, JOSA **56**, 341 (1966) (Er I, 9930—2720 Å, кл.).
4. J. R. McNally, K. L. Van der Sluis, JOSA **49**, 200 (1959) (Er II, кл.).
5. B. R. Judd, L. C. Marquet, JOSA **52**, 504 (1962) (Er II, кл.).
6. Z. B. Goldschmidt, JOSA **53**, 594 (1963) (Er II, кл.).

Es

1. R. G. Gutmacher, J. E. Evans, E. Kenneth Hulet, JOSA **57**, 1389 (1967) (3990—3300 Å).

Eu

1. H. N. Russell, A. S. King, Astrophys. J. **90**, 155 (1939) (Eu I 9330—2420 Å, кл.).
2. A. S. King, Astrophys. J. **89**, 377 (1939) (Eu I, II 10 170—2100 Å).
3. H. N. Russell, W. Albertson, D. N. Davis, Phys. Rev. **60**, 641 (1941) (Eu II 10 170—2320 Å, кл.; Eu III 2530—2350 Å).
4. G. Smith, B. G. Wybourne, JOSA **55**, 121 (1965) (Eu I, кл.).

F

1. K. Lidén, Ark. Fys. **1**, 229 (1949) (F I 11 560—680 Å, кл.).
2. B. Edlén, Z. Physik **93**, 433 (1935) (F I 960—950 Å, кл.; F II 5590—2210 Å, кл.; F III 3360—2390 Å; 750—210 Å, кл.).
3. H. Dingle, Proc. Roy. Soc. **A122**, 144 (1929) (F II 8350—470 Å, кл.).
4. H. Palenius, JOSA **56**, 828 (1966) (F II 4868, 4788, 4157 Å, кл.).
5. I. S. Bowen, Phys. Rev. **45**, 82 (1934) (F II 5173, 4083, 3739, 610—350 Å, кл.; F III 3440—2450 Å, 1110—210 Å, кл.; F IV 680—200 Å, кл.).
6. H. Dingle, Proc. Roy. Soc. **A122**, 144 (1929) (F III 3270—420 Å, кл.).
7. B. Edlén, Z. Physik **92**, 19 (1934) (F IV 3180—2170 Å, 680—140 Å, кл.).
8. B. Edlén, Z. Physik **94**, 47 (1935) (F IV—F VII 4600—2170 Å, 1140—80 Å).
9. B. Edlén, Z. Physik **89**, 597 (1934) (F V 2710—2450 Å, 1090—190 Å, кл.).
10. A. S. Kaufman, T. P. Hughes, R. V. Williams, Proc. Phys. Soc. **A76**, 17 (1960) (F VI 2327, 2323, 2315 Å, кл.).
11. B. Edlén, Z. Physik **89**, 179 (1934) (F VI 1140—90 Å, кл.; F VII 140—80 Å, кл.).
12. B. Edlén, Ark. Fys. **4**, 441 (1952) (F VIII 98 Å, кл.).

Fe

1. H. Russell, C. E. Moore, D. W. Weeks, Trans. Amer. Phil. Soc. **34**, 113 (1944) (Fe I 11 980—1850 Å, кл.).
2. B. Edlén, Trans. Internat. Astron. Union **9**, 201 (1955) (2860—2450 Å, wavelength standards).
3. J. Blackie, T. A. Littlefield, Proc. Roy. Soc. **A234**, 398 (1956) (2860—2450 Å, wavelength standards).
4. C. C. Kiess, V. C. Rubin, C. E. Moore, J. Res. Nat. Bur. Standards **65A**, 1 (1961) (Fe I 10 400—1850 Å, кл.).
5. L. C. Green, Phys. Rev. **55**, 1209 (1939) (Fe I 4810—1860 Å, кл.; Fe II 2500—890 Å, кл.; Fe III 2150—850 Å, кл.).
6. J. C. Dobbie, Ann. Solar. Phys. Obs. Cambridge **5**, pt. I, 1 (1938) (Fe II 6630—2220 Å, кл.).
7. P. G. Wilkinson, JOSA **47**, 182 (1957) (1970—1550 Å, wavelength standards).
8. B. Edlén, P. Swings, Astrophys. J. **95**, 532 (1942) (Fe III 6040—670 Å, кл.).
9. S. Glad, Ark. Fys. **10**, 291 (1956) (Fe III 8610—1460 Å, кл.).

Ga

1. W. R. S. G a r t o n, Proc. Phys. Soc. **A65**, 268 (1952) (Ga I 1640—1500 Å, кл.).
2. W. F. M e g g e r s, R. J. M u r p h y, J. Res. Nat. Bur. Standards **48**, 334 (1952) (Ga I 12 110—2210 Å, кл.).
3. R. A. S a w y e r, R. J. L a n g, Phys. Rev. **34**, 712 (1929) (Ga I 2690—2600 Å, кл.; Ga II 7800—820 Å, кл.).
4. R. J. L a n g, Phys. Rev. **30**, 762 (1927) (Ga III 4390—630 Å, кл.).
5. J. E. M a c k, O. L a p o r t e, R. J. L a n g, Phys. Rev. **31**, 748 (1928) (Ga IV 1470—1130 Å, кл.).
6. É. Y a. K o n o n o v, Optika i spektroskopiya, **23**, 170 (1967) (Ga V 330–296 Å, кл.).

Gd

1. H. N. R u s s e l l, JOSA **40**, 550 (1950) (Gd I 7500—3600 Å, кл.; Gd II 7350—2790 Å, кл.).
2. E. H. P i n n i n g t o n, JOSA **57**, 1252 (1967) (Gd I 6100—3050 Å, кл.).
3. D. D e s m a r a i s, E. H. P i n n i n g t o n, JOSA **57**, 1245 (1967) (Gd II 5740—3010 Å, кл.).
4. W. R. C a l l a h a n, JOSA **53**, 695 (1963) (Gd III 3180—2040 Å, кл.).

Ge

1. R. D. v a n V e l d, K. W. M e i s s n e r, JOSA **46**, 598 (1956) (Ge I 4690—2010 Å, кл.).
2. K. L. A n d r e w, K. W. M e i s s n e r, JOSA **47**, 850 (1957) (Ge I 2467, 2416 Å, кл.).
3. K. L. A n d r e w, K. W. M e i s s n e r, JOSA **48**, 31 (1958) (Ge I 2000 — 1630 Å, кл. and wavelength standards).
4. K. W. M e i s s n e r, R. D. v a n V e l d, P. G. W i l k i n s o n, JOSA **48**, 1001 (1958) (Ge I 2000—1630 Å, wavelength standards; Ge II 2010—1600 Å, кл.).
5. K. L. A n d r e w, K. W. M e i s s n e r, JOSA **49**, 146 (1959) (Ge I 11 250—1540 Å, кл.).
6. V. K a u f m a n, K. L. A n d r e w, JOSA **52**, 1223 (1962) (Ge I 9480—2830 Å, кл.; 2000—1630 Å, кл. and wavelength standards).
7. C. J. H u m p h r e y s, K. L. A n d r e w, JOSA **54**, 1134 (1964) (Ge I 23 920—5000 Å, кл.).
8. C. C. K i e s s, J. Res. Nat. Bur. Standards **24**, 1 (1940) (Ge I 11 150—5260 Å, кл.; Ge II 7150—5890 Å, кл.).
9. P. G. W i l k i n s o n, K. L. A n d r e w, JOSA **53**, 710 (1963) (Ge I, Ge II 2850—1570 Å, wavelength standards).
10. A. G. S h e n s t o n e, Proc. Roy. Soc. **A276**, 293 (1963) (Ge II 9480—710 Å, кл.).
11. V. K a u f m a n n, J. F. W a r d, JOSA **56**, 1591 (1966) (Ge II 3230 — 1000 Å, кл. and wavelength standards).
12. R. J. L a n g, Phys. Rev. **34**, 696 (1929) (Ge II—IV 7150—440 Å, кл.).
13. J. E. M a c k, O. L a p o r t e, R. J. L a n g, Phys. Rev. **31**, 748 (1928) (Ge V 1230—940 Å, кл.).
14. P. G. K r u g e r, W. E. S h o u p, Phys. Rev. **46**, 124 (1934) (Ge V 304, 295 Å, кл.).
15. É. Y a. K o n o n o v, Optika i spektroscopiya, **23**, 170 (1967) (Ge VI 242–220 Å).

H

1. C. J. H u m p h r e y s, J. Res. Nat. Bur. Standards **50**, 1 (1953) (190 570—1210 Å, кл.).

He

1. T. Y. W u, Phys. Rev. **66**, 291 (1944) (He I 357, 320 Å, кл.).
2. W. C. M a r t i n, J. Res. Nat. Bur. Standards **A64**, 19 (1960) (He I 21 140—320 Å, кл.).
3. P. G. K r u g e r, Phys. Rev. **36**, 855, 1930 (He I 601, 357, 320 Å, кл.; He II 303—230 Å, кл.).
4. P. G. W i l k i n s o n, JOSA **45**, 862 (1955) (He II 1640—1025 Å).
5. J. D. G a r c i a, J. E. M a c k, JOSA **55**, 654 (1965) (He II 221 750—228 Å, кл.).

Hf

1. W. F. M e g g e r s, B. F. S c r i b n e r, J. Res. Nat. Bur. Standards **4**, 169 (1930) (Hf I 9250—3610 Å, кл.).
2. C. H. C o r l i s s, W. F. M e g g e r s, J. Res. Nat. Bur. Standards **61**, 269 (1958) (Hf I—IV 12 050—1280 Å).
3. W. F. M e g g e r s, B. F. S c r i b n e r, J. Res. Nat. Bur. Standards **13**, 625 (1934) (Hf II 9750—1620 Å, кл.).
4. P. E. N o u r m a n, H. L. G e u r t s, W. B. S i m o n s, Th. A. M. v a n K l e e f, Physica **29**, 901 (1963) (Hf III 3750—2310 Å, кл.).
5. P. F. A. K l i n k e n b e r g, Th. A. M. v a n K l e e f, P. E. N o u r m a n, Physica **27**, 1177 (1961) (Hf III 3750—1380 Å, кл.; Hf IV 2060—1300 Å, кл.).

Hg

1. F. P a s c h e n, Ann. der Physik **6**, 47 (1930) (Hg I 15 300—6950 Å, кл.).
2. I. W a l e r s t e i n, Phys. Rev. **46**, 874 (1934) (Hg I 10 140—2160 Å, кл.).
3. G. W i e d m a n n, W. S c h m i d t, Z. Physik **106**, 273 (1937) (Hg I 12 160—7090 Å).
4. S. M r o z o w s k i, Phys. Rev. **67**, 161 (1945) (Hg I 2967, 2270 Å, кл.).
5. K. B u r n s, K. B. A d a m s, JOSA **40**, 339 (1950) (Hg I 5790–2240 Å, wavelength standards).
6. W. F. M e g g e r s, F. O. W e s t f a l l, J. Res. Nat. Bur. Standards **44**, 447 (1950) (Hg I 5790—4040 Å, wavelength standards).
7. J. M. B l a n k, JOSA **40**, 345 (1950) (Hg I 5790—3650 Å, wavelength standards).
8. W. F. M e g g e r s, K. G. K e s s l e r, JOSA **40**, 737 (1950) (Hg I 5790—2530 Å, wavelength standards).
9. K. B u r n s, K. B. A d a m s JOSA **42**, 56 (1952)(Hg I 6910–2260 Å, кл. and wavelength standards).
10. K. B u r n s, K. B. A d a m s, JOSA **42**, 716 (1952) (Hg I 5790–2440 Å, кл. and wavelength standards).
11. C. J. H u m p h r e y s, JOSA **43**, 1027 (1953) (Hg I 19 700—13 200 Å, кл.).
12. J. R. F o w l e s, JOSA **44**, 760 (1954) (Hg I 7730—4880 Å, кл.).
13. E. P l y l e r, L. R. B l a i n e, E. D. T i d w e l l, J. Res. Nat. Bur. Standards **55**, 279 (1955) (Hg I 45 130—22 490 Å, кл.).
14. W. R. S. G a r t o n, A. R a j a r a t n a m, Proc. Phys. Soc. **A68**, 1107 (1955) (Hg I 2000—1770 Å, кл.).
15. D. H. R a n k, J. M. B e n n e t, H. E. B e n n e t, JOSA **46**, 477 (1956) (Hg I 15 295, 13 570, 10 140 Å, кл. and wavelength standards).
16. K. M. B a i r d, D. S. S m i t h, JOSA **48**, 300 (1958) (Hg I 5792, 5771 Å, wavelength standards).
17. E. R. P e c k, B. N. K h a n n a, N. C. A n d e r h o l m, JOSA **52**, 536 (1962) (Hg I 15 300—10 140 Å, wavelength standards).
18. V. K a u f m a n, JOSA **52**, 866 (1962) (Hg I 12 080—1850 Å, кл. and wavelength standards).
19. Th. A. M. v a n K l e e f, M. F r e d, Physica **29**, 389 (1963) (Hg I 7090—2530 Å, кл.).
20. P. G. W i l k i n s o n, K. L. A n d r e w, JOSA **53**, 710 (1963) (Hg I, Hg II 2970—1610 Å, wavelength standards).
21. P. G. W i l k i n s o n, JOSA **45**, 862 (1955) (Hg I, Hg II, Hg III 1950—890 Å).
22. F. P a s c h e n, Akad. Wiss. Berlin Sitz. Parts 31—33, p. 536 (1928) (Hg II 8200—890 Å, кл.).
23. J. C. M c L e n n a n, A. B. M c L a y, M. F. C r a w f o r d, Proc. Roy. Soc. **A134**, 41 (1931) (Hg II 10590—890 Å, кл.).
24. T. S. S u b b a r a y a, Z. Physik **78**, 541 (1932) (Hg II 9980—970 Å, кл.).
25. M. W. J o h n s, Canadian J. Research **A15**, 193 (1937) (Hg III 8450—570 Å, кл.).
26. E. W. F o s t e r, Proc. Roy. Soc. **A200**, 429 (1950) (Hg III 8150—610 Å, кл.).
27. T. S. S u b b a r a y a, Proc. Indian Acad. Sci. **A1**, 39 (1935) (Hg IV 7520—930 Å, кл.).

Ho

1. J. H. M c E l a n e y, JOSA **57**, 870 (1967) (Ho III, кл.).

In

1. F. P a s c h e n, Ann. der Physik **32**, 148 (1938) (In I 9170—2180 Å, кл.).
2. H. E. C l e a r m a n, JOSA **42**, 373 (1952) (In I 1760—1640 Å, кл.).
3. W. F. M e g g e r s, R. J. M u r p h y, J. Res. Nat. Bur. Standards **48**, 334 (1952) (In I 12 920—6840 Å, кл.).
4. W. R. S. G a r t o n, K. C o d l i n g, Proc. Phys. Soc. **78**; 600 (1961) (In I 2440—2140 Å, кл.).
5. J. S é g u i e r, C. R. Acad. Sci. **261**, 3561 (1965) (In I 17 920—9340 Å, кл.).
6. R. J. L a n g, R. A. S a w y e r, Z. Physik **71**, 453 (1931) (In II 9250—2070 Å, кл.).
7. F. P a s c h e n, J. S. C a m p b e l l, Ann. der Physik **31**, 29 (1938) (In II 9250—2070 Å, кл.).
8. R. C. G i b b s, H. E. W h i t e, Phys. Rev. **31**, 776 (1928) (In IV 1730—470 Å, кл.).
9. M. G r e e n, Phys. Rev. **60**, 117 (1941) (In V 420—370 Å, кл.).

Ir

1. Th. A. M. v a n K l e e f, Physica **23**, 843 (1957) (Ir I 8430—2000 Å, кл.).

J

1. F. E. Eshbach, R. A. Fisher, JOSA **44**, 868 (1954) (J I 12 440—4500 Å, кл.).
2. C. C. Kiess, C. H. Corliss, J. Res. Nat. Bur. Standards **63A**, 1 (1959) (J I 23 070—1190 Å).
3. W. C. Martin, C. H. Corliss, J. Res. Nat. Bur. Standards **64A**, 443 (1960) (J II 11 090—650 Å, кл.).
4. S. G. Krishnamurty, Proc. Phys. Soc. **48**, 277 (1936) (J IV 3550—2220 Å, кл.).
5. L. Bloch, E. Bloch, N. Felici, J. Phys. et Radium **8**, 355 (1937) (J 1010—190 Å).
6. S. G. Krishnamurty, I. Fernando, Indian J. Phys. **23**, 172 (1949) (J VI 920—480 Å, кл.).
7. I. Fernando, Curr. Sci. **17**, 362 (1948) (J VII 1000—200 Å, кл.).

K

1. H. Beutler, K. Guggenheimer, Z. Physik **87**, 188 (1933) (K I 662, 653 Å, кл.).
2. H. R. Kratz, Phys. Rev. **75**, 1844 (1949) (K I 7700—2855 Å, кл.).
3. A. Romer, R. D. Turner, I. C. Stehli, JOSA **40**, 178 (1950) (K I 3447 и 3446 Å).
4. P. Risberg, Ark. Fys. **10**, 583 (1956) (K I 15 170—2990 Å, кл.).
5. I. Johansson, Ark. Fys. **20**, 135 (1961) (K I 15 170—12 430 Å, кл.).
6. T. L. de Briun, Z. Physik **38**, 94 (1926) (K II 7700—1725 Å, кл.).
7. I. S. Bowen, Phys. Rev. **31**, 499 (1928) (K II 615—600 Å, кл.; K III 475—465 Å, кл.; K IV 755—735, кл.).
8. T. L. de Bruin, Z. Physik **53**, 658 (1929) (K III 3520—2550 Å, кл.).
9. E. Ekofors, Z. Physik **71**, 53 (1931) (1035—155 Å).

Kr

1. W. F. Meggers, T. L. de Briun, C. J. Humphreys, J. Res. Nat. Bur. Standards **7**, 643 (1931) (Kr I 9860—3180 Å, кл.).
2. W. F. Meggers, C. J. Humphreys, J. Res. Nat. Bur. Standards **10**, 427 (1933) (Kr I 8150—7600 Å, кл.).
3. W. F. Meggers, J. Res. Nat. Bur. Standards **14**, 487 (1935) (Kr I 12 210—10 450 Å, кл.).
4. H. Beutler, Z. Physik **93**, 177 (1935) (Kr I 1010—850 Å).
5. C. J. Humphreys, J. Res. Nat. Bur. Standards **20**, 29 (1938) (Kr I 4820—3420 Å, кл.).
6. T. A. Littlefield, Proc. Roy. Soc. **A187**, 220 (1946) (Kr I 6460—4270 Å, кл. and wavelength standards).
7. W. R. Sittner, E. R. Peck, JOSA **39**, 474 (1949) (Kr I 12 210—10 450 Å, кл.).
8. C. J. Humphreys, H. J. Kostkowski, J. Res. Nat. Bur. Standards **49**, 73 (1952) (Kr I 18 800—11 790 Å, кл.).
9. E. K. Plyler, L. R. Blaine, E. D. Tidwell, J. Res. Nat. Bur. Standards **55**, 279 (1955) (Kr I 21 900—7480 Å, wavelength standards).
10. E. Paul, C. J. Humphreys, JOSA **49**, 1186 (1959) (Kr I 25 240—20 200 Å, кл.).
11. B. Petersson, Ark. Fys. **27**, 317 (1964) (Kr I 1240—920 Å, кл.).
12. C. J. Humphreys, E. Paul, R. D. Cowan, K. L. Andrew, JOSA **57**, 855 (1967) (Kr I 40 690—39 280 Å, кл.).
13. B. Hernäng, Ark. Fys. **33**, 471 (1967) (Kr I 33 400—10 590 Å, кл.).
14. J. C. Boyce, Phys. Rev. **47**, 718 (1935) (Kr I 1240—940 Å, кл.; Kr II 970—550 Å, кл.; Kr III 1930—510 Å, кл.; Kr IV 842, 816, 805 Å, кл.).
15. T. L. de Bruin, C. J. Humphreys, W. F. Meggers, J. Res. Nat. Bur. Standards **11**, 409 (1933) (Kr II 10660—570 Å, кл.).
16. C. J. Humphreys, Phys. Rev. **47**, 712 (1935) (Kr III 7360—2110 Å, кл.).
17. E. Schönheit, Optik **23**, 409 (1965/1966) (Kr III—VIII 950—360 Å).
18. A. B. Rao, S. G. Krishnamurty, Proc. Phys. Soc. **51**, 772 (1939) (Kr IV 3940—2230 Å, кл.).
19. B. C. Fawcett, B. B. Jones, R. Wilson, Proc. Phys. Soc. **78**, 1223 (1961) (Kr V—VIII 750—450 Å, кл.).
20. B. C. Fawcett, A. H. Gabriel, Proc. Phys. Soc. **84**, 1038 (1964) (Kr IX, X 105—75 Å, кл.).
21. É. Ya. Kononov, S. L. Mandel'shtam, Optika i spektroskopiya, **19**, 145 (1965) (Kr X, XII 110–65 Å, кл.).

La

1. W. Meggers, J. Res. Nat. Bur. Standards **9**, 239 (1932) (10 960—2140 Å).
2. G. R. Harrison, N. Rosen, J. R. McNally, JOSA **35**, 658 (1945) (La I 7390—2720 Å, кл.; La II 7490—2250 Å, кл.).

3. W. F. Meggers, H. N. Russell, J. Res. Nat. Bur. Standards 9, 625 (1932) (La I 10 960—2640 Å, кл.; La II 10 960—2140 Å, кл.; La III 3520—2210 Å, кл.).
4. J. Sügar, V. Kaufman, JOSA 55, 1283 (1965) (La III 1940—740 Å, кл.).

Li

1. R. W. France, Proc. Roy. Soc. A129, 354 (1930) (Li I 6710—2300 Å, кл.).
2. K. W. Meissner, L. G. Mundie, P. Stelson, Phys. Rev. 74, 932 (1948) 75, 891 (1949) (Li I 8130—3910 Å, кл.).
3. B. Edlén, K. Lidén, Phys. Rev. 75, 890 (1949) (Li I 4132 Å, кл.).
4. S. Werner, Nature 116, 574 (1925) (Li II 5490—2670 Å, кл.).
5. S. Werner, Nature 118, 154 (1926) (Li II 5040—1750 Å, кл.).
6. H. Schuler, Z. Physik 37, 568 (1926) (Li II 5040—2380 Å, кл.).
7. H. A. Robinson, Phys. Rev. 51, 14 (1937) (Li II 199, 178, 171 Å, кл.).
8. E. Freytag, Naturwissenschaften 46, 314 (1959) (Li II 168, 167 Å, кл.; Li III 105—102 Å, кл.).
9. H. G. Gale, J. B. Hoag, Phys. Rev. 37, 1703 (1931) (Li III 730—100 Å, кл.).

Lu

1. P. F. A. Klinkenberg, Physica 21, 53 (1955) (Lu I 10 730—2460 Å, кл.).
2. L. Bovey, E. B. M. Steers, H. S. Wise, Proc. Phys. Soc. A69, 783 (1956) (Lu I 7476, 5482, 4136 Å, кл.).
3. L. Bovey, E. B. M. Steers, H. S. Wise, Atomic Energy Research Establischment R. 3225, Harwell 1960 (Lu I 24 200—10 000 Å, кл.).
4. E. H. Pinnington, Canad. J. Phys. 41, 1294 (1963) (Lu I 8390—2980 Å, кл.).
5. W. F. Meggers, B. F. Scribner, J. Res. Nat. Bur. Standards 5, 73 (1930) (Lu I 5740—2690 Å, кл.; Lu II 8460—2190 Å, кл.; Lu III 3060—2230 Å, кл.).
6. W. F. Meggers, B. F. Scribner, J. Res. Nat. Bur. Standards 19, 31 (1937) (Lu I—III 10 770—2060 Å).
7. E. H. Pinnington, Canad. J. Phys. 41, 1305 (1963) (Lu II 6620—2960 Å, кл.).

Mg

1. R. A. Fisher, F. E. Eshbach, JOSA 43, 1030 (1953) (Mg I 17 110—11 820 Å, кл.).
2. K. Codling, Proc. Phys. Soc. 77, 797 (1961) (Mg I 2860—1620 Å, кл.).
3. P. Risberg, Ark. Fys. 28, 381 (1965) (Mg I 26 400—2020 Å, кл.).
4. P. Risberg, Ark. Fys. 9, 483 (1955) (Mg II 11 620—880 Å, кл.).
5. J. Soderquist, Nova Acta Reg. Soc. Sci. Uppsala 9, N° 7 (1934) (Mg III 2530—1570 Å; 235—155 Å, кл.; Mg IV 1960—1450 Å; 325—120 Å, кл.; Mg V—IX 450—65 Å, кл.).
6. J. Soderquist, Ark. Mat. Astr. Fys. A32, N° 19 (1946) (Mg V—VII 405—55 Å, кл.; Mg IV—X 140—40 Å).

Mn

1. M. A. Catalán, O. G. Riquelme, An. Real. Soc. Espan. Fís. y Quím. A47, 173 (1951) (Mn I 4825—2460 Å, кл.).
2. M. A. Catalán, W. F. Meggers, O. G. Riquelme, J. Res. Nat. Bur. Standards 68A, 9 (1964) (Mn I 17 610 —1780 Å, кл.).
3. C. W. Curtis, Phys. Rev. 53, 474 (1938) (Mn II 6140—950 Å, кл.).
4. C. W. Curtis, JOSA 42, 300 (1952) (Mn II 6470—1160 Å, кл.).
5. L. Iglesias, JOSA 46, 449 (1956) (Mn II 9020—1350 Å, кл.).
6. L. Iglesias, JOSA 47, 852 (1957) (Mn II 9400—1540 Å, кл.).
7. L. Iglesias, R. Velasco, An. Real. Soc. Espan. Fís. y Quím. A59, 227 (1963) (Mn II).
8. L. Iglesias, An. Real. Soc. Espan. Fís. y Quím. A60, 147 (1964) (Mn II 2000—1100 Å, standards).
9. O. G. Riquelme, An. Real. Soc. Espan. Fís. y Quím. A59, 227 (1963) (Mn III 9300—2210 Å.)

Mo

1. C. C. Kiess, J. Res. Nat. Bur. Standards 60, 375 (1958) (Mo II 6090—1550 Å).
2. V. Ramakrishna Rao, Indian J. Phys. 23, 258 (1949) (Mo III 2500—2160 Å).
3. F. R. Rico, An. Real. Soc. Espan. Fíz. y Quím. 61A, 103 (1965) (Mo III, cited in Phys. Abstr. 68, N° 32078, 1965).
4. A. Y. Eliason, Phys. Rev. 43, 745 (1933) (Mo IV 2140—850 Å, кл.).
5. M. W. Trawick, Phys. Rev. 48, 223 (1935) (Mo V 2160—410 Å, кл.).
6. G. W. Charles, Phys. Rev. 77, 120 (1950) (Mo VI 790—290 Å, кл.; Mo VII 290—130 Å, кл.; Mo VIII 480—160 Å, кл.).

N

1. O. S. Duffendack, R. A Wolfe, Phys. Rev. **34**, 409 (1929) (N I 8730—3430 Å, кл.).
2. E. Ekofors, Z. Physik **63**, 437 (1930) (N I 1890—1000 Å, кл.).
3. G. Herzberg, Proc. Roy. Soc. **A248**, 309 (1958) (N I 11 330—6620 Å, 1200—910 Å, кл. and wavelength standards).
4. K. B. S. Eriksson, Ark. Fys. **13**, 429 (1958) (N I 11 650—7900 Å; 7470—4100 Å; 1750—950 Å, кл. and wavelength standards).
5. K. B. S. Eriksson, Ark. Fys. **19**, 235 (1961) (N I 18 750—12 000 Å, кл.).
6. V. Kaufman, J. Ward, Appl. Optics **6**, 43 (1967) (N I 1750—900 Å, кл.).
7. P. G. Wilkinson, JOSA **45**, 862 (1955) (N I, N II 1870—870 Å, wavelength standards).
8. B. Edlén, Rep. Progr. Phys. **26**, 181 (1963) (N I, N II 1200—530 Å, wavelength standards).
9. K. B. S. Eriksson, Ark. Fys. **13**, 303 (1958) (N II 10 550—450 Å, кл.).
10. B. Edlén, Nova Acta Reg. Soc. Sci. Uppsala **9**, N° 6 (1934) (N II 6630—450 Å, кл.; N III 4650—260 Å, кл.; N IV 7200—2640 Å, 960—180 Å, кл.; N V 1350—150 Å, кл.).
11. B. Edlén, Z. Physik **98**, 561 (1936) (N II 4700—2230 Å, кл.; N III 2200—1900 Å, кл.).
12. L. J. Freeman, Proc. Roy. Soc. **A121**, 318 (1928) (N III 6490—370 Å, кл.).
13. R. Hallin, Ark. Fys. **32**, 201 (1966) (N IV 7710—300 Å, кл.).
14. S. G. Tilford, JOSA **53**, 1051 (1963) (N V 1250—140 Å, кл.).
15. R. Hallin, Ark. Fys. **31**, 511 (1965) (N V 7620—140 Å, кл.).
16. K. Bockasten, R. Hallin, K. B. Johansson, P. Tsui, Phys. Lett. **8**, 181 (1964) (N V 1710—510 Å, кл.; N VI 1908, 1907, 1897 Å, кл.).

Na

1. P. Risberg, Ark. Fys. **10**, 583 (1956) (Na I 23 380—2540 Å, кл.).
2. I. Johansson, Ark. Fys. **20**, 135 (1961) (Na I 23 380—12 670 Å, кл.).
3. S. Frish, Z. Physik **70**, 498 (1931) (Na II 4460—2310 Å, кл.).
4. D. H. Tomboulian, Phys. Rev. **54**, 347 (1938) (Na III 2570—1100 Å, кл.).
5. J. Söderquist, Nova Acta Reg. Soc. Sci. Uppsala **9**, N° 7 (1934) (Na II 4114, 2943, 2503 Å, кл., 376—282 Å, кл.; Na III 2640—1950 Å, 380—180 Å, кл.; Na IV—Na IX 640—80 Å, кл.)·

Nb

1. C. J. Humphreys, W. F. Meggers, J. Res. Nat. Bur. Standards **34**, 477 (1945) (NbI 10 920—2160 Å, кл.; Nb II 7030—2000 Å, кл.).
2. V. R. Rao, Indian J. Phys. **22**, 429 (1948) (Nb I, II, кл.).
3. L. Iglesias, An. Real. Soc. Espan. Fís. y Quím. **A53**, 249 (1957) (Nb II 2200—1290 Å).
4. L. Iglesias, JOSA **45**, 856 (1955) (Nb III 3590—1290 Å, кл.).
5. G. W. Charles, Phys. Rev. **77**, 120 (1950) (Nb V 780—460 Å, кл.; Nb VI 330—160 Å, кл.; Nb VII 520—190 Å, кл.).

Nd

1. P. F. A. Klinkenberg, Physica **12**, 33 (1946) (Nd I 6660—4340 Å; Nd II 5460—3830 Å).
2. G. E. M. A. Hassan, Physica **29**, 1119 (1963) (Nd I, кл.).
3. G. E. M. A. Hassan, P. F. A. Klinkenberg, Physica **29**, 1133 (1963) (Nd I 8750—3350 Å, кл.).
4. P. R. Rao, G. Gluck, Proc. Roy. Soc. **A277**, 540 (1964) (Nd I 5920—5210 Å, кл.).
5. W. E. Albertson, G. R. Harrison, J. R. McNally, Phys. Rev. **61**, 167 (1942) (Nd II 8650—3230 Å).

Ne

1. F. Paschen, Ann. der Physik **60**, 405 (1919) (Ne I 9840—2550 Å, кл.).
2. W. F. Meggers, C. J. Humphreys, J. Res. Nat. Bur. Standards **10**, 427 (1933) (Ne I 18 550—7720 Å, 3000—2750 Å, кл.).
3. W. F. Meggers, J. Res. Nat. Bur. Standards **14**, 487 (1935) (Ne I 12 690—10 560 Å, кл.).
4. K. Burns, K. Adams, J. Longwell, JOSA **40**, 339 (1950) (Ne I, 8920—3120 Å, кл and secondary standards).
5. C. J. Humphreys, H. J. Kostkowski, J. Res. Nat. Bur. Standards **49**, 73 (1952) (Ne I 18 630—18 030 Å, кл.).
6. S. A. Sullivan, JOSA **45**, 1031 (1955) (Ne I 8865—7050 Å, кл. and secondary standards).
7. J. Blackie, T. A. Littlefield, Proc. Roy. Soc. **A229**, 468 (1955) (Ne I 3760—3370 Å, кл. and secondary standards).
8. G. Hepner, Ann. de Physique **6**, 735 (1961) (Ne I 24 940—19 570 Å, кл.).
9. B. Petersson, Ark. Fys. **27**, 317 (1964) (Ne I 750—590 Å, кл.).
10. P. G. Wilkinson, K. L. Andrew, JOSA **53**, 710 (1963) (Ne I, II 3060—2320 Å, 2040—1550 Å, secondary standards).

11. J. C. B o y c e, Phys. Rev. **46**, 378 (1934) (Ne I 750—580 Å, кл.; Ne II 1940—320 Å, кл.; Ne III 1260—280 Å, кл.).
12. S. F r i s h, Z. Physik **64**, 499 (1930) (Ne II 2200—1500 Å, кл.).
13. T. L. de B r u i n, C. J. B a k k e r, Z. Physik **69**, 19 (1931) (Ne II 2200—1500 Å, кл.).
14. K. W. M e i s s n e r, R. D. v a n V e l d, P. G. W i l k i n s o n, JOSA **48**, 1001 (1958) (Ne II 1940—1680 Å, secondary standards).
15. S. B a s h k i n, Phys. Lett. **13**, 229 (1964) (Ne II—VII 2000—600 Å).
16. T. L. de B r u i n, Z. Physik **77**, 505 (1932) (Ne III 2830—2080 Å, кл.).
17. V. K e u s s l e r, Z. Physik **85**, 1 (1933) (Ne III 320—250 Å, кл.).
18. F. W. P a u l, H. D. P o l s t e r, Phys. Rev. **59**, 424 (1941) (Ne IV 786—140 Å, кл.; Ne V 1580—110 Å, кл.; Ne VI 570—110 Å, кл.).
19. A. S. K a u f m a n, T. P. H u g h e s, R. V. W i l l i a m s, Proc. Phys. Soc. **76**, 17 (1960) (Ne IV 2220—2200 Å, кл.; Ne V 2310—2230 Å, кл.; Ne VI 2300—2250 Å, кл.).
20. S. G o l d s m i t h, A. S. K a u f m a n, Proc. Phys. Soc. **81**, 544 (1963) (Ne IV 2410—2280 Å, кл.; Ne V 2310—2220 Å, кл.; Ne VI 2289, 36 Å, кл.).
21. K. B o c k a s t e n, R. H a l l i n, T. P. H u g h e s, Proc. Phys. Soc. **81**, 522 (1963) (Ne IV 2300—2010 Å; Ne VI 2260—2040 Å, 460—430 Å, кл.; Ne VII 2000—1980 Å, 570—460 Å, кл.; Ne VIII, 780, 770 Å, кл.).
22. B. C. F a w c e t t, B. B. J o n e s, R. W i l s o n, Proc. Phys. Soc. **78**, 1223 (1961) (Ne VI—VIII 780—430 Å).
23. L. L. H o u s e, G. A. S a w y e r, Astrophys. J. **139**, 775 (1964) (Ne VII, VIII 130—60 Å, кл.).
24. B. C. F a w c e t t, A. H. G a b r i e l, B. B. J o n e s, N. J. P e a c o c k, Proc. Phys. Soc. **84**, 257 (1964) (Ne VII 140—90 Å,; Ne VIII 110—60 Å).

Ni

1. H. N. R u s s e l l, Phys. Rev. **34**, 821 (1929) (Ni I 18 040—1960 Å, кл.).
2. W. F. M e g g e r s, C. C. K i e s s, J. Res. Nat. Bur. Standards **9**, 309 (1932) (Ni I 10 980—8580 Å, кл.).
3. R. L. H e i d, G. H. D i e k e, JOSA **44**, 402 (1954) (Ni I 5900—3350 Å, кл.).
4. A. G. S h e n s t o n e, Phys. Rev. **30**, 255 (1927) (Ni II 4370—1810 Å, кл.).
5. R. J. L a n g, Phys. Rev. **31**, 773 (1928); **33**, 547 (1929) (Ni II 1960—1740 Å, кл.; 1540—1250 Å, кл.).
6. M. C. D i a g o, An. Real. Soc. Espan. Fís. y Quím. **A60**, 229 (1964) (Ni II, cited in Phys. Abstr. **68**, Nº 28 903, 1965).
7. A. G. S h e n s t o n e, JOSA **44**, 749 (1954) (Ni III 2980—590 Å, кл.).
8. O. G. R i q u e l m e, R. V e l a s c o, An. Real. Soc. Espan. Fís. y Quím. **A51**, 41 (1955) (Ni III 9000—2300 Å).
9. O. G. R i q u e l m e, R. V e l a s c o, An. Real. Soc. Espan. Fís. y Quím. **A51**, 59 (1955) (Ni III 9000—2300 Å, кл.).

Np

1. F. S. T o m k i n s, M. F r e d, JOSA **39**, 357 (1949) (4370—2650 Å).

O

1. R. F r e r i c h s, Phys. Rev. **34**, 1239 (1929) (O I 8820—980 Å, кл.).
2. R. F r e r i c h s, Phys. Rev. **36**, 398 (1930) (O I 1220—740 Å, кл.).
3. B. E d l é n, Kongl. Svenska Vetenskapsakad Handl. **20**, Nº 10 (1943) (O I 13 170—2870 Å, кл.; 1360—930 Å, кл.).
4. B. E d l é n, Rep. Progr. Phys. **26**, 181 (1963) (O I 1360—790 Å, standards).
5. K. B. S. E r i k s s o n, H. B. S. I s b e r g, Ark. Fys. **24**, 549 (1963) (O I 18 250—4650 Å, кл.).
6. A. F o w l e r, Proc. Roy. Soc. **A110**, 476 (1926) (O II 6720—1950 Å, кл.).
7. G. M i h u l, Ann. de Phys. **9**, 261 (1928) (O II 6910—2070 Å, кл.; O III 5600—2040 Å, кл.; O IV 3420—2440 Å).
8. B. E d l é n, Nova Acta Reg. Soc. Sci. Uppsala **9**, Nº 6 (1934) (O II 6670—2000 Å, 800—370 Å, кл.; O III 5600—220 Å, кл.; O IV 3570—2380 Å, кл.; O V 4560—2720 Å, 1380—120 Å, кл.; O VI 3834, 3811 Å, 1040—100 Å, кл.).
9. B. E d l é n, Z. Physik **93**, 726 (1935) (O II 4490—3210, 741, 740 Å, кл.; O III 3390—2280 Å, 660—550 Å, кл.; O IV 3492, 3489, 280—150 Å, кл.).
10. A. F o w l e r, Proc. Roy. Soc. **A117**, 317 (1928) (O III 5600—300 Å, кл.).
11. K. B o c k a s t e n, R. H a l l i n, B. J o h a n s s o n, P. T s u i, Phys. Lett. **8**, 181 (1964) (O III 2060—1470 Å, кл.; O V 7610—480 Å, кл.).
12. L. J. F r e e m a n, Proc. Roy. Soc. **A127**, 330 (1930) (O IV 4820—230 Å, кл.).

Os

1. G. G. Gluck, Y. Bordarier, J. Bauche, Th. A. M. van Kleef, Physica **30**, 2068 (1964) (Os I 8390—1980 Å, кл.).
2. Th. A. M. van Kleef, Proc. K. Ned. Akad. Wetensch. **63**, 501 (1960) (Os I 8650—2000 Å, кл.; Os II 5320—2000 Å, кл.).

P

1. W. C. Martin, JOSA **49**, 1071 (1959) (P I 10 820—1240 Å, кл.; P II 8370—780 Å, кл.).
2. I. S. Bowen, Phys. Rev. **39**, 8 (1932) (P III 4000—780 Å, кл.; P IV 4300—280 Å, кл.).
3. H. A. Robinson, Phys. Rev. **51**, 726 (1937) (P III 5210—490 Å, кл.; P IV 4300—280 Å, кл.; P V 3210—210 Å, кл.).

Pa

1. F. S. Tomkins, M. Fred, JOSA **39**, 357 (1943) (4380—2640 Å).
2. A. Giacchetti, JOSA **56**, 653 (1966) (Pa I, кл.).
3. A. Giacchetti, JOSA **57**, 728 (1967) (Pa II 4440—2520 Å, кл.).

Pb

1. H. Gieseler, W. Grotrian, Z. Physik **34**, 374 (1925) (Pb I 5200—2050 Å, кл.).
2. H. Gieseler, W. Grotrian, Z. Physik **39**, 377 (1926) (Pb I 13 100—1640 Å, кл.).
3. H. E. Clearman, JOSA **42**, 373 (1952) (Pb I 3260—1630 Å, кл.).
4. L. T. Earls, R. A. Sawyer, Phys. Rev. **47**, 115 (1935) (Pb II 9870—840 Å, кл.).
5. A. S. Rao, A. L. Narayan, Z. Physik **59**, 687 (1930) (Pb III 5860—1550 Å, кл.).
6. M. F. Crawford, A. B. McLay, A. M. Crooker, Proc. Roy. Soc. **A158**, 455 (1937) (Pb IV 8750—430 Å, кл.).
7. G. K. Schoepfle, Phys. Rev. **50**, 538 (1936) (Pb V 1400—280 Å, кл.).

Pd

1. A. G. Shenstone, Phys. Rev. **36**, 669 (1930) (Pd I 9240—1940 Å, кл.).
2. A. G. Shenstone, Proc. Roy. Soc. **A219**, 419 (1953) (Pd I 6250—1680 Å, кл.).
3. K. G. Keissler, W. F. Meggers, C. Moore, J. Res. Nat. Bur. Standards **53**, 225 (1954) (Pd I 11 560—6500 Å, кл.).
4. A. G. Shenstone, Phys. Rev. **32**, 30 (1928) (Pd II 4160—1110 Å, кл.).
5. H. A. Blair, Phys. Rev. **36**, 173 (1930) (Pd II 3390—2120 Å, кл.).
6. A. G. Shenstone, J. Res. Nat. Bur. Standards **67A**, 87, (1963) (Pd III 2990—680 Å, кл.).

Pm

1. D. L. Timma, JOSA **39**, 898 (1949) (4390—3620 Å).
2. W. F. Meggers, B. Scribner, W. Bozman, J. Res. Nat. Bur. Standards **46**, 85 (1951) (6880—2330 Å).
3. P. F. A. Klinkenberg, F. S. Tomkins, Physica **26**, 103 (1960) (8500—3550 Å).
4. J. Reader, S. P. Davis, JOSA **53**, 431 (1963) (hyperfine structure).
5. S. Hüfner, Z. Physik **165**, 397 (1961) (Pm III, кл.).

Po

1. G. W. Charles, D. J. Hunt, G. Pish, D. L. Timma, JOSA **45**, 869 (1955) (Po I 9380—2160 Å, кл.).
2. E. A. Vernyi, A. N. Zaidel', K. G. Shvebel'blit, Doklady Akad. Nauk SSSR, **104**, 710 (1955) (Po I 5750—2050 Å, кл.).
3. S. Mrozowski, JOSA **46**, 663 (1956) (Po I 7060—2340 Å, кл.).
4. E. A. Vernyi, Zh. prikl. spektroskopii, **5**, 795 (1966) (Po I 9230—3940 Å, кл.).
5. G. W. Charles, JOSA **56**, 1292 (1966) (Po I 8620—2130 Å, кл.).

Pr

1. R. Zalubas, M. Wilson, J. Res. Nat. Bur. Standards **69**, 59 (1965) (Pr I 5840—1740 Å).
2. N. Rosen, G. R. Harrison, J. R. McNally, Phys. Rev. **60**, 772 (1941) (Pr II 7100—3650 Å, кл.).
3. J. Sugar, JOSA **53**, 831 (1963) (Pr III, кл.).
4. N. Spector, JOSA **54**, 1359 (1964) (Pr III, кл.).

5. J. S u g a r, Phys. Rev. Lett. **14**, 731 (1965) (Pr IV, кл.).
6. H. M. C r o s s w h i t e, G. H. D i e k e, W. J. C a r t e r, J. Chem. Phys. **43**, 2047 (1965) (Pr IV 5930—1220 Å, кл.).
7. J. S u g a r, JOSA **55**, 1058 (1965) (Pr IV 3020—1065 Å, кл.).

Pt

1. A C. H a u s m a n n, Astrophys. J. **66**, 333 (1927) (Pt I 8770—2050 Å, кл.).
2. J. J. L i v i n g o o d, Phys. Rev. **34**, 185 (1929) (Pt I 7830—1920 Å).
3. K. G. K e s s l e r, W. F. M e g g e r s, C. E. M o o r e, J. Res. Nat. Bur. Standards **53**, 225 (1954) (Pt I 10 760—6640 Å, кл.).
4. A. G. S h e n s t o n e, Phil. Trans. Roy. Soc. **A237**, 453 (1938) (Pt II 4520—970 Å, кл.).

Pu

1. J. B l a i s e, M. F r e d, S. G e r s t e n k o r n, B. R. J u d d, C. R. Acad. Sci. **255**, 2403 (1962) (Pu I, кл.).
2. S. G e r s t e n k o r n, Ann. de Physique **7**, 367 (1962) (Pu I 9350—3750 Å, кл.).
3. E. W. T. R i c h a r d s, A. R i d g e l e y, Spectrochim. Acta **21**, 1449 (1965) (Pu I 26 550—2970 Å, кл.).
4. J. B a u c h e, J. B l a i s e, M. F r e d, C. R. Acad. Sci. **257**, 2260 (1963) (Pu I, II, кл.).
5. J. R. M c N a l l y, P. M. G r i f f i n, JOSA **49**, 162 (1959) (Pu II, кл.).
6. J. B a u c h e, J. B l a i s e, M. F r e d, C. R. Acad. Sci. **256**, 5091 (1963) (Pu II, кл.).
7. F. S. T o m k i n s, M. F r e d, JOSA **39**, 357 (1949) (4360—2670 Å).
8. M. v a n d e n B e r g, P. F. A. K l i n k e n b e r g, Physica **20**, 461 (1954) (6330—3000 Å).
9. J. C o n w a y, JOSA **44**, 276 (1954) (6890—3470 Å).
10. A. R. S t r i g a n o v, L. A. K o r o s t y l e v a, Optika i spektroskopiya, **1**, 957 (1956) (6710–2780 Å).
11. L. B o v e y, Spectrochim. Acta **10**, 383 (1958) (6890—2790 Å).
12. L. B o v e y, E. B. M. S t e e r s, N. A t h e r t o n, Atomic Energy Research Establishment, R. 2977, Harwell, 1959 (30 000—10 000 Å).
13. L. B o v e y, M. C. J. B a r k e r, A. R i d g e l e y, Atomic Energy Research Establishment, R. 3515, Harwell, 1960 (10 000—7000 Å).
14. L. A. K o r o s t y l e v a, Optika i spektroskopiya, **12**, 671 (1962).
15. L. A. K o r o s t y l e v a, Optika i spektroskopiya, **14**, 177 (1963) (6900–3970 Å).
16. E. W. T. R i c h a r d s, N. J. A t h e r t o n, E. B. M. S t e e r s, Atomic Energy Research Establishment, R. 3768, Harwell, 1963 (cited in {3}).
17. E. W. T. R i c h a r d s, A. R i d g e l y, Atomic Energy Research Establishment, R. 4426, Harwell, 1963 (7000—3200 Å).
18. L. A. K o r o s t y l e v a, Optika i spektroskopiya, **17**, 469 (1964) (6900–3700 Å).

Ra

1. E. R a s m u s s e n, Z. Physik **87**, 607 (1933) (Ra I 9940—3100 Å, кл.).
2. E. R a s m u s s e n, Z. Physik **86**, 24 (1933) (Ra II 8020—1880 Å, кл.).

Rb

1. W. F. M e g g e r s, J. Res. Nat. Bur. Standards **10**, 669 (1933) (Rb I 10 310—8860 Å, кл.).
2. H. R. K r a t z, Phys. Rev. **75**, 1844 (1949) (Rb I 7950—2960 Å, кл.).
3. I. J o h a n s s o n, Ark. Fys. **20**, 135 (1961) (Rb I 27 910—7800 Å, кл.).
4. J. S e g u i e r, C. R. Acad. Sci. **256**, 4176 (1963) (Rb I 27 320—13 230 Å, кл.).
5. O. L a p o r t e, G. R. M i l l e r, R. A. S a w y e r, Phys. Rev. **38**, 843 (1931) (Rb II 7700—690 Å, кл.).
6. R. R i c a r d, F. V a l a n c o g n e, C. R. Acad. Sci. **207**, 1093 (1938) (Rb II—IV 2000—1400 Å).
7. D. H. T o m b o u l i a n, Phys. Rev. **54**, 350 (1938) (Rb III 820—480 Å, кл.).

Re

1. P. F. A. K l i n k e n b e r g, Physica **13**, 581 (1947) (Re I 10 640—2000 Å, кл.).
2. P. F. A. K l i n k e n b e r g, Physica **14**, 269 (1948) (Re I 10 560—2010 Å, кл.).
3. R. V e l a s c o, An. Real. Soc. Espan. Fís y Quím. **A45**, 215 (1949) (Re I, кл.).
4. R. V e l a s c o, An. Real. Soc. Espan. Fís y Quím. **A48**, 55 (1952) (Re I).

5. P. F. A. Klinkenberg, W. F. Meggers, R. Velasco, M. Catalán, J. Res. Nat. Bur. Standards **59**, 319 (1957) (Re I 11 620—1710 Å, кл.).
6. W. F. Meggers, J. Res. Nat. Bur. Standards **49**, 187 (1952) (Re I, Re II 11 790—2000 Å).
7. W. F. Meggers, M. A. Catalán, M. Sales, J. Res. Nat. Bur. Standards **61**, 441 (1958) (Re II 5420—1520 Å, кл.).

Rh

1. J. P. Molnar, W. J. Hitchcok, JOSA **30**, 523 (1940) (Rh I 8620—1980 Å, кл.).
2. R. J. Murphy, J. Res. Nat. Bur. Standards **49**, 371 (1952) (Rh I 11 021—6330 Å, кл.).
3. F. J. Sancho, An. Real. Soc. Espan. Fís. y Quím. **A54**, 41, 65 (1958) (Rh II; cited in {3. 4}).
4. L. Iglesias, Canad. J. Phys. **44**, 895 (1966) (Rh III 2190—990 Å, кл.).

Rn

1. H. E. Watson, Proc. Roy. Soc. **A83**, 50 (1910) (7060—3860 Å).
2. S. Wolf, Z. Physik **48**, 790 (1928) (3760—2370 Å).
3. E. Rasmussen, Z. Physik **62**, 494 (1930) (Rn I 9330—3230 Å, кл.).
4. E. Rasmussen, Z. Physik **80**, 726 (1933) (Rn I 10 160—3310 Å, кл.).
5. H. Petterson, Ber. Akad. Wiss. Wien **143**, 303 (1934) (3690—2280 Å).

Ru

1. G. R. Harrison, J. R. McNally, Phys. Rev. **58**, 703 (1940) (Ru I 5930—2650 Å, кл.).
2. A. Steudel, H. Thulke, Z. Physik **139**, 239 (1954) (Ru I 5700 — 3850 Å, line half-widths).
3. K. G. Keissler, J. Res. Nat. Bur. Standards **63A**, 213 (1959) (Ru I 11 490—2050 Å, кл.).
4. A. G. Shenstone, W. F. Meggers, J. Res. Nat. Bur. Standards **55**, 97 (1955) (11 490—2000 Å).
5. A. G. Shenstone, W. F. Meggers, J. Res. Nat. Bur. Standards **61**, 373 (1958) (Ru II 6380—1050 Å, кл.).

S

1. R. Frerichs, Z. Physik **80**, 150 (1930) (S I 11 480—4150 Å, кл.).
2. K. W. Meissner, O. Bartelt, L. Eckstein, Z. Physik **86**, 54 (1933) (S I 8710—3410 Å, кл.).
3. Y. G. Toresson, Ark. Fys. **18**, 417 (1960) (S I 1830—1290 Å, кл.).
4. S. B. Ingram, Phys. Rev. **32**, 172 (1928) (S II 5820—640 Å, кл.).
5. M. Gilles, Ann. de Physique **15**, 267 (1931) (S II 7640—640 Å, кл.; S III 5700—480 Å, кл.; S IV 4540—2120 Å, кл.).
6. A. Hunter, Phil. Trans. Roy. Soc. **A233**, 303 (1934) (S II, III 4890—3310 Å, кл.).
7. H. A. Robinson, Phys. Rev. **52**, 724 (1937) (S III 4680—500 Å, кл.; S VI 950—170 Å, кл.).
8. R. A. Millikan, I. S. Bowen, Phys. Rev. **25**, 600 (1925) (S IV 3120—550 Å, кл.).
9. I. S. Bowen, Phys. Rev. **31**, 34 (1928) (S IV 1300—790 Å, кл.).
10. I. S. Bowen, Phys. Rev. **39**, 8 (1932) (S IV 810—510 Å, кл.; S V 910—430 Å, кл.).

Sb

1. W. F. Meggers, C. J. Humphreys, J. Res. Nat. Bur. Standards **28**, 463 (1942) (Sb I 12 470—1380 Å).
2. R. J. Lang, E. H. Vestine, Phys. Rev. **42**, 233 (1932) (Sb II 7350—690 Å, кл.).
3. S. G. Krishnamurty, Indian J. Physics **10**, 83 (1937) (Sb II 7350—870 Å, кл.).
4. R. J. Lang, Phys. Rev. **35**, 445 (1930) (Sb III 6290—690 Å, кл.).
5. J. S. Badami, Proc. Phys. Soc. **43**, 538 (1931) (Sb IV 3930—460 Å, кл.; Sb V 3363, 3036 Å, кл.).
6. G. K. Schoepfle, Phys. Rev. **43**, 742 (1933) (Sb VI 1340—880 Å, кл.).
7. P. G. Kruger, W. E. Shoupp, Phys. Rev. **46**, 124 (1934) (Sb VI 295—280 Å, кл.).

Sc

1. H. N. Russell, W. F. Meggers, Sci. Pap. Bur. Standards **22**, 329 (1927) (Sc I 8250 — 2690 Å, кл.; Sc II 6610—2540 Å, кл.).
2. S. Smith, Proc. Nat. Acad. Sci. **13**, 65 (1927) (Sc III 4070—730 Å, кл.).

3. P. G. Kruger, S. G. Weissberg, L. W. Phillips, Phys. Rev. **51**, 1090 (1937) (Sc IV 300—210 Å, кл.).
4. P. G. Kruger, L. W. Phillips, Phys. Rev. **51**, 1087 (1937) (Sc V 590—220 Å, кл.).
5. P. G. Kruger, H. S. Pattin, Phys. Rev. **52**, 621 (1937) (Sc VI 590—200 Å, кл.; Sc VII 580—180 Å, кл.).
6. L. W. Phillips, Phys. Rev. **55**, 708 (1939) (Sc VIII 500—350 Å, кл.).

Se

1. J. E. Ruedy, R. C. Gibbs, Phys. Rev. **46**, 880 (1934) (Se I 10 660—1310 Å, кл.).
2. K. R. Rao, S. G. K. Murti, Proc. Roy. Soc. **A145**, 694 (1934) (Se I 3620—1410 Å, кл.; Se VII 860—560 Å, кл.).
3. D. C. Martin, Phys. Rev. **48**, 938 (1936) (Se II 9820—690 Å, кл.).
4. J. C. Badami, K. R. Rao, Proc. Roy. Soc. **A140**, 387 (1933) (Se III 9570—680 Å, кл.).
5. K. R. Rao, S. G. K. Murti, Proc. Roy. Soc. **A145**, 681 (1934) (Se III 6550—510 Å, кл.).
6. K. R. Rao, J. S. Badami, Proc. Roy. Soc. **A131**, 154 (1931) (Se IV 3060—630 Å, кл.; Se V 1230—640 Å, кл.).
7. R. A. Sawyer, C. J. Humphreys, Phys. Rev. **32**, 583 (1928) (Se V 840—500 Å, кл.; Se VI 890—450 Å, кл.).
8. P. G. Kruger, W. E. Shoupp, Phys. Rev. **46**, 124 (1934) (Se VII 180—170 Å, кл.).

Si

1. C. C. Kiess, J. Res. Nat. Bur. Standards **21**, 185 (1938) (Si I 12 270—1560 Å, кл.).
2. M. A. El'yashevich, O. I. Nikitina, Doklady Akad. Nauk SSSR, **111**, 325 (1956) (Si I 3020, 3007 Å, кл.).
3. U. Litzen, Ark. Fys. **28**, 239 (1965) (Si I 25 860—10 280 Å, кл.).
4. H. Niewodniczanski, J. Pietruszka, Acta Phys. Polon. **27**, 807 (1965) (Si I 6590, 6527 Å, кл.).
5. L. J. Radziemski, K. L. Andrew, JOSA **55**, 474 (1965) (Si I 12 270—1250 Å, кл.).
6. V. Kaufman, L. J. Radziemski, K. L. Andrew, JOSA **56**, 911 (1966) (Si I 2100—1540 Å, кл.).
7. U. Litzén, Ark. Fys. **31**, 453 (1966) (Si I 15 890—10 740 Å, кл.).
8. L. J. Radziemski, K. L. Andrew, V. Kaufman, JOSA **57**, 336 (1967) (Si I 1990—1560 Å, and wavelength standards).
9. A. G. Shenstone, Proc. Roy. Soc. **A261**, 153 (1961) (Si II 9420—710 Å, кл.).
10. V. Kaufman, J. F. Ward, JOSA **56**, 1591 (1966) (Si II 1820—990 Å, кл. and wavelength standards).
11. Y. G. Torreson, Ark. Fys. **18**, 389 (1961) (Si III 9800—420 Å, кл.).
12. Y. G. Torreson, Ark. Fys. **17**, 179 (1960) (Si IV 9020—320 Å, кл.).
13. J. Soderquist, Nova Acta Reg. Soc. Sci. Uppsala **9**, № 7 (1934) (Si V 120—85 Å, кл.; Si VI 250—75 Å, кл.; Si VII 280—65 Å, кл.; Si VIII 320—210 Å, 70—60 Å, кл.).

Sm

1. W. Albertson, Phys. Rev. **47**, 370 (1935) (Sm I 8030—2970 Å, кл.).
2. W. Albertson, Phys. Rev. **52**, 644 (1937) (Sm I 7270—5870 Å, кл.).
3. P. Brix, Z. Physik **126**, 431 (1949) (Sm I 7140—5040 Å, кл.).
4. K. Heily, G. Sauthoff, A. Steudel, Z. Physik **196**, 39 (1966) (Sm I 4907 Å, кл.).
5. W. Albertson, Astrophys. J. **84**, 26 (1936) (Sm II 9270—3000 Å, кл.).
6. A. Dupont, JOSA **57**, 870 (1967) (Sm III, кл.).

Sn

1. W. Meggers, J. Res. Nat. Bur. Standards **24**, 153 (1940) (Sn I 24 740—1690 Å, кл.).
2. W. W. McCormick, R. A. Sawyer, Phys. Rev. **54**, 71 (1938) (Sn II 7910—860 Å, кл.).
3. R. C. Gibbs, H. E. White, Proc. Nat. Acad. Sci. **14**, 345 (1928) (Sn V 1540—350 Å, кл.).
4. M. Green, Phys. Rev. **60**, 117 (1941) (Sn VI 330—280 Å, кл.).

Sr

1. W. F. Meggers, J. Res. Nat. Bur. Standards **10**, 669 (1933).
2. F. A. Saunders, E. G. Schneider, E. Buckingham, Proc. Nat. Acad. Sci. **20**, 291 (1934) (Sr II 12 450—1480 Å, кл.).
3. D. H. Tomboulian, Phys. Rev. **54**, 350 (1938) (Sr IV 710—360 Å, кл.).

Ta

1. P. F. A. Klinkenberg, G. J. van den Berg, J. C. van den Bosh, Physica **16**, 861 (1950) (Ta I 10 330—2350 Å, кл.).
2. P. F. A. Klinkenberg, G. J. van den Berg, J. C. van den Bosh, Physica **17**, 167 (1951) (Ta I, кл.).
3. P. F. A. Klinkenberg, G. J. van den Berg, J. C. van den Bosh, Physica **18**, 221 (1952) (Ta I 9820—2210 Å, кл.).
4. C. C. Kiess, G. R. Harrison, W. J. Hitchcock, J. Res. Nat. Bur. Standards **44**, 245 (1950) (energies of Ta II, кл.).
5. R. E. Trees, W. F. Cahill, P. Rabinowitz, J. Res. Nat. Bur. Standards **55**, 335 (1955) (Ta II, кл.).
6. C. Kiess, J. Res. Nat. Bur. Standards **66A**, 111 (1962) (Ta II 7820—2000 Å, кл.).
7. I. Fernando, S. G. Krishnamurty, Current Sci. **20**, 125 (1951) (Ta III 2750—2250 Å, кл.).

Tb

1. P. F. A. Klinkenberg, Physica **32**, 1113 (1966) (Tb I 9290—2330 Å, кл.).
2. P. F. A. Klinkenberg, E. Meinders, Physica **32**, 1617 (1966) (Tb I 5700—3160 Å, кл.).

Tc

1. D. L. Timma, JOSA **39**, 898 (1949) (4300—2460 Å).
2. W. F. Meggers, B. F. Scribner, J. Res. Nat. Bur. Standards **45**, 476 (1950) (8830—2260 Å).
3. W. F. Meggers, J. Res. Nat. Bur. Standards, **47**, 7 (1951) (Tc I 8050—2580 Å, кл.; Tc II 3980—2280 Å, кл.).

Te

1. J. E. Ruedy, Phys. Rev. **41**, 588 (1932) (Te I 11 090—5080 Å, кл.).
2. O. Bartelt, Z. Physik **88**, 522 (1934) (Te I 11 090—1640 Å, кл.).
3. J. S. Ross, K. Murakawa, Phys. Rev. **85**, 559 (1952) (Te I 2531, 2386 Å, кл.; Te II 6440—4000 Å, кл.).
4. L. Bloch, E. Bloch, Ann. de Physique **13**, 233 (1930) (Te I—III 7250—2200 Å).
5. J. B. Green, R. A. Loring, Phys. Rev. **90**, 80 (1953) (Te I 3180—2380 Å, кл.; Te II 6440—2710 Å, кл.; Te III 5540—3450 Å, кл.).
6. M. B. Handrup, J. E. Mack, Physica **30**, 1245 (1964) (Te II 8980—740 Å, кл.).
7. S. G. Krishnamurty, Proc. Roy. Soc. **A151**, 178 (1935) (Te III 6980—830 Å, кл.).
8. S. G. Krishnamurty, K. R. Rao, Proc. Roy. Soc. **A158**, 562 (1937) (Te III 6400—610 Å, кл.).
9. A. M. Crooker, Y. N. Joshi, JOSA **54**, 553 (1964) (Te III—VI, кл.).
10. K. R. Rao, Proc. Roy. Soc. **A133**, 220 (1931) (Te IV 3600—740 Å, кл.; Te VI 1320—540 Å, кл.).
11. R. C. Gibbs, A. M. Vieweg, Phys. Rev. **34**, 400 (1929) (Te V 1550—600 Å, кл.).
12. P. G. Kruger, W. E. Shoupp, Phys. Rev. **46**, 124 (1934) (Te VII 245—225 Å, кл.).
13. G. K. Schoepfle, Phys. Rev. **43**, 742 (1933) (Te VII 1130—780 Å, кл.).
14. L. Bloch, E. Bloch, C. R. Acad. Sci. **208**, 336 (1939) (235—140 Å).

Th

1. R. Zalubas, J. Res. Nat. Bur. Standards **A63**, 275 (1959) (Th I 6950—3300 Å, кл.).
2. W. F. Meggers, R. W. Stanley, J. Res. Nat. Bur. Standards **61**, 95 (1958) (Th I, II 6990—3280 Å, wavelength standards).
3. A. Davison, A. Giacchetti, R. W. Stanley, JOSA **52**, 447 (1962) (Th I, II 3400—2650 Å, wavelength standards).
4. A. Giacchetti, M. Gallardo, M. J. Garavaglia, Z. Gonzalez, F. P. J. Valero, E. Zakowicz, JOSA **54**, 957 (1964) (Th I, II 4600-2680 Å, wavelength standards).
5. T. A. Littlefield, A. Wood, JOSA **55**, 1509 (1965) (Th I, II 9050—2560 Å, wavelength standards).
6. W. F. Meggers, R. W. Stanley, J. Res. Nat. Bur. Standards **69A**, 109 (1965) (Th I, II 7020—3270 Å, wavelength standards).
7. R. Zalubas, Nat. Bur. Standards Monograph **17**, 1960 (Th I—IV 11 560—2000 Å).
8. J. R. McNally, G. R. Harrison, H. B. Park, JOSA **32**, 334 (1942) (Th II 8150—2150 Å, кл.).
9. T. L. de Bruin, P. F. A. Klinkenberg, Ph. Schuurmans, Z. Physik **121**, 667 (1943) (Th II, кл.).

10. T. L. de Bruin, P. F. A. Klinkenberg, Ph. Schuurmans, Z. Physik 122, 23 (1944) (Th II 4150—2310 Å, кл.).
11. J. R. McNally, JOSA 35, 390 (1945) (Th II 11 230—8660 Å, кл.).
12. T. L. de Bruin, P. F. A. Klinkenberg, Ph. Schuurmans, Z. Physik 118, 58 (1941) (Th III 8360—2090 Å, кл.).
13. P. F. A. Klinkenberg, Physica 16, 618 (1950) (Th III 10 710—1450 Å, кл.).
14. G. Racah, Physica 16, 651 (1950) (Th III, кл.).
15. P. F. A. Klinkenberg, R. J. Lang, Physica 15, 774 (1949) (Th IV 10 880—790 Å, кл.).

Ti

1. H. N. Russell, Astrophys. J. 66, 347 (1927) (Ti I 9790—2110 Å, кл.).
2. W. F. Meggers, C. C. Kiess, J. Res. Nat. Bur. Standards 9, 309 (1932) (Ti I 10 780—8370 Å, кл.).
3. C. C. Kiess, J. Res. Nat. Bur. Standards 20, 33 (1938) (11 980—10 110 Å, кл.).
4. F. Rohrlich, Phys. Rev. 74, 1381 (1948) (Ti I, кл.).
5. A. K. Wardakee, JOSA 45, 354 (1955) (Ti I 5930—5610 Å, кл.).
6. J. F. Giuliani, M. P. Thekaekara, JOSA 54, 460 (1964) (Ti I 4190—3340 Å, кл.).
7. H. N. Russell, Astrophys. J. 66, 283 (1927) (Ti II 6720—1900 Å, кл.).
8. A. Many, Phys. Rev. 79, 531 (1950) (Ti II, кл.).
9. H. N. Russell, R. J. Lang, Astrophys. J. 66, 13 (1927) (Ti III 4220—1000 Å, кл.; Ti IV 5500—420 Å, кл.).

Tl

1. H. E. Clearman, JOSA 42, 373 (1952) (Tl I 4360—1420 Å, кл.).
2. W. F. Meggers, R. J. Murphy, J. Res. Nat. Bur. Standards 48, 334 (1952) (Tl I 13 020—6540 Å, кл.).
3. G. V. Marr, Proc. Roy. Soc. A224, 83 (1954) (Tl I 2007, 1610, 1490 Å, кл.).
4. J. C. McLennan, A. B. McLay, M. F. Crawford, Proc. Roy. Soc. A125, 570 (1929) (Tl II 7080—1160 Å, кл.).
5. S. Smith, Phys. Rev. 35, 235 (1930) (Tl II 5650—790 Å, кл.).
6. C. B. Ellis, R. A. Sawyer, Phys. Rev. 49, 145 (1936) (Tl II 9260—630 Å, кл.).
7. J. C. McLennan, A. B. McLay, M. F. Crawford, Proc. Roy. Soc. A125, 50 (1929) (Tl III 8000—1230 Å, кл.).
8. J. E. Mack, M. Fromer, Phys. Rev. 48, 357 (1935) (Tl IV 1980—530 Å, кл.).

Tm

1. W. F. Meggers, Rev. Mod. Phys. 14, 96 (1942) (Tm I 4730—2910 Å, кл.).
2. Y. Bordarier, R. Vetter, J. Blaise, J. Phys. 24, 1107 (1963) (Tm I 8480—4090 Å, кл.).
3. J. Blaise, R. Vetter, C. R. Acad. Sci. 256, 630 (1963) (Tm I, кл.).
4. A. King, Astrophys. J. 94, 226 (1941) (Tm I, II 8020—3080 Å).
5. L. Allen, Atomic Energy Research Establishment, R. 4029, Harwell, 1962 (Tm I 6660—2860 Å, кл.; Tm II 6430—2720 Å, кл.).
6. J. Blaise, P. Camus, C. R. Acad. Sci. 260, 4693 (1965) (Tm I, II, кл.).
7. N. Spector, JOSA 57, 312 (1967) (Tm II 6740—2420 Å, кл.).

U

1. C. C. Kiess, C. J. Humphreys, D. D. Laun, J. Res. Nat. Bur. Standards 37, 57 (1946) (U I 11 390—2930 Å, кл.).
2. N. Atherton, L. Bovey, Atomic Energy Research Establishment, R. 3226, Harwell, 1960 (U I 25 000—10 000 Å, кл.).
3. D. D. Laun, J. Res. Nat. Bur. Standards 70A, 323 (1966) (U I 4400—3410 Å, кл.).
4. J. C. van den Bosh, M. J. van den Berg, Physica 15, 329 (1949) (U I 5520—2970 Å, кл.; U II 5510—3230 Å, кл.).
5. M. Diringer, Ann. de Phys. 10, 89 (1965) (U I 10 160—3870 Å, кл.; U II 4970—3050 Å).
6. J. R. McNally, Phys. Rev. 77, 417 (1950) (U II, кл.).
7. N. G. Morozova, G. P. Startsev, Optika i spektroskopiya, 2, 382 (1957) (3470–2470 Å).

V

1. W. F. Meggers, H. N. Russell, J. Res. Nat. Bur. Standards 17, 125 (1936) (V I 11 910—2080 Å, кл.).
2. C. E. Moore, Phys. Rev. 55, 710 (1939) (V I 3920—1870 Å, кл.).

3. W. F. Meggers, C. E. Moore, J. Res. Nat. Bur. Standards **25**, 83 (1940) (V II 7020—1310 Å, кл.).
4. H. E. White, Phys. Rev. **33**, 672 (1929) (V III 2600—1100 Å, кл.).
5. L. Iglesias, An. Real. Soc. Espan. Fís. y Quím. **58A**, 191 (1962) (V III 7520—610 Å, кл.).

W

1. O. Laporte, J. Mack, Phys. Rev. **63**, 246 (1943) (W I 10 480—2000 Å, кл.).
2. D. D. Laun, J. Res. Nat. Bur. Standards **21**, 207 (1938) (W I, кл.; W II 4350—1960 Å).
3. D. D. Laun, J. Res. Nat. Bur. Standards **68A**, 207 (1964) (W II 6220—1750 Å, кл.).

Xe

1. C. J. Humphreys, W. F. Meggers, J. Res. Nat. Bur. Standards **10**, 139 (1933) (Xe I 11 140—3340 Å, кл.).
2. H. Beutler, Z. Physik **93**, 177 (1935) (Xe I 1000—920 Å, кл.).
3. W. F. Meggers, J. Res. Nat. Bur. Standards **14**, 487 (1935) (Xe I 12 630—10 540 Å, кл.).
4. W. R. Sittner, E. R. Peck, JOSA **39**, 474 (1949) (Xe I 21 890—12 080 Å, кл.).
5. C. J. Humphreys, H. J. Kostkowski, J. Res. Nat. Bur. Standards **49**, 73 (1952) (Xe I 16 730—11 740 Å, кл.).
6. E. K. Plyler, L. R. Blaine, E. D. Tidwell, J. Res. Nat. Bur. Standards **55**, 279 (1955) (Xe I 15 420—7100 Å, wavelength standards).
7. G. Hepner, C. R. Acad. Sci. **242**, 1430 (1956) (Xe I 27 000—21 000 Å, кл.).
8. B. Petersson, Ark. Fys. **27**, 317 (1964) (Xe I 1470—1060 Å, кл.).
9. C. J. Humphreys, E. Paul, R. D. Cowan, K. L. Andrew, JOSA **57**, 855 (1967) (Xe I 40 760—38 660 Å, кл.).
10. J. C. Boyce, Phys. Rev. **49**, 730 (1936) (Xe I 1470—1190 Å, кл.; Xe II 1250—740 Å, кл.; Xe III 1980—620 Å, кл.).
11. C. J. Humphreys, J. Res. Nat. Bur. Standards **22**, 19 (1939) (Xe II 10 220—2230 Å, кл.).
12. C. J. Humphreys, J. Res. Nat. Bur. Standards **16**, 639 (1936) (Xe III 7660—2230 Å, кл.).
13. C. J. Humphreys, W. F. Meggers, T. L. de Bruin, J. Res. Nat. Bur. Standards **23**, 683 (1939) (Xe III 4870—3330 Å, кл.).
14. B. C. Fawcett, B. B. Jones, R. Wilson, Proc. Phys. Soc. **A78**, 1223 (1961) (Xe V—IX 1100—510 Å, кл.).
15. E. Schönheit, Optik **23**, 409 (1965/1966) (Xe V—IX 950—350 Å).
16. B. C. Fawcett, A. H. Gabriel, B. B. Jones, N. J. Peacock, Proc. Phys. Soc. **84**, 257 (1964) (Xe IX 165, 162 Å, кл.).

Y

1. W. F. Meggers, H. N. Russell, J. Res. Nat. Bur. Standards **2**, 733 (1929) (Y I 9500—2330 Å, кл.; Y II 8840—2240 Å, кл.; Y III 2950—980 Å, кл.).
2. G. Harrison, J. R. McNally, JOSA **35**, 584 (1945) (Y I 6890—2940 Å, кл.; Y II 7890—2240 Å, кл.; Y III 2950—2360 Å, кл.).
3. L. Bovey, Proc. Phys. Soc. **A68**, 79 (1955) (Y I, II 11 490—9400 Å, кл.).

Yb

1. W. F. Meggers, B. F. Scribner, J. Res. Nat. Bur. Standards **19**, 651 (1937) (Yb I, II 10 770—2070 Å).
2. L. Allen, Atomic Energy Research Establishment, R. 4029, Harwell, 1962 (6810—3150 Å).
3. W. F. Meggers, B. F. Scribner, J. Res. Nat. Bur. Standards **70A**, 63 (1966) (Yb I—IV 11 600—2000 Å).
4. B. W. Bryant, JOSA **55**, 771 (1965) (Yb III 5430—1790 Å, кл.; Yb IV, кл.).

Zn

1. H. Beutler, K. Guggenheimer, Z. Physik **87**, 176 (1933) (Zn I 1100—710 Å, кл.).
2. C. W. Hetzler, R. W. Boreman, K. Burns, Phys. Rev. **48**, 656 (1935) (Zn I 7800—1400 Å, кл.).
3. F. Paschen, R. Ritschl, Ann. der Physik **18**, 867 (1933) (Zn I 10 120—6470 Å, кл.; Zn II 9950—6020 Å, кл.).
4. C. Salis, Ann. der Physik **76**, 145 (1925) (Zn II 7260—2020 Å, кл.).
5. R. J. Lang, Proc. Nat. Acad. Sci. **15**, 414 (1929) (Zn II 1930—980 Å, кл.).
6. Y. Takahashi, Ann. der Physik **3**, 27 (1929) (Zn II 5170—830 Å, кл.).
7. K. C. Mazumder, Indian J. Phys. **10**, 171 (1936) (Zn III 3140—490 Å, кл.).
8. A. M. Crooker, K. A. Dick, Canad. J. Phys. **42**, 766 (1964) (Zn IV 2480—410 Å, кл.).

Zr

1. C. C. K i e s s, H. K. K i e s s, J. Res. Nat. Bur. Standards **6**, 621 (1931) (Zr I 9280—2080 Å, кл.).
2. W. F. M e g g e r s, C. C. K i e s s, J. Res. Nat. Bur. Standards **9**, 309 (1932) (Zr I 10 740—8970 Å, кл.).
3. W. E. W. H o w e, JOSA **48**, 28 (1958) (Zr I 6500—6100 Å, кл.).
4. C. C. K i e s s, H. K. K i e s s, J. Res. Nat. Bur. Standards **5**, 1205 (1930) (Zr II 6790—1740 Å, кл.).
5. C. C. K i e s s, JOSA **43**, 1024 (1953) (Zr II, 9930—4800 Å, кл.).
6. C. C. K i e s s, J. Res. Nat. Bur. Standards **56**, 167 (1956) (Zr III 3500—680 Å, кл.; Zr IV 2850—490 Å, кл.).

Symbols

λ — wavelength
El. — element
B — intensity
eV — excitation energy in electron volts
A roman numeral (before the wavelength or after the element symbol) indicates the degree of ionization +1; a roman numeral in parentheses means that the degree of ionization is not strictly established.
R — self-reversal of line
к — band edge
Ab — line observed in absorption
A — arc
S — spark
G — Geissler tube

(E) — various gas-discharge tubes (in Part One)
E — electrodeless discharge (in Part Two)
T — toroidal chamber
C — tube with hollow cathode
I — pulsed discharge in tube with electrodes
IE — pulsed discharge in electrodeless tube
IC — pulsed discharge in hollow cathode
K — King furnace
M — intensity data taken from tables of Meggers *et al.* {11}
H — intensity data taken from Harrison's tables {1}
* — line not given in Harrison's tables

λ	El.	B A	B S (E)	λ	El.	B A	B S (E)	λ	El.	B A	B S (E)
8003,19	Al I	—	(5)	7960,55	Co I	25	—	7926,55	Co I	80	—
8000,96	Se I	—	(30)	7960,27	As I	25	—	7926,37	Ti I	20	—
7998,97	Fe I	35	1	7959,98	Zr I	8	—	7925,54	Rb I	70	—
7998,09	Co I	12	—	7959,23	Fe I	2	—	7925,26	Rb I	100	—
7996,80	Co I	10	—	7957,76	Co I	40	—	7924,65	Sb I	300	—
7996,72	Cu II	—	10	7957,33	Ba I	2	—	7924,45	Ru I	25	—
7996,53	Ti I	40	—	7957,06	W I	5	—	7924,20	Zr I	2	—
7996,0	к Ti	2	—	7956,83	K I	*		7924,01	Cr I	2	—
7995,07	O I	—	(50)	7956,66	Zr I	8	—	7923,95	S I	—	(300)
7994,76	Hf I	20	—	7955,81	Fe I	2	—	7923,15	Mo I	15	—
7994,47	Fe (I)	6	—	7955,37	K I	*		7921,69	Te II	*	
7993,05	Al I	*	—	7954,76	Nb I	10	—	7920,75	Hf I	8	—
7992,55	Mo	2	—	7954,31	S	—	(4)	7919,48	Co I	15	—
7990,68	Cs I	100	—	7953,11	Ni I	2	—	7918,39	Si I	200	—
7990,52	Cr I	15	—	7952,18	O I	—	(50)	7917,84	Cr I	15	—
7989,37	Cr I	15	—	7950,82	O I	—	(100)	7917,62	Mo I	4	—
7988,17	Cu II	—	60	7950,19	Ta I	50	—	7917,48	Ni I	30	—
7988,1	к Ti	4	—	7949,17	Ti I	50	—	7915,79	Pd I	10	—
7988	Sb II	—	12	7949,03	Mo	2	—	7915,42	N I	*	
7987,38	Co I	80	—	7948,6	к Ti	8	—	7915,25	Zr I	4	—
7987,33	O I ⎫	—	(15)	7948,10	Mn	2	—	7913,43	Si I	10	—
7986,98	O I ⎭			7947,60	Rb I	5000R	—	7912,94	Re I	400	—
7986,60	Mo I	15	—	7947,56	O I	—	(1000)	7912,87	Fe I	5	—
7983,33	Ge I	*	—	7947,38	V I	8	—	7912,55	Si I	3	—
7982,40	O I	*	—	7947,20	O I	—	(30)	7911,34	Ba I	200	—
7982,40	Ba I	20	—	7945,88	Fe I	30	2	7911,26	Pt I	2	—
7981,94	O I	*	—	7944,66	Hg II	—	(8)	7910,49	Cr I	12	—
7980,77	Re I	300	—	7944,65	Zr I	20	—	7910,46	Sn I	10	—
7980,57	Co I	3	—	7944,42	Cu II	1	25	7909,19	W I	3	—
7978,88	Ti I	100	—	7944,00	Si I	500	—	7908,71	Co I	80	—
7978,70	Hg I	—	(70)	7943,93	Ti I	15	—	7908,46	Zr I	2	—
7977,35	Pt I	3	—	7943,88	Cs I	800	—	7908,27	Cr I	15	—
7975,9	Bi	30	—	7943,17	O I	—	(30)	7908	Bi II	—	(
7975,44	Ce	10	—	7943,14	Te II	*		7908,0	к Cr	—	
7972,9	Te I	—	(20)	7942,05	Cr I	20	—	7907,3	к Ti	6	
7972,76	Hg	—	(3)	7941,09	Fe I	5	—	7906,67	Sb I	10	
7972,34	Ce II	4	—	7940,93	W I	10	—	7906,55	Zr I	2	
7972,01	Cu II	—	8	7940,47	Zr I	4	—	7905,75	Ba I	300	
7971,32	Cr I	3	—	7938,90	Nb I	30	—	7905,25	W	3	
7971,02	Sn I	9	—	7938,5	к Ti	5	—	7904,05	Ti I	8	
7970,91	Si I	3	—	7938,07	Hf I	2	—	7904,00	Sn II	—	
7970,31	Si I	10	—	7937,92	V I	15	—	7902,57	Cu II	—	
7969,55	Sb (I)	50	—	7937,17	Fe I	40	1	7902,09	S I	—	
7969,48	J I	—	(8)	7933,38	Sb	5	—	7900,9	к Ti	4	
7968,85	Mo I	8	—	7933,13	Cu I	150	—	7898,98	N I	*	
7967,43	S II	—	(500)	7933,04	V I	6	—	7897,98	Zr I	4ₐ	
7966,08	Co I	40	—	7932,35	Si I	300	—	7897,98	J (I)	*	
7965	Bi II	—	(50)	7931,76	Zr I	2	—	7896,37	Mg II	*	
7963,63	Zr I	2	—	7931,70	S I	—	(200)	7895,83	Cu II	—	
7962,40	Co I	3	—	7930,33	S I	*		7890,56	Cu II	2	
7962,26	Ge I	*	—	7930,23	Si	—	(150)	7890,40	Ru I	20	
7961,58	Ti I	40	—	7929,64	Hg I	—	(4)	7890,22	Ni I	10	
7961,24	Ba I	15	—	7928,84	S I	—	(50)	7888,52	Zr I	4	
7961,03	Pd I	5	—	7928,45	Mn I	2	—	7887,74	Mo I	8	
7960,72	Ni	2	—	7927,53	Ce	5	—	7886,47	W I	8	

λ	El.	B A	B S (E)	λ	El.	B A	B S (E)	λ	El.	B A	B S (E)
7885,30	Nb I	60	—	7845,37	Hf I	20	—	7816,32	Zr I	2	—
7885,25	Co I	10	—	7845,03	Cu II	—	25	7815,83	Al II	—	(2)
7884,92	Cr I	4	—	7844,94	Ce	2	—	7815,80	Tl I	*	
7882,37	Ta I	150	—	7844,63	Fe I	2	—	7815,19	In II	—	(4)
7882,18	Zr I	4	—	7844,44	Sb I	100	—	7814,85	In II	—	(2)
7881,90	Y II	25	10	7843,64	Co I	12	—	7814,57	Hf I	3	—
7881,47	Ru I	100	—	7842,97	Zr I	2	—	7814,03	Ta I	50	—
7880,34	W I	5	—	7842,8	κ Cr	—	—	7812,33	Cu II	—	10
7879,60	Ce	3	—	7842,76	Ta I	50	—	7811,31	Mo	3	—
7878,12	Ge I	*		7842,60	Ce I	3	—	7810,30	Co I	10	—
7877,93	Ba I	20	—	7841,18	In II	—	(4)	7810,24	Na I	*	
7877,49	Co (I)	20	—	7840,91	In II	—	(3)	7809,78	Na I	*	
7877,05	Mg II	*		7840,69	In II	—	(2)	7809,45	Pb	10	—
7876,25	Zr I	3	—	7840,61	Bi I	8	—	7809,24	Co I	20	—
7874	κ C	—	—	7840,05	Bi	7	—	7808,94	W I	5	—
7873,40	Nb I	25	—	7840,05	Co I	40	—	7808,23	Sn I	10	—
7873,32	Co I	10	—	7839,57	Ba I	15	—	7808,03	Fe	4	—
7871,39	Co I	80	—	7838,70	Bi I	400	—	7807,66	Cu II	—	70
7869,99	Zr I	8	—	7838,17	Co I	80	—	7806,99	In II	—	(3)
7869,90	Co I	80	—	7837,63	Ge I	*		7806,81	In II	—	(3)
7869,65	Fe I	3	—	7837,30	Sb I	10	—	7806,00	Mn I	4	—
7869,62	Re I	100	—	7836,85	Al I	15	—	7805,19	Cu II	—	25
7869,40	Mo	2	—	7836,13	Al I	—	(50)	7801,30	Si	3	—
7868,58	Nb	4	—	7835,88	Ce	2	—	7800,74	Zr I	2	—
7868,37	Zr I	4	—	7835,31	Al I	—	(40)	7800,44	Sc I	40	—
7867,15	Sb I	20	—	7834,34	Mn I	6	—	7800,23	Rb I	9000R	—
7867,03	W I	3	—	7834,2	Sb (I)	2	—	7800,01	Si I	4	—
7864,37	Zr I	2	—	7833,57	Ge I	*		7800,00	Ga I	*	
7863,79	Ni I	20	—	7833,36	Zr I	2	—	7799,51	Zr I	2	—
7863,74	Sn I	8	—	7832,22	Fe I	30	1	7799,37	Zn I	10	—
7863,46	W I	8	—	7830,04	Rh (I)	80	—	7798,98	J (II)	*	
7863,43	As I	4	—	7829,65	Mo I	20	—	7797,70	Ce I	3	—
7862,66	Nb I	2	—	7829,39	In II	—	(3)	7797,62	Ni I	80	—
7861,10	Ni I	10	—	7828,0	κ Ti	10	—	7795,76	Mo	3	—
7861,0	κ Ti	6	—	7826,88	V I	4	—	7794,13	Co I	5	—
7860,89	C I	*		7826,81	Ni I	10	—	7791,81	Ru I	100	—
7860,58	Cu II	—	5	7826,72	Zr I	8	—	7791,65	Rh I	100	—
7860,54	Ce	3	—	7825,66	Cu II	—	50	7790,98	Mg II	*	
7859,39	Co I	10	—	7825	Bi II	—	(10)	7790,90	Hf I	5	—
7859,05	Ce	10	—	7824,92	Rh I	200	—	7790,82	Mn I	10	—
7855,85	Co I	40	—	7823,78	W	3	—	7790,61	V	3	—
7855,48	Fe I	3	—	7823,72	Al II	—	(5)	7790,22	Pt (I)	2	—
7855,12	Ni I	8	—	7822,94	Zr I	4	—	7789,31	In II	—	(5)
7854,45	Mo I	15	—	7822,12	Co I	2	—	7789,04	In II	—	(6)
7854,26	Mn I	2	—	7821,64	Sc I	8	—	7788,95	Ni I	60	—
7853,77	Ge I	*		7821,25	Mn I	12	—	7788,72	In II	—	(7)
7851,20	Ce	2	—	7821,15	Hg I	—	(8)	7787,51	In II	—	(4)
7851,18	V	3	—	7820,73	Hg I	—	(2)	7787,17	In II	—	(2)
7849,97	Si I	2	—	7820,57	Cu II	—	5	7787,11	Nb(I)	2	—
7849,72	Si II	*		7820,1	κ Ti	8	—	7786,83	In II	—	(2)
7849,38	Zr I	8	—	7819,35	Zr I	10	—	7786,77	Pt I	4	—
7848,80	Si II	*		7818,25	Co I	5	—	7786,63	Pd I	10	—
7847,81	Ru I	100	—	7818,21	Pb	5	—	7786,50	Mg II	*	
7846,52	Rh I	50	—	7817,0	Sb (I)	10	—	7786,43	In II	—	(2)
7845,63	P II	*		7816,61	Mn I	15	—	7786,15	In II	—	(3)

PART ONE

Tables of Spectral Lines in Order of Decreasing Wavelength

λ	El.	B A	B S (E)	λ	El.	B A	B S (E)	λ	El.	B A	B S (E)
7785,99	In II	—	(2)	7750	Bi II	—	(20)	7714,27	Ni I	60	—
7784,12	W I	10	—	7749,8	κ Ti	4	—	7713,4	κ Ti	4	—
7783,4	κ Ti	2	—	7749,76	Pt I	2	—	7712,68	Co I	80	—
7780,59	Fe I	25	—	7748,94	Ni I	8	—	7712,42	Mn I	100	—
7780,53	Pt (I)	2	—	7748,28	Fe I	25	—	7711,73	Fe II	25	15
7780,48	Ba I	300	—	7745,43	Zr I	2	—	7710,39	Fe I	10	—
7779,9	Mg	5	—	7744,09	Cu II	—	5	7709,98	Mn I	15	—
7778,74	Cu II	—	30	7744,05	Zr	2	—	7709,54	Mo I	15	—
7778,1	κ Cr	—	—	7743,27	Co I	4	—	7708,42	Zr I	4	—
7777,8	Pb II	—	(5)	7743,2	κ Ti	4	—	7707,78	Mo	3	—
7776,95	In II	—	(10)	7743,2	Si I	4	—	7706,51	Ba I	25	—
7776,75	In II	—	(5)	7742,71	Si I	5	—	7706,51	Mn I	5	—
7776,71	W	3	—	7742,68	Fe I	3	—	7705,2	κ Ti	8	—
7776,57	In II	—	(2)	7741,80	Sn II	—	(30)	7704,92	Co I	12	—
7776,20	Ge I	*		7741,17	Sc I	50	—	7704,81	V I	20	—
7775,66	Te (II)	*		7740,94	In II	—	(3)	7704,27	Zr I	2	—
7775,39	O I	—	(100)	7740,73	In II	—	(4)	7703,29	Nb I	6	—
7775,37	Ba I	25	—	7740,48	In II	—	(5)	7701,90	Co I	12	—
7774,45	Te (II)	*		7740,19	In II	—	(6)	7701,37	V I	3	—
7774,17	O I	—	(300)	7740,17	Hf I	10	—	7701,00	W I	3	—
7774,14	Ru	100	—	7739,8	Pb II	—	(5)	7700,20	J I	—	(8)
7772,91	Rh I	100	—	7738,68	Cu II	—	30	7698,96	K I	5000R	200
7772,23	Te (II)	*		7737,20	Mn I	2	—	7698,57	Rb II	*	
7772,11	Nb(I)	5	—	7736,68	V I	5	—	7697,73	Sc I	20	—
7772	Sb II	—	15	7735,45	Co I	10	—	7696,73	S I	—	(200)
7771,94	O I	—	(1000)	7735,06	P II	*		7695,94	Co I	10	—
7771,93	Fe	3	—	7734,77	Ga I	*		7693,45	Zr I	10	—
7771,88	Ru	100	—	7734,43	Mn I	20	—	7691,55	Mg I	*	
7771,69	Cr I	12	—	7734,23	Co I	40	—	7690,83	Zr I	4	—
7766,80	Ba I	15	—	7733,99	Cr I	5	—	7689,18	Ce	3	—
7766,55	Zr I	2	—	7733,24	Mn I	60	—	7688,94	W I	10	—
7765,70	Zr I	2	—	7732,50	Zn II	—	(50)	7687,78	Ag I	20	—
7765,4	Sb (I)	10	—	7732,49	Mo I	15	—	7687,21	Hg I	—	(2)
7764,72	Mn I	200	—	7732,34	Ce I	3	—	7686,13	S I	—	(150)
7764,02	Co I	12	—	7732,3	Pb II	—	(12)	7685,30	Sn I	20	—
7763,99	Pd I	25	—	7730,61	Mo	3	—	7683,86	In II	—	(3)
7763,01	Cr I	2	—	7728,82	Hg I	—	(10)	7683,84	P II	*	
7762,24	N II	*		7727,66	Ni I	80	—	7683,45	In II	—	(6)
7761,14	W I	3	—	7726,67	Nb I	60	—	7683,40	In II	—	(5)
7759,43	Rb I	400	—	7726,64	Cu II	—	5	7683,02	In II	—	(6)
7759,1	Te I	—	(15)	7725,99	Cr I	4	—	7682,92	In II	—	(10)
7757,89	Hf II	5	15	7725,95	Co I	12	—	7682,87	In II	—	(8)
7757,86	Zn II	—	(30)	7723,70	Zr I	2	—	7682,46	Ce	2	—
7757,65	Rb I	1000	—	7723,63	Mo I	15	—	7682,26	In II	—	(3)
7757,29	Nb I	20	—	7723,4	Pt	—	4	7681,67	In II	—	(2)
7755,8	κ Ti	4	—	7723,20	Fe I	4	—	7680,27	Si I	100	—
7755,83	Sb I	10	—	7722,89	Cr I	5	—	7680,20	Mn I	200	—
7755,39	Zr I	2	—	7722,89	Ru I	25	—	7679,60	S I	—	(70)
7755,15	Mn I	5	—	7722,48	Zr I	2	—	7679,49	Mo I	15	—
7754,97	Sn I	100	—	7721,78	Ba I	10	—	7679,4	Pb II	—	(2)
7754,37	Cu II	—	10	7721,1	κ Ca	4	—	7679,3	κ Ti	4	—
7752,67	Mn I	5	—	7720,77	Mo I	50	—	7676,14	V I	2	—
7752,34	Mo I	3	—	7718,48	Hg	—	(2)	7674,37	Hg I	—	(7)
7751,68	Ba I	40	—	7715,63	Ni I	40	—	7673,06	Sr I	200	—
7751,13	Fe I	5	—	7715,6	κ Ca	5	—	7672,1	κ Ti	10	—

λ	El.	B A	B S (E)	λ	El.	B A	B S (E)	λ	El.	B A	B S (E)
7672,09	Ba I	400	—	7624,39	Hf I	30	—	7590,57	Co I	35	—
7670,93	Ce	7	—	7621,86	V I	4	—	7589,6	к Ti	8	—
7670,42	Mn I	5	—	7621,72	Mo	2	—	7588,48	Zn II	—	(50)
7667,89	Mn I	20	—	7621,61	Zr I	2	—	7586,72	Co I	20	—
7666,92	Hg I	—	(4)	7621,52	Ru I	10	—	7586,04	Fe I	10	—
7666,4	к Ti	6	—	7621,50	Sr I	100	—	7585,29	Nb I	5	1
7665,69	J II	*		7621,2	Hg II	—	(2)	7583,80	Fe I	5	—
7664,90	K I	9000R	400	7621,17	Zr I	2	—	7583,37	Se I	—	(15)
7664,74	Cd	—	3	7620,54	Fe I	5	—	7583,22	Nb I	6	1
7664,70	Cu II	5	70	7620,25	Re I	200	—	7580,76	Mg II	*	
7664,43	Rb II	*		7619,21	Ni I	20	—	7579,87	Cu II	—	10
7664,30	Fe I	15	—	7618,93	Rb I	1000	—	7579,58	Mo I	3	—
7663,47	Ti I	12	—	7618,64	Co I	2	—	7579,02	Cu II	—	30
7663,09	Hf II	2	30	7618,33	Ti I	4	—	7578,96	S	—	(200)
7662,98	V I	2	—	7618,17	Pt (I)	2	—	7578,75	V I	5	—
7661,22	Fe I	10	—	7617,39	Mo	2	—	7578,73	Re I	200	—
7661,04	V I	2	—	7617,00	Ni I	60	—	7577,02	Hf I	2	—
7659,90	Mg I	*		7615,74	Zr I	2	—	7575,08	Se I	—	(20)
7659,15	Mg I	*		7615,34	Al I	*		7574,57	Nb I	100	20
7658,97	Fe	2	—	7614,82	Al I	*		7574,08	Ni I	30	—
7658,60	Zr I	6	—	7614,50	Ti I	8	—	7573,92	V I	2	—
7657,60	Mg I	2	—	7614,48	Zr I	2	—	7572,64	Mo I	8	—
7657,30	Ni I	2	—	7614,11	W I	3	—	7571,53	Mo I	3	—
7656,76	Mo I	25	—	7613,54	V I	2	—	7570,30	V I	2	—
7655,99	Mn I	3	—	7612,90	Zn II	—	(20)	7570,09	Cu I	50	—
7654,44	Ti I	6	—	7612,08	Zr I	4	—	7569,91	W I	6	—
7654,28	Ni	10	—	7611,89	Re I	100	—	7568,92	Fe I	2	—
7653,76	Fe I	80	—	7610,83	Zr I	2	—	7564,96	Co I	20	—
7653,59	Se I	—	(8)	7610,48	Ba I	60	—	7563,21	Al I	*	
7653,26	Mo I	3	—	7610,24	Co I	35	—	7562,93	Hf I	8	—
7652,36	Cu II	—	30	7609,97	Ni (I)	2	—	7562,12	Zr I	4	—
7651,62	Mn I	4	—	7609,60	Zr I	2	—	7562,01	Cu II	—	25
7649,52	Mo I	2	—	7608,90	Cs I	500	—	7561,12	Hf II	1	10
7648,28	Sb (I)	10	—	7607,15	Zr I	10	—	7561,06	Co I	15	—
7648,08	Co I	12	—	7606,81	Se I	—	(12)	7560,31	Zr I	2	—
7647,60	Nb I	4	—	7606,16	Al I	*		7560,09	Zr I	2	—
7646,71	Zr	10	—	7603,43	Mn	2	—	7559,65	Co I	15	—
7646,15	Hg I	—	(3)	7603,40	Nb I	5	—	7559,62	Ni I	2	—
7646,02	Mn I	5	—	7603,31	In II	—	(3)	7559,62	Ru I	100	—
7645,66	Hf I	2	—	7602,95	Os I	20	—	7558,7	Pb II	—	(100)
7642,91	Ba I	100	—	7602,77	In II	—	(3)	7558,45	Zr I	2	—
7640,94	Re I	400	—	7602,28	In II	—	(2)	7556,8	Te I	—	(10)
7638,03	V I	2	—	7602,18	Hg II	—	(5)	7556,21	Mo	2	—
7637,63	Co (I)	4	—	7601,84	Mo I	8	—	7555,81	Au II	*	
7637	Bi II	—	(20)	7600,49	Au II	*		7555,60	Ni I	40	—
7636,90	Ba I	40	—	7598,28	V I	2	—	7554,70	Zr I	4	—
7635,33	Al II	—	(5)	7597,5	к Zr	4	—	7554,63	V I	2	—
7634,50	Co I	3	—	7596,92	V I	3	—	7554,18	J I	—	(6)
7634,1	к Ti	4	—	7596,0	к Ti	3	—	7554,16	Al I	*	
7632,2	Pb II	—	(100)	7595,37	J II	—	(25)	7553,99	Co I	200	—
7631,46	Mo	2	—	7595,16	Mo I	15	—	7553,7	Pb II	—	(2)
7629,82	S	—	(200)	7593,06	Sb (I)	5	—	7553,00	Zr I	2	—
7628,1	к Ti	8	—	7592,19	Se I	—	(15)	7551,79	Hg I	—	(6)
7627,85	Al II	—	(2)	7591,66	Mo I	4	—	7551,46	Zr I	4	—
7624,81	V I	15	—	7591,24	V I	2	—	7550,46	W I	3	—

λ	El.	A	S (E)	λ	El.	A	S (E)	λ	El.	A	S (E)
7547,71	Nb I	2	1	7485,90	V I	2	—	7452,48	Cr	3	—
7544,59	Zr I	4	—	7485,87	Hg II	*		7452,08	In II	—	(5)
7543,48	Ba I	15	—	7485,75	Ru I	150	—	7451,40	W	3	—
7542,81	Hg I	—	(3)	7485,74	Mo I	100	—	7450,33	S I	—	(15)
7541,5	к Zr	4	—	7484,4	к Zr	3	—	7450,30	Y II	15	10
7540,62	Zr I	2	—	7483,35	W I	4	—	7449,42	Al II	—	(18)
7537,43	W I	3	—	7482,19	Si I	*		7449,34	Fe II	—	6
7533,7	к V	2	—	7480,65	O I	—	(30)	7449,09	S I	—	(5)
7533,48	Co I	40	—	7479,58	Zr I	3	—	7447,39	Fe I	3	—
7533,42	Fe II	—	2	7479,14	O I	—	(30)	7447,34	Mo I	10	—
7532,08	Nb I	2	1	7478,79	Zn II	—	(50)	7445,78	Fe I	150	—
7531,17	Fe I	80	—	7478,77	Co I	3	—	7443,50	Mn I	2	—
7528,20	Ba I	15	—	7478,20	Nb I	15	2	7443,43	Co I	10	—
7526,29	Co I	2	—	7477,26	O I	—	120	7443,40	S I	—	(25)
7525,14	Ni I	30	—	7476,45	O I	—	(70)	7443,02	Fe I	8	—
7523,60	Ba I	15	—	7476,30	Fe I	12	—	7442,39	Rh I	100	—
7522,78	Ni I	40	—	7476,21	Ba I	30	—	7442,30	N I	—	(100)
7521,03	Zr I	2	—	7476,2	S	—	(50)	7440,98	Fe I	18	—
7519,96	Hg I	—	(3)	7475,71	Rh I	100	—	7440,60	Ti I	100	—
7519,77	Nb I	20	4	7475,43	Mo I	5	—	7439,86	Zr I	15	—
7519,33	Zr	2	—	7475,40	Ru(I)	50	—	7439,50	P (I)	*	
7517,95	Zr I	2	—	7474,94	Ti I	25	—	7438,42	Sr I	2	—
7516,19	P (I)	*		7474,35	Co I	4	—	7438,15	Cu II	—	15
7515,92	Nb I	40	10	7474,0	к V	3	—	7437,60	Hf I	3	20
7515,88	Fe II	—	8	7473,22	O I	—	(15)	7437,16	Co I	30	—
7515,74	Mn	2	—	7471,54	W	2	—	7436,02	Nb(I)	6	1
7515,70	Zr I	2	—	7471,37	O I	—	(15)	7435,73	V	2	—
7515,5	Pt	—	2	7471,37	Al II	—	(5)	7435	к C		
7513,13	Cr	5	—	7468,99	J I	—	(500)	7434,10	Mo I	10	—
7511,57	Ge I	*		7468,91	Ru I	150	—	7433,92	V	2	—
7511,04	Fe I	20	1	7468,75	Te (II)	*		7433,85	Cu II	—	5
7510,75	Au I	20	—	7468,31	N I	—	(200)	7433,48	Ni I	2	—
7508,99	W I	4	—	7468,25	S	—	(10)	7433,10	Zr I	3	—
7507,28	Fe I	40	—	7468,2	к Zr	3	—	7431,55	V	2	—
7506,51	Zr	2	—	7468,18	W	2	—	7430,87	Fe I	5	—
7505,76	P I	*		7467,57	Zr I	3	—	7430,58	Fe I	4	—
7504,47	Mo I	15	—	7462,38	Fe II	3	20	7429,00	Co I	10	—
7504,16	W I	2	—	7462,37	Cr I	80	—	7428,50	Nb I	6	1
7502,92	Zr I	2	—	7461,43	Fe I	3	—	7428	Sb II	—	35
7502,72	Co I	3	—	7460,98	Te II	*		7427,55	Mo	3	—
7502,33	Bi	6	—	7459,80	P I	*		7427,26	Cu I	3	—
7501,62	Mo I	3	—	7459,78	Ba I	300	—	7426,3	к Zr	2	—
7499,74	Ru I	200	—	7459,27	W	2	—	7425,82	In	—	12
7496,12	Ti I	35	—	7457,36	Co I	200	—	7424,60	Si I	20	—
7495,22	Rh I	100	—	7457,05	Au II	*		7424,11	S I	—	(5)
7495,09	Fe I	200	—	7456,67	Mo	5	—	7423,73	Zr I	3	—
7491,68	Fe I	20	—	7456,34	W	2	—	7423,64	N I	—	(50)
7490,52	J I	—	(70)	7456,31	Nb I	6	1	7423,50	Si I	500	—
7489,61	Ti I	150	—	7455,36	Si I	*		7423,17	Ti I	35	—
7489,37	Co I	10	—	7455,16	In	—	20	7422,75	Zr I	3	—
7488,73	Ni I	2	—	7454,33	Hg I	—	(50)	7422,30	Ni I	600	—
7488,08	V I	2	—	7453,84	In II	—	(20)	7420,70	Cu II	—	8
7488,08	Ba I	200	—	7452,89	In II	—	(12)	7419,83	Nb I	6	1
7486,93	Pd I	8	—	7452,88	Nb I	6	1	7419,59	Cr	3	—
7486,03	Pt I	5	—	7452,85	Mo I	15	—	7419,35	Ni I	2	—

λ	El.	B A	B S (E)	λ	El.	B A	B S (E)	λ	El.	B A	B S (E)
7418,67	Fe I	10	—	7386,21	Ni I	100	—	7354,93	In II	—	(12)
7418,1	Hg II	—	(40)	7385,95	V I	3	—	7354,69	In II	—	(20)
7417,89	Zr I	6	—	7385,3	Cd I	800	—	7354,59	Co I	150	—
7417,53	Ba I	100	—	7385,24	Ni I	150	—	7353,47	Co I	25	—
7417,38	Co I	300	—	7385,08	W I	7	—	7353,34	Zr	3	—
7416,48	J I	—	(50)	7384,6	Pt	—	2	7353,33	Ge I	*	
7415,95	Si I	200	—	7384,21	Ge I	*		7353,16	Nb I	60	10
7415,81	Mn	2	—	7383,9	Cd	1000	—	7352,86	Ta I	150	—
7415,35	Si I	15	—	7383,63	Zr I	3	—	7352,16	Ti I	12	—
7414,54	Co I	5	—	7383,14	Mo	6	—	7352,04	Re I	50	—
7414,51	Ni I	200	—	7382,92	Fe I	6	—	7351,58	In II	—	(50)
7414,24	Zr	3	—	7382,18	Cu II	—	10	7351,56	Fe I	18	7
7413,36	Cr	2	—	7381,94	Ni I	40	—	7351,48	In II	—	(50)
7413,32	Mo	4	—	7381	Bi II	—	20	7351,40	Ni I	3	—
7411,39	Zr I	3	—	7379,19	Zr	3	—	7351,35	J II	*	
7411,20	J I	—	(50)	7377,85	Zr I	3	—	7351,16	Fe I	8	7
7411,18	Fe I	100	—	7376,85	Mn I	2	—	7350,90	In II	—	(12)
7410,50	J (I)	*		7376,46	Fe	—	10	7350,37	In II	—	(50)
7410,46	Hg I	—	(10)	7376,43	Fe (II)	8	—	7350,00	In II	—	(30)
7410,02	As I	8	—	7375,59	Ba I	50	—	7349,56	In II	—	(30)
7409,97	Ba I	30	—	7374,80	Zr I	3	—	7348,49	Mo I	15	—
7409,43	Co	10	—	7373,5	Hg	—	(10)	7346,46	Y I	40	4
7409,39	Ni I	400	—	7373,50	Zr I	3	—	7346,37	Hg II	—	20
7409,08	Si I	100	—	7373,49	Na I	*		7345,67	Cd I	1000	—
7408,17	Rb I	500	—	7373,23	Na I	*		7345,15	V	2	—
7407,89	Ta I	150	—	7373,00	Si I	10	—	7344,72	Ti I	200	—
7405,77	Si I	300	—	7372,51	Nb I	150	30	7344,43	Au II	*	
7405,05	Sb I	5	—	7371,71	Hg I	—	(80)	7344,16	Hg II	—	(3)
7404,50	Mo	5	—	7369,09	Ta I	100	—	7343,96	Zr I	5	—
7404,34	Cu II	—	100	7368,12	Pd I	20	—	7343,4	Sb II	1	3
7402,64	Ge I	*		7367,3	Hg I	—	(8)	7342,80	Mn	2	—
7402,06	J I	—	(300)	7367,24	In	—	12	7341,79	Mo	3	—
7401,69	Fe I	10	—	7367,20	Zr I	3	—	7340,03	Zr I	3	—
7401,13	Ni I	15	—	7366,60	Ti I	18	—	7338,92	V I	50	—
7400,90	Zr I	3	—	7365,25	Mo(I)	7	—	7335,97	Zr I	8	—
7400,23	Cr I	80	—	7364,41	Mo(I)	5	—	7335,72	Al I	—	(2)
7399,89	Cu II	—	20	7364,11	Ti I	150	—	7335,6	κ Zr	2	—
7399,30	Zr	5	—	7363,95	Fe I	8	—	7334,66	Fe II	—	8
7399,2	Cd I	70	—	7363,20	V I	25	—	7333,71	Mo I	8	—
7397,76	Ce I	8	—	7362,49	V I	2	—	7333,62	Fe I	8	—
7395,8	Hg	—	(10)	7362,30	Al I	5	(50)	7333,49	Ni I	2	—
7393,93	Ru I	150	—	7361,65	Mo I	10	—	7332,73	Zr	3	—
7393,63	Ni I	600	—	7361,57	Al I	—	(20)	7332,4	Hg	—	(5)
7393,49	V I	3	—	7361,56	Zr	3	—	7332,30	Nb I	6	1
7393,0	Cd	70	—	7361,39	V I	10	—	7332,26	Ti I	8	—
7392,41	Ba I	400	—	7360,66	Zr I	5	—	7331,74	Cu II	—	15
7391,92	Pd I	10	—	7360,38	Mo I	8	—	7331,53	Mo	12	—
7391,36	Mo I	50	—	7359,29	Ba I	20	—	7330,97	Ti I	40	—
7390,73	Hf I	3	10	7358,66	V I	2	—	7330,38	Ge I	*	
7389,42	Fe I	100	80	7358,60	Zr	3	—	7330,12	Pb	10	—
7388,70	Co I	200	—	7357,74	Ti I	200	—	7329,92	Ce	5	—
7388	Bi II	—	5	7356,96	Ta I	100	—	7329,66	V I	2	—
7387,79	Sn II	—	15	7356,54	V I	20	—	7329,02	Mo	15	—
7387,69	Mg I	*		7355,93	Cr I	80	—	7328,63	Hf II	3	30
7386,40	Fe I	40	25	7355,12	In II	—	(5)	7328,38	Nb I	20	3

λ	El.	B A	S (E)
7327,82	Zr I	3	—
7327,67	Ni I	25	—
7327,6	к Ca	2	—
7327,47	Hg I	—	(10)
7326,51	Mn I	500	—
7326,50	Ba I	10	—
7326,15	Ca I	400	—
7326,02	Cu II	—	15
7325,34	Mo	5	—
7323,91	Nb I	20	2
7323,71	Zr	3	—
7322,79	Mo(I)	7	—
7321,44	V I	2	—
7320,70	Fe I,II	25	18
7320,06	Hf I	15	25
7318,4	к Ca	3	—
7318,39	Ti I	80	—
7318,08	Zr I	8	—
7317,30	Zr	3	—
7317,03	Nb I	15	2
7316,9	Hg I	—	(3)
7316,50	Rb II	—	(50)
7315,73	Co I	25	—
7315,56	Ti I	20	—
7315,33	Mo	4	—
7313,72	Zr I	5	—
7313	Hg I	—	(5)
7311,93	Nb I	6	1
7311,62	Zr I	5	—
7311,10	Fe I	60	25
7310,87	Hg	—	(15)
7310,24	Fe II	—	6
7310,08	Pd I	5	—
7309,64	Ni I	3	—
7309,41	Sr I	200	—
7308,3	к Ca	2	—
7307,96	Fe I,II	30	25
7307,32	Zr I	3	—
7307,23	Ba I	10	—
7307,13	Ti	30	—
7306,71	V I	2	2
7306,61	Fe I	25	12
7306,60	Cu II	—	12
7306,21	Zr I	5	—
7305,87	Ti I	6	—
7303,75	In II	—	(50)
7303,34	In II	—	(40)
7303,01	In II	—	(30)
7303,0	к Ti	5	—
7302,89	Mn I	300	—
7301,74	Ta I	200	—
7301,68	Hg	—	(25)
7301,38	Mn I	2	—
7300,47	Fe I	8	—
7300,19	Mo(I)	20	—
7299,71	Ti I	50	—
7297,91	In II	—	(12)
7297,75	Ni I	4	—
7297,0	к Ti	3	—
7296,58	W I	12	—
7295,01	Mo	4	—
7294,98	Fe I	5	—
7294,76	Hg I	—	(20)
7293,07	Fe I	100	50
7293,00	In II	—	(12)
7292,72	Re I	300	—
7291,48	Ni I	100	—
7290,87	Ni I	20	—
7290,8	к Ti	5	—
7290,26	Si I	10	—
7289,17	Si I	200	—
7288,76	Fe I	30	20
7287,36	Fe II	—	6
7286,56	Ni I	10	—
7285,80	W I	10	—
7285,28	Fe I	2	—
7285,28	Co I	200	—
7284,84	Fe I	15	15
7284,69	Zr I	3	—
7284,38	Cd II	—	25
7283,98	Zr	3	—
7283,82	Mn I	400	—
7282,81	Si I	*	—
7282,39	Fe I	5	—
7281,8	Au I	2	—
7281,74	Ti (I)	10	—
7281,53	Mo I	5	—
7281,29	Ti	8	—
7281,04	S	—	(70)
7280,30	Ba I	1000	—
7280,00	Rb I	400	50
7279,96	Cs I	35	—
7279,76	In	—	5
7278,24	W I	8	—
7277,64	Hf II	5	50
7277,58	In II	—	(60)
7276,76	Nb I	6	1
7276,41	In II	—	(50)
7275,45	In II	—	(40)
7275,29	Si I	50	—
7275	Sb II	—	35
7274,78	Nb I	8	2
7274,49	W	3	—
7273,9	к Ti	5	—
7273,84	Re I	150	—
7273,77	Ti I	15	—
7272,04	In II	—	(2)
7271,93	Rh I	80	—
7271,41	Ti I	7	—
7270,85	Rh I	200	—
7269,24	Ti	5	—
7269,2	Hg I	—	(15)
7269,1	к Ti	6	—
7268,92	Nb I	6	1
7268,65	Cr	5	—
7268,23	Rh I	125	—
7267,62	Mo I	40	—
7266,29	Ti I	25	—
7266,22	Ni I	15	—
7265,33	Ti I	8	—
7264,99	Fe II	—	10
7264,76	Zr I	5	—
7264,30	Cr I	*	—
7264,29	V I	8	—
7264,18	Y II	15	20
7263,58	Co I	6	—
7263,40	Ti	15	—
7262	Bi II	—	2
7261,93	Ni I	300	—
7261,86	Ti I	10	—
7261,54	Fe I	18	10
7259,3	N II	—	(15)
7259	к C	—	—
7258,90	Nb I	10	2
7258,17	Zr I	3	—
7256,19	Nb I	6	1
7256,06	In II	—	(30)
7255,83	Cu II	—	20
7255,66	V I	2	—
7255,18	In II	—	(40)
7254,65	Fe (I)	10	8
7254,53	O I		
7254,45	O I }	—	(15)
7254,15	O I		
7254,10	In II	—	(50)
7253,77	Ti I	7	—
7253,49	Os I	15	—
7252,72	Ce (I)	8	—
7252,35	Nb I	40	6
7251,72	Ti I	125	—
7250,63	Si I	40	—
7250,27	Ta I	80	—
7250,14	Si I	*	—
7250,12	Co I	80	—
7249,33	Ti	30	—
7249,1	к Cr	2	—
7249,06	S I	—	(25)
7248,48	Zr I	3	—
7247,82	Mn I	40	—
7246,80	Re I	100	—
7246,49	Re I	150	—
7245,85	Mo I	60	—
7245,7	Hg	—	(5)
7245,23	W I	2	—
7244,86	Ti I	150	—

λ	El.	B A	S (E)	λ	El.	B A	S (E)	λ	El.	B A	S (E)
7244,86	Fe I	18	—	7217,34	Co I	8	—	7183,2	In II	—	100
7244,77	S I	—	(80)	7217,0	N II	—	(15)	7183,0	к Ti	10	—
7244,58	Mo	4	—	7216,94	Mo	8	—	7182,78	Mo	5	—
7243,06	S I	—	(25)	7216,31	W I	6	—	7182,52	In II	—	(20)
7242,50	Mo I	80	—	7216,20	Ti I	50	—	7182,08	V I	2	—
7241,81	Nb I	6	1	7214,97	Ti I	10	—	7182,04	In II	—	(40)
7241,70	Ce	5	—	7213,56	Ba I	10	—	7182,00	Ni I	200	—
7241,45	In II	—	(5)	7213,35	Ti I	7	—	7181,93	Fe I	8	—
7240,87	Hf I	70	150	7212,48	Fe I	8	—	7181,87	In II	—	(40)
7240,46	Mo I	8	—	7209,44	Ti I	150	—	7181,10	In	—	5
7239,88	Fe I	25	20	7209,13	Be I	10	—	7180,00	Nb I	8	1
7239,62	Mn I	3	—	7208,95	Nb I	20	3	7179,77	Zr II	3	—
7238,90	Ru I	200	—	7208,21	Si I	*		7178,27	Nb I	12	2
7238,37	Ce II	3	—	7208,18	Ba I	20	—	7177,9	Hg I	—	(3)
7237,84	J (I)	—	(30)	7207,85	Cr I	15	—	7177,26	Zr	3	—
7237,10	Hf I	100	200	7207,41	Fe I	300	300	7176,89	Fe I	10	—
7237,08	W I	5	—	7203,6	к Ti	4	—	7176,66	P I	*	
7237,01	Cd II	—	15	7203,17	Ca I	200	—	7175,96	Hg I	—	(15)
7236,78	J I	—	(150)	7202,17	Ca I	30	—	7175,94	Fe I	8	—
7236,42	C II	—	150	7202,17	Co	4	—	7175,12	P I	*	
7236,22	Cr I	3	—	7201,87	Ce	4	—	7174,46	Mn I	3	—
7235,82	Si I	10	—	7201,62	Zr I	10	—	7173,73	Ni I	2	—
7235,33	Si I	15	—	7200,18	W I	8	—	7172,90	Ta I	150	—
7233,44	Ti I	10	—	7198,7	Ga II	—	(60)	7171,92	In	—	12
7233,31	Ti I	10	—	7198,62	W I	4	—	7171,78	Mo	2	—
7232,98	P II	*		7197,7	к Ti	8	—	7171,53	Ti	10	—
7232,27	Sr I	50	—	7197,07	Ni I	200	—	7171,2	к Ti	5	—
7231,32	C II	—	100	7195,23	Ba I	200	—	7170,56	Cr I	5	—
7230,4	к Ti	4	—	7194,92	Fe I	8	—	7170,14	Ni I	5	—
7229,21	In II	—	(30)	7194,92	Cu II	—	15	7169,09	Zr I	150	—
7229,11	Pb I	50	—	7194,7	Sb II	—	30	7167,86	In	—	5
7228,84	Ba I	200	—	7193,90	Si I	5	—	7167,76	S I	—	(15)
7228,69	Fe I	8	—	7193,60	Co I	200	—	7167,47	Si I	3	—
7228,53	Cs I	500	(2)	7193,6	Pb II	—	(100)	7167,24	Sr I	100	—
7228,28	Mo	3	—	7193,58	Si I	8	—	7167,13	Ti	15	—
7227,30	J I	—	(10)	7193,56	Cu I	10	—	7167,01	Ni I	35	—
7226,21	Si I	10	—	7193,37	Zr I	3	—	7166,74	S I	—	(3)
7226,08	In	—	5	7193,23	Fe II	—	8	7165,84	Nb I	6	1
7226,05	W I	2	—	7191,65	Y I	20	5	7165,55	Si I	100	—
7225,13	Ni I	2	—	7191,40	Sn II	—	(40)	7165,45	P I	*	
7224,51	Fe II	—	12	7191,38	Nb(I)	15	2	7165,12	S I	—	(15)
7223,87	Zr I	3	—	7191,37	W I	2	—	7165,1	Pb II	—	(10)
7223,67	Fe I	20	—	7189,89	Ti I	30	—	7164,79	J I	—	(30)
7222,50	Sb	5	—	7189,17	Fe I	7	8	7164,69	Si I	2	—
7222,39	Fe II	—	15	7188,55	Ti I	12	—	7164,56	S I	—	(10)
7222,04	In II	—	(20)	7188,06	Cr I	3	—	7164,47	Fe I	200	100
7221,32	In	—	30	7187,34	Fe I	500	300	7164,3	к Ti	4	—
7221,23	Fe I	10	8	7187,1	к Cr	2	—	7163,50	Sb II	—	(4)
7220,79	Ni I	3	—	7187,1	Pb II	—	(10)	7162,66	W I	5	—
7219,70	Cs	15	—	7185,50	Cr I	5	—	7162,09	Zr I	3	—
7219,69	Fe I	12	18	7184,89	Si I	10	—	7161,43	S I	—	(10)
7219,4	к Ti	6	—	7184,25	Mn I	40	—	7161,05	Zr I	5	—
7218,60	Cr I	4	—	7183,95	In II	—	(50)	7160,33	Ti I	10	—
7217,57	Pt I	6	—	7183,71	Ir I	40	—	7159,75	Mo	3	—
7217,34	Ce	5	—	7183,45	In II	—	(40)	7159,44	Nb I	100	15

λ	El.	B A	B S (E)	λ	El.	B A	B S (E)	λ	El.	B A	B S (E)
7159,18	Co I	250	—	7132,27	Cd I	30	—	7102,58	V I	2	—
7159,0	к Ti	6	—	7131,82	Hf I	150	250	7102,55	Co (I)	25	—
7158,7	Pb II	—	(10)	7131,64	Pt I	5	—	7102,21	P I	*	
7158,37	P I	*		7131,3	к Ti	5	—	7102,02	Nb I	30	8
7158,07	Mn I	6	—	7130,94	Fe I	100	80	7101,95	Ni	3	—
7157,83	Zr I	8	—	7130,12	Ge I	*		7101,60	Rh I	60	—
7157,39	Ni	2	←	7130,06	Nb I	15	2	7101,60	Au II	*	
7156,99	Ce	5	—	7127,2	к Zr	2	—	7098,94	Nb I	60	10
7156,82	Au	2	—	7126,71	Ni (I)	3	—	7098,22	W I	2	—
7156,80	O I	—	(120)	7126,60	Ba (I)	10	—	7098,18	Mo	5	—
7155,64	Fe I	10	—	7126,29	Hg I	—	(10)	7097,70	Zr I	100	—
7154,71	Co I	200	—	7126,18	Nb I	35	8	7095,59	Zr I	12	—
7154,29	Cu I	3	—	7125,72	Ta (I)	80	—	7095,42	Fe I	8	—
7154,10	Mo	3	—	7125,6	к Ti	15	—	7095,40	Ni I	15	—
7153,54	Ba I	80	—	7124,9	к Ti	4	—	7094,78	Pt (I)	10	—
7151,69	Ce	3	—	7124,66	Cu I	3	—	7094,56	Zr I	10	—
7151,49	Fe I	8	—	7124,47	Co I	50	—	7094,53	Co I	40	—
7151,36	V I	2	—	7124,32	Mo	5	—	7093,2	к Ti	4	—
7151,28	Mn I	30	—	7122,96	Nb(I)	8	2	7092,80	Zr I	3	—
7150,93	Ni (I)	5	—	7122,65	Mo I	8	—	7092,08	V (I)	2	—
7150,21	Ce II	3	—	7122,24	Ni I	1000	—	7091,86	Hg I	—	(100)
7149,42	Mo	3	—	7122,05	J I	—	(60)	7091,31	Zr	5	—
7148,93	W	6	—	7120,33	Ba I	800	—	7091,30	Nb I	6	1
7148,91	Os I	15	—	7120,05	J I	—	(20)	7091	к C	—	—
7148,63	Ta I	150	—	7119,92	Hg	—	(5)	7090,40	Fe I	50	25
7148,15	Ca I	500	—	7119,90	C II	—	15	7090,01	Ba I	100	—
7148,13	Co	2	—	7119,67	C I	*		7089,43	Zr I	5	—
7146,74	Ni	2	—	7119,52	Hf I	15	50	7088,78	Mo	5	—
7146,25	Mo	4	—	7119,32	Nb I	15	3	7088,00	J I	—	(100)
7146,13	Zr I	3	—	7117,91	Co I	2	—	7087,9	к Ti	12	—
7145,54	Os I	30	—	7116,99	C I	*		7087,30	Zr I	25	—
7145,48	Sb	—	(2)	7115,63	C II	—	15	7086,76	Fe I	7	—
7145,39	Ge II	*		7115,19	C I	*		7086,36	Ce	5	—
7145,32	Fe I	15	10	7114,7	Pb II	—	(2)	7085,21	J II	—	(150)
7144,47	Zr I	3	—	7113,73	Pt I	80	—	7084,99	Co I	500	—
7143,87	Zr	3	—	7113,56	Co I	150	—	7084,64	Al I	*	
7143,39	Zr I	3	—	7113,52	Zr I	5	—	7084,33	Si I	2	—
7142,52	Fe I	12	8	7113,18	C I	*		7083,97	Al I	*	
7142,06	J I	—	(100)	7112,86	P II	*		7083,40	Fe I	5	—
7141,62	Ni I	2	—	7112,82	Zr I	8	—	7082,22	Ni I	2	—
7141,47	Ce	3	—	7112,76	C II	—	5	7081,90	Hg I	—	(125)
7140,74	Zr I	3	—	7112,72	Ni	2	—	7081,30	Ta (I)	50	—
7140,54	W I	8	—	7111,68	Zr I	40	—	7081,22	Mo I	12	—
7139,8	N II	—	(30)	7111,47	C I	*		7079,6	к Zr	3	—
7139,79	S II	—	10	7110,91	Ni I	100	—	7079,20	Co I	10	—
7138,97	J II	—	(70)	7110,9	Hg	—	(10)	7078,09	Pt I	3	—
7138,91	Ti I	15	—	7109,87	Mo I	80	—	7075,24	Nb I	10	2
7138,81	Al II	—	(2)	7109,8	к Zr	2	—	7075,11	Sb	—	(4)
7138,28	Zr I	3	—	7107,46	Fe I	5	8	7072,05	Ti	25	—
7134,99	Fe II	—	5	7105,59	Mo	4	—	7071,88	Fe I	4	—
7134,66	Al II	—	(2)	7104,45	Rh I	80	—	7071,3	к Zr	4	—
7134,32	Co I	200	—	7103,72	Zr I	50	—	7070,41	Co I	20	—
7134,08	Mo I	40	—	7103,01	Mn I	5	—	7070,10	Sr I	1000	—
7132,99	Fe I	15	10	7102,91	Zr I	80	—	7069,84	Mn I	60	—
7132,95	Zr I	3	—	7102,65	Mo I	8	—	7069,11	Ti I	15	—

λ	El.	B A	B S (E)	λ	El.	B A	B S (E)	λ	El.	B A	B S (E)
7068,41	Fe I	40	30	7035,86	Ti I	20	—	7011,80	Mo	3	—
7068,33	Ni I	2	—	7034,90	Si I	50	—	7011,36	Fe I	5	—
7067,50	Ni I	2	—	7034,42	Ni I	30	—	7011,05	Ti	12	—
7067,44	Fe (II)	—	10	7034,4	к V	3	—	7010,94	Ti I	15	—
7066,42	Nb I	8	2	7033,2	к Zr	5	—	7010,82	Se I	—	(500)
7065,57	Pt I	10	—	7033	Bi II	—	25	7010,36	Fe I	3	—
7063,85	Hf I	40	100	7032,99	J II	—	(70)	7010	Bi II	—	3
7063,70	C II	—	5	7032,52	Co I	25	—	7009,31	Hg I	—	(5)
7063,62	Al II	—	(15)	7032,28	Mo	3	—	7008,35	Ti I	20	—
7063,59	J I	—	(50)	7031,04	Ce (I)	5	—	7008,01	Fe I	9	—
7063,57	Ni I	10	—	7030,31	Hf II	30	150	7006,96	Ta I	100	—
7063,34	Mo I	12	—	7030,08	Pt I	3	—	7006,66	Ti I	15	—
7062,97	Ni I	35	—	7030,06	Ni I	100	—	7006,63	Re I	100	—
7062,06	Se I	—	(1000)	7028,79	Ni I	5	—	7005,88	Si I	50	—
7061,75	Ce	8	—	7028,68	W	2	—	7005,6	к Zr	3	—
7060,75	Zr I	5	—	7027,95	Ru I	250	—	7005,46	Zr I	5	—
7060,67	Os I	15	—	7027,81	Co I	200	—	7005,07	Ta I	50	—
7060,21	Mo I	25	—	7027,40	Zr I	30	—	7004,81	Co I	150	—
7060,0	к Ti	3	—	7026,61	Si I	2	—	7004,65	Ti I	15	—
7059,94	Ba I	2000	—	7026,15	Nb II	15	8	7004,46	Ni I	15	—
7057,96	Zr I	5	—	7026,07	V I	3	—	7003,57	Si I	50	—
7057,36	Zr I	8	—	7025,81	Mn	2	—	7002,52	Mn I	2	—
7056,56	Al II	—	(20)	7025,32	Mo I	12	—	7002,23	S	—	(50)
7056,28	Pt I	2	—	7025,03	Ta I	80	—	7002,23	O I }	—	(50)
7055,88	Co I	25	—	7024,86	Ni I	50	—	7001,91	O I }		
7055,58	Mn I	5	—	7024,65	Fe I	15	8	7001,91	S	—	(15)
7054,5	к Ti	8	—	7024,15	Re I	125	—	7001,60	Mo I	20	—
7054,04	Co I	200	—	7024,08	Fe I	5	—	7001,57	Ni I	30	—
7053,09	C II	—	5	7023,76	Ni	10	—	7000,63	Fe I	3	—
7053,06	Ti	15	—	7023,48	Nb I	30	8	7000,05	Cu I	3	—
7052,89	Co I	300	—	7023,28	Au	2	—	6999,96	Ce (I)	10	—
7051,26	Sb	—	(8)	7022,98	Fe I	40	30	6999,90	Fe I	25	—
7051,22	Nb I	15	2	7022,75	Cu II	—	2	6999,88	Mo I	5	—
7050,7	Pb II	—	(40)	7022,37	Ni	4	—	6999,13	Mo I	8	—
7050,65	Ti I	40	—	7019,61	Mo	3	—	6997,22	Co I	200	—
7049,73	Ce (I)	3	—	7018,91	J II	—	(50)	6996,63	Ti I	15	—
7049,68	Ni I	2	—	7018,75	Ce (I)	6	—	6996,4	Sb II	—	25
7049,37	Ge II	—	2	7018,43	Mo(I)	8	—	6996,3	к Zr	6	—
7046,81	Nb I	200	40	7018,24	J I	—	(50)	6996,12	Nb I	15	4
7045,29	Mo I	6	—	7017,98	Si I	4	—	6995,91	Sb	5	—
7044,54	Hg I	—	(10)	7017,91	W	3	—	6995,39	Ta I	200	—
7043,1	к Zr	4	—	7017,65	Si I	10	—	6994,57	S I	—	(30)
7042,58	Co I	5	—	7017,28	Si I	*		6994,32	Zr I	15	—
7042,45	Rb II	—	150	7017,24	Ce (I)	4	—	6993,26	W I	3	—
7042,26	J II	—	(70)	7016,61	Co I	300	—	6992,80	S I	—	(15)
7042,06	Al II	—	(25)	7016,44	Mo I	10	—	6991,69	Mo I	12	—
7040,92	S	—	(70)	7016,44	Fe I	100	25	6991,12	Bi I	10	—
7039,37	Cu I	15	—	7016,07	Fe I	*		6990,84	Zr I	50	—
7039,36	Ti I	15	—	7015,3	N II	—	(5)	6990,65	Se I	—	(300)
7038,80	Ti I	100	—	7015,18	Co I	5	—	6990,32	Nb I	100	15
7038,25	Fe I	7	20	7014,91	Nb(I)	6	1	6990,31	Ti I	8	—
7038,06	Nb I	15	2	7013,97	Mo	5	—	6989,91	Mn I	80	—
7037,98	Mo I	25	—	7013,85	Se I	—	(400)	6989,83	Pt (I)	3	—
7037,37	Ni I	4	—	7013,2	Pb II	—	(50)	6989,78	J I	—	(20)
7036,15	Bi I	5	—	7012,25	Mn I	10	—	6989,40	Nb I	6	1

| λ | El. | B | | λ | El. | B | | λ | El. | B | |
		A	S (E)			A	S (E)			A	S (E)
6988,94	Mo I	30	—	6963,93	Ti I	5	—	6931,40	Mo I	15	—
6988,53	Fe I	8	—	6961,48	Mo I	10	—	6931,13	Mn I	20	—
6986,09	Nb I	20	3	6960,77	Ce	10	—	6929,88	Ir I	50	—
6986,07	Ce	15	—	6960,64	Mo I	12	—	6929,07	Zr I	8	—
6984,67	Mo I	5	—	6959,9	к Zr	6	—	6929,05	Nb II	—	3
6984,30	W I	4	—	6959,44	Mo	3	—	6928,54	Ta I	150	—
6983,49	Cs I	25	—	6958,78	J II	—	(1000)	6928,32	Zn I	15	—
6983,23	Ti I	12	—	6958,49	Ti	10	—	6928,25	Ni I	2	—
6982,9	к Ca	3	—	6957,51	Pt (I)	3	—	6928	к C	—	—
6982,75	Be I	15	—	6957,03	Mo	5	—	6927,38	Ta I	150	—
6981,98	Ru I	200	—	6956,2	к Ca	20	—	6926,90	N I	—	(5)
6981,40	S	—	(50)	6955,52	Cs II	—	(20)	6926,16	Ti I	35	—
6981,04	Cr	8	—	6955,06	Ni I	80	—	6926,02	Cr I	*	
6980,91	Hf II	100	200	6953,88	Ta I	50	—	6925,85	Mo	5	—
6980,91	Cr I	5	—	6953,84	Zr I	80	—	6925,8	к Ti	2	—
6980,39	Ti I	12	—	6953,78	Mo I	12	—	6925,71	Zr I	8	—
6980,37	Mo I	10	—	6951,67	Y II	5	8	6925,22	Cr I	50	—
6979,88	Y I	15	6	6951,50	N I	—	(5)	6924,83	Ce (I)	20	—
6979,81	Cr I	20	—	6951,26	Fe I	10	—	6924,20	Cr I	60	—
6979,10	N I	—	(5)	6951,26	Ta I	100	—	6924	Hg I	—	(5)
6978,86	Fe I	60	12	6950,31	Y I	20	10	6923,7	к Zr	5	—
6978,71	Mo I	25	—	6948,72	Nb	3	3	6923,21	Ru I	300	—
6978,50	Co I	2	—	6948,46	Zr I	15	—	6922,23	Zr I	8	—
6978,46	Cr I	125	—	6947,39	Mo I	15	—	6922,21	Co I	5	—
6978,40	Nb I	8	2	6947,3	Sb II	—	20	6920,06	Cu I	100	—
6977,44	Fe I	4	—	6946,75	Mo I	7	—	6919,96	Al II	—	(25)
6976,93	Fe I	3	—	6946,31	Co I	10	—	6919,6	к Ti	4	—
6976,8	N II	—	(15)	6946,10	Ti I	10	—	6918,33	Nb I	80	10
6976,52	Si I	25	—	6946,08	Nb I	15	3	6917,84	Al II	—	(25)
6975,91	Zr I	8	—	6945,22	N I	—	(40)	6916,87	Zr I	12	—
6975,70	Pt I	5	—	6945,21	Fe I	60	20	6916,70	Fe I	35	5
6975,05	Nb(I)	12	2	6943,70	Ti I	15	—	6916,6	к V	3	—
6974,50	V I	2	—	6943,69	Hg	—	(10)	6916,52	Pd I	10	—
6974,5	к V	3	—	6943,20	Zn I	3	—	6915,58	Sb II	—	(8)
6973,57	Ni I	2	—	6942,52	Mn I	100	—	6914,57	Ni I	300	—
6973,50	Ce (II)	3	—	6941,75	N II	—	(30)	6914,01	Mo I	40	—
6973,29	Cs I	500	—	6940,90	Nb II	10	15	6913,19	Ti I	7	—
6972,48	Nb I	20	4	6939,44	Ce (I)	8	—	6911,46	Ru I	100	—
6971,62	Nb I	15	3	6938,77	K I	500	—	6911,40	Hf I	15	50
6971,53	Re I	150	—	6938,47	Zn I	8	—	6911,08	K I	300	—
6969	Hg	—	(10)	6938,1	Hg II	—	(25)	6910,84	Co I	15	—
6968,9	к Zr	2	—	6937,81	Co I	150	—	6910,75	O II	—	(30)
6968,4	к Ca	2	—	6936,28	K I	*		6908,82	Pt I	3	—
6968,34	Cu I	3	—	6935,88	Ti I	8	—	6908,20	Mo I	20	—
6968,06	Mn I	5	—	6935,82	Cu I	8	—	6908,11	O II	—	(15)
6967,6	N II	—	(5)	6935,16	Hf II	5	50	6908,08	Co I	30	—
6966,89	Nb	15	3	6934,27	W I	2	—	6908,06	Nb I	40	8
6966,44	Zr I	40	—	6934,13	Ce	2	—	6907,5	S	—	(30)
6966,43	Ti II	—	40	6934,10	Mo I	15	—	6907,46	Hg I	—	(125)
6966,32	Ge II	*		6933,63	Fe I	5	—	6907,37	Zr I	12	—
6966,13	Ta I	150	—	6933,15	Ti I	12	—	6906,60	Nb I	8	2
6965,64	Rh I	200	—	6932,70	In	—	5	6906,54	O II	—	(50)
6964,67	K I	—	(5)	6932,38	Zr I	12	—	6905,94	Cu I	40	—
6964,18	K I	—	(3)	6932,12	Ce	4	—	6904,70	Mo	8	—
6964,16	W I	2	—	6931,8	к Zr	5	—	6904,36	Zr I	10	—

λ	El.	B A	S (E)	λ	El.	B A	S (E)	λ	El.	B A	S (E)
6902,98	In	—	5	6878,50	Co	2	—	6849,26	Zr I	6	—
6902,89	Nb I	60	10	6878,38	Sr I	500	—	6849,15	Ti I	5	—
6902,84	Ni I	2	—	6876,71	Ni I	25	—	6848,97	Cs I	*	
6902,80	Fe	—	5	6876,36	Nb I	80	12	6848,92	Mo I	15	—
6902,13	J II	—	(150)	6875,27	Ta I	200	—	6848,9	к Zr	3	—
6902,10	Ta I	150	—	6875,02	In	—	30	6848,82	Cs I	*	
6901,88	Ni I	2	—	6874,30	N	—	(5)	6848,57	Si I	*	
6901,52	Co I	5	—	6874,3	Sb II	—	25	6848,08	S	—	(2)
6900,59	Zr I	12	—	6874,09	Ba II	—	(10)	6847,44	In I	60	—
6900,55	Mo	4	—	6873,91	Ti I	10	—	6847,34	Zr I	2	—
6900,55	Ta I	80	—	6873,5	Au I	5	—	6847,3	к Zr	3	—
6900,13	In I	50	—	6872,43	Cu II	—	3	6847,25	Ce (I)	5	—
6899,10	Ce	4	—	6872,40	Co I	200	—	6846,97	Co I	25	—
6899,09	Mo	12	—	6872,0	Pb II	—	(2)	6846,97	Zr I	12	—
6898,48	Ce	3	—	6871,56	V I	2	—	6846,78	Ce (II)	3	—
6898,01	Mo I	15	—	6870,92	Nb(I)	20	5	6846,34	Zr I	4	—
6897	Hg	—	(5)	6870,88	V I	3	—	6845,66	Co I	10	—
6896,73	Pt (I)	3	—	6870,80	Hg	—	(15)	6845,33	Zr I	10	—
6895,29	O II	—	(70)	6870,8	N II	—	(5)	6845,24	Y I	15	5
6895,07	Cs I	*		6870,45	Cs I	200	(5)	6844,64	Ti	10	—
6894,92	Cs I	*		6870,13	Ni I	3	—	6844,43	Ce	2	—
6894,57	Ce (I)	6	—	6867,85	Ba I	100	—	6844,05	Sn II	—	100
6894,00	V I	2	—	6867,713	In II	—	(5)	6843,75	Zr I	4	—
6893,69	Ce	5	—	6866,23	Ta I	200	—	6843,67	Fe I	30	35
6892,59	Sr I	100	—	6865,69	Ba I	200	—	6842,98	Sb	—	(8)
6892,36	Mo I	12	—	6865,44	Mo	3	—	6842,67	Fe I	8	5
6892,20	In II	—	(20)	6864,91	Co I	10	—	6842,61	Pt I	10	—
6891,99	In II	—	(5)	6863,66	Mo	3	—	6842,07	Ni I	60	—
6891,66	In II	—	(60)	6863,08	Mn I	2	—	6841,90	V I	4	—
6891,62	In II	—	(40)	6862,48	Fe I	7	—	6841,35	Fe I	50	50
6891,43	In II	—	(20)	6861,47	Ti I	50	—	6840,99	Cu I	3	—
6891,15	In II	—	(30)	6861,24	Ni I	5	—	6839,82	Fe I	3	—
6890,90	Cu I	8	—	6860,40	In II	—	(2)	6839,58	V I	2	—
6890,76	In II	—	(5)	6860,39	Ti	20	—	6838,9	Hg	—	(5)
6889,92	Cu I	8	—	6858,76	Hf I	15	50	6838,88	Mo I	30	2
6889,10	Mo	5	—	6858,38	Co I	25	—	6838,86	Fe	5	5
6888,56	Hg I	—	(25)	6858,16	Fe I	15	15	6838,11	Co (I)	15	—
6888,49	Nb(I)	15	2	6858,1	к Ti	4	—	6838,08	Pt I	4	—
6888,29	Zr I	25	—	6857,90	Zr I	8	—	6837,09	Al II	—	(15)
6887,83	N II	—	(15)	6857,6	N II	—	(5)	6837,04	Fe I	5	5
6887,8	к Zr	4	—	6857,25	Fe I	5	5	6836,6	Hg	—	(5)
6887,76	Mn I	30	—	6856,53	Ce	4	—	6835,46	Cu I	3	—
6887,20	Y I	8	12	6855,72	Ti	20	—	6835,03	Sc (I)	25	—
6886,32	Nb I	30	8	6855,29	Hf II	7	50	6834,23	Mo	5	—
6886,28	Mo I	25	—	6855,18	Fe I	60	80	6834,09	N II	—	(5)
6885,77	Fe I	10	8	6854,63	Zr I	6	—	6833,92	Mn I	40	—
6885,20	Zr	8	—	6853,84	Zr I	6	—	6833,67	Zr I	4	—
6884,8	к Zr	2	—	6853,57	Ce	4	—	6833,41	Pd I	10	—
6883,8	к Ti	3	—	6852,56	Zr I	6	—	6832,89	Zr I	10	—
6883,25	Zr I	8	—	6852,3	к Ti	6	—	6832,44	V I	5	(10)
6883,05	Cr I	70	—	6850,48	Ni I	2	—	6831,27	Se I	—	(400)
6882,40	Cr I	20	—	6850,2	к Ti	5	—	6831,21	Zn II	—	(8)
6881,94	Cu I	8	—	6850,06	Hf I	20	60	6830,01	Ir I	50	—
6881,62	Cr I	15	—	6849,52	In II	—	(5)	6829,96	V I	4	—
6879,90	Nb I	15	2	6849,33	Nb I	12	6	6829,90	Re I	200	—

λ	El.	B A	B S (E)	λ	El.	B A	B S (E)	λ	El.	B A	B S (E)
6829,82	Si II	*		6804,02	Fe I	7	—	6776,75	S	—	(30)
6829,54	Sc I	15	—	6803,29	Ce (I)	2	—	6775,97	Al II	—	(2)
6829,2	к Cr	3	—	6801,00	J	—	(50)	6775,64	Cu I	8	—
6828,87	Mo I	50	—	6800,68	C II	—	30	6775,59	Ce (I)	10	—
6828,78	Zr I	10	—	6799,40	Co I	6	—	6775,06	Rb II	—	200
6828,61	Fe I	18	25	6798,51	Ca I	6	—	6774,53	Pd I	15	—
6828,12	C I	*		6798,11	C II	—	5	6774,29	Ce (II)	3	—
6828,11	Nb I	150	30	6796,68	Zr I	4	—	6774,25	Ta I	100	—
6827,33	Rh I	15	—	6795,40	Y II	12	20	6773,56	J	—	(50)
6827,12	Mn I	2	—	6795,27	Nb(I)	10	6	6772,89	Zr I	8	—
6826,96	Co I	3	—	6794,84	Au II	*		6772,36	Ni I	200	—
6826,43	Ce (I)	3	—	6794,66	Zr	4	—	6771,85	Ba I	60	—
6825,87	Zn II	—	(9)	6794,54	Au I	*		6771,8	к Cr	4	—
6824,65	Cs I	15	—	6793,70	Y I	70	15	6771,74	Ta I	100	—
6824,17	Ru I	150	—	6791,9	к C	—	—	6771,06	Co I	200	—
6823,40	Cu II	—	3	6791,7	Pb II	—	(10)	6770,70	Cu II	—	8
6823,38	Al II	—	(10)	6791,47	C II	—	30	6769,62	Ba II	—	(10)
6821,86	Cu I	3	—	6791,19	Ni I	2	—	6769,16	Zr I	50	—
6820,38	Fe I	10	7	6791,05	Sr I	200	—	6767,78	Ni I	300	—
6820,28	W I	2	—	6790,85	Zr I	10	—	6767,65	Ce (I)	3	—
6820,21	Pt (I)	3	—	6790,8	Pb II	—	(50)	6767,40	In II	—	(5)
6820,2	к Ti	3	—	6789,28	Hf I	50	100	6767,39	Co I	15	—
6819,53	Co I	20	—	6789,26	Co I	15	—	6766,49	V I	30	—
6819,52	Sc I	20	—	6789,23	J I	—	(50)	6766,33	In II	—	(50)
6819,27	Mg II	*		6789,15	Cr I	40	—	6765,96	In II	—	(50)
6818,95	Hf I	100	200	6789,00	Ta I	50	—	6765,37	In II	—	(30)
6818,45	Si II	*		6788,93	J	—	(100)	6764,65	Ce (I)	2	—
6818,25	Ce (I)	5	—	6787,85	Mg II	*		6763,50	Mo I	8	—
6817,08	Sc (I)	10	—	6787,22	C II	—	15	6762,41	Cr I	50	—
6816,83	Al II	—	(5)	6787,12	Zr II	4	2	6762,38	Zr I	50	—
6815,3	к Ti	5	—	6786,88	Fe I	7	—	6761,45	Sn II	—	(15)
6814,94	Co I	150R	—	6786,56	Be I	*		6760,71	S	—	(30)
6813,60	Ni I	30	—	6786,32	V (I)	3	—	6760,12	V	2	—
6813,41	Re I	200	—	6785,9	Pb II	—	(15)	6760,01	Pt I	100	—
6813,25	Ta I	200	—	6785,8	к Ti	4	—	6759,41	Ni I	2	—
6812,86	Mg II	*		6784,98	V I	15	—	6759,19	Cd II	—	30
6812,64	Zr	6	—	6784,85	Co I	25	—	6758,73	Ni	2	—
6812,57	J II	—	(100)	6784,51	Pd I	12	2	6758,60	N I	—	(50)
6812,5	к Zr	3	—	6784,01	Ca	5	—	6758,55	Cu II	—	8
6812,43	V I	8	(20)	6783,90	C II	—	100	6758,10	Co I	25	—
6812,30	J I	—	(50)	6783,71	In II	—	(100)	6757,76	Cr I	8	—
6811,32	Zr I	4	—	6782,46	Ni I	5	—	6757,10	S I	—	(150)
6810,25	Fe I	15	18	6781,97	Au	3	—	6756,57	Co I	25	—
6809,99	N II	—	(15)	6781,9	к Ti	5	—	6756,3	к Ti	6	—
6809,90	Cu II	—	4	6781,45	Mg II	*		6754,62	Hf II	60	100
6808,94	Co I	25	—	6780,74	Ce (I)	5	—	6753,97	Mo I	25	2
6808,89	Ce (I)	3	—	6780,61	C II	—	15	6753,03	V I	40	—
6808,6	Bi II	—	70	6780,51	Ge II	*		6752,73	Fe I	9	12
6807,83	Ce (I)	10	—	6780,40	Cu II	—	3	6752,73	Zr I	15	—
6806,85	Fe I	8	7	6779,93	C II	—	50	6752,58	Cr	2	—
6806,67	Sb II	—	(12)	6778,75	Sb II	—	(4)	6752,40	N I	—	(50)
6806,60	Cu II	—	4	6778,38	Sb	5	40	6752,34	Rh I	150	—
6806,35	Sb	5	—	6778,28	Ce (I)	10	—	6752,1	P	15	—
6806,16	Sb II	—	30	6778,12	Cd I	30	—	6752,07	Se	—	(30)
6805,65	Rb II	—	50	6777,2	к Zr	4	—	6752,04	In II	—	(40)

λ	El.	B A	B S (E)	λ	El.	B A	B S (E)	λ	El.	B A	B S (E)
6751,88	In II	—	(60)	6726,54	O I	*		6706,20	N I	—	(50)
6751,8	к Ti	4	—	6726,28	O I	*		6706,03	Ce (I)	2	—
6751,61	In II	—	(30)	6726,05	Zr II	*		6705,12	Fe I	12	12
6751,33	Cr I	2	—	6725,83	Cd II	—	100	6704,32	Ce (I)	25	—
6751,22	Re (I)	50	—	6724,0	к Ti	5	—	6703,92	Co I	15	—
6750,55	C II	—	15	6723,62	Nb I	100	30	6703,57	Fe I	7	5
6750,52	In II	—	(20)	6723,28	Cs I	500	6	6703,18	Nb	6	1
6750,15	Fe I	50	18	6723,12	N I	—	(500)	6702,12	Zr I	6	—
6749,97	Cu (II)	—	3	6722,71	Co I	4	—	6701,63	Cr I	3	—
6749,44	Ce (I)	2	—	6721,92	Nb(I)	2	—	6701,20	Nb I	100	15
6749,29	Cu I	8	—	6721,85	Si I	*		6700,72	Y I	12	8
6748,79	S I	—	(80)	6721,35	O II	—	(300)	6700,70	Ce (I)	20	—
6747,8	к Ti	5	—	6720,95	Co I	4	—	6699,56	Se I	—	(125)
6746,61	Cr I	6	—	6720,32	Ce (II)	2	—	6699,38	Si II	*	
6746,43	Se I	—	(200)	6719,3	к Ti	6	—	6698,67	Al I	10	—
6746,43	Ti I	4	—	6718,83	J II	—	(50)	6698,46	J I	—	(50)
6746,27	Mo I	50	3	6718,0	к Zr	2	—	6697,94	Zr I	4	—
6746,07	Mo I	20	—	6717,91	Ti II	10	—	6697,29	J (I)	—	(90)
6744,64	Cr I	6	—	6717,87	Zr I	12	—	6696,45	Nb(I)	6	3
6743,58	S I	—	(50)	6717,75	Ca I	—	—	6696,39	Al II	10	(2)
6743,12	Ti I	100	—	6717,74	S	—	(50)	6696,02	Al I	—	(50)
6742,5	к Zr	4	—	6717,64	Co I	5	—	6693,84	Ba I	600	100
6742,17	Co I	5	—	6717,56	Fe I	5	—	6693,11	W I	3	—
6741,64	Si I	*		6717,42	P I	*		6692,87	Co I	4	—
6741,52	J (I)	—	(50)	6716,67	Ti I	15	—	6692,81	Au	2	—
6741,42	Cu I	50	—	6716,43	Hg I	—	(80)	6691,2	к Ti	4	—
6741,29	N I	—	(30)	6715,83	S	—	(30)	6691,08	Mo I	5	—
6740,73	Ta I	80	—	6715,41	Fe I	5	—	6690,80	Ni I	2	—
6739,88	Nb I	80	15	6715,38	Cr I	8	—	6690,47	Mo I	20	2
6739,44	J I	—	(50)	6715,2	Hg II	—	(25)	6690,01	Ru I	300	—
6738,99	Sb	2	—	6714,4	к Ti	6	—	6689,85	Hg	—	(5)
6738,62	C II	—	5	6714,26	Au II	*		6689,70	Ce	3	—
6738,05	J I	—	(70)	6713,80	Tl I	100	40	6688,17	Zr I	10	—
6737,87	Sc (I)	5	—	6713,60	Sb II	—	(6)	6688,01	Sb (II)	—	(30)
6737,69	Cr	5	—	6713,48	Ce (I)	4	—	6687,86	Mo I	7	—
6737,64	Cu II	—	5	6713,28	P II	*		6687,60	Y I	50	10
6737,16	Nb	3	1	6713,12	N	—	(5)	6686,6	к Zr	2	—
6736,53	J (I)	—	(50)	6712,75	S	—	(30)	6686,59	Ce	8	—
6736,00	Y I	12	4	6712,71	Co I	8	—	6684,87	Co I	30	—
6734,61	S	—	(15)	6710,9	к Zr	2	—	6684,08	Co (I)	30	—
6734,16	Cr I	12	—	6710,41	Pt I	50	—	6682,92	S	—	(15)
6733,98	Mo I	100	4	6710,16	Ce (I)	2	—	6681,92	S	—	(30)
6733,48	N I	—	(100)	6709,88	Nb I	15	2	6681,24	S	—	(30)
6733,17	Fe I	5	—	6709,60	Zr I	8	—	6681,1	к Ti	6	—
6732,03	J I	—	(150)	6709,29	Hg(III)	—	(5)	6680,26	Ti II	—	5
6729,72	Cr I	10	—	6708,81	N (I)	—	(50)	6679,80	Ce (I)	5	—
6729,56	Os I	30	—	6708,07	V I	2	—	6679,66	Mo	3	—
6729,54	Ce (I)	10	—	6707,85	Co	200	—	6679,43	Se I	—	(70)
6729,47	S	—	(30)	6707,85	Mo	300	—	6678,89	Mo I	5	—
6728,71	Ce (I)	8	—	6707,84	Li I	3000R	200[1]	6678,81	Co I	125	—
6728,04	Mo I	7	—					6678,81	Zr I	2	—
6727,86	O I	—	(70)					6678,41	W I	3	—
6726,92	J I	—	(70)					6678,01	Zr II	—	3
6726,78	Fe	15	—	[1]) Doublet Li I 6707,91—				6678,0	к Zr	5	—
6726,67	Fe I	—	8	Li I 6707,76.				6677,99	Fe I	250	150

λ	El.	B A	S (E)	λ	El.	B A	S (E)	λ	El.	B A	S (E)
6677,34	Nb I	200	50	6650,88	Ce	8	—	6626,1	к Ti	2	—
6677,3	к C	—	—	6650,62	Y I	15	4	6624,84	V I	12	(7)
6677,24	Cr I	2	—	6650,38	Mo I	80	6	6624,57	Mo I	15	2
6677,17	Ti I	18	—	6649,97	Co I	5	—	6624,29	Cu II	—	8
6675,54	Ce II	3	—	6649,70	Mo	7	—	6623,91	Re I	30	—
6675,53	Ta I	400	—	6649,5	к Zr	2	—	6623,79	Co I	70	—
6675,5	Hg II	—	(5)	6649,35	Mo	5	—	6623,54	V I	2	—
6675,27	Ba I	500	100	6649,22	Cu II	—	2	6622,53	N I	—	(30)
6673,73	Ta I	200	—	6648,32	Pt I	10	—	6621,68	W I	5	—
6673,71	P I	*		6648,13	Sb	3	—	6621,61	Cu I	20	—
6672,85	V II	—	2	6647,80	Ni I	5	—	6621,30	Ta I	200	—
6672,23	Cu I	15	—	6647,44	Sb (II)	—	(60)	6621,28	Sb II	—	(4)
6671,88	Si II	*		6647,38	Ce	2	—	6621,24	Ni I	2	—
6671,02	Au II	*		6647,04	Hf II	30	100	6620,57	Mg II	*	
6669,24	Cr I	80	—	6646,7	Hg II	—	(10)	6620,55	Zr I	6	—
6669,23	P I	*		6646,52	N I	—	(15)	6620,44	Mg II	*	
6667,60	Co	5R	—	6645,33	Co I	4	—	6619,66	J I	—	(200)
6666,54	Ti I	30	—	6645,3	к Zr	2	—	6619,13	Mo I	300	15
6666,24	Cr	8	—	6644,96	N I	—	(500)	6617,53	Co I	30	—
6666,00	In II	—	(5)	6644,61	Hf II	100	200	6617,26	Sr I	150	—
6665,96	J II	—	(70)	6643,65	Co	2	—	6617,12	Co I	30	—
6665,68	Ce (I)	10	—	6643,64	Ni I	300	—	6616,68	Nb I	6	2
6665,29	Co I	4	—	6643,54	Sr I	100	—	6614,15	Nb I	25	8
6663,72	Co I	3	—	6643,02	Cr I	5	—	6613,74	Y II	15	2
6663,44	Fe I	70	25	6641,50	S	—	15	6613,62	N I	*	
6663,20	Au I	*		6641,41	Cu II	—	10	6613,1	к Zr	3	—
6663,16	Ru I	100	—	6641,15	Ce	3	—	6612,17	Cr I	12	—
6662,55	Ce	4	—	6640,90	O II	—	(70)	6612,06	Ce	8	—
6662,10	J I	—	(100)	6639,5	Hg	—	(10)	6611,95	Ta I	300	—
6661,41	Ce (I)	8	—	6637,16	Mo I	8	—	6611,49	Sb I	6	—
6661,39	Ni I	2	—	6636,94	N I	—	(50)	6611,20	Mo I	20	—
6661,11	J I	—	(100)	6635,15	Ni I	5	—	6610,56	N II	—	(100)
6661,10	Cr I	100	—	6635,12	Co I	25	—	6610,36	Sb	4	—
6660,99	Cu II	—	8	6634,7	Cu I	3	—	6610,03	Mn	2	—
6660,84	Nb I	300	80	6634,63	Sb	2	—	6609,8	Hg II	—	(5)
6660,52	Au I	*		6634,3	к Ti	2	—	6609,12	Fe I	25	12
6660,0	Pb II	—	(500)	6634,22	Au	2	—	6608,90	Cr I	25	—
6659,68	Mo I	20	2	6633,77	Fe I	60	25	6607,83	V I	3	—
6657,7	к Ti	2	—	6632,45	Co I	150	—	6607,32	Nb I	15	4
6656,61	N I	—	(5)	6631,85	Cu II	—	2	6606,85	Ce (II)	4	—
6655,51	C I	*		6631,3	к C	—	—	6606,33	Ce (I)	10	—
6655,47	Ce	3	—	6630,11	Rh I	40	—	6606,15	Nb(I)	15	4
6654,80	Ce	2	—	6630,00	Cr I	50	—	6605,97	V I	3	—
6654,77	O	—	(10)	6629,79	N II	—	(15)	6605,53	Mn I	30	—
6654,30	Ce	3	—	6629,67	Cu I	3	—	6605,19	Re I	100	—
6654,12	O I	—	(50)	6629,52	Ni	2	—	6604,60	Sc II	12	—
6654,10	Ba I	50	—	6629,48	Sb II	—	(2)	6603,27	Zr I	20	—
6653,46	N I	—	(70)	6629,11	Nb II	2	10	6602,4	Hg	—	(10)
6652,77	Ce (II)	5	—	6628,93	Ce (I)	10	—	6600,2	Bi II	—	70
6652,39	Re I	80	—	6628,65	Cs I	35	12	6599,90	Zr I	4	—
6652,33	Au I	15	—	6627,62	O II	—	(30)	6599,68	Cu I	25	—
6652,29	Co I	3	—	6627,56	Fe I	4	8	6599,61	Ce (I)	6	—
6651,92	Cr I	8	—	6627,28	Fe II	*		6599,3	к C	—	—
6651,5	к Ti	5	—	6627,12	In II	—	(20)	6599,11	Ti I	100	—
6651,42	Ce (I)	10	—	6626,97	Nb I	6	2	6598,84	Zr I	6	—

λ	El.	B A	S (E)	λ	El.	B A	S (E)	λ	El.	B A	S (E)
6598,59	Ni I	5	—	6571,08	Mo	5	2	6546,24	Fe I	150	50
6598,24	Mn	2	—	6570,83	Mn I	2	—	6545,97	Mg II	10	2
6597,93	Pt I	4	—	6569,77	Mo	10	2	6544,61	Nb I	80	10
6597,61	Fe I	10	—	6569,42	Zr I	8	—	6544,51	Cu I	3	—
6597,55	Cr I	40	—	6569,4	Pb II	—	(25)	6543,60	Ce	3	—
6596,71	Zr I	4	—	6569,23	Mn I	2	—	6543,51	V I	8	(5)
6595,91	Co I	150	—	6569,22	Fe I	50	25	6543,14	Ti	8	—
6595,33	Ba I	1000	300	6567,65	Cd II	7	3	6543,0	к Zr	10	—
6594,69	Cr I	60	—	6567,39	Hf II	6	60	6542,82	Hf II	3	50
6594,3	Hg	—	(10)	6567,07	Co	2	—	6541,93	Cu II	—	2
6593,87	Fe I	30	18	6566,49	J I	—	(400)	6541,45	In II	—	(40)
6592,92	Fe I	150	80	6565,88	V I	3	—	6541,22	In II	—	(50)
6592,65	Pt I	4	—	6565,62	Ti (I)	50	—	6541,2	Hg	3	(5)
6592,52	Re I	60	—	6565,54	Cu I	15	—	6540,95	In II	—	(60)
6592,51	Ni I	5	—	6565,04	S	—	(15)	6538,60	Y I	50	10
6591,98	Zr I	30	—	6564,52	Be I	*		6538,57	S I	—	(60)
6591,80	Co I	15	—	6564,50	Cu II	—	10	6538,40	Co	2	—
6591,00	Nb(I)	20	10	6564,05	Sb	6	—	6538,34	J	—	(70)
6590,89	Mo I	12	—	6563,42	Co I	200	5	6538,16	W I	2	1
6590,39	Mo	3	—	6563,24	Sn	—	50	6537,97	S I	—	(3)
6589,54	Au II	*		6563,22	W I	2	1	6537,92	Cr I	35	—
6587,61	C I	—	(50)	6562,85	H	—	(2000)	6537,62	Mo	6	2
6586,69	Fe (II)	*		6562,73	H	—	(1000)	6537,47	Ce (II)	2	—
6586,51	Cs I	500	(5)	6560,68	Si I	2	—	6536,67	S I	—	(15)
6586,34	Mn I	20	—	6559,58	Ti II	8	—	6536,44	Cs II	—	(15)
6586,33	Ni I	40	—	6559,33	Ce	3	—	6536,41	S I	—	(45)
6586,02	Cs I	35	—	6558,7	Pb II	—	(15)	6536,30	Mo	7	—
6585,27	J I	*		6558,36	Be II	*		6535,63	S I	—	(8)
6585,20	J II	—	(70)	6558,15	Sb	12	—	6535,13	Co I	2	—
6584,9	к Zr	2	—	6558,02	V I	3	—	6534,95	Se II	—	(300)
6584,6	Hg	—	(10)	6557,91	Hf II	10	100	6534,50	Ce (I)	5	—
6583,75	J I	—	(70)	6557,49	Ge I	*		6534,08	Mn I	10	—
6583,54	Cu I	8	—	6556,93	Nb (I)	6	2	6533,97	Fe I	—	3
6582,88	C II	—	200	6556,07	Ti I	150	—	6533,7	к C	—	—
6582,82	In	—	5	6555,67	Ce	15	—	6533,49	Mn	20	—
6581,1	к Mg	3	—	6555,63	Rb II	—	100	6533,1	Pb II	—	(20)
6580,96	Cr I	30	—	6555,46	Si I	*		6532,89	Ni I	3	—
6580,22	Ni	2	—	6555,05	Cu II	—	5	6532,55	N II	—	(5)
6579,37	Co I	15	—	6554,23	Ti I	125	150	6532,40	W I	2	—
6579,11	Ce	8	—	6553,6	Hg	—	(10)	6531,42	V I	25	—
6578,2	к Zr	4	—	6552,59	Mo	5	2	6530,67	Ce (I)	6	—
6578,16	In	—	12	6552,01	Mn I	3	—	6530,30	Cu II	—	8
6578,05	C II	—	500	6551,72	Ce (I)	15	—	6530,2	Au I	5	—
6577,47	Ce (I)	3	—	6551,63	Nb I	6	1	6529,88	Sb II	4	(4)
6577,2	Bi II	2	20	6551,58	Cu II	—	2	6529,20	Cr I	40	—
6577,11	Re I	50	—	6551,44	Co I	80	—	6528,06	As (II)	—	5
6576,55	Zr I	6	—	6550,98	Cu I	3	—	6527,8	Pb II	—	(25)
6576,38	Ni	2	—	6550,54	Zr I	18	—	6527,63	Mo	4	—
6575,18	Ti I	20	—	6550,26	Sr I	100	10	6527,31	Ba I	200	20
6575,02	Fe I	12	15	6549,84	Tl I	300	50	6527,20	Si I	3	—
6574,84	Ta I	200	—	6549,7	к Zr	2	—	6527,02	Ce	3	—
6574,74	Nb I	12	2	6547,89	Be II	*		6526,61	Si I	*	
6573,96	W I	2	1	6546,86	Sb II	4	(2)	6526,54	Mn I	10	—
6572,90	Cr I	25	—	6546,79	Sr I	25	5	6525,32	Ce	5	—
6572,78	Ca I	50	—	6546,28	Ti I	80	—	6524,12	Cu (II)	—	2

λ	El.	B		λ	El.	B		λ	El.	B	
		A	S (E)			A	S (E)			A	S (E)
6523,45	Pt I	80	—	6499,62	Co	2	—	6481,97	Ce	6	—
6522,55	Ce	3	—	6499,52	N I	—	(25)	6481,88	Fe I	12	80
6521,13	Hg II	—	(12)	6499,01	Hg	—	(5)	6481,73	N I	—	(15)
6519,84	Mo I	25	6	6498,95	Fe I	3	—	6481,46	Cu II	—	15
6519,60	Rh I	40	—	6498,76	Ba I	60	20	6480,7	к Zr	4	—
6519,37	Mn I	20	—	6497,85	Nb I	12	2	6479,64	Cu (II)	—	2
6518,37	Fe I	10	7	6497,68	Ti I	40	—	6479,20	Mo	3	2
6518,2	Pb II	—	(35)	6497,65	Bi II	2	12	6479,16	Zn I	10	—
6517,71	Ti	2	—	6496,90	Ba II	800R	300	6478,4	к C	—	—
6517,29	Ce (I)	10	—	6496,89	Co	3	—	6477,88	Co I	80	—
6517,28	V II	—	10	6496,46	Fe I	10	—	6477,8	к V	2	—
6517,22	In	—	5	6495,53	Cs II	—	(15)	6476,74	Ca	2	—
6517,07	Sb I	4	—	6495,45	Al II	—	(2)	6476,24	Bi I	8	—
6517,01	Fe (II)	*		6494,98	Fe I	400	150	6475,91	J	—	(70)
6517,00	Co I	3	—	6494,96	Sb	4	—	6475,73	Bi I	8	—
6516,10	Ta I	200	—	6494,04	Cu II	—	30	6475,63	Fe I	8	8
6516,05	Fe II	—	20	6493,78	Ca I	80	30	6475,32	Mn	4	—
6516,00	Cr I	5	—	6493,12	Mo I	15	4	6474,56	Co I	25	—
6515,2	к Zr	4	—	6493,09	Zr I	10	—	6474,43	Sb II	4	(10)
6514,39	Ta I	200	—	6493,05	Fe (II)	—	8	6474,20	Cu I	15	—
6513,60	Ce (II)	8	—	6492,49	Mo	10	2	6473,99	Mo I	20	4
6512,95	Hg	—	(10)	6491,71	Mn I	100	—	6473,70	Ce	6	1
6512,68	Mo	3	2	6491,28	N I	—	(25)	6473,7	к Zr	20	—
6512,42	As II	—	8	6490,99	Ce (I)	8	—	6472,63	Cs I	15	—
6512,18	In	—	30	6490,62	Mn I	3	—	6471,66	Co	3	—
6511,49	Sb	—	(10)	6490,48	Se II	—	(500)	6471,66	Ca I	40	15
6511,47	Re I	60	—	6490,45	Pt	6	—	6471,20	Mo I	50	4
6509,01	Ce (I)	8	—	6490,34	Co I	70	—	6471,03	N I	—	(3)
6508,74	Ca	2	—	6490,25	Sb I	6	—	6470,98	Zn	4	—
6508,73	Co I	5	—	6489,65	Zr I	50	—	6470,21	Zr I	40	—
6508,2	к Zr	18	—	6489,35	As II	—	3	6470,16	Co I	3	—
6508,13	Ti I	30	—	6488,34	Se II	—	(100)	6470,15	Cu II	—	50
6507,97	P II	*		6488,10	J I	—	(150)	6469,32	In II	—	(12)
6507,16	Ce (I)	3	—	6488,05	V I	2	(4)	6469,24	In II	—	(20)
6506,36	Zr I	25	—	6485,97	Ce	5	—	6469,21	Fe I	8	5
6506,33	Fe (II)	*		6485,83	Mo	10	5	6468,99	In II	—	(80)
6506,14	Cu I	8	—	6485,38	Ca	2	1	6468,97	Ce (II)	3	—
6505,52	Ta (I)	100	—	6485,37	Ta I	500	—	6468,88	In II	—	(50)
6505,40	Sb	6	—	6485,18	Cu I	8	—	6468,55	In II	—	(12)
6504,61	N II	—	(15)	6484,88	N I	—	(500)	6468,47	In II	—	(12)
6504,21	Co I	15	—	6484,46	Cu II	—	20	6468,32	N I	—	(30)
6504,16	V I	25	(9)	6484,35	Zr I	6	—	6467,46	Ti	5	—
6504,06	Ce (I)	5	—	6484,18	Ge II	—	15	6467,42	Ce (I)	20	—
6504,00	Sr I	35	20	6483,86	As II	—	3	6466,97	Mo	4	2
6503,46	P II	*		6483,75	N I	—	(30)	6466,89	Ce II	5	1
6503,26	Ce (II)	3	—	6483,6	к Ti	2	—	6466,60	Cu II	—	3
6503,26	Zr I	20	—	6483,27	Zn II	—	(30)	6465,79	Sr I	5	3
6503,26	Sb II	—	(12)	6483,06	Se II	—	(200)	6465,39	Sb II	—	15
6502,88	Sb II	—	20	6483,01	Zn II	4	(15)	6464,98	Cd II	5	50
6501,68	Fe	2	—	6482,91	Ba I	100	50	6464,32	Nb (I)	4	2
6501,38	Hg III	—	(5)	6482,81	Ni I	35	—	6464,02	Ti I	2	—
6501,25	Hg	—	(5)	6482,80	Co I	2	—	6463,51	Mo	8	2
6501,21	Cr I	35	—	6482,74	N I	—	(500)	6463,01	Co I	25	—
6501,03	Hg	—	(5)	6482,52	Ce	2	—	6462,73	Fe I	20	7
6499,65	Ca I	30	15	6482,05	N II	—	(300)	6462,57	Ca I	125	50

λ	El.	B A	B S (E)	λ	El.	B A	B S (E)	λ	El.	B A	B S (E)
6461,89	Ce (I)	5	—	6441,69	Cu II	—	40	6424,50	Ce	**4**	—
6459,99	P II	—	(30)	6441,04	Ce	3	—	6424,37	Mo I	100	20
6458,8	Co	2	—	6440,97	Mn I	60	—	6423,90	Cu II	—	30
6458,35	Rb II	—	400	6440,95	N	—	(25)	6422,93	N	—	(10)
6458,05	Ce (I)	25	—	6440,46	J (II)	—	(100)	6422,9	Pb II	—	(2)
6457,93	N I	—	(25)	6439,97	Ce (I)	6	—	6422,48	Zr I	*	—
6457,62	Zr I	6	—	6439,83	Co	2	—	6422,06	Nb I	6	—
6457,54	Cu II	—	3	6439,72	W I	6	1	6421,74	Co I	20	—
6456,87	Ca II	*	—	6439,17	Co (I)	80	—	6421,50	Ni I	3	—
6456,38	Fe II	—	8	6439,07	Ca I	150	50	6421,35	Fe I	60	40
6455,98	O I	—	(500)	6439,03	Zr I	8	—	6420,47	N I	—	(30)
6455,60	Ca I	10	7	6438,96	In	—	5	6419,98	Fe I	18	15
6455,36	S (II)	—	(70)	6438,47	Cd I	2000	1000	6419,76	Mo	7	2
6455,07	Ni	10	—	6438,03	W	3	1	6419,4	Ga II	—	(25)
6455,00	Co I	200	—	6437,54	In II	—	(12)	6419,3	к Zr	2	—
6454,95	Sb I	6	—	6437,08	Te II	—	200	6419,09	Ti I	15	—
6454,45	O I	—	(150)	6437,01	N I	—	(30)	6418,99	Mo	5	2
6453,60	O I	—	(100)	6436,91	In II	—	(5)	6418,98	Hg III	—	(25)
6453,58	Sn II	6	300	6436,41	In II	—	(5)	6418,90	S	—	(7)
6453,29	Mo	9	2	6436,40	Ce (I)	12	—	6417,82	Co I	200	—
6453,11	Nb	—	3	6436,31	P II	*		6417,05	N	—	(10)
6452,75	N I	—	(5)	6436,2	Au I	5	—	6416,94	Fe II	—	2
6452,5	к Zr	2	—	6435,94	Pt	3	—	6416,02	W I	5	1
6452,34	V I	25	(10)	6435,32	P II	—	(5)	6415,93	Sb	6	—
6451,62	Zr I	10	—	6435,15	V I	2	—	6415,50	S I	—	(10)
6451,58	Ni I	2	—	6435,00	Y I	150	50	6415,24	Si I	4	—
6451,5	к Cr	2	—	6434,39	Ce (I)	12		6415,18	Cu I	3	—
6451,14	Co I	70	—	6434,32	Zr I	6	—	6414,67	Rh I	50	—
6450,85	Ba I	100	20	6433,6	к Pb	3	—	6414,62	Cu II	—	20
6450,37	Ta I	200	—	6433,22	Nb I	30	4	6414,60	Ni I	5	—
6450,24	Co I	1000	—	6433,17	V I	2	(3)	6413,95	Mn I	25	—
6449,84	Nb I	6	2	6432,78	Cu II	—	3	6413,89	S II	—	(250)
6449,81	Ca I	60	12	6432,65	Fe II	—	2	6413,47	Ga I	—	15
6449,76	Co	3	—	6432,07	Ca	—	6	6413,35	Sc I	10	25
6448,49	Cu II	—	10	6431,97	Cs I	—	15	6412,38	Mo (I)	15	4
6447,05	Co	2	—	6431,63	V I	4	—	6412,3	к Zr	12	—
6446,90	Ba	20R	15	6431,09	Co I	5	—	6411,66	Fe I	100	80
6446,68	Sr I	8	4	6430,85	Fe I	100	80	6411,18	Cu II	—	10
6446,5	к Zr	3	—	6430,79	Ta I	150	—	6409,10	Mo I	25	4
6446,43	Fe II	—	20	6430,47	V I	8	—	6408,47	Sr I	50	20
6446,34	Mo I	20	4	6430,47	Nb I	80	10	6408,45	Co I	3	—
6446,28	Mn II	*	—	6430,34	Co I	30	—	6408,13	S I	—	(5)
6446,15	Ce	6	—	6430,06	Ce	10	—	6408,03	Fe I	50	30
6445,74	Zr I	30	—	6429,91	Co I	50	—	6406,99	Zr I	18	—
6445,13	W I	5	2	6429,04	Mo	4	2	6406,96	Mo	3	2
6444,84	Ru I	25	—	6428,14	Cr I	12	—	6406,46	Mo	8	2
6444,83	Sn	5	—	6427,7	к Pb	3	—	6406,08	Sb	—	(6)
6444,70	Co I	25	—	6427,57	Cu I	3	—	6405,95	As II	—	10
6444,51	J (I)	—	(100)	6426,17	Zr I	4	—	6405,40	Sb	4	—
6444,25	Se II	—	(100)	6425,64	S	—	(15)	6404,30	Zr I	4	—
6443,96	As (II)	—	3	6425,36	W	5	1	6404,20	W I	25	2
6443,49	Mn I	10	—	6425,29	Ce (II)	3	1	6403,70	Cu II	—	5
6443,47	Cu II	—	5	6425,11	Co I	5	—	6403,58	S I	—	(2)
6442,93	Fe (II)	*	—	6424,90	Ni I	2	—	6403,15	Os I	15	—
6441,70	N I	—	(70)	6424,52	Ca	2	—	6402,07	W I	5	1

λ	El.	B A	B S (E)	λ	El.	B A	B S (E)	λ	El.	B A	B S (E)
6401,29	Mo	3	—	6383,73	Mo	3	2	6362,5	к Zr	5	—
6401,07	Mo(I)	20	6	6383,34	Hg	—	(15)	6362,37	In II	—	(12)
6400,59	V	—	2	6382,48	W I	3	1	6362,35	Zn I	1000	500
6400,59	Cu	3	—	6382,17	Mn I	20	—	6362,13	In II	—	(40)
6400,31	Fe I	2	—	6381,41	Ti I	10	—	6362,10	Hg	—	(15)
6400,01	Fe I	200	150	6381,26	V I	2	—	6361,74	In II	—	(20)
6399,90	Ce (I)	4	—	6380,75	Fe I	25	8	6361,49	In II	—	(20)
6399,73	W	5	1	6380,75	Sr I	30	8	6361,26	V I	5	2
6398,85	Pt I	6	—	6380,11	V II	—	20	6361,07	W I	3	1
6398,75	V	—	2	6379,75	Ce	2	—	6360,84	Ta I	100	—
6397,87	S II	—	(300)	6379,61	N II	—	(70)	6360,79	Ni I	5	—
6397,34	V	—	2	6379,36	V I	8	2	6360,77	Zr I	*	
6397,16	S II	—	(300)	6378,96	Mn I	20	—	6360,21	Ce	4	—
6396,58	Ga I	—	20	6378,43	P I	*		6359,93	Cd II	10	50
6396,54	S I	—	(15)	6378,32	Tl II	—	(10)	6359,88	Ti I	5	—
6396,52	Co I	10	—	6378,3	к Zr	15	—	6359,5	Sb	—	10
6396,26	Ce (I)	6	—	6378,26	Ni I	20	—	6359,21	Ti I	2	—
6396,21	Sb	4	(2)	6377,84	Cu II	—	20	6359,16	J I	—	(60)
6396,0	к Zr	4	—	6377,41	Au	5	—	6359,15	W I	2	—
6395,20	Co I	125	—	6376,11	Sb II	4	(6)	6358,81	V I	5	3
6395,07	S I	—	(15)	6375,68	P I	*		6358,70	Fe I	8	6
6395,0	к Cr	3	—	6375,39	W	5	—	6358,09	Cu I	8	—
6394,94	Hg II	—	(25)	6374,49	V I	2	1	6357,45	Cu II	—	15
6394,1	к Zr	5	—	6374,29	O	—	(70)	6357,29	V I	10	3
6393,60	Fe I	100	80	6373,27	Cu II	—	5	6357,22	Mo I	40	10
6393,27	V I	4	2	6373,06	Ta I	50	—	6357,05	N II	—	(30)[1]
6393,02	Ce (II)	5	—	6372,98	Ce (I)	6	—	6356,3	к Zr	6	—
6392,17	Sb	8	2	6372,48	Ce	5	—	6356,14	Ta I	100	—
6391,25	Mn I	3	—	6372,35	Mo	5	2	6356,08	Mn I	8	—
6391,11	Mo(I)	12	4	6371,75	Ti I	2	—	6355,90	W	3	—
6390,32	Ce (I)	8	—	6371,68	J I	—	(100)	6355,03	Fe I	15	8
6389,45	Ta I	100	—	6371,43	W I	6	—	6354,73	In II	—	(5)
6389,11	Mo I	15	4	6371,36	Si II	2	30	6354,72	Cd II	5	40
6388,97	Mn	2	—	6371,10	Ce II	10	—	6354,55	Cs I	15	—
6388,59	P I	*		6370,81	Mn	4	—	6354,31	In II	—	(20)
6388,54	Zr I	*		6370,38	Ni I	3	—	6352,75	Co I	2	—
6388,32	Sb	2	—	6370,33	W	3	1	6352,3	к Y	5	—
6388,24	Sr I	35	10	6370,15	Ca	4	—	6351,43	Co I	25	—
6387,97	V	—	2	6369,96	Sr I	25	5	6350,87	Re I	40R	—
6387,8	к Zr	4	—	6369,34	S	—	(50)	6350,64	Re I	100R	—
6387,59	Ca	2	—	6369,10	P I	*		6349,76	Mn I	15	—
6386,86	Ce (I)	12	—	6367,28	J I	—	(70)	6349,47	V I	15	8
6386,69	Co I	5	—	6367,27	P II	*		6349,00	Sr II	*	
6386,50	Sr I	35	10	6366,48	Ni I	15	—	6348,98	Nb (I)	8	2
6386,48	S	—	(5)	6366,35	Ti I	80	—	6348,95	Hg	—	(5)
6386,23	Hf I	15	20	6366,28	O	—	(50)	6348,34	J	—	(50)
6386,16	Ce (I)	5	—	6365,52	Cs I	2	—	6347,83	Co I	125	—
6385,47	Fe (II)	*		6364,92	Ti I	8	—	6347,10	Si II	2	50
6384,91	S II	—	(300)	6364,77	W I	4	1	6346,86	N II	—	(5)
6384,68	W I	3	1	6364,75	B	2	—	6346,85	Mg II	10	2[2]
6384,68	Ni I	5	—	6363,94	Sr I	25	4				
6384,67	Mn I	25	—	6363,10	Si	3	1				
6384,6	к Zr	4	—	6362,95	In II	—	(40)				
6384,48	Co	2	—	6362,89	In II	—	(40)				
6383,75	Fe (II)	*		6362,87	Cr I	150	8				

[1] Doublet N II 6357,57— N II 6356,54.

[2] Doublet Mg II 6346,96— Mg II 6346,74.

λ	El.	B A	S (E)	λ	El.	B A	S (E)	λ	El.	B A	S (E)
6346,51	Zr II	10	2	6329,71	Si	2	1	6313,02	Zr I	200	—
6346,24	Nb I	6	2	6329,42	Ce	3	—	6312,83	Cu II	—	20
6345,95	Sb	4	—	6328,39	N II	—	(5)	6312,8	Au I	8	—
6345,75	Sr I	25	4	6327,60	Ni I	25	—	6312,68	S II	—	(1000)
6345,22	Zr I	15	—	6327,45	Cr I	8	—	6312,24	Ti I	80	—
6345,0	Pb II	—	(25)	6326,87	Se II	—	(10)	6312,16	Nb I	6	1
6344,93	Zr	4	—	6326,83	V I	15	3	6311,8	к Mg	4	—
6344,9	к Zr	18	—	6326,58	Pt I	50	—	6311,50	V I	10	—
6344,15	Fe I	5	2	6326,21	Cs I	—	5	6311,5	Pb II	—	(40)
6344,11	Mn I	20	—	6326,10	Cu (II)	—	3	6311,29	Cu II	—	30
6343,96	Ce (II)	15	—	6325,78	Nb I	6	2	6311,28	Ti I	5	—
6343,80	Hg	—	(15)	6325,57	Se I	—	(500)	6310,78	Sn I	10	8
6342,31	W I	2	—	6325,45	Cu I	20	—	6310,04	Rb	—	50
6342,0	к Pb	3	—	6325,22	Ti I	40	—	6310,01	Ce (I)	20	—
6341,68	Ba I	90	50	6325,17	Cd I	100	—	6309,70	V I	5	2
6341,17	Ta (I)	50	—	6325,08	Ta I	100	—	6309,58	Ta I	100	—
6340,80	Co I	10	—	6324,68	O I	—	(30)	6309,24	Nb (I)	6	2
6340,68	Ce (I)	4	—	6324,66	V I	8	4	6308,7	к Zr	2	—
6340,57	N II	—	(50)	6324,3	к Zr	6	—	6308,48	W I	5	1
6340,36	Zr I	8	—	6323,54	Mo I	12	2	6307,91	Re I	50	—
6339,97	J II	—	(100)	6322,94	Co I	2	—	6307,70	Re I	50	—
6339,90	Mo	15	2	6322,69	Fe I	8	8	6307,29	K II	—	(40)
6339,8	Pb II	—	(15)	6322,16	Ni I	3	—	6306,62	Ce (I)	10	—
6339,44	J I	—	(300)	6321,90	Re I	100	—	6306,39	Mo	4	—
6339,39	Si	2	2	6321,34	Zr I	12	—	6305,95	Cu II	—	15
6339,15	Ni I	50	—	6321,24	Ce	2	—	6305,73	In II	—	(40)
6339,08	V I	25	8	6321,22	V I	5	5	6305,67	Sc I	80	60
6338,97	J I	—	(100)	6320,82	J	—	(50)	6305,55	In II	—	(30)
6338,94	As I	*		6320,41	Co I	80	—	6305,51	S II	—	(1000)
6338,00	In II	—	(5)	6319,76	Sb II	—	(10)	6305,32	Fe II	*	
6337,95	Co I	5	—	6319,53	Rh I	50	—	6304,84	In II	—	(30)
6337,85	J I	—	(100)	6319,24	W	5	—	6304,54	In II	—	(20)
6337,36	In II	—	(12)	6319,19	Sb II	4	12	6304,34	Zr I	6	—
6337,21	Ce (I)	8	—	6319,08	Mg	2	—	6304,31	V I	5	—
6336,83	Fe I	60	35	6318,56	Ce	2	—	6303,96	In II	—	(20)
6336,66	Au I	2	—	6318,55	Mg I	2	—	6303,83	In II	—	(12)
6336,56	In II	—	(20)	6318,36	Pt I	30	—	6303,75	Ti I	200	—
6336,38	Ge II	—	10	6318,03	Ti I	50	—	6303,24	W I	10	2
6336,10	Ti I	80	—	6318,02	Fe I	40	25	6303,17	In II	—	(5)
6335,70	Al II	—	10	6318,00	Cu II	—	3	6302,76	Sb II	—	(20)
6335,36	Ce (I)	15	—	6317,6	к Zr	2	—	6302,52	In II	—	(5)
6335,34	Fe I	50	20	6316,85	Mo	4	2	6302,51	Fe I	15	15
6335,10	Mo	4	2	6316,47	Hg	—	(15)	6302,35	Sb	4	—
6334,2	Ga II	—	(100)	6315,77	Co I	2	—	6302,2	Au I	4	—
6332,91	Ta I	50	—	6315,31	Fe I	5	—	6301,75	Mo I	15	—
6332,22	Sb	6	—	6315,06	Mn I	5	—	6301,51	Fe I	50	50
6332,21	Mg	2	6	6314,98	Co	2	—	6300,98	Cu II	—	40
6332,2	к C	—	—	6314,71	Zr I	6	—	6300,21	Ce (I)	20	—
6331,97	Ce (I)	5	—	6314,68	Ni I	300	—	6300,09	Hg	—	(5)
6331,97	Fe II	*		6314,61	Hg	—	(10)	6299,66	Zr I	50	—
6331,95	Si I	2	—	6314,53	Co I	50	—	6299,51	Ce II	4	—
6331,38	W I	2	—	6313,54	Zr II	6	1	6299,23	Rb I	300	50
6330,37	J I	—	(50)	6313,21	Cr I	3	—	6299,0	к Zr	4	—
6330,13	Cr I	200	8	6313,13	J I	—	(30)	6298,59	W	3	1
6330,01	Cd I	30	—	6313,05	Co I	50	—	6298,33	Rb I	1000	150

λ	El.	B A	S (E)	λ	El.	B A	S (E)	λ	El.	B A	S (E)
6298,07	Ti I	2	—	6278,9	к C	—	—	6260,76	Nb I	20	3
6297,80	Fe I	10	15	6278,43	Mo	2	—	6259,61	Ni I	2	—
6296,96	Co I	2	—	6278,30	Au I	700	20	6258,96	Sc I	20	20
6296,66	Ti I	30	—	6277,52	Ti I	2	—	6258,93	W I	3	—
6296,52	V I	35	30	6277,10	Ce	3	—	6258,70	Ti I	300	250
6295,94	Ti I	3	—	6276,70	Cu (II)	—	10	6258,59	Ni I	6	—
6295,61	Zr (I)	*		6276,63	Co I	40	—	6258,57	V I	35	3
6295,55	Ce (I)	20	—	6276,62	Cu II	—	10	6258,10	Ti I	200	100
6295,26	V	2	—	6276,45	Ce (I)	10	—	6257,99	Ce	8	—
6295,25	Ti I	10	—	6275,78	Sn	2	—	6257,86	Cu II	—	5
6295,22	Ru I	5	—	6275,43	N	—	(3)	6257,58	Co I	70	—
6293,98	J I	—	(300)	6275,41	Nb I	6	2	6257,49	J II	—	(40)
6292,88	Zr I	*		6275,13	Co I	25	—	6257,25	Zr I	30	—
6292,86	Cu I	8	—	6274,65	V I	50	8	6257,05	Co I	3	—
6292,86	V I	50	10	6274,34	S	—	(30)	6256,89	V I	30	3
6292,8	к Zr	15	—	6273,74	Ce	5	—	6256,68	Ta I	300	—
6292,03	W I	30	2	6273,39	Ti I	2	—	6256,61	O	—	(30)
6291,85	Co I	5	—	6273,33	Cu II	—	60	6256,37	Fe I	8	—
6291,85	Pt	5	—	6273,03	Co I	70	—	6256,37	Ni I	600	10
6291,39	J II	—	(30)	6273,0	к Zr	4	—	6256,34	Ce	5	—
6291,26	Hg II	—	(50)	6272,83	N I	—	(8)	6255,60	Si I	3	—
6291,02	W I	4	1	6272,05	Ce II	20	—	6255,53	J II	—	(30)
6290,98	Fe I	5	—	6271,47	Co I	5	—	6254,85	Si I	2	—
6290,74	Mo I	15	4	6270,28	Ce	8	—	6254,77	As II	—	10
6288,90	W	2	—	6269,81	Ce	4	—	6254,71	V	2	—
6288,72	Cu II	—	5	6269,19	W	2	—	6254,55	Si I	15	—
6288,60	Cs I	*		6268,82	V I	30	5	6254,36	Sn	2	—
6287,55	Sb III	—	10	6268,70	Ta I	200	—	6254,29	W I	12	—
6287,06	S II	—	(1000)	6268,53	Ti	20	—	6254,26	Fe I	10	—
6286,92	V I	2	—	6268,34	Ge II	*		6254,19	Si I	25	—
6286,60	Mo	7	2	6268,30	Cu I	40	—	6253,94	Co I	2	—
6286,40	Ce	3	—	6268,3	к Ti	3	—	6253,63	W	3	1
6286,38	Nb I	10	1	6268,07	Ge II	*		6253,62	Ce (I)	8	—
6286,35	S	—	(300)	6267,70	Zr I	*		6253,37	Cu I	3	—
6285,90	W I	30	2	6267,14	Ge II	*		6252,56	Fe I	60	25
6285,78	N	—	(3)	6267,06	Zr I	10	—	6251,82	V I	70	8
6285,17	V I	50	10	6266,5	к Zr	6	—	6251,76	Nb I	30	10
6284,44	Sb	—	(4)	6266,32	V I	25	3	6251,49	W	2	—
6284,32	N II	—	(30)	6266,02	Ti I	12	—	6250,8	к Pb	5	—
6283,47	Pt I	10	—	6265,87	Mo I	25	2	6250,22	Cs I	*	
6283,45	Ge II	*		6265,62	Mn I	4	—	6249,96	Sc I	10	10
6283,42	In II	—	(5)	6265,14	Fe I	12	5	6249,79	Ta I	100	—
6283,21	In II	—	(12)	6264,82	Ti I	2	—	6249,51	Co I	125	—
6282,63	Co I	300	—	6264,34	O	—	(15)	6248,94	Hf II	80	100
6282,62	Zr I	4	—	6264,26	Mo I	15	2	6248,67	S	—	(15)
6282,33	V I	15	2	6264,25	Ce	6	—	6247,56	Fe II	1	8
6282,27	Pt I	5	—	6263,67	Pt	4	—	6247,54	V I	2	1
6281,93	Mo	8	2	6262,82	Co I	5	—	6247,28	Co I	8	—
6281,33	Ta I	50	—	6261,82	Cu II	—	40	6246,59	K II	—	(30)
6280,91	V I	2	—	6261,31	O	—	(70)	6246,41	Co I	5	—
6280,62	Fe I	—	2	6261,30	Cr I	3	—	6246,4	к Mg	3	—
6280,36	J II	—	(50)	6261,22	V I	20	3	6246,33	Fe I	20	20
6279,76	Zr I	6	—	6261,10	Ti I	300	100	6245,74	W I	2	—
6279,73	Be II	*		6261,08	Co	2	—	6245,63	Sc II	6	30
6279,42	N	—	(2)	6261,05	к Zr	15	—	6245,21	V I	5	1

λ	El.	B (A)	B (S(E))	λ	El.	B (A)	B (S(E))	λ	El.	B (A)	B (S(E))
6245,11	Si I	2	—	6231,31	Cs I	*		6219,29	Fe I	40	5
6245,05	Al	—	5	6230,97	Co I	200	—	6218,31	V I	15	10
6244,74	Si I	12	—	6230,74	V I	70	10	6217,89	Mo I	20	2
6244,48	J I	—	(30)	6230,73	Fe I	60	50	6217,60	Cs I	15	—
6244,47	Si I	10	—	6230,42	In II	—	(12)	6217,28	Fe I	2	—
6243,81	Si I	10	—	6230,11	Ni I	5	—	6216,91	Cu II	—	60
6243,55	V I	10	2	6229,85	In II	—	(12)	6216,83	Ce	10	—
6243,35	Al II	—	(80)	6229,7	Pb II	—	(50)	6216,38	Cu I	8	—
6243,24	Re I	50	—	6229,4	к Zr	18	—	6216,37	V I	60	10
6243,14	Mn	3	—	6229,39	J	—	(50)	6216,07	Ce	2	—
6243,11	V I	35	4	6229,23	Fe I	2	—	6215,99	Pt	20	—
6242,91	Ce	8	—	6229,06	Ce (I)	10	—	6215,21	Ti I	100	50
6242,81	V I	20	10	6228,85	In II	—	(12)	6215,2	к Ti	6	—
6242,48	Co	2	—	6228,76	In II	—	(40)	6215,15	Fe I	3	—
6242,41	N II	—	(70)	6228,53	In II	—	(5)	6214,69	Zr I	18	—
6242,24	Hg	—	(10)	6228,43	Mo	5	—	6214,69	Mo	7	2
6241,90	Ce (I)	6	—	6228,31	In II	—	(30)	6214,69	Zn II	3	(12)
6240,36	Ti	2	—	6228,23	Ce (I)	8	—	6214,10	Ca	—	2
6240,13	V I	20	2	6228,03	In II	—	(20)	6213,94	Sb I	6	—
6240,1	Li I	300	—	6227,91	In II	—	(20)	6213,87	V I	50	3
6239,78	Sc I	3	30	6227,81	In II	—	(20)	6213,43	Fe I	20	—
6239,63	Si II	*		6227,70	Os I	30	—	6213,24	Mo	12	—
6239,41	Sc I	8	5	6227,66	Ti	4	—	6213,10	Cs I	100	(10)
6239,18	Zn I	8	—	6227,24	Fe	5	—	6213,10	J I	—	(70)
6238,9	к Zr	6	—	6226,3	к Ti	3	—	6213,06	Nb I	10	10
6238,70	Ce (I)	10	—	6226,29	V II	—	8	6213,05	Zr I	20	—
6238,61	Fe	2	—	6226,19	Al II	—	(25)	6212,50	Ce	5	—
6238,37	Fe II	—	2	6225,80	W I	4	1	6212,22	Ti II	18	—
6238,29	Si I	4	—	6225,22	Ru I	20	—	6212,05	Fe I	2	—
6237,89	Zn I	8	—	6224,51	V I	50	5	6211,19	Co I	25	—
6237,74	W	2	—	6224,27	In II	—	(60)	6211,05	Ce (I)	8	—
6237,65	Pt	5	—	6224,18	Zr I	6	—	6210,81	Fe	2	—
6237,62	Si I	5	—	6224,18	W	3	1	6210,68	Sc I	20	25
6237,45	Ce (I)	10	—	6223,99	Ni I	30	—	6210,49	P I	*	
6237,42	Mn	2	—	6223,68	Ce	3	—	6210,2	к Zr	4	—
6237,32	Si I	5	—	6223,66	Cu I	15	—	6209,59	Fe	2	—
6237,12	Co	2	—	6223,37	Co I	10	—	6209,56	Ce (I)	5	—
6236,40	J	—	(50)	6223,24	Ce (I)	6	—	6209,47	Mo	8	2
6236,27	V I	5	—	6222,8	к Zr	2	—	6208,98	Ce	12	—
6235,44	Pb I	20	—	6222,59	Y I	5	5	6208,46	Cu II	—	15
6235,33	Ti	5	—	6222,4	к Ti	4	—	6208,42	Fe	2	—
6235,1	к Zr	6	—	6222,32	Co I	3	—	6208,39	Sb II	—	8
6234,40	Hg I	—	(15)	6221,95	Nb I	20	5	6208,27	Mo	12	2
6233,79	Cu I	3	—	6221,57	Ti	3	—	6207,25	Fe	2	—
6233,73	Se II	—	(30)	6221,45	Sb I	8	2	6207,25	V I	20	5
6233,58	Ba	18	3	6221,41	Ti I	80	—	6206,31	Rb I	800	100
6233,19	V I	30	4	6221,36	Fe I	3	—	6205,50	Co I	3	—
6232,85	J	—	(50)	6221,21	V I	3	1	6204,86	J II	—	(70)
6232,65	Fe I	5	5	6221,11	Cu I	8	—	6204,64	Ni I	10	—
6232,45	Ce II	8	—	6220,80	Zr I	4	—	6204,51	Sb	6	—
6232,44	Co I	25	—	6220,46	Ti I	100	30	6204,27	Cu II	—	15
6232,29	P II	*		6220,35	Hg III	—	(15)	6204,14	Zr I	4	—
6231,90	In II	—	(5)	6219,97	Ti	5	—	6203,9	к Zr	4	—
6231,76	Al II	—	(35)	6219,81	Cu II	—	30	6203,70	Co I	2	—
6231,48	In II	—	(20)	6219,59	Nb (I)	6	2	6203,7	Pb II	—	(5)

λ	El.	B A	S (E)	λ	El.	B A	S (E)	λ	El.	B A	S (E)
6203,64	Sn I	4	8	6188,41	P I	*		6172,53	Pt I	15	—
6203,51	W I	15	1	6188,02	Fe I	2	—	6172,02	Cu II	—	20
6203,50	Co	2	—	6188,0	к Zr	4	—	6171,50	Sn I	10	10
6203,30	Co	2	—	6187,91	Ce (I)	9	—	6170,98	Hg	—	(15)
6203,20	Sb II	2	(25)	6187,54	W I	5	1	6170,75	Mo	8	2
6202,09	Ce	2	—	6187,54	Cs I	*		6170,63	P I	*	
6201,70	Al II	*		6186,86	Cu II	—	20	6170,56	Ni I	5	—
6201,52	Al II	—	(15)	6186,74	Ni I	30	—	6170,50	Fe I	15	—
6200,52	J	—	(50)	6186,6	к Ti	5	—	6170,47	As II	—	150
6200,32	Fe I	15	—	6186,48	Hg	—	(10)	6170,35	V I	30	3
6199,42	Ru I	*		6186,23	W	7	1	6170,2	к Zr	4	—
6199,19	V I	100	8	6186,15	Ce (I)	12	—	6170,17	N I	—	(5)
6199,09	Rb II	—	100	6186,15	Ti I	35	—	6169,56	Co	2	—
6199,01	P I	*		6186,00	Sb II	—	(6)	6169,56	Ca I	40	20
6198,8	Pb II	—	(5)	6185,57	Fe	2	—	6169,40	Pb	10	—
6198,22	Cd I	15	—	6185,13	Hf I	10	12	6169,10	W I	6	1
6198,11	Cu II	—	5	6184,99	Bi	3	—	6169,05	Ca I	25	15
6198,06	In	—	20	6184,53	Fe	3	—	6168,85	Co I	2	—
6198,04	Ce	8	—	6184,12	Fe	3	—	6168,1	к Cr	2	—
6197,83	Co I	5	—	6183,72	Fe	2	—	6167,75	N II	—	(50)
6197,75	Fe	2	—	6183,5	к Ti	2	—	6166,50	Hg	—	(5)
6197,66	Mo I	15	2	6183,42	Al II	—	(20)	6166,44	Ca I	15	5
6197,52	Zr (I)	*		6183,24	Nb II	—	2	6165,7	Cu I	3	—
6196,43	Hg II	—	(12)	6182,28	Al II	—	(15)	6165,59	P II	—	(15)
6196,35	W	5	1	6181,9	Pb II	—	(30)	6165,46	Ce	4	—
6196,33	Sb	6	—	6181,57	Al II	—	(10)	6165,34	Fe I	4	—
6196,28	Ce	4	—	6181,03	Co I	10	—	6164,69	Ce	3	—
6195,99	W I	5	1	6180,22	Fe I	6	—	6164,32	Nb I	10	5
6195,54	Ce (I)	10	—	6180,09	Ni I	2	—	6163,76	Ca I	10	7
6195,51	J	—	(100)	6179,98	Tl II	—	(100)	6163,55	Fe I	2	—
6195,4	к C	—	—	6179,65	W	2	—	6163,42	Ni I	100	—
6195,24	Ce (I)	8	—	6179,38	Fe II	*		6163,18	Ce	2	—
6193,66	Cs I	*		6178,82	Sb I	4	—	6163,00	In II	—	(20)
6193,55	Co I	15	—	6178,38	Ce	4	—	6162,75	In II	—	(20)
6193,23	W I	5	1	6178,23	Zr I	8	—	6162,53	In II	—	(20)
6193,20	Mo	3	2	6177,95	Ce	3	—	6162,34	In II	—	(12)
6192,96	Zr I	20	—	6177,25	Ni I	5	—	6162,22	Au	10	5
6192,55	Ru I	9	—	6176,81	Ni I	400	—	6162,22	J II	—	(2)
6192,28	Ce	4	—	6176,58	Mn	2	—	6162,2	к Ti	2	—
6191,88	J (I)	—	(150)	6176,36	Al	5	—	6162,17	Ca I	40	45
6191,72	Y I	8	5	6175,85	S I	—	(40)	6162,16	Ce (I)	8	—
6191,56	Fe I	100	20	6175,53	Mo	3	2	6161,86	In II	—	(20)
6191,2	к C	—	—	6175,42	Ni I	300	—	6161,45	W I	5	1
6191,19	Ni I	500	1	6175,28	Ce	8	—	6161,29	Ca I	10	6
6190,84	Cr I	5	—	6175,2	к Zr	2	—	6161,14	In II	—	(60)
6190,1	к Ti	3	—	6175,16	Fe II	*		6160,74	Na I	500	100
6189,66	Ta (I)	50	—	6175,02	Co I	2	—	6160,5	к Pb	4	—
6189,39	Zr I	8	—	6174,97	S	—	(30)	6160,19	Zr I	8	—
6189,34	V I	10	2	6174,6	к Ti	3	—	6160,1	Au I	20	—
6189,26	Ti	2	—	6174,47	Ti I	2	—	6160,0	Pb II	—	(50)
6189,00	Co I	200	—	6173,64	S I	—	(40)	6159,81	Ce	8	—
6188,98	Mo	12	2	6173,34	Fe I	18	—	6159,62	Rb I	400	—
6188,74	Fe	3	—	6173,31	N II	—	(30)	6159,3	к Ti	2	—
6188,70	W	2	—	6172,86	Ce	2	—	6158,94	Ce	3	—
6188,69	Cu II	—	20	6172,81	S I	—	(5)	6158,84	Ta I	80	—

λ	El.	B A	S (E)	λ	El.	B A	S (E)	λ	El.	B A	S (E)
6158,47	Co I	2	—	6147,73	Fe II	*		6134,58	Mo	4	2
6158,44	Mo	10	3	6147,18	W I	4	—	6134,55	Zr I	300	—
6158,18	O I	—	(1000)	6146,93	Hg	—	(15)	6134,06	Fe	2	—
6158,03	Os I	4	—	6146,82	Re I	50	—	6133,61	Ce	4	—
6158,00	Cu II	—	5	6146,42	Ce (I)	12	—	6133,17	W	4	—
6157,73	Fe I	15	—	6146,38	Co I	3	—	6132,94	J	—	(50)
6157,71	Zr I	20	—	6146,23	Ti I	400	—	6132,74	In II	—	(50)
6156,83	Sb	—	15	6145,81	Re I	50	—	6132,41	In II	—	(20)
6156,77	O I	—	(300)	6145,22	Si I	15	—	6132,41	Co I	10	—
6156,74	Ce	6	—	6145,01	Si I	10	—	6132,4	к C		—
6156,00	Si I	10	—	6144,56	Ta I	50	—	6132,14	Si I	4	—
6155,98	O I	—	(150)	6144,40	Fe	2	—	6132,13	In II	—	(40)
6155,73	Si I	2	—	6143,94	W I	10	1	6132,00	Ce	4	—
6155,61	Zr I	6	—	6143,74	Co I	5	—	6131,91	Mn II	—	(10)
6155,50	Ce	3	—	6143,36	Ce (II)	3	—	6131,85	Si I	5	—
6155,32	Si I	50	—	6143,22	In II	—	(80)	6131,57	Si I	4	—
6155,13	Si I	20	—	6143,20	Zr I	300	—	6131,50	In II	—	(20)
6154,95	Sb (II)	8	(40)	6142,91	Ce (I)	6	—	6131,27	In II	—	(40)
6154,91	Nb	10	10	6142,70	Si I	6	—	6131,13	P I	*	
6154,86	W I	15	1	6142,51	Nb I	10	5	6131,00	Mn II	—	(10)
6154,60	Sn I	12	25	6142,49	Si I	5	—	6130,94	In II	—	(30)
6154,50	Ta I	200	—	6141,74	Fe I	10	—	6130,86	Mo I	4	—
6154,24	Cu II	—	30	6141,72	Co	2	—	6130,79	Mn II	—	(30)
6154,22	Na I	500	100	6141,72	Ba II	2000	2000	6130,62	Mo (I)	12	2
6153,9	к Zr	8	—	6141,66	Pt	3	—	6130,56	Pd I	10	—
6153,73	W I	15	1	6141,24	In II	—	(5)	6130,17	Ni I	15	—
6153,24	Cs I	*		6141,08	In II	—	(20)	6130,13	Ce	5	—
6152,54	Ta I	60	—	6140,97	W	2	—	6129,98	Sb II	10	150
6152,06	Ru I	4	—	6140,65	In II	—	(30)	6129,75	In II	—	(20)
6151,85	W	5	—	6140,45	Zr I	40	—	6129,69	In II	—	(60)
6151,73	Ce (I)	10	—	6140,39	Ba (I)	10	—	6129,47	In II	—	(5)
6151,69	Al	5	—	6140,35	In II	—	(20)	6129,11	Co I	20	—
6151,62	Fe I	8	—	6140,02	In II	—	(12)	6129,09	In II	—	(40)
6150,42	Cu II	—	20	6139,68	In II	—	(5)	6129,02	Mn II	—	(20)
6150,38	Cs I	*		6139,35	Mo	3	—	6128,99	In II	—	(12)
6150,15	V I	40	5	6139,03	Ce (I)	3	—	6128,99	Ni I	10	—
6149,98	In II	—	(5)	6138,98	S	—	(50)	6128,72	Mn II	—	(40)
6149,74	Ti I	30	—	6138,60	Mo	10	2	6128,72	In II	—	(40)
6149,71	Sn I	15	50	6138,41	Y I	7	4	6128,66	Cd I	15	—
6149,67	In II	—	(12)	6138,38	Ti I	15	—	6128,62	Nb (I)	10	4
6149,58	Ce	5	—	6137,70	Fe I	100	—	6128,62	Cs II	—	(20)
6149,50	Hg II	—	20	6137,30	Sb II	4	(2)	6128,36	In II	—	(30)
6149,37	In II	—	(20)	6137,23	Ce	4	—	6128,33	V I	2	2
6149,24	Fe II	—	4	6137,2	к Zr	4	—	6128,27	W I	15	2
6149,09	In II	—	(30)	6137,18	In II	—	(50)	6128,25	Co I	5	—
6148,99	Mo	3	—	6137,00	Fe I	10	—	6128,16	Mo	12	2
6148,83	In II	—	(30)	6136,62	Fe I	100	—	6128,12	Bi II	—	30
6148,8	к Ti	2	—	6136,01	As (II)	—	15	6128,05	In II	—	(20)
6148,41	In II	—	(40)	6135,83	Cr	10	—	6127,91	Fe I	8	—
6148,25	In II	—	(20)	6135,75	Cr I	5	—	6127,76	In II	—	(5)
6148,22	W I	2	—	6135,52	Ce	3	—	6127,73	Cu I	80	—
6148,13	Nb I	20	5	6135,37	V I	30	5	6127,51	In II	—	(40)
6148,10	In II	—	(5)	6135,37	Mn	5	—	6127,49	J II	—	(125)
6147,85	Ce (I)	10	—	6135,07	V I	2	2	6127,44	Zr I	500	—
6147,85	Fe I	5	6	6134,82	Bi I	50	30	6127,22	Fe	2	—

λ	El.	B A	S (E)	λ	El.	B A	S (E)	λ	El.	B A	S (E)
6127,08	Pt	2	—	6111,62	V I	20	15	6099,14	Cd I	300	—
6126,22	Ti I	150	60	6111,56	Zn II	8	(10)	6098,67	Ti I	60	—
6126,21	Mn II	—	(20)	6111,48	Cd I	100	—	6098,51	C II	—	30
6126,08	Ce	2	—	6111,06	Ni I	25	—	6098,50	Fe	2	—
6125,85	Mn II	—	(50)	6110,94	Nb (I)	6	3	6098,33	Ce II	10	—
6125,53	J I	—	(100)	6110,90	Cu II	—	5	6097,68	P I	*	
6125,44	Si I	2	—	6110,78	Pb	15	—	6097,60	Ce	3	—
6125,02	Si I	4	—	6110,78	Ba I	200	60	6097,53	Sb I	15	—
6124,85	Si I	2	—	6110,67	Mo	4	—	6097,33	Cu II	—	10
6124,84	Zr I	40	—	6110,66	As II	—	150	6097,02	In	—	5
6123,69	Mo	12	—	6110,30	As II	—	150	6096,68	Fe I	2	—
6123,67	Ce (I)	15	—	6110,24	Mo	10	2	6096,19	Mo	4	3
6123,52	Mo	12	—	6110,21	V I	2	3	6096,11	In II	—	(20)
6123,49	Se II	—	(60)	6109,31	Fe I	4	—	6095,96	In II	—	(80)
6123,27	Hg	—	(15)	6108,99	In II	—	(60)	6095,84	In II	—	(50)
6122,79	Mn II	—	(15)	6108,73	Ce II	4	—	6095,78	In II	—	(5)
6122,65	Co I	125	—	6108,65	In II	—	(50)	6095,73	In II	—	100
6122,44	Mn II	—	(80)	6108,33	In II	—	(40)	6095,53	Fe	3	—
6122,3	Hg	—	(5)	6108,12	Ni I	200	—	6095,29	C II	—	15
6122,28	Au	2	—	6107,93	Co I	25	—	6094,76	W I	3	—
6122,22	Ca I	100	100	6107,71	Nb I	20	3	6094,0	Pb II	—	(2)
6122,1	к C	—	—	6107,45	Cu II	—	10	6093,86	V I	3	3
6121,91	Zr I	60	—	6107,41	W I	4	1	6093,63	Fe I	3	—
6121,00	Ti I	35	—	6106,97	V I	15	2	6093,19	Ce (I)	10	—
6120,83	Zr I	12	—	6106,70	Si I	1	3	6093,13	Co I	200	—
6120,1	к Zr	3	—	6106,47	Zr II	8	2	6092,81	Ti I	35	—
6119,79	Ce (I)	4	—	6106,39	O	—	(30)	6092,49	P II	*	
6119,78	Ni I	2	—	6105,97	Cu II	—	5	6092,29	W	2	—
6119,52	V I	30	20	6105,51	Co	4	—	6092,12	S	—	(15)
6119,35	W I	3	—	6105,47	Co I	10	—	6091,5	к Zr	3	—
6119,02	Mo	8	2	6105,29	Nb I	10	1	6091,17	Ti I	125	25
6118,89	Ce (I)	6	—	6103,65	Li I }	2000R	300	6090,82	Ta I	50	—
6118,54	Ce	3	—	6103,54	Li I }			6090,52	Ru I	5	—
6118,10	Nb I	6	2	6103,54	Fe II	*		6090,18	V I	60	15
6117,70	Ce	2	—	6103,49	Nb I	6	1	6089,79	Hg II	—	(25)
6116,98	Co I	80	—	6103,33	Fe	—	40	6089,65	Ce	3	—
6116,77	Ru I	25	—	6103,18	Fe I	8	—	6089,56	Fe I	4	—
6116,52	Cs I	*		6102,75	Ce	3	—	6089,4	Pb II	—	(5)
6116,26	In II	—	(40)	6102,73	Co	10	—	6088,91	Ce	8	—
6116,19	Cd I	50	—	6102,72	Ca I	80	50	6087,82	P II	—	(15)
6116,18	Ni I	150	—	6102,72	Rh I	100	—	6087,49	V I	8	1
6115,86	In II	—	(20)	6102,70	Cr (I)	10	—	6087,3	к V	4	—
6115,63	In II	—	(20)	6102,54	Zn II	6	(20)	6086,9	к Zr	5	—
6115,54	W I	12	1	6102,26	S	—	(50)	6086,77	J	—	(150)
6115,43	Ce	4	—	6102,18	Fe I	15	20	6086,65	Co I	80	—
6115,42	In II	—	(20)	6101,96	Se II	—	(1000)	6086,62	Mo	5	3
6115,31	In II	—	(2)	6101,86	Mo I	40	4	6086,61	Ce	6	—
6114,78	Zr II	10	2	6101,65	Au	5	—	6086,55	V I	4	—
6114,68	Ce	3	—	6101,58	Ta I	150	—	6086,29	Ni I	100	—
6114,46	Cu II	—	20	6100,77	Co I	4	—	6085,23	Ti I	100	60
6113,34	Pt	5	—	6100,36	Hg	—	(25)	6084,11	Fe II	*	
6112,70	Sb	4	—	6100,04	Zr II	8	2	6083,82	W	2	—
6111,94	Ce	5	—	6100,01	Cu II	—	5	6083,55	Nb I	10	2
6111,68	W I	12	1	6099,9	к Zr	3	—	6083,40	Ba I	10	3
6111,66	Pt I	8	—	6099,79	Ce (I)	10	—	6083,28	Co I	2	—

λ	El.	B A	B S (E)	λ	El.	B A	B S (E)	λ	El.	B A	B S (E)
6082,71	Fe I	2	—	6065,49	Fe I	50	30	6049,24	Zr I	18	—
6082,44	Co I	300	—	6065,09	W I	7	1	6049,10	Co I	50	—
6082,43	J I	—	(1000)	6064,7	к Ti	2	—	6048,72	Nb I	6	3
6081,5	Pb II	—	(200)	6064,69	Cu I	3	—	6048,70	J II	—	(70)
6081,48	W I	25	1	6064,63	Ti I	80	20	6047,82	Mo I	15	2
6081,45	Mn	2	—	6064,13	Sb II	15	(2)	6047,68	Cr I	6	—
6081,44	V I	100	10	6063,82	Mo	6	10	6047,39	Ce (I)	15	—
6081,27	Ce (I)	6	—	6063,67	P I	*		6047,25	Ta I	150	—
6081,27	Mo I	8	2	6063,47	In II	—	(30)	6046,66	W	3	—
6081,14	Sb	4	6	6063,38	V I	10	1	6046,49	O I		
6081,06	As (II)	—	3	6063,12	Ba I	200	60	6046,44	O I	—	(150)
6081,0	B II	—	5	6062,89	Fe I	2	—	6046,23	O I		
6080,36	Ce	6	—	6062,85	In II	—	(20)	6046,04	S I	—	(40)
6080,32	Cu II	—	30	6062,84	Zr I	30	—	6046,01	Hg	—	(5)
6080,11	V II	—	5	6062,75	Cr I	*		6045,88	Ce	2	—
6079,80	Sb II	—	(60)	6062,73	Cu	3	—	6045,85	Zr I	15	—
6079,70	Sn II	2	(10)	6062,31	In II	—	(20)	6045,50	Nb I	20	10
6079,57	Mo I	25	4	6061,06	Al II	—	(2)	6045,50	Fe II	*	
6079,55	Sb II	20	100	6060,75	Sn I	2	—	6045,43	Ce	6	—
6079,02	Fe I	2	—	6060,64	Ce	3	—	6045,40	Cr I	5	—
6078,48	Fe I	8	6	6060,3	к Mg	6	—	6045,39	Ta I	200	—
6078,39	Ge II	*		6059,71	Pb	20	—	6043,39	Ce II	30	—
6077,55	Ce	2	—	6059,7	к C	—	—	6043,33	W I	10	1
6077,48	Sn II	—	(12)	6059,31	Ce	3	—	6043,12	P II	—	(150)
6077,36	V I	300	2	6059,3	к Zr	2	—	6042,08	Fe I	3	4
6077,14	Ce (I)	8	—	6058,96	Bi II	—	(40)	6041,96	Nb I	12	2
6076,86	Pt I	10	—	6058,22	Co I	3	—	6041,93	S I	—	(15)
6076,82	As (II)	—	15	6058,14	V I	60	—	6041,71	Mn I	3	—
6076,59	Ce	5	—	6058,01	Mo	12	2	6041,62	W I	7	1
6075,91	Ce	4	—	6057,98	Ce (I)	15	—	6041,4	Pb II	—	(35)
6075,83	N	—	(30)	6057,86	P II	*		6040,62	Ce	4	—
6075,8	Pb II	—	(200)	6057,6	к Ti	2	—	6040,12	Hg II	—	(5)
6075,56	Mo	3	2	6057,49	Ce (I)	6	—	6039,77	Mo	12	—
6074,98	J II	—	(80)	6057,11	Mn I	5	—	6039,69	V I	100	10
6073,93	Sb II	20	(8)	6056,65	Nb I	10	5	6039,1	к Zr	4	—
6073,46	Sn I	8	8	6056,00	Fe I	10	10	6037,70	Sn I	12	50
6073,23	Al II	—	40	6055,96	Se II	—	(1000)	6037,33	W	2	—
6072,72	Hg I	—	(10)	6055,90	W I	2	—	6035,52	Bi (II)	—	10
6072,25	Cu II	1	5	6055,50	P II	—	(5)	6035,48	Ce II	4	—
6072,00	Ce (I)	15	—	6054,86	Sn I	12	30	6034,43	Ru	5	—
6070,75	Rb I	600	50	6054,80	Mo I	20	2	6034,20	Ce II	4	—
6070,66	Co I	20	—	6054,47	V I	6	1	6034,09	Cs I	35	(2)
6070,0	к Zr	6	—	6053,8	к Zr	5	—	6034,04	P II	—	(30)
6069,98	Ca	—	2	6053,68	Ni I	5	—	6033,67	Pt I	2	—
6069,47	Ce (I)	20	—	6053,64	Ta I	150	—	6033,57	Ce (II)	3	—
6069,00	Sn I	12	25	6053,48	Cr II	*		6032,60	Zr I	25	—
6068,93	J II	—	(50)	6053,41	Sb (II)	—	(15)	6032,33	Cu I	8	—
6068,62	Ce	5	—	6052,84	Zr I	6	—	6031,84	Nb I	10	5
6068,53	Al II	—	(30)	6052,63	S I	—	(125)	6031,68	Ti I	8	—
6068,43	Al II	—	(60)	6052,3	Bi II	3	(10)	6031,38	Cd I	30	—
6067,65	W I	4	1	6052,3	к Cr	6	—	6031,24	Ce (I)	5	—
6067,25	V I	15	2	6051,99	Sb	—	6	6031,07	V II	1	25
6066,82	W I	3	—	6051,80	Ce (II)	5	—	6030,66	Mo I	300	125
6066,71	Ce (I)	8	—	6051,0	к Ti	3	—	6029,89	Co	2	—
6066,40	Al II	—	(2)	6050,89	Mo	10	2	6029,88	W	3	1

λ	El.	B A	B S (E)	λ	El.	B A	B S (E)	λ	El.	B A	B S (E)
6029,75	Nb I	10	3	6014,5	к Zr	2	—	6002,30	V I	10	2
6028,98	V II	1	8	6014,35	Mn I	8	—	6001,89	Ce	10	—
6028,73	Nb I	4	10	6014,06	Ce	3	—	6001,88	Pb I	40	3
6028,65	Zr II	6	2	6013,58	Co I	30	—	6001,88	Al II	—	(50)
6028,35	W I	7	1	6013,50	Fe	100	—	6001,76	Al II	—	(60)
6028,25	V II	2	20	6013,50	Mn I	100	5	6001,19	Fe	3	—
6027,26	Mo I	20	2	6013,42	Ce (I)	25	—	6001,18	Al II	—	(5)
6027,23	V II	—	7	6013,40	Cu II	—	8	6001,13	C I	*	
6027,05	Fe I	6	12	6013,21	C I	*		6001,05	Zr I	8	—
6026,80	V II	—	5	6013,03	Mo	8	2	6000,67	Co I	80	—
6026,03	Pt I	20	—	6012,81	W I	30	3	6000,25	Nb II	—	2
6026,0	к Zr	2	—	6012,73	Ti	10	—	6000,18	Ce (I)	6	—
6025,73	Ni I	2	—	6012,25	Ni (I)	3	—	6000,10	Cu II	—	40
6025,48	Mo I	25	2	6011,98	Pb	25	—	5999,95	Fe I	10	—
6025,41	V I	10	2	6011,55	Ce	4	—	5999,83	Al II	—	(10)
6025,36	Zr I	6	—	6011,41	Co I	2	—	5999,70	Al II	—	(10)
6024,24	Pt I	10	—	6011,34	Mo	12	2	5999,68	Ti I	70	—
6024,19	Ce (I)	50	—	6010,96	Sn I	3	—	5999,47	N I	—	(90)
6024,18	V I	3	8	6010,68	C I	*		5999,4	к Zr	5	—
6024,18	P II	—	(50)	6010,49	Cs I	50	(10)	5999,04	Ti I	15	10
6024,08	J I	—	(300)	6010,44	Ce	5	—	5998,96	Ti	8	—
6024,06	Fe I	20	20	6009,70	W I	4	1	5998,27	W	2	—
6023,62	Hg	—	(5)	6009,7	Pb II	—	(40)	5997,86	Nb I	50	5
6023,25	Cu II	—	10	6009,04	W I	6	1	5997,80	Fe I	4	—
6022,81	As II	—	150	6008,58	Fe I	18	10	5997,61	Ni I	5	—
6021,83	Fe I	300	—	6008,5	к Zr	4	—	5997,23	Ta I	200	—
6021,80	Mn I	80	5	6008,48	N I	—	(800)	5997,09	Ba I	150	50
6021,76	Mg	5	—	6007,97	Fe I	10	10	5997,04	Ce (II)	2	—
6021,74	V (I)	8	1	6007,67	Co I	50	—	5996,90	Co I	2	—
6021,68	Ce	2	—	6007,5	Pb II	—	(10)	5996,74	Ni I	10	—
6021,54	W I	25	—	6007,35	Ce	5	—	5996,14	S II	—	(25)
6021,37	Nb	4	10	6007,31	Ni I	20	—	5996,00	Os I	50	—
6021,3	к Zr	6	—	6007,18	C I	*		5996,00	Ti I	20	—
6021,26	Zn II	3	(15)	6006,81	Ce (I)	15	—	5995,68	Ti I	10	—
6021,04	Ge II	—	25	6006,63	Fe	2	—	5995,59	Cu II	—	10
6020,72	Ta I	300R	—	6006,5	к Ti	3	—	5995,36	Zr I	3	—
6020,59	Ce (I)	6	—	6006,38	Al II	—	40	5995,35	Ce II	3	—
6020,18	Fe I	8	10	6006,36	Co I	50	—	5995,19	O	—	(40)
6020,04	Fe	2	—	6006,21	Ce (I)	6	—	5993,27	Cu II	—	8
6019,47	Ba I	150	50	6006,15	Ca	8	—	5992,66	Ce (I)	10	—
6018,79	Ce (I)	5	—	6006,10	Sb	4	(20)	5992,6	к C	100	—
6018,62	Ti I	8	—	6006,03	C I	*		5992,47	W	5	—
6018,42	Ti	15	—	6005,86	Ce (I)	20	—	5992,45	O	—	(30)
6018,04	Fe	2	—	6005,45	Pt	2	—	5991,88	Co I	900R	—
6017,92	V I	4	1	6005,21	Sb II	—	(200)	5991,85	O	—	(15)
6017,70	N	—	(10)	6005,14	Fe	2	—	5991,62	Ce	2	—
6017,15	Hg	—	(10)	6005,01	Co I	8	—	5991,38	Fe II	2	2
6016,65	Fe I	100	—	6005,00	Sb	8	12	5991,34	Mo I	10	—
6016,64	Mn I	80	5	6004,9	к C	—	—	5990,85	Ce	3	—
6016,57	Ce (I)	10	—	6004,40	Te	—	50	5990,11	W I	4	—
6016,45	C I	*		6003,66	Ce	3	—	5990,00	Mo(I)	10	—
6016,12	V I	8	2	6003,03	Fe I	30	15	5989,60	W I	7	—
6015,40	N	—	(5)	6002,64	Ti I	4	—	5989,47	Mo I	12	—
6015,38	Co I	2	—	6002,62	V I	20	2	5989,38	Ce (I)	10	—
6014,85	C I	*		6002,45	Co I	2	—	5988,79	Ce	5	—

λ	El.	B A	S (E)	λ	El.	B A	S (E)	λ	El.	B A	S (E)
5988,56	Ti I	18	—	5972,78	Ba	100	—	5950,25	J II	—	(50)
5988,42	Sc I	10	—	5972,52	W I	25	—	5949,98	Ti	2	—
5988,30	Cu II	—	25	5972,34	As (II)	—	6	5949,9	к Ti	5	—
5988,23	Fe	3	—	5972,09	Ce	6	—	5949,48	Tl II	—	35
5988,17	Mo I	30	—	5972,05	Al II	—	(35)	5949,17	Mo	4	—
5988,09	Pt	2	—	5971,70	Ba I	150	50	5948,67	Hg	—	(4)
5987,44	W	4	—	5970,30	Sn I	10	30	5948,55	Si I	50	5
5987,38	Ce	4	—	5970,10	Sr I	10	—	5948,27	Sb I	3	—
5987,05	Fe I	25	12	5969,55	Fe I	5	—	5948,19	W	2	—
5986,98	W I	3	—	5968,96	Au	8	—	5947,8	Hg II	—	(4)
5986,24	Ce	3	—	5968,48	Mo I	4	—	5947,63	Ce (I)	6	—
5986,08	Nb I	5	5	5967,79	V II	—	5	5947,58	W I	15	—
5984,82	Zr I	2	—	5966,79	As (II)	—	4	5947,06	W	4	—
5984,80	Fe I	50	20	5966,26	Ce (I)	8	—	5947,0	к Zr	20	—
5984,64	V	—	18	5965,86	W I	25	—	5946,49	Co I	70	—
5984,58	Ti I	15	—	5965,84	Ti I	150	200	5944,88	Ce (I)	8	—
5984,26	Co I	2	—	5965,66	Co I	2	—	5944,65	Ti I	10	—
5984,23	Zr I	15	—	5965,57	Mo(I)	15	—	5944,02	Ta I	80	—
5984,08	Co I	10	—	5965,02	Co I	2	—	5943,98	Hg	—	(4)
5983,84	W I	7	—	5964,64	Ce	5	—	5943,51	Ce	3	—
5983,70	Fe I	35	12	5964,53	W I	2	1	5943,24	Re I	100	—
5983,60	Rh I	200	2	5963,35	Ce (I)	3	—	5942,66	Ce (I)	10	—
5983,3	к Zr	8	—	5962,72	Au I	35	3	5942,11	Fe	2	—
5983,26	Co I	2	—	5962,4	Fe (II)	*	—	5941,89	Ce	3	—
5983,21	Nb I	20	20	5962,01	Se I	—	(100)	5941,76	Ti I	100	—
5982,92	Mo I	20	—	5961,49	Hg	—	(12)	5941,65	N II	—	(200)
5982,85	Cr I	*	—	5961,13	Ti	2	—	5941,54	Ce	3	—
5982,52	Ti I	10	—	5960,88	Ce	2	—	5941,17	Cu II	—	50
5981,99	Co I	3	—	5960,82	W	8	—	5940,97	Fe I	6	—
5981,83	Ce	4	—	5960,18	Ce	4	—	5940,88	W I	5	—
5981,42	Sb II	—	(2)	5959,69	Ce	6	—	5940,85	Ce (I)	40	—
5981,42	Hg	—	(4)	5958,7	к C	—	—	5940,69	S	—	(8)
5981,25	Ba II	—	(40)	5958,58	O I			5940,68	Ti I	10	—
5981,19	Ce	3	—	5958,39	O I }	—	(100)	5940,24	N II	—	(15)
5980,98	Sb II	—	15	5957,56	Si II	—	5	5939,77	Ta I	80	—
5980,78	V I	50	—	5957,70	Nb I	8	3	5939,21	Fe	4	—
5979,39	Ce (I)	5	—	5957,02	Au I	35	8	5939,1	к Zr	8	—
5979,20	Cu II	—	3	5956,83	Ce	3	—	5938,73	Fe	4	—
5979,10	Pt I	3	—	5956,70	Fe I	12	—	5938,43	Ce (I)	4	—
5978,93	Si II	—	5	5956,30	Hg	—	(4)	5937,91	Mo I	20	—
5978,91	V I	100	—	5956,18	W I	7	—	5937,82	Ti I	60	—
5978,89	W I	7	—	5955,35	Zr I	20	—	5937,71	Ce (I)	20	—
5978,56	Ti I	125	150	5954,6	к Ti	2	—	5937,71	Zn I	5	—
5977,8	к Zr	20	—	5954,28	N II	*	—	5937,59	Cu II	—	5
5976,79	Ti	2	—	5953,97	W I	5	—	5937,11	Fe	3	—
5976,68	W	5	—	5953,17	Ti I	150	250	5935,55	Hg	—	(4)
5975,98	Ce (I)	15	—	5952,87	Ce	3	—	5935,39	Co I	150	—
5975,87	Ce II	15	—	5952,74	Fe I	8	—	5935,20	Zr I	20	—
5975,36	Fe I	10	10	5952,39	N II	—	(30)	5934,72	Sn	3	—
5975,34	V I	18	3	5952,36	Fe	3	—	5934,68	Fe I	15	12
5975,23	Ce	3	—	5951,9	к Zr	5	—	5934,48	W I	5	—
5974,68	Te II	—	(250)	5951,50	S	—	(15)	5934,44	Ce	5	—
5974,25	Mo I	20	—	5951,45	V II	—	4	5934,16	Nb I	5	2
5973,37	Ru I	12	—	5950,60	Ce (I)	8	—	5933,58	Ce	3	—
5973,01	Bi II	—	40	5950,60	O I	—	(70)	5933,08	Fe	4	—

λ	El.	B A	S (E)	λ	El.	B A	S (E)	λ	El.	B A	S (E)
5932,32	Au I	5	—	5917,7	к Zr	8	—	5903,6	Fe (II)	*	
5932,16	Ce (I)	6	—	5916,88	Co I	2	—	5903,47	In II	—	(70)
5931,78	N II	—	(150)	5916,43	Mg II	*		5903,36	In II	—	(100)
5931,71	Ce	4	—	5916,4	к Zr	8	—	5903,33	Ti I	40	—
5931,71	Fe	3	—	5916,36	V II	—	12	5903,24	In II	—	(100)
5930,19	Fe I	30	10	5916,25	Fe I	25	4	5903,13	In II	—	(100)
5929,83	Ce (I)	8	—	5915,96	In II	—	(100)	5903,04	In II	—	(70)
5929,49	Ce	5	—	5915,63	In II	—	(50)	5902,97	In II	—	(30)
5928,88	Mo I	100	—	5915,54	Co I	200	—	5902,95	Hf (I)	15	3
5928,86	V II	—	60	5915,44	In II	—	(50)	5902,67	W I	20	—
5928,72	Ce	2	—	5915,22	Si II	—	2	5902,66	Ce	2	—
5928,58	W	6	—	5914,83	Ce (I)	8	—	5902,53	Fe I	6	—
5928,34	Ce (I)	25	—	5914,83	In II	—	(50)	5902,17	Cr I	4	—
5928,23	Nb I	5	2	5914,67	In II	—	(70)	5901,99	W I	3	—
5927,81	N II	—	(50)	5914,5	к Cr	2	—	5901,91	Ta I	80	—
5927,81	Fe I	10	—	5914,39	In II	—	(30)	5901,68	Fe	3	—
5927,6	Sb II	—	15	5914,29	Mo	4	—	5901,47	Mo I	30	—
5927,40	Nb I	5	5	5914,16	Fe I	50	25	5901,32	Ce (I)	5	—
5927,04	W I	2	—	5913,73	Ti I	3	—	5901,22	W	8	—
5926,90	Cu II	—	3	5913,51	W I	3	—	5901,21	Cu II	—	5
5926,36	Mo I	70	20	5913,06	Fe	3	—	5901,20	Sb II	—	(5)
5926,30	Ce (I)	25	—	5912,91	Ce (I)	20	—	5901,08	Zr I	4	—
5926,18	Fe	4	—	5912,83	Fe	10	—	5900,67	Ce (I)	3	—
5926,1	к Ti	5	—	5912,33	Sb I	5	—	5900,59	Nb I	200	200
5925,44	Sn I	8	25	5912,12	Mo I	6	—	5899,67	Mo	12	—
5925,13	Zr I	20	—	5911,5	к Zr	8	—	5899,30	Ti I	150	150
5924,73	Fe	2	—	5910,7	к Pb	8	—	5898,82	Mo I	8	—
5924,57	V I	250	—	5910,64	Sb	—	2	5898,78	Mo(I)	8	—
5924,05	Ce (I)	8	—	5910,60	Fe	5	—	5897,98	Cu II	—	25
5923,93	Ni I	2	—	5910,28	W	2	—	5897,86	Mo	5	—
5923,79	Mo I	8	—	5910,13	Ce (I)	15	—	5897,54	V II	—	30
5923,45	Fe	4	—	5909,98	Fe I	2	—	5896,02	In	—	5
5923,4	к C	—	—	5909,86	Ce (I)	15	—	5895,92	Na I	5000R	500R
5923,3	к Zr	8	—	5908,61	к Zr	60	—	5895,70	Pb I	20	2
5923,05	Fe	4	—	5908,41	Fe	5	—	5895,49	Fe	4	—
5922,95	Ce	3	—	5908,25	Fe I	8	—	5895,09	Sb II	—	(150)
5922,36	Co I	8	—	5908,25	S	—	(8)	5894,6	Bi II	—	6
5922,12	Ce	3	—	5907,64	Ba I	20	—	5894,35	Zn II	3	(30)
5922,12	Ti I	100	100	5907,48	Ce	3	—	5894,03	J I	—	(60)
5922,0	к Ti	12	—	5907,21	C II	—	5	5893,73	Mo	5	—
5921,45	Ru I	25	—	5906,48	Ni I	2	—	5893,44	Nb I	15	3
5921,28	W I	3	—	5906,01	Fe	6	—	5893,39	Ge II	—	100
5921,02	W I	2	—	5906,00	Ce (I)	10	—	5893,38	Mo I	70	15
5920,58	W	3	—	5905,68	Fe I	12	8	5893,19	Ce (I)	2	—
5920,44	Ce (I)	15	—	5905,58	Co I	2	—	5892,88	Ni I	6	—
5919,99	Fe	4	4	5905,04	In	—	15	5892,29	Mo I	20	—
5919,06	Ti I	*		5905,03	W I	4	—	5891,61	W I	12	—
5918,95	Ta I	80	—	5905,02	P I	*		5891,59	C II	—	30
5918,89	In II	—	(30)	5904,9	к Ti	12	—	5891,56	Mo I	25	—
5918,78	In II	—	(50)	5904,48	Nb I	3	2	5891,36	Fe II	*	
5918,65	In II	—	(70)	5904,21	Cr I	*		5890,98	S	—	(8)
5918,55	Ti I	80	—	5903,87	In II	—	(15)	5890,48	Co I	7	—
5918,16	Mg II	*		5903,80	Nb I	5	2	5890,33	W	7	—
5918,05	Fe	5	—	5903,75	In II	—	(150)	5890,26	In	—	10
5917,77	Sb II	—	(7)	5903,62	In II	—	(500)	5890,16	Hg	—	(40)

λ	El.	B		λ	El.	B		λ	El.	B	
		A	S (E)			A	S (E)			A	S (E)
5889,98	Cr	12	—	5871,61	Ce (I)	20	—	5856,62	W I	15	—
5889,98	Mo	50	—	5871,58	W I	7	—	5856,23	N I	—	(5)
5889,96	Ti I	*		5871,28	Fe I	3	—	5856,08	Fe I	8	3
5889,95	Na I	9000R	1000R	5871,03	Fe I	4	—	5856,04	C II	—	15
5889,77	C II	—	60	5870,6	к Ti	2	—	5855,13	Fe I	5	—
5889,75	S I	—	(5)	5869,91	W I	7	—	5854,58	In	—	5
5888,94	Hg II	—	(20)	5869,78	Mo	5	—	5854,46	Fe	3	—
5888,78	Cr	3	—	5869,77	Fe	10	—	5854,45	W I	6	—
5888,67	Ti	15	—	5869,49	Zr I	8	—	5854,27	Cr (I)	*	
5888,33	Mo I	150	100	5869,33	Mo I	50	—	5854,16	N I	—	(15)
5888,02	Cr I	20	—	5869,08	S	—	(6)	5853,9	Bi II	3	10
5885,61	Zr I	25	—	5868,89	Nb I	3	1	5853,68	Ba II	300	100
5884,62	W	2	—	5868,76	Mo I	20	—	5853,66	Ce (I)	5	—
5884,45	Cr I	18	—	5868,40	Si II	*		5853,62	Al II	—	(35)
5884,33	Mo	12	—	5868,26	Zr I	4	—	5853,43	In II	—	(300)
5883,85	Fe I	15	10	5868,06	Hg	—	(4)	5853,35	Ce (I)	4	—
5883,41	Co I	3	—	5868,0	к Zr	30	—	5853,18	Fe I	3	—
5882,72	Mo I	15	—	5867,81	Al II	—	(15)	5853,10	In II	—	(150)
5882,30	Ta I	80	—	5867,57	Ca I	8	—	5853,07	Ce	4	—
5881,52	Mo I	20	—	5867,45	Mo	4	—	5852,82	In II	—	(100)
5881,07	Co I	4	—	5867,33	Si	—	5	5852,34	Ti	12	—
5880,31	Ti I	60	125	5867,05	Cr I	4	—	5851,93	Cu II	—	2
5880,22	W I	15	—	5866,61	Ta (I)	60	—	5851,89	Hg II	—	(8)
5880,22	Cd II	4	3	5866,46	Ti I	300	400	5851,57	W I	25	—
5879,99	Fe I	6	—	5866,45	Nb I	50	15	5851,51	Mo I	40	20
5879,80	Zr I	60	—	5866,27	Se II	—	(75)	5851,06	Ce (I)	5	—
5879,78	Fe	8	—	5864,94	Nb (I)	3	1	5850,31	V I	40	20
5878,89	Ce (I)	3	—	5864,63	W I	20	—	5849,95	Ta I	60	—
5878,07	Ce	2	—	5863,17	Au I	30	5	5849,73	Mo I	70	10
5878,04	Cr I	*		5863,0	к Ti	8	—	5849,68	Ta I	80	—
5878,00	Fe	5	—	5862,51	Ce (I)	25	—	5849,63	V	—	20
5877,78	Nb I	5	5	5862,36	Fe I	35	35	5848,95	Mn I	8	—
5877,77	Ti I	15	—	5861,53	Al II	—	(25)	5848,86	Mo I	50	—
5877,42	Co I	4	—	5861,37	Mo I	20	—	5848,34	Ce	10	—
5877,36	Ta I	100	—	5861,15	Bi	—	6	5847,31	Zr I	4	—
5876,7	Pb II	—	(40)	5860,81	Pt I	30	—	5847,12	Ti I	*	
5876,58	Mo I	25	—	5860,2	Bi II	—	15	5847,01	Ni I	5	—
5876,56	Cr I	3	—	5860,10	Hg	—	(5)	5846,57	Co I	5	—
5876,30	Nb I	10	1	5860,1	к Zr	80	—	5846,30	V I	100	100
5876,10	Co I	4	—	5859,61	Fe I	15	12	5846,13	Si II	*	
5875,66	W I	8	—	5859,39	Ce (I)	8	—	5846,09	Nb I	5	1
5875,37	Fe	15	—	5859,25	Hg I	—	(30)	5845,87	Fe	8	—
5875,24	Nb I	5	3	5859,20	Fe I	6	2	5845,65	Sb II	—	(15)
5874,70	Nb I	30	5	5858,63	Cu II	—	5	5845,26	W I	18	—
5874,45	P II	*		5858,27	Mo I	200	200	5845,14	Cs I	30	—
5874,23	W I	8	—	5858,23	W	6	—	5845,06	Si	—	2
5874,22	Mo	5	—	5858,2	к C	400	—	5844,83	Pt I	40	2
5873,88	Ce (I)	3	—	5858,15	Ce (I)	4	—	5844,66	Sb	2	—
5873,76	Si I	*		5857,76	Ni I	50	—	5844,60	Cr I	18	—
5873,22	Fe I	8	2	5857,76	Os I	80	—	5844,14	Fe	4	—
5872,91	Fe	8	—	5857,67	Pb (III)	—	20	5843,74	Ce (I)	6	—
5872,7	к Ti	2	—	5857,46	Co	20	—	5843,61	P II	*	
5872,36	Ti I	*		5857,45	Ca I	40	30	5843,30	Cd II	3	(40)
5871,97	Hg I	—	(10)	5857,13	Ce (I)	5	—	5843,21	Cr I	2	—
5871,73	Hg II	—	(40)	5857,12	Fe	2	3	5843,11	Ce (I)	3	—

λ	El.	B A	B S (E)	λ	El.	B A	B S (E)	λ	El.	B A	B S (E)
5842,68	Se II	—	(60)	5828,48	Fe	4	—	5812,3	Bi II	—	8
5842,67	Cu II	—	4	5827,85	C II	—	5	5812,15	K I	30	—
5842,48	Fe	6	—	5827,25	Ce	3	—	5811,93	Fe I	3	—
5842,46	Nb I	15	5	5826,89	Mo	3	—	5811,2	κ Ti	12	—
5842,23	Hf II	50	80	5826,58	Fe	2	—	5811,10	Ta I	100	—
5841,44	Au	5	—	5826,30	Co I	3	—	5810,72	Ce (I)	15	—
5841,01	N I	—	(15)	5826,28	Ba I	150	—	5809,56	Cr (I)	*	
5840,12	Pt I	80	—	5826,15	As II	—	6	5809,24	Fe I	3	5
5839,98	Mo I	15	—	5826,02	Cu II	—	10	5809,2	κ Zr	30	—
5839,8	κ Zr	2	—	5825,69	Fe	6	—	5809,03	Mo I	3	—
5839,58	Cr (I)	*		5825,50	Sb II	—	(12)	5808,14	Cr (I)	*	
5839,37	Ce (I)	10	—	5825,20	Mo I	20	—	5807,23	Ti I	*	
5838,99	W I	25	—	5825,02	Mo	15	—	5807,14	V I	75	40
5838,84	Cs I	*		5824,85	Fe	3	—	5806,91	Rh I	100	1
5838,77	Hg	—	(5)	5824,37	Cr I	*		5806,74	Si II	—	2
5838,68	Cr I	4	—	5823,70	Ti I	35	50	5806,73	Fe I	10	5
5838,61	Nb I	200	100	5823,45	Ce	2	—	5806,68	Mo I	20	—
5838,19	As (II)	—	125	5822,99	Ce (I)	12	—	5806,30	Sb	2	—
5838,16	Ce (I)	15	—	5822,60	W I	7	—	5806,27	W I	8	—
5838,15	Nb I	15	2	5822,36	Cr (I)	*		5806,18	Mo I	15	—
5838,03	Ti I	*		5821,46	Hg I	—	(15)	5806,07	W I	7	—
5837,8	κ V	7	—	5821,03	W I	5	—	5806,00	Cu II	—	25
5837,70	Fe I	3	—	5820,79	Ce	3	—	5805,76	C I	5	—
5837,29	Au I	400	10	5820,69	Mo I	8	—	5805,69	Ba I	70	—
5836,55	Fe	2	—	5820,62	Nb I	10	5	5805,23	Ni I	50	—
5836,35	C II	—	5	5820,40	Ce (I)	8	—	5804,87	W I	25	12
5835,84	Ce (I)	25	—	5820,08	In	—	15	5804,42	Ce (I)	25	—
5835,58	Mo I	20	—	5819,96	Ti I	*		5804,27	Ti I	100	50
5835,28	Fe	3	—	5819,93	V II	—	35	5804,03	Nb I	15	5
5834,90	Nb I	15	10	5819,42	Nb I	20	20	5803,98	Mo I	10	—
5834,78	Fe	6	—	5819,14	S II	—	(500)	5803,78	Hg I	—	(70)
5834,71	N I	—	(5)	5819,11	Bi	—	2	5803,06	W	7	—
5834,31	Re I	200	—	5818,3	Bi II	2	7	5802,66	Mo I	30	—
5834,24	Ce (I)	5	—	5817,77	Ce II	3	—	5802,09	Ge I	*	
5833,68	Cu II	—	5	5817,53	V I	100	—	5801,81	Sn I	2	—
5833,64	Fe	2	10	5817,06	V I	50	—	5801,75	K I	50	20
5833,59	W I	12	—	5816,84	Mn I	10	—	5801,35	Zr I	2	—
5832,84	Fe	3	—	5816,48	N I	—	(15)	5801,14	Cr I	3	—
5832,32	W I	6	—	5816,38	Fe I	15	10	5801,03	Ge I	*	
5832,07	Fe	4	—	5815,92	Re I	50	—	5800,60	Os I	50	—
5831,93	Ce (I)	25	—	5815,73	Mo I	12	—	5800,59	C I	15	—
5831,89	K I	50	—	5815,51	Mo(I)	20	—	5800,47	Si II	—	2
5831,69	Fe	3	—	5815,32	Nb I	5	3	5800,45	Mo I	25	—
5831,62	Ni I	8	—	5815,15	Fe I	3	—	5800,23	Ba I	100	20
5831,58	Rh I	80	1	5815,0	κ Ti	20	—	5799,89	V	40	2
5831,38	Ce	3	—	5814,99	Ru I	25	—	5799,79	Ce	3	—
5831,16	Cs II	—	(60)	5814,5	κ Zr	8	—	5799,52	W I	12	—
5830,79	Fe	3	—	5814,18	Cs II	—	(25)	5799,35	Sn I	—	8
5830,72	V I	100	80	5814,15	W I	3	—	5799,18	Sn II	2	(30)
5830,59	Fe	5	—	5813,98	Ti I	8	—	5798,90	V I	2	—
5830,34	Sb I	*		5813,97	Sb	2	—	5798,50	Cr I	2	—
5830,13	Ce	6	—	5813,86	Mo I	6	—	5797,99	V	—	4
5830,07	Co I	15	—	5812,93	Ce (I)	40	—	5797,89	Cr I	4	—
5829,53	N I	—	(60)	5812,84	Ti I	10	—	5797,86	Si I	25	—
5828,91	Ne I	—	(75)	5812,50	Mo	4	—	5797,74	Zr I	50	—

λ	El.	B A	B S (E)	λ	El.	B A	B S (E)	λ	El.	B A	B S (E)
5797,44	Ti I	10	—	5783,93	Cr I	30	—	5772,15	Si I	30	—
5797,43	S	—	(8)	5783,8	к Zr	5	—	5772,10	Zn I	4	—
5797,20	Sn II	2	(2)	5783,51	As II	—	20	5772,00	W	5	—
5796,74	Cr I	6	—	5783,50	V I	30	—	5771,98	W I	12	—
5796,51	W I	20	—	5783,33	Mo I	20	—	5771,55	Cr (I)	*	
5796,07	Ni I	3	—	5783,11	Cr I	30	—	5771,08	Nb I	10	2
5796,06	Ce	6	—	5782,80	Ce (I)	5	—	5771,05	Mo I	15	—
5795,77	Mo I	20	—	5782,61	V I	30	—	5770,55	V I	18	2
5795,5	к Cr	10	—	5782,43	Ce	8	—	5770,43	Co I	3	—
5794,78	Ce (I)	4	—	5782,38	K I	60	—	5770,43	Ce (I)	8	—
5794,24	Nb I	15	10	5782,15	Sb	6	—	5769,94	Ce (I)	6	—
5793,51	N	—	(5)	5782,13	Mg I	2	—	5769,74	Mo I	12	—
5793,12	C I	30	—	5782,13	Cu I	1000	—	5769,60	Hg I	600	200
5793,07	Si I	18	—	5782,13	Cr	2	—	5768,89	Ce II	15	—
5793,07	W I	20	—	5781,81	Cr I	20	—	5767,91	Ta I	100	—
5791,85	Mo I	100	60	5781,20	Cr I	18	—	5767,9	Pb II	—	(40)
5791,75	Cr I	5	—	5780,82	Os I	50	—	5767,44	N II	—	(30)
5791,67	Ce	6	—	5780,77	Ti I	20	20	5766,59	Mo	5	—
5791,36	W I	6	—	5780,71	Ta I	80	—	5766,56	Ta I	80	—
5791,33	Zr I	2	—	5780,63	Mo	10	—	5766,43	Ce	3	—
5791,32	Ce	5	—	5780,38	Si I	15	—	5766,35	Ti I	70	50
5791,04	Fe I	6	2	5780,34	Nb I	3	3	5765,34	Ce (I)	10	—
5791,00	Cr I	40	—	5780,20	Ce	2	—	5765,28	Mo	8	—
5790,80	Nb	—	5	5780,18	Mn I	10	—	5765,25	Te II	—	(70)
5790,66	Hg I	—	(1000)	5780,11	Mo I	12	—	5764,99	Nb I	10	15
5790,07	Co I	2	—	5780,02	Ta I	60	—	5764,77	Ce	5	—
5789,84	W	7	—	5779,86	Mo I	20	—	5764,46	P II	*	
5789,83	Ce	2	—	5778,57	к Zr	60	—	5764,33	J I	—	(100)
5789,79	Nb I	3	5	5778,41	Ce	4	—	5763,57	Pt I	30	—
5789,66	Hg I	—	(500)	5778,19	Mo I	12	—	5763,01	Fe I	80	35
5789,65	Fe	8	—	5777,62	Ba I	500R	100R	5762,98	Si I	*	
5789,52	Sb II	—	(2)	5777,11	Zn I	10	15	5762,70	Pt	6	—
5788,59	Ce	3	—	5776,83	Re I	300	—	5762,27	Ti I	70	50
5788,55	V I	25	—	5776,77	Ta I	80	—	5762,0	к Ti	20	—
5788,38	Cr I	8	—	5776,68	V I	50	25	5761,77	Sn I	4	10
5788,13	Ce (I)	25	—	5776,06	Nb I	30	3	5761,41	V I	25	—
5787,97	Cr I	50	—	5775,80	Ce	3	—	5761,37	Cu II	—	2
5787,52	Nb I	80	15	5775,50	Zn I	4	—	5760,97	Ce	2	—
5787,21	Ce	4	—	5775,5	к Mg	5	—	5760,85	Ni I	50	—
5787,03	Cr I	15	—	5775,09	Fe I	12	2	5760,72	J II	—	(40)
5787,02	J II	—	(30)	5774,99	Ce (I)	4	—	5760,58	Ce	5	—
5786,85	Ce	3	—	5774,94	Cr I	2	—	5760,33	Nb I	30	30
5786,16	V I	75	—	5774,83	J II	—	(8)	5759,65	W I	12	—
5785,98	Ti I	100	60	5774,55	Sb	7	—	5759,6	к Ti	8	—
5785,77	Cr I	15	—	5774,54	Mo I	20	—	5759,43	Cu II	—	5
5785,69	Mo(I)	10	—	5774,54	Ti I	*	—	5758,99	Cr (I)	*	
5785,66	Ti I	3	—	5774,36	Co I	2	—	5758,24	Ce (I)	8	—
5785,02	Cr I	20	—	5774,05	Ti I	70	50	5757,48	Mo	10	—
5784,85	Ce (I)	12	—	5773,58	Ce (I)	5	—	5756,85	Ti I	10	12
5784,74	W	3	—	5773,51	W	7	—	5756,09	W I	12	—
5784,38	V I	50	30	5773,12	Ce (I)	30	—	5755,85	Te II	—	50
5784,18	Ba II	—	(40)	5772,88	Ce (I)	15	—	5755,08	V	2	2
5784,00	Mo	5	—	5772,67	Cr I	6	—	5754,68	Ni I	150	—
5783,98	Ce II	3	—	5772,42	V I	50	25	5754,57	W	8	—
5783,93	Cd	5	—	5772,22	Ce (I)	10	—	5754,54	Cr (I)	*	

λ	El.	A	S (E)	λ	El.	A	S (E)	λ	El.	A	S (E)
5754,44	Nb I	3	1	5740,02	Ti I	25	—	5724,95	Rb I	50	—
5754,22	Si I	40	—	5739,65	Mo I	10	—	5724,45	Rb I	600	—
5753,8	к Zr	20	—	5739,62	Ce	3	—	5724,1	к Zr	70	—
5753,69	Cr I	15	—	5739,59	W I	12	—	5724,08	Sc I	15	—
5753,63	Si I	*		5739,51	Ti I	70	80	5723,66	In	—	5
5753,59	Sn I	4	15	5739,20	Si	—	7	5723,11	Mo I	10	—
5753,41	W I	7	—	5738,53	Cr I	4	—	5723,06	W I	15	—
5753,32	Se I	—	(25)	5738,28	Mn I	10	—	5722,74	Mo I	80	60
5753,14	Fe I	40	20	5738,27	J II	—	(50)	5722,70	Nb I	3	1
5753,06	Nb II	—	30	5738,20	Nb(I)	3	1	5722,65	Al III	—	10
5752,93	Re I	200	—	5737,98	Co	2	—	5722,04	In II	—	(70)
5752,88	Co I	2	—	5737,35	Nb(I)	5	2	5721,95	Ce (I)	12	—
5752,83	Ti I	5	—	5737,3	к V	10	—	5721,93	Os I	80	—
5752,74	V I	10	10	5737,06	V I	100	100	5721,78	Cu II	—	20
5752,64	N I	—	(30)	5736,63	Cr I	3	—	5721,74	In II	—	(30)
5752,64	Ca	—	2	5736,52	Pd I	12	—	5721,52	In II	—	(15)
5752,52	Ce	8	—	5735,70	Zr I	25	—	5721,51	Au I	15	—
5752,06	Fe I	8	2	5735,68	Ce (I)	6	—	5720,47	Ti I	25	—
5751,44	Nb I	15	10	5735,09	W I	50	25	5719,82	Cr I	10	—
5751,40	Mo I	125	100	5734,24	Ti I	*		5719,8	Bi II	—	15
5750,95	Co I	2	—	5734,05	Mo I	20	—	5719,56	Ce (I)	3	—
5750,65	V I	50	—	5734,01	V I	35	—	5719,21	Bi II	—	18
5750,42	O	—	(70)	5733,93	Ce (I)	6	—	5719,18	Hf I	40	10
5750,26	W	7	—	5733,4	к Ti	2	—	5719,04	Ce (I)	40	—
5750,19	Pt	3	—	5733,09	V I	12	—	5718,81	Bi II	—	20
5749,22	W I	15	—	5732,33	Cu I	*		5718,36	Ce (I)	4	—
5748,94	Ce (I)	8	—	5731,96	As II	—	15	5718,21	к Zr	150	—
5748,87	V I	18	10	5731,77	Fe I	10	3	5717,84	Fe I	10	2
5748,34	Ni I	40	—	5731,25	V I	250	100	5717,28	Sc I	20	—
5748,17	к Zr	100	—	5731,10	O	—	(30)	5716,49	Ce	6	—
5747,83	Cr I	*		5730,65	N II	—	(15)	5716,48	Ti I	40	—
5747,70	V I	8	—	5730,46	Sb	12	—	5716,35	Nb I	10	10
5747,67	Mo I	15	—	5730,44	S	—	(15)	5716,29	Si III	—	2
5747,67	Si I	*		5730,0	к C	150	—	5716,21	V (I)	60	30
5747,62	Se II	—	(50)	5729,58	Mo(I)	10	—	5715,59	Nb I	3	1
5747,36	N I	—	(15)	5729,45	Mo I	10	—	5715,35	W I	5	—
5747,30	N II	—	(50)	5729,37	Ce	2	—	5715,28	Ce II	3	—
5747,26	W I	12	—	5729,20	Cr I	8	—	5715,13	Ti I	70	60
5746,90	Nb II	—	20	5729,19	Nb I	20	10	7515,10	Fe I	4	—
5746,71	Ta I	60	—	5728,88	Y II	3	25	5715,09	Ni I	50	—
5746,61	Zr I	2	—	5728,76	Mo I	15	—	5713,91	Ti I	25	—
5746,48	Ce (I)	3	—	5728,60	W I	7	—	5713,8	Pb II	—	(10)
5746,43	Cr I	12	—	5728,14	Pt I	3	—	5713,79	Nb I	2	—
5745,72	Cs I	*		5727,71	P II	—	(15)	5713,55	Ba (I)	10	—
5745,07	Ti I	*		5727,68	In I	50	—	5712,77	Cr I	15	—
5744,69	Ce	4	—	5727,66	V I	75	—	5712,64	Cr I	3	—
5743,53	Ce (I)	25	—	5727,4	к Ti	5	—	5712,29	Ce (I)	8	—
5743,45	V I	60	20	5727,05	Mo	3	—	5712,14	Fe I	4	2
5742,55	Bi I	30	10	5727,03	V I	150	150	5711,91	Ni I	50	—
5741,70	Mo I	10	—	5726,75	Au I	35	10	5711,88	Ti I	50	40
5741,24	Au I	*		5726,3	к Mg	2	—	5711,79	Mo I	20	—
5741,21	Ti I	6	—	5726,13	Ce	5	—	5711,75	Sc I	100	—
5741,17	W	7	—	5725,85	Ce (I)	20	—	5711,44	Ce II	8	—
5740,98	Co I	2	—	5725,66	Nb I	5	2	5711,09	Mg I	4	1
5740,32	Re I	50	—	5725,63	V I	40	30	5710,77	N II	—	(100)

λ	El.	B A	B S (E)	λ	El.	B A	B S (E)	λ	El.	B A	B S (E)
5710,53	J II	—	(150)	5699,24	Ta I	80	—	5685,74	As (II)	—	60
5709,91	In I	50	—	5699,23	Ce (I)	40	—	5685,41	Zr I	2	—
5709,56	Ni I	100	(1)	5699,16	Rb II	—	100	5684,71	Pt	6	—
5709,39	Fe I	100	—	5699,05	Ru I	125	—	5684,48	Si I	30	—
5709,33	Nb I	10	3	5698,97	Pt I	7	—	5684,20	Sc II	10	—
5709,06	W	6	—	5698,69	Hg II	—	(12)	5683,77	Ce II	2	—
5708,94	V I	35	—	5698,52	V I	300	300	5683,53	Cr (I)	3	—
5708,88	Zr I	4	—	5698,32	Cr I	30	2	5683,22	V (I)	50	2
5708,68	In II	—	(70)	5698,27	Mo I	10	—	5682,89	Mo I	20	—
5708,61	Sc I	15	—	5698,01	Nb I	4	3	5682,78	Ce (I)	3	—
5708,52	In II	—	(100)	5697,90	Nb I	5	3	5682,63	Na I	80	—
5708,46	Nb	1	3	5697,88	Se II	—	(45)	5682,47	Cr I	6	—
5708,40	Si I	40	2	5697,82	W I	35	—	5682,42	Cu II	—	20
5708,31	In II	—	(100)	5697,00	Ce (I)	40	—	5682,20	Ni I	50	—
5708,20	Ti I	30	—	5696,63	S I	—	(8)	5681,07	Cr (I)	3	—
5708,12	Te II	—	50	5696,47	Al III	—	15	5680,90	Zr I	50	—
5708,03	W	4	—	5696,20	Cr I	*		5680,27	Ce	2	—
5707,99	Mo	8	—	5696,02	Mo I	12	—	5680,18	Ba I	60	—
5707,48	Sb (I)	6	—	5695,84	Ce (I)	10	—	5679,91	Ti I	50	—
5707,43	Ce	3	—	5695,73	Au II	*		5679,56	N II	—	(500)
5706,98	V I	200	—	5695,09	Pd I	50	—	5679,02	Fe I	5	4
5706,72	Y I	15	1	5695,00	Ni I	40	—	5678,08	J II	—	(80)
5706,47	Nb I	20	10	5694,72	Cr I	35	—	5677,89	Mo I	25	—
5706,37	Si II	—	2	5694,4	к Ti	8	—	5677,8	к Pb	8	—
5706,28	Ta I	50	—	5694,39	Mo I	10	—	5677,76	Ce (I)	25	—
5706,15	Nb I	8	3	5693,75	W	7	—	5677,47	Nb I	5	3
5706,14	V	18	—	5693,63	Fe	3	3	5677,24	Ce	2	—
5706,11	S I	—	(50)	5693,09	Nb I	5	2	5677,17	Hg II	—	(300)
5705,98	Fe I	15	10	5692,94	Ce (I)	25	—	5676,93	W I	10	—
5705,72	Mo I	40	40	5692,41	Cu II	—	2	5676,89	P	—	(20)
5705,71	W	6	—	5692,3	к Zr	8	—	5676,88	Ce	10	—
5705,50	Sb II	—	(20)	5692,26	Pb	20	—	5676,61	W I	10	—
5704,37	W I	6	—	5692,12	Ce (I)	6	—	5676,02	N II	—	(100)
5704,36	V	10	—	5691,96	Ge I	*		5675,86	Hg I	—	(80)
5703,56	V I	200	60	5691,15	Sb (I)	4	—	5675,70	Na I	150	—
5703,22	Ce	3	—	5690,91	J II	—	(30)	5675,44	Ti I	90	125
5703,03	Co I	2	—	5690,43	Si I	25	—	5675,42	Co I	3	—
5702,68	Ti I	60	40	5689,86	Cu II	—	5	5675,38	W I	15	—
5702,39	Ce (I)	3	—	5689,51	Mo	12	—	5675,10	Ce (I)	8	—
5702,30	Cr I	20	—	5689,47	Ti I	80	80	5674,76	Zr I	3	—
5702,10	Mo I	15	—	5689,14	Mo I	80	40	5674,46	Mo I	30	—
5702,05	J II	—	(20)	5688,81	Si II	—	2	5674,42	W I	30	—
5701,78	Ge I	*		5688,61	Na	10	—	5674,19	Cr I	4	—
5701,55	Fe I	50	25	5688,59	Co I	10	—	5673,63	Mo I	20	—
5701,37	Si II	*		5688,48	Ce (I)	3	—	5673,56	W I	10	—
5701,11	Si I	15	—	5688,25	Ta I	100	—	5673,45	Ti I	*	
5700,6	к Ti	2	—	5688,22	Na I	300	—	5672,06	Mo I	10	—
5700,58	Mn	3	—	5687,75	V I	15	30	5671,90	Nb I	15	10
5700,50	Cr I	8	—	5687,63	Mo I	5	—	5671,87	Ce (I)	10	—
5700,47	Pt	2	—	5687,4	к Zr	20	—	5671,81	Sc I	300	—
5700,24	Cu I	350	—	5686,83	Sc I	200	—	5671,41	Ce	3	—
5700,24	S I	—	(25)	5686,52	Fe I	10	8	5671,09	Nb I	200	10
5700,23	Sc I	400R	—	5686,38	Rh I	100	1	5670,85	V I	150	70
5700,21	Sb	7	—	5686,21	N II	—	(100)	5670,7	к Zr	2	—
5699,28	Mo I	20	—	5685,85	Ce	5	—	5670,07	Pd I	100	—

λ	El.	B A	B S (E)	λ	El.	B A	B S (E)	λ	El.	B A	B S (E)
5669,97	Ce (I)	50	—	5659,10	Ti I	5	—	5645,61	Si I	20	—
5669,94	Ni I	10	—	5658,83	Fe I	100	80	5645,51	S II	—	(10)
5669,8	Na I	100	—	5658,62	Cr I	5	—	5645,30	Nb I	5	2
5669,56	Si II	—	5	5658,54	Fe I	30	2	5644,86	In	—	70
5668,95	C I	*		5658,1	к Zr	50	—	5644,68	Y I	15	2
5668,94	Ce II	20	—	5657,87	Sc II	30	—	5644,55	Hg II	—	(2)
5668,36	V I	75	50	5657,44	V I	150	60	5644,52	Ge II	*	
5667,88	Re I	100	—	5657,23	As II	—	60	5644,48	W	8	—
5667,6	к Ti	2	—	5657,03	W	4	—	5644,14	Ti I	150	200
5667,52	Fe I	5	3	5656,29	V I	13	2	5643,09	Ni I	5	—
5667,34	Ag I	5	2	5656,21	Ce	3	—	5643,08	Co I	5	—
5667,29	Mo I	15	—	5655,96	Ge I	*		5642,66	Ni I	2	—
5667,04	N	—	.(5)	5655,72	Au I	35	5	5642,54	Co I	2	—
5666,86	Nb I	3	2	5655,50	Fe I	10	5	5642,40	Cr I	4	—
5666,8	к Zr	8	—	5655,42	Bi II	—	12	5642,10	Nb I	80	20
5666,63	N II	—	(300)	5655,42	Pd I	12	—	5642,04	W I	15	—
5666,27	Zr I	4	—	5655,41	Mo	5	20	5642,01	V II	—	12
5666,20	Te II	—	(50)	5655,17	Fe I	4	2	5641,88	Ni I	25	—
5665,63	Nb I	100	30	5655,13	Ce (I)	40	—	5641,73	Cr I	*	
5665,55	Si I	20	—	5654,78	Ti I	*		5641,46	Fe I	15	8
5665,5	к Zr	5	—	5654,14	Nb I	3	1	5641,39	W	6	—
5664,90	Ta I	60	—	5654,12	W I	4	—	5641,30	Cu II	—	20
5664,84	Ge I	*		5653,74	Rb I	200	—–	5640,78	Ce	6	—
5664,74	Ge I	*		5652,95	Ce	3	—	5640,55	C II	—	15
5664,73	S II	—	(500)	5652,16	Mo	10	3	5640,37	S II	—	(500)
5664,70	Nb I	100R	30R	5651,86	Mo I	10	6	5640,11	Ce	4	—
5664,68	Ce	8	—	5651,75	Te (II)	—	(25)	5639,99	Co I	5	—
5664,51	Zr I	50	—	5651,73	Co I	3	—	5639,98	S II	—	(500)
5664,47	Cu II	—	3	5651,69	Al	10	—	5639,74	Sb II	—	100
5664,38	Mo I	6	—	5651,53	As II	—	200	5639,63	W	6	—
5664,34	W I	2	—	5651,28	Mo	10	5	5639,48	Si II	—	2
5664,33	Mo I	6		5651,25	W I	2	—	5638,62	Ce (I)	3	—
5664,23	Ge I	*		5651,07	Au	2	—	5638,52	Ti I	*	
5664,2	к Zr	5	—	5650,60	Ce (I)	15	—	5638,27	Fe I	40	20
5664,04	Cr I	18	—	5650,54	Sr II	*		5638,20	Cr I	6	—
5664,02	Cs I	15	—	5650,13	Mo I	90	50	5638,19	Ce (I)	10	—
5664,01	Ni I	15	—	5649,69	Ni I	15	—	5637,72	Co I	20	—
5663,99	Ce (I)	12	—	5649,38	Cr I	9	—	5637,38	Ce II	8	—
5663,48	Ce (I)	5	—	5649,26	Te I	—	50	5637,26	Cd	10	—
5663,18	Ce	4	—	5649,01	W	4	—	5637,12	W	7	—
5663,1	к Zr	8	—	5648,70	W	6	—	5637,12	Ni I	15	—
5662,92	Y II	20	400	5648,58	Ti I	80	60	5637,0	к Zr	12	—
5662,89	Ti I	40	—	5648,38	W I	50	50	5636,96	In II	—	(30)
5662,52	Fe I	50	50	5648,29	S	—	(25)	5636,74	In II	—	(300)
5662,47	C II	—	50	5648,25	Cr I	*		5636,69	Fe	2	1
5662,16	Ti I	100	100	5648,10	Rb I	400	—	5636,67	Cs I	*	
5661,6	к Ti	30	—	5648,07	C II	—	30	5636,66	In II	—	(150)
5660,72	Sb (I)	3	7	5647,89	Cr I	*		5636,37	In II	—	(15)
5660,75	W I	2	—	5647,22	Co I	600	—	5636,23	Ru I	100	—
5660,66	Si II	*		5647,09	Ce	3	—	5636,12	Co I	20	—
5660,1	Pb II	—	(4)	5647,01	W	3	—	5636,04	In II	—	(2)
5659,93	S II	—	(600)	5646,98	S II	—	(30)	5635,99	Rb II	—	100
5659,87	Zr I	3	—	5646,57	Ce (I)	10	—	5635,83	Fe I	4	2
5659,77	Ce (I)	6	—	5646,11	V I	150	150	5635,57	Cu II	—	2
5659,11	Co I	25	—	5645,91	Ta I	80	—	5635,51	V I	35	—

λ	El.	B A	B S (E)	λ	El.	B A	B S (E)	λ	El.	B A	B S (E)
5635,50	W	8	—	5624,0	к Zr	2	—	5612,6	к Zr	5	—
5635,5	к C	—	—	5623,96	W	5	—	5612,30	W	5	—
5635,42	Nb(I)	10	—	5623,75	Ce (I)	5	—	5612,30	Nb	—	4
5635,3	к Ti	2	—	5623,52	Zr I	6	—	5611,36	N I	—	(5)
5635,21	Cs I	10	—	5623,20	N I	—	(40)	5610,93	Mo I	30	20
5635,18	Sb II	—	(40)	5623,13	Se II	—	(300)	5610,92	Ce (I)	15	—
5635,15	Al	10	—	5623,1	к Cr	2	—	5610,25	Ce II	15	—
5634,9	к Zr	12	—	5623,00	Ce	8	—	5610,1	к Zr	60	—
5634,85	Mo I	30	20	5622,94	Sr II	*		5609,54	Mo	5	2
5634,48	Ce (I)	6	—	5622,67	Ce	4	—	5609,44	Ce (I)	6	—
5633,96	Fe I	20	10	5622,23	Si I	3	1	5609,23	Mo I	12	8
5633,9	к Zr	20	—	5622,06	V I	10	—	5609,15	In	—	30
5633,89	V I	8	—	5621,43	Ge I	*		5608,95	Ag I	5	—
5633,14	Cu II	—	3	5621,28	Fe	4	2	5608,9	к Zr	2	—
5633,09	Ce (I)	15	—	5620,82	As II	—	12	5608,8	Pb II	—	(40)
5632,97	Si II	*		5620,68	Ta I	80	—	5608,62	Mo I	20	12
5632,48	Ce	12	—	5620,66	Cr	3	—	5608,34	Rh I	10	1
5632,47	Mo I	100	50	5620,52	Fe I	3	2	5608,07	W I	6	—
5632,46	V I	18	—	5620,39	Ce (I)	8	—	5607,6	к C	15	—
5632,02	Sb I, II	15	(40)	5620,26	Ti	4	—	5607,01	Ge I	*	
5631,97	W I	15	—	5620,13	Zr I	10	—	5606,85	Cd I	5	—
5631,82	W I	10	—	5620,04	Fe I	2	2	5606,79	Co	2	—
5631,71	Sn I	50	200	5619,44	Pd I	50	2	5606,46	Ce (I)	5	—
5631,26	W I	15	—	5619,38	Mo I	15	12	5606,10	S II	—	(700)
5630,42	As II	—	6	5619,10	Ba(I)	10	3	5605,20	W	5	—
5630,35	Fe	5	2	5618,77	Mo I	10	5	5604,95	V I	60	20
5630,12	Y I	80	—	5618,7	Ba(I)	10	—	5604,68	Cd I	10	—
5629,93	W I	5	—	5618,69	W I	3	—	5604,42	Ce	4	—
5629,81	Nb I	3	1	5618,64	Fe I	10	8	5604,33	W I	10	—
5629,76	W	5	—	5618,44	Mo I	20	10	5604,19	V I	15	—
5629,64	W I	12	—	5618,18	N I	—	(3)	5603,93	Nb I	5	1
5629,58	к Zr	100	—	5617,87	Se I	—	(15)	5603,8	к Ti	5	—
5629,3	к Ti	30	—	5617,7	к Pb	3	—	5603,52	Nb I	15	5
5629,27	Au	3	—	5617,60	Ti	5	—	5602,97	V	3	2
5629,16	Nb I	20	10	5617,33	W I	8	—	5602,96	Fe I	45	35
5629,02	к Zr	80	—	5617,08	W I	10	—	5602,84	Ca I	15	10
5628,99	Zr I	2	—	5616,63	S II	—	(5)	5602,78	Fe I	8	8
5628,64	Cr I	25	2	5616,54	N I	—	(60)	5602,75	Mo I	20	5
5628,34	Ni I	5	—	5616,18	W	10	—	5602,19	Sb (I)	10	—
5628,26	Nb I	5	1	5616,14	Ge I	*		5602,04	Mn I	5	—
5628,20	Ce	8	—	5616,07	Co I	5	—	5601,38	V I	25	—
5627,72	Co I	2	—	5615,97	Ce (I)	6	—	5601,30	Ce (I)	50	—
5627,64	V I	200	80	5615,65	Fe I	400	300	5601,26	Ca I	15	10
5627,22	Mo	4	2	5615,30	Fe I	4	12	5601,04	Mo I	10	10
5626,23	Mn I	3	—	5615,20	Cu II	—	5	5600,79	Ti	2	10
5626,01	V I	150	—	5615,16	W I	4	—	5600,32	J II	—	(50)
5625,69	J II	—	(150)	5614,79	Ni I	50	—	5600,23	Fe I	2	—
5625,43	N I	—	(10)	5614,72	Ce (I)	20	—	5600,03	Ni I	10	—
5625,33	Ni I	30	—	5614,39	S I	—	(3)	5599,83	Sb I	4	(7)
5625,22	Ce	5	—	5613,69	Ce II	5	—	5599,59	Nb I	5	1
5624,90	V I	40	—	5613,26	Hf I	10	3	5599,42	Rh I	300	3
5624,60	V I	100	—	5613,19	Al II	—	(15)	5599,41	Bi I	10	—
5624,55	Fe I	150	125	5613,07	Mo I	20	12	5598,95	Ce (I)	10	—
5624,20	V I	30	30	5612,89	J II	—	(25)	5598,76	Cd I	15	—
5624,06	Fe I	4	2	5612,68	Ti	3	—	5598,75	Ta I	60	—

λ	El.	B A	S (E)	λ	El.	B A	S (E)	λ	El.	B A	S (E)
5598,52	J II	—	(25)	5585,21	Zn II	12	(1)	5571,44	Nb I	5	3
5598,48	Co I	50	—	5584,76	Fe I	25	2	5571,0	Hg II	—	(4)
5598,47	Ca I	35	20	5584,74	V I	5	5	5570,92	Ce	4	—
5598,29	Fe I	20	—	5584,72	Ce (I)	10	—	5570,50	Ti	8	—
5597,94	Ce (I)	12	—	5584,6	к Zr	2	—	5570,49	Ca	—	2
5597,9	к C	50	—	5584,49	V I	18	18	5570,45	Mo I	200	100
5597,9	к Ti	40	—	5584,44	Os I	50	—	5569,63	Fe I	300	15
5597,69	Ti (I)	10	—	5584,12	Ti	10	—	5569,47	Mo I	15	10
5596,5	к Zr	2	—	5584,06	W	7	—	5569,29	Ce	3	—
5596,32	Mo I	10	2	5584,02	Ta I	60	—	5568,62	Mo I	30	15
5596,20	Sn II	5	(4)	5583,27	P II	—	(70)	5568,41	Cs I	*	
5595,87	Ce (I)	25	—	5583,09	Ti	12	—	5568,28	Cr I	3	—
5595,72	Nb	—	4	5582,74	Ce (I)	20	—	5568,09	Sb	2	200[1]
5595,40	Hg II	—	(20)	5582,57	Ce	3	—	5568,07	W (I)	15	—
5594,94	Ce (I)	15	—	5581,97	Ca I	20	12	5667,81	Fe (II)	*	
5594,89	Nb I	3	1	5581,87	Y I	100	10	5567,81	Ce (I)	12	—
5594,76	Co I	2	—	5581,7	к Zr	20	—	5567,76	Mn I	12	—
5594,66	Fe I	10	—	5581,40	Ti	25	—	5567,63	N	—	(5)
5594,48	Ti	10	—	5580,26	Ti	7	—	5567,40	Fe I	30	—
5594,45	Ca I	35	20	5580,1	к Zr	12	—	5567,0	Sb II	—	40
5593,74	Ni I	40	2	5579,94	W	8	—	5566,93	Se II	—	(500)
5593,73	Cu II	—	5	5579,13	Ca	—	2	5566,9	к Zr	5	—
5593,72	Ce (I)	4	—	5578,88	Ce (I)	10	—	5566,66	Mo	3	3
5593,57	W	6	—	5578,86	S II	—	(70)	5566,49	Ce	4	—
5593,30	Ba I	12	—	5578,78	Rb I	150	—	5565,97	Ce (I)	35	—
5593,23	Al II	—	(200)	5578,73	Ni I	50	—	5565,70	Fe I	70	—
5593,12	J II	—	(25)	5578,28	W	4	—	5565,49	Ti I	80	2
5592,5	к Zr	2	—	5578,29	Nb I	15	5	5564,96	Ce (I)	40	—
5592,42	V I	50	50	5578,27	Ce	12	—	5564,93	S II	—	(150)
5592,28	Ni I	150R	1	5578,07	Nb I	3	1	5564,62	Ti	8	—
5592,18	Co I	2	—	5577,74	Zn II	6	(2)	5564,37	N I	—	(200)
5591,57	Mo I	20	12	5577,42	Y I	15	2	5564,23	Ce (I)	10	—
5591,33	Sc I	15	—	5577,28	Ce	5	—	5564,2	к Cr	7	—
5591,16	Se II	—	(500)	5577,03	In II	—	(100)	5564,04	Mo I	20	10
5591,03	W	5	—	5576,91	In II	—	(150)	5563,98	W	8	—
5590,94	Nb (I)	8	2	5576,75	In II	—	(300)	5563,84	N	—	(30)
5590,73	Co I	500	—	5576,66	Si II	*		5563,60	Fe I	100	5
5590,52	Ce	6	—	5576,50	V I	6	4	5563,36	Mo	10	2
5590,11	Ca I	15	10	5576,35	Te II	—	(100)	5563,24	Re I	150	—
5589,71	Ti	10	—	5576,34	W I	10	—	5563,02	Ce	10	—
5589,43	Sn II	7	8	5576,16	Nb I	80	5	5563,02	Cs II	—	(125)
5589,38	Ni I	20	—	5576,11	Fe I	150	—	5563,00	Nb I	10	3
5588,92	Sn II	2	(50)	5575,85	W I	7	—	5562,90	Sn II	—	5
5588,75	Ca I	35	25	5575,7	к Zr	12	—	5562,71	Fe I	15	—
5588,34	P II	—	(70)	5575,18	Mo I	20	15	5562,7	к Zr	2	—
5588,33	Ce (I)	10	—	5574,40	Cr I	8	—	5562,49	Mo(I)	3	3
5588,15	W I	6	—	5573,68	Mn I	10	—	5562,11	W	8	—
5587,87	Ni I	50	—	5573,67	Cs I	*		5561,95	Sn II	—	(40)
5587,58	Fe I	6	—	5573,11	Ti	7	—	5561,65	V I	15	15
5586,99	Nb I	15	5	5573,10	Fe I	8	—	5560,54	V I	3	I
5586,76	Fe I	400	50	5573,01	Mn I	10	—				
5586,22	Zn II	—	(4)	5572,85	Fe I	300	25				
5585,99	V I	8	8	5572,18	Ce (I)	8	—				
5585,67	Ti	25	—	5572,00	W I	5	—				
5585,5	к C	—	—	5572,00	Nb	—	2				

[1] Two lines: Sb II 5568,13, Sb I 5567,97.

λ	El.	A	S (E)	λ	El.	A	S (E)	λ	El.	A	S (E)
5560,37	N I	—	(200)	5551,98	Mn I	10	—	5542,40	W	4	—
5560,22	Fe I	5	—	5551,92	N II	—	(30)	5541,87	Ti	15	—
5560,17	Pt I	2	—	5551,75	к Zr	60	—	5541,64	Mo I	12	5
5560,01	Pt I	6	—	5551,65	J II	—	(15)	5541,47	Nb I	5	2
5559,76	W I	8	—	5551,5	к B	8	—	5541,14	P II	—	(50)
5559,74	Ru I	60	—	5551,40	Ce (I)	8	—	5540,74	Si II	*	
5559,22	Ce (I)	15	—	5551,34	Nb I	30	10	5540,7	к C	—	—
5558,96	W	2	—	5551,02	W I	5	—	5540,57	Ce	8	—
5558,91	S II	—	(5)	5550,96	Ti	10	—	5540,44	In	—	5
5558,82	Co I	5	—	5550,61	Hf I	30	5	5540,36	N	—	(5)
5558,75	W	2	—	5550,36	Zr I	3	—	5540,2	Bi II	—	20
5558,74	V I	18	18	5550,33	W	8	—	5540,16	N II	—	(5)
5558,65	Ce	6	—	5550,03	Ce II	6	—	5540,05	Sr I	20	30
5558,31	As II	—	200	5549,95	Fe I	8	—	5539,49	W I	10	—
5557,95	Al I	15	—	5549,63	Hg I	—	(15)	5539,41	Mo I	25	12
5557,92	Zr I	3	—	5549,60	Nb(I)	5	—	5539,4	к Zr	20	—
5557,44	N	—	(10)	5548,96	W I	2	1	5539,28	Fe I	30	—
5557,06	Al I	15	—	5548,82	Ce (I)	25	—	5538,8	к Zr	12	—
5556,95	Ce	8	—	5548,33	Ta I	60	—	5538,73	Ti	10	—
5556,72	Mo I	20	12	5548,15	V	8	10	5538,69	W	4	—
5556,28	Mo I	30	15	5548,08	W	6	2	5538,57	Fe I	50	—
5556,25	Ce (I)	35	—	5547,4	к Zr	2	—	5537,76	Mn I	40	—
5556,10	Sb I	6	—	5547,06	V I	40	40	5537,74	W I	12	—
5556,1	к Zr	5	—	5547,02	Pd I	50	2	5537,53	Ce (I)	10	—
5556,04	In II	—	(100)	5546,96	Co I	4	—	5537,51	Ti	15	—
5555,99	Sb II	—	(2)	5546,52	W I	3	—	5537,46	Zr I	5	—
5555,98	Zr	2	—	5546,49	Fe I	40	—	5537,32	Ti	10	—
5555,87	S II	—	(5)	5546,35	Nb II	1	10	5537,29	W	8	—
5555,60	In II	—	(15)	5545,93	V I	12	12	5537,03	In II	—	(50)
5555,43	In II	—	(70)	5545,93	Co I	25	—	5536,68	Zr	2	—
5555,38	Zr I	3	—	5545,67	Ag I	30	—	5536,55	In II	—	(70)
5555,31	W	6	—	5545,63	Nb II	2	10	5536,19	C II	—	5
5555,14	In II	—	(30)	5545,32	Zr I	5	—	5535,94	In II	—	(70)
5554,94	In II	—	(30)	5545,2	к Zr	20	—	5535,78	Cu I	*	
5554,94	Cu I	5	—	5545,11	N I	—	(20)	5535,48	Ba I	1000R	200R
5554,92	O I	—	(20)[1]	5545,1	Pb	—	8	5535,41	Fe I	50	—
5554,89	Fe I	100	—	5545,07	C I	*		5535,38	V I	2	2
5554,28	Cr I	3	—	5544,86	V I	5	3	5535,36	N II	—	(70)
5554,08	W I	6	—	5544,65	Ce (I)	10	—	5535,24	Ce (I)	15	—
5553,69	Ni I	8	—	5544,62	Y I,II	10	80	5535,04	Rh I	80	1
5553,58	Fe I	6	—	5544,6	Pb II	—	(40)	5534,98	Cu II	—	3
5553,32	Ti	15	—	5544,59	Rh I	50	1	5534,86	Fe II	—	10
5553,11	Nb I	3	1	5544,49	P	—	(50)	5534,81	Sr I	20	15
5553,17	к Zr	60	—	5544,48	Mo I	20	12	5534,66	Fe I	20	—
5552,63	P	—	(15)	5544,14	Ti	10	—	5534,54	Mo	5	4
5552,45	Mn	4	—	5543,98	Ti	7	—	5533,83	V I	18	18
5552,35	Bi (I)	500	100	5543,93	Fe I	10	—	5533,28	Ti	6	—
5552,29	Ce (I)	6	—	5543,48	Cu II	—	2	5533,20	P	—	(15)
5552,18	Mo I	12	3	5543,47	N II	—	(30)	5533,05	Mo I	200	100
5552,13	Hf I	40	5	5543,36	Sr I	30	5	5532,98	Ti	10	—
				5543,18	Fe I	25	—	5532,74	Fe I	4	—
				5543,12	Mo I	20	15	5532,68	Re I	100	—
				5542,96	W	4	—	5532,59	Nb I	3	1
				5542,80	Pd I	100	2	5532,30	Zr I	3	—
				5542,71	Ce	5	—	5532,03	Ce	3	—

¹) Doublet O I 5555,00— O I 5554,83.

λ	El.	B A	B S (E)	λ	El.	B A	B S (E)	λ	El.	B A	B S (E)
5532,0	Na I	15	—	5521,17	Mo(I)	3	2	5511,78	Ti I	18	—
5531,90	Au I	*		5521,00	W I	10	—	5511,68	Ce	4	—
5531,73	Mo	5	2	5520,64	Mo I	20	12	5511,49	Mo I	15	4
5531,67	Sb II	4	(5)	5520,50	Sc I	80	—	5511,46	Sn	—	5
5531,38	W I	18	—	5520,42	S	—	(15)	5511,22	Nb (I)	3	1
5530,77	Co I	500	—	5520,03	Mo I	20	12	5511,18	V I	25	25
5530,49	Ti	30	—	5519,6	к Zr	5	—	5510,97	In II	—	(15)
5530,24	N II	—	(50)	5519,35	In II	—	(500)	5510,88	In II	—	(70)
5530,16	In II	—	(12)	5519,25	In II	—	(15)	5510,80	In II	—	(30)
5529,28	Mo	3	2	5519,16	W	7	—	5510,77	In II	—	(15)
5528,74	In II	—	(15)	5519,05	Ba I	200	60	5510,72	Ru I	100	—
5528,49	W I	7	—	5518,91	Ta I	100	—	5510,69	Nb I	3	1
5528,41	Mg I	60	30	5518,8	к Mg	3	—	5510,68	Ce (I)	10	—
5528,41	Zr I	7	—	5518,79	W	4	—	5510,00	Ni I	20	—
5528,11	W I	3	—	5518,74	S	—	(15)	5509,94	Cr I	6	—
5527,89	Ce	5	—	5518,49	Ce II	12	—	5509,90	Y II	30	40
5527,76	Y I	10	—	5518,20	Ti	6	—	5509,67	S II	—	(25)
5527,60	Ti I	8	—	5518,04	Zr I	2	—	5509,12	Nb I	5	2
5527,54	Y I	100	15	5517,53	Si I	*		5508,9	Bi	2	—
5527,17	Ce (I)	10	—	5517,42	Mo	8	1	5508,63	W I	8	—
5526,96	Mo I	25	15	5517,39	Ce	10	—	5508,62	V I	5	5
5526,85	Ce	5	—	5517,38	Nb(I)	3	1	5508,49	W	4	—
5526,81	Sc II	100	300	5517,10	Zr I	4	—	5508,24	Mo	20	—
5526,66	W	3	—	5517,01	P I	—	(30)	5508,22	Cr (I)	6	—
5526,52	Mo I	25	20	5516,77	Mn I	50	—	5507,87	Zr	2	—
5526,24	N II	—	(15)	5516,3	к V	2	—	5507,75	V I	60	60
5526,15	S II	—	(15)	5516,08	Ce II	6	—	5507,33	In II	—	(70)
5525,97	In II	—	(15)	5515,98	Co I	3	—	5507,19	P II	—	(70)
5525,84	Pt I	18	—	5515,3	к Zr	20	—	5507,10	In II	—	(30)
5525,55	Fe I	40	2	5514,84	W	2	—	5507,01	S I	—	(25)
5525,5	Bi II	2	4	5514,79	P I	—	(30)	5506,82	In II	—	(15)
5524,98	Co I	25	—	5514,70	W I	50	8'	5506,78	Fe I	150	10
5524,35	Hf I	40	50	5514,63	Fe	50	10	5506,71	In II	—	(30)
5523,91	In II	—	(100)	5514,54	Ti I	80	15	5506,49	Mo I	200R	100
5523,86	Zr	2	—	5514,45	In	—	5	5506,44	Ce (I)	6	—
5523,86	In II	—	(70)	5514,35	Ti I	70	10	5506,09	Ce	6	—
5523,61	In II	—	(50)	5514,22	Sc I	60	—	5505,88	Fe I	9	—
5523,56	Nb I	30	10	5514,09	Pt I	15	—	5505,87	Mn I	40	—
5523,53	Os I	100	—	5513,80	Mo	3	1	5505,86	V I	10	10
5523,5	Pb (III)	—	25	5513,26	Ge I	*		5504,87	V I	15	15
5523,29	Co I	300	—	5513,20	In II	—	(15)	5504,72	J II	—	(60)
5523,28	In II	—	(50)	5513,15	In II	—	(30)	5504,58	Nb I	30	3
5523,00	In II	—	(50)	5513,11	Ce II	4	—	5504,21	Mn I	7	—
5522,99	Ce	100	—	5513,09	In II	—	(50)	5504,17	Sr I	60	25
5522,79	Rb II	—	100	5513,06	In II	—	(70)	5504,12	Ni I	2	—
5522,57	In II	—	(15)	5512,99	In II	—	(70)	5503,90	Ti I	60	3
5522,46	Fe I	8	—	5512,96	Ca I	4	5	5503,85	Cs I	*	
5522,46	Ce (I)	15	—	5512,91	In II	—	(100)	5503,53	Mo(I)	5	5
5522,42	Se II	—	(750)	5512,82	In II	—	(150)	5503,47	Y I	10	2
5522,06	J II	—	(35)	5512,82	Nb (I)	20	3	5503,45	W I	45	1
5521,89	Nb I	5	1	5512,77	O I }	—	(70)	5503,29	In II	—	(15)
5521,83	Sr I	50	10	5512,60	O I }			5503,15	In II	—	(30)
5521,70	Y II	4	40	5512,56	Rb	—	30	5502,88	Al II	—	(15)
5521,68	Pt I	4	—	5512,53	Ti I	125	12	5502,88	Cs I	*	
5521,63	Y I	5	—	5512,09	Ce II	50	—	5502,83	P	—	(30)

λ	El.	B A	S (E)	λ	El.	B A	S (E)	λ	El.	B A	S (E)
5502,8	к Zr	5	—	5491,7	к Zr	20	—	5480,89	Ni I	2	—
5502,12	Zr I	7	—	5491,67	Ti	3	—	5480,87	Fe I	10	—
5502,07	Cr II	*		5491,50	J II	—	(100)	5480,84	Sr I	100	30
5501,9	к C	—	—	5491,15	Ce (I)	10	—	5480,82	Zr I	4	—
5501,87	Mo I	20	10	5491,06	Nb I	3	1	5480,63	W	9	—
5501,75	Nb(I)	3	2	5490,84	Ti I	3	—	5480,50	Cr I	20	—
5501,54	Mo I	20	15	5490,32	Sb I	2	—	5480,06	N II	—	(30)
5501,54	S I	—	(15)	5490,3	к Zr	5	—	5479,26	W	6	1
5501,47	Fe I	150	—	5490,27	Mo I	20	10	5479,14	Sn	—	2
5501,01	W	5	—	5490,15	Ti I	70	2	5479,08	Te II	—	(50)
5500,51	W I	15	15	5490,11	Ta (I)	60	—	5478,67	W	5	—
5499,8	Hg II	—	(5)	5489,96	W	10	—	5478,59	Ce (I)	12	—
5499,73	P II	—	(200)	5489,94	V I	18	18	5478,50	Pt I	50	2
5499,53	Nb I	5	1	5489,65	Co I	150	—	5478,47	Fe I	2	—
5499,49	Mo	5	3	5489,39	Mo	3	1	5478,37	Cr II	*	
5499,44	Ta I	60	—	5489,13	W I	5	—	5478,32	Zr I	4	—
5498,64	Sn	2	2	5488,67	Mo I	3	1	5478,31	P I	*	
5498,63	W	10	—	5488,47	W	5	—	5478,28	S	—	(8)
5498,49	Mo I	20	10	5488,32	Zr	2	—	5478,10	N II	—	(15)
5498,19	Ce I	15	—	5488,20	Ti I	30	30	5477,80	W I	25	20
5498,18	S I	—	(8)	5487,95	Te II	—	(50)	5477,77	Zr II	2	—
5498,04	In II	—	(30)	5487,92	V I	20	20	5477,75	P I	—	(30)
5497,98	As II	—	200	5487,79	W I	15	—	5477,71	Ti I	70	2
5497,65	J II	—	(15)	5487,77	Fe I	10	—	5477,39	Zr I	2	—
5497,64	In II	—	(50)	5487,60	Nb II	1	10	5477,08	Co I	40	—
5497,55	In II	—	(70)	5487,52	Zr I	2	—	5476,91	Ni I	400	8
5497,52	Fe I	150	5	5487,21	V I	15	15	5476,58	Fe I	80	—
5497,40	Y II	20	40	5487,14	Fe I	50	5	5476,29	Fe I	12	—
5497,38	Mn I	4	—	5486,98	V II	—	2	5476,06	Nb I	3	1
5497,37	In II	—	(30)	5486,6	Bi	4	—	5476,03	W	8	—
5497,10	As (I,)(II)	—	12	5486,12	Sr I	40	8	5475,9	к Mg	2	—
5496,94	Mo I	5	5	5486,08	Zr I	4	—	5475,89	Mo (I)	20	12
5496,94	J II	—	(900)	5486,01	W I	20	—	5475,77	Sb II	—	(5)
5496,90	In II	—	(30)	5485,7	к Zr	20	—	5475,77	Pt I	60	2
5496,69	In II	—	(30)	5485,44	Ti	10	—	5475,11	W I	15	—
5496,45	Si II	*		5484,7	Li II	—	(8)	5475,06	S	—	(15)
5496,24	W I	10	—	5484,62	Sc I	60	—	5474,92	Zr I	2	—
5496,00	V I	3	1	5484,32	Ru I	60	—	5474,92	Fe	100	—
5495,95	Ca	2	1	5484,10	Ti	12	—	5474,46	Ti I	12	—
5495,67	N II	—	(70)	5483,96	Co I	150	—	5474,38	Zr	2	—
5495,66	Co I	15	—	5483,55	P II	—	(70)	5474,28	Ti I	30	50
5495,41	Ti	8	—	5483,49	Nb I	5	2	5473,99	Se	—	(10)
5495,28	W	4	—	5483,34	Co I	500	—	5473,92	Fe I	100	—
5494,89	Ni I	5	—	5483,12	Fe I	15	—	5473,69	Ba (I)	10	—
5494,78	Ta I	50	—	5483,08	Nb(I)	5	1	5473,63	S II	—	(750)
5494,46	Fe I	2	—	5482,65	Cu II	—	3	5473,55	Ti I	8	—
5494,00	J II	—	(15)	5482,00	Sc I	60	—	5473,53	Ce (I)	12	—
5493,80	Mo I	20	12	5482,00	Ce (I)	*		5473,43	Ti	6	—
5493,51	Fe I	4	—	5481,86	Ti I	20	20	5473,37	Mo I	50	25
5493,43	J II	—	(20)	5481,46	Fe I	5	—	5473,3	к C	70	—
5493,23	Si I	*		5481,45	Ti I	35	1	5472,90	Si	—	2
5492,59	W I	4	—	5481,40	Mn I	50	—	5472,72	Fe I	7	—
5492,32	W I	50	50	5481,25	Fe I	5	—	5472,69	Ti I	12	—
5492,16	Mo I	15	8	5481,15	Zr I	2	—	5472,4	Pb II	—	(25)
5491,81	As (II)	—	12	5481,00	Nb I	8	5	5472,36	Ti	8	—

λ	El.	B A	B S (E)	λ	El.	B A	B S (E)	λ	El.	B A	B S (E)
5472,34	W	7	—	5460,52	Mo I	20	15	5448,93	W	5	—
5472,30	Ce II	25	—	5460,50	Ti I	30	—	5448,90	Ti I	12	—
5471,95	Sb II	—	(15)	5460,09	Ce (I)	12	—	5448,79	Mo II	1	12
5471,92	As II	—	15	5459,4	к Pb	8	—	5448,57	Zr I	4	—
5471,55	Ag I	500	100	5459,21	Ce II	4	—	5448,54	Mo	3	1
5471,50	W	6	—	5458,80	Ce (I)	8	—	5448,37	Fe	2	—
5471,32	V I	12	12	5458,31	P I	—	(30)	5448,30	Nb I	5	2
5471,19	Ti I	25	25	5458,12	V I	15	15	5447,95	Zr	2	2
5470,64	Mn I	50	—	5458,04	Nb I	5	3	5447,14	P I	—	(15)
5470,46	Co I	50	—	5457,93	W	10	—	5446,96	Au I	*	
5470,3	к C	—	—	5457,8	Hg II	—	(8)	5446,92	Fe I	300	35
5470,13	K II	—	(40)	5457,66	Nb I	3	5	5446,63	Ti I	15	30
5469,63	Cu II	—	3	5457,65	Fe	18	2	5446,20	Sc I	15	—
5469,49	Pt I	7	—	5457,59	Zr I	2	—	5446,19	Ce (I)	10	—
5469,31	Co I	125	—	5457,47	Mn I	25	—	5446,14	W	5	—
5469,21	Si II	—	2	5457,21	Ce (I)	12	—	5445,42	Ce (I)	10	—
5469,2	к V	15	—	5457,10	V II	—	2	5445,04	Fe I	150	—
5469,11	W	10	—	5456,59	W I	18	—	5444,57	Co I	400	—
5468,37	Ce (I)	15	—	5456,5	к Zr	40	—	5443,36	W	8	—
5468,10	Ni I	2	—	5456,45	Si II	—	2	5443,31	Os I	50	—
5467,79	V I	10	10	5456,45	Mo I	20	12	5443,22	V I	12	4
5467,55	W	8	—	5456,41	Ce (I)	15	—	5443,16	Zr I	2	—
5466,94	Fe (II)	—	5	5456,18	Nb I	3	1	5442,41	Cr I	18	—
5466,87	Si II	*		5455,61	Fe I	300	30	5441,14	W	3	—
5466,47	Y I	150	20	5455,58	Se II	—	(15)	5440,46	Ti	12	—
5466,41	Fe I	25	—	5455,43	Fe I	50	—	5440,40	Zr I	3	—
5466,0	к Zr	8	—	5455,03	Nb II	—	4	5440,07	W I	10	—
5465,94	Cs I	5	—	5454,81	Ru I	100	—	5439,78	Nb	—	10
5465,87	Au I	*		5454,81	V	6	4	5439,71	Mo (I)	12	6
5465,57	Mo (I)	20	5	5454,56	Co I	300	—	5439,4	к Zr	30	—
5465,49	Ag I	1000R	500R	5454,22	N II	—	(15)	5439,31	V II	—	8
5465,4	к Zr	20	—	5453,95	Ce (I)	12	—	5439,04	Ti	4	—
5465,34	Ce (I)	20	—	5453,88	S II	—	(750)	5438,87	W I	8	—
5465,16	Te II	—	(15)	5453,64	Ti I	12	25	5438,62	Si II	—	3
5464,62	J II	—	(900)	5453,25	Ni I	3	—	5438,42	Ce (I)	10	—
5464,46	W I	4	—	5453,02	Mo I	15	6	5438,31	Ti I	4	8
5464,28	Fe I	6	—	5452,92	Hf I	8	2	5438,23	Y I	20	2
5464,20	Ce II	5	—	5452,31	Co I	25	—	5438,00	J II	—	(35)
5464,08	Sb II	—	(100)	5452,08	N II	*		5437,80	W	3	2
5464,06	Zr I	2	—	5451,99	Ti I	12	—	5437,75	Zr I	5	—
5463,97	Cr I	15	—	5451,91	Si	—	2	5437,75	Mo I	30	15
5463,6	Sn	2	2	5451,80	W I	6	—	5437,65	V I	10	10
5463,28	Fe I	100	—	5451,72	Ce	10	—	5437,40	In II	—	(50)
5463,14	Cu I	*		5451,34	Sc I	5	—	5437,38	P II	—	(70)
5462,97	Fe I	50	—	5451,32	As I	—	4	5437,36	Cu II	—	2
5462,59	N II	—	(30)	5451,21	Zr	2	—	5437,27	Nb I	30	10
5462,49	Ni I	20	—	5450,84	Sr I	30	—	5437,25	Zr I	3	—
5462,2	к Zr	12	—	5450,8	Bi	—	7	5437,0	к Zr	40	—
5461,92	Cs I	*		5450,74	P II	—	(100)	5436,99	Co I	25	—
5461,6	к Zr	12	—	5450,51	Mo I	30	20	5436,92	In II	—	(150)
5461,29	Ta I	80	—	5450,03	Ce (I)	10	—	5436,91	Zr I	2	—
5461,20	P II	—	(100)	5449,84	Te II	—	(15)	5436,86	O I	—	(200)
5460,93	Nb I	3	1	5449,78	Fe	10	—	5436,72	Ti I	10	—
5460,73	Hg I	—	(2000)	5449,22	Ce (I)	25	—	5436,59	Fe I	5	—
5460,73	Zr I	2	—	5449,16	Ti I	15	—	5436,27	In II	—	(100)

λ	El.	B		λ	El.	B		λ	El.	B	
		A	S (E)			A	S (E)			A	S (E)
5436,00	In II	—	(50)	5424,55	Ba I	100R	30R	5409,72	P II	—	(150)
5435,87	Ni I	50	—	5424,08	V I	25	25	5409,61	Ti I	50	1
5435,83	J II	—	(125)	5424,08	Fe I	400	20	5409,28	Ce II	50	—
5435,77	O I	—	(100)	5424,07	Rh I	100	2	5409,13	Fe I	10	—
5435,68	Mo I	30	12	5423,93	W I	10	—	5409,1	κ Zr	5	—
5435,63	In II	—	(30)	5423,51	Zr	2	—	5408,94	Ti I	6	—
5435,60	W I	10	—	5423,44	W I	5	—	5408,91	Nb	—	4
5435,27	Ta I	80	—	5423,42	Ce (I)	12	—	5408,59	O	—	(50)
5435,18	O I	—	(70)	5422,88	W I	9	—	5408,57	W I	7	—
5435,06	W I	20	—	5422,44	Nb I	15	5	5408,34	Cu I	*	
5434,53	Fe I	300	35	5421,86	W	7	—	5408,2	κ Zr	2	—
5434,53	Co I	10	—	5421,85	Zr I	3	—	5408,13	As I	*	
5434,2	Ag	2	10	5420,38	Ce (I)	20	—	5408,12	Co I	30	—
5434,18	V I	50	50	5420,36	Mn I	60	—	5407,61	Zr I	7	—
5433,54	Nb		10	5420,15	Hg	—	(8)	5407,51	Co I	100	—
5433,42	Mn I	7	—	5419,69	Cs II	—	(60)	5407,42	Mn I	60	—
5433,34	Ce (I)	8	—	5419,39	W I	10	—	5407,36	J II	—	(60)
5433,26	W	4	—	5419,20	Ti I	4	—	5407,1	κ Zr	5	—
5433,2	κ Zr	5	—	5419,13	Ta I	80R	—	5406,67	Cs I	*	
5433,18	P	—	(15)	5418,78	Ti II	8	4	5406,38	Mo I	15	8
5432,95	Fe I	3	—	5418,74	Zr I	2	—	5406,30	W I	8	—
5432,83	S II	—	(600)	5418,73	In II	—	(150)	5406,01	Mn I	5	—
5432,55	Mn I	40	—	5418,70	Ce	12	—	5405,79	Mo I	5	3
5432,34	Cr I	10	—	5418,48	In II	—	(50)	5405,79	Hg	—	(7)
5432,33	Ti I	4	—	5418,21	In II	—	(30)	5405,78	Fe I	400	70
5432,05	Cu I	*		5418,08	V I	15	15	5405,42	J II	—	(8)
5431,66	Ta (I)	60	—	5417,38	Mo I	20	10	5405,34	Si II	*	
5431,53	Rb I	100	—	5417,36	Si	—	2	5405,12	Zr I	4	—
5431,26	Nb I	10	3	5416,69	Os I	50	—	5405,00	Cr I	18	—
5431,01	Mo I	15	5	5416,35	Os I	80	---	5404,96	Ta I	80	—
5430,24	Ce (I)	10	—	5416,30	Nb I	5	1	5404,92	Ba(I)	15	—
5429,70	Fe I	500	40	5415,97	W	3	—	5404,73	Rh I	50	1
5429,48	V I	4	2	5415,52	W I	6	—	5404,87	O	—	(30)
5429,15	Ti I	25	1	5415,26	V I	75	75	5404,4	κ Zr	8	—
5428,69	S II	—	(250)	5415,21	Fe I	500	20	5404,31	W	7	1
5428,42	Zr I	4	—	5414,67	Mo(I)	6	2	5404,15	Fe I	300	35
5428,01	W I	4	—	5414,28	Cs I	*		5404,02	Ti I	8	—
5427,83	Fe (II)	—	8	5414,09	Ce (I)	12	—	5403,82	Fe I	30	—
5427,61	Ru I	25	—	5413,93	Zr I	3	—	5403,04	Be II	*	
5427,54	Mo I	8	3	5413,83	W I	6	—	5402,94	In II	—	(50)
5427,25	Ce (I)	8	—	5413,69	Mn I	30	—	5402,79	Cs	—	(40)
5427,22	W I	6	1	5413,61	Cs I	*		5402,78	Y II	30	50
5427,06	J I	—	(50)	5412,96	W I	6	—	5402,55	Fe	4	—
5426,88	Mo I	20	5	5411,88	N I	*		5402,51	Ta I	80	30
5426,36	Ce (I)	6	—	5411,75	Ce (I)	8	—	5402,44	In II	—	(30)
5426,36	Zr I	3	—	5411,40	In II	—	(300)	5401,98	Co I	100	—
5426,25	Ti I	15	30	5411,23	Nb I	5	3	5401,93	V I	100	100
5425,99	Mo	3	2	5411,23	Ni I	40	2	5401,54	Mg II	2	5
5425,91	P II	—	(150)	5410,97	Tl II	—	5	5401,45	N I	*	
5425,61	Co I	4	—	5410,91	Fe I	200	10	5401,40	Ru I	20	—
5425,26	Fe II	—	2	5410,76	O	—	(30)	5401,20	Ce (I)	6	—
5425,25	Hg II	—	(200)	5410,45	Te II	—	(25)	5400,93	W I	7	—
5424,92	W	2	—	5410,21	Be II	*		5400,58	Cr I	30	1
5424,65	Ni I	30	—	5409,92	Tl II	—	(12)	5400,50	Fe I	125	—
5424,63	W	3	—	5409,78	Cr I	300R	30	5400,47	Mo I	20	15

λ	El.	B A	B S (E)	λ	El.	B A	B S (E)	λ	El.	B A	B S (E)
5400,30	W	6	—	5389,46	Fe I	60	—	5378,86	Fe	5	—
5399,75	Co I	10	—	5389,30	Ta (I)	100	—	5378,45	N I	—	(30)
5399,58	W	5	—	5389,3	к Zr	3	—	5378,20	P II	—	(30)
5399,57	Ce (I)	12	—	5389,17	Ti I	15	—	5378,13	Cd II	5	50
5399,49	Mn I	40	—	5388,81	Hg I	—	(8)	5377,84	Ru I	25	—
5399,03	Ce (I)	2	—	5388,68	Mo I	12	5	5377,63	Mn I	40	—
5398,73	Mo	5	1	5388,59	W I	10	—	5377,3	к Zr	2	—
5398,28	Fe I	70	—	5388,52	Mn I	10	—	5377,20	Mn	8	—
5398,22	W I	5	—	5388,48	Al II	—	(5)	5377,10	Re I	300	—
5397,96	W I	10	—	5388,35	Ni I	3	—	5376,85	Cu II	—	3
5397,8	Bi II	5	8	5388,30	Nb I	5	3	5376,85	Fe I	5	—
5397,64	Ce (I)	25	—	5388,02	W I	15	—	5376,79	Os I	50	—
5397,61	Fe I	3	—	5387,88	Pt I	15	—	5375,91	Nb I	5	1
5397,37	Mo I	20	10	5387,57	Cr I	18	—	5375,7	к Zr	2	—
5397,13	Fe I	400	50	5387,50	Fe I	2	—	5375,35	Sc I	12	—
5397,09	Ti I	60	—	5386,96	Cr I	20	—	5375,30	Mn I	2	—
5396,60	Ti I	12	—	5386,88	P II	—	(150)	5375,26	Nb I	15	3
5396,51	W	6	—	5386,76	Ce	8	—	5375,15	P	—	(15)
5396,33	Nb I	10	1	5386,65	Zr I	4	—	5374,44	W	10	—
5395,99	Ta I	80	—	5386,35	Ce (I)	15	—	5374,16	W I	12	1
5395,87	Zr I	3	—	5386,34	Fe I	3	—	5374,14	Se I	—	(150)
5395,86	Nb I	2	3	5385,79	Hg	—	(4)	5373,86	Hf I	15	3
5395,69	Ce (I)	10	—	5385,52	As II	—	15	5373,71	Cr I	8	—
5395,24	Pd I	50	2	5385,45	Sr II	2	—	5373,71	Fe I	15	—
5395,24	Ce (I)	10	—	5385,14	Zr I	15	—	5372,85	W I	10	—
5394,84	Ce	*		5385,13	V I	45	45	5372,66	N I	—	(20)
5394,75	W	7	—	5384,90	V I	—	3	5372,5	Pb	—	10
5394,67	Mn I	50	—	5384,85	Ti II	—	6	5372,45	Zr	2	—
5394,51	Mo I	20	15	5384,63	Ti I	5	—	5372,40	Mo I	20	10
5394,36	Nb I	3	1	5384,63	Hg I	—	(15)	5372,1	Pb II	—	(40)
5393,98	Nb	—	2	5383,42	V I	40	40	5371,84	Al II	—	(50)
5393,96	Cu II	—	3	5383,37	Fe I	400	40	5371,60	Ce (I)	6	—
5393,84	W	3	1	5382,84	Nb I	3	1	5371,50	Fe I	700	—
5393,72	Co I	3	—	5382,78	W	5	—	5371,48	Cr I	*	
5393,47	Hg I	—	(5)	5382,61	Ce (I)	10	—	5371,45	Ni I	30	—
5393,39	Ce II	30	—	5382,37	Zr I	3	—	5371,42	Hg II	—	(10)
5393,18	Fe I	150	10	5381,99	W	9	—	5371,4	P	—	(30)
5393,18	V I	100	—	5381,89	Cd II	2	20	5371,11	Nb I	3	1
5393,0	к Zr	3	—	5381,75	Co I	150	—	5371,10	N I	—	(5)
5392,37	Ni I	5	—	5381,48	Rh I	100	—	5370,97	Cs II	—	(80)
5392,08	Sc I	20	—	5381,34	Nb I	8	3	5370,36	Cr (I)	10	—
5391,88	Ce (I)	10	—	5381,22	Zr	2	—	5369,96	Fe I	150	20
5391,62	Cu I	*		5381,20	Sb II	—	(30)	5369,91	Se I	—	(175)
5391,47	Fe I	25	—	5381,11	Co I	150	—	5369,86	J II	—	(40)
5391,34	Cr I	15	—	5381,02	Ti II	5	10	5369,64	Ti (I)	20	1
5391,18	Zr I	3	—	5381,02	S I	—	(8)	5369,58	Co I	500	—
5391,08	W I	10	—	5380,70	Nb I	5	1	5369,38	Zr I	3	—
5390,79	Pt I	50	2	5380,34	C I	—	(300)	5369,11	Ce (I)	8	—
5390,46	Co I	25	—	5379,89	Ce (I)	10	—	5368,99	Pt I	50	1
5390,45	Cu II	—	5	5379,58	Fe I	35	—	5368,89	Co I	30	—
5390,44	Rh I	125	3	5379,54	Zr I	2	—	5368,71	P	—	(30)
5390,4	к Zr	3	—	5379,5	к Zr	5	—	5368,70	W I	15	—
5390,38	Cr I	18	—	5379,43	W I	8	—	5368,53	Cr I	18	—
5389,99	Ti I	30	—	5379,13	Sr II	*		5368,42	Cu II	—	10
5389,68	W	5	—	5379,10	Rh I	100	3	5368,39	Nb I	3	1

λ	El.	B A	S (E)	λ	El.	B A	S (E)	λ	El.	B A	S (E)
5367,46	Fe I	200	15	5356,10	Sc I	40	—	5347,80	Ce (I)	8	—
5367,3	Pb II	—	(40)	5355,75	Sc I	7	—	5347,49	Co I	80	—
5367,27	N I	—	(3)	5355,70	Nb I	8	3	5346,69	W	4	—
5367,16	Te (II)	—	(25)	5355,61	Ce (I)	10	—	5346,52	Ce	2	—
5367,11	Mo I	10	—	5355,51	Mo I	12	3	5346,28	Hf II	10	40
5367,00	Mo	12	5	5355,31	Nb I	3	2	5345,86	P II	—	(50)
5366,72	Co I	5	—	5355,26	W I	10	1	5345,77	Cr I	300R	25
5366,64	Ti I	8	—	5355,18	Ce (I)	10	—	5345,66	S II	—	(25)
5365,89	Nb II	1	5	5354,95	Cu I	*		5345,15	J II	—	(300)
5365,62	Cu II	—	5	5354,87	Mo I	25	15	5345,10	Pd I	10	—
5365,47	Se I	—	(125)	5354,68	Ta I	80R	—	5345,09	Ce	5	—
5365,41	Fe I	40	—	5354,46	W I	10	—	5344,77	Cr I	15	—
5365,06	Hg	—	(20)	5354,40	Rh I	300	5	5344,75	P II	—	(150)
5364,88	Fe I	200	10	5354,24	Sb (II)	—	(200)	5344,56	Co I	10	—
5364,82	Co I	4	—	5354,1	к C	100	—	5344,44	Mn I	12	—
5364,48	Mn I	4	—	5354,05	Hg I	—	(30)	5344,16	Nb I	400	200
5364,47	P	—	(15)	5353,81	Ga I	2	—	5343,60	Zr I	2	—
5364,3	к Zr	2	—	5353,8	к Pb	3	—	5343,59	Nb(I)	5	1
5364,28	Mo I	70	25	5353,68	W II	5	—	5343,47	Fe (I)	12	—
5363,54	As I	*		5353,53	Ce II	50	30	5343,39	Co I	600	—
5363,35	Zr I	3	—	5353,49	Co I	500	—	5342,97	K I	30	—
5363,34	W	5	—	5353,42	Ni I	40	—	5342,96	Sc I	5	—
5363,33	Ce (I)	15	—	5353,41	V I	50	50	5342,71	Co I	800	—
5363,07	Nb I	2	2	5353,39	Fe I	60	2	5342,4	Hg II	—	(12)
5362,86	Fe II	—	15	5353,37	Zr	2	—	5342,25	Ta I	80	—
5362,84	W	7	2	5353,28	Nb I	5	4	5341,50	Ti I	8	—
5362,77	Co I	500	—	5352,67	Cu I	6	—	5341,33	Co I	300	—
5362,75	Fe	6	—	5352,34	Mo I	10	4	5341,07	Mn I	200	100
5362,69	Pd I	15	—	5352,05	Co I	500	—	5341,05	Ta I	150	80
5362,60	Rb I	50	—	5351,91	Zr I	3	—	5341,05	Sc I	5	—
5362,55	Zr I	8	—	5351,90	W I	20	—	5341,02	Fe I	200	15
5362,01	Nb I	3	2	5351,21	N II	—	(30)	5340,94	Cs I	*	
5361,79	Ru (I)	100	—	5351,08	Ti I	50	60	5340,80	Nb I	8	5
5361,72	Ti I	3	—	5351,02	Nb I	3	2	5340,46	Cr I	50	—
5361,42	W	9	—	5350,89	Zr I	2	—	5340,15	N II	—	(5)
5361,30	Cr (I)	*		5350,72	Nb I	150	50	5339,94	Fe I	200	30
5360,89	Mo	10	5	5350,46	Tl I	5000R	2000R	5339,69	K I	40	—
5360,7	к Zr	5	—	5350,45	W I	18	—	5339,53	Co I	100	—
5360,56	Mo I	100	70	5350,41	Zr II	4	5	5339,41	Sc I	4	—
5360,03	Cu I	*		5350,38	V II	—	3	5339,28	W I	5	—
5359,95	Ce (I)	10	—	5350,35	Cs I	*		5339,19	Ca II	*	
5359,57	K I	40	—	5350,09	Zr II	4	5	5339,08	Mo	4	1
5359,48	Ce II	8	—	5349,88	Mn I	20	—	5338,77	N II	—	(15)
5359,19	Nb I	3	3	5349,86	W	6	—	5338,61	V I	4	6
5359,18	Co I	300	—	5349,78	Mo(I)	6	4	5338,42	Zr I	2	—
5358,92	Co I	40	—	5349,73	Fe I	4	—	5338,32	Ti I	8	—
5358,53	Cs II	—	(500)	5349,47	Ca I	12	12	5338,22	J II	—	(300)
5358,33	W	9	—	5349,29	Sc I	30	—	5337,48	Cd II	—	50
5357,45	Zn II	6	(3)	5349,10	Cs II	—	(25)	5337,37	W I	15	—
5357,20	Ce (I)	10	—	5349,09	Ta I	80	—	5337,20	Mo I	10	3
5357,12	W I	9	—	5349,09	Co I	80	—	5336,81	Ti II	18	30
5356,84	Nb II	—	3	5348,95	W I	30	—	5336,81	Nb I	5	3
5356,77	N I	—	(50)	5348,81	Mo	4	1	5336,18	Ce (I)	15	—
5356,61	W I	8	—	5348,30	Cr I	150R	15	5336,17	Co I	50	—
5356,47	Mo I	25	12	5348,06	Mn I	10	—	5335,92	Ru I	100	—

λ	El.	B A	B S (E)	λ	El.	B A	B S (E)	λ	El.	B A	B S (E)
5335,71	Ce (I)	15	—	5325,86	Mo	10	2	5313,61	Cr II	*	
5335,58	V	12	5	5325,56	Fe II	—	4	5313,26	Ti I	7	—
5334,89	Cr II	*		5325,28	Co I	300	—	5313,08	W	4	1
5334,86	Nb I	50	10	5324,61	Al II	—	(25)	5312,88	Cr I	40	—
5334,84	Co I	70	—	5324,58	Pt I	4	—	5312,75	Mo	10	2
5334,78	Mo I	4	1	5324,46	Mo I	15	10	5312,66	Co I	400	—
5334,72	Ru(I)	60	—	5324,18	Fe I	400	70	5312,57	Pd I	15	—
5334,67	Ce	5	—	5323,95	Ti I	3	—	5312,32	Al II	—	(35)
5334,42	N I	—	(5)	5323,6	к V	2	—	5311,92	V	—	5
5333,82	Ce	6	—	5323,35	Nb(I)	4	1	5311,80	Zr II	2	2
5333,78	Ca	—	2	5323,28	K I	40	—	5311,60	Hf II	100	150
5333,65	Co I	100	—	5322,81	V II	—	4	5311,40	Zr I	10	—
5333,62	Ag I	8	—	5322,80	J II	—	(20)	5311,37	W	7	—
5333,30	Fe	3	—	5322,05	Fe I	30	—	5311,13	Te II	—	(35)
5333,21	Sn II	2	1	5322,0	к Zr	2	—	5311,02	Zn I	7	—
5332,67	Co I	200	—	5321,32	Nb I	5	2	5310,99	Zr I	2	—
5332,65	V II	—	5	5321,30	Ca	—	3	5310,76	Al II	—	(10)
5332,5	к Zr	2	—	5321,26	Zr I	4	—	5310,52	N I	—	(3)
5332,45	Zr	2	—	5321,11	Fe I	8	—	5310,24	Zn I	7	—
5332,36	Sn II	—	(20)	5320,75	N II	—	(50)	5310,21	Co I	20	—
5331,90	Re I	80	—	5320,70	S II	—	(35)	5309,82	In II	—	(100)
5331,74	Zr I	2	—	5320,1	Sb II	—	10	5309,48	N I	—	(3)
5331,54	As II	—	200	5320,05	Fe I	6	—	5309,39	In II	—	(70)
5331,47	Co I	500	80	5319,98	Zr I	2	—	5309,26	Ru I	125	—
5331,19	Nb II	—	2	5319,88	Mo I	12	8	5309,03	In II	—	(70)
5331,1	к Pb	3	—	5319,49	Nb I	15	5	5308,95	Ba (I)	10	—
5330,83	Zr I	3	—	5319,33	Pt I	9	—	5308,92	Mn I	5	—
5330,74	O I	—	(500)	5319,08	V I	5	5	5308,65	Zn I	8	—
5330,58	Ce II	25	—	5318,87	W I	20	—	5308,55	Ce (I)	8	—
5329,99	Fe I	15	—	5318,79	Cr I	30	—	5308,4	к Zr	2	—
5329,88	W I	4	—	5318,60	Nb I	100	12	5308,38	Zr I	2	—
5329,82	Zr I	2	—	5317,94	Mo	12	3	5308,31	Ce (I)	5	—
5329,82	Sr I	40	2	5317,81	W I	5	—	5308,2	Pb II	—	(6)
5329,76	Cr I	5	2	5317,80	Nb I	5	2	5307,60	Zr I	2	—
5329,73	Ag I	2	—	5317,13	Mo	5	1	5307,36	Fe I	125	—
5329,68	O I	—	(150)	5317,09	Mn I	7	—	5307,26	Cr I	12	—
5329,49	Ce (I)	10	—	5317,01	Nb I	3	1	5307,22	Ca II	*	
5329,17	Cr I	*		5316,88	V I	5	5	5306,95	Nb	4	1
5329,10	O I	—	(100)	5316,78	Co I	300	—	5306,8	Pb II	—	(20)
5328,82	V I	18	12	5316,78	Hg I	—	(15)	5306,61	Cs II	—	(25)
5328,81	Cu II	—	3	5316,61	Fe II	—	150	5306,38	Nb I	3	1
5328,70	N I	—	(70)	5316,07	P II	—	(150)	5306,26	Mo I	15	8
5328,60	Pt	2	—	5316,07	Al II	—	(70)	5306,0	к Zr	2	—
5328,53	Fe I	150	35	5315,82	Mo	10	3	5305,86	Cr II	*	
5328,36	Cr I	5	8	5315,55	Nb I	10	5	5305,51	Zr I	2	—
5328,05	Ce (I)	*		5315,21	V I	3	—	5305,35	Se II	—	(500)
5328,04	Fe I	400	100	5315,07	Ce	6	—	5304,85	Ru I	60	—
5327,46	Re I	100	—	5315,07	Fe I	5	—	5304,19	Cr I	20	—
5327,10	W	5	—	5315,04	Mo I	20	12	5303,79	Zr I	2	—
5327,06	Mo I	20	12	5314,89	Ce (I)	6	—	5303,78	Cs I	*	
5326,34	Nb I	3	1	5314,47	N II	—	(5)	5303,42	Fe II	25	25
5326,24	Co I	10	—	5314,46	V I	10	4	5303,34	Ce (I)	8	—
5326,16	Fe I	6	—	5314,40	Ce (I)	8	—	5303,27	V II	1	20
5325,95	Co I	25	—	5313,93	Ce (I)	8	—	5303,21	P	—	(50)
5325,90	Pt	3	—	5313,89	Mo I	25	15	5303,13	Sr II	*	

λ	El.	B		λ	El.	B		λ	El.	B	
		A	S (E)			A	S (E)			A	S (E)
5302,81	Ba (I)	20	5	5293,97	Fe I	8	—	5280,86	Mo I	50	25
5302,32	Mn II	—	(60)	5293,95	Hg II	—	(12)	5280,65	Co I	500	—
5302,31	Fe I	300	—	5293,53	P II	—	(30)	5280,43	V I	12	12
5302,16	V I	8	5	5293,45	Mo I	20	10	5280,36	Fe I	15	—
5301,96	Zr I	6	—	5293,38	Cr I	5	—	5280,29	Cr I	15	20
5301,40	Cs I	*		5293,28	Nb I	4	1	5280,21	Al II	—	(50)
5301,06	Co I	700	—	5293,08	W	3	—	5280,05	Zr I	6	—
5301,02	Pt I	150	10	5292,88	Cr I	3	—	5279,88	Cr II	*	
5300,74	Cr I	25	4	5292,53	Zr	2	—	5279,84	Mo	12	2
5300,12	Zr I	2	—	5292,52	Cu I	50	—	5279,82	Ta (I)	60	—
5300,02	Ti I	8	—	5292,14	Rh I	80	1	5279,65	Mo I	20	12
5299,78	J II	—	(10)	5292,08	Mo I	20	15	5279,43	Nb I	10	1
5299,53	Hg II	—	(10)	5290,94	Ce (I)	12	—	5279,35	Mo	10	1
5299,51	Zr	2	—	5290,79	Fe I	15	—	5278,91	S I	—	(15)
5299,27	Mn II	—	(50)	5290,74	Hg I	—	(10)	5278,62	Al II	—	(15)
5299,20	Zr I	2	—	5290,71	V (I), II	10	10	5278,61	S I	—	(5)
5299,00	O I	—	(70)[1]	5290,28	V I	3	3	5278,60	W I	9	—
5298,95	Nb I	3	2	5289,51	Mn I	2	—	5278,41	W II	2	—
5298,85	Mn I	4	—	5289,28	Ti I	3	—	5278,25	Cr I	6	—
5298,78	Fe I	12	—	5288,81	Ti	15	—	5278,24	Re I	100	—
5298,44	Ti I	40	1	5288,53	Fe I	30	—	5277,68	Al II	—	(10)
5298,36	Bi	20	8	5287,97	P	—	(15)	5277,63	Ba (I)	10	—
5298,3	к Zr	2	—	5287,92	Fe	100	20	5277,54	Ce (I)	8	—
5298,29	Ce (I)	10	—	5287,79	Co I	15	—	5277,40	Zr I	10	—
5298,29	Cr I	15R	25	5287,63	V	8	8	5277,35	Mo	10	2
5298,10	Nb I	3	2	5287,57	Co I	10	—	5277,3	Hg	—	(6)
5298,06	Mo	15	3	5287,19	Cr I	40	—	5276,96	Ce (I)	5	—
5298,06	Hf II	80	100	5286,93	Ti	8	—	5276,81	Al II	—	(10)
5297,99	Cr I	5	1	5286,83	Ce (I)	12	—	5276,52	Cu II	—	15
5297,64	Cd I	3	—	5286,12	Pt I	10	—	5276,47	Ag I	6	—
5297,37	Cr I	5	2	5286,11	Hg II	—	(2)	5276,42	Al II	—	(10)
5297,26	Ti I	70	2	5285,85	Al II	—	(50)	5276,27	Mo I	20	10
5296,96	Mn II	—	(40)	5285,76	Sc I	10	15	5276,20	Nb I	200	50
5296,78	Zr I	9	—	5285,7	к Mg	2	—	5276,19	Co I	400	—
5296,69	Cr I	15R	15	5285,44	Nb	3	—	5276,07	Cr I	5	3
5296,60	Ce (I)	15	—	5285,27	Ca II	*		5275,99	Fe II	2	15
5296,52	J I	—	(150)	5285,26	Nb(I)	20	10	5275,71	Cr I	4	1
5296,33	Nb I	5	2	5284,41	Fe I	2	—	5275,68	V I,II	8	8
5296,13	P II	—	(300)	5284,39	Ti I	18	35	5275,56	Re I	500	—
5295,79	Ti I	50	1	5284,10	Mo	12	4	5275,55	W I	20	—
5295,63	Pd I	200	10	5284,09	Fe II	—	70	5275,3	к V	10	—
5295,46	Mo I	20	12	5284,09	Ru I	100	—	5275,22	Mo	4	1
5295,29	Mn II	—	(30)	5283,84	Mo I	12	6	5275,21	Cr I	3	3
5294,87	Hf I	12	2	5283,77	Al II	—	(100)	5275,08	O I	—	(50)[1]
5294,82	Zr I	8	—	5283,63	Fe I	400	40	5274,99	Cr II	*	
5294,48	Ca	2	1	5283,49	Co I	125	—	5274,81	W I	8	—
5294,21	Mn II	—	(20)	5283,45	Ti I	50	2	5274,24	Ce II	50	3
5294,13	Ba (I)	10	—	5282,53	V I	3	12	5274,04	Cs II	—	(40)
5294,07	Ce (I)	12	—	5282,38	Ti I	15	45	5273,46	Cr I	15	—
5294,04	V I	18	18	5281,93	Ti I	4	8	5273,38	Fe I	50	4
				5281,91	V I	10	8				
				5281,80	Fe I	300	20				
				5281,69	Ni I	3	—				
				5281,37	Ce (I)	10	—				
				5281,18	N I	—	(20)				

[1] Doublet O I 5299,04— O I 5298,89.

[1] Doublet O I 5275,12— O I 5274,97.

λ	El.	B		λ	El.	B		λ	El.	B	
		A	S (E)			A	S (E)			A	S E)
5273,18	Fe I	80	4	5264,32	V I	6	1	5255,12	Cr I	20	3
5272,7	Be	—	20	5264,27	Mg II	2	5¹)	5254,99	P II	—	(15)
5272,56	C II	—	5	5264,24	Co I	15	—	5254,96	Fe I	50	—
5272,48	Nb I	5	2	5264,24	Ca I	15	8	5254,92	Cr I	18	—
5272,33	Ti	15	—	5264,21	Ce (I)	10	—	5254,84	Ce (I)	12	—
5272,01	Cr I	25	1	5264,16	Cr I	100R	20	5254,65	Co I	200	—
5271,97	Ca	10	—	5264,04	Zr I	2	—	5254,54	W I	18	—
5271,88	Ce (I)	15	—	5263,99	V II	—	5	5254,32	In I	30	—
5271,79	Mo I	20	10	5263,87	Fe I	7	—	5253,92	Nb I	20	8
5271,60	Cd II	2	12	5263,76	Cr I	4	—	5253,57	C II	—	5
5271,53	Nb I	200	50	5263,50	Ti I	30	—	5253,52	P II	—	(300)
5271,33	Hg II	—	(4)	5263,31	Fe I	300	—	5253,48	Fe I	70	—
5271,22	Se II	—	(150)	5263,31	Ti I	2	—	5253,37	In II	—	(15)
5271,07	Bi II	2	15	5263,21	W (I)	15	—	5253,07	Se II	—	(50)
5271,06	Ce (I)	10	—	5262,74	In I	12	—	5253,03	Nb I	10	5
5270,95	Re I	200	—	5262,25	Ca I	20	8	5252,32	As II	—	8
5270,81	Be II	—	50	5262,10	Ti II	—	3	5252,11	Ti I	35	1
5270,36	V I	2	—	5261,80	Au I	40	3	5251,98	Ce	*	
5270,36	Fe I	400	80	5261,76	Cr I	25	—	5251,97	Fe	12	—
5270,34	Bi II	7	20	5261,71	Ce (I)	12	—	5251,81	Nb I	5	5
5270,28	Be II	—	40	5261,70	Ca I	20	6	5251,74	Nb	5	5
5270,28	Ca I	20	10	5261,56	Mo	3	2	5251,66	Ru I	25	—
5269,98	Cu II	—	30	5261,14	Mo I	20	15	5251,62	Nb I	10	20
5269,97	Ti I	4	—	5260,97	V I	30	30	5251,49	Ti I	6	—
5269,92	Nb I	5	3	5260,85	Nb I	3	1	5251,14	Mo	5	1
5269,71	Bi II	8	30	5260,84	Pt I	18	—	5250,95	Ti I	12	—
5269,54	Fe I	800	200	5260,8	Bi II	—	25	5250,65	Fe I	150	—
5269,52	Ce (I)	*		5260,77	Mn I	10	—	5250,48	Ce	6	—
5269,36	J II	—	(30)	5260,39	Ca I	4	4	5250,34	Zr I	2	—
5269,29	W I	12	—	5260,35	V	20	20	5250,34	Mo	10	2
5269,27	Rh I	50	1	5260,33	Fe (II)	*		5250,21	Fe I	30	—
5268,94	Mo(I)	12	5	5260,16	Mo I	10	3	5250,14	Ce	6	—
5268,62	Ti II	5	1	5260,13	Nb(I)	5	2	5250,00	Co I	200	—
5268,52	Co I	500	—	5259,99	Ti I	15	30	5249,61	Ce (I)	12	—
5268,34	Ni I	10	—	5259,93	Ce (I)	8	—	5249,37	Cs II	—	(80)
5268,24	Pt I	2	—	5259,60	Ti	10	—	5249,18	Ce (I)	10	—
5268,01	Cd II	2	10	5259,39	C II	—	30	5249,09	Fe I	4	—
5267,03	Ba I	25	12	5259,36	W I	20	—	5248,52	In	—	5
5266,56	Fe I	500	40	5259,04	Mo I	60	20	5248,50	Zr I	2	—
5266,49	Co I	500	—	5258,33	Sc I	12	15	5248,40	Ti I	4	—
5266,30	Co I	100	—	5257,62	Co I	400	—	5248,01	Zr I	2	—
5266,29	Ti I	5	—	5257,60	Ti I	8	—	5247,93	Co I	500	—
5266,12	V I	20	20	5257,47	Pt I	10	—	5247,58	Cr I	60	15
5266,03	Fe (I)	6	—	5257,24	C II	—	15	5247,42	Ce	5	—
5265,98	Ti I	70	3	5256,90	Sr I	90	25	5247,42	Ca	4	3
5265,89	Ge I	*		5256,56	Cs I	*		5247,38	Nb I	30	2
5265,83	Co I	25	—	5256,17	Pd I	12	—	5247,38	W I	7	—
5265,74	Ni I	5	—	5255,81	Ti I	40	80	5247,31	Ti I	25	1
5265,73	Cr I	30	10	5255,42	W I	20	—	5247,13	Hf II	40	60
5265,71	Ce II	15	—	5255,33	Mn I	50	—	5247,06	Fe I	50	10
5265,56	Ca I	20	10					5246,57	Ti I	10	—
5265,17	Cr I	15	—					5246,14	Ti I	15	—
5264,94	Hf II	50	80					5245,92	Ce (I)	30	—
5264,79	Fe II	—	4	¹) Doublet Mg II 5264,37—				5245,70	J II	—	(80)
5264,41	Re I	4	2	Mg II 5264,21.				5245,51	Mo I	25	2

λ	El.	B		λ	El.	B		λ	El.	B	
		A	S (E)			A	S (E)			A	S (E)
5245,36	Cu II	—	10	5235,05	Zr I	2	—	5224,55	Cr I	12	—
5245,27	Ce (I)	10	—	5234,86	Pd I	50	2	5224,32	Ti I	70	8
5244,51	Ce (I)	20	—	5234,62	Fe II	—	5	5224,10	Cr I	12	—
5243,98	Hf I	15	2	5234,57	J I	—	(80)	5223,82	Sn	—	2
5243,79	Fe I	20	—	5234,26	Mo I	25	15	5223,64	Ti I	50	1
5243,46	Zr I	4	—	5234,07	V I	40	40	5223,63	Zr I	8	—
5243,38	Cr I	50	—	5234,01	Ce II	8	—	5223,55	Ru I	20	—
5243,08	Ce (I)	8	—	5233,81	Ti I	35	—	5223,49	Ce (I)	20	—
5242,9	W I	25	1	5233,75	V I	12	12	5223,34	Ti I	3	—
5242,81	Mo I	50	20	5233,53	W I	12	—	5223,27	As II	—	15
5242,63	P	—	(30)	5232,95	Fe I	800	150	5223,19	Fe I	6	—
5242,49	Fe I	125	5	5232,91	Ce II	15	—	5222,95	Ce (I)	2	—
5242,35	Cr	2	—	5232,81	Nb I	50	10	5222,81	Hg II	—	(80)
5242,19	Zr I	2	—	5232,36	Mo I	20	10	5222,68	Ti I	35	2
5241,94	Zr I	2	—	5231,83	Ca	—	4	5222,67	Cr I	18	—
5241,59	Ce	5	—	5231,50	As II	—	60	5222,48	Co I	50	—
5241,50	Nb I	5	2	5231,06	Mo I	20	15	5222,20	Sr I	70	8
5241,47	Cr I	12	—	5230,84	Ce (I)	*		5221,92	Ce (I)	2	—
5241,10	V II	—	3	5230,80	Ta I	60	—	5221,76	Cr I	25	—
5240,88	Mo I	80	40	5230,29	Au I	40	15	5220,92	Cr I	10	—
5240,87	V I	50	50	5230,23	Cr I	18	—	5220,30	Ni I	15	—
5240,82	Y I	20	—	5230,22	Co I	300R	—	5220,07	Cu I	100	—
5240,74	W	6	—	5230,17	Mo	6	2	5219,71	Ti I	60	2
5240,47	Cr I	20	—	5230,14	Ce (I)	8	—	5219,67	Sc I	10	12
5240,31	Mo	6	1	5229,87	Fe I	200	15	5219,40	Mo I	25	20
5240,19	V I	8	8	5229,75	Ce (I)	18	—	5219,37	S (II)	*	
5239,94	Ti I	3	—	5229,58	Cu II	—	3	5219,09	Nb I	100	10
5239,82	Sc II	30	125	5229,37	Nb I	3	1	5219,05	Si	—	2
5239,77	W	9	—	5229,27	Sr I	70	8	5219,02	Co I	10	—
5239,3	к C	70	—	5229,11	W	7	1	5218,9	Hg I	—	(10)
5238,97	Cr I	60	—	5228,97	J II	—	(20)	5218,46	Nb I	3	1
5238,94	Sb II	—	(50)	5228,41	Fe I	15	6	5218,42	W	7	3
5238,7	Hg II	—	(4)	5228,4	к V	10	—	5218,33	Be II	*	
5238,69	As II	—	12	5228,10	Cr I	18	—	5218,20	Cu I	700	—
5238,58	Ti I	50	100	5227,69	V II	—	10	5218,17	W	6	—
5238,55	Sr I	90	15	5227,66	Pt I	80	2	5217,92	Fe I	6	—
5238,49	Ce (I)	12	—	5227,51	Se II	—	(600)	5217,40	Fe I	150	3
5238,47	Pt I	2	—	5227,19	Fe I	400	60	5216,58	V I	40	40
5238,20	Mo I	80	30	5227,18	Ti I	10	—	5216,49	Ni I	10	—
5238,09	Fe	4	—	5227,00	Cs II	—	(200)	5216,39	Hg	—	(20)
5237,96	Mo	15	10	5226,92	Cr I	15	—	5216,38	Ce (I)	8	—
5237,53	Ta II	*		5226,87	Fe I	200	15	5216,28	Fe I	300	10
5237,43	Nb I	8	5	5226,56	Ti II	30	50	5216,27	J II	—	(5)
5237,35	Cr I	2	8	5225,97	P II	*		5215,92	V II	—	8
5237,34	Nb II	5	5	5225,83	Cr I	15	—	5215,56	As (II)	—	6
5237,16	Rh I	100	2	5225,76	V I	40	40	5215,19	Fe I	200	5
5237,09	Co I	5	—	5225,53	Fe I	60	—	5214,18	W I	12	2
5237,05	Ce II	6	—	5225,15	Nb I	15	5	5214,13	Cr I	18	—
5236,83	Nb I	3	4	5225,11	Sr I	70	8	5213,65	V I	35	35
5236,20	Fe I	6	—	5225,05	Cr I	6	1	5213,02	Ti	10	—
5235,52	P	—	(70)	5224,97	Cr I	18	4	5212,79	W I	20	5
5235,39	Fe I	35	—	5224,95	Ti I	90	6	5212,78	Cu I	4	—
5235,35	Ni (I)	30	2	5224,92	Zr I	10	—	5212,74	Ta I	60	—
5235,21	Co I	100	—	5224,67	W I	50	8	5212,71	Co I	300	—
5235,10	Nb I	3	1	5224,57	Ti I	30	2	5212,61	S II	—	(20)

λ	El.	B A	B S (E)	λ	El.	B A	B S (E)	λ	El.	B A	B S (E)
5212,35	W I	9	—	5204,03	Nb I	3	1	5193,49	Cr I	15	—
5212,28	Ti (I)	15	—	5203,94	Mo	12	5	5193,44	Nb I	3	2
5212,25	Zr	3	—	5203,28	Ce (I)	8	—	5193,14	Rh I	200	3
5212,24	V	8	8	5203,26	W I	30	—	5193,08	Nb I	100	20
5212,23	Cr I	4	—	5203,22	Nb I	15	8	5192,99	V I	100	75
5212,2	κ Zr	8	—	5202,59	Ce (I)	5	—	5192,98	Ti I	150	25
5211,92	Ce (I)	50	—	5202,46	Ce (I)	6	—	5192,86	Si II	—	2
5211,86	Mo I	20	12	5202,41	Si II	—	2	5192,72	W I	30	—
5211,82	Co I	100	—	5202,34	Fe I	300	10	5192,52	Ni I	10	—
5211,54	Ti II	10	15	5201,71	N I	—	(10)	5192,36	Fe I	400	50
5211,23	Nb I	3	1	5201,44	Pb I	10	2	5192,35	Co I	100	—
5211,04	Ce (I)	8	—	5201,43	W	10	—	5192,01	Cr I	50	—
5210,84	Co I	50	—	5201,39	Ce (I)	15	—	5192,00	V I	18	15
5210,32	Hg III	—	(60)	5201,35	S II	—	(10)	5192,0	κ Mg	3	—
5210,69	Sb	—	4	5201,14	Zr I	7	—	5191,68	Ce II	30	—
5210,52	Sc I	20	—	5201,09	Ti I	30	—	5191,56	Zr II	5	10
5210,43	Mo I	15	4	5201,01	Bi II	—	30	5191,46	Fe I	400	35
5210,39	Ti I	200	35	5201,00	S II	—	(10)	5191,41	P II	—	(100)
5210,23	As I	*		5200,87	Cu I	5	—	5191,4	Pb II	—	(2)
5210,06	Co I	100	—	5200,74	Mo I	20	10	5190,45	O II	—	(30)
5209,29	Zr I	5	—	5200,41	Ce (I)	12	—	5190,42	N II	—	(15)
5209,29	Bi II	—	600	5200,41	Y II	60	150	5189,51	N	—	(5)
5209,10	W	10	—	5200,33	V	8	8	5189,2	Pb III	—	20
5209,08	Re I	200	—	5200,20	Cr I	30	—	5189,20	Nb I	80	12
5209,07	Ag I	1500R	1000R	5200,16	Mo I	40	20	5188,86	W I	10	—
5208,93	Pd I	10	—	5200,12	Ce (I)	6	—	5188,85	Ca I	50	6
5208,80	Sb	—	(8)	5199,94	W	7	—	5188,70	Ti II	80	100
5208,60	Fe I	200	8	5198,84	Fe I	10	—	5188,65	Ce (I)	10	—
5208,59	Pt I	2	—	5198,78	Sn	—	5	5187,53	W	4	—
5208,42	Cr I	500R	100	5198,71	Fe I	80	—	5187,45	Ce II	50	—
5207,97	W	5	—	5198,56	Mo	5	3	5187,03	Zr I	3	—
5207,86	Ti I	25	—	5197,87	W	3	—	5186,99	Nb I	50	10
5207,67	V I	8	8	5197,57	Fe II	—	10	5186,59	Ni I	6	—
5207,34	Ce	8	—	5197,21	Mn I	10	—	5186,33	Ti I	20	—
5207,12	Cu II	—	20	5197,16	Ni I	10	—	5185,90	Ti II	8	35
5206,61	O II	—	(60)	5196,87	Mo	5	2	5185,54	Si II	—	2
5206,60	V I	25	25	5196,73	Cs I	*		5185,25	Si II	*	
5206,19	W I	30	—	5196,62	Si	—	2	5185,0	κ Zr	30	—
5206,08	Ti I	40	1	5196,59	Mn I	30	—	5184,97	N II	—	(15)
5206,02	Cr I	500R	200	5196,49	W	5	—	5184,66	In II	—	(70)
5206,0	κ Mg	3	—	5196,45	Cr I	50	3	5184,59	Ni I	50	—
5205,72	Y II	50	80	5196,20	As I	*		5184,58	Cr I	60	1
5205,52	Ce II	8	—	5196,15	Hg II	—	(20)	5184,43	In II	—	(300)
5205,40	As (II)	—	12	5196,10	Fe I	25	—	5184,29	Fe I	20	—
5205,15	W	—	6	5195,83	Nb I	30	10	5184,19	Rh I	100	1
5205,14	Ce (I)	10	—	5195,48	Fe I	100	—	5183,97	W I	20	—
5205,13	Nb I	8	5	5195,36	V I	40	25	5183,81	Nb I	5	1
5204,78	Hg	—	(40)	5195,02	Ru I	100	—	5183,72	Ti I	8	—
5204,72	Ce (I)	8	—	5194,98	Ce	5	—	5183,70	Zr I	6	—
5204,66	P II	*		5194,94	Fe I	200	15	5183,61	Mg I	500	300
5204,58	Fe I	125	—	5194,82	V I	30	30	5183,61	Co I	35	—
5204,51	Cr I	400R	100	5194,75	Ce (I)	8	—	5183,36	Cu II	—	20
5204,51	W I	40	—	5194,04	Ti I	10	—	5183,33	Nb	5	1
5204,27	Ce (I)	10	—	5193,90	Pt I	3	—	5183,21	N II	—	(15)
5204,15	J I	—	(50)	5193,61	V I	30	12	5183,19	Ce (I)	10	—

λ	El.	B A	B S (E)	λ	El.	B A	B S (E)	λ	El.	B A	B S (E)
5182,32	As II	—	30	5174,46	N II	—	(5)	5162,23	P I	—	(30)
5182,00	Zn I	200	2	5174,20	Nb I	3	2	5162,15	Hg II	—	(5)
5181,94	Ce (I)	10	—	5174,18	Mo I	70	25	5162,07	W I	9	—
5181,90	Si II	—	3	5173,75	Ti I	125	20	5161,97	P	—	(30)
5181,87	Hf I	25	10	5173,70	Ce	3	—	5161,81	Ta I	80	—
5181,80	N I	—	(15)	5173,39	N II	—	(15)	5161,78	Cr I	18	—
5181,74	Re I	20	3	5172,94	Mo I	70	25	5161,65	Re I	25	—
5181,54	Mo II	—	20	5172,68	Mg I	200	100	5161,48	Ce (I)	30	—
5181,0	N I	—	(5)	5172,68	Co	10	—	5161,25	As (II)	—	30
5180,89	Ce (I)	15	—	5172,46	Sb II	—	(15)	5161,20	J II	—	(300)
5180,76	V I	8	8	5172,32	N II	—	(5)	5160,98	Zr I	6	—
5180,34	N II	—	(5)	5172,09	V I	18	18	5160,33	Nb I	200	15
5180,31	Nb I	150	15	5171,60	Fe I	300	60	5160,02	O II	—	(40)
5180,21	Mo	12	4	5171,46	N II	—	(5)	5159,94	Ba I	50	10
5180,06	Fe I	10	—	5171,25	Mo I	12	4	5159,69	Ce (I)	30	—
5179,97	Mo	10	3	5171,07	Mo I	30	6	5159,34	V I	40	40
5179,52	N II	—	(70)	5171,03	Ru I	150	—	5159,05	Fe I	35	—
5179,49	W	8	1	5170,75	Fe	4	—	5158,84	Co I	40	—
5179,45	Ce	3	—	5170,69	Mo	5	1	5158,69	Rh I	80	1
5179,40	Mo	5	1	5170,08	N II	—	(5)	5158,66	Zr I	3	—
5179,36	Sb	—	2	5169,93	V I	18	18	5158,6	Sb II	—	12
5179,35	N II	*		5169,9	Bi II	2	12	5158,43	Co I	40	—
5179,13	Ni I	4	—	5169,71	Ce (I)	15	—	5158,36	Cu I	*	
5178,98	Zr I	2	—	5169,45	N II	—	(5)	5158,18	Al II	—	(5)
5178,89	Re I	100	—	5169,03	Fe II	2	200	5158,17	W	8	—
5178,78	Fe I	2	—	5168,90	Fe I	80	—	5158,09	Cu II	—	10
5178,68	Ce (I)	10	—	5168,66	Ni I	70	—	5158,03	Nb I	3	1
5178,62	Ti I	8	—	5168,24	N II	—	(5)	5158,00	Zr I	10	1
5178,58	Ge II	—	100	5167,75	Mo I	25	20	5157,99	Ni I	8	—
5178,20	Nb I	3	1	5167,49	Fe I	700	150	5157,48	Nb I	4	8
5177,73	Ce (I)	8	—	5167,33	Mg I	100	50	5157,03	V I	15	15
5177,72	W I	6	—	5166,32	Sb II	—	(30)	5156,72	P	—	(50)
5177,42	Cr I	50	—	5166,28	Fe I	125	—	5156,56	Ta I	80	—
5177,4	к Mg	2	—	5166,22	Cr I	80	2	5156,34	Co I	300	—
5177,23	Fe I	4	—	5166,06	Co I	10	—	5156,3	к Zr	2	—
5177,09	Mo	5	1	5165,96	Zr I	7	—	5156,20	Mo	10	1
5176,77	V (I)	60	50	5165,8	Hg I	—	(5)	5156,10	Fe (II)	*	
5176,57	Ni I	70	2	5165,42	Fe I	50	—	5156,07	Sr I	80	18
5176,55	Sb II	—	(50)	5165,2	к C	—	—	5155,8	Pb II	—	(25)
5176,48	V I	8	8	5165,16	Co I	30	—	5155,76	Ni I	80	1
5176,38	P	—	(70)	5164,97	Pt I	2	—	5155,54	Rh I	150	1
5176,08	Co I	500R	—	5164,88	V I	15	15	5155,45	Zr I	15	—
5175,98	Se II	—	(600)	5164,72	Sb II	—	(15)	5155,38	Pt I	15	—
5175,97	Rh I	200	1	5164,70	Zr	2	—	5155,26	Mo	10	1
5175,89	N II	—	(30)	5164,56	Fe I	70	—	5155,14	Ni I	50	—
5175,89	Cu II	—	2	5164,39	Ce (I)	12	—	5155,14	Ru I	125	—
5175,86	O II	—	(15)	5164,37	Nb I	150	20	5154,88	W I	6	—
5175,69	W	6	—	5163,84	Pd I	300	8	5154,84	P	—	(10)
5175,62	Ba (I)	10	7	5163,8	Pb II	—	(25)	5154,66	Cd I	6R	—
5175,55	In II	—	(150)	5163,19	Mo I	25	20	5154,44	W I	8	—
5175,42	In II	—	(300)	5162,84	W I	3	—	5154,38	Ce	10	—
5175,29	In II	—	(400)	5162,78	N	—	(5)	5154,07	Ti II	10	15
5175,13	W	6	—	5162,5	к Mg	2	—	5154,05	Co I	200	—
5174,54	Ce (I)	25	—	5162,3	к Pb	8	—	5153,95	Ce	*	
5174,52	V I	10	10	5162,29	Fe I	300	—	5153,87	W	7	1

λ	El.	B A	S (E)	λ	El.	B A	S (E)	λ	El.	B A	S (E)
5153,53	W I	9	3	5144,67	Cr I	30	—	5133,68	Fe I	200	1
5153,40	Na I	600	—	5144,48	Bi II	2	300	5133,45	Co I	50	—
5153,24	Cu I	600	—	5144,41	Al II	—	(2)	5133,40	Zr I	8	—
5153,03	Nb I	8	2	5144,39	W	—	6	5133,33	Nb I	10	3
5152,68	Cs I	*		5144,12	Cu I	5	—	5133,28	C II	—	15
5152,62	Nb I	100	10	5143,49	C II	—	15	5133,11	W	8	—
5152,30	Sb II	—	(12)	5143,14	Pb	—	4	5132,96	Ti I	12	—
5152,23	P II	—	(50)	5142,93	Fe I	125	—	5132,94	C II	—	30
5152,20	Ti I	90	2	5142,77	Ni I	100	—	5132,86	Zr I	3	—
5152,14	Tl II	—	50	5142,77	Ru I	25	—	5131,75	Ge II	—	100
5152,09	Rb II	—	100	5142,54	Fe I	100	—	5131,47	Fe I	125	—
5151,91	Fe I	70	—	5142,26	Cr I	12	—	5130,91	Pt I	3	—
5151,09	C II	—	30	5142,24	Mo I	10	2	5130,78	As I	*	
5151,07	Ru I	40	—	5142,14	Se II	—	(500)	5130,53	O I	—	(30)
5150,89	Mn I	40	—	5141,89	S	—	(8)	5130,52	V	—	2
5150,84	Fe I	150	—	5141,74	Fe I	100	100	5130,36	In II	—	(15)
5150,63	Nb I	10	3	5141,63	As I	*		5130,12	W I	15	—
5150,41	Ce (I)	10	—	5141,45	P II	—	(50)	5129,93	In II	—	(70)
5149,99	Ce (I)	12	—	5141,28	W I	8	—	5129,80	W	7	—
5149,79	Co I	100	—	5141,26	Mo	12	5	5129,76	In II	—	(30)
5149,74	Os I	80	—	5141,2	Sb	—	40	5129,74	Nb I	3	1
5149,65	Mo	4	1	5140,68	Nb I	3	2	5129,65	Fe I	4	—
5149,65	Ce (I)	10	—	5140,57	Nb I	10	5	5129,58	Ce (I)	30	—
5149,41	P	—	(15)	5140,50	Ce (I)	10	—	5129,38	Ni I	80	—
5149,16	Mn I	8	—	5140,10	Hg I	—	(5)	5129,3	к C	—	—
5148,84	Na I	400	—	5139,76	Ce (I)	10	—	5129,14	Ti II	30	30
5148,72	V I	60	60	5139,60	Cr I	50	1	5128,83	W	6	—
5148,43	Mo	8	4	5139,53	V I	50	50	5128,53	V I	75	75
5148,41	V I	8	3	5139,47	Fe I	200	40	5128,48	W I	8	—
5148,26	Fe I	35	—	5139,26	Fe I	125	—	5128,45	Hg II	—	(150)
5148,05	Fe I	20	—	5139,26	Ni I	50	—	5127,66	Nb I	10	3
5147,94	Nb II	3	1	5139,17	C II	—	5	5127,36	Ti I	12	—
5147,54	Ce II	15	—	5138,42	V I	50	50	5127,36	Fe I, III	100	—
5147,53	Nb I	30	5	5138,40	W I	20	—	5127,11	Mo	4	2
5147,48	Ti I	90	3	5138,2	к Pb	3	—	5126,72	Mo	10	5
5147,46	Au I	40	5	5138,01	Ce (I)	12	—	5126,70	Re I	20	4
5147,38	Mo I	25	20	5137,94	Hg I	—	(10)	5126,21	Fe I	5	—
5147,25	Ru I	60	—	5137,76	Ce	10	—	5126,20	Co I	200	—
5146,9	к Mg	2	—	5137,76	Ca	2	2	5126,13	S II	—	(8)
5146,74	Co I	400	—	5137,39	Nb I	5	1	5126,05	Zr	2	—
5146,70	Mo	5	2	5137,39	Fe I	200	—	5125,69	Co I	100	—
5146,48	Ni I	150	1	5137,12	Ce (I)	12	—	5125,21	Ni I	50	—
5146,26	Hg	—	(30)	5137,08	Ni I	150	1	5125,18	As II	—	6
5146,06	O I	—	(70)	5136,79	Fe II	3	100	5125,13	Fe I	100	—
5145,77	W I	18	—	5136,77	Zr I	2	—	5125,01	Ce (I)	10	—
5145,65	Al II	—	(8)	5136,67	W	7	—	5124,95	Zr II	—	2
5145,51	Co I	80	—	5136,56	Ru I	125	—	5124,77	Co I	25	—
5145,47	Ti I	100	4	5136,47	Ta I	60	40	5124,69	Nb I	5	1
5145,46	Zr I	10	—	5136,14	Zr	2	—	5124,46	Cu II	—	20
5145,38	Mo I	25	20	5135,47	Nb I	3	1	5124,3	Bi II	—	100
5145,16	C II	—	70	5135,32	Ce (I)	8	—	5124,23	W I	12	—
5145,13	Ce	4	—	5134,96	Mo	10	2	5124,09	Ti I	10	—
5145,10	Fe I	10	—	5134,75	Nb I	200	15	5123,82	Mo I	12	5
5144,99	Al II	—	(5)	5134,47	Ce (I)	12	—	5123,72	Fe I	200	—
5144,87	Al II	—	(2)	5134,42	Zr	2	—	5123,50	Ag I	4	30

λ	El.	B A	B S (E)	λ	El.	B A	B S (E)	λ	El.	B A	B S (E)
5123,46	Cr I	8	—	5115,02	Ce	4	—	5105,20	Ce	2	—
5123,21	Y II	10	30	5115,02	In II	—	(15)	5105,14	V (I)	40	40
5122,77	Co I	150	—	5114,97	Mo I	20	12	5104,70	Mo	3	1
5122,67	Ce (I)	12	—	5114,57	W II	3	—	5104,66	Re I	50	—
5122,39	Ce (I)	12	—	5114,26	C II	—	15	5104,44	N II	—	(15)
5122,12	Cr I	20	—	5113,86	Sb	—	70	5104,42	W II	5	1
5122,09	Ti I	6	—	5113,72	Zr	2	—	5104,3	к V	7	—
5121,82	C II	—	3	5113,70	Si	—	2	5104,13	P	—	(30)
5121,80	Nb I	15	5	5113,44	Ti I	80	2	5103,53	As I	*	
5121,77	Mo	12	4	5113,23	Co I	100	—	5103,29	S II	*	
5121,62	In II	—	(30)	5113,14	Cr I	25	—	5102,97	Ni I	40	—
5121,57	Ni I	20	—	5112,69	Ce (I)	20	—	5102,71	Hg I	—	(10)
5121,49	In II	—	(30)	5112,49	Cr I	15	—	5102,38	Nb I	—	2
5121,34	As I	*		5112,28	Zr II	—	5	5102,24	Fe I	80	—
5121,33	In II	—	(50)	5112,25	K I	30	—	5101,38	W	5	—
5121,15	In II	—	(15)	5111,95	P	—	(30)	5101,12	Sc I	12	12
5121,09	In II	—	(400)	5111,91	Cu I	15	—	5100,95	Fe (II)	*	
5120,96	In II	—	(150)	5111,9	Pb II	—	(40)	5100,91	P	—	(10)
5120,95	Sn	—	2	5111,77	W I	7	—	5100,67	Hf	3	—
5120,85	In II	—	(100)	5111,60	Ce (I)	10	—	5100,35	Sn	—	5
5120,77	Ce (I)	15	—	5111,0	Bi II	—	15	5100,34	Al II	—	(5)
5120,74	Cu II	—	20	5110,91	Nb I	30	2	5100,33	Mo	6	2
5120,63	Hg I	—	(20)	5110,81	Pd I	100	2	5100,16	Nb I	100	15
5120,53	In II	—	(30)	5110,76	Cr I	40	—	5100,08	Cu II	—	10
5120,52	W	9	—	5110,41	Fe I	300	—	5099,95	Ni I	150	—
5120,43	Ti I	100	4	5110,36	W I	20	—	5099,59	As I	*	
5120,42	Zr I	10	—	5110,16	Zr I	2	—	5099,39	Ce (I)	12	—
5120,30	Nb I	50	10	5109,71	Mo I	25	20	5099,32	Ni I	80	—
5120,12	P II	—	(5)	5109,71	Sb II	—	(4)	5099,23	Sc I	100R	80
5119,45	C II	—	15	5109,62	P I	—	(15)	5099,20	K I	25	—
5119,29	J I	—	(500)	5109,6	Pb II	—	(6)	5098,70	Fe I	200	—
5118,43	Pt I	4	—	5109,50	W	3	—	5098,56	Zr	2	—
5118,40	W	7	—	5109,44	Ti I	20	—	5098,03	Mo I	20	10
5118,2	Bi II	—	25	5109,36	In II	—	(300)	5097,77	Nb I	5	1
5118,06	Nb I	3	1	5109,36	Ta II	7	—	5097,7	к C	—	—
5117,94	Mn I	30	—	5109,25	Mo	10	1	5097,52	Mo I	40	20
5117,60	W I	10	—	5108,89	Co I	200	—	5097,24	Ce (I)	8	—
5117,46	In II	—	(15)	5108,6	P	—	(15)	5097,17	K I	25	—
5117,41	In II	—	(300)	5108,42	Pt I	2	—	5096,99	Fe I	35	—
5117,36	In II	—	(50)	5108,33	Cu II	—	3	5096,87	Ni I	50	—
5117,17	Ce II	20	—	5107,94	Al I	*		5096,73	Sc I	12	15
5117,02	Pd I	50	4	5107,80	As II	—	150	5096,64	Mo I	30	20
5116,96	Mo I	12	5	5107,78	W	7	—	5096,60	Cs II	—	(40)
5116,75	In II	—	(70)	5107,64	Fe I	2	—	5096,57	Se	—	(350)
5116,74	Nb I	8	1	5107,52	Al I	*		5096,50	Re I	100	—
5115,91	In II	—	(100)	5107,47	Ce	10	—	5095,88	Mo I	20	10
5115,84	Ta (I)	80	—	5107,45	Fe I	100	—	5095,79	Pt	10	—
5115,64	Mo	8	2	5107,20	Ce	10	—	5095,53	Nb I	10	1
5115,63	Ce (I)	10	—	5106,44	Fe	25	—	5095,30	Nb I	50	30
5115,62	In II	—	(30)	5106,23	V II	—	2	5095,14	Nb I	3	3
5115,45	In II	—	(30)	5105,80	As II	—	150	5094,95	Co I	100	—
5115,40	Ni I	80	5	5105,55	As I	*		5094,49	Nb	5	1
5115,25	In II	—	(15)	5105,54	Cu I	500	—	5094,42	Ni I	25	—
5115,24	Zr I	10	—	5105,52	Zr I	5	—	5094,40	Nb I	5	1
5115,22	Ce (I)	12	—	5105,48	W I	15	—	5094,33	Nb	5	1

λ	El.	B A	B S (E)	λ	El.	B A	B S (E)	λ	El.	B A	B S (E)
5094,18	W	6	—	5083,53	Ce (I)	12	—	5072,91	Ce	2	—
5093,85	Ru I	60	—	5083,35	Fe I	200	—	5072,67	Sn II	2	(4)
5093,79	Cu II	—	20	5082,73	W	6	—	5072,56	Nb I	10	1
5093,65	Al II	—	(10)	5082,35	Ni I	100	—	5072,30	Ti II	3	20
5092,74	Mo	12	3	5082,35	Pt I	5	—	5072,29	Cu II	—	20
5092,26	Mo	2	—	5081,55	Sc I	100	100	5072,07	As II	—	4
5092,16	Mo(I)	6	6	5081,26	Mo I	20	5	5071,89	Ca	6	2
5092,00	Si	—	2	5081,2	Pb II	—	(6)	5071,77	Ce (I)	18	—
5091,90	Cr I	25	—	5081,11	Ni I	150	2	5071,73	W (I)	40	3
5091,75	Ce (I)	15	—	5080,71	W	10	—	5071,66	Nb I	10	—
5091,34	Mo I	12	3	5080,52	Ni I	200	3	5071,51	W I	5	—
5091,29	Bi II	2	30	5080,48	Ce (I)	15	—	5071,49	Ti I	40	1
5090,96	Mo I	20	6	5080,01	Mo I	20	12	5071,14	Sn II	2	(4)
5090,86	Ce	3	—	5079,98	Zr	2	—	5070,96	Fe (II)	1	70
5090,79	Fe I	40	—	5079,96	Ni I	30	—	5070,7	Pb II	—	(40)
5090,71	Ta I	60	—	5079,86	Mo I	10	3	5070,26	Zr I	8	—
5090,63	Rh I	150	1	5079,75	Fe I	100	—	5070,23	Sc I	20	15
5090,61	Mo	10	3	5079,68	Ce II	30	—	5069,57	Zn I	15	—
5089,97	W	7	—	5079,63	Hf II	40	60	5069,35	Ti I	40	—
5089,89	Sc I	12	15	5079,50	Bi III	—	4	5069,15	W I	50	3
5089,82	W	4	—	5079,37	P I	—	(15)	5068,98	As I	*	
5089,61	Zr	2	—	5079,23	Fe I	100	—	5068,77	Fe I	400	200
5088,96	Ni I	20	—	5078,99	Fe I	20	—	5068,65	Zn I	7	—
5088,93	Cu II	—	10	5078,96	Nb I	300	50	5068,65	Se II	—	(250)
5088,82	Nb I	15	2	5078,71	Cr (I)	18	—	5068,33	Ti I	8	—
5088,53	Ni I	20	—	5078,51	Tl II	10	30	5068,31	Cr I	20	—
5088,48	Cu II	—	10	5078,33	Ce	5	—	5067,87	Ta I	60	—
5088,26	Cu II	—	30	5078,25	Zr I	15	—	5067,73	Cr I	50	—
5087,86	Co I	15	—	5077,82	Ce	*		5067,52	P	—	(15)
5087,43	Y II	50	100	5077,81	Pt I	5	—	5067,14	Ce	10	1
5087,37	Ta I	60	—	5077,80	Cu II	—	5	5067,08	Cu II	—	30
5087,14	Sc I	40	20	5077,41	Co I	*		5066,99	Sb II	—	(4)
5087,07	Ti I	70	1	5077,39	Nb I	8	3	5065,99	Ti I	50	2
5086,95	Sc I	60	25	5077,04	Mo	4	1	5065,92	Cr I	30	—
5086,91	W	3	—	5077,01	W I	6	—	5065,88	Ce (I)	8	—
5086,83	Nb I	5	1	5076,47	Ce II	10	1	5065,67	W I	7	—
5086,76	Fe I, III	2	100	5076,37	Ta I	50	—	5065,44	Cu II	—	40
5086,56	Ce	6	—	5076,33	Ru I	40	—	5065,37	J II	—	(10)
5085,98	In	—	5	5076,32	Ni I	10	—	5065,26	Nb I	80	10
5085,90	W I	6	—	5076,28	Fe I	3	—	5065,21	Zr I	10	—
5085,82	Cd I	1000	500	5076,17	Cu I	2	—	5065,20	Fe I	15	—
5085,55	Sc I	80	70	5075,97	Nb I	5	2	5065,02	Fe I	25	—
5085,47	Ni I	10	—	5075,81	Sc I	12	12	5064,91	Zr I	10	—
5085,34	Ti I	20	—	5075,66	V I	5	5	5064,69	Au I	40	10
5085,26	Zr I	10	—	5075,30	Ce II	10	1	5064,66	Ti I	150	35
5085,02	Al II	—	(25)	5075,22	Ce	6	—	5064,63	Mo I	20	5
5084,85	Nb I	5	1	5075,21	Zr	2	—	5064,45	Nb I	3	1
5084,79	Ce	5	—	5074,79	Mn I	15	—	5064,32	Sc I	12	15
5084,66	W	3	—	5074,76	Fe I	80	—	5064,12	V (I)	50	50
5084,23	Mo	10	3	5074,71	Ce (I)	10	—	5064,06	Ti I	10	10
5084,23	K I	20	—	5074,6	Pb II	—	(40)	5063,92	Ce (I)	20	—
5084,16	Ce (I)	12	—	5073,98	Zr I	6	—	5063,62	W I	8	—
5084,08	Ni I	300	2	5073,59	N II	—	(30)	5063,40	Pd I	15	—
5083,99	Cu II	—	15	5073,56	Fe	—	20	5063,1	Pb III	—	10
5083,71	Sc I	100	80	5072,93	Cr I	35	—	5062,52	Mo I	20	6

λ	El.	B A	B S (E)	λ	El.	B A	B S (E)	λ	El.	B A	B S (E)
5062,11	Ti I	40	1	5049,3	Pb II	—	(35)	5041,32	Cu II	—	10
5060,67	V (II)	1	15	5048,96	V II	—	10	5041,08	Ni I	30	—
5060,63	Cu II	—	30	5048,85	Ni I	80	2	5041,07	Fe I	125	—
5060,39	Zr I	10	—	5048,82	Ce (I)	30	—	5041,03	Si II	—	4
5060,34	Mo	10	3	5048,75	Cr I	30	—	5040,86	Ce (I)	30	—
5060,07	Fe I	2	—	5048,54	Ce	5	—	5040,82	Hf II	100	150
5059,87	Mo I	40	20	5048,45	Fe I	50	—	5040,80	P II	—	(70)
5059,87	Cs II	—	(25)	5048,20	Ti I	15	—	5040,61	Ti I	40	40
5059,48	Pt I	60	3	5048,08	Ni I	20	—	5040,36	W I	35	1
5058,89	Cu II	—	30	5047,95	Nb I	10	5	5040,1	к B	12	—
5058,56	Re I	40	—	5047,74	S	—	(15)	5039,95	Ti I	125	25
5058,03	Ni I	20	—	5047,73	Ti	8	—	5039,93	Ce	8	—
5058,01	Mo I	12	6	5047,70	Mo I	25	20	5039,75	Ce (I)	8	—
5058,01	W I	9	—	5047,70	O I	—	(15)	5039,26	Fe I	100	2
5058,00	Nb I	50	10	5047,44	Hf I	15	5	5039,26	Ni I	20	—
5057,34	Ru I	100	—	5047,34	Cu II	—	10	5039,12	Os I	50	—
5057,3	к V	10	—	5046,95	Ca	7	2	5039,07	C I	—	(30)
5057,29	Ru	60	—	5046,75	Nb I	3	1	5039,03	Nb I	200	30
5057,28	Mo	12	2	5046,59	Zr I	25	—	5039,00	Cu II	—	10
5056,31	Si II	—	8	5046,52	Mo I	20	6	5038,90	Mo I	10	4
5056,27	K II	—	(60)	5046,45	Ti	12	—	5038,60	Ni I	50	—
5056,10	W I	3	—	5045,40	Ti I	25	—	5038,54	Pt I	5	—
5056,00	Ce	8	—	5045,23	Sb	—	15	5038,40	Ti I	100	20
5055,78	Ce (I)	12	—	5045,10	N II	—	(200)	5038,2	Li II	*	
5055,69	P	—	(15)	5044,87	Ta II	8	—	5037,98	Ce	6	—
5055,62	Nb I	3	1	5044,56	Sb (II)	—	(100)	5037,76	Ce II	20	—
5055,53	W I	20	—	5044,38	Mo	3	1	5037,37	Ta I	60	—
5055,37	Pt I	4	—	5044,35	C II	—	5	5037,17	Mo	5	2
5055,00	Mo I	20	10	5044,32	W I	9	—	5037,16	O I	—	(15)
5054,98	Ba I	12	2	5044,27	Ti I	20	—	5036,62	Ce (I)	10	—
5054,66	Nb I	5	3	5044,22	Fe I	25	—	5036,47	Ti I	125	25
5054,64	Fe I	3	—	5044,14	In II	—	(50)	5036,29	Fe (I)	*	
5054,61	W I	25	3	5044,04	Pt I	60	1	5035,99	Nb I	10	5
5054,17	Ce (I)	10	—	5044,01	Ce II	25	1	5035,96	Ni I	70	—
5054,08	Ti I	8	—	5043,98	Nb I	3	3	5035,91	Ti I	125	30
5054,04	Mo	8	2	5043,80	Cs II	—	(80)	5035,74	W	6	—
5053,86	Pt I	4	—	5043,77	In II	—	(30)	5035,37	Ni I	300	5
5053,59	Mo	6	2	5043,58	Ti I	30	—	5034,43	Zr I	3	—
5053,52	Ce (I)	10	—	5043,54	In II	—	(50)	5034,36	Cu I	*	
5053,30	W I	60	10	5043,32	Ta I	60	—	5034,17	Mo	4	1
5053,26	Ce (I)	10	—	5043,31	As I	*		5033,81	Ce (I)	20	—
5052,87	Ti I	50	3	5043,02	Nb (I)	4	2	5033,52	Pt	30	1
5052,70	Cs II	—	(25)	5042,58	Mn I	5	—	5033,03	Sb II	—	(15)
5052,23	W I	10	—	5042,5	Pb II	—	(200)	5032,74	Ni I	6	—
5052,17	Ti	6	—	5042,20	Ni I	80	—	5032,40	Zr I	2	—
5052,17	C I	—	(100)	5042,09	Ce (I)	10	—	5032,39	S II	—	(8)
5051,90	Cr I	50	—	5041,76	W I	7	—	5032,38	Mo	3	—
5051,78	Cu II	—	60	5041,76	Fe I	300	—	5032,2	Pb II	—	(20)
5051,64	Fe I	200	—	5041,66	C I	—	(30)[1]	5032,07	C II	—	5
5051,62	V I	20	20	5041,63	Ca I	30	—	5031,90	Fe I	*	
5051,59	P	—	(30)					5031,88	Nb I	5	1
5051,53	Ni I	50	—					5031,74	Ce (I)	12	—
5050,98	Ce (I)	18	—					5031,26	Se II	—	(40)
5050,04	Ca	—	4	[1] Doublet C I 5041,80—				5031,02	Sc II	50	200
5049,82	Fe I	400	1	C I 5041,48.				5030,77	Cu II	—	2

λ	El.	B A	B S (E)	λ	El.	B A	B S (E)	λ	El.	B A	B S (E)
5030,77	Mo I	20	10	5019,51	Nb I	10	3	5010,62	N II	—	(100)
5030,75	Fe I,(II)	1	125	5019,51	W I	6	—	5010,42	Sb II	—	(40)
5030,63	Mn I	8	—	5019,29	O I	—	(50)	5010,38	W	7	—
5030,12	Nb I	5	2	5019,20	Cr I	18	—	5010,36	Mn I	10	—
5029,81	Mn I	12	—	5018,78	O I	—	(30)	5010,20	Ti II	3	10
5029,66	Nb I	3	—	5018,50	W	7	—	5010,05	Ni I	25	—
5029,5	Bi II	—	15	5018,44	Fe I, II	80	50	5010,02	Fe	7	—
5029,10	W	5	1	5018,29	Ni I	70	—	5009,88	W	7	2
5029,00	Mo I	20	12	5017,74	Nb I	80	10	5009,83	Cu II	—	20
5028,92	W I	10	—	5017,61	Mn I	10	—	5009,65	Ti I	50	2
5028,30	Ce (I)	18	—	5017,59	Ni I	100	1	5009,54	S	—	(3)
5028,13	Fe I	100	—	5017,52	Mo	4	1	5009,44	Ce	6	—
5027,43	W I	9	—	5017,36	Nb I	5	—	5009,09	Ce (I)	30	—
5027,35	Ag II	*		5017,20	W I	9	—	5009,03	Mo	4	1
5027,21	Fe I	60	—	5016,77	Mo I	20	8	5009,02	Ca	—	4
5027,14	Fe I	60	—	5016,61	Cu I	15	—	5008,03	Nb I	5	1
5026,90	Zr I	2	—	5016,50	Ce (I)	10	—	5007,61	Mo	10	2
5026,41	Mo	5	1	5016,39	N II	—	(70)	5007,32	N II	—	(150)
5026,36	Nb I	50	8	5016,17	Ti I	100	15	5007,30	Co I	5	—
5026,20	Ru I	15	—	5015,32	W I	40	5	5007,3	к Mg	12	—
5025,66	N II	—	(100)	5015,20	Cu II	—	10	5007,29	Fe I	25	—
5025,66	W I	8	1	5014,96	Fe I	500	—	5007,23	W I	15	2
5025,64	Hg I	—	(20)	5014,63	V I	125	125	5007,21	Ti I	200	40
5025,58	Ti I	100	8	5014,59	Mo I	30	20	5006,78	Cu II	—	30
5025,50	Cd II	3	2	5014,59	W I	7	—	5006,16	W I	40	7
5025,40	Ce	3	—	5014,28	Ti I	100	30	5006,12	Fe I	300	5
5025,39	Mo	5	1	5014,24	Ni I	25	—	5006,06	Si I	*	
5025,3	Sb II	—	18	5014,23	Ca	5	2	5005,72	Fe I	200	—
5024,84	Ti I	100	15	5014,18	Ti I	40	15	5005,70	Ce	10	—
5024,02	Cu II	—	5	5014,01	S	—	(3)	5005,60	K II	—	(15)
5023,85	Ti	3	2	5014,00	W	7	—	5005,59	V I	12	12
5023,85	C I	—	(5)	5013,76	Ce (I)	20	—	5005,43	Pb I	20	4
5023,60	Mo	5	1	5013,71	Ti II	5	5	5005,24	Cr	1	3
5023,48	Fe I	10	300	5013,46	W I	15	—	5005,15	N II	—	(500)
5023,15	In I	*		5013,31	Cr I	60	2	5004,99	Fe (I)	7	—
5023,05	N II	—	(15)	5013,30	Ti I	80	7	5004,91	Mn I	20	—
5022,87	Ce II	20	1	5013,27	Nb I	10	4	5004,79	Fe	3	100
5022,87	Ti I	100	18	5013,08	Ba II	—	50	5004,35	Cr I	6	—
5022,48	W I	8	—	5012,61	Cu II	—	20	5003,75	Ni I	20	—
5022,25	Fe I	150	—	5012,52	Ta I	60	—	5003,27	Ce	8	—
5022,14	Co I	2	—	5012,51	Ce (I)	12	—	5002,80	Fe I	20	—
5022,03	Mn I	4	—	5012,46	Ni I	70	2	5002,80	W I	15	10
5021,91	Cr I	20	—	5012,33	Mo	10	3	5002,70	N II	—	(15)
5021,68	Sb II	—	(8)	5012,07	Fe I	300	—	5002,63	Pt I	15	1
5021,44	Ce (I)	20	—	5012,03	N II	—	(15)	5002,33	V I	90	90
5021,28	Cu II	—	20	5012,01	In	—	5	5002,24	Nb I	10	5
5021,25	W	8	—	5011,76	Ce II	12	1	5001,87	Fe I	300	40
5021,22	Mo	4	1	5011,74	Nb I	3	2	5001,49	Ce	6	—
5021,15	Ca II	10	—	5011,46	Zr I	2	—	5001,48	Ca II	2	—
5020,22	O I	—	(70)	5011,31	Fe	5	—	5001,48	N II	—	(200)
5020,13	Cu II	5	—	5011,30	N II	—	(5)	5001,14	N II	—	(150)
5020,03	Ti I	100	80	5011,1	к V	7	—	5001,09	W	12	—
5019,97	Ca II	4	—	5010,96	Ni I	50	—	5000,99	Ti I	80	2
5019,86	V II	—	35	5010,85	Fe	50	—	5000,97	Al II	—	(15)
5019,85	Mo I	12	10	5010,81	Mo I	12	4	5000,95	Nb I	30	5

λ	El.	B		λ	El.	B		λ	El.	B	
		A	S (E)			A	S (E)			A	S (E)
5000,87	Te	—	(25)	4986,94	W I	40	1	4975,35	Ti I	80	4
5000,71	Nb I	3	1	4986,92	J II	—	(35)	4975,26	Hf I	25	4
5000,6	Sb II	—	20	4986,83	Pt I	4	—	4975,13	Nb I	30	3
5000,50	W	7	—	4986,44	Co I	10	—	4974,5	κ Mg	7	—
5000,34	Ni I	150	—	4985,98	Re I	40	—	4974,15	Cu II	—	4
4999,91	Mo I	50	25	4985,9	κ Mg	8	—	4974,10	Ce (I)	10	—
4999,51	Ti I	200	80	4985,76	Mn I	12	—	4973,85	In II	—	(10)
4999,11	Fe I	4	—	4985,60	As II	—	50	4973,77	In II	—	(10)
4998,23	Ni I	150	—	4985,56	Mo I	20	6	4973,69	In II	—	(15)
4998,13	Ce (I)	18	—	4985,55	Fe I	100	—	4973,68	Cu II	—	4
4997,97	Pt I	6	—	4985,50	Cu II	—	10	4973,66	Sc I	6	5
4997,87	Nb I	15	5	4985,26	Fe I	100	—	4973,60	In II	—	(15)
4997,80	Fe	20	300	4984,72	W I	15	—	4973,36	Mo I	25	5
4997,10	Ti I	50	4	4984,51	Ce	*		4973,17	V II	—	2
4996,85	Ni I	80	—	4984,13	Ni I	500	1	4973,14	Nb I	20	5
4996,7	κ Mg	9	—	4984,11	W I	15	—	4973,11	Fe I	100	—
4996,33	Zr I	4	—	4983,85	Fe I	200	—	4973,06	Ti I	35	2
4995,63	Fe	3	60	4983,8	κ Pb	6	—	4972,8	Na I	3	—
4995,32	W I	10	—	4983,54	W (I)	20	—	4972,59	Cs II	—	(25)
4995,31	Mo I	20	5	4983,46	Mo	8	2	4972,57	W I	15	—
4995,08	Ti I	12	—	4983,26	Fe I	100	—	4972,24	Ce (I)	8	—
4994,76	Zr I	8	—	4982,81	Na I	200	100	4971,96	Co I	150	—
4994,61	Ce (I)	10	—	4982,60	W I	40	5	4971,93	Ce (I)	8	—
4994,37	W	2	2	4982,51	Fe I	200	—	4971,93	Nb I	20	5
4994,36	N II	—	(30)	4982,14	Y II	8	50	4971,75	Li I	500	—
4994,30	Nb (I)	5	3	4982,13	Ce	8	—	4971,66	Li I		
4994,13	Fe I	200	—	4981,82	Mo I	10	3	4971,66	Ce	2	—
4994,10	W (I)	30	—	4981,73	Ti I	300	125	4971,61	In II	—	(5)
4993,92	Bi II	—	(20)	4981,35	Tl II	—	(15)	4971,47	Ce (II)	12	—
4993,51	S (II)	—	(150)	4980,82	Hg I	—	(6)	4971,35	Ni I	100	—
4993,04	Co I	5	—	4980,57	Hg	—	(70)	4971,04	Co I	6	—
4992,75	Se II	—	(300)	4980,38	Pt I	4	—	4970,76	Mo	4	1
4992,46	Nb I	10	2	4980,37	Sc I	6	8	4970,66	Ce (I)	12	—
4992,40	Ce (I)	12	—	4980,36	Ru I	60	—	4970,65	W	8	—
4992,23	Mo	8	3	4980,16	Ni I	500	1	4970,50	Fe I	20	—
4991,92	Sc I	8	8	4980,00	Cu II	—	4	4970,37	Hg I	5	—
4991,90	S II	*		4980,00	Mo	3	2	4970,25	Mo II	3	2
4991,66	Sb II	—	(10)	4979,93	Co I	60	—	4970,12	Ce	6	—
4991,5	Hg I	15	—	4979,85	W I	25	—	4969,93	Fe I	50	—
4991,28	Fe I	80	—	4979,12	Mo I	100	30	4969,83	Mo	3	1
4991,24	N II	—	(5)	4978,61	Fe I	80	—	4969,71	P II	—	(150)
4991,07	Ti I	200	100	4978,54	Na I	15	10	4969,7	Bi II	2	8
4990,66	Ce	10	—	4978,40	Mo	8	1	4969,63	Mo	10	4
4990,46	Fe	5	—	4978,20	Ti I	70	3	4968,90	Ru I	40	—
4989,866	W	5	—	4977,74	Ti I	20	25	4968,79	O I	—	(100)
4989,15	Ti I	100	4	4977,69	W	8	—	4968,70	Fe I	3	—
4989,09	W (I)	15	—	4977,24	W I	15	—	4968,57	Ti I	40	1
4988,97	Nb I	150	10	4976,82	Ti I	15	—	4968,53	Ta I	60	1
4988,96	Fe I	100	—	4976,75	Nb I	5	—	4968,42	W I	6	—
4988,68	Ce (I)	12	—	4976,34	Ni I	40	—	4968,17	Zr I	2	—
4988,04	Co I	500R	—	4976,15	Ni I	10	—	4967,94	Sr I	20	—
4987,98	Mo	15	2	4975,98	Mo	20	3	4967,89	Co I	10	—
4987,81	Zr I	3	—	4975,9	Na I	3	—	4967,88	O I	—	(80)
4987,54	Ce (I)	8	—	4975,71	Sb II	—	(3)	4967,78	Nb I	150	50
4987,37	N II	—	(15)	4975,66	Se II	—	(300)	4967,67	W I	6	—

λ	El.	B A	B S (E)	λ	El.	B A	B S (E)	λ	El.	B A	B S (E)
4967,52	Co I	3	—	4954,39	P II	—	(70)	4943,07	Ti I	2	—
4967,38	O I	—	(50)	4954,06	Sc I	10	8	4943,06	O II	—	(100)
4966,59	Co I	100	—	4954,04	Ce (I)	6	—	4943,02	Cu II	—	6
4966,38	Ce (I)	10	—	4953,85	C II	—	5	4942,96	Mo	4	1
4966,11	V I	6	5	4953,79	Mo	6	2	4942,80	V I	4	3
4966,10	Fe I	300	1	4953,73	Cu II	2	70	4942,49	Cr I	125	3
4965,88	Mn I	50	2	4953,71	Ce	8	—	4942,41	Mn I	3	—
4965,40	V II	—	40	4953,20	Ni I	150	—	4942,36	Mo	5	3
4965,37	Nb I	100	15	4953,19	Co I	50	—	4942,35	Co I	2	—
4965,23	Ce	3	—	4953,12	Nb I	5	2	4942,01	K I	5	—
4965,17	Ce (I)	8	—	4953,09	W I	25	—	4941,96	W	8	—
4965,03	K I	15	—	4952,84	Cs II	—	(30)	4941,92	Ni I	2	—
4964,92	Cr I	8	3	4952,65	Fe I	5	—	4941,90	Nb I	3	1
4964,75	Ti I	25	—	4952,41	Mn	3	—	4941,65	Mo I	40	25
4964,73	C II	—	10	4952,02	Mn	5	—	4941,57	Ti I	30	—
4964,41	Mo I	25	8	4951,95	Mo	12	4	4941,51	Nb I	5	3
4964,19	Mo I	15	6	4951,9	Hg II	—	(2)	4941,35	Co I	3	—
4963,74	V II	—	2	4951,82	Co I	2	—	4941,32	Ti I	4	—
4963,71	Zr I	3	—	4951,70	Zr I	3	—	4941,28	Ge II	*	
4963,71	Rh I	100	—	4951,62	Cu II	—	5	4941,02	O II	—	(50)
4963,19	Nb I	8	2	4951,3	к V	2	—	4941,01	Ti I	4	—
4962,94	Nb I	10	1	4950,81	K I	10	—	4940,64	B II	—	2
4962,91	Mo	5	2	4950,62	Mo I	80	30	4940,13	Pt	3	—
4962,56	Fe I	10	—	4950,10	Fe I	—	10	4940,06	Cu II	—	2
4962,30	Zr I	3	—	4949,72	Si	2	—	4939,90	Zr	3	—
4962,29	W	12	—	4949,57	Cr I	8	—	4939,69	Fe I	150	2
4962,26	Sr I	40	—	4949,4	к Mg	5	—	4939,66	Mo	15	5
4962,2	к Mg	6	—	4949,01	Mo	15	3	4939,24	Fe I	10	—
4962,10	Al II	15	3	4948,75	Zr I	5	—	4939,13	Ce (I)	20	—
4961,91	Fe I	2	—	4948,67	Ce (I)	18	—	4938,82	Ce	2	—
4961,89	Hg II	—	10	4948,59	W I	15	—	4938,82	Fe I	300	1
4961,53	W I	10	—	4948,58	Co I	4	—	4938,44	Ru I	60	—
4960,32	Hg	—	(5)	4948,52	Sb II	—	(50)	4938,29	Ti I	70	2
4959,68	Co I	5	—	4948,19	Ti I	12	—	4938,18	Fe I	100	—
4959,61	Mo	4	1	4947,99	Ti I	7	—	4937,96	Cu II	—	5
4959,34	W II	3	—	4947,61	Si I	*		4937,74	Ti I	30	—
4958,22	Ce	3	—	4947,58	V II	1	15	4937,70	B	—	2
4958,19	Si	6	—	4947,40	Sb II	—	(30)	4937,43	Mo	3	2
4957,64	V I	3	2	4946,72	Re I	100	—	4937,34	Ni I	400	—
4957,61	Fe I	300	150	4946,64	Fe	1	50	4937,19	Cu II	—	6
4957,54	Mo I	60	25	4946,39	Fe I	5	40	4936,70	Nb	3	—
4957,54	Au I	*		4946,03	Ni I	5	—	4936,42	Ta I	100	—
4957,39	Nb I	8	3	4945,78	Co (I)	4	—	4936,41	Co I	6	—
4957,30	Fe I	100	20	4945,46	Ni I	90	—	4936,34	Cr I	200	5
4957,15	Ba II	—	(50)	4945,43	Nb I	15	1	4935,83	Ni I	150	1
4956,97	Ce	5	—	4945,27	Mo	6	1	4935,7	к C	—	—
4956,91	Zr I	3	—	4944,61	Ce II	18	—	4935,62	P	—	15
4956,77	Re I	30	—	4944,57	Cr I	35	—	4935,3	к Mg	4	—
4956,57	Mo	15	5	4944,38	Ti I	5	—	4935,22	Co I	2	—
4956,15	K I	10	—	4944,31	Sn II	6	(10)	4935,03	N I	—	(250)
4955,96	Ce (I)	6	—	4943,87	Mo	6	3	4934,45	Hf II	40	50
4955,96	Cu II	—	2	4943,53	P II	—	(150)	4934,25	Sc I	—	8
4955,78	O II	—	(30)	4943,45	Ce (II)	4	—	4934,09	Ba II	400	400
4955,38	Ce	6	—	4943,28	Co I	2	—	4934,02	Fe I	40	—
4954,81	Cr I	100	8	4943,16	Si	5	2	4934,00	Ni (I)	3	—

λ	El.	B A	B S (E)	λ	El.	B A	B S (E)	λ	El.	B A	B S (E)
4933,82	W I	12	—	4924,04	Ce	2	—	4914,2	Sb II	—	4
4933,73	Mo	12	4	4923,92	Fe II	30	50	4914,08	Ce	5	—
4933,64	Zr I	4	—	4923,90	Re I	150	—	4913,97	Ni I	200	—
4933,63	Fe	2	70	4923,9	к Mg	3	—	4913,62	Ti I	125	15
4933,46	Mo	4	2	4923,72	Fe	5	100	4913,42	Ce	4	—
4933,35	Fe I	50	30	4923,47	Ta I	60	1	4913,08	V	2	1
4933,33	Mo	15	3	4923,28	Cr (I)	10	—	4912,90	Cu II	—	6
4933,20	Nb I	5	6	4922,84	Sc I	4	5	4912,7	Pb II	—	(3)
4933,10	Mo I	30	15	4922,73	Ca	—	2	4912,61	Os I	80	—
4932,87	Co I	5	—	4922,36	V I	5	4	4912,39	Co I	5	—
4932,79	W I	12	1	4922,28	Cr I	200	40	4912,36	Cu II	—	5
4932,24	As II	—	5	4921,91	Ce (I)	8	—	4912,19	W I	5	—
4932,05	C I	—	40	4921,86	Si	8	2	4912,03	Ni I	100	—
4932,03	V I	15	12	4921,77	Ti I	100	5	4911,80	Fe I	10	—
4931,65	Cu II	5	70	4921,27	Ta I	50	2	4911,66	Zn II	15	(25)
4931,56	W I	30	—	4921,08	Ru I	40	—	4911,19	Ti II	12	100
4931,48	Cu II	—	6	4920,95	Cr I	50	—	4910,77	Zr I	3	—
4931,14	Mo	20	4	4920,78	Ce (I)	15	—	4910,74	W I	30	—
4931,12	Cr I	15	—	4920,51	Fe I	500	125	4910,57	Fe I	15	—
4930,86	Zr I	3	—	4920,48	S	—	(15)	4910,32	Fe I	15	—
4930,72	Ce (I)	10	—	4920,26	Co I	10	—	4910,02	Fe I	100	—
4930,53	Ce (I)	10	—	4920,11	Ta I	150	3	4909,73	Cu II	5	70
4930,33	Fe I	25	—	4920,03	Cu II	—	3	4909,39	Fe I	50	—
4930,18	Cr I	35	—	4919,88	Ce (I)	12	—	4909,18	Mo I	30	15
4929,25	Ca I	2	—	4919,88	Ti I	80	3	4909,10	Ti I	12	—
4928,98	Nb I	5	5	4919,46	Cr I	6	—	4909,03	Cu II	—	2
4928,89	Ti I	2	—	4919,40	Ca	3	2	4908,89	W	6	—
4928,34	Ti I	100	4	4919,12	Te	—	(30)	4908,72	Nb I	3	2
4928,30	In II	—	(5)	4919,00	Fe I	300	50	4908,48	Co I	3	—
4928,28	Co I	200	—	4918,98	V I	3	2	4908,42	In II	—	(5)
4927,87	Fe	20	—	4918,98	Al II	—	(20)	4908,31	In II	—	(10)
4927,45	Fe I	50	6	4918,71	Ni I	40	—	4908,22	Mo	5	—
4927,20	P II	—	(50)	4918,37	Cu II	—	10	4908,12	Ce (I)	6	—
4927,04	Mo	3	1	4918,36	Ni I	200	1	4907,98	Bi II	—	12
4926,70	W	7	—	4918,15	Mo	4	—	4907,74	Fe I	25	—
4926,43	Mo I	25	12	4917,49	Mn I	12	—	4907,73	Ta I	50	1
4926,39	Cu II	—	6	4917,25	Fe I	3	—	4907,50	Si	3	2
4926,19	Mo I	25	12	4917,21	S II	—	(30)	4907,42	Mo I	30	20
4926,15	Ti I	20	—	4916,94	J I	—	(100)	4907,14	In II	—	(50)
4926,00	Ta I	60	2	4916,6	Bi II	—	(10)	4907,12	Co I	2	—
4925,66	V I	25	20	4916,39	Nb (I)	10	2	4906,97	In II	—	(10)
4925,58	Ni I	100	—	4916,25	V I	5	4	4906,91	Mo	4	—
4925,41	Ti I	25	—	4916,19	Mo	4	2	4906,80	O II	—	(50)
4925,32	S II	—	(100)	4916,18	W I	20	—	4906,54	Cu II	—	6
4925,25	Te	—	(15)	4916,07	Hg I	—	(50)	4905,48	W	12	—
4924,98	Co I	4	—	4915,82	Cu II	—	5	4905,18	Fe I	10	—
4924,93	In II	—	80	4915,66	Ce (I)	15	—	4905,08	Zr I	3	—
4924,86	Nb I	3	2	4915,60	Fe	2	—	4905,05	Cr I	30	—
4924,78	Mo I	20	8	4915,32	Ce (I)	18	—	4904,88	Ce (I)	12	—
4924,77	Fe I	100	—	4915,23	Ti I	30	10	4904,86	V	4	3
4924,56	W I	12	—	4915,08	In II	—	(30)	4904,7	к V	2	—
4924,50	O II	—	(60)	4915,02	Re I	100	10	4904,59	Ta (I)	80	2
4924,25	Ce (I)	20	—	4914,96	Ta I	50	1	4904,53	Nb I	10	8
4924,08	S II	—	(60)	4914,90	N I	—	(20)	4904,44	V I	8	7
4924,04	Zn II	15	(30)	4914,33	W I	12	1	4904,41	Ni I	400	1

λ	El.	B A	S (E)	λ	El.	B A	S (E)	λ	El.	B A	S (E)
4904,38	Mo	10	4	4893,22	Ce	2	—	4883,95	Ta I	150	3
4904,33	V I	3	10	4893,12	Zr I	5	—	4883,69	Y II	20	300
4904,28	V I	8	7	4893,06	Ti I	10	—	4883,65	P	—	(30)
4904,17	Co I	80	—	4892,85	Ce (I)	8	—	4883,59	Zr I	6	—
4903,81	Mo I	80	30	4892,66	Sr I	15	—	4883,51	Si	4	2
4903,32	Fe I	500	2	4892,50	Nb I	5	2	4883,42	V II	1	20
4903,25	Cr I	125	—	4892,44	W I	25	—	4883,1	Hg I	—	(8)
4903,07	Ru I	60	—	4891,98	Sr I	40	—	4882,71	Co	10	—
4902,97	W I	12	3	4891,82	Ti I	12	—	4882,46	Ce (II)	30	—
4902,90	Ba I	15	3	4891,60	V (I)	12	10	4882,34	Ti I	25	1
4902,77	Al II	—	(30)	4891,50	Fe I	70	15	4882,16	V I	3	2
4902,5	к Zr	8	—	4890,93	O II	—	(30)	4881,86	Mo	5	3
4902,45	In II	—	(5)	4890,89	W I	12	—	4881,79	N	—	(4)
4902,44	S	—	(15)	4890,76	Fe I	100	15	4881,72	Fe I	3	—
4902,32	W I	15	—	4890,75	Nb I	15	8	4881,72	Cd II	—	10
4902,25	Au I	8	5	4890,29	W I	15	—	4881,68	Nb I	2	1
4901,85	B	—	2	4890,27	Hg I	—	(15)	4881,57	Mn I	10	—
4901,67	Ce (I)	12	—	4889,96	Ca	—	2	4881,56	V I	40	30
4901,41	Cu II	—	7	4889,69	Cu II	—	10	4881,54	Ce (I)	6	—
4900,96	Ti	4	—	4889,58	Ce (I)	20	—	4881,3	Li II	—	(3)
4900,88	Mn	10	5	4889,55	Nb I	3	2	4881,24	Zr I	4	—
4900,79	Nb I	5	5	4889,21	Mo I	25	5	4880,91	Ti I	12	—
4900,71	Mn I	8	—	4889,14	Re I	2000	—	4880,79	Mo	10	10
4900,62	Ti I	7	—	4889,01	Fe I	2	150	4880,71	Nb I	5	1
4900,62	V I	20	15	4888,74	As II	—	50	4880,70	W I	10	—
4900,48	Si	2	—	4888,65	Fe I	2	1	4880,56	V I	20	15
4900,45	Mo	—	5	4888,53	Cr I	100	—	4880,04	Cr I	25	—
4900,12	Y II	20	300	4888,52	P	—	(30)	4880,01	Sb II	—	(2)
4899,97	Ba II	30	200	4888,39	W I	20	—	4879,69	W	10	—
4899,91	Ti I	150	20	4888,28	Ag I	9	20	4879,53	Pt I	20	—
4899,90	Ce (I)	30	—	4887,71	Cr I	15	—	4879,0	Al	—	5
4899,8	к Zr	8	—	4887,15	Mo	20	10	4878,37	In I	3	2
4899,64	Al II	—	(15)	4887,01	Cr I	125	30	4878,36	Mo I	25	10
4899,58	Mo	25	25	4886,99	Ni I	30	—	4878,28	W I	30	—
4899,52	Co I	400	—	4886,99	Co I	5	—	4878,22	Fe I	80	4
4899,22	Os I	60	—	4886,91	W I	50	10	4878,13	Ca I	100	10
4898,76	Al II	—	(30)	4886,80	V I	9	8	4877,65	Ba I	30	8
4898,52	Al II	—	(8)	4886,72	Ni I	2	—	4877,24	Sb II	—	(60)
4898,49	Nb I	3	1	4886,47	Mo I	25	15	4877,22	Sn II	—	(7)
4898,20	Ce (I)	4	—	4886,35	Fe I	5	—	4876,98	P	—	(50)
4897,18	Co I	15	—	4886,30	N	—	(5)	4876,70	W	7	—
4897,07	Ce (I)	10	—	4885,97	Cr I	15	—	4876,37	Cr II	2	15
4896,9	Hg I	—	(5)	4885,77	Cr I	60	—	4876,33	Sr I	200	60
4896,78	W I	3	—	4885,76	Nb I	3	1	4876,1	к Zr	8	—
4895,61	Ru I	12	—	4885,64	V I	7	6	4875,52	Cr I	12	—
4895,6	Pb II	—	(2)	4885,64	Mo	5	3	4875,48	V I	40	20
4895,58	Nb I	5	1	4885,63	S II	—	(30)	4875,45	W	7	—
4895,11	N II	*		4885,43	Fe I	2	—	4875,43	Pd I	25	2
4895,0	Sb II	—	6	4885,32	Mo	5	4	4875,38	W I	5	—
4894,77	Ce	5	—	4885,09	Ti I	150	25	4875,24	Au I	*	
4894,37	Cr I	30	—	4884,95	Cr I	25	—	4875,11	Mo	4	4
4894,21	V I	9	8	4884,94	Mo	5	5	4874,81	Ni I	25	—
4894,17	Zr I	3	—	4884,33	Mo	10	4	4874,65	Cr I	20	—
4893,96	Ce II	10	—	4884,10	Zr I	3	—	4874,35	Ce (I)	8	—
4893,43	Ti	7	—	4884,06	V II	—	6	4874,18	Ag I	30	—

λ	El.	B A	B S (E)	λ	El.	B A	B S (E)	λ	El.	B A	B S (E)
4873,44	Ni I	200	2	4862,39	Pt I	3	—	4851,63	Rh	80	30
4873,29	Cu II	—	5	4862,32	J I	—	(700)	4851,49	V I	40	30
4872,85	Ce	4	—	4862,05	Mn I	40	5	4851,47	Cr I	35	—
4872,49	Sr I	25	—	4861,84	Cr I	125	8	4851,36	Zr I	15	—
4872,33	P	—	(50)	4861,73	Ce (I)	10	—	4851,24	Cu II	—	5
4872,14	Fe I	100	30	4861,33	H	—	(500)	4851,10	Mg II	5	—
4871,96	Ce	4	—	4861,19	Cr I	80	—	4850,50	Sb II	—	(2)
4871,70	Ta I	50	1	4860,93	O II	—	(20)	4850,2	к Zr	20	—
4871,58	O II	—	(40)	4860,89	W	10	—	4849,91	Ce (I)	10	—
4871,32	Fe I	200	100	4860,75	Mo	10	8	4849,86	K I	3	—
4871,25	V I	20	15	4860,55	Mo	5	4	4849,83	Mo	12	10
4870,85	Ni I	100	—	4860,35	N II	—	(5)	4849,7	к Zr	8	—
4870,79	Cr I	150	25	4860,05	Mo (I)	25	20	4849,55	Ce	4	—
4870,15	Ce	2	—	4859,85	Y I	50	5	4848,81	V I	6	5
4870,14	Ti I	100	18	4859,75	Fe I	150	40	4848,60	V	5	—
4870,02	Cs II	—	(30)	4859,48	Ce (I)	15	—	4848,47	Ti I	60	2
4869,76	K I	10	—	4859,31	Ca	—	3	4848,36	Nb I	150	100
4869,38	Co I	10	—	4859,24	Hf I	30	5	4848,24	Cr II	2	15
4869,19	Mo I	25	20	4859,11	V	7	6	4848,17	Mo	4	3
4869,16	Ru I	125	—	4858,71	Ce II	6	—	4847,82	Ag I	—	2
4868,98	Nb I	10	10	4858,61	W I	15	—	4847,75	Ce (I)	12	—
4868,89	Mo	3	2	4858,30	Sn	—	5	4847,69	Zr I	3	—
4868,71	Mo	3	2	4858,22	Mo I	20	20	4847,29	Ca I	3	—
4868,70	Sr I	20	—	4858,2	к V	2	—	4847,23	Mo	3	3
4868,63	Ce (I)	8	—	4857,38	Ni I	100	—	4847,2	к Zr	18	—
4868,26	Ti I	100	8	4857,31	Cr I	25	—	4847,19	Cr I	10	—
4868,00	Mo I	50	40	4856,76	O II	—	(20)	4846,57	Ce I	8	—
4867,98	V	3	2	4856,49	O II	—	(15)	4846,45	Ta I	100	2
4867,88	Co I	800	100	4856,24	In II	—	(30)	4846,35	Zr I	3	—
4866,84	Nb I	15	1	4856,09	K I	6	—	4846,29	Cr I	18	—
4866,27	Ni I	300	1	4856,01	Ti I	100	10	4846,13	As II	—	10
4866,24	Te II	—	150	4855,72	Hg II	—	(100)	4845,68	Y I	30	30
4866,06	Zr I	10	—	4855,68	Fe I	8	1	4845,65	Fe I	3	—
4865,82	Mo	8	8	4855,41	Ni I	400	1	4845,52	Ce (I)	20	—
4865,62	Ti II	—	3	4855,15	Cr I	20	—	4845,17	Mo I	20	20
4865,60	Os I	80	1	4855,05	Sr I	20	—	4845,17	Nb I	8	5
4865,12	Te II	—	(50)	4855,00	Ce	5	—	4844,96	Se II	—	(800)
4864,95	O II	—	(30)	4854,96	Cu II	—	10	4844,94	Mo	4	4
4864,74	Mo	3	3	4854,87	Y II	100	150	4844,32	Mn I	80	5
4864,74	V I	30	25	4854,69	P	—	(70)	4844,25	P	—	(30)
4864,48	Ta II	5	—	4854,61	Mn I	15	5	4844,01	Fe I	2	—
4864,42	P II	—	(50)	4854,46	Mo	3	3	4843,99	Rh I	100	60
4864,31	Cr II	3	12	4854,09	W I	30	—	4843,98	Ti I	8	—
4864,28	Ni I	20	—	4853,92	Pt I	15	—	4843,83	W I	50	12
4864,18	Ti I	18	1	4853,84	W	10	—	4843,74	Sb II	—	(20)
4864,09	Te (II)	—	(800)	4853,63	Mo II	*		4843,46	Co I	300	—
4863,93	Ni I	30	—	4853,61	Ce (I)	6	—	4843,19	Mn I	15	—
4863,65	Fe I	2	—	4852,70	Ce	5	—	4843,17	Ni I	20	—
4863,48	K I	6	—	4852,69	Y I	30	15	4843,15	Fe I	4	—
4863,46	Co I	5	—	4852,61	Ce (I)	5	—	4843,07	Cr I	2	—
4863,25	Ce (I)	10	—	4852,56	Ni I	150	—	4843,03	Ce (I)	8	—
4863,1	к Zr	12	—	4852,17	Ta I	80	2	4842,99	V I	4	3
4863,08	W I	12	—	4852,16	Ca	—	2	4842,43	Rh I	50	—
4862,83	P	—	(15)	4851,88	Nb I	3	1	4842,29	Ce	6	—
4862,60	V I	15	12	4851,70	Mo	15	15	4842,15	Nb I	10	5

λ	El.	A	S (E)	λ	El.	A	S (E)	λ	El.	A	S (E)
4841,73	Cr I	3	—	4832,07	Ti I	20	1	4821,05	Fe	200	200
4840,87	Ti I	125	25	4831,95	Pt I	2	1	4820,61	Ce (I)	8	—
4840,63	Se II	—	(800)	4831,65	V I	30	25	4820,42	Ti I	125	30
4840,37	Cr I	4	—	4831,63	Cr I	25	—	4820,08	W	3	—
4840,27	Co I	700	150	4831,36	W	5	—	4820,03	Ce (I)	12	—
4840,14	Mn I	50	—	4831,27	Te (II)	—	(800)	4819,72	Si III	—	8
4839,87	Y I	20	25	4831,21	Pt I	3	—	4819,60	S II	—	(25)
4839,59	Mo (I)	20	20	4831,18	Ni I	200	2	4819,53	Ta I	100	—
4839,54	Fe I	5	1	4831,16	N	—	(2)	4819,34	P	—	(15)
4839,44	Sc I	9	6	4830,8	Be	—	8	4819,25	Mo I	80	60
4839,25	Ti I	15	—	4830,51	Mo I	125	100	4819,03	V	3	2
4839,07	V II	—	3	4830,26	W	5	—	4819,03	Ti	40	2
4838,98	Zr I	3	—	4830,16	Cs II	—	(30)	4818,94	W I	4	—
4838,95	Ce	6	—	4829,93	Mo	20	10	4818,36	W I	4	—
4838,77	Zr I	4	—	4829,83	Ce	5	—	4818,33	Mn I	3	—
4838,65	Ni I	150	4	4829,35	Cr I	200	40	4817,84	Ni I	15	—
4838,44	Ce	2	—	4829,30	Nb I	10	5	4817,69	Mo I	25	25
4838,41	Cr I	10	—	4829,23	K II	—	(100)	4817,69	W I	5	1
4838,27	Sb II	—	(10)	4829,03	Ce	5	—	4817,51	Pd I	40	8
4838,24	Mn I	50	—	4829,03	Ni I	300	2	4817,48	Ce	5	—
4838,11	Mo I	15	15	4829,0	Sb II	—	8	4817,33	W	2	—
4837,99	Nb I	15	1	4828,97	Si III	—	12	4817,33	C I	—	(5)
4837,93	N	—	(2)	4828,80	W	5	—	4817,23	Hf II	15	40
4837,61	Nb I	5	2	4828,46	Mo (I)	25	25	4816,96	Mo	3	3
4837,49	W I	10	—	4828,16	Be II	—	(25)	4816,9	к Pb	6	—
4837,48	Ce (I)	8	—	4828,08	W I	6	—	4816,82	W I	5	—
4836,85	Cr I	80	—	4828,04	Zr I	10	—	4816,38	Nb I	50	50
4836,67	Ce (I)	15	—	4827,57	Ti I	15	1	4816,13	Cr I	30	—
4836,36	Cr	6	—	4827,5	к Zr	30	—	4816,10	W I	10	1
4836,3	Pb II	—	(6)	4827,46	V I	20	15	4815,96	Os I	60	—
4836,22	Cr II	—	2	4827,4	к Zr	8	—	4815,89	Co I	4	1
4836,13	Ti I	25	1	4827,28	Sc I	5	—	4815,63	Zr I	40	—
4835,86	Fe I	2	—	4827,1	Hg I	—	(15)	4815,52	S II	—	(800)
4835,85	S II	—	(8)	4826,89	Mn I	10	5	4815,11	Mn I	15	—
4835,76	Mo	12	15	4826,77	S II	—	(3)	4815,04	Zr I	15	—
4835,67	Cr I	6	—	4825,62	Hg	—	(70)	4814,61	Ge II	—	200
4835,63	Ce II	3	—	4825,59	Mn I	20	5	4814,61	Ni I	5	—
4835,02	W I	15	—	4825,45	Ti I	10	1	4814,46	Mo I	10	8
4834,04	Ce (I)	10	—	4825,43	Ta I	150	—	4814,25	Cr I	100	—
4833,96	Mo I	25	25	4824,29	Zr I	20	—	4814,2	P II	—	(30)
4833,7	Pb II	—	(5)	4824,21	Pt	2	—	4814,09	Mo	2	5
4833,67	Sc I	6	5	4824,12	Cr II	4	35	4813,98	Co I	100	2
4833,37	Nb I	10	10	4824,10	Ge II	*		4813,95	V II	—	25
4833,02	V I	9	8	4824,07	S II	—	(40)	4813,48	Co I	1000	6
4832,92	Mo I	15	10	4823,90	Cr I	25	—	4813,33	Si III	—	6
4832,82	Sb II	—	(5)	4823,68	P II	*		4813,16	Mo	5	5
4832,80	Mo	15	10	4823,52	Mn I	400	80	4812,94	Cu II	—	15
4832,73	Fe I	5	—	4823,41	V I,II	—	2	4812,90	Ti I	2	—
4832,70	Ni I	70	—	4823,31	Y II	15	10	4812,84	C I	—	5
4832,43	V I	25	20	4822,93	Mo	6	5	4812,75	Ta I	150	5
4832,4	к C	—	—	4822,54	Ce (I)	25	—	4812,6	к V	2	—
4832,23	Cu II	—	10	4822,42	Mo I	15	12	4812,58	W I	4	—
4832,2	Hg I	—	(5)	4822,3	Hg I	—	(5)	4812,48	Mo	3	3
4832,19	Ta I	100	—	4821,29	Sb II	—	(2)	4812,37	Cr II	—	4
4832,08	Sr I	200	8	4821,14	Ni I	25	2	4812,25	Ti I	18	2

λ	El.	B A	B S (E)	λ	El.	B A	B S (E)	λ	El.	B A	B S (E)
4812,01	As (II)	—	10	4802,25	As (II)	—	10	4792,82	W I	3	—
4811,99	Ni I	10	—	4802,23	Pb	—	10	4792,74	Mo I	40	30
4811,88	Sr I	40	—	4802,13	O I	—	(30)	4792,61	Au I	200	60
4811,62	Au I	50	15	4802,01	Sb II	—	(40)	4792,50	Cr I	200	40
4811,28	Nb I	15	2	4801,80	O I	—	(15)	4792,49	Ti I	70	12
4811,14	V II	—	4	4801,35	Ce	2	—	4792,32	Si I	*	
4811,08	Ti I	12	1	4801,02	Cr I	200	70	4792,22	Sn II	—	(2)
4811,06	Mo I	50	50	4801,01	Mo	3	4	4792,21	Si I	*	
4810,71	Cr I	30	—	4800,90	Ce	*		4792,06	P II	—	(70)
4810,58	Nb I	100	10	4800,66	Fe I	15	—	4792,02	S II	—	(40)
4810,53	Zn I	400	300	4800,50	Hf I	50	6	4791,82	Mo	5	5
4810,39	Ce	6	—	4800,01	In	5	9	4791,54	Au	—	2
4810,28	N II	—	(5)	4799,97	Ca II	*		4791,42	Re I	200	—
4809,64	W	2	1	4799,92	W I	50	10	4791,25	Fe I	200	200R
4809,46	Zr I	8	—	4799,91	Cd I	300	300	4791,05	K I	2	—
4809,37	Nb I	5	8	4799,80	Ti I	80	15	4790,97	Mo	10R	—
4809,28	Cr I	12	—	4799,77	V I	15	12	4790,90	Nb I	3	2
4808,86	Ni I	25	—	4799,75	K I	3	—	4790,86	W	—	12
4808,53	Ti I	12	2	4799,68	As II	—	10	4790,73	Hf II	20	20
4808,50	Ce (I)	10	—	4798,53	Ti II	2	15	4790,32	Cr I	100	1
4808,45	Mo	10	8	4798,52	Pb	—	20	4789,96	Nb II	5	15
4808,08	Mo I	25	25	4798,4	Pb I	—	5	4789,80	Nb	—	3
4807,71	Mo	4	4	4797,98	Ti I	18	2	4789,80	Ti I	4	—
4807,67	Ce (I)	5	—	4797,96	V I	4	3	4789,66	Fe I	100	—
4807,53	V I	40	30	4797,69	Cr I	25	—	4789,32	Cr I	300	100
4807,53	Ca	2	—	4797,55	W I	15	2	4789,34	Mo	8	8
4807,37	W I	15	1	4797,04	Cu I	12	1	4789,10	Zr I	5	—
4807,18	Mn I	12	—	4797,04	W	6	—	4788,86	Ce II	4	—
4807,06	Nb I	5	5	4797,01	In II	—	(10)	4788,76	Fe I	40	—
4807,03	Cu II	—	4	4797,01	Hg III	—	(300)	4788,66	Zr I	10	—
4807,00	Ni I	150	1	4796,92	V I	30	25	4788,5	Li II	*	
4806,67	Zr I	4	—	4796,84	Cr I	5	—	4788,43	W I	15	1
4806,41	W	3	1	4796,70	Mn I	15	—	4788,43	Ce (I)	10	—
4806,36	Mo	3	20	4796,52	Mo I	40	40	4788,40	Ag II	*	
4806,25	Cr I	80	—	4796,51	W	3	—	4788,18	Mo I	15	15
4805,97	V	—	2	4796,37	Co I	100	—	4788,18	Pd I	200	4
4805,96	P II	—	(5)	4796,22	Ti I	30	3	4788,13	N II	—	(25)
4805,93	Ce (I)	18	—	4796,15	Cr I	125	1	4788,1	Pb II	—	(6)
4805,87	Zr I	15	—	4795,85	Co I	100	—	4787,94	W I	15	1
4805,57	Mo I	30	30	4795,37	Mo	4	3	4787,73	Cr I	12	—
4805,53	Ce	2	—	4795,10	V	5	4	4787,73	Nb I	3	—
4805,43	Ti I	70	4	4794,95	Zr I	3	—	4787,62	Mo	10	8
4805,10	Ti II	15	125	4794,60	Mo	12	10	4787,29	As II	—	15
4804,91	Mo I	10	10	4794,48	Ca	—	2	4787,20	W	5	—
4804,64	Cr I	35	—	4794,00	Cu I	*		4786,81	Fe I	150	—
4804,5	Pb II	—	(8)	4793,99	Os I	300	6	4786,58	Y II	15	25
4804,35	K I	4	—	4793,82	Mo I	15	15	4786,54	Ni I	300	2
4804,24	Pt	2	—	4793,80	Cu	5	2	4786,54	Ce (I)	10	—
4803,44	Zr I	3	—	4793,65	N II	—	(5)	4786,51	V I	30	25
4803,29	N II	—	(30)	4793,41	Mo I	30	30	4786,49	K I	2	—
4803,06	Ce	4	—	4793,27	Zr I	3	—	4786,45	Mo I	25	25
4802,98	O I	—	(50)	4793,07	Nb I	3	—	4786,36	Cs II	—	(15)
4802,88	Fe I	2	—	4793,00	Mn I	8	—	4786,29	Ni I	25	—
4802,81	S	—	(20)	4792,95	V I	4	3	4785,96	W I	2	—
4802,45	Nb I	3	2	4792,86	Co I	600	5	4785,70	Nb I	3	2

λ	El.	B A	S (E)	λ	El.	B A	S (E)	λ	El.	B A	S (E)
4785,12	Mo I	30	30	4775,66	Mo I	25	25	4766,33	Ti I	12	2
4785,07	Co I	50	—	4775,54	Cr I	8	—	4766,19	Sb	—	2
4784,91	Zr I	40	—	4775,12	Cr I	35	—	4766,05	Te II	—	(150)
4784,77	Ce (I)	10	—	4775,07	Ce (I)	10	—	4765,86	Mn I	60	25
4784,76	Sb	—	2	4774,55	Cr I	20	—	4765,63	W I	2	—
4784,46	V I	12	10	4774,3	Al II	—	(2)	4765,36	Sb II	—	(40)
4784,41	Mo	5	5	4774,22	Mo I	20	20	4765,13	W	3	—
4784,32	Sr I	30	—	4774,22	N II	—	(5)	4764,84	P	—	(15)
4784,30	Nb I	3	1	4773,94	Ce II	18	—	4764,72	Ce (I)	8	—
4784,29	B II	—	4	4773,91	W I	30	2	4764,65	Cr I	35	—
4784,03	Sb (II)	—	(70)	4773,75	O I	—	(70)	4764,535	Ti	—	7
4783,74	W	5	—	4773,43	Mo I	20	20	4764,42	Mo I	50	50
4783,49	Te (II)	*		4773,41	Ni I	15	—	4764,28	Cr I	200	35
4783,42	Mn I	400	60	4773,28	Mo	10	10	4763,95	Ni I	150	1
4783,30	Ti I	2	—	4773,25	Nb I	10	10	4763,91	P	—	(15)
4783,06	Cr I	25	—	4772,91	O I	—	(50)	4763,90	Ti	7	20
4782,99	Si I	*		4772,82	Fe I	10	4	4763,65	Se II	—	(800)
4782,94	Mo I	40	40	4772,79	Nb I	3	1	4763,62	Cs	—	(25)
4782,87	Rb II	—	25	4772,58	V I	3	3	4763,38	S II	—	(20)
4782,74	Hf I	40	5	4772,54	W I	12	—	4763,31	J I	—	(80)
4782,59	Zr I	3	—	4772,45	O I	—	(30)	4762,77	Zr I	10	—
4782,21	Ce	10	—	4772,32	Pt I	5	—	4762,63	Ni I	150	1
4782,1	Hg I	—	(5)	4772,31	Zr I	100	—	4762,41	C I	—	(30)
4781,71	Ti I	30	2	4771,85	Nb I	3	5	4762,38	Mn I	100	40
4781,71	Ce	8	—	4771,75	C I	—	(30)	4762,22	Hg II	—	(100)
4781,43	Co I	400	2	4771,67	Mn I	8	—	4761,53	Mn I	60	15
4781,16	N II	—	(5)	4771,59	Cr I	18	—	4761,27	Mo	3	2
4780,93	Ta I	50	200	4771,3	к Zr	4	—	4761,24	Cr I	25	—
4780,73	Ce	6	—	4771,11	Co I	500	—	4761,08	Mo	4	3
4780,51	W I	10	1	4771,09	Ti I	10	1	4761,03	W	4	—
4780,28	W I	3	—	4770,87	Mo	8	8	4760,98	Pb (III)	—	6
4780,01	Co I	500	500	4770,76	W I	6	—	4760,97	Y I	50	25
4779,95	Ti II	10	100	4770,68	Cr I	35	—	4760,19	Mo I	125	125
4779,87	Cr I	10	—	4770,00	C I	—	(10)	4760,10	Au II	—	4
4779,72	N II	—	(15)	4769,79	Cr I	6	—	4759,90	Cr I	15	—
4779,42	W	4	—	4769,76	Ti I	12	2	4759,7	Bi II	—	2
4779,4	Sb II	—	8	4769,4	к Zr	4	—	4759,66	Mo	5	5
4779,35	Sc I	80	40	4769,30	Ru I	20	—	4759,28	Ti I	100	8
4779,15	Mn I	20	—	4768,98	Ta I	150	5	4758,90	Ti I	5	1
4779,11	S II	—	(25)	4768,77	Ce II	10	—	4758,78	C	—	(10)
4778,80	P	—	(30)	4768,39	Fe I	3	—	4758,74	V I	3	2
4778,26	Ti I	40	6	4768,34	Fe I	6	—	4758,54	Ce	4	—
4778,26	Co I	100	—	4768,09	Pt I	3	—	4758,50	Mo I	40	40
4778,16	Ir I	50	3	4768,08	Co I	300	10	4758,42	Cu II	—	10
4777,88	Mo	5	5	4767,86	Cr I	100	8	4758,21	W I	15	1
4777,57	Cr I	10	—	4767,78	W I	12	1	4758,12	Nb I	2	3
4776,51	V I	4	3	4767,14	Co I	100	—	4758,12	Ti I	125	60
4776,47	Ce	6	—	4766,91	Sb II	—	(25)	4757,84	Ce II	15	—
4776,41	Rb II	—	(100)	4766,81	Nb I	5	10	4757,84	Ru I	125	—
4776,36	V I	9	8	4766,72	Cu II	—	2	4757,81	Sb II	—	10
4776,34	Mo I	40	40	4766,63	V I	15	12	4757,78	W I	15	1
4776,32	Co I	300	—	4766,63	Cr I	80	6	4757,58	Cr I	35	1
4776,23	Ce	6	—	4766,62	C I	—	(10)	4757,58	Fe I	3	—
4776,00	Rb II	—	25	4766,53	Nb I	5	3	4757,55	W I	60	10
4775,91	C I	—	(20)	4766,43	Mn I	80	30	4757,48	V I	12	10

λ	El.	B A	S (E)	λ	El.	B A	S (E)	λ	El.	B A	S (E)
4757,39	K I	*		4749,89	W I	3	—	4741,52	W I	12	2
4757,35	V I	4	3	4749,74	Bi II	—	(20)	4741,02	Sc I	100	60
4757,31	Cr I	25	—	4749,71	Nb I	100	50	4740,97	Se II	—	(600)
4757,27	Mo	3	3	4749,70	W	7	1	4740,91	K I	*	
4757,15	Mo	4	4	4749,68	Co I	500	100	4740,61	Nb I	3	3
4756,99	W I	5	—	4749,38	Zr I	3	—	4740,5	к Zr	8	—
4756,73	Co I	100	—	4748,86	Mo	4	5	4740,35	Mo	5	5
4756,52	Ni I	250	3	4748,70	Zr I	3	—	4740,16	Ni I	15	—
4756,51	Ta I	150	10	4748,52	V I	20	15	4740,16	Ta I	100R	100
4756,25	Ni	7	—	4748,38	Re I	50	—	4739,75	Pt I	5	—
4756,09	Cr I	300	100	4748,1	Hg I	—	(5)	4739,67	Cs II	—	(20)
4755,88	Mo	8	10	4747,95	W	3	—	4739,65	Mg II	5	—[1]
4755,79	P	—	(30)	4747,94	Na I	15	—	4739,55	P II	—	(30)
4755,72	Mn II	10	5	4747,88	Pt I	3	—	4739,53	Ce II	10	—
4755,32	Mo	3	4	4747,67	Ti I	25	2	4739,48	Zr I	100	—
4755,31	Nb I	5	3	4747,48	Fe	30	25	4739,11	Mn I	150	15
4755,14	Cr I	70	—	4747,41	In II	—	(10)	4739,03	Se I	—	(800)
4755,12	W	4	—	4747,25	Ti I	10	—	4738,29	Mn	12	5
4755,12	S II	—	(30)	4747,14	Ce II	30	—	4738,16	W I	8	—
4754,96	Nb I	5	2	4746,98	Nb I	3	1	4737,77	Co I	150	1
4754,93	Mo	2	4	4746,9	к B	25	—	4737,64	Sc I	100	60
4754,77	Ni I	100	—	4746,80	W	4	—	4737,56	Pt I	4	2
4754,73	Cr I	80	—	4746,62	V I	15	12	4737,33	Cr I	200	80
4754,36	Co I	200	2	4746,11	Co I	100	—	4737,28	Ce II	20	—
4754,04	Mn I	400	60	4745,81	Fe I	8	1	4737,1	к C	—	
4754,04	Cr I	12	—	4745,57	W I	25	1	4737,05	Tl II	—	(40)
4753,93	K I	*		4745,31	Cr I	80	2	4736,96	Zr	3	—
4753,93	V I	30	25	4745,02	Nb I	3	2	4736,9	к Zr	60	—
4753,48	Nb (I)	3	—	4744,82	Ce	10	—	4736,78	Ca	5	2
4753,39	W I	10	—	4744,77	C II	—	5	4736,78	Fe I	125	50
4753,34	Mo	6	5	4744,72	Cd II	—	4	4736,63	Mo	10	10
4753,15	Sc I	80	40	4744,62	Nb I	10	8	4736,49	Nb I	3	5
4753,13	N	—	(5)	4744,34	K I	*		4736,14	Cr I	6	—
4753,05	Zr I	4	—	4744,04	N	—	(10)	4736,08	Pt	2	—
4752,89	Cr I	8	—	4744,0	к B	25	—	4736,06	W	3	—
4752,70	O II	—	(15)	4743,89	Os I	60	—	4735,94	Ca	—	2
4752,58	W I	12	1	4743,84	Mn	2	—	4735,85	Fe I	10	1
4752,57	Ce (I)	10	—	4743,83	Nb I	3	—	4735,38	Sb II	—	25
4752,43	Ni I	150	—	4743,81	Sc I	100	60	4735,33	Nb I	3	5
4752,20	W I	12	1	4743,61	Mo	3	3	4735,29	Mo	6	8
4752,12	Ni I	30	—	4743,25	Ce	10	—	4734,83	Co I	150	—
4752,07	Cr I	100	40	4743,12	Cr I	40	—	4734,69	Ce (I)	8	—
4751,90	Zr I	4	—	4743,08	Mo	10	10	4734,67	Ti I	10	1
4751,82	Na I	20	—	4742,93	Zr I	3	—	4734,60	C II	—	10
4751,56	V I	10	9	4742,90	N	—	(4)	4734,36	Zr I	3	—
4751,42	Nb I	3	5	4742,79	Ti I	100	40	4734,27	P	—	(15)
4751,40	Ce	5	—	4742,63	V I	20	15	4734,12	Mo	6	8
4751,36	W I	10	1	4742,61	Mo II	—	10	4734,09	Sc I	100	60
4751,34	O II	—	(50)	4742,25	Se I	—	(500)	4734,0	Sb II	—	3
4751,11	Mo	6	4	4742,11	Ti I	15	1	4733,94	Ce (I)	10	—
4750,98	V I	15	12	4741,92	Sr I	30	—				
4750,83	Ce (I)	8	—	4741,81	Ge II	—	50				
4750,39	Mo I	30	30	4741,78	Cd II	—	3				
4750,26	N	—	(5)	4741,71	O II	—	(20)				
4750,22	Ce	6	—	4741,53	Fe I	12	1				

[1] Doublet Mg II 4739,71— Mg II 4739,59.

λ	El.	B A	B S (E)	λ	El.	B A	B S (E)	λ	El.	B A	B S (E)
4733,89	Nb I	30	30	4727,33	Nb I	3	5	4717,00	P II	—	(15)
4733,77	Bi I	2	—	4727,13	Cr I	80	20	4716,9	к Zr	4	—
4733,59	Fe I	15	1	4726,77	Nb (I)	2	3	4716,86	W I	10	2
4733,52	Ru I	40	—	4726,44	Ba I	80	30	4716,74	Ca II	—	4
4733,48	Nb I	8	5	4726,28	W I	6	—	4716,65	Si III	—	8
4733,43	Ti I	25	3	4725,60	W I	4	—	4716,65	Mo	5	8
4733,39	Mo	3	5	4725,33	Mo I	8	8	4716,25	S II	—	(600)
4733,3	к C	—	—	4725,14	W I	40	3	4715,89	V I	10	9
4732,97	Cs II	—	(20)	4725,09	Ce II	10	—	4715,83	Nb I	3	50
4732,47	Ni I	100	—	4724,84	Ce (I)	10	—	4715,78	Ni I	200	2
4732,33	Zr I	25	—	4724,67	Ti I	7	—	4715,43	V	4	3
4732,05	Co I	40	—	4724,40	Cr I	125	10	4715,29	Ti I	40	2
4731,81	Ni I	100	2	4724,31	Ce (I)	8	—	4715,2	к C	—	—
4731,49	Fe II	5	1	4724,25	P	—	(75)	4715,09	Mn II	*	
4731,44	Mo I	100	100	4723,90	Zr I	3	—	4715,07	Ce	6	
4731,36	Hf II	15	20	4723,79	Nb I	5	5	4714,51	W I	7	—
4731,32	Ru I	60	—	4723,44	Mo	4	4	4714,51	Mo I	15	15
4731,24	V I	3	3	4723,31	Mo	4	4	4714,42	Ni I	1000	8
4731,17	Ti I	50	6	4723,18	Ti I	40	7	4714,11	V I	25	20
4731,15	S	—	(15)	4723,14	Nb (I)	1	3	4714,07	Fe I	50	50
4731,13	Zr I	5	—	4723,08	W	4	—	4713,99	Ce II	10	3
4730,92	As II	—	125	4723,06	Cr I	125	8	4713,99	Cr I	15	1
4730,78	Se I	—	(1000)	4723,06	Mo I	10	20	4713,86	W I	6	—
4730,70	W I	5	—	4722,88	Ta I	200	—	4713,50	Nb I	15	15
4730,69	Cr I	100	50	4722,86	V I	20	15	4713,44	V I	5	4
4730,38	V I	9	8	4722,83	Bi I	10	5	4713,43	Zr I	5	—
4730,36	Mn	15	5	4722,8	Hg I	—	(5)	4713,05	Nb I	2	3
4730,31	Nb I	5	5	4722,62	Ti I	80	8	4712,49	W I	18	5
4730,3	Bi II	—	(25)	4722,37	Bi I	1000	100	4712,06	Ni I	30	—
4730,12	Ta I	100	5	4722,28	Sr I	30	—	4712,02	Mn I	5	—
4730,03	Mg I	2	—	4722,19	Bi I	10	5	4711,96	Sb	—	3
4729,82	Bi	—	2	4722,16	Zn I	400	300	4711,91	Zr I	15	—
4729,71	Cr (I)	30	6	4721,51	V I	15	12	4711,87	Nb I	3	3
4729,70	Fe I	25	25	4721,24	V (I)	3	2	4711,26	Sb II	—	(100)
4729,65	W I	30	15	4721,03	Ca II	*		4711,19	W I	15	3
4729,53	V I	15	12	4720,40	W I	15	3	4710,55	V I	25	20
4729,45	S II	—	(8)	4720,38	As II	—	3	4710,34	W I	12	3
4729,29	Ni I	10	—	4720,26	P II	—	(30)	4710,29	Fe I	20	2
4729,23	Sc I	100	50	4720,25	Ca	—	2	4710,22	Ce	2	—
4729,14	Mo I	30	30	4719,73	Ce	6	—	4710,19	Ti I	100	25
4729,05	Co (I)	2	—	4719,51	Ti II	—	2	4710,08	Zr I	60	—
4728,86	Ir I	150	3	4719,11	Zr I	8	—	4710,04	O II	—	(60)
4728,77	W	7	—	4719,11	Hf II	30	40	4710,00	Ce	4	—
4728,77	Sc I	50	25	4718,90	W II	2	7	4709,97	Mo	4	5
4728,65	V I	3	2	4718,87	Mo I	25	25	4709,72	Mn I	150	15
4728,56	Fe I	20	1	4718,63	W I	12	2	4709,71	V (I)	10	9
4728,53	Y I	60	4	4718,48	Co I	50	—	4709,48	Ru I	150	80
4728,23	Mo	2	3	4718,43	N II	—	(5)	4709,45	N II	—	(2)
4727,94	Co I	300	—	4718,43	Cr I	200	150	4709,34	Sc I	15	15
4727,85	Ni I	5	—	4718,02	Nb (I)	2	2	4709,10	Fe I	20	2
4727,58	Ce (I)	5	—	4717,92	Mo I	50	50	4708,97	Ti I	2	—
4727,48	Mn I	150	20	4717,690	V I	20	15	4708,96	Fe I	50	50
4727,46	P	—	(100)	4717,67	Cr I	20	1	4708,94	Ba II	—	(80)
4727,41	C II	—	5	4717,62	Zr I	6	—	4708,81	Ca	—	5
4727,41	Fe I	10	—	4717,52	Nb II	1	3	4708,66	Ti II	2	20

λ	El.	B		λ	El.	B		λ	El.	B	
		A	S (E)			A	S (E)			A	S (E)
4708,28	Nb I	50	30	4701,32	Ta I	150	2	4694,95	Sb II	—	(6)
4708,22	Mo I	30	30	4701,29	Al	—	6	4694,88	Ce II	4	—
4708,02	Cr I	200	150	4701,16	O II	—	(20)	4694,68	W I	12	1
4707,94	Ce II	8	—	4701,16	Mn I	100	5	4694,64	N II	—	(10)
4707,82	As II	—	200	4701,05	Fe I	2	—	4694,51	Nb I	5	8
4707,78	Zr I	5	—	4700,91	Nb (II)	3	5	4694,34	Ce	3	—
4707,73	Cr I	8	1	4700,86	P II	—	(50)	4694,13	S I	—	(50)
4707,48	Fe I	3	—	4700,62	Ce	2	—	4693,94	Cr I	50	20
4707,44	V I	6	5	4700,60	Cr I	50	4	4693,93	Mo(I)	20	25
4707,28	Fe I	100	12	4700,49	Mo I	25	25	4693,73	W I	50	12
4707,28	Ce (I)	2	—	4700,43	Ba I	25	3	4693,67	Ti I	25	—
4707,26	Mo I	125	125	4700,41	W I	50	4	4693,58	Ce	2	3
4707,00	Ce (I)	2	1	4700,22	Sb II	—	2	4693,35	Ta I	150	3
4706,97	Sc I	10	5	4700,21	S II	—	(5)	4693,34	Mo	2	3
4706,57	V I	20	15	4700,17	Zr I	3	—	4693,21	Co I	500	25
4706,53	Te II	—	(70)	4700,11	Zr I	3	—	4692,69	Mo	2	4
4706,46	Ce	2	—	4699,72	Hf II	20	25	4692,06	Os I	80	3
4706,20	Mo	4	4	4699,59	Cr I	30	1	4692,05	Ce II	4	1
4706,17	W I	15	1	4699,58	Nb II	—	15	4692,00	Mo	5	6
4706,16	V I	15	12	4699,31	V I	9	8	4691,90	Ta I	400	5
4706,13	Nb (I)	50	50	4699,21	O II	—	(100)	4691,73	Zr I	3	—
4706,09	Ta I	200	2	4699,19	Co I	25	—	4691,62	Ba I	100	40
4706,09	Cr I	30	1	4699,12	Ce	2	—	4691,55	W	6	2
4706,05	Mo I	25	25	4698,99	O II	—	(30)	4691,41	Fe I	80	10
4705,57	Ce	3	—	4698,94	Cr I	15	—	4691,37	O II	—	(15)
4705,50	Ni I	2	—	4698,78	Mo	2	4	4691,34	Ti I	125	25
4705,46	Fe I	2	—	4698,77	Ti I	100	20	4690,85	Mo I	20	25
4705,35	Bi II	—	50	4698,63	W I	15	1	4690,83	Ce	2	—
4705,32	O II	—	(300)	4698,61	Cr I	40	8	4690,80	Ti I	15	2
4705,08	V I	15	12	4698,46	Cr I	60	12	4690,71	Ce (I)	2	—
4704,96	Fe I	10	1	4698,41	Ni I	30	—	4690,49	Ce II	2	—
4704,63	Hg II	—	(200)	4698,38	Co I	300	8	4690,17	Ce II	2	—
4704,60	Cu I	200	50	4698,16	P II	—	(30)	4690,14	Fe I	7	—
4704,48	Sb II	—	10	4698,10	W I	10	1	4690,11	Ru I	25	—
4704,38	Co I	3	—	4697,75	Nb I	2	3	4690,02	Ge II	*	
4704,01	Ce	8	—	4697,6	к С	—	—	4689,87	Ge II	*	
4703,92	Nb I	3	5	4697,49	Cu I	60	5	4689,50	Ce II	2	—
4703,81	Ni I	200	—	4697,47	Nb I	8	5	4689,38	Cr I	80	35
4703,77	Ce	2	—	4697,37	Cr I	15	1	4689,16	Nb(I)	3	2
4703,14	O II	—	(30)	4697,04	Cr I	50	12	4688,88	Ce (I)	6	—
4703,03	Zr II	2	3	4696,93	Ti I	15	3	4688,47	Co I	20	—
4702,99	Mg I	20	—	4696,90	Mn	12	—	4688,45	Zr I	50	—
4702,73	Ce	3	—	4696,78	Ce	2	—	4688,39	Ti I	10	3
4702,64	Mn II	*		4696,52	Ce (I)	3	—	4688,22	Ce	2	—
4702,47	W I	15	5	4696,50	Mo I	8	10	4688,22	Mo I	25	30
4702,20	W	5	—	4696,38	Te II	—	(50)	4687,80	Zr I	125	—
4702,02	Nb I	3	4	4696,32	O II	—	(30)	4687,79	Nb I	5	5
4702,01	Ce	6	—	4696,3	Bi II	—	7	4687,77	Cu II	—	2
4701,8	Hg I	—	(5)	4696,25	S I	—	(15)	4687,65	W I	12	1
4701,79	Cs II	—	(25)	4696,25	Hg II	—	(5)	4687,63	Ce	2	—
4701,60	W I	7	—	4695,86	Mo	4	6	4686,92	Ti I	8	2
4701,54	Ni I	150	—	4695,47	Nb I	5	8	4686,92	V I	15	12
4701,48	In	—	35	4695,45	S I	—	(30)	4686,91	Te II	—	(300)
4701,45	Ce	8	—	4695,14	Cr I	50	4	4686,81	Ce	2	—
4701,34	Ni I	100	—	4695,03	Zr I	3	—	4686,38	W I	8	—

λ	El.	B A	S (E)	λ	El.	B A	S (E)	λ	El.	B A	S (E)
4686,22	Ni I	200	1	4681,62	Mo	4	5	4673,98	W	2	1
4686,20	Cr (I)	20	1	4681,32	S II	—	(5)	4673,75	O II	—	(30)
4686,09	Mo I	8	6	4681,19	W I	10	1	4673,62	Ba I	40	5
4685,92	Nb I	2	2	4681,10	In II	—	(200)	4673,58	Nb I	2	5
4685,86	Co I	30	—	4681,04	Mo	6	8	4673,56	In II	—	(5)
4685,84	Ge I	20	—	4680,99	Ce II	3	—	4673,55	Cu II	—	6
4685,81	Mo I	12	12	4680,88	V I	4	3	4673,42	Be II }	—	(100)
4685,74	N	—	(10)	4680,86	Cr I	60	8	4673,33	Be II }		
4685,67	Zr	4	—	4680,82	In II	—	250	4673,17	Fe I	20	2
4685,52	Nb I	2	1	4680,54	Cr I	50	25	4673,15	Re II	*	
4685,3	Hg I	—	(5)	4680,52	W I	150	40	4673,03	Mo	3	3
4685,27	Ta I	80	2	4680,45	Ce	2	—	4672,75	O I	—	(30)
4685,27	Ca I	25	1	4680,30	Fe I	9	—	4672,70	As II	—	50
4685,23	Ce II	3	—	4680,14	Zn I	300	200	4672,7	Hg I	—	(5)
4685,22	In II	—	(100)	4680,12	Ce II	6	—	4672,54	W	3	—
4685,18	Zr II	2	3	4679,77	V	4	3	4672,2	Be	—	100
4685,13	Nb I	15	20	4679,04	W I	15	2	4672,10	Nb I	150	100
4685,04	In II	—	(10)	4679,01	P II	—	(100)	4671,89	Mo I	30	30
4685,01	Ti	2	—	4678,85	Fe I	150	100	4671,8	Li II	—	(4)
4684,93	In II	—	(15)	4678,62	Ce II	2	—	4671,71	Ce	2	—
4684,9	Pb II	—	(5)	4678,6	к C	—	—	4671,69	Cu II	—	(10)
4684,87	Ta I	100	2	4678,51	Ce	2	—	4671,69	Mn I	100	5
4684,8	к C	—	—	4678,48	Nb I	5	5	4671,65	W I	12	1
4684,71	In II	—	(25)	4678,42	Nb	5	5	4671,29	W	3	1
4684,61	Ce II	8	—	4678,2	Li II	*		4670,91	Ce (I)	4	—
4684,60	Cr I	20	—	4678,20	Mo	3	5	4670,90	Mo	2	—
4684,58	In II	—	(25)	4678,17	In	—	30	4670,73	Ce II	4	—
4684,48	Ti I	7	1	4678,15	Cd I	200	200	4670,49	V I	60R	40R
4684,44	In II	—	(20)	4678,14	N II	—	(10)	4670,44	Ce	2	—
4684,44	V I	8	7	4677,8	Pb II	—	(7)	4670,40	Sc II	100	300
4684,33	Mo	5	4	4677,69	W I	25	3	4670,28	Cs II	—	(20)
4684,31	In II	—	(35)	4677,60	Ag I	2	1	4670,24	Mo	5	5
4684,25	Zr I	4	—	4677,48	Ti I	3	1	4670,10	Nb II	1	4
4684,10	Pt I	5	1	4677,25	Co I	4	—	4670,09	Ce	2	—
4684,02	Ru I	100	—	4676,97	Ti I	10	—	4670,00	Mo	2	—
4683,82	Mo I	6	8	4676,90	J II	—	(80)	4669,87	Nb I	3	2
4683,71	Mo	5	5	4676,63	W I	20	2	4669,77	N	—	(10)
4683,56	Fe I	6	—	4676,33	Ce	2	—	4669,63	Ce	3	—
4683,55	W I	20	10	4676,25	O II	—	(125)	4669,63	Mo	2	3
4683,42	Zr I	9	—	4675,78	P	—	(70)	4669,50	Ce (II)	4	—
4683,10	Si	—	4	4675,74	Sb (II)	—	(15)	4669,34	Cr I	50	20
4683,07	Ce	2	—	4675,70	Mo	2	4	4669,30	V I	10	8
4682,98	Nb I	2	2	4675,63	Ni I	8	—	4669,18	Fe I	15	2
4682,75	V I	3	2	4675,53	J II	—	(50)	4669,14	Ta I	300	15
4682,66	Nb I	2	3	4675,37	Nb I	50	30	4669,14	S	—	(35)
4682,56	W I	12	—	4675,31	Ce	2	—	4668,91	W I	5	—
4682,38	Co I	500	—	4675,12	Ti I	50	5	4668,80	Mo	5	5
4682,33	Y II	60	100	4675,09	W	8	1	4668,58	S II	—	(50)
4682,24	Mo	4	5	4675,03	Rh I	100	50	4668,56	Na I	200	100
4681,99	Cu II	—	20	4674,91	N II	—	(5)	4668,48	Ag I	200	70
4681,93	Mo	3	3	4674,87	Ce	2	—	4668,46	W I	20	3
4681,92	Ti I	200	100	4674,85	Y I	80	100	4668,35	Ti I	8	1
4681,9	к C	—	—	4674,76	Cu I	200	30	4668,14	Fe I	125	10
4681,88	Ta I	200	50	4674,64	Ru I	20	—	4667,86	Co (I)	10	—
4681,78	Ru I	100	—	4674,49	Ce (I)	3	—	4667,77	Ni I	100	—

λ	El.	B A	S (E)	λ	El.	B A	S (E)	λ	El.	B A	S (E)
4667,59	Ti I	150	8	4661,23	W I	12	2	4655,66	Ni I	40	—
4667,46	Fe I	150	20	4661,12	Ta I	300	5	4655,65	In II	—	(50)
4667,42	Mo II	—	20	4660,73	Mn	5	—	4655,51	In II	—	(45)
4667,36	Ce	2	—	4660,41	Nb II	—	2	4655,40	In II	—	(45)
4667,32	In	—	10	4660,29	Cu II	—	2	4655,36	O I	—	(50)
4667,29	Cu II	—	5	4660,28	Hg II	—	(200)	4655,30	Nb II	—	2
4667,21	N II	—	(5)	4660,05	N	—	(5)	4655,22	Ce	2	—
4667,21	Nb I	15	10	4659,93	Ce II	3	—	4655,20	W	6	—
4667,14	Zr I	5	—	4659,87	W I	200	70	4655,20	Hf I	50	4
4666,99	Ni I	50	—	4659,59	Ti	2	—	4655,05	Al II	—	(2)
4666,8	Al II	—	(5)	4659,48	Zr I	5	—	4654,85	Co I	25	—
4666,70	Ce II	2	—	4659,40	Ce	6	6	4654,76	Cr I	70	8
4666,51	Cr I	50	25	4659,38	K II	—	(40)	4654,62	Fe I	10	2
4666,49	Mn	12	—	4659,34	Mn	8	—	4654,56	O I	—	(30)
4666,48	J II	—	(250)	4658,54	Mo	4	5	4654,53	N II	—	(5)
4666,25	Nb I	30	15	4658,38	Mn I	12	—	4654,50	Fe I	20	3
4666,20	Cr I	35	8	4658,31	P II	—	(100)	4654,37	Zr I	3	—
4666,13	V I	10	9	4658,25	W II	1	8	4654,37	Te II	—	(800)
4665,90	Cr I	20	10	4658,18	Nb I	2	3	4654,32	Si IV	—	8
4665,74	W II	—	12	4658,04	Ce	2	—	4654,31	Ru I	125	—
4665,5	Pb II	—	(5)	4658,0	к Pb	5	—	4654,28	Ce II	6	—
4665,38	Mo	5	5	4657,95	Pt I	9	4	4654,12	O I	—	(15)
4665,33	Nb I	2	2	4657,95	Sb II	—	30	4653,93	Mo	—	8
4665,27	Ce	2	—	4657,82	Ce II	2	—	4653,86	Ce	2	—
4664,81	Na I	80	—	4657,64	Zr I	6	—	4653,68	Mo	3	4
4664,80	Cr I	70	20	4657,47	Mo	10	10	4653,40	Ti	5	—
4664,48	Ti	2	—	4657,46	Mn	10	—	4653,4	Hg I	—	(5)
4664,43	Au I	*		4657,44	W I	50	12	4653,38	Ce	2	—
4664,13	Hf II	50	100	4657,39	Co I	100	35	4653,32	Sb II	—	(15)
4664,07	Ce II	3	—	4657,21	Ce II	3	—	4653,0	Al II	—	(2)
4663,83	Cr I	50	15	4657,21	Ti II	5	18	4652,33	Re I	30	—
4663,83	Nb I	30	20	4657,07	In II	—	(30)	4652,28	Mo	5	5
4663,82	Os I	100	5	4657,03	W I	7	1	4652,19	Nb II	—	2
4663,41	Co I	700	—	4657,01	Ce	2	—	4652,16	Cr I	200R	150
4663,33	Cr I	40	25	4656,99	In II	—	(30)	4651,29	Cr I	100	100
4663,23	Ce	3	—	4656,75	S II	—	(80)	4651,13	Cu I	250	40
4663,10	Mo	3	3	4656,72	In II	—	(35)	4651,06	Ce	2	—
4662,96	Zr I	3	—	4656,70	In II	—	(5)	4651,04	Mo I	15	15
4662,76	Mo I	40	40	4656,60	Ce	3	—	4650,85	O II	—	(70)
4662,63	Cu II	—	5	4656,54	In II	—	(20)	4650,64	Al II	—	(6)
4662,59	W	3	—	4656,47	Ti I	150	70	4650,54	Al II	—	(8)
4662,41	Cr I	5	—	4656,40	In II	—	(10)	4650,52	Ce (I)	6	—
4662,4	Hg I	—	(5)	4656,35	Sb II	—	(15)	4650,38	Ca	—	3
4662,35	Cd I	8R	—	4656,32	Mo II	5	8	4650,02	Ti I	60	4
4662,25	Ce	2	—	4656,30	In II	—	(10)	4649,89	Ce (I)	6	—
4661,97	Fe I	9	—	4656,23	Mn	10	—	4649,47	Ce	2	—
4661,97	W I	15	2	4656,21	Mo	3	3	4649,45	Cr I	60	3
4661,93	Mo I	25	25	4656,18	Cr I	50	4	4649,27	Cu II	—	60
4661,93	Mn I	15	—	4656,18	Ce	2	—	4649,27	Nb(I)	3	5
4661,78	P	—	(15)	4656,18	Ir I	60	—	4649,15	O II	—	(300)
4661,77	Zr II	2	4	4656,06	Ti I	20	3	4649,11	Mo I	15	15
4661,65	O II	—	(125)	4656,04	Mo	5	5	4649,05	P	—	(50)
4661,62	Ce	4	—	4656,00	Ce	3	—	4649,01	Mn	2	—
4661,53	Fe I	2	—	4655,79	In II	—	(100)	4648,95	Nb I	50	20
4661,35	Cu II	—	3	4655,70	Ti I	8	2	4648,93	Fe II	*	

λ	El.	B A	B S (E)	λ	El.	B A	B S (E)	λ	El.	B A	B S (E)
4648,89	V I	9	8	4642,58	Cu I	*		4637,36	Au	—	2
4648,86	Cr I	50	3	4642,56	W I	30	8	4637,31	Sb II	—	(10)
4648,82	Ce	4	—	4642,37	K I	5	—	4637,20	Ti I	4	1
4648,66	Ni I	400	3	4642,29	Mn	12	—	4637,17	Cr I	20	8
4648,65	Co I	5	—	4642,27	Ce	3	—	4637,16	P	—	(50)
4648,62	Al II	—	(4)	4641,96	Cr I	15	1	4637,11	In II	—	(10)
4648,56	Rb II	—	20	4641,88	K I	3	—	4637,02	In II	—	(20)
4648,49	Sb II	—	(4)	4641,83	O II	—	(150)	4636,91	In II	—	(10)
4648,44	Se II	—	(800)	4641,80	W I	20	6	4636,74	Ce II	2	—
4648,32	As (II)	—	30	4641,72	P	—	(50)	4636,38	Al II	—	(4)
4648,17	S II	—	(35)	4641,57	Mo	5	5	4636,34	Ti II	—	4
4648,12	Cr I	40	6	4641,06	Ce (I)	6	—	4636,33	Ba (I)	20	—
4648,05	Ti	15	—	4640,91	Mo	4	5	4636,15	V I	4	3
4647,91	Sb II	—	(20)	4640,88	Ce (I)	3	—	4636,1	Li I	3	—
4647,81	Mo I	25	25	4640,82	Pt I	15	—	4636,07	W	7	1
4647,70	Sb	—	20	4640,80	Co I	10	—	4635,85	Fe I	12	1
4647,61	Ru I	125	—	4640,73	V I	25	20	4635,7	Al II	—	(4)
4647,58	Mn II	—	(4)	4640,66	Hg II	—	(2)	4635,68	Ru I	125	—
4647,44	Fe I	125	40	4640,6	к Zr	150	—	4635,53	Ti I	12	2
4647,32	Sb II	—	(80)	4640,46	air	—	10	4635,42	Cr I	5	—
4647,28	Ce	3	—	4640,43	Ti I	6	1	4635,32	Fe II	2	—
4646,95	Nb I	5	10	4640,38	Al II	—	(18)	4635,17	V I	30	25
4646,94	Ce	2	—	4640,36	Al II	—	(20)	4635,10	W	7	1
4646,80	Cr I	35	3	4640,30	W I	10	2	4635,01	Mo	5	5
4646,51	Cs II	—	(25)	4640,12	Zr I	3	—	4634,87	Ti	8	2
4646,49	Cr I	5	1	4640,09	Ce	2	—	4634,81	W I	20	7
4646,48	Mo	3	4	4640,06	V I	25	15	4634,74	Ti	6	1
4646,39	V I	40	30	4639,95	Ti I	60	15	4634,71	Nb	2	3
4646,15	Cr I	100	150	4639,83	Al II	—	(6)	4634,64	Zr I	3	—
4646,15	W I	15	3	4639,73	Pt	2	—	4634,21	Ca	—	2
4645,37	Mo	4	4	4639,72	Al II	—	(8)	4634,21	V II	—	3
4645,19	Ti I	100	10	4639,69	Cr I	10	2	4634,10	Cr II	5	80
4645,09	Ru I	100	30	4639,66	Ti I	40	15	4633,99	Zr I	35	—
4644,92	W	8	—	4639,37	Ti I	80	18	4633,97	air	—	10
4644,82	Zr I	5	—	4639,35	Mo	3	3	4633,68	Mo	4	4
4644,7	к Zr	40	—	4639,32	Al II	—	(2)	4633,59	Ce II	2	—
4644,64	In II	—	(60)	4638,90	W	1	7	4633,27	Cr I	20	6
4644,44	V I	6	5	4638,87	O II	—	(70)	4633,2	Al II	—	(2)
4644,38	In II	—	(125)	4638,75	Ce	2	—	4633,10	Mo I	25	25
4644,32	Co I	70	—	4638,36	Mo	2	2	4633,09	Au	—	10
4644,20	Ce II	6	6	4638,34	Ce	2	—	4633,08	Ce	2	—
4643,72	Co I	15	—	4638,24	In II	—	(125)	4633,06	Ta I	150	3
4643,70	Y I	50	100	4638,17	Nb I	4	2	4632,92	Fe I	70	4
4643,67	Nb I	3	3	4638,10	Nb I	10	10	4632,67	As II	—	10
4643,66	Ca	—	4	4638,10	In II	—	(200)	4632,67	Ca	—	4
4643,47	Fe I	35	2	4638,05	In II	3	70	4632,56	Mo	5	5
4643,31	Nb I	3	3	4638,02	Fe I	80	10	4632,45	J II	—	(35)
4643,19	Sb II	—	15	4637,97	In II	—	(20)	4632,32	Ce (I)	8	—
4643,17	Ce (I)	5	—	4637,93	Mo II	—	10	4632,17	Cr I	25	8
4643,15	W I	12	8	4637,88	Ti I	20	4	4631,83	Os I	100	5
4643,09	N II	—	(100)	4637,78	к Zr	100	—	4631,54	Mo	5	5
4643,07	Ce	2	—	4637,77	Cr I	20	6	4631,5	Al II	—	(2)
4642,88	Ca	—	4	4637,74	Mo	5	3	4631,39	Ca	—	4
4642,81	Mn I, II	50	1	4637,57	Nb II	—	20	4631,24	Si IV	—	4
4642,70	Mo I	8	6	4637,52	Fe I	100	10	4631,12	Pt	2	—

λ	El.	B		λ	El.	B		λ	El.	B	
		A	S (E)			A	S (E)			A	S (E)
4630,91	Mo	3	3	4624,56	Cr (I)	15	6	4619,60	Si	—	2
4630,82	Re I	50	—	4624,46	W I	5	—	4619,54	Cr I	50	30
4630,81	Ce	3	—	4624,40	V I	20	15	4619,52	Ti I	12	2
4630,54	N II	—	(300)	4624,36	Ce	2	—	4619,51	Ta I	300	10
4630,40	W I	5	—	4624,24	Mo I	25	25	4619,30	Mn	20	—
4630,14	As II	—	200	4624,22	Mn I	8	—	4619,30	Fe I	100	8
4630,14	Hg	—	(30)	4624,20	Ce	2	—	4619,23	C II	—	25
4630,13	Fe I	10	2	4624,11	S	—	(20)	4618,93	Ce	2	—
4630,12	Nb I	30	20	4623,68	W I	12	3	4618,82	Cr II	6	80
4630,01	Mo I	15	12	4623,67	Mo	—	2	4618,78	V I	4	3
4629,98	C II	—	2	4623,46	Mo I	15	15	4618,77	Se II	—	(100)
4629,81	Zn I	35	—	4623,46	Ce II	2	—	4618,76	Fe I	10	1
4629,7	Al II	—	(4)	4623,33	Mn I	8	—	4618,61	Ce	3	—
4629,69	Ca	—	2	4623,16	W I	10	—	4618,48	V II	—	3
4629,38	Co I	600	5	4623,09	Ti I	125	40	4618,42	Nb	—	3
4629,34	Ti I	70	7	4623,09	Cs II	—	(20)	4618,06	Ce	2	—
4629,33	Fe II	7	8	4623,07	Sb	—	20	4617,94	Mo I	12	12
4629,25	W	5	1	4623,04	Co I	150	—	4617,82	Mn	3	—
4628,94	Co I	125	—	4622,96	Ta I	50	1	4617,63	Mo	5	10
4628,77	P II	—	(50)	4622,79	Mo II	—	25	4617,30	As II	—	10
4628,71	Mo	2	2	4622,76	Cr I	20	10	4617,27	Ti I	200	100
4628,60	W	3	—	4622,74	Mn I	8	—	4617,15	In II	—	(200)
4628,48	Cr I	15	—	4622,70	P II	—	(50)	4617,07	Pt	2	—
4628,44	Mo	3	4	4622,70	Hf II	20	60	4616,96	Ce	2	—
4628,33	Ba I	40	4	4622,70	Co I	30	—	4616,78	Os I	150	6
4628,31	In II	—	(5)	4622,56	Mo	2	2	4616,66	Cr II	—	50
4628,18	In II	—	(10)	4622,47	Cr I	30	30	4616,61	Mo I	15	15
4628,16	Ce II	20	20	4622,45	Rb II	—	50	4616,58	In II	—	(10)
4628,07	In II	—	(10)	4621,92	Cr I	70	40	4616,39	Ir I	200	5
4627,80	As (II)	—	200	4621,70	Ca	—	5	4616,17	In II	—	(20)
4627,78	In II	—	(5)	4621,39	N II	—	(50)	4616,16	Nb I	10	10
4627,72	Zr I	3	—	4621,38	Mo I	30	25	4616,13	Cs II	—	(15)
4627,48	Mo I	80	80	4621,11	Cr I	10	—	4616,12	Cr I	300R	200
4627,47	Nb(I)	2	3	4621,04	Mn	5	—	4616,08	Ce	3	—
4627,38	In II	—	(150)	4620,86	Hf I	50	4	4616,03	In II	—	(15)
4627,35	Cr I	5	—	4620,82	In II	—	(5)	4615,92	In I	—	(15)
4626,80	Cr I	10	—	4620,82	Co I	25	—	4615,75	Cd	2	—
4626,70	P II	—	(70)	4620,70	Au I	4	—	4615,69	Ag I	4	1
4626,54	Mn I	80	15	4620,66	In II	—	(5)	4615,65	Mn I	8	—
4626,48	V I	25	20	4620,55	W I	20	7	4615,57	In II	—	(5)
4626,47	Mo I	100	80	4620,52	In II	—	(10)	4615,47	Mo	8	—
4626,41	Zr I	12	—	4620,48	Ag II	—	4	4615,4	к B	40	—
4626,35	W	4	—	4620,41	In II	—	(15)	4615,39	Cd I	3	—
4626,18	Cr I	100	125	4620,24	In II	—	(200)	4615,32	Ce	2	—
4625,91	Cr I	8	6	4620,21	Mn I	5	—	4615,20	Ce (I)	6	1
4625,79	W	3	—	4620,05	In II	—	(80)	4614,85	W I	10	2
4625,78	Co I	200	—	4620,04	Ce	3	—	4614,74	Mo	10	12
4625,74	In	—	5	4620,04	Ag II	—	4	4614,74	Cr I	12	1
4625,38	Mn	20	—	4619,92	Ba I	25	—	4614,74	Nb I	1	3
4625,29	Cr I	6	—	4619,85	к Zr	80	—	4614,66	Re I	50	—
4625,29	Ce	2	—	4619,77	V I	8	5	4614,51	Cr I	15	4
4625,17	W I	5	1	4619,71	Mo	2	4	4614,28	Ti I	7	1
4625,05	Fe I	100	12	4619,64	V	6	5	4614,17	Cd I	4	—
4624,90	Ce II	8	10	4619,63	As (II)	—	10	4614,14	Cr I	15	1
4624,58	Co I	10	—	4619,62	Mn	3	—	4614,01	Co I	60	—

λ	El.	B A	S (E)	λ	El.	B A	S (E)	λ	El.	B A	S (E)
4613,95	Zr II	4	4	4608,75	Ce	2	—	4602,86	Nb I	2	5
4613,91	V I	2	2	4608,70	Mo I	10	10	4602,75	Ce	4	—
4613,87	N II	—	(30)	4608,58	Nb I	2	3	4602,73	As II	—	200
4613,8	P	—	(30)	4608,54	Ca	—	2				
4613,36	Cr I	150	60	4608,49	Ce (I)	6	—	4602,57	Zr I	12	—
								4602,41	Te II	—	(800)
4613,36	Zr	5	—	4608,45	Cu II	—	2	4602,19	Ta I	100	2
4613,32	W I	50	10	4608,43	K II	—	(40)	4602,08	O II	—	(10)
4613,22	Fe I	30	2	4608,11	Mo	5	5	4602,08	P II	—	(300)
4613,20	Mo	5	—	4607,65	Fe I	50	5				
4613,07	Mo II	—	12	4607,63	Mn I	50	—	4602,00	Fe I	20	2
								4601,56	Ce	2	—
4613,02	Ce II	6	—	4607,50	Au	—	15R	4601,48	N II	—	(100)
4612,92	Sb II	—	(50)	4607,48	Au I	30	15	4601,43	Zr	2	—
4612,83	P II	—	(30)	4607,46	As (II)	—	200	4601,41	Ta I	60	100
4612,7	к C	50	—	4607,33	Sr I	1000R	50R				
4612,60	Mo	—	10	4607,33	Co	2	—	4601,37	Ce II	4	—
								4601,16	Co I	30	—
4612,46	Nb(I)	2	3	4607,29	Ce	3	—	4601,02	Cr I	10	4
4612,24	Mo	5	—	4607,22	V	4	3	4601,01	Ce	2	—
4612,13	In	—	150	4607,16	N II	—	(50)	4600,88	Mo	3	3
4612,12	Nb I	3	3	4607,08	Ce	2	—				
4612,02	Nb I	2	8	4607,07	Mo	8	10	4600,75	Cr I	150	150
								4600,44	W I	20	4
4611,97	Ce	3	—	4606,76	W	2	—	4600,40	Ca	—	3
4611,96	Cr I	15	4	4606,76	Nb I	50	50	4600,37	Ni I	200	—
4611,95	Mo	5	—	4606,72	Ti	4	—	4600,23	Ce	3	—
4611,73	V I	6	5	4606,60	Hg	—	(5)				
4611,55	Ce II	4	—	4606,51	Mo	4	3	4600,21	Nb I	10	15
								4600,19	V II	1	60
4611,43	Mn	1	—	4606,40	Ce II	12	15	4600,15	Cr I	20	50
4611,29	Fe I	200	25	4606,36	Cr I	15	3	4599,96	W I	50	10
4611,15	Mo I	20	15	4606,23	Ni I	100	—	4599,75	Ba I	50	10
4611,05	Cr I	10	—	4606,15	V I	30	25				
4611,02	Mn	2	—	4606,1	к C	—	—	4599,60	Sb I	—	10
								4599,47	Nb I	3	10
4610,91	V I	5	4	4605,79	Cr I	30	—	4599,30	Ce	2	—
4610,84	Mo	10	8	4605,73	Re I	50	—	4599,23	Ti (I)	35	3
4610,69	Nb I	2	3	4605,48	Ce II	4	—	4599,15	Mo I	25	20
4610,56	Mo II	—	8	4605,43	Pb	—	2				
4610,47	Ce (I)	6	—	4605,36	Mn I	150	15	4599,09	Sb (II)	—	(40)
								4599,08	Ru I	100	—
4610,3	к Zr	4	—	4605,35	V II	—	8	4599,02	Ce	3	—
4610,14	O II	—	(15)	4604,99	Ni I	300	10	4599,00	Cr I	10	—
4610,10	Zr I	4	—	4604,98	Ba I	10	3	4598,92	Hf I ⎫		
4609,93	Mn	20	—	4604,85	Ta I	200	—		⎬ 20		3
4609,92	W I	50	10	4604,77	Sb II	—	(30)	4598,80	Hf I ⎭		
								4598,59	Ce	2	—
4609,89	Cr I	15	3	4604,60	W II	2	10	4598,44	Cr I	20	4
4609,88	Mo I	40	40	4604,59	Cr I	15	—	4598,24	Mo I	15	15
4609,82	Zr I	3	—	4604,42	Zr I	10	—	4598,13	Fe I	50	4
4609,72	Hg	—	(10)	4604,34	Se II	—	(300)				
4609,7	Al II	—	(4)	4604,20	Mo II	—	20	4597,93	Cu II	—	2
								4597,88	Mo I	15	20
4609,65	Ce	2	—	4604,20	Ce II	3	—	4597,79	Ce	3	—
4609,64	V I	10	9	4603,80	Nb I	2	3	4597,72	Hg	—	(20)
4609,60	N II	—	(30)	4603,76	Cs II	—	(60)	4597,4	Ca	—	4
4609,42	O II	—	(60)	4603,56	Mo	6	6				
4609,37	Ti I	15	2	4602,95	Fe I	300	100	4597,17	Ce	4	—
								4597,16	Os I	100	4
4609,29	Zr I	3	—	4602,94	V I	7	6	4597,08	Sb II	—	6
4609,23	Ce	2	—	4602,86	Li I	800	—[1]	4596,93	Ce	2	—
4609,15	Zr I	3	—					4596,92	Cr I	6	—
4608,91	Co I	8	—	[1] Doublet Li I 4602,89—							
4608,84	W I	5	1	Li I 4602,83.							

λ	El.	B		λ	El.	B		λ	El.	B	
		A	S (E)			A	S (E)			A	S (E)
4596,91	Co I	400	—	4591,05	S	—	(35)	4584,84	Nb I	3	3
4596,90	Cu II	—	4	4591,02	As (II)	—	30	4584,82	Fe I	8	1
4596,90	Sb II	—	(70)	4590,94	O II	—	(300)	4584,45	Mo	3	3
4596,38	Cr I	10	—	4590,73	Ce	2	—	4584,44	Ru I	150R	80
4596,38	Mn	10	—	4590,54	Zr I	8	—	4584,24	W	3	—
4596,36	V II	—	3	4590,48	V II	—	8	4584,24	Zr I	5	—
4596,16	Ce	2	—	4590,38	Mo(I)	15	10	4584,18	Ce	2	—
4596,13	O II	—	(150)	4590,15	Zr I	3	—	4584,10	Nb II	—	3
4596,09	Sb	—	2	4589,95	Ti II	40	100	4584,10	Cr I	20	1
4596,06	Fe I	10	2	4589,93	Cr II	—	4	4583,89	Cr I	10	—
4595,98	P II	—	(30)	4589,92	Ce	2	—	4583,88	Co	2	—
4595,95	Ni I	15	—	4589,91	Hg	—	(10)	4583,85	Fe II	150	150
4595,65	K II	—	(40)	4589,89	O I	—	(30)	4583,78	V I	15	12
4595,62	Ce	2	—	4589,86	P II	—	(300)	4583,49	Nb I	2	3
4595,60	Cr I	50	60	4589,83	Ti	2	—	4583,44	Ti II	5	10
4595,51	P II	—	(10)	4589,75	Al II	—	(20)	4583,17	Ta I	150	10
4595,36	Fe I	15	2	4589,68	Al II	—	(4)	4583,09	Ce (I)	5	—
4595,16	Mo I	40	40	4589,38	Ce II	2	—	4583,05	Mn	8	—
4595,04	Cr I	15	—	4589,33	Mo	5	3	4582,83	Fe II	1	1
4595,04	Os I	80	4	4589,17	Ce	3	—	4582,81	Mn	20	—
4594,93	Sb II	—	(20)	4589,03	Cr (I)	10	—	4582,50	Ce II	10	8
4594,90	Ni	15	10	4589,00	Nb II	—	8	4582,50	As (II)	—	3
4594,63	Co I	400	—	4588,98	O I	—	(15)	4582,49	Mo I	10	10
4594,40	Cr (I)	10	—	4588,9	Ca	—	4	4582,40	Cr I	8	—
4594,21	Sb II	—	(15)	4588,8	к B	25	—	4582,38	Ce	5	—
4594,12	Ce	4	—	4588,75	W I	40	15	4582,34	Mo I	10	10
4594,11	V I	30	25	4588,70	Co I	100	1	4582,34	Pb II	—	(10)
4594,10	Mn	12	—	4588,41	Ce	6	—	4582,29	Zr I	8	—
4593,93	Ce II	30	30	4588,22	Cr II	10	600	4582,28	Nb I	5	5
4593,82	Cr I	12	—	4588,19	Al II	—	(30)	4582,04	Cr I	5	—
4593,78	Nb II	—	15	4588,14	Mo	25	30	4581,83	Mn I	125	—
4593,71	Ce	2	—	4588,08	Al II	—	(2)	4581,71	P II	—	(30)
4593,69	In	—	20	4588,04	P II	—	(300)	4581,62	Nb I	30	50
4593,64	Mo	8	8	4587,89	Au II	—	15	4581,60	Co I	1000	10
4593,20	Cs I	1000R	50R	4587,86	Cr I	30	—	4581,52	Fe I	60	2
4593,10	Ce	3	—	4587,40	Mo	5	5	4581,40	Ca I	100	10
4592,65	Fe I	200	50	4587,14	Fe I	12	2	4581,3	Pb II	—	(4)
4592,58	W I	15	5	4586,95	Cu I	250	80	4581,22	V I	5	4
4592,55	Cr I	25	1	4586,93	Co I	15	—	4581,08	Ce (I)	4	1
4592,53	Ni I	200	2	4586,85	W I	30	5	4581,04	Cr I	15	1
4592,51	Ru I	100	10	4586,84	Sb II	—	(25)	4580,92	Mo II	—	20
4592,42	W I	20	10	4586,82	Ca	—	2	4580,92	As (II)	—	10
4592,27	Ce	3	—	4586,78	Mo(I)	15	15	4580,69	Ta I	200	10
4592,20	Mo I	20	20	4586,57	Mo I	15	15	4580,68	Re I	100	50
4592,05	Cr II	3	35	4586,36	V I	40	30	4580,61	Ni I	5	—
4591,89	Sb III	—	20	4586,15	Cr I	25	6	4580,60	Fe I	6	—
4591,82	Ba I	15	3	4586,11	Mn I	30	—	4580,54	Pt I	3	1
4591,70	Mn	8	—	4586,06	Mo I	20	20	4580,50	Nb II	1	2
4591,57	Ce	2	—	4586,05	Ce	2	—	4580,45	Ti II	—	5
4591,51	Mn	10	—	4586,03	Ca	2	3	4580,40	V I	30	25
4591,45	Ce	3	—	4585,87	Ca I	125	10	4580,27	Sn II	—	(4)
4591,40	Cr I	200	125	4585,82	Al II	—	(40)	4580,14	Co I	300	3
4591,22	V I	30	25	4585,09	Cr I	10	2	4580,05	Cr I	300	125
4591,11	Ce II	8	—	4584,93	Cr I	10	1	4579,96	W I	4	—
4591,10	Ru I	60	—	4584,92	Mn I	20	—	4579,92	Ce	2	—

λ	El.	B A	B S (E)	λ	El.	B A	B S (E)	λ	El.	B A	B S (E)
4579,71	Mo	5	4	4574,60	Mo I	10	8	4570,12	Mo I	25	25
4579,70	W I	12	3	4574,52	Mn	8	—	4570,09	Ce	3	—
4579,67	Mn	50	—	4574,50	Fe	7	3	4570,03	Co I	300	—
4579,64	Ba I	75	40	4574,49	Zr II	3	2	4570,02	Ir I	50	2
4579,60	Cr I	5	—	4574,48	Mo I	10	10	4569,66	Ce	4	—
4579,45	Nb II	5	30	4574,33	Nb I	2	3	4569,63	Cr I	50	10
4579,36	Co I	25.		4574,31	Ta I	300	20	4569,53	Cr I	15	4
4579,32	In	—	10	4574,21	Cr (I)	10	—	4569,48	Nb(I)	2	5
4579,28	Ce	6	—	4574,18	As (II)	—	3	4569,15	Nb I	10	5
4579,19	V I	12	10	4574,11	Ce	3	—	4569,14	Ce	2	—
4579,15	Pb II	—	(10)	4573,99	Sc I	2	—	4569,02	Mo I	5	8
4579,13	Sn II	—	(4)	4573,85	Ba I	50	20	4569,01	Rh I	100	25
4578,78	Mo II	—	12	4573,63	Mn	10	—	4568,78	Fe I	10	1
4578,77	Ce	6	—	4573,29	Ta I	200	2	4568,61	W I	6	—
4578,73	V I	25	20	4573,1	Be	—	40	4568,58	Ce	3	—
4578,56	Ca I	80	5	4573,08	Nb I	30	50	4568,31	Ti II	3	8
4578,52	In II	—	(5)	4572,90	In II	—	(10)	4568,09	Ir I	100	3
4578,48	Mo	6	6	4572,85	Zr I	3	—	4567,95	As (II)	—	5
4578,39	In II	—	(60)	4572,78	Ce II	6	—	4567,86	Co	2	—
4578,33	W I	12	4	4572,74	Mn	20	—	4567,82	Si III	—	30
4578,33	Cr I	25	2	4572,66	Be I	15	15	4567,79	Ca	—	2
4578,15	Ce	2	—	4572,39	Mn	5	—	4567,68	Mo I	25	25
4578,08	In II	—	(50)	4572,28	Ce II	35	35	4567,59	W	9	2
4578,08	Mn I	15	—	4572,11	Ca	—	8	4567,53	Co I	2	—
4577,95	Sb II	—	(25)	4572,01	Ce	3	—	4567,40	Ce	3	—
4577,9	к C	—	—	4571,98	Ti II	150	300	4567,39	Mo	8	6
4577,77	Mo I	10	15	4571,89	W I	10	1	4567,15	Ce II	2	—
4577,66	O I	—	(30)	4571,79	Rb II	—	30	4566,87	Mo	2	3
4577,42	Pt I	5	2	4571,78	V I	30	25	4566,86	Ta I	100	2
4577,17	V I	40	30	4571,75	Mo	6	6	4566,61	Co I	100	2
4576,79	O I	—	(15)	4571,72	Pb III	—	7	4566,59	Cr I	10	—
4576,77	Cr I	10	—	4571,67	Cr I	50	40	4566,59	Ce	2	—
4576,57	Ca	—	4	4571,55	Mn	8	—	4566,52	Fe I	5	1
4576,55	Ti I	4	—	4571,48	Ce II	2	—	4566,35	Ca	—	2
4576,50	Mo I	40	40	4571,40	In II	—	(2)	4566,22	W I	8	2
4576,48	Ce II	6	—	4571,35	P	—	30	4565,95	Hf I	40	6
4576,33	Fe II	3	2	4571,33	In II	—	(5)	4565,85	Ta I	200	15
4576,20	Zr I	5	—	4571,23	Mn	20	—	4565,84	Ce II	12	12
4576,09	In	—	3	4571,21	In II	—	(30)	4565,77	Mn I	10	—
4575,86	Mo	15	15	4571,16	In II	—	(10)	4565,69	Mo II	2	25
4575,76	Ce	2	—	4571,10	Mg I	20	2	4565,67	Fe I	8	1
4575,52	Zr I	50	—	4571,10	Cr I	10	1	4565,59	Co I	800	12
4575,51	Ti	7	1	4571,06	Mo	6	6	4565,51	Cr I	20	30
4575,41	Mn	50	—	4570,97	In II	—	(5)	4565,46	Zr I	8	—
4575,36	Nb I	2	3	4570,95	Nb I	2	3	4565,33	Fe I	6	—
4575,24	Mo II	5	8	4570,93	In II	—	(30)	4565,32	W I	12	2
4575,11	Cr I	25	5	4570,90	Ti I	40	2	4565,27	P II	—	(100)
4575,07	Ce	2	—	4570,84	In II	—	(15)	4565,23	Ce (I)	6	1
4574,94	Co I	20	—	4570,78	In II	—	(5)	4564,97	In	—	10
4574,90	P	—	(30)	4570,66	W I	30	10	4564,84	Co I	10	—
4574,84	Nb I	10	10	4570,63	Ce I	6	1	4564,78	N II	—	(2)
4574,80	As (II)	—	3	4570,59	Mo	5	5	4564,77	Ce	3	—
4574,76	Si III	—	20	4570,53	Cr I	6	—	4564,66	Mo	—	10
4574,74	Ce	3	—	4570,42	V I	20	15	4564,59	V II	—	150
4574,72	Fe I	12	1	4570,34	Cr I	15	—	4564,55	V I	4	40

λ	El.	B A	B S (E)	λ	El.	B A	B S (E)	λ	El.	B A	B S (E)
4564,53	Nb I	20	30	4558,60	Ce	8	—	4553,66	W I	6	1
4564,44	Ca	—	4	4558,24	Cr I	15	—	4553,50	Mo II	—	25
4564,21	Ti I	3	—	4558,10	Ti I	15	3	4553,41	Ce	2	—
4564,20	Nb I	2	3	4558,10	Mo I	30	30	4553,41	Ti I	6	—
4564,17	Co I	35	1	4558,08	Ce	2	—	4553,33	Co I	25	—
4564,17	Cr I	15	10	4558,07	P II	—	(100)	4553,32	Mo I	12	4
4564,07	W I	7	2	4558,04	Zr I	4	—	4553,31	Mn	12	—
4563,98	Co I	10	1	4557,98	Ce	3	—	4553,27	Ca	—	4
4563,95	Se II	—	(200)	4557,85	Ti I	12	3	4553,22	Mo	12	6
4563,77	Ti II	100	200	4557,78	Te II	—	(300)	4553,17	Ni I	15R	—
4563,66	Cr I	15	3	4557,40	Ce	3	—	4553,1	к C	—	—
4563,62	Mn I	2	—	4557,24	Sc I	3	—	4553,06	Ce (I)	8	—
4563,59	W I	15	5	4557,2	Pb II	—	(2)	4553,05	V I	20	15
4563,43	Ti I	15	3	4557,03	Ce	3	—	4553,01	Zr I	10	—
4563,37	Ce II	4	—	4556,87	W I	15	5	4552,84	Hg III	—	(30)
4563,27	Hg	—	(5)	4556,84	Nb I	3	5	4552,80	Mo	5	5
4563,24	Cr I	12	2	4556,73	V I	1	5	4552,64	Ca	—	3
4563,05	Ce	2	—	4556,35	Ta (I)	200	5	4552,62	Si III	—	40
4562,74	Mn	8	—	4556,22	Ce	3	—	4552,55	Fe (I)	10	1
4562,63	Ti I	25	3	4556,21	W I	6	1	4552,53	W I	12	3
4562,36	Ce II	40	40	4556,18	Cr I	40	12	4552,53	N II	—	(15)
4561,94	Co I	25	—	4556,12	Fe I	150	35	4552,46	Ti I	150	50
4561,93	P II	—	(15)	4556,02	Mo	2	4	4552,44	Co I	25	—
4561,88	S	—	(25)	4555,92	Cu II	2	70	4552,42	Pt I	60	10
4561,56	Ce	2	—	4555,89	Fe II	12	12	4552,38	S II	—	(250)
4561,54	Bi III	—	5	4555,62	Ce	2	—	4552,37	As II	—	50
4561,51	Cr I	15	—	4555,56	Nb I	3	2	4552,30	Ce	2	—
4561,47	Nb(I)	3	2	4555,52	Zr I	30	2	4552,06	Ce (I)	5	—
4561,28	Ce	2	—	4555,49	Ti I	125	60	4551,95	Ta I	400	8
4561,13	Mn I	2	—	4555,42	Ce	5	—	4551,95	Pt I	2	1
4560,96	Ce II	18	—	4555,32	W	7	1	4551,85	W I	35	10
4560,84	Bi III	—	5	4555,31	Cs I	2000R	100	4551,84	V I	9	8
4560,71	V I	30	25	4555,30	Cr I	15	—	4551,51	Nb I	3	2
4560,55	Ce	2	—	4555,13	Zr I	15	—	4551,30	Os I	150	8
4560,50	W	4	—	4555,09	Cr I	15	50	4551,29	Ce II	20	—
4560,48	Mn	20	—	4555,08	Ti I	12	2	4551,23	Ni I	5	—
4560,28	Ce II	25	25	4555,02	Cr II	—	40	4551,03	Nb I	1	3
4560,27	As (II)	—	3	4554,83	P II	—	(100)	4550,92	Ce	2	—
4560,13	Mo I	25	25	4554,82	Cr I	25	2	4550,79	Fe	50	—
4560,10	Fe I	20	—	4554,68	W I	4	—	4550,78	Ir I	80	—
4560,07	Pt	1	2	4554,59	Pt I	10	5	4550,71	Zr I	3	—
4559,94	Ni I	10	—	4554,59	Ca	—	2	4550,65	Nb I	1	3
4559,92	Ti I	50	5	4554,55	Ce II	6	—	4550,56	Ce	3	—
4559,75	Mo	5	5	4554,51	Ru I	1000R	200	4550,41	Os I	150	10
4559,62	Ce	3	—	4554,33	Ce	2	—	4550,34	W I	7	1
4559,42	Nb(I)	3	5	4554,04	Ba II	1000R	200	4550,29	Ce II	6	—
4559,18	Ce	2	—	4554,03	Ce	35	—	4550,10	Nb II	3	10
4559,12	Co I	10	—	4554,02	Mo	1	4	4549,96	Ce	2	—
4559,11	W I	10	2	4553,96	Zr II	4	12	4549,87	As II	—	10
4559,03	Mo	3	3	4553,95	Cr I	20	3	4549,71	Mn	12	—
4558,97	W I	10	2	4553,83	Nb I	5	8	4549,66	Co I	600	—
4558,90	Ce	2	—	4553,79	Mo I	20	20	4549,64	V	30	20
4558,74	Mo I	12	15	4553,75	Ce	2	—	4549,64	Ce II	6	—
4558,71	Zr	3	—	4553,7	к Pb	6	—	4549,63	Ti II	100	200
4558,66	Cr II	20	600	4553,69	Ta I	200	2	4549,62	Zr I	15	2

λ	El.	B A	S (E)	λ	El.	B A	S (E)	λ	El.	B A	S (E)
4549,55	S (II)	—	(80)	4544,8	Pb II	—	(4)	4539,97	As II	—	200
4549,53	W	6	1	4544,73	Sb II	—	5	4539,92	Os I	100	2
4549,47	Fe II	100	100	4544,69	Ti I	150	60	4539,79	Cr I	40	25
4549,46	Au III	—	5	4544,61	Cr I	100	70	4539,75	Ce II	20	10
4549,42	Mo	8	8	4544,57	W I	10	1	4539,70	Cu I	100	80
4549,35	In II	—	(10)	4544,41	Mn I	60	5	4539,69	W I	4	1
4549,23	As II	—	125	4544,36	W	2	2	4539,63	Mo	6	6
4549,15	Mo	6	5	4544,00	Ti II	5	20	4539,58	Ce	3	—
4549,05	In II	—	(15)	4543,81	Co I	500	—	4539,20	Mo	4	3
4548,88	Ce (I)	10	—	4543,76	As (II)	—	200	4539,09	Ti (I)	15	4
4548,77	Ti I	125	25	4543,73	Cr I	20	2	4539,06	Ce II	8	—
4548,73	In II	—	(15)	4543,68	Ce	2	—	4538,94	Cs II	—	(30)
4548,71	Nb II	1	3	4543,57	Ce	3	—	4538,87	Mo	5	4
4548,66	Os I	100	5	4543,51	W I	25	10	4538,46	Mn I	40	—
4548,58	Mn	80	5	4543,40	Mo II	2	15	4538,42	Ce	2	—
4548,49	Ir I	100	5	4543,29	W I	7	1	4538,41	Mo	5	5
4548,40	P	—	(50)	4542,95	Ce	6R		4537,88	Ce II	6	—
4548,38	Ce	2	—	4542,89	W I	15	3	4537,82	Ti	2	—
4548,11	Ti I	7	1	4542,88	Mo	3	4	4537,66	V I	25	20
4548,08	Mo	—	10	4542,79	Nb I	5	5	4537,62	Os I	50	—
4547,87	Pt I	3	1	4542,64	Cr I	30	8	4537,60	Zr I	3	—
4547,85	Fe I	200	100	4542,6	к Zr	25	—	4537,59	Nb I	5	5
4547,85	Nb I	2	3	4542,44	Mn	80	5	4537,32	Mo	1	3
4547,85	Ti I	10	1	4542,42	Fe I	3	1	4537,22	Ti I	10	3
4547,71	Ce	2	—	4542,22	Zr I	15	—	4537,01	Hg	—	(10)
4547,53	Mo	4	4	4542,07	Ce	3	—	4536,88	Ce II	6	—
4547,33	Mn	8	—	4541,77	Ce	3	—	4536,80	Mo I	40	80
4547,29	Ce	2	—	4541,63	Na I	10	—	4536,66	W I	15	6
4547,23	Ni I	30	—	4541,56	Ce	3	—	4536,64	Ce	3	—
4547,20	Mo	4	4	4541,55	Mo(I)	20	20	4536,43	Hg	—	(5)
4547,15	Ta I	150	2	4541,52	Fe II	2	2	4536,20	Ce	4	—
4547,02	Fe I	7	1	4541,51	Cr I	30	6	4536,05	Ti I	40	20
4546,93	Ni I	50	2	4541,39	V	3	3	4535,92	Ti I	40	20
4546,83	Ce	2	—	4541,20	Ce	2	—	4535,75	Zr I	10	—
4546,82	Nb I	15	30	4541,13	Pd I	15	3	4535,71	Cr I	125	100
4546,57	Cr I	3	—	4541,12	P	—	(70)	4535,69	Nb II	1	3
4546,49	W I	30	10	4541,07	Cr I	30	8	4535,65	W	2	1
4546,06	Ce (I)	8	—	4541,03	Cu II	—	5	4535,58	Ti I	80	50
4546,03	P	—	(70)	4541,02	Mo	4	4	4535,54	Mo	6	5
4545,99	Mo	—	4	4541,02	Ti I	2	—	4535,52	Ce	2	—
4545,98	Co I	10	—	4540,93	Hf I	50	2	4535,50	In	—	5
4545,95	Cr I	200	125	4540,87	Ti I	6	1	4535,38	Mo I	20	20
4545,87	Ce II	5	—	4540,79	Co I	30	—	4535,35	Ce	2	—
4545,68	Ir I	200	4	4540,75	Mo	25	25	4535,15	Ce	2	—
4545,45	Ce	4	—	4540,72	Cr I	40	40	4535,14	Cr I	50	30
4545,39	V I	40	30	4540,62	Ce	4	—	4535,1	к Ca	2	—
4545,34	Cr I	25	12	4540,50	Cr I	40	40	4535,05	W I	15	5
4545,31	Mn	12	—	4540,48	Ti I	7	1	4534,88	Mo	20	20
4545,24	Co I	50	—	4540,33	Cu (II)	—	3	4534,78	Ti I	100	40
4545,2	к Zr	18	—	4540,31	W I	7	1	4534,71	W I	15	5
4545,19	Na I	15	—	4540,20	Cu (II)	—	2	4534,69	Pb	—	5
4545,17	Re I	30	—	4540,20	P	—	(70)	4534,46	Mn I	30	—
4545,14	Ti II	3	15	4540,10	Nb(I)	5	1	4534,42	Mo	20	30
4545,04	Mo	4	6	4540,00	V I	15	12	4534,4	к Zr	30	—
4544,95	Ce II	10	—	4539,98	Zr I	15	—	4534,37	W	3	2

λ	El.	B		λ	El.	B		λ	El.	B	
		A	S (E)			A	S (E)			A	S (E)
4534,29	Mg II	4	—	4529,18	S	—	(8)	4523,73	P	—	(50)
4534,22	Ce	4	—	4528,73	Rh I	500R	60	4523,57	In	—	10
4534,16	Fe II	3	1	4528,70	Ce	2	—	4523,40	Nb I	30	30
4533,99	Co I	500	8	4528,62	Fe I	600	200	4523,39	Mn I	50	—
4533,97	Ti II	30	150	4528,61	Mo I	15	10	4523,17	Ba I	60	10
4533,92	Nb(I)	1	5	4528,61	As II	—	10	4523,13	Zr I	4	—
4533,92	V (I)	15	12	4528,51	V II	2	10	4523,08	Ce II	35	25
4533,81	P II	—	(15)	4528,47	Ce II	30	15	4523,00	Pt I	10	1
4533,56	Ce	3	—	4527,98	V (I)	10	4	4522,92	P II	—	(50)
4533,24	Ti I	150	40	4527,95	Ce	3	—	4522,89	Mo	3	3
4533,22	Ce	2	1	4527,93	Co I	100	2	4522,81	Ti I	100	70
4532,87	Ir I	80	2	4527,86	Mo	4	4	4522,73	Re I	100	—
4532,75	Cr I	15	2	4527,79	Y I	25	40	4522,68	Hg	—	(2)
4532,49	Ce	6	—	4527,65	Nb II	1	30	4522,63	Fe II	60	50
4532,47	Nb(I)	1	5	4527,50	Ta (I)	150	5	4522,59	Ce	3	—
4532,36	As(II)	—	10	4527,47	Cr I	15	6	4522,54	Nb(I)	1	3
4532,31	Mn	3	—	4527,45	Ti I	3	—	4522,46	Ce	2	—
4532,19	V II	—	20	4527,35	Ce II	50	25	4522,21	Nb II	1	10
4532,14	Ti	3	—	4527,34	Cr I	15	8	4522,19	Mo I	25	30
4532,01	Ce (I)	5	—	4527,31	Ti I	100	50	4522,07	Ce II	25	15
4531,8	к C	—	—	4527,24	Y I	40	50	4522,01	Cr I	12	1
4531,65	Fe I	8	1	4526,94	Ca I	100	3	4521,95	Ce (I)	6	—
4531,63	Ce	4	—	4526,78	Co I	10	—	4521,93	Zr I	3	—
4531,31	Ce (I)	8	—	4526,73	Cs II	—	(35)	4521,55	Mo	5	5
4531,15	Fe I	125	—	4526,46	Cr I	50	30	4521,26	к Zr	20	—
4531,06	Ce	3	—	4526,42	Fe I	10	1	4521,14	Mo	8	15
4530,96	Co I	1000	8	4526,41	Zr I	5	—	4521,14	Cr I	25	10
4530,94	Ce	3	—	4526,37	Ti I	5	1	4521,13	Ce	3	—
4530,86	Ru I	60	—	4526,37	Ce	2	—	4521,09	Ta I	200	10
4530,85	Ta I	300	50	4526,37	Mo I	25	25	4520,90	Pt I	40	2
4530,82	Cu I	200	50	4526,35	Ce	2	—	4520,83	Nb I	1	3
4530,81	Ce	3	—	4526,12	Zr I	3	—	4520,49	P	—	(15)
4530,81	Sb II	—	9	4526,09	Cr I	20	6	4520,40	Ce II	3	—
4530,81	P II	—	(150)	4526,04	Sb	—	(10)	4520,28	Mo	3	3
4530,78	V (I)	12	9	4525,93	Ti	2	—	4520,24	Fe I, II	40	30
4530,72	Cr I	150	125	4525,86	Mo	2	3	4520,17	V I	25	20
4530,47	W I	15	4	4525,78	Co I	5	—	4520,03	Mn I	12	—
4530,41	N II	—	(25)	4525,32	Mo	6	8	4519,99	Ni I	25	—
4530,35	Rb II	—	15	4525,15	V I	15	12	4519,83	Cr I	10	—
4530,05	In	—	10	4525,15	Fe I	100	50	4519,59	Ce II	8	—
4530,03	Mn II	—	(10)	4524,95	S II	—	(150)	4519,58	Mo II	—	40
4529,95	Re I	40	—	4524,95	Ba II	80	30	4519,3	к Zr	20	—
4529,84	Cr I	25	8	4524,93	Co	3	—	4519,29	Co I	40	—
4529,79	Mn I	50	—	4524,87	Os I	80	2	4519,17	W I	12	3
4529,76	W I	15	4	4524,84	Cr I	20	3	4519,1	к Ca	3	—
4529,68	Fe	10	2	4524,74	Sn I	500	50	4518,69	Ti I	30	10
4529,67	Os I	80	2	4524,73	Ti II	10	10	4518,66	Mo	4	4
4529,58	V I	15	8	4524,72	Mo	4	5	4518,63	Cr I	6	—
4529,56	Fe I	6	—	4524,68	S II	—	(20)	4518,44	Mo I	5	5
4529,46	Ti II	5	40	4524,59	Ce II	2	—	4518,28	Ce	4	—
4529,41	Nb I	2	3	4524,34	Mo I	30	30	4518,03	Ti I	100	60
4529,39	Mo I	25	20	4524,21	V I	40	30	4518,01	Ce (I)	12	—
4529,29	V I	9	3	4524,12	Nb I	5	5	4517,82	Ru I	60	—
4529,27	Ce	3	—	4524,02	Ce	4	—	4517,56	V	5	4
4529,18	Al III	—	5	4523,88	Re I	40	—	4517,53	Fe I	30	3

λ	El.	P A	S (E)	λ	El.	B A	S (E)	λ	El.	B A	S (E)
4517,42	In	—	10	4511,90	Cr I	80	100	4506,57	V I	6	4
4517,40	Mo I	12	8	4511,63	Ce (II)	10	—	4506,50	O	—	(15)
4517,37	W I	9	2	4511,50	Ta I	300	40	4506,42	Ce (I)	15	—
4517,13	Mo I	30	30	4511,43	V I	2	2	4506,36	Ti I	20	2
4517,11	Co I	300	6	4511,34	Cd	5	—	4506,08	V I	3	2
4516,91	Nb I	1	3	4511,32	In I	5000R	4000R	4506,05	Mo	20	20
4516,88	Ru I	100	—	4511,25	Pt I	2	1	4506,00	Cu II	1	50
4516,64	Re I	80	—	4511,23	Mn	2	—	4505,95	Mo	20	20
4516,60	Ca	—	8	4511,17	Ti (I)	40	10	4505,95	Y I	50	50
4516,52	Ce	2	—	4511,17	Zr I	5	—	4505,92	Ba I	60	20
4516,29	Ce	4	—	4511,08	Nb I	5	15	4505,71	Ti I	3	1
4516,25	Se II	—	(70)	4510,98	Ta I	200	50	4505,59	Ce	3	—
4516,20	Pd I	10	1	4510,92	Ce II	6	—	4505,42	In	—	10
4516,14	As II	—	15	4510,84	Al	—	6	4505,34	K II	—	(30)
4516,05	Cu II	—	2	4510,76	Ce	3	—	4505,12	Ce	6	—
4515,88	W I	6	1	4510,21	Mn II	—	(6)	4505,0	κ Ca	4	—
4515,85	Ce II	18	—	4510,16	Ce II	4	—	4505,00	Ca I	2	3
4515,83	Zr	3	—	4510,08	Ce	2	—	4504,89	Mo I	2	4
4515,62	Ti I	20	2	4510,00	Cr I	15	1	4504,86	W I	30	10
4515,55	V I	6	5	4509,73	Ti	2	1	4504,84	Fe I	6	—
4515,44	Cr I	25	10	4509,49	Ce	3	—	4504,16	W I	12	4
4515,42	Zr I	3	—	4509,39	Cu I	150	30	4504,06	Ce	2	—
4515,34	Fe II	10	10	4509,35	W	6	1	4504,06	P	—	(30)
4515,18	Mo I	15	15	4509,33	As (II)	—	10	4503,91	Cr I	2	—
4515,03	Mo	5	8	4509,29	Ta II	60	2	4503,87	Mn I	60	5
4514,8	air	—	10	4509,28	V I	4	2	4503,84	Ce	3	—
4514,7	κ C	—	—	4509,26	Ce II	4	—	4503,77	Ti I	15	5
4514,53	Cr I	30	8	4509,14	Ce II	12	—	4503,55	Mo II	—	25
4514,50	Sb (II)	—	(10)	4508,80	Ca	—	4	4503,41	Nb I	2	5
4514,45	Ce	3	—	4508,75	Cr I	5	—	4503,35	Ce	3	—
4514,40	Mo	8	10	4508,72	Ce	5	—	4503,15	W	3	1
4514,37	Cr I	10	8	4508,67	Mo II	—	5	4503,04	Cr I	10	1
4514,31	W I	6	1	4508,40	Nb I	5	5	4503,04	Nb I	10	20
4514,19	V I	25	20	4508,28	Fe II	40	30	4502,8	κ Sc	3	—
4514,19	Co I	60	2	4508,28	Ti I	3	1	4502,59	Fe I	3	—
4514,14	Pt II	2	5	4508,20	Mo	5	4	4502,57	Ce	2	—
4514,06	Ce	4	—	4508,08	Ce II	8	—	4502,45	W	2	2
4514,05	W	4	—	4508,04	Ti I	5	1	4502,27	N	—	(5)
4513,71	Ti I	3	1	4508,02	Zr	3	—	4502,21	Cr I	8	—
4513,44	Nb I	3	3	4507,92	As II	—	30	4502,22	Mn I	125	40
4513,31	Re I	300	—	4507,75	Ce	3	—	4502,14	Ce	2	—
4513,30	W I	30	10	4507,56	N II	—	(10)	4502,1	κ C	—	—
4513,22	Cr I	10	—	4507,55	P	—	(30)	4501,95	V I	20	15
4513,20	Cu I	3	1	4507,35	Cu I	50	30	4501,83	Ce	2	—
4513,13	Ce	2	—	4507,34	Ce	2	—	4501,78	Cr I	15	6
4512,99	Ni I	2	—	4507,27	Zr I	3	—	4501,69	Ce	3	—
4512,91	W I	30	10	4507,12	Zr I	20	—	4501,53	Cs II	—	(35)
4512,88	Ca	—	4	4507,04	Re I	40	—	4501,44	V I	5	—
4512,74	Ti I	100	60	4506,96	Ce	3	—	4501,29	Mo I	25	25
4512,72	V II	1	40	4506,92	Sb II	—	12	4501,27	Ti II	60	100
4512,71	P	—	(15)	4506,84	Cr I	30	30	4501,2	P	—	(15)
4512,60	Cr	8	—	4506,72	Mn	8	—	4501,10	Cr I	40	30
4512,28	Ca I	10	—	4506,70	Sb	—	3	4501,09	Ce (I)	6	—
4512,14	Mo I	25	25	4506,67	Mo I	25	25	4500,94	In II	—	(50)
4512,12	Nb I	2	3	4506,63	Ce	3	—	4500,77	In II	—	(30)

λ	El.	B A	B S (E)	λ	El.	B A	B S (E)	λ	El.	B A	B S E)
4500,62	In II	—	(15)	4494,59	As II	—	200	4489,53	Ce	5	—
4500,55	Co I	5	—	4494,57	Fe I	400	150	4489,47	Cr I	25	15
4500,47	Mo II	—	5	4494,57	Nb I	10	5	4489,47	O II	—	(10)
4500,34	Ce II	8	—	4494,51	W I	20	12	4489,46	Pd I	12	2
4500,29	Cr I	50	30	4494,41	Zr II	2	5	4489,30	Mo II	—	5
4499,90	Ca	—	10	4494,22	Ce II	20	3	4489,18	Fe II	2	2
4499,80	Nb I	5	10	4494,18	Na I	60	—	4489,09	Ti I	100	40
4499,75	Ce	6	—	4494,09	Mo	5	5	4489,02	W I	12	3
4499,51	Ce II	4	—	4493,97	W I	15	7	4488,99	Mo I	15	12
4499,44	Mo I	20	20	4493,9	к C	—	—	4488,98	Ba I	80	3
4499,26	Co I	3	—	4493,8	к Zr	25	—	4488,91	Fe I	3	1
4499,25	Cr I	4	—	4493,69	Ce	3	—	4488,89	V I	60	30
4499,24	P II	—	(150)	4493,64	Ba I	60	5	4488,80	Ce II	6	—
4499,22	Ce	4	—	4493,53	Ti II	1	8	4488,60	Os I	60	—
4498,90	Mn I	150	40	4493,49	Mo II	—	10	4488,38	Ru I	25	—
4498,79	Sb	—	2	4493,41	Ce	4	—	4488,32	Ti II	10	125
4498,76	Pt I	100	5	4493,32	Ce	3	—	4488,28	Au I	40	30
4498,73	Cr I	30	15	4493,18	Pt	2	1	4488,17	O II	—	(15)
4498,47	W I	12	4	4492,96	Nb II	1	50	4488,13	Ce	2	—
4498,41	Ce	3	—	4492,95	Ce II	6	—	4488,13	Fe I	7	—
4498,14	Ru I	125	40	4492,81	Hg II	—	(30)	4488,06	Cr I	25	15
4497,88	S II	—	(5)	4492,76	Ce	3	—	4487,87	Ce	6	—
4497,84	Ce II	30	4	4492,73	Co	3	—	4487,48	Ce	3	—
4497,73	Ti I	15	3	4492,54	Ti I	15	4	4487,48	Hg	—	(300)
4497,71	Mn	2	—	4492,47	Rh I	30	8	4487,47	Y I	8	—
4497,70	V I	2	2	4492,40	N (I)	—	(40)	4487,44	W	3	—
4497,69	W I	7	2	4492,34	Ce	3	—	4487,36	In	—	10
4497,65	Na I	70	—	4492,33	W I	12	5	4487,16	Ce	3	—
4497,61	Ce	6	—	4492,31	Cr I	30	15	4487,04	Mo I	25	25
4497,39	V I	15	10	4492,07	Co I	5	—	4486,91	Ce II	40	15
4496,98	Mn II	—	(4)	4492,06	Mo	3	3	4486,71	Co I	50	1
4496,97	Zr II	10	10	4491,86	Cr I	50	4	4486,66	S II	—	(35)
4496,85	Cr I	200	200	4491,69	Cr I	25	1	4486,40	Ce	3	—
4496,84	V I	40	30	4491,65	Mo I	5	6	4486,36	Zr I	3	—
4496,63	Mn I	40	5	4491,65	Mn I	50	5	4485,79	Mo	4	4
4496,50	Ta I	100	2	4491,56	Zr I	4	—	4485,68	Fe I	50	2
4496,27	W I	4	—	4491,40	Fe II	2	2	4485,52	Ce II	15	1
4496,24	Ti I	6	—	4491,29	Ce	4	—	4485,44	Zr II	3	—
4496,23	Ce II	10	—	4491,28	Mo I	40	30	4485,29	P	—	(50)
4496,2	к Zr	30	—	4491,23	O II	—	(30)	4485,09	Ti I	8	—
4496,15	Ti I	60	60	4491,16	V I	6	5	4484,96	Mo I	30	30
4496,11	Mo	2	3	4490,80	V I	25	20	4484,95	Ca	—	5
4496,06	V I	30	25	4490,76	Fe I	40	1	4484,82	Ce	30	3
4495,96	Fe I	7	—	4490,69	Ti I	4	—	4484,76	Os I	100	1
4495,46	Nb II	—	3	4490,55	Cr I	15	—	4484,69	Pt I	5	1
4495,38	Ce II	18	2	4490,54	Ni I	3	—	4484,68	Cr I	6	—
4495,35	Ir I	100	3	4490,46	Ce	4	—	4484,55	Ti I	3	—
4495,31	W I	20	6	4490,30	Co I	2	—	4484,52	Co I	60	—
4495,28	Cr I	15	2	4490,19	Mo I	20	20	4484,41	Ca	—	3
4495,1	к C	—	—	4490,09	Fe I	40	10	4484,22	Fe I	125	40
4495,00	Ti (I)	20	5	4490,08	Mn I	100	25	4484,19	W I	35	20
4494,97	Ta (I)	50	2	4489,96	W	3	—	4483,93	Co I	100	—
4494,93	Zr I	3	—	4489,87	Al II	—	(2)	4483,90	Ce II	40	10
4494,76	Co I	100	—	4489,82	Ce	2	—	4483,68	P II	—	(30)
4494,67	N (I)	—	(25)	4489,74	Fe I	100	12	4483,59	Co I	20	—

λ	El.	B A	S (E)	λ	El.	B A	S (E)	λ	El.	B A	S (E)
4483,53	W	4	—	4477,98	Ce	8	—	4472,82	B II	—	4
4483,42	S II	—	(100)	4477,92	O II	—	(10)	4472,79	Mn I	100	25
4483,34	Ce	8	1	4477,83	W I	5	7	4472,72	Fe I	10	1
4483,05	Ce	3	—	4477,74	N II	—	(5)	4472,72	Ce II	15	3
4482,88	Cr I	25	12	4477,63	Ce	4	—	4472,57	Mo	5	5
4482,78	Ce	4	—	4477,52	Cr I	5	—	4472,53	Nb I	10	15
4482,75	Fe I	20	2	4477,38	W I	4	—	4472,51	W I	6	1
4482,69	Ti I	40	20	4477,35	Ce	2	—	4472,08	Ce II	3	—
4482,59	Ce	3	—	4477,24	Co I	30	—	4472,08	B II	—	4
4482,50	Zr I	3	—+	4477,21	Ce	4	—	4472,04	Mo I	20	15
4482,48	S	—	(8)	4477,16	W I	4	—	4471,81	Co I	5	—
4482,26	Fe I	150	70	4477,16	Mo	3	4	4471,81	W I	4	—
4482,17	Fe I	150	70	4477,12	Bi II	—	10	4471,77	V I	6	3
4481,90	Ce	5	—	4477,05	Cr I	20	—	4471,65	Mo I	20	20
4481,64	Pt I	2	1	4476,99	Ce	3	—	4471,65	Pt	—	2
4481,63	Ce	3	—	4476,54	W	4	—	4471,63	Ce	6	—
4481,45	Cr I	10	—	4476,51	Ce	3	—	4471,55	Co I	100	4
4481,44	Nb I	2	3	4476,3	Pb II	—	(3)	4471,5	к Zr	40	—
4481,33	Mg II	100	—	4476,04	J II	—	(60)	4471,43	As II	—	10
4481,32	Re II	15	—	4476,04	Ag I	40	8	4471,35	V I	20	8
4481,28	W (I)	15	6	4476,03	Fe I	500	300	4471,29	W	4	—
4481,27	Mo	10	8	4475,97	Ce	3	—	4471,29	Nb I	20	30
4481,26	Ti I	100	60	4475,88	V I	6	2	4471,24	Ce II	35	8
4481,16	Mg II	—	50	4475,69	As (II)	—	30	4471,24	Ti I	100	40
4480,93	Ta I	200	10	4475,65	V II	—	10	4471,05	Mo	2	4
4480,84	Ce	2	—	4475,65	Ce	2	—	4470,86	Ti II	12	25
4480,76	Zr I	3	—	4475,63	W I	4	1	4470,75	W I	4	—
4480,59	Ti I	40	15	4475,61	Mo I	25	25	4470,56	Zr I	10	—
4480,57	Ni I	3	—	4475,51	Ti I	12	1	4470,54	Ce	4	—
4480,46	Ce	3	—	4475,38	Ce	2	—	4470,48	Ni I	15	20
4480,36	Cu I	200	20	4475,36	Cr I	40	6	4470,31	Zr I	5	—
4480,32	Ce	3	—	4475,29	Ce	4	—	4470,14	Mn I	80	40
4480,27	Cr I	3	1	4475,27	Nb(I)	2	5	4469,96	S	—	(8)
4480,14	Fe I	10	2	4475,26	P II	—	(200)	4469,85	Ce	4	—
4480,03	V I	25	20	4475,25	Mo	1	3	4469,84	Cr I	3	—
4479,97	Ce	6	—	4474,9	к Zr	8	—	4469,71	W	5	1
4479,81	Os I	80	—	4474,86	Ce	4	—	4469,71	Nb I	12	15
4479,74	P	—	(70)	4474,85	Ti I	80	30	4469,71	V I	20	12
4479,71	Ti I	70	35	4474,71	V I	25	20	4469,56	Co I	300	5
4479,62	Fe I	15	2	4474,69	Ce II	12	1	4469,51	Ce	2	—
4479,60	W I	4	—	4474,66	W	4	—	4469,4	к Zr	30	—
4479,43	Ce II	4	—	4474,66	Nb II	—	5	4469,38	Mo	2	3
4479,40	Mn I	60	—	4474,65	Mo I	80	—	4469,38	Fe I	200	100
4479,36	Ce II	40	18	4474,60	As II	—	200	4469,32	Nb I	10	5
4479,22	Ca II	—	2	4474,56	Mo I	125	125	4469,32	O II	—	(30)
4479,20	Ce	4	1	4474,04	V I	30	20	4469,23	Ce	2	—
4479,18	W	4	—	4474,03	W I	12	5	4469,16	Ti II	5	1
4479,04	Mo	3	5	4473,93	Ru I	100	—	4468,78	Zr I	3	—
4478,88	Cr (I)	3	—	4473,78	Cr I	25	1	4468,75	V I	12	9
4478,65	Co I	5	—	4473,66	Ce	2	—	4468,65	Cr I	3	—
4478,63	Te II	—	(800)	4473,59	Pd I	60	6	4468,62	Ce	4	—
4478,50	W	4	2	4473,46	Pt I	2	2	4468,50	Ti II	80	150
4478,48	Ir I	200	10	4473,41	J II	—	(80)	4468,37	Cr I	5	—
4478,32	Co I	100	3	4473,18	Mo I	30	30	4468,28	Mo I	25	25
4477,99	Cr (I)	5	—	4473,13	Ce	3	—	4468,21	Zr I	3	—

λ	El.	B A	B S (E)	λ	El.	B A	B S (E)	λ	El.	B A	B S (E)
4468,08	Mo	5	5	4463,85	Ce II	5	—	4458,74	As (II)	—	30
4468,02	Ce II	3	—	4463,85	Mo II	—	25	4458,64	Mo I	8	10
4468,01	V I	20	15	4463,80	Hg II	—	(2)	4458,60	Ce	4	—
4467,98	P II	—	(50)	4463,70	P II	—	(70)	4458,59	Co I	10	—
4467,96	Ni	2	—	4463,58	S II	—	(250)	4458,54	Cr I	50	125
4467,92	Re I	50	—	4463,55	Ti I	25	12	4458,30	W I	10	5
4467,92	Nb II	—	10	4463,50	W I	15	7	4458,29	Ce	2	—
4467,88	O II	—	(40)	4463,45	Mo	2	4	4458,26	Mn I	25	20
4467,66	W	4	1	4463,42	Ni I	10	—	4458,11	Nb I	5	5
4467,60	Se II	—	(300)	4463,41	Ce II	35	6	4458,11	Fe I	30	1
4467,57	Cr I	20	2	4463,39	Ti I	25	12	4458,09	W I	15	5
4467,54	Ce II	30	4	4463,00	P II	—	(70)	4457,77	Ce II	6	—
4467,40	Mo	2	4	4462,78	Cr I	20	2	4457,75	V I	7	6
4467,30	Ce	6	—	4462,52	W	10	2	4457,68	Cs II	—	(15)
4467,09	Ba I	20	3	4462,46	Ni I	150	20	4457,55	Mn I	20	15
4467,08	Ce	4	—	4462,37	V I	20	9	4457,47	V I	15	9
4466,94	Fe I	7	—	4462,30	Ce	4	—	4457,46	Ce	2	—
4466,90	Zr I	8	1	4462,09	Ti I	10	1	4457,43	Ti I	150	100
4466,89	Co I	300	5	4462,03	Ce II	3	—	4457,43	Zr I, II	40	7
4466,85	V I	8	6	4462,02	Mn I	40	60	4457,42	Nb I	15	15
4466,79	Ce	3	—	4461,92	As (II)	—	10	4457,36	Mo I	50	50
4466,73	W (I)	20	10	4461,84	Mo	5	5	4457,35	Hf I	25	2
4466,72	Ce	3	—	4461,65	Fe I	300	125	4457,14	Ce	2	—
4466,66	K II	—	(20)	4461,55	Mo	4	5	4457,05	Mn I	20	10
4466,60	As II	—	80	4461,37	Ce	3	—	4457,01	Sb II	—	2
4466,55	Fe I	500	300	4461,31	Cr I	5	—	4456,86	As (II)	—	15
4466,42	Nb I	2	2	4461,27	As (II)	—	30	4456,80	Nb I	5	5
4466,39	Ni I	3	—	4461,22	Zr II	4	3	4456,65	Ti II	1	10
4466,35	W I	20	10	4461,20	Fe I	5	1	4456,62	Ca I	20	15
4466,28	O II	—	(30)	4461,18	Hf I	25	2	4456,56	Ce	5	—
4466,17	Cr I	15	1	4461,14	Ce II	30	6	4456,50	V (II)	10	7
4466,13	P II	—	(30)	4461,09	Mn I	30	25	4456,43	S II	—	(35)
4466,00	Ce	3	—	4460,98	V I	9	5	4456,29	Zr I	8	—
4465,92	Nb I	2	2	4460,76	Cr I	25	—	4456,11	W (I)	15	5
4465,81	Ti I	100	40	4460,62	Mo I	20	20	4455,90	Ce	3	—
4465,80	Co I	5	—	4460,50	W I	25	7	4455,89	Ca I	100	75
4465,49	V I	15	7	4460,42	Nb I	5	10	4455,82	Mn I	25	15
4465,43	Ce	6	—	4460,4	к Zr	4	—	4455,66	Ce	18	1
4465,40	O II	—	(40)	4460,38	Mn I	20	5	4455,49	Hg II	—	(30)
4465,37	Cr I	20	10	4460,34	Zr I	8	—	4455,47	W I	15	5
4465,23	Nb I	2	2	4460,29	V I	20	10	4455,46	Ce	3	—
4464,92	Cr I	15	8	4460,29	As (II)	—	10	4455,46	Cr I	8	—
4464,78	Fe I	35	3	4460,21	Ce II	60	20	4455,43	Zr I	6	—
4464,76	Mo I	20	20	4460,20	Nb(I)	8	—	4455,33	Ti I	150	80
4464,74	V I	10	4	4460,17	Nb II	2	10	4455,32	Mn I	25	15
4464,69	Ce II	8	3	4460,03	Ru I	150	80	4455,30	Mo I	10	12
4464,68	Mn I	60	50	4460,00	Zr	2	—	4455,25	Fe	2	3
4464,66	Cr I	15	1	4459,96	N II	—	(2)	4455,03	Fe I	20	1
4464,48	Mo	4	5	4459,77	V I	20	12	4455,01	Mn I	25	10
4464,45	Ti II	12	40	4459,75	Cr I	25	25	4454,98	Ce II	12	1
4464,43	S (II)	—	(100)	4459,37	Cr I	20	—	4454,79	Zr II	7	1
4464,27	V I, II	3	10	4459,12	Fe I	400	200	4454,78	Ca I	200	5
4464,17	Ce II	10	1	4459,08	Ce	4	—	4454,76	Ce	5	—
4464,14	Nb I	5	10	4459,04	Ni I	400	20	4454,62	Re I	100	—
4464,12	Zr	3	—	4458,84	Ce	3	—	4454,53	Ce	3	—

λ	El.	B A	S (E)	λ	El.	B A	S (E)	λ	El.	B A	S (E)
4454,38	Fe I	200	80	4448,94	Zr I	3	—	4443,05	O II	—	(50)
4454,33	Hg II	—	(30)	4448,92	Ce	2	—	4443,00	Nb II	1	5
4454,06	W	3	—	4448,76	Nb I	2	2	4442,99	Zr II	25	15
4454,05	Ce	2	—	4448,22	Ce	2	—	4442,55	Pt I	800	25
4453,87	Mo	4	5	4448,20	O II	—	(70)	4442,46	Ce II	6	—
4453,8	Pb II	—	(3)	4447,8	Al II	—	(15)	4442,44	Ni I	5	—
4453,77	Ce	3	—	4447,73	Nb II	—	5	4442,34	Fe I	400	200
4453,71	Ti I	80	40	4447,72	Fe I	200	100	4442,27	Cr I	15	3
4453,62	W	5	—	4447,68	Ce (I)	6	—	4442,20	Mo I	40	30
4453,44	Cs II	*		4447,62	As (II)	—	3	4442,03	Ce	2	—
4453,35	V II	—	20	4447,35	Os I	200	3	4442,02	N II	—	(10)
4453,32	Ti I	150	70	4447,28	Ce	2	—	4441,94	Co I	5	—
4453,16	Ce II	15	—	4447,23	Mo I	10	6	4441,86	Ce	3	—
4453,12	V I	7	3	4447,18	Nb I	15	20	4441,81	W I	20	10
4453,01	Mn I	50	20	4447,15	Mn	60	—	4441,81	Nb I	3	5
4452,86	J II	—	(700)	4447,03	N II	—	(300)	4441,68	V I	40	30
4452,76	Mo II	—	15	4446,84	Fe I	10	10	4441,68	Ta I	100	2
4452,70	V I	10	6	4446,74	Mo	4	2	4441,61	Nb I	1	2
4452,56	Mo I	12	8	4446,70	Ce II	3	—	4441,60	Ce I	5	—
4452,55	Ce	25	—	4446,48	Sb II	—	(25)	4441,44	Ni	5	—
4452,52	Mn I	8	—	4446,42	Mo I	25	25	4441,27	Ti I	25	10
4452,46	P II	—	(150)	4446,17	Nb I	5	8	4441,03	Ta I	60	2
4452,38	O II	—	(70)	4446,15	Ce	8	—	4440,88	Ce I	20	2
4452,02	V I	20	15	4446,02	Se II	—	(200)	4440,71	Mo I	2	5
4452,02	Mo II	—	30	4445,85	Nb I	3	8	4440,46	Zr II	4	3
4451,63	Hg	—	(7)	4445,72	Co I	125	2	4440,43	Nb I	1	5
4451,59	Mn I	125	100	4445,55	Pt I	20	2	4440,35	Ti I	80	35
4451,54	Fe	2	4	4445,33	Mo II	—	15	4440,18	Mo	4	5
4451,53	Ce	3	—	4445,29	Sb	—	2	4440,12	Ce II	4	—
4451,12	Ce	3	—	4445,26	Ce	3	—	4439,88	Fe I	6	1
4450,90	V I	15	7	4445,15	W I	20	6	4439,87	Mn I	10	—
4450,90	Ti I	150	60	4445,03	Co I	40	2	4439,75	Ru I	125	50
4450,73	Ce II	35	5	4444,91	Mn	10	—	4439,72	W	12	6
4450,48	Ti II	12	50	4444,82	Cu II	—	2	4439,51	Ce II	12	—
4450,36	W I	12	4	4444,73	Mo	4	4	4439,48	Mo (II)	3	3
4450,31	Fe I	12	2	4444,70	Ce II	35	6	4439,24	Ce II	12	1
4450,30	Ni I	5	—	4444,56	Ti II	4	12	4438,96	Mo I	15	15
4450,28	Zr I	8	—	4444,45	W I	4	2	4438,35	Fe I	10	1
4450,25	Ce	2	—	4444,43	Mo	3	3	4438,30	W I	15	7
4450,18	Ir I	60	3	4444,39	Ce II	30	4	4438,23	Ti I	12	6
4450,15	Ni I	2	—	4444,26	Ti I	18	2	4438,18	Ce	2	—
4450,13	Ce	3	—	4444,22	V I	30	20	4438,08	Ce	3	—
4449,98	Ti I	10	—	4444,08	W I	4	3	4438,05	Zr I	8	—
4449,90	Nb II	1	20	4444,00	Mo	10	10	4438,04	Sr I	25	—
4449,9	к Ca	2	—	4443,87	P	—	(50)	4438,04	Hf I	30	2
4449,73	Mo I	40	40	4443,80	Ti II	80	125	4437,90	Nb I	1	5
4449,64	Ce	12	1	4443,74	Ce II	18	2	4437,87	Co I	2	—
4449,57	V I	12	9	4443,71	Cr I	15	2	4437,84	V I	20	12
4449,37	Mn	3	—	4443,34	V I	12	10	4437,61	Ce II	20	2
4449,34	Ce II	50	8	4443,29	Nb I	2	1	4437,57	Ni I	10	—
4449,32	Ru I	125	100	4443,29	Ce	3	—	4437,43	Mo	4	4
4449,21	Fe II	2	4	4443,20	Fe I	200	100	4437,42	Au I	50	10
4449,15	Se II	—	(300)	4443,19	Ti I	5	—	4437,28	Ce	2	—
4449,15	Ti I	150	80	4443,06	Mo I	25	20	4437,28	Pt I	25	2
4449,01	W I	20	6	4443,05	Ti	8	—	4437,22	Nb (I)	40	50

λ	El.	B A	S (E)	λ	El.	B A	S (E)	λ	El.	B A	S (E)
4437,15	Mo	8	6	4432,72	Ce II	8	1	4427,25	Sb II	—	(15)
4437,07	Ce	2	—	4432,60	Ti I	18	2	4427,24	Zr I	10	—
4437,01	S	—	(25)	4432,58	Fe I	5	1	4427,24	N II	—	(5)
4436,98	Ni I	25	5	4432,41	S II	—	(50)	4427,10	Ti I	125	60
4436,92	Fe I	15	2	4432,27	Ce	4	—	4427,02	Ce II	20	3
4436,90	W I	30	12	4432,19	W	8	1	4426,68	Nb I	8	8
4436,89	Mo I	20	15	4432,16	Cr I	30	15	4426,67	Mo I	30	30
4436,70	Nb I	1	2	4432,08	Ti II	2	1	4426,30	Ce	4	—
4436,65	Mo	4	3	4431,92	Mn	8	—	4426,27	Ir I	400	10
4436,65	Ti I	3	1	4431,89	Ba I	60	30	4426,1	Rb	—	(30)
4436,59	Ti I	15	7	4431,87	Sb II	—	(5)	4426,07	Ce	4	—
4436,59	Ce	2	—	4431,73	As II	—	200	4426,06	Ti I	80	25
4436,54	Mg II	5	—¹)	4431,61	Co I	5	—	4426,01	V I	25	15
4436,35	Mn I	80	50	4431,49	Zr I	8	1	4425,99	Ca	—	2
4436,32	Os I	80	3	4431,37	Sc II	50	3	4425,94	P II	—	(15)
4436,21	Ce	6	—	4431,35	Ca	—	6	4425,92	Ce	4	—
4436,20	Co I	15	—	4431,28	Ti I	25	12	4425,91	W I	15	6
4436,14	V I	25	15	4431,10	Zr I	3	—	4425,82	Ti I	10	1
4436,06	Mn I	12	—	4431,02	S II	—	(20)	4425,8	к Ca	3	—
4435,84	Zr	3	—	4430,87	Mo	5	4	4425,71	V I	9	7
4435,74	W I	10	4	4430,7	Rb	—	(20)	4425,60	Ce	6	—
4435,71	Cs	—	(20)	4430,62	Fe I	200	8	4425,48	Sb		2
4435,69	Ca I	100	15	4430,50	V I	10	5	4425,44	Ca I	100	20
4435,62	Ce	5	—	4430,49	Cr I	15	8	4425,32	Ce	3	—
4435,47	Ce	2	—	4430,48	Mo II	—	8	4425,22	Hg II	—	(30)
4435,44	W I	6	—	4430,37	Ti I	35	15	4425,13	Cr I	15	1
4435,15	Fe I	70	3	4430,21	Fe I	10	1	4425,11	Ce	2	—
4434,96	Ca I	150	25	4430,20	Pt I	4	1	4424,90	W I	8	2
4434,95	Mo I	80	80	4430,14	Ce	2	—	4424,65	Nb (II)	—	5
4434,95	Ce	8	—	4430,02	Ti I	12	1	4424,56	V I	20	15
4434,60	V I	20	12	4429,99	Ce	8	1	4424,54	Ce	3	—
4434,37	Ce	3	—	4429,93	Cr I	15	5	4424,39	Ti I	15	2
4434,23	Mo	—	6	4429,79	V I	30	25	4424,31	Ce	6	—
4434,05	W	3	—	4429,44	Nb I	10	10	4424,29	Cr I	25	35
4434,00	Ti I	100	50	4429,27	Ce II	35	5	4424,19	Mo	5	3
4433,99	Mg II	8	—	4429,11	Mo	4	4	4424,14	Ce	3	—
4433,96	Cr I	10	1	4429,10	Zr I	5	—	4424,09	Cr I	10	2
4433,78	Fe I	30	2	4428,7	Pb II	—	(2)	4423,91	V I	7	6
4433,72	Ce II	12	1	4428,57	Sb	—	5	4423,9	P II	—	(30)
4433,68	Mn I	12	—	4428,52	Cr I	25	6	4423,87	Nb I	1	5
4433,64	W I	3	—	4428,51	V I	25	20	4423,77	W I	12	5
4433,57	Ti I	15	2	4428,48	W	8	2	4423,73	J II	—	(80)
4433,49	Mo II	4	125	4428,44	Ru I	125	—	4423,67	Ce II	25	3
4438,48	N II	—	(5)	4428,44	Ce II	18	3	4423,61	Mo I	40	40
4433,23	Ce	3	—	4428,21	Ce	2	—	4423,55	P		(30)
4433,22	Fe I	150	20	4428,21	Mo	5	4	4423,44	Ce (I)	12	—
4432,91	Ce II	5	—	4428,15	P	—	(70)	4423,32	Cr I	15	6
4432,88	Mo	5	3	4428,00	Mg II	7	—	4423,25	Na I	20	—
4432,82	Al II	—	(4)	4427,97	N	—	(5)	4423,21	V I	40	25
4432,73	N II	—	(30)	4427,92	Ce II	25	4	4423,05	Mo	8	6
				4427,70	Cr I	8	—	4423,00	Ni I	3	—
				4427,38	W	10	3	4422,85	Mo	6	6
				4427,38	As II	—	200	4422,83	Ti I	80	25
				4427,31	V I	20	15	4422,69	Cr I	10	6
				4427,31	Fe I	500	200	4422,59	Y II	60	60

¹) Doublet Mg II 4436,60— Mg II 4436,49.

λ	El.	B A	B S (E)	λ	El.	B A	B S (E)	λ	El.	B A	B S (E)
4422,57	Fe I	300	125	4417,40	Co I	10	3	4413,24	W	5	—
4422,47	V I	4	3	4417,37	Ce	4	—	4413,19	Ce	35	2
4422,44	W I	4	—	4417,37	Hf II	25	50	4413,04	Zr I	12	—
4422,42	Ce	3	—	4417,30	P II	—	(30)	4413,01	W I	10	2
4422,23	V I	6	6	4417,28	Ti I	80	20	4413,00	Cr I	5	—
4422,14	Ce	6	—	4417,22	Mo	5	5	4412,99	Cd I	3	2
4422,06	Mo I	8	6	4416,97	O II	—	(150)	4412,77	Mo I	30	20
4421,95	Ti II	6	35	4416,90	Ce II	25	4	4412,74	Ce	3	—
4421,85	W I	12	5	4416,87	Nb	2	2	4412,42	Ti I	15	1
4421,78	Ce I	3	—	4416,82	Fe II	—	7	4412,32	Ce	3	—
4421,76	Ti I	60	15	4416,68	V I	3	2	4412,30	Ca I	5	—
4421,65	Nb II	1	10	4416,61	Ce	5	—	4412,25	As (II)	—	10
4421,57	V I	30	20	4416,54	Ti I	70	10	4412,25	Cr I	35	10
4421,47	Ti I	10	—	4416,48	Co I	3	—	4412,22	Mo II	—	25
4421,47	Ce	3	—	4416,48	V I	15	7	4412,20	W I	20	10
4421,46	Ru I	60	—	4416,40	Ce	2	—	4412,13	V I	25	20
4421,34	Co I	10	—	4415,77	Ce	5	—	4412,1	Cd II	—	10
4421,32	Ce	4	—	4415,74	Ta I	40	10	4412,01	Ce II	20	2
4421,13	Ce	8	—	4415,71	W I	10	3	4411,94	P	—	(15)
4421,06	As (II)	—	10	4415,69	In	—	15	4411,93	Ti II	8	12
4421,01	W I	12	3	4415,67	Mo	2	3	4411,93	Zr I	3	—
4420,96	Cr I	8	—	4415,63	Cd II	1	20	4411,88	Mn I	100	20
4420,9	к Sr	5	—	4415,62	Ce	5	—	4411,70	Mo I	25	25
4420,81	Au II	—	4	4415,60	Cu I	40	—	4411,70	W I	10	2
4420,74	Mo	6	5	4415,57	Ti	8	—	4411,69	Ce	8	—
4420,71	P II	—	(70)	4415,56	Sc II	100	25	4411,57	Mo I	10	8
4420,63	Nb I	15	15	4415,40	Sb II	—	4	4411,52	Nb I	5	8
4420,47	Os I	400R	100	4415,22	Ce	5	—	4411,50	C II	—	40
4420,47	W I	30	10	4415,12	Fe I	600	400	4411,42	Sb (II)	—	10
4420,46	Zr I	20	1	4415,08	W I	15	6	4411,40	Pt I	2	1
4420,45	Nb I	3	3	4415,06	V I	7	4	4411,34	S I	—	(3)
4420,41	Ce	3	—	4414,89	Zr I	3	2	4411,16	C II	—	40
4419,93	V I	30	20	4414,89	O II	—	(300)	4411,10	Cr I	15	12
4419,92	Ce	3	—	4414,88	Nb I	4	3	4411,08	Ti II	7	100
4419,89	Na I	15	—	4414,88	Mn I	150	60	4410,97	Cr I	10	2
4419,83	Nb I	3	5	4414,63	Cd	—	200	4410,76	Ce II	10	2
4419,78	Mn I	100	20	4414,60	P II	—	(70)	4410,71	Fe	20	—
4419,72	Mo	3	2	4414,57	Ti	2	—	4410,64	Ce II	12	3
4419,67	Ce	3	—	4414,54	Zr II	4	3	4410,52	Ni I	25	4
4419,54	Fe	8	1	4414,54	V I	10	5	4410,49	Mn I	50	—
4419,44	Nb I	10	20	4414,50	Ce	3	—	4410,4	к Pb	5	—
4419,29	Ce II	18	1	4414,38	Cr (I)	15	—	4410,31	Cr I	25	8
4419,25	W I	10	2	4414,35	Mo	5	4	4410,21	Nb I	15	30
4419,25	Mn	8	—	4414,28	P	—	(100)	4410,06	Ce	3	—
4419,10	Cr I	8	—	4414,25	Pt I	2	1	4410,03	Ru I	150	80
4418,81	W	5	1	4414,14	Zr I	5	—	4409,97	C II	—	30
4418,78	Ce II	40	10	4414,10	Ti	10	—	4409,95	Mo I	15	15
4418,45	W I	12	4	4413,86	Cr I	25	15	4409,94	W	6	—
4418,34	Ti II	10	20	4413,86	W	5	1	4409,63	Zr I	3	—
4418,29	Ce	3	—	4413,80	Ce II	20	1	4409,56	Cr I	5	—
4418,07	Ce	3	—	4413,74	Ca	—	3	4409,51	Ti II	3	10
4417,91	Ce	4	—	4413,67	V I	15	10	4409,44	Mo (I)	10	12
4417,72	Ti II	40	80	4413,67	Mo	6	6	4409,30	Ce	2	—
4417,63	Cd II	—	200	4413,66	Ba I	10	3	4409,22	Ti II	2	8
4417,44	Ti I	2	—	4413,64	As II	—	50	4409,04	Ce	4	—

λ	El.	B A	B S (E)	λ	El.	B A	B S (E)	λ	El.	B A	B S (E)
4408,95	J II	—	(250)	4403,66	V I	20	15	4399,41	V I	7	4
4408,86	Ce II	12	1	4403,55	Ce	6	—	4399,22	Mo	4	4
4408,76	Ce	4	—	4403,51	Cr I	15	25	4399,20	Ce II	35	6
4408,71	W I	8	4	4403,37	Cr I	15	6	4398,78	Ce II	20	3
4408,51	V I	30	20R	4403,34	Zr II	5	3	4398,62	Ni I	2	3
4408,42	Fe I	125	60	4403,29	Ce II	8	1	4398,62	Hg II	—	(300)
4408,34	Ce	3	—	4403,28	Mo II	—	20	4398,54	Ce	4	—
4408,28	W I	25	12	4403,27	W	9	2	4398,49	Mo	6	12
4408,21	V I	30	—	4403,05	Ce	6	—	4398,31	Ti II	3	10
4408,09	Mn I	60	5	4402,95	Zr I	8	—	4398,27	W	5	1
4407,94	Be I	20	(35)	4402,95	B	—	2	4398,25	Ce	2	—
4407,82	Ce	3	—	4402,90	Mo I	20	20	4398,01	Y II	150	100
4407,71	Fe I	100	50	4402,86	S II	—	(3)	4397,97	Ce	2	—
4407,70	Cr I	*		4402,78	W	4	—	4397,85	Ce	6	—
4407,67	Ti II	2	10	4402,74	Os I	50	3	4397,80	Ru I	150	—
4407,66	V I	15	9R	4402,67	Co I	5	—	4397,67	Ce	4	—
4407,37	Mo II	—	30	4402,54	Ba I	80	10	4397,29	V	8	6
4407,27	Ce II	40	3	4402,50	Ta I	100	20	4397,29	Mo I	30	30
4406,86	Mo I	8	10	4402,49	Mo I	15	15	4397,27	Ce	5	—
4406,85	Ba I	20	(3)	4402,41	Ce	2	—	4397,24	Cr I	25	5
4406,69	W I	6	1	4402,06	Hg	—	(50)	4397,19	Ce	3	—
4406,67	Cr I	5	—	4402,05	Nb (I)	1	8	4397,03	Nb I	2	3
4406,64	V I	40	30	4402,00	Ce	4	—	4396,91	Cs II	—	(15)
4406,55	Nb I	3	5	4401,55	Ni I	1000	30	4396,85	Mo	5	6
4406,40	Re I	60	—	4401,51	Ce	5	—	4396,66	Mo I	25	25
4406,39	W I	7	1	4401,44	Fe I	7	2	4396,58	Ce II	20	1
4406,33	Ca	—	8	4401,4	Rb	—	(30)	4396,43	Ce	2	—
4406,27	Cr I	10	—	4401,30	Fe I	60	15	4396,36	Mo	4	4
4406,14	V I	20	15	4401,17	Nb II	—	10	4396,32	Ag I	100	—
4406,00	Ce	2	—	4401,15	Ce	2	—	4396,19	Ce	5	—
4405,99	W	3	7	4401,02	Se II	—	(100)	4396,02	Ce	8	2
4405,68	Ti I	20	6	4400,99	P	—	(50)	4395,95	O II	—	(70)
4405,46	Ce II	18	2	4400,89	Pb	—	10	4395,93	Ag	10	30
4405,30	Ce	4	—	4400,87	Ce II	10	2	4395,87	Co I	4	2
4405,25	Cs II	—	(35)	4400,87	Ni I	15	3	4395,84	Ti II	10	30
4405,15	Ce	2	—	4400,86	W	5	—	4395,72	Ce	6	—
4405,02	Mo	5	4	4400,83	Nb I	2	3	4395,41	Cr I	15	1
4405,01	V I	12	6	4400,65	Mo	3	3	4395,29	Au II	5	2
4404,93	Co I	5	—	4400,58	Ti I	25	2	4395,29	Fe I	80	—
4404,90	Ti I	15	10	4400,58	V I	60	40	4395,23	V I	60R	40R
4404,86	Hg II	—	(50)	4400,54	Ce II	10	2	4395,20	Zr I	10	—
4404,77	Ce	2	—	4400,36	Sc II	150	30	4395,08	W I	6	2
4404,75	Fe I	1000	700	4400,35	Nb I	5	10	4395,05	Ce	5	—
4404,57	Ce	3	—	4400,35	Fe	20	1	4395,04	Ti II	50	150
4404,54	Mo I	15	8	4400,24	Zr I	8	—	4394,94	Zr I	8	—
4404,53	As II	—	15	4400,21	W I	12	6	4394,86	Os I	150	6
4404,46	W I	3	1	4400,14	Ce	6	—	4394,85	Ti I	8	—
4404,39	Ti I	12	7	4399,82	Cr I	20	3	4394,80	V I	5	5
4404,38	Ce	2	—	4399,77	Ti II	40	100	4394,77	Ce II	30	3
4404,28	Ti I	50	30	4399,64	Ca	—	10	4394,51	W	7	1
4404,25	Ce	4	—	4399,60	Ni I	10	5	4394,49	Zr I	5	—
4404,18	Mo II	1	15	4399,54	Ce	4	—	4394,47	Mo I	8	8
4403,95	W (I)	20	9	4399,50	Cs II	—	(20)	4394,46	Re I	100R	—
4403,9	к Ca	6	—	4399,47	Ir I	400	100	4394,32	Mo I	20	15
4403,78	Ir I	300	10	4399,44	Zr II	3	—	4394,30	Re I	80	—

λ	El.	B A	S (E)	λ	El.	B A	S (E)	λ	El.	B A	S (E)
4394,28	Ce	4	—	4389,48	In	—	5	4383,76	In	—	5
4394,08	W I	20	9	4389,25	Fe I	35	2	4383,74	Ce	4	—
4394,06	Ti II	5	15	4389,11	Ce	5	—	4383,55	Ce	8	1
4394,00	Ca	—	2	4388,54	Ti	10	1	4383,55	Fe I	1000	800
4393,93	Ti I	60	12	4388,51	Zr II	3	—	4383,06	Mn	10	—
4393,90	Ce	3	—	4388,41	Fe I	125	50	4382,96	Ce	4	—
4393,83	V I	15	10	4388,35	Nb I	10	15	4382,95	B	—	4
4393,70	Mo	8	5	4388,26	Mo II	6	20	4382,92	Ca	5	2
4393,55	Ca	5	—	4388,13	K II	—	(40)	4382,87	Se II	—	(800)
4393,53	Cr I	5	—	4388,08	Mn I	60	—	4382,86	Cr I	12	2
4393,37	Mn I	8	5	4388,07	Ti I	25	5	4382,84	Nb I	3	5
4393,34	Na I	20	—	4388,01	Ce II	8	3	4382,77	Fe I	10	10
4393,24	Mg	—	2	4387,92	Co I	3	1	4382,73	Zr	3	—
4393,19	Ce II	35	3	4387,90	Fe I	150	35	4382,63	Mn I	80	—
4393,16	Ca	5	2	4387,74	Nb I	3	5	4382,5	к С	—	—
4393,08	V I	12	9	4387,50	Cr I	15	15	4382,49	Nb I	3	5
4392,76	As II	—	5	4387,50	Ce	3	—	4382,41	Mo I	10	20
4392,69	Nb I	5	10	4387,46	W I	4	—	4382,17	Ce II	40	12
4392,67	Ce	4	—	4387,38	Cr I	10	2	4382,16	Hg II	—	(10)
4392,59	Ir I	100	4	4387,29	Mo	3	2	4381,77	Ce II	6	2
4392,45	Re I	100	—	4387,21	V I	15	12	4381,70	Mn I	80	20
4392,43	Ce	3	—	4387,05	Ce	5	1	4381,64	Mo I	150	150
4392,16	Ce	2	—	4386,85	Ti II	8	80	4381,26	Mn	5	—
4392,12	Mo I	15	15	4386,84	Ce II	15	6	4381,19	Ca	—	3
4392,07	V I	25	15	4386,8	Bi	—	2	4381,13	Nb I	3	20
4392,02	Ce	2	—	4386,77	W I	10	3	4381,11	Cr I	30	25
4391,89	Ce	2	—	4386,70	Ce II	8	3	4381,09	Ce	4	—
4391,88	Co I	10	3	4386,58	Pb II	—	(20)	4380,70	Ce	3	—
4391,84	S II	—	(30)	4386,46	Ni I	3	4	4380,7	Rb	—	(20)
4391,83	Pt I	50	3	4386,34	Ce II	10	—	4380,59	Mo I	15	15
4391,75	Cr I	50	35	4386,07	Ta I	50	15	4380,55	V I	15	10
4391,67	V I	8	6	4386,0	Pb II	—	(2)	4380,33	Ce	4	—
4391,66	Ce II	40	15	4385,89	Mo I	12	8	4380,29	Mo I	30	25
4391,57	Co I	10	4	4385,65	Ru I	125	50	4380,11	W I	8	2
4391,53	Mo I	15	15	4385,57	Mo II	—	20	4380,07	Co I	5	3
4391,33	Ce	3	—	4385,50	Ce	3	—	4380,06	Ce II	30	2
4391,33	Re I	60	—	4385,39	Ru I	125	40	4379,92	Rh I	60	25
4391,03	Ti II	6	25	4385,38	Fe II	4	10	4379,84	Ce	2	—
4390,95	Fe I	100	35	4385,35	P II	—	(100)	4379,77	Zr II	10	8
4390,91	Mo II	1	8	4385,32	Ce	4	—	4379,76	Cr I	15	2
4390,80	Ce	4	—	4385,06	Ag II	—	12	4379,55	O	—	(15)
4390,60	V I	10	3	4384,97	Cr I	150	200	4379,52	Nb I	2	3
4390,59	Mg II	10	—	4384,86	Nb I	2	5	4379,4	Bi II	25	20
4390,49	Ce	5	—	4384,86	W I	25	15	4379,25	Ag	5	1
4390,44	Ru I	150R	80	4384,81	Sc II	25	10	4379,24	V I	200R	200R
4390,32	Ni I	2	—	4384,72	V I	125R	125R	4379,08	Ce	3	—
4390,27	Ce II	10	—	4384,70	Fe I	5	2	4378,81	Ce	4	—
4390,15	Ce	2	—	4384,64	Mg II	8	—	4378,57	Ce	5	—
4390,03	Na I	15	—	4384,63	Ce	3	—	4378,49	W I	25	12
4389,97	V I	80R	60R	4384,54	Ni I	25	1	4378,43	Cu II	—	2
4389,87	Ni I	5	5	4384,45	Ce II	4	—	4378,41	O II	—	(10)
4389,84	W I	15	6	4384,43	Cs II	—	(25)	4378,40	Ce	3	—
4389,80	Ce	4	—	4384,3	к Ca	6	—	4378,32	Cr	5	1
4389,75	Mn	50	—	4384,19	Mo	8	8	4378,20	Cu I	200	30
4389,57	Mo	6	6	4383,88	Ce	2	—	4377,95	Nb I	10	30

λ	El.	B A	S (E)	λ	El	B A	S (E)	λ	El.	B A	S (E)
4377,89	Sb	—	5	4372,64	Nb II	2	20	4368,2	к Zr	8	—
4377,75	Mo II	5	200	4372,53	W I	25	10	4368,04	V I	12	8
4377,55	Cr I	25	10	4372,42	C II	—	30	4367,97	Nb II	2	50
4377,04	Ce	2	—	4372,40	Ce II	35	1	4367,90	Fe I	60	70
4377,01	Ir I	100	4	4372,38	Ti I	20	6	4367,67	Ti II	8	25
4376,88	Ce	4	—	4372,20	Ru I	125	100	4367,58	Fe I	100	50
4376,85	Sb II	—	(3)	4372,12	Mo	10	10	4367,58	Re I	80	—
4376,80	Cr I	20	20	4371,92	Pt	—	2	4367,55	Ce II	6	1
4376,78	Fe I	7	1	4371,85	Ce	2	—	4367,39	Nb II	1	10
4376,68	Mo	8	8	4371,73	W I	12	3	4367,38	Sb II	—	3
4376,56	C II	—	10	4371,71	Ce	2	—	4367,31	Ce	5	—
4376,19	Hg	—	(50)	4371,69	B	—	2	4367,10	As (II)	—	5
4375,93	Fe I	500	200	4371,62	Zr	4	—	4367,00	Ce II	25	4
4375,92	Ce II	40	5	4371,59	O II	—	(10)	4366,91	O II	—	(100)
4375,68	Ce	2	—	4371,59	C II	—	6	4366,90	V II	—	5
4375,60	B	—	2	4371,57	Ce	3	—	4366,7	к Ca	5	—
4375,54	Co I	5	—	4371,4	к C	—	—	4366,63	Ca	—	2
4375,42	Ti I	10	1	4371,38	As II	—	50	4366,53	Mo I	25	25
4375,34	Cr I	25	30	4371,37	C I	—	30	4366,53	Ce	2	—
4375,30	V I	20	12	4371,28	Ca	—	2	4366,45	Zr I	25	2
4375,17	Ce II	12	—	4371,28	Cr I	200	150	4366,34	W I	4	1
4375,1	к Zr	8	—	4371,13	Co I	25	—	4366,21	Co I	2	5
4375,08	In II	—	(2)	4371,00	Ce	2	—	4366,11	Ce	2	—
4375,01	Mo I	8	8	4370,95	Zr II	10	7	4366,06	W I	12	4
4374,95	Mn I	150	20	4370,95	Hf II	30	40	4366,03	Y I	20	—
4374,94	Y II	150	150	4370,87	Mn I	30	—	4365,96	W I	12	4
4374,92	Co I	10	3	4370,80	W	7	1	4365,9	к B	25	—
4374,88	Mo I	8	5	4370,73	Ca	—	2	4365,89	Mo	3	4
4374,82	Ti II	7	35	4370,66	Os I	50	3	4365,74	V I	9	6
4374,80	Rh I	1000	500	4370,65	Ce	12R	—	4365,67	Os I	60	4
4374,78	Nb I	3	5	4370,35	Nb I	3	5	4365,63	Ce	2	—
4374,76	Ce	3	—	4370,13	Mo	5	3	4365,52	Ce II	4	—
4374,61	Ca	10	2	4370,04	Ni I	5	—	4365,36	Cu II	—	6
4374,46	Sc II	100	25	4369,99	Sb	—	2	4365,34	Ce	2	—
4374,42	Co I	2	—	4369,96	S	—	(3)	4365,24	Mn	25	5
4374,27	C II	—	40	4369,77	Fe I	200	100	4365,2	к C	—	—
4374,21	Ta II	15	15	4369,67	Ti I	25	5	4365,1	к Zr	12	—
4374,17	Cr I	50	60	4369,28	O II	—	(50)	4365,06	In II	—	(15)
4374,08	Ce	3	—	4369,24	Ce	10	1	4364,79	W I	25	12
4373,82	V I	20	12	4369,06	V I	9	5	4364,77	In II	—	(10)
4373,81	Ce II	40	4	4369,04	W	5	2	4364,69	Mo	4	4
4373,65	Cr I	15	12	4369,04	Mo I	40	25	4364,66	Ce II	30	6
4373,63	Co I	15	—	4368,93	Ti I	0	—	4364,65	In II	—	(2)
4373,57	Fe I	50	3	4368,90	Cr I	5	—	4364,47	Mo I	8	6
4373,32	Mo I	10	12	4368,88	Ce	3	—	4364,46	Pt I	3	2
4373,25	Cr I	50	50	4368,88	Mn I	50	—	4364,44	Ce	3	—
4373,23	V I	25	20	4368,77	Mo	5	4	4364,4	к Zr	12	—
4373,21	Ce II	25	—	4368,76	W I	10	2	4364,21	V I	15	10
4373,07	Zr I	7	—	4368,59	V I	15	9	4364,13	Cr I	8	—
4373,04	In II	—	(15)	4368,43	Nb I	15	30	4364,12	Ca	—	2
4373,04	Rh I	60	10	4368,31	Ni I	5	—	4364,11	Ce	5	—
4373,02	Cs II	—	(30)	4368,30	O I	—	(1000)	4364,0	Be	—	50
4372,87	In II	—	(80)	4368,25	Cr I	15	6	4364,00	Te II	—	(400)
4372,80	In II	—	(15)	4368,23	Ce II	8	1	4363,64	Mo II	5	200
4372,70	Ce	3	—	4368,22	C II	—	(30)	4363,52	V I	20	12

| λ | El. | B | | λ | El. | B | | λ | El. | B | |
		A	S (E)			A	S (E)			A	S (E)
4363,48	Ce II	3	—	4358,73	Y II	60	50	4353,86	Ce	5	—
4363,4	к В	40	—	4358,69	Re I	80	—	4353,82	Co I	4	2
4363,38	Ce II	4	—	4358,64	Sc I	10	—	4353,51	Ce	3	—
4363,26	Mn II	20	5	4358,55	Mo	20	10	4353,37	Ce (I),(II)	6	2
4363,13	Cr I	25	35	4358,50	Fe I	70	20	4353,33	V I	6	5
4363,10	Ce	3	—	4358,50	In II	—	(2)	4353,31	Mo I	25	25
4363,01	Mo	4	3	4358,42	Ca	—	5	4353,29	W I	7	2
4363,0	к Zr	4	—	4358,33	Hg I	3000	500	4353,26	Nb I	3	5
4362,88	Ca	—	2	4358,33	Pt I	2	—	4353,17	B	—	2
4362,81	Mo	3	2	4358,27	Mo II	—	40	4353,13	Ce	3	—
4362,71	Mo I	5	5	4358,27	N (I)	—	(250)	4353,10	W	8	4
4362,44	Ce	4	—	4357,92	In II	—	(2)	4353,02	As II	—	100
4362,02	Mo I	8	5	4357,90	Ce	12	1	4352,97	Ce	2	—
4362,0	к Zr	8	—	4357,86	Mo	6	2	4352,89	V I	10	6
4361,94	Zr	4	—	4357,57	Fe	2	3	4352,88	Mo	5	3
4361,91	Co I	2	—	4357,50	Cr I	12	4	4352,74	Fe I	300	150
4361,91	Mo II	—	20	4357,45	V I	7	6	4352,71	Ce II	40	5
4361,82	W I	20	9	4357,33	Mo I	5	15	4352,7	Pb II	—	(10)
4361,71	Sr I	20	—	4357,17	Co I	10	—	4352,56	Ir I	50	2
4361,66	Ce II	18	2	4357,12	Ce	3	—	4352,43	V	5	6
4361,65	Nb I	2	2	4356,96	Ce	4	—	4352,25	As II	—	200
4361,53	W II	7	12	4356,90	Co I	3	—	4352,22	P	—	(30)
4361,40	Mo	6	6	4356,80	Al II	—	(6)	4352,16	Sb III	—	50
4361,40	V I	12	9	4356,79	V I	2	4	4351,98	Ce	2	—
4361,21	Ru I	40	50	4356,76	Cr I	15	8	4351,91	Mg I	15	2
4361,14	Ti I	10	1	4356,74	Ce II	10	—	4351,81	Ce	8	—
4361,09	Mo	3	2	4356,71	Al II	—	(7)	4351,77	Cr I	300	300
4361,06	W	10	3	4356,62	Mn I	20	5	4351,76	Fe II	30	30
4361,03	Co I	2	—	4356,31	Hf I	30	4	4351,57	Nb I	10	20
4360,99	Be II	—	(40)	4356,28	Cr (I)	8	1	4351,55	Fe I	30	5
4360,82	Co I	10	2	4356,18	Mn I	10	—	4351,54	Mo (I)	15	15
4360,81	Zr I	25	2	4356,15	Ce	2	—	4351,5	Pb II	—	(3)
4360,66	Be II	—	(35)	4356,10	Mo II	—	30	4351,38	Ce	2	3
4360,58	V I	15	12	4355,94	Ce	2	—	4351,30	Ir I	50	—
4360,49	Ti I	60	15	4355,94	V I	25	20	4351,28	O II	—	(125)
4360,49	S	—	(8)	4355,91	Ni I	15	—	4351,2	к Ca	5	—
4360,44	Ce II	15	1	4355,81	Ce	2	—	4351,05	Cr I	100	150
4360,31	In II	—	(10)	4355,68	B	—	6	4351,02	Mo	5	5
4360,17	Ce II	10	1	4355,43	Ce	6	—	4351,00	Pd I	5	—
4360,09	W	2	4	4355,30	Ti I	10	1	4350,83	Ti II	6	30
4359,98	Cr I	15	2	4355,26	Mo II	—	20	4350,82	V I	8	4
4359,94	Ce	2	—	4355,17	W I	15	9	4350,52	Hf II	20	40
4359,90	As (II)	—	10	4355,15	Ce	2	—	4350,50	Ce	3	—
4359,87	Nb I	50	50	4355,15	Ta I	80	10	4350,34	Mo I	50	40
4359,74	Zr II	8	8	4355,10	Ca I	50	—	4350,33	Ba I	40	20
4359,65	Cr I	200	150	4354,97	V I	20	15	4350,32	Ce	2	—
4359,62	Ce	2	—	4354,89	W	6	2	4349,96	V II	1	3
4359,62	Mn I	15	—	4354,85	Ce	8	—	4349,79	Ce II	40	5
4359,62	Mo I	15	15	4354,72	W	6	2	4349,44	O II	—	(300)
4359,59	Ni I	100	10	4354,69	Mo	5	5	4349,43	S III	—	(4)
4359,53	Ba I	15	3	4354,64	Se II	—	(2)	4349,39	Ce	3	6
4359,43	Co I	15	1	4354,61	Sc II	60	10	4349,22	Mo	6	4
4359,36	Ce	2	—	4354,41	Ce	6	—	4349,10	Ce	2	—
4359,07	Ce	15	2	4354,06	Ti I	25	5	4349,02	Nb I	10	10
4358,74	Zr I	10	—	4353,94	Cr I	20	3	4348,93	Fe I	8	2

λ	El.	B A	B S (E)	λ	El.	B A	B S (E)	λ	El.	B A	B S (E)
4348,93	Zr I	8	—	4345,08	Cr I	30	3	4340,43	Pb I	10	—
4348,83	Cr	4	—	4344,96	W I	8	1	4340,29	O II	—	(10)
4348,79	Y I	100	—	4344,92	Ce II	6	—	4340,2	к Zr	4	—
4348,65	Nb I	15	20	4344,83	Sb II	—	5	4340,14	Cr I	80	30
4348,60	Ce	4	—	4344,77	B	—	4	4340,03	K II	—	(20)
4348,34	Ce	3	—	4344,75	Ce	3	—	4340,01	Ti I	12	—
4348,3	Rb	—	(80)	4344,74	Ca	—	2	4339,82	Mo I	15	15
4348,19	Ce II	4	—	4344,74	Na I	3	—	4339,8	Bi II	—	(12)
4348,12	W I, II	50	40	4344,66	Mo I	20	20	4339,74	Cr I	150	150
4348,10	Zr	4	2	4344,66	Pd I	5	—	4339,63	Co I	50	—
4348,07	C	—	(30)	4344,63	W	5	1	4339,6	к B	25	—
4348,06	Ca	—	3	4344,51	Cr I	400R	300	4339,55	Zr II	3	1
4347,89	Zr I	40	5	4344,5	Bi II	—	2	4339,45	W I	8	3
4347,85	Fe I	5	2	4344,29	Ce	6	—	4339,45	Cr I	300R	300
4347,80	Al II	—	(18)	4344,29	Ti II	12	50	4339,32	Ce II	25	5
4347,78	Al II	—	(20)	4343,97	Mn II	100	30	4339,23	Mo	15	12
4347,71	Ce II	4	—	4343,87	Ce	4	—	4339,22	Hg I	150	20
4347,59	Ce II	4	—	4343,78	Ti I	10	1	4339,08	W I	6	3
4347,59	Hg	2	2	4343,70	Fe I	12	2	4339,05	Ce	3	—
4347,52	Mn	10	—	4343,66	Pt I	3	—	4338,82	Mn I	15	—
4347,50	W I	10	3	4343,63	Hg I	20	5	4338,80	Cr I	50	8
4347,49	Hg I	200	50	4343,55	Ce (I)	6	—	4338,71	Mo I	12	12
4347,49	Cr I	30	1	4343,53	W I	5	—	4338,56	Mo	6	5
4347,43	O II	—	(70)	4343,41	Ca	—	2	4338,50	Si III	—	4
4347,38	Ce	4	—	4343,40	Zr I	3	—	4338,48	Ti I	12	1
4347,37	Zr	3	—	4343,26	Fe I	20	3	4338,40	Cr (I)	35	4
4347,31	Al II	—	(6)	4343,17	Cr I	60	12	4338,28	W I	10R	3
4347,31	Nb I	4	3	4343,03	Zr I	2	—	4338,14	Ce	2	—
4347,22	Zr I	5	—	4342,83	V I	50	30	4338,13	Mn I	12	—
4347,22	Al II	—	(8)	4342,81	Nb I	5	10	4337,92	Ti II	70	125
4347,07	Ce	3	—	4342,79	W	6	2	4337,89	Sr I	150	50
4347,00	W I	20	7	4342,48	Ce II	12	1	4337,78	Ce II	25	10
4346,91	Al II	—	(4)	4342,40	W II	—	10	4337,62	Zr II	3	2
4346,89	Mo	2	3	4342,23	Zr II	4	—	4337,58	Ce	3	—
4346,86	Al II	—	(2)	4342,20	V I	15	10	4337,57	Cr I	500	300
4346,83	Cr I	200	40	4342,14	Ce II	10	—	4337,56	Nb I	10	30
4346,61	Ti I	15	1	4342,07	Ru I	60	40	4337,42	Mn I	80	—
4346,56	Fe I	50	10	4342,00	O II	—	(30)	4337,33	Ti II	—	2
4346,51	Zr I	10	—	4342,00	Cr (I)	8	—	4337,30	Sb II	—	2
4346,29	W I	5	2	4342,0	к B	25	—	4337,29	Ce	3	—
4346,20	Mo	15	10	4341,96	Mo	5	4	4337,25	Cr I	8	4
4346,11	Nb I	3	5	4341,49	Zr I	3	—	4337,05	Fe I	400	150
4346,11	Ti I	40	7	4341,49	Na I	3	—	4336,86	O II	—	(70)
4345,96	Ce II	6	2	4341,46	Cr I	12	—	4336,85	As II	—	100
4345,85	W I	10	3	4341,42	Mo I	25	25	4336,66	Hf II	30	60
4345,83	Ce II	5	—	4341,37	Ti II	12	40	4336,48	N (I)	—	(20)
4345,80	Cr I	15	—	4341,19	Cr I	8	—	4336,33	In II	—	(15)
4345,68	Mo	2	3	4341,13	W	4	2	4336,26	Ce II	25	6
4345,57	O II	—	(125)	4341,13	Zr I	50	4	4336,10	Zr I	6	—
4345,56	Zr I	4	—	4341,11	Ca	5	1	4336,08	Ce	2	—
4345,51	Nb I	2	5	4341,01	V I	60	30	4336,00	Cu I	2	—
4345,45	Ce	8	3	4340,74	Mo I	20	20	4335,57	W II	2	15
4345,32	Nb I	5	8	4340,59	Bi II	—	40	4335,48	Ce II	6	—
4345,28	Nb	5	8	4340,55	Ce II	12	1	4335,40	Ce	2	—
4345,21	Ce	2	—	4340,47	H	—	(200)	4335,36	W I	10	2

λ	El.	B A	B S (E)	λ	El.	B A	B S (E)	λ	El.	B A	B S (E)
4335,34	Sb II	—	4	4329,73	Nb I	5	10	4325,07	Cr I	125	130
4334,86	Ce II	18	—	4329,64	In II	—	(2)	4325,01	Sc II	50	40
4334,83	Ti I	30	5	4329,62	Mo I	15	10	4324,78	Ce II	18	3
4334,81	Mo I	25	25	4329,56	Zr I	5	—	4324,62	Na I	10	—
4334,65	Pt I	2	—	4329,47	Nb I, II	4	5	4324,59	Ce (I)	10	—
4334,63	Ce	3	—	4329,42	Mn I	15	—	4324,59	W	—	7
4334,47	Mo	6	5	4329,33	Mo	10	10	4324,54	Mo	5	4
4334,33	Ce		—	4329,22	Ca	—	6	4324,10	As II	—	50
4334,22	Ce	3	—	4328,70	Se I	—	(200)	4324,09	Ce	4	—
4334,09	V I	20	12	4328,69	Mo	3	5	4324,03	Zr I	9	—
4333,84	S II	—	3	4328,68	Os I	60	4	4323,89	Zr I	3	—
4333,41	Ce	4	—	4328,68	Cu I	2	—	4323,62	Ba I	10	3
4333,26	Zr II	8	5	4328,62	O II	—	(15)	4323,52	Cr (I)	100	15
4333,21	Mo	10	12	4328,43	Nb I	10	20	4323,44	Ti I	20	2
4333,00	J I	—	(15)	4328,42	W I	4	1	4323,40	Mn	50	—
4332,91	Ba I	20	3	4328,00	Mo II	—	30	4323,00	Ba I	15	5
4332,82	V I	60	40	4327,8	Bi III	—	4	4322,78	Ce	8	—
4332,74	Mo	6	5	4327,76	Ce	3	—	4322,75	W I	12	3
4332,70	Ce II	35	4	4327,47	O II	—	(20)	4322,47	Mo	8	10
4332,64	Sb II	—	(3)	4327,41	W I	12	7	4322,35	V I	6	5
4332,57	Cr I	125	2	4327,38	Nb I	10	10	4322,22	Zr I	3	—
4332,50	Mo I	15	15	4327,33	In II	—	(80)	4322,11	Ce	4	—
4332,47	Ce	3	—	4327,10	Fe I	100	50	4322,02	V II	3	3
4332,37	V I	8	7	4327,07	Pt I	80	4	4321,96	Mo I	15	15
4332,31	Ce	2	—	4326,96	Ti I	12	1	4321,84	J I	*	
4332,25	Re I	50	—	4326,82	Ce II	15	—	4321,81	Si	—	2
4332,13	W I	15	7	4326,80	In II	—	(5)	4321,80	Fe	20	4
4331,99	Al II	—	(2)	4326,76	In II	—	(15)	4321,78	Mo	12	12
4331,94	Ce	6	—	4326,76	Mn I, II	80	30	4321,67	Ti I	70	25
4331,93	Mg II	3	—	4326,75	Fe I	10	4	4321,62	Cr I	70	3
4331,84	O II	—	(15)	4326,74	Mo I	50	50	4321,54	Ca	3	1
4331,75	Ce II	20	2	4326,36	Ti I	60	25	4321,51	Ce	4	—
4331,65	Ni I	200	12	4326,33	In II	—	(5)	4321,49	Nb II	—	30
4331,63	W	4	—	4326,32	Nb I	30	5	4321,43	Zr I	3	—
4331,55	V II	1	3	4326,22	In II	—	(15)	4321,40	Na I	3	—
4331,39	Mo	12	15	4326,14	Mo I	50	40	4321,25	Ce	8	—
4331,37	Nb I	10	10	4326,01	In II	—	(10)	4321,25	Cr I	70	2
4331,23	Co I	5	2	4325,88	In II	—	(10)	4321,16	Zr I	10	—
4330,97	W I	12	6	4325,82	Mo	25	20	4321,16	Mn	60	5
4330,96	Fe I	5	—	4325,76	Fe I	1000	700	4320,95	Ti II	12	40
4330,95	S	—	(3)	4325,76	O II	—	(20)	4320,84	Fe	3	1
4330,93	Ce	6	—	4325,75	In II	—	(5)	4320,75	Sc II	50	40
4330,72	Ni I	5	—	4325,7	Li II	—	(3)	4320,72	Ce II	50	8
4330,70	Ti II	15	30	4325,66	Ca	—	4	4320,68	Hf II	15	20
4330,66	W I	12	6	4325,61	Ni I	70	—	4320,61	Cr I	125	6
4330,45	Ce II	50	5	4325,56	C III	—	10	4320,50	W	3	1
4330,29	W I	4	1	4325,43	Zr I	8	2	4320,39	Se II	—	(100)
4330,24	Cs II	—	(20)	4325,36	Ni I	10	—	4320,38	Co I	2	1
4330,24	Ti II	10	40	4325,31	Ce	4	—	4320,27	V I	6	4
4330,15	Fe	10	2	4325,25	Mo II	15	20	4320,27	Sb II	—	3
4330,08	Mo	10	8	4325,21	V II	1	5	4319,71	Fe II	1	1
4330,04	Sn	—	7	4325,17	W	2	3	4319,68	Ce	6	3
4330,02	V I	40	30	4325,15	Ba I	15	3	4319,66	Cr I	100	20
4330,02	In II	—	(50)	4325,13	Ti I	100	40	4319,65	O II	—	(150)
4329,93	Ce	6	—	4325,12	Ce	2	—	4319,54	Ca	2	2

λ	El.	B		λ	El.	B		λ	El.	B	
		A	S (E)			A	S (E)			A	S (E)
4319,51	Mo	5	4	4313,97	Zr	10R	—	4309,38	Fe I	125	70
4319,30	Cr I	15	—	4313,89	V I	10	8	4309,32	Ba II	—	(80)
4319,13	Ca	—	3	4313,88	Nb I	2	10	4309,17	Pt I	3	—
4319,12	Sr I	50	20	4313,59	Ce	10	—	4309,10	Zr	3	—
4319,08	Ce	8	—	4313,54	Mo	6	6	4309,09	Ti I	10	1
4319,04	Zr I	10	—	4313,37	W	4	2	4309,08	K II	—	(40)
4318,70	V	5	2	4313,3	κ Zr	8	—	4309,04	Fe I	40	20
4318,68	S II	—	(40)	4313,18	W	2	4	4308,95	W I	10	4
4318,65	Ca I	60	20	4313,11	N (I)	—	(15)	4308,73	Co	2	—
4318,64	Ti I	100	50	4313,10	Ce II	12	1	4308,69	Nb I	5	10
4318,63	Ce	12	1	4313,1	Hg I	—	(5)	4308,65	Mo	6	6
4318,60	C II	—	10	4313,10	C II	—	15	4308,53	Bi I	4	1
4318,57	W I	9	3	4312,96	Mo I	10	10	4308,50	Ti I	20	2
4318,55	Mo	5	6	4312,87	Ti II	35	100	4308,50	W	8	4
4318,25	Mo	5	4	4312,85	Ce	6	—	4308,18	Bi I	50	12
4318,04	Ce	3	—	4312,79	Mo I	15	6	4308,12	Nb I	5	10
4318,01	Nb I	3	5	4312,74	Sr II	7	3	4307,91	Ti II	100	100
4317,98	Ce	12	—	4312,56	Ce	10	—	4307,90	Fe I	1000R	800R
4317,92	Mo (I)	30	25	4312,55	Mn I	100	20	4307,74	Ca I	45	20
4317,72	Nb II	—	20	4312,48	Cr I	30	1	4307,64	W I	12	12
4317,70	N (I)	—	(20)	4312,46	Mo II	—	15	4307,60	Ru I	20	50
4317,33	Ce II	25	1	4312,45	Nb I	5	5	4307,49	Cr I	35	1
4317,31	Zr II	10	4	4312,4	C	—	(20)	4307,42	Co I	3	—
4317,26	Mo	5	5	4312,35	W I	10	3	4307,28	Ni I	4	—
4317,26	C II	—	30	4311,70	Nb I	3	3	4307,18	V I	30	20
4317,16	O II	—	(150)	4311,65	Ti I	25	7	4307,16	Al II	—	(20)
4317,10	Ce	8	3	4311,64	Mo II	2	40	4306,94	Ti I	10	1
4317,1	κ Pb	4	—	4311,59	Ce II	25	3	4306,88	W I	20	15
4316,89	Sb	—	2	4311,50	Ir I	300	10	4306,80	Tl II	—	(40)
4316,84	P	—	(30)	4311,40	Os I	150	9	4306,72	Ce II	30	15
4316,81	W (I)	15	7	4311,39	Nb I	5	5	4306,67	Cd I	8	3
4316,80	Ti II	7	35	4311,27	Nb I	30	100	4306,64	Mo	4	5
4316,48	Nb I	5	15	4311,10	W I	8	3	4306,33	W I	4	2
4316,42	Ce	6	—	4311,07	Ag I	5	25	4306,28	Nb I	3	5
4316,36	Mo	4	4	4311,04	Mo II	1	30	4306,21	V I	30	20
4316,00	Ce	5	—	4311,03	Ce	2	—	4305,92	Ti I	300	150
4315,86	As II	—	50	4310,70	Mn II	*		4305,71	Sc II	20	20
4315,79	Mo	5	6	4310,69	Ce II	30	3	4305,66	Mn I	50	—
4315,68	Ce	10	—	4310,59	Ir I	150	8	4305,63	W I	10	4
4315,40	Ce II	6	2	4310,39	Mo I	15	12	4305,60	Ce II	4	—
4315,38	Mo	6	4	4310,38	Ce	10	—	4305,48	Ti I	10	5
4315,23	Mo II	—	10	4310,36	Ti I	10	1	4305,47	V I	25	20
4315,17	Au II	8	10	4310,3	Bi II	—	(8)	4305,47	Cr I	150	20
4315,12	Au I	40	18	4310,25	W	12	3	4305,46	N (I)	—	(30)
4315,09	Fe I	500	300	4310,07	Co I	2	—	4305,45	Sr II	40	—
4314,98	Ti II	6	20	4309,89	W I	8	2	4305,45	Fe I	100	50
4314,93	Ce II	6	—	4309,81	Zr I	8	—	4305,41	Ce	4	—
4314,83	V	8	3	4309,80	V I	30	20	4305,4	Bi II	—	(5)
4314,80	Ti I	100	20	4309,74	Ce II	25	4	4305,14	Ce II	20	5
4314,48	Ce	10	1	4309,73	Cr I	12	—	4305,00	K II	—	(40)
4314,34	Ti I	30	7	4309,63	Y II	50	50	4304,94	W I	3	—
4314,32	Si	—	3	4309,58	Ce II	8	—	4304,91	Mo I	15	15
4314,32	Sb II	—	(3)	4309,56	Nb I	3	10	4304,72	Ce II	10	2
4314,28	Fe II	3	3	4309,52	V I	7	4	4304,68	Zr I	15	—
4314,08	Sc II	50	150	4309,43	Co I	2	—	4304,66	Nb (I)	3	5

λ	El.	B A	S (E)	λ	El.	B A	S (E)	λ	El.	B A	S (E)
4304,55	Mo	4	5	4299,24	Fe I	500	400	4294,59	Mo	6	6
4304,40	Re I	5	—	4299,23	Ti I	70	20	4294,43	S II	—	(80)
4304,28	Ce	15	2	4299,09	Ce II	5	—	4294,13	Fe I	700	400
4304,15	Si	—	2	4298,99	Ca I	30	18	4294,12	Ti II	60	80
4304,02	Mo	12	10	4298,89	Mo I	20	10	4294,11	P II	—	(15)
4304,0	C	—	(10)	4298,76	Ni I	3	—	4294,10	W I	20	10
4303,96	Ti	8	—	4298,67	Ti I	125	50	4294,00	Rb II	—	40
4303,88	Nb I	3	10	4298,51	Ni I	5	—	4293,95	Os I	60	6
4303,87	Mo II	—	10	4298,41	W I	6	3	4293,88	Mo I	20	20
4303,82	O II	—	(60)	4298,33	Zn I	25	25	4293,84	Pb II	—	(7)
4303,53	W I	4	—	4298,16	Ce	2	—	4293,75	Mo	10	4
4303,52	V	15	7	4298,04	Fe I	100	400	4293,61	Sn II	—	(2)
4303,23	Co I	15	2	4298,02	V I	25	20	4293,58	Cr I	50	8
4303,17	Fe II	12	15	4297,93	Co I	2	2	4293,21	Mo I	125	100
4302,98	Ti I	10	—	4297,75	Cr I	125	30	4293,13	Ce	10	—
4302,98	Ta I	125	40	4297,71	Ru I	60	50	4293,12	Zr II	5	2
4302,90	Nb II	2	10	4297,68	V I	20	15	4292,99	Zn II	—	(2)
4302,89	Zr I	100	1	4297,63	Mo	6	6	4292,89	Zn I	25	25
4302,78	Cr I	40	2	4297,43	As II	—	10	4292,76	Ce II	10	2
4302,65	Ce II	10	—	4297,26	Ca	2	1	4292,73	W I	4	2
4302,53	Ca I	50	25	4297,06	Cr I	100	15	4292,67	Ti I	12	1
4302,43	Pt	—	2	4296,98	Ni I	2	—	4292,58	Ce	10	2
4302,29	Y I	30	8	4296,82	Sr II	3	2	4292,48	Nb I	30	50
4302,26	As (II)	—	5	4296,78	Ce II	5	—	4292,46	Cu II	—	6
4302,19	Fe I	50	10	4296,74	Zr II	3	2	4292,29	Fe I	15	—
4302,14	V I	8	7	4296,71	Pb II	—	(6)	4292,23	Co II	3	—
4302,14	Bi I	2	50	4296,67	Ce II	40	25	4292,16	W	4	3
4302,11	W I	60	60	4296,63	Cr I	15	—	4292,13	Mo I	100	80
4301,93	Ti II	25	50	4296,62	Mo I	15	15	4292,05	Se	—	(10)
4301,93	Mo	10	10	4296,58	Fe II	2	2	4292,03	Nb I	15	20
4301,60	Ir I	200	10	4296,37	Ce II	10	—	4291,97	Cr I	35	20
4301,59	Zr I	4	—	4296,29	Cr I	15	—	4291,86	Ti I	5	—
4301,54	Ca	—	5	4296,16	Mo I	15	15	4291,81	V I	40	30R
4301,53	Ce	10	—	4296,15	Nb(I)	10	30	4291,67	Mo	3	2
4301,26	Mo (I)	20	20	4296,10	V I	30	25	4291,47	Fe I	125	20
4301,20	Nb I	1	2	4296,06	Ce II	15	2	4291,45	S II	—	(5)
4301,18	Cr I	100	25	4295,92	C II	—	6	4291,34	Zr I	6	—
4301,17	V II	—	10	4295,89	Ni I	100	2	4291,29	V I	15	10
4301,09	Ti I	150	50	4295,77	Cr I	125	40	4291,21	Ti I	3	1
4301,03	Co I	3	—	4295,76	Ti I	100	40	4291,20	Zr I	6	—
4300,99	Nb I	30	30	4295,68	W	—	3	4291,20	Mo I	15	15
4300,97	Ca	—	5	4295,63	Ca	2	2	4291,19	Nb I	10	15
4300,86	Ce	15	—	4295,61	Nb I	3	5	4291,19	O II	—	(15)
4300,81	Zn	—	(25)	4295,36	Mo	5	—	4291,17	Re I	100	—
4300,64	Cs II	—	(30)	4295,15	Zr	4	—	4291,13	Ti I	10	4
4300,57	Ti I	125	20	4295,00	Sb	—	2	4291,01	Na I	3	—
4300,52	Cr I	100	20	4295,00	W	5	4	4290,94	Ti I	70	30
4300,33	Ce II	40	15	4294,79	Zr I	40	1	4290,88	Pt I	2	1
4300,20	Mn I	60	5	4294,78	Hf I	25	2	4290,87	Fe I	20	2
4300,05	Ti II	40	100	4294,77	Sc II	20	20	4290,59	Ce	4	—
4299,72	Cr I	100	50	4294,75	Ce II	10	—	4290,43	Ce II	2	—
4299,64	Ti I	60	10	4294,74	O II	—	(30)	4290,38	Fe I	35	5
4299,60	Nb I	20	30	4294,66	Au I	*		4290,35	Nb II	—	2
4299,51	As II	—	10	4294,65	Sn II	—	(3)	4290,29	Ce	2	—
4299,36	Ce II	15	2	4294,61	W I	50	50	4290,23	Ti II	35	60

λ	El.	B A	B S (E)	λ	El.	B A	B S (E)	λ	El.	B A	B S (E)
4290,20	Zr I	40	20	4285,79	Co I	125	—	4280,42	Cr I	80	50
4290,18	Mo I	30	25	4285,70	C II	—	5	4280,36	Se II	—	(150)
4290,14	W I	8	3	4285,62	O II	—	(20)	4280,33	Ti	8	1
4290,12	Ca	—	5	4285,59	Mo	4	4	4280,31	Zr I	4	4
4290,11	Mn I	8	—	4285,44	Fe I	125	50	4280,14	Ce II	15	2
4289,94	Ce II	50	25	4285,37	Ce II	25	8	4280,07	Ti I	15	1
4289,91	Ti I	15	2	4285,23	Cu II	2	4	4280,00	Mo	5	5
4289,73	Cr I	3000R	800R	4285,23	Zr I	4	—	4279,95	Cu II	—	5
4289,45	Ce II	25	4	4285,08	Cd II	—	8	4279,76	Ca	2	4
4289,44	Nb I	10	20	4284,99	Ti I	40	20	4279,50	Nb I	5	5
4289,41	Mo I	20	15	4284,92	N	—	(5)	4279,48	Fe I	5	1
4289,36	Ca I	35	20	4284,90	Cr I	15	10	4279,39	Mo	3	—
4289,30	Sb II	—	(6)	4284,73	Cr I	40	8	4279,32	Ce	4	—
4289,29	W II	1	5	4284,71	Zr	4	—	4279,16	Ce	2	—
4289,07	Ti I	125	50	4284,68	Ni I	25	10	4279,06	Ta I	30	10
4288,96	Fe I	5	1	4284,6	Hg	—	(10)	4279,02	Mo II	8	100
4288,80	V II	3	2	4284,60	Mo(I)	125	80	4278,93	W	4	4
4288,71	Rh I	400	100	4284,40	Ca	2	6	4278,92	V II	—	15
4288,66	Ce II	30	—	4284,33	Ru I	25	20	4278,89	V II	2	8
4288,64	Mo I	80	100	4284,21	Cr II	—	30	4278,86	Ce II	20	5
4288,60	P II	—	(50)	4284,08	Mn I	80	20	4278,82	As II	—	10
4288,42	Pt II	—	2	4284,05	V I	20	20	4278,81	Ti I	25	3
4288,40	Cr I	15	3	4283,88	Sb II	—	(5)	4278,67	Mn I	15	5
4288,35	W	3	1	4283,81	W I	10	5	4278,58	Mo	5	2
4288,35	Cs II	—	(35)	4283,70	S	—	(3)	4278,54	S II	—	(30)
4288,24	Mo	4	4	4283,55	Ce II	5	—	4278,41	W I	10	3
4288,16	Ti I	20	4	4283,31	Ce	8	—	4278,28	Ca	—	4
4288,15	Fe I	50	6	4283,28	Mo II	2	4	4278,24	Ce II	10	1
4288,06	Pt I	75	1	4283,10	Ba I	25	20	4278,23	Ti I	50	15
4288,01	Ni I	150	—	4283,01	Ca I	40	20	4277,99	In	—	2
4287,88	Ti II	10	30	4283,00	Cr I	12	1	4277,95	Si	1	3
4287,84	Na I	3	—	4282,97	Al II	—	(2)	4277,91	W I	6	1
4287,80	V (I)	15	9	4282,91	V I	20	15	4277,80	Hg II	—	(10)
4287,8	к Zr	4	—	4282,82	O II	—	(10)	4277,80	Cr I	25	—
4287,75	Mn	5	—	4282,81	Ce	3	—	4277,49	Nb I	5	1
4287,41	Ti I	100	50	4282,71	Ti I	70	25	4277,36	Zr II	4	1
4287,38	Co I	2	2	4282,63	S II	—	(30)	4277,24	Mo I	30	30
4287,07	Mo I	10	10	4282,6	Hg	—	(10)	4277,10	Cs II	—	(50),
4287,05	Sb	—	2	4282,44	Mo	4	3	4276,95	V I	25	20
4287,00	Ce	8	—	4282,41	Fe I	600	300	4276,91	Mo I	30	30
4286,99	Fe I	10	1	4282,20	Zr I, II	30	4	4276,79	Na I	3	—
4286,99	Nb I	15	30	4282,02	Zr I	8	—	4276,75	W I	15	10
4286,97	Zr I	5	—	4281,94	Hg	—	(20)	4276,72	Zr I	2	—
4286,92	Ce	8	—	4281,91	Ce II	5	—	4276,68	Fe I	10	1
4286,88	Fe	2	1	4281,82	Mo(I)	15	10	4276,66	Ti I	10	1
4286,62	Ir I	200	3	4281,39	N	—	(5)	4276,64	O II	—	(15)
4286,43	Fe I	3	1	4281,38	Ti I	80	20	4276,43	Ti I	50	20
4286,42	V I	20	15	4281,22	Mo II	5	30	4276,33	Ce	4	—
4286,38	Ta I	80	20	4281,20	W	6	4	4276,10	Co I	2	1
4286,21	Nb I	5	5	4281,15	Ce II	15	—	4276,03	Cu II	—	6
4286,21	W	6	2	4281,10	Mn I	100	50	4276,03	W	10	4
4286,12	V II	3	2	4280,99	Ce II	15	4	4275,98	Cr I	30	15
4286,01	W I	15	8	4280,87	Mo	4	3	4275,67	Mo	12	12
4286,01	Ti I	100	40	4280,60	Nb I	10	15	4275,56	Ce II	25	4
4285,84	Ce	2	—	4280,57	Mo II	2	15	4275,52	O II	—	(50)

λ	El.	B A	B S (E)	λ	El.	B A	B S (E)	λ	El.	B A	B S (E)
4275,49	W I	15	10	4270,43	Co I	2	—	4265,17	V (I)	30	15
4275,15	W I	6	2	4270,31	V I	20	4	4265,13	As (II)	—	30
4275,13	Cu I	80	30	4270,19	Ce II	25	—	4265,11	Mo	15	15
4275,06	Co I	3	—	4270,14	Ti I	50	3	4265,09	Sb III	—	10
4274,98	Tl II	—	(100)	4269,96	Cr I	40	6	4264,98	W	3	1
4274,93	W	10	5	4269,78	W I	15	10	4264,91	Zr II	3	2
4274,87	Nb II	5	5	4269,76	V I	15	9	4264,74	Fe I	12	2
4274,81	Cr I	4000R	800R	4269,72	S II	—	(30)	4264,68	Ce	10	—
4274,76	Zr I	9	—	4269,39	W I	40	30	4264,68	Cs	—	(50)
4274,68	Nb I	5	3	4269,29	Cr II	—	3	4264,65	Hg	—	(20)
4274,58	Ti I	100	40	4269,28	Mo I	30	30	4264,63	Mo	15	15
4274,55	W I	20	12	4269,25	Pt I	2	1	4264,42	Ba I	15	4
4274,44	Mo II	—	30	4269,25	Ce II	5	2	4264,37	Ce II	10	—
4274,40	Ti I	5	—	4269,02	C I	—	(10)	4264,21	Fe I	35	4
4274,04	Mo	6	6	4268,92	Ti I	8	—	4264,00	Zr	5	—
4273,90	Pt	2	—	4268,79	Cr I	30	3	4263,94	Ce II	10	—
4273,90	Ca	—	2	4268,76	Fe I	30	10	4263,83	V II	—	3
4273,87	Fe I	10	2	4268,66	Nb I	5	10	4263,74	Co I	2	—
4273,78	Ce	2	—	4268,64	V I	40	20	4263,51	Pt I	10	1
4273,72	Hg	—	(2)	4268,43	Co I	2	2	4263,42	Ce II	40	—
4273,69	W I	10	5	4268,30	Ce II	10	—	4263,32	W I	25	15
4273,64	Na I	3	—	4268,26	Pd I	10	—	4263,31	K II	—	(40)
4273,51	Zr II	9	3	4268,26	Ta I	50	15	4263,15	Cr I	125	80
4273,44	Ce II	20	2	4268,10	Ir I	200	15	4263,13	Ti I	125	35
4273,31	Fe II	3	2	4268,07	Mo I	20	20	4263,13	Ce	3	—
4273,30	Ti I	20	1	4268,05	W I	10	5	4263,10	Mo	4	2
4273,18	Rb II	—	25	4268,03	Co I	3	—	4263,06	Ce	3	—
4273,13	Li I	200R	100	4268,02	Zr I	40	1	4262,79	Ce	6	—
4273,07	Li I			4267,95	Ba II	—	(80)	4262,37	Cr I	30	2
4273,06	Mo I	20	10	4267,85	Ce	2	—	4262,36	Ce	2	—
4273,01	Ce	2	—	4267,83	Fe I	125	60	4262,26	W	7	8
4272,96	Nb I	2	4	4267,76	S II	—	(60)	4262,16	V I	20	12
4272,93	Cr I	40	30	4267,66	Ce	2	—	4262,13	Cr I	40	8
4272,85	Ce	2	—	4267,65	Nb II	—	10	4262,06	Nb I	20	15
4272,85	Hf II	12	20	4267,26	C II	—	500	4261,90	Cr II	—	30
4272,63	Pb III	—	30	4267,24	As (II)	—	3	4261,88	Hg	—	(70)
4272,55	Pb II	—	2	4267,22	Ce	10	—	4261,8	к Ca	2	—
4272,49	Bi II	—	10	4267,00	C II	—	350	4261,78	Ga II	—	2
4272,43	Ti I	40	10	4266,97	Fe I	70	30	4261,71	Nb I	5	8
4272,33	Ce	2	—	4266,81	Cr I	30	1	4261,63	Cr I	35	8
4272,31	W I	8	3	4266,69	Ce	2	—	4261,60	Ti I	70	8
4272,05	Mo I	15	15	4266,66	Mo II	2	15	4261,48	Ce	4	—
4272,03	Ce	2	—	4266,54	W I	15	8	4261,44	Mo (I)	20	20
4271,87	Ca	—	7	4266,22	Ti I	20	—	4261,42	Zr I	6	—
4271,76	Fe I	1000	700	4266,18	Mo I	25	20	4261,35	Cr I	125	50
4271,55	Ca	2	3	4266,08	Ce	2	—	4261,30	Mn I	20	5
4271,55	V I	20	10	4266,02	Nb I	15	20	4261,21	Zr I	7	—
4271,54	Sb II	—	(10)	4265,92	Ce	2	—	4261,20	V I	9	3
4271,47	Ce	5	—	4265,92	Mn I	100	50	4261,16	Ce II	18	1
4271,16	Fe I	400	300	4265,74	Zr I	5	—	4261,11	Te (II)	—	(300)
4271,07	Ce	2	—	4265,71	Ce	2	—	4261,06	Ce	3	—
4271,07	Cr I	30	12	4265,70	Ti I	12	—	4260,97	Mo	15	15
4270,91	W I	5	3	4265,31	Ir I	60	2	4260,85	Os I	200	200
4270,72	Ce II	25	—	4265,27	Ti I	20	—	4260,85	Ge III	20	10
4270,69	Nb I	30	50	4265,18	Ce	4	—	4260,75	V II	—	3

λ	El.	B A	S (E)	λ	El.	B A	S (E)	λ	El.	B A	S (E)
4260,75	Ti I	12	1	4256,69	Ca	—	6	4252,24	Cr I	35	10
4260,72	Ce	2	—	4256,67	Mo II	—	15	4252,10	Ni I	2	—
4260,65	Mo I	20	20	4256,63	Cr I	12	1	4251,87	Mo I	60	60
4260,55	Sb II	—	(10)	4256,44	Zr I	25	—	4251,86	Ce II	10	1
4260,48	Fe I	400	300	4256,35	Ce	3	—	4251,76	Ti I	10	1
4260,35	Mo I	20	20	4256,22	Fe I	4	1	4251,60	Ti I	20	3
4260,34	Ce	2	—	4256,15	Ce II	12	1	4251,60	Ce II	8	1
4260,29	W I	10	5	4256,04	Zr I	60	—	4251,38	Mo	5	3
4260,13	Fe I	7	3	4256,04	Ti I	80	15	4251,36	Ce	5	—
4260,01	Sb	—	2	4255,99	Ce II	5	—	4251,20	Y I	25	8
4259,99	Fe I	15	5	4255,94	Nb (I)	3	10	4250,91	Ga II	—	(2)
4259,94	W I	12	5	4255,85	Fe	2	1	4250,81	Ce	8	—
4259,93	Pt	5	—	4255,78	Ce II	40	6	4250,79	Fe I	400	250
4259,89	Au II	—	15	4255,72	Co	3	—	4250,69	Mo II	5	125
4259,74	Ce II	15	1	4255,52	Ga II	—	(3)	4250,66	Ce II	18	—
4259,62	Bi II	—	60	4255,50	Ca	—	6	4250,13	Fe I	250	150
4259,60	Ce	3	—	4255,50	Cr I	30	30	4249,92	S II	—	(3)
4259,43	Cu I	25	2	4255,50	Fe I	5	2	4249,67	Ce	4	—
4259,36	W I	30	20	4255,44	Nb I	30	50	4249,57	P IV	—	(100)
4259,33	Mn I	8	10	4255,36	Ce II	10	—	4249,49	Mo	5	5
4259,31	V I	15	9	4255,17	Ce	2	—	4249,46	W I	5	12
4259,30	Hg II	—	(20)	4254,95	Mo I	25	25	4249,46	Nb I	5	8
4259,22	Ce	2	—	4254,93	Fe I	2	1	4249,41	Na I	3	—
4259,18	S II	—	(15)	4254,90	Ce	8	—	4249,40	As II	—	10
4259,14	Cr I	35	1	4254,75	N I	15	—	4249,12	Ti I	60	3
4259,11	Ir I	200	10	4254,70	Ce II	20	—	4249,09	Ce	2	—
4259,06	Ce	10	—	4254,69	Nb I	10	10	4249,00	Ce	5	—
4258,96	Fe I	8	2	4254,42	Mo	10	5	4248,96	Cu I	80	15
4258,91	Nb I	5	10	4254,42	V II	3	5	4248,95	Ca	2	10
4258,88	Ce	3	—	4254,39	Nb II	10	15	4248,82	V II	4	4
4258,66	Mo	20	15	4254,37	Ce	8	—	4248,70	Cr I	35	2
4258,61	Fe I	12	2	4254,33	Cr I	5000R	1000R	4248,68	Ce II	60	8
4258,54	Ti I	70	7	4254,29	W I	4	3	4248,66	Nb I	3	5
4258,53	W I	15	5	4254,15	Bi I	10	10	4248,34	Cr I	30	2
4258,40	Ce	8	—	4254,12	Be I	—	(5)	4248,23	Fe I	150	40
4258,33	Zr I	5	2	4254,06	W I	8	2	4248,19	Co I	2	—
4258,33	Ca	2	4	4254,00	Ce	3	—	4248,09	Ce II	6	1
4258,32	Ce	4	—	4253,98	O II	—	(100)	4248,00	Se II	—	(100)
4258,32	Fe I	60	4	4253,93	Fe	2	1	4247,96	Ce	2	—
4258,21	Ce	5	—	4253,83	Ce	3	—	4247,69	Ce	2	—
4258,15	Fe II	2	2	4253,76	Be I	—	(15)	4247,69	Nb I	2	5
4258,04	Zr II	25	8	4253,74	O II	—	(50)	4247,45	Ce II	2	—
4257,81	Ce	2	—	4253,70	Nb I	25	40	4247,43	Fe I	200	100
4257,66	Mn I	100	40	4253,57	Mo	8	5	4246,93	Ce	3	—
4257,60	Re I	125	—	4253,57	Zr I	20	—	4246,83	Sc II	80	500
4257,47	Ce	3	—	4253,36	Ce II	40	3	4246,71	Ce II	30	4
4257,42	S II	—	(30)	4253,34	Cu I	7	—	4246,68	P III	—	(70)
4257,36	V I	15	9	4253,28	N I	—	(15)	4246,58	Mo II	—	25
4257,35	Cr I	35	1	4253,05	Be I	—	(20)	4246,40	Ce	10	—
4257,12	Ce II	20	1	4252,98	Nb I	30	50	4246,29	Nb I	8	10
4257,1	к Zr	4	—	4252,66	Cr II	—	10	4246,09	Ca	2	5
4257,02	V II	—	5	4252,52	Na I	3	—	4246,09	Fe I	80	30
4256,99	Mo	3	2	4252,49	Mo	6	5	4246,02	Mo I	30	30
4256,80	Mo	3	3	4252,45	Ce	3	—	4245,98	Ce II	8	2
4256,71	Ce	2	—	4252,31	Co I	150	—	4245,88	Ce II	6	2

λ	El.	B A	B S (E)	λ	El.	B A	B S (E)	λ	El.	B A	B S (E)
4245,86	Cd II	—	2	4241,40	Ce II	5	—	4236,98	N II	—	(30)[1]
4245,56	Co I	2	—	4241,31	V I	15	8	4236,81	V II	—	3
4245,52	Ce	4	—	4241,24	Ce	3	—	4236,73	Ce	2	—
4245,51	Ti	20	3	4241,20	Zr I	100	2	4236,55	Zr I	8	1
4245,34	Sb	—	2	4241,17	Cr I	10	—	4236,45	Si	—	3
4245,33	In	—	5	4241,11	Fe I	1	4	4236,37	Ni I	5	—
4245,26	Fe I	80	40	4241,06	Ru I	100	20	4236,35	Ce II	15	—
4245,22	Ce	3	—	4240,83	Mo I	30	25	4236,06	Zr I	8	—
4245,00	Pb II	—	20	4240,8	κ Ca	3	—	4236,02	Ce II	30	1
4244,91	Ce	6	—	4240,75	Al II	—	(15)	4236,0	C	—	(10)
4244,72	Mo II	4	80	4240,74	Ca	—	8	4235,94	Y I	60	30
4244,63	P II	—	(30)	4240,71	Cr I	200	30	4235,94	Fe I	300	200
4244,55	Ce	5	—	4240,66	Ce	2	—	4235,75	V I	10	3
4244,47	Ce	3	—	4240,58	Ce	5	—	4235,73	Y II	3	20
4244,44	Rb II	—	25	4240,46	Ca I	10	10	4235,29	Mn I	80	100
4244,37	W I	40	20	4240,37	Fe I	30	5	4235,14	Mn I	80	—
4243,81	Zr	3	—	4240,35	V I	15	9	4235,03	Mo I	10	8
4243,79	Ce (I)	12	—	4240,34	Zr I	100	1	4234,72	Ce II	12	—
4243,63	W I	10	3	4240,27	Mo I	25	20	4234,65	Ti	12	1
4243,557	Zr I	8	—	4240,13	W I	8	2	4234,63	Zr I	25	1
4243,39	Cd II	—	2	4240,08	V I	3	—	4234,52	V I, II	15	6
4243,37	Fe I	10	3	4240,07	Mo I	25	20	4234,52	Cr I	60	2
4243,36	W	5	1	4239,91	Ce II	35	4	4234,41	Cs II	—	(20)
4243,29	Ce	6	—	4239,85	Fe I	40	15	4234,35	W I	25	7
4243,26	As (II)	—	100	4239,73	Fe I	30	10	4234,29	Zr	3	—
4243,09	Mo II	—	25	4239,73	Mn I	100	50	4234,25	V II	1	3
4243,06	Ru I	100	40	4239,64	Ce	5	—	4234,21	Ce II	30	2
4242,89	V II	—	15	4239,56	Ba I	10	4	4234,00	V I	15	6
4242,86	Sb II	—	2	4239,44	Cu II	—	6	4234,00	Co I	100	—
4242,85	Ce	5	—	4239,31	Zr I	100	5	4233,98	Hg	—	(20)
4242,84	Cr I	15	—	4239,19	Mo I	15	10	4233,97	Mo	5	5
4242,80	Mo I	15	4	4239,07	Mo I	15	12	4233,95	Ce II	8	—
4242,72	Ce II	15	3	4239,02	Ce	3	—	4233,73	Ca	—	4
4242,63	Nb I	10	20	4238,99	Na I	3	—	4233,61	Fe I	250	150
4242,61	Zr I	3	—	4238,96	V	6	2	4233,61	Sc I	10	2
4242,61	Ba I	10	5	4238,96	Cr I	100	15	4233,49	Mo I	8	8
4242,58	Fe I	3	—	4238,82	Fe I	200	100	4233,36	Mo	4	4
4242,49	Mg II	4	—	4238,55	Ce	4	—	4233,32	O I	—	(100)
4242,47	Pb II	—	10	4238,44	Co I	2	—	4233,26	Cr II	—	6
4242,36	Cr II	4	50	4238,05	Sc I	12	—	4233,20	Ce	15	1
4242,26	Cu I	20	—	4238,03	Fe I	80	15	4233,17	Fe II	100	100
4242,25	Ce	5	—	4238,02	Mo	—	5	4233,00	W I	12	4
4242,20	Pb II	—	2	4237,88	Ti I	20	8	4232,95	V I	10	3
4242,08	Na I	3	—	4237,81	Nb I	3	5	4232,87	Cr I	60	—
4242,01	Zr I	4	—	4237,79	Ce	8	—	4232,73	Fe I	10	1
4242,00	Ce II	10	—	4237,78	Ti I	8	—	4232,59	Mo I	125	100
4241,88	Co I	3	—	4237,72	Cr I	70	—	4232,56	Ce II	20	2
4241,80	Au I	40	30	4237,49	Hg	—	(20)	4232,46	V I	10	3
4241,78	N II	—	(100)	4237,42	Zr I	15	—	4232,43	Pb II	—	(2)
4241,74	Ce	3	—	4237,20	Ce II	8	—	4232,42	Hf II	20	6
4241,69	Zr I	100	2	4237,19	Zr I	4	—				
4241,64	Ce	2	—	4237,17	Fe I	5	2				
4241,51	Co I	3	—	4237,16	Mo I	20	10				
4241,45	W I	30	10	4237,13	Ce	4	—	[1] Doublet N II 4237,05—			
4241,44	Nb I	3	5	4236,99	Nb I	1	5	N II 4236,91.			

λ	El.	B A	B S (E)	λ	El.	B A	B S (E)	λ	El.	B A	B S (E)
4232,22	Cr I	70	5	4227,92	Al II	—	(6)	4224,22	Ce	2	—
4232,19	Cs II	—	(25)	4227,87	Hg	—	(70)	4224,2	P II	—	(15)
4232,09	Zr	3	—	4227,86	Al II	—	(2)	4224,18	Fe I	200	80
4232,07	V II	1	6	4227,76	Zr I	150	8	4224,13	V I	12	9
4232,05	Ce	20	2	4227,75	Ce II	40	5	4223,91	Mo	5	4
4231,95	Nb I	8	10	4227,74	N II	—	(10)	4223,88	Ce II	20	1
4231,94	W I	3	2	4227,74	V I	10	5	4223,69	Pt II	—	3
4231,75	Ce (II)	30	5	4227,65	Ti I	18	2	4223,57	In	—	5
4231,72	W	10	2	4227,49	Al II	—	(30)	4223,46	Cr I	15	—
4231,70	Fe	3	1	4227,46	Re I	200	—	4223,34	Sb II	—	4
4231,65	Cr I	3	—	4227,43	Fe I	300	250	4223,15	Ce	3	—
4231,63	Zr II	9	5	4227,41	Ce II	10	—	4223,04	N I	—	(25)
4231,62	Mo	5	4	4227,40	Al II	—	(8)	4222,98	K II	—	(40)
4231,36	Cu II	—	8	4227,29	Hg	—	(100)	4222,96	Mo	15	10
4231,35	C I	—	(5)	4227,16	In II	—	(50)	4222,88	Ce II	3	—
4231,32	Ce	2	—	4227,07	Mo II	3	25	4222,8	Na I	3	—
4231,32	W I	7	3	4226,92	W I	15	3	4222,78	O I	—	(50)
4231,17	Ce	3	—	4226,81	Al II	—	(35)	4222,75	Cr I	100	15
4231,14	V II	1	2	4226,75	Cr I	125	30	4222,60	Ce II	80	18
4231,07	B	3	2	4226,73	Ce	50	30	4222,41	Mo I	20	15
4231,04	Ni I	15	—	4226,73	Ca I	500R	50R	4222,28	Mn II	*	
4230,98	S II	—	(35)	4226,72	Mo	15	2	4222,22	Fe I	200	200
4230,63	Cr II	—	(30)	4226,62	V I	8	3	4222,15	P III	—	(70)
4230,55	Ce	6	—	4226,57	Ge I	200	50	4222,06	W I	15	8
4230,49	Cr I	70	8	4226,54	Mo	10	5	4221,9	к Ca	5	—
4230,44	Cu II	—	3	4226,43	Fe I	80	25	4221,73	Ce	2	—
4230,35	N I	—	(15)	4226,34	W I	10	3	4221,72	W	6	1
4230,31	Nb I	3	5	4226,33	Ce	2	—	4221,69	Ni I	5	—
4230,31	Ru I	60	—	4226,29	Mo	20	20	4221,62	Ce	4	—
4230,12	Hg	—	(20)	4226,24	Nb	4	3	4221,58	Cr I	80	85
4230,12	Ce II	12	—	4226,22	Nb I	3	5	4221,48	Ce	2	—
4229,97	Ce	3	—	4226,19	Ce	3	—	4221,23	As (II)	—	5
4229,95	Co I	3	—	4226,15	B	4	2	4221,17	Ce	12	1
4229,83	Nb I	5	5	4225,96	Fe I	80	30	4221,12	Cs II	—	(15)
4229,76	Fe I	20	2	4225,87	As II	—	10	4221,08	Re I	100	—
4229,68	V I	12	6	4225,74	Ce	6	8	4221,04	V I	2	2
4229,63	Ce	2	—	4225,61	K II	—	(40)	4220,96	J	—	(80)
4229,59	N	—	(5)	4225,46	Fe I	80	20	4220,83	Bi	12	2
4229,59	In II	—	(5)	4225,46	Zr I	6	—	4220,79	N	—	(5)
4229,52	Mo	4	4	4225,26	Zr I	4	—	4220,76	Ce	6	—
4229,15	Nb I	50	100	4225,24	Mo	5	3	4220,68	Ru I	60	—
4229,11	W	1	2	4225,23	V II	3	10	4220,64	Zr I	9	—
4229,0	к Pb	4	—	4225,10	Co (I)	5	—	4220,63	Y I	15	7
4229,00	In II	—	(10)	4224,98	W	—	12	4220,61	Mn I	60	20
4228,94	Ce	2	—	4224,92	Mo	5	5	4220,59	Nb II	2	8
4228,82	Ce	5	—	4224,79	Ti I	40	8	4220,54	Ce	3	—
4228,8	Cu	3	—	4224,76	Mo	5	3	4220,54	W I	5	1
4228,78	Mo	4	4	4224,76	W I	10	2	4220,35	Fe I	80	40
4228,42	As (II)	—	10	4224,74	N I	—	(15)	4220,3	Na I	10	—
4228,29	Ce II	15	—	4224,65	Zr I	3	—	4220,27	W I	7	2
4228,28	C	—	(5)	4224,55	Ce	8	1	4220,27	Co I	2	1
4228,23	Ca	—	3	4224,52	Cr I	60	12	4220,18	Ce	3	—
4227,98	Al II	—	(20)	4224,52	Fe I	60	15	4220,07	Ca II	*	
4227,98	In II	—	(10)	4224,51	V II	2	3	4220,04	V II	3	10
4227,93	Cu II	—	7	4224,30	Sb	—	8	4219,98	Mo	5	5

λ	El.	B A	S (E)	λ	El.	B A	S (E)	λ	El.	B A	S (E)
4219,83	In II	—	(50)	4213,86	Zr I	40	3	4209,37	Cr I	100	40
4219,73	Sc I	8	—	4213,73	In II	—	(15)	4209,19	Ce	4	—
4219,70	Ce	6	—	4213,65	Fe I	100	60	4208,98	Zr (II)	30	25
4219,50	In II	—	(30)	4213,58	In II	—	(10)	4208,77	Mo	5	5
4219,40	In II	—	(5)	4213,18	Cr I	60	8	4208,69	Ce	2	—
4219,39	Ce	6	—	4213,16	Ca	—	5	4208,61	Fe I	100	50
4219,39	Mo I	15	12	4213,13	Cs II	—	(30)	4208,43	Ce	6	—
4219,38	W I	25	15	4213,10	In II	—	(50)	4208,36	Cr I	100	25
4219,36	Fe I	250	200	4213,03	Ce II	15	2	4208,24	Ce	4	—
4219,07	Sb II	—	30	4212,97	In II	—	(15)	4208,16	Nb I	4	4
4219,01	Mo	8	10	4212,95	Pd I	500	300	4208,08	Zr I	5	—
4218,72	In II	—	(5)	4212,90	C	—	(5)	4208,00	As II	—	30
4218,71	V I	15	8	4212,89	W	8	2	4207,61	Co I	2	—
4218,56	W I	12	2	4212,68	Ag I	150	20	4207,57	Ce	2	—
4218,53	Nb II	—	10	4212,65	Cr I	80	8	4207,56	Mo	10	5
4218,44	Zr I	15	—	4212,62	Zr I	15	—	4207,40	Mo	10	5
4218,26	Sc I	4	—	4212,58	Se II	—	(200)	4207,27	Ca	—	10
4218,00	Ce	3	—	4212,53	Nb I	2	3	4207,24	Mo	10	10
4217,95	Nb I	50	50	4212,53	Hg II	—	(50)	4207,13	Fe I	80	40
4217,65	Cr I	150	70	4212,41	Si IV	—	2	4207,05	W I	25	12
4217,59	Ce II	25	3	4212,4	Na I	3	—	4206,91	Cr I	80	25
4217,55	Fe I	200	100	4212,39	Ce	1	2	4206,83	Ce	8	—
4217,26	Ru I	100	20	4212,36	C	—	(5)	4206,70	Fe I	125	25
4217,25	Zr I	5	—	4212,22	Hg	—	(30)	4206,68	V I	2	2
4217,23	S II	—	(30)	4212,15	Zr I	3	—	4206,57	Hf II	10	10
4217,22	Ce	5	—	4212,06	Ru I	125	80	4206,40	Ta (I)	50	20
4217,09	O I	—	(30)	4212,04	Nb I	4	3	4206,32	Ce	3	—
4216,84	Mo	10	8	4211,90	Ce	1	2	4206,24	W	6	2
4216,74	Hg III	—	100	4211,87	Zr II	18	15	4206,17	Ca II	*	
4216,56	P II	—	(15)	4211,86	Cu II	1	6	4206,13	Nb I	4	3
4216,39	Cr I	60	25	4211,86	Os I	150	50	4206,10	Hg	—	(30)
4216,22	Nb II	1	10	4211,75	Mn I	30	20	4206,02	Ru I	100	40
4216,18	Fe I	200	100	4211,72	Ti I	30	6	4205,91	Zr II	10	3
4216,06	W	1	5	4211,64	Ca	—	2	4205,89	Ce II	4	1
4216,0	к C	—	—	4211,58	Ce	3	—	4205,88	Ta I	100	30
4215,97	Fe I	2	1	4211,34	Cr I	100	30	4205,80	Mo I	2	1
4215,92	N I	—	(5)	4211,33	Zr I	12	—	4205,79	Ce II	4	—
4215,90	In	—	5	4211,14	Rh I	15	200	4205,65	N	—	(5)
4215,75	Zr II	—	3	4211,02	Mo I	15	12	4205,56	W I	7	12
4215,56	Rb I	1000R	300	4210,94	Ag I	200	30	4205,55	Fe I	50	6
4215,52	Sr II	300R	400	4210,76	Cr I	12	—	4205,31	Nb I	15	15
4215,42	Fe I	60	15	4210,61	Zr II	3	3	4205,21	In II	—	(15)
4215,4	Na I	3	—	4210,35	Fe I	300	200	4205,16	Ce	6	2
4215,38	W I	12	5	4210,24	Ce	3	—	4205,15	In II	—	(30)
4215,31	Zr I	4	1	4210,20	Mo	5	5	4205,1	к Ca	6	—
4214,95	W	5	1	4209,99	Ce II	6	2	4205,08	V II	5	20
4214,87	Co (I)	2	1	4209,85	V I	30	10	4205,07	In II	—	(50)
4214,81	Nb II	5	10	4209,80	V II	—	12	4204,80	Mo	25	20
4214,73	Nb I	40	—	4209,78	W	3	1	4204,73	Ce II	15	—
4214,73	N I	—	(25)	4209,76	Cr I	80	20	4204,70	Y II	15	15
4214,69	Ce	4	—	4209,73	V II	—	12	4204,62	Ca	—	2
4214,67	Nb	—	100	4209,71	As II	—	10	4204,60	Mo	15	10
4214,44	Ru I	100	40	4209,67	Sb II	—	(10)	4204,48	Cr I	80	30
4214,06	Mo	20	15	4209,65	Mo II	4	80	4204,41	W I	20	10
4214,04	Ce II	35	4	4209,40	Ce II	25	3	4204,32	Nb I	4	3

λ	El.	B A	B S (E)	λ	El.	B A	B S (E)	λ	El.	B A	B S (E)
4204,29	Ce	1	3	4199,09	Zr I	20	2	4194,76	Zr I	25	1
4204,20	V II	2	6	4198,93	Mo II	1	25	4194,56	Mo I	30	30
4204,20	Cr I	50	6	4198,86	Ru I	60	100	4194,45	Zr I	8	1
4203,99	Fe I	200	120	4198,84	Nb I	4	3	4194,34	Co (I)	5	—
4203,82	W I	15	6	4198,67	Ce II	8	3	4194,22	Ca	—	3
4203,59	Cr I	100	20	4198,64	Fe I	10	2	4194,10	Ce	4	—
4203,57	Fe I	10	1	4198,61	V I	10	6	4194,00	Mo	5	3
4203,50	Ce	6	2	4198,61	Mo	4	4	4194,00	Zr I	8	—
4203,46	Ti I	50	10	4198,54	Cr I	100	30	4193,97	W I	8	2
4203,41	Nb I	4	3	4198,51	Nb I	3	5	4193,88	Mo	5	3
4203,33	Ce	2	—	4198,43	Ce II	5	1	4193,87	Ce II	35	5
4203,22	Ca I	2	—	4198,425	Co I	3	—	4193,82	Nb I	5	—
4203,17	Ce	2	—	4198,367	Nb (I)	2	5	4193,80	Nb II	—	15
4203,12	Mo	4	2	4198,310	Fe I	250	150	4193,66	Cr I	100	25
4202,94	Ce II	40	18	4198,3	Na I	10	—	4193,51	S II	—	(15)
4202,76	Fe I	10	4	4198,13	Si II	—	3	4193,49	N	—	(10)
4202,70	Ce	2	—	4197,99	Ce II	12	2	4193,44	Mg II	2	—
4202,4	Al II	—	(8)	4197,76	Zr I	3	—	4193,42	P II	—	(5)
4202,35	V II	6	15	4197,66	Ce II	6	3	4193,28	Ce II	18	3
4202,24	P	—	(30)	4197,61	Nb I	2	5	4193,10	Rb II	—	40
4202,21	Mo	5	5	4197,61	As II	—	(30)	4193,09	Ce II	25	4
4202,15	Ni I	5	—	4197,60	V I	12	7	4192,83	Co I	3	—
4202,06	Os I	100	4	4197,57	Ru I	100	100	4192,75	Ce II	6	1
4202,03	Fe I	400	300	4197,51	Ce II	6	1	4192,6	Na I	3	—
4201,85	Rb I	2000R	500	4197,39	Mo	3	3	4192,56	Bi II	—	8
4201,76	Ca	—	2	4197,24	Cr I	70	25	4192,55	Cr (I)	6	—
4201,76	Mn I	40	20	4197,1	к С	—	—	4192,53	O II	—	(15)
4201,72	Ni I	30	—	4197,05	Mo	3	3	4192,51	Fe	2	—
4201,51	Nb I	10	10	4196,99	In	—	10	4192,43	Pt I	100	2
4201,46	Zr I	50	3	4196,95	Nb I	3	5	4192,31	Bi II	—	6
4201,32	Ce II	4	20	4196,86	Ru I	60	50	4192,27	Mo II	—	40
4201,31	Mo I	5	5	4196,60	Ca	12	1	4192,17	Mo	4	—
4201,24	Ce II	8	3	4196,57	Ce	4	4	4192,11	Cr I	40	15
4201,21	Pt I	2	2	4196,53	Fe I	3	—	4192,10	Bi II	—	2
4201,17	Mo	4	3	4196,50	Rh I	100	50	4192,09	Zr I	10	1
4200,93	Fe I	80	20	4196,34	Ce II	20	3	4192,07	Nb I	20	20
4200,79	Ti I	35	8	4196,24	Fe I	100	50	4191,79	Zr I	8	3
4200,69	Ce	—	2	4196,13	Zr I	10	—	4191,75	Cr I	50	6
4200,57	Mo I	15	15	4195,81	Ce II	10	—	4191,68	Fe I	20	6
4200,49	Sb II	—	2	4195,65	Nb I	5	3	4191,55	V I	15	5
4200,46	Ni I	40	—	4195,62	Co	3	—	4191,48	Zr II	—	4
4200,19	Mo	4	2	4195,62	Fe I	25	3	4191,43	Fe I	200	100
4200,19	V I	10	5	4195,60	V I	10	2	4191,34	Ce	6	4
4200,13	Ce	3	1	4195,53	Ni I	30	—	4191,27	Cr I	70	15
4200,10	Cr I	80	8	4195,5	Na I	3	—	4191,03	Ce	8	2
4200,03	W I	12	3	4195,5	Pb II	—	(3)	4191,03	Mo II	—	30
4199,98	N II	*		4195,34	Fe I	150	100	4190,92	Si	—	4
4199,89	Ru I	150	300	4195,28	Ce	6	2	4190,89	V II	1	4
4199,83	Mo	5	5	4195,17	Sb II	—	50	4190,89	Nb I	20	30
4199,66	Ce	3	—	4195,14	Os I	100	1	4190,72	Co I	10	5
4199,65	Mo	5	5	4195,10	Nb I	20	20	4190,66	Cr I	12	—
4199,63	W I	9	2	4194,96	Cr I	70	25	4190,65	Nb I	5	10
4199,6	P II	—	(5)	4194,90	Ce II	8	2	4190,62	Ce II	30	3
4199,10	Fe I	300	200	4194,83	Ce III	3	—	4190,42	Mo	6	3
4199,09	Ca	2	2	4194,82	B II	—	2	4190,40	V II	2	6

λ	El.	B (A)	S (E)	λ	El.	B (A)	S (E)	λ	El.	B (A)	S (E)
4190,37	As II	—	10	4184,39	Mo I	4	4	4179,07	Ce	8	—
4190,33	Ce	4	—	4184,37	Ce	3	1	4179,06	V II	—	2
4190,16	Cr I	40	15	4184,32	Ti II	8	20	4179,04	Ge	—	25
4190,15	W	5	—	4184,28	Ca	2	8	4178,96	Ge III	—	25
4190,00	Mo I	20	15	4184,17	Mo	4	4	4178,87	Fe II	10	10
4189,99	Nb I	5	10	4184,06	Ce	3	4	4178,53	Mo	5	2
4189,98	Mn I	80	40	4183,83	W I	12	5	4178,48	P II	—	(300)
4189,91	Os I	60	3	4183,80	Ce	3	—	4178,40	Nb II	1	10
4189,84	V I	20	10	4183,67	W I	10	—	4178,39	Ce	1	2
4189,79	O II	—	(500)	4183,43	V II	3	20	4178,39	V II	3	9
4189,71	S II	—	(250)	4183,38	Nb II	—	10	4178,28	Ce	1	2
4189,64	Ce II	8	1	4183,31	Zr I	40	1	4178,27	Mo I	25	20
4189,58	Nb (I)	2	5	4183,29	Ti I	20	7	4178,15	Ce	3	—
4189,56	Fe I	3	—	4183,06	Mo I	4	2	4178,08	Ce	3	—
4189,17	Ce II	8	—	4183,06	Re I	100	—	4178,05	Fe	3	1
4189,17	W	5	3	4182,90	Re I	100	—	4178,02	Hg	—	(50)
4189,08	P	—	(30)	4182,59	V I	20	7	4177,93	Mo II	—	15
4188,69	Ti I	35	8	4182,47	Ir I	50	6	4177,86	Nb II	—	5
4188,66	Ce	3	—	4182,38	Fe I	80	30	4177,84	Cr I	40	1
4188,38	Ce	5	1	4182,32	W I	3	—	4177,83	W I	10	3
4188,32	Mo (I)	100	80	4182,20	Se II	—	(4)	4177,76	Cu I	60	1
4188,07	P	—	(30)	4182,16	Pb	—	5	4177,60	Fe I	100	25
4187,80	Fe I	200	150	4182,07	V I	10	5	4177,55	Y II	50	50
4187,60	Mo	3	3	4181,76	Fe I	200	150	4177,4	Na I	3	—
4187,58	Fe I	3	1	4181,57	Ce	2	—	4177,35	Ti I	10	2
4187,56	Zr I	9	3	4181,52	Nb II	—	2	4177,34	Ce	2	3
4187,46	Zr	4	—	4181,39	W I	2	2	4177,25	Mo I	20	20
4187,32	Ce II	35	15	4181,34	Ce	—	2	4177,07	V I	15	3
4187,25	Co I	50	3	4181,34	Nb I	5	5	4176,90	Mo	10	10
4187,04	Fe I	250	200	4181,08	Ce II	20	3	4176,79	V I	5	2
4186,86	Ce	2	—	4181,04	Mo I	25	15	4176,70	Ce II	18	2
4186,77	Zr I	3	—	4180,95	Hg	—	(100)	4176,68	Cr I	15	2
4186,68	Zr II	3	3	4180,94	In	—	15	4176,60	Mn I	100	40
4186,60	Ce II	80	25	4180,94	Se II	—	(800)	4176,57	Fe I	100	50
4186,36	Cr I	50	10	4180,87	Ti I	100	20	4176,16	N II	—	(10)
4186,34	Sb II	—	4	4180,8	к C	—	—	4176,16	Nb I	2	—
4186,28	Mo I	15	12	4180,69	Ca	—	2	4176,08	Ce II	12	—
4186,23	K II	—	(60)	4180,50	Mo	8	4	4175,96	Cr I	40	10
4186,12	Ti I	100	40	4180,50	Ti I	6	—	4175,94	Ce	6	1
4186,10	Nb I	5	8	4180,24	W I	10	5	4175,64	Hg	—	(20)
4186,02	W I	12	2	4180,2	Na I	3	—	4175,64	Fe I	100	80
4185,95	S	—	(15)	4179,97	Cr I	25	1	4175,63	Ca	—	5
4185,83	Mo I	40	40	4179,93	Mo	8	5	4175,63	Os I	100	4
4185,66	Nb I	2	2	4179,88	Ti I	4	—	4175,59	W II	7	25
4185,54	Nb II	1	30	4179,80	Zr II	15	8	4175,49	Ce	3	1
4185,52	Ce	3	—	4179,80	Ce	1	2	4175,32	Se II	—	(800)
4185,48	Ag II	*		4179,76	Nb I	10	20	4175,23	Ce II	15	2
4185,45	O II	—	(150)	4179,74	Ca	—	2	4175,23	Cr I	30	8
4185,35	Cr I	30	3	4179,67	N II	—	(2)	4175,21	S	—	(5)
4185,33	Ce II	30	4	4179,50	Cu II	1	6	4175,21	Ta I	100	40
4184,90	Cr I	35	10	4179,45	Cr II	—	8	4175,12	Mo	12	8
4184,89	Fe I	100	80	4179,41	V I	20	10	4174,96	Cr I	10	3
4184,62	Ce	2	—	4179,28	Ce II	10	1	4174,91	Fe I	100	25
4184,47	Ni I	6	—	4179,27	Cr I	100	40	4174,81	Cr (I)	100	40
4184,44	Nb I	20	50	4179,22	Co I	15	2	4174,47	Ti I	15	3

λ	El.	B A	B S (E)	λ	El.	B A	B S (E)	λ	El.	B A	B S (E)
4174,47	Ce II	8	—	4170,48	Zr I	5	2	4165,75	Mo	6	4
4174,38	Ce II	8	—	4170,40	Re I	40	—	4165,62	Zr I	3	—
4174,35	Hf I	25	6	4170,34	Mo	8	2	4165,61	Ce II	40	6
4174,34	Nb I	3	5	4170,21	Cr I	70	15	4165,52	Cr I	80	35
4174,33	Cr (I)	3	—	4170,00	W I	3	1	4165,48	Ca	4	2
4174,30	S (II)	—	(150)	4169,88	Ce II	12	3	4165,42	Fe	12	2
4174,13	Y I	100	8	4169,84	Pd I	200	50	4165,19	Sc I	15	5
4174,09	Ti I	15	12	4169,84	Cr I	80	25	4165,11	S II	—	(10)
4174,08	Mo	12	10	4169,82	Mo I	20	20	4165,0	Na I	3	—
4174,07	S (II)	—	(50)	4169,77	Fe I	3	—	4164,96	S	—	(8)
4174,01	V I	12	7	4169,77	Ce II	12	2	4164,66	Nb I	30	50
4173,95	Nb I	5	15	4169,65	Se II	—	(12)	4164,56	Pt I	100	80
4173,95	Ce	3	—	4169,60	Ca	2	2	4164,51	Ce	3	—
4173,92	Fe I	50	5	4169,56	Nb I	10	10	4164,43	B	—	4
4173,66	Ce	—	2	4169,35	Zr I	9	2	4164,35	Ca	—	5
4173,54	Ti II	12	40	4169,32	Ti I	25	7	4164,28	Cu II	—	3
4173,47	Fe II	8	8	4169,26	V I	15	5	4164,13	Ti I	10	—
4173,32	Fe I	25	5	4169,23	O II	—	(50)	4164,07	Mo I	15	10
4173,23	Os I	100	6	4168,95	Fe I	10	1	4164,01	V II	1	7
4173,14	Ce	2	—	4168,66	W I	10	15	4163,98	Ce	5	—
4173,12	Zr I	3	1	4168,51	Al II	—	(2)	4163,68	Fe I	12	1
4172,88	Ce	2	2	4168,49	Mo	15	15	4163,66	Nb I	60	40
4172,79	P II	—	(5)	4168,46	Zr	5	2	4163,64	Ti II	35	150
4172,78	Cr I	35	15	4168,42	Al II	—	(4)	4163,63	Cr I	100	50
4172,75	Mo	3	2	4168,37	S II	—	(50)	4163,51	Ce II	20	8
4172,74	Fe I	60	10	4168,12	Nb I	100	80	4163,47	Nb I	3	5
4172,64	Fe I	3	1	4168,05	Pb I	20	10	4162,87	Ce II	4	3
4172,62	Ce	2	—	4167,96	Fe	10	2	4162,81	Nb I	3	5
4172,60	Ti I	5	—	4167,86	Fe I	8	2	4162,70	S II	—	(600)
4172,57	Os I	60	3	4167,80	Ce II	12	3	4162,68	Mo I	25	30
4172,56	Ir I	150	12	4167,8	Na I	3	—	4162,67	Ta II	*	
4172,16	Ce II	18	1	4167,65	Mg	5	—	4162,63	Ce II	12	3
4172,13	Fe I	80	50	4167,6	к C	—	—	4162,46	Ce	2	1
4172,05	Ga I	2000R	1000R	4167,58	Ce	4	—	4162,40	Hf II	5	10
4171,96	Ce	2	—	4167,51	Y I	50	10	4162,39	S II	—	(18)
4171,90	Ti II	15	70	4167,51	Ru I	100	150	4162,29	Cu II	—	2
4171,85	Cu II	—	5	4167,38	Zr	15	10	4162,29	Ce	6	2
4171,79	Mo II	—	25	4167,27	Mg I	6	4	4162,16	Co I	7	3
4171,76	Ce	2	3	4167,20	Ce II	—	(12)	4161,94	Ce	6	3
4171,70	Fe I	8	2	4166,97	Ni I	2	—	4161,80	Ca	2	1
4171,68	Cr I	70	8	4166,88	Ce	20	6	4161,80	Sr II	30	—
4171,61	N II	—	(5)	4166,83	Ca	2	1	4161,79	Ce	6	—
4171,47	Zr I	20	—	4166,73	P II	—	(15)	4161,66	Ru I	25	50
4171,45	Mo	10	3	4166,7	к C	—	—	4161,64	P	—	(15)
4171,38	Ce II	18	—	4166,65	Ce II	10	1	4161,53	Ti II	8	30
4171,29	V I	15	7	4166,52	Zr I	3	—	4161,49	Fe I	15	—
4171,19	W I	25	12	4166,37	Zr I	50	4	4161,43	Cr I	50	30
4171,07	Mo (I)	15	10	4166,30	Ti I	35	10	4161,24	Mo II	1	25
4171,04	Sb	—	3	4166,28	Mo I	20	15	4161,25	Nb I	5	15
4171,04	Ce	6	1	4166,20	Ce	6	—	4161,21	Zr II	40	30
4171,02	Ti I	35	7	4166,15	W I	7	3	4161,17	Ce II	18	1
4170,90	Co I	4	2	4166,04	Ir I	150	10	4161,15	Cu II	—	6
4170,90	Fe I	80	40	4166,01	Ba II	12	50	4161,08	Fe I	10	—
4170,65	Ce	2	—	4165,85	Ce	5	—	4160,87	Mo	4	2
4170,54	W I	15	7	4165,84	Nb I	3	5	4160,72	As II	—	10

λ	El.	B A	B S (E)	λ	El.	B A	B S (E)	λ	El.	B A	B S (E)
4160,56	P II	—	(30)	4155,53	Ce II	6	1	4150,26	Fe I	50	2
4160,41	Ce	4	—	4155,53	Mn I	40	5	4150,12	Nb (I)	15	20
4160,35	W I	5	2	4155,28	Mo I	30	25	4149,94	Ce II	6	4
4160,26	Al II	—	(15)	4155,28	Ce	*		4149,8	к Ca	2	—
4160,25	Mo	4	5	4154,86	Ti	15	1	4149,79	Ce II	4	1
4160,23	Al II	—	(12)	4154,81	Fe I	100	8	4149,75	W I	10	2
4160,18	Ce II	8	—	4154,68	W I	15	10	4149,71	In II	—	(30)
4160,10	Ce II	8	—	4154,50	Fe I	100	80	4149,69	Mo	6	5
4160,04	W I	5	3	4154,46	Ce	2	2	4149,58	Mo	5	—
4159,86	Ce	3	8	4154,37	Rh I	60	1	4149,45	Ti I	12	1
4159,80	Al II	—	(4)	4154,27	Mo (II)	—	10	4149,44	W I	10	4
4159,79	W I	5	2	4154,10	Fe I	3	—	4149,41	Mo	4	3
4159,75	P	—	(15)	4153,92	Ce II	12	3	4149,37	Fe I	100	35
4159,72	Ce	2	—	4153,91	Fe I	120	100	4149,20	Zr II	100	100
4159,72	Al II	—	(6)	4153,81	Cr I	50	30	4149,17	K II	—	(20)
4159,68	V I	20	12	4153,75	Zr I	5	—	4149,15	Ce	5	2
4159,64	Ti I	60	15	4153,65	Ca	—	6	4148,94	Mo I	40	25
4159,62	W	5	2	4153,62	Cu II	—	2	4148,91	S		(5)
4159,45	Al II	—	(4)	4153,40	Fe	1	1	4148,90	Ce II	25	3
4159,40	Al II	—	(2)	4153,39	Ce	4	—	4148,85	V I	8	3
4159,12	Ca	2	—	4153,32	V I	12	3	4148,80	Mn I	50	30
4159,03	Ce II	30	5	4153,31	O II	—	(200)	4148,68	Mo	6	5
4158,80	Fe I	100	25	4153,17	Mo	10	2	4148,48	Zr	4	2
4158,78	Os I	50	1	4153,12	Ce II	12	2	4148,48	Ti	4	1
4158,61	Cs II	—	(18)	4153,10	S II	—	(600)	4148,47	Ce	2	3
4158,43	Co I	25	5	4153,07	Cr I	40	6	4148,40	Ca	2	2
4158,41	Ti	2	—	4152,93	Pb II	—	5	4148,39	Ti I	7	—
4158,29	Ti	3	—	4152,92	Ce	4	1	4148,38	Ru I	60	15
4158,08	Mo	3	3	4152,78	Cr I	50	12	4148,30	Pt II	—	5
4158,08	In	—	8	4152,65	V (I)	9	4	4148,16	Ce II	15	2
4158,05	Ce	2	8	4152,63	Zr I	25	—	4148,0	Na I	3	—
4158,04	Ti	15	2	4152,58	Nb I	100	300	4147,76	V I	3	—
4158,01	Nb I	3	5	4152,4	P	—	(15)	4147,67	Ca	3	2
4158,0	к C	—	—	4152,36	Sc I	10	4	4147,67	Fe I	200	100
4157,79	Fe I	150	80	4152,17	Fe I	70	5	4147,53	Mn I	40	20
4157,70	S I	—	(10)	4152,03	Nb I	10	8	4147,52	Ce	10	2
4157,64	As II	—	30	4151,97	Ce II	30	8	4147,36	Zr I	10	—
4157,57	Ce	3	1	4151,95	Fe I	4	1	4147,31	Ce	2	—
4157,40	Mo I	25	25	4151,87	Mo I	20	15	4147,19	Ce	1	3
4157,33	P	—	(30)	4151,72	Ce	2	—	4147,19	Nb I	8	10
4157,04	W II	3	25	4151,46	N I	—	(1000)	4146,94	S II	—	(30)
4157,02	Mn I	40	2	4151,37	Mo	4	2	4146,87	Mo II	—	30
4156,95	Ce	2	3	4151,27	Cs II	—	(20)	4146,77	Ru I	100	70
4156,80	Fe I	100	80	4151,26	Ag	—	2	4146,70	Cr I	25	2
4156,79	Mo I	15	10	4151,19	P	—	(15)	4146,60	Sb II	—	6
4156,68	Nb II	5	100	4150,96	Zr II	25	10	4146,48	Ce	4	—
4156,68	Fe I	2	—	4150,96	Ti I	35	15	4146,47	Mo	4	2
4156,68	Hg	—	(50)	4150,91	Ce	18	3	4146,47	Cr I	20	1
4156,54	O II	—	(30)	4150,82	Mo II	—	20	4146,20	Cr I	20	2
4156,38	Ce	2	1	4150,71	B	—	2	4146,23	Ce II	25	4
4156,24	Zr II	25	15	4150,67	V (I)	10	8	4146,07	Fe I	15	3
4156,0	Na I	3	—	4150,55	Ti I	10	1	4146,06	O II	—	(40)
4155,97	Ce	4	—	4150,43	Co I	3	2	4146,00	Nb I	4	3
4155,70	Ir I	80	5	4150,40	Ce	2	1	4145,95	W I	8	3
4155,57	Mo I	25	20	4150,36	Ni I	3	—	4145,85	Ce	—	2

λ	El.	B A	B S (E)	λ	El.	B A	B S (E)	λ	El.	B A	B S (E)
4145,80	Cr II	—	20	4141,06	Mn I	50	30	4136,38	V I	9	4
4145,78	N II	—	(10)	4141,04	Si	—	2	4136,35	W I	9	8
4145,74	Ru I	125	150	4141,0	Na I	3	—	4136,34	Ca	2	3
4145,59	Mo	5	3	4140,96	In II	—	(5)	4136,28	Se II	—	(100)
4145,49	Ce	3	—	4140,94	Ce	5	—	4136,20	Ta I	80	30
4145,16	W I	15	8	4140,83	Pd I	100R	—	4136,10	V I	10	7
4145,15	Nb (I)	4	2	4140,75	Ce II	8	6	4135,88	Ce II	10	2
4145,10	S II	—	(250)	4140,54	Sb II	—	15	4135,78	Os I	200	50
4145,05	Ti I	15	2	4140,51	Ce	5	—	4135,68	Zr I	20	1
4145,00	Ce II	10	4	4140,42	In II	—	(5)	4135,44	Ce II	20	4
4144,85	Ce	2	1	4140,41	W I	12	3	4135,42	Nb I	4	2
4144,49	Ce II	10	3	4140,38	Hg	—	(200)	4135,38	Mo (I)	10	10
4144,37	Ce	2	—	4140,30	Cd I	5	—	4135,27	Rh I	300	150
4144,36	Re I	125	—	4140,30	Sc I	10	2	4135,21	Mo	5	4
				4140,20	Ce	3	6	4135,10	Ce	5	—
4144,16	Ru I	150	200	4140,18	Mn	15	5	4135,04	Mn I	50	30
4144,14	Ca	—	3	4140,04	W I	12	3	4134,77	Cd II	—	15
4143,93	Nb (I)	5	5	4140,03	Hg I	—	(5)	4134,72	K II	—	(40)
4143,87	Fe I	400	250	4140,00	Zr I	9	—	4134,68	Fe I	150	100
4143,84	P	—	(50)	4139,93	Fe I	40	30	4134,59	Nb I	10	10
4143,76	O II	—	(15)	4139,84	Ti I	7	—	4134,56	Ce	—	2
4143,65	N I	—	(30)	4139,81	Ce	5	1	4134,49	V I	40R	15R
4143,55	Mo (I)	100	100	4139,70	Nb I	50	50	4134,42	Fe I	10	3
4143,42	Fe I	200	100	4139,52	Mo	10	3	4134,39	Cr I	25	3
4143,28	Ti I	6	—	4139,45	Co I	10	—	4134,34	Fe I	2	—
4143,20	Nb I	10	10	4139,43	Nb I	10	10	4134,31	Zr I	8	—
4143,04	Ti I	30	8	4139,42	Ce II	8	2	4134,17	Sb II	—	8
4143,03	Cu II	—	2	4139,32	W I	12	5	4133,95	Sb	—	5
4142,88	V I,II	6	3	4139,25	V I	10	6	4133,86	Fe I	50	7
4142,84	Y I	100	25	4139,03	Ce	2	2	4133,80	Ce II	35	8
4142,82	Ce	6	2	4138,74	Ce	2	1	4133,77	V I	9	6
4142,71	Ce II	2	—	4138,65	Mo	—	5	4133,71	Ce	3	1
4142,49	Ti I	12	2	4138,6	Na	3	—	4133,69	Zr I	5	3
4142,46	Cr I	10	1	4138,54	Mo	20	12	4133,67	N II	—	(5)
4142,40	Ce II	30	30	4138,35	Ce II	12	4	4133,63	Sb (II)	*	
4142,34	Ce	35	6	4138,30	Nb I	4	2	4133,52	Zr I	4	—
4142,32	Ni	15	—	4138,21	Zr	10	10	4133,48	W I	6	4
4142,29	S II	—	(150)	4138,18	Mo	20	15	4133,42	Re I	200	—
4142,26	W I	15	9	4138,10	Ce	12	3	4133,40	Nb (I)	2	5
4142,24	Nb I	4	3	4138,02	W I	*		4133,04	Ce	3	—
4142,19	Cr I	35	8	4137,84	Os I	100	3	4133,00	Mo	15	—
4142,18	Ni I	2	—	4137,65	Ce II	25	12	4133,00	Sc I	8	3
4142,16	Mo	8	4	4137,63	N I	—	(50)	4132,90	In	—	15
4142,04	Mo	8	4	4137,59	Nb I	3	5	4132,87	V I	2	—
4142,03	Ce	4	—	4137,47	Ce II	6	2	4132,82	O II	—	(100)
4141,96	Ca	2	3	4137,46	W I	12	12	4132,75	Mo	12	10
4141,87	Fe I	15	5	4137,3	P	—	(15)	4132,63	Ce II	8	2
4141,83	V I	7	3	4137,28	Ti I	50	15	4132,62	Li I }	400	—
4141,49	Cd II	—	10	4137,26	Mn I	40	5	4132,56	Li I }		
4141,46	In II	—	(15)	4137,09	Nb I	100	60	4132,49	Ca I	—	2
4141,45	Mo II	1	30	4137,00	Fe I	100	80	4132,44	Ce	4	—
4141,42	Pb	—	10	4136,95	Mo	15	8	4132,44	Cr II	—	2
4141,37	V I	15	3	4136,89	Ce II	5	2	4132,43	Ba I	10	4
4141,29	Cu II	—	3	4136,76	Ce II	5	—	4132,31	Ce II	8	2
4141,21	Sb II	—	7	4136,45	Re I	150	—	4132,23	Mo I	20	20

λ	El.	B A	B S (E)	λ	El.	B A	B S (E)	λ	El.	B A	B S (E)
4132,21	W I	6	8	4128,08	Ca	2	4	4123,77	Ni	2	—
4132,16	Co I	15	—	4128,08	V I	30R	20R	4123,74	Fe I	80	20
4132,06	Fe I	300	200	4128,06	Ce II	10	3	4123,71	As II	—	5
4132,02	V I	12	10	4127,96	Zr I	4	2	4123,65	Mo I	5	25
4131,92	Mo I	20	10	4127,80	Fe I	25	15	4123,56	Ti I	40	10
4131,85	Ce	5	2	4127,79	Hf II	10	10	4123,56	V I	30R	12R
4131,52	Nb I	2	10	4127,74	Ce II	8	4	4123,54	Mn I	15	5
4131,43	Mn I	10	—	4127,64	Mo	6	3	4123,49	Ce II	20	5
4131,36	Cr I	30	20	4127,64	Cr I	30	10	4123,39	Cr I	35	15
4131,34	Ce	2	—	4127,61	Fe I	100	80	4123,30	Ti I	25	6
4131,25	Ti I	15	2	4127,54	S	—	(3)	4123,29	Cu I	30	1
4131,12	Mn I	50	40	4127,53	Ti I	70	15	4123,27	Mn I	12	5
4131,10	Ce II	30	8	4127,49	P II	—	(70)	4123,24	Ce (II)	*	
4130,96	Si II	—	25	4127,45	Nb I	4	10	4123,18	V I	6	3
4130,95	S	—	(15)	4127,37	Ce II	30	12	4123,17	Ta I	50R	4
4130,84	Mo II	—	15	4127,36	Bi	1	2	4123,14	Ti I	10	—
4130,77	P II	—	(30)	4127,30	Cr I	20	10	4123,07	Na II	10	(15)
4130,71	Ce II	25	8	4127,29	Mo II	—	20	4123,06	Ru I	25	35
4130,66	Ba II	50R	60	4127,25	W	5	5	4123,05	W I	7	8
4130,45	Zr I	4	—	4127,10	Ce	4	1	4122,85	Ce	3	—
4130,43	Ca	—	2	4126,99	Ce	3	1	4122,80	Nb I	5	10
4130,28	Mo II	—	8	4126,92	Cr I	30	4	4122,79	In II	—	(30)
4130,23	Ce	—	4	4126,90	Nb I	3	10	4122,51	Fe I	70	30
4130,14	V I	3	2	4126,88	Ce	5	1	4122,35	Mo II	15	50
4130,12	Ce	—	2	4126,88	Fe I	8	1	4122,27	Co I	10	—
4130,10	Mo	10	8	4126,80	W I	12	12	4122,23	Ce	3	3
4130,04	Fe I	20	3	4126,66	Ce II	8	3	4122,16	Cr I	30	5
4129,98	W I	5	6	4126,57	Se II	—	(150)	4122,14	Ti I	40	10
4129,93	Nb (I)	15	30	4126,52	Mo (I)	25	20	4122,14	Ce	—	2
4129,92	Ce	3	—	4126,51	Cr I	100	50	4122,07	Hg III	—	(20)
4129,69	Mo	8	4	4126,36	Ce	6	—	4122,02	W I	7	8
4129,43	Nb I	15	20	4126,19	Fe I	80	60	4121,95	B II	—	20
4129,38	Ta I	200	40	4126,18	Nb II	1	10	4121,90	Ce	3	—
4129,34	O II	—	(15)	4126,09	Cr I	15	2	4121,84	Bi I	5	2
4129,22	Fe I	5	1	4126,02	Ce	2	—	4121,82	Cr I	40	10
4129,21	Ti (I)	15	7	4126,0	к Ca	3	—	4121,80	Fe I	100	40
4129,20	Cr I	10	—	4125,88	Fe I	25	15	4121,74	Cu I	20	—
4129,17	Ce II	5	1	4125,77	Ce II	6	1	4121,68	Rh I	150	50
4129,12	Ca	2	2	4125,73	W	1	3	4121,67	Zr I	5	—
4129,10	Ce	3	—	4125,70	Ce	2	—	4121,64	Ti (I)	15	3
4128,96	Os I	60	3	4125,63	Mo II	—	50	4121,63	Re I	50	—
4128,90	Ce	3	1	4125,62	Fe I	80	30	4121,60	Ce II	8	1
4128,87	Rh I	300	150	4125,57	Nb I	3	5	4121,52	Bi I	125	50
4128,85	V I	9	5	4125,42	Ce	6	2	4121,48	Cr I	10	1
4128,83	Mo I	40	40	4125,24	Nb I	10	20	4121,48	O II	—	(50)
4128,73	Fe II	2	2	4125,18	W I	9	12	4121,46	Zr I	30	2
4128,60	Au I	*		4124,92	Y II	7	18	4121,32	Co I	1000R	25
4128,47	Ce	3	—	4124,91	Hg II	—	(5)	4121,27	Ce	2	—
4128,39	Cr I	10	6	4124,79	Ce II	25	5	4121,26	Cr (I)	35	8
4128,36	Ce II	10	4	4124,54	Mo I	30	25	4121,21	Cs II	—	(15)
4128,30	Y I	150	30	4124,10	N II	—	(2)	4121,06	Ce	2	2
4128,28	Mo I	50	25	4124,07	V I	8	5	4120,99	Ru I	25	30
4128,21	Pb	—	5	4124,07	Hg	—	(30)	4120,89	Sb II	—	5
4128,14	Mn II	15	15	4123,87	Ce II	25	6	4120,86	W I	9	8
4128,11	Si II	—	20	4123,81	Nb I	200	125	4120,83	Ce II	25	6

λ	El.	B A	B S (E)	λ	El.	B A	B S (E)	λ	El.	B A	B S (E)
4120,79	Ce	4	—	4116,09	Ca	2	3	4112,02	Os I	150	9
4120,78	P II	—	(15)	4115,98	Ni I	6	—	4111,93	Ce II	8	1
4120,77	V I	2	—	4115,87	Ce	—	6	4111,81	W I	8	7
4120,69	Mo	8	—	4115,78	Ir I	100	30	4111,79	V I	100R	100R
4120,62	Cr I	40	10	4115,76	Mo II	—	5	4111,60	Cr I	20	—
4120,6	Hg II	—	(50)	4115,65	Ce	3	—	4111,52	S III	—	(30)
4120,55	O II	—	(20)	4115,59	Nb II	—	5	4111,39	Ce II	35	5
4120,53	V I	15	4	4115,59	W I	8	8	4111,33	Cr I	20	—
4120,50	Ce	2	2	4115,48	V I	2	1	4111,20	Sb II	—	10
4120,27	O II	—	(50)	4115,48	In II	—	(2)	4110,95	Cr I	20	—
4120,21	Fe I	80	35	4115,41	Hg II	—	(50)	4110,90	Mn I	80R	40
4120,10	Mo (I)	25	50	4115,37	Ce II	40	6	4110,89	Re I	40	—
4120,03	Ti I	10	—	4115,18	V I	30R	20R	4110,84	Ce II	20	—
4119,87	Ce II	20	3	4114,99	K II	—	(30)	4110,79	O II	—	(40)
4119,85	As (II)	—	50	4114,96	Fe I	10	2	4110,77	Pb II	—	(5)
4119,82	Zr I	10	—	4114,95	Na II	—	15	4110,76	V I	2	2
4119,74	Nb II	1	20	4114,92	Mo (I)	10	12	4110,70	Mo	6	5
4119,68	Rh I	100	25	4114,91	Ce	12	—	4110,66	Zr I	4	—
4119,63	Mo II	5	50	4114,82	W	7	6	4110,60	Ce	2	—
4119,45	V I	12	6	4114,56	Nb II	—	5	4110,57	W I	7	6
4119,39	Fe	2	1	4114,53	V I	6	3	4110,54	Co I	600	—
4119,38	Zn II	—	(7)	4114,45	Fe I	80	50	4110,51	Sn II	—	(2)
4119,34	Ce II	—	2	4114,38	Mn I	20	20	4110,38	Ce II	35	10
4119,28	Nb II	2	200	4114,19	Ca	2	2	4110,32	Nb II	1	10
4119,26	Ce	—	2	4114,14	Ce II	12	2	4110,28	Mo	3	5
4119,22	O II	—	(300)	4113,99	Ce	2	3	4110,28	Ca II	*	
4119,10	V I	2	2	4113,97	N I	—	(30)	4110,07	Co I	5	—
4119,01	Ce II	25	3	4113,94	Nb I	10	10	4110,05	Zr II	3	1
4118,96	Mo I	10	8	4113,88	Mn I	20	5	4110,02	Ce	3	—
4118,96	P II	—	(15)	4113,82	O II	—	(15)	4109,98	N I	—	(1000)
4118,90	Fe I	2	1	4113,77	Ce II	2	—	4109,90	Ce	—	3
4118,77	Co I	1000R	—	4113,72	Ce II	30	3	4109,82	Ca II	2	3
4118,69	Pt I	400	10	4113,60	Mo	6	6	4109,80	Fe I	120	100
4118,64	V I	9	3	4113,55	Ce	6	1	4109,78	V I	40R	20R
4118,55	Fe I	200	100	4113,51	V I	20	9	4109,76	W I	20	20
4118,53	Mo II	—	10	4113,33	Ce	3	—	4109,58	Cr I	40	10
4118,19	Ce	3	—	4113,27	Pb II	—	(4)	4109,55	Ce II	12	—
4118,18	W I	9	10	4113,24	Mn I	40	20	4109,54	Mg II	2	—
4118,18	V I	10	5	4113,21	Zn I	10	—	4109,34	In II	—	(5)
4118,14	Ce II	25	8	4113,17	Ce	3	1	4109,28	P II	—	(70)
4118,05	W I	8	9	4112,97	Fe I	70	10	4109,07	Fe I	12	2
4117,98	Ce	3	1	4112,74	Ru I	125	200	4109,04	V I	3	2
4117,86	Fe I	6	1	4112,71	Ti I	70	20	4108,83	Se	—	(800)
4117,82	Ce	4	1	4112,49	Nb I	2	—	4108,72	Ce	8	—
4117,60	Ir I	50	3	4112,48	W I	8	7	4108,71	Nb(I)	2	1
4117,58	Ce II	30	5	4112,48	Ce	6	—	4108,65	Mo(II)	—	8
4117,28	Ce II	20	4	4112,35	Fe I	6	1	4108,54	Ce	2	—
4117,09	P II	—	(50)	4112,33	V I	2	3	4108,55	Ca I	6	3
4117,01	Ce II	30	6	4112,28	S	—	(3)	4108,53	W I	8	9
4116,89	Nb I	10	10	4112,25	Ce	—	2	4108,40	Zr I	20	—
4116,71	Ce	6	1	4112,17	Ce	2	—	4108,40	Cr I	30	4
4116,70	V I	3	2	4112,12	Nb I	5	15	4108,25	Ce II	8	1
4116,60	Mn I	15	5	4112,12	Mo	4	3	4108,21	V I	12	9
4116,48	V I	20R	15R	4112,08	Ce	3	—	4108,12	Mo	5	6
4116,10	Si IV	—	2	4112,03	O II	—	(50)	4108,08	Ce	—	2

λ	El.	B A	S (E)	λ	El.	B A	S (E)	λ	El.	B A	S (E)
4108,05	Hg I	20	5	4102,71	Ti	3	1	4097,89	Cr I	20	—
4107,87	Mn I	20	5	4102,70	W I	35	30	4097,87	Sb II	—	4
4107,82	W I	7	6	4102,38	Y I	150	30	4097,79	Ru I	25	125
4107,79	Ce II	15	2	4102,36	Ce II	18	2	4097,70	Mo	3	2
4107,49	Zr I	10	—	4102,28	Zr	10	—	4097,69	Cr I	20	—
4107,49	Fe I	120	100	4102,18	N	—	(5)	4097,67	W I	6	5
4107,48	V I	10	9	4102,15	V I	30	15	4097,64	Nb I	4	3
4107,47	Mo I	30	40	4102,15	Mo I	30	25	4097,61	Ce	2	—
4107,42	Ce II	30	8	4102,07	Ce	2	—	4097,33	Ce	4	—
4107,19	Ce	2	—	4101,85	W I	7	8	4097,24	O II	—	(70)
4106,91	Ce II	10	—	4101,77	In I	2000R	1000R	4097,20	Co I	2	—
4106,85	Ce	12	2	4101,77	Ce II	35	6	4097,2	Bi II	4	3
4106,70	W	6	7	4101,74	Ru I	20	60	4097,11	Fe I	4	1
4106,65	Ce	—	2	4101,74	H	—	(100)	4097,10	Ca II	*	
4106,55	Hf I	10	2	4101,68	Fe I	5	2	4096,97	Fe	2	—
4106,44	Fe I	10	2	4101,66	Zn	5	—	4096,93	V I	7	2
4106,26	Fe I	6	1	4101,55	Ce	2	3	4096,92	Ce	—	2
4106,17	Nb I	4	3	4101,35	Ce	1	2	4096,83	Ce	2	2
4106,13	Ce II	30	2	4101,27	Fe I	40	10	4096,81	Mo I	20	15
4106,03	Cr I	12	1	4101,16	Cr I	30	2	4096,63	Zr II	10	2
4105,86	Sb II	—	12	4101,00	V I, II	5	7	4096,56	Ag	—	5
4105,62	Ce	—	2	4100,92	Nb I	300	200	4096,53	O II	—	(30)
4105,52	Mo I	10	10	4100,89	W	7	6	4096,42	W	2	5
4105,49	Ce	2	—	4100,88	Ce	8	1	4096,09	Ce	4	—
4105,37	Mn I	50	20	4100,74	Fe I	80	30	4095,97	Fe I	80	40
4105,34	Ce	2	—	4100,39	Nb I	15	20	4095,94	Co I	3	—
4105,17	V I	20R	12R	4100,30	Mo II	—	20	4095,93	Nb II	3	10
4105,08	Mo I	15	20	4100,30	Os I	60	3	4095,81	Ce	6	—
4105,00	O II	—	(125)	4100,17	Fe (I)	10	1	4095,70	W I	12	15
4104,99	Ce II	40	3	4100,15	Ir I	100	3	4095,63	O II	—	(10)
4104,95	Fe I	4	4	4099,95	N I	—	(150)	4095,55	Nb I	4	3
4104,86	Cr I	35	8	4099,80	V I	25	12	4095,48	V I	40	15
4104,77	V I	12	5	4099,74	Ce II	12	2	4095,44	Ce	8	—
4104,77	Sb	—	3	4099,44	S	—	(8)	4095,31	Mo	2	3
4104,75	Co I	50	—	4099,38	Ce	6	—	4095,24	Mn I	15	15
4104,74	O II	—	(50)	4099,31	Zr I	10	—	4095,11	Ce	8	—
4104,43	Co I	30	2	4099,27	Pd I	—	4	4095,08	Nb (I)	4	3
4104,42	Ce II	30	1	4099,17	Ti I	25	8	4095,05	Mn I	12	5
4104,39	V I	15	7	4099,08	Zr	3	1	4094,93	Ca I	15	7
4104,31	Rb II	—	20	4099,07	Nb I	5	5	4094,96	Mo II	—	30
4104,23	Cu I	30	1	4099,03	W I	7	6	4094,68	Pb	—	5
4104,16	Nb II	3	30	4099,02	Ca	2	1	4094,59	Ce	2	—
4104,13	Fe I	100	25	4099,02	Cr I	30	8	4094,46	Mo	5	4
4104,1	к Ca	4	—	4098,98	Ce II	15	1	4094,43	P	—	(30)
4103,87	Hg	—	(50)	4098,87	Pd I	2	—	4094,34	Mo	3	2
4103,75	Mo	5	5	4098,74	Mo I	20	20	4094,31	Ce	—	2
4103,73	Ce	4	—	4098,53	Ca I	15	3	4094,28	V I	10	5
4103,54	Mn I	12	10	4098,49	W I	4	3	4094,26	Zr I	30	1
4103,46	Mn I	12	—	4098,46	Ce	4	—	4094,19	Ce	3	—
4103,44	Ce	4	—	4098,24	O II	—	(5)	4093,95	Ce II	20	3
4103,4	air	—	20	4098,21	Nb I	5	5	4093,69	K II	—	(20)
4103,02	O II	—	(50)	4098,19	Fe I	100	40	4093,49	V I	9	5
4102,97	Mn I	100	20	4098,18	Mo I	20	15	4093,28	Ce (I)	15	—
4102,93	Si I	12	10	4098,15	Ce (I)	8	—	4093,16	Zr I	12	—
4102,72	Ce	2	1	4098,02	Cr I	20	—	4093,16	Hf II	25	20

λ	El.	B A	S (E)	λ	El.	B A	S (E)	λ	El.	B A	S (E)
4093,16	Mo	5	5	4089,06	W	2	1	4084,66	O II	—	(30)
4093,14	W	5	4	4089,00	Ce II	6	—	4084,64	Ce	3	—
4093,05	Co I	10	—	4088,85	Si IV	—	3	4084,50	Ca I	2	2
4092,94	O II	—	(80)	4088,85	Ce II	15	2	4084,50	Fe I	120	80
4092,85	Co I	25	10	4088,82	Ca	2	3	4084,38	Mo I	40	40
4092,71	Ce II	18	2	4088,77	W I	7	7	4084,3	κ Ca	5	—
4092,69	V I	20	12	4088,66	Mo	5	5	4084,29	Zr I	30	1
4092,63	Ca I	15	2	4088,58	Ce II	8	1	4084,19	Ce	3	—
4092,61	Ir I	60	20	4088,58	Fe I	7	2	4084,17	Nb I	3	3
4092,40	V I	15	6	4088,44	Os I	100	3	4084,13	As II	—	15
4092,40	W I	5	4	4088,33	W I	12	10	4084,09	Au I	25	12
4092,39	Co I	600	15	4088,30	Co I	50	—	4084,11	Co I	2	—
4092,39	Mn I	30	20	4088,19	Zr	4	—	4084,00	Mo (II)	—	5
4092,29	Fe	6	1	4088,12	Ce	3	—	4083,91	O II	—	(40)
4092,26	Pt I	4	1	4087,74	Mo	3	4	4083,78	Fe I	15	2
4092,18	Cr I	25	2	4087,68	Zr I	12	1	4083,71	W I	6	5
4092,08	Ce II	10	1	4087,56	Ce II	8	2	4083,71	Y I	50	10
4091,95	Se II	—	(70)	4087,46	Mo	3	3	4083,64	Ce	6	2
4091,94	V I	8	5	4087,39	W	6	6	4083,63	Mn I	80	60
4091,85	Ce	6	—	4087,36	Ce II	6	—	4083,55	Fe I	10	2
4091,82	Os I	100	12	4087,34	Pd I	500	100	4083,48	Ce II	6	1
4091,59	Ce	3	—	4087,30	Ce II	8	—	4083,36	Hf I	10	2
4091,56	Fe I	8	3	4087,16	Sc I	10	1	4083,24	Au II	5	8
4091,53	P II	—	(30)	4087,14	O II	—	(40)	4083,23	Ce II	35	6
4091,21	W	4	3	4087,10	Ce	3	—	4083,21	Mn	1	2
4091,05	Ce	3	—	4087,10	Fe I	50	5	4083,16	Ce	8	—
4091,04	W	5	3	4086,95	W	1	4	4083,08	Zr I	10	—
4090,99	Mo II	—	20	4086,76	Ce	3	—	4082,97	W I	12	15
4090,94	Ce II	6	2	4086,67	Sc I	10	8	4082,96	Ce	4	—
4090,87	Mo	10	20	4086,63	Nb I	3	2	4082,94	Mn I	80	60
4090,86	Sb	—	2	4086,42	Ce II	8	2	4082,92	V I	15	6
4090,79	Zr I	25	2	4086,31	Co I	400	15	4082,78	Rh I	100	50
4090,77	Ce	—	2	4086,15	Ni	4	—	4082,62	B	—	2
4090,64	W I	6	5	4086,07	Ce	3	—	4082,60	Co I	50	—
4090,60	Mn I	12	5	4086,02	Mo I	15	15	4082,57	As II	—	15
4090,58	V I	60	25	4086,00	Fe I	2	—	4082,46	Ti I	60	25
4090,51	Zr II	15	10	4085,99	Ce	3	—	4082,40	Sc I	25	10
4090,46	Ce II	15	1	4085,93	Cr I	8	—	4082,29	Zr I	5	—
4090,35	Co (I)	20	—	4085,90	Sb II	—	6	4082,27	N II	—	(5)
4090,30	W	4	2	4085,87	Ag II	—	25	4082,12	Fe I	10	2
4090,30	Cr I	30	15	4085,80	Ta I	5	80	4082,11	Mo	3	2
4090,16	Nb I	5	5	4085,74	Ce	8	—	4082,10	Ce	6	—
4090,07	Fe I	2	—	4085,66	Zr I	25	2	4082,05	W I	3	4
4089,94	Mn I	80	20	4085,65	V II	—	10	4081,85	Ce	2	—
4089,87	As II	—	3	4085,57	Co I	2	1	4081,76	Mo	5	5
4089,85	Ce II	6	—	4085,52	Mo	10	6	4081,74	Ca	2	4
4089,74	Zr	12	10	4085,43	Ru I	40	50	4081,74	Cr I	25	2
4089,74	Ce II	6	—	4085,35	Nb II	1	5	4081,71	Ce	2	—
4089,73	Mo	6	6	4085,32	Fe I	100	70	4081,61	Ce	6	—
4089,41	Nb II	—	5	4085,23	Ce II	20	5	4081,47	Pt	3	1
4089,38	W I	6	5	4085,12	O II	—	(70)	4081,44	Mo (I)	50	50
4089,27	O II	—	(60)	4085,03	Cr I	15	1	4081,30	W II	2	25
4089,25	P	—	(30)	4085,01	Fe I	80	30	4081,22	Ce II	40	8
4089,22	Fe I	10	2	4084,86	Nb I	10	10	4081,22	Zr I	150	7
4089,15	Ce II	4	—	4084,78	Ce	3	1	4081,20	Hg II	—	(10)

λ	El.	B A	S (E)	λ	El.	B A	S (E)	λ	El.	B A	S (E)
4081,07	Mo II	—	30	4076,80	Fe I	8	1	4072,91	Ce II	20	2
4080,89	Fe I	5	1	4076,73	Ru I	60	25	4072,91	Ni I	2	—
4080,60	Ru I	125	300	4076,64	Fe I	80	50	4072,76	Cr I	8	—
4080,55	Ce	6	1	4076,57	Co I	3	1	4072,70	Zr I	100	3
4080,55	Cu I	30	—	4076,53	Zr I	10	—	4072,68	Cr	12	1
4080,43	Ce II	8	2	4076,50	Mo	5	5	4072,66	Ce	2	—
4080,23	Cr I	15	1	4076,50	Fe I	2	1	4072,54	Ce	2	—
4080,22	Fe I	60	10	4076,36	Ti I	15	1	4072,50	Fe I	2	1
4080,04	P III	—	(150)	4076,33	Au II	4	25	4072,40	In	—	200
4080,02	Ce	5	—	4076,23	Ce II	12	1	4072,16	O II	—	(300)
4079,84	Fe I	80	40	4076,22	Fe I	2	1	4072,14	V I	15	2
4079,78	W I	4	3	4076,19	Mo I	25	25	4072,13	P II	—	(30)
4079,73	Nb I	500	200	4076,13	Co I	70	—	4072,06	Nb II	—	15
4079,70	Ti I	40	7	4076,09	Nb I	4	3	4071,93	W I	8	7
4079,66	Ce II	15	—	4076,07	Cr I	30	15	4071,81	Ce II	30	5
4079,42	Mn I	50	40	4075,94	Fe II	5	5	4071,79	Sn	—	(4)
4079,34	Mo	4	4	4075,93	Mo	10	5	4071,74	Fe I	300	200
4079,27	Ce	6	—	4075,87	O II	—	(800)	4071,64	As (II)	—	10
4079,25	W	6	3	4075,85	C II	—	80	4071,54	V I	15	2
4079,24	Mn I	50	40	4075,85	Ce II	4	—	4071,47	Ce	3	—
4079,21	Bi II	2	(40)	4075,78	Ce	10	2	4071,46	Ti I	8	1
4079,10	Nb II	1	3	4075,74	P	—	(15)	4071,34	Ce	4	—
4079,01	Ce II	15	1	4075,71	Ce II	15	2	4071,30	Ca	—	2
4078,86	O II	—	(70)	4075,65	V II	—	2	4071,24	O II	—	(5)
4078,70	V I	2	—	4075,59	Cu I	40	—	4071,21	Ti I	10	1
4078,60	Ce	5	—	4075,54	Mo (I)	20	20	4071,09	Zr II	3	2
4078,57	Sc I	10	10	4075,53	Ce	2	—	4071,08	Ce II	20	2
4078,51	Ce II	5	1	4075,25	Mn I	25	5	4070,99	Cr I	15	4
4078,47	Ti I	125	50	4075,24	Mo I	25	25	4070,96	Nb I	3	5
4078,38	Sb	—	4	4075,17	Ce	2	—	4070,92	As (II)	—	10
4078,38	Mo I	5	3	4075,04	Zr I	7	—	4070,83	Ce II	10	—
4078,35	Fe I	80	40	4074,97	Sc I	10	3	4070,78	Fe I	50	20
4078,34	Nb I	4	3	4074,93	Zr I	12	1	4070,77	V I	10	5
4078,32	Ce II	15	4	4074,89	Ni I	10	—	4070,75	J	—	(150)
4078,31	Zr I	10	—	4074,86	Cr I	25	10	4070,61	W I	15	12
4078,14	Zn II	—	(5)	4074,85	C II	—	40	4070,28	Mn I	80	30
4078,12	W	7	6	4074,79	Fe I	80	40	4070,27	Fe	2	—
4078,07	Mo	4	4	4074,68	Os I	80	6	4070,16	Se II	—	(500)
4077,97	V I	2	—	4074,65	Ce II	6	—	4070,09	Ce II	12	1
4077,83	Hg I	150	150	4074,55	Ce	2	—	4069,95	W I	*	
4077,72	Sn	2	3	4074,52	C II	—	50	4069,92	Ce	2	3
4077,71	Cu	5	—	4074,43	Mo II	—	20	4069,90	O II	—	(125)
4077,71	Sr II	400R	500	4074,36	W I	50	45	4069,88	Fe II	1	1
4077,68	Mo (II)	8	10	4074,36	Ti I	15	1	4069,88	Mo I	25	25
4077,68	Cr I	30	10	4074,35	Zr I	5	—	4069,80	W I	7	6
4077,61	Pb	—	2	4074,12	Ce	6	—	4069,70	Ce	4	—
4077,47	Ce II	18	4	4073,87	W I	4	3	4069,63	O II	—	(60)
4077,41	Co I	100	2	4073,77	Fe I	80	20	4069,54	Co I	2	—
4077,37	Y I	50	40	4073,73	Ce II	30	3	4069,54	Zr	4	—
4077,15	Ti I	18	2	4073,48	Ce II	50	8	4069,24	Ni	2	—
4077,09	Cr I	35	10	4073,46	Fe (II)	8	8	4069,15	W I	7	6
4077,08	Nb I	3	5	4073,27	Cu I	15	—	4069,01	Ca	—	3
4077,08	As (II)	—	10	4073,15	W I	9	8	4069,00	Ti I	20	1
4077,05	W	6	5	4073,07	Nb II	2	8	4068,99	Ce	3	—
4077,04	Zr II	3	1	4073,04	N II	—	(5)	4068,83	Ce II	25	4

λ	El.	B A	B S (E)	λ	El.	B A	B S (E)	λ	El.	B A	B S (E)
4068,77	Cs II	—	(30)	4065,08	Mn I	20	20	4060,99	Au II	3	4
4068,71	Zr I	20	1	4065,07	V II	2	100	4060,89	Hg	—	(10)
4068,66	Ti I	10	1	4064,90	Ce II	8	—	4060,85	V I	2	2
4068,54	Co I	150	100	4064,81	Nb I	4	3	4060,79	Nb I	10	10
4068,44	Ce	10	1	4063,79	Ce	3	1	4060,71	Ce (I)	8	1
4068,37	Ru I	40	60	4064,79	W I	15	12	4060,70	W I	8	7
4068,25	Nb I	10R	15R	4064,67	Ca	—	2	4060,64	Cr I	12	6
4068,14	Ti I	20	5	4064,66	Mo	25	25	4060,60	O II	—	(30)
4068,05	Ce	3	—	4064,64	P II	—	(30)	4060,57	Zr I	10	—
4068,01	Ag	—	2	4064,46	Ru I	20	60	4060,47	Ce	10	2
4068,00	Mn I	50	20	4064,45	S	—	(25)	4060,31	Nb I	5	5
4067,98	Fe I	150	100	4064,45	Fe I	2	1	4060,26	Ti I	60	25
4067,97	V I	10	9	4064,40	Ti II	—	2	4060,23	W II	4	9
4067,96	Cs II	—	(30)	4064,37	Ni I	10	—	4060,16	Ce	6	1
4067,91	Ta I	100	40	4064,21	Ti I	50	15	4060,08	Zr I	10	—
4067,82	Cr I	30	4	4064,2	C	—	(5)	4059,87	Ca	2	3
4067,76	Ce	3	—	4064,17	Mo	5	8	4059,72	Fe I	15	8
4067,75	V I	50	15	4064,16	Zr I	100	6	4059,60	Mo I	10	10
4067,72	Mo	10	10	4063,93	V I	15	5	4059,51	Nb I	5	2
4067,28	Fe I	80	70	4063,91	Ce II	8	2	4059,39	Mn I	20	15
4067,27	Ce II	25	—	4063,90	Mo	5	5	4059,36	Ce	3	1
4067,15	Nb I	3	5	4063,73	Nb II	—	5	4059,32	Ce II	8	—
4067,05	Ni II	—	30	4063,60	Fe I	400	300	4059,27	P III	—	(100)
4067,03	V II	—	2	4063,53	Mn I	100	60	4059,25	W	5	4
4066,98	Fe I	100	80	4063,33	Zr I	8	—	4058,98	Zr I	8	—
4066,97	Mo	10	10	4063,29	Cu I	30	7	4058,96	Mg	2	—
4066,93	Cr I	25	30	4063,28	Fe I	10	10	4058,93	Nb I	1000	400
4066,90	W	9	10	4063,17	Co I	3	—	4058,93	Mn I	80	60
4066,90	Ce (I)	6	—	4062,94	Ce II	25	5	4058,93	Ca I	3	—
4066,78	Ca	2	2	4062,94	O II	—	(30)	4058,78	Cr I	80	50
4066,69	Os I	100	100	4062,84	Hf I	10	3	4058,76	Fe I	40	10
4066,59	Fe I	40	20	4062,73	As II	—	10	4058,62	Zr I	9	1
4066,56	Ce	2	—	4062,72	V I	2	2	4058,61	Mo II	—	10
4066,49	Ce II	8	2	4062,70	Cu I	500	20	4058,60	Co I	100	—
4066,36	Co I	5	5	4062,65	Zr	3	—	4058,49	Si	—	3
4066,36	Mo I	15	20	4062,55	Ce	3	—	4058,24	Ce II	18	—
4066,33	Fe II	*		4062,49	Ca I	2	—	4058,23	Fe I	80	25
4066,22	Mn	12	5	4062,44	Fe I	120	100	4058,19	Co I	100	—
4066,21	Hf I	10	1	4062,22	Ce II	40	8	4058,14	Ti I	50	6
4066,19	Zr	3	—	4062,14	Pb I	20	20	4057,95	Mn I	80	20
4066,15	Ce	5	1	4062,08	P II	—	(15)	4057,87	In	80	10
4066,12	Nb I	3	5	4062,08	Mo I	80	80	4057,82	Pb I	2000R	300R
4066,00	W I	5	5	4062,06	Se II	—	(70)	4057,82	V I	10	2
4065,94	Pt	5	2	4061,97	Nb II	2	10	4057,71	Zn (II)	80	—
4065,73	Cr I	80	35	4061,95	Fe	3	1	4057,62	Ti I	40	6
4065,59	Ti I	12	2	4061,81	Ce (I)	5	—	4057,58	Mo I	10	4
4065,55	Ce	2	—	4061,74	Mn I	80	30	4057,55	Ce	2	—
4065,54	As II	—	10	4061,70	Ce	2	—	4057,50	Mg I	10	—
4065,39	Fe I	15	6	4061,66	Pt II	—	10	4057,45	W I	6	7
4065,32	W I	8	7	4061,53	Zr I	25	1	4057,43	Mo	4	4
4065,31	Sb II	—	3	4061,42	Ce II	6	—	4057,39	P	—	(50)
4065,16	Ce II	12	3	4061,40	Ta I	50	30	4057,35	Fe I	20	3
4065,10	Ti I	80	35	4061,26	Nb I	4	3	4057,34	Ni I	2	—
4065,1	C	—	(10)	4061,11	Fe	3	1	4057,30	Ce	2	—
4065,09	Au I	50	30	4061,00	O II	—	(15)	4057,20	Co I	100	—

λ	El.	B A	B S (E)	λ	El.	B A	B S (E)	λ	El.	B A	B S (E)
4057,18	In II	—	(10)	4053,65	Cu II	—	2	4049,19	Ce	6	—
4057,10	Ca	2	3	4053,59	V II	—	70	4049,15	Cr II	4	3
4057,07	V I	20	10	4053,51	Ce II	40	8	4049,08	Cr I	4	3
4057,07	In II	—	(100)	4053,27	Fe	6	2	4049,03	Ce II	18	1
4056,98	Co I	20	2	4053,26	V I	6	2	4048,88	Te II	—	(70)
4056,94	Nb I	3	5	4053,07	Ce	5	—	4048,84	W	5	6
4056,93	In II	—	(500)	4053,01	Zr	5	—	4048,78	Cr I	80	50
4056,90	Ce II	15	2	4052,93	Ti I	25	1	4048,76	Mn I	60	60
4056,8	Al II	—	(2)	4052,92	Co I	40	—	4048,67	Nb (II)	3	5
4056,78	Cr I	15	3	4052,81	Au II	—	60	4048,67	Zr II	30	30
4056,78	In II	—	(30)	4052,66	Fe I	3	1	4048,4	Bi II	3	10
4056,74	In II	—	(50)	4052,62	Ce	2	—	4048,36	Ce II	8	1
4056,78	Cu I	8	—	4052,47	Mn I	20	20	4048,25	W I	6	7
4056,59	In II	—	(5)	4052,38	Cu I	*		4048,22	O II	—	(10)
4056,59	Sc I	5	2	4052,32	W I	6	7	4047,95	Hf II	8	25
4056,51	Zr I	6	—	4052,30	Fe I	2	—	4047,93	W I	9	8
4056,46	W	2	5	4052,29	Mo	15	5	4047,87	Ce	5	—
4056,33	Ce	4	—	4052,19	Ru I	25	50	4047,79	Sc I	25	10
4056,31	Mo I	15	15	4052,05	Ce	6	—	4047,77	Se II	—	(8)
4056,25	V II	1	3	4051,98	Ce II	18	3	4047,69	Ce	3	—
4056,24	Ce	3	—	4051,93	Mo	4	5	4047,63	Y I	50	10
4056,21	Ti II	3	2	4051,92	Fe I	10	2	4047,62	Ce	3	—
4056,05	Cr I	30	8	4051,73	Mn I	15	20	4047,56	Mo	4	4
4056,01	Mo I	25	30	4051,61	Ce	4	—	4047,39	Mo	4	4
4055,83	Ce (I)	12	—	4051,51	Nb I	5	5	4047,39	Ce	4	—
4055,71	Zr I	25	3	4051,42	Ce II	20	3	4047,35	Ca	2	3
4055,64	W I	6	5	4051,40	Ru I	125	200	4047,31	Fe I	3	—
4055,60	Mo (II)	2	10	4051,34	V I, II	15	4	4047,27	Ce II	18	2
4055,54	Mn I	80	80	4051,32	Cr (I)	35	8	4047,21	K I	400	200
4055,46	Ag I	800R	500R	4051,30	W	2	9	4047,20	Mo	4	3
4055,30	Zr I	3	—	4051,23	Ce	3	—	4047,18	Cs II	—	(20)
4055,23	W I	7	6	4051,18	Mo	5	10	4047,17	Te II	—	(15)
4055,21	Mn I	10	5	4051,11	Ca	2	3	4046,84	Mo II	3	20
4055,15	Ce II	8	1	4050,96	V I	15	4	4046,85	Ce II	3	—
4055,04	Fe I	40	10	4050,94	Ce	2	—	4046,76	Ni I	2	—
4055,03	Zr I	100	5	4050,81	Ce II	12	1	4046,76	Cr I	30	3
4055,01	Ti I	80	30	4050,69	Fe	5	—	4046,73	Ce	2	—
4054,99	Ce II	12	6	4050,66	Cu I	30	—	4046,70	W I	10	12
4054,88	Fe I	25	5	4050,48	Zr I	25	—	4046,56	Hg I	200	300
4054,83	Fe I	25	5	4050,32	Zr II	20	10	4046,48	Sc I	10	—
4054,77	Pt I	5	2	4050,13	B	—	2	4046,45	Pt II	—	20
4054,65	Ce	5	—	4050,11	S II	—	(10)	4046,34	Ce II	30	10
4054,64	Ca	2	2	4050,09	Mo I	6	8	4046,27	Nb I	3	1
4054,62	Co I	2	—	4050,03	Cr I	30	1	4046,27	V II	1	15
4054,55	Sc I	10	9	4049,95	Sc I	8	—	4046,08	Zr I	3	—
4054,43	Zr I	20	—	4049,87	Fe	30	3	4045,97	Ce II	5	—
4054,18	Fe I	2	—	4049,79	Ce II	8	1	4045,82	Ag	10	2
4054,10	Cr II	1	3	4049,78	Cr I	30	6	4045,82	Fe I	400	300
4054,09	Ce	2	—	4049,76	Nb I	5	5	4045,61	Zr II	10	10
4054,05	Ru I	40	100	4049,55	Ce	2	—	4045,60	W I	12	15
4053,96	Cs II	—	(15)	4049,43	Mn I	5	5	4045,58	Nb II	1	5
4053,94	W I	9	10	4049,39	Ti I	35	1	4045,543	Mo	3	3
4053,92	Co I	6	2	4049,36	Ce	6	—	4045,39	Co I	400	—
4053,83	Ti II	25	8	4049,33	Fe I	10	2	4045,31	Ce II	3	—
4053,65	V I	2	—	4049,29	Co I	4	2	4045,20	Ce II	8	3

λ	El.	B A	B S(E)	λ	El.	B A	B S(E)	λ	El.	B A	B S(E)
4045,20	Mn I	15	15	4040,76	Ce II	70	5	4036,78	V II	8	40
4045,11	Mn I	15	—	4040,64	Co I	2	—	4036,76	Ag	—	3
4045,11	Mo	2	3	4040,64	Fe I	20	7	4036,66	Mo	5	5
4044,75	N II	—	(2)	4040,63	Mo	5	3	4036,57	Ce	2	—
4044,71	Nb I	5	3	4040,59	W I	9	8	4036,56	Mn I	2	2
4044,61	Fe I	70	35	4040,54	Sb	—	(2)	4036,24	Mn I	2	2
4044,61	P II	—	(150)	4040,46	Nb I	2	5	4036,22	P II	—	(15)
4044,56	Zr I	25	2	4040,40	Hg II	—	(20)	4036,09	J II	—	(50)
4044,41	Ca	5	3	4040,31	Ti I	40	1	4036,08	Ce	5	—
4044,33	Ce	4	1	4040,31	V I	2	1	4035,99	Ce	2	—
4044,29	W I	15	12	4040,3	Ca	2	3	4035,93	Nb I	3	5
4044,14	K I	800	400	4040,23	Zr II	4	4	4035,89	V I	3	—
4044,10	Nb I	5	10	4040,09	Fe	1	2	4035,89	Zr I	40	2
4044,10	Hg II	5	10	4039,89	Ce II	12	—	4035,83	Ti I	50	5
4044,06	Ce	3	—	4039,86	W I	12	9	4035,73	Mn I	50	60
4043,95	Ce	3	—	4039,84	Cs	—	(50)	4035,63	V II	40	80
4043,90	Fe I	25	7	4039,83	Y I	12	8	4035,57	Mo II	3	25
4043,80	Sc I	12	4	4039,57	V II	3	8	4035,55	Co I	150	3
4043,77	Ti I	20	—	4039,57	B	—	4	4035,35	W I	10	9
4043,75	Cu II	—	10	4039,53	Nb I	30	50	4035,21	Cr I	8	—
4043,74	Ce	3	—	4039,42	W	7	6	4035,09	Nb I	4	3
4043,73	Mo	8	8	4039,30	Al II	—	(2)	4035,08	N II	—	(15)
4043,68	Cr I	30	2	4039,29	Ce	2	—	4035,07	Cr (I)	8	—
4043,58	Zr I	25	—	4039,24	Cr I	15	3	4034,88	Ti I	25	2
4043,53	N II	—	(10)	4039,21	Ru I	25	50	4034,85	Co	2	—
4043,50	Cu II	—	25	4039,10	Cr I	100	40	4034,57	Ce	2	—
4043,47	Ce	4	—	4039,09	Nb I	5	10	4034,52	Nb (I)	10	5
4043,40	Ce	2	—	4039,00	Mo	3	3	4034,49	Mn I	250R	20
4043,27	Mo	3	2	4038,80	Fe	2	—	4034,25	Ce	2	—
4043,16	Nb I	3	10	4038,73	Mn I	15	15	4034,17	Pt II	—	5
4043,07	Ce	2	—	4038,63	Mo	—	10	4034,08	Zr II	5	2
4042,87	Mo I	15	15	4038,54	V II	—	2	4034,01	S	—	(8)
4042,63	V I	15	2	4038,51	Ca	2	2	4033,99	Mo	3	3
4042,59	K II	—	(30)	4038,38	Sb	—	2	4033,97	Cr I	20	—
4042,58	Ce II	50	3	4038,34	Ce	10	5	4033,91	W	—	10
4042,57	Nb I	3	5	4038,33	Ti	12	1	4033,90	Ti I	40	3
4042,39	W I	8	7	4038,17	Nb(I)	3	5	4033,78	Ce	6	—
4042,25	Cr I	30	1	4038,08	Mo I	20	15	4033,76	Ir I	100	25
4042,22	Zr I	25	—	4037,99	Cr	15	—	4033,68	P II	—	(15)
4042,13	Ce II	8	—	4037,96	Ce	18	2	4033,64	N	—	(2)
4042,04	Co	3	—	4037,84	Os I	80	4	4033,63	Mo I	6	6
4041,92	Os I	100	6	4037,77	Mo I	10	15	4033,63	Mn I	5	5
4041,79	Cr I	20	—	4037,75	W	—	6	4033,58	Zr	3	—
4041,64	Zr I	7	—	4037,67	Nb II	—	20	4033,55	Sb I	70	60
4041,60	V	10	2	4037,66	Ce II	25	3	4033,31	Re I	40	—
4041,39	Nb I	2	—	4037,62	Cr (I)	15	—	4033,27	Cr I	30	8
4041,36	Mn I	100	50	4037,55	Mn I	3	3	4033,20	Nb I	5	5
4041,31	N II	—	(20)	4037,4	κ B	25	—	4033,07	Mn I	400R	20
4041,3	Pb	—	5	4037,39	Ce II	6	—	4033,07	Cr	15	2
4041,28	Fe I	5	2	4037,30	Mo I	8	8	4033,07	Ta I	100	10
4041,27	Ce II	6	—	4037,29	Cr I	80	12	4033,06	In	4	—
4041,12	Mo I	6	5	4037,26	Ag	—	2	4032,98	Ga I	1000R	500R
4040,94	Au I	50	40	4037,20	Co I	2	—	4032,85	V I	2	1
4040,87	Ta I	50	5	4037,18	Ca	2	2	4032,77	S II	—	(125)
4040,80	Co I	15	1	4036,86	W I	12	12	4032,63	Fe I	80	15

λ	El.	B A	S (E)	λ	El.	B A	S (E)	λ	El.	B A	S (E)
4032,58	Ti I	35	1	4028,77	Fe	2	—	4024,10	Fe I	8	2
4032,55	Ce	3	—	4028,64	Mo I	6	6	4024,09	Mo I	30	25
4032,52	Nb I	30	50	4028,59	Mn I	2	2	4023,98	Zr I	30	2
4032,50	Mo I	8	8	4028,48	Au II	—	10	4023,83	Ru I	25	60
4032,47	Zr	5	—	4028,41	Ce II	35	8	4023,81	Pt II	—	3
4032,46	Fe I	4	1	4028,35	Ti II	20	80	4023,76	In II	—	(15)
4032,38	W	6	7	4028,19	Ce II	2	—	4023,74	Cr I	40	15
4032,27	Hf I	5	2	4028,04	Cr I	35	—	4023,69	Sc I	100	25
4031,96	Fe I	80	50	4027,99	Ce	4	—	4023,64	Ce	4	—
4031,83	V I	10	3	4027,97	Nb I	5	10	4023,53	Mo II	—	25
4031,79	Mn I	8	10	4027,87	Ce	4	—	4023,43	Cr I	15	—
4031,75	Ti I	35	1	4027,79	In II	—	(50)	4023,40	Co I	200	—
4031,67	W I	8	7	4027,69	Ce II	20	3	4023,39	V II	10	30
4031,66	Ce	10	—	4027,48	Ti (I)	30	3	4023,37	Ce	8	1
4031,63	Al II	—	(2)	4027,31	Nb I	5	5	4023,30	Zr I	5	—
4031,39	Sc I	10	2	4027,21	Zr I	100	4	4023,22	Sc I	60	—
4031,35	Zr II	3	1	4027,10	Cr I	80	30	4023,17	V I	7	2
4031,34	Ce II	40	8	4027,04	Ce II	5	—	4023,14	Nb I	4	3
4031,33	Pb I	—	5	4027,04	Co I	200	4	4023,03	Zr	6	—
4031,31	Nb II	—	5	4027,03	Cu I	*		4022,93	Ce	3	—
4031,24	Fe I	2	—	4026,94	Ta I	40	30	4022,83	W	4	5
4031,21	V I	10	3	4026,93	Ce	2	—	4022,74	Ce	4	—
4031,13	Al II	—	(2)	4026,92	Mo	5	5	4022,74	Fe I	3	—
4031,13	Cr I	30	6	4026,54	Ti I	70	10	4022,66	Cu I	400	25
4030,91	Mo	3	5	4026,5	Al II	—	(30)	4022,45	Ce	5	—
4030,86	Al II	—	(8)	4026,44	Mn I	50	40	4022,38	Nb I	2	10
4030,85	Ce	2	—	4026,39	Ce	2	—	4022,32	As II	—	5
4030,76	Zr I	20	—	4026,32	Nb II	—	10	4022,27	Ce II	15	4
4030,76	Mn I	500R	20	4026,25	Ce	2	—	4022,27	Cr I	80	40
4030,69	Cr I	40	30	4026,17	Cr I	100	35	4022,17	Ru I	40	100
4030,67	Sc I	10	2	4026,14	Ce	2	—	4022,12	W I	12	10
4030,51	Ti I	80	18	4026,07	N II	—	(10)	4022,05	Ni I	3	—
4030,49	Fe I	120	60	4025,99	Mo	30	30	4021,99	In II	—	(10)
4030,38	Sr I	40	—	4025,95	Hg	—	(20)	4021,92	V I	8	2
4030,34	Ce II	18	4	4025,91	Mn I	3	3	4021,87	Fe I	200	100
4030,3	Ca	10	2	4025,65	Ce	2	—	4021,82	Ti I	100	20
4030,18	Fe I	20	4	4025,60	W	—	10	4021,66	In II	—	(50)
4030,15	Ce II	5	—	4025,48	Mo	6	5	4021,61	Fe I	2	—
4030,04	Zr I	35	2	4025,29	Ce	2	—	4021,24	Ce	5	—
4029,96	Mo II	1	30	4025,19	W I	8	6	4021,01	Zr I	3	—
4029,95	W	6	7	4025,15	Ce II	12	2	4021,01	Mo I	15	25
4029,94	Ta (I)	50	5	4025,13	Ti II	15	25	4020,91	Co I	500	—
4029,75	Ce II	4	—	4025,11	Ni I	2	—	4020,66	Mo	5	—
4029,68	Zr II	40	15	4025,01	Cr I	100	25	4020,54	Ce II	5	—
4029,64	Fe I	80	25	4024,92	Zr I	25	3	4020,48	Fe I	2	—
4029,63	Re I	80	—	4024,83	In	—	100	4020,45	Mo	10	10
4029,60	W I	6	7	4024,74	Fe I	120	30	4020,40	Sc I	50	20
4029,51	Mo	3	3	4024,68	Ca	3	3	4020,31	W	—	2
4029,26	Ce	5	1	4024,57	Ti I	80	35	4020,23	Nb II	2	10
4029,12	Cd II	—	5	4024,56	Cr I	20	1	4020,20	Pd I	15	—
4029,02	W I	5	7	4024,55	Fe II	*		4020,09	Mn I	10	5
4028,95	Zr I	40	1	4024,49	Ce II	15	5	4020,03	Ir I	80	100
4028,82	Mo	3	3	4024,43	Zr II	5	4	4019,89	Ce II	8	3
4028,79	S II	—	(200)	4024,34	Ce II	5	—	4019,80	W	—	5
4028,79	W I	12	10	4024,13	Sb	—	4	4019,78	Mo	10	—

λ	El.	B		λ	El.	B		λ	El.	B	
		A	S (E)			A	S (E)			A	S (E)
4019,64	Pb I	6	6	4016,05	Au II	10	15	4011,53	Mn I	15	15
4019,48	Ce	6	1	4015,87	Ce II	20	4	4011,41	Fe I	5	1
4019,45	P II	—	(50)	4015,81	Cu I	7	—	4011,30	V I	9	2
4019,30	Co I	80	—	4015,80	In II	—	(2)	4011,29	Ce	4	—
4019,28	Ce II	4	—	4015,71	Ce	2	—	4011,02	W	4	5
4019,23	W I	18	15	4015,37	Ti I	70	10	4010,99	N	—	(5)
4019,19	Ce	2	—	4015,22	Co (I)	2	2	4010,94	Fe I	2	1
4019,14	Co I	5	—	4015,22	W I	25	30	4010,94	Co I	3	2
4019,04	V II	—	6	4014,93	W I	8	6	4010,85	Cu I	6	—
4019,04	Ni I	5	—	4014,92	Nb I	5	8	4010,79	Ce	2	—
4019,04	Mo	2	4	4014,90	Ce II	60	12	4010,66	As II	—	10
4019,04	Ce II	15	4	4014,67	Cr I	40	8	4010,37	W I	9	8
4018,91	Ce	2	—	4014,53	Fe I	200	100	4010,30	Mo II	—	10
4018,88	Ca		4	4014,49	Sc II	20	8	4010,26	Ca	2	2
4018,6	Bi II	—	2	4014,34	Ce	2	—	4010,13	Ce II	15	3
4018,52	Se II	—	(70)	4014,31	Pt II	—	2	4010,13	Mo	5	5
4018,51	Ce	2	—	4014,27	Fe I	3	1	4009,98	Ni I	3	—
4018,40	Ce	2	—	4014,15	Ce	3	—	4009,88	C II	—	10
4018,38	Zr II	8	5	4013,95	Co I	300	—	4009,80	W	—	9
4018,30	W	2	3	4013,94	Ce	3	—	4009,71	Fe I	120	100
4018,27	Fe I	50	7	4013,93	In II	—	(80)	4009,71	Nb I	5	10
4018,26	Os I	60	4	4013,88	Ca	2	2	4009,66	Ti I	60	25
4018,22	Ce II	2	—	4013,82	Fe I	200	—	4009,58	Al II	—	(4)
4018,22	Cr I	35	8	4013,80	P	—	(30)	4009,55	Ce	2	1
4018,12	Zr	25	—	4013,80	Mg II	2	—	4009,39	S II	—	(3)
4018,10	Mn I	80	60	4013,79	Fe I	80	40	4009,38	Zr	3	—
4018,06	Ce	2	—	4013,65	Fe I	8	1	4009,36	Mo I	20	25
4017,77	Ti I	70	8	4013,64	Ce	3	—	4009,06	Ce II	12	—
4017,59	Ce II	10	—	4013,59	Ti I	70	7	4008,93	Ti I	80	35
4017,55	Nb I	3	10	4013,49	In II	—	(30)	4008,87	Fe	5	1
4017,46	Ni I	15	—	4013,27	Nb I	3	5	4008,75	W I	45	45
4017,38	Mo I	6	6	4013,26	Ce	2	—	4008,66	Ce II	8	—
4017,35	W I	4	5	4013,20	Mo II	1	40	4008,61	Mo II	—	20
4017,28	V II	—	15	4013,18	W I	6	5	4008,44	Ce	6	—
4017,27	C II	—	5	4012,96	In II	—	(10)	4008,28	Nb I	5	10
4017,15	Fe I	80	50	4012,80	Ti I	12	1	4008,16	V II	2	10
4017,09	Fe I	5	—	4012,80	Mo	3	2	4008,05	Ti I	50	7
4016,98	Zr I	15	—	4012,51	Mo	3	3	4008,05	Mo I	4	5
4016,97	Ti I	12	2	4012,48	Cr I, II	70	60	4008,02	Mn I	15	5
4016,88	Co I	10	5	4012,39	Ti II	35	50	4007,94	Co I	3	—
4016,82	Co	5	—	4012,39	Ce II	60	20	4007,90	Se II	—	(150)
4016,82	V II	—	15	4012,27	Mo	3	3	4007,78	S II	—	(5)
4016,76	In II	—	(2)	4012,25	Zr I	20	—	4007,60	In II	—	(10)
4016,70	Mo	5	5	4012,17	Nb II	—	100	4007,60	Zr I	25	1
4016,66	Mn I	8	5	4012,16	Co I	2	—	4007,58	Ce II	15	4
4016,53	W (I)	10	12	4012,13	Ce	4	—	4007,54	In II	—	(15)
4016,43	Fe I	15	4	4012,09	W	—	5	4007,45	Ce II	4	—
4016,41	Ce	2	—	4011,96	Mo I	25	25	4007,45	Mo	4	5
4016,28	Ti I	30	5	4011,90	Mn I	12	10	4007,27	Fe I	80	50
4016,24	In II	—	(50)	4011,80	W I	4	3	4007,19	Ti I	15	1
4016,15	Ca	2	2	4011,77	Ce	2	—	4007,03	Mn I	10	5
4016,10	W I	6	4	4011,72	Fe I	2	—	4007,02	Ce	2	—
4016,10	Ce	3	—	4011,69	Te II	—	(30)	4007,00	W	—	6
4016,09	Mo (II)	—	10	4011,57	Ce II	15	3	4006,99	Nb II	—	5
4016,07	Nb (I)	5	30	4011,57	Ti I	4	—	4006,96	Mo II	—	5

λ	El.	B		λ	El.	B		λ	El.	B	
		A	S (E)			A	S (E)			A	S (E)
4006,76	Fe I	7	2	4002,81	Ce	20	4	3998,23	Ce	2	—
4006,70	Mo I	5	5	4002,78	W	—	5	3998,15	W I	7	6
4006,63	Fe I	20	15	4002,66	Fe I	2	—	3998,05	Fe I	150	100
4006,54	Cs	—	(30)	4002,55	Zr I	18	—	3997,97	S	—	(8)
4006,52	Te II	—	(100)	4002,47	Ti I	40	5	3997,91	Co I	200	20
4006,34	As II	—	50	4002,25	Ce	4	—	3997,75	W I	5	6
4006,31	Fe I	60	35	4002,26	Nb (I)	2	5	3997,71	Ce II	18	2
4006,30	Ca	2	2	4002,16	Mn I	15	5	3997,48	Ce	5	—
4006,27	Hg	—	(30)	4001,91	Mn	15	10	3997,39	Fe I	300	150
4006,13	Ni	10	—	4001,89	W II	—	15	3997,26	Ce	3	—
4006,04	Mo I	20	20	4001,73	Ce II	5	2	3997,21	Mn	12	25
4005,96	Ti I	35	3	4001,67	Fe I	80	50	3997,16	P	—	(70)
4005,93	Nb II	2	5	4001,55	Ce II	20	5	3997,13	W I	6	7
4005,89	W	7	6	4001,44	Cr I	200	80	3997,13	V II	25	40
4005,75	Mo	3	3	4001,37	W I	9	9	3996,97	Fe I	40	20
4005,71	V II	10	30	4001,22	Zr I	9	—	3996,81	Os I	50	10
4005,63	Ce II	20	6	4001,20	K II	—	(40)	3996,76	Ce	4	—
4005,40	W I	8	10	4001,18	Mn I	12	5	3996,64	Ti	12	—
4005,32	Ag	10	2	4001,18	V II	—	2	3996,61	Sc I	40	10
4005,24	Fe I	250	200	4001,13	Nb I	10	15	3996,57	Pt I	50	—
4005,24	Ce	18	—	4001,08	Zr I	10	—	3996,5	к Ca	4	—
4005,12	Mo II	—	20	4001,05	Ce II	20	2	3996,48	Ce II	10	—
4004,86	Zr I	20	—	4000,79	Ce II	4	1	3996,38	Al II	—	(10)
4004,84	Fe I	10	7	4000,69	W I	12	10	3996,35	Ce	2	—
4004,83	In II	—	(10)	4000,67	Ce	5	1	3996,32	Al II	—	(2)
4004,74	W	—	6	4000,61	Nb II	2	50	3996,27	Cr I	2	—
4004,70	In II	—	(15)	4000,60	Cr I	5	—	3996,25	Mo	3	2
4004,58	Ce II	12	3	4000,49	Mo I	8	8	3996,18	Al II	—	(2)
4004,52	In II	—	(30)	4000,46	Fe I	35	10	3996,17	Ta I	100	30
4004,39	Zr I	10	—	4000,38	Mo I	6	5	3996,15	Al II	—	(18)
4004,39	Sb	—	3	4000,27	Fe I	8	1	3996,07	Al II	—	(2)
4004,04	Ce	6	—	4000,09	W II	—	8	3995,98	Fe I	60	20
4004,02	Os I	50	6	4000,07	V I	8	2	3995,86	Al II	—	(30)
4003,92	Cr I	30	12	3999,98	N (I)	—	(15)	3995,75	Ce	6	—
4003,89	S II	—	(8)	3999,93	Cr (I)	3	—	3995,66	Ba I	18	5
4003,83	W	—	7	3999,84	Mo II	—	5	3995,48	Mo	3	2
4003,79	Ti I	50	70	3999,70	Nb II	1	5	3995,42	Ce II	4	—
4003,77	Ce II	40	18	3999,68	Cr (I)	40	10	3995,31	Co I	1000R	20
4003,77	Fe I	30	80	3999,34	Ti I	30	5	3995,20	Fe I	10	—
4003,60	Co I	15	—	3999,24	Ce II	80	20	3995,15	In	—	18
4003,60	Ce	3	—	3999,19	V II	—	40	3995,10	K II	—	(30)
4003,54	V I	9	2	3999,18	Nb I	5	10	3995,00	N II	—	(300)
4003,48	Os I	50	6	3999,18	W I	4	5	3994,90	Sb	—	10
4003,45	Mo	3	3	3999,13	Ca	2	2	3994,88	V I	35	—
4003,35	Ca	2	2	3998,97	Zr II	30	30	3994,80	Ce	3	—
4003,33	Cr II	—	20	3998,93	Os I	80	12	3994,76	W	4	2
4003,32	Ce	2	—	3998,86	Cr I	25	2	3994,70	Ti I	25	—
4003,26	Mn I	20	5	3998,75	W I	8	8	3994,62	Mo	3	3
4003,17	Ce II	10	1	3998,75	Ce	2	—	3994,57	Ce II	6	—
4003,10	Hg	—	(20)	3998,74	S II	—	(60)	3994,54	Co I	60	—
4003,09	Zr I	20	1	3998,73	V I	100	25	3994,51	Sn II	—	(2)
4003,04	Cu I	40	1	3998,64	Ti I	150	100	3994,46	Nb II	—	2
4002,97	Ce II	8	1	3998,56	Mo II	—	25	3994,43	Nb I	4	—
4002,96	Mo (II)	—	20	3998,44	Nb I	2	5	3994,12	Fe I	25	10
4002,94	V II	6	80	3998,28	Mo I	8	5	3993,97	Cr I	60	20

λ	El.	B A	B S (E)	λ	El.	B A	B S (E)	λ	El.	B A	B S (E)
3993,95	Ni I	30	—	3990,18	Ti I	10	1	3985,58	Ti I	10	1
3993,93	Mo I	5	5	3990,10	Ce II	20	2	3985,54	Li I }	100	—
3993,90	W I	7	6	3989,98	Cr I	80	40	3985,48	Li I }		
3993,82	Ce II	50	6	3989,92	Mo	5	6	3985,45	Ti (I)	4	—
3993,53	S II	—	(50)	3989,86	Fe I	30	5	3985,44	Co I	2	1
3993,40	Ba I	100R	50R	3989,80	V II	—	10	3985,39	Fe I	125	40
3993,40	Ce	3	—	3989,76	Ti I	150	100	3985,25	Ti (I)	12	1
3993,29	Cu II	—	4	3989,75	Ce	4	—	3985,24	Mn I	75	100
3993,19	Ce	5	—	3989,56	Ti I	2	—	3985,23	Ce	4	—
3993,13	Zr	3	—	3989,49	Zr I	12	1	3985,2	Pb II	—	(10)
3993,10	Fe	2	—	3989,45	Mo (II)	—	25	3985,19	Ag II	2	20
3993,05	Mo	5	5	3989,44	Ce II	20	6	3984,93	Fe	2	—
3992,91	Ce II	15	3	3989,28	Zr I	12	1	3984,86	Ru I	60	70
3992,85	Cr I	150	70	3989,23	Zn (II)	—	(100)	3984,81	Nb I	2	5
3992,80	V I	60	20	3989,01	Fe (I)	15	1	3984,74	Zr I	20	2
3992,75	W I	7	6	3988,87	Co I	2	—	3984,72	Ca	2	2
3992,71	Ce	3	—	3988,83	V I	70	35	3984,68	Ce II	40	8
3992,66	Ti	3	—	3988,68	Zr I	15	—	3984,60	V I	40	15
3992,50	W	—	7	3988,67	Mn I	12	12	3984,34	Cr I	80	60
3992,49	Mn	40	75	3988,65	Cr I	5	—	3984,33	V I	35	15
3992,46	Zr I	3	—	3988,51	Ce	8	—	3984,33	Ti I	20	3
3992,40	Ti	6	—	3988,18	Os I	50	12	3984,30	Ce	2	—
3992,39	Ce II	50	8	3988,15	Nb I	5	10	3984,18	Mn I	20	20
3992,12	Ce II	4	—	3988,00	W I	7	6	3984,17	W	—	8
3992,12	Ir I	150	60	3987,99	Ce	5	—	3984,14	Ni I	30	—
3992,10	Cr I	20	1	3987,89	Cr	3	—	3984,07	Hg	—	(5)
3992,05	Zr	3	—	3987,80	Ru I	3	50	3983,96	Hg II	—	(400)
3991,96	V II	—	2	3987,69	Ce	2	—	3983,96	Fe I	200	125
3991,85	Mo I	2	3	3987,61	Ti	8	12	3983,93	Nb II	—	5
3991,83	Co I	15	—	3987,52	W	5	4	3983,92	Hg	—	(5)
3991,69	Co I	60	6	3987,50	Ce	2	—	3983,90	Cr I	200	60
3991,68	Cr I	100	50	3987,5	Pb II	—	5	3983,84	Hg	—	(15)
3991,67	Nb I	15	20	3987,46	Mn I	15	15	3983,7	Al II	—	(2)
3991,62	Si	—	2	3987,37	Mo	4	5	3983,29	Ce II	10	3
3991,60	Mn I	20	25	3987,14	W	—	10	3983,29	W I, II	12	25
3991,54	Co I	30	—	3987,12	Co I	80	—	3983,24	Cr I	20	6
3991,51	W	5	4	3987,10	Mn I	30	60	3983,19	Ce II	2	—
3991,46	V II	—	6	3987,05	Ce	2	—	3982,96	W I	7	6
3991,39	Mo I	6	8	3987,01	Cu II	—	3	3982,91	Mn I	20	30
3991,39	Au I	*		3986,97	Mo	4	1	3982,90	Ce II	30	6
3991,32	Ce II	5	—	3986,83	Mn I	40	75	3982,89	Ce II	6	—
3991,22	W I	9	8	3986,80	Zr I	10	—	3982,87	W I	5	4
3991,22	Ce	2	—	3986,75	Mg I	15	3	3982,73	O II	—	(20)
3991,13	Zr II	100	60	3986,39	Ce II	15	1	3982,60	Mo I	5	5
3991,12	Cr I	200	60	3986,17	Fe I	125	8	3982,60	Y II	60	100
3990,90	S II	—	(40)	3986,17	Nb I	2	5	3982,59	Nb	1	2
3990,79	Mo II	—	30	3986,16	Mo II	5	20	3982,58	Mn I	20	30
3990,69	Ca	3	8	3986,13	Ce	2	—	3982,48	Ti I	80	30
3990,68	Ce II	6	1	3986,11	Zr II	5	—	3982,45	As (II)	—	25
3990,66	Nb I	2	5	3986,03	Sb II	—	5	3982,23	Ce	8	—
3990,57	V I	125	40	3985,92	Ce	2	—	3982,17	Ce (I)	6	—
3990,41	Ce	3	—	3985,86	P	—	(30)	3982,16	Mn I	12	25
3990,38	W II	—	10	3985,79	V II	1	40	3982,16	Zr I	9	—
3990,38	Fe I	70	25	3985,72	Mo	5	3	3982,05	Nb I	6	5
3990,30	Co I	80	10	3985,66	W	3	6	3982,05	Mo I	8	8

λ	El.	B A	S (E)	λ	El.	B A	S (E)	λ	El.	B A	S (E)
3982,03	Sb II	—	3	3978,45	Ru I	60	70	3974,00	Ce (I)	5	5
3982,01	Ti II	1	3	3978,33	Ce	3	—	3973,92	Mo I	5	3
3981,99	Zr II	3	2	3978,25	Zr I	9	—	3973,9	к Ca	8	—
3981,93	Cd I	10 R	—	3978,21	Rb II	—	(40)	3973,87	Nb I	2	1
3981,89	Ce II	5	—	3977,94	Nb I	10	15	3973,77	Mo I	25	25
3981,77	Fe I	150	100	3977,90	Mo(I)	10	10	3973,76	C II	—	2
3981,77	Te II	—	(10)	3977,82	Ca	—	2	3973,71	Ca I	200	15
3981,76	Ti I	100	70	3977,77	Ce II	15	—	3973,65	Fe I	40	10
3981,64	Ag I	30	20	3977,75	Fe I	300	150	3973,64	V II	25	40
3981,64	Mo	2	5	3977,73	V II	—	10	3973,62	Nb I	5	10
3981,59	Zr I	15	—	3977,53	Ce II	6	—	3973,56	Ni I	800	10
3981,46	Ti I	2	—	3977,47	Zr I	20	—	3973,56	Co I	15	5
3981,26	W I	6	7	3977,33	Zr I	10	—	3973,50	Zr I	25	—
3981,24	Cr I	100	50	3977,23	Os I	300	40	3973,48	Hf I	*	
3981,23	Ce	2	—	3977,18	Co I	20	—	3973,39	Zr I	10	—
3981,10	Fe I	2	—	3977,09	Ce	4	—	3973,35	V I	30	3
3980,98	Sb II	2	2	3977,08	Mn I	50	100	3973,28	W I	4	4
3980,88	Ce II	35	8	3976,86	Fe I	30	10	3973,27	O II	—	(125)
3980,88	Mn	8	8	3976,77	Ce II	4	—	3973,26	Fe	2	—
3980,82	Ti	8	—	3976,67	Nb I	10	10	3973,15	Co I	150	6
3980,70	Mo	5	5	3976,67	Cr I	300	300	3973,10	P	—	(15)
3980,64	W I	12	15	3976,61	Fe I	8	35	3973,03	Ce	8	—
3980,52	V (I)	40	35	3976,56	Fe I	2	1	3972,95	Mo II	4	20
3980,48	Nb I	10	15	3976,51	W	—	3	3972,80	W I	4	3
3980,45	Ce	2	—	3976,52	Nb II	—	80	3972,69	Cr I	60	12
3980,32	C II	—	(12)	3976,39	Fe I	3	1	3972,58	K II	—	(30)
3980,31	Ca	2	2	3976,31	Ir I	10	70	3972,57	Ca I	12	—
3980,29	W I	4	5	3976,30	Cr I	12	2	3972,55	W	—	6
3980,25	Ce	6	—	3976,28	W I	3	5	3972,53	Co I	100	6
3980,20	Mo I	15	15	3976,25	Ce	3	2	3972,52	Nb I	20	15
3980,13	Mn I	10	10	3976,17	Zr I	5	—	3972,30	Zr I	10	—
3979,93	Ce	12	—	3976,04	Ce	4	—	3972,17	Ni I	100	6
3979,86	S II	—	(35)	3975,95	Mo I	10	8	3972,13	Ti I	3	—
3979,80	Cr I	80	20	3975,93	Te II	—	(10)	3972,07	Ce II	25	4
3979,64	Fe I	6	—	3975,89	W I	8	9	3972,00	W	6	5
3979,59	Au II	5	12	3975,89	Mn I	40	50	3971,95	V I	5	2
3979,52	Cr II	—	5	3975,84	Fe I	8	1	3971,93	Nb I	15	5
3979,52	Co I	150	12	3975,46	W I	10	12	3971,87	Ce II	6	—
3979,42	Ru I	60	60	3975,44	Os I	50	12	3971,85	Nb I	5	5
3979,42	V I	40	10	3975,36	Ba I	10 R	—	3971,81	Fe I	2	—
3979,37	Nb I	5	5	3975,35	V I	35	6	3971,68	Ce II	35	6
3979,37	Hf II	6	40	3975,32	Co I	30	5	3971,68	Nb II	—	15
3979,33	Cr I	10	2	3975,29	Zr I	50	1	3971,37	Mo	2	3
3979,29	W I	12	12	3975,21	Fe I	4	—	3971,32	Fe I	200	125
3979,28	Ta I	50	3	3975,06	Ce II	20	3	3971,3	Pb II	—	(30)
3979,22	Mo I	6	12	3974,84	Mo II	—	20	3971,27	Cr I	80	50
3979,14	V I	50	8	3974,81	Ce	3	—	3971,01	Ce	3	—
3978,89	Ce	50	50	3974,76	Fe I	8	—	3970,95	Mo	5	5
3978,86	Co I	20	3	3974,73	Co I	100	10	3970,80	W (I)	12	12
3978,75	Nb I	5	5	3974,65	Ni I	40	—	3970,78	Ce	3	—
3978,73	Zr I	20	—	3974,48	Ce	8	—	3970,69	S II	—	(5)
3978,68	Cr I	80	40	3974,40	Fe I	10	1	3970,65	Nb I	3	10
3978,66	Co I	100	—	3974,33	Ce	2	—	3970,63	Ce II	15	3
3978,65	Ce II	35	6	3974,20	Zr	4	—	3970,50	Ni I	40	—
3978,46	Fe I	6	1	3974,19	Ce II	6	—	3970,45	Zr	10	—

λ	El.	A	S (E)	λ	El.	A	S (E)	λ	El.	A	S (E)
3970,42	Ce II	6	1	3966,06	Fe I	100	70	3962,15	Nb I	3	—
3970,39	Fe I	50	30	3965,93	Ce	3	—	3962,12	Ni I	10	—
3970,26	Fe	5	2	3965,75	Mo I	10	10	3962,08	Ce II	15	4
3970,10	Ta I	100	40	3965,69	Nb I	10	15	3962,04	In II	—	(25)
3970,07	H	—	(80)	3965,51	Fe I	10	3	3961,98	Mo	3	—
3970,06	Pt II	4	15	3965,48	W	4	5	3961,76	W I	5	5
3970,04	Ce II	12	3	3965,43	Zn I	15	—	3961,66	Ce	6	2
3970,04	Sr I	20	—	3965,23	Co I	8	—	3961,62	Nb II	—	10
3969,95	N	—	(2)	3965,21	Ce	2	—	3961,58	Zr	500	8
3969,75	Cr I	200	90	3965,19	Cs II	—	(25)	3961,55	S I	—	(10)
3969,67	Os I	100	100	3965,14	W I	12	12	3961,52	Al I	3000	2000
3969,63	Fe I	5	5	3965,07	Ce	2	—	3961,52	Mo II	5	500
3969,26	Sr I	30	—	3964,99	W I	9	6	3961,3	Ag	15	5
3969,26	Fe I	600	400	3964,97	Os I	60	12	3961,17	W II	—	9
3969,22	Te II	—	(10)	3964,96	Hf II	8	15	3961,14	Fe I	25	7
3969,19	W I	12	10	3964,92	Ce	2	1	3961,03	Re I	150	80
3969,15	Ce	2	—	3964,91	Ru I	50	40	3961,02	Os I	125	20
3969,13	Nb(II)	—	20	3964,75	Sb II	2	15	3961,00	Co I	60	10
3969,13	In	—	15	3964,52	Fe I	80	25	3960,98	Nb I	8	5
3969,12	Co I	100	6	3964,50	Ce II	25	6	3960,91	Ce II	40	8
3969,06	Cr I	80	50	3964,50	V I	2	—	3960,89	Fe	3	3
3969,01	Mo	3	3	3964,27	Ti I	80	40	3960,87	W II	—	10
3968,72	Zr	3	—	3964,26	Nb II	1	50	3960,77	Cr I	40	8
3968,67	Mo II	8	50	3964,17	Ce	15	5	3960,53	Sb II	—	18
3968,59	W I	6	6	3964,13	W II	—	10	3960,51	Os I	50	15
3968,47	Nb I	3	10	3963,98	Mo I	10	10	3960,46	Ca	3	2
3968,47	Ca II	500R	500R	3963,96	Sb II	2	3	3960,37	Ce II	10	2
3968,46	Ce	35	35	3963,80	Zr I	10	—	3960,28	Fe I	30	6
3968,37	Fe	2	—	3963,78	Ce	3	—	3960,24	Hg	—	(30)
3968,26	Zr I	100	4	3963,69	W I	5	4	3960,19	Zr	2	1
3968,22	Ag	100	60	3963,69	Cr I	300	300	3960,17	Mo II	—	5
3968,17	W I	8	8	3963,63	Os I	500	50	3959,95	Mo	3	2
3968,11	V II	25	40	3963,62	V (I)	20	10	3959,79	Ce II	18	3
3968,03	Hg	—	(50)	3963,58	Nb II	—	5	3959,67	Mo	2	3
3968,01	Hf I	5	1	3963,53	Mo I	6	6	3959,61	Ce II	10	2
3967,97	Fe I	60	15	3963,37	Ce II	6	2	3959,50	Cs II	—	(20)
3967,91	Ce	3	—	3963,35	Ti I	2	—	3959,4	к Ca	4	—
3967,64	Ce	3	—	3963,13	S II	—	(10)	3959,35	Nb I	10	10
3967,54	P	—	(15)	3963,11	Fe I	125	50	3959,11	Au II	8	20
3967,53	Ce II	5	1	3962,89	Ce	3	—	3958,88	W I	10	10
3967,42	Fe I	125	100	3962,85	Ti I	80	35	3958,87	Ce	20	6
3967,36	Nb II	—	50	3962,75	Sn	—	5	3958,87	Rh I	200	100
3967,17	Ce II	6	2	3962,72	Fe	2	—	3958,86	Mo	3	3
3967,05	Ce II	35	6	3962,60	In II	—	(25)	3958,74	Fe	2	—
3966,75	W	5	3	3962,58	In II	—	(25)	3958,64	Pd I	500	200
3966,72	K II	—	(30)	3962,48	Re I	100	—	3958,60	Mo I	8	8
3966,66	Zr I	—	3	3962,41	In II	—	(5)	3958,40	Fe	2	—
3966,63	Fe I	80	40	3962,35	Fe I	7	1	3958,26	Ce II	20	3
3966,54	Pt	3	2	3962,33	W I	9	9	3958,22	Zr II	500	150
3966,51	Fe I	4	1	3962,28	Ca	3	2	3958,21	Ti I	150	100
3966,36	Pt I	80	40	3962,27	In II	—	(25)	3958,13	Nb I	3	20
3966,26	Zr	7	—	3962,18	Cr I	8	1	3958,08	Cr I	5	2
3966,25	Nb I	10	30	3962,16	Zr	2	—	3957,97	Mo	3	3
3966,14	Mo	5	6	3962,16	Nb II	—	10	3957,96	Ce II	10	2
3966,09	Nb I	15	10	3962,15	In II	—	(18)	3957,94	Co I	100 R	—

λ	El.	B		λ	El.	B		λ	El.	B	
		A	S (E)			A	S (E)			A	S (E)
3957,90	V	—	2	3953,16	Fe I	80	40	3949,44	Ag II	3	8
3957,86	Ce	2	—	3953,08	Nb I	3	5	3949,38	Ce II	20	3
3957,65	Mo	2	3	3953,05	O I	—	(5)	3949,32	Nb I	3	2
3957,62	Co I	10	2	3953,01	Nb I	4	—	3949,21	W	—	3
3957,62	W	—	5	3952,98	Mo II	1	5	3949,15	Fe I	4	1
3957,62	P	—	(100)	3952,92	Co I	100	75	3949,11	Ce	6	—
3957,46	In	—	15	3952,90	W I	8	8	3948,94	Ce	4	—
3957,40	Cd II	—	8	3952,89	Zr I	5	—	3948,90	Ca I	40	15
3957,40	Zr	3	—	3952,84	Mn I	60	75	3948,86	Cr I	25	2
3957,20	Ce (I)	5	—	3952,70	Fe I	8	1	3948,78	Fe I	150	100
3957,20	N	—	(10)	3952,61	Fe I	80	50	3948,74	As II	—	50
3957,14	Ce II	3	—	3952,54	Ce II	60	30	3948,67	Ti I	80	40
3957,12	W	—	5	3952,52	W I	8	7	3948,64	Mo	6	10
3957,05	Ca I	80	3	3952,40	Cr I	60	18	3948,45	Ce	2	—
3957,03	Fe I	50	15	3952,37	Nb II	3	50	3948,40	Pt I	60	5
3956,89	Ce II	8	3	3952,33	Co I	40	4	3948,33	C II	—	2
3956,78	Zr	2	—	3952,27	Mo	4	2	3948,29	Hg	—	(100)
3956,77	Ce (I)	2	—	3952,26	W	5	4	3948,20	W	—	5
3956,68	Fe I	150	150	3952,21	N	—	(10)	3948,10	Fe I	125	50
3956,62	Nb I	2	5	3952,10	Ce II	10	1	3947,98	W I	10	9
3956,46	Fe I	100	100	3952,06	C II	—	6	3947,98	Te II	—	(10)
3956,40	Nb I	2	1	3951,98	O I	—	(10)	3947,97	Ce II	20	3
3956,33	Ti I	100	50	3951,97	V II	35	50	3947,77	Ti I	70	35
3956,28	Ce II	30	8	3951,96	Mn I	40	50	3947,70	Ce	2	—
3956,28	Co I	15	2	3951,94	Pb (III)	—	50	3947,61	O I	—	(18)
3956,25	Zr	2	—	3951,87	W	7	8	3947,59	Ce	3	—
3956,06	Ce II	5	2	3951,82	Hf I	15	4	3947,53	Fe I	70	20
3955,96	Fe I	10	5	3951,77	Cr I	40	5	3947,53	Nb I	10	10
3955,91	Ce II	20	3	3951,72	Co I	4	2	3947,51	O I	—	(50)
3955,88	Nb II	2	20	3951,62	Ce	8	1	3947,39	Fe I	1	—
3955,85	N II	—	(35)	3951,53	Mo	4	4	3947,33	O I	—	(300)
3955,80	Zr	2	—	3951,50	P	—	(70)	3947,25	Ce	4	—
3955,68	Nb I	5	3	3951,42	Ce	4	—	3947,17	Mo I	10	10
3955,63	Zr I	4	—	3951,34	Mo	4	4	3947,13	Co I	20	2
3955,61	W II	—	5	3951,32	Zr I	5	—	3947,12	Ce	4	—
3955,49	Mo I	10	15	3951,17	Fe I	150	125	3947,00	Fe I	50	20
3955,36	Ce	5	5	3951,09	Cr I	50	8	3946,98	S II	—	(5)
3955,35	Fe I	25	5	3951,07	W II	5	12	3946,88	Mo	4	3
3955,31	W I	12	10	3950,98	Mo I	15	15	3946,68	Ce II	20	1
3955,21	K II	—	(30)	3950,80	Ce	6	1	3946,63	Co I	18	—
3954,71	Fe I	2	—	3950,42	Ce II	10	3	3946,40	Al II	—	(2)
3954,69	O I ⎫			3950,36	Y II	60	100	3946,31	W I	9	8
3954,60	O I ⎬	—	(40)	3950,28	Zr	2	—	3946,27	Ir I	50	15
3954,45	Ce ⎭	2	8	3950,25	Mo	4	4	3946,16	Ce	6	—
3954,38	O II	—	(100)	3950,23	V (I)	20	10	3946,05	Ca I	2	—
3953,95	Ce II	18	2	3950,11	W I	9	12	3946,04	Ce	2	—
3953,92	Mo I	15	20	3949,96	Fe I	150	100	3945,98	W	1	5
3953,86	Fe I	8	2	3949,94	Nb I	4	3	3945,97	Cr I	50	7
3953,77	Ce	2	—	3949,92	Ca	—	2R	3945,93	As II	—	10
3953,71	W I	4	3	3949,82	Ce (I)	10	—	3945,91	Re I	40	—
3953,66	Ce II	12	4	3949,78	Os I	50	10	3945,82	Ce	2	—
3953,64	Pt I	2	1	3949,65	Cr I	6	—	3945,59	Ru I	50	100
3953,52	Nb II	1	5	3949,60	Cr I	5	1	3945,57	Cu II	—	2
3953,17	Cr I	60	12	3949,57	Ca	—	2	3945,50	Ce	3	1
3953,16	W I	10	12	3949,45	Nb II	1	50	3945,50	Cr I	50	15

λ	El.	B A	S (E)	λ	El.	B A	S (E)	λ	El.	B A	S (E)
3945,36	Ce	2	—	3941,33	In	—	3	3937,44	Nb I	30	30
3945,33	Co I	200	15	3941,28	Fe I	60	10	3937,33	Fe I	80	35
3945,25	Mo I	10	6	3941,27	Nb I	10	15	3937,14	Ce II	15	2
3945,20	W I	5	6	3941,25	V I	30	12	3936,99	W I	12	15
3945,17	V I	2	—	3941,16	Cr I	15	8	3036,90	Re I	40	—
3945,13	Fe I	30	10	3940,97	Ce II	10	2	3936,80	Ce III	2	—
3945,09	Hg	—	(100)	3940,89	Co I	100	—	3936,76	Mn I	25	50
3945,04	O II	—	(20)	3940,88	Fe I	150	80	3936,72	Mo	4	4
3944,95	Co I	5	2	3940,80	Sr I	20	—	3936,66	W II	—	10
3944,92	Ce II	6	—	3940,64	Ce II	8	—	3936,44	Nb I	3	5
3944,89	Fe I	15	8	3940,59	V I	15	4	3936,28	V I	30	8
3944,83	Ce II	5	—	3940,57	Rb II	—	(200)	3936,23	W I	9	8
3944,79	W I	7	6	3940,40	Hg II	—	(2)	3936,14	Mo	3	3
3944,75	Fe I	4	1	3940,34	Ce II	35	6	3936,05	Zr II	10	4
3944,58	Sb II	—	8	3940,24	J	—	(500)	3936,02	Nb II	5	200
3944,10	Ni I	5	—	3940,04	Fe I	2	—	3935,97	Co I	400R	15
3944,09	Ce II	8	—	3939,90	W I	5	5	3935,94	Fe II	2	1
3944,01	Al I	2000	1000	3939,77	Ce	2	—	3935,92	Ce II	6	—
3943,89	Ce II	40	15	3939,65	Ce II	10	—	3935,81	Fe I	100	8
3943,80	Pb	—	5	3939,57	Os I	50	12	3935,80	Se (III)	—	(6)
3943,66	V I	50	18	3939,57	Sb II	—	3	3935,72	Ba I	80R	30R
3943,66	Nb I	20	50	3939,51	Ce II	18	1	3935,69	Mo	6	6
3943,61	Cr I	18	4	3939,49	Mo	4	4	3935,68	Al I	*	
3943,59	Fe	2	—	3939,44	W II	8	10	3935,63	Hf I	15	15
3943,50	Mo I	5	4	3939,33	V I	40	15	3935,50	Ce	6	—
3943,49	Ce II	6	1	3939,30	Cr I	8	—	3935,45	Nb I	5	10
3943,47	As II	—	3	3939,13	Mo	4	4	3935,44	W II	7	20
3943,34	Fe I	40	8	3939,12	Ce	4	—	3935,31	Fe I	40	8
3943,13	Ce II	12	3	3939,06	Al II	—	(2)	3935,28	Co I	6	—
3943,08	Mo	10	10	3938,96	Fe II	4	4	3935,18	Mo	5	5
3943,04	Mo I	10	6	3938,90	Co I	5	—	3935,14	V I	40	25
3943,00	Ce	3	—	3938,88	V I	15	1	3935,04	W I	12	10
3942,95	Ag I	5	10	3938,77	Ce	3	—	3935,02	Mo I	5	5
3942,86	Mn I	75	75	3938,72	Mo	8	10	3934,95	Mo	5	6
3942,84	Ca	2	3	3938,62	Al II	—	(2)	3934,84	Ir I	200	50
3942,75	Ce II	50	20	3938,59	Os I	125	20	3934,79	'Zr II	20	15
3942,73	Mo II	—	20	3938,58	Ce	10	—	3934,75	Ce II	10	—
3942,72	Rh I	60	25	3938,55	Nb II	—	100	3934,70	Co I	5	2
3942,69	Co I	8	—	3938,42	Mo	2	3	3934,64	Nb I	1	5
3942,59	Hg	—	(100)	3938,42	Mg I	10	3	3934,60	W I	5	5
3942,53	K II	—	(30)	3938,35	Cr I	40	3	3934,50	Ce	2	—
3942,45	Fe I	100	70	3938,19	V I	30	12	3934,43	In II	—	(5)
3942,37	W	3	8	3938,15	Ce	8	—	3934,40	Nb I	5	5
3942,24	Hg	—	(100)	3938,11	W II	—	6	3934,26	Mo	5	5
3942,18	Mo	4	2	3938,09	Ce II	35	6	3934,23	Ti I	30	2
3942,15	Ce II	35	8	3938,00	Ti I	18	2	3934,23	Fe	2	—
3942,00	V I	15	5	3938,02	Fe	3	—	3934,23	Rh I	100	2
3941,94	Zr II	4	1	3937,96	Nb I	5	10	3934,13	Nb I	5	15
3941,83	W I	7	7	3937,94	Co I	7	—	3934,12	In II	—	(10)
3941,75	Mo	6	2	3937,87	Ba I	12	10	3934,12	Zr II	20	12
3941,73	Co I	200	—	3937,80	Ce	12	—	3934,08	Ce (I)	6	—
3941,62	Zr I	20	1	3937,76	Mn I	15	15	3934,01	V I	100	30
3941,58	Ce	5	—	3937,63	Ce II	15	1	3933,91	Co I	60	—
3941,50	Cr I	200R	60	3937,62	W I	10	12	3933,73	Ce II	60	60
3941,48	Mo II	5	150	3937,53	V I	50	20	3933,67	Ca II	600R	600R

λ	El.	B A	B S (E)	λ	El.	B A	B S (E)	λ	El.	B A	B S (E)
3933,67	Mn I	*		3929,85	Re I	100	—	3926,28	Ce	6	—
3933,65	Co (I)	80	—	3929,80	In II	—	(5)	3926,16	Ce II	3	—
3933,62	Ag	80	80	3929,73	V II	3	35	3926,08	Ce	3	—
3933,60	Fe I	200	200	3929,67	Ce	6	—	3926,03	W I	7	7
3933,57	Ru I	5	20	3929,66	Cr I	35	—	3925,95	Fe I	50	30
3933,39	Nb I	3	3	3929,65	Mn I	12	25	3925,93	Ru I	60	100
3933,38	Sc I	60	60	3929,58	Mo II	—	25	3925,87	Ce	3	—
3933,37	P	—	(50)	3929,53	In II	—	(10)	3925,83	Mo II	1	30
3933,29	S II	—	(500)	3929,53	Zr I	100	—	3925,65	Hg	—	(100)
3933,17	Zr I	9	—	3929,43	Zr	5	—	3925,65	W	2	7
3933,01	Nb I	3	3	3929,31	W	1	5	3925,64	Fe I	80	50
3932,97	Ce	6	1	3929,29	Nb I	15	15	3925,62	Mo II	—	20
3932,92	Fe	8	4	3929,25	Co I	15	2	3925,58	Cs II	—	(25)
3932,91	Cu I	10	—	3929,24	Mn I	30	30	3925,34	Pt I	60	3
3932,79	Ce	3	—	3929,23	Sb II	—	(2)	3925,27	Cu I	50	2
3932,63	Fe I	80	40	3929,21	Fe I	15	8	3925,24	V I	40	25
3932,39	Ce	3	—	3929,20	Ce	2	—	3925,23	Pb	—	2
3932,30	S II	—	(10)	3929,12	Ce	2	—	3925,20	Fe I	15	3
3932,27	Fe	3	—	3929,12	Fe I	10	5	3925,16	Co I	18	—
3932,14	Ce II	12	2	3928,95	Ce	2	—	3925,14	W	—	4
3932,01	Ti II	20	30	3928,84	Ce	6	—	3925,10	Ce	2	—
3932,00	Al I	*		3928,78	Mo I	5	5	3925,00	Ce	2	—
3931,93	W	2	2	3928,70	Mo	5	5	3924,99	Nb I	10	15
3931,90	S II	—	(15)	3928,65	Cr I	150	40	3924,88	Zr I	3	—
3931,9	Bi II	—	(10)	3928,55	Ce	2	—	3924,80	Ce II	10	1
3931,83	Ce	18	3	3928,54	Os I	50	10	3924,69	W I	8	9
3931,79	Nb II	1	20	3928,31	Ce II	20	2	3924,65	V I	35	25
3931,79	Ru I	50	70	3928,28	Mo	8	8	3924,64	Ce II	3	—
3931,78	Sb II	2	5	3928,08	Fe I	15	15	3924,54	Ce	18	5
3931,57	Se (III)	—	(5)	3927,96	As (II)	—	3	3924,53	Ti I	70	35
3931,46	Nb I	4	3	3927,93	V I	50	40	3924,49	Nb I	5	10
3931,40	Mo I	5	5	3927,93	Fe I	500	300	3924,47	Si III	—	3
3931,38	Hf I	10	3	3927,79	Pb	—	2	3924,39	Ga II	—	25
3931,36	Ce II	15	4	3927,66	Au I	5	6	3924,37	W I	9	8
3931,34	V I	25	20	3927,61	Mo II	—	10	3924,35	In II	—	(10)
3931,28	As II	—	15	3927,57	Ce II	2	—	3924,24	Ce	4	—
3931,12	Fe I	35	15	3927,45	Ce (I), II	15	—	3924,17	Fe	2	—
3931,11	In	—	3	3927,41	Pb II	—	5	3924,08	Mn I	20	20
3931,09	Ce II	35	8	3927,40	Zr I	10	—	3923,97	Fe	2	—
3931,01	J	—	(400)	3927,36	Ti I	7	—	3923,94	In II	—	(2)
3930,97	W I	10	12	3927,29	P	—	(30)	3923,90	Hf II	12	12
3930,80	Ce II	12	3	3927,16	Ce	2	—	3923,75	Ca	2	2
3930,67	Y II	20	25	3927,00	Ce II	8	1	3923,74	Mo I	10	20
3930,59	Ce	3	—	3926,95	Mo II	—	20	3923,51	Ce	3	—
3930,48	W I	8	10	3926,90	Ce	3	—	3923,49	Ru I	60	100
3930,37	Sn II	—	(6)	3926,83	Fe	5	1	3923,46	Zr I	3	1
3930,30	Fe I	600	400	3926,77	Zr I	25	1	3923,43	S II	—	(200)
3930,24	W I	12	10	3926,66	Cr I	35	25	3923,43	Cu II	2	1
3930,20	Mo	5	5	3926,61	Nb I	5	5	3923,32	Mn I	10	20
3930,2	C	—	(6)	3926,49	V II	2	15	3923,11	Ce II	15	4
3930,02	V I	50	20	3926,47	Mn I	40	50	3922,96	Pt I	100	20R
3930,02	Nb II	—	10	3926,44	Mo	4	3	3922,92	Ta I	100	10
3930,00	Os I	80	12	3926,33	V II	1	15	3922,91	Fe I	600	400
3929,96	Ce II	8	1	3926,32	Mo	3	3	3922,90	Mn	5	5
3929,88	Ti I	70	35	3926,32	Ti I	25	12	3922,86	Ce	8	—

λ	El.	B		λ	El.	B		λ	El.	B	
		A	S (E)			A	S (E)			A	S (E)
3922,78	Ta I	100	15	3919,16	Cr I	300R	125	3915,38	Ir I	150	50
3922,75	Co I	100	—	3919,07	Fe I	15	7	3915,36	V I	2	—
3922,71	P	—	(50)	3919,00	N II	—	(35)	3915,35	Li I		
3922,68	W	—	2	3919,00	Nb I	5	5	3915,30	Li I	} 200	—
3922,67	Mn I	20	—	3918,98	C II	—	80	3915,23	W	—	5
3922,66	Mo	3	3	3918,94	Ce	2	—	3915,22	Ce	3	—
3922,44	Zr II	2	—	3918,92	Hg II	—	(200)	3915,12	V I	15	3
3922,43	V I	80	40	3918,65	Fe I	60	40	3915,08	W	—	7
3922,42	Ta II	5	50	3918,59	W I	12	9	3915,01	Mo	3	1
3922,35	Nb I	5	10	3918,59	Ca	3	3	3914,94	Ce II	18	2
3922,33	W I	6	7	3918,53	Te II	—	(5)	3914,73	Ti I	18	2
3922,32	Mo I	10	10	3918,51	Ta I	25	10	3914,72	Au I	15	3
3922,16	In II	—	(10)	3918,42	Fe I	15	10	3914,69	Nb I	30	100
3922,08	In II	—	(10)	3918,32	Fe I	20	10	3914,41	Ce	2	—
3922,00	Ce	2	—	3918,32	Mn I	40	50	3914,40	Ag I	*	
3921,90	V I	35	20	3918,28	Ce II	60	6	3914,34	Zr II	70	8
3921,79	Zr I	100	4	3918,20	W	1	3	3914,33	Cr (I)	3	2
3921,76	Mo	3	1	3918,10	Hf II	20	12	3914,33	Ti I	50	10
3921,76	Mn I	20	20	3917,77	Mo I	15	5	3914,33	V II	25	70
3921,73	Ce II	25	1	3917,64	Ce II	18	3	3914,29	Hg II	—	(100)
3921,67	Nb I	3	2	3917,64	W	8	8	3914,28	Fe I	15	3
3921,65	Li I	2	—	3917,61	Cr I	20	12	3914,27	Sb	3	2
3921,53	Mo II	—	20	3917,54	Mo I, II	15	10	3914,26	P	—	(100)
3921,42	Ti I	40	6	3917,44	Hf II	5	15	3914,19	Au	10	4
3921,34	Nb II	—	10	3917,28	W	—	6	3914,19	W	—	4
3921,27	Cu I	40	1	3917,27	Re I	100	—	3914,17	Ce	6	1
3921,26	Fe I	2	—	3917,25	Ce II	6	—	3914,13	Ca		2
3921,18	Fe	2	—	3917,18	Fe I	150	70	3913,99	Ce II	10	2
3921,08	Ce	4	—	3917,14	V	2	—	3913,67	Mo	4	3
3921,03	Cr I	150	40	3917,11	Co I	80	10	3913,64	W	—	10
3920,92	Mo	5	5	3916,99	Cr I	30	8	3913,64	Fe I	100	25
3920,84	Fe I	7	2	3916,92	Mo I	8	5	3913,56	V	2	1
3920,78	Ce	3	—	3916,89	Ce II	12	2	3913,53	Mo	4	4
3920,75	Nb II	1	50	3916,73	Fe I	100	80	3913,46	Ti II	40	70
3920,73	Co I	25	—	3916,68	Ce	6	—	3913,36	Mo I	8	8
3920,68	S	—	(8)	3916,64	Zr I	10	—	3913,35	Ce	3	—
3920,69	C II	—	200	3916,60	Mn I	12	—	3913,25	W	—	5
3920,64	Cu II	—	2	3916,53	Ce	2	—	3913,21	Fe	2	1
3920,58	Co I	8	—	3916,43	Mo	5	5	3913,15	Nb I	5	5
3920,54	In	—	18	3916,42	V II	15	40	3913,14	Ce	3	—
3920,48	V I	35	15	3916,40	W I	5	4	3913,01	Nb I	5	10
3920,33	Ce	2	—	3916,25	Hg II	—	(18)	3912,97	Ni I	5	—
3920,26	Fe I	500	300	3916,25	Cr I	100	60	3912,89	Bi	2	2
3920,20	Nb I	30	100	3916,18	Ti (I)	10	1	3912,88	V I	40	15
3920,14	Co I	20	—	3916,14	Ce II	20	4	3912,82	W I	7	6
3920,07	Mo	3	3	3915,94	Zr II	25	15	3912,81	In	—	15
3920,04	W	5	5	3915,87	Ti I	15	1	3912,74	Mn I	5	5
3919,98	V I	25	7	3915,85	Cr I	125	80	3912,58	Ti I	15	—
3919,81	Ti I	20	2	3915,66	Mo	3	1	3912,44	Fe	2	1
3919,81	Ce II	45	2	3915,63	Ce	3	—	3912,43	Ce II	50	5
3919,72	Nb II	2	100	3915,52	Ce II	10	3	3912,31	Ni I	2	—
3919,63	Co I	4	1	3915,51	Cr (I)	15	10	3912,21	V I	50	20
3919,45	Mo II	—	20	3915,51	Co I	2	1	3912,18	Ce II	25	3
3919,29	O II	—	(35)	3915,46	W II	—	7	3912,08	O II	—	(5)
3919,16	Nb I	5	5	3915,43	Mo I, II	6	50	3912,05	Fe	5	5

λ	El.	B A	S (E)	λ	El.	B A	S (E)	λ	El.	B A	S (E)
3912,01	Cr I	40	—	3907,47	Fe I	15	6	3903,77	Zr II	1	2
3911,95	O II	—	(150)	3907,45	O II	—	(18)	3903,72	Pt I	2	1
3911,94	Mo I	5	5	3907,44	Ce II	6	2	3903,63	Hg I	3	—
3911,82	Cr I	10	—	3907,40	Ag I	3	2	3903,53	Ce	3	—
3911,81	Sc I	150	30	3907,29	Ce II	35	6	3903,34	Ce II	15	3
3911,72	Ce	3	—	3907,20	W	6	5	3903,29	W I	6	7
3911,69	Fe I	1	—	3907,17	V	2	2	3903,27	V II	3	3
3911,41	Mn I	15	15	3907,15	Sn	—	4	3903,17	Cr I	35	30
3911,36	Ti I	7	—	3906,97	Mo I	5	5	3903,16	Cu II	—	5
3911,30	Ce II	15	1	3906,93	Cs II	—	(20)	3903,12	Ce	2	2
3911,29	W I	6	5	3906,92	Ce II	8	3	3902,96	Mo I	1000R	500R
3911,19	Ti I	40	5	3906,91	Mo(I)	5	5	3902,95	Fe I	500	400
3911,12	Mn I	20	—	3906,91	Nb I	5	5	3902,91	Cr I	100	100
3911,09	Mo I	20	20	3906,75	Fe I	10	10	3902,89	Ce	8	1
3911,00	Fe I	6	2	3906,75	V I	50	20	3902,74	Ce	2	—
3910,90	Pt I	5	2	3906,54	Mo II	5	10	3902,68	W	5	4
3910,85	Fe I	30	10	3906,48	Fe I	300	200	3902,55	V I	6	2
3910,79	V I	35	20	3906,45	Ce	8	2	3902,50	Ce	3	—
3910,70	Ce II	12	2	3906,37	Hg I	25	15	3902,44	Ce	2	1
3909,93	Co I	200	—	3906,29	Co I	150	—	3902,27	Ce	2	—
3909,93	Ce II	12	1	3906,29	Pt I	2	1	3902,26	V I	20	5
3909,91	Ba I	50R	20R	3906,15	Zr	3	—	3902,12	In II	—	(10)
3909,89	V I	50	30	3906,10	Ce	2	—	3902,11	Ce	2	—
3909,83	Fe I	40	12	3906,04	Fe II	2	2	3902,07	In II	—	(18)
3909,75	Ce II	6	1	3905,97	W I	8	7	3902,02	In II	—	(18)
3909,67	V I	15	8	3905,92	Ce	3	—	3902,00	Cr (I)	40	30
3909,67	Fe I	20	5	3905,85	Ce	3	—	3901,99	S	—	(20)
3909,59	Nb I	8	10	3905,67	Te (II)	*		3901,95	B	3	2
3909,54	Mo (I)	6	6	3905,65	Cr II	2	4	3901,90	Hg I	15	5
3909,51	Au I	10	15	3905,53	Si I	20	15	3901,83	W I	10	10
3909,31	Ce II	35	3	3905,37	Si	—	4	3901,76	Mo I	15	20
3909,17	Pb II	—	40	3905,29	Ce	6	—	3901,71	Os I	150	20
3909,08	Ru I	30	50	3904,97	Mo II	—	5	3901,68	V I	5	—
3909,04	Ce II	6	1	3904,96	Mn I	10	10	3901,53	Tl II	—	(12)
3908,97	Nb I	10	8	3904,92	Ce	2	1	3901,53	Se (III)	—	(5)
3908,93	Ni I	2	—	3904,86	Se (III)	—	(25)	3901,51	Zr I	8	—
3908,77	Ce	12	2	3904,79	Ti I	70	35	3901,34	W	2	6
3908,76	Cr I	200	150	3904,78	P	—	(100)	3901,30	Ce II	10	2
3908,60	Mo II	—	30	3904,63	Fe	2	—	3901,26	Ru I	50	12
3908,59	Nb I	3	5	3904,58	Ce II	6	1	3901,15	V I	50	3
3908,54	Ce II	20	3	3904,47	V I	20	7	3901,13	Ce	3	—
3908,41	Ce II	30	6	3904,42	Cd I	8	—	3900,96	Ti I	25	2
3908,32	V (I)	50	2	3904,40	V I	2	—	3900,91	W II	—	15
3908,24	Mo I	5	3	3904,4	C	—	(6)	3900,88	Ce	3	1
3908,16	Mn	3	3	3904,39	Pt I	5	1	3900,83	Nb I	2	2
3908,09	Ce II	8	1	3904,34	Ce II	12	3	3900,73	Pt I	40	3
3907,96	Ce	2	—	3904,30	Mn I	5	5	3900,68	Al II	—	(200)
3907,94	Fe I	100	60	3904,21	V I	10	2	3900,66	Mo	2	—
3907,78	Cr I	30	10	3904,18	Nb I	10	20	3900,62	Hf II	2	15
3907,73	Sb	—	(8)	3904,16	Ce	4	—	3900,54	Nb II	30	10
3907,67	Fe	2	1	3904,05	Co I	8	—	3900,54	Ti II	30	50
3907,65	Au I	5	3	3903,98	W I	10	10	3900,52	Fe I	60	3
3907,63	Ce	2	1	3903,93	Ce II	10	3	3900,52	Zr I	100	—
3907,51	V II	—	2	3903,90	Fe I	100	80	3900,39	Os I	50	12
3907,48	Sc I	125	25	3903,86	Mg I	2	12	3900,22	Mo	1	3

λ	El.	B A	B S (E)	λ	El.	B A	B S (E)	λ	El.	B A	B S (E)
3900,20	Ce II	10	2	3896,33	Mn I	12	12	3892,26	Zr	2	—
3900,18	V I	50	2	3896,16	V I, II	50	40	3892,23	Ru I	50	40
3899,94	Hf I	15	6	3895,99	Zr	—	3	3892,13	Co I	20	—
3899,85	Ce	2	2	3895,90	Nb I	10	30	3892,06	Ce	3	—
3899,77	W II	—	5	3895,82	Ce	2	—	3892,03	Zr I	10	—
3899,71	Fe I	500	300	3895,66	Fe I	400	300	3891,93	Cr I	40	25
3899,66	Ti I	15	2	3895,57	Mg I	—	15	3891,93	Fe I	100	70
3899,38	Ce II	6	2	3895,24	Ti I	70	10	3891,91	Mg I	3	12
3899,33	Mn I	12	25	3896,23	Fe	2	—	3891,87	Mo II	2	20
3899,27	Ce	2	—	3895,14	Fe	2	—	3891,79	Ba II	18	25
3899,25	Nb I	10	15	3895,12	Ce II	40	6	3891,77	Ce II	6	—
3899,14	V I, II	12	5	3895,02	P	—	(100)	3891,68	Co I	5	2
3899,10	Cu I	2	—	3894,98	Co I	300R	3	3891,55	Si	—	3
3899,09	Zr	5	1	3894,82	In II	—	(18)	3891,38	Zr I	100	5
3899,04	Fe I	20	8	3894,71	Mn I	40	40	3891,30	Nb I	50	100
3898,94	Ce II	15	3	3894,7	к Ca	4	—	3891,24	W I	9	5
3898,78	W	—	6	3894,70	Nb I	3	3	3891,22	V I, II	8	2
3898,74	Pt I	20	2	3894,65	Ca	—	3	3891,11	V	5	—
3898,60	Ce II	4	—	3894,6	Pb II	—	(5)	3890,98	Ce II	12	3
3898,56	Nb I	5	5	3894,57	Cr I	10	—	3890,84	Fe I	60	30
3898,55	Zr I	2	—	3894,57	Nb II	—	5	3890,76	Ce II	8	2
3898,49	Ti I	20	5	3894,20	Pd I	200	200	3890,75	Nb I	2	3
3898,49	Co I	80R	6	3894,08	Co I	1000R	100	3890,74	W I	7	6
3898,43	Ce	2	—	3894,04	V I	20	3	3890,70	Mo I	5	8
3898,36	Mn I	30	—	3894,04	Cr I	60	40	3890,52	Ce II	4	—
3898,29	Nb II	3	200	3894,04	Nb I	15	30	3890,46	As II	—	5
3898,27	V	10	—	3894,00	Mo II	1	3	3890,45	Mo	2	3
3898,27	Ce II	80	6	3894,01	Fe I	8	8	3890,44	Ce	2	—
3898,13	V I	40	—	3893,93	W	6	12	3890,42	W	10	8
3898,06	Mg I	5	8	3893,91	Fe I	10	4	3890,39	Fe I	4	2
3898,01	V I	10	2	3893,89	Hg I	—	(2)	3890,32	Zr I	150	6
3898,01	Ce	5	—	3893,83	Zr I	3	—	3890,24	Mg I	3	8
3898,01	Fe I	80	50	3893,75	Sb II	—	(6)	3890,24	Fe (I)	15	—
3897,91	W (I)	12	15	3893,73	Nb I	15	10	3890,18	V I	100	30
3897,89	Fe I	100	60	3893,63	Ti	6	—	3890,07	Cu II	—	3
3897,87	K II	—	(60)	3893,52	O II	—	(5)	3889,99	Ce II	50	8
3897,84	Au I	30	25	3893,47	W I	5	6	3889,95	Ti I	25	5
3897,66	Cr (I)	40	25	3893,39	Fe I	100	8	3889,95	Mo	2	4
3897,65	Zr I	6	—	3893,32	Mo I	5	5	3889,92	Fe I	2	—
3897,61	Ti I	6	—	3893,32	Fe I	5	4	3889,78	In II	—	(100)
3897,50	Mo	5	8	3893,30	Mg I	—	8	3889,67	Ni I	30	10
3897,45	Fe I	10	5	3893,30	Co I	15	—	3889,63	Nb (I)	3	5
3897,43	Ce II	6	—	3893,23	Ce II	18	1	3889,54	Ce	3	—
3897,30	Ti I	8	—	3893,07	Co I	10	2	3889,47	Ce II	4	—
3897,23	Ca	2	3	3892,91	Cu II	1	2	3889,47	Au I	3	8
3897,07	V I	40	2	3892,89	Fe I	5	2	3889,45	Mn I	25	50
3896,92	W II	2	15	3892,86	V I	60	35	3889,44	Zr	2	—
3896,9	Pb II	—	(2)	3892,72	W I	10	12	3889,36	W	—	5
3896,85	Mo I	5	5	3892,62	Mn I	20	20	3889,36	Hf I	5	1
3896,80	Ce II	35	6	3892,47	V	5	—	3889,33	Ba I	10	2
3896,79	V I	2	—	3892,41	Fe I	2	—	3889,30	Ce II	6	1
3896,67	Cu II	—	2	3892,36	Mo II	5	15	3889,28	Mo	2	3
3896,62	V	6	1	3892,33	W I	8	7	3889,23	V I	12	2
3896,53	Zr I	15	—	3892,32	S II	—	(35)	3889,14	Ca I	8	—
3896,37	Mo I	8	10	3892,32	Ce	2	—	3889,05	H	—	(60)

λ	El.	B A	S (E)	λ	El.	B A	S (E)	λ	El.	B A	S (E)
3889,00	Zr	2	2	3884,36	Fe I	80	35	3880,40	Ce II	2	3
3888,99	Ce II	12	3	3884,20	Ce II	8	3	3880,35	Cr I	12	—
3888,89	W I	3	4	3884,12	Cu II	—	5	3880,26	V I	15	4
3888,87	Mo I	8	8	3884,10	Ti I	10	—	3880,22	Fe	2	—
3888,82	Fe I	40	15	3883,97	Ce II	6	—	3880,20	Au II	—	20
3888,63	Cs I	150	10	3883,88	V I	40	5	3880,07	W I	8	8
3888,58	Cs I			3883,82	W I	7	8	3879,98	Mo	4	4
3888,51	Fe I	4	3	3883,76	Hf II	3	10	3879,96	Ce	4	3
3888,38	Ce II	15	4	3883,71	Mo II	—	20	3879,92	Co	2	—
3888,32	V I	10	1	3883,66	Cr I	30	20	3879,66	V I	50	5
3888,23	Bi I	40	2	3883,56	Ce II	4	1	3879,65	Fe	2	—
3888,17	Mo I	10	8	3883,46	Mo	4	2	3879,64	Nb(I)	2	2
3888,11	Ce	2	—	3883,4	к C	—	3	3879,64	C II	—	2
3888,08	V I	15	4	3883,35	Au	—	20	3879,60	Ce II	4	3
3888,02	Ti I	15	—	3883,34	W II	3	5	3879,52	Mo	10	8
3887,96	Mo	3	4	3883,34	Zn I	50	2	3879,43	S	—	(3)
3887,94	W II	—	10	3883,29	Cr I	60	80	3879,38	Cu II	1	2
3887,93	Bi I	5	2	3883,29	Fe I	70	40	3879,36	Ti	10	4
3887,59	Mo II	3	3	3883,20	V II	1	2	3879,35	Nb II	5	300
3887,36	Ti I	5	—	3883,13	Nb I	30	30	3879,31	Ce II	5	3
3887,31	Nb II	—	5	3883,12	O II	—	(7)	3879,27	Fe	2	2
3887,15	Tl II	—	(30)	3882,96	Mo II	5	15	3879,23	V I	35	2
3887,05	Fe I	3	2	3882,89	Ti I	35	10	3879,23	Cr I	60	15
3886,82	Mo I	30	30	3882,66	Nb I	2	3	3879,2	к Ca	4	—
3886,80	Cr I	125	125	3882,56	Ce	2	2	3879,19	W	5	6
3886,66	Nb(I)	2	5	3882,48	Fe	2	—	3879,07	Ce (II)	5	1
3886,58	V I	25	15	3882,45	Ce II	5	—	3879,05	Zr I	10	1
3886,49	Ce II	6	3	3882,43	O II	—	(10)	3879,02	Mo	5	5
3886,45	W I	8	10	3882,32	Ti I	20	7	3878,99	W	6	7
3886,29	Fe I	600	400	3882,31	Mo II	—	4	3878,96	Nb I	5	3
3886,20	V I	4	2	3882,20	O II	—	(35)	3878,82	Nb I	5	5
3886,07	Nb I	10	10	3882,14	Ti I	25	8	3878,76	Ce	3	2
3885,77	V I	20	1	3881,98	Fe	2	—	3878,74	Co I	70R	—
3885,76	Ce	4	1	3881,90	Zr II	1	3	3878,74	Fe I	10	10
3885,69	Nb I	15	30	3881,87	Co I	300R	30	3878,71	V II	35	100
3885,52	Fe I	100	60	3881,87	Ce II	6	4	3878,68	Fe I	30	—
3885,50	Mo I	5	5	3881,86	Cr I	50	6	3878,57	Fe I	300R	300
3885,45	Nb I	50	100	3881,86	Os I	125	20	3878,51	W I	4	5
3885,41	Zr I	50	20	3881,70	Cu I	5	—	3878,37	Ce II	15	12
3885,30	Ca	5	3	3881,66	Ce II	5	3	3878,31	Mg I	10	—
3885,28	Co I	70	4	3881,58	Mo II	—	4	3878,29	Y II	15	15
3885,24	Cr I	40	50	3881,49	Ce	2	—	3878,03	Fe I	400	300
3885,23	Ce	5	—	3881,39	Ti I	12	3	3878,02	C II	—	2
3885,17	P	—	(150)	3881,39	W I	20	20	3877,98	Ce	8	8
3885,15	Fe I	6	3	3881,23	Cr I	60	18	3877,60	Zr I	10	1
3885,08	Cr I	15	10	3881,14	W I	5	4	3877,59	Ti I	3	—
3884,99	Ce	3	—	3881,05	V II	2	5	3877,55	Ce	3	—
3884,85	V II	4	70	3881,01	Fe	2	1	3877,56	Nb I	50	20
3884,76	Ce	8	—	3881,00	Co I	3	—	3877,51	Fe	2	—
3884,74	Ce	3	1	3880,83	Co (I)	8	—	3877,47	Ag	2	1
3884,66	Fe I	1	—	3880,81	Hf II	20	30	3877,28	W II	—	12
3884,62	Co I	100	—	3880,78	Fe	3	2	3877,28	Se II	—	(50)
3884,56	Ce	3	—	3880,75	W I	7	6	3877,12	Ce	4	—
3884,52	Cu II	—	2	3880,59	C II	—	2	3877,10	Hf II	4	30
3884,46	V I	30	1	3880,5	Pb II	—	(2)	3876,97	Ce II	15	3

λ	El.	B A	B S (E)	λ	El.	B A	B S (E)	λ	El.	B A	B S (E)
3876,96	Nb I	5	5	3873,96	Co I	400R	80	3870,13	Ti	12	5
3876,86	Re I	60	—	3873,94	Fe	1	—	3870,05	Al II	—	(2)
3876,84	Co I	300	40	3873,76	Fe I	125	80	3869,94	Re I	40	—
3876,77	Os I	300	50	3873,74	K II	—	(20)	3869,61	Au II	—	10
3876,73	V	25	2	3873,63	V I	35	12	3869,61	Ti I	10	4
3876,67	Fe I	1	—	3873,28	Nb I	2	3	3869,56	Ce II	3	1
3876,66	C II	—	40	3873,27	Mo II	—	10	3869,56	Fe I	100	80
3876,41	C II	—	60	3873,25	Ce II	4	—	3869,51	W	—	5
3876,37	Fe	2	—	3873,20	Ti I	40	7	3869,32	Ce	2	3
3876,37	Ce	2	—	3873,19	Mn I	12	12	3869,31	W	3	5
3876,19	C II	—	125	3873,12	Co I	500R	80	3869,29	Ti I	15	8
3876,15	Cs I	300	—[1]	3873,03	Ce	2	—	3869,14	Hg II	—	(10)
3876,14	Ce II	6	1	3872,92	Fe I	3	1	3869,10	N (I)	—	(15)
3876,09	V I	50	30	3872,9	к Ca	4	—	3869,08	Mo I	25	30
3876,06	C II	—	40	3872,83	W I	12	10	3868,87	C II	—	2
3876,04	Fe I	40	15	3872,74	V I	10	2	3868,82	Nb I	4	4
3875,91	V I	40	3	3872,72	Ce	8	15	3868,80	Mo	3	7
3875,90	Ce	5	2	3872,72	W II	—	4	3868,64	Ce	3	2
3875,82	O II	—	(12)	3872,64	Pb	—	2	3868,62	Fe	3	—
3875,81	Ca I	50	—	3872,56	Ca I	30	—	3868,57	Nb I	3	5
3875,77	Nb I	10	50	3872,55	Hf II	6	20	3868,57	W I	5	5
3875,72	Pt	—	2	3872,51	Ce	2	—	3868,50	Ce II	3	—
3875,69	Nb I	3	—	3872,50	Fe I	300	300	3868,45	W	3	3
3875,68	W I	12	9	3872,39	Rh I	50	3	3868,41	Pt	—	2
3875,42	V I	10	2	3872,17	Zr I	6	6	3868,41	Ca	—	2
3875,41	Nb I	5	10	3872,13	Ce II	3	3	3868,40	Ti I	50	8
3875,38	Fe	2	1	3872,12	Mn I	10	10	3868,27	Cr I	8	5
3875,29	Ti I	35	8	3872,05	Zr	8	6	3868,24	Fe I	3	1
3875,26	Re I	40	—	3871,95	Mn I	10	—	3868,13	Ce II	6	2
3875,23	Cr I	2	1	3871,90	Mo II	—	25	3868,05	Ce	2	—
3875,19	W	—	6	3871,80	Ce II	8	—	3867,98	W I	30	35
3875,08	V I	70R	50	3871,75	Fe I	100	60	3867,92	Fe I	30	8
3875,07	Au I	3	—	3871,66	C II	—	6	3867,92	Nb I	30	20
3875,03	Ce II	6	—	3871,64	Ce	—	3	3867,84	Ru I	60	35
3874,97	Hg	—	(30)	3871,58	W	—	6	3867,74	Ti I	8	4
3874,69	Fe	3	—	3871,45	Mo II	—	50	3867,67	Mo	3	4
3874,67	Ce II	6	2	3871,4	к C	—	—	3867,60	Ce	5	6
3874,67	Au I	5	15	3871,40	Ce	8	15	3867,60	V I	70	35
3874,65	Pb	—	2	3871,39	B	—	20	3867,56	S	—	(150)
3874,55	Cr I	70	12	3871,39	Zr I	10	10	3867,41	W I	4	3
3874,40	W I	12	12	3871,35	Au I	25	20	3867,34	V I	15	3
3874,34	V I	10	2	3871,18	Nb I	15	20	3867,31	Hf II	3	12
3874,33	Ce	4	—	3871,08	V I	60	35	3867,22	Fe I	150	100
3874,28	Mo II	1	6	3870,86	Ce II	6	2	3867,11	Ce	2	—
3874,2	к Ca	4	—	3870,82	W	5	6	3866,88	Mo II	—	10
3874,15	Mo	5	6	3870,81	Fe	2	—	3866,83	Co I	2	2
3874,14	Ti	12	4	3870,7	Na	—	(3)	3866,81	Ce II	12	6
3874,13	Ce	4	4	3870,66	Nb I	2	3	3866,74	V II	5	50
3874,07	O II	—	(5)	3870,64	Si	—	3	3866,69	Mo I	5	3
3874,05	Fe I	1	—	3870,59	Mo	5	5	3866,54	Cr II	—	3
				3870,57	V I	35	10	3866,44	Ti I	40	10
				3870,53	Co I	70	8	3866,24	Ta II	4	—
				3870,51	Ca I	15	—	3866,16	Al II	—	(5)
				3870,43	Mo	5	6	3866,04	W I	9	4
				3870,24	Cr I	80	3	3866,03	Be I	15	—

[1] Doublet Cs I 3876,17—
Cs I 3876,12.

λ	El.	B A	B S(E)	λ	El.	B A	B S(E)	λ	El.	B A	B S(E)
3866,01	Ti I	12	5	3862,69	Ru I	2	60	3858,30	Ni I	800R	70
3865,80	Zr	2	—	3862,54	Cr I	25	20	3858,29	Co	18	4
3865,80	W	—	8	3862,51	Si II	—	7	3858,14	Ti I	40	7
3865,74	Be I	2	—	3862,49	V	10	—	3857,94	Ce II	3	2
3865,66	Mn I	12	12	3862,46	Ce II	15	10	3857,90	Ti I	6	3
3865,60	Cr II	5	3	3862,22	V I	80	20	3857,82	Ce II	3	1
3865,53	Fe I	600	400	3862,13	Ce	2	—	3857,64	Ce II	8	4
3865,50	Be I	10	—	3861,94	Zr	4	2	3857,63	Cr I	50	25
3865,47	Os I	125	200	3861,92	Ce	3	1	3857,55	Ru I	50	25
3865,46	Sr I	50	—	3861,75	Cu I	50	2	3857,29	W I	7	6
3865,43	Be I	30	—	3861,73	Ti	10	3	3857,24	Ce II	5	3
3865,39	Ce	5	2	3861,7	к C	—	—	3857,20	Mo II	—	60
3865,32	W I	7	8	3861,60	V I	10	3	3857,18	O II	—	(10)
3865,15	Mo	—	20	3861,60	Fe I	3	2	3857,09	Os I	150	15
3865,14	Be I	5	—	3861,58	Ce	3	4	3857,02	Ce II	10	2
3865,10	Ce	2	—	3861,34	Fe I	80	50	3856,81	W II	—	10
3865,03	Nb I	10	—	3861,29	Mo II	—	4	3856,80	Co I	80	2
3865,02	Nb II	—	200	3861,24	W I	8	8	3856,67	Nb(II)	20	5
3864,86	Ce	2	—	3861,2	Sn	—	2	3856,66	V	20	—
3864,86	V I	100R	50R	3861,17	Co I	300R	15	3856,54	Mn I	15	30
3864,76	Fe	2	—	3861,08	Ti (I)	10	3	3856,52	Rh I	50	20
3864,73	Hf II	2	20	3861,08	Hg	—	(10)	3856,46	Ru I	50	8
3864,70	Ti	4	—	3861,06	W I	10	10	3856,37	Mo	5	4
3864,66	O II	—	(5)	3860,99	Ce	2	2	3856,37	Fe I	500	300
3864,49	Ti	15	6	3860,91	Fe	1	2	3856,29	Ce	2	—
3864,46	Ce	2	3	3860,91	Hf I	6	6	3856,28	Cr I	20	15
3864,45	O II	—	(50)	3860,85	Nb I	5	10	3856,16	O II	—	(18)
3864,36	Nb I	3	5	3860,73	In II	—	(5)	3856,09	Si II	—	8
3864,34	W I	12	10	3860,64	S II	—	(15)	3856,06	N II	—	(10)
3864,34	Zr I	50	20	3860,62	V	20	—	3856,02	Ca	—	2
3864,30	Fe	2	—	3860,62	Zr	5	—	3855,97	Mo	5	5
3864,30	V I	30	—	3860,62	Ce	8	15	3855,87	Ce	3	2
3864,12	Cu II	—	2	3860,47	Cu I	30	7	3855,86	Fe I	4	2
3864,11	Mo I	1000R	500R	3860,40	Ce	6	3	3855,84	V I	200	200
3863,9	Bi II	—	(100)	3860,17	Ce	2	4	3855,72	In II	—	(5)
3863,88	Zr I	50	—	3860,15	S II	—	(8)	3855,70	Ce	2	2
3863,87	V I, II	25	15	3859,98	W II	15	30	3855,60	Au	4	4
3863,78	Nb I	2	—	3859,94	Ce	3	5	3855,58	Cr I	30	30
3863,74	Ce II	3	—	3859,91	Fe I	1000R	600	3855,54	W I	10	9
3863,74	Fe I	60	30	3859,79	Ce	3	—	3855,50	Nb II	—	50
3863,61	Co I	30	—	3859,67	Ca	6	5	3855,45	Nb I	10	—
3863,59	Ce	2	1	3859,37	Au II	—	3	3855,43	Zr II	8	3
3863,49	O II	—	(5)	3859,34	V I	20	8	3855,37	V I	50R	50R
3863,47	W I	8	7	3859,33	Al II	—	(10)	3855,32	Fe I	2	1
3863,41	Fe II	1	1	3859,29	W I	10	12	3855,32	W	—	6
3863,40	V I	2	1	3859,22	Fe I	100	100	3855,30	Ce II	8	3
3863,38	Nb I	15	10	3858,95	Nb I	20	50	3855,30	Cr I	35	35
3863,33	Zr I	2	—	3858,89	Cr I	35	20	3855,19	Ce	2	—
3863,07	Ni I	4	5	3858,86	Mg I	2	—	3855,14	Nb I	5	5
3863,05	Nb II	3	20	3858,84	W	5	6	3855,10	N II	—	(5)
3862,94	Ce	4	2	3858,84	Mo II	—	15	3854,97	Mg I	2	5
3862,93	Nb I	10	5	3858,81	Ca	—	2	3854,96	Ce	3	3
3862,82	Ti I	30	4	3858,69	V I	50	15	3854,88	Mo(II)	4	5
3862,79	Ce	4	2	3858,32	Mo	5	5	3854,85	Au	5	5
3862,76	Cu I	10	—	3858,31	Hf I	5	5	3854,80	Cr I	20	15

λ	El.	B A	B S (E)	λ	El.	B A	B S (E)	λ	El.	B A	B S (E)
3854,69	Nb I	3	4	3850,71	Ce	2	—	3846,80	Fe I	125	100
3854,32	Ce II	6	1	3850,44	Ru I	50	10	3846,67	Ru I	12	10
3854,23	Cr I	40	15	3850,40	V II	1	10	3846,52	Ce II	4	1
3854,19	Ce II	6	1	3850,40	Mg II	8	5	3846,44	Ti (I)	15	3
3854,12	Nb I	2	3	3850,22	Sb II	—	20	3846,41	Fe I	50	75
3854,1	к Ca	4	—	3850,16	V I	15	2	3846,21	W I	20	20
3854,05	Pb III	—	100	3850,12	Ce II	3	—	3846,18	Mo	5	5
3853,96	Mg I	2	8	3850,10	Co I	5	—	3846,14	Ce	2	—
3853,82	Fe	3	—	3850,03	Cr I	40R	40R	3846,00	Fe I	10	1
3853,77	W	6	6	3849,97	Fe I	500	400	3845,97	V	5	2
3853,73	Ti I	12	3	3849,94	Os I	125	20	3845,95	Mo I	20	20
3853,66	Si II	*		3849,78	Mo	5	5	3845,93	Ce	2	1
3853,59	Nb I	3	1	3849,75	V II	—	3	3845,89	Nb I	10	30
3853,48	Mo	2	—	3849,74	Nb I	2	2	3845,84	W	—	9
3853,47	Mn I	25	20	3849,68	Ce	2	—	3845,84	Ti	4	1
3853,46	Fe I	7	3	3849,60	Se III	—	(4)	3845,8	Bi II	—	100
3853,44	Os I	100	15	3849,58	Ni II	—	15	3845,70	Fe I	10	6
3853,38	Nb I	10	20	3849,56	Ce II	3	—	3845,48	Ce II	5	5
3853,37	In II	—	12	3849,54	Cr I	20	20	3845,47	Co I	500R	100
3853,30	Se (III)	—	(4)	3849,52	Hf II	2	4	3845,45	V	20	—
3853,21	W	4	3	3849,49	Ce	*		3845,44	Zr I	20	20
3853,19	Cr I	20	10	3849,35	Cr I	40	30	3845,27	Ce II	3	2
3853,16	Ce II	25	3	3849,32	V (I)	60	25	3845,21	S II	—	(2)
3853,09	Nb I	1	3	3849,27	Hg	—	(2)	3845,17	Fe I	100	60
3853,09	S II	—	(8)	3849,25	Zr I	10	4	3845,14	Hg	—	(30)
3853,06	Zr II	8	2	3849,19	Hf I	15	15	3845,09	Ti	2	—
3853,05	Ti I	18	4	3849,06	Ce	4	4	3844,97	Mg I	2	10
3853,01	Si	—	5	3849,00	B	—	2	3844,89	V I	25	7
3852,93	Ce	2	2	3848,98	Cr I	80	50	3844,89	Au	—	5
3852,83	W I	5	5	3848,92	Mg	—	2	3844,84	Ce	4	—
3852,63	Nb II	1	8	3848,77	Mg I	2	12	3844,44	V I	100	50
3852,57	Fe I	150	100	3848,7	к B	200	—	3844,28	Fe	10	1
3852,51	Mn I	8	—	3848,60	Ce II	20	2	3844,27	Ni I	3	—
3852,38	Ce	8	25	3848,48	W	—	2	3844,24	Ce	5	4
3852,22	Cr I	60	12	3948,31	Ti I	10	2	3844,20	W	—	9
3852,10	Ce II	6	3	3848,30	Mo I	25	20	3844,08	Nb I	4	3
3852,09	V I, II	20	10	3848,30	Fe I	5	2	3843,98	Mn I	75	100
3851,99	W	5	2	3848,24	Mg II	10	10	3843,92	Nb I	5	3
3851,99	Mo I	10	15	3848,10	Ce II	8	1	3843,89	Mo I	5	6
3851,58	Fe	4	—	3848,09	Mg I	2	3	3843,76	Ce II	12	1
3851,57	W II	6	3	3847,81	Ce	6	6	3843,69	Co I	60	—
3851,47	O II	—	(2)	3847,80	O II	—	(30)	3843,67	Os I	80	12
3851,45	Zr	2	—	3847,77	Cr I	5	—	3843,58	O II	—	(10)
3851,39	Mo	6	5	3847,49	W I	18	15	3843,51	V I	50	15
3851,35	Ce	3	4	3847,42	Au II	5	5	3843,47	W	3	6
3851,17	V I	50	15	3847,41	N II	—	(10)	3843,46	Ce	3	5
3851,11	W II	—	6	3847,38	Cr (I)	5	—	3843,45	Nb I	2	2
3851,04	O II	—	(30)	3847,32	V I,II	100	70	3843,42	Re I	50	—
3850,97	Fe	4	—	3847,25	Mo I	25	25	3843,41	S	—	(15)
3850,95	Co I	100	—	3847,24	W	5	4	3843,26	Fe I	125	100
3850,93	S II	—	(8)	3847,12	Ce	2	—	3843,03	Zr II	30	30
3850,83	Mo II	—	25	3847,01	Zr I	10	4	3843,03	Sc II	25	20
3850,82	Fe I	200	75	3847,0	к B	100	—	3842,99	V	20	—
3850,81	O II	—	(20)	3846,98	Ce	2	3	3842,98	Ce	18	25
3850,77	Ce	2	—	3846,80	Ce	4	1	3842,97	Fe I	3	—

λ	El.	B A	S (E)	λ	El.	B A	S (E)	λ	El.	B A	S (E)
3842,95	Mo	3	3	3839,78	Mn I	100	125	3835,90	Ce	3	—
3842,90	Fe I	6	2	3839,76	Sb	—	4	3835,90	Co I	8	—
3842,82	As II	—	50	3839,74	Ce	2	—	3835,88	W	7	5
3842,82	O II	—	(10)	3839,70	Ru I	50	30	3835,74	Ce II	4	2
3842,70	Nb I	5	5	3839,63	Fe I	3	4	3835,73	C II	—	2
3842,70	V I	5	2	3839,49	Ce II	6	1	3835,70	W	—	5
3842,65	Fe	1	—	3839,47	Mo	5	5	3835,68	Co (I)	10	4
3842,61	Ti I	15	5	3839,38	V I	30	5	3835,56	V I	50	12
3842,58	Mo II	—	25	3839,26	Hg	—	(50)	3835,49	Co I	3	2
3842,57	Ca	—	2	3839,26	Fe I	100	75	3835,39	H	—	(40)
3842,56	Cu II	—	2	3839,25	W I	7	6	3835,31	Mo I, II	8	25
3842,31	Al II	—	(2)	3839,19	S	—	(8)	3835,18	V I	30	—
3842,30	W I	10	12	3839,15	Ce	4	3	3835,18	In	—	15
3842,27	In II	—	(35)	3839,13	Zr I	10	10	3835,17	Nb I	20	20
3842,26	Zn II	—	(15)	3839,00	V I	60	10	3835,06	Ru I	50	6
3842,21	In II	—	(25)	3838,54	Ce II	35	3	3835,05	W I	15	20
3842,21	Al II	—	(5)	3838,50	W I	15	20	3834,97	Mo I	8	6
3842,18	N II	—	(10)	3838,37	N II	—	(25)	3834,84	N	—	(5)
3842,16	In II	—	(25)	3838,31	Ca	2	2	3834,81	V I	6	1
3842,12	In II	—	(18)	3838,29	Mg I	300	200	3834,78	Ce II	6	—
3842,05	Ce II	3	—	3838,28	Zr II	10	4	3834,74	Cr I	25	12
3842,05	Co I	400R	20	3838,19	Mn I	10	—	3834,72	In II	—	(18)
3842,03	Al II	—	(10)	3838,15	Li I	5	—	3834,70	In II	—	(25)
3842,02	Cr I	3	2	3838,03	Fe	1	1	3834,64	In II	—	(35)
3841,91	Pb	—	5	3837,91	W	—	6	3834,63	Mo	8	6
3841,89	V I	35	12	3837,88	Mo	3	3	3834,60	In II	—	(40)
3841,81	Nb I	10	10	3837,85	V	5	—	3834,56	In II	—	(40)
3841,74	Ti	20	12	3837,65	Si	—	3	3834,56	Ce II	10	4
3841,71	Ce I	5	6	3837,63	V I	10	—	3834,36	Mn I	75R	75
3841,66	Nb II	—	10	3837,53	Ce	2	—	3834,24	N I	—	(15)
3841,62	Ti I	2	—	3837,23	W II	—	10	3834,23	Re I	50	—
3841,62	Pb	—	60	3837,20	Mo II	—	100	3834,23	V I	20	12
3841,60	Ce	2	—	3837,21	Ce II	8	—	3834,22	Fe I	400	400
3841,6	Bi II	—	(25)	3837,20	Mo II	—	20	3834,22	Ce	6	12
3841,46	Sn II	—	6	3837,14	Fe I	25	6	3834,14	V I	5	2
3841,46	Co I	60	—	3837,14	P	—	(30)	3834,03	W I	7	10
3841,43	Ce	3	2	3837,08	Nb I	5	10	3833,96	Ca I	5	—
3841,40	S	—	(5)	3836,96	W I	9	7	3833,93	Nb(I)	3	3
3841,28	Cr I	150	80	3836,90	Mo	4	1	3833,92	Ti I	7	2
3841,19	Sb	—	5	3836,77	Ti I	18	5	3833,89	Rh I	25	50
3841,08	Mn I	50	50	3836,76	Zr II	60	30	3833,88	Ir	50	—
3841,05	Fe I	500	400	3836,74	Nb I	4	15	3833,86	Zr II	3	1
3841,03	Ce	3	2	3836,59	Ti	10	3	3833,86	Mn I	75	75
3841,03	As (II)	—	10	3836,52	V	10	—	3833,80	V I	10	—
3840,80	Ag I	20	3	3836,48	Ca	2	2	3833,77	Nb I	2	5
3840,75	V I	12R	—	3836,47	Au	30	30	3833,77	Ce	3	—
3840,74	Ce	2	—	3836,44	Nb I	5	3	3833,75	Mo I	80	25
3840,58	Mo	6	6	3836,33	Fe I	100	60	3833,74	Ta II	40	200
3840,45	Ce	30	35	3836,15	Cu II	—	2	3833,68	Ti I	5	1
3840,44	V I	40	20	3836,11	Ce II	15	6	3833,62	Ce	4	4
3840,44	Fe I	400	300	3836,08	Ti II	15	30	3833,49	Mo II	—	25
3840,34	Zn II	3	(50)	3836,08	Cr I	25	8	3833,31	Fe I	100	60
3840,32	Ti	2	—	3836,06	Os I	150	20	3833,26	Nb I	5	10
3840,30	Os I	150	20	3836,05	V I	10	15	3833,22	V I	10	2
3840,14	V I	12	5	3835,96	Zr I	25	5	3833,19	Ti I	12	3

λ	El.	B		λ	El.	B		λ	El.	B	
		A	S (E)			A	S (E)			A	S (E)
3833,10	O II	—	(10)	3830,39	N I	—	(150)	3827,41	Cd II	—	5
3833,07	Sc II	10	8	3830,27	V (I)	40	4	3827,37	Ce	8	10
3832,90	Pb	—	5	3830,2	к В	50	—	3827,34	W I	4	3
3832,89	Co I	5	—	3830,13	W	7	8	3827,27	Zr II	2	—
3832,89	Y II	30	80	3830,05	Mo	5	6	3827,21	Ce II	6	1
3832,88	Ce	3	2	3830,03	Cr I	150	50	3827,2	Pb II	—	(20)
3832,87	Ni I	25	—	3830,03	Ce II	4	2	3827,15	Mo I	25	25
3832,85	W I	8	7	3830,02	Hf I	10	6	3827,14	Os I	50	20
3832,83	V I	25	5	3830,00	Nb I	5	5	3827,01	Nb I	5	5
3832,83	Pb III	—	50	3829,99	Mn I	8	—	3826,96	V II	1	25
3832,75	Ce II	5	—	3829,94	Ce II	3	—	3826,96	Ti I	12	2
3832,65	Ce	2	4	3829,91	Mo	4	3	3826,93	W I	5	4
3832,64	W	4	5	3829,81	Ce	2	—	3826,90	Cu II	—	2
3832,46	Hg	—	(18)	3829,79	N II	—	(10)	3826,85	Fe I	6	2
3832,43	V	2	—	3829,79	Mo	5	5	3826,77	V I	12	3
3832,36	Mo II	—	10	3829,76	Fe I	8	2	3826,70	Ce	4	6
3832,33	Ce	2	—	3829,73	Ti I	7	2	3826,70	Mo I	30	25
3832,31	Cr I	18	2	3829,69	Ce II	4	2	3826,61	Hg	—	(30)
3832,31	V	—	2	3829,68	Mn I	60	60	3826,53	Ce	4	—
3832,30	Tl II	—	(30)	3829,66	V II	2	6	3826,43	Cr I	40	20
3832,30	Mg I	250	200	3829,65	Nb I	3	3	3826,19	W I	10	12
3832,29	Pd I	150	150	3829,53	V II	—	4	3825,88	Fe I	500	400
3832,24	W I	4	6	3829,46	Fe I	15	8	3825,85	Ce	3	—
3832,23	Ce	5	—	3829,40	Ce	3	2	3825,64	Au II	20	30
3832,11	Mo I	10	8	3829,40	Ti	30	12	3825,46	Mo	3	4
3832,05	Ce	3	2	3829,38	Au	25	20	3825,40	Nb I	1	2
3831,92	Ce	3	2	3829,33	S	—	(5)	3825,40	Fe I	2	1
3831,84	Nb II	5	300	3829,30	Mg I	100	150	3825,40	Cr I	40	15
3831,83	V I	15	2	3829,28	Ce	2	—	3825,32	Mo I	4	4
3831,80	Ru I	60	50	3829,22	Nb II	—	10	3825,31	V I	6	2
3831,78	Ce	3	4	3829,2	Pb II	—	(2)	3825,26	Zr	40	60
3831,76	Mo I	4	3	3829,12	W I	12	10	3825,25	O I	—	(18)
3831,74	C II	—	6	3829,12	Fe I	4	2	3825,09	O I	—	(20)
3831,69	Ni I	300	10	3829,10	Zr	5	4	3825,05	Cu I	40	3
3831,67	Ce	3	1	3828,87	Mo I	40	30	3825,02	Sb II	—	2
3831,55	Ce II	4	—	3828,83	V I	15	3	3824,88	Nb I	30	50
3831,49	Zr	2	—	3828,74	As II	—	10	3824,86	Ce	5	—
3831,41	S	—	(10)	3828,59	Ce	4	—	3824,77	Mo	4	4
3831,30	Zr I	5	1	3828,55	V I	20	5	3824,44	Fe I	150	100
3831,20	Nb I	2	2	3828,50	Fe I	2	1	3824,42	O I	—	(10)
3831,14	Au	8	5	3828,48	Rh I	100	60	3824,41	Ce	3	3
3831,08	Ce	10	2	3828,38	Ce	3	2	3824,39	W I	12	15
3831,07	Mo I	4	4	3828,23	Nb II	5	15	3824,30	Fe I	7	7
3831,03	Cr I	40	25	3828,20	Ce	—	—	3824,16	Mo	5	5
3831,03	V II	1	5	3828,19	Ti I	35	15	3824,14	W I	7	8
3830,99	W I	6	7	3828,02	Ti	6	1	3824,11	Ce	2	1
3830,94	S	—	(8)	3827,98	Ce	3	—	3824,08	Fe I	5	3
3830,91	Ce	3	—	3827,89	Pb	—	2	3823,99	Nb II	—	10
3830,86	Fe I	12	4	3827,85	Ce	8	1	3823,99	V I	35	15
3830,81	Mo I	5	5	3827,82	Fe I	200	200	3823,90	Ce II	8	—
3830,76	Fe I	10	3	3827,67	Ti I	5	1	3823,89	Mn I	50	50
3830,72	W I	8	9	3827,60	Ce	3	3	3823,76	Ca	2	2
3830,60	Nb II	1	20	3827,57	Fe I	4	2	3823,74	V I	10	2
3830,56	Ce II	4	—	3827,47	Ti I	3	—	3823,69	Ce II	5	—
3830,45	O II	—	(18)	3827,43	P II	—	(150)	3823,52	Cr I	40	30

λ	El.	B A	B S (E)	λ	El.	B A	B S (E)	λ	El.	B A	B S (E)
3823,51	Mn I	75	75	3819,57	Cr I	60	40	3816,13	Ce	5	6
3823,48	Ce	2	1	3819,53	Ce	2	3	3816,13	Au	20	40
3823,47	O I	—	(125)	3819,50	Fe	2	1	3815,84	Fe I	700	700
3823,41	Zr II	15	5	3819,20	Ce	3	3	3815,84	Hg I	—	(2)
3823,21	V I	35	20	3819,18	Mo II	—	5	3815,83	Ce II	50	5
3823,12	Mo II	—	20	3819,14	Nb I	12	10	3815,8	Bi II	—	(300)
3823,13	Nb I	2	3	3819,04	Ru I	50	30	3815,78	W I	12	5
3823,08	Ce	4	4	3819,02	Ce II	18	6	3815,51	V I	30	1
3823,06	W II	—	10	3818,86	Nb II	8	300	3815,51	Nb I	20	30
3822,98	Mo I	20	15	3818,81	Ce	2	—	3815,44	Cr I	35	12
3822,95	Nb(I)	2	3	3818,69	Pt I	40	10	3815,38	V II	1	150
3822,88	V I	40	25	3818,68	Ce II	5	2	3815,37	Ce	2	—
3822,87	Ce	2	1	3818,66	Mo I	8	15	3815,27	Mo II	—	8
3822,70	V	2	2	3818,62	Fe	2	1	3815,15	W	—	5
3822,41	Zr I	10	1	3818,6	Bi II	—	(10)	3815,05	Mo	5	4
3822,26	Rh I	100	100	3818,47	Cr I	50	20	3815,01	Ce II	3	—
3822,21	W II	—	8	3818,34	Y II	30	50	3814,96	Zr II	5	5
3822,17	Ce	2	—	3818,27	N I	—	(5)	3814,93	Ce II	2	3
3822,09	Cr I	10	6	3818,24	V I	20	2	3814,86	Ti I	30	4
3822,09	Ru I	50	25	3818,24	Ce	3	5	3814,78	Fe	10	5
3822,07	N I	—	(35)	3818,21	Cd I	5	—	3814,63	Cr I	35	30
3822,02	Ti I	18	8	3818,20	Ti I	20	7	3814,62	Ce	2	2
3822,01	V I	70	40	3818,19	Rh I	50	25	3814,58	Ti II	12	35
3821,95	Mo	5	5	3818,19	Nb I	5	5	3814,52	Fe I	80	40
3821,91	Au II	—	5	3818,04	S	—	(8)	3814,51	Ce	4	3
3821,83	Fe I	50	30	3817,97	V I	7	3	3814,49	Mo	4	4
3821,72	Ti I	20	10	3817,97	Mo	5	10	3814,46	Co I	35	—
3821,70	Ce II	6	10	3817,94	Co I	18	4	3814,42	W II	2	6
3821,68	O II	—	(10)	3817,85	Cr I	30	20	3814,09	Mo	4	3
3821,64	Mo	5	5	3817,84	Ce	2	3	3814,01	Cr II	2	4
3821,58	Cr I	12	8	3817,84	V I	15	6	3813,93	Co I	30R	—
3821,57	Ce	2	—	3817,65	Fe I	50	15	3813,90	Mo II	2	20
3821,49	V I	50	30	3817,64	Ti I	15	6	3813,89	Fe I	50	25
3821,27	Ce II	8	1	3817,58	Zr II	8	12	3813,63	Fe I	35	15
3821,19	Nb I	10	10	3817,50	Cu I	6	—	3813,57	Ce	5	—
3821,18	Fe I	100	100	3817,50	K II	—	(40)	3813,54	Cu I	8	—
3820,92	Mo	6	4	3817,48	W I	18	15	3813,49	V I	50	—
3820,88	Cu I	10	3	3817,46	Ce II	25	2	3813,47	Nb (I)	3	5
3820,87	Cr I	10	6	3817,29	Ru I	50	60	3813,45	Be I	50	—
3820,87	Ce II	5	3	3817,20	Hf II	5	15	3813,39	Ti II	4	20
3820,74	Nb	2	—	3817,17	Mo	3	5	3813,35	V I	3	1
3820,73	Hf I	5	4	3816,87	Co I	70	5	3813,29	Co	2	—
3820,54	Ce	3	2	3816,8	Na	—	(3)	3813,27	Ti I	12	3
3820,43	Fe I	800	600	3816,79	Ce	3	—	3813,05	Fe I	2	2
3820,42	Ce	3	4	3816,75	Mn I	60	50	3813,05	Ce	2	—
3820,29	V I	25	20	3816,64	Nb (I)	2	5	3812,96	Fe I	400	300
3820,13	Hg	—	(2)	3816,64	Mo II	—	20	3812,95	Ce	4	4
3820,10	W I	8	10	3816,47	Co I	60	—	3812,86	Zn	—	(2)
3819,99	Ce	4	3	3816,38	W I	10	12	3812,74	Ru I	12	—
3819,97	Cr I	12	10	3816,34	Fe I	25	20	3812,66	W	5	6
3819,96	V I	60	35	3816,34	Nb I	5	3	3812,58	Ce	3	—
3819,91	Co I	20	3	3816,33	Co I	60	50R	3812,47	Mo I	5	4
3819,88	Pt	3	—	3816,31	Ce II	3	3	3812,47	Co I	100	—
3819,87	Mo I	6	6	3816,19	Cr I	30	10	3812,26	Cr I	40	15
3819,77	Mo	6	6	3816,17	Bi	—	25	3812,20	Mo II	—	25

λ	El.	B A	B S (E)	λ	El.	B A	B S (E)	λ	El.	B A	B S (E)
3812,20	Ce II	8	2	3807,92	Cr I	25	12	3804,58	V I	5	2
3812,16	Se (III)	—	(4)	3807,85	W	3	5	3804,55	W II	—	8
3811,89	Fe I	15	10	3807,85	Mo	4	4	3804,52	Mo I	20	20
3811,79	Mo II	—	25	3807,76	Ti I	5	—	3804,20	Nb I	5	3
3811,78	Ag I	5	—	3807,69	Ce II	5	2	3804,15	Ce II	4	2
3811,78	Hf I	3	1	3807,65	Mo I	3	2	3804,08	W I	7	5
3811,62	Ce II	5	—	3807,63	W I	3	5	3804,01	Fe I	40	10
3811,49	Ce	2	—	3807,54	Fe I	150	100	3804,05	Au II	25	150
3811,47	Ti I	25	10	3807,51	V I	80	50	3803,90	V I	10	3
3811,41	Nb II	—	5	3807,43	W	—	6	3803,88	Nb I	30	20
3811,39	Mo I	5	5	3807,40	Zr II	2	1	3803,84	Ce II	6	—
3811,32	Ce	4	6	3807,38	Sr I	50	—	3803,79	Mo	3	5
3811,32	V I	3	—	3807,26	Ce	3	—	3803,78	V I	10	3
3811,31	Ti	15	7	3807,22	Ti	8	—	3803,47	V I	50	40
3811,14	Bi II	—	(150)	3807,14	Ni I	800	40	3803,38	Mo (II)	—	20
3811,07	Co I	30	—	3806,92	Mo II	1	20	3803,32	W	—	6
3811,03	Nb I	10	12	3806,91	Pt II	—	5	3803,14	O II	—	(20)
3810,90	Ce II	5	—	3806,83	Cr I	35	35	3803,10	Ce II	35	5
3810,86	Ag I	100	10	3806,79	V I	35	12	3803,02	Cr (I)	2	—
3810,81	Mo	4	4	3806,76	Rh I	50	50	3802,93	Nb I	50	50
3810,79	W I	10	10	3806,72	Mn I	50	20	3802,92	W I	7	6
3810,76	Fe I	70	25	3806,71	Ce	2	—	3802,88	V I	20	8
3810,69	Mn I	15	15	3806,70	Fe I	200	150	3802,80	Ce	3	4
3810,50	Nb I	30	50	3806,63	Ce	3	—	3802,63	Nb I	3	2
3810,39	W I	15	15	3806,63	Nb I	3	10	3802,59	Ce	3	2
3810,24	Ce	3	1	3806,54	Si III	—	7	3802,55	Nb(I)	2	1
3810,12	Mo	4	5	3806,49	Ca	3	2	3802,34	Ce	3	—
3810,09	Ce II	6	—	3806,44	Ti I	15	7	3802,28	Fe I	25	10
3809,88	Se II	—	(2)	3806,39	Ce	12	12	3802,22	P III	—	(100)
3809,85	W I	6	7	3806,38	Hg II	—	(200)	3802,17	Mo	5	5
3809,69	Zr I	25	—	3806,38	Zn II	3	15	3801,98	Fe I	25	5
3809,60	V I	70	40	3806,21	Fe I	40	20	3801,93	Rb II	—	(20)
3809,59	Mn I	150	150	3806,19	Nb I	8	10	3801,92	Ce	4	—
3809,57	Fe	15	5	3806,07	Hf II	5	20	3801,92	W I	9	10
3809,49	Ce II	4	2	3806,04	Ti I	2	—	3801,91	Mn I	20	20
3809,48	Cr I	12	6	3805,99	Mo I	10	10	3801,88	Au I	2	—
3809,48	Mn I	150	—	3805,93	Mo I	5	5	3801,84	Mo I	20	25
3809,23	W I	25	20	3805,92	Rh I	25	50	3801,81	Fe I	7	3
3809,22	Ce II	25	1	3805,82	Ce	2	2	3801,68	Fe I	50	25
3809,15	Fe	1	—	3805,77	Co I	20	—	3801,66	Hg I	15	2
3809,15	Mn I	8	8	3805,53	Ce	3	3	3801,63	Mn II	—	(6)
3809,04	Fe I	2	—	3805,46	Ti I	8	3	3801,56	Ti	7	3
3808,73	Fe I	100	70	3805,40	Mo II	—	5	3801,53	Ce II	25	3
3808,69	Ru I	50	30	3805,34	Fe I	400	300	3801,52	W I	9	7
3808,65	Ce	3	3	3805,33	Ce	2	—	3801,5	In II	—	(50)
3808,62	Mo	5	5	3805,30	Cu I	20	2	3801,33	Fe	1	—
3808,52	V I	50	30	3805,10	Ti I	8	1	3801,29	Nb I	5	8
3808,39	Ce II	3	2	3805,09	Cs II	—	(25)	3801,20	Cr II	35	3
3808,28	Fe I	4	1	3804,95	Ce	2	—	3801,15	V I	3	1
3808,20	Zr	30	25	3804,95	W I	7	6	3801,14	Nb II	3	20
3808,12	Ce II	30	—	3804,91	V I	25	9	3801,08	Ti I	15	5
3808,11	V I	3	—	3804,80	Cr I	100	30	3801,05	Pt	—	4
3808,11	In II	—	(2)	3804,75	Mn I	5	5	3801,02	Sn I	200	150
3808,11	Co I	200	7	3804,73	Nb I, II	20	50	3800,95	Re II	3	—
3808,03	S	—	(7)	3804,69	Ce	3	3	3800,94	Mo	1	4

λ	El.	B A	B S (E)	λ	El.	B A	B S (E)	λ	El.	B A	B S (E)
3800,94	Nb I	10	8	3797,42	Sn	—	3	3793,90	Os I	125	300
3800,70	Zr II	5	1	3797,32	Ce	2	—	3793,88	Fe I	25	10
3800,55	Mn I	60	60	3797,30	Mo I	5	5	3793,87	Cr I	50	30
3800,50	Pt	4	—	3797,22	Te II	*		3793,85	Ce II	6	—
3800,50	Cu I	20	2	3797,14	Cr I	50	30	3793,73	Nb I	4	2
3800,44	Os I	50	15	3797,05	Sb II	1	4	3793,7	к Ca	4	—
3800,38	Hf I	20	12	3797,03	Mo	5	5	3793,68	Ti I	8	—
3800,32	Ce II	15	3	3797,0	Bi II	—	5	3793,63	Se II	—	(25)
3800,24	Mn II	—	(4)	3796,94	W I	5	4	3793,62	Mo I	5	5
3800,21	Pt	3	—	3796,88	Ti II	12	15	3793,61	V I	35	15
3800,19	Nb I	3	3	3796,84	Nb I	10	15	3793,61	Ni I	50	—
3800,14	K II	—	(30)	3796,82	Rb II	—	(40)	3793,60	P II	—	(30)
3800,12	Ir I	150	100	3796,67	Ce II	6	—	3793,52	Ce II	5	—
3800,09	Mo	2	3	3796,59	Nb I	5	5	3793,48	Fe I	10	5
3799,93	Ca	2	2	3796,59	Re I	60	—	3793,42	Ce	3	1
3799,91	V I	60	50	3796,55	Mo II	—	20	3793,38	Hf II	10	20
3799,90	Ce	3	3	3796,48	Zr II	8	15	3793,36	Fe I	5	2
3799,88	Cu I	*		3796,47	V I,II	30	12	3793,35	Ca	—	2
3799,87	Pt	5	—	3796,44	Nb I	15	15	3793,32	W I	6	5
3799,71	Ce	4	2	3796,43	Ce	2	—	3793,29	Cr I	50	30
3799,58	As II	—	10	3796,28	W I	7	6	3793,22	Rh I	200	60
3799,55	Fe I	400	300	3796,21	Ta II	—	50	3793,0	Bi II	—	(25)
3799,54	Ce	3	4	3796,12	Si III	—	7	3792,99	Ti	8	—
3799,48	Nb I	5	2	3796,11	Ca	2	2	3792,83	Fe I	10	3
3799,42	In II	—	(10)	3796,04	Mo I	10	5	3792,80	Ce	4	3
3799,37	In II	—	(25)	3796,00	Fe I	1	—	3792,5	Bi II	—	500
3799,35	Ru I	70R	100	3795,95	Au I	20	3	3792,79	Nb(II)	—	20
3799,31	In II	—	(10)	3795,89	Ti I	15	6	3792,77	W I	15	15
3799,31	Rh I	25	100	3795,63	Ca I	3	—	3792,74	Ce	2	—
3799,26	V I	10	7	3795,59	Mo II	—	20	3792,5	Bi II	—	(500)
3799,26	Mn I	50	50	3795,57	Ce	4	—	3792,46	S II	—	(35)
3799,21	S	—	(8)	3795,54	Nb (I)	15	—	3792,42	Cr I	2	1
3799,20	In II	—	(18)	3795,53	Fe	2	1	3792,40	Zr I	9	2
3799,19	Pd I	200	150	3795,52	Nb II	10	20	3792,34	Ni I	25	5
3799,11	In II	—	(10)	3795,27	In II	—	(10)	3792,32	Ce II	20	2
3799,09	Ce II	3	—	3795,25	Ce II	5	3	3792,32	Mo	4	5
3799,05	In II	—	(10)	3795,21	In II	—	(50)	3792,16	Fe I	40	20
3799,03	Ce II	4	—	3795,17	In II	—	(18)	3792,14	Cr I	60	40
3799,00	Zn I	5	—	3795,09	P II	—	(30)	3792,07	Mo II	1	15
3798,92	W I	7	10	3795,01	Ce	6	2	3792,02	Ta I	50	10
3798,90	Ru I	70	100	3795,00	Fe I	500	400	3792,00	Nb I	5	3
3798,66	V I	7	5	3794,96	V I	50	50	3791,96	Ce	4	—
3798,62	Ce	3	3	3794,74	Ti I	7	—	3791,77	W	4	1
3798,51	Fe I	400	300	3794,72	Li I	60	—	3791,73	Fe I	5	2
3798,51	Ce	3	3	3794,68	Ce II	5	—	3791,68	Ce II	15	—
3798,28	Ti I	10	6	3794,61	Cr I	50	30	3791,60	W	—	5
3798,25	Mo I	1000R	1000R	3794,48	O II	—	(10)	3791,51	Fe I	7	2
3798,23	Ce	2	—	3794,47	Nb I	5	5	3791,44	Nb I	3	3
3798,13	Nb I	50	80	3794,43	Mo I	5	10	3791,41	Si III	—	5
3798,08	Ce	2	2	3794,37	V II	1	25	3791,40	Zr I	25	6
3797,94	Fe I	4	2	3794,34	W I	10	10	3791,38	Cr I	80	40
3797,90	H	—	(20)	3794,34	Fe I	80	50	3791,37	Mo II	—	10
3797,83	Cu II	—	2	3794,20	Ce	4	—	3791,32	V I	20	4
3797,71	Cr I	100	20	3793,95	Tl II	—	(25)	3791,22	Ce	3	2
3797,52	Fe I	300	200	3793,91	Zn (II)	10	—	3791,21	Nb I	80	80

λ	El.	B		λ	El.	B		λ	El.	B	
		A	S (E)			A	S (E)			A	S (E)
3791,20	Fe	2	—	3787,16	Fe I	25	15	3783,17	Mo II	—	40
3791,06	Zr I	5	5	3787,15	Ce	3	5	3783,16	S II	—	(8)
3790,99	Ce	2	—	3787,14	V I	25	7	3783,03	Ce II	12	3
3790,87	Ce II	4	3	3787,06	Nb I	30	30	3782,91	Ta II	*	
3790,81	Ce	6	4	3787,01	Ce	3	—	3782,78	Hf II	4	5
3790,76	Fe I	10	3	3786,69	P II	—	(15)	3782,72	Zr II	3	5
3790,73	Os I	100	20	3786,68	Fe I	125	50	3782,67	Mo	3	1
3790,66	Fe I	2	1	3786,63	Ce II	10	3	3782,61	Fe I	7	2
3790,53	Ir	50	—	3786,60	Zr	8	—	3782,6	S II	—	(8)
3790,52	Zr	3	3	3786,53	Ce	3	—	3782,55	V I	20	7
3790,52	Ru I	70	150	3786,37	W I	10	10	3782,53	Ce II	18	2
3790,46	V I	12	7	3786,37	Mo II	2	125	3782,46	Fe I	10	2
3790,46	Cr I	50	15	3786,26	Ti I	6	—	3782,42	Zr	7	3
3790,33	Ce II	4	—	3786,26	Cu II	—	2	3782,26	S	—	(35)
3790,33	V I	40	12	3786,24	Pb II	—	10	3782,22	Zr II	2	2
3790,23	Hg	—	(2)	3786,22	Nb I	10	8	3782,20	Os I	400R	200
3790,23	Cr I	30	10	3786,22	Cr I	5	2	3782,18	Mo I	5	—
3790,22	Mn I	100	125	3786,18	Fe I	100	60	3782,15	V	15	3
3790,14	Nb I	100R	50R	3786,10	Nb(I)	3	3	3782,13	Fe	8	2
3790,14	Os I	80	30	3786,06	Ru I	70	100	3782,10	Ti I	10	3
3790,09	Fe I	200	100	3786,04	Ti I	40	40	3782,06	Mo II	—	100
3790,08	Ce	2	—	3786,00	Pb II	—	40	3782,03	Ce	2	—
3789,83	Ce	3	3	3785,95	Fe I	125	80	3781,98	Ce	2	—
3789,81	Hg	—	(2)	3785,76	Ca	2	2	3781,93	Fe I	12	5
3789,81	Fe	4	1	3785,71	Fe I	10	4	3781,83	W I	9	8
3789,77	W II	—	12	3785,63	W II	—	10	3781,62	Ce II	25	4
3789,72	Cr I	50	10	3785,56	Ce	2	2	3781,59	Mo I	25	20
3789,64	Ca	3	2	3785,51	Mo I	5	5	3781,39	V I	40	6
3789,57	Fe I	1	—	3785,46	Hf I	20	15	3781,38	Nb II	5	200
3789,50	Nb I	10	10	3785,42	Cs II	—	(20)	3781,21	Mo	4	4
3789,47	Ce	5	—	3785,42	Mn I	4	4	3781,19	Fe I	40	12
3789,43	Fe	2	1	3785,24	Ce	2	2	3781,17	Ru I	50	40
3789,30	Ti I	50	15	3785,10	W I	4	3	3781,10	Ce II	5	—
3789,18	Fe I	80	50	3785,03	Mo I	8	10	3781,02	Nb I	20	20
3788,86	Cr I	60	10	3785,02	Ce	12	2	3780,92	W	—	8
3788,80	Ti I	7	2	3784,88	Nb II	1	10	3780,86	Ca	2	3
3788,75	Ce II	15	3	3784,87	Zr I	2	—	3780,77	W I	20	18
3788,70	Y II	30	30	3784,67	V I	15	5	3780,73	Cr (I)	3	—
3788,69	Nb(I)	10	5	3784,34	Zr	6	4	3780,64	S	—	(3)
3788,47	Rh I	50	25	3784,29	Ce III	4	3	3780,61	Mo	3	4
3788,43	Ce	3	3	3784,25	Ta I	150	50	3780,56	Ce	2	—
3788,25	Mo I	15	15	3784,0	Pb II	—	(10)	3780,53	Zr I	50	30
3788,20	Ce II	5	2	3783,83	Nb I	15	20	3780,40	Ti	10	—
3788,06	P II	—	(15)	3783,81	Ce	2	4	3780,23	W	—	8
3787,90	Ce II	15	2	3783,74	Sn	—	2	3780,12	Cr I	2	—
3787,88	Fe I	500	300	3783,73	W I	10	12	3779,96	W I	8	7
3787,57	Ce II	4	—	3783,72	Co I	5	3	3779,86	Ce	3	—
3787,54	V I	30	1	3783,57	Ce II	8	3	3779,76	Mo I	25	30
3787,52	Re I	80	—	3783,53	Mo(I)	8	1	3779,76	V I	2	1
3787,48	Nb I	5	5	3783,53	Ni I	500	40	3779,64	V I	30	10
3787,46	Ce II	3	1	3783,49	S	—	(15)	3779,61	Ce II	6	—
3787,42	Fe	2	—	3783,42	Ce	3	4	3779,57	Nb II	2	20
3787,28	Nb I	4	3	3783,34	Fe II	1	1	3779,52	Sn	—	2
3787,24	V II	2	20	3783,24	Ca	3	3	3779,48	Fe I	2	—
3787,18	As II	—	15	3783,19	K II	—	(30)	3779,47	Si	—	3

λ	El.	B A	S (E)	λ	El.	B A	S (E)	λ	El.	B A	S (E)
3779,45	Fe I	100	70	3775,86	Ca	2	2	3772,05	W II	9	10
3779,22	Nb(I)	2	2	3775,74	Bi	2	—	3772,02	Ce	3	—
3779,20	W	—	7	3775,72	Tl I	3000	1000 R	3771,95	Mo I	30	30
3779,04	Ti I	8	—	3775,72	Te II	*		3771,90	Cu I	30	5
3778,97	Ce	2	2	3775,71	V I	30	2	3771,85	Nb I	20	20
3778,70	Fe I	10	4	3775,69	Hg	—	(2)	3771,65	Ti I	70	30
3778,68	W I, II	8	12	3775,64	Mo I	15	20	3771,60	Ce II	15	2
3778,68	V I	60	4	3775,57	Ni I	500	40	3771,49	Fe I	2	—
3778,67	Nb I	3	5	3775,56	Ce	4	—	3771,42	Mo	3	3
3778,58	W I	7	8	3775,46	Zr I	7	1	3771,38	Ce	3	2
3778,51	Fe I	60	25	3775,44	Nb I	5	10	3771,35	Hf II	2	6
3778,50	Nb II	—	5	3775,44	W I	8	7	3771,10	As II	—	10
3778,36	V II	3	35	3775,36	Ce	2	4	3771,01	Hg	—	(10)
3778,32	Mn II	*		3775,18	V I	25	5	3770,97	V II	30	60
3778,32	Fe I	8	4	3775,02	P II	—	(30)	3770,86	Nb(I)	10	10
3778,14	W	6	9	3774,83	Fe I	100	40	3770,77	Ce	18	3
3778,06	Ni I	25	5	3774,74	Si	—	4	3770,71	Nb I	5	—
3777,96	Mo(I)	5	4	3774,67	V II	1	12	3770,66	Nb II	—	20
3777,91	Cr I	3	—	3774,65	Ti	2	1	3770,63	H	—	(15)
3777,82	Hg II	—	(10)	3774,64	Mn I	20	—	3770,60	W I	7	6
3777,72	Mo I	5	8	3774,62	Os I	60	12	3770,53	V I	10	1
3777,67	Nb I	20	30	3774,61	Co I	200	—	3770,52	Mo I	5	5
3777,67	Ce II	12	3	3774,52	Hg	—	(30)	3770,45	Mo I	5	5
3777,66	Hf I	20	12	3774,44	Nb I	3	5	3770,41	Ti II	2	5
3777,59	Ru I	60	50	3774,40	Os I	60	15	3770,41	Fe I	4	1
3777,60	O II	—	(18)	3774,39	Ce	2	—	3770,38	Ce	3	—
3777,54	Co I	200	—	3774,39	Nb (I)	2	5	3770,35	Mo I	3	3
3777,49	V I	8	2	3774,33	Y II	12	100	3770,33	Nb(I)	3	1
3777,45	Fe I	20	10	3774,33	Ti I	8	—	3770,30	Fe I	35	12
3777,35	W II	—	10	3774,14	W II	—	18	3770,00	V I	20	2
3777,09	Ce	6	15	3774,10	V I	20	3	3769,99	Mo I	5	10
3777,08	Zr	15	10	3773,89	Ce	2	—	3769,99	Au	—	5
3777,07	Co I	2	2	3773,80	V II	—	2	3769,99	Fe I	80	30
3777,06	Fe I	12	7	3773,71	W I	20	18	3769,98	Nb I	5	5
3776,99	Os I	150	20	3773,70	Fe I	40	10	3769,93	Ce II	8	3
3776,87	V I	10	2	3773,62	Nb I	3	3	3769,87	W I	10	10
3776,80	S II	—	(3)	3773,54	Hg	—	(2)	3769,73	Ti	10	—
3776,71	Ce II	2	—	3773,43	Ce II	5	3	3769,46	Ni II	2	50
3776,69	W	—	2	3773,32	Mo	2	3	3769,40	Ce	3	—
3776,60	Ce II	6	3	3773,21	Ce II	8	2	3769,35	Ce	2	—
3776,60	Nb I	3	3	3773,2	к Ca	4	—	3769,25	Ce	3	—
3776,56	Y II	12	12	3773,15	Au II	—	10	3769,21	W I	12	10
3776,55	Mo I	5	8	3773,15	Nb I	5	8	3769,14	Nb I	10	15
3776,53	Mn I	25	25	3772,96	V II	2	40	3769,07	V I	30	10
3776,45	Fe I	125	70	3772,86	Ce	5	3	3769,04	Ce II	6	1
3776,32	Cd	—	3	3772,82	Mo I	20	20	3768,99	Cr I	2	2
3776,26	Hg II	—	(30)	3772,77	Sb II	—	3	3768,97	W II	—	7
3776,25	Os I	50	15	3772,74	V I	10	—	3768,76	Ce	8	2
3776,16	Nb I	2	5	3772,65	Ce II	8	1	3768,74	Mo I	4	5
3776,16	V I	50	2	3772,53	Ni I	15	5	3768,73	Cr I	35	25
3776,15	Ce	5	5	3772,45	Ce	4	1	3768,70	P II	—	(50)
3776,10	Mo I	5	5	3772,42	W I	7	7	3768,68	Ir I	60	10
3776,06	Ti II	8	60	3772,14	V (I)	20	1	3768,65	Ce II	2	1
3775,98	Ce	12	15	3772,06	Ca	2	3	3768,62	Mo I	4	4
3775,86	Fe I	2	—	3772,05	Zr II	1	2	3768,45	W I	20	18

λ	El.	B A	B S (E)	λ	El.	B A	B S (E)	λ	El.	B A	B S (E)
3768,39	Pt II	—	10	3765,31	W	7	7	3761,70	Cr II	4	8
3768,30	Ce	4	8	3765,22	Mo I	6	6	3761,62	Ca III	2	4
3768,25	Hf I	4	—	3765,18	Zr I	3	—	3761,61	W I	7	8
3768,24	Cr I	60	60	3765,08	Rh I	100	70	3761,51	Ru I	12	45
3768,15	Mn I	10	10	3765,07	Nb I	25	10	3761,45	Ce	2	—
3768,14	Os I	80	15	3765,04	Ce II	12	3	3761,44	V I	40	7
3768,10	Cd II	—	2	3765,03	Mo I	5	4	3761,41	Fe I	20	8
3768,08	Cr I	*		3765,03	Fe	3	—	3761,32	Ti II	100	300R
3768,03	Fe I	15	8	3764,84	Zr	3	3	3761,18	Ce	3	—
3767,99	Ce II	3	—	3764,83	Cu I	9	—	3761,13	Nb I	15	20
3767,92	S	—	(4)	3764,83	Au	5	3	3760,88	Mo I	6	10
3767,90	Ce	3	—	3764,79	V I	10	6	3760,82	Ce	2	—
3767,88	Zr II	3	4	3764,64	Nb II	—	3	3760,79	V I	30	5
3767,84	W I	10	8	3764,60	Ce	4	3	3760,76	Nb II	2	8
3767,73	Mo I, II	4	25	3764,60	Cr (I)	2	—	3760,69	Ce II	6	—
3767,73	S	—	(8)	3764,47	Sn	—	5	3760,64	Nb I	5	4
3767,72	V II	2	10	3764,43	Mo I	5	10	3760,63	W I	7	6
3767,69	Mn I	12	12	3764,39	Zr I	20	10	3760,53	Fe I	100	70
3767,56	Ce	2	4	3764,31	W I	8	9	3760,39	Ce II	5	3
3767,43	Cr I	20	10	3764,12	Ce II	18	5	3760,39	Co I	30	—
3767,43	Ca I	2	—	3764,11	Nb I	10	10	3760,38	W II	—	9
3767,42	W I	7	10	3764,01	Mo	3	4	3760,24	V II	6	40
3767,42	Nb I	3	4	3763,80	Mn	40	25	3760,17	Ce	2	—
3767,36	K II	—	(30)	3763,79	Fe I	500	400	3760,13	W I	15	10
3767,35	Ru I	50	50	3763,72	Ce	3	—	3760,05	Fe I	150	100
3767,25	V I	20	10	3763,73	Nb I	5	1	3760,02	Ru I	20	50
3767,19	Fe I	500	400	3763,63	W II	—	5	3759,87	O III	—	(90)
3767,19	Ce	2	—	3763,60	Ce II	6	2	3759,84	Ru I	12	25
3766,95	Zr I	2	—	3763,49	Nb I	10	10	3759,75	Ce	10	2
3766,92	Hf II	5	25	3763,44	Ta II	12	60	3759,69	Co I	30	—
3766,84	Ce	3	1	3763,38	Mn I	20	20	3759,60	Mo I	10	10
3766,83	Zr II	25	40	3763,35	Mo I	10	10	3759,56	Nb I	40	50
3766,72	Zr I	15	—	3763,14	V I	80	6	3759,49	Cu I	20	2
3766,69	Ce	4	—	3762,99	Nb II	1	5	3759,46	Fe II	—	2
3766,66	Fe I	3	2	3762,97	Ce II	15	4	3759,32	V I	50	2
3766,50	Ce II	12	3	3762,89	Fe II	2	4	3759,29	Ti II	100	400R
3766,44	Ti I	10	3	3762,88	W	—	5	3759,15	Fe I	3	2
3766,40	V I	15	5	3762,66	Ce	2	3	3759,13	Ce	4	4
3766,39	Mo	3	5	3762,64	Ca	2	3	3759,07	Ce	4	—
3766,38	Pt II	—	(20)	3762,63	O II	—	(12)	3758,80	V I	4	1
3766,37	Zr	3	3	3762,61	Ni	2	—	3758,69	Ce	3	—
3766,30	Os I	100	20	3762,51	Zr	2	—	3758,54	V I	25	3
3766,29	Ce	2	3	3762,50	Hf II	2	25	3758,52	Mo I	25	25
3766,26	Zr	3	3	3762,44	Nb (I)	5	20	3758,51	Ce	8	4
3766,13	Nb I	15	20	3762,44	Si IV	—	3	3758,39	Ca II	3	3
3766,08	Fe I	2	1	3762,30	Ti	10	1	3758,29	V I, II	4	20
3766,06	Ce	6	—	3762,28	Ce	4	5	3758,23	Fe I	700	700
3765,88	Ce II	5	1	3762,22	Ce	3	—	3758,22	Ce	5	—
3765,79	Nb I	2	3	3762,21	Fe I	7	3	3758,04	Ce	3	—
3765,73	Mo (I)	5	10	3762,09	Mo I, II	10	30	3758,04	Cr I	50	35
3765,72	Ce	2	—	3761,95	Ce	2	—	3757,92	W I	15	20
3765,70	Fe I	1	1	3761,86	Ti II	12	15	3757,86	Ce II	15	2
3765,61	Cr II	—	15	3761,86	Cr II	5	10	3757,85	Mo	2	3
3765,54	Fe I	200	150	3761,81	P II	—	(30)	3757,79	Zr II	3	6
3765,52	Ce	2	—	3761,75	Mo I	6	6	3757,68	Ti II	30	100

λ	El.	B A	B S (E)	λ	El.	B A	B S (E)	λ	El.	B A	B S (E)
3757,66	Cr I	50	50	3753,76	Ce II	6	1	3749,94	Co I	60	5
3757,50	Ce	3	2	3753,63	Ti I	80	35	3749,77	As II	—	100
3757,45	Fe I	15	10	3753,61	Fe I	150	100	3749,66	W	7	8
3757,34	W I	8	7	3753,55	Ru I	30	60	3749,49	Ce	2	2
3757,26	Ca	3	3	3753,48	W I	5	6	3749,49	O II	—	(90)
3757,24	Zr	5	5	3753,48	Mo II	—	25	3749,49	Fe I	1000R	700
3757,22	Ce II	18	3	3753,37	Ca I	30	3	3749,36	Ce	5	—
3757,17	Cr I	50	30	3753,27	V I	30	2	3749,15	Pb	—	2
3757,1	C	—	(12)	3753,2	к Ca	8	—	3749,05	Ni I	50	5
3757,08	W I	10	9	3753,18	Nb I	10	10	3749,00	Cr I	125R	125R
3756,94	Zr II	—	2	3753,15	Fe I	3	1	3748,97	Fe I	35	20
3756,94	Fe I	80	60	3753,14	W II	—	8	3748,61	Cr I	40	30
3756,87	W I	6	15	3753,10	Al II	—	(2)	3748,55	Nb I	10	10
3756,78	S	—	(8)	3753,05	Ce	6	2	3748,52	Ce	2	—
3756,64	Mn I	20	20	3752,86	Ti I	200	80	3748,49	Fe I, II	2	—
3756,58	Ca	3	4	3752,78	Co I	10	3	3748,49	Mo I	15	10
3756,49	V	—	2	3752,72	Nb I	4	3	3748,37	Ca I	12	—
3756,37	Bi	—	5	3752,71	Ce	2	—	3748,27	Fe I	500	200
3756,37	W I	7	6	3752,68	Au	5	10	3748,22	Rh I	200	100
3756,25	Ce	6	5	3752,52	Os I	400R	100	3748,20	Cu II	—	10
3756,25	Nb I	5	10	3752,49	Ca	2	2	3748,12	Mo II	1	50
3756,11	Ce	2	—	3752,45	Ce II	3	—	3748,07	Ti I	10	1
3756,07	Fe I	15	8	3752,42	Fe I	12	4	3748,05	Ce II	10	3
3756,03	V I	35	5	3752,37	Mo	5	1	3748,01	Ti II	2	25
3755,94	Nb I	2	5	3752,33	Ce II	5	2	3747,98	V I	50	4
3755,94	Ru I	30	60	3752,29	Nb(I)	2	1	3747,81	Ti I	7	1
3755,84	Mo I	5	3	3752,26	Mo II	—	10	3747,55	Y II	12	15
3755,81	Cr I	2	2	3752,19	Ce	3	3	3747,54	Ce	6	—
3755,78	Ce	3	—	3752,05	Fe	2	—	3747,48	Hf II	6	8
3755,76	Nb I	10	10	3752,02	Sb II	—	2	3747,45	W	7	5
3755,72	Ce II	8	2	3751,94	Mo	4	5	3747,25	Cr I	12	6
3755,70	V I	70	3	3751,82	Fe I	5	2	3747,20	Ir I	100	60
3755,63	Nb I	5	2	3751,78	V I	50	2	3747,19	Mo(I)	15	10
3755,50	Mo II	1	50	3751,75	Ce II	6	4	3747,13	V I	25	2
3755,50	W I	8	7	3751,73	Hg	—	(5)	3747,08	Ce	2	1
3755,45	Co I	100	—	3751,63	Co I	100	60	3746,93	Fe I	40	25
3755,42	Ce II	20	3	3751,60	Zr II	25	40	3746,90	Nb(I)	20	80
3755,28	Nb I	5	5	3751,44	Ce II	15	6	3746,9	Pb II	—	(30)
3755,25	Hg	—	(2)	3751,42	W l	7	8	3746,81	Hf I	20	8
3755,10	Mo I	30	20	3751,28	Nb II	1	15	3746,62	Mn I	25	25
3754,91	Ti I	12	—	3751,22	V II	4	100	3746,56	Ce	2	1
3754,88	W I	6	5	3751,20	Mo I	6	40	3746,48	Fe I	3	1
3754,82	Ce	4	—	3751,06	Fe I	1	—	3746,47	Os I	100	20
3754,79	Zr I	5	—	3751,00	Ce II	15	5	3746,43	Mo II	—	40
3754,77	Ce	2	—	3750,88	V II	10	20	3746,40	Ce (I)	*	
3754,67	O III	—	(70)	3750,78	W II	—	12	3746,37	Ce II	8	2
3754,66	Mo II	—	25	3750,76	Mn I	60	30	3746,24	Ce II	3	—
3754,57	Cr II	8	30	3750,73	Ce	2	2	3745,97	Zr II	35	40
3754,50	Fe I	2	10	3750,64	Cr II	4	3	3745,90	Fe I	150	100
3754,47	Ce	8	1	3750,63	Nb I	4	4	3745,81	V II	35	600
3754,35	Co I	30	3	3750,56	Cr II	—	12	3745,8	Sn	—	6
3754,15	W I	5	4	3750,35	Ca I	20	3	3745,59	Ru I	*	
3754,07	Zr I	2	1	3750,22	Nb I	3	5	3745,56	Fe I	500	500
3754,0	Bi II	—	3	3750,15	H	—	(10)	3745,56	W II	—	25
3753,95	Ce	2	2	3750,07	Ce II	12	3	3745,50	Co I	300R	—

λ	El.	B A	B S (E)	λ	El.	B A	B S (E)	λ	El.	B A	B S (E)
3745,48	Mo I	30	20	3740,73	Nb II	3	50	3737,13	Fe I	1000R	600
3744,96	Hf II	15	20	3740,57	Ce	2	—	3737,02	Ce	3	—
3744,94	Mo(I)	5	8	3740,57	Mo	3	3	3736,91	Ce	2	1
3744,91	W	5	3	3740,53	Nb I	3	2	3736,90	Ca II	12	50
3744,72	Ce	3	2	3740,42	Ce	2	—	3736,90	Mn I	25	25
3744,56	Ni I	6	—	3740,25	Fe I	70	35	3736,81	Ni I	300	15
3744,49	Cr I	30	12	3740,24	V I	100	10	3736,78	Ti	10	2
3744,42	Mo II	20	80	3740,20	Co I	60	—	3736,50	Zr	2	2
3744,36	P III	—	(70)	3740,13	Ce II	6	—	3736,46	Ce	—	3
3744,10	Fe I	40	20	3740,10	Re I	50	—	3736,40	Ce	3	3
3744,05	Ce II	3	—	3740,06	Fe I	8	4	3736,40	Mo II	—	20
3744,00	Nb I	30	30	3740,03	Ce	3	—	3736,32	Nb I	3	5
3744,00	Ce (I)	6	2	3739,99	Zn (II)	20	—	3736,30	Be I	10	—
3743,89	Cr I	40	40	3739,95	In	—	3	3736,21	W II	5	10
3743,81	W I	7	6	3739,95	Sb	—	4	3736,17	Mo I	4	1
3743,81	Mo I	5	5	3739,95	Pb I	150	60	3736,06	Ce	3	2
3743,78	Fe I	1	—	3739,94	Ce	8	—	3736,02	V II	3	20
3743,60	V II	10	40	3739,92	O II	—	(60)	3735,94	O II	—	(10)
3743,57	Cr I	40	40	3739,80	Nb I	100	200	3735,93	Co I	200R	—
3743,48	Fe I	4	10	3739,79	O II	—	(10)	3735,91	Ce	2	—
3743,39	Mn II	*		3739,78	Ni I	2	—	3735,90	Mo I	5	3
3743,37	Cu I	40	40	3739,69	Ce II	6	2	3735,77	Ce	2	—
3743,36	Fe I	200	150	3739,53	Fe (I)	80	35	3735,67	Ti (I)	15	4
3742,97	Cr I	25	10	3739,48	W I	10	12	3735,62	Mo I	5	5
3742,80	Ru I	50	50	3739,31	Fe I	7	2	3735,59	Ce	3	4
3742,69	W I	15	12	3739,26	Sb	2	5	3735,33	Fe I	30	20
3742,62	Fe I	50	25	3739,23	Ni I	100	10	3735,31	Re I	40	—
3742,39	Nb I	30	50	3739,16	W	—	8	3735,28	Rh I	70	2
3742,33	Mo II	*		3739,13	Fe I	10	5	3735,02	Sn	—	5
3742,30	Ce	2	3	3739,02	Ce	3	—	3734,91	Ca	—	3
3742,29	Ru I	70	100	3738,90	Ti I	40	10	3734,87	Fe I	1000R	600
3742,28	Mo I	20	—	3738,89	W I	7	6	3734,85	Ce	2	2
3742,26	Re II	15	—	3738,84	Mo(II)	1	10	3734,8	Pb II	—	(10)
3742,22	Ce (I)	6	3	3738,76	V I	100	7	3734,77	Ir I	100	30
3742,20	Zr	3	3	3738,53	Ir I	60	10	3734,73	Nb I	2	5
3741,94	Hf III	2	2	3738,42	Nb I	10	15	3734,71	Al II	—	(2)
3741,81	Mo II	—	20	3738,37	Cr II	6	40	3734,56	Al II	—	(2)
3741,79	Fe	3	—	3738,34	V	—	4	3734,42	V I	10	5
3741,77	Nb I	20	15	3738,31	Fe I	100	100	3734,37	H	—	(8)
3741,72	Ce II	10	1	3738,25	Ce	5	—	3734,37	Mo I	15	5
3741,71	W I, II	12	20	3738,11	Zr II	4	2	3734,28	V I	3	—
3741,64	Ti II	30	200	3738,11	W I	6	7	3734,21	Ce	2	—
3741,50	V I	80	8	3738,00	Al II	—	(10)	3734,18	Cu I	*	
3741,48	Fe I	3	—	3737,99	V I	50	5	3734,14	Co I	70	—
3741,39	Ce	8	—	3737,95	Ce	4	—	3734,05	Ce	2	—
3741,29	Nb II	2	15	3737,90	Mo I	20	20	3733,92	Ca	—	2
3741,24	Cu I	50	2	3737,87	Hf II	15	25	3733,91	Al II	—	(5)
3741,15	S	—	(3)	3737,84	W I	4	5	3733,84	Mo II	—	25
3741,14	Ti I	2	3	3737,73	Ce II	10	2	3733,79	Hf I	12	5
3741,12	Mo	10	—	3737,55	Cr II	—	18	3733,78	Ti I	10	2
3741,06	Ti I	150	40	3737,51	Ce II	5	—	3733,77	Ce	2	—
3741,03	Mn I	15	15	3737,43	V I	2	2	3733,74	Mo I	4	1
3741,00	Ce II	8	—	3737,41	Ru I	12	12	3733,62	Nb I	10	10
3740,84	Nb I	10	10	3737,39	Zr I	3	2	3733,61	V II	—	10
3740,76	Mo I	10	4	3737,27	Rh I	50	10	3733,51	Ce II	2	—

λ	El.	B A	S (E)	λ	El.	B A	S (E)	λ	El.	B A	S (E)
3733,49	Co I	150	—	3729,61	Nb I	3	5	3725,76	Re I	40	—
3733,40	Mo I	10	10	3729,6	C	—	(6)	3725,68	Ce II	40	10
3733,34	Se I	—	(20)	3729,34	O II	—	(5)	3725,67	Te II	*	
3733,32	Nb I	10	8	3729,23	Ni I	2	—	3725,55	Mo I	20	20
3733,32	Fe I	400	300	3729,20	W	5	6	3725,49	Fe I	15	8
3733,26	P	—	(50)	3729,06	Cd I	15R	—	3725,39	Ir I	50	20
3733,10	Ce	2	—	3729,04	V I	80	15	3725,22	Nb I	30	10
3733,03	Mo I	10	10	3729,00	Ce II	5	—	3725,19	Ce	2	—
3732,85	Os	200R	5	3728,93	Ni I	2	—	3725,16	Ti I	150	60
3732,80	Mo I	10	10	3728,89	Mn I	75	100	3725,16	W	7	8
3732,76	V II	70R	500R	3728,84	Co I	18	—	3724,9	Bi II	—	(60)
3732,74	Mn II	*		3728,83	Pb I	—	20	3724,82	Ni I	4	—
3732,71	Mo(I)	10	10	3728,67	Ti I	15	5	3724,81	J	—	(50)
3732,58	Ce II	2	2	3728,67	Fe I	18	10	3724,63	Ce II	12	2
3732,56	Ce (I)	*		3728,66	P II	—	(50)	3724,57	Ti I	100	50
3732,54	W I	6	7	3728,50	Mo(I)	10	10	3724,38	Fe I	200	150
3732,46	Ce II	2	—	3728,46	Ca	2	3	3724,32	Mo	2	3
3732,40	Fe I	200	150	3728,42	Ce II	50	10	3724,22	Ce	2	—
3732,40	Co I	200R	—	3728,34	V II	20	150	3724,10	Ti II	4	18
3732,18	Ce	2	—	3728,30	Mo I	10	5	3723,88	Fe	2	—
3732,03	Nb I	5	10	3728,27	W I	7	8	3723,87	W I	6	7
3732,03	Cr I	50	15	3728,21	Hg	—	(2)	3723,87	Ca	—	5
3731,99	Ca	2	3	3728,18	Ce II	5	1	3723,87	Pb I	—	2
3731,98	V II	—	25	3728,03	Ir	60	10	3723,83	Ce	1	2
3731,95	Al II	—	(2)	3728,03	Ru I	100	150	3723,81	Mo(I)	20	30
3731,93	Mn I	75	100	3728,02	Ce II	8	5	3723,65	Ce II	12	—
3731,91	Fe	2	—	3727,86	W I	6	7	3723,64	In II	—	(25)
3731,87	Ce II	4	1	3727,81	Fe I	5	3	3723,63	Ti II	4	15
3731,67	Ce	2	—	3727,71	Zr II	2	4	3723,62	P II	—	(30)
3731,53	Nb(I)	4	8	3727,69	Mo (I)	25	25	3723,51	Mo(I)	5	8
3731,38	Fe I	40	20	3727,63	Ce	3	—	3723,44	Nb II	1	30
3731,36	Ir (II)	50	50	3727,62	Fe I	200	150	3723,40	In II	—	(35)
3731,27	Co I	18	3	3727,35	Cr II	—	5	3723,39	Cr II	—	15
3731,26	Zr II	40	40	3727,35	V II	40	200	3723,32	V I	40	10
3731,25	Ce (I)	2	1	3727,33	Ce II	3	5	3723,21	V	5	15
3731,17	Ce (I)	2	1	3727,30	O II	—	(50)	3723,20	In II	—	(35)
3731,03	V I	4	—	3727,23	Nb I	5	10	3723,20	Zr I	3	—
3731,02	Ta I	50	3	3727,09	Fe I	30	10	3723,10	Nb(I)	2	1
3730,95	Fe I	50	30	3727,05	Ti I	2	—	3723,01	Mo II	—	20
3730,81	Cr I	60	12	3726,95	Ce II	15	5	3722,95	Nb(I)	8	3
3730,75	Ni I	25	—	3726,93	Mn I	5	5	3722,79	Sb I, II	40	50
3730,67	Ce	2	2	3726,93	Ru I	100	150	3722,75	Ce II	12	2
3730,64	S	—	(5)	3726,92	Fe I	100	70	3722,60	V I	5	2
3730,56	Mo I, II	5	30	3726,79	W	3	6	3722,57	Ti I	100	60
3730,49	Co I	200R	—	3726,66	Co I	30	—	3722,56	Fe I	500	400
3730,43	Ru I	12	70	3726,59	Mo	3	3	3722,55	Ce	2	—
3730,42	W I	10	12	3726,45	Ce II	6	—	3722,55	Nb II	—	60
3730,39	Fe I	70	40	3726,31	Mo I	4	5	3722,48	Ni I	200	20
3730,33	Ce II	10	3	3726,3	к Zr	5	—	3722,32	Nb I	3	5
3730,18	V I	15	3	3726,24	Nb I	30	100	3722,30	Mo	3	4
3730,10	Sn	—	5	3726,22	Mo I	4	5	3722,29	Ce II	15	1
3730,02	Mo II	—	20	3726,10	Ru I	12	60	3722,25	W I	12	15
3729,92	Ce II	8	1	3726,06	W	—	6	3722,19	V I, II	40	40
3729,81	Ti I	500	150	3726,01	Ce	5	—	3722,09	Ce II	10	1
3729,72	Zr II	4	2	3725,93	Cr (I)	2	2	3722,00	V I	70	20

λ	El.	B		λ	El.	B		λ	El.	B	
		A	S (E)			A	S (E)			A	S (E)
3721,94	Ce	2	—	3718,33	In II	—	(25)	3715,04	W I	10	7
3721,94	H	—	(6)	3718,31	W	—	6	3714,85	W I	10	7
3721,92	Fe	15	10	3718,21	In II	—	(18)	3714,85	Nb I	3	2
3721,81	Ce	5	—	3718,19	Ce II	15	5	3714,77	Zr II	15	10
3721,64	Ce	4	1	3718,16	V II	5	70	3714,77	Ce	10	2
3721,64	Ti II	60	125	3717,80	W	—	12	3714,56	W	—	10
3721,61	Fe I	6	4	3717,80	Hf I	20	8	3714,55	Mo I	5	4
3721,51	Nb I	4	3	3717,77	P II	—	(70)	3714,52	Ce	3	—
3721,51	Fe I	10	4	3717,76	Ce	3	—	3714,24	W I	9	7
3721,39	Fe I	3	2	3717,54	Nb I	10	8	3714,13	Zr I	20	—
3721,35	V I	10	6	3717,48	Ce	8	1	3714,05	Pb II	—	10
3721,27	Fe I	7	4	3717,39	Ti I	80	50	3713,98	Ce II	8	—
3721,19	Fe I	1	1	3717,29	Re I	150	—	3713,96	V I	60	10
3721,12	W II	—	12	3717,25	Ti I	6	1	3713,92	Mo(II)	—	40
3721,06	V	—	2	3717,09	W I	12	10	3713,81	Nb I	8	5
3720,77	Cu I	10	1	3717,06	Nb II	8	1000	3713,73	Ti I	15	1
3720,74	Pt	5	—	3717,03	Ca	—	3	3713,73	Os I	100	20
3720,59	Ce	2	—	3717,00	Zr II	2	—	3713,72	Nb II	—	5
3720,51	W I	8	10	3717,00	Ru I	30	25	3713,72	Zn	—	2
3720,46	Nb II	5	100	3716,99	Nb I	10	—	3713,66	Ce II	5	—
3720,40	Ca	—	3	3716,93	Ce II	10	2	3713,47	Mo I	8	8
3720,38	Ti I	40	10	3716,92	Mo II	—	3	3713,45	Ce	5	2
3720,38	Ce	2	2	3716,87	Mo I	4	25	3713,35	Nb II	—	10
3720,31	As II	1	2	3716,73	W I	9	6	3713,23	Si	—	2
3720,25	Mo I, II	10	40	3716,71	Ce	2	—	3713,03	Ce	3	—
3720,13	Os I	80	40	3716,52	Cr I	20	6	3713,02	Ti	12	1
3719,94	Ce	2	—	3716,45	Fe I	150	100	3713,02	Rh I	100	100R
3719,94	Fe I	1000R	700	3716,37	Ce II	15	10	3713,02	Nb I	100	80
3719,79	Ce II	15	5	3716,28	In II	—	(25)	3712,96	Fe	5	1
3719,78	Mo II	—	30	3716,23	In II	—	(40)	3712,95	Zr I	2	—
3719,70	Sb II	—	8	3716,20	Nb I	30	10	3712,95	Cr II	12	125
3719,69	Mo	3	—	3716,18	In II	—	(18)	3712,94	Mo I	8	8
3719,63	Nb II	—	50	3716,12	In II	—	(25)	3712,84	Os I	50	12
3719,55	Mo (I)	5	3	3716,09	Zr	4	2	3712,74	O II	—	(25)
3719,52	Os I	40	12	3716,08	In II	—	(18)	3712,72	Ce	2	1
3719,43	Ce	8	—	3716,08	W II	9	18	3712,55	Nb I	3	3
3719,40	W I	12	10	3716,07	Mo(I)	5	5	3712,53	V II	—	20
3719,32	Ru I	20	25	3716,04	In II	—	(18)	3712,37	Ca	2	3
3719,28	Hf II	15	30	3716,00	In II	—	(10)	3712,21	W II	—	18
3719,08	Ce II	3	—	3715,97	Nb I	3	5	3712,18	Co I	40	8
3719,04	Mo II	—	20	3715,91	W II	3	7	3712,09	Ce	2	—
3718,93	Mn I	75	100	3715,91	Fe I	80	50	3712,05	Mo	4	4
3718,91	V (I)	20	5	3715,91	Ce	4	—	3712,01	Cu I	20	4
3718,91	Pd I	300	200	3715,87	Ca	2	4	3711,99	Ce	2	—
3718,84	Zr II	9	9	3715,85	P II	—	(50)	3711,97	H	—	(5)
3718,83	In II	—	(40)	3715,79	Ti I	15	1	3711,94	Zr II	2	—
3718,70	In II	—	(18)	3715,64	Mo I	5	5	3711,77	Nb I	4	5
3718,7	Li I	30	—	3715,49	Ni I	2	—	3711,75	V II	—	10
3718,63	In II	—	(25)	3715,48	V II	70	400R	3711,68	Ce II	3	—
3718,52	Nb I	2	3	3715,46	Ce II	10	2	3711,65	Co I	35	—
3718,47	Mo I	5	5	3715,42	Cr II	—	30	3711,62	Ce	2	2
3718,41	Fe I	80	50	3715,37	Ti (I)	40	2	3711,50	Mo I	5	5
3718,39	In II	—	(25)	3715,21	Sn II	—	2	3711,48	W I	6	3
3718,38	Ce II	15	5	3715,18	Cr II	6	20	3711,41	Fe I	50	25
3718,34	Pb II	—	2	3715,14	Ce	8	1	3711,34	Mn I	10	—

λ	El.	B A	B S (E)	λ	El.	B A	B S (E)	λ	El.	B A	B S (E)
3711,34	Nb I	20	20	3707,47	Co I	30	—	3703,36	Ce	2	—
3711,28	Cr II	—	12	3707,45	Fe	3	1	3703,36	W I	12	10
3711,22	Fe I	80	50	3707,38	Ce II	10	—	3703,25	Os I	100	30
3711,12	V II	—	80	3707,24	O III	—	(60)	3703,24	Re I	40	—
3711,07	Na II	8	(60)	3707,17	Mo I	5	5	3703,16	Nb I	20	30
3711,00	Ce	2	—	3707,08	Nb I	7	—	3703,05	Zr	2	1
3710,75	Ca	—	3	3707,05	Fe I	150	100	3702,98	Ti I	20	5
3710,59	Cr I	2	2	3706,93	Ce II	4	2	3702,79	Ce II	10	5
3710,51	Sb II	2	5	3706,86	Ce	2	—	3702,75	O III	—	(50)
3710,45	P II	—	(30)	3706,65	Mn I	5	5	3702,58	Ce	4	—
3710,44	Nb I	15	20	3706,63	Zr I	10	—	3702,55	Mo I, II	10	150
3710,29	Y II	80	150	3706,56	Os I	50	15	3702,49	Fe I	20	7
3710,28	W	4	5	3706,56	Au II	—	15	3702,36	Hg I	—	(2)
3710,25	Ce	2	1	3706,53	Pt (I)	15	4	3702,32	W I	10	9
3710,16	Ti I	6	—	3706,22	Ti II	30	125	3702,30	Au	—	5
3710,14	Mo I	20	15	3706,13	Pb I	—	10	3702,29	Ti I	60	20
3710,08	Cr I	4	2	3706,13	P II	—	(150)	3702,24	Ce	2	—
3709,96	Ti I	80	25	3706,08	Mn I	75	—	3702,24	Co I	200	—
3709,93	Ce II	25	10	3706,04	V I	50	50	3702,19	Ce	3	—
3709,73	Nb I	2	2	3706,03	Ca II	15	40	3702,17	Mo	4	1
3709,66	Fe I	4	4	3705,60	Nb(I)	2	—	3702,03	Mo I	10	5
3709,58	Ce	5	—	3705,57	Ce	3	—	3702,03	Fe I	50	30
3709,53	Fe I	6	6	3705,57	Fe I	700	500	3702,01	Si	—	6
3709,41	Nb I	5	10	3705,48	W I	10	10	3701,86	Ce	4	—
3709,33	V II	—	25	3705,41	Mo I	4	3	3701,78	W	—	5
3709,29	Nb II	5	30	3705,40	Hf II	15	25	3701,73	Mn I	60	30
3709,29	Ce II	25	—	3705,40	V (II)	—	5	3701,72	Ce II	4	—
3709,26	Zr II	50	30	3705,36	Ce	2	—	3701,54	Ti	12	—
3709,25	Fe I	600	400	3705,34	W II	—	7	3701,51	Mo	5	2
3709,25	Ag I	10	3	3705,05	Sn II	—	3	3701,44	Hg I	15	2
3708,89	Nb I	3	4	3705,04	Ce	5	2	3701,36	Mo II	—	3
3708,82	Co I	100	—	3705,04	V I	100	70	3701,19	Ce	3	—
3708,72	V I	100	60	3704,97	Ce II	8	5	3701,16	Hf II	15	40
3708,70	Ce	2	—	3704,79	W	12	8	3701,15	Ca	—	2
3708,64	Ti I	50	3	3704,70	V I	200R	150R	3701,09	Fe I	300	200
3708,60	Fe I	5	2	3704,67	Ce	6	—	3701,01	Ce	3	1
3708,55	Mo I	5	5	3704,46	Fe I	125	100	3700,98	V II	1	15
3708,51	W II	3	35	3704,29	Ti I	70	25	3700,98	Ru I	50	20
3708,24	In II	—	(18)	3704,17	Hg I	20	20	3700,91	Rh I	150	150
3708,10	In II	—	(10)	3704,15	Mo II	—	20	3700,74	Ce	3	—
3708,05	Au	—	5	3704,14	Nb I	30	30	3700,69	Au I	*	
3707,98	Mo(II)	2	3	3704,06	Co I	300R	35	3700,64	W	5	6
3708,00	In II	—	(10)	3704,03	Ca	3	4	3700,54	Cu I	20	7
3707,96	Nb II	3	100	3704,02	Fe I	2	1	3700,34	V II	10	100
3707,93	W I	20	20	3703,99	V I	5	2	3700,29	Mn I	5	—
3707,93	Fe I	80	60	3703,91	Nb I	15	20	3700,26	W	—	5
3707,92	Sn	—	2	3703,91	Ce	3	—	3700,14	Pt II	—	10
3707,88	Ce	3	—	3703,86	H	—	(4)	3700,13	Mn I	10	—
3707,82	Fe I	80	50	3703,82	Fe I	15	10	3700,12	V II	2	15
3707,80	Nb I	5	—	3703,81	V II	2	10	3700,09	S	—	(3)
3707,68	Ce	3	—	3703,70	Fe I	12	7	3700,08	Ti (I)	60	5
3707,60	Ce	3	—	3703,60	W I	10	9	3700,01	Zr	9	—
3707,56	Fe	2	1	3703,58	V I	200R	100R	3700,01	Mo I	5	3
3707,53	Ti I	100	10	3703,55	Fe I	30	25	3699,92	Nb (I)	15	30
3707,52	W II	3	10	3703,41	Zn	5	2	3699,92	Ce II	20	2

λ	El.	B A	B S (E)	λ	El.	B A	B S (E)	λ	El.	B A	B S (E)
3699,91	Pt I	80	5	3696,39	Ti (II)	3	12	3692,91	W II	—	7
3699,84	Mo II	—	25	3696,25	S	—	(5)	3692,81	Mn I	50	50
3699,73	Hf II	20	25	3696,19	W	3	5	3692,72	W	7	3
3699,57	Nb(I)	2	3	3696,04	Mo I	5	8	3692,65	Fe	5	1
3699,48	Cs	—	(10)	3696,02	Fe I	1	—	3692,65	Mo II	3	150
3699,47	V I	35	10	3695,96	Ce	6	1	3692,63	Zr II	2	1
3699,41	W I	10	12	3695,90	Nb II	4	200	3692,55	Ce	2	—
3698,39	Hf II	10	25	3695,87	V I	150	100R	3692,44	O I	—	(50)
3699,37	S	—	(8)	3695,86	Cr I	12	3	3692,36	Rh I	500	150
3699,30	Ce	4	—	3695,85	Ce	2	—	3692,23	V I	200R	150R
3699,2	Pb II	—	(10)	3695,68	Bi III	—	25	3692,22	Ce	3	—
3699,17	Ce	8	—	3695,65	Fe	2	—	3692,18	Nb II	—	5
3699,14	Fe I	15	3	3695,59	Zr	3	—	3692,13	Ti	12	1
3699,13	Ce	6	1	3695,53	Rh I	15	10	3692,08	Mo I	5	3
3699,11	Mo	4	4	3695,51	Fe I	1	—	3691,88	W II	4	20
3699,11	V	2	5	3695,41	Ce	2	—	3691,56	H	—	(2)
3699,07	Nb I	2	3	3695,35	Cu I	6	—	3691,55	W II	5	9
3699,01	Co I	8	—	3695,34	V I	125	70	3691,48	Re I	100	—
3698,72	W I	9	9	3695,32	Bi III	—	25	3691,33	Fe	2	—
3698,65	Ce II	20	1	3695,24	W I	5	4	3691,17	Nb II	5	15
3698,60	Fe I	40	20	3695,23	Ce	2	—	3691,15	Fe	4	—
3698,53	Mo I	5	5	3695,15	V II	—	3	3690,84	Ca	2	3
3698,43	Ti I	5	—	3695,05	Fe I	200	150	3690,73	Fe I	80	60
3698,41	Au	—	2	3694,97	Cr II	—	6	3690,72	Co I	60	10
3698,36	Ce II	10	2	3694,94	W	2	—	3690,70	Rh I	125	50
3698,18	Ti I	10	8	3694,94	Mo I	40	30	3690,59	Mo I	10	5
3698,17	Cr I	2	—	3694,91	Ce II	15	2	3690,46	Fe I	15	6
3698,17	Zr II	50	80	3694,79	Nb II	—	5	3690,35	Mo II	—	25
3698,16	Mo	15	5	3694,66	Nb I	10	10	3690,34	Zr I	5	—
3698,15	Fe	3	—	3694,62	V I	60	5	3690,34	Pd I	300	1000
3698,12	Ce II	12	1	3694,62	Ag	2	1	3690,28	V I	200	125
3697,99	Cr II	—	40	3694,51	W I	10	20	3690,25	W I	9	8
3697,85	Nb I	50	50	3694,50	Ta II	7	18	3690,12	Ce	8	—
3697,82	W	—	4	3694,44	Ti I	80	20	3690,11	Mo	4	1
3697,71	Re I	150	—	3694,43	Mo II	—	20	3690,03	Ru II	5	100
3697,66	Ce II	10	1	3694,17	Ce	4	—	3689,92	Ti I	100	40
3697,53	Fe I	4	—	3694,11	Mn I	5	5	3689,90	Fe I	5	1
3697,50	Cd	—	2	3694,11	Ca II	*		3689,87	W I	10	8
3697,46	W I	10	9	3694,02	In II	—	(40)	3689,68	Ce	8	—
3697,46	Zr II	20	20	3694,01	Fe I	400	300	3689,67	Ti I	5	—
3697,43	Fe I,III	100	60	3693,93	Ni I	50	—	3689,65	Cr I	8	5
3697,39	Nb I	10	20	3693,89	In II	—	(35)	3689,61	W II	—	10
3697,29	Ce	2	—	3693,78	In II	—	(25)	3689,50	Re I	100	—
3697,15	H	—	(3)	3693,76	Nb I	1	2	3689,49	Ce	5	—
3697,02	Mo(II)	1	25	3693,70	Ce II	8	—	3689,46	Fe I	200	150
3696,91	Ni I	3	—	3693,67	Mn I	50	60	3689,40	Nb I	2	5
3696,9	к Ca	4	—	3693,48	Co I	35	10	3689,33	Cr I	6	3
3696,87	Ti I	20	3	3693,42	Ce II	10	1	3689,32	Pb III	—	40
3696,81	W	5	3	3693,37	Mo I	5	3	3689,30	Ni I	2	—
3696,68	Nb II	2	50	3693,36	Nb I	8	10	3689,20	Pb	—	5
3696,67	Ce II	3	—	3693,36	Co I	18	—	3689,16	Ce II	8	—
3696,58	Ru I	50	15	3693,23	Mo	3	—	3689,06	Os I	200	30
3696,57	Mn I	100	50	3693,11	Co I	80	15	3689,05	W	7	6
3696,52	Hf I	8	2	3693,09	Cr I	10	5	3689,03	Nb I	5	5
3696,48	Ce	3	—	3693,01	Fe I	15	7	3689,0	Pb II	—	(2)

λ	El.	B A	B S (E)	λ	El.	B A	B S (E)	λ	El.	B A	B S (E)
3688,97	Mo I	20	5	3685,62	Zr	5	—	3682,81	H	*	
3688,69	Nb I	5	5	3685,59	W	7	4	3682,65	Zr II	1	2
3688,65	Ce II	10	1	3685,57	Cr I	4	3	3682,64	Ce II	8	1
3688,48	Fe I	40	8	3685,55	Mn I	12	12	3682,47	Ag I, II	50	4
3688,47	Cr I	18	6	3685,52	Ce II	6	—	3682,42	Cu II	—	4
3688,46	Zr I	5	—	3685,39	Ce	2	—	3682,4	κ Zr	30	—
3688,42	W I	7	5	3685,25	Cr (I)	3	1	3682,25	Hf I	25	30
3688,42	Ce	2	—	3685,23	Ce	3	1	3682,21	Fe I	400	300
3688,42	Ni I	150	15	3685,21	Mn I	15	—	3682,09	W I	25	20
3688,33	W II	—	6	3685,19	Ti II	150	700R	3682,09	Mn I	25	40
3688,31	Mo II	4	150	3685,12	Nb I	10	2	3682,07	Ce II	10	2
3688,28	Cd II	—	2	3685,01	W I	9	7	3682,03	Ca	2	4
3688,21	J	—	(125)	3685,00	Ce	2	—	3681,95	Mo	4	1
3688,18	Nb II	5	20	3684,98	Cr (I)	2	2	3681,79	Ce	2	—
3688,07	V I	200	200R	3684,95	Co I	8	—	3681,78	Mo II	8	25
3688,07	W I	12	7	3684,93	Nb II	1	5	3681,69	Cr I	18	8
3687,97	Nb II	20	300	3684,93	Cu I	7	3	3681,69	Nb II	1	10
3687,96	Mo	5	3	3684,91	Hg	—	(18)	3681,65	Fe I	6	2
3687,88	N	—	(5)	3684,86	Mn I	15	15	3681,64	Zr	5	—
3687,80	Ce II	10	2	3684,74	Ce	2	—	3681,55	Mo I	4	3
3687,66	Fe I	15	15	3684,67	Cu I	12	4	3681,53	K II	—	(30)
3687,58	Cr I	12	5	3684,65	W I	10	9	3681,38	Si	—	3
3687,47	V I	20	15	3684,52	Mn I	5	5	3681,37	Ce II	10	3
3687,46	Fe I	400	300	3684,48	Co I	200	—	3681,30	V I	2	—
3687,45	Ce	2	—	3684,33	V I	40	10	3681,27	Ti I	15	—
3687,44	Nb I	5	3	3684,32	Mo I	5	1	3681,23	Fe	6	2
3687,44	Cu I	*		3684,25	Nb I	1	5	3681,11	Ce	2	1
3687,42	Pt I	35	3	3684,24	Cr II	—	3	3681,10	N	—	(10)
3687,35	Ti I	10	—	3684,24	Ce	6	—	3681,08	Ca	2	2
3687,25	Cr I	6	4	3684,22	Mo II	1	25	3680,86	W I	4	5
3687,13	S	—	(15)	3684,12	Fe I	300	200	3680,85	Nb I	2	2
3687,10	Fe I	15	7	3684,1	Li II	—	(2)	3680,84	Ce II	6	—
3686,97	Ce	2	—	3683,97	Nb I	2	3	3680,80	Fe (I)	12	7
3686,96	Mo	4	3	3683,94	W I	10	9	3680,68	Mo I	20	20
3686,86	Sb	—	4	3683,70	Ca II	*		3680,68	Fe I	3	—
3686,83	H	*		3683,61	W	—	6	3680,63	Ce	3	—
3686,82	Cr I	20	5	3683,61	Fe I	3	1	3680,60	Mo I	20	20
3686,70	V	5	2	3683,58	As (II)	—	15	3680,42	Ce	4	—
3686,65	Ca	—	5	3683,52	In	—	15	3680,38	Fe	2	—
3686,59	Ce	3	—	3683,48	Sb	3	2	3680,37	Zr I	9	2
3686,57	Mo I	5	4	3683,47	Mn	12	—	3680,27	Ti	—	6
3686,55	Nb I	5	5	3683,47	Zn (II)	20	(15)	3680,20	Mo	3	5
3686,55	Cu II	—	25	3683,47	Pb I	300	50	3680,14	Mn I	5	5
3686,55	J	—	(70)	3683,47	Zr I	2	—	3680,11	V I	125	50
3686,48	Co I	8	—	3683,45	Ag	4	2	3680,07	Ce II	10	2
3686,41	W	—	6	3683,39	Ce	2	—	3680,00	Hg I	—	(40)
3686,26	Ce	5	—	3683,39	W I	8	7	3679,92	Au I	*	
3686,26	V I	100	100	3683,34	Ag II	—	10	3679,91	Fe I	500	300
3686,26	Fe I	10	4	3683,31	W I	8	7	3679,87	Ce II	2	—
3686,21	Se II	—	(35)	3683,13	V I	100	60	3679,81	Cr I	40	8
3686,11	Mo I	5	5	3683,06	Fe I	200	100	3679,67	Ti (I)	5	12
3686,03	Ce (I)	8	—	3683,05	Co I	200R	—	3679,63	Zr II	2	2
3686,00	Fe I	150	125	3683,02	Nb II	—	10	3679,60	Nb II	—	10
3685,95	Ti I	40	—	3682,98	Pt I	8	2	3679,60	W I	12	9
3685,77	Mo	3	2	3682,86	Au	20	10	3679,42	Ce II	12	4

λ	El.	B A	B S (E)	λ	El.	B A	B S (E)	λ	El.	B A	B S (E)
3679,36	H	*		3675,74	Hf I	10	6	3672,30	Hf (I)	25	3
3679,22	Mo	4	4	3675,73	Fe	2	—	3672,25	Ce	2	—
3679,15	Ce II	6	1	3675,73	Ce	2	—	3672,18	W	5	4
3679,1	к B	200	—	3675,70	V I	100	70	3672,16	Ce (I, II)	10	1
3679,07	Cr I	15	5	3675,67	Mn I	20	—	3672,14	S II	—	(20)
3679,06	Ce	3	—	3675,56	W I	12	10	3671,99	Pt I	80	10
3679,00	Fe	2	2	3675,52	Ce	5	—	3671,95	Cu I	20	3
3678,98	Fe I	5	1	3675,49	V I	40	10	3671,93	Ce II	10	1
3678,90	Zr II	6	5	3675,36	Ce	8	1	3671,92	As II	—	15
3678,86	Fe I	100	50	3675,35	Mo I	25R	25	3671,82	Ag	—	7
3678,84	Ce	8	—	3675,31	Ca I	10	2	3671,73	Nb I	2	5
3678,72	Nb I	5	3	3675,30	Nb I	3	5	3671,70	Fe	3	1
3678,54	Pb	—	2	3675,17	Nb(1)	3	1	3671,67	Ti I	150	70
3678,23	Ca I	15	2	3674,99	Ce	3	—	3671,65	Mo	5	3
3678,22	Ce	8	—	3674,98	Ir I	100	50	3671,52	Fe I	2	—
3678,19	W II	1	5	3674,97	W	—	8	3671,51	Ce	2	—
3678,13	S	—	(10)	3674,95	Pb	—	2	3671,50	Pb I	50	7
3678,06	Nb II	1	10	3674,90	Au	4	5	3671,48	H	*	
3677,92	Ce	2	—	3674,78	Nb I	20	5	3671,39	Pb	—	70
3677,89	Mo II	—	5	3674,77	Fe I	40	25	3671,36	Nb I	3	5
3677,86	Cr II	3	70	3674,76	Ti	2	2	3671,31	Ce	5	1
3677,85	Ce	2	—	3674,72	Zr II	100	40	3671,27	Zr II	40	30
3677,8	к B	50	—	3674,69	Nb I	20	4	3671,21	V I	100	70
3677,78	Nb I	5	5	3674,68	V II	2	20	3671,04	Zr	3	—
3677,77	Ti I	8	1	3674,64	Ce	2	—	3670,89	Os I	200	20
3677,70	Mo(I)	6	6	3674,58	W I	10	12	3670,81	Fe I	20	6
3677,67	Cr II	6	35	3674,47	Ce	4	—	3670,78	W	—	5
3677,63	Fe I	80	60	3674,41	Fe	12	5	3670,76	W I	7	6
3677,47	Fe I	2	1	3674,16	W	4	5	3670,67	Ce II	6	—
3677,41	W II	—	10	3674,15	Ni I	200	50R	3670,67	Mo II	—	25
3677,31	Fe I	40	30	3674,15	Ce	6	1	3670,52	Mn I	25	15
3677,17	Ce II	8	—	3674,05	Ce II	5	—	3670,49	Si	—	4
3677,09	V I	25	70	3674,05	Pt I	80	4	3670,49	Ce	10	1
3677,08	Nb I	5	8	3674,04	Fe	7	1	3670,43	Ni I	150	20
3676,98	Ce	3	—	3673,90	Fe	6	2	3670,4	Li I	5	—
3676,96	Mn I	60	100	3673,87	Mo	3	4	3670,21	Ca	2	4
3676,88	Fe I	10	2	3673,76	H	*		3670,07	Ce	2	—
3676,88	Cu I	25	1	3673,74	Ce II	5	—	3670,07	Fe I	200	200
3676,80	W	10	10	3673,63	Ce II	10	1	3670,06	Co I	20	—
3676,68	V I	300	150	3673,44	Ca I	5	3	3670,05	Nb II	1	15
3676,55	Co I	100	35	3673,40	V I	150	80	3670,03	Fe I	100	—
3676,5	к Ca	8	—	3673,26	Ce	3	—	3669,96	Ce	3	—
3676,37	Pb	—	2	3673,22	Nb I	5	10	3669,92	W	—	7
3676,36	H	*		3673,21	Mo	4	4	3669,84	Mn I	30	30
3676,33	Nb II	—	5	3673,09	Fe	10	4	3669,75	Fe	2	—
3676,32	Cr I	40	15	3673,02	Hg	—	(5)	3669,73	Nb I	5	8
3676,31	Fe I	200	100	3672,95	W I	4	2	3669,71	Ce	2	—
3676,31	Nb I	10	20	3672,82	Mo I	20	20	3669,55	Ru I	50	70
3676,31	W	6	5	3672,79	Ce II	15	5	3669,53	Fe I	200	150
3676,26	P II	—	(100)	3672,71	Fe I	4	2	3669,47	H	*	
3676,23	Mo I	8	10	3672,66	Zr II	5	—	3669,41	V II	20	300
3676,15	Ce II	12	1	3672,59	W II	1	18	3669,39	Mn I	3	3
3676,03	Zr	2	—	3672,57	Nb I	3	3	3669,34	Nb (I)	2	3
3675,98	Mo I	10	4	3672,44	Nb I	5	5	3669,34	Mo I	8	8
3675,85	S	—	(4)	3672,40	V I	100	40	3669,32	W I	4	6

λ	El.	B A	B S (E)	λ	El.	B A	B S (E)	λ	El.	B A	B S (E)
3669,31	Ce	3	—	3665,74	Cu I	20	5	3662,48	Ce	8	—
3669,24	Ni I	150	10	3665,57	Ce	3	—	3662,37	Cr I	6	4
3669,16	Fe I	50	30	3665,49	Ce	4	—	3662,34	Ta II	15	15
3669,08	Ce	2	1	3665,48	Pb II	—	2	3662,26	H	*	
3669,05	S II	—	(60)	3665,34	Hf II	20	25	3662,26	Ce	2	—
3669,00	Nb I	10	10	3665,15	Nb I	4	5	3662,24	Ti II	40	100
3668,97	Ti I	100	40	3665,14	V I	100	50	3662,16	Co I	100	25
3668,89	Fe I	5	1	3665,05	Pb I	—	2	3662,15	Mo	6	8
3668,71	Ce II	12	2	3665,05	Ce II	8	—	3662,14	Zr II	5	5
3668,66	W I	10	12	3664,94	Ce II	8	—	3662,05	Nb I	5	3
3668,62	Nb I	5	5	3664,94	Cr II	1	40	3661,95	Ni I	50	6
3668,59	P	—	(50)	3664,82	Nb I	3	2	3661,95	S	—	(8)
3668,49	Y II	7	20	3664,81	Mo I	20	40	3661,91	Ce	6	—
3668,48	Mo I	5	5	3664,73	Ce II	8	1	3661,78	Mo I	10	10
3668,44	Zr II	10	9	3664,69	Nb I	30	30	3661,73	Ce II	10	2
3668,21	Ni I	3	4	3664,69	Fe I	12	3	3661,71	Ir I	50	30
3668,21	Fe I	15	4	3664,68	H	*		3661,67	Nb I	5	5
3668,13	Zn	3	3	3664,62	Ir I	60	15	3661,38	V II	10	150
3668,03	Cr I	15	4	3664,61	Y II	100	100	3661,37	Fe I	10	1
3668,00	Mo I	4	3	3664,54	Fe I	35	8	3661,36	Ru I	60	100
3667,98	Fe I	60	10	3664,43	Ce	2	—	3661,33	Zr II	5	1
3667,98	Ce II	80	15	3664,30	Mo I	5	5	3661,23	W I	3	7
3667,75	Nb(I)	3	5	3664,25	Sc II	4	2	3661,22	Cr (I)	2	1
3667,74	V I	80	25	3664,19	P II	—	(100)	3661,22	H	*	
3667,71	W I	10	10	3664,10	Ni I	300	30	3661,20	Zr I	18	—
3667,68	H	*		3663,96	Mo	3	3	3661,07	Mo I	5	5
3667,66	Nb I	3	10	3663,95	Fe I	4	2	3661,05	Hf II	10	25
3667,55	Ce	3	—	3663,88	Mo	3	3	3660,91	Mo I	6	6
3667,45	Cr	—	25	3663,82	W I	7	6	3660,91	Zr II	4	1
3667,32	Cd II	—	10	3663,75	Nb(II)	—	8	3660,80	Fe	2	—
3667,27	Ce II	4	—	3663,70	Ce II	10	1	3660,69	Co I	5	2
3667,26	Fe I	80	25	3663,65	Mo	4	4	3660,64	Ce II	40	10
3667,18	W I	8	7	3663,65	Zr I	100	10	3660,63	Ti I	90	18
3667,06	Zr II	3	1	3663,59	V I	150	1	3660,60	W I, II	8	9
3667,00	Nb I	8	15	3663,46	Fe I	25	7	3660,40	Mn I	75	75
3666,94	Fe I	3	—	3663,43	Nb I	3	3	3660,39	Ce	2	—
3666,93	Mo I	6	6	3663,41	H	*		3660,37	W I	5	4
3666,81	W	5	4	3663,38	Ru I	5	60	3660,36	Nb I	20	30
3666,78	Fe	3	—	3663,36	W I	8	9	3660,33	Fe I	5	1
3666,72	Mo I	8	10	3663,30	Mo I	8	8	3660,28	H	*	
3666,63	Cr I	20	15	3663,28	Hg I	500	400	3660,17	W I	6	3
3666,59	Ti II	2	1	3663,27	Fe I	8	3	3660,15	Ce II	12	4
3666,55	Hg	9	—	3663,21	Cr I	35	20	3659,97	Cr (I)	2	1
3666,54	Sc II	15	8	3663,16	Nb I	5	3	3659,97	Ce II	20	5
3666,53	Nb I	8	10	3663,15	W I	7	6	3659,76	Ti II	50	150
3666,34	Ce II	5	—	3663,10	Pt I	50	2	3659,75	Fe	3	—
3666,25	Fe I	20	7	3663,09	Hg	5	3	3659,60	Nb II	15	500
3666,22	Rh I	70	30	3662,99	Mo I	8	10	3659,54	W I	6	3
3666,18	Cr I	12	2	3662,99	Ce II	8	1	3659,52	Fe I	125	80
3666,10	H	*		3662,92	Nb(I)	2	2	3659,50	Ce	2	—
3666,02	Ce (I)	15	—	3662,88	Hg I	50	400	3659,42	H	*	
3665,98	Cr I	20	15	3662,85	Fe	30	5	3659,41	Pt I	5	2
3665,92	Ni	3	—	3662,84	Cr I	25	8	3659,4	Bi II	—	2
3665,88	W I	9	8	3662,73	Ce	2	—	3659,35	Mo	30	30
3665,74	Mo	15	15	3662,53	Ba I	10	5	3659,35	Cu I	8	4

λ	El.	B A	B S (E)	λ	El.	B A	B S (E)	λ	El.	B A	B S (E)
3659,31	W I	10	6	3656,26	Cr I	80	25	3652,73	Fe	6	—
3659,26	P	—	(50)	3656,23	Fe I	15	5	3652,61	Cr I	3	—
3659,23	Ce II	20	6	3556,17	W I	8	3	3652,56	Ca	3	2
3659,15	W	3	5	3656,05	Mn II	*		3652,54	Co I	200R	—
3658,97	Mo II	—	20	3655,97	Nb I	5	10	3652,47	Fe	4	—
3658,77	Ce	6	—	3655,86	Cu I	20	7	3652,45	Mo II	—	25
3658,60	Nb I	5	5	3655,85	Ce II	25	12	3652,43	Cu I	10	1
3658,55	Fe I	5	1	3655,78	Mo II	—	25	3652,42	V I	40	30
3658,51	Mn	5	5	3655,78	Sn I	30	25	3652,32	Ce	2	—
3658,42	Ce	2	—	3655,67	Fe	15	2	3652,31	Mo II	—	25
3658,37	W I	6	3	3655,55	Zr II	3	3	3652,26	Ce II	3	—
3658,32	Mo(II)	4	25	3655,46	Fe I	25	25	3652,25	Pt	2	1
3658,30	Zr	2	—	3655,35	Ce II	3	—	3652,25	Nb II	1	3
3658,26	V II	1	10	3655,25	Sb II	1	4	3652,11	Ce	*	
3658,25	Ce II	10	—	3655,07	Mo	8	20	3652,11	W II	3	12
3658,16	Cr II	—	20	3655,02	Ce	3	—	3651,84	Hf I	15	1
3658,14	Mo	5	5	3655,00	Al II	—	(100)	3651,80	Sc II	50	45
3658,10	Ti I	150	60	3654,99	Fe	3	1	3651,70	Sb	2	3
3658,08	Ce	5	—	3654,97	Al II	—	(18)	3651,66	Si	—	3
3658,02	Fe	3	1	3654,97	Ce II	15	3	3651,66	Cr II	1	18
3657,99	Rh I	500	200	3654,84	Hg I	—	(200)	3651,65	Ce II	5	—
3657,93	H	*		3654,81	Ta II	*		3651,47	Zr II	—	5
3657,91	Co I	18	5	3654,71	W II	—	12	3651,47	Fe I	300	200
3657,90	Fe I	20	4	3654,67	Au	3	3	3651,35	Mo I	10	2
3657,90	Mn I	12	10	3654,66	Fe I	4	—	3651,30	Ce	2	1
3657,89	Nb I	4	5	3654,59	Ti I	100	40	3651,30	Nb I	2	—
3657,88	W II	5	15	3654,59	Ce	2	—	3651,26	Co I	20	—
3657,69	Nb I	3	—	3654,58	Mo	25	20	3651,18	Nb II	10	400
3657,68	Ce	5	—	3654,51	S II	—	(8)	3651,10	Mo II	2	50
3657,59	W II	10	25	3654,49	Os I	100	15	3651,10	Fe I	10	3
3657,57	Ru II	—	50	3654,45	Co I	35	—	3651,09	Al II	—	(18)
3657,49	V I	20	5	3654,43	Nb I	10	10	3651,06	Al II	—	(50)
3657,43	Fe	2	—	3654,38	Bi II	7	5	3651,00	W I	10	12
3657,38	Ce	2	—	3654,30	Cu I	10	2	3650,98	Zr	2	—
3657,35	Mo I	30	30	3654,27	Nb II	—	5	3650,88	Ce	12	3
3657,27	H	*		3654,20	W I	12	10	3650,85	Cu I	4	1
3657,17	Ca	2	2	3654,09	Ce	2	—	3650,80	Nb I	15	15
3657,14	Fe I	20	7	3653,99	Pt I	2	1	3650,79	Au I	5	10
3657,11	Nb I	5	5	3653,97	Fe	4	2	3650,72	Zr II	2	2
3656,97	Co I	60	6	3653,93	Au	5	2	3650,62	Ca	—	3
3656,90	Os I	150	30	3653,92	Cr I	100	25	3650,58	Mo	3	2
3656,88	Zr I	10	—	3653,89	Mo	3	2	3650,53	Fe	3	—
3656,79	Cu I	4	3	3653,76	Fe I	25	10	3650,51	Nb (I)	2	3
3656,78	As II	—	5	3653,67	Ce II	18	8	3650,47	Zr	3	—
3656,75	Ce II	10	—	3653,61	Nb I	10	5	3650,37	Cr II	—	40
3656,71	V I	80	20	3653,55	Mo	4	4	3650,28	Fe I	70	50
3656,68	W I	7	5	3653,52	W	5	1	3650,19	N (I)	—	(70)
3656,67	H	*		3653,50	Ti I	500	200	3650,15	Hg I	200	500
3656,64	Ag	—	8	3653,49	Ca	—	3	3650,12	Ce II	10	1
3656,6	к Ca	12	—	3653,49	Au II	3	5	3650,07	Mo II	3	25
3656,57	Ce	3	—	3653,38	P	—	(100)	3650,03	Fe I	70	30
3656,49	Nb I	2	2	3653,33	W II	1	12	3649,86	Cr I	15	4
3656,46	W	—	7	3653,11	Ce II	15	5	3649,85	Nb I	20	20
3656,31	Al II	—	(2)	3652,95	Tl I	150	50	3649,72	Ce II	10	1
3656,30	Ce	2	—	3652,76	W I	3	4	3649,56	Cd I	20	15

λ	El.	B A	B S (E)	λ	El.	B A	B S (E)	λ	El.	B A	B S (E)
3649,51	Fe I	100	100	3645,59	V I	15	1	3642,68	Ti I	300	125
3649,47	Mo	5	5	3645,58	Mo	3	3	3642,62	Ce	6	—
3649,35	Co I	200	4	3645,58	Cr I	4	3	3642,41	Mo	3	2
3649,30	Fe I	60	25	3645,49	Fe I	15	7	3642,38	Ni I	2	—
3649,22	Al II	—	(2)	3645,45	Ce II	10	2	3642,34	Au	5	1
3649,18	Al II	—	(5)	3645,44	Co I	*		3642,25	Ce	4	—
3649,11	Hf I	20	5	3645,35	Nb I	5	5	3642,20	Mo I, II	5	10
3649,09	Au II	3	5	3645,31	Sc II	50	50	3642,17	Ce	2	—
3649,02	W I	6	7	3645,23	Cu I	20	5	3642,06	Ta I	125	18
3649,0	Pb II	—	(20)	3645,22	Ce II	5	1	3641,85	W I	7	5
3648,99	Cr I	40	20	3645,22	Fe I	9	—	3641,84	Cr I	40	15
3648,98	K I	*		3645,20	Co I	60	3	3641,82	Mo	3	3
3648,96	V I	80	50	3645,08	Ca I	3	2	3641,79	Co I	60	8
3648,86	Ti II	3	10	3645,08	Fe I	20	8	3641,73	Ce	8	1
3648,84	K I	*		3644,96	Ce	2	—	3641,69	Cu I	60	5
3648,82	Ce	4	—	3644,93	Nb I	5	10	3641,64	Ni I	6	—
3648,81	Os I	100	10	3644,80	Fe I	20	6	3641,53	Ce II	10	1
3648,60	Mo I	10	10	3644,76	Ca I	30	—	3641,49	S	—	(3)
3648,53	Cr I	10	8	3644,71	V I	80	50	3641,47	Cr I	30	25
3648,52	Ce	2	—	3644,69	Ti (I)	35	5	3641,41	W II	12	40
3648,39	Zr	2	—	3644,69	Cr II	5	18	3641,39	Mn I	50	50
3648,38	Cu I	10	7	3644,58	Fe	2	1	3641,39	Mo	3	3
3648,3	Bi II	—	3	3644,54	Ce II	5	1	3641,38	Nb II	5	1
3648,15	Co I	20	2	3644,46	Ti I	3	—	3641,33	Ti II	60	150
3648,09	Ce	3	—	3644,42	Ag	—	2	3641,28	Nb II	1	5
3647,95	Ce II	10	5	3644,41	Ca I	200	15	3641,10	V I	100	30
3647,88	Ca	—	3	3644,36	Hf II	25	50	3640,98	Mo I	4	4
3647,86	Nb I	3	—	3644,32	Hg	—	(40)	3640,91	Mo	4	4
3647,85	Fe I	500	400	3644,29	Ce II	8	1	3640,84	Sb II	—	3
3647,75	Ce II	10	3	3644,18	Fe	4	—	3640,68	Ce II	10	—
3647,72	Nb I	2	2	3643,94	Ni I	2	—	3640,63	Nb I	8	10
3647,66	Co I	100	8	3643,86	V I	40	30	3640,62	Mo I	8	5
3647,54	Ce	3	—	3643,81	Fe I	7	1	3640,40	Ti I	3	—
3647,52	W I	8	9	3643,72	Nb I	15	15	3640,40	Fe I	300	200
3647,43	Fe I	20	15	3643,71	Fe I	6	4	3640,38	Cr I	30	5
3647,39	Cr II	2	20	3643,63	Cu I	5	—	3640,33	Os I	200	40
3647,38	Co I	8	—	3643,63	Fe I	20	8	3640,13	W I	9	8
3647,33	V I	20	—	3643,52	Nb I	2	2	3640,10	Mn I	2	2
3647,30	Nb I	10	20	3643,51	W	—	6	3640,05	V I	5	2
3647,14	W I	4	3	3643,47	Mo II	1	20	3639,86	Ce II	3	—
3647,09	Co I	30	4	3643,45	Ce	5	—	3639,80	Cr I	60	25
3646,97	Ce II	15	5	3643,34	Nb I	5	10	3639,64	Mo II	—	10
3646,89	Zr	3	—	3643,31	W I	7	5	3639,6	air	—	15
3646,86	Mo	3	5	3643,19	Cr II	5	30	3639,58	Pb I	300	50
3646,84	V II	—	20	3643,18	Co I	80	15	3639,57	Zr	2	—
3646,65	Ce	10	3	3643,17	Pt I	60	8	3639,57	Ce	5	—
3646,53	W II	10	35	3643,11	Fe	30	5	3639,54	Mo	4	3
3646,20	Ti I	70	25	3643,01	Ce	2	—	3639,53	Zn (II)	20	(5)
3646,15	Cr I	18	8	3642,99	Re I	100	—	3639,51	Rh I	125	70
3646,05	Ca	—	2	3642,83	Ce	8	1	3639,44	Co I	200	20
3645,94	Nb II	1	5	3642,81	W I	7	5	3639,33	Nb I	15	20
3645,90	V II	—	20	3642,81	Fe	20	—	3639,31	Ce	5	—
3645,82	Fe I	80	60	3642,8	Au II	10	5	3639,18	W II	—	10
3645,71	Ce	2	—	3642,79	Sc II	60	50	3639,05	Nb II	2	20
3645,60	W II	4	20	3642,72	Mo	4	2	3639,02	V I	70	60

λ	El.	B A	S (E)	λ	El.	B A	S (E)	λ	El.	B A	S (E)
3639,00	Mo	3	4	3635,85	Nb I	3	8	3632,13	V II	—	70
3638,81	W	1	5	3635,78	Ce	2	—	3632,10	Ce II	10	2
3638,79	Pt I	250	10	3635,68	Mn I	10	5	3632,04	Fe I	50	50
3638,79	Nb I	10	10	3635,61	Mo	4	3	3631,99	Ti (I)	6	—
3638,72	Zr I	5	—	3635,46	Ti I	200	100	3631,95	W I	15	10
3638,70	O III	—	(10)	3635,46	Nb I	5	5	3631,95	Co I	20	—
3638,56	Mo	3	3	3635,46	V I	40	5	3631,93	Zn	15	(1)
3638,42	Mo I	3	3	3635,43	W	2	—	3631,70	Cr II	*	
3638,35	V	2	—	3635,43	Mo I	25	5	3631,51	Ca	—	2
3638,34	Hg	—	(100)	3635,32	Nb I	5	8	3631,49	Cr II	10	60
3638,30	Fe I	100	80	3635,28	Cr I	25	8	3631,47	Fe I	500	300
3638,27	Ce II	10	2	3635,20	Ti I	10	5	3631,40	P II	—	(50)
3638,20	Mo I	20	10	3635,20	Fe I	12	2	3631,39	Co I	50	25
3638,15	S	—	(3)	3635,14	Mo II	100	10	3631,38	Se	—	(25)
3638,04	Ce	6	—	3635,13	Au II	3	10	3631,31	Ti	2	—
3637,97	Ti I	30	8	3635,00	Cr I	25	12	3631,27	Na II	12	(100)
3637,93	W I	5	4	3634,94	Ni I	50	10	3631,19	Ce II	50	3
3637,87	Fe I	20	7	3634,93	Ru I	50	100	3631,10	Fe I	25	10
3637,85	Re I	60	—	3634,71	Co I	70	10	3630,95	W II	—	7
3637,83	Sb I, (II)	2	60	3634,70	Pd I	2000R	1000R	3630,95	Ca I	10	—
3637,82	Nb (II)	20	30	3634,69	Fe	20	2	3630,82	W I	9	8
3637,77	Mo II	—	20	3634,60	Nb I	2	—	3630,78	Ce	3	—
3637,76	V (I)	40	40	3634,44	Nb I	5	15	3630,75	Ca I	150	9
3637,74	Ce II	8	1	3634,43	Ce	2	—	3630,74	Sc II	50	70
3637,57	Ce	2	—	3634,33	Fe I	15	5	3630,69	Nb I	2	1
3637,54	Nb I	10	10	3634,32	Au II	*		3630,65	Hg	—	(100)
3637,51	Mo I	8	5	3634,25	S	—	(35)	3630,64	Ba I	15	5
3637,46	Ce II	5	—	3634,15	Zr I	25	2	3630,62	Nb I	5	15
3637,38	W I	10	10	3634,01	Cr II	—	6	3630,42	Ce II	6	1
3637,34	Au	2	3	3633,91	V I	35	8	3630,35	Fe I	40	15
3637,32	Co I	30	5	3633,86	Ce	2	—	3630,31	W I	10	10
3637,25	Fe I	12	5	3633,83	Fe I	7	3	3630,14	Ce	5	—
3636,99	Fe I	20	10	3633,71	Nb I	8	3	3630,08	W II	1	7
3636,95	Nb I	20	30	3633,57	W	4	3	3630,02	Zr II	15	12
3636,83	Ba I	18	4	3633,48	Zr II	8	8	3629,91	Sb II	2	15
3636,82	Mo	3	2	3633,45	Ti (I)	35	5	3629,90	Ni I	4	3
3636,75	Fe	3	—	3633,40	Ce II	8	—	3629,80	Ce	5	—
3636,73	Ce	2	—	3633,33	Co I	8	—	3629,79	Cu I	15	—
3636,73	W I	7	6	3633,32	Nb II	3	30	3629,74	Mn I	100	30
3636,72	Co I	40	6	3633,31	Mo II	—	20	3629,61	Fe	4	—
3636,66	Fe I	5	3	3633,24	Au II	1	15	3629,46	Nb II	—	30
3636,64	Mo (II)	—	10	3633,12	Y II	50	100	3629,31	V I	50	2
3636,59	Cr I	60	30	3633,08	Fe I	10	3	3629,30	Mo I	6	6
3636,55	Ce	2	—	3633,07	Ce	2	—	3629,30	Ce	2	—
3636,49	Fe	3	1	3632,99	Nb I	5	3	3629,12	Zr II	2	—
3636,45	Zr II	200	30	3632,98	Fe I	12	8	3628,93	W II	—	15
3636,37	Ce II	3	1	3632,84	Co I	60	—	3628,87	Pt	6	2
3636,23	Fe I	15	10	3632,83	Cr I	80	35	3628,81	Ce	8	—
3636,20	Ir I	50	25	3632,78	Ce	3	—	3628,81	Fe	4	1
3636,19	Fe I	40	10	3632,70	W I	9	8	3628,71	Y II	40	50
3636,07	Ce	5	1	3632,56	Au	—	2	3628,68	Ta (II)	—	18
3635,95	Ca	4	2	3632,56	Cu I	25	3	3628,67	Ir I	100	30
3635,92	Cu I	50	7	3632,56	Fe I	30	25	3628,65	Mo I	5	6
3635,88	Ce	2	—	3632,38	Hg II	—	(10)	3628,62	Ce (I)	10	1
3635,87	V (I)	50	25	3632,30	Ce	6	—	3628,60	Ca I	8	—

λ	El.	B A	B S (E)	λ	El.	B A	B S (E)	λ	El.	B A	B S (E)
3628,38	W I, II	3	20	3624,46	W	3	1	3620,78	Fe	3	—
3628,35	Mo I	10	5	3624,46	Mo I	25	25	3620,65	P	—	(15)
3628,24	Ce II	10	—	3624,35	Nb I	3	3	3620,57	Nb II	—	5
3628,18	Nb II	1	50	3624,34	Co I	8	4	3620,54	Sn II	—	(6)
3628,11	Pt I	300	20	3624,31	Fe I	10	2	3620,50	V II	10	50
3628,09	Fe I	10	3	3624,27	W	—	10	3620,47	Fe	15	2
3627,87	Nb(I)	3	3	3624,24	Cu I	30	3	3620,42	Co I	5	—
3627,81	Co I	200	—	3624,17	Ce II	10	1	3620,35	Cu I	30	5
3627,79	Fe	8	1	3624,11	Ca I	150	15	3620,32	Ce	5	—
3627,78	In II	—	(5)	3624,07	Zn (II)	10	3	3620,23	Au II	—	10
3627,71	V II	4	50	3624,05	Fe	2	—	3620,22	Fe I	4	1
3627,71	Ti II	2	12	3623,99	Hf II	15	20	3620,08	Sn II	—	(2)
3627,55	Fe	3	—	3623,95	Zr	2	1	3620,01	Ti I	10	—
3627,44	Sb II	1	3	3623,87	Zr I	100	40	3619,92	Ce	8	1
3627,35	Mo II	—	30	3623,84	Ce II	60	5	3619,77	Fe I	3	1
3627,32	Cu I	10	5	3623,79	Mn I	75	40	3619,77	Ag	—	7
3627,24	W I	12	10	3623,78	Au I	—	3	3619,73	Nb II	3	300
3627,04	Fe I	10	3	3623,77	Fe I	35	7	3619,51	Nb II	5	200
3626,98	Ce II	6	—	3623,75	Ce	8	1	3619,46	Ti I	2	2
3626,92	Ti	10	—	3623,74	Mo II			3619,46	Cr I	30	8
3626,74	Ru I	3	40			—	50	3619,43	Os I	60	25
3626,71	Fe	2	—	3623,68	Mo II			3619,39	Zr I	3	—
3626,62	Ta I	125	18	3623,51	W	8	7	3619,39	Ni I	2000R	150
3626,59	Rh I	150	60	3623,45	Fe I	15	5	3619,39	Ce	8	—
3626,53	S	—	(10)	3623,24	Ta I	*		3619,39	Fe	12	1
3626,34	Cr (I)	20	3	3623,23	Mo (I)	15	15	3619,28	Mn I	75	50
3626,18	Mo I	20	20	3623,19	Fe I	100	80	3619,27	W	10	10
3626,17	Fe	2	—	3623,13	W	—	5	3619,20	Nb I	2	1
3626,08	Ti I	25	5	3623,11	Ti I	12	1	3618,96	Ce	2	—
3626,01	Co I	5	—	3623,10	P	—	(15)	3618,92	V II	—	100
3625,76	Ce	2	—	3622,84	Mo II	—	20	3618,90	Nb I	5	5
3625,75	Ca I	5	2	3622,68	S	—	(3)	3618,78	Ce	2	—
3625,71	Nb I	10	15	3622,63	V I	35	1	3618,76	Fe I	400	400
3625,63	Ce	4	—	3622,62	Nb (I)	4	1	3618,58	Ce II	10	3
3625,61	V II	4	125	3622,49	Nb II	—	5	3618,53	Hg	—	(50)
3625,53	Mo II	—	25	3622,43	Ce II	8	1	3618,45	W II	—	12
3625,40	W I	10	10	3622,34	W I	*		3618,44	Nb I	10	5
3625,39	Zr I	4	—	3622,28	V II	—	30	3618,43	K II	—	(20)
3625,37	Ce I	6	—	3622,20	Ti	—	10	3618,42	Ce	3	—
3625,25	Ti	2	1	3622,15	Ce II	15	5	3618,39	Fe I	8	4
3625,24	Ta I	70R	2	3622,00	Fe I	125	100	3618,35	Mo II	—	20
3625,20	Ru I	4	30	3621,71	Fe I	6	5	3618,30	Fe I	4	1
3625,17	Nb I	8	15	3621,65	Pt I	4	1	3618,12	Ce	2	—
3625,16	Ce	4	—	3621,61	Mo	4	3	3618,01	Co I	2	—
3625,15	Fe I	70	35	3621,46	Fe I	125	100	3617,81	Ce	2	—
3624,96	Ca	—	3	3621,43	Ce	2	—	3617,79	Fe I	125	80
3624,96	Co I	20	—	3621,27	Fe II	—	1	3617,71	Nb I	3	15
3624,89	Fe II	—	2	3621,25	Cu I	20	5	3617,57	Te II	—	(25)
3624,83	Ti II	60	125	3621,20	V II	15	80	3617,55	Mo II	—	20
3624,81	Fe (I)	12	2	3621,18	Co II	15	50	3617,52	W I	35	20
3624,8	к Ca	4	—	3621,14	Ce II	8	—	3617,41	Cs I	60	—
3624,73	Ni I	150	15	3621,10	Fe	2	—	3617,32	Fe I	25	15
3624,71	Ag I	25	—	3621,02	Nb I	10	15	3617,30	Cr II	—	6
3624,68	P II	—	(5)	3620,95	Y I	2	12	3617,21	Ti I	8	1
3624,62	Mo	5	5	3620,85	Pb	—	5	3617,21	Ir I	50	15
				3620,83	W	—	8				

λ	El.	B A	S (E)	λ	El.	B A	S (E)	λ	El.	B A	S (E)
3617,13	P II	—	(100)	3614,02	Ce	5	1	3611,33	Ce II	10	—
3617,10	Ce	4	—	3614,00	Au II	—	20	3611,28	Nb I	3	5
3617,09	Fe I	1	—	3613,84	Sc II	40	70	3611,05	Y II	40	60
3617,08	Re I	50	—	3613,79	W II	10	30	3611,00	Ba I	10	3
3617,01	Ce	2	—	3613,78	Mg II	4	—	3610,91	Ce II	10	—
3617,00	Ag	1	2	3613,76	Cu I	60	7	3610,90	Pt I	4	1
3616,92	S II	—	(60)	3613,75	Ti	12	—	3610,81	Cu I	25	6
3616,89	Hf I	25	10	3613,70	Zr I	9	—	3610,76	Nb I	3	5
3616,87	Ce	3	—	3613,70	Ce II	18	5	3610,70	Fe I	10	3
3616,84	Mo I	15	15	3613,66	Cr I	10	8	3610,61	Mo	3	5
3616,72	V (I)	30	30	3613,64	Mo I	3	4	3610,51	Cd I	1000	500
3616,64	Ce	2	—	3613,60	Fe	3	—	3610,50	In	—	18
3616,57	Os I	150	20	3613,60	Hg	—	(40)	3610,46	Ni I	1000R	—
3616,57	Fe (I)	30	7	3613,54	W II	—	6	3610,44	Ce	2	—
3616,49	Nb I	2	2	3613,45	Nb I	5	3	3610,30	Mn I	60	40
3616,45	Ce	4	—	3613,45	Fe I	10	2	3610,25	Ce	5	—
3616,40	W	4	3	3613,45	Zr II	7	1	3610,16	Fe I	100	90
3616,32	Fe I	4	1	3613,43	Ti I	8	—	3610,15	Ti I	100	70
3616,31	Zr	5	—	3613,4	Bi III	—	30	3610,04	Cr I	20	8
3616,30	Ce	2	—	3613,37	Mo I	5	5	3610,00	Nb I	3	5
3616,21	Nb I	5	5	3613,25	Nb II	2	5	3609,95	Ta II	1	18
3616,20	Ce II	5	1	3613,18	Cr II	5	8	3609,89	Ce	2	—
3616,14	Fe I	7	—	3613,14	Fe I	6	2	3609,75	Co I	5	3
3616,11	Ce	2	1	3613,14	S II	—	(12)	3609,69	Ce II	40	10
3615,88	N II	—	(2)	3613,10	Zr II	40	40	3609,64	Zr	3	—
3615,8	Bi II	—	(5)	3613,01	Nb I	2	2	3609,59	Ti I	12	2
3615,74	Mo I	5	6	3612,94	Fe I	20	4	3609,55	Pd I	1000R	700R
3615,66	Fe I	10	2	3612,87	Cd I	800	500	3609,49	Mo	5	10
3615,65	Cr I	30	10	3612,86	In	—	15	3609,48	Cr I	20	12
3615,62	Ce II	10	—	3612,83	Ce	3	—	3609,36	Nb II	1	5
3515,58	Mg II	2	—	3612,82	Ti I	4	—	3609,31	Ni I	200	15
3615,54	W I	6	5	3612,77	Ca	—	3	3609,31	Cu I	25	5
3615,49	Nb I	30	30	3612,74	Ni I	400	50	3609,30	Ca	3	2
3615,39	Co I	8	—	3612,65	Nb I	3	4	3609,28	V I	30	30
3615,35	Fe	9	—	3612,61	Cr I	35	25	3609,21	Ce	2	—
3615,33	Ti	—	10	3612,57	Zr I	3	—	3609,09	N II	—	(5)
3615,20	Fe I	10	1	3612,50	Fe	3	1	3608,88	K II	—	(10)
3615,15	Mo I, II	4	5	3612,47	Rh I	200	50	3608,86	Fe I	500	400
3615,09	Zr I	3	—	3612,46	Ce	6	—	3608,84	Ce	2	—
3615,03	Ce	2	—	3612,45	Mo I	6	6	3608,49	Mn I	60	40
3615,03	Hf I	4	1	3612,35	Al III	—	80	3608,40	Cr I	12	8
3614,87	Fe II	—	2	3612,33	Zr II	1	2	3608,37	Mo I	15	15
3614,80	W I	6	2	3612,32	Ce II	8	1	3608,31	Nb I	3	3
3614,77	Zr II	40	80	3612,25	Ti	15	1	3608,30	Ce	2	—
3614,71	Fe	6	1	3612,12	Mo II	—	20	3608,30	Co I	2	—
3614,70	Mo II	1	20	3612,07	Fe I	80	50	3608,29	Cs	—	(10)
3614,56	Fe (I)	15	6	3611,99	Mo I	8	5	3608,28	W II	—	10
3614,45	Cd I	60	100	3611,89	Zr II	15	40	3608,15	Fe I	15	25
3614,36	Ce	3	—	3611,86	W II	—	20	3608,01	Nb I	5	5
3614,25	W I	5	2	3611,78	Te II	—	(5)	3607,89	Pt II	—	5
3614,25	Mo	50	30	3611,73	Ce	5	—	3607,87	Ce	3	—
3614,23	Ce	3	—	3611,70	Co I	25	—	3607,63	Ce II	15	8
3614,22	Cu I	50	6	3611,65	Ce II	20	2	3607,60	Hg	—	(18)
3614,20	Ti (I)	35	4	3611,58	V (II)	—	15	3607,54	Au II	—	20
3614,12	Fe	10	3	3611,45	Cs I	200	—	3607,54	Mn I	75	40

λ	El.	B A	B S (E)	λ	El.	B A	B S (E)	λ	El.	B A	B S (E)
3607,41	Mo	4	4	3604,07	Mo I	6	15	3600,28	Mo I	5	5
3607,41	Ta I	70	35	3604,0	к Ca	4	—	3600,20	Mo	3	3
3607,38	Zr II	8	9	3603,96	Nb I	2	5	3600,08	S	—	(3)
3607,32	Nb I	2	5	3603,94	Fe	2	—	3600,03	V I	50	40
3607,13	Ti I	25	5	3603,91	W	5	5	3599,97	Ce II	10	1
3607,06	W I	10	12	3603,84	Ti I	15	2	3599,97	Fe	5	—
3607,01	Nb II	1	10	3603,82	Fe I	20	12	3599,94	Bi I	2	—
3606,92	Hg	—	(30)	3603,78	Cr II	15	50	3599,90	Zr II	5	5
3606,91	Mo II	—	30	3603,73	Ce	5	—	3599,88	S	—	(5)
3606,85	Ni I	100R	—	3603,72	Mo	4	5	3599,87	Hf I	10	8
3606,80	Nb I	3	1	3603,59	Al	—	(2)				
3606,78	Ti I	12	4	3603,59	Mo	3	4	3599,82	Mo	3	5
3606,69	V I	80	70	3603,57	Fe I	1	—	3599,77	Ru I	12	100
3606,68	Fe I	200	150	3603,53	Sb	2	25	3599,63	Nb I	10	10
3606,68	W	—	4	3603,47	Ce	5	—	3599,62	Fe I	40	30
3606,64	Mo II	8	20	3603,43	Nb I	4	5	3599,62	Sb	—	4
3606,48	Nb I	3	5	3603,35	Ce II	6	—				
3606,36	Mo	1	10	3603,21	Fe I	150	80	3599,40	Ba I	10	3
3606,35	Nb II	—	3	3602,97	W	1	5	3599,40	Cr I	30	20
3606,33	W I	10	8	3602,94	V (II)	10	12	3599,27	Nb I	15	15
3606,27	Nb I	2	5	3602,94	Mo I	20	25	3599,15	Fe	10	5
3606,13	Ce	5	—	3602,88	In	—	3	3599,14	Cu I	60	30
3606,07	W I	12	10	3602,87	Nb I	2	2				
3606,06	Ti I	12	1	3602,80	Ce	2	1	3598,98	Fe I	3	1
3605,90	Fe	3	1	3602,78	Zr I	5	2	3598,9	к Zr	2	—
3605,89	Zr I	3	—	3602,57	Cr I	15	10	3598,88	Mo I	10	15
3605,80	Hg II	—	(200)	3602,56	Nb I	30	30	3598,87	W I	10	7
3605,78	Ce	5	—	3602,53	Fe I	50	30	3598,75	Au I	35	10
3605,69	Mn I	10	—	3602,47	Mo	2	3				
3605,58	V (I)	30	20	3602,47	Fe I	10	5	3598,74	Sn	—	3
3605,46	Fe I	300	150	3602,46	W II	—	12	3598,72	Fe I	6	2
3605,36	Co I	60	—	3602,28	Ni I	150	15	3598,71	V (II)	—	10
3605,32	Cr I	500R	400R	3602,08	Fe I	20	5	3598,71	Ti I	70	30
3605,21	Fe (I)	12	2	3602,08	Co I	200	35	3598,43	W II	—	12
3605,21	Ca	2	2 R	3602,08	Ca	—	3				
3605,01	Mo	2	5	3602,03	Cu I	50	25	3598,35	Nb I	5	2
3605,01	Co I	15	—	3601,92	Y II	18	60	3598,19	Ce II	20	1
3604,92	Ce	6	1	3601,84	Mo	1	3	3598,11	Os I	300	30
3604,69	Ce	3	1	3601,83	Os I	60	20	3598,01	Cu I	40	—
3604,68	Mn I	12	—	3601,8	Pb II	—	(20)	3597,96	W I	5	4
3604,65	Ce	3	—	3601,79	W I	5	4	3597,71	W I	7	6
3604,64	Nb II	5	10	3601,66	Cr I	50	30	3597,71	Ni I	1000R	50
3604,56	Mo	5	5	3601,62	Al III	—	15	3597,51	Nb I	3	3
3604,52	Ce	2	1	3601,57	W II	—	6	3597,51	Sb II	2	200
3604,47	Os II	15	100	3601,37	Ti	15	—	3597,50	Al II	—	(5)
3604,47	Co I	3	—	3601,26	Mn I	15	15				
3604,38	Fe I	10	1	3601,19	Ti I	7	3	3597,43	Cs	—	(10)
3604,38	V II	—	50	3601,19	Zr I	400	15	3597,43	Zr I	3	1
3604,28	Ti I	20	6	3600,95	W II	—	9	3597,40	V (II)	—	5
3604,27	Fe	5	—	3600,80	Co I	4	—	3597,40	Hf II	5	15
								3597,37	Mo (II)	2	3
3604,19	Ce II	8	1	3600,73	Mo	2	4	3597,26	W I	10	9
3604,16	W	—	3	3600,73	Y II	100	300	3597,25	Nb I	8	10
3604,10	Ce	3	1	3600,68	Rb	—	(20)	3597,23	Ce	5	—
3604,09	Hg II	—	(50)	3600,54	Ce II	15	2	3597,15	Rh I	200	100
3604,07	Nb I	3	2	3600,28	W I	4	3	3597,06	Fe I	40	10

λ	El.	B A	S (E)	λ	El.	B A	S (E)	λ	El.	B A	S (E)
3596,96	Sb (II)	—	(100)	3592,92	Pb	—	3	3589,64	Sc II	5	12
3596,72	Ce II	10	1	3592,91	Y I	80	25	3589,60	Fe	2	—
3596,60	W I	5	4	3592,89	Fe I	3	—	3589,49	Ca I	2	—
3596,55	Ti II	3	2	3592,84	W	6	3	3589,48	Mo II	—	30
3596,51	Co I	5	—	3592,69	Fe I	12	2	3589,46	Fe I	50	30
3596,43	W I	5	4	3592,61	Mo II	—	20	3589,36	Nb I	100	100
3596,36	Mo II	—	30	3592,53	V (I)	40	—	3589,22	Ru I	60	100
3596,20	Fe I	15	5	3592,48	Fe I	3	1	3589,11	Fe I	70	30
3596,19	Rh I	200	50	3592,42	W II	9	35	3589,11	Nb I	50	30
3596,18	Ru I	30	100	3592,4	Bi II	—	(5)	3588,94	Mo I	10	10
3596,18	W II	—	15	3592,26	Mo II	—	15	3588,92	C II	—	2
3596,11	Ce II	12	2	3592,21	Fe	6	—	3588,91	Fe I	10	4
3596,11	Bi I	150	50	3592,01	Mo I	5	3	3588,78	Zr II	2	2
3596,05	Ti II	50	125	3592,01	V II	50	300R	3588,62	Fe I	35	10
3595,99	S II	—	(50)	3591,99	Au	15	5	3588,56	Ce	2	1
3595,85	Fe I	4	1	3591,97	W I	6	4	3588,53	Ca	—	3
3595,70	Mo I	3	4	3591,80	Mn I	15	—	3588,5	Bi II	—	(60)
3595,64	Ta I	70	5	3591,79	Nb I	5	5	3588,49	Ce	3	—
3595,55	Mo I	8	5	3591,76	W I	6	3	3588,43	Ce II	5	—
3595,38	W I	8	6	3591,75	Co I	3	—	3588,32	Zr II	9	9
3595,37	Mo II	—	10	3591,74	Ce	4	1	3588,13	V II	1	20
3595,31	Fe I	20	7	3591,72	Zr I	8	—	3588,13	Ce II	6	1
3595,12	Mn I	50	25	3591,65	Mo II	—	25	3588,09	Mo II	—	15
3595,07	W	—	5	3591,59	Rb I	80	20	3588,09	Fe	4	—
3594,94	Hg II	—	(2)	3591,49	Fe I	6	—	3588,02	Nb II	—	3
3594,87	Co I	200	—	3591,48	Hg I	—	(3)	3587,98	Zr II	10	10
3594,81	Au I	25	6	3591,40	Mo	4	2	3587,94	Nb I	2	—
3594,64	Fe I	125	100	3591,34	Fe I	12	3	3587,93	Ni I	200	12
3594,6	air	—	3	3591,26	Ca I	2	2	3587,76	Fe (I)	50	25
3594,59	S II	—	(35)	3591,20	Nb II	2	50	3587,75	Y (I)	15	2
3594,55	Mo	3	4	3591,00	Fe I	4	1	3587,68	Ce	2	—
3594,53	W	5	7	3590,95	Hg I	—	(4)	3587,65	C II	—	6
3594,31	Cr (I)	—	4	3590,90	Nb I	3	2	3587,63	Ce II	10	2
3594,12	Ca I	3	2	3590,86	C II	—	6	3587,44	Al II	—	(80)
3594,09	Ce	5	2	3590,82	W I	10	10	3587,42	Ag	3	—
3594,03	Ce	5	—	3590,73	Mo I	10	10	3587,42	Fe I	10	5
3594,02	Cu I	15	2	3590,71	Nb I	3	4	3587,40	Pt I	4	—
3594,01	Pt	3	—	3590,60	Ce II	50	1	3587,40	Nb I	2	4
3593,97	W I	9	8	3590,59	Fe I	3	—	3587,35	P	—	(30)
3593,97	Nb I	80	50	3590,48	Sc II	18	12	3587,33	Sn II	—	(3)
3593,60	N II	—	(10)	3590,47	Si III	—	5	3587,32	Al II	—	(5)
3593,56	W I	4	3	3590,43	W	—	5	3587,32	Os I	60	15
3593,54	Nb I	15	3	3590,35	Ce	5	5	3587,24	Fe I	5	2
3593,48	Cr I	500R	400R	3590,35	In	—	12	3587,22	Ce II	5	1
3593,48	Hg	—	(10)	3590,30	Mo	3	2	3587,20	Ru I	5	70
3593,33	Fe I	7	2	3590,3	к C	—	—	3587,19	Co I	200R	50
3593,32	V II	30	300 R	3590,12	Mo II	—	15	3587,17	Al II	—	(2)
3593,13	Ce II	8	—	3590,08	Fe I	6	3	3587,13	Ti II	12	25
3593,12	Zr I	7	1	3589,95	Nb I	2	3	3587,08	Rb I	200	40
3593,12	Pb	—	30	3589,92	Pb (III)	—	40	3587,07	Ce	3	2
3593,1	к Zr	2	—	3589,8	к Zr	5	—	3587,06	Al II	—	(100)
3593,09	Ti II	5	30	3589,75	V II	80	600R	3586,99	W	—	8
3593,03	Ru I	60	150	3589,75	Zr	3	3	3586,99	Fe I	200	150
3592,97	W I	5	3	3589,69	W I	4	3	3586,90	Al II	—	(500)
3592,97	Hg I	—	2	3589,66	C II	—	20	3586,86	Nb I	2	—

λ	El.	B A	B S (E)	λ	El.	B A	B S (E)	λ	El.	B A	B S (E)
3586,86	Mo I	6	6	3583,7	к Ca	8	—	3579,45	Ca	—	2
3586,80	Al II	—	(200)	3583,69	Fe	6	1	3579,42	Ta II	—	35
3586,76	Au I	20	15	3583,67	Mn I	5	—	3579,13	Re I	60	—
3586,75	Ce II	10	4	3583,66	Ce II	3	—	3579,09	V I	7	1
3586,75	Nb II	2	20	3583,60	P	—	(50)	3579,06	Mo II	—	25
3586,74	Fe I	4	2	3583,46	W II	—	10	3579,03	Co I	5	—
3586,72	Mo II	—	5	3583,34	Fe I	50	15	3578,95	Ce	3	—
3586,69	Al II	—	(200)	3583,15	Mo	3	4	3578,90	Co I	8	2
3586,69	Nb I	1	20	3583,10	Ce	3	—	3578,82	Ce	3	—
3586,67	Ag I	6	—	3583,10	Rh I	200	125	3578,75	Hg IV	—	(40)
3586,55	Al II	—	(200)	3583,02	Re I	100	—	3578,68	Cr I	500R	400R
3586,54	Mn I	50	40	3582,91	W I	4	2	3578,68	Ti II	25	5
3586,44	Pb	—	20	3582,81	V I	40	25	3578,64	V II	35	80
3586,28	Zr I	100	10	3582,72	W II	—	4	3578,58	Nb I	15	1
3586,11	Fe I	80	80	3582,68	Fe I	3	—	3578,38	Fe I	40	5
3586,11	V (I)	6	—	3582,67	Mo (II)	20	1	3578,26	Ti I	8	1
3586,08	Co I	*		3582,61	Cr I	35	12	3578,23	Nb I	1	5
3585,89	Mo II	—	15	3582,60	Ce	3	1	3578,22	Zr II	5	6
3585,86	In	—	12	3582,43	Mn I	10	—	3578,08	Co I	18	—
3585,85	Ti (I)	7	3	3582,42	Mo II	—	15	3578,03	Co II	—	30
3585,81	Co I	2	—	3582,39	Sn II	—	(3)	3577,88	Mn I	50	25
3585,80	C II	—	6	3582,36	Nb I	5	10	3577,87	V I, II	50	40
3585,8	к C	—	—	3582,24	W I	7	6	3577,79	Ce	2	2
3585,71	W	—	4	3582,20	Fe I	30	30	3577,75	Fe	2	—
3585,71	Fe I	125	80	3582,12	Ce	2	—	3577,71	Nb I	10	15
3585,67	Mo II	—	20	3582,08	Zr II	3	3	3577,68	Co I	2	—
3585,57	Mo	4	—	3582,06	Nb I	3	5	3577,64	V II	—	3
3585,54	Zr I	2	2	3581,89	Mo I	10	15	3577,64	W II	—	6
3585,53	Cr II	6	35	3581,88	W II	4	9	3577,60	P	—	(50)
3585,32	Fe I	150	100	3581,87	Co I	3	—	3577,55	Zr I	12	1
3585,30	Cr II	6	5	3581,81	Fe I	3	2	3577,46	Ce II	300	12
3585,27	Te IV	—	(350)	3581,80	Mo	10	5	3577,26	Co I	3	—
3585,16	Co I	60	—	3581,68	Sn II	—	6	3577,24	Ni I	4	—
3584,98	C II	—	2	3581,64	Fe I	4	3	3577,23	Nb I	4	3
3584,97	Nb I	30	50	3581,29	Ca	—	2	3577,22	V II	—	20
3584,96	Fe I	30	25	3581,23	W I	8	8	3577,2	air	—	3
3584,80	Ce	2	1	3581,19	Fe I	1000R	600R	3577,20	Pt II	—	10
3584,80	Co I	25	—	3581,00	Mo	2	3	3576,85	Zr II	15	25
3584,79	Fe I	3	—	3580,93	Sc II	12	40	3576,85	Mo	1	3
3584,68	W II	3	2	3580,83	V I	50	50	3576,76	Ni II	2	40
3584,66	Fe I	100	60	3580,77	Ce	10	2	3576,76	Fe I	80	40
3584,51	Y II	20	15	3580,56	Ce II	2	—	3576,70	W	—	5
3584,44	Ce	2	2	3580,54	Mo I	5	10	3576,51	Cd	—	3
3584,40	V	—	6	3580,35	P	—	(30)	3576,38	W I	7	5
3584,33	Ce II	6	2	3580,29	Ti	15	5	3576,34	Sc II	18	45
3584,33	Cr I	10	10	3580,28	Nb I	100	300	3576,23	Ce II	18	1
3584,25	Mo	5	10	3580,27	Mo II	—	10	3576,17	Mo	3	5
3584,21	Ta I	50	7	3580,15	Re II	80	—	3576,15	Si	—	2
3584,18	S	—	(10)	3580,10	Mn I	2	—	3576,05	Y I	15	2
3584,10	W I	9	9	3580,08	Au	20	15	3575,98	Fe I	80	25
3583,96	Ce	2	1	3579,91	Zr	6	5	3575,97	W I	8	7
3583,9	к C	—	—	3579,82	Fe I	1	—	3575,95	Ni I	3	—
3583,87	Mo	2	3	3579,67	Ba I	10	8	3575,85	Nb I	50	80
3583,85	In	—	12	3579,66	Mn I	3	—	3575,79	Zr I	100	5
3583,70	V I	60	30	3579,55	Fe	2	1	3575,67	Mo	3	4

λ	El.	B A	B S (E)	λ	El.	B A	B S (E)	λ	El.	B A	B S (E)
3575,66	Ce	3	—	3571,43	Y I	15	2	3568,13	Zr II	4	2
3575,60	Mo	3	4	3571,36	Ce	4	1	3568,12	Ce II	10	1
3575,45	Sn II	—	5	3571,26	Mo	5	8	3568,04	W I	10	10
3575,37	Fe I	40	30	3571,22	Fe I	40	6	3568,00	Sb II	1	6
3575,36	Co I	200R	25	3571,21	V	10	5	3568,00	Nb II	2	50
3575,28	Ce II	4	1	3571,16	Pd I	40	40	3567,98	Mo	3	3
3575,25	Fe I	10	5	3571,03	V I	35	20	3567,73	Mo	2	3
3575,23	W I	10	9	3570,98	Ce II	6	1	3567,72	Fe	2	—
3575,17	Ce	2	1	3570,66	W I	15	15	3567,70	Sc II	15	40
3575,13	Nb I	10	10	3570,65	Mo I	15	20	3567,67	W I	6	7
3575,12	V I	20	15	3570,61	Ru I	12	60	3567,46	Mo	1	3
3575,12	Fe I	15	5	3570,46	Mo	2	4	3567,38	Fe I	10	2
3574,96	Co I	200	25	3570,35	Co I	*		3567,24	W I	7	6
3574,94	Cr I	8	6	3570,33	P II	—	(30)	3567,17	S II	—	(40)
3574,79	Cr I	8	15	3570,26	Fe I	50	15	3567,16	Ce	2	2
3574,77	V I	25	12	3570,18	Rh I	400R	150	3567,10	Nb I	5	30
3574,45	Mo	5	5	3570,10	Sn	—	5	3567,1	Pb	—	5
3574,34	V II	—	40	3570,10	Mn	20R	15	3567,06	Mo	5	5
3574,24	Ti I	15	3	3570,10	Fe I	300	300	3567,04	Fe I	50	15
3574,20	Nb II	1	10	3570,08	Ce	3	—	3566,74	Mo	3	3
3574,04	Cr I	50	15	3570,05	Si	—	2	3566,72	Ta I	50	5
3573,96	W	4	3	3570,04	Mn I	20R	—	3566,64	Sb	—	25
3573,89	Fe I	40	30	3569,85	Nb I	3	3	3566,63	Pd (I)	60	—
3573,88	Mo I	20	25	3569,82	Ce	5	1	3566,58	Fe I	2	—
3573,87	Sn II	—	2	3569,80	Mn I	12	5	3566,51	P II	—	(70)
3573,84	Fe I	20	15	3569,78	Os I	100	30	3566,37	Mo	3	3
3573,72	Ti II	20	40	3569,76	Ag I	4	—	3566,37	Ni I	2000R	100
3573,72	Ir I	8	100	3569,69	Nb (I)	2	2	3566,31	Fe I	3	1
3573,70	Ce II	10	3	3569,58	W I	4	5	3566,30	Mo (II)	3	3
3573,64	Cr I	60	15	3569,50	Mo	2	5	3566,18	V I,II	25	100
3573,56	V I,II	20	20	3569,49	Zr I	15	2	3566,14	Fe II	2	—
3573,44	Ta II	15	70	3569,49	Mn I	25	8	3566,14	Cu I	3	—
3573,41	W I	8	7	3569,46	Nb I	20	15	3566,11	Cr I	80	12
3573,40	Fe I	50	20	3569,38	Co I	400R	100	3566,10	Zr I	100	10
3573,09	Nb I	2	5	3569,31	Ce II	8	2	3566,10	Ca I	2	—
3573,08	Zr II	10	9	3569,23	W I	8	7	3566,10	Nb (II)	5	5
3572,86	W II	—	7	3569,14	Cr I	4	4	3566,09	Ti	8	2
3572,75	Ce	5	1	3569,08	V I	7	1	3566,07	Au I	20	15
3572,75	In	—	6	3569,04	Hf II	20	50	3566,05	Mo I	10	10
3572,74	Cr I	25	5	3568,98	W I	9	9	3566,03	Ce	10	6
3572,73	Pb I	200	20	3568,98	Fe I	50	35	3566,00	Ti II	6	25
3572,65	Zn	5	(1)	3568,94	V I	20	15	3565,85	Nb I	3	2
3572,62	V I	5	2	3568,91	Ca I	2	—	3565,85	W II	—	5
3572,55	Mo II	—	20	3568,87	Mo	4	2	3565,68	Nb II	—	5
3572,52	Sc II	30	50	3568,87	Zr I	12	—	3565,63	Ta II	—	50
3572,48	W II	10	35	3568,82	Fe I	15	7	3565,62	W	7	6
3572,47	Zr II	60	80	3568,72	Nb I	5	5	3565,59	Fe I	10	4
3572,42	Ce	12	5	3568,51	Ce	2	—	3565,43	Zr II	3	7
3572,02	W II	4	9	3568,50	Nb II	10	50	3565,42	Ce	6	2
3571,99	Pt II	—	15	3568,43	Ag	2	1	3565,38	Fe I	400	300
3571,99	Fe I	100	80	3568,42	Co I	2	—	3565,32	Ti II	2	5
3571,87	Ni I	1000R	40	3568,42	Fe I	20	4	3565,15	W I	4	5
3571,65	V I	40	35	3568,41	W I	4	4	3565,15	Cr I	6	1
3571,48	Nb I	2	3	3568,37	Cr I	6	—	3565,05	Nb I	10	15
3571,45	Ce	3	—	3568,18	Mo	3	4	3564,95	Co I	150	—

λ	El.	B A	B S (E)	λ	El.	B A	B S (E)	λ	El.	B A	B S (E)
3564,94	Cr I	8	1	3561,25	W I	8	4	3557,01	W	3	4
3564,71	Cr (I)	20	8	3561,20	Hg	10	6	3556,96	Mo II	2	25
3564,64	Co I	2	—	3561,14	Nb I	5	10	3556,89	Ce	6	—
3564,54	Ti I	12	2	3561,11	Zr II	2	—	3556,88	Fe I	300	150
3564,53	Fe II	30	15	3560,94	Cr I	2	1	3556,80	V II	30	40
3564,49	Mo II	1	8	3560,89	Co I	200	25	3556,69	Fe I	4	1
3564,39	Ti I	10	1	3560,88	Fe	2	—	3556,61	Ti	2	1
3564,38	W	3	6	3560,86	Os I	150R	100	3556,60	Zr II	15	50
3564,29	Mo	5	5	3560,80	Ce II	300	2	3556,49	P II	—	(100)
3564,28	Cr I	15	6	3560,70	Fe I	50	15	3556,36	Ce	5	1
3564,12	Co I	4	5	3560,68	Tl II	—	(25)	3556,32	Mo II	—	25
3564,12	Fe I	15	2	3560,60	Ca	—	2	3556,25	V I	40	2
3564,07	Nb II	2	20	3560,59	V II	10	50	3556,18	Ti (I)	15	1
3564,00	W II	—	6	3560,47	Nb II	—	10	3556,13	Cr I	20	4
3564,0	к Ca	20	—	3560,35	Nb I	3	2	3556,09	Ce	8	—
3563,92	Cr II	—	8	3560,31	Co I	18	3	3556,02	W	—	6
3563,82	Ce II	2	1	3560,07	W	5	4	3556,01	Nb I	5	10
3563,75	Mo I	10	10	3559,97	P II	—	(30)	3555,94	Co II	—	6
3563,65	W II	—	5	3559,93	Ni I	5	—	3555,78	Ce II	4	1
3563,62	Nb I	10	15	3559,89	Nb II	—	10	3555,78	Cr I	20	6
3563,61	Si	—	2	3559,88	Mo	5	5	3555,75	W I	8	7
3563,59	Ce	2	—	3559,79	Os I	150	50	3555,74	V I	15	1
3563,50	Nb I	30	30	3559,77	Cr I	15	10	3555,47	Fe	2	—
3563,45	W I	9	7	3559,72	Mo II	—	25	3555,43	Mo I	3	3
3563,39	V I	15	8	3559,70	W I	10	8	3555,21	Ce	3	1
3563,23	Nb I	2	2	3559,59	Nb II	2	100	3555,17	W II	6	15
3563,14	Mo I	15	15	3559,51	Fe I	50	25	3555,16	Ce	5	2
3562,91	Co I	10	—	3559,32	Ce II	6	—	3555,14	V I	10	3
3562,89	Pb	—	20	3559,24	Mo	3	3	3554,99	Ce II	25	—
3562,88	Hg	—	(2)	3559,19	Cr I	2	—	3554,93	Fe I	400	300
3562,87	Cr I	10	—	3559,18	Sb III	2	50	3554,85	Ca	2	4
3562,64	Nb I	3	3	3559,12	Nb I	8	8	3554,67	Nb I	15	20
3562,57	P II	—	(30)	3559,09	W I	6	4	3554,63	Ce	10	2
3562,51	W II	—	12	3559,08	Fe	4	2	3554,58	W	—	5
3562,48	Zr I	8	—	3558,99	Ir I	50	50	3554,52	Nb I	15	20
3562,46	Cr I	10	5	3558,96	Zr I	8	2	3554,51	Fe I	4	2
3562,34	Os I	50	20	3558,94	Re I	50	—	3554,21	W I	9	8
3562,28	Cr I	20	12	3558,87	Ce	3	2	3554,19	Mo I	5	10
3562,13	V I	12	8	3558,78	Mo II	3	5	3554,14	Nb II	—	30
3562,10	Mo	5	5	3558,78	Co I	40	—	3554,12	Fe I	50	20
3562,09	Co I	15	—	3558,76	Y I	3	—	3554,07	Zr II	10	6
3562,09	Ce II	6	—	3558,70	Ce II	8	1	3553,95	Cr I	6	6
3561,91	Ti II	5	12	3558,57	Cr I	—	8	3553,83	Mo	10	1
3561,89	Zr	3	2	3558,54	Sc II	15	40	3553,81	Ti I	3	—
3561,88	Nb II	—	8	3558,52	Cr I	20	—	3553,74	Fe I	100	100
3561,81	Fe	4	—	3558,51	Fe I	400	300	3553,66	Au I	20	10
3561,75	Ni I	70	12	3558,51	Ti (I)	15	7	3553,61	Nb I	20	15
3561,73	Hg	—	(2)	3558,10	Mo I	15	15	3553,48	Ni I	50	10
3561,73	Al	—	2	3558,10	Fe	2	—	3553,37	Mg II	8	—
3561,69	Nb I	4	10	3558,01	Nb I	5	5	3553,27	V I	80	30
3561,65	Hf II	20	35	3557,92	W II	2	12	3553,16	Co I	5	—
3561,57	Ti II	10	20	3557,48	Ce	6	1	3553,08	Pd I	100R	15
3561,53	Ce II	6	—	3557,30	Fe	15	—	3552,99	Co I	20	—
3561,45	W II	—	10	3557,21	W	8	8	3552,95	Cr I	3	—
3561,38	Mo II	1	20	3557,16	V I	8	—	3552,92	Ce	3	—

λ	El.	B A	B S (E)	λ	El.	B A	B S (E)	λ	El.	B A	B S (E)
3552,85	Cr	2	5	3549,42	Hg II	—	(200)	3545,91	Ce	5	1
3552,83	Fe I	80	50	3549,32	Ce	3	2	3545,83	Fe I	2	1
3552,81	V I	7	10	3549,26	Nb I	8	8	3545,78	Ce II	8	1
3552,72	Ce II	18	10	3549,25	Cr I	5	—	3545,77	As (II)	—	5
3552,72	Mn I	12	—	3549,13	Mo	1	3	3545,64	Fe I	90	70
3552,72	Co I	20	—	3549,12	Ce	6	1	3545,62	N	—	(5)
3552,72	Mo	3	5	3549,05	W II	5	25	3545,60	Ce II	10	1
3552,71	Hf II	20	35	3549,02	V II	1	2	3545,58	Ca I	3	4
3552,69	Y I	6	4	3549,01	Y II	12	50	3545,38	Nb I	3	5
3552,66	Zr I	5	4	3548,83	Ce II	8	1	3545,33	V I	35	—
3552,39	Mo	3	3	3548,82	Hf (I)	5	2	3545,23	W I	12	10
3552,36	Ce	2	2	3548,74	Cu II	—	5	3545,19	V II	40	300R
3552,32	W I	5	4	3548,73	Mo	2	3	3545,06	Hg	—	2
3552,24	Ce	2	—	3548,71	Cr I	2	4	3545,03	Co II	2	30
3552,22	Nb I	2	1	3548,63	Zr I	3	2	3544,99	Ti	10	2
3552,19	Te (II)	—	(15)	3548,49	Pt II	—	8	3544,97	W I	7	6
3552,12	Fe I	10	6	3548,44	Co I	18	6	3544,96	Cu I	35	6
3552,06	Ce II	5	2	3548,43	Mo	3	2	3544,79	W I	7	5
3552,00	Al II	—	(2)	3548,40	Zr I	2	—	3544,77	Ce	3	—
3552,00	Nb I	2	5	3548,25	W I, II	5	7	3544,66	Ba I	20	5
3551,95	Zr II	30	40	3548,24	Si	—	2	3544,66	Nb I	20	15
3551,82	As II	—	10	3548,20	Mn I	40	40	3544,63	Fe I	50	6
3551,77	Ce II	10	1	3548,19	Ni I	400	25	3544,61	Mo	40	2
3551,66	Co I	2	—	3548,16	Ce	10	5	3544,46	W II	1	12
3551,66	Ce II	10	1	3548,13	Nb I	2	5	3544,38	Ce	3	—
3551,54	W II	—	10	3548,09	Nb II	5	5	3544,34	Nb II	1	5
3551,53	V I	25	12	3548,09	Fe	9	—	3544,07	Ce III	3	2
3551,53	Ni I	50	12	3548,08	Sr I	50	—	3544,03	Nb I	8	10
3551,43	Ce	10	1	3548,03	Mn I	40	15	3543,95	Rh I	150	40
3551,37	Pt II	—	15	3548,02	Fe I	10	7	3543,93	Nb I	3	5
3551,27	W I	6	5	3547,97	Cr I	5	—	3543,83	Ce	3	—
3551,15	P II	—	(30)	3547,80	Ce	3	—	3543,71	W I	8	7
3551,12	Fe	2	—	3547,80	Mn I	40	15	3543,70	Hg	—	3
3551,12	Ta II	—	18	3547,68	Zr I	200	12	3543,68	Ce	3	—
3551,10	Nb I, II	5	10	3547,68	Ba I	10	6	3543,67	Fe I	60	30
3551,02	W	7	10	3547,47	W I	8	6	3543,52	Ce II	10	—
3550,96	Mo	4	6	3547,40	Mo	3	4	3543,50	V I	50	50
3550,84	W I	8	8	3547,38	Ca I	2	3	3543,39	Fe I	10	2
3550,68	W I	7	6	3547,20	Fe I	25	8	3543,28	Ce II	10	2
3550,63	Cr I	70	60	3547,03	Ti I	30	12	3543,26	Co I	35	—
3550,62	Nb I	2	3	3547,00	Ce II	15	3	3543,11	Mo	4	3
3550,60	Co I	200	—	3546,96	V II	—	20	3543,10	W	4	12
3550,50	V (II)	—	10	3546,83	In	—	3	3543,08	Hg III	—	40
3550,46	Zr I	35	4	3546,71	Co I	8	—	3542,98	Nb I	10	10
3550,45	Nb I	40	30	3546,65	Ce II	8	—	3542,82	In	—	3
3550,23	Nb I	4	5	3546,53	Ti	4	1	3542,77	Mo	3	2
3550,03	Ca I	3	—	3546,48	W II	3	7	3542,75	Ca	3	2
3549,87	Fe I	15	5	3546,48	Nb I	5	5	3542,71	Os I	150	10
3549,74	Zr I	15	3	3546,44	Pt	3	—	3542,65	V I	15	2
3549,73	Ce	2	1	3546,43	Cu I	2	1	3542,65	W I	4	3
3549,72	S	—	(8)	3546,22	Fe I	1	—	3542,62	Zr II	12	30
3549,54	Rh I	150	50	3546,19	Ce II	20	2	3542,61	Ag (I)	30	5
3549,52	Mg II	4	—	3546,16	Nb I	2	3	3542,55	Nb I	5	30
3549,51	Zr II	10	10	3546,03	Nb I	5	8	3542,54	Ti I	7	1
3549,45	Ca	2	2	3545,98	Mo II	—	25	3542,50	Co I	2	—

λ	El.	B A	S (E)	λ	El.	B A	S (E)	λ	El.	B A	S (E)
3542,49	V II	—	3	3538,29	Fe I	2	1	3535,16	Zr I	10	—
3542,27	Ce	2	1	3538,27	Ag	10	2	3535,16	Ce	3	—
3542,27	W	3	6	3538,26	Rh I	50	4	3535,04	Ce	8	—
3542,23	Fe I	5	1	3538,24	V II	10	100	3535,04	Mg II	8	—
3542,22	Ta (II)	—	5	3538,14	Rh I	100	10	3534,91	Fe I	5	2
3542,18	Ce	4	1	3538,00	Mn I	12	—	3534,77	Co I	5	—
3542,17	Mo I	5	5	3537,94	Ru I	70	25	3534,74	Ce	5	—
3542,08	Fe I	150	100	3537,90	Fe I	50	25	3534,73	V I	20	5
3541,91	Ce	4	1	3537,84	Ce	3	—	3534,69	Mo II	10	25
3541,91	Rh I	50	10	3537,75	Ca III	3	4	3534,52	Fe I	4	2
3541,89	Nb I	10	15	3537,73	Fe I	25	15	3534,52	W II	3	12
3541,88	Ta II	35	15	3537,72	Co I	2	—	3534,43	Ce II	10	—
3541,66	Ce II	10	2	3537,62	Nb II	2	30	3534,21	Nb II	1	15
3541,64	W I	10	10	3537,56	Sn II	—	2	3534,2	Al	—	15
3541,62	Ru I	60	10	3537,49	Fe I	25	8	3534,17	W II	4	5
3541,45	Ca	3	3	3537,48	Ti	7	2	3534,11	Nb I, II	15	15
3541,36	Bi	—	5	3537,48	Nb I	30	30	3534,05	Ce II	35	10
3541,34	V II	—	35	3537,46	Re I	80	—	3534,03	Nb	1	4
3541,25	Nb II	50	5	3537,45	W I	12	12	3533,91	Pb	—	2
3541,09	Fe I	200	200	3537,43	Ce II	10	3	3533,88	Sb	1	10
3540,96	Nb II	15	500	3537,28	Mo (I)	15	15	3533,86	Ti II	6	35
3540,79	Ce	5	1	3537,25	Cr I	15	1	3533,75	V I	20	40
3540,73	W I	10	12	3537,13	Ce	10	1	3533,75	Cu I	50	15
3540,71	Fe I	10	4	3537,12	Mo II	—	50	3533,71	Ce	5	3
3540,53	V I	25	4	3536,94	Zr II	8	5	3533,67	Ce	4	—
3540,45	Mo	2	3	3536,69	Ce II	10	2	3533,67	V I	40	10
3540,38	Ce	2	2	3536,63	Hf I	10	2	3533,66	Nb I	20	30
3540,31	Ce	2	3	3536,57	Ru I	50	—	3533,66	P II	—	(30)
3540,21	Mo	3	3	3536,56	Fe I	300	200	3533,56	Ce	12	3
3540,12	Fe I	100	60	3536,48	Ce	8	2	3533,44	Ce	—	2
3540,11	Ce	3	—	3536,29	P II	—	(30)	3533,36	Co I	200	—
3539,92	W I	6	4	3536,27	W II	3	15	3533,22	Zr I	30	3
3539,90	Zr	8	7	3536,21	Nb I	3	5	3533,20	Fe I	50	50
3539,83	Ce	5	—	3536,19	Fe (I)	40	10	3533,11	Ce	8	—
3539,64	Nb I	15	15	3536,12	Mo	2	3	3533,07	Mo	—	25
3539,46	Mo	3	3	3536,04	V I	2	—	3533,06	P II	—	(15)
3539,45	W II	3	7	3536,00	Ce	2	—	3533,01	Na II	50	(200)
3539,37	Ru I	60	15	3535,84	Ru I	60	12	3533,01	Ca	2	4
3539,33	W I	6	3	3535,84	Pt II	—	10	3533,01	Fe I	50	75
3539,20	Fe	1	1	3535,84	Mo	1	3	3532,89	Cr I	8	2
3539,15	Al	—	8	3535,84	Ce	2	1	3532,87	Ce II	10	1
3539,11	Nb II	1	15	3535,73	Sc II	15	30	3532,81	Ru I	60	12
3539,09	Ce II	100	10	3535,71	In	—	10	3532,80	Os I	100	20
3539,00	Zr II	4	3	3535,69	Cd II	5	15	3532,65	N (I)	—	(15)
3538,96	Ce	3	—	3535,68	Ce	3	1	3532,63	Hg	—	(200)
3538,92	Mo	3	4	3535,56	Ce II	10	1	3532,60	Ce II	6	1
3538,86	Mg II	8	—	3535,55	W I	12	10	3532,58	Fe	5	2
3538,79	Fe I	1	—	3535,55	Hf II	15	50	3532,52	Nb I	3	5
3538,79	Ce II	3	2	3535,53	Ca I	4	—	3532,47	Mo II	—	10
3538,75	Ce	5	2	3535,41	Ti II	15	125	3532,46	Zr	8	—
3538,63	W I	8	9	3535,40	Ta	15	18	3532,39	Ce	4	1
3538,55	Fe I	1	—	3535,30	Mn I	5	—	3532,27	V II	1	25
3538,46	Ce	2	1	3535,30	Nb I	300	500	3532,12	Mn I	50	30
3538,41	Ce	2	1	3535,27	Mo	3	3	3532,00	Mn I	50	8
3538,30	Ce	2	—	3535,25	W	4	7	3531,90	S	—	(5)

λ	El.	B A	B S (E)	λ	El.	B A	B S (E)	λ	El.	B A	B S (E)
3531,85	Mn I	40R	30R	3528,49	W	5	10	3525,23	Nb I	15	30
3531,60	Rb II	—	(100)	3528,47	Nb II	3	50	3525,16	Ti I	10	1
3531,59	Ce II	18	2	3528,31	Nb I	10	1	3525,08	Co I	2	—
3531,44	Fe I	3	1	3528,21	V I	10	1	3524,98	Mo I	5	5
3531,44	W II	—	9	3528,09	Nb II	—	3	3524,97	Ba I	20	5
3531,39	Ru I	60	9	3528,05	Ce II	10	1	3524,93	Nb I	2	5
3531,30	Mo	3	3	3528,02	Rh I	1000	150	3524,87	Ti II	—	5
3531,22	Hf I	5	3	3527,98	Ni I	200	15	3524,71	V II	10	60
3531,09	Ca	—	2	3527,95	Nb I	10	8	3524,68	W I	7	5
3531,09	Cr (I)	15	—	3527,95	Co I	3	—	3524,65	Mo I, II	5	50
3531,02	W I	7	7	3527,92	W I	8	6	3524,54	Ni I	1000R	100
3530,94	Ce II	10	1	3527,91	Bi	—	2	3524,54	Mn	15	—
3530,86	V I	1	20	3527,87	Mo II	1	30	3524,53	Zr I	9	2
3530,85	Zr II	5	5	3527,86	V II	—	5	3524,27	Hg I	—	(15)
3530,82	Nb I	3	15	3527,84	Ce II	15	2	3524,24	W I	9	8
3530,80	Mo	1	3	3527,80	Fe I	100	80	3524,24	Zr	12	—
3530,77	V II	40	100	3527,61	Ce II	8	2	3524,24	Fe I	60	50
3530,75	K II	—	(40)	3527,59	W I	7	5	3524,24	Ti	2	—
3530,75	W I	8	7	3527,48	Cu I	50	10	3524,24	Cu I	40	10
3530,63	Ce	10	—	3527,44	Ti	2	—	3524,22	Mo I	8	3
3530,60	Ni I	30	—	3527,43	Zr II	3	4	3524,19	Hg II	—	(100)
3530,58	Ti I	15	1	3527,31	Ce	2	2	3524,11	Cd II	—	8
3530,55	Co I	2	—	3527,28	Nb I	3	2	3524,07	Ce II	8	—
3530,45	V II	—	30	3527,20	Ce	2	—	3524,07	Fe I	50	40
3530,40	Ce	3	—	3527,10	Nb I	5	5	3524,00	Ce	8	—
3530,39	Fe I	50	25	3527,10	P II	—	(30)	3523,89	Mo II	—	10
3530,39	Cu I	50	20	3527,09	Cr I	30	5	3523,73	Ce	5	—
3530,35	Pb	—	5	3527,07	Ta I	50	2	3523,70	Co I	15	3
3530,33	P II	—	(70)	3527,04	W II	10	12	3523,64	Os I	150	30
3530,22	Zr I	10	1	3527,02	Nb II	—	3	3523,63	Zr I	5	1
3530,13	Ce	4	2	3526,90	J II	—	(18)	3523,61	Ce	2	2
3530,08	Nb I	5	5	3526,85	W I, II	10	12	3523,58	Cr (I)	10	1
3530,06	Os I	100	20	3526,85	Co I	300R	25	3523,55	W	—	5
3530,02	Ce II	18	3	3526,68	Ce	25	3	3523,44	Ni I	100	—
3529,98	Zr II	2	6	3526,68	Fe I	80	50	3523,43	Co I	300R	25
3529,96	Ca	2	3	3526,54	Ni I	5	—	3523,33	Ce	2	2
3529,82	Fe I	125	80	3526,53	Mo	2	3	3523,31	Mo	4	3
3529,81	Co I	1000R	30	3526,47	Fe I	20	10	3523,31	Fe I	10	4
3529,73	V I	20	2	3526,38	Fe I	20	10	3523,16	Ta II	15	15
3529,73	Ce	3	—	3526,35	Mo	2	3	3523,15	Nb I	5	10
3529,56	W II	10	20	3526,16	Fe I	50	25	3523,10	Ce	8	—
3529,53	Ce	5	2	3526,04	Fe I	80	50	3523,07	Ni I	5	—
3529,53	Fe I	2	—	3526,04	Ti	12	2	3523,02	Hf I	20	10
3529,53	K II	—	(10)	3526,04	Os I	80	20	3523,00	Hg I	2	—
3529,43	Tl I	1000	800	3526,00	Ce	3	—	3522,96	Ce	2	—
3529,39	Nb I	3	5	3525,98	Nb II	—	15	3522,95	Cr (I)	8	1
3529,27	Ce	8	2	3525,93	Mo	5	3	3522,89	Fe I	10	3
3529,04	Ce II	12	2	3525,93	Ce	2	1	3522,86	Co I	5	1
3529,03	Co I	200R	—	3525,88	Nb I	3	5	3522,83	Cr I	8	—
3528,89	Ni I	15	—	3525,87	Co I	8	—	3522,79	Ce	2	1
3328,89	Nb II	2	40	3525,81	Zr II	9	10	3522,70	Ca	—	3
3528,68	Ru I	60	12	3525,77	V I	8	—	3522,69	Ce	1	2
3528,64	Ce	8	1	3525,73	W II	1	12	3522,60	Ce	1	2
3528,60	Os I	400R	50	3525,66	Rh I	50	2	3522,56	V I	25	2
3528,54	Pt	5	2	3525,64	Ru I	5	1	3522,45	Ce	2	—

λ	El.	B A	B S (E)
3522,37	Mo (I)	5	3
3522,37	Nb II	—	50
3522,27	Fe I	50	30
3522,21	Ce	2	—
3522,18	Zr I	3	2
3522,14	Cr II	—	6
3522,11	W II	→	7
3522,06	Mo II	—	10
3522,03	Ir I	→	50
3521,90	W I C	10	8
3521,88	Fe II	35	5
3521,84	Ve I	50	20
3521,84	Sb II	20	80
3521,77	Co II	1	(10)
3521,73	I	5	—
3521,71	W I	9	6
3521,60	Nb II	—	10
3521,57	Co I	200R	25
3521,53	Ce	2	—
3521,47	Ta (II)	*	
3521,41	Mo I	8	3
3521,39	Zr	2	—
3521,33	Ce	2	—
3521,26	Fe I	300	200
3521,17	Ce	2	—
3521,17	Mo	3	10
3521,14	Nb II	2	10
3521,12	Ag I	5	2
3521,12	Ce	2	1
3521,11	Te II	—	(15)
3520,97	Ce II	5	1
3520,87	Zr II	9	4
3520,85	Fe I	10	4
3520,71	Nb I	3	5
3520,54	V II	1	20
3520,52	Ce II	30	2
3520,47	Sb II	—	(125)
3520,30	Zr I	2	—
3520,25	Ti II	10	18
3520,24	Ce	4	—
3520,16	Mo II	1	20
3520,13	Ru I	60	40
3520,10	Ce	2	1
3520,08	Co I	100	—
3520,07	Sb	4	2
3520,05	Nb I	20	20
3520,03	Cu I	30	10
3520,02	V II	5	50
3519,93	Ti I	5	—
3519,92	Ce	3	—
3519,77	Ni I	500	30
3519,73	Ce	18	—
3519,66	Nb II	5	20
3519,64	Ru I	70	30
3519,61	Zr I	100	10

λ	El.	B A	B S (E)
3519,44	Cr I	6	—
3519,33	Nb I	2	3
3519,24	Tl I	2000R	1000R
3519,22	P II	—	(15)
3519,18	Bi	10	—
3519,16	V I	10	—
3519,07	Ce II	25	4
3518,88	Fe I	10	2
3518,86	Zr	4	1
3518,74	Hf II	5	15
3518,73	Ce	3	—
3518,73	Os I	200	30
3518,70	Ca	—	2
3518,68	Fe I	7	1
3518,63	Ni I	90	8
3518,60	P II	—	(50)
3518,57	Mo	1	3
3518,55	W II	—	5
3518,49	Ce	3	—
3518,47	W I	10	7
3518,40	Cr I	8	1
3518,37	Ca	12	1
3518,35	Co I	200	100
3518,22	Mo I	6	15
3518,17	Nb I	3	4
3518,04	Ce	8	1
3517,90	Ce	5	1
3517,85	Zr	2	—
3517,76	Nb I	5	1
3517,67	Nb II	2	200
3517,56	In II	—	(5)
3517,55	Mo I	2	20
3517,50	W I	10	8
3517,47	Zr I	5	—
3517,46	W II	—	4
3517,44	Co II	2	10
3517,38	Ce II	40	6
3517,33	Re I	60	—
3517,30	V II	20	30R
3517,10	Nb I	1	8
3517,04	Cu I	20	3
3516,97	Ce	1	3
3516,94	Pd I	1000R	500R
3516,92	W	—	7
3516,86	Nb I	2	10
3516,83	Ti I	12	1
3516,77	W I	7	3
3516,67	Co I	2	—
3516,65	Re I	60	—
3516,56	Fe I	30	4
3516,41	Co I	2	—
3516,40	Fe I	40	15
3516,22	Ni I	5	—
3516,22	W II	—	8
3516,20	Ce	2	—

λ	El.	B A	B S (E)
3516,19	Nb I	3	5
3516,15	P	—	(70)
3516,01	V II	—	10
3515,96	W I	7	6
3515,93	Ce	5	—
3515,8	к Zr	2	—
3515,77	Ce II	8	1
3515,68	Mo II	—	6
3515,63	Ce	8	—
3515,54	Be I	30	—
3515,54	Ce	2	—
3515,42	Nb II	20	300
3515,39	Ce	2	—
3515,28	Ce	4	—
3515,24	Zr I	3	—
3515,11	Zn I	2	—
3515,07	W II	1	9
3515,05	Ni I	1000R	50
3515,05	Mo II	—	6
3514,96	Ce	2	—
3514,80	Ce	2	1
3514,8	к Ca	4	—
3514,78	Mo	4	3
3514,71	Pt I	2	2
3514,64	Zr II	3	2
3514,63	Fe I	7	2
3514,49	Ru I	70	40
3514,42	V II	1	40
3514,41	Ce III	6	—
3514,32	Zr I	2	—
3514,21	Co II	—	20
3514,16	W II	—	10
3514,02	Nb II	—	50
3513,93	Ni I, II	200	40
3513,87	V II	—	30
3513,85	Ce	8	—
3513,82	Fe I	400	300
3513,79	Ce II	6	—
3513,70	Mo I	3	1
3513,65	Ir I	100	100
3513,48	Ni	3	—
3513,48	Co I	300R	25
3513,47	Ce	4	—
3513,28	Ce	6	—
3513,27	Hf I	10	1
3513,13	As (II)	—	5
3513,10	Rh I	50	3
3513,06	Fe I	10	2
3513,04	Ce	1	2
3513,04	Cr II	—	8
3512,95	Fe I	2	1
3512,93	W II	5	7
3512,75	Nb I	3	2
3512,68	Zr II	5	3
3512,66	Cr I	8	—

λ	El.	B A	S (E)	λ	El.	B A	S (E)	λ	El.	B A	S (E)
3512,64	Co I	400R	100	3509,72	Ce	12	—	3506,69	Mo II	—	20
3512,61	W I	7	5	3509,68	V (II)	—	6	3506,63	Ti I	35	3
3512,56	Ce	5	—	3509,66	W I	8	6	3506,64	W I	8	7
3512,35	Zr I	4	—	3509,53	Ce	3	—	3506,56	V II	—	7
3512,30	Nb (I)	3	2	3509,38	W	—	12	3506,50	Fe I	50	30
3512,28	Re I	50	—	3509,32	Zr I	100	10	3506,48	Zr II	6	2
3512,27	Ce	6	—	3509,31	Ce	3	2	3506,46	Ce	2	—
3512,23	Fe I	5	1	3509,25	Ce II	10	2	3506,32	Co I	400R	15
3512,13	V II	—	10	3509,25	Mo(II)	—	3	3506,28	Ca	—	2
3512,12	Cu I	50	30	3509,22	Ru II	10	100	3506,25	Ce II	15	1
3512,09	W II	—	10	3509,13	Fe I	2	—	3506,2	к Zr	20	—
3512,08	Fe I	1	—	3509,06	Ce	2	—	3506,04	Zr II	8	4
3512,07	Ti	2	—	3509,02	V II	2	150	3506,02	Nb I	3	3
3511,9	к Zr	2	—	3509,02	W I	9	7	3505,95	Ce	4	—
3511,83	Cr II	20	50	3508,86	Ce	2	—	3505,90	Ti II	2	5
3511,83	Mn I	4	4	3508,83	Cr (I)	12	1	3505,80	Nb I	5	2
3511,79	Rh I	50	3	3508,74	W I, II	9	10	3505,69	V I	50	35
3511,76	Mo II	1	3	3508,71	Ce II	12	2	3505,68	Ce	3	—
3511,74	Fe I	2	1	3508,53	Fe I	20	10	3505,67	Zr II	40	30
3511,73	W	6	8	3508,53	Nb (I)	5	5	3505,62	Nb	3	5
3511,62	Ti I	10	—	3508,48	Fe I	40	20	3505,50	Ce	2	—
3511,58	Ce	8	1	3508,47	Mo	2	5	3505,49	Zr II	30	30
3511,45	Ce	2	2	3508,46	Ce II	10	—	3505,45	Ce	2	—
3511,42	V II	—	7	3508,33	Ce	4	—	3505,32	Mo I, II	10	20
3511,41	Ce	2	—	3508,21	Fe II	1	1	3505,23	Hf II	20	50
3511,27	W II	—	10	3508,2	к Zr	20	—	3505,22	Zr	3	—
3511,19	Nb I	30	1	3508,12	Mo I	20	20	3505,18	Ce	8	—
3511,13	Ce	3	1	3508,11	W	5	1	3505,15	Pb	—	5
3511,13	Nb I	15	1	3508,09	Cr (I)	15	2	3505,13	Co I	8	—
3511,04	Ta I	100	35	3508,09	Ag I	10	1	3505,06	Fe I	10	10
3510,85	Bi I	200	30	3508,03	Ce	3	—	3504,98	Ta I	70	2
3510,84	Ti II	40	125	3507,96	Nb I	20	20	3504,89	Ti II	20	150
3510,84	Ca	2	4	3507,94	Ce II	12	3	3504,86	Fe I	10	5
3510,78	Mo I	4	6	3507,92	W I	6	6	3504,77	Ti I	2	—
3510,77	Ce	3	—	3507,81	Ce	5	—	3504,73	Co I	18	2
3510,68	Ce II	12	1	3507,69	Ni I	100	12	3504,66	Os I	300	20
3510,68	Hg II	—	(10)	3507,67	Zr II	5	3	3504,64	W I	9	6
3510,53	Cr I	40	8	3507,53	V II	—	50	3504,64	Ce III	5	10
3510,48	Zr II	12	5	3507,52	Ce	2	—	3504,52	Ce	6	—
3510,45	Fe I	15	8	3507,45	P II	—	(100)	3504,50	P	—	(15)
3510,43	Co I	*		3507,42	Ti (I)	15	2	3504,48	Sb I	20	18
3510,42	Ce	3	—	3507,39	Fe I, II	2	1	3504,43	V II	60	200
3510,34	Zr I	2	—	3507,38	Cu I	3	2	3504,41	W	3	1
3510,34	Ni I	900R	50	3507,34	Ce	8	—	3504,41	Mo I	20	20
3510,29	Ce	5	—	3507,32	Rh I	500	125	3504,30	As II	—	5
3510,26	V	—	10	3507,28	Mo	3	3	3504,2	Bi II	—	3
3510,26	Nb II	15	200	3507,28	W I	10	9	3504,14	Ce	5	—
3510,22	Ce	8	1	3507,22	Cr I	12	—	3504,09	Ce	5	3
3510,03	W I	10	10	3507,22	Ce	5	—	3503,98	Ce II	5	—
3509,98	Mo	1	3	3507,17	Fe	3	1	3503,95	Ce	4	—
3509,93	Ce	8	—	3507,02	Mo	3	2	3503,92	Zr	4	—
3509,87	Fe I	15	4	3507,01	Ce	2	—	3503,87	Ta I	70	10
3509,84	Ti II	8	20	3506,99	Nb I	10	10	3503,87	Sr I	20	—
3509,84	Co I	400R	40	3506,84	V I	15	4	3503,78	S	—	(8)
3509,72	Ru I	50	2	3506,72	Ce	8	—	3503,76	Ti I	7	—

λ	El.	B A	S (E)	λ	El.	B A	S (E)	λ	El.	B A	S (E)
3503,74	Zr	3	—	3500,82	V I	35	25	3497,41	J II	—	(7)
3503,71	Co I	5	—	3500,74	Nb II	—	30	3497,39	V II	—	12
3503,66	W II	*		3500,68	Ce	18	—	3497,34	S III	—	(100)
3503,63	Ce	4	—	3500,56	Fe I	50	20	3497,30	Ce	15	—
3503,56	Al	—	2	3500,34	V I	2	2	3497,17	Hf (I)	10	4
3503,55	W I	9	5	3500,34	Ti II	15	35	3497,11	Fe I	200	100
3503,53	Ce	4	—	3500,32	Cu I	20	2	3497,03	V II	—	150
3503,50	Mo	3	3	3500,31	Pt	2	—	3496,93	V I	12	—
3503,47	Fe II	1	1	3500,28	W I	10	10	3496,80	Mn II	10	30
3503,38	Cr I	8	—	3500,26	Ca	—	3	3496,79	Co I	30	—
3503,31	Zr I	2	—	3500,14	Zr II	4	3	3496,70	Mo	3	3
3503,23	W II	—	5	3500,10	Nb I	5	1	3496,68	Co I	150R	4
3503,20	Nb I	10	5	3499,99	Ce	15	1	3496,44	Ce	5	—
3503,17	V I	10	4	3499,97	Mo II	—	25	3496,35	Ni I	15	—
3503,08	Ce	10	—	3499,95	Cd I	25	15	3496,32	Ce II	12	—
3503,07	P II	—	(70)	3499,93	Nb II	5	50	3496,32	O II	—	(5)
3503,06	Re I	80	—	3499,87	Fe II	2	2	3496,28	Nb I	3	1
3503,03	W I	8	7	3499,82	V II	3	50	3496,21	Ce	2	—
3502,97	Ce	5	—	3499,77	Ce	3	—	3496,21	Zr II	100	100
3502,88	Ce II	8	—	3499,67	Sr I	50	—	3496,08	Y II	20	35
3502,69	Mo II	—	20	3499,62	W	9	9	3496,07	Co I	10	—
3502,64	Ce II	8	—	3499,62	Ce	5	—	3496,02	Nb I, II	10	10
3502,63	Fe	2	—	3499,61	Si	—	2	3495,99	Ru I	60	10
3502,62	Co I	60	5	3499,58	Zr II	10	9	3495,96	Ti I	10	—
3502,60	Ni I	100	—	3499,46	Ce	2	—	3495,94	Ce II	15	1
3502,52	Rh I	1000	150	3499,38	Ce	4	—	3495,93	Hf II	10	10
3502,30	Zr	5	—	3499,30	Ce	4	—	3495,90	Fe	6	1
3502,30	Cr (I)	35	6	3499,21	Ge II	*		3495,84	Mn II	25	150
3502,28	Mn	2	—	3499,19	Mo	3	—	3495,75	Hf II	10	15
3502,28	Co I	2000R	20	3499,09	Ti I	25	10	3495,75	Ti I	25	7
3502,23	W	—	10	3499,08	Mo II	—	20	3495,72	Ce	10	—
3502,02	Ca	—	3	3498,94	Ru I	500R	200	3495,69	Co I	1000R	25
3501,94	Mo II	—	30	3498,92	Ce	2	—	3495,55	Cr II	—	15
3501,92	Ag I	5	2	3498,92	Mo	3	1	3495,47	Ce II	10	—
3501,9	Pb II	—	(10)	3498,91	Sc I	8	2	3495,44	Cd II	—	(100)
3501,81	Ce	8	—	3498,82	Ce	2	—	3495,37	Cr II	12	35
3501,73	Co II	5	100	3498,75	Fe	1	—	3495,37	Zr I	3	—
3501,68	Ag	8	20	3498,70	Rh I	500	60	3495,29	Fe I	100	60
3501,59	Ce	12	—	3498,67	Ce	15	—	3495,25	W I	12	20
3501,52	Cu I	2	1	3498,63	Nb I	30	50	3495,00	Ce II	15	—
3501,52	Se I	—	(50)	3498,56	Ce	8	—	3494,96	Cr I	35	25
3501,49	Zr I	12	3	3498,54	Os I	80	15	3494,86	Ce	3	—
3501,48	V I	25	20	3498,46	Sb II	—	300	3494,75	W	6	3
3501,45	Ce II	18	3	3498,44	Nb I	2	1	3494,7	к Ca	8	—
3501,34	Zr I	15	1	3498,20	V I	12	7	3494,67	Fe II	—	3
3501,33	Ce	4	—	3498,17	Pt I	1	2	3494,64	Ce	10	—
3501,33	Cu I	5	1	3498,15	W II	—	10	3494,52	Cr II	1	2
3501,32	Nb II	3	30	3498,06	Cu I	20	5	3494,45	Zr I	4	—
3501,16	Os I	100	15	3497,91	Zr II	—	10	3494,44	Rh I	50	3
3501,11	Ba I	1000	20	3497,85	Ta I	70	5	3494,39	Ce	2	—
3501,03	Ce	5	—	3497,84	Fe I	200	200	3494,25	Ru I	50	8
3500,86	Fe	2	—	3497,81	Nb I	30	15	3494,17	Fe I	2	—
3500,85	Mn	5	—	3497,54	Mn II	15	150	3493,93	Ce	8	—
3500,85	Ni I	500	80	3497,50	Hf I	20	10	3493,85	Hg II	—	(100)
3500,83	Ce	4	—	3497,44	Ce	2	—	3493,72	Ce II	18	—

λ	El.	B A	S (E)	λ	El.	B A	S (E)	λ	El.	B A	S (E)
3493,69	Fe I	3	1	3489,84	W II	—	6	3485,89	Ni I	150	30
3493,67	Zr I	6	—	3489,77	Pd I	150	35	3485,86	V I	3	1
3493,47	Fe II	40	80	3489,73	Ti II	18	20	3485,72	Mo II	—	20
3493,47	Nb I	3	3	3489,67	Fe I	20	15	3485,7	к Pb	30	—
3493,33	Mo I	6	10	3489,55	Ce	5	—	3485,70	Co I	15	—
3493,29	Fe I	1	—	3489,46	V I	30	7	3485,67	Ti I	25	4
3493,28	Ti I	15	1	3489,45	Ce	5	—	3485,50	W I	10	9
3493,19	W I	6	3	3489,43	Mo	—	3	3485,48	Mo	—	25
3493,16	V II	15	100	3489,40	Co I	100R	25	3485,37	Co I	100	3
3493,11	Ce II	12	1	3489,37	Ce	3	—	3485,34	Fe I	100	50
3493,03	W	5	4	3489,28	W I	10	9	3485,32	Zr II	15	20
3492,98	Ce	3	—	3489,09	Nb II	5	50	3485,28	W I	10	8
3492,96	Ni I	1000R	100	3489,05	Ce	3	—	3485,27	Pt I	150	200R
3492,95	Au II	—	4	3488,86	Cu I	30	5	3485,11	Ni I	6	—
3492,82	Mo	3	4	3488,81	Ce	8	—	3485,09	Nb (I)	5	5
3492,79	Mn I	10	—	3488,81	Nb II	2	30	3485,05	Ce II	30	10
3492,77	Hg	—	(50)	3488,77	P	—	(70)	3485,00	P	—	(50)
3492,77	Rb	—	(300)	3488,74	Nb	1	10	3484,97	Fe I	4	1
3492,55	Ce	3	—	3488,68	Mn II	50	200	3484,87	Hg II	—	(5)
3492,5	Ti II	—	35	3488,55	Ce II	35	5	3484,85	Fe I	1	—
3492,48	Ce	5	—	3488,45	Cr I	35	10	3484,74	Ce II	10	1
3492,26	W I	4	—	3488,37	Ce	4	—	3484,69	Ce	5	—
3492,24	Ce	12	—	3488,35	Hg	—	2	3484,64	V II	—	5
3492,06	W II	2	12	3488,29	Ni I	2	—	3484,62	Nb II	3	15
3492,0	к Zr	30	—	3488,16	Ce	5	—	3484,56	Mo II	—	40
3491,98	Co I	10	—	3488,15	Mo II	—	20	3484,15	Cr II	8	35
3491,98	air	—	6	3487,99	Fe II	1	1	3484,12	Ce	3	—
3491,89	Nb II	1	15	3487,90	Zr I	2	—	3484,05	Ce	3	—
3491,87	Mo I	3	3	3487,86	Ce	4	—	3484,05	Nb II	10	100
3491,83	W I	9	4	3487,80	Zr I	2	—	3483,98	Ce	5	—
3491,80	Al	—	2	3487,79	Ag I	3	3	3483,86	W	—	6
3491,8	к Zr	20	—	3487,71	Co I	20	1	3483,84	Mo I	20	10
3491,76	Mo I	3	3	3487,60	Ca I	100	2	3483,80	Ti II	—	70
3491,69	Ce	12	—	3487,57	Hf II	6	15	3483,77	Ni I	500R	30
3491,57	Ce	8	—	3487,57	Cu I	30	5	3483,76	Cu I	60	25
3491,47	Nb I	10	5	3487,52	Nb I	3	2	3483,67	Mo I	5	5
3491,47	Ca	—	4	3487,46	Os I	50	15	3483,54	Zr II	20	25
3491,39	Ce	3	—	3487,38	Ce	4	—	3483,51	Cr I	15	30
3491,32	Co I	200R	8	3487,28	Ce	3	—	3483,51	Ce	6	—
3491,13	Mo	3	5	3487,16	Ce	10	—	3483,43	Pt I	70	10
3491,13	W II	7	10	3487,00	V I	6	4	3483,41	Co I	300R	10
3491,05	Ti II	8	8	3486,97	Ag	2	5	3483,39	Pb	—	30
3491,02	Nb I	30	50	3486,91	Si III	—	6	3483,32	Ce	3	—
3490,99	Pt	2	2	3486,85	Ce	8	—	3483,29	Ru I	60	10
3490,93	W II	7	15	3486,72	Nb (I)	5	1	3483,18	Ca	2	5
3490,76	Ti I	2	—	3486,66	Ce	2	—	3483,17	Ru I	50	8
3490,74	Co I	60	—	3486,55	Fe I	2	—	3483,14	Co I	10	—
3490,71	Ce	6	—	3486,47	Cr (I)	20	4	3483,04	Cd II	—	6
3490,57	Fe I	400	300	3486,40	Ca	—	2	3483,01	Zr I	15	—
3490,51	P II	—	(70)	3486,26	Ce	10	—	3483,01	Fe I	50	10
3490,41	Nb II	1	10	3486,12	W II	5	20	3483,01	Ti I	8	—
3490,31	W II	4	12	3486,12	Zr	2	—	3482,95	Nb II	2	100
3490,25	Ce	4	—	3485,93	Nb I	10	5	3482,91	Mn II	50	250
3490,12	Ce II	25	3	3485,93	Mo I	8	4	3482,81	Zr I	20	1
3489,94	V II	—	40	3485,92	V II	8	70	3482,80	Ce	10	—

λ	El.	B A	S (E)	λ	El.	B A	S (E)	λ	El.	B A	S (E)
3482,77	W I	10	5	3479,84	V II	20	80	3477,24	Cr I	6	1
3482,76	Mo II	—	10	3479,81	Al I	*		3477,18	Ti II	60	100
3482,63	Al I	*		3479,74	Ce	4	—	3477,16	Cr I	25	5
3482,59	Cr II	1	6	3479,68	Fe I	2	—	3477,13	W II	—	5
3482,52	Nb II	5	1	3479,60	Ce II	15	1	3477,00	Fe I	3	1
3482,42	Ce	5	—	3479,57	Nb II	5	200	3476,98	Ti II	8	8
3482,39	Mo I	5	3	3479,42	Mo I	20	20	3476,85	Fe I	3	4
3482,34	Ce II	20	2	3479,40	Ce	2	—	3476,84	Ce II	35	10
3482,34	Mo	5	3	3479,39	Zr II	60	80	3476,83	Mo	2	3
3482,19	V I	40	50	3479,34	Cr (I)	35R	—	3476,81	Cs I	100	—
3482,14	Ce II	20	—	3479,28	Hf II	10	15	3476,75	Pt I	10	2
3482,13	Zr I	2	—	3479,26	Ni I	5	—	3476,71	Fe I	300	200
3481,90	Cu I	3	3	3479,12	Cr I	30	1	3476,63	Ni I	4	—
3481,86	Fe	1	—	3479,02	Ce	20	—	3476,57	Ce	5	—
3481,82	W I	10	12	3479,02	Zr II	10	15	3476,56	Be I	5	—
3481,78	Mo I	5	5	3478,98	Hf II	30	40	3476,50	W II	6	6
3481,75	Ce	2	—	3478,96	V II	—	25	3476,45	Ti I	12	12
3481,67	Ti I	15	1	3478,92	W I	6	5	3476,36	Co I	100R	—
3481,67	Ce	3	—	3478,92	Ti I	20	5	3476,35	Ce	15	—
3481,56	Fe I	1	—	3478,91	Rh I	500	100	3476,34	Fe I	5	2
3481,55	Si	—	5	3478,90	Hg II	10	(18)	3476,28	Nb II	—	15
3481,54	Cr I	30	30	3478,79	Zr I	12	2	3476,25	Pb	—	2
3481,44	Zr II	2	2	3478,79	Nb II	2	50	3476,24	V II	—	40
3481,33	W	6	5	3478,78	Fe I	1	—	3476,02	Zr	2	—
3481,31	Ru I	70	35	3478,76	Cr I	35	3	3476,00	Cu I	25	10
3481,30	Cr I	15	35	3478,74	Co I	60	2	3475,99	Nb I	15	3
3481,15	Ce II	12	1	3478,73	P II	—	(30)	3475,86	Fe I	2	1
3481,15	Pd I	500R	2	3478,70	W	4	—	3475,83	W I	10	7
3481,15	Zr II	50	80	3478,69	Nb I	30	15	3475,78	Ag	—	20
3481,12	Ti I	12	5	3478,63	Fe	20	6	3475,76	Mn	8	—
3481,11	K II	—	(30)	3478,62	Ca	—	2	3475,67	Ce II	15	—
3481,05	Nb I	5	2	3478,57	Ce	3	—	3475,65	Fe I	6	6
3480,97	Ce II	18	1	3478,56	Co I	40	2	3475,58	Nb I	10	15
3480,89	Ti II	6	25	3478,53	Os I	100	15	3475,45	Fe I	400	300
3480,85	Re I	50	—	3478,49	Zr II	5	5	3475,29	W II	—	25
3480,75	Ce	2	—	3478,37	Fe I	1	—	3475,12	Cr II	6	40
3480,61	Ce	4	—	3478,32	Ce	2	—	3475,03	Mo I	5	10
3480,53	Ti I	40	10	3478,30	Zr II	9	7	3475,0	к Ca	30	—
3480,52	Ta I	70	200	3478,29	Ni I	3	—	3474,89	Sr II	80	50
3480,46	W I	5	5	3478,00	Nb I	3	2	3474,87	Cr I	35	3
3480,40	Zr II	6	6	3477,98	Ce	10	—	3474,78	Rh I	700	125
3480,38	Re I	50	—	3477,95	W (I)	10	8	3474,78	Ce	12	—
3480,37	Ce II	15	—	3477,86	Ni I	5	3	3474,76	Ca I	40	5
3480,36	Ag	—	6	3477,86	Fe I	20	4	3474,68	Nb II	100	4
3480,34	Fe	2	—	3477,85	Hg I	2	—	3474,64	Mo	2	3
3480,32	Te II	—	(5)	3477,84	Co I	18	—	3474,57	Cu I	5	—
3480,27	Ce II	15	—	3477,72	Ca	2	2	3474,53	Co I	30	2
3480,27	Cr I	30	1	3477,67	Pt II	—	2	3474,44	Fe III	10	6
3480,21	Nb II	2	20	3477,63	Zr I	2	—	3474,40	Ce	2	—
3480,18	Ni I	5	—	3477,51	V II	—	100	3474,37	Cr (I)	35	8
3480,16	In	—	3	3477,45	Ce II	15	1	3474,25	Ta II	*	
3480,08	Mo I	5	5	3477,44	P	—	(30)	3474,21	Ce II	15	1
3480,06	Cs I	50	—	3477,39	Ce	8	—	3474,20	Mo	2	3
3480,01	Co I	80	2	3477,26	Ce	2	—	3474,14	Zr	2	—
3479,98	Ce	3	—	3477,26	W I	5	3	3474,14	P	—	(70)

λ	El.	B		λ	El.	B		λ	El.	B	
		A	S (E)			A	S (E)			A	S (E)
3474,13	Mn II	12	400	3471,13	Sc I	*		3468,11	Ce II	20	1
3474,04	Mn II	20	—	3471,12	Zr II	—	5	3467,96	Re I	100	—
3474,02	Co I	3000R	100	3471,03	Nb I	2	1	3467,88	W	10	8
3473,99	Nb II	2	20	3470,99	Ta II	—	18	3467,87	Y II	12	12
3473,92	Sb (II)	3	300	3470,92	Ce III	3	10	3467,85	Mo I	5	10
3473,81	Ce	8	—	3470,92	Mo I	5	8	3467,77	Ce II	15	—
3473,75	Ru I	70	35	3470,82	P II	—	(50)	3467,76	Ca	—	3
3473,73	Bi III	2	3	3470,81	O II	—	(80)	3467,73	Ni I	8	—
3473,72	Ce	5	—	3470,68	Si	—	2	3467,71	Cr I	50	30
3473,68	Fe	3	—	3470,66	Rh I	500	125	3467,66	In	—	12
3473,61	Cr I	35	10	3470,53	Cr I	25	6	3467,65	Cd I	800	400
3473,50	Fe I	3	—	3470,42	O II	—	(25)	3467,50	Ni I	300	15
3473,47	Ce	2	—	3470,40	Ce II	10	—	3467,49	Ce	2	—
3473,31	Fe	10	2	3470,40	Cr I	30	8	3467,47	Nb I	15	20
3473,22	Mo I	4	4	3470,34	Ga II	—	(5)	3467,32	V II	—	3
3473,13	Ce	10	—	3470,27	Nb II	3	100	3467,27	Ti I	25	6
3473,12	Nb I	3	2	3470,26	V II	—	70	3467,24	Sb	1	2
3473,03	Ce	2	—	3470,18	Zr I	2	—	3467,23	Au I	*	
3473,02	Nb I	30	30	3470,03	Ce	6	—	3467,05	Ru I	50	3
3473,01	Hg	—	(30)	3470,01	Mn I	2	2	3467,01	Cr I	50	20
3472,98	P II	—	(70)	3469,94	Zr II	4	2	3466,96	Mo I	5	8
3472,90	Cr I	30	8	3469,83	Fe I	35	10	3466,94	Ce II	10	—
3472,89	Zr I	5	—	3469,70	Co I	8	—	3466,89	Fe (I)	10	4
3472,79	Ti I	8	—	3469,65	Sc I	4	2	3466,83	W	2	—
3472,77	Nb I	2	2	3469,63	Mo I	3	4	3466,83	Mo I	6	10
3472,76	Cr I	30	8	3469,62	Rh I	100	10	3466,80	Ce	10	—
3472,71	Zr I	2	—	3469,60	Fe	1	—	3466,64	Ce	2	—
3472,70	Co I	6	—	3469,59	Cr I	50	15	3466,58	V II	—	30
3472,55	Ni I	800R	40	3469,53	V II	2	100	3466,50	Fe I	30	70
3472,46	Sn II	—	3	3469,49	Ni I	300	20	3466,33	Mn II	—	(18)
3472,41	Hf I	25	10	3469,43	Nb I	10	5	3466,24	In	—	18
3472,4	κ Zr	20	—	3469,40	Ce	10	—	3466,20	Cd I	1000	500
3472,36	W II	—	10	3469,39	Fe I	2	1	3466,07	Ce	5	—
3472,36	Fe	1	—	3469,25	W II	2	12	3466,02	Ce	3	—
3472,25	Rh I	100	8	3469,22	Mo I	20	10	3465,86	Nb I	30	40
3472,24	Ru I	60	9	3469,21	Ag I	10	8	3465,86	Fe I	500	400
3472,14	Cu I	20	5	3469,13	Nb I	2	1	3465,86	Mo	5	5
3472,06	Cr II	—	80	3469,06	Zr I	8	—	3465,80	Co I	2000R	25
3472,03	Fe	1	—	3469,01	Fe I	18	1	3465,75	Hg	—	2
3472,02	Ce	10	—	3469,00	Ce II	8	—	3465,73	Sn	—	(3)
3471,91	Fe	1	—	3468,97	Co I	20	—	3465,66	Mo	6	6
3471,65	Ce	3	—	3468,88	Ce II	8	—	3465,63	Zr I	3	—
3471,60	Au I	*		3468,85	Fe I	30	12	3465,57	Cr I	30	8
3471,54	Ce II	3	—	3468,74	Cr (I)	30	8	3465,56	Ti II	6	60
3471,52	Nb I	5	5	3468,70	Ce	3	—	3465,50	Ce	5	—
3471,49	Cr I	30	3	3468,68	Fe II	10	20	3465,44	Os I	60	12
3471,49	In	—	6	3468,59	Co I	5	—	3465,41	Ce	8	—
3471,38	Co I	80	25	3468,54	Nb I	10	3	3465,40	W I	4	4
3471,36	Sn II	—	10	3468,54	Pd II	—	50	3465,40	Cu I	10	2
3471,35	Fe I	40	15	3468,48	Ca I	20	3	3465,30	Ce	8	—
3471,28	Ce	2	—	3468,40	W I	10	9	3465,25	Cr I	35	30
3471,27	Fe I	40	15	3468,38	Ce	6	—	3465,24	V II	2	25
3471,19	Nb I	5	4	3468,32	Zr	4	—	3465,19	Mn	2	—
3471,18	Zr I	100	10	3468,24	W I!	1	6	3465,09	W II	—	10
3471,17	Ce	3	—	3468,13	Nb II	—	50	3465,03	Mn II	—	(18)

λ	El.	B A	B S (E)	λ	El.	B A	B S (E)	λ	El.	B A	B S (E)
3464,98	Ce	12	—	3462,23	Ce	3	—	3458,85	Mo II	—	25
3464,91	Fe I	2	—	3462,19	Sc I	4	2	3458,74	Nb I	5	—
3464,86	Ce	12	—	3462,07	Mo II	—	25	3458,72	Nb II	—	10
3464,82	Cr I	30	3	3462,04	Rh I	1000	150	3458,47	Ni I	800R	50
3464,73	Re I	100	—	3461,81	W	9	5	3458,39	Os I	200	12
3464,72	Ce	2	—	3461,79	Ce II	10	—	3458,31	W I	9	9
3464,66	S	—	(8)	3461,65	W	3	3	3458,31	Fe I	60	25
3464,49	Fe II	1	1	3461,65	Ni I	800R	50	3458,22	Al I	—	(10)
3464,46	Sr II	200	200	3461,61	Nb I	5	2	3458,21	Ce	4	—
3464,44	W II	—	12	3461,57	V II	—	3	3458,15	Mo I	5	8
3464,43	Cd II	—	10	3461,57	Rb II	—	(200)	3458,09	Cr I	35	15
3464,21	Ce II	8	1	3461,50	Ti II	80	125	3458,03	Co I	60	—
3464,17	V II	—	40	3461,41	Ce	2	—	3458,02	Ti I	8	1
3464,16	Ce II	10	—	3461,36	W I	7	6	3457,93	Rh I	125	10
3464,14	Si	—	3	3461,34	Ce II	15	—	3457,85	Cu I	50	15
3464,04	Mn II	—	(15)	3461,21	Ce	4	—	3457,79	Nb I	15	10
3464,00	Cr II	1	2	3461,18	Co I	100	3	3457,72	W I	10	9
3463,94	Pt	2	1	3461,09	Zr I	20	1	2457,61	Cr II	4	125
3463,82	V II	—	25	3460,99	Ce	12	—	3457,56	Zr II	25	25
3463,81	Nb I	30	50	3460,78	W	3	3	3457,56	Ce	18	—
3463,77	Ta I	50	—	3460,78	Mo I	25	25	3457,51	Fe I	1	—
3463,76	Ce II	15	1	3460,78	Ce	2	—	3457,45	Sc I	8	2
3463,68	Nb I	5	2	3460,77	Pd I	300R	600	3457,49	Ti I	10	1
3463,63	Al II	3	(1)	3460,72	Co I	18	—	3457,36	W I	9	8
3463,61	Cr I	15	1	3460,58	Ce	2	—	3457,29	Ti I	7	—
3463,6	Pb II	—	(50)	3460,47	Re I	1000	—	3457,20	Nb I	5	3
3463,55	Mo II	10	20	3460,43	Cr I	40	30	3457,18	Zr I	10	—
3463,51	W II	8	25	3460,42	W II	—	15	3457,17	Ce II	6	—
3463,49	Cu I	6	—	3460,33	Mn II	60	500	3457,15	V II	2	150
3463,49	Co I	8	—	3460,22	Mo I	5	5	3457,13	Ca	2	3
3463,39	V I	10	2	3460,16	Ce II	6	—	3457,09	Ag I	2	1
3463,34	Ce	3	—	3460,01	Mn II	5	5	3457,09	Fe I	5	—
3463,33	Mn II	—	(12)	3459,99	Fe I	80	50	3457,07	Rh I	100	4
3463,30	Fe I	7	1	3459,93	Zr II	20	2	3457,04	Nb II	—	15
3463,25	W I	10	15	3459,92	Mo I	8	8	3456,98	Nb I	5	—
3463,21	Ce II	12	1	3459,83	Ce II	12	1	3456,93	Fe II	3	4
3463,20	Ti I	6	3	3459,74	Fe	2	1	3456,93	Co I	30	2
3463,14	Ru I	60	4	3459,70	Nb I	30	20	3456,91	V I	20	2
3463,12	Ce II	3	—	3459,56	Sb	2	3	3456,88	Te II	—	(10)
3463,07	V II	—	30	3459,56	Nb (II)	—	20	3456,77	Ce II	8	1
3463,03	Mo II	—	20	3459,52	W I	9	8	3456,67	Ce II	20	1
3463,03	Nb I	5	30	3459,43	Ce	2	—	3456,65	Ti I	2	—
3463,02	Zr II	18	40	3459,43	Ti (I)	20	1	3456,62	Ru I	60	8
3462,87	Mn II	—	(10)	3459,43	Fe I	10	3	3456,53	Nb I	15	10
3462,80	Ni I	6	10	3459,43	Cu I	25	2	3456,52	Mo	3	4
3462,80	Co I	1000R	80	3459,39	Ce III	2	15	3456,43	Co I	5	—
3462,76	Ce	10	—	3459,29	Cr II	—	35	3456,39	Mo I	15	10
3462,73	Cr II	2	8	3459,26	Sb	—	(15)	3456,38	Ti II	25	125
3462,65	Hf II	15		3459,14	Ce	5	—	3456,34	Ce II	10	—
3462,64	Nb I	5	3	3459,02	W I	6	3	3456,17	Hg	—	(10)
3462,62	Ca	2	4	3459,02	Os I	100	10	3456,15	Mo I	5	6
3462,49	Na II	2	(15)	3458,95	Nb I	10	10	3456,03	Ce	2	—
3462,49	Ta II	*		3458,93	Zr II	25	20	3455,91	Zr I	12	1
3462,43	Ce	8	—	3458,87	Nb I	2	1	3455,87	Mo II	—	10
3462,35	Fe I	10	3	3458,86	Ce	8	—	3455,75	Ti I	6	—

λ	El.	B A	B S (E)	λ	El.	B A	B S (E)	λ	El.	B A	B S (E)
3455,72	Ge II	*		3452,89	Ni I	600R	50	3450,23	Ce	8	—
3455,61	Cr I	50	35	3452,82	Mo II	—	20	3450,0	Pb II	—	(10)
3455,49	Pb (III)	—	70	3452,80	Ce	5	—	3449,98	Ce	10	—
3455,47	Ce	2	—	3452,66	Al I	*		3449,91	Zr I	10	—
3455,42	Ti I	8	—	3452,64	Nb I	15	5	3449,91	Ce II	5	—
3455,42	Rh I	50	2	3452,62	Ce II	5	—	3449,87	Ti I	6	—
3455,39	Ti I	10	—	3452,62	W I	7	4	3449,87	W II	6	25
3455,28	Bi II	—	100	3452,60	Mo I	10	8	3449,85	Mo I	5	5
3455,27	Cr I	35	10	3452,53	Ce	5	—	3449,70	Co I	5	—
3455,23	Co I	2000R	10	3452,49	W II	4	12	3449,45	W	3	3
3455,23	Fe	2	—	3452,47	Ti II	12	100	3449,44	Co I	500R	125
3455,22	Rh I	300	12	3452,37	Nb I	15	—	3449,40	Zr	3	—
3455,21	V I	5	3	3452,35	Nb II	5	200	3449,37	Re I	100R	—
3455,18	Be I	20	—	3452,31	Co I	8	5	3449,31	W I	6	4
3455,12	Te II	—	(15)	3452,28	B II	5	30	3449,20	Os I	100	20
3455,03	Os I	50	15	3452,28	Fe I	150	8	3449,17	Co I	500 R	125
3455,02	Ce	5	—	3452,27	Ce	2	—	3449,07	Mo I	10	10
3455,02	W II	—	20	3451,92	Fe I	100	60	3448,97	Ir I	60	10
3455,01	Bi II	—	(10)	3451,91	W I	6	7	3448,96	Ru I	70	20
3455,0	Pb II	—	(10)	3451,90	Ce	2	—	3448,86	Ce	5	—
3454,97	Cr II	—	100	3451,90	Pb (III)	—	10	3448,83	W I	10	9
3454,91	Nb II	3	80	3451,88	Re I	100	—	3448,81	Y II	18	18
3454,91	Ce	5	—	3451,75	Mo (I)	10	20	3448,67	Nb II	1	30
3454,88	V I	15	12	3451,74	W I	9	7	3448,64	Ce	6	—
3454,82	Bi II	—	(5)	3451,7	Pb II	—	(80)	3448,53	Mo II	2	20
3454,80	Ce (I)	8	—	3451,69	Hg II	—	15	3448,36	Co I	10	2
3454,73	Ti I	3	—	3451,63	Nb I	1	30	3448,31	Ca		2
3454,73	In	—	3	3451,62	Ce II	3	—	3448,28	Ce II	12	—
3454,71	Nb II	3	50	3451,62	Fe I, II	15	4	3448,25	Ti I	6	—
3454,69	Cu I	40	10	3451,61	Pb II	—	10	3448,22	Nb II	3	50
3454,57	Zr II	7	4	3451,56	Ce II	5	—	3448,21	W	10	12
3454,53	W	—	9	3451,47	Mn I	2	—	3448,18	Cr (I)	12	1
3454,5	Bi II	—	(5)	3451,41	B II	—	100	3448,09	S	—	(8)
3454,39	Ce III	10	40	3451,35	Pd II	—	400	3448,02	Ce	2	—
3454,25	Ce	2	—	3451,32	Ce	3	—	3447,96	Ce	2	—
3454,22	Mo I	5	5	3451,22	Fe	1	1	3447,95	W	8	7
3454,16	Ti I	15	—	3451,15	Rh I	50	2	3447,92	O II	—	(18)
3454,16	Ni II	—	2	3451,14	W II	4	10	3447,80	Co	5	—
3454,13	Pt I	2	2	3451,05	V II	—	60	3447,78	Pt II	1	15
3454,02	Ce	3	—	3451,04	Hg	—	2	3447,76	Cr I	35	30
3453,96	Nb II	—	100	3451,03	Ca	—	2	3447,74	Rh I	50	5
3453,88	W	—	10	3450,98	Ce	2	—	3447,72	W I	6	4
3453,86	Pt	1	8	3450,91	Ce	3	—	3447,67	Pt II	—	5
3453,76	Ce	3	—	3450,84	Cr II	25	4	3447,53	Ce	2	—
3453,74	Cr I	30	25	3450,80	Ce	2	—	3447,43	Cr I	35	35
3453,65	Ti I	3	—	3450,77	Nb II	2	50	3447,38	K I	100R	75R
3453,63	Ce	2	—	3450,75	W	4	6	3447,37	Zr I	150	3
3453,53	Ti I	5	—	3450,73	Ti I	4	—	3447,28	Co I	10	—
3453,51	Co I	3000R	200	3450,72	Ce	2	—	3447,28	Fe I	100	60
3453,33	Cr I	35	35	3450,60	Mn I	4	—	3447,27	Ce	3	—
3453,24	Ce	8	—	3450,59	Mo II	—	20	3447,22	Hg I	2	—
3453,09	V II	—	60	3450,36	Ce	3	—	3447,12	W	8	3
3453,02	Fe I	30	15	3450,33	Cu I	150	30	3447,12	Mo I	25R	20
3453,0	Pb II	—	(2)	3450,33	Fe I	150	80	3447,01	Cr I	35	25
3452,91	Ru I	60	6	3450,29	Rh I	100	10	3446,93	Nb II	—	15

λ	El.	B A	S (E)	λ	El.	B A	S (E)	λ	El.	B A	S (E)
3446,91	Ta II	2	150	3443,01	W I	10	10	3439,92	Nb II	4	50
3446,90	W I	7	7	3442,95	Ce II	18	—	3439,87	Fe	15	7
3446,85	Ce	2	—	3442,93	Co I	400R	15	3439,83	Mo	3	3
3446,79	Fe I	1	—	3442,79	Nb I	3	3	3439,83	Ce II	25	2
3446,72	Ce II	15	1	3442,68	Zr I	9	—	3439,55	Mo	3	3
3446,61	Zr I	15	1	3442,67	Fe I	30	5	3439,44	Ce	3	—
3446,60	Ti I	4	—	3442,66	Mo I	5	5	3439,36	Cr (I)	30	2
3446,60	W	—	5	3442,65	Nb I	5	5	3439,35	Al I	—	(2)
3446,49	Ru I	50	—	3442,55	Ni I	4	—	3439,33	Nb I	2	3
3446,43	K I	150R	100R	3442,55	Ce	4	—	3439,30	Ti I	18	6
3446,39	Co II	3	60	3442,53	W II	—	12	3439,23	Mo	2	2
3446,26	Ni I	1000R	50	3442,48	Mo II	—	6	3439,00	Ta II	—	(70)
3446,20	Ce	15	—	3442,42	Cd II	*		3438,97	Mn II	20	20
3446,09	Mo II	1	40	3442,38	Ce II	25	3	3438,96	W I	5	4
3446,09	Co I	60	—	3442,36	Fe I	50	15	3438,91	Co I	30	—
3446,07	Ru I	50	6	3442,36	Co II	—	8	3438,88	Ce	3	—
3445,80	Mo	3	—	3442,33	V I	15	15	3438,87	Mo I	20	20
3445,80	V I	15	12	3442,25	Te II	—	(10)	3438,81	W	9	6
3445,77	Fe	10	3	3442,25	Ce	8	—	3438,71	Co I	80	—
3445,71	W I	10	7	3442,23	Fe II	2	—	3438,51	In II	—	(10)
3445,67	Nb I	50	80	3442,18	Ce	10	—	3438,43	Hf I	12	3
3445,60	Cr I	100	80	3442,04	Ni I	15	—	3438,41	Nb II	1	50
3445,56	Ti I	3	—	3442,00	V I	10	8	3438,37	Ru I	70	35
3445,55	Os I	80	15	3441,98	Mn II	75	75	3438,33	In II	—	(50)
3445,50	Mo II	2	25	3441,97	In II	—	(5)	3438,31	Fe (I)	10	3
3445,44	S (II)	*		3441,97	W I	8	6	3438,23	Ce	3	—
3445,43	Hg	—	2	3441,89	Ce	2	—	3438,23	Zr II	250	200
3445,40	W I	7	5	3441,89	Mo II	5	8	3438,21	W	7	3
3445,26	Mo I	8	2	3441,64	Nb II	2	40	3438,06	Ce	15	—
3445,15	Fe I	300	150	3441,45	Cr I	80	90	3437,95	Fe I	15	7
3445,03	Mo I	5	5	3441,44	Mo I	10	10	3437,87	V I	2	1
3444,89	Ti I	2	—	3441,40	Ce	10	—	3437,81	Ce (I, II)	10	—
3444,87	Al I	—	(5)	3441,40	Pd I	800	2	3437,77	V I	4	2
3444,79	Ce	5	—	3441,21	Ce II	35	5	3437,71	Re I	100	—
3444,60	W	9	8	3441,14	Co I	8	—	3437,69	Co I	150	—
3444,46	Os I	50	12	3441,11	Cr I	30	25	3437,49	Sb	2	8
3444,40	Ti I	5	—	3440,99	Fe I	300	200	3437,37	Ta I	7	300
3444,31	Ti II	60	150	3440,97	Zr	10	2	3437,36	Pb I	—	10
3444,27	Nb II	1	50	3440,63	W II	5	20	3437,32	Ce	12	—
3444,25	Ni I	10	—	3440,61	Fe I	500	300	3437,28	Ni I	600R	40
3444,18	Ce	5	—	3440,59	Al	—	(2)	3437,22	W II	3	10
3443,88	Fe I	400	200	3440,59	Nb II	15	80	3437,22	Mo I	25	25
3443,78	Cr I	30	25	3440,58	Zr	10	4	3437,15	N I,II	—	(35)
3443,74	Nb II	1	20	3440,57	Ce	3	—	3437,14	Zr II	15	10
3443,68	Ce	8	15	3440,53	Rh I	2	100	3437,05	Fe I	80	15
3443,65	Fe	4	1	3440,51	Cu I	10	4	3437,02	Ir I	20	15
3443,64	Al I	—	10	3440,47	Ce	15	—	3436,96	Nb I, II	20R	50
3443,64	Ti I	12	1	3440,45	Zr I	10	—	3436,96	Co I	10	—
3443,64	Co I	500R	100	3440,40	O	—	(20)	3436,95	Ce	5	—
3443,63	Ce III	8	—	3440,24	Ta II	18	50	3436,83	Nb II	2	20
3443,56	Zr II	8	8	3440,21	Ru I	100	30	3436,74	Ru I	300R	150
3443,38	Ti II	3	35	3440,05	Mn I	2	—	3436,72	Ce	3	—
3443,35	Ce	2	—	3440,05	K II	—	(40)	3436,54	Cu I	7	—
3443,26	Mo I	20	15	3440,00	Ce	2	—	3436,39	V II	—	3
3443,20	Co (I)	25	2	3439,99	W	8	5	3436,30	Ce II	15	—

λ	El.	B A	B S (E)	λ	El.	B A	B S (E)	λ	El.	B A	B S (E)
3436,19	Ce	5	—	3433,04	Fe	50	1	3430,09	P	—	(30)
3436,19	Cr I	50	50	3433,04	Co I	1000R	150	3429,85	Ce	12	—
3436,11	Fe II	5	15	3432,87	Mo I	5	5	3429,68	Co I	30	—
3436,00	Ta I	70	18	3432,84	Co I	3	—	3429,63	Ce	3	—
3435,82	Cr I	30	12	3432,84	Cr (I)	10	1	3429,6	Pb II	—	(5)
3435,75	Co I	8	—	3432,77	Ce	4	—	3429,60	W I	10	12
3435,71	W II	9	12	3432,75	Ru I	70	40	3429,55	Ru I	60	25
3435,68	Ce	3	—	3432,71	Nb II	10	100	3429,48	Sc I	12	2
3435,68	Cr I	20	12	3432,42	Nb I	10	3	3429,21	Sc I	12	7
3435,58	Nb II	—	10	3432,41	Ce	3	—	3429,17	Ce	5	—
3435,56	Sc I	12	4	3432,40	Zr II	9	9	3429,1	к Ca	4	—
3435,48	Ni I	3	—	3432,32	Co I	60	—	3429,04	Nb I	10	5
3435,47	Cr I	8	1	3432,31	Cr I	25	6	3428,95	Ti I	10	1
3435,45	Mo I	6	—	3432,23	Mo II	—	25	3428,94	Ce	2	—
3435,43	Ti (I)	10	1	3432,20	Ru I	50	12	3428,92	Al II	—	(50)
3435,38	Mo II	—	60	3432,00	Cr I	25	4	3428,88	Mo II	1	25
3435,37	V II	—	20	3431,95	Nb I	8	5	3428,87	Ce	4	—
3435,24	W	6	5	3431,85	Ti I	5	5	3428,78	Nb I	10	10
3435,20	Ce (I)	20	—	3431,84	Pt I	5	3	3428,76	Co I	8	—
3435,18	Ru I	60	20	3431,81	Fe I	50	20	3428,75	Fe I	5	2
3434,89	Rh I	1000R	200R	3431,73	Ce	8	—	3428,69	Ce II	10	—
3434,79	Mo I	50	12	3431,69	Cr I	12	2	3428,51	Ca	2	4
3434,73	Hg	—	15	3431,58	Cr I	6	—	3428,50	Ce	5	—
3434,72	Rb	—	(40)	3431,58	Co I	500R	40	3428,36	Nb I	3	3
3434,64	Ag I	2	—	3431,56	Zr II	10	8	3428,32	Ru I	100	100
3434,49	Mo	5	4	3431,49	Ce II	12	1	3428,23	Co I	100	2
3434,29	Ce	3	—	3431,36	Sc I	10	2	3428,20	Fe I	50	50
3434,26	Rb II	—	(60)	3431,35	Pb	—	2	3428,05	Ce	3	—
2434,16	Hg	—	2	3431,28	Cr I	35	8	3427,93	Pt I	50	6
3434,13	Ce	5	—	3431,23	Bi II	—	(150)	3427,90	Mo I	4	4
3434,11	Cr I	30	25	3431,19	Ce	8	—	3427,83	Ce	3	—
3434,04	Mo I	4	4	3431,18	Nb II	—	5	3427,76	Co I	6	—
3434,02	V II	1	20	3431,06	Nb I	8	—	3427,72	W I	9	8
3434,02	Fe I	2	—	3431,01	Ce	10	—	3427,67	Os I	80	15
3433,97	Cu I	5	—	3430,94	Ta (I), II	50	70	3427,65	Cr (I)	40	1
3433,95	Nb II	—	10	3430,94	Zr I	2	—	3427,61	Re I	50	
3433,90	Zr II	8	6	3430,88	W	7	5	3427,60	Ce II	5	—
3433,78	W I	9	7	3430,87	Ti I	5	—	3427,45	Nb I	30R	30
3433,76	V II	—	3	3430,84	Ce	12	—	3427,42	O	—	(10)
3433,74	Nb II	—	10	3430,83	Bi II	—	(200)	3427,36	Ce III	12	10
3433,68	Ce	10	—	3430,76	Ru I	70	45	3427,12	Ce	8	—
3433,59	Cr I	50	35	3430,66	Ce	4	—	3427,12	Fe I	50	50
3433,56	Ce	10	—	3430,60	Ce	4	—	3427,08	Ce	5	—
3433,56	Mn I	15	—	3430,58	W II	—	3	3427,01	Fe I	1	—
3433,56	Ni I	800R	50	3430,55	Ti I	5	3	3426,93	Zr I	2	—
3433,45	Pd I	1000	500	3430,53	Zr II	50	50	3426,87	Ce	2	—
3433,37	Mo	3	1	3430,53	Bi II	—	(60)	3426,86	Na I	10	—
3433,29	Cr II	30	150	3430,51	Si	—	2	3426,79	Mo I	10	2
3433,28	W	—	12	3430,31	Ce II	10	2	3426,72	Pt I	8	1
3433,26	Ru I	60	25	3430,30	Bi II	—	(35)	3426,64	Fe I	80	60
3433,25	Mo II	—	5	3430,28	Zr I	10	—	3426,58	Ce II	20	1
3433,18	Nb I	2	2	3430,26	W I	6	4	3426,56	Nb II	5	200
3433,09	Nb I	10	2	3430,25	Ce	5	—	3426,45	Co I	15	2
3433,09	Ce II	25	5	3430,22	Mo	3	4	3426,44	Ce	2	—
3433,06	W I	7	4	3430,10	Bi II	—	25	3426,39	Fe I	80	20

λ	El.	B A	B S (E)	λ	El.	B A	B S (E)	λ	El.	B A	B S (E)
3426,32	Fe I	5	2	3422,73	Cr II	35	125	3419,70	W II	—	8
3426,26	P II	—	(50)	3422,71	Ce II	30	10	3419,70	Fe I	7	2
3426,23	W II	—	7	3422,66	Ti II	4	10	3419,67	Cr I	8	—
3426,21	Ce II	30	6	3422,66	Fe I	100	50	3419,65	Zr I	18	—
3426,00	Mo I	10	10	3422,50	Ce II	18	—	3419,41	Re I	80	
3425,98	Cr I	25	2	3422,49	Fe I	40	10	3419,34	P II	—	(100)
3425,94	Ce II	20	—	3422,43	W (I)	10	9	3419,32	Ce	2	—
3425,94	W	—	6	3422,42	Ce	8	—	3419,28	W I	10	7
3425,89	Sb IV	—	8	3422,33	Ni I	10	5	3419,24	Ce	2	—
3425,86	Nb I	50R	30	3422,31	Mo I	10	10	3419,17	Hf I	15	4
3425,67	Ce	2	—	3422,26	V (II)	—	15	3419,15	Fe I	2	—
3425,58	Fe II	2	4	3422,21	Ce	2	—	3419,10	Zr II	6	4
3425,54	W	6	5	3422,14	Fe	2	—	3419,02	Mo II	8	10
3425,47	Mo I	8	8	3422,00	Ce	5	—	3418,93	Ce	20	2
3425,47	Sb	—	(8)	3421,72	Pt	2	—	3418,88	Fe	1	—
3425,43	Nb II	30R	300	3421,72	Cr	12	—	3418,52	Mo I	10	12
3425,34	Ce II	10	—	3421,71	Ce	3	—	3418,51	V I	25	20
3425,28	V	8	4	3421,67	Cr (I)	2	6	3418,51	Fe I	150	100
3425,07	V (I)	25	20	3421,63	Co I	20	2	3418,51	Sc I	5	2
3425,03	W I	5	4	3421,54	Ce II	5	—	3418,34	Mo	4	1
3425,01	Fe I	70	40	3421,42	W II	—	7	3418,17	Fe I	4	1
3425,00	P II	—	(100)	3421,41	Zr I	3	—	3417,98	Cr (I)	8	—
3424,92	Ca	—	2	3421,34	Co I	3	—	3417,89	Ce II	20	—
3424,82	W	4	—	3421,34	Ni I	30	8	3417,86	Nb I	5	5
3424,82	Zr II	15	9	3421,25	Mo I	6	6	3417,84	Fe I	150	100
3424,76	Mo I, II	5	3	3421,24	Pd I	2000R	1000R	3417,80	Co I	30	2
3424,63	Zr II	2	—	3421,20	Ni I	4	—	3417,72	Ca	2	4
3424,62	Re I	300	—	3421,19	Cr II	50	200	3417,67	Co I	25	—
3424,60	Mo I	8	5	3421,10	Nb II	10	50	3417,51	Mo	5	4
3424,51	Co I	80	2	3421,13	W II	3	20	3417,49	Cd II	10	15
3424,45	W II	2	15	3421,07	Ce	6	—	3417,45	Ce II	30	5
3424,36	Ce	3	—	3420,95	Ce	5	—	3417,34	Hf I	10	2
3424,29	Fe I	200	150	3420,82	Ca	—	2	3417,33	Ru I	1	70
3424,02	Ce	8	—	3420,79	Mn I	8	—	3417,27	Nb I	5	—
3423,86	V I	25	25	3420,79	Co I	80	2	3417,26	Fe I	6	—
3423,85	Ce II	20	2	3420,74	Ni I	30	3	3417,17	Nb II	—	10
3423,85	Co II	15	20	3420,70	V II	—	10	3417,16	Fe	5	—
3423,84	W	6	3	3420,63	Nb II	5	50	3417,16	Co I	400R	—
3423,76	Nb I	15	5	3420,63	O	—	(7)	3417,06	Pt	3	—
3423,71	Ni I	600R	25	3420,53	Ce II	8	—	3417,06	V I	35	25
3423,66	Si	—	2	3420,47	Co I	3	2	3417,00	Mo II	—	6
3423,64	Nb (II)	—	10	3420,35	W I	7	6	3416,96	Ti II	7	50
3423,61	Ce	3	—	3420,32	Si	—	2	3416,86	Ce II	10	1
3423,47	Ce	4	—	3420,32	Ba I	8	2	3416,70	Ce	12	—
3423,30	W I	7	6	3420,17	Ce II	35	2	3416,68	Zr	4	—
3423,17	Ti I	4	—	3420,17	Cu I	15	3	3416,67	Fe I	1	—
3422,96	Cd II	—	3	3420,16	Cd II	—	5	3416,62	W (II)	7	20
3422,90	Co I	18	4	3420,11	Nb (I)	3	3	3416,55	Ce II	20	—
3422,87	Ni I	10	5	3420,09	Ru I	60	8	3416,54	V I	7	3
3422,87	Ca	—	2	3420,07	W	4	12	3416,29	Fe	2	—
3422,84	Nb II	1	30	3420,04	Mo I	15	15	3416,21	Mo II	4	25
3422,80	W II	—	6	3419,98	Ag	1	2	3416,19	Ru I	50	4
3422,78	Co I	7	—	3419,91	O	—	(3)	3416,08	Mo II	2	10
3422,77	Nb II	3R	5	3419,89	Cr (I)	12	—	3416,02	Fe II	2	2
3422,77	Mo II	—	30	3419,75	Ta I	50	5	3415,99	Ti I	15	2

λ	El.	B		λ	El.	B		λ	El.	B	
		A	S (E)			A	S (E)			A	S (E)
3415,98	Nb I	50	50	3412,80	Ru I	50	5	3409,01	W	5	4
3415,80	Cu I	10	3	3412,74	W II	2	12	3408,95	Ce	5	—
3415,78	Co II	100R	20	3412,64	Fe	8	—	3408,89	Co I	8	—
3415,63	Mo	10	5	3412,63	Co I	1000R	40	3408,80	Ce	10	—
3415,61	Ce	10	—	3412,48	Nb II	2	20	3408,77	Zr	9	—
3415,58	Cr (I)	8	—	3412,34	Co I	1000R	100	3408,76	Cr II	35	100
3415,55	W I	7	6	3412,33	Ce II	10	—	3408,68	Nb II	5	50
3415,53	Fe I	60	20	3412,29	Mo (II)	1	20	3408,67	Re I	100	—
3415,53	Co I	20	—	3412,27	Rh I	300	60	3408,66	Mo II	1	25
3415,41	W II	3	4	3412,05	W	5	5	3408,6	Bi II	—	(15)
3415,38	Ca	2	3	3412,01	Mo	5	5	3408,46	Ce	2	—
3415,30	Ce	3	—	3411,83	Ce	12	—	3408,39	Ce	8	—
3415,27	Ta II	3	35	3411,8	Bi II	—	(15)	3408,39	Ca	—	3R
3415,27	Mo	5	5	3411,79	Zr I	3	—	3408,38	W I	10	7
3415,06	Ce	8	—	3411,68	Ti I	10	2	3408,37	Nb I	10	5
3414,95	Zr I	2	—	3411,64	Ru I	80	20	3408,21	W II	—	5
3414,88	V II	—	4	3411,56	Ce	12	—	3408,18	Ce	2	—
3414,77	Ni I	1000R	50	3411,43	Ce	10	—	3408,13	N II	—	(10)
3414,76	Ce	5	—	3411,36	Fe I	80	30	3408,13	Pt I	250	60
3414,74	Co I	200	—	3411,31	Cs	—	(10)	3408,08	Zr II	10	9
3414,66	Zr I, II	20	15	3411,13	Fe I	2	—	3408,04	Ce	2	—
3414,64	Ru I	50	5	3411,11	Ce	5	—	3408,01	Cr I	40	1
3414,60	Ce	5	—	3411,09	Mo	4	3	3407,99	V I	12	6
3414,60	Ca	—	2	3411,02	Cr (I)	80	3	3407,97	Nb I	8	10
3414,46	Ag I	4	—	3411,01	W I	5	4	3407,75	Hf II	20	25
3414,43	Mo II	—	20	3410,90	Fe I	10	2	3407,69	Ce	8	—
3414,35	Cr (I)	8	—	3410,87	W	10	9	3407,63	Mo II	4	5
3414,31	Ce	8	—	3410,78	Ag I	8	—	3407,63	W I	7	5
3414,19	V I, II	20	40	3410,62	Mo II	—	25	3407,59	Ce	2	—
3414,16	Ce II	8	—	3410,48	W I	7	6	3407,48	Sn II	—	(2)
3414,13	Ta II	18	100	3410,25	Zr II	50	50	3407,46	Fe I	400	400
3414,06	Nb I	10	8	3410,22	Ce	12	—	3407,40	Ta II	—	18
3413,94	Ni I	300	10	3410,18	Fe I	30	20	3407,38	O II	—	(70)
3413,74	S	—	(8)	3410,17	W II	—	15	3407,32	Nb II	—	30
3413,73	Hf II	12	10	3410,15	Hf II	25	60	3407,30	Ni II	—	25
3413,65	Mo	12	6	3410,1	Bi II	—	(5)	3407,24	Ce II	25	2
3413,61	Ce	3	—	3409,91	Nb I	8	3	3407,23	Cr I	50	1
3413,54	W I	10	10	3409,86	Ce	2	—	3407,21	Ti II	12	50
3413,51	P	—	(70)	3409,84	O II	—	(25)	3406,94	Nb (II)	1	30
3413,51	Nb I	5	2	3409,80	Ti II	18	40	3406,94	Ce	2	—
3413,48	Fe	2	—	3409,64	Co I	15	—	3406,94	Ta I	70	15
3413,48	Ni I	500	15	3409,61	W I	5	4	3406,93	P	—	(50)
3413,45	Ce	4	—	3409,58	Ni I	300	—	3406,87	Cr (I)	4	1
3413,40	Zr II	8	5	3409,50	Ce	8	—	3406,83	V I	25	12
3413,37	Mo	8	8	3409,43	W I	7	6	3406,82	W II	9	12
3413,34	Cu I	20	7	3409,41	Zr	3	—	3406,80	Fe I	100	60
3413,32	Ce	8	—	3409,40	Ce II	10	—	3406,79	Te II	—	(15)
3413,23	Ce	4	—	3409,37	Cr (I)	60	1	3406,66	Ta II	70	18
3413,21	Nb II	1	40	3409,28	Ru I	100	40	3406,61	Nb I	8	5
3413,13	Fe I	400	300	3409,24	W	—	5	3406,61	Ca	—	3
3413,03	Sn	—	(15)	3409,20	Fe I	40	4	3406,60	Ru I	50	3
3412,96	W I	10	9	3409,19	Nb II	10	100	3406,59	W II	—	9
3412,95	Mo II	—	15	3409,18	Co I	1000R	125	3406,55	Rh I	50	8
3412,93	Nb II	5	150	3409,1	κ Ca	12	—	3406,44	Fe I	30	10
3412,8	Sn	—	5	3409,09	V I	12	4	3406,42	Ce	2	—

λ	El.	B A	B S (E)	λ	El.	B A	B S (E)	λ	El.	B A	B S (E)
3406,36	Ce II	8	—	3403,70	In	—	18	3400,16	Ti I	10	1
3406,21	Ce	10	—	3403,68	Zr II	15	15	3400,15	Mo II	1	10
3406,13	Nb I	30	30	3403,65	Cd I	800	500	3400,11	Na II	—	(5)
3406,09	Ce	5	—	3403,60	Ce II	15	—	3399,97	Cs I	30	—
3406,09	W II	—	8	3403,60	Cr I	35	3	3399,96	Nb I	10	2
3406,06	V II	—	3	3403,49	Nb II	—	5	3399,93	Sb II	1	2
3405,97	Ce II	25	3	3403,43	Ni I	40	—	3399,78	Hf II	60	100
3405,94	Mo (I)	25	25	3403,36	Ti I	12	2	3399,71	Nb II	15	15
3405,89	Re I	150	—	3403,36	V I	30	15	3399,70	Rh I	500	60
3405,88	Ru I	50	2	3403,35	Mo I	20	3	3399,67	Cd II	—	5
3405,83	Fe I	3	1	3403,32	Fe I	7	3	3399,54	Cr II	1	60
3405,82	Co (I)	30R	—	3403,30	Cr II	30	200	3399,40	Nb I	20	30
3405,80	Ce	10	—	3403,18	Ce	10	—	3399,38	Ru I	60	3
3405,70	Mo II	1	3	3403,01	Nb (I)	20	80	3399,35	Zr II	100	40
3405,63	Ce	4	—	3402,87	Zr II	10	10	3399,34	Fe I	200	200
3405,57	Fe	1	—	3402,81	Mo I, II	5	100	3399,30	Re I	200	—
3405,44	Ce	6	—	3402,80	Bi I	3	—	3399,23	Fe I	5	—
3405,42	Nb I	80	50	3402,77	Hg	—	(18)	3399,07	Ce	2	—
3405,32	Bi I	40	10	3402,76	W I	5	4	3399,04	Sn	—	25
				3402,57	V I	60	25	3398,92	W II	4	12
3405,25	Bi I	60	—	3402,54	Ce	3	—	3398,91	Ce III	15	1
3405,21	Cr I	12	1	3402,52	Zr II	2	—	3398,81	Co I	20	—
3405,20	Mo I	8	5	3402,51	Hf I	20	3	3398,72	Ce	10	—
3405,16	V I	30	15	3402,51	Os I	200	15	3398,63	Ce	4	—
3405,12	Co I	2000R	150	3402,43	Cr II	25	80	3398,62	Ti I	20	6
3405,09	Ti I	20	2	3402,42	Ti II	15	90	3398,37	Ta I, II	35	18
3405,03	Ag	3	2	3402,31	Mo	5	1	3398,33	Ce	10	—
3404,97	Ti II	—	2	3402,26	Fe I	150	150	3398,33	W	—	4
3404,96	V I	8	1	3402,24	Cu I	45	10	3398,26	V I	12	10
3404,91	Au	—	3	3402,19	W II	*		3398,25	Nb (I)	15	40
3404,91	Ce II	18	2	3402,18	Ce	10	—	3398,22	Fe I	2	1
3404,86	Mo	6	4	3402,16	Cd II	—	5	3398,09	W I	10	9
3404,83	Zr II	40	35	3402,06	Co I	10	2	3397,91	Zr I	8	—
3404,80	W I	8	6	3402,02	Ce	2	—	3397,84	V I	30	20
3404,75	Fe I	2	—	3402,02	Nb II	—	50	3397,68	Mo I	20	20
3404,72	Re I	100	—	3402,00	V II	—	3	3397,64	Zr	8	—
3404,58	Pd I	2000R	1000R	3401,91	Co I	20	—	3397,64	Fe I	10	2
3404,44	In II	—	(10)	3401,9	к Pb	20	—	3397,58	V I	3	25
3404,43	V II	—	50	3401,89	W II	7	40	3397,56	Fe I	1	2
3404,43	P II	—	(50)	3401,86	Os I	200	20	3397,51	Nb II	—	15
3404,42	Ce	12	—	3401,79	Zr I	4	—	3397,46	W	4	4
3404,35	Fe I	100	50	3401,76	Ni II	—	15	3397,32	Nb II	—	50
3404,34	Mo I	20	25	3401,74	Ru I	100	50	3397,26	Hf I	20	3
3404,30	Fe I	25	25	3401,61	Co I	18	—	3397,24	Ni	2	—
3404,29	In II	—	(18)	3401,52	Fe I	150	90	3397,21	Bi I	100	50
3404,24	K II	—	(30)	3401,39	W I	7	6	3397,21	Fe I	1	—
3404,22	W I	8	7	3401,34	V I	15	8	3397,08	Ce	12	—
3404,14	W II	—	4	3401,22	Nb II	2	40	3396,98	Fe I	125	25
3404,13	In II	—	(18)	3401,17	Ni I	40	1	3396,85	Rh I	1000	500
3404,13	Ce	18	—	3400,76	Zr	2	—	3396,82	Mo	4	3
3403,91	Sb II	2	10	3400,55	W I	5	3	3396,72	Ce II	15	—
3403,84	Ce	8	—	3400,46	Co I	5	—	3396,65	Zr II	8	5
3403,79	W	4	3	3400,40	V I	100	8	3396,51	V I	15	12
3403,75	Nb I	5	4	3400,25	Ce II	8	—	3396,45	Co I	3	—
3403,72	Ce	3	—	3400,21	Hf I	15	2	3396,38	Fe I	1	—

λ	El.	B A	B S (E)	λ	El.	B A	B S (E)	λ	El.	B A	B S (E)
3396,37	Nb II	2	150	3392,71	Ti I	20	8	3389,27	Zr	2	—
3396,33	Zr II	12	10	3392,66	V II	1	30	3389,20	Ce II	5	—
3396,32	Cu I	30	3	3392,65	Fe I	300	200	3388,96	Fe I	3	—
3396,31	Hg	—	10	3392,53	Ru I	100	40	3388,95	Mo	3	3
3396,18	Ni I	8	—	3392,34	Nb I	20R	30	3388,85	Cd II	—	6
3395,94	Fe	3	—	3392,31	Fe I	125	80	3388,82	W I	10	12
3395,92	Nb I	10	5	3392,25	Ce	3	—	3388,75	Ti II	12	35
3395,91	Sb	—	4	3392,19	Ti	2	1	3388,73	Mo	3	3
3395,87	S	—	(15)	3392,17	Mo I	15	2	3388,71	Cr I	40	4
3395,81	W I	8	7	3392,01	Cu I	7	—	3388,71	Ru I	80	20
3395,72	Nb II	1	30	3392,01	Fe I	20	6	3388,63	Fe	5	1
3395,62	Cr II	2	100	3391,98	Zr II	300	400	3388,49	Co I	3	—
3395,61	Mo	4	—	3391,89	Ru I	50	6	3388,48	Ce	5	—
3395,52	V I	25	10	3391,88	Ce	3	—	3388,45	Mo	10	8
3395,48	Cu I	30	7	3391,84	Mo II	1	30	3388,40	Ce II	8	—
3395,47	W I	7	6	3391,59	Ce	10	—	3388,30	Zr II	50	40
3395,41	Ce	10	—	3391,59	Nb II	1	5	3388,17	Co I, II	250R	12
3395,38	Co I	400R	50	3391,53	Mo	4	—	3388,13	Fe II	*	
3395,36	Mo II	—	25	3391,53	W I	10	10	3387,92	Nb	—	20
3395,35	P	—	(50)	3391,41	Cr II	4	150	3387,87	Zr II	100	100
3395,32	Fe II	—	2	3391,36	Cr I	12	—	3387,84	Os I	100	15
3395,03	Ce	15	—	3391,33	Nb I	5	3	3387,83	Ti II	60	125
3394,98	Hf II	20	50	3391,29	Os I	2	5	3387,78	Ce II	20	2
3394,98	Nb II	2	50	3391,10	W I	10	10	3387,75	Nb I	8	5
3394,92	W II	—	5	3391,05	Ni I	400	40	3387,75	Mo I	10	8
3394,91	Co I	7	—	3391,04	Hg	—	2	3387,72	Co II	2	15
3394,81	Mo II	—	10	3390,81	Ce	8	—	3387,63	W II	—	12
3394,63	Zr II	2	3	3390,80	Nb I	20	—	3387,63	Fe	5	—
3394,61	W I	6	3	3390,77	Cr I	30	3	3387,57	Nb I	3	5
3394,58	Hf II	20	25	3390,76	V I	40	15	3387,55	Ce	2	—
3394,58	Fe I	150	80	3390,67	Ti I	35	10	3387,46	Ni I	2	—
3394,57	Ti II	70	200	3390,62	Nb I	30	50	3387,41	Fe I	35	8
3394,47	W II	1	10	3390,51	Ce II	20	1	3387,38	V I	8	8
3394,32	Cr II	15	150	3390,41	Nb (I)	10	3	3387,34	Ce	4	—
3394,13	Ce II	15	1	3390,40	Co I	30	2	3387,11	Zr I	2	—
3394,09	Nb I	5R	3	3390,38	V I	12	8	3387,10	S III	—	(8)
3394,09	Fe I	7	2	3390,25	O II	—	(80)	3387,10	Ag	—	3
3393,92	Ce II	30	1	3390,20	Ta (II)	*		3387,06	Co I	2	—
3393,92	Fe I	6	1	3390,10	Mo	5	3	3386,99	Nb I	10	15
3393,85	Cr II	15	125	3390,08	Fe	2	—	3386,90	Zr I	2	—
3393,81	Nb II	1	15	3390,06	Hg	—	50	3386,85	Ce	8	—
3393,75	W	5	4	3389,94	Nb II	1	80	3386,79	W I	4	2
3393,65	Mo I	20	10	3389,90	Ti I	3	—	3386,51	Cr I	30	2
3393,61	Au II	—	3	3389,89	Ca	1	3	3386,50	W II	—	12
3393,57	Ce	10	—	3389,83	Hf II	30	40	3386,40	Ce	2	—
3393,53	Bi	—	2R	3389,83	Ce	8	—	3386,39	Ca	1	3
3393,38	Fe I	6	3	3389,80	Mo I,II	15	20	3386,27	Mo II	1	8
3393,12	Zr II	30	25	3389,75	Fe I	15	4	3386,24	Nb II	5	100
3393,12	Mo II	—	10	3389,64	Ce	8	—	3386,10	W I	9	7
3393,11	Rb II	—	(40)	3389,62	Ti I	6	—	3386,08	Ce	8	—
3393,00	Cr II	10	100	3389,52	W II	—	4	3385,94	Ti I	80	25
3392,99	Ni I	600R	—	3389,50	Ru I	60	18	3385,87	Mo I	6	10
3392,98	Cu I	5	—	3389,41	Ce	5	—	3385,85	S (II)	—	(25)
3392,81	Ca	1	2	3389,4	Pb II	—	(10)	3385,82	W	7	10
3392,78	Ce II	10	—	3389,38	Ag	—	2	3385,81	Nb (I)	3	5

λ	El.	B A	B S (E)	λ	El.	B A	B S (E)	λ	El.	B A	B S (E)
3385,79	V II	—	5	3382,53	V II	—	125	3379,37	V I	6	3
3385,78	Zr	3	—	3382,51	Ce	8	—	3379,30	Nb II	1	100
3385,74	Ce	4	—	3382,48	Mo I	15	15	3379,27	W I	4	1
3385,70	Ru I	50	4	3382,40	Fe I	50	10	3379,20	Ti I	25	10
3385,66	Nb I	5	8	3382,44	Nb II	5	40	3379,17	Ce II	30	2
3385,66	Ti I	25	10	3382,31	Ti I	30	7	3379,17	Cr I	40	6
3385,55	Co I	6	—	3382,30	Ce	8	—	3379,06	Re II	50	—
3385,55	Fe	2	—	3382,29	Mo I	10	6	3379,02	W II	4	15
3385,49	Cd II	—	(40)	3382,28	Bi	2	—	3379,02	Fe I	80	50
3385,44	Fe	3	—	3382,09	W I	8	7	3378,81	Ce II	5	—
3385,39	Cu I	2	—	3382,07	Cr I	30	1	3378,76	P	—	(50)
3385,34	Cd	8	—	3382,04	Au I	6	8	3378,74	Co I	40	2
3385,31	Cr I	30	2	3381,76	Mo	4	4	3378,73	W	3	2
3385,25	Hg II	—	(200)	3381,50	Co I	100	—	3378,68	Fe I	150	80
3385,24	Mo	5	2	3381,49	Ce II	20	—	3378,68	Os I	50	10
3385,22	Co I	250R	15	3381,44	Ti I	2	—	3378,52	W I	8	7
3385,16	Ru I	60	35	3381,42	Cu I	20	7	3378,51	Cu II	—	2
3385,07	Ce	5	—	3381,34	Fe I	5	2	3378,46	Mo I	10	10
3384,98	Se II	—	(25)	3381,33	Ti I	5	—	3378,36	Co I	30	2
3384,94	Cu II	—	3	3381,12	Cu I	15	5	3378,36	Cr II	25	150
3384,89	W II	9	12	3381,12	Ce	10	—	3378,30	Zr II	7	3
3384,86	K II	—	(30)	3381,11	Mo	3	2	3378,19	Mo I	10	10
3384,81	Cu I	10	3	3381,04	Zn II	—	(20)	3378,18	Ce	5	—
3384,69	Hf II	10	12	3380,99	Fe II	—	2	3378,12	Ce	5	—
3384,65	Nb I	2	8	3380,93	Nb II	—	200	3378,11	W	—	7
3384,65	Cr I	40	1	3380,91	Ce	10	—	3378,06	Ru I	60	12
3384,62	Mo I	30R	25	3380,86	Nb I	5	—	3377,84	Ce	5	—
3384,61	W	55	3	3380,85	Ni I	200	12	3377,77	Ce	8	—
3384,60	V I	60	40	3380,71	Cu I	—	5	3377,73	Nb I	2	2
3384,33	W I	7	6	3380,71	Sr II	150	200	3377,70	Cu II	—	3
3384,24	Cr I	35	—	3380,69	W II	—	3	3377,63	V I	60	30
3384,14	Hf II	15	15	3380,67	Pd I	150	2	3377,58	Ti I	20	15
3384,06	Ce	8	—	3380,62	K II	—	(30)	3377,58	P II	—	(50)
3384,00	Os I	80	5	3380,57	Ni I	600R	100	3377,48	Ti I	15	10
3383,99	Fe I	200	100	3380,48	Nb I	3	2	3377,45	Zr II	25	10
3383,98	Mo II	1	30	3380,41	Nb I	20	3	3377,40	V I	35	15
3383,92	Ce II	8	—	3380,28	Ti II	25	150R	3377,37	Nb II	—	20
3383,92	Co I	60	—	3380,22	Mo II	1	25	3377,30	Ce	2	—
3383,82	Pt	1	8	3380,17	Ru I	60	15	3377,20	Fe	5	5
3383,80	Nb I	15	5	3380,11	Fe I	200	25	3377,20	O II	—	(70)
3383,76	Ti II	70	300R	3380,05	Nb I	5	5	3377,13	Ce II	50	5
3383,70	Fe I	100	70	3379,97	Mo I	25	1	3377,08	Ba I	15R	6
3383,68	Ce	20	2	3379,96	W	4	—	3377,06	Co I	100	—
3383,55	Mo	5	1	3379,96	Cu II	2	3	3376,96	Ce	2	—
3383,39	Ce	12	1	3379,93	Ti II	2	5	3376,93	Co I	2	—
3383,27	Ce	8	—	3379,92	Zr I	10	2	3376,90	W I	7	6
3383,15	Sb I	40	50	3379,84	Cr II	15	100	3376,87	Cd II	—	3
3383,12	W II	—	18	3379,75	Mo II	1	25	3376,77	Mo	3	—
3382,90	Zr	3	—	3379,70	Re I	80	—	3376,73	Nb I	8	15
3382,89	Ag I	1000R	700R	3379,69	Cu I	3	—	3376,71	Mo II	—	25
3382,88	Ce	8	—	3379,62	W	—	5	3376,68	Ce	4	—
3382,69	Ce	8	—	3379,61	Ru I	60	18	3376,64	In II	—	(5)
3382,68	Cr II	35	200	3379,56	Cr I	12	—	3376,60	In II	—	(10)
3382,68	O I	—	(12)	3379,52	Ta II	18R	50R	3376,55	In II	—	(10)
3382,60	W I, II	10	12	3379,39	Cr II	6	100	3376,50	Fe	5	1

λ	El.	B		λ	El.	B		λ	El.	B	
		A	S (E)			A	S (E)			A	S (E)
3376,49	Ta I, II	15	70	3373,58	Ti I	4	—	3370,64	In	—	3
3376,40	Cr I	30	20	3373,45	Ce II	25	3	3370,61	Nb II	3	30
3376,34	Nb I	3	2	3373,42	Zr II	12	10	3370,59	Zr I	9	—
3376,33	Ce	2	—	3373,23	W I	7	6	3370,59	Os I	300R	30
3376,33	Ni I	25	—	3373,23	Co I	60	—	3370,54	Mo II	2	25
3376,26	Zr II	10	8	3373,19	S	—	(5)	3370,51	W I	9	8
3376,20	Co I	18	3	3373,10	Mo II	5	25	3370,5	C	—	(20)
3376,14	W II	9	40	3373,00	Pd I	800R	500	3370,45	Cu II	—	15
3376,13	Cr (I)	25	—	3372,99	Pt	10	—	3370,43	Ti I	80	15
3376,06	V I	80	60	3372,92	Mo	5	1	3370,39	Ce	8	—
3376,00	Ce	2	—	3372,86	Fe	2	—	3370,33	Co I	80	2
3375,77	Ce II	20	2	3372,79	Ti II	80	400R	3370,24	W II	5	10
3375,70	Ti I	15	—	3372,79	Pt	2	—	3370,22	Cr I	30	1
3375,67	Cu I	25	5	3372,70	P II	—	(50)	3370,20	Os I	50	10
3375,64	Mo I	20	10	3372,68	Ca III	1	3	3370,15	Nb II	—	80
3375,59	Cr (I)	6	—	3372,66	V II	—	6	3370,04	Ce	12	—
3375,58	Ce	5	—	3372,64	Ce	3	—	3369,99	Ce	3	—
3375,56	Ni I	4	—	3372,56	Nb II	10	200	3369,93	Mo II	5	20
3375,51	Ce	5	—	3372,53	Ce	8	—	3369,83	Nb I	10	3
3375,22	Mo I	20	20	3372,51	Ag II	1	3	3369,82	W II	1	4
3375,13	Ce	10	—	3372,48	S	—	(3)	3369,74	Ce	2	—
3375,11	W I	10	9	3372,39	Ce	3	—	3369,69	W	5	4
3374,95	Cu II	—	10	3372,35	Fe I	1	—	3369,67	Ag	—	5
3374,93	Cr I	25	4	3372,25	Rh I	300	200	3369,67	Ce	2	—
3374,93	Nb I	20	20	3372,20	Ti II	10	15	3369,57	Ni I	500R	100
3374,87	W II	6	12	3372,19	W II	—	12	3369,55	Fe I	300	200
3374,83	Mo II	2	20	3372,15	Sc II	7	150	3369,38	Ce	10	—
3374,82	Ce	5	—	3372,13	Cr II	—	30	3369,34	Fe	2	—
3374,73	Zr II	20	30	3372,09	Nb I	5	3	3369,29	Ru II	12	60
3374,66	Ru I	80	18	3372,07	Fe I	40	7	3369,26	Zr II	7	5
3374,65	Sb	2	3	3372,06	Mo	5	2	3369,25	Mo I	20	15
3374,64	Ni I	15	6	3372,00	Ca	2	—	3369,21	Ti II	6	25
3374,60	Ti I	3	—	3371,99	Ni I	400	10	3369,16	Nb II	5	50
3374,58	Cr (I)	25	2	3371,90	S	—	(20)	3369,15	Tl II	—	(40)
3374,49	Ce	2	—	3371,86	Ru I	70	18	3369,14	Fe	2	—
3374,45	Fe	4	—	3371,85	O II	—	(5)	3369,10	Ce	8	—
3374,35	Ti II	10	30	3371,84	Ce	8	—	3369,08	Nb I	15	—
3374,30	Co I	60	—	3371,69	Mo II	—	25	3369,05	Ti I	2	—
3374,24	Nb II	5	15	3371,54	Ta I	70	20	3369,04	Ce	5	—
3374,22	Fe I	2	—	3371,45	Ti I	100	15	3368,95	Sc II	50	20
3374,22	Ni I	400	6	3371,43	Cr	—	2	3368,93	Ce	5	—
3374,15	Ce	10	1	3371,41	Cu II	—	4	3368,79	Ce	12	1
3374,1	air	—	10	3371,35	W I	10	9	3368,69	Ce II	20	2
3374,09	Nb (II)	—	30	3371,32	Nb I	10	15	3368,63	Zr I	7	—
3374,03	V I	15	10	3371,17	Ce II	25	3	3368,57	Co I	8	—
3373,99	Ru I	60	4	3371,11	V I	30	20	3368,55	Cs II	—	(30)
3373,98	Ce	4	—	3371,10	P IV	—	(50)	3368,48	Ir I	25	20
3373,97	Ni II	—	4	3371,06	Ce	8	—	3368,45	Ru I	100	60
3373,97	Co I	60	—	3371,05	W I	7	6	3368,42	Nb I	4	8
3373,87	Fe I	3	1	3371,01	Co I	2	—	3368,38	Rh I	300	50
3373,81	Mo	6	6	3370,94	Co II	—	50	3368,37	Ce	10	—
3373,75	W I	10	10	3370,91	Cd	—	2	3368,17	Fe	5	1
3373,72	Ce II	25	3	3370,86	Ce	6	—	3368,12	Ce	5	—
3373,60	K (II)	—	(30)	3370,78	Fe I	300	200	3368,09	S	—	(25)
3373,59	Cu II	—	8	3370,69	W	5	4	3368,04	Cr II	35	125

λ	El.	B A	B S (E)	λ	El.	B A	B S (E)	λ	El.	B A	B S (E)
3367,97	W	—	8	3365,39	Mo	5	2	3361,97	W I	4	3
3367,96	Mo II	2	100	3365,35	Cu I	70	30	3361,95	Fe I	6	1
3367,89	Ni I	80	—	3365,32	Ce	8	—	3361,94	Sc II	25	9
3367,88	Ti I	2	1	3365,31	Mo II	—	5	3361,92	Ca I	125	10
3367,82	Zr II	12	8	3365,01	Co I	8	—	3361,85	Ce II	8	—
3367,81	Ca	1	5R	3364,82	Ce II	15	4	3361,85	W I	6	3
3367,77	Ce	5	—	3364,69	Cr (II)	—	2	3361,82	Ti I	12	1
3367,67	V II	—	5	3364,62	Ce	12	4	3361,77	Cr II	10	100
3367,65	W I	4	4	3364,59	Ni I	15	—	3361,76	Ce II	25	1
3367,63	Mo	5	—	3364,56	W II	—	9	3361,72	C II	—	6
3367,63	Be I	25	—	3364,43	P IV	—	(100)	3361,64	Ta I	125	50
3367,55	W I	5	4	3364,40	Fe	2	—	3361,58	Pb I	—	15
3367,54	Cr I	50	—	3364,34	Ce II	18	1	3361,56	Co I	80	2
3367,52	Ce	5	—	3364,28	Fe	7	1	3361,56	Ni I	500	20
3367,40	Mo	5	1	3364,26	Co I	30	2	3361,55	Ce II	10	—
3367,38	Nb I	5	3	3364,12	Os I	100	12	3361,51	V II	—	200
3367,31	Ce	8	—	3364,01	Ce	10	—	3361,37	Mo I	30	30
3367,21	W I	6	5	3363,82	Zr II	12	9	3361,27	Sc II	25	9
3367,16	Mo	5	1	3363,81	Fe I	6	1	3361,26	Co I	18	—
3367,16	Fe I	10	3	3363,78	Mo I	40	30	3361,26	Ti I	80R	50R
3367,15	Ce	2	—	3363,76	Co I	80R	—	3361,24	Ni I	10	—
3367,11	Co I	300R	30	3363,74	Nb I	10	4	3361,23	Ce	8	5
3367,08	Nb I	2	2	3363,73	Cr II	8	35	3361,21	Ti II	100	600R
3366,99	Pt I	25	5	3363,72	W II	4	12	3361,21	Au I	3	4
3366,96	Fe II	2	4	3363,61	Ni I	20	—	3361,20	Bi	3	2
3366,96	Nb I	20	20	3363,61	Ti I	2	—	3361,15	Os I	80	20
3366,93	Sb	3	8	3363,54	V I	25	8	3361,11	W II	10	15
3366,93	Mo II	—	15	3363,53	Ce	8	—	3361,09	Co I	5	—
3366,88	V I	20	8	3363,36	Ce	2	—	3361,05	C II	—	12
3366,87	Fe I	50	15	3363,33	W I	10	9	3361,00	Ti I	10	1
3366,81	Ni I	60	1	3363,27	Co I	30	2	3360,99	Ce	3	—
3366,79	Fe I	50	25	3363,20	Ce	2	—	3360,93	Fe I	7	1
3366,72	W II	—	15	3363,06	Zr I	2	—	3360,90	Nb II	3	50
3366,67	Ce	2	—	3363,01	Mo II	1	30	3360,85	In	—	6
3366,66	Ta (I)	50	15	3362,93	Ce	3	—	3360,74	W I	4	2
3366,56	Cu II	—	2	3362,86	Nb I	3	2	3360,71	Ce	5	—
3366,55	Ce II	30	3	3362,81	Ni I	100	—	3360,54	Ce II	35	4
3366,33	Sr I	100	10	3362,80	Co I	80	—	3360,49	P	—	(30)
3366,26	Cu II	—	2	3362,79	Te (II)	—	(50)	3360,46	Zr I	20	—
3366,21	Mn I	5	5	3362,72	Mo	8	1	3360,40	Ce	2	—
3366,17	Ti I, II	20	50	3362,70	Cr I	40	—	3360,36	Ce	2	—
3366,17	Ni I	400	12	3362,68	Zr II	6	5	3360,32	W II	4	12
3366,14	Mo II	—	20	3362,65	Ti II	2	5	3360,31	Fe	3	1
3365,94	Nb II	1	30	3362,61	W II	—	2	3360,30	Cr II	50	200
3365,93	W I	8	7	3362,36	Mo I	25	25	3360,29	Ce	3	—
3365,88	Nb II	2	10	3362,34	Ru I	50	5	3360,28	Mo II	—	25
3365,83	Ce	15	2	3362,28	Ca I	2	1	3360,15	Cr I	20	—
3365,8	air	—	10	3362,28	Fe	6	—	3360,10	Fe II	4	5
3365,77	Ni I	400	12	3362,22	Cr I	80	8	3360,09	B	2	20
3365,70	Ce	5	—	3362,18	Rh I	100	20	3360,06	Hf I	8	1
3365,65	Cu II	—	8	3362,17	Nb II	—	100	3360,06	Ca	—	4
3365,59	Nb II	5	50	3362,13	Ca I	15	5	3359,96	Zr II	12	12
3365,55	V I	125	80	3362,10	Ti I	6	3	3359,90	Rh I	100	50
3365,52	Cr I	25	2	3362,00	Y II	12	25	3359,81	Fe I	10	2
3365,47	Mo	5	4	3362,00	Ru I	60	8	3359,68	Sc II	50	25

λ	El.	B A	B S (E)	λ	El.	B A	B S (E)	λ	El.	B A	B S (E)
3359,53	Mo	3	2	3356,38	Cr I	35	—	3353,02	Cr I	20	30
3359,49	Fe I	15	3	3356,35	V I	125	60	3352,98	Ce II	10	2
3359,44	Ce	8	—	3356,26	Fe II	1	2	3352,95	W I, II	10	12
3359,34	Ca	—	4	3356,19	Ti I	10	1	3352,93	Ce II	18	—
3359,30	Ce	10	—	3356,09	Zr II	50	40	3352,93	Fe I	5	3
3359,29	Co I	100	2	3356,07	Ce	8	—	3352,92	Ti I	25	2
3359,23	W II	—	6	3355,94	Co I	10	—	3352,86	Nb (I)	10	2
3359,20	Mo	4	5	3355,53	J II	—	(10)	3352,83	Nb II	—	5
3359,18	Cr I	25	—	3355,48	Mn I	3	—	3352,80	Co II	—	30
3359,11	Ni I	60	—	3355,41	Nb I	5	5	3352,77	W	4	12
3359,10	Ru I	70	20	3355,36	V II	—	30	3352,59	Nb I	15	10
3359,09	Co I	35	—	3355,36	Ce	4	—	3352,43	Sn	—	100
3358,91	Fe	5	—	3355,36	Ca	1	2	3352,39	W II	3	10
3358,78	Hg	—	(18)	3355,36	Cd II	—	(3)	3352,33	In II	—	(10)
3358,74	In	—	6	3355,29	Re I	60	—	3352,28	Nb I	5	5
3358,60	W II	10	40	3355,23	Fe I	100	100	3352,28	Ce II	25	1
3358,60	Co II	—	20	3355,19	Au I	25	—	3352,10	Te II	—	(35)
3358,53	Ta I	70	25	3355,11	Co I	10	—	3352,08	Ag	—	10
3358,49	Cr II	40	200	3355,1	Bi II	—	(35)	3352,07	Ti II	8	15
3358,49	Ce	8	—	3355,02	Ce II	20	3	3352,06	Hf II	30	50
3358,47	Ti I	15	1	3354,98	Mo I	5	—	3352,05	Sc II	12	3
3358,44	Au I	5	—	3354,98	S	—	(8)	3352,04	Cu II	—	4
3358,42	Ce	8	—	3354,97	W	—	5	3351,97	Sn II	—	100
3358,42	Nb I	100	100	3354,86	Sb	—	2	3351,97	Cr I	50	50
3358,34	Ca	—	2	3354,76	Mo	8	—	3351,96	W I	7	4
3358,31	W II	—	7	3354,75	Ce	2	—	3351,93	Ru I	50	4
3358,29	Hf II	10	15	3354,74	Nb I	20	15	3351,75	Ce	3	—
3358,26	Ti I	35	5	3354,63	Ti I	100	20	3351,75	Fe I	80	60
3358,25	Fe II	3	7	3354,52	Ce II	10	—	3351,74	Os I	50	12
3358,12	Mo I	60	30	3354,48	Mo	10	—	3351,67	Ti II	1	5
3358,00	Co I	15	—	3354,47	Cu I	30	10	3351,66	Mn I	8	—
3357,97	Os I	100	15	3354,45	W I	10	10	3351,61	Hg	—	2
3357,92	Ce	8	—	3354,39	Zr II	10	10	3351,60	Cr I	35	8
3357,85	Ce	8	—	3354,38	Co I	200R	—	3351,54	Co I	35	2
3357,78	Mo II	25	2	3354,21	Co I	30	—	3351,52	W	—	6
3357,72	Ce	8	—	3354,14	Ca	1	2	3351,52	Fe I	70	60
3357,56	Fe	2	—	3354,12	Mo	10	—	3351,52	Ce	12	—
3357,39	Cr II	6	125	3354,06	Fe I	40	40	3351,51	Mo	5	8
3357,26	Zr II	50	40	3354,05	air	—	12	3351,45	Al II	—	(10)
3357,21	Ce II	30	3	3353,94	Ce	10	—	3351,42	Mn I	4	—
3357,09	W I	4	3	3353,78	V II	2	100	3351,30	Hg	10	20
3357,07	Mo II	—	30	3353,74	W I	9	8	3351,25	Sr I	300	15
3357,04	Nb I	10	10	3353,73	Sc II	50	60	3351,22	Zr I	4	—
3356,84	Co I	25	—	3353,67	Nb I	5	2	3351,18	W	5	3
3356,80	Ba I	40R	3	3353,67	Se II	—	(20)	3351,14	Co I	4	—
3356,76	Ce	8	—	3353,65	Zr I	20	—	3351,11	Mo	3	5
3356,76	Cr (I)	35	—	3353,65	Ru I	50	4	3351,07	Ce II	3	—
3356,71	W I	7	6	3353,63	Cr (I)	30	—	3350,93	Ce	3	—
3356,69	Fe	15	1	3353,55	W I	8	7	3350,89	Rb I	150	—
3356,47	Co I	150	2	3353,50	Nb II	10	20	3350,74	Ce	10	—
3356,46	Nb (I)	10	3	3353,35	Nb I	5	3	3350,69	Nb I	10	7
3356,45	Mo	3	10	3353,33	Ce II	10	30	3350,68	Ce	20	—
3356,41	S	—	(15)	3353,27	Fe I	10	5	3350,63	W I, II	4	10
3356,41	Ce II	25	2	3353,15	Zr I	2	—	3350,59	Ag I	2	—
3356,40	Fe I	35	8	3353,12	Cr II	15	50	3350,54	Ti I	10	1

λ	El.	B A	B S (E)	λ	El.	B A	B S (E)	λ	El.	B A	B S (E)
3350,42	Ni II	—	2	3347,43	S	—	(8)	3343,90	Pt I	100	80
3350,40	Mn I	4	—	3347,25	Mo II	1	30	3343,86	Ce II	50	6
3350,37	Co I	4	—	3347,02	Mo I	40	4	3343,85	W	7	4
3350,36	Ca I	15	3	3346,94	Fe I	30	15	3343,81	Zr II	20	15
3350,29	Mo I	5	6	3346,94	Co I	100	2	3343,77	Ti II	60	70
3350,28	Fe I	8	4	3346,93	Nb I	15	10	3343,75	Cr I	30	—
3350,25	Ru II	10	2	3346,76	Nb II	5	80	3343,74	Cu II	—	10
3350,21	Ca I	100	10	3346,73	Ti II	60	60	3343,73	Mn I	30	—
3349,96	Ce II	30	1	3346,71	Cr I	150R	80R	3343,72	Mo (I)	10	5
3349,73	Fe I	1	—	3346,7	к Ca	8	—	3343,71	Zr I	8	—
3349,54	Au I	15	5	3346,51	Ce II	15	2	3343,71	Nb I	15	20
3349,53	W	4	7	3346,39	Mo II	2	50	3343,67	Fe I	2	1
3349,52	Co I	7	—	3346,31	Co I	5	—	3343,41	W II	6	12
3349,52	Nb I	30	5	3346,28	Nb II	—	40	3343,37	Ti I	2	—
3349,46	Cu II	—	2	3346,20	Re I	100	—	3343,34	Cr I	30	10
3349,45	Cs	—	(10)	3346,16	Ce	4	—	3343,31	V II	—	10
3349,40	Ti II	100	400R	3346,12	Mo II	—	20	3343,28	Nb II	—	15
3349,40	Ce	4	5	3346,11	W I	7	2	3343,28	Sc II	7	12
3349,35	Nb II	5	100	3346,06	In II	—	(10)	3343,24	W I	8	2
3349,34	W II	2	10	3346,01	Cr I	35	35	3343,24	Fe I	5	2
3349,34	Cr I, II	35	50	3345,94	In II	—	(5)	3343,23	Ce	3	—
3349,29	Cu I	70	40	3345,93	Zn I	150	50	3343,22	Cr I	12	6
3349,22	Co I	3	—	3345,90	V II	—	125	3343,21	Cd II	—	15
3349,21	Ta II	*		3345,86	W I, II	10	15	3343,15	Ca	—	3
3349,19	Mo I	6	5	3345,68	Fe I	1	—	3343,10	W II	4	10
3349,07	Cr I	125	40	3345,57	Mo	5	2	3342,91	Nb I	2	—
3349,07	Nb I	80	100	3345,57	Zn I	500	100	3342,85	W	—	9
3349,03	Ti II	125	800R	3345,43	Be I	2	—	3342,84	Ce	2	—
3348,92	Mo II	1	30	3345,43	Ce	20	—	3342,74	S	—	(8)
3348,88	W II	*		3345,36	Cr I	18	1	3342,73	Co I	150	—
3348,82	Cs I	15	—	3345,35	Mn I	15	—	3342,70	Ti I	10	5
3348,82	Ti II	12	12	3345,32	K (II)	—	(30)	3342,59	Mo II	—	20
3348,78	Nb II	1	30	3345,32	Ru I	60	5	3342,59	Co (I)	4	—
3348,77	Ce	6	—	3345,23	Ce	3	—	3342,57	Cr II	30	125
3348,72	Rb I	100	—	3345,14	Cr I	15	2	3342,53	Ce II	8	—
3348,70	Ru I	50	2	3345,08	W I	9	8	3342,46	W II	10	30
3348,53	Ti I	7	—	3345,02	Zn I	800	300	3342,31	Ce	3	—
3348,37	V II	—	20	3344,93	Ti I	8	—	3342,29	Fe I	20	20
3348,29	W II	2	15	3344,90	W II	3	12	3342,28	V	5	2
3348,28	Nb II	1	50	3344,79	Zr II	15	15	3342,27	Ca	—	2
3348,19	Ce	8	—	3344,76	Ce II	50	8	3342,25	Re I	250	—
3348,11	Co I	80	—	3344,75	Mo I	50	40	3342,22	Fe I	40	40
3348,07	Mo	6	1	3344,66	Ag	—	2	3342,19	Ce	3	—
3348,02	Ru I	50	3	3344,63	Ti I	2	—	3342,14	Ti I	12	8
3347,93	Fe I	150	100	3344,55	Ce	4	—	3342,02	Cr I	6	3
3347,83	Cr II	35	125	3344,53	Ru I	60	6	3341,98	Nb I	100R	50
3347,62	Ru I	60	6	3344,51	Ca I	100	7	3341,95	Co I	25	—
3347,57	Co I	7	—	3344,51	Cr I	20	2	3341,90	Fe I	100	80
3347,55	Nb I	3	1	3344,44	W I	8	7	3341,88	S	—	(8)
3347,50	Fe I	2	1	3344,33	Ce	8	—	3341,88	Ti I, II	100	300R
3347,49	Cs I	*		3344,32	Re I	150	—	3341,86	Ce II	40	5
3347,47	Ce	8	—	3344,24	Nb II	—	10	3341,84	Mo	8	5
3347,46	Cr I	12	—	3344,24	Co I	4	—	3341,66	Ru I	70	50
3347,44	W II	—	6	3344,20	Rh I	100	20	3341,64	Ce	2	—
3347,44	Cs I	30	—	3343,96	Nb II	3	15	3341,61	Nb II	3	50

λ	El.	B A	B S (E)	λ	El.	B A	B S (E)	λ	El.	B A	B S (E)
3341,55	Ti I	2	—	3338,41	Zr II	15	12	3335,48	V II	1	60
3341,48	Hg I	100	100	3338,24	W II	—	10	3335,42	Nb (I)	30	40
3341,45	Cr I	50	1	3338,18	Pt	2	—	3335,41	W II	—	7
3341,42	W	4	3	3338,18	Re I	150	—	3335,36	Re I	100	—
3341,34	Co I	60	2	3338,15	Mo II	1	20	3335,27	Cr II	*	
3341,29	Ce	10	—	3337,92	Zr II	2	2	3335,24	Nb II	1	30
3341,18	Cu I	5	—	3337,87	Ce	10	—	3335,22	Cu I	60	15
3341,09	Ru I	50	5	3337,85	Ti II	12	60	3335,20	Ti II	60	150
3341,01	Ce	6	—	3337,85	V II	2	150	3335,10	Mo II	4	20
3340,88	Ce II	18	—	3337,84	Cu I	70	50	3334,96	Mo	8	3
3340,65	Ca	—	3	3337,83	Ru I	60	8	3334,92	Cr I	10	6
3340,61	Rb II	—	(60)	3337,80	Ta I	100	18	3334,88	Ce II	4	—
3340,57	Fe I	125	100	3337,68	W	10	8	3334,87	Ti I	2	—
3340,57	Cs	—	(10)	3337,67	Fe I	125	100	3334,82	Nb II	1	5
3340,56	Zr II	25	20	3337,50	W I	5	3	3334,77	W II	—	10
3340,52	Mo II	1	25	3337,50	Ce	20	—	3334,68	Cr I	150	—
3340,45	Nb II	2	20	3337,21	Cr I	10	—	3334,62	Zr II	15	10
3340,42	Ca	—	2	3337,17	Co I	60	2	3334,60	Ce	4	—
3340,34	Ti II	80	100	3337,16	Zn	—	(5)	3334,52	Nb II	—	5
3340,30	Ce	12	—	3337,15	Sb	2	10	3334,45	Ce II	20	3
3340,17	Mo I	30	25	3337,01	Ni I	6	—	3334,27	Ce	10	—
3340,09	W	5	2	3336,99	Ti II	—	6	3334,25	Zr II	25	20
3340,08	Pt	1	15	3336,98	Cr I	18	8	3334,22	Fe I	150	100
3339,91	Ta II	15	70	3336,96	Ti I	4	—	3334,14	Co I	250R	—
3339,81	Cr II	25	150	3336,84	W I	6	5	3334,05	Zr	2	—
3339,79	Ce	10	—	3336,81	V I	6	1	3333,97	Nb I	5	2
3339,79	Ru II	10	70	3336,69	Ce III	10	—	3333,91	Ti I	4	—
3339,78	Co I	150	—	3336,68	Mg I	125	60	3333,90	Ce II	8	—
3339,69	Fe	2	1	3336,63	Ru I	50	4	3333,68	Ag	2	4
3339,58	Fe I	10	5	3336,57	Mo	2	—	3333,66	Ce II	20	—
3339,57	W II	—	10	3336,57	W I	8	9	3333,61	Cr I	125	3
3339,55	Ru I	100	60	3336,55	Ce	10	—	3333,56	V I	25	12
3339,54	Ti I	2	—	3336,50	Mo I	25	25	3333,55	Zr I	5	—
3339,50	Ce II	12	—	3336,37	Ce	20	—	3333,39	Co I	100	—
3339,35	Mo	3	3	3336,35	V I	10	3	3333,33	Mo	5	3
3339,26	Nb I	3	5	3336,33	Cr II	18	80	3333,31	Ce	5	—
3339,22	Ag	2	2	3336,32	Nb I	10	5	3333,26	W II	—	12
3339,19	Fe I	80	50	3336,26	In	—	3	3333,19	Sb II	2	10
3339,15	Nb I	10	5	3336,25	Fe I	40	30	3333,14	Si II	—	2
3339,05	Ni I	5	—	3336,15	Os I	200R	50	3333,03	Ce II	15	—
3339,03	W II	2	12	3336,14	Ce	2	—	3333,03	Ti I	5	—
3338,81	Ti I	6	—	3336,12	Al	—	2	3332,88	Ce	10	—
3338,75	Ni I	3	—	3336,07	Ce	2	—	3332,88	Cr I	30	10
3338,73	In II	—	(18)	3336,06	Mo II	5	20	3332,74	Hf I	40	10
3338,64	Cu II	1	5	3335,93	W	—	10	3332,70	Nb I	5	8
3338,64	Fe I	70	25	3335,88	Ce	2	—	3332,68	Ta II	35	15
3338,62	W II	5	15	3335,83	Pt I	2	—	3332,64	Ru I	60	5
3338,55	Rh I	200	50	3335,77	Fe I	125	100	3332,64	Sb II	10	20
3338,53	Ce	2	—	3335,69	Ce	8	—	3332,52	Mo II	—	80
3338,51	Co I	5	—	3335,69	Ru I	70	12	3332,47	Ce	10	—
3338,51	Fe II	—	1	3335,66	Nb II	—	30	3332,41	Ta I	50	3
3338,48	In II	—	(10)	3335,62	Se	—	(8)	3332,20	Ce	5	—
3338,43	Mo	5	6	3335,55	Ce	2	—	3332,18	Ni	8	—
3338,42	Hg II	—	(5)	3335,51	Fe I	2	2	3332,15	Nb I	10	10
3338,41	In II	—	(5)	3335,49	Mo II	3	20	3332,15	Mg I	100	25

λ	El.	B A	S (E)	λ	El.	B A	S (E)	λ	El.	B A	S (E)
3332,11	Ti II	40	125	3328,56	Mo II	1	20	3325,36	Ti I	2	—
3332,05	Ru I	60	10	3328,40	V I	7	1	3325,32	Ce II	25	1
3331,92	air	—	12	3328,34	Cr II	20	40	3325,24	Co I	80	3
3331,89	Nb I	5	3	3328,32	Ti I	2	—	3325,22	Ti I	4	—
3331,85	Ag	1	4	3328,21	Hf II	20	15	3325,22	Mo II	—	40
3331,79	Ce	10	—	3328,21	Co I	40	—	3325,21	Nb II	—	15
3331,78	Fe I	40	10	3328,16	Nb I	3	3	3325,15	Ti I	4	—
3331,67	Co I	2	—	3328,11	W I	9	8	3325,14	Ce	8	—
3331,67	W I	15	12	3327,99	Ce	5	—	3325,13	Mo	4	—
3331,61	Fe I	125	70	3327,98	V I	5	3	3325,06	Ce	4	—
3331,61	Mo II	—	6	3327,95	Fe I	2	—	3325,00	Ru I	60	12
3331,41	Ce	3	—	3327,92	Nb I	4	5	3324,98	Ce II	15	—
3331,40	Mo I, II	15	15	3327,89	Ce II	12	—	3324,78	Fe	2	—
3331,31	N II	—	(10)	3327,88	Y II	60	60	3324,76	Ce	12	—
3331,22	Ce II	10	—	3327,72	Ag	5	2	3324,75	Ti I	10	1
3331,09	Rh I	50	10	3327,70	Ru	50	6	3324,68	W	8	7
3331,01	Ta I,(II)	18	200	3327,68	Na II	6	(20)	3324,66	Nb II	4	50
3330,88	Mo II	—	20	3327,66	Zr II	2	2	3324,60	Ti I	2	—
3330,67	Mn I	75	—	3327,66	Mo	5	4	3324,59	Ce	3	—
3330,66	Mo II	—	10	3327,66	Ce II	12	—	3324,57	N II	—	(5)
3330,63	Ce	3	—	3327,62	W I	7	7	3324,55	Nb II	2	10
3330,62	Sn I	100	100	3327,50	Fe I	15	7	3324,54	Fe I	100	80
3330,60	Cr I	80	—	3327,43	Os I	80	50	3324,39	V I	7	6
3330,55	Ag	—	2	3327,39	Ni I	5	—	3324,39	Ca	1	6
3330,53	W I	5	4	3327,32	Ti I	2	—	3324,37	Fe I	5	3
3330,5	Bi II	—	(10)	3327,30	Mo I	40	20	3324,34	Cr II	10	60
3330,48	Ce	8	—	3327,23	Cr I	8	—	3324,33	Os I	50	15
3330,37	Ce	4	—	3327,23	Pd II	—	50	3324,03	Cr II	20	20
3330,31	Fe	5	2	3327,22	Ce	10	—	3324,03	W I	8	7
3330,31	N II	—	(5)	3327,17	Pt I	3	—	3323,97	Ce	2	—
3330,28	Mo II	—	25	3327,15	Au I	*		3323,95	Mo I	40	25
3330,00	Sr I	100	10	3327,15	Ag	—	2	3323,93	Ca	—	5
3329,93	Mg I	80	8	3326,99	Co I	100	—	3323,90	Nb II	1	50
3329,86	V I	100	40	3326,94	Ce	15	—	3323,89	Ti I	3	—
3329,83	Ag II	—	2	3326,80	Zr II	100	100	3323,80	Ti I	5	—
3329,70	N II	*		3326,77	Ti II	15	125	3323,80	Pt I	150	10
3329,64	Cu I	60	10	3326,67	Ni I	5	—	3323,77	Fe I	150	150
3329,61	Nb I	3	3	3326,63	Ti I	3	—	3323,66	Ti I	2	—
3329,53	Fe I	35	6	3326,62	Nb I	10	5	3323,64	Ge II	*	—
3329,5	air	—	10	3326,59	Cr I	40	18	3323,60	B II	—	10
3329,47	Co I	80	—	3326,56	Co I	60	—	3323,53	Cr II	—	12
3329,46	Ti II	80	200R	3326,54	Nb II	—	3	3323,45	Ce	2	—
3329,36	Nb I	10	15	3326,41	W	5	4	3323,40	W II	5	8
3329,21	Mo II	2	100	3326,41	Zr I	5	—	3323,34	B II	—	10
3329,16	Nb III	—	8	3326,19	W I	15	12	3323,32	Hf II	12	15
3329,12	Zr	2	—	3326,10	Mo	5	4	3323,29	Ce II	10	—
3329,06	Cr I	30	6	3326,07	Ce	10	—	3323,27	Cr I	25	—
3329,05	Fe (II)	8	3	3326,00	W II	—	9	3323,20	B II	—	5
3329,03	Mo (I)	15	—	3325,81	Cu II	—	4	3323,19	Au I	10	5
3329,03	Co I	20	—	3325,74	Ta I	50	3	3323,10	Ce	3	—
3329,00	Ce II	10	—	3325,72	Pt	2	—	3323,09	Rh I	1000	200
3328,92	Ce	5	—	3325,67	Mo I	50	25	3323,07	Fe II	—	100
3328,87	Fe I	150	100	3325,46	W	—	7	3322,99	Zr II	10	10
3328,73	N II	—	(15)	3325,46	Fe I	100	80	3322,94	Ti II	80	300R
3328,71	Ni I	15	—	3325,43	Nb III	—	8	3322,91	Ce	2	1

λ	El.	B A	B S (E)	λ	El.	B A	B S (E)	λ	El.	B A	B S (E)
3322,81	Nb (I)	3	2	3319,59	Mo I	10	5	3316,72	Mo (II)	—	8
3322,80	Ba I	30R	—	3319,59	Nb II	4	50	3316,61	Nb II	1	20
3322,70	Cr II	1	20	3319,56	Co I	8	—	3316,54	Ce	5	—
3322,67	W	—	5	3319,53	W II	—	10	3316,50	Cr I	20	10
3322,63	Ce	10	—	3319,48	Co I	80	—	3316,50	Mo	4	1
3322,48	Re I	150	—	3319,26	Nb I	5	5	3316,48	Mn I	20	—
3322,48	Fe I	150	100	3319,25	Fe I	70	50	3316,38	Ti I	5	—
3322,31	Ni I	400	10	3319,22	Nb II	5	5	3316,38	Ru I	80	—
3322,30	Ca	1	7	3319,16	Co I	60	—	3316,32	Mn I	12	—
3322,28	Zr	8	—	3319,08	Ti II	3	4	3316,31	Ag	—	4
3322,24	W I	10	12	3319,02	Zr II	25	6	3316,27	Cu II	—	10
3322,23	Sr I	100	8	3319,02	V I	15	1	3316,23	Cr I	10	—
3322,20	Co I	100	—	3319,02	W	—	4	3316,20	Zr I	4	—
3322,17	Ce	2	—	3318,98	Nb I	10	5	3316,11	Ce	2	—
3322,12	Mo II	4	30	3318,96	Ce II	15	1	3316,08	W I	10	9
3321,91	Co I	25	—	3318,91	V II	—	60	3315,78	Ti I	5	—
3321,70	Ti II	15	125	3318,87	air	—	6	3315,75	Ba (I)	10	—
3321,68	V I	12	—	3318,84	Ta I	125	35	3315,66	Ni I	400R	20
3321,58	Ti I	15	15	3318,82	Ru I	50	8	3315,61	Al II	—	(2)
3321,56	W I	8	7	3318,65	Au	3	4	3315,52	V II	—	4
3321,55	Rb II	—	(60)	3318,53	Y II	12	4	3315,50	Cs	—	(10)
3321,54	V II	3	150	3318,53	Ta I	70	3	3315,42	Os I	50	15
3321,34	Be I	1000R	30	3318,51	Zr II	6	4	3315,32	Ti II	12	100
3321,27	Ce	3	—	3318,47	Al	—	2	3315,29	Cr II	—	8
3321,24	Ni I	4	—	3318,40	Ce	8	—	3315,25	Ru I	60	25
3321,20	Mo II	1	15	3318,40	Co I	35	—	3315,23	Ti I	6	—
3321,19	Cr I	20	1	3318,36	Mo	4	3	3315,22	Nb I	20	20
3321,13	W I	6	5	3318,36	Ti I	12	6	3315,20	Cr I	10	—
3321,09	Be I	100	15	3318,29	Nb II	1	5	3315,18	V II	2	35
3321,04	Tl II	—	(25)	3318,10	N II	—	(5)	3315,11	Ce	8	—
3321,01	Be I	50	—	3318,10	Cr I	80	—	3315,09	W	12	10
3320,95	W II	—	9	3318,03	Na II	6	(20)	3315,05	Pt I	200	10
3320,94	Ce II	10	—	3318,03	Ti II	60	125	3315,05	Ru I	50	12
3320,90	Mo II	3	80	3317,99	Hf II	25	18	3315,03	Co I	10	—
3320,81	air	—	6	3317,98	W I	8	7	3314,90	Mn I	35	—
3320,81	Nb II	3	100	3317,93	Ta I	200	25	3314,88	Al II	—	(5)
3320,78	Ce II	8	—	3317,91	V II	—	80	3314,86	V II	*	
3320,78	V II	—	8	3317,90	Ce	4	—	3314,74	Fe I	200	200
3320,78	Fe I	30	12	3317,88	Ru I	50	12	3314,72	Ce II	25	3
3320,77	Ni I	10	—	3317,79	Ce II	15	2	3314,57	Cr II	10	100
3320,69	Mn I	60	30	3317,62	Hg	—	(5)	3314,53	W I	5	3
3320,65	Fe I	20	10	3317,54	Sb II	2	2	3314,50	Ti I	10	5
3320,55	Ce	5	—	3317,53	Ca	1	8	3314,50	S II	—	(8)
3320,42	Ce II	12	—	3317,40	W II	1	15	3314,50	Zr II	15	10
3320,39	Ca	—	6	3317,31	Mn I	100	30	3314,46	Mo II	—	20
3320,37	W I	9	8	3317,30	Hg II	—	(10)	3314,45	Fe I	15	6
3320,28	Mo	8	2	3317,22	Ce	2	—	3314,42	Ti I	40	20
3320,26	Ni I	400	15	3317,22	Cu I	60	20	3314,39	Mn I	30	—
3320,17	Au I	20	5	3317,12	Fe I	100	80	3314,34	Co I	8	—
3320,14	V I	12	3	3317,07	W I	6	5	3314,30	W II	—	8
3319,91	Tl II	—	(35)	3317,04	Mo (II)	—	20	3314,19	Cr I	8	—
3319,83	Co I	35	2	3316,98	Ce	5	—	3314,08	Co I	100	—
3319,68	Cu I	60	20	3316,91	Ru I	5	50	3314,07	Fe I	5	2
3319,66	W I	4	2	3316,90	W II	5	9	3314,06	Ta II	*	
3319,63	Ca	—	8	3316,87	V II	—	60	3314,06	Cs I	5	—

λ	El.	B A	B S (E)	λ	El.	B A	B S (E)	λ	El.	B A	B S (E)
3314,05	Cr II	—	30	3311,16	Ta I	300	70	3308,0	к Ca	4	—
3314,03	Ce II	20	—	3311,11	W I	5	4	3307,98	Ru I	50	—
3314,02	W I	9	6	3311,00	Cu I	3	—	3307,95	Cu I	60	30
3313,97	V I	10	—	3310,91	Os I	200	30	3307,75	Cr I	40	8
3313,89	Mo	3	—	3310,87	Ce	10	—	3307,71	Ti II	6	12
3313,72	Fe I	3	1	3310,83	Hf II	15	8	3307,53	Sr I	200	10
3313,72	Cr I	30	1	3310,77	Mo I	20	20	3307,47	Co I	4	—
3313,69	Zr II	10	10	3310,67	Nb II	—	15	3307,42	Mo II	—	50
3313,68	Ce	2	—	3310,65	Cr II	2	200	3307,23	Ce II	25	1
3313,63	Mo II	5	50	3310,62	Ce	5	—	3307,23	Fe I	80	60
3313,59	W II	4	10	3310,55	Zr	3	—	3307,15	Co I	80	—
3313,53	Ce	8	—	3310,51	Ag I	2	—	3307,14	Fe	3	2
3313,52	Mn I	12	—	3310,49	Fe I	50	40	3307,12	Mo I	30	15
3313,46	Al II	—	(2)	3310,46	Nb I	10	10	3307,02	Cr II	*	
3313,41	Nb II	—	10	3310,40	Mo	3	3	3307,01	Ni I	3	—
3313,35	Al II	—	(10)	3310,34	Fe I	100	80	3307,01	Fe I	5	4
3313,30	Ce II	18	1	3310,20	Ni I	50	—	3307,00	Mn I	15	—
3313,22	W	3	12	3310,20	W II	—	12	3306,87	Ti I	30	12
3313,20	Mn I	50	—	3310,09	Nb I	3	5	3306,64	Mo	8	5
3313,12	Cs I	10	—	3310,05	Mo	4	8	3306,63	Ce II	20	—
3313,12	Co I	10	—	3309,90	Au III	—	3	3306,60	O II	—	(20)
3313,08	Nb II	5	3	3309,88	Zr II	5	3	3306,35	Fe I	200	150
3313,01	V I	5	3	3309,83	Ce	5	—	3306,3	Li II	*	
3312,99	Ni I	15	—	3309,83	Cr I	30	2	3306,28	Zr II	80	80
3312,89	Mo II	1	50	3309,80	Nb I	3	4	3306,23	Os I	80	12
3312,87	Hf I	30	10	3309,78	Ta I	70	5	3306,18	Ce	5	—
3312,83	Co I	20	—	3309,71	Ti I	12	2	3306,18	Ru I	50	3
3312,70	Cr I	3	—	3309,64	Au I	*		3306,15	W	—	7
3312,70	Fe II	5	—	3309,50	Ti I	60	25	3306,11	Hf I	15	3
3312,69	Ti I	15	4	3309,50	Ce	2	—	3306,05	Ti II	—	10
3312,64	Ag	—	8	3309,47	W I	8	7	3306,04	Ce	8	—
3312,61	Nb I	40	50	3309,45	Mo II	3	25	3305,97	Fe I	400	300
3312,56	Ge II	*		3309,42	Ni	4	—	3305,96	Zn II	—	(20)
3312,48	Pt	2	2	3309,26	Nb II	—	10	3305,90	Mo I	15	10
3312,4	air	—	7	3309,2	Pb II	—	(15)	3305,75	Ti I	3	—
3312,33	Mo I	15	8	3309,17	V I	30	20	3305,73	Co I	20	—
3312,32	Ni I	70	2	3309,13	Ce	8	—	3305,67	Ag I	5	2
3312,28	Hg III	—	(18)	3309,01	Co I	2	—	3305,61	Nb II	1	100
3312,27	Co I	3	—	3308,93	P II	—	(150)	3305,56	Mo I	40	30
3312,23	Fe I	5	2	3308,81	Co I	40	—	3305,56	W I	10	8
3312,21	Ce II	30	5	3308,81	Ti II	35	100	3305,4	к B	50	—
3312,18	Cr II	5	125	3308,80	Ca	1	7	3305,29	Ti I	7	—
3312,15	Co I	60	2	3308,79	Mn I	20	—	3305,24	Mo II	—	15
3312,07	Cr I	10	—	3308,74	Fe	5	3	3305,23	Cr I	25	—
3311,91	Cr II	6	125	3308,69	Ce	2	—	3305,15	Zr II	25	20
3311,91	Mn I	75	—	3308,49	Co I	30	—	3305,15	O II	—	(20)
3311,73	Ce	2	—	3308,48	V II	—	80	3305,13	Fe	5	2
3311,49	Ce II	15	1	3308,39	Ti I	50	10	3305,11	Co I	8	—
3311,46	Ca	—	6	3308,34	W II	3	25	3305,09	Hg I	2	—
3311,45	Fe I	1	1	3308,32	Au I	50	15	3305,05	Ce	10	—
3311,38	Ce	3	—	3308,27	Ce	2	—	3304,95	Ni I	25	—
3311,38	W I	15	12	3308,24	V I	10	1	3304,89	Mn I	8	8
3311,33	Zr II	8	3	3308,08	Ce II	10	—	3304,84	Ce II	30	3
3311,33	Nb I	5	10	3308,04	Nb I	10	10	3304,83	Nb I	10	5
3311,30	Cr I	8	—	3308,01	Ce II	15	—	3304,80	Zn II	—	(2)

λ	El.	B A	B S (E)	λ	El.	B A	B S (E)	λ	El.	B A	B S (E)
3304,79	Co I	5	—	3301,60	Re I	50	—	3298,28	W II	*	
3304,79	Ru I	50	3	3301,59	Ru I	70	40	3298,22	Mn I	50	25
3304,74	Cr II	—	2	3301,56	O II	—	(10)	3298,18	Ce	4	—
3304,71	Nb II	1	30	3301,56	Os I	500R	50	3298,14	V I	50	15
3304,63	Sb II	—	2	3301,55	Ag	—	8	3298,13	Fe I	200	150
3304,55	W II	10	20	3301,52	Ca	4	6	3298,12	W I	12	10
3304,52	Mo II	—	20	3301,50	Nb II	1	100	3297,96	Ru I	50	6
3304,47	V II	—	125	3301,42	Fe	1	—	3297,95	Ce	4	—
3304,39	Cr I	30	—	3301,34	Na II	—	(5)	3297,89	Fe II	4	15
3304,38	Ta I	70	15	3301,28	W	2	8	3297,78	Ti I	7	—
3304,22	Mo I	25	10	3301,23	Ce	3	—	3297,68	Mo II	1	60
3304,11	Co I	15	—	3301,22	Cu II	—	15	3297,67	Nb II	1	30
3304,02	Ce	3	—	3301,22	Fe I	15	7	3297,64	Ag	3	4
3304,00	Ru I	60	8	3301,22	Cr II	—	15	3297,64	Pb	—	30
3303,96	Mo II	2	15	3300,95	Ce	8	—	3297,63	Zr I	2	—
3303,90	Sb (II)	—	40	3300,94	Mn I	3	—	3297,54	Mo	5	—
3303,88	Co I	60R	—	3300,90	V II	—	35	3297,53	V II	—	60
3303,77	Ce	8	—	3300,88	Cu II	—	6	3297,29	Nb I	5R	2
3303,67	Ce	5	—	3300,82	W I	15	12	3297,26	Ru I	50	4
3303,66	W I	6	—	3300,81	Zr	2	—	3297,25	Ti I	3	—
3303,57	Fe I	70	10	3300,79	Cr I	10	—	3297,19	Cu II	—	5
3303,52	Mo II	—	20	3300,68	Mo	6	6	3297,09	Ti I	4	—
3303,51	Cu I	—	2	3300,64	Cu II	—	3	3297,05	Nb II	3	50
3303,47	Fe II	5	5	3300,57	Mo II	—	15	3296,99	Re I	60	—
3303,34	Mo I	25	5	3300,47	Rh I	100	20	3296,97	Zr	2	—
3303,33	W I	7	3	3300,44	Cu II	—	2	3296,88	Ce II	25	2
3303,32	Nb II	1	30	3300,33	W I, II	6	10	3296,88	Mn I	60	30
3303,28	Mn I	40	—	3300,33	Nb II	—	10	3296,80	Fe I	3	2
3303,22	Ce II	10	—	3300,15	Ce II	30	3	3296,76	Ce	2	—
3303,11	Mo	4	2	3299,99	Ce	15	1	3296,73	Zr I	3	—
3302,98	Na I	300R	150R	3299,97	V I	5	4	3296,70	Re I	80	—
3302,94	Zn I	700R	300R	3299,79	Bi II	—	(15)	3296,65	Ru I	50	5
3302,94	Ca	4	6	3299,78	Mo	3	—	3296,57	Mo II	—	25
3302,91	Ce	10	—	3299,77	Ta I	70	10	3296,47	Nb I	5	3
3302,87	Cr I	30	2	3299,73	W I, II	3	12	3296,47	Fe I	12	6
3302,85	Fe II	1	5	3299,60	Nb I	5	10	3296,40	Mo I	15	5
3302,77	Ta I	50	1	3299,57	Bi II	—	(10)	3296,39	Zr II	8	6
3302,68	Mo II	—	25	3299,57	Nb II	—	10	3296,37	Ti	7	—
3302,66	Zr II	10	6	3299,50	Fe I	4	2	3296,23	Mo II	—	5
3302,62	Nb II	1	10	3299,45	Ag	—	5	3296,21	Ti I	2	—
3302,59	Zn I	800	300	3299,41	Ti I	50	35	3296,18	Ce II	20	2
3302,55	Bi	150	—	3299,39	Zn II	—	(15)	3296,12	Ru I	50	10
3302,51	B	—	10	3299,34	Ru I	50	4	3296,05	V II	—	30
3302,37	Na I	600R	300R	3299,3	Bi II	2	3	3296,03	Mn I	20	—
3302,19	Cr I	50	1	3299,08	V I	10	2	3296,03	Nb I	20	40
3302,13	Pd I	1000	200	3299,07	Fe I	5	2	3295,91	Bi	—	2
3302,12	Pt	2	—	3299,05	Mo	5	1	3295,81	Fe II	4	30
3302,09	Ti II	8	20	3298,97	Cd	15	—	3295,65	Ti I	5	—
3301,90	Ce	10	—	3298,74	V II	12	80	3295,50	Nb II	1	20
3301,86	Pt I	300	250	3298,68	Co I	70	2	3295,46	Ag	—	4
3301,85	W II	1	10	3298,41	Ru I	50	25R	3295,43	Mo	5	5
3301,73	Sr I	100	10	3298,40	Ru I	30	4	3295,42	Cr II	10	200
3301,70	Mo	4	4	3298,40	Nb I	3	5	3295,42	Fe II	1	4
3301,65	Ce	3	—	3298,34	Ce	15	—	3295,33	Ta I	125	20
3301,65	V (II)	—	80	3298,31	Cr I	30	8	3295,28	Ce II	30	3

λ	El.	B A	S (E)	λ	El.	B A	S (E)	λ	El.	B A	S (E)
3295,18	Mo	3	1	3290,95	Cr (I)	30	—	3287,59	O II	—	(90)
3295,13	O II	—	(10)	3290,82	Mo I, II	40	100	3287,57	Co I	18	2
3295,10	Cu II	—	8	3290,72	Fe I	15	7	3287,4	к Ca	8	—
3295,02	Zr II	2	—	3290,57	Ce II	10	1	3287,39	Ce	10	—
3294,94	Ce	20	—	3290,54	Cu I	25	25	3287,38	Mo I	20	4
3294,89	Ti I	20	4	3290,50	W I	6	5	3287,30	Zr II	4	2
3294,85	Mo I	15	5	3290,42	Ca	1	3	3287,25	Pd I	300	25
3294,60	Ce	3	—	3290,42	Cu II	*		3287,22	Ni I	3	—
3294,53	Co I	8	—	3290,34	Ce II	20	1	3287,20	Mo II	1	25
3294,53	Ca	—	2	3290,26	Os I	200	20	3287,19	Co I	60	—
3294,37	Nb II	2	100	3290,24	V II	2	70	3287,15	Sb	1	2
3294,28	Rh I	60	25	3290,22	Pt I	150	10	3287,11	Fe I	5	3
3294,23	Ru II	60	200	3290,13	O II	—	18	3286,95	Ni I	100	1
3294,11	Ru I	60	200	3290,04	Fe	3	2	3286,83	Al	—	2
3294,09	Co I	3	—	3290,00	Nb I	10	10	3286,82	Ce	4	—
3293,94	Ce	3	—	3289,94	Ce	4	—	3286,76	Ti II	10	10
3293,93	Ta (I), II	70	10	3289,84	Mo I	10	10	3286,75	Fe I	500	400
3293,86	Co I	40R	—	3289,79	Ce	2	—	3286,67	Ce	4	—
3293,84	Mo	4	1	3289,64	Rh I	50R	5	3286,57	W II	5	12
3293,83	Cr I	30	1	3289,54	Nb II	—	10	3286,54	Co I	3	—
3293,71	W I	10	10	3289,52	Ce	2	—	3286,45	Fe I	5	3
3293,65	Mo	6	1	3289,46	Nb I	2	1	3286,37	Ce	8	—
3293,59	Zr	2	—	3289,44	Fe I	10	4	3286,34	Cr II	20	1
3293,58	Ce II	18	—	3289,39	V II	10	70	3286,34	Nb II	1	20
3293,45	Zr I	2	—	3289,35	Fe II	—	40	3286,21	Ce	5	—
3293,21	Co I	15	—	3289,29	Cs I	2	—	3286,07	Ca I	30	2
3293,15	V II	—	50	3289,28	Ce	10	—	3286,02	Ce II	18	1
3293,14	Fe I	10	5	3289,17	Ag	—	5	3286,02	Fe I	30	15
3293,01	Ag	—	2	3289,14	Rh I	150	50	3285,99	Mo	4	1
3292,97	Cu I	8	2	3289,02	Mo I	40	30	3285,98	Cd	—	(12)
3292,96	Mo II	1	10	3288,98	V II	10	15	3285,88	Zr II	10	8
3292,92	Ce	12	—	3288,97	Fe I	30	15	3285,87	Co I	5	—
3292,83	Cu I	10	2	3288,94	Ce	2	—	3285,81	Ca	—	2
3292,80	W	7	5	3288,89	Ti I	2	—	3285,80	In	—	3
3292,59	Fe I	300	150	3288,80	Zr II	10	7	3285,78	Ce	3	—
3292,51	Ca	1	3	3288,77	Ce	15	—	3285,76	Zr II	4	3
3292,48	Ta I	70	3	3288,65	Fe I	15	6	3285,75	Na II	40	(100)
3292,39	Cu I	6	1	3288,61	Cs I	4	—	3285,70	Nb II	—	10
3292,36	Nb II	—	20	3288,57	Ti II	12	20	3285,67	V II	—	3
3292,31	Mo II	10	300	3288,56	Ce	2	—	3285,67	Nb I	5	5
3292,12	Cu II	—	5	3288,43	V I	8	2	3285,60	Mo II	1	4
3292,11	Cd II	—	(2)	3288,42	Ti II	6	8	3285,41	Fe II	60	40
3292,09	Ce	2	—	3288,34	Ce	2	—	3285,35	Mo I	20	10
3292,08	Co I	18	—	3288,31	V II	1	30	3285,34	Ca	3	5
3292,08	Ti I	70	40	3288,19	Ce	3	—	3285,25	Ti I	7	—
3292,02	Fe I	150	125	3288,15	S	—	(8)	3285,22	Ce II	35	5
3292,02	Nb II	3	100	3288,14	Ce	12	—	3285,20	Fe I	4	2
3291,91	Nb I	3	2	3288,14	Ti (I), II	10	6	3285,19	Zr I	4	—
3291,75	Cr II	10	200	3287,92	Nb I	5	5	3285,10	Ta II	*	
3291,67	V I	10	4	3287,88	Ce	10	—	3285,10	Co	6	—
3291,59	Mo	8	4	3287,82	Co I	5	—	3285,05	Ti I	4	—
3291,07	Ti I	2	—	3287,79	Ce	6	—	3285,02	V II	4	40
3291,06	Nb II	10	100	3287,67	Fe	1	—	3285,02	Mo I	15	5
3291,01	Tl II	—	(40)	3287,66	Ti II	40	200	3284,71	Zr II	25	30
3290,99	Fe I	125	80	3287,59	Nb I	25	2	3284,68	S	—	(15)

λ	El.	B A	B S (E)	λ	El.	B A	B S (E)	λ	El.	B A	B S (E)
3284,60	Ce	8	—	3281,95	Ce	3	—	3278,92	Ti I, II	40	150
3284,60	Mo II	3	—	3281,94	W (I)	12	10	3278,91	Zr II	—	5
3284,59	Mo II	—	40	3281,88	Ni I	20	—	3278,86	Mo II	1	50
3284,59	Fe I	200	125	3281,87	Zr I	2	—	3278,84	Co I	70	2
3284,42	Ce	8	—	3281,77	Ba I	8	—	3278,73	Fe I	100	60
3284,36	V I	25	5	3281,75	V II	—	30	3278,71	Te II	—	(10)
3284,34	Ni	2	—	3281,69	Cu II	—	5	3278,65	Mo	4	1
3284,21	Ce II	20	—	3281,64	Si	—	3	3278,56	Zr I	2	—
3283,95	Ti I	6	—	3281,59	Mo II	—	20	3278,55	Mn I	60	30
3283,88	Ce	3	—	3281,58	Co I	7	—	3278,29	Ti II	25	100
3283,82	Cd	—	(12)	3281,58	Ce	3	—	3278,10	Co I	8	—
3283,78	Co I	60	—	3281,50	Ba I	25	—	3278,06	Mn I	10	—
3283,69	Si	—	2	3281,48	Ca	1	4	3277,98	Ce	2	—
3283,68	Ce II	25	1	3281,34	Mo	5	1	3277,97	Os I	80	8
3283,57	Rh I	150	—	3281,30	Fe II	15	100	3277,93	V I	20	—
3283,55	W I	9	8	3281,12	V II	3	50	3277,93	Ce	8	—
3283,54	Cd II	—	2	3281,09	Ce	18	—	3277,87	Hg II	—	(50)
3283,54	Fe	7	3	3281,06	Mo	25	3	3277,83	Ti I	2	—
3283,51	Sn II	—	100	3280,91	Y II	8	12	3277,80	P	—	(30)
3283,46	Nb II	2	100	3280,87	Mo II	—	25	3277,69	O II	—	(70)
3283,46	Co I	80	—	3280,80	Ce III	6	—	3277,68	Nb I	3	5
3283,42	Fe I	4	2	3280,76	Mn I	60	30	3277,66	Co I	18	2
3283,38	Hf II	10	6	3280,74	Zr II	3	2	3277,63	Zr	3	—
3283,36	Mo	5	1	3280,69	In	—	3	3277,44	V II	2	15
3283,35	Ce II	20	1	3280,68	Ag I	2000R	1000R	3277,43	Te IV	—	(15)
3283,32	Co I	7	—	3280,68	Co	2	—	3277,36	Zr I	4	—
3283,32	Ca	—	2	3280,67	Mo	3	—	3277,35	Fe II	40	200
3283,31	Pt I	8	3	3280,55	Rh I	30R	10	3277,32	Co I	60	—
3283,31	V I	35	10	3280,48	Ce II	15	1	3277,31	Cu I	7	2
3283,21	Sn II	—	(50)	3280,39	Ti I	3	—	3277,16	Mo	4	2
3283,20	Pt I	8	—	3280,31	Mo	5	5	3277,14	Ce	5	—
3283,20	P	—	(15)	3280,26	Fe I	150	150	3277,08	V II	1	10
3283,17	Ce	3	—	3280,20	P	—	(30)	3276,99	Ti II	5	5
3283,06	Cr II	—	35	3279,99	Ti II	10	40	3276,96	Ce	2	—
3282,93	Au I	*		3279,97	Hf II	25	25	3276,8	Cd	—	(12)
3282,91	Be I	8	—	3279,97	Nb II	—	5	3276,77	Ti II	12	70
3282,89	Mo II	1	30	3279,85	Pb II	—	10	3276,61	Fe II	—	10
3282,89	Fe I	80	80	3279,84	V II	20	8	3276,55	Zn II	—	(3)
3282,83	Zr II	10	10	3279,84	Ce II	30	5	3276,48	Co I	35	2
3282,83	Ni I	25	1	3279,82	Nb I	4	—	3276,47	Nb II	—	5
3282,73	Zr I	10	—	3279,82	Cu I	25	30	3276,47	Fe I	100	50
3282,72	Cu I	25	15	3279,74	Fe I	7	3	3276,44	Pb	—	5
3282,70	Ni I	100	—	3279,65	Fe	—	2	3276,36	Zr II	2	—
3282,53	V II	12	80	3279,58	W I	5	6	3276,36	Ce	6	—
3282,53	Ag I	3	1	3279,44	Mo I	15	3	3276,32	Mo II	2	40
3282,45	Mo II	2	8	3279,33	Pb	—	10	3276,26	Si III	—	2
3282,44	Fe	2	1	3279,29	Ta I	50R	3	3276,25	Ce II	18	1
3282,33	Zn I	500R	300	3279,27	Zr II	50	50	3276,19	Pb	—	60
3282,33	Ti II	30	150	3279,26	Co I	60	2	3276,12	V II	50	200R
3282,31	Ce	2	—	3279,25	Nb II	—	10	3276,07	Mo	8	1
3282,23	Co I	3	—	3279,20	Ce	2	—	3275,96	Nb I	2	2
3282,04	Co I	4	—	3279,14	Fe	2	1	3275,94	Ta I	50	1
3282,01	B	4	12	3279,02	W I	8	5	3275,68	Ta II	70	35
3281,99	Ce	3	—	3279,00	Ce II	18	3	3275,64	Zr II	2	—
3281,97	Pt I	10	3	3278,98	Ti	—	2	3275,6	Sb	—	2

217

λ	El.	B A	B S (E)
3275,56	Ce	2	—
3275,29	Ti II	8	50
3275,20	Os I	200	15
3275,14	Zr II	3	1
3274,95	Ta II	200	35
3274,90	Ni II	—	5
3274,86	Ce II	35	8
3274,79	Nb (II)	1	10
3274,69	Ru I	60	25
3274,66	Ca I	20	—
3274,64	Be II	—	(50)¹)
3274,62	Mo II	—	30
3274,61	Ce	8	—
3274,45	Fe I	80	60
3274,41	Ag	—	5
3274,22	Na II	15	(40)
3274,18	Mo II	—	5
3274,11	Ce	8	—
3274,06	Ce	10	—
3274,04	Ti I	7	1
3274,02	In II	—	15
3273,97	Sb	—	4
3273,96	Ce	5	—
3273,96	Cu I	3000R	1500R
3273,96	Mo	20	—
3273,95	Ca	2	4
3273,93	Co (I)	10	—
3273,92	Ce	5	—
3273,89	Nb II	20R	100
3273,65	Hf II	20	10
3273,62	Sc I	35	12
3273,57	Mo II	—	25
3273,53	Fe III	—	6
3273,52	O II	—	(70)
3273,51	Ce	4	—
3273,51	Au I	—	2
3273,50	Nb II	1	20
3273,13	Ta II	70	3
3273,08	Ru I	60	20
3273,05	Pt II	—	5
3273,05	Zr II	50	80
3273,02	V I	30	5
3273,02	Mn I	20	20
3272,94	Ce	3	—
3272,89	Mo	4	1
3272,89	Cr II	—	4
3272,72	Ce	10	—
3272,71	Fe I	2	—
3272,60	Ce	8	—
3272,59	Fe I	6	3

¹) Doublet Be II 3274,67—
Be II 3274,58.

λ	El.	B A	B S (E)
3272,56	Pd II	—	60
3272,40	Co I	3	—
3272,37	Mo II	—	25
3272,34	Nb II	—	10
3272,25	Ce II	40	15
3272,22	Nb II	1	10
3272,22	Zr II	15	10
3272,19	V I	8	1
3272,08	Ti II	25	100
3272,07	Nb I	12	2
3272,06	Ce II	8	—
3271,97	Nb I	4	2
3271,96	Ce	5	—
3271,93	Cr I	60	—
3271,78	Co I	60	—
3271,68	Ca	1	3
3271,68	Fe I	25	15
3271,66	Mo II	—	60
3271,65	Ti II	35	125
3271,63	V I	25	—
3271,63	Cs II	—	(20)
3271,61	Rh I	200	60
3271,56	Nb	—	3
3271,55	Ce II	25	1
3271,49	Fe I	15	7
3271,41	V I	8	—
3271,19	Ta II	70	18
3271,15	Ce II	18	2
3271,12	Zr II	8	8
3271,12	V II	25	50R
3271,12	Ni I	125	1
3271,03	Rb II	—	(40)
3271,00	Fe I	300	300
3270,98	O II	—	(25)
3270,90	Mo I	50	25
3270,84	Ca	1	2
3270,76	Nb I	5	8
3270,71	Cr I	50	1
3270,68	Ce	5	—
3270,59	Zr	4	—
3270,56	Ti I	10	1
3270,50	Ca	1	2
3270,46	Nb (I)	15	10
3270,43	P	—	(15)
3270,35	Mn I	30	30
3270,26	W I	9	4
3270,19	Co I	10	—
3270,13	Ce II	12	—
3270,13	Cr II	*	
3270,11	V II	3	5
3269,96	Fe I	5	3
3269,90	Sc I	30	12
3269,81	Ag II	—	10
3269,77	Fe II	—	4
3269,76	Cr II	—	35

λ	El.	B A	B S (E)
3269,66	Zr I	12	1
3269,62	W I, II	10	12
3269,49	Ge I	300	300
3269,23	Fe I	20	6
3269,21	Os I	200	20
3269,14	Ta I	70R	7
3269,12	Ce	10	—
3269,12	Nb II	2	10
3269,10	Ca I	10	2
3269,02	Be I	*	
3268,97	Mo II	—	25
3268,97	Ni I	2	—
3268,92	W I	9	10
3268,88	Co I	4	—
3268,80	Ru II	4	60
3268,72	Mn I	30	30
3268,61	Ti I	4	—
3268,58	W I	8	9
3268,50	Fe II	—	5
3268,42	Pt (I)	15	4
3268,35	W II	*	
3268,31	Cs	—	(10)
3268,28	Cu I	15	10
3268,24	Fe I	125	100
3268,21	Ru I	60	12
3268,19	Mo I	6	2
3268,12	W I	5	3
3268,06	Ni	5	—
3267,97	Bi I	2	—
3267,95	Os I	400R	30
3267,94	Ce III	2	—
3267,79	Mn I	40	40
3267,71	V II	30	80R
3267,68	Nb II	1	10
3267,62	Mo II	4	30
3267,51	Sb I	150	150
3267,43	W (II)	—	12
3267,41	Ti I	2	—
3267,36	Zr I	3	—
3267,35	Ag II	—	12
3267,35	Pd II	—	200
3267,23	Ce II	12	—
3267,13	Cs II	—	(30)
3267,08	Au	10	8
3267,06	Ti I	10	—
3267,05	Nb I	5	5
3267,03	Fe II	—	4
3266,95	Si	—	2
3266,88	Fe III	—	15
3266,87	Mo II	—	40
3266,86	Ce	3	—
3266,76	W I	7	6
3266,63	Cr I	35	4
3266,62	W (I)	7	5
3266,45	Ru I	50	9

λ	El.	B A	B S (E)	λ	El.	B A	B S (E)	λ	El.	B A	B S (E)
3266,44	Ir I	50	10	3263,24	V I	40	—	3260,21	Na II	—	(15)
3266,41	Nb I	2	4	3263,21	Co I	30	—	3260,18	Ta (I)	125	18
3266,28	Mo I	6	3	3263,14	Rh I	200	40	3260,13	Nb I	5	5
3266,16	Mo	6	5	3263,10	W I	8	7	3260,11	Zr I	10	1
3266,11	Nb III	—	5	3263,07	Ce II	10	—	3259,99	Fe I	150	100
3266,08	Ce	3	—	3263,07	Fe	1	—	3259,98	Cr I	50	30
3266,08	V I	12	—	3262,75	Os I	100	20	3259,87	Ta I	50	3
3266,02	Cu I	20	15	3262,63	Mo I	15	4	3259,84	Co (I)	3	—
3266,00	Nb I	3	—	3262,56	Nb (II)	—	5	3259,78	Ce II	20	—
3265,92	Cs II	—	(30)	3262,43	Co	2	—	3259,73	Pt I	3	6
3265,89	V I,II	15	12	3262,35	Mo	8	1	3259,68	V II	—	4
3265,82	Ce	10	—	3262,35	Pb I	20	5	3259,68	Ru I	60	9
3265,67	Ce	5	—	3262,34	Sn I	400	300	3259,66	W I	9	9
3265,62	Fe I	300	300	3262,34	Ba I	3	3	3259,55	Ce	3	—
3265,56	Ce	8	—	3262,29	Os I	500R	50	3259,55	Re I	100	—
3265,51	Ta II	35	—	3262,28	W II	—	18	3259,53	Mo	5	3
3265,48	Ti I	6	1	3262,28	Fe (I)	50	25	3259,53	V I	15	3
3265,46	O III	*		3262,16	Mo II	1	20	3259,44	W I	9	9
3265,42	Ce II	15	1	3262,13	Ce	5	—	3259,42	Ti I	2	—
3265,35	Co I	35	2	3262,06	V I	10	3	3259,16	Mo I	5	4
3265,34	Ca	1	2	3262,01	Fe I	30	15	3259,13	Nb I	3	3
3265,31	Nb (I)	2	2	3261,96	Ba I	40	—	3259,05	Fe II	1	200
3265,15	W I	9	8	3261,87	Nb	10	3	3258,97	Ru II	10	60
3265,14	Ce	2	—	3261,84	Mo	2	—	3258,87	Ce II	25	1
3265,13	Mo II	25	25	3261,70	Nb II	1	50	3258,85	Re I	100	—
3265,05	Fe I	200	150	3261,63	Ce	2	2	3258,78	Pd I	300	200
3264,84	Co I	35	2	3261,61	Ti II	70	300R	3258,77	Fe II	—	150
3264,81	Zr I	4	4	3261,60	S	—	(8)	3258,77	Cr II	—	50
3264,71	Co I	7	—	3261,56	Re I	50	—	3258,68	Mo II	1	25
3264,71	Mn I	75	50	3261,52	Ce	2	—	3258,66	Si III	—	2
3264,71	Ce	2	—	3261,33	Fe I	25	7	3258,56	In I	500R	300R
3264,71	Fe I	4	2	3261,24	Ce II	8	—	3258,41	Mn I	75	40
3264,69	Os I	100	10	3261,21	Pb	—	2	3258,14	W I	5	3
3264,59	Nb I	15	10	3261,16	W I	10	8	3258,04	Ru I	50	8
3264,51	Fe I	80	60	3261,11	Ce	2	—	3258,03	Co I	60	—
3264,40	Mo I	25	20	3261,08	V	15	10	3257,97	Na II	35	(60)
3264,4	Cd	—	(10)	3261,07	Zr I	2	—	3257,89	Fe II	—	3
3264,34	W I	7	6	3261,07	Pt I	3	—	3257,89	V II	6	40
3264,26	Cr II	6	50	3261,05	Cd I	300	300	3257,83	S II	—	(10)
3264,26	Nb I	2	1	3261,0	Pb II	—	(50)	3257,83	Cr I	40	30
3264,19	Ag	1	3	3260,98	O III	*		3257,81	Ce	6	—
3264,09	Ca	1	3	3260,97	Ce II	25	3	3257,80	W II	—	10
3264,06	Hg II	—	15	3260,93	Ca	1	3	3257,59	Fe I	100	100
3264,04	In II	—	(5)	3260,91	Zr	2	—	3257,59	Hg II	—	(10)
3264,00	In II	—	(10)	3260,82	Co I	70	4	3257,24	Fe I	25	12
3263,88	Ce II	25	3	3260,74	B II	4	10	3257,13	Ce	4	—
3263,84	Ti I	2	6	3260,56	Nb II	15	300	3257,11	Fe	1	—
3263,83	Mo I	15	15	3260,48	Mo I	10	5	3257,00	Nb I	4	3
3263,76	Ta I	70	2	3260,37	Ru I	400	50	3257,0	к B	100	—
3263,69	Ti II	10	70	3260,32	Ce	3	—	3256,92	Os I	80	12
3263,44	Ce II	18	3	3260,30	Os I	60	10	3256,85	Ta II	100	1
3263,37	Fe I	30	15	3260,28	Co I	5	—	3256,77	V I	8	1
3263,37	Nb II	3	500	3260,26	Fe I	20	15	3256,75	Nb II	—	4
3263,33	Ce	8	—	3260,25	Ti I,II	12	30	3256,72	Mo	4	2
3263,33	V II	—	50	3260,23	Mn I	75	50	3256,70	Ag	—	2

λ	El.	B A	S (E)	λ	El.	B A	S (E)	λ	El.	B A	S (E)
3256,70	Fe	20	7	3252,95	Mn I	75	50	3249,93	V I	8	—
3256,68	Ce II	20	—	3252,92	Fe I	80	50	3249,92	Mo I	6	3
3256,46	V	8	1	3252,91	Ti II	60	200R	3249,9	Li II	*	
3256,43	Pt	2	—	3252,90	V	5	—	3249,85	W II	*	
3256,33	Ru I	50	3	3252,77	Nb I	5	3	3249,85	Fe	1	—
3256,25	Ce	12	—	3252,75	Ag	—	8	3249,83	Ce	4	—
3256,23	Ce	6	—	3252,52	Cd I	300	300	3249,65	Fe II	—	10
3256,23	W I	8	7	3252,49	Cr II	—	25	3249,57	V I	40	30
3256,21	Mo I	40	25	3252,48	Ce II	30	3	3249,53	Hf I	20	1
3256,14	Mn I	75	50	3252,44	Fe II	90	40	3249,52	Nb I	10	10
3256,13	Nb	—	2	3252,42	Nb II	1	10	3249,49	Ce	3	—
3256,09	In I	1500R	600R	3252,33	Mo II	—	30	3249,46	V II	—	5
3255,96	W I,II	9	8	3252,29	W (I)	10	9	3249,44	Ni I	30	—
3255,92	Pt I	3	30	3252,26	Ta II	35	1	3249,42	Ce II	10	—
3255,89	Fe II	20	100	3252,22	Cu I	4	3	3249,37	Ti II	8	20
3255,81	Ca	1	3	3252,21	Hg II	—	(30)	3249,19	Fe I	70	35
3255,69	Sc I	15	8	3252,01	Os I	50	15	3249,19	Ce II	25	—
3255,64	V I	25	5	3251,98	Pt I	100	1	3249,03	Fe I	1	—
3255,34	Ge	—	100	3251,94	Mo	3	1	3248,94	Nb II	5	50
3255,28	Hf II	20	30	3251,91	Ti II	50	150	3248,69	V I	15	3
3255,26	Nb II	2	20	3251,88	Ce	15	—	3248,60	Ti I,II	25	200R
3255,23	Mo II	—	40	3251,87	V II	10	50	3248,52	Ce	4	—
3255,21	Ce	8	—	3251,84	Cr I	35	—	3248,52	Ta I	100	3
3255,01	W II	9	12	3251,64	Mo	6	3	3248,52	Mn I	100	100
3254,94	Cr (I)	50	—	3251,64	Pd I	200	500	3248,50	Pt I	2	—
3254,91	Os I	60	12	3251,62	Nb I	5	3	3248,46	Ni I	150	2
3254,89	Nb II	1	50	3251,58	Cr (I)	30	—	3248,42	Ce	12	—
3254,86	Ce II	12	—	3251,48	Nb I	4	2	3248,28	Ca	1	3
3254,84	W II	—	6	3251,37	Ce	4	—	3248,21	Fe I	200	150
3254,77	V I,II	40	80	3251,36	Mo	4	2	3248,06	Ce	5	—
3254,73	Fe I	15	6	3251,35	Au II	*		3247,90	V II	—	5
3254,71	Ru I	50	9	3251,32	Sc II	15	8	3247,89	Ce	3	—
3254,68	Mo II	8	50	3251,26	Nb II	2	15	3247,67	Hf I	*	
3254,66	Ce	3	—	3251,23	Fe I	300	150	3247,62	Mo	30	20
3254,54	Ru I	50	9	3251,23	W I,II	10	18	3247,61	In	—	15
3254,36	Fe I	200	150	3251,14	Mn I	50	25	3247,55	Ce	15	—
3254,36	Ca	1	2	3250,94	Na II	—	(15)	3247,55	Ag	15	15
3254,36	W I	6	4	3250,78	V II	10	50	3247,54	Sb	2	10
3254,28	Ce	3	—	3250,75	Mo II	2	100	3247,54	Mn	125	—
3254,28	Zr I	40	40	3250,74	Ni I	125	1	3247,54	Cu I	5000R	2000R
3254,25	Ti II	35	125	3250,62	Fe I	60	40	3247,48	Nb II	50	100
3254,21	Co I	300R	—	3250,46	Cu II	—	5	3247,39	Fe II	—	2
3254,07	Nb II	20	300	3250,45	Zr II	6	8	3247,28	Fe I	20	10
3254,04	Mn I	50	25	3250,39	Fe I	20	6	3247,26	Cr I	20	1
3253,95	Fe I	20	8	3250,39	Zr I	15	—	3247,26	Ce	3	—
3253,83	Fe I	2	1	3250,38	In	—	10	3247,21	Fe II	10	10
3253,73	Mo II	1	50	3250,36	Pt (I)	40	8	3247,18	Co I	80	—
3253,70	Hf II	30	30	3250,36	Ta I	70	3	3247,17	Fe II	—	10
3253,60	Fe I	100	80	3250,33	Co I	4	—	3247,11	Ce	3	—
3253,51	Mo	3	—	3250,33	Cd II	—	25	3247,00	Co I	35	—
3253,46	S	—	(15)	3250,27	Nb II	5	100	3246,96	Fe I	100	70
3253,34	Ce	8	—	3250,26	Ca	—	2	3246,78	Nb I	5	—
3253,27	Cr I	20	1	3250,17	Cd II	—	100	3246,68	Nb II	—	5
3253,12	Ta II	15	2	3250,03	V I	8	—	3246,67	Ce II	35	3
3252,98	Ce	2	—	3250,00	Co I	60	—	3246,48	Fe I	40	25

λ	El.	B A	S (E)	λ	E	B A	S (E)	λ	El.	B A	S (E)
3246,31	Re II	20	—	3242,16	Zr II	1	2	3238,49	W	7	6
3245,98	Fe I	200	150	3242,16	Ru I	80	—	3238,43	Se II	—	(15)
3245,92	Mo I	10	6	3242,13	Ce II	12	—	3238,39	Mo II	—	40
3245,74	Co I	3	—	3242,05	Ta I	125	15	3238,22	Ti I	8	4
3245,68	Ce	2	—	3242,02	W I	10	10	3238,09	Cr I	30	20
3245,54	Ce	15	—	3241,99	Ti II	60	300R	3238,02	Nb II	20	200
3245,54	Cr I	20	15	3241,83	Be II	5	(50)	3237,98	Mo I	15	3
3245,48	Cr I	10	2	3241,81	Nb II	2	10	3237,88	V II	30	100
3245,37	Ni I	2	—	3241,76	Ca	1	2	3237,85	Ta I	70	7
3245,28	Ta I	70	2	3241,68	Fe II	—	5	3237,84	Mo II	—	20
3245,16	Ce II	25	1	3241,62	Be II	5	(15)	3237,82	Fe II	1	100
3245,12	Ce	8	—	3241,62	Si III	—	6	3237,73	Cr I	40	30
3245,07	Nb II	—	5	3241,54	Co I	5	—	3237,69	Nb II	2	50
3244,95	Ag	—	10	3241,52	Ir I	100	50	3237,68	W II	—	8
3244,95	Ce	10	—	3241,41	W I	6	5	3237,66	Rh I	60	20
3244,51	Nb II	2	30	3241,35	Ce	3	—	3237,41	Mn I	30	—
3244,47	Mo I	5	5	3241,28	Sb (II)	—	(350)	3237,40	Fe II	—	10
3244,19	Fe I	300	200	3241,24	Ru I	60	12	3237,22	Fe (I)	3	1
3244,12	Cr I	30	4	3241,21	Ce	10	—	3237,18	Nb I	2	2
3243,97	Zr I	4	—	3241,16	V I	20	10	3237,09	W I	10	5
3243,94	Ce	3	—	3241,04	Os I	80	20	3237,08	Mo I	40	25
3243,84	Co I	100	—	3241,01	Zr II	50	80	3237,03	Co I	100	—
3243,82	Nb II	2	5	3240,95	Cr I	35	2	3236,86	In II	—	(5)
3243,80	Ti I	10	1	3240,94	Ta II	*		3236,85	Ce	8	—
3243,78	Mn I	100	75	3240,88	Mn I	3	—	3236,78	Mn I	75	75
3243,72	Fe II	—	60	3240,72	Mo II	3	60	3236,74	Ce II	35	8
3243,71	Pt I	4	20	3240,71	Ti II	3	3	3236,67	Cd	—	(12)
3243,57	Co I	8	—	3240,67	Ce	3	—	3236,62	W II	—	8
3243,57	Ce	5	—	3240,62	Mn I	60	30	3236,57	Zr II	20	40
3243,51	Ti I	7	1	3240,49	Mo I	25	5	3236,57	Ti II	70	300R
3243,51	Ru I	70	12	3240,40	Mn I	60	30	3236,42	Mo	4	2
3243,40	Fe I	70	20	3240,39	Ce	4	—	3236,40	Nb II	10	200
3243,40	Au II	3	8	3240,20	Pt I	40	6	3236,22	Zr II	8	10
3243,37	Ce II	—	10	3240,19	Pb I	30	—	3236,22	Fe I	300	200
3243,34	W II	5	20	3240,16	Ca	—	2	3236,22	Ti I	2	—
3243,32	Nb I	1	5	3240,01	Fe I	1	1	3236,10	Ti II	10	15
3243,27	V I	20	10	3239,99	Ta I	200	18	3235,94	Re I	50	—
3243,21	Ce	2	—	3239,83	V II	—	30	3235,92	W	8	6
3243,18	Mo II	—	25	3239,73	Bi I	10	3	3235,87	Mo I	3	2
3243,16	Cu I	15	15	3239,66	Ti II	25	80	3235,83	Fe	2	1
3243,15	Cd	—	15	3239,59	Ru I	50	5	3235,78	Co I	5	—
3243,13	Pd II	—	60	3239,44	Fe I	400	300	3235,75	Ni I	15	—
3243,11	Fe I	50	20	3239,16	Cu I	*		3235,71	Cu I	15	7
3243,06	Ni I	400R	15	3239,04	Ti II	60	300R	3235,67	Ce II	15	1
3243,01	W II	*		3239,03	Fe I	5	3	3235,59	Fe I	5	2
3242,86	Pb I	—	40	3238,90	Ce	4	—	3235,54	Co I	60	—
3242,83	Ta I	125	10	3238,83	Cu II	—	3	3235,38	Mo I, II	20	25
3242,78	Ce	3	—	3238,81	Cd II	—	(5)	3235,31	Mn I	*	
3242,76	Zr I	2	—	3238,78	Ru I	50	1	3235,01	Mo II	—	25
3242,70	Pd I	2000	600R	3238,76	Cr II	6	200	3235,01	Ce	10	1
3242,53	Ce	2	—	3238,69	W I	5	4	3235,00	Mn I	30	—
3242,53	Nb II	3	10	3238,63	Os I	100	20	3234,99	Ca	—	2
3242,42	Nb II	1	5	3238,6	air	—	5	3234,98	W I	9	7
3242,28	Y II	60	100	3238,54	Ru I	100	45	3234,92	Na II	6	(20)
3242,27	Fe I	3	1	3238,50	Cr I,II	25	8	3234,89	Ce II	18	5

λ	El.	B A	B S (E)	λ	El.	B A	B S (E)	λ	El.	B A	B S (E)
3234,80	Zr I	2	—	3232,28	Ti II	30	100	3229,24	Ta (I)	300	70
3234,73	Os I	100	10	3232,26	Cd II	—	2	3229,21	Os I	125	5
3234,72	V I	8	—	3232,23	W I	3	2	3229,21	Cr I	35	—
3234,69	Ta (I), II	70	10	3232,13	W I, II	6	9	3229,19	Ti II	30	60
3234,65	Ni I	300	15	3232,06	Os I	500R	20	3229,16	Rb I	10	—
3234,62	Fe I	200	125	3231,98	Ce	3	—	3229,12	Fe I	80	50
3234,52	Ti II	100	500R	3231,95	V II	8	100	3229,12	Ce II	25	1
3234,51	V II	—	20	3231,80	Ce	2	—	3228,96	W II	1	10
3234,49	Ce	10	3	3231,70	Fe II	—	30	3228,95	Nb II	1	3
3234,27	Ce	5	—	3231,69	Zr II	10	10	3228,90	Fe I	80	40
3234,20	Os I	150	12	3231,58	Fe I	3	1	3228,81	Zr II	10	8
3234,18	Mo	8	5	3231,42	Os I	150	12	3228,61	Ti II	30	100
3234,17	Ce II	40	8	3231,31	Ti II	15	25	3228,60	Fe (II)	5	2
3234,12	Zr I	50	30	3231,24	Ce II	30	10	3228,53	Ru I, II	50	150
3234,11	Co I	2	—	3231,23	Pb	—	10	3228,47	Nb (II)	—	2
3234,06	Cr II	10	150	3231,2	κ Ca	4	—	3228,25	Fe I	100	80
3233,97	Fe I	300	150	3231,18	Cu I	15	10	3228,22	Mo I	40	25
3233,97	Mn I	75	—	3231,12	Mo	5	1	3228,18	Ti I	6	—
3233,95	Si III	—	7	3230,97	Fe I	300	200	3228,18	V I	15	5
3233,90	Cu I	2	2	3230,86	Ta I	200	18	3228,09	Mn I	100	100
3233,77	Ce	15	—	3230,83	W II	1	7	3228,04	Ce II	25	—
3233,77	V II	5	20	3230,78	Mo	4	2	3228,00	Au III	—	10
3233,66	Ca	—	2	3230,72	Mn I	75	75	3227,99	Fe I	3	1
3233,62	P III	—	(20)	3230,64	V I	20	8	3227,98	Rb I	20	—
3233,54	V I, II	10	25	3230,64	Au II	15	80	3227,95	Ti I	2	—
3233,52	Be II	5	(5)	3230,59	W II	1	10	3227,84	Hg	—	2
3233,44	Ce II	30	2	3230,50	Si III	—	3	3227,80	Fe I	4	—
3233,42	Pt I	40	10	3230,29	Pt I	100	6	3227,76	Co I	5	—
3233,25	Ag I	5	2	3230,28	Ce	8	—	3227,75	Fe II	200	300
3233,24	W II	2	9	3230,24	Nb II	2	30	3227,69	Nb II	—	3
3233,24	Cr I	30	4	3230,21	Fe I	100	80	3227,49	W I	9	8
3233,20	Ce	2	—	3230,07	Ce II	10	1	3227,40	V I	15	10
3233,19	V I	40	3	3230,07	Mn II	*		3227,32	Ta I	70	10
3233,18	Ag I	—	10	3230,02	Ce	3	—	3227,28	Os I	125	12
3233,17	Ni I	4	—	3229,99	Fe I	20	20	3227,16	Pt I	4	3
3233,14	W II	2	6	3229,99	Ag	1	4	3227,11	Ce II	25	—
3233,14	Mo I	50	30	3229,88	Ta II	35	50	3227,11	V I	10	—
3233,11	Zr I	6	—	3229,87	Fe (I)	10	10	3227,08	Pb	—	5
3233,05	Fe I	100	60	3229,86	Cr II	—	8	3227,06	Fe I	30	10
3233,02	Ca	—	4	3229,79	Mo I	25	4	3226,99	Co I	80R	—
3232,96	Ni I	300R	35	3229,79	Fe I	1	1	3226,98	Ni I	100	—
3232,87	Ce	3	—	3229,75	Tl I	2000	800	3226,93	Ta II	35	1
3232,87	Co I	60	25	3229,72	Zr II	2	—	3226,92	V II	1	50
3232,79	Nb (II)	—	2	3229,71	Mn II	2	—	3226,79	Mo	2	3
3232,79	Ti I	8	—	3229,68	Mo II	—	50	3226,77	Ti II	10	35
3232,79	Fe II	—	50	3229,66	W	9	8	3226,71	Fe I	8	3
3232,75	Ru I	50	4	3229,63	Be I	15	—	3226,60	Cu I	12	7
3232,66	Ce	3	—	3229,60	V I	15	8	3226,58	W	—	10
3232,66	Li I	1000R	500	3229,59	Ce	10	—	3226,56	Mo II	—	20
3232,65	W I	9	8	3229,59	Fe	10	5	3226,56	Cr I	30	1
3232,54	Os I	150	10	3229,57	Nb II	5	50	3226,50	Ti I	2	—
3232,52	Sb I	150	250	3229,40	Ti II	15	70	3226,38	Ru I	50	12
3232,49	W I	9	8	3229,37	Mg I	25	—	3226,38	Fe II	—	1
3232,35	Pb	30	—	3229,36	Ce II	25	3	3226,24	Ti I	2	—
3232,29	Ce II	15	—	3229,36	Mo II	—	5	3226,13	Ca I	8	—

λ	El.	B A	B S (E)	λ	El.	B A	B S (E)	λ	El.	B A	B S (E)
3226,11	Ti I	25	7	3222,90	Mo II	—	40	3219,13	Cr II	—	30
3226,10	V I	25	5	3222,85	Ce	6	1	3218,98	Ti I	2	—
3226,03	Ce II	8	—	3222,84	Ti II	20	150R	3218,97	Pd I	300	8
3226,03	Mn I	40	20	3222,75	Nb I	3	2	3218,94	Ce II	50	8
3226,02	Fe	2	1	3222,74	Ti I	3	—	3218,86	V I	20	15
3225,97	Na II	2	(20)	3222,61	Ce	6	—	3218,71	Sn I	18	50
3225,90	Ca I	80	10	3222,56	Cd II	—	2	3218,70	Cr I	80	2
3225,79	Fe I	300	150	3222,47	Zr II	2	3	3218,68	Zr II	2	—
3225,67	Ce II	25	3	3222,41	Ce II	18	1	3218,68	Ti I	2	—
3225,63	W I	10	8	3222,19	Ba I	20	—	3218,60	W I	10	9
3225,48	Zr I	5R	2	3222,08	B II	—	5	3218,50	Mo	5	1
3225,48	Ce	2	—	3222,07	Nb II	5	60	3218,38	Ce II	30	2
3225,48	Nb II	150	800	3222,07	Fe I	200	100	3218,35	V I	8	1
3225,40	Ce	2	—	3222,00	Ce	2	—	3218,28	Rh I	60	—
3225,35	Cr II	—	20	3221,93	Fe I	2	1	3218,27	Ti II	15	150
3225,28	B II	5	—	3221,91	W I, II	10	9	3218,10	O II	—	(7)
3225,25	Au I	*		3221,74	Mo I	20	20	3217,95	Ti I	12	1
3225,19	Nb I	3	1	3221,65	Ni I	300	4	3217,9	Pb II	—	(15)
3225,16	W II	1	4	3221,65	Nb II	—	10	3217,88	Rh I	60	20
3225,02	Co	3	—	3221,64	Ge II	*		3217,86	Ce	3	—
3225,02	Ni I	300	6	3221,63	Ba I	2	—	3217,86	Nb I	5	5
3224,93	Fe	3	1	3221,63	Cd	—	(12)	3217,83	Ni I	10	5
3224,83	Ce	10	—	3221,61	W I	7	6	3217,8	Cd	—	(15)
3224,76	Mn I	75	40	3221,47	Ce	2	—	3217,79	Nb	3	1
3224,66	Cu I	25	10	3221,37	Ti I	25	6	3217,62	K I	50R	25
3224,64	Co I	60	—	3221,37	V II	—	10	3217,52	Ce	20	—
3224,43	Nb I	3	4	3221,32	Ta I	70	15	3217,44	Cr II	30	20
3224,40	Mo	4	—	3221,27	Ni I	35	—	3217,38	Fe I	200	125
3224,33	Ca	—	3	3221,21	W I	12	10	3217,28	Nb I	10	5
3224,29	Ce	3	—	3221,17	Ce II	50	8	3217,16	K I	100R	20
3224,25	B II	—	5	3221,15	Ti I	4	—	3217,13	Ce	12	—
3224,24	Ti II	15	150	3221,12	Nb I	4	5	3217,11	V I, II	30	80
3224,21	Cd	—	(10)	3221,06	Ce	2	—	3217,06	Ti II	40	150
3223,90	Ce	15	1	3220,92	Nb I	10	10	3217,00	Nb II	2	200
3223,90	Nb	5	3	3220,87	Ce	30	—	3216,99	Co I	2	—
3223,86	Os I	100	8	3220,85	Mo I	8	8	3216,95	Mn I	75	75
3223,84	Fe I	2	2	3220,78	Ir I	100	30	3216,92	Ta I	100	18
3223,83	Ta I	200	50	3220,77	Pt	2	—	3216,89	Ti	2	—
3223,57	Sn I	10	15	3220,75	Ca	—	3	3216,82	Ni I	6	—
3223,55	V	3	1	3220,65	Hf II	25	35	3216,8	Bi I	8	2
3223,53	Ni I	5	—	3220,54	Pb I	50	5	3216,77	Mo	5	5
3223,51	Ti I	15	2	3220,48	Nb II	3	5	3216,76	O II	—	(3)
3223,51	Ce	5	—	3220,46	Ti II	—	25	3216,71	Ce	12	—
3223,51	Ag II	1	25	3220,40	Ce	12	—	3216,70	Ag	—	8
3223,49	Mo I	6	6	3220,27	Ti I	3	—	3216,68	Y II	40	70
3223,45	Fe	1	1	3220,06	W I	8	7	3216,58	Ce	3	—
3223,44	Cu I	20	10	3219,94	Ce	2	—	3216,58	Zr I	2	—
3223,36	Ce II	15	1	3219,81	Ni I	4	—	3216,55	Cr II	3	125
3223,33	Nb II	10	100	3219,81	Fe I	100	80	3216,39	Ce	3	—
3223,28	Ru I	60	35	3219,68	Nb I	2	2	3216,31	W II	6	10
3223,26	Fe I	4	2	3219,58	Fe I	200	125	3216,28	Na II	—	(5)
3223,22	Mn	4	—	3219,40	Mo II	5	25	3216,22	Ce	3	—
3223,14	Co I	3	—	3219,30	P III	—	(100)	3216,20	Ti I	8	—
3223,11	W I	8	4	3219,21	Ti I	15	3	3216,18	Nb II	2	10
3222,96	Nb I	2	2	3219,15	Co I	60	—	3216,18	Ce	3	—

λ	El.	B A	B S (E)	λ	El.	B A	B S (E)	λ	El.	B A	B S (E)
3216,15	Ta II	5	1	3212,48	Ce II	20	—	3208,85	Pt	3	—
3216,08	O II	—	(2)	3212,43	V I	70	50	3208,83	Mo I	150R	60
3216,07	Mo II	—	50	3212,37	Pt I	6	—	3208,71	Ca	—	2
3215,94	Fe I	300	150	3212,32	Ce	3	—	3208,62	Cr II	20	40
3215,89	Ce	8	—	3212,19	Na II	35	(60)	3208,60	Ti II	—	20
3215,68	Ag I	5	3	3212,17	Fe	4	2	3208,59	Nb II	3	100
3215,65	W II	6	10	3212,14	Nb II	1	3	3208,57	W I	9	10
3215,60	Ce	4	—	3212,12	Ir I	25	15	3208,47	Fe I	100	80
3215,60	Nb II	50	200	3212,02	Zr I	50	80	3208,41	Nb II	—	2
3215,56	W I	10	9	3211,99	Fe I	70	50	3208,35	V II	10	100
3215,42	Fe (I)	10	4	3211,98	Hg	—	(5)	3208,31	Zr II	3	1
3215,37	V I	20	5	3211,88	Fe I	10	10	3208,28	W I	12	10
3215,33	Co I	5	—	3211,81	Nb II	1	10	3208,23	Cu I	25	15
3215,32	Ca I	5	—	3211,68	Fe I	80	50	3208,22	Ag	2	4
3215,28	Mo	4	2	3211,61	Ce	10	—	3208,20	Hg II	—	15
3215,28	W II	—	15	3211,57	V I	5	3	3208,10	W I	9	8
3215,22	Fe	4	2	3211,51	Mo	5	2	3208,10	Nb II	2	10
3215,22	Nb I	5	2	3211,49	Fe I	80	40	3207,99	Cr II	—	10
3215,13	Ca I	20	4	3211,40	Nb II	—	5	3207,89	Ti I	10	2
3215,09	Ce	10	—	3211,33	Ce	10	—	3207,85	Ta I	70	15
3215,07	Mo I	25	20	3211,32	Cr I	35	12	3207,79	W I	8	6
3214,99	Nb II	—	5	3211,07	Ti I	2	—	3207,65	Fe I	2	1
3214,88	Ce	2	—	3210,97	Mo I, II	15	20	3207,62	Ce II	12	—
3214,75	Ti II	20	80	3210,95	Ce II	20	2	3207,41	V I	80R	20
3214,75	V II	20	100	3210,83	Co (I)	18	—	3207,35	Ag	—	4
3214,63	Ce	2	—	3210,83	Fe I	150	100	3207,33	Nb II	5	30
3214,40	Fe I	100	50	3210,65	Fe	1	—	3207,32	Ti I	8	2
3214,39	Mo II	20	50	3210,65	Mo	4	1	3207,28	Ce	8	—
3214,33	Rh I	70	20	3210,55	Mo	4	1	3207,25	W I	12	10
3214,25	Ce	12	—	3210,45	Mo	4	1	3207,23	Ca	1	2
3214,23	Ti I	30	6	3210,45	Fe II	5	50	3207,19	Mo (II)	—	10
3214,19	Zr II	60	50	3210,45	Pd II	—	60	3207,16	Ce	3	—
3214,05	Ni I	18	—	3210,43	V I	10	5	3207,09	Fe I	80	50
3214,04	Fe I	400	200	3210,29	Nb I	3	4	3206,95	Ni I	8	—
3214,02	Ce	15	—	3210,24	Fe I	150	100	3206,92	V I	5	—
3213,93	V I	15	8	3210,23	Co I	80	2	3206,92	Ce II	12	—
3213,91	Ta II	*		3210,20	Nb II	1	3	3206,91	Mn I	60	—
3213,88	Nb I	2	2	3210,11	Sb	—	(6)	3206,82	Ti I	10	2
3213,53	Ce	2	—	3210,1	Cd	—	(12)	3206,80	Nb I	3	2
3213,42	Ni I	12	—	3210,09	V I	10	5	3206,80	Mo II	—	20
3213,31	Mo I	10	1	3210,09	Ce	8	—	3206,50	Ce	12	—
3213,31	Os II	50	40	3210,02	Si II	—	7	3206,41	W II	6	15
3213,31	Fe II	50	300	3209,98	Ag	1	5	3206,39	Ta I	70	15
3213,14	W I	7	4	3209,96	W II	2	25	3206,35	Nb II	10	300
3213,14	Ti I	25	25	3209,93	Ca I	30	2	3206,34	Ti I	10	3
3213,06	Ce	20	—	3209,91	Ni I	20	—	3206,14	V (II)	—	10
3212,94	Re I	50	—	3209,76	Ta II	3	1	3206,10	Ca	—	5
3212,89	Ce	3	—	3209,71	Mo II	—	30	3206,03	Ce	2	—
3212,89	Cr II	—	30	3209,56	Sr II	—	4	3205,99	Ti II	3	15
3212,88	Mn I	100	100	3209,51	Ce	3	—	3205,96	Ce II	10	1
3212,85	Zr II	5	3	3209,35	Ce	3	—	3205,88	Co I	2	—
3212,59	Mo (I)	15	10	3209,30	Fe I	200	125	3205,88	Mo I	30	20
3212,59	Ce	8	—	3209,21	Cr II	40	125	3205,84	Ti I	10	1
3212,57	Zr I	4	—	3209,04	Ce	2	—	3205,58	V I	20	10
3212,50	Ca	—	2	3209,03	Ti I	8	1	3205,54	Mo I	5	2

λ	El.	B A	B S (E)	λ	El.	B A	B S (E)	λ	El.	B A	B S (E)
3205,50	W I	9	7	3201,59	Ti I	12	1	3198,24	Ce	5	—
3205,40	Ce	5	—	3201,59	V (II)	—	10	3198,23	Nb II	1	50
3205,40	Fe I	300	200	3201,58	W II	7	20	3198,18	In II	—	(10)
3205,26	V I	15	5	3201,50	Mo II	1	30	3198,12	Cr I	40	10
3205,22	Mo I	20	4	3201,42	Ce	10	—	3198,03	In II	—	(35)
3205,16	Ti I	4	1	3201,36	Hg	—	(5)	3198,01	V I	100R	30R
3205,09	Cr II	1	40	3201,26	Cr II	1	50	3197,98	Cr II	—	8
3205,08	Ca	1	2	3201,26	Ru II	2	100	3197,95	Pt II	4	20
3204,97	Nb II	10	150	3201,22	V I	8	—	3197,8	Cd	—	(8)
3204,93	Mo II	—	25	3201,12	Mn I	8	—	3197,57	V II	1	10
3204,92	Ce	10	—	3201,10	Ce	15	—	3197,52	Fe I	10	8
3204,89	Zr I	10	—	3200,89	Ag	1	8	3197,51	Ti II	12	40
3204,87	Ti I	15	5	3200,88	Mo I	5	—	3197,33	Nb III	—	10
3204,73	Au I	50	30	3200,86	Ce	8	—	3197,18	Mo	4	3
3204,65	Nb I	5	1	3200,84	Ca	1	2	3197,15	Be II	—	15
3204,58	Se II	—	(40)	3200,78	Fe I	25	15	3197,13	Rh I	50	10
3204,40	W II	*		3200,73	W I	7	6	3197,12	Cr II	35	30
3204,35	Ce	15	—	3200,71	Pt I	100	40	3197,11	Ni I	300	—
3204,34	Zr II	2	1	3200,67	Zr II	3	1	3197,10	Be II	—	5
3204,25	Re I	300	—	3200,62	Ce	6	—	3197,08	Zr II	1	2
3204,19	V I	20	10	3200,53	Nb I	4	5	3197,04	Zr I	20	—
3204,16	Ce	30	—	3200,51	Ce II	10	1	3197,03	Ce	2	—
3204,06	P V	—	(30)	3200,47	Fe I	150	150	3197,02	Zn II	—	(5)
3204,04	Pt I	250	100	3200,42	Ni I	30	—	3196,99	Fe I	150	—
3203,87	Si II	—	3	3200,27	Y II	30	40	3196,98	Sb	—	5
3203,82	Ti I	40	6	3200,21	Mo I	5	30	3196,93	Fe I	500	300
3203,74	Mn	12	—	3200,18	Ta II	*		3196,61	Ru I	50	2
3203,70	Ba I	2	—	3200,12	Ce	2	—	3196,56	V II	5	20
3203,51	Cr II	—	12	3200,04	Re I	50	20	3196,50	Si III	—	2
3203,43	Ti II	10	15	3200,03	Ag	—	4	3196,29	Zn II	—	(15)
3203,43	W II	5	12	3200,00	Hf II	20	30	3196,18	Nb (I)	3	—
3203,36	Nb II	8	50	3199,96	W I	8	7	3196,17	Nb II	—	5
3203,34	W II	4	20	3199,92	Ti I	200	150	3196,13	Fe I	100	—
3203,32	Y II	30	50	3199,82	V I	25	10	3196,08	Fe II	10	150
3203,22	Ca	1	3	3199,52	Fe I	300	200	3195,99	Ti II	2	2
3203,15	Nb (II)	—	5	3199,51	Si II	—	4	3195,96	Mo I	*	
3203,14	Ce	4	—	3199,43	Li II	*		3195,93	Ce II	20	—
3203,05	W I	9	8	3199,34	Ni	5	—	3195,86	Mo II	12	50
3203,03	Co I	40	—	3199,32	Co I	35	—	3195,8	Li II	—	(3)
3202,95	Fe	3	2	3199,30	W I	9	8	3195,71	Ti II	5	20
3202,90	Ce II	15	—	3199,27	Ce II	25	2	3195,71	Ce	12	—
3202,65	Fe I	2	1	3199,24	Mo II	—	15	3195,62	Y II	30	50
3202,65	Ce	2	—	3199,23	Ta II	—	70	3195,57	Ni I	125	—
3202,56	Fe I	40	20	3198,94	Ta (II)	—	70	3195,55	Ce	12	—
3202,55	Mn	12	—	3198,92	Pt	3	—	3195,47	V (II)	—	25
3202,54	Ti II	25	200	3198,85	Mo I	6	1	3195,41	Si II	*	
3202,50	Cr II	—	15	3198,84	W I	12	10	3195,38	Os I	100	12
3202,44	Ce	2	—	3198,77	Rb	—	(60)	3195,32	Ce	5	—
3202,38	V I	100R	20R	3198,72	Ce	4	—	3195,23	Mo II	1	20
3202,35	Ce	10	—	3198,72	Ti I	3	—	3195,23	Fe	6	3
3202,24	Ce	15	—	3198,67	Ta I	125	18	3195,15	Ru II	—	100
3202,14	Ni I	25	—	3198,66	Co I	60	2	3195,07	W I	9	5
3202,13	Mo I	4	1	3198,48	Fe	2	1	3194,98	Nb II	30	300
3201,8	Cd	—	(8)	3198,40	Mo II	1	25	3194,91	V I	5	—
3201,71	Ce II	50	10	3198,27	Fe I	8	6	3194,87	Mo I	3	3

λ	El.	B A	S (E)	λ	El.	B A	S (E)	λ	El.	B A	S (E)
3194,83	Ce II	25	—	3192,25	Ta (I)	70	18	3188,97	Si II	—	2
3194,83	Ta II	1	40	3192,22	Co I	35	—	3188,85	Nb II	—	5
3194,76	Ti (II)	—	40	3192,13	W II	—	10	3188,82	Fe I	150	100
3194,75	Ca	1	2	3192,12	Cr I	30	2	3188,78	Ce II	25	—
3194,72	Au I	25	20	3192,10	Mo II	3	50	3188,57	Fe I	150	100
3194,69	Os I	50	10	3192,06	Fe II	—	10	3188,51	V II	35	100R
3194,69	Si II	*		3191,99	Ti I	100	20	3188,40	Mo I	5	3
3194,68	Ce	5	—	3191,90	Zr II	8	5	3188,37	Co I	100	2
3194,63	In II	—	(25)	3191,87	Ni I	4	—	3188,34	Ru I	60	50
3194,60	Fe	60	20	3191,84	Ag	—	4	3188,30	Ce	5	—
3194,56	V I	6	—	3191,84	B	3	10	3188,09	V I	10	—
3194,56	Ti II	2	8	3191,66	Fe I	200	150	3188,09	Mo I	5	3
3194,55	Rh I	50	10	3191,57	W I	12	10	3188,07	Pt II	1	5
3194,50	Re I	50	—	3191,51	Mo I	4	3	3188,02	Fe	4	10
3194,43	In II	—	(10)	3191,43	Nb II	3	200	3188,02	Cr I	150	60
3194,42	Fe I	100	70	3191,39	Ce	2	—	3187,86	Ce	15	—
3194,37	V	8	1	3191,30	Co I	35	—	3187,83	Ag	1	8
3194,36	Cd II	—	2	3191,28	Ca	1	2	3187,76	W I	8	7
3194,36	In II	—	(10)	3191,23	Zr I	50	80	3187,74	Tl II	—	(50)
3194,27	In II	—	(5)	3191,19	Rh I	300	50	3187,72	V II	35	100R
3194,27	Nb II	2	150	3191,18	Ce	15	—	3187,68	Mo I	5	—
3194,26	Ti II	2	7	3191,16	Ta I	50	5	3187,68	Fe I	6	2
3194,23	Os I	125	15	3191,11	Fe I	20	8	3187,66	Ce	20	—
3194,21	Si II	*		3191,10	Nb II	100	300	3187,6	Bi	—	2
3194,20	Hf II	40	40	3191,08	Ce	5	—	3187,59	Mo II	1	50
3194,10	Ce	15	—	3191,03	Hg II	—	(100)	3187,49	Nb I	12	10
3194,10	Cu I	70	60	3191,02	Mo	4	—	3187,34	Os I	80	12
3194,09	Se	—	(20)	3190,89	Pb	—	2	3187,29	Fe II	—	60
3193,98	Cu	2	—	3190,87	Ti II	40	200R	3187,16	Fe	5	1
3193,98	Ce	2	—	3190,84	Ce II	5	—	3187,13	W (II)	—	20
3193,97	Fe	3	1	3190,82	Fe I	40	20	3187,03	In	—	12
3193,97	Mo I	1000R	50R	3190,69	V II	50	150R	3186,98	Os I	100	15
3193,97	V I, II	100	20	3190,65	Fe I	50	25	3186,85	V II	1	10
3193,95	J	—	(100)	3190,44	Nb II	—	3	3186,74	Cr II	—	30
3193,81	Fe II	10	50	3190,39	Ce	15	—	3186,74	W I	6	5
3193,81	Be I	2	—	3190,34	Ce II	25	—	3186,74	Fe II	20	300
3193,53	Hf II	25	25	3190,23	Mo	4	4	3186,72	Ge II	*	
3193,33	Ce	15	—	3190,16	Ce	2	—	3186,56	Tl II	—	(10)
3193,30	Fe I	20	15	3190,06	Pb	—	2	3186,54	Nb I	5	5
3193,23	Fe I	100	70	3190,02	Fe I	30	10	3186,45	Ti I	150	80
3193,19	V II	1	20	3189,98	Ru I	50	50	3186,38	Mo II	—	25
3193,16	Co I	50	—	3189,83	Cr II	—	10	3186,35	Co I	70	—
3193,12	Ce	9	—	3189,78	Na II	35	(60)	3186,24	P	—	(50)
3193,09	Si II	—	2	3189,76	Co I	60	3	3186,12	Ce II	40	—
3192,93	Fe II	5	—	3189,75	V II	—	3	3186,04	Ru I	80	25
3192,80	Fe I	150	8	3189,63	Ce II	30	—	3186,01	Cu II	—	3
3192,79	Mo I	6	2	3189,52	Ti II	1	4	3185,95	Co I	40	—
3192,70	V II	1	20	3189,46	Os I	125	15	3185,71	Mo I	8	3
3192,68	Ti II	—	20	3189,36	Mo II	3	25	3185,59	Rh I	100	20
3192,50	Pt I	6	—	3189,29	Nb II	10	300R	3185,57	Re I	250	—
3192,50	Fe	2	1	3189,26	Ce	15	—	3185,55	Cd II	—	(15)
3192,41	Fe I	12	6	3189,24	W I, II	10	20	3185,51	Tl II	—	(6)
3192,39	W I	6	5	3189,10	Ce	2	—	3185,50	Ce	2	—
3192,39	Nb II	—	2	3189,07	V I	10	—	3185,41	Ce	4	—
3192,26	Ti II	1	5	3189,05	Rh I	100	20	3185,40	V I	500R	400R

λ	El.	B A	B S (E)	λ	El.	B A	B S (E)	λ	El.	B A	B S (E)
3185,33	Os I	150	12	3182,57	Ta I	70R	18	3179,33	Ca II	100	400
3185,31	Fe II	—	25	3182,57	Ti II	—	40	3179,32	Mo	6	5
3185,20	W I	6	5	3182,57	Os I	100	15	3179,32	Hg	—	2
3185,12	Si III	—	3	3182,20	Ce	15	—	3179,29	Ti I	10	2
3185,10	Mo I	20	8	3182,19	W II	*		3179,28	Cr I	100	10
3185,08	Ag	—	4	3182,17	Cu II	—	5	3179,24	Ru II	50	50R
3185,07	Zr I	2	—	3182,12	Co I	80	2	3179,24	Ag	2	15
3185,05	W II	1	10	3182,06	Fe I	80	80	3179,24	Nb II	2	10
3184,89	Fe I	200	150	3181,98	Mo	4	3	3179,14	Ag	2	2
3184,84	Cu II	—	8	3181,94	Ce	10	—	3179,06	W I	10	8
3184,82	P	—	(50)	3181,92	Zr II	6	4	3179,06	Na II	6	(40)
3184,76	Re I	200	—	3181,91	Fe I	15	15	3179,00	Pt	1	8
3184,72	Ce	10	—	3181,88	Os I	100	12	3178,97	Fe I	30	15
3184,62	Fe I	60	40	3181,85	Fe I	15	15	3178,89	Mo (II)	—	4
3184,62	Ce	12	—	3181,84	Ti II	—	50	3178,77	Cr II	—	10
3184,57	Mo I	6	4	3181,84	Ce	4	—	3178,75	Ce II	15	—
3184,55	Ta I	70	18	3181,81	W I	12	12	3178,63	Nb I	2	5
3184,42	W I	10	9	3181,74	Ni I	50	1	3178,63	Ti II	—	25
3184,40	Mo	3	1	3181,61	Ag	2	3	3178,55	Fe I	10	6
3184,37	Ni I	150	3	3181,59	Ce	15	—	3178,54	Zn II	—	(2)
3184,34	Cr II	—	30	3181,58	Zr II	9	6	3178,50	Mn I	150	50
3184,33	Ce	2	—	3181,52	Fe I	80	70	3178,48	Ce II	12	—
3184,23	Nb II	5	150	3181,42	Cr II	15	40	3178,24	Os I	80	10
3184,21	Ce II	20	—	3181,39	Nb II	5	20	3178,24	W I	7	3
3184,15	Ag II	—	20	3181,37	Ce	3	—	3178,24	Ce	3	—
3184,10	Fe	5	2	3181,28	Ca II	8	15	3178,10	Ce	15	—
3184,09	Ti II	3	10	3181,19	Ce	4	—	3178,09	Zr II	8	8
3184,04	W I	10	7	3181,17	Mo II	—	8	3178,07	Os I	150	20
3184,01	Ti	5	10	3180,95	Ta I	100	35	3178,02	W II	8	20
3183,99	Ce	4	—	3180,82	Ce II	20	—	3178,01	Fe I, III	300	150
3183,98	V I	500R	400R	3180,76	Fe I	100	100	3177,90	Mo I	5	30
3183,98	W II	1	6	3180,73	W I	10	10	3177,76	Nb II	1	3
3183,96	Ti	12	2	3180,73	Cr II	30	150	3177,71	Re I	80	—
3183,84	Ce	2	—	3180,71	Ag II	2	15	3177,68	V II	—	20
3183,57	Fe I	5	3	3180,55	V I	3	1	3177,67	Fe	2	1
3183,52	Ce II	40	—	3180,52	Ca I	20	—	3177,62	Ce	2	—
3183,51	W I	9	6	3180,29	W I	6	5	3177,53	Fe II	5	300
3183,41	V I	200R	100R	3180,29	Nb II	5	200	3177,27	Co (I)	100	—
3183,33	Cr II	6	150	3180,28	Co I	10	—	3177,21	W II	8	25
3183,32	Mo	6	—	3180,23	Fe I	300	300	3177,13	Ce II	20	—
3183,25	Ni I	25	—	3180,22	Ti II	—	20	3177,05	Ru II	60	200
3183,16	Ba I	5	—	3180,16	Fe II	10	15	3177,04	Mn I	8	—
3183,11	Fe II	7	50	3180,06	W II	6	20	3176,81	Mo II	5	5
3183,09	Ce	5	—	3180,01	Cd II	—	2	3176,79	Ce II	30	—
3183,03	Ni I	5	—	3179,79	Cu II	—	3	3176,59	W I	12	10
3183,03	Mo I	10	—	3179,77	Mo (I)	6	5	3176,54	Pb III	—	100
3182,98	Fe I	125	70	3179,74	Zr I	2	—	3176,47	In II	—	(5)
3182,91	Cd	—	(8)	3179,73	Rh I	50	—	3176,36	Fe I	20	10
3182,87	Re I	100	—	3179,50	Fe II	—	6	3176,33	Mo II	—	50
3182,86	Zr II	12	18	3179,45	Cr II	—	10	3176,30	In II	—	(10)
3182,85	W I	9	8	3179,44	W II	6	12	3176,29	Ta I	70	18
3182,82	Zn	—	(3)	3179,42	Y II	20	30	3176,29	Ru I	50	3
3182,67	V II	—	35	3179,41	V II	1	25	3176,29	Ni I	4	—
3182,66	Ce	20	—	3179,35	B II	5	100	3176,11	In II	—	(18)
3182,59	V II	—	35	3179,34	Ce	5	—	3175,99	Fe I, III	12	5

λ	El.	B A	B S (E)	λ	El.	B A	B S (E)	λ	El.	B A	B S (E)
3175,95	W II	8	20	3172,73	Ti I	12	3	3168,73	Mo II	—	20
3175,86	Nb II	1	20	3172,71	Mg II	4	—	3168,62	Ce	25	—
3175,78	Mg II	5	—	3172,54	Ce	3	—	3168,59	Nb I	2	2
3175,78	Nb II	5	50	3172,51	Nb I	3	3	3168,52	Ru I	100	25R
3175,71	Ce	8	—	3172,37	Mo I, II	5	20	3168,52	Ti II	70	300R
3175,71	Mn I	8	—	3172,30	Nb I	2	2	3168,37	Re I	150	—
3175,68	Nb I	1	20	3172,29	Ce II	20	—	3168,28	Os I	100	15
3175,66	Ti II	—	20	3172,26	Nb	—	3	3168,18	Ta II	—	70
3175,58	Mo	5	3	3172,24	Ag	2	4	3168,15	Fe	10	3
3175,58	Ce	2	—	3172,22	V II	—	25	3168,13	V II	12	40
3175,53	Mo	5	1	3172,18	Zn II	—	(12)	3168,06	Co I	100	—
3175,45	Fe I	200	200	3172,08	Cr II	2	200	3167,93	C II	—	12
3175,16	P V	—	(50)	3172,07	Fe I	100	100	3167,92	Fe I	100	30
3175,14	Ru II	20	100	3172,03	Mo II	2	25	3167,91	Ce II	12	—
3175,11	Te (I)	30	(15)	3171,84	P	—	(50)	3167,87	Ca	1	2
3175,08	Na II	—	(15)	3171,79	Nb III	—	25	3167,86	Fe II	2	100
3175,08	Fe II	—	2	3171,75	Ca	1	2	3167,79	Ce	4	—
3175,07	J II	—	(10)	3171,73	V II	—	30	3167,72	Mo II	1	20
3175,05	Ce	10	—	3171,66	Fe I	30	10	3167,58	W I	10	9
3175,05	Mo II	2	60	3171,66	Cu I	7	—	3167,48	Na II	—	(5)
3175,05	Sn I	500	400	3171,63	Au I	*		3167,46	Ru II	5	100
3175,03	Fe	1	—	3171,61	Ce II	20	—	3167,42	V II	5	150R
3175,03	In	—	3	3171,46	Ce	2	—	3167,32	Ce II	15	—
3174,96	Fe	5	4	3171,45	Sb	—	(6)	3167,22	Ce II	15	—
3174,91	Co I	80	—	3171,42	Nb I	5	10	3167,01	Mo (II)	—	20
3174,82	Pt I	2	—	3171,40	Zn II	—	(3)	3166,74	W I	7	2
3174,80	Ti (II)	—	100	3171,37	Mo (I)	5	4	3166,71	Ta II	2R	35
3174,75	Mn I	15	—	3171,35	Fe I	100	80	3166,69	Fe II	—	3
3174,67	Mo	4	1	3171,16	Nb I	2	3	3166,60	Ce II	20	—
3174,53	V II	1	80	3170,92	Ti I	8	1	3166,57	Cu II	—	2
3174,52	Pt	—	2	3170,71	Ni I	4	—	3166,55	Ce	5	—
3174,48	Cd II	—	2	3170,58	Ag I	5	3	3166,51	Os I	200	20
3174,44	Nb II	—	10	3170,52	Ce	2	—	3166,44	Fe I	100	80
3174,14	Co I	20	—	3170,35	Mo I	1000R	25R	3166,25	Zr II	5	5
3174,13	Ru I	50	3	3170,35	Fe II	10	50	3166,25	Fe I	5	3
3174,07	V II	5	35	3170,29	Ta I	250	35	3166,24	Ce II	20	—
3174,07	Ce	15	—	3170,20	V II	—	3	3165,97	C II	—	2
3173,93	Os I, II	80	30	3170,20	W I	15	9	3165,97	Zr II	10	12
3173,76	Mo II	1	20	3170,16	Nb I	2	3	3165,94	Mg II	5	—
3173,69	Fe I	20	20	3170,06	Ce	12	—	3165,89	V II	1	80
3173,62	Ce	15	—	3169,93	Mo II	—	20	3165,86	Fe I	100	80
3173,61	Fe I	20	20	3169,93	W I	10	15	3165,78	Ca	1	2
3173,61	Cd	—	2	3169,85	Ca I	10	2	3165,78	Si IV	—	7
3173,59	Ta I	70	10	3169,77	Co I	100	—	3165,59	V I	4	—
3173,59	Ag	3	5	3169,68	Cu I	50	20	3165,50	Ni I	15	—
3173,56	Cr II	—	25	3169,61	Fe	2	2	3165,47	C II	—	20
3173,5	Pb II	—	(2)	3169,58	Cr I	25	2	3165,44	Zr II	6	4
3173,41	Fe I	20	10	3169,39	Ce	3	—	3165,38	W I	10	10
3173,23	Ce	4	—	3169,20	Cr II	2	50	3165,01	Fe I	100	60
3173,20	Nb II	2	100	3169,18	Ce II	30	—	3164,91	Ti (II)	1	50
3173,20	Os I	100	15	3169,16	Mo	4	1	3164,82	V II	10	100
3173,05	Y II	20	70	3168,98	Mg II	8	—	3164,79	Au II	—	8
3172,95	Hf I	30	8	3168,96	W I	8	7	3164,79	W II	*	
3172,87	Ta I	50	25	3168,88	Ir I	25	2	3164,61	Os I	60	12
3172,74	Mo II	3	50	3168,86	Fe I	30	15	3164,61	Ca I	5	3

λ	El.	B A	B S (E)	λ	El.	B A	B S (E)	λ	El.	B A	B S (E)
3164,54	V	4	—	3160,66	Fe I	150	125	3158,10	Nb II	1	5
3164,52	Mo I	10	10	3160,49	Mo	3	2	3158,02	Cr II	1	35
3164,44	W I	10	8	3160,34	Fe I	40	20	3157,98	Fe I	10	6
3164,34	Cd II	—	(2)	3160,30	Ce	5	—	3157,95	Ta II	3R	50
3164,31	Zr II	10	8	3160,28	Ce	4	—	3157,90	V II	2	40
3164,30	Fe I	20	10	3160,20	Fe I	70	50	3157,89	Fe I	100	100
3164,16	Ni I	4	—	3160,14	Mn I	5	—	3157,82	Zr I	10	1
3164,15	Ce II	40	—	3160,10	Mo II	—	15	3157,73	P II	—	(15)
3163,92	Cr II	—	10	3160,09	Cr II	—	10	3157,71	Ce	8	—
3163,90	V I	10	—	3160,05	Cu I	12	2	3157,66	Ti I	3	—
3163,90	Mo I	10	20	3160,03	W II	9	30	3157,64	Ta (II)	1	18
3163,87	Fe II	40	25	3159,94	Ru I	70	25	3157,53	Rb I	20	—
3163,87	P	—	(50)	3159,94	Mn I	12	—	3157,45	Fe	10	5
3163,76	Cr I	40	25	3159,87	V	2	1	3157,39	Ce	5	—
3163,76	V II	—	25	3159,84	Cr II	—	6	3157,39	Ti II	8	35
3163,73	Na II	35	(60)	3159,84	Hf I	20	2	3157,32	Mo II	—	20
3163,42	W I	12	15	3159,71	Ce	4	—	3157,24	Os I	100	2
3163,40	Nb II	15	8	3159,67	Co I	100	2	3157,15	Fe	4	3
3163,34	Ce	15	—	3159,58	Cr I	60	20	3157,11	Cd I	—	2
3163,28	Mo	4	3	3159,52	Ni I	10	—	3157,04	Fe I	150	100
3163,19	Ru II	12	100	3159,41	W I	4	3	3156,99	Zr II	10	5
3163,14	Nb II	1	4	3159,37	Ce	3	—	3156,88	V I	1	2
3163,13	Ta I	70R	35	3159,36	V II	1	40	3156,84	Mo II	1	30
3163,09	Fe II	1	10	3159,34	Mo II	20	5	3156,82	Ca	—	2
3163,02	V II	5	30	3159,33	Nb I	2	3	3156,82	Ru I	50	—
3162,99	Ce	8	—	3159,20	Mo II	—	25	3156,78	Os I	100	3
3162,83	Ce	4	—	3159,18	W I	10	10	3156,77	Ce	20	—
3162,80	Fe II	1	100	3159,15	Ir I	50R	2	3156,74	Ta II	1	35
3162,72	Ta I	70	7	3159,11	Zr II	2	2	3156,69	Hf I	20	3
3162,71	V II	5	30	3159,10	Cr II	4	25	3156,63	Cu I	50	15
3162,62	Hf II	40	30	3159,08	Pt II	3	15	3156,57	Pt I	150	50
3162,57	Ti II	50	200R	3159,07	Ce	8	—	3156,51	Mo I	8	—
3162,56	Mo II	2	20	3159,02	Fe I	7	3	3156,45	Fe I	3	2
3162,46	Cr II	25	—	3158,94	Mo II	2	10	3156,42	Ce	5	—
3162,35	V II	—	20	3158,90	Ru I	60	12	3156,31	Au I	—	10
3162,34	P	—	(50)	3158,88	Ce	5	—	3156,27	Fe I	125	100
3162,33	Fe I	70	50	3158,87	Ca II	100	300	3156,25	Os I	500R	15
3162,21	Zr II	15	15	3158,81	Cr (I)	6	1	3156,22	V	15	5
3162,00	Mo	3	1	3158,81	Ce	15	—	3155,95	Mo II	—	5
3161,95	Fe I, II	200	150	3158,80	W	7	6	3155,95	Fe II	—	2
3161,95	Pd II	—	100	3158,78	Co I	150R	—	3155,79	Fe I	5	1
3161,85	Cd II	2	3	3158,74	Mn I	8	—	3155,79	Ce II	20	—
3161,77	Ti II	35	150	3158,62	Cu II	—	2	3155,78	Mn I	5	—
3161,73	Os I	100	10	3158,6	C	—	(6)	3155,78	Rh I	150	2
3161,65	Co I	60	—	3158,54	B	5	2	3155,77	In II	—	(200)
3161,55	Fe	2	1	3158,51	Fe	1	—	3155,69	Ce II	20	—
3161,45	Os I	80	12	3158,43	Ce	20	—	3155,67	Zr II	10	12
3161,37	Fe I	80	60	3158,40	Ag	3	1	3155,65	Ti II	25	125
3161,31	V II	1	50	3158,40	Fe	6	3	3155,65	Mo II	—	50
3161,21	Ti II	30	125	3158,37	In II	—	(100)	3155,59	Nb II	—	15
3161,04	Mn I	150	50	3158,31	Re I	200	—	3155,51	W I	9	6
3161,02	Ce II	15	—	3158,26	Rb I	8	—	3155,41	V II	5	100
3160,92	Fe I	5	4	3158,26	Ce	2	—	3155,4	Li II	—	(2)
3160,81	Cd	2	1	3158,17	Mo I	300R	30R	3155,30	Fe I	50	35
3160,78	V II	1	30	3158,16	Fe	—	3	3155,24	Ta II	—	18

λ	El.	B A	B S (E)	λ	El.	B A	B S (E)	λ	El.	B A	B S (E)
3155,19	Mo	3	—	3151,35	Fe I	300	150	3147,55	Ce	2	—
3155,16	Cr I	30	25	3151,32	V II	8	150	3147,54	S	—	(35)
3155,12	Fe I	4	1	3151,29	W II	5	20	3147,46	Ru II	6	80
3155,10	W I	10	20	3151,28	Ca I	6	2	3147,42	Ti I	3	1
3154,85	Ca	1	2	3151,25	Ni	6	—	3147,37	Ta I	70	50
3154,82	Nb II	3	200	3151,16	Ta II	*		3147,35	Mo I	20	10
3154,79	Co I	100	4	3151,12	Ce II	25	—	3147,29	Fe	20	10
3154,68	Co I	100	—	3151,04	Cu II	2	5	3147,26	Ti I	10	2
3154,67	Cd	3	—	3151,00	Fe	2	2	3147,25	V I	5	1
3154,58	Ni I	4	—	3150,85	Ta I	50	35	3147,22	Cr II	25	150
3154,50	Ce II	15	—	3150,81	Co (I)	7	—	3147,21	Ru I	50	3
3154,50	Fe I	20	5	3150,74	Ca I	50	2	3147,06	Co I	150R	—
3154,21	Fe II	—	400	3150,70	Ru I	60	60	3147,01	Si	—	2
3154,20	Ti II	20	100	3150,65	Co (I)	8	—	3146,92	Nb II	2	10
3154,17	W II	5	2	3150,57	Ce	2	—	3146,86	Nb I	1	15
3154,10	Cr II	—	5	3150,56	V	5	2	3146,82	Cu I	100	20
3154,00	Ce	5	—	3150,46	Ce	5	—	3146,82	V II	2	50
3153,98	Nb (I)	2	—	3150,41	Nb II	1	50	3146,80	In II	—	(50)
3153,85	Nb II	1	20	3150,30	Fe I	60	30	3146,79	Cd II	—	(10)
3153,83	Ru I	60	12	3150,11	Cr II	6	50	3146,78	Ce	5	—
3153,79	Re I	80	—	3150,04	V	2	—	3146,74	Fe II	—	4
3153,75	Fe I	40	15	3149,93	Ce II	12	—	3146,68	Mo I	25	5
3153,61	Os I	125	20	3149,92	Cd II	5	3	3146,60	In II	—	(25)
3153,60	Ti (I)	8	2	3149,85	W II	10	15	3146,47	Fe I	5	2
3153,54	V	5	—	3149,84	Fe	1	1	3146,41	Ce II	30	—
3153,47	Ce	8	—	3149,82	Cr II	6	40	3146,37	Au II	3	8
3153,38	Nb II	1	30	3149,67	Si IV	—	6	3146,35	W I	6	—
3153,34	Ce	3	—	3149,51	Cu I	50	2	3146,32	Mn I	4	—
3153,32	Fe I	15	15	3149,50	Ca	1	3	3146,28	Zr	3	—
3153,21	Fe I	100	80	3149,42	Ce II	25	—	3146,26	Ti I	2	1
3153,11	Ag	2	5	3149,36	Cs	—	(10)	3146,23	V II	2	70
3152,95	W I	10	8	3149,31	Co I	60	—	3146,23	Ce II	4	—
3152,82	Mo II	6	80	3149,27	Na II	12	(40)	3146,16	Ce	20	—
3152,78	Nb II	2	30	3149,25	Ce	12	—	3146,10	Ag II	—	(8)
3152,74	W II	3	9	3149,07	Ce	2	—	3145,97	V II	10	15
3152,71	Co I	100	—	3149,06	Zr I	2	—	3145,96	Os I	60	10
3152,67	Os I	150	18	3148,91	Fe	2	2	3145,90	Mo	5	1
3152,60	Rh I	80	3	3148,85	Mn I	5	—	3145,77	W II	6	12
3152,48	Ce	2	—	3148,83	Ce	4	—	3145,76	Cr II	—	25
3152,47	W II	10	15	3148,82	Zr I	6	—	3145,76	Ca	—	2
3152,34	Mo II	—	4	3148,74	V II	—	50	3145,74	Mo II	—	12
3152,25	Ti II	30	125	3148,71	Nb I	2	2	3145,72	Ni I	200	3
3152,25	Ce	8	—	3148,65	Ce II	20	—	3145,62	Cr I	20	1
3152,21	Cr II	*		3148,46	Ce II	18	—	3145,60	Pb I	—	10
3152,16	Nb II	2	50	3148,44	Cr I	30	15	3145,54	W I	7	5
3152,07	Os I	80	15	3148,41	Fe I	100	40	3145,52	Au II	3	8
3152,02	Fe	2	1	3148,30	Mo (II)	—	10	3145,51	Fe	2	2
3151,99	W I	4	3	3148,18	Mn I	150	40	3145,51	Ti I	2	—
3151,87	Nb I	5	2	3148,04	Mo	3	—	3145,40	Ti II	3	15
3151,87	Fe I	40	15	3148,04	Ti II	25	150	3145,40	Nb II	10	100
3151,64	Re I	150	—	3148,04	Ta I	50	7	3145,34	V II	25	60
3151,64	Mo II	2	40	3147,97	Mo II	—	25	3145,32	Hf II	50	20
3151,62	Cu I	7	—	3147,83	Ce	15	—	3145,28	Mo	6	3
3151,56	W II	4	10	3147,79	Fe I	40	15	3145,28	Ce II	30	—
3151,36	Rh I	80	2	3147,60	Fe	10	5	3145,12	Ni I	6	—

λ	El.	B A	B S (E)	λ	El.	B A	B S (E)	λ	El.	B A	B S (E)
3145,10	Cr II	10	35	3141,88	Cr I	4	2	3138,73	Mo II	1	30
3145,06	Fe I	40	25	3141,84	Sn I	20	30	3138,66	Zr II	50	30
3145,03	Pt II	1	5	3141,81	Mn I	3	—	3138,64	In II	—	(50)
3145,02	Co I	30	—	3141,73	Mo II	—	25	3138,63	Ti I	2	2
3144,81	Ce	8	—	3141,67	Ti I	15	7	3138,60	Ag	—	3
3144,80	Mo	3	—	3141,66	Pt I	150	5	3138,56	In II	—	(50)
3144,76	Fe II	—	50	3141,6	Cd	—	(12)	3138,53	V I	5	—
3144,73	Ti II	4	20	3141,51	Ti I	30	12	3138,52	Fe	10	5
3144,70	V II	1	60	3141,49	V II	5	100	3138,44	O II	—	(85)
3144,61	Mo II	3	45	3141,42	W I	9	10	3138,35	Mo	5	—
3144,6	Bi (I)	8	—	3141,40	Mo II	—	30	3138,30	Ce II	20	—
3144,59	Ce II	25	—	3141,38	Ta II	1	50	3138,21	Mn I	3	—
3144,49	W II	—	15	3141,17	W I	6	5	3138,20	Cr I, II	15	6
3144,49	Fe I	150	100	3141,16	Ca I	3	—	3138,05	V II	—	70
3144,48	Hg I	10	—	3141,13	Se II	—	(100)	3137,91	W I	9	3
3144,39	Cr I	50	12	3141,08	Sb II	—	(15)	3137,85	Mo	3	1
3144,38	P	—	(30)	3141,05	V II	—	5	3137,83	Pb III	—	100
3144,38	Ce	6	—	3140,98	Ru I	60	6	3137,80	Ce	4	—
3144,36	Nb II	5	10	3140,94	Os I	50	12	3137,78	Fe	2	1
3144,33	Mo (I)	6	1	3140,78	Ca I	15	3	3137,75	Co I	60	2
3144,26	Ru I	60	8	3140,77	Hf II	25	25	3137,71	Rh I	100	—
3144,15	Ce	5	—	3140,75	W I	10	9	3137,63	W I	7	8
3144,09	Pt II	7	10	3140,73	Fe	2	2	3137,60	Ce II	25	—
3143,99	Fe I	200	150	3140,72	Co I	20	3	3137,45	Co I	50	—
3143,93	Zr I	3	—	3140,67	Ce	12	—	3137,44	Ta II	3	50
3143,90	Mo	3	1	3140,64	Mo	3	1	3137,40	Ce	2	—
3143,76	Ti II	18	125	3140,51	Nb II	3	10	3137,35	Ti I	3	—
3143,74	Cr I	2	6	3140,48	Ru I	50	—	3137,33	Co I	150R	—
3143,7	Li	—	3	3140,43	Ce	2	—	3137,11	Cr II	—	4
3143,65	Ru II	20	80	3140,41	Ir I	50R	1	3136,99	Co I	10	—
3143,59	Ce	5	—	3140,40	W I	9	8	3136,97	Nb I	8	3
3143,48	V II	1	50	3140,39	Fe I	100	80	3136,96	Zr I	8	1
3143,34	Ti I	4	—	3140,34	Ce	2	—	3136,95	Mn I, II	10	10
3143,24	Fe I	60	30	3140,31	Cu I	50	12	3136,90	Ce	5	—
3143,21	W	8	3	3140,31	Os I	60	12	3136,89	Fe	2	2
3143,06	Mo II	1	25	3140,21	Cr II	—	6	3136,85	B II	3	3
3142,96	Ta II	10	50	3139,99	V I	6	—	3136,74	Mo I	1	5
3142,90	Fe I	80	70	3139,94	Co I	150R	10	3136,73	Co I	60	—
3142,89	Ce	2	—	3139,91	Fe	70	40	3136,72	Ce II	25	—
3142,81	Ca	—	2	3139,87	Mo	6	1	3136,68	Cr II	20	50
3142,81	Pd I	300	100	3139,87	Ti I	2	—	3136,55	Ru I	60	6
3142,79	In II	—	(10)	3139,80	Zr I	5	—	3136,50	V II	20	200
3142,75	Mo	20	—	3139,77	O II	—	(10)	3136,50	Fe	60	40
3142,74	Cr II	1	20	3139,74	V II	15	150	3136,47	Mo I, II	1	40
3142,71	In II	—	(25)	3139,66	Fe I	15	8	3136,41	Mo	—	40
3142,67	Mn I	50	—	3139,66	Hf II	25	20	3136,24	Ce	8	—
3142,54	Ce	12	—	3139,5	Mg	3	2	3136,07	W I	9	7
3142,48	V II	15	100R	3139,39	Pt I	300	80	3136,02	Ti I	8	—
3142,45	Fe I	125	100	3139,3	air	—	6	3136,00	Ca I	15	3
3142,44	Cu I	60	15	3139,24	Ce	4	—	3135,91	Cr I	8	—
3142,31	Ce II	25	—	3139,18	Ce	4	—	3135,91	Nb II	2	10
3142,25	Nb III	—	15	3139,16	Fe	2	2	3135,89	Mo I	5	4
3142,18	V II	3	20	3139,06	V I	5	—	3135,89	Ta I, II	35	100
3142,14	W I	9	8	3138,88	Ti I	5	—	3135,87	Al II	—	(10)
3141,88	Fe	2	2	3138,88	W I	6	5	3135,86	Fe I	7	4

λ	El.	B A	B S (E)	λ	El.	B A	B S (E)	λ	El.	B A	B S (E)
3135,83	Ce	4	—	3132,71	Ti I	2	—	3129,84	Ru I	60	4
3135,81	Ru II	10	80	3132,68	Fe	5	3	3129,76	Zr II	10	10
3135,76	Hg I	10	—	3132,64	Ta I	250	25	3129,68	W (II)	*	
3135,68	Fe	3	2	3132,64	Ce	15	—	3129,64	Nb II	1	5
3135,64	B II	—	3	3132,59	Mo I	1000R	300R	3129,63	Pb I	—	3
3135,60	Mo (I)	4	3	3132,59	Ce II	25	—	3129,62	Ti I	2	—
3135,59	Fe	3	2	3132,51	Fe I	70	40	3129,60	Ru I	50	1
3135,56	Ce	15	—	3132,28	Mn I	15	—	3129,55	Ta I	50	7
3135,48	Na II	12	(40)	3132,22	Co I	40	—	3129,48	Co I	40	2
3135,45	Fe (I)	10	3	3132,13	Nb II	1	2	3129,44	O II	—	(70)
3135,40	Nb II	2	10	3132,07	Zr I	10	2	3129,37	Na II	35	(60)
3135,36	Fe II	1	100	3132,05	Cr II	25	125	3129,34	Fe I	100	60
3135,34	Cr II	1	25	3132,04	Ce	15	—	3129,33	Ca	—	2
3135,19	V I	8	—	3132,01	Nb II	1	5	3129,31	Ce	12	—
3135,17	Ce	15	—	3131,85	Ta II	*		3129,31	Ni I	125	—
3135,05	Ti I	2	—	3131,84	Hg I	200	100	3129,23	Os I	60	15
3135,02	Ag	—	8	3131,83	Co I	8	—	3129,20	Cd	—	10
3135,0	Mg	4	2	3131,81	Hf I	40	10	3129,18	Zr II	10	10
3134,97	Cr I	10	—	3131,71	Fe II	—	35	3129,10	Fe	15	8
3134,93	V II	30	150R	3131,67	Ce	4	—	3129,07	Ti I	15	—
3134,82	O II	—	(100)	3131,60	Ta II	*		3129,04	Ce	4	—
3134,82	Ru II	10	100	3131,55	Hg I	400	300	3129,00	Co I	25	—
3134,72	Hf II	80	125	3131,50	Ce	2	—	3128,98	W II	2	12
3134,65	Ti I	2	—	3131,45	Fe	2	—	3128,96	Ce	2	—
3134,60	Ce	4	—	3131,21	Cr I	20	6	3128,94	Re I	100	—
3134,56	Ca	1	2	3131,19	Mo II	—	5	3128,92	Nb II	2	5
3134,42	Se II	—	(70)	3131,12	Os I	125	30	3128,90	Fe I	10	5
3134,40	Fe	3	1	3131,11	Zr I	7	—	3128,78	Zr II	2	—
3134,33	Nb II	2	15	3131,07	Be II	200	150	3128,70	Cu I	70	15
3134,33	Cr II	3	50	3130,91	Ce	5	—	3128,69	Cr II	30	150
3134,32	O II	—	10	3130,87	Ce II	30	2	3128,69	V II	3	70
3134,11	Fe I	200	125	3130,80	Ti II	25	100	3128,64	Ti I, II	12	70
3134,11	Ni I	1000R	150	3130,79	Rh I	60	2	3128,54	Mo II	1	20
3133,89	W I	10	10	3130,78	Nb II	100	100	3128,36	Nb II	2	10
3133,71	W I	6	2	3130,71	S	—	(15)	3128,32	Mn	2	—
3133,53	Ce	2	—	3130,58	Ta I	100	35	3128,29	V II	2	60
3133,49	Zr II	50	30	3130,56	Fe II	4	4	3128,28	Fe	5	4
3133,40	Ce	5	—	3130,56	Cr II	1	12	3128,00	Ce	10	—
3133,34	Ca	—	2	3130,51	Ce	5	—	3127,88	Ti I, II	7	35
3133,33	V II	50	200R	3130,48	Si	—	5	3127,81	Mo II	—	30
3133,32	Ce II	20	—	3130,45	W I	10	8	3127,77	Ta II	18	100
3133,32	Ir I	40	2	3130,42	Be II	200	200	3127,75	Ce	15	—
3133,23	Zr I	5	—	3130,38	P II	—	(30)	3127,75	W II	—	10
3133,23	Fe	5	4	3130,37	Ti I	2	1	3127,68	Fe	3	2
3133,17	Cd I	200	300	3130,35	Ce III	30	1	3127,67	Ti I	2	—
3133,13	Ti I	4	—	3130,28	Fe (I)	5	4	3127,53	Ce II	40	—
3133,08	Nb I	3	4	3130,26	V II	50	200R	3127,53	Nb II	10	50
3133,05	Fe II	—	35	3130,19	Ce	15	—	3127,33	W	10	9
3132,93	In	—	3	3130,16	Ti I	2	—	3127,25	Co I	100	—
3132,87	Ru I	60	5	3130,15	W	5	4	3127,23	Ti I	3	—
3132,85	Ce	3	—	3130,06	Zr I	3	—	3127,18	Ce	5	—
3132,82	Cr I	20	2	3130,06	Mo II	—	20	3127,10	Ce	20	—
3132,79	Mn I	8	—	3130,01	Ag I	25	15	3126,99	Mo II	1	2
3132,77	Ag	1	2	3129,95	Ta I	50	8	3126,99	As II	—	15
3132,76	Nb II	1	15	3129,93	Y II	8	50	3126,92	Pt	1	8

λ	El.	B A	B S (E)	λ	El.	B A	B S (E)	λ	El.	B A	B S (E)
3126,77	Mo II	—	20	3122,82	Au I, II	500	5	3119,80	Mo	3	1
3126,76	Fe	6	3	3122,75	Mo	5	1	3119,80	Pt	6	3
3126,73	Co I	70	—	3122,64	Nb I	8	3	3119,80	Ti II	4	150
3126,61	Ru II	12	50	3122,62	O II	—	(20)	3119,76	W I	10	9
3126,49	Co I	20	—	3122,62	Ce	10	—	3119,73	Ti I	20	15
3126,42	W II	2	12	3122,59	Cr II	10	80	3119,70	Cr I	30	6
3126,22	V II	60	100R	3122,55	Sn	—	2	3119,67	Au	5	—
3126,17	Fe (I)	150	70	3122,54	Fe	4	4	3119,66	Ca III	—	8
3126,11	Cu I	80	20	3122,50	Au II	—	2	3119,66	Fe	1	1
3126,02	Mo II	—	10	3122,43	Cu	7	1	3119,60	As I	100	50
3125,96	Ru I	70	12	3122,30	Fe	70	20	3119,57	Ce	12	—
3125,92	Zr II	8	5	3122,21	Ce	2	—	3119,49	Fe I	100	80
3125,89	Nb (II)	1	15	3122,18	As II	—	10	3119,35	Ce	2	—
3125,76	Ce II	20	—	3122,06	Ti II	2	50	3119,32	V II	—	3
3125,67	Hg I	200	150	3122,00	Mo II	5	150	3119,25	Cr (I)	4	—
3125,65	Ti I	5	—	3121,99	Si	—	3	3118,92	Pb	5	—
3125,65	Fe I	400	300	3121,96	Zr I	2	—	3118,91	Cd	3	2
3125,6	Pb II	—	(50)	3121,96	Nb I	2	3	3118,83	Ce	2	—
3125,55	Ti I	2	—	3121,8	Cd	—	(10)	3118,82	Ti II	2	15
3125,47	Cr II	8	4	3121,79	Cr II	—	8	3118,81	Mo II	—	10
3125,35	W I	10	9	3121,77	Fe I	7	5	3118,78	W	8	7
3125,35	Ce	2	—	3121,77	Cd	—	2	3118,69	Ru I	50	3
3125,28	V II	80	200R	3121,76	Rh I	150	—	3118,64	Cr II	35	200
3125,26	Fe	5	2	3121,74	V I	12	—	3118,38	V II	70	200R
3125,19	Zr II	3	2	3121,7	air	—	5	3118,35	Cu I	5	1
3125,02	Cr II	20	125	3121,60	Cr I	10	—	3118,35	W I	10	7
3125,01	V II	4	50	3121,59	Ti II	4	20	3118,33	Os I	150	20
3124,97	Ta I	50	2	3121,57	Co I	60R	3	3118,25	Co I	60	2
3124,89	Fe	15	7	3121,56	Ce III	3	—	3118,19	Re I	200	—
3124,85	Ce	3	—	3121,55	In	—	3	3118,19	Pb	—	2
3124,82	Ge I	200	80	3121,42	Co I	150R	6	3118,13	Ti I	10	1
3124,73	W	8	3	3121,36	Re I	100	—	3118,12	Mn I	4	—
3124,62	Ta II	*		3121,28	Ce	2	—	3118,12	Os I	80	15
3124,60	Ru I	50	2	3121,22	Mo II	—	5	3118,07	Ru I	50	50
3124,50	W	6	5	3121,20	Cr II	—	6	3118,01	Pt II	1	15
3124,41	Na II	2	(15)	3121,15	W I	9	6	3117,89	Ti I	4	—
3124,4	Cd	—	(10)	3121,14	V II	60	200R	3117,88	Fe	3	3
3124,30	P II	—	(15)	3121,08	Ce	2	—	3117,88	Ag	2	3
3124,16	Ru I	60	8	3121,03	Cr II	—	5	3117,77	Ce	3	—
3124,10	Ce	20	—	3120,87	Fe III	80	50	3117,76	Fe	2	2
3124,09	Fe I	1	—	3120,76	Ir I	50	2	3117,7	Pb II	—	(100)
3124,02	O II	—	(5)	3120,74	Zr I	80	80	3117,67	Ti II	15	200
3123,95	Fe	5	5	3120,73	V II	12	80	3117,65	Ca I	10	2
3123,94	Ce	15	—	3120,72	W I	9	8	3117,64	Fe I	20	10
3123,76	Ti I	15	3	3120,63	Cr I	10	—	3117,58	W I	10	12
3123,70	Rh I	150	2	3120,47	Ce	2	—	3117,54	Mo I, II	5	20
3123,57	Ce II	12	—	3120,44	Fe I	100	80	3117,47	Ce	2	—
3123,54	Fe	3	1	3120,44	Cu I	25	3	3117,45	Ti I	8	—
3123,46	Mo II	5	25	3120,36	Cr II	40	150	3117,44	Ta I	70	10
3123,35	Fe I	10	4	3120,34	Mn I	50	—	3117,38	W I	6	5
3123,34	Ce	8	—	3120,23	Fe III	5	2	3117,25	Cr II	1	30
3123,13	Sn	—	2	3120,21	Ti I	5	—	3117,19	Fe	2	2
3123,07	Ti I	35	15	3120,18	W I	10	9	3117,00	Ce	4	—
3122,89	V II	12	300R	3120,02	Fe II	—	2	3116,98	Fe	2	—
3122,85	Ce	3	—	3119,99	Ti I	2	—	3116,95	Hf II	20	20

λ	El.	B		λ	El.	B		λ	El.	B	
		A	S (E)			A	S (E)			A	S (E)
3116,86	W I	9	3	3113,48	Co I	100	4	3110,88	Zr II	10	8
3116,78	V II	—	25	3113,39	Ru I	50	—	3110,87	Cr I	25	8
3116,74	Cr II	—	35	3113,36	Fe	2	2	3110,86	Re I	100	—
3116,71	Ni I	2	—	3113,17	Nb II	1	5	3110,86	Be I	20	—[1]
3116,68	Zr	—	4	3113,13	Mn I	15	—	3110,85	Mo II	—	30
3116,63	Fe I	150	—	3113,05	Rb I	*		3110,84	Fe III	20	10
3116,63	As II	—	150	3112,98	Ag	5	—	3110,83	Co I	60	2
3116,59	Fe II	—	150	3112,97	Ce	8	—	3110,82	Ta (II)	—	70
3116,57	Nb II	1	4	3112,96	Cd II	—	2	3110,80	Nb II	1	5
3116,48	Os I	50	15	3112,96	Cr I	12	—	3110,71	Fe	2	—
3116,36	Nb I	8	3	3112,92	V I	12	—	3110,71	V II	70	300R
3116,35	Cu I	50	12	3112,92	Ta (II)	1	50	3110,69	W II	*	
3116,25	Fe I	5	4	3112,86	W II	*		3110,68	Mn I	35	35
3116,24	Hg II	—	(100)	3112,75	Ce	6	—	3110,67	Ti II	10	100
3116,21	W I	7	3	3112,68	Ru I	50	3	3110,64	Mo	3	—
3116,10	Mo II	1	60	3112,57	Rb I	*		3110,62	Ti II	8	8
3116,05	V II	—	10	3112,50	B	—	5	3110,54	Ru I	60	6
3115,97	Ce	5	—	3112,48	Ti I	10	2	3110,28	Fe	40	30
3115,86	Ta I	50	18	3112,37	Nb	1	4	3110,27	Ce II	30	1
3115,72	Zr II	2	2	3112,20	Cd	3	2	3110,19	Fe	6	6
3115,67	Ag	—	3	3112,20	Ce	15	—	3110,11	Ti II	3	35
3115,65	Fe	3	1	3112,12	V	20	1	3110,02	Co I	60	2
3115,64	Ce	2	—	3112,12	Mo I	40	10	3109,84	Hg	—	(18)
3115,64	Cr II	—	40	3112,08	Fe I	30	20	3109,79	Cr I	2	—
3115,53	Nb II	1	5	3112,05	Ti II	7	70	3109,73	Nb I	2	2
3115,47	Mn I	50	25	3112,03	Y II	12	10	3109,62	Fe	2	1
3115,35	Fe	—	1	3111,95	W I	6	9	3109,58	Ti (I)	10	1
3115,27	Cr II	—	30	3111,94	Cr II	—	40	3109,51	Ca I	4	—
3115,16	Nb (II)	—	8	3111,91	Ru I	50	5	3109,51	Co I	60	1
3115,11	Ce	4	—	3111,82	Ce	4	—	3109,38	Ce	15	—
3115,08	Ti II	1	12	3111,82	Fe	10	6	3109,38	Os I	125	20
3115,0	Bi III	—	500	3111,69	Fe	8	3	3109,37	V II	1	70
3114,91	Rh I	100	2	3111,67	Bi II	—	(25)	3109,34	Cr I	30	12
3114,87	Mo II	3	25	3111,65	Mo II	—	25	3109,33	Fe	3	3
3114,83	Cr I	15	—	3111,63	Nb II	—	4	3109,26	Mn II	*	
3114,81	Os I	50	12	3111,45	Nb I	4	5	3109,12	Hf II	50	100
3114,77	Fe	4	2	3111,43	Rb	—	(30)	3109,07	Fe I	2	2
3114,68	Fe II	—	10	3111,41	Bi II	—	(15)	3108,88	Os I	125	15
3114,58	W I	6	3	3111,38	Pb	—	2	3108,96	Ce II	8	—
3114,45	Cr I	10	—	3111,34	Co I	20	3	3108,95	Fe	2	2
3114,29	Fe II	—	80	3111,31	Cr (I)	6	—	3108,92	Ti II	2	15
3114,12	Ni I	300	50	3111,28	Ti I	15	8	3108,82	Mn II	*	
3114,12	Mn I	3	—	3111,23	Ce	10	—	3108,81	Re I	125	—
3114,10	Cr I	2	—	3111,23	Mo II	1	15	3108,78	W II	3	12
3114,09	Ti I	15	2	3111,20	Bi II	—	(10)	3108,77	Mn	5	—
3114,04	Pd I	400	500	3111,17	Ce II	20	—	3108,70	V II	3	50
3114,03	Pt	3	—	3111,16	Zr II	2	1	3108,64	Cr II	—	35
3113,90	Ta (I)	50	35	3111,12	W I	9	15	3108,63	Mn I	8	—
3113,88	Zr	—	2	3111,09	Os I	100	20	3108,61	Cu I	20	5
3113,69	Ce	2	—	3111,02	Bi II	—	(7)	3108,58	Ca I	30	3
3113,59	Fe	25	10	3110,99	Ce	2	—				
3113,56	V II	7	100	3110,99	Be I	15	—				
3113,52	Mo II	2	6	3110,98	Cr I	8	—				
3113,50	Zr I	3	—	3110,88	Hf II	30	40				
3113,48	Cu I	12	2	3110,88	Bi II	—	(5)				

[1] Doublet Be I 3110, 92— Be I 3110,81.

λ	El.	B		λ	El.	B		λ	El.	B	
		A	S (E)			A	S (E)			A	S (E)
3108,55	Ce	2	—	3105,28	Ru I	50	40	3102,14	Fe	2	2
3108,45	Cu I	15	1	3105,26	Ce	15	—	3102,09	B II	—	5
3108,37	Zr I	5	—	3105,22	Ti I	2	—	3102,04	K I	20R	—
3108,02	W I	12	10	3105,17	Fe II	—	60	3101,91	Nb II	2	10
3107,98	Fe	20	10	3105,14	Ce	4	—	3101,91	Mo	5	—
3107,81	Cd	—	2	3105,08	Ti II	12	100	3101,88	Ni I	400R	150
3107,77	Mn I	12	—	3105,00	K II	—	(30)	3101,79	Ce	20	—
3107,72	Ru I	60	5	3104,98	Os I	200	15	3101,79	K I	50R	—
3107,71	Ni I	25	—	3104,92	Ce	4	—	3101,56	Mn I	50	50
3107,63	Ce	2	—	3104,91	V II	7	25	3101,55	Ni I	1000R	150
3107,59	Ru II	10	50	3104,81	Mg II	15	—	3101,53	Os I	125	20
3107,57	Cr II	2	125	3104,71	Mg II	15	—	3101,52	Ti I	8	12
3107,54	Mo II	—	25	3104,70	Cr I	10	18	3101,39	Hf II	60	90
3107,54	Co I	15	3	3104,59	Ti II	3	15	3101,39	Ce	10	—
3107,53	Ce	2	1	3104,59	Ce	3	—	3101,35	Mo (I)	80	10
3107,46	Ce II	25	—	3104,59	Cd	—	4	3101,23	W II	—	5
3107,45	Ti I	5	2	3104,42	W I	5	2	3101,21	Mo	4	—
3107,38	Ca	5	2	3104,39	Na II	2	(20)	3101,09	Mo II	1	15
3107,32	Fe	2	1	3104,38	Mo	15	—	3101,03	Ta II	—	100
3107,24	Cr	8	—	3104,27	Nb II	1	5	3101,00	In II	—	(10)
3107,23	W I	12	10	3104,16	Fe	2	2	3101,00	Fe I	8	8
3107,14	V I	10	—	3104,06	Mo	2	3	3100,97	Nb I	2	1
3107,04	Co I	70	3	3104,01	Ce II	10	—	3100,96	Pt I	15	4
3107,02	Mg	—	5	3103,99	V I	15	—	3100,94	V II	20	100
3106,98	Nb II	2	10	3103,98	Co I	60R	—	3100,93	In II	—	(10)
3106,94	Mo II	1	5	3103,94	Au II	—	8	3100,87	Mo I	40	2
3106,92	Ca	1	2	3103,91	Mo	3	—	3100,86	In II	—	(18)
3106,84	Ru I	50	3	3103,84	Fe	2	2	3100,84	Ru I	70	50
3106,82	V II	—	5	3103,80	Ti II	20	200	3100,83	Fe I	3	3
3106,80	Ti I	12	2	3103,80	Si	—	2	3100,79	Nb II	1	5
3106,74	Mn I	5	—	3103,76	Fe	2	2	3100,74	W II	2	20
3106,71	Cd	2	4	3103,74	Co I	80	2	3100,69	In II	—	(18)
3106,67	Au II	5	5	3103,52	W II	2	15	3100,67	Fe I	100	100
3106,58	Zr II	50	80	3103,47	Cr II	—	50	3100,67	Re I	100	—
3106,55	Fe II	1	30	3103,42	Ru II	3	50	3100,67	Ti I	30	15
3106,52	Nb II	2	5	3103,37	Ce II	15	2	3100,65	In II	—	(10)
3106,46	Mo	2	—	3103,26	Ce	3	—	3100,57	In II	—	(5)
3106,25	Mo II	10	25	3103,25	Ta I	70	15	3100,50	Mo II	2	6
3106,23	Ti II	25	150	3103,07	Mn	2	—	3100,45	Ir I	18	3
3106,14	Si	—	2	3103,00	Ce	2	—	3100,30	Fe I	100	100
3106,11	V I	8	—	3102,97	Ti II	2	2	3100,30	Mn I	60	60
3106,01	Fe	4	4	3102,87	Pb I	—	10	3100,29	Ir I	30	2
3105,99	Os I	150	20	3102,87	Fe	30	20	3100,25	Nb III	—	20
3105,97	V II	—	5	3102,66	Ag	3	—	3100,22	Ca I	2	—
3105,92	Co I	30	—	3102,63	Fe	6	5	3100,16	Nb I	1	5
3105,89	Mn II	*		3102,56	Ce II	15	—	3100,04	Pt I	2	25
3105,87	W I	10	7	3102,51	Ti I	5	—	3099,97	Fe I	40	40
3105,86	Ce	2	—	3102,43	Ce	10	—	3099,93	Cu I	60	10
3105,66	Fe	4	2	3102,41	Co I	60	4	3099,93	Mo I	25	3
3105,63	Ta II	*		3102,36	Fe	2	2	3099,90	Fe I	60	60
3105,57	Cr I	10	—	3102,35	Ca	2	4	3099,86	In II	—	(40)
3105,55	Fe II	1	30	3102,35	Ce	12	—	3099,80	Ca	1	2
3105,50	Ce	3	—	3102,30	V II	70	300R	3099,73	In II	—	(18)
3105,47	Ni I	200	35	3102,23	Sn	—	(2)	3099,67	Co I	50	—
3105,41	Ru I	50	1	3102,20	W II	2	12	3099,66	Zr I	2	—

λ	El.	B		λ	El.	B		λ	El.	B	
		A	S (E)			A	S (E)			A	S (E)
3099,58	V I	2	—	3096,01	W I	6	3	3093,24	Ce	6	—
3099,56	Mo	10	—	3095,90	V I	15	—	3093,11	V II	100R	400R
3099,42	Ce	5	1	3095,87	W II	2	20	3093,00	Au II	—	5
3099,41	Fe	2	2	3095,86	Ce	5	—	3092,99	Mg I	125	20
3099,34	Ca I	10	2	3095,85	Cr I	125	3	3092,95	Mo II	—	10
3099,28	Ru I	70	60	3095,82	Zr I	8	—	3092,88	Nb II	1	5
3099,24	Mo II	—	20	3095,76	Ce	8	—	3092,84	Al I	50R	18
3099,23	Zr II	9	5	3095,72	Co I	60	2	3092,81	Ce	4	1
3099,18	Nb II	3	15	3095,70	Mo	25	—	3092,78	Fe I	50	30
3099,15	Mo	10	—	3095,59	Ce II	20	—	3092,73	Na II	50	(200)
3099,14	Ce	4	—	3095,48	Cr II	—	12	3092,72	Ce	4	—
3099,12	Ag I	10	8	3095,45	Cd	—	(10)	3092,72	V I	100R	50R
3099,12	Ni I	200	50	3095,39	Ta I	70	18	3092,71	Al I	1000	1000
3098,95	Ce	2	—	3095,38	Cr I	15	2	3092,70	Mo	20	2
3098,59	Fe	5	5	3095,28	Ca I	10	2	3092,44	Ta I	50	15
3098,47	Nb II	1	5	3095,27	Fe I	10	6	3092,39	Fe	4	5
3098,47	Mo II	20	25	3095,26	Ce	3	1	3092,34	Cd II	10	15
3098,44	W I	8	4	3095,09	Ce II	15	—	3092,28	W I	7	3
3098,31	W II	2	10	3095,07	Zr II	8	5	3092,25	Hf II	20	20
3098,20	Co I	100R	5	3094,92	Cr II	—	15	3092,24	Zr	3	—
3098,19	Fe I	70	60	3094,90	Fe I	30	15	3092,19	Ce	3	—
3098,16	Cr II	—	30	3094,79	Zr I	5	—	3092,09	Mo II	30	100
3098,14	Ce	5	—	3094,70	V I	40	—	3092,03	Ce	2	—
3097,98	Ag	5	—	3094,69	Sn II	—	(6)	3091,91	Ce	20	—
3097,81	Fe	20	10	3094,66	Mo I	150	25	3091,87	Ru I	50	5
3097,69	Mo II	10	30	3094,62	Fe	3	4	3091,84	Mo	10	—
3097,62	Ti II	1	5	3094,56	Ru II	6	50	3091,70	Ce	5	1
3097,50	Fe	1	1	3094,37	Nb I	2	—	3091,58	Fe I	300	200
3097,38	Mo	10	—	3094,32	Fe	2	2	3091,56	Tl II	—	50
3097,20	Mo II	20	—	3094,20	V II	20	125R	3091,55	V I	8	1
3097,19	Ti II	20	150	3094,17	Nb II	100	1000	3091,43	V I	10	—
3097,12	Nb II	3	100	3094,03	W I	8	10	3091,36	Ce	2	1
3097,12	Ni I	200	50	3094,00	Iz I	20	10	3091,30	Au I	5	—
3097,07	Ce	18	—	3093,99	Cu I	150	50	3091,29	Ce II	20	—
3097,06	Mn I	75	40	3093,95	Ce	4	—	3091,10	Ce	3	—
3096,90	Mg I	150	25	3093,94	Cr II	—	25	3091,09	Fe	2	1
3096,89	Ca	1	2	3093,90	Ru II	30	100	3091,08	Mg I	80	10
3096,88	Ce II	20	—	3093,88	Fe I	40	30	3090,98	Hg	—	(5)
3096,84	Fe III	30	20	3093,87	Ta I	50	15	3090,88	Ce	20	—
3096,83	Si III	—	4	3093,81	Ti I	5	—	3090,77	V I	8	—
3096,72	Ce	2	—	3093,81	Fe I	50	40	3090,70	Ce	18	—
3096,70	Cr (I)	15	2	3093,79	V I	30	—	3090,65	S	—	(8)
3096,70	Co I	60	3	3093,74	Cd II	3	2	3090,64	Mo	4	—
3096,57	Ru I	70	60	3093,68	Mo	10	—	3090,60	Hg II	—	(200)
3096,54	Ag	1	3	3093,64	Re I	60	—	3090,58	W I	9	8
3096,52	Cr I	35	—	3093,61	Ce	18	—	3090,53	V	2	—
3096,50	Ce II	25	—	3093,59	Os I	125	15	3090,51	Ce II	15	1
3096,49	Nb I	4	3	3093,58	Bi I	10	8	3090,49	Os I	80	15
3096,42	Ti II	3	35	3093,51	W I	12	10	3090,41	W	8	6
3096,41	Co I	60	3	3093,47	Cr II	1	100	3090,37	Ce II	20	3
3096,40	Ce	5	—	3093,46	Ca	2	3	3090,30	Os I	100	12
3096,32	Ca	1	2	3093,42	Si III	—	6	3090,25	Co I	80	1
3096,30	Fe II	2	30	3093,36	Fe	70	40	3090,23	Ru I	50	6
3096,11	Cr II	1	100	3093,33	Ce II	12	—	3090,21	Fe I	30	15
3096,04	Fe	3	1	3093,32	Zr I	3	—	3090,13	Ti I	12	2

λ	El.	B A	B S (E)	λ	El.	B A	B S (E)	λ	El.	B A	B S (E)
3090,09	Os I	100	15	3086,91	Rb	—	(20)	3083,65	In II	—	(5)
3090,05	Ti II	—	100	3086,87	Mo	5	—	3083,60	Cr II	—	35
3089,85	Cd II	—	3	3086,86	Y II	12	50	3083,54	V I	60	—
3089,80	Ru I	60	5	3086,82	Ti I	3	—	3083,40	Ce	3	—
3089,78	Ce	4	—	3086,78	Cr I	8	1	3083,37	Cu II	2	2
3089,74	Fe	2	2	3086,78	Co I	200R	—	3083,32	Nb II	2	15
3089,70	Mo I	40	5	3086,69	Fe	2	2	3083,21	V II	2	50
3089,62	V II	—	10	3086,67	Ce	4	—	3083,15	Ru I	50	3
3089,60	Co I	100R	—	3086,56	Fe	2	2	3083,15	Fe I	1	1
3089,58	Ce	3	—	3086,50	V II	2	40	3083,06	Ce	5	—
3089,51	Fe	2	—	3086,46	Zr II	2	1	3083,02	Fe II	1	2
3089,40	Ti II	12	100	3086,40	Co I	80	2	3082,85	Nb I	3	5
3089,38	Fe II	—	10	3086,38	Ag	5	1	3082,84	Co I	35	—
3089,31	W I	8	7	3086,36	Mo	20	—	3082,70	Mn I	12	12
3089,18	W I	8	8	3086,27	Os I	50	10	3082,62	Co I	150R	50
3089,15	Ru I	60	12	3086,24	Si III	—	7	3082,61	Ti I	6	—
3089,13	V I	30	2	3086,22	Ca	2	4	3082,59	Cd I	30	—
3089,12	Mo I	30	3	3086,21	V II	1	30	3082,52	V II	3	30
3089,09	Pb I	—	30	3086,09	Nb II	—	10	3082,43	Re I	100	—
3089,06	W I	8	8	3086,08	Ru I	60	6	3082,34	Rb I	10	—
3089,01	Ca	1	3	3086,06	B	—	2	3082,30	Ce II	20	2
3089,00	Zr II	2	—	3085,75	Ce	8	—	3082,22	Mo II	4	40
3088,79	Fe	2	2	3085,63	Mo I	125	25	3082,15	Al I	80	800
3088,76	Re I	60	—	3085,57	Ce	2	—	3082,11	V I	80R	2
3088,68	Co I	10	—	3085,54	Ta I	70	18	3082,06	Ta II	*	
3088,6	к B	100	—	3085,45	Ce	4	—	3082,05	Mn I	50	—
3088,52	Al II	—	(10)	3085,41	Ce	4	—	3082,01	V I	15	2
3088,35	Fe	2	1	3085,35	Cr II	—	15	3082,00	Rb I	*	
3088,27	Os I	60	12	3085,34	Zr I	9	—	3081,98	Ce	5	—
3088,05	Nb I	3	5	3085,29	Hg I	2	—	3081,98	S	—	(15)
3088,04	Ir I	50	2	3085,20	Cu	4	1	3081,95	Mo	25	—
3088,26	Nb	2	—	3085,20	Fe	3	3	3081,86	W I	10	7
3088,13	Cu I	30	7	3085,01	Ti I	2	1	3081,85	Ta I	50	5
3088,13	V I	30	—	3084,91	W I	10	7	3081,84	Fe	2	2
3088,05	Nb I	3	5	3084,86	Cd	10	40	3081,76	Nb II	1	15
3088,03	Ir I	50	2	3084,86	Pt	2	—	3081,66	J	—	(100)
3088,03	Ti II	70	500R	3084,82	W I	10	9	3081,66	Mo II	—	20
3087,88	Cr II	—	40	3084,81	Ti I	10	2	3081,65	Fe	2	2
3087,85	Nb II	2	10	3084,72	Ce	4	—	3081,57	Ti II	—	40
3087,81	Co I	60	—	3084,60	Os I	60	10	3081,55	Fe	2	2
3087,76	Ta II	5	70	3084,57	Cr I	10	1	3081,54	Ca I	2	—
3087,75	Os I	50	10	3084,45	Cr II	—	35	3081,48	Cd II	—	2
3087,64	W I	6	2	3084,44	Ce II	40	3	3081,46	O	—	(5)
3087,63	Mo II	30	200	3084,38	V I	40	—	3081,40	Ru II	4	50
3087,53	Cr I	10	2	3084,37	Nb II	1	15	3081,37	W	7	3
3087,39	W II	*		3084,25	Ce	5	—	3081,33	Mn I	75	25
3087,39	Ce	8	1	3084,23	Mo	25	1	3081,25	V II	5	50
3087,34	Fe	2	2	3084,20	Se	—	(20)	3081,24	Ce	3	—
3087,17	Ce	10	—	3084,11	Pt	10	2	3081,22	Fe	2	2
3087,08	Ni II	—	150	3083,97	Rh I	150	2	3081,21	W II	—	3
3087,06	V I	25	2	3083,95	Ce	3	—	3081,15	Mo I	25	—
3087,04	Na II	—	(5)	3083,74	Fe I	500	500	3081,09	Nb II	—	10
3087,03	Pb	—	20	3083,74	Ca	1	2	3081,05	In	—	3
3087,01	Ce	2	—	3083,73	In II	—	(10)	3081,04	W II	*	
3086,97	W I	10	5	3083,67	Ce II	20	5	3081,00	V II	2	30

λ	El.	B A	B S (E)	λ	El.	B A	B S (E)	λ	El.	B A	B S (E)
3080,98	Fe	4	4	3077,66	Mo II	20	125	3074,15	Pt II	—	5
3080,90	Ru I	50	6	3077,64	Ce	15	—	3074,08	W I	10	12
3080,84	Hf I	25	5	3077,64	Fe	60	25	3074,08	Os I	125	20
3080,83	Ca I	20	2	3077,52	W II	2	40	3074,06	V I	10	—
3080,82	Cd I	150	100	3077,44	Os I	80	8	3073,99	Ce	8	—
3080,76	Ni I	200	60	3077,44	Nb II	1	10	3073,99	Mg	8	10
3080,75	Fe	2	2	3077,33	Ce II	15	—	3073,98	Fe I	40	25
3080,71	Cr I	12	1	3077,25	Cr II	—	40	3073,9	Cd	—	(10)
3080,70	W	10	8	3077,25	Ta I	150	50	3073,82	V I	60	20R
3080,64	Hf II	30	100	3077,2	Cd	—	(12)	3073,80	Cu I	70	20
3080,64	Ce	18	2	3077,17	Fe II	1	300	3073,68	W I	9	6
3080,63	Mo	8	—	3077,06	Os I	100	12	3073,68	Cr I	35	25
3080,6	P II	—	(15)	3076,99	Ca I	7	—	3073,56	Te II	—	(100)
3080,42	W	8	5	3076,88	Nb II	10	50	3073,55	Ru II	10	80
3080,41	Mo I	60	6	3076,79	Ce III	6	—	3073,53	Ce	2	—
3080,40	Fe II	—	2	3076,77	Ru I	50	3	3073,52	Co I	60	2
3080,35	Nb II	8	100	3076,71	Pt	1	8	3073,38	Mo	12	10
3080,33	V I	15	1	3076,68	V I	2	—	3073,34	Ru I	50	5
3080,25	Na I	2	(15)	3076,66	Bi I	20	18	3073,33	Ce	10	—
3080,18	Ti I	2	8	3076,61	V I	5	2	3073,28	W I	12	10
3080,14	V I	8	1	3076,57	Cr I	10	—	3073,24	Fe I	2	—
3080,11	Fe	30	15	3076,45	Fe II	—	5	3073,24	Mo II	—	20
3079,98	Fe	30	20	3076,25	Ce II	15	1	3073,23	Nb II	2	15
3079,96	Ta I	50	5	3076,20	S	—	(25)	3073,22	Cr II	—	15
3079,95	Ce	10	2	3076,17	W	7	3	3073,18	Ca	1	2
3079,90	Ce II	8	—	3076,15	Cr I	10	—	3073,13	Mn I	75	20
3079,87	Mo I	40	3	3076,13	Ce	3	—	3072,97	Ti II	35	200R
3079,82	Ti I	2	—	3076,01	V II	—	15	3072,88	Ce II	20	1
3079,64	Ce II	18	2	3075,93	Pt II	—	5	3072,88	Hf I	80	18
3079,63	Mn I	125	40	3075,93	V I	20	—	3072,74	W II	3	12
3079,57	Pt	3	2	3075,90	Zn I	150	50	3072,71	V (I)	70R	40R
3079,56	Ta II	3	2	3075,72	Fe I	400	400	3072,66	Co I	20	—
3079,45	Ce	10	—	3075,53	Ce	2	—	3072,51	Nb II	2	15
3079,40	Co I	80	2	3075,32	As I	60	35	3072,46	Cr II	—	15
3079,36	V I	10	—	3075,27	V I	15	2	3072,41	Nb I	5	2
3079,33	Cr II	—	25	3075,24	Nb II	1	15	3072,39	Ce II	20	—
3079,22	W	8	5	3075,22	Ti II	40	300 R	3072,34	Co I	200R	100
3079,10	Ca	1	3	3075,21	W I	4	2	3072,33	Fe	8	7
3078,95	V II	—	15	3075,20	Ce	3	2	3072,30	Nb I	2	1
3078,90	Ce II	8	—	3075,14	P	—	(15)	3072,18	Nb II	1	5
3078,75	J II	—	(350)	3075,06	V II	—	5	3072,11	Ti II	25	125
3078,70	Fe II	4	15	3074,96	Os I	125	20	3072,06	Zn I	200	125
3078,65	Ti II	60	500R	3074,93	Mo	20	—	3072,05	Fe	6	3
3078,43	Fe I	80	50	3074,83	V I	25	—	3071,96	Co I	80	2
3078,38	Os I	125	15	3074,67	Al II	—	(50)	3071,94	Pt I	60	15
3078,32	Na II	12	(60)	3074,66	V II	—	30	3071,83	P	—	(30)
3078,27	In	—	10	3074,63	Mo II	1	8	3071,73	W II	8	15
3078,26	Mo	10	—	3074,62	Cd	1	3	3071,64	Cd II	—	2
3078,23	Ta I	50	5	3074,44	Fe	40	25	3071,61	Ce II	18	1
3078,11	Os I	125	15	3074,37	Mo I	60	15	3071,58	Ca I	5	1
3078,02	Fe I	100	80	3074,33	Na II	12	60	3071,58	Ba I	100R	50R
3077,85	V I	5	—	3074,32	Ce	12	—	3071,57	Cr II	—	12
3077,83	Cr I	25	125R	3074,27	Nb II	1	5	3071,55	Nb II	10	50
3077,72	Os I	100	30	3074,16	Ce	6	—	3071,43	Mo I	25	3
3077,71	V I	10	30	3074,15	Fe I	40	25	3071,36	Nb I	2	—

λ	El.	B A	B S (E)	λ	El.	B A	B S (E)	λ	El.	B A	B S (E)
3071,29	Cr I	15	1	3067,75	Sn	10	15	3064,79	Ta II	*	
3071,26	Fe II	1	2	3067,73	In	—	3	3064,71	Pt I	2000R	300R
3071,24	Ti II	12	70	3067,70	Bi I	3000R	2000	3064,69	Hf II	10	30
3071,2	Sn	—	2	3067,64	Mo II	10	50	3064,63	Zr II	5	3
3071,17	Nb II	3	15	3067,57	W II	3	12	3064,62	Ni I	200R	50
3071,16	Re I	50	—	3067,52	Nb II	—	15	3064,55	Mo	15	—
3071,14	Fe II	2	2	3067,44	Ce	4	—	3064,53	Nb II	5	200
3071,11	Ce II	20	1	3067,43	Hf I	30	10	3064,37	Co I	100	—
3070,90	Nb II	3	15	3067,41	W II	2	5	3064,29	Al I	20	20
3070,90	Mo I	40	3	3067,40	Re I	60	—	3064,28	Mo I	80	10
3070,89	V I	10	2	3067,31	Rh I	80	1	3064,21	Fe	4	4
3070,85	Co I	5	—	3067,24	Fe I	300	300	3064,02	Ce II	15	—
3070,75	Co I	5	—	3067,2	Cs	—	(4)	3063,97	W II	2	20
3070,69	Fe II	—	7	3067,18	Cr II	25	40	3063,93	Ni II	—	2
3070,61	Mo II	—	25	3067,12	Zr I	5	4	3063,93	Fe I	40	30
3070,27	Mn I	100	25	3067,12	Fe I	6	6	3063,83	Cr I, II	5	12
3070,26	Pt	3	—	3067,11	V I, II	15	—	3063,78	Nb II	4	10
3070,12	V II	—	50	3067,01	Ge I	60	40	3063,77	Ce	2	—
3069,97	Mo	20	1	3067,00	Ca I	6	2	3063,73	V I	35	1
3069,94	Re I	125	—	3067,00	Fe	2	2	3063,72	Fe	3	3
3069,94	Os I	125	15	3066,98	W II	4	12	3063,72	Cd	2	2
3069,79	Mo	15	—	3066,89	S	—	(35)	3063,57	Zr I	5	1
3069,76	In II	—	(18)	3066,80	V II	—	2	3063,56	Ta I	70	15
3069,72	Ce	6	—	3066,74	Zr I	3	—	3063,56	Fe	2	2
3069,68	Nb II	4	15	3066,55	In	—	6	3063,50	Ti II	5	25
3069,65	V I	30	10	3066,53	Na II	2	(20)	3063,49	Ca	2	3
3069,64	Ce II	18	—	3066,53	V I	15	—	3063,42	Cu I	300	50
3069,51	Nb	—	3	3066,51	Ti II	7	20	3063,41	W II	—	20
3069,51	Mo	20	—	3066,48	Fe I	60	40	3063,38	Ce	4	—
3069,46	W I	5	2	3066,44	Ni I	5	—	3063,28	Ti II	1	8
3069,45	Fe	6	4	3066,39	Mo	15	—	3063,25	Cr II	—	8
3069,34	Fe	2	1	3066,38	Ce	18	—	3063,25	V II	30	80R
3069,32	Ce	4	—	3066,38	V I	400R	125R	3063,18	W I	10	9
3069,28	W II	6	15	3066,36	Ti II	15	40	3063,15	Fe I	2	1
3069,24	Ta I	150	70	3066,20	Ti II	25	18	3063,13	Nb II	4	15
3069,19	Mo II	—	25	3066,15	Al I	25	25	3063,01	Ce II	40	10
3069,05	Mo	5	—	3066,13	Ce	3	—	3062,89	W I	6	5
3069,03	Nb I	4	3	3066,12	Os I	50	10	3062,87	Fe I	4	2
3068,93	Nb II	—	5	3066,10	Pd I	150	2	3062,69	V II	5	20
3068,90	Cu I	15	—	3066,10	Nb II	2	30	3062,60	W	10	9
3068,89	Ir I	40	20	3066,02	Mn I	75	—	3062,44	Pb	—	10
3068,82	Ca	—	2	3065,78	Ce	6	—	3062,43	Mo	15	—
3068,81	Ce	2	—	3065,60	V II	2	35	3062,23	Fe II	2	400
3068,79	Cd II	—	2	3065,43	Au I	*		3062,20	Co I	60	1
3068,67	Ce II	20	—	3065,39	Ce	5	—	3062,19	Os I	100	30
3068,64	Mo	15	—	3065,31	Fe II	—	60	3062,18	K II	—	(20)
3068,5	Pb II	—	(10)	3065,31	Pd I	10	100	3062,17	V II	—	4
3068,26	Ru (I)	60	8	3065,26	Nb II	10	200	3062,12	Mn I	75	20
3068,17	Fe I	150	150	3065,21	Zr II	5	2	3062,10	Mo II	—	3
3068,05	Nb II	—	10	3065,11	Sc II	12	25	3062,05	Ca I	1	2
3068,02	Zr II	2	2	3065,07	Cr I	20	50	3061,95	Nb II	—	10
3067,99	Mo I	30	1	3065,05	Mo II	30	10	3061,82	Fe	5	3
3067,94	Fe I	15	10	3064,99	Cd	—	15	3061,82	Co I	200R	125
3067,89	Ce	6	—	3064,93	W I	10	7	3061,81	Cr I	10	2
3067,86	W II	3	12	3064,83	Ru I	70	60	3061,68	W II	2	12

λ	El.	B A	S (E)	λ	El.	B A	S (E)	λ	El.	B A	S (E)
3061,64	Cr I	20	3	3057,79	Fe	2	2	3054,68	Al I	20	10
3061,59	Mo I	50	3	3057,65	Fe	2	2	3054,61	Ce	2	—
3061,40	Nb (II)	—	5	3057,64	Ni I	400R	125	3054,53	Hf II	15	15
3061,34	Zr II	5	3	3057,55	Mo	25	1	3054,44	Ce	3	—
3061,32	Pb	—	2	3057,51	Cd	—	2	3054,36	Mn I	75	40
3061,23	Nb I	4	2	3057,44	Fe I	400	400	3054,32	Ni I	400R	100
3061,21	Ce	10	—	3057,43	Ti II	5	15	3054,27	Se	—	(20)
3061,11	Nb I	3	2	3057,23	Ce III	5	—	3054,24	V II	—	5
3061,02	Co I	15	—	3057,23	Ta II	*		3054,13	Co I	18	—
3060,98	Fe I	50	35	3057,21	Zr II	2	3	3054,01	W I	9	8
3060,93	V I	7	2	3057,14	Al I	15	18	3053,89	V II	10	60R
3060,92	Mo II	6	6	3057,12	Ta I	25	125	3053,87	Cr I	3R	150
3060,86	S	—	(8)	3057,07	V II	—	5	3053,70	Ce	2	—
3060,79	Fe	4	4	3057,03	Nb II	—	10	3053,7	Bi II	—	(60)
3060,78	Mo II	25	15	3057,01	Hf I	70	10	3053,67	Cr II	—	5
3060,65	Ta II	*		3056,99	Mn I	2	—	3053,66	Na II	8	(60)
3060,64	Fe	2	—	3056,86	Ru II	12	150	3053,65	V I	90R	—
3060,53	Fe I	6	6	3056,80	Fe II	4	25	3053,63	Nb II	1	30
3060,50	Ru II	8	50	3056,77	Ce II	40	3	3053,63	Mo	20	—
3060,46	V I	150R	100R	3056,74	Ti II	12	70	3053,47	Mo II	4	6
3060,45	Ti	6	3	3056,73	Mo	20	—	3053,46	As II	—	15
3060,39	Nb I	2	2	3056,62	Cr II	—	8	3053,44	Fe I	80	50
3060,31	Os I	100	30	3056,62	Nb (I)	3	3	3053,39	V II	10	90R
3060,29	Ta I	125	35	3056,62	Ta II	—	70	3053,36	W II	5	—
3060,28	Cd	4	5	3056,58	In	—	10	3053,28	Mo	20	—
3060,27	Ca	—	3	3056,45	Mn I	3	—	3053,28	Ce	8	—
3060,22	Ru II	20	50	3056,41	Cd	1	2	3053,18	Si II	—	5
3060,11	Zr II	5	3	3056,33	V I	125R	70R	3053,16	Te II	—	(10)
3060,05	Co I	150	1	3056,32	Hg II	—	(10)	3053,10	Ta II	*	
3059,92	Al I	8	10	3056,25	Fe	8	4	3053,1	Cd	—	(10)
3059,82	W I	6	3	3056,22	W I	6	8	3053,08	Nb I	3	5
3059,74	Ti II	8	35	3056,16	Na II	35	(60)	3053,07	Fe I	100	80
3059,73	Ce II	12	—	3056,13	Ce	4	—	3053,02	Mo	8	—
3059,64	Pt I	25	5	3056,07	Pt II	1	5	3053,01	Ce	4	—
3059,53	Cr II	8	60	3055,94	V II	—	50	3052,99	Nb I	2	3
3059,43	Pd II	—	150	3055,71	Fe	10	6	3052,93	Sc II	10	15
3059,29	Nb II	2	10	3055,52	Nb I	2	100	3052,82	W I	6	3
3059,22	Cd II	—	2	3055,47	Cr II	—	20	3052,81	Zr I	3	—
3059,09	Fe I	600R	400	3055,42	Hf II	15	15	3052,72	Nb (I)	2	3
3059,07	S	—	(8)	3055,39	W I	9	10	3052,68	Ce	4	—
3059,06	Mn II	*		3055,37	J II	—	(350)	3052,55	Mo	20	—
3059,03	Al I	8	10	3055,36	Fe II	—	2	3052,53	Ta(II)	—	70
3058,78	Re I	50	—	3055,32	Ca I	5	—	3052,32	Mo II	10	50
3058,66	Os I	500R	500	3055,32	Mo I	50	5	3052,22	Cr I	20	10
3058,64	Ta I	50	3	3055,31	Pt I	4	—	3052,19	V I	50	5
3058,59	Mo II	20	—	3055,26	Fe I	200	150	3052,15	Pd II	—	150
3058,55	Ce II	12	—	3055,24	Ce II	18	3	3052,00	Zr I	2	—
3058,49	Fe	3	3	3055,22	Y II	8	50	3051,99	Nb I	2	4
3058,34	Cr II	—	30	3055,21	Os I	80	15	3051,98	Mg I	2	—
3058,10	Ce	5	—	3055,09	Ce	4	—	3051,97	Ce II	10	2
3058,09	Ti II	12	70	3054,97	Os I	50	10	3051,93	W I	10	6
3058,08	As II	—	15	3054,93	Ru I	70	12	3051,92	Ce	10	—
3057,86	Mo II	—	30	3054,84	Zr II	15	25	3051,66	Nb I	2	3
3057,86	Cr II	—	30	3054,76	Mo II	—	3	3051,39	V II	—	5
3057,86	V	—	3	3054,72	Co I	60	—	3051,34	Nb II	1	10

λ	El.	B A	S (E)	λ	El.	B A	S (E)	λ	El.	B A	S (E)
3051,29	W II	10	30	3048,36	As II	—	10	3045,58	W I	7	6
3051,28	Ce	2	—	3048,30	Mo II	—	5	3045,56	Hg	—	(10)
3051,25	In I	—	(15)	3048,30	Si II	*		3045,54	Nb I	3	2
3051,17	Os I	80	15	3048,24	Zr II	2	2	3045,37	Y I	10	6
3051,16	Ce II	6	—	3048,21	V II	10	125R	3045,23	Mo	8	—
3050,93	Co I	60	—	3048,21	Nb II	1	50	3045,09	Ti (II)	2	50
3050,88	V I	30	—	3048,12	W I	7	5	3045,08	Fe I	150	100
3050,82	Ni I	1000R	—	3048,11	Co I	25	—	3045,01	Ni I	200	10
3050,76	Hf I	50	10	3048,09	Nb I	10	2	3044,94	V I	30	15
3050,73	V II	1	50	3048,05	Mo II	1	25	3044,91	Os I	100	12
3050,66	Mn II	*		3047,93	In	—	3	3044,84	Fe II	—	12
3050,58	Ce	12	—	3047,82	Mo	15	1	3044,76	Nb II	2	30
3050,50	Co I	60	—	3047,78	Ce	2	—	3044,73	Mo	10	—
3050,46	Hg I	2	—	3047,76	Cr II	3	15	3044,57	Mn I	100	40
3050,40	V I	30	1	3047,61	Fe I	800R	500R	3044,41	Os I	50	10
3050,39	Os I	100	50	3047,57	W I	10	10	3044,39	Ce II	15	—
3050,32	Zr I	3	—	3047,50	Ce	2	—	3044,22	Cr II	—	12
3050,30	Ce	8	—	3047,50	Mo II	50	4	3044,12	Zr II	3	1
3050,21	Mo II	10	1	3047,50	Sn II	—	8	3044,03	Cu I	20	1
3050,14	Cr II	10	150	3047,45	Cr I	25	6	3044,01	Co I	400R	—
3050,08	Pd II	—	100	3047,31	Mo I	15	—	3043,90	Cr II	—	50
3050,08	Al I	18	10	3047,20	Ce	2	—	3043,90	Pb III	—	100
3050,00	W	6	9	3047,16	Ir I	50	20	3043,89	Mo	20	—
3049,88	Cr I	20R		3047,1	Li	—	6	3043,85	Ti II	3	50
3049,85	W II	2	10	3047,05	Fe I	2	3	3043,81	W I	12	3
3049,69	W I	12	8	3047,04	Ag	—	5	3043,77	Mn I	15	—
3049,56	Ta I	150	30	3047,04	Mn I	60	60	3043,75	Mg I	2	—
3049,54	C II	—	2	3047,00	In	—	6	3043,71	Ce	3	—
3049,53	Nb II	—	150	3047,00	Te II	—	(350)	3043,69	Si II	—	5
3049,46	Os I	80	15	3046,93	Fe I	4	4	3043,69	Mo	20	—
3049,36	Fe	25	8	3046,81	Mo I	50	2	3043,64	Os I	60	12
3049,35	W I	7	5	3046,71	Ce II	15	—	3043,6	к B	100	—
3049,32	Zr I	6	1	3046,69	Ti II	10	60	3043,56	V I, II	60	40
3049,29	Mo	3	—	3046,69	Be II	10	(20)	3043,51	Os I	100	15
3049,25	Ru II	2	70	3046,67	Nb II	—	10	3043,36	Mn I	40	40
3049,01	Fe II	4	3	3046,59	Mn I	5	—	3043,35	Ca	1	2
3049,01	Ca I	5	2	3046,52	Be II	—	(15)	3043,34	Mo II	15	15
3049,00	W I	8	9	3046,45	W I	12	10	3043,30	In	—	3
3048,89	V II	10	50	3046,40	Mo II	—	3	3043,27	Nb II	1	5
3048,89	Mo II	—	50	3046,26	Mn II	1	6	3043,26	Ce	3	—
3048,89	Co I	150R	—	3046,24	Se II	—	(35)	3043,25	Zr I	4	—
3048,86	Ta I	100	15	3046,12	Ce	6	—	3043,14	Mn I	12	—
3048,86	Mn I	25	—	3046,03	Hf II	25	25	3043,12	V I	60	7
3048,83	Mo II	—	5	3045,96	Ta I	150	50	3043,09	Ce	10	—
3048,82	Cd	—	(2)	3045,82	Zr I	9	1	3043,01	W I	7	4
3048,79	Ru I	60	9	3045,81	Mn I	25	12	3042,95	Mo II	10	—
3048,76	Ti II	2	35	3045,79	Ce	4	—	3042,83	Ru I	60	5
3048,65	V II	—	2	3045,75	Ca I	2	—	3042,79	Nb II	1	10
3048,63	Nb II	—	5	3045,73	Mo II	1	10	3042,79	Cr II	1	100
3048,60	W II	9	12	3045,71	Sc II	15	25	3042,74	Os II	20	50
3048,51	Ce	3	—	3045,71	Ru I	60	12	3042,73	Mn I	25R	25
3048,50	Ru I	50	5	3045,67	Ce	6	—	3042,67	Fe I	300	200
3048,45	Fe	100	8	3045,59	Fe I	10	7	3042,64	Pt I	200R	250R
3048,43	Ce	3	—	3045,59	Mn I	40	20	3042,54	Ti I	5	2
3048,42	Zr II	8	2	3045,59	Na II	12	60	3042,48	Co I	80R	8

λ	El.	B A	B S (E)	λ	El.	B A	B S (E)	λ	El.	B A	B S (E)
3042,48	Ru I	70	12	3039,36	In I	1000R	500R	3035,36	Mn II	5	8
3042,45	Ta II	1	20	3039,32	Fe I	20	15	3035,33	Mo I	30	2
3042,27	W I	7	5	3039,31	W I	10	12	3035,18	Bi I	60	—
3042,27	V II	6	80	3039,25	Ce	4	—	3035,10	Hg	—	(30)
3042,07	Ce	3	—	3039,21	Ca I	1	4	3035,02	Nb	2	30
3042,06	Ta II	5	100	3039,18	Nb (I)	2	3	3035,00	Ce	6	—
3042,02	Fe I	125	100	3039,12	Bi	—	2	3034,95	Nb II	1	100
3041,98	Nb II	—	5	3039,06	Ge I	1000	1000	3034,92	Mo II	5	25
3041,89	Nb I	1	5	3039,06	Mo II	—	25	3034,92	K I	30	—
3041,86	W I	10	9	3038,99	Ce	4	—	3034,87	Bi (I)	30	30
3041,86	V	5	—	3038,79	Mo II	—	3	3034,54	Cr II	—	30
3041,76	Ce II	5	—	3038,77	Fe II	—	3	3034,54	Fe I	70	40
3041,75	Fe I	100	80	3038,70	Ti II	2	40	3034,53	Ca I	2	—
3041,74	W I	8	7	3038,70	V I	20	1	3034,43	Co I	80	2
3041,73	Cr II	2	125	3038,67	In	—	3	3034,19	W I	10	9
3041,70	Mo I	40	5	3038,66	Se II	—	(60)	3034,19	Cr I	200R	60
3041,64	Fe I	80	80	3038,60	Mn I	3	—	3034,12	In	8	1
3041,61	Ce	8	—	3038,59	Zr	—	2	3034,12	Sn I	200	150
3041,47	Ca	—	3	3038,52	V II	—	45	3034,12	Fe	2	—
3041,42	V II	5	40	3038,51	Mn II	4	4	3034,11	Ag	4	1
3041,35	Nb (I)	2	3	3038,31	Co I	25	—	3034,06	Ru I	60	5
3041,31	Se II	20	(60)	3038,2	P	—	(15)	3034,01	Sb II	*	
3041,28	Al II	—	(50)	3038,17	Ru I	80	5	3033,82	V II	20	90R
3041,22	Mn I	25	25	3038,16	Nb	—	10	3033,58	W I	12	15
3041,21	Pt I	3	—	3038,10	Mn II	*		3033,56	Mn	1	2
3041,07	Pt II	5	20	3038,04	Cr II	—	10	3033,5	Bi II	—	(15)
3041,05	Ca I	2	—	3037,96	Ru I	50	5	3033,45	Zr	—	2
3041,01	Mo I	1	25	3037,94	Ni I	800R	100	3033,45	V II	20	40
3040,98	Ta (I)	50	7	3037,78	Fe I	4	4	3033,45	Ru I	70	10
3040,96	Fe	8	4	3037,73	Ce II	25	3	3033,44	Fe II	4	2
3040,90	Os I	200	100	3037,51	Ta II	8	100	3033,39	Nb I	2	2
3040,84	Cr I	500R	200	3037,39	Fe I	700R	400R	3033,33	Mo II	1	30
3040,81	Co I	10	—	3037,37	V I	3	—	3033,24	Mo II	8	10
3040,72	Ta II	*		3037,27	Ce	6	—	3033,12	Ce II	8	—
3040,70	Sb II	—	(400)	3037,11	In	—	12	3033,10	Fe I	40	20
3040,60	Mn I	50	25	3037,07	Na II	8	(40)	3033,05	Ce	10	—
3040,54	Nb I	—	5	3037,05	Ce II	8	—	3032,94	Cr II	10	100
3040,43	Fe I	400	400	3037,05	Cr I	200R	100	3032,85	As I	125	70
3040,32	Ru I	60	10	3036,99	Fe II	—	2	3032,81	Os I	50	15
3040,25	Ce	4	—	3036,78	Ti II	2	15	3032,80	Sn I	50	20
3039,92	Sc II	4	20	3036,66	W II	8	20	3032,77	Nb II	3	300
3039,85	Ta II	*		3036,61	Ta II	*		3032,72	Ce II	10	—
3039,82	Mo I	20	2	3036,50	Zr II	10	8	3032,54	Mo	5	—
3039,82	Nb II	5	300	3036,46	Ru II	50	150	3032,47	O II	—	(3)
3039,77	Cr I	80	35	3036,45	Pt I	200	10	3032,41	Ir I	50	1
3039,76	V II	—	5	3036,39	Zr II	20	20	3032,33	Ce	8	—
3039,71	Bi	—	2	3036,31	Mo I	30	2	3032,28	B II	—	10
3039,68	Nb I	3	10	3036,10	Cu I	200	50	3032,20	Pd II	2	100
3039,58	W II	2	20	3036,08	V II	—	35	3032,19	V II	—	8
3039,57	Cd	4	—	3035,86	Ce	12	—	3032,09	O II	—	(7)
3039,57	Ce	8	—	3035,80	Ca	—	3	3032,00	Zr II	2	2
3039,57	Co I	70	—	3035,78	Zn I	200	100	3031,87	Ni I	200	—
3039,55	Mn II	1	6	3035,76	Cd III	—	2	3031,65	Pb	—	20
3039,51	Ce II	8	—	3035,74	Fe	100	60	3031,64	Fe I	200	200
3039,41	Nb II	3	5	3035,47	Ru I	60	4	3031,58	Ce III	12	10

λ	El.	B A	B S (E)	λ	El.	B A	B S (E)	λ	El.	B A	B S (E)
3031,49	Cr I	15	8	3028,12	Cr II	2	125	3023,94	Sn II	—	2
3031,49	Ce	2	—	3028,04	V II	2	50	3023,91	Rh I	100	2
3031,35	Cr I	40	30	3028,04	Zr II	20	30	3023,88	V II	—	30
3031,22	Pt II	8	30	3027,91	Pd I	150	200	3023,88	Ce	5	—
3031,21	Fe I	150	150	3027,88	Nb I	2	2	3023,86	Ti II	—	100
3031,21	Mo	20	—	3027,78	W I	8	6	3023,80	N II	—	(5)
3031,16	Hf II	70	90	3027,78	Ru II	12	50	3023,69	Mo	20	—
3031,05	Mn II	8	25	3027,77	Mo II	20	30	3023,66	Rb	—	(20)
3031,00	V I	15	10	3027,62	Ce II	10	—	3023,48	Ce II	10	—
3030,93	V I	3	—	3027,60	V II	—	25	3023,48	Hg I	60	10
3030,92	Zr II	15	10	3027,51	Ta I	125	35	3023,43	Ce II	5	—
3030,85	Ce	3	—	3027,49	Hg I	25	15	3023,39	In	—	3
3030,76	Sc I	20	8	3027,2	P	—	(15)	3023,31	Te II	—	(100)
3030,76	Fe I	5	3	3026,78	W I	9	7	3023,30	Mo II	5	100
3030,70	Os I	500	40	3026,76	Al II	—	(3)	3022,99	Mo	25	1
3030,61	Cd II	—	6	3026,68	W I	9	8	3022,84	Pt	5	2
3030,61	Ce	5	—	3026,64	Cr II	8	125	3022,82	Ti II	—	150
3030,47	Ce	5	—	3026,62	Ce II	18	—	3022,75	Ce III	12	—
3030,45	Re I	100	—	3026,46	Fe I	200	200	3022,75	Mn I	50	25
3030,31	Mo II	2	20	3026,37	Co I	100	40	3022,75	V I	10	—
3030,30	Ce II	25	—	3026,18	Zr II	1	3	3022,74	Mo II	1	6
3030,26	Cu I	10	1	3025,84	Fe I	400R	300R	3022,74	Nb II	5	100
3030,25	Cr I	200R	150	3025,82	Ir I	50	3	3022,67	W II	2	12
3030,21	Ca	1	2	3025,64	Fe I	100	100	3022,64	Zr I	3	2
3030,15	Fe I	300	300	3025,61	Hg I	15	10	3022,61	Cu I	30	3
3030,00	Si II	*		3025,51	Pb	—	2	3022,57	V II	2	50
3029,86	Nb II	—	5	3025,37	Nb II	1	10	3022,56	Ta II	3	1
3029,83	Sb I	100	200	3025,29	Ce	2	—	3022,48	Nb II	—	5
3029,74	Nb II	2	10	3025,29	Hf II	30	30	3022,46	Ce	5	—
3029,73	Ti II	12	150	3025,28	Fe I	50	30	3022,37	In II	—	(18)
3029,69	Mn	12	—	3025,25	W I	10	8	3022,36	Co I	60	2
3029,58	V II	—	40	3025,16	Ta I	70	15	3022,35	Ce	2	—
3029,52	Zr I	60	5	3025,15	Zr II	3	2	3022,14	V II	—	10
3029,36	Ir I	60	3	3025,12	Ce II	8	—	3022,00	W II	15	20
3029,29	Ni I	3	—	3025,06	Ti I	3	—	3021,89	Sb II	—	60
3029,23	Fe I	80	60	3025,00	Mo I	50	4	3021,88	Nb II	—	15
3029,23	W	8	1	3024,99	Cu I	30	3	3021,80	Ta II	*	
3029,21	Au I	25	30	3024,98	V II	2	60	3021,78	V I	8	4
3029,16	Cr I	70	50	3024,95	Ca I	2	—	3021,60	W I	9	7
3029,1	Li II	*		3024,92	W I	15	12	3021,60	Mo II	—	40
3029,07	Na II	—	(60)	3024,78	Hf II	18	25	3021,58	Cr I	300R	200R
3029,04	Mn II	2	6	3024,74	Zr II	2	2	3021,56	Cu I	25	5
3028,97	Ca I	2	2	3024,74	Nb II	10	200	3021,50	Hg I	80	40
3028,95	Ce II	12	—	3024,70	Sb	2	4	3021,07	Fe I	700R	300R
3028,78	Ta I	50	7	3024,70	Ca	—	4	3021,03	Ce II	15	—
3028,76	Nb II	—	4	3024,68	Cr I	10	8	3020,88	Ce II	15	—
3028,75	Ce	4	—	3024,64	Bi I	250	50	3020,87	Ru I	60	40
3028,74	W II	—	10	3024,57	Ce	12	—	3020,68	Mo (II)	5	10
3028,69	Nb I	2	5	3024,50	W II	9	20	3020,67	Cr I	200R	100
3028,66	Ca III	1	2	3024,36	Cr I	300R	125	3020,66	Nb I	5	8
3028,66	Ce	4	—	3024,29	Pt I	5	—	3020,64	Fe I	1000R	600R
3028,56	In II	—	(2)	3024,26	Nb II	2	5	3020,53	Hf I	15	2
3028,44	Nb II	50	200	3024,07	Al II	—	(2)	3020,49	Fe I	300R	300R
3028,43	Rh I	80	—	3024,03	Fe I	300	200	3020,47	Zr II	50	30
3028,17	Ce	5	—	3023,96	Ce	4	—	3020,21	W I	7	6

λ	El.	B A	B S (E)	λ	El.	B A	B S (E)	λ	El.	B A	B S (E)
3020,17	Ta II	*		3017,19	Ce II	20	5	3013,38	Mo I	25	5
3020,15	Ca I	2	2	3017,19	Ti II	15	200	3013,35	Ru I	60	5
3020,00	Fe II	*		3017,15	W II	3	10	3013,32	Zr II	10	5
3020,00	Si I	*		3017,09	Ce	10	—	3013,28	B	—	3
3019,84	Zr II	10	6	3016,94	Hf II	15	6	3013,19	W I	10	10
3019,78	Nb I,II	1	2	3016,78	V II	15	80	3013,17	Ce	8	—
3019,78	Rh II	5	—	3016,78	Hf I	25	10	3013,10	V II	10	70
3019,60	Be I	5	—	3016,77	Mo I	25	2	3013,07	Os I	150	20
3019,56	Nb II	—	5	3016,55	Ce	2	—	3013,03	Cr I	80	40
3019,51	Be I	15	—¹)	3016,48	Re I	100	—	3012,92	Ag III	—	10
3019,50	Zr	2	—	3016,47	W I	12	10	3012,92	Ru I	60	4
3019,41	Ce	3	—	3016,45	Mn I	25	25	3012,89	Hf II	80	100
3019,38	Os I	100	20	3016,4	Pb II	—	25	3012,85	Mn I	8	—
3019,37	Ca I	1	3	3016,18	Fe I	200	150	3012,54	Nb I	2	5
3019,35	Sc I	20	10	3016,16	V I,II	25	8	3012,54	Ta I,II	125	100
3019,33	Be I	30	—	3016,02	Re I	80	—	3012,52	Pt	1	3
3019,29	Fe I	2	2	3015,98	V II	—	25	3012,48	Ce	5	—
3019,19	Nb II	—	2	3015,91	Fe I	70	50	3012,45	Fe	50	30
3019,14	Ni I	200R	30	3015,84	Au II	—	12	3012,38	Pt I	2	—
3019,07	Nb II	1	3	3015,82	Nb II	—	20	3012,18	Sn II	—	(2)
3018,98	Fe I	150	150	3015,68	Co I	60	2	3012,02	Te (II)	—	(25)
3018,85	Nb II	1	10	3015,65	Os I	100	15	3012,02	V II	2	50
3018,83	Cr I	200R	60	3015,59	S II	—	(5)	3012,01	Cu I	50	6
3018,77	Ce	3	—	3015,54	Ti (I)	4	—	3012,00	Ni I	800R	125
3018,56	Mo II	1	100	3015,51	Cr II	1	150	3011,94	Fe	3	2
3018,53	Zr II	—	3	3015,41	Mo II	5	10	3011,88	Ce II	15	—
3018,50	Pd II	—	50	3015,41	Ce	8	—	3011,88	Ta I	100	15
3018,49	Cr I	200R	125	3015,41	Ru II	8	50	3011,75	Zr I	100	4
3018,35	Zn I	125	40	3015,40	Na II	12	60	3011,67	W I	8	7
3018,31	Nb (II)	1	5	3015,36	Sc I	20	9	3011,61	Nb	—	4
3018,30	Hf I	60	10	3015,20	Cr I	200R	80	3011,54	Pt	3	—
3018,13	Fe I	4	4	3015,02	Nb (II)	—	15	3011,48	Fe I	125	125
3018,08	Zr II	—	2	3014,93	Cr I	300R	100	3011,47	Ce	2	—
3018,04	Os I	300R	50	3014,85	Cu I	*		3011,38	Mn I	25	25
3017,88	Pt I	60	10	3014,82	V II	10	100	3011,3	Cd	—	(10)
3017,82	Ru II	10	60	3014,78	Mo	15	—	3011,21	Hf II	15	20
3017,78	In	—	3	3014,76	Cr I	300R	100	3011,16	Mn I	25	25
3017,76	Ce	6	—	3014,67	Mo II	20	3	3011,12	Ta I	100	25
3017,63	Fe I	150	150	3014,66	Mn I	15	15	3011,10	Cr (I)	15	2
3017,59	Cr I	300R	200	3014,61	W II	*		3011,07	Sb	—	70
3017,58	Te (II)	—	(350)	3014,55	Ce	3	—	3011,05	Hg I	3	—
3017,55	Co I	100R	5	3014,47	Ce	3	—	3011,01	Ce	3	—
3017,46	Pb	—	10	3014,44	Nb II	3	10	3010,95	Ce	2	—
3017,44	W I	12	10	3014,43	Zr I	15	—	3010,84	Cu I	250	30
3017,43	Fe	3	3	3014,37	V I	15	—	3010,84	Ta II	5	70
3017,32	Cd	—	(12)	3014,26	Ce	8	—	3010,76	W II	8	20
3017,26	Co I	60	—	3014,23	Au I	5	15	3010,72	Ce	2	—
3017,25	Os I	100	25	3014,17	Fe I	70	35	3010,68	Nb II	1	15
3017,24	Pt	2	8	3014,16	Mo II	5	50	3010,64	Cr II	—	40
3017,24	Ru I	100	50	3014,10	Ce	5	—	3010,54	Ce	5	—
				3013,79	W I	12	12	3010,46	Ce	6	—
				3013,76	Mo (I)	100	5	3010,42	W I	9	6
				3013,72	Cr I	200R	150	3010,37	Nb II	1	15
				3013,60	Co I	60R	4	3010,28	Zr II	12	25
				3013,41	O II	—	(12)	3010,19	Pb	—	2

¹) Doublet Be I 3019,53— Be I 3019,49.

λ	El.	B		λ	El.	B		λ	El.	B	
		A	S (E)			A	S (E)			A	S (E)
3010,14	Ti I	2	—	3006,01	O II	—	(5)	3002,37	Si	—	3
3009,87	Zr II	2	2	3005,81	V II	—	50	3002,33	Fe II	—	5
3009,78	Pd I	50R	10	3005,78	Pt	3	—	3002,28	W II	1	15
3009,77	Ce	5	—	3005,76	Nb II	1	50	3002,27	Pt I	200	30
3009,58	Fe I	500	400	3005,76	Co I	100	2	3002,25	Ir I	50	10
3009,21	Ca I	20	5	3005,62	O II	—	(5)	3002,21	Mo I	40	3
3009,14	Sn I	300	200	3005,56	Hf I	50	8	3002,21	Nb II	5	30
3009,13	Na II	3	(20)	3005,50	Zr I	25	2	3002,13	Ce II	20	1
3009,09	Fe I	80	60	3005,41	Cd I	25	4	3001,97	W I	10	9
3009,08	W I	10	5	3005,37	Zr I	10	—	3001,90	V I	18	3
3008,97	Nb II	—	10	3005,35	Ti I	3	—	3001,85	Nb III	—	15
3008,95	W II	—	12	3005,31	Fe I	70	40	3001,82	Al	—	(10)
3008,83	O II	—	(10)	3005,21	Ce	2	—	3001,75	V II	1	30
3008,80	Ru I	50	5	3005,14	Nb I	2	2	3001,70	Sb II	—	(15)
3008,79	Ce II	40	3	3005,06	Cr I	300R	125	3001,63	Ru I	60	5
3008,75	W	8	7	3005,00	W I	7	6	3001,43	Mo	15	—
3008,61	V II	3	70	3004,92	Ta II	2	18	3001,42	Cd I	—	(10)
3008,51	V II	—	50	3004,82	V I	12	1	3001,20	V II	20	200R
3008,39	Nb II	—	50	3004,65	Nb II	—	15	3001,17	Pt II	3	50
3008,32	Ti II	1	25	3004,63	Fe I	5	3	3001,12	Nb II	1	15
3008,31	In	—	500	3004,60	Ru I	50	20	3000,95	Fe I	800R	300R
3008,26	Mn I	15	15	3004,47	Hg	—	(30)	3000,94	Mo II	2	3
3008,26	Ru I	50	3	3004,45	Mo II	5	40	3000,89	Ti I	50	—
3008,14	Zr II	10	5	3004,33	V I	8	—	3000,88	Cr I	150R	125
3008,14	Fe I	600R	400R	3004,26	Fe II	—	2	3000,86	Ca I	20	6
3008,13	Ce II	12	—	3004,25	W II	5	9	3000,85	Mo	25	1
3008,02	Cd II	10	5	3004,14	Mo	5	—	3000,62	W II	4	20
3007,79	Ce	2	—	3004,12	Fe I	18	10	3000,60	Zr II	—	2
3007,79	Mo II	1	5	3003,93	As (II)	—	50	3000,55	Co I	80	1
3007,74	O II	—	(10)	3003,92	Cr II	1	150	3000,45	Fe I	100	80
3007,71	Mo	15	—	3003,75	Nb II	—	10	3000,33	Ce	5	—
3007,66	Mn I	40	40	3003,74	Zr II	15	15	3000,29	Mo II	25	30
3007,48	Ti (I)	2	—	3003,68	Ce	2	—	3000,24	W I	7	8
3007,44	Na II	—	(20)	3003,63	Ti I	2	—	3000,23	Mo I	20	—
3007,40	W I	7	3	3003,63	Ir I	60	30	3000,13	Ce	2	—
3007,28	V II	2	50	3003,63	Ni I	500R	80	3000,12	Nb (I)	2	5
3007,28	Fe I	80	60	3003,56	Ce II	12	1	3000,09	Hf II	40	30
3007,28	O	—	(2)	3003,48	Os I	60	12	3000,06	Ce II	10	—
3007,15	Fe I	100	80	3003,46	V II	8	70	3000,06	Fe II	—	10
3007,08	O II	—	(10)	3003,28	V I	5	—	2999,80	Ru II	8	50
3007,03	Ce	2	—	3003,17	Mo	10	—	2999,77	Ti I	2	—
3006,92	V I	5	—	3003,03	Fe I	200	100	2999,64	Ca I	20	10
3006,90	O II	—	(12)	3002,98	Ta II	*		2999,60	Re I	125	—
3006,86	Ca I	25	5	3002,82	W I	7	6	2999,55	Pd II	—	100
3006,83	N II	—	(50)	3002,74	Ce II	20	1	2999,51	Fe I	500	300
3006,74	Si I	*		3002,74	Mo	10	—	2999,50	In II	—	(10)
3006,65	W I	6	5	3002,74	Pb II	—	10	2999,48	Ce II	6	—
3006,61	Ce	4	—	3002,72	Ti I	10	3	2999,43	Ce II	6	—
3006,59	Ru I	70	15	3002,65	Pd I	100R	60	2999,39	In II	—	(30)
3006,57	Hg II	—	(50)	3002,65	V I	10	—	2999,38	Ta II	*	
3006,50	V II	—	50	3002,65	Fe II	20	150	2999,31	In II	—	(10)
3006,35	Te (II)	—	(50)	3002,62	Mn I	12	—	2999,23	V I	12	3
3006,35	V I	5	—	3002,49	Ni I	1000R	100	2999,20	Ce	3	—
3006,31	W	9	12	3002,44	V	10	1	2999,20	Fe	5	3
3006,24	V I	5	—	3002,37	Ce	12	—	2999,06	Ce	15	—

λ	El.	B A	B S (E)	λ	El.	B A	B S (E)	λ	El.	B A	B S (E)
2998,89	Ru II	50	100	2995,64	Ce II	30	1	2991,89	Ce	10	—
2998,85	Fe II	—	3	2995,61	V I	2	—	2991,88	Cr I	125R	60
2998,78	Cr I	200R	70	2995,52	Mo II	—	15	2991,78	Ti I	2	—
2998,76	Ce II	15	—	2995,52	Al II	—	(6)	2991,75	Cu I	15	—
2998,69	W II	6	12	2995,27	Fe	4	2	2991,73	V II	—	5
2998,62	V I	2	—	2995,26	Y I	8	2	2991,71	Ce	10	—
2998,48	Zr II	1	2	2995,26	W I	10	8	2991,64	Fe (I)	100	80
2998,38	Cu I	20	2	2995,15	Ce	3	—	2991,62	Ru II	50	70
2998,35	Ru (I)	80	8	2995,15	Co I	50	1	2991,43	Nb II	—	10
2998,28	W I	6	2	2995,09	Cr I	200R	75	2991,41	Hg II	—	5
2998,28	S	—	(25)	2994,97	Ru I	80	40	2991,40	Zr II	8	3
2998,22	Nb I	2	2	2994,96	Ca I	25	3	2991,40	Ce	2	—
2998,17	Al II	—	(8)	2994,82	Au II	—	100	2991,25	Ta I	50	10
2998,14	Mo	10	—	2994,73	Cr II	3	2	2991,14	V I	2	—
2998,11	Cr I	12	2	2994,73	Nb II	100	300	2991,09	Ni I	15	—
2998,01	Ce	3	—	2994,70	W II	*		2991,09	Fe	1	—
2997,97	Pt I	1000R	200R	2994,54	V II	2	50	2991,00	Sn II	—	(2)
2997,94	V II	—	35	2994,50	Fe I	2	—	2990,99	As I	10	18
2997,79	W I	12	10	2994,46	Ni I	125R	10	2990,98	Ti I	7	—
2997,74	O II	—	(7)	2994,44	Sn II	—	(3)	2990,95	V I	50	5
2997,71	Ce	2	—	2994,43	Fe I	1000R	600R	2990,87	Ce II	40	1
2997,66	Mo II	2	3	2994,41	Ce II	12	—	2990,85	W II	—	10
2997,60	W I	8	12	2994,28	Al II	—	(3)	2990,71	W I	10	6
2997,48	Nb II	1	10	2994,13	Ce	4	—	2990,49	Ti I	6	—
2997,46	Ce	6	—	2994,06	Cr I	150	50	2990,39	Fe I	150	100
2997,41	Mo	20	—	2993,97	Nb II	—	50	2990,28	Au II	—	50
2997,36	Cu I	300	30	2993,87	J II	—	(70)	2990,28	Nb II	5	200
2997,33	Mo II	3	25	2993,80	Nb II	2	5	2990,16	Ti II	—	80
2997,31	Ca I	25	5	2993,62	Ce	3	—	2990,13	Zr II	2	4
2997,30	Fe II	—	60	2993,61	W I	12	10	2990,04	Ti I	7	—
2997,28	Ta II	5	2	2993,52	Mo II	15	25	2990,04	Nb	—	3
2997,14	Ce	2	—	2993,34	Bi I	200	100	2989,94	Nb III	—	5
2997,13	Sn II	—	(2)	2993,27	Ru I	60	9	2989,91	Ti I	2	—
2997,08	V I	5	—	2993,06	Ti I	2	—	2989,85	Mo II	—	15
2997,04	Te II	—	(50)	2992,98	V (II)	—	20	2989,80	Mo I	25	3
2996,97	W I	8	9	2992,91	W I	8	4	2989,74	V II	2	5
2996,89	Ru I	60	5	2992,83	Mo II	20	30	2989,59	V II	8	40
2996,79	Nb II	1	5	2992,63	Mo II	1	10	2989,59	In	—	2
2996,67	Ca I	7	—	2992,62	C II	—	20	2989,59	Co I	75R	30
2996,57	Cr I	300R	125	2992,61	Fe	2	2	2989,57	Ce	6	—
2996,55	Co I	9	—	2992,60	Ni I	80R	10	2989,50	W	—	4
2996,5	Cd	—	(10)	2992,59	O	—	(10)	2989,50	Ta I	200	15
2996,49	Nb I	3	3	2992,45	Cr II	—	18	2989,31	Ce	4	—
2996,48	V I	8	1	2992,41	Fe	2	1	2989,30	Ca III	—	6
2996,47	Ca	—	5	2992,37	V II	—	4	2989,30	V II	1	20
2996,39	Fe I	90	50	2992,36	Re I	100	—	2989,18	Cr II	10	90
2996,27	Mo II	1	20	2992,36	Ce	6	—	2989,03	Bi I	250	100
2996,08	Ir I	50	2	2992,3	Cd	—	(10)	2989,01	Ce	2	—
2996,03	Cd	—	25	2992,25	Mo II	1	15	2988,98	Ca I	5	—
2996,00	Ru II	4	50	2992,22	Ce	10	—	2988,95	Sc I, II	20	2
2996,00	V II	5	70	2992,22	K I	15R	—	2988,95	Ru I	250	100
2995,98	W I	8	9	2992,16	W I	7	4	2988,94	Fe I	2	1
2995,84	Fe I	3	1	2992,11	Mn I	5	—	2988,87	Ce	3	—
2995,75	Ti (I)	10	70	2991,96	Nb II	1	100	2988,79	Nb I	2	2
2995,73	W I	6	5	2991,94	W I	5	—	2988,77	Zr II	—	6

λ	El.	B A	B S (E)	λ	El.	B A	B S (E)	λ	El.	B A	B S (E)
2988,77	W II	6	12	2985,65	W I	6	3	2982,13	Mo	20	—
2988,67	Mo I	25	2	2985,55	Fe II	80	300	2982,11	Au II	—	15
2988,64	Cr I	200R	150	2985,47	Ti I	5	—	2982,10	Nb II	10	80
2988,61	Ca III	—	7	2985,45	Mo	6	—	2982,06	Fe II	—	90
2988,5	Li	—	15	2985,39	Zr I	50	3	2981,93	V II	—	40
2988,47	Fe I	60	30	2985,32	Cr II	10	60	2981,93	Ru I	60	3
2988,22	Mo I	25	1	2985,30	Mo II	—	8	2981,90	Ce II	15	—
2988,05	Ni II	—	4	2985,18	V II	1	60	2981,85	Fe I	100	50
2988,03	V II	10	80	2985,16	Mo I	15	8	2981,85	Cd I	50	(10)
2987,99	Si	—	(5)	2985,04	Nb II	2	50	2981,74	Hg II	—	2
2987,96	Mo II	25	30	2985,03	Ce	3	—	2981,65	Ni I	80R	20
2987,95	W I	8	4	2984,86	Mo II	—	25	2981,64	Nb II	3	4
2987,79	Zr II	3	10	2984,86	Ce	3	—	2981,62	W I	7	6
2987,65	Si I	100	100	2984,83	Fe I,II	200R	400	2981,53	B II	—	2
2987,58	Co	2	—	2984,82	Cr I	12	—	2981,44	Ti I	20	8
2987,55	Nb II	1	10	2984,71	Ce	4	—	2981,44	Fe I	300	200
2987,54	Ce	2	—	2984,57	Fe	2	—	2981,39	Ce	2	—
2987,35	Ce	8	—	2984,56	Ce II	20	—	2981,36	Cd I	200R	(40)
2987,35	Mo (II)	—	25	2984,25	Y I	12	10	2981,20	V II	4	60
2987,29	Fe I	300	200	2984,18	Na II	20	(80)	2981,11	W I	6	3
2987,29	Nb I	5	4	2984,14	W I	10	8	2981,02	Zr II	10	10
2987,29	W II	8	15	2984,13	Co	4	—	2980,97	Ru II	10	50
2987,2	Cd	—	(25)	2984,13	Ni I	50R	10	2980,96	Sb (II)	—	(125)
2987,16	Co I	75R	50	2984,10	Ce	2	—	2980,95	Fe II	—	10
2986,99	Rh I	80	20	2984,01	Cr I	15	4	2980,81	Hf I	50	10
2986,92	In	—	2	2983,99	In	—	2	2980,78	Cr I	75R	50
2986,9	Pb II	—	(20)	2983,96	Mo II	—	25	2980,75	Sc I	20	9
2986,90	Mo II	3	25	2983,91	Ce II	6	—	2980,72	Nb II	3	50
2986,84	Nb I	1	5	2983,80	Mo I	20R	—	2980,69	Y II	2	10
2986,81	Ta II	20	100	2983,74	Pt I	6	—	2980,66	Pd II	—	200R
2986,66	Ce II	10	—	2983,59	Mo II	1	25	2980,62	Cd I	1000R	500
2986,65	Fe I	15	—	2983,57	Nb	5	15	2980,61	Hg II	—	(3)
2986,62	Be I	10	—	2983,57	Fe I	1000R	400R	2980,6	P II	—	(5)
2986,61	Fe II	—	30	2983,56	V II	10	60	2980,54	Fe I	100	70
2986,47	Cr I	125R	125	2983,42	Ni I	10	—	2980,41	Ce	10	—
2986,46	Fe I	100	60	2983,29	Ti I	25	10	2980,29	Ti I	2	—
2986,42	Be I	15	—	2983,14	Nb I	2	2	2980,16	Pb	2	—
2986,42	W II	—	10	2983,04	Mo I	10	1	2979,95	Ru II	60	80
2986,40	Nb II	—	5	2983,01	V II	2	10	2979,87	Nb II	2	30
2986,31	Fe	3	—	2982,96	Ce	4	—	2979,87	Mo	3	20
2986,20	Ce	2	—	2982,90	Nb II	—	5	2979,87	Fe	4	2
2986,20	Rh I	150	60	2982,89	Ca I	2	2	2979,85	W I	10	10
2986,18	W II	6	2	2982,83	W I	7	4	2979,80	Pt	1	8
2986,15	Mo II	4	50	2982,80	In III	—	30	2979,73	Cr II	10	60
2986,13	Cr I	6	8	2982,78	Mo II	—	10	2979,72	W (I)	6	6
2986,06	Be I	30	—	2982,76	Cu I	6	—	2979,70	Mo	4	—
2986,01	Cr I	25R	15	2982,75	V II	4	50	2979,66	Na II	35	(40)
2986,00	Mn I	20	—	2982,60	W I	10	9	2979,58	In	—	10
2985,95	Cu I	3	—	2982,54	Ce	3	—	2979,38	Cu I	9	—
2985,90	Ce II	10	—	2982,46	Hg II	—	(15)	2979,35	Ce	2	—
2985,87	W I	6	12	2982,45	Mo II	—	10	2979,35	Fe II	20	100
2985,85	Cr I	25R	15	2982,26	Co I	9	—	2979,28	Mo	3	—
2985,84	Mo I	10	4	2982,23	Fe I, II	5	10	2979,20	Ti II	—	100
2985,81	Ce II	12	—	2982,21	W II	3	12	2979,18	Zr II	10	10
2985,74	Fe	3	2	2982,17	V I	2	—	2979,18	Pt II	1	2

λ	El.	B A	S (E)	λ	El.	B A	S (E)	λ	El.	B A	S (E)
2979,17	W	—	5	2976,48	Mn II	*		2972,28	Fe I	100	40
2979,10	V II	—	35	2976,42	Si	—	(2)	2972,26	V II	2	50
2979,09	Fe II	—	30	2976,31	Ti I	8	2	2972,00	V II	—	8
2979,05	Na	—	(5)	2976,29	Re I	40	—	2971,90	Mo II	2	40
2978,94	Nb II	1	50	2976,26	Ta II	2	150	2971,90	Cr II	8	30
2978,93	V I	10	—	2976,20	V II	6	50	2971,84	Ce	2	—
2978,84	Fe II	—	7	2976,13	Fe I	100	60	2971,76	Fe	5	2
2978,81	Ce	6	—	2975,94	Fe II	3	40	2971,70	Mg II	10	—
2978,75	Ta (I)	200R	30	2975,93	Ce	20	—	2971,67	W I	10	8
2978,64	W I	4	1	2975,90	Te (II)	—	(100)	2971,57	V II	—	10
2978,64	Ru II	50	150	2975,88	Hf II	80	100	2971,20	W I	3	—
2978,60	Mo II	2	20	2975,65	V II	4	50	2971,2	Cd	—	(10)
2978,57	Mn I, II	12	30	2975,62	Mo II	—	20	2971,19	Ce	3	—
2978,38	W II	—	10	2975,56	Ta I	200	50	2971,14	Mo II	—	3
2978,28	Mo I	30	2	2975,48	Cr I	100R	50	2971,10	Cr I	80R	15
2978,27	Cu I	10	1	2975,46	Co I	4	—	2970,97	Os I	40	10
2978,23	V II	—	40	2975,39	Mo II	3	30	2970,96	Mn I	3	—
2978,18	Ta I, II	—	150	2975,19	Hg	—	(50)	2970,91	W II	2	10
2978,12	Mn I	10	—	2975,08	W II	—	10	2970,72	Na II	1	(2)
2978,05	Zr II	12	12	2975,05	V I	15	2	2970,68	Fe II	—	10
2978,05	Fe	8	3	2974,99	Na II	15	(60)	2970,55	Ti I	10	4
2978,01	Co I	30	—	2974,93	Ti I	15	5	2970,51	Fe II	30	100
2977,94	W II	—	12	2974,78	Fe I	10	6	2970,46	Nb II	1	5
2977,94	Ce	5	—	2974,77	Ga II	—	(8)	2970,42	V (II)	—	8
2977,80	Ti (II)	—	50	2974,72	Nb II	—	10	2970,40	Nb II	—	5
2977,76	Ce	10	—	2974,60	Ce II	2	—	2970,38	Ti I	30	8
2977,76	Mo II	1	25	2974,59	Y I	12	10	2970,35	W	—	8
2977,68	Rh I	125	30	2974,54	Ta II	*		2970,35	Si I	20	20
2977,68	W I	6	—	2974,54	Nb (I)	2	1	2970,31	Ce II	10	—
2977,67	Nb II	1	300	2974,48	Ce	3	—	2970,10	Fe I	400	200
2977,6	P	—	(5)	2974,38	W II	8	12	2969,93	Fe II	—	15
2977,59	Hf II	30	25	2974,23	Na II	—	(5)	2969,92	Ce	3	—
2977,58	W II	*		2974,22	V I	15	—	2969,90	Ta I	50	10
2977,54	Ce	8	—	2974,12	Hg II	—	(10)	2969,84	V II	—	8
2977,54	V I	50	6	2974,10	Mn I	15	—	2969,74	Mo II	—	5
2977,47	Ru II	30	60	2974,09	Nb II	5	200	2969,63	Zr II	10	15
2977,46	Ce II	10	—	2974,02	W	6	4	2969,62	W I	10	10
2977,43	W II	—	3	2974,01	Ce	3	—	2969,47	Fe I	60	60
2977,27	Mo I	15	1	2974,01	Sc I	15	8	2969,47	Ta I	150	80
2977,22	Ru II	50	80	2974,00	Mo II	1	5	2969,36	Mo II	—	15
2977,21	W I	10	6	2973,98	Ru I	50	5	2969,36	Ti I	3	1
2977,13	Na II	3	(12)	2973,96	V II	—	40	2969,36	Fe I	80	80
2977,09	W I	10	7	2973,67	Te II	—	(50)	2969,18	Zr I	10	—
2976,99	Ta II	3	40	2973,43	Ce	8	—	2969,02	Mg II	6	—
2976,92	Ru I	60	5	2973,32	Nb II	—	5	2968,98	V I	6	—
2976,91	Ce II	8	—	2973,24	Fe I	500R	400R	2968,98	Cr I	3	—
2976,89	Mo II	—	20	2973,18	Ce	2	—	2968,96	Zr II	15	30
2976,86	Mn II	*		2973,13	Fe I	500R	400R	2968,95	Ru I	60	6
2976,79	W I	10	6	2973,00	Pb	2	—	2968,78	W I	6	—
2976,71	Cr II	1	12	2972,96	Mo I	20	1	2968,77	Mo II	—	30
2976,61	Zr II	5	8	2972,91	W I	4	2	2968,73	Fe II	—	2
2976,58	Ru II	50	200	2972,89	Ca	—	5	2968,69	Ce	8	—
2976,55	Fe I	15	10	2972,61	Mo II	20	50	2968,66	Rh I	125	30
2976,52	V I, II	35	2	2972,58	Ce II	5	—	2968,48	Fe I	30	20
2976,48	W II	10	12	2972,57	Nb II	40	100	2968,37	V II	10	20

λ	El.	B		λ	El.	B		λ	El.	B	
		A	S (E)			A	S (E)			A	S (E)
2968,36	Ce	3	—	2965,55	Ta I	150	50	2962,40	Cr I	8	—
2968,36	W	4	—	2965,48	Nb I	5	2	2962,21	Mo II	—	20
2968,3	Bi II	—	3	2965,28	Mo II	8	40	2962,12	Fe I	8	4
2968,29	Ta II	*		2965,26	Ce II	15	—	2962,01	V II	1	10
2968,29	Nb II	1	5	2965,26	Fe I	400	150	2961,80	Hf II	20	30
2968,28	V I	10	—	2965,23	Ti I	25	7	2961,77	Ca	1	3
2968,23	Ti I	12	2	2965,19	Mg II	6	—	2961,72	Cr II	10	60
2968,20	W I	6	4	2965,17	Ru I	80	20	2961,70	W I	6	10
2968,20	Cr I	5	—	2965,13	Ce	8	—	2961,69	Ru I	60	3
2968,03	V (II)	—	5	2965,13	Ta II	40	800	2961,67	Mn II	1	2
2967,92	W II	2	10	2965,11	Re I	100	—	2961,64	Nb II	1	10
2967,87	Mg II	10	—	2965,1	Cd	—	(5)	2961,54	Ru II	5	50
2967,86	C II	—	6	2965,04	Fe II	4	50	2961,5	Bi II	—	(2)
2967,86	Ce	2	—	2964,96	Mo II	5	10	2961,47	Cd I	20	15
2967,64	Cr I	60R	30	2964,96	Y I	6	5	2961,46	Ti I	5	—
2967,59	Hg I	10	—	2964,88	Hf I	50	10	2961,36	Ce	3	—
2967,55	W I	8	7	2964,80	Ce II	25	—	2961,33	Mo II	4	30
2967,54	V II	1	12	2964,7	Cd	—	(5)	2961,27	Fe II	3	40
2967,54	Hg I	5	—	2964,63	Fe II	8	150	2961,17	Cu I	350	300
2967,31	Ce	2	—	2964,56	Zr II	2	2	2961,12	V I	12	—
2967,31	C	—	6	2964,52	Ce	2	—	2961,03	Mo II	—	10
2967,29	Te (II)	—	(300)	2964,52	W I	12	10	2961,02	W II	6	12
2967,28	Hg I	100	100	2964,39	Mo (II)	1	6	2960,87	Zr I	15	—
2967,23	Hf II	20	25	2964,3	Cd	—	(10)	2960,83	Cd II	—	(5)
2967,22	Ti I	35	8	2964,22	Fe	3	—	2960,81	Hf II	18	20
2967,10	Ce	8	—	2964,13	Fe II	—	7	2960,78	V II	—	15
2967,06	W I	8	8	2964,02	Ta II	*		2960,75	Pt (I)	25	4
2966,99	Mo II	—	15	2963,99	Ce	2	—	2960,66	Fe I	6	3
2966,90	Fe I	1000R	600R	2963,91	Se II	30	(25)	2960,64	Ce	6	—
2966,90	Co	30	—	2963,91	Ta I	50	10	2960,55	Fe	10	5
2966,87	C II	—	2	2963,87	Ce	3	—	2960,43	Ce II	10	—
2966,79	Ce	3	—	2963,86	W	—	10	2960,30	Fe I	60	30
2966,63	Mo II	2	5	2963,80	V I, (II)	10	7	2960,23	Mo II	3	15
2966,57	W I	10	8	2963,79	Mo II	10	40	2960,14	W I	10	3
2966,51	Pb	2	—	2963,77	W I	4	—	2960,11	Na II	1	(2)
2966,39	Ti I	3	—	2963,74	Au II	—	10	2959,99	Ti I	18	2
2966,24	Fe I	4	4	2963,71	Fe I	2	1	2959,99	Fe I	150	80
2966,20	In II	—	(20)	2963,71	Ru I	60	5	2959,92	W II	—	10
2966,20	W	2	7	2963,68	Nb I	2	3	2959,83	Fe	—	2
2966,14	In II	—	(5)	2963,61	Mn I	20	—	2959,80	Mo I	8	1
2966,12	Ce	3	—	2963,56	Fe	2	1	2959,72	In	—	2
2966,10	Sb (II)	—	2	2963,54	Rh II	15	5	2959,70	Ti I	15	—
2966,03	Cr II	2	70	2963,46	Cr II	—	18	2959,70	As (II)	—	75
2965,92	Ta II	30	80	2963,42	W I	5	1	2959,68	Fe I	150	10
2965,87	Nb III	—	3	2963,40	Ru II	60	150	2959,60	Fe II	—	60
2965,86	Sc I	*		2963,4	Bi II	—	4	2959,55	Cr II	—	18
2965,86	W I	6	4	2963,32	Ta I	300	100	2959,5	Li	—	2
2965,83	Ce	6	—	2963,25	Mn I	12	—	2959,47	Mo I	5	2
2965,81	Fe I	25	15	2963,24	V II	—	20	2959,34	Fe	60	25
2965,76	Re I	150	—	2963,24	K I	8R	—	2959,10	Ce	15	—
2965,75	Na II	—	(5)	2962,88	Mo (I)	8	5	2959,10	Pt I	20	3
2965,70	Ti I	15	5	2962,77	V I	60	60R	2958,99	Ti II	—	150
2965,68	Ti I	7	2	2962,68	Zr II	15	20	2958,83	W I	6	2
2965,63	Nb II	—	5	2962,59	Fe	2	1	2958,73	Mo II	—	10
2965,55	Ru II	60	200	2962,51	W II	—	10	2958,72	W I	6	2

λ	El.	B A	S (E)	λ	El.	B A	S (E)	λ	El.	B A	S (E)
2958,71	Mn II	*		2955,39	Co (I)	30	—	2951,37	Fe	4	2
2958,59	V II	1	40	2955,35	Ru I	50	1	2951,29	Ce	10	—
2958,49	Pt II	1	3	2955,32	Ta II	*		2951,26	Cu I	3	—
2958,44	Fe	3	2	2955,15	Mo II	1	25	2951,24	Ca	1	2
2958,28	Ti II	—	6	2955,13	Hg II	—	(100)	2951,23	Na II	40	(100)
2958,03	Ce	3	—	2955,10	Ce	2	—	2951,22	Ir I	10	3
2958,01	Hf I	30	5	2954,98	W II	2	8	2951,21	Pt	2	—
2958,00	Ru I	60	5	2954,90	W I	10	8	2951,17	Mn II	4	4
2957,92	W I	7	7	2954,76	Ti II	—	150	2951,09	Fe II	—	3
2957,91	Re II	2	—	2954,74	Co I	2	100	2950,93	Fe	2	—
2957,84	Ce	2	—	2954,7	Bi II	—	(2)	2950,88	Nb II	150	200
2957,83	S	—	(8)	2954,65	Fe I	100	70	2950,69	W	4	—
2957,79	Ce	3	—	2954,58	Ti	2	—	2950,68	Cr II	—	5
2957,74	Mo (I)	3	1	2954,53	Nb II	2	5	2950,67	Hf I	15	12
2957,68	Co I	50	1	2954,51	Mo II	—	3	2950,49	Ce	2	—
2957,66	J II	—	(10)	2954,48	Ru I	100	20	2950,44	W II	—	20
2957,63	Fe	2	2	2954,40	Ce	2	—	2950,4	Bi II	—	(3)
2957,60	Ta I	100	30	2954,39	Pd II	—	60	2950,34	V II	25	100R
2957,52	V I,II	20	125R	2954,34	Fe	2	2	2950,30	Ce	12	—
2957,49	Fe I	4	3	2954,33	V I	30	20	2950,24	Fe I	700	300
2957,37	Fe I	300	300	2954,22	Au II	—	50	2949,96	Ca	—	2
2957,33	V I	10	—	2954,20	Hf I	15	10	2949,92	Ta II	*	
2957,28	Cr I	10	1	2954,17	Mo	3	—	2949,90	V I	2	—
2957,26	W II	—	10	2954,05	Fe II	—	3	2949,83	Zr	—	3
2957,16	Ce	3	—	2954,02	Nb II	1	5	2949,70	Fe	10	5
2957,14	V I	7	—	2953,94	Mo II	1	20	2949,62	V I	30	15R
2957,01	In I	50	25	2953,94	Fe I	400R	150	2949,53	Os I	30	10
2956,97	Mn I	12	1	2953,78	Fe II	5	80	2949,50	Nb II	—	5
2956,92	Mo II	1	30	2953,70	Cr II	6	25	2949,49	Ru I	80	12
2956,89	Nb II	1	15	2953,56	Mo I	3	1	2949,44	Cr II	—	18
2956,85	Fe I	5	4	2953,49	Fe I	100	50	2949,21	Mn II	100	30
2956,84	Ta II	1	100	2953,34	Cr II	4	50	2949,20	Ca	1	2
2956,82	W I	4	2	2953,2	Cd	—	(5)	2949,18	Fe II	2	—
2956,80	Ti I	35	8	2953,07	Ce	4	—	2949,17	V II	6	80
2956,70	Ce II	15	—	2953,02	Mn I, II	10	15	2949,11	W I	5	4
2956,70	Fe I	25	8	2952,99	Ta II	30	100	2948,95	Fe (I)	10	4
2956,66	W II	8	10	2952,49	Ru I	60	2	2948,94	Zr II	12	20
2956,65	V II	—	7	2952,45	Cr II	—	20	2948,87	Cr I	8	—
2956,60	Cr II	—	18	2952,39	Na II	—	(12)	2948,85	Ce	4	—
2956,48	Te II	—	(15)	2952,29	W II	12	30	2948,73	Ce	4	—
2956,32	Cr I	18	1	2952,28	Se II	—	(12)	2948,73	Fe I	10	7
2956,12	Ti I	125	25	2952,24	Zr II	8	8	2948,72	Pb II	—	125
2956,12	Rb	—	(70)	2952,08	Ti II	—	25	2948,43	Fe I	80	70
2956,10	Mn I	20	1	2952,07	V II	35	150R	2948,39	Y I	20	5
2956,05	Mo II	10	25	2951,90	Ta I, II	400	200	2948,38	Ce	10	—
2955,94	Ce II	25	—	2951,82	Cd	—	25	2948,24	Ti I	100	30
2955,84	Mo II	2	30	2951,81	Mo II	—	4	2948,23	Os I	12	5
2955,80	Ce	5	—	2951,79	W I	6	3	2948,16	Cd	—	35
2955,79	V I	20	2	2951,77	Ce	4	—	2948,14	P	—	(5)
2955,78	Zr II	10	30	2951,68	Ce	4	—	2948,08	V II	2	70
2955,60	Ce II	18	—	2951,56	V II	—	9	2947,88	Fe I	600R	200
2955,58	V II	1	60	2951,56	Fe	10	4	2947,74	Ce	3	—
2955,52	Zr II	1	3	2951,48	Ce	4	—	2947,72	W	—	8
2955,44	Nb I	2	2	2951,47	Zr II	15	15	2947,71	Ti I	8	—
2955,41	Ce	4	—	2951,40	W I	5	3	2947,66	Fe II	10	100

λ	El.	B A	B S(E)	λ	El.	B A	B S(E)	λ	El.	B A	B S(E)
2947,49	Cr II	—	25	2944,75	Pt I	15	2	2941,75	Fe I	2	—
2947,45	Ni II	—	10	2944,71	Hf I	20	1	2941,54	Nb II	50	300
2947,44	Na II	6	(40)	2944,64	Nb	4	2	2941,49	V II	12	150R
2947,38	W I	12	10	2944,57	V II	50	300R	2941,39	Ti (II)	*	
2947,36	Fe I	30	20	2944,57	Ta II	*		2941,37	V II	40	300R
2947,29	Mo II	2	25	2944,51	Fe	2	—	2941,34	Fe I	600	300
2947,25	Ca	—	2	2944,40	Fe II	70	600	2941,24	W I	8	4
2947,14	Ce	4	—	2944,40	W I	30	20	2941,21	Mo II	2	40
2947,13	Fe	4	2	2944,34	Ce III	18	—	2941,19	Ce	5	—
2947,13	Hf II	15	15	2944,28	Bi	5	4	2941,11	V I	2	—
2947,08	Hg II	—	20	2944,21	Mo I	25	2	2941,09	Pt	2	—
2946,98	W I	20	18	2944,20	Zr II	2	3	2941,04	Mn I	25	1
2946,98	Ru I	60	12	2944,18	Ga I	10	15R	2941,00	In II	—	(80)
2946,91	Ta I	150	10	2943,98	Mo II	—	3	2940,97	Mo I	10	1
2946,90	Nb II	3	30	2943,98	Ce	6	—	2940,97	Cr II	—	10
2946,85	Ce	4	—	2943,95	W I	5	4	2940,95	Cs II	—	(8)
2946,81	Cr II	5	30	2943,92	Ru I	50	5	2940,94	W I	5	3
2946,69	Mo II	3	25	2943,91	Ni I	50R	20	2940,88	Nb II	—	5
2946,68	Te II	*		2943,89	Mn II	2	2	2940,87	Ce	5	—
2946,52	V I	10	5	2943,89	Cd II	—	(5)	2940,78	Ce II	15	—
2946,51	W I	5	—	2943,82	V I	7	—	2940,76	Hf I	60	12
2946,42	W II	—	12	2943,67	Ce	8	—	2940,68	Au I	*	
2946,42	Mo (I)	10	6	2943,64	Ga I	10	20R	2940,66	Ce II	4	—
2946,38	Ce II	8	—	2943,63	V II	2	4	2940,59	Fe I	200	80
2946,12	Nb II	4	20	2943,62	Sn II	—	2	2940,48	Mn I	40	—
2946,10	Ce	2	—	2943,57	Fe	12	6	2940,39	Mn I	40	—
2946,10	Fe	3	1	2943,48	Co I	30	—	2940,35	Ru I	50	3
2946,05	Ce	10	—	2943,36	Mo II	1	25	2940,34	Cr (I)	8	—
2945,95	Y III	2	100	2943,32	W I	7	6	2940,22	Cr II	—	30
2945,95	Mo II	20	40	2943,21	Ce	6	—	2940,22	Ta I	150	50
2945,89	Nb II	2	100	2943,20	V I	30	25R	2940,20	W II	4	18
2945,88	Fe	2	—	2943,15	Co II	—	100	2940,09	Mo II	2	40
2945,85	Ce	2	—	2943,15	Ir I	30	20	2940,06	Ta I	100	40
2945,74	Nb I	3	—	2943,14	Re I	50	40	2940,02	Mo	3	—
2945,70	Fe	10	5	2943,14	Mn II	1	3	2939,90	Mn I	12	—
2945,69	Na II	2	(20)	2943,13	Ti II	—	60	2939,77	Ce	2	—
2945,67	W	4	1	2943,00	O	—	(5)	2939,76	W II	2	12
2945,66	Mo I	20	2	2942,88	O	—	(5)	2939,53	Ce	12	—
2945,66	Ru II	60	300	2942,85	Mo I	10	1	2939,51	Fe II,III	3	30
2945,59	Ta II	*		2942,76	Pt I	20	3	2939,45	Cr I, II	6	20
2945,58	Ce	3	—	2942,74	Mn I	10	1	2939,36	In	—	10
2945,52	P	—	(5)	2942,68	K I	5R	—	2939,30	Mn II	50	—
2945,47	Ti II	—	100	2942,63	Fe	10	5	2939,28	Ta I	200	40
2945,46	Zr II	4	10	2942,61	W II	2	10	2939,17	W I	8	2
2945,42	Mo I	5	1	2942,44	W I	8	3	2939,08	Fe I	80	20
2945,38	Ce	4	—	2942,35	V I, II	80R	20	2939,04	W I	9	4
2945,30	Ti	2	—	2942,25	W II	2	10	2939,03	Hg	—	(10)
2945,26	Fe II	1	3	2942,24	Ru II	30	100	2938,87	Mo (II)	—	3
2945,10	Ru II	6	50	2942,22	Mo II	—	3	2938,85	W II	1	9
2945,05	Fe (I)	100	30	2942,14	Ta I	150	40	2938,83	Cr I	6	—
2945,04	Ti I	50	25	2942,13	W I, II	6	10	2938,81	Pt	15	2
2944,83	Ta (II)	*		2942,11	Te II	—	(100)	2938,76	Mo	2	5
2944,81	Mo II	2	50	2942,00	Mg I	20	2	2938,73	Fe	2	—
2944,77	Ce	4	—	2941,99	Ti I, II	100	150	2938,71	In	—	10
2944,75	V I	2	—	2941,96	Cr II	12	25	2938,70	Ti II	—	100

λ	El.	B A	S (E)	λ	El.	B A	S (E)	λ	El.	B A	S (E)
2938,68	Ce	3	—	2935,66	Mn I	20	—	2932,09	Ce	4	—
2938,66	V I	12	2	2935,62	W I	8	2	2932,03	W I	4	1
2938,65	Mo II	1	10	2935,53	Cr (I)	8	—	2931,98	Fe	5	3
2938,55	Ag II	200	200	2935,52	Ru II	10	80	2931,94	Rh I	80	20
2938,53	Ti	2	—	2935,34	W II	5	10	2931,90	Zr II	—	5
2938,5	Cs	—	(20)	2935,28	Nb II	2	15	2931,90	W II	2	10
2938,49	W	8	6	2935,19	Mo II	2	10	2931,85	V II	2	15
2938,47	Mg I	25	—	2935,12	Cr II	8	40	2931,83	Sr I	30	8
2938,43	Ta I	50	3	2934,99	W I	15	12	2931,81	Fe I	10	6
2938,31	Ce	2	—	2934,97	Nb I	2	2	2931,72	J II	—	(20)
2938,30	Bi I	300	300	2934,9	κ B	100	—	2931,62	V II	4	20
2938,30	Mo II	1	30	2934,84	Mo I	5	1	2931,60	Fe	—	15
2938,26	V II	2	60	2934,76	V I	5	—	2931,53	W II	—	12
2938,22	Ce	5	—	2934,64	V I	2	—	2931,46	Nb II	3	50
2938,07	Nb ʔ	3	5	2934,64	Ir I	15	6	2931,43	Fe I	10	3
2938,05	Ce	5	—	2934,61	Zr II	4	6	2931,26	Ti II	—	150
2938,05	Fe	2	1	2934,49	Fe II	—	8	2931,14	Cd	—	(5)
2938,02	Ta II	*		2934,45	Cr (I)	25	—	2931,11	Cs II	—	(20)
2937,81	Fe I	300	150	2934,42	Mn II	*		2931,08	Mo I	15	1
2937,78	Hf II	50	100	2934,4	Ca	—	2	2931,06	Zr II	3	15
2937,73	Zr II	1	2	2934,39	V II	10	50	2930,87	V I	4	—
2937,72	Na II	6	(40)	2934,37	Fe I	7	3	2930,88	Na II	1	(2)
2937,70	Nb II	—	20	2934,34	Ce II	10	—	2930,85	Nb (II)	—	5
2937,70	Ce	6	—	2934,32	Cr II	—	6	2930,85	Cr II	—	50
2937,68	V I	20	10	2934,29	Mo II	30	50	2930,80	V II	30	150R
2937,66	Mo (I)	20	1	2934,23	Ag II	10	200	2930,78	Pt	15	3
2937,66	W I, II	6	10	2934,15	Cd	—	(2)	2930,77	Mo II	5	25
2937,33	Nb II	2	15	2934,06	Na II	1	(5)	2930,66	Fe I	2	—
2937,30	Ti I	35	5	2934,02	Mn I	25	—	2930,64	Nb (II)	—	10
2937,14	W I	8	12	2933,97	Cr II	2	40	2930,61	Re I	50	—
2937,04	V II	2	25	2933,83	V II	2	35	2930,51	W	2	5
2936,95	Ta II	*		2933,81	Fe	3	1	2930,48	Mo II	25	50
2936,93	Cr II	4	18	2933,55	Ta I	400	150	2930,43	Co II	—	150
2936,90	Fe I	700R	500R	2933,53	Ti I	4	8	2930,40	Mo	5	—
2936,78	Mo II	2	25	2933,52	Ce	6	—	2930,26	Nb III	—	20
2936,74	Mg I	12	—	2933,47	Cr (I)	5	—	2930,25	Mn I, II	25	—
2936,72	Ca	—	4	2933,44	Mn I	4	—	2930,16	Ca	—	2
2936,7	Bi II	—	(3)	2933,27	In	—	3	2930,14	W I	10	6
2936,68	Ir I	15	5	2933,23	Ru II	20	150	2930,12	V II	4	35
2936,67	W II	10	20	2933,22	V I	2	—	2930,06	Mo II	1	20
2936,67	Nb II	—	30	2933,20	Mo II	—	8	2929,99	W II	5	3
2936,54	Mg II	20	—	2933,06	Mn II	80	15	2929,90	Hf I	5	3
2936,50	Nb (II)	1	2	2932,98	W II	2	6	2929,79	Pt I	800R	200
2936,45	Fe	5	5	2932,86	W II	1	10	2929,71	Ca	—	4
2936,38	Mn II	*		2932,70	Cr II	2	25	2929,64	Hf II	30	50
2936,30	Zr II	10	15	2932,70	Ta I	400	80	2929,62	Fe I	50	10
2936,17	Ti II	—	100	2932,66	Nb II	1	80	2929,51	Co I	75	—
2936,15	Mn I	10	—	2932,62	In I	500	300	2929,49	Mo II	—	5
2936,02	Fe II	5	10	2932,62	Ni	10	—	2929,44	Cr II	—	40
2936,00	W I	10	3	2932,32	V II	12	80	2929,44	Ca	—	2
2935,94	Hg II	—	(2)	2932,27	Ce	10	—	2929,35	Ag II	20	40
2935,87	V I	30	15	2932,21	W	4	2	2929,27	Cd II	—	50
2935,75	Ce	3	—	2932,19	Au	8	40	2929,24	Fe	3	1
2935,75	W II	—	10	2932,18	Mo II	—	15	2929,12	Fe I	10	10
2935,69	Mo II	1	15	2932,13	Nb II	—	50	2929,11	Zr II	2	2

λ	El.	B		λ	El.	B		λ	El.	B	
		A	S (E)			A	S (E)			A	S (E)
2929,11	Rh I	100	10	2926,1	Bi II	—	(2)	2923,22	Mo II	3	4
2929,10	Ce II	10	—	2926,01	Fe	2	1	2923,17	Fe	3	1
2929,01	Fe I	150	100	2925,92	Ce	8	—	2923,10	W I	12	10
2928,81	Co I	50	1	2925,90	Fe I	15	10	2923,02	Nb (I)	3	2
2928,75	Fe I	5	—	2925,87	V I	12	—	2922,92	Ti I	10	—
2928,75	Mg II	25	100	2925,81	W II	—	15	2922,88	Ce	3	—
2928,69	Ti (II)	—	40	2925,79	Fe	15	6	2922,85	Ta (II)	*	—
2928,68	Mn I, II	25	—	2925,66	Ta I	100	4	2922,73	Mo II	1	20
2928,66	W I	8	7	2925,64	Ce	6	—	2922,62	Fe I	50	25
2928,64	Pt II	1	6	2925,63	Zr II	1	2	2922,58	Ce II	10	—
2928,49	Mo II	—	10	2925,61	Mn II	*		2922,57	V I	6	1
2928,32	Ti I	40	6	2925,57	Mn I	150	1	2922,49	Pd I	200	25
2928,32	Cr II	6	15	2925,55	Cr (I)	4	—	2922,45	Cr II	—	6
2938,23	Ca	8	2	2925,53	Mn II	*		2922,45	Nb II	—	5
2928,19	W I	10	6	2925,43	Cu I	9	—	2922,38	Fe I	10	4
2928,12	Cr II	6	20	2925,41	Mo II	5	30	2922,37	Ce	8	—
2928,10	Pt I	8	6	2925,41	Hg I	60	50	2922,29	Ce	2	—
2928,10	Fe I	10	4	2925,36	Fe I	70	50	2922,22	Fe	3	1
2928,04	In	—	2	2925,28	V II	2	20	2922,08	Ce	8	—
2927,93	W I	7	6	2925,27	Ta I	100	40	2922,02	Fe II	—	50
2927,88	Ti II	—	5	2925,26	Ce III	10	—	2921,92	Mo II	2	4
2927,88	Fe	3	2	2925,12	W I	12	10	2921,90	W I, II	4	8
2927,86	Ce	3	—	2924,98	W II	2	15	2921,81	Cr II	4	60
2927,80	Nb II	200	800R	2924,90	V I	2	—	2921,71	Fe	4	2
2927,7	Cd II	—	8	2924,88	Cu I	2	—	2921,60	Fe	3	1
2927,70	W II	2	10	2924,82	Nb I	4	3	2921,54	O	—	(30)
2927,67	Co I	50	1	2924,79	Ir I	25	15	2921,52	Tl I	200R	100R
2927,64	V I	7	4	2924,64	Zr II	4	4	2921,42	Ce	6	—
2927,55	Fe (I)	20	12	2924,63	V II	60	200R	2921,38	Pt I	100	6
2927,54	Ce	5	—	2924,63	Mn I	5	—	2921,37	Ce	6	—
2927,54	Mo II	3	40	2924,52	Al	—	(15)	2921,35	Cr I	6	—
2927,54	Ru II	60	200	2924,43	Mn I	12	—	2921,24	Cr II	1	25
2927,54	K I	2R	—	2924,35	Fe	6	3	2921,18	V I	7	—
2927,52	W	5	3	2924,33	Ca III	—	5	2921,11	W I	10	10
2927,42	Re I	125	—	2924,31	Mo II	10	25	2920,99	Fe	12	7
2927,27	Ce III	4	—	2924,10	Rh II	3	3	2920,94	Na II	6	(20)
2927,09	Cr II	2	80	2924,02	V II	70R	300R	2920,69	Fe I	150	80
2927,08	In	—	2	2924,02	Rh I	100	—	2920,48	Ce	6	—
2927,05	Fe	1	—	2924,01	Ti (II)	*		2920,47	Ca	—	5
2926,99	Zr II	15	30	2924,01	Si	3	(5)	2920,38	V II	20	125R
2926,98	W I, II	10	12	2923,90	Fe III	5	2	2920,29	Ce	2	—
2926,93	Cd	—	(3)	2923,85	Fe I	100	70	2920,29	Fe I	2	1
2926,92	Ce	3	—	2923,85	Zr I	20	—	2920,25	Mo II	1	10
2926,82	W II	1	10	2923,81	Ce III	3	8	2920,15	Fe	2	1
2926,80	Rh II	*		2923,70	Cu I	6	—	2920,04	Ag II	—	100
2926,75	Ti II	—	50	2923,67	Cr II	1	25	2919,99	V II	10	70R
2926,74	Mo II	—	20	2923,66	Na II	2	(12)	2919,89	Te II	—	(50)
2926,64	Pb	2	—	2923,62	V I	50R	150R	2919,85	Ce	12	—
2926,59	Fe II	150	400	2923,54	W I	10	5	2919,84	Na II	—	(5)
2926,46	Ta I	100	10	2923,45	Ce	6	—	2919,84	Fe I	80	35
2926,44	V II	2	35	2923,44	Fe	30	12	2919,82	Sn II	—	(30)
2926,42	W I	5	—	2923,39	V	2	2	2919,79	Os I	100	15
2926,25	V I	10	—	2923,39	Mo II	30	30	2919,69	W	5	2
2926,22	Mo II	—	40	2923,34	V II	4	20	2919,68	V (II)	1	4
2926,15	Cr II	2	40	2923,29	Fe I	50	35	2919,60	Hf II	40	80

λ	El.	B A	S (E)	λ	El.	B A	S (E)	λ	El.	B A	S (E)
2919,60	Ru I	80	12	2917,09	Fe II	—	20	2914,31	Mo II	—	10
2919,55	Co I	30	—	2917,05	Nb II	10	100R	2914,30	Fe I	50	25
2919,49	W II	—	10	2917,02	Ce	2	—	2914,30	V I,II	7	35
2919,38	Mo I	8	1	2916,92	Fe II	—	3	2914,29	Ru I	50	—
2919,34	Pt I	150	40	2916,86	W II	—	7	2914,27	W II	1	12
2919,32	Nb (II)	—	5	2916,78	W II	1	6	2914,20	Fe	10	5
2919,29	W I	8	3	2916,71	Ti II	—	5	2914,13	Ta I	200	30
2919,21	Fe	15	10	2916,68	Ce II	10	—	2914,12	Pt	1	10
2919,20	Mo I	8	1	2916,63	Zr II	4	4	2914,10	Ce	2	—
2919,14	Ca	—	2	2916,50	Nb (I)	3	3	2914,01	Ni I	20	—
2919,13	Cd	—	(3)	2916,48	Hf I	50	15	2914,00	Ru II	—	50
2919,12	Mn I	12	—	2916,46	In II	—	(10)	2913,82	Mo II	1	50
2919,05	Na II	6	(40)	2916,40	O	—	(15)	2913,80	Mn	5	—
2919,05	Y I	18	6	2916,38	W II	4	4	2913,75	W II	4	10
2919,04	Fe	1	—	2916,27	Hg II	—	(30)	2913,74	Mo II	5	50
2918,96	Ta II	2	50	2916,25	Ru I	100	25	2913,72	Mn II	*	—
2918,91	Nb II	1	10	2916,25	Zr I	6	—	2913,72	Cr I	60R	5
2918,83	Mo II	15	25	2916,16	Cr I	18	15	2913,71	V II	—	12
2918,82	Fe	15	8	2916,15	Fe II	2	6	2913,68	Ca	—	2
2918,78	Ce II	10	—	2916,10	W I	5	4	2913,59	Ni II	—	20
2918,78	Ti II	—	10	2916,10	Ti (II)	—	50	2913,54	Sn I	100	125
2918,66	Ce II	30	—	2916,10	Mo I	20	—	2913,54	Pt I	300	25
2918,63	W II	8	20	2916,09	Nb II	—	10	2913,54	Au II	—	50
2918,59	Hf I	30	8	2916,05	K I	*	—	2913,52	Ce	8	—
2918,56	Nb (II)	—	10	2916,01	V I	9	—	2913,51	Mo I	20	1
2918,52	Ru II	—	60	2915,99	Zr II	25	20	2913,48	Mn II	*	—
2918,42	Ca	—	2	2915,86	V (II)	1	30	2913,36	Ce	5	—
2918,35	Fe I	40	25	2915,74	Ce	2	—	2913,33	Ti (II)	—	50
2918,32	Tl I	400R	200R	2915,63	In	—	2	2913,27	Sb	—	4
2918,25	Au II	—	25	2915,58	W I	9	8	2913,27	Al I	*	—
2918,25	W I	12	8	2915,55	Ce II	10	—	2913,24	Pt I	25	—
2918,24	Zr II	15	15	2915,49	Ta I	150	40	2913,19	Ce	4	—
2918,20	V II	—	15	2915,45	Mg I	20	12	2913,16	Ru I	50	3
2918,16	Fe	3	2	2915,42	Rh I	80	40	2913,11	Mn	2	2
2918,07	B II	—	2	2915,40	Nb II	1	10	2913,10	Ti II	3	5
2918,02	Fe I	125	100	2915,38	Mo I	10	1	2913,04	V (II)	—	7
2917,93	V I	12	2	2915,34	Ta (I)	150	50	2912,90	Ce II	12	—
2917,88	Ce	2	—	2915,33	V I,II	12	20	2912,8	P II	—	(5)
2917,87	Fe	2	—	2915,25	Mo I	6	—	2912,80	Sn II	—	(3)
2917,76	Ru I	60	2	2915,25	Ce	2	—	2912,76	Ce	12	—
2917,68	Ce	2	—	2915,22	Cr II	1	25	2912,75	W	3	—
2917,66	W I	8	1	2915,11	W I	5	4	2912,62	Rh I	50	20
2917,56	Ta II	*	—	2914,93	Ce	2	—	2912,57	W II	1	10
2917,55	V	4	—	2914,93	V I,II	60	50R	2912,50	V (II)	1	20
2917,52	Na II	8	(40)	2914,84	Au I	*	—	2912,49	Cd II	—	2
2917,49	Ce	3	—	2914,75	Ca	—	2	2912,48	Ti I	3	—
2917,49	Hf II	10	8	2914,74	Ce	2	—	2912,33	Os I	50	50
2917,47	Fe II	2	25	2914,73	Ta II	20	3	2912,26	Fe I	8	4
2917,40	Ce	6	—	2914,67	Cd II	—	(45)	2912,26	Pt I	300	25
2917,38	W II	1	3	2914,64	W II	—	10	2912,24	W I	7	3
3917,37	V II	10	20	2914,60	Mn I	150	—	2912,16	Fe I	150	150
2917,29	W	7	3	2914,5	Pb II	—	(10)	2912,08	Ti I	35	15
2917,22	V II	1	9	2914,43	V I	2	—	2912,04	P II	—	(5)
2917,15	Mo II	—	20	2914,42	Mo II	1	5	2911,92	Mo II	30	50
2917,12	Ce	3	—	2914,34	Ce	6	—	2911,86	Sb	—	(5)

λ	El.	B A	S (E)	λ	El.	B A	S (E)	λ	El.	B A	S (E)
2911,85	O II	—	(7)	2909,05	Cr I	60R	12	2905,90	Au I	10	30
2911,76	Mo	5	—	2908,97	Nb II	1	5	2905,83	Mo II	—	15
2911,74	Nb II	8	100	2908,91	Ta I	150	10	2905,69	Si II	—	(5)
2911,68	Cr II	—	40	2908,88	Nb II	2	20	2905,66	Ti (I)	30	2
2911,65	V II	1	10	2908,87	Mn I	10	—	2905,65	Ru I	50	12
2911,65	Ca	—	2	2908,86	Fe I	80	40	2905,60	V II	4	20
2911,64	Cd II	—	(15)	2908,81	V II	70R	400R	2905,59	W I, II	3	10
2911,51	Ce	8	—	2908,74	Cd I	5	—	2905,58	Re I	50	—
2911,45	In	—	3	2908,49	W II	—	10	2905,57	Fe I	7	4
2911,21	Cu I	2	—	2908,43	V II	2	20	2905,48	Cr I	60R	8
2911,20	O II	—	(5)	2908,42	Ce II	30	—	2905,26	Mo I	30	4
2911,15	Cr I	40	8	2908,39	W I	7	2	2905,24	Ta I, II	80	100
2911,12	Ce	2	—	2908,26	W I	7	3	2905,22	Zr II	10	10
2911,08	Fe	3	—	2908,24	Nb II	20R	200	2905,17	W	9	3
2911,05	V II	30	200R	2908,16	Mo I, II	5	8	2905,16	In	—	2
2911,01	Fe	3	—	2908,14	Ti (II)	—	25	2905,00	O II	—	(5)
2911,00	W I	10	8	2908,09	Ce	3	—	2904,98	V II	2	25
2910,92	Mo II	—	10	2907,99	Mn I	20	—	2904,91	Na II	20	(80)
2910,92	Fe I	10	4	2907,93	In	—	2	2904,87	Nb II	—	10
2910,89	Cr I	60R	8	2907,90	Ca	—	5	2904,77	W I	9	9
2910,85	Ce	2	—	2907,89	Pt I	15	4	2904,76	Hf I	30	6
2910,8	Cd	—	(30)	2907,85	Fe II	2	20	2904,67	Cr I	20	2
2910,77	Ti II	—	6	2907,81	Ce	4	—	2904,60	Fe	1	—
2910,75	Fe II	—	2	2907,78	Mo I	6	—	2904,54	W II	—	7
2910,72	C II	—	2	2907,52	Fe I	100	80	2904,41	Hf I	30	6
2910,68	Nb I	2	5	2907,52	Nb	—	15	2904,33	Mo II	—	10
2910,67	Fe	4	—	2907,46	V II	40	150	2904,29	O II	—	(5)
2910,67	Cr II	—	50	2907,46	Ce	2	—	2904,28	Si II	—	(5)
2910,58	Nb II	10	100	2907,46	Co	4	—	2904,28	Co I	2	—
2910,52	In	—	5	2907,46	Ni I	40	—	2904,27	Zr II	2	2
2910,48	W I	12	10	2907,38	Zr II	2	3	2904,16	Fe	15	8
2910,44	Pt I	3	—	2907,26	W I	8	3	2904,13	Nb II	1	4
2910,39	P	—	(5)	2907,22	Mn I	50	—	2904,13	V I	20	6
2910,38	V II	35	150R	2907,21	Rh I	100	30	2904,08	Fe	6	3
2910,38	Ce	3	—	2907,12	Mo II	10	30	2904,07	Ta I	300	40
2910,31	Ca	—	5	2907,12	K I	*		2904,07	W II	3	18
2910,24	Zr II	3	4	2907,08	In	—	2	2903,76	Fe	2	—
2910,24	Mn I	5	—	2907,06	Au II	—	25	2903,74	Al II	—	(2)
2910,21	Ce	5	—	2907,05	Ce III	4	—	2903,69	V I	15	1
2910,17	Rh II	50	12	2906,97	Fe	2	—	2903,65	Nb I	5	3
2910,01	V II	35	150R	2906,79	Nb	—	6	2903,64	Zr II	1	20
2909,92	Ti II	7	15	2906,73	W I	6	2	2903,54	V II	—	9
2909,91	Hf II	30	20	2906,68	Ti (II)	—	100	2903,51	Ce	3	—
2909,86	Fe	4	1	2906,62	O II	—	(15)	2903,50	W II	—	15
2909,75	Ru II	—	150	2906,61	Fe	2	1	2903,36	Fe	2	—
2909,62	W I	4	3	2906,57	W	6	2	2903,30	O	—	(15)
2909,61	Ce	5	—	2906,45	V II	40	150	2903,20	Co I	25	1
2909,59	Fe	2	—	2906,42	Fe	60	25	2903,19	Al II	—	(3)
2909,50	Fe	70	35	2906,41	W II	—	10	2903,18	Ti I	2	—
2909,46	Ti II	—	4	2906,13	V I	30	25	2903,13	Cd I	5	—
2909,36	Hg II	—	(25)	2906,12	Fe II	—	40	2903,07	V II	35	150R
2909,31	Fe I	4	2	2906,08	Ce	3	—	2903,06	Mo II	20	100
2909,12	W I	8	8	2906,05	Mo I	15	1	2902,86	Fe	2	—
2909,11	Mo II	25	40	2906,03	Ce	2	—	2902,71	Ce	3	—
2909,06	Os I	500R	400	2905,90	Pt I	100	15	2902,66	Ce	5	—

λ	El.	B A	S (E)	λ	El.	B A	S (E)	λ	El.	B A	S (E)
2902,62	Mo	5	—	2899,62	Ce	2	—	2897,15	Ir I	20	10
2902,60	W I	6	10	2899,60	V I	30	4	2897,06	Mn II	5	2
2902,48	Re I	100	—	2899,56	W	—	4	2897,00	Nb I	2	3
2902,46	Fe II	1	35	2899,52	Si	—	(5)	2896,97	Mo II	3	1
2902,40	Mn I	12	—	2899,48	Cr II	2	40	2896,96	Fe	3	—
2902,38	Ce	2	—	2899,44	Ce	3	—	2896,91	W	4	2
2902,32	Ce	3	—	2899,41	Fe I	125	100	2896,87	V II	—	9
2902,31	Fe II	—	2	2899,23	Nb II	20	500	2896,86	Ce	5	—
2902,26	Zn II	—	(50)	2899,21	V I	30	7	2896,76	Cr I, II	60R	30
2902,26	Al I	*		2899,20	Cr I	50	25	2896,73	Ce II	20	—
2902,24	Mo	5	—	2899,20	Ta II	*		2896,69	Fe	3	—
2902,23	Zr II	1	2	2899,07	Ce	5	—	2896,49	Ag II	2	150
2902,21	Mn I	50	—	2899,04	Ta I	200	15	2896,45	Cr II	6	30
2902,19	W I, II	9	10	2898,94	Ce	6	—	2896,45	W I	15	25
2902,14	Ce	8	—	2898,93	Fe	2	—	2896,44	Mo I	1	20
2902,08	Al II	—	(8)	2898,86	Fe	7	4	2896,44	Ta I	2	50
2902,07	Ag II	5	200	2898,81	V I	10	—	2896,40	Ce	8	—
2902,05	Ta I	1000	200	2898,73	Fe II	—	3	2896,40	Fe	2	—
2902,03	W I	8	2	2898,71	Zr II	7	7	2896,24	Nb (I)	2	1
2901,94	Ti II	2	5	2898,71	As I	25R	40	2896,20	V II	35	150R
2901,91	Fe I	125	40	2898,70	Hf II	25	50	2896,06	Sn III	—	2
2901,87	Ta II	*		2898,70	Mn II	12	3	2896,01	Re I	125	
2901,81	Zr II	4	4	2898,64	Mo I, II	20	6	2896,01	W I	10	12
2901,81	Fe	3	2	2898,53	Cr II	12	40	2895,94	Ce	4	—
2901,79	Mo II	—	15	2898,47	Mo II	—	15	2895,89	Co I	3	—
2901,78	W I	9	7	2898,47	Fe	2	—	2895,88	Se II	30	25
2901,70	Ce	2	—	2898,38	Mo	2	—	2895,63	Ce	8	—
2901,61	Zr II	3	5	2898,35	Fe	100	30	2895,60	V II	1	12
2901,54	Ce	3	—	2898,33	Ce	6	—	2895,49	Co I	20	—
2901,48	Y I	5	—	2898,26	Hf I	50	12	2895,45	W II	—	9
2901,38	Fe I	100	80	2898,25	Zr	4	—	2895,41	Te (II)	—	(300)
2901,38	Na II	3	(20)	2898,25	W I	8	3	2895,39	Nb II	1	10
2901,17	W II	—	9	2898,25	Be I	15	—	2895,33	Co (I)	4	—
2901,05	Ta I	100	3	2898,24	Ru II	—	60	2895,32	Zr II	—	10
2900,89	Mn II	*		2898,09	W II	—	3	2895,32	P III	—	(25)
2900,88	V	2	—	2898,06	Fe	2	—	2895,21	Fe II	—	80
2900,80	W I	8	3	2897,99	Mn I	15	—	2895,19	Mn I	12	—
2900,80	Mo II	2	40	2897,98	Bi I	500R	500R	2895,18	V I	4	—
2900,75	Ta II	3	100	2897,89	V II	1	25	2895,10	Ta I	125	15
2900,60	Ce	6	—	2897,87	Pt I	400	15	2895,04	Fe I	125	70
2900,56	In	—	12	2897,85	Fe	2	—	2894,98	O	—	(10)
2900,55	Mn I	50	—	2897,80	Nb II	15	150	2894,90	Nb (I)	2	5
2900,51	W I	8	7	2897,79	Mn I	15	—	2894,88	Ce	4	—
2900,44	Ru (II)	—	50	2897,71	Ru II	6	60	2894,86	Mo II	—	8
2900,36	Ce	6	—	2897,67	Cr II	3	25	2894,83	V II	—	7
2900,36	Ta I	200	40	2897,64	Fe I	4	1	2894,79	Zr II	2	—
2900,25	Cr I	18	—	2897,63	Rh II	2	10	2894,78	Fe II	—	80
2900,15	Mn II	12	3	2897,62	Mo II	20	25	2894,73	Ce	2	—
2899,96	W	—	5	2897,49	N	—	(15)	2894,61	W	5	2
2899,96	Rh I	70	30	2897,42	Mn I	8	—	2894,57	V I	12	—
2899,93	V II	—	12	2897,42	Mo II	—	20	2894,50	Fe I	150	150
2899,82	Co I	25	1	2897,35	Nb I	3	2	2894,45	Mo II	50	80
2899,78	Ca III	—	8	2897,26	Fe II	—	200	2894,42	Nb II	1	20
2899,66	Li	—	60	2897,20	W I	4	3	2894,29	Ce	4	—
2899,64	Pt II	2	25	2897,17	Ce	4	—	2894,25	W I	8	3

λ	El.	B A	B S (E)	λ	El.	B A	B S (E)	λ	El.	B A	B S (E)
2894,25	Cr II	—	25	2891,84	Ta I	500	100	2889,20	Cr II	15	20
2894,23	Al I	*		2891,73	Fe I	15	10	2889,12	Zr I	3	—
2894,21	Ce II	10	—	2891,72	Ce	6	—	2889,11	Rh I	80	1
2894,17	Cr I	40	2	2891,64	V II	40	200R	2888,92	Ti II	15	25
2894,08	Ce II	8	—	2891,64	Cu I	*		2888,82	Nb II	10	100
2894,02	Ce	8	—	2891,63	Ce	3	—	2888,78	W I	4	3
2893,95	Na II	8	(60)	2891,51	Sb	—	20	2888,73	Cr II	3	40
2893,88	Fe I	25	20	2891,46	W II	1	10	2888,70	Ce	10	—
2893,87	Pt I	500	25	2891,42	Cr I, II	30	15	2888,69	W II	—	5
2893,79	Mo II	—	3	2891,41	Nb	—	10	2888,69	Mo (II)	—	10
2893,76	Fe I	15	8	2891,40	Fe I	4	2	2888,63	Ti (II)	—	70
2893,74	Cd II	—	(3)	2891,33	Mn II	3	3	2888,53	Mo	10	—
2893,70	O	—	(10)	2891,28	Mo II	15	20	2888,52	V I	2	—
2893,62	Na I	*		2891,21	Sb (II)	—	(12)	2888,45	Ce	6	—
2893,61	W I	7	3	2891,10	Cr II	10	40	2888,38	Cr I	15	—
2893,59	Hg I	40	50	2891,07	Ti II	20	50	2888,32	B	—	2
2893,48	Cr II	—	5	2891,04	Ta I	150	30	2888,30	W II	6	10
2893,43	Fe	1	—	2890,99	Mo II	30	50	2888,24	V II	20	125R
2893,31	V II	50	300R	2890,99	W	2	8	2888,20	Pt I	50	—
2893,30	Au II	—	30	2890,84	Cu I	*		2888,17	Mo II	1	40
2893,28	Cd	—	(2)	2890,73	Cr I	18	—	2888,09	Fe II	—	80
2893,25	Cr I	80R	10	2890,68	Ce	2	—	2888,07	Ce	2	—
2893,22	Mo I	10	1	2890,66	W II	2	12	2888,03	Zr II	2	6
2893,22	Pt I	25	5	2890,61	Ti (II)	—	50	2887,96	Fe I	4	1
2893,12	W I	8	4	2890,55	Nb II	1	5	2887,91	O II	—	(10)
2893,09	Pd II	—	100	2890,55	V II	1	12	2887,81	Fe I	80	60
2893,05	Ce	2	—	2890,48	Co	—	10	2887,77	Cr II	—	35
2892,95	Cr II	2	20	2890,42	Fe	4	1	2887,70	Nb II	2	15
2892,90	Bi	12	8	2890,40	Ce	2	—	2887,69	V I	2	—
2892,86	N	—	(25)	2890,37	Pt II	5R	25	2887,68	Re I	125	—
2892,82	Fe II	2	20	2890,35	Nb II	1	10	2887,66	Sn IV	—	2
2892,82	Mo II	25	30	2890,26	Ta II	*		2887,65	W I	8	7
2892,78	Ti (I)	3	—	2890,24	As II	—	3	2887,61	Mo I	20	—
2892,66	Mn I	20	—	2890,20	In II	—	(20)	2887,45	Ti II	3	12
2892,65	V II	30	150R	2890,18	Nb I	3	1	2887,31	Fe II	3	20
2892,60	W	4	3	2890,17	Ce	8	—	2887,29	Nb I	2	1
2892,56	Mo	5	—	2890,16	Cr I	20	—	2887,19	Pb II	—	(10)
2892,48	Mn I	5	—	2890,14	V II	2	12	2887,15	V II	1	9
2892,48	Fe I	100	40	2889,99	Fe I	15	8	2887,15	Fe	6	2
2892,47	O II	—	(5)	2889,96	W	7	2	2887,13	Hf I	25	3
2892,43	V II	30	150R	2889,95	In II	—	(40)	2887,09	Nb II	1	10
2892,39	Mn I, II	8	4	2889,92	Sb	—	5	2887,00	Cr I	100	18
2892,26	Zr I	20	—	2889,90	Nb I	4	2	2886,97	Mo II	1	25
2892,25	Co (I)	25	—	2889,88	Fe I	20	15	2886,96	V II	2	15
2892,22	Ag II	—	2	2889,84	Rh I	70	30	2886,90	W II	3	20
2892,21	Fe II	2	1	2889,83	Mo I	12	—	2886,80	B	—	2
2892,2	к B	200	—	2889,77	W II	2	20	2886,71	Zr II	—	2
2892,14	Ce II	15	—	2889,72	B	—	2	2886,67	Mn II	15	6
2892,11	W I	4	3	2889,62	Hf I	30	10	2886,67	Cs	—	(20)
2892,04	Mo II	—	15	2889,61	V II	40	150R	2886,61	Nb II	—	8
2891,99	Au I	8	20	2889,58	Mn II	12	10	2886,61	Mo I	30	1
2891,96	Ca	—	2	2889,48	Cr II	2	25	2886,60	Cd II	—	(3)
2891,95	V I	2	—	2889,46	Ce	2	—	2886,53	Ru I	60	50
2891,91	Fe	25	10	2889,43	Zr II	3	3	2886,49	Y I	15	6
2891,88	Cr II	—	35	2889,29	Cr I	60R	30	2886,46	W II	—	7

λ	El.	B A	S (E)	λ	El.	B A	S (E)	λ	El.	B A	S (E)
2886,45	Co I	50	2	2883,44	Re I	60	—	2880,76	Rh I	10	2
2886,34	Nb II	2	5	2883,38	Ca	—	3	2880,71	Nb II	4	50
2886,33	Ce	3	—	2883,32	Mo II	—	6	2880,63	Ce II	18	—
2886,32	Fe I	50	15	2883,25	W II	2	10	2880,62	W I	7	6
2886,25	Na II	6	(20)	2883,23	Ti I	3	—	2880,58	Fe I	15	5
2886,22	Fe II	—	3	2883,17	Nb II	100	800R	2880,35	Ce	6	—
2886,04	Ti	8	2	2882,93	Cu I	100	20	2880,31	Se	—	(25)
2885,93	Ce	2	—	2882,90	Mn I	25	—	2880,29	Ti II	—	20
2885,93	Fe II	—	70	2882,75	P	—	(18)	2880,29	Co II	—	50
2885,92	W I	4	3	2882,64	Ir I	40	6	2880,15	W II	—	7
2885,73	Mo I, II	10	25	2882,60	Ce II	15	—	2880,03	V II	25	150R
2885,60	Au II	—	12	2882,54	Mo I	6	—	2880,02	Ta I	150	50
2885,47	Hf II	12	15	2882,49	V II	35	200R	2879,76	Ru I	50	12
2885,46	C II	—	6	2882,47	Nb II	1	5	2879,74	Ta I	150	10
2885,44	W II	1	5	2882,37	Mo II	1	25	2879,73	N	—	(25)
2885,36	O	—	(10)	2882,33	Ta II	3	80	2879,68	Mo II	1	25
2885,35	Fe	7	2	2882,22	Co I	30	—	2879,62	Co I	25	—
2885,30	Co I	3	—	2882,20	Ag II	—	10	2879,52	Ta I	50	10
2885,29	Ce	10	—	2882,19	W	3	—	2879,49	Nb I	25	2
2885,27	N II	—	(50)	2882,15	Zn II	—	(25)	2879,49	Mn II	12	5
2885,12	Mn II	1	2	2882,11	Ru II	40	200	2879,43	Fe I	7	2
2884,97	Nb I	3	4	2882,08	Zr II	2	3	2879,39	W I	10	10
2884,80	C II	—	2	2882,03	Mo (II)	—	3	2879,36	Ce	2	—
2884,79	Mo (II)	—	6	2881,95	Ti I	2	—	2879,36	Nb II	2	10
2884,79	V II	40	200R	2881,93	Mo II	—	3	2879,27	Cr I	60	12
2884,77	Fe II	—	25	2881,91	Cr II	1	30	2879,24	Fe II	—	25
2884,72	Ce	3	—	2881,87	Re II	*		2879,21	Nb II	—	5
2884,63	W	5	4	2881,86	Cr II	*		2879,16	V II	50	35
2884,59	Mo I	5	—	2881,80	Ca III	—	4	2879,12	Fe	2	—
2884,56	Zr II	—	4	2881,77	Ce	2	—	2879,11	W I	10	10
2884,51	As II	—	25	2881,70	O	—	(10)	2879,08	Ru II	—	60
2884,45	Ce	2	—	2881,61	In	—	2	2879,05	Mo II	15	100
2884,38	Cu II	—	30	2881,60	Ta II	*		2879,04	O	—	(7)
2884,30	W II	—	10	2881,58	Si I	500	400	2878,78	Ce	2	—
2884,25	N	—	(8)	2881,58	Co	4	1	2878,76	Fe	8	5
2884,20	Al	—	(30)	2881,57	Ce	40	2	2878,73	Nb II	3	10
2884,20	Cu II	*		2881,46	Al II	—	(30)	2878,72	W I	10	8
2884,17	W I	8	4	2881,42	Ce	4	—	2878,66	Rh I	50	10
2884,11	Ti II	35	125	2881,37	Mo II	—	10	2878,64	Fe	3	2
2884,08	In	—	2	2881,24	Ni II	—	8	2878,63	J II	—	(400)
2884,07	Sb II	—	(3)	2881,22	Cd I	50R	(30)	2878,63	Ce	8	—
2884,06	V II	—	12	2881,19	Cs II	—	(20)	2878,55	Co I	12	—
2884,05	Ce	2	—	2881,14	Cr I	25	2	2878,45	Cr II	20	80
2883,95	Mo II	—	10	2881,14	Na II	8	(60)	2878,38	Mo I	20	—
2883,91	W II	—	5	2881,13	Ce II	12	—	2878,32	W II	1	10
2883,90	P III	—	(25)	2881,07	W	5	1	2878,29	V II	—	7
2883,81	Bi I	3	3	2880,92	Ce	2	—	2878,16	Nb I	2	—
2883,79	Zr II	5	2	2880,87	Ca	—	2	2878,07	W I, II	4	8
2883,78	O I	—	(15)	2880,86	Cr II	20	25	2878,02	V II	2	10
2883,73	Fe I	30	—	2880,84	Ce	2	—	2878,01	Pd II	*	
2883,70	Fe II	—	300	2880,83	Zr I	5	—	2878,01	Ce	2	—
2883,60	Ce	2	—	2880,83	Fe II	1	25	2877,97	Cr II	30	100
2883,60	Co I	15	—	2880,80	V II	2	20	2877,92	Sb I	250	150
2883,56	W	4	—	2880,77	Cd I	200R	125	2877,91	Ca	1	4
2883,45	Au I	15	20	2880,76	Fe II	15	50	2877,85	Nb II	2	4

λ	El.	B		λ	El.	B		λ	El.	B	
		A	S (E)			A	S (E)			A	S (E)
2877,70	Cu II	—	80	2873,81	Cr II	20	40	2871,18	Mo	10	—
2877,69	V II	15	100R	2873,65	Ag II	3	100	2871,12	Fe II	—	20
2877,69	Ta II	15	80	2873,65	Fe I	8	2	2871,07	Ce II	15	—
2877,66	N	—	(8)	2873,63	Mo I	10	1	2871,06	Fe II	—	40
2877,62	Nb II	—	5	2873,62	Rh	60	10	2870,98	Ca	—	2
2877,55	Zr II	4	4	2873,56	Ta I	150	50	2870,90	W I, II	9	12
2877,54	P III	—	(10)	2873,53	Ag	3	2	2870,90	Mo I	15	—
2877,52	Pt II	40	200	2873,53	Fe	15	1	2870,89	Na	6	6
2877,44	Ti II	30	100	2873,50	In	—	2	2870,65	Nb I	2	—
2877,30	Fe I	200	125	2873,46	Cr II	30	125	2870,62	W I	3	4
2877,03	Nb II	3	10	2873,42	Au I	*		2870,62	Ce	6	—
2876,95	Nb II	40	500	2873,40	Fe II	—	300	2870,60	Fe II	—	15
2876,93	V II	4	25	2873,38	W II	4	10	2870,57	Ru II	—	50
2876,93	W I, II	8	12	2873,36	Ta I	200	40	2870,55	V I	50R	20R
2876,80	Fe II	—	100	2873,35	V I	20	—	2870,52	W I	6	2
2876,73	Rb II	—	(5)	2873,35	Ce	2	—	2870,50	Ce	2	—
2876,71	Fe	5	2	2873,33	Ru I	4	60	2870,46	Pt	10	2
2876,66	Cr II	—	20	2873,32	Pb I	100R	60	2870,43	Cr II	25	300
2876,56	Fe	3	—	2873,24	Hg	—	(20)	2870,35	Nb	—	10
2876,53	Mo I	15	2	2873,19	Zn	—	(3)	2870,17	Mo I	10	1
2876,33	Hf II	30	100	2873,18	V II	4	50	2870,17	Cr I	12	—
2876,30	Cr II ⎫			2873,18	Cr I	25	—	2870,11	V II	1	12
2876,24	Cr II ⎬	25	80	2873,13	Mn II	*		2870,08	Mn II	4	4
2876,18	Ce	2	—	2873,10	Si	—	(2)	2870,04	Ce	2	—
2876,11	Ta I	50R	5	2873,0	Pb II	—	(20)	2870,04	Ti (II)	—	100
2876,09	W	—	5	2872,91	Mn	1	3	2870,04	V I	7	—
2876,01	Fe	15	—	2872,89	J	—	(60)	2870,03	Co II	—	50
2875,98	Zr I	70	1	2872,88	Mo II	2	50	2870,01	Cr I	12	—
2875,97	Cr II	30	80	2872,81	Nb II	1	10	2869,96	Mo II	—	5
2875,9	P	—	(5)	2872,59	Ce	3	—	2869,96	V II	7	20
2875,85	Pt II	20	80	2872,58	Mn I	30	—	2869,95	Ca III	—	7
2875,79	Ti (II)	—	40	2872,52	Zr II	2	3	2869,90	Li	—	3
2875,68	V II	10	40	2872,50	Fe I	4	—	2869,84	Nb II	1	10
2875,39	Nb II	50R	300	2872,49	W I	5	4	2869,83	Fe I	10	5
2875,39	Ti (II)	*		2872,48	Ce	3	—	2869,82	Hf II	25	20
2875,35	Fe II	—	70	2872,43	Ce	2	—	2869,81	Zr II	30	30
2875,30	Fe I	125	50	2872,41	Os I	50	8	2869,73	Si	—	(2)
2875,28	Re I	80	—	2872,38	Au I	*		2869,69	Fe II	—	3
2875,20	W I	10	4	2872,38	Fe II	2	20	2869,64	Ce	3	—
2874,98	Ru I	80	50	2872,34	Fe I	150	50	2869,60	W	7	10
2874,96	Os I	50	15	2871,89	W II	—	10	2869,56	Mo I	15	—
2874,91	Ce I	2	—	2871,89	Mo (I)	10	—	2869,55	Ce	2	—
2874,88	Fe I	60	20	2871,82	Re I	50	—	2869,46	V I	7	—
2874,85	Mo II	2	60	2871,73	Fe I	3	1	2869,31	Fe I	300	70
2874,82	Ce	2	—	2871,64	Ru I	50	5	2869,21	Mo II	—	15
2874,56	Nb I	5	3	2871,63	Ce II	6	—	2869,16	Fe II	—	3
2874,56	Cu I	3	—	2871,63	Cr I	50	2	2869,13	V II	25	150R
2874,55	Ce	2	—	2871,57	Ce I	6	—	2869,10	W	9	3
2874,30	Fe	2	—	2871,51	Mo II	100	100	2868,96	Ce	6	—
2874,24	Ga I	10	15R	2871,45	Cr II	—	80	2868,87	Fe II	5	60
2874,20	V II	7	20	2871,42	Ta I	200	50	2868,82	Te (II)	—	(100)
2874,17	Zr	—	2	2871,37	Pd II	—	10	2868,73	Ti II	15	25
2874,17	Fe I	300	200	2871,36	W I	10	8	2868,73	W II	6	25
2874,17	Ta I	150	15	2871,35	Rh	100	10	2868,65	Ta I	150	40
2874,14	Ce	30	—	2871,27	Na II	6	(40)	2868,52	Nb II	15	300

λ	El.	B A	B S(E)	λ	El.	B A	B S(E)	λ	El.	B A	B S(E)
2868,52	Zr I	3	—	2865,67	Cr II	—	20	2863,04	V I	20	7
2868,52	Al II	—	(80)	2865,63	In II	—	(5)	2863,01	Sb	—	4
2868,45	Fe I, II	80	40	2865,62	Mo II	5	20	2863,00	W I	9	8
2868,31	Mo II	2	20	2865,60	Nb II	5	30	2862,94	Rh I	150	60
2868,23	Ce	8	—	2865,60	Zr II	4	4	2862,85	Ru II	6	60
2868,21	Fe I	15	8	2865,56	W II	7	9	2862,83	Mo (I)	10	—
2868,18	Cd I	100	80	2865,56	Ce	2	—	2862,78	Ce II	15	—
2868,14	Pb	—	5	2865,51	Ce	8	—	2862,77	W	6	2
2868,13	V I	40	30R	2865,50	Mo II	1	8	2862,76	Co I	9	—
2868,11	Mo II	3	20	2865,50	Ni I	5	—	2862,61	Co I	50	—
2867,91	W II	1	10	2865,50	Co I	2	1	2862,57	Cr II	80	300R
2867,88	Fe I	5	2	2865,37	Ce	8	—	2862,52	O	—	(10)
2867,65	Cr II	80	100R	2865,33	Cr II	15	15	2862,49	Fe I	100	50
2867,56	Fe I	60	30	2865,32	Ta II	*		2862,42	W I	7	2
2867,56	W	4	3	2865,31	W I	8	—	2862,38	V I	12	—
2867,47	Co (I)	4	—	2865,18	Fe	2	—	2862,31	Ti II	20	40
2867,41	Ta II	5	150	2865,11	Mo	4	—	2862,31	Cd I	15	10
2867,40	W II	3	10	2865,10	Cr II	60	200R	2862,30	V II	1	25
2867,38	In II	—	(10)	2865,09	Zr II	2	2	2862,26	O	—	(10)
2867,31	Fe I	60	30	2865,05	Pt II	20	80	2862,06	P	—	(10)
2867,27	Ce	5	—	2864,98	Fe II	—	50	2861,99	Ti (II)	—	100
2867,22	In II	—	(10)	2864,84	W II	1	9	2861,85	Mo II	—	10
2867,09	Cr II	20	35	2864,81	Ce	4	—	2861,70	Hf II	50	125
2867,05	Mo	10	—	2864,65	Mo I	40	3	2861,66	Nb (II)	—	10
2866,95	V I	20	—	2864,51	V II	6	35	2861,64	V	2	—
2866,89	Pt II	6	15	2864,51	Pb IV	—	60	2861,62	Ce II	20	—
2866,86	Nb II	—	2	2864,50	Ta (I)	125	30	2861,56	Mo (II)	—	3
2866,80	Ce II	12	—	2864,48	Ce	5	—	2861,54	Mn II	*	
2866,74	W II	3	9	2864,46	W II	—	12	2861,44	W I	8	7
2866,72	Cr II	80	125R	2864,40	Rh I	70	10	2861,41	Ru I	60	35
2866,69	Mo II	30	30	2864,36	Fe II	—	10	2861,40	V II	—	15
2866,66	Nb I	3	3	2864,35	V I	40	25R	2861,39	Ce III	10	—
2866,65	Ru I	60	25	2864,33	Au	—	10	2861,38	O	—	(10)
2866,63	Fe I	—	80	2864,32	Nb (I)	5	10	2861,36	Co I	15R	—
2866,61	W II	3	9	2864,30	Mo I	40	2	2861,30	Ti II	7	15
2866,59	V I	25	6	2864,26	Pb IV	—	60	2861,21	W II	2	6
2866,57	Ca III	—	7	2864,23	In	—	3	2861,18	Fe II	1	30
2866,46	In II	—	(18)	2864,15	Ni II	—	300	2861,16	Ce	3	—
2866,45	Li	—	2	2863,88	W I	10	12	2861,09	Nb II	10	100
2866,41	V I	35	—	2863,86	Fe I	125	100	2861,05	W II	1	5
2866,37	Hf I	50	12	2863,80	Mo II	30	100	2861,01	Hf II	40	90
2866,37	W I	10	10	2863,79	V (II)	4	12	2861,01	Na II	1	(2)
2866,28	Si	—	(7)	2863,75	Bi I	80	18	2861,00	Te II	—	(25)
2866,26	Mo II	2	4	2863,70	Ni II	—	250	2860,96	Os I	100	25
2866,14	P	—	(20)	2863,57	O	—	(10)	2860,92	Cr II	60	100
2866,08	Mo II	—	3	2863,53	Co (I)	3	—	2860,88	Ta II	*	
2866,07	Pt	1	3	2863,43	Fe I	100	80	2860,86	Ce	2	—
2866,06	W I	15	10	2863,34	Ce	12	—	2860,85	Zr I	15	—
2866,05	Ce	3	—	2863,33	Fe	5	—	2860,84	Ti (II)	—	25
2865,87	Cr II	1	15	2863,32	Ru I	30	80	2860,68	W	6	9
2865,87	Fe	2	—	2863,32	Sn I	300R	300R	2860,68	Pt II	30	150
2865,80	W II	—	10	2863,26	Mn	3	—	2860,64	Ce	2	—
2865,73	In II	—	(5)	2863,22	Ce	2	—	2860,64	Pb	—	2
2865,70	Ta (II)	*		2863,20	Mo II	—	20	2860,55	Ce	3	—
2865,68	In II	—	(50)	2863,08	Fe	3	2	2860,52	In	—	5

λ	El.	B A	S (E)	λ	El.	B A	S (E)	λ	El.	B A	S (E)
2860,44	As I	50R	50	2857,73	Pd II	—	100	2855,13	Ti I	2	—
2860,27	Ti I	7	—	2857,65	W II	1	7	2855,08	Nb (II)	—	4
2860,21	Fe	2	—	2857,44	W II	—	3	2855,05	Cr II	4	100
2860,16	W I	5	9	2857,41	Fe II	—	10	2854,88	Ce II	25	—
2860,01	Ru I	60	12	2857,40	Cr II	20	80	2854,86	Mo I	5	—
2859,97	V I	50	10	2857,36	Nb II	—	5	2854,80	Mn	5	—
2859,96	Nb I	5	3	2857,29	Nb I	4	3	2854,72	Ru II	2	60
2859,89	O	—	(5)	2857,28	Ta I	60	5	2854,71	W II	1	9
2859,85	W	4	2	2857,26	Ag	2	1	2854,66	Ce II	30	—
2859,77	W	4	2	2857,17	Fe II	—	30	2854,58	Pd II	4	500
2859,66	Co I	40	—	2857,13	W I	10	10	2854,49	Ce	5	—
2859,60	Zr II	—	10	2856,97	Ce	3	—	2854,46	W	—	4
2859,52	Ce II	10	—	2856,96	P	—	(5)	2854,45	Y II	10	18
2859,48	W II	3	15	2856,94	Hg I	20	10	2854,42	Zr II	5	5
2859,48	Na II	2	(40)	2856,93	Ce	6	—	2854,34	V II	20	100R
2859,48	Fe	2	—	2856,93	Fe II	—	15	2854,16	Nb I	5	4
2859,46	Nb II	—	3	2856,88	Mo II	1	6	2854,11	Mo II	—	10
2859,36	Ca	—	2	2856,83	Ce	3	—	2854,07	Ru I	60	35
2859,32	Cs	—	(20)	2856,78	O	—	(10)	2854,02	V I	2	—
2859,11	Mo	3	—	2856,77	Cr II	20	60	2853,97	Ge II	*	
2859,06	Ce	3	—	2856,75	Au II	—	20	2853,93	Ti II	12	40
2859,04	Nb II	1	50	2856,68	Ta II	*		2853,83	W I	9	3
2858,99	Mo II	—	15	2856,67	Ce	2	—	2853,81	V I	6	—
2858,97	V I	40	20	2856,62	Ti II	3	8	2853,77	Fe I	15	7
2858,91	Cr II	50	80	2856,57	Ru (II)	—	50	2853,76	V II	—	6
2858,90	Fe I	100	30	2856,47	Ce	4	—	2853,68	Fe I	15	7
2858,76	V I	20	2	2856,45	Cd II	—	(8)	2853,58	Mo I, II	1	25
2858,74	In I	—	(30)	2856,39	Ce	6	—	2853,55	V I	7	—
2858,74	W I	7	6	2856,39	Fe II	—	5	2853,51	Nb II	1	10
2858,73	Cu I	30	2	2856,32	Y II	8	15	2853,49	W I	12	15
2858,71	Ce	2	—	2856,24	Ti II	—	100	2853,43	Ti I	3	—
2858,65	Mn I	50	—	2856,16	Rh I	60	30	2853,38	Pt	2	—
2858,65	Cr II	18	30	2856,14	Fe II	1	40	2853,22	W	—	4
2858,47	Ce	2	—	2856,08	Ti	3	—	2853,22	Cr II	5	100R
2858,44	Ta I, II	100	300	2856,06	Zr II	2	4	2853,20	Mo II	25	100
2858,42	W I	9	7	2856,05	Fe	2	—	2853,20	Fe II	—	10
2858,40	Ti II	10	20	2856,04	Ce	3	—	2853,11	Pt I	15	2
2858,34	Fe II	3	200	2856,03	W I	10	9	2853,01	Na I	80R	15
2858,29	Te	2	(100)	2855,99	Mo II	2	25	2852,95	Fe I	6	2
2858,23	Cu I	30	2	2855,91	Fe	2	—	2852,90	W I	8	9
2858,14	Si	—	(2)	2855,71	Ce II	12	—	2852,87	V I	60	7
2858,08	Fe	4	1	2855,71	V I	4	—	2852,81	Na I	100R	20
2858,05	Mo II	—	4	2855,70	Mo II	—	20	2852,54	Au II	—	5
2858,04	Sb I	10	5	2855,67	Cr II	60	200	2852,53	V II	6	35
2858,03	W I	10	9	2855,67	Fe II	2	200	2852,53	Ag	1	5
2858,00	Ce	15	—	2855,67	Bi III	—	12	2852,42	Hg	—	(8)
2857,99	Fe	12	2	2855,53	Nb II	1	10	2852,36	Ta II	5	100
2857,97	Zr I	8	—	2855,50	W II	—	10	2852,35	Fe	2	—
2857,97	Cr II	2	40	2855,49	V I	12	—	2852,23	Ce	3	—
2857,94	V I	50	7	2855,49	Ti II	—	5	2852,13	Mo	10	10
2857,89	O	—	(10)	2855,44	Ce II	15	—	2852,13	Ir	20	—
2857,81	Ti (II)	—	70	2855,34	W I	9	3	2852,13	Mg I	300R	100R
2857,81	Fe	12	2	2855,32	Ce	10	—	2852,12	Ce	50	1
2857,78	Ru II	4	60	2855,29	V II	1	35	2852,10	W II	1	18
2857,74	Cu II	—	4	2855,22	V I	50	1	2852,02	Hf II	20	50

λ	El.	B A	B S (E)	λ	El.	B A	B S (E)	λ	El.	B A	B S (E)
2851,97	Nb I	4	5	2848,71	Fe I	60	30	2845,83	Hf I	25	5
2851,97	Zr II	12	20	2848,71	Cu II	—	2	2845,80	Ce	2	—
2851,80	Fe I	200	150	2848,59	Ru I	50	3	2845,80	Nb II	3	10
2851,74	V I	30	4	2848,53	Ta I	300	50	2845,75	Ce	4	—
2851,65	Mg I	25	—	2848,52	Cu (II)	—	2	2845,73	Rh II	8	4
2851,59	Ce	3	—	2848,50	Zr I	100	—	2845,71	Fe I	8	3
2851,50	Fe I	5	2	2848,42	Mg I	20	—	2845,67	Cs	—	(20)
2851,44	Nb I	5	3	2848,40	Cr II	δ	30	2845,64	Mo (II)	—	10
2851,35	Cr II	20	80	2848,38	Mo	5	—	2845,63	Co II	—	50
2851,29	Nb II	—	5	2848,37	Mg	—	3	2845,60	Fe I	125	7
2851,25	V II	2	15	2848,37	Co II	—	60	2845,54	Fe I	125	7
2851,21	Hf II	25	50	2848,33	Fe II	—	5	2845,52	Ge II	—	12
2851,17	Mo I	15	—	2848,29	Nb II	2	10	2845,45	Ce	10	—
2851,11	Sb I, II	50	45	2848,24	Mo II	125	200	2845,45	Fe II	—	6
2851,10	Ti II	20	80	2848,19	Zr II	12	12	2845,38	Fe II	—	3
2850,99	Ta I, II	400	150	2848,12	Fe II	—	10	2845,35	Ce	4	—
2850,95	Co I	30	—	2848,07	Ce	2	—	2845,35	Ta I	150	10
2850,89	Mo I	10	—	2848,05	Ta I	150	15	2845,24	V II	18	80
2850,80	W I, II	12	12	2848,05	Fe II	—	70	2845,2	Pb II	—	(2)
2850,78	Mo I	20	—	2848,03	W I	15	12	2845,16	Ce III	2	—
2850,76	V II	10	30	2848,01	Nb II	1	8	2844,97	Fe II	—	5
2850,76	Os I	75	25	2847,83	Hg (I)	15	100	2844,92	V I	9	—
2850,70	Cr II	—	6	2847,82	W I	9	12	2844,91	W	10	12
2850,68	V II	10	25	2847,68	Ce	4	—	2844,88	Ce	2	—
2850,67	Mo II	1	40	2847,68	Mo II	—	6	2844,83	V II	—	10
2850,62	Sn I	80	100	2847,67	Hg II	—	(300)	2844,81	Mo II	—	20
2850,6	к B	50	—	2847,57	V II	15	150	2844,76	Ce	5	—
2850,49	Ta (I)	200	100	2847,48	Ca	—	4	2844,76	Ta (I)	150	30
2850,39	W I	9	7	2847,41	S	—	(8)	2844,72	Ce	5	—
2850,38	Nb II	1	5	2847,35	W I	10	12	2844,72	Ru II	—	150
2850,29	Cr II	—	5	2847,24	Ce	3	—	2844,58	Zr II	50	50
2850,16	Hf II	20	20	2847,24	Nb II	1	10	2844,51	In	—	2
2850,11	Fe	2	—	2847,22	Fe II	—	3	2844,49	W II	—	8
2850,04	Co I	75	—	2847,13	Sb	—	(3)	2844,46	Ta II	200	200
2849,83	Cr II	80	150R	2847,13	W II	2	15	2844,44	Nb II	2	10
2849,82	Ta I	15	50	2847,00	Ce	3	—	2844,40	Os I	50	25
2849,80	Tl II	—	(200)	2847,00	Mg	8	8	2844,39	Mo I	30	5
2849,73	Ir I	40	20	2846,96	Au II	—	25	2844,31	Ce	5	—
2849,61	Fe II	—	50	2846,83	Fe I	20	12	2844,25	Ta I	400R	200
2849,56	Nb II	2	100	2846,75	Ta (I)	150	10	2844,22	V II	—	12
2849,56	W I	7	6	2846,75	Mg I	18	4	2844,09	Ti II	—	3
2849,42	Ag	—	2	2846,70	Cr II	1	12	2843,98	Fe I	300	300
2849,38	Mo (I)	50	5	2846,62	Mo II	1	10	2843,95	Ag	5	2
2849,29	Cr I, II	35	30	2846,57	V (I)	50	20	2843,92	Fe I	2	—
2849,29	Ru (II)	3	100	2846,47	Cu I	8	—	2843,82	V II	—	15
2849,21	Hf II	30	100	2846,44	Sn II	—	3	2843,77	W I	9	8
2849,19	Ce	2	—	2846,43	Cr II	2	25	2843,72	Mo II	1	8
2849,19	Fe	2	—	2846,38	W II	6	1	2843,63	Nb II	3	10
2849,17	V I	25	—	2846,36	Ce	2	—	2843,63	Fe I	125	100
2849,05	V II	7	50	2846,28	Nb II	10	50	2843,51	Zr II	8	8
2849,03	Ce II	15	—	2846,26	Ce	4	—	2843,51	Ta II	3	80
2848,91	O	—	(30)	2846,09	Ti II	—	70	2843,48	Fe II	—	3
2848,90	Fe II	1	8	2846,02	Cr I	25	4	2843,31	Fe II	—	3
2848,81	Ce	2	—	2845,95	Fe	4	—	2843,24	Cr II	125	400R
2848,77	V I	20	2	2845,84	O	—	(10)	2843,24	Fe	6	2

λ	El.	B A	B S (E)	λ	El.	B A	B S (E)	λ	El.	B A	B S (E)
2842,93	Fe	5	2	2840,21	Al I	*		2837,86	Al I	*	
2842,92	Ce	3	—	2840,15	Ce	3	—	2837,76	W I	10	10
2842,90	Mo	4	—	2840,10	Al I	—	(15)	2837,76	Ag II	—	5
2842,83	Ce	25	—	2840,10	V II	2	25	2837,60	C II	—	40
2842,82	Ta I	200	50	2840,09	W I	9	2	2837,59	Ce	8	—
2842,76	Cr II	—	12	2840,01	Cr II	25	125	2837,37	Cu II	—	250
2842,69	V II	1	12	2840,00	Mn I	20	—	2837,34	W I	12	10
2842,67	Fe II	—	1	2839,99	Sn I	300R	300R	2837,32	Mo (I)	5	1
2842,64	Nb II	10	100	2839,98	In	—	2	2837,31	Sb	—	3
2842,56	W I	10	1	2839,92	W II	—	10	2837,30	Fe II	—	25
2842,51	Ce II	10	—	2839,89	Pd II	—	100	2837,28	Ce	50	—
2842,45	Mo II	3	30	2839,82	Fe II	—	10	2837,23	Zr I	100	—
2842,42	Cr II	—	8	2839,81	W II	1	10	2837,23	Pt I	2	—
2842,42	Ni II	—	150	2839,80	Ti II	—	100	2837,21	Se	—	(35)
2842,38	Co I	30	—	2839,79	Nb II	2	5	2837,15	Co I	75R	—
2842,36	Mo (I)	10	—	2839,68	Ge II	*		2837,03	Fe	1	2
2842,35	Si I	3	—	2839,62	Nb II	—	10	2836,96	Mo	8	—
2842,28	V (II)	—	9	2839,58	Mo I	25	1	2836,92	In I	80	80
2842,19	Ce	2	—	2839,56	Ce	5	—	2836,90	Cd I	200	80
2842,15	Mo II	2	40	2839,55	Na II	2	(20)	2836,71	Fe II	—	20
2842,08	Mn	12	—	2839,53	Fe II	4	25	2836,71	C II	—	200
2842,07	Fe II	—	5	2839,52	Ce	2	—	2836,70	Mo II	1	25
2842,07	Ce	2	—	2839,43	V I	12	7	2836,69	Rh I	60	—
2842,04	V II	1	7	2839,36	Ce II	18	—	2836,69	V I	10	—
2842,03	Pt	1	10	2839,33	Zr II	7	6	2836,67	H		5
2842,02	Nb I	3	2	2839,33	W I	10	10	2836,62	Ta I	80R	2
2841,94	Ti II	40	125	2839,33	In	—	2	2836,61	Ti I	5	2
2841,77	Mo II	—	15	2839,23	Ce	3	—	2836,60	Ti II	—	100
2841,72	Na II	20	(80)	2839,23	Cr (II)	—	20	2836,53	V II	20	80
2841,68	Ru II	50	200	2839,16	Mo II	—	25	2836,50	Fe II	3	12
2841,60	Cd	—	(5)	2839,16	Ir I	25	15	2836,49	Zr I	5	—
2841,57	W I	12	12	2839,03	Ce	2	—	2836,47	Cr II	3	20
2841,48	Ce	8	—	2838,96	Ni I	25	—	2836,41	Ti I	4	—
2841,17	Te (II)	—	(30)	2838,94	Ce	2	—	2836,40	Ir I	25	10
2841,15	Ce	3	—	2838,89	W I	10	6	2836,35	O II	—	(5)
2841,15	Ru II	—	125	2838,87	In	—	6	2836,32	Fe I	8	5
2841,14	Nb II	10	100	2838,85	Ce	2	—	2836,31	Mn I	15	—
2841,11	W II	2	10	2838,81	Ce	2	—	2836,29	Mo II	2	10
2841,04	V II	15	35	2838,78	Cr II	3	80	2836,25	W I	10	10
2841,03	Pd II	—	100	2838,67	W I	10	5	2836,24	Nb (I)	3	5
2840,94	Fe I	7	3	2838,63	Os I	100R	100	2836,18	Fe II	3	10
2840,94	Nb I	5	2	2838,53	V II	—	10	2836,10	Ti I	5	—
2840,76	Fe II	—	35	2838,45	Fe I	8	5	2836,03	Ce	6	—
2840,73	W I	5	4	2838,24	Ta II	2	150	2836,02	Mo I	8	—
2840,68	Ce	5	—	2838,23	Fe II	—	8	2835,95	Fe I	15	10
2840,66	Pb II	—	20	2838,12	Fe I	150	150	2835,95	In	—	3
2840,65	Fe II	—	70	2838,09	Cs	—	20	2835,91	Mo I	15	—
2840,59	V II	2	12	2838,05	V I, II	7	2	2835,89	Au	—	10
2840,54	Ru I	60	8	2838,02	Zr I	3	1	2835,80	Ce	2	—
2840,43	Cr II	—	6	2837,99	Ce II	8	—	2835,72	Fe II	*	
2840,43	Fe I	125	20	2837,96	Al I	—	(8)	2835,64	Ti I	8	6
2840,39	Ta (II)	2	50	2837,90	Mo I	15	—	2835,64	W I	12	10
2840,34	Fe II	—	8	2837,89	Ce II	10	—	2835,63	V I	12	2
2840,22	W I	9	4	2837,87	Cr II	2	35	2835,63	Cr II	100	400R
2840,22	Ir I	15	10	2837,87	Au II	—	80	2835,60	Ce II	10	—

λ	El.	B A	S (E)	λ	El.	B A	S (E)	λ	El.	B A	S (E)
2835,46	Fe I	100	100	2832,56	Ce	2	—	2829,01	Ge I	8	5
2835,43	Au	—	8	2832,48	W I	10	9	2828,81	Fe I	100	60
2835,39	Ce	2	—	2832,45	Cr II	2	125	2828,80	Ti II	—	150
2835,34	V II	1	10	2832,44	Fe I	300	200	2828,79	W I	10	2
2835,33	Mo II	20	40	2832,30	Ce	18	—	2828,78	Mo I	10	1
2835,11	Nb II	5	100	2832,26	Ti I	2	—	2828,78	Cr II	—	12
2834,94	Co II	2	75	2832,16	Ti II	25	100	2828,76	Mn I	50	—
2834,90	Ce	2	—	2832,07	Mo II	1	20	2828,70	Ce	3	—
2834,88	V	12	—	2831,95	Mo II	2	8	2828,68	Fe II	—	8
2834,87	Mo II	15	10	2831,84	Ge II	—	8	2828,63	Fe II	—	80
2834,76	Ti I	6	—	2831,83	W	5	10	2828,58	Ta II	75	100
2834,75	Fe I	15	10	2831,64	Ce	3	—	2828,47	Co (I)	15	—
2834,74	Ce	6	—	2831,60	V II	—	12	2828,16	Cr I	15	2
2834,71	Pt I	80	5	2831,56	Fe II	1	500	2828,15	Ti II	2	200
2834,55	Ni I	40	15	2831,55	Pt II	—	3	2828,06	Ti I	18	—
2834,53	V II	—	40	2831,54	In II	—	(18)	2828,03	Ce	8	—
2834,47	Ce	5	—	2831,44	Mo II	1	30	2827,95	Cr (II)	—	8
2834,43	Co I	50	—	2831,40	Ti I	5	—	2827,89	Fe I	70	50
2834,41	Fe I	3	2	2831,40	Si	—	(5)	2827,75	Mo II	8	40
2834,39	Zr II	4	4	2831,38	W I	25	10	2827,65	Ce	5	—
2834,39	Mo II	20	40	2831,37	Zr I	4	—	2827,60	Fe I	15	12
2834,28	Ge II	*		2831,26	As II	—	8	2827,59	Ta II	3	100
2834,24	Cr II	—	125	2831,24	W II	2	12	2827,54	Zr I	3	—
2834,21	W II	—	30	2831,03	Cr I	15	1	2827,49	Zr II	5	3
2834,18	Fe I	5	3	2830,96	Fe II	10	—	2827,43	Fe II	—	25
2834,16	Ti II	—	8	2830,96	V II	—	6	2827,31	Rh I	50	—
2834,14	W I	10	—	2830,89	Ce II	30	—	2827,28	W I	10	12
2834,14	Ca	—	3	2830,85	Nb II	—	5	2827,21	Ti II	—	80
2834,12	Rh I	70	30	2830,79	Mn I	50	—	2827,18	Ta I	200	10
2834,09	Ce	2	—	2830,60	Cr II	*		2827,17	Mo II	—	5
2834,08	Cd II	—	(100)	2830,57	Nb II	1	30	2827,14	W I	9	4
2834,08	Re I	100R	—	2830,46	Cr II	15	80	2827,11	Nb	—	20
2833,92	Co I	40	—	2830,45	As II	—	25	2827,08	Fe	1	—
2833,90	Zr II	2	5	2830,43	Ce	3	—	2827,08	Nb II	8	50
2833,79	Mo II	1	8	2830,40	V II	10	60	2826,97	Nb II	—	4
2833,64	Au II	—	3	2830,34	Ce	2	—	2826,92	V (II)	—	10
2833,64	Ta I	300	40	2830,30	Pt I	1000R	600R	2826,80	Co I	50	—
2833,63	W I	15	12	2830,28	W I	10	3	2826,79	Sb	—	5
2833,58	Ce	2	—	2830,06	W II	4	20	2826,75	Mo I	15	
2833,40	Fe I	10	8	2830,06	Ag	2	1	2826,74	Cr I	70	3
2833,39	Cr II	—	3	2830,04	Ti I	8	—	2826,71	Mn	12	—
2833,31	Nb II	1	10	2829,94	Mo I	25	5	2826,69	Sc II	10	25
2833,31	Ce	25	2	2829,85	Na II	2	(5)	2826,68	Rh I	100	50
2833,10	Fe II	—	5	2829,83	W I	15	10	2826,67	Ru II	—	100
2833,07	Pb I	500R	80R	2829,80	Zr I	20	15	2826,64	Ce	2	—
2833,06	Zr	2	1	2829,79	Mo I	15	—	2826,54	Mo I	40	5
2833,06	In	—	3	2829,75	Nb II	3	50	2826,5	P	—	(20)
2833,04	Ce	3	—	2829,61	Ce	2	—	2826,50	Fe I	10	8
2832,95	W I	10	3	2829,55	Ce	4	—	2826,49	Ce	5	—
2832,95	Zn	—	(25)	2829,53	Au I	—	2	2826,47	Nb I	3	5
2832,92	Ce	2	—	2829,33	Hf II	15	30	2826,40	C	—	6
2832,78	Nb III	—	5	2829,24	Ce	2	—	2826,38	Ti I	2	—
2832,75	Ce	2	—	2829,15	Ag II	3	3	2826,23	Ru II	—	80
2832,70	Ta II	*		2829,15	Ru I	50	8	2826,18	Ta I	60	5
2832,65	Mo II	—	5	2829,03	Mo II	1	6	2826,16	Tl I	200R	100R

λ	El.	B A	S (E)	λ	El.	B A	S (E)	λ	El.	B A	S (E)
2826,15	Cr II	—	12	2823,18	Ir I	12	5	2820,00	Ti II	—	70
2826,13	Zn	3	(10)	2823,18	Ru II	20	80	2819,95	Re I	150	—
2826,08	W I	10	3	2823,17	Au II	*		2819,90	Fe	—	3
2825,99	Fe I, II	6	25	2822,99	P	—	(20)	2819,89	Nb (II)	—	10
2825,99	Mo II	15	4	2822,86	Mo I	20	6	2819,89	Cd II	—	(3)
2825,86	V II	7	70	2822,68	Hf II	30	90	2819,80	Au II	—	150
2825,85	Nb II	2	5	2822,57	W II	12	30	2819,78	Re II	*	
2825,71	Ce	2	—	2822,56	Au II	—	80	2819,72	Mn I	10	—
2825,69	Fe I	70	60	2822,56	Y I	3	6	2819,58	Mo (II)	—	8
2825,67	Mo I	25	1	2822,55	Mn I	12	1	2819,56	Zr I	30	20
2825,56	Ca	—	2	2822,54	Ru II	40	150	2819,52	In II	—	(40)
2825,56	Zr II	30	30	2822,49	Pt II	2	15	2819,47	Fe I	4	2
2825,56	Fe I	150	150	2822,44	V (II)	4	70	2819,44	V II	10	40
2825,55	Au II	10	40	2822,42	Mo I	15	4	2819,37	Mn I	5	—
2825,49	Cr II	1	20	2822,38	Cr II	20	100	2819,37	Ta I	100	5
2825,48	Ru II	—	80	2822,36	Ce	6	—	2819,33	Fe II	—	3
2825,40	Ti	15	—	2822,27	Pt II	10	60	2819,30	Ce	3	—
2825,29	Ce	2	—	2822,17	Sc II	50	20	2819,29	Zr II	—	2
2825,24	Co II	5	200	2822,13	V (II)	—	30	2819,29	Fe I	10	—
2825,24	Ni II	—	125	2822,03	Ru I	50	5	2819,25	Ce	2	—
2825,19	W II	1	4	2822,02	Mo II	15	20	2819,24	Rh II	*	
2825,18	Nb I	5	3	2822,01	Ce	5	—	2819,21	Nb (I)	8	3
2825,16	P	—	(5)	2822,01	Cr II	10	80	2819,21	Ag	—	2
2825,15	Co I	75	—	2821,92	Nb I	4	3	2819,17	Co I	10	—
2825,07	Ru (II)	—	60	2821,91	Pd II	—	10	2819,13	Ta II	*	
2825,07	Ti I	4	—	2821,88	Fe	2	1	2819,05	W II	2	15
2825,02	V II	—	20	2821,83	Mo II	1	25	2819,03	In II	—	(30)
2824,96	W II	—	8	2821,80	W II	*		2818,95	Ru II	50	3
2824,88	Ce	10	—	2821,75	Co (I)	30	10	2818,93	In II	—	(10)
2824,82	Zr I	4	—	2821,68	Ce	6	—	2818,92	Mn I	20	—
2824,81	Ta I	60	5	2821,63	Fe I	2	1	2818,87	Pt II	1	10
2824,67	Fe I	2	2	2821,55	Zr I	10	—	2818,77	Mn I	25	—
2824,62	Ce	2	—	2821,54	Ti I	7	—	2818,74	Nb I	2	10
2824,53	Cr (II)	—	10	2821,52	Se II	—	(20)	2818,74	Zr II	15	15
2824,45	Ir I	20	15	2821,47	Ce	8	—	2818,73	Cd I	10	10
2824,44	V II	2	15	2821,45	Mn I	40	—	2818,60	Co I	30	—
2824,41	Pt	2	2	2821,42	Ti II	—	70	2818,52	V II	—	6
2824,37	Ag I	150	200	2821,34	Ru II	5	100	2818,47	Cr I	15	—
2824,37	Cu I	1000	300	2821,31	W I	10	6	2818,37	Ce	10	—
2824,36	Co I	2	—	2821,29	Ni I	125	125	2818,36	Cr II	8	80
2824,29	W II	1	8	2821,12	V II	7	40	2818,36	Ru I	50	12
2824,17	Mo II	—	3	2821,01	Fe	5	3	2818,30	Mo I	25	1
2824,03	Ce	15	—	2820,82	Cr I	20	1	2818,27	Na II	2	(5)
2823,99	In	—	3	2820,81	Fe I	20	15	2818,25	Pt I	70	4
2823,95	Ag	—	3	2820,80	Nb II	3	20	2818,19	Nb III	—	10
2823,89	Nb II	1	10	2820,74	Ce	2	—	2818,17	Ce	2	—
2823,71	W I	12	5	2820,63	Mo	8	—	2818,06	W I	15	20
2823,64	Co (I)	5	—	2820,63	Al II	—	(3)	2818,04	Fe	4	3
2823,63	N II	—	(25)	2820,36	Ti (II)	8	15	2818,02	Ce	2	—
2823,47	Ti I	3	—	2820,32	Ce	2	—	2817,97	Mn I	50	1
2823,42	Ce	8	—	2820,22	Hf II	40	100	2817,94	Cr II	—	20
2823,34	Nb II	1	5	2820,22	Fe	4	3	2817,93	Fe I	4	3
2823,28	Fe I	200	300	2820,01	Co I	50	—	2817,87	Ti II	10	200
2823,19	Cd II	—	(20)	2820,00	Mo (II)	—	8	2817,83	Ti I	3	1
2823,19	Pb I	150R	40	2820,0	Hg	10	20	2817,66	Mn I	15	—

265

λ	El.	B A	S (E)	λ	El.	B A	S (E)	λ	El.	B A	S (E)
2817,57	Cr II	—	15	2814,91	Zr I	70	1	2811,86	Ce II	12	—
2817,56	S	—	(15)	2814,89	V II	7	25	2811,72	Ta II	1	150
2817,51	V II	18	50	2814,81	Ce II	40	—	2811,62	Nb I	2	15
2817,51	Fe I	100	60	2814,80	Ta I	125	5	2811,59	V II	2	20
2817,50	Mo I, II	15	25	2814,80	W II	1	12	2811,52	Co I	50	—
2817,50	Ta I	80	10	2814,76	Hf II	15	35	2811,50	Mo (I)	20	—
2817,49	Ce II	15	—	2814,70	Zr I	2	—	2811,45	Cr II	—	6
2817,44	Mo II	8	25	2814,68	Re I	50	—	2811,41	Ce	6	—
2817,40	Ti I	20	—	2814,67	Mo II	1	20	2811,37	Mo II	—	3
				2814,57	Ti II	1	2	2811,34	Mn I	3	—
2817,36	Ce	2	—	2814,56	Ce	2	—	2811,27	Mg	—	8
2817,36	Bi II	—	6	2814,52	Cr I	15	2	2811,26	Fe II	—	40
2817,31	Nb	1	5	2814,48	Hf II	25	40	2811,16	Cr I	10	—
2817,22	Mg	3	8	2814,47	Ce	4	—	2811,15	Mo II	—	10
2817,17	Bi II	—	3	2814,46	Mn I	2	—	2811,13	Co I	50	—
2817,16	Mn I	10	—								
2817,10	Fe II	—	20	2814,36	Ni I	15	—	2811,04	Cr II	—	15
2817,10	Ta I, II	80	100	2814,31	Ce	3	—	2810,93	Cd II	—	(3)
2817,09	Ru I	50	4	2814,31	Ta II	50R	50	2810,92	Ta I	200	40
2817,01	Se	—	(25)	2814,22	Cr II	—	5	2810,91	Zr II	10	7
2816,94	Mo	5	—	2814,20	Os I	50	25	2810,90	In	—	2
2816,94	Cs II	—	(2)	2814,12	Mo II	2	6	2810,89	Cr II	—	3
2816,84	Cr II	3	30	2814,00	Pt II	4	15	2810,86	Co II	5	75
2816,68	Cr I	12	—	2813,99	Mn I	12	—	2810,81	Cs	—	(20)
2816,68	Nb II	2	50	2813,88	Ca III	—	4	2810,81	Nb II	3	100
2816,66	W I	5	1	2813,87	Hf II	25	30	2810,80	Cu II	—	2
2816,66	Fe	5	4	2813,69	Ru II	50	125	2810,65	Ru I	50	200
2816,52	O	—	(25)	2813,64	Y I	7	20	2810,51	Hg	2	—
2816,33	Ca	—	3	2813,61	Fe II	5	60	2810,43	Mo I, II	10	10
2816,32	Mn II	1	2	2813,61	Si	—	(5)	2810,28	Ti II	6	150
2816,18	Al II	10	100	2813,58	Sn I	50	50	2810,27	V II	50	50
2816,15	Mo II	200	300	2813,47	Mn I	30	1	2810,26	Fe	40	15
2816,05	Ce	2	—	2813,41	Cd II	—	(10)	2810,23	Mo II	—	8
2815,96	V I	12	—	2813,31	Ru II	—	75	2810,17	Ce II	10	—
2815,90	Mo I	20	—	2813,29	Fe I	400	400	2810,16	V II	10	30
2815,59	Mn I	12	—	2813,02	Cu	—	3	2810,03	Ru I	50	12
2815,56	Co I	50R	—	2812,98	Ti I	30	30	2809,95	Mo I	20	—
2815,54	Ti II	7	20	2812,97	Pt	2	—	2809,93	Cr I	10	—
2815,54	V II	1	12	2812,90	Ce	10	—	2809,9	κ B	60	—
2815,54	Mo I	10	—	2812,85	Mn I	20	—	2809,81	Fe II	1	100
2815,54	Ag II	3	80	2812,69	V (II)	2	12	2809,78	Mg	8	8
2815,54	Mg	3	8	2812,61	Mn II	1	3	2809,72	B	—	2
2815,51	Fe I	40	25	2812,59	Sn I	12	15	2809,66	Nb II	—	10
2815,49	Zr I	10	—	2812,58	Mo II	2	30	2809,63	Bi I	200	100
2815,45	W I	—	9	2812,49	Fe II	2	25	2809,61	Cr II	—	4
2815,39	Nb III	—	12	2812,44	Co I	3	—	2809,56	Ce	8	—
2815,12	Ta I	100	4	2812,31	Fe I	2	1	2809,51	Na II	8	(40)
2815,03	V II	2	9	2812,27	Mn II	1	2	2809,51	V II	10	20
2815,02	Mn I, II	25	75	2812,25	W II	3	20	2809,39	Mo	5	—
2815,02	Fe I	15	8	2812,16	V II	2	20	2809,27	Cr II	—	6
2815,01	Ta I	150	15	2812,14	Mo	4	—	2809,22	W I	6	6
2814,99	Ce	3	—	2812,05	Fe I	15	10	2809,17	Nb II	2	10
2814,99	Mo II	—	3	2812,04	Ti II	3	7	2809,17	Ti I	35	—
2814,98	Co I	25	—	2812,00	Cr II	8	80	2809,11	Mn I	25	—
2814,95	Ce II	20	—	2811,98	V II	2	12	2809,01	Cd	—	(3)
2814,93	Hg II	—	(200)	2811,93	In	—	2	2808,99	K II	—	(10)

λ	El.	B		λ	El.	B		λ	El.	B	
		A	S (E)			A	S (E)			A	S (E)
2808,98	Ce	5	—	2806,07	Fe I	15	5	2803,54	Ru (I)	50	4
2808,95	Mo II	—	6	2805,98	Nb (II)	—	10	2803,48	Bi II	2	30
2808,94	W II	1	15	2805,96	O IV	—	(10)	2803,47	Hg I	20	20
2808,84	O II	—	(5)	2805,92	W II	9	30	2803,47	V II	—	150
2808,83	Pt	1	15	2805,86	Nb (II)	1	10	2803,35	Cr II	1	30
2808,82	Ce	2	—	2805,79	Fe II	—	50	2803,30	W II	—	9
2808,79	Fe	1	—	2805,71	Zr II	—	2	2803,24	Pt I	400	5
2808,74	Nb II	1	15	2805,68	Ti I	35	2	2803,18	In	—	2
2808,69	V II	2	10	2805,67	Ge II	*		2803,17	Fe I	15	—
2808,68	Na II	—	(2)	2805,67	Ni II	—	200	2803,14	Ni I	5	—
2808,62	Fe	6	2	2805,65	Al	—	(30)	2803,13	Mo	3	—
2808,56	W I	10	—	2805,62	W I	10	2	2803,12	Ce	2	—
2808,50	Pt I	20	2	2805,62	Ce	2	—	2803,12	Fe	35	15
2808,47	W II	—	20	2805,56	Cd III	—	30	2803,04	Ce	8	—
2808,38	Mn I	8	—	2805,54	V II	12	35	2802,95	W I	12	10
2808,37	Mo I	25	1	2805,45	Ce	2	—	2802,81	Ru I	50	150
2808,36	Ce	2	—	2805,40	In II	—	(18)	2802,80	Mn I	12	—
2808,35	Ni II	—	40	2805,36	Mn II	1	5	2802,80	V II	15	25
2808,33	Fe I	100	40	2805,31	Fe I	—	15	2802,76	Hg	5	15
2808,23	V II	6	30	2805,28	In II	—	(5)	2802,73	Nb II	2	5
2808,22	Ru I	50	—	2805,21	Au II	—	30	2802,70	Bi II	—	10
2808,16	Zr II	2	1	2805,20	Mn II	2	6	2802,70	Co	100	200
2808,05	Nb I	5	2	2805,11	Ce	3	—	2802,70	Mg II	150	300
2808,02	V II	—	2	2805,08	Ni I	50	15	2802,69	Ce	18	5
2808,02	Mn I	20	—	2805,01	Ti II	—	200	2802,65	Mn I	2	—
2808,01	Cr (II)	—	30	2804,96	W II	—	12	2802,56	Cu I	10	2
2808,00	Hf II	25	30	2804,92	Mn I	10	—	2802,55	Bi II	—	3
2807,92	W I	7	5	2804,90	Ru II	—	60	2802,50	Ti I	100	15
2807,86	Re I	50	—	2804,86	Fe I	20	15	2802,44	Bi II	—	2
2807,85	Fe	2	1	2804,85	Ca	—	3	2802,41	Mn I	12	—
2807,82	Ce	4	—	2804,81	Ce	2	—	2802,35	Mo II	15	25
2807,75	Mo II	60	80	2804,69	Zn II	—	(10)	2802,30	Rh II	*	
2807,71	W I	10	8	2804,67	W I	12	9	2802,28	Ce	2	—
2807,67	Ce	4	—	2804,52	Fe I	300	200	2802,27	Ni (I)	50	15
2807,63	Rb	—	(70)	2804,44	V II	—	12	2802,25	Fe	3	—
2807,59	Pd II	—	15	2804,43	Hg I	18	10	2802,23	S	—	(8)
2807,35	Mo I	20	—	2804,38	Ce	4	—	2802,16	Mn I	5	—
2807,25	Fe I	15	8	2804,36	Mn I	8	—	2802,07	Ta I	300	80
2807,17	Co II	1	25	2804,23	W I	10	9	2802,06	Au II	—	200
2807,03	Ce	10	—	2804,09	Co I	5	—	2802,01	In	—	3
2806,98	Fe I	200	200	2804,09	Mn I	15	—	2802,00	Pb I	250R	100
2806,91	Nb III	—	8	2804,08	Ce	2	—	2801,94	W I	8	6
2806,91	Os I	100	1	2804,07	Os I	80	20	2801,93	Ag II	—	10
2806,79	Mn I	12	—	2804,02	Fe II	—	15	2801,79	Zn II	—	(25)
2806,77	Zr I	15	—	2804,01	W I	10	4	2801,74	Ce	2	—
2806,77	Ru II	50	100	2803,94	Ce	4	—	2801,55	Nb III	—	10
2806,77	Hg I	—	(15)	2803,80	Nb II	3	15	2801,54	Mo (I)	20	1
2806,71	Ce	2	—	2803,77	Co I	100	12	2801,47	Mo I	20	3
2806,58	Ta I	200	50	2803,72	Ca	—	2	2801,42	W II	4	6
2806,55	V II	2	10	2803,66	W II	6	12	2801,31	C II	—	6
2806,49	Ti II	6	20	2803,65	Bi II	—	15	2801,22	Hg	2	—
2806,39	W II	2	6	2803,62	Mn I	12	—	2801,19	Ce	2	—
2806,30	Ta I	300	50	2803,62	Fe I	50	20	2801,17	Al II	—	(3)
2806,18	Mo II	—	15	2803,57	Bi II	2	10	2801,16	W I	10	8
2806,14	Mn I	25	—	2803,54	Nb	—	3	2801,16	Zn I	5	—

λ	El.	B A	B S (E)	λ	El.	B A	B S (E)	λ	El.	B A	B S (E)
2801,08	Mn I	600R	60	2797,93	Mo I	15	2	2795,33	Cu II	—	2
2801,06	Zn I	100	20	2797,91	Fe II	—	20	2795,20	Ta II	*	
2801,05	W II	6	15	2797,80	Pt II	2	20	2795,13	Nb II	1	15
2800,93	V II	—	30	2797,80	V II	12	70	2795,12	Zr I	5	—
2800,87	Zn I	400	300	2797,78	Fe I	150	80	2795,01	Fe I	50	35
2800,77	Cr II	12	150	2797,76	Ta II	100	100	2794,82	Mn I	1000R	5
2800,73	Mo (II)	2	15	2797,72	Ce	4	—	2794,70	Fe I	50	30
2800,64	Pd II	—	(10)	2797,70	Ir I	18	10	2794,59	Tl II	—	(2)
2800,61	Ti II	—	150	2797,70	Sb II	—	5	2794,57	Mo II	3	3
2800,57	Ta I	150	40	2797,69	Nb II	10	200	2794,30	V II	—	9
2800,55	Ce	2	—	2797,64	Sb	—	4	2794,24	Ce	3	—
2800,46	Fe	50	10	2797,62	Ce	3	—	2794,21	Pt II	10	100
2800,34	Mo II	—	10	2797,62	W I	5	3	2794,2	air	—	3
2800,31	Nb I	3	4	2797,46	W I	10	4	2794,16	Fe I	10	—
2800,28	Fe	6	2	2797,43	Hg	—	(8)	2793,97	Mo	3	15
2800,17	Cr II	—	40	2797,35	Ir I	*		2793,92	Ge I	8	5
2800,08	W	6	3	2797,28	W II	—	3	2793,92	Co II	—	5
2800,02	V II	—	4	2797,19	W I	9	4	2793,89	Fe II	8	150
2799,98	Pt II	20	80	2797,19	Mn I	5	—	2793,88	Nb (II)	—	10
2799,93	Ru II	—	50	2797,17	Ce	4	—	2793,69	Nb II	—	5
2799,92	W I	12	12	2797,15	Ca	—	4	2793,64	Pt I	10	—
2799,84	Mn I	20	—	2797,08	Co I	50	2	2793,56	Ce	4	—
2799,76	Hg I	10	10	2797,02	V II	12	80	2793,52	Sb II	—	(10)
2799,72	Fe II	—	10	2797,01	Rh II	*		2793,47	W I	6	1
2799,7	κ C	50	—	2797,00	Ce	3	—	2793,39	Zr I	10	—
2799,67	W	7	3	2796,94	Mn I	8	—	2793,27	Pt I	100	5
2799,66	Ag II	20	100	2796,90	Zr II	10	7	2793,23	Te II	—	(300)
2799,53	Cu II	—	3	2796,89	Mo	—	15	2793,12	W	9	4
2799,45	V II	25	100	2796,87	Fe I	15	3	2793,04	Nb II	10	100
2799,35	Nb I	3	2	2796,85	W II	3	10	2792,96	Mo I	30	2
2799,29	Fe II	1	100	2796,83	Co II	—	3	2792,88	Ce	2	—
2799,22	N II	—	(10)	2796,77	Mo I, II	4	10	2792,79	W I	9	7
2799,17	Nb II	2	8	2796,73	Os I	100	15	2792,78	Rh II	2	3
2799,15	Ce	3	—	2796,64	Fe II	—	20	2792,74	In	—	2
2799,15	Fe (I)	50	10	2796,63	Rh I	100	1	2792,70	W I	10	10
2799,14	Zr II	5	6	2796,57	Ta I	150	—	2792,64	Ru I	50	1
2799,11	Ce	3	—	2796,34	Ta I	400	80	2792,52	W I	9	8
2799,03	W II	8	20	2796,23	Co I	50	5	2792,44	Co I	40	3
2798,98	Cd II	—	3	2796,20	Ce	2	—	2792,43	Ce	3	—
2798,91	Nb II	2	15	2796,14	W I	12	3	2792,43	V II	—	12
2798,89	Mo II	—	10	2796,13	Hg II	—	(8)	2792,40	Fe I	50	25
2798,89	Ce	2	—	2796,11	Mn II	*		2792,38	Ce	2	—
2798,76	In II	—	(30)	2795,94	Ce	2	—	2792,32	Ru II	10	100
2798,76	V II	25	80	2795,86	Nb I	4	3	2792,20	W I	7	4
2798,69	Bi I	200	25	2795,85	Fe	15	10	2792,16	Cr II	5	80
2798,67	Cr (II)	10	20	2795,82	Cr I	35	3	2792,05	Fe II	—	2
2798,65	Ni I	125	—	2795,81	Co I	15	—	2792,03	Zr I	12	—
2798,50	Se	—	10	2795,76	Fe II	—	3	2791,96	Cu I	7	—
2798,44	W I	8	1	2795,60	Co	—	10	2791,95	W I	12	8
2798,40	Ta (I)	150	—	2795,55	W	1	10	2791,79	Fe I	60	40
2798,30	Zr I	100	—	2795,55	Fe I	90	60	2791,78	Ce	2	—
2798,27	Mn I	800R	80	2795,53	Mg II	150	300	2791,78	Cu II	1	5
2798,14	Cd	—	3	2795,53	Au II	—	15	2791,74	Nb II	3	100
2798,06	Mg II	30	80	2795,52	Ce	30	8	2791,67	Ta I	100	10
2798,01	Mo I, II	15	30	2795,38	Ce	2	—	2791,63	Ca III	—	6

λ	El.	A	S (E)	λ	El.	A	S (E)	λ	El.	A	S (E)
2791,58	Mn I	3	—	2788,73	Ru II	—	50	2785,61	Mo II	1	15
2791,55	Mo II	1	30	2788,68	Ce	8	—	2785,54	V I	25	—
2791,49	V II	4	10	2788,68	Nb II	—	5	2785,4	к C	30	—
2791,46	Fe	40	20	2788,68	Mn I	5	—	2785,35	Ce	12	—
2791,42	Ce	18	—	2788,67	V (II)	—	7	2785,28	Ba I	50	—
2791,37	Nb II	1	5	2788,62	Pt II	6	20	2785,21	Fe II	—	40
2791,37	Ta II	25	150	2788,52	W II	—	6	2785,14	B	—	35
2791,29	Re I	60	—	2788,40	Hg II	—	(12)	2785,12	Ce	4	—
2791,16	Rh I	100	1	2788,30	Ta (I)	150	3	2785,10	Cr II	—	10
2791,08	Mn I	15	—	2788,19	V I	10	—	2785,06	Nb II	1	5
2791,04	Hg	6	10	2788,10	Fe I	150	150	2785,03	Sn I	60	60
2791,01	Co I	50	—	2788,02	Ce	2	—	2784,99	Mo II	100	200
2791,00	Ce	3	—	2788,02	Ti II	—	70	2784,97	Ce	2	—
2791,00	Fe	—	10	2787,98	W I	12	10	2784,97	Ta II	50	100
2790,93	Fe	2	—	2787,96	Sn I	50	50	2784,66	Ce	4	—
2790,91	Mn I	8	—	2787,93	Fe I	25	15	2784,64	Ti II	7	20
2790,79	Mg II	40	80	2787,92	Pd II	—	15	2784,52	Ru II	60	100
2790,71	Ta I	150	10	2787,92	V (II)	—	30	2784,44	Nb (II)	—	10
2790,66	Ti II	—	30	2787,90	Cr II	—	20	2784,35	Fe I	15	6
2790,57	Nb II	2	10	2787,83	Mo I	40	4	2784,31	Cr (II)	—	3
2790,56	W I	9	1	2787,82	Ru II	60	150	2784,28	Fe II	—	5
2790,55	Fe II	—	35	2787,81	Mn I	12	—	2784,27	Ce	15	—
2790,53	Ce	10	—	2787,69	Ta I	400R	40	2784,25	V (II)	4	50
2790,46	Hg II	—	(3)	2787,65	Ce	2	—	2784,05	Ce	2	—
2790,42	W II	2	15	2787,61	Cr II	5	30	2784,01	Fe I	12	3
2790,40	Mo II	3	25	2787,32	V (II)	—	4	2784,00	Mo	20	1
2790,39	Li II	*		2787,31	Mo II	1	5	2783,94	V (II)	1	10
2790,36	Mn I	20	—	2787,26	Fe II	—	10	2783,84	Cr II	—	35
2790,30	Mo I	30	1	2787,12	Ce	6	—	2783,78	Ce	3	—
2790,28	Co (I)	30	—	2787,11	Fe II	1	—	2783,78	V I	15	—
2790,28	As (II)	—	3	2787,02	Co I	5	—	2783,70	Fe II	20	400
2790,27	Sb III	—	6	2786,99	V II	2	20	2783,67	W	7	5
2790,18	Sn I	5	4	2786,95	Zr II	—	3	2783,57	Re I	150	—
2790,14	Zr I	25	—	2786,90	Ce	2	—	2783,55	Zr II	5	5
2790,08	V	1	9	2786,85	Zr I	5	—	2783,55	Cu I	18	—
2790,01	Mo I	15	—	2786,78	Fe (I)	15	7	2783,49	Ce	2	—
2789,80	Fe I	50	25	2786,68	Ce	2	—	2783,15	O II	—	(3)
2789,76	Nb (II)	—	3	2786,52	Ce	2	—	2783,12	Mo	3	—
2789,73	Mn I	2	—	2786,51	W I	8	2	2783,11	W I	10	12
2789,71	Hf II	20	30	2786,49	Cu I	8	—	2783,08	Mn I	12	—
2789,68	Fe	3	1	2786,49	Ag II	10	10	2783,04	Ce	5	—
2789,67	W I	12	5	2786,48	Cr II	1	30	2783,03	Rh I	150	10
2789,50	Hf II	5	15	2786,31	Hf II	10	15	2782,99	V II	1	10
2789,48	Fe I	60	30	2786,31	W II	2	15	2782,97	Mg I	15	15
2789,39	Cr II	—	20	2786,25	In	—	8	2782,82	Zn II	—	(20)
2789,37	W I	5	1	2786,19	Fe I	8	2	2782,80	Nb II	—	5
2789,35	Mn I	12	—	2786,11	Mo I	—	4	2782,73	Mn I	50	—
2789,32	Ce	2	—	2786,00	Ti II	—	60	2782,69	Ce	2	—
2789,32	Sn	5	3	2785,90	Co I	50	—	2782,65	W	4	—
2789,20	Nb I	2	5	2785,88	W I	7	2	2782,59	Cu I	20	1
2789,19	Mn I	15	—	2785,87	Sb III	—	4	2782,59	Cr II	—	20
2789,16	W II	3	12	2785,69	Cr II	5	80	2782,57	V (II)	—	9
2789,13	Mo	10	—	2785,68	V I	25	—	2782,46	O	—	(5)
2789,07	W I	10	7	2785,65	Ru I	60	200	2782,36	Nb I	10	20
2788,87	Sb (II)	—	(4)	2785,63	W II	3	20	2782,36	Cr II	—	35

λ	El.	B A	B S (E)	λ	El.	B A	B S (E)	λ	El.	B A	B S (E)
2782,26	Co I	3	—	2779,23	Mo(II)	—	25	2776,07	Cd I	—	3
2782,23	Ru I	50	1	2779,13	Cr I	20	5	2776,02	W	2	8
2782,14	W II	4	30	2779,10	Ta I	150	5	2775,90	Ru I	50	—
2782,05	Fe I	12	6	2778,98	Ru II	50	50	2775,88	Ta I	200	30
2782,00	Mo	—	3	2778,93	Cr II	—	12	2775,77	Rh II	5	125
2781,98	Ce II	10	—	2778,84	Fe (I)	70	40	2775,77	V II	12	70
2781,93	Hg	—	(8)	2778,82	Co I	75	8	2775,76	Sb	—	3
2781,89	Ce II	6	—	2778,69	Ce	2	—	2775,67	Cr I	30	—
2781,84	Fe I	90	60	2778,69	W II	3	20	2775,65	Mn III	4	10
2781,80	Rh II	1	150	2778,60	V (II)	—	60	2775,63	Ru II	50	150
2781,48	V II	4	125	2778,59	Fe	6	1	2775,58	Co I	50	—
2781,43	Ce	6	—	2778,56	Mn I	60	—	2775,55	Mo	10	—
2781,42	Mg I	20	8	2778,49	Ti II	—	30	2775,39	Mo II	80	100
2781,37	Ta I	50	4	2778,39	Ce	2	—	2775,36	In I	80	30
2781,23	Zn I	25	5	2778,39	Ru II	—	150	2775,35	Ta II	80	5
2781,15	Cr I	10	12	2778,34	Sn II	—	2	2775,33	Ni II	—	250
2781,03	Co (I)	8	—	2778,27	Mg I	25	20	2775,18	Co II	30	100
2781,01	Fe (I)	8	2	2778,22	Fe I	100	80	2775,18	Ru I	50	—
2780,99	Mo	15	1	2778,15	Rh II	2	100	2775,15	Ce	10	—
2780,98	Nb(II)	1	4	2778,07	V I	10	—	2775,11	Ta I,II	100	80
2780,89	Fe	10	3	2778,07	Fe (I)	30	10	2774,98	W II	2	12
2780,88	Cr II	—	20	2778,06	Cr II	12	60	2774,96	V II	10	20
2780,83	Au I	25	20	2778,06	Rh I	100	3	2774,96	Cd I	50	20
2780,79	P	—	(10)	2778,05	Ce	2	—	2774,96	Co I	50	—
2780,70	Cr I	600R	15	2778,01	Nb II	—	5	2774,88	Ta I	100	3
2780,70	Fe I	30	15	2777,89	Fe II	*		2774,78	Pt II	10	100
2780,54	Fe	10	2	2777,89	K II	—	(2)	2774,73	Fe I	80	10
2780,52	Bi I	200	100	2777,87	W II	2	12	2774,72	V II	20	50
2780,56	Ti II	—	60	2777,85	Mo II	15	10	2774,69	Fe II	—	50
2780,34	Ta II	4	—	2777,79	Ce	3	—	2774,48	Ru I	60	2
2780,30	Cr II	—	100	2777,75	V II	40	100R	2774,48	Nb II	—	10
2780,28	W I, II	10	20	2777,74	Mo I	30	2	2774,48	W I	15	20
2780,28	Cd	—	(25)	2777,66	Cr I	40	1	2774,44	Cr II	—	100
2780,24	Nb II	30	200R	2777,48	Ru II	5	50	2774,40	Mo II	30	50
2780,22	As I	75R	75	2777,46	Mn I	10	—	2774,28	V II	25	100R
2780,15	Ga II	—	(40)	2777,40	Ru II	—	50	2774,20	Pt	4	—
2780,09	V II	—	10	2777,25	W	6	2	2774,15	Zr II	10	10
2780,04	Fe II	—	20	2776,99	Cs II	*		2774,14	Fe I	1	—
2780,02	Mo II	60	100	2776,96	Ce	2	—	2774,09	W II	—	10
2780,00	Ce II	15	—	2776,92	Fe II	—	25	2774,05	Nb I	2	5
2780,00	Mn I	25	—	2776,84	Pd II	—	25	2774,05	Ce	2	—
2779,90	Fe II	—	40	2776,69	Mg I	30	20	2774,03	Zr I	10	—
2779,84	Co II	—	3	2776,68	V	2	—	2774,02	Hf II	25	50
2779,83	Mg I	40	50	2776,67	Mo II	1	20	2774,00	V I	9	—
2779,82	Ce	2	—	2776,65	Cr II	—	25	2774,00	W I	12	2
2779,81	Sn I	80	100	2776,59	Zr II	1	2	2774,00	Pt I	50	2
2779,72	W I	8	7	2776,50	W II	12	25	2773,94	Ce	2	—
2779,72	Nb (I)	5	4	2776,47	V	30	—	2773,90	Fe I	10	5
2779,70	Fe	4	—	2776,42	Cs	—	(20)	2773,87	W II	4	9
2779,54	Rh I	100	6	2776,40	Fe	100	30	2773,78	Mo II	15	25
2779,47	Mo I	25	1	2776,23	Mn I	80	—	2773,70	W (I)	12	8
2779,36	Nb I	5	5	2776,23	V II	—	6	2773,68	Fe II	—	1
2779,31	W I	5	4	2776,21	Co	—	10	2773,67	V I	35	7
2779,30	Fe II	25	300	2776,17	Fe II	—	40	2773,67	Co I	3	—
2779,26	B	—	100	2776,08	W I	9	2	2773,66	Mn I	15	—

λ	El.	B		λ	El.	B		λ	El.	B	
		A	S (E)			A	S (E)			A	S (E)
2773,59	Pt I	7	—	2770,99	V II	1	10	2768,46	Mg I	8	—
2773,36	Hf II	25	60	2770,98	Zn I	300	150	2768,44	Mn II	3	20
2773,31	Cr II	1	40	2770,92	V I	2	—	2768,44	Fe I	25	5
2773,24	Pt I	50	5	2770,90	Mo(II)	—	3	2768,33	Fe II	—	1
2773,23	Fe (I)	90	40	2770,88	W I	25	12	2768,33	W II	10	20
2773,20	Nb I	15	10	2770,87	Zn I	300	25	2768,31	V I	9	—
2773,04	In	—	3	2770,81	Ce	10	—	2768,29	Co I	9	—
2773,02	Mn I	10	—	2770,79	Ca I	*		2768,28	Ce III	5	3
2773,02	Ce	2	—	2770,70	Ru I	60	—	2768,23	Rh I	50	4
2772,92	Ce	2	—	2770,70	Fe I	20	7	2768,15	Cr II	—	10
2772,83	Fe I	15	4	2770,59	Ge II	*		2768,13	V II	12	18
2772,82	Pt I	15	2	2770,58	Mo(II)	—	25	2768,12	Nb II	10	100
2772,71	Pb II	—	2	2770,51	Fe II	—	50	2768,11	Fe	35	8
2772,70	Co I	30	—	2770,44	Hf II	15	20	2768,09	Mo (I)	10	—
2772,61	Ru I	50	—	2770,42	Re I	70	—	2767,88	Bi	4	—
2772,55	Co (I)	15	—	2770,30	Ru I	60	3	2767,87	Tl I	400R	300R
2772,51	Fe	30	20	2770,20	W I	10	2	2767,78	Ag	5	1
2772,48	W I	10	60	2770,15	Mo II	—	8	2767,73	Rh I	100	4
2772,46	Ru II	20	150	2769,95	Sb I	100	75	2767,53	Cr I	30	8
2772,35	Ge II	*		2769,91	Cr I,II	400R	40	2767,52	Fe I	300	—
2772,34	Hf II	15	20	2769,86	Mo	5	—	2767,52	Ag II	30	200
2772,34	Cr II	—	8	2769,84	Pt I	50	2	2767,50	Fe II	10	400
2772,32	Ce	3	—	2769,76	Mo II	10	100	2767,34	Zr I	3	—
2772,16	Cd	—	(5)	2769,74	W I	15	10	2767,32	Cd II	—	(2)
2772,12	Fe I	50	10	2769,73	V II	6	40	2767,27	Cr II	—	4
2772,08	Fe I	300	300	2769,69	Al	—	(3)	2767,22	Mo I	20	—
2772,01	V II	2	80	2769,68	Fe I	60	20	2767,21	Nb II	1	5
2771,96	Cd II	—	5	2769,67	Co I	10	—	2767,15	V II	2	30
2771,93	Cr II	—	12	2769,67	Cu II	5	400	2767,14	W I	12	1
2771,92	W II	—	12	2769,65	Te I,(II)	—	(30)	2767,00	Ce	18	—
2771,89	Fe	12	6	2769,62	Mn	3	10	2767,0	Li II	*	
2771,83	Ta II	3	100	2769,57	Nb II	2	30	2766,99	Cd III	—	(12)
2771,77	Mo	5	—	2769,35	Fe II	1	20	2766,98	W II	—	12
2771,70	Co I	9	—	2769,30	Fe I	90	10	2766,91	Fe I	90	40
2771,68	Mo II	—	20	2769,29	Nb (II)	—	15	2766,85	Co II	—	3
2771,67	Pt I	500	15	2769,27	Ce	2	—	2766,73	W I	8	1
2771,65	Nb II	2	20	2769,26	Hg II	—	(3)	2766,72	Mo I	20	1
2771,62	W I	12	5	2769,15	Fe II	1	15	2766,66	Fe	15	6
2771,56	Fe II	1	10	2769,08	Co	—	35	2766,66	Pt	10	2
2771,51	Rh I	100	8	2768,99	W I	18	10	2766,58	Ce	2	—
2771,50	Ce	8	—	2768,95	Pt	1	4	2766,56	Ru II	—	100
2771,46	Ce	3	—	2768,93	V I	30	4	2766,55	Cr II	40	300R
2771,44	Cr I	18	2	2768,93	Fe II	40	100	2766,54	Rh II	5	150
2771,44	Mn I	25	—	2768,93	Ru II	60	200	2766,46	V II	40	100
2771,41	V II	6	50	2768,88	Cu I	25	1	2766,39	Re I	50	—
2771,40	Nb II	2	15	2768,86	Mo	10	—	2766,39	Co I	50	3
2771,36	Ba II	12	8	2768,84	Zr II	3	5	2766,38	Ce	2	—
2771,35	Mo I	20	—	2768,83	Ce	12	—	2766,37	Cu I	500	25
2771,28	Cr II	—	12	2768,79	Ni II	—	250	2766,32	W II	—	20
2771,27	Ca	—	4	2768,73	Zr II	50	50	2766,25	Mo I	30	3
2771,18	Fe II	—	50	2768,69	Co I	20	—	2766,22	Co I	50	45
2771,14	Ce	8	—	2768,59	Cr II	1	60	2766,18	Nb I	3	2
2771,07	Ti	2	2	2768,57	V II	35	150R	2766,15	Mo II	—	10
2771,06	Ru II	1	100	2768,52	Ce	3	—	2766,11	C II	—	2
2771,00	W II	—	10	2768,47	Cd	—	(5)	2766,03	Fe I	1	—

λ	El.	B A	S (E)	λ	El.	B A	S (E)	λ	El.	B A	S (E)
2765,93	Nb I, II	5	10	2763,29	Mo II	1	20	2761,00	Nb(I)	5	5
2765,89	Ru II	—	50	2763,22	Pt II	6	15	2760,93	Mn I	80	—
2765,86	Cr II	—	35	2763,11	Fe I	100	70	2760,90	Fe	15	8
2765,70	Fe I	7	1	2763,09	Pd I	300R	30R	2760,85	Al II	—	(3)
2765,68	V II	50	200	2763,09	Cr I	35	4	2760,83	Cr (II)	—	15
2765,65	W I	12	4	2763,02	Mo I	25	1	2760,74	W II	8	20
2765,65	Ti II	—	20	2763,02	Zr I	6	—	2760,71	V II	25	100
2765,53	Ce	6	—	2762,89	Ce II	12	—	2760,67	Ni II	—	40
2765,49	Fe II	—	5	2762,77	Fe I	25	10	2760,52	Mo II	1	30
2765,47	Cr II	2	20	2762,76	Cr II	1	5	2760,52	Cr II	—	20
2765,44	Mn II	3	—	2762,71	V II	2	12	2760,38	Ce	5	—
2765,43	Ru II	50	150	2762,70	W I	9	3	2760,35	Cr II	1	18
2765,38	Ce	8	—	2762,69	Mo I	25	2	2760,27	Ce	2	—
2765,34	Mg I	8	3	2762,68	Fe	50	1	2760,12	V II	20	35
2765,33	W II	—	10	2762,58	Cr II	40	100	2760,11	Zr II	1	2
2765,28	Nb II	3	10	2762,49	W II	—	10	2760,05	Cr II	1	10
2765,21	Ti II	2	3	2762,48	Nb II	2	5	2760,03	W I	8	7
2765,20	W	8	1	2762,46	Al II	—	(8)	2760,00	Mo	10	—
2765,13	Ru II	—	80	2762,44	Mo II	1	10	2759,97	Nb(II)	2	10
2765,11	Ce	8	—	2762,44	Fe II	—	10	2759,88	Ce	2	—
2765,09	Mo	15	1	2762,35	W I	20	10	2759,82	Fe I	100	60
2764,83	Rh II	15R	125	2762,32	Nb II	2	10	2759,72	Cr II	1	15
2764,82	Ti II	15	70	2762,30	Ru I	50	3	2759,71	Hg I	20	15
2764,78	Fe II	—	20	2762,24	Ti II	5	12	2759,58	Mo I	20	1
2764,77	W II	*		2762,21	Ce II	18	—	2759,58	V II	2	20
2764,71	Ru I	50	1	2762,12	Ca	—	2	2759,53	W	—	10
2764,69	Ce	5	—	2762,10	W	—	4	2759,48	Zr I	4	—
2764,63	Ce	5	—	2762,09	Mn II	2	10	2759,40	Cr II	10	35
2764,56	Nb II	3	10	2762,05	Ta II	1	40	2759,33	Fe II	2	12
2764,39	Ce	3	—	2762,03	Fe I	100	60	2759,18	Mo II	—	5
2764,35	Cr I	200R	6	2761,97	Hg	—	(40)	2759,16	Nb II	—	10
2764,33	Fe I	70	40	2761,91	Zr II	3	4	2759,08	V II	1	2
2764,29	V (II)	—	10	2761,81	Fe II	50	200	2759,05	Ce	2	—
2764,27	W II	20	60	2761,78	Mo(II)	—	10	2759,03	W I	8	3
2764,23	Cd I	50	25	2761,78	Fe I	200	—	2759,02	Ni II	—	500
2764,19	Co I	100R	—	2761,78	Sn I	10	10	2758,99	Cr II	1	40
2764,14	Ce	2	—	2761,76	Ce	2	—	2758,95	Mn I	10	—
2764,00	W I	10	2	2761,74	Cr I	300R	35	2758,90	Ti II	—	10
2763,97	Cr II	—	30	2761,68	Ta II	200	150	2758,87	W I	6	3
2763,93	Mo I	25	1	2761,67	Ce	2	—	2758,86	Zn	—	(10)
2763,93	Ti II	2	4	2761,63	Hf I	25	3	2758,81	V II	4	10
2763,90	Fe II	1	25	2761,59	W II	10	25	2758,81	Zr II	30	30
2763,89	Cd I	100	50	2761,55	Ta I	80	—	2758,78	Nb II	1	100
2763,88	Zn II	—	(3)	2761,53	Mo I	40	20	2758,68	W I	6	3
2763,81	Cu I	3	2	2761,51	Fe I	4	—	2758,63	Mo II	10	10
2763,79	Re I	50	—	2761,50	Ce	8	—	2758,61	Cr II	—	30
2763,72	Ce	2	—	2761,42	Os I	50	10	2758,61	Nb I	10	15
2763,63	Mo II	25	50	2761,41	Ce II	20	—	2758,54	Co I	30	—
2763,59	Ce	5	—	2761,37	Co I	75	5	2758,52	P	—	(20)
2763,59	Nb II	2	10	2761,35	Mn I	5	—	2758,51	V II	2	12
2763,59	Cr II	1	30	2761,30	O	—	(10)	2758,51	Fe	2	25
2763,41	Ru I	50	15	2761,29	Ti II	10	35	2758,50	Mo II	2	20
2763,41	Fe	2	—	2761,26	Rh II	1	50	2758,34	Ti II	—	15
2763,38	Nb I	5	5	2761,13	W I	8	—	2758,32	W II	6	12
2763,37	Ta II	25	60	2761,01	Mn II	*		2758,31	Ta I	200	40

λ	El.	B A	S (E)	λ	El.	B A	S (E)	λ	El.	B A	S (E)
2758,07	Ti I	70	40	2754,91	Fe II	—	18	2752,45	Ru II	50	—
2758,00	Re I	60	—	2754,90	Cr I	10	—	2752,38	Cr II	—	10
2757,86	Fe (I)	25	10	2754,71	W II	—	5	2752,35	W II	6	5
2757,83	Cd	—	(5)	2754,60	Ru I	50	1	2752,32	Mn I	20	—
2757,80	Ru I	50	—	2754,59	Ge I	30	20	2752,30	Ta I	150	8
2757,75	V I	9	2	2754,52	Nb II	10	100	2752,24	W II	2	20
2757,72	Cr II	35	150	2754,43	Fe I	70	20	2752,21	Zr II	40	40
2757,69	W II	—	12	2754,29	Mo I	20	20	2752,19	Ag II	2	(4)
2757,69	Pt I	15	—	2754,28	Cr II	3	50	2752,16	Ce	15	—
2757,50	Nb II	2	30	2754,23	Ce	5	—	2752,15	Fe II	—	10
2757,46	Ce	2	—	2754,21	Zr II	3	1	2752,15	Mo	3	3
2757,40	Ti I	25	2	2754,18	Ca	1	3	2752,13	V (II)	1	35
2757,32	Fe I	100	60	2754,07	Nb(I)	3	3	2752,11	Ru II	—	60
2757,26	Nb II	3	50	2754,03	Fe I	90	35	2752,09	Fe	1	20
2757,20	W	6	12	2753,92	Mo II	—	5	2752,07	Co I	40	1
2757,18	Ce	2	—	2753,88	In I	300R	300	2752,01	Nb II	2	5
2757,10	Mo	5	—	2753,86	Pt I	100	4	2751,88	Cd	—	(5)
2757,09	Cr I	300R	10	2753,81	Mo II	1	10	2751,85	Cr II	20	125
2757,02	Fe II	10	30	2753,81	Fe	5	—	2751,81	Hf II	25	80
2756,92	Hf II	15	40	2753,80	Cd II	—	2	2751,81	Fe	15	5
2756,92	Cr II	—	30R	2753,76	Pt I	15	—	2751,81	Cu I	5	—
2756,79	Ce	10	—	2753,74	Nb II	2	5	2751,78	V (II)	—	2
2756,79	Cd I	50	—	2753,69	Fe I	70	25	2751,70	Ti II	—	200
2756,77	W II	1	12	2753,64	Re II	2	—	2751,58	Cr I	30	—
2756,75	Cr I	10	1	2753,60	Hf III	—	60	2751,47	Mo I	50	5
2756,57	V II	—	15	2753,56	Nb II	2	3	2751,39	Zn I	10	—
2756,51	Fe II	10	7	2753,54	Ce	2	—	2751,37	Fe	15	—
2756,51	Ag II	5	200	2753,51	Ru II	50	50	2751,29	Cu I	10	—
2756,45	Zn I	200	100	2753,41	V II	50	200R	2751,21	W	5	4
2756,38	V II	—	4	2753,4	к B	100	—	2751,12	Fe II	—	70
2756,33	Fe I	300	100	2753,34	Co II	—	4	2751,02	Au	—	5
2756,30	Cr II	1	100	2753,32	W II	1	12	2750,94	Zr II	6	8
2756,27	Fe I	300	100	2753,30	Ce	2	—	2750,89	Ce II	12	—
2756,25	Mo	15	—	2753,29	Fe II	25	150	2750,88	Fe I	60	20
2756,18	Mn II	*		2753,25	Zr	2	2	2750,76	W I, II	—	12
2756,08	Ce	2	—	2753,21	Ce	2	—	2750,72	Cr II	30	150
2756,07	Mo (II)	10	50	2753,16	W I	8	—	2750,72	Fe I	15	—
2755,96	Ce	2	—	2753,13	Nb II	2	80	2750,61	S	—	(8)
2755,94	W I	10	6	2753,10	Fe	25	—	2750,57	Nb II	2	30
2755,74	Fe II	300	100	2753,09	V	10	—	2750,56	Re II	*	
2755,69	W II	—	6	2753,07	Ce	6	—	2750,45	Ce	8	—
2755,66	V	15	—	2753,05	W II	15	10	2750,35	Ru I	50	—
2755,64	Mn	3	—	2753,02	Fe	2	—	2750,35	Ta II	20	—
2755,63	Nb I	5	2	2753,01	Nb(I)	5	50	2750,32	W II	2	12
2755,56	Nb II	1	4	2752,94	Ce	2	—	2750,30	V II	—	7
2755,41	Ce	8	—	2752,88	Ti II	—	50	2750,14	W	12	5
2755,36	Mo I	15	10	2752,85	Cr I	300R	40	2750,14	Fe I	300	100
2755,29	Cr (I)	50	2	2752,84	Rh I	50	2	2750,14	Ti	30	2
2755,28	Nb I	5	10	2752,83	In II	—	(5)	2750,03	Mo II	2	50
2755,26	W I	10	4	2752,78	Hg I	40	10	2750,01	V II	—	2
2755,18	Fe I	15	—	2752,77	Hg I	100R	50	2749,95	Ce	5	—
2755,06	V (II)	—	20	2752,76	Ru II	50	150	2749,89	V	—	2
2754,95	Fe	25	—	2752,74	In II	—	(2)	2749,83	Hg II	—	(3)
2754,92	Pt I	200	5	2752,58	Mo II	—	4	2749,83	Ta I	200	50
2754,91	W I	12	9	2752,49	Ta II	300	300	2749,82	Nb II	2	8

λ	El.	B A	B S (E)	λ	El.	B A	B S (E)	λ	El.	B A	B S (E)
2749,82	Cr II	—	20	2746,89	Mo	8	2	2744,19	Mo II	2	25
2749,76	In II	—	(30)	2746,75	Ni I	125	50	2744,07	Fe I	150	8
2749,70	Ce	2	—	2746,74	W I	12	20	2743,93	Ru I, II	50	100
2749,70	In II	—	(50)	2746,71	Ti II	—	150	2743,90	Ag II	—	50
2749,68	Nb II	1	5	2746,68	Ta I	100	5	2743,77	V II	7	30
2749,68	Fe	3	—	2746,65	Ce	3	—	2743,71	Mo I	30	1
2749,64	Ru II	50	10	2746,56	Ce	2	—	2743,63	Cr II	30	125
2749,52	Ce	8	—	2746,49	C II	—	25	2743,56	Fe I	50	15
2749,48	Fe II	15	20	2746,48	Fe II	150	300	2743,55	K II	—	(5)
2749,32	Fe II	30	30	2746,36	Bi II	—	2	2743,49	Pt II	6	40
2749,18	Fe II	40	40	2746,30	Mo II	30	25	2743,47	Nb II	1	20
2749,05	Ti I	30	—	2746,21	W I	10	7	2743,42	W I	12	10
2749,00	S	—	(8)	2746,21	Cr II	—	25	2743,32	Ce	2	—
2749,00	W I	9	4	2746,2	Bi II	—	2	2743,20	Fe II	80	150
2748,98	Cr II	35	200	2746,15	Fe II	—	10	2743,07	Mo I	15	—
2748,90	Ce III	2	—	2746,07	Ru II	50	8	2743,06	Ce	8	—
2748,86	Al	—	(30)	2746,03	Co I	50	—	2742,99	Ni II	—	500
2748,85	W I	12	10	2745,97	Fe	3	—	2742,90	W II	3	25
2748,84	Nb I	10	10	2745,90	V II	—	35	2742,89	Mo II	1	20
2748,78	Ta I	400	50	2745,86	Zr II	25	25	2742,67	V II	25	20
2748,72	In	—	25	2745,83	W I	10	6	2742,60	Pd II	—	100
2748,70	Au II	—	5R	2745,83	Ru II	50	80	2742,6	к C	20	—
2748,60	Zr I	2	—	2745,82	Fe	8	—	2742,60	Nb II	1	20
2748,58	Cd II	5	200	2745,73	Nb II	3	50	2742,56	Zr II	15	25
2748,57	W	10	3	2745,72	Ce	10	—	2742,47	W II	5	25
2748,49	Mo I	20	—	2745,62	W	8	6	2742,41	V II	35	20
2748,43	W II	—	9	2745,55	Mn I	15	—	2742,41	Fe I	50	50
2748,41	Mo II	—	10	2745,47	Pb	—	5	2742,40	Ru II	4	50
2748,30	W II	10	12	2745,45	Cu I	8	150	2742,32	Ti I	30	40
2748,28	Cr I	300	5	2745,42	Cr II	—	12	2742,25	Fe I	25	25
2748,26	Au I	40	80	2745,38	Mo I	20	—	2742,17	Cr I	30	3
2748,23	Cs II	—	(20)	2745,32	W I	6	3	2742,02	Cr II	15	50
2748,07	Al I	*		2745,30	Nb II	5	30	2742,02	Fe I	35	15
2748,07	Nb II	1	15	2745,28	Cu II	30	30	2741,96	Ce	12	—
2748,02	Ce	2	—	2745,27	Mo II	5	5	2741,90	W	—	10
2747,92	Cr (II)	—	6	2745,16	Ru II	12	150	2741,82	Fe	1	—
2747,9	In	—	2	2745,10	W I	9	—	2741,80	Ti I	3	—
2747,83	W I	12	5	2745,10	Co I	50	60	2741,61	Mo II	5	25
2747,83	Ce	2	—	2745,08	Mo I	20	1	2741,58	Fe I	4	1
2747,68	Fe	2	—	2745,08	Fe	10	1	2741,57	Ce	3	—
2747,63	Rh II	1	100	2745,03	W II	2	25	2741,56	V II	2	10
2747,61	Pt I	150	2	2745,00	Ce	5	—	2741,55	Zr II	10	8
2747,60	Nb II	—	10	2745,00	As I	8R	8	2741,52	Ce	3	—
2747,56	Fe I	30	5	2744,97	Cr II	—	20	2741,40	Fe II	—	70
2747,54	V I	10	5	2744,96	Nb II	1	5	2741,38	As (II)	—	2
2747,46	O II	—	(25)	2744,90	W I	8	—	2741,31	Mo II	2	20
2747,46	V II	6	60	2744,89	Fe II	—	2	2741,20	W	—	8
2747,37	Nb II	1	5	2744,84	Ti I	30	—	2741,20	Li I	200	30
2747,28	C II	—	40	2744,83	Pt	5R	1	2741,14	Nb I	4	10
2747,25	Ta (I)	50	5	2744,59	Cr II	—	40	2741,11	Fe I	10	3
2747,15	Ce	12	—	2744,54	V II	2	20	2741,07	Cr I	35	30
2747,14	Mo II	—	10	2744,54	Ce	4	—	2740,99	Sb IV	—	2
2747,01	W I	12	10	2744,53	Fe I	70	50	2740,98	Al I	*	
2746,98	Fe I, II	200	300	2744,45	Ru I	30	50	2740,97	V II	—	15
2746,91	Nb I	5	20	2744,44	Nb II	1	10	2740,96	Mo	8	—

λ	El.	B A	B S (E)	λ	El.	B A	B S (E)	λ	El.	B A	B S (E)
2740,86	Ti I	6	—	2737,41	Ce	2	—	2734,72	Mn I	10	—
2740,79	W II	5	25	2737,40	Rh II	30	400	2734,68	Co II	—	3
2740,78	Mn II	*		2737,37	W (II)	—	20	2734,62	Fe I	20	8
2740,57	Ce	3	—	2737,33	Cu II	—	4	2734,56	Cr II	—	10
2740,56	Mn I	3	—	2737,31	Fe I	300R	150	2734,50	Pt I	100	10
2740,50	Zr II	5	5	2737,27	S	—	(8)	2734,38	Ce	8	—
2740,46	Co I	50	4	2737,22	Cr I	10	—	2734,37	Mo II	—	5
2740,43	Ge I	10	10	2737,09	Cr II	—	10	2734,36	Nb II	5	80
2740,39	Pt II	—	4	2737,08	Nb II	5	100	2734,35	Ru II	80	200
2740,35	Zr II	3	3	2737,05	Ce	2	—	2734,30	V (II)	—	15
2740,18	Nb II	3	50	2737,00	Mn	8	10	2734,27	Fe I	40	25
2740,17	W II	1	12	2736,97	Fe I, II	7	—	2734,07	Ce	3	—
2740,09	Cr II	20	60	2736,96	Mo II	25	30	2734,00	Sc III	6	12
2740,06	Mo II	1	4	2736,86	Zn I	10	—	2734,00	Fe I	40	25
2740,0	к C	12	—	2736,83	Ru II	30	60	2733,96	Pt I	1000	200
2739,92	Rh II	10	300	2736,78	Fe	10	2	2733,90	V II	15	25
2739,90	P	—	(10)	2736,76	Rh I	100	3	2733,83	Mo	10	—
2739,81	Ti I	50	3	2736,72	Mg	8	2	2733,82	Cd I	50	25
2739,77	Zr II	—	2	2736,69	V II	1	20	2733,77	W II	10	7
2739,77	Cu II	70	30	2736,68	Ti I	12	—	2733,74	Nb II	2	50
2739,76	Cr II	—	12	2736,64	Mo II	—	4	2733,69	Pt I	15	5
2739,71	V II	50	80	2736,53	Mg I	30	3	2733,58	Fe I	300	200
2739,55	Fe II	200	300	2736,53	Ca	—	6	2733,58	Ru I	80	4
2739,42	P III, IV	—	(25)	2736,52	Fe II	2	3	2733,49	Mg I	25	—
2739,39	Cr I	35	25	2736,52	Nb III	1	3	2733,46	Nb II	3	40
2739,38	W II	—	10	2736,46	Cr I	300R	50	2733,45	Zr	4	—
2739,26	Ta II	2	80	2736,46	Ru II	12	80	2733,45	W II	—	10
2739,24	Nb II	—	50	2736,41	Mo I, II	5	10	2733,39	Mo I	30	8
2739,22	Ru I	60	5	2736,32	Ce	10	—	2733,36	Ce	2	—
2739,20	V (II)	—	15	2736,25	Ta I	300	8	2733,36	Fe	2	1
2739,12	W II	—	10	2736,13	V II	—	9	2733,34	V I	10	1
2738,96	Co	—	20	2735,97	W I	10	4	2733,34	O II	—	(50)
2738,86	Mn I	25	—	2735,95	Nb II	—	40	2733,30	As (II)	—	2
2738,80	Ce	2	—	2735,88	Mo I	10	2	2733,26	Ti I	60	15
2738,76	Hf II	40	100	2735,78	W II	1	9	2733,26	Nb II	30	50
2738,71	Ti II	—	25	2735,75	Cr II	—	8	2733,23	Mo	10	—
2738,63	Ce	4	—	2735,75	Pt II	1	10	2733,18	W I	15	9
2738,60	Mo II	1	40	2735,73	Ru I	60	60	2733,11	Mo	—	5
2738,51	W	2	9	2735,65	Mo I	3	5	2733,04	Re II	40	—
2738,48	Pt I	100	5	2735,61	Fe I	20	10	2732,93	Fe	—	40
2738,45	Fe	8	1	2735,61	Ti I	20	4	2732,92	Ta I	100	5
2738,43	Zn II	—	(10)	2735,48	Fe I	125	100	2732,89	V II	10	12
2738,31	Ce	2	—	2735,30	Mo II	—	10	2732,88	Mo II	20	30
2738,21	Fe I	10	2	2735,29	Ti I	30	4	2732,82	Ce	20	—
2738,07	V I	2	1	2735,26	Ta II	*		2732,81	Os I	75	15
2738,05	Be I	10	—	2735,15	Mo	8	—	2732,81	W I	10	4
2737,99	W I	12	6	2735,0	N II	—	(3)	2732,72	Zr II	50	50
2737,88	Zr I	4	—	2734,97	Fe	4	—	2732,68	Ce	2	—
2737,88	Mo II	12	20	2734,89	Fe	5	—	2732,65	Mo II	—	10
2737,83	Fe (I)	25	10	2734,84	Zr II	40	40	2732,60	Hg II	—	(12)
2737,78	Ru II	—	60	2734,84	Ce	2	—	2732,56	Ca	—	4
2737,76	W II	—	6	2734,82	Ca	8	2	2732,45	Fe II	8	20
2737,64	Fe I	10	—	2734,80	Fe	—	5	2732,40	Ce	2	—
2737,63	Fe II	—	10	2734,77	W II	10	20	2732,37	W II	—	10
2737,61	Ru II	—	50	2734,73	Nb II	—	10	2732,21	V (II)	—	25

λ	El.	B A	B S (E)	λ	El.	B A	B S (E)	λ	El.	B A	B S (E)
2732,16	Ce	10	—	2729,68	Ce	6	—	2726,93	Cd	—	(15)
2732,14	Hg II	—	(2)	2729,63	W II	10	25	2726,78	Fe	2	—
2732,13	Ti	—	25	2729,57	Hg II	—	(12)	2726,64	Mo I	12	—
2732,08	Mg I	12	3	2729,53	Ce	2	—	2726,54	V II	7	80
2732,08	W II	—	10	2729,46	Ru I	60	—	2726,51	Fe II	—	15
2732,03	Ce II	8	—	2729,41	Mn I	12	—	2726,50	Cr I	300R	40
2732,01	Au II	—	30	2729,37	Nb II	2	5	2726,49	Zr II	50	50
2732,00	Fe II	—	40	2729,32	Ce	8	—	2726,48	Ce	2	—
2731,94	B	—	2	2729,19	P	—	(10)	2726,42	W II	2	5
2731,91	Ce	2	—	2729,16	Ce II	8	—	2726,41	Pt II	4	20
2731,90	Ru I	50	—	2729,14	W	1	12	2726,37	Ce	2	—
2731,90	Cr I	300R	30	2729,13	Mo I	20	1	2726,26	W I	10	3
2731,79	W	—	5	2728,97	Fe I	15	5	2726,25	Fe	—	8
2731,70	Ce	3	—	2728,95	Rh I, II	200	200	2726,24	Cr II	—	15
2731,57	Ti I	30	1	2728,90	Fe II	3	5	2726,24	Fe I	25	12
2731,56	Re II	10	—	2728,90	Ce	2	—	2726,15	In III	—	2
2731,51	V	20	—	2728,88	Be II	—	20	2726,14	Ce	10	—
2731,40	Ce	2	—	2728,87	W II	—	10	2726,14	Mn I	300	—
2731,35	Ce	2	—	2728,84	Ru I	60	—	2726,08	Nb I	3	2
2731,35	Fe	4	1	2728,82	Fe I	50	15	2726,05	Fe I	100	80
2731,35	V I	80	50	2728,80	P	—	(20)	2725,95	Mo I	15	—
2731,28	Fe I	4	1	2728,73	Ag II	—	(5)	2725,92	Mn	—	50
2731,16	V (II)	—	2	2728,70	Mo I	20	25	2725,81	Fe I	4	2
2731,13	Ti I	20	—	2728,64	V II	50	400R	2725,78	Ti II	5	35
2731,12	W	10	—	2728,62	Mn II	—	50	2725,60	Fe I	15	5
2731,12	Co I	50	15	2728,48	Ce	2	—	2725,47	Zr I	12	—
2730,98	Fe I	70	15	2728,4	Li II	—	(2)	2725,47	Ru II	80	200
2730,98	Ti II	—	40	2728,33	Mo (I)	15	—	2725,42	Ta (II)	20	100
2730,93	Ru I	80	5	2728,26	Cd	—	(5)	2725,33	Fe	8	4
2730,92	Mo II	1	10	2728,17	Mo II	—	10	2725,32	Ce	3	—
2730,84	W II	—	9	2728,16	Cr II	—	25	2725,29	Fe (I)	8	4
2730,80	Ce II	6	—	2728,08	Mn	—	5	2725,17	Ce	6	—
2730,74	Fe II	80	150	2728,07	Nb I	3	1	2725,14	Mo I	20	4
2730,74	Ta II	*		2728,02	Fe I	100	40	2725,08	Ti I	30	4
2730,69	Ce	4	—	2727,96	Ce	3	—	2725,06	V I	7	2
2730,52	Ce	2	—	2727,95	W I	12	3	2725,03	W I	12	9
2730,51	Bi I	200	100	2727,93	V II	—	7	2725,00	Zr I	8	—
2730,5	Li II	*		2727,92	Co II	—	15	2724,95	Fe I	25	15
2730,36	S	—	(8)	2727,89	Pd II	—	200	2724,95	Nb II	1	4
2730,33	Ru I	60	2	2727,82	Sn II	—	(8)	2724,94	Ce II	10	—
2730,32	Nb II	2	200	2727,80	Mo II	—	3	2724,88	Fe II	15	25
2730,25	Ce	2	—	2727,78	Ta I	200	40	2724,86	Ru II	2	100
2730,21	Mo II	2	60	2727,68	Ce	3	—	2724,86	P	—	(20)
2730,16	Fe	1	—	2727,54	Fe II	150	150	2724,68	Fe	10	2
2730,12	J II	—	(50)	2727,44	Ta II	50	150	2724,63	V (II)	—	10
2730,04	Ce III	2	3	2727,43	Nb II	2	10	2724,63	W I	10	8
2730,03	Fe	8	1	2727,38	Ti I	35	7	2724,45	Mn II	2	80
2729,94	W II	1	15	2727,38	Fe II	1	40	2724,43	Hg III	—	70
2729,93	Zr II	1	2	2727,33	W	—	5	2724,41	Mo I	4	—
2729,92	Pt I	500	50	2727,25	Cr II	4	70	2724,35	W I	20	10
2729,82	Nb I	3	1	2727,23	Sb I	30	30	2724,16	Mn	—	3
2729,81	V I	2	—	2727,02	Zr I	10	—	2724,08	W II	2	15
2729,78	Ge II	*		2726,98	Zr II	1	2	2724,07	Ce	2	—
2729,73	Cr II	—	12	2726,98	Mo II	10	100	2724,07	Ru I	60	4
2729,68	Mo II	15	60	2726,97	Ru I	60	10	2724,04	Cr II	1	40

λ	El.	B		λ	El.	B		λ	El.	B	
		A	S (E)			A	S (E)			A	S (E)
2724,01	Mo II	1	25	2721,12	Fe	3	2	2718,64	Mo	15	—
2723,98	Nb I	10	2	2720,93	Nb II	3	5	2718,64	Fe II	—	6
2723,95	Cu I	50	1	2720,91	Al II	—	(3)	2718,54	Rh I	150	20
2723,95	W I	10	—	2720,90	Fe I	700R	—	2718,50	Hf II	10	20
2723,93	V I	2	—	2720,78	V II	—	7	2718,44	Fe I	80	60
2723,88	Ce	2	—	2720,76	Ta I	150	1	2718,43	Cr II	*	
2723,79	Fe	3	1	2720,68	Cr II	—	20	2718,38	Ta I	80	—
2723,70	W II	—	7	2720,59	W II	6	12	2718,38	Ca	—	5
2723,69	Zr	2	—	2720,52	Fe I	8	5	2718,32	Cr II	*	
2723,66	Nb II	2	200	2720,52	Rh I	50	2	2718,27	Zr I	3	—
2723,64	Cr II	—	35	2720,40	W II	4	18	2718,14	Mo II	—	2
2723,58	Fe I	300	200	2720,35	Zr II	4	4	2718,08	Ce	4	—
2723,45	V (II)	—	12	2720,26	Nb II	2	5	2718,07	Cr I, II	8	6
2723,38	Ce	8	—	2720,25	Cr II	1	30	2718,04	W II	10	20
2723,35	Mo II	2	10	2720,2	Cd	—	(2)	2717,98	Rh II	—	50
2723,30	Ce	10	—	2720,20	Fe I	35	25	2717,86	Ru II	—	50
2723,21	V II	12	20	2720,20	Cu I	18	—	2717,79	Fe I	50	25
2723,13	Ru II	—	50	2720,17	Mo I	25	1	2717,78	Mo	10	—
2723,09	Al II	—	(8)	2720,14	Rh	100	6	2717,69	V II	4	10
2722,81	W II	8	25	2720,12	Ce	2	—	2717,62	Nb II	2	20
2722,74	Cr II	30	80	2720,06	Cr II	5	35	2717,62	Pt II	4	40
2722,74	Fe II	—	80	2720,04	W I	9	3	2717,53	W I	9	1
2722,70	Re I	80	—	2720,04	Os I	75	15	2717,51	Rh I	100	5
2722,69	Nb II	1	10	2720,02	Nb I	3	—	2717,50	Cr II	12	40
2722,68	W I	8	—	2720,00	In I	10	—	2717,5	Pb II	—	(20)
2722,64	Ru I	60	1	2719,97	Ce II	12	—	2717,48	Zr I	5	—
2722,61	Zr II	50	50	2719,89	Mn II	—	10	2717,45	Ru II	50	100
2722,59	Ce	2	—	2719,86	Al II	—	(2)	2717,43	V I, II	2	3
2722,56	V I	100	40	2719,86	W I	12	10	2717,37	Pb	—	2
2722,55	Mo II	2	10	2719,80	Pb II	—	(20)	2717,37	Fe I	15	5
2722,46	W I	12	5	2719,72	Mn II	2	15	2717,36	Mo II	20	100
2722,37	Ce	6	—	2719,72	Ru II	12	50	2717,32	Nb (II)	2	20
2722,30	Nb I	3	1	2719,68	Mo II	—	5	2717,30	Ti II	4	35
2722,24	V II	2	10	2719,66	Ga I	5	15	2717,27	Ce	10	—
2722,11	Co I	50	—	2719,58	Co I	25	—	2717,20	Fe	2	1
2722,08	Mn II	1	50	2719,55	Zr I	3	—	2717,18	Ta I	100	—
2722,04	Fe I, II	20	70	2719,51	Ru I	100	30	2717,17	W II	4	15
2721,99	Ce	3	—	2719,48	Se	—	(35)	2717,15	Mo (I)	20	—
2721,99	Nb II	10	200	2719,42	Fe I	20	12	2717,05	Cr II	—	2
2721,86	Os I	75	10	2719,41	Ti II	7	15	2716,89	W I, II	8	12
2721,84	W II	—	10	2719,33	W I	15	20	2716,82	Rh I	50	3
2721,83	Pt	1	10	2719,30	Ce III	1	2	2716,78	Mn II	1	40
2721,83	Ta I	50	—	2719,30	Fe II	—	4	2716,72	Sb II	—	(8)
2721,81	Fe II	—	30	2719,30	Mn	—	20	2716,63	Nb II	10	200
2721,77	Ag I	20	25	2719,23	Ce	6	—	2716,58	Ru II	—	80
2721,68	Ce	10	—	2719,17	Mo (II)	—	5	2716,34	Cd	—	(5)
2721,68	Cu II	—	150	2719,11	Ce	2	—	2716,32	W II	8	20
2721,67	W I	9	15	2719,04	Pt I	1000	100	2716,30	Nb II	3	30
2721,65	Ca I	20	2	2719,02	Fe I	500R	300R	2716,29	Ce	3	—
2721,62	Nb II	4	8	2719,00	Mn II	—	20	2716,26	Fe I	5	—
2721,56	Ru I	60	5	2718,96	Al	—	(8)	2716,25	Si	—	(5)
2721,18	Ce	4	—	2718,90	W I	25	20	2716,22	Fe II	20	150
2721,16	Nb II	2	5	2718,90	O II	—	(7)	2716,21	Ag III	—	8
2721,14	V	35	12	2718,90	Sb I	50	50	2716,20	Ti II	5	70
2721,13	Ce	4	—	2718,78	Cu II	40	300	2716,18	Cr I	20	4

λ	El.	B A	B S (E)	λ	El.	B A	B S (E)	λ	El.	B A	B S (E)
2716,14	Ce	2	—	2713,74	Nb II	—	5	2710,74	Mo I	20	1
2716,13	Ru II	—	100	2713,73	Ru I	60	2	2710,70	Tl I	30R	10
2716,09	Nb I	5	1	2713,58	Ru II	2	100	2710,63	Mn II	—	25
2716,00	Cd	—	(5)	2713,51	Cu II	50	300	2710,60	Ca	—	4
2715,99	Co I	75	75	2713,50	Mo II	20	40	2710,55	Fe I	80	35
2715,88	Nb II	2	100	2713,33	Mn I	300	—	2710,45	Hg	—	(12)
2715,80	Zr III	—	2	2713,3	Bi II	—	10	2710,40	P	—	(10)
2715,80	P	—	(5)	2713,29	Ce	2	—	2710,33	Mn II	12	40
2715,77	Ru I	50	—	2713,19	Ru I	60	2	2710,32	W	—	7
2715,77	Pt	5	—	2713,13	Pt I	200	10	2710,27	In I	800R	200R
2715,74	Ce	5	—	2713,09	Mo	5	—	2710,23	Ru II	50	100
2715,72	In	—	2	2713,07	Ru II	—	80	2710,19	Mo II	10	20
2715,69	Nb I	4	1	2713,05	V II	40	80	2710,19	Cr I	50	—
2715,68	V II	50	300R	2712,97	Ce	2	—	2710,17	V II	6	60
2715,59	Mo (II)	4	6	2712,94	Mo II	—	5	2710,13	Ta I	200	3
2715,52	Cu I	20	—	2712,81	V (II)	9	4	2710,00	W I	8	4
2715,50	W I	20	8	2712,70	W II	1	20	2709,99	Fe I	40	10
2715,47	Re I	100	—	2712,68	Mo	3	—	2709,95	Mn II	—	25
2715,45	O II	—	(15)	2712,58	W I	5	—	2709,84	N II	—	(15)
2715,42	Ce	5	—	2712,50	Cd I	75	20	2709,78	Zr	3	—
2715,34	Nb II	2	100	2712,49	Zn I	300	8	2709,75	Mo II	—	6
2715,34	W II	8	20	2712,42	Hf II	25	50	2709,75	W	8	—
2715,32	Fe I	12	5	2712,42	Zr II	20	15	2709,63	Ge II	30	20
2715,31	Ce	3	—	2712,41	Ru II	100	300	2709,63	Mn II	—	12
2715,31	Rh II	50	500	2712,39	Fe II	2	100	2709,58	Al II	—	(6)
2715,24	Ce	6	—	2712,37	Ce	2	—	2709,58	W II	6	15
2715,17	Mo I	20	1	2712,34	Mo II	1	40	2709,52	Rh I	50	2
2715,17	Ce II	10	—	2712,30	Cr II	30	70	2709,52	Mo	15	—
2715,12	Fe	5	2	2712,24	J II	—	(100)	2709,40	Ce II	8	—
2715,08	Ca	—	3	2712,22	V I	6	10	2709,37	Fe II	—	4
2715,05	Rh I	50	2	2712,1	к C	12	—	2709,33	Zr I	12	—
2715,03	V	10	2	2712,06	Ag II	3	200	2709,31	Cr II	2	60
2714,97	Ce	5	—	2711,93	Ce	2	—	2709,27	Ta II	40	150
2714,93	W II	—	3	2711,91	Mo	10	—	2709,24	Mo (I)	20	1
2714,90	Pd II	—	200	2711,88	Cu II	—	3	2709,23	Tl I	400R	200R
2714,87	Fe I	40	15	2711,84	Fe II	4	100	2709,20	Ru I	60	8
2714,81	W	4	3	2711,74	V II	50	150	2709,2	In	—	5
2714,73	Mn	—	5	2711,66	Fe I	100	50	2709,07	Zr III	—	3
2714,72	Ce	5	—	2711,58	Mn II	2	125	2709,06	Fe II	3	100
2714,67	Ta I	200	8	2711,57	Te II	—	(50)	2709,05	Co II	—	30
2714,64	Os I	50R	10	2711,51	Zr II	40	20	2709,00	B II	—	2
2714,42	Co II	12	200	2711,48	Mo II	1	25	2708,95	Ce	8	—
2714,41	Fe II	200	400	2711,46	Fe	12	3	2708,92	W I	10	9
2714,41	Rh I	150	5	2711,43	Ce	4	—	2708,82	Co I	30	2
2714,33	W	—	3	2711,36	Sc I	10	—	2708,80	Mn II	—	12
2714,32	Pd II	—	150	2711,36	Nb II	1	5	2708,79	W I	9	2
2714,25	Zr II	7	7	2711,31	W II	—	4	2708,79	Ni II	—	500
2714,20	V II	60	100	2711,28	P	—	(5)	2708,78	Cr II	3	40
2714,19	Nb I	3	5	2711,24	Ce	4	—	2708,68	Ce	2	—
2714,06	Fe I	20	3	2711,21	Ag II	1	300	2708,58	W I	10	15
2713,94	In I	200R	125	2711,01	Ce	5	—	2708,57	Fe I	80	50
2713,84	W I	7	2	2710,92	Mo II	1	25	2708,45	Mn II	15	50
2713,84	Mn	—	15	2710,92	Pt II	1	15	2708,43	Ce	4	—
2713,8	к B	200	—	2710,92	Cr II	1	70	2708,18	W I	10	6
2713,76	Ti II	—	2	2710,79	W II	6	15	2708,17	Ce	6	—

λ	El.	B A	B S (E)	λ	El.	B A	B S (E)	λ	El.	B A	B S (E)
2708,13	Ce II	8	—	2705,43	Cr I	12	2	2702,52	W I	10	3
2707,97	Ru I	50	3	2705,36	Hg II	—	(30)	2702,52	Nb II	8	80
2707,95	Sc I	*		2705,32	Nb II	1	5	2702,48	Hg	—	(15)
2707,94	Fe	2	—	2705,24	Mo I	20	1	2702,45	Fe I	15	10
2707,93	Cd II	—	(3)	2705,23	Fe	1	—	2702,45	Co	—	3
2707,87	W I	10	4	2705,22	V II	25	50	2702,40	Pt I	1000	300
2707,86	V II	70	150	2705,2	In	—	2	2702,20	Nb II	10	100
2707,83	Nb II	3	80	2704,93	Mo II	1	50	2702,19	V II	80	300R
2707,58	V I	4	—	2704,92	Nb II	—	5	2702,11	Ce	3	—
2707,53	Mn II	10	50	2704,87	Ca III	—	6	2702,11	Co II	—	25
2707,51	Fe I	20	6	2704,78	W	—	5	2702,11	W II	8	25
2707,50	Co II	—	100	2704,74	Cr I	15R	2	2701,99	Cr I	35	8
2707,47	Ce	2	—	2704,70	Nb (II)	2	10	2701,92	Ce	2	—
2707,44	Al II	—	(2)	2704,60	Li	—	2	2701,91	Fe I	20	5
2707,31	Ru II	—	60	2704,59	Ru II	—	100	2701,87	Mo II	2	30
2707,23	Rh I	100	4	2704,58	Fe II	5	10	2701,81	W I	8	—
2707,21	Nb II	1	5	2704,48	In II	—	(30)	2701,81	Zr I	2	—
2707,13	Fe II	—	70	2704,47	Mn II	*		2701,8	Bi II	—	6
2707,05	Fe	4	—	2704,42	Nb II	2	10	2701,70	Ce	3	—
2707,04	Ti II	2	15	2704,31	Ta (I)	50	—	2701,70	Mn II	150	40
2707,02	Ce	2	—	2704,26	Nb II	2	50	2701,65	Cr II	—	5
2707,02	W II	6	15	2704,03	Ge II	*		2701,53	V II	10	6
2707,00	Mo II	—	6	2703,99	Fe II	30	400	2701,53	Si	—	(5)
2707,00	Cd II	—	(30)	2703,94	Ce	10	—	2701,52	Ti	—	4
2706,88	Ce II	15	—	2703,92	Mn I	100	25	2701,48	W II	2	18
2706,79	Cs	—	(20)	2703,85	Cr II	8	30	2701,41	Mo II	20	100
2706,78	Sc I	7	—	2703,84	Mo II	—	3	2701,34	Ru I	60	8
2706,74	Co II	—	100	2703,80	Ru I	60	3	2701,26	V	10	—
2706,73	Hf II	10	50	2703,73	Rh I	150	25	2701,25	Cr II	—	5
2706,70	Os I	50	8	2703,66	Mn	*		2701,16	Mn II	8	10
2706,70	V II	60	200R	2703,61	Mo II	1	15	2701,13	Fe III	—	2
2706,70	W II	6	20	2703,56	Cr II	—	50	2701,09	Cr II	1	8
2706,69	Ta I	50	1	2703,49	Ce	4	—	2701,06	W I,II	2	12
2706,63	Mn II	—	12	2703,48	Cr I	15	—	2701,03	Mo I	15	1
2706,58	Fe I,II	150	150	2703,46	W II	2	20	2701,00	Mn II	5	12
2706,58	W I	12	10	2703,45	Mn II	—	12	2700,96	Cu II	20	400
2706,51	Sn I	200R	150R	2703,36	Au II	—	8	2700,94	V II	125	500R
2706,39	Nb II	2	15	2703,18	Cu II	10	200	2700,92	Hg I	—	(2)
2706,36	Zr II	1	2	2703,14	V II	1	2	2700,89	Au I	20	25
2706,33	Ce	2	—	2703,13	Ce	6	—	2700,87	Nb II	2	20
2706,17	V II	100	400R	2703,12	W II	4	5	2700,74	Mo	15	—
2706,15	Zr I	50	—	2703,06	Ta I	60	—	2700,59	Cr I	30	2
2706,14	Ce	3	—	2703,06	W II	3	15	2700,59	Rh II	2	80
2706,11	Mo I	20	20	2702,99	Mn	—	10	2700,55	Nb II	5	10
2706,07	Fe	8	3	2702,97	Mo	5	—	2700,51	V I	2	—
2706,01	Fe I	60	40	2702,87	Ce	4	—	2700,48	Ru I	50	—
2706,00	W I	10	8	2702,83	Ru I	80	8	2700,47	Ga II	—	(70)
2705,93	W II	—	6	2702,77	Mo I	8	—	2700,47	Ce	3	—
2705,89	Pt I	1000	200	2702,7	Cd	—	(5)	2700,43	Mo II	—	3
2705,85	Co I	15	100	2702,63	Ba I	50	5	2700,31	Nb II	1	5
2705,74	Mn II	25	25	2702,61	Mo	8	—	2700,31	W II	—	15
2705,72	Cr I	12	—	2702,61	Cu I	8	—	2700,23	Ce	5	—
2705,63	Rh II	100	300	2702,55	Fe	7	3	2700,21	Mo I	20	1
2705,60	W II	1	12	2702,53	Ce	2	—	2700,16	Ru II	—	100
2705,56	Mn II	4	20	2702,53	Cr I	10	2	2700,15	Nb II	3	10

λ	El.	B A	B S (E)	λ	El.	B A	B S (E)	λ	El.	B A	B S (E)
2700,13	Zr II	50	50	2697,51	W I	15	3	2695,04	Fe I	30	20
2700,05	V	6	2	2697,50	Mo II	—	4	2694,99	W II	2	12
2700,01	W I	15	10	2697,50	Cr II	1	35	2694,76	Ta I	50	—
2699,98	Mo II	—	15	2697,46	Fe II	3	50	2694,75	Nb II	1	5
2699,77	Fe	7	4	2697,30	Fe II	2	15	2694,74	V II	2	70
2699,63	Ca	—	2	2697,29	Hg I	—	(5)	2694,72	Mo II	—	3
2699,60	Zr II	10	10	2697,27	W	—	7	2694,69	Cr II	—	2
2699,59	Os I	50	8	2697,27	Re I	50	—	2694,68	Co II	25	200
2699,59	W I	15	10	2697,26	Mo II	4	10	2694,65	V (II)	—	10
2699,52	Ce	2	—	2697,21	V II	—	12	2694,59	W II	—	18
2699,51	Hg I	25	(5)	2697,20	Si	—	(2)	2694,54	Fe I	100	35
2699,40	Mo II	3	30	2697,07	Nb II	10	500	2694,52	Ta II	*	
2699,38	Pt II	—	6	2697,04	Co II	—	60	2694,46	V II	1	20
2699,34	Cr II	—	8	2697,03	Ce	5	—	2694,40	Co I	25	—
2699,25	W II	—	8	2697,02	Fe I	50	25	2694,38	W II	9	18
2699,18	Fe	—	5	2696,99	V I	70	2	2694,37	Au	—	3
2699,15	Ce	3	—	2696,90	W (II)	—	18	2694,31	Nb (II)	1	5
2699,12	V I	40	—	2696,84	B	—	2	2694,23	Pt	2	—
2699,11	Fe I	100	60	2696,83	Mo II	1	40	2694,23	Ir I	150	50
2699,11	Sc III	3	25	2696,82	Ce	5	—	2694,10	V	4	1
2699,03	W II	—	8	2696,81	Ta I	125	1	2694,09	Mn	8	50
2698,96	Mn II	—	40	2696,76	V I	10	—	2694,06	Zr II	15	15
2698,87	Nb II	5	200	2696,76	Bi I	25R	15R	2693,92	V I	10	2
2698,85	Cr II	—	35	2696,75	Cr II	—	20	2693,88	In II	—	(30)
2698,83	W I	12	4	2696,61	Bi I	100	100	2693,85	Fe II	—	30
2698,83	Hg I	25	30	2696,54	V (II)	—	20	2693,72	Mg I	10	—
2698,73	Ce	3	—	2696,53	Cr I	30	1	2693,57	Mn II	—	15
2698,73	V I	70	15	2696,49	Ni I	2	50	2693,53	Mo (I)	8	—
2698,68	Cr II	12	35	2697,37	W	4	—	2693,53	Cr II	1	40
2698,55	Pd II	—	200	2696,28	Fe I	90	50	2693,52	Zr II	15	15
2698,52	Ti (II)	—	200	2696,21	V	10	2	2693,47	W	—	4
2698,43	Pt I	500	50	2696,11	O III	—	(7)	2693,44	Ce	6	—
2698,40	Cr II	12	35	2696,07	Mo I	25	1	2693,30	Ru I	80	2
2698,35	Ce	3	—	2696,07	Ce II	20	—	2693,19	Mn II	8	20
2698,34	W II	—	8	2696,05	Nb I	5	2	2693,17	Mo II	1	25
2698,32	J II	—	(50)	2695,99	Fe	80	50	2693,12	Co	—	25
2698,31	Zr III	—	3	2695,96	Ce II	10	—	2693,04	Mo I	15	—
2698,30	Ta I	150	3	2695,95	Mn	—	20	2693,02	Ce	3	—
2698,3	к C	20	—	2695,87	W II	—	8	2693,01	Co	—	25
2698,16	Fe (I)	35	6	2695,85	Co I	50	—	3693,00	V I	4	4
2698,14	Mg I	12	—	2695,67	W I	20	12	2693,0	Bi II	—	15
2698,03	Ce	6	—	2695,66	Fe I	20	12	2692,94	Mo II	—	15
2697,90	Cr II	3	35	2695,59	Nb II	—	5	2692,91	Zr I	6	—
2697,80	Mo I	25	4	2695,53	Ce	5	—	2692,84	Fe II	15	20
2697,75	V I	100	50R	2695,53	Fe (I)	40	30	2692,66	Mn I	150	—
2697,73	Fe	1	3	2695,42	Zr II	5	5	2692,65	Fe I	20	—
2697,71	W II	15	25	2695,36	Mn II	100R	50	2692,65	Nb II	—	4
2697,53	Ce	2	—	2695,23	V I	7	7	2692,61	Mo II	2	40
2697,52	Be II	—	(2)[1]	2695,21	Mo II	5	40	2692,60	Zr II	6	5
2697,51	Pb I	15	5	2695,21	Ce	8	—	2692,60	Fe II	—	300
				2695,2	Si	—	(5)	2692,44	Mn	—	15
				2695,18	Mg I	10	—	2692,40	Ce	12	—
				2695,18	B	—	6	2692,40	Ta I	100	1
				2695,04	Mn II	—	15	2692,25	Sb I	40	40
				2695,04	Nb I	10	3	2692,25	Fe I	20	4

[1] Doublet Be II 2697,58—
Be II 2697,46.

λ	El.	B		λ	El.	B		λ	El.	B	
		A	S (E)			A	S (E)			A	S (E)
2692,23	Pt II	4	40	2689,42	Fe	5	3	2686,77	Mn I	10	—
2692,18	Mo	3	—	2689,39	Pt II	1	10	2686,76	Ce	4	—
2692,12	Cr II	1	12	2689,34	V I	2	—	2686,75	Fe	50	6
2692,06	Ru II	8	200	2689,34	W	—	5	2686,73	Ca	—	3
2692,01	Ce	2	—	2689,30	Cu II	—	300	2686,62	W I	8	2
2692,01	Zr II	1	2	2689,27	Ta II	20	20	2686,6	Hg	5	(2)
2692,00	Nb II	1	8	2689,21	Fe I	150	150	2686,51	V I	15	—
2691,98	Mn II	—	20	2689,19	Cr II	—	10	2686,48	Fe	1	4
2691,82	Mo II	5	2	2689,17	Ce	2	—	2686,39	Fe II	—	10
2691,77	Nb II	10	100	2689,11	V I	6	—	2686,39	Nb II	2	300
2691,73	Fe II	—	35	2689,07	Nb II	2	5	2686,35	V I	15	—
2691,70	Mo II	—	5	2688,98	J (II)	—	(100)	2686,35	W	—	8
2691,68	Ce	6	—	2688,94	V I	9	—	2686,33	Ce	2	—
2691,55	W	8	1	2688,83	Ti (I)	40	5	2686,29	Ru I	80	12
2691,49	Fe	5	1	2688,72	Al II	—	(25)	2686,28	Zr III	1	2
2691,35	Ge I	25	15	2688,72	V I, II	35	100R	2686,17	P I	*	
2691,31	Ta I	150	—	2688,71	Au I	2	20	2686,10	Fe II	—	7
2691,29	Ga I	—	(25)	2688,64	Mo I	20	—	2685,94	Mn I, II	12	100
2691,28	W I	10	3	2688,55	Pd II	—	200	2685,91	Zr	3	—
2691,25	In II	—	(10)	2688,53	Re I	100	—	2685,84	V I	10	—
2691,21	Ce	3	—	2688,39	Ag II	—	10	2685,79	Mo II	—	25
2691,17	Ce	2	—	2688,32	S	—	(15)	2685,78	Ce III	2	—
2691,13	Hg II	—	(5)	2688,29	Cr II	1	15	2685,76	Fe	4	—
2691,12	Rh	1	60	2688,25	Mn (II)	3	100	2685,71	W	7	—
2691,09	W I	15	8	2688,22	W I, II	8	20	2685,68	V II	12	30
2691,05	In II	—	(10)	2688,16	Au II	—	10	2685,58	Mo	10	—
2691,03	Cr II	35	125	2688,16	Ce	2	—	2685,52	Hg	—	(8)
2690,98	Mn II	—	25	2688,15	Ru II	8	100	2685,51	V I	6	—
2690,97	Ce	3	—	2688,09	Rh I	4	6	2685,42	Ce	2	—
2690,97	Mo II	—	5	2688,04	Cr I	30	—	2685,34	Co I	75	—
2690,79	V II	70	300R	2688,00	P I	4	(1)	2685,34	W II	2	10
2690,71	Mo	10	—	2687,99	W	8	1	2685,21	Hf II	10	20
2690,71	W (II)	—	15	2687,99	Mo II	30	100	2685,18	Cr II	—	4
2690,64	Ni II	1	250	2687,98	Ce	8	—	2685,14	W I	6	—
2690,57	W	5	—	2687,96	V II	150	500R	2685,13	Ti I	15	1
2690,49	Zr III	—	4	2687,80	Fe	20	10	2685,13	V I, II	18	35
2690,41	W I	6	—	2687,78	Ca III	—	8	2685,11	Ta II	15	25
2690,40	Mn II	—	10	2687,75	Si	—	(5)	2685,08	Cd	—	(3)
2690,25	Cr I	30	2	2687,74	Zr I	10	—	2685,05	W II	2	15
2690,25	Re I	50	—	2687,69	Cd	—	(3)	2685,03	Ce	5	—
2690,25	V II	50	200R	2687,66	Pd II	—	150	2685,02	V I	9	—
2690,07	Fe I	30	30	2687,63	Au II	—	15	2684,98	P	—	(5)
2689,89	Ru I	50	—	2687,62	Ce	2	—	2684,86	Fe I	8	—
2689,88	Fe	10	—	2687,52	W	—	8	2684,80	Ti (I)	20	20
2689,88	V II	50	150R	2687,49	Ru II	12	100	2684,76	V (II)	1	10
2689,87	Nb	—	4	2687,41	Mn I, II	25	80R	2684,76	Pd II	—	100
2689,83	Fe I	40	40	2687,41	V	9	—	2684,76	Pb II	—	5
2689,82	Co	—	40	2687,37	W I	15	3	2684,75	Fe II	3	400
2689,82	Os I	50	10	2687,37	Mn I	*		2684,69	Ce	2	—
2689,79	Mn II	—	40	2687,22	Hf III	—	25	2684,55	Mn II	2	80
2689,65	W	8	2	2687,15	Nb I	10	5	2684,50	Co II	—	20
2689,62	Rh II	1	100	2687,13	W I	7	—	2684,41	Ce	4	—
2689,50	Fe	4	2	2687,12	Ce	5	—	2684,41	Ni II	—	600
2689,48	Ce	2	—	2687,09	Cr II	30	60	2684,38	W II	—	10
2689,45	Zr II	10	5	2686,99	W II	4	20	2684,38	Ca	—	5

λ	El.	B A	S (E)
2684,28	Ce	10	—
2684,28	Ta I	150	2
2684,24	Ce	3	—
2684,21	Rh II	2	150
2684,16	Zn I	300	6
2684,15	Mo II	40	150
2684,09	Cr II	—	2
2684,07	Fe (I)	30	15
2684,07	W	9	2
2684,0	κ C	10	—
2683,96	Ce	2	—
2683,95	Fe	15	8
2683,84	W I	1	10
2683,82	Mn II	—	25
2683,81	Zr I	3	—
2683,74	Mn I	12	—
2683,63	W II	—	10
2683,56	Re I	50	—
2683,56	Rh II	1	200
2683,51	W (II)	*	
2683,44	Cr II	—	12
2683,35	Hf II	15	100
2683,34	W I	12	2
2683,28	Al II	—	(15)
2683,23	Mo II	20	150
2683,21	Nb II	2	5
2683,21	W II	4	12
2683,11	In II	—	(50)
2683,09	V I, II	35	150R
2683,05	Ce	2	—
2683,01	Mn I	15	15
2682,98	Fe	—	40
2682,98	Hg	—	(3)
2682,87	V II	50	200R
2682,84	Zn	—	10
2682,76	Sb I	50	35
2682,72	Ce II	10	—
2682,64	W I	10	8
2682,62	Mo I	20	—
2682,53	V II	4	15
2682,51	Fe	—	40
2682,46	Nb (II)	1	10
2682,43	Mo (II)	—	10
2682,42	Si	—	(5)
2682,37	Mn II	—	12
2682,35	Ce	2	—
2682,21	Fe	30	15
2682,20	In II	—	(20)
2682,16	Zr III	—	5
2682,15	W I	6	1
2682,13	Nb I	5	2
2681,90	W	5	2
2681,87	Ta (I)	50	—
2681,79	Pt	1	10
2681,75	Zr II	4	1
2681,73	Mn (I)	20	15
2681,65	Ce	3	—
2681,63	W I	8	2
2681,60	Rh II	—	100
2681,59	Fe I	50	25
2681,52	Mo I	15	—
2681,49	O IV	—	(7)
2681,46	Cr I	8	3
2681,46	Fe	2	—
2681,41	W I	20	18
2681,40	Zr	4	—
2681,38	Ag II	—	100
2681,37	Mo II	10	100
2681,28	Ce	2	—
2681,25	Mn II	—	50
2681,17	V I	2	—
2681,02	Fe II	—	20
2680,95	Ti	—	20
2680,91	Fe I	4	—
2680,8	κ C	15	—
2680,79	Fe II	—	12
2680,66	Ta II	30	40
2680,63	Rh I	60	10
2680,59	Ru II	5	50
2680,56	W II	4	10
2680,47	V II	1	12
2680,45	Fe I	70	35
2680,43	Na I	40R	—
2680,44	Co	—	7
2680,36	P	—	(10)
2680,36	Ca I	15	—
2680,34	W I	5	—
2680,34	Cr I, II	10	4
2680,34	Na I	40R	—
2680,16	Fe	20	8
2680,12	Ca	—	2
2680,11	Co I	25	3
2680,06	Nb II	4	80
2680,06	Ta II	30	50
2680,05	Pt II	—	3
2680,03	W I	12	7
2679,97	Cd II	—	(15)
2679,95	Mn	—	5
2679,92	Ti I	100	12
2679,89	Cr II	—	3
2679,88	Nb I	4	1
2679,87	W	7	—
2679,85	Mo I	30	20
2679,82	Ce	2	—
2679,76	Co I	75	—
2679,70	V I	4	—
2679,64	W II	8	12
2679,58	Pd II	—	100
2679,33	V II	70	300R
2679,24	Ni II	—	500
2679,2	Bi II	—	2
2679,16	Mn II	—	40
2679,13	Pt II	6	50
2679,06	Fe I	200	200
2679,01	Nb I	10	2
2678,94	Ce	2	—
2678,88	W I	20	10
2678,87	V I	15	—
2678,79	Cr II	10	80
2678,76	Ru II	100	300
2678,67	V I	12	—
2678,66	Mo I	20	—
2678,66	Nb II	3	10
2678,63	Zr II	80	100
2678,61	Ce	2	—
2678,57	V II	30	150R
2678,52	W I	10	7
2678,16	Cr I	8	3
2678,09	Nb II	1	10
2678,09	Na II	6	(40)
2678,05	Fe	20	10
2678,04	Co	—	3
2677,91	W I	8	2
2677,9	air	—	3
2677,84	Mn II	—	40
2677,80	V II	70	300R
2677,79	W II	8	20
2677,66	Nb II	2	50
2677,59	Ce	5	—
2677,54	Cd I	100	25
2677,29	Ce	2	—
2677,28	W I	12	10
2677,24	Mn II	—	15
2677,16	Te (I)	—	(5)
2677,16	Cr II	35	300R[1]
2677,15	Pt I	800	200
2677,13	P I	10	(2)
2677,11	V I	9	4
2676,99	W	—	5
2676,87	Fe	2	25
2676,75	Ce	4	—
2676,74	Mn	—	10
2676,63	V I	6	—
2676,62	Ce	4	—
2676,54	Cr II	—	3
2676,53	Zr I	3	—
2676,48	Mo II	3	25
2676,46	Ce	3	—
2676,41	W I	9	1
2676,35	Ce	2	—

[1] Triplet Cr II 2677,19— Cr II 2677,16—Cr II 2677,13.

λ	El.	B A	B S (E)	λ	El.	B A	B S (E)	λ	El.	B A	B S (E)
2676,35	V II	—	18	2674,47	Sb II	—	2	2671,58	W II	12	12
2676,33	Mn I	15	—	2674,44	Ce	2	—	2671,47	Mo	10	—
2676,31	W	—	6	2674,44	Rh II	1	200	2671,47	W I	15	5
2676,28	P	—	(10)	2674,43	Mn II	2	25	2671,40	Fe II	—	25
2676,25	Rh II	1	100	2674,4	Li II	—	(2)	2671,25	Nb II	2	15
2676,18	Ru II	8	100	2674,34	Re I	100	—	2671,18	Ce	2	—
2676,12	Nb II	2	10	2674,30	V (II)	—	7	2671,18	W	5	1
2676,12	Ce	2	—	2674,22	Ru II	—	50	2670,96	Zr II	5	5
2676,11	Fe	15	7	2674,18	Fe	6	3	2670,95	Mo II	—	25
2676,08	Ti I	6	—	2674,13	W	—	6	2670,94	Hg	—	(5)
2676,04	V II	—	15	2674,08	Ti	18	—	2670,92	V I	12	4
2676,01	Co II	—	10	2673,96	V II	1	10	2670,81	Mn	5	1
2675,98	Co I	10	5	2673,93	Co I	25	—	2670,80	Fe	10	4
2675,97	V I	6	—	2673,84	Mo (I)	5	—	2670,79	Re I	50	—
2675,95	Au I	250R	100	2673,64	Cr I	6	1	2670,69	W	—	5
2675,94	Nb II	10	100	2673,60	Ru I	50	3	2670,66	Cd I	10	—
2675,90	Ta II	150	200	2673,59	W II	7	20	2670,64	Sb I	50	35
2675,86	W I	12	6	2673,57	Nb II	10	500	2670,53	Zn I	200	4
2675,76	V I	12	2	2673,54	Ce II	2	—	2670,40	W II	3	15
2675,73	Ce	2	—	2673,48	Ru I	50	3	2670,38	Fe II	—	10
2675,73	W II	—	12	2673,37	Mn II	—	50	2670,33	Ni II	—	80
2675,73	Ta II	2	—	2673,27	Mo II	1	100	2670,32	Mo I	25	1
2675,68	Cr II	1	15	2673,25	V (II)	10	60	2670,24	Cr II	1	10
2675,54	Ru II	—	50	2673,21	Fe I	30	15	2670,24	V II	2	70
2675,50	Mn	—	25	2673,07	Ce	10	—	2670,21	Cd II	—	(2)
2675,40	W I	10	3	2673,00	Ru II	8	50	2670,20	Mn I	15	—
2675,36	Cd	—	(2)	2672,94	W II	—	6	2670,15	Nb II	1	5
2675,31	P I	*		2672,84	Mo II	15	100	2670,07	Cr II	2	12
2675,3	κ B	60	—	2672,83	Cr II	12	15	2670,07	S	—	(8)
2675,28	Fe	30	15	2672,83	Ce III	2	2	2670,02	Mo II	1	15
2675,24	S	—	(8)	2672,77	Fe	2	—	2669,93	Fe	—	25
2675,20	W	—	8	2672,67	Hg I	5	(2)	2669,91	Ir I	60	10
2675,19	Si IV	—	(5)[1]	2672,66	W II	6	12	2669,91	Co II	—	100
2675,12	W I	10	—	2672,62	Cd II	—	(10)	2669,77	W I	10	2
2675,10	Nb II	—	4	2672,59	Mn II	15	125	2669,64	Sb	—	3
2674,99	Hg I	5	5	2672,50	Fe II	—	15	2669,59	Ti I	60	12
2674,97	Mn II	1	15	2672,50	Ta II	20	30	2669,58	Ce	2	—
2674,83	Nb (II)	1	5	2672,46	Mg I	20	—	2669,55	Mg I	12	—
2674,83	Ce	3	—	2672,40	Ce	2	—	2669,50	Fe I	50	25
2674,80	J (II)	—	(60)	2672,37	Cr II	1	5	2669,49	Zr II	—	2
2674,74	Mn	—	20	2672,28	Ce	2	—	2669,43	Ru II	—	100
2674,72	Fe I	2	—	2672,17	In II	—	(25)	2669,35	Cr I	6	1
2674,70	W I	10	2	2672,16	W I	9	2	2669,31	Mn	—	20
2674,70	Nb I	2	—	2672,14	Fe II	1	25	2669,30	W I	15	30
2674,69	Cd II	—	(2)	2672,00	V II	50	300R	2669,26	Ti I	15	1
2674,63	W II	—	6	2671,98	Cr I	8	—	2669,17	Al II	3	100
2674,63	In II	—	(40)	2671,93	Nb II	20	200	2669,00	Hf II	15	8
2674,58	Ce	2	—	2671,90	Ce	2	—	2668,99	Ir I	50	5
2674,57	Pt I	200	10	2671,86	Mo II	1	100	2668,94	W II	3	7
2674,48	In II	—	(40)	2671,84	Re I	60	—	2668,89	V I	2	4
				2671,84	Ir I	50	10	2668,71	Cr II	10	12
				2671,83	Na II	12	(60)	2668,68	In II	—	(50)
				2671,81	Mn	—	50	2668,62	In II	—	(30)
				2671,80	Cr II	30	15	2668,62	Ta I	1	100
				2671,67	V I	20	2	2668,59	V II	—	12

[1] Doublet Si IV 2675,25— Si IV 2675,12.

λ	El.	B A	B S (E)	λ	El.	B A	B S (E)	λ	El.	B A	B S (E)
2668,49	Nb (II)	1	5	2665,17	Zr II	1	3	2661,96	Ti I	35	5
2668,46	W I	8	3	2665,15	Au III	—	5	2661,89	Ta I	60	—
2668,33	Ti I	5	—	2665,09	Mo I	25	2	2661,88	Hf II	25	40
2668,29	Nb I	10	3	2665,06	Mn I	10	—	2661,86	Ru I	50	—
2668,23	W II	—	6	2665,05	Ga I	—	(40)	2661,85	Nb I	3	1
2668,21	Ce	2	—	2665,00	Ce	2	—	2661,84	W II	—	12
2668,20	Cd II	—	(10)	2664,96	W I	12	6	2661,73	Cr II	8	6
2668,11	Mg I	10	—	2664,93	Sn II	—	(5)	2661,71	Co I	2	5
2668,07	Ta I	80	—	2664,79	Ir I	200	50	2661,61	Ce	4	—
2668,00	V II	—	20	2664,76	Ru I	60	5	2661,61	Ru II	80	150
2667,97	Ru II	—	80	2664,73	Ce	2	—	2661,55	W I	10	12
2667,92	Fe I	50	20	2664,66	Fe II	20	300	2661,5	к C	12	—
2667,87	Cr II	—	3	2664,64	Pt I	30	—	2661,42	V I	100	80
2667,82	Mn	—	15	2664,32	W II	10	20	2661,35	Ce	2	—
2667,79	Zr II	12	12	2664,25	Fe	—	10	2661,34	Ta I	200	10
2667,79	Ru I	—	80	2664,24	Ta II	10	100	2661,31	Fe	12	10
2667,76	Nb II	3	30	2664,20	Fe II	—	3	2661,24	Sn I	100	80
2667,62	In I, II	—	(5)	2664,04	Fe (I)	15	5	2661,22	Cr II	—	2
2667,53	V II	—	12	2664,03	Mn II	—	25	2661,20	Fe I	10	7
2667,39	Ru II	10	150	2663,99	P	—	(10)	2661,17	Ru II	25	100
2667,29	Nb II	5	10	2663,94	W I	—	8	2661,14	Pd II	—	100
2667,14	Nb II	2	5	2663,78	Fe	10	3	2661,10	Te II	—	(30)
2667,07	Nb II	1	5	2663,67	Cr II	6	5	2661,00	Na II	—	7
2667,01	Mn II	5	50	2663,63	Ce	4	—	2660,82	Mg II	40	6
2666,97	Au III	—	5	2663,63	Re I	150	—	2660,76	Mg II	40	6
2666,97	Fe I	30	10	2663,56	W	9	3	2660,64	Ti I	12	1
2666,9	In I	—	6	2663,56	Nb II	2	10	2660,63	Ce	4	—
2666,83	Co II	—	3	2663,53	Co II	15	60	2660,61	Mn	—	10
2666,81	Fe I	80	15	2663,42	Cr II	12	6	2660,58	Mo II	25	125
2666,78	V II	1	12	2663,32	Mo	10	1	2660,52	W I	10	8
2666,77	Mn	8	50	2663,29	Ce	2	—	2660,46	Ag II	30	150
2666,75	Mo I, II	10	10	2663,26	W I	3	—	2660,40	Fe I	40	15
2666,63	Fe I	5	80	2663,25	V II	12	100	2660,4	Hg	5	(2)
2666,59	Nb II	5	50	2663,19	Sb	2	1	2660,39	Al I	150R	60
2666,54	Mn	8	—	2663,17	Pb I	300	40	2660,34	Mn II	—	5
2666,49	Ce II	10	—	2662,9	к C	12	—	2660,33	Cd I	50	(5)
2666,49	W II	8	20	2662,81	Ce III	1	4	2660,03	Nb II	2	30
2666,40	Fe I	70	10	2662,84	W I	15	10	2659,87	Ga I	5	12
2666,28	Cu II	—	20	2662,83	Mo	10	—	2659,74	Cr II	—	2
2666,13	Ce	2	—	2662,82	S	—	(15)	2659,71	Ce	2	—
2666,08	W II	—	15	2662,72	Nb	1	3	2659,70	Hf III	—	3
2666,02	Cr II	10	8	2662,68	In II	—	(30)	2659,69	W II	—	12
2665,97	Hf II	20	35	2662,65	Co II	—	5	2659,62	Ru I	80	12
2665,96	V I	25	10	2662,63	W I	8	3	2659,60	V II	9	40
2665,90	Ce	2	—	2662,58	Ce	2	—	2659,6	к C	20	—
2665,77	W I	12	5	2662,58	In II	—	(30)	2659,45	Pt I	2000R	500R
2665,64	W II	—	7	2662,56	Fe II	2	15	2659,43	Au	—	5
2665,60	Ta II	80	40	2662,54	Mn II	—	50	2659,24	Fe	8	2
2665,57	Tl I	10	3	2662,31	Fe	25	10	2659,23	Cd II	—	(5)
2665,48	Mo	5	—	2662,21	W II	1	10	2659,21	Mn II	—	10
2665,27	V II	2	3	2662,17	Ce	2	—	2659,18	W II	—	10
2665,27	Ce	5	—	2662,06	Fe I	70	40	2659,11	Rh II	—	100
2665,25	Nb II	3	300	2662,05	Se	—	(25)	2659,08	Mn	—	25
2665,25	Ni II	—	125	2662,02	Ce	4	—	2659,05	Nb II	3	30
2665,18	Mn II	—	15	2661,98	Ir I	150	15	2658,97	V II	10	40

λ	El.	B A	B S (E)	λ	El.	B A	B S (E)	λ	El.	B A	B S (E)
2658,93	Fe	10	2	2656,54	V	12	1	2652,92	V I	18	—
2658,91	Cr II	1	5	2656,54	W I	15	5	2652,83	Co	—	8
2658,90	W I	10	2	2656,49	Mo I	10	—	2652,81	B II	—	2
2658,90	Mo	10	—	2656,46	Zr III	—	5	2652,78	V (II)	—	40
2658,87	Nb II	3	5	2656,44	Ce	4	—	2652,66	Rh I	100	25
2658,86	Ta II	25	50	2656,36	Ti (I)	12	—	2652,60	W I	10	12
2658,72	Pd II	20	300	2656,24	Ru II	20	150	2652,60	Sb I	50	75
2658,71	W	—	4	2656,22	V I	40	4	2652,58	B II	4	2
2658,70	Pt I	40	5	2656,17	Mn II	—	12	2652,57	Fe II	1	40
2658,68	Zr I	9	1	2656,15	W	3	—	2652,53	Ce	2	—
2658,66	Ce	4	—	2656,15	Fe I	70	40	2652,49	Mn II	3	100
2658,60	Os I	50	10	2656,08	Nb II	8	200	2652,43	Al I	150R	60
2658,59	Cr II	18	35	2656,02	W II	—	8	2652,42	W II	—	3
2658,57	Sn III	—	4	2655,93	Mo I	15	1	2652,36	Mo II	1	10
2658,56	W	4	—	2655,91	Mn II	5	20	2652,34	Co II	3	4
2658,51	Hg	5	10	2655,91	Ni II	—	500	2652,29	W II	—	2
2658,50	V II	—	15	2655,86	Nb II	2	5	2652,15	Ce	2	—
2658,47	Fe	20	2	2655,84	Zr I	2	—	2652,09	Cr (II)	—	2
2658,38	Ce	3	—	2655,81	Mo II	—	20	2652,04	Hg I	100	60
2658,25	Fe II	—	80	2655,79	Mn I	5	10	2652,01	W	8	2
2658,19	W I	8	1	2655,77	Cr II	—	2	2652,00	Ce	10	—
2658,17	Pt I	100	10	2655,69	Nb I	5	1	2651,90	Re I	100	—
2658,14	Ta II	3	15	2655,68	V II	10	100	2651,90	V I	50	4
2658,11	Mo I	40	5	2655,67	W II	5	10	2651,88	W II	2	12
2658,04	W II	10	20	2655,54	W II	4	10	2651,86	Mn	—	12
2658,03	Nb III	—	200	2655,47	Ni II	—	400	2651,84	Ru I	100	9
2657,92	Fe II	—	20	2655,13	Fe I	7	3	2651,80	Nb II	3	15
2657,89	Mn I	20	—	2655,13	Hg I	80	40	2651,71	Fe I	60	60
2657,85	Hf II	20	25	2655,03	Mo I	50	8	2651,58	Ge I	30	20
2657,78	Ce	2	—	2654,92	Ti I	20	1	2651,57	V II	—	5
2657,71	V I	7	1	2654,76	In II	—	(30)	2651,50	Pt II	—	4
2657,70	Te II	—	(10)	2654,67	W I	7	2	2651,44	W I	9	4
2657,61	Nb I	15	3	2654,65	In II	—	(18)	2651,41	Ce	2	—
2657,56	Pd II	—	200	2654,45	Nb I	10	5	2651,29	Fe II	—	2
2657,55	Cr (II)	—	3	2654,39	V (II)	—	5	2651,29	Ru I	60	5
2657,41	Al I	*		2654,27	Fe	4	2	2651,22	Ta II	—	80
2657,38	W I	12	10	2654,27	Cd II	—	(2)	2651,18	Ge I	40	20
2657,32	Rh	1	70	2654,13	Re I	40	—	2651,17	Hf II	15	40
2657,3	Li II	*		2654,00	V I	2	—	2651,12	Nb II	3	200
2657,29	V II	1	35	2653,95	Ru II	—	80	2651,02	W II	1	10
2657,20	Ru (II)	—	50	2653,82	V I	20	15	2651,01	Ce	25	2
2657,19	Ti I	10	1	2653,79	Mo II	1	20	2650,99	Mn II	—	150
2657,11	Pb I	—	3	2653,70	Co II	5	40	2650,86	Pt I	700	100
2657,00	Cd	10	(1)	2653,68	Hg I	80	40	2650,76	Be I	25	—
2656,98	Nb I	4	2	2653,57	Cr II	12	35	2650,73	Si	—	(5)
2656,98	Mo II	—	25	2653,57	W II	10	15	2650,71	W II	2	3
2656,92	Ag II	—	20	2653,56	Mn II	—	15	2650,69	Be I	10	—
2656,90	W I	8	3	2653,47	Nb (I)	3	2	2650,68	Mo I	10	1
2656,90	Ti (I)	12	—	2653,42	W II	—	8	2650,62	Be I	45	15
2656,84	Ce	8	—	2653,38	Nb I	5	3	2650,58	Ce	4	—
2656,79	Fe I	50	25	2653,35	Mo II	25	150	2650,55	Be I	30	—
2656,70	W II	—	8	2653,32	W	6	—	2650,49	Fe II	—	150
2656,66	Ag II	1	15	2653,32	Ca	—	2	2650,45	Be I	100	15
2656,61	Ta I	200R	2	2653,27	Ta I	200	15	2650,45	W I	8	1
2656,55	Sb (II)	—	9	2653,01	W II	2	9	2650,40	Ru I	50	—

λ	El.	B A	B S (E)	λ	El.	B A	B S (E)	λ	El.	B A	B S (E)
2650,4	Pb I	100	80	2647,50	Nb I	15	5	2644,34	Mo II	30	60
2650,38	Zr II	10	8	2647,47	Ta I	200	10	2644,25	Ti I	100	12
2650,35	In II	—	(18)	2647,31	Ru I	50	5	2644,20	P	—	(25)
2650,29	Cd II	—	(3)	2647,29	Hf II	40	125	2644,18	Ge I	4	3
2650,28	Hf III	—	4	2647,29	Ba II	10	40	2644,11	Os I	75	10
2650,27	Co I	50	25	2647,25	Mo I	20	—	2644,02	Ce	2	—
2650,26	W II	—	8	2647,12	Re I	100	—	2644,00	Fe I	150	150
2650,26	Pb I	—	5	2647,10	Ce	8	—	2643,89	W	—	5
2650,10	Al II	—	(30)	2647,09	W I	10	8	2643,89	Ta I	50	—
2649,99	Mo II	1	20	2647,06	Ni II	—	500	2643,81	Mo I	20	—
2649,98	W I	9	6	2647,00	Ce	3	—	2643,75	Mn II	—	15
2649,94	Co I	50	5	2646,89	Pt I	1000	100	2643,65	V (II)	—	12
2649,84	Cu I	*		2646,84	Cd	—	(2)	2643,53	Cr II	—	6
2649,71	Nb II	1	4	2646,77	Ta I,II	50	50	2643,39	Zr II	5	5
2649,69	W II	—	12	2646,74	W I	12	10	2643,29	W II	2	20
2649,66	Te II	—	(15)	2646,64	Ce	2	—	2643,16	V I	25	10
2649,58	Ti (I)	12	2	2646,63	Ti I	20	15	2643,12	W I,II	12	15
2649,52	Cd	—	(5)	2646,54	W I	8	1	2643,05	Mn	—	12
2649,52	Nb I	10	5	2646,49	Mo II	25	100	2642,97	Fe	—	2
2649,47	Pd II	—	200	2646,41	Co I	10	8	2642,95	Ru I	150	—
2649,46	Fe II	—	70	2646,37	Ta I	125	2	2642,87	Co I	10R	—
2649,46	W	2	1	2646,32	Fe	5	—	2642,84	Hg I	15	—
2649,46	Mo I	30	10	2646,26	Nb II	8	200	2642,80	Ru II	—	150
2649,42	Se	—	(50)	2646,22	Ta (I)	50	2	2642,76	Mn II	—	8
2649,38	Ce III	10	—	2646,21	Fe II	—	10	2642,75	Re I	125	—
2649,37	V II	2	100	2646,19	W I	15	10	2642,74	Ca	—	3
2649,30	Ti (I)	20	—	2646,16	Mg I	5	—	2642,72	V II	—	10
2649,29	W I	6	5	2646,13	Sn	—	2	2642,67	W I	6	2
2649,25	Mo I	10	25	2646,11	Ti II	—	200	2642,60	Hg I	10	—
2649,06	Mg I	12	—	2645,97	Ru II	20	150	2642,57	Nb II	1	5
2649,05	Re I	100	—	2645,86	Cd	—	(5)	2642,48	Ce	3	—
2648,94	Mn II	1	50	2645,84	V II	15	100	2642,48	Hg I	5	(2)
2648,88	V	4	1	2645,79	Mo (I)	15	—	2642,40	Mo II	—	30
2648,81	Mn I	20	—	2645,69	W I,II	12	10	2642,34	W I	6	2
2648,78	Ru I,II	30	150	2645,59	Si	—	(2)	2642,27	V I	10	40
2648,73	W I	6	2	2645,42	Fe I	50	10	2642,23	Nb II	5	300
2648,72	Ni II	—	80	2645,39	Fe III	—	8	2642,23	Mn	—	15
2648,64	Ti I	8	1	2645,37	Pt I	40	5	2642,20	V II	10	40
2648,64	Co I	5	40	2645,34	V I	4	—	2642,17	Pd II	—	100
2648,54	Fe	6	2	2645,30	Cu I	*		2642,15	Ti II	—	150
2648,47	V II	2	60	2645,29	W	3	2	2642,12	Cr I	35	3
2648,43	Fe	7	2	2645,27	Nb III	—	10	2642,02	W I	8	3
2648,29	Ce	4	—	2645,25	V I	10	1	2642,01	Fe II	—	20
2648,24	Ce	2	—	2645,19	Fe	—	8	2641,79	Cr II	—	8
2648,22	Mo II	—	2	2645,14	W	9	4	2641,65	Fe I	100	60
2648,16	Fe II	2	2	2645,10	Ta I,II	80	30	2641,63	Ru II	—	100
2648,10	Cr II	—	2	2645,08	Fe II	—	20	2641,53	O	—	(10)
2648,05	W I	6	2	2644,92	Nb II	1	5	2641,49	Ce	5	—
2648,04	Mn	—	25	2644,78	Mg I	4	4	2641,49	Au I	5	20
2648,03	Nb II	—	4	2644,77	Co I	10	5	2641,45	Ce	8	—
2647,78	Zr I	8	—	2644,62	Ru II	8	100	2641,42	C II	—	20
2647,74	W II	10	20	2644,60	W I	10	2	2641,41	Hf II	40	125
2647,71	V I	50	10	2644,60	Ta II	20	50	2641,30	Cr II	—	2
2647,61	Mn II	—	15	2644,38	W I	10	4	2641,19	Mo II	—	20
2647,56	Fe I	100	70	2644,36	V II	12	100	2641,12	Fe II	—	20

λ	El.	B		λ	El.	B		λ	El.	B	
		A	S (E)			A	S (E)			A	S (E)
2641,09	Ti I	150	20	2638,51	Ru I	60	4	2635,83	Nb II	—	5
2641,07	W II	—	8	2638,36	Pb	—	2	2635,83	Re II	20	—
2641,05	Nb II	2	30	2638,33	Cd II	—	(3)	2635,81	Fe I	300	200
2640,99	Mo I	40	40	2638,30	Mo I, II	25	5	2635,78	Hf II	12	20
2640,91	Nb I	5	2	2638,26	Al II	—	(30)	2635,63	V II	1	12
2640,89	C II	—	12	2638,24	Fe	—	2	2635,63	Ti II	—	50
2640,86	V II	2	50	2638,22	W II	—	10	2635,60	Mn II	—	60
2640,79	Si III	—	(5)	2638,21	P II	—	(5)	2635,59	Ta II	8	12
2640,75	Ce	2	—	2638,18	Al II	—	(5)	2635,56	Mo I, II	25	15
2640,72	W I	5	2	2638,17	Mn II	25	80	2635,42	Zr I	10	—
2640,69	Cd	—	(5)	2638,13	Nb III	—	20	2635,41	V II	—	10
2640,68	V I	6	2	2637,98	Nb II	2	15	2635,39	Fe II	—	20
2640,64	Ce	2	—	2637,95	Ce	2	—	2635,38	W II	3	18
2640,56	C II	—	10	2637,92	Si	—	(2)	2635,30	J	—	(60)
2640,36	W	5	2	2637,87	Ag III	2	3	2635,20	Li	—	3
2640,36	Al II	—	(15)	2637,86	Mn	—	20	2635,18	Mo	12	4
2640,32	Ru I	60	5	2637,72	Pb	—	2	2635,17	Al II	—	(3)
2640,28	Mo (I)	20	1	2637,70	Al II	—	(40)	2635,15	Ce	20	1
2640,26	V	10	4	2637,64	In II	—	(5)	2635,03	Al II	—	(15)
2640,22	Fe	3	2	2637,64	Fe II	2	200	2634,93	Cu I	*	
2640,15	Zr I	3	—	2637,57	W II	6	15	2634,91	Co	—	20
2639,93	Hg I	5	10	2637,47	Cr II	—	4	2634,89	Pt II	4	15
2639,88	Nb II	2	10	2637,22	V (I, II)	40	15	2634,87	Mo	6	—
2639,87	Ru I	50	—	2637,19	Cr II	—	2	2634,85	W II	6	9
2639,84	Mn II	12	80	2637,15	Mn	—	15	2634,78	Ba II	30	50
2639,77	Ce	2	—	2637,14	W II	3	10	2634,77	Fe	1	1
2639,71	Ir I	100	15	2637,13	Os I	150	30	2634,76	Hg I	20	12
2639,55	Fe II	1	100	2637,10	Fe	3	1	2634,75	Mo	10	—
2639,42	Cd I	75	15	2637,07	Pd II	—	100	2634,71	Nb I	5	3
2639,42	Cr I	30	—	2637,05	Ce	4	—	2634,7	In	—	2
2639,40	W II	1	6	2637,01	Re II	20	—	2634,58	W II	1	20
2639,36	Ce	3	—	2636,95	W II	—	12	2634,57	Zr	2	—
2639,35	Pt I	500	50	2636,94	Sn I	15	15	2634,54	Ce	4	—
2639,25	Rh	2	100	2636,90	Ta I	100	3	2634,31	Cr (II)	—	2
2639,14	S	—	(8)	2636,86	Mn	—	5	2634,3	Pb II	—	(20)
2639,12	Ru I	60	5	2636,76	P II	*		2634,17	Ca III	—	6
2639,08	Zr II	20	15	2636,72	Al II	—	(3)	2634,15	Nb III	—	15
2638,89	Cr I	15	1	2636,67	Mo II	25	150	2633,88	W II	1	15
2638,88	Nb II	3	8	2636,67	Ta I	70	1	2633,82	Ru II	—	80
2638,85	Hg I	2	1	2636,66	Ru I	60	—	2633,80	Mn	—	12
2638,80	Ce	5	—	2636,65	Ce	2	—	2633,79	Ta II	10	80
2638,77	Mo II	20	125	2636,64	Re I	125	—	2633,64	Fe	5	1
2638,74	W I	10	5	2636,55	W I	9	2	2633,63	Cd	—	3
2638,74	Rh II	2	100	2636,54	Ru II	10	100	2633,59	V I	6	4
2638,71	Zr	3	—	2636,48	Fe I	50	20	2633,52	Mo II	2	25
2638,71	Hf II	40	100	2636,45	Cr II	—	2	2633,45	Ru I	50	1
2638,71	Ti II	—	100	2636,36	Co I	5	10	2633,32	Mn	—	20
2638,69	Al II	—	(8)	2636,35	Ce	2	—	2633,24	Mn	8	—
2638,67	Ta	8	10	2636,32	S	—	(8)	2633,20	Cd	—	(2)
2638,62	Al II	—	(2)	2636,29	Cd	—	(2)	2633,19	Fe II	—	80
2638,62	Mn	—	9	2636,17	Ti I	2	—	2633,16	Nb III	—	200
2638,61	W I	12	8	2636,02	Co	—	40	2633,13	W I	15	12
2638,59	Nb II	2	10	2635,94	Pd II	50	300	2633,11	Zr	2	—
2638,54	Mn II	—	8	2635,93	Ta I	50	—	2632,99	Fe	10	—
2638,51	V (II)	—	4	2635,84	Ru II	30	100	2632,96	Mn	—	2

λ	El.	B A	B S (E)	λ	El.	B A	B S (E)	λ	El.	B A	B S (E)
2632,89	Ni II	—	2000	2630,28	Ni II	—	150	2627,44	W I	8	2
2632,87	Mg I	10	4	2630,26	Mn I	15	2	2627,44	Nb I	20	5
2632,78	O	—	(10)	2630,23	Ru I	50	1	2627,39	Pt I	40	5
2632,73	Ru II	—	80	2630,19	W II	—	8	2627,36	Cu I	7	—
2632,70	W I	10	12	2630,07	Fe II	10	100	2627,24	Fe	8	—
2632,66	Ga I	—	(40)	2630,04	Ru II	—	50	2627,14	Fe	1	10
2632,59	Fe I	80	40	2630,02	Mg I	8	—	2627,05	Nb II	—	5
2632,51	Nb II	4	300	2630,00	Cu I	12	2	2627,05	Mn II	—	8
2632,50	Ru I	50	1	2629,97	Ce	2	—	2627,04	J	—	(60)
2632,49	W I, II	12	10	2629,97	Co I	30	1	2627,02	Au II	—	7
2632,41	Ti I	50	7	2629,85	Mo I, II	50	6	2626,97	Zr II	1	3
2632,35	Mn II	12	80	2629,81	Cr I	8	1	2626,93	W II	—	3
2632,27	Ta II	15	80	2629,72	V II	1	70	2626,89	Co II	—	10
2632,24	Co II	10	40	2629,59	Fe I, II	60	150	2626,78	Cr II	—	3
2632,24	Fe I	100	60	2629,54	Mn II	—	35	2626,71	W	5	1
2632,19	Cd I	40	(3)	2629,49	W II	—	5	2626,68	Cu I	4	—
2632,13	Ru I	50	2	2629,20	Nb II	1	5	2626,64	Mn I	125	5
2632,11	W	—	2	2629,19	Fe	2	—	2626,63	Nb II	1	5
2632,10	Ce	2	—	2629,15	W I	6	3	2626,60	Cr I	12	1
2631,98	Mn II	—	12	2629,10	S II	—	(5)	2626,56	Ni II	—	500
2631,8	Rb	—	(40)	2629,09	V I	4	2	2626,53	W II	1	9
2631,78	W	8	2	2629,00	W II	2	12	2626,50	Fe II	3	80
2631,74	Al	5	3	2628,98	Cd I	50	10	2626,48	Ru I	50	—
2631,61	Fe II	10	50	2628,89	W I	9	2	2626,45	Mn	—	20
2631,57	Re I	80	—	2628,84	Ta II	5	10	2626,41	Ru II	20	50
2631,57	Ru I	60	3	2628,81	Ce	2	—	2626,40	Zr II	2	2
2631,55	Al II	—	(60)	2628,76	Co (I)	3	—	2626,39	Nb II	1	5
2631,54	Ti I	40	2	2628,75	Ru II	—	100	2626,26	Ce	2	—
2631,52	Ni II	—	100	2628,75	V (II)	4	50	2626,24	W I	12	6
2631,50	Mo I	25	10	2628,74	Mo I	40	2	2626,21	Ru I	50	—
2631,49	V II	—	7	2628,68	W	—	6	2626,18	P II	—	(20)
2631,44	Nb II	1	5	2628,67	Nb III	—	30	2626,11	Cd	—	3
2631,32	Fe II	150	60	2628,63	Mg I	8	4	2626,09	Mo II	3	30
2631,31	Si I	60	50	2628,58	Ag III	1	25	2625,88	Rh I	60	25
2631,3	air	—	4	2628,58	P II	—	(5)	2625,86	W II	—	6
2631,09	Ru II	—	50	2628,57	Fe II	1	2	2625,73	Ce	10	—
2631,05	Fe II	200	125	2628,49	Nb I	10	1	2625,70	Ag II	6	15
2630,98	Nb II	2	10	2628,40	Nb II	1	3	2625,67	Fe II	300	60
2630,94	In	—	2	2628,29	Fe II	400	400	2625,59	Mn II	—	100
2630,93	Cr II	3	10	2628,26	Re (II)	*		2625,50	Au III	—	10
2630,92	W II	—	4	2628,26	Pb I, II	50	10	2625,49	Fe II	1	60
2630,92	Se	—	(35)	2628,25	Pd II	—	200	2625,41	Rh II	2	200
2630,91	Zr II	50	50	2628,25	W I	12	12	2625,33	W	—	6
2630,74	Mo II	5	40	2628,13	Rh II	1	150	2625,33	Pt II	35	60
2630,73	W	6	2	2628,08	V (II)	—	7	2625,31	Cr I	12	1
2630,67	V II	30	150	2628,04	W II	—	8	2625,22	W I	15	7
2630,63	Cd III	—	(3)	2628,03	Pt I	1000	100	2625,19	Hg I	10	15
2630,61	Ce	3	—	2628,00	Cr II	—	3	2625,14	S	—	(8)
2630,57	Mn I	100	15	2627,91	Bi I	200	200	2625,12	Mn I	3	2
2630,52	W II	6	9	2627,90	Hg II	—	(5)	2624,99	W II	7	5
2630,38	W II	1	10	2627,70	W II	1	9	2624,85	V II	—	25
2630,37	Cd II	—	(2)	2627,68	Al II	—	(60)	2624,82	Ga I	—	(25)
2630,35	Zr	5	—	2627,65	Ru I	60	1	2624,80	Mn I, II	25	12
2630,33	Rh II	2	50	2627,64	Co I	50	—	2624,73	P II	—	(10)
2630,3	к C	12	—	2627,55	Mo I, II	20	15	2624,64	Mn I	3	—

λ	El.	B A	S (E)	λ	El.	B A	S (E)	λ	El.	B A	S (E)
2624,64	Mo II	—	10	2621,07	Mo I	40	1	2618,28	W	—	5
2624,48	W II	1	15	2621,03	Pt II	1	25	2618,27	Cr I	15	1
2624,41	Ce	2	—	2620,93	Ce	2	—	2618,14	Mn II	50	100
2624,37	Fe	5	—	2620,84	Cr I	6	—	2618,08	W II	—	15
2624,36	W I	3	—	2620,82	Zr	2	—	2618,06	Be II	—	(4)[1]
2624,14	W	8	1	2620,82	Ca III	—	6	2618,02	Fe I	150	60
2624,14	Fe	10	1	2620,81	Mo	10	—	2617,87	Mo	15	—
2624,12	Ta I	60	—	2620,76	W II	3	12	2617,87	Cd	—	(2)
2624,11	Ca	—	4	2620,69	Fe II	3	80	2617,86	Co I	50	—
2624,04	Mn I	25	60	2620,67	Cu II	1	8	2617,72	Ce	3	—
2623,89	W II	—	15	2620,61	Ru I	50	5	2617,66	Ca I	*	
2623,82	Ru I	50	—	2620,58	Nb I	3	1	2617,62	W II	3	12
2623,79	V II	—	40	2620,56	Zr III	—	6	2617,62	Fe II	300	400
2623,78	Zn	5	—	2620,51	Cr II	—	5	2617,48	Mg I	5	5
2623,76	Co I	40	3	2620,48	Cr I	8	3	2617,44	Mn	—	12
2623,72	Fe II	—	20	2620,45	Nb II	3	200	2617,43	Nb II	—	10
2623,63	Fe	2	—	2620,41	Fe II	70	40	2617,41	Au II	—	7
2623,53	Fe I	100	80	2620,34	Re I	50	—	2617,17	Sb III	—	6
2623,50	Nb I	10	3	2620,28	V I	18	2	2617,15	W II	—	4
2623,44	Ce	6	—	2620,23	W I, II	12	15	2617,15	Fe III	8	1
2623,43	In II	—	(18)	2620,17	Fe II	—	40	2617,13	Cd	—	(2)
2623,40	Mo II	—	30	2620,05	V (II)	—	4	2617,10	Ce	4	—
2623,37	Fe I	25	10	2620,05	Mo II	—	15	2617,10	Nb (II)	—	5
2623,33	Mn I	12	1	2620,04	O	—	(8)	2617,09	V II	—	15
2623,31	Ce	6	—	2620,03	Re I	60	—	2617,08	Ru II	—	50
2623,32	Nb II	1	8	2619,98	Mn I	50	12	2617,01	Ag II	—	(10)
2623,29	Re I	50	—	2619,97	Cr (I)	6	1	2616,91	Mn II	—	12
2623,28	In II	—	(18)	2619,95	W	8	2	2616,78	Mo I	30	5
2623,20	Cr II	—	2	2619,94	Ti I	35	7	2616,76	Pt II	10	60
2623,17	Nb II	2	5	2619,81	Zr I	4	—	2616,72	Re II	5	—
2623,12	Fe	—	30	2619,80	Ce	5	—	2616,68	V II	—	15
2623,11	W II	2	20	2619,80	Co	—	40	2616,66	Ta I	*	
2623,05	O	—	(5)	2619,71	Ce	2	—	2616,51	Mn II	—	60
2622,97	Ce	6	—	2619,67	Ru I	50	5	2616,47	Nb I	15	3
2622,95	Nb II	2	20	2619,59	Cr II	—	15	2616,44	Fe (I)	5	3
2622,90	Mn I	200	15	2619,57	Pt I	300	5	2616,40	Au II	5	40
2622,87	Cr I	25	2	2619,51	Mn I	125	10	2616,33	W I	6	3
2622,86	W II	—	10	2619,49	Cr I	8	—	2616,32	Fe	3	—
2622,83	Fe	2	2	2619,35	Ru II	—	60	2616,26	Co I	40	2
2622,78	Ce	5	—	2619,34	Mo II	20	40	2616,24	V II	4	70
2622,74	Hf II	30	80	2619,29	Mn	—	15	2616,21	Nb II	2	30
2622,74	V (II)	—	50	2619,28	Co I	50	4	2616,18	Cr (II)	—	6
2622,58	Rh I	50	25	2619,21	Zr II	2	3	2616,04	W	—	3
2622,43	Co I	30R	15	2619,17	W I, II	10	12	2616,02	Cd	—	(2)
2622,41	O	—	(7)	2619,08	Fe II	5	150	2615,87	Fe	3	—
2622,33	W I	6	3	2618,92	Ce	4	—	2615,79	Ce III	4	—
2622,21	W I	15	10	2618,91	V I	4	2	2615,69	W II	1	8
2622,06	Co I, II	40	20	2618,91	Mn I	40	12	2615,66	Ta I	50	1
2622,00	Nb I	3	2	2618,91	Co	—	30	2615,59	Zr II	—	4
2621,94	Fe	3	—	2618,81	Cd III	—	(30)	2615,47	Ta I	50	1
2621,79	V (II)	—	15	2618,80	W I	12	3				
2621,67	Fe II	200	400	2618,71	Fe I	70	25				
2621,59	Zr II	2	5	2618,63	Sn	—	3				
2621,59	W II	8	12	2618,44	Nb II	1	5	[1] Doublet Be II 2618,13—			
2621,50	Pt	1	25	2618,37	Cu I	500	100	Be II 2617,99.			

λ	El.	B A	S (E)	λ	El.	B A	S (E)	λ	El.	B A	S (E)
2615,45	Ce	5	—	2613,07	W I	12	10	2610,58	W	1	8
2615,45	W II	6	20	2613,06	Zr	2	—	2610,57	Mn	—	8
2615,42	Fe (I)	25	10	2613,06	Os I	50	10	2610,53	Ce	2	—
2615,40	V II	—	50	2612,85	Mn I	15	2	2610,51	Fe	—	1
2615,39	Mo I	25	3	2612,77	Fe I	50	10	2610,49	W	—	6
2615,33	Co I	10	2	2612,74	Au II	—	3	2610,33	Ce	2	—
2615,19	Ni II	—	900	2612,64	W II	2	12	2610,29	Cr I	8	—
2615,12	W I	10	3	2612,63	Co II	—	20	2610,28	Nb I	10	2
2615,05	Ru II	60	100	2612,62	Mn	—	12	2610,26	B	—	2
2614,96	Cd	—	(2)	2612,61	Ta II	50	40	2610,25	Mo	15	—
2614,87	Fe II	—	10	2612,55	Cr II	—	2	2610,20	W I	8	1
2614,76	Nb II	—	30	2612,52	Ru II	—	80	2610,20	Mn II	15	100
2614,67	Mg I	5	2	2612,38	Nb I	8	2	2610,09	Ni II	—	900
2614,66	Sb I	4	3	2612,31	Sb I	50	60	2610,09	Ru II	—	60
2614,61	Pt I	10	—	2612,28	Mo II	10	6	2609,90	Ce	8	—
2614,59	Ag II	—	300	2612,26	Nb III	—	5	2609,87	W I	5	1
2614,59	Ru I	50	4	2612,20	Cr I	8	1	2609,86	Fe II	—	40
2614,57	Cr (II)	—	6	2612,19	Cd	—	(3)	2609,86	Pd II	—	200
2614,56	Ce	5	—	2612,19	W I	10	15	2609,80	V II	—	12
2614,56	Re I	50	—	2612,18	Zr I	4	—	2609,77	Tl I	30R	—
2614,49	Fe I	40	5	2612,1	Cs	—	(2)	2609,72	Zr II	—	5
2614,44	W I	6	5	2612,06	Ru I	100	30	2609,60	V II	—	6
2614,41	Cu II	—	5	2612,01	Cr I	8	1	2609,58	W	4	—
2614,40	V II	1	35	2612,01	In	—	2	2609,57	Ca	—	4
2614,37	W	—	6	2611,87	Fe II	500	500	2609,55	Mn	—	15
2614,36	Co II	6	60	2611,82	Na II	—	7	2609,50	Ce	12	—
2614,31	Nb II	2	20	2611,81	Cd	—	(2)	2609,48	Au II	—	5
2614,31	In	—	2	2611,65	Ni II	—	125	2609,43	Fe II	—	10
2614,30	Zn II	—	(10)	2611,62	Cr II	—	3	2609,43	Nb	—	4
2614,29	Ce	2	—	2611,62	Mo	15	—	2609,43	Zr I	6	—
2614,18	Fe II	—	3	2611,58	W II	—	6	2609,31	Cu III	—	30
2614,18	Pb I	200R	80	2611,50	Ru II	3	80	2609,25	W II	2	12
2614,17	Sn	5	5	2611,47	Ti I	15	2	2609,22	Fe	10	1
2614,13	Co I	30	—	2611,39	W I	7	—	2609,21	Mo II	—	40
2614,06	Ru I	60	3	2611,34	Ta I	100	—	2609,17	Rh II	3	200
2614,03	Mn	—	5	2611,33	Fe II	—	1	2609,12	Fe II	—	20
2613,93	Nb II	1	30	2611,30	Ir I	80	10	2609,11	Ce II	2	—
2613,89	Ce	15	1	2611,29	Ti I	80	15	2609,06	Ru I	80	12
2613,85	Nb II	3	30	2611,27	W II	—	8	2609,00	Ta I	80	1
2613,82	Fe II	400	400	2611,25	V I	20	10	2608,99	Tl I	80R	10
2613,82	W I	15	9	2611,19	Mo I	25	15	2608,96	Nb II	2	10
2613,71	Mo	15	—	2611,10	W	5	—	2608,88	Mo I, II	15	10
2613,71	Bi	8	2	2611,07	Fe II	20	80	2608,85	Fe II	—	20
2613,65	Pb I	50R	5	2611,05	Ru I	50	5	2608,84	Nb I	3	1
2613,60	Hf II	20	80	2611,04	Cr II	—	2	2608,80	Mn	—	20
2613,58	Mn	12	2	2610,98	Ce	2	—	2608,68	Nb II	1	4
2613,57	Fe II	2	5	2610,89	V I	7	2	2608,67	Sn II	—	(3)
2613,50	Cr II	—	2	2610,84	Mn	—	10	2608,64	Zn I	300	100
2613,49	Co (I), II	25	20	2610,81	Cr II	—	6	2608,63	Ta I	125	4
2613,43	Pd II	—	100	2610,77	Ce	2	—	2608,58	Fe (I)	100	10
2613,30	Cr I	10	1	2610,76	Co I	40	1	2608,56	Zn I	200	50
2613,24	Fe	10	2	2610,75	Fe I	40	4	2608,50	Re II	25	—
2613,19	Fe	15	—	2610,74	W I	8	4	2608,43	W II	—	4
2613,12	Cd	—	(2)	2610,70	Cr II	*		2608,43	Mn	—	20
2613,08	Mo I	40	20	2610,64	V (II)	—	40	2608,4	Pb II	—	(5)

λ	El.	B A	B S (E)	λ	El.	B A	B S (E)	λ	El.	B A	B S (E)
2608,39	Zr I	2	3	2605,61	Cr II	—	4	2603,11	Mn II	—	8
2608,38	Cr I	8	—	2605,50	W I	12	2	2603,02	W II	5	15
2608,32	W I	12	5	2605,47	W II	—	4	2602,96	As (II)	—	12
2608,22	Ir I	50	10	2605,45	P	—	(20)	2602,96	V (II)	—	20
2608,16	Cr II	—	4	2605,45	Fe II	—	40	2602,80	W I	12	2
2608,12	Ti	—	15	2605,37	Ce	4	—	2602,80	Mo II	25	100
2608,09	Mn II	—	2	2605,35	Ni II	—	250	2602,77	Ce	2	—
2608,06	Pt II	—	5	2605,35	Ru I	50	4	2602,76	Pd II	20	200
2608,05	W	—	5	2605,30	Fe II	—	50	2602,74	Mn II	—	80
2607,98	V II	—	30	2605,12	Ti I	100	12	2602,51	W (II)	10	25
2607,90	Cr II	1	35	2605,1	Li II	*		2602,48	Nb II	1	5
2607,85	Mn	—	2	2605,08	V I	4	2	2602,45	Mg I	6	—
2607,84	Ta (II)	20	150	2605,08	Mo II	15	5	2602,41	W I	3	—
2607,81	Fe	2	—	2605,06	Nb II	1	40	2602,34	V (II)	—	10
2607,81	W II	1	9	2605,04	Fe II	—	80	2602,26	Ru (II)	—	100
2607,76	V	10	2	2605,01	Nb II	1	40	2602,14	Ag	—	2
2607,63	Cr II	—	3	2604,95	Bi II	—	2	2602,13	Mn I	12	1
2607,38	W I	12	5	2604,87	Ti I	7	—	2602,08	Ce	2	—
2607,37	Mo I	50	5	2604,87	Fe (I)	18	—	2602,06	Au II	—	3
2607,34	Ce	5	—	2604,86	C II	—	2	2602,05	Cd I	25	(5)
2607,28	Mn II	—	3	2604,76	Fe (I)	20	1	2602,00	Nb (I)	4	2
2607,25	Hf II	10	20	2604,75	Zr	2	2	2601,97	Mn	—	10
2607,13	V	15	—	2604,75	Nb II	2	40	2601,96	W I	15	6
2607,09	Fe II	300	400	2604,40	Co	—	30	2601,96	Mo II	1	20
2607,03	Hf II	30	80	2604,35	Mn	—	10	2601,87	Re I	30	—
2606,97	W II	—	8	2604,29	V I	12	1	2601,84	Cr II	—	3
2606,90	W I	—	8	2604,19	Zr I	3	5	2601,83	Nb I	4	2
2606,83	Fe I	200	30	2604,15	Cr II	—	4	2601,83	Mn	—	10
2606,65	Mg I	8	2	2604,13	Ru II	—	80	2601,82	Mo	15	—
2606,65	Fe	4	—	2604,09	Ti II	4	12	2601,76	In I	50R	15
2606,60	Mo (II)	—	20	2604,04	Fe	—	4	2601,69	Mo (I)	20	1
2606,58	Mn	—	8	2604,04	In II	—	(30)	2601,48	Cd	—	(2)
2606,52	Cr II	—	5	2604,04	W II	—	6	2601,43	W II	2	15
2606,50	Fe II	—	80	2604,01	Fe	3	—	2601,34	Mo	20	—
2606,47	W II	—	10	2603,89	Re I	40	20	2601,29	Nb II	4	200
2606,43	Ta II	—	10	2603,88	Mg I	8	5	2601,28	Zr II	2	5
2606,39	Ni II	—	600	2603,84	Hg I	3	—	2601,13	Ni II	—	2000
2606,39	W I	10	—	2603,73	Nb II	2	10	2601,07	V II	—	40
2606,37	Hf II	25	50	2603,72	Cr II	—	2	2601,06	Ta I	50	5
2606,31	Fe	10	—	2603,71	Mn II	5	50	2600,98	Co I	10	3
2606,27	W II	—	9	2603,69	P II	—	(5)	2600,94	Zn I	10	—
2606,25	Mn	—	5	2603,68	Pt II	—	5	2600,87	Ce	3	—
2606,20	Nb III	—	5	2603,59	Ce III	4	—	2600,79	V I	4	—
2606,16	Ag II	10	200	2603,56	Fe (I)	20	3	2600,79	Cd	—	(2)
2606,12	Co I	40	—	2603,56	Cr I	30	—	2600,78	Ce	2	—
2606,08	Ce	4	—	2603,54	W I	12	7	2600,73	W I	12	5
2606,06	Cr II	—	2	2603,49	Ta II	5	300	2600,61	Bi I	12	2
2606,06	P II	—	(10)	2603,44	Ce	2	—	2600,58	Mn	—	10
2605,96	W II	2	8	2603,41	V II	—	20	2600,51	W	—	12
2605,93	Mo II	5	10	2603,32	Rh II	—	100	2600,43	Ce	3	—
2605,90	Fe	—	20	2603,31	Mo I	15	1	2600,36	Mo	20	1
2605,89	W	6	2	2603,30	Nb I	3	1	2600,36	Cs	—	(20)
2605,72	Co II	30	200	2603,25	Mn	—	8	2600,32	Cd	—	(2)
2605,69	Mn II	100R	500R	2603,15	Hg I	20	20	2600,3	к C	20	—
2605,66	Fe I	80	10	2603,14	Pt I	300	20	2600,27	Mn II	1	10

λ	El.	B A	B S (E)	λ	El.	B A	B S (E)	λ	El.	B A	B S (E)
2600,27	Cu II	1	200	2597,22	Mo I	20	—	2594,15	Co I	10	—
2600,21	W	10	2	2597,19	V II	—	12	2594,15	Fe I	20	2
2600,20	Fe (I)	10	—	2597,18	Al II	—	(50)	2594,04	Bi I	12	4
2600,15	Nb II	12	10	2597,14	Ru II	—	50	2594,04	Fe (I)	20	2
2600,14	Ta I	80	—	2597,13	Nb I	8	3	2594,00	Mo	15	—
2600,10	Mo (II)	—	10	2597,13	Mo	—	20	2593,92	Na I	15R	—
2600,10	Fe	10	—	2597,07	Rh II	3	150	2593,87	Na I	20R	—
2599,89	Ti I	70	10	2597,04	Ce	8	—	2593,80	Ce	2	—
2599,89	Pt I	5	—	2596,96	Nb	—	5	2593,76	Nb III	2	100
2599,87	Mn	10	1	2596,95	Cs	—	(20)	2593,73	Mn II	200R	1000R
2599,86	Re I	80	—	2596,86	W II	1	15	2593,73	Fe II	15	70
2599,76	W II	2	12	2596,84	Mn II	—	50R	2593,71	Si	—	(2)
2599,66	Fe	6	—	2596,84	Ag II	10	10	2593,71	Mo II	20	40
2599,64	Mo I	20	1	2596,76	Mo I	20	—	2593,66	Ta II	80	100
2599,64	W II	1	5	2596,66	W I	12	3	2593,64	Ti I	20	2
2599,57	Fe I	1000	—	2596,64	Ba I	40	—	2593,52	Fe I	25	—
2599,52	Nb II	—	5	2596,60	Ti I	40	4	2593,46	J II	—	(150)
2599,40	Ta I	100	30	2596,48	Ce	3	—	2593,41	Hg I	5	3
2599,40	Fe II	1000	1000	2596,45	Ta II	80	150	2593,38	W I	12	4
2599,22	Fe	1	—	2596,43	Fe	3	—	2593,38	Mo II	3	20
2599,20	Hf II	10	10	2596,35	Ce	2	—	2593,30	Mn II	—	2
2599,20	Co I	5	—	2596,34	W	—	10	2593,27	Pd I	3	100
2599,18	Mo II	1	15	2596,17	Cr II	—	6	2593,18	Mg I	5	2
2599,13	Fe	1	—	2596,13	Cd	—	(3)	2593,08	Ta I	150	1
2599,03	Mn II	2	12	2596,11	W I	5	—	2593,05	V III	—	50
2598,90	Mn II	5	100	2596,00	Pt I	200	20	2593,04	Sn	—	5
2598,88	Nb III	—	150	2595,97	Pd II	3	150	2592,94	Mn I	150	3
2598,85	Fe I	20	—	2595,94	Mg I	8	5	2592,88	Co II	—	2
2598,81	Cu II	—	200	2595,80	Ru II	—	100	2592,84	Re I	50	—
2598,80	Ru II	4	50	2595,76	Mn I	200	25	2592,80	Ce	2	—
2598,80	In II	—	(18)	2595,76	W II	1	10	2592,78	Mo II	3	15
2598,74	W II	12	20	2595,70	S	—	(8)	2592,78	Fe II	20	100
2598,69	In II	—	(10)	2595,64	Mn	—	25	2592,63	Cu (I)	1000	50
2598,68	W II	3	3	2595,63	Ag II	—	40	2592,59	W	—	4
2598,47	Fe	1	—	2595,59	Ta II	40	50	2592,54	Ge I	20	15
2598,45	Hg	—	(5)	2595,57	Ce	4	—	2592,54	Ta II	5	—
2598,42	W I	10	5	2595,57	W II	2	20	2592,46	W II	2	5
2598,37	Fe II	700	1000	2595,55	Cr II	—	6	2592,39	Zr I	5	—
2598,25	Ce II	5	—	2595,42	Fe I	3	—	2592,33	Ce II	10	—
2598,19	Ta II	2	50	2595,40	Mo I	25	20	2592,29	Mn I	12	2
2598,17	Mn I	12	—	2595,29	Fe II	—	3	2592,29	Fe (I)	12	—
2598,10	W	6	—	2595,26	Ta I	50	2	2592,20	V II	—	10
2598,09	Sb I ⎫			2595,23	Re I	60	—	2592,19	Nb I	20	3
2598,05	Sb I ⎭	200	100	2595,10	V III	—	70	2592,19	Zr I	6	—
2598,04	Nb II	2	10	2594,96	Nb II	1	5	2592,09	Au II	—	10
2598,02	Fe II	4	4	2594,96	Na II	—	(2)	2592,06	Ir I	100	20
2597,95	W II	—	12	2594,85	Ru I	60	4	2592,03	Nb II	2	4
2597,94	Fe II	—	3	2594,80	W	—	10	2592,03	Cd I	30	—
2597,83	Fe	6	—	2594,78	Ce	2	—	2592,02	Mn	—	8
2597,75	Nb	—	15	2594,74	Nb II	3	80	2592,02	Ru I	60	6
2597,72	W I	10	4	2594,72	Mn II	1	12	2591,97	Mo I	40	1
2597,51	Mn II	—	10	2594,62	Ti I	5	—	2591,97	W	—	6
2597,47	W	—	7	2594,5	κ C	2	—	2591,85	C II	—	4
2597,38	Mo II	2	30	2594,42	Sn I	60	80	2591,84	Cr I	100R	12
2597,28	W	5	2	2594,33	Nb II	2	10	2591,82	Mn II	—	5

λ	El.	B A	B S (E)	λ	El.	B A	B S (E)	λ	El.	B A	B S (E)
2591,77	Mo II	2	25	2588,36	Nb I	2	—	2585,48	Mn II	—	10
2591,74	W II	—	6	2588,31	Ni II	—	80	2585,43	W I	8	2
2591,68	Co I	10R	3	2588,28	Mg I	8	8	2585,34	Co I	50	—
2591,54	Fe II	50	100	2588,25	Cr II	8	1	2585,25	S	—	(10)
2591,49	W II	12	7	2588,19	Fe	—	2	2585,22	W I	9	3
2591,42	Mn II	2	12	2588,09	W	—	12	2585,18	Ce	2	—
2591,41	Se	—	(150)	2588,0	к B	50	—	2585,00	Fe	3	—
2591,33	Hf II	10	12	2587,98	Fe (I)	40	—	2584,95	V II	2	100
2591,26	Fe (I)	20	—	2587,95	Nb II	3	20	2584,87	Cd I	3	(1)
2591,22	Mn	—	12	2587,95	Fe II	—	50	2584,83	Cr (II)	—	2
2591,12	Ru I	50	—	2587,88	Ce	2	—	2584,74	Hg	—	5
2591,04	Ru II	10	100	2587,79	Hg	—	(2)	2584,72	Fe	3	—
2591,01	Pt II	—	10	2587,79	Pt	10	—	2584,67	Cr I	10	1
2590,94	Nb II	15	800	2587,75	W I	12	2	2584,6	In	—	2
2590,94	N II	—	(10)	2587,59	Mn II	—	5	2584,54	Fe I	100	30
2590,80	Ce	2	—	2587,49	Mn II	—	5	2584,53	Mn I, II	12	12
2590,76	Os I	75	8	2587,40	Cr (II)	—	2	2584,49	Ta II	40	—
2590,72	Cr II	1	12	2587,40	Nb II	—	30	2584,38	W I	15	10
2590,69	Mn	—	2	2587,32	W I	9	8	2584,31	Mn I	150	15
2590,59	Co I	75	—	2587,32	Mo II	1	30	2584,30	Fe	2	—
2590,54	Fe II	2	35	2587,29	Rh II	2	100	2584,30	Mg I	8	8
2590,53	Cu II	1	250	2587,27	Mn II	—	12	2584,29	S	—	(15)
2590,34	Ca	—	2	2587,26	Ag II	1	(3)	2584,23	W I, II	5	6
2590,25	Ti I	30	1	2587,24	Ni II	—	50	2584,20	Ce	5	—
2590,14	Mn	—	5	2587,22	Co II	10	100	2584,19	Ag II	—	3
2590,13	Sb III	—	3	2587,16	Fe	6	—	2584,19	Mo II	—	5
2590,04	Au I	30	50	2587,10	S	—	(8)	2584,14	Ru I	50	3
2590,03	Fe	2	—	2587,09	Ca	—	3	2584,13	Pd II	—	75
2590,01	Mn II	—	3	2587,04	Mo (II)	—	10	2584,11	Mn I	15	5
2589,79	Hg	—	(5)	2586,95	Al II	—	(50)	2584,10	Cr II	1	25
2589,71	Mn II	10	50	2586,94	W I	75	30	2584,03	Ta (II)	80	200
2589,69	Cr II	—	8	2586,91	Nb II	1	10	2584,01	Ni II	—	200
2589,65	W II	2	12	2586,85	Zr II	5	8	2583,99	Zr	4	3
2589,65	Zr I	12	—	2586,79	Re I	100	—	2583,98	Nb II	10	800
2589,57	Ru I	60	3	2586,73	W	—	6	2583,85	Pd II	—	200
2589,55	Ce	2	—	2586,64	W I	10	6	2583,66	W I	6	1
2589,5	In	—	2	2586,58	W II	1	3	2583,65	Zr I	15	—
2589,43	Ru II	—	60	2586,56	Mn II	—	10	2583,62	Cr II	—	2
2589,26	Nb (I)	3	2	2586,56	Ce	2	—	2583,51	W II	—	9
2589,25	Au I	*		2586,43	Cd	—	(5)	2583,38	Zr II	50	50
2589,19	Ge I	6	6	2586,40	Zr II	—	2	2583,27	Mn I	15	—
2589,17	W II	15	25	2586,34	W I, II	8	12	2583,22	Ti I	15	1
2589,05	Ce	5	—	2586,31	Na II	—	(5)	2583,22	Nb I	5	2
2589,05	Cr II	—	2	2586,27	Ti I	7	—	2583,21	W I	12	9
2589,02	Zr II	50	50	2586,09	Nb III	—	40	2583,17	Co	—	40
2588,96	Nb II	1	20	2585,96	W II	8	20	2583,15	Pt II	—	10
2588,96	Mn	—	80	2585,95	Mo II	15	30	2583,12	Ce	5	—
2588,94	Zr	15	—	2585,88	Mn II	4	6	2583,10	Nb I	8	2
2588,88	Ce	3	—	2585,88	Fe II	70	100	2583,09	Mn	5	1
2588,79	Fe II	1	20	2585,8	In		2	2583,04	Fe II	—	3
2588,78	Mo II	10	30	2585,74	Ru I	50	—	2583,02	Cr I	10	—
2588,58	Re II	*		2585,63	Fe II	—	3	2583,01	V II	—	50
2588,55	W	—	8	2585,60	Cr (II)	—	2	2582,99	O	—	(5)
2588,51	Cd	—	(4)	2585,60	Tl I	30R	2	2582,98	Mn II	—	50
2588,42	Ce	3	—	2585,57	Mg I	5	—	2582,92	Fe	3	—

λ	El.	B A	S (E)	λ	El.	B A	S (E)	λ	El.	B A	S (E)
2582,89	Hf III	1	2	2580,07	Hg II	—	(3)	2577,13	Si I	10	—
2582,88	C I	—	(4)	2580,07	Fe I	10	—	2577,10	Pd II	3	150
2582,82	W II	—	8	2580,04	W I	9	1	2577,03	W I	15	4
2582,81	Fe	5	—	2580,03	Os II	15	100	2576,86	Fe II	2	70
2582,79	Ce	3	—	2579,84	Fe	10	1	2576,83	Hf II	5	60
2582,79	J II	—	(400)	2579,67	Mn	125	1	2576,69	Fe I	40	5
2582,59	Ce	2	—	2579,62	Ta I	80	—	2576,59	Nb I	3	2
2582,58	Fe II	25	80	2579,55	Zr	25	—	2576,56	Mo II	2	25
2582,52	W II	—	12	2579,54	W II	8	25	2576,55	Pb II	—	(100)
2582,51	Hf II	25	35	2579,44	Mo II	10	20	2576,48	V II	1	50
2582,49	Zn I	300	40	2579,42	Ce	2	—	2576,40	Pd II	—	100
2582,44	Zn I	100	—	2579,41	Fe II	1	10	2576,36	W II	2	15
2582,37	Co II	—	3	2579,40	W I	10	—	2576,29	Hg I	20	15
2582,29	Mo	10	—	2579,38	Mn II	—	5	2576,17	W II	2	20
2582,24	Co II	50	500	2579,27	Fe I	12	6	2576,10	Zr I	8	—
2582,21	Fe (I)	50	—	2579,26	W (II)	2	20	2576,10	Mn II	300R	2000R
2582,16	Mo I	25	3	2579,11	Cr I, II	12	3	2576,09	Ru II	—	50
2582,15	Bi	35	5	2579,10	Ru II	12	80	2575,96	Nb II	1	10
2582,11	Cr II	—	3	2579,08	Sn II	—	(2)	2575,93	Ce	6	—
2581,96	Os I	80	5	2579,05	Ta II	3	100	2575,89	W	9	1
2581,84	V II	—	12	2578,93	Co I	30	—	2575,80	Cr II	—	4
2581,71	Ti II	4	30	2578,91	Hg I	—	(2)	2575,74	Ag I	10	3
2581,71	Zr II	—	3	2578,91	Mn	—	25	2575,74	Fe (I)	80	10
2581,69	Rh II	1	150	2578,91	Mo II	2	60	2575,60	Zn	—	(10)
2581,64	Mn	—	15	2578,9	In	—	3	2575,56	Co II	—	15
2581,49	W I	8	—	2578,88	Ti I	4	—	2575,51	Mn I	150	1
2581,46	Fe	12	—	2578,82	Fe	3	5	2575,49	Pd II	—	100
2581,20	W II	7	20	2578,76	Mo I	25	1	2575,47	Ta I	80	—
2581,19	Nb I	4	2	2578,73	Nb I	20	10	2575,46	W I	10	1
2581,14	Ru I	60	2	2578,69	W II	3	5	2575,40	Al I	30	30
2581,11	Fe	1	25	2578,47	Ni I	20	—	2575,35	Ag	2	1
2581,08	Pt II	—	5	2578,45	V II	—	15	2575,34	Fe	3	—
2581,06	W I	12	—	2578,44	Hg I	5	(2)	2575,30	O II	—	(60)
2581,02	S	—	(8)	2578,39	Pt II	2	20	2575,10	Al I	200R	80R
2580,96	Fe	5	—	2578,36	Mo II	1	25	2575,06	Zn I	5	—
2580,95	Co II	—	4	2578,35	Mn	—	10	2574,91	Mg I	8	—
2580,84	Co I	50	4	2578,31	Cr I, II	10	5	2574,89	Fe	3	—
2580,81	Ti (I)	30	—	2578,19	Nb I	4	2	2574,86	Co II	3	40
2580,81	Ru I	5	3	2578,16	Hf II	25	30	2574,86	Hg	—	(25)
2580,8	In	—	2	2578,02	Fe	2	—	2574,84	Nb II	2	100
2580,74	Ag II	1	150	2577,97	W	3	1	2574,83	C II	—	2
2580,71	Fe II	—	10	2577,95	Mn	—	5	2574,68	W	5	—
2580,64	Ag	—	2	2577,92	Fe II	30	100	2574,52	V II	9	80
2580,49	W I	12	7	2577,78	Ta (I)	90	1	2574,51	In II	—	(5)
2580,45	Fe I	8	—	2577,69	W I	8	1	2574,49	Pt I	15	5
2580,45	Zr	4	—	2577,66	Cr I	35	3	2574,42	Mo II	15	20
2580,35	Si	—	(2)	2577,46	Mn I	12	—	2574,38	Ta I	80	—
2580,33	W I	10	5	2577,42	Fe II	—	2	2574,37	In II	—	(10)
2580,33	Co II	15	100	2577,37	Ta I, II	80	150	2574,37	Fe II	50	150
2580,30	Fe	6	1	2577,30	W II	—	4	2574,35	Co I	6R	—
2580,28	Nb II	2	100	2577,29	Fe	3	—	2574,20	W	3	6
2580,18	Mn I	10	—	2577,29	V I	20	7	2574,07	Nb II	2	10
2580,16	Ta I	150	—	2577,27	Ir I	60	15	2574,06	Sb I	30	40
2580,14	Tl I	100R	80R	2577,26	Pb I	100	40	2574,02	V I	60	50
2580,11	Cd I	50	(5)	2577,21	As (II)	—	3	2573,95	W II	10	4

λ	El.	B		λ	El.	B		λ	El.	B	
		A	S (E)			A	S (E)			A	S (E)
2573,93	Ti II	1	2	2571,56	Sb	—	8	2568,70	Ce	2	—
2573,91	Nb	—	4	2571,54	Fe II	—	15	2568,69	Cs II		(8)
2573,91	Hf II	25	100	2571,51	Ta II	*		2568,67	Nb II	1	4
2573,81	W II	2	9	2571,48	O II	—	(30)	2568,64	Si I	15	10
2573,79	Ta I	100	1	2571,45	Mo II	2	20	2568,64	Re II	30	—
2573,77	Fe	2	2	2571,45	W II	15	30	2568,58	Pt II	1	40
2573,77	Re I	60	—	2571,42	Zr II	300R	400R	2568,55	W I	12	2
2573,74	Fe II	2	3	2571,36	Ce	3	—	2568,52	Cr I, II	5	2
2573,71	Ti II	2	10	2571,32	Nb II	4	100	2568,51	Mn II	—	12
2573,58	W II	—	10	2571,24	Mo II	—	10	2568,43	Pb	—	10
2573,54	Ta I	125	1	2571,17	W	5	—	2568,40	Nb II	2	20
2573,54	Cr II	—	6	2571,09	Ru II	6	100	2568,40	Fe II	—	80
2573,54	Co I	30R	12	2571,06	V II	4	70	2568,38	V (I)	35	30
2573,53	W I	15	—	2571,05	Nb I	3	2	2568,30	Mn	—	10
2573,49	Fe	3	—	2571,03	Ti II	20	70	2568,21	W I	12	10
2573,44	Ru II	5	50	2570,97	Ru (I)	100	—	2568,10	W II	—	10
2573,40	Co I	40	12	2570,94	Mn II	—	80	2568,09	Cr I	8	—
2573,31	Mo	25	—	2570,88	Mg I	4	—	2568,08	Zn II	50	10
2573,25	As (II)	—	5	2570,85	Mo (II)	—	25	2568,05	V II	—	10
2573,25	W	—	4	2570,84	Fe II	70	100	2567,99	Mo	10	2
2573,20	Fe II	—	40	2570,78	Nb I	3	2	2567,98	Al I	200R	80R
2573,14	W	6	—	2570,78	Si	—	(2)	2567,91	W	—	8
2573,14	Ce	15	—	2570,66	Zn II	—	10R	2567,87	Fe I	12	—
2573,13	Nb II	1	20	2570,52	Fe II	10	5	2567,80	Zn I	*	
2573,09	Ca II	3	150	2570,3	In	—	2	2567,80	Fe	6	—
2573,03	Cs II	—	(20)	2570,26	V	2	2	2567,75	Sb (II)	—	5
2573,01	Nb II	2	10	2570,21	W	—	2	2567,67	Ce	2	—
2572,96	Fe	1	15	2570,09	W I	12	2	2567,62	Zr II	100	100
2572,93	Cd II	*		2570,08	Mn	—	10	2567,61	W II	7	15
2572,8	In I	—	2	2569,97	W	—	12	2567,59	Cr II	—	2
2572,76	Mn I	200	50	2569,87	Ce	6	—	2567,51	Nb I	10	5
2572,65	Ti (II)	10	40	2569,87	Zn I	100	5	2567,49	W I	12	1
2572,61	Pt II	15	50	2569,77	Fe II	—	60	2567,46	Hf III	—	20
2572,57	W II	—	8	2569,74	Fe I	10	12	2567,45	Zr I	20	—
2572,44	W I	10	—	2569,74	Co	—	30	2567,44	Nb III	—	5
2572,42	Mn	—	10	2569,60	Fe I	20	1	2567,44	V (II)	—	40
2572,35	W II	3	10	2569,56	Pd II	20	150	2567,35	Co I	50R	—
2572,34	Mo I	60	10	2569,5	к C	12	—	2567,32	Fe	2	—
2572,25	Mg I	8	—	2569,47	Sr I	25R	5	2567,21	Ag II	—	15
2572,24	Mo II	—	15	2569,36	Fe	3	—	2567,07	Zr II	15	8
2572,24	Co I	50	12	2569,32	Mn	—	10	2567,05	Mo I	40	3
2572,23	W II	2	12	2569,29	Fe	3	—	2566,91	Fe II	60	150
2572,15	Hg	—	(20)	2569,25	W I, II	15	25	2566,87	Cr II	—	2
2572,15	Cr I, II	5	3	2569,18	Nb II	1	5	2566,83	Ba IV	—	2
2572,14	Fe	2	—	2569,16	Ce	8	—	2566,78	Mn I	2	—
2572,10	Nb I	6	3	2569,13	Ta II	40	40	2566,61	Fe II	3	15
2571,93	Ce	5	—	2569,03	Nb I	10	3	2566,60	V II	—	20
2571,89	Mn II	—	12	2568,98	W I	10	—	2566,58	Ce	5	—
2571,81	Re II	5	—	2568,97	Ti II	3	12	2566,55	Cr I	10	3
2571,75	Hg I	3	(1)	2568,88	Fe II	—	25	2566,40	Fe	1	15
2571,75	Cu II	—	150	2568,86	Fe I	20	10	2566,40	B II	—	2
2571,74	Cr I, II	50R	35	2568,85	W II	2	15	2566,37	Ce	2	—
2571,68	Hf II	30	80	2568,85	Zr II	100	200	2566,31	W	—	12
2571,62	W II	2	12	2568,77	Ru I	60	8	2566,29	Fe	3	10
2571,58	Sn I	100	125	2568,72	Mn II	—	15	2566,26	B II	—	15

λ	El.	B		λ	El.	B		λ	El.	B	
		A	S (E)			A	S (E)			A	S (E)
2566,25	Mo II	10	20	2564,02	Cd	—	(2)	2561,42	Ni I	40	—
2566,24	J II	—	(300)	2563,91	Nb II	2	10	2561,39	Ce	2	—
2566,22	Fe II	2	40	2563,91	W II	7	15	2561,38	W	—	3
2566,09	W I	4	—	2563,90	Hg I	—	3	2561,28	Co I	25	12
2566,08	Ni II	—	600	2563,83	Fe I	2	10	2561,27	Fe I	4	—
2566,07	Nb II	2	30	2563,70	Ta I	80	—	2561,18	Hg I	3	3
2566,03	V II	1	12	2563,68	Si I	4	—	2561,18	As (II)	—	5
2565,95	Mn I	15	10	2563,65	Mn II	25	50	2560,94	Mg I	4	—
2565,79	Cd I	3	(10)	2563,61	Hf II	20	35	2560,76	Mn	—	12
2565,78	W II	3	8	2563,58	Cr II	1	15	2560,74	W II	8	4
2565,71	Au II	—	12	2563,56	Zr I	12	—	2560,74	Nb II	1	5
2565,70	Fe	4	—	2563,47	Fe II	70	125	2560,74	Hf III	—	25
2565,68	Al II	—	(30)	2563,43	Cr II	—	5	2560,69	Cr I	30	15
2565,67	Nb II	1	10	2563,40	Fe	5	25	2560,68	Ta (I)	70	—
2565,59	Ce	8	—	2563,35	Cr II	—	10	2560,62	Nb II	2	15
2565,54	V II	—	25	2563,33	Ta I	50	—	2560,56	Fe I	15	—
2565,54	Sb	—	25	2563,32	Na III	—	(2)	2560,49	W I	4	—
2565,51	Pd II	2	200	2563,24	Mn	—	5	2560,30	Ni II	—	500
2565,50	Nb II	2	12	2563,21	Sc II	10	20	2560,27	Fe II	10	80
2565,48	Ca	—	4	2563,16	Ru I	50	1	2560,26	Sc II	10	30
2564,46	Fe	2	—	2563,16	W II	8	30	2560,26	Ru I	60	5
2565,40	Nb I	15	10	2563,09	Fe	6	—	2560,15	In I	150R	50R
2565,39	In II	—	(5)	2562,90	Ag III	—	10	2560,14	V II	—	10
2565,37	Ni II	—	150	2562,76	V II	1	25	2560,12	W I	15	8
2565,37	Co	—	20	2562,65	W II	—	8	2560,10	Nb II	1	10
2565,22	Mn II	2	80	2562,64	Au II	—	5	2560,09	Co (I)	1	60
2565,19	Ru I	50	—	2562,63	Fe	2	—	2559,91	Fe II	2	15
2565,13	In II	—	(40)	2562,61	Zn I	10	—	2559,77	Fe II	3	30
2564,98	S	—	(8)	2562,53	Fe II	50	150	2559,75	W	—	5
2564,94	Mg I	6	—	2562,45	J II	—	(30)	2559,71	Cr II	—	8
2564,84	Nb II	1	15	2562,42	Ce	5	—	2559,68	Mo II	—	20
2564,82	Si I	3	—	2562,40	Nb II	4	100	2559,66	Mn II	—	40
2564,82	V I	35	7	2562,31	Li I	150	15	2559,61	Al II	—	(15)
2564,76	Mo	10	1	2562,28	Pb	—	100	2559,50	W II	3	15
2564,73	Nb (I)	2	5	2562,24	Mn II	—	10	2559,50	Ba IV	—	2
2564,72	In II	—	(10)	2562,23	Fe I	15	—	2559,43	Nb	—	8
2564,70	Fe	3	—	2562,22	Mg I	3	—	2559,43	Ta I	100	2
2564,68	W I	12	3	2562,14	Co I	10R	—	2559,41	Mn II	2	50
2564,59	Ru I	50	2	2562,13	V I	50	4	2559,41	Co II	10	60
2564,58	Te IV	—	(150)	2562,12	Ni	15	—	2559,33	W I	8	2
2564,56	Fe I	15	—	2562,10	Ta I	100	—	2559,24	Fe II	—	20
2564,45	Zn II	—	(25)	2562,09	Fe II	2	25	2559,21	Si III	—	(15)
2564,43	W II	1	4	2562,08	Mo II	1	30	2559,20	Hf II	20	40
2564,42	Ag II	—	15	2561,96	W I	12	8	2559,12	Mo II	1	10
2564,39	J II	—	(70)	2561,92	Rb	—	(10)	2558,94	Nb I	12	2
2564,34	V	4	—	2561,86	Fe I	15	—	2558,93	Mo I	15	—
2564,33	Mo II	3	40	2561,71	Fe	3	—	2558,89	V I	10	12
2564,29	Zr I	4	—	2561,70	Nb II	2	10	2558,89	W	2	4
2564,22	V I	20	2	2561,69	Se	—	(25)	2558,88	Mo II	5	30
2564,19	Re I	50	—	2561,62	Mo	25	—	2558,85	Mn	—	12
2564,18	Ir I	40	8	2561,55	Mn	—	8	2558,63	Nb II	1	5
2564,12	Mn	—	8	2561,51	W I	8	1	2558,58	Mn II	—	80
2564,09	Ca I	*		2561,51	Ce	3	—	2558,54	Ru I	50	1
2564,06	Nb II	1	30	2561,49	J	—	(150)	2558,48	W II	—	7
2564,04	Co II	15	100	2561,46	Fe	3	—	2558,48	Fe	10	20

λ	El.	B A	S (E)	λ	El.	B A	S (E)	λ	El.	B A	S (E)
2558,35	Ce	2	—	2555,36	Rh I	100	60	2553,02	V II	7	15
2558,28	Mn	—	12	2555,31	Nb II	1	30	2553,00	Co I	40R	—
2558,06	Re I	60	—	2555,22	Fe	10	—	2552,99	Cd II	—	(10)
2558,02	W	—	6	2555,20	W I	10	—	2552,98	Mn	—	3
2558,01	Sn I	30	6	2555,13	Ni II	—	1000	2552,96	V II	10	30
2557,96	Zn II	10	300	2555,09	W II	10	15	2552,87	Mo	20	2
2557,94	Nb III	—	100	2555,06	Fe II	20	20	2552,87	Hg	—	(25)
2557,87	Ni II	—	80	2555,05	Ta I	50	—	2552,83	Fe I	5	1
2557,75	Hg	—	(5)	2554,91	Ta II	50	50	2552,83	Cd II	—	(10)
2557,71	Al II	—	(40)	2554,90	P I	60	(20)	2552,77	Fe	20	—
2557,71	Ta I, II	50	100	2554,86	W I, II	15	10	2552,67	Au II	—	45
2557,56	W I	12	6	2554,86	V I	15	2	2552,66	Fe I	15	2
2557,53	Mn II	1	50	2554,79	Nb II	1	20	2552,65	V I	75R	10
2557,52	B	—	6	2554,76	S	—	(8)	2552,53	Tl I	80R	1
2557,50	Fe II	1	50	2554,67	W II	4	15	2552,481	W I	10	1
2557,45	Cr II	—	2	2554,64	Sb I	30	10	2552,38	Co	—	20
2557,38	Mo II	1	10	2554,63	Re II	5	—	2552,38	Sc II	25	40
2557,34	Co I	2	30	2554,62	Ta II	50	100	2552,36	Hf III	—	5
2557,26	Fe I	1	—	2554,62	Mg I	4	—	2552,36	W II	1	10
2557,26	Mg I	6	—	2554,52	Fe	2	—	2552,26	V (II)	—	4
2557,14	Cr I	35	2	2554,51	Mn	—	20	2552,26	Ce	2	—
2557,08	Fe II	—	10	2554,51	Cd I	3	(1)	2552,25	Pt I	150	20
2557,00	W I	8	5	2554,47	In II	—	(50)	2552,24	W II	1	3
2557,0	к C	5	—	2554,39	In II	—	(50)	2552,12	Al II	—	(40)
2556,93	Nb II	5	200	2554,31	Zr	20	—	2552,11	W	—	7
2556,89	Mn II	3	40	2554,23	V III	—	50	2552,02	Re I	80	—
2556,86	Fe I	20	1	2554,10	Nb (I)	5	2	2552,01	Nb	—	3
2556,82	V I	2	2	2554,08	W	6	—	2552,0	In	—	2
2556,78	Al II	—	(15)	2553,98	Mn II	—	10	2551,98	W I	8	—
2556,76	Co I	50	150	2553,83	Fe	9	6	2551,98	Cd II	5	(100)
2556,75	Mo II	2	20	2553,82	W I	12	4	2551,90	Au	—	5
2556,74	W I	12	3	2553,73	Fe II	—	15	2551,88	Mn II	1	100
2556,57	Mn II	10	80	2553,69	Mo	15	—	2551,84	Pd II	—	100
2556,57	Fe	2	—	2553,66	V II	10	20	2551,77	Ce	5	3
2556,51	Re I	80	—	2553,62	Na III	—	(2)	2551,73	Ta I	100	4
2556,45	Ca	—	4	2553,59	W I	10	3	2551,73	Zr	3	—
2556,43	Zr I	3	—	2553,59	Ce	2	—	2551,72	V II	—	25
2556,32	Ru I	50	—	2553,59	Re II	5	—	2551,7	Li II	*	
2556,30	Fe I	15	1	2553,56	In II	—	(40)	2551,67	Hg	—	(2)
2556,30	Hg I	3	—	2553,50	Fe	2	—	2551,58	Cr II	1	18
2556,29	Ge I	20	2	2553,49	Nb II	1	30	2551,56	Mn II	—	5
2556,27	W I	10	3	2553,46	Cd I	25	(2)	2551,45	W II	—	12
2556,08	W II	—	6	2553,45	Ce	2	—	2551,44	Fe	2	—
2556,02	V I	4	—	2553,43	Ag II	2	10	2551,4	к B	150	—
2556,01	Al II	—	(30)	2553,38	Ni I	20	—	2551,40	Hf II	25	125
2555,98	Ti I	15	80	2553,37	Co I	10R	—	2551,38	Nb II	5	100
2555,94	Ce	2	—	2553,34	Ce	3	—	2551,35	W I	12	—
2555,91	V II	2	80	2553,33	In II	—	(5)	2551,21	Fe II	—	6
2555,82	Sc II	10	20	2553,25	P I	80	(20)	2551,20	Ce	2	—
2555,73	Fe I	5	—	2553,25	Mn II	—	50	2551,19	Ta I	150	—
2555,65	Fe I	3	—	2553,18	Fe (I)	10	20	2551,16	W II	—	9
2555,63	Nb II	2	80	2553,16	W I, II	12	15	2551,09	Mg I	6	—
2555,47	Cr I, (II)	6	3	2553,06	Cr I	20	1	2551,09	Fe (I)	25	1
2555,45	Fe II	2	35	2553,04	Zr II	2	2	2551,07	Ta I	150	—
2555,42	Mo II	3	50	2553,04	Tl I	10R	—	2551,03	Ni II	—	80

λ	El.	B A	B S (E)	λ	El.	B A	B S (E)	λ	El.	B A	B S (E)
2550,99	W I	10	6	2548,63	Nb II	2	80	2545,70	Rh	50	10
2550,99	Pd II	—	35	2548,59	Fe II	2	8	2545,64	Cr I	15	1
2550,85	Mo I	30	3	2548,58	Cr II	—	8	2545,64	Nb III	1	150
2550,81	Fe	2	—	2548,56	W I	12	2	2545,6	Bi II	—	2
2550,75	Mo II	—	15	2548,55	Hg I	4	2	2545,60	Al II	—	(50)
2550,71	Zr II	100	50	2548,49	Mg I	2	—	2545,57	W	8	3
2550,68	Fe II	3	30	2548,38	W II	1	10	2545,52	Fe II	—	1
2550,67	Co II	—	5	2548,34	Co I	20	75	2545,50	Ta II	15	15
2550,64	Pd II	—	150	2548,33	Mn	—	12	2545,49	Re I	60	—
2550,51	Fe	25	—	2548,32	Fe II	—	10	2545,46	V II	2	15
2550,50	Zr I	15	—	2548,23	V	4	25	2545,43	Fe II	—	4
2550,37	W I	10	2	2548,22	Mo I, II	30	5	2545,37	Mo	10	—
2550,32	W II	—	8	2548,22	V III	—	20	2545,35	Rh II	8	150
2550,29	Pb	—	2	2548,19	Hf II	15	20	2545,34	W I	15	9
2550,24	Au II	—	5	2548,15	W I	9	1	2545,33	Hg II	—	(8)
2550,23	Al II	—	(15)	2548,08	Fe	50	—	2545,21	Fe II	4	25
2550,10	W II	6	8	2548,05	Cr II	—	5	2545,21	Cr I	8	—
2550,09	Ce	2	—	2547,98	Se I	—	(60)	2545,16	Mn II	—	25
2550,09	Re II	5	—	2547,90	Mn	—	3	2545,04	Co	3	30
2550,03	Nb II	1	5	2547,89	Ce	4	—	2544,97	Fe II	2	10
2550,02	Co II	—	60	2547,88	Ca	—	6	2544,87	Hg I	3	(5)
2550,02	K III	—	(20)	2547,83	W II	—	7	2544,83	Pd II	—	200
2550,02	Fe II	15	40	2547,66	Ru II	5	80	2544,81	W	—	10
2549,96	V I	10	4	2547,62	W	9	2	2544,80	Nb II	5	300
2549,90	Nb I	4	1	2547,56	Mo II	15	20	2544,80	Cu II	—	700R
2549,88	Co II	—	10	2547,50	Cr (II)	—	3	2544,79	Al	—	(5)
2549,84	V I	4	1	2547,47	W	9	2	2544,74	Re I	25	—
2549,81	Mn	—	8	2547,45	Mn	—	12	2544,71	Fe I	100	5
2549,77	Fe II	1	2	2547,41	Ni I	20	—	2544,61	Cd I	50	(5)
2549,65	V II	—	10	2547,34	Mo II	1	20	2544,5	Bi II	*	
2549,61	Fe I	70R	2	2547,33	Fe II	1	35	2544,37	Ta II	—	10
2549,61	Mn	—	8	2547,25	Hg	—	(2)	2544,37	Ce	2	—
2549,56	Ni II	—	150	2547,19	Ni II	—	100	2544,29	Mn II	—	3
2549,56	Ru I	50	3	2547,18	Ce	2	—	2544,26	Cr II	—	2
2549,55	Cr I	25	2	2547,14	W I	20	10	2544,26	Ce	3	—
2549,47	Ru I	20	3	2547,08	Zr	2	—	2544,25	Co I	50R	100
2549,46	Pt I	80	10	2547,07	V I	4	2	2544,25	Au II	—	10
2549,45	Fe II	1	15	2546,87	Fe (I)	40	1	2544,22	Ru I	60	6
2549,43	Nb II	—	3	2546,80	Ta I	80	—	2544,19	Au I	30	8
2549,40	Fe II	1	10	2546,78	W II	1	9	2544,17	W I	8	2
2549,38	Ta I	100	—	2546,73	Co II	1	50	2543,99	W	—	5
2549,32	Mn	—	8	2546,67	Fe II	1	30	2543,98	Nb (I)	4	1
2549,30	Al II	—	(6)	2546,65	W	8	1	2543,97	Mn II	—	3
2549,27	V II	20	150	2546,60	Mn I	10	—	2543,97	Ir I	200	100
2549,26	Ce	2	—	2546,55	Sn I	100	100	2543,94	Rh	15	100R
2549,19	Se	—	(50)	2546,49	W	—	4	2543,92	Fe I	40	20
2549,09	W II	8	12	2546,45	Cr II	—	2	2543,92	Cs	—	(20)
2549,08	Fe II	3	30	2546,31	V II	—	7	2543,87	Na I	12R	—
2548,92	Fe II	1	3	2546,28	W (II)	2	12	2543,84	Sb	—	25
2548,79	Ce	10	10	2546,16	Co	—	20	2543,84	Na I	6R	—
2548,74	Mn II	8	150	2546,03	Ir I	100	20	2543,72	V I	12	9
2548,74	Fe II	—	12	2545,98	V I	50	10	2543,67	Re I	20	—
2548,69	V II	10	80	2545,98	Fe I	100R	30	2543,63	Zr II	2	2
2548,68	Ce	20	20	2545,90	Ni II	20	900	2543,61	Mo II	3	15
2548,68	W II	—	3	2545,74	Ce	2	—	2543,53	Ce	4	—

λ	El.	B A	B S (E)	λ	El.	B A	B S (E)	λ	El.	B A	B S (E)
2543,45	Mn II	4	100	2540,53	Fe	—	2	2537,61	W	4	—
2543,43	W I	12	2	2540,45	Mo I	40	1	2537,46	Co	—	10
2543,43	Fe II	—	5	2540,42	W II	—	5	2537,45	Fe I	3	—
2543,38	Fe II	5	50	2540,29	Ru II	8	100	2537,35	Mn	—	2
2543,37	Hg II	—	(3)	2540,18	Mn II	—	5	2537,17	Fe (I)	3	—
2543,34	Mo I	25	2	2540,16	W II	1	5	2537,17	Pd II	—	100
2543,31	W II	—	12	2540,13	Mo II	—	15	2537,15	W II	1	15
2543,23	Ru II	50	150	2540,12	Al II	—	(30)	2537,14	Fe II	—	2
2543,14	Cr II	—	10	2540,02	Ni I	40	1	2537,04	Rh II	15	100
2543,09	Ce	12	2	2539,97	Fe	3	20	2536,92	V	10	—
2542,93	V II	2	35	2539,90	W II	2	20	2536,84	Mo I	25	4
2542,93	Mn II	1	100	2539,79	Mn I	10	—	2536,83	Mn	—	5
2542,78	Mo II	10	10	2539,71	Ru II	12	100	2536,82	Fe II	10	4
2542,73	Fe II	1	40	2539,65	Mn I	10	—	2536,80	Co	—	2
2542,7	air	—	5	2539,62	Zr I	50	—	2536,67	Fe II	1	5
2542,67	Mo II	20	25	2539,61	W	8	—	2536,66	In II	—	(10)
2542,64	Mn II	—	15	2539,44	Mo II	1	20	2536,60	W II	1	12
2542,60	W II	1	15	2539,4	Li II	*		2536,56	Bi	5	2
2542,51	Os I	50	8	2539,40	Mn	—	20	2536,52	Hg I	2000R	1000R
2542,49	Mn I	15	—	2539,36	Pd II	—	50	2536,49	Co I	1	2
2542,44	V II	1	20	2539,36	Fe I	15	—	2536,49	Pt I	100	10
2542,36	Ce	3	—	2539,35	Zr II	1	4	2536,23	Ta I	100	—
2542,32	Zn I	40	—	2539,31	W I	6	15	2536,22	Fe	3	—
2542,23	W	7	1	2539,22	Nb II	1	10	2536,08	Mn	—	12
2542,16	Rh	1	50	2539,21	Pt I	400	20	2536,00	W II	4	12
2542,10	Zr II	100	50	2539,19	V II	—	10	2535,96	Co I	10R	40
2542,10	Fe I	40	8	2539,1	к C	12	—	2535,87	Ti II	20	60
2541,97	Nb (I)	3	1	2539,10	Ni II	—	250	2535,65	Mn II	—	80
2541,94	Co II	40	300	2539,01	Hg I	3	(3)	2535,61	Fe I	1000	—
2541,92	Ti I	25	2	2539,00	Fe II	10	20	2535,61	P I	100	(30)
2541,83	Fe II	2	5	2538,95	Cr I	—	2	2535,60	Ru II	—	100
2541,82	Si III	—	100	2538,94	O	—	(8)	2535,57	W II	—	10
2541,76	V	7	2	2538,91	Mn	—	8	2535,48	Fe II	—	20
2541,69	W I	10	4	2538,91	Zr	1	2	2535,36	Fe	1	3
2541,68	Cr I	12	—	2538,90	Fe II	1	3	2535,33	W	8	1
2541,64	Cd I	2	(1)	2538,81	Fe II	15	30	2535,31	Ag II	10	25
2541,62	In	—	2	2538,69	Fe II	—	5	2535,15	Zr II	1	5
2541,51	W	—	3	2538,50	Fe II	2	10	2535,12	Fe I	2	—
2541,49	Ca III	—	6	2538,44	Mo II	30	125	2535,10	W I	12	—
2541,42	Nb II	3	80	2538,34	W	9	—	2535,07	Ag II	—	(10)
2541,36	Cr I	60	3	2538,31	Cr II	—	25	2535,03	Mn	—	3
2541,35	Pt I	15	3	2538,20	Fe II	2	35	2534,86	Ce	5	—
2541,28	Ru I	50	—	2538,20	Tl I	10R	5	2534,83	W II	2	15
2541,11	Mn II	—	80	2538,05	Nb I	3	4	2534,82	V I	20	—
2541,10	Fe II	1	15	2538,04	Mn II	—	25	2534,80	Re I	100	—
2541,07	Nb II	—	3	2538,01	Zr I	15	—	2534,78	Pb	—	2
2541,05	W I, II	1	7	2538,00	Os II	—	15	2534,76	Hg I	30	30
2540,97	Fe I	100R	10	2537,97	Pd II	—	100	2534,67	W I	12	—
2540,94	W I, II	7	3	2537,96	Ta II	8	15	2534,62	Ti II	25	80
2540,81	Nb II	1	3	2537,95	Fe	6	—	2534,60	Pd II	—	100
2540,76	Mn II	—	10	2537,89	Au II	—	5	2534,57	Rh II	2	100
2540,70	Al II	—	(15)	2537,80	Te IV	—	(300)	2534,52	V II	10	80
2540,67	Fe II	6	30	2537,79	As (II)	—	5	2534,46	Ir I	100	10
2540,65	Co	6	40	2537,73	Rh II	4	50	2534,44	Nb II	1	40
2540,61	Nb II	2	150	2537,61	V II	—	25	2534,42	Fe II	7	50

λ	El.	B A	B S (E)	λ	El.	B A	B S (E)	λ	El.	B A	B S (E)
2534,33	Cr II	8	10	2531,90	V (II)	—	4	2529,22	Fe II	—	2
2534,33	Hf III	—	5	2531,87	W	—	5	2529,21	W II	—	6
2534,27	J II	—	(12)	2531,82	Cr (I), II	4	5	2529,20	Cr I	2	—
2534,25	V II	2	12	2531,78	V I	2	—	2529,14	Fe I	80R	5
2534,21	Mn II	—	25	2531,74	Fe	4	—	2529,13	Mn	80	5
2534,18	Ce	2	—	2531,69	Hg I	3	(3)	2529,08	Fe II	—	70
2534,15	Mn II	—	25	2531,61	V II	—	4	2528,97	Co I	50R	—
2534,14	W II	2	15	2531,55	Na II	6	(60)	2528,91	W II	3	15
2534,10	Re II	10	—	2531,51	Ta	25	—	2528,87	Fe I	2	2
2534,1	air	—	6	2531,44	W	—	3	2528,87	Ru I	60	2
2533,99	P I	50	(20)	2531,44	Fe I	4	—	2528,85	Mo II	1	25
2533,98	W I	10	1	2531,25	Nb II	1	80	2528,83	V II	25	150R
2533,97	Ru II	4	80	2531,25	Ti II	30	125	2528,70	Mn I	12	2
2533,96	V (II)	1	10	2531,21	V I	2	1	2528,62	Co II	4	200
2533,92	Nb	1	12	2531,20	Hf II	25	50	2528,54	Sb I	300R	200
2533,91	Cd I	2	(1)	2531,17	Sn I	40	15	2528,51	Si I	400	500
2533,84	Co II	5R	60	2531,14	Ce	2	—	2528,51	Ba II	—	50R
2533,80	V	10	—	2531,08	Fe II	—	4	2528,47	V II	50	150R
2533,80	Fe (I)	12	—	2530,99	W I, II	9	15	2528,28	Ce	15	1
2533,63	W I	10	5	2530,97	Nb II	2	100	2528,25	Cr I	30	—
2533,63	Fe II	8	50	2530,97	J II	—	(60)	2528,18	Co I	—	40
2533,62	Zr II	—	2	2530,86	Tl II	—	(80)	2528,17	Fe	6	—
2533,61	J II	—	(100)	2530,78	Cr II	—	8	2528,17	In	—	5
2533,58	Mo II	—	20	2530,70	Te I	—	(30)	2528,16	W	—	6
2533,52	Au II	—	60	2530,70	W II	8	12	2528,11	Au	—	5
2533,41	Al II	—	(2)	2530,69	Fe I	25	70	2528,05	Ni I	20	—
2533,36	V II	1	15	2530,57	Ca	—	6	2528,05	Ru II	—	60
2533,31	Mn II	—	10	2530,56	Bi II	—	3	2528,02	Cr I	35	1
2533,28	W II	—	8	2530,44	Cr I	35	1	2527,98	Ti I	15	—
2533,23	Ru I	50	—	2530,41	Bi II	—	3	2527,98	Se	—	(25)
2533,23	Ge I	5	5	2530,33	Mo II	3	25	2527,92	Fe	2	—
2533,18	Zr	3	—	2530,30	O II	—	(25)	2527,92	Nb II	2	50
2533,18	Nb II	2	80	2530,28	Bi II	—	3	2527,90	V II	35	300R
2533,16	Al II	—	(3)	2530,20	Cr II }			2527,86	Ru II	2	40
2533,14	Fe	2	1	2530,18	Cr II }	—	6	2527,77	W (I)	12	5
2533,13	Ir I	100	20	2530,18	V I	100	70 R	2527,69	Fe II	1	30
2533,06	Mn I	20	1	2530,16	Nb II	—	3	2527,55	W II	—	8
2532,95	W II	2	12	2530,13	Co I	40	300	2527,47	Al II	—	(3)
2532,87	Fe I	3	1	2530,10	Fe II	2	30	2527,44	Mn	150	12
2532,76	Mn II	—	20	2530,10	Nb II	—	5	2527,44	Fe I	200R	50
2532,71	W II	—	7	2530,09	Zn I	10	—	2527,20	W II	6	10
2532,69	Mo	—	4	2530,04	Hg	—	(2)	2527,16	Fe (I)	*	
2532,65	Al II	—	(8)	2529,92	O	—	(8)	2527,14	Mo II	1	25
2532,57	Bi I	25	—	2529,90	Cr II	—	20	2527,12	Cr I	8	2
2532,53	Fe	10	—	2529,85	Ti I	25	2	2527,10	Zr	4	—
2532,47	Zr II	100	100	2529,84	Fe I	50R	2	2527,10	Fe II	1	60
2532,41	Ce	4	—	2529,81	Mo II	25	20	2527,03	Pb	—	2
2532,41	W II	—	9	2529,72	W I	12	6	2526,91	O II	—	(25)
2532,38	Si I	30	40	2529,55	Fe II	15	100	2526,83	Fe II	—	1
2532,30	Mo II	8	30	2529,54	Nb	—	5	2526,82	Ru I	50	20
2532,27	V I	4	—	2529,53	Hg I	2	(1)	2526,62	Pb II	—	(100)
2532,18	Co I	50	75	2529,41	Pt I	80	—	2526,59	Cu II	—	200
2532,13	Ta II	80	100	2529,33	W I	8	4	2526,47	Al II	—	(3)
2532,10	Al II	—	(15)	2529,30	Fe	10	—	2526,45	Ta I	150	—
2532,08	Ni I	30	—	2529,30	Cu II	—	600	2526,42	W I	8	4

λ	El.	B A	B S (E)	λ	El.	B A	B S (E)	λ	El.	B A	B S (E)
2526,35	Ta I	100	—	2523,20	O II	—	(15)	2520,51	Nb (I)	6	2
2526,29	Fe II	10	60	2523,17	Mo II	1	25	2520,45	W I	15	10
2526,22	V I	150	150R	2523,11	Fe (I)	1	—	2520,35	Ni II	—	2
2526,20	W II	3	7	2522,99	In I	10	—	2520,30	V	10	1
2526,20	Cd II	—	2	2522,94	Co I	—	30	2520,22	N II	—	(8)
2526,07	Fe II	3	20	2522,88	Nb II	—	10	2520,19	W II	—	3
2526,02	Ta II	100	80	2522,85	Fe I	300R	50	2520,14	Sb I	20	5
2525,98	Hg I	3	(5)	2522,75	W	—	8	2520,01	Re I	50	—
2525,86	Fe II	—	5	2522,61	Sn II	—	(20)	2519,97	Zr	6	—
2525,81	Nb II	3	80	2522,59	Mo II	1	20	2519,88	W (I)	15	2
2525,68	W I	12	3	2522,51	N II	—	(3)	2519,84	Nb II	1	3
2525,68	Cs	—	(20)	2522,50	V II	2	40	2519,82	Co II	40	200
2525,66	Mn I	10	10	2522,49	Fe I	3	—	2519,81	Ti II	3	7
2525,60	Ti II	35	125	2522,39	V II	—	7	2519,78	Ta I	50	—
2525,42	Ru (II)	*		2522,34	Nb II	1	15	2519,68	Nb II	2	15
2525,39	Ni II	—	300	2522,23	N II	—	(10)	2519,63	Fe I	30	20
2525,39	Fe II	20	60	2522,19	Fe II	1	10	2519,62	V I	125R	50
2525,20	Cd I	25	—	2522,16	W I	8	—	2519,52	Al I	*	
2525,17	Ru I	30	—	2522,06	Ca	—	2	2519,51	Cr I	150R	6
2525,10	Fe	—	2	2522,04	W II	10	20	2519,44	W II	2	12
2525,1	к C	12	—	2521,92	Fe I	6	—	2519,41	In	—	2
2525,02	Fe (I)	20	1	2521,91	Zr II	15	10	2519,30	Fe II	—	4
2524,98	Nb I	5	2	2521,81	Fe II	1	60	2519,30	Sb	—	2
2524,98	W	2	4	2521,69	Mo II	1	10	2519,22	Al l	*	
2524,97	Co II	50	700	2521,69	Hg	—	(2)	2519,21	Si I	300	300
2524,85	Zr	4	—	2521,64	In	—	2	2519,20	Ru II	20	80
2524,85	Pt II	—	3	2521,61	V I	2	—	2519,16	W II	10	5
2524,85	Ru II	10	80	2521,61	Ru I	60	1	2519,07	Ti I	15	12
2524,81	Mo I	40	—	2521,55	V III	7	10	2519,04	Fe II	—	70
2524,81	W I	—	3	2521,52	W	—	3	2519,02	Nb I	2	—
2524,71	Mo	—	25	2521,50	Re I	100R	—	2518,95	Cu II	—	7
2524,64	Ti II	15	60	2521,48	Fe	—	5	2518,82	Fe	7	—
2524,60	Co	—	30	2521,40	Nb II	3	100	2518,71	Cr I	18	1
2524,55	N II	—	(3)	2521,37	In I	30	—	2518,70	W	—	9
2524,49	Bi I	100	25	2521,36	Co I	75R	150	2518,59	Cd I	15	(1)
2524,47	Mn I	12	1	2521,32	W I	15	2	2518,51	Ce	10	20
2524,30	Pt I	—	10	2521,23	Hg I	3	(1)	2518,50	W I	10	3
2524,29	Fe I	100R	50	2521,20	Fe	1	2	2518,44	Mo II	—	10
2524,22	Ni I	50R	—	2521,16	V III	—	10	2518,44	S	—	(8)
2524,20	In	—	2	2521,14	W II	1	7	2518,41	Ru II	3	50
2524,12	Si I	400	400	2521,09	Fe II	2	20	2518,29	Cr II	—	15
2524,11	Hg I	5	—	2521,06	Mo II	1	20	2518,14	Mn	—	40
2524,1	air	—	4	2520,97	W I	12	1	2518,14	W II	6	15
2524,03	W	—	10	2520,96	Fe	3	—	2518,10	Fe I	200R	50
2524,00	Ce	10	—	2520,88	Fe	80	—	2517,99	Cr I	2	—
2524,00	V II	10	100	2520,79	N II	—	(15)	2517,97	O II	—	(25)
2523,91	Sn I	60	60	2520,79	W	—	3	2517,87	Co I	10	—
2523,76	Nb II	1	5	2520,67	Fe II	—	6	2517,87	Cr I	8	—
2523,67	Fe (I)	15	10	2520,65	Nb II	—	3	2517,83	Mo (I)	20	—
2523,65	Hf III	—	4	2520,65	Cr II	—	15	2517,80	Co I	6	10
2523,58	W I	2	—	2520,64	Al II	—	(8)	2517,71	Tl I	*	
2523,51	V I	4	—	2520,58	Mn	—	25	2517,66	Fe I	20	12
2523,41	W I	10	6	2520,54	Ti I	40	4	2517,65	Nb	1	5
2523,37	Hg II	—	(2)	2520,54	Ce	2	—	2517,62	Ru I	50	—
2523,24	Cr II	—	20	2520,53	Rh II	10	1000	2517,57	Cr I	15	—

λ	El.	B		λ	El.	B		λ	El.	B	
		A	S (E)			A	S (E)			A	S (E)
2517,52	Rh II	—	150	2515,06	B II	—	6	2512,36	Fe I	12	1
2517,51	Si IV	—	10	2515,03	Pt I	150	20	2512,24	In II	—	(25)
2517,50	V I	4	1	2514,96	B	—	6	2512,21	Na I	4R	—
2517,48	Nb II	1	10	2514,91	Fe II	1	25	2512,19	W II	—	4
2517,46	Mo I	25	—	2514,86	Ce	2	2	2512,13	Na I	2R	—
2517,45	Hg I	3	(1)	2514,79	Hg II	—	(20)	2512,10	Fe	—	30
2517,43	Ti II	20	30	2514,76	Ni II	—	2	2512,06	C II	—	400
2517,41	O	—	(50)	2514,71	Fe	2	—	2512,04	Mo	—	10
2517,41	Tl I	30R	—	2514,64	Mn	—	12	2512,03	Hg	—	5
2517,41	Co	—	40	2514,63	V II	10	12	2511,97	Nb III	—	50
2517,40	W II	—	8	2514,62	Mo	25	—	2511,96	Cr I	25	1
2517,32	Ru II	60	80	2514,56	Sb I	30	9	2511,94	V I	35	2
2517,25	Cd II	—	(3)	2514,55	Fe	6	—	2511,82	W	—	8
2517,23	W	—	4	2514,51	W II	2	12	2511,76	Fe II	25	100
2517,21	Fe II	1	3	2514,48	Pd II	—	200	2511,73	C II	—	60
2517,18	Pt I	15	—	2514,39	B	—	50	2511,69	Ta (II)	2	100
2517,14	V I	35R	25	2514,38	V I	10	2	2511,64	V I	40	—
2517,12	Ti I	3	2	2514,38	Fe II	2	8	2511,64	Hg I	2	(1)
2517,12	Fe II	10	60	2514,35	Nb II	3	8	2511,56	Zr I	4	—
2517,03	Ca	—	6	2514,35	W II	—	3	2511,44	W	—	6
2517,01	W	—	4	2514,32	Si I	300	200	2511,37	Fe II	3	3
2516,92	Cr I	35	2	2614,31	V	15	2	2511,25	W	—	5
2516,88	Hf II	35	100	2514,3	air	—	4	2511,18	V	15	—
2516,73	Mn II	—	12	2514,26	Hg I	2	—	2511,15	Co	3	15
2516,57	Cr (II)	—	6	2514,16	Mo II	—	10	2511,09	W I	6	7
2516,57	W I	12	3	2514,08	In II	—	(10)	2511,02	Co I	10R	20
2516,57	Fe I	10	1	2514,07	W	—	8	2511,00	Nb II	3	100
2516,40	In	—	3	2514,07	Pt I	150	10	2511,0	к C	20	—
2516,25	Fe I	2	—	2513,93	W I	10	2	2510,91	Ti II	—	2
2516,22	Cd II	—	25	2513,88	Pt II	6	50	2510,87	Ni II	50	250
2516,12	Re I	150	100	2513,86	Ce	2	—	2510,83	Fe I	300R	50
2516,12	V III	25	100	2513,86	Fe I	5	—	2510,68	Ta II	10	5
2516,11	Si I	500	500	2513,66	Cr II	—	10	2510,66	Mn II	—	10
2516,10	Mo II	25	25	2513,66	W	9	—	2510,66	Rh II	5	200
2516,1	air	—	7	2513,62	Cr I	20	2	2510,63	Cr I	8	—
2515,81	Zn I	150	20	2513,55	Ga II	—	(7)	2510,54	Sb I	50	20
2515,79	W II	1	10	2513,45	W II	—	15	2510,52	Au I	25	15
2515,75	Rh I	60	10	2513,36	W	8	—	2510,47	W II	3	15
2515,72	V II	1	9	2513,33	Mo (I)	25	—	2510,41	In	—	4
2515,69	Bi I	100	25	2513,33	Fe (I)	6	4	2510,38	Na III	—	(2)
2515,66	Mo I	10	10	2513,32	Ru II	50	80	2510,25	Cr II	1	2
2515,64	V I	6	—	2513,31	Al I	*		2510,24	V I	4	2
2515,58	Pt I	500	20	2513,30	Ce	12	—	2510,16	W I	10	2
2515,49	W II	1	5	2513,25	Os I	50	8	2510,15	Cd II	—	(2)
2515,49	Hf II	20	30	2513,15	Al II	—	(15)	2510,12	Co I	—	20
2515,46	Na II	3	(5)	2513,03	Hf II	25	70	2509,97	W II	1	15
2515,36	Ce	2	—	2512,92	W	10	12	2509,76	Zr II	5	8
2515,32	W II	2	12	2512,84	Fe	3	—	2509,70	Rh I	40	20
2515,27	Ru I	60	2	2512,81	Ce	3	—	2509,68	W	—	10
2515,16	Hf III	1	40	2512,81	Ru I	80	2	2509,55	Mo I	20	—
2515,16	Au II	—	5	2512,70	Hf II	25	50	2509,47	Hg I	2	(1)
2515,15	V I	20	10	2512,65	Ta I	100	—	2509,38	W II	—	12
2515,10	Fe	—	30	2512,51	Fe II	—	40	2609,12	Fe II	1	50
2515,10	Mo II	8	30	2512,40	Cr II	—	6	2509,12	C II	—	200
2515,06	Cr II	—	12	2512,37	In II	—	(30)	2509,11	Cd II	—	(30)

λ	El.	B A	B S (E)	λ	El.	B A	B S (E)	λ	El.	B A	B S (E)
2509,09	Hg	—	3	2506,42	Fe II	1	3	2503,59	Mo (II)	—	5
2509,07	Ru I	50	20	2506,30	Au II	—	5	2503,56	Fe II	2	20
2509,04	Cd I	10	(3)	2506,29	Na II	—	(5)	2503,49	Fe I	4	—
2509,03	Zr II	3	2	2506,27	Cu II	—	500R	2503,32	Fe II	5	50
2508,99	Re I	200	—	2506,22	V II	10	150	2503,32	Au II	—	30
2508,97	Cr I	25	1	2506,19	Mo	—	40	2503,30	V I	25	10
2508,94	Fe	1	—	2506,14	W I	8	—	2503,04	W I	6	1
2508,90	Pb	—	5	2506,09	Fe II	2	70	2503,02	V II	7	100
2508,83	Li II	*		2506,03	W I, II	10	15	2503,01	Ta (II)	—	2
2508,82	V I, II	3	2	2505,99	Zr	12	—	2502,98	J II	—	(150)
2508,75	Fe I	20	1	2505,93	Pt (I)	150	10	2502,98	Ir I	100	5
2508,74	W I	12	10	2505,90	Nb II	1	10	2502,84	Mo II	10	15
2508,67	Ru II	—	50	2505,84	Ni II	—	50	2502,81	W II	—	4
2508,66	Mo (I)	30	—	2505,81	W II	—	3	2502,55	Cr I	100R	3
2508,53	Nb III	—	25	2505,74	Pd II	3	30	2502,49	Nb II	3	50
2508,50	Pt I	300	20	2505,64	W I	10	2	2502,47	Mn	—	3
2508,49	Fe	2	—	2505,63	Fe (I)	12	—	2502,39	Fe II	3	60
2508,45	B	—	2	2505,54	V I	7	4	2502,35	Re II	60	—
2508,44	W I	10	2	2505,49	Fe (I)	10	1	2502,22	Mo II	—	20
2508,37	In		8	2505,48	W	—	9	2502,17	W II	2	6
2508,33	Fe	—	20	2505,37	W I	10	3	2502,07	W II	2	6
2508,27	Ru I	50	2	2505,21	Fe II	2	25	2502,00	Zn II	20	400
2508,15	In II	—	(30)	2505,10	Mo	25	—	2501,90	W II	10	10
2508,15	S III	—	(40)	2505,10	Rh II	2	200	2501,80	O	—	(35)
2508,11	Cr I	35	1	2505,07	Fe I	10	1	2501,78	W I	10	—
2507,99	W II	5	10	2505,04	In	—	2	2501,72	Re I	80	—
2507,96	Co	2	30	2504,94	Nb II	—	4	2501,69	Fe I	20	4
2507,90	Tl I	5R	—	2504,79	Zr	8	—	2501,61	V I	35	30
2507,90	Fe I	40	6	2504,76	Ag	—	3	2501,60	Mo	2	3
2507,85	V	20	1	2504,70	W I	12	5	2501,48	Ru I	60	1
2507,78	Sb III	—	10	2504,70	O	—	(15)	2501,40	Nb	—	150
2507,78	V I	20	1	2504,65	Nb I	10	4	2501,33	W	1	9
2507,77	O	—	(20)	2504,60	Re II	80	—	2501,27	Rh	50R	50
2507,73	Fe	3	—	2504,60	K II	—	(5)	2501,18	Hg	—	(2)
2507,68	Co I	40	8	2504,59	Sn	—	(30)	2501,13	Fe I	100R	25
2507,58	W	—	8	2504,53	Ti (I)	20	1	2501,13	Ni (I)	20	—
2507,45	Ta I	150	1	2504,53	Zr I	2	—	2501,07	In II	—	(18)
2507,43	Fe	2	—	2504,52	W I	10	1	2501,03	W II	—	3
2507,43	Be II	—	(10)	2504,51	Co I	4	10	2501,0	Bi II	—	8
2507,35	air	—	8	2504,45	Ta I	200	1	2500,96	P II	—	(50)
2507,32	Cr I	15	—	2504,31	Cr I	150R	3	2500,93	Fe II	12	40
2507,30	Ag II	—	5	2504,30	W I	5	—	2500,90	Si	—	(2)
2507,23	W	—	12	2504,29	V (II)	—	7	2500,90	In II	—	(25)
2507,13	Nb I	3	2	2504,25	Al II	—	(3)	2500,86	Cd II	—	(2)
2507,01	Fe II	1	10	2504,24	Nb	—	4	2500,74	Hf II	12	20
2507,0	Li II	*		2504,09	Fe	2	—	2500,71	Ga I	5	5R
2507,00	Ru II	60	80	2504,08	Ag II	—	50	2500,66	Cr I	8	—
2506,91	V I	50R	35	2504,04	Pt I	60	5	2500,54	Ge II	*	
2506,90	Si I	300	200	2504,01	Zr II	10	5	2500,50	Co (I)	10	—
2506,88	Ag II	2	(2)	2503,96	W I	10	1	2500,50	Pb	—	2
2506,87	Co I	10	3	2503,88	Fe II	8	70	2500,44	Mo II	—	25
2506,60	Ag II	15	50	2503,84	Rh II	2	150	2500,42	Nb II	2	8
2506,57	Fe I	10	—	2503,65	Fe	80	—	2500,38	V I	2	—
2506,56	O	—	(8)	2503,64	Si	—	(2)	2500,19	Ga I	12	10R
2506,46	Co II	50	200	2503,61	W	3	—	2500,11	W II	3	12

λ	El.	B A	B S (E)	λ	El.	B A	B S (E)	λ	El.	B A	B S (E)
2499,94	W II	1	2	2497,50	Co	1	40	2495,04	Cs	—	(20)
2499,84	Cr I	20	—	2497,48	W II	10	15	2494,89	Cu I	2	—
2499,81	Cd III	—	15	2497,37	Mo II	—	15	2494,82	W II	7	4
2499,78	Ru (I)	50	4	2497,37	P II	—	(100)	2494,74	J II	—	(100)
2499,78	V I	2	—	2497,30	Fe II	—	15	2494,73	Be I	30	20
2499,73	Nb III	—	200	2497,29	W	5	1	2494,68	Mo II	1	6
2499,69	W II	10	15	2497,20	In	—	3	2494,58	Be I	25	—
2499,59	In II	—	(80)	2497,10	O	—	(8)	2494,54	Be I	30	—
2499,51	Bi	25	12	2497,09	V I	2	—	2494,48	Ru II	50	60
2499,44	W I	10	1	2497,05	Na III	—	(5)	2494,40	Mn I	15	—
2499,42	Mn I	15	—	2497,02	Mo II	—	8	2494,25	Fe I	10	—
2499,37	Hg II	—	3	2497,00	V II	—	6	2494,12	Hg	—	(2)
2499,34	In II	—	(10)	2496,99	Fe I	20	1	2494,10	Fe II	—	2
2499,32	J II	—	(60)	2496,99	Hf II	30	40	2494,02	N II	—	(3)
2499,29	O	—	(20)	2496,97	Nb II	1	3	2494,02	Ru I	80	—
2499,25	Mo II	1	5	2496,91	Ce	—	2	2493,94	Fe I	20	1
2499,25	V I	2	2	2496,90	N II	—	(10)[1]	2493,94	Tl I	10R	—[1]
2499,22	W II	2	15	2496,81	Cr II	*		2493,93	Co I	30	1
2499,09	V I	7	2	2496,78	Hg	—	3	2493,75	O	—	(50)
2498,94	Ti II	—	35	2496,78	B I	300	300	2493,71	Zr	6R	—
2498,90	Pb II	—	15	2496,76	Sn	10	—	2493,68	Ru II	20	80
2498,89	Fe I, II	20	70	2496,69	Pd II	—	100	2493,58	V II	1	25
2498,88	Au	—	5	2496,64	W I, II	10	20	2493,54	W II	—	5
2498,83	Co (II)	2	80	2496,53	Fe I	40	15	2493,39	W I	10	2
2498,81	Ag	1	3	2496,53	Cd II	—	4	2493,33	O	—	(35)
2498,80	Cr II	—	8	2496,48	Zr II	50	50	2493,32	Zn I	25	—
2498,78	Pd II	4	150	2496,33	In II	—	(18)	2493,3	к C	12	—
2498,59	In II	—	(50)	2496,30	Cr I	125R	2	2493,30	Cr II	—	2
2498,58	Ru II	60	40	2496,24	Mo II	—	5	2493,29	Hg	—	(3)
2498,50	Pt I	400	50	2496,21	In II	—	(10)	2493,26	Fe II	10	100
2498,41	Ru II	60	40	2496,07	Fe	4	—	2493,18	Fe II	10	100
2498,28	Mo II	10	25	2496,07	P II	—	(50)	2493,15	W	7	—
2498,26	W		8	2496,05	Se	—	(100)	2493,15	Na II	—	(40)
2498,25	As (II)	—	5	2495,97	In	—	2	2493,02	Nb III	—	20
2498,24	Nb II	1	25	2495,95	Rh	2	50	2493,00	Ca	—	7
2498,23	V I	10	4	2495,93	W I	4	—	2492,93	W II	6	25
2498,20	Fe	3	—	2495,86	Fe I, (II)	25	35	2492,91	As I	25	5
2498,09	W II	—	3	2495,82	Pt I	40	10	2492,88	Cr II	—	4
2498,09	Mo II	—	8	2495,79	Si	—	(2)	2492,72	Mn	—	8
2498,04	V	7	—	2495,78	V I	6	6	2492,64	Fe I	3	—
2497,96	Ge I	8	10	2495,72	W I	4	9	2492,64	Au II	—	5
2497,92	Pt II	—	3	2495,70	Sn I	100	100	2492,62	Cr II	—	6
2497,85	Al II	—	(8)	2495,69	Ru II	80	35	2492,57	Cr I	50	—
2497,82	Fe II	15	50	2495,58	Cd II	—	(30)	2492,53	Pt II	—	3
2497,81	Ni II	—	5	2495,58	Pb	—	2	2492,37	W I	12	8
2497,80	Mo II	20	15	2495,51	W II	—	8	2492,37	Os I	50R	8R
2497,78	Mn	—	3	2495,27	Zr	9	—	2492,33	Fe II	—	30
2497,77	Hg	—	3	2495,26	W I	20	5	2492,30	Rh I	100	10
2497,73	B I	500	400	2495,16	Hf III	—	60	2492,15	Cu I	200R	50
2497,72	Sn	8	—	2495,08	Cr I	35	—	2492,09	Hg II	—	(10)
2497,71	Fe II	1	3								
2497,68	Ru I	50	1								
2497,66	Ca	—	5								
2497,65	V I	4	—	[1] Doublet N II 2496,97—				[1] Doublet Tl I 2494,05—			
2497,58	Mo	30	—	N II 2496,83.				Tl I 2493,83.			

λ	El.	B A	S (E)	λ	El.	B A	S (E)	λ	El.	B A	S (E)
2491,99	W	6	1	2488,95	In II	—	(60)	2486,15	In II	—	(40)
2491,98	Fe I	10	—	2488,95	Fe I	10	1	2486,02	Nb III	—	20
2491,86	Rh II	2	400	2488,92	Pd II	10	30	2485,98	Fe I	10	1
2491,78	Sn I	12	5	2488,91	W I, II	10	3	2485,82	Rh II	2	50
2491,76	W	1	5	2488,88	Pt	—	25	2485,81	Re I	50	—
2491,59	Mo	—	4	2488,82	N II	—	(3)	2485,79	Cu II	5	50
2491,48	Zn I	100	50	2488,77	W II	10	20	2485,78	Ag II	1	10
2491,41	Pt II	—	2	2488,74	Nb III	—	40	2485,77	W II	—	10
2491,39	Fe II	—	30	2488,73	Pt (II)	10	25	2485,77	P II	—	(2)
2491,35	Cr I	30	1	2488,70	Ta I, II	200	150	2485,59	Zr II	2	3
2491,20	Au I	10	5	2488,69	Cd II	—	(2)	2485,49	V II	—	4
2491,19	Ni (I)	20	—	2488,66	In II	—	(40)	2485,48	Cr I	—	2
2491,18	W	—	5	2488,62	V II	—	7	2485,47	W	—	6
2491,16	Mn	100	2	2488,55	In II	—	(18)	2485,41	Nb II	1	12
2491,15	Fe I	150R	10	2488,55	Os I	50	15	2485,36	Co II	25	75
2491,00	Cd I	3	(2)	2488,46	Mn	—	12	2485,35	Al II	—	(3)
2490,98	Nb III	—	10	2488,40	Ta I	60	—	2485,31	Mo I	30	—
2490,91	Mn II	—	10	2488,23	Nb II	2	10	2485,20	W II	3	4
2490,86	Fe II	—	15	2488,15	Mn	150	12	2485,16	Al	—	(3)
2490,84	Nb III	—	20	2488,14	Fe I	600R	100R	2485,07	Fe II	—	2
2490,84	W I	9	—	2488,12	W II	2	12	2485,05	Mn II	—	5
2490,84	Se	—	(35)	2487,94	W I	3	—	2484,95	Ta I	30	—
2490,77	Rh II	100	1000	2487,92	Cd II	—	15	2484,93	Nb II	2	25
2490,75	Cr (II)	—	2	2487,9	Sn	—	10	2484,75	Mo II	2	20
2490,73	Na I	3R	—	2487,76	W I	10	—	2484,74	W I	20	6
2490,72	Fe II	1	10	2487,66	Mo	3	10	2484,55	Fe II	—	10
2490,71	W II	3	5	2487,53	V I	6	4	2484,5	к C	12	—
2490,70	Ni (I)	40	—	2487,49	W I	15	5	2484,40	W II	2	15
2490,64	Fe I	200R	10	2487,47	Rh	100	8	2484,33	Ni II	—	50
2490,64	Mn	125	3	2487,42	Co II	10	20	2484,24	Fe II	—	20
2490,60	W II	—	8	2487,37	Fe I	6	2	2484,18	Fe I	100R	5
2490,49	W	8	—	2487,33	Re I	50	—	2484,15	P II	—	(20)
2490,44	As (II)	—	2	2487,28	Zr II	100	100	2484,03	Ni I	18	—
2490,38	Au II	—	5	2487,22	W II	—	4	2484,00	W II	2	15
2490,37	N II	—	(8)	2487,17	Pt I	600R	20	2483,92	Re I	200	—
2490,26	W	—	7	2487,06	Fe I	25	10	2483,88	Nb II	3	80
2490,21	Nb II	1	15	2486,99	Sn II	—	(30)	2483,82	Hg I	30	5
2490,13	Pt I	300	20	2486,98	Pt II	6	10	2483,79	Cr II	*	
2490,10	Nb (II)	—	10	2486,97	Mn II	—	5	2483,74	Cr II	*	
2490,08	Cr II	—	4	2486,78	W II	—	5	2483,72	W II	2	7
2490,02	Mo II	—	10	2486,78	Re I	50	—	2483,72	Fe II	—	25
2489,92	Ru I	60	—	2486,72	Ag II	—	4	2483,71	Nb II	2	10
2489,91	W II	2	7	2486,69	Fe I	30	3	2483,64	V	10	—
2489,82	Fe II	1	50	2486,68	Cr II	—	4	2483,61	Co I	—	25
2489,75	Fe I	200R	2	2486,53	Pd II	5	30	2483,59	W II	—	4
2489,71	W I	8	2	2486,5	air	—	3	2483,53	Fe I	1	—
2489,65	Cu II	3	50	2486,44	Co II	1	40	2483,45	W	—	4
2489,61	Pd II	—	75	2486,42	W II	—	10	2483,44	Sn I,(II)	125	125[1]
2489,51	W II	2	8	2486,37	Fe I	40	—	2483,36	Pt	40	2
2489,51	Ni I	40	6	2486,34	Fe II	—	80	2483,33	Rh I	100R	5
2489,48	Fe II	1	40	2486,32	Hg	—	(3)				
2489,46	Nb II	1	3	2486,31	Cr II	—	8				
2489,4	Bi	8	2	2486,30	W (I)	15	2				
2489,28	Cr II	—	10	2486,28	Si	—	(5)				
2489,23	W II	10	20	2486,16	Mn	—	20				

[1] Two lines: Sn (II) 2483,48 и Sn I 2483,40.

λ	El.	B A	S (E)	λ	El.	B A	S (E)	λ	El.	B A	S (E)
2483,29	Si	—	(2)	2480,03	Bi II	—	5	2476,81	W I	5	—
2483,29	Ni (I)	*		2479,93	Nb II	3	50	2476,74	Ag II	—	2
2483,27	Fe I	500R	50	2479,82	Cr	—	2	2476,65	Fe I	15	25
2483,22	W	1	4	2479,77	Fe I	200R	30	2476,64	Co I	40	25
2483,07	Cr	—	6	2479,74	Zn I	30	—	2476,50	V I	4	—
2483,06	V II	20	150	2479,62	Fe	7	—	2476,47	Nb I	4	—
2482,73	Rh II	2	100	2479,52	V II	15	150	2476,42	Pd I	300R	50
2482,71	Hg I	25	10	2479,48	Ni	8	—	2476,38	Pb I	150	25
2482,71	V I	20	—	2479,48	Fe I	8	3	2476,32	Ru I	50	—
2482,69	W II	—	3	2479,24	Mo II	—	8	2476,30	Al II	—	(30)
2482,66	Mn	—	2	2479,14	Cr I	20	—	2476,29	V II	—	12
2482,65	Fe II	1	50	2479,13	W	—	12	2476,26	W	—	3
2482,58	Ta II	50	50	2479,04	V II	15	150	2476,26	Fe II	—	35
2482,57	Mo II	5	25	2478,99	Re II	5	—	2476,24	Ag II	—	2
2482,34	Cu III	—	20	2478,93	Ru II	80	60	2476,04	Au II	—	5
2482,32	Fe	—	6	2478,87	W II	—	8	2476,03	Fe	20	—
2482,31	V II	6	12	2478,66	Hg I	15	15	2476,01	W I	7	—
2482,21	W I	10	3	2478,66	Ge II	*		2475,88	Nb III	—	25
2482,14	Mn II	—	8	2478,65	Ti II	—	50	2475,87	V II	—	60
2482,13	V I	35	—	2478,62	V II	2	20	2475,83	W II	—	8
2482,11	Fe II	3	50	2478,59	Pb	—	2	2475,69	Cr II	—	12
2482,10	W I	10	3	2478,59	Cr	—	3	2475,63	Rh II	*	
2482,04	Pt II	2	25	2478,57	Fe II	4	40	2475,59	W (II)	1	20
2482,04	P II	—	(10)	2478,56	C I	400	(400)	2475,56	In	—	12
2482,00	Hg I	30	5	2478,56	Nb	—	4	2475,54	Fe II	—	10
2481,88	W	—	5	2478,54	Hf II	100	300	2475,53	Na I	2R	—
2481,81	Mo I	50	—	2478,44	Fe II	—	5	2475,46	Mn	—	3
2481,74	Sb I	15	5	2478,32	Sb I	75	100	2475,45	V II	2	60
2481,57	Fe II	—	15	2478,31	W II	—	10	2475,45	S	—	(8)
2481,55	W II	—	10	2478,29	Nb II	4	8	2475,40	Ru I	100	3
2481,51	Ti II	2	4	2478,22	Mo II	—	4	2475,32	Ta II	12	8
2481,44	W I	25	3	2478,22	P	—	10	2475,26	Al II	—	(30)
2481,43	Zr	6	—	2478,22	Ta I	60	—	2475,23	Cd I	—	(2)
2481,36	Zr II	2	4	2478,20	Co	4	20	2475,18	V	3	2
2481,19	Mo	10	30	2478,11	Fe II	—	20	2475,12	Ir I	100	10
2481,18	Pt	2	1	2478,06	Zr	3	—	2475,09	W I	10	2
2481,18	Ir I	50	10	2477,99	Mo II	—	5	2475,06	Li I	100	5
2481,18	Hg	—	(5)	2477,94	Nb II	2	10	2474,97	Mn	—	15
2481,13	V I	12	—	2477,80	W II	15	30	2474,90	Cr (II)	—	2
2481,11	Ru II	12	80	2477,77	P	—	(10)	2474,81	Fe I	40	50
2481,04	Fe II	—	40	2477,71	Au II	—	15	2474,81	Nb III	2	30
2480,95	Mn II	—	10	2477,59	Tl I	*		2474,76	Fe II	—	60
2480,95	W I	20	3	2477,57	Mo II	2	50	2474,70	Na III	—	(2)
2480,65	W I	10	2	2477,48	Fe II	—	1	2474,70	Mo	20	2
2480,63	V I	25	—	2477,47	Co	1	20	2474,65	Nb I	5	2
2480,62	Hg	—	(40)	2477,38	Nb II	5	200	2474,62	Ta I	150	1
2480,44	Sb I	25	9	2477,33	Fe II	1	40	2474,57	Sb I	25	10
2480,41	Ag II	—	15	2477,28	Ag II	—	150	2474,48	W I	6	3
2480,28	Au II	—	15	2477,27	W II	—	12	2474,24	Mo II	—	10
2480,25	Bi II	—	3	2477,20	Ti II	3	5	2474,19	Ti II	4	8
2480,17	Zr II	—	2	2477,13	Cu (II)	—	2	2474,18	Nb II	—	3
2480,17	Bi II	—	2	2476,92	Cr II	—	4	2474,15	W I	20	10
2480,16	Fe II	10	80	2476,87	Ni I	40	2	2474,14	Zr	3	—
2480,13	W I	25	10	2476,87	Ru I	60	2	2474,08	Cr I	35	—
2480,04	Si	—	(2)	2476,86	Fe I	3	—	2474,03	Ru I	50	1

λ	El.	B A	S (E)	λ	El.	B A	S (E)	λ	El.	B A	S (E)
2474,01	Zr	6	—	2470,80	W II	5	20	2467,32	Ge I	*	
2473,95	W	—	2	2470,75	Fe II	—	3	2467,23	Rh	—	50
2473,91	Hf II	15	25	2470,66	Fe II	8	50	2467,06	Co (II)	2	80
2473,81	W I	7	—	2470,61	Cd II	—	(50)	2466,97	Mo II	10	20
2473,80	Ag II	20	150	2470,40	Fe II	1	40	2466,96	Ni I	40	—
2473,69	W I	4	—	2470,39	Rh I	70	5	2466,85	W I	15	7
2473,65	Mn II	—	10	2470,27	Co I	20	8	2466,81	Fe II	1	30
2473,33	Cu II	5	20	2470,25	W	—	7	2466,72	Nb I	10	2
2473,31	Fe II	1	4	2470,06	Fe	6	—	2466,68	Mo II	5	25
2473,27	Zn II	—	8	2470,04	Mo II	1	25	2466,67	Fe II	1	10
2473,22	W	1	10	2470,01	Pd II	—	150	2466,63	Cr (II)	—	5
2473,16	Fe I	5	—	2469,88	W II	—	5	2466,56	Nb II	1	5
2473,15	Ni II	80	500	2469,73	Cd II	—	(500)	2466,52	W II	12	20
2473,09	Rh I	*		2469,71	Fe II	—	8	2466,47	In	—	2
2472,99	W	—	5	2469,56	Ag III	—	4	2466,41	Mn II	—	40
2472,98	Nb	—	3	2469,51	Fe	2	40	2466,33	W II	—	5
2472,95	Al II	—	(3)	2469,41	Nb III	1	80	2466,31	Nb I	4	1
2472,92	Ag II	—	25	2469,40	Mn I	10	—	2466,28	Al II	—	(2)
2472,91	Fe I	1000	—	2469,38	V II	—	12	2466,21	Mn II	—	50
2472,89	Mn	125	100	2469,38	Zn I	12R	—	2466,15	Rh II	1	100
2472,86	V II	7	40	2469,36	Re II	*		2465,96	W II	—	12
2472,86	Cr	—	5	2469,29	Mn	—	5	2465,91	Fe II	7	100
2472,82	Se	—	(35)	2469,25	Pd II	—	150	2465,77	Cr II	—	3
2472,80	Fe I	300R	25	2469,18	Hf II	20	50	2465,66	V	4	—
2472,72	W	—	4	2469,13	Cr II	—	20	2465,65	As (II)	—	3
2472,51	Pd II	—	150	2469,10	Mo	20	—	2465,64	W II	—	20
2472,51	W I	15	5	2469,08	Nb I	10	2	2465,57	Mo	15	—
2472,43	Fe II	—	15	2468,95	Hg II	—	5	2465,55	Tl I	5R	—
2472,37	Nb II	4	25	2468,88	Fe I	40	15	2465,45	Fe	15	—
2472,34	Fe I	30	5	2468,78	Mo II	2	25	2465,39	Zr II	2	5
2472,31	Hg	—	(5)	2468,74	Nb III	—	50	2465,32	Fe	3	—
2472,22	Ni I	5	1	2468,73	Hg	—	10	2465,27	V II	2	100
2472,13	Ta I	80	—	2468,66	W I	—	5	2465,26	Ni I	20	5
2472,12	W	5	—	2468,65	V II	—	15	2465,26	Ta I	60	—
2472,11	Fe	9	—	2468,58	Cu II	5	70	2465,20	W I	12	20
2472,07	Fe II	—	25	2468,57	Ti I	3	—	2465,20	Nb (II)	3	5
2472,06	Ni I	15	—	2468,41	W II	—	20R	2465,20	Fe II	—	50
2471,97	Mo I	50	2	2468,36	Ti I	10	1	2465,15	Fe I	70	—
2471,95	Zr	3	—	2468,29	Fe II	1	30	2464,97	Ti I	10	1
2471,89	Rh II	*		2468,25	Cd I	2	(1)	2464,90	Fe II	4	50
2471,77	Rh	3	100	2468,10	Fe	2	—	2464,70	Ru I	50	4
2471,74	W II	1	15	2468,08	W II	—	9	2464,68	J II	—	(100)
2471,60	Sr II	8	5	2468,04	Zr I	5	—	2464,64	Nb (II)	1	15
2471,47	Rh I	70	8	2468,03	Nb	2	3	2464,63	W II	3	20
2471,46	W	—	4	2468,02	In I	25	2	2464,43	Nb I	5	1
2471,44	V I	2	1	2467,98	Mn II	—	15	2464,39	Na I	2R	—
2471,34	Ag	—	2	2467,97	Zr II	—	2	2464,31	W I	15	2
2471,31	Nb II	2	12	2467,73	Fe I, II	10	2	2464,20	Co II	40	150
2471,20	W I	10	—	2467,69	Co I	20	3	2464,19	Hf II	30	100
2471,15	Pd II	—	150	2467,62	W	3	—	2464,12	W I	3	5
2471,12	V II	—	40	2467,59	Pt II	5	100	2464,09	V II	—	25
2471,01	Pt I	100	20	2467,57	Re II	3	—	2464,06	Hg I	15	15
2470,99	Ti I	15	—	2467,52	Hg	—	(20)	2464,01	Fe II	5	80
2470,97	Fe I	25	1	2467,44	Pt I	800R	100	2464,00	Mn	—	10
2470,90	Ta II	60	40	2467,35	Mo II	5	20	2463,99	Ti II	1	12

λ	El.	B A	B S (E)	λ	El.	B A	B S (E)	λ	El.	B A	B S (E)
2463,90	Fe II	*		2461,04	Rh II	80	200	2458,02	Ti I	5	—
2463,89	As (II)	—	3	2461,03	Zr	5	—	2457,87	Cd I	2	(1)
2463,83	Ta II	20	30	2461,01	Mn I	25	5	2457,82	Ti I	5	—
2463,73	Fe I, II	15	7	2460,89	W	7	—	2457,80	V (II)	—	7
2463,72	Nb III	1	5	2460,89	Mn I	25	3	2457,80	Zn I	4R	—
2463,7	к C	12	—	2460,81	Co I	20	3	2457,77	Mo II	10	60
2463,68	W	2	1	2460,65	Fe	—	5	2457,76	Pd II	2	8
2463,63	Nb I	3	2	2460,62	Y II	10	30	2457,68	Cu (II)	—	2
2463,51	Fe	5	—	2460,60	Fe	15	—	2457,60	Fe I	70	30
2463,49	W	—	5	2460,55	Ta I	50	—	2457,45	V II	—	35
2463,47	Zn I	20	2	2460,49	Hf II	20	50	2457,43	Zr II	100	100
2463,44	Rh II	2	150	2460,45	Fe II	1	15	2457,40	Mo	15	—
2463,28	Fe II	6	60	2460,44	Cr II	—	6	2457,29	Pd II	2	10
2463,15	V II	—	3	2460,40	Nb III	—	200	2457,24	Nb III	—	15
2463,00	Mn I	15	1	2460,39	W	—	8	2457,20	Al II	—	(3)
2462,98	W	3	—	2460,31	Ag II	—	80	2457,18	W	—	12
2462,97	Ce	*		2460,31	Fe	7	—	2457,00	Nb III	1	200
2462,94	Ru I	60	—	2460,21	Co I	20	—	2456,87	W	—	6
2462,94	V	—	7	2460,19	In II	—	(5)	2456,81	Fe II	—	20
2462,89	Nb I	8	3	2460,16	W I	12	5	2456,67	Nb II	1	5
2462,79	W I	15	10	2460,08	In I	10	—	2456,64	Fe II	—	15
2462,77	Mn I	10	1	2459,92	B II	—	2	2456,57	Ru II	60	50
2462,64	Fe I	200R	50	2459,88	W II	—	15	2456,54	Zr I	3	—
2462,49	Nb II	1	5	2459,84	Zr I	5	—	2456,53	W I	15	5
2462,48	Mo II	1	6	2459,82	Al II	—	(30)	2456,53	As I	100R	8
2462,47	W	—	5	2459,76	Mo II	1	30	2456,51	Tl I	5R	—
2462,36	Cr II	—	3	2459,69	Mn I	5	—	2456,46	Os I	12	3
2462,24	Ag II	5	80	2459,60	W II	5	8	2456,44	Ru II	60	50
2462,18	Fe I	50R	3	2459,56	Nb II	1	5	2456,24	Co I	20	7
2462,12	Co I	20	1	2459,49	Co	1	30	2456,22	W	8	—
2462,05	Nb II	1	100	2459,45	O	—	(8)	2456,18	Rh II	5	150
2462,04	W	—	3	2459,36	V II	—	20	2456,07	W II	—	7
2461,86	Fe II	15	70	2459,31	Ni II	—	2	2455,91	Na I	2 R	—
2461,84	Re II	40	200	2459,30	W I	18	10	2455,89	Fe II	—	25
2461,80	Mo II	2	25	2459,29	Zr	3	—	2455,87	W II	—	12
2461,79	Zr I	2	—	2459,23	V II	—	4	2455,83	Re II	8	—
2461,76	As (II)	—	3	2459,17	Fe	6	—	2455,72	Fe II	15	—
2461,75	Nb I	5	—	2459,09	Fe II	1	3	2455,71	Rh II	15	200
2461,74	Hf III	—	30	2459,0	к C	5	—	2455,68	In	—	3
2461,67	Fe II	—	2	2458,96	Fe	—	10	2455,61	Ir I	35	5
2461,57	W I	12	6	2458,92	W II	—	12	2455,53	Nb III	1	3
2461,51	Pb IV	—	20	2458,90	Rh II	50	300	2455,53	Ru II	80	100R
2461,49	V II	—	40	2458,88	Al II	—	(2)	2455,51	Ni II	—	40
2461,48	Ce	*		2458,85	Hg	—	(10)	2455,50	W I, II	12	9
2461,43	W II	—	5	2458,78	Fe II	7	60	2455,45	Mo	—	8
2461,42	Os I	50	10	2458,71	Mo II	10	5	2455,37	W I	5	—
2461,28	Fe II	5	50	2458,68	Mn	—	80	2455,23	Sn I	12	12
2461,28	Ag II	—	8	2458,62	Ru I	60	2	2455,22	Al II	—	(8)
2461,27	N II	—	(15)	2458,57	W II	1	15	2455,14	Pt	—	3
2461,20	Re I	125	—	2458,31	Nb III	—	5	2455,00	Mo	15	—
2461,17	Nb (II)	2	8	2458,29	V II	1	70	2454,97	W I	15	10
2461,14	W II	—	12	2458,12	Au II	—	5	2454,96	Zr	2	—
2461,13	J II	—	(60)	2458,09	W	—	8	2454,93	Ru I	60	5
2461,07	In II	—	(5)	2458,08	Nb II	2	50	2454,71	Fe I	*	
2461,06	Fe	20	—	2458,05	Al II	—	(8)	2454,71	W I	15	10

λ	El.	B A	S (E)	λ	El.	B A	S (E)	λ	El.	B A	S (E)
2454,58	Zr II	—	2	2451,38	Fe	5	—	2448,16	Pd II	—	100
2454,57	Fe II	—	80	2451,34	W I	12	—	2448,06	Bi I	50	8
2454,48	P II	—	(2)	2451,21	Fe II	—	15	2447,99	W II	1	10
2454,48	Ta I	60	—	2451,10	Fe II	1	4	2447,97	Nb II	2	30
2454,46	Cr II	—	8	2451,03	W II	—	9	2447,94	Ti II	—	5
2454,37	Nb (II)	—	3	2450,99	Ni (I)	100	30	2447,93	Ag II	30	200
2454,32	Ce III	—	12	2450,97	Pt I	400	10	2447,91	Pd I	200R	100
2454,26	Mo	5	—	2450,73	V II	—	20	2447,90	In II	—	(80)
2454,23	Zr II	2	3	2450,62	V II	—	10	2447,85	Rh II	4	200
2454,22	Ag II	—	(2)	2450,49	W I	3	—	2447,75	Fe II	—	80
2454,21	Ta (I)	50	—	2450,47	Ni I	20	—	2447,71	Fe I	70	100
2454,16	Fe II	—	7	2450,44	Ti II	10	100	2447,61	V II	—	70
2454,08	Mo	8	—	2450,44	Pt II	25	50	2447,44	Fe	5	—
2454,06	Cr II	—	2	2450,44	Fe	15	—	2447,37	W I	8	—
2453,99	Ni I	40	8	2450,43	Nb II	2	8	2447,37	Fe III	1	15
2453,93	Fe II	—	3	2450,38	W II	—	10	2447,25	Hf II	25	50
2453,93	Nb II	2	20	2450,37	Cr II	—	3	2447,25	W II	1	10
2453,85	In II	—	(18)	2450,25	Nb II	1	5	2447,23	Ca	—	4
2453,85	Nb II	2	10	2450,23	V (II)	—	20	2447,20	Fe II	1	30
2453,84	Be II	—	(6)	2450,13	Fe II	1	15	2446,98	Re I	100	—
2453,80	Mo II	—	3	2450,08	Ga I	10	10	2446,92	Cr II	—	4
2453,75	Fe II	1	10	2450,06	Nb II	1	3	2446,90	Hg I	10	15
2453,72	W II	—	12	2450,00	Co II	40	200	2446,78	W I	4	—
2453,65	Mn II	—	15	2449,96	Cr II	—	10	2446,71	Pd II	—	50
2453,53	Hg II	—	2	2449,96	Fe II	1	30	2446,70	V II	1	50
2453,48	Fe I	20	3	2449,83	Zr II	50	20	2446,46	Fe II	*	
2453,37	Nb I	4	2	2449,79	Sn II	—	25	2446,45	Mn II	—	20
2453,36	Mo II	10	6	2449,74	Mn	—	10	2446,44	Nb III	—	10
2453,35	V II	2	40	2449,73	Fe II	1	2	2446,40	Fe II	3	40
2453,34	Hf II	12	25	2449,72	Zn I	10	—	2446,39	W II	10	30
2453,33	Ag II	—	125	2449,69	W II	2	15	2446,34	Ag II	—	25
2453,17	Mn II	—	40	2449,65	Cr II	—	10	2446,19	Pb I	150	15
2453,14	Mo II	2	20	2449,58	Ru II	4	20	2446,18	Pd II	—	100
2453,08	Nb I	8	2	2449,57	Mg II	20	—	2446,15	Au II	—	5
2453,00	In II	—	(30)	2449,48	Si III	—	(5)	2446,13	Nb I	5	—
2452,92	W	—	12	2449,44	Hf II	15	20	2446,12	Ti I	10	5
2452,91	Fe II	—	6	2449,39	Na I	2R	—	2446,10	Fe II	3	35
2452,81	Ir I	35	2	2449,30	Zr	3	—	2446,10	B	—	(6)
2452,77	V (II)	—	2	2449,27	Fe II	—	1	2446,08	Nb III	—	10
2452,59	Al II	—	(2)	2449,18	Fe II	—	4	2446,03	W	—	10
2452,59	Fe I	7	1	2449,18	W	—	3	2446,02	In II	—	(5)
2452,57	W	—	2	2449,16	Co II	12	30	2446,02	Co	2	40
2452,53	Mn II	3	100	2449,14	In	—	2	2445,91	W	5	—
2452,49	Mn II			2449,03	Re II	*		2445,78	Fe II	2	15
2452,47	Hf III	—	15	2448,98	Sn II	—	5	2445,74	Zr	5	—
2452,46	Nb II	—	2	2448,73	Fe II	—	2	2445,65	As (II)	—	3
2452,40	W	—	3	2448,65	W II	—	12	2445,56	Fe II	15	40
2452,21	Mo (II)	—	10	2448,47	V (II)	—	6	2445,55	O II	—	(50)
2452,14	Si I	20	20	2448,39	W I	15	5	2445,53	Au II	—	5
2452,11	Al	2	—	2448,38	Fe	3	—	2445,51	Sb I	75	30
2452,00	W I	12	15	2448,38	Zr I	6	—	2445,45	W	4	3
2451,98	Zr	4	—	2448,28	Rh II	2	100	2445,33	V II	—	4
2451,87	Nb II	3	100	2448,26	Nb (II)	1	20	2445,24	W I	5	3
2451,73	Os I	12	8	2448,22	W II	—	15	2445,22	V I	2	—
2451,48	W I, II	15	20	2448,21	Cu II	1	2	2445,21	Fe I	7	1

λ	El.	B A	S (E)	λ	El.	B A	S (E)	λ	El.	B A	S (E)
2445,11	B	—	6	2441,89	V I	12	12	2438,69	Te II	—	(25)
2445,11	Fe II	*		2441,85	Nb II	3	25	2438,57	Mo II	1	10
2445,10	V II	—	3	2441,83	Ni I	18	6	2438,55	W	—	3
2445,1	Pb II	—	(2)	2441,72	Co	—	15	2438,47	Cr II	—	35
2445,07	Nb I	10	2	2441,67	O II	—	(5)	2438,41	Co I	2	3
2445,01	Sn	—	(50)	2441,66	Ni I	18	4	2438,35	W	—	6
2444,97	V II	2	60	2441,64	Mo I	10R	—	2438,35	Mo II	1	15
2444,85	Nb (II)	—	3	2441,64	Cu I	200	100	2438,31	Ti I	10	—
2444,74	Fe	3	—	2441,60	W II	2	10	2438,22	Mn II	1	15
2444,74	Rh II	4	25	2441,54	Fe II	1	5	2438,18	Fe I, III	30	4
2444,73	Mo II	1	8	2441,47	Re I	40	—	2438,04	V (II)	—	15
2444,67	Ta (II)	50	200	2441,38	W	—	10	2437,96	W I	6	—
2444,51	Fe II	25	60	2441,35	V I	5	5	2437,91	Mn II	—	25
2444,48	Nb II	2	15	2441,30	Zr	8	—	2437,89	Ni II	40	200
2444,43	Cu	—	20	2441,18	Mn	—	15	2437,79	Ag II	60	500
2444,27	Fe II	*		2441,05	Co I	20	7	2437,73	Mo	10	80
2444,27	Rh (I)	100	3	2441,03	Hg I	4	(1)	2437,72	Nb III	—	5
2444,26	O II	—	(30)	2441,01	Cu	2	—	2437,63	Fe II	1	3
2444,22	J II	—	(60)	2440,98	Ti I	35	—	2437,48	W II	—	9
2444,21	Ag II	—	80	2440,97	Nb II	1	5	2437,42	Mn II	—	40
2444,20	Fe	9	—	2440,86	Fe	3	—	2437,41	Nb II	4	100
2444,20	Mo	10	—	2440,75	P V	—	(5)	2437,33	W II	—	6
2444,19	Na I	2R	—	2440,45	Mn	—	8	2437,26	Fe II	1	1
2444,06	Rh II	2	100	2440,43	W II	2	15	2437,23	As I	25	2
2444,06	W I	18	9	2440,42	Fe II	1	40	2437,16	Nb I	5	1
2443,94	Ta I	60	—	2440,34	Zr	5	—	2437,10	Fe II	2	2
2443,87	Fe I	40	4	2440,28	Mo II	4	20	2437,1	κ B	250	—
2443,84	Fe II	*		2440,21	Ti II	5	35	2436,99	Fe II	*	
2443,84	Pb I	100	15	2440,21	Zn	—	(3)	2436,97	Co II	2	20
2443,78	Co II	8	20	2440,12	Co I	4	1	2436,95	B	—	2
2443,71	Cd II	—	4	2440,11	Fe I	25	8	2436,88	Sn	—	2
2443,71	Rh II	4	100	2440,06	Pt I	800	100	2436,86	Rh II	*	
2443,62	W I	15	8	2440,05	Mo II	1	8	2436,83	W I	6	—
2443,52	Nb (I)	5	2	2440,04	Na I	2R	—	2436,69	Pt I	300	20
2443,46	Mo II	4	20	2439,90	W II	—	6	2436,66	Co I	50R	25
2443,36	Si I	15	15	2439,90	Cu I	6	—	2436,62	W I	12	9
2443,33	W I	10	2	2439,86	Fe II	*		2436,62	Ag II	—	20
2443,32	Cu II	1	10	2439,84	W II	—	6	2436,61	Fe II	4	25
2443,28	Fe	3	—	2439,81	Ce III	—	20	2436,44	Co	1	5
2443,19	Mo II	2	20	2439,77	V (II)	—	4	2436,41	Ge I	2	1
2443,17	W I	5	4	2439,74	Fe I	20	12	2436,34	Fe (I)	25	—
2443,16	Fe	7	—	2439,69	Ru (II)	3	5	2436,33	Nb I	5	3
2443,09	Pt II	—	3	2439,50	Co (I)	8	—	2436,25	W I	8	2
2442,97	W I	12	2	2439,50	Zr	4	—	2436,22	Fe II	—	10
2442,70	Ti II	—	6	2439,46	W II	—	10	2436,06	O II	—	(20)
2442,68	Nb II	1	50	2439,42	Zn	—	(25)	2436,03	Hg	—	(2)
2442,66	Co I	2	20	2439,30	Fe II	15	100	2436,00	As (II)	—	4
2442,65	Cu II	2	3	2439,20	W I	4	—	2435,96	W I	30	10
2442,63	In II	—	(30)	2439,10	V I	15R	15	2435,95	Nb II	3	50
2442,62	Pt II	20	40	2439,05	Co I	20R	20	2435,94	Mo II	10	50
2442,57	Fe I	70	10	2438,96	W	3	—	2435,85	Fe	2	2
2442,46	In II	—	(18)	2438,84	W	—	5	2435,83	Co I	10	1
2442,34	Au II	—	5	2438,79	Rh	2	100	2435,81	Bi	5	—
2442,14	Nb II	3	80	2438,77	Si I	30	20	2435,80	Fe II	—	3
2441,99	Zr II	5	10	2438,75	In	—	3	2435,52	V I	35R	35

λ	El.	B A	B S (E)	λ	El.	B A	B S (E)	λ	El.	B A	B S (E)
2435,52	Zn II	—	10	2433,45	W I	9	—	2430,35	Ag	—	3
2435,51	Ru II	6	2	2433,45	Bi I	30	—	2430,31	Nb II	1	3
2435,43	Au	—	5	2433,44	Cd II	—	8	2430,27	Mo II	—	15
2435,42	W II	—	12	2433,30	Rh II	*		2430,18	Fe II	2	2
2435,37	Nb II	1	3	2433,24	Zr	—	2	2430,17	Co I	10	—
2435,32	Pd II	—	50	2433,23	Ti I	35	—	2430,07	Fe II	15	70
2435,15	Si I	150	80	2433,22	Cr II	—	10	2430,0	Li II	*	
2435,14	Zr	25	—	2433,14	W II	2	10	2429,97	W II	2	9
2435,13	Mn I	1	8	2433,10	Pd II	—	50	2429,95	Rh II	*	
2435,09	Co (I)	20	2	2432,98	V II	1	25	2429,86	In I	20R	—
2435,07	Nb II	1	10	2432,95	Au	—	5	2429,84	W I	10	5
2435,07	Ag II	—	(2)	2432,92	Ru I	60	—	2429,81	Fe I	6	—
2435,01	W II	3	30	2432,86	Fe	5	40	2429,64	Ag II	—	150
2435,0	к C	30	—	2432,82	Nb (II)	—	3	2429,59	Ru I	60	—
2434,99	Fe II	*		2432,76	W II	1	9	2429,51	W II	1	10
2434,96	Nb I	3	1	2432,73	In II	—	(25)	2429,49	Sb	—	3
2434,95	B	—	20	2432,70	Ta II	300R	400	2429,49	Fe II	—	2
2434,94	Fe II	6	20	2432,52	Co (II)	—	80	2429,49	Sn I	200R	250R
2434,94	V II	—	3	2432,48	Zn II	—	(2)	2429,39	W II	—	10
2434,88	Ru I	50	—	2432,32	Nb II	2	40	2429,39	Mo II	4	25
2434,82	Fe II	*		2432,29	B II	—	35	2429,38	Fe II	—	15
2434,73	Fe II	6	30	2432,27	Fe II	25	70	2429,35	Pt II	4	10
2434,67	W	3	—	2432,26	Zr II	—	2	2429,23	Mn I	15	—
2434,66	Nb II	—	3	2432,23	Si	—	(5)	2429,23	Co I	25	3
2434,64	Fe II	1	5	2432,21	Co I	40R	—	2429,19	Zr	3	—
2434,57	Zr II	12	8	2432,18	Re I	80	—	2429,15	Fe II	*	
2434,45	W II	1	9	2432,01	V I	10	10	2429,10	Pt I	100	—
2434,45	Pt II	20	40	2431,96	Fe	3	—	2429,09	Ni I	15	1
2434,42	Ni I	40	—	2431,95	V I	10	10	2429,07	Mo II	—	5
2434,30	Cd II	—	(2)	2431,94	Ir I	50	50	2428,99	Hf II	12	20
2434,25	W II	10	12	2431,85	Rh II	3	10	2428,97	Fe II	1	8
2434,23	Fe II	3	10	2431,79	Ti I	4	—	2428,91	Cu II	1	5
2434,20	Mn I	12	—	2431,71	W II	2	10	2428,88	Nb	—	12
2434,18	Mo	—	3	2431,71	Te (I)	10	(15)	2428,86	Zn II	—	(10)
2434,10	Ti I	10	1	2431,67	Nb II	1	40	2428,79	Fe II	1	15
2434,07	Mn I	10	—	2431,57	V I, II	6	6	2428,78	Mo	—	20
2434,05	Fe II	*		2431,57	Ni II	—	20	2428,77	W II	—	10
2433,98	W I, II	12	10	2431,54	Re (I)	50	—	2428,63	Pb I	30	30
2433,96	Mo II	—	25	2431,52	Mn I	12	1	2428,60	Nb (II)	1	15
2433,90	Fe	2	—	2431,37	W II	1	10	2428,59	W	3	—
2433,9	In	—	2	2431,30	Fe	6	1	2428,59	Co (I)	10	1
2433,79	Nb II	3	100	2431,08	W I	10	3	2428,58	Re I	*	
2433,76	As (II)	—	8	2431,02	Fe (I)	20	3	2428,42	Mn I	12	—
2433,74	W I	7	3	2430,99	In I	10R	—	2428,38	In	—	3
2433,68	Nb (I)	5	3	2430,94	Pd II	—	30	2428,37	Fe II	3	15
2433,57	Ag	—	4	2430,88	Fe II	—	2	2428,35	Ti I	8	—
2433,57	Ni II	—	80	2430,82	B	—	2	2428,29	Co II	10	20
2433,56	Hf II	15	50	2430,80	Rh II	2	20	2428,28	Fe II	1	10
2433,55	Nb III	—	4	2430,79	Zn I	8	—	2428,27	V I	30R	20
2433,54	Au	—	5	2430,77	W II	—	10	2428,22	Ti I	15	—
2433,56	O II	—	(250)	2430,61	W I	4	—	2428,21	Ag II	1	40
2433,53	W	—	3	2430,45	Bi I	30	6	2428,20	Pt I	100	20
2433,49	Fe II	2	15	2430,43	W I	10	2	2428,20	Fe	9	—
2433,49	Pt II	1	10	2430,42	Mo I	20	4	2428,17	W	5	12
2433,47	Sn I	5	5	2430,39	Mn I	12	1	2428,17	Mo II	—	15

λ	El.	B A	S (E)	λ	El.	B A	S (E)	λ	El.	B A	S (E)
2428,10	Sr I	10	—	2424,97	Os I	50	8	2421,23	Ni I	20	4
2428,04	Pt I	100	10	2424,93	W	—	8	2421,05	V I	25R	25
2427,98	Mn II	—	50	2424,93	Co I	250R	—	2420,99	W II	7	12
2427,95	Au I	400R	100	2424,90	Zr I	3	—	2420,98	Rh II	30	100
2427,81	W II	1	7	2424,87	Pt II	50	100	2420,83	Ru (I)	60	2
2427,75	Mn II	—	50	2424,77	W I	6	—	2420,81	Pt II	4	10
2427,74	V I	6	6	2424,58	Fe II	1	20	2420,73	Co (II)	8	80
2427,70	Al II	—	(15)	2424,58	W	—	8	2420,71	Mo	15	3
2427,64	Ta I	150	1	2424,48	Pd II	—	100	2420,60	In	—	2
2427,53	Nb I	5	2	2424,44	Cu II	4	200	2420,52	Mo	15	1
2427,49	W II	10	12	2424,39	Fe II	2	4	2420,40	Mn I	12	—
2427,41	Mn II	—	50	2424,34	P	—	(4)	2420,38	Fe I	2	—
2427,34	Rh	2	50	2424,26	Mn I	10	—	2420,22	V	3	2
2427,32	V II	—	35	2424,25	Mo II	—	15	2420,20	W I	10	—
2427,29	Mo II	2	20	2424,25	Ti I	30	1	2420,18	Rh II	4	4
2427,28	W I	10	1	2424,22	W I	20	7	2420,17	Mo II	1	40
2427,20	In II	—	(40)	2424,15	Mn		3	2420,14	Nb I	4	1
2427,19	Fe II	—	5	2424,14	Fe II	25	70	2420,12	V I	20R	20
2427,09	Rh II	*		2424,03	Ni I	20	—	2420,11	Mn I	12	—
2427,07	Cd II	—	3	2424,00	Nb I	4	1	2420,10	Te (I)	10	(2)
2427,06	W	—	2	2423,99	Mo II	6	40	2420,07	Ag II	—	100
2427,00	Co (I)	12	1	2423,74	Zr	9	—	2420,00	W II	—	7
2426,96	Mo (II)	—	2	2423,72	Ti	—	5	2419,97	Nb I	3	—
2426,95	Nb (I)	2	—	2423,71	Mo II	2	10	2419,87	Fe I	2	3
2426,87	Pd II	—	50	2423,66	Ni I	20	5	2419,84	W II	—	3
2426,79	Nb	—	40	2423,62	Co II	12	20	2419,83	Co I	6	—
2426,63	Nb I	3	2	2423,60	Sr II	5	5	2419,81	Mn II	—	5
2426,63	Zn I	8	—	2423,37	V I	15	15	2419,81	Re I	*	
2426,51	W	1	20	2423,33	Ni I	25	4	2419,80	Nb I	4	—
2426,38	Cd III	—	5	2423,21	Fe II	2	40	2419,80	Si	—	(2)
2426,38	Zr II	2	4	2423,09	Fe I	5	—	2419,78	Fe	3	—
2426,37	Mo (II)	3	5	2423,07	Os II	25	80	2419,49	Sn	—	(40)
2426,35	Sb I	75	25	2423,03	V II	—	10	2419,49	Cd II	—	(25)
2426,30	Fe	4	—	2422,94	Fe II	—	2	2419,46	Nb II	1	10
2426,24	Nb II	1	4	2422,93	Ru (I)	60	8	2419,42	Au II	—	5
2426,21	W	—	2	2422,67	Fe II	3	70	2419,41	Fe	3	—
2426,13	Nb (II)	—	3	2422,65	W I	7	—	2419,40	Zr II	30	10
2426,12	V I	4	4	2422,62	Ag II	—	10	2419,35	W II	2	20
2426,12	Co	—	20	2422,57	Ru I	50	—	2419,33	Co (I)	10	—
2426,07	W I	7	—	2422,56	Co I	30	3	2419,31	Ni I	20R	4
2425,98	W I,II	7	7	2422,52	W II	2	12	2419,19	In II	—	(25)
2425,98	Hf II	15	25	2422,28	W I,II	2	12	2419,18	J II	—	(25)
2425,96	In II	—	(25)	2422,19	Y II	20	30	2419,12	Co (I)	20	1
2425,93	Fe II	—	10	2422,18	Mo II	2	60	2419,07	W	—	4
2425,83	In II	—	(18)	2422,13	Sb I	50	20	2419,06	In II	—	(25)
2425,73	Mo (II)	—	15	2421,97	V I	35R	35	2419,05	Fe I	2	—
2425,68	Fe II	1	40	2421,91	Nb III	—	80	2419,00	Mo II	3	40
2425,61	Al II	—	(2)	2421,85	Ta II	8	40	2418,93	In II	—	(10)
2425,59	Co I	8	1	2421,73	Re I	40	—	2418,73	V I	3	2
2425,55	O II	—	(25)	2421,70	Sn I	150R	200R	2418,73	Pd II	—	50
2425,43	Li I	30	—	2421,68	Co I	8	—	2418,69	Cd II	—	20
2425,36	Fe II	—	20	2421,67	W II	—	10	2418,69	Ga I	3	5
2425,11	Nb (II)	1	3	2421,65	Mo II	—	25	2418,69	Nb II	5	500
2425,09	Mo II	—	5	2421,35	W II	—	3	2418,46	O II	—	(40)
2425,0	к C	20	—	2421,30	Ti I	25	1	2418,44	Fe II	1	10

λ	El.	B A	B S (E)	λ	El.	B A	B S (E)	λ	El.	B A	B S (E)
2418,36	Ti I	20	—	2415,32	Mo I	20	6	2411,93	Zr	6	—
2418,26	Cd III	—	5	2415,31	In II	—	(10)	2411,83	Mo II	2	30
2418,06	Pt I	300	50	2415,30	Co I	40R	18	2411,81	W II	2	15
2417,95	Mo II	5	30	2415,13	V	—	4	2411,74	Pb I	75	15
2417,92	Mn II	—	8	2415,13	O II	—	(15)	2411,62	Co I	250 R	50
2417,87	Fe II	10	100	2415,06	Fe II	1	50	2411,60	O II	—	(20)
2417,82	W	—	6	2415,06	B	—	2	2411,59	Ag II	—	(20)
2417,73	Pt II	—	10	2414,87	Nb III	—	5	2411,58	Ti I	10	—
2417,69	Hf II	25	40	2414,86	Cu II	—	2	2411,54	W II	—	12
2417,66	In	—	2	2414,82	Ru II	25	12	2411,47	W	10	—
2417,65	Co II	20	20	2414,81	W II	—	25	2411,37	Ti I	7	—
2417,60	W	—	15	2414,73	Cu	5	—	2411,35	Ag II	25	150
2417,53	V	—	30	2414,73	Pd II	—	150	2411,28	W II	3	3
2417,51	Ti	—	4	2414,60	Zr I	10	—	2411,27	Mo II	1	30
2417,49	Fe I	6	—	2414,6	Bi III	—	75	2411,23	Nb (II)	—	3
2417,41	Rh II	*		2414,49	Nb III	—	100	2411,16	W	—	10
2417,36	Ge I	10	12	2414,46	Co I	40R	15	2411,07	Fe II	35	70
2417,36	Mo II	—	10	2414,28	Mo II	2	15	2410,91	Mo	—	10
2417,35	V I	25R	20	2414,21	Nb I	3	—	2410,88	W II	—	2
2417,32	Nb II	2	15	2414,20	Cu II	1	2	2410,85	Li II	*	
2417,16	Hg	—	(2)	2414,13	W II	—	4	2410,84	In II	—	(18)
2417,15	Nb III	—	5	2414,13	Hg II	—	(25)	2410,75	Ni II	—	6
2417,04	Co (I)	10	—	2414,08	Fe II	—	4	2410,69	Rh II	2	50
2416,99	W	—	5	2414,06	Co II	8	30	2410,62	W I	7	—
2416,99	Nb II	8	200	2414,04	W I	12	2	2410,57	Mn II	—	6
2416,89	Co II	8	20	2413,94	Nb III	—	300	2410,52	Fe II	50	70
2416,89	Ta II	100	150	2413,92	V I	*		2410,51	Co I	40	—
2416,88	Zr II	—	2	2413,77	W I	9	3	2410,33	Pt II	—	50
2416,75	V I	40R	40	2413,58	Co I	15	2	2410,28	Nb II	4	25
2416,71	Fe II	—	5	2413,52	Se I	—	(100)	2410,14	Hf II	25	50
2416,57	Mo	15	1	2413,50	Zr	8	—	2410,09	Mo	—	60
2416,54	Si	—	(2)	2413,45	Be II	—	(25)	2410,09	Ag III	—	5
2416,50	Au II	—	5	2413,31	Fe II	60	100	2410,08	Nb III	1	5
2416,45	Fe II	1	40	2413,19	Co I	15	—	2410,05	W	—	5
2416,42	W II	—	2	2413,18	Ag II	50	300	2409,82	W II	—	5
2416,40	Cr II	—	5	2413,05	Ni II	—	50	2409,72	V	2	1
2416,35	Mn II	—	15	2413,05	Pt I	60	10	2409,70	Fe II	—	6
2416,25	Hg	—	(2)	2413,03	V I	20	20	2409,66	Co I	8	—
2416,24	Nb II	2	3	2413,02	Mo II	15	30	2409,62	Bi	8	—
2416,23	W I	9	1	2412,89	Co (I)	6	1	2409,49	W (II)	—	15
2416,21	Co	1	15	2412,84	Mo II	2	20	2409,37	Fe II	—	2
2416,18	Mo II	—	2	2412,83	In II	—	(2)	2409,23	W II	—	15
2416,17	Nb II	5	25	2412,80	Nb	—	40	2409,13	Co I	20	—
2416,14	Ni II	40	250	2412,76	W II	1	10	2409,08	Zn	—	(5)
2416,05	W II	—	10	2412,75	Co I	12R	—	2409,03	W I	10	2
2415,99	Co	10R	20	2412,74	Mn II	—	15	2409,02	Ag II	—	10
2415,95	Nb II	2	15	2412,69	V I	25	20	2408,90	Mo (II)	—	15
2415,91	Zr	5	—	2412,64	Nb I	2	—	2408,84	Mn II	—	10
2415,84	Rh II	100	200	2412,64	Ni I	20	8	2408,75	In II	—	(25)
2415,68	Zr	3	—	2412,46	Nb II	5	100	2408,75	Co II	25	25
2415,68	W I	15	9	2412,34	W	—	5	2408,74	Pd II	—	100
2415,48	In II	—	(5)	2412,32	Cu III	—	3	2408,73	Rh II	2	30
2415,48	Zn I	5	—	2412,28	Nb (II)	—	5	2408,72	Cr I	40	1
2415,38	W	—	9	2412,27	Ni II	—	8	2408,67	Mo	—	10
2415,33	V I	25	25	2411,94	Rh II	2	50	2408,67	W	—	4

λ	El.	B A	B S (E)	λ	El.	B A	B S (E)	λ	El.	B A	B S (E)
2408,65	Fe II	—	5	2405,58	W I	*		2402,40	C II	—	12
2408,60	Cr I	150R	2R	2405,52	Zr I	50	50	2402,34	Nb I	5	1
2408,56	In II	—	(18)	2405,49	Cu III	—	8	2402,28	Se	—	(25)
2408,42	V II	2	20	2405,49	V	2	—	2402,17	Co I	30R	—
2408,41	Co	1	10	2405,42	Hf II	25	50	2402,06	Co I	10R	3
2408,39	Mo I	10	—	2405,34	Nb II	5	50	2401,95	Pb I	50	40
2408,33	Mo II	1	15	2405,26	W I	10	15	2401,92	Mo II	10	40
2408,28	W II	3	15	2405,23	V I	4	1	2401,90	V I	15	10
2408,15	Sn I	30	30	2405,22	Rh II	1	50	2401,87	Pt I	300	30
2408,13	Zn I	5	—	2405,20	Mo II	3	4	2401,87	Nb I	2	—
2408,04	Fe I	10	—	2405,17	Ni II	—	80	2401,86	W II	2	15
2408,01	J II	—	(60)	2405,13	Au III	—	5	2401,84	Ni I	40R	10
2408,0	к C	30	—	2405,06	W	—	2	2401,76	C II	—	6
2407,94	Fe II	—	20	2405,06	Re I	100	—	2401,72	Mn II	—	5
2407,92	Ru II	60	50	2405,00	Ag II	—	8	2401,64	Au	—	5
2407,90	V I	15	10	2404,89	Nb III	5	50	2401,60	Co I	30	2
2407,89	Zr	5	—	2404,88	Co I	10	—	2401,52	Fe	3	—
2407,88	Rh I	60	5	2404,88	Fe II	50	100	2401,47	Pd II	—	5
2407,79	W II	1	15	2404,88	Au I	20	4	2401,44	Zr	2	2
2407,68	Nb II	3	15	2404,87	air	—	3	2401,29	W I	12	3
2407,66	Co II	1	15	2404,68	Mo II	5	30	2401,11	Co I	30	2
2407,59	V II	—	2	2404,54	V I	4	—	2401,04	Nb II	1	3
2407,58	Fe	7	—	2404,54	Co	1	20	2401,00	Pt I	25	9
2407,49	O II	—	(25)	2404,43	Fe II	25	40	2400,91	Nb (I)	3	1
2407,35	Hg II	—	(25)	2404,27	Nb III	2	5	2400,89	V (II)	1	50
2407,28	W II	—	12	2404,24	W II	10	15	2400,88	Bi I	200R	100
2407,25	Co I	100	2	2404,21	Nb (II)	1	10	2400,86	V II	2	2
2407,23	Fe (II)	20	2	2404,18	V III	1	90	2400,84	Co I	30	2
2407,17	V	—	15	2404,17	Co II	30	50	2400,81	Zr	15	1
2407,15	Mo II	—	60	2404,09	Hg	—	(10)	2400,62	Zr	1	4
2406,99	Fe II	1	5	2403,64	Co (I)	15	12	2400,62	Ta II	4	2
2406,98	V II	—	5	2403,60	Mo II	25	25	2400,57	Pt II	—	20
2406,93	Nb (I)	5	1	2403,47	W II	—	10	2400,56	Co I	30	—
2406,88	Ni II	—	20	2403,42	Zr I	10	—	2400,52	Hg I	2	3
2406,82	Zr II	1	3	2403,42	Mo II	6	25	2400,50	W II	1	10
2406,75	V I	40	2	2403,36	V I	4	—	2400,37	Zr	—	3
2406,74	W	3	—	2403,34	Co I	15	—	2400,33	Fe II	4	25
2406,74	Pd II	1	150	2403,33	Cu II	200	100	2400,33	W II	—	6
2406,67	Cu I	150	50	2403,25	V II	1	35	2400,27	Fe II	—	3
2406,66	Fe II	50	1	2403,22	W II	3	12	2400,25	Cr II	—	2
2406,55	Ta I	60	—	2403,09	Pt I	400	50	2400,13	W	1	5
2406,47	In II	—	(25)	2403,07	W II	2	10	2400,11	Cu II	5	100
2406,41	O II	—	(20)	2403,02	V I	2	—	2400,03	B	—	2
2406,39	Ni II	—	8	2403,00	Te IV	—	(100)	2399,95	V I	30	2
2406,27	Co I	25	1	2402,93	Zr	5	—	2399,76	Mo (II)	—	4
2406,25	Zr III	1	2	2402,82	Zn I	2	—	2399,73	Hg I	10	15
2406,17	W I	10	2	2402,73	W	2	3	2399,72	Nb I	5	—
2405,99	W	—	8	2402,72	Ru II	100	150R	2399,68	V III	—	150
2405,85	Mo (I)	25	15	2402,71	Au III	—	5	2399,58	Pb I	35	12
2405,85	Nb II	5	50	2402,65	Nb (II)	—	4	2399,58	W II	—	3
2405,80	Zr III	—	3	2402,60	Fe II	10	20	2399,56	Cr I	40	—
2405,73	V I	5	—	2402,57	Ag II	—	30	2399,45	Hg I	20	10
2405,73	Pt II	—	100	2402,55	Co I	15	—	2399,33	W II	—	8
2405,69	W I	15	8	2402,45	Fe II	*		2399,32	Mo	—	10
2405,60	Re I	80	—	2402,44	W I	15	20	2399,24	Fe II	20	30

λ	El.	B A	B S (E)	λ	El.	B A	B S (E)	λ	El.	B A	B S (E)
2399,23	Zn I	3	—	2396,71	Fe II	—	8	2394,05	Na	—	(5)
2399,18	In I	10	—	2396,71	Ru II	60	80	2393,99	Cr II	—	50
2399,04	W I	9	2	2396,69	V I	5	—	2393,99	Mo II	—	4
2399,02	Cr I	50	2	2396,69	Pt II	2	30	2393,90	Co II	8	15
2398,99	Zr II	5	4	2396,63	Ni I	12	2	2393,84	Ru II	—	12
2398,98	Mo II	—	3	2396,58	Co I	5	—	2393,83	Al II	—	(8)
2398,88	Mn II	—	7	2396,55	Rh II	2	200	2393,83	Hf II	80	100
2398,86	V I	2	—	2396,48	V I	10	5	2393,82	Zr	9	2
2398,75	Ir	10	150	2396,37	Ni I	12	3	2393,81	Zn I	15	—
2398,67	V I	10	—	2396,36	Cr I	30	3	2393,79	Pb I	2500	1000
2398,67	W	—	3	2396,32	Zr	2	—	2393,77	W I, II	4	4
2398,66	Fe II	—	5	2396,31	Nb II	—	2	2393,58	V III	—	500
2398,63	Ni II	—	2	2396,30	Ta I	80	—	2393,52	Au II	—	5
2398,56	Ca I	100R	20	2396,26	Mo II	—	8	2393,42	W I	10	2
2398,55	Co (I)	4	—	2396,23	Co I	10	—	2393,37	Hf II	50	80
2398,52	Cr II	—	12	2396,22	W II	6	8	2393,35	Zr II	8	1
2398,5	к B	200	—	2396,17	Pt I	25	18	2393,23	B II	—	2
2398,48	Nb II	10	30	2396,08	V I	2	—	2393,20	Ca	—	3
2398,38	In II	—	(25)	2395,98	Mo II	—	3	2393,18	W II	—	5
2398,37	Co	2	18	2395,89	W I	6	—	2393,17	In II	—	(18)
2398,27	W I	3	—	2395,85	Nb I	2	8	2393,17	Mo II	5	10
2398,26	V I	15	—	2395,77	Cr I	25	2	2393,11	Ni I	10	—
2398,21	Fe I	3	—	2395,71	W II	5	8	2393,06	W	4	—
2398,18	Zr	2	1	2395,66	air	—	3	2393,03	In II	—	(10)
2398,14	Y II	2	12	2395,65	Ag III	4	5	2392,96	Ag II	—	25
2398,12	V I	10	—	2395,62	Fe II	50	100	2392,96	Ni I	10	3
2398,12	W II	4	4	2395,61	Ni	10	4	2392,93	W I, II	8	15
2398,09	Mo	5	—	2395,52	Co	—	6	2392,90	V I	25	—
2397,98	Zr	3	—	2395,46	W I	8	—	2392,86	Cs II	—	(8)
2397,98	W I	8	8	2395,42	V I	5	5	2392,86	Cr I	40	2
2397,97	Mn II	—	3	2395,41	Co (I)	6	2	2392,77	Mo II	—	6
2397,96	Nb II	2	4	2395,41	Fe II	6	5	2392,69	V (II)	—	2
2397,88	Ge I	2	1	2395,33	Nb II	15	2	2392,68	Zr II	5	6
2397,84	Mo II	—	8	2395,30	W I	6	—	2392,65	Mo (II)	—	6
2397,78	V I	30	—	2395,25	Mo	12	—	2392,63	Cu I	*	
2397,75	Cr II	5	35	2395,22	Sb I	50	15	2392,60	Co II	10	15
2397,72	W I	12	3	2395,10	Mo	—	6	2392,58	Ni I	4	10
2397,70	Zr	3	1	2395,10	W II	5	12	2392,52	W		2
2397,67	Nb II	2	2	2395,08	V I	10	5	2392,43	Rh II	—	40
2397,63	V II	—	4	2395,07	B II	—	15	2392,42	Ru I	80	6
2397,58	Zr II	4	3	2394,89	Fe II	3	5	2392,34	Cr I	25	2
2397,58	Mo	6	—	2394,84	Ni II	2	7	2392,33	Mo II	2	18
2397,56	Nb II	—	2	2394,74	Mo	18	9	2392,15	Al II	—	(30)
2397,49	V I	3	—	2394,70	Nb II	—	2	2392,10	Ni II	10	10
2397,43	W	5	—	2394,6	k C	20	—	2392,03	Pt		8
2397,39	Co II	4	25	2394,59	W II	3	3	2392,03	Co I	2	4
2397,27	Co I	4	—	2394,53	Zr	1	2	2391,91	Nb II	—	20
2397,23	Zr I	12	—	2394,52	Ni II	18	20	2391,89	W I	4	—
2397,17	Zn II	—	(2)	2394,45	W II	7	5	2391,88	Co	7	—
2397,09	W II	18	30	2394,40	Nb I	4	—	2391,87	Zr	5	—
2397,03	Co I	6	—	2394,39	Li I	5R	—	2391,82	Fe	3	—
2396,98	V (II)	—	3	2394,27	V I	6	30	2391,76	Pt	6	—
2396,77	Os I	100	12	2394,22	Co (I)	4	—	2391,74	Zr	15	—
2396,77	Co (I)	90	—	2394,17	W II	5	8	2391,74	Mo II	3	18
2396,77	Nb II	—	3	2394,05	Nb I	5	—	2391,72	W II	—	6

λ	El.	B A	B S (E)	λ	El.	B A	B S (E)	λ	El.	B A	B S (E)
2391,72	Cu III	—	20	2388,92	Co II	10	35	2386,50	Pt II	2	25
2391,47	Fe II	8	20	2388,91	V I	25	2	2386,45	W II	—	8
2391,40	Mn	—	7	2388,91	Ni	10	18	2386,41	V I	20	—
2391,36	Co (I)	9	—	2388,80	W II	—	5	2386,40	Nb	5	—
2391,35	Al II	—	(3)	2388,77	Pb I	40	18	2386,39	Fe II	2	5
2391,30	W II	—	5	2388,63	Fe II	25	30	2386,37	Co II	10	25
2391,27	V I	25	3	2388,55	W II	—	8	2386,36	W	3	—
2391,18	Ir I	50	—	2388,39	Au II	—	3	2386,33	Ag II	—	25
2391,04	Zr	2	—	2388,38	Fe II	—	2	2386,24	Mo	—	8
2390,90	N II	—	(8)	2388,37	Co I	3	—	2386,18	Cr I	20	—
2390,89	W II	4	10	2388,30	Zn I	2	—	2386,17	W I	8	—
2390,87	V I	4	—	2388,29	Pd II	2	40	2386,14	Rh	80	8
2390,80	Pt II	—	10	2388,26	Nb II	5	25	2386,07	Mo II	—	18
2390,78	Zn II	—	25	2388,26	V II	—	4	2385,95	Fe I	4	—
2390,78	Mo (II)	—	25	2388,25	Al II	—	(2)	2385,81	V	—	100
2390,77	V I	25	3	2388,24	N II	—	(3)	2385,81	Co (I)	9	—
2390,75	Al II	—	(8)	2388,21	Zr	2	2	2385,79	W	—	5
2390,72	Nb III	—	2	2388,20	Fe II	—	3	2385,76	Te I,(II)	120	60
2390,62	Ir I	40	6	2388,17	Co I	5	—	2385,72	Cr I	25	—
2390,62	Rh	10	50	2388,10	Au II	—	2	2385,61	V	—	10
2390,54	Ag II	—	80	2388,08	V I	25	—	2385,57	Fe	2	—
2390,46	V (II)	—	25	2388,08	Mo II	—	3	2385,49	W II	3	9
2390,43	Mo	—	8	2388,00	Zr I	6	—	2385,45	Rh II	3	25
2390,42	Co (I)	4	—	2387,88	Ru I	60	3	2385,28	Mn	2	4
2390,37	W II	10	20	2387,84	W	—	3	2385,26	W II	4	12
2390,22	Fe II	—	6	2387,82	Mo II	—	6	2385,25	Nb (II)	—	6
2390,16	Hg	—	(5)	2387,77	Ni II	6	30	2385,07	Cu II	—	10
2390,14	Zr	2	1	2387,75	Au I	30	10	2385,01	Ni	10	2
2390,14	Pt	3	—	2387,71	W II	—	2	2385,01	Fe II	8	15
2390,10	Mo II	10	20	2387,54	Ni I	15	2	2385,01	Pd II	—	50
2390,07	Nb	2	—	2387,54	W	—	2	2384,99	V (II)	—	6
2390,06	Pt II	—	15	2387,47	V I	3	—	2384,86	Co I	10R	4
2390,04	Zn (II)	—	(5)	2387,46	Co I	10	10	2384,84	Nb (II)	2	4
2389,98	Co I	8	—	2387,42	Fe II	2	8	2384,84	Cu II	—	15
2389,97	Fe I	15	—	2387,41	Nb III	10	25	2384,84	Ni	8	3
2389,80	W	—	8	2387,35	Pt	4	10	2384,82	Zr	4	1
2389,76	Cr II	—	25	2387,29	W	—	6	2384,82	W I	12	12
2389,70	V II	5	100	2387,28	Fe	6	—	2384,81	Ir	4	80
2389,59	Mn	—	7	2387,18	Mo I	12	—	2384,65	Mo	—	12
2389,54	In I	50R	—	2387,17	Zr II	50	50	2384,64	V I	2	1
2389,54	Co I, II	12	20	2387,09	Nb II	2	8	2384,55	In II	—	(5)
2389,53	Pt I	25	18	2387,06	Ta II	20	50	2384,54	Sn II	—	(15)
2389,53	Zr II	2	6	2387,02	Na	—	(5)	2384,51	Ti I	6	—
2389,47	Ge I	2	1	2387,02	Mn II	2	35	2384,46	Pt II	—	15
2389,43	Cr I	25	—	2386,96	Mo II,III	—	35	2384,42	Hg	—	(5)
2389,40	Zr	2	4	2386,96	V I	25	10	2384,39	Fe II	20	5
2389,40	Fe	2	2	2386,90	Re II	*		2384,38	Ni I	15	4
2389,26	W	4	2	2386,89	Ir I	50	15	2384,27	V I	15	—
2389,20	Zr I	25	—	2386,81	Ag III	—	8	2384,22	Nb	—	3
2389,20	Mo II	20	18	2386,81	Pt I	25	5	2384,16	Zr I	25	1
2389,14	V II	—	2	2386,77	Cr I	20	—	2384,15	Au II	—	5
2389,08	Al II	—	(3)	2386,75	Zn II	—	(2)	2384,10	Co	—	2
2389,02	Mn III	—	6	2386,72	Co	4	15	2384,05	Mn I	40	3
2389,07	W I	12	3	2386,58	Ni I	20	5	2384,04	W II	—	5
2388,96	Mo	—	10	2386,50	Co I	3	—	2383,99	V II	*	

λ	El.	B		λ	El.	B		λ	El.	B	
		A	S (E)			A	S (E)			A	S (E)
2383,95	Zn II	—	(2)	2381,12	Nb II	—	5	2377,87	Fe	2	—
2383,87	Mo	—	20	2381,10	W II	3	7	2377,85	Mo II	—	5
2383,83	Nb	2	1	2380,91	V II	6	50	2377,81	Rh	—	50
2383,64	Pt I	30	20	2380,82	Ni	2	—	2377,63	Cd II	—	15
2383,64	Sb I	75	20	2380,81	Ti I	5	4	2377,61	Os I	50	15
2383,59	Rh II	—	25	2380,79	Ni I	10	2	2377,52	Fe	1	5
2383,54	W II	2	4	2380,76	Fe II	12	15	2377,48	Ce III	—	8
2383,52	Mo I	12	—	2380,73	W II	—	8	2377,39	W II	3	5
2383,45	Co II	15	30	2380,72	Sn I	10	10	2377,28	Pt II	15	50
2383,43	V (II)	2	4	2380,69	Co I	4	—	2377,23	Fe	5	—
2383,40	Rh	50	10	2380,55	Zr	15	—	2377,21	Co I	12	2
2383,40	Pd II	—	50	2380,49	Co I	20	10	2377,18	W II	—	7
2383,36	Mo II	—	10	2380,41	Mo I	12	—	2377,18	Mn I	*	
2383,30	Cr I	20	—	2380,34	Tl	20	60	2377,18	In II	—	(2)
2383,26	Li II	*		2380,33	W	3	5	2377,13	Mo (II)	—	30
2383,25	Te I	100	60	2380,30	Hf II	30	60	2377,08	V I	2	2
2383,24	Fe II	8	12	2380,26	V I	4	—	2377,07	Ce III	—	10
2383,21	Ag II	—	25	2380,17	V I	3	—	2377,03	Os I	50	30
2383,20	W	—	3	2380,17	W II	3	3	2377,03	W I	8	—
2383,06	Mo II	—	4	2380,14	Nb (II)	—	10	2376,97	Co I	6	—
2383,05	Fe II	6	2	2380,12	Ce III	—	50	2376,82	Cd II	—	5
2383,00	V	8	80	2380,00	Mo II	—	12	2376,73	Mn	—	20
2382,99	W I	15	3	2379,99	Hg I	10	10	2376,66	In II	—	(10)
2382,89	Fe II	—	4	2379,95	Cr I	8	—	2376,56	W I	8	2
2382,89	Rh I	50	5	2379,73	Bi	3	—	2376,53	V		2
2382,79	In II	—	(18)	2379,72	Ni I	15	2	2376,44	Co	4	—
2382,67	W II	3	12	2379,69	Tl I	100R	200R	2376,43	Fe II	3	50
2382,59	In II	—	(40)	2379,56	W II	—	8	2376,40	Nb II	8	60
2382,45	V III	—	100	2379,35	Co I	4	—	2376,39	W I	4	—
2382,41	Au III	—	5	2379,27	Fe II	12	15	2376,29	Cu II	3	30
2382,40	Mo (II)	—	12	2379,15	Co I	4	—	2376,28	Au I	25	3
2382,36	Zr	1	2	2379,15	V II	4	20	2376,27	Cu	—	25
2382,35	Fe II	3	—	2379,14	Ge I	3	4	2376,06	W I	10	3
2382,34	W II	3	10	2379,12	Nb (II)	—	4	2376,03	Ni I	15	5
2382,33	Co	2	4	2379,04	W	2	—	2376,01	Zn I	3	—
2382,24	Nb (I)	2	—	2379,04	In I	10	—	2375,96	In II	—	(10)
2382,22	Zn I	4	—	2378,98	Fe II	2	2	2375,74	W	4	10
2382,07	Fe II	40R	100R	2378,93	Nb	2	—	2375,73	O II	—	(15)
2382,06	Hg	—	(8)	2378,90	Co I	5	—	2375,63	Ru II	50	80
2382,0	к C	30	—	2378,67	Mo II	6	3	2375,44	Mo II	—	2
2381,99	Ru II	50	150	2378,62	Co II	25	50	2375,42	Ni II	10	30
2381,83	Fe I	3	—	2378,60	W II	5	12	2375,41	Cr (I)	*	
2381,82	Ir I	8	50	2378,59	Ca	—	2	2375,39	W	—	2
2381,79	W	—	10	2378,52	Fe II	—	3	2375,27	Ru I	80	5
2381,75	Co II	4	12	2378,40	Al I	40	20	2375,19	Fe II	—	15
2381,6	Li II	*		2378,32	Hg I	20	20	2375,18	Co II	9	20
2381,57	W I	8	—	2378,26	V	2	—	2375,07	Re I	25	7
2381,55	Zr	4	2	2378,24	Zr I	10	—	2375,06	Ag I	300	300
2381,48	Cr II	3	25	2378,15	Ti I	10	—	2375,03	W II	—	12
2381,48	Mo II	—	12	2378,14	In I	15	—	2374,90	Mo II	—	8
2381,36	Pt	—	12	2378,12	W II	4	8	2374,87	Fe	2	—
2381,33	W II	3	10	2378,06	Pt	—	10	2374,75	W I	10	—
2381,25	Co I	4	—	2377,99	Nb II	3	10	2374,74	Co	3	—
2381,18	As I	75	4	2377,95	Pt	10	4	2374,64	V II	—	2
2381,14	Ta II	15	40	2377,92	W I	4	—	2374,60	Ti I	3	—

λ	El.	B A	B S (E)	λ	El.	B A	B S (E)	λ	El.	B A	B S (E)
2374,52	Fe I	6	—	2372,07	Mo	5	—	2369,22	Ni II	1	20
2374,50	Al I	*		2371,95	Ti I	10	—	2369,17	Bi	5	—
2374,45	W I, II	12	12	2371,92	W II	—	10	2368,98	Zr	1	2
2374,45	Co I	4	—	2371,86	Co I	6	12	2368,95	Mo	—	15
2374,43	Zr I	50	50	2371,85	W I	8	—	2368,94	Nb II	—	5
2374,36	Zn I	3	—	2371,68	Zr	5	—	2368,86	Nb (I)	4	—
2374,30	Mn	—	30	2371,61	Pt II	—	20	2368,59	Fe II	15	25
2374,26	W	—	2	2371,60	Co	—	3	2368,55	Bi II	2	10
2374,16	Nb II	—	5	2371,58	Mo II	—	8	2368,47	Bi II	2	12
2374,14	W I	12	2	2371,48	Au II	—	5	2368,46	Cr I	30	2
2374,02	Hg (I)	10	—	2371,44	Co I	15	—	2368,38	Bi II	2	15
2373,97	Nb II	2	5	2371,43	Fe I	8	—	2368,35	W II	4	10
2373,94	Mo II	—	5	2371,39	W I	—	5	2368,34	Rh I	50	2
2373,86	Co I	9	—	2371,38	Zr	3	1	2368,33	Sn II	3	8
2373,73	Fe II	6	15	2371,29	Ga I	3	5	2368,28	Pt I	35	25
2373,70	Ag II	—	2	2371,26	Mo II	—	15	2368,25	Bi II	3	20
2373,69	Cr I	60	—	2371,18	Os I	50	15	2368,19	Bi II	1	12
2373,65	Sb I	75	25	2371,15	Zr	2	2	2368,17	Cu III	2	15
2373,62	Fe I, II	2	—	2371,07	V III	—	500	2368,11	Al I	4	1
2373,57	Al I	*		2371,05	W II	—	5	2368,04	Ir (II)	25	125
2373,43	W I, II	4	4	2370,88	Cu II	—	5	2367,97	Ti	—	2
2373,39	Co (I)	20	2	2370,88	W I	10	2	2367,96	Pd II	10	60
2373,37	Mn II	4	50	2370,77	As I	50R	5	2367,95	Au	—	5
2373,35	Al I	200R	100R	2370,76	Re II	12	30	2367,93	Cd II	—	2
2373,32	Pt	—	10	2370,74	Cu II	—	80	2367,86	Cr I	20	—
2373,14	Au II	—	5	2370,73	Nb III	—	4	2367,77	Ce III	—	10
2373,12	Al I	100R	30	2370,73	Al I	*		2367,72	Zn I	2	—
2373,10	Ba I	12	2	2370,60	W II	2	18	2367,68	W I	10	2
2373,09	Co	4	6	2370,50	Co I	10	—	2367,66	V III	—	80
2373,07	Nb (I)	5	—	2370,5	air	—	3	2367,61	Al I	2	(10)
2373,06	V III	—	200	2370,50	Fe II	8	6	2367,51	Cu	—	4
2373,04	In II	—	(10)	2370,42	Zr	3	—	2367,4	air	—	4
2372,97	Mo II	—	30	2370,41	Mo II	3	8	2367,40	Ni II	8	15
2372,93	Zr II	15	8	2370,37	Cr I	40	3	2367,36	W	2	4
2372,90	In II	—	(8)	2370,25	Mo II	2	10	2367,36	Nb	—	3
2372,88	Cr I	40	3	2370,23	Al I	5	5	2367,35	Os II	50	80
2372,83	Co I	15	2	2370,17	Ru I	60	—	2367,33	Zr I	6	—
2372,79	W	5	—	2370,15	Zr	2	4	2367,22	Ru II	6	10
2372,77	Ir I	100	40	2370,04	W II	5	25	2367,20	Co	—	9
2372,73	Nb III	2	50	2369,97	Mo	—	10	2367,13	Cd II	—	10
2372,71	Se	—	(25)	2369,96	B	—	20	2367,10	Mn	6	—
2372,63	Fe II	10	—	2369,96	Fe II	3	15	2367,05	Al I	150R	50R
2372,61	W II	3	12	2369,95	Nb II	5	25	2366,95	W I	12	3
2372,58	V II	—	15	2369,92	Co I	9	—	2366,93	Mo II	2	20
2372,57	Zr I	8	1	2369,89	Cu II	20	30	2366,91	Mn	—	40
2372,51	Co	—	2	2369,88	Ag	—	2	2366,89	V II	—	4
2372,34	Ce III	—	50	2369,74	W II	3	7	2366,81	Cr I, II	60	60
2372,33	Zr	7	1	2369,67	Co I	15	5	2366,68	Rh II	3	50
2372,27	Mo I	25	6	2369,67	As I	40R	20	2366,67	W II	—	4
2372,25	Ti I	3	—	2369,46	Fe I	8	1	2366,59	Fe II	10	20
2372,23	Nb II	—	8	2369,36	Au II	—	4	2366,56	Ni II	—	10
2372,17	V (II)	—	100	2369,33	W	—	2	2366,50	Pt II	—	15
2372,15	Pd II	5	50	2369,30	Al I	10	4	2366,37	Mo II	6	20
2372,11	Mn I	12	—	2369,28	Ti I	4	—	2366,31	Cr I	15	3
2372,07	Al I	18	10	2369,24	Os I	50	12	2366,31	V III	—	3

λ	El.	B A	B S (E)	λ	El.	B A	B S (E)	λ	El.	B A	B S (E)
2366,21	Zr II	2	2	2363,82	Si	—	(5)	2360,09	Mn II	—	7
2366,20	Nb (II)	—	8	2363,79	Co II	25	50	2359,99	Fe II	10	4
2366,19	Cd II	—	(3)	2363,69	Mo (II)	—	10	2359,76	Mo III	—	40
2366,18	W I	12	2	2363,63	Fe II	2	2	2359,58	Fe II	—	3
2366,14	Cr I	10	3	2363,59	Nb II	2	2	2359,58	Pb	—	3
2366,09	Mo II	7	10	2363,52	Zr I	50	50	2359,57	Rh	—	50
2366,05	Co I	5	—	2363,51	B	—	2	2359,51	W	—	3
2365,94	Nb (I)	2	—	2363,46	W II	5	8	2359,49	Cu	5	—
2365,91	Cr I	25	8	2363,26	W	—	2	2359,46	Mn II	3	8
2365,90	Re I	*		2363,21	Cu I, III	10	7	2359,37	Mo II	—	5
2365,85	Fe	6	—	2363,06	W I	15	5	2359,23	Ge I	2	—
2365,85	Mo II	—	8	2363,05	Zr	3	4	2359,21	W	—	4
2365,84	W I	12	4	2363,05	As I	5	—	2359,18	Rh I, II	15	100
2365,77	Fe	3	5	2363,04	Ir I	50	25	2359,10	Fe II	15	20
2365,74	Nb II	—	5	2363,00	Mo II	—	8	2359,10	Ru II	—	12
2365,7	к C	20	—	2362,77	Os I	50	12	2359,08	Zr	—	4
2365,69	Re (I)	15	4	2362,77	Co	2	—	2359,08	Co	—	2
2365,69	Ag II	—	20	2362,70	Ti	—	2	2358,94	Hg	—	(5)
2365,66	Ni I	10	2	2362,63	V II	2	25	2358,87	Ag II	—	100
2365,63	V	—	4	2362,54	Ce III	—	10	2358,87	Ni I	15	3
2365,62	Nb (II)	—	20	2362,51	W II	—	8	2358,81	W II	10	20
2365,49	Al II	—	(6)	2362,50	Nb III	3	20	2358,79	Ru II	20	15
2365,44	W I	12	5	2362,42	Mo II	—	6	2358,77	Pt II	—	5
2365,39	Cd II	—	10	2362,33	Co I	8	—	2358,75	V III	—	300
2365,36	Pt	—	8	2362,31	Pd II	5	35	2358,70	In I	5	—
2365,29	Nb II	—	2	2362,20	Ag II	—	80	2358,67	Co I	10	—
2365,23	Pt II	—	8	2362,19	Cr I	25	2	2358,48	Hg	2	—
2365,21	Nb II	5	20	2362,10	W II	—	5	2358,45	Mn II	8	25
2365,15	O II	—	(10)	2362,06	Ni I	15	10	2358,18	Co I	20	30
2365,13	Cr I	10	3	2362,06	Nb III	—	25	2358,07	W I	10	—
2365,06	Co I	18	4	2362,02	Fe II	8	15	2358,02	Si	—	(5)
2364,95	Zr II	1	2	2361,76	Mn II	2	30	2357,93	W II	—	3
2364,95	W I	8	—	2361,74	Zr II	3	6	2357,92	Ag II	15	100
2364,89	Au II	—	15	2361,72	Fe II	—	4	2357,91	Ru II	60	100
2364,83	Fe II	15	30	2361,62	W I	6	3	2357,90	Sn I	6	4
2364,78	Au II	20	8	2361,57	Cu III	—	8	2357,82	Ti II	—	6
2364,73	Cr I	20	8	2361,53	Co II	10	15	2357,77	V II	2	60
2364,72	In II	—	(10)	2361,42	As (II)	—	2	2357,75	S	—	(8)
2364,67	Rh II	10	25	2361,25	Mo II	—	3	2357,73	Mo	8	—
2364,59	Zr II	—	2	2361,23	Cu II	2	(3)	2357,65	W	5	—
2364,58	Pt	—	8	2361,19	W II	6	8	2357,64	Mn II	2	10
2364,5	к B	50	—	2361,14	Co	—	9	2357,61	Pd II	3	40
2364,37	V II	2	2	2361,05	Nb	—	3	2357,57	Pt	20	10
2364,37	Mo I	8	—	2360,96	Zn I	2	—	2357,57	Mo	—	12
2364,32	Nb I	5	—	2360,64	Cd	2	—	2357,54	V (II)	—	20
2364,25	Co I	3	—	2360,64	Ni I	10	3	2357,50	Co I	10	—
2364,22	W II	5	15	2360,50	Co	4	15	2357,46	W	—	5
2364,14	Cu II	—	10	2360,50	Sb I	20	5	2357,45	Zr II	100	100
2364,01	Ag II	—	100	2360,43	W I	15	5	2357,44	Nb II	—	6
2363,95	Cu	8	2	2360,42	Zr	3	1	2357,43	Rh	2	50
2363,94	Fe	10	—	2360,34	V II	5	5	2357,34	Mo II	—	4
2363,91	W II	4	12	2360,34	Sn II	—	(10)	2357,31	Ti	—	3
2363,88	B II	—	15	2360,30	Nb II	2	7	2357,27	W II	—	5
2363,86	Pt	—	15	2360,29	Fe II	10	8	2357,20	Si	—	(5)
2363,84	Zr II	5	3	2360,12	W	—	2	2357,16	Mo	—	7

λ	El.	B		λ	El.	B		λ	El.	B	
		A	S (E)			A	S (E)			A	S (E)
2357,10	Pt I	30	20	2354,49	Bi I	15	5	2351,54	V III	—	50
2357,03	B	—	6	2354,47	Fe II	5	15	2351,46	W II	—	8
2357,00	Fe II	—	10	2354,46	Mo	10	—	2351,45	In	—	3
2356,99	Pb II	—	4	2354,41	Co (I)	5	—	2351,40	Pt	—	12
2356,9	к C	12	—	2354,35	Se	—	(25)	2351,39	Co I	10	—
2356,88	In II	—	(10)	2354,30	Cr I	12	2	2351,34	Pd II	10	60
2356,87	Ni I	10	3	2354,24	Hg III	—	20	2351,33	Ru I	60	4
2356,81	Mn II	7	10	2354,18	Mo II	—	12	2351,28	Mo	10	—
2356,81	Cu	6	—	2354,17	Co I	2	—	2351,26	V (II)	2	50
2356,80	W	4	—	2354,07	Ti (II)	3	12	2351,21	Hf II	100	150
2356,78	Co	—	2	2354,06	Zr	3	—	2351,20	Fe II	2	7
2356,65	Cu II	5	25	2354,04	Cu II	10	—	2351,17	Co	—	10
2356,63	Ni	10	—	2354,03	Nb II	4	12	2351,05	W II	—	5
2356,46	W II	—	3	2353,96	Cu II	—	(2)	2350,96	Cu	3	—
2356,41	Ni II	4	18	2353,82	Nb	4	—	2350,92	Zr II	3	2
2356,33	Pt	20	9	2353,81	W I	3	—	2350,86	W	—	2
2356,29	Si II	—	(10)	2353,78	Nb II	5	2	2350,84	Ni II	—	5
2356,29	Nb II	3	10	2353,73	Co	2	—	2350,83	Be I	12	—
2356,26	Co I	10	—	2353,72	Mo	—	20	2350,79	In II	—	(5)
2356,25	Zr	2	—	2353,70	Ni	8	—	2350,73	In II	—	(10)
2356,06	Mo II	—	4	2353,69	W II	2	5	2350,71	Nb	2	—
2356,00	Nb II	2	10	2353,50	Nb I	4	—	2350,71	Be I ⎫	25	2
2355,96	W	—	3	2353,45	W	—	4	2350,66	Be I ⎭		
2355,91	Fe I	—	2	2353,45	Ag II	—	2	2350,66	Ti II	2	10
2355,91	Cu	4	—	2353,43	Co I, II	10	35	2350,59	Co I	6	—
2355,90	Zr I	30	1	2353,38	Ni	5	6	2350,53	W	12	—
2355,79	W	—	3	2353,36	W II	3	5	2350,53	Mo II	—	5
2355,68	Nb II	2	4	2353,30	Cu	7	—	2350,53	Ru II	3	6
2355,62	Co I	7	8	2353,20	Zr II	1	2	2350,48	Nb II	1	4
2355,54	Nb III	—	15	2353,19	Si	—	(2)	2350,46	Ni	10	—
2355,52	Ir	10	50	2353,12	Ir I	4	50	2350,45	Hg	—	(2)
2355,51	Au III	—	5	2352,96	W I	8	8	2350,41	Fe I	3	—
2355,44	V I	—	5	2352,93	Mn I	12	6	2350,37	W II	—	12
2355,42	Mo II	5	25	2352,92	W II	—	5	2350,35	Rh II	—	50
2355,32	Fe I	3	—	2352,85	Co I	15	4	2350,30	Cd	—	(10)
2355,32	W	—	5	2352,83	Nb II	10	20	2350,28	Co I	12	2
2355,30	Mo II	—	10	2352,65	Au I	25	—	2350,23	Os II	30	50
2355,25	B	—	6	2352,61	Mo I	15	2	2350,20	Zr	2	2
2355,23	V II	4	4	2352,48	Hg I	12	15	2350,20	Al	—	(8)
2355,22	Fe II	—	3	2352,44	W	—	2	2350,11	Mo II	—	12
2355,22	Mo I	10	—	2352,44	Fe	—	8	2350,10	Ce III	—	50
2355,15	Cu II	—	25	2352,34	Nb II	5	20	2350,05	Ni	—	3
2355,14	Ti II	1	4	2352,21	Co	—	4	2350,03	Nb I	2	—
2355,06	Ni I	10	2	2352,21	Sb I	12	4	2349,97	Ti II	—	20
2355,05	Co	2	—	2352,18	V II	5	200	2349,94	Ti	3	12
2355,02	Mo II	—	10	2352,13	Nb (I)	3	—	2349,89	Mo	—	25
2355,02	Cu II	*		2352,07	Re I	30	5	2349,85	Cd	2	—
2354,94	Nb	—	2	2352,04	W	—	2	2349,85	Sb	8	1
2354,89	Fe II	10	10	2351,97	Co I	4	—	2349,85	Cu	5	—
2354,84	Sn I	150R	150R	2351,84	Co	—	7	2349,84	As I	250R	18
2354,70	Mo II	—	7	2351,78	W I	5	—	2349,82	W II	6	10
2354,66	V II	2	5	2351,67	Nb (I)	2	—	2349,81	V III	3	150
2354,62	Ti II	1	3	2351,65	Zr II	1	8	2349,78	Mo	10	—
2354,61	W I	12	5	2351,61	Nb II	—	2	2349,68	Rh II	3	125
2354,50	Zr	2	2	2351,58	Au II	—	5	2349,59	Zr	10	1

λ	El.	B A	B S (E)	λ	El.	B A	B S (E)	λ	El.	B A	B S (E)
2349,54	Si	—	(2)	2346,72	Pt	8	3	2343,95	Ni II	—	4
2349,41	Nb(II)	—	2	2346,69	W I	5	—	2343,83	V	—	5
2349,34	Ru I	60	4	2346,68	Nb (I)	3	—	2343,77	Ag II	—	3
2349,32	W II	8	12	2346,67	Mo II	—	8	2343,75	Mo II	—	6
2349,22	Mn	3	15	2346,63	W	—	7	2343,74	W I	5	—
2349,21	Nb III	—	15	2346,63	Ni I	10	3	2343,68	Nb	—	3
2349,16	Co	—	2	2346,62	Cd	2	—	2343,63	Cu	4	—
2349,15	Bi I	10	—	2346,60	Co	3	18	2343,51	Ag	4	5
2348,98	Mo II	—	7	2346,56	In I	5	—	2343,49	Fe II	10	50
2348,84	Mo II	3	9	2346,52	Nb II	3	10	2343,48	Ni II	2	15
2348,83	Mn II	3	15	2346,44	Rh II	2	100	2343,45	Zr	4	—
2348,82	Cu II	15	20	2346,42	Ta II	3	2	2343,39	Pt I	25	—
2348,75	Nb (I)	3	—	2346,38	Ru II	7	15	2343,32	Hf II	60	80
2348,74	Ni I	10	1	2346,35	Ti II	—	60	2343,27	Nb II	2	3
2348,66	Nb	—	5	2346,34	V III	—	125	2343,23	Pt II	—	10
2348,61	Be I	2000R	50	2346,31	W I	4	—	2343,13	W I	8	3
2348,58	Zr	15	1	2346,29	Fe II	1	2	2343,13	Mo	—	12
2348,58	Mo	—	9	2346,16	Co I	7	2	2343,11	V III	—	250
2348,56	W	2	—	2346,13	Cu III	2	25	2343,04	Ca	—	2
2348,54	Pt II	3	20	2346,09	Ni	7	—	2342,85	Nb II	—	3
2348,46	Co	—	2	2346,00	W	7	—	2342,85	Ru II	60	40
2348,32	Ru I	50	—	2345,92	Zr II	4	1	2342,79	Co I	2	—
2348,30	Fe II	5	20	2345,92	Al II	—	(6)	2342,77	Pt II	—	10
2348,25	V III	—	25	2345,91	Bi	12	5	2342,72	Ru I	60	10
2348,15	W I	8	—	2345,91	In I	8	—	2342,72	W	—	3
2348,10	Fe II	5	20	2345,69	W	—	12	2342,61	Mo II	—	7
2347,96	W I	10	10	2345,55	Hg II	10	30	2342,47	W	8	2
2347,91	Bi I	5	—	2345,55	Ni I	18R	—	2342,41	Co	2	—
2347,90	Cr	2	—	2345,54	Mn	3	—	2342,40	J II	—	(150)
2347,90	Cu	4	—	2345,51	Cd	10	—	2342,34	Zr	3	2
2347,82	Co	—	8	2345,50	Co	6	7	2342,30	Ti (II)	4	18
2347,80	Mo II	—	20	2345,47	Al II	—	(2)	2342,29	Mo (II)	—	7
2347,66	Co I	4	—	2345,44	Ni II	18R	6	2342,25	Fe II	—	3
2347,65	Cd	2	—	2345,43	Hg I	3	5	2342,14	V II	4	125
2347,64	W II	—	3	2345,35	Cr II	8	60	2342,12	W I	3	—
2347,58	Ba II	30	40	2345,33	Fe II	—	20	2341,96	Fe II	—	2
2347,54	Al II	—	(12)	2345,33	Nb II	2	5	2341,92	W II	—	5
2347,52	Ni I	12	2	2345,33	V	—	3	2341,89	Ag III	—	4
2347,46	Mo	—	8	2345,26	Ni II	—	10	2341,81	W	8	6
2347,44	Hf II	80	125	2345,08	Fe	20	—	2341,78	Co (I)	4	—
2347,44	Ti II	2	5	2344,95	W I	10	—	2341,64	Au II	—	5
2347,39	Co II	10	25	2344,84	W	—	8	2341,57	Mo II	9	60
2347,30	Zn II	—	(2)	2344,73	Mo	—	12	2341,54	Hg	—	(10)
2347,16	Pt I	18	12	2344,69	Al II	—	(3)	2341,52	Pt II	—	4
2347,15	V III	—	150	2344,67	Mo II	3	12	2341,42	Mo	10	—
2347,12	Co	—	4	2344,64	Nb I	2	—	2341,38	Cu	2	—
2347,11	Au III	—	5	2344,64	Co	2	8	2341,37	W I, II	12	12
2347,11	Zr II	12	2	2344,56	Cr II	—	15	2341,32	Zr I	5	—
2347,04	V I	15	20	2344,51	Nb (I)	2	—	2341,25	Mn	2	—
2346,96	Nb(II)	—	2	2344,28	Fe II	6	20	2341,22	Ti (II)	4	15
2346,87	V II	—	25	2344,26	Co II	15	15	2341,18	Ni II	3	20
2346,87	W II	—	3	2344,15	Au II	—	5	2341,12	Sn	—	5
2346,80	Zn II	—	(3)	2344,14	Nb III	—	4	2341,12	Co	—	20
2346,80	Si	—	(5)	2344,03	As I	25	—	2341,07	W II	—	5
2346,74	Co	2	—	2343,96	Fe II	5	10	2340,99	Pt II	—	8

λ	El.	B A	S (E)	λ	El.	B A	S (E)	λ	El.	B A	S (E)
2340,99	Co I	5	—	2338,09	Nb III	—	8	2335,38	Mo II	—	5
2340,93	Fe II	—	2	2338,05	Pt	—	10	2335,33	V II	2	3
2340,87	Zr I	25	—	2338,00	Fe II	15	35	2335,32	Nb II	3	10
2340,80	Y II	2	10	2337,95	V II	—	18	2335,27	Ba II	60R	100R
2340,70	Ru I	60	4	2337,93	Co I	3	9	2335,20	W II	6	8
2340,64	W II	—	4	2337,82	Ni I	4	3	2335,19	Pt II	8	25
2340,59	Mn	—	30	2337,78	Zr II	1	8	2335,10	Co I	15	—
2340,55	Hg I	3	2	2337,77	Ti	—	2	2334,94	Mn II	—	25
2340,49	Cr	—	10	2337,74	Nb (I)	3	—	2334,94	Mo II	—	20
2340,49	V I	50	3	2337,74	W I, II	8	20	2334,88	Co	—	4
2340,44	Fe II	—	2	2337,74	Cr II	3	12	2334,80	Nb II	3	25
2340,41	Mo II	30	50	2337,72	Mo	12	3	2334,80	Sn I	100R	100R
2340,27	Nb (I)	4	—	2337,66	Ce III	—	5	2334,80	Mo II	—	10
2340,26	Fe	3	—	2337,54	Cd	5	—	2334,77	Rh II	25	500
2340,19	In I	10	—	2337,52	Fe	—	2	2334,67	Zr	6	—
2340,18	Pt I	25	18	2337,51	Bi	5	—	2334,57	In II	—	(50)
2340,15	Nb I	2	—	2337,49	Ni I	8	5	2334,56	Ni II	8	20
2340,06	Au II	—	10	2337,47	Mn	2	—	2334,53	Ti (II)	4	9
2340,04	Al	2	1	2337,43	Mo II	6	12	2334,52	Fe	3	—
2340,04	Cu	6	—	2337,39	Cu	2	—	2334,48	Si II	—	(2)[1]
2340,02	Nb (II)	8	30	2337,17	W	8	—	2334,43	V I	25	40
2339,90	W II	—	8	2337,13	V III	—	100	2334,39	Cr II	5	10
2339,74	Cu II	2	3	2337,09	N I	10	4	2334,38	Mo	—	3
2339,72	W II	2	5	2337,05	Mo II	—	8	2334,33	Ti III	—	5
2339,68	V I	25	—	2336,99	Co	—	10	2334,30	W I	4	—
2339,59	Nb III	—	3	2336,86	Fe II	—	20	2334,21	V III	—	250
2339,58	Fe	10	—	2336,84	Rh II	1	125	2334,13	Ca	—	2
2339,55	Co I	5	—	2336,83	Ru (II)	—	10	2334,12	Co I	5	12
2339,52	Pt	—	15	2336,80	Os II	50	80	2334,06	W II	5	2
2339,41	Fe II	—	8	2336,80	Co	2	—	2334,06	Au II	—	5
2339,38	Zr	1	2	2336,70	W II	6	10	2334,06	Mo (II)	—	3
2339,37	Hg II	—	(8)	2336,70	Ni II	—	30	2333,96	Co (I)	3	—
2339,36	Mo II	—	8	2336,68	Mo (II)	—	9	2333,89	Ru II	12	20
2339,33	W	2	—	2336,59	Ni II	—	150	2333,79	Bi I	12	—
2339,31	O II	—	(7)	2336,57	W	—	2	2333,77	W II	8	9
2339,19	Mo (II)	—	2	2336,49	Co	2	—	2333,65	Nb (I)	3	—
2339,19	Pt II	—	15	2336,43	Pd II	2	30	2333,65	Mo II	—	4
2339,17	Ag II	—	4	2336,42	Mo II	—	9	2333,60	V III	—	50
2339,16	W II	3	10	2336,41	Nb (I)	3	4	2333,57	Ru II	5	20
2339,05	Co I	4	10	2336,35	W	—	2	2333,48	Cr II	—	25
2338,97	Si	—	(5)	2336,28	S III	—	(25)	2333,32	V I	10	—
2338,95	Mo	—	10	2336,24	Co II	6	15	2333,31	Rh I	8	125
2338,73	Nb (I)	3	—	2336,22	Ni	—	2	2333,26	Mn	2	25
2338,71	Co	—	5	2336,20	Cu II	3	20	2333,14	W I, II	7	5
2338,67	Co I	10	—	2336,19	Mo II	—	10	2333,07	Co I	6	—
2338,67	Cu	8	—	2336,11	V II	2	50	2333,0	к C	5	—
2338,60	Ge I	2	1	2336,05	Hg	—	(2)	2332,98	Cd II	—	(2)
2338,60	Ga I	2	—	2335,99	Co I	10	3	2332,96	Hf II	40	50
2338,49	Ni I	4	—	2335,93	W II	—	6	2332,89	Nb II	—	2
2338,47	W I	10	—	2335,80	Mo II	—	10	2332,81	Se I	—	(30)
2338,47	Mo II	—	7	2335,63	Zr	—	2				
2338,47	Re	30	6	2335,61	Nb II	2	15				
2338,38	Nb I	2	—	2335,56	W II	—	3				
2338,3	к C	20	—	2335,50	J II	—	(15)	[1]) Doublet Si II 2334,61 —			
2338,14	W II	3	—	2335,49	V II	3	50	Si II 2334,40.			

λ	El.	B A	B S (E)	λ	El.	B A	B S (E)	λ	El.	B A	B S (E)
2332,80	Fe II	15	40	2329,02	Ru II	6	12	2325,57	Fe II	—	5
2332,76	In I	3	—	2328,93	V III	—	100	2325,55	Co I	12	2
2332,67	Mo (II)	7	18	2328,85	Co (I)	10	—	2325,54	Mo	—	25
2332,64	S III	—	(15)	2328,85	Mn II	—	30	2325,50	Nb (II)	1	5
2332,50	W I	5	—	2328,72	W I	—	2	2325,49	Al II	—	(15)
2332,43	Pb I	60	30	2328,67	Mn	—	25	2325,42	Al II	—	(2)
2332,27	Ag III	—	3	2328,67	B II	—	2	2325,35	Si	—	(5)
2332,26	Mo	3	—	2328,65	Mo	—	3	2325,29	Fe II	—	5
2332,14	Mn	—	25	2328,31	W II	10	12	2325,26	Au II	—	5
2332,13	Mo II	8	80	2328,30	Co (I)	6	—	2325,12	V III	—	100
2332,09	Co (I)	10	—	2328,22	Nb (I)	3	—	2325,05	Ag II	4	25
2332,02	Fe	—	4	2328,20	Al II	—	(2)	2325,07	Ti	—	3
2332,02	W	—	6	2328,19	Bi (I)	15	—	2324,92	In I	3	1
2331,92	W I	8	5	2328,11	Mo II	—	10	2324,89	Cr III	—	50
2331,79	Pt II	—	4	2328,02	Nb II	2	3	2324,89	Hf II	40	80
2331,77	V III	—	300	2328,00	In II	—	(18)	2324,88	Mo II	3	25
2331,70	Ni I	10	2	2327,97	V I	8	—	2324,86	Rh II	—	25
2331,69	Co	2	—	2327,97	O II	—	(5)	2324,77	Zr II	50	50
2331,59	W	—	3	2327,95	Fe II	—	6	2324,75	V I	50	—
2331,41	Pd II	—	40	2327,92	Ge I	3	5	2324,74	W I, II	2	7
2331,40	Ag II	18	150	2327,90	In II	—	(10)	2324,71	Ir	5	80
2331,31	Fe I	10	6	2327,81	Mo II	—	10	2324,68	Ag II	15	100
2331,30	W I	15	—	2327,68	Co	—	10	2324,67	Au	—	5
2331,29	V	—	50	2327,67	Rh II	2	15	2324,64	Ni I	15	2
2331,19	Mo II	—	7	2327,53	Co I	5	—	2324,60	Nb (I)	2	—
2331,06	Ru III	—	12	2327,52	Nb II	—	3	2324,52	Sr II	3	—
2330,96	Pt I	25	10	2327,39	Fe II	10	25	2324,48	Zr II	10	4
2330,93	Mo III	10	30	2327,30	Hg I	—	(2)	2324,47	Fe	—	5
2330,90	W II	—	3	2327,12	Nb II	2	5	2324,41	In I	5	—
2330,73	Zr	8	—	2326,71	W I	10	—	2324,40	Nb (II)	—	3
2330,67	W	—	3	2326,69	Mo	3	18	2324,35	V I	5	—
2330,46	Mo (I)	18	2	2326,56	W I	10	3	2324,32	Co II	20	50
2330,46	V III	8	300	2326,49	Al II	—	(8)	2324,31	Ce III	—	12
2330,38	Zr II	100	100	2326,48	Co II	20	30	2324,23	Nb II	15	10
2330,35	Co II	10	18	2326,44	Ni II	4	15	2324,20	Al II	—	(25)
2330,18	Nb III	—	8	2326,35	Fe II	—	8	2324,19	W II	2	4
2330,14	V (II)	—	4	2326,33	Pt II	—	15	2324,18	V I	5	—
2330,11	Cd II	—	(2)	2326,22	Nb II	5	15	2324,06	Nb II	2	10
2330,05	Cr II	—	9	2326,13	Co II	15	20	2323,96	Mo II	—	30
2330,05	Mo II	—	15	2326,10	Pt I	30	8	2323,92	Cu II	2	(1)
2330,0	Li II	*		2326,09	W II	10	15	2323,83	V III	—	300
2329,96	Ni I	12R	10	2326,05	Mo	3	—	2323,63	Ir	—	50
2329,94	Mn	2	—	2326,05	Ir	6	50	2323,51	Nb (II)	—	10
2329,88	W I	2	3	2326,02	V	—	12	2323,44	P II	—	(2)
2329,71	Mo II	3	25	2325,95	O II	—	(5)	2323,40	In II	—	(10)
2329,68	W II	3	9	2325,92	Mn II	—	12	2323,30	Pt	2	—
2329,64	Fe I	5	—	2325,87	V I	30	—	2323,25	Hf II	40	60
2329,58	Mg II	12	—	2325,86	Mo II	15	5	2323,20	Hg I	10	5
2329,53	V I	15	—	2325,81	Mn	9	—	2323,14	Co I	15	5
2329,42	Ir	5	50	2325,80	Co (I)	6	3	2323,03	W II	5	12
2329,35	Fe	—	6	2325,79	Ni I	30R	9	2323,02	B II	—	2
2329,29	W I	4	—	2325,77	W	3	2	2323,01	Cu II	—	4
2329,28	Cd I	50	90	2325,71	Au II	—	5	2322,99	Nb (I)	2	—
2329,10	Sb I	15	3	2325,68	Cu	2	—	2322,97	Mo II	—	6
2329,09	Co I, II	6	10	2325,61	Co I	50	—	2322,94	Fe	—	10

λ	El.	B A	B S (E)	λ	El.	B A	B S (E)	λ	El.	B A	B S (E)
2322,91	Ca	—	3	2319,88	Pt II	4	25	2317,05	N II	—	(10)
2322,72	W II	—	4	2319,86	Co	—	5	2316,92	Nb II	2	10
2322,68	Co	3	—	2319,85	Nb (II)	3	2	2316,86	Co I	5	—
2322,68	Ni	12	3	2319,84	V	—	9	2316,79	O II	—	(7)
2322,58	Rh I	50	10	2319,77	Fe	1	1	2316,75	V I	20	—
2322,56	Cd III	—	(5)	2319,76	W	—	4	2316,73	Co I	5	—
2322,53	Hg II	—	(2)	2319,73	Ni II	—	10	2316,71	W	—	2
2322,50	Mo II	—	20	2319,68	O II	—	(15)	2316,69	N II	—	(3)
2322,47	Hf II	60	60	2319,58	Nb II	4	10	2316,51	Cd	—	(2)
2322,36	Sr II	8	5	2319,56	Cu I	20	—	2316,49	N II	—	(10)
2322,32	Fe II	—	5	2319,38	Cr II	10	20	2316,45	Mo (II)	—	12
2322,27	Au III	—	6	2319,27	Co	—	5	2316,27	Ca	—	2
2322,24	Co I	4	—	2319,15	Co I	4	—	2316,26	W I	—	2
2322,21	Pt	—	4	2319,07	Cr	—	2	2316,20	Zr	4	—
2322,15	O II	—	(7)	2319,06	Al I	5	8	2316,17	Mo	—	8
2322,10	V I	3	—	2319,00	V III	—	150	2316,16	Co I	10	—
2322,01	Ru I	60	2	2318,94	W II	10	4	2316,12	O II	—	(10)
2322,01	Co	—	5	2318,92	Mn II	—	30	2316,03	Ni II	—	80R
2321,99	Nb II	8	20	2318,77	Ni I	10	2	2315,98	Tl I	60R	—
2321,96	Ni I	5	4	2318,64	Ce III	—	40	2315,89	Sb I	20	9
2321,96	Co	3	—	2318,58	W I	8	—	2315,76	Co	3	5
2321,94	Cd	—	(20)	2318,54	Fe II	—	8	2315,75	Au II	—	7
2321,89	Zr III	—	4	2318,53	Mo	12	—	2315,68	Mn	—	25
2321,86	Rh II	—	80	2318,49	Ag	—	5	2315,63	V I	25	—
2321,83	In	—	2	2318,48	Ni II	1	20	2315,63	Mo (II)	3	15
2321,63	W I	12	3	2318,43	Nb (I)	3	—	2315,58	Zr I	3	—
2321,62	N II	—	(3)	2318,42	Co II	2	10	2315,50	Pt (I)	25	8
2321,56	Al I	5	7	2318,34	Fe II	—	4	2315,30	Ag II	—	2
2321,56	Ag II	—	25	2318,33	Au II	—	5	2315,17	Nb II	5	5
2321,38	Co	10	8	2318,29	Pt I	25	9	2315,09	In I	2	—
2321,38	Ni I	20R	10	2318,17	Nb (II)	—	15	2315,02	W II	12	12
2321,35	W	—	2	2318,17	Fe	10	—	2315,00	V (II)	—	2
2321,24	W I	5	—	2318,07	V III	—	250	2314,98	Co II	25	30
2321,15	Hf II	50	60	2317,98	Na	3	—	2314,98	Al I	*	
2321,07	Cd II	—	100	2317,90	Pt	—	5	2314,88	Ti	—	2
2321,06	V	3	—	2317,89	Mo	—	15	2314,85	Nb II	6	20
2321,05	Mo (II)	5	4	2317,89	Fe I	8	—	2314,84	Fe	—	5
2321,04	W	—	10	2317,78	Nb II	2	3	2314,72	P II	—	(6)
2320,98	Mn	2	—	2317,56	V	—	30	2314,71	Cr II	8	50
2320,91	Co I	4	—	2317,55	W I	2	2	2314,69	V I	8	—
2320,83	W II	—	3	2317,52	Co I	5	—	2314,65	Co	—	4
2320,80	Zr	6	—	2317,48	Al I	2	3	2314,63	W II	2	7
2320,72	Mo	12	—	2317,46	Cd	—	3	2314,63	Cr	—	8
2320,70	Ru I	50	—	2317,43	Bi I	8	—	2314,55	Au II	—	15
2320,67	Hg	—	(2)	2317,39	W I	2	2	2314,42	Mo	—	20
2320,65	Nb (II)	2	3	2317,37	Fe II	—	10	2314,35	Nb (I)	3	—
2320,45	Mn II	—	60	2317,34	Ce III	—	15	2314,27	Ti I	5	—
2320,36	Fe I	25	5	2317,27	Zr II	50	50	2314,20	Ge I	3	3
2320,29	Ag II	15	150	2317,24	Nb	—	12	2314,18	W I	10	3
2320,23	Nb II	4	5	2317,23	Sn I	100R	100R	2314,15	Hg III	—	5
2320,18	W	—	4	2317,18	Zn	—	(3)	2314,10	V III	—	100
2320,15	V l	15	2	2317,16	Ni I	30R	12	2314,05	Co II	25	35
2320,08	Cr II	10	30	2317,14	Mn	5	—	2314,00	Al	3	3
2320,03	Ni I	30R	5	2317,05	Co	2	20	2313,98	Ni I	10R	9
2319,90	N II	—	(3)	2317,05	Ag II	15	100	2313,96	Fe II	2	6

λ	El.	B A	B S (E)	λ	El.	B A	B S (E)	λ	El.	B A	B S (E)
2313,94	Mn	3	20	2310,96	Pt II	15	25	2307,20	Cr II	10	20
2313,93	V II	—	3	2310,95	V	2	—	2307,01	Co	—	7
2313,88	Mo II	—	10	2310,95	Au II	—	3	2306,99	Mo II	8	25
2313,80	Bi I	2	—	2310,83	Co	—	4	2306,92	W II	4	12
2313,77	Al II	—	(3)	2310,82	W	4	6	2306,88	In I	25	30
2313,65	Ni (I)	10R	7	2310,61	N	—	(3)	2306,84	Cr II	2	10
2313,64	Co II	7	9	2310,45	Zr	12	—	2306,78	Co	—	5
2313,53	Al I	—	(2)	2310,31	Nb (II)	2	8	2306,61	Cd I	20	30
2313,52	Nb II	3	10	2310,25	к C	12	—	2306,60	W I	12	—
2313,49	Cd	—	(30)	2310,25	W II	—	5	2306,50	Mo	—	18
2313,30	Nb III	—	30	2310,18	V I	10	—	2306,46	Sb I	35	30
2313,30	Fe II	—	6	2310,09	Fe	—	5	2306,40	Ni	10	4
2313,26	In II	—	(25)	2310,04	Cr	—	6	2306,38	Fe I	10	3
2313,18	W I	8	—	2310,02	Ni	8	—	2306,17	Fe I	10	—
2313,15	In II	—	(18)	2309,94	Nb III	—	15	2306,11	In II	—	(10)
2313,10	Fe I	25	3	2309,85	Mo	—	35	2306,10	Co	—	4
2313,05	O II	—	(7)	2309,84	V III	—	125	2306,09	In II	—	(10)
2313,03	Pt II	3	20	2309,84	W II	3	7	2306,06	Mo	4	—
2312,91	Ni II	—	18	2309,74	In I	2	—	2305,99	In II	—	(18)
2312,91	W II	—	5	2309,73	Bi (I)	18	—	2305,95	Rh II	—	100
2312,77	Cd II	1	200	2309,64	Ag I	150	200	2305,93	W II	—	4
2312,69	Mn	—	40	2309,61	Cu II	—	18	2305,87	Mo II	—	9
2312,65	Rh II	2	100	2309,48	Ni	12	—	2305,69	Ti I	15	2
2312,55	Co II	3	12	2309,48	Mo II	—	20	2305,67	Mo II	5	18
2312,52	V I	5	—	2309,43	Au II	—	12	2305,63	Pt	10	6
2312,49	Al I	2	(2)	2309,34	In I	3	—	2305,61	Ru II	1	20
2312,41	V I	5	—	2309,24	Nb II	10	30	2305,43	Nb (II)	—	2
2312,41	Ag II	25	50	2309,07	V II	—	3	2305,27	Mo (II)	—	8
2312,38	Cu	3	2	2309,03	W I	12	2	2305,24	Ni II	2	20
2312,36	W	2	—	2309,02	Co I	10R	9	2305,22	W II	—	3
2312,34	Ni I	30	6	2308,99	Fe I	20	5	2305,18	Co I	15	2
2312,31	Mn I	12	—	2308,90	N	—	(35)	2305,05	W	7	5
2312,24	Ni II	—	10	2308,88	Ti I	4	—	2305,00	Mn II	40	60
2312,22	Al II	—	(2)	2308,83	V II	—	2	2304,96	Bi	2	—
2312,22	Mo (II)	—	7	2308,80	Nb II	1	2	2304,95	Al	5	—
2312,08	Ca	—	3	2308,76	Fe	—	15	2304,82	Ru II	12	6
2312,08	Au II	—	5	2308,55	N	—	(35)	2304,78	V (II)	—	2
2312,03	Fe II	—	15	2308,52	Ni II	—	18	2304,77	Nb III	—	20
2312,0	к C	30	—	2308,28	V I	10	—	2304,73	Fe I, II	10	20
2311,85	W	—	3	2308,21	Au III	—	3	2304,69	Au II	—	30
2311,68	Nb (I)	2	—	2308,19	Si III	—	(2)	2304,46	Cd	—	(3)
2311,65	W	—	3	2308,18	Mn II	—	25	2304,36	Nb III	—	4
2311,60	Co II	15	50	2308,17	Ni	10	—	2304,34	V	3	—
2311,60	N	—	(3)	2308,12	Zr III	—	5	2304,26	Pt	—	9
2311,47	Sb I	150R	50	2308,04	Pt I	30	18	2304,26	Mo II	7	50
2311,47	V I	15	—	2307,99	Mo II	5	20	2304,24	Ba II	60R	80R
2311,45	Nb (II)	2	15	2307,93	W II	—	5	2304,22	Ir I	100	—
2311,35	Co I	10	—	2307,86	Co II	25	50	2304,18	Co I	10	6
2311,35	V III	—	150	2307,79	Ni II	2	15	2303,97	Co I	12	2
2311,28	Fe	—	35	2307,78	Cd II	—	(3)	2303,85	Ni II	—	15
2311,22	Fe II	—	20	2307,66	W	2	5	2303,83	Fe	—	2
2311,04	Al I	*		2307,50	Pd II	—	50	2303,83	W II	10	15
2310,97	Ni I	50R	10	2307,49	Co	—	6	2303,58	Fe I	10	3
2310,96	Co I	12	—	2307,35	Ni I	10	2	2303,51	Co I	9	—
2310,96	Mn	25	—	2307,31	Fe	—	25	2303,42	Fe I	10	—

λ	El.	B A	B S (E)	λ	El.	B A	B S (E)	λ	El.	B A	B S (E)
2303,35	Fe II	—	15	2300,35	Ru I	50	—	2297,85	Nb (II)	—	5
2303,27	W II	4	12	2300,35	O II	—	(40)	2297,85	V III	—	100
2303,24	V II	—	6	2300,33	Nb II	4	10	2297,79	Fe I	35R	6
2303,20	Pt I	25	8	2300,14	Fe I	15	3	2297,65	Mo II	—	7
2303,15	Nb II	2	2	2300,10	Ni II	3	20	2297,61	Nb II	3	5
2303,14	Zr	100	—	2300,07	W II	—	4	2297,58	Bi	2	—
2303,12	Cu I	30	20	2299,87	Mo (II)	—	10	2297,49	Ni II	10	15
2303,10	W	10	3	2299,86	Si	—	(5)	2297,38	W I	4	3
2303,06	Si I	10	6	2299,86	Ti I	12	2	2297,36	Co	—	8
2302,99	Re I	*		2299,80	W II	—	10	2297,31	Pt	—	8
2302,98	Ni I, II	10	35	2299,75	Co II	4	30	2297,17	Cr II	10	50
2302,85	V I	—	3	2299,65	Ni II	3	15	2297,13	Ni II	15	18
2302,84	Mo II	—	20	2299,54	V I	2	—	2297,09	In	—	10
2302,83	O II	—	(25)	2299,51	Pt II	—	3	2296,97	W II	3	6
2302,75	Ti I	20	2	2299,45	Fe I	8	—	2296,96	S (II)	*	
2302,7	к C	5	—	2299,44	Cu II	—	15	2296,93	Fe I	15	2
2302,69	Nb II	8	8	2299,42	Co II	—	25	2296,85	Pb	—	3
2302,67	W I	8	—	2299,33	V	2	—	2296,71	Co I	18	2
2302,53	Ru I	80	3	2299,29	Ru I	50	—	2296,67	Fe II	5	—
2302,49	In I	2	—	2299,27	Mo	—	5	2296,56	Ni II	10	20
2302,48	Ni II	2	20	2299,22	Nb II	—	5	2296,54	Mo	—	25
2302,42	Pt	—	20	2299,22	Fe I	15	4	2296,51	Pd II	20	60
2302,31	W	2	3	2299,02	W I	4	3	2296,51	Au	—	3
2302,25	V II	2	3	2298,95	Tl	30	150	2296,31	V	—	9
2302,14	Mo (II)	—	8	2298,95	Mn II	20	40	2296,23	Hg II	—	10
2302,12	C	—	15	2298,89	Mo II	—	2	2296,18	Ru II	—	5
2302,09	Nb II	15	30	2298,84	Cu	3	—	2296,17	Fe	2	5
2302,06	Hg I	15	15	2298,78	Pt I	15	4	2296,10	Fe	—	2
2302,01	Pd II	—	60	2298,74	W I	8	—	2296,08	Ag II	—	20
2301,88	W	—	3	2298,73	Co II	—	12	2296,05	Co I	18	2
2301,86	Mn	—	4	2298,69	In I	2	—	2296,00	Sb	—	3
2301,68	Fe I	15	—	2298,66	Fe I	8	2	2295,99	W II	3	9
2301,64	W II	8	10	2298,66	Nb II	—	2	2295,97	Nb II	2	2
2301,60	Zr (III)	—	3	2298,65	W	—	8	2295,92	Co	—	8
2301,57	Ni	10	—	2298,49	Ni II	—	10	2295,86	Pt II	—	15
2301,42	Fe II	—	4	2298,38	Mo II	3	10	2295,83	Cd	—	(2)
2301,40	Co II	10	25	2298,38	Nb II	2	4	2295,78	W II	4	8
2301,29	W II	—	4	2298,37	Co I	15	2	2295,73	Pt	20	2
2301,18	Cd	—	(3)	2298,36	Pt	12	3	2295,68	Nb II	15	30
2301,17	Fe (I)	10	—	2298,34	Hf II	25	50	2295,57	Cr	—	10
2301,16	Mo	—	3	2298,34	W I	3	—	2295,50	W II	—	3
2301,03	Au II	—	3	2298,33	In I	2	—	2295,50	V II	15	15
2301,01	Ni II	—	3	2298,32	P II	—	(6)	2295,48	Zr II	40	8
2300,87	Cu	8	—	2298,28	W II	10	12	2295,41	V I	2	2
				2298,28	Ni II	12	15	2295,32	Cd II	—	(3)
2300,78	Co	5	15	2298,26	Rh II	—	150	2295,30	Mo	—	8
2300,77	Ni I	20R	4	2298,23	Fe II	5	25	2295,23	Co I	15	3
2300,65	Ce III	—	10	2298,22	Mo	—	12	2295,15	Au II	—	3
2300,59	Fe I	8	—	2298,17	Fe I	5	—	2295,12	Rh	5	50
2300,58	Cr II	—	15	2298,16	Zr	10	—	2295,04	Fe	2	—
2300,57	W	—	5	2298,13	Pt	—	12	2294,99	V II	5	100
2300,51	Nb II	—	2	2298,09	Re II	7	30	2294,98	Nb II	2	8
2300,48	Co	—	2	2298,06	Au II	—	3	2294,97	Mo III	—	50
2300,41	Zr	1	2	2298,04	Tl II	—	40	2294,85	W II	5	10
2300,39	Pt	—	2	2297,94	W II	—	8	2294,70	Nb III	—	2

λ	El.	B A	S (E)	λ	El.	B A	S (E)	λ	El.	B A	S (E)
2294,61	Fe II	15	5	2291,36	W II	—	4	2288,42	Mn I	6	3
2294,56	Pt II	—	2	2291,17	Ru (I)	60	1	2288,39	Ni I	12	2
2294,54	W II	20	20	2291,15	Zr II	80	15	2288,25	Au II	—	2
2294,49	Re I	*		2291,12	Fe I	15	—	2288,19	Pt II	15	30
2294,41	Fe I	15	2	2291,03	Si I	8	—	2288,13	Sb	5	—
2294,36	Cu II	3	25	2290,99	Cu II	—	25	2288,12	As I	250R	5
2294,28	Cd	—	(2)	2290,99	Ag	—	3	2288,09	V	3	15
2294,21	Ti I	6	—	2290,94	W	5	—	2288,02	Cd I	1500R	300R
2294,19	Ga I	2	3	2290,88	O II	—	(25)	2287,92	V	—	15
2294,14	Pt II	—	3	2290,87	Mo II	3	18	2287,82	Ce III	—	10
2294,12	Rh II	1	50	2290,86	Cd II	—	(4)	2287,80	Co I	12	4
2294,08	Zr II	50	10	2290,80	Ir	3	50	2287,70	Ru I	60	1
2294,00	Co I	10	—	2290,77	Fe I	6	—	2287,67	W	10	—
2293,98	Au II	—	2	2290,68	Cr	—	12	2287,65	Ni II	2	20
2293,92	Nb II	2	15	2290,56	W II	2	9	2287,63	Fe I	5	—
2293,87	Pt	2	—	2290,54	Fe I	15	—	2287,51	Re I	*	
2293,85	Bi	2	—	2290,54	V III	—	50	2287,50	Pt II	1	50
2293,85	Fe I	10	6	2290,54	Co I	10	—	2287,47	W II	—	3
2293,84	Cu I	40	10	2290,36	Nb III	—	25	2287,32	Ni I	5	—
2293,76	Fe II	—	10	2290,33	Co	—	5	2287,25	Fe I	20	6
2293,75	Ti I	6	—	2290,31	Mo II	—	18	2287,25	Cr	—	2
2293,46	Pt II	—	7	2290,31	N II	—	(3)	2287,19	W	—	3
2293,44	Sb I	25	10	2290,29	Mo	8	—	2287,08	Ni II	100	500
2293,40	N II	—	(8)	2290,26	V I	2	2	2287,04	Si IV	—	(10)
2293,39	Co II	10	15	2290,06	Fe I	10	—	2286,88	Nb II	2	3
2293,38	W	—	6	2290,06	Mo	—	18	2286,80	Ni	2	—
2293,32	O II	—	(50)	2290,03	Rh II	25	500	2286,75	Nb (II)	—	4
2293,27	Nb (I)	2	—	2289,98	W	—	3	2286,73	Cu II	—	25
2293,24	V I	2	—	2289,98	Bi	2	—	2286,7	κ C	30	—
2293,14	Nb	—	2	2289,98	Ni I	20R	20	2286,69	N II	—	(25)
2293,13	Fe II	—	2	2289,97	Mn	—	3	2286,68	Sn I	60	40
2293,11	Ni I	10	3	2289,89	Mo II	5	15	2286,58	V I	4	—
2292,99	Co II	10	30	2289,83	Nb (I)	2	—	2286,57	Pt II	—	10
2292,96	Mo II	—	3	2289,61	Si I	10	—	2286,50	W II	—	3
2292,86	V III	—	250	2289,50	Co I	9	—	2286,48	P II	—	(18)
2292,8	In	—	2	2289,41	Ca	—	3	2286,46	Ag III	—	12
2292,77	Fe II	—	4	2289,39	W II	2	4	2286,42	Fe	2	—
2292,72	N II	—	(3)	2289,27	Pt I	25	12	2286,42	Mo II	2	9
2292,68	Cu II	—	5	2289,26	Cr	—	8	2286,35	Nb (II)	—	4
2292,58	V II	—	25	2289,22	V II	—	30	2286,29	W II	2	5
2292,52	Fe I	15	2	2289,20	Mo II	4	20	2286,19	Pt II	—	3
2292,40	Pt I	400	100	2289,06	Co	—	2	2286,18	Ti II	2	6
2292,39	W	—	3	2289,03	Fe I	25	—	2286,16	Co II	40	300
2292,32	Nb (II)	—	2	2288,98	Sb I	20	10	2286,15	Fe	—	2
2292,02	Cd	—	(4)	2288,86	Nb II	2	5	2286,11	V II	—	2
2291,92	Hg	—	5	2288,78	Co I	15	—	2285,90	W	4	—
2291,86	Ti II	—	3	2288,74	Cd	—	20	2285,81	Co	—	2
2291,72	Pt	—	20	2288,68	W	6	4	2285,73	W II	—	3
2291,67	N II	—	(8)	2288,67	Fe	—	3	2285,69	Al II	—	(2)
2291,64	Nb (II)	—	5	2288,63	Au III	—	3	2285,68	O	—	(7)
2291,62	Fe I	10	2	2288,62	V	—	80	2285,67	Nb (II)	—	2
2291,53	V I	5	—	2288,61	Zr II	2	2	2285,65	Pt	—	8
2291,45	Co I	12	5	2288,56	Co	—	2	2285,52	Al II	—	(8)
2291,40	Au II	—	15	2288,52	W	—	7	2285,41	Co I	12	—
2291,38	Nb II	2	2	2288,44	N II	—	(15)	2285,38	Ru I	80	1

λ	El.	B A	B S (E)	λ	El.	B A	B S (E)	λ	El.	B A	B S (E)
2285,3	N II	—	(15)	2282,00	Sr II	8	5	2278,44	Cu II	—	20
2285,25	Zr (I)	100	—	2281,99	Fe I	6	—	2278,44	Os	25	—
2285,22	Nb II	8	15	2281,88	Co	3	25	2278,3	In I	15	—
2285,17	W I	10	3	2281,82	Nb (II)	2	10	2278,30	Si I	7	—
2285,17	Al II	—	(15)	2281,72	Ru II	12	15	2278,29	Co I	9	—
2285,14	Mo	—	18	2281,67	W	—	4	2278,20	In I	5	—
2285,11	P II	—	(20)	2281,64	In II	—	(20)	2278,20	Ru I	80	—
2284,98	V I, II	2	4	2281,62	Re I	10	7	2278,11	W II	8	8
2284,90	W I	3	—	2281,60	V II	2	30	2278,09	V (II)	—	2
2284,89	O II	—	(10)	2281,50	Nb III	—	25	2278,05	Mn	—	20
2284,85	Co I	30	—	2281,47	Zr (III)	—	2	2277,98	W II	2	8
2284,74	V II	—	3	2281,45	Mo II	—	3	2277,76	Ni	10	—
2284,67	Cr I	18	—	2281,38	Bi (I)	10	—	2277,67	Fe I	25	—
2284,67	Cd	—	(2)	2281,37	Mn	—	15	2277,58	W I, II	20	10
2284,62	W II	—	8	2281,34	Co (I)	5	—	2277,52	Au II	—	10
2284,60	Hf II	20	30	2281,27	Pt	4	20	2277,49	Cr	—	12
2284,50	Cr (I)	2	10	2281,24	V II	—	30	2277,43	W II	—	3
2284,49	V I	8	2	2281,13	Nb II	2	8	2277,43	Ag II	—	25
2284,44	W II	4	5	2281,04	W I	4	5	2277,42	Nb III	3	—
2284,43	Mo	6	30	2281,02	Ir (II)	2	50	2277,33	Au II	—	8
2284,38	Co I	8	—	2281,00	P II	—	(20)	2277,31	Ni II	5	25
2284,35	Nb II	—	15	2280,95	Co II	4	5	2277,16	Hf II	150	150
2284,09	Fe I	25	20	2280,85	Pb II	—	2	2277,15	Zr	10	—
2284,08	Rh II	—	200	2280,83	W II	4	4	2277,10	Fe I	15	—
2283,99	W	—	5	2280,82	Mo	—	30	2276,93	Rh I, II	20	150[1]
2283,76	V (II)	—	7	2280,63	W II	6	6	2276,93	Mo (II)	—	7
2283,75	In I	2	—	2280,48	Pt I	20	9	2276,91	Co	—	2
2283,70	N II	—	(8)	2280,46	Co	—	6	2276,88	V I	3	—
2283,67	Os I	50	15	2280,44	Nb II	5	8	2276,86	Pt I	25	10
2283,66	Fe I	10	—	2280,34	Zr II	2	4	2276,80	W	—	4
2283,51	Co II	10	15	2280,34	V II	—	25	2276,75	Ti I	15	2
2283,42	O II	—	(7)	2280,30	W II	—	8	2276,69	Zr	5	4
2283,38	W II	—	3	2280,22	Fe I	15	—	2276,66	V I	2	—
2283,37	Nb (I)	2	—	2280,15	Co	2	—	2276,58	Bi I	100R	40
2283,37	V I	5	5	2280,00	Ti I	5	2	2276,53	Co (I)	20R	5
2283,32	Au II	—	15	2279,98	Ag II	10	125	2276,49	Zn	—	(3)
2283,30	Fe I	8	—	2279,97	W	—	4	2276,48	W	—	4
2283,28	Mo II	—	10	2279,92	Fe I, II	15	40	2276,44	Ni II	—	9
2283,27	W II	10	5	2279,76	V II	—	10	2276,57	Cd	25	—
2283,17	Zr III	—	2	2279,58	Mo II	4	10	2276,42	Cr	—	15
2283,08	Fe I	8	—	2279,58	Ru (I)	100	10	2276,41	Pt I	25	12
2283,00	Nb II	10	25	2279,53	Ni	20	—	2276,25	Cu II	10	30
2282,90	Au II	—	6	2279,49	Co I	15	—	2276,22	Nb I	2	—
2282,89	Mo II	—	20	2279,38	Nb III	—	20	2276,20	Rh II	—	50
2282,86	Fe I	8	—	2279,37	V II	—	10	2276,20	Mo II	—	20
2282,85	V II	—	4	2279,20	W II	—	3	2276,17	Nb II	2	3
2282,62	Ag	—	4	2279,15	V I	3	—	2276,02	Fe I	20	10
2282,52	Cd II	—	(3)	2279,04	Mo (II)	—	7	2275,94	W II	—	3
2282,50	W	6	4	2279,02	Co	—	3	2275,87	Co I	9	—
2282,36	Co	—	5	2278,97	V II	—	25	2275,87	V II	—	2
2282,27	Ag III	—	3	2278,91	W	—	5				
2282,26	Os II	100	125	2278,77	Ni II	12	25				
2282,26	Sn I	10	15	2278,76	Pt II	—	15				
2282,22	Mo II	—	5	2278,70	W II	—	5	[1] Two lines: Rh I 2276,96			
2282,20	W II	4	12	2278,46	Co	—	8	Rh II 2276,89.			

λ	El.	B A	B S (E)	λ	El.	B A	B S (E)	λ	El.	B A	B S (E)
2275,68	Ni II	2	15	2272,60	Ti I	9	2	2268,53	Nb II	8	15
2275,63	W	6	3	2272,51	W II	—	6	2268,47	Mo II	—	20
2275,59	Fe I	8	—	2272,38	Cd II	—	(2)	2268,30	V IV	—	40
2275,50	W	—	5	2272,37	Ti I	2	—	2268,16	Co I	15	2
2275,48	Cr	—	8	2272,37	Mo	—	8	2268,14	Ru II	10	1
2275,47	Ca I	40	5	2272,25	Co II	4	8	2268,13	Fe II	—	12
2275,47	Mo	—	15	2272,2	к C	20	—	2268,13	Cr I	9	—
2275,41	Co	—	7	2272,12	W II	3	—	2268,09	W II	—	2
2275,39	Zr II	—	2	2272,09	Ru I	100	3	2267,91	Ti I	7	—
2275,32	Ag II	—	50	2272,07	Fc I	15	3	2267,66	Cs II	—	(20)
2275,25	Re II	300R	300R	2272,04	V I	3	—	2267,61	V II	—	2
2275,23	Nb III	—	20	2271,95	Ni I	10	3	2267,60	W	—	10
2275,22	V	—	15	2271,84	V II	—	2	2267,58	Fe II	2	35
2275,19	Fe I	10	—	2271,80	Mo II	—	5	2267,55	Ni I	10	—
2275,00	Mo	3	35	2271,78	Fe I	35	—	2267,47	Cd I	20	30
2275,00	Ru II	6	5	2271,72	Pt II	—	20	2267,47	Fe I	15	—
2274,87	Cu II	—	3	2271,63	Cd	—	(2)	2267,29	W II	—	4
2274,84	Pt I	25	10	2271,36	As I	25	1	2267,24	Pt	5	20
2274,80	Zn	—	(3)	2271,21	Co	—	5	2267,19	Ca	—	2
2274,77	Nb (I)	3	—	2271,18	V (II)	—	3	2267,19	Sn I	15	10
2274,75	Ni II	—	15	2271,11	W II	3	7	2267,12	Mo II	—	8
2274,66	Ni I	12	—	2270,86	Fe I	10	—	2267,10	Co I	12	—
2274,63	Co I	8	—	2270,68	Mo	—	9	2267,08	Fe I	8	2
2274,62	Re I	10	7	2270,34	Fe II	2	4	2266,94	B II	—	2
2274,49	Co I	9	2	2270,33	Mo II	—	5	2266,90	Fe I	15	—
2274,40	W	7	—	2270,24	W II	12	20	2266,83	Hf II	60	80
2274,38	Pt I	30	20	2270,21	Ni II	100	400	2266,80	Co	—	5
2274,35	Mo II	—	5	2270,18	Nb II	6	20	2266,73	Nb II	3	10
2274,20	Nb II	2	80	2270,17	Os I	60	15	2266,70	As I	12	—
2274,2	к C	12	—	2270,07	Sb I	25	15	2266,69	Fe II	—	5
2274,19	Ag	—	2	2269,98	Co	—	3	2266,66	Cr I	10	—
2274,19	Fe I	15	15	2269,92	Hg I	—	(10)	2266,58	Mn	—	10
2274,13	Nb II	12	300	2269,87	Nb II	3	15	2266,53	Co	—	35
2274,07	Pt	10	—	2269,84	Mn II	2	70	2266,41	Pt	—	20
2273,92	Nb III	—	8	2269,82	Cd	—	3	2266,41	W	—	3
2273,83	Cs II	—	(20)	2269,79	W	3	3	2266,35	Ni I	20	2
2273,81	Ni	8	4	2269,71	Mo II	12	30	2266,32	B II	—	2
2273,76	W I	10	—	2269,65	Nb (I)	2	—	2266,25	W II	7	7
2273,73	Co (II)	—	100	2269,53	Nb (I)	4	2	2266,24	Fe II	—	8
2273,62	V II	—	6	2269,44	W	—	3	2266,22	Mo II	—	18
2273,57	Nb II	15	25	2269,41	Mo II	3	9	2266,12	W II	8	8
2273,36	Cr	—	20	2269,39	Zr	30	—	2266,04	Sn	3	8
2273,33	Ti I	10	2	2269,22	Al I	15R	—	2266,01	Al I	*	
2273,25	Ag III	—	3	2269,20	Nb (II)	1	3	2266,00	Zn II	—	(250)
2273,24	Mo (II)	—	100	2269,12	Ti II	4	40	2265,99	Fe II	4	10
2273,15	Hf II	40	60	2269,10	Fe I	12	—	2265,99	Au II	—	3
2273,12	Nb (II)	—	3	2269,10	Al I	60R	25	2265,98	Sn	—	(40)
2273,10	Sc II	—	10	2269,08	W II	—	3	2265,98	W	3	—
2273,02	V II	—	10	2268,91	Sn I	100R	100R	2265,88	Ag II	—	2
2273,00	W I	10	5	2268,84	Fe II	—	10	2265,81	Cd II	—	30
2272,91	Co	—	2	2268,84	W	—	2	2265,74	Co II	3	5
2272,82	Fe I	20	—	2268,84	Pt (I)	25	20	2265,68	Nb II	5	20
2272,73	Nb II	5R	10	2268,74	Ti I	7	—	2265,66	W II	8	7
2272,67	Mo	—	5	2268,74	Co I	12	—	2265,59	Nb III	—	50
2272,61	Fe	3	—	2268,56	Fe II	—	8	2265,59	Fe I	4	—

λ	El.	B A	S (E)	λ	El.	B A	S (E)	λ	El.	B A	S (E)
2265,52	Mo	—	8	2262,68	Fe II	6	12	2259,02	Te I	—	(10)
2265,52	Te (I)	—	(10)	2262,66	Pt II	4	25	2258,81	V (I),II	25	30
2265,51	Zn II	—	(10)	2262,59	Co I	10	—	2258,77	Hg I	5	3
2265,45	Cu	—	15	2262,52	Pd II	—	30	2258,71	Pt II	—	18
2265,35	Ni II	—	5	2262,51	Sb I	40	25	2258,59	Co	—	2
2265,35	Cu II	—	5	2262,40	V II	—	5	2258,51	Ir I	15	50
2265,34	W II	5	10	2262,4	к C	12	—	2258,37	Fe II	—	2
2265,17	Mo	—	2	2262,34	Nb II	—	4	2258,36	W	—	3
2265,16	Ir	5	50	2262,32	W II	—	8	2258,32	Co (I)	9	—
2265,06	In	—	6	2262,29	Cd	3	—	2258,24	Mo II	—	5
2265,05	Fe I	10	—	2262,26	Fe II	—	4	2258,14	Ni I	15	2
2265,02	Cd II	25	300	2262,23	Hg II	—	(100)	2258,12	W II	10	8
2264,95	Mo II	—	4	2262,13	Nb II	3	5	2258,09	Cr II	*	
2264,92	Cr	—	10	2261,98	Mo II	5	15	2258,05	Mo II	—	4
2264,87	Co I	15	—	2261,94	W II	—	6	2258,01	Al I	8	—
2264,85	Ce III	—	20	2261,85	V (II)	—	5	2257,96	Cr II	*	
2264,74	Mo II	—	18	2261,75	Rh	2	100	2257,89	Ni	—	12
2264,59	Fe II	—	20	2261,72	Nb II	2	2	2257,89	Nb I	15	
2264,56	Nb II	2	8	2261,68	Cr I	8	15	2257,88	Zr III	2	3
2264,46	Ni II	150	400	2261,61	Ti II	—	8	2257,86	Co		3
2264,41	Co I	10	2	2261,55	Co	—	8	2257,79	Fe II	*	
2264,40	Fe I	35	5	2261,53	Nb (II)	2	3	2257,76	Cr II	—	10
2264,33	Pd II	—	25	2261,41	Ni I	12	3	2257,74	W	—	6
2264,33	Mo II	4	10	2261,34	Au II	—	3	2257,70	Mo II	—	8
2264,19	Mo II	—	5	2261,29	Co	—	2	2257,67	Fe	3	—
2264,18	W II	3	12	2261,26	In III	—	5	2257,58	Co I	10	—
2264,15	Co	—	2	2261,18	Ti II	5	35	2257,53	Nb II	3	10
2264,14	Rh I	50	25	2261,08	V II	5	15	2257,50	Pb	4	—
2264,09	Nb II	2	3	2260,85	Nb I	3	—	2257,50	Ir	2	50
2264,02	Ti (I)	15	—	2260,85	Fe I, II	12	12	2257,48	Cr	—	4
2263,99	Pt II	—	20	2260,83	V	—	4	2257,41	Ag II	—	5
2263,98	W	—	7	2260,75	Mo II	—	5	2257,40	Ca I	2	—
2263,79	Mo II	—	4	2260,60	Fe I	10	—	2257,19	Mo	—	12
2263,78	Cu II	—	25	2260,58	W II	—	5	2257,13	Pt	12	6
2263,74	Al I	4	1	2260,53	Cu I	25	6	2257,10	W	—	10
2263,64	Hg	—	(10)	2260,52	Mo II	—	5	2256,98	Mo II	—	12
2263,62	Au II	—	3	2260,49	Pt II	—	25	2256,98	V I, II	25	15
2263,61	V II	—	3	2260,36	Au	—	5	2256,93	Mn	3	12
2263,55	Co	—	5	2260,26	Hg II	—	(200)	2256,90	Fe II	—	15
2263,53	W II	7	25	2260,22	Fe II	—	5	2256,85	W II	10	12
2263,51	Ru II	10	1	2260,08	Fe II	9	15	2256,74	Co	—	35
2263,47	Fe I	6	—	2260,07	W I	15	3	2256,67	Cr	—	5
2263,46	Al I	60R	25	2260,01	Co	2	25	2256,57	Co I	10	—
2263,43	Rh II	5	200	2259,99	In I	10R	1	2256,43	Fe II	—	10
2263,32	Pt II	—	25	2259,69	W II	—	5	2256,21	W II	6	4
2263,30	Nb II	2	3	2259,66	O II	—	(5)	2256,19	Re I	40	7
2263,30	V	5	—	2259,58	Fe II	—	20	2256,15	Ni II	—	10
2263,27	W	3	—	2259,58	Si I	3	—	2256,11	Cd	—	(2)
2263,22	Fe II	—	30	2259,57	Ni I	300	—	2256,10	Pt II	—	20
2263,22	Nb II	1	5	2259,55	W I, II	12	7	2256,07	Nb (I)	2	—
2263,21	Cu II	—	10	2259,51	Fe I	25	—	2256,01	W	—	10
2263,08	Cu I	30	10	2259,45	Pt	—	10	2256,01	Cr II	—	50
2262,90	Ni II	—	4	2259,28	Fe I	6	—	2256,01	Ge I	2	—
2262,90	Pt II	—	5	2259,23	Ga I	2	2	2255,98	Fe II	1	3
2262,73	Au II	—	8	2259,06	W II	3	10	2255,91	Au II	—	5

λ	El.	B A	S (E)	λ	El.	B A	S (E)	λ	El.	B A	S (E)
2255,87	Ni I	10	—	2253,06	Zn II	—	(10)	2250,00	Nb II	2	5
2255,86	Fe I	20	—	2253,02	W	—	3	2250,00	O II	—	(2)
2255,85	Os II	125	2	2252,95	V II	—	8	2249,93	Mo	18	18
2255,78	In II	—	(10)	2252,90	O II	—	(10)	2249,90	Pt II	25	8
2255,77	Cd	—	(2)	2252,88	Ni	1	5	2249,84	W I, II	10	—
2255,73	Re I	30	7	2252,88	Mo II	—	5	2249,77	Cr II	3	20
2255,72	W I, II	2	—	2252,82	Co	—	2	2249,62	In II	—	(25)
2255,69	Fe II	—	20	2252,78	Hg II	—	(50)	2249,53	Nb III	—	20
2255,65	Co	—	4	2252,74	O II	—	(10)	2249,50	W I	10	—
2255,60	Nb II	8	20	2252,73	Co I	10	—	2249,39	W II	2	3
2255,56	Ru I	80	3	2252,68	V I	3	—	2249,38	Bi I	15	—
2255,52	W I	3	—	2252,65	Ca	—	2	2249,32	Mo II	4	18
2255,49	Te (I)	—	(10)	2252,62	Nb II	—	4	2249,30	Pt I	25	12
2255,17	Nb II	—	2	2252,40	Mo	—	20	2249,18	Fe II	10	50
2255,16	Hf II	40	60	2252,38	Zr III	—	2	2249,07	V	—	10
2255,15	Fe II	—	12	2252,38	Co	—	3	2249,07	Mo	—	20
2255,10	W	—	6	2252,36	W	10	—	2249,06	Fe II	*	
2255,08	Cu	1	30	2252,28	W	—	3	2249,06	Cu II	—	25
2255,03	Ga I	2	—	2252,21	Nb II	5	35	2248,98	Co I	5	—
2254,98	W II	—	10	2252,05	Mo II	—	5	2248,97	Au II	—	8
2254,97	Cu II	3	10	2251,93	W II	—	10	2248,86	Fe I	35	—
2254,94	Nb II	5	10	2251,92	Pt II	—	15	2248,84	Nb III	—	5
2254,89	Fe II	—	3	2251,88	Cu II	1	2	2248,75	W II	20	25
2254,83	Co I	—	10	2251,87	Fe I, II	12	70	2248,74	Ag II	15	150
2254,80	Ni I	10	3	2251,84	Co I	8	—	2248,66	Co II	2	5
2254,73	Ba II	10	10	2251,55	Fe II	4	4	2248,56	Cr II	3	20
2254,70	Mo II	—	8	2251,55	V (II)	—	8	2248,56	Au II	—	7
2254,58	Cs II	—	(20)	2251,52	Pt II	10	30	2248,30	Cr II	3	20
2254,57	W	10	4	2251,52	Cr	—	20	2248,28	Nb (II)	—	10
2254,56	Nb I	10	2	2251,48	Ni I	10	3	2248,26	W II	12	15
2254,39	Fe II	—	2	2251,42	W II	8	10	2248,18	Co	—	3
2254,28	Pd I	25	8	2251,36	Mo II	—	30	2248,05	Zr I	40	—
2254,20	Zr II	—	2	2251,17	Sn I	25	50	2248,00	Nb I	10	—
2254,07	Fe II	—	10	2251,14	W II	10	10	2247,92	Cr II	—	12
2254,01	Hf II	60	80	2251,12	V II	—	2	2247,86	Co I	4	—
2253,95	Pb I	40	5	2251,11	Co	—	8	2247,70	Cr	—	8
2253,91	W I	—	10	2250,93	Fe II	5	20	2247,70	Hg	—	(5)
2253,87	Mg II	8	—	2250,79	Fe I	10	—	2247,69	Fe II	—	50
2253,86	Ni II	100	300	2250,76	Ta II	12	25	2247,67	W II	3	12
2253,80	Nb I	3	—	2250,74	Zr	35	—	2247,59	Pt II	—	10
2253,77	Co I	10	—	2250,73	W II	10	12	2247,51	V I	5	—
2253,66	Ni II	—	10	2250,67	V I	12	(30)	2247,5	к C	12	—
2253,65	Ru I	50	—	2250,63	Pt II	8	20	2247,46	Fe I	3	—
2253,59	Zn II	—	(3)	2250,51	Co I	10	2	2247,32	W	—	4
2253,55	Ni I	10	—	2250,49	V II	—	3	2247,23	Ni II	2	12
2253,51	W	—	3	2250,46	Nb II	5	15	2247,11	Mo II	—	15
2253,50	Co	—	12	2250,46	Zr II	—	2	2247,00	Cu II	30	500
2253,46	Au III	—	5	2250,45	W II	—	3	2246,99	Sb	—	4
2253,46	Ag II	—	50	2250,39	Co	—	3	2246,98	Nb II	—	2
2253,31	Nb	2	—	2250,31	Nb I	10	2	2246,98	W	—	5
2253,27	Zr	15	—	2250,25	Mo	—	20	2246,98	Mo II	—	20
2253,25	Ti II	1	12	2250,24	Ag	—	3	2246,92	Cd II	—	2
2253,18	Mo III	—	25	2250,17	Fe II	5	15	2246,91	Fe II	—	20
2253,13	Pt II	—	25	2250,07	Ti II	2	20	2246,90	Ir	10	100
2253,12	Fe II	12	30	2250,03	J	—	(100)	2246,89	Pb I	30R	100R

λ	El.	B A	S (E)	λ	El.	B A	S (E)	λ	El.	B A	S (E)
2246,80	Cd	—	(2)	2243,62	Cr II	—	30	2241,08	W II	10	15
2246,77	Bi	8	—	2243,58	Fe II	—	2	2241,07	Ru I	60	—
2246,76	Nb	—	10	2243,50	W	—	10	2241,01	Nb II	—	6
2246,68	Au II	—	18	2243,46	V (II)	—	2	2240,99	Cd	—	(2)
2246,63	W II	6	12	2243,44	Ag II	—	15	2240,85	W	4	5
2246,50	Pt II	2	10	2243,31	Sn	—	8	2240,73	Co I	6	—
2246,49	Nb II	—	4	2243,31	Cr II	—	25	2240,64	Nb II	10	15
2246,43	Au	—	15	2243,26	V	3	—	2240,63	Fe I	20	3
2246,42	Nb (I)	3	—	2243,25	Co I	10	—	2240,62	V	—	100
2246,41	Bi	—	2	2243,21	Ni I	3	—	2240,58	Mo II	—	4
2246,41	Ag II	25	300	2243,18	P I	—	(2)	2240,45	Cd	—	(3)
2246,36	W II	4	6	2243,15	Fe	—	10	2240,39	Ag II	—	20
2246,33	V II	—	2	2243,10	Cu II	—	(6)	2240,33	Fe II	2	3
2246,18	Nb (I)	10	—	2243,06	Y II	25	35	2240,32	Nb III	—	10
2246,15	Co	—	3	2243,05	Al II	—	(30)	2240,31	Pt I	10	8
2246,14	Ag II	1	4	2242,96	Nb I	4	—	2240,30	V I	3	—
2246,05	Sn I	100R	100R	2242,96	W II	3	8	2240,16	Au II	—	5
2246,05	Mo	—	15	2242,90	Co	—	4	2240,13	Co	—	2
2245,76	V I	10	—	2242,88	Ni (I)	3	—	2239,86	Cd I	80	30
2245,76	Ir (II)	10	150	2242,76	Ni	—	8	2239,80	Co	—	4
2245,65	Fe I	12	—	2242,71	Au II	—	30	2239,67	Zr	—	2
2245,61	Ba II	12	12	2242,71	W II	—	8	2239,64	Fe	—	4
2245,60	Co (I)	10	—	2242,68	Ir (II)	50	300	2239,48	Ta II	20	35
2245,52	Pt II	30	100	2242,61	V	5	—	2239,42	Mo II	3	18
2245,50	Fe II	—	50	2242,61	Cu II	25	50	2239,28	W	3	5
2245,46	Co I	5	—	2242,61	Pb I	15	15	2239,18	Zr	10	—
2245,44	Au	—	10	2242,58	Fe I	*		2239,05	Fe II	*	
2245,21	W II	10	20	2242,58	Nb II	5	50	2238,91	N II	—	(8)
2245,13	Co II	15	35	2242,49	P I	—	(2)	2238,88	Mo II	—	2
2245,08	Ni	1	4	2242,43	Cd	—	(2)	2238,74	Ti I	15	—
2244,97	Pt I	25	10	2242,33	Fe II	—	3	2238,62	Fe	—	10
2244,93	Nb	—	2	2242,29	Ce III	—	60	2238,6	к C	12	—
2244,90	Ni	1	8	2242,29	Nb I	5	3	2238,57	Cd	—	3
2244,76	W II	—	3	2242,21	Mo	—	25	2238,56	W I	6	6
2244,68	Ti I	10	—	2242,15	Ni II	—	4	2238,52	Nb I	8	—
2244,61	Fe II	—	3	2242,14	Cu II	—	(6)	2238,45	Cu I	40	—
2244,53	Ni (I)	40	—	2242,06	W I	12	10	2238,41	Mo II	—	15
2244,48	Ni I	15	3	2241,85	V I	25	—	2238,41	Ag III	—	10
2244,45	Co	2	2	2241,84	Cr II	—	30	2238,39	Ti II	—	4
2244,44	W II	—	3	2241,84	Fe I	6	2	2238,35	Ru I	50	—
2244,38	Fe II	—	10	2241,80	Ag II	—	10	2238,29	Ir	—	80
2244,29	Nb	—	8	2241,67	In I	3	—	2238,26	Fe I	5	—
2244,27	Cu I	25	9	2241,66	Ni	—	8	2238,21	Ti (I)	5	—
2244,22	Fe II	*		2241,65	Co I	9	—	2237,89	Fe	—	12
2244,21	Al II	—	(2)	2241,63	Mo II	—	4	2237,85	Tl I	60R	3
2244,20	Ag	2	2	2241,54	V III	—	200	2237,84	Bi	2	—
2244,18	Nb III	—	3	2241,43	Fe II	*		2237,81	Fe I	2	—
2244,16	W II	2	10	2241,36	Cr II	—	15	2237,80	Ti	—	3
2244,10	Cr III	—	20	2241,34	Ag III	—	10	2237,71	Rh II	—	100
2243,91	Fe I	3	—	2241,28	W II	10	2	2237,59	Cr III	—	40
2243,90	Co	—	4	2241,27	Co	—	4	2237,58	Fe II	*	
2243,81	Mo	—	10	2241,21	V I	5	—	2237,56	Pt	2	—
2243,80	Cd	—	(2)	2241,21	Pt	12	—	2237,50	Nb (II)	10	20
2243,74	V I	5	—	2241,19	Mo II	—	4	2237,49	Au II	—	10
2243,67	Mn	—	5	2241,10	In	10R	—	2237,43	Pb I	50	30

λ	El.	B A	B S (E)	λ	El.	B A	B S (E)	λ	El.	B A	B S (E)
2237,30	Nb	—	2	2233,02	W	—	4	2229,8	In	2	—
2237,23	V I	20	2	2232,91	V III	—	500	2229,74	V I	12	80
2237,13	Co I	10	—	2232,87	Co I	4	—	2229,73	Co I	10	2
2237,09	Ir I	—	100	2232,75	Mo	10	10	2229,73	Ti (I)	10	—
2237,06	W II	10	15	2232,56	W II	—	6	2229,72	Nb II	30	20
2236,95	Nb II	—	2	2232,55	Nb I	10	1	2229,65	Nb I	12	—
2236,87	S II	—	(15)	2232,46	Co I	8	15	2229,63	W II	10	20
2236,79	Co I	15	4	2232,43	Mo II	4	12	2229,59	Zn	—	(2)
2236,72	Nb II	5	10	2232,27	W II	6	2	2229,52	Ag II	—	25
2236,68	Fe II	—	3	2232,25	V I	6	—	2229,31	Pt	—	25
2236,43	Nb (II)	—	2	2232,25	Ir I	30	50	2229,28	Ru II	*	
2236,32	Cd	—	5	2232,08	Co II	6	18	2229,25	Ti II	2	10
2236,31	Fe	10	—	2232,07	Fe II	2	12	2229,21	Pt II	3	25
2236,28	Cu I	30	—	2232,05	Mo II	—	10	2229,13	Sn IV	—	5
2236,22	Nb (I)	4	—	2231,95	W II	—	7	2229,07	Fe I	6	—
2236,08	Ni II	—	4	2231,89	Zr II	1	2	2229,03	Au II	—	50
2236,04	Mo II	3	10	2231,81	Cr III	—	18	2228,88	W (II)	—	8
2235,91	Cr III	—	50	2231,74	Co I	6	—	2228,86	Cu II	9	40
2235,87	W II	2	3	2231,72	Sn I	30	60	2228,86	Si	—	(5)
2235,80	Re II	2	30	2231,66	Mn	—	70	2228,83	V I	10	6
2235,73	P I	10	(1)	2231,59	Pd II	10	60	2228,83	Ti II	3	10
2235,68	Mo II	—	15	2231,57	Cu II	—	15	2228,80	Co I	12	—
2235,64	W II	10	10	2231,51	Fe II	*		2228,76	Fe II	*	
2235,52	Fe II	—	8	2231,48	Mo II	—	7	2228,70	W II	5	2
2235,48	W		12	2231,43	Nb I	3	—	2228,66	As I	10	1
2235,45	Pt I	6	—	2231,41	V I	15	—	2228,49	Pt II	—	15
2235,30	Pt II	5	25	2231,24	W	—	10	2228,41	Mn	3	8
2235,18	N II	—	(3)	2231,21	Fe I	8	—	2228,33	Co I	4	—
2235,11	Co	—	5	2231,18	Au II	—	20	2228,29	V	—	100
2235,09	Zr II	—	4	2231,08	Mo II	—	15	2228,25	Bi I	100R	50
2235,00	W II	—	4	2231,08	W II	3	6	2228,22	Cr I, II	8	5
2234,99	P I	6	—	2230,95	Ni I	10	1	2228,17	Fe I	10	6
2234,91	Pt I	25	15	2230,94	Cu II	—	15	2228,11	W	10	1
2234,86	Fe	2	—	2230,94	Ti (II)	7	40	2228,05	Ce III	—	25
2234,71	Co I	12	—	2230,92	Zr	15	—	2228,03	Nb I	8	1
2234,67	V I	6	—	2230,85	Nb II	—	4	2227,98	W I	10	—
2234,61	W I, II	10	5	2230,70	In I	5R	—	2227,86	Co I	10	—
2234,50	Mo II	—	8	2230,61	Bi I	100R	30R	2227,85	Ta II	12	35
2234,43	Zr II	2	1	2230,56	Mo	—	10	2227,84	Ce III	—	20
2234,42	Fe I	4	—	2230,49	Co II	—	100	2227,78	Cu I	40R	25R
2234,38	Ir	5	80	2230,47	Ti I	5	—	2227,71	Nb I	5	3
2234,25	W	—	10	2230,42	W	—	6	2227,65	Co I	12	4
2234,06	Hg II	—	3	2230,40	Cu II	—	(10)	2227,61	Fe II	—	2
2233,96	Cd	—	(2)	2230,37	V I	8	20	2227,51	Pt	2	4
2233,91	Fe II	—	35	2230,37	Cd	2	—	2227,50	In	—	2
2233,80	Ti I	15	2	2230,22	Ti I	20	—	2227,49	Mn III	—	10
2233,81	Cr III	—	20	2230,08	Cu I, II	30R	20	2227,40	Fe II	—	2
2233,75	Co I	10	—	2230,08	Mo II	4	25	2227,39	V	5	—
2233,70	Au	—	5	2230,04	Hg	—	5	2227,39	Mo	12	—
2233,56	Nb	—	4	2229,99	V II	3	10	2227,33	W	4	7
2233,46	Zr II	1	4	2229,97	Mn	—	60	2227,28	Nb I	4	—
2233,37	Ir I	9	100	2229,97	J	—	(400)	2227,18	Fe II	—	8
2233,17	Nb I	3	—	2229,86	Hg II	—	3	2227,15	Ti II	4	35
2233,11	Pt II	—	50	2229,85	Ni II	—	6	2226,93	Mo	—	7
2233,09	Co (I)	9	—	2229,85	Cu II	—	4	2226,92	Nb (I)	5	—

λ	El.	B A	B S (E)	λ	El.	B A	B S (E)	λ	El.	B A	B S (E)
2226,86	Cu II	—	30	2223,48	Fe II	—	25	2220,53	Au	—	7
2226,78	Ti I	10	—	2223,48	Pt II	—	10	2220,45	V I	3	—
2226,78	Mo II	—	7	2223,35	P I	6	—	2220,45	Fe II	*	
2226,77	W (II)	4	10	2223,31	Zr III	1	2	2220,40	Ni II	10	25
2226,72	Cr III	—	30	2223,19	Mo	—	18	2220,39	Fe II	2	35
2226,56	W II	5	4	2223,18	Ti I	15	—	2220,37	Ir I	50	10
2226,53	Rh II	50	—	2223,02	V I	10	—	2220,31	B II	—	6
2226,42	Re I	300R	50	2222,96	Co	—	9	2220,28	Nb	—	3
2226,34	W II	3	7	2222,95	Ni II	15	25	2220,25	Mo	12	—
2226,34	Ni II	12	15	2222,83	V I	6	—	2220,22	Zr III	2	3
2226,11	Ag II	—	20	2222,78	W	—	3	2220,21	V II	8	35
2226,07	Mo II	—	10	2222,77	Mo	—	7	2220,18	Nb I	10	2
2225,89	W II	10	18	2222,76	Fe I	5	5	2220,09	Co II	10	18
2225,84	Co I	5	—	2222,70	V III	—	100	2220,01	W	—	4
2225,82	Ni	—	8	2222,67	Cd	—	(3)	2219,89	Fe II	2	20
2225,78	V I	4	—	2222,61	Pt I	25	15	2219,82	Mo II	—	4
2225,70	Cu I	150	20	2222,59	W	2	7	2219,74	Ti I	4	2
2225,55	Nb II	3	2	2222,56	Au	—	15	2219,72	W II	15	4
2225,54	W I	8	2	2222,45	Fe II	—	10	2219,71	Fe II	—	2
2225,42	V I	15	2	2222,33	Ni	—	4	2219,69	Ag II	—	15
2225,35	Co I	12	2	2222,25	Co	—	4	2219,65	V I	2	—
2225,34	Ni I	5	—	2222,21	Pt	3	15	2219,62	Cr	—	12
2225,34	Nb I	8	—	2222,08	Cd II	—	(2)	2219,53	Ni	—	8
2225,28	Pd (I)	15	5	2222,07	W II	3	10	2219,40	V II	—	2
2225,22	W II	2	4	2222,01	Ce III	—	100	2219,35	W	—	5
2225,15	Sb	—	(10)	2221,99	V	—	10	2219,33	Nb II	3	4
2225,12	Ti (I)	18	—	2221,98	Sb I	25	15	2219,16	Nb II	3	2
2225,09	Nb	—	5	2221,97	Rh II	—	25	2219,15	Co I	9	4
2225,08	Ce III	—	100	2221,94	Ni I	10	—	2218,91	Si I	3	—
2225,02	V I	5	—	2221,85	Ni	—	5	2218,81	Co I	10	—
2224,96	Zr	8	—	2221,85	W I	12	—	2218,70	O II	—	(5)
2224,93	Sb I	30	25	2221,84	Mn I	*	—	2218,62	Cu	2R	15
2224,88	Ni II	15	25	2221,83	Fe	12	—	2218,53	Ru II	4	—
2224,87	Co	—	5	2221,8	к C	30	—	2218,50	Cu II	—	(25)
2224,82	Hg	—	10	2221,71	Nb	—	2	2218,43	V III	—	125
2224,77	Cu II	—	25	2221,63	Mo II	—	3	2218,37	Ti I	4	—
2224,71	Hg II	—	(30)	2221,54	Co	—	3	2218,33	W	10	5
2224,67	W	—	6	2221,53	W II	2	4	2218,29	Fe II	*	
2224,66	Nb II	5	30	2221,47	Nb	2	—	2218,24	V I	15	—
2224,66	Mo II	—	8	2221,45	Ti (I)	15	—	2218,21	In I	*	
2224,52	Pt	10	—	2221,42	Rh II	—	25	2218,15	Pd (II)	—	40
2224,51	Ni II	—	8	2221,42	Nb II	—	4	2218,10	Cu II	25	40
2224,46	Cd III	—	(10)	2221,41	W	—	3	2218,08	Pb I	50	40
2224,46	Fe II	1	12	2221,28	Co	—	3	2218,06	Zr	5	—
2224,41	W	—	4	2221,15	Fe II	—	25	2218,06	Si I	10	15
2224,39	Cd	—	3	2221,11	Ni	—	15	2218,04	Ga I	2	—
2224,35	Ni II	6	9	2221,07	Ir (II)	2	100	2217,99	V	—	3
2224,20	Bi	8	—	2220,99	Mo II	5	25	2217,94	W	—	2
2224,17	Pt II	—	10	2220,94	W II	8	18	2217,89	Mo II	—	6
2224,09	W	—	6	2220,91	Fe I	3	—	2217,87	Ag II	—	4
2224,09	Co	—	10	2220,88	Sn IV	—	5	2217,87	Nb (I)	5	—
2224,03	Hg II	—	5	2220,73	Sb I	30	20	2217,80	Co	—	3
2223,92	Mo	12	3	2220,71	Au II	—	10	2217,76	Ni I	10	1
2223,67	Nb I	10	—	2220,66	Zr I	10	—	2217,76	W II	6	6
2223,57	Cd	—	(2)	2220,54	Mn III	—	40	2217,74	Fe I	3	—

λ	El.	B A	S (E)	λ	El.	B A	S (E)	λ	El.	B A	S (E)
2217,58	Fe I	3	—	2213,69	V I	6	—	2210,22	W	—	3
2217,41	V III	—	150	2213,65	Fe (I), II	2	35	2210,19	Ta II	—	12
2217,34	Pt I	25	18	2213,44	Mo	—	3	2210,16	Zn (II)	—	50
2217,28	Co II	4	10	2213,19	Ni II	2	12	2210,13	Al I ⎫	12R	15
2217,17	Mo	—	5	2213,19	W	—	4	2210,06	Al I ⎭		
2217,16	Nb III	2	20	2213,18	Au I, II	—	12	2210,03	Ta II	10	12
2217,05	Fe II	—	10	2213,18	Co	—	10	2210,03	V II	—	15
2216,86	Al	5	—	2212,93	Nb	—	4	2209,97	V	5	8
2216,67	Si I	40	40	2212,83	Cu	—	20	2209,9	к C	2	—
2216,61	Mo II	4	12	2212,74	Cu II	—	(10)	2209,83	Mo II	2	7
2216,48	Co	4	25	2212,47	Zr II	2	1	2209,84	Pt II	—	15
2216,47	Ni II	20	40	2212,35	Co I	9	—	2209,79	Cu II	—	10
2216,43	W II	8	12	2212,32	Ir	—	50	2209,75	Tl I	*	
2216,31	Hg	—	(2)	2212,17	W	10	—	2209,70	Cd II	—	3
2216,3	In	—	2	2212,15	Ni I	12	2	2209,66	Sn I	25	60R
2216,26	V I	3	—	2212,14	Pd II	5	50	2209,64	Mn	7	2
2216,1	к C	20	—	2211,83	Cr II	3	18	2209,57	Pt II	*	
2216,03	V III	2	100	2211,74	Si I	12	12	2209,56	Mo II	2	15
2216,01	W II	10	15	2211,73	Zr	8	—	2209,51	Co	—	10
2215,78	V II	—	9	2211,51	Pt II	—	3	2209,22	V III	—	50
2215,65	Cu I	30	—	2211,46	Nb (I)	12	2	2209,07	Mo	—	4
2215,63	Au II	—	15	2211,43	Co II	9	18	2209,06	W	6	2
2215,54	Nb I	4	—	2211,36	V I, II	2	2	2209,05	Fe II	*	
2215,52	Mo	—	3	2211,29	Ni I	12	—	2209,05	Co	—	2
2215,38	Pt II	—	9	2211,27	Nb II	—	3	2208,99	Ni	5	—
2215,29	Nb II	2	4	2211,24	Fe I, II	6	—	2208,96	Ir	2	50
2215,21	Mn	—	6	2211,21	Ag III	—	3	2208,93	V	—	40
2215,10	Cu II	—	15	2211,15	Cd	—	(2)	2208,85	Fe III	6	—
2215,09	Fe II	*		2211,14	In I	3	—	2208,83	Te I	40	—
2214,92	Sn	—	3	2211,11	Fe II	—	12	2208,81	Mn I	*	
2214,79	Co II	9	12	2211,10	Ni II	—	8	2208,81	W II	*	
2214,63	Zr I	3	—	2211,07	Co	—	5	2208,77	Pt	5	2
2214,59	Zr II	—	2	2211,05	Sn I	*		2208,71	Cr	—	20
2214,58	Cu I	50R	5	2211,03	W	—	5	2208,67	Ni I	3	—
2214,58	Re (I)	*		2211,02	Ni I	8	12	2208,61	Ca II	20	50
2214,40	Fe II	—	4	2211,01	Mo III	—	15	2208,52	Co I	12	—
2214,31	W	4	—	2210,95	Fe II	*		2208,49	Ag II	—	25
2214,28	Pt	—	20	2210,92	Nb II	5	10	2208,45	Sb I	25	20
2214,27	Mo II	2	25	2210,89	Zr	15	—	2208,42	Fe II	*	
2214,26	Re II	100	100	2210,89	Si I	300	300	2208,18	Mo II	—	10
2214,16	Os	25	10	2210,88	Mn	8	8	2208,01	Fe	5	—
2214,16	Zr	20	—	2210,88	Mo	4	—	2207,99	W II	6	10
2214,12	Bi I, II	7	1	2210,71	Tl I	*		2207,97	Si I	300	300
2214,06	Fe II	*		2210,69	Fe I	8	—	2207,95	Zr	10	—
2214,03	Pd II	—	40	2210,66	Au II	—	4	2207,93	Co II	—	30
2214,03	Nb (I)	8	—	2210,62	Nb I	2	—	2207,87	Co I	9	—
2214,02	V III	—	100	2210,53	Nb II	4	10	2207,74	Ni I	4	—
2214,01	Mo II	—	4	2210,47	Zn II	—	(2)	2207,73	Sb I	4	3
2213,93	Pt	6	—	2210,44	Nb I	3	—	2207,69	Co I	10	—
2213,86	Co I	4	4	2210,38	Ni II	12	18	2207,63	V		35
2213,85	Ni	5	—	2210,37	Cd II	—	(10)	2207,57	Pt II	—	2
2213,82	Mn I	60R	10	2210,32	Ag II	—	(5)	2207,44	Ni	—	3
2213,81	Co I	7	—	2210,31	Nb	—	2	2207,39	W II	3	—
2213,70	Cr II	—	30	2210,30	V II	—	20	2207,35	Mo	—	10
2213,70	Cd	—	2	2210,26	Cu II	20	40	2207,17	Nb II	3	10,

λ	El.	B A	B S (E)	λ	El.	B A	B S (E)	λ	El.	B A	B S (E)
2207,17	Te	10	—	2203,46	Fe	4	—	2199,64	Al I	5	—
2207,07	Fe I	6	—	2203,43	Co II	—	3	2199,60	Nb (II)	3	4
2206,97	Tl I	30R	3	2203,16	Nb II	4	5	2199,58	Cu I	50R	20
2206,96	Zr III	—	2	2203,15	Ce III	—	20	2199,57	Fe	10	—
2206,92	W II	3	10	2203,12	Bi I	20	—	2199,44	V II	—	4
2206,84	Mo II	—	18	2202,93	Co II	3	30	2199,40	W	—	3
2206,73	Pt II	—	20	2202,83	Bi	12	8	2199,34	Sn I	30	60R
2206,70	Ni II	20	30	2202,72	V I	10	—	2199,27	Ti	—	2
2206,64	Nb II	—	5	2202,68	Mg II	5	—	2199,18	Al I	5	—
2206,59	W II	10	15	2202,58	Pt II	—	50	2199,15	W II	3	2
2206,57	Fe II	—	6	2202,50	V I	—	60	2199,05	Nb	—	3
2206,45	Mo II	3	18	2202,36	Pd II	—	40	2198,91	Re I	40	10
2206,44	V	—	8	2202,24	In I	2	—	2198,85	Ir I	50	15
2206,35	Rh II	—	80	2202,22	Pt I	25	8	2198,80	S	—	(8)
2206,33	Zr III	—	3	2202,10	Ag II	—	50	2198,79	Rh II	*	
2206,21	Co II	4	—	2202,01	Nb II	3	5	2198,76	Co I	2	—
2206,15	Fe II	*		2202,01	Pt II	2	20	2198,73	Ge I	10R	2
2206,09	N II	—	(15)	2201,97	W II	2	10	2198,68	W II	6	12
2206,08	W II	6	10	2201,67	V III	—	50	2198,52	V II	—	12
2206,06	Mo II	—	7	2201,64	Zr I	6	—	2198,37	W	10	3
2206,01	Nb III	—	25	2201,59	Ni I	7	—	2198,34	As I	3	—
2205,97	As I	8	—	2201,59	Fe II	*		2198,31	Nb	—	3
2205,95	Ag II	—	50	2201,51	Cd	—	(2)	2198,30	Co II	3	10
2205,89	Au II	—	10	2201,41	Ni II	10	30	2198,24	Pd II	—	40
2205,87	Co II	6	8	2201,40	Fe	—	2	2198,14	Mo II	2	20
2205,85	Ge II	*		2201,36	Nb (II)	—	8	2198,02	W II	3	3
2205,71	V II	—	2	2201,35	Au II	—	30	2198,00	V	—	40
2205,53	Co II	—	15	2201,35	Ti II	—	2	2197,89	Pt II	—	25
2205,49	W II	—	6	2201,32	Sb I	40	25	2197,85	W	—	4
2205,28	In II	—	(25)	2201,28	Pt II	—	6	2197,79	Ca II	20	40
2205,16	As I	5	—	2201,23	Co I	4	—	2197,63	Co (I)	5	—
2205,07	Co II	—	15	2201,12	Fe I	10	—	2197,62	Ge II	*	
2205,02	Rh	—	100	2201,08	Al	5R	—	2197,58	N II	—	(8)
2204,93	V I	3	—	2201,02	Rh II	—	30	2197,50	W II	3	5
2204,87	Mo II	—	10	2201,01	Pt	20	9	2197,50	Ir	5	100
2204,79	Co I	18	2	2200,99	Mo II	3	15	2197,48	Mo II	5	30
2204,67	Al I }	10R	10	2200,92	W II	—	8	2197,40	In I	2	1
2204,62	Al I }			2200,73	Ca I	20	—	2197,35	Ni I	20	—
2204,61	Nb I	5	—	2200,72	Fe	35	8	2197,27	Fe II	*	
2204,49	V	—	40	2200,70	Ni I	10	2	2197,26	Mo II	3	10
2204,48	W II	12	30	2200,69	Co	80	—	2197,23	Fe I	2	—
2204,38	Ag II	—	10	2200,60	Mo II	—	3	2197,08	W	8	3
2204,18	Cd II	—	(2)	2200,57	Cu II	—	10	2196,97	Mo II	—	5
2204,08	Fe	2	—	2200,42	Co II	5	15	2196,91	Pt I	15	3
2203,99	W II	3	10	2200,39	Fe I	50R	100	2196,90	Co (I)	3	—
2203,91	Cr II	—	5	2200,27	W		3	2196,9	к C	30	—
2203,88	Pt II	—	20	2200,25	Mo II	2	7	2196,84	Nb	2	—
2203,81	Sb I	4	2	2200,17	V I	5	—	2196,78	W II	3	6
2203,79	W II	3	10	2199,97	Nb (II)	4	15	2196,56	V I	2	—
2203,72	N II	—	(3)	2199,96	Rh II	—	50	2196,46	Co I	15	4
2203,66	V I	2	—	2199,81	Cd	—	(2)	2196,44	Ir	5	50
2203,64	Ag II	—	20	2199,75	Cu I	20R	5	2196,40	V I	5	2
2203,64	Nb II	15	40	2199,75	Fe	4	—	2196,40	Nb (II)	—	20
2203,52	Ni	—	8	2199,70	Pt	15	18	2196,30	V I	3	—
2203,51	Pb II	50	5000R	2199,67	Ta II	25	25	2196,05	Ta II	18	20

λ	El.	B A	B S (E)	λ	El.	B A	B S (E)	λ	El.	B A	B S (E)
2196,04	Fe I	80R	30	2192,26	Cu II	25	500	2189,40	Mo II	4	30
2195,83	Pt	—	15	2192,22	Si	—	(10)	2189,38	Fe I	4	—
2195,83	Nb I	3	—	2192,12	Ni	—	6	2189,36	Cu II	—	2
2195,82	W II	2	10	2192,09	W II	—	6	2189,36	W II	5	5
2195,78	Nb	—	8	2191,93	Fe II	*		2189,35	Co I	3	—
2195,77	Cu II	—	30	2191,86	Ag III	—	10	2189,29	S	—	(15)
2195,72	Nb	—	2	2191,84	Fe I	100R	12	2189,2	к C	5	—
2195,70	O II	—	(5)	2191,66	V I	3	—	2189,20	O II	—	(5)
2195,69	V II	—	10	2191,58	Cr III	2	15	2189,19	W I,II	4	4
2195,67	In II	—	(2)	2191,56	Ni I	2	—	2189,18	Fe I	6	—
2195,65	Nb	—	5	2191,45	Mo	—	5	2189,03	Fe II	1	20
2195,50	Al II	—	(2)	2191,44	O II	—	(5)	2189,00	Co II	3	10
2195,48	Hg	—	(2)	2191,39	S	—	(15)	2188,97	Au III	—	15
2195,43	O II	—	(5)	2191,39	Mn I	25	10	2188,97	Os I	50	—
2195,35	Cd	—	15	2191,37	C	—	6	2188,95	Mo II	4	15
2195,25	Mo	—	7	2191,35	W II	—	8	2188,94	Nb I	5	—
2195,10	V II	—	2	2191,20	Fe I	10	2	2188,88	Ni II	—	4
2195,0	к C	20	—	2191,19	Ni I	15	—	2188,81	Au II	*	
2194,95	W	—	6	2191,10	V I	4	4	2188,64	W	—	2
2194,95	Mo II	—	8	2190,96	Ni II	—	10	2188,64	Mo II	—	7
2194,90	Cr I	8	—	2190,95	W	—	3	2188,55	Cd II	—	(50)
2194,85	Mn	—	12	2190,91	Rh II	—	30	2188,36	W	—	5
2194,84	V II	—	8	2190,90	Sb II	5	5	2188,34	Pt	3	2
2194,64	V I	5	—	2190,83	In I	2	—	2188,15	Cd III	—	(2)
2194,61	Co	6	—	2190,78	W II	—	2	2188,14	Nb (II)	—	8
2194,56	Cd II	5	100	2190,77	Fe	20	2	2188,05	V I	3	3
2194,52	W II	10	15	2190,77	Pt	8	—	2188,04	Ni II	4	25
2194,49	Sn I	30R	60	2190,74	Hg II	—	(15)	2188,03	Mo II	—	18
2194,39	Os II	40	100	2190,69	Co II	2	18	2188,02	S	—	(15)
2194,25	Al II	—	(3)	2190,66	O II	—	(5)	2187,95	V I	2	—
2193,83	V I	3	5	2190,63	Cd	—	(3)	2187,87	Fe II	—	7
2193,80	Nb (I)	5	2	2190,57	Ni	—	8	2187,85	Pb I	50	3
2193,61	Co II	4	30	2190,50	Cu II	—	2	2187,83	W II	—	3
2193,56	Fe I	2	—	2190,47	V II	—	8	2187,79	Cd II	←	5
2193,54	W II	—	8	2190,43	Mo	—	10	2187,75	As I	3	—
2193,46	V	4	—	2190,42	O II	—	(10)	2187,68	Fe II	—	12
2193,44	W II	*		2190,38	Ir (II)	—	150	2187,63	W	—	5
2193,41	Fe I	8	—	2190,32	Pt II	7	35	2187,62	Mo II	—	8
2193,12	S	—	(15)	2190,26	Mo II	3	6	2187,60	Ni I	4	—
2193,03	W	10	12	2190,23	Ni I	20	3	2187,59	Rh III	—	50
2193,00	Nb (I)	5	—	2190,22	Co	3	—	2187,51	Ti II	1	15
2192,91	V (II)	—	10	2190,22	V II	2	15	2187,44	Fe II	—	8
2192,86	Zr I	3	—	2190,17	Pt I	20	—	2187,40	In I	2	1
2192,86	Ru II	3	—	2190,14	Ti II	2	15	2187,38	V I	3	—
2192,84	Pt II	—	12	2190,00	Mo II	3	10	2187,28	Co I	5	—
2192,82	Fe	5	—	2190,00	K (II)	—	(40)	2187,21	Ni	2	—
2192,78	Rh II	*		2189,94	V I	5	—	2187,19	Fe I	50R	10
2192,76	Zr	—	2	2189,85	W II	6	12	2187,04	Co II	2	7
2192,67	Fe II	*		2189,74	Mo	—	4	2187,03	Nb II	—	4
2192,60	Al II	—	(6)	2189,63	V I	—	2	2186,94	Ni I	8	—
2192,51	Co II	2	25	2189,62	Pb I	—	(5)	2186,93	V II	—	10
2192,50	Pt	6	4	2189,62	Cu II	12	40	2186,92	Bi II	—	30
2192,41	Nb II	2	3	2189,62	Si	—	(5)	2186,89	Fe I	6	12
2192,40	W	3	3	2189,5	Bi I	25	5	2186,78	Co I	12	5
2192,35	Ni II	—	8	2189,49	W II	8	8	2186,77	Ag II	10	100

λ	El.	B A	S (E)	λ	El.	B A	S (E)	λ	El.	B A	S (E)
2186,73	W II	8	15	2182,38	Fe	—	5	2178,29	Pd I	15	3
2186,48	Fe I	50R	80	2182,37	Ni I	15	3	2178,22	Nb (I)	3	—
2186,45	Ge I	2	—	2182,35	Pd II	—	30	2178,22	W II	—	2
2186,30	Cd II	—	(5)	2182,23	W II	—	6	2178,09	Fe I	100R	20
2186,24	Fe I	5	—	2182,22	V I	30	5	2178,07	Nb (I)	5	—
2186,03	Co I	3	—	2182,00	Co	—	10	2177,86	Mo II	—	4
2185,96	V II	—	40	2181,98	Mo II	—	6	2177,85	Re II	3	15
2185,87	Nb II	1	5	2181,98	V I	5	—	2177,7	In	2	—
2185,75	W II	3	12	2181,88	W	—	5	2177,66	Ge II	*	
2185,62	Fe II	*		2181,88	Cd II	—	(3)	2177,54	W II	4	12
2185,54	Au II	—	10	2181,77	Re II	5	30	2177,51	Mo II	—	7
2185,51	Ni II	4	30	2181,72	Cu I	50R	15	2177,40	Al I	*	
2185,42	W II	—	10	2181,72	Co II	80	100	2177,36	Ni II	3	20
2185,41	Nb II	2	3	2181,66	Pb II	6	—	2177,30	Si I	8	—
2185,39	V II	4	50	2181,48	Zr	2	—	2177,25	Nb	1	2
2185,21	Fe	3	—	2181,41	Cu II	—	(4)	2177,24	V I	5	10
2184,95	W	—	3	2181,39	Cd	—	(2)	2177,22	Bi I	15	—
2184,95	Co I	10	—	2181,37	Mo II	2	20	2177,12	W II	3	3
2184,89	Mo II	—	12	2181,14	Fe I,II	2	—	2177,08	Ni II	3	20
2184,89	V II	—	3	2181,12	Co I	12	2	2177,08	Rh II	3	25
2184,88	Mn I	8	30	2181,00	Al I	*		2177,02	Fe II	—	8
2184,79	Zr II	2	4	2180,94	W	—	8	2177,00	V I	20	4
2184,61	Ni II	15	20	2180,87	Hg	—	(2)	2176,96	Co I	2	—
2184,53	V I	2	—	2180,87	Fe I,II	8	—	2176,90	Pd III	—	25[1]
2184,46	Fe	4	—	2180,75	Cu II	3	(10)	2176,88	Cd II	—	(3)
2184,39	V II	—	3	2180,68	W II	10	4	2176,87	W II	4	10
2184,36	Mo II	2	20	2180,66	Nb II	—	10	2176,87	Pt II	3	25
2184,31	Co I	8	—	2180,63	Ce III	—	100	2176,84	Fe I,II	8	—
2184,23	W	12	8	2180,60	Co II	—	6	2176,76	Nb (II)	8	30
2184,18	V II	—	2	2180,49	Pt I	25	12	2176,61	Bi	20	4
2184,17	W	4	6	2180,46	W II	5	10	2176,51	Fe	—	8
2184,14	Pt II	—	3	2180,46	Ni II	4	40	2176,49	Co I	4	—
2184,11	Au III	—	10	2180,46	Pt I	150	15	2176,46	Pt I	10	2
2183,98	Fe II,III	20	—	2180,25	Fe II	2	—	2176,41	W II	2	12
2183,90	Ni I	10	—	2180,25	Mo II	—	15	2176,40	Fe I	2	—
2183,83	Fe	—	12	2180,06	Co I	10	—	2176,33	Au (I)	15	—
2183,79	W	—	7	2180,03	Mo II	—	8	2176,26	As I	8	—
2183,72	Re I	20	—	2179,99	Ni II	—	12	2176,21	Re I	40	8
2183,60	Mo II	—	7	2179,90	In I	2R	—	2176,03	Fe	3	—
2183,47	Fe I,II	6	8	2179,63	W II	8	8	2175,84	Nb (II)	5	25
2183,37	Ni	10	2	2179,46	Ni II	4	8	2175,83	V (II)	2	5
2183,32	W II	3	10	2179,40	Cu II	12	35	2175,83	Zr III	—	3
2183,15	Hg	—	(2)	2179,37	Si	—	(5)	2175,81	Sb I	300	40
2183,08	V II	—	3	2179,36	Mo	—	18	2175,58	Pb I	40	—
2182,94	As I	10	1	2179,35	Ni II	2	10	2175,56	Mn	—	40
2182,90	Cu II	—	8	2179,19	Sb I	35	40	2175,55	Nb I	5	—
2182,80	Zr II	—	4	2178,98	Ir	10	50	2175,51	W II	6	3
2182,78	V	—	3	2178,96	Fe	8	—	2175,45	Fe I	8	25
2182,77	Pt I	20	12	2178,94	Cu I	30R	12	2175,40	Mo II	—	5
2182,72	Ta II	18	20	2178,92	W II	—	10	2175,40	Hg	—	(2)
2182,64	O II	—	(15)	2178,90	Hf II	60	80				
2182,58	Co I	15	—	2178,86	Zr	2	2				
2182,53	Mo	—	15	2178,77	S	—	(8)				
2182,40	In I	2	1	2178,72	W II	—	12				
2182,38	Co	2	—	2178,59	Co (I)	25	—				

[1]) Doublet Pd III 2176,93— Pd III 2176,86.

λ	El.	B A	S (E)	λ	El.	B A	S (E)	λ	El.	B A	S (E)
2175,36	W	—	8	2171,53	W	—	6	2167,40	Fe II	3	6
2175,16	Ni II	15	25	2171,32	Sn I	*		2167,33	Rh III	—	80
2175,10	Be I	25	3	2171,30	Fe I	10	3	2167,23	Nb (II)	4	20
2174,99	Be I	10	—	2171,09	Mo	—	3	2167,19	W II	3	8
2174,96	Cu II	3	40	2171,07	Hg II	—	2	2167,12	Mo	—	10
2174,93	Co II	—	2	2171,0	In	2	—	2166,88	Te	20	—
2174,85	Fe II	—	8	2170,87	Ag II	—	30	2166,87	Cu II	—	2
2174,82	W	—	8	2170,75	Au I	*		2166,77	Fe I	100R	35
2174,67	Pt (I)	30	30	2170,74	V I	25	2	2166,76	Pt I	25	15
2174,67	Fe III	—	15	2170,72	Pt	9	4	2166,51	Ag II	5	100
2174,67	Ni II	12	30	2170,72	Nb (II)	4	4	2166,32	W II	10	30
2174,61	Co I	30R	12	2170,57	Mo	—	20	2166,28	Mg II	2	—
2174,54	Co II	15	25	2170,56	Co I	10	—	2166,27	S	—	(8)
2174,48	Ni I	10	—	2170,54	Fe	10	—	2166,24	Hg	—	(2)
2174,47	W	—	6	2170,48	S	—	(8)	2166,21	As III	—	8
2174,16	C II	—	2	2170,38	V (II)	—	4	2166,20	Fe II	4	—
2174,14	Fe	4	—	2170,23	Sb	2	8	2166,18	V (II)	—	10
2174,09	Al I	8R	10[1]	2170,19	Fe II	*		2166,15	Ni I	10	—
2174,08	Mo II	—	8	2170,07	V II	—	2	2166,05	Ag II	—	8
2174,03	Co	—	10	2170,06	Ni	—	4	2165,96	Sr II	25R	15
2173,84	C II	—	6	2169,99	Pb I	1000R	1000R	2165,94	Pt II	2	25
2173,84	Co I	10	—	2169,95	Fe II	8	—	2165,87	Fe (I)	20	1
2173,82	W II	3	9	2169,94	W II	10	12	2165,80	Mo II	—	18
2173,72	Fe II	2	2	2169,89	Nb (II)	—	5	2165,56	Ni II	20	40R
2173,60	Zr	4	—	2169,84	V I	3	—	2165,55	Fe II	*	
2173,54	Ni I	15	—	2169,61	Ni	—	2	2165,54	Co	2	10
2173,54	W II	10	15	2169,59	J	—	(100)	2165,52	As I	50R	3
2173,4	к C	30	—	2169,56	Pt II	—	12	2165,32	O	—	(10)
2173,33	Co II	2	18	2169,55	V	—	3	2165,27	W II	—	7
2173,21	Fe I, II	8	2	2169,53	Cu I	30	—	2165,24	Zr II	—	3
2173,17	Co I	10	—	2169,51	Mo II	—	12	2165,19	Mo II	—	25
2173,15	V I	15	5	2169,48	W I	15	5	2165,17	Pt I	1000R	25
2172,99	Fe II	3	10	2169,43	Fe II	*		2165,09	Cu I	60R	25
2172,95	Pd I	12	4	2169,42	Ir (II)	2	50	2164,92	Al I	*	
2172,90	Mo II	5	20	2169,26	Pt	8	3	2164,90	V I	3	—
2172,89	W II	—	8	2169,10	Ni II	20	20	2164,85	Os II	25	50
2172,89	Co II	—	3	2168,92	Fe II	*		2164,81	W II	—	8
2172,75	V I	4	—	2168,83	Al I	8R	12	2164,58	Al I	*	
2172,68	Fe II	*		2168,77	Mo II	—	12	2164,56	Fe I, II	2	2
2172,58	Fe I	4	—	2168,71	Co I	18	2	2164,43	W	—	5
2172,51	Cu II	—	5	2168,59	W II	2	8	2164,34	Fe II	8	20
2172,46	Mo	—	8	2168,59	Tl I	30	—	2164,32	Fe II	2	12
2172,38	Pt	2	25	2168,38	Fe	8	3	2164,28	Pt	20	4
2172,19	W II	—	8	2168,29	W I	10	8	2164,27	Nb	—	2
2172,17	Co I	4	—	2168,29	Mo	—	12	2164,16	Se I	—	(100)
2172,14	Fe I	3	—	2168,09	V II	—	4	2164,10	Bi I	20	2
2171,84	V II	—	12	2168,05	Fe	8	—	2163,90	W II	12	25
2171,76	W	3	8	2167,94	Re I	40	12	2163,86	Fe I	8	1
2171,76	Cu I	30	—	2167,88	Fe II	—	10	2163,78	Si I	10	—
2171,66	Ag II	—	10	2167,78	Zr	—	2	2163,68	V (II)	—	5
				2167,75	Os I	50	10	2163,64	Mo II	—	10
				2167,74	Si I	7	—	2163,60	C	—	30
				2167,68	W I	—	4	2163,57	Co I	12	3
				2167,68	V II	—	4	2163,37	Fe (I), II	12	20
				2167,65	Mo	—	12	2163,19	Rh III	—	50

[1]) Doublet Al I 2174,11—Al I 2174,07.

λ	El.	B A	B S (E)	λ	El.	B A	B S (E)	λ	El.	B A	B S (E)
2163,07	Nb II	3	5	2158,31	Ni I	15R	4	2153,37	Fe II	*	
2163,03	Co I	15	—	2158,29	Ti II	3	10	2153,30	Nb (II)	—	3
2162,94	Cd II	—	(3)	2158,18	Co II	—	2	2153,28	Fe II	*	
2162,88	O	—	(25)	2158,17	Rh III	—	20	2153,13	W II	—	8
2162,69	Ti II	4	20	2158,14	Nb II	5	10	2153,00	Fe I	10	1
2162,6	к C	30	—	2158,05	Ir I	50	50	2152,94	P I	12	(25)
2162,47	Cr I	18	—	2157,96	Zr	1	2	2152,91	Bi I	50R	—
2162,36	W II	—	7	2157,83	Ni I	12	2	2152,89	Zr II	—	3
2162,27	Pd II	3	40	2157,79	Fe I	10	4	2152,84	Sr II	15	15
2162,24	Fe	10	—	2157,51	Nb	—	2	2152,76	Pd II	—	30
2162,19	Co I	6	—	2157,42	W	—	8	2152,68	Ir (II)	50	200
2162,02	Fe II	5	25	2157,27	Pt II	—	12	2152,67	Pt	2	—
2161,87	Ag III	—	15	2157,27	Nb	—	5	2152,55	W	—	5
2161,58	Fe I, II	6	20	2157,06	Zn	—	(2)	2152,55	Nb	—	2
2161,54	Nb (I)	4	—	2157,06	V (II)	—	2	2152,5	Sn II	30	—
2161,50	V II	—	4	2157,02	Mo	—	9	2152,50	Mo II	—	12
2161,31	Cu II	—	40	2157,0	In	—	2	2152,49	Fe II	*	
2161,31	Fe II	*		2156,95	Bi I	75R	—	2152,37	Fe II	*	
2161,27	Be II	—	(2)	2156,94	Co II	4	10	2152,24	Fe	8	—
2161,21	Ni II	10	30	2156,80	Ti II	2	10	2152,22	Ni I	10	1
2161,16	Fe II	—	12	2156,74	Nb II	8	20	2152,22	Sn II	—	(100)
2161,05	Mo	—	25	2156,69	Co II	—	3	2152,14	Co I	10	—
2161,03	Ni I	15	1	2156,68	W I	—	6	2152,14	W II	3	20
2160,91	W (II)	—	30	2156,67	Re I	30	8	2152,08	Pt I	20	10
2160,83	Os I	50	1	2156,47	Fe II	20	—	2151,92	Ni I	10	—
2160,74	Ir I	10	50	2156,42	W II	5	25	2151,90	Fe	5	—
2160,5	Be	—	2	2156,26	Nb	—	4	2151,86	Tl I	5R	—
2160,48	W	—	9	2155,84	Fe II	5	12	2151,81	V (II)	—	50
2160,38	Al I	*		2155,64	Fe	8	—	2151,80	Cu II	—	30
2160,27	Nb (II)	5	50	2155,62	Nb (II)	5	25	2151,78	Fe III	—	5
2160,24	Fe I	2	—	2155,59	Ti II	3	15	2151,70	Fe II	20	—
2160,23	Zr	5	—	2155,26	W II	—	2	2151,62	Ir	2	80
2159,98	Os I	60	5	2155,24	Fe I	3	—	2151,43	Sn (I, II)	—	10
2159,95	W II	6	10	2155,14	Nb II	—	2	2151,10	Fe I, II	8	10
2159,94	Zr	1	2	2155,06	Cd II	—	(30)	2151,06	Cd	—	(3)
2159,89	Fe I	12	2	2155,02	Fe I	4	—	2151,05	Zr II	—	5
2159,79	Te (I)	20	—	2154,81	In	—	2	2151,03	V (II)	—	40
2159,65	Fe I	8	3	2154,73	Nb	3	—	2150,84	Sn	—	5
2159,52	Ti II	3	10	2154,72	Hg	—	(2)	2150,83	V (II)	—	40
2159,52	Pb I	15	—	2154,70	Ti II	3	60	2150,78	Ca I	10	—
2159,48	W	—	8	2154,46	Fe I	15	—	2150,76	Fe II	*	
2159,42	Fe I	3	—	2154,20	Nb II	5	12	2150,70	Al I	5	—
2159,24	Sb I	15	10	2154,18	Fe I	3	—	2150,64	Pt	15	8
2159,19	Zr III	—	3	2154,08	P I	15	(25)	2150,62	Fe II	—	15
2159,15	Fe II	4	—	2154,07	Co I	10	—	2150,6	к C	30	—
2159,08	Ti II	4	20	2154,04	Mo (II)	—	6	2150,43	Si I	5	—
2158,95	Ag II	—	4	2153,97	Cr	—	2	2150,23	Pt II	3	25
2158,92	Fe I	6	—	2153,88	W II	5	12	2150,18	Fe I	8	2
2158,91	Sb I	20	10	2153,65	Nb	—	2	2149,77	Mo II	—	9
2158,73	Ni II	10	20	2153,55	W II	10	12	2149,70	Pt II	—	20
2158,54	Co I	10	—	2153,55	Pt I	25	8	2149,62	Fe	2	—
2158,53	Os I	50	25	2153,54	Nb	3	1	2149,53	Nb II	10	20
2158,48	Fe I, II	12	8	2153,53	Bi	40	—	2149,39	V II	—	7
2158,41	Cu II	—	3	2153,38	Pt	5	—	2149,31	Sn II	—	(3)
2158,4	In	—	2	2153,38	Mo II	—	10	2149,21	Ag III	—	8

λ	El.	B A	B S (E)	λ	El.	B A	B S (E)	λ	El.	B A	B S (E)
2149,17	Fe I	10	—	2145,56	Al I	5	—	2141,30	Pd II	—	5
2149,15	Zr	4	—	2145,50	Cu II	—	12	2141,16	Pt II	—	15
2149,14	Pd III	—	30	2145,45	Co I	12	—	2141,13	Hg	—	(5)
2149,14	W II	3	10	2145,45	Mo	—	12	2141,08	Fe I	2	8
2149,14	P I	15	(25)	2145,39	W II	—	3	2140,67	Cu I	4	—
2149,03	Nb (II)	—	2	2145,19	Fe I	12	2	2140,39	Nb II	5	10
2148,97	Cu II	15	25	2145,18	Ni I	8	10	2140,15	Ta (II)	12	30
2148,96	Cd	—	(2)	2145,04	Cd	—	(20)	2140,09	Ni	2	—
2148,85	W II	—	8	2145,02	Pt	12	4	2140,08	Sn	—	2
2148,73	Sn I	50R	20	2144,86	Sb I	20	20	2140,06	W II	—	8
2148,72	Nb	5	—	2144,80	Mn	—	10	2140,06	V II	10	80
2148,70	Co I	6	—	2144,79	Nb (II)	1	4	2139,93	Fe I	4	—
2148,64	Nb II	8	15	2144,73	Cu II	1	3	2139,80	V II	5	25
2148,50	Fe II	5	—	2144,67	Hg	—	(5)	2139,70	Fe I, II	8	8
2148,42	V II	5	35	2144,50	W	8	10	2139,69	Sb I	30	30
2148,39	Fe I	3	—	2144,49	Nb II	4	2	2139,64	W II	12	—
2148,22	Ir I	25	50	2144,45	Fe	25	—	2139,44	Mo II	2	12
2148,15	Zn II	—	(50)	2144,41	Bi	—	5	2139,43	Rh III	—	100
2148,07	Mn	—	10	2144,24	Pt I, II	20	100	2139,30	W	—	5
2148,00	Hg II	—	(60)	2144,20	Nb	—	10	2139,25	Ti II	1	2
2147,99	V (II)	—	3	2144,1	Cd II	50	200R	2139,16	W II	6	12
2147,98	W	—	4	2144,09	W II	10	10	2139,11	Cr III	—	18
2147,91	Si I	3	—	2144,08	As I	50R	—	2139,06	Ni II	—	3
2147,80	Ni I	15	8	2144,07	Mo	—	20	2139,04	Re (II)	—	20
2147,80	Mo II	—	10	2144,01	Zr II	—	3	2138,97	Co I	15	—
2147,79	Fe	8	—	2143,97	Rh III	—	25	2138,90	Nb (II)	2	8
2147,76	Cd	—	(2)	2143,90	Fe	8	—	2138,67	Rh III	—	25
2147,72	Fe I	*		2143,71	V II	3	4	2138,60	Ni II	10	15
2147,66	Mo II	—	5	2143,67	Co I	3	—	2138,59	Fe I	8	—
2147,60	V	3	—	2143,61	Ti (I)	5	—	2138,56	Zn I	800R	500
2147,52	V II	2	100	2143,46	Bi II	—	12	2138,55	Nb	2	—
2147,51	Mo II	—	7	2143,40	Bi II	—	12	2138,53	As	2	—
2147,47	V III	2	100	2143,35	Bi II	—	8	2138,51	Cu I	25	—
2147,46	As III	—	12	2143,25	Mo II	2	15	2138,25	Hg	—	(5)
2147,39	Co II	—	2	2143,20	Nb (II)	4	6	2138,17	V II	8	50
2147,39	Pt	6	—	2143,16	Ta (II)	—	30	2138,15	W II	10	25
2147,20	Nb (II)	10	20	2143,04	V II	10	50	2138,10	Fe II	2	3
2147,19	Te (I)	30	—	2142,91	Nb II	1	6	2138,05	Ni II	—	5
2147,04	Fe II	8	—	2142,77	N II	*		2137,89	C II	—	6
2146,98	Cu II	—	15	2142,75	Te I	120	—	2137,78	Co I	15	2
2146,97	Co II	—	10	2142,74	V II	—	3	2137,73	Fe II	*	
2146,90	W	—	8	2142,51	W II	3	8	2137,68	Zr II	10	6
2146,87	Ta II	10	40	2142,49	Pt II	2	12	2137,65	W II	3	3
2146,71	Fe I	2	—	2142,44	Mo II	—	10	2137,54	Nb (II)	5	40
2146,62	V I	3	—	2142,43	V II	—	4	2137,5	к C	20	—
2146,36	Nb	—	15	2142,22	Mo	—	12	2137,41	C II	—	2
2146,36	W	—	4	2142,11	Pd I	15	—	2137,31	V II	10	80
2146,26	Co I	12	6	2142,02	Nb (II)	2	6	2137,15	W I, II	4	12
2146,16	W II	4	8	2141,94	V II	10	80	2137,11	Os I	100	3
2146,14	Nb	—	3	2141,83	Sb (I)	30	30	2137,05	Nb (II)	5	30
2146,06	Fe II, III	1	10	2141,71	Fe I	8	—	2137,05	Sb I	12	8
2145,99	V II	5	40	2141,70	V II	—	3	2136,56	Si II	—	(5)
2145,77	W	—	12	2141,47	Fe	10	—	2136,52	Fe II	*	
2145,76	Ag II	—	5	2141,43	Zr	1	2	2136,49	Co II	—	2
2145,61	Ag II	8	150	2141,37	Mo II	—	6	2136,46	Zn	—	(10)

λ	El.	B A	B S (E)	λ	El.	B A	B S (E)	λ	El.	B A	B S (E)
2136,19	Fe	2	—	2132,27	W	—	10	2128,24	V II	2	10
2136,18	P I	15	(25)	2132,24	Rh II	3	4	2128,21	Nb II	—	2
2136,17	Zr I	5	—	2132,20	Ti II	—	2	2128,14	Nb	—	3
2136,04	Mo II	—	8	2132,02	Fe I	12	3	2127,97	Fe II	*	
2135,98	Cu II	25	500	2131,99	O II	—	(25)	2127,95	W	2	4
2135,96	Fe	10	5	2131,89	Mo (II)	—	12	2127,94	Ir I	20	15
2135,79	Co I	4	—	2131,85	V II	—	25	2127,91	Ni	15	—
2135,72	Ti II	1	3	2131,76	O II	—	(25)	2127,87	Fe	5	—
2135,59	Co I	3	—	2131,66	Ir	—	50	2127,77	Ni II	—	20
2135,47	P I	12	(20)	2131,50	Ca II	*		2127,43	W II	2	12
2135,42	Cr II	*		2131,38	W	—	4	2127,41	Pt II	2	25
2135,34	Cr II	*		2131,31	Mn	2	2	2127,39	Sb I	25	15
2135,33	Ni I	10	—	2131,26	Ni II	8	20	2127,37	V II	—	5
2135,15	Pt	12	9	2131,23	Cu II	—	2	2127,26	Mo II	3	15
2135,10	Fe	2	—	2131,18	Nb II	12	40	2127,14	Co I	10	—
2135,04	W II	—	20	2131,07	Pt	3	—	2127,13	Cd	—	(2)
2134,99	Mo II	—	7	2131,05	Co I	3	—	2126,93	V II	3	10
2134,95	Nb (II)	2	18	2131,04	Ni II	—	10	2126,81	S	—	(15)
2134,93	Ni I	12	2	2130,96	Fe II	20	—	2126,81	Ir (II)	25	200
2134,84	Ti II	—	3	2130,76	Cu I	25	3	2126,80	Ni II	2	25
2134,73	Al I	5	—	2130,69	Pt II	10	30	2126,63	Au I	6	—
2134,70	Nb (II)	12	18	2130,61	W	—	10	2126,58	V (II)	—	15
2134,67	W	—	2	2130,55	Fe II	*		2126,54	Nb II	15	50
2134,62	Pt	12	3	2130,45	Ir	5	80	2126,53	Zr	—	2
2134,62	Cr II	*		2130,43	V II	—	5	2126,19	Co I	5	—
2134,58	Bi I	100R	5	2130,42	Fe I	5	—	2126,09	Ti (I)	5	—
2134,52	Cr II	*		2130,27	Co I	8	—	2126,03	Cu II	15	35
2134,49	Nb II	6	12	2130,26	Fe II	*		2125,94	Co I	5	—
2134,36	Cu II	30	40	2130,25	Nb III	—	8	2125,92	Mo II	2	30
2134,28	Ni II	2	10	2130,22	Cr II	*		2125,90	Ni II	4	25
2134,25	Cu	3	—	2130,18	N II	*		2125,86	Co II	—	2
2134,20	Cr II	*		2130,16	Ti II	—	3	2125,83	V I	4	—
2134,12	V II	30	125	2129,96	V	—	2	2125,8	Be	—	10
2134,06	W II	4	12	2129,96	Ni I	15	3	2125,70	Be I	10	—
2133,99	Fe II	*		2129,93	Zr	—	2	2125,66	Cd II	—	(3)
2133,80	As I	18	—	2129,89	Cr II	*		2125,62	Ni I	15	2
2133,66	Ti II	—	2	2129,86	Mn	3	10	2125,50	Ag II	—	25
2133,63	Bi I	100	40	2129,70	Nb	1	4	2125,40	S	—	(15)
2133,49	Cr II	*		2129,66	Al I	5	—	2125,32	Co I	5	—
2133,46	Co II	2	4	2129,50	Co I	5	—	2125,29	Au II	—	30
2133,39	Mo II	2	15	2129,48	Au I	6	—	2125,24	Cu II	—	4
2133,32	Ti II	—	2	2129,46	V II	5	35	2125,21	Nb II	15	40
2133,28	Zr II	5	6	2129,28	Rh III	3	35	2125,14	Zr	3	2
2133,23	Fe I	4	—	2129,26	Tl I	5R	—	2125,12	Ni II	4	25
2133,06	Mo II	—	15	2129,14	Ni II	—	4	2125,11	Co I	10	—
2133,04	V (II)	—	50	2129,12	Ag II	—	10	2125,09	Cu II	—	20
2132,93	Cr II	*		2129,09	Hf II	60	100	2125,04	Ce	—	10
2132,91	V I	3	—	2129,00	Nb II	1	3	2125,01	Fe	30	—
2132,83	Nb (II)	—	12	2128,75	Ca II	*		2124,84	Mo II	2	15
2132,81	W	—	6	2128,63	Mo II	—	15	2124,81	Ni I	25	3
2132,76	Co I	10	3	2128,61	Pt I	30	25	2124,74	Ge I	3	—
2132,62	Cr II	*		2128,6	к C	5	—	2124,60	W	—	8
2132,56	Ir	3	80	2128,57	Ni II	5	30	2124,58	Hf II	50	80
2132,46	Pt I	5	—	2128,49	Cd II	—	(10)	2124,34	Nb II	2	8
2132,30	Ca II	*		2128,41	Ni I	15	—	2124,12	Si I	200R	50

λ	El.	B A	B S (E)	λ	El.	B A	B S (E)	λ	El.	B A	B S (E)
2124,11	Ni (I)	30	—	2118,92	Tl I	*		2113,83	Ag II	20	150
2124,11	V I	6	5	2118,87	Nb II	10	20	2113,70	Rh III	—	70
2124,10	Cu I	2	—	2118,87	W II	10	20	2113,53	Co I	12	2
2124,10	Mo II	6	20	2118,83	V (II)	—	15	2113,51	Ni II	3	45
2124,09	S	—	(25)	2118,68	Ca I	5	—	2113,36	Mo II	—	5
2124,04	Zn II	—	(2)	2118,56	Ni I	10	—	2113,36	Hg	—	(2)
2123,77	Si	—	(2)	2118,53	Rh III	2	200	2113,29	Ni II	2	3
2123,60	V II	2	8	2118,50	Co I	6	—	2113,2	к C	5	—
2123,54	Ti (I)	6	—	2118,48	Sb I	15	25	2113,15	Ca II	*	
2123,50	Zn II	—	(3)	2118,43	V II	—	15	2113,08	Fe I	4	—
2123,36	Al I	*		2118,38	Cu II	—	4	2113,08	Nb II	10	20
2123,34	V II	5	30	2118,35	W II	—	2	2112,99	As I	50	5
2123,32	S	—	(15)	2118,19	Fe II	*		2112,97	Fe I	8	2
2123,30	Mo II	—	25	2118,12	Zn	—	(2)	2112,85	W	—	8
2122,99	Si I	10	—	2118,03	W II	3	12	2112,76	Ca II	10	25
2122,97	Cu II	15	50	2117,96	Os I	80	20	2112,70	Rh III	3	80
2122,74	Nb	—	15	2117,95	Co II	2	5	2112,67	W	—	3
2122,56	Pt	15	10	2117,83	Mo II	—	15	2112,41	Ni II	—	5
2122,38	Hg	—	(2)	2117,72	Ir I	10	50	2112,32	Nb III	—	8
2122,25	Ni I	10	—	2117,53	Cr III	—	50	2112,09	Cu II	15	40
2122,13	V II	—	4	2117,47	V II	3	10	2112,08	Pb	—	15
2121,94	Fe	6	—	2117,30	Cu II	2	20	2111,74	Pb I	20	8
2121,94	Ti (I)	5	—	2117,27	V II	—	10	2111,72	Ni I, II	25	9
2121,88	Mo II	—	12	2117,25	Sb I	8	6	2111,69	Rh III	—	150
2121,66	Nb III	—	12	2117,25	Mn	3	7	2111,59	Cd III	—	(10)
2121,59	W II	—	8	2117,03	Ti (I)	5	—	2111,46	Co II	—	15
2121,54	V II	—	3	2116,96	Fe II	*		2111,41	Co I	10	—
2121,41	Zn II	—	(2)	2116,94	W II	8	15	2111,30	Cu II	—	(6)
2121,40	Co (I)	3	—	2116,87	Rh III	3	50	2111,27	Fe (I)	*	
2121,40	Ni I	20	8	2116,84	Co I	10	2	2111,21	Nb	—	5
2121,22	Si I	7	—	2116,77	Mo II	4	20	2111,18	Mo II	3	25
2120,97	W	—	8	2116,76	V	—	3	2111,14	W	3	2
2120,91	Ag II	—	15	2116,63	W I	5	6	2111,04	V (II)	—	4
2120,70	Co I	10	2	2116,39	Nb II	5	15	2110,98	Nb	—	3
2120,70	Ni	3	3	2116,36	Hg	—	(2)	2110,72	Fe II	*	
2120,52	Nb II	2	8	2116,30	W	4	10	2110,68	Au II	—	60
2120,45	Ag II	5	80	2115,57	Pt II	10	30	2110,61	V II	—	2
2120,42	Cd	—	(2)	2115,43	Mo II	2	10	2110,57	Mo (II)	—	7
2120,35	W II	2	3	2115,33	Co I	12	—	2110,53	Zr	8	—
2120,11	Zr II	2	4	2115,17	Fe I	8	—	2110,50	V I	—	2
2120,05	Rh III	3	25	2115,11	Mo II	4	18	2110,35	Pt II	—	20
2119,90	Co I	10	—	2115,02	Pb I	30R	8	2110,34	W II	10	25
2119,88	Pt	15	10	2114,77	Nb (II)	2	2	2110,31	Cu II	—	(4)
2119,79	Os	125	30	2114,63	Si I	4	—	2110,26	Bi I	250R	50
2119,74	Zr	2	2	2114,59	Fe I	8	1	2110,23	Fe I	8	—
2119,71	Mo II	2	18	2114,41	Co I, II	4	2	2110,04	Nb (II)	3	5
2119,63	Nb II	3	1	2114,41	Ni I	18	2	2109,95	V	—	5
2119,56	V (II)	—	8	2114,32	Mo (II)	3	12	2109,94	Mo II	4	20
2119,21	Rh II	4	15	2114,31	V II	—	5	2109,86	Fe (I)	*	
2119,19	Co I	5	—	2114,25	Re II	*		2109,78	Cu	2	—
2119,15	V (II)	—	25	2114,22	Pt	6	3	2109,77	Ni I	10	—
2119,14	Zr	10	—	2114,04	V II	—	15	2109,66	Pt I	15	10
2119,12	Fe I	*		2113,93	Sn I	25R	5R	2109,65	Zr II	5	10
2119,06	Nb (II)	—	8	2113,89	Ru II	*		2109,61	Fe II	*	
2119,05	Fe II	*		2113,86	Mo (II)	—	4	2109,58	Mn I	40R	12

λ	El.	B		λ	El.	B		λ	El.	B	
		A	S (E)			A	S (E)			A	S (E)
2109,49	Pt	15	10	2104,36	Ti II	—	3	2098,94	Co I	12	3
2109,43	Nb II	15	50	2104,29	Mo II	4	30	2098,87	W	10	—
2109,42	Zr	2	—	2103,87	Ir	—	50	2098,74	Pt	12	3
2109,38	Ir	3	50	2103,76	Pt II	2	25	2098,72	W II	—	5
2109,27	V II	—	2	2103,70	V II	2	25	2098,65	S	—	(50)
2109,22	Re I	100R	30	2103,59	Nb II	10	15	2098,60	W II	10	20
2109,20	Co I	5	—	2103,52	V II	—	8	2098,59	V II	—	2
2109,10	Fe II	—	10	2103,48	Pt	10	—	2098,49	V I	6	—
2108,99	Ni II	—	18	2103,38	Ni II	—	25	2098,41	Sb I	30	30
2108,98	Co I	15	—	2103,33	Pt I	25	25	2098,41	Cu II	—	35
2108,96	Fe I	10	2	2103,31	Zr	4	—	2098,25	W I, II	10	20
2108,73	Mo II	2	12	2103,24	Ca II	10	25	2098,18	Fe II	*	
2108,55	Zr	6	—	2103,21	Si I	5	—	2098,14	Au II	*	
2108,34	Nb II	2	2	2103,17	W II	3	12	2098,14	S	—	(300)
2108,20	Fe I	5	4	2103,17	Zr III	—	4	2098,08	Fe I	*	
2108,14	Fe I, II	*		2103,08	Ti IV	—	10	2098,00	V II	—	2
2108,04	Mo II	3	30	2103,05	Fe I	*		2097,94	Rh III	3	200
2107,94	Ni II	2	45	2102,99	W	—	4	2097,65	Zn	—	(2)
2107,65	Pt II	—	8	2102,90	Fe I	4	—	2097,63	Bi	2	—
2107,63	Te	20	—	2102,81	Ni II	—	10	2097,58	N II	—	(8)
2107,55	Fe II	*		2102,45	Rh III	—	50	2097,54	Mn I	18	30
2107,5	к C	5	—	2102,35	Fe I	15	3	2097,51	Fe II	*	
2107,47	Hf II	60	60	2102,21	V I	3	—	2097,51	Co (I)	20	—
2107,41	V II	—	4	2102,17	Zn II	—	5	2097,49	Ca I	3	—
2107,30	Ru II	2	—	2101,99	W II	6	6	2097,43	Pt II	9	30
2107,26	Nb II	10	25	2101,87	V II	—	5	2097,33	V I	10	—
2107,20	Te	20	—	2101,77	Zr I	5	—	2097,27	Pt	10	—
2107,19	Ni I	12	—	2101,69	Mo (II)	4	20	2097,12	Co II	—	4
2107,13	O	—	(25)	2101,67	Pt	20	—	2097,12	Re I	40	10
2107,13	Fe	8	—	2101,58	Pt II	—	30	2097,09	Ni II	4	35
2106,93	W	2	7	2101,32	Ti II	—	2	2097,02	Zr III	—	4
2106,80	Co I	25	2	2101,29	O II	—	(15)	2097,02	V II	—	8
2106,68	W	—	10	2101,21	Mo II	—	10	2096,86	N II	—	(15)
2106,39	Cu II	—	2	2101,17	V II	3	40	2096,39	Sn I	*	
2106,38	Fe I	*		2100,93	Sn I	*		2096,35	V I	5	15
2106,32	V I	3	—	2100,84	Mo II	6	25	2096,18	Hf II	100	150
2106,26	Fe I	*		2100,84	Hg	—	(2)	2096,16	N II	—	(8)
2106,18	W II	10	20	2100,80	Fe I	15	2	2096,16	V I	6	1
2106,07	O	—	(25)	2100,78	V I	3	—	2096,00	Cd II	—	(100)
2106,04	Mn	40R	—	2100,69	O II	—	(2)	2095,94	V II	—	10
2105,87	Pd I	18	4	2100,67	W II	10	25	2095,80	Zr II	50	50
2105,83	Ni I	12	3	2100,52	Rh	2	100	2095,77	Co (I)	15	2
2105,83	Zr I	4	—	2100,51	V I	10	—	2095,75	V I	8	2
2105,82	Ge I	3	—	2100,46	Cd III	—	(5)	2095,73	Ni I	25	2
2105,49	Co II	—	2	2100,41	Cu	—	3	2095,59	W	3	12
2105,34	Co II	—	3	2100,20	Ni II	—	4	2095,53	N II	—	(50)
2105,25	Cd	—	(2)	2100,14	Fe I	*		2095,34	V II	—	10
2105,11	Cu I	15	—	2099,86	Zn II	—	5	2095,28	Mo II	4	25
2105,06	Pt II	2	25	2099,68	Al II	—	(40)	2095,2	Al II	—	(40)
2105,02	Mo II	5	25	2099,35	Co I	10	—	2095,13	Au II	*	
2104,89	Rh	—	100	2099,30	Zr	2	1	2095,12	Ni I	15	2
2104,78	Cu II	8	25	2099,13	V II	2	25	2095,10	As	3	3
2104,73	Co (I)	25	2	2098,99	Rh III	15	300	2095,04	V II	—	6
2104,60	Tl I	*		2098,96	Mn	10	—	2095,04	W	2	5
2104,56	V I	4	—	2098,95	Fe I	*		2094,8	Al II	—	(50)

λ	El.	B A	S (E)	λ	El.	B A	S (E)	λ	El.	B A	S (E)
2094,77	Cu II	—	8	2090,10	Ni II	3	25	2085,22	Cu I	—	7
2094,75	W II	10	18	2090,0	к C	30	—	2085,09	W	3	9
2094,71	V I	10	1	2089,90	S	—	(300)	2084,89	W II	2	8
2094,70	Pt	—	4	2089,89	V I	4	—	2084,86	Ni II	—	25
2094,3	Ai II	—	(50)	2089,74	As I	5	1	2084,59	Pt I	25	30
2094,25	Ge I	8R	—	2089,59	B I	150	20	2084,48	W I	2	8
2094,24	Co II	—	3	2089,56	Zr III	4	—	2084,47	Si I	20	—
2094,20	Si I	2	—	2089,52	Mo II	3	18	2084,32	Cu II	—	4
2094,12	N II	—	(8)	2089,16	Cr II	—	15	2084,27	W II	2	10
2094,08	Pt	2	—	2089,14	W II	10	20	2084,12	Fe I	*	
2093,80	W II	8	15	2089,07	Ni I	15R	15	2084,12	Ni	8	—
2093,66	Fe I	*		2089,04	Pt II	—	15	2084,0	Be	2	—
2093,60	Cu II	2	20	2088,98	Ni I	30	—	2083,92	Re I	10	3
2093,55	Ni II	6	20	2088,93	B I	100	15	2083,80	Hf II	40	30
2093,41	V	—	2	2088,93	Pt	10	1	2083,77	Ru I	5	—
2093,40	Co I	15	—	2088,89	Zr	2	—	2083,75	Ni II	—	10
2093,39	Mn I	30R	18	2088,82	Ir I	50	50	2083,70	W II	3	9
2093,28	Nb	—	8	2088,77	Hf II	50	50	2083,64	Ni II	2	10
2093,11	Mo II	6	25	2088,71	Pt II	2	25	2083,35	Ce III	—	25
2093,08	Nb	—	5	2088,56	V I	15	1	2083,34	Pt	18	9
2092,86	Zr I	4	—	2088,43	Pb I	30R	40	2083,15	Zn	—	(2)
2092,86	O II	—	(3)	2088,39	Cd	—	(2)	2082,92	Cu II	—	6
2092,80	Co	—	5	2088,30	Mo II	3	10	2082,89	Nb (II)	6	25
2092,63	Pd I	12	—	2088,29	Pt	12	4	2082,87	Ni I	25	2
2092,63	Ir I	20	20	2088,19	W II	12	30	2082,80	Hf II	15	8
2092,54	W I	10	3	2088,06	Tl I	*		2082,73	Ca I	2	—
2092,52	Mn I	15	—	2087,98	Pd I	15	5	2082,68	Co	3	25
2092,50	Mo II	6	20	2087,93	Cu II	—	30	2082,51	Pt I	15	7
2092,49	V	10	5	2087,87	Cd III	—	10	2082,51	V I	25	—
2092,35	V I	10	—	2087,74	Cu	2	—	2082,24	Pd I	18	2
2092,41	Re (II)	18	50	2087,73	Ni	2	6	2082,09	Au II	*	
2092,35	V I	5	—	2087,61	V I	3	5	2082,02	Si I	15	—
2092,13	Mn I	30R	20	2087,58	Pb I	12	—	2081,68	Mo II	*	
2091,84	V II	—	3	2087,52	Fe I, II	*		2081,67	V I	4	3
2091,74	Zr	3	2	2087,47	W II	4	12	2081,5	Al II	—	(8)
2091,71	Ni I	9	—	2087,31	Be	2	—	2081,39	W I	8	—
2091,58	Sn I	—	3	2087,09	Nb	—	2	2081,14	Pd I	20	—
2091,57	Hg	—	(5)	2087,0	Al II	—	(40)	2081,11	V	—	5
2091,37	Nb III	—	5	2086,86	Pt	3	20	2081,03	Te (I)	80	—
2091,34	Ga II	—	(40)	2086,78	Mo II	2	10	2080,99	Zr III	—	4
2091,30	V I	10	5	2086,60	W II	4	4	2080,91	Cu	4	—
2091,23	Mo II	3	15	2086,57	V I	4	—	2080,91	Fe II	*	
2091,20	N II	—	(15)	2086,32	V I	6	2	2080,84	Ni II	3	35
2091,07	Rh II, III	—	100	2086,30	Hf (II)	12	—	2080,74	V I	—	2
2091,05	Co I, II	2	6	2086,03	Ge I	4	—	2080,64	Ir	2	60
2090,90	V I	4	—	2086,0	Sb	—	(8)	2080,06	Cu II	—	8
2090,89	Ru (I)	4	—	2085,59	Re I	30	7	2080,05	Nb (II)	3	15
2090,86	Fe I	*		2085,58	Rh III	—	100	2079,97	Os I	40	10
2090,66	V I	5	2	2085,57	S	—	(8)	2079,82	Zn II	—	(2)
2090,47	Co III	—	2	2085,55	Ni I	6	—	2079,76	Pt II	1	15
2090,38	Fe I	*		2085,53	Zn II	—	(20)	2079,66	W	2	6
2090,38	Ni I	15	—	2085,41	Pt II	—	15	2079,56	Sb I	10	—
2090,33	V II	—	15	2085,34	Ni I	15	2	2079,49	Pt II	—	15
2090,25	Sb I	*		2085,30	Cu II	2	25	2079,46	Cu I	15	—
2090,18	W	3	12	2085,25	As I	12	3	2079,31	Cr II	—	2

λ	El.	B A	B S (E)	λ	El.	B A	B S (E)	λ	El.	B A	B S (E)
2079,30	As I	2	1	2073,08	Sn I	*		2067,11	As I	12	1
2079,26	In II	—	15	2073,04	Ca I	2	—	2067,08	Zr II	—	3
2079,11	W II	12	30	2072,89	Sn I	*		2066,92	Pt	15	7
2078,96	V	—	4	2072,89	Mn I	9	6	2066,83	V II	—	4
2078,76	Ni II	1	12	2072,83	S	—	(8)	2066,65	Hg	—	(2)
2078,65	Cu II	1	40	2072,70	Si II	*		2066,57	Sb I	—	(25)
2078,32	W II	6	25	2072,50	Cd	—	(2)	2066,48	S	—	(8)
2078,16	Fe II	*		2072,43	V II	—	10	2066,47	V	—	3
2077,9	K	—	(80)	2072,23	Ni I	10	—	2066,41	Ni II	2	25
2077,8	Bi II	—	5	2072,23	O II	—	(30)	2066,32	Cu II	—	0
2077,80	V (II)	—	20	2072,02	Si II	*		2066,04	Cu	2	—
2077,55	V II	—	10	2071,82	Fe II	*		2066,00	Fe II	*	
2077,51	Fe II	*		2071,78	W	10	5	2065,91	Ag II	4	80
2077,43	Pt II	10	20	2071,55	Pt II	—	20	2065,75	V II	—	25
2077,18	Ni	2	—	2071,21	W II	10	25	2065,71	Nb II	5	20
2077,14	Zn	—	(10)	2071,08	Mo II	6	20	2065,57	W II	10	20
2076,95	Os I	25	12	2070,94	Hf III	—	6	2065,55	Co II	10	35
2076,87	V (II)	—	25	2070,93	Pt I	18	20	2065,52	Si I	2	—
2076,83	Rh III	—	100	2070,9	Te (I)	30	—	2065,46	Cr II	50	150
2076,49	V II	—	2	2070,81	W I	5	—	2065,36	As I	20	3
2076,43	Ru I	4	—	2070,78	V II	—	5	2065,35	Zr II	—	2
2076,29	Zr III	—	2	2070,6	air	—	5	2065,21	Ge I	4R	50
2076,21	Pt	5	4	2070,51	Ir	6	60	2065,09	W I	10	3
2076,19	Ni II	—	4	2070,36	Pt	2	—	2064,86	Co I	4	—
2076,04	Ni I	10	—	2070,33	Fe II	*		2064,79	Bi I	50	4
2075,96	W II	5	10	2070,02	W	4	4	2064,79	Hf II	15	4
2075,68	Fe II	*		2069,98	Sn III	—	2	2064,77	Ca I	2	—
2075,61	Ag II	—	10	2069,95	Fe II	*		2064,75	V II	—	2
2075,59	W II	10	20	2069,92	Cu II	—	(2)	2064,37	Zr	—	2
2075,45	W	3	4	2069,83	Ag I	10	3	2064,36	Ni I	15	2
2075,38	Pt II	5	25	2069,78	As I	18	3	2064,25	Zn II	*	
2075,14	O II	—	(15)	2069,70	Bi	2	—	2064,21	Nb (II)	2	30
2074,90	Zr	—	2	2069,50	Ni I	20	2	2064,11	Rh III	3	100
2074,87	V II	—	15	2069,04	Ni (I)	15	4	2063,99	N III	—	(20)
2074,79	Se I	—	(100)	2068,99	Bi II	2	10	2063,96	Mo	5	—
2074,74	Te	10	—	2068,99	Co I	10	3	2063,89	Zr II	—	3
2074,70	Re I	10	4	2068,84	Hf (II)	20	4	2063,76	Co II	12	35
2074,63	W II	8	8	2068,8	к C	30	—	2063,67	Fe II	*	
2074,58	Ru II	*		2068,80	V II	—	25	2063,67	W	—	3
2074,58	Ni	2	—	2068,66	Ge I	5R	200R	2063,61	Zn II	2	20
2074,5	As	—	20	2068,62	Pt II	5	15	2063,50	N III	—	(15)
2074,31	Mo II	4	15	2068,60	Ni I	10	—	2063,43	Sb I	30	12
2074,19	Fe II	*		2068,58	Sn I	*		2063,39	Ni I	20	2
2074,12	Ni II	—	15	2068,53	V II	—	8	2063,13	V II	—	5
2074,03	Zr III	—	5	2068,35	Ni	2	—	2063,11	W	10	—
2074,0	Pb	—	20	2068,33	Sb I	300R	3	2063,03	Ir	—	80
2074,00	Cd	—	(5)	2068,16	Pt II	2	25	2062,79	Se I	—	(800)
2073,94	Cr	—	3	2068,09	Zr II	—	2	2062,78	Pt I	20	20
2073,8	Al II	—	(15)	2067,93	S	—	(8)	2062,77	W	5	—
2073,58	Pt	10	9	2067,92	Fe II	*		2062,49	Cu II	—	25
2073,42	V	—	5	2067,87	W II	2	10	2062,38	J	—	(900)
2073,27	Co I	10	2	2067,52	W II	*		2062,38	Ni I	15	2
2073,2	Bi	10	—	2067,50	Pt I	20	25	2062,25	Cr II	—	20
2073,15	Fe II	*		2067,21	Os II	10	40	2062,05	W	—	8
2073,11	Sb I	5	(6)	2067,16	V	—	3	2062,0	In	—	12

λ	El.	B A	B S (E)	λ	El.	B A	B S (E)	λ	El.	B A	B S (E)
2061,99	V (II)	—	2	2055,42	Zr	—	2	2049,11	Ru II	*	
2061,92	Sb	8	—	2055,27	Fe II	*		2049,08	Re I	30R	7
2061,91	Zn II	100	100	2054,97	Cu II	15	35	2049,02	W	6	7
2061,85	Zr II	—	4	2054,85	V (II)	10	15	2048,73	V II	—	3
2061,74	Pb	8R	40	2054,83	Si I	3	—	2048,65	Rh III	—	200
2061,71	Pt II	—	5	2054,68	W II	9	20	2048,49	Fe II	*	
2061,70	Bi I	300R	100	2054,61	Hg	—	(20)	2048,39	Al II	—	(3)
2061,69	Os I	20	6	2054,53	Ti II	4	15	2048,30	Ni	2	—
2061,63	Pt II	—	25	2054,46	Ge I	4	—	2048,28	Os I	25	5
2061,63	J I	*		2054,46	Pd III	—	30	2048,04	W II	7	12
2061,54	Cr II	100	200	2054,41	Cu II	3R	20R	2047,65	Cu II	—	10R
2061,45	Nb (II)	2	12	2054,32	Ni II	—	25	2047,57	As I	25	3
2061,35	Zr III	—	3	2054,30	Cu II	—	8	2047,5	к C	30	—
2061,19	Si I	8	—	2054,07	Co I	10	—	2047,44	Nb II	2	2
2061,17	Ag I	25	10	2053,90	Ni I	7	1	2047,35	Ni I	12	7
2060,75	Pt I	15	12	2053,52	Bi I	2	—	2047,09	W II	5	12
2060,73	Ni I	5	—	2053,29	Ni II	3	25	2046,98	Cr II	—	2
2060,64	Ir I	20	15	2053,27	Pb I	—	12	2046,57	Sb I	3	2
2060,27	Nb III	—	25	2053,13	W II	8	8	2045,98	Mo II	7	—
2060,20	Ni I	10	2	2053,1	Sb	1	(8)	2045,97	V	5	12
2059,92	Ni I	15R	7	2052,93	Hg II	—	(100)	2045,62	Pd II	—	100
2059,89	Pt II	—	25	2052,53	O	—	(15)	2045,58	Cd III	—	(3)
2059,68	Pt I	15	5	2052,42	Ni I	6	—	2045,56	W	—	3
2059,63	Pb I	500R	—	2052,38	V II	—	3	2045,47	Mo II	2	12
2059,01	Si II	*		2052,22	Ir I	12	9	2045,41	O	—	(25)
2058,97	Pt II	—	20	2052,15	W	—	8	2045,36	Os I	50	20
2058,81	Co II	10	40	2052,04	Ni I	12	6	2044,93	Fe	1	5
2058,78	Os I	10	3	2051,89	W	2	1	2044,83	Ir	4	75
2058,69	Os	10	4	2051,88	Sr II	*		2044,63	Sb I	5	5
2058,65	Si II	*		2051,78	V II	—	10	2044,54	Au II	*	
2058,49	Hg	—	(10)	2051,69	Fe II	*		2044,41	Nb II	2	4
2058,38	Pt	9	8	2051,29	V II	—	2	2044,39	Ni	2	—
2058,35	V II	—	15	2051,25	Rh	2	100	2044,22	Nb (II)	3	18
2058,29	W II	8	8	2051,21	Zr II	—	3	2044,19	Ir	10	100
2058,13	Si I	15	—	2051,16	Ir	10	50	2044,02	Nb II	3	4
2057,96	Zr II	2	2	2051,03	Fe II	*		2043,8	Hg	—	(10)
2057,83	Ni II	6	10	2050,82	Ni I	15	2	2043,79	Ge I	4R	70
2057,79	W	2	10	2050,74	Co II	—	4	2043,79	Cu II	15	35
2057,68	Bi I	40	4	2050,58	W	—	3	2043,79	Ge I	4R	70
2057,51	Zn II	—	(20)	2050,40	W II	2	10	2043,73	W II	3	5
2057,37	Ni II	2	20	2050,06	Ti	5	—	2043,53	Nb (II)	2	25
2057,36	V II	—	8	2049,89	Nb II	2	40	2043,52	W II	6	12
2057,33	Fe II	*		2049,83	Pt I	10	9	2043,36	Mo	4	2
2057,24	Ge I	3R	—	2049,69	Bi	25	20	2043,23	Ti II	1	3
2057,20	V II	—	4	2049,63	W II	8	9	2043,18	Nb (II)	3	25
2057,05	Nb (II)	4	35	2049,57	Sb I	15	15	2043,13	V I	4	—
2057,00	Pt II	8	30	2049,45	J	—	(150)	2043,06	Cr I	8	—
2056,87	V II	—	4	2049,42	Os I	15	5	2043,00	Co (I)	8	—
2056,53	V	—	5	2049,37	Pt I	20	25R	2042,18	Hg	—	(10)
2056,05	Pt II	—	12	2049,36	Mo	4	—	2041,96	Bi	100	15
2056,02	W II	5	10	2049,35	V	—	2	2041,80	Cr II	—	12
2056,01	Be I	100	—	2049,17	Co II	3	10	2041,71	Ge I	5R	150R
2055,90	Be I	—	6	2049,16	Pt II	—	25	2041,58	Pt II	30	40
2055,59	Cr II	100	300	2049,15	Pb I	8	—	2041,46	Ti II	4	12
2055,50	Ni I	10	2	2049,11	V	—	2	2041,45	Pt	10	—

λ	El.	B		λ	El.	B		λ	El.	B	
		A	S (E)			A	S (E)			A	S (E)
2041,45	Mo II	2	30	2035,57	Mo	3	—	2029,25	Ni I	10	—
2041,34	Fe II	*		2035,35	Ni II	—	10	2029,19	Ni II	—	25
2041,20	Fe (I)	*		2035,30	V I	*		2029,18	Fe II	*	
2041,13	Ni I	10	—	2035,07	Ni I	10	—	2029,11	W II	3	12
2041,00	V I	8	—	2035,06	V (II)	—	12	2028,90	Cr II	—	2
2040,9	As	—	3	2035,03	W (II)	6	12	2028,87	V (II)	—	2
2040,86	W II	5	12	2035,02	N	—	(5)	2028,86	As I	2	—
2040,69	Fe II	*		2035,0	к C	12	—	2028,58	Pt I	10	8
2040,66	Sn I	10	—	2034,86	J	—	(100)	2028,53	Rh III	1	25
2040,33	Pt	15	15	2034,85	Ni I	6	2	2028,42	V I	6	—
2040,19	Rh III	2	100	2034,8	Sn	—	5	2028,31	Pt	12	5
2040,11	Zr	2	1	2034,44	Ni I	15	2	2028,26	Cd II	—	(5)
2040,00	Zn II	—	(250)	2034,44	Os I	30	5	2028,23	Os I	20	5
2039,93	Al II	—	(15)	2034,06	V I	10	2	2028,18	Hf II	25	15
2039,85	Se I	—	(1000)	2033,96	W	2	6	2028,14	Mo (II)	2	10
2039,83	Cd III	—	(3)	2033,92	Ag II	—	25	2027,90	W II	3	3
2039,80	W	—	10	2033,57	Ir I	20	7	2027,79	Fe II	*	
2039,79	Te	60	—	2033,56	Nb	2	4	2027,62	V I	5	2
2039,77	Sb I	15	15	2033,53	Ni I	8	—	2027,45	Sb (I)	—	(4)
2039,70	Pt	12	20	2033,50	V (II)	—	2	2027,30	W II	6	10
2039,57	Pt	5	—	2033,47	P I	15	(20)	2027,24	Pt	3	3
2039,5	Sn	—	200	2033,45	Ni II	—	5	2027,18	Cu II	—	15
2039,38	W	4	3	2033,23	W	—	7	2027,02	W	5	12
2039,30	Cr I	25	—	2032,99	Nb II	*		2027,02	Co II	15	50
2039,29	V II	—	15	2032,72	Co	2	18	2026,97	Hg II	—	(100)
2039,11	W II	4	7	2032,63	Be I	10	—	2026,75	Mo II	—	12
2039,07	V	—	2	2032,51	Rh	2	3	2026,71	Pd III	—	25
2038,85	V I	10	2	2032,46	Nb III	—	25	2026,62	Ni I	10	5
2038,75	Ni I	2	3	2032,44	Cd II	—	(20)	2026,61	Zr III	—	3
2038,67	Co	—	9	2032,43	P I	12	(15)	2026,36	Ni	8	—
2038,49	V I	4	12	2032,41	Pt (I)	20	25	2026,2	к C	25	—
2038,46	Mo II	20	—	2032,41	Fe II	*		2026,19	Zn II	—	(2)
2038,01	Mo II	2	20	2032,30	Ni II	2	25	2026,08	W II	7	25
2038,00	Cr	—	3	2032,27	V I	5	—	2025,86	Pt	10	3
2037,95	Nb (II)	3	25	2032,05	Mo II	2	12	2025,82	Mg I	8	—
2037,90	W II	4	12	2032,05	Pd III	—	30	2025,81	Ni	6	—
2037,83	V (II)	—	12	2031,97	Re	5	10	2025,75	Co II	10	30
2037,68	Mo II	2	20	2031,80	Co III	—	9	2025,51	Zn II	200	200
2037,62	Hg	—	(3)	2031,8	к C	2	—	2025,51	Pt II	2	10
2037,61	Rh III	—	50	2031,45	W II	6	5	2025,47	Cu II	8	30
2037,58	W II	3	18	2031,44	Pt II	—	20	2025,44	In	—	12
2037,51	V (II)	—	6	2031,4	As	—	75	2025,40	Ni I	10R	7
2037,12	Cu II	12	30	2031,37	V (II)	—	4	2025,33	Zr II	1	4
2036,97	Cu II	—	(4)	2031,02	Cu II	2	35	2025,31	Nb II	10	30
2036,72	Rh III	—	80	2030,73	Zr II	1	6	2025,15	Cu	2	—
2036,62	Sb I	8	4	2030,63	Pt (I)	15	25	2024,66	Zn II	—	(25)
2036,59	Co II	8	30	2029,98	W II	10	30	2024,63	Pt	8	1
2036,47	Pt II	50	100	2029,94	Cu II	3	15	2024,52	P I	12	(12)
2036,43	Fe II	*		2029,91	Zr III	2	2	2024,47	Co III	3	—
2036,39	Sb (I)	—	(2)	2029,83	Ni	5	—	2024,33	Cu I	50R	6
2036,22	Cd II	—	(30)	2029,70	Zn II	—	(2)	2024,00	Sb I	—	(5)
2036,21	Mo	3	—	2029,49	Sb I	1	12	2023,99	Bi I	50	—
2035,89	W II	8	20	2029,46	Hg	—	(8)	2023,86	Sb I	8	1
2035,84	Cu II	12	30	2029,36	V I	*		2023,74	Rh III	—	70
2035,78	Pt	15	15	2029,33	Nb (II)	10	50	2023,64	Re (II)	10	50

λ	El.	B		λ	El.	B		λ	El.	B	
		A	S (E)			A	S (E)			A	S (E)
2023,56	V II	—	40	2017,26	Co (I)	4	—	2012,12	Mn	—	30
2023,53	Pt	8	2	2017,13	Hg	—	(2)	2012,05	Au I	15	18
2023,48	P I	15	(12)	2017,09	Fe (I), II	2	10	2012,03	Zr	—	2
2022,83	Ir	4	50	2016,91	Co	2	—	2011,99	Nb II	4	25
2022,80	Al II	—	(8)	2016,89	Pt II	—	20	2011,56	V I	3	—
2022,76	Os I	15	6	2016,88	Cu II	2	20	2011,50	Co II	15	50
2022,64	V (II)	—	8	2016,71	Pt	8	8	2011,39	Bi I	2	—
2022,35	W	2	12	2016,60	O II	—	(5)	2011,39	W	—	6
2022,35	Ir I	2	12	2016,53	V II	—	25	2011,29	Ge I	2R	—
2022,34	Co II	18	75	2016,52	Zr	—	3	2011,16	Cr II	8	12
2022,24	Cu II	—	10	2016,51	Fe I	*		2011,07	Co I	5	—
2022,19	Hg	—	(30)	2016,40	W	4	20	2011,04	Pt	6	—
2022,14	Cr II	—	3	2016,35	Ni I	5	—	2010,97	Si I	8	—
2022,04	W	4	15	2016,25	Al II	—	(80)	2010,74	W I	3	2
2022,02	Pb I	5	12	2016,09	Fe II	*		2010,69	Fe II	*	
2021,83	V II	—	2	2016,05	Nb II	5	15	2010,63	Ir I	15	15
2021,51	Ir	—	50	2015,99	Co (I)	4	—	2010,48	Rh III	—	25
2021,44	W II	—	6	2015,89	Ag II	—	25	2010,23	W II	6	12
2021,39	Au I	8	—	2015,86	Zr II	—	2	2010,15	Os	10	4
2021,38	V (II)	—	4	2015,77	V II	—	4	2010,10	Co I	8	—
2021,28	Ni I	5	—	2015,58	Cu II	—	50	2010,04	As I	10	—
2021,21	Bi I	40	15	2015,55	V II	—	5	2010,01	V	—	3
2020,97	Ni II	—	30	2015,50	Fe II	*		2010,00	Nb	5	25
2020,92	Pt	2	—	2015,47	W II	6	10	2009,98	W II	8	12
2020,90	Hg	—	(2)	2015,12	Mo II	12	40	2009,92	Re II	3	15
2020,85	V II	—	6	2015,02	V II	4	5	2009,77	V	—	2
2020,75	Bi III	2	—	2014,94	Pt II	30	40	2009,34	V	—	2
2020,74	Fe II	*		2014,63	Sb I	4	(5)	2009,32	Zn	—	(2)
2020,56	V II	—	3	2014,58	Co (I)	20	—	2009,19	As I	50R	8
2020,52	Fe	2	100	2014,43	W III	5	12	2008,99	Nb (II)	—	2
2020,44	O II	—	(5)	2014,43	Pb I	3	—	2008,91	W	6	—
2020,33	Cd	—	(2)	2014,25	Ni I	15R	10	2008,64	W I	4	—
2020,32	Mo II	20	50R	2014,23	W II	6	12	2008,55	Hg	—	(10)
2020,27	O	—	(5)	2014,23	Pd III	—	30	2008,46	Nb II	4	20
2020,26	Os	25	10	2014,18	V II, IV	2	50	2008,43	Si I	3	—
2020,13	W I	8	2	2013,98	Pt	3	20	2008,28	Co I	5	5
2020,11	V	—	2	2013,96	Pd I	7	—	2008,07	W II	12	25
2019,82	Pd I	12	4	2013,88	Co III	—	10	2007,71	Fe II	*	
2019,79	Nb II	4	15	2013,83	Pd III	—	30	2007,67	Ni I	9	3
2019,57	W II	2	8	2013,71	Rh III	—	100	2007,65	V II	—	10
2019,55	Pd I	15	10	2013,65	Cr II	*		2007,56	Tl I	*	
2019,49	V II	—	3	2013,32	As I	25R	8	2007,55	Pt	—	7
2019,07	Ge I	2R	—	2013,27	Fe II	*		2007,49	Cd II	—	(10)
2019,04	Ni II	2	30	2013,07	W II	5	7	2007,45	Fe II	*	
2018,87	V	—	2	2012,96	Cu II	—	20	2007,36	Pt	9	—
2018,77	Fe II	*		2012,85	V II	—	8	2007,21	Fe (I)	*	
2018,67	Nb II	2	15	2012,78	Hf II	10	4	2007,04	Ge II	*	
2018,32	Pt II	5	25	2012,76	As I	10	—	2007,01	Fe II	*	
2018,14	Os I	20	15	2012,66	Zr II	2	2	2007,01	Pd I	20	8
2017,87	Re I	40	6	2012,65	V II	—	4	2006,99	Ni I	15	3
2017,61	Cu II	4	2	2012,62	Zn	—	(250)	2006,92	W	5	—
2017,45	Rh III	—	80	2012,58	Pt	9	6	2006,88	V II	2	40
2017,41	Ir	—	50	2012,45	Cr II	—	8	2006,71	W	5	12
2017,32	V II	—	2	2012,33	Sb I	4	2	2006,5	к C	15	—
2017,28	Nb (II)	3	25	2012,3	к C	30	—	2006,26	Fe (I)	*	

λ	El.	B		λ	El.	B		λ	El.	B	
		A	S (E)			A	S (E)			A	S (E)
2006,09	W	2	4	2003,14	Pt II	5	15	2001,15	V (II)	—	10
2005,87	V (II)	—	6	2002,86	S	—	(10)	2001,02	Fe II	*	
2005,21	V II	—	2	2002,72	Te	10	—	2000,81	Au II	*	
2005,14	Rh III	—	25	2002,56	W II	—	2	2000,78	Co II	4	12
2005,02	Nb (II)	5	25	2002,54	As I	20R	—	2000,78	V II	—	5
2004,94	Cr I	12	—	2002,27	Cu (II)	—	3	2000,73	Hg	—	(2)
2004,78	V II	—	50	2002,09	Nb	—	2	2000,68	Ag II	—	30
2004,78	Os	10	—	2002,0	Te (I)	50	—	2000,59	Cd III	—	(3)
2004,77	Sb	8	—	2001,95	Mn	2	18	2000,46	Ni I	10	2
2004,76	Nb (II)	4	20	2001,91	Hg I	—	(10)	2000,37	Fe II	*	
2004,57	Hg	—	(8)	2001,90	Zr II	—	2	2000,35	Cu II	6	7
2004,33	Pt II	—	25	2001,81	Ni I	15	3	2000,24	Mo II	2	12
2004,29	Ni II	—	30	2001,70	W II	6	12	2000,2	Te (I)	10	—
2004,13	Pt I	12	5	2001,66	V (II)	—	9	2000,14	V (II)	—	10
2004,04	Cd III	—	(10)	2001,59	Bi	2	—	2000,04	Mo II	10	—
2003,83	Pd III	—	40	2001,59	Te	120	—				
2003,82	Mn I	50R	25	2001,52	Pd III	—	40				
2003,73	Os I	5	10	2001,45	V II	—	12				
2003,53	Re I	18	6	2001,45	Os I	10	3				
2003,34	As I	300R	10	2001,30	S	—	(8)				

PART TWO

Tables of Spectral Lines
by Elements

λ	B	eV	λ	B	eV

<h2 style="text-align:center">89 Ac[1]</h2>

	λ	B	eV		λ	B	eV
II	7886,82	3	3,95	II	5573,16	3	3,87
I	7866,10	—	1,85	I	5569,26	10	2,22
II	7617,42	2	3,71	II	5548,98	9	4,09
II	7567,65	4	3,28	II	5471,71	—	4,85
I	7290,40	—	1,70	II	5446,38	300	4,13
II	6996,09	—	4,13	I	5430,96	2	—
II	6933,99	15	3,87	I	5424,44	—	—
II	6695,23	200	3,71	I	5369,63	—	—
I	6691,27	20	1,85	II	5362,61	60	3,93
I	6618,19	1	3,10	I	5344,74	4	3,54
II	6535,81	15	4,48	II	5273,13	2	4,94
I	6469,68	3	2,19	I	5271,56	8	2,63
I	6447,82	2	2,20	I	5264,48	2	—
II	6424,58	3	—	I	5261,45	2	—
II	6387,39	2	4,14	I	5258,24	20	2,36
I	6359,86	20	2,22	II	5256,03	7	3,28
I	6340,10	1	—	II	5230,43	60	3,71
I	6275,67	2	3,33	II	5229,10	10	4,57
I	6257,12	—	—	I	5228,31	2	—
II	6242,83	300	3,63	II	5215,40	30	4,76
II	6181,74	40	4,76	III	5193,21	30	2,91
II	6173,35	4	3,63	II	5164,83	4	4,76
I	6170,18	—	3,23	II	5156,53	60	4,48
II	6167,83	100	4,09	I	5105,83	1	—
II	6164,75	600	2,60	II	5065,07	7	5,20
II	6161,48	2	3,86	I	5064,65	—	—
I	6154,33	1	—	I	5061,56	—	—
I	6109,98	—	—	II	4981,55	20	4,13; 5,07
I	6026,14	1	—	I	4963,48	—	4,00
II	6006,27	9	3,71	II	4960,87	150	4,14
I	5957,47	2	2,36	II	4958,23	200	3,63
I	5952,86	—	—	II	4945,18	200	4,58
II	5910,85	1000	2,75	II	4889,10	80	4,39
II	5905,14	—	3,95	I	4868,87	3	3,77
II	5901,10	2	4,48	I	4860,16	10	2,83
I	5830,55	—	3,35	I	4855,68	4	3,91
II	5813,45	5	—	II	4812,22	600	3,50
I	5812,44	2	2,13	II	4811,06	15	5,16
II	5758,97	400	3,28	I	4808,81	3	4,08
II	5732,05	200	2,75	II	4807,83	100	3,71
I	5674,15	5	3,33	I	4786,96	2	—
II	5663,34	20	4,57	I	4776,77	2	—
II	5660,93	2	6,77	II	4740,51	200	5,20
I	5660,19	2	3,54	II	4720,16	1000	3,28
I	5636,60	4	2,20	II	4716,74	20	4,48
II	5627,57	20	4,56	I	4716,58	20	2,63
II	5625,92	3	4,58	I	4707,97	5	—
I	5618,77	4	3,35	I	4705,78	10	2,91
I	5610,90	1	—	I	4693,29	1	—
II	5603,77	25	4,57	I	4690,52	4	4,00

[1] Intensity given for spark.

λ	B	eV	λ	B	eV
II 4684,91	6	6,78	I 4234,61	2	—
I 4682,16	6	4,15	II 4232,67	20	4,56
I 4621,69	3	3,91	I 4225,99	3	—
I 4613,93	20	2,96	I 4218,02	5	4,08
I 4611,59	—	4,19	II 4209,69	300	3,87
I 4610,10	2	2,97	I 4208,91	5	4,30
II 4605,45	1000	3,28	I 4205,70	1	—
II 4585,83	3	7,19	II 4202,79	2	—
I 4578,24	3	—	I 4201,92	3	4,45
III 4569,87	4000	3,23	I 4198,72	3	4,18
I 4557,28	1	3,94	I 4194,40	20	3,23
I 4552,18	5	4,08	II 4189,75	40	—
II 4544,09	100	5,48	II 4188,08	8	—
II 4539,29	3	4,58	I 4186,05	2	4,31
II 4526,27	15	3,87	I 4184,17	—	4,19
II 4511,23	15	4,39	I 4183,12	20	2,96
II 4507,20	2000	2,75	I 4179,98	50	2,97
I 4487,60	3	3,91	II 4169,12	—	7,73
I 4486,63	1	4,26	II 4168,40	2000	3,63
I 4471,81	5	4,00	II 4152,88	—	5,37
II 4470,59	50	4,85	II 4144,15	10	6,62
II 4467,90	10	5,16	I 4139,65	2	—
I 4462,73	50	2,78	II 4137,99	40	5,07
I 4461,16	—	—	II 4136,22	5	4,85
II 4452,19	700	3,71	II 4132,42	20	5,58
II 4442,05	20	5,54	II 4113,86	10	4,14
I 4426,85	—	3,94	I 4113,77	4	3,29
I 4423,15	2	—	II 4088,44	3000	3,95
I 4420,42	2	—	I 4087,76	1	4,18
I 4417,26	2	4,03	II 4081,77	2	—
III 4413,09	3000	2,91	I 4081,04	—	4,26
I 4402,11	10	4,31	II 4078,70	200	3,63
II 4397,45	5	5,20	I 4063,10	20	3,33
I 4396,71	30	3,10	II 4061,60	500	3,71
II 4391,43	6	6,78	II 4058,38	2	—
II 4386,41	1500	3,95	II 4057,36	4	7,16
I 4384,53	30	2,83	II 4053,06	20	7,45
I 4375,07	3	4,19	II 4050,06	2	—
II 4364,08	3	4,48	II 4044,45	30	7,15
II 4359,13	400	3,50	II 4038,93	—	6,77
I 4347,51	—	—	II 4037,15	4	6,78
II 4337,13	30	4,94	I 4034,63	30	3,35
I 4336,27	2	4,08	I 4031,95	5	4,30
II 4327,24	5	—	II 4023,09	5	—
II 4311,64	10	—	II 4019,64	80	5,16
I 4294,62	—	4,03	I 4015,22	3	—
II 4268,21	40	4,76	II 4005,47	10	5,68
I 4266,94	4	—	I 4004,64	3	4,30
I 4262,42	3	4,26	I 4003,79	—	—
II 4261,67	10	6,77	II 4002,23	10	7,18
II 4261,10	20	3,50	II 3999,36	50	5,48
II 4259,65	20	6,78	II 3977,36	100	4,76
II 4257,82	50	6,41	II 3972,49	4	—
I 4246,78	1	—	II 3965,07	5	—
I 4246,33	3	—	II 3951,98	20	—

λ	B	eV	λ	B	eV
II 3946,59	3	—	II 3683,66	30	3,95
II 3938,58	10	6,77	II 3679,69	4	—
I 3929,52	—	4,30	II 3669,88	4	—
II 3928,39	10	—	II 3664,69	10	6,14
II 3922,73	6	—	I 3662,35	—	—
II 3920,10	50	5,54	II 3660,32	4	—
II 3914,47	200	4,09	I 3653,49	—	—
II 3907,38	—	8,10	I 3644,42	—	—
II 3893,35	50	—	II 3643,62	8	7,88
I 3885,56	40	3,19	II 3600,24	4	4,57
II 3879,82	2	7,32	II 3595,75	20	7,15
II 3877,03	4	—	II 3588,31	5	6,21
II 3863,12	2000	4,13	II 3585,09	40	4,58
II 3858,80	2	3,87	II 3583,55	30	7,32
II 3850,91	5	—	II 3579,53	15	7,42
I 3843,04	20	—	II 3565,59	2000	4,13
I 3835,32	8	3,23	II 3562,33	30	7,18
II 3834,80	30	—	II 3554,99	400	4,14
II 3832,72	2	—	II 3552,55	10	—
II 3814,78	5	7,73	I 3549,47	1	3,77
I 3814,36	10	—	II 3547,07	—	7,45
II 3809,52	6	—	II 3546,83	15	6,77
II 3805,05	40	8,11	II 3545,44	10	6,78
II 3799,82	200	4,39	II 3534,63	250	5,58
II 3796,02	2	—	II 3533,98	10	—
I 3795,86	2	3,54	II 3532,14	15	6,09
II 3788,66	2	—	II 3529,24	200	5,37
II 3784,01	6	—	II 3527,31	200	5,16
II 3777,80	3	5,48	II 3516,97	20	—
II 3774,31	2	—	II 3513,73	50	—
II 3772,14	7	7,42	I 3506,25	1	—
II 3771,64	10	—	II 3499,75	20	4,13
II 3771,21	2	7,15	II 3491,47	3	7,42
II 3769,82	20	5,37	II 3489,53	400	5,48
I 3767,80	—	3,29	III 3487,59	4000	3,65
II 3761,24	20	5,88	II 3483,25	20	5,20
II 3756,67	500	3,95	II 3481,56	10	7,43
II 3754,18	15	5,16	II 3481,16	1000	4,48
II 3747,25	5	5,16	II 3460,77	30	—
II 3740,67	2	7,80	I 3446,25	2	—
II 3736,55	4	—	II 3440,40	20	6,36
I 3735,95	—	—	II 3439,25	8	—
II 3734,47	5	7,18	II 3417,77	600	3,63
I 3725,22	1	3,33	I 3416,29	3	3,91
II 3713,17	6	7,43	II 3413,84	400	4,76
II 3713,00	6	—	II 3402,11	5	7,73
II 3711,82	3	—	II 3396,92	20	—
II 3710,28	3	—	III 3392,78	3000	3,65
II 3709,03	3	7,73	I 3391,41	—	—
II 3704,32	9	5,20	II 3388,85	10	6,41
I 3701,30	10	3,35	II 3388,51	6	6,02
II 3694,88	150	4,48	II 3383,53	400	4,58
I 3692,36	—	—	I 3380,96	—	3,94
II 3690,67	10	—	II 3361,19	5	—
II 3685,17	2	—	II 3359,68	6	5,54

λ	B	eV	λ	B	eV
I 3350,06	—	—	II 3112,83	400	4,57
II 3343,04	10	7,80	I 3111,57	5	4,26
II 3342,31	5	—	I 3109,33	—	—
II 3341,25	6	—	II 3100,63	20	6,36
II 3331,50	20	7,43	II 3087,37	200	4,94
I 3330,26	—	—	II 3086,04	300	6,09
II 3328,01	30	5,37	II 3084,85	20	6,60
II 3322,29	40	5,58	I 3082,96	—	4,30
I 3320,65	1	—	II 3080,54	10	6,77
II 3318,01	300	4,39	II 3078,07	300	5,88
II 3311,60	6	—	II 3076,87	40	5,16
I 3303,28	2	4,03	I 3076,44	3	4,03
I 3302,37	—	—	II 3076,17	10	6,21
II 3301,93	—	7,88	II 3069,36	400	5,88
II 3297,14	5	—	II 3064,25	40	7,32
I 3288,90	3	3,77	II 3043,30	1000	5,20
II 3281,65	40	6,14	I 3036,93	2	4,08
II 3260,91	1000	4,39	II 3030,46	7	7,80
II 3259,49	30	5,88	II 3019,87	300	4,76
I 3257,77	—	4,08	II 3015,40	10	—
II 3253,84	30	6,41	II 3001,88	40	6,21
II 3249,48	10	6,17	II 2996,68	10	7,42
II 3247,79	20	6,02	II 2994,17	400	4,14
II 3239,86	100	6,21	II 2972,49	10	4,76
II 3239,73	20	5,68	I 2968,82	—	4,18
II 3238,39	5	7,32	II 2966,45	5	7,88
II 3237,70	300	4,48	II 2958,49	10	—
II 3230,59	400	4,76	III 2952,55	4000	4,72
II 3228,67	7	5,48	II 2944,42	5	6,96
II 3226,14	9	—	II 2935,80	5	6,60
3224,7	60	—	II 2931,46	20	—
II 3221,49	20	6,96	II 2924,12	20	5,37
II 3219,08	100	6,60	II 2923,02	100	5,16
I 3216,45	1	—	II 2905,81	6	5,20
II 3211,99	20	—	II 2896,82	100	6,14
II 3204,87	40	6,62	II 2895,20	20	6,13
II 3202,12	20	6,23	II 2864,11	4	—
II 3193,68	—	—	II 2856,73	20	—
I 3182,52	1	—	II 2847,16	300	5,48
I 3179,52	—	4,18	II 2833,47	20	6,02
II 3176,83	30	5,54	II 2831,56	6	—
I 3174,69	1	—	II 2826,27	6	—
I 3174,23	2	3,91	II 2806,76	50	5,54
I 3171,17	15	4,19	II 2798,05	6	—
II 3164,81	500	4,57	II 2797,59	40	—
II 3163,01	5	7,42	IV 2793,90	200	—
II 3158,88	10	—	2790,83	20	—
II 3154,41	1000	4,85	II 2788,64	5	5,37
II 3154,15	—	7,80	II 2781,56	20	—
II 3153,09	1000	4,58	II 2760,18	30	—
I 3143,71	10	3,94	II 2758,37	3	6,14
I 3140,72	—	—	II 2753,15	10	5,16
II 3132,04	5	—	II 2729,74	20	—
II 3120,16	300	4,56	II 2726,23	40	5,20
II 3118,78	40	6,36	II 2713,72	30	5,16

	λ	B	eV		λ	B	eV
II	2712,50	40	4,57	II	2344,87	3	6,21
II	2705,61	5	6,96	II	2316,06	2	—
III	2682,90	400	4,72	II	2307,50	10	—
II	2657,81	100	5,58	II	2261,75	10	5,48
II	2630,19	50	5,37	II	2102,24	2	—
III	2626,44	5000	4,72	II	2100,00	20	—
IV	2558,08	200	—	II	2064,28	5	—
II	2534,85	5	5,54		2062,00	40	—
IV	2502,12	50	5,54				
II	2501,39	2	5,54				

47 Ag

	λ	B		eV		λ	B		eV
I	39951	A	8	7,02	I	3914,40	A	50	10,82
I	18382	A	15	6,72	I	3907,40	A	50	10,82
I	18308	A	15	6,72	I	3840,80	A	100	6,90
I	17417	A	20	5,98	I	3811,78	A	50	7,03
I	16819	A	60	6,01	I	3810,86	A	200	7,02
I	12551	A	10	7,02	I	3709,25	A	50	7,12
II	9000,9	C	15	16,36	II	3683,34	C	80	14,08
II	8747,6	C	12	16,96	I, II	3682,47	A	30	7,02; 13,73
I	8645,70	A	30	6,70	I	3624,71	A	50	7,20
II	8492,5	C	15	17,00	I	3542,61	A	50	—
II	8403,8	C	25	16,41	I	3508,09	A	20	7,20
II	8379,5	C	15	16,47	I	3469,21	A	30	7,87
II	8324,4	C	20	16,48; 18,49	I	3382,89	M	2800	3,66
I	8273,52	M	50	5,27	I	3280,68	M	5500	3,78
II	8254,7	C	15	16,49	II	3267,35	C	100	13,73
II	8005,4	C	25	16,49	I	3215,68	A	15	10,82
I	7687,78	M	32	5,27	II	3180,71	C	90	14,08
I	5667,34	A	100	9,84	I	3170,58	A	10	7,65
I	5545,67	A	20	6,02	I	3130,01	A	30	7,70
I	5471,55	M	10	6,04	I	3099,12	A	20	8,30
I	5465,49	M	100	6,04	II	2938,55	S	15	14,98
I	5209,07	M	100	6,04	II	2934,23	S	30	14,94
II	5027,35	K	80	13,73	II	2929,35	S	30	9,93
I	4888,28	A	20	10,41	II	2920,04	S	15	15,51
I	4874,18	A	100	9,84	II	2902,07	S	20	14,98
I	4847,82	A	30	9,84	II	2896,49	S	20	15,54
II	4788,40	C	100	13,73	II	2873,65	S	20	15,51
I	4677,60	A	30	9,94	I	2824,37	A	100	8,13
I	4668,48	M	6	6,44	II	2815,54	S	20	15,54
II	4620,04	C	80	13,73	II	2799,66	S	30	14,98
I	4615,69	A	30	9,94; 10,49	II	2786,49	S	2	15,71
I	4476,04	M	5	6,44	II	2767,52	S	75	10,18
I	4396,32	A	20	10,41	II	2756,51	S	35	15,54
I	4311,07	A	50	9,84	II	2743,90	S	15	9,93
I	4212,68	A	100	6,72	I	2721,77	M	6	8,30
I	4210,94	M	9	6,72	II	2712,06	S	40	14,94
II	4185,48	C	100	13,73	II	2711,21	S	15	15,71
II	4085,87	C	80	14,08	II	2681,38	S	20	14,98
I	4055,46	A	1000	6,72	II	2660,46	S	60	10,36
I	3981,64	A	100	6,90	II	2614,59	S	15	15,51

λ	B		eV	λ	B		eV
II 2606,16	S	15	14,94	II 2166,05	A	10	11,14
II 2596,84	S	15	16,41	III 2161,87	C	60	14,61
II 2595,63	S	8	15,54	II 2145,76	A	20	16,34; 15,71
II 2580,74	S	35	14,98	II 2129,12	A	10	16,37
I 2575,74	A	50	9,11	II 2125,50	A	18	15,77
II 2564,42	S	8	15,51	II 2120,45	A	10	11,27
II 2535,31	S	30	9,93	II 2113,83	A	80	10,71
II 2506,60	S	60	10,36	III 2081,05	C	20	16,57
II 2504,08	S	8	15,51	II 2075,61	A	10	16,34
II 2480,41	S	20	15,71	I 2069,83	A	100	5,98
II 2477,28	S	25	14,94	II 2065,91	A	40	11,05
II 2473,80	S	80	10,71	I 2061,17	A	200	6,01
II 2462,24	S	20	15,80	III 2057,00	C	20	15,19
II 2460,31	S	20	15,81	II 2033,92	A	15	11,14
II 2453,33	S	30	15,76	II 2015,89	A	15	11,20
II 2447,93	M	3,0	10,77	III 2011,49	C	20	15,32
II 2446,34	S	10	16,21	II 2000,68	A	20	11,05
II 2444,21	S	25	16,33	III 2000,24[1])	C	60	15,36
II 2437,79	M	8	9,93	II 1994,32	A	20	11,26
II 2429,64	S	35	15,81	III 1987,02	C	20	15,70
II 2420,07	S	30	16,38	III 1977,03	C	50	16,83
II 2413,18	M	10	10,18	III 1975,92	C	60	15,16; 16,10
II 2411,35	S	75	10,55	II 1967,38	C	10	16,66
II 2402,57	S	8	16,29	III 1966,89	C	40	15,19
III 2395,65	C	30	14,76	III 1957,62	C	70	16,96
II 2390,54	S	25	16,38	III 1925,30	C	20	15,32
I 2375,06	A	50	8,96	III 1917,08	C	60	14,30
II 2365,69	S	10	16,38	III 1916,92	C	40	14,61
II 2364,01	S	30	15,80	III 1889,57	C	30	15,01
II 2362,20	S	20	15,81	III 1880,36	C	25	15,19
II 2358,87	S	35	16,29	III 1873,45	C	40	14,76
II 2357,92	S	70	10,68	III 1867,12	C	35	15,52
II 2331,40	S	80	10,36	III 1860,64	C	10	16,14
II 2325,05	S	40	15,70	III 1840,14	C	40	17,34
II 2324,68	S	70	10,18	III 1828,83	C	35	14,61
II 2320,29	S	80	11,05	III 1816,83	C	25	15,71
II 2317,05	S	70	10,77	III 1808,23	C	30	15,01
I 2309,64	A	30	9,11	III 1802,24	C	15	15,32
II 2279,98	S	75	11,13	III 1793,90	C	15	15,51
II 2277,43	S	10	15,81	III 1771,81	C	10	17,63
II 2275,32	S	25	15,82	III 1768,70	C	15	15,16
II 2253,46	S	30	16,27	III 1751,03	C	75	14,91
II 2248,74	S	75	10,55	III 1728,14	C	25	15,32
II 2246,41	S	100	10,36	III 1722,27	C	20	15,64
II 2246,14	A	20	15,70	I 1709,26	A	50	7,25
II 2240,39	A	10	16,21	III 1693,51	C	50	15,16
II 2229,52	A	60	11,27	II 1682,82	C	12	17,92
II 2219,69	A	10	15,77	I 1651,87	A	100	7,50
II 2208,49	A	15	16,38	II 1644,50	C	10	17,91
II 2205,95	A	35	15,80	II 1555,16	C	10	17,91
II 2204,38	A	10	15,81	I 1548,58	A	50	8,01
II 2203,64	A	15	16,30	I 1515,63	A	100	8,18
II 2202,10	A	40	15,56	I 1507,37	A	50	8,22
II 2186,77	A	50	10,71	II 1195,87	C	50	10,37
II 2166,51	A	45	10,77				

[1] Wavelength given for vacuum.

λ	B		eV	λ	B		eV
II 1112,46	C	80	11,14	III 808,88	C	30	15,32
II 1107,05	C	25	11,20	III 799,41	C	40	15,51
II 1072,23	C	12	16,41	III 776,38	C	35	15,97
II 1065,49	C	10	16,49	II 752,80	C	30	16,46
II 1005,32	C	15	17,18	II 730,83	C	25	16,96
III 838,11	C	20	15,36	III 730,04	C	35	16,98
III 822,39	C	18	15,64	III 726,96	C	30	17,63

13 Al

λ	B		eV	λ	B		eV
I 21163,75	C	650	4,67	II 6243,35	C	500	15,06
I 21093,04	C	600	4,67	II 6231,76	C	100	15,06
I 16763,36	C	300	4,83	II 6226,19	C	30	15,06
I 16750,56	C	600	4,83	II 6201,70	C	500	17,30
I 16718,96	C	500	4,83	II 6201,52	C	500	17,30
I 13150,76	C	700	4,08	II 6183,42	C	500	17,30
I 13123,41	C	800	4,09	II 6073,23	C	500	17,63
I 11254,88	C	800	5,12	II 6006,38	C	60	17,65
I 11253,19	C	700	5,12	II 5972,05	C	30	17,68
I 10891,73	C	500	5,22	II 5853,62	C	30	17,18
I 10872,98	C	500	5,22	III 5722,65	C	60	17,80
I 10786,77	C	20	5,24	III 5696,47	C	200	17,81
I 10782,05	C	300	5,24	II 5593,23	C	500	15,47
I 10768,36	C	200	5,24	I 5557,95	C	200	5,37
I 9163,26	C	5	8,38	I 5557,06	C	500	5,37
I 9139,95	C	60	8,39	II 5371,84	C	60	17,37
I 9089,91	C	30	8,38	II 5316,07	C	100	17,92
I 8925,50	C	20	5,48	II 5312,32	C	30	17,92
I 8923,56	C	300	5,48	II 5285,85	C	60	17,95
I 8912,90	C	100	5,48	II 5283,77	C	200	17,93
I 8841,28	C	500	5,49	II 5280,21	C	60	17,93
I 8828,91	C	200	5,49	III 5163,90	C	100	25,94
I 8773,90	C	700	5,43	III 5150,86	C	60	25,94
I 8772,87	C	650	5,43	I 5107,94	C	60	5,57
II 8354,35	C	500	16,54	I 5107,52	C	400	5,57
I 8076,29	C	5	5,62	II 4902,77	C	30	18,11
I 8075,35	C	200	5,62	II 4898,76	C	30	18,13
I 8065,97	C	60	5,62	III 4701,65	C	60	23,40
I 8003,19	C	100	5,64	II 4666,8	C	600	18,26
I 7993,05	C	30	5,64	II 4588,19	C	30	17,76
I 7836,13	C	600	5,60	II 4585,82	C	60	17,76
I 7835,31	C	500	5,60	III 4529,18	C	60	20,55
I 7615,34	C	2	5,71	III 4512,53	C	20	20,55
I 7614,82	C	100	5,71	III 4479,97	C	20	23,54
I 7606,16	C	30	5,71	II 4227,49	C	30	17,99
I 7563,21	C	10	5,73	II 4226,81	C	30	17,99
I 7554,16	C	2	5,73	III 4150,14	C	10	23,54
I 7362,30	C	300	5,70	III 4149,90	C	15	23,54
I 7361,57	C	200	5,70	II 4026,5	C	30	16,73
I 7084,64	C	60	5,77	II 3995,86	C	30	18,16
I 7083,97	C	30	5,77	I 3961,52	M	900	3,14
II 7042,06	C	30	13,07	I 3944,01	M	450	3,14
I 6698,67	C	500	4,99	I 3935,68	C	20	8,38
I 6696,02	C	650	4,99	I 3932,00	C	30	8,39
II 6335,70	C	30	15,60	II 3900,68	C	500	10,60

λ	B		eV	λ	B		eV
III 3713,10	C	5	21,15	II 2552,12	C	30	17,93
III 3702,09	C	2	21,15	II 2545,60	C	60	18,12
II 3655,00	C	200	16,47	I 2519,52	C	2	9,75
II 3651,06	C	60	16,47	I 2519,22	C	20	9,75
III 3612,35	C	20	17,80	I 2513,31	C	30	9,76
III 3601,62	C	60	17,80	I 2378,40	M	4	5,22
II 3587,44	C	100	15,30	I 2374,50	C	20	8,83
II 3587,06	C	200	15,30	I 2373,57	C	200	8,83
II 3586,55	C	400	15,30	I 2373,35	M	16	5,24
I 3482,63	C	30	8,38	I 2373,12	M	90	5,24
I 3479,81	C	30	8,39	I 2372,07	A	3	5,22; 8,83
I 3458,22	C	60	3,60	I 2370,73	C	60	8,83
I 3452,66	C	5	3,60	I 2370,23	C	300	8,83
I 3444,87	C	60	3,60	I 2369,30	C	500	8,83
I 3443,64	C	300	3,61	I 2368,11	C	200	8,83
I 3439,35	C	60	3,60	I 2367,61	C	200	8,83
II 3428,92	C	60	17,26	I 2367,05	M	45	5,24
I 3092,84	C	5000	4,02	I 2321,56	C	300	8,95
I 3092,71	M	650	4,02	I 2319,06	C	30	8,96
I 3082,15	M	320	4,02	I 2317,48	C	100	8,95
II 3074,67	C	60	17,68	I 2314,98	C	20	8,96
I 3066,15	C	30	7,65	I 2313,53	C	60	8,96
I 3064,29	C	100	7,65	I 2312,49	C	30	8,96
I 3059,92	C	20	7,65	I 2311,04	C	20	8,96
I 3059,03	C	20	7,65	I 2269,22	H	15	5,48
I 3057,14	C	1000	7,67	I 2269,10	M	53	5,48
I 3054,68	C	30	7,65	I 2266,01	C	10	9,49
I 3050,08	C	500	7,67	I 2263,74	H	4	5,49
II 3041,28	C	20	17,72	I 2263,46	H	60	5,48
I 2913,27	C	10	9,49	I 2258,01	H	8	5,49
III 2907,05	C	500	25,03	I 2210,13	—		5,62
I 2902,26	C	5	9,75	I 2210,06	H	12	5,62
I 2894,23	C	10	9,76	I 2204,67 }	H	10	5,62
II 2868,52	C	300	17,97	I 2204,62 }			5,64
I 2840,21	C	5	8,38	I 2199,18	—		5,64
I 2840,10	C	100	8,38	I 2181,00	C	30	9,30
I 2837,96	C	100	8,39	I 2177,40	C	20	9,30
I 2837,86	C	5	8,39	I 2174,11 }	H	8	5,71
II 2816,18	C	300	11,82	I 2174,07 }			5,71
III 2762,81	C	400	25,03	I 2169,84	—		5,73
I 2748,07	C	10	9,75	I 2168,83	H	8	5,71
I 2740,98	C	20	9,76	I 2164,92	C	5	9,75
II 2669,17	C	500	4,64	I 2164,58	—		5,73
I 2660,39	M	20	4,67	I 2160,38	C	10	9,76
I 2657,41	C	10	9,49	I 2150,70	C	30	5,78
I 2652,43	M	15	4,67	I 2147,56	Ab	—	5,78
II 2637,70	C	10	16,54	I 2145,56	C	10	5,78
II 2631,55	C	30	15,32	I 2142,40	Ab	—	5,78
II 2627,68	C	30	18,36	I 2134,73	C	5	5,82
II 2597,18	C	60	18,42	I 2132,39	Ab	—	5,83
II 2586,95	C	60	18,44	I 2129,66	C	2	5,82
I 2575,40	M	4	4,83	I 2127,30	Ab	—	5,83
I 2575,10	M	48	4,83	I 2123,36	C	2	5,85
I 2567,98	M	24	4,83	I 2121,58	Ab	—	5,86
II 2557,71	C	30	17,92	I 2118,33	Ab	—	5,85

λ	B		eV	λ	B		eV
I 2116,54	Ab	—	5,86	II 1930,03	C	30	18,10
I 2114,98	Ab	—	5,87	II 1910,91	C	30	—
I 2113,59	Ab	—	5,88	III 1862,78	C	500	6,65
I 2109,99	Ab	—	5,87	II 1862,38	C	1000	11,31
I 2108,60	Ab	—	5,88; 5,89	II 1858,08	C	500	11,31
I 2107,53	Ab	—	5,89	II 1855,97	C	300	11,31
I 2103,71	Ab	—	5,90	III 1854,72	C	300	6,68
I 2103,66	Ab	—	5,89	II 1828,61	C	500	18,10
I 2102,81	Ab	—	5,91	I 1769,14	C	20	7,02
I 2102,56	Ab	—	5,89	I 1766,39	C	20	7,03
I 2099,79	Ab	—	5,92	I 1765,64	C	20	7,02
II 2099,68	C	10	17,72	II 1764,01	C	500	11,69
I 2099,06	Ab	—	5,92	II 1763,85	C	300	11,67
I 2098,76	Ab	—	5,90	I 1762,90	C	60	7,03
I 2096,63	Ab	—	5,92	II 1762,00	C	30	11,67
II 2095,2	C	30	17,76	II 1760,15	C	100	11,69
I 2094,86	Ab	—	5,92	II 1750,56	C	60	17,68
II 2094,8	C	30	17,76	II 1739,64	C	30	17,72
II 2094,3	C	60	17,76	II 1725,01	C	800	11,84
I 2094,08	Ab	—	5,93	II 1721,31	C	500	11,84
I 2091,95	Ab	—	5,94	II 1719,43	C	200	11,84
I 2091,72	Ab	—	5,92	II 1686,19	C	30	17,95
I 2090,16	Ab	—	5,94	II 1681,78	C	30	17,97
I 2089,18	Ab	—	5,93	II 1670,81	C	800	7,42
I 2088,66	Ab	—	5,95	III 1611,85	C	200	14,36
I 2087,39	Ab	—	5,95	III 1605,78	C	100	14,37
I 2087,06	Ab	—	5,94	II 1539,74	C	500	15,47
II 2087,0	C	30	10,60	III 1384,14	C	30	15,64
I 2086,27	Ab	—	5,96	III 1379,67	C	10	15,63
I 2085,32	Ab	—	5,96	III 1352,92	C	200	23,54
I 2085,26	Ab	—	5,94	II 1191,86	C	30	15,06
I 2084,48	Ab	—	5,96	II 1190,07	C	20	15,06
I 2083,77	Ab	—	5,95	III 1162,66	S	30	25,04
I 2083,75	Ab	—	5,96	III 893,91	S	30	20,55
I 2083,10	Ab	—	5,96	III 892,06	S	20	20,55
I 2082,53	Ab	—	5,97	III 856,81	S	30	21,14
I 2082,52	Ab	—	5,95	III 854,98	S	20	21,14
I 2082,01	Ab	—	5,97	III 726,95	S	5	23,74
I 2081,57	Ab	—	5,97	III 725,72	S	20	23,74
I 2081,40	Ab	—	5,96	III 696,21	S	20	17,80
I 2081,15	Ab	—	5,97	III 695,82	S	10	17,81
I 2080,79	Ab	—	5,97	III 671,20	S	5	25,15
I 2080,46	Ab	—	5,96	III 670,14	S	2	25,15
I 2080,45	Ab	—	5,97	III 560,39	S	5	22,13
I 2080,15	Ab	—	5,97	III 511,22	S	20	24,25
I 2079,87	Ab	—	5,97	III 486,95	S	2	25,46
I 2079,62	Ab	—	5,96; 5,97	VI 309,60	S	150	40,04
II 2016,25	C	500	17,96; 17,99	V 281,40	S	400	44,48
II 1990,53	C	100	13,65	V 278,70	S	500	44,48
II 1962,67	C	100	18,14; 18,16	VI 243,76	S	300	56,01
II 1939,30	C	30	18,08	IV 161,69	S	400	76,67
III 1935,83	C	500	20,76	IV 160,07	S	500	77,44
II 1934,75	C	500	18,08	IV 130,85	S	300	94,74
II 1934,54	C	500	18,10	IV, V 130,40	S	250	95,08
II 1932,43	C	30	18,08	IV 129,73	S	300	95,55
				V 125,53	S	300	98,76

95 Am

λ	B		eV	λ	B		eV
I 8497,82	C	50	3,94	I 6359,97	C	5	3,90
I 8483,13		—	4,35	I 6344,37		—	4,60
I 8470,69	C	2	3,94	I 6326,23		—	4,60
I 8353,88		—	3,36	I 6322,74		—	4,60
I 8237,75		—	4,21	I 6314,56	A	10	3,84
II 8234,89	A	2	3,35	I 6299,37		—	4,18
I 8205,64	C	2	3,83	I 6298,79		—	4,60
I 8075,07		—	3,83	I 6296,43		—	3,85
I 7967,13		—	3,51	II 6256,98	A	2	3,78
II 7955,86		—	3,35	I 6200,35		—	4,21
I 7916,74		—	4,21	I 6175,87	C	10	3,94
I 7861,88		—	3,53	II 6157,77	A	5	3,78
II 7796,22	A	5	3,35	I 6149,50	C	5	3,97
I 7765,55		—	3,47	I 6115,23	C	5	3,90
II 7698,78		—	3,46	I 6056,22	C	20	4,00
I 7634,77		—	3,94	I 6054,64	C 10000		2,05
I 7586,95		—	3,51	I 6026,84		—	4,35
I 7521,60	C	50	3,94	I 5999,69		—	4,35
I 7491,42		—	3,53	I 5966,73		—	4,71
I 7479,24	C	50	3,94	I 5920,51		—	3,97
II 7454,29		—	3,46	II 5835,56		—	3,97
II 7362,83		—	3,45	I 5834,00	A	5	4,00
II 7313,92		—	3,46	II 5833,26	A	5	3,92
I 7298,74		—	4,18	I 5782,47	C	20	4,10
I 7278,69		—	4,18	II 5746,90	A	10	3,92
I 7172,87		—	3,94	I 5722,39	C	10	4,21
II 7061,30		—	3,60	II 5694,03	A	10	3,97
I 6986,03		—	3,65	II 5611,78	A	20	3,97
II 6977,03		—	3,63	I 5598,13	C	1000	2,21
I 6955,58	C	500	3,83	II 5584,21	A	1000	2,54
II 6855,06	A	5	3,60	I 5579,53	C	10	4,10
II 6775,62		—	3,63	I 5441,05	C	1	4,21
I 6772,80	A	5	3,71	I 5424,70	C	1000	2,29
II 6743,32	A	5	3,69	I 5415,33	C	5	4,24
II 6736,19	A	20	3,60	I 5402,62	C	1000	2,29
II 6659,46	A	5	3,63	II 5386,29	A	5	4,15
I 6652,83	C	5	4,18	I 5380,48	C	5	4,35
I 6652,07		—	3,82	I 5357,23		—	4,61
I 6575,69	C	1	3,85	I 5345,70	C	50	2,32
I 6566,82	C	50	4,18	I 5343,30		—	4,20
I 6556,03	C	1	3,85	II 5319,52	A	10	4,09
II 6555,04	A	1	3,69	II 5318,55	A	2	4,13
I 6544,16	C	500	3,83	II 5288,91	A	20	4,19
I 6540,95	C	50	3,94	II 5246,67	A	5	4,13
I 6534,49	C	5	4,18	I 5236,92	C	5	4,24
I 6459,25	C	2	4,21	II 5215,99	A	200	2,70
II 6446,25	A	5	3,69	II 5173,41	A	20	4,24
I 6428,01		—	4,21	II 5172,39	A	5	4,19
I 6405,11	C	1000	1,94	I 5131,00		—	4,35
I 6384,93		—	3,82	II 5061,88	A	50	4,24

	λ	B		eV		λ	B		eV
II	5020,96	A	1000	2,79	I	4329,83	C	20	4,74
I	5000,21	C	100	2,48	II	4324,57	A	2000	2,87
I	4990,79	C	200	2,48	II	4309,65	A	200	2,88
II	4902,59	A	20	4,38	I	4289,26	C	5000	2,89
II	4887,49	A	5	4,30	I	4282,99	C	20	4,85
II	4872,22	A	2000	2,87	II	4267,11	A	5	4,70
II	4853,98	A	50	4,40	I	4265,55	C	1000	2,91
II	4853,30	A	50	2,88	I	4260,39		—	4,79
I	4853,04	C	20	4,60	I	4255,91	C	10	4,87
I	4842,43	C	20	4,61	II	4245,47	A	5	4,77
I	4840,41	C	20	4,61	II	4233,60		—	4,72
II	4797,33	A	50	4,43	II	4188,12	A	1000	2,96
II	4755,65	A	5	4,40	II	4178,35	A	10	4,73
I	4706,80	C	1000	2,63	I	4170,63	C	50	4,85
II	4701,26	A	10	4,43	II	4170,05	A	2	4,77
II	4699,70	A	2000	2,96	I	4144,90	C	10	4,87
II	4698,14	A	5	4,40	I	4140,96	C	100	4,95
I	4681,65	C	2000	2,65	II	4125,73	A	1	4,77
II	4680,09	A	10	4,50	II	4124,43		—	4,85
II	4664,51	A	5	4,51	II	4089,32	A	100	3,35
I	4662,79	C	5000	2,66	II	4089,29	A	5000	3,03
I	4653,45	C	100	4,71	II	4080,49	A	10	4,89
I	4649,12	C	100	4,60	II	4036,37	A	500	3,07
II	4646,74	A	5	4,46	I	4035,81	C	100	4,95
II	4645,02	A	20	4,43	I	4020,25	C	100	5,04
I	4639,47	C	50	4,61	II	4010,79	A	5	4,89
I	4637,52	C	10	4,61	II	3976,71	A	5	4,91
II	4600,39		—	4,54	II	3969,74		—	4,89
II	4593,31	A	1000	2,70	II	3966,83	A	20	3,45
II	4588,63	A	5	4,50	II	3952,58	A	1000	3,46
II	4582,47	A	5	4,50	II	3926,25	A	5000	3,48
I	4576,22	C	5	2,71	I	3921,09	C	50	5,04
II	4575,59	A	5000	3,03	II	3801,75	A	50	3,58
II	4573,62	A	5	4,51	II	3777,50	A	5000	3,60
II	4535,12	A	2	4,50	II	3753,27	A	50	3,63
II	4534,09	A	2	4,58	II	3707,86	A	100	3,67
II	4529,01	A	5	4,50	II	3696,42	A	1000	3,35
II	4520,36	A	1	4,51	I	3688,55	C	50	3,36
II	4511,94	A	5	4,54	II	3684,57	A	100	3,69
II	4509,45	A	5000	3,07	I	3673,12	C	5000	3,37
I	4494,31	C	5	4,71	II	3621,82	A	5	5,27
II	4493,98		—	4,61	I	3603,41	C	500	3,44
II	4489,65	A	10	4,56	II	3596,07	A	100	3,45
II	4482,50	A	2	4,61	II	3584,33	A	50	3,46
I	4465,62	C	5	4,71	I	3569,16	C	5000	3,47
II	4451,19	A	20	4,58	II	3566,79		—	5,27
I	4451,04		—	4,74	II	3562,68	A	200	3,48
II	4441,36	A	2000	2,79	II	3534,34	A	1	5,27
II	4438,37	A	1	4,56	I	3530,95	C	1000	3,51
II	4424,21		—	4,60	I	3510,13	C	5000	3,53
II	4400,76	A	10	4,58	II	3483,31	A	5000	3,88
I	4377,70	C	50	4,79	II	3452,10	A	1000	3,91
I	4370,76	C	5	4,71	I	3446,19	C	200	3,60
II	4352,49	A	5	4,70	II	3444,94	A	20	3,92
II	4337,19	A	5	4,65	II	3441,81	A	50	3,92

λ	B		eV	λ	B		eV
II 3439,78	A	50	3,60	II 2936,99	A	200	4,54
II 3419,66	A	200	3,63	II 2927,53	A	200	4,56
II 3395,92	A	2	3,97	II 2920,59	A	1000	4,24
I 3395,01	C	200	3,65	II 2911,13	A	200	4,58
II 3362,55	A	500	3,69	II 2909,86	A	100	4,58
I 3343,87	C	100	3,71	II 2899,56	A	200	4,60
II 3316,95	A	50	4,06	II 2893,29	A	100	4,61
II 3286,67	A	200	4,09	II 2888,51	A	1000	4,61
II 3282,32	A	500	3,78	II 2882,92	A	20	4,30
II 3258,69	A	50	4,13	II 2866,20	A	100	4,32
II 3238,70	A	10	4,15	II 2861,92	A	100	4,65
II 3203,24	A	100	4,19	II 2833,95	A	100	4,70
II 3194,12	A	50	3,88	II 2832,26	A	5000	4,38
II 3167,86	A	100	3,91	II 2831,24	A	100	4,70
II 3161,83	A	200	3,92	II 2816,45	A	50	4,72
II 3160,52	A	50	4,24	II 2815,98	A	100	4,40
II 3120,49	A	2000	3,97	II 2815,28	A	1000	4,73
II 3116,43	A	20	4,30	II 2812,92	A	200	4,41
II 3096,91	A	5	4,32	II 2812,10	A	100	4,73
II 3072,13	A	50	4,36	II 2807,82	A	50	4,41
II 3053,69	A	200	4,06	II 2796,81	A	50	4,43
II 3038,36	A	500	4,40	II 2788,17	A	50	4,77
II 3028,86	A	100	4,41	II 2756,55	A	200	4,50
II 3027,99	A	500	4,09	II 2751,12	A	20	4,51
II 3004,25	A	1000	4,13	II 2740,26	A	10	4,52
II 2993,51	A	500	4,46	II 2735,47	A	50	4,85
II 2987,24	A	1000	4,15	II 2728,69	A	100	4,54
II 2969,29	A	1000	4,50	II 2716,06	A	5	4,89
II 2966,71	A	1000	4,50	II 2706,35	A	100	4,58
II 2963,02	A	100	4,51	II 2705,25	A	20	4,58
II 2958,39	A	100	4,51	II 2700,40	A	50	4,91
II 2957,05	A	100	4,19	II 2696,35	A	50	4,60
I 2953,71	C	50	4,20	II 2686,80	A	50	4,61
II 2950,39	A	500	4,52	II 2599,78	A	5	4,77
II 2939,08	A	100	4,54	II 2527,34	A	50	4,90

18 Ar

λ	B		eV	λ	B		eV
I 25660,9	G	65	14,73	I 13367,38	G	800	14,09
I 25123,9	G	75	14,50	I 13313,39	G	600	14,21
I 23844,8	G	130	14,50	I 13273,05	G	750	14,23
I 20986,1	G	100	13,86	I 13231,37	G	120	14,08
I 20616,5	G	170	13,90	I 13228,49	G	200	14,01
I 19817,2	G	55	14,53				
I 17444,93	G	128	14,01	I 13214,70	G	150	13,85
			13,86	I 13008,47	G	200	14,25
I 16940,39	G	100	13,90	I 12956,59	G	250	13,86
I 14093,61	G	120	14,14	I 12802,74	G	300	14,06
I 13910,83	G	150	14,90	I 12702,39	G	150	14,30
I 13718,77	G	1000	13,97	I 12487,63	G	700	14,06
I 13678,53	G	300	14,23	I 12456,05	G	400	14,07
I 13622,38	G	500	14,06	I 12439,19	G	500	13,88
I 13503,99	G	850	14,00	I 12402,88	G	400	14,14
I 13406,57	G	250	14,90	I 12356,82	G	100	14,90

λ	B	eV	λ	B	eV
I 12343,72	G 150	14,09	I 9194,68	H 150	14,25
I 12139,79	G 100	14,30	I 9122,97	H 500	12,90
I 12112,20	G 300	14,08	I 9075,42	H 60	14,69
I 11943,50	G 25	14,88	I 9073,34	H 50	15,21
I 11733,26	G 20	14,88	I 9066,77	H 40	15,37
I 11719,51	G 30	14,14	I 8962,19	H 40	14,70
I 11668,72	G 100	14,23	I 8849,97	H 150	15,37
I 11488,12	G 150	12,90	I 8840,82	H 20	15,37
I 11467,57	G 30	14,21	I 8799,13	H 100	14,71
I 11441,83	G 80	14,25	I 8784,59	H 30	14,69
I 11393,66	G 50	14,24	II 8771,86	IE 100	19,86
I 11133,86	G 20	15,21	I 8761,72	H 200	14,74
I 11118,75	G 20	15,21	I 8736,63	H 20	15,48
I 11106,44	G 60	15,21	I 8678,43	H 60	14,71
I 11078,87	G 200	14,21	I 8667,94	H 400	13,15
I 10950,74	G 120	14,30	I 8620,47	H 100	14,71
I 10947,90	G 20	15,03	I 8605,78	H 150	14,74
I 10892,37	G 30	14,20	I 8521,45	H 2000	13,28
I 10880,96	G 150	14,24	I 8490,30	H 40	14,74
I 10861,04	G 25	14,23	I 8443,44	H 20	15,48
II 10812,90	IE 80	19,76	I 8424,65	H 2000	13,09
I 10773,35	G 30	14,30	I 8408,21	H 2000	13,29
I 10759,13	G 60	15,21	I 8399,35	H 20	15,37
I 10733,87	G 50	15,39	I 8392,28	H 80	15,37
I 10712,77	G 40	15,39	I 8384,73	H 60	14,78
I 10700,98	G 80	14,24	I 8332,21	H 20	15,38
II 10683,05	IE 80	19,49	I 8264,53	H 1000	13,32
I 10681,80	G 200	14,24	I 8255,07	H 50	15,48
I 10673,55	G 500	14,07	I 8203,42	H 20	14,84
I 10529,32	G 50	15,38	I 8178,96	H 20	15,37
I 10506,47	G 100	15,07	I 8178,84	H 40	—
I 10478,09	G 200	14,09	I 8119,18	H 50	14,81
I 10470,05	G 300	12,90	I 8115,31	H 5000	13,07
II 10467,17	IE 200	19,68	I 8103,69	H 2000	13,15
I 10332,76	G 60	15,21	I 8094,06	H 20	14,85
I 10309,15	G 20	15,21	I 8079,68	H 20	15,37; 15,54
I 10254,04	G 10	14,30	I 8066,60	H 20	14,84
I 10163,45	G 30	15,07	I 8053,31	H 100	14,71
I 10094,32	G 8	15,38	I 8046,13	H 50	14,69
I 10069,04	G 50	14,70	I 8037,23	H 20	15,02
I 10052,10	G 150	15,21	I 8014,79	H 800	13,09
I 10029,70	G 40	15,21	I 8006,16	H 600	13,16
II 9967,04	IE 80	24,19	I 7956,99	H 10	14,70
I 9951,88	H 20	14,14	I 7948,18	H 400	13,28
II 9849,46	IE 50	25,45	I 7891,07	H 100	14,74
I 9784,50	H 1000	13,09	I 7724,21	H 200	13,32
I 9666,86	H 50	15,38	I 7723,76	H 200	13,15
I 9657,78	H 1500	12,90	I 7670,04	H 50	14,70
I 9478,39	H 50	15,21	I 7635,10	H 500	13,16
I 9459,09	H 100	15,21	I 7628,86	H 50	14,95
I 9402,69	H 20	15,38	I 7618,33	H 30	14,95
I 9354,22	H 200	13,15	II 7589,32	IE 100	19,96
I 9291,58	H 100	14,23	I 7514,65	H 200	13,27
I 9224,50	H 1000	13,16	I 7503,87	H 700	13,47
I 9198,61	H 50	15,21	I 7484,24	H 15	14,81

λ	B	eV	λ	B	eV
II 7440,49	IE 40	21,43	I 6384,72	H 100	14,85
I 7436,25	H 10	14,74	I 6369,58	H 30	15,12
I 7435,33	H 30	14,84	I 6364,89	H 20	15,10
I 7425,24	H 12	14,97	I 6296,88	H 20	15,29
I 7412,31	H 15	14,95	I 6248,40	H 15	15,13
I 7392,97	H 15	14,85	II 6243,12	IE 300	19,68
I 7383,98	H 400	13,30	I 6215,95	H 60	15,30
II 7380,43	IE 100	19,97	I 6212,51	H 100	15,17
I 7372,12	H 100	14,76	I 6173,11	H 100	15,17
I 7353,32	H 100	14,84; 14,78	II 6172,29	IE 700	21,12
I 7316,01	H 30	15,02	I 6170,18	H 100	15,18
I 7311,71	H 100	14,85	I 6155,23	H 60	15,18; 15,29
I 7272,94	H 100	13,33	I 6145,43	H 100	15,32
I 7270,66	H 10	14,78	II 6138,66	IE 80	19,76
II 7233,55	IE 100	19,96	II 6123,37	IE 100	21,14
I 7206,99	H 100	15,01	II 6114,92	IE 800	21,14
I 7158,83	H 30	15,01	I 6105,65	H 60	15,31
I 7147,05	H 30	13,28	II 6103,55	IE 80	19,97
I 7125,82	H 30	15,02	I 6098,81	H 60	15,18
I 7107,50	H 200	14,84	I 6090,76	H 10	15,30
I 7068,73	H 30	14,85	I 6059,37	H 100	14,95
I 7067,22	H 400	13,29	I 6052,73	H 30	14,95
I 7030,26	H 100	14,84	I 6043,23	H 100	15,14; 15,35
I 6965,43	H 400	13,32	I 6032,12	H 60	15,13
I 6937,67	H 100	14,69	I 6025,14	H 10	15,36
I 6888,17	H 100	14,95	I 5999,00	H 20	15,16
II 6886,62	IE 200	19,49	I 5987,29	H 40	15,14
I 6879,59	H 40	14,95	I 5942,67	H 40	15,18
I 6871,29	H 150	14,71	I 5928,81	H 200	15,18
II 6863,53	IE 200	19,55	I 5912,08	H 500	15,00
II 6861,27	IE 100	19,86	I 5888,59	H 300	15,18
I 6827,24	H 30	15,11	I 5882,63	H 100	15,01
I 6766,56	H 100	15,00	I 5860,32	H 60	15,02
II 6756,55	IE 200	19,61	I 5834,26	H 60	15,30
I 6756,10	H 100	15,13	I 5802,08	H 40	15,31
I 6752,83	H 200	14,74	I 5789,48	H 20	15,31
I 6719,20	H 100	15,12	I 5783,52	H 40	15,29
I 6698,85	H 100	15,02	I 5774,00	H 40	15,45
II 6684,31	IE 800	19,55	I 5772,12	H 100	15,32
I 6677,28	H 30	13,48	I 5739,52	H 500	15,32
II 6666,36	IE 100	19,80	I 5738,42	H 20	15,31
I 6664,02	H 100	14,95	I 5700,86	H 60	15,34
I 6660,68	H 100	15,01	I 5689,91	H 200	15,51
II 6643,72	IE 100	19,49	I 5689,64	H 200	15,35
II 6639,74	IE 400	19,64	I 5683,73	H 40	15,35
II 6638,23	IE 800	19,61	I 5681,90	H 500	15,35
I 6604,85	H 30	14,97	I 5659,13	H 500	15,36
I 6538,12	H 30	14,97	I 5650,70	H 1500	15,10
II 6500,22	IE 80	19,96	I 5648,66	H 200	15,36
I 6493,97	H 15	15,00	I 5641,34	H 60	15,35
II 6483,08	IE 200	19,97	I 5639,11	H 100	15,47
I 6466,56	H 20	15,19	I 5637,29	H 20	15,47
I 6431,57	H 15	15,02	I 5635,58	H 60	15,35
I 6416,32	H 100	14,84	I 5623,78	H 60	15,51
II 6399,21	IE 100	19,68	I 5620,89	H 60	15,36

	λ	B		eV		λ	B		eV
I	5617,97	H	60	15,36	I	5221,27	H	500	15,45
I	5611,35	H	20	15,36	I	5219,30	H	40	15,47
I	5608,90	H	20	15,51	I	5216,28	H	60	15,47
I	5606,73	H	500	15,12	I	5214,77	H	200	15,47
I	5601,08	H	60	15,36	I	5210,49	H	200	15,45
I	5597,48	H	500	15,52	I	5194,77	H	20	15,54
I	5588,72	H	500	15,31	I	5192,72	H	60	15,46
I	5581,83	H	60	15,30	I	5187,75	H	800	15,30
I	5572,55	H	500	15,32	I	5177,54	H	40	15,47
I	5559,62	H	200	15,51	II	5176,23	IE	50	21,12
I	5558,70	H	500	15,14	I	5153,11	H	20	15,58
I	5534,45	H	60	15,54	I	5151,40	H	200	15,31
I	5528,93	H	40	15,51	II	5145,32	IE	200	19,54
I	5524,96	H	300	15,32	I	5141,81	H	20	15,58
I	5506,11	H	500	15,34	II	5141,79	IE	200	21,14
I	5495,87	H	1000	15,33	I	5127,80	H	60	15,51
I	5493,49	H	20	15,54	I	5118,20	H	60	15,52
I	5492,06	H	40	15,54	I	5104,74	H	20	15,58
I	5490,13	H	60	15,35	I	5098,97	H	20	13,98
I	5486,47	H	20	15,54	II	5090,50	IE	50	23,80
I	5473,46	H	500	15,36	I	5087,09	H	60	15,52
I	5457,42	H	200	15,37	I	5082,74	H	20	15,54
I	5451,65	H	500	15,17	I	5078,03	H	40	15,51
I	5443,88	H	20	15,35	I	5073,08	H	200	15,35
I	5443,21	H	100	15,45	I	5070,99	H	40	15,54
I	5442,22	H	500	15,36	II	5062,04	IE	400	19,26
I	5439,99	H	500	15,18	I	5060,08	H	500	15,52
I	5429,69	II	20	15,19; 15,45	I	5056,53	H	200	15,36
I	5421,35	H	500	15,36	I	5054,18	H	300	15,36
I	5410,47	H	500	15,46	I	5048,81	H	500	15,36
I	5399,01	H	20	15,45	I	5032,03	H	60	15,54
I	5393,97	H	200	15,46	II	5017,63	IE	50	19,61
I	5390,72	H	40	15,47	II	5017,16	IE	200	21,12
I	5389,10	H	40	15,47	II	5009,35	IE	400	19,22
I	5387,37	H	40	15,63	I	4989,95	H	80	15,58
I	5373,49	H	500	15,46	II	4972,16	IE	100	19,30
I	5353,46	H	20	13,86	II	4965,07	IE	300	19,76
I	5350,58	H	20	15,47	I	4956,75	H	100	15,58
I	5347,41	H	200	15,47	I	4937,72	H	30	15,58
I	5345,81	H	20	15,47	II	4933,21	IE	300	19,26
I	5328,02	H	20	15,63	I	4921,04	H	80	15,61
I	5317,73	H	60	15,63	II	4904,75	IE	80	21,14
I	5309,52	H	200	15,50	I	4894,69	H	150	15,43
I	5290,00	H	20	15,53	II	4889,03	IE	100	19,80
II	5286,89	IE	100	19,61	I	4887,95	H	200	15,44
I	5286,08	H	60	15,52	I	4886,29	H	30	15,61
I	5283,43	H	20	15,63; 15,65	II	4882,23	IE	50	24,21
I	5280,40	H	60	—	II	4879,87	IE	400	19,68
I	5254,48	H	60	15,51	I	4876,26	H	200	15,45
I	5252,79	H	300	15,45	II	4865,92	IE	80	22,51
I	5249,20	H	40	15,53	II	4847,82	IE	300	19,30
I	5246,24	H	40	15,53	I	4836,69	H	150	15,47
I	5241,10	H	60	15,46	I	4835,97	H	30	15,64
I	5236,21	H	20	15,54	I	4834,10	H	30	15,47
I	5229,86	H	40	15,54	II	4806,02	IE	500	19,22

λ	B	eV	λ	B	eV
I 4798,74	H 30	15,66	I 4333,56	H 1000	14,68
I 4768,67	H 150	15,51	II 4332,03	IE 100	19,30
II 4764,86	IE 300	19,86	II 4331,20	IE 300	19,61
I 4752,94	H 150	15,51	II 4300,65	IE 80	21,49
I 4746,82	H 80	15,52	I 4300,10	H 1200	14,50
II 4735,91	IE 300	19,26	II 4282,90	IE 80	19,64
II 4732,06	IE 80	21,35	II 4277,52	IE 200	21,35
II 4726,86	IE 300	19,76	I 4272,17	H 1200	14,52
II 4721,59	IE 80	22,59	II 4266,53	IE 300	19,54
I 4719,94	H 20	15,53	I 4266,29	H 1200	14,53
I 4709,50	H 30	15,54	I 4259,36	H 1200	14,73
I 4702,32	H 1200	14,46	I 4251,19	H 800	14,46
II 4657,94	IE 300	19,80	II 4237,22	IE 80	21,35
I 4651,39	H 20	15,57	II 4228,16	IE 200	19,68
I 4647,49	H 40	15,57	II 4226,99	IE 50	24,28
I 4642,15	H 80	15,57	II 4222,64	IE 50	22,80
II 4637,23	IE 80	21,12	II 4218,67	IE 60	22,70
I 4628,44	H 1000	14,50	II 4203,41	IE 60	24,31
I 4626,78	H 30	15,58	II 4201,97	IE 80	19,76
II 4609,56	IE 300	21,13	I 4200,68	H 1200	14,50
II 4598,76	IE 50	21,35	I 4198,32	H 1200	14,57
I 4596,10	H 1000	14,52	I 4191,03	H 1200	14,68
II 4589,90	IE 300	21,12	I 4190,71	H 600	14,50
I 4589,29	H 80	14,52	II 4189,65	IE 50	23,70
II 4579,35	IE 300	19,98	I 4181,88	H 1000	14,68
I 4554,32	H 15	15,63	II 4179,30	IE 80	22,51
II 4545,05	IE 200	19,89	II 4178,37	IE 80	19,61
I 4544,75	H 30	—	I 4164,18	H 1000	14,52
I 4541,60	H 20	15,63	I 4158,59	H 1200	14,53
I 4534,78	H 20	—	II 4156,09	IE 80	22,59
I 4522,32	H 800	14,46	II 4131,73	IE 100	21,42
I 4510,74	H 1000	14,57	II 4103,91	IE 200	22,70; 22,51
II 4481,81	IE 100	21,50	II 4082,39	IE 100	19,68
II 4474,76	IE 50	21,43	II 4079,58	IE 80	21,49
II 4460,56	IE 80	19,22	II 4076,64	IE 80	22,68
II 4433,84	IE 50	24,16	II 4072,39	IE 80	22,59
II 4431,00	IE 100	19,22	II 4072,01	IE 300	21,50
II 4430,19	IE 200	19,61	I 4054,53	H 80	14,68
II 4426,01	IE 300	19,54	II 4052,92	IE 80	23,80
I 4423,99	H 80	14,52	I 4045,97	H 150	14,69
II 4420,91	IE 80	19,26	I 4044,42	H 1200	14,68
II 4400,99	IE 200	19,22	II 4042,90	IE 100	21,49
II 4400,10	IE 150	19,26	II 4038,81	IE 100	19,49
II 4385,06	IE 50	23,57	II 4035,46	IE 80	21,49
II 4379,67	IE 200	19,64	II 4033,82	IE 80	22,68
II 4375,95	IE 80	19,97	I 4032,97	H 20	14,90
II 4371,33	IE 200	19,26	II 4013,86	IE 300	19,49
II 4370,75	IE 100	21,49	II 3994,79	IE 50	23,84
II 4367,83	IE 50	23,58	II 3992,05	IE 80	19,55
I 4363,79	H 80	14,46	II 3979,36	IE 80	23,08
II 4362,07	IE 50	21,49	II 3974,48	IE 50	19,86
II 4352,20	IE 100	19,30	II 3968,36	IE 200	19,54
II 4348,06	IE 800	19,49	I 3948,98	H 2000	14,68
I 4345,17	H 1000	14,68	I 3947,50	H 1000	14,68
I 4335,34	H 800	14,68	II 3946,10	IE 80	24,28

λ	B	eV	λ	B	eV
II 3944,27	IE 100	19,54	I 3606,52	H 1000	15,06
II 3932,55	IE 100	23,12	II 3605,88	IE 80	21,49
II 3931,23	IE 80	19,61	I 3599,71	H 20	15,27
II 3928,63	IE 300	19,96	II 3588,44	IE 400	22,94
II 3925,72	IE 50	24,28	II 3582,35	IE 200	23,06
II 3914,77	IE 80	19,61	II 3581,61	IE 200	23,10
II 3911,57	IE 50	22,81	II 3576,62	IE 300	23,01
II 3900,62	IE 60	22,78	I 3572,29	H 300	15,30
I 3899,86	H 100	14,90	I 3567,66	H 300	15,02
I 3894,66	H 300	15,01	II 3565,03	IE 80	23,12
II 3891,98	IE 100	19,61	II 3564,34	IE 100	22,69
II 3891,40	IE 80	19,64	I 3563,29	H 100	15,20
II 3875,26	IE 80	19,64	II 3561,04	IE 200	24,62
II 3872,14	IE 60	22,81	II 3559,51	IE 300	23,16
II 3868,53	IE 200	23,16	I 3556,01	H 100	15,03
III 3858,32	I 50	29,78	I 3554,31	H 300	15,04
II 3850,57	IE 400	19,96	II 3548,51	IE 100	23,09
II 3845,41	IE 50	19,86	II 3545,84	IE 150	24,62
I 3834,68	H 800	15,06	II 3545,58	IE 150	23,25
II 3830,39	IE 60	19,68	II 3535,33	IE 150	22,80
II 3826,83	IE 80	22,78	II 3521,27	IE 80	23,01
II 3809,46	IE 100	22,51	II 3520,00	IE 80	23,06
II 3808,58	IE 60	19,68	II 3514,39	IE 200	22,78
II 3803,19	IE 50	24,75	II 3509,78	IE 50	22,83
II 3799,39	IE 50	22,80	I 3506,49	H 30	15,08
III 3795,37	I 200	29,79	III 3503,58	I 100	27,91
II 3786,40	IE 80	19,68	III 3499,67	I 80	27,91
I 3781,36	H 300	14,90	I 3493,27	H 20	15,27
II 3780,84	IE 300	22,76	II 3491,54	IE 300	22,76
II 3770,52	IE 50	22,59	II 3491,24	IE 200	22,80
I 3770,37	H 400	15,01	III 3480,55	I 200	27,94
II 3766,12	IE 60	21,35	II 3476,74	IE 200	22,78
II 3765,27	IE 200	22,51	II 3466,34	IE 40	23,06; 22,84
II 3763,50	IE 80	22,78	II 3464,14	IE 50	23,25
I 3743,76	H 100	15,03	I 3461,08	H 300	15,20
II 3737,89	IE 100	24,81	I 3454,94	H 20	15,21
II 3729,31	IE 400	19,96	II 3454,10	IE 80	22,81
II 3718,21	IE 80	24,82	II 3421,64	IE 40	23,16
II 3717,17	IE 50	23,01	I 3406,18	H 30	15,46
I 3696,51	H 20	14,90	I 3397,92	H 20	15,27
I 3690,90	H 300	14,90	I 3393,75	H 250	15,48; 15,20
II 3678,27	IE 50	22,59	I 3392,78	H 100	15,20
I 3675,24	H 300	15,20	III 3391,85	I 800	30,18
I 3670,67	H 300	15,20	I 3389,85	H 20	15,20
II 3660,44	IE 50	24,73	II 3388,53	IE 50	23,62
I 3659,53	H 100	15,01	I 3388,36	H 20	15,28
II 3656,05	IE 50	23,06	I 3387,60	H 20	15,28
II 3655,29	IE 80	23,25	I 3381,49	H 20	15,21
I 3649,83	H 800	15,22	II 3376,46	IE 80	24,81
I 3643,12	H 100	15,02	I 3373,48	H 300	15,30
III 3639,85	IE 80	24,75	II 3370,33	IE 40	25,94; 23,16
II 3637,03	IE 50	24,90	I 3363,47	H 20	15,51
I 3634,46	H 300	15,03	III 3358,49	I 100	28,06
I 3632,68	H 300	15,04	II 3350,93	IE 80	24,82
II 3622,15	IE 80	22,68	III 3344,72	I 200	28,08

λ	B	eV	λ	B	eV
III 3336,13	I 300	28,09	II 2647,29	IE 35	24,64
I 3325,50	H 100	15,27	IV 2640,34	I 150	35,92
I 3323,83	H 30	15,27	III 2631,90	I 30	27,90
I 3319,35	H 300	15,28	IV 2624,92	I 100	37,97
III 3311,25	I 100	25,36	IV 2621,36	I 100	37,98
II 3307,24	IE 40	23,54	IV 2615,68	I 100	35,85
III 3301,88	I 200	25,37	IV 2608,06	I 50	35,86
I 3300,39	H 20	15,38	IV 2599,47	I 100	36,67
II 3293,64	IE 50	23,62	IV 2568,07	I 50	35,92
III 3285,85	I 300	25,38	IV 2562,17	I 100	35,86
II 3281,72	IE 80	23,07	II 2562,09	IE 25	23,56
II 3263,57	IE 80	23,09	II 2544,68	IE 25	24,75
I 3257,58	H 100	15,43	II 2516,81	IE 25	23,58
II 3249,82	IE 100	23,11	II 2515,60	IE 15	24,72
II 3243,69	IE 100	23,07	IV 2513,28	I 100	36,17
I 3234,49	H 100	15,45; 15,37	III 2488,86	I 8	33,66
I 3225,58	H 20	15,39	III 2484,11	I 25	28,09
I 3200,39	H 100	15,42	II 2480,86	IE 25	24,96
II 3181,05	IE 80	23,11	II 2454,27	IE 40	25,01
I 3172,96	H 150	15,45	III 2423,52	I 80	33,21
II 3169,68	IE 100	23,16	II 2420,46	IE 25	24,80
II 3139,02	IE 80	23,16	III 2418,82	I 50	33,20
I 3130,80	H 20	15,50	III 2413,20	I 50	33,19
II 3093,41	IE 50	23,87	II 2404,35	IE 40	24,64
III 3078,15	I 50	29,77	III 2399,15	I 8	33,11
III 3064,77	I 50	29,77	III 2395,63	I 50	33,08
III 3054,82	I 80	29,79	II 2383,49	IE 25	24,81
III 3033,52	IE 50	21,34	II 2364,14	IE 20	24,79
II 3028,93	IE 40	23,89; 24,33	II 2350,50	IE 20	26,40
III 3024,05	I 80	29,79	III 2345,17	I 50	28,67
IV 3016,15	E 10	35,84	II 2337,78	IE 25	25,06
III 3010,02	I 50	30,18	II 2331,45	IE 40	23,57; 24,99
II 2979,05	IE 100	21,44	II 2316,30	IE 40	24,84
II 2955,39	IE 50	23,87	II 2313,72	IE 30	24,90
II 2942,90	IE 200	21,37	II 2309,15	IE 25	25,01
IV 2926,33	I 80	35,99	III 2302,17	I 100	31,31
II 2924,66	IE 50	25,86	III 2300,85	I 50	31,31
IV 2913,00	I 100	36,16	III 2293,03	I 80	33,35
II 2896,75	IE 50	25,90	III 2282,21	I 30	28,70
II 2891,61	IE 150	21,44	III 2279,10	I 50	33,35
II 2865,85	IE 20	23,87	III 2192,06	I 100	33,75
IV 2830,25	I 50	35,49	III 2188,22	I 50	33,74
IV 2809,44	I 200	35,64	III 2177,22	I 300	31,08
II 2806,16	IE 20	24,30	II 2175,64	IE 50	24,19; 25,94
IV 2788,96	I 120	35,54	III 2170,23	I 200	31,08
IV 2784,47	I 100	37,70	III 2168,26	I 50	33,66
IV 2776,25	I 50	34,49	III 2166,19	I 100	31,08
II 2769,74	IE 20	25,90	III 2138,59	I 50	30,17
IV 2757,92	I 120	37,73	III 2133,87	I 100	33,74
II 2744,82	IE 25	25,94	III 2125,16	I 50	33,74
II 2732,53	IE 25	25,90	II 1961,36	IE 20	19,80
III 2724,84	I 50	27,93	II 1941,07	IE 15	19,87
II 2708,28	IE 25	25,94	III 1915,56	E 350	25,92
III 2678,38	I 40	27,89	III 1914,40	E 400	25,92
III 2654,63	I 50	33,35	II 1907,99	IE 20	24,19

λ	B	eV	λ	B	eV
II 1900,64	IE 20	24,15	II 725,54	IE 20	17,25
II 1889,03	IE 60	24,19	II 723,36	IE 30	17,14
II 1886,39	IE 20	24,31	II 718,09	IE 20	17,26
II 1877,52	IE 20	24,38	V 715,60	E 20	17,58
II 1873,14	IE 60	24,31	VIII 713,81	T 30	17,37
II 1831,52	IE 30	25,88	V 709,20	E 25	17,58
II 1830,77	IE 30	25,88	II 704,52	IE 20	17,77
III 1675,64	E 40	25,38	VIII 700,24	T 500	17,70
III 1673,42	E 70	25,39	II 698,77	IE 20	17,74
III 1669,67	E 70	25,41	IV 689,01	E 25	20,63
II 1606,93	IE 20	24,16	IV 683,28	E 20	20,75
II 1604,08	IE 30	24,15	II 679,41	IE 60	18,42
II 1603,44	IE 20	24,17	II 677,95	IE 30	18,28
II 1603,07	IE 20	24,16	II 676,24	IE 60	18,33
II 1600,69	IE 60	24,15	II 671,85	IE 60	18,42
II 1600,13	IE 20	24,15	II 670,95	IE 30	18,66
II 1589,46	IE 500	25,42	II 666,01	S 100	18,61
II 1574,99	IE 60	21,35	II 664,56	IE 20	18,66
II 1567,99	IE 20	24,31	III 641,81	E 150	19,46
II 1560,18	IE 20	21,42	III 637,28	E 20	19,46
II 1460,15	E 50	27,95	II 612,37	IE 30	20,24
II 1377,21	IE 20	25,40	III 604,15	E 100	—
I 1066,66	E 800	11,61	VII 585,75	S 150	21,16
I 1048,22	E 1000	**11,83**	II 583,44	S 100	21,42
II 932,05	IE 500	13,47; 13,48	II 580,26	S 100	21,36
II 919,78	IE 500	13,47; 13,48	V 558,48	S 50	24,22
I 894,31	E 200	13,85	VI 551,37	S 80	22,76
III 887,40	E 100	14,11	V 527,69	S 60	23,73
III 883,18	E 100	14,23	V 524,19	S 50	23,74
I 879,95	E 30	14,09	VII 479,38	S 120	40,19
III 878,73	E 120	14,11	VII 475,66	S 80	40,19
I 876,06	E 20	14,15	VI 457,48	S 200	27,10
III 875,53	E 100	14,30	V 449,07	S 180	27,85
III 871,10	E 100	14,23	V 446,95	S 100	27,83
I 869,75	E 30	14,25	V 446,00	S 50	27,79
I 866,80	E 30	14,30	V 338,00	S 50	36,90
IV 850,60	E 250	14,58	VII 297,70	S 70	67,81
IV 843,77	E 200	14,69	VI 294,05	S 60	42,43
I 842,80	E 10	14,71	VI 282,42	S 60	56,55
IV 840,03	E 150	14,76	VII 250,94	S 70	63,73
I 835,00	E 10	14,85	XII 224,25	—	—
V 834,88	E 200	15,10	XII 218,28	—	—
V 827,05	E 250	15,09	XII 215,48	—	—
V 822,16	E 200	15,07	XI 193,98	—	—
IV 801,41	E 100	18,10	VII 192,64	S 70	78,69
IV 801,09	E 100	18,10	XI 190,87	—	—
III 769,15	E 150	—	XI 189,49	—	—
VI 767,71	T 50	16,42	XI 188,72	—	—
VI 767,06	T 100	16,44	XI 187,02	—	—
VI 754,93	T 50	16,42	XI 184,48	—	—
II 748,20	IE 20	16,75	VII 176,57	S 100	70,21
II 745,32	IE 100	16,81	X 165,57	—	—
II 744,92	IE 200	16,64	VIII 159,18	S 30	77,87
II 740,26	IE 500	16,73; 16,75	VIII 158,93	S 80	77,99
II 730,93	IE 30	17,12	XII 154,43	—	—

	λ		B	eV		λ		B	eV
XII	153,64		—	—	XI	39,50	T	60	—
XI	151,85		—	—	XI	35,58	T	60	—
XII	149,94		—	—	XI	35,39	T	70	—
IX	49,18		—	252,0	IX	35,02	T	70	—
IX	48,73		—	254,4	XII	34,79	T	60	—
X	45,05	T	70	—	XII	34,68	T	70	—
X	44,85	T	60	—	XI	34,52	T	70	—
X	44,67	T	80	—	XI	34,35	T	80	—
X	44,49	T	90	—	XI	34,24	T	70	—
X	44,26	T	90	—	IX	31,66	T	70	—
X	44,07	T	70	—	IX	31,52	T	60	—
X	43,93	T	90	—					
X	43,72	T	70	—					
X	43,29	T	80	—					
IX	41,48	T	60	—					

33 As

	λ		B	eV		λ		B	eV
I	10888,82	A	20	7,54	II	6110,30	S	500	12,29
I	10808,11	A	50	7,54	II	6022,81	S	500	11,82
I	10614,07	A	200	7,75	II	5685,74	S	200	—
I	10575,02	A	100	7,94	II	5657,23	S	200	12,30
I	10455,64	A	20	8,72	II	5651,53	S	500	12,30
I	10453,09	A	100	7,95	II	5558,31	S	500	12,04
I	10286,85	A	50	7,97	II	5497,98	S	500	12,01
I	10024,04	A	400	7,80	I	5451,32	A	150	9,04
I	10010,63	A	100	8,78	I	5408,13	A	100	8,88
I	9923,05	A	400	7,65	I	5363,54	A	60	9,08
I	9915,71	A	200	8,02	II	5331,54	S	500	12,43
I	9900,55	A	150	7,54	II	5231,50	S	200	12,18
I	9886,05	A	100	8,79	I	5210,23	A	20	8,66
I	9833,76	A	300	7,54	I	5196,20	A	50	8,78
I	9781,32	A	30	—	I	5141,63	A	100	8,97
I	9626,70	A	400	7,84	I	5130,78	A	80	9,00
I	9597,95	A	300	7,69	I	5121,34	A	100	8,82
I	9300,61	A	250	7,89	II	5107,80	S	500	12,69
I	9267,28	A	150	7,73; 8,90	II	5105,80	S	500	12,53
I	9134,78	A	50	7,75	I	5105,55	A	30	8,71
I	8993,05	A	20	8,92	I	5103,53	A	20	8,83
I	8935,56	A	50	7,97	I	5099,59	A	60	8,99
I	8869,66	A	100	7,95	I	5068,98	A	100	9,02
I	8821,73	A	150	7,69	I	5043,31	A	50	8,74
I	8654,14	A	100	8,02	II	4985,60	S	200	12,29
I	8564,71	A	100	7,84	II	4888,74	S	200	12,29
I	8541,60	A	50	7,73	II	4730,92	S	500	12,43
I	8428,91	A	100	7,75	II	4707,82	S	500	15,07
I	8305,61	A	50	7,89	II	4672,70	S	200	15,34
I	8242,15	A	20	9,04	II	4630,14	S	500	14,97
I	8042,95	A	8	9,08	II	4627,80	S	500	—
I	7960,27	A	30	7,96	II	4607,46	S	500	—
I	7410,02	A	8	9,32	II	4602,73	S	500	15,40
I	6338,94	A	40	8,72	II	4552,37	S	200	12,53
II	6170,47	S	500	11,82	II	4549,23	S	500	14,70

λ	B		eV	λ	B		eV
II 4543,76	S	500	—	I 2144,08	A	100	8,04
II 4539,97	S	500	15,07	I 2133,80	A	50	8,13
II 4494,59	S	500	15,20	I 2112,99	A	100	8,13
II 4474,60	S	500	—	I 2089,74	A	6	8,25
II 4466,60	S	300	15,48	I 2085,25	A	30	8,26
II 4431,73	S	500	15,07	I 2069,78	A	30	8,25
II 4427,38	S	500	15,38	I 2067,11	A	20	8,31
II 4413,64	S	200	15,38	I 2065,36	A	50	8,26
II 4371,38	S	200	12,04	I 2047,57	A	50	8,31
II 4353,02	S	200	15,27	I 2013,32	M	400	8,47
II 4352,25	S	500	13,11	I 2012,76	A	15	8,47
II 4336,85	S	300	12,01	I 2010,04	A	20	8,42
II 4324,10	S	200	15,04	I 2009,19	M	580	8,48
II 4315,86	S	200	12,01	I 2003,34	M	4400	7,55
II 4243,26	S	300	—	I 2002,54	A	20	7,55
II 4119,85	S	200	—	I 1995,43	M	510	8,47
III 4032,45	S	500	23,42	I 1994,88	A	20	8,47
III 4031,01	S	500	23,42	I 1991,13	M	1000	7,55
II 4006,34	S	200	12,30	I 1990,35	M	3700	7,55
II 3948,74	S	200	12,29	I 1972,62	M	6000	6,29
III 3922,46	S	500	16,39	I 1958,91	A	40	8,64
II 3842,82	S	200	12,42	I 1958,82	A	20	8,64
II 3749,77	S	300	13,11	I 1937,59	M	5500	6,40
II 3119,60	M	4	6,29	I 1917,21	A	20	7,78
II 3116,63	S	500	15,07	I 1890,42	A	2000	6,56
I 3075,32	A	20	6,29	I 1881,96	A	40	6,59
II 3058,08	S	300	15,06	I 1873,02	A	40	7,93
II 3053,46	S	300	15,07	I 1871,68	A	30	7,98
I 3032,85	M	8	6,40	I 1860,46	A	80	7,98
I 2990,99	M	30	6,40	I 1860,40	A	80	8,97
III 2981,88	S	500	20,54	I 1853,21	A	20	—
II 2959,70	S	500	—	I 1850,24	A	40	8,01
III 2926,15	S	500	20,53	I 1844,57	A	40	8,97
I 2898,71	M	20	6,59	I 1844,36	A	40	8,03
II 2884,51	S	200	15,40	I 1831,74	A	30	9,02
I 2860,44	M	90	6,59	I 1831,30	A	50	6,77
II 2830,45	S	200	15,48	I 1806,15	A	200	6,86
I 2780,22	M	140	6,77	I 1791,77	A	40	8,27
I 2745,00	M	44	6,77	I 1789,85	A	50	8,28
I 2492,91	M	44	6,29	I 1781,48	A	50	8,27
I 2456,53	M	36	6,41	I 1780,52	A	50	9,27
I 2437,23	M	11	6,40	I 1758,60	A	100	7,05
I 2381,18	M	40	6,56	I 1739,49	A	60	8,48; 7,13
I 2370,77	M	40	7,55	I 1732,86	A	30	8,47
I 2369,67	M	50	7,55	I 1732,44	A	30	8,47
I 2349,84	M	260	6,59	I 1729,80	A	30	8,48
I 2344,03	M	16	7,55	I 1701,22	A	30	8,64
I 2288,12	M	260	6,77	II 1660,60	S	200	10,27
I 2271,36	M	380	6,77	I 1593,60	A	100	7,78
I 2266,70	A	25	7,79	I 1587,97	A	20	9,12
I 2228,66	A	20	7,88	I 1575,87	A	20	9,18
I 2205,97	A	15	7,88	I 1574,72	A	30	7,87
I 2182,94	A	20	7,94	I 1573,85	A	60	9,23
I 2176,26	A	5	7,96	I 1557,20	A	30	9,27
I 2165,52	M	50	8,04	I 1556,14	A	40	9,32

λ	B		eV	λ	B		eV
I 1538,79	A	20	9,37	II 1094,20	S	60	12,59
I 1515,48	A	20	—	II 1082,40	S	500	12,71
II 1375,07	S	500	10,27	V 1029,50		—	12,04
II 1305,72	S	500	9,81	II 1021,96	S	500	12,44
II 1287,57	S	300	9,77	II 1015,38	S	500	12,34
II 1281,01	S	200	9,81	II 1009,44	S	200	12,29
II 1267,61	S	500	12,59	II 1002,27	S	200	13,63
II 1266,36	S	500	10,10	V 987,69		—	12,55
II 1263,78	S	500	9,81	II 984,92	S	40	12,72
II 1243,09	S	200	10,10	IV 892,68		—	13,89
III 1209,29	S	500	10,62	III 871,07	S	500	14,60
II 1207,50	S	40	10,27				
II 1181,55	S	20	10,49				
III 1172,16	S	500	10,58				
II 1107,49	S	60	12,44				

85 At

I 2244,01	Ab	—	I 2162,25	Ab	—

79 Au

λ	B		eV	λ	B		eV
I 9391,7	C	30	8,85	I 5064,69	C	15	5,10; 8,83
II 8867,6	C	25	14,81	I 4957,54	C	25	9,79
II 8599,1	C	35	14,91	I 4902,25	C	20	9,79
II 8272,9	C	40	14,91	I 4875,24	C	20	8,37
II 7600,49	C	125	15,10	I 4811,62	C	60	7,68
II 7555,81	C	70	15,11	I 4792,61	M	5	7,69
I 7510,75	M	6	6,75	I 4664,43	C	25	8,41
II 7457,05	C	40	9,27	I 4607,48	M	9	8,51
II 7344,43	C	70	15,10	I 4488,28	M	2,5	8,40
II 7101,60	C	20	9,07	I 4437,42	M	1,2	8,51
II 6794,84	C	50	15,29	I 4315,12	M	2,0	8,51
I 6794,54	C	70	9,46	I 4294,66	C	30	9,79
II 6714,26	C	90	15,26	I 4241,80	C	30	8,02
II 6671,02	C	20	9,07	I 4128,60	C	35	8,83
I 6663,20	C	40	9,49	I 4084,09	C	40	8,75
I 6660,52	C	20	8,41	I 4065,09	M	7	7,68
I 6652,33	C	9	7,69	II 4052,81	C	9	9,07
II 6589,54	C	30	15,29	I 4040,94	M	4	5,72
I 6278,30	M	6	4,63	II 4016,05	C	9	9,10
I 5837,29	M	2,5	6,75	I 3991,39	C	20	8,83; 9,46
I 5741,24	C	25	9,75	I 3909,51	C	9	5,83
I 5726,75	C	45	8,75	I 3897,84	M	4	8,40
II 5695,73	C	25	10,62	II 3804,05	C	9	9,27
I 5655,72	C	60	8,51	I 3801,88	C	30	8,36
I 5531,90	C	35	10,05	I 3795,95	C	90	8,37
I 5465,87	C	35	9,53	II 3706,56	C	9	13,47
I 5446,96	C	70	8,68	I 3700,69	C	25	9,75
I 5261,80	C	25	8,76	I 3679,92	C	30	9,77
I 5230,29	C	30	8,41	I 3650,79	C	30	8,03
I 5147,46	C	40	8,76	II 3634,32	C	50	10,62

λ	B		eV	λ	B		eV
II 3633,24	C	7	10,62	I 2675,95	M	340	4,63
I 3598,75	C	3	9,80	I 2641,49	M	26	5,82
I 3594,81	C	4	8,67	II 2627,02	C	20	10,73
I 3586,76	C	45	9,50	II 2616,40	C	50	14,97
I 3566,07	C	5	9,51	I 2590,04	M	3,0	7,44
I 3553,66	C	12	9,52	I 2589,25	C	20	10,01
I 3471,60	C	20	8,67	II 2552,67	C	45	14,97
I 3467,23	C	70	8,68	I 2544,19	M	1,6	7,53
I 3355,19	C	12	6,35	II 2533,52	C	60	15,01
I 3349,54	C	9	10,05	I 2510,52	C	7	7,59
I 3327,15	C	45	10,05; 8,83; 6,38	I 2491,20	C	6	7,63
I 3320,17	C	100	8,36	I 2427,95	M	260	5,10
I 3309,64	C	30	8,85	I 2404,88	C	5	7,81
I 3308,32	C	25	6,40	I 2387,75	M	12	6,32
I 3282,93	C	50	10,13	I 2376,28	C	20	6,35
II 3251,35	C	80	15,11	II 2364,78	C	12	14,50
II 3230,64	C	25	14,56	I 2352,65	M	18	6,40
I 3225,25	C	25	8,95	II 2340,06	C	25	14,57
I 3171,63	C	20	9,01	III 2322,27	S	30	11,01
II 3164,79	C	30	14,54	II 2315,75	C	20	13,41
I, II 3122,82	M	160	8,99; 5,10	II 2314,55	C	25	14,63
II 3093,00	C	20	14,63	II 2304,69	C	45	14,65
I 3065,43	C	40	8,67	II 2291,40	C	25	13,46
I 3029,21	M	32	5,22	II 2283,32	C	25	9,10
II 2994,82	C	35	13,40	II 2277,52	C	25	14,54
II 2990,28	C	20	7,82; 14,38	II 2263,62	C	80	14,98
II 2954,22	C	30	13,47	II 2248,56	C	70	15,01
I 2940,68	C	25	8,84	II 2240,16	C	25	14,63
2932,19	M	1,6	—	II 2231,18	C	30	14,63
II 2918,25	C	60	14,98	II 2229,03	C	45	14,62
I 2914,84	C	30	6,91	II 2215,63	C	35	13,41
II 2913,54	C	25	9,27	II 2201,35	C	25	7,82; 9,07
II 2907,06	C	30	14,39; 10,73	III 2188,97	S	50	11,33
I 2905,90	C	20	9,49	II 2188,81	C	35	14,65
II 2893,30	C	80	15,01	III 2172,20	S	20	12,93
I 2891,99	C	10	9,51	I 2170,75	C	20	8,36
I 2883,45	M	1,6	6,95	I 2126,63	C	15	5,82
I 2873,42	C	20	9,54	II 2125,29	C	30	9,50
I 2872,38	C	20	8,94	II 2110,68	C	60	8,06
II 2856,75	C	20	13,41	II 2098,14	C	20	14,98
II 2846,96	C	80	14,98	II 2095,13	C	35	15,01
II 2837,87	C	25	13,46	III 2083,09	S	30	13,11
II 2825,55	C	20	8,06	II 2082,09	C	150	7,82
II 2823,17	C	25	15,01	II 2044,54	C	50	9,50
II 2822,56	C	250	15,01	I 2021,39	M	260	7,26
II 2819,80	C	30	13,46	I 2012,05	M	1100	7,29
II 2805,21	C	25	14,54	II 2000,81	C	25	8,06
II 2802,06	C	40	13,40	III 1989,63	S	40	12,68
I 2780,83	C	25	9,09	I 1978,19	C	30	7,40
II 2748,70	C	20	14,63	I 1951,93	C	25	6,35
I 2748,26	M	110	5,64	III 1948,79	S	20	11,87
I 2700,89	M		5,72	I 1942,31	C	45	6,38
I 2688,71	M		7,26	II 1921,64	C	20	10,12
II 2688,16	C	20	10,62	I 1919,64	C	20	7,59
II 2687,63	C	20	10,62	II 1918,93	C	7	14,90

λ		B	eV	λ		B	eV
II	1904,43	C	10	14,56	I	1587,24	C	20	7,81
II	1886,96	C	7	14,37	III	1579,41	S	20	14,30
III	1861,80	S	50	11,01	III	1574,86	S	20	12,68
III	1844,89	S	40	13,18	III	1567,51	S	20	14,10; 13,41
II	1823,24	C	25	10,24	II	1562,09	C	10	10,12
III	1821,17	S	40	12,93	III	1503,72	S	20	14,70
III	1805,24	S	40	11,87	III	1502,44	S	20	13,76
III	1801,98	S	20	13,33	III	1500,33	S	25	12,61
II	1800,58	C	35	9,07	III	1489,45	S	20	13,99
III	1793,76	S	50	11,91	III	1487,91	S	25	13,33
II	1793,31	C	35	9,10	III	1487,13	S	30	12,68
III	1786,11	S	30	12,61	II	1486,49	C	25	14,80
II	1783,22	C	60	10,63	II	1468,97	C	30	14,91; 10,62
III	1776,40	S	20	13,17	III	1454,93	S	25	13,33
III	1775,17	S	80	11,33	III	1448,39	S	25	13,56
III	1767,41	S	30	12,68	III	1441,17	S	20	16,49
III	1761,95	S	50	14,29	III	1439,10	S	30	12,97
III	1756,92	S	50	11,87	II	1436,61	C	20	15,10
II	1756,10	C	35	10,73	III	1435,78	S	25	15,80
III	1746,04	S	50	11,91	III	1433,34	S	28	15,10
II	1740,47	C	45	8,99	III	1430,04	S	25	15,93
III	1738,48	S	30	14,29	III	1428,91	S	30	14,34
III	1727,28	S	50	12,68	III	1413,78	S	25	13,12
II	1725,89	C	25	10,63	III	1409,47	S	23	14,30
II	1719,97	C	10	9,07	II	1405,17	C	30	15,29
III	1717,82	S	30	13,41	III	1385,76	S	30	13,76
III	1710,12	S	25	14,42	III	1381,34	S	20	16,24
III	1702,24	S	20	13,99	III	1367,15	S	20	13,41
II	1700,69	C	30	10,73	III	1365,37	S	50	12,76
III	1699,99	S	20	12,96	III	1341,66	S	18	16,41
III	1698,97	S	20	15,19	III	1336,70	S	20	12,97
II	1694,29	C	7	9,51	II	1224,57	C	20	10,12
III	1693,92	S	100	11,01	II	1103,32	C	20	14,91
II	1673,61	C	25	9,27	II	1073,09	C	40	15,00
III	1664,78	S	25	13,12	II	974,44	C	3	14,90
II	1657,09	C	10	14,80	II	959,48	C	20	15,11
III	1652,73	S	25	14,67	II	957,73	C	20	14,80
I	1646,59	C	20	7,53	III	945,10	S	30	13,11
III	1638,88	S	25	11,91					
III	1629,12	S	30	13,11; 12,61					
III	1621,91	S	50	11,33					
III	1617,14	S	25	13,17					
III	1600,50	S	20	13,42					
II	1593,39	C	12	14,98; 15,10					
III	1589,56	S	20	13,99					

5 B

II	6081,0	S	20	17,86	II	4472,82	S	40	20,6
II	4940,64	S	40	21,68	II	4472,08	S	20	20,6
II	4784,29	S	20	21,3	III	4243,60	S	40	33,02
III	4497,58	S	500	33,03	II	4194,82	S	20	20,82
III	4487,46	S	100	33,03	II	4121,95	S	200	21,68

λ		B	eV		λ		B	eV
II	3451,41	S	500	12,69	II	1624,37	S	70	12,3
II	3323,60	S	40	21,6	II	1624,16	S	70	12,3
II	3323,20	S	20	21,6	II	1623,99	S	100	12,3
II	3222,08	S	20	22,5	II	1623,77	S	70	12,3
II	3179,35	S	20	21,76	II	1623,57	S	70	12,3
II	2918,07	S	20	22,9	I	1600,83	A	60	7,75
IV	2825,85	S	20	202,9	I	1600,41	A	30	7,75
IV	2821,68	S	40	202,9	I	1378,69	A	30	8,99
I	2497,73	M	480	4,96	II	1362,46	S	100	9,09
I	2496,78	M	240	4,96	II	1230,16	S	20	19,18
II	2395,07	S	100	17,86	II	1082,06	S	20	16,1
III	2234,63	S	40	29,47	II	1081,85	S	20	16,1
III	2234,12	S	20	29,47	II	882,67	S	20	18,7
II	2220,31	S	20	17,86	II	882,54	S	20	18,7
I	2089,59	M	650	5,94	III	758,68	S	20	22,34
I	2088,93	M	400	5,94	III	758,47	S	10	22,34
III	2067,23	S	500	6,00	III	677,16	S	150	24,31
III	2065,77	S	700	6,00	III	677,01	S	100	24,31
II	1842,80	S	40	15,83	III	518,25	S	200	23,91
I	1826,41	A	300	6,79	IV	60,31		—	205,5
I	1825,87	A	200	6,79	V	48,58		—	255,1
I	1818,35	A	100	6,82					
I	1817,84	A	60	6,82					
I	1667,30	A	100	7,44					
I	1666,87	A	60	7,44					

56 Ba

λ		B	eV		λ		B	eV
I	30933,8	A	30	1,52	I	10188,24	A	50	4,54
I	29790,6	A	35	—	I	10129,70	A	10	4,08
I	29223,9	A	50	1,57	I	10032,10	A	200	2,91
I	27751,1	A	30	1,57	I	10001,08	A	300	4,08
I	25515,7	A	50	1,67	I	9830,37	H	300	3,50
I	23255,3	A	30	1,67	I	9713,75	H	25	4,45; 4,32
I	20712,0	A	40	3,84	I	9704,42	H	20	4,28
I	15000,4	A	40	2,24	I	9645,72	H	25	4,38
I	14159,5	A	40	3,82	I	9608,88	H	150	2,96
I	14077,9	A	40	4,07	I	9589,37	H	50	2,86
I	13810,5	A	40	4,08	I	9530,30	H	3	4,52
I	13207,3	A	40	4,16	I	9524,70	H	40	4,49
I	11697,45	A	40	4,16	I	9455,92	H	100	2,88
I	11607,36	A	30	4,07	I	9450,05	H	10	4,16
I	11303,04	A	80	2,24	I	9403,53	H	10	4,32
I	11114,42	A	50	4,16	I	9370,06	H	300	2,73
I	11012,69	A	60	4,45	I	9367,45	H	40	4,54
I	10888,65	A	30	4,32	I	9324,58	H	50	4,19
I	10791,25	A	40	4,19	I	9308,08	H	50	4,07
I	10649,10	A	30	4,38	I	9306,52	H	4	4,52
I	10471,26	A	100	2,86	I	9253,08	H	25	4,52
I	10370,35	A	10	4,38	I	9219,69	H	125	2,91
I	10349,05	A	8	4,42	I	9215,42	H	25	4,19
I	10274,06	A	50	4,07	I	9189,57	H	70	4,08
I	10233,23	A	400	4,16	I	9159,66	H	10	4,45

λ	B		eV	λ	B		eV
I 9133,29	H	15	4,58	I 7059,94	M	140	2,94
I 8937,93	H	10	4,48	II 6874,09	H	10	7,81
I 8914,99	M	3,5	2,91	I 6867,85	M	1,2	4,65
I 8860,98	M	3	2,96	I 6865,69	M	6	3,21
I 8799,76	H	100	4,73	I 6771,85	M	1,6	4,69
I 8654,07	H	40	2,84	II 6769,62	H	10	7,81
I 8581,98	H	50	4,54	I 6693,84	M	32	3,04
I 8567,58	H	5	4,49	I 6675,27	M	32	3,00
I 8559,97	M	40	2,86	I 6654,10	H	50	4,60
I 8521,96	H	2	4,19	I 6595,33	M	65	3,00
I 8514,23	H	40	4,45	I 6527,31	M	70	3,04
I 8325,38	H	25	4,49	I 6498,76	M	160	3,09
I 8210,24	M	6	3,75	II 6496,90	M	1200	2,51
I 8161,58	H	15	—	I 6482,91	M	60	3,32
I 8147,78	H	20	4,38	I 6450,85	M	36	3,04
I 8120,49	H	20	4,74	I 6341,68	M	50	3,09
I 8018,23	H	10	2,73	II 6141,72	M	2000	2,72
I 7982,40	H	20	4,65	I 6140,39	H	10	—
I 7961,24	H	15	4,59	I 6110,78	M	170	3,21
I 7911,34	M	8	1,57	I 6083,40	H	5	4,28
I 7905,75	M	17	3,24	I 6063,12	M	110	3,19
I 7877,93	H	20	3,81	I 6019,47	M	50	3,18
I 7839,57	M	0,8	4,68	I 5997,09	M	50	3,19
I 7780,48	M	30	2,73	II 5981,25	H	40	8,27
I 7775,37	H	25	4,69	I 5971,70	M	50	3,22
I 7766,80	H	15	4,54	I 5907,64	M	5	3,22
I 7751,68	H	40	4,60	II 5853,68	M	280	2,72
I 7721,78	H	10	4,45	I 5826,28	M	30	3,54
I 7706,51	H	25	4,65	I 5805,69	M	7	3,32
I 7672,09	M	50	2,73	I 5800,23	M	9	3,81
I 7642,91	M	4	4,57	II 5784,18	H	40	8,26
I 7636,90	M	1,0	4,48	I 5777,62	M	50	3,82
I 7610,48	M	2,0	3,04; 4,50	I 5713,55	H	10	—
I 7543,48	H	15	4,49	I 5680,18	M	2,0	3,75; 3,33
I 7528,20	H	15	4,38	I 5619,10	H	10	—
I 7523,60	H	15	4,74	I 5618,7	H	10	—
I 7488,08	M	17	2,84	I 5593,30	H	12	4,46
I 7476,21	H	30	4,52	I 5535,48	M	650	2,24
I 7459,78	M	3,0	4,50	I 5519,05	M	32	3,82
I 7417,53	M	2,0	2,86	I 5473,69	M	1,4	—
I 7409,97	H	30	4,71	I 5424,55	M	22	3,81
I 7392,41	M	11	3,24	I 5404,92	H	15	—
I 7375,59	H	50	4,54	II 5391,60	H	50	8,02
I 7359,29	H	20	3,09	II 5361,35	H	40	8,01
I 7326,50	H	10	4,69	I 5308,95	H	10	—
I 7307,23	H	10	4,54	I 5302,81	H	20	—
I 7280,30	M	95	2,84	I 5294,13	H	10	—
I 7228,84	M	2,0	4,45	I 5277,63	H	10	—
I 7213,56	H	10	2,86	I 5267,03	M	2,0	4,59
I 7208,18	H	20	4,46	I 5175,62	H	3	—
I 7195,23	M	6	3,24	I 5159,94	M	6	4,64
I 7153,54	M	0,6	4,68	I 5054,98	M	2,0	4,69
I 7126,60	H	10	—	II 5013,08	H	50	8,48
I 7120,33	M	19	2,86	II 4957,15	H	50	8,48
I 7090,01	H	100	4,48	II 4934,09	M	2000	2,51

λ		B	eV	λ		B	eV
I	4902,90	M 1,8	4,20	I	3579,67	H 10	4,65
II	4899,97	M 40	5,25	I	3547,68	H 10	4,64
I	4877,65	H 3	4,78	I	3544,66	H 20	4,64
II	4843,46	H 80	8,76	I	3524,97	H 20	4,64
I	4726,44	M 8	4,03	I	3501,11	M 50	3,54
II	4708,94	H 80	8,76	I	3420,32	H 8	4,81
I	4700,43	M 3,0	4,20	I	3377,08	H 15	4,82
I	4691,62	M 13	4,32	I	3356,80	H 40	4,82
I	4673,62	M 3,0	3,84	I	3322,80	H 30	4,92
I	4636,33	H 20	—	I	3315,75	H 10	—
I	4628,33	H 40	3,82	I	3281,77	H 8	4,92
I	4619,92	M 2,0	4,20	I	3281,50	H 25	4,92
I	4604,98	H 10	3,81	I	3262,34	H 3	4,92
I	4599,75	M 4	4,26	I	3261,96	H 40	4,99
I	4591,82	H 15	3,84	I	3222,19	H 20	4,99
I	4579,64	M 14	4,38	I	3221,63	H 2	5,04
I	4573,85	M 8	4,27	I	3203,70	H 2	4,99
II	4554,04	M 6500	2,72	I	3183,16	H 5	5,04
II	4524,95	M 13	5,25	I	3071,58	M 18	4,04
I	4523,17	M 5	4,42	I	2785,28	H 50	4,45
I	4505,92	M 13	4,32	II	2771,36	M 1,8	7,19
I	4493,64	M 3,5	4,43	I	2702,63	M 3,0	4,59
I	4488,98	M 3,0	4,44	II	2647,29	H 10	7,19
I	4467,09	H 20	4,45	II	2634,78	M 10	7,41
I	4431,89	M 15	4,32	I	2596,64	H 40	4,77
I	4413,66	H 10	4,48	IV	2570,36	S 100	24,36
I	4406,85	H 20	4,49	IV	2566,83	S 50	24,51
I	4402,54	M 10	4,38	IV	2559,50	S 200	24,48
I	4359,53	H 15	4,52	IV	2546,62	S 50	24,51
I	4350,33	M 7	4,42	IV	2541,62	S 100	24,48
I	4332,91	H 20	4,43	II	2528,51	M 6	7,40
I	4325,15	H 15	4,54	IV	2512,17	S 100	24,36
I	4323,00	H 15	4,43	IV	2508,77	S 50	24,48
II	4309,32	H 80	8,89	I	2438,87	Ab 6	5,08
I	4283,10	H 20	4,31	I	2432,54	Ab 15	5,09
II	4267,95	H 80	8,89	IV	2432,31	S 100	24,64
I	4264,42	H 15	4,43	I	2427,43	Ab 10	5,11
I	4242,61	H 10	4,49	I	2420,12	Ab 8	5,12
I	4239,56	H 10	4,60	I	2414,10	Ab 6	5,13
II	4166,01	M 20	5,69	IV	2384,88	S 100	24,36
I	4132,43	M 6	3,00	I	2379,5	Ab 20	5,21
II	4130,66	M 150	5,72	I	2355,75	Ab 20	5,26
I	3995,66	M 3,0	4,29	II	2347,58	M 19	5,98
I	3993,40	M 18	4,30	II	2335,27	M 200	6,00
I	3975,36	H 10	4,79	I	2327,38	Ab 20	5,32
I	3937,87	M 3,5	4,29	IV	2323,57	S 200	24,48
I	3935,72	M 14	4,29	I	2323,4	Ab 20	5,33
I	3909,91	M 10	4,29	I	2310,67	Ab 20	5,36
II	3891,79	M 140	5,69	II	2304,24	M 140	5,98
I	3889,33	M 7	3,19	IV	2296,84	S 50	24,54
I	3662,53	H 10	4,52	I	2276,7	Ab 20	5,44
I	3636,83	H 18	4,82	I	2265,51	Ab 20	5,47
I	3630,64	H 15	4,60	I	2263,5	Ab 20	5,47
I	3611,00	H 10	4,62	II	2254,73	H 10	6,19
I	3599,40	H 10	4,58	II	2245,61	H 12	6,12

	λ	B		eV		λ	B		eV
I	2239,57	Ab	15	5,53	II	1694,37	—		8,02
I	2229,79	Ab	12	5,55	II	1573,92	—		8,58
I	2221,08	Ab	20	5,58	II	1572,73	—		8,59
I	2206,46	Ab	18	5,62	II	1504,01	—		8,94
I	2199,95	Ab	12	5,64	II	1486,72	—		8,95
I	2188,06	Ab	20	5,66	II	1433,15	—		9,35
I	2166,87	Ab	20	5,72	II	1417,14	—		9,35
I	2166,62	Ab	20	5,72	II	1413,35	—		9,47
I	2165,10	Ab	13	5,72	II	1397,83	—		9,47
I	2152,00	Ab	15	5,76	IV	740,0	S	30	18,96
I	2141,46	Ab	15	5,79	IV	719,9	S	30	19,43
I	2133,58	Ab	14	5,81	IV	653,8	S	30	18,96
II	2023,95	—		6,12	IV	647,3	S	30	19,15
II	1998,87	—		6,20	IV	570,1	S	10	21,74
II	1933,64	—		7,11					
II	1924,70	—		7,14					
II	1786,93	—		7,64					
II	1771,03	—		7,60					
II	1761,75	—		7,64					
II	1697,16	—		8,01					

4 Be

	λ	B		eV		λ	B		eV
I	18143,54	C	100	7,46	I	4572,66	M	12	7,99
I	14644,75	C	60	7,30	I	4407,94	C	400	8,09
I	14643,92	C	100	7,30	II	4360,99	C	500	14,80
II	12098,18	C	30	11,96	II	4360,66	C	300	14,80
II	12095,36	C	100	11,96	I	4253,76	C	60	10,61
I	11066,46	C	30	8,42	I	4253,05	C	100	10,61
I	11066,06	C	20	8,42	I	3866,03	C	100	10,61
II	10119,92	C	60	16,03	I	3865,50	C	5	10,61
II	10095,73	C	20	16,03	I	3865,43	C	10	10,61
I	9847,32	C	20	8,31	I	3813,45	C	700	8,53
I	8801,37	C	300	8,46	I	3736,30	C	100	8,59
I	8547,67	C	60	8,75	III	3722,98	—		121,9
I	8547,36	C	30	8,75	III	3720,92	—		121,9
I	8254,07	M	4	6,78	I	3515,54	C	300	8,80
I	8090,06	C	60	8,31	I	3455,18	C	300	8,86
I	7209,13	C	100	8,77	I	3367,63	C	60	8,96
I	6982,75	C	100	7,05	I	3345,43	C	20	8,98
I	6786,56	C	30	8,28	I	3321,34	M	100	6,45
I	6564,52	C	30	8,94	I	3321,09 }	M	60	6,45
II	6558,36	C	60	16,70	I	3321,01			6,45
II	6547,89	C	60	16,70	I	3282,91	C	30	9,05
II	6279,73	C	30	16,70	II	3274,67	C	30	14,72
III	6141,2	—		123,6	II	3274,58	C	100	14,72
II	5410,21	C	20	17,10	I	3269,02	C	15	9,07
II	5403,04	C	20	17,10	II	3241,83	C	30	15,78
II	5270,81	C	500	14,31	II	3241,62	C	10	15,78
II	5218,33	C	20	17,10	I	3229,63	C	60	9,11
II	4828,16	C	200	14,72	II	3197,15	C	30	16,03
II	4673,42	C	1000	14,81	II	3197,10	C	20	16,03
II	4673,33	C	700	14,81	I	3193,81	C	20	9,16

λ	B		eV	λ	B		eV
II 3131,07	M	320	3,96	I 2350,66	C	20	8,00
II 3130,42	M	480	3,96	I 2348,61	M	950	5,28
I 3110,99	C	20	11,68	I 2175,10 }	M	110	8,42
I 3110,92	C	10	11,68	I 2174,99 }			8,42
I 3110,81	C	10	11,68	I 2056,01	C	100	8,75
II 3046,69	C	30	16,03	I 2055,90	C	60	8,75
II 3046,52	C	10	16,03	I 1998,01	C	60	8,93
I 3019,60	C	20	11,41	I 1985,13	C	5	8,97
I 3019,53	C	30	11,41	I 1964,59	C	50	9,03
I 3019,49	C	30	11,41	I 1943,68	C	10	9,10
I 3019,33	C	60	11,41	I 1929,67	C	5	9,15
I 2986,06	C	30	10,61	II 1776,34	C	20	10,93
I 2898,25	C	20	11,68	II 1776,12	C	15	10,93
I 2738,05	C	30	11,58	I 1661,49	C	100	7,46
II 2728,88	C	20	16,70	II 1512,43	C	60	12,15
II 2697,58	C	20	16,56	II 1512,30	C	20	12,15
II 2697,46	C	5	16,56	II 1197,19	C	60	14,31
I 2650,76	C	100	7,40	II 1143,03	C	20	14,80
I 2650,69	C	60	7,40	II 1048,23	C	15	15,78
I 2650,62	C	200	7,40	II 1036,32	C	5	11,96
I 2650,55	C	60	7,40	II 1026,93	C	8	16,03
I 2650,45	C	100	7,40	II 973,27	C	10	16,70
II 2618,13	C	20	16,70	II 943,56	C	10	17,10
II 2617,99	C	5	16,70	II 925,25	C	2	17,35
I 2494,73	M	100	7,69	II 842,06	C	20	14,73
I 2494,58 }	M	70	7,69	II 775,37	C	8	15,99
I 2494,54 }			7,69	II 743,58	C	5	16,67
II 2453,84	C	20	15,99	II 725,71	C	5	17,08
I 2350,83	C	200	8,00				
I 2350,71	C	60	8,00				

83 Bi

λ	B		eV	λ	B		eV
I 22554,2	A	7	6,68	I 8544,52	H	40	5,55
I 14331,5	A	25	—	8501,8	H	2	—
I 12690,5	A	30	—	I 8210,81	H	5	6,95
I 12166,5	A	40	6,34	7975,9	H	30	—
I 11994,5	A	13	6,13	I 7840,61	H	8	5,68
I 11711,1	A	100	5,10	I 7838,70	H	400	6,68
I 11555,5	A	5	6,63	7502,33	H	6	—
I 11073,2	A	15	6,68	I 7036,15	H	5	5,86
I 10540,2	A	8	—	I 6991,12	H	10	6,87
I 10301,7	A	15	6,76	II 6808,6	E	50	10,44
I 10106,1	A	20	6,32	II 6600,2	E	40	10,44
I 9828,8	H	300	6,95	II 6497,65	E	15	13,05
I 9657,2	H	2000	5,32	I 6134,82	H	50	6,12
I 9342,55	H	500	—	II 6128,12	E	15	13,03
I 9058,6	H	50	—	II 6058,96	E	15	13,05
I 8907,9	H	200	6,95	II 5973,01	E	20	13,08
I 8761,53	H	100	6,98	II 5860,2	E	20	12,56
I 8754,92	H	40	1,42	I 5742,55	H	30	6,20
8628,0	H	100	—	II 5719,21	E	40	10,79
I 8579,81	H	20	5,55	II 5655,42	E	20	13,20

λ		B	eV	λ		B	eV
I	5552,35	M	1,0	—	I	2989,03	M	280	5,55
II	5270,34	E	40	10,98	II	2950,4	E	20	14,37
II	5209,29	E	75	11,00	I	2938,30	M	320	6,13
II	5201,01	E	20	13,39; 13,52	I	2897,98	M	400	5,69
II	5144,48	E	60	10,98	I	2863,75	H	80	7,01
II	5124,3	E	50	13,42	III	2855,6	E	80	17,04
III	5079,50	E	45	15,14	III	2847,4	E	30	17,05
II	4993,92	E	20	13,62	I	2809,63	M	14	6,32
III	4797,4	E	40	14,50	I	2798,69	H	200	6,33
II	4749,74	E	20	13,40	I	2780,52	M	36	5,87
II	4730,3	E	30	13,62	I	2730,51	M	14	7,21
I	4722,83			4,04	II	2713,3	E	20	14,37
I	4722,37	M	60	4,04	I	2696,76	M	28	6,00
I	4722,19			4,04	I	2627,91	M	70	6,12
II	4705,35	E	60	13,08		2582,15	H	35	—
III	4561,54	E	30	14,50	II	2544,5	E	20	13,50
III	4560,84	E	30	14,50	I	2532,57	H	25	7,58
II	4477,12	E	25	13,22	I	2524,49	M	7	6,33
II	4379,4	E	25	13,03	I	2515,69	M	2,5	6,33
II	4340,59	E	25	13,05		2499,51	H	25	—
III	4327,8	E	25	18,00	I	2448,06	H	50	6,48
I	4308,53	H	50	5,55	I	2433,45	H	30	7,78
I	4308,18	H	50	5,55	I	2430,45	H	30	7,00
II	4302,14	E	70	13,06	III	2414,6	E	75	17,06
II	4272,49	E	25	13,07	I	2400,88	M	20	7,07
II	4259,62	E	75	13,10	I	2354,49	H	15	6,68
I	4121,84			5,68	I	2349,15	H	10	6,69
I	4121,52	M	14	5,68	I	2333,79	H	12	7,22
II	4079,21	E	40	13,03	I	2328,19	H	15	—
I	3888,23	H	40	5,86		2309,73	H	18	—
II	3863,9	E	30	13,19	I	2281,38	H	10	—
II	3845,8	E	10	13,03	I	2276,58	M	36	5,45
II	3792,5	E	70	13,07	I	2230,61	M	160	5,55
III	3695,68	E	50	15,14	I	2228,25	M	35	5,55
III	3695,32	E	50	15,14	I	2214,12	H	7	7,01
III	3613,4	E	45	18,57	II	2214,0	E	40	9,80
I	3596,11	M	38	6,12	III	2213,55	E	30	20,74
I	3510,85	M	50	5,43	I	2203,12	H	20	7,54
III	3485,5	E	35	20,61	I	2189,59	H	25	7,07
III	3473,8	E	40	20,61	II	2186,92	E	60	11,14
II	3455,28	E	5	13,03	I	2177,22	H	20	5,69
III	3451,0	E	40	17,05	I	2164,10	H	20	7,14
I	3405,25	H	60	6,31	I	2156,95	H	75	7,16
I	3397,21	M	55	5,55		2153,53	H	40	—
	3307,55	H	150	—	I	2152,91	H	50	8,45
I	3239,73	H	10	7,94	II	2143,40	E	40	9,99
I	3144,6	H	8	—	I	2134,58	H	100	7,23
III	3115,0	E	35	18,48	I	2133,63	M	240	7,21
I	3093,58	H	10	6,69	I	2110,26	M	470	5,86
I	3076,66	M	14	5,43	II	2068,99	E	45	10,20
I	3067,72	M	3600	4,04	I	2064,79	H	50	7,92
I	3035,18	H	60	8,19	I	2061,70	M	4400	6,00
I	3034,87	M	6	—	I	2057,68	H	40	7,92
I	3024,64	M	240	6,00		2049,69	H	25	—
I	2993,34	M	70	5,55		2041,96	H	100	—

	λ	B		eV		λ	B		eV
I	2023,99	H	50	7,54	III	1145,91	E	40	13,39
I	2021,21	M	1000	6,12	IV	1139,8	S	40	22,83
III	2021,15	E	20	8,71	V	1139,37	S	200	10,88
III	2020,75	E	20	8,71	IV	1138,6	S	40	25,09
II	1989,35	E	25	11,71	IV	1128,8	S	50	22,93
I	1960,1	M	870	6,33	IV	1103,4	S	60	20,65
I	1954,5	M	4800	6,34	VI	1070,34	S	100	30,64
I	1953,25	M	4600	6,33	II	1058,88	E	15	11,71
IV	1910,0		—	29,32	III	1051,81	E	60	11,79
II	1902,41	E	100	8,63	VI	1050,13	S	100	30,34
I	1888,69	A	20	—	III	1045,76	E	60	14,43
I	1868,13	A	20	—	VI	1045,1	S	60	33,54
I	1832,66	A	10	6,76					49,78
II	1823,80	E	70	11,00	VI	1023,86	S	100	30,64
II	1791,93	E	70	8,57	VI	1004,75	S	50	46,32
II	1787,47	E	60	11,14	IV	989,8	S	60	24,47
II	1777,11	E	80	8,63	IV	968,8	S	60	27,00
I	1752,08	A	5	7,08	IV	967,6	S	80	24,76
II	1749,29	E	20	12,56	IV	943,3	S	200	25,09
II	1691,5	E	20	9,44	V	929,81	S	40	27,67
II	1652,81	E	20	11,71	III	925,48	E	40	13,39
I	1644,26	A	10	7,54	IV	923,9	S	150	22,83
I	1635,78	A	10	7,58	III	920,93	E	50	13,46
I	1617,80	A	5	7,66	IV	916,7	S	80	22,93
II	1611,38	E	40	9,80	V	880,17	S	40	28,42
II	1609,70	E	40	11,91	IV	876,8	S	60	22,93
III	1606,40	E	60	10,29	IV	872,6	S	150	14,21
II	1601,58	E	25	13,2	V	864,40	S	200	14,34
II	1591,79	E	60	9,44	V	849,86	S	40	28,92
II	1573,70	E	40	9,99	IV	824,9	S	120	24,44
I	1556,78	A	8	7,96	IV	822,9	S	80	24,48
II	1538,06	E	35	10,17	IV	820,3	S	100	24,52
II	1536,77	E	30	12,27	III	803,65	E	40	18,00
II	1533,17	E	40	10,20	IV	792,5	S	60	24,44
II	1520,57	E	40	9,80	VI	778,99	S	60	34,44
II	1502,50	E	20	12,46	VI	743,13	S	100	35,21; 69,67
I	1489,94	A	5	8,32	VI	738,17 }	S	100	69,67
II	1486,93	E	35	9,99	V	738,17 }			27,67
II	1462,14	E	25	12,69	VI	713,08	S	30	39,08
III	1461,00	E	60	11,06	VI	710,32	S	20	39,57
II	1455,11	E	50	10,17	VI	700,90	S	30	92,7; 39,57
II	1436,83	E	45	8,63	V	686,88	S	40	28,92
III	1423,52	E	35	8,71	VI	391,22	S	60	66,90
III	1423,33	E	35	8,71	VI	376,66	S	60	66,90
III	1346,12	E	60	11,78	VI	352,07	S	100	35,21
III	1326,84	E	40	11,92	VI	326,90	S	60	37,92
IV	1317,00	S	300	9,42	VI	306,72	S	40	78,26
III	1224,64	E	100	12,69					
VI	1188,45	S	20	29,48					
IV	1149,7	S	50	24,99					

λ	B	eV	λ	B	eV

97 Bk

λ	B	eV	λ	B	eV
3916,24	S 10	—	3681,25	S 3000	—
3894,48	S 300	—	3673,09	S 30	—
3877,75	S 30	—	3659,92	S 10	—
3752,66	S 10	—	3627,58	S 30	—
3751,90	S 30	—	3603,25	S 10	—
3739,26	S 10	—	3542,16	S 10	—
3736,42	S 100	—	3496,13	S 10	—
3725,55	S 100	—	3477,66	S 30	—
3718,22	S 30	—	3464,16	S 10	—
3711,18	S 1000	—	3412,01	S 30	—

35 Br

λ	B	eV	λ	B	eV
I 22865,65	E 95	9,80	I 10891,43	E 25	11,26
I 21787,24	E 47	9,83	I 10840,05	E 50	10,97
I 21631,91	E 36	9,87	I 10810,05	E 30	10,53
I 20624,67	E 55	10,33	I 10755,92	E 300	10,95
I 20281,73	E 50	10,12	I 10754,13	E 20	10,94
I 19810,58	E 45	10,38	I 10742,14	E 100	10,94
I 19733,62	E 345	9,99	I 10566,15	E 25	11,27
I 19606,57	E 26	10,14	I 10457,96	E 3000	9,51
I 19497,62	E 31	10,45	I 10377,65	E 150	10,45
I 19045,07	E 55	10,53	I 10310,92	E 70	10,61
I 18779,29	E 31	10,56	I 10310,62	E 60	10,61
I 18568,31	E 50	10,05	I 10299,62	E 100	9,75
I 17801,50	E 33	10,09	I 10237,74	E 600	9,26
I 16731,19	E 180	10,12	I 10208,91	E 30	11,26
I 16584,66	E 25	10,14	I 10184,49	E 20	10,51
I 14888,70	E 125	10,19	I 10184,02	E 30	10,51
I 14599,73	E 34	10,25	I 10140,08	E 300	9,51
I 14439,14	E 34	10,59	I 9944,18	E 25	10,65
I 14354,57	E 180	10,25	I 9943,85	E 25	10,65
I 13833,14	E 75	10,19	I 9896,40	E 1000	9,30
I 13674,13	E 30	10,96	I 9793,48	E 600	9,82
I 13217,17	E 170	10,19	I 9731,76	E 35	10,53
I 12809,50	E 40	10,96	I 9719,20	E 60	11,26
I 12303,93	E 28	9,30	I 9588,61	E 30	10,59
I 11742,85	E 40	9,38	I 9460,14	E 50	10,61
I 11225,08	E 25	10,36	II 9434,0	I 100	14,22
I 11094,24	E 10	10,51	I 9320,86	E 1500	9,88
I 11093,51	E 25	10,51	I 9265,42	E 4000	9,38
I 11045,74	E 80	10,38	I 9178,16	E 2000	9,68
I 11010,45	E 60	10,95	I 9173,63	E 1500	9,90
I 10998,28	E 40	10,95	I 9166,06	E 3000	9,40
I 10997,85	E 60	10,95	I 9078,64	E 70	10,88
I 10979,00	E 30	9,68	I 9066,28	E 40	10,88
I 10973,48	E 50	10,95	I 9029,94	E 30	10,76
I 10896,79	E 20	11,26	II 9024,4	I 200	14,28

λ	B	eV	λ	B	eV
I 8972,83	E 35	11,43	I 7978,57	E 1000	10,96
I 8964,00	E 900	10,79	I 7978,44	E 800	10,96
I 8949,39	E 180	10,79	I 7967,03	E 75	10,96
I 8932,40	E 600	9,68	I 7966,84	E 60	10,96
I 8909,73	E 30	11,26	I 7961,33	E 35	11,43
I 8897,62	E 3000	9,26	I 7950,18	E 300	10,97
I 8888,98	E 400	10,76	I 7947,94	E 300	10,94
I 8869,64	E 30	11,15	I 7938,68	E 3000	10,97
I 8825,22	E 2500	9,73	I 7925,81	E 250	10,92
I 8819,96	E 1500	10,81	I 7889,85	E 60	11,32
I 8808,85	E 50	11,14	I 7881,57	E 250	9,90
I 8807,68	E 80	10,82	I 7881,45	E 250	9,90
I 8807,44	E 60	10,82	I 7843,58	E 60	10,88
I 8793,47	E 1000	10,82	I 7827,23	E 120	11,31
I 8764,20	E 50	11,23	I 7803,02	E 3000	9,88
I 8760,46	E 70	10,78	I 7733,61	E 90	11,43
I 8725,33	E 50	10,82	I 7721,45	E 30	11,43
I 8698,53	E 400	9,75	I 7715,48	E 40	11,01
I 8668,84	E 30	10,94	I 7641,64	E 60	10,88
I 8638,66	E 2000	9,30	I 7616,41	E 200	10,92
I 8625,38	E 75	10,85	I 7595,07	E 180	11,43
I 8578,84	E 40	11,12	I 7591,61	E 160	9,68
I 8566,28	E 100	10,81	I 7570,87	E 55	11,15
I 8560,57	E 30	11,20	I 7569,08	E 50	11,31
I 8557,73	E 100	9,78	I 7535,79	E 40	10,94
I 8513,38	E 150	10,84	I 7512,96	E 4000	9,51
I 8503,78	E 40	11,19	I 7425,85	E 75	10,92
I 8477,45	E 400	9,75	I 7348,51	E 1000	9,73
I 8471,51	E 50	11,26	I 7260,45	E 200	9,75
I 8467,38	E 30	11,26	I 7184,30	E 30	11,12
I 8446,55	E 4000	9,51	I 7162,10	E 75	9,78
I 8389,75	E 30	11,21	I 7142,30	E 40	11,14
I 8384,04	E 120	10,78	I 7142,17	E 30	11,14
I 8361,71	E 30	10,88	I 7005,19	E 1000	9,82
I 8343,70	E 1000	9,78	I 6929,78	E 40	11,15
I 8334,70	E 2000	9,82	I 6904,95	E 40	11,19
I 8291,06	E 90	10,88	I 6861,15	E 180	11,19
I 8272,44	E 7500	9,36	I 6826,02	E 40	11,21
I 8264,96	E 1500	10,76	I 6820,39	E 80	11,20
I 8258,32	E 30	11,31	I 6791,48	E 160	11,12
I 8246,86	E 500	10,80	I 6790,04	E 650	11,19
I 8237,96	E 50	11,28	I 6786,74	E 220	11,21
I 8183,52	E 45	11,19	I 6785,74	E 90	11,56
I 8154,00	E 2500	9,38	I 6779,48	E 200	11,19
I 8153,75	E 1000	10,78	I 6760,06	E 200	9,88
I 8152,65	E 100	10,82	I 6728,28	E 800	11,14
I 8131,52	E 3000	9,82	I 6723,65	E 40	11,23
I 8072,89	E 30	11,21	I 6692,13	E 1000	11,15
I 8028,80	E 40	11,34	I 6682,28	E 2000	9,90
I 8026,54	E 250	10,95	I 6672,15	E 60	11,26
I 8026,35	E 200	10,95	I 6631,62	E 5000	9,73
I 8023,91	E 90	10,80	I 6620,47	E 150	11,26
I 8022,52	E 80	10,94; 11,22	I 6584,14	E 60	11,40
I 8010,17	E 40	10,95	I 6582,17	E 2000	11,14
I 7989,94	E 3000	9,88	I 6579,14	E 180	11,14

λ	B		eV	λ	B		eV
I 6571,31	E	100	11,40	I 5450,09	E	55	10,60
I 6559,80	E	5000	9,75	II 5435,07	I	100	18,11
I 6548,09	E	150	11,26	II 5424,99	S	200	16,22
I 6544,57	E	2000	11,15	II 5422,78	S	500	16,11
I 6541,30	E	60	11,19	I 5395,55	E	90	10,85
I 6532,29	E	60	11,28	I 5395,48	E	120	10,85
I 6514,62	E	100	11,20	I 5345,42	E	60	10,61
I 6488,62	E	80	11,21	II 5332,05	S	1000	16,32
I 6483,56	E	180	11,21	II 5330,57	I	500	14,57
I 6462,32	E	50	11,31	II 5304,10	S	200	16,28
I 6438,02	E	60	11,22	II 5272,68	I	100	14,60
I 6426,30	E	50	11,23	I 5245,12	E	35	10,65
I 6410,32	E	250	11,19	II 5238,23	S	1000	14,57
II 6352,94	S	500	15,95	II 5233,59	I	70	18,89
I 6350,73	E	6000	9,82	II 5193,90	S	100	15,95
I 6349,82	E	50	11,21	II 5180,01	I	100	18,11
I 6345,30	E	50	11,21	II 5137,55	I	70	17,91
I 6336,56	E	50	11,36	II 5054,64	S	100	16,28
I 6336,39	E	30	11,36	II 5038,74	S	100	17,06
I 6335,48	E	150	11,26	I 5002,72	E	50	11,03
I 6331,99	E	30	11,26	II 4986,99	S	70	17,06
I 6296,71	E	70	11,36	I 4979,76	E	400	10,82
I 6290,13	E	55	11,23	I 4954,73	E	30	11,05
I 6282,46	E	60	11,23	II 4945,51	I	100	17,71
I 6253,69	E	40	11,38	II 4930,66	S	800	16,20
I 6251,32	E	30	11,28	II 4928,79	S	500	16,11
I 6244,39	E	40	11,38	II 4921,12	I	500	18,02
I 6203,08	E	90	11,26	I 4920,98	E	30	10,85
I 6177,39	E	200	11,39	II 4866,60	I	70	17,61; 18,05
II 6161,74	S	100	18,94	II 4848,75	S	200	16,83
I 6158,19	E	75	11,37	II 4844,81	I	200	18,89
I 6148,60	E	4000	9,88	I 4834,46	E	50	10,61
I 6132,71	E	80	11,40	II 4818,46	I	100	18,76
I 6122,14	E	240	11,39	II 4816,70	S	1000	14,22
I 6118,80	E	30	11,32	I 4807,61	E	35	11,13
I 6095,74	E	70	11,39	II 4802,33	S	100	16,52
I 5953,92	E	75	11,38	II 4785,50	S	1000	14,22
I 5950,32	E	75	11,38	I 4785,19	E	160	10,64
I 5945,50	E	60	11,38	I 4780,31	E	400	10,64
I 5940,48	E	160	10,64	II 4779,40	S	500	16,20
I 5905,45	E	90	11,61; 11,40	II 4776,40	S	70	16,28
I 5852,08	E	180	11,37	I 4775,20	E	75	11,14
I 5833,39	E	90	11,38	II 4766,00	S	200	16,83
II 5830,78	S	100	15,95	I 4752,28	E	250	10,65
I 5830,39	E	40	11,51	II 4742,64	I	500	17,81
I 5783,32	E	50	11,50	II 4735,41	S	100	16,83
II 5718,71	I	100	16,22	II 4728,20	I	100	18,95
II 5710,97	S	70	16,11	II 4720,36	S	500	16,56
II 5589,94	S	200	16,22; 18,78	II 4719,76	S	200	16,19
I 5536,37	E	30	11,49	II 4704,85	S	1000	14,22
II 5506,68	I	1000	18,11	I 4693,56	E	30	10,97
II 5495,06	S	100	16,20	II 4693,17	I	100	17,71
II 5488,79	S	100	16,19	II 4678,69	S	1000	16,33
II 5478,47	I	200	17,79	II 4651,98	S	100	17,26
I 5466,22	E	120	10,82	I 4643,52	E	90	11,00

	λ	B		eV		λ	B		eV
II	4642,02	S	100	18,78	II	3894,66	S	500	17,42
II	4622,70	I	200	19,94	II	3871,20	S	100	17,42
I	4614,58	E	250	11,01	II	3834,69	S	200	19,34
II	4601,43	I	70	18,89	I	3828,50	E	70	11,10
I	4575,74	E	300	11,04	I	3815,65	E	120	11,11
II	4542,92	S	1000	16,32	I	3794,03	E	90	11,13
II	4542,42	S	70	18,94	I	3735,80	E	50	11,36
I	4529,79	E	60	11,03	II	3714,30	S	200	19,29
II	4529,60	S	100	16,56	III	3693,53	I	70	22,08
I	4525,59	E	1500	10,60	II	3606,80	I	100	19,63
I	4513,44	E	300	10,61	III	3551,08	I	100	22,56
I	4490,42	E	100	11,05	III	3506,47	I	100	22,56
I	4477,72	E	2000	10,63	II	3423,82	S	200	19,94
I	4472,61	E	1000	10,82	III	3349,75	I	70	21,55
II	4471,82	S	70	17,37	III	3321,08	I	100	22,80
I	4441,74	E	1000	10,65	III	3117,29	I	200	22,10
I	4425,14	E	150	10,85	III	3091,94	I	200	22,58
II	4396,40	S	70	17,22	III	3074,42	I	1000	22,10
II	4394,97	S	70	19,94	III	3036,45	I	200	22,79
I	4391,60	E	80	11,15	III	3033,63	I	100	22,08
II	4365,60	S	2000	16,52	II	3028,90	I	70	20,07
I	4365,14	E	200	11,13	III	3020,76	I	1000	22,90
II	4297,11	S	70	19,10	II	3016,48	I	100	18,11
II	4291,40	I	100	18,09	II	2996,83	I	70	16,56
II	4236,89	S	100	16,52	III	2994,04	I	500	21,47
II	4223,89	S	2000	16,93	II	2986,53	I	100	20,13
I	4202,49	E	45	10,81	II	2985,87	I	100	19,98
II	4193,45	S	100	14,60	II	2981,86	I	100	16,11
II	4179,63	S	500	16,56	II	2973,44	I	70	18,11
II	4160,00	S	70	19,62	II	2972,26	I	1000	18,11
I	4143,97	E	60	11,04	III	2969,00	I	200	21,81
II	4140,20	S	100	16,56; 16,93	II	2967,21	I	500	18,11
II	4135,66	S	100	16,56	III	2936,22	I	100	21,55
II	4117,45	S	70	19,94; 19,34	III	2926,96	I	500	22,10
II	4075,50	S	70	19,37	II	2917,18	I	500	20,11
I	4037,32	E	50	11,11	II	2900,16	I	70	16,52
II	4036,42	S	50	17,29	II	2893,40	I	500	18,11
II	4024,12	I	70	19,36	II	2867,03	I	70	16,28
II	4008,76	S	50	19,29; 19,42	II	2807,54	I	100	20,13
II	3997,23	I	70	19,43	II	2799,01	I	70	18,11
I	3992,36	E	150	11,15	III	2785,28	I	100	22,08
I	3991,36	E	30	10,97	II	2746,51	I	200	18,11
II	3986,54	S	70	16,93	III	2735,83	I	200	26,34
II	3980,38	S	1000	17,39	II	2727,03	I	70	18,11
II	3980,02	S	70	17,39	II	2713,77	I	500	16,52
II	3955,56	I	70	19,46	II	2690,17	I	200	16,56
II	3950,60	S	200	17,37	III	2671,53	I	200	26,11
II	3939,69	S	200	19,42	III	2639,60	I	200	26,24
II	3935,15	S	70	17,38	III	2629,23	I	200	22,56
II	3929,55	S	100	17,37	III	2626,52	I	1000	21,90
II	3924,09	S	500	17,39	III	2616,26	I	200	26,64
II	3919,50	S	200	19,35	III	2613,13	I	1000	26,85
II	3914,38	S	1000	17,38	III	2608,15	I	200	27,31
II	3914,20	S	100	17,38	III	2606,20	I	800	26,56
II	3901,24	S	100	19,29	III	2595,98	I	500	26,88

	λ		B	eV		λ		B	eV
III	2594,48	I	100	26,24	I	1249,59	E	80	9,92
III	2589,14	I	1000	26,34	I	1243,90	E	120	10,42
III	2584,99	I	500	27,14	I	1232,43	E	750	10,51
III	2573,17	I	100	26,92	I	1228,05	E	75	10,09
III	2570,83	I	200	26,37	I	1226,90	E	120	10,56
II	2556,92	I	500	19,99	I	1224,41	E	120	10,12
III	2551,09	I	200	26,66; 26,76	I	1223,24	E	100	10,59
II	2541,48	I	500	20,02	I	1221,87	E	90	10,14
III	2529,49	I	200	22,08	I	1221,13	E	100	10,61
II	2521,70	I	800	20,13	I	1216,01	E	75	10,19
III	2497,43	I	70	27,31	I	1210,73	E	100	10,70
II	2495,22	I	100	20,11	I	1209,76	E	80	10,25
II	2488,50	I	100	20,13	I	1198,37	E	50	10,80
III	2482,60	I	100	26,54	I	1189,50	E	100	10,88
III	2462,39	I	100	22,08	I	1189,28	E	100	10,88
II	2395,36	I	70	18,09	I	1178,90	E	40	10,51
II	2392,42	I	500	18,09	I	1177,23	E	25	10,53
II	2392,21	I	200	18,09	I	1136,29	E	25	11,36
II	2389,69	I	1000	18,09	I	1134,59	E	30	11,38; 10,92
II	2388,96	I	800	18,09	I	1101,50	E	25	11,71
II	2388,69	I	100	18,09	II	1071,87	I	100	11,95
II	2386,70	I	1000	18,09	II	1064,76	S	800	11,64
II	2386,45	I	200	18,09	II	1056,76	S	70	12,21
II	2343,40	I	70	19,97	II	1048,99	S	2000	12,21
II	2336,93	I	500	20,11	II	1037,03	S	100	11,95
II	2317,30	I	100	19,94	II	1015,54	S	2000	12,21
III	2313,29	I	100	26,83	II	1012,10	I	100	12,25
II	2304,06	I	70	19,97; 20,07	III	984,9	I	800	12,59
III	2293,44	I	500	22,58	II	984,94	S	1000	14,00
II	2287,60	I	200	20,11	III	960,4	S	500	12,91
II	2285,17	I	200	20,11	III	949,0	I	200	13,06
II	2280,58	I	70	20,12	II	948,98	S	2000	14,48
II	2270,37	I	70	17,71	II	922,57	S	100	13,82
I	1633,40	E	7500	8,05	II	921,15	S	70	13,94
I	1582,31	E	2500	8,29	II	911,72	S	70	13,60
I	1576,39	E	2000	7,86	II	905,99	S	1000	13,68
I	1574,84	E	3000	8,33	II	896,64	S	1000	13,82
I	1540,65	E	2500	8,05	II	889,23	S	2000	13,94
I	1531,74	E	3000	8,55	II	856,19	S	200	14,48
I	1488,45	E	5000	8,33	II	815,49	S	70	15,20
I	1449,90	E	300	8,55	III	798,8	I	70	19,06
III	1402,9	I	70	21,90	VII	779,58	S	500	15,90
I	1384,60	E	1200	9,41	III	736,4	I	100	18,71
I	1317,69	E	200	9,41	VII	736,09	S	1000	16,85
I	1317,37	E	100	9,41	IV	735,66	S	1000	17,26
I	1316,73	E	300	9,87	III	727,0	I	100	19,06
III	1313,5	I	70	22,34	IV	718,50	S	1000	17,26
I	1309,91	E	300	9,92	II	711,69	S	100	17,42
I	1286,26	E	100	10,09	VI	701,46	S	500	31,47
I	1279,48	E	100	10,14	III	690,2	I	500	19,98
I	1266,20	E	120	10,25	IV	663,80	S	1000	19,08
I	1261,66	E	120	9,82	VI	661,05	S	1000	18,76
I	1259,20	E	150	10,30	V	645,49	S	1000	19,96
I	1255,80	E	100	9,87	IV	642,22	S	1000	20,08
I	1251,66	E	150	10,36	IV	630,12	S	1000	20,08

	λ		B	eV		λ		B	eV
V	621,11	S	1000	19,96	V	547,94	S	1000	23,38
III	620,4	I	100	19,98	V	532,00	S	1000	23,30
III	611,1	I	800	20,28	VI	516,45	S	500	37,81
IV	601,26	S	1000	21,40	VI	515,16	S	500	37,85
IV	586,69	S	1000	21,90	VI	503,70	S	500	37,81
IV	576,57	S	1000	21,90	V	482,11	S	1000	26,47
IV	569,13	S	1000	22,19					

6 C

	λ		B	eV		λ		B	eV
I	19721,99	C	120	9,63	I	9062,47	C	200	8,85
I	18139,80	C	70	9,33	I	9061,43	C	300	8,85
I	17448,60	C	55	9,71	II	8682,56	IC	200	20,91
I	17338,56	C	50	10,41	III	8500,32	S	400	32,09
I	16890,38	C	400	9,73	I	8335,15	C	600	9,17
I	14542,50	C	1000	8,54	III	8332,99	S	100	41,32
I	14442,24	C	65	9,71	III	8196,48	S	400	44,46
I	14429,03	C	60	9,71	II	8076,64	IC	200	24,64
I	14420,12	C	500	9,71	I	8058,62	C	200	10,39
I	14403,25	C	80	9,71	I	7860,89	C	200	10,42
I	14399,65	C	300	9,71	IV	7726,2	S	70	60,00
I	13559,66	C	60	9,68	III	7612,65	S	100	39,84; 42,95
I	13502,27	C	100	9,68	II	7236,42	C	2000	18,04
I	12614,10	C	180	9,83	II	7231,32	IC	1500	18,04
I	11895,75	C	200	9,68	II	7119,90	IC	600	24,27
I	11892,91	C	80	9,68	I	7119,67	C	100	10,38
I	11777,54	C	55	9,69	I	7116,99	C	200	10,39
I	11754,76	C	800	9,69	II	7115,63	IC	400	24,27
I	11753,32	C	900	9,69	I	7115,19	C	300	10,38
I	11748,22	C	700	9,69	I	7113,18	C	300	10,38
I	11669,63	C	150	9,83	I	7111,47	C	100	10,38
I	11659,68	C	360	9,71	II	7063,70	IC	200	24,64
I	11658,85	C	65	9,83	III	7037,25	S	100	40,19
I	11628,83	C	120	9,71	I	6828,12	C	50	10,35
I	11619,29	C	60	9,71	II	6783,90	IC	400	22,54
I	11330,28	C	50	9,63	II	6779,93	IC	200	22,54
I	10729,53	C	50	8,64	II	6750,55	IC	200	24,37
I	10707,33	C	50	8,64	III	6744,38	S	100	40,05
I	10691,25	C	400	8,65	I	6655,51	C	50	10,40
I	10685,34	C	50	8,64	I	6587,61	C	200	10,42
I	10683,08	C	200	8,64	II	6582,88	C	1200	16,32
I	10123,87	C	50	9,76	II	6578,05	C	1500	16,32
I	9658,43	C	400	8,77	II	6098,51	C	300	24,59
I	9620,79	C	300	8,77	I	6016,45	C	50	10,70
I	9603,03	C	100	8,77	I	6014,85	C	300	10,70
I	9405,73	C	1000	9,00	I	6013,21	C	400	10,70
I	9111,80	C	400	8,85	I	6010,68	C	400	10,70
I	9094,83	C	550	8,85	I	6007,18	C	50	10,70
I	9088,51	C	300	8,85	I	6006,03	C	300	10,71
I	9078,28	C	200	8,85	I	6001,13	C	200	10,71

λ	B	eV	λ	B	eV
II 5891,59	IC 600	20,14	II 3876,41	IC 600	27,47
II 5889,77	IC 1200	20,14	II 3876,19	IC 600	27,47
III 5826,42	S 100	42,32	II 3876,06	IC 400	27,47
IV 5811,98	S 300	39,67	II 3831,74	IC 200	23,38
IV 5801,33	S 400	39,67	II 3590,86	IC 200	25,98
I 5800,59	C 50	10,08	II 3589,66	IC 300	25,98
I 5793,12	C 100	10,08	II 3361,05	IC 200	21,73
III 5695,92	S 600	34,27	II 3167,93	IC 200	22,56
I 5668,95	C 100	10,72	II 3165,47	IC 300	22,56
II 5662,47	IC 400	22,90	II 2992,62	IC 1500	22,19
II 5648,07	IC 200	22,90	III 2982,11	S 200	38,43
II 5640,55	IC 200	22,90	II 2837,60	IC 1500	16,32
I 5545,07	C 50	10,87	II 2836,71	IC 2000	16,32
I 5380,34	C 400	9,99	II 2747,28	IC 600	20,84
II 5151,09	IC 800	23,11	II 2746,49	IC 400	20,84
II 5145,16	IC 1200	23,11	III 2725,90	S 100	44,45
II 5143,49	IC 600	23,11	III 2725,30	S 100	44,45
II 5139,17	IC 300	23,11	II 2641,42	IC 200	27,22
II 5133,28	IC 600	23,11	II 2574,83	IC 400	22,86
II 5132,94	IC 600	23,11	IV 2530,6	S 70	55,77
I 5052,17	C 200	10,14	IV 2529,98	S 500	55,77
I 5041,80	C 50	10,40	IV 2524,41	S 300	55,78
I 5041,48	C 50	10,40	II 2512,06	IC 600	18,65
I 5039,07	C 100	10,40	II 2509,12	IC 400	18,65
I 5023,85	C 100	10,41	I 2478,56	C 1000	7,68
I 4932,05	C 200	10,20	IV 2405,10	S 70	55,78
I 4775,91	C 50	10,08	III 2296,87	S 1300	18,09
I 4771,75	C 200	10,08	V 2277,92	—	304,35
III 4665,86	S 200	40,87	V 2277,25	—	304,35
IV 4658,30	S 300	58,44	V 2270,91	—	304,36
III 4651,47	S 500	32,18	III 2162,94	S 300	40,00
III 4650,25	S 800	32,18	I 1930,90	1000	7,69
III 4647,42	S 1000	32,18	I 1751,83	600	9,76
II 4619,23	IC 200	27,47	I 1658,12	100	7,48
II 4374,27	IC 300	27,48	I 1657,91	70	7,48
I 4371,37	C 50	10,51	I 1657,38	70	7,48
III 4325,56	S 200	41,29	I 1657,01	400	7,48
II 4317,26	IC 200	25,98	I 1656,93	70	7,48
I 4269,02	C 50	10,59	I 1656,27	100	7,48
II 4267,26	IC 3000	20,95	I 1561,44	500	7,94
II 4267,00	IC 1500	20,95	I 1561,37 }	50	7,94
III 4186,90	S 300	42,96	I 1561,34		7,94
III 4162,86	S 100	43,03	I 1560,70	500	7,94
II 4075,85	IC 600	27,41	I 1560,34	100	7,94
II 4074,85	IC 200	27,41	IV 1550,77	S 2000	7,99
II 4074,52	IC 400	27,41	IV 1548,18	S 1800	8,01
III 4070,26	S 300	42,95	I 1481,76	100	9,63
III 4068,91	S 300	42,95	I 1467,40	70	9,71
III 4067,94	S 200	42,95	I 1463,34	200	9,73
III 4056,06	S 100	43,25	I 1459,03	50	9,76
II 3980,32	IC 200	27,48	I 1432,53	50	12,84
II 3952,06	IC 300	27,41	I 1432,10	100	12,84
II 3920,69	IC 1500	19,49	I 1431,60	200	12,84
II 3918,98	IC 1200	19,49	I 1364,16	70	10,35
II 3876,66	IC 600	27,47	I 1355,84	100	10,41

	λ		B	eV		λ		B	eV
I	1354,28		50	10,41	II	858,56	S	300	14,46
II	1335,71	S	1000	9,30	II	858,09	S	200	14,46
II	1334,52	S	800	9,30	III	690,53	S	100	30,64
I	1329,60		70	9,33	II	687,35	S	500	18,06
I	1329,10		30	9,34	II	687,05	S	400	18,06
II	1323,91	S	200	18,66	II	651,34	S	200	24,37
I	1311,36		50	10,71	II	651,27	S	100	24,37
I	1280,40 ⎫		70	9,68	II	651,21	S	100	24,37
I	1280,33 ⎬			9,69	II	595,03		100	20,84
I	1277,55 ⎧			9,71	II	594,80		70	20,84
	⎨		400						
I	1277,51 ⎫			9,71	III	574,28	S	500	34,27
I	1277,28 ⎬		300	9,71	III	565,53	S	100	40,00
I	1277,25 ⎭			9,71	II	560,44		50	22,13
I	1261,55		50	9,83	II	549,51		50	22,56
III	1247,37	S	400	22,62	III	538,31	S	600	29,52
I	1194,49		50	10,38	III	538,15	S	500	29,52
I	1194,06		50	10,38	III	538,08	S	400	29,52
I	1193,68 ⎫		100	10,39	III	535,29	S	400	41,24
I	1193,65 ⎭				III	511,53	S	400	42,32
I	1193,39		50	10,39	III	492,65	S	100	43,25
I	1193,26 ⎫		400	10,39	III	460,05	S	200	39,63
I	1193,24 ⎭				III	450,73	S	300	40,19
I	1193,03 ⎫		400	10,39	IV	419,71	S	1000	37,54
I	1193,01 ⎭				IV	419,52	S	800	37,54
I	1189,63		200	10,42	IV	384,18	S	1400	40,28
I	1189,45		100	10,42	IV	384,03	S	1300	40,28
I	1188,99		100	10,43	IV	312,46	S	1000	39,67
I	1158,03 ⎫		100	10,71	IV	312,42	S	1200	39,67
I	1158,02 ⎭			10,70	IV	296,95	S	100	49,75
II	1037,02	S	800	11,96	IV	296,86	S	70	49,75
II	1036,33	S	600	11,96	IV	289,23	S	400	50,86
II	1010,37	S	400	17,62	IV	289,14	S	300	50,86
II	1010,08	S	400	17,62	IV	259,54	S	100	55,77
II	1009,85	S	300	17,62	IV	259,47	S	70	55,77
III	977,03	S	1500	12,68	IV	244,91	S	400	50,61
II	904,48	S	400	13,72	IV	222,79	S	100	55,63
II	904,14	S	600	13,72					
II	903,96	S	500	13,72					
II	903,62	S	400	13,72					
III	884,52	S	200	32,09					

20 Ca

	λ		B	eV		λ		B	eV
II	21428,90		—	9,01	I	16156,04	A	4	5,32
II	21389,00		—	9,02	I	13134,96	A	16	5,39
I	19932,94	A	4	4,53	I	13033,41	A	12	5,39
I	19861,70	A	20	2,52	I	12909,07	A	8	5,39
I	19852,96	A	10	4,53	I	12823,46	A	4	4,88
I	19776,67	A	80	2,52	I	12815,69	A	16	4,88
I	19505,62	A	20	2,52	I	10838,77	A	1	6,02
I	19452,82	A	60	2,52	I	10343,85	A	20	4,13
I	19309,43	A	20	2,52	II	9931,39	C	9	8,76
I	16195,33	A	6	5,30	II	9890,63	C	11	9,69

λ	B		eV	λ	B		eV
II 9854,74	C	8	8,76	I 4878,13	M	5	5,25
I 9701,7	A	1	6,02	II 4799,97	C	4	11,02
I 9688,6	A	1	6,01	II 4721,03	C	4	9,67
II 8927,36	C	11	8,44	II 4716,74	C	3	9,67
II 8912,07	C	10	8,44	I 4685,27	A	1	5,57
II 8662,14	M	55	3,12	I 4585,87	M	8	5,23
II 8542,09	M	100	3,15	I 4581,40	M	5	5,23
II 8498,02	M	12	3,15	I 4578,56	M	2,5	5,23
II 8254,72	C	7	9,01	I 4526,94	M	1,6	5,44
II 8248,80	C	11	9,02	I 4512,28	A	1	5,27
II 8201,72	C	10	9,01	I 4456,62	M	1,0	4,68
I 7326,15	M	6	4,62	I 4455,89	M	18	4,68
I 7202,17	M	9	4,43	I 4454,78	M	140	4,68
I 7148,15	M	19	4,44	I 4435,69	M	18	4,68
I 6717,75	M	4	4,57	I 4434,96	M	65	4,68
I 6572,78	M	2,0	1,89	I 4425,44	M	30	4,68
I 6499,65	M	8	4,43	I 4355,10	A	2	5,55
I 6493,78	M	32	4,43	I 4318,65	M	40	4,77
I 6471,66	M	8	4,44	I 4307,74	M	26	4,76
I 6462,57	M	70	4,44	I 4302,53	M	110	4,78
II 6456,87	C	8	10,36	I 4298,99	M	20	4,77
I 6455,60	M	3,5	4,44	I 4289,36	M	22	4,77
I 6449,81	M	18	4,44	I 4283,01	M	24	4,78
I 6439,07	M	70	4,45	I 4240,46	A	2	5,63
I 6169,56	M	14	4,54	I 4226,73	M	1100	2,93
I 6169,05	M	7	4,53	II 4220,07	C	5	10,45
I 6166,44	M	6	4,53	II 4206,17	C	4	10,45
I 6163,76	M	3,0	4,53	II 4110,28	C	3	10,53
I 6162,17	M	140	3,91	II 4109,82	C	6	10,53
I 6161,29	M	3,0	4,54	I 4098,53	A	3	5,55
I 6122,22	M	95	3,91	II 4097,10	C	5	10,53
I 6102,72	M	34	3,91	I 4094,93	A	3	5,55
I 5857,46	M	22	5,05	I 4092,63	A	2	5,55
I 5602,84	M	12	4,73	I 3973,71	M	14	5,02
I 5601,26	M	12	4,74	I 3972,57	A	1	5,82
I 5598,47	M	24	4,73	II 3968,47	M	2200	3,12
I 5594,45	M	36	4,74	I 3957,05	M	3,5	5,02
I 5590,11	M	10	4,74	I 3948,90	M	1,2	5,02
I 5588,75	M	70	4,74	II 3933,67	M	4200	3,15
I 5581,97	M	12	4,74	I 3875,81	A	5	5,72
I 5512,96	M	2,5	5,18	I 3872,56	A	3	5,72
I 5349,47	M	16	5,02	I 3870,51	A	2	5,72
II 5339,19	C	5	10,76	III 3761,62		6	33,73
II 5307,22	C	7	9,85	II 3758,39	C	3	10,34
II 5285,27	C	6	9,85	I 3753,37	A	1	5,82
I 5270,28	M	48	4,88	I 3750,35	A	1	5,82
I 5265,56	M	28	4,88	I 3748,37	A	1	5,82
I 5264,24	M	11	4,88	II 3736,90	M	15	6,47
I 5262,25	M	13	4,88	II 3706,03	M	12	6,47
I 5261,70	M	11	4,88	II 3694,11	C	4	10,87
I 5188,85	M	10	5,32	II 3683,70	C	3	10,87
I 5041,63	M	6	5,17	I 3678,23	A	3	5,89
II 5021,15	C	4	9,98	I 3675,31	A	2	5,89
II 5019,97	C	8	9,98	I 3644,77	A	3	5,30
II 5001,48	C	7	9,98	I 3644,41	M	10	5,30

λ	B		eV	λ	B		eV
I 3630,95	A	3	5,30	III 2704,87		6	35,02
I 3630,75	M	10	5,30	III 2687,78		8	34,67
I 3624,11	M	5	5,30	I 2680,36	A	2	4,61
III 3537,75		7	33,73	III 2634,17		6	34,94
I 3487,60	A	3	5,45	III 2620,82		6	34,97
I 3474,76	A	2	5,45	I 2617,66	A	3	4,74
I 3468,48	A	4	5,45	I 2564,09	A	3	6,74
III 3372,68		8	33,73	III 2541,49		6	34,94
I 3362,13	A	8	5,58	I 2398,56	M	8	5,18
I 3361,92	A	8	5,58	I 2275,47	A	1	5,45
I 3350,36	A	6	5,58	II 2208,61		10	8,77
I 3350,21	A	5	5,58	I 2200,73	A	1	5,64
I 3344,51	A	2	5,58	II 2197,79		10	8,77
I 3286,07	A	1	5,67	III 2152,47		6	40,43
I 3274,66	A	1	5,67	I 2150,78	A	1	5,77
I 3269,10	—		5,67	III 2140,39		6	40,73
I 3225,90	A	2	5,74	II 2132,30		5	7,50
I 3215,13	A	1	5,74	II 2131,50		10	7,51
I 3209,93	A	1	5,74	II 2128,75		2	7,51
II 3181,28	C	15	7,05	II 2113,15		5	9,01
I 3180,52	A	1	5,79	II 2112,76	A	20	9,02
II 3179,33	M	50	7,05	II 2103,24	A	8	9,02
I 3169,85	A	1	5,79	III 1943,12		6	40,13
II 3158,87	M	20	7,05	III 1870,28		6	34,94
I 3150,74	A	2	5,83	III 1854,72		6	34,67
I 3140,78	A	1	5,83	II 1850,69		10	9,85
I 3136,00	A	1	5,83	II 1843,09		5	9,85
III 3119,66		8	34,66	II 1840,06	A	8	8,44
I 3117,65	A	1	5,87	II 1838,01	A	7	8,44
I 3108,58	A	2	5,88	II 1814,65			9,98
					A	1	
I 3095,28	A	1	5,88	II 1814,49			9,98
I 3080,83	A	2	5,92	II 1807,34	A	1	9,98
III 3028,66		6	34,53	II 1651,99	A	1	7,50
I 3009,21	M	3,0	6,01	II 1649,86	A	1	7,51
I 3006,86	M	7	6,02	III 1562,50		6	34,41
I 3000,86	M	2,0	6,01	II 1554,64	S	3	9,67
I 2999,64	M	2,0	6,01	II 1553,18	S	2	9,67
I 2997,31	M	2,0	6,02	II 1433,75	S	1	10,35
I 2994,96	M	3,5	6,01	II 1432,50		—	10,35
III 2989,30		6	34,84	II 1342,53		—	9,23
III 2988,61		7	34,37	II 1341,89		—	9,24
III 2924,33		8	34,93	IV 669,72	S	10	18,89
III 2899,78		9	34,33	IV 656,04	S	15	18,89
III 2881,80		7	34,54	III 490,56		2	25,26
III 2869,95		7	34,37	IV 450,56	S	10	27,51
III 2866,57		7	35,02	IV 443,81	S	15	28,32
III 2813,88		7	34,85	IV 434,57	S	12	28,52
III 2791,63		6	34,68	III 409,95		5	30,26
I 2770,79	A	3	6,37	III 403,73		5	30,73
I 2721,65	M	3,0	4,55	IV 336,56	S	4	37,22
				IV 335,37	S	5	36,96

λ	B		eV	λ	B		eV
I 39087		—	8,43	I 4412,99	H	3	6,61
I 16482		—	8,13	II 4412,41	C	20	14,63
I 16434		—	8,13	I 4306,67	H	8	8,29
I 16402		—	8,13	II 4285,08	C	20	14,63
I 15714		—	8,13	II 4141,49	C	10	14,82
I 15155		—	7,42	I 4140,30	H	5	8,41
I 14853		—	8,10	II 4134,77	C	40	14,82
I 14475		—	7,24; 8,10	II 4029,12	C	20	14,82
I 14354		—	8,10	I 3981,93	H	10	8,53
I 14330		—	7,24; 8,10	I 3904,42	H	8	8,59
I 13979		—	7,27	I 3818,21	H	5	8,66
I 11631		—	8,44	I 3729,06	H	15	7,26
I 11268		—	8,44	I 3649,56	H	20	7,34
I 10394,6		—	6,60	I 3614,45	M	7	7,37
I 8200,31	H	5	8,11	I 3612,87	M	70	7,37
II 8066,99	C	10	11,82	I 3610,51	M	360	7,37
I 7399,2	H	70	8,06	II 3535,69	C	20	9,28
I 7385,3	H	800	8,07	II 3524,11	C	20	15,34
I 7345,67	H	1000	8,08	I 3499,95	H	25	7,34
II 7284,38	C	20	15,37	II 3495,44	C	150	14,68
II 7237,01	C	10	15,37	I 3467,65	M	80	7,37
I 7132,27	H	30	8,13	I 3466,20	M	250	7,37
I 6778,12	H	30	8,43	II 3464,43	C	20	14,69
II 6759,19	C	20	13,66	II 3442,42	C	10	15,34
II 6725,83	C	100	13,66	II 3417,49	C	10	15,45
II 6464,98	C	80	13,66	I 3403,65	M	80	7,37
I 6438,47	M	26	7,34	II 3385,49	C	10	14,80
II 6359,93	C	100	15,39	II 3343,21	C	10	15,45
II 6354,72	C	80	15,39	I 3261,05	M	32	3,80
I 6330,01	H	30	7,37	I 3252,52	H	300	7,76
I 6325,17	H	100	7,37	II 3250,33	C	30	9,28
I 6116,19	H	50	8,42	II 3146,79	C	10	15,76
I 6111,48	H	100	8,42	II 3133,17	M	5	7,76
I 6099,14	H	300	8,42	II 3092,34	C	20	15,83
I 6031,38	H	30	8,45	I 3082,59	H	30	7,82
II 5880,22	C	10	15,77	I 3080,82	H	150	7,76
II 5843,30	C	8	15,78	II 3030,61	C	10	15,76
II 5381,89	C	40	13,44	I 3005,41	H	25	8,07
II 5378,13	C	200	13,44	I 3001,42	H	10	8,07
II 5337,48	C	200	13,44	I 2981,85	H	50	8,10
II 5271,60	C	20	15,79	I 2981,36	H	200	8,10
II 5268,01	C	20	15,79	I 2980,62	M	16	8,10
I 5154,66	H	6	7,82	I 2961,47	H	20	8,13
I 5085,82	M	280	6,39	II 2929,27	C	40	15,37
II 5025,50	C	10	13,60	II 2927,87	C	10	15,37
II 4881,72	C	10	13,66	II 2914,67	C	40	15,37
I 4799,91	M	140	6,39	I 2881,22	M	2,0	8,10
I 4678,15	M	80	6,39	I 2880,77	M	8	8,10
I 4662,35	H	8	8,07	I 2868,18	H	100	8,26
II 4415,63	C	200	8,59	I 2862,31	H	15	8,13

λ	B		eV	λ	B		eV
I 2836,90	M	5	8,10	II 2036,22	C	15	15,37
III 2805,56	C	6	22,82	II 2032,44	C	10	14,68
I 2776,07	H	3	8,41	II 2007,49	C	20	14,76
I 2774,96	H	50	8,26	III 2000,59	C	4	24,59
III 2766,99	C	4	22,19	II 1995,43	C	40	14,80
I 2764,23	H	50	8,44	II 1965,54	C	8	14,89
I 2763,89	H	100	8,44	II 1943,54	C	20	14,96
I 2756,79	H	50	8,45	I 1942,29		—	6,39
II 2748,58	C	200	10,28	III 1939,59	C	2	17,39
I 2733,82	H	50	8,26	II 1922,23	C	60	15,02
I 2712,50	H	75	8,51	III 1909,98	C	5	24,60
II 2707,00	C	10	13,16	III 1874,08	C	30	16,58
I 2677,54	H	100	8,44	III 1856,67	C	40	16,88
II 2672,62	C	10	15,77	III 1855,85	C	8	17,70
I 2660,33	H	50	8,60	III 1851,37	C	4	24,31
II 2659,23	C	8	15,78	III 1851,13	C	8	17,71
I 2639,42	H	75	8,44	III 1844,66	C	10	17,39
I 2632,19	H	40	8,65	II 1827,70	C	20	15,37
I 2628,98	H	50	8,51	III 1823,41	C	8	24,91
I 2602,05	H	25	8,71	III 1793,40	C	15	16,88
I 2592,03	H	30	8,51	III 1789,19	C	6	17,62
I 2584,87	H	3	8,74	II 1785,84	C	20	15,53
I 2580,11	H	50	8,60	III 1773,06	C	8	17,19
II 2572,93	M	5	10,28	III 1768,82	C	6	17,70
I 2565,79	H	3	8,78	III 1747,67	C	8	18,10
I 2553,46	H	25	8,65	III 1739,00	C	5	24,33
II 2551,98	C	10	13,44	III 1725,66	C	6	23,77
I 2544,61	H	50	8,60	II 1724,41	C	10	15,77
I 2525,20	H	25	8,71	III 1722,95	C	8	24,91
I 2518,59	H	15	8,65	III 1721,93	C	8	17,41
II 2509,11	C	10	16,08	III 1707,16	C	8	17,23
III 2499,81	C	5	22,19	II 1702,47	C	10	15,88
II 2495,58	C	8	14,25	III 1678,15	C	6	18,40
I 2491,00	H	3	8,78	I 1669,29		—	7,42
II 2487,92	C	8	13,57	II 1668,60	C	20	16,01
II 2469,73	C	10	13,60	II 1664,27	C	12	16,03
II 2418,69	C	10	14,41	III 1655,63	C	5	17,70
II 2376,82	C	8	14,50	II 1654,86	C	15	16,08
I 2329,28	M	31	9,27	III 1651,87	C	4	17,71
II 2321,07	C	40	11,12	II 1640,50	C	8	16,14
II 2312,77	M	18	11,14	III 1628,54	C	5	18,30
I 2306,61	M	41	9,17	III 1606,64	C	4	18,40
I 2288,02	M 1500		5,41	III 1604,87	C	4	24,31
I 2267,47	M	16	9,26	III 1601,59	C	8	17,71
II 2265,02	M	900	5,47	II 1583,17	C	10	13,30
I 2239,86	H	80	9,26	II 1573,42	C	10	13,66
II 2194,56	C	200	11,12	II 1571,58	C	40	13,67
II 2187,79	C	20	14,25	III 1550,45	C	4	26,11
II 2155,06	C	10	15,03	III 1547,57	C	5	24,60
II 2144,41	M 1900		5,78	III 1545,17	C	10	24,91
III 2111,59	C	10	16,88	III 1529,30	C	6	25,34
II 2096,00	C	30	14,50	I 1526,85		—	8,12
III 2087,87	C	15	22,82	II 1514,26	C	40	13,65
III 2045,58	C	10	23,78	III 1491,81	C	3	26,42
III 2039,83	C	8	23,77	I 1469,39		—	8,44

λ	B		eV	λ	B		eV
III 1455,74	C	6	25,41	I 1022,5	Ab	20	12,12
III 1447,55	C	5	25,45	I 966,9	Ab	20	12,82
III 1446,08	C	4	25,16	II 847,52	C	5	14,61
IV 1418,89	S	16	22,21	II 832,38	C	8	14,89
III 1416,28	C	5	25,34	II 798,37	C	10	15,53
II 1404,11	C	15	14,63	I 784,54	Ab	10	15,80
III 1396,78	C	2	25,45	I 753,59	Ab	10	16,45
II 1371,65	C	10	14,82	I 716,07	Ab	10	17,31
II 1370,91	C	30	14,82	I 701,20	Ab	6	17,68
IV 1370,48	S	16	22,52	IV 567,03	S	18	22,58
II 1353,08	C	8	14,63	IV 554,04	S	18	23,10
II 1326,50	C	20	14,82	IV 546,53	S	20	22,68
II 1296,43	C	30	15,35	IV 542,59	S	26	22,85
II 1281,73	C	15	15,45	IV 531,50	S	18	23,32
II 1256,00	C	20	15,34	IV 531,08	S	18	23,34
II 1242,54	C	15	15,45	IV 527,06	S	18	24,24
IV 1183,40	S	20	25,14	IV 506,31	S	20	24,48
IV 1164,65	S	20	25,31				
IV 1118,16	S	24	25,31				
II 1048,38	C	8	11,82				

58 Ce

λ	B		eV	λ	B		eV
I 8891,20	M	5	—	I 5989,38	M	5	—
II 8772,08	M	4	1,77	III 5983,41	S	10	15,00
7086,36	M	6	—	I 5966,26	M	8	—
7061,75	M	6	—	III 5962,22	S	20	15,01
I 6999,96	M	2,5	—	5941,54	M	30	—
6986,07	M	4	—	I 5940,85	M	25	—
III 6944,93	S	10	4,07	5934,44	M	10	—
I 6924,83	M	4	—	I 5928,34	M	9	—
I 6775,59	M	5	—	I 5926,30	M	6	—
I 6704,32	M	7	—	I 5920,44	M	5	—
I 6700,70	M	3,5	—	I 5912,91	M	5	—
I 6665,68	M	1,8	—	I 5910,13	M	6	—
I 6628,93	M	4	—	I 5909,86	M	6	—
6555,67	M	5	—	I 5871,61	M	8	—
I 6467,42	M	3,0	—	I 5862,51	M	10	—
I 6458,05	M	3,5	—	I 5859,39	M	5	—
I 6229,06	M	5	—	I 5857,13	M	5	—
I 6123,67	M	5	—	I 5851,06	M	6	—
I 6069,47	M	6	—	I 5838,16	M	8	—
III 6060,91	S	100	14,97	I 5835,84	M	10	—
I 6047,39	M	6	—	I 5831,93	M	10	—
II 6043,39	M	12	3,26	I 5822,99	M	6	—
III 6032,54	S	100	14,73	I 5820,40	M	5	—
I 6024,19	M	12	—	I 5812,93	M	13	—
I 6013,42	M	8	—	I 5810,72	M	6	—
I 6006,81	M	6	—	I 5804,42	M	10	—
I 6005,86	M	6	—	I 5788,13	M	13	—
III 6002,63	S	30	14,69	I 5784,85	M	5	—
6001,89	M	6	—	I 5773,12	M	15	—
I 5992,66	M	5	—	I 5772,88	M	5	—

λ		B	eV	λ		B	eV
I	5743,53	M	10	—	II	5330,58	M	20	3,19
I	5719,04	M	26	—	I	5328,05	M	14	—
I	5702,39	M	6	—	I	5308,55	M	7	—
I	5699,23	M	40	—	I	5296,60	M	14	—
I	5697,00	M	32	—	I	5294,07	M	7	—
I	5695,84	M	8	—	I	5290,94	M	5	—
I	5692,94	M	13	—	II	5274,24	M	36	3,39
I	5677,76	M	13	—	I	5271,88	M	13	—
	5676,88	M	6	—	I	5269,52	M	5	—
I	5669,97	M	26	—	I	5264,21	M	9	—
III	5664,20	S	10	14,66	I	5261,71	M	9	—
I	5663,99	M	6	—	I	5254,84	M	6	—
I	5655,13	M	20	—		5251,98	M	8	—
I	5650,60	M	5	—	I	5245,92	M	28	—
I	5633,09	M	5	—	I	5244,51	M	10	—
I	5614,72	M	8	—	I	5243,08	M	7	—
I	5610,92	M	5	—	I	5238,49	M	6	—
I	5601,30	M	26	—	I	5230,84	M	6	—
I	5595,87	M	11	—	I	5230,14	M	5	—
I	5594,94	M	7	—	I	5229,75	M	19	—
I	5582,74	M	8	—	I	5223,49	M	28	—
I	5567,81	M	5	—	I	5222,95	M	5	—
I	5565,97	M	14	—	I	5221,92	M	5	—
I	5564,96	M	18	—	I	5211,92	M	20	—
I	5559,22	M	6	—	I	5204,27	M	6	—
	5556,95	M	6	—	I	5203,28	M	6	—
I	5556,25	M	12	—	I	5202,46	M	10	—
I	5548,82	M	7	—	I	5201,39	M	6	—
I	5535,24	M	10	—	I	5200,12	M	4	—
I	5522,46	M	4	—	II	5191,68	M	30	3,26
II	5512,09	M	28	3,26	I	5188,65	M	8	—
I	5498,19	M	5	—	II	5187,45	M	40	3,60
I	5482,00	M	6	—	I	5181,94	M	5	—
I	5473,53	M	6	—	I	5180,89	M	8	—
II	5472,30	M	15	3,51	I	5174,54	M	20	—
I	5468,37	M	15	—	I	5164,39	M	8	—
I	5465,34	M	10	—	I	5161,48	M	30	—
I	5460,09	M	6	—	I	5159,69	M	30	—
I	5456,41	M	5	—		5153,95	M	7	—
I	5449,22	M	15	—	I	5150,41	M	7	—
I	5420,38	M	12	—	I	5149,65	M	7	—
II	5409,28	M	30	3,40	I	5140,50	M	5	—
I	5399,57	M	4	—	I	5137,12	M	5	—
I	5397,64	M	16	—	I	5135,32	M	4	—
	5394,84	M	6	—	I	5134,47	M	6	—
II	5393,39	M	32	3,40	I	5129,58	M	18	—
I	5391,88	M	5	—	I	5125,01	M	7	—
	5386,76	M	6	—	I	5122,39	M	7	—
I	5386,35	M	8	—	I	5115,63	M	7	—
I	5363,33	M	8	—	I	5112,69	M	14	—
I	5357,20	M	5	—	I	5111,60	M	5	—
I	5355,18	M	6	—	I	5091,75	M	5	—
II	5353,53	M	48	3,19	I	5080,48	M	7	—
I	5336,18	M	7	—	II	5079,68	M	30	3,82
I	5335,71	M	8	—		5077,82	M	8	—

λ		B	eV		λ		B	eV
II	5075,30	M 26	3,33	II	4606,40	M 30	3,60
I	5074,71	M 8	—	II	4593,93	M 60	3,39
I	5065,88	M 10	—	II	4582,50	M 30	3,40
I	5063,92	M 5	—		4579,28	M 6	—
I	5054,17	M 6	—	II	4572,28	M 75	3,39
I	5048,82	M 7	—	II	4565,84	M 30	3,80
II	5044,01	M 19	3,67	II	4562,36	M 150	3,19
I	5042,09	M 5	—	II	4560,96	M 22	3,40
I	5040,86	M 13	—	II	4560,28	M 46	3,63
I	5039,75	M 7	—	II	4539,75	M 60	3,06
I	5036,62	M 5	—	III	4535,73	S 10	5,39
I	5033,81	M 5	—		4532,49	M 8	—
I	5028,30	M 7	—	I	4531,31	M 6	—
I	5021,44	M 7	—	II	4528,47	M 60	3,60
I	5013,76	M 6	—	II	4527,35	M 60	3,06
I	5009,09	M 22	—	II	4523,08	M 55	3,26
I	4998,13	M 5	—	III	4521,92	S 10	15,24
I	4994,61	M 14	—	I	4506,42	M 7	—
I	4992,40	M 5	—	II	4486,91	M 60	3,06
I	4987,54	M 7	—		4484,82	M 12	—
	4984,51	M 6	—	II	4483,90	M 50	3,63
I	4972,24	M 5	—	II	4479,36	M 50	3,33
I	4939,13	M 6	—	II	4472,72	M 32	3,22
I	4915,32	M 5	—	II	4471,24	M 100	3,46
I	4899,90	M 7	—	II	4467,54	M 20	3,33
II	4882,46	M 16	—	II	4463,41	M 30	3,73
I	4859,48	M 6	—	II	4461,14	M 32	3,69
I	4849,91	M 5	—	II	4460,21	M 170	3,26
I	4847,75	M 12	—		4455,66	M 6	—
I	4845,52	M 8	—	II	4450,73	M 44	3,47
I	4836,67	M 6	—		4449,64	M 7	—
I	4822,54	M 10	—	II	4449,34	M 55	3,39
	4800,90	M 6	—	III	4448,32	S 6	5,20
I	4788,43	M 5	—	II	4444,70	M 32	3,85
II	4773,94	M 20	3,52	II	4444,39	M 34	3,71
	4744,82	M 8	—	II	4429,27	M 46	3,89
II	4737,28	M 28	3,71	II	4428,44	M 22	3,33
I	4707,28	M 5	—	II	4427,92	M 34	3,33
	4702,01	M 6	—	II	4427,02	M 22	3,22
	4701,45	M 6	—	II	4418,78	M 70	3,68
I	4696,52	M 6	—	II	4416,90	M 22	3,33
	4686,81	M 6	--		4413,19	M 8	—
II	4684,61	M 24	3,55	II	4410,76	M 25	3,73
I	4674,49	M 6	—	II	4410,64	M 25	4,16
I	4670,91	M 5	—	II	4399,20	M 36	3,14
I	4650,52	M 8	—	II	4391,66	M 120	3,14
I	4649,89	M 5	—	II	4388,01	M 22	3,69
I	4643,17	M 6	—	II	4386,84	M 50	3,06
I	4641,06	M 5	—	II	4382,17	M 65	3,52
I	4640,88	M 5	—	II	4375,92	M 38	3,33
I	4632,32	M 12	—	II	4364,66	M 65	3,33
II	4628,16	M 120	3,19		4359,07	M 7	—
II	4624,90	M 30	3,80	II	4352,71	M 40	3,45
I	4615,20	M 5	—	II	4349,79	M 50	3,38
I	4608,49	M 5	—	III	4346,35	S 6	15,25

λ	B	eV	λ	B	eV
II 4339,32	M 24	4,20	II 4130,71	M 38	3,56
II 4337,78	M 70	3,18	II 4127,37	M 70	3,69
II 4336,26	M 28	3,56	II 4124,79	M 36	3,69
II 4330,45	M 22	3,18	II 4123,87	M 70	3,86
II 4320,72	M 40	3,32	II 4123,49	M 36	3,96
II 4309,74	M 28	3,33	II 4123,24	M 36	3,73
II 4306,72	M 55	3,39	II 4120,83	M 32	3,33
II 4305,14	M 30	3,74	II 4118,14	M 55	3,71
4304,28	M 8	—	II 4107,42	M 36	3,51
II 4300,33	M 55	3,33	4106,85	M 9	—
II 4299,36	M 42	3,06	II 4101,77	M 32	3,89
II 4296,67	M 140	3,40	II 4085,23	M 32	3,71
II 4289,94	M 140	3,22	4083,64	M 8	—
II 4285,37	M 20	3,80	II 4083,23	M 65	3,73
II 4270,72	M 28	3,86	II 4081,22	M 48	3,51
II 4270,19	M 44	3,46	II 4078,32	M 38	4,00
4267,22	M 7	—	II 4075,85	M 110	3,65
II 4255,78	M 44	3,62	II 4075,71	M 110	3,74
II 4253,36	M 28	3,38	II 4073,48	M 130	3,52
II 4248,68	M 75	3,61	II 4071,81	M 75	3,37
II 4246,71	M 28	3,18	4068,44	M 6	—
4246,40	M 6	—	4060,47	M 8	—
II 4245,98	M 22	3,45	II 4054,99	M 32	3,38
II 4245,88	M 22	3,64	II 4053,51	M 50	3,06
I 4243,79	M 6	—	II 4042,58	M 65	3,56
II 4242,72	M 28	3,22	II 4040,76	M 150	3,50
II 4239,91	M 70	3,40	II 4031,34	M 60	3,39
4233,20	M 6	—	II 4028,41	M 60	3,39
4232,05	M 7	—	4027,69	M 12	—
II 4231,75	M 28	—	II 4024,49	M 60	3,55
II 4227,75	M 55	3,63	II 4014,90	M 65	3,60
II 4222,60	M 110	3,05	II 4012,39	M 190	3,65
II 4217,59	M 22	4,00	II 4003,77	M 65	4,03
II 4214,04	M 26	3,55	II 3999,24	M 200	3,39
II 4202,94	M 65	3,39	II 3993,82	M 65	4,01
II 4201,24	M 24	3,85	II 3992,39	M 50	3,55
II 4198,67	M 80	3,86	II 3984,68	M 55	4,07
II 4196,34	M 45	3,37	II 3982,89	M 40	3,93
III 4194,83	S 5	15,25	I 3982,17	M 8	—
II 4186,60	M 250	3,82	II 3980,88	M 40	3,82
II 4169,77	M 46	3,69	II 3978,65	M 55	3,64
III 4169,42	S 5	15,52	I 3974,00	M 6	—
4166,88	M 44	—	II 3971,68	M 32	3,62
II 4165,61	M 90	3,88	II 3967,05	M 55	3,45
4155,28	M 6	—	II 3960,91	M 55	3,45
II 4151,97	M 100	3,67	3958,87	M 16	—
4150,91	M 30	—	II 3956,28	M 70	3,74
II 4149,94	M 70	3,71	3955,36	M 22	—
II 4149,79	M 30	3,69	II 3952,54	M 220	3,95; 3,46
II 4146,23	M 34	3,55	3951,62	M 8	—
II 4145,00	M 48	3,69	I 3949,82	M 7	—
II 4142,40	M 55	3,69	II 3943,89	M 55	3,93
II 4137,65	M 140	3,52	II 3942,75	M 190	3,99
II 4133,80	M 190	3,86	II 3942,15	M 140	3,14
II 4131,10	M 34	3,33	II 3940,34	M 55	3,46

λ	B		eV	λ	B		eV
II 3938,09	M	40	3,71	II 3716,37	M	110	3,33
III 3936,80	S	8	11,88	3714,77	M	9	—
I 3934,08	M	5	—	II 3709,93	M	85	3,46
II 3933,73	M	22	3,86	II 3709,29	M	85	3,86
3931,83	M	16	—	II 3672,79	M	32	4,28
II 3931,09	M	55	3,33	3670,49	M	8	—
II 3923,11	M	40	3,72	II 3667,98	M	80	3,73
II 3921,73	M	42	3,87	II 3660,64	M	80	3,51
II 3919,81	M	34	3,86	II 3659,97	M	32	3,56
II 3918,28	M	55	3,86	II 3659,23	M	40	3,56
3908,77	M	8	—	II 3655,85	M	160	3,70
II 3908,41	M	40	4,03	II 3653,67	M	60	3,86
II 3907,29	M	55	4,28	II 3653,11	M	38	3,75
II 3898,27	M	40	3,64	3652,11	M	12	—
II 3896,80	M	48	3,74	3650,88	M	16	—
II 3895,12	M	50	3,60	II 3646,97	M	32	3,69
II 3889,99	M	85	3,87	3646,65	M	14	—
II 3882,45	M	120	3,51	II 3623,84	M	80	4,21
II 3878,37	M	90	3,37	II 3622,15	M	40	4,28
II 3876,97	M	50	3,75	II 3613,70	M	38	3,96
3865,39	M	7	—	II 3609,69	M	50	4,33
II 3857,02	M	32	3,93	II 3607,63	M	36	4,11
II 3855,30	M	50	3,74	II 3590,60	M	30	4,19
II 3854,32	M	100	3,45	II 3577,46	M	95	3,93
II 3854,19	M	100	3,45	II 3560,80	M	110	4,22
II 3853,16	M	70	3,21	3556,89	M	6	—
3849,49	M	8		II 3554,99	M	38	3,81
II 3848,60	M	70	3,74	3554,63	M	10	—
II 3838,54	M	90	3,56	3551,43	M	8	—
II 3834,56	M	40	3,55	III 3544,07	S	500	6,21
3832,23	M	9	—	II 3539,09	M	70	3,82
3831,08	M	40	—	II 3534,05	M	55	4,03
II 3830,56	M	38	4,19	3526,68	M	19	—
II 3823,90	M	38	3,56	II 3517,38	M	55	4,43
II 3817,46	M	38	3,85	III 3514,41	S	5	5,81
II 3815,83	M	40	4,05	III 3504,64	S	600	6,24
II 3809,22	M	40	3,86	III 3497,81	S	500	6,21
II 3808,12	M	85	3,54	II 3488,55	M	16	4,43
II 3803,10	M	65	3,62	II 3485,05	M	65	3,55
II 3801,53	M	200	4,15	II 3476,84	M	44	4,88
3790,81	M	6	—	III 3470,92	S	600	5,98
II 3788,75	M	42	3,74	III 3459,39	S	400	6,24
II 3786,63	M	70	3,45	III 3454,39	S	300	6,00
III 3784,29	S	30	5,98	III 3443,63	S	400	5,98
II 3782,53	M	36	3,77	II 3442,38	M	13	4,16
II 3781,62	M	50	3,81	I, II 3437,81	M	7	—
3776,15	M	6	—	III 3427,36	S	300	6,00
3770,77	M	17	—	II 3426,21	M	36	3,73
II 3764,12	M	55	3,65	II 3422,71	M	55	4,07
I 3746,40	M	14	—	3418,93	M	9	—
I 3744,00	M	8	—	III 3398,91	S	40	6,35
I 3732,56	M	5	—	III 3395,77	S	100	6,36
II 3728,42	M	65	4,00	II 3377,13	M	44	4,28
II 3725,68	M	34	4,07	III 3353,29	S	200	6,36
II 3718,19	M	34	3,51	II 3344,76	M	40	4,23

λ		B		eV	λ		B		eV
II	3343,86	M	30	4,42	III	2845,16	S	6	6,36
III	3336,69	S	10	6,00		2833,31	M	8	—
	3330,48	M	7	—		2791,42	M	11	—
II	3304,84	M	22	4,45		2790,53	M	8	—
	3299,99	M	9	—		2785,35	M	8	—
II	3285,22	M	30	4,27		2784,27	M	10	—
III	3280,80	S	10	11,90	IV	2778,20	S	90	9,03
II	3272,25	M	90	4,49	III	2768,28	S	40	6,76
III	3267,94	S	30	6,50	III	2754,87	S	40	6,50
III	3267,76	S	40	6,21	III	2748,90	S	40	5,39
III	3245,01	S	6	6,20		2745,72	M	6	—
II	3243,37	M	36	4,38	III	2743,71	S	30	5,20
II	3236,74	M	36	4,38		2741,96	M	9	—
II	3234,17	M	65	4,16	III	2730,04	S	20	5,01
II	3231,24	M	44	4,33		2723,38	M	10	—
III	3228,57	S	200	6,50	III	2719,30	S	30	5,81
II	3227,11	M	65	4,16	III	2717,16	S	10	6,00
II	3221,17	M	80	4,40	III	2685,78	S	8	11,11
	3220,87	M	9	—	III	2672,83	S	10	6,20
II	3218,94	M	65	4,70	III	2662,81	S	20	6,20
II	3201,71	M	90	4,72	III	2655,49	S	10	11,38
II	3194,83	M	65	4,48		2651,01	M	24	—
II	3183,52	M	44	4,45	III	2649,38	S	20	6,24
III	3147,06	S	200	6,65		2635,15	M	6	—
II	3146,41	M	26	4,23	III	2615,79	S	20	11,24
III	3143,96	S	200	6,35	III	2607,96	S	20	11,47
III	3141,29	S	200	6,36	III	2603,59	S	100	6,76
III	3130,35	S	10	12,69	III	2600,26	S	10	11,17
III	3121,56	S	300	6,35	III	2599,01	S	10	11,42
III	3110,53	S	300	6,65	III	2584,71	S	20	11,56
III	3106,98	S	200	6,40	III	2578,30	S	20	6,03
III	3085,10	S	400	6,40	III	2577,67	S	40	11,16
	3080,64	M	6	—	III	2566,86	S	5	11,27
III	3076,79	S	10	11,88	III	2557,49	S	30	11,49
II	3063,01	M	55	4,94	III	2551,59	S	10	11,50
III	3057,58	S	200	6,44		2548,68	M	14	—
III	3057,23	S	400	6,76		2543,09	M	6	—
III	3056,56	S	200	6,76	III	2539,27	S	30	11,24
III	3055,59	S	1000	6,72	III	2531,99	S	200	6,00
III	3031,58	S	500	6,50		2518,51	M	8	—
III	3022,75	S	100	6,76		2513,30	M	6	—
II	3008,79	M	32	4,44	III	2504,43	S	20	6,20
	2980,41	M	10	—	III	2503,56	S	30	6,21
II	2976,91	M	32	4,69	III	2497,50	S	100	6,40
III	2973,72	S	50	12,29	III	2484,29	S	10	5,39
III	2948,53	S	20	6,21	III	2483,82	S	100	6,24
III	2944,34	S	10	12,14	III	2479,51	S	30	5,81
III	2931,54	S	100	5,20	III	2479,44	S	80	6,44
III	2927,27	S	10	6,65	III	2477,25	S	50	6,44
III	2925,26	S	50	5,01	III	2471,66	S	30	11,37
III	2923,81	S	100	5,39	III	2469,95	S	100	6,24
III	2907,05	S	40	5,81		2462,97	M	9	—
	2874,14	M	20	—		2461,48	M	6	—
III	2873,67	S	10	5,20	IV	2456,86	S	45	9,61
III	2861,39	S	20	5,01	III	2454,32	S	100	6,21

λ	B		eV	λ	B		eV
III 2444,78	S	20	11,43	III 2287,82	S	20	6,21
III 2441,55	S	30	11,08	III 2268,20	S	20	8,13
III 2439,81	S	150	6,65	III 2266,91	S	10	7,85
III 2431,45	S	100	6,65	III 2264,85	S	20	6,36
III 2430,24	S	50	6,35	III 2249,25	S	20	5,98
III 2428,64	S	30	6,36	III 2242,29	S	50	6,00
III 2423,03	S	20	11,11	III 2238,64	S	10	6,76
III 2417,01	S	20	11,37	III 2228,05	S	30	6,72
III 2415,60	S	50	11,11	III 2227,84	S	30	6,25
III 2410,91	S	10	11,38	III 2225,08	S	50	6,36
III 2410,26	S	20	11,12	III 2222,01	S	50	5,98
III 2408,08	S	40	6,40	III 2218,11	S	30	6,40
III 2406,15	S	30	11,39	III 2207,26	S	15	6,50
III 2395,04	S	50	6,40	III 2203,15	S	20	6,40
III 2385,06	S	30	6,76	III 2183,71	S	10	6,65
III 2382,28	S	30	6,36	III 2180,63	S	50	6,72
III 2380,12	S	100	5,98	III 2169,48	S	20	6,50
III 2377,48	S	50	6,76	III 2166,88	S	30	6,35
III 2377,07	S	50	6,76	III 2151,44	S	10	6,65
III 2372,34	S	100	6,00	IV 1372,72	S	75	9,03
III 2367,77	S	20	6,21	IV 1332,16	S	75	9,61
III 2362,54	S	20	6,50	IV 1289,41	S	50	9,61
III 2350,10	S	50	6,25	III 1072,79	S	2	12,59
III 2337,66	S	20	5,98	III 862,25	S	2	15,53
III 2324,31	S	50	6,43	III 860,15	S	4	15,45
III 2318,64	S	100	6,50	III 858,30	S	2	15,23
III 2317,34	S	50	5,98	III 855,16	S	2	15,27
III 2302,09	S	40	6,35	III 853,47	S	2	15,50
III 2300,65	S	30	6,36	III 852,63	S	2	15,42
III 2298,70	S	20	6,65	III 851,18	S	2	15,20

98 Cf

λ	B		eV	λ	B		eV
4335,2	S	5	—	3743,4	S	4	—
4307,7	S	3	—	3724,5	S	4	—
4302,6	S	2	—	3722,2	S	8	—
4283,8	S	5	—	3706,4	S	3	—
4266,7	S	4	—				
3893,1	S	9	—				
3851,6	S	2	—				
3844,5	S	2	—				
3789,1	S	10	—				
3785,6	S	9	—				

17 Cl

λ	B		eV	λ	B		eV
I 19755,28	E	14	10,91	I 15883,34	E	6	11,35
I 16198,47	E	5	11,39	I 15869,66	E	56	11,18
I 15970,49	E	6	11,27	I 15730,06	E	30	11,21
I 15959,97	E	15	11,25	I 15520,29	E	22	11,29
I 15928,92	E	7	11,43	I 15465,07	E	8	11,39

λ	B		eV	λ	B		eV
I 15108,04	E	5	11,25	I 8200,20	G	35	11,94
I 14931,70	E	6	11,32	I 8199,02	G	35	11,94
I 13821,72	E	10	11,29	I 8194,39	H	15	10,49
I 13346,76	E	11	11,42	I 8170,09	G	10	12,08
I 13296,01	E	6	12,11	I 8094,76	G	12	12,06
I 13243,83	E	7	11,36	I 8087,69	G	20	11,96
I 11436,34	E	20	11,36	I 8086,71	H	15	11,95
I 11409,68	E	5	11,36	I 8085,57	H	12	11,95
I 11122,97	E	6	11,39	I 8084,48	G	35	11,96
I 10392,51	E	7	10,47	I 8051,08	G	20	10,57
I 10091,64	G	40	10,43	I 8023,30	G	18	12,02
I 9875,90	H	50	10,53	I 8015,57	G	45	11,97
I 9808,46	G	5	11,69	I 7997,80	G	50	10,53
I 9806,90	G	25	11,69	I 7980,58	G	15	10,47
I 9744,33	H	30	10,47	I 7976,95	G	25	11,89
I 9702,35	G	40	10,30	I 7974,72	G	20	12,05
I 9661,90	G	20	11,71	I 7952,49	G	15	12,06
I 9632,37	G	20	10,57	I 7935,00	G	40	11,99
I 9592,20	H	15	10,49	I 7933,85	G	50	11,96
I 9584,77	H	20	10,28	I 7924,67	H	15	10,59
I 9486,89	G	25	10,33	I 7915,09	G	25	11,90
I 9452,06	H	15	10,59	I 7899,28	G	45	11,87
I 9393,81	H	20	10,30	I 7878,24	H	15	10,49
I 9288,82	H	30	10,53	I 7830,76	G	30	11,89
I 9197,49	G	25	10,63	I 7821,39	H	15	11,86
I 9191,67	H	30	10,33	I 7777,82	G	10	12,06
I 9121,12	H	15	10,28	I 7771,10	G	12	11,90
I 9073,17	H	12	10,56	I 7769,18	G	30	11,87
I 9069,66	G	25	11,79	I 7744,98	H	20	10,62
I 9045,43	H	15	10,65	I 7717,60	H	18	10,59
I 9038,96	G	30	11,80	I 7547,09	H	25	10,62
I 8948,01	H	20	10,30	I 7492,10	H	10	12,08
I 8912,90	H	15	10,59	I 7414,12	H	150	10,59
I 8686,30	H	15	10,62	I 7256,65	H	200	10,62
I 8585,99	H	30	10,43	I 7086,83	H	10	12,05
I 8577,98	G	7	11,87	I 7008,00	G	10	12,05
I 8575,27	H	25	10,47	I 6995,88	G	12	12,34
I 8550,46	G	20	10,65	I 6981,85	G	25	12,05
I 8497,32	G	5	11,89	I 6932,94	H	10	12,07
I 8467,32	G	25	11,87	II 6850,21	IE	40	19,68
I 8428,27	H	30	10,49	I 6840,23	G	15	12,09
I 8375,97	H	40	10,40	I 6810,04	G	15	12,15
I 8333,27	G	100	12,42; 10,47	II 6713,43	IE	40	18,23
I 8280,95	G	7	12,12	II 6686,04	IE	45	18,25
I 8273,79	G	7	11,99	I 6678,39	G	10	12,16
I 8269,15	G	10	12,42	II 6661,68	IE	75	18,24
I 8221,76	H	25	10,49	I 6531,43	H	15	12,30
I 8220,45	H	15	10,53	I 6450,36	H	15	12,41
I 8212,03	H	20	10,43	I 6434,80	H	25	12,35
I 8203,76	G	12	12,00	I 6398,64	H	40	12,34

λ	B		eV	λ	B		eV
I 6341,70	H	10	12,42	II 4475,28	IE	20	22,61; 19,85
I 6194,75	H	15	12,30	I 4469,37	H	12	11,97
I 6162,14	H	10	12,32	I 4438,48	H	15	11,71
I 6140,25	H	30	12,30	I 4403,03	G	15	11,73
I 6114,41	H	15	12,30	I 4389,76		25	11,74
II 6094,65	IE	100	18,03	I 4379,91	H	15	11,82
I 5799,88	G	12	—	II 4372,91	IE	80	20,35
I 5796,26	G	15	—	I 4369,52	H	12	11,86
II 5634,84	IE	18	18,03	I 4363,30	H	12	11,83
II 5457,02	IE	75	15,94	II 4343,62	IE	100	18,56
II 5456,27	IE	50	15,94	II 4336,26	IE	45	18,56
II 5444,25	IE	60	15,94	I 4323,34	H	12	11,85
II 5443,42	IE	100	15,94	II 4309,06	IE	50	20,36
II 5423,52	IE	100	15,95	II 4307,42	IE	75	18,58
II 5423,25	IE	150	15,95	II 4304,07	IE	40	18,58
II 5392,12	IE	10	18,29	II 4291,76	IE	50	18,59
II 5221,34	IE	75	16,33	II 4253,51	IE	75	18,86
II 5217,93	IE	100	16,34	II 4241,38	IE	60	18,86
II 5113,36	IE	40	18,14	II 4234,09	IE	50	18,86
II 5103,04	IE	125	18,13	I 4226,43	H	10	11,85
II 5099,30	IE	100	18,13	I 4209,68	G	12	11,86
II 5078,25	IE	150	18,15	II 4157,82	IE	25	—
II 4995,52	IE	60	18,15	II 4132,48	IE	200	19,00
I 4976,62	G	10	11,69	III 4106,83	S	20	25,30
II 4970,12	IE	50	18,13	III 4104,23	S	20	25,29
II 4917,72	IE	125	18,22	III 4059,02	S	40	25,30
II 4914,32	IE	12	18,23	III 4018,50	S	40	25,36
II 4904,76	IE	125	18,23	III 3991,50	S	70	25,36
II 4896,77	IE	200	18,24	III 3925,87	S	20	25,36
II 4819,46	IE	200	15,94	II 3913,92	IE	30	21,41
II 4810,06	IE	200	15,94	II 3868,62	IE	40	22,88
II 4794,54	IE	250	15,95	II 3861,40	IE	50	19,17
II 4785,44	IE	50	19,68	II 3860,98	IE	100	19,17
II 4781,82	IE	50	18,23	II 3860,80	IE	150	19,17
II 4781,32	IE	75	19,68	II 3851,38	IE	75	19,17
II 4778,93	IE	45	19,68	II 3850,97	IE	100	19,17
II 4771,09	IE	40	19,68	II 3845,69	IE	75	19,17
II 4768,68	IE	150	19,68	II 3845,42	IE	50	19,17
II 4755,64	IE	50	18,22	II 3843,26	IE	100	20,49
I 4740,71	G	10	11,81	II 3833,40	IE	200	21,47
II 4740,40	IE	150	20,00	II 3827,62	IE	150	21,48
I 4661,22	G	18	11,94	II 3820,25	IE	100	21,47
I 4654,05	G	10	11,86	II 3805,24	IE	75	21,41
I 4623,96	G	10	11,96	II 3798,80	IE	50	21,40
III 4608,21	S	20	27,01	II 3781,23	IE	30	21,58
I 4601,00	H	20	11,97	III 3779,35	S	20	25,53
II 4572,13	IE	100	19,05	II 3750,00	IE	30	18,15
II 4569,42	IE	50	19,05	III 3748,81	S	30	25,41
I 4526,21	H	25	11,94	III 3720,45	S	30	25,52
II 4490,00	IE	50	19,85	III 3707,34	S	40	25,91

λ	B		eV	λ	B		eV
III 3705,45	S	70	24,93	IV 2701,36	S	10	31,29
III 3683,39	S	20	27,53	III 2691,52	S	20	30,13; 29,96
III 3682,05	S	70	25,01	II 2688,04	IE	150	18,58
III 3670,28	S	70	24,96	III 2684,76	S	20	31,62
III 3656,95	S	70	24,92	II 2676,95	IE	150	18,60
III 3622,69	S	70	24,96	II 2672,19	IE	50	18,61
III 3612,85	S	30	25,01	II 2667,36	IE	40	20,97
III 3602,10	S	40	25,08	III 2665,54	S	40	30,00
III 3560,68	S	30	26,83	II 2658,74	IE	100	19,01
III 3530,03	S	40	26,85	III 2603,59	S	20	29,71
II 3522,14	IE	40	21,68	III 2580,67	S	40	30,33
III 3393,45	S	30	26,99	III 2578,26	S	20	26,99
III 3392,89	S	30	27,00	III 2577,13	S	20	30,23
III 3387,60	S	40	25,30	II 2564,84	IE	20	19,70
III 3386,22	S	20	27,01	II 2549,85	IE	50	21,19
II 3353,39	IE	125	18,03	II 2544,84	IE	15	21,23
III 3340,42	S	150	25,29; 25,36	II 2543,98	IE	10	21,23
III 3336,16	S	20	25,91	III 2531,76	S	20	30,81
II 3333,64	IE	40	18,57	III 2528,08	S	20	27,00
II 3329,12	IE	150	20,05	III 2519,45	S	20	30,00
III 3329,06	S	100	25,30	III 2504,23	S	20	29,96
III 3320,57	S	70	25,93	II 2502,75	IE	40	20,92
II 3320,14	IE	30	18,58	II 2498,53	IE	30	20,90
II 3316,86	IE	50	20,07	III 2490,3	S	20	30,33
II 3315,44	IE	100	20,07; 18,58	III 2486,91	S	20	30,51
II 3307,90	IE	50	20,08	III 2471,07	S	20	30,10
II 3306,45	IE	40	20,08	III 2469,20	S	20	29,94
III 3289,72	S	100	25,30	II 2459,86	IE	10	—
III 3283,41	S	40	25,36	III 2448,58	S	40	30,36
II 3276,81	IE	40	19,78	III 2447,14	S	40	30,41
III 3259,32	S	40	25,91	II 2445,34	IE	20	—
III 3244,44	S	20	25,93	III 2442,47	S	20	30,37
III 3191,40	S	150	25,52	III 2439,69	S	20	32,09
III 3139,34	S	150	25,52	III 2436,1	S	20	32,09
III 3104,46	S	40	25,53	II 2434,10	IE	50	21,06
II 3092,22	IE	50	19,68	II 2430,16	IE	30	21,04
IV 3076,64	S	40	30,87	III 2419,5	S	20	30,13
II 3071,35	IE	40	19,68	III 2416,45	S	40	30,41
IV 3063,13	S	20	30,75	III 2403,32	S	20	30,51
II 3058,00	IE	40	19,67	III 2394,73	S	20	30,13
II 2996,63	IE	40	19,85	III 2379,47	S	20	30,51
III 2991,82	S	20	27,50	III 2370,37	S	40	32,09
III 2965,56	S	40	27,53	III 2359,67	S	40	32,09
II 2906,25		20	22,29	III 2340,64	S	40	30,82
IV 2835,4	S	10	31,20	III 2336,45	S	20	27,50
IV 2782,47	S	70	31,29	III 2323,50	S	40	27,53
IV 2770,64	S	10	31,17	III 2298,51	S	20	30,81; 27,51
IV 2751,23	S	20	31,20	III 2283,93	S	40	30,51
III, IV 2724,03	S	20	31,20; 31,59	III 2278,34	S	20	30,36
III 2710,38	S	70	30,10	III 2268,95	S	20	30,42

λ		B		eV	λ		B		eV
II	2253,16	IE	30	20,35	V	681,92	S	10	18,18
III	2253,07	S	40	30,51	IV	653,70	S	20	20,67
II	2251,50	IE	40	20,37	V	635,32	S	10	—
II	2250,96	IE	20	20,37	V	633,19	S	10	19,58
III	1983,61	S	20	25,09	II	621,12	IE	10	20,08
II	1923,35	IE	10	18,14	IV	612,07	S	20	20,42
III	1901,61	S	20	25,35	III	609,67	S	10	22,57
III	1828,40	S	20	25,01	IV	608,90	S	20	20,42
III	1822,50	S	40	25,10	III	606,35	S	20	22,69
II	1791,91	IE	10	18,57	VII	604,79	S	150	35,97
I	1396,53	C	100	8,98	IV	604,59	S	40	20,66
I	1389,96	C	50	9,02	IV	601,50	S	40	20,66
I	1389,69	C	50	8,91	VII	598,21	S	80	35,97
I	1379,53	C	400	8,98	III	591,43	S	10	24,66
I	1363,45	C	300	9,20	III	572,69	S	10	21,67
I	1351,66	C	300	9,28	VI	565,48	S	20	—
I	1347,24	C	500	9,20	III	561,74	S	70	24,31
I	1335,72	C	200	9,28	III	561,68	S	70	24,31
I	1201,36	C	400	10,43	III	561,53	S	70	24,31
I	1188,77	C	500	10,43	III	557,12	S	70	22,25
II	1079,08	IE	15	11,57	III	556,60	S	70	22,27
II	1075,24	IE	70	11,65	III	556,23	S	40	22,29
II	1071,76	IE	200	11,65	VI	555,49	S	150	
II	1071,05	IE	10	11,59	IV	554,62	S	70	22,51
II	1067,94	IE	10	11,69	IV	553,30	S	40	22,57
II	1063,83	IE	200	11,65	IV	552,02	S	70	22,51
III	1015,02	S	40	12,22	VI	551,99	S	60	—
III	1008,78	S	40	12,30	IV	550,02	S	10	22,60
III	1005,28	S	20	12,33	IV	549,22	S	20	22,57
IV	985,75	S	10	12,74	V	547,63	S	200	—
IV	984,95	S	70	12,75	VI	546,33	S	40	—
IV	977,90	S	10	12,74	V	545,11	S	200	—
IV	977,56	S	40	12,74	VI	542,30	S	40	—
IV	973,21	S	20	12,74	V	542,23	S	100	—
II	961,49	IE	200	14,34	V	538,68	S	10	—
V	894,34	S	10	14,04	IV	538,60	S	10	23,18
II	888,07	IE	10	13,97	IV	538,12	S	40	23,20
V	883,13	S	10	14,05	V	538,03	S	20	—
II	864,67	IE	10	14,34	IV	537,61	S	100	23,22
II	841,41	IE	10	14,85	V	537,01	S	10	33,82
IV	840,93	S	40	14,91	IV	536,15	S	40	23,18
IV	840,81	S	10	14,91	IV	535,67	S	100	23,21
IV	834,97	S	20	14,91	IV	535,04	S	10	27,20
IV	834,84	S	20	14,91	IV	534,73	S	100	23,19
II	834,67	IE	20	14,85	IV	486,17	S	100	27,20
IV	834,66	S	5	14,91	IV	464,86	S	10	26,84
IV	831,43	S	4	14,91	VI	400,00	S	40	—
VII	813,00	S	300	15,25	VI	399,96	S	25	65,69
VII	800,70	S	500	15,48	V	392,43	S	20	31,77
II	789,01	IE	15	15,71	V	390,15	S	10	31,78
II	788,75	IE	40	15,73	VII	340,30	S	125	72,41
IV	745,20	S	20	20,67	VII	340,23	S	100	72,41
II	707,43	IE	10	17,52	VI	325,16	S	200	—
V	688,93	S	10	18,18	VI	323,94	S	150	—
V	683,17	S	10	—	VI	323,36	S	100	50,51
					VI	243,85	S	80	63,22

λ	B	λ	B	λ	B	λ	B

96 Cm

λ	B	λ	B	λ	B	λ	B
4989,9	S 1	4164,45	A 2	3908,23	A 7	I 3522,36	E —
4925,5	S 3	4157,47	A 6	3904,07	A 3	3520,03	A 4
4906,3	S 1	4156,58	A 2	3903,89	A 8	3518,42	A 1
4905,6	S 4	4156,0	S 4	3900,26	A 2	3510,28	A 3
4880,5	S 3	4149,52	A 3	3847,20	A 4	3503,7	S 3
4873,8	S 3	4148,2	S 1	3842,1	S 3	II 3498,78	A 4
4761,6	S 1	4145,85	A 4	3799,5	S 3	3492,9	S 2
4722,8	S 4	4141,3	S 3	I 3790,83	E —	3487,79	A 1
4717,65	A 1	4130,4	S 2	II 3787,92	S 1	3482,52	A 2
4681,8	S 2	4129,11	A 4	3784,80	A 2	3473,08	A 7
4670,4	S 2	4118,1	S 2	I 3779,96	E —	3461,7	S 7
4665,4	S 2	4106,55	A 5	II 3777,94	S 3	3458,34	A 1
4632,1	S 1	4105,34	A 3	3775,78	A 2	3452,93	A 2
4608,3	S 2	4078,79	A 4	3767,3	S 3	3446,16	A 4
4570,1	S 2	4061,54	A 3	3765,15	A 2	3438,23	A 1
4547,27	A 4	4052,4	S 1	3763,6	S 4	3436,5	S 1
4494,27	A 3	4042,75	A 2	3761,74	A 1	3426,50	A 5
4455,2	S 2	4031,6	S 1	3750,44	A 2	3425,9	S 6
4448,75	A 2	4028,03	A 4	3747,80	A 2	3424,22	A 2
4446,17	A 3	4024,58	A 5	3739,27	A 2	3422,65	A 3
4443,25	A 1	4018,40	A 2	3738,26	A 2	3417,29	A 5
4442,0	S 3	4017,9	S 2	3732,3	S 3	3395,64	A 3
4435,3	S 2	4017,0	S 1	3723,3	S 3	3391,97	A 2
4434,2	S 2	4016,15	A 2	3709,43	A 2	3391,47	A 1
4433,7	S 3	4006,48	A 1	3708,8	S 1	3382,90	A 3
4433,08	A 4	4003,48	A 7	3697,3	S 2	3375,07	A 2
4429,51	A 2	3995,12	A 1	3692,3	A 4	3374,71	A 4
4416,89	A 2	3990,9	A 1	3691,61	A 3	3367,95	A 3
4407,42	A 2	3984,6	S 2	3691,52	A 2	3325,15	A 1
4402,95	A 2	3983,98	A 1	3672,01	A 2	3323,27	A 1
4369,47	A 2	3980,72	A 2	3670,38	A 3	3317,15	A 3
4357,10	A 2	3976,76	A 2	3664,34	A 2	3311,91	A 3
4345,70	A 2	3974,73	A 5	3648,44	A 3	3304,85	A 4
4323,4	S 5	3970,17	A 1	3643,5	S 1	3298,24	A 3
4318,7	S 3	3964,83	A 3	3639,97	A 2	3296,70	A 7
4313,1	S 4	3962,71	A 2	3619,9	S 2	3296,13	A 3
4301,5	S 5	3962,29	A 2	3615,61	A 3	3294,30	A 1
4299,1	S 1	3960,29	A 5	3600,65	A 1	3289,71	A 3
4292,98	A 2	3957,5	S 1	3591,49	A 2	3289,48	A 2
4283,0	S 1	3954,43	A 2	3585,6	S 3	3285,76	A 3
4272,54	A 3	3953,37	A 2	3581,02	A 2	3283,29	A 2
4266,42	A 2	3948,69	A 3	3573,67	A 4	3280,45	A 4
4243,34	A 2	3948,00	A 4	3572,94	A 4	3279,00	A 5
4240,15	A 4	3943,7	A 9	3570,43	A 4	3278,78	A 3
4236,30	A 2	3942,05	S 2	3567,38	A 5	3271,20	A 4
4218,46	A 5	3941,5	S 1	3562,03	A 1	3265,80	A 4
4207,66	A 10	3936,6	S 5	3561,43	A 2	3255,27	A 1
4202,36	A 2	3935,32	A 4	3550,30	A 2	3254,60	A 1
4194,40	A 2	3929,67	A 2	3547,01	A 3	3252,64	A 5
4177,49	A 3	3919,35	A 2	3546,15	A 5	3242,64	A 3

λ	B	λ	B	λ	B	λ	B
3238,56	A 4	3177,56	A 2	3045,06	A 4	2862,2	S 2
3233,06	A 3	3170,00	A 4	3037,4	S 2	2833,7	S 4
3230,36	A 5	3161,8	S 3	3019,6	A 9	2821,5	S 4
3228,36	A 2	3160,87	A 3	3000,8	S 2	2817,4	S 4
3226,42	A 5	3160,65	A 4	2998,8	S 2	2811,5	S 5
3225,34	A 2	3158,59	A 2	2998,3	S 3	2796,4	S 1
3225,12	A 1	3147,32	A 1	2996,2	S 3	2796,2	S 1
3220,77	A 8	3143,87	A 5	2984,5	S 3	2792,0	S 1
3217,39	A 2	3138,33	A 3	2968,9	S 4	2773,5	S 2
3210,05	A 7	3135,09	A 2	2963,0	S 2	2748,0	S 1
3209,90	A 4	3125,30	A 3	2961,8	S 2	2736,8	S 3
3207,12	A 4	3123,61	A 3	2957,5	S 4	2727,7	S 3
3198,47	A 1	3118,3	S 3	2955,6	S 2	2725,6	S 2
3198,06	A 3	3112,61	A 2	2953,0	S 3	2710,1	S 1
3197,02	A 6	3105,95	A 4	2944,5	S 2	2707,1	S 1
3195,51	A 3	3105,34	A 2	2935,4	S 3	2704,8	S 1
3193,89	A 3	3101,5	S 1	2934,9	S 3	2693,8	S 1
3191,67	A 5	3096,33	A 4	2933,2	S 3	2677,0	S 1
3190,45	A 3	3092,8	S 4	2929,0	S 2	2653,7	S 4
3188,10	A 2	3081,6	S 4	2913,1	S 4	2651,1	S 4
3186,41	A 3	3059,92	A 3	2909,1	S 2	2636,2	S 3
3181,04	A 3	3059,0	S 2	2888,1	S 1	2628,2	S 2
3180,76	A 3	3050,8	S 2	2882,3	S 1	2625,4	S 2
3179,11	A 3	3047,5	S 2	2872,0	S 3	2617,2	S 3
3178,81	A 2	3046,6	S 5	2862,8	S 2	2616,8	S 2
						2585,8	S 2
						2562,3	S 1
						2516,0	S 2

λ	B	eV	λ	B	eV

27 Co

λ	B	eV	λ	B	eV
I 11630,93	A 1	4,47	I 9746,02	A 2	4,06
I 11318,27	A 1	4,50	I 9597,89	A 4	5,80
I 11091,94	A 1	5,59	I 9544,53	A 6	5,70
I 10681,82	A 1	—	I 9356,98	A 4	4,02
I 10660,17	A 1	4,57	I 9095,37	A 1	4,15
I 10382,16	A 1	4,06	I 9037,91	A 1	4,07
I 10354,45	A 1	5,59	I 8926,28	A 1	4,26
I 10172,85	A 1	6,33	I 8850,70	A 1	5,80
I 10167,58	A 4	5,69	I 8835,21	A 1	5,55
I 10128,06	A 3	5,80	I 8819,15	M 0,7	6,56
I 10078,62	A 2	3,93	I 8750,13	A 1	6,66
I 10046,31	A 3	3,95	I 8733,27	A 1	6,73
I 10019,08	A 1	6,35	I 8661,06	M 0,4	4,15
I 9890,92	A 1	3,97	I 8589,78	M 0,8	5,59; 6,55
I 9785,39	A 1	6,63	I 8575,35	M 1,0	4,23

λ	B		eV	λ	B		eV
I 8574,46	M	0,4	4,15	I 7113,56	M	0,9	5,69
I 8378,39	M	0,7	5,59	I 7102,55	A	1	—
I 8372,84	M	2,0	5,55	I 7094,53	A	1	5,80
I 8342,63	A	1	6,63	I 7084,99	M	11	3,63
I 8298,95	A	1	6,75	I 7055,88	A	1	6,76
I 8296,82	A	1	6,80	I 7054,04	M	1,2	4,48
I 8283,48	A	1	6,85	I 7052,89	M	5	3,71
I 8269,38	A	2	6,65	I 7032,52	A	1	6,76
I 8208,66	A	2	5,75	I 7027,81	M	0,9	5,69
I 8193,03	M	1,0	5,69	I 7016,61	M	2,0	3,78
I 8152,11	M	0,3	5,59	I 7004,81	A	1	3,82
I 8150,19	M	1	4,39	I 6997,22	A	1	6,69
I 8137,08	A	2	6,63	I 6937,81	M	0,5	4,50
I 8116,41	M	0,4	5,55	I 6910,84	A	1	3,92
I 8093,96	M	2,0	5,55	I 6908,08	A	1	5,20
I 8066,49	M	0,3	5,80	I 6872,40	M	2,5	3,81
I 8056,06	M	1,4	5,68	I 6858,38	A	1	7,01
I 8043,33	M	1,2	5,75	I 6846,97	A	1	6,80
I 8029,26	M	0,8	5,60	I 6819,53	A	1	5,35
I 8022,13	M	0,6	5,69	I 6814,94	M	2,5	3,78
I 8007,27	M	3,0	5,69	I 6808,94	A	1	5,89
I 7987,38	M	2,0	3,63	I 6789,26	A	1	6,92
I 7966,08	A	1	5,80	I 6784,85	A	1	5,98
I 7960,55	A	1	6,75	I 6771,06	M	2,0	3,71
I 7957,76	A	1	6,67	I 6758,10	A	1	5,36
I 7926,55	M	0,6	5,80	I 6756,57	A	1	6,75
I 7908,71	M	1,6	5,59	I 6684,87	A	1	4,57
I 7871,39	M	0,3	5,75	I 6684,08	A	1	—
I 7869,90	M	0,3	5,68	I 6678,81	M	0,6	3,82
I 7855,85	M	0,4	5,69	I 6635,12	A	1	5,40
I 7840,05	M	0,5	5,69	I 6632,45	M	1,8	4,15
I 7838,17	M	1,2	5,53	I 6623,79	A	1	3,95
I 7809,24	A	1	3,62	I 6617,53	A	1	6,35
I 7734,23	M	0,5	5,75	I 6617,12	A	2	6,35
I 7712,68	M	1,8	4,15	I 6595,91	M	0,8	5,59
I 7610,24	M	0,8	4,26	I 6563,42	M	1,8	3,92
I 7590,57	M	0,4	3,71	I 6551,44	M	0,4	3,78
I 7586,72	M	0,5	4,50	I 6504,21	A	1	5,59
I 7564,96	M	0,3	6,55	I 6490,34	M	0,7	3,94
I 7553,99	M	1,0	5,59	I 6477,88	M	0,9	5,68
I 7533,48	M	0,4	5,69	I 6463,01	A	1	6,39
I 7457,36	M	1,2	5,59	I 6455,00	M	2,5	5,55
I 7437,16	A	1	3,62	I 6451,14	A	1	5,89
I 7417,38	M	1,8	3,71	I 6450,24	M	5	3,63
I 7388,70	M	1,2	4,40	I 6444,70	A	1	5,55
I 7354,59	M	0,8	3,56	I 6439,17	A	2	—
I 7353,47	A	1	5,80	I 6430,34	A	1	5,98
I 7315,73	A	1	3,78	I 6429,91	M	0,6	4,06
I 7285,28	M	0,7	4,57	I 6421,74	A	1	6,04
I 7250,12	A	1	3,66	I 6417,82	M	1,0	4,26
I 7193,60	M	0,5	5,69	I 6395,20	M	0,6	5,75
I 7159,18	M	1,0	5,80	I 6351,43	A	1	6,46
I 7154,71	M	1,0	3,78	I 6347,83	M	0,7	6,35
I 7134,32	M	0,8	5,79	I 6320,41	M	0,7	6,36
I 7124,47	A	1	3,62	I 6314,53	A	1	6,47

λ	B		eV	λ	B		eV
I 6313,05	A	1	5,59	I 5381,11	M	0,7	4,26
I 6282,63	M	2,0	3,71	I 5369,58	M	4	4,05
I 6276,63	A	1	5,69; 6,08	I 5368,89	A	1	5,83
I 6275,13	A	1	5,75	I 5362,77	M	2,5	6,55
I 6273,03	M	0,6	6,04; 5,55	I 5359,18	M	1,6	6,47
I 6257,58	M	0,7	5,69	I 5358,92	A	1	6,45
I 6249,51	M	1,0	4,02	I 5353,49	M	3,0	4,39; 6,46
I 6232,44	A	1	5,40	I 5352,05	M	6	5,90
I 6230,97	M	0,8	3,78	I 5349,09	M	0,8	6,47
I 6211,19	A	1	6,57	I 5347,49	M	0,8	6,47
I 6189,00	M	1,4	3,71	I 5343,39	M	3,0	6,35
I 6129,11	A	1	4,06	I 5342,71	M	6	6,34
I 6122,65	M	1,0	5,59	I 5341,33	M	1,4	6,47
I 6116,98	M	1,0	3,82	I 5339,53	A	2	6,56
I 6107,93	A	1	6,50	I 5336,17	A	1	6,35
I 6093,13	M	1,4	3,78	I 5334,84	M	0,9	6,35
I 6086,65	M	0,8	5,44	I 5333,65	M	0,9	6,35
I 6082,44	M	2,0	5,55	I 5332,67	M	0,9	5,89
I 6070,66	A	1	6,61	I 5331,47	M	2,5	4,11
I 6049,10	M	0,7	6,56	I 5325,95	M	0,6	6,54
I 6013,58	A	1	6,54	I 5325,28	M	1,8	6,35
I 6007,67	M	0,7	6,57	I 5316,78	M	1,2	6,36
I 6006,36	M	0,7	6,46	I 5312,66	M	2,0	6,54
I 6000,67	M	1,0	5,68	I 5310,21	M	0,5	6,54
I 5991,88	M	2,0	4,15	I 5301,06	M	3,0	4,05
I 5946,49	M	0,6	5,75	I 5287,79	A	2	6,39
I 5935,39	M	0,7	3,97	I 5287,57	A	1	6,86
I 5915,54	M	1,4	4,22	I 5283,49	M	1,0	6,45
I 5846,57	A	1	5,69	I 5280,65	M	5	5,97
I 5830,07	A	1	5,69	I 5276,19	M	2,0	6,46
I 5659,11	M	0,4	4,22	I 5268,52	M	3,0	6,08
I 5647,22	M	2,0	4,48	I 5266,49	M	5	4,40
I 5637,72	A	1	6,35	I 5266,30	M	3,0	6,03
I 5636,12	M	0,7	6,35	I 5265,83	M	1,0	5,98
I 5598,48	A	1	5,09	I 5257,62	M	2,0	6,33
I 5590,73	M	1,8	4,26	I 5254,65	M	1,0	6,33
I 5545,93	A	1	6,35	I 5250,00	M	1,2	6,54
I 5530,77	M	2,0	3,95	I 5247,93	M	6	4,15
I 5524,98	M	0,8	6,36	I 5235,21	M	5	4,50
I 5523,29	M	1,4	4,57	I 5230,22	M	6	4,11
I 5489,65	M	0,9	6,33	I 5222,48	A	2	6,34
I 5483,96	M	1,0	5,89	I 5212,71	M	6	5,89
I 5483,34	M	5	3,97	I 5211,82	A	1	6,33
I 5477,08	M	1,0	5,97	I 5210,84	A	1	6,53
I 5470,46	M	1,0	6,03	I 5210,06	A	1	5,78
I 5469,31	M	0,8	4,15	I 5192,35	A	2	6,53
I 5454,56	M	2,0	6,35	I 5183,61	A	1	6,50
I 5452,31	M	0,8	6,08	I 5176,08	M	2,5	4,48
I 5444,57	M	2,5	6,35	I 5165,16	A	1	4,11
I 5436,99	M	0,8	6,39	I 5158,84	A	1	6,45
I 5408,12	A	1	4,57	I 5158,43	A	1	6,45
I 5407,51	M	1,6	6,47	I 5156,34	M	2,0	6,46
I 5401,98	A	1	6,54	I 5154,05	M	2,0	6,36
I 5390,46	A	1	6,35	I 5149,79	A	2	4,15
I 5381,75	M	1,0	6,54	I 5146,74	M	4	5,97

λ	B		eV	λ	B		eV
I 5145,51	A	1	6,46	I 4623,04	M	0,6	5,87
I 5133,45	M	2,0	6,35	I 4622,70	A	1	6,45
I 5126,20	M	2,0	6,03	I 4620,82	A	1	5,40
I 5125,69	M	1,6	6,35	I 4614,01	A	1	6,66
I 5124,77	A	2	6,66	I 4596,91	M	1,6	6,33
I 5122,77	M	2,0	6,08	I 4594,63	M	1,6	6,33
I 5113,23	A	2	4,50	I 4588,70	A	1	3,13
I 5108,89	M	1,2	6,36	I 4581,60	M	8	5,66
I 5094,95	A	3	4,48	I 4580,14	M	0,7	3,62
I 5087,86	A	1	6,46	I 4579,36	A	1	6,66
I 5077,41	A	1	6,39	I 4574,94	A	1	3,63
I 4988,04	A	4	6,54	I 4570,03	M	0,7	6,35
I 4979,93	A	2	6,55	I 4566,61	A	2	6,53
I 4971,96	A	1	5,66	I 4565,59	M	6	5,73
I 4966,59	A	1	2,92	I 4564,17	A	1	5,59
I 4953,19	A	1	3,01	I 4561,94	A	1	5,34
I 4928,28	A	1	5,73; 6,47	I 4553,33	A	1	5,89
I 4904,17	A	1	5,39	I 4552,44	A	1	6,53
I 4899,52	M	1,2	4,57	I 4549,66	M	4	5,79
I 4867,88	M	17	5,66	J 4545,24	A	2	6,66
I 4843,46	M	0,9	5,83	I 4543,81	M	2,5	5,44
I 4840,27	M	8	5,73	I 4540,79	A	1	6,50
I 4813,98	A	1	5,87	I 4533,99	M	3,0	5,83
I 4813,48	M	6	5,44; 5,79	I 4530,96	M	10	5,66
I 4796,37	A	1	3,01	I 4527,93	A	1	5,79
I 4795,85	A	1	6,54	I 4519,29	A	1	6,46
I 4792,86	M	9	5,83	I 4517,11	M	1,6	5,87
I 4785,07	A	1	6,54	I 4514,19	A	1	6,46
I 4781,43	A	1	4,48	I 4494,76	M	0,7	6,29
I 4780,01	M	4	5,87	I 4486,71	A	1	5,48
I 4778,26	A	1	6,66	I 4484,52	A	1	3,68
I 4776,32	M	3,0	5,89	I 4483,93	M	0,8	5,89
I 4771,11	M	3,0	5,73	I 4483,59	A	1	6,34
I 4768,08	M	0,9	5,79	I 4478,32	M	0,9	5,87
I 4767,14	A	2	6,66	I 4477,24	A	1	6,35; 6,74
I 4756,73	A	1	6,54	I 4471,55	M	1,6	5,83
I 4754,36	M	0,7	5,83	I 4469,56	M	4	5,73
I 4749,68	M	4	5,66	I 4466,89	M	2,5	5,79
I 4746,11	A	1	6,54	I 4445,72	M	0,8	5,89
I 4737,77	A	1	4,57	I 4431,61	M	0,7	5,67
I 4734,83	M	0,6	5,87	I 4421,34	M	0,8	5,73
I 4727,94	M	0,7	3,05	I 4417,40	M	1,0	5,87
I 4718,48	A	1	6,65	I 4404,93	A	1	5,44
I 4699,19	A	1	3,69	I 4402,67	A	1	6,33
I 4698,38	M	0,9	5,89	I 4391,57	M	0,8	5,84
I 4693,21	M	3,5	5,87	I 4380,07	A	2	6,34
I 4685,86	A	1	3,57	I 4374,92	A	1	5,79
I 4682,38	M	4	5,83	I 4373,63	M	1,0	6,35
I 4663,41	M	7	5,79	I 4371,13	M	1,0	4,91
I 4657,39	A	2	5,89	I 4339,63	M	2,0	5,40
I 4654,85	A	1	6,73	I 4285,79	M	1,0	3,06
I 4644,32	A	2	6,73	I 4252,31	M	2,5	3,01
I 4629,38	M	5	5,73	I 4234,00	M	1,0	2,93
I 4628,94	A	3	3,19	I 4190,72	M	4	2,96
I 4625,78	M	0,8	6,40	I 4187,25	M	1,2	5,00

λ	B		eV	λ	B		eV
I 4158,43	M	1,2	5,85	I 3933,65	A	2	—
I 4139,45	A	1	5,03	I 3922,75	M	3,5	4,21
I 4132,16	A	1	4,05	I 3920,73	A	2	5,20
I 4121,32	M	190	3,93	I 3920,14	A	1	5,70
I 4118,77	M	120	4,06	I 3917,11	M	6	5,44
I 4110,54	M	24	4,07	I 3909,93	M	7	3,17
I 4104,75	M	1,4	5,35	I 3906,29	M	6	3,68
I 4104,43	A	1	5,06	I 3898,49	M	1,2	5,06
I 4092,85	A	1	5,03	I 3894,98	M	24	3,82
I 4092,39	M	36	3,95	I 3894,08	M	340	4,23
I 4090,35	A	1	—	I 3892,13	M	1,2	5,72
I 4088,30	A	1	3,13	I 3884,62	M	5	4,24
I 4086,31	M	12	4,91	I 3881,87	M	34	3,78
I 4082,60	A	1	3,66	I 3878,74	A	2	5,20
I 4077,41	A	1	6,55	I 3876,84	M	12	5,20; 3,62
I 4076,13	A	1	3,62	I 3873,96	M	120	3,71
I 4068,54	M	6	5,00	I 3873,12	M	240	3,63
I 4058,60	M	3,5	5,06	I 3870,53	A	2	5,74
I 4058,19	M	3,5	3,56	I 3863,61	A	1	5,83
I 4057,20	M	1,2	3,28	I 3861,17	M	28	4,26
I 4056,98	A	1	6,69	I 3856,80	A	2	5,09
I 4052,92	M	2,5	6,63	I 3850,95	A	2	3,73
I 4045,39	M	16	4,12	I 3845,47	M	300	4,15
I 4035,55	M	4	6,65	I 3843,69	A	1	5,36
I 4027,04	M	3,0	3,25	I 3842,05	M	60	4,15
I 4023,40	M	1,0	5,03	I 3841,46	M	2,5	4,15
I 4020,91	M	15	3,51	I 3819,91	A	1	5,78
I 4019,30	M	1,0	3,66	I 3817,94	A	2	5,78
I 4013,95	M	3,0	5,09	I 3816,87	A	2	5,38
I 3997,91	M	42	4,15	I 3816,47	M	5	5,20
I 3995,31	M	260	4,03	I 3816,33	M	6	5,20
I 3994,54	M	2,0	3,73	I 3814,46	M	3,0	5,20
I 3991,69	M	3,0	3,68	I 3813,93	A	1	6,82
I 3991,54	M	3,0	6,74	I 3812,47	A	2	5,03
I 3990,30	M	3,0	5,06	I 3811,07	A	2	4,18
I 3987,12	M	2,0	3,62	I 3808,11	M	3,0	3,68
I 3979,52	M	5	3,21	I 3805,77	A	1	5,54
I 3978,86	A	1	6,80	I 3777,54	M	1,6	5,36
I 3978,66	M	6	3,62	I 3774,61	M	3,0	5,36
I 3977,18	M	1,2	5,44	I 3760,39	M	1,4	5,03
I 3975,32	A	1	5,40	I 3759,69	A	1	5,83
I 3974,73	M	4	3,63	I 3755,45	M	6	5,38
I 3973,15	M	4	5,00	I 3754,35	M	2,0	5,84
I 3972,53	M	3,5	6,64	I 3751,63	M	2,5	5,38
I 3969,12	M	4,5	5,66	I 3749,94	M	6	5,34
I 3961,00	M	2	5,75	I 3745,50	M	12	4,23
I 3957,94	M	9	3,71	I 3740,20	A	2	5,35
I 3952,92	M	16	4,06	I 3735,93	M	8	5,39
I 3952,33	M	2,0	3,56	I 3734,14	M	5	5,36
I 3947,13	A	1	5,09	I 3733,49	M	10	5,40
I 3945,33	M	9	4,07	I 3732,40	M	20	5,20
I 3941,73	M	11	3,57	I 3730,49	M	15	5,20
I 3940,89	M	7	3,78	I 3726,66	M	1,2	5,03
I 3935,97	M	65	4,07	I 3712,18	M	2,5	5,38
I 3933,91	M	1,4	3,73	I 3711,65	A	1	5,34

λ		B	eV	λ		B	eV
I	3708,82	M 12	5,38	I	3575,36	M 160	3,56
I	3707,47	M 3,0	5,38	I	3574,96	M 100	4,05
I	3704,06	M 36	4,40	I	3570,35	A 1	6,34
I	3702,24	M 15	6,22	I	3569,38	M 550	4,40
I	3693,48	M 12	5,39	I	3564,95	M 55	4,06
I	3693,11	M 12	5,43	I	3560,89	M 70	4,11
I	3690,72	M 3,5	5,40	I	3560,31	A 2	5,36
I	3684,48	M 4	5,44	I	3558,78	M 6	4,07
I	3683,05	M 20	5,44	I	3552,99	M 6	5,44
I	3676,55	M 14	6,24	I	3552,72	A 3	3,72
I	3670,06	A 1	5,38	I	3550,60	M 34	3,66
I	3662,16	M 15	5,66	I	3548,44	M 6	5,20
I	3656,97	M 3,0	3,97	I	3546,71	A 2	5,20
I	3654,45	M 3,5	5,34	I	3543,26	M 17	5,38
I	3652,54	M 8	3,56	I	3534,77	A 1	5,79
I	3651,26	A 2	5,43	I	3533,36	M 120	3,73
I	3649,35	M 10	6,26	I	3529,81	M 460	4,03
I	3648,15	A 1	6,27	I	3529,03	M 170	3,68
I	3647,66	M 6	3,62	I	3527,95	A 2	6,05
I	3647,09	A 2	5,72	I	3526,85	M 400	3,51
I	3645,44	A 1	5,48	I	3523,43	M 240	4,15
I	3645,20	A 2	5,35	I	3522,86	A 1	6,73
I	3643,18	M 8	5,44	I	3521,73	A 2	4,15; 5,84
I	3641,79	M 7	5,44	I	3521,57	M 170	3,95
I	3639,44	M 11	5,36	I	3520,08	M 20	3,62
I	3637,32	A 2	5,73	I	3518,35	M 300	4,57
I	3636,72	M 4	5,36	I	3513,48	M 240	3,62
I	3634,71	M 8	6,29	I	3512,64	M 300	4,11
I	3632,84	M 7	6,29	I	3510,43	M 90	3,63
I	3631,95	A 1	5,95	I	3509,84	M 180	4,12
I	3631,39	M 8	3,51	I	3506,32	M 440	4,05
I	3627,81	M 55	3,93	I	3504,73	A 2	6,08
I	3624,96	M 4	4,05	I	3502,62	M 36	3,72
I	3624,34	M 2,0	5,20	I	3502,28	M 600	3,97
II	3621,18	A 3	5,62	II	3501,73	A 70	5,74
I	3620,42	M 2,5	5,70	I	3496,79	A 2	6,66
I	3618,01	A 1	4,47	I	3496,68	M 30	4,06
I	3615,39	M 4	5,38	I	3495,69	M 150	4,18
I	3611,70	M 11	5,75	I	3491,32	M 30	3,78
I	3609,75	A 1	6,31	I	3490,74	M 6	4,07
I	3605,36	M 50	3,95	I	3489,40	M 300	4,48
I	3602,08	M 100	3,66	I	3487,71	A 3	5,43
I	3600,80	A 1	5,40	I	3485,70	A 1	5,51
I	3596,51	A 2	5,73	I	3485,37	M 24	6,67
I	3594,87	M 120	3,62	I	3483,41	M 6	4,07
I	3591,75	A 1	5,99	I	3480,01	A 2	5,44
I	3587,19	M 420	4,50	I	3478,74	A 2	5,44
I	3586,08	A 1	5,59	I	3478,56	M 4	5,84
I	3585,81	A 1	5,54	I	3477,84	A 1	6,78
I	3585,16	M 65	3,97	I	3476,36	A 2	6,82
I	3584,80	A 5	3,64	I	3474,53	A 2	4,15
I	3581,87	A 1	5,79	I	3474,02	M 500	4,15; 3,66
I	3579,03	A 2	5,20	I	3471,38	M 6	6,74
I	3578,90	M 3	5,20	I	3468,97	A 1	6,85
I	3578,08	M 3	5,74	I	3465,80	M 320	3,57

	λ	B		eV		λ	B		eV
I	3462,80	M	320	4,21	I	3373,23	M	7	5,95
I	3461,18	M	19	6,75	II	3370,94	A	10	5,94
I	3460,72	A	1	4,50	I	3370,33	M	7	4,26
I	3458,03	A	1	5,66	I	3367,11	M	36	4,12
I	3456,93	M	7	3,68	I	3364,26	A	1	5,73
I	3455,23	M	65	3,82	I	3363,76	A	1	6,82
I	3453,51	M	1300	4,02	I	3363,27	A	1	6,74
I	3449,44	M	130	4,03	I	3362,80	M	7	6,74
I	3449,17	M	260	4,18	I	3361,56	M	7	6,74
I	3448,36	A	1	5,33	I	3359,29	A	2	5,40
II	3446,39	A	30	5,83	I	3359,09	A	1	5,69
I	3446,09	M	7	6,81	I	3356,84	A	1	6,76
I	3443,64	M	550	4,12	I	3356,47	A	2	5,77
I	3443,20	A	2	—	I	3354,38	M	38	4,21
I	3442,93	M	100	3,78	I	3354,21	A	1	6,65
I	3438,91	M	5	6,88	I	3351,54	A	1	6,76
I	3438,71	A	1	5,64	I	3348,11	M	7	5,74
I	3437,69	A	2	6,86	I	3346,94	M	12	6,66
I	3433,04	M	280	4,24	I	3342,73	M	10	5,78
I	3432,32	A	1	5,69	I	3341,95	A	2	5,66
I	3431,58	M	160	3,71	I	3341,34	A	2	6,59
I	3429,68	A	1	6,89	I	3339,78	M	12	6,67
I	3428,23	M	5	6,67	I	3337,17	A	3	4,15
I	3424,51	M	14	5,70	I	3334,14	M	44	4,15
II	3423,85	A	25	5,89	I	3333,39	A	4	4,23
I	3422,90	A	1	5,36	I	3329,47	A	2	6,74
I	3421,63	A	1	5,66	I	3329,03	A	1	6,74
I	3420,79	A	2	5,70	I	3328,21	A	1	6,83
I	3420,47	A	2	5,36	I	3326,99	M	22	6,65
I	3417,80	A	2	4,06	I	3326,56	A	1	5,43
I	3417,67	A	2	5,95	I	3325,24	M	12	5,73
I	3417,16	M	170	4,21	I	3322,20	M	15	6,61; 5,77
II	3415,78	A	25	5,83	I	3321,91	A	1	5,81
I	3415,53	A	2	3,62	I	3319,83	A	1	6,66
I	3414,74	M	32	4,26	I	3319,48	M	15	6,66
I	3412,63	M	140	3,63	I	3319,16	A	2	6,75
I	3412,34	M	420	4,15	I	3318,40	A	2	5,44
I	3409,18	M	280	4,15	I	3314,08	M	12	6,62; 5,48
I	3405,82	A	2	—	I	3312,83	A	1	6,67
I	3405,12	M	700	4,07	I	3312,15	A	3	5,69
I	3402,06	A	1	5,97	I	3308,81	A	2	6,81
I	3401,91	A	1	6,88	I	3308,49	A	2	6,81
I	3398,81	A	1	6,78	I	3307,15	M	8	5,70
I	3395,38	M	140	4,23	I	3305,73	A	1	6,85
I	3390,40	A	2	5,69	I	3303,88	A	2	5,53
I, II	3388,17	M	70	4,24; 5,89	I	3298,68	A	2	5,76
II	3387,72	A	20	5,93	I	3293,86	A	1	5,84
I	3385,22	M	60	4,18	I	3287,19	M	5	5,72
I	3383,92	A	1	6,85	I	3283,78	A	1	5,51
I	3381,50	A	1	5,70	I	3283,46	M	32	5,85
I	3378,74	A	2	5,94	I	3279,26	A	2	5,73
I	3378,36	A	1	6,80	I	3278,84	A	2	5,78
I	3377,06	A	2	5,38	I	3277,32	A	1	5,66
I	3374,30	A	2	6,81	I	3276,48	A	1	6,74
I	3373,97	A	1	5,38	I	3271,78	M	8	5,74

λ	B		eV	λ	B		eV
I 3265,35	A	1	5,87	I 3126,49	A	1	6,04
I 3264,84	A	2	5,83	I 3121,57	M	6	4,07
I 3263,21	A	1	6,07	I 3121,42	M	17	3,97
I 3260,82	M	16	5,84	I 3118,25	A	2	4,15
III 3259,68	S	1	13,39	I 3113,48	A	2	5,69
I 3258,03	A	2	5,51	I 3111,34	A	1	5,93
I 3254,21	M	24	5,69	I 3110,83	A	2	4,21
I 3250,00	A	2	4,40	I 3110,02	A	2	6,02
I 3247,18	M	16	5,70	I 3109,51	A	2	5,72
I 3247,00	A	2	5,77	I 3107,54	A	1	6,32
I 3243,84	M	14	5,70	I 3107,04	A	1	5,70
I 3237,03	A	3	3,93	I 3105,92	A	1	4,50
I 3235,54	A	2	5,78; 6,62	I 3103,98	A	2	5,70
I 3232,87	M	8	5,87	I 3103,74	A	1	5,87
III 3232,11	S	1	13,44	I 3102,41	A	2	5,73
I 3226,99	A	2	6,16	I 3099,67	A	1	5,95
I 3224,64	A	2	5,72	I 3098,20	M	14	4,18
I 3219,15	M	6	3,95	I 3096,70	A	1	6,04
I 3210,23	A	2	5,90	I 3096,41	A	1	5,78
I 3203,03	A	2	3,97	I 3095,72	A	1	5,74
I 3199,32	A	2	4,05	I 3090,25	A	2	6,01
I 3198,66	A	2	4,50	I 3089,60	M	17	4,13
I 3193,16	A	2	4,40	I 3087,81	A	1	6,02
I 3192,22	A	1	5,83	I 3086,78	M	42	4,24
I 3191,30	A	2	4,06	I 3086,40	A	2	5,72
I 3189,76	A	2	4,11	I 3082,84	A	1	5,90
I 3188,37	M	8	5,84	I 3082,62	M	34	4,02
I 3186,35	A	2	4,07	I 3079,40	A	2	5,73; 4,02
I 3185,95	A	1	5,77	I 3073,52	A	1	5,77
I 3182,12	A	2	5,90	I 3072,66	A	1	6,32
I 3177,27	M	8	—	I 3072,34	M	48	4,21
I 3174,91	A	2	5,78	I 3071,96	A	2	4,26
I 3174,14	A	1	6,61	I 3064,37	M	3,5	4,15
I 3169,77	A	4	5,98	I 3062,20	M	2,5	4,15
I 3168,06	A	3	5,99	I 3061,82	M	90	4,15
I 3161,65	A	2	5,87	I 3060,05	M	6	6,00
I 3159,67	A	4	4,50; 4,15	I 3054,72	A	2	4,23
I 3158,78	M	22	4,03	I 3050,93	A	2	5,77
I 3154,79	M	26	5,81	I 3050,50	A	1	6,01
I 3154,68	M	26	5,97	I 3048,89	M	22	4,24
I 3152,71	M	6	5,93	I 3048,11	A	1	6,02
I 3149,31	A	3	4,11	I 3044,01	M	160	4,07
I 3147,06	M	26	4,12	I 3042,48	M	11	4,18
I 3145,02	A	1	5,72	I 3039,57	A	1	5,78
I 3140,72	A	1	5,95	I 3038,31	A	1	5,00
I 3139,94	M	17	4,05	I 3034,43	M	3,0	4,26
I 3137,75	A	1	5,73	I 3026,37	M	6	5,97
I 3137,45	A	1	5,99	I 3022,36	A	1	5,81
I 3137,33	M	22	4,18	I 3017,55	M	36	4,21
I 3136,73	A	2	3,95	I 3017,26	A	1	5,98
I 3132,22	A	1	4,06	I 3015,68	A	1	5,99
I 3129,48	A	1	5,84	I 3013,60	M	17	4,12
I 3129,00	A	1	4,47	III 3010,92	S	1	13,20
I 3127,25	A	3	4,40	I 3005,76	A	1	6,00
I 3126,73	A	1	6,00	I 3000,55	M	6	4,23

λ	B		eV	λ	B		eV
I 2995,15	M	1,6	6,27	I 2775,58	A	1	6,54
III 2991,89	S	1	13,25	II 2775,18	A	7	10,77
I 2989,59	M	36	4,15	I 2774,96	A	1	5,09
I 2987,16	M	36	4,15	I 2772,70	A	1	6,51
I 2978,01	A	1	6,04	I 2768,69	A	1	5,52
I 2957,68	M	1,4	6,27	I 2766,39	A	1	5,06
I 2955,39	A	1	—	I 2766,22	M	7	6,61
I 2954,74	A	1	6,27	I 2764,19	M	10	4,91
I 2943,48	A	1	6,28	I 2761,37	M	5	5,00
II 2943,15	A	10	10,60	I 2758,54	A	1	6,44
II 2930,43	A	3	10,70	I 2752,07	A	1	6,54
I 2929,51	M	5	6,27	I 2746,03	A	1	5,43
I 2928,81	M	1,6	4,23	I 2745,10	M	10	6,60
I 2927,67	M	5	6,31	I 2740,46	M	12	5,44
I 2919,55	A	1	5,84	I 2731,12	M	7	6,58
I 2903,20	M	1,4	6,31	I 2722,11	A	1	6,60
I 2899,82	M	3,0	6,31	I 2719,58	A	1	5,48
I 2895,49	A	1	5,20	I 2715,99	M	10	6,60
I 2892,25	A	1	—	II 2714,42	A	5	5,94; 5,89
I 2886,45	M	10	4,39	I 2708,82	A	1	6,61
I 2882,22	A	1	6,58	II 2707,50	A	10	10,60
II 2880,29	A	1	10,77	II 2706,74	A	10	10,41
I 2879,62	A	1	6,34	I 2705,85	M	3,0	6,29
II 2870,03	A	1	10,70	II 2697,04	A	4	6,00
I 2862,61	M	4	4,50	I 2695,85	M	10	5,11
I 2859,66	A	2	4,91	II 2694,68	M	3,0	5,92
I 2850,95	A	1	4,57	I 2694,40	A	1	6,34
I 2850,04	M	3,0	5,40	I 2685,34	M	9	5,20
II 2848,37	A	1	10,60	II 2684,50	A	10	10,48
II 2845,63	A	1	5,76	I 2680,11	A	1	6,58
I 2842,38	A	1	6,31	I 2679,76	M	6	5,67
I 2837,15	M	4	6,44	I 2673,93	A	1	6,71
II 2834,94	A	1	5,70	II 2669,91	A	4	10,61
I 2834,43	A	1	5,00	II 2663,53	M	8	5,87
I 2833,92	A	1	4,47	I 2650,27	M	5	5,30
I 2826,80	A	1	6,34	I 2649,94	M	4	5,72
II 2825,24	A	3	5,60	I 2648,64	M	40	5,11; 5,26
I 2825,15	A	2	6,34	II 2632,24	M	7	6,94
I 2821,75	A	2	—	I 2629,97	A	1	6,60
I 2820,01	M	1,2	4,40; 5,44	I 2627,64	M	14	5,16
I 2818,60	A	1	4,57	I 2623,76	A	1	5,77
I 2815,56	M	8	4,91	I 2622,43	M	5	5,31
I 2814,98	A	1	4,50	I 2619,28	A	1	5,36
III 2811,75	S	1	13,20	I 2617,86	M	4	5,36
I 2811,52	A	2	6,29	I 2616,26	M	6	5,79
I 2811,13	A	2	6,54	II 2614,36	M	8	6,94
II 2810,86	A	2	5,62	I 2614,13	M	4	4,91
I 2803,77	M	5	5,00	I, II 2613,49	M	5	—
I 2797,08	M	3,0	5,48; 6,32	I 2610,76	M	2,0	5,26
I 2796,23	M	2,0	5,06	I 2606,12	M	5	5,38
I 2792,44	A	1	5,36	II 2605,72	A	20	7,74
I 2791,01	A	1	6,44	I 2590,59	M	8	5,70
I 2790,28	A	1	—	II 2587,22	M	16	6,12
I 2785,90	A	2	6,48	I 2585,34	M	6	5,84
I 2778,82	M	7	6,34	II 2582,24	M	16	6,20

	λ		B	eV		λ		B	eV
I	2580,84	M	6	5,38	I	2406,27	M	5	5,66
II	2580,33	M	40	6,02	II	2404,17	M	17	5,80
I	2578,93	A	1	5,86	I	2402,17	A	1	5,39
I	2573,54	M	4,0	5,33	I	2401,60	A	1	5,38
I	2573,40	M	3,5	5,40	I	2401,11	A	1	—
I	2572,24	M	5	5,40	I	2400,84	M	2	5,74
I	2567,35	M	60	5,00	I	2400,56	A	1	6,21
II	2564,04	M	16	6,16	II	2397,39	M	25	6,38
I	2561,28	A	1	—	I	2396,77	A	2	—
II	2559,41	M	12	6,24	II	2388,92	M	130	5,60
I	2556,76	M	10	5,36	II	2386,37	M	42	5,76
I	2553,00	M	12	5,43	II	2383,45	M	76	5,70
I	2548,34	M	18	5,78	I	2380,49	M	62	5,32; 5,79
I	2544,25	M	90	5,09	II	2378,62	M	84	5,62
II	2541,94	M	8	6,20	I	2373,39	M	6	—
II	2533,84	A	25	7,92	II	2363,79	M	78	5,74
I	2532,18	M	36	5,52	I	2358,18	M	22	5,48
I	2530,13	M	30	5,48	I, II	2353,43	M	87	5,35; 5,83
I	2528,97	M	120	5,00	II	2326,48	M	33	5,74
II	2528,62	M	48	6,12	I	2325,55	M	25	5,84
II	2524,97	M	12	6,31	II	2324,32	M	33	7,60; 5,83
I	2521,36	M	180	4,91	II	2314,98	M	60	6,00
II	2519,82	M	12	6,24	II	2314,05	M	74	5,97
I	2511,02	M	90	5,36	II	2311,60	M	78	5,92
I	2507,68	M	12	5,52	II	2307,86	M	130	5,87; 7,60
II	2506,46	M	24	6,16	II	2286,16	M	160	5,84
II	2498,83	A	12	—	I	2284,85	M	10	5,52
I	2493,93	M	3,0	6,02	I	2276,53	M	36	—
II	2485,36	M	1,2	6,20	II	2273,73	A	33	—
I	2476,64	M	20	5,43	II	2245,13	M	30	6,02
I	2467,69	M	12	5,20	II	2232,08	A	17	6,12
II	2467,06	A	12	—	II	2207,93	A	17	7,89
II	2464,20	M	3,5	6,24	II	2206,21	A	25	7,85
I	2462,12	M	2,5	6,74	II	2202,93	A	33	5,63
I	2460,81	M	20	5,26	II	2200,42	A	8	6,25
I	2460,21	M	1,2	6,92	II	2193,61	A	33	7,85
I	2456,24	M	10	5,48	II	2192,51	A	17	7,86
II	2450,00	M	4	6,38	II	2190,69	A	25	7,89
I	2439,05	M	100	5,30	II	2181,72	A	3	6,24
I	2436,66	M	120	5,26	I	2178,59	A	1	—
II	2432,52	A	10	—	I	2174,61	M	44	5,70
I	2432,21	M	160	5,20	II	2173,33	A	20	6,12
I	2429,23	M	5	5,21	II	2111,46	A	17	5,87
I	2424,93	M	170	5,11	I	2106,80	A	1	6,51
I	2422,56	M	8	6,82	I	2104,73	A	1	—
II	2420,73	M	5	—	I	2097,51	A	1	—
I	2419,12	M	28	—	II	2065,55	A	17	6,12
II	2417,65	M	39	5,62	III	2056,21	S	3	16,30
I	2415,30	M	210	5,35	III	2053,11	S	7	16,24
I	2414,46	M	210	5,32	III	2047,37	S	1	16,44
I	2411,62	M	220	5,24	III	2039,17	S	2	15,59
I	2410,51	M	10	6,88	III	2031,80	S	3	15,59
I	2409,13	A	1	5,72	III	2028,58	S	2	13,02
II	2408,75	M	13	5,76	II	2027,02	A	7	6,31
I	2407,25	M	240	5,15	III	2024,47	S	1	15,68

λ	B		eV	λ	B		eV
II 2022,34	A	7	6,24	III 1934,27	S	2	—
III 2020,13	S	2	13,02	III 1933,25	S	2	15,50
III 2019,41	S	1	—	III 1930,48	S	2	13,33
III 2015,82	S	1	15,73	III 1929,76	S	10	12,25
I 2014,58	A	1	—	III 1928,80	S	7	17,02
III 2013,88	S	7	15,75	III 1928,57	S	20	12,18
III 2012,73	S	1	15,78	III 1928,49	S	3	16,28
III 2011,61	S	7	15,78	III 1927,74	S	7	16,21
II 2011,50	A	2	6,16	III 1924,53	S	2	—
III 2010,60	S	2	15,64	III 1919,12	S	20	12,23
III 2005,55	S	1	15,78	III 1916,11	S	2	19,30
III 2001,08	S	3	15,68	III 1910,84	S	10	16,70
III 1993,63	S	3	13,25	III 1909,67	S	5	16,21
III 1989,65	S	3	13,30	III 1905,35	S	10	16,78
III 1989,60	S	13	15,83	III 1901,36	S	10	17,22
III 1987,20	S	1	16,08	III 1900,76	S	2	16,30
III 1984,32	S	1	15,87	III 1899,80	S	2	17,22
III 1981,35	S	3	13,33	III 1895,37	S	20	17,13
III 1980,11	S	7	13,30	III 1892,01	S	5	17,24
III 1978,95	S	2	15,75	III 1886,74	S	7	—
III 1977,03	S	7	13,25	III 1886,47	S	2	15,73
III 1974,88	S	7	15,90	III 1883,29	S	7	15,54
III 1971,89	S	3	13,33	III 1882,32	S	5	15,74
III 1970,05	S	10	13,30	III 1881,87	S	10	15,50
I 1968,9	A	1	6,81	III 1881,70	S	30	15,46; 15,52
III 1963,74	S	3	13,30	III 1881,43	S	5	15,54
III 1961,45	S	2	16,16	III 1881,08	S	5	—
III 1959,41	S	20	13,23	III 1880,91	S	2	15,73
II 1957,42	A	10	6,53	III 1880,32	S	2	—
III 1956,01	S	7	12,25	III 1879,75	S	2	16,44
III 1955,79	S	7	12,22	III 1879,39	S	4	16,87
I 1955,17	A	1	6,97	III 1879,24	S	10	15,53
III 1954,88	S	3	15,83	III 1877,54	S	2	15,74
III 1954,79	S	10	13,33	III 1877,46	S	2	15,68
III 1953,94	S	20	12,28	III 1875,09	S	7	15,73
III 1952,16	S	7	13,25	III 1874,82	S	10	15,54
III 1950,96	S	20	16,14	III 1874,36	S	3	15,73
III 1950,91	S	13	13,39	III 1872,58	S	10	15,53
II 1950,10	A	7	6,48	III 1872,53	S	7	17,22
III 1949,81	S	7	12,18	III 1871,95	S	10	15,58
III 1948,66	S	3	12,29	III 1871,87	S	15	15,53
III 1946,79	S	10	13,44	III 1870,63	S	3	15,74
III 1945,23	S	7	12,25	III 1867,49	S	2	15,54
III 1942,80	S	3	15,50	III 1866,62	S	3	—
III 1942,50	S	3	15,47	III 1865,46	S	3	15,73
III 1942,37	S	7	12,29; 16,22	III 1865,42	S	3	15,58
III 1941,73	S	3	15,58	III 1864,52	S	2	—
III 1941,46	S	2	15,54	III 1864,19	S	13	16,24
II 1941,28	A	17	6,38	III 1863,83	S	70	15,53
III 1940,15	S	20	12,23	III 1863,47	S	7	17,24
I 1940,16	A	1	6,89	III 1862,66	S	3	16,35
III 1937,66	S	3	13,44	I 1862,31	A	1	—
III 1936,93	S	10	12,28	III 1861,77	S	30	15,74
III 1935,02	S	3	13,39	III 1859,51	S	2	15,78
III 1934,73	S	2	15,58	III 1858,49	S	2	16,31

λ	B		eV	λ	B		eV
III 1857,66	S	2	—	III 1815,69	S	7	15,98
III 1855,95	S	2	16,40	III 1815,60	S	7	15,97
III 1854,76	S	13	16,30	III 1814,87	S	3	18,20
III 1854,39	S	13	13,76; 16,90	III 1814,68	S	3	16,43
III 1854,19	S	4	16,70	III 1814,22	S	3	16,44
III 1852,92	S	17	15,64	III 1813,19	S	10	16,44
III 1851,94	S	7	13,69	III 1813,04	S	2	16,31
III 1851,51	S	2	15,44	III 1812,55	S	2	19,37
III 1850,50	S	10	15,44	III 1811,47	S	13	16,44
III 1849,93	S	7	17,40	III 1811,32	S	3	15,92
III 1849,46	S	10	15,44	III 1808,38	S	10	17,06
III 1849,30	S	5	17,39	III 1805,54	S	20	16,43
I 1847,89	A	1	6,81	III 1800,47	S	2	19,37
III 1847,83	S	4	16,22	III 1798,06	S	20	15,68
III 1847,30	S	4	—	III 1794,80	S	3	17,50
III 1846,51	S	2	15,64; 16,30	III 1793,92	S	7	15,87
III 1846,16	S	17	13,76	III 1792,41	S	10	12,85
III 1845,07	S	3	16,40	III 1792,14	S	3	15,83
III 1844,73	S	2	17,41	III 1791,27	S	20	12,85
III 1843,96	S	3	—	III 1791,15	S	10	17,52
III 1843,53	S	7	15,59	III 1790,39	S	2	17,30
III 1843,44	S	7	13,80	III 1790,26	S	20	16,41
III 1839,54	S	2	17,43	III 1789,55	S	3	—
III 1837,84	S	3	16,35	III 1789,37	S	3	16,08
III 1837,63	S	30	15,67	III 1789,07	S	30	12,84
III 1836,20	S	10	16,40; 17,45	III 1787,50	S	2	17,32
III 1835,62	S	5	15,87	III 1787,08	S	30	12,85
III 1835,26	S	3	13,80	III 1786,68	S	2	17,32
III 1835,00	S	170	15,62	III 1786,34	S	7	16,08
III 1834,84	S	3	16,35	III 1785,96	S	2	12,85
III 1833,88	S	2	15,73	III 1784,05	S	20	16,07
III 1832,20	S	13	16,35	III 1782,96	S	70	12,83
III 1831,92	S	25	13,75	III 1780,05	S	70	12,84
III 1831,44	S	70	15,66	III 1777,14	S	30	16,05
III 1830,87	S	5	—	III 1774,42	S	17	17,58
III 1830,58	S	10	15,68	III 1773,57	S	170	12,82
III 1830,09	S	70	13,68	III 1773,22	S	17	17,58
III 1829,67	S	7	16,62	III 1772,67	S	3	17,38
III 1827,09	S	10	15,87	III 1772,55	S	2	—
III 1825,95	S	25	16,25	III 1772,44	S	7	17,39
III 1825,46	S	10	15,75	III 1772,23	S	10	17,38
III 1825,36	S	13	16,57	III 1771,85	S	7	17,38
III 1824,87	S	3	15,93	III 1771,26	S	3	15,78
III 1823,62	S	5	19,37	III 1769,96	S	17	12,83
III 1823,08	S	30	15,67	III 1768,47	S	3	16,16
III 1822,05	S	3	15,44; 16,43	III 1768,24	S	7	17,42
III 1821,77	S	13	17,08	III 1767,31	S	2	17,40
III 1821,69	S	13	16,31	III 1763,47	S	3	17,43
III 1821,26	S	13	17,50	III 1760,35	S	170	12,80
III 1820,06	S	3	15,97	III 1755,98	S	17	12,82
III 1819,73	S	3	—	III 1751,85	S	7	15,87
III 1819,33	S	7	16,41	III 1751,04	S	3	—
III 1818,68	S	7	15,97	III 1745,67	S	13	16,70
III 1817,63	S	3	16,43	III 1736,31	S	8	13,02
III 1817,52	S	3	17,52	III 1735,40	S	2	16,44

λ	B		eV	λ	B		eV
III 1732,54	S	7	16,08	III 1434,26	S	7	20,83
III 1730,67	S	8	16,78	III 1409,34	S	2	—
III 1726,13	S	3	16,06	III 1384,19	S	2	—
III 1723,97	S	15	13,01	III 936,64	S	1	13,23
III 1716,25	S	7	13,14	III 848,09	S	1	17,52
III 1707,95	S	20	13,12	III 839,28	S	1	17,59
III 1707,35	S	30	13,02	III 801,49	S	1	15,47
III 1702,79	S	15	13,21	III 790,20	S	2	15,68
III 1697,99	S	25	13,21	III 789,45	S	1	15,93
III 1696,01	S	30	13,13	III 771,87	S	1	16,06
III 1689,86	S	3	13,21	III 762,78	S	2	16,35
III 1665,27	S	2	13,20	III 760,83	S	1	16,31
III 1649,27	S	7	16,43				
III 1542,09	S	3	21,37				
III 1534,27	S	7	21,31				
III 1515,03	S	2	—				
III 1499,12	S	2	21,47				
III 1481,90	S	3	21,16				
III 1478,37	S	2	21,20				
III 1435,43	S	3	20,85				

24 Cr

λ	B		eV	λ	B		eV
I 11610,48	A	15	4,39	I 9290,44	A	50	3,88
I 11484,50	A	15	4,40	I 9263,98	A	20	4,45
I 11472,93	A	10	4,40	I 9208,29	A	30	4,47
I 11397,96	A	12	4,41	I 9035,86	A	40	4,45
I 11390,63	A	15	4,41	I 9021,69	A	75	4,70
I 11339,16	A	5	4,42	I 9017,10	A	100	4,70
I 11331,88	A	15	4,41	I 9009,95	A	150	4,70
I 11310,69	A	12	4,42	I 8976,88	M	2,0	4,47
I 11157,03	A	25	4,57	I 8947,20	M	4	4,49
I 11015,63	A	30	4,57	I 8925,76	A	35	4,47
I 10957,19	A	12	4,15	I 8917,10	A	18	5,28
I 10905,83	A	25	4,57	I 8916,19	A	25	5,28
I 10821,62	A	12	4,16	I 8835,62	A	25	4,49
I 10801,37	A	12	4,16	I 8718,68	A	35	5,82
I 10672,17	A	18	4,18	I 8707,93	A	40	5,81
I 10667,53	A	15	4,18	I 8707,40	A	25	4,13
I 10647,66	A	12	4,18	I 8643,00	A	35	4,15
I 10486,24	A	20	4,19	I 8636,22	A	35	4,15
I 10080,32	A	15	4,78	I 8582,98	A	30	7,11
I 9734,52	A	50	3,82	I 8548,83	M	0,6	4,16
I 9730,32	A	25	4,82	I 8543,70	A	30	4,16
I 9670,48	A	50	3,83	I 8537,78	A	30	7,11
I 9667,20	A	25	3,83	I 8455,24	M	0,3	4,17
I 9574,25	A	50	3,84	I 8450,25	M	0,6	4,17; 5,85
I 9571,76	A	25	3,84	I 8378,51	A	40	7,19
I 9447,01	A	25	3,86	I 8348,27	M	0,9	4,19
I 9446,89	A	20	4,68; 3,86	I 8322,05	A	100	5,90
I 9362,06	A	10	4,24	I 8318,25	A	30	7,19
I 9294,30	A	15	3,88	I 8290,62	A	75	5,90; 6,02
I 9294,15	A	10	3,88	I 8287,40	A	150	5,90

λ	B		eV	λ	B		eV
I 8238,29	A	50	5,91	I 5839,58	A	50	—
I 8235,89	A	100	5,90	I 5824,37	A	60	5,24
I 8224,08	A	50	4,49	I 5822,36	A	75	—
I 8163,22	M	0,5	5,90	I 5809,56	A	40	—
I 8084,97	A	30	5,93	I 5808,14	A	40	—
I 8061,26	A	35	5,94	I 5796,74	A	40	6,67
I 7990,52	A	20	6,00	I 5791,00	M	15	5,46
I 7989,37	A	25	5,95	I 5787,97	M	5	5,46
I 7942,05	M	1,2	5,94	I 5785,77	M	1,6	5,46
I 7917,84	A	25	7,19	I 5785,02	M	2,0	5,46
I 7910,49	A	25	7,19	I 5783,93	M	2,5	5,70; 5,46
I 7908,27	A	35	7,19	I 5783,11	M	2,0	5,70; 5,46
I 7771,69	A	22	6,37	I 5781,81	M	0,5	5,10; 5,46
I 7462,37	M	16	4,57	I 5774,94	A	40	6,35
I 7400,23	M	14	4,57	I 5771,55	A	75	—
I 7355,93	M	9	4,57	I 5758,99	A	50	—
I 7264,30	A	40	6,82	I 5754,54	A	40	—
I 7236,22	M	0,6	6,33; 6,84	I 5747,83	A	40	6,05
I 7207,85	A	10	5,60	I 5719,82	M	0,6	5,18
I 6980,91	A	50	5,24	I 5702,30	M	2,0	5,62
I 6979,81	M	1,2	5,24	I 5700,50	A	40	5,62; 5,72
I 6978,46	M	3,0	5,24	I 5698,32	M	3,5	6,05
I 6926,02	A	100	5,24	I 5696,20	A	50	5,28
I 6925,22	M	1,6	5,24	I 5694,72	M	2,0	6,03
I 6924,20	M	2,5	5,24	I 5683,53	A	50	—
I 6883,05	M	2,0	5,24	I 5682,47	M	0,6	6,02
I 6882,40	M	0,9	5,24	I 5681,07	A	40	—
I 6881,62	M	0,5	5,24	I 5664,04	M	2,0	5,62
I 6789,15	A	18	5,66	I 5649,38	M	1,0	6,81; 6,03
I 6762,41	A	40	7,11	I 5648,25	A	40	6,02
I 6751,33	A	40	7,11	I 5647,89	A	40	6,01
I 6729,72	A	40	6,23	I 5642,40	M	0,6	6,05; 8,05
I 6669,24	M	1,0	6,03	I 5641,73	A	40	6,01
I 6661,10	M	1,8	6,05	I 5628,64	M	2,0	5,62
I 6630,00	A	30	2,90	II 5502,07		8	6,42
I 6612,17	A	40	6,03	I 5480,50	M	1,6	6,15; 5,71
I 6608,90	A	15	6,28	II 5478,37		10	6,44
I 6594,69	A	20	6,27	I 5409,78	M	120	3,32
I 6580,96	A	8	2,91	I 5400,58	M	3,5	5,67
I 6572,90	A	25	2,89	I 5390,38	M	0,8	5,67
I 6537,92	A	25	2,90	I 5386,96	M	2,5	5,67
I 6529,20	A	20	5,79	I 5371,48	A	50	6,15
I 6501,21	A	20	2,89	I 5370,36	A	40	—
I 6362,87	M	1,8	2,89	I 5361,30	A	40	—
I 6330,13	M	3,0	2,90	I 5348,30	M	32	3,32
I 6062,75	A	50	5,24	I 5345,77	M	65	3,32
II 6053,48		15	6,79	I 5344,77	M	0,8	5,77
I 5982,85	A	40	5,24	I 5340,46	M	1,2	5,76
I 5904,21	A	40	5,99; 7,77	II 5334,89		10	6,39
I 5888,02	A	25	6,88	I 5329,76	M	1,4	5,24
I 5878,04	A	50	7,77; 8,03	I 5329,17	M	6	5,24
I 5873,04	A	75	—	I 5328,36	M	28	5,24
I 5867,05	A	50	5,67	I 5318,79	M	2,0	5,76
I 5854,27	A	75	—	II 5313,61		8	6,41
I 5844,60	A	40	5,13	I 5312,88	M	2,0	5,78

λ	B		eV	λ	B		eV
II 5305,86		8	6,16	I 5065,92	M	1,4	5,15
I 5304,19	M	1,4	5,80	I 5051,90	M	1,4	3,39
I 5300,74	M	7	3,32	I 5048,75	A	25	3,43
I 5298,29	M	55	5,23; 3,32	I 5021,91	A	25	3,40
I 5297,37	M	6	5,24	I 5013,31	M	5	5,18; 6,31
I 5296,69	M	28	3,32	I 4964,92	M	3	3,44
I 5287,19	M	0,8	5,78	I 4954,81	M	9	5,62
I 5280,29	M	1,6	5,72	I 4944,57	A	22	6,36
II 5279,88		10	6,42	I 4942,49	M	6	3,44
I 5278,25	A	40	6,81	I 4936,34	M	9	5,62
I 5276,07	M	6	5,24	I 4930,18	A	30	6,36
I 5275,71	M	3,0	5,24	I 4922,28	M	22	5,62
I 5275,21	M	8	5,24; 5,72	I 4920,95	A	50	5,62
II 5274,99		15	6,42	I 4905,05	A	20	7,14
I 5273,46	M	2,5	5,80	I 4903,25	M	3,0	5,07
I 5272,01	M	3,0	5,80	I 4894,37	A	25	8,05
I 5265,73	M	15	3,32	I 4888,53	M	1,6	5,06
I 5265,17	M	2,5	5,78	I 4887,01	M	11	5,62
I 5264,16	M	44	3,32	I 4885,97	M	1,6	5,62
I 5261,76	M	1,6	6,05	I 4885,77	M	3,0	5,08
I 5255,12	M	5	5,82	I 4884,95	A	25	5,08; 8,02
I 5254,92	M	5	5,77	I 4880,04	A	22	5,65
I 5247,58	M	2,4	3,32	II 4876,37		8	6,39
I 5243,38	M	2,5	5,75	I 4874,65	A	20	5,65
I 5240,47	A	50	6,80; 6,03	I 4870,79	M	12	5,62
I 5238,97	M	1,6	5,07	II 4864,31		12	6,41
II 5237,35		20	6,44	I 4861,84	M	6	5,09
I 5230,23	A	40	5,08	I 4861,19	M	1,4	5,09
I 5228,10	A	50	5,74	I 4857,31	A	18	5,26
I 5226,92	M	1,0	5,75; 5,08	I 4855,15	A	15	5,26
I 5225,83	A	50	5,08	II 4848,24		15	6,42
I 5225,05	A	75	5,80	I 4846,29	A	40	6,00; 6,11
I 5224,97	M	7	5,82	I 4836,85	M	1,2	5,66
I 5224,55	A	40	5,08; 5,74	I 4831,63	A	15	5,98
I 5221,76	M	2,5	5,74	I 4829,38	M	9	5,11
I 5220,92	A	40	5,76	II 4824,12		20	6,44
I 5208,42	M	900	3,32	I 4823,90	A	12	7,10
I 5206,02	M	700	3,32	I 4816,13	A	25	7,11
I 5204,51	M	440	3,32	I 4814,25	A	35	5,66
I 5200,20	M	3,0	5,76	I 4810,71	A	35	5,65
I 5196,45	M	7	5,83; 5,08	I 4806,25	A	25	5,28
I 5192,01	M	6	5,78	I 4804,64	A	15	5,28
I 5184,58	M	6	5,80	I 4801,02	M	10	5,70
I 5177,42	M	3,0	5,82	I 4797,69	A	15	6,13
I 5166,22	M	6	5,83	I 4796,15	A	40	6,78
I 5144,67	M	1,2	5,12	I 4792,50	M	8	5,69
I 5139,60	M	4	5,83	I 4790,32	A	20	5,13
I 5122,12	A	30	3,45	I 4789,32	M	16	5,13
I 5113,14	M	1,4	5,13	I 4783,06	A	10	6,77
I 5110,76	M	2,5	5,13	I 4775,12	A	10	6,14
I 5091,90	A	30	3,43	I 4774,55	A	8	5,60
I 5078,71	A	40	—	I 4770,68	A	4	5,61
I 5072,93	M	3,5	3,38	I 4767,86	M	2,5	6,15
I 5068,31	A	35	3,44	I 4766,63	M	1,8	5,61; 6,15
I 5067,73	M	3,5	5,15	I 4764,65	A	20	5,61

	λ	B		eV		λ	B		eV
I	4764,28	M	4	6,15	I	4621,92	M	7	6,53; 5,22
I	4761,24	A	10	5,72	I	4619,54	M	6	5,67
I	4757,31	A	15	6,85	II	4618,82		6	6,76
I	4756,09	M	28	5,71	I	4616,12	M	50	3,66
I	4755,14	A	18	5,61	I	4613,36	M	20	3,64
I	4754,73	A	20	5,69	I	4605,79	A	8	6,01
I	4752,07	M	6	6,79	I	4601,02	M	4	5,24
I	4745,31	M	1,6	5,32	I	4600,75	M	40	3,69
I	4743,12	A	12	6,82	I	4600,11	M	4	5,24
I	4737,33	M	12	5,70	I	4598,44	A	20	5,80; 7,23
I	4730,69	M	10	5,69	I	4595,60	M	6	6,88
I	4729,71	M	2,0	—	I	4592,55	A	15	7,15
I	4727,13	M	4	5,62	I	4591,40	M	30	3,66; 6,13
I	4724,40	M	4	5,71	II	4588,22		10	6,77
I	4723,10	M	4	5,70	I	4587,86	A	8	5,71
I	4718,43	M	20	5,82	I	4586,16	M	2,0	5,81
I	4717,67	A	10	5,74	I	4584,10	A	20	5,82
I	4708,02	M	16	5,80	I	4580,05	M	30	3,64
I	4706,09	A	25	5,74	I	4578,33	A	12	6,56
I	4700,60	M	3,0	5,34	I	4575,11	M	1,8	6,07
I	4699,59	A	25	6,85	I	4571,67	M	10	5,25
I	4698,61	A	50	5,73; 5,34	I	4569,63	M	8	5,83
I	4698,46	M	20	5,78	I	4565,51	M	10	3,69
I	4697,04	M	5	5,34	I	4564,17	M	1,6	7,49
I	4695,14	M	2,0	7,10; 5,62	II	4558,66	M	1,8	6,79
I	4693,94	M	5	5,62	I	4556,18	M	4	5,83
I	4689,38	M	6	5,76	I	4555,09	A	15	5,82
I	4686,20	A	15	—	I	4554,82	A	25	5,83
I	4684,60	A	12	5,72	I	4553,95	A	18	6,82
I	4680,86	M	1,6	5,74	I	4545,95	M	50	3,66
I	4680,54	M	3,5	5,75	I	4545,34	M	2	5,27
I	4669,34	M	4	5,82	I	4544,61	M	12	**5,27; 5,75**
I	4666,51	M	6	5,80; 6,21; 7,10	I	4543,73	A	20	5,71
I	4666,20	M	8	5,62	I	4542,64 }	M	2,0	6,83
I	4665,90	M	3,0	6,21	I	4542,64			5,81
I	4664,80	M	8	5,66; 5,78	I	4541,51	M	1,6	5,80
I	4663,83	M	6	5,66; 5,76	I	4541,07	M	3,0	5,27
I	4663,33	M	3,5	5,75	I	4540,72	M	20	5,83
I	4656,18	M	1,6	5,74	I	4540,50	M	20	5,27
I	4654,76	M	3,0	5,75	I	4539,79	M	3,5	5,27; 5,75
I	4652,16	M	70	3,66	I	4535,71 }	M	20	6,83
I	4651,29	M	48	3,64	I	4535,71			5,27
I	4649,45	M	3,0	6,23; 5,21	I	4535,14	M	4	5,27
I	4648,86	M	2,0	6,23; 5,21	I	4530,72	M	32	5,28
I	4648,12	M	2,0	5,21	I	4527,34	M	6	5,28
I	4646,80	M	2,0	5,76	I	4526,46	M	32	5,28; 5,75
I	4646,15	M	130	3,69	I	4526,09	M	2,0	6,11; 5,83
I	4637,77	M	4	5,21	I	4524,84	A	15	6,85
I	4637,17	M	3,5	5,65; 5,21	I	4521,14	M	2,0	6,84; 6,93
II	4634,10		5	6,75	I	4515,44	A	25	5,75
I	4633,27	A	30	5,80	I	4514,53	M	3,0	5,65
I	4632,17	M	2,0	5,78; 6,25	I	4511,90	M	8	5,83
I	4626,18	M	46	3,64	I	4506,84	M	2,0	6,94
I	4622,76	M	2,0	5,66	I	4501,10	M	4	6,31; 5,66
I	4622,47	M	6	6,23	I	4500,29	M	6	5,83

λ	B		eV	λ	B		eV
I 4498,73	M	4	5,67	I 4321,62	A	20	5,98
I 4496,85	M	55	3,69	I 4321,25	A	20	5,74
I 4492,31	M	5	7,38; 6,13	I 4320,61	A	30	5,76
I 4491,86	A	35	5,74	I 4319,66	M	3,0	5,75
I 4491,69	A	30	5,65	I 4312,48	A	15	5,98
I 4489,47	M	4	6,32; 5,47	I 4307,49	A	10	5,96
I 4488,06	M	3,5	5,76	I 4305,47	M	2,5	5,76
I 4482,88	M	2,5	6,13	I 4302,78	A	15	7,50
I 4477,05	A	35	5,47	I 4301,18	M	4	6,33
I 4475,36	A	50	5,47; 5,65; 6,87	I 4300,52	M	3,0	6,32
I 4473,78	A	40	7,30; 5,47	I 4299,72	A	20	5,78
I 4467,57	A	30	5,78	I 4297,75	M	6	6,74
I 4465,37	M	2,5	5,78	I 4297,06	A	20	5,59
I 4460,76	A	18	6,87; 5,48	I 4295,77	M	7	5,59; 6,00
I 4459,75	M	2,5	5,79	I 4293,58	A	25	5,80
I 4458,54	M	9	6,32; 5,79	I 4291,97	M	3,5	6,31
I 4432,16	M	4	5,66	I 4289,73	M	850	2,89
I 4428,52	M	2,0	5,81	I 4284,73	A	25	5,78; 5,90
I 4424,29	M	5	5,81	I 4280,42	M	7	6,75
I 4414,38	A	10	—	I 4277,80	A	2	6,75
I 4413,86	M	4	6,36	I 4275,98	A	7	6,78
I 4412,25	M	3,0	3,84	I 4274,81	M	1300	2,90
I 4411,10	M	5	5,82	I 4272,93	M	3,5	5,80
I 4410,31	M	2,0	5,82	I 4271,07	M	2,5	6,00
I 4407,70	A	2	5,82; 5,91	I 4269,96	A	20	5,98
I 4403,51	M	5	6,79	I 4268,79	A	10	6,88
I 4399,82	A	30	5,82	I 4266,81	A	8	5,90
I 4397,24	A	30	5,82	I 4263,15	M	9	6,76
I 4391,75	M	6	3,83	I 4262,37	A	12	5,98
I 4384,97	M	44	3,86	I 4262,13	A	22	6,01; 5,82
I 4381,11	M	4	5,53	I 4261,63	A	25	6,03
I 4377,55	A	30	5,74	I 4261,35	M	5	5,82
I 4376,80	A	25	7,29	I 4259,14	A	10	5,92
I 4375,34	M	6	5,81	I 4257,35	A	15	5,92
I 4374,17	M	9	5,83	I 4255,50	M	6	5,91
I 4373,25	M	6	3,82	I 4254,33	M	1700	2,91
I 4371,28	M	44	7,27; 3,84	I 4252,24	A	20	5,92
I 4363,13	M	6	5,80	I 4248,70	A	5	5,89; 6,03
I 4359,65	M	48	3,83	I 4248,34	A	12	5,92
I 4353,94	A	15	6,22	II 4242,36		10	6,79
I 4351,77	M	190	3,88	I 4240,71	M	5	5,90; 6,02
I 4351,05	M	32	3,82	I 4238,96	M	3,5	5,93
I 4347,49	A	8	5,84	I 4237,72	A	15	5,93
I 4346,83	M	6	5,83	I 4234,52	A	15	6,04
I 4345,08	A	15	6,22	I 4232,87	A	12	5,94; 6,01
I 4344,51	M	160	3,86	I 4232,22	A	15	7,14
I 4343,17	A	18	5,56	I 4230,49	A	35	5,94
I 4340,14	M	5	5,56	I 4226,75	A	40	7,14; 5,89
I 4339,74	M	32	3,82	I 4224,52	A	20	6,01
I 4339,45	M	95	3,84	I 4222,75	M	3,5	5,94
I 4338,80	A	15	6,23	I 4221,58	M	3,5	6,79; 6,01
I 4338,40	A	12	—	I 4217,65	M	7	5,94
I 4337,57	M	65	3,83	I 4216,39	M	3,5	5,95
I 4332,57	A	15	5,98	I 4213,18	A	12	6,01
I 4325,07	M	5	5,83	I 4212,65	A	15	5,95

λ	B		eV	λ	B		eV
I 4211,34	M	3,5	6,02; 5,95	I 4109,58	M	3,5	5,72
I 4209,76	M	3,5	6,04	I 4108,40	A	25	5,72
I 4209,37	M	9	6,79	I 4104,86	M	3,5	5,98; 5,55
I 4208,36	M	3,0	6,80	I 4101,16	A	35	5,98
I 4206,91	A	40	7,56	I 4099,02	A	30	6,00
I 4204,48	M	3,5	6,93	I 4098,02	A	8	5,91
I 4204,20	A	30	5,49	I 4097,89	A	20	5,91; 6,15
I 4203,59	M	5	5,49	I 4097,69	A	2	5,91
I 4200,10	A	35	6,02	I 4092,18	A	30	6,11; 7,57
I 4198,54	M	7	6,93; 6,80	I 4090,30	A	30	5,74
I 4197,24	M	3,5	6,80	I 4085,03	A	25	6,15
I 4194,96	M	6	6,81	I 4081,74	A	35	5,74
I 4193,66	M	7	6,81	I 4080,23	A	40	5,75
I 4192,11	M	3,0	6,94	I 4077,68	M	3,5	7,14
I 4191,75	A	30	5,50	I 4077,09	M	3,5	5,74
I 4191,27	M	7	5,50	I 4076,07	M	3,5	7,14; 6,13
I 4190,16	M	3,0	5,82	I 4074,86	M	3,0	7,50
I 4186,36	M	2,5	6,81	I 4066,93	M	7	5,75; 6,15
I 4185,35	A	1	5,94	I 4065,73	M	3,5	7,15; 5,59
I 4184,90	M	3,0	6,04	I 4058,78	M	10	6,90
I 4179,97	A	30	7,58	I 4056,05	A	50	7,50
I 4179,27	M	14	6,07; 6,81	I 4051,32	A	50	—
I 4177,84	A	50	6,84	I 4050,03	A	30	5,60
I 4175,96	M	2,5	5,96	I 4049,78	A	40	6,91; 6,14
I 4175,23	A	35	6,82	I 4048,78	M	13	6,91
I 4174,81	M	14	—	I 4046,76	A	35	5,60
I 4172,78	M	3,5	6,94; 7,59	I 4043,68	A	50	7,52; 6,15
I 4171,68	A	40	6,82	I 4042,25	A	40	5,61
I 4170,21	M	3,0	7,07	I 4041,79	A	22	5,61
I 4169,84	M	3,5	7,08	I 4039,10	M	16	6,92
I 4165,52	M	6	7,42	I 4037,29	A	50	5,61
I 4163,63	M	12	5,52	I 4033,97	A	10	5,61
I 4161,43	M	7	6,35; 7,43	I 4033,27	A	25	5,61; 6,15
I 4153,81	M	10	5,52	I 4031,13	A	25	6,96
I 4153,07	A	30	5,52	I 4030,69	M	7	6,95
I 4152,78	M	2,5	6,83	I 4028,04	A	10	7,28; 6,14; 5,98
I 4146,70	A	45	5,95	I 4027,10	M	7	5,62
I 4146,47	A	20	6,36; 5,98	I 4026,17	M	10	5,62
I 4146,20	A	40	6,83	I 4025,01	M	6	5,62
I 4142,19	A	45	7,44	I 4024,56	A	20	5,78
I 4134,39	A	35	7,09	I 4023,74	A	40	6,97
I 4131,36	M	3,5	6,85	I 4022,27	M	7	6,97
I 4129,20	A	50	5,91; 6,01	I 4018,22	A	35	5,78
I 4127,64	M	3,5	5,71	I 4014,67	M	2,5	6,98
I 4127,30	M	3,0	7,10; 5,54	I, II 4012,48	M	10	6,98; 8,75
I 4126,92	A	30	5,71; 7,78	I 4003,92	M	2	6,99; 7,62
I 4126,51	M	12	5,54	I 4001,44	M	13	6,99
I 4123,39	M	3,5	6,00	I 3999,68	A	2	—
I 4122,16	M	3,0	5,71	I 3998,86	A	2	7,54
I 4121,82	M	3,5	5,98	I 3993,97	M	3,5	5,81
I 4121,26	A	30	—	I 3992,10	A	18	5,65
I 4120,62	M	3,5	5,71	I 3991,68	M	13	5,65
I 4111,60	A	4	5,91	I 3991,12	M	80	5,65
I 4111,33	A	4	5,91	I 3989,98	M	13	7,00
I 4110,95	A	15	5,91; 7,55; 5,97	I 3984,34	M	16	5,65

λ	B		eV	λ	B		eV
I 3983,90	M	80	5,65	I 3855,30	M	9	5,92
I 3983,24	A	25	6,56; 7,56	I 3854,80	A	50	7,11
I 3981,24	M	7	5,82	I 3854,23	M	16	5,92
I 3979,80	M	3,5	5,82	I 3853,19	A	3	5,92
I 3978,68	M	7	5,82	I 3852,22	M	12	4,19
I 3976,67	M	130	5,66	I 3850,03	M	24	5,92
I 3972,69	A	50	5,82	I 3849,54	A	100	4,20
I 3971,27	M	7	5,82	I 3849,35	M	12	6,21; 7,11
I 3969,75	M	130	5,66	I 3848,98	M	16	5,92
I 3969,06	M	10	5,66	I 3841,28	M	32	5,93; 6,64
I 3963,69	M	160	5,67	I 3836,08	A	60	5,94
I 3960,77	A	25	5,83	I 3834,74	A	75	5,94
I 3953,17	M	3,0	6,14	I 3831,03	A	35	4,24
I 3952,40	M	3,5	6,14	I 3830,03	M	11	6,68
I 3951,77	A	20	7,58; 6,14	I 3826,43	M	11	5,94
I 3951,09	M	2,5	6,14	I 3825,40	A	75	5,94
I 3948,86	A	35	6,15	I 3823,52	M	6	4,20
I 3945,97	A	45	6,15	I 3819,57	M	15	5,95
I 3945,50	A	40	6,15	I 3818,47	M	6	5,79
I 3941,50	M	34	4,18	I 3817,85	A	40	5,79
I 3941,16	A	22	6,15; 6,57	I 3816,19	A	60	5,79
I 3938,35	A	25	6,79; 6,13; 6,84	I 3815,44	M	15	5,95
I 3929,66	A	20	6,57; 6,62	I 3814,63	A	50	6,67
I 3928,65	M	50	4,16	I 3812,26	A	65	6,69; 6,37
I 3926,66	M	2,5	7,70	I 3807,92	M	9	6,26
I 3921,03	M	50	4,15	I 3806,83	M	9	6,71
I 3919,16	M	160	6,17; 4,19	I 3804,80	M	44	6,26
I 3917,61	M	3,0	6,17; 6,04	II 3801,20		2	9,55
I 3916,99	A	35	6,17	I 3797,71	M	17	6,27
I 3916,25	M	16	4,14	I 3797,14	M	12	6,27
I 3915,85	M	10	6,17	I 3794,61	M	7	6,27
I 3912,01	M	10	6,62; 7,57	I 3793,87	M	11	6,27
I 3908,76	M	80	4,18	I 3793,29	M	10	6,27; 5,83
I 3907,78	A	30	7,02	I 3792,14	M	11	6,27
I 3903,17	M	5	4,15	I 3791,38	M	11	6,27
I 3902,91	M	30	4,16	I 3790,46	M	8	6,27; 6,71; 7,39
I 3902,00	A	75	—	I 3790,23	A	35	6,27
I 3897,66	M	3,5	—	I 3789,72	A	40	4,24
I 3894,04	M	22	4,15	I 3788,86	M	8	6,27
I 3891,93	M	5	6,15	I 3786,22	A	40	5,98
I 3886,80	M	32	4,19	I 3768,73	M	8	5,83
I 3885,24	M	48	4,16	I 3768,08	A	50	5,83
I 3883,66	M	4	7,10; 6,19	I 3768,24	M	22	5,83
I 3883,29	M	55	7,10; 4,18; 6,62	I 3767,43	M	2,0	5,83
I 3881,86	A	25	7,05; 6,20	I 3758,04	M	5	5,84
I 3881,23	A	50	6,20	I 3757,66	M	24	5,84
I 3879,23	A	50	6,65; 6,20	I 3757,17	M	5	5,84
I 3875,23	A	50	7,58	I 3749,00	M	36	5,85
I 3874,55	M	6	6,21; 6,65; 7,09	I 3748,61	M	6	5,85
I 3870,24	A	50	7,10; 4,15	I 3744,49	M	9	5,85
I 3862,54	A	30	6,33	I 3743,89	M	60	5,85
I 3858,89	A	50	6,22	I 3743,57	M	50	5,85
I 3857,63	M	22	6,60; 5,92	I 3742,97	M	10	5,85
I 3856,28	A	60	5,92	I 3732,03	M	16	3,32
I 3855,58	M	12	5,92; 6,22	I 3730,81	M	14	3,32

λ		B	eV	λ		B	eV
I	3716,52	M 4	7,23; 7,80	I	3510,53	M 10	6,53
II	3712,95	M 8	6,04	I	3503,38	A 1	6,52
I	3686,82	M 14	5,90	I	3502,30	A 12	—
I	3685,57	M 13	5,91	I	3494,96	M 7	6,53
I	3679,81	M 4	5,91	I	3488,45	A 18	6,52
I	3679,07	A 20	5,91	I	3486,47	A 12	—
II	3677,86	M 6	6,07	I	3481,54	M 7	6,56
II	3677,67	M 4	6,08	I	3480,27	A 10	6,57
I	3676,32	M 7	7,21; 6,35	I	3479,34	A 2	—
I	3666,63	M 10	7,48; 5,92	I	3479,12	A 12	6,57
I	3665,98	M 6	5,92	I	3478,76	A 15	6,58
I	3663,21	M 16	5,92	I	3477,16	A 15	6,58; 7,41
I	3662,84	M 6	5,92	I	3474,87	A 10	6,58
I	3656,26	M 28	5,93	I	3474,37	A 12	—
I	3653,92	M 22	5,93	I	3473,61	M 5	6,27
II	3650,37	8	8,38	I	3472,90	M 3	6,54
I	3648,99	A 75	5,94	I	3472,76	M 2	6,27; 6,57
I	3648,53	M 11	5,94	II	3472,06	5	8,48
I	3641,84	M 28	5,94	I	3471,49	A 10	6,27
I	3641,47	M 9	5,94	I	3470,53	A 12	6,27
I	3640,38	M 11	5,94	I	3470,40	A 15	6,28
I	3639,80	M 80	5,94	I	3469,59	M 6	6,59; 6,27
I	3636,59	M 44	5,95	I	3468,74	A 12	—
I	3635,28	A 30	3,40	I	3467,71	M 9	6,56
I	3635,00	A 20	7,51	I	3467,01	M 5	7,42; 6,59
I	3632,83	M 17	5,95	I	3465,57	A 12	6,11
II	3631,70	8	6,12	I	3465,25	M 8	6,11; 8,20
II	3631,49	10	6,12	I	3464,82	A 10	6,11
I	3626,34	A 10	—	I	3460,43	M 13	6,59; 7,68
I	3619,46	A 30	7,62; 5,96	I	3458,09	A 18	7,43
I	3615,65	M 11	3,42	II	3457,61	6	8,52
I	3612,61	M 9	7,28	I	3455,61	M 16	6,13
I	3610,04	M 5	5,97	I	3455,27	A 20	6,13
I	3609,48	M 5	5,97	II	3454,97	7	8,52
I	3605,32	M 1600	3,43	I	3453,74	M 5	6,13
II	3603,78	8	6,15	I	3453,33	M 24	6,13
I	3601,66	M 44	6,14	II	3450,84	1	7,88
I	3599,40	A 30	6,36	I	3447,76	M 9	6,13
I	3593,48	M 2100	3,44	I	3447,43	M 22	6,13
II	3585,53	8	6,16	I	3447,01	M 4	6,13
II	3585,30	12	6,16	I	3445,60	M 22	6,14
I	3582,61	A 25	4,49	I	3443,78	M 4	6,57
I	3578,68	M 2400	3,46	I	3441,45	M 18	6,14
I	3574,04	M 10	7,91; 6,17	I	3441,11	M 9	6,14
I	3573,64	M 16	6,17	I	3439,36	A 8	—
I	3572,74	A 30	6,17	I	3436,19	M 20	6,15
I	3566,11	M 16	6,62; 7,67	I	3435,82	A 15	6,15
I	3564,71	A 18	—	I	3435,68	A 18	6,15
I	3562,28	A 8	7,93	I	3434,11	M 7	6,15
I	3558,57	M 10	6,62	I	3433,59	M 34	6,15
I	3556,13	A 9	6,02	II	3433,29	M 18	6,04
I	3555,78	A 10	6,02	I	3432,31	A 12	6,15
I	3550,63	M 15	6,68	I	3432,00	A 15	6,15
I	3527,09	A 10	7,49	I	3431,28	A 20	6,15
II	3511,83	M 5	6,01	I	3427,65	A 5	—

λ	B		eV	λ	B		eV
I 3425,98	A	12	6,71	I 3346,71	M	12	6,69
II 3422,73	M	34	6,07	I 3346,01	M	12	6,71
II 3421,19	M	26	6,04	I 3345,14	A	9	7,15
I 3411,02	A	10	—	I 3344,51	A	10	6,80
I 3409,37	A	6	—	I 3343,75	A	5	6,61
II 3408,76	M	45	6,11	I 3343,34	M	4	6,79
I 3408,01	A	6	—	II 3342,57	M	14	6,16
I 3407,23	A	8	6,65	I 3341,45	A	7	7,08
I 3403,60	A	18	7,49	II 3339,81	M	16	6,14
II 3403,30	M	22	6,75; 6,07	II 3336,33	M	12	6,13
II 3402,43	M	4	6,75	II 3335,27		8	8,12
II 3399,54		4	8,14	I 3334,68	A	10	6,61
II 3395,62		5	8,12	I 3333,61	A	12	6,62
II 3394,32	M	7	6,75	I 3332,88	A	25	6,83
II 3393,85	M	9	6,76	I 3330,60	A	7	6,81
II 3393,00		7	6,78	I 3329,06	M	4	6,85
II 3391,41	M	12	6,07	II 3328,34	M	4	6,14
I 3390,77	A	18	7,21	II 3326,59	M	3,5	6,82
I 3388,71	A	20	6,19	II 3324,34		10	8,14
I 3386,51	A	12	7,22	II 3324,03	M	7	6,16; 8,50
I 3385,31	A	15	7,21	I 3323,27	A	7	6,83
I 3384,65	A	18	6,20	I 3321,19	A	8	6,85
I 3384,24	A	10	6,20; 7,54	I 3318,10	A	5	6,65
II 3382,68	M	18	6,11	I 3316,50	A	25	7,58
I 3382,07	A	7	7,02; 6,79	II 3314,57		7	8,66
II 3379,84	M	12	6,77	II 3312,18		8	7,88
II 3379,39	M	4	6,77	II 3311,91		8	7,89
I 3379,17	M	4	3,66; 6,20	II 3310,65		7	8,52; 8,72
II 3378,36	M	7	6,77	I 3309,83	A	15	6,83; 6,75
I 3376,40	M	4	7,52	I 3307,75	A	30	6,46; 6,86
I 3376,13	A	4	—	II 3307,02	M	3,0	7,91
I 3374,93	A	10	6,79	I 3305,23	A	5	6,86; 8,23
I 3374,58	A	12	—	I 3304,39	A	1	6,76
I 3370,22	A	8	7,57; 6,69	I 3302,87	A	18	6,83
II 3368,04	M	55	6,16	I 3302,19	A	5	6,87
I 3367,54	A	10	6,22	I 3298,31	A	20	6,85
I 3365,52	A	10	6,79	II 3295,42	M	4	7,93
I 3362,70	A	10	6,70; 6,22	I 3293,83	A	10	7,21
I 3362,22	M	7	6,70; 6,22	II 3291,75		8	8,06
II 3361,77	M	8	6,79	I 3290,95	A	1	—
II 3360,30	M	20	6,79	II 3286,34		1	9,11
I 3360,15	A	6	6,81	I 3271,93	A	4	6,87
I 3359,18	A	6	6,79	I 3270,71	A	8	7,21
II 3358,49	M	22	6,14	II 3270,13		8	8,10
II 3357,39		8	8,10	I 3266,63	A	15	4,82
I 3356,76	A	1	—	II 3264,26		7	8,09
I 3356,38	A	3	6,61	I 3259,98	M	12	6,80
I 3353,63	A	7	—	II 3258,77		6	9,29; 8,78
II 3353,12		4	6,17	I 3257,83	M	16	6,81
I 3353,02	M	7	7,54	I 3254,94	A	2	—
I 3351,97	M	7	3,69	I 3253,27	A	10	6,80; 6,34
I 3351,60	M	4	6,80	I 3251,84	M	16	6,79
I, II 3349,34	M	7	6,81; 6,15	I 3251,58	A	18	—
I 3349,07	M	8	6,71	I 3247,26	A	15	4,78
II 3347,83	M	12	6,13	I 3245,52	A	35	6,79; 4,80

λ	B		eV	λ	B		eV
I 3244,12	A	20	4,82	I 3095,85	M	3,5	6,71
I 3240,95	A	18	4,78	II 3093,47		8	8,78
II 3238,76		10	8,14	I 3077,83	M	7	7,14
I 3238,50	A	10	6,93	I 3073,68	M	11	7,15
I 3238,09	A	20	6,81	II 3067,18	M	3,5	6,75
I 3237,73	M	8	6,80; 6,37	I 3065,07	M	11	7,14
II 3234,06	M	3,5	8,12	I 3061,64	A	15	6,59
I 3233,24	A	18	4,80	II 3059,53	M	3,0	6,76
I 3229,21	M	4	7,29	I 3053,87	M	90	5,09
I 3226,56	A	15	4,82	I 3052,22	A	18	7,14
I 3218,70	A	7	6,84	II 3050,14	M	14	8,37
II 3217,44	M	18	6,40	I 3049,88	A	8	5,09
II 3216,55		4	8,26	I 3047,45	A	15	7,15
I 3211,32	A	20	7,28	II 3043,90		4	8,14
II 3209,21	M	22	6,41	II 3042,79		5	8,14
II 3208,62	M	4	6,41	II 3041,73	M	7	8,48
II 3201,26		5	8,61	I 3040,84	M	70	5,08
I 3198,12	M	3,0	6,86	I 3039,77	M	10	7,08
II 3197,12	M	28	6,42	I 3037,05	M	70	5,11
I 3192,12	A	15	4,82	I 3034,19	M	50	5,09
I 3188,02	M	8	6,88	II 3032,94	M	3,5	6,79
II 3183,33		8	8,30	I 3031,35	M	18	5,07
II 3180,73	M	3,0	6,44	I 3030,25	M	90	5,09
I 3179,28	A	10	6,81	I 3029,16	M	22	5,07
II 3172,08		8	8,28	II 3028,12		15	8,50
I 3169,58	A	8	6,44; 6,91	II 3026,64	M	11	8,52
II 3169,20		5	8,68	I 3024,36	M	140	5,08
I 3163,76	M	13	6,92	I 3021,58	M	360	5,13
II 3162,46		2	7,99	I 3020,67	M	55	5,07
I 3159,58	A	20	6,84	I 3018,83	M	30	5,09; 7,55
I 3155,16	M	13	6,91	I 3018,49	M	55	5,07
II 3152,21		8	8,31	I 3017,59	M	360	5,11
II 3150,11		4	8,09	II 3015,51		10	8,52
I 3148,44	M	11	6,90	I 3015,20	M	90	5,07
II 3147,22	M	18	8,10; 6,42	I 3014,93	M	180	5,09
I 3145,62	A	10	7,78	I 3014,76	M	90	5,08
I 3144,39	A	12	6,65; 6,81	I 3013,72	M	90	5,08
II 3136,68	M	18	6,41	I 3013,03	M	18	5,07
II 3134,33		5	8,36	I 3005,06	M	85	5,15
I 3132,82	A	18	7,08	II 3003,92		7	7,99
II 3132,05	M	75	6,44	I 3000,88	M	120	5,13
I 3131,21	A	20	7,07	I 2998,78	M	24	5,07
II 3128,69	M	15	6,40	I 2996,57	M	80	5,12
II 3125,02		12	8,26	I 2995,09	M	34	5,08
II 3124,94	M	60	6,42	I 2994,06	M	26	5,08
II 3122,59	M	3,5	8,14	I 2991,88	M	55	5,11
II 3120,36	M	55	6,41	II 2989,18	M	18	7,89
I 3119,70	M	5	7,06	I 2988,64	M	75	5,09
II 3118,64	M	30	6,40	I 2986,47	M	240	5,18
I 3110,87	M	3,5	7,07	I 2986,01	M	170	5,15
I 3109,34	M	3,5	7,06	I 2985,85	M	55	5,13
II 3107,57		10	8,76	II 2985,32	M	13	7,90
II 3103,47		6	8,29	I 2980,78	M	40	5,12
I 3096,52	A	10	6,71	II 2979,73	M	22	7,92
II 3096,11		7	8,78	I 2975,48	M	55	5,13

λ		B	eV	λ		B	eV
II	2971,90	M 24	7,94	II	2862,57	M 90	5,86
I	2971,10	M 55	5,15	II	2860,92	M 50	5,82
I	2967,64	M 55	5,18	II	2858,91	M 70	5,89
II	2966,03	M 5	8,05	II	2857,40	M 8	6,79
II	2961,72	M 6	8,36; 7,95	II	2856,77	M 10	6,77
II	2953,70	M 7	8,49	II	2855,67	M 100	5,84
II	2953,34	M 6	7,92	II	2855,05	M 6	8,42; 8,76
II	2946,81	M 7	8,52	II	2853,22	M 6	8,10; 9,67
II	2935,12	M 10	8,05	II	2851,35	M 14	8,09
I	2934,45	A 8	—	II	2849,83	M 140	5,86
II	2930,85	M 4	7,94	I, II	2849,29	M 5	7,80; 8,10
II	2928,32	M 11	8,09; 9,01	I	2846,02	M 2,5	7,80
II	2928,12	M 9	7,99	II	2843,24	M 190	5,90
II	2927,09	M 7	9,02	II	2840,01	M 13	8,12
II	2923,67	8	9,23	II	2838,78	M 6	9,11
II	2921,81	M 7	8,11	II	2835,63	M 280	5,93
I	2913,72	M 7	7,38; 5,23	II	2834,24	M 8	8,67
I	2911,15	M 28	5,29	II	2832,45	12	8,69
I	2910,89	M 30	5,27	II	2830,60	12	8,15
II	2910,67	6	8,42; 8,67	II	2830,46	M 20	8,14
I	2909,05	M 30	5,25	I	2826,74	M 2,5	7,84
I	2905,48	M 20	5,24	II	2822,38	M 20	8,16
I	2904,67	M 6	7,37	II	2822,01	M 5	8,54
I	2899,20	M 9	5,25	I	2820,82	A 15	7,84
II	2898,53	M 10	8,15	II	2818,36	M 7	8,56
I	2896,76	M 24	5,27	I	2814,52	A 10	7,83
II	2896,45	M 6	9,26; 8,35	II	2812,00	M 9	8,58; 9,20
I	2894,17	M 22	5,25	II	2800,77	M 8	8,61
I	2893,25	M 42	5,29	I	2795,82	A 12	7,44
I	2891,42	M 6	7,30	II	2792,16	M 10	8,62
I	2890,16	A 12	7,38	II	2789,39	8	10,72; 9,39
I	2889,29	M 80	5,33	II	2787,61	M 4	8,27
II	2888,73	M 6	8,79	II	2785,69	M 8	8,62
I	2887,00	M 19	5,27	II	2782,36	8	8,60
II	2881,91	9	8,60	I	2780,70	M 10	5,49
II	2881,86	11	9,97	II	2780,30	M 9	8,62; 9,22
I	2881,14	M 3,5	7,29	I	2779,13	M 2,5	7,58
II	2880,86	M 11	6,76	II	2778,06	M 5	9,40
I	2879,27	M 14	5,29	I	2777,66	A 10	7,46
II	2878,45	M 8	5,86	I	2775,67	A 12	7,57
II	2877,97	M 20	5,84	II	2774,44	10	9,40
II	2876,30	8	9,29	I	2769,91	M 28	5,48
II	2876,24	M 26	5,81	II	2768,59	1	9,24
II	2875,97	M 36	6,79	I	2767,53	M 2,5	7,57
II	2873,81	M 10	6,75	II	2766,55	M 85	6,03
II	2873,46	M 18	5,81; 9,65	I	2764,35	M 9	5,49
I	2873,18	A 12	7,29	I	2763,09	M 2,5	7,58; 7,94
I	2871,63	M 12	5,33	II	2762,58	M 85	6,02
II	2871,45	4	9,64	I	2761,74	M 10	5,48
II	2870,43	M 24	6,77	II	2759,40	M 9	8,36
II	2867,65	M 55	5,80	II	2758,99	M 7	9,24
II	2867,09	M 10	6,76	II	2757,72	M 40	6,00
II	2866,72	M 70	5,82	I	2757,09	M 17	5,48
II	2865,87	10	9,26	II	2756,30	8	8,36
II	2865,10	M 85	5,84	I	2755,29	M 2,5	5,53

λ	B		eV	λ	B		eV
II 2754,28	M	4	8,36	II 2658,91		8	8,67
I 2752,85	M	12	5,48	II 2658,59	M	28	6,14
II 2751,85	M	32	6,03	II 2653,57	M	28	6,16
I 2751,58	M	5	5,49	I 2642,12	M	4	7,70
II 2750,72	M	44	6,02	I 2639,42	A	7	7,61
II 2748,98	M	38	6,00	II 2630,93		10	8,47
I 2748,28	M	12	5,48	II 2623,20		8	10,90
II 2746,21	M	4	9,26; 8,22	I 2622,87	M	4	5,76
II 2744,97		8	8,27	II 2620,48		10	10,76
II 2743,63	M	28	6,00	II 2619,59		15	10,91
I 2742,17	M	11	7,53	II 2616,18		10	—
II 2742,02	M	11	6,02	II 2614,57		10	—
I 2741,07	M	11	7,51	II 2610,81		10	10,76
II 2740,09	M	8	6,03	II 2610,70		8	10,75
I 2739,39	M	8	7,50	II 2607,90		10	8,49
I 2736,46	M	19	5,48	I 2603,56	M	4	5,80
I 2731,90	M	32	5,48	II 2596,17		8	9,19
II 2727,25	M	5	8,42	I 2591,84	M	98	5,82
I 2726,50	M	48	5,49	II 2590,72		15	8,52
II 2724,04	M	20	8,41	II 2584,10		10	8,53
II 2723,64		12	8,31	II 2578,31		8	8,55
II 2722,74	M	19	6,05	I 2577,66	M	10	5,82
II 2720,25		8	8,41	II 2573,54		10	9,23
II 2720,06		10	8,41	I, II 2571,74	M	15	5,83; 8,57
II 2718,43	M	5	8,47	II 2563,58		10	8,60
II 2718,32		8	8,41	II 2563,35		8	9,26
I 2716,18	M	5	5,60	I 2560,69	M	13	5,82
II 2712,30	M	16	6,08	II 2559,71		10	10,87; 11,25
II 2710,92		13	9,57	I 2557,14	M	8	5,83
I 2710,19	A	25	7,77	II 2555,47		15	—
II 2709,31	M	4	8,72	I 2553,06	M	4	5,83
II 2708,78	M	7	8,73	II 2551,58		10	8,73
II 2703,56		15	8,36	I 2549,55	M	16	5,83
I 2703,48	M	8	5,63	II 2548,58		8	8,73
I 2701,99	M	13	7,70; 5,63	I 2541,36	A	20	5,91; 5,85
I 2700,59	M	20	5,60	II 2538,31		20	10,81
II 2698,40	M	20	6,12	I 2530,44	M	4	5,93
I 2696,53	A	20	5,54	II 2530,20		30	10,75; 8,76
II 2693,53	M	4	8,35	II 2529,90		15	10,78
II 2691,03	M	32	6,16; 8,37	I 2528,25	A	10	5,91
I 2690,25	M	3,0	5,63	I 2528,02	A	15	5,91
I 2688,04	M	7	5,63	II 2523,24		30	10,77
II 2687,09	M	26	6,12	II 2520,65		8	8,79
II 2678,79	M	36	6,12	I 2519,51	M	40	5,95
II 2677,19		25	6,18	II 2518,29		20	10,75
II 2677,16	M	200	6,18	I 2516,92	M	11	5,93
II 2677,13		20	6,15	II 2516,57		8	—
II 2672,83	M	32	6,16	II 2515,06		11	10,74
II 2671,80	M	40	6,15	II 2513,66		10	10,73
II 2668,71	M	32	6,13	I 2513,62	M	4	5,94
II 2666,02	M	50	6,15	I 2511,96	A	15	7,94
II 2663,67	M	8	6,13	I 2508,97	M	6	5,93
II 2663,42	M	36	6,18	I 2508,11	M	5	5,93
II 2661,73	M	8	6,16	I 2504,31	M	19	5,96
II 2661,22		10	11,10	I 2502,55	M	11	5,96

λ	B		eV		λ	B		eV
I	2499,84	A 15	5,95	III	2237,59		15	12,66
II	2498,80	8	8,73	III	2235,91		20	11,76
II	2496,81	8	13,07	III	2233,81		10	12,62
I	2496,30	M 17	5,95	III	2231,81		10	12,58
I	2495,08	A 20	5,94	III	2226,72		20	11,83
II	2492,62	8	9,39	III	2203,22		10	13,50
I	2492,57	A 30	5,95	III	2198,62		10	14,53
I	2491,35	A 20	5,94	III	2197,89		10	13,82
II	2489,28	10	8,72	III	2191,58		10	13,85
II	2483,79	8	8,73	III	2190,76		10	13,88
II	2483,74	8	10,91	III	2185,01		10	13,85; 14,57
I	2479,14	A 15	5,99	III	2170,70		10	14,63
I	2474,08	A 15	5,98	III	2157,17		10	13,94
II	2416,40	8	9,56	III	2144,15		8	12,00
I	2408,72	A 35	6,15	III	2141,15		10	12,05
I	2408,60	M 9	6,18	III	2139,11		8	13,67
I	2399,56	A 20	6,15	II	2135,42		10	8,35
I	2399,02	A 20	6,15	II	2135,34		10	8,35
II	2397,75	8	8,27	II	2134,62		15	8,35
I	2396,36	A 30	6,18	II	2134,52		20	8,35
I	2395,77	A 8	6,15	II	2134,20		8	8,35
II	2393,99	10	9,20	II	2133,49		20	8,35
I	2392,86	A 25	6,15	II	2132,93		8	8,35
I	2392,34	A 10	6,15	II	2132,62		8	8,35
I	2389,43	A 10	6,15	II	2130,22		10	9,56; 8,36; 8,27
I	2386,77	A 7	6,18	II	2129,89		10	8,36; 9,56
I	2386,18	A 10	6,18	III	2117,53		10	12,11
I	2385,72	A 7	6,23	III	2114,87		10	12,08
I	2383,30	M 13	6,23	III	2113,83		10	12,05
II	2381,48	10	7,91	III	2113,73		10	12,02
I	2375,41	A 40	—	II	2065,46	M 900		6,00
I	2373,69	A 50	6,23	II	2061,54	M 1400		6,02
I	2372,88	A 20	6,21	II	2055,59	M 1900		6,03
I	2370,37	A 35	6,22	III	2047,23		8	14,97
I	2368,46	A 3	6,20	I	2039,30	A 35		7,12
I	2367,86	A 10	6,18	II	2013,65		8	6,15
II	2366,81	1	7,95	I	1999,95[1]	A 35		7,23
I	2366,81	A 100	5,24	IV	1862,99		10	19,60
I	2366,31	A 50	6,21	IV	1840,10		10	19,79
I	2365,91	A 125	5,25	III	1707,43		8	19,10
I	2364,73	M 8	5,25	III	1211,12		8	12,39
I	2362,19	A 15	6,28	III	1209,13		8	12,42
II	2345,35	5	8,00	III	1036,03		10	12,05
III	2324,89	5	12,46	III	1033,69		10	12,05; 12,02
II	2319,38	10	8,05	III	1001,04		4	14,98
II	2314,71	8	7,90	IV	693,93		10	20,52
II	2297,17	10	7,94	IV	667,31		8	20,46
II	2258,09	8	9,22	IV	666,5		10	20,52
II	2257,96	10	9,22; 7,91	IV	637,54		5	22,07
II	2257,76	9	9,22	IV	630,28		8	19,72
II	2256,01	10	9,23; 8,60	IV	629,73		5	19,77
II	2248,56	8	8,62	IV	628,97		10	19,84
II	2248,30	10	8,62	IV	620,65		10	20,11
III	2244,10	15	11,71					
II	2243,62	10	9,26					

[1] Wavelength given for air.

λ	B	eV	λ	B	eV

55 Cs

λ	B	eV	λ	B	eV
I 68070	15	3,20	I 6217,60	M 0,8	3,44
I 39398	30	3,35	I 6213,10	M 12	3,44
I 36128	20	1,80	I 6193,66	—	3,80
I 34900	25	1,81	I 6187,54	—	3,81
I 30952	22	2,70	I 6153,24	—	3,82
I 30102	30	1,80	I 6150,38	—	3,81
I 24248	80	3,23	II 6128,62	E 8	16,00
I 23340	50	3,23	I 6116,52	—	3,82
I 23032	15	3,34	I 6034,09	M 1,4	3,52
I 14694,93	100	2,30	I 6010,49	M 8	3,44
I 13588,31	290	2,30	II 5925,65	E 10	16,00
I 10123,60		3,03	I 5845,14	H 15	3,58
I 10024,36		3,03	I 5838,84	—	3,51
I 9208,54	H 100	2,78	II 5831,16	E 10	15,88
I 9172,33	H 500	2,78	II 5814,18	E 6	16,11
I 8943,59 }	M 800	1,39	I 5745,72	—	3,61
I 8943,35			I 5664,02	H 7	3,58
I 8761,41	M 55	2,78	I 5636,67	—	3,65
I 8521,24 }	M 1500	1,46	I 5635,21	H 5	3,65
I 8521,03			I 5573,67	—	3,68
I 8079,02	M 8	3,32	I 5568,41	—	3,61
I 8015,72	M 6	3,32	II 5563,02	E 14	16,21
I 7990,68	H 50	3,35	I 5503,85	—	3,71
I 7943,88	H 400	3,01	I 5502,88	—	3,71
I 7608,90	M 4	3,01	I 5465,94	H 3	3,65
I 7279,96	H 18	3,51	I 5461,92	—	3,72
I 7228,53	H 250	3,51	II 5419,69	E 10	18,49
I 6983,49	M 3,5	3,23	I 5414,28	—	3,74
I 6973,29	M 20	3,23	I 5413,61	—	3,74
II 6955,52	E 8	15,88	I 5406,67	—	3,68
I 6895,07	—	1,80	5402,79	H 20	—
I 6894,92	—	1,80	II 5370,97	E 12	15,68
I 6870,45	H 20	3,61	II 5358,53	E 20	20,23
I 6848,97	—	1,81	I 5350,35	—	3,77
I 6848,82	—	1,81	II 5349,10	E 6	17,55
I 6824,65	H 8	3,61	I 5340,94	—	3,71
I 6723,28	M 20	3,23	II 5306,61	E 6	18,55
I 6628,65	H 18	3,68	I 5303,78	—	3,79
I 6586,51	M 3,0	3,34	I 5301,40	—	3,72
I 6586,02	H 18	3,68	II 5274,04	E 8	15,68
II 6536,44	E 6	15,88	I 5256,56	—	3,74
II 6495,53	E 6	16,00	II 5249,37	E 12	16,11
I 6472,63	H 8	3,72	II 5227,00	E 16	15,68
I 6431,97	H 8	3,72	I 5196,73	—	3,77
I 6365,52	H 1	3,76	I 5152,68	—	3,79
I 6354,55	M 2,5	3,34	II 5096,60	E 8	18,54
I 6326,21	H 2	3,76	II 5059,87	E 6	17,78
I 6288,60	—	3,78	II 5052,70	E 6	15,88
I 6250,22	—	3,78	II 5043,80	E 12	16,21
I 6231,31	—	3,80	II 4972,59	E 10	18,49

λ	B		eV	λ	B		eV
II 4952,84	E	12	15,88	I 3617,41	H	30	3,40
II 4870,02	E	12	17,78	I 3611,45	H	100	3,41
II 4830,16	E	12	15,88	3608,29	H	5	—
II 4786,36	E	6	17,92	3597,43	H	5	—
4763,62	H	12	—	I 3480,06	H	25	3,54
II 4739,67	E	10	20,39	I 3476,81	H	50	3,54
II 4732,97	E	8	18,50	3411,31	H	5	—
II 4701,79	E	10	20,41	I 3399,97	A	6	3,64
II 4670,28	E	8	18,86	II 3368,55	E	14	17,78
II 4646,51	E	10	18,54	3349,45	H	5	—
II 4623,09	E	8	20,23	I 3348,82	A	6	3,70
II 4616,13	E	6	17,91	I 3347,49			3,70
II 4603,76	E	20	16,00	I 3347,44 }	H	15	3,70
I 4593,20	M	20	2,70	3340,57	H	5	—
I 4555,31	M	40	2,72	3315,50	H	5	—
II 4538,94	E	12	18,94	I 3314,06	A	6	3,74
II 4526,73	E	14	16,11	I 3313,12	A	6	3,74
II 4501,53	E	14	16,51	I 3289,29	A	6	3,77
II 4457,68	E	6	16,11	I 3288,61	A	6	3,77
II 4453,44	E	6	20,56	II 3271,63	E	10	17,77
4435,71	H	10	—	3268,31	H	5	—
II 4405,25	E	14	18,49	II 3267,13	E	14	17,78
II 4399,50	E	8	20,59	II 3265,92	E	14	17,55
II 4396,91	E	6	20,59	3149,36	H	5	—
II 4384,43	E	10	18,94	II 2940,95	E	14	17,55
II 4373,02	E	12	16,21	2938,5	H	10	—
II 4330,24	E	8	18,55	II 2931,11	E	40	19,55
II 4300,64	E	15	19,39	2886,67	H	10	—
II 4288,35	E	18	18,99	II 2881,19	E	30	19,47
II 4277,10	E	25	16,21	2859,32	H	10	—
4264,68	H	25	—	2845,67	H	10	—
II 4234,41	E	10	20,70	2838,09	H	10	—
II 4232,19	E	12	20,70	II 2816,94	E	40	17,78; 23,40
II 4221,12	E	6	18,94	2810,81	H	10	—
II 4213,13	E	12	17,78	II 2776,99	E	30	23,40
II 4158,61	E	20	20,75	2776,42	H	10	—
II 4151,27	E	12	18,86; 20,75	II 2748,23	E	30	20,39
II 4121,21	E	8	20,55	2706,79	H	10	—
II 4068,77	E	12	19,05	2600,36	H	10	—
II 4067,96	E	12	20,59	2596,95	H	10	—
II 4053,96	E	6	20,97	II 2573,03	E	60	23,86
II 4047,18	E	8	18,94	II 2568,69	E	30	23,86
4039,84	H	25	—	2543,92	H	10	—
4006,54	H	15	—	2525,68	H	10	—
II 3965,19	E	12	19,00	2495,04	H	10	—
II 3959,50	E	10	20,55	II 2392,86	E	30	21,39
II 3925,58	E	12	19,04	II 2273,83	E	40	24,49
II 3906,93	E	8	19,05	II 2267,66	E	40	24,49
I 3888,63			3,19	II 2254,58	E	30	24,50
I 3888,58 }	H	75		II 1970,92	E	6	21,97
I 3876,17			3,20	II 926,75	E	40	13,38
I 3876,12 }	H	150		II 901,34	E	40	13,75
II 3805,09	E	12	18,94	III 877,9	S	7	15,84
II 3785,42	E	10	19,39	II 813,85	E	40	15,23
3699,48	H	5	—	II 808,77	E	40	15,32

λ	B		eV	λ	B		eV
III 782,6	S	6	15,84	III 595,7	S	4	20,81; 22,53
III 722,2	S	4	17,17	iI 591,08	E	6	20,97
II 668,43	E	25	18,54	II 564,25	E	6	21,97
III 645,0	S	8	19,21	III 550,2	S	4	22,54
II 639,42	E	25	19,39	III 547,8	S	4	22,62

29 Cu

λ	B		eV	λ	B		eV
I 18229	A	1	6,87	I 5292,52	M	4	7,74
I 18194	A	1	6,87	I 5220,07	M	16	6,19
I 16653	A	1	6,87	I 5218,20	M	100	6,19
I 16008	A	1	6,12	I 5212,78	A	14	7,88
I 10172,00	A	3	6,19	I 5200,87	A	50	7,80
I 10146,78	A	5	8,42	I 5158,36	A	5	8,09
II 9861,41	C	25	18,11	I 5153,24	M	20	6,19
I 9530,3	A	1	8,32	I 5144,12	A	55	7,80
I 8996,2	A	2	8,32	I 5111,91	A	3	7,99
I 8408,15	A	2	6,82	I 5105,54	M	40	3,82
II 8283,21	C	30	16,56	I 5076,17	A	10	8,02
II 8277,60	C	25	14,89	II 5051,78	C	30	16,88
I 8092,63	M	40	5,35	I 5034,36	A	10	7,88
II 7988,17	C	30	16,57	I 5016,61	A	40	7,99
I 7933,13	M	20	5,35	II 4953,73	C	25	17,11
II 7825,66	C	25	14,97	II 4931,65	C	50	16,85
II 7664,70	C	40	16,57	II 4909,73	C	50	16,85
I 7570,09	A	20	6,98	I 4794,00	A	15	8,09
II 7404,34	C	50	16,57	I 4704,60	A	45	7,74
I 7193,56	A	5	8,93	I 4697,49	A	35	7,88
I 7039,37	A	3	7,88; 8,78	II 4681,99	C	25	16,84
I 6920,06	A	5	8,81	I 4674,76	A	50	7,80
I 6905,94	A	10	8,82	I 4651,13	M	8	7,74
I 6741,42	A	10	8,78	II 4649,27	C	5	16,86
I 6672,23	A	1	9,06	I 4642,58	A	15	8,09
I 6621,61	A	3	8,82	I 4586,95	A	130	7,80
I 6599,68	A	1	8,82	II 4555,92	C	50	10,95
II 6470,15	C	25	16,57	I 4539,70	A	80	7,88
II 6273,33	C	30	16,95	I 4530,82	M	2,0	6,55
I 6268,30	A	2	8,92	I 4509,39	A	40	7,99
II 6216,91	C	30	16,94	I 4507,35	A	20	8,32
I 6127,73	A	1	8,81	II 4506,00	C	38	10,98
II 5941,17	C	25	16,97	I 4480,36	A	50	6,55
I 5782,13	M	40	3,79	iI 4415,60	A	20	7,88
I 5732,33	A	8	7,73	I 4378,20	A	55	7,80
I 5700,24	M	10	3,82	I 4275,13	M	4	7,74
I 5554,94	A	10	7,73	I 4259,43	A	15	7,88
I 5535,78	A	5	8,02	I 4248,96	A	15	7,99
I 5463,14	A	15	7,99	I 4242,26	A	3	8,42
I 5432,05	A	25	7,80	I 4177,76	A	10	7,80
I 5408,34	A	10	8,02	I 4123,29	A	3	8,42
I 5391,62	A	45	7,80	I 4121,74	A	1	8,78
I 5360,03	A	20	7,99	I 4104,23	A	3	7,99
I 5354,95	A	25	7,88	I 4080,55	A	2	8,81
I 5352,67	A	30	7,73	I 4075,59	A	5	8,82

λ	B		eV	λ	B		eV
I 4073,27	A	2	8,02	I 3546,43	A	2	9,06
I 4063,29	A	65	6,87	I 3544,96	A	12	8,92
I 4062,70	A	200	6,87	I 3533,75	A	50	8,93
I 4052,38	A	1	8,83	I 3530,39	A	200	5,15
I 4050,66	A	2	8,78	I 3527,48	A	50	8,93
II 4043,50	C	40	11,85	I 3524,24	A	125	8,94
I 4027,03	A	1	8,80	I 3520,03	A	50	9,09
I 4022,66	M	2,0	6,87	I 3517,04	A	10	8,94
I 4003,04	A	2	8,78	I 3512,12	A	65	8,92
I 3925,27	A	1	8,93	I 3500,32	A	5	9,06
I 3921,27	A	1	8,94	I 3498,06	A	12	8,94
I 3861,75	A	25	7,02	I 3488,86	A	10	9,07
I 3860,47	A	60	8,78	I 3487,57	A	6	8,33
I 3825,05	A	10	7,02	I 3483,76	A	125	9,06
I 3820,88	A	6	8,82	I 3476,00	A	75	9,09
I 3813,54	A	1	8,82	I 3472,14	A	20	9,07
I 3805,30	A	10	8,94	I 3465,40	A	5	9,35
I 3800,50	A	3	8,83	I 3459,43	A	3	9,09
I 3799,88	A	1	8,78	I 3457,85	A	75	4,97
I 3771,90	A	10	9,06	I 3454,69	A	20	9,36
I 3759,49	A	6	8,80	I 3450,33	A	75	9,37
I 3743,37	A	1	9,09	I 3440,51	A	25	5,24
I 3741,24	A	45	8,82	I 3420,17	A	1	9,31
I 3734,18	A	20	8,82	I 3415,80	A	20	9,35
I 3720,77	A	15	4,97	I 3413,34	A	20	9,31
I 3712,01	A	3	9,06	I 3402,24	A	22	9,33
I 3700,54	A	25	8,92	I 3396,32	A	1	8,80
I 3687,44	A	40	7,17	I 3395,48	A	6	9,33
II 3686,55	C	50	11,85	I 3381,42	A	20	8,82
I 3684,67	A	45	9,09	I 3375,67	A	3	8,82
I 3676,88	A	5	8,94	I 3365,35	A	75	8,78
I 3671,95	A	10	9,06	I 3354,47	A	6	8,94
I 3665,74	A	12	8,80	I 3349,29	A	45	8,94
I 3659,35	A	13	9,07	I 3337,84	M	7	5,10
I 3656,79	A	13	8,91	I 3335,22	A	40	8,82
I 3655,86	A	60	8,78	I 3329,64	A	22	8,82
I 3654,30	A	20	7,18	I 3319,68	A	15	8,83
I 3652,43	A	10	8,81	I 3317,22	A	75	8,84
I 3648,38	A	13	8,82	I 3307,95	M	8	8,82
I 3645,23	A	25	9,09	I 3292,97	A	45	8,84
I 3641,69	A	5	8,82	I 3292,83	A	65	5,15
I 3635,92	A	25	9,09	I 3292,39	A	12	8,92
I 3632,56	A	5	8,92	I 3290,54	A	150	8,84
I 3627,32	A	12	8,94	II 3290,42	C	25	18,09; 18,10
I 3624,24	A	10	8,82	I 3282,72	A	140	8,93
I 3621,25	A	60	8,94	I 3279,82	M	4	5,42
I 3620,35	A	23	8,82	I 3277,31	A	65	8,93
I 3614,22	A	20	8,94	I 3273,96	M	2500	3,78
I 3613,76	A	60	8,82	I 3268,28	A	65	8,94
I 3610,81	A	20	8,94	I 3266,02	A	65	9,37
I 3609,31	A	20	5,08	I 3252,22	A	65	8,78
I 3602,03	M	3,5	8,83	I 3247,54	M	5000	3,82
I 3599,14	M	3,5	8,84	I 3243,16	A	150	8,92
I 3598,01	A	1	7,26	I 3239,16	A	15	8,93
I 3594,02	A	3	4,84	I 3235,71	A	65	9,07

	λ	B		eV		λ	B		eV
I	3233,90	A	45	8,93	II	2745,28	C	10	13,42
I	3231,18	A	65	8,94	II	2739,77	C	4	13,64
I	3224,66	A	45	9,09	I	2723,95	A	3	9,65
I	3223,44	A	40	9,09	II	2721,68	C	12	13,64
I	3208,23	M	2,5	5,50	I	2720,20	A	2	9,80
I	3194,10	M	8	5,52	II	2718,78	C	18	13,67
I	3169,68	A	50	9,06	I	2715,52	A	2	9,81
I	3160,05	A	3	9,07	II	2713,51	C	25	13,42
I	3156,63	A	45	5,57	II	2703,18	C	15	13,64
I	3149,51	A	3	9,09	II	2700,96	M	5	13,67
I	3146,82	A	45	8,91	II	2689,30	C	25	13,38
I	3142,44	A	75	8,92	I	2649,84	A	3	9,65
I	3140,31	A	40	8,78	I	2645,30	A	2	9,66
I	3128,70	A	65	8,93	I	2634,93	A	3	9,54
I	3126,11	A	140	8,80	I	2630,00	A	2	9,55
I	3120,44	A	5	8,94	I	2626,68	A	1	9,79
I	3116,35	A	40	8,81	I	2618,37	M	40	6,12
I	3113,48	A	5	8,82	III	2609,31	S	5	14,73
I	3108,61	A	200	8,82	II	2600,27	C	25	13,67
I	3108,45	A	60	9,06	II	2598,81	C	10	13,42
I	3099,93	A	125	8,83	I	2592,63	A	100	—
I	3093,99	M	2,5	5,40	II	2590,53	C	8	13,64
I	3088,13	A	13	9,09	II	2571,75	C	30	13,68
I	3073,80	A	140	5,42	II	2544,80	C	50	13,38
I	3063,42	M	4	5,69	II	2529,30	C	25	13,67
I	3044,03	A	2	9,17	II	2526,59	C	12	13,38
I	3036,10	M	6	5,72	II	2506,27	C	15	13,42
I	3030,26	A	1	9,06	I	2492,15	M	36	4,97
I	3024,99	A	10	7,88; 8,93	II	2489,65	C	2	8,23
I	3022,61	A	30	8,94	II	2485,79	C	10	13,64
I	3021,56	A	30	9,17	II	2468,58	C	2	13,67
I	3014,85	A	3	9,21	I	2441,64	M	7	5,08
I	3012,01	A	25	9,07	II	2424,44	C	25	13,64
I	3010,84	M	7	5,50	I	2406,67	A	150	6,79
I	2998,38	A	15	5,52	II	2403,33	C	50	13,40
I	2997,36	M	4	5,78	II	2400,11	C	10	8,41
I	2991,75	A	2	9,66	I	2392,63	A	250	6,81
I	2979,38	A	3	9,55	II	2376,29	C	25	14,34
I	2978,27	A	3	9,55	II	2370,74	C	10	13,64
I	2961,17	M	24	5,57	II	2369,89	M	5	8,48
I	2891,64	A	3	9,81	I	2363,21	A	1	5,24
I	2890,84	A	5	9,79	II	2356,65	C	5	8,23
II	2884,20	C	30	13,39	II	2355,02	C	8	13,68
I	2882,93	M	5	5,68	II	2354,04	C	1	14,13
II	2877,70	C	20	13,42	II	2348,82	C	8	14,34
I	2858,73	A	20	5,72	I	2319,56	A	50	6,98
I	2858,23	A	5	9,17	I	2303,12	A	100	7,02
II	2837,37	C	25	13,42	II	2294,36	C	20	8,23
I	2824,37	M	50	5,78	I	2293,84	M	29	6,79
I	2802,56	A	1	9,52	II	2276,25	C	18	8,41
I	2782,59	A	2	9,55	I	2263,08	A	220	7,12
II	2769,67	C	25	13,38	I	2260,53	A	130	6,87
I	2768,88	A	13	9,55	II	2247,00	M	40	8,23
I	2766,37	M	8	6,12	I	2244,27	A	220	5,52
I	2745,45	A	2	10,09	II	2242,61	C	25	8,78

λ	B		eV	λ	B		eV
I 2238,45	A	110	7,18	III 1739,51	S	30	18,16
I 2236,28	A	90	7,18	III 1728,14	S	20	15,72
I, II 2230,08	M	120	6,94; 14,62	I 1725,66	A	5	7,18
I 2227,78	M	94	7,20	III 1722,38	S	100	14,73
I 2225,70	M	44	5,57	I 1713,36	A	5	7,23
II 2218,10	C	25	8,41	III 1709,04	S	70	14,95
I 2215,65	A	100	7,23	III 1708,96	S	20	16,92
I 2214,58	M	58	6,98	III 1705,63	S	40	18,30
II 2210,26	C	30	8,86	III 1705,33	S	30	16,93
I 2199,75	A	100	7,28	III 1702,99	S	50	15,11
I 2199,58	M	170	7,02	III 1702,19	S	30	17,87
II 2192,26	M	38	8,48	III 1702,10	S	40	15,20
II 2189,62	C	25	8,91; 14,29; 16,25	III 1701,02	S	40	18,32
I 2181,72	M	130	5,68	III 1692,71	S	30	15,63
II 2179,40	C	30	8,66	III 1689,05	S	20	17,32
I 2178,94	M	170	5,69	III 1687,13	S	60	15,04
I 2171,76	A	20	7,35	III 1686,21	S	30	17,12
I 2169,53	A	30	7,35	III 1684,64	S	50	15,18
I 2165,09	M	150	5,72	III 1681,48	S	30	15,92
II 2148,97	C	30	8,48	III 1679,15	S	40	15,30
I 2138,51	M	64	7,18	III 1677,37	S	20	18,43
II 2135,98	M	210	8,51	III 1674,60	S	50	15,95
II 2134,36	C	18	14,33; 9,06	III 1671,89	S	50	15,72
I 2130,76	A	5	7,20	III 1670,14	S	50	15,72
II 2126,03	C	25	8,69	II 1663,00	C	15	16,58
II 2122,97	C	25	9,10	II 1660,00	C	10	16,56
II 2112,09	M	66	9,13	III 1658,47	S	20	15,30
I 2105,11	A	80	7,28	II 1656,33	C	10	16,58
II 2104,78	C	25	8,86	III 1654,57	S	30	15,19
II 2087,93	C	25	14,42; 14,60	III 1652,01	S	30	15,04
I 2079,46	A	2	7,35	II 1649,46	C	12	16,57
II 2054,97	C	25	8,86	III 1642,21	S	20	15,08
II 2043,79	M	380	8,78	III 1638,96	S	30	17,23
II 2037,12	M	210	8,91	III 1628,30	S	30	15,44
II 2035,84	M	160	9,06	III 1628,09	S	5	17,38
I 2024,33	M	240	6,12	II 1621,43	C	30	16,56
II 2015,58	C	3	9,13	II 1617,91	C	10	16,58
II 2000,35[1])	C	30	8,91	III 1616,61	S	30	15,58
II 1989,85	C	15	9,06	III 1610,57	S	8	17,67
II 1979,95	C	25	9,10	III 1609,76	S	10	17,66
II 1970,49	C	7	9,13	III 1609,60	S	5	17,67
II 1944,59	C	12	9,10	II 1608,64	C	12	16,83
III 1867,75	S	5	15,19	III 1607,54	S	10	17,67; 18,30
III 1840,92	S	20	15,04	II 1606,83	C	20	16,57
I 1825,35	A	10	6,78	III 1606,73	S	30	15,54
I 1774,82	A	20	6,99	III 1605,97	S	30	17,70
III 1768,87	S	20	15,32	II 1604,85	C	20	16,82
III 1750,38	S	50	15,63	III 1603,15	S	40	15,42
I 1741,57	A	5	7,12	II 1602,39	C	20	16,83
III 1741,38	S	50	15,42	III 1600,19	S	50	15,44
				II 1598,40	C	20	16,81
				III 1593,76	S	100	15,32
				II 1593,56	C	30	16,54
				II 1590,16	C	20	16,57
				II 1583,68	C	25	16,69

[1] Wavelength given for vacuum.

	λ	B		eV		λ	B		eV
II	1566,41	C	20	16,83	II	1450,30	C	12	17,21
II	1565,93	C	20	16,58	II	1449,01	C	10	17,57
II	1558,34	C	15	16,81	II	1445,99	C	10	17,00
III	1548,87	S	30	19,03	II	1444,13	C	1	16,82
III	1543,44	S	50	19,06	II	1443,54	C	5	17,25
II	1541,70	C	38	16,56	II	1442,14	C	8	16,83
II	1540,39	C	15	16,82	II	1436,24	C	8	17,27
II	1537,56	C	25	16,69	II	1435,32	C	5	17,50
II	1535,00	C	12	16,56	II	1434,92	C	12	17,28
II	1531,83	C	25	16,58; 17,11	II	1434,77	C	8	17,06
II	1522,58		—	17,16	II	1433,84	C	5	17,18
II	1520,55		—	17,24	II	1430,25	C	20	16,90
II	1519,85	C	30	17,22; 16,83	II	1428,36	C	8	17,54
II	1519,50	C	25	16,58	II	1427,83	C	10	17,32
II	1517,92	C	5	17,23	II	1427,59	C	5	17,22
II	1517,63	C	10	16,83	II	1421,76	C	12	16,95
II	1517,16	C	5	16,95	II	1421,37	C	2	16,95
II	1516,90	C	2	16,95	II	1418,42	C	12	16,97
II	1514,50	C	25	16,83	II	1414,90	C	5	17,18
II	1514,22	C	5	17,25	II	1407,17	C	8	17,23
II	1513,37	C	10	16,97	II	1402,78	C	8	17,96
II	1512,46	C	10	17,06	II	1398,64	C	5	17,50
II	1512,18	C	10	16,84	II	1371,84	C	10	17,95
II	1510,51	C	18	16,99	II	1367,96	C	12	9,06
II	1508,63	C	15	16,86	II	1363,50	C	2	18,21
II	1508,18	C	12	17,23	II	1362,60	C	10	17,96
II	1505,39	C	10	16,88	II	1359,94	C	2	18,21
II	1504,76	C	12	16,88	II	1359,01	C	10	18,21
II	1503,36	C	8	17,26	II	1358,78	C	15	9,13
II	1501,34	C	5	17,27	II	1355,31	C	8	18,20
II	1499,50	C	5	17,13	II	1351,84	C	12	17,95
II	1498,57	C	2	17,14	II	1350,59	C	8	17,96
II	1496,69	C	18	16,82	II	1340,92	C	2	18,16
II	1495,43	C	12	17,16	II	1339,78	C	2	18,17
II	1492,83	C	15	17,32	II	1333,07	C	1	18,22; 17,96
II	1492,15	C	5	17,32	II	1332,22	C	2	18,17
II	1488,65	C	38	16,56; 17,00	II	1331,89	C	2	18,17
II	1485,67	C	20	16,58; 16,83	II	1328,41	C	2	18,42
II	1485,32	C	10	17,21	II	1326,40	C	5	18,20
II	1481,54	C	10	17,23	II	1320,69	C	5	18,16
II	1478,23	C	1	17,25	II	1314,34	C	15	17,95
II	1474,94	C	10	17,27	II	1314,15	C	8	18,21
II	1473,98	C	12	16,83	II	1309,46	C	8	17,96
II	1472,39	C	10	8,41	II	1308,30	C	15	17,96
II	1470,71	C	20	16,95	II	1299,27	C	5	17,96
II	1469,69	C	8	17,22	II	1298,39	C	8	18,20
II	1466,52	C	5	16,97	II	1287,47	C	7	18,14
II	1466,07	C	10	17,32	II	1284,87	C	4	18,17
II	1465,54	C	8	17,10	II	1282,46	C	7	18,15
II	1463,77	C	25	16,95; 16,99	II	1281,46	C	4	18,21
II	1461,55	C	8	16,90	II	1275,57	C	15	17,95
II	1459,41	C	12	17,51	II	1265,51	C	8	18,21
II	1457,17	C	5	16,99	II	1250,05	C	5	18,15
II	1455,66	C	2	17,16	II	1144,85	C	15	13,54
II	1452,29	C	10	16,95	II	1112,41	C	10	—

	λ		B	eV		λ		B	eV
II	1097,05	C	12	14,13	II	914,21	C	40	16,28
II	1094,40	C	15	14,05	II	906,11	C	20	16,66
II	1073,74	C	15	14,53	II	901,07	C	30	16,59
II	1069,19	C	25	14,43	II	899,78	C	25	16,75; 16,62
II	1063,01	C	30	14,64	II	896,98	C	20	16,80
II	1060,63	C	30	14,52	II	896,75	C	30	16,66
II	1059,10	C	30	14,96	II	894,22	C	20	16,70
II	1058,80	C	20	14,43	II	893,67	C	40	16,59
II	1056,96	C	30	14,98	II	892,41	C	25	16,61
II	1055,80	C	20	14,46	II	890,57	C	60	16,75
II	1054,69	C	30	15,01	II	886,94	C	30	16,70
II	1049,76	C	25	15,06	II	885,84	C	12	16,83
II	1044,74	C	40	15,12	II	878,70	C	25	16,83
II	1044,52	C	40	14,59	II	877,55	C	10	16,96
II	1039,58	C	30	14,76	II	877,01	C	12	16,85
II	1039,35	C	30	14,64	II	869,34	C	12	17,23
II	1036,47	C	30	15,21	II	865,38	C	20	17,16
II	1033,57	C	5	15,24	II	861,99	C	20	17,10
II	1031,77	C	4	14,99	II	858,48	C	12	17,16; 17,24; 17,40
II	1030,26	C	10	14,75	II	851,30	C	12	17,28
II	1029,75	C	5	14,76	II	827,00	C	15	14,99
II	1028,33	C	12	14,89	II	813,88	C	10	15,23
II	1027,83	C	25	15,31	II	811,00	C	8	15,28
II	1020,11	C	8	14,98	III	802,84	S	15	15,44
II	1019,66	C	8	15,00	III	801,15	S	20	15,72
II	1018,71	C	25	14,89	III	797,57	S	10	15,54
II	1018,07	C	8	15,15; 15,01	III	793,07	S	10	15,63
II	1012,60	C	12	14,96	III	791,37	S	30	15,92
II	1008,73	C	15	15,55; 15,12	III	789,84	S	20	15,95
II	1008,57	C	15	15,01	III	788,46	S	30	15,72
II	1004,06	C	15	15,06	III	788,07	S	40	15,72
II	992,95	C	12	15,32	III	778,60	S	5	15,92
II	977,57	C	12	15,93	III	777,12	S	20	15,95
II	974,76	C	10	15,97	II	736,03	C	12	16,84
II	968,04	C	12	15,51	II	735,52	C	10	16,85
II	958,15	C	20	16,20; 15,91	III	735,22	S	10	17,12
II	954,39	C	10	16,25	III	732,03	S	10	16,93
II	945,97	C	25	15,93	III	730,37	S	15	17,23
II	945,88	C	20	15,93	II	724,49	C	8	17,11
II	945,53	C	30	16,09	III	719,51	S	15	17,23
II	943,34	C	30	15,97	II	718,17	C	5	17,26
II	937,81	C	2	15,96	III	715,53	S	20	17,32
II	935,90	C	30	15,96	II	709,30	C	5	17,47
II	935,35	C	10	16,09	III	700,27	S	15	17,96
II	935,23	C	20	15,97	III	693,51	S	5	17,87
II	935,06	C	30	16,24	III	691,56	S	10	18,18
II	932,94	C	30	16,01	III	690,25	S	8	17,96
II	924,24	C	25	16,25	III	687,99	S	10	18,02
II	922,42	C	10	16,70	III	682,17	S	20	18,42
II	922,01	C	30	16,19	III	676,56	S	30	18,32
					III	672,66	S	5	18,43

λ	B	eV	λ	B	eV

66 Dy

λ	B	eV	λ	B	eV
II 8201,55	M 15	—	II 4129,44	M 80	—
I 7662,35	M 12	—	II 4128,29	M 32	—
I 6835,44	M 24	—	II 4124,65	M 40	—
I 6579,38	M 20	—	II 4111,34	M 120	3,01
I 6259,10	M 34	—	I 4103,88	M 70	—
I 5652,01	M 10	—	II 4103,34	M 320	3,12
I 5301,59	M 2,0	—	I 4096,12	M 32	—
II 5197,66	M 12	—	II 4077,98	M 600	3,13
II 5192,89	M 36	—	II 4073,15	M 200	3,58
II 5139,60	M 24	—	II 4055,15	M 42	—
I 5042,62	M 20	—	II 4050,58	M 130	3,65
II 4957,36	M 60	2,50	I 4045,99	M 1000	—
II 4731,85	M 18	—	II 4036,34	M 34	3,61
II 4698,71	M 10	—	II 4033,67	M 34	—
I 4612,28	M 80	—	II 4032,44	M 42	—
I 4589,37	M 170	—	II 4028,32	M 42	—
I 4577,80	M 34	—	II 4027,79	M 34	—
II 4468,17	M 20	2,88	II 4014,72	M 44	—
II 4449,71	M 60	2,80	I 4013,80	M 44	—
II 4409,38	M 44	—	II 4011,32	M 44	—
II 4374,80	M 26	—	I 4005,86	M 34	—
II 4374,24	M 26	2,83	II 4000,48	M 650	3,20
I 4325,88	M 26	—	II 3996,70	M 130	3,70
II 4308,67	M 85	2,88	II 3991,33	M 44	—
II 4294,94	M 30	—	II 3984,24	M 65	—
II 4256,33	M 36	3,01	II 3983,67	M 130	3,65
I 4245,92	M 36	—	II 3981,92	M 110	—
I 4239,85	M 55	—	II 3978,57	M 220	—
I 4232,03	M 55	—	II 3968,42	M 1100	3,12
I 4225,14	M 220	—	II 3957,79	M 65	—
I 4222,22	M 44	—	II 3954,56	M 34	—
I 4221,10	M 360	—	II 3950,40	M 44	—
I 4218,09	M 360	—	II 3946,92	M 34	—
I 4215,17	M 300	—	II 3944,70	M 850	3,14
I 4213,18	M 150	—	II 3942,52	M 44	3,73
I 4211,75	M 1300	—	I 3936,71	M 34	—
II 4206,54	M 30	2,95	II 3931,55	M 170	3,70
I 4202,25	M 55	—	I 3930,15	M 44	—
I 4201,32	M 55	—	I 3927,88	M 34	—
I 4198,02	M 65	—	I 3917,30	M 44	—
I 4194,83	M 550	—	II 3915,58	M 44	3,76
I 4191,60	M 180	—	II 3914,86	M 44	3,71
I 4186,78	M 950	—	II 3898,54	M 500	3,77
I 4183,73	M 75	—	II 3879,10	M 40	3,73
I 4171,93	M 30	—	II 3874,00	M 100	3,30
I 4167,99	M 460	—	II 3872,12	M 600	3,20
I 4146,07	M 80	—	II 3869,87	M 70	3,75
II 4143,10	M 100	3,58	I 3868,81	M 140	—
II 4141,51	M 38	—	II 3868,46	M 48	—
I 4133,86	M 32	—	II 3866,59	M 32	—

λ	B	eV	λ	B	eV
I 3858,41	M 36	—	II 3620,18	M 50	—
II 3853,03	M 100	3,76	II 3618,45	M 40	—
I 3846,99	M 36	—	II 3606,13	M 160	—
II 3846,33	M 36	—	II 3600,39	M 50	—
II 3841,32	M 120	—	II 3596,06	M 36	—
I 3840,91	M 32	—	II 3595,05	M 160	—
II 3836,50	M 200	3,77	II 3592,12	M 50	—
II 3825,65	M 60	—	II 3591,81	M 50	—
II 3816,78	M 120	—	II 3591,43	M 100	—
II 3813,67	M 40	—	II 3590,05	M 32	—
I 3812,30	M 40	—	II 3586,11	M 50	3,99
II 3806,26	M 50	—	II 3585,77	M 130	—
II 3804,14	M 44	—	II 3585,08	M 300	3,46
II 3791,86	M 60	—	II 3584,43	M 36	—
II 3788,46	M 140	3,37	II 3580,03	M 40	—
II 3786,21	M 280	—	II 3577,98	M 75	—
I 3781,48	M 36	—	II 3576,89	M 150	4,06
I 3774,75	M 32	—	II 3576,25	M 400	4,06
I 3773,05	M 55	—	II 3574,18	M 130	—
I 3767,63	M 55	—	II 3573,83	M 70	—
II 3757,37	M 400	3,40	II 3563,69	M 50	—
I 3757,05	M 100	—	II 3563,14	M 200	3,58
II 3753,76	M 120	—	II 3559,27	M 40	—
II 3753,50	M 120	3,30	II 3558,21	M 40	—
II 3747,82	M 100	—	II 3551,59	M 200	—
I 3739,33	M 80	—	II 3550,22	M 400	—
II 3724,42	M 140	3,87	II 3548,19	M 30	—
II 3710,08	M 36	—	II 3546,84	M 130	3,60
II 3708,20	M 38	—	II 3544,36	M 36	—
II 3707,57	M 38	—	II 3544,23	M 36	—
II 3701,62	M 46	—	II 3542,32	M 150	—
II 3698,18	M 85	—	II 3539,36	M 36	—
II 3697,31	M 32	—	II 3538,50	M 400	3,50
II 3694,81	M 400	3,46	II 3536,03	M 500	—
I 3685,81	M 110	—	II 3534,96	M 400	3,60
I 3684,83	M 70	—	II 3531,70	M 2000	3,50
I 3678,48	M 55	—	II 3523,98	M 400	4,05
II 3676,56	M 190	—	II 3517,27	M 50	—
II 3674,09	M 120	—	II 3506,81	M 120	3,63
II 3673,15	M 34	3,37	II 3505,45	M 75	—
II 3672,66	M 36	—	II 3504,52	M 75	—
II 3672,31	M 85	3,96	II 3498,67	M 75	—
I 3666,85	M 34	—	II 3497,82	M 36	—
II 3664,61	M 60	—	II 3496,33	M 50	—
II 3648,79	M 90	—	II 3494,49	M 400	3,64
II 3645,86	M 32	—	II 3477,06	M 120	—
II 3645,41	M 1000	3,50	II 3473,70	M 34	—
II 3643,89	M 36	3,40	II 3471,53	M 50	—
II 3640,24	M 100	3,99	II 3471,14	M 50	—
II 3637,27	M 32	3,95	II 3468,44	M 65	—
II 3635,26	M 36	—	II 3460,97	M 400	3,58
II 3632,79	M 40	—	II 3456,57	M 120	—
II 3630,25	M 360	—	II 3454,52	M 40	—
II 3629,43	M 100	—	II 3454,35	M 240	—
II 3624,25	M 42	—	II 3449,90	M 40	—

λ	B	eV	λ	B	eV
II 3447,00	M 75	—	II 3216,62	M 75	—
II 3445,58	M 340	3,60	II 3215,19	M 42	—
II 3441,45	M 120	3,70	II 3193,31	M 30	3,88
II 3440,94	M 50	—	II 3186,37	M 30	—
II 3434,37	M 170	3,60	II 3177,87	M 36	—
II 3429,45	M 38	—	II 3169,97	M 90	—
II 3425,06	M 48	—	II 3162,81	M 60	—
II 3419,63	M 70	—	II 3156,51	M 110	—
II 3414,83	M 48	4,17	II 3141,12	M 36	3,94
II 3413,78	M 120	3,73	II 3135,36	M 60	—
II 3408,14	M 38	—	II 3109,75	M 30	—
II 3407,79	M 480	3,63	II 3062,62	M 28	—
II 3407,16	M 34	—	II 3043,45	M 12	—
II 3396,17	M 120	3,65	II 3043,15	M 20	—
II 3393,59	M 340	3,76	II 3038,29	M 44	—
II 3388,87	M 55	4,25	II 3026,16	M 28	—
II 3385,03	M 480	—	II 2934,52	M 18	—
II 3368,10	M 46	—	II 2913,96	M 28	—
II 3353,59	M 46	—	II 2906,39	M 14	—
II 3341,00	M 70	—	II 2877,88	M 14	—
II 3319,88	M 90	3,74	II 2816,39	M 22	—
II 3316,34	M 70	—	II 2755,75	M 16	—
II 3312,72	M 46	—	II 2634,81	M 24	—
II 3308,88	M 100	—	I 2623,70	M 20	—
II 3308,79	M 40	—	I 2585,30	M 12	—
II 3282,79	M 44	—	II 2557,94	M 10	—
II 3280,08	M 80	3,88	II 2439,82	M 13	—
II 3251,28	M 110	—			
II 3245,16	M 44	—			
II 3235,89	M 44	—			

68 Er

λ	B	eV	λ	B	eV
I 9927,10	3	2,11	I 6061,26	M 8	—
I 9849,38	8	1,88	I 6022,56	M 8	—
I 9523,00	8	2,16	II 6006,80	M 4	—
I 8410,00	M 6	—	II 5902,09	M 3,0	—
I 8119,47	8	2,16	I 5881,14	M 13	—
I 7469,46	M 13	—	I 5872,35	M 16	—
I 7459,53	M 6	—	I 5855,32	M 13	—
I 6865,20	M 6	—	I 5850,06	M 11	—
I 6848,11	M 8	—	I 5826,79	M 48	2,13
I 6759,87	M 8	—	I 5762,79	M 32	2,15
I 6601,10	M 8	—	II 5757,62	M 8	—
I 6583,46	M 7	1,88	5739,18	M 11	—
II 6441,31	M 1,8	—	II 5710,89	M 3,0	—
II 6388,19	M 5	—	I 5640,34	M 10	—
I 6326,11	M 6	—	II 5626,52	M 9	—
I 6308,79	M 15	—	I 5601,19	M 5	—
I 6299,41	M 5	—	I 5593,43	M 9	—
I 6268,86	M 7	—	II 5485,93	M 9	—
6221,09	M 40	—	I 5468,32	M 10	—
II 6076,44	M 7	—	I 5456,60	M 20	—

λ	B		eV	λ	B		eV
II 5454,27	M	4	—	II 4251,93	M	16	—
II 5422,80	M	2,0	—	II 4234,76	M	11	3,60
II 5414,66	M	7	—	II 4230,20	M	26	—
II 5395,87	M	4	—	I 4220,99	M	16	5,06
I 5348,04	M	10	3,48	I 4218,43	M	110	—
II 5344,50	M	3,5	—	I 4190,71	M	80	—
II 5302,30	M	5	—	II 4189,99	M	22	—
II 5279,33	M	3,0	—	I 4151,10	M	550	—
II 5255,95	M	16	—	II 4142,92	M	44	—
II 5218,24	M	3,5	—	I 4131,50	M	48	—
I 5206,52	M	17	—	I 4118,55	M	26	—
II 5188,90	M	18	—	I 4116,36	M	26	—
I 5172,75	M	14	—	I 4098,11	M	85	—
II 5133,83	M	15	—	I 4092,90	M	17	—
I 5131,52	M	13	—	I 4087,65	M	280	—
II 5127,40	M	15	—	II 4081,21	M	44	3,09
I 5124,56	M	13	—	I 4077,88	M	34	—
II 5077,63	M	14	—	II 4059,81	M	55	—
I 5044,89	M	14	—	I 4059,51	M	44	—
I 5043,86	M	14	—	II 4055,47	M	75	—
II 5042,05	M	24	—	II 4048,35	M	22	3,94
I 5035,94	M	22	—	I 4046,97	M	80	—
II 5028,90	M	13	—	I 4021,55	M	36	—
I 5028,32	M	16	—	I 4020,52	M	240	—
I 5007,25	M	28	—	II 4015,61	M	28	—
I 4976,41	M	14	—	I 4012,58	M	90	—
II 4951,74	M	20	—	II 4009,16	M	22	3,09
I 4944,36	M	14	—	I 4007,97	M 1100		3,09
I 4934,07	M	24	—	I 3987,66	M	65	—
II 4900,11	M	24	—	I 3987,53	M	22	—
II 4872,10	M	14	—	I 3982,33	M	90	—
II 4831,14	M	8	—	I 3977,03	M	65	—
II 4820,34	M	18	—	I 3976,74	M	22	—
II 4759,66	M	16	—	II 3974,72	M	110	—
II 4751,55	M	12	—	I 3973,60	M	260	—
I 4729,04	M	14	—	I 3973,04	M	220	—
I 4722,71	M	22	2,62	I 3966,35	M	22	—
II 4675,62	M	46	—	I 3956,43	M	26	—
I 4673,16	M	25	—	II 3948,07	M	44	—
II 4630,90	M	13	—	I 3944,41	M	260	—
I 4606,62	M	80	—	II 3938,65	M	170	—
II 4563,28	M	13	—	I 3937,02	M	260	—
II 4500,75	M	16	2,76	II 3932,28	M	65	4,04
II 4473,50	M	8	—	II 3921,89	M	22	—
I 4426,77	M	30	—	I 3918,05	M	22	—
I 4424,57	M	26	—	II 3906,34	M	850	—
II 4419,62	M	46	—	I 3905,44	M	100	—
I 4409,35	M	65	—	II 3902,75	M	65	—
I 4386,40	M	24	3,71	II 3896,25	M	420	3,24
II 4384,71	M	24	—	I 3892,69	M	340	—
I 4348,33	M	15	—	II 3890,60	M	32	—
II 4319,94	M	9	—	II 3882,87	M	100	4,08
II 4301,61	M	26	2,94	II 3880,60	M	120	—
I 4298,91	M	26	—	I 3862,82	M	600	—
I 4286,56	M	55	—	II 3858,39	M	48	4,10

λ	B		eV	λ	B		eV
3855,93	M	60	—	I 3578,31	M	30	4,93
II 3851,60	M	28	4,10	3570,74	M	90	—
I 3849,91	M	48	4,29	I 3565,15	M	30	4,63
II 3830,53	M	320	3,23	II 3559,89	M	100	—
I 3810,33	M	140	—	I 3558,72	M	50	4,55
II 3797,07	M	50	3,32	3558,02	M	150	—
I 3792,81	M	44	4,22	II 3553,18	M	30	—
II 3791,84	M	50	—	3549,85	M	80	—
II 3787,90	M	50	3,27	3548,23	M	30	—
II 3786,84	M	160	—	I 3539,57	M	60	4,97
II 3781,03	M	36	3,95	I 3526,81	M	26	—
II 3771,10	M	24	—	II 3524,92	M	60	—
I 3756,05	M	48	4,25	II 3518,17	M	38	—
I 3747,53	M	80	—	II 3514,91	M	48	—
II 3742,65	M	80	3,95	II 3508,40	M	38	—
II 3741,09	M	30	—	I 3505,70	M	28	4,73
II 3738,18	M	48	—	II 3505,07	M	26	4,42
II 3734,59	M	24	3,32	I 3502,78	M	60	4,43
II 3731,27	M	40	—	II 3499,11	M	650	3,59
II 3729,55	M	120	—	I 3489,36	M	26	—
I 3719,31	M	28	4,22	II 3486,83	M	34	—
II 3712,39	M	46	—	II 3485,82	M	95	3,61
II 3707,63	M	46	—	II 3480,44	M	28	—
II 3700,72	M	48	—	II 3479,44	M	60	—
I 3697,68	M	34	4,31	II 3471,72	M	95	—
II 3696,25	M	40	—	II 3469,74	M	26	3,57
II 3692,64	M	700	3,41	I 3469,48	M	48	4,53
II 3684,27	M	34	4,00	II 3464,53	M	26	—
I 3684,01	M	28	4,25	I 3462,58	M	24	—
II 3682,71	M	44	—	I 3446,88	M	26	—
II 3669,01	M	42	4,26	I 3442,65	M	38	4,55
I 3664,44	M	32	4,27	II 3441,15	M	75	3,66
II 3652,86	M	44	4,28	II 3433,12	M	26	3,61
II 3652,57	M	32	—	II 3428,41	M	48	—
II 3650,39	M	46	—	II 3425,08	M	26	3,67
II 3645,93	M	80	—	II 3417,64	M	34	—
II 3641,26	M	24	—	II 3401,83	M	38	—
I 3638,69	M	140	—	II 3396,84	M	28	4,28
II 3637,16	M	24	4,04	II 3396,06	M	34	—
I 3634,67	M	50	—	II 3392,00	M	220	—
II 3633,56	M	100	3,41	II 3389,74	M	44	3,66
II 3632,07	M	44	—	II 3385,08	M	170	3,72
I 3629,39	M	30	4,89	I 3382,06	M	22	4,55
I 3628,04	M	70	—	II 3381,32	M	28	—
II 3618,92	M	50	—	II 3374,16	M	95	3,67
II 3617,82	M	50	—	II 3372,76	M	750	3,67
II 3616,58	M	300	3,43	I 3368,18	M	20	4,64
I 3607,45	M	40	4,59	II 3368,07	M	140	3,74
II 3604,89	M	50	—	II 3364,09	M	140	—
II 3599,84	M	100	—	II 3350,27	M	34	4,33
II 3599,51	M	60	—	II 3350,06	M	46	—
I 3595,83	M	40	—	II 3346,04	M	130	3,75
I 3590,73	M	60	4,52	II 3341,85	M	28	—
I 3586,64	M	36	5,48	II 3340,03	M	24	—
II 3580,49	M	100	3,52	II 3337,80	M	28	—

λ	B		eV	λ	B		eV
II 3337,26	M	36	—	II 3031,31	M	36	—
II 3332,71	M	75	—	II 3028,28	M	26	—
II 3329,67	M	28	—	II 3025,92	M	28	—
II 3323,20	M	75	—	II 3016,84	M	22	—
II 3316,39	M	55	—	II 3012,47	M	22	—
II 3312,42	M	220	3,80	II 3002,64	M	30	—
II 3305,58	M	36	—	II 3002,39	M	120	—
II 3303,95	M	32	—	II 2983,79	M	26	—
II 3286,77	M	46	—	II 2975,68	M	22	—
II 3280,22	M	70	—	II 2968,76	M	40	—
II 3279,33	M	70	—	II 2964,52	M	150	
II 3278,22	M	24	—	II 2946,62	M	22	—
II 3269,41	M	32	—	II 2945,27	M	26	—
II 3267,14	M	42	—	II 2929,25	M	34	—
II 3264,79	M	260	3,80	II 2915,61	M	26	—
II 3259,06	M	55		II 2910,36	M	150	—
II 3249,34	M	32	—	II 2904,47	M	100	—
II 3237,98	M	32	—	II 2897,52	M	38	—
II 3232,03	M	24	—	II 2896,97	M	30	—
II 3230,59	M	220	—	II 2859,83	M	30	—
II 3223,31	M	60	—	II 2855,41	M	24	—
II 3220,73	M	85	—	II 2848,37	M	26	—
II 3214,45	M	26	—	II 2838,72	M	38	—
II 3205,15	M	22	—	II 2833,93	M	26	—
II 3200,57	M	30	—	II 2820,19	M	40	—
II 3185,26	M	24	—	II 2804,37	M	30	
II 3183,42	M	40	3,95	II 2802,53	M	22	4,42
II 3181,92	M	85	—	III 2792,52	M	6	—
II 3181,68	M	32	—	II 2778,97	M	22	—
II 3154,28	M	40	—	II 2769,98	M	50	—
II 3144,33	M	24	—	II 2755,64	M	22	—
II 3141,13	M	40	4,00	II 2754,96	M	22	—
II 3132,78	M	46	—	II 2750,18	M	30	—
II 3132,51	M	28	—	II 2739,30	M	26	—
II 3122,67	M	75	—	III 2698,39	M	6	—
II 3113,54	M	30	—	II 2672,26	M	32	—
II 3106,79	M	22	4,04	II 2670,26	M	48	—
II 3099,19	M	36	—	III 2637,81	M	3,5	—
II 3084,03	M	60	4,02	II 2595,03	M	12	—
II 3082,08	M	70	—	II 2592,57	M	13	—
II 3073,34	M	60	4,03	II 2586,73	M	28	—
II 3072,53	M	55	—	III 2464,63	M	6	—
II 3070,74	M	44	—	II 2446,39	M	14	5,07
II 3066,23	M	22	—	III 2396,38	M	7	—
3036,21	M	30	—				

99 Es

λ	B		eV	λ	B		eV
3988,28	S	10	—	3602,42	S	1000	—
3965,16	S	10	—	3547,72	S	300	—
3936,96	S	30	—	3498,17	S	100	—
3728,39	S	100	—	3300,04	S	10	—
3669,92	S	1000	—				

λ	B		eV	λ	B		eV

63 Eu

λ	B		eV	λ	B		eV
I 7887,98	M	6	3,80	I 6350,03	M	8	3,55
I 7746,20	M	12	3,66	I 6335,80	M	5	3,57
I 7742,58	M	10	3,80	II 6303,41	M	15	3,25
I 7583,91	M	26	3,57	I 6299,78	M	11	3,59; 4,03
I 7528,70	M	8	3,80	I 6291,34	M	4	1,97
I 7436,59	M	3,5	4,37	I 6266,96	M	3,5	1,98
II 7426,57	M	50	2,95	I 6262,28	M	16	3,62
II 7370,26	M	120	3,00	I 6250,49	M	3,5	3,59
I 7369,69	M	9	3,66	I 6233,74	M	6	3,98
I 7362,25	M	1,8	3,57	I 6195,06	M	9	3,62
I 7336,28	M	9	3,66	I 6188,10	M	17	3,67
I 7313,65	M	2,0	3,59	I 6178,76	M	7	4,40
II 7301,16	M	90	2,95	II 6173,04	M	22	3,33
I 7281,56	M	1,8	4,36	I 6124,70	M	4	3,97
I 7262,80	M	5	3,62	I 6118,79	M	8	4,02
I 7258,73	M	2,5	4,39	I 6108,17	M	4	4,43
I 7224,70	M	1,8	4,37	I 6099,39	M	16	3,67
II 7217,58	M	95	2,95	I 6083,89	M	16	3,75; 4,72
II 7194,83	M	95	3,00	I 6077,40	M	2,0	3,98; 4,47
I 7175,50	M	5	3,67	I 6075,60	M	6	3,95
I 7164,67	M	1,0	4,39	I 6057,36	M	9	3,99
I 7106,48	M	17	1,74	II 6049,53	M	28	3,33
II 7077,11	M	55	3,00	I 6044,70	M	4	3,94
I 7074,56	M	2,0	3,75	I 6029,01	M	11	3,97
I 7040,19	M	20	3,57	I 6023,17	M	4	3,94
I 6903,71	M	7	4,49	I 6018,19	M	28	2,06
I 6864,56	M	42	1,81	I 6015,60	M	4	4,47
I 6816,10	M	13	3,80	I 6012,58	M	7	3,95
I 6802,79	M	16	3,57	I 6012,22	M	4	3,99
I 6782,59	M	3,5	3,82	I 6005,64	M	1,0	4,00
I 6744,96	M	3,5	3,83	I 6004,32	M	4	3,94
I 6693,98	M	11	3,85	I 5992,87	M	16	4,06
I 6685,27	M	3,0	3,66	I 5972,78	M	11	4,02; 4,53; 3,95
II 6645,17	M	160	3,25	I 5967,13	M	32	3,75; 3,98
I 6603,60	M	1,2	3,82	II 5966,08	M	22	3,33
I 6593,82	M	3,0	3,82	I 5963,79	M	6	3,99
I 6567,88	M	5	3,83	I 5926,56	M	1,8	4,09
I 6519,61	M	4	3,85	I 5915,78	M	5	4,03
I 6501,56	M	3,0	3,82	I 5891,33	H	20	4,54
I 6457,98	M	8	3,83	II 5873,00	M	6	3,36
II 6437,67	M	55	3,25	I 5831,05	M	40	3,83
I 6428,28	M	3,5	3,82	II 5818,75	M	11	3,36
I 6411,36	M	9	3,82	I 5800,27	M	4	3,85; 4,57; 4,54
I 6410,09	M	12	3,54	I 5783,69	M	12	3,95
I 6406,12	M	2,5	3,57	I 5765,20	M	22	2,15
I 6400,94	M	8	3,55	I 5739,00	M	4	4,57
I 6383,87	M	5	3,82	I 5730,87	M	4	3,83
I 6382,72	M	3,5	3,82	I 5684,27	M	1,8	4,59
I 6369,25	M	4	3,59; 3,84	I 5673,84	M	4	3,82
I 6355,87	M	4	3,62	I 5645,80	M	14	2,20

λ	B		eV	λ	B		eV
I 5632,55	M	5	3,82	I 5114,36	M	11	4,04
I 5622,45	M	4	3,95	I 5033,55	M	6	4,44
I 5618,81	M	2,5	3,85; 3,82	I 5029,55	M	7	4,27
I 5586,80	M	5	3,86; 4,28	I 5022,91	M	11	4,27
I 5586,24	M	6	3,84	I 5013,17	M	12	4,28
I 5580,05	M	8	3,86	I 4938,31	H	25	4,66
I 5579,64	M	5	4,03; 3,82	I 4911,40	M	12	4,27
I 5577,13	M	13	3,89	I 4907,18	M	10	4,27
I 5570,34	M	10	3,93	I 4762,91	H	6	4,51
I 5547,45	M	13	3,84	4758,73	H	6	—
I 5542,54	M	2,0	4,39	I 4755,94	H	6	4,52; 4,55
I 5526,62	M	2,0	3,86	I 4741,78	H	1	4,53
I 5510,53	M	8	3,99	I 4740,50	M	1,8	4,28
I 5495,19	M	3,0	3,86	I 4739,17	H	8	4,26
I 5488,66	M	8	3,86	I 4736,59	H	6	4,36
I 5472,32	M	6	3,93	I 4718,62	H	6	4,57
I 5452,96	M	17	3,89	I 4717,21	H	6	4,52
I 5451,53	M	25	3,98; 4,47	I 4713,60	M	2,0	4,57
I 5443,57	M	2,5	4,19; 4,47	I 4698,13	H	30	4,55
I 5426,92	M	6	4,23	I 4692,64	H	6	4,52
I 5421,08	M	3,5	4,35	I 4688,23	H	10	4,28
I 5411,84	M	3,0	4,44	I 4685,25	H	2	4,54
I 5402,77	M	30	3,93	I 4661,89	M	550	2,66
I 5392,93	M	8	4,19	I 4660,36	H	5	4,55
I 5376,92	M	7	4,37	I 4656,73	H	5	4,57
I 5361,61	M	8	4,31	II 4644,24	H	5	—
I 5360,82	M	4	4,19	I 4627,24	M	650	2,68
I 5357,61	M	36	3,98	I 4625,30	H	5	4,61
I 5355,09	M	6	4,37	I 4611,52	H	5	4,49
I 5352,81	M	2,5	4,54	I 4594,04	M	750	2,70
I 5351,68	M	5	4,23	I 4526,68	H	10	4,72
I 5350,40	M	2,0	4,54	II 4522,58	M	200	2,95
I 5303,86	M	6	4,40	II 4464,96	M	5	6,16
I 5294,60	M	8	4,29; 4,54	II 4435,60	M	900	3,00
I 5291,26	M	8	4,73	II 4434,81	M	8	6,16
I 5289,26	M	4	4,54	I 4417,25	H	6	4,61
I 5287,24	M	3,5	3,98	I 4387,88	M	6	4,46
I 5282,81	M	10	4,28	II 4383,16	M	5	6,16
I 5272,48	M	7	4,02	I 4370,45	H	6	4,90
I 5271,94	M	26	4,28; 3,99	II 4355,10	M	16	6,09
I 5266,40	M	13	4,06	I 4354,80	H	10	4,46
I 5249,15	H	6	4,31	I 4345,90	H	8	4,47
I 5248,64	H	8	4,76	I 4337,67	M	6	4,53
I 5239,22	M	8	3,98; 4,34	I 4331,19	M	2,5	4,46
I 5223,48	M	20	4,04; 4,76	I 4330,00	H	10	4,57
I 5217,02	H	12	4,35	I 4329,37	M	6	4,53
I 5215,10	M	50	4,09	I 4322,57	H	6	4,61
I 5213,38	H	15	4,02	I 4298,73	M	10	4,59
I 5200,94	M	7	4,36	II 4205,05	M 4000		2,95
I 5199,85	M	13	4,53	II 4129,73	M 2200		3,00
I 5166,70	M	14	4,02	I 4036,11	H	5	4,88
I 5160,08	M	18	4,04; 4,40	II 4017,58	M	10	4,40
I 5133,51	M	14	4,02	II 4011,69	M	12	6,09
I 5129,10	M	11	4,09	II 3971,99	M 2000		3,33
I 5124,77	M	6	4,39	II 3966,59	M	10	—

λ	B	eV	λ	B	eV
I 3961,14	H 5	4,87	I 3058,98	M 12	4,05
I 3955,74	M 4	5,08	II 3054,93	M 32	4,27
I 3949,59	M 4	4,76	II 2991,34	M 30	4,15
II 3943,10	M 8	6,08	II 2960,23	M 26	4,39
II 3930,51	M 2800	3,36	II 2952,68	M 20	4,41
I 3917,29	M 20	4,78	II 2925,05	M 85	4,44
II 3907,11	M 2400	3,37	I 2908,99	M 16	4,26
I 3884,76	M 13	5,00	II 2906,68	M 320	4,26
I 3865,57	M 16	5,14	I, II 2893,85	M 36	4,28; 4,28
II 3844,23	M 12	4,54	I 2893,03	M 14	4,28
II 3826,68	M 10	6,57	I 2892,54	M 20	4,28
II 3819,65	M 3400	3,24	I 2878,87	M 10	4,30
II 3815,50	M 10	—	II 2862,57	M 28	4,33
I 3811,33	M 10	5,00	II 2859,67	M 26	4,54
II 3799,01	M 11	4,54	II 2833,26	M 14	4,58
I 3774,09	M 3,5	5,34	II 2829,30	M 12	4,59
II 3761,12	M 22	4,61	II 2828,69	M 40	4,59
II 3741,31	M 30	4,69	II 2820,78	M 200	4,39
II 3724,94	M 1700	3,32	II 2816,18	M 55	4,61
II 3713,45	M 8	4,59	II 2813,95	M 340	4,41
II 3688,43	M 550	3,36	II 2811,75	M 22	4,62
II 3678,28	M 5	6,75	II 2802,86	M 190	4,63
II 3632,18	M 10	4,66	II 2781,90	M 48	4,46; 4,66
II 3629,81	H 4	6,74	II 2744,26	M 12	4,52
II 3622,55	M 10	4,80	II 2740,62	M 16	4,73
II 3606,70	H 5	4,69	II 2729,44	M 38	4,75
II 3603,22	M 16	4,72	II 2729,33	M 19	4,54
II 3552,52	M 19	4,81	II 2727,77	M 420	4,54
II 3542,15	M 16	4,73	II 2716,97	M 70	4,77
II 3521,11	M 50	6,77	I 2709,99	M 18	4,57
II 3461,38	M 14	4,81	II 2705,26	M 24	4,58
II 3441,00	M 16	4,85	II 2701,89	M 80	4,59
II 3425,00	M 16	5,00	II 2701,13	M 70	4,59
II 3396,57	M 30	6,98	II 2692,02	M 55	4,81
II 3391,99	M 20	4,90	II 2685,65	M 24	4,62
II 3369,05	M 15	5,00	II 2678,28	M 24	4,84
I 3350,40	M 12	3,70	II 2673,41	M 10	—
I 3334,32	M 100	3,72	II 2668,33	M 60	4,85
II 3321,86	M 10	5,11	II 2641,26	M 36	4,69
II 3313,33	M 15	6,73	II 2638,76	M 95	4,90
II 3308,02	M 15	6,75	II 2577,14	M 22	6,90
II 3301,95	M 16	6,75	II 2568,17	M 10	6,95
II 3277,78	M 22	6,72	II 2564,17	M 15	6,94
II 3272,77	M 16	6,73	III 2522,17	H 40	—
II 3266,39	M 11	6,73	III 2513,79	H 60	—
I 3247,53	M 11	3,82	III 2446,04	H 60	—
I 3241,40	M 10	3,82	III 2444,39	H 50	—
I 3213,74	M 44	3,86	III 2435,19	H 20	—
I 3212,79	M 110	3,86	III 2375,46	H 200	—
I 3210,57	M 44	3,86	III 2350,53	H 60	—
II 3130,75	M 12	—			
I 3111,43	M 95	3,98			
I 3106,18	M 32	3,99			
II 3097,46	M 12	4,21			
II 3077,36	M 22	4,03			

λ	B		eV	λ	B		eV

9 F

λ	B		eV	λ	B		eV
I 9734,34	C	2	15,95	I 7879,18	C	30	15,94
I 9505,30	C	2	15,88	I 7822,59	C	8	15,95
I 9433,67	C	20	15,89	I 7800,22	C	1500	14,61
I 9384,96	C	4	15,93	I 7754,70	C	1800	14,58
I 9314,34	C	6	15,94	I 7607,17	C	700	14,61
I 9235,38	C	5	15,95	I 7573,41	C	500	14,39
I 9229,40	C	2	15,88	I 7552,24	C	500	14,37
I 9178,68	C	35	15,93	I 7489,14	C	250	14,68
I 9151,78	C	18	15,88	I 7482,72	C	220	14,39
I 9122,63	C	4	15,88	I 7425,64	C	400	14,40
I 9102,33	C	5	15,94	I 7398,68	C	1000	14,37
I 9042,10	C	40	15,89	I 7331,95	C	500	14,39
I 9025,49	C	35	15,88	I 7314,30	C	70	17,06
I 9006,19	C	5	15,88	I 7311,02	C	1500	14,68
I 8912,78	C	30	15,93	I 7309,03	C	100	17,06
I 8910,27	C	14	15,94	I 7298,98	C	15	14,68
I 8900,92	C	100	15,89	I 7202,37	C	1500	14,74
I 8899,92	C	6	15,89	I 7127,89	C	3000	14,76
I 8849,06	C	7	15,94	I 7037,45	C	4500	14,74
I 8844,50	C	12	15,94	I 6966,35	C	400	14,76
I 8831,23	C	10	15,95	I 6909,82	C	600	14,54
I 8807,58	C	90	15,93	I 6902,46	C	1500	14,52
I 8799,36	C	7	15,93	I 6870,22	C	800	14,55
I 8792,50	C	3	18,47	I 6856,02	C	5000	14,50
I 8777,73	C	12	15,95	I 6834,26	C	900	14,54
I 8737,27	C	14	15,94	I 6795,52	C	150	14,55
I 8672,62	C	3	15,93	I 6773,97	C	700	14,52
I 8345,56	C	12	15,88	I 6708,28	C	40	14,54
I 8302,40	C	60	15,89	I 6690,47	C	180	14,58
I 8298,58	C	200	15,88	I 6650,40	C	40	14,61
I 8274,61	C	1500	15,88	I 6580,39	C	30	14,61
I 8232,19	C	500	15,89	I 6569,69	C	45	14,58
I 8230,77	C	350	15,88	I 6463,50	C	7	14,61
I 8214,73	C	235	15,88	I 6413,66	C	800	14,68
I 8208,63	C		15,89	I 6405,17	C	6	16,44
I 8197,73	C	6	15,91	I 6348,50	C	1000	14,68
I 8191,24	C	30	15,88	I 6254,69	C	8	16,56
I 8179,34	C	60	15,88	I 6239,64	C	1300	14,68
I 8159,51	C	30	14,54	I 6210,87	C	40	14,74
I 8129,26	C	60	15,91	I 6166,63	C	2	16,62
I 8126,56	C	35	15,89	I 6149,76	C	80	14,74
I 8077,52	C	35	15,93	I 6133,22	C	7	16,60
I 8075,52	C	90	15,93	I 6098,34	C	2	16,56
I 8040,93	C	100	14,52	I 6080,11	C	10	16,56
I 7956,32	C	30	15,94	I 6047,54	C	90	14,74
I 7954,09	C	6	15,95	I 6038,04	C	8	16,55
I 7948,52	C	4	14,54	I 6015,83	C	15	16,56
I 7936,31	C	35	15,93	I 6014,03	C	4	16,60
I 7930,93	C	22	15,93	I 5994,42	C	5	16,44
I 7898,59	C	50	15,95	I 5986,63	C	3	16,62

λ	B		eV	λ	B		eV
I 5965,28	C	7	16,60	II 3059,96	I	100	29,16
I 5959,19	C	2	16,62	II 3058,14	I	70	29,17
I 5707,31	C	2	16,56	III 3049,14	I	100	46,71
I 5700,82	C	2	16,56	III 3042,81	I	200	46,71
I 5671,67	C	9	16,55	III 3039,25	I	70	51,22
I 5667,53	C	4	16,56	III 2994,27	I	100	52,72
II 5173,16	I	20	32,10	III 2932,48	I	100	43,55
II 4859,37	I	70	29,20	III 2916,34	I	200	43,57
II 4447,18	I	300	31,55	III 2913,28	I	100	43,54
II 4446,71	I	200	31,55	III 2889,45	I	100	43,57
II 4299,18	I	200	29,54	III 2887,56	I	100	43,55
II 4275,21	I	100	—	III 2860,31	I	150	49,01
II 4246,16	I	800	31,56	III 2835,61	I	150	48,54
II 4207,16	I	70	31,40	III 2833,96	I	100	48,51
II 4119,22	I	70	29,28	IV 2826,13	S	20	56,10
II 4116,55	I	70	29,28	III 2811,42	I	200	44,68
II 4109,17	I	100	29,28	III 2788,09	I	40	44,67
II 4103,87	I	100	28,77	III 2759,59	I	200	47,13
II 4103,72	I	100	28,77	III 2755,56	I	70	47,14
II 4103,53	I	800	28,77	V 2707,17	S	5	81,67
II 4103,09	I	200	28,77	III 2629,69	I	100	51,43
II 4025,50	I	800	25,74	III 2625,00	I	70	51,43
II 4025,01	I	200	25,74	III 2599,23	I	100	48,06
II 4024,73	I	1000	25,74	III 2595,49	I	70	48,04
II 3939,03	I	70	32,91	III 2583,76	I	70	48,37
II 3851,67	I	200	25,11	III 2484,36	I	150	44,31
II 3849,99	I	800	25,11	III 2470,28	I	70	47,66
II 3847,09	I	1000	25,12	III 2464,83	I	100	44,31
II 3704,51	I	100	32,89	IV 2456,92	S	20	61,14
II 3642,80	I	70	32,84	III 2452,07	I	70	44,31
II 3641,99	I	100	32,84	V 2450,63	S	5	70,10
II 3640,89	I	150	32,84	III 2441,62	I	100	48,37
II 3602,85	I	100	32,90	IV 2435,62	S	5	61,10
II 3601,40	I	70	32,88	VI 2327,28	IE	50	97,96
II 3598,70	I	70	32,89	VI 2323,31	IE	70	97,97
II 3590,63	I	70	35,02	VI 2315,37	IE	150	97,99
II 3577,23	I	10	33,01	IV 2298,29	S	20	57,10
II 3541,94	I	100	33,04	V 2252,72	S	5	82,59
II 3541,77	I	150	29,76	I 973,89	C	4	12,73
II 3536,84	I	70	29,77	I 958,52	C	5	12,99
II 3505,61	I	800	28,66	I 955,54	C	7	13,03
II 3503,10	I	300	28,66	I 954,82	C	10	12,99
II 3502,95	I	100	28,66	I 951,87	C	5	13,03
II 3501,42	I	200	28,66	I 809,60	C	1	15,36
II 3474,80	I	70	32,85	I 806,96	C	2	15,36
II 3264,16	I	70	33,02	V 757,08	S	10	43,07
II 3202,74	I	200	30,52	IV 679,22	S	1000	18,32
III 3174,73	I	200	44,12	IV 679,00	S	400	18,33
III 3174,13	I	300	44,16	IV 677,22	S	800	18,32
III 3146,96	I	100	43,26	IV 676,13	S	600	18,32
III 3134,21	I	100	43,24	III 658,34	S	300	18,83
III 3124,76	I	100	43,22	V 657,34	S	10	18,95
III 3121,52	I	300	43,29	III 656,86	S	250	18,87
III 3115,67	I	200	43,25	III 656,10	S	200	18,89
III 3113,58	I	100	43,24	VI 646,36	S	5	31,25

	λ		B	eV		λ		B	eV
III	630,19	S	70	26,06	III	261,72	S	70	51,59
II	608,06		80	20,44	III	255,86	S	70	48,45
II	607,48		70	20,48	IV	251,03	S	200	52,51
II	606,95		40	20,48	IV	240,37	S	80	51,65
II	606,81		90	20,44	IV	240,27	S	80	51,62
II	606,27		70	20,50	IV	240,15	S	80	51,65
II	605,67		80	20,48	IV	240,08	S	150	51,71
IV	572,65	S	1000	21,72	IV	240,02	S	80	51,65
IV	571,38	S	800	21,72	IV	239,86	S	80	51,71
IV	571,30	S	600	21,73	IV	233,22	S	40	62,39
IV	570,64	S	600	21,72	IV	226,94	S	40	72,95
III	567,74	S	150	26,07	IV	220,76	S	80	62,79
III	567,68	S	200	26,06	IV	214,06	S	80	61,04
II	547,87		30	22,67	IV	213,85	S	80	61,09
II	546,84		40	22,67	IV	208,25	S	150	62,65
VI	535,20	S	200	23,16	V	205,55	S	10	79,26
III	508,38	S	200	30,78	IV	201,22	S	40	61,68
V	508,08	S	10	24,49	IV	201,16	S	100	61,70
IV	498,79	S	80	43,18	IV	201,10	S	40	61,67
IV	497,80	S	40	43,23	IV	201,06	S	80	61,68
IV	497,36	S	20	43,26	IV	201,01	S	40	61,67
IV	491,00	S	1000	28,37	IV	200,09	S	80	62,03
IV	490,57	S	400	31,91	IV	196,45	S	40	72,34
II	484,65		100	28,17	V	191,97	S	10	89,06
II	472,71		40	26,26	V	190,84	S	70	65,05
II	471,99		40	26,25	V	190,57	S	40	65,05
V	467,00	S	20	26,64	V	186,84	S	20	77,09
V	465,98	S	70	26,69	V	178,43	S	20	88,42
V	465,37	S	40	26,64	V	166,18	S	200	74,69
III	465,11	S	200	33,05	V	165,98	S	150	74,68
V	464,37	S	20	26,69	V	163,56	S	20	86,53
III	464,28	S	150	33,09	VI	156,25	S	40	102,50
IV	430,76	S	800	31,91	VI	153,88	S	10	92,64
III	430,22	S	100	33,04	VI	148,65	S	10	117,43
III	430,15	S	250	33,05	V	148,00	S	20	83,85
III	429,51	S	200	33,08	VI	146,68	S	10	115,77
IV	420,73	S	1000	29,54	VI	139,90	S	70	100,68
IV	420,04	S	800	29,54	VI	139,80	S	6	100,68
IV	419,64	S	600	29,54	VI	139,76	S	20	100,68
III	365,87	S	70	40,27	V	134,54	S	20	92,23
III	343,89	S	70	40,27	VII	127,80	S	20	111,04
III	341,92	S	70	42,64	VII	127,65	S	10	111,03
III	322,69	S	70	42,64	VI	126,92	S	20	97,66
III	322,65	S	100	42,64	VII	112,98	S	5	109,72
III	315,75	S	40	39,26	VII	112,94	S	10	109,76
III	315,54	S	70	39,28	VIII	98,80		—	856,89
III	315,22	S	100	39,32	VIII	98,71		—	856,89
III	279,69	S	70	48,54					
IV	270,22	S	40	52,51					
III	263,81	S	100	51,22					

λ	B A	S	eV	λ	B A	S	eV
				I 9012,10	30	—	6,36
I 11973,07	8	—	3,21	I 8999,56	M 2,5	—	4,21
I 11884,10	3	—	3,26	I 8975,41	10	—	4,37
I 11882,86	7	—	3,24	I 8945,20	20	—	6,41
I 11783,27	6	—	3,88	I 8866,96	M 1,0	—	5,94
I 11689,99	8	—	3,28	I 8838,43	30	—	4,26
I 11638,28	7	—	3,24	I 8824,23	M 40	—	3,60
I 11607,59	12	—	3,26	I 8804,62	10	—	3,69
I 11593,60	5	—	3,29	I 8793,38	120	—	6,01
I 11439,13	15	—	3,92	I 8764,00	100	—	6,06
I 11422,33	6	—	3,28	I 8757,19	25	—	4,26
I 11374,09	3	—	3,26	I 8710,29	20	—	6,33
I 11119,81	10	—	3,95	I 8688,63	150	—	3,60
I 10863,60	5	—	5,87	I 8674,75	60	—	4,26
I 10532,21	10	—	5,10	I 8661,91	M 35	—	3,65
I 10469,59	20	—	5,07	I 8621,61	10	—	4,39
I 10395,81	8	—	3,36	I 8611,81	40	—	4,29
I 10340,90	4	—	3,39	I 8582,27	15	—	4,44
I 10216,35	100	—	5,94	I 8515,08	20	—	4,47
I 10145,60	30	—	6,01	I 8514,07	150	—	3,65
I 10065,08	20	—	6,06	I 8468,41	M 1,2	—	3,69
I 9889,08	40	—	6,28	I 8439,60	20	—	6,01
I 9861,79	30	—	6,31	I 8387,78	M 3,5	—	3,65
I 9800,33	20	—	6,34	I 8365,64	25	—	4,73
I 9763,91	15	—	6,30	I 8339,43	80	—	5,92
I 9763,45	15	—	6,38	I 8331,94	M 0,9	—	5,87
I 9738,62	200	—	6,26	I 8327,06	M 4	2	3,68
I 9653,14	20	—	6,01	I 8293,53	20	—	4,79
I 9626,56	30	—	6,31	I 8248,15	30	—	5,88
I 9569,96	40	—	6,28	I 8239,13	8	—	3,93
I 9414,14	20	—	6,37	III 8236,75	—	C 8	27,24
I 9372,90	6	—	3,87	III 8235,45	—	C 9	27,24
I 9362,37	12	—	3,61	I 8232,35	50	—	5,92
I 9359,42	6	—	3,88	I 8220,41	M 3,0	3	5,82
I 9350,44	10	—	5,87	I 8207,77	40	—	5,97
I 9259,05	15	—	6,24	I 8198,95	80	—	5,94
I 9258,31	20	—	5,94	I 8085,20	M 1,0	1	5,97
I 9210,03	6	—	4,19	I 8047,60	15	—	2,40
I 9146,14	6	—	3,94	I 8046,07	M 1,2	1	5,95
I 9118,89	20	—	4,19	I 8028,34	50	—	6,01
I 9100,47	5	—	6,28	I 7998,97	M 1,4	1	5,92
I 9089,41	30	—	4,31	I 7994,47	6	—	—
I 9088,32	40	—	4,21	I 7945,88	M 1,4	2	5,94
I 9079,60	8	—	6,01	I 7941,09	5	—	4,83
I 9024,47	15	—	6,28	I 7937,17	M 1,4	1	5,87

26 Fe[1])

---

[1] In column three, the light source is a spark; in column two, an arc. The intensity of Fe II lines shorter than 2250 Å is taken from Moore's tables {3}.

	λ	B A	B S	eV		λ	B A	B S	eV
I	7912,87	5	—	2,42	I	7239,88	25	20	5,92
I	7832,22	M 1,4	—	6,01	I	7228,69	8	—	4,47
I	7780,59	M 1,0	1	6,06	II	7224,51	—	12	5,60
I	7751,13	5	—	6,59	I	7223,67	20	—	4,73
I	7748,28	M 1,0	—	4,55	II	7222,39	—	15	5,60
II	7711,73	25	15	5,51	I	7221,23	10	8	6,27
I	7710,39	10	—	5,82	I	7219,69	12	18	5,79
I	7664,30	M 0,1	—	4,61	I	7212,48	8	—	6,68
I	7661,22	M 0,2	—	5,87	I	7207,41	M 1,2	300	5,87
I	7653,76	80	—	6,42	I	7194,92	8	—	6,74
I	7620,54	M 0,3	—	6,36	II	7193,23	—	8	7,94
I	7586,04	M 1,0	—	5,94	I	7189,17	7	8	4,79
I	7583,80	M 0,4	—	4,65	I	7187,34	M 2,0	300	5,82
I	7568,92	30	—	5,92	I	7181,93	8	—	6,64
I	7531,17	M 0,5	—	6,01	I	7176,89	10	—	6,73
II	7515,88	—	8	5,55	I	7175,94	8	—	6,29
I	7511,04	M 3,0	1	5,82	I	7164,47	M 0,8	100	5,92
I	7507,28	40	—	6,06	I	7155,64	10	—	6,74
I	7495,09	M 1,8	—	5,87	I	7151,49	8	—	4,22
I	7491,68	20	—	5,95	I	7145,32	15	10	6,34
I	7476,30	12	—	6,45	I	7142,52	12	8	6,69
II	7462,38	3	20	5,55	II	7134,99	—	5	7,94
II	7449,34	—	6	5,55	I	7132,99	15	10	5,81
I	7445,78	M 1,4	—	5,92	I	7130,94	M 0,6	80	5,95
I	7443,02	8	—	5,85	I	7107,46	5	8	5,92
I	7440,98	18	—	6,58	I	7095,42	8	—	5,95
I	7430,87	5	—	6,27	I	7090,40	50	25	5,97
I	7418,67	10	—	5,81	I	7083,40	5	—	6,66
I	7411,18	M 0,7	—	5,95	I	7068,41	40	30	5,82
I	7401,69	10	—	5,86	II	7067,44	—	10	—
I	7389,42	M 0,6	80	5,97	I	7038,25	7	20	5,97
I	7386,40	40	25	6,59	I	7024,65	15	8	6,33
I	7382,92	6	—	6,29	I	7024,08	5	—	5,84
	7376,46	10	—	—	I	7022,98	40	30	5,95
	7376,43	8	—	—	I	7016,44	100	25	5,92
I	7363,95	8	—	6,64	I	7016,07	20	—	4,19
I	7351,56	18	7	6,64	I	7008,01	9	—	5,94
I	7351,16	8	7	6,68	I	6999,90	25	—	5,87
II	7334,66	—	8	8,95	I	6988,53	8	—	4,18
I, II	7320,70	25	18	6,61; 6,24 5,58	I	6978,86	M 0,3	12	4,26
I	7311,10	60	25	5,97	I	6951,26	10	—	6,34
II	7310,24	—	6	5,58	I	6945,21	M 0,4	20	4,21
II	7307,96	30	—	5,83; 5,58	I	6933,63	5	—	5,92; 4,22
I	7306,61	25	12	5,87	I	6916,70	35	5	5,94
I	7300,47	8	—	6,69	I	6885,77	10	8	6,45
I	7294,98	5	—	6,31	I	6862,48	7	—	6,37
I	7293,07	100	50	5,95	I	6858,16	15	15	6,42
I	7288,76	30	20	5,92	I	6857,25	5	5	5,88
II	7287,36	—	6	7,92	I	6855,18	60	80	6,37
I	7284,84	15	15	5,84	I	6843,67	30	35	6,36
I	7282,39	5	—	6,71	I	6842,67	8	5	6,45
II	7264,99	—	10	7,92	I	6841,35	50	50	6,42
I	7261,54	18	10	6,26	I	6828,61	18	25	6,46
I	7254,65	10	8	—	I	6820,38	10	7	6,46
I	7244,86	18	—	6,67	I	6810,25	15	18	6,43

λ	B A	B S	eV	λ	B A	B S	eV
I 6806,85	8	7	4,55	I 6315,31	5	—	6,10
I 6804,02	7	—	6,48	II 6305,32	—	15	8,17
I 6752,73	9	12	6,48	I 6302,51	15	15	5,65
I 6750,15	50	18	4,26	I 6301,51	50	50	5,62
I 6733,17	5	—	6,48	I 6297,80	10	15	4,19
I 6726,67	20	—	6,45	I 6290,98	5	—	6,70
I 6717,56	5	—	6,45	I 6265,14	M 0,2	5	4,16
I 6715,41	5	—	6,46	I 6256,37	8	—	4,44
I 6705,12	12	12	6,46; 6,80	I 6254,26	10	—	4,26
I 6703,57	7	5	4,61	I 6252,56	M 1,2	25	4,39
I 6677,99	M 1,8	150	4,55	II 6247,56	—	8	5,87
I 6663,44	70	25	4,29	I 6246,33	20	20	5,58
I 6633,77	60	25	6,43	II 6238,37	—	2	5,87
II 6627,28	—	5	9,14	I 6232,65	5	5	5,64
I 6609,12	25	12	4,44	I 6230,73	M 2	50	4,55
I 6597,61	10	—	6,68	6227,24	5	—	—
I 6593,87	30	18	4,31	I 6219,29	40	5	4,19
I 6592,92	M 0,9	80	4,61	I 6213,43	20	—	4,22
II 6586,69	—	5	—	I 6200,32	15	—	4,61
I 6575,02	12	15	4,47	III 6194,75	—	C 7	24,74
I 6569,22	50	25	6,62	I 6191,56	M 2,0	20	4,44
I 6546,24	M 0,4	50	4,65	III 6185,26	—	C 9	24,94
I 6518,37	10	7	4,73	I 6180,22	6	—	4,73
II 6517,01	—	5	—	II 6179,38	—	1	7,56
II 6516,05	—	20	4,79	II 6175,16	—	3	8,23
II 6506,33	—	5	—	I 6173,34	18	—	4,23
I 6496,46	10	—	6,70	I 6170,50	15	—	6,80
I 6494,98	M 3,0	150	4,31	III 6169,74	—	C 9	24,75
II 6493,05	—	8	—	I 6157,73	15	—	6,08
I 6481,88	12	80	4,19	I 6151,62	8	—	4,19
I 6475,63	8	8	4,47	III 6149,99	—	C 9	24,94
I 6469,21	8	5	6,75	II 6149,24	—	4	5,90
I 6462,73	20	7	4,37	I 6147,85	5	6	6,09
II 6456,38	—	8	5,82	II 6147,73	—	6	5,90
II 6446,43	—	20	8,14	I 6141,74	10	—	5,62
II 6442,93	—	6	—	I 6137,70	M 2,0	—	4,61
II 6432,65	—	2	4,82	I 6136,62	M 3,0	—	4,47
I 6430,85	M 1,0	80	4,11	I 6127,91	8	—	6,17; 6,30
I 6421,35	M 0,8	40	4,21	II 6103,54	—	2	8,25
I 6419,98	18	15	6,67	I 6103,18	8	—	6,87
I 6411,66	M 1,0	80	5,58	I 6102,18	15	20	6,87
I 6408,03	50	30	5,62	II 6084,11	—	1	5,24
I 6400,01	200	150	5,54	I 6078,48	8	6	6,84
I 6393,60	M 1,0	80	4,37	I 6065,49	M 1,2	30	4,65
II 6385,47	—	5	—	III 6057,13	—	C 8	24,59
II 6383,75	—	3	—	III 6056,36	—	C 9	24,59
I 6380,75	25	8	6,12	I 6056,00	10	—	6,77
I 6358,70	8	6	2,81	III 6054,18	—	C 11	24,59
I 6355,03	15	8	4,79	III 6048,72	—	C 11	24,59
I 6344,15	5	2	4,39	III 6047,91	—	C 7	24,59
I 6336,83	60	35	5,64	III 6047,73	—	C 7	22,93
I 6335,34	50	20	4,16	II 6045,50	—	6	8,26
II 6331,97	—	12	8,16	III 6042,94	—	C 7	25,58
I 6322,69	8	8	4,55	III 6036,56	—	C 13	24,59
I 6318,02	M 0,5	25	4,42	III 6032,59	—	C 16	26,46; 20,87

λ		B		eV	λ		B		eV
		A	S				A	S	
III	6031,02	—	C 9	26,46	III	5891,91	—	C 15	20,61
III	6028,87	—	C 7	25,57; 22,93	II	5891,36	—	8	9,37
I	6024,06	M 0,8	20	6,61	I	5883,85	15	10	6,06
I	6021,83	300	—	6,34; 4,26	I	5879,99	6	—	6,67
III	6020,78	—	C 6	26,46		5879,78	8	—	—
I	6020,18	8	10	6,67		5878,00	5	—	—
I	6016,65	100	—	5,60	III	5876,26	—	C 9	24,65
III	6015,29	—	C 8	26,46		5875,37	15	—	—
	6013,50	100	—	—	I	5873,22	8	2	6,37
I	6008,58	18	10	5,94		5869,77	10	—	—
I	6007,97	10	10	6,72	I	5862,36	35	35	6,66
I	6003,03	30	15	5,94	I	5859,61	15	12	6,67
I	5999,95	10	—	—	I	5859,20	6	2	6,42
III	5999,54	—	C 18	20,88	I	5856,08	8	3	6,41
II	5991,38	—	10	5,22	III	5854,62	—	C 10	24,65
III	5989,08	—	C 12	25,67	III	5848,76	—	C 9	24,86; 26,52
I	5987,05	25	12	6,87		5845,87	8	—	—
I	5984,80	50	20	6,80		5842,48	6	—	—
III	5984,54	—	C 7	25,67	III	5838,04	—	C 7	26,53
I	5983,70	35	12	6,62		5834,78	6	—	—
III	5981,01	—	C 9	25,67	III	5833,93	—	C 18	20,63
III	5979,32	—	C 12	20,89		5830,59	5	—	—
I	5975,36	10	10	6,14; 6,91		5825,69	6	—	—
I	5969,55	5	—	6,36	III	5821,38	—	C 7	27,16
II	5962,4	—	6	—	III	5818,49	—	C 8	25,44
I	5956,70	12	—	2,94	III	5817,43	—	C 7	24,74
III	5953,62	—	C 14	20,87	I	5816,38	15	10	6,68
I	5952,74	8	—	6,06	I	5806,73	10	5	6,74
III	5952,31	—	C 10	20,87	III	5795,87	—	C 8	25,06
I	5940,97	6	—	6,26	I	5791,04	6	2	5,35
III	5940,10	—	C 8	24,75; 24,63		5789,65	8	—	—
III	5938,90	—	C 7	25,40	III	5788,79	—	C 8	27,17
I	5934,68	15	12	6,01	I	5775,09	12	2	6,37
I	5930,19	30	10	6,74	I	5763,01	M 0,7	35	6,35
III	5929,69	—	C 18	20,60; 25,41	III	5756,38	—	C 10	24,69
I	5927,81	10	—	6,74	I	5753,14	40	20	6,42
III	5920,99	—	C 5	20,88	I	5752,06	8	2	6,70
III	5920,39	—	C 7	20,88	III	5744,19	—	C 9	24,69
III	5920,13	—	C 10	20,88	III	5733,41	—	C 8	24,70
III	5919,90	—	C 7	24,63	I	5731,77	10	3	6,42
III	5918,96	—	C 9	24,75	I	5717,84	10	2	6,45
III	5918,06	—	C 7	27,14; 25,41	III	5712,92	—	C 7	24,71; 27,23
I	5916,25	25	4	4,55	I	5709,39	100	—	5,54
I	5914,16	50	25	6,70	I	5705,98	15	10	6,78
	5912,83	10	—	—	III	5705,15	—	C 7	27,20
	5910,60	5	—	—	I	5701,55	50	25	4,73
	5908,41	5	—	—	I	5686,52	10	8	6,73
I	5908,25	8	—	4,58	I	5667,52	5	3	—
	5906,01	6	—	—	I	5662,52	50	50	6,37
I	5905,68	12	8	6,75	I	5658,83	M 1,2	80	5,58
II	5903,6	—	8	—	I	5658,54	30	2	5,62
I	5902,53	6	—	6,69	I	5655,50	10	5	7,22; 6,45
III	5901,33	—	C 7	20,89	I	5641,46	15	8	6,46
III	5900,70	—	C 7	20,89	I	5638,27	40	20	6,42
III	5898,68	—	C 9	24,64	I	5633,96	20	10	7,19

	λ	B		eV		λ	B		eV
		A	S				A	S	
	5630,35	5	2	—	I	5455,43	50	—	6,59
I	5624,55	M 1,0	125	5,62		5449,78	10	—	—
I	5618,64	10	8	6,42	I	5446,92	M 6	35	3,26
I	5615,65	M 5	300	5,54	I	5445,04	M 1	—	6,66
I	5602,96	M 0,8	35	5,64	I	5436,59	5	—	4,56
I	5602,18	8	8	6,37	I	5434,53	M 5	35	3,29
I	5598,29	20	—	6,87	I	5429,70	M 8	40	3,24
I	5594,66	10	—	6,76	II	5427,83	—	8	—
I	5587,58	6	—	6,36	I	5424,08	M 3,5	20	6,61
I	5586,76	M 4	50	5,58	I	5415,21	M 3	20	6,68
I	5584,76	25	2	5,79	I	5410,91	M 1,8	10	6,76
I	5576,11	M 0,7	—	5,65	I	5409,13	10	—	6,66
III	5573,47	—	C 8	16,40	I	5405,78	M 7	70	3,28
I	5573,10	8	—	6,42	I	5404,15	M 3,5	35	6,61; 6,73
I	5572,85	M 3	25	5,62	I	5403,82	30	—	6,37
I	5569,63	M 2	15	5,64	I	5400,50	125	—	6,67
II	5567,81	—	2	—	I	5398,28	70	—	6,74
I	5567,40	30	—	4,83	I	5397,13	M 7	50	3,21
I	5565,70	70	—	6,84	I	5393,18	M 2	10	5,54
I	5563,60	100	5	6,42	I	5391,47	25	—	6,46
I	5562,71	15	—	5,51; 6,66	I	5389,46	60	—	6,72
I	5560,22	5	—	6,67	I	5383,37	M 3	40	6,62
I	5554,89	100	—	6,78	I	5379,58	35	—	5,99
I	5553,58	6	—	6,67		5378,86	5	—	—
I	5546,49	40	—	6,61	I	5376,85	5	—	6,60
I	5543,93	10	—	6,46	III	5375,47	—	C 11	25,44
I	5543,18	25	—	5,93	I	5373,71	15	—	6,78
I	5539,28	30	—	5,87	III	5372,41	—	C 7	24,59
I	5538,57	50	—	6,46; 5,87	I	5371,50	M 12	—	3,26
I	5535,41	50	—	6,43; 5,49	I	5369,96	M 2	20	6,68
I	5534,66	20	—	6,40; 5,87	III	5368,06	—	C 10	25,41
I	5525,55	40	2	6,48	I	5367,46	M 1,4	15	6,73
I	5522,46	8	—	6,46	I	5365,41	40	—	5,88
	5514,63	50	10	—	I	5364,88	M 1,2	10	6,76
I	5506,78	M 2,0	10	3,24	III	5363,76	—	C 12	25,42; 25,40
I	5505,88	9	—	6,67	III	5363,35	—	C 8	25,40
I	5501,47	M 1,0	—	3,21	II	5362,86	—	15	5,51
I	5497,52	M 1,0	5	3,26		5362,75	6	—	—
I	5487,77	10	—	6,40	III	5360,26	—	C 3	24,59
I	5487,14	50	5	6,68	III	5353,77	—	C 12	25,50
I	5483,12	15	—	6,42	I	5353,39	60	2	6,42
I	5481,46	5	—	6,45	III	5346,88	—	C 11	24,94; 27,16
I	5481,25	5	—	6,37	I	5343,47	12	—	—
I	5480,87	10	—	6,48	I	5341,02	M 1,8	15	3,92
I	5476,58	80	—	6,37	III	5340,54	—	C 8	24,94
I	5476,29	12	—	6,41	I	5339,94	M 1,4	30	5,58
	5474,92	100	—	—	III	5334,34	—	C 7	25,44
I	5473,92	100	—	6,42	III	5330,73	—	C 8	24,94; 24,59
II	5466,94	—	5	—	I	5329,99	15	—	6,41
I	5466,41	25	—	6,64	III	5329,13	—	C 7	27,20
I	5464,28	6	—	6,41	I	5328,53	M 2,5	35	3,88
I	5463,28	100	—	6,70	I	5328,04	M 18	100	3,24
I	5462,97	50	—	6,74	I	5326,16	6	—	5,35; 5,90
III	5460,81	—	C 7	16,44	I	5324,18	M 7	70	5,54
I	5455,61	M 4	30	3,28	III	5322,74	—	C 10	24,63

	λ	B A	B S	eV		λ	B A	B S	eV
I	5322,05	30	—	4,61	I	5229,87	200	15	6,59; 5,65
I	5321,11	8	—	6,76	I	5228,41	15	6	6,59
I	5320,05	6	—	5,97	I	5227,19	M 12	60	3,93
II	5316,61	—	150	5,48	I	5226,87	200	15	5,41
I	5315,07	5	—	6,70	I	5225,53	60	—	2,48
III	5310,87	—	C 9	24,63	III	5222,42	—	C 7	24,59; 24,64
III	5309,92	—	C 7	24,94	III	5218,12	—	C 8	24,59; 27,13
I	5307,36	125	—	3,95					27,17
III	5306,76	—	C 10	20,60	I	5217,92	6	—	6,01
II	5303,42	25	25	10,52	I	5217,40	150	3	5,58
					I	5216,28	M 2,5	10	3,99
III	5302,59	—	C 14	20,60					
I	5302,31	M 2,5	—	5,62	I	5215,19	200	5	5,64
III	5299,92	—	C 12	20,60	I	5208,60	200	8	5,62
III	5298,11	—	C 11	24,64	I	5204,58	125	—	2,47
I	5298,78	12	—	5,98	I	5202,34	M 2,5	10	4,56
					I	5198,84	10	—	5,93
I	5293,97	8	—	6,49					
I	5290,79	15	—	6,66	I	5198,71	80	—	4,61
I	5288,53	30	—	6,03	II	5197,57	—	10	8,34; 5,61
	5287,92	100	20	—	I	5196,10	25	—	6,64
III	5284,82	—	C 12	24,65	I	5195,48	100	—	6,61
					I	5194,94	200	15	3,95
II	5284,09	—	70	5,23	III	5194,07	—	C 8	11,04
I	5283,63	M 4	40	5,58	I	5192,36	400	50	5,38
III	5282,29	—	C 16	20,61	I	5191,46	400	35	5,42
I	5281,80	M 2	20	5,38	I	5180,06	10	—	6,87
I	5280,36	15	—	5,98	I	5171,60	M 6	60	3,88
III	5276,47	—	C 15	20,61	II	5169,03	2	200	5,29
II	5275,99	—	7	5,55	I	5168,90	80	—	2,45
I	5273,38	50	4	4,83	I	5167,49	M 13	150	3,89
I	5273,18	80	4	5,64	I	5166,28	125	—	2,40
III	5272,98	—	C 14	24,65; 24,63	I	5165,42	50	—	6,62
III	5272,37	—	C 9	20,61	I	5164,56	70	—	6,84
I	5270,36	M 8	80	3,96	I	5162,29	300	—	6,58
I	5269,54	M 2	200	3,21	I	5159,05	35	—	6,69
III	5266,66	—	C 7	24,63; 25,50	III	5156,12	—	C 12	11,04
I	5266,56		40	5,35	II	5156,10	—	6	—
I	5266,03	6	—	—	I	5151,91	70	—	3,41
I	5263,87	7	—	5,92	I	5150,84	150	—	3,39
I	5263,31	300	—	5,62	III	5149,38	—	C 7	24,69
II	5260,33	—	5	—	I	5148,26	35	—	6,67
III	5257,23	—	C 8	24,64	I	5148,05	20	—	6,69
I	5254,96	50	—	2,47	I	5145,10	10	—	4,61
I	5253,48	70	—	5,64	I	5142,93	125	—	3,36
	5251,97	12	—	—	I	5142,54	100	—	6,67; 6,71
I	5250,65	150	—	4,56	I	5141,74	100	100	4,83
I	5250,21	30	—	2,48	I	5139,47	200	40	5,35
I	5247,06	50	10	2,45	I	5139,26	M 2,5	—	5,41
I	5243,79	20	—	6,62	I	5137,39	200	—	6,59
III	5243,31	—	C 18	20,63	II	5136,79	3	100	5,25
I	5242,49	125	5	5,99	III	5136,09	—	C 7	24,69; 24,63
I	5236,20	6	—	6,56	I	5133,68	M 2,5	1	6,59
III	5235,66	—	C 10	20,63	I	5131,47	125	—	4,64
I	5235,39	35	—	6,45; 4,95	I	5127,36	100	C 9	3,33; 11,07
II	5234,62	—	5	5,59	I	5126,21	5	—	6,68
I	5232,95	800	150	5,31	I	5125,13	100	—	6,64
III	5230,78	—	C 7	24,59	I	5123,72	200	—	3,43

	λ	B		eV		λ	B		eV
		A	S				A	S	
III	5111,07	—	C 9	24,69	I	4985,55	100	—	5,35
I	5110,41	M 2	—	2,42	I	4985,26	100	—	6,42
III	5109,38	—	C 5	24,64	I	4983,85	200	—	6,59
I	5107,45	100	—	3,41	I	4983,26	100	—	6,64
	5106,44	25	—	—	I	4982,51	200	—	6,59
III	5105,33	—	C 7	24,69	I	4978,61	80	—	6,48
I	5102,24	80	—	4,65	I	4973,11	100	—	6,45
II	5100,95	—	15	—	I	4970,50	20	—	6,12
I	5098,70	200	—	4,61	I	4969,93	50	—	6,71
I	5096,99	35	—	6,72	I	4966,10	300	1	5,82
I	5090,79	40	—	6,69	I	4962,56	10	—	6,68
I, III	5086,76	3	100	6,59; 11,09	I	4957,61	300	150	5,31
I	5083,35	M 0,8	—	3,39	I	4957,30	100	20	5,35
I	5079,75	100	—	3,43	I	4952,65	5	—	6,61; 6,71
I	5079,23	100	—	4,64		4946,64	1	50	—
I	5078,99	20	—	6,74	I	4946,39	5	40	5,87
III	5078,92	—	C 8	23,31	I	4939,69	150	—	3,36
I	5074,76	80	—	6,66	I	4939,24	10	—	6,67; 6,73
III	5073,90	—	C 7	11,09	I	4938,82	300	1	5,38
II	5070,96	1	70	—	I	4938,18	100	—	6,46
I	5068,77	400	200	5,38	I	4934,02	40	—	6,67
I	5065,20	15	—	6,08		4933,63	2	70	—
I	5065,02	25	—	6,70	I	4933,35	50	30	6,74
I	5051,64	M 1	—	3,36	I	4930,33	25	—	6,48
I	5049,82	M 2	1	4,73		4927,87	20	—	—
I	5048,45	50	—	6,42	I	4927,45	50	6	6,08
I	5044,22	25	—	5,31	I	4924,77	100	—	4,79
I	5041,76	M 1	—	3,95	Il	4923,92	30	50	5,41
I	5041,07	125	—	3,41		4923,72	5	100	—
I	5039,26	100	2	5,82	I	4920,51	500	125	5,35
I	5036,29	6	—	—	I	4919,00	M 5	50	5,38
I	5031,90	8	—	6,83	I	4911,80	10	—	6,45
I,II,III	5030,75	1	125	5,70; —; —	I	4910,57	15	—	6,74
I	5028,13	100	—	6,03	I	4910,02	100	—	5,92
I	5027,21	60	—	6,10	I	4909,39	50	—	6,46
I	5027,14	60	—	6,62	I	4907,74	25	—	5,95
I	5023,48	10	300	6,78	I	4905,18	10	—	6,46
I	5022,25	150	—	6,45	I	4903,32	M 2	2	5,41
I, II	5018,44	80	50	5,71; 5,36	I	4891,50	M 8	15	5,38
I	5014,96	500	—	6,42	I	4890,76	M 3,5	15	5,41
I	5012,07	M 1,2	—	3,33	I	4889,01	2	150	4,73; 6,08
	5011,31	5	—	—	I	4886,35	5	—	6,69
	5010,85	50	—	—	I	4878,22	M 1,2	4	5,42
I	5007,29	25	—	6,42; 6,58	I	4872,14	100	30	5,42
I	5006,12	300	5	5,31	I	4871,32	M 6	100	5,41
I	5005,72	M 1,0	—	6,36	I	4859,75	M 2	40	5,42
I	5004,99	7	—	—	I	4855,68	8	1	5,92
I	5002,80	20	—	5,87	I	4832,73	5	—	6,21; 6,87
I	5001,87	M 1,2	40	6,36	I	4821,05	200	200	—
	4997,80	20	300	—	I	4800,66	15	—	6,73
	4995,63	3	60	—	I	4791,25	200	200	5,86
I	4994,13	200	—	3,39	I	4789,66	100	—	6,13
I	4991,28	80	—	6,68	I	4788,76	40	—	5,82
	4990,46	5	—	—	I	4786,81	150	—	5,60
I	4988,96	100	—	6,64	I	4772,82	10	4	4,16; 5,61

	λ	B A	S	eV		λ	B A	S	eV
I	4768,34	6	—	6,29	I	4560,10	20	—	6,32
	4747,48	30	25	—	I	4556,12	150	35	5,66;6,33;6,67
I	4745,81	8	1	6,72; 6,26	II	4555,89	12	12	5,54
I	4741,53	12	1	5,44	I	4552,55	10	1	—
I	4736,78	M 1,6	50	5,82		4550,79	50	—	—
I	4735,85	10	1	6,69	II	4549,47	100	100	5,55
I	4733,59	15	1	4,11	I	4547,85	200	100	6,26
II	4731,49	5	1	5,51	I	4531,65	8	1	6,37; 6,67; 5,94
I	4729,70	25	25	6,01	I	4531,15	M 2,0	—	4,22
I	4728,56	20	1	6,27		4529,68	10	2	—
I	4727,41	10	—	6,31	I	4529,56	6	—	6,62
I	4714,07	50	50	7,19	I	4528,62	M 10	200	4,91
I	4710,29	20	2	5,64	I	4526,42	10	1	5,85
I	4709,10	20	2	6,29	I	4525,15	100	50	6,34
I	4708,96	50	50	6,26	II	4522,63	60	50	5,58
I	4707,28	100	12	5,87	I, II	4520,24	40	30	5,82; 5,54
I	4691,41	80	10	5,63	I	4517,53	30	3	5,81
I	4690,14	7	—	6,33	II	4516,24	10	10	5,59
I	4683,56	6	—	5,47	II	4508,28	40	30	5,60
I	4680,30	9	—	4,26	I	4494,57	M 6	150	4,95
I	4678,85	150	100	6,24	II	4491,40	2	2	5,61
I	4673,17	20	2	6,31	I	4490,76	40	1	6,70
I	4669,18	15	2	6,31	I	4490,09	40	10	5,77
I	4668,14	125	10	5,92	I	4489,74	100	12	2,88
I	4667,46	150	20	6,25	I	4488,13	7	—	6,37
I	4654,62	10	2	6,26; 5,87	I	4485,68	50	2	6,45
I	4654,50	20	3	4,22	I	4484,22	125	40	6,37
II	4648,93	—	10	5,25	I	4482,75	20	2	6,42
I	4647,44	125	40	5,61	I	4482,26	150	70	4,99
I	4643,47	35	2	6,33	I	4482,17	M 3	70	2,87
I	4638,02	80	10	6,27	I	4480,14	10	2	5,81
I	4637,52	100	10	5,95	I	4479,62	15	2	6,46; 6,40
I	4632,92	70	4	4,28	I	4476,03	M 6	300	5,61
I	4630,13	10	2	4,95	I	4472,72	10	1	6,03; 6,41
II	4629,33	7	8	5,48	I	4469,38	200	100	6,43
I	4625,05	100	12	5,92	I	4466,94	7	—	6,70
I	4619,30	100	8	6,29	I	4466,55	M 6	300	5,60
I	4618,76	10	1	5,63	I	4464,78	35	3	5,79
I	4613,22	30	2	5,97	I	4461,65	M 3	125	2,86
I	4611,29	200	25	6,34	I	4461,20	5	1	5,79
I	4607,65	50	5	5,95; 6,68	I	4459,12	M 5	200	4,95
I	4602,95	M 2,5	100	4,18	I	4458,11	30	1	6,67
I	4602,00	20	2	4,30	I	4455,03	20	1	6,67
I	4598,13	50	4	5,97	I	4454,38	200	80	5,61
I	4596,06	10	2	6,30	I	4447,72	M 5	100	5,01
I	4595,36	15	2	5,99	I	4446,84	10	10	6,48
I	4592,65	200	50	4,26	I	4443,20	M 2	100	5,64
I	4587,14	12	2	6,27	I	4442,34	M 5	200	4,99
II	4583,85	150	150	5,51	I	4439,88	6	1	5,07
I	4581,52	60	2	5,94	I	4438,35	10	1	6,48
I	4574,72	12	1	4,99	I	4436,92	15	2	5,84
I	4568,78	10	1	5,97	I	4435,15	70	3	2,88
I	4566,52	5	1	6,01	I	4433,22	150	20	6,45
I	4565,67	8	1	5,95	I	4432,58	5	1	6,37
I	4565,33	6	—	5,98	III	4431,01	— C	9	11,04

λ	B A	S	eV	λ	B A	S	eV
I 4430,62	200	8	5,02	II 4303,17	12	15	5,58
I 4430,21	10	1	5,81	I 4302,19	50	10	5,92
I 4427,31	M 6	200	2,85	I 4299,24	M 12	400	5,31
I 4422,57	300	125	5,64	I 4298,04	100	400	5,93
III 4419,60	—	C 12	11,04	III 4296,85	—	C 16	25,74
4419,54	8	1	—	II 4296,57	—	6	5,59
II 4416,82	—	7	5,58	I 4294,13	M 14	400	4,37
I 4415,12	M 48	400	4,42	I 4292,29	15	—	5,08
4410,71	20	—	—	I 4291,47	125	20	2,94; 4,45
I 4408,42	125	60	5,01	I 4290,87	20	2	5,72
I 4407,71	100	50	4,99	I 4290,38	35	5	5,87
I 4404,75	M 85	700	4,37	I 4288,96	5	1	5,47
I 4401,44	7	2	5,64	I 4288,15	50	6	5,64
I 4401,30	60	15	6,42	I 4286,99	10	1	6,84
4400,35	20	1	—	III 4286,16	—	C 14	25,74
III 4395,76	—	C 9	11,07	I 4285,44	125	50	6,12
I 4395,29	80	—	6,48	I 4282,41	M 8	300	5,07
I 4390,95	100	35	5,84	I 4279,48	5	1	6,78
I 4389,25	35	2	2,87	I 4276,68	10	1	6,78
I 4388,41	125	50	6,43	III 4273,40	—	C 12	25,74
I 4387,90	150	35	5,89	I 4271,76	M 100	700	4,39
II 4385,38	3	10	5,60	I 4271,16	M 12	300	5,35
I 4384,70	5	2	5,84	I 4268,76	30	10	6,20
I 4383,55	M 170	800	4,31	I 4267,83	125	60	6,01
I 4382,77	10	10	6,40	I 4266,97	70	30	5,63
I 4376,78	7	1	6,47; 5,84	I 4264,74	12	2	6,87
I 4375,93	M 6	200	2,83	I 4264,21	35	4	6,27
I 4373,57	50	3	5,85; 5,39	III 4261,40	—	C 7	25,74
III 4372,81	—	C 18	25,74	I 4260,48	M 36	300	5,31
III 4372,53	—	C 14	25,74	I 4260,13	7	3	5,98
III 4372,31	—	C 11	25,74	I 4259,99	15	5	6,25
III 4372,04	—	C 9	25,74	I 4258,96	8	2	5,92
I 4369,77	M 1,4	100	5,88	I 4258,61	12	2	5,74
I 4367,90	60	70	4,45	I 4258,32	60	4	3,00
I 4367,58	100	50	5,82	I 4255,50	5	2	5,92
I 4358,50	70	20	5,79	I 4250,79	M 24	250	4,47
I 4352,74	M 4	150	5,07	I 4250,13	M 12	150	5,38
II 4351,76	30	30	5,55	III 4249,72	—	C 12	27,77
I 4351,55	30	5	5,83	III 4248,78	—	C 8	23,80
I 4346,56	50	10	6,15	III 4248,34	—	C 8	27,61
I 4343,26	20	3	6,10	I 4248,23	150	40	5,98
I 4337,05	M 4	150	4,42	I 4247,43	M 3	100	6,29
I 4330,96	5	—	6,12	I 4246,09	80	30	6,56
4330,15	10	2	—	I 4245,26	80	40	5,77
I 4327,10	100	50	6,41	III 4243,41	—	C 8	27,61
I 4326,75	10	4	5,81	I 4243,37	10	3	6,56
I 4325,76	M 95	700	4,47	III 4240,67	—	C 8	27,61
4321,80	20	4	—	I 4240,37	30	5	6,47
I 4315,09	M 6	300	5,07	I 4239,85	40	15	3,88; 5,61
III 4310,36	—	C 20	25,74	I 4239,73	30	10	5,87
I 4309,38	125	70	5,82	I 4238,82	M 3	100	6,31
I 4309,04	40	20	6,51	III 4238,62	—	C 9	23,80
I 4307,90	M 100	800	4,44	I 4238,03	80	15	6,34
I 4305,45	100	50	5,89	I 4237,17	5	2	3,88
III 4304,77	—	C 18	25,74	I 4235,94	M 17	200	5,35; 6,23

	λ	B				λ	B		
		A	S	eV			A	S	eV
I	4233,61	M 11	150	5,41	I	4170,90	80	40	5,98
II	4233,17	100	100	5,51	I	4168,95	10	1	6,39
I	4232,73	10	1	3,00	III	4168,45	—	C 7	23,60
I	4229,76	20	2	4,42	I	4167,86	8	2	6,27
I	4227,43	M 13	250	6,26; 6,35	III	4166,84	—	C 13	22,61; 27,62; 23,60
I	4226,43	80	25	5,77					
I	4225,96	80	30	5,97	III	4164,92	—	C 9	27,62
I	4225,46	80	20	6,35	III	4164,73	—	C 18	23,60
I	4224,52	60	15	6,37	I	4163,68	12	1	5,66; 6,40
I	4224,18	200	80	6,31	I	4161,49	15	—	5,99
					I	4161,08	10	—	6,35
III	4222,27	—	C 11	23,80					
I	4222,22	M 4	200	5,38	I	4158,80	100	25	6,41
I	4220,35	80	40	6,00	I	4157,79	150	80	6,40
I	4219,36	M 7	200	6,51	I	4156,80	M 4	80	5,81
I	4217,55	200	100	6,37	III	4154,96	—	C 9	27,62
					I	4154,81	100	8	6,35
I	4216,18	M 1,6	100	2,94	I	4154,50	M 4	80	5,81
I	4215,42	60	15	5,69; 5,93	I	4153,91	120	100	6,38
I	4213,65	100	60	5,78	I	4152,17	70	5	3,95
III	4210,67	—	C 9	27,59	I	4150,26	50	2	6,42
I	4210,35	M 4	200	5,42	I	4149,37	100	35	6,32
I	4208,61	100	50	6,34	I	4147,67	M 2	100	4,47
I	4207,13	80	40	5,77	I	4146,07	15	3	5,97
I	4206,70	125	25	3,00	III	4145,64	—	C 8	27,62
I	4205,55	50	6	6,37	I	4143,87	M 40	250	4,55
I	4203,99	M 1,4	120	5,79	I	4143,42	M 8	100	6,03
I	4203,57	10	1	3,96	I	4141,87	15	5	6,00
I	4202,76	10	4	5,97; 5,99	III	4140,48	—	C 9	23,60
I	4202,03	M 34	300	4,44	III	4139,35	—	C 13	23,60
I	4200,93	80	20	6,35	I	4139,93	40	30	3,99
I	4199,10	M 13	200	5,99	III	4137,76	—	C 15	23,60
I	4198,64	10	2	6,37	III	4137,13	—	C 7	27,62
I	4198,31	M 11	150	5,35	I	4137,00	100	80	6,41
I	4196,24	100	50	6,35	I	4134,68	M 4	100	5,82
I	4195,62	25	3	5,97	I	4134,42	10	3	6,01; 6,42
I	4195,34	150	100	6,29	I	4133,86	50	7	6,35
I	4191,68	20	6	5,81	I	4132,06	M 32	200	4,61
I	4191,43	M 8	100	5,42	I	4130,04	20	3	4,56; 6,11
III	4189,11	—	C 8	28,54	I	4129,22	5	1	6,42
I	4187,80	M 13	150	5,38	I	4127,80	25	15	6,29; 6,42
I	4187,04	M 13	200	5,41	I	4127,61	M 2	80	5,86
I	4184,89	100	80	5,79	I	4126,88	8	1	5,84
I	4182,38	80	30	5,98	I	4126,19	80	60	6,34
I	4181,76	M 8	150	5,79	I	4126,88	25	15	5,84
II	4178,87	10	10	5,54	I	4125,62	80	30	7,22
I	4177,60	100	25	3,88	I	4123,74	80	20	5,99; 5,61
I	4176,57	100	50	6,34; 6,37	III	4122,78	—	C 11	23,60
I	4175,64	M 3,5	80	5,81	I	4122,51	70	30	5,85
I	4174,91	100	25	3,89	III	4122,02	—	C 11	23,60
III	4174,26	—	C 13	27,62	I	4121,80	100	40	5,83
I	4173,92	50	5	3,96	III	4120,90	—	C 10	23,60
II	4173,47	8	8	5,55	I	4120,21	80	35	5,99
I	4173,32	25	5	5,81	III	4119,86	—	C 7	27,59
I	4172,74	60	10	3,93	I	4118,55	M 8	100	6,58
I	4172,13	80	50	6,22	I	4117,86	6	1	7,29; 6,43
I	4171,70	8	2	6,67	I	4114,96	10	2	6,38

	λ	B A	B S	eV		λ	B A	B S	eV
I	4114,45	80	50	5,84	I	4055,04	40	10	5,61
I	4112,97	70	10	7,19	I	4054,88	25	5	6,47
I	4112,35	6	1	6,41	I	4054,83	25	5	6,45
I	4109,80	120	100	5,86	I	4053,27	6	2	—
I	4109,07	12	2	6,31	III	4053,11	—	C 11	23,67
I	4107,50	M 4	100	5,84	I	4051,92	10	2	6,46
I	4106,44	10	2	6,42		4049,87	30	3	—
I	4106,26	6	1	5,60	I	4049,33	10	2	5,64
I	4104,13	100	25	5,85; 6,29	I	4045,82	M 300	300	4,55
III	4103,04	—	C 8	27,61	I	4044,61	70	35	5,89
I	4101,68	5	2	5,50	I	4043,90	25	7	6,31; 5,79
I	4101,27	40	10	6,42	I	4041,28	5	2	6,37
I	4100,74	80	30	3,88	I	4040,64	20	7	6,37
I	4100,17	10	1	—	III	4035,42	—	C 10	23,67
I	4098,19	100	40	6,26	I	4032,63	80	15	4,56
III	4097,58	—	C 7	27,61; 27,77	I	4031,96	80	50	6,35
I	4095,97	80	40	5,61	I	4030,49	120	60	6,29
III	4092,34	—	C 7	27,62	I	4030,18	20	4	5,27
I	4091,56	8	3	5,86	I	4029,64	80	25	6,34
I	4089,22	10	2	5,97	I	4024,74	120	30	6,32; 6,36
I	4088,58	7	2	6,67	II	4024,55	—	5	7,57
I	4087,10	50	5	6,37	I	4024,10	8	2	5,83
I	4085,32	100	70	6,27	III	4022,33	—	C 8	14,66
I	4085,01	80	30	5,87	I	4021,87	M 4	100	5,84
I	4084,50	120	80	6,24; 6,36	I	4018,27	50	7	6,35
I	4083,78	15	2	6,45	I	4017,15	80	50	6,13
I	4083,55	10	2	5,31	I	4017,09	5	—	5,84
I	4082,12	10	2	6,29	I	4016,43	15	4	6,37
III	4081,00	—	C 12	23,67	I	4014,53	M 4	100	6,66
I	4080,89	5	1	6,33	I	4013,82	200	—	6,10
I	4080,22	60	10	6,32	I	4013,79	80	40	6,10
I	4079,84	80	40	5,89	I	4013,65	8	1	6,30
I	4078,35	80	40	5,64	I	4011,41	5	1	5,64
I	4076,80	8	1	6,31	I	4009,71	120	100	5,31
I	4076,64	80	50	6,24	III	4008,77	—	C 7	27,68
II	4075,94	5	5	5,59	I	4007,27	80	50	5,37; 5,85
I	4074,79	80	40	6,08	I	4006,76	7	2	5,97
I	4073,77	80	20	6,31	I	4006,63	20	15	6,20
II	4073,46	8	8	—	I	4006,31	60	35	6,36
I	4071,74	M 100	200	4,65	I	4005,24	250	200	4,65
I	4070,78	50	20	6,29	III	4005,02	—	C 8	14,67
I	4067,98	150	100	6,25	I	4004,84	10	7	6,33
I	4067,28	80	70	5,60	I	4003,77	30	80	6,51
I	4066,98	100	80	5,87	III	4003,23	—	C 7	27,68
I	4066,59	40	20	6,03	I	4001,67	80	50	5,27
II	4066,33	—	12	10,74	III	4000,77	—	C 5	27,68
III	4065,98	—	C 8	28,45	I	4000,46	35	10	6,08
I	4065,39	15	6	6,47	I	4000,27	8	1	6,37
I	4063,60	M 120	300	4,61	I	3998,05	150	100	5,79
I	4063,28	10	10	6,42	I	3997,39	300	150	5,82
I	4062,44	M 3	100	5,89	I	3996,97	40	20	6,80
I	4059,72	15	8	6,60	I	3995,98	60	20	5,82
I	4058,76	40	10	5,47	I	3995,20	10	—	6,37
I	4058,23	80	25	6,26	I	3994,12	25	10	6,14
I	4057,35	20	3	5,81	I	3990,38	70	25	6,15

	λ	B A	S	eV		λ	B A	S	eV
I	3989,86	30	5	6,65	I	3940,88	M 1,5	80	4,11
I	3989,01	15	1	—	I	3937,33	80	35	5,84
I	3986,17	125	8	6,32; 6,36	II	3935,94	2	1	8,72
I	3985,39	125	40	6,41	I	3935,81	M 2	8	5,98
I	3983,96	M 4	125	5,83	I	3935,31	40	8	5,99
I	3981,77	M 2	100	5,84	I	3933,60	200	200	6,42; 6,22
III	3980,09	— C	7	24,00		3932,92	8	4	—
I	3979,64	6	—	6,38	I	3932,63	80	40	6,43; 5,87
III	3979,42	— C	10	24,00	I	3931,12	35	15	6,42
I	3978,46	6	1	5,94	I	3930,30	M 75	400	3,24
III	3978,41	— C	8	24,00	I	3929,21	15	8	6,41
I	3977,75	M 6	150	5,31	I	3929,12	10	5	5,91
I	3976,86	30	10	6,42; 6,13	I	3928,08	15	15	6,37
I	3976,61	8	35	6,53	I	3927,93	M 70	300	3,26
I	3975,84	8	1	7,00	I	3925,95	50	30	6,01
I	3974,76	8	—	5,34	I	3925,64	80	50	5,98
I	3974,40	10	1	6,36	I	3925,20	15	3	6,45
I	3973,65	40	10	6,67	I	3922,91	M 55	400	3,21
I	3971,32	200	125	5,81	I	3920,26	M 36	300	3,28
I	3970,39	50	30	6,19	I	3919,07	15	7	6,15
	3970,26	5	2	—	I	3918,65	M 3	40	6,17
I	3969,63	5	5	6,38	I	3918,42	15	10	6,00
III	3969,49	— C	9	24,00	I	3918,32	20	10	5;64
I	3969,26	M 55	400	4,61	I	3917,18	M 4	70	4,16
III	3968,72	— C	11	24,00	I	3916,73	M 2	80	6,40
I	3967,97	60	15	6,37	I	3914,28	15	3	6,45
I	3967,42	M 3	100	6,43	I	3913,64	100	25	5,44
I	3966,63	M 3	40	6,34; 5,88	I	3912,05	5	5	—
I	3966,06	100	70	4,73	I	3911,00	6	2	6,38
I	3965,51	10	3	6,37	I	3910,85	30	10	5,92
I	3964,52	80	25	5,97	I	3909,83	40	12	6,01
I	3963,11	125	50	6,41	I	3909,67	20	5	6,46
I	3962,35	7	1	6,40	I	3907,94	100	60	5,92
I	3961,14	25	7	5,98	I	3907,47	15	6	5,93
I	3960,28	30	6	6,77	I	3906,75	10	10	6,48
I	3957,03	50	15	6,40	I	3906,48	M 14	200	3,28
I	3956,46	M 3,5	100	6,37	II	3906,04		5	8,74
I	3955,96	10	5	6,20	I	3903,90	M 1,8	80	6,16
I	3955,35	25	5	6,42	I	3902,95	M 55	400	4,73
III	3954,33	— C	16	24,00; 24,60	I	3900,52	60	3	6,42
I	3953,86	8	2	5,96	I	3899,71	M 55	300	3,26
I	3953,16	80	40	6,15	I	3899,04	20	8	5,63
I	3952,70	8	1	5,98	I	3898,01	M 3,5	50	4,19
I	3952,61	80	50	5,82	I	3897,99	100	60	5,87
I	3951,17	150	125	6,41	I	3897,45	10	5	6,12
I	3949,96	M 3,5	100	5,31	I	3895,66	M 35	300	3,29
I	3948,78	M 3,5	100	6,41	I	3894,01	8	8	6,49
I	3948,10	125	50	6,38	I	3893,91	10	4	5,61
I	3947,53	70	20	5,97; 6,08	I	3893,39	M 3,5	8	6,13
I	3947,00	50	20	6,35	I	3893,32	5	4	6,01
I	3945,13	30	10	5,89	I	3892,89	5	2	5,94
I	3944,89	15	8	6,13	I	3891,93	100	70	6,60
I	3943,34	40	8	5,34	I	3890,84	60	30	5,91
I	3942,45	M 1,4	70	5,98	I	3890,24	15	—	—
I	3941,28	60	10	6,41	I	3888,82	40	15	6,20

λ	B A	S	eV	λ	B A	S	eV
I 3886,29	M 180	400	3,24	3814,78	10	5	—
I 3885,52	100	60	5,61	I 3814,52	80	40	4,26
I 3884,36	80	35	5,88	I 3813,89	50	25	6,88
I 3883,29	70	40	6,45	I 3813,63	35	15	5,94
I 3878,74	10	10	6,47	I 3812,96	M 32	300	4,21
I 3878,68	30	—	5,64	I 3811,89	15	10	6,00
I 3878,57	300	300	3,28	I 3810,76	70	25	6,56
I 3878,03	M 50	300	4,16	3809,57	15	5	—
I 3876,04	40	15	4,21	I 3808,73	100	70	5,81
I 3873,76	M 3,5	80	5,63	I 3807,54	M 3	100	5,47
I 3872,50	M 34	300	4,19	I 3806,70	M 6	150	6,53
I 3871,75	100	60	6,14	I 3805,34	M 12	300	6,56
I 3869,56	100	80	5,93	I 3804,01	40	10	6,59
I 3867,92	30	8	5,79	I 3802,28	25	10	6,56
I 3867,22	M 2	100	6,22	I 3801,98	25	5	6,59
I 3865,53	M 34	400	4,22	I 3801,81	7	3	6,10
I 3863,74	60	30	5,89	I 3801,68	50	25	6,09
I 3861,34	80	50	5,90; 6,49	I 3799,55	M 48	300	4,22
I 3859,91	M 420	600	3,21	I 3798,51	M 32	300	4,18
I 3859,22	M 6	100	5,61	I 3797,52	M 6	200	6,50
I 3853,46	7	3	6,16	I 3795,00	M 65	400	4,26
I 3852,57	150	100	5,39	I 3794,34	M 3	50	5,72
I 3850,82	M 7	75	4,21	I 3793,88	25	10	6,11
I 3849,97	M 5	400	4,23	I 3793,48	10	5	6,26
I 3848,30	5	2	5,82	I 3793,36	5	2	6,31
I 3846,80	M 6	100	6,48	I 3792,83	10	3	5,49
I 3846,41	50	75	6,80	I 3792,16	40	20	5,99
I 3845,70	10	6	6,77	I 3791,73	5	2	6,69
I 3845,17	100	60	5,64	I 3791,51	7	2	5,82
3844,28	10	1	—	I 3790,76	10	3	5,75; 5,44
I 3843,26	M 6	100	6,26	I 3790,09	M 6	100	4,26
I 3842,90	6	2	5,81	I 3789,18	80	50	5,99
I 3841,05	M 80	400	4,83	I 3787,88	M 46	300	4,28
I 3840,44	M 80	300	4,22	III 3787,00	— C	7	17,45
I 3839,26	M 3,5	75	6,27	I 3786,68	M 3	50	4,29
I 3837,14	25	6	5,83	I 3786,18	100	60	6,10
I 3836,33	100	60	6,53	I 3785,95	M 3	80	5,70
I 3834,22	M 130	400	4,19	I 3785,71	10	4	6,51
I 3833,31	M 3,0	60	5,79	I 3782,46	10	2	6,27
I 3830,86	12	4	5,92	3782,13	8	2	—
I 3830,76	10	3	5,84	I 3781,93	12	5	6,92
I 3829,76	8	2	5,79	I 3781,19	40	12	5,47
I 3829,46	15	8	6,08; 6,51	I 3779,45	100	70	6,56; 5,84; 5,50
I 3827,82	M 130	200	4,79	I 3778,70	10	4	5,47
I 3826,85	6	2	5,96	I 3778,51	60	25	6,53
I 3825,88	M 320	400	4,16	I 3778,32	8	4	6,11
I 3824,44	M 80	100	3,24	I 3777,45	20	10	5,84
I 3824,30	7	7	6,54	I 3777,06	12	7	6,26
I 3824,08	5	3	5,82	I 3776,45	M 1	70	5,45
I 3821,83	50	30	5,85	I 3774,83	M 1	40	5,50
I 3821,18	M 7	100	6,51	I 3773,70	40	10	6,33
I 3820,43	M 500	600	4,11	I 3770,30	35	12	5,97
I 3817,65	50	15	6,58	I 3769,99	80	30	6,29
I 3816,34	25	20	5,44	I 3768,03	15	8	5,51
I 3815,84	M 160	700	4,73	I 3767,19	M 120	400	4,30

	λ	B		eV		λ	B		eV
		A	S				A	S	
I	3765,54	M 14	150	6,53		3712,96	5	1	—
I	3763,79	M 170	400	4,28	I	3711,41	50	25	6,41
II	3762,89	—	5	9,25	I	3711,22	80	50	5,92
I	3762,21	7	3	6,66	I	3709,53	6	6	6,33
I	3761,41	20	8	5,88	I	3709,25	M 85	400	4,26
I	3760,53	M 1,6	70	5,51	I	3708,60	5	2	5,79; 5,92
I	3760,05	M 6	100	5,70	I	3707,93	M 28	60	5,51
II	3759,46	—	2	8,03	I	3707,82	M 28	50	3,43
I	3758,23	700	700	4,26	I	3707,05	150	100	6,34
I	3757,45	15	10	6,60	I	3705,57	M 80	500	3,39
I	3756,94	80	60	6,87	I	3704,46	M 8	100	6,03
I	3756,07	15	8	5,47	I	3703,82	15	10	6,20
I	3753,61	M 7	100	5,47	I	3703,70	12	7	6,29
I	3752,42	12	4	6,34	I	3703,55	30	25	6,10
I	3751,82	5	2	5,99	I	3702,49	20	7	4,95; 5,52
I	3749,49	M 400	700	4,22	I	3702,03	50	30	6,19
I	3748,97	35	20	6,24	I	3701,09	M 30	200	6,35
I	3748,27	M 140	200	3,41	I	3699,14	15	3	6,37
I, II	3748,49	—	15	6,87; 8,03	I	3698,60	40	20	6,37
III	3747,42	—	C 7	17,48	I, III	3697,43	100	60	6,35; 14,57
I	3746,93	40	25	6,31	I	3695,05	M 8	150	6,40; 5,94
I	3745,90	M 60	100	3,43	I	3694,01	M 24	300	6,40
I	3745,56	M 240	500	3,39	I	3693,01	15	7	6,38
I	3744,10	40	20	6,35		3692,65	5	1	—
I	3743,36	M 60	150	4,30	I	3690,73	80	60	6,93
I	3742,62	50	25	6,24	I	3690,46	15	6	6,64; 6,47
I	3740,25	70	35	6,57	I	3689,90	5	1	6,41
I	3740,06	8	4	6,71; 6,36	I	3689,46	M 13	150	6,20; 6,30
I	3739,53	80	35	—	I	3688,48	40	8	6,61
I	3739,31	7	2	5,49	I	3687,66	15	15	6,08
I	3739,13	10	5	5,53	I	3687,46	M 80	300	4,22
I	3738,31	M 7	100	6,58	I	3687,10	15	7	5,53
I	3737,13	M 340	600	3,36	I	3686,26	10	4	5,78
I	3735,33	30	20	6,25	I	3686,00	M 13	125	6,31
I	3734,87	M 700	600	4,18	I	3684,12	M 11	200	6,09
I	3733,32	M 70	300	3,43	I	3683,06	M 11	100	3,41
I	3732,40	M 12	150	5,51	I	3682,21	M 16	300	6,91
I	3731,38	40	20	5,92		3681,23	6	2	—
I	3730,95	50	30	5,93	I	3680,68	12	7	6,58
I	3730,39	70	40	6,37	I	3679,91	500	300	3,36
I	3728,67	18	10	5,88	I	3678,98	5	1	5,64
I	3727,62	M 75	150	4,28	I	3678,86	100	50	5,79
I	3727,09	30	10	6,26	I	3677,63	M 20	60	6,12
I	3726,92	M 3,0	70	6,37	I	3677,31	40	30	6,92
I	3725,49	15	8	6,38	I	3676,88	10	2	6,37
I	3724,38	M 8	150	5,60	I	3676,31	200	100	5,93
I	3722,56	M 80	400	3,41	I	3674,77	40	25	6,20
	3721,92	15	10	—		3674,41	12	5	—
I	3721,61	6	4	6,35		3673,09	10	4	—
I	3721,51	10	4	6,37	I	3670,81	20	6	5,86
I	3721,27	7	4	6,66; 5,50	I	3670,07	200	200	6,33
I	3719,94	M 600	700	3,33	I	3670,03	100	—	6,22
I	3718,41	80	50	6,09	I	3669,53	M 16	150	6,10
I	3716,45	M 6	100	6,70; 6,27	I	3669,16	50	30	6,37
I	3715,91	80	50	5,61	I	3668,89	5	1	5,96

	λ	B A	B S	eV		λ	B A	B S	eV
I	3668,21	15	4	6,62	I	3631,10	25	10	6,24
I	3667,98	60	10	6,59; 6,37	I	3630,35	40	15	6,26
I	3667,26	80	25	6,59	I	3628,09	10	3	5,61
I	3666,25	20	7	5,81; 6,32		3627,79	8	1	—
I	3664,69	12	3	6,38	I	3627,04	10	3	6,99
I	3664,54	35	8	6,38	I	3625,15	M 5	35	6,24
I	3663,46	25	7	5,97; 5,93	II	3624,89	—	2	8,03
I	3663,27	8	3	6,38	I	3624,81	12	2	—
	3662,85	30	5	—	I	3624,31	10	2	5,84
I	3661,37	10	1	5,83	I	3623,77	35	7	6,29
I	3660,33	5	1	6,24	I	3623,45	15	5	6,37; 5,97
I	3659,52	M 8	80	5,84	I	3623,19	M 8	80	5,82
I	3658,55	5	1	5,94	I	3622,00	M 16	100	6,17
I	3657,90	20	4	6,43	I	3621,71	6	5	7,00
I	3657,14	20	7	5,81	I	3621,46	M 24	100	6,14
I	3656,23	15	5	—	II	3621,27	—	2	8,03
	3655,67	15	2	—		3620,47	15	2	—
I	3655,46	25	25	6,22		3619,39	12	1	—
I	3653,76	25	10	5,82	I	3618,76	M 200	400	4,42
	3652,73	6	—	—	I	3618,39	8	4	6,67; 6,15
I	3651,47	M 30	200	6,15	I	3617,79	M 13	80	6,45
I	3651,10	10	3	6,24; 6,70	I	3617,32	25	15	—
I	3650,28	70	50	5,82	I	3616,57	30	7	—
I	3650,03	70	30	6,40	I	3615,66	10	2	4,91
I	3649,51	M 16	100	6,08	I	3615,20	10	1	6,71
I	3649,30	60	25	3,39	II	3614,87	—	2	7,58
I	3647,85	M 160	400	4,31; 6,64		3614,71	6	1	—
I	3647,43	20	15	4,95	I	3614,56	15	6	—
I	3645,82	M 6	60	6,51		3614,12	10	3	—
I	3645,49	15	7	6,27; 6,40 6,42	I	3613,45	10	2	6,68
I	3645,22	9	—	—	I	3612,94	20	4	4,99; 5,60
I	3645,08	20	8	6,42; 6,24	I	3612,07	80	50	6,26
I	3644,80	20	6	6,64	I	3610,70	10	3	6,31
I	3643,81	7	1	5,01; 6,65	I	3610,16	M 20	90	6,23
I	3643,71	6	4	6,00	I	3608,86	M 200	400	4,45
I	3643,63	20	8	6,34	I	3608,15	15	25	6,29; 6,43
	3643,11	30	5	—	I	3606,68	M 32	150	6,12
	3642,81	20	—	—	I	3605,46	M 24	150	6,16
I	3640,40	M 22	200	6,13	I	3605,21	12	2	—
I	3638,30	M 13	80	6,16	I	3604,38	10	1	6,32
I	3637,87	20	7	6,35		3604,27	5	—	—
I	3637,25	12	5	5,84	III	3603,88	—	C 11	14,65
I	3636,99	20	10	5,99	I	3603,82	20	12	6,51
I	3636,66	5	3	6,43	I	3603,21	M 16	80	6,13
I	3636,23	15	10	6,96	I	3602,53	50	30	6,38; 6,30
I	3636,19	40	10	6,62; 5,60	I	3602,47	10	5	6,31
I	3635,20	12	2	6,43	I	3602,08	20	5	6,33
	3634,69	20	2	—	III	3600,94	—	C 11	14,66
I	3634,33	15	5	6,35		3599,97	5	—	—
I	3633,83	7	3	6,40	I	3599,62	40	30	7,02
I	3633,08	10	3	6,35		3599,15	10	5	—
I	3632,98	12	8	5,89	I	3598,72	6	2	6,70
I	3632,56	30	25	6,36	I	3597,06	40	10	6,71
I	3632,04	M 8	50	6,49	I	3596,20	15	5	5,87
I	3631,47	M 200	300	4,37	I	3595,31	20	7	6,33

λ	B		eV	λ	B		eV
	A	S			A	S	
I 3594,64	M 8	100	6,30	I 3552,83	80	50	6,37
I 3593,33	7	2	6,72	I 3552,12	10	6	6,56
III 3593,13	—	C 7	14,66	I 3549,87	15	5	5,10
I 3592,69	12	2	6,69	3548,09	9	—	—
3592,21	6	—	—	I 3548,02	10	7	6,51
I 3591,49	6	—	6,74	I 3547,20	25	8	6,31; 6,80
I 3591,34	12	3	6,31	I 3545,64	90	70	6,35
I 3589,46	50	30	6,17	I 3544,63	50	6	6,10
I 3589,11	M 7	30	4,31	I 3543,67	60	30	6,91
I 3588,91	10	4	6,33	I 3543,39	10	2	5,93
I 3588,62	35	10	6,29	I 3542,23	5	1	5,77
I 3587,76	50	25	—	I 3542,08	M 22	100	6,37
I 3587,42	10	5	5,87	I 3541,09	M 24	200	6,35
I 3587,24	5	2	6,32	I 3540,71	10	4	4,42
I 3586,99	M 40	150	4,45	I 3540,12	100	60	6,37
I 3586,11	M 13	80	6,69; 6,48	I 3537,90	50	25	6,34
III 3586,04	—	C 10	14,67	I 3537,73	25	15	6,11
I 3585,71	M 30	80	4,37	I 3537,49	25	8	6,09
I 3585,32	M 36	100	4,42	I 3536,56	M 20	200	6,38
I 3584,96	30	25	6,46; 6,73	I 3536,19	40	10	—
I 3584,66	M 13	60	6,14	I 3534,91	5	2	4,99; 5,06
3583,69	6	1	—	I 3533,20	M 8	50	6,39
I 3583,34	50	15	6,75	I 3533,01	50	75	6,40
I 3582,20	30	30	6,70	3532,58	5	2	—
I 3581,19	1000	600	4,32	I 3530,39	50	25	6,32
I 3578,38	40	5	6,35	I 3529,82	125	80	6,40
I 3576,76	80	40	6,73	I 3527,80	100	80	6,37
I 3575,98	80	25	6,34	I 3526,68	80	50	6,39
I 3575,37	40	30	6,49	I 3526,47	20	10	5,79
I 3575,25	10	5	6,30	I 3526,38	20	10	6,38
I 3575,12	15	5	6,35	I 3526,16	M 13	25	4,47
I 3573,89	40	30	6,77	I 3526,04	M 18	50	3,60
I 3573,84	20	20	5,87	I 3524,24	60	50	5,79
I 3573,40	50	20	6,77	I 3524,07	50	40	6,10
I 3571,99	100	80	6,31	I 3523,31	10	4	6,40
I 3571,22	40	6	4,95	I 3522,89	10	3	6,40
I 3570,26	50	15	6,27	I 3522,27	50	30	6,35
I 3570,10	M 400	300	4,39	I 3521,84	50	20	5,74
I 3568,98	50	35	6,16	I 3521,26	M 36	200	4,44
I 3568,82	15	7	6,73	I 3520,85	10	4	6,12
I 3568,42	20	4	6,35	I 3518,68	7	1	6,40
I 3567,38	10	2	5,92	I 3516,56	30	4	6,39
I 3567,04	50	15	6,35	I 3516,40	40	15	6,54
I 3565,59	10	4	6,34	III 3515,54	—	C 7	15,12
I 3565,38	M 160	300	4,44	I 3514,63	7	2	5,93
II 3564,53	30	15	7,62	I 3513,82	M 40	300	4,39
I 3564,12	15	2	5,08	I 3513,06	10	2	5,08
I 3560,70	50	15	6,73	I 3512,23	5	1	6,38
I 3559,51	50	25	6,56	I 3510,45	15	8	6,01
I 3558,51	M 65	300	4,47	I 3509,87	15	4	5,75
3557,30	15	—	—	I 3508,53	20	10	6,09
I 3556,88	300	150	6,34	I 3508,48	40	20	6,53
I 3554,93	M 28	300	6,32	III 3506,94	—	C 8	15,11
I 3554,12	50	20	4,45	I 3506,50	M 6	30	5,81
I 3553,74	M 6	100	7,06	I 3505,06	10	10	6,56

λ		B		eV	λ		B		eV
		A	S				A	S	
I	3504,86		10	5	5,81	I	3437,95	15	7	6,87
III	3501,76		—	C 10	15,12; 14,66	I	3437,05	80	15	6,65
I	3500,56		50	20	6,12	II	3436,11	5	15	7,56
III	3500,28		—	C 9	15,12		3433,04	50	1	—
III	3499,59		—	C 9	14,67	I	3431,81	50	20	6,45; 6,91
I	3497,84	M 24		200	3,65	I	3428,75	5	2	7,22
I	3497,11	M 8		100	5,72	I	3428,20	M 8	50	5,81
	3495,90	6		1	—	I	3427,12	M 32	50	5,79
I	3495,29	M 6		60	6,10	I	3426,64	M 7	60	5,81
II	3494,67	—		3	5,82	I	3426,39	M 7	20	4,61; 5,80
III	3493,86		—	C 11	18,78	I	3426,32	50	2	5,89
II	3493,47		40	80	7,69	I	3425,01	70	40	6,67
I	3490,57	M 80		300	3,60	I	3424,29	M 16	150	5,79
I	3489,67		20	15	6,50	I	3422,66	M 8	50	5,84
I	3485,34	M 6		50	5,75	I	3422,49	40	10	6,61
I	3483,01		50	10	4,47	I	3419,70	7	2	6,47
	3478,63		20	6	—	I	3418,51	M 15	150	5,84
I	3477,86		20	4	5,78	I	3417,84	M 15	100	5,84
I	3476,71	M 32		200	3,68	I	3417,26	6	—	4,64
I	3476,34		5	2	7,17; 5,84		3417,16	5	—	—
I	3475,65		6	6	5,74	II	3416,02	2	2	5,90
I	3475,45	M 80		300	3,65	I	3415,53	60	20	5,85
III	3474,44		—	6	14,71	I	3413,13	M 23	300	5,82
	3473,31		10	2	—		3412,64	8	—	—
I	3471,35		40	15	5,84	I	3411,36	80	30	6,36
I	3471,27		40	15	5,79	I	3410,90	10	2	4,55
I	3469,83		35	10	6,17	I	3410,18	30	20	7,05
I	3469,01		18	1	6,87	I	3409,20	40	4	6,87
I	3468,85		30	12	6,13	I	3407,46	M 30	400	5,81
II	3468,68		10	20	7,72	I	3406,80	100	60	5,86
I	3466,89		10	4	—	I	3406,44	30	10	6,91
I	3466,50		30	70	4,44	I	3404,35	M 15	50	5,83
I	3465,86	M 60		400	3,68	I	3404,30	25	25	4,65; 6,37
I	3463,30		7	1	5,06	I	3402,26	150	150	6,88
I	3462,35		10	3	5,77	I	3401,52	150	90	4,56
I	3459,92		80	50	6,60; 5,86	I	3399,34	M 22	200	5,84
I	3459,43		10	3	6,27	I	3399,23	5	—	6,38
I	3458,31		60	25	6,00	I	3397,64	10	2	4,64
I	3457,09		5	—	6,42; 7,19	I	3396,98	125	25	4,61
II	3456,93		3	4	7,48	III	3396,70	—	C 8	14,67
I	3453,02		30	15	6,35	I	3394,58	150	80	5,84
I	3452,28	M 8		8	4,55	I	3394,09	7	2	6,10
I	3451,92	M 8		60	5,81	I	3393,92	6	1	5,93
II	3451,62		15	4	10,39; 6,01	I	3393,38	6	3	6,51
I	3450,33	M 8		80	5,81	I	3392,65	300	200	5,82
I	3447,28	M 5		60	5,79	I	3392,31	M 7	80	5,85
	3445,77		10	3	—	I	3392,01	20	6	6,67
I	3445,15	M 16		150	5,79	I	3389,75	15	4	5,87
I	3443,88	M 40		200	3,68		3388,63	5	1	—
I	3442,67		30	5	4,56	II	3388,13	—	12	7,56
I	3442,36		50	15	5,87		3387,63	5	—	—
I	3440,99	M 80		200	3,65	I	3387,41	35	8	6,42
I	3440,61	M 400		300	3,60	I	3383,99	M 8	100	5,83
	3439,87		15	7	—	I	3383,70	100	70	6,61; 5,86
I	3438,31		10	3	—	I	3382,40	50	10	5,84

	λ	B A	B S	eV		λ	B A	B S	eV
III	3382,18	—	C 6	17,83	I	3327,50	15	7	6,12
I	3381,34	5	2	6,92; 6,51	I	3325,46	100	80	6,17
I	3380,11	200	25	6,43	I	3324,54	100	80	6,13
I	3379,02	80	50	5,84	I	3324,37	5	3	7,00
I	3378,68	150	80	6,36	I	3323,77	150	150	6,56
	3377,20	5	5	—	II	3323,07	—	100	7,69
	3376,50	5	1	—	I	3322,48	150	100	6,67
I	3372,07	40	7	5,85	I	3320,78	30	12	6,77
I	3370,78	300	200	6,37	I	3320,65	20	10	6,16
I	3369,55	M 8	200	6,41	I	3319,25	70	50	6,73
	3368,17	5	1	—	I	3317,12	100	80	6,01
I	3367,16	10	3	6,10	I	3314,74	200	200	7,04
I	3366,87	50	15	5,87	I	3314,45	15	6	6,35
I	3366,79	50	25	6,38	I	3314,07	5	2	7,15
	3364,28	7	1	—	I	3312,23	5	2	6,73
I	3363,81	6	1	6,45	I	3310,49	50	40	7,00
	3362,28	6	—	—	I	3310,34	100	80	6,69
I	3361,95	6	1	6,53	I	3307,23	80	60	6,98
I	3360,93	7	1	6,11	I	3307,01	5	4	6,70
III	3360,87	—	C 6	17,86	I	3306,35	M 28	150	5,97
I	3359,81	10	2	6,99	I	3305,97	M 28	300	5,94
I	3359,49	15	3	4,55	III	3305,22	—	10	14,08
	3358,91	5	—	—		3305,13	5	2	—
	3356,69	15	1	—	III	3304,30	—	C 7	15,98
I	3356,40	35	8	5,97	I	3303,57	70	10	6,77
I	3355,23	M 6	100	7,00	II	3303,47	5	5	4,85
I	3354,06	40	40	6,56	I	3301,22	15	7	6,60
I	3353,27	10	5	6,12	I	3299,07	5	2	7,15
I	3352,93	5	3	6,14	I	3298,13	200	150	5,98
I	3351,75	80	60	6,43	II	3297,89	4	15	7,70
I	3351,52	70	60	5,89	I	3296,47	12	6	6,35
I	3350,28	8	4	6,14	II	3295,81	4	30	4,84
I	3347,93	150	100	5,98	I	3293,14	10	5	5,37
III	3347,70	—	8	14,70	I	3292,59	300	150	5,98
I	3346,94	30	15	5,87	III	3292,04	—	8	14,08
I	3342,29	20	20	6,56	I	3292,02	150	125	7,02
I	3342,22	40	40	5,98	I	3290,99	125	80	5,98
I	3341,90	100	80	6,40	I	3290,72	15	7	5,94
I	3340,57	125	100	5,98	I	3289,44	10	4	6,60
I	3339,58	10	5	6,73	II	3289,35	—	40	7,58
III	3339,38	—	10	14,08	I	3288,97	30	15	5,96
I	3339,19	80	50	6,66; 6,16	III	3288,81	—	15	14,09
III	3338,72	—	C 7	15,94	I	3288,65	15	6	6,19
I	3338,64	70	25	6,71	I	3287,11	5	3	6,71
I	3337,67	125	100	6,41	I	3286,75	500	400	5,94
I	3336,25	40	30	7,02	I	3286,45	5	3	7,17
I	3335,77	125	100	6,56	I	3286,02	30	15	5,99
I	3334,22	150	100	6,14	II	3285,41	60	40	4,85
I	3331,78	40	10	6,20	I	3284,59	200	125	5,97
I	3331,61	125	70	6,15		3283,54	7	3	—
	3330,31	5	2	—	I	3282,89	80	80	7,05
III	3329,89	—	10	14,71	II	3281,30	15	100	4,82
I	3329,53	35	6	6,77	III	3280,56	—	C 6	14,09
II	3329,05	8	3	—	I	3280,26	150	150	7,08
I	3328,87	150	100	6,99	I	3279,74	7	3	6,77

	λ	B A	S	eV		λ	B A	S	eV
I	3278,73	100	60	6,37; 6,20	II	3237,40	—	10	7,71
II	3277,35	40	200	4,77	I	3236,22	300	200	3,88
II	3276,61	—	10	7,72	I	3235,59	5	2	6,53
I	3276,47	100	50	5,98	I	3234,62	200	125	3,89
III	3276,08	—	15	14,09	I	3233,97	M 7	150	6,25
III	3274,95	—	C 31	18,78	I	3233,05	100	60	7,07
I	3274,45	80	60	7,15	II	3232,79	—	50	7,98
III	3273,53	—	6	14,09	II	3231,70	—	30	7,72
I	3272,71	6	3	7,22	I	3230,97	M 7	200	6,29
I	3271,68	25	15	5,27	I	3230,21	100	80	6,31
I	3271,49	15	7	7,04	I	3229,99	20	20	6,88
I	3271,00	M 15	300	5,98	I	3229,87	10	10	6,42
I	3269,96	5	3	5,96	I	3229,59	10	5	—
I	3269,23	20	6	7,19	I	3229,12	80	50	3,96
I	3268,24	125	100	6,01	I	3228,90	80	40	6,32
III	3266,88	—	20	14,10	II	3228,60	5	2	—
I	3265,62	M 13	300	5,97	I	3228,25	100	80	6,31
I	3265,05	200	150	3,89	I	3227,80	15	—	6,26
I	3264,51	80	60	5,99	II	3227,75	M 19	300	5,51
I	3263,37	30	15	6,22	I	3227,06	30	10	6,33
III	3262,46	—	6	17,97	I	3226,71	8	3	3,93
I	3262,28	50	25	—	I	3225,79	M 50	150	6,23
I	3262,01	30	15	7,17	I	3222,07	M 34	100	6,24
I	3261,33	25	7	7,22	I	3219,58	M 12	125	6,30
I	3260,26	20	15	6,36	III	3218,34	—	6	18,48
I	3259,99	150	100	6,24	I	3217,38	M 5	125	6,24
II	3259,05	1	200	7,70	I	3215,94	M 7	150	6,33
II	3258,77	—	150	7,69	III	3215,63	—	8	14,08
I	3257,59	100	100	5,98	I	3215,42	10	4	—
I	3257,24	25	12	6,80; 4,79	I	3214,40	M 6	50	3,95
	3256,70	20	7	—	I	3214,04	M 30	200	7,22; 6,31
II	3255,89	20	100	4,79	II	3213,31	50	300	5,55
I	3254,73	15	6	6,50	I	3211,99	M 15	50	6,25
I	3254,36	200	150	7,08	I	3211,88	10	10	6,08; 7,25
I	3253,95	20	8	6,42	I	3211,68	80	50	7,19
I	3253,60	100	80	7,06	I	3211,49	80	40	6,34
I	3252,92	80	50	6,37	I	3210,83	M 7	100	6,33
II	3252,44	90	40	7,71	II	3210,45	5	50	5,58
I	3251,23	300	150	6,00	I	3210,24	150	100	6,29
I	3250,62	60	40	5,98	I	3209,30	200	125	6,67; 7,28
I	3250,39	20	6	6,67; 6,09	I	3208,47	100	80	7,29
I	3249,19	70	35	6,38	I	3207,09	80	50	6,26
I	3248,21	200	150	6,26	I	3205,40	M 11	200	6,35
I	3247,28	20	10	6,29	III	3204,76	—	6	14,08
II	3247,21	10	10	7,70	I	3202,56	40	20	6,92
II	3247,17	—	9	7,70	I	3200,78	25	15	3,96
I	3246,96	100	70	6,01	I	3200,47	150	150	6,34
I	3246,48	40	25	6,41	I	3199,52	M 14	200	6,30
I	3245,98	200	150	4,73	I	3198,27	8	6	6,49
I	3244,19	M 22	200	6,24	I	3197,52	10	8	3,93
II	3243,72	—	60	7,97	I	3196,99	150	—	3,92
I	3243,40	70	20	7,15; 6,65	I	3196,93	M 24	300	6,31
I	3243,11	50	20	6,27	I	3196,13	100	—	6,71
I	3239,44	M 30	300	6,24	II	3196,08	10	150	5,54
II	3237,82	1	100	7,71		3195,23	6	3	—

	λ	B A	S	eV		λ	B A	S	eV
	3194,60	60	20	—	I	3166,25	5	3	6,36
I	3194,42	100	70	6,35	I	3165,86	100	80	6,37
II	3193,81	10	50	5,60	I	3165,01	100	60	6,34
I	3193,30	20	15	6,35	I	3164,30	20	10	6,37
I	3193,23	M 11	70	3,88	II	3163,87	40	25	7,80
II	3192,93	5	—	5,55	II	3163,09	1	10	5,59
I	3192,80	M 7	8	6,37	II	3162,80	1	100	8,07
I	3192,41	12	6	6,10; 7,28	I	3162,33	70	50	6,61; 6,37
I	3191,66	M 7	150	3,89	I, II	3161,95	200	150	6,32; 5,61
I	3191,11	20	8	6,45	I	3161,37	80	60	5,47
I	3190,82	40	20	6,93	I	3160,92	5	4	6,39
I	3190,65	50	25	6,93	I	3160,66	150	125	6,35
I	3190,02	30	10	6,48	I	3160,34	40	20	6,33
I	3188,82	150	100	6,37	I	3160,20	70	50	7,19
I	3188,57	150	100	6,29	I	3159,02	7	3	6,88
I	3187,68	6	2	5,44		3158,40	6	3	—
II	3187,29	—	60	8,03	I	3157,98	10	6	6,35
II	3186,74	20	300	5,58	I	3157,89	100	100	6,40
II	3185,31	—	25	5,61		3157,45	10	5	—
I	3184,89	200	150	3,95	I	3157,04	150	100	6,35
I	3184,62	60	40	6,34	I	3156,27	125	100	7,17
I	3183,57	5	3	6,33	I	3155,79	5	1	6,33
II	3183,11	7	50	5,59	I	3155,30	50	35	6,36
I	3182,98	125	70	6,09	I	3154,50	20	5	6,40
I	3182,06	80	80	6,75; 6,32	II	3154,21	—	400	7,69
I	3181,91	15	15	6,37; 6,91		3153,75	40	15	—
I	3181,85	15	15	6,77	I	3153,32	15	15	6,38
I	3181,52	80	70	6,49	I	3153,21	100	80	6,38
I	3180,76	100	100	3,99	I	3151,87	40	15	3,99
I	3180,23	M 14	300	6,35	I	3151,35	300	150	6,66
II	3180,16	10	15	8,63	I	3150,30	60	30	7,22
II	3179,50	—	6	8,62	I	3148,41	100	40	6,37
I	3178,97	30	15	6,33	I	3147,79	40	15	6,96
I	3178,55	10	6	6,92		3147,60	10	5	—
I	3178,01	300	150	6,30		3147,29	20	10	—
III	3178,01	—	10	15,12	I	3146,47	5	2	6,37
II	3177,53	5	300	7,80	I	3145,06	40	25	6,93
I	3176,36	20	10	6,51	II	3144,76	—	50	7,84
I	3175,99	12	5	6,79	I	3144,49	150	100	6,41
III	3175,99	—	10	15,12	I	3143,99	200	150	7,15
I	3175,45	M 7	200	6,31	I	3143,24	60	30	3,95
	3174,96	5	4	—	I	3142,90	80	70	6,22
III	3174,09	—	10	15,12	I	3142,45	125	100	6,40
I	3173,69	20	20	6,10	I	3140,39	100	80	7,19
I	3173,61	20	20	6,77		3139,91	70	40	—
I	3173,41	20	10	6,79	I	3139,66	15	8	6,35
I	3172,07	100	100	6,36; 6,10		3138,52	10	5	—
I	3171,66	30	10	6,39		3136,50	60	40	—
I	3171,35	100	80	5,32; 6,96	III	3136,43	—	10	15,17
II	3170,35	10	50	5,60	I	3135,86	7	4	6,41
I	3168,86	30	15	6,38	I	3135,45	10	3	—
	3168,15	10	3	—	II	3135,36	1	100	7,84
I	3167,92	100	30	7,15	I	3134,11	200	125	4,91
II	3167,86	2	100	7,72		3133,23	5	4	—
I	3166,44	100	80	6,48		3132,68	5	3	—

	λ	B		eV		λ	B		eV
		A	S				A	S	
I	3132,51	70	40	7,17		3080,11	30	15	—
II	3130,28	5	4	—		3079,98	30	20	—
I	3129,34	100	60	5,44	II	3078,70	4	15	9,85
	3129,10	15	8	—	I	3078,43	80	50	6,51
I	3128,90	10	5	5,51	I	3078,02	100	80	4,98
	3128,28	5	4	—		3077,64	60	25	—
	3126,76	6	3	—	II	3077,17	1	300	8,11
I	3126,17	150	70	—	II	3076,45	—	5	9,90
I	3125,65	M 11	300	6,37; 4,95	I	3075,72	M 34	400	4,99
	3124,89	15	7	—		3074,44	40	25	—
	3123,95	5	5	—	I	3074,15	40	25	7,05
I	3123,35	10	4	6,40	I	3073,98	40	25	6,73
III	3123,15	—	C 8	14,43		3072,05	6	3	—
	3122,30	70	20	—	I	3068,17	150	150	5,64
I	3121,77	7	5	6,19	I	3067,94	15	10	6,73
III	3120,87	80	50	15,12	I	3067,24	M 40	300	4,95
I	3120,44	100	80	6,43	I	3067,12	6	6	5,64
III	3120,23	5	2	10,20	I	3066,48	60	40	6,77
I	3119,49	100	80	6,41	II	3065,31	—	60	7,98
I	3117,64	20	10	4,96	I	3063,93	40	30	6,47
I	3116,63	M 6	—	4,99	II	3062,23	2	400	8,13
II	3116,59	—	150	7,86		3061,82	5	3	—
I	3116,25	5	4	6,43	I	3060,98	50	35	5,60
II	3114,29	—	80	7,86	I	3059,09	M 100	400	4,11
	3113,59	25	10	—	I	3057,44	M 65	400	4,91
I	3112,08	30	20	6,93	II	3056,80	4	25	8,13
	3111,82	10	6	—		3056,25	8	4	—
III	3111,61	—	8	14,29		3055,71	10	6	—
III	3110,84	20	10	15,11	I	3055,26	M 6	150	5,62
	3110,28	40	30	—	III	3054,14	—	6	14,43
	3110,19	6	6	—	I	3053,44	80	50	7,00; 5,08
III	3110,07	—	C 8	15,20	I	3053,07	100	80	6,49
III	3107,98	20	250	15,11		3049,36	25	8	—
II	3105,55	1	30	7,88	II	3049,01	4	3	9,94
II	3105,17	—	—	7,88; 8,14		3048,45	100	8	—
	3102,87	30	20		I	3047,61	800	500	4,16
I	3100,67	M 26	100	4,95	I	3045,59	10	7	6,53
I	3100,30	M 26	100	4,99	I	3045,08	150	100	4,98
I	3099,97	M 55	40	4,91	II	3044,84	—	12	8,03
I	3099,90	M 55	60	5,01	I	3042,67	300	200	5,06
	3098,59	5	5	—	I	3042,02	M 6	100	5,08
I	3098,19	70	60	6,69	I	3041,75	M 12	80	5,03
	3097,81	20	10	—	I	3041,64	M 7	80	5,63
III	3096,84	30	500	17,13		3040,96	8	4	—
II	3096,30	2	30	7,96	I	3040,43	M 17	400	4,99
I	3095,27	10	6	6,70	I	3039,32	20	15	6,51
I	3094,90	30	15	6,73	I	3037,39	M 95	400	4,19
I	3093,88	40	30	6,57	II	3036,99	—	2	9,89
I	3093,81	50	40	5,61		3035,74	100	60	—
	3093,36	70	40	—	I	3034,54	70	40	5,69
I	3092,78	50	30	4,96	I	3033,10	40	20	6,51
I	3091,58	M 20	200	5,02	I	3031,64	M 19	200	5,10
I	3090,21	30	15	6,77	I	3031,21	150	150	6,54
III	3084,07	—	6	15,24	I	3030,76	5	3	7,08
I	3083,74	M 24	500	5,01	I	3030,15	M 19	300	6,53

	λ	B A	S	eV		λ	B A	S	eV
I	3029,23	80	60	5,64	I	2983,57	M 140	400	4,16
III	3027,01	—	6	15,12	I, II	2982,23	5	10	7,15; 7,97
I	3026,46	M 18	200	5,08	II	2982,06	—	90	8,63
I	3025,84	M 38	300	4,21	I	2981,85	M 1,2	50	6,34
I	3025,64	M 18	100	6,50	I	2981,44	M 28	200	4,21
I	3025,28	50	30	5,01	I	2980,54	M 1,0	70	6,92
I	3024,03	M 26	200	4,21	II	2979,35	20	100	5,25
III	3023,83	—	8	14,43		2978,05	8	3	—
I	3021,07	M 160	300	4,16	III	2977,22	—	6	14,50
I	3020,64	M 280	600	4,11	I	2976,55	15	10	5,64
I	3020,49	M 60	300	4,19	I	2976,13	M 1,0	60	6,45
II	3020,00	—	2	8,18	II	2975,94	3	40	5,26
I	3018,98	M 18	150	5,06	I	2974,78	10	6	7,00
III	3018,79	—	6	14,44	I	2973,24	M 120	400	4,22
I	3017,63	M 20	150	4,22	I	2973,13	M 60	400	4,26
III	3017,31	—	C 21	15,23	I	2972,28	100	40	6,37
I	3016,18	M 8	150	5,10		2971,76	5	2	—
I	3015,91	70	50	6,54	II	2970,68	—	10	7,94
III	3015,26	—	7	14,42	II	2970,51	30	100	5,25
I	3014,17	70	35	5,07	I	2970,10	M 34	200	4,27
III	3013,17	—	C 15	14,42	II	2969,93	—	15	7,98
	3012,45	50	30	—	I	2969,47	60	60	5,03
I	3011,48	M 5	125	6,87	I	2969,36	M 4	80	4,29
I	3009,58	M 28	400	5,03	I	2968,48	30	20	6,60
I	3009,09	80	60	6,53	I	2966,90	M 170	600	4,18
I	3008,14	M 90	400	4,23	I	2965,81	25	15	6,60
III	3007,79	—	6	14,44	I	2965,26	M 18	150	4,30
I	3007,28	M 10	60	4,21	II	2965,04	4	50	5,87
III	3007,27	—	20	22,91	II	2964,63	8	150	5,90
I	3007,15	100	80	5,60	II	2964,13	—	7	7,57
III	3007,06	—	C 7	22,91	III	2963,23	—	8	14,50
I	3005,31	70	40	6,53	II	2961,27	3	40	5,26
I	3004,63	5	3	5,68	I	2960,66	6	3	7,14
I, III	3004,12	18	10	6,56; 15,33		2960,55	10	5	—
I	3003,03	M 10	100	5,08	I	2960,30	60	30	6,67
II	3002,65	20	150	5,82	I	2959,99	M 8	80	6,88
II	3002,33	—	5	8,07	I	2959,68	150	10	7,00
III	3001,62	—	12	14,44	II	2959,60	—	60	7,57
I	3000,95	M 110	300	4,22		2959,34	60	25	—
I	3000,45	M 5	80	5,61	III	2958,29	—	6	14,65
II	3000,06	—	10	7,94	I	2957,37	300	300	4,30
I	2999,51	M 36	300	4,99	I	2956,70	25	8	6,37
	2999,20	5	3	—	I	2954,65	100	70	6,48
II	2997,30	—	60	8,62	I	2953,94	M 60	150	4,28
I	2996,39	M 1,0	50	6,56	II	2953,78	5	80	5,23
I	2994,43	M 120	600	4,19	I	2953,49	100	50	6,96
I	2991,64	100	80	—		2951,56	10	4	—
I	2990,39	M 5	100	6,87	I	2950,24	700	300	6,37
I	2988,47	60	30	5,63		2949,70	10	5	—
I	2987,29	M 12	200	5,06	II	2949,18	—	10	7,97
I	2986,65	15	—	6,58	I	2948,95	10	4	—
I	2986,46	M 1,2	60	4,26	I	2948,73	10	7	6,40
II	2985,55	80	300	5,87	I	2948,43	M 3,5	70	6,93
II	2984,83	200	400	5,82	III	2948,39	—	8	14,51
I	2984,78	10	—	5,01	I	2947,88	M 80	200	4,26

	λ	B A	S	eV		λ	B A	S	eV
I	2947,66	10	100	5,87	III	2904,43	—	12	15,49
I	2947,36	30	20	6,48		2904,16	15	8	—
	2945,70	10	5	—	III	2902,47	—	9	14,50
I	2945,05	100	30	—	II	2902,46	1	35	8,03
II	2944,40	M 3,5	600	5,90	I	2901,91	125	40	6,67
	2943,57	12	6	—	I	2901,38	100	80	5,83
	2942,63	10	5	—	I	2899,41	125	100	6,55
I	2941,34	M 13	300	4,30		2898,86	7	4	—
I	2940,59	200	80	7,05		2898,35	100	30	—
II, III	2939,51	3	30	5,25; 14,43	II	2897,26	—	200	7,70
I	2939,08	80	20	6,44	II	2895,21	—	80	8,18
I	2937,81	300	150	6,42	III	2895,08	—	8	15,49
I	2936,90	M 80	500	4,22	I	2895,04	M 4	70	5,84
	2936,45	5	5	—	II	2894,78	—	80	7,55
II	2936,02	5	10	8,37	I	2894,50	M 8	150	6,56
I	2934,37	7	3	6,40	I	2893,88	25	20	5,84
	2931,98	5	3	—	I	2893,76	15	8	5,27
I	2931,81	10	6	6,95	I	2892,48	100	40	6,71
I	2931,43	10	3	6,68		2891,91	25	10	—
I	2929,62	50	10	5,84	I	2891,73	15	10	7,52
I	2929,12	10	10	7,54	I	2889,99	15	8	6,77
I	2929,01	M 20	100	4,28	I	2889,88	20	15	6,70
I	2928,75	5	—	6,51	II	2888,09	—	80	7,49
I	2928,10	10	4	6,41	I	2887,81	M 1,0	60	6,98
I	2927,55	20	12	—		2887,15	6	2	—
II	2926,59	M 6	400	5,22	I	2886,32	50	15	5,85
I	2925,90	15	10	5,84	II	2885,93	—	70	8,37
	2925,79	15	6	—		2885,35	7	2	—
I	2925,36	70	50	6,99	I	2883,73	30	—	6,99
III	2923,90	—	8	14,67	II	2883,70	—	300	7,54
I	2923,85	100	70	6,93	II	2880,83	1	25	7,73
	2923,44	30	12	—	II	2880,76	15	50	5,29
I	2923,29	M 8	35	7,50	I	2880,58	15	5	5,31
I	2922,62	50	25	6,42	I	2879,43	7	2	6,73
I	2922,38	10	4	5,85	I	2877,30	M 5	125	5,79
II	2922,02	—	50	8,14	II	2876,80	—	100	7,69
	2920,99	12	7	—		2876,01	15	—	—
I	2920,69	M 5	80	5,85	II	2875,35	—	70	7,70
I	2919,84	80	35	6,67	I	2875,30	M 2,5	50	5,79
	2919,21	15	10	—	I	2874,88	60	20	6,71
	2918,82	15	8	—	I	2874,17	M 10	200	4,31
I	2918,35	40	25	6,67		2873,53	15	1	—
I	2918,02	125	100	7,48	II	2873,40	—	300	8,13
I	2914,30	50	25	5,86	II	2872,38	2	20	7,58
	2914,20	10	5	—	I	2872,34	M 5	50	5,27
I	2912,16	M 20	150	4,26	II	2971,12	—	20	7,56
I	2910,92	10	4	7,01	II	2871,06	—	40	7,51
	2909,50	70	35	—	I	2869,83	10	5	6,79
I	2908,86	80	40	6,71	I	2869,31	M 8	70	4,37
III	2907,70	—	12	15,48	II	2868,87	5	60	5,36
I	2907,52	M 2,5	80	6,99; 6,46	I, II	2868,45	80	40	6,60;7,15;9,05
III	2907,50	—	10	14,58	I	2868,21	15	8	6,77
	2906,42	60	25	—	I	2867,88	5	2	5,88
III	2905,80	—	8	16,29; 14,49	I	2867,56	60	30	5,92
I	2905,57	7	4	7,54	I	2867,31	60	30	5,93

	λ	B		eV		λ	B		eV
		A	S				A	S	
I	2866,63	M 2,5	80	5,31	I	2828,81	100	60	5,37
II	2864,98	—	50	8,23	II	2828,68	—	8	7,80
I	2863,86	M 4	100	4,42	II	2828,63	—	80	7,62
I	2863,43	100	80	5,81	I	2827,89	70	50	4,44
I	2862,49	100	50	5,34	I	2827,60	15	12	7,09
I	2858,90	100	30	4,45	II	2827,43	—	25	7,63
III	2858,66	—	7	15,55	I	2826,50	10	8	5,94
II	2858,34	3	200	8,10; 7,56	I	2825,99	6	—	4,47
	2857,99	12	2	—	I	2825,69	M 3	60	4,39
	2857,81	12	2	—	I	2825,56	M 15	150	5,34
II	2857,17	—	30	8,23	I	2823,28	M 50	300	5,35
II	2856,93	—	15	9,85		2821,01	5	3	—
II	2856,39	—	5	9,70	I	2820,81	20	15	4,45
II	2856,14	1	40	7,54	I	2819,29	10	—	7,15
II	2855,67	2	200	7,56	III	2818,62	—	6	17,98
I	2853,77	15	7	6,93	I	2817,51	M 2,0	60	5,35
I	2853,68	15	7	5,83		2816,66	5	4	—
I	2852,95	6	2	5,83	I	2815,51	40	25	6,01
I	2851,80	200	150	5,35	I	2815,02	15	8	6,68
I	2851,50	5	2	6,95	II	2813,61	5	60	7,62
III	2850,29	—	7	17,48	I	2813,29	M 42	400	5,32
II	2849,61	—	50	7,55	III	2813,24	—	10	15,55
II	2848,90	1	8	8,42	I	2812,05	15	10	7,13
I	2848,71	M 1,6	30	5,34		2810,26	40	15	—
II	2848,33	—	5	9,94	II	2809,81	1	100	9,70
II	2848,12	—	10	9,90		2808,62	6	2	—
II	2848,05	—	70	7,58	I	2808,33	100	40	5,37
I	2846,83	20	12	5,84	I	2807,25	15	8	4,42
I	2845,71	8	3	5,84	I	2806,98	M 16	200	5,33
I	2845,60	M 7	7	5,31	I	2806,07	15	5	6,69
I	2845,54	125	7	5,92	II	2805,79	—	50	7,80
I	2843,98	M 26	300	5,35	I	2804,86	20	15	7,16
I	2843,63	M 9	100	5,27	I	2804,52	M 15	200	5,33
II	2843,48	—	3	8,24	I	2803,62	50	20	6,87
	2843,24	6	2	—	III	2803,44	—	6	15,55
	2842,93	5	2	—	I	2803,17	15	—	4,47
I	2840,94	7	3	6,56		2803,12	35	15	—
II	2840,76	—	35	8,13		2800,46	50	10	—
II	2840,65	—	70	7,70		2800,28	6	2	—
I	2840,43	M 2,5	20	4,42	II	2799,29	1	100	7,69
II	2840,34	—	8	7,51	I	2799,15	50	10	—
II	2839,82	—	10	9,65	II	2797,91	—	20	7,70
II	2839,53	4	25	9,85	I	2797,78	M 8	80	5,34
I	2838,12	M 10	150	5,35	I	2796,87	15	3	5,99
II	2837,30	—	25	7,63		2795,85	15	10	—
I	2836,32	8	5	7,18	I	2795,55	90	60	5,35
I	2835,95	15	10	5,93	I	2795,01	M 2,0	35	4,44
II	2835,72	—	35	7,57	I	2794,70	50	30	5,39
I	2835,46	M 2,5	100	4,37	I	2794,16	10	—	6,61
I	2834,18	5	3	5,93	II	2793,89	8	150	7,63
I	2833,40	10	8	6,65	I	2792,40	50	25	5,99
II	2833,10	—	5	9,73	I	2791,79	M 2,5	40	6,87
I	2832,44	M 32	200	5,33		2791,46	40	20	—
II	2831,56	1	500	7,57	II	2789,80	M 2,0	25	7,13
II	2830,96	10	—	8,19	I	2789,48	60	30	6,62

| λ | | B | | eV | λ | | B | | eV |
		A	S				A	S	
III	2788,26	—	6	15,58	I	2757,86	25	10	—
I	2788,10	M 70	150	5,30	I	2757,32	M 8	60	5,50
I	2787,93	25	15	5,93	II	2757,02	10	30	7,69
I	2786,78	15	7	—	II	2756,51	10	7	7,72
I	2786,19	8	2	6,67	I	2756,33	M 24	100	4,61
II	2785,21	—	40	9,65	I	2756,27	300	100	4,55
I	2784,35	15	6	6,87	II	2755,74	M 75	100	5,48
I	2784,01	12	3	7,04	I	2755,18	15	—	6,93
II	2783,70	20	400	7,70		2754,95	25	—	—
I	2782,05	12	6	6,65	II	2754,91	—	18	9,73
I	2781,84	M 3,5	60	5,44	I	2754,43	70	20	5,45
I	2781,01	8	2	—	I	2754,03	90	35	5,49
	2780,89	10	3	—	I	2753,69	M 4	25	5,51
I	2780,70	30	15	7,02	II	2753,29	M 8	150	7,77
	2780,54	10	2	—		2753,10	25	—	—
II	2779,30	25	300	7,72		2751,81	15	5	—
I	2778,84	M 3,0	40	—		2751,37	15	—	—
	2778,59	6	1	—	II	2751,12	—	70	7,70
I	2778,22	M 15	80	5,32	I	2750,88	M 3,0	20	6,68
I	2778,07	30	10	—	I	2750,72	15	—	6,73
II	2777,89	—	25	7,71	I	2750,14	M 70	100	4,56
II	2776,92	—	25	9,69	II	2749,48	15	20	5,60
	2776,40	100	30	—	II	2749,32	M 60	30	5,55
I	2774,73	M 3,0	10	5,47	II	2749,18	M 12	40	5,58
II	2774,69	—	50	7,80	I	2747,56	30	5	6,71
I	2773,90	10	5	6,87	I, II	2746,98	M 38	300	5,38; 5,55; 9,76
III	2773,31	—	8	18,05	II	2746,48	M 42	300	5,59
I	2773,23	90	40	—		2745,82	8	—	—
I	2772,83	15	4	7,46		2745,08	10	1	—
	2772,51	30	20	—	I	2744,53	M 6	50	5,50
I	2772,12	300	300	4,56	I	2744,07	M 30	8	4,64
I	2772,08	M 18	10	5,33	I	2743,56	M 5	15	5,47
	2771,89	12	6	—	II	2743,20	M 28	150	5,61
II	2771,18	—	50	8,24	I	2742,41	M 55	50	4,61
I	2770,70	20	7	6,67	I	2742,25	M 8	25	5,47
II	2770,51	—	50	7,69; 7,62	I	2742,02	35	15	4,61
I	2769,68	60	20	5,33	II	2741,40	—	70	7,94
II	2769,35	1	20	7,63	I	2741,11	10	3	7,54
I	2769,30	90	10	6,88	II	2739,55	M 75	300	5,51
II	2769,15	1	15	7,70	I	2738,21	10	2	5,53
II	2768,93	40	100	5,55	I	2737,83	25	10	—
I	2768,44	25	5	6,65	I	2737,64	10	—	6,93
	2768,11	35	8	—	I	2737,31	M 70	150	4,64
I, II	2767,52	M 18	—	5,39; 9,73 9,70; 7,72	II	2736,97	7	—	5,60
I	2766,91	M 2,0	40	5,49		2736,78	10	2	—
	2766,66	15	6	—	I	2735,61	20	10	6,73
I	2764,33	M 2,0	40	6,68	I	2735,48	M 28	100	5,44
I	2763,11	M 5	70	5,47		2734,89	5	—	—
I	2762,77	25	10	6,71	I	2734,62	20	8	5,49
	2762,68	50	1	—	I	2734,27	M 3,0	25	6,71
I	2762,03	M 16	60	5,44	I	2734,00	M 3,0	25	5,52
II	2761,81	50	200	5,58	I	2733,58	M 70	200	5,39
I	2761,78	M 15	—	5,48	II	2732,45	8	20	4,77
	2760,90	15	8	—	I	2730,98	70	15	5,55
I	2759,82	M 2,0	60	5,50	II	2730,74	M 9	150	5,61

	λ	B		eV		λ	B		eV
		A	S				A	S	
	2730,03	8	1	—	I	2699,11	M 8	60	5,50
I	2728,97	15	5	4,65	III	2698,41	—	7	22,86
II	2728,90	3	5	7,93; 7,77	I	2698,16	35	6	—
I	2728,82	M 5	15	6,99	II	2697,46	3	50	9,07
I	2728,02	M 6	40	5,45	I	2697,02	50	25	6,15
II	2727,54	M 18	150	5,58	III	2696,90	—	7	22,86
II	2727,38	1	40	7,69	I	2696,28	90	50	7,00
I	2726,24	25	12	7,15		2695,99	80	50	—
I	2726,05	M 8	80	5,58	I	2695,66	20	12	7,05
I	2725,60	15	5	5,53	I	2695,53	40	30	—
	2725,33	8	4	—	III	2695,31	—	9	22,86
I	2725,29	8	4	—	III	2695,15	—	10	22,87
I	2724,95	25	15	5,50	I	2695,04	30	20	5,45
II	2724,88	15	25	5,59	I	2694,54	100	35	7,00
	2724,68	10	2	—	II	2692,84	15	20	5,59
I	2723,58	M 70	200	4,64	I	2692,65	20	—	5,61
II	2722,74	—	80	10,77	II	2692,60	—	300	8,37
I, II	2722,04	20	70	6,03; 7,94	I	2692,25	20	4	6,09
I	2720,90	M 120	—	4,61		2691,49	5	1	—
I	2720,52	8	5	4,61	I	2690,07	30	30	4,61
I	2720,20	35	25	6,73		2689,88	10	—	—
I	2719,42	20	12	6,99	I	2689,83	40	40	6,16
II	2719,30	—	4	9,05		2689,42	5	3	—
I	2719,02	M 260	300	7,14; 4,56	I	2689,21	M 12	150	5,52
II	2718,64	—	6	7,94; 10,77		2686,75	50	6	—
I	2718,44	M 10	60	5,55	I	2684,86	8	—	5,60
I	2717,79	50	25	5,51	II	2684,75	3	400	8,43
I	2717,37	15	5	5,47	I	2684,07	30	15	—
I	2716,26	5	—	7,01		2683,95	15	8	—
II	2716,22	20	150	7,99		2682,21	30	15	—
I	2715,32	12	5	4,65	I	2681,59	50	25	7,05
	2715,12	5	2	—	I	2680,45	70	35	5,61
I	2714,87	40	15	5,52		2680,16	20	8	—
II	2714,41	M 19	400	5,55	I	2679,06	M 18	200	5,48
I	2714,06	20	3	7,15	III	2678,81	—	6	16,66
II	2712,39	2	100	7,77		2678,05	20	10	—
II	2711,84	4	100	7,72		2675,28	30	15	—
I	2711,66	100	50	5,48		2674,18	6	3	—
	2711,46	12	3	—	I	2673,21	30	15	5,65
I	2710,55	M 2,0	35	6,18		2670,80	10	4	—
I	2709,99	40	10	7,00	I	2669,50	50	25	7,07
II	2709,06	3	100	7,77	I	2667,92	50	20	4,73
I	2708,57	M 7	50	7,13	I	2666,97	30	10	6,13
I	2707,51	20	—	—	I	2666,81	80	15	5,50
II	2707,13	—	70	9,06	II	2666,63	5	80	8,07
I, II	2706,58	M 18	150	5,53; 9,09	I	2666,40	70	10	5,60
I	2706,01	60	40	6,98	II	2664,66	M 7	300	8,04
III	2705,12	—	7	22,84	I	2664,04	15	5	—
II	2704,58	5	10	7,80		2663,78	10	3	—
II	2703,99	M 4	400	7,97		2662,31	25	10	—
	2702,55	7	3	—	I	2662,06	M 3,0	40	5,61
I	2702,45	15	10	6,99		2661,31	12	10	—
I	2701,91	20	5	7,14	I	2661,20	10	7	5,65
III	2701,13	—	8	22,85	I	2660,40	40	15	5,65
III	2700,04	—	8	22,85		2659,24	8	2	—

	λ	B		eV		λ	B		eV
		A	S				A	S	
	2658,93	10	2	—		2613,19	15	—	—
	2658,47	20	2	—	I	2612,77	50	10	4,79
II	2658,25	—	80	8,63	II	2611,87	M 80	500	4,79
I	2656,79	50	25	6,15	II	2611,07	20	80	5,82
I	2656,15	M 4	40	7,07	I	2610,75	40	4	4,83
I	2655,13	7	3	6,15		2609,22	10	1	—
I	2651,71	60	60	5,63	II	2609,12	—	20	8,71
II	2650,49	—	150	10,50	I	2608,58	100	10	—
II	2649,46	—	70	11,47	III	2608,11	— C 7		15,06
	2648,54	6	2	—	II	2607,09	M 65	400	4,84
	2648,43	7	2	—	I	2606,83	200	30	5,66
I	2647,56	M 3,0	70	4,73	II	2606,50	—	80	9,25
III	2646,75	—	6	15,00		2606,31	10	—	—
	2646,32	5	—	—	I	2605,66	80	10	5,61
I	2645,42	50	10	4,79	II	2605,42	—	40	7,98
III	2645,39	—	9	15,12	II	2605,30	—	50	9,25
I	2644,00	M 12	150	5,69	II	2605,04	—	80	10,32
I	2641,65	M 6	60	5,60	I	2604,87	18	—	—
II	2639,55	1	100	8,03	I	2604,76	20	1	—
II	2637,64	2	200	8,04	I	2603,56	20	3	—
I	2636,48	50	20	5,61	I	2600,20	10	—	—
I	2635,81	M 16	200	5,69		2600,10	10	—	—
	2633,64	5	1	—		2599,66	6	—	—
II	2633,19	—	80	9,44	I	2599,57	M 30	—	5,68
	2632,99	10	—	—	II	2599,40	M 200	1000	4,77
I	2632,59	80	40	4,79	I	2598,85	20	—	6,38
I	2632,24	M 8	60	5,69	II	2598,37	M 65	1000	4,82
II	2631,61	10	50	7,52		2597,83	6	—	—
II	2631,32	M 55	60	4,79	III	2595,62	—	8	14,67
II	2631,05	M 55	125	4,82; 7,54	I	2594,15	20	2	5,69
II	2630,07	10	100	7,57	I	2594,04	20	2	—
I, II	2629,59	M 4	150	4,83; 7,57	II	2593,73	M 9	70	5,87
II	2628,29	M 32	400	4,84	I	2593,52	25	—	7,18
	2627,24	8	—	—	II	2592,78	M 3,0	100	8,85
II	2626,50	3	80	7,57	I	2592,29	12	—	—
II	2625,67	M 44	60	4,77	II	2591,54	M 9	100	5,82
II	2625,49	1	60	8,79	I	2591,26	20	—	—
	2624,37	5	—	—	I	2587,98	40	—	—
	2624,14	10	1	—	II	2587,95	—	50	8,94
II	2623,72	—	20	7,57		2587,16	6	—	—
I	2623,53	M	80	5,68	II	2585,88	M 65	100	4,79
I	2623,37	25	10	4,83	II	2585,63	—	3	8,94
II	2621,67	M 17	400	4,85	I	2584,54	M 26	30	5,65
II	2620,69	3	80	7,56	III	2584,04	— C 6		16,37
II	2620,41	M 9	40	4,84	II	2582,58	M 9	80	5,87
II	2619,08	5	150	7,54	III	2582,37	—	8	14,70
I	2618,71	70	25	4,73	I	2582,21	M 5	—	—
I	2618,02	M 12	60	5,69		2580,96	5	—	—
II	2617,62	M 32	400	4,82		2580,30	6	1	—
III	2617,15	—	8	16,33	I	2580,07	10	—	5,81
I	2616,44	5	3	—		2579,84	10	1	—
I	2615,42	25	10	—	I	2579,27	12	6	5,73; 5,80
I	2614,49	40	5	5,69	II	2577,92	M 9	100	5,90
II	2613,82	M 32	400	4,85	II	2576,86	2	70	8,96
	2613,24	10	2	—	I	2576,69	M 10	5	5,66

λ	B		eV	λ	B		eV
	A	S			A	S	
I 2575,74	M 6	10	—	II 2544,97	2	10	7,57
III 2574,84	—	7	14,71	I 2544,71	M 7	5	7,43
II 2574,37	M 4	150	7,40	I 2543,92	M 16	20	7,46
II 2570,84	70	100	8,63	II 2543,43	—	5	7,71
II 2570,52	M 6	5	10,77	II 2543,38	M 3,5	50	7,55
II 2569,77 }	10	12	8,24	II 2542,73	1	40	8,21
I 2569,74 }			5,81	I 2542,10	M 16	8	7,48
I 2569,60	20	1	5,68	II 2541,83	2	5	7,57
I 2568,86	20	10	5,81	II 2541,10	1	15	7,70
II 2568,40	—	80	7,60	I 2540,97	100	10	4,99
I 2567,87	12	—	7,05	II 2540,67	6	30	7,70; 9,37
II 2566,91	M 6	150	5,90	I 2539,36	15	—	5,79
II 2566,22	—	40	—	II 2539,00	10	20	7,52
I 2564,56	15	—	5,84	II 2538,90	1	3	7,56
II 2563,47	M 13	125	5,87	II 2538,81	M 7	30	7,54
2563,40	5	25	—	II 2538,50	2	10	7,57
2563,09	6	—	—	II 2538,20	2	35	8,13; 8,95
II 2562,53	M 20	150	5,82	2537,95	6	—	—
I 2562,23	15	—	5,82; 5,78	I 2537,17	M 12	—	—
II 2562,09	2	25	8,03	II 2537,14	—	2	9,64
I 2561,86	15	—	5,85	II 2536,82	M 12	4	7,56
I 2560,56	15	—	5,85	II 2536,67	1	5	8,13
II 2560,27	10	80	8,04	I 2535,61	1000	10	5,01
II 2559,91	2	15	8,26	II 2535,48	—	20	7,69
II 2559,77	3	30	8,07	II 2534,42	M 6	50	7,58
2558,48	10	20	—	I 2533,80	M 6	—	—
I 2556,86	20	1	5,70	II 2533,63	M 7	50	7,55
I 2556,30	15	1	6,40	2532,53	10	—	—
I 2555,65	5	—	5,86	I 2530,69	M 7	70	4,98
II 2555,45	2	35	7,70	II 2530,10	2	30	7,72; 9,73
2555,22	10	—	—	I 2529,84	50	2	5,01
II 2555,07	20	20	7,69	II 2529,55	M 6	100	7,61; 7,71
2553,83	9	6	—	2529,37	10	—	—
I 2553,18	10	20	—	II 2529,22	—	2	8,14
I 2552,83	5	1	5,81	I 2529,14	80	5	4,99
2552,77	20	—	—	II 2529,08	—	70	9,64
I 2552,66	15	2	4,96	2528,17	6	—	—
III 2551,10	—	C 6	16,33	II 2527,69	1	30	8,72; 9,05
I 2551,09	M 6	1	—	I 2527,44	M 140	50	4,95
II 2550,68	3	30	8,11	I 2527,16	—	5	—
2550,51	25	—	—	II 2527,10	1	60	8,10; 7,56
II 2550,02	M 2,5	40	8,13	II 2526,29	10	60	7,49
I 2549,61	M 65	2	4,91	II 2526,07	3	20	7,58; 8,13
II 2549,45	1	15	7,70	II 2525,39	M 7	60	7,54
II 2549,40	1	10	7,71	I 2525,02	M 6	1	—
II 2549,08	3	30	5,25; 8,62	I 2524,29	M 50	50	5,02
II 2548,92	1	31	8,94	I 2523,67	M 14	10	—
II 2548,74	—	12	7,56	I 2523,11	5	—	—
II 2548,59	2	8	7,54	I 2522,85	M 280	50	4,91
2548,08	50	—	—	I 2522,49	6	—	5,82
II 2547,33	1	35	7,56	I 2521,92	6	—	5,83
I 2546,87	40	1	—	II 2521,81	1	60	9,07
II 2546,67	1	30	7,69	II 2521,09	2	20	8,33
I 2545,98	M 80	30	4,95	2520,88	80	—	—
II 2545,21	4	25	7,56	I 2519,63	M 6	20	5,92

	λ	B A	S	eV		λ	B A	S	eV
II	2519,04	—	70	7,73; 8,30	II	2484,24	—	20	5,22; 7,84; 8,23
	2518,82	7	—	—	I	2484,19	M 90	5	5,10
I	2518,10	M 70	50	5,01	I	2483,53	10	—	5,98
I	2517,66	M 9	12	5,91	I	2483,27	M 280	5	4,99
II	2517,12	10	60	7,70	II	2482,65	1	50	8,14
I	2516,57	10	1	5,88	II	2482,11	3	50	7,63
II	2514,91	1	25	7,77; 8,13	II	2480,16	10	80	7,80
II	2514,38	2	8	8,74	I	2479,77	M 100	30	5,08
I	2513,86	5	—	7,54		2479,62	7	—	—
I	2513,33	6	4	—	I	2479,48	M 7	3	5,99
II	2512,51	—	40	9,41	II	2478,57	4	40	7,84
I	2512,36	M 1	1	4,98	I	2476,65	15	25	5,99
II	2511,76	M 7	100	7,62		2476,03	20	—	—
III	2511,42	—	6	15,24	I	2474,81	M 22	50	5,96
I	2510,83	300	50	4,99	II	2474,76	—	60	8,23
II	2509,12	1	50	8,18	II	2473,31	1	4	7,79
I	2508,75	20	1	5,93	I	2473,16	5	—	5,01
I	2507,90	M 10	6	5,89	I	2472,91	M 90	—	5,06
I	2506,57	10	—	7,53	I	2472,80	300	25	5,10
II	2506,09	2	70	8,14	II	2472,43	—	15	7,86
I	2505,63	12	—	—	I	2472,34	M 14	5	5,87; 5,93
I	2505,49	10	1	—		2472,11	9	—	—
I	2505,07	10	1	7,50	I	2470,97	25	1	5,93
II	2503,88	8	70	8,72	II	2470,66	8	50	7,84
	2503,65	80	—	—	II	2469,71	—	8	10,30
II	2503,56	2	20	7,63; 7,80	I	2468,88	M 14	15	5,87
II	2503,32	5	50	8,10	I, II	2467,73	M 3,5	2	5,98; 10,43
II	2502,39	3	60	8,17	II	2466,81	1	30	7,86
I	2501,69	M 3,5	4	5,81	II	2466,67	1	10	7,88
I	2501,13	M 90	25	4,95		2465,45	15	—	—
II	2500,93	12	40	9,69	II	2465,20	—	50	7,80
I, II	2498,89	M 10	70	5,01; 7,64; 7,80	I	2465,15	M 14	—	5,94
II	2497,82	15	50	7,81; 8,20	II	2464,90	4	50	8,26
I	2496,99	20	1	7,52	II	2464,01	5	80	8,23
I	2496,53	M 14	15	5,87	II	2463,90	—	5	10,39
I, II	2495,86	25	35	5,82	I, II	2463,73	M 3,5	7	5,99; 7,58; 7,71
I	2494,25	10	—	5,83		2463,51	5	—	—
I	2493,94	20	1	5,92	II	2463,28	6	60	8,18
II	2493,26	M 18	100	7,60	I	2462,64	200	50	5,03
II	2493,18	M 18	100	7,63; 8,20	I	2462,18	M 11	3	5,08
I	2491,98	10	—	7,53	II	2461,86	15	70	8,25
II	2491,39		30	7,56; 8,17	II	2461,28	5	50	8,26
I	2491,15	M 140	10	5,08		2461,06	20	—	—
II	2490,86	—	15	7,80; 8,74		2460,60	15	—	—
I	2490,64	M 180	10	5,06	II	2460,45	1	15	10,52
II	2489,82	1	50	8,13		2459,17	6	—	—
I	2489,75	M 180	2	5,10	II	2458,96	—	10	8,92
I	2488,95	10	1	7,54	II	2458,78	M	60	8,24
I	2488,14	M 260	100	5,03	I	2457,60	M 18	30	5,90
I, II	2487,37	M 3,5	5	5,07; 10,39	II	2455,89	—	25	10,45
I	2487,06	M 9	10	5,99	II	2455,72	15	20	10,59
I	2486,69	M 7	3	5,94	I	2454,71	6	—	7,43
I	2486,37	M 9	—	4,98	II	2454,57	—	80	9,14
II	2486,34	—	80	8,18	II	2453,93	—	3	10,27
I	2485,98	10	1	5,89	II	2453,75	1	10	10,28

	λ	B A	S	eV		λ	B A	S	eV
I	2453,48	M 6	3	5,96	III	2403,55	—	6	16,15
	2450,44	15	—	—	II	2402,60	10	20	7,70;10,44;5,51
II	2450,13	—	5	10,30	II	2402,45	—	8	10,38
II	2447,75	—	80	9,14	II	2399,24	M 36	30	5,25; 5,56
I	2447,71	M 7	100	5,06					9,06; 10,75
					II	2395,62	M 110	100	5,22
	2447,44	5	—	—					
III	2447,37	—	7	16,66	II	2395,41	6	5	5,26
II	2446,46	3	40	7,72	II	2391,47	8	20	5,48; 8,04
II	2446,40	—	10	10,28	I	2389,97	15	—	5,27
II	2445,56	M 3	40	7,77	III	2389,53	—	8	16,66
					II	2388,63	M 30	30	5,24
I	2445,21	6	—	5,92					
II	2445,11	—	20	10,27		2387,28	6	—	—
II	2444,51	M 4	60	7,65	II	2385,01	8	15	5,55
II	2444,27	—	5	10,30	II	2384,39	M 6	5	5,58
I	2443,87	M 5	4	5,93	II	2383,24	M 8	12	5,55
					II	2383,05	6	2	5,25
II	2443,84	—	7	10,32					
I	2442,57	M 10	10	7,50	II	2382,07	M 130	100	5,20
I	2440,11	M 5	8	7,53	II	2380,76	M 15	15	5,29
II	2439,86	—	4	10,32	II	2379,27	M 15	15	5,51
I	2439,74	M 8	12	7,48		2377,23	5	—	—
					II	2376,43	3	50	10,42
II	2439,30	15	100	8,23	II	2375,19	M 7	15	5,60
I, III	2438,18	30	8	5,94; 10,17	I	2374,52	6	—	5,34
II	2437,63	—	10	10,28	II	2373,62	6	15	5,22; 7,80
II	2437,10	—	2	10,34	I	2373,62	20	—	5,27
II	2436,99	—	5	10,30	II	2372,63	10	—	9,37
II	2436,61	4	25	10,44	I	2371,43	8	—	5,31
I	2436,34	25	—	—	II	2370,50	8	6	5,61
II	2434,99	—	12	10,37	II	2369,96	—	15	10,45
II	2434,94	6	20	7,94	I	2369,46	8	1	5,34
II	2434,82	—	5	10,34	II	2368,59	M 10	25	5,58
II	2434,73	6	30	9,17	II	2366,59	10	20	5,59
II	2434,23	3	10	10,38	II	2364,83	M 21	30	5,29
II	2434,05	—	15	10,32		2363,94	10	—	—
II	2432,27	25	70	7,94	III	2363,51	—	C 7	16,37
	2431,30	6	1	—	II	2362,02	8	15	5,55
I	2431,02	20	3	—	II	2360,29	M 10	8	5,55
II	2430,88	—	10	10,34	II	2359,99	M 11	8	5,48
II	2430,07	M 4	7	7,93	II	2359,10	M 11	20	10,50; 5,36; 7,95
II	2429,15	—	10	10,39	II	2354,89	10	10	5,61
II	2428,97	1	8	10,36	II	2354,47	5	15	7,94
II	2428,37	3	15	9,01	II	2351,20	—	7	7,93
	2428,20	9	—	—	I	2350,41	5	—	5,27; 6,13
II	2424,14	M 5	70	7,92	II	2348,30	M 12	20	5,36
I	2423,09	5	—	6,10	II	2348,10	M 12	20	5,51
II	2417,87	10	100	8,37	II	2345,33	—	20	7,92
I	2417,49	6	—	6,60		2345,08	20	—	—
II	2415,06	1	50	7,98	II	2344,28	6	20	5,41
II	2413,31	M 22	100	5,26	II	2343,96	5	10	5,59
II	2411,07	M 22	70	5,26	II	2343,49	M 35	50	5,29
II	2410,52	M 30	70	5,25		2339,58	10	—	—
I	2408,04	10	—	6,10	III	2338,96	—	C 10	14,84
II	2407,23	20	2	—	II	2338,00	M 14	35	5,41
II	2406,66	M 32	1	5,26	III	2336,77	—	10	16,43
II	2404,88	M 100	100	5,24	II	2332,80	M 25	40	5,36
II	2404,43	M 7	40	5,26	II	2331,31	10	6	5,55

| λ | | B | | eV | λ | | B | | eV |
		A	S				A	S	
III	2329,90	—	C 9	14,87	I, II	2279,92	15	40	5,52; 5,49
I	2329,64	5	—	5,32	III	2278,43	—	6	16,66
II	2327,39	10	25	5,41	III	2277,87	—	8	16,66
III	2326,95	—	10	16,45	I	2277,67	25	—	6,40
III	2324,36	—	8	18,46	I	2277,10	15	—	6,40
III	2321,71	—	10	16,80	III	2276,87	—	8	15,00
I	2320,36	25	5	5,39	I	2276,02	20	10	5,44
III	2319,47	—	8	16,94	I	2275,59	8	—	6,93
III	2319,22	—	10	14,90	I	2275,19	10	—	5,58
	2318,17	10	—	—	I	2274,19	15	15	6,44; 5,53
I	2317,89	8	—	6,95	III	2274,00	—	8	17,48
III	2315,70	—	10	14,49	I	2272,82	20	—	6,37
I	2313,10	25	3	5,44	I	2272,07	15	3	5,50
I	2308,99	20	5	5,47	I	2271,78	35	—	6,37
I	2306,38	10	3	6,93	I	2270,86	10	—	5,47
I	2306,17	10	—	6,33	I	2269,10	12	—	5,55
I, II	2304,73	10	20	6,37; 8,19	I	2267,47	15	—	6,32
I	2303,58	10	3	5,49	III	2267,42	—	10	16,94
I	2303,42	10	—	5,50	I	2267,08	9	—	5,51
III	2303,01	—	7	16,96	I	2266,90	15	—	6,43
III	2302,81	—	8	17,41	I	2265,05	10	—	5,52
I	2301,68	15	—	5,50	I	2264,40	35	5	6,33
I	2301,17	10	—	—	I	2263,47	6	—	5,47
I	2300,59	8	—	6,87	II	2262,68	6	12	5,58
I	2300,14	15	3	5,47	III	2261,59	—	12	16,38
I	2299,45	8	—	6,40	II	2260,85	12	12	5,59
I	2299,22	15	4	5,47	I	2260,60	10	—	7,04
I	2298,66	8	2	5,50	III	2260,55	—	7	14,25
II	2298,23	5	25	8,03	II	2260,08	9	15	5,48
I	2298,17	5	—	5,39	I	2259,51	25	—	5,48
I	2297,79	M 4	6	5,44	I	2259,28	6	—	5,53
I	2296,93	15	2	5,50	II	2257,79	—	12	10,30
II	2296,67	5	—	8,07	III	2257,41	—	8	14,29
III	2295,86	—	15	16,30	II	2256,90	—	10	10,32
II	2294,61	15	5	8,23	I	2255,86	20	—	6,41
I	2294,41	15	2	5,51	II	2255,69	—	20	10,28
I	2293,85	10	6	5,49	II	2254,07	—	4	8,17; 10,34
III	2393,06	—	10	18,54	II	2253,12	12	30	5,55
I	2292,52	15	2	5,45	I	2251,87	12	70	5,61; 10,27
III	2291,85	—	6	18,54	II	2250,93	5	20	5,59
I	2291,62	10	2	5,51	I	2250,79	10	—	5,50
I	2291,12	15	—	6,37; 6,40	II	2250,17	5	15	5,61
I	2290,77	6	—	6,32	II	2249,18	—	25	5,52; 10,34
I	2290,54	15	—	6,40	II	2249,06	—	30	10,32
I	2290,06	10	—	6,37	I	2248,86	35	—	6,37
I	2289,03	25	—	6,43	II	2247,69	—	50	10,30
I	2287,63	5	—	6,33	II	2246,91	—	20	8,04
I	2287,25	20	6	5,50	I	2245,65	12	—	5,60
I	2284,09	25	20	5,47	II	2245,50	—	45	10,28
I	2283,66	10	—	5,53	II	2244,22	—	8	10,36
I	2283,30	8	—	5,55	III	2243,41	—	8	14,29
I	2283,08	9	—	6,44	I	2242,58	—	15	5,61
I	2282,86	8	—	6,44	I	2241,84	6	2	6,44
I	2281,99	6	—	5,51	III	2241,54	—	12	16,30
I	2280,22	15	—	6,43	II	2241,43	—	20	10,34

| λ | | B | | eV | λ | | B | | eV |
		A	S				A	S	
I	2240,63	20	3	7,01	I	2189,18	6	—	7,16
II	2239,05	—	25	10,32	II	2187,68	—	10	7,69
I	2238,26	5	—	5,65	II	2187,44	—	12	9,04
III	2238,15	—	10	17,12	I	2187,19	50	10	5,75
II	2237,58	—	20	10,30	I	2186,89	6	12	5,78
	2236,31	10	—	—	III	2186,88	—	6	16,88
III	2235,91	—	10	17,12	I	2186,48	50	80	5,72
III	2235,70	—	6	14,68; 17,12	I	2186,24	5	—	5,66
III	2233,65	—	6	16,76	II	2185,62	—	8	9,05
III	2232,69	—	10	17,13	II, III	2183,98	20	6	7,70; 14,44
III	2232,43	—	10	14,31	II	2183,80	—	10	8,93
II	2231,51	—	10	10,39	I, II	2183,47	6	8	5,78; 8,26
I	2231,21	8	—	5,60	II	2183,30	—	12	7,70
III	2229,27	—	10	16,77	II	2181,41	—	5	10,53
I	2229,07	6	—	5,65	II	2181,14	—	8	10,51
II	2228,76	—	30	10,37	I, II	2180,87	8	12	5,79; 10,45
I	2228,17	10	6	5,61	III	2180,41	—	12	14,84
III	2227,85	—	7	14,72	II	2180,25	—	12	10,50
I	2222,76	5	5	7,06	III	2179,26	—	6	15,23
III	2221,83	—	10	14,72		2178,96	8	—	—
II	2220,45	—	6	10,43	I	2178,09	M 150	20	5,75; 5,78
II	2220,39	—	25	8,10	II	2177,02	—	10	8,03
II	2219,89	—	20	8,23	I, II	2176,84	8	20	5,81; 10,53
II	2218,29	—	30	10,38	II	2175,45	8	25	7,72
II	2215,09	—	10	10,41	II	2174,85	—	8	8,33
II	2214,06	—	20	10,39	III	2174,67	—	15	14,84
I, II	2213,65	2	20	—; 8,24	III	2173,83	—	7	15,24
I, II	2211,24	6	—	5,69; 9,48	III	2173,72	—	15	7,40
II	2211,11	—	5	8,23; 9,37	I, II	2173,21	8	2	5,81; 8,96
II	2210,95	—	5	8,12; 8,25	II	2172,99	—	15	8,24
I	2210,69	8	—	5,60	II	2172,68	—	8	10,52
III	2210,07	—	6	16,37	I	2172,58	—	6	5,81
II	2209,05	—	20	10,37	I	2171,30	10	3	5,79
III	2208,85	—	10	16,38	III	2171,04	—	12	14,87
II	2208,42	—	30	10,38		2170,54	10	—	—
	2208,01	5	—	—	II	2170,19	—	5	10,55
I	2207,07	6	—	5,61	II	2169,95	8	12	10,47
II	2206,15	—	8	10,45	II	2169,43	—	10	10,53
III	2202,46	—	8	15,17	II	2168,92	—	8	8,95
II	2201,59	—	5	10,44		2168,38	8	3	—
I	2201,12	10	—	5,68	II	2167,88	—	12	8,94
I	2200,72	35	8	5,74	II	2167,40	—	12	8,23
I	2200,39	50	100	5,75	III	2166,95	—	12	14,87
	2199,57	10	—	—	I	2166,77	M 360	35	5,72
II	2197,27	—	5	8,98	II	2166,20	—	20	8,93
I	2196,04	M 63	30	5,75	I	2165,87	20	1	—
III	2195,53	—	6	16,77	II	2165,55	—	10	8,56
I	2193,41	8	—	6,56	I, II	2164,56	7	25	5,81; 8,95;
	2192,82	5	—	—					10,52
II	2192,67	—	5	8,99	II	2164,34	8	20	7,41; 10,55
					I	2163,86	8	1	5,85
II	2191,93	—	10	10,44	I, II	2163,37	12	20	—; 10,52
I	2191,84	M 66	12	5,74		2162,24	10	—	—
III	2191,21	—	8	14,42	II	2162,02	5	25	7,70
I	2191,20	10	2	5,78	I, II	2161,58	6	20	5,84; 8,26
	2190,77	20	2	—	II	2161,31	—	20	9,07; 10,50

	λ	B		eV		λ	B		eV
		A	S				A	S	
III	2161,27	—	10	14,87	I	2132,02	12	3	5,81
II	2161,16	—	15	8,95; 9,07	II	2130,96	20	—	7,49
III	2160,65	—	6	17,32	II	2130,55	—	12	9,06
I	2159,89	12	2	5,85	I	2130,42	5	—	6,73
I	2159,65	8	3	5,85	II	2130,26	—	15	7,49
II	2159,15	—	10	5,81	II	2127,97	—	10	9,64
I, II	2158,48	12	8	5,79; 7,70		2127,87	5	—	—
III	2158,47	—	12	17,34		2125,01	30	—	—
I	2157,79	10	4	5,79	III	2123,59	—	8	16,30
III	2157,71	—	12	14,90		2121,94	6	—	—
II	2156,47	20	—	8,97	I	2119,12	5	—	5,89
II	2155,84	5	12	8,97	II	2119,05	—	12	8,36
	2155,64	8	—	—	III	2118,57	—	6	14,50
I	2154,46	15	—	6,61	II	2118,19	—	8	8,42
II	2153,37	—	12	8,03	II	2116,96	—	25	9,00
II	2153,28	—	5	8,95	III	2116,59	—	7	14,51
I	2153,00	10	1	5,84	I	2115,17	8	—	5,94
III	2152,71	—	6	17,34	I	2114,59	25	—	5,97
II	2152,49	—	25	8,33	III	2113,89	—	6	17,89
II	2152,37	—	12	8,03	I	2113,08	20	—	6,73
	2152,24	8	—	—	I	2112,97	25	—	5,98
	2151,90	5	—	—	I	2111,27	20	—	—
III	2151,78	—	15	16,66	II	2110,72	—	15	8,22
II	2151,70	20	—	8,03	I, II	2110,23	30	25	5,99; 9,69
I, II	2151,10	8	10	5,82; 5,85; 8,04	I	2109,86	25	—	—
II	2150,76	—	10	9,00	II	2109,61	—	25	9,07
II	2150,62	—	20	8,30	II	2109,10	—	10	9,07; 9,14
I	2150,18	8	2	5,86	I	2108,96	10	2	5,98
I	2149,17	10	—	6,68	I	2108,20	5	4	5,93
II	2148,50	5	—	8,97	I, II	2108,14	12	15	5,87; 7,57
III	2147,90	—	7	14,43	II	2107,55	—	10	9,13
	2147,79	8	—	—	III	2107,32	—	10	14,65
II	2147,72	—	15	8,96		2107,13	8	—	—
II	2147,04	8	—	7,80	I	2106,38	25	—	5,97
III	2146,34	—	6	14,42; 16,76	I	2106,26	20	—	5,99
II, III	2146,06	—	10	5,82; 14,43	III	2103,80	—	12	14,66
III	2145,62	—	6	14,43	I	2103,05	25	—	5,98
I	2145,19	12	2	5,83	I	2102,35	15	3	5,94
III	2144,74	—	7	16,12	III	2100,96	—	8	17,11
	2144,45	25	—	—	I	2100,80	15	2	5,98
III	2144,28	—	8	14,42	I	2100,14	—	10	5,98
	2143,90	8	—	—	III	2099,33	—	6	17,12
III	2143,83	—	7	14,44	I	2098,95	25	—	6,01
III	2143,47	—	8	14,44	II	2098,18	—	25	8,42
III	2143,04	—	7	15,34	I	2098,08	15	—	5,99
	2141,47	10	—	—	III	2097,69	—	12	14,67
I, II	2139,70	8	8	5,84; 5,79; 5,88	II	2097,51	—	25	7,60
I	2138,59	8	—	5,79	III	2097,48	—	S 400	14,67
II	2138,10	—	20	8,33	III	2096,43	—	2	14,58
II	2137,73	—	15	5,90	II	2093,68	—	35	9,69
III	2137,36	—	8	14,44	I	2093,66	40	—	5,97
II	2136,52	—	20	9,07	III	2092,94	—	6	17,13
	2135,96	10	5	—	III	2091,31	—	7	15,48
III	2134,86	—	9	16,15	I	2090,86	20	—	6,01
II	2133,99	—	8	9,00	I	2090,38	30	—	5,98

| λ | B | | eV | λ | B | | eV |
	A	S			A	S	
III 2090,24	—	6	14,57	II 2013,27	—	15	7,88
III 2090,14	—	12	14,70	II 2010,69	—	25	8,74
III 2090,05	—	7	17,05	III 2007,84	—	6	14,43
III 2089,09	—	6	15,49	II 2007,71	—	12	7,86
III 2087,91	—	7	15,49	II 2007,45	—	15	7,84
I, II 2087,52	25	25	5,98; 8,21	I 2007,21	15	—	—
III 2087,13	—	8	15,48	II 2007,01	—	12	9,01
III 2084,97	—	5	15,48	I 2006,26	15	—	—
III 2084,35	—	10	4,71	III 2003,49	—	C 8	14,43
I 2084,12	M 300	—	5,95	II 2001,02	—	30	8,72
III 2083,53	—	6	17,08	II 2000,37	—	30	8,71
II 2080,91	—	20	7,99	III 2000,23	—	9	16,10
III 2078,99	—	14	11,04	III 1999,59	—	9	14,44; 16,10
II 2078,16	—	8	7,92	II 1999,43	—	10	9,01
II 2077,51	—	12	8,60	III 1996,42	—	12	14,08
II 2075,68	—	5	8,24	III 1995,56	—	12	14,08
II 2074,19	—	8	7,94	III 1995,27	—	7	14,08
II 2073,15	—	8	7,70	II 1994,86	—	20	9,41
II 2071,82	—	10	8,25	III 1994,07	—	13	14,09
III 2070,54	—	8	16,33	II 1993,29	—	8	8,18
II 2070,33	—	8	9,37	III 1993,26	—	7	14,09
II 2069,95	—	10	9,41	III 1992,86	—	6	16,68
III 2068,24	—	12	11,07	III 1992,20	—	9	16,12
II 2067,92	—	20	8,64	III 1992,02	—	9	16,12
III 2067,30	—	6	17,14	III 1991,61	—	14	14,09
II 2066,00	—	15	8,34	III 1989,97	—	7	14,09
II 2063,67	—	25	7,97	III 1987,50	—	15	14,10
III 2061,75	—	9	15,55	III 1984,29	—	9	16,15
III 2061,55	—	10	11,08	III 1984,03	—	7	16,46
III 2059,68	—	7	15,58	III 1982,80	—	8	14,49
III 2058,56	—	8	16,36	III 1982,08	—	6	14,50
II 2057,33	—	12	7,69	III 1976,13	—	8	14,51
III 2057,06	—	6	15,58	III 1966,74	—	8	17,30
III 2056,14	—	7	15,17	III 1965,31	—	' 8	16,80
III 2055,85	—	6	16,46	III 1964,78	—	8	16,21
II 2055,27	—	20	8,31	II 1964,34	—	12	9,00
II 2051,69	—	25	8,08	III 1964,26	—	7	14,96
II 2051,03	—	25	8,07	III 1964,17	—	8	16,21
III 2050,74	—	7	14,68	I 1964,04	20	—	6,40
III 2049,38	—	7	15,20	I 1963,95	20	—	—
II 2048,49	—	5	8,63	I 1963,63	15	—	6,40
II 2041,34	—	25	8,04	I 1963,11	25	—	6,43
I 2041,20	25	—	—	II 1963,11	—	25	9,01
II 2040,69	—	25	8,03	I 1962,87	20	—	6,37
III 2039,51	—	6	17,55	I 1962,75	15	—	6,43
II 2036,43	—	20	8,63	I 1962,11	30	—	6,36
II 2032,41	—	25	8,12	I 1962,03	25	—	6,44
II 2029,18	—	8	8,08	I 1961,24	20	—	6,41
II 2027,79	—	5	8,96	III 1961,23	—	6	14,98
II 2020,74	—	25	7,80	III 1960,32	—	13	16,22
II 2018,77	—	25	8,10	I 1960,14	—	25	6,32
I, II 2017,09	15	15	—; 7,86	III 1959,32	—	8	14,98
I 2016,51	5	—	7,06	I 1958,74	15	—	6,44
II 2016,09	—	10	8,98	I 1958,60	30	—	6,44
II 2015,50	—	20	7,84	III 1958,58	—	11	14,57

λ	B A	S	eV	λ	B A	S	eV
II 1958,12	—	5	9,01	III 1907,58	—	10	16,40
III 1957,94	—	6	17,92	III 1906,81	—	6	16,73
I 1957,84	25	—	6,33	III 1906,46	—	6	16,94
I 1956,03	30	—	6,43	II 1904,78	—	15	9,05
I 1955,69	20	—	6,43; 6,46	II 1903,38	—	1	9,06
III 1954,98	—	8	17,34	III 1902,40	—	6	16,73
III 1954,22	—	10	15,00	III 1901,10	—	9	16,83
III 1953,49	—	10	16,24	III 1898,87	—	6	15,67
III 1953,32	—	13	15,12; 16,24	II 1898,53	2	10	9,08
I 1953,00	20	—	—	III 1896,80	—	9	16,44
I 1952,97	20	—	6,40	II 1895,67	—	10	9,06
III 1952,65	—	11	15,12	III 1895,46	—	20	10,27; 16,88
I 1952,58	30	—	6,39	II 1894,01	—	10	9,13
I 1952,26	20	—	6,46	III 1893,98	—	11	16,45
I 1951,56	25	—	6,44	III 1890,67	—	13	14,42
III 1951,01	—	12	15,12	II 1888,73	—	20	9,14
III 1950,33	—	10	17,38	I 1888,32	—	12	6,65
I 1950,22	20	—	6,41	I 1887,76	—	14	6,62
II 1948,37	—	10	8,94	III 1887,47	—	8	14,44
I 1946,98	25	—	6,36	III 1887,20	—	8	14,44
I 1946,22	10	—	6,37	III 1886,76	—	12	14,44
III 1945,34	—	12	15,03	III 1885,12	—	9	16,88
I 1945,29	25	—	6,46	III 1884,60	—	8	15,23
I 1945,07	20	—	6,43	III 1882,05	—	10	15,24
I 1940,65	25	—	6,44	II 1880,98	—	20	9,17
III 1940,02	— C	8	15,03; 16,82	I 1880,14	—	5	6,68
III 1938,90	—	10	17,61	III 1877,99	—	12	15,24
II 1938,90	—	8	9,25	II 1877,46	—	20	9,13
III 1937,34	—	14	14,27	II 1876,84	—	15	8,63
I 1937,27	35	—	6,40	I 1876,42	—	15	6,72
II 1936,78	—	20	8,42	II 1876,18	—	8	9,25
II 1935,30	—	15	8,36	II 1875,54	—	15	11,08
I 1934,53	25	—	6,41	I 1873,26	15	—	6,73
II 1932,48	—	15	9,06	I 1873,05	12	—	6,62
III 1931,51	—	14	15,06	I 1872,36	15	—	6,71
III 1930,39	—	15	14,29	III 1872,21	—	6	17,77
III 1926,30	—	18	10,16	III 1871,15	—	9	14,50
III 1926,01	—	10	14,68	III 1869,83	—	10	14,50
II 1925,98	—	20	8,96	I 1866,81	10	—	6,73
III 1924,53	—	6	15,98	III 1866,30	—	9	14,51
III 1923,88	—	7	14,68	I 1866,07	12	—	6,70
III 1923,00	—	7	16,77	III 1865,20	—	7	18,68
II 1922,80	—	20	8,99	II 1864,74	—	20	9,17
III 1922,79	—	15	14,30	I 1862,32	15	—	6,71
III 1918,48	—	7	16,96	II 1860,05	—	20	8,62
III 1918,28	—	7	14,72	II 1859,74	—	15	7,65
III 1917,96	—	6	16,68	II 1857,93	—	12	6,75
III 1917,45	—	9	16,81	III 1856,69	—	7	15,33
III 1917,35	—	8	16,77	I 1855,58	15	—	6,68
II 1917,34	—	15	8,42	III 1854,83	—	9	15,34
III 1915,08	—	15	14,34	III 1852,68	—	6	17,84
III 1914,06	—	19	10,20	II 1851,53	—	1	7,77
III 1911,34	—	7	17,95	III 1851,26	—	6	18,27
II 1910,67	—	8	9,07	III 1849,41	—	7	17,01
III 1910,40	—	6	14,74	II 1848,76	—	12	9,25

| λ | | B | | eV | λ | | B | | eV |
	A	S				A	S	
II 1848,23	—	5	6,75	II 1670,99	—	1	7,80
II 1846,58	—	12	8,74	II 1670,74	—	25	7,77; 7,65
III 1845,52	—	7	17,03; 17,05	II 1663,22	—	15	7,80
II 1844,59	—	5	12,20	II 1659,48	—	20	7,77
III 1844,55	—	6	17,72	II 1658,77	—	15	7,71
II 1842,28	—	—	7,80	II 1654,47	—	5	7,89
II 1841,70	—	10	7,77	II 1654,11	—	5	8,59
III 1838,31	—	7	17,77	II 1652,48	—	—	7,80
II 1835,87	—	15	8,71	II 1650,70	—	20	8,60
II 1833,07	—	—	7,80	II 1649,57	—	20	8,59
II 1826,99	1	1	7,77	II 1647,16	—	25	8,56
II 1818,52	1	2	7,80	II 1646,18	—	20	8,60
II 1815,41	1	—	9,38	II 1643,57	—	15	7,85
II 1809,32	—	10	9,49	II 1642,19	—	5	10,93
II 1798,16	—	10	9,43	II 1641,76	—	25	8,59
II 1793,36	—	10	8,94	II 1640,15	—	12	7,95
II 1788,07	—	35	9,83	II 1639,40	—	30	7,68
II 1786,74	—	10	9,83	II 1637,40	—	15	7,80
II 1785,16	—	40	9,83	II 1636,32	—	30	7,68
III 1775,98	—	6	15,23	II 1635,40	—	35	8,56
II 1772,50	—	15	8,96	II 1634,34	—	20	7,69
III 1770,55	—	6	15,24	II 1633,90	—	15	7,93
II 1761,38	—	25	9,06	II 1632,66	—	1	7,95
II 1760,41	—	20	9,01	II 1631,12	—	30	7,68
II 1746,82	—	20	9,06	II 1629,15	—	30	7,69
II 1732,25	—	15	13,37	II 1625,90	—	15	7,71
II 1731,37	—	1	9,12	II 1625,52	—	20	7,92
II 1731,04	—	10	9,44	II 1623,09	—	8	7,93
II 1726,39	—	12	7,57	II 1621,68	—	30	7,69
II 1725,40	—	5	11,68	II 1618,47	—	25	7,71
II 1724,97	—	8	7,49	II 1612,80	—	20	7,92
II 1724,84	—	8	7,57	III 1611,76	—	7	18,79
II 1720,62	—	20	7,56	III 1611,72	—	7	18,79
II 1720,04	—	10	8,92	II 1610,92	—	15	7,92
II 1718,10	—	2	7,57	II 1608,46	—	35	7,71
II 1715,51	—	12	8,91	III 1607,72	—	9	18,79
II 1713,00	—	20	7,54	II 1602,59	—	12	11,68
II 1712,99	—	20	7,54	III 1601,29	—	6	18,79
II 1709,68	—	15	8,91	III 1601,21	—	10	18,79
II 1709,55	—	—	7,60	III 1595,60	—	6	18,81
II 1708,63	—	8	7,56	II 1588,29	—	10	8,19
II 1702,04	—	25	7,51	II 1584,95	—	15	8,18
II 1699,19	—	2	8,99	II 1581,27	—	8	8,19
II 1696,79	—	8	7,54	II 1580,62	—	25	8,14
II 1693,93	—	—	7,71	II 1577,17	—	1	8,25
II 1693,47	—	—	8,99	II 1574,92	—	20	8,25
II 1691,27	—	8	7,71	II 1574,77	—	—	8,18
II 1690,76	—	8	8,99	II 1573,83	—	5	8,23
II 1689,83	—	10	9,00	II 1572,75	—	1	8,18
II 1686,45	—	8	7,65	II 1570,24	—	20	8,24
II 1685,96	—	5	7,71	II 1569,67	—	12	8,14
II 1679,38	—	15	9,40	II 1568,03	—	8	8,25
II 1674,72	—	10	7,79	II 1566,82	—	20	8,15
II 1674,25	—	2	7,71	II 1563,79	—	25	8,23
II 1673,46	—	15	9,37	II 1559,08	—	20	8,18

| λ | B | | eV | λ | B | | eV |
	A	S			A	S	
II 1558,71	—	10	8,33	II 1151,16	—	20	10,85
II 1558,54	—	10	8,30	II 1150,69	—	20	10,85
III 1556,49	— C	8	22,30	II 1150,29	—	20	10,85
III 1552,07	— C	8	22,30	II 1148,69	—	8	13,37
III 1550,86	—	8	18,26	II 1148,29	—	30	10,84
II 1550,27	—	1	8,23	II 1147,41	—	25	10,85
III 1550,20	—	12	18,27	II 1146,96	—	15	10,85
III 1547,64	— C	8	22,30	II 1144,95	—	35	10,82
III 1539,13	—	8	18,26	II 1144,05	—	5	13,42
III 1538,63	—	10	18,26	II 1143,23	—	20	10,84
III 1531,86	—	7	18,26; 23,32	II 1142,33	—	25	10,93; 10,84
III 1531,64	—	8	18,26; 24,84	II 1138,64	—	25	10,93
III 1531,29	—	6	18,26	II 1138,04	—	5	11,19
III 1505,17	—	10	18,51	II 1133,68	—	25	10,93
II 1495,31	—	15	11,38	II 1133,41	—	25	11,28
III 1493,64	—	9	18,51	III 1131,19	—	7	11,07
III 1486,26	—	7	18,51	II 1130,43	—	25	11,04
II 1476,05	—	10	11,20; 11,29	II 1129,78	—	12	11,20
II 1473,83	—	20	11,29	III 1129,19	—	7	11,09
II 1465,04	—	20	11,34	II 1128,91	—	20	11,09
II 1424,75	—	12	8,98	III 1128,72	—	7	11,07
II 1424,05	—	8	9,01	II 1128,53	—	10	13,87
II 1417,74	—	20	11,38	II 1128,18	—	5	11,29
II 1413,71	—	25	9,75	II 1128,07	—	25	11,11
II 1412,83	—	12	9,01	III 1128,02	—	8	11,04
II 1397,58	—	12	13,48	II 1126,85	—	20	11,05
II 1381,25	—	10	11,68	III 1126,72	—	6	11,09
II 1364,59	—	12	11,05	II 1126,60	—	20	11,11
II 1362,77	—	20	11,68	II 1126,42	—	20	11,09
II 1362,77	—	20	11,67	III 1124,88	—	9	11,07
II 1360,87	—	5	11,38	II 1124,13	—	20	11,11
II 1296,09	—	20	11,25	II 1122,86	—	25	11,08
II 1294,91	—	12	11,27	III 1122,53	—	9	11,04
II 1291,59	—	15	11,27	II 1121,99	—	25	11,04
II 1290,20	—	15	11,28	II 1112,09	—	35	11,24
II 1275,80	—	20	9,82	II 1111,11	—	15	11,20
II 1275,15	—	15	9,83	II 1106,36	—	5	11,20
II 1272,64	—	15	9,82	II 1106,21	—	15	11,29
II 1272,2	—	20	9,84	II 1101,54	—	20	11,29
II 1267,44	—	25	9,82	II 1100,52	—	20	11,38
II 1266,69	—	20	9,83	II 1100,03	—	20	11,35
II 1260,54	—	20	9,84	II 1099,12	—	25	11,37
II 1233,66	—	8	13,43	II 1096,89	—	30	11,29
II 1220,88	—	5	11,19	II 1096,79	—	20	11,38
II 1214,41	—	10	11,19	II 1096,62	—	20	11,35
II 1213,76	—	20	11,29	II 1071,60	—	30	11,64
II 1213,15	—	20	11,20	II 1069,04	—	15	11,67
II 1171,61	—	8	13,28	II 1068,36	—	30	11,64
II 1165,27	—	12	11,68	III 1066,18	—	10	14,67
II 1159,35	—	20	11,68	III 1066,14	—	10	14,67
II 1154,40	—	20	10,85	II 1063,98	—	15	11,64
II 1153,95	—	15	10,86	III 1063,87	—	8	15,47
II 1153,28	—	20	10,86	II 1062,76	—	20	11,75
II 1152,88	—	20	10,85	III 1061,71	—	6	15,48
II 1152,44	—	15	10,86	II 1059,57	—	20	11,75

	λ	B		eV		λ	B		eV
		A	S				A	S	
II	1055,27	—	25	11,74	II	926,90	—	25	13,37
III	1038,35	—	6	14,65	II	926,62	—	10	13,49
III	1035,77	—	6	14,66	II	926,22	—	60	13,38
III	1032,12	—	8	14,67	II	924,97	—	15	13,49
III	1030,92	—	6	15,12	II	923,88	—	30	13,42
III	1026,79	—	6	15,12	III	910,96	—	6	16,15
III	1019,79	—	6	15,98	III	905,34	—	7	16,21
III	1018,29	—	8	15,98; 14,71	II	900,36	—	5	13,87
III	1017,74	—	8	14,70	III	899,42	—	10	17,54
III	1017,25	—	60	14,68	III	892,42	—	6	16,94; 20,98
II	1015,52	—	20	13,25	III	891,44	—	10	16,45
II	1015,08	—	10	13,29	III	891,17	—	10	16,40
II	1012,42	—	25	13,28	III	890,75	—	9	16,44
II	1012,09	—	20	13,29	III	883,69	—	6	17,12
II	1011,04	—	25	13,25	III	881,09	—	7	17,11
II	1007,97	—	25	13,28	III	880,95	—	6	16,73
II	1007,66	—	20	13,29	III	873,46	—	8	17,95
III	997,60	—	6	15,12	III	861,83	—	10	14,42
III	997,08	—	7	14,84	III	861,76	—	8	14,43
II	995,83	—	8	13,44	III	859,84	—	6	16,82
III	995,15	—	6	15,12	III	859,72	—	8	14,42
III	994,72	—	6	15,58	III	859,63	—	6	14,51
III	993,08	—	7	15,57	III	858,60	—	6	14,44
III	991,83	—	6	16,33	III	854,37	—	6	17,05
III	991,23	—	9	15,17; 15,54	III	851,99	—	6	17,64
III	990,80	—	6	15,20	III	851,84	—	6	17,67
III	985,82	—	8	15,11	III	851,33	—	7	17,08
III	983,88	S	30	15,12; 16,36	III	851,15	—	7	17,61
III	981,37	S	30	15,12	III	847,92	—	6	14,74
III	967,20	—	6	15,48	III	847,70	—	6	17,72
III	961,90	—	7	17,32	III	847,58	—	7	14,72
II	952,47	—	10	13,25	III	847,42	—	8	14,68; 17,30
III	950,33	—	30	16,81	III	846,53	—	6	14,74
II	945,09	—	25	13,42	III	845,92	—	7	17,14
II	943,91	—	15	13,44; 13,48	III	845,41	—	9	14,72
II	943,27	—	12	13,37	III	844,28	—	10	14,68
II	941,66	—	12	13,25	III	842,02	—	6	17,77
II	939,16	—	20	13,25	III	838,05	—	8	17,31; 17,81
II	938,97	—	10	13,28; 13,43	III	837,44	—	7	17,29
II	936,48	—	8	13,28	III	836,52	—	7	17,48; 17,34
III	934,70	—	7	15,67	III	834,94	—	6	18,67
II	932,69	—	30	13,37	III	827,78	—	6	15,03
II	932,24	—	30	13,40	III	823,26	—	6	15,06
II	931,71	—	10	13,41	III	817,04	—	7	15,23
II	931,14	—	25	13,44	III	816,27	—	6	15,24
II	930,56	—	30	13,40	III	816,16	—	6	15,30
II	930,22	—	30	13,37	III	814,24	—	6	15,32
II	930,16	—	30	13,44	III	813,38	—	10	15,24
II	930,03	—	30	13,41	III	811,28	—	8	15,33
II	929,61	—	30	13,42	III	810,94	—	7	15,34
II	929,54	—	30	13,38	III	808,84	—	8	17,86
II	928,47	—	20	13,44	III	807,86	—	8	17,86
II	928,11	—	30	13,40	III	807,55	—	9	17,83
II	927,63	—	8	13,49	III	730,00	—	5	17,03
II	927,18	—	30	13,42	III	728,81	—	6	17,01

λ	B		eV	λ	B		eV

31 Ga

λ	B		eV	λ	B		eV
I 12109,93	A	20	4,10	II 1813,98	C	100	12,77
I 11949,24	A	40	4,11	II 1799,42	C	30	12,77
I 10905,96	A	10	5,45	II 1695,85	C	30	13,35
I 9589,18	A	30	5,40	I 1632,0	Ab	2	7,70
I 9492,88	A	20	5,40	I 1610,3	Ab	2	7,70
I 8386,2	A	20	5,59	I 1539,1	Ab	5	8,16
I 8311,5	A	10	5,59	II 1536,37	C	30	14,11
I 7800,00	A	10	5,70	II 1535,40	C	60	14,13
I 7734,77	A	5	5,70	III 1534,51	S	10	8,08
II 7198,7	C	50	14,94	I 1524,6	Ab	10	8,23
II 6419,4	C	30	14,69	I 1519,8	Ab	10	8,16
I 6413,47	A	100	5,01	II 1514,57	C	30	14,11
I 6396,58	A	200	5,01	I 1505,6	Ab	4	8,23
II 6334,2	C	200	14,72	III 1495,10	S	10	8,29
I 5353,81	A	10	5,39	II 1483,95	C	15	14,39
II 4261,78	C	200	17,02	II 1449,49	C	30	17,32
II 4255,52	C	40	17,02	II 1414,44	C	300	8,77
II 4250,91	C	30	17,02	III 1353,94	S	8	17,45
I 4172,05	A	100	3,07	IV 1338,1	S	7	27,77
I 4032,98	A	100	3,07	II 1327,81	C	30	18,10
II 3924,39	C	150	18,10	III 1323,15	S	6	17,45
II 3470,34	C	30	18,29	IV 1303,5	S	10	28,20
II 2974,77	C	30	18,28	IV 1299,5	S	9	28,49
I 2944,18	A	50	4,31	IV 1295,9	S	10	28,20
I 2943,64	A	50	4,31	III 1295,45	S	2	17,86
I 2874,24	A	50	4,31	III 1293,30	S	4	17,86
II 2780,15	C	300	13,22	II 1286,38	C	30	18,40
I 2719,66	A	30	4,66	IV 1285,3	S	7	28,96
II 2700,47	C	300	13,35	IV 1279,2	S	7	28,20
I 2691,29	C	70	4,71	III 1267,21	S	3	17,86
I 2665,05	C	100	4,75	IV 1267,1	S	7	29,09
I 2659,87	C	20	4,66	IV 1264,6	S	6	28,49
I 2632,66	C	100	4,71	IV 1258,8	S	9	28,35
I 2624,82	C	70	4,82	IV 1228,0	S	7	29,40
II 2513,55	C	30	18,28	IV 1195,0	S	6	28,88
I 2500,71	A	20	5,06	IV 1192,9	S	6	29,34
I 2500,19	A	20	5,06	II 1186,81	C	15	16,49
I 2450,08	A	50	5,06	IV 1170,4	S	9	29,09
II 2438,88	C	30	18,43	IV 1163,5	S	6	29,34
III 2423,74	S	6	22,99	IV 1156,1	S	7	29,40
I 2418,69	A	40	5,23	IV 1136,9	S	5	29,40
III 2417,47	S	5	22,99	II 1033,69	C	60	18,03
I 2371,29	C	20	5,23	II 1023,80	C	30	18,03
I 2338,60	A	5	5,40	II 1012,38	C	30	18,29
I 2294,19	C	10	5,40	II 829,60	C	10	14,95
I 2259,23	A	5	5,59	III 622,05	S	2	19,93
I 2255,03	A	5	5,50	III 619,97	S	2	20,00
I 2218,04	A	5	5,59	V 322,98	S	8	38,38
II 2091,34	C	300	5,92	V 319,40	S	8	38,81
II 1845,30	C	200	12,77	V 311,77	S	8	40,21

λ	B		eV	λ	B		eV
I 8668,63	M	3,0	2,29	II 6382,20	M	1,6	—
I 8561,72	M	0,8	2,40	II 6380,97	M	3,5	3,60
I 8527,88	M	1,8	2,39	II 6305,16	M	7	3,28
I 8445,47	M	1,4	2,40	I, II 6180,42	M	5	4,10; 3,73
I 8398,30	M	1,6	2,40	I 6114,07	M	40	2,24
I 8349,73	M	1,4	2,40	II 6004,57	M	5	3,72
I 8275,42	M	1,4	2,42	I 5904,56	M	10	2,22
I 8218,08	M	1,6	2,40	II 5904,07	M	5	3,71
I 8146,15	M	2,5	2,42	II 5877,26	M	6	3,53
I 7856,93	M	5	2,44	II 5860,73	M	5	3,17
I 7844,87	M	1,6	2,85	I 5856,22	M	26	2,24
I 7749,30	M	5	1,66	I 5851,63	M	20	2,24
I 7733,50	M	11	1,73	I 5809,22	M	5	4,10
I 7464,38	M	6	1,73	I 5802,92	M	5	2,20
I 7441,89	M	5	1,67	I 5791,38	M	22	2,21
II 7324,89	M	2,5	—	I 5751,88	M	3,5	2,15
I 7313,28	M	3,0	1,82	II 5749,41	M	3,5	3,47
II 7301,23	M	0,6	—	I 5746,36	M	8	2,22
I 7291,35	M	2,0	1,73	I 5744,66	M	4	2,18
I 7262,67	M	4	1,77	II 5733,86	M	11	3,53
II 7252,72	M	2,0	3,36	I 5724,75	M	4	3,63
I 7233,44	M	3,5	1,74	I 5709,42	M	6	2,17
II 7189,61	M	4	3,99	I 5701,35	M	9	2,20
II 7172,29	M	3,0	3,45	I 5696,22	M	36	2,24
I 7168,41	M	24	1,94	I 5643,24	M	24	2,22
II 7147,37	M	2,5	—	I 5632,25	M	10	2,20
I 7122,58	M	5	1,74	I 5631,98	A	3	3,08
I 7118,86	M	3,0	4,05	I 5629,55	M	6	2,23
II 7037,25	M	3,0	—	I 5617,91	M	18	2,21
II 7006,16	M	5	4,09	I 5594,13	M	3,5	3,96
II 6996,77	M	7	4,00	I 5591,85	M	5	4,03; 3,99
I 6991,92	M	9	1,78	II 5583,68	M	5	3,28
II 6985,88	M	6	—	II 5560,69	M	3,0	3,60
I 6916,57	M	12	1,82	I 5548,20	M	2,5	3,78; 3,13
II 6900,68	M	1,6	4,01	II 5500,43	M	3,5	3,62
II 6857,12	M	3,5	4,01	I 5499,97	M	3,5	3,72
II 6846,61	M	4	3,18	I, II 5469,72	M	4	3,15; 3,06
I 6828,26	M	12	1,88	I 5453,46	M	6	3,67
I 6820,89	M	2,0	—	I 5436,30	M	4	3,27
II 6786,34	M	3,0	—	I 5415,69	M	8	3,22
II 6753,91	M	1,6	—	I 5413,20	M	8	3,17
II 6752,67	M	6	4,16	I 5389,50	M	8	3,61
I 6730,75	M	10	1,97	I 5370,75	A	5	3,12
II 6727,85	M	2,0	3,26	I 5369,92	M	9	3,15
II 6681,25	M	4	3,28	I 5365,38	M	9	3,62
I 6640,08	M	4	2,08	I 5353,26	M	22	3,78
II 6634,35	M	6	3,18	I 5350,38	M	28	3,86
I 6564,78	M	5	4,03	I 5345,68	M	7	2,44
I 6538,14	M	3,5	3,99	I 5345,13	M	8	3,13
II 6422,44	M	2,0	—	I 5343,00	M	28	3,71

	λ		B	eV		λ		B	eV
I	5337,53	M	5	3,61	I	4835,25	M	12	2,69
I	5333,30	M	16	3,67	II	4834,23	M	8	3,71
I	5328,31	M	6	3,59	I	4821,70	M	30	—
I	5327,32	M	10	3,61	I	4816,87	M	5	4,04
I	5321,78	M	26	3,17	I	4807,46	M	20	3,98; 3,63
I	5321,50	M	12	3,12	II	4805,80	M	2,5	3,64
I	5321,25	M	4	3,14	II	4802,58	M	3,0	3,18
I	5307,30	M	26	3,21	II	4801,06	M	13	3,71
I	5302,76	M	20	3,15	I	4784,63	M	28	3,94; 3,58
I	5301,67	M	26	3,26	I	4781,93	M	17	2,72
I	5283,08	M	26	3,33	I	4767,24	M	44	3,53
I	5282,48	M	5	3,66	I	4758,70	M	30	3,48
I	5255,81	M	13	3,17	I	4743,66	M	38	3,45
I	5254,75	M	8	3,15	I	4738,12	M	6	—
I, II	5252,14	M	11	3,20; 3,73	I	4735,75	M	24	3,43
I	5251,18	M	30	3,41	II	4734,42	M	4	3,28
I	5219,40	M	26	3,22	II	4732,60	M	20	3,71
I	5197,77	M	38	3,27	II	4728,47	M	14	3,72
II	5176,28	M	18	3,45	II	4726,72	A	1	5,09
I	5155,84	M	80	3,33	II	4719,04	A	1	3,18
II	5140,84	M	8	3,98	I	4709,77	M	19	2,76
II	5125,54	M	11	3,85	I	4703,13	M	16	—
II	5108,91	M	17	4,08	I	4697,39	M	40	3,43
I	5103,45	M	85	3,41	I	4694,33	M	65	3,69
II	5098,38	M	12	4,05	I	4683,35	M	40	3,63
II	5092,25	M	9	4,16	I	4680,05	M	24	3,58
II	5050,87	M	6	4,05	I	4614,51	M	48	3,53
I	5015,05	M	70	3,52	II	4601,05	M	32	3,25
II	5010,83	M	6	3,53	I	4598,90	M	38	3,58
I	4999,07	M	7	3,83	II	4597,91	M	30	3,29
I	4969,16	M	9	3,81	II	4596,98	M	20	3,22
II	4965,05	M	2,5	4,90; 4,12	I	4583,07	M	38	3,63
I	4961,48	M	3,5	—	II	4582,53	M	12	3,76
I	4958,79	M	12	3,90; 3,60	I	4548,01	M	22	—
I	4948,56	M	4	—	I	4542,01	M	28	2,76
I	4938,60	M	20	4,06	II	4540,02	M	20	5,05
I	4934,12	M	26	3,98	I	4537,80	M	85	2,80
I	4930,70	M	6	—	II	4522,83	M	28	4,17
II	4894,31	M	8	3,70	II	4520,07	M	6	4,06
I	4889,20	M	2,5	—	I	4519,64	M	100	2,77
I	4883,19	M	8	3,81	II	4514,52	M	13	4,12
II	4881,92	M	2,5	4,79; 4,12	II	4506,95	M	5	3,17
I	4881,37	M	6	4,09	II	4506,35	M	13	3,25
I	4881,08	M	8	3,94	I	4506,24	M	40	2,82
II	4875,96	A	2	4,75	II	4498,28	M	16	3,18
II	4873,34	M	3,0	3,71	I	4497,13	M	46	2,88
I	4871,53	M	11	3,83	I	4486,91	M	26	2,98
I	4870,04	M	8	—	II	4486,35	M	6	5,07
II	4865,02	M	16	3,70	II	4483,33	M	20	3,83
I	4862,60	M	10	3,86	II	4481,07	M	26	3,36
I	4861,79	M	7	3,95	II	4478,80	M	20	3,36
I	4859,23	M	7	3,90	I	4476,14	M	80	2,77
I	4856,73	M	6	—	I	4474,13	M	65	—
I	4856,18	M	4	—	II	4471,29	M	10	4,06
I	4848,11	M	10	—	I	4467,09	M	48	—

λ	B		eV	λ	B		eV
I 4466,60	A	20	3,64	I 4267,00	M	44	2,93
II 4466,55	M	28	3,29	I 4266,59	M	60	3,03
II 4446,47	M	7	3,28	I, II 4262,09	M	150	3,75; 3,63
II 4438,25	M	15	3,45	I 4260,12	M	75	2,98
II 4436,23	M	22	4,52	II 4253,62	M	60	—
I 4431,75	M	8	3,78	II 4253,37	M	80	3,47
I 4430,63	M	100	2,80	II 4251,75	M	160	3,29
II 4426,14	M	5	3,18	II 4246,54	M	19	4,05
I 4422,43	M	100	2,83	II 4243,85	M	17	—
II 4421,23	M	13	4,12	II 4238,78	M	60	—
II 4419,04	M	32	3,29	II 4227,14	M	20	3,53
I 4414,74	M	65	2,93	I 4225,86	M	450	3,14
I 4414,16	M	80	3,86	II 4217,18	M	60	3,60
I 4411,16	M	48	2,88	II 4215,00	M	90	3,36
II 4408,26	M	24	3,36	II 4212,02	M	120	3,36
II 4406,68	M	24	4,24	II 4197,69	M	42	—
I 4403,15	M	48	3,80	I 4191,63	M	70	3,08
I 4401,85	M	130	3,03	II 4191,07	M	70	3,38
II 4397,51	M	17	—	I 4190,78	M	200	3,08
I 4392,06	M	26	3,75	I 4190,16	M	6	—
II 4390,96	M	14	3,25	II 4184,25	M	220	3,45
II 4387,66	M	17	3,25	I 4175,55	M	220	3,18
II 4380,64	M	13	3,99	II 4170,11	M	12	3,39
I 4373,84	M	90	2,90	II 4162,73	M	50	3,47
II 4369,78	M	28	3,21	I 4134,16	M	70	3,06
I 4369,16	M	15	—	II 4132,28	M	100	3,60
II 4360,92	M	15	3,26	II 4131,48	M	25	
II 4347,32	M	20	4,17	II 4130,37	M	200	3,73; 3,60
I 4346,63	M	85	2,88	I 4100,26	M	60	3,15
I 4346,46	M	200	2,97	II 4098,90	M	48	3,62
II 4342,19	M	85	3,45; 3,96	II 4098,61	M	240	3,85
II 4341,27	M	42	3,28	I 4092,71	M	100	3,24
II 4337,51	M	13	5,05	I 4090,42	M	60	3,06
II 4330,60	M	32	3,38	II 4087,71	M	24	—
I 4329,56	M	34	3,70	II 4085,63	M	140	3,77
I, II 4327,13	M	180	2,86; 3,21	I 4083,70	M	48	3,90
I 4325,68	M	240	2,93	I 4078,72	M	260	3,11
II 4324,06	M	12	4,00	II 4078,44	M	120	3,64
II 4322,19	M	12	3,25	II 4073,78	M	28	3,86
II 4321,12	M	70	3,47	II 4073,21	M	60	3,47
I 4320,52	M	34	3,75	II 4070,29	M	70	3,60
II 4316,06	M	48	3,53	I 4068,44 }	A	10	3,17
I 4314,39	M	48	3,80	I 4068,35 }			3,97
I 4313,83	M	170	2,90	I 4059,88	M	60	3,95
II 4310,97	M	8	3,36	I 4058,24	M	240	3,08
I 4306,34	M	100	2,88	I 4054,74	M	75	3,06
II 4304,90	M	12	—	I 4053,65	M	240	3,18
II 4297,17	M	20	—	II 4053,31	M	75	—
II 4296,30	M	13	4,54	II 4049,90	M	200	—
II 4296,06	M	50	3,38	II 4049,44	M	120	3,72
II 4289,91	M	5	—	II 4047,83	M	15	—
I 4286,11	M	28	3,11	I 4045,01	M	150	3,06
I 4285,80	M	40	3,70	II 4037,90	M	65	3,62
II 4280,49	M	85	3,25	II 4037,34	M	130	3,73
I 4274,17	M	28	2,90	I 4033,49	M	65	3,97

	λ	B		eV		λ	B		eV
I	4030,88	M	80	3,94	II	3743,49	M	440	3,46
I	4028,15	M	100	3,94	II	3740,04	M	32	—
I	4023,35	M	75	3,15	I	3739,76	M	48	3,44; 3,53
I	4023,15	M	100	3,29	II	3730,87	M	150	3,70
I	4017,71	M	40	3,95	I, II	3725,49	M	42	—
II	4009,21	M	10	—	II	3722,05	M	24	5,05
I	4008,33	M	30	3,21	I	3717,49	M	200	3,40
II	4001,22	M	44	3,61	II	3716,38	M	140	3,36
II	3996,33	M	65	—	I	3713,58	M	200	3,36
II	3994,17	M	60	3,62	II	3712,71	M	260	3,71
I	3992,69	M	30	3,17; 3,13	II	3699,75	M	130	3,70
I	3987,84	M	44	3,11	II	3697,74	M	200	3,38
II	3987,23	M	42	3,60	II	3687,74	M	300	3,71
I	3979,33	M	70	3,14	II	3686,34	M	70	3,36
I	3974,81	M	28	3,33	I	3684,13	M	200	3,36
II	3974,06	M	55	3,71	I	3674,07	M	100	3,40
I	3972,71	M	36	3,12	II	3671,23	M	200	3,46
II	3969,27	M	25	3,72	II	3664,62	M	260	—
I	3969,00	M	70	3,15	II	3662,28	M	140	3,38
I	3966,28	M	55	3,34	II	3656,16	M	300	3,53
II	3963,66	M	20	—	II	3654,65	M	380	3,47
II	3959,52	M	70	3,86	II	3646,19	M	600	3,63
II	3957,69	M	110	3,73	II	3629,55	M	26	4,59
I	3953,37	M	55	3,20	II	3608,75	M	85	4,57
II	3952,01	M	28	3,28	I	3604,88	M	110	3,65; 3,56
I	3945,55	M	130	3,27; 3,14	II	3592,70	M	110	4,79; 4,55
I	3942,64	M	55	3,17	II	3584,96	M	550	3,60
I	3941,80	M	42	3,36	II	3558,48	M	44	4,09
I, II	3934,79	M	110	3,22; 3,18	II	3558,19	M	55	4,54
II	3916,59	M	200	3,77	II	3557,06	M	140	4,09
I	3907,13	M	6	—	II	3549,37	M	400	3,73
I	3905,66	M	42	3,39	II	3545,79	M	440	3,63
I	3904,29	M	22	3,20	II	3542,77	M	55	4,16
I	3902,71	M	28	3,30	II	3524,20	M	100	3,54
II	3902,41	M	70	3,60	I	3513,65	M	85	3,65
II	3894,72	M	140	3,18	II	3512,50	M	110	4,78
I	3866,99	M	150	3,42	II	3512,22	M	80	3,96
II	3852,50	M	420	3,25	II	3505,50	M	140	4,03
II	3850,99	M	500	3,22	II	3494,41	M	170	3,62
II	3850,70	M	320	3,0	II	3491,74	M	11	3,54
II	3844,58	M	140	3,37	II	3482,60	M	50	3,99
I	3843,28	M	140	3,44	II	3481,82	M	170	4,05
II	3813,97	M	360	3,25	II	3481,28	M	220	4,16
I	3796,39	M	500	3,33; 3,29	II	3473,25	M	140	3,60
II	3787,56	M	110	3,76	II	3469,00	M	170	4,00
I	3783,05	M	280	3,40	II	3467,27	M	170	4,00
II	3782,29	M	100	—	II	3463,98	M	280	4,01
II	3770,70	M	140	—	I	3457,01	A	2	3,65
II	3769,45	M	60	3,71	II	3454,90	M	90	3,61
II	3768,39	M	850	3,36	II	3454,14	M	55	3,73
II	3767,04	M	85	3,72	II	3451,24	M	110	3,98
I	3762,20	M	85	3,42	II	3450,39	M	140	4,09
II	3760,71	M	60	3,72	II	3449,62	M	40	3,62
I	3757,94	M	100	3,36	II	3441,79	M	11	4,03
I	3744,83	M	60	3,52	II	3440,00	M	280	3,85

λ	B		eV	λ	B		eV
II 3439,78	M	85	4,03	II 3081,99	M	180	4,17
II 3439,21	M	170	3,99	II 3076,92	M	55	4,03
II 3432,99	M	70	3,97	II 3072,56	M	48	5,28
II 3428,47	M	22	4,87	II 3068,65	M	90	4,12
II 3424,59	M	85	3,97	II 3053,57	M	24	4,55
I, II 3423,90	M	110	3,74; 3,62	II 3034,05	M	140	4,12
II 3422,75	M	40	3,76	II 3032,84	M	180	4,17
II 3422,46	M	700	3,86	II 3027,60	M	160	4,24
II 3418,73	M	140	3,62	II 3010,14	M	180	4,12
II 3416,95	M	140	4,05	II 2999,04	M	100	4,17
II 3413,27	M	22	4,97	II 2980,15	M	48	4,24
II 3407,60	M	110	4,24	II 2965,43	M	7	4,78
II 3402,06	M	55	4,92	II 2960,93	M	6	4,57
II 3399,99	M	55	4,00	III 2955,53	S	40	5,34
II 3399,41	M	20	4,03	III 2949,51	S	6	5,41
II 3395,12	M	55	4,90	II 2923,32	M	8	4,90
II 3393,65	M	15	4,97	III 2918,40	S	9	5,41
II 3392,54	M	110	3,73	II 2910,53	M	15	4,75
II 3379,76	M	22	4,95	II 2905,31	M	40	4,87
II 3369,62	M	15	4,78; 4,06	III 2904,73	S	20	5,41
II 3365,59	M	20	3,72	I 2892,08	A	2	4,35
II 3362,25	M	550	3,77	II 2881,33	M	40	4,90
II 3360,71	M	80	3,72	II 2865,06	M	5	4,75
II 3358,61	M	440	3,72	II 2862,48	M	10	4,93
II 3350,48	M	550	3,85	II 2841,33	M	12	4,79
II 3345,99	M	60	3,71	II 2840,25	M	48	4,86
II 3336,17	M	110	3,72	II 2837,00	M	6	4,79
II 3332,13	M	85	4,78	II 2833,75	M	26	4,87
II 3331,40	M	140	3,71	II 2810,93	M	14	4,90
II 3329,34	M	13	4,86	II 2809,71	M	65	4,84
II 3315,59	M	20	4,16	II 2796,93	M	80	4,86
II 3313,73	M	34	4,16	II 2791,96	M	34	4,87
II 3292,21	M	38	4,87	II 2781,40	M	38	4,84
II 3282,31	M	26	5,11	II 2770,17	M	20	4,86
II 3268,34	M	14	3,82	II 2769,81	M	28	4,90
I 3266,73	M	55	3,86	II 2764,08	M	40	4,84
II 3226,32	M	16	4,90	III 2717,36	S	30	5,98
I 3223,79	} M	70	4,06	III 2679,45	S	15	6,06
II 3223,74			4,08	III 2655,60	S	12	6,10
I 3215,26	M	5	3,98	III 2628,11	S	20	5,86
II 3206,47	M	7	6,14	III 2588,47	S	8	5,98
III 3176,66	S	10	5,34	III 2588,22	S	8	6,06
II 3161,37	M	100	4,16	III 2576,07	S	6	6,10
II 3156,53	M	100	4,00	III 2573,57	S	7	6,06
II 3145,52	M	32	5,07	III 2565,96	S	6	6,10
II 3145,00	M	80	4,09	III 2564,47	S	10	5,98
II 3143,13	M	20	4,54	III 2554,04	S	10	6,06
II 3133,85	M	40	5,05	III 2553,90	S	10	5,98
II 3123,99	M	32	4,00	III 2551,56	S	6	6,10
II 3119,94	M	44	4,00	II 2550,18	A	20	5,28
III 3118,04	S	8	5,41	II 2543,68	A	25	5,30
II 3102,55	M	50	5,05	III 2520,39	S	6	5,34
II 3100,50	M	300	4,24	II 2499,04	A	12	6,12
II 3098,64	M	40	4,00	II 2496,35	A	15	6,14
II 3089,95	M	24	5,30	II 2493,29	A	15	6,14

λ	B	eV	λ	B	eV
II 2488,72	A 60	6,08; 6,14	II 2191,84	A 120	6,08
II 2487,46	A 50	6,12	II 2191,03	A 75	6,08
II 2485,67	A 25	6,14	II 2179,69	A 15	6,11
II 2471,58	A 50	6,12	II 2178,53	A 75	6,12
II 2468,22	A 120	6,08	II 2177,74	A 100	6,12
III 2361,91	S 8	5,34	III 2176,84	S 10	5,86
III 2338,97	S 8	5,34	II 2170,69	A 60	6,14
II 2261,09	A 75	6,08	II 2169,89	A 15	6,14
II 2217,52	A 15	6,08	II 2168,37	A 60	6,14
II 2203,92	A 20	6,12	II 2167,57	A 12	6,14

32 Ge

λ	B	eV	λ	B	eV
I 20673,64	E 28	6,68	I 12061,41	E 30	7,04
I 19279,25	E 63	6,68	I 12055,49	E 10	7,04
I 18811,86	E 70	6,46	I 12025,64	E 10	7,04
I 18764,11	E 10	7,03	I 11917,01	E 55	7,25
I 18495,54	E 35	6,47	I 11839,77	E 100	7,12; 7,57
I 18428,30	E 16	—	I 11714,76	E 600	5,70
I 17214,34	E 135	6,68	I 11614,81	E 175	6,86
I 16759,79	E 150	5,70	I 11483,77	E 150	6,04
I 16699,29	E 70	7,26	I 11459,05	E 55	7,04
I 16626,64	E 12	6,55; 7,46	I 11318,13	E 33	7,06
I 16424,77	E 14	6,72; 7,85	I 11293,40	E 24	6,90
I 15504,34	E 20	7,04	I 11252,83	E 230	6,91
I 15041,21	E 13	6,86; 7,27	I 10404,89	A 500	6,04
I 15001,75	E 15	7,73	I 10382,42	A 500	6,15
I 14921,97	E 16	7,04	I 9625,66	A 100	5,96
I 14822,37	E 470	5,80	II 9475,65	C 20	13,74
I 14667,52	E 13	7,25	II 9474,99	C 20	13,74
I 14569,84	E 40	6,55; 7,57	I 9398,86	A 70	5,96
I 14297,15	E 43	6,91	I 9095,95	A 50	6,32
I 14116,70	E 43	7,25	I 9068,78	A 50	6,04
I 13724,48	E 28	6,86	I 8734,78	A 70	7,12
I 13534,85	E 43	6,88	I 8712,90	A 50	7,51
I 13492,28	E 20	6,72	I 8700,60	A 300	7,52
I 13107,61	E 235	7,04	I 8669,60	A 50	7,51
I 13028,64	E 15	7,25	I 8652,40	A 70	7,40
I 12955,73	E 120	6,09	I 8599,27	A 70	7,74
I 12847,92	E 12	7,12	I 8564,89	A 200	7,52
I 12836,38	E 175	7,26	I 8507,66	A 50	7,52
I 12800,66	E 115	7,04	I 8506,71	A 200	7,52
I 12681,28	E 40	6,29	I 8482,21	A 500	7,26
I 12676,58	E 150	7,04	I 8429,42	A 50	7,56
I 12636,80	E 15	7,04	I 8396,36	A 50	7,28
I 12540,41	E 47	6,88	I 8391,70	A 100	7,28
I 12391,58	E 1050	5,96	I 8367,81	A 200	6,15
I 12338,76	E 55	7,04	I 8281,04	A 70	7,20
I 12286,75	E 60	7,25	I 8280,09	A 50	7,57
I 12207,73	E 20	6,72	I 8264,15	A 50	7,31
I 12198,88	E 30	7,06	I 8256,01	A 500	7,31
I 12069,20	E 1300	5,70	I 8226,09	A 100	7,52
I 12065,76	E 45	7,03	I 8225,22	A 50	7,52

λ	B		eV	λ	B		eV
I 8095,29	A	50	7,33	III 4674,36	S	10	22,85
I 8044,16	A	70	7,50	III 4291,71	S	150	22,55
I 8031,04	A	500	7,51	III 4260,85	S	200	22,57
I 7983,33	A	50	7,56	III 4245,41	S	12	17,97
I 7962,26	A	50	7,57	I 4226,57	M	70	4,96
I 7878,12	A	100	7,38	III 4178,96	S	200	22,62
I 7853,77	A	70	7,37	III 3884,78	S	15	22,85
I 7837,63	A	100	7,28	IV 3676,65		50	28,07
I 7833,57	A	500	7,28	IV 3554,19		60	28,19
I 7776,20	A	50	7,40	II 3499,21	C	300	13,38
I 7511,57	A	100	6,32	III 3489,09	S	40	26,17
I 7402,64	A	70	7,47	II 3455,72	C	100	13,38
I 7384,21	A	100	7,38	III 3434,03	S	40	26,17
I 7353,33	A	50	7,49	III 3414,27	S	20	26,17
I 7330,38	A	100	7,49	II 3323,64	C	75	13,77
II 7145,39	S	50	9,79	II 3312,56	C	50	13,76
I 7130,12	A	70	7,70	I 3269,49	M	110	4,67
II 7049,37	S	200	9,84	III 3259,90	S	20	26,42
II 6966,32	S	50	9,84	III 3255,05	S	40	26,43
II 6780,51	S	50	14,38	II 3221,64	C	100	13,68
I 6557,49	A	70	6,85	III 3214,95	S	25	26,42
II 6484,18	S	300	11,75	III 3211,86	S	35	26,42
II 6336,38	S	200	11,75	III 3197,56	S	25	26,42
II 6283,45	C	75	14,38	II 3186,72	C	50	13,68
II 6268,34	C	100	14,41	I 3124,82	M	20	4,85
II 6268,07	C	150	14,41	I 3067,01	M	60	6,06
II 6267,14	C	50	14,38	I 3039,06	M	750	4,96
II 6078,39	S	100	17,50	II 2853,97	C	75	14,38
II 6021,04	S	1000	9,79	II 2845,52	S	1000	12,44
II 5893,42	S	1000	9,84	II 2839,68	C	75	14,38
I 5802,09	A	300	7,10	II 2834,28	C	50	14,21
I 5801,03	A	70	6,81	II 2831,84	C	1000	12,44
I 5701,78	A	70	6,85	I 2829,01	M	8	6,41
I 5691,96	A	300	6,85	II 2805,67	C	20	14,21
I 5664,84	A	50	7,03	I 2793,92	M	7	6,46
I 5664,74	A	200	7,08	IV 2788,61		30	28,07
I 5664,23	A	70	7,15	II 2772,35	S	50	12,55
I 5655,96	A	200	7,04	II 2770,59	S	30	12,53
II 5644,52	S	100	17,66	I 2754,59	M	650	4,67
I 5621,43	A	100	6,85	I 2740,43	A	70	6,55
I 5616,14	A	70	6,88	IV 2736,09		30	28,19
I 5607,01	A	200	7,06	II 2729,78	C	400	14,38
I 5513,26	A	70	7,10	IV 2717,44		15	28,19
I 5265,89	A	70	7,03	I 2709,63	M	850	4,64
II 5178,65	S	500	12,43	II 2704,03	C	200	14,38
III 5134,75	S	18	22,62	I 2691,35	M	500	4,67
II 5131,75	S	200	12,43	I 2651,58	M	550	4,67
III 5016,88	S	10	22,62	I 2651,18	M	1200	4,85
II 4941,28	S	50	12,55	I 2644,18	A	200	6,72
II 4824,10	S	100	12,41	I 2592,54	M	500	4,85
II 4814,61	S	1000	12,41	I 2589,19	A	600	4,96
II 4741,81	S	1000	12,41	I 2556,29	M	2,5	6,88
II 4690,02	C	50	15,08	IV 2542,44		20	33,06
II 4689,87	C	75	15,08	I 2533,23	A	800	4,96
I 4685,84	M	6	4,67	II 2500,54	C	500	14,79

λ		B	eV	λ		B	eV
I	2497,96	M 90	4,96	I	1923,47	A 70	7,33
IV	2488,25	30	33,05	I	1917,59	A 200	6,46
II	2478,66	C 100	14,79	I	1912,41	A 50	6,55
I	2467,32	A 20	5,20	I	1908,43	A 50	7,38
IV	2445,71	15	36,99	I	1904,70	A 300	6,69
IV	2445,38	15	36,99	I	1901,06	A 10	7,40
I	2436,41	A 50	7,12	I	1895,20	A 70	6,71
I	2417,36	M 130	6,01	I	1876,01	A 10	7,49
I	2397,88	A 70	7,20	I	1874,25	A 200	6,69
I	2389,47	A 50	6,07	I	1865,05	A 70	6,71
I	2379,14	A 600	6,09	I	1860,09	A 200	7,55
I	2359,23	A 20	7,28	I	1853,13	A 100	6,86
I	2338,60	A 20	7,33	I	1849,64	A 5	6,88
I	2327,92	A 800	6,21	I	1846,96	A 100	7,60
I	2314,20	A 500	6,24	I	1845,87	A 100	6,71
I	2256,01	A 50	6,38	I	1844,41	A 70	7,60
II	2205,85	C 100	13,70	I	1842,41	A 70	6,90
I	2198,73	M 340	6,52	I	1841,33	A 100	6,91
II	2197,62	C 100	13,70	II	1839,63	C 20	14,80
I	2186,45	A 50	6,55	I	1824,30	A 20	6,86
II	2177,66	S 30	13,77	I	1813,91	A 5	6,90
I	2124,74	A 50	6,72	I	1804,45	A 20	7,04
I	2105,82	A 50	6,06	I	1802,62	A 20	6,88
III	2104,45	S 25	26,10	I	1801,43	A 50	7,06
III	2102,42	S 15	26,09	I	1793,07	A 50	7,09
III	2100,05	S 15	26,09; 26,10	I	1786,08	A 10	7,12
I	2094,25	A 1000	6,09	I	1785,04	A 50	7,12
I	2086,03	A 70	6,01	I	1774,18	A 50	7,06
I	2068,66	M 2600	6,06	I	1766,43	A 50	7,09
I	2065,21	M 780	6,07	I	1766,07	A 20	7,09
I	2057,24	A 50	6,91	I	1765,28	A 50	7,20
I	2054,46	A 50	6,21	I	1764,19	A 50	7,20
I	2043,79	M 1600	6,24	I	1759,27	A 5	7,12
I	2041,71	M 2400	6,07	I	1758,28	A 70	7,12
I	2019,07	M 1700	6,21	I	1750,04	A 50	7,26
I	2011,29	A 50	7,04	I	1748,86	A 5	7,09
II	2007,04	S 100	6,40	I	1746,06	A 70	7,17
I	1998,89	M 4200	6,38	I	1742,19	A 20	7,12
I	1988,27	A 300	6,40	I	1739,10	A 20	7,20
I	1987,85	A 100	7,12	I	1738,48	A 10	7,31
II	1979,27	S 30	6,49	I	1738,12	A 10	7,31
I	1970,88	M 3200	6,46	I	1724,31	A 3	7,26
II	1966,32	S 40	14,38	I	1718,69	A 3	7,28
I	1965,38	A 100	6,38	I	1716,78	A 50	7,40
I	1963,37	A 50	7,20	I	1713,08	A 10	7,31
I	1962,01	A 500	7,20	I	1691,09	A 70	7,40
I	1955,12	M 300	6,41	I	1690,03	A 20	7,40
I	1944,73	A 200	6,45	I	1674,27	A 5	7,40
I	1944,12	A 70	6,55	II	1654,46	S 75	17,51
II	1938,89	S 100	6,40	II	1649,19	S 500	7,74
I	1938,30	A 50	6,46	II	1621,03	S 100	17,69
II	1938,01	S 100	6,62	II	1602,49	S 300	7,74
I	1937,48	A 70	6,47	II	1581,07	S 300	8,06
I	1934,05	A 70	6,41	II	1576,85	S 500	8,08
I	1929,83	A 500	7,31	II	1538,09	S 100	8,06

λ	B		eV	λ	B		eV
III 1525,32	S	10	26,10	II 1143,25	S	40	17,33
II 1427,88	S	200	15,30	III 1137,92	S	10	18,64
II 1420,39	S	200	15,21	II 1120,46	S	200	11,28
II 1401,24	S	200	15,45	V 1116,8		6	40,14
II 1392,27	S	100	15,30	II 1106,74	S	200	11,42
II 1380,43	S	100	15,45	II 1098,71	S	200	11,28
II 1311,25	S	50	17,51	III 1088,45	S	40	11,39
II 1290,07	S	100	17,69	II 1085,51	S	100	11,42
II 1264,71	S	300	10,02	II 1075,07	S	300	11,75
II 1261,91	S	1000	10,04	V 1072,5		6	41,55
II, III 1237,05	S	20	10,02; 17,97	III 1058,91	S	12	19,66
IV 1229,81		20	10,08	II 1055,03	S	100	11,75
II 1194,79	S	500	16,99	V 1045,5		7	40,89
II 1191,72	C	50	16,88	III 1040,99	S	12	19,66
II 1191,26	S	100	16,89	II 1017,06	S	300	12,41
II 1189,62	S	150	16,90	II 1016,64	S	500	12,42
IV 1188,99	S	20	10,42	III 1012,31	S	10	20,20
II 1188,73	S	200	10,65	III 1011,21	S	15	20,21
II 1187,54	S	50	18,52	V 1004,2		6	41,60
II 1187,32	S	50	18,50	II 999,10	S	500	12,41
III,IV 1183,34	S	15	18,43; 35,18	III 996,50	S	10	20,19
II 1181,65	S	150	16,88	III 995,72	S	15	20,20
II 1181,19	S	150	16,89	III 988,96	S	12	20,19
II 1178,96	S	100	17,13	V 971,3		6	41,80
III 1173,78	S	10	18,31	II 941,90	S	50	13,38
II 1173,71	S	75	17,18	II 920,55	S	400	13,68
II 1164,27	S	100	10,65	II 905,98	S	200	13,68
II 1159,07	S	50	17,18	II 875,49	S	100	14,37
II 1157,50	S	50	17,33	II 862,23	S	50	14,37
III 1150,55	S	12	18,43	V 304,97		5	40,64
				V 295,64		50	41,93
				V 294,51		30	42,09
				VI 238,04	S	8	52,08
				VI 235,57	S	8	52,62

1 H

λ	B	eV	λ	B	eV
190569	—	13,38	6562,85	2000	12,09
123684	—	13,31	6562,73	1000	12,09
113057	—	13,42	4861,33	500	12,74
75004,5	—	13,38	4340,47	200	13,05
74577,6	20	13,21	4101,74	100	13,21
40511,4	120	13,05	3970,07	80	13,31
26251,3	40	13,21	3889,05	60	13,38
18751,1	700	12,74	3835,39	40	13,42
12818,1	140	13,05	3797,90	20	13,45
10938,1	28	13,21	3770,63	15	13,48
10049,38	6	13,31	3750,15	10	13,50
9545,97	—	13,38	3734,37	8	13,51
9229,02	—	13,42	3721,94	6	13,52
9014,91	—	13,45	3711,97	5	13,53
8862,78	—	13,48	3703,86	4	13,54

λ	B	eV	λ	B	eV
3697,15	3	13,54	1215,67	3500	10,20
3691,56	2	13,55	1025,72	1000	12,09
3686,83	—	13,55	972,53	400	12,74
3682,81	—	13,56	949,74	220	13,05
3679,36	—	13,56	937,80	125	13,21
3676,36	—	13,56	930,75	80	13,31
3673,76	—	13,56	926,23	50	13,38
3671,48	—	13,57	923,15	40	13,42
3669,47	—	13,57	920,96	30	13,45
3667,68	—	13,57	919,35	20	13,48
3666,10	—	13,57	918,13	16	13,50
3664,68		13,57	917,18	12	13,51
3663,41	—	13,57	916,43	10	13,52
3662,26	—	13,57	915,82	8	13,53
3661,22	—	13,58	915,82	8	13,53
3660,28	—	13,58	915,33	7	13,54
3659,42	—	13,58	914,92	6	13,54
3657,93	—	13,58	914,58	5	13,55
3657,27	—	13,59			
3656,67	—	13,59			

2 He[1])

λ	B	eV	λ	B	eV
I 21132,04	10	23,66	I 10829,09	1000	20,95
I 21121,31 ⎫			I 10667,65	3	24,17
I 21120,04 ⎭	60	23,59	I 10311,54	2	24,21
I 20581,30	2085	21,21	I 10311,23	10	24,21
I 19543,13	13	23,70	I 10138,50	1	24,31
I 19089,37	110	23,73	II 10123,99 ⎫		
I 18696,94	317	23,74	II 10123,61 ⎬	—	52,23
I 18685,96	725	23,74	II 10122,85 ⎭		
II 18637,43 ⎫			I 10031,16	2	24,31
II 18636,78 ⎬	—	52,89	I 10027,73	6	24,31
II 18635,37 ⎭			I 9702,60	3	24,28
I 18555,55	1	23,74	I 9603,42	1	24,21
I 17003,15 ⎫			I 9529,27	1	24,37
I 17002,38 ⎭	460	23,73	I 9526,17	3	24,37
I 15083,66	12	23,74	I 9516,60	4	24,31
I 12968,44	10	24,04	I 9463,61	10	24,02
I 12845,95	6	23,97	II 9345,04 ⎫		
I 12790,27	25	24,04	II 9344,94 ⎬	—	53,56
I 12784,79	81	24,04	II 9344,56 ⎭		
I 12527,51	19	23,70	I 9210,34	2	24,42
I 11969,07	44	24,04	I 9063,27	2	24,37
II 11626,56 ⎫			I 8361,69	2	24,20
II 11626,42 ⎬	—	53,30	II 8236,87 ⎫		
II 11625,8 ⎭			II 8236,79 ⎬	—	53,74
I 11044,96	2	24,21	II 8236,49 ⎭		
I 11013,07	2	24,04	I 7816,15	1	24,30
I 10916,98	3	24,21	II 7592,83 ⎫		
I 10912,92	12	24,21	II 7592,75 ⎬	—	53,87
I 10830,34	5000	20,96	II 7592,50 ⎭		
I 10830,25	3000	20,96	I 7281,35	100	22,91

---

[1] The average of the three numbers in the braces indicates center of gravity of multiplet.

λ	B	eV	λ	B	eV
II 7177,59			I 3634,23	2	24,37
II 7177,52	—	53,96	I 3613,64	3	24,04
II 7177,29			I 3599,31	1	24,41
I 7065,71	60	22,71	I 3587,27	1	24,42
I 7065,19	500	22,71	I 3562,98	1	24,43
II 6890,97			I 3554,42	1	24,44
II 6890,90	—	54,03	I 3530,49	1	24,47
II 6890,69			I 3512,51	1	24,48
II 6683,27			I 3447,59	2	24,21
II 6683,20	—	54,09	I 3354,55	1	24,31
II 6683,00					
I 6678,15	200	23,07	I 3296,77	1	24,37
II 6560,21			I 3258,28	1	24,42
II 6560,10	H 100	52,89	II 3203,18		
II 6559,77			II 3203,10	H 200	52,23
			II 3202,95		
II 6527,16			I 3187,74	20	23,70
II 6527,10	—	54,13	I 2945,11	10	24,01
II 6526,91			I 2829,08	4	24,18
II 6406,44			I 2763,80	2	24,30
II 6406,38	—	54,17	II 2733,36		
II 6406,20			II 2733,30	H 100	52,89
I 5875,97	200	23,07	II 2733,18		
I 5875,62	1500	23,07	I 2723,19	1	24,37
II 5411,60			I 2696,12	1	24,41
II 5411,52	H 50	53,30	I 2677,14	1	24,44
II 5411,30			II 2511,26		
I 5047,74	10	23,66	II 2511,21	H 50	53,30
I 5015,68	100	23,08	II 2511,11		
I 4921,93	20	23,72	II 2385,45		
I 4713,38	4	23,58	II 2385,40	H 30	53,56
I 4713,15	30	23,58	II 2385,32		
II 4685,92			II 2306,24		
II 4685,71	H 300	51,00	II 2306,20	H 20	53,74
II 4685,38			II 2306,12		
I 4471,68	25	23,73	II 2252,73		
I 4471,48	200	23,73	II 2252,69	H 10	53,87
I 4437,55	3	24,01	II 2252,61		
I 4387,93	10	24,04	II 2214,71		
I 4143,76	3	24,21	II 2214,67	H 6	53,96
I 4120,99	2	23,96	II 2214,60		
I 4120,82	12	23,97	II 2186,64		
I 4026,36	5	24,04	II 2186,60	H 4	54,03
I 4026,19	50	24,04	II 2186,53		
I 4009,27	1	24,31	II 2165,29		
I 3964,73	20	23,73	II 2165,25	H 2	54,09
I 3926,53	1	24,37	II 2165,18		
I 3888,65	1000	23,00	II 1640,53		
I 3871,79	1	24,42	II 1640,42	—	48,37
I 3867,63	1	24,16	II 1640,33		
I 3867,48	3	24,16	II 1215,18		
I 3819,76	1	24,21	II 1215,13	—	51,00
I 3819,61	10	24,21	II 1215,09		
I 3732,86	1	24,28	II 1084,98		
I 3705,00	3	24,31	II 1084,94	—	52,23
I 3651,99	1	24,36	II 1084,91		

λ	B	eV	λ	B	eV
II 1025,30 ⎫			I 512,10	4	24,21
II 1025,27 ⎬ —		52,89	I 510,00	3	24,31
II 1025,24 ⎭			I 508,64	1	24,37
II 992,39 ⎫			I 507,72	2	24,42
II 992,36 ⎬ —		53,30	I 507,06	1	24,44
II 992,33 ⎭			I 506,57	1	24,47
II 972,14 ⎫			I 506,20	1	24,49
II 972,11 ⎬ —		53,56	I 505,91	1	24,51
II 972,08 ⎭			I 505,68	1	24,51
II 958,72 ⎫			I 505,50	1	24,52
II 958,70 ⎬ —		53,74	I 320,39	2	59,65
II 958,67 ⎭			II 303,78	C 500	40,80
II 949,35 ⎫			II 256,32	C 300	48,37
II 949,33 ⎬ —		53,87	II 243,03	C 200	51,00
II 949,30 ⎭			II 237,33	C 150	52,23
I 591,41	2	20,96	II 234,35	C 100	52,89
I 584,33	50	21,21	II 232,58	C 70	53,30
I 537,03	20	23,08	II 231,45	C 40	53,56
I 522,21	8	23,74	II 230,69	C 20	53,74
I 515,62	5	24,04	II 230,14	C 10	53,87
			II 229,74	—	53,96
			II 229,43	—	54,03

72 Hf

λ	B		eV	λ	B		eV
I 10637,93	E	2	—	I 7740,17	M	14	2,90
I 10480,21	E	2	—	II 7663,09	S	2	4,12
I 10423,78	E	4	—	I 7645,66	M	2,5	3,84
I 10397,45	E	2	—	I 7624,39	M	44	2,93
I 9563,26	E	2	—	I 7577,02	M	1,4	3,91
I 9513,14	E	6	—	I 7562,93	M	9	2,44
I 9250,25	E	10	—	II 7561,12	S	1	5,02
I 8711,20	M	5	3,37	I 7437,60	M	30	3,41
I 8640,04	M	20	2,24	I 7390,73	M	2,5	3,50
I 8546,43	M	18	2,26	II 7328,63	S	3	4,19
I 8460,00	M	4	3,54	I 7320,06	M	9	2,26
I 8344,25	M	3,0	3,43	II 7277,64	S	5	4,57
I 8276,94	M	7	1,79	I 7240,87	M	50	1,99
II 8236,12	S	8	4,19	I 7237,10	M	80	2,26
I 8204,57	M	16	1,80	I 7131,82	M	70	1,73
I 8173,90	M	2,0	4,11	I 7119,52	M	7	3,96
I 8080,26	M	3,0	2,23	I 7063,85	M	20	2,44
I 8056,47	M	3,0	3,37	II 7030,31	M	0,8	4,26
I 7994,76	M	30	2,24	II 6980,91	M	2,0	3,64
I 7938,07	M	3,5	3,50	II 6935,16	S	3	3,94
I 7920,75	M	16	2,24	I 6911,40	M	4	2,90
I 7845,37	M	38	2,27	I 6858,76	M	3,5	3,88
I 7814,57	M	4,0	3,41	II 6855,29	S	4	3,48
I 7790,90	M	5	3,81	I 6850,06	M	1,2	4,93
II 7757,89	M	0,6	3,94	I 6818,95	M	15	2,92

	λ	B		eV		λ	B		eV
I	6789,28	M	8	2,39	II	4336,66	M	16	5,54
II	6754,62	M	1,6	3,61	II	4320,68	M	7	5,02
II	6647,04	M	1,2	4,73	I	4294,78	M	28	3,18
II	6644,61	M	3,0	3,64	II	4272,85	M	15	4,57
II	6567,39	S	6	5,41	II	4232,42	M	15	5,27
II	6557,91	S	6	4,57	II	4206,57	M	14	5,44
II	6542,82	S	4	5,84	I	4174,35	M	100	3,26
I	6386,23	M	4	2,23	II	4162,40	M	13	5,13
II	6248,94	M	4	3,48	II	4127,79	M	13	4,78
I	6185,13	M	6	2,00	I	4106,55	M	12	4,32
I	5902,95	E	5	—	II	4093,16	M	48	3,48
II	5842,23	M	1,6	4,33	I	4083,36	M	16	4,34
I	5719,18	M	10	3,28	I	4066,21	M	12	4,85
I	5613,26	M	6	2,91	I	4062,84	M	20	4,35
I	5552,13	M	15	2,93	II	4047,95	M	9	6,90
I	5550,61	M	15	2,22	I	4032,27	M	16	3,37
II	5524,35	M	1,2	4,11	II	3979,37	M	7	6,60
I	5452,92	M	5	2,84	I	3973,48	M	18	3,41
I	5373,86	M	7	2,60	I	3968,01	M	14	3,12
II	5346,28	M	0,6	5,85	II	3964,96	M	7	5,34
II	5311,60	M	3,5	4,12	I	3951,82	M	36	3,42
II	5298,06	M	3,0	4,23	II	3935,63	M	11	5,30
I	5294,87	M	8	2,91	I	3931,38	M	28	3,72
II	5264,94	M	2,0	4,70	II	3923,90	M	18	4,76
II	5247,13	M	3,5	5,84	II	3918,10	M	55	3,61
I	5243,98	M	7	3,48	II	3917,44	M	7	5,85
I	5181,87	M	15	2,39	II	3900,62	M	3,0	7,01
II	5079,63	M	2,6	4,78	I	3899,94	M	55	3,18
I	5047,44	M	6	3,57	I	3889,36	M	18	3,89
II	5040,82	M	3,5	3,94	II	3883,76	M	13	4,86
I	4975,26	M	8	2,78	II	3880,81	M	34	3,64
II	4934,45	M	1,6	4,12	II	3877,10	M	14	6,07
I	4859,24	M	10	4,35	II	3872,55	M	18	4,70
II	4817,23	M	2,5	5,25	II	3867,31	M	7	5,41
I	4800,50	M	24	3,28	II	3864,73	E	8	6,69
II	4790,73	M	3,0	4,78	I	3860,91	M	20	4,32
I	4782,74	M	12	4,85	I	3858,31	M	60	3,50
II	4731,36	M	3,5	4,77	II	3849,52	M	14	5,41
II	4719,11	M	3,5	4,11	I	3849,19	M	80	3,92
II	4699,72	M	3,0	5,13	I	3830,02	M	28	4,98
II	4664,13	M	6	4,26	I	3820,73	M	130	3,81
I	4655,20	M	16	3,47	II	3817,20	M	10	5,44
II	4622,70	M	6	5,18	I	3811,78	M	32	3,54
I	4620,86	M	20	3,24	II	3806,07	M	14	5,94
I	4598,92			3,26	I	3800,38	M	85	3,26
		M	44		II	3793,38	M	65	3,64
I	4598,80			2,69	I	3785,46	M	140	3,83
I	4565,95	M	22	3,41	II	3782,78	M	7	4,77
I	4540,93	M	12	3,42	I	3777,66	M	140	3,28
I	4461,18	M	12	3,48	II	3771,35	M	6	4,78
I	4457,35	M	12	3,08					
					I	3768,25	M	20	4,59
I	4438,04	M	18	3,48	II	3766,92	M	17	5,79
II	4417,37	M	11	4,70	II	3762,50	M	6	7,25
II	4370,95	M	16	4,33	II	3747,48	M	8	5,18
I	4356,31	M	22	3,41	I	3746,81	M	40	5,13
II	4350,52	M	13	5,72					

	λ		B	eV		λ		B	eV
II	3744,96	M	10	6,18	II	3394,58	M	26	4,26
III	3741,94	S	10	5,60	II	3389,83	M	90	4,11
II	3737,87	M	16	5,66	II	3384,69	M	26	4,11
I	3733,79	M	46	3,88	II	3384,14	M	16	5,44
II	3719,28	M	65	3,94	I	3360,06	M	20	3,69
I	3717,80	M	100	3,62	II	3358,29	M	8	5,85
II	3705,40	M	12	5,54	II	3352,06	M	42	4,73
II	3701,16	M	34	5,50	I	3332,74	M	100	3,72
II	3699,73	M	24	5,02	II	3328,21	M	15	4,33
II	3698,39	M	10	5,50	II	3323,32	M	5	6,60
I	3696,52	M	28	3,64	II	3317,99	M	20	4,11
I	3682,25	M	220	3,36	I	3312,87	M	75	4,03
I	3675,74	M	48	5,31	II	3310,83	M	5	5,41
I	3672,30	M	20	—	I	3306,11	M	24	4,32
II	3665,34	M	22	4,86	II	3283,38	M	5	5,27
II	3661,05	M	14	5,25	II	3279,97	M	30	4,23
I	3651,84	M	22	3,96	III	3279,67	S	20	6,07
I	3649,11	M	36	3,69	II	3273,65	M	20	4,57
II	3644,36	M	90	4,19	II	3255,28	M	30	4,26
II	3623,99	M	12	5,02	II	3253,70	M	100	4,19
I	3616,89	M	90	3,72	I	3249,53	M	25	4,11
I	3615,03	M	12	3,43	I	3247,67	M	40	4,11
I	3599,87	M	60	5,52	II	3220,65	M	20	5,72
II	3597,40	M	24	5,34	II	3200,00	M	15	5,76
II	3569,04	M	120	4,26	II	3194,20	M	75	4,33
II	3561,65	M	150	3,48	II	3193,53	M	40	4,26
II	3552,71	M	60	3,94	I	3172,95	M	100	4,47
I	3548,82	M	20	—	II	3162,62	M	80	5,41
I	3536,63	M	85	3,50	I	3159,84	M	30	4,21
II	3535,55	M	110	4,12	I	3156,69	M	50	4,49
I	3531,22	M	11	4,21	II	3145,32	M	25	3,94
I	3523,02	M	110	3,81	II	3140,77	M	13	5,44
II	3518,74	M	15	5,30	II	3139,66	M	19	4,73
I	3513,27	M	17	4,83	II	3134,72	M	95	4,33
II	3505,23	M	140	4,57	I	3131,81	M	80	5,26
I	3497,50	M	110	3,54	II	3116,95	M	8	5,85
I	3497,17	M	28	—	II	3110,88	M	14	5,76
II	3495,93	M	9	5,41	II	3109,12	M	80	4,77
II	3495,75	M	28	4,33	II	3101,39	M	38	4,78
II	3487,57	M	5	5,76	II	3092,25	M	10	5,50
II	3479,28	M	54	3,94	I	3080,84	M	48	4,32
II	3478,98	M	22	5,72	II	3080,64	M	17	6,17
I	3472,41	M	80	3,57	I	3072,88	M	240	4,04
II	3462,65	M	16	4,19	I	3067,43	M	95	4,33
I	3438,43	M	16	4,29	II	3064,69	M	14	5,54
I	3419,17	M	46	4,32	III	3060,08	S	10	5,60
I	3417,34	M	26	3,92	I	3057,01	M	120	4,61
II	3413,73	M	10	5,30	II	3055,42	M	5	5,95
II	3410,15	M	26	5,50	II	3054,53	M	9	4,51
II	3407,75	M	16	5,13	I	3050,76	M	80	4,76
I	3402,51	M	20	4,21	II	3046,03	M	12	5,94
I	3400,21	M	19	3,64	II	3031,16	M	46	4,70
II	3399,78	M	260	3,64	II	3025,29	M	16	5,13
I	3397,26	M	26	4,21	II	3024,78	M	9	6,25
II	3394,98	M	16	5,84	I	3020,53	M	130	4,39

λ	B		eV	λ	B		eV
I 3018,30	M	110	4,11	II 2786,31	M	5	6,34
II 3016,94	M	120	4,11	II 2774,02	M	20	5,50
I 3016,78	M	60	4,11	II 2773,36	M	110	5,25
II 3012,89	M	120	4,12	II 2772,34	M	5	6,25
II 3011,21	M	9	6,31	II 2770,44	M	6	6,07
I 3005,56	M	90	5,43	I 2761,63	M	50	5,05
II 3000,09	M	19	4,50	II 2756,92	M	7	6,69
I 2980,81	M	120	4,16	III 2753,60	S	50	5,60
II 2977,59	M	8	5,76	II 2751,81	M	40	5,54
II 2975,88	M	100	4,77	II 2738,76	M	80	5,13
II 2967,23	M	16	5,66	II 2718,50	M	7	6,34
I 2964,88	M	160	4,47	II 2712,42	M	24	5,18
II 2961,80	M	13	5,79	II 2706,73	M	12	6,25
II 2960,81	M	7	6,34	III 2687,22	S	20	6,90
I 2958,01	M	60	4,89	II 2685,21	M	6	6,83
I 2954,20	M	120	4,76	II 2683,35	M	32	6,49
I 2950,67	M	140	4,49	II 2669,00	M	9	5,02
II 2947,13	M	6	6,07	II 2665,97	M	10	6,25
I 2944,71	M	18	4,21	II 2661,88	M	24	5,44
I 2940,76	M	220	4,21	III 2659,70	S	6	6,03
II 2937,78	M	80	5,25	II 2657,85	M	18	5,27
I 2929,90	M	50	5,34	II 2651,17	M	11	6,83
II 2929,64	M	55	4,23	III 2650,28	S	5	6,22
II 2919,60	M	36	4,70	II 2647,29	M	75	5,72
I 2918,59	M	65	4,54	II 2641,41	M	120	5,73
II 2917,49	M	3,5	6,46	III 2638,98	S	8	6,07
I 2916,48	M	220	4,81	II 2638,71	M	120	4,70
II 2909,91	M	16	4,26	II 2635,78	M	7	6,90
I 2904,76	M	100	4,56	II 2622,74	M	50	5,18
I 2904,41	M	140	4,83	II 2613,60	M	26	6,90
II 2898,70	M	15	5,95	II 2607,25	M	6	6,53
I 2898,26	M	200	4,57	II 2607,03	M	50	5,54
III 2897,34	S	5	6,05	II 2606,37	M	44	5,13
I 2889,62	M	90	4,29	II 2599,20	M	6	6,64
I 2887,13	M	24	4,86	II 2591,33	M	14	4,78
II 2885,47	M	6	6,07	III 2582,89	S	3	6,22
II 2876,33	M	17	6,18	II 2582,51	M	36	5,18
II 2869,82	M	15	4,70	II 2578,16	M	34	5,41
I 2866,37	M	240	4,32	II 2576,83	M	36	5,85
II 2861,70	M	85	4,78	II 2573,91	M	36	6,31
II 2861,01	M	85	4,33	II 2571,68	M	100	5,27
II 2852,02	S	30	5,95	III 2567,46	S	30	6,60
II 2851,21	M	20	5,13	II 2563,61	M	28	5,44
II 2850,16	M	8	5,95	III 2560,74	S	40	7,13
II 2849,21	M	30	5,85	II 2559,20	M	14	6,34
I 2845,83	M	46	5,05	III 2552,36	S	5	6,22
II 2829,33	M	9	6,53	II 2551,40	M	36	7,01
II 2822,68	M	55	5,18	II 2548,19	M	12	6,54
II 2820,22	M	140	4,77	III 2534,33	S	10	5,60
II 2814,76	M	10	6,60	II 2531,20	M	38	5,50
II 2814,48	M	19	6,07	III 2523,65	S	7	6,28
II 2813,87	M	26	4,78	II 2516,88	M	100	5,30
II 2808,00	M	26	5,02	II 2515,49	M	15	6,60
II 2789,71	M	16	6,64	III 2515,16	S	100	5,30
II 2789,50	M	11	6,60	II 2513,03	M	65	5,72

	λ	B		eV		λ	B		eV
II	2512,70	M	65	5,54	III	2110,31	S	20	6,28
II	2500,74	M	8	6,83	II	2107,47	S	2	6,49
II	2496,99	M	32	5,41	III	2102,80	S	5	6,60; 12,73
III	2495,16	S	200	5,30	III	2099,30	S	20	6,28
II	2478,54	S	5	6,78	II	2096,18	M	140	7,78
II	2473,91	M	11	6,61					
II	2469,18	M	24	6,69	II	2088,77	S	3	6,31
II	2464,19	M	48	6,07	II	2086,30	S	1	—
III	2461,74	S	40	7,32	III	2085,33	S	15	6,28
II	2460,49	M	50	5,41	II	2083,80	S	2	5,95
					II	2082,80	S	1	5,95
II	2453,34	M	12	7,20					
III	2452,47	S	8	6,60					
II	2449,44	M	16	5,85	III	2070,94	S	30	6,84
II	2447,25	M	44	5,44	II	2068,84	S	1	—
II	2433,56	M	14	7,25	II	2064,79	S	1	7,78
					IV	2054,46	S	10	8,31
II	2428,99	M	13	6,60	III	2037,76	S	10	6,84
II	2425,98	M	15	6,78					
II	2417,69	M	36	5,50	II	2028,18	M	950	7,78; 6,49
II	2410,14	M	42	6,18	II	2012,78	M	700	6,54
II	2405,42	M	61	5,94	III	1991,44	S	10	6,22; 6,60
					III	1974,01	S	5	—
II	2393,83	M	76	5,18	II	1964,26	S	2	6,31
II	2393,37	M	49	5,79					
III	2383,54	S	25	6,05					
II	2380,30	M	27	5,66	II	1963,82	S	1	6,69
III	2377,57	S	12	6,07	III	1963,06	S	5	—
					II	1955,68	S	2	6,34
III	2373,30	S	10	5,60	II	1922,74	S	3	6,83
III	2355,48	S	15	5,60	II	1922,13	S	2	6,83
II	2351,21	M	62	5,27					
II	2347,44	M	35	6,07	II	1919,52	S	3	6,46
II	2343,32	M	26	6,07	III	1916,69	S	6	7,32
					III	1889,42	S	8	6,90
III	2336,47	S	30	5,30	III	1885,15	S	15	12,62
II	2332,96	M	22	5,76	III	1874,81	S	5	7,32
II	2324,89	M	33	5,94					
II	2323,25	M	33	5,79	III	1870,58	S	6	6,96
II	2322,47	M	70	5,34	III	1843,64	S	6	7,43
					II	1815,65	S	2	6,83
II	2321,15	M	26	5,95	II	1774,76	S	2	6,99
III	2319,08	S	3	6,05	III	1756,91	S	5	7,43
III	2313,44	S	20	6,07					
III	2310,22	S	7	6,91	IV	1750,20	S	1	—
II	2298,34	S	2	6,18	IV	1749,12	S	1	—
					IV	1718,57	S	2	—
II	2277,16	M	72	5,44	IV	1717,21	S	10	9,50
II	2273,15	S	4	6,49	III	1683,95	S	2	9,65
II	2266,83	M	28	6,07					
II	2255,16	M	18	5,95	II	1628,98	S	2	7,99
II	2254,01	M	36	5,95	II	1623,03	S	2	8,02
					IV	1572,03	S	2	17,38
III	2234,59	S	20	7,32	IV	1560,18	S	1	17,44
III	2213,54	S	10	5,60	IV	1548,19	S	1	—
III	2195,44	S	20	6,05					
III	2183,51	S	20	6,05	IV	1528,82	S	3	17,61
II	2178,90	S	5	6,07	IV	1491,67	S	5	8,31
					IV	1390,39	S	4	9,50
III	2174,33	S	8	7,13	IV	1357,40	S	1	17,44
III	2155,66	S	20	6,60	IV	1305,24	S	1	9,50
II	2129,09	S	7	8,02					
II	2124,58	S	5	7,99					
III	2119,69	S	10	6,60					

λ	B	eV	λ	B	eV

80 Hg

λ	B	eV	λ	B	eV
45122,04	—	—	III 7984,51	E 50	14,70
39283,61	—	—	III 7946,75	E 25	14,70
I 36303,03	—	9,17	II 7944,66	C 10	13,42
I 32148,06	—	9,23	I 7728,82	H 2	9,51
I 23253,07	—	9,17	III 7517,46	E 12	14,74
I 22493,28	—	9,17	II 7485,87	C 10	15,54
I 19700,17	4	9,17	II 7346,37	C 4	15,57
I 18130,38	5	9,54	I 7091,86	H 20	9,45
I 17436,18	3	8,64	I 7081,90	H 25	9,45
I 17329,41	7	9,55	I 6907,46	H 25	9,52
I 17213,20	2	9,57	I 6716,43	H 16	9,78
I 17206,15	1	9,57	II 6715,2	C 2	13,71
I 17198,67	2	9,56	III 6709,29	E 30	14,99
I 17116,75	2	9,57	II 6521,13	C 8	15,05
I 17109,93	40	9,57	III 6501,38	E 40	14,74
I 17072,79	50	9,58	III 6418,98	E 35	15,07
I 16942,00	30	9,57	I 6234,40	H 3	9,91
I 16933,27	1	9,57	III 6220,35	E 25	16,73
I 16920,16	40	9,57	II 6149,50	C 100	13,88
I 16881,48	10	9,56	I 6072,72	H 2	9,77
I 15295,82	100	8,54	I 5871,97	H 2	9,81
I 13950,55	60	8,62	II 5871,73	C 6	15,54
I 13673,51	100	8,64	I 5859,25	H 6	9,82
I 13570,21	110	8,84	I 5803,78	H 14	10,05
I 13505,58	8	9,55	I 5790,66	M 28	8,85
I 13468,38	6	9,55	I 5789,66	H 100	8,84
I 13426,57	14	9,56	I 5769,60	M 24	8,85
I 13209,95	12	9,55	I 5675,86	H 16	9,91
I 12071,7	15	7,92	I 5549,63	H 3	10,16
I 12020	10	9,89	I 5460,73	M 320	7,73
I 11977,3	10	—	I 5384,63	H 3	10,03
I 11889,0	20	9,89	I 5354,05	H 6	10,04
11769,1	10	—	I 5290,74	H 2	10,27
11688,7	10	—	I 5218,9	H 2	10,30
11491,7	10	—	III 5210,82	E 30	15,21
11372,5	10	—	I 5137,94	H 2	10,14
I 11287,40	200	8,82	II 5128,45	C 10	15,57
11206	10	—	I 5120,63	H 4	10,15
11176,8	100	—	I 5102,71	H 2	10,16
10715,5	30	—	I 5025,64	H 4	9,14
10432	10	—	I 4991,5	H 3	10,21
10423,5	10	—	III 4973,57	E 80	14,63
10359,5	10	—	I 4916,07	H 10	9,22
10333,0	20	—	I 4890,27	H 3	10,26
10298,2	20	—	II 4855,72	C 8	16,43
I 10229,6	40	10,05	I 4827,1	H 3	10,30
I 10139,79	200	7,93	III 4797,01	E 50	15,68
10129,7	10	—	II 4660,28	C 9	15,54
10121,2	10	—	III 4552,84	E 12	18,40
III 8151,64	E 15	16,73	III 4470,58	E 15	16,68

λ		B	eV	λ		B	eV
II	4398,62	C 10	16,70	I	2799,76	H 2	9,89
I	4358,33	M 400	7,73	I	2759,71	H 4	9,95
I	4347,49	H 40	9,55	I	2752,78	M 6	9,17
I	4343,63	H 4	9,56	III	2724,43	E 70	16,69
I	4339,22	H 30	9,56	II	2705,36	C 8	17,37
III	4216,74	E 100	15,07	I	2699,51	H 5	10,05
III	4122,07	E 70	16,92	I	2698,83	H 5	10,05
I	4108,05	H 4	9,72	I	2655,13	H 16	9,55
I	4077,83	M 12	7,92	I	2653,68	H 16	9,56
I	4046,56	M 180	7,73	I	2652,04	H 20	9,56
II	3983,96	C 20	7,51	I	2625,19	H 2	10,18
II	3918,92	C 9	16,70	I	2603,15	H 4	10,22
I	3906,37	H 5	9,87	I	2576,29	H 4	9,70
II	3806,38	C 10	16,68	I	2536,52	M 1500	4,88
III	3803,51	E 15	19,84	I	2534,76	H 6	9,56
I	3801,66	H 3	9,95	I	2483,82	H 6	9,87
I	3704,17	H 4	10,05	I	2482,71	H 5	9,88
I	3701,44	H 3	10,05	I	2482,00	H 6	9,88
I	3663,28	M 24	8,85	I	2464,06	H 3	9,70
I	3662,88	M 8	8,85	II	2414,13	C 5	16,95
I	3654,84	M 30	8,85	II	2407,35	C 6	16,95
I	3650,15	M 280	8,86	I	2399,73	H 2	10,05
IV	3578,75	15	10,54	I	2399,35	H 4	10,05
II	3549,42	C 10	17,37	I	2379,99	H 2	10,09
III	3543,08	E 10	18,24	I	2378,32	H 4	9,87
II	3451,69	C 40	17,37	I	2374,02	H 2	—
II	3385,25	C 10	17,37	III	2354,24	E 75	12,85
I	3341,48	M 6	9,17	I	2352,48	H 2	10,15
IV	3321,01	20	9,26	II	2345,55	C 20	16,95
III	3312,28	E 12	16,58	I	2345,43	H 3	9,95
II	3264,06	C 40	16,95	I	2323,20	H 2	10,22
II	3208,20	C 40	17,37	III	2314,15	E 7	21,04
I	3144,48	H 2	8,83	I	2302,06	H 3	10,05
I	3135,76	H 2	8,62	II	2262,23	C 9	9,88
I	3131,84	M 32	8,85	III	2244,38	E 75	13,11
I	3131,55	M 32	8,85	II	2224,71	C 20	13,09
I	3125,67	M 40	8,85	II	2148,00	C 7	12,04
III	3090,05	E 15	19,70	II	2052,93	C 9	10,44
I	3027,49	H 5	9,55	II	2026,97	C 9	10,52
I	3025,61	H 3	9,56	I	2002,0	Ab	11,65
I	3023,48	H 12	9,56	II	1987,98	C 20	12,51
I	3021,50	M 20	9,56	I	1972,94	Ab	11,17
I	2967,28	M 120	8,85	II	1942,27	C 50	6,39
II	2947,08	C 40	17,37	II	1927,60	C 3	16,95
II	2935,94	C 10	17,37	II	1900,28	C 1	12,79
I	2925,41	H 12	9,70	II	1875,55	C 40	—
II	2916,27	C 10	16,77	II	1869,55	C 16	—
I	2893,59	M 10	9,17	I	1849,50	C 100	6,67
I	2856,94	H 4	9,22	I	1832,6	Ab	11,65
I	2847,83	H 3	—	II	1820,34	C 40	—
II	2847,67	C 50	11,87	II	1808,29	C 6	17,37
II	2814,93	C 10	9,88	II	1803,89	C 4	—
I	2806,77	A 2	9,87	II	1798,74	C 8	16,77
I	2804,43	H 3	9,88	II	1796,90	C 30	—
I	2803,47	H 4	9,88	I	1775,68	C 2	—

λ		B	eV	λ		B	eV
I	1774,9	Ab	11,65	III	1393,32	C 2	—
III	1759,75	E 15	19,18; 22,11	III	1378,96	40	14,70
III	1740,27	40	14,70	III	1377,83	40	14,71
III	1738,49	75	12,84; 14,71	II	1361,27	C 30	13,51
II	1732,14	C 30	—	III	1360,46	40	16,69
II	1731,89	C 10	13,42	II	1350,07	C 8	—
II	1707,40	C 8	—	IV	1335,8	15	9,55
II	1702,73	C 8	—	III	1335,08	40	15,01
III	1681,40	E 9	21,28; 24,11	II	1331,74	C 40	13,71
III	1677,91	50	13,10	III	1330,77	40	14,65
II	1672,40	C 30	11,81	III	1323,22	30	15,09
III	1671,06	40	15,00	II	1321,71	C 40	13,78
III	1662,72	40	14,70	III	1321,04	30	14,70
II	1653,64	C 4	—	II	1307,93	C 30	13,88
II	1649,93	C 20	7,52	III	1305,60	30	16,73
III	1647,49	60	12,84	III	1280,80	30	15,01; 16,94
II	1628,25	C 1	13,88	IV	1277,2	15	12,69
II	1623,95	C 15	12,04	IV	1269,8	20	10,94
III	1599,44	50	15,00	I	1250,59	C 8	—
III	1592,93	30	13,10	IV	1206,6	15	10,54
III	1527,40	40	15,70	IV	1114,3	15	12,62
III	1504,47	C 10	—	II	1099,26	C 80	—
IV	1465,8	15	9,39	IV	1082,8	20	12,62
IV	1454,2	25	9,23	III	1068,03	E 5	19,18; 16,92
IV	1442,7	15	9,88	IV	1043,8	15	13,19
IV	1417,1	15	8,75	II	969,13	C 1	12,79
IV	1415,0	20	9,74	II	962,74	C 10	12,88
II	1414,43	C 30	13,16	IV	942,7	15	14,08
IV	1400,6	15	9,55	II	940,79	C 20	13,18
IV	1393,9	25	10,81	II	915,83	C 30	13,54
				II	893,08	C 40	13,88
				III	843,11	30	14,72; 20,03

λ	B	λ	B	λ	B

67 Ho

λ		B		λ		B		λ		B	
II	8915,98	M	9	I	6133,60	M	8	I	5882,99	M	8
I	7555,09	M	14	I	6081,79	M	13	I	5860,28	M	16
I	6628,99	M	13	I	5982,90	M	26	I	5696,57	M	16
I	6604,94	M	28	I	5973,52	M	10	I	5691,47	M	16
I	6550,97	M	8	I	5972,76	M	8	I	5674,70	M	7
I	6372,59	M	3,5	I	5955,98	M	5	I	5659,58	M	16
I	6305,36	M	8	I	5948,03	M	8		5640,62	M	6
I	6255,75	M	5	I	5933,71	M	3,5	I	5566,52	M	8
I	6234,17	M	2,0	I	5921,76	M	8	I	5407,08	M	11
I	6208,65	M	8	I	5892,56	M	4	I	5182,11	M	14

λ	B	λ	B	λ	B
I 5127,81	M 16	I 4028,86	M 30	I 3769,09	M 38
I 5042,37	M 14	I 4027,21	M 36	II 3757,26	M 30
I 4979,97	M 24	II 4014,20	M 36	II 3753,73	M 36
II 4967,21	M 28	I 3999,58	M 42	II 3748,17	M 360
I 4939,01	M 32	I 3976,93	M 44	I 3736,35	M 90
II 4742,04	M 32	I 3959,68	M 55	I 3732,09	M 40
II 4629,10	M 32	II 3959,51	M 26	I 3731,40	M 120
II 4477,64	M 34	I 3955,73	M 65	3724,45	M 30
II 4420,56	M 22	II 3940,53	M 36	3720,72	M 50
II 4384,83	M 20	II 3936,44	M 36	I 3718,62	M 30
II 4356,73	M 32	I 3919,45	M 36	I 3712,88	M 48
I 4350,73	M 140	I 3911,80	M 36	I 3709,76	M 36
II 4337,13	M 34	II 3905,68	M 140	3709,27	M 28
II 4330,64	M 28	I 3904,44	M 36	II 3702,35	M 55
I 4266,04	M 34	II 3902,23	M 32	I 3700,04	M 46
I 4264,05	M 55	II 3897,27	M 30	I 3691,95	M 38
I 4254,43	M 140	II 3896,76	M 60	II 3691,32	M 26
I 4243,78	M 32	II 3893,08	M 32	I 3690,65	M 65
II 4229,52	M 44	II 3891,02	M 1500	II 3685,16	M 48
I 4227,04	M 220	I 3890,42	M 55	I 3682,65	M 80
I 4223,47	M 32	II 3888,96	M 340	I 3679,70	M 75
I 4222,29	M 32	3881,61	M 60	I 3679,19	M 80
I 4194,35	M 60	3879,59	M 28	II 3674,77	M 50
I 4173,23	M 280	II 3874,68	M 70	I 3669,52	M 50
I 4163,03	M 900	II 3874,09	M 36	II 3669,05	M 36
II 4152,61	M 110	3872,05	M 40	I 3667,97	M 160
I 4148,97	M 32	I 3862,62	M 60	I 3666,65	M 80
I 4142,19	M 26	II 3861,68	M 300	I 3662,99	M 48
I 4136,22	M 170	3859,34	M 28	I 3662,29	M 180
I 4134,54	M 34	II 3857,72	M 80	II 3638,30	M 48
I 4127,16	M 480	II 3856,94	M 44	II 3631,76	M 48
I 4125,65	M 140	II 3854,07	M 200	II 3627,25	M 55
I 4120,20	M 170	II 3852,40	M 36	II 3626,69	M 48
I 4116,73	M 30	3851,54	M 26	I 3618,43	M 46
I 4112,00	M 34	3849,88	M 34	II 3613,31	M 38
I 4108,62	M 320	II 3846,73	M 55	II 3600,95	M 60
I 4106,50	M 30	II 3843,86	M 120	I 3599,48	M 38
I 4103,84 ¹)	M 1000	II 3842,05	M 46	II 3598,77	M 120
I 4100,22	M 26	II 3837,51	M 140	II 3592,23	M 70
I 4083,67	M 26	II 3835,35	M 46	3589,77	M 28
I 4073,51	M 32	II 3831,9	M 36	II 3581,83	M 46
4073,13	M 30	I 3829,27	M 44	II 3580,75	M 46
4071,83	M 30	II 3821,73	M 34	I 3579,12	M 90
I 4068,05	M 80	II 3813,25	M 100	II 3574,80	M 70
II 4065,09	M 190	I 3811,86	M 55	II 3573,24	M 46
I 4057,55	M 30	I 3810,73	M 1000	3570,44	M 32
II 4054,48	M 60	3804,15	M 28	II 3560,15	M 46
I 4053,93 ²)	M 900	II 3801,28	M 32	II 3556,78	M 120
II 4045,44	M 600	I 3796,75	M 1000	II 3546,05	M 180
I 4040,81 ²)	M 300	3792,95	M 32	II 3540,76	M 70
		II 3791,00	M 30	II 3519,94	M 46
		II 3788,08	M 36	II 3515,59	M 460
		II 3780,37	M 32	I 3510,73	M 90
		I 3776,15	M 28	II 3509,37	M 36
		I 3772,40	M 28	II 3506,95	M 46

¹ Excitation potential 3,02.
² Excitation potential 3,06.

λ	B	λ	B	λ	B
II 3498,88	M 90	II 3390,75	M 32	II 3156,97	M 30
II 3494,76	M 280	II 3374,16	M 26	II 3144,36	M 34
II 3493,09	M 65	II 3370,87	M 32	II 3130,99	M 34
II 3490,95	M 32	II 3364,27	M 36	II 3118,50	M 85
II 3489,58	M 55	II 3357,91	M 36	II 3086,54	M 38
II 3484,84	M 700	II 3354,58	M 36	II 3084,36	M 80
II 3474,26	M 600	II 3353,55	M 36	II 3082,34	M 44
II 3473,91	M 90	II 3352,10	M 36	II 3057,45	M 44
II 3472,31	M 26	II 3350,49	M 40	II 3054,00	M 36
II 3467,07	M 40	II 3343,58	M 110	II 3049,38	M 42
II 3461,97	M 180	II 3338,86	M 44	II 3008,10	M 28
II 3456,00	M 1800	II 3337,23	M 70	II 2987,64	M 36
II 3455,70	M 90	II 3320,25	M 26	II 2979,63	M 36
II 3453,14	M 360	II 3290,96	M 30	II 2973,00	M 34
I 3449,35	M 44	II 3288,46	M 44	II 2945,83	M 5
I 3437,04	M 32	II 3281,97	M 110	II 2944,49	M 26
II 3432,10	M 36	II 3279,25	M 30	2928,79	H 100
II 3429,18	M 70	II 3278,15	M 44	II 2928,30	M 26
II 3428,13	M 220	II 3233,34	M 36	II 2919,62	M 26
II 3426,76	M 26	II 3210,41	M 30	II 2909,41	M 50
II 3425,34	M 220	II 3201,76	M 44	II 2894,99	M 30
I 3424,11	M 32	II 3197,83	M 44	II 2880,98	M 40
II 3421,63	M 130	II 3184,48	M 30	II 2880,26	M 32
II 3416,46	M 600	II 3183,84	M 44	2845,64	H 70
II 3414,90	M 160	II 3181,50	M 90	II 2824,20	M 26
II 3411,55	M 32	II 3176,97	M 30	2774,70	H 300
II 3410,65	M 44	II 3174,84	M 44	II 2769,89	M 24
II 3410,26	M 90	II 3173,78	M 90	II 2750,35	M 24
II 3398,98	M 900	II 3171,72	M 44	II 2733,95	M 20
II 3394,60	M 36	II 3166,62	M 65	II 2713,65	M 18
				2433,00	H 20

λ	B	eV	λ	B	eV
			49 In		
I 16748,0	1	4,82	I 10744,5	A 100	5,23
I 14718,9	30	4,92	I 10257,3	A 200	5,19
I 14667,8	20	4,92	I 9977,5	A 100	5,19
I 14418,0	2	4,84	I 9428,2	A 20	5,30
I 14316,1	14	4,85	I 9370,4	A 60	5,40
I 13824,6	15	4,84	I 9350,0	A 40	5,40
I 13430,1	200	3,94	I 8894,7	A 40	5,37
I 12912,8	300	3,98	I 8700,4	A 50	5,51
I 11731,5	A 20	5,04	I 8682,7	A 20	5,51
I 11334,9	A 20	5,04	I 8679,2	A 30	5,37

	λ	B		eV		λ	B		eV
I	8238,8	A	30	5,49	I	2601,76	M	20	5,04
I	8050,9	A	20	5,48	I	2560,15	M	110	4,84
II	7183,2	C	10	13,36	III	2527,41		20	20,10
I	6900,13	M	0,4	4,82	I	2522,99	H	5	5,19
II	6891,15	C	8	13,44	I	2521,37	M	10	5,19
I	6847,44	M	0,8	4,83	I	2468,02	M	3,0	5,30
II	6095,73	C	5	15,47	I	2460,08	M	6	5,04
II	5903,04	C	8	15,47	II	2453,00	C	8	17,72
I	5727,68	H	25	5,19	II	2447,90	C	1	17,71
I	5709,91	H	25	5,19	I	2430,99	H	5	5,37
	5644,86	H	35	—	I	2429,86	H	10	5,37
I	5262,74	H	6	5,38	I	2399,18	H	5	5,44
I	5254,32	H	15	5,38	I	2389,54	M	4	5,19
I	5023,15		—	5,49	II	2382,79	C	8	17,30
I	5018,37		—	5,49	I	2379,04	H	10	5,48
I	4878,37	H	2	5,56	I	2378,14	H	7	5,49
II	4684,71	C	10	15,32	I	2358,70	H	3	5,53
II	4680,82	C	25	15,32	II	2350,79	C	8	13,09
II	4673,56	C	3	15,33	I	2346,56	H	2	5,56
II	4656,72	C	15	15,33	I	2345,91	H	4	5,56
II	4655,51	C	40	15,32	I	2340,19	H	5	5,30
II	4644,38	C	20	15,33	I	2332,76	H	2	5,59
II	4638,05	C	25	15,32	I	2324,92	H	2	5,60
	4612,13	H	75	—	I	2324,41	H	2	5,60
I	4511,32	M	1800	3,02	I	2309,74	H	2	5,64
I	4101,77	M	1700	3,02	I	2309,34	H	3	5,64
	4072,40	H	100	—	I	2306,88	H	12	5,37
	4057,87	H	40	—	II	2306,09	C	8	5,37
	4024,83	H	50	—	I	2278,20	H	8	5,45
II	3834,70	C	9	15,33	III	2261,26		4	23,59
II	3795,17	C	9	16,71	I	2259,99	H	5	5,48
II	3716,12	C	5	16,70	I	2241,67	H	3	5,53
II	3694,02	C	4	16,70	I	2230,70	H	5	5,55
II	3338,73	C	3	15,81	I	2218,21		—	5,59
I	3258,56	M	300	4,08	I	2211,14	H	3	5,60
I	3256,09	M	1300	4,08	I	2197,40	H	2	5,64
II	3158,37	C	3	16,61	III	2154,08		6	20,10
I	3039,36	M	800	4,08	II	2079,26	C	25	11,64
III	3008,82		20	20,10	II	1977,45	C	20	11,64
	3008,31	H	250	—	II	1966,88	C	10	15,71
III	3008,08		6	20,10	II	1936,25	C	10	11,64
III	2982,80		20	20,10	II	1930,52	C	8	12,10
I	2957,01	M	2,0	4,46	III	1850,30		8	14,34
II	2941,00	C	8	12,03	III	1842,41		6	22,47
I	2932,62	M	110	4,49	II	1842,40	C	8	12,10
II	2889,95	C	20	12,10	II	1774,79	C	8	12,67
I	2836,92	M	18	4,63	II	1770,83	C	8	12,68
I	2775,36	M	4	4,46	I	1758,49	A	10	—
I	2753,88	M	70	4,50	III	1748,83		20	7,10
II	2749,76	C	8	16,61	II	1741,59	C	8	12,80
III	2726,15		16	24,64	I	1741,23	A	20	7,39
III	2725,52		10	24,64	II	1716,74	C	8	12,59
I	2713,94	M	30	4,84	I	1711,54	A	50	7,52
I	2710,27	M	160	4,84	II	1702,51	C	8	12,65
II	2682,20	C	8	17,30	II	1700,01	C	8	12,67

λ	B		eV	λ	B		eV
I 1676,16	A	10	7,39	IV 1295,86	S	10	25,53
II 1674,04	C	6	13,09	II 1280,49	C	10	15,05
I 1648,00	A	20	7,52	II 1212,71	C	4	15,46
III 1642,28		4	15,19	II 1094,25	C	5	16,70
II 1640,10	C	5	12,80	II 990,37	C	10	17,76
III 1625,42		20	7,64	II 980,40	C	10	18,32
II 1607,38	C	5	13,09	IV 498,35	S	10	24,87
II 1586,37	C	6	7,81	IV 479,15	S	15	25,87
IV 1533,37	S	12	24,05	V 402,39	S	25	30,81
III 1532,95		6	15,19	V 400,57	S	25	30,95
III 1530,21		4	15,74	V 393,89	S	25	31,47
IV 1521,52	S	10	24,38	V 388,91	S	14	31,87
III 1494,14		4	15,94	V 386,21	S	17	32,98
III 1487,70		4	15,97	V 378,61	S	17	32,74
III 1434,85		6	15,74				
IV 1429,83	S	10	25,87				
IV 1406,05	S	12	26,02				
III 1403,08		6	15,94				
IV 1381,73	S	15	24,94				
IV 1351,00	S	10	26,38				

77 Ir

λ	B		eV	λ	B		eV
I 7183,71	M	0,7	4,02	I 4182,47	M	4	7,00
I 6929,88	M	0,8	3,78	I 4172,56	M	10	5,02
I 6830,01	M	0,6	6,51	I 4166,04	M	1,6	4,20
I 4778,16	M	6	4,20	I 4155,70	M	3,0	6,51
I 4728,86	M	5	4,35	I 4117,60	A	2	7,05
I 4656,18	M	2,5	4,39	I 4115,78	M	15	4,74
I 4616,39	M	7	4,20	I 4100,15	A	4	7,10
I 4570,02	M	2,0	5,60	I 4092,61	M	11	4,65
I 4568,09	M	4	4,02	I 4033,76	M	38	4,70
I 4550,78	M	1,4	4,33	I 4020,03	M	20	6,35
I 4548,49	M	3,5	6,51	I 3992,12	M	50	4,33
I 4545,68	M	6	4,35	I 3976,31	M	65	4,74
I 4532,87	A	3	4,73	I 3946,27	M	13	5,21
I 4495,35	M	1,8	6,88	I 3934,84	M	44	4,03; 4,75
I 4478,48	M	6	4,39	I 3915,38	M	50	4,39; 4,77
I 4450,18	M	1,6	4,78	3833,88	A	2	—
I 4426,27	M	12	4,02	I 3800,12	M	320	3,26
I 4403,78	M	7	4,33	3790,53	H	2	—
I 4399,47	M	18	7,46; 4,87; 6,33	I 3768,68	M	7	4,75
I 4392,59	M	2,0	4,87; 7,87	I 3747,20	M	55	4,02
I 4377,01	A	4	7,71; 6,87	I 3738,53	M	14	4,10
I 4352,56	M	2,0	5,21	I 3734,77	A	4	4,20
I 4351,30	M	2,0	5,15	II 3731,36	M	20	—
I 4311,50	M	24	4,10	3728,03	A	2	—
I 4310,59	M	6	4,39	I 3725,39	M	14	5,69
I 4301,60	M	8	4,93	I 3674,98	M	32	5,00
I 4286,62	M	2,5	4,41	I 3664,62	M	30	4,10
I 4268,10	M	28	3,79	I 3661,71	M	30	5,01
I 4265,31	M	3,0	4,51	I 3636,20	M	22	4,87
I 4259,11	M	8	3,26	I 3628,67	M	65	4,20

λ	B		eV	λ	B		eV
I 3617,21	M	19	4,65	I 2546,03	M	38	5,75
I 3573,72	M	120	4,35	I 2543,97	M	380	5,22
I 3558,99	M	32	4,20	I 2534,46	M	55	5,24
I 3522,03	M	40	4,02	I 2533,13	M	48	6,12
I 3513,65	M	320	3,52	I 2502,98	M	200	4,95
I 3448,97	M	40	4,10	I 2481,18	M	100	5,00
I 3437,02	M	65	4,39	I 2475,12	M	160	5,01
I 3368,48	M	55	4,03	I 2455,61	M	65	5,05
I 3266,44	M	38	4,51	I 2452,81	M	44	5,40
I 3241,52	M	46	4,33	I 2431,94	M	71	5,60
I 3220,78	M	500	4,20	2398,75	A	1	—
I 3212,12	M	60	4,74	I 2391,18	M	130	5,53
I 3168,88	M	48	4,69	I 2390,62	M	110	5,53
I 3159,15	M	19	5,15; 5,53	I 2386,89	M	63	5,98
I 3140,41	M	7	5,55	2384,81	A	1	—
I 3133,32	M	340	4,74	2381,82	A	1	—
I 3120,76	M	34	4,75	I 2372,77	M	150	5,22
I 3100,45	M	50	4,78	II 2368,04	M	17	—
I 3100,29	M	50	4,35	I 2363,04	M	120	6,04
I 3088,04	M	38	4,73	I 2353,12	A	1	7,47
I 3068,89	M	160	4,39	2329,42	A	1	—
I 3047,16	M	22	5,69	2326,05	A	1	—
I 3032,41	M	5	5,60	2324,71	A	1	—
I 3029,36	M	28	4,87	2323,63	A	1	—
I 3025,82	M	8	5,82	I 2304,22	M	130	5,73
I 3003,63	M	44	5,01; 5,75	2290,80	A	1	—
I 3002,25	M	16	5,35	II 2281,02	M	48	—
I 2996,08	M	29	4,64	2265,16	A	1	—
I 2951,22	M	85	4,20	I 2258,51	M	17	6,71
I 2943,15	M	200	4,99	2257,50	A	1	—
I 2936,68	M	65	4,73	2246,90	A	1	—
I 2934,64	M	90	5,01	II 2245,76	M	30	—
I 2924,79	M	320	4,24	II 2242,68	M	120	—
I 2897,15	M	48	4,99	2238,29	A	1	—
I 2882,64	M	60	4,65; 5,60	I 2237,09	A	4	7,16
I 2849,73	M	280	4,35	2234,38	A	1	—
I 2840,22	M	60	5,15	I 2233,37	A	1	6,77
I 2839,16	M	80	5,99	I 2232,25	A	1	6,34
I 2836,40	M	60	4,87	II 2221,07	M	40	—
I 2824,45	M	90	4,74	I 2220,37	M	67	5,93
I 2823,18	M	50	4,39	2212,32	A	1	—
I 2797,70	M	120	4,78	2208,96	A	1	—
I 2797,35	M	40	5,15	I 2198,85	A	1	5,99
I 2694,23	M	220	4,95	2197,50	A	1	—
I 2671,84	M	38	5,36	2196,44	A	1	—
I 2669,91	M	38	5,15	II 2190,38	M	57	—
I 2668,99	M	10	5,00	2178,98	A	1	—
I 2664,79	M	200	4,65	II 2169,42	M	280	—
I 2661,98	M	130	5,01	I 2160,74	A	1	7,36
I 2639,71	M	170	4,70	I 2158,05	M	380	6,09
I 2611,30	M	85	5,10	II 2152,68	M	170	—
I 2608,25	M	34	5,54	2151,62	A	1	—
I 2592,06	M	36	4,78; 6,09	I 2148,22	M	180	6,65
I 2577,27	M	36	5,69	2132,56	A	1	—
I 2564,18	M	44	5,71	2131,66	A	1	—

λ	B		eV	λ	B		eV
2130,45	A	1	—	2063,03	A	1	—
I 2127,94	M	220	5,82	I 2060,64	M	240	6,89
II 2126,81	M	220	—	I 2052,22	M	300	6,82
I 2117,72	A	1	5,85	2051,16	A	1	—
2109,38	A	1	—	2044,83	A	1	—
2103,87	A	1	—	2044,19	A	1	—
I 2092,63	M	700	6,27	I 2033,57	M	750	6,09
I 2088,82	M	800	5,93	2022,83	A	1	—
2080,64	A	1	—	I 2022,35	M	420	6,48
2070,51	A	1	—	2021,51	A	1	—
				2017,41	A	1	—
				I 2010,63	M	480	6,16

53 J

λ	B		eV	λ	B		eV
I 16038,15	G	40	8,91	II 7595,37	IE	30	12,31
I 14287,74	G	40	8,91	I 7554,18	G	200	9,78
I 10466,54	G	500	8,14	I 7490,52	G	50	9,88
I 10238,82	G	100	8,16	I 7468,99	G	500	9,80
I 10131,16	G	75	9,06	I 7416,48	G	50	9,90
I 10003,05	G	50	8,90; 8,72	I 7411,20	G	90	9,90
I 9731,73	G	500	8,05	I 7410,50	G	100	—
I 9653,06	G	300	8,06	I 7402,06	G	500	9,81
I 9649,61	G	200	9,42	II 7351,35	IE	50	12,31
I 9598,22	G	200	9,79	I 7237,84	G	50	—
I 9427,15	G	300	9,36	I 7236,78	G	100	9,90
I 9426,71	G	400	8,86	I 7227,30	G	70	9,90
I 9335,05	G	100	8,99	I 7164,79	G	100	9,79
I 9227,74	G	60	9,40	I 7142,06	G	200	9,78
I 9156,91	G	50	8,90; 9,40	II 7138,97	IE	10	13,91
I 9128,03	G	60	9,58	I 7122,05	G	120	9,79
I 9113,91	G	1200	8,31	I 7120,05	G	50	9,80
I 9098,86	G	100	9,03	II 7085,21	IE	20	14,29
I 9058,33	G	1500	8,14	I 7063,59	G	30	9,30
I 9022,40	G	500	8,92	II 7042,26	IE	10	14,30
I 8857,50	G	300	9,58	II 7032,99	IE	30	13,80
I 8853,80	G	200	9,54	II 7018,91	IE	7	13,93
I 8853,24	G	100	9,58	I 7018,24	G	10	9,91
I 8700,80	G	50	9,92	I 6989,78	G	50	9,91
I 8664,95	G	150	9,93	II 6958,78	IE	100	12,44
I 8486,11	G	100	9,60	II 6902,13	IE	20	12,31
II 8414,60	IE	15	16,93	II 6812,57	IE	400	12,44
I 8393,30	G	1000	9,02; 9,61	I 6812,30	G	5	10,13
II 8251,79	IE	10	12,72	6801,00	H	50	—
I 8240,05	G	400	10,00	I 6789,23	G	6	9,37
I 8222,57	G	50	9,06	6788,93	H	100	—
I 8169,38	G	80	9,74	6773,56	H	50	—
I 8090,76	G	100	9,85	I 6741,52	G	30	—
I 8043,74	G	10000	8,31	I 6739,44	G	10	10,00
I 8003,63	G	100	9,10	I 6738,05	G	10	10,00
I 7969,48	G	50	9,60	I 6736,53	G	10	—
I 7897,98	G	60	—	I 6732,03	G	40	10,07
II 7798,98	IE	50	—	I 6726,92	G	20	10,07
I 7700,20	G	200	9,79	II 6718,83	IE	30	12,72
II 7665,69	IE	20	13,93	I 6698,46	G	20	9,91

	λ	B		eV		λ	B		eV
I	6697,29	G	50	—	II	5702,05	IE	50	14,34
II	6665,96	IE	60	12,30	II	5690,91	IE	200	14,29
I	6662,10	G	40	10,00	II	5678,08	IE	100	13,80
I	6661,11	G	50	9,91	II	5625,69	IE	1000	12,72
I	6619,66	G	500	10,01	II	5612,89	IE	150	16,08; 18,25
I	6585,27	G	100	10,01	II	5600,32	IE	100	15,55
II	6585,20	IE	40	13,63	II	5598,52	IE	60	14,11
I	6583,75	G	200	10,07	II	5593,12	IE	30	13,64
I	6566,49	G	100	10,02	II	5551,65	IE	40	14,34
	6538,34	H	70	—	II	5522,06	IE	60	15,94
I	6488,10	G	30	8,86	II	5504,72	IE	100	12,77
	6475,91	H	70	—	II	5497,65	IE	30	14,29
	6444,51	H	100	—	II	5496,94	IE	100	12,30
II	6440,46	IE	40	—	II	5494,00	IE	40	16,56
I	6371,68	G	40	10,00	II	5493,43	IE	40	16,19
I	6367,28	G	40	10,00	II	5491,50	IE	80	14,70
I	6359,16	G	50	8,90	II	5464,62	IE	200	12,31
	6348,34	H	50	—	II	5438,00	IE	100	14,39
II	6339,97	IE	14	13,93	II	5435,83	IE	300	12,72
I	6339,44	G	100	10,00	I	5427,06	G	60	9,05
I	6337,85	G	200	10,00	II	5407,36	IE	80	13,91
I	6330,37	G	80	10,01	II	5405,42	IE	80	12,44
	6320,82	H	50	—	II	5369,86	IE	100	14,29
I	6313,13	G	50	10,02	II	5345,15	IE	500	14,29
I	6293,98	G	100	8,92	II	5338,22	IE	1000	13,93
II	6291,39	IE	50	14,28	II	5322,80	IE	40	12,77
II	6280,36	IE	8	14,11	II	5299,78	IE	40	16,22
II	6257,49	IE	90	14,30	II	5269,36	IE	50	16,04
II	6255,53	IE	50	14,15	II	5245,70	IE	300	14,34
I	6244,48	G	80	10,17	I	5234,57	G	100	9,32
	6236,40	H	50	—	II	5228,97	IE	50	15,52
	6232,85	H	50	—	II	5216,27	IE	60	13,80
	6229,39	H	50	—	I	5204,15	G	30	9,33
I	6213,10	G	50	10,13	II	5161,20	IE	300	12,44
II	6204,86	IE	100	14,11	I	5119,29	G	1000	9,37
	6200,52	H	50	—	II	5065,37	IE	40	12,59
	6195,51	H	100	—	II	4986,92	IE	100	13,91
I	6191,88	G	80	—	I	4916,94	G	20	9,29
II	6162,22	IE	30	13,91; 17,54	I	4862,32	G	100	9,32
	6132,94	H	50	—	I	4763,31	G	25	9,37
II	6127,49	IE	200	13,63	II	4676,90	IE	8	15,10
	6086,77	H	150	—	II	4675,53	IE	100	14,76
I	6082,43	G	100	8,99	II	4666,48	IE	650	15,10
II	6074,98	IE	200	14,16	II	4632,45	IE	30	12,72
II	6068,93	IE	50	13,80	II	4476,04	IE	1	15,53
II	6048,70	G	5	17,37	II	4473,41	IE	10	14,29
I	6024,08	G	200	10,24; 9,72	II	4452,86	IE	30	15,10
II	5950,25	IE	500	12,59	II	4423,73	IE	10	15,10
I	5894,03	G	200	9,05	II	4408,95	IE	6	15,53
II	5787,02	IE	50	14,86	I	4321,84	G	50	9,82
II	5774,83	IE	50	12,30		4220,96	H	80	—
I	5764,33	G	100	8,92		4070,75	H	150	—
II	5760,72	IE	100	13,91	II	4036,09	IE	5	14,29
II	5738,27	IE	100	12,59		3940,24	H	500	—
II	5710,53	IE	400	14,16		3931,01	H	400	—

λ	B	eV	λ	B	eV
3724,81	H 50	—	2250,03	H 100	—
3688,21	H 125	—	2229,97	H 400	—
3686,55	H 70	—	2169,59	H 100	—
II 3526,90	IE 50	17,06	2062,38	H 900	—
II 3497,41	IE 30	14,76	I 2061,63	G 200	6,95
II 3355,53	IE 30	14,20	2049,45	H 150	—
IV 3224,90	I 40	—	2034,86	H 100	—
IV 3213,48	I 40	—	I 1876,41	G 200	7,55
3193,95	H 100	—	I 1844,45	G 1500	7,66
II 3175,07	IE 100	14,34	I 1830,38	G 7500	6,77
3081,66	H 100	—	I 1799,09	G 500	7,83
II 3078,75	IE 500	15,56	I 1782,76	G 1200	6,95
II 3055,37	IE 5	18,35	I 1702,07	G 1500	8,23
II 2993,87	IE 100	15,56	I 1642,14	G 200	7,55
II 2957,66	IE 20	14,34	I 1640,78	G 250	8,50
II 2931,72	IE 20	16,67	I 1617,60	G 500	7,66
II 2878,63	IE 150	15,52	I 1593,58	G 500	8,72
2872,89	H 60	—	I 1526,45	G 250	9,06
IV 2864,68	I 200	—	I 1518,05	G 1500	9,11
II 2730,12	IE 50	17,31	I 1514,68	G 500	8,18
II 2712,24	IE 15	16,96	I 1514,32	G 200	9,13
II 2698,32	IE 5	15,47	I 1507,04	G 500	8,23
II 2688,98	IE 20	—	I 1492,89	G 500	9,25
II 2674,80	IE 15	—	II 1466,67	IE 100	10,15
IV 2652,23	I 200	—	I 1465,83	G 250	9,40
2635,30	H 60	—	I 1459,15	G 400	9,44
2627,04	H 60	—	I 1458,79	G 250	8,50
II 2593,46	IE 30	15,46	I 1457,98	G 1000	8,50
II 2582,79	IE 200	15,46	I 1457,47 ⎫	G 500	8,50
II 2566,24	IE 100	15,46	I 1457,39 ⎭		
II 2564,39	IE 10	15,46	I 1453,18	G 500	9,47
II 2562,45	IE 30	16,87	I 1446,26	G 500	9,51
IV 2545,67	I 100	—	I 1425,49	G 800	8,70
II 2534,27	IE 20	15,56	I 1421,36	G 200	8,72
II 2533,61	IE 10	15,47	I 1400,01	G 200	9,80
II 2530,97	IE 5	17,03	I 1392,90	G 200	9,84
IV 2521,72	I 40	—	I 1390,75	G 300	8,91
IV 2519,74	I 100	—	I 1383,22	G 400	8,96
II 2502,98	IE 7	15,47	II 1380,50	IE 50	10,68
II 2499,32	IE 3	15,47	I 1368,22	G 250	10,00
II 2494,74	IE 10	17,29	I 1367,71	G 250	9,06
IV 2475,35	I 100	—	I 1360,97	G 500	9,11
II 2464,68	IE 80	15,47	I 1357,97	G 300	9,13
II 2461,13	IE 3	15,47	I 1355,54	G 200	10,09
II 2444,22	IE 4	16,82	I 1355,10	G 500	9,15
IV 2434,85	I 40	—	II 1336,52	IE 2000	10,15
IV 2426,16	I 200	—	I 1330,19	G 200	9,32
II 2419,18	IE 10	17,29	I 1317,54	G 300	9,41
II 2408,01	IE 10	17,32	I 1313,95	G 300	9,43
IV 2392,00	I 40	—	I 1302,98	G 300	9,51
IV 2387,11	I 100	—	I 1300,34	G 1000	9,54
IV 2376,46	I 60	—	II 1296,42	IE 300	10,44
IV 2361,13	I 60	—	I 1289,40	G 300	9,61
II 2342,40	IE 7	16,82	II 1286,08	IE 400	10,52
II 2335,50	IE 10	15,46	II 1285,78	IE 150	10,44

λ		B		eV	λ		B		eV
II	1277,19	IE	250	10,58	II	847,80	IE	60	15,50
II	1275,60	IE	100	10,52	II	846,30	IE	90	15,53
II	1275,42	IE	200	11,42	II	843,11	IE	60	14,70
I	1259,51	G	300	9,84	II	841,10	IE	70	15,54
I	1259,15	G	250	9,85	II	838,07	IE	70	14,79
II	1250,56	IE	70	11,61	II	834,10	IE	120	14,86
II	1234,06	IE	2000	10,04		833,63	IE	100	—
II	1230,22	IE	60	10,88	II	825,12	IE	50	15,02
II	1220,89	IE	2000	10,15	II	818,05	IE	70	15,15
II	1216,13	IE	300	11,89		814,64	IE	200	—
II	1205,93	IE	200	11,98		801,95	IE	200	—
II	1200,22	IE	700	11,21	II	798,16	IE	100	15,53
II	1199,68	IE	100	12,03		795,52	IE	200	
II	1198,88	IE	500	11,22	II	794,24	IE	50	17,31
II	1190,85	IE	1000	12,11		792,97	IE	100	—
II	1187,34	IE	1500	10,44		792,16	IE	100	—
II	1178,65	IE	1000	10,52	II	788,82	IE	70	17,42
II	1175,84	IE	500	11,42		786,32	IE	200	—
II	1167,05	IE	150	11,42		784,80	IE	100	—
II	1166,48	IE	2000	10,63		784,64	IE	100	—
II	1160,56	IE	1000	10,68		776,07	IE	100	—
II	1159,87	IE	100	12,39	II	773,06	IE	50	16,91
II	1154,67	IE	150	11,61	II	765,59	IE	60	16,19
II	1139,81	IE	1000	10,87		753,93	IE	100	—
II	1139,75	IE	120	11,75		752,16	IE	100	—
II	1131,50	IE	200	11,75		751,39	IE	100	—
II	1125,25	IE	350	11,90		749,68	IE	300	—
II	1117,22	IE	150	11,90	II	748,78	IE	80	16,56
II	1111,17	IE	250	12,03	II	737,55	IE	50	16,81
II	1105,00	IE	500	11,22		729,39	IE	500	—
II	1034,65	IE	1000	11,98	II	727,25	IE	80	17,05
II	1030,05	IE	80	12,03	II	722,98	IE	100	17,14
II	1019,40	IE	80	12,96		721,05	IE	200	—
II	1018,58	IE	400	12,17	II	719,55	IE	100	17,23
II	1009,94	IE	70	13,15		709,79	IE	200	—
II	1003,46	IE	50	13,15		708,17	IE	300	—
II	1003,35	IE	100	14,06		705,11	IE	200	—
II	1000,57	IE	120	12,39		698,15	IE	500	—
II	995,77	IE	70	13,33		697,40	IE	300	—
II	967,38	IE	70	13,69	II	689,82	IE	25	17,97
II	929,14	IE	80	13,34		667,32	IE	200	—
	919,28	IE	100	—		665,61	IE	200	—
II	893,17	IE	100	13,88		649,12	IE	500	—
	893,09	IE	100	—		639,82	IE	60	—
II	891,00	IE	100	14,79		612,46	IE	60	—
II	881,88	IE	150	14,06		601,86	IE	30	—
II	879,84	IE	200	14,09		565,55	IE	30	—
II	875,94	IE	100	15,85		470,16	IE	10	—
II	873,49	IE	150	14,19		466,06	IE	10	—
II	872,39	IE	80	15,01		447,55	IE	10	—
II	870,34	IE	90	14,24		297,46	IE	10	—
II	868,38	IE	75	15,15		292,65	IE	60	—
II	863,59	IE	60	15,15		220,66	IE	200	—
	861,13	IE	100	—		216,50	IE	10	—
II	847,93	IE	100	14,62		194,15	IE	500	—

19 K

λ	B		eV	λ	B		eV
I 85100	—		3,74	I 8079,62	C	6	4,20
I 84520	—		3,74	I 8078,11	C	7	4,20
I 74260	—		3,96	I 7956,83	C	4	4,23
I 64610	—		3,60	I 7955,37	C	5	4,23
I 64310	—		3,60	I 7698,96	M	900	1,61
I 62360	—		3,60	I 7664,90	M	1800	1,62
I 62030	—		3,60	I 6964,67	C	12	3,40
I 37354,3	—		3,40	I 6964,18	C	7	3,40
I 37075,6	—		3,40	I 6938,77	M	5	3,41
I 36626,4	—		3,41	I 6936,28	C	12	3,40
I 36372,7	—		3,41	I 6911,08	M	2,5	3,41
I 31596,8	—		3,06	II 6307,29	E	20	23,14
I 31395	—		3,06	II 6246,59	E	15	23,25
I 27215,0	—		3,06	I 5831,89	C	17	3,74
I 27065,6	—		3,06	I 5812,15	C	15	3,74
I 15168,40	—		3,49	I 5801,75	M	1,4	3,76
I 15163,08	—		3,49	I 5782,38	M	1,0	3,76
I 13397,09	—		3,59	II 5470,13	E	15	22,71
I 13377,86	—		3,60	I 5359,57	C	14	3,93
I 12522,11	—		2,61	I 5342,97	C	12	3,93
I 12432,24	—		2,61	I 5339,69	C	13	3,94
I 11772,83	C	17	2,67	I 5323,28	C	12	3,94
I 11769,62	C	16	2,67	I 5112,25	C	12	4,04
I 11690,21	C	17	2,67	I 5099,20	C	11	4,05
I 11022,67	C	16	3,80	I 5097,17	C	11	4,04
I 11019,87	—		3,79	I 5084,23	C	10	4,05
I 10487,11	C	8	3,85	II 5056,27	E	20	22,71
I 10482,15	C	5	3,85	II 5005,60	E	30	22,71
I 10479,63	C	9	3,85	I 4965,03	C	10	4,11
I 9954,14	C	5	3,86	I 4956,15	C	9	4,12
I 9949,67	C	6	3,86	I 4950,81	C	9	4,11
I 9597,83	C	14	3,96	I 4942,01	C	8	4,12
I 9595,70	C	15	3,96	I 4869,76	C	9	4,16
I 9351,59	C	6	4,00	I 4863,48	C	8	4,17
I 9349,25	C	3	4,00	I 4856,09	C	8	4,16
I 9347,24	C	7	4,00	I 4849,86	C	7	4,17
I 8925,44	C	4	4,00	II 4829,23	E	40	22,70
I 8923,31	C	5	4,00	I 4804,35	C	8	4,20
I 8904,02	C	12	4,06	I 4799,75	C	6	4,22
I 8902,19	C	13	4,06	I 4791,05	C	7	4,20
I 8767,05	C	3	4,08	I 4786,49	C	5	4,22
I 8763,96	C	4	4,08	I 4757,39	C	7	4,22
I 8505,11	C	10	4,13	I 4753,93	C	5	4,22
I 8503,45	C	11	4,13	I 4744,34	C	6	4,22
I 8420,00	C	1	4,14	I 4740,91	C	4	4,22
I 8417,54	C	2	4,14	II 4659,38	E	10	23,11
I 8391,44	—		4,08	I 4642,37	C	11	2,67
I 8390,22	C	3	4,08	I 4641,88	C	10	2,67
I 8251,74	C	8	4,17	II 4608,43	E	30	23,31
I 8250,18	C	9	4,17	II 4595,65	E	10	23,14

λ	B		eV	λ	B		eV
II 4505,34	E	15	23,13	III 3201,95	E	6	30,24
II 4466,66	E	10	23,24	II 3105,00	E	15	26,70
II 4388,13	E	20	23,45	I 3102,04	C	3	3,99
II 4340,03	E	10	23,23	I 3101,79	C	4	3,99
II 4309,08	E	20	23,50	II 3062,18	E	10	26,76
II 4305,00	E	20	23,32				
II 4263,31	E	20	23,13	III 3056,84	E	5	30,02
II 4225,61	E	20	23,31	III 3052,07	E	6	29,92
II 4222,98	E	20	23,56	I 3034,92	H	30	4,09
II 4186,23	E	30	23,09	III 2992,24	E	6	29,85
				I 2992,22	H	15	4,15
II 4149,17	E	20	23,45				
II 4134,72	E	20	23,13				
II 4114,99	E	15	23,23	III 2986,20	E	5	30,02
II 4093,69	E	10	26,35	I 2963,24	H	8	4,18
I 4047,21	M	16	3,06	I 2942,68	H	5	4,21
				III 2938,45	E	5	29,93
I 4044,14	M	32	3,06	I 2927,54	H	2	4,23
II 4042,59	E	15	23,51				
II 4001,20	E	20	23,56				
II 3995,10	E	15	23,25	I 2916,05		—	4,25
II 3972,58	E	15	23,51	I 2907,12		—	4,26
				II 2808,99	E	5	27,65
II 3966,72	E	15	23,57	II 2777,89	E	3	27,17
II 3955,21	E	15	23,52	II 2743,55	E	8	27,65
II 3942,53	E	15	26,65				
II 3897,87	E	30	23,31				
II 3873,74	E	10	23,46	III 2689,90	E	5	30,57
				III 2635,11	E	5	30,57
II 3817,50	E	20	26,35	III 2550,02	E	6	30,57
II 3800,14	E	15	26,40	II 2504,60	E	5	27,65
II 3783,19	E	15	23,51	II 2190,00	E	15	—
II 3767,36	E	15	23,52				
II 3681,53	E	15	23,49	III 778,53	S	7	16,20
				III 765,64	S	6	16,20
I 3648,98	C	4	3,40	IV 745,26		10	16,63
I 3648,84	C	3	3,40	IV 741,95		10	16,91
II 3618,43	E	15	23,55	IV 737,14		10	16,82
II 3608,88	E	10	26,76				
II 3530,75	E	20	24,15				
				I 662,38	A	6	18,71
II 3529,53	E	5	26,76	I 653,31	A	6	18,98
III 3513,88	E	5	29,49	IV 646,19		10	21,22
II 3481,11	E	15	26,70	II 612,61		4	20,25
III 3468,32	E	6	29,44	II 607,90		5	20,39
I 3447,38	C	10	3,60				
I 3446,43	C	11	3,60	II 600,75		5	20,63
II 3440,05	E	20	27,17	III 529,80	S	8	23,66
III 3420,82	E	6	29,49	III 520,61	S	10	23,80
II 3404,24	E	15	26,35	III 497,10	S	15	24,93
II 3384,86	E	15	27,17	III 471,57	S	15	26,55
II 3380,62	E	15	26,99	III 470,09	S	20	26,39
II 3373,60	E	15	—	III 466,79	S	15	26,55
III 3364,22	E	6	30,24	III 448,59	S	15	27,89
III 3362,93	E	7	—	III 444,34	S	15	27,88
II 3345,32	E	15	—	III 440,43		15	—
III 3322,40	E	6	29,44				
III 3278,79	E	6	29,49	III 435,68		10	—
I 3217,62	C	6	3,86	III 434,72		15	—
I 3217,16	C	6	3,86	III 413,79		10	29,96
III 3209,34	E	6	30,42	IV 393,14		10	31,74

36 Kr

λ	B	eV	λ	B	eV
I 30979,22	C 3	—	I 16785,14	C 320	12,28
I 30663,59	C 4	—	I 16726,51	C 77	11,30
I 29236,75	C 3	—	I 16573,04	C 9	13,00
I 28655,73	C 10	—	I 16465,87	C 7	13,14
I 28610,58	C 2	—	I 16346,92	C 2	12,75
I 26900,45	C 3	—	I 16315,26	C 6	13,14
I 26761,24	C 7	—	I 16109,35	C 2	12,87
I 25848,90	C 11	12,86	I 15925,76	C 4	12,81
I 25233,87	C 150	12,03	I 15890,71	C 8	13,03
I 24768,62	C 24	12,78	I 15822,90	C 2	13,14
I 24734,88	C 19	—	I 15820,10	C 12	13,14
I 24292,25	C 110	12,86	I 15681,03	C 24	13,14
I 24260,55	C 70	12,03	I 15635,49	C 2	13,14
I 23502,49	C 39	12,78	I 15474,02	C 35	11,44
I 23340,43	C 120	12,81	I 15372,04	C 100	12,35
I 22485,80	C 71	12,81	I 15334,97	C 200	12,10
I 21902,54	C 1300	12,11	I 15326,49	C 12	12,35
I 21165,50	C 90	12,11	I 15239,62	C 160	12,26
I 20924,38	C 4	12,03	I 15209,52	C 10	12,26
I 20543,78	C 2	—	I 15005,31	C 5	12,35
I 20446,97	C 3	—	I 14961,90	C 18	12,35
I 20423,97	C 91	12,78	I 14765,47	C 28	12,38
I 20209,86	C 61	12,87	I 14762,68	C 26	12,28
I 20012,29	C 2	—	I 14734,44	C 100	12,28
I 19227,70	C 2	—	I 14468,85	C 6	13,14
I 18797,69	C 360	12,78	I 14426,79	C 350	12,38
I 18787,68	C 72	—	I 14402,23	C 12	13,14
I 18785,45	C 180	11,30	I 14347,45	C 51	13,14
I 18696,26	C 670	12,80	I 14156,25	C 3	13,02
I 18580,91	C 270	12,11	I 14104,29	C 7	13,02
I 18418,45	C 44	—	I 13974,03	C 14	13,14
I 18399,79	C 3	—	I 13938,99	C 10	13,03
I 18185,05	C 180	12,82	I 13924,02	C 42	13,14
I 18167,33	C 940	12,12	I 13882,84	C 27	13,03
I 18099,39	C 72	12,82	I 13832,86	C 8	13,03
I 18002,23	C 1200	12,35	I 13738,85	C 51	11,54
I 17842,76	C 180	12,00	I 13711,04	C 26	13,00
I 17770,74	C 5	12,81	I 13658,40	C 37	12,35
I 17630,52	C 4	12,80	I 13634,22	C 250	12,35
I 17616,86	C 35	12,81	I 13622,42	C 130	12,35
I 17404,45	C 12	12,26	I 13337,88	C 18	13,03
I 17367,61	C 110	12,86	I 13304,36	C 2	13,28
I 17230,73	C 6	12,75	I 13240,68	C 26	13,03
I 17098,79	C 87	12,82	I 13210,64	C 6	13,04
I 17070,01	C 5	12,87	I 13177,41	C 310	12,38
I 16994,51	C 4	12,87	I 13022,41	C 13	13,81
I 16935,81	C 280	12,26	I 12985,29	C 14	12,26
I 16896,77	C 400	12,04	I 12878,74	C 470	13,14
I 16890,46	C 340	12,18	I 12861,89	C 46	11,52
I 16853,50	C 170	12,18	I 12824,77	C 5	13,14

λ	B		eV	λ	B		eV
I 12782,53	C	100	13,14	II 9437,21	H	5	19,93
I 12597,88	C	19	13,81	II 9414,94	H	25	17,60
I 12321,08	C	20	13,81	II 9402,82	H	50	22,16
I 12240,58	C	8	13,29	II 9388,08	H	12	—
I 12229,40	C	9	13,11	I 9362,03	H	100	12,85
I 12204,54	C	840	13,14	II 9361,95	H	80	18,48
I 12156,86	C	6	13,14	I 9352,23	H	100	13,45
I 12123,54	C	50	11,66	II 9349,08	H	30	22,16
I 12077,23	C	160	13,14	II 9345,11	H	30	22,16
I 11997,11	C	520	13,14	I 9326,03	H	10	13,45
I 11996,01	C	32	13,14	II 9320,99	H	70	22,16
I 11819,38	C	1800	12,35	II 9317,84	H	8	22,16
I 11792,43	C	140	12,35	II 9296,1	H	15	—
I 11457,48	C	350	12,38	II 9293,82	H	100	22,16
I 11262,81	C	13	13,45	II 9289,95	H	5	—
I 11259,13	C	330	13,14	II 9271,99	H	10	17,16
I 11257,71	C	500	13,14	I 9270,96	H	10	13,45
I 11187,11	C	79	13,14	II 9245,45	H	5	—
I 10874,93	C	150	13,14	I 9243,54	H	30	—
I 10608,45	C	5	13,45	II 9238,48	H	125	18,21
I 10593,03	C	20	13,45	II 9233,18	H	12	17,57
II 10361,15	G	100	22,05; 17,38	II 9181,23	H	3	—
I 10360,37	G	100	13,45	II 9175,42	H	10	—
I 10296,93	G	80	12,87	I 9122,49	H	20	12,80
II 10221,46	G	1000	16,83	II 9115,00	H	5	—
I 10147,68	G	10	13,36	I 9111,69	H	20	12,80
I 10120,96	G	30	13,36	II 9099,72	H	4	—
I 10077,66	G	10	13,26	II 9044,55	H	2	20,94
I 10065,96	G	10	13,38	II 9039,95	H	4	—
II 10042,27	G	20	21,83	II 9025,67	H	3	18,62
II 10017,97	G	20	—	II 9006,15	H	3	17,60
II 9954,75	H	5	18,62	I 8999,19	H	30	12,91
II 9892,97	H	2	18,82	II 8978,70	H	4	18,53
I 9856,24	H	500	12,80	I 8977,99	H	50	12,83
II 9826,58	H	25	—	I 8967,53	H	10	12,83
II 9823,39	H	25	—	I 8928,69	H	2000	11,31
II 9803,14	H	125	—	I 8805,78	H	20	13,44
I 9751,76	H	2000	11,31	I 8780,25	H	30	13,45
I 9743,11	H	50	13,45	I 8776,75	H	5000	11,45
I 9714,85	H	15	13,45	I 8774,05	H	50	12,86
II 9711,60	H	50	—	I 8764,09	H	150	12,85
I 9704,22	H	50	12,82	I 8755,20	H	30	13,45
II 9663,34	H	50	17,57	I 8697,50	H	40	12,87
II 9619,61	H	100	—	II 8690,19	H	20	17,24
II 9613,80	H	25	22,18	I 8605,85	H	40	13,62
II 9605,80	H	125	—	I 8569,02	H	20	13,44
II 9594,24	H	25	17,38; 17,37	I 8560,89	H	50	13,11
II 9577,52	H	125	17,37	I 8537,93	H	40	13,45
I 9540,89	H	30	12,81	I 8508,87	H	3000	12,11
II 9504,70	H	25	17,16	I 8498,21	H	30	13,00
II 9500,60	H	25	—	II 8473,31	H	20	18,62
II 9475,06	H	25	22,16	I 8412,45	H	100	13,02
II 9470,93	H	50	22,16	I 8301,39	H	20	13,02
I 9450,88	H	20	12,85	I 8298,11	H	5000	11,53
II 9440,02	H	20	21,47	I 8281,05	H	1000	12,15

λ	B	eV	λ	B	eV
I 8272,36	H 100	13,04	II 7139,99	H 60	16,83
I 8263,24	H 2000	12,15	II 7073,97	H 60	17,60
I 8218,40	H 80	13,62	I 7057,27	H 10	13,43
I 8206,62	H 40	13,03	II 6944,06	H 10	18,62; 17,60
I 8205,22	H 20	13,65	I 6904,68	H 100	13,10
II 8202,72	H 40	17,37	I 6904,22	H 15	13,10
I 8195,07	H 15	13,04	II 6870,85	H 40	18,49
I 8190,05	H 3000	11,54	I 6869,63	H 20	13,35
II 8157,25	H 3	17,37	I 6846,40	H 20	13,11
II 8145,15	H 20	17,37	I 6813,10	H 50	13,37
I 8132,98	H 60	13,67	II 6771,22	H 50	17,65
II 8130,03	H 3	17,60	II 6764,43	H 80	16,83
I 8112,90	H 5000	11,44	II 6763,61	H 100	16,83
I 8104,36	H 5000	11,45	I 6740,10	H 20	13,37
I 8104,02	H 500	12,97	I 6699,23	H 60	13,40
I 8059,50	H 1000	12,11	I 6652,24	H 40	13,40
II 7993,22	H 50	16,65	I 6576,42	H 20	13,43
I 7982,42	H 100	13,10	II 6570,07	H 150	18,88
I 7981,82	H 30	13,10	II 6510,95	H 100	16,83
I 7981,19	H 20	13,65	I 6504,89	H 10	13,35
II 7973,62	H 30	17,37	I 6488,07	H 15	13,44
I 7946,99	H 20	13,00	II 6470,89	H 50	16,60
II 7931,41	H 10	18,56	I 6456,29	H 200	13,37
I 7928,60	H 150	13,01	I 6448,78	H 10	13,37
I 7920,47	H 40	13,01	I 6421,03	H 100	13,37
I 7913,44	H 200	12,87	II 6420,18	H 300	16,80
I 7904,62	H 30	13,11	II 6416,61	H 60	18,62
I 7881,76	H 30	13,10	I 6415,65	H 20	13,37
I 7863,91	H 20	13,02	II 6409,84	H 10	20,81
II 7856,52	H 30	18,82	II 6391,14	H 30	16,87
I 7854,82	H 800	12,14	I 6373,58	H 30	13,40
I 7806,52	H 50	13,11	I 6346,66	H 20	13,40
II 7781,97	H 100	—	II 6303,66	H 100	16,87
I 7776,28	H 40	13,04	I 6241,39	H 10	13,44
I 7746,83	H 150	12,91	I 6236,34	H 30	13,44
I 7741,39	H 40	13,04	II 6230,74	H 10	18,82
II 7735,69	H 200	16,60	I 6222,71	H 20	13,44
I 7694,54	H 1000	11,53	II 6168,80	H 50	18,48
I 7685,25	H 1000	12,26	I 6151,38	H 20	13,56
II 7641,16	H 150	18,87	II 6119,56	H 10	—
I 7601,54	H 5000	11,55	II 6094,50	H 30	18,87
I 7587,41	H 1000	11,67	I 6082,85	H 40	13,34
II 7525,48	H 20	—	II 6079,71	H 20	20,90
II 7524,46	H 300	16,65	I 6075,24	H 20	13,59
I 7494,15	H 30	13,10	I 6056,11	H 60	13,35
I 7493,58	H 20	13,10	II 6046,06	H 10	—
I 7486,86	H 100	13,10; 13,03	II 6040,7	H 10	—
II 7435,78	H 200	18,53	I 6035,82	H 15	13,58
II 7434,74	H 15	18,82	II 6022,39	H 40	17,16
I 7425,54	H 60	13,11	I 6012,11	H 50	13,61; 13,36
II 7407,02	H 400	16,60	II 6009,99	H 10	20,89
II 7289,78	H 400	16,60	I 5993,85	H 60	12,11
I 7287,26	H 80	13,00	II 5992,22	H 200	16,65
I 7224,11	H 100	13,02	II 5967,54	H 15	20,94
II 7213,13	H 250	17,57; 16,65	II 5911,72	H 10	—

λ	B	eV	λ	B	eV
I 5879,89	H 50	12,14	II 5256,75	H 30	19,96
I 5870,92	H 3000	12,14	II 5229,52	H 60	17,37
I 5866,74	H 50	12,76	I 5228,18	H 20	13,67
II 5860,75	H 10	—	II 5208,32	H 500	16,65
I 5832,85	H 100	13,57	II 5200,22	H 60	18,87
I 5827,07	H 20	13,43	II 5186,99	H 60	18,87
I 5824,50	H 40	13,57	II 5166,80	H 80	18,88
I 5820,10	H 15	13,57	II 5143,05	H 600	20,06
I 5805,53	H 20	13,58	II 5125,73	H 400	19,57
I 5783,89	H 10	13,58	II 5123,16	H 15	20,07
II 5771,41	H 100	17,24	II 5086,52	H 250	21,32
I 5750,57	H 10	13,71	II 5077,23	H 40	17,37
I 5726,59	H 20	13,61	II 5072,55	H 40	17,37
I 5723,56	H 15	12,81	II 5065,58	H 20	21,33
I 5721,88	H 10	13,61	II 5054,53	H 30	21,32; 22,66
I 5707,51	H 40	12,81	II 5046,31	H 80	21,33
I 5702,19	H 10	13,70	II 5033,85	H 100	21,33
II 5699,84	H 10	18,48; 18,82	II 5028,36	H 30	20,07
II 5690,35	H 200	18,87	II 5022,40	H 200	17,16
II 5681,89	H 400	16,87	II 5021,88	H 100	17,37
II 5674,52	H 30	18,87	III 5016,45	G 20	25,15
II 5672,78	H 40	18,87	II 5013,29	H 100	17,57
I 5672,45	H 50	12,11	II 4982,83	H 50	20,09
II 5650,37	H 10	18,86	II 4978,89	H 100	20,06
I 5649,56	H 100	12,76	I 4969,36	H 15	13,15
II 5633,02	H 100	19,57; 18,88	I 4969,08	H 20	13,14
I 5580,39	H 80	12,86	II 4960,25	H 100	20,07
I 5575,56	H 10	—	I 4955,27	H 15	13,15
I 5570,29	H 2000	12,14	II 4948,50	H 50	20,16
II 5568,65	H 100	17,16	II 4945,59	H 300	17,60
I 5562,22	H 500	12,15	II 4915,94	H 100	20,09
II 5552,99	H 100	20,85	II 4870,14	H 20	21,41
II 5523,47	H 40	17,24	II 4857,20	H 150	17,65
II 5522,94	H 60	17,24	II 4846,60	H 700	17,24
I 5520,52	H 40	13,69	II 4836,56	H 20	20,21
I 5516,66	H 20	12,81	II 4832,07	H 800	16,83
I 5504,34	H 20	13,55	II 4825,18	H 300	17,57
I 5504,02	H 15	13,70	I 4812,61	H 40	13,14
I 5500,71	H 50	13,56	II 4811,76	H 300	17,16
II 5499,54	H 50	16,83	II 4796,33	H 60	20,16
I 5490,94	H 50	13,56; 13,78	II 4773,01	H 40	21,42
II 5468,17	H 200	20,89	II 4765,74	H 1000	16,87
II 5446,34	H 80	17,37	II 4762,43	H 300	17,60
II 5438,63	H 40	17,38	II 4752,02	H 100	20,21
II 5418,43	H 30	20,90	II 4739,00	H 3000	16,60
I 5379,64	H 15	13,61	I 4724,89	H 20	13,27
II 5355,45	H 10	20,85	II 4699,69	H 30	20,01
II 5346,76	H 60	19,47	II 4695,66	H 50	20,01
I 5339,13	H 20	13,76	II 4694,44	H 200	18,87; 19,47
I 5334,78	H 10	13,77	II 4691,28	H 100	18,48; 20,21
II 5333,41	H 500	20,86	II 4687,28	H 10	21,47
II 5322,77	H 60	19,57	II 4680,41	H 500	17,65; 22,66
II 5317,41	H 30	19,93	I 4671,61	H 10	13,30
II 5308,66	H 200	16,60	II 4658,87	H 2000	16,65
II 5276,50	H 100	20,89	II 4650,17	H 30	17,24

λ	B	eV	λ	B	eV
I 4636,14	H 20	13,32	I 4318,55	H 1400	12,78
II 4633,88	H 800	18,48	II 4317,81	H 500	19,47
II 4619,15	H 1000	17,37	I 4302,45	H 10	13,53
II 4615,28	H 500	17,37	II 4301,53	H 40	16,87
II 4614,50	H 15	20,06	I, II 4300,49	H 200	13,44; 17,57
II 4610,65	H 60	20,06	II 4292,92	H 600	17,16
II 4609,72	H 20	17,38	I 4286,49	H 40	13,45
II 4604,02	H 60	20,07	I 4282,97	H 100	12,81
II 4598,49	H 50	20,07	I 4273,97	H 1000	12,82
II 4592,80	H 150	21,32	II 4268,81	H 100	20,46
II 4582,85	H 300	19,57	II 4268,57	H 60	20,06
II 4577,20	H 800	18,56	I 4263,29	H 20	13,55
II 4573,33	H 30	21,53	II 4259,44	H 80	—
II 4556,61	H 200	20,09	II 4254,85	H 100	20,07
I 4550,30	H 40	12,76	II 4252,67	H 50	21,53
II 4523,14	H 400	19,57	II 4250,58	H 150	17,60
I 4502,35	H 600	12,78	II 4236,64	H 100	19,57
II 4489,88	H 400	21,32	II 4228,79	H 20	21,47
II 4481,85	H 50	20,01	III 4226,58	G 20	24,03
II 4475,00	H 800	18,62	III 4225,92	G 25	24,56
I 4463,69	H 800	12,81	II 4222,20	H 20	20,09
II 4457,25	H 40	20,16	II 4210,67	H 25	—
II 4454,37	H 10	20,38	II 4201,42	H 30	21,83
I 4453,92	H 600	12,80	II 4185,12	H 50	17,65
II 4453,21	H 50	20,86	I 4184,48	H 20	13,53
III 4443,28	G 15	23,89	II 4179,58	H 20	21,83
II 4436,81	H 600	17,37	II 4172,51	H 20	19,57
II 4431,67	H 500	17,38	III 4171,79	G 15	21,76
I 4425,19	H 100	13,44	III 4154,46	G 40	24,17
II 4422,70	H 100	18,62	II 4145,12	H 250	17,57
I 4418,77	H 50	13,45	II 4139,11	H 100	—
II 4417,24	H 40	19,96	II 4137,96	H 50	—
I 4416,88	H 20	13,45	III 4131,33	G 40	21,79
I 4410,37	H 50	13,45	II 4118,14	H 30	20,38
II 4408,89	H 40	21,63	II 4109,23	H 100	18,87
II 4404,33	H 30	20,06	II 4098,72	H 250	17,60
II 4400,87	H 100	20,38	II 4088,33	H 500	18,88
I 4399,97	H 200	13,46	III 4067,37	G 50	24,23
II 4399,39	H 15	—	II 4065,11	H 300	18,87
II 4389,72	H 20	20,07	II 4057,01	H 300	18,87
II 4386,54	H 300	19,47	II 4050,42	H 50	20,71
II 4385,27	H 50	21,32	II 4044,67	H 80	18,88
II 4381,52	H 100	20,90	II 4037,83	H 30	17,65
II 4377,71	H 40	—	II 4008,48	H 10	20,47
I 4376,12	H 800	12,86	II 4008,08	H 25	19,96
II 4371,25	H 20	20,21	II 4005,57	H 30	20,47
II 4369,69	H 200	21,33	III 4002,61	G 15	26,02
I 4362,64	H 500	12,76	II 3997,95	H 100	20,47; 20,70
II 4355,47	H 3000	16,83	II 3994,83	H 100	17,37
I 4351,36	H 100	13,49	II 3991,94	H 15	17,37
II 4351,02	H 40	21,47	I 3991,25	H 10	13,15
II 4333,34	H 50	20,02	I 3991,08	H 20	13,14
II 4331,24	H 80	20,47	II 3990,66	H 15	20,70
II 4322,98	H 150	20,94	II 3987,78	H 25	17,38
I 4319,58	H 1000	12,78	II 3964,89	H 30	19,99

λ	B		eV	λ	B		eV
II 3962,34	H	10	20,67; 19,96	II 3631,87	H	200	20,02
III 3957,67	G	25	23,64	I 3628,17	H	10	13,45
II 3954,78	H	90	20,50; 20,70	II 3623,61	H	30	20,07
II 3953,59	H	20	16,65	III 3615,82	G	20	23,89
II 3942,93	H	20	—	I 3615,48	H	20	13,48
II 3938,88	H	20	20,02	II 3607,88	H	100	21,04
IV 3934,29	I	20	—	II 3599,90	H	40	20,09
II 3929,26	H	20	22,03	II 3599,21	H	25	20,81
II 3920,14	H	200	19,99	II 3589,65	H	70	20,67
II 3917,64	H	50	22,03	II 3586,25	H	12	20,06
II 3912,59	H	70	17,16	II 3572,68	H	15	21,04
II 3906,25	H	150	22,05	III 3567,72	G	15	25,94
II 3901,15	H	10	20,01	III 3564,23	G	100	22,27
II 3894,71	H	60	20,01	II 3553,49	H	20	20,09
II 3875,44	H	150	20,76	III 3549,42	G	20	26,41
III 3868,70	G	40	24,65	II 3544,54	H	30	22,05
IV 3860,58	I	20	—	II 3544,14	H	30	21,15
II 3857,32	H	20	20,81	II 3535,35	H	50	20,16
I 3845,98	H	15	13,14	I 3522,68	H	15	13,55
II 3844,45	H	50	22,10	III 3514,55	G	15	25,15
I 3837,81	H	30	13,15	III 3507,42	G	200	22,32
II 3836,54	H	30	20,38	I 3503,90	H	15	13,45
I 3812,22	H	20	13,29	II 3503,25	H	50	22,03
II 3804,67	H	30	20,09	I 3502,56	H	20	13,45
I 3800,54	H	30	13,29	I 3495,99	H	10	13,46
I 3796,88	H	20	13,30	II 3488,65	H	30	20,38
III 3792,70	G	15	24,65	III 3488,59	G	100	24,06
II 3783,13	H	500	20,11	III 3474,65	G	70	24,03
II 3778,09	H	500	20,15	II 3470,05	H	30	20,81
I 3773,42	H	50	13,32	II 3460,09	H	50	17,57
II 3771,34	H	30	19,93	II 3446,51	H	50	20,47
II, III 3754,24	H	80	17,57	III 3439,46	G	100	23,89
II 3744,80	H	150	20,47	I 3431,75	H	20	13,53
II 3741,69	H	200	21,80	II 3427,71	H	30	17,60
II 3735,78	H	40	20,47	I 3424,97	H	15	13,53
II 3732,61	H	15	20,16	II 3423,73	H	20	18,62
II 3721,35	H	150	20,70	II 3414,80	H	10	18,56
II 3718,63	H	200	20,71	II 3405,16	H	80	20,47
II 3718,02	H	300	21,89	III 3396,58	G	15	23,89
II 3715,04	H	12	20,70	III 3388,93	G	20	24,17
II, III 3690,65	H	30	19,96; 23,64	II 3385,23	H	15	20,81
II 3686,15	H	80	20,01	II 3381,11	H	20	21,04
II 3680,37	H	100	20,02	II 3379,03	H	15	21,04
I 3679,61	H	50	13,28	III 3374,96	G	40	26,02
I 3679,56	H	50	13,29	III 3351,93	G	100	21,76
II 3669,01	H	150	—	III 3342,48	G	50	24,17
I 3668,74	H	10	13,29	III 3330,76	G	60	24,23
I 3665,33	H	80	13,30	III 3325,75	G	200	21,79
II 3663,44	H	20	17,37	II 3315,72	H	15	20,38
II 3661,00	H	15	17,37	III 3311,47	G	50	24,03
II 3653,97	H	250	19,99	III 3308,16	G	20	24,03
II 3651,02	H	25	20,76	III 3304,75	G	30	25,85
II 3648,61	H	40	20,76	I 3302,54	H	10	13,76; 13,66
III 3641,34	G	30	23,64	III 3285,89	G	30	24,23
II 3637,48	H	20	20,01	II 3282,08	H	15	18,87

λ		B	eV	λ		B	eV
III	3271,65	G	30	22,27	III	2900,04	G	20	24,56
III	3268,48	G	100	24,03	III	2893,68	G	40	24,17
III	3264,81	G	150	24,26	III	2892,18	G	100	24,26
II	3247,00	H	12	20,46	III	2870,61	G	50	26,02
III	3245,69	G	300	21,88	IV	2853,0	I	20	—
III	3240,44	G	40	24,06	III	2851,16	G	30	24,23
III	3239,52	G	40	26,29	II	2847,36	H	25	18,62
IV	3224,99	I	30	—	II	2844,46	H	20	20,84
III	3224,85	G	20	26,31	III	2841,00	G	30	24,65
II	3223,52	H	12	22,66	II	2838,79	H	20	20,85
III	3220,62	G	20	25,94	II	2833,00	H	100	20,87
II	3208,28	H	40	20,86; 17,38	II	2816,87	H	30	20,89
II	3202,54	H	15	20,47	II	2816,46	H	60	20,89
II	3200,40	H	50	18,87	III	2814,48	G	15	24,64
III	3191,21	G	80	24,17	III	2813,97	G	15	25,85
III	3189,11	G	100	22,32	III	2811,67	G	25	24,65
II	3176,94	H	15	21,15	III	2806,07	G	20	25,86
II	3175,67	H	40	22,70	II	2803,20	H	20	20,90
III	3170,93	G	20	26,01	II	2779,11	H	20	20,91
II	3150,93	H	80	18,62	IV	2774,70	I	30	—
III	3141,88	H	20	25,86	II	2772,60	H	10	21,46
III	3141,35	H	60	22,27	IV	2748,18	H	30	—
II, III	3139,58	H	20	20,81; 24,23	II	2746,31	H	15	—
III	3124,39	G	100	25,15	II	2742,56	H	40	20,83
III	3122,46	G	20	26,31	II	2733,26	H	50	—
III	3120,61	G	30	25,69	II	2729,46	H	30	20,86
III	3112,25	G	60	24,17	II	2716,16	H	10	20,85
III	3097,16	G	40	22,32	II	2712,40	H	80	20,89
II	3096,52	H	20	22,62	II	2701,34	H	15	20,87; 21,83
II	3095,14	H	30	22,62	III	2697,30	G	25	21,76
III	3063,14	G	60	24,23	III	2696,59	G	25	21,76
II	3060,84	H	30	22,66	II	2695,70	H	30	20,89
III	3056,72	G	30	23,89	III	2694,81	G	20	21,76
II	3056,01	H	30	20,70	III	2690,23	G	15	23,64
III	3046,93	G	50	26,41	II	2683,55	H	15	20,90
III	3024,45	G	80	24,56	III	2681,19	G	40	21,79
III	3022,30	G	50	26,02	III	2680,32	G	30	21,79
II	3017,65	H	20	22,72	III	2679,62	G	15	21,78
II	2999,84	H	40	22,66	III	2670,67	G	20	25,15
II, III	2996,60	H	20	17,65; 24,65	II	2656,38	H	15	—
III	2992,22	G	60	24,03	II	2649,27	H	20	20,90
II	2979,81	H	20	20,84	II	2648,15	H	20	—
II	2978,87	H	25	20,85	II	2643,06	H	20	20,91
II	2974,04	H	25	20,85	III	2639,76	G	60	21,88
III	2968,31	H	20	25,85	III	2630,66	G	15	23,89
II	2967,25	H	80	20,86	III	2628,90	G	25	21,88
II	2960,14	H	40	—	IV	2621,11	H	20	—
II	2958,35	H	20	22,72	II	2620,44	H	40	21,42
II	2954,28	H	12	20,89; 18,88	II	2616,71	H	10	20,91; 21,42
III	2952,56	G	50	24,03	IV	2615,3	H	20	—
II	2950,21	H	30	—	II	2610,98	H	10	—
II	2949,54	H	15	20,89	IV	2609,5	H	30	—
III	2939,91	G	15	26,31	IV	2606,17	I	20	—
III	2935,23	G	20	25,85	II	2592,48	H	60	20,86
III	2909,17	G	30	22,32	II	2589,08	H	30	—

λ		B		eV	λ		B		eV
II	2572,03	H	10	—	I	879,42	Ab		14,09
III	2563,25	G	30	26,72	III	876,67	E	22	14,80
IV	2547,0	I	20	—	III	870,82	E	20	14,80
IV	2546,0	I	20	—	I	869,5	Ab		14,26
IV	2524,5	I	20	—	II	868,87	E	100	14,26
IV	2518,02	I	20	—	I	868,60	Ab		14,27
III	2497,71	G	15	26,84	II	864,81	E	60	15,00
III	2494,01	G	40	26,85	I	862,74	Ab		14,37
IV	2474,06	I	20	—	III	862,58	E	35	14,37
II	2470,45	H	10	—	I	862,36	Ab		14,38
II	2464,77	H	100	20,90	II	859,04	E	60	15,10
IV	2459,74	I	30	—	III	854,73	E	25	15,07
IV	2442,68	I	20	—	II	844,06	E	100	14,69
II	2428,35	H	20	—	IV	842,03	E	300	14,72
II	2426,36	H	10	18,62	III	837,68	E	22	14,80
II	2414,89	H	10	21,42	II	830,38	E	50	14,93
II	2413,81	H	10	—	II	826,43	E	70	15,00
III	2393,94	G	40	27,50	II	821,16	E	60	15,10
II	2392,78	H	10	21,47	II	818,15	E	100	15,80
II	2375,52	H	20	20,84	IV	816,82	E	200	15,18
II	2353,68	H	50	—	IV	805,76	E	50	15,39
II	2344,38	H	10	21,47	III	785,97	E	130	17,59
II	2316,32	H	10	—	II	783,72	E	60	15,82; 16,48
II	2315,52	H	8	21,53	II	782,08	E	100	15,83
IV	2291,26	I	30	—	II	773,68	E	50	16,69
II	2287,79	H	30	21,27	II	771,02	E	50	16,08
II	2283,07	H	30	—	II	763,98	E	15	16,23
II	2250,32	H	8	—	II	761,05	E	50	16,29
II	2245,39	H	10	—	II	752,05	E	200	16,46
II	2227,92	H	30	21,41	VI	742,83	T	50	17,69
II	2145,08	H	10	20,87	II	729,40	E	60	17,00
II	2118,83	H	12	20,85	II	722,04	E	400	17,17
II	2096,24	H	15	20,84	V	708,85	T	50	—
II	2088,16	H	20	20,84	VI	705,84	T	50	17,56
I	1235,84	E	300	10,04	VIII	695,91	T	50	17,81
I	1164,87	E	100	10,65	II	690,56	E	50	18,62
I	1030,02	E	20	12,05	II	685,81	E	50	18,07
I	1003,55	E	20	12,36	II	682,79	E	35	18,82
I	1001,06	E	20	12,39	II	681,12	E	35	18,87
III	987,28	E	80	14,37	II	668,83	E	60	18,53
II	964,96	E	200	13,51	II	663,04	E	60	18,69
I	963,37	E	10	12,87	II	657,09	E	20	18,87
I	953,40	E	10	13,00	VIII	651,57	T	100	19,03
I	951,06	E	10	13,03	III	646,42	E	100	19,18
I	946,53	E	10	13,10	III	639,98	E	60	21,19
I	945,44	E	10	13,11	III	630,04	E	60	20,24
I	928,71	E	10	13,35	III	628,58	E	60	20,29
I	923,71	E	10	13,42	III	625,76	E	40	21,62
II	917,43	E	60	13,51	III	622,80	E	20	21,72
II	911,38	E	100	14,26	VII	618,67	T	3	—
III	897,80	E	40	14,37	VII	585,37	T	50	21,18
II	890,98	E	60	14,58	VI	580,63	T	5	22,35
II	886,30	E	200	13,98	VI	569,13	T	20	22,79
II	884,14	E	200	14,69	VI	554,52	T	20	22,35
I	881,0	Ab		14,07	VI	544,03	T	20	22,79

λ		B		eV	λ		B		eV
V	472,16	T	10	—	X	101,39		—	122,26
VI	465,27	T	30	27,65	X	101,20		—	122,49
VI	450,20	T	5	27,53	X	100,30		—	123,59
X	103,60		—	119,66	X	100,11		—	123,83
X	103,27		—	120,04	X	99,86		—	124,14
X	102,86		—	120,52	X	99,69		—	124,35
X	102,72		—	120,68	X	99,57		—	124,50
X	102,30		—	121,18	X	99,06		—	125,14
X	102,24		—	121,25	IX	76,80		—	161,50
X	102,16		—	121,34	IX	76,29		—	162,49
					IX	75,45		—	164,30

57 La

λ		B		eV	λ		B		eV
I	10612,56	A	1	2,31	I	9079,08	A	5	2,60
I	10522,09	A	1	2,22	I	8957,73	A	5	2,25
I	10461,69	A	2	—	I	8839,63	M	2,0	1,83
I	10450,82	A	2	—	I	8825,82	M	3,5	2,40
I	10357,70	A	2	—	I	8818,93	M	1,8	—
I	10349,08	A	4	2,40	I	8748,38	M	3,5	1,75
I	10294,68	A	1	2,25	I	8720,41	M	1,2	2,65
I	10281,34	A	1	—	I	8674,43	M	4	1,86
I	10274,85	A	1	—	I	8672,11	M	1,8	2,66
I	10184,60	A	2	—	I	8545,44	M	6	1,82
I	10154,74	A	4	2,09	I	8543,46	M	1,6	2,69
I	10141,20	A	1	2,22	I	8476,48	M	2,5	1,83
I	10005,73	A	5	—	I	8346,53	M	9	2,00
I	9988,47	A	1	—	I	8324,69	M	8	1,92
I	9980,38	A	1	—	I	8316,04	M	1,2	1,86
I	9920,82	A	15	2,18	I	8247,44	M	5	2,01
I	9881,24	A	10	2,21	I	8086,05	M	7	1,86
I	9772,24	A	2	2,22	I	8001,89	M	3,5	1,92
I	9737,09	A	10	2,22	I	7539,23	M	8	1,64
I	9709,45	A	1	3,85	I	7498,83	M	5	2,65
I	9706,48	A	2	2,48	II	7483,50	M	7	1,78
I	9699,64	A	2	2,21	I	7463,08	M	5	2,66
II	9657,00	S	2	2,21	I	7345,34	M	6	2,68
I	9640,81	A	3	—	I	7334,18	M	10	1,69
I	9633,72	A	4	2,52	II	7282,35	M	10	1,95
I	9542,09	A	5	2,25	I	7161,25	M	5	2,60
I	9541,23	A	2	2,50	I	7158,08	M	4	1,86
I	9485,14	A	2	3,96	II	7104,7	S	1	4,78
I	9461,79	A	6	2,21	I	7068,37	M	6	1,89
I	9438,29	A	10	1,64	II	7066,23	M	15	1,76
I	9412,64	A	10	1,69	I	7045,96	M	10	2,09
I	9372,58	A	3	2,25	I	7023,67	M	7	2,76
II	9346,69	S	2	4,86	II	6958,10	M	3,0	3,03
I	9250,06	A	2	—	I	6935,01	M	4	2,22
I	9226,60	A	3	2,48	I	6925,24	M	6	2,66

λ	B		eV	λ	B		eV
I 6823,78	M	4	2,68	II 5808,32	M	4	2,13
II 6813,68	M	1,2	4,61	II 5805,78	M	12	2,26
II 6774,26	M	10	1,96	II 5797,58	M	17	2,38
I 6753,04	M	5	1,83	I 5791,34	M	34	2,65
II 6718,68	M	0,6	4,88	I 5789,24	M	24	2,57
II 6714,08	M	1,6	4,61	I 5769,99	M	6	3,15
I 6709,50	M	15	2,22	I 5769,34	M	28	2,52
I 6692,87	M	3,5	2,22	II 5769,06	M	12	3,40
I 6661,40	M	7	2,37	I 5761,84	M	12	2,48
I 6650,81	M	6	1,86	I 5744,41	M	12	3,11
II 6642,79	M	2,0	4,39	I 5740,66	M	14	2,49
I 6616,59	M	4	2,31	II 5712,40	M	5	2,34
I 6608,26	M	3,5	3,11	I 5696,19	M	7	2,31
I 6578,51	M	11	1,89	II 5671,55	M	4	4,40
I 6543,16	M	10	2,23	I 5657,72	M	10	2,52
II 6526,99	M	8	2,13	I 5648,25	M	18	3,42
II 6498,19	M	3,0	4,44	I 5632,03	M	5	3,07
I 6485,55	M	1,8	2,91	I 5631,22	M	12	2,57
I 6455,99	M	19	2,05	I 5588,34	M	6	2,65
I 6454,52	M	7	2,25	I 5568,46	M	6	2,66
II 6446,61	M	2,5	4,69	I 5541,26	M	5	3,37
I 6410,99	M	16	2,31	II 5535,67	M	7	3,49
II 6399,05	M	4	4,58	I 5517,34	M	5	3,48
I 6394,23	M	34	2,37	I 5510,34	A	20	2,25
II 6390,48	M	13	2,26	I 5506,00	M	4	2,25
I 6325,91	M	8	2,09	I 5503,81	M	7	2,76
II 6320,39	M	12	2,13	I 5501,34	M	36	2,25
II 6310,91	M	2,5	4,61	II 5482,27	M	5	2,26
II 6296,09 ⎫	M	14	3,22	I 5455,15	M	38	2,40
II 6296,09 ⎭			2,74	II 5381,92	M	6	4,44
I 6293,57	M	5	2,40	II 5380,99	M	11	3,22
II 6273,76	M	1,0	5,01	II 5377,08	M	10	4,61
I 6266,02	M	7	3,21	I 5357,86	M	8	3,27
II 6262,30	M	20	2,38	II 5340,67	M	8	4,58
I 6249,93	M	55	2,49	II 5303,55	M	14	2,66
II 6188,09	M	2,0	4,88	II 5302,62	M	11	4,40
I 6165,70	M	6	2,94	II 5301,98	M	28	2,74
I 6142,98	M	1,8	—	II 5290,84	M	11	2,34
I 6134,39	M	4	2,92	I 5271,19	M	28	2,48
II 6129,56	M	6	2,79	II 5259,39	M	8	2,53
II 6126,09	M	6	3,27	I 5253,46	M	26	2,49
I 6111,72	M	3,5	3,03	I 5234,27	M	40	2,88
I 6108,48	M	6	2,98	I 5211,86	M	55	2,89
I 6038,59	M	4	2,98	II 5204,15	M	13	4,69
I 6007,36	M	5	2,57	II 5188,22	M	20	4,84
II 5973,53	M	3,5	4,84	I 5183,92	M	7	2,52
I 5930,68 ⎫	M	24	2,09	II 5183,42	M	65	2,79
I 5930,62 ⎭			2,24	I 5177,31	M	44	2,83
I 5894,85	M	5	3,05	II 5173,84	M	6	6,39
II 5880,64	M	5	2,34	I 5167,79	M	6	2,91
II 5863,70	M	6	3,04	II 5163,62	M	9	2,64
I 5855,58	M	6	2,49	I 5158,69	M	22	2,40
I 5848,38	M	5	3,76	II 5157,43	M	14	4,61
I 5829,72	M	6	3,05	II 5156,74	M	14	2,53
I 5821,99	M	11	3,36	I 5145,42	M	34	2,78

λ	B		eV	λ	B		eV
II 5122,99	M	36	2,74	I 4549,50	M	8	3,10
II 5114,56	M	36	2,66	II 4526,12	M	42	3,51
I 5106,23	M	15	2,76	II 4525,31	M	17	4,69
I 5056,46	M	13	2,78	II 4522,37	M	85	4,00; 2,74
I 5050,57	M	16	2,83	I 4500,22	M	9	3,71
I 5046,88	M	11	2,89	II 4455,80	M	10	3,49
II 4999,47	M	55	2,88	I 4452,15	M	10	4,02
I 4993,88	M	5	2,48	II 4435,85	M	5	2,79
II 4991,28	M	11	3,40	II 4429,90	M	200	3,03
II 4986,83	M	28	2,66	II 4427,55	M	26	4,58
II 4970,39	M	26	2,81	I 4423,90	M	16	4,03
II 4952,07	M	5	4,88	II 4419,16	M	8	4,86
I 4949,77	M	28	2,50	II 4411,21	M	5	6,35
II 4946,47	M	8	2,74	I 4402,65	M	5	3,94
II 4934,83	M	11	3,77	I 4389,87	M	6	4,03
II 4921,79	M	80	2,76	II 4385,20	M	10	4,61
II 4920,98	M	80	2,64	II 4383,44	M	28	4,58
I 4901,87	M	5	2,66	II 4378,10	M	11	4,61
II 4899,92	M	65	2,53	II 4364,67	M	11	3,49
I 4878,86	M	5	3,54	I 4354,80	M	6	3,98
II 4860,91	M	28	2,79	II 4354,40	M	55	3,77
I 4850,82	M	6	2,69	I 4340,73	M	4	3,90
I 4839,52	M	6	3,43	II 4334,96	M	2,0	4,61
II 4824,06	M	18	3,22	II 4333,74	M	460	3,03
II 4809,01	M	14	2,81	II 4322,51	M	44	3,04
II 4804,04	M	14	2,81	II 4315,90	M	5	3,27
I 4766,89	M	14	2,60	II 4300,44	M	12	2,88
II 4748,73	M	28	3,53	II 4296,05	M	60	3,65
II 4743,09	M	34	4,40	II 4286,97	M	60	4,84
II 4740,28	M	44	2,74	I 4280,27	M	30	3,02
II 4728,42	M	20	2,79	II 4275,64	M	24	3,22
II 4719,94	M	12	4,58	II 4269,50	M	48	4,69
II 4716,44	M	15	3,40	II 4263,58	M	32	4,86
II 4712,93	M	6	3,03	I 4262,34	M	5	3,04
II 4703,28	M	12	4,58	I 4256,92	A	5	4,12
II 4699,63	M	8	3,04	II 4249,99	M	14	4,86
II 4692,50	M	20	4,40	II 4238,38	M	160	3,32
II 4691,18	M	8	2,81	II 4230,95	M	20	4,88
II 4671,83	M	14	4,61	II 4217,56	M	30	4,88
II 4668,91	M	18	4,44	II 4204,04	M	24	3,65
II 4663,76	M	20	4,61	II 4196,55	M	150	3,27
II 4662,51	M	32	2,66	II 4192,36	M	28	4,74
II 4655,50	M	48	4,61	I 4187,32	M	28	2,96
I 4648,65	M	7	3,00	I 4177,48	M	7	3,10
II 4647,50	M	6	4,61	I 4172,32	M	5	3,40
II 4645,28	M	10	2,79	I 4160,26	M	10	3,11
II 4619,88	M	36	4,44	II 4152,78	M	22	4,74
II 4613,39	M	36	3,39	II 4151,97	M	110	3,22
II 4605,78	M	14	3,40	II 4141,74	M	55	3,39
II 4580,06	M	20	3,41	I 4137,04	M	11	3,13
II 4574,88	M	40	2,88	II 4123,23	M	440	3,32
I 4570,02	M	20	3,22	I 4117,68	M	5	—
I 4567,91	M	16	3,14	I 4109,80	M	5	3,15
II 4559,29	M	11	3,49	I 4104,87	M	11	3,35
II 4558,46	M	40	3,04	II 4099,54	M	28	4,78

λ	B		eV	λ	B		eV
I 4089,61	M	18	3,40	I 3514,07	M	6	3,66
II 4086,72	M	550	3,03	II 3512,93	M	10	3,77
I 4079,18	M	12	3,04	II 3510,00	M	10	3,66
II 4077,35	M	280	3,27	I 3461,18	M	9	3,71
II 4076,71	M	11	3,04	II 3453,17	M	24	4,00
II 4067,39	M	85	3,22	II 3452,18	M	18	3,77
I 4065,58	M	6	3,18	II 3380,91	M	200	3,99
I 4064,79	M	16	3,48	II 3376,33	M	28	4,00
I 4060,33	M	22	3,56	II 3344,56	M	120	3,94
II 4050,08	M	32	5,01	I 3342,23	M	13	3,84
II 4042,91	M	300	4,00	II 3337,49	M	200	4,12
I 4037,21	M	14	3,07	II 3303,11	M	110	3,99
II 4031,69	M	280	3,39	II 3265,67	M	75	4,12
II 4025,88	M	25	3,40	II 3249,35	M	36	3,99
II 4023,59	M	9	4,86	II 3245,13	M	70	4,00
I 4015,39	M	18	3,22	I 3215,81	M	5	3,98
II 3995,75	M	360	3,28	II 3193,02	M	10	4,12
II 3988,52	M	440	3,51	III 3171,68	M	20	5,59
II 3949,10	M	900	3,54	II 3142,76	M	18	4,12
II 3936,22	M	18	3,27	II 3108,46	M	8	3,99
II 3929,22	M	220	3,33	II 3104,59	M	24	4,00
I 3927,56	M	16	3,15	II 2950,50	M	12	7,73
II 3921,54	M	110	3,39	II 2893,07	M	18	7,04
II 3916,05	M	130	3,40	II 2885,14	M	15	6,94
II 3886,37	M	170	3,51	II 2880,65	M	10	6,83
II 3871,64	M	340	3,32	II 2855,90	M	5	7,38
II 3864,49	M	8	6,75	II 2808,39	M	48	5,66
II 3854,91	M	13	3,99	II 2798,56	M	6	7,22
II 3849,02	M	160	3,22	II 2791,51	M	6	7,18
II 3846,00	M	12	3,39	I 2725,58	M	6	4,68
II 3840,72	M	60	3,41	II 2695,47	M	7	7,05
II 3835,08	M	19	3,94	II 2672,91	M	6	6,94
II 3808,79	M	8	3,66	III 2651,60	S	60	10,26
II 3794,78	M	460	3,51	II 2610,34	M	46	5,66
II 3790,83	M	440	3,39	II 2519,22	S	5	7,18
II 3784,81	M	8	3,27	II 2487,59	M	6	7,12
II 3780,67	M	14	3,99	III 2379,38	M	88	5,21
II 3773,12	M	9	6,61	III 2297,77	M	97	5,59
II 3759,08	M	280	3,54	II 2256,76	M	71	5,66
II 3725,05	M	11	3,33	III 2216,11	S	4	5,59
II 3715,53	M	32	3,65	II 2187,87	M	23	5,66
II 3714,87	M	16	3,99	II 2163,66	S	2	—
II 3713,54	M	65	3,51	II 2142,81	S	2	—
II 3705,82	M	38	4,12	III 1938,57	S	5	16,65
I 3704,54	M	14	3,47	III 1923,34	S	2	16,66
II 3662,08	M	20	3,51	III 1536,17	S	50	13,66
II 3650,18	M	46	3,39	III 1528,55	S	5	13,70
I 3649,53	M	11	3,40	III 1523,79	S	100	13,70
II 3645,41	M	120	3,40	III 1466,44	S	20	13,66
II 3637,15	M	14	4,12	III 1459,49	S	50	13,70
II 3628,83	M	38	3,54	III 1349,18	S	100	10,27
I 3613,08	M	9	3,43	III 1330,05	S	50	10,21
II 3601,06	M	9	3,76	III 1322,42	S	1	10,27
II 3557,26	M	9	3,66	III 1259,55	S	1	15,43
III 3517,14	M	10	5,21	III 1255,63	S	20	11,56

λ	B		eV	λ	B		eV
III 1253,99	S	1	15,46	III 1058,63	S	2	11,71
III 1236,55	S	2	11,71	III 942,86	S	4	14,22
III 1100,70	S	50	11,46	III 929,71	S	2	14,22
III 1099,73	S	1000	11,47	III 882,34	S	10	14,24
III 1081,61	S	500	11,46	III 870,40	S	20	14,24
III 1076,91	S	50	11,71	III 796,99	S	4	15,74
III 1072,59	S	10	11,56	III 787,14	S	2	15,74

3 Li

λ	B		eV	λ	B		eV
I 40475		—	4,85	I 3718,7	H	3	5,19
I 24467		—	4,34	II 3684,1	C	10	72,13
I 19290		—	4,51	II 3306,3	C	20	73,38
I 18697		—	4,53	II 3249,9	C	25	73,45
I 17552		—	4,54	I 3232,66	M	17	3,83
I 13566		—	4,75	II 3199,43	C	40	73,45
I 12782		—	4,85	II 3195,8	C	15	73,45
I 12232		—	4,85	II 3155,4	C	10	73,28
I 8126,45 }	M	48	3,37	II 3029,1	C	12	73,45
I 8126,23 }				II 2790,39	C	10	74,08
I 6707,91 }	M	3600	1,85	II 2767,0	C	20	74,11
I 6707,76 }				I 2741,20	M	5	4,52
I 6103,65 }	M	320	3,87	II 2730,5	C	25	74,12
I 6103,54 }				II 2728,4	C	10	74,12
II 5485,65[1] }	C	50	61,27	II 2674,4	C	10	73,40
II 5483,55 }							
II 5038,2		—	72,10	II 2657,3	C	5	74,02
I 4971,75 }	M	8	4,34	II 2605,1	C	5	74,11
I 4971,66 }				I 2562,31	H	15	4,83
II 4881,3	C	12	71,90	II 2551,7	C	2	74,49
				II 2539,4	C	5	74,52
II 4788,5	C	10	72,22	II 2508,83	C	15	74,52
II 4678,2	C	50	72,23	II 2507,0	C	5	74,52
II 4671,8	C	18	72,23	I 2475,06	H	10	5,01
I 4602,89 }	M	13	4,54	II 2430,0	C	2	74,46
I 4602,83 }				I 2425,43	H	3	5,11
II 4325,7	C	15	72,22	II 2410,85	C	1	74,78
I 4273,13 }	H	20	4,75	I 2394,39	H	1	5,17
I 4273,07 }				II 2383,26	C	1	74,78
I 4132,62 }	H	40	4,85	II 2381,6	C	1	74,78
I 4132,56 }				I 2373,54	Ab		5,22
I 3985,54 }	H	10	4,96	I 2358,93	Ab		5,25
I 3985,48 }				I 2348,22	Ab		5,28
I 3915,35 }	H	20	5,02	I 2340,15	Ab		5,29
I 3915,30 }				I 2333,94	Ab		5,31
I 3794,72	H	6	5,12	II 2330,0	C	1	74,09
				I 2329,02	Ab		5,32
				I 2325,11	Ab		5,34
				I 2321,88	Ab		5,34
				I 2319,18	Ab		5,35
				I 2316,95	Ab		5,35

[1] Broad fine structure.

λ	B	eV	λ	B	eV
I 2315,08	Ab	5,35	II 1198,0	C 25	69,36
I 2313,49	Ab	5,36	III 729,1	—	108,83
I 2312,11	Ab	5,36	III 540,0	—	114,78
I 2310,94	Ab	5,36	II 199,28	—	62,21
I 2309,88	Ab	5,37	II 178,02	—	69,64
I 2308,97	Ab	5,37	II 171,58	—	72,25
I 2307,44	Ab	5,37	II 168,74	—	73,47
I 2306,82	Ab	5,37	II 167,21	—	—
I 2306,29	Ab	5,37	III 135,0	—	91,82
I 2305,83	Ab	5,37	III 113,9	—	108,83
I 2305,36	Ab	5,38	III 108,0	—	114,78
I 2304,92	Ab	5,38	III 105,5	—	117,53
I 2304,59	Ab	5,38	III 104,1	—	119,03
II 1653,3	C 30	68,77	III 103,4	—	119,93
II 1493,1	C 20	69,57	III 102,9	—	120,51

71 Lu

λ	B	eV	λ	B	eV
I 24170	E 250	0,51	II 6235,38	M 7	6,02
I 20278	E 40	—	II 6221,87	M 180	3,53
I 20220	E 11	—	II 6199,66	M 14	5,64
I 19639	E 30	—	II 6159,94	M 13	6,04
I 19572	E 8	—	I 6055,03	M 38	2,29
I 18845	E 13	—	I 6004,52	M 120	2,99
I 18235	E 280	—	I 5997,15	M 12	4,87
I 17656	E 9	—	II 5983,9	M 60	3,53
I 15713	E 18	3,78	I 5800,59	M 7	—
I 15466	E 8	—	I 5775,40	M 5	4,68
I 14991	E 8	3,57	I 5736,55	M 48	2,16
I 13515	E 12	—	II 5476,71	M 180	4,03
I 13372	E 450	0,93	I 5437,88	M 9	—
I 13259	E 8	—	I 5421,92	M 12	2,53
I 12603	E 9	3,97	I 5402,57	M 44	2,29
I 12394	E 8	—	I 5349,12	M 7	4,61
I 11795	E 10	3,71	I 5206,47	M 8	2,63
I 11753	E 8	—	I 5196,61	M 15	4,68
I 11520	E 8	4,09	I 5135,10	M 240	2,66
I 10730	E 19	4,15	I 5134,05	M 12	4,57
I 10500	E 14	4,19	I 5001,15	M 70	2,99
I 10282	E 25	4,19	II 4994,13	M 70	4,03
I 9696	E 8	4,27	I 4942,34	M 16	2,75
I 8610,98	M 6	4,19	I 4904,87	M 40	3,04
I 8508,08	M 5	4,37	II 4839,62	M 5	4,03
II 8459,19	M 6	5,11	I 4815,05	M 8	2,57
II 7125,85	M 8	5,57	II 4785,44	M 14	4,74
I 7031,24	M 4	4,68	I 4726,20	M 6	—
I 6917,30	M 8	—	I 4659,03	M 8	—
I 6793,77	M 4	2,34	I 4658,00	M 100	2,66
II 6611,28	M 3,0	4,02	I 4648,85	M 9	—
I 6523,17	M 5	—	I 4645,47	M 9	—
II 6463,12	M 95	3,38	I 4605,39	M 8	5,03
I 6345,35	M 6	4,87	I 4518,56	M 340	2,74
II 6242,34	M 14	5,81	I 4498,85	M 6	2,75

λ	B		eV	λ	B		eV
I 4450,81	M	20	3,71	I 3118,43	M	200	—
I 4430,48	M	20	—	I 3081,47	M	340	4,27
I 4420,96	M	7	5,46	I 3080,11	M	26	4,02
I 4332,72	M	8	—	II 3077,61	M	500	5,57
I 4309,57	M	16	3,12	III 3057,90	M	9	4,83
I 4295,97	M	34	3,81	II 3056,72	M	140	5,81
I 4281,03	M	26	—	II 3020,55	M	200	5,64
I 4277,50	M	16	—	I 2989,27	M	120	4,15
II 4184,25	M	170	5,11	II 2969,82	M	160	5,63
I 4154,08	M	48	3,91	II 2963,32	M	280	5,64
I 4131,79	M	16	—	II 2955,78	M	4	—
I 4124,73	M	320	3,94	II 2951,69	M	80	6,35
I 4122,49	M	32	—	II 2949,73	M	18	5,13
I 4112,67	M	10	3,01	II 2911,39	M	600	6,02
I 4054,46	M	70	3,56	I 2903,05	M	20	4,27
I 3968,46	M	50	3,12	II 2900,30	M	300	5,81
II 3876,65	M	55	4,74	II 2894,84	M	420	6,04
I 3853,29	M	10	—	I 2885,14	M	38	—
I 3843,61	M	8	—	II 2847,51	M	200	5,81
I 3841,17	M	220	3,47	I 2845,13	M	22	4,60
I 3800,67	M	12	—	II 2834,35	M	18	7,91
I 3756,79	M	9	3,81	III 2821,23	M	2,5	—
I 3756,70	M	9	3,81	II 2796,64	M	180	6,58
I 3647,77	M	210	3,91	III 2772,58	M	26	5,54
I 3636,26	M	55	3,41	I 2765,74	M	50	4,99
II 3623,99	M	65	5,57	II 2754,18	M	240	6,04
I 3596,34	M	20	4,37	I 2728,95	M	32	4,54
I 3567,84	M	280	3,47	I 2719,09	M	12	—
II 3554,44	M	280	5,63	II 2701,73	M	280	6,35
I 3508,42	M	95	3,78	I 2685,08	M	38	5,13
II 3507,39	M	480	3,53	II 2657,82	M	180	6,20
II 3472,49	M	280	5,11	II 2619,27	M	120	6,19
II 3397,05	M	240	5,11	II 2615,42	M	1200	4,74
I 3396,82	M	80	—	II 2613,41	M	120	6,20
I 3391,55	M	9	—	III 2603,33	M	38	5,54
I 3385,50	M	55	3,91	II 2578,79	M	130	6,35
I 3376,52	M	360	3,67	II 2571,23	M	70	6,58
I 3359,58	M	440	3,94	II 2536,95	M	28	6,35
I 3312,12	M	360	3,74	II 2481,72	M	16	9,00
I 3281,75	M	440	4,02	II 2459,64	M	10	6,58
I 3278,98	M	220	3,78	II 2399,14	M	9	9,20
II 3254,32	M	280	5,57	II 2392,18	M	100	7,31
II 3198,13	M	80	5,63	II 2297,41	M	15	8,91
II 3191,79	M	15	7,90	III 2236,17	M	45	5,54
I 3171,36	M	140	3,91	II 2195,54	M	130	5,64

12 Mg

λ	B		eV	λ	B		eV
I 17108,7	C	30	6,12	I 14877,62	C	28	6,78
I 15765,84	C	10	6,72	I 12083,66	C	30	6,78
I 15047,70	C	25	5,93	I 11828,18	C	45	5,39
I 15040,24	C	30	5,93	II 11256,35	C	4	13,92
I 15024,99	C	35	5,93	II 11255,93	C	5	13,92

λ	B		eV	λ	B		eV
I 11033,66	C	14	7,07	II 6819,27	C	8	13,90
I 11032,10	C	15	7,07	II 6812,86	C	7	13,90
I 10965,45	C	28	7,06	II 6787,85	C	8	13,91
I 10957,30	C	27	7,06	II 6781,45	C	7	13,91
I 10953,32	C	25	7,06	II 6620,57	C	6	13,50
II 10951,78	C	10	9,99	II 6620,44	C	5	13,50
II 10915,27	C	7	10,00	II 6545,97	C	11	13,52
II 10914,23	C	11	10,00	II 6346,96	C	9	13,52
I 10811,08	C	35	7,09	II 6346,74	C	10	13,52
II 10392,23	C	6	12,82	II 5918,16	C	6	13,66
II 10391,76	C	5	12,82	II 5916,43	C	7	13,66
II 10092,16	C	14	12,85	I 5711,09	C	30	6,52
I 9993,21	C	18	7,17	I 5528,41	M	6	6,59
I 9986,47	C	17	7,17	II 5401,54	C	9	13,92
I 9983,20	C	15	7,17	II 5264,37	C	7	13,92
II 9632,43	C	11	12,85	II 5264,21	C	8	13,92
II 9631,89	C	12	12,85	I 5183,61	M	400	5,11
I 9438,78	C	20	7,24	I 5172,68	M	220	5,11
I 9432,76	C	19	7,24	I 5167,33	M	75	5,11
I 9429,81	C	17	7,24	II 4851,10	C	7	14,18
I 9414,96	C	25	7,26	II 4739,71	C	5	14,18
II 9340,54	C	10	14,18	II 4739,59	C	6	14,18
II 9327,54	C	10	14,18	I 4702,99	M	7	6,98
I 9255,78	C	30	7,09	I 4571,10	C	28	2,71
I 9246,50	C	12	7,09	II 4534,29	C	6	14,36
II 9244,27	C	13	9,99	II 4481,33	C	13	11,63
II 9218,25	C	14	10,00	II 4481,16	C	14	11,63
I 8923,57	C	20	6,78	II 4436,60	C	4	14,36
II 8835,08	C	11	13,49	II 4436,49	C	5	14,36
II 8824,32	C	10	13,49	II 4433,99	C	9	12,79
I 8806,76	M	14	5,75	II 4428,00	C	8	12,79
II 8745,66	C	11	13,50	II 4390,59	C	10	12,82
I 8736,02	C	17	7,36	II 4384,64	C	9	12,82
II 8734,99	C	10	13,50	I 4351,91	C	20	7,19
I 8717,83	C	13	7,35	I 4167,27	C	15	7,32
I 8712,69	C	12	7,35	I 4057,50	C	10	7,40
I 8346,12	C	15	7,43	I 3986,75	C	8	7,45
II 8234,64	C	11	11,50	I 3878,31	C	3	7,54
II 8233,19	C	7	14,36	II 3850,40	C	7	12,08
II 8222,92	C	7	14,36	II 3848,24	C	8	12,08
II 8213,99	C	10	11,50	I 3838,29	M	500	5,94
I 8213,03	C	20	7,26	I 3832,30	M	300	5,94
I 8209,84	C	10	7,26	I 3829,30	M	140	5,94
II 8120,43	C	8	13,09	II 3553,37	C	8	13,49
II 8115,22	C	9	13,09	II 3549,52	C	7	13,49
II 7896,37	C	13	11,57	II 3538,86	C	8	13,49
II 7877,05	C	12	11,57	II 3535,04	C	7	13,49
II 7790,98	C	4	13,09	I 3336,68	M	9	6,43
II 7786,50	C	5	13,09	I 3332,15	M	6	6,43
I 7691,55	C	15	7,36	I 3329,93	C	17	6,43
I 7659,90	C	17	6,72	II 3175,78	C	7	13,90
I 7659,15	C	19	6,72	II 3172,71	C	6	13,90
I 7657,60	C	20	6,72	II 3168,98	C	6	13,90
II 7580,76	C	4	14,49	II 3104,81	C	8	12,85
I 7387,69	C	12	7,43	II 3104,71	C	9	12,85

λ	B		eV	λ	B		eV
I 3096,90	M	14	6,72	III 1783,36	S	12	66,31
I 3092,99	C	22	6,72	III 1773,09	S	9	66,29
I 3091,08	C	20	6,72	II 1753,47		—	11,50
II 2971,70	C	1	14,17	II 1750,66		—	11,50
II 2967,87	C	1	14,17	III 1749,02	S	15	65,93
I 2942,00	M	2,0	6,92	I 1747,81	Ab		7,09
I 2938,47	C	12	6,92	III 1747,64	S	12	66,03
I 2936,74	C	10	6,92	III 1738,91	S	18	65,90
II 2936,54	M	3,0	8,65	II 1737,62		—	11,56
II 2928,75	M	1,6	8,65	II 1734,85		—	11,56
I 2915,45	C	3	10,00	I 1707,08	Ab		7,26
I 2852,13	M 6000		4,34	I 1683,43	Ab		7,36
I 2851,65	C	16	7,05	I 1668,44	Ab		7,43
I 2848,42	C	14	7,05	I 1658,32	Ab		7,47
I 2846,75	C	12	7,05	I 1651,18	Ab		7,51
II 2802,70	M	600	4,42	I 1645,94	Ab		7,53
II 2798,06	M	16	8,86	I 1641,97	Ab		7,55
II 2795,53	M 1000		4,43	I 1638,90	Ab		7,56
II 2790,79	M	13	8,86	I 1636,48	Ab		7,57
I 2782,97	M	36	7,18	I 1629,21	Ab		7,61
I 2781,42	M	32	7,18	I 1628,46	Ab		7,61
I 2779,83	M	90	7,18	I 1627,82	Ab		7,61
I 2778,27	M	32	7,18	III 1586,26	S	9	65,75
I 2776,69	M	38	7,18	III 1572,72	S	12	65,82
I 2736,53	C	12	7,24	II 1482,89		—	12,79
I 2733,49	C	10	7,24	II 1480,88		—	12,79
I 2698,14	C	6	7,31	II 1478,00		—	12,82
I 2695,18	C	5	7,31	II 1476,00		—	12,82
I 2693,72	C	3	7,31	II 1369,42		—	13,49
I 2672,46	C	10	7,35	II 1367,71		—	13,49
I 2669,55	C	8	7,35	II 1367,26		—	13,50
II 2660,82	C	8	13,52	II 1365,54		—	13,50
II 2660,76	C	8	13,52	II 1309,44		—	13,90
I 2649,06	C	4	7,39	II 1308,28		—	13,91
I 2632,87	C	8	7,42	II 1307,88		—	13,90
III 2467,75	S	9	57,94	II 1306,71		—	13,91
II 2449,57	C	6	13,92	II 1273,42		—	14,17
III 2395,31	S	9	57,94	II 1272,72		—	14,17
II 2329,58	C	3	14,18	II 1271,94		—	14,17
III 2177,70	S	9	59,18	II 1271,24		—	14,17
III 2134,04	S	9	59,30	II 1240,39		—	9,99
III 2091,98	S	12	58,84	II 1239,92		—	10,00
III 2064,88	S	15	58,77	II 1026,11		—	12,08
III 2055,47	S	9	58,95	II 1025,97		—	12,08
III 2039,57	S	9	58,84	II 946,77		—	13,09
I 2025,82	C	9	6,12	II 946,70		—	13,09
III 1930,64	S	9	59,18	II 907,41		—	13,66
III 1923,87	S	9	59,36	II 907,38		—	13,66
III 1908,46	S	9	59,41	II 884,72		—	14,01
III 1890,35	S	6	60,04	II 884,70		—	14,01
III 1879,46	S	9	59,36	VI 403,31	S	8	30,74
III 1858,19	S	6	59,45	VI 400,68	S	7	30,94
I 1827,97	Ab		6,78	VI 399,29	S	6	31,05
III 1800,75	S	12	66,07	V 355,33	S	12	35,11
III 1794,68	S	9	66,34	V 354,22	S	10	35,30

λ	B		eV	λ	B		eV
V 353,30	S	9	35,31	III 234,26	S	35	52,91
V 353,09	S	14	35,11	III 231,73	S	40	53,48
V 351,09	S	10	35,30	III 187,19	S	25	66,21
VI 349,16	S	10	—	III 186,51	S	30	66,45
IV 323,31	S	18	38,61	IV 181,35	S	8	68,63
IV 321,00	S	20	38,61	IV 180,80	S	9	68,84
V 312,31	S	10	—	IV 180,62	S	10	68,64
V 276,58	S	16	—	IV 180,07	S	8	68,84
VI 270,39	S	12	—	IV 172,31	S	7	72,22
VI 268,99	S	10	—	IV 171,65	S	8	72,22

25 Mn

λ	B		eV	λ	B		eV
I 17607,5	A	1	5,14	I 8734,60	A	1	5,85
I 17335,2	A	4	6,57	I 8703,76	M	1,4	5,85
I 15964,9	A	10	6,57	I 8701,05	M	1,0	5,85
I 15263,1	A	10	5,70	I 8699,13	A	5	5,85
I 15217,9	A	4	5,70	I 8673,97	M	0,8	5,85
I 14969,9	A	1	6,53	I 8672,06	M	1,0	5,85
I 13997,0	A	5	3,07	I 8670,92	M	0,8	5,85
I 13863,8	A	5	3,07	I 8659,38	A	1	7,13
I 13684,6	A	4	3,86	I 8654,63	A	2	7,10
I 13625,7	A	5	3,07	I 8521,57	A	1	7,13
I 13500,1	A	5	3,86	I 8431,20	A	1	6,61
I 13415,9	A	4	3,84	I 8409,88	A	1	6,61
I 13317,9	A	1	3,07	I 8395,87	A	1	6,61
I 13294,1	A	2	3,07	I 8380,77	A	1	5,67
I 12975,9	A	2	3,84	I 8212,43	A	2	7,00
I 12899,7	A	4	3,07	I 7821,25	A	1	7,10
I 11783,58	A	3	6,18	I 7816,61	A	1	7,13
I 11613,23	A	2	6,20	I 7790,82	A	1	6,99
I 11378,8	A	5	6,88	I 7764,72	M	0,8	6,97
I 10212,34	A	1	6,80	I 7734,43	A	1	7,14
I 10052,9	A	1	6,80	I 7733,24	A	1	6,99
I 9684,9	A	1	7,14	I 7712,42	M	0,8	7,13
I 9676,50	A	2	7,13	I 7680,20	M	1,0	7,10
I 9608,56	A	5	7,10	I 7667,89	A	1	7,01
I 9584,0	A	1	7,02	I 7326,51	M	4,0	6,12
I 9550,80	A	1	7,14	I 7302,89	M	3,0	6,12
I 9444,90	A	2	7,13	I 7283,82	M	2,0	6,12
I 9429,58	A	1	6,98	I 7247,82	M	0,8	6,38
I 9412,78	A	1	7,01	I 7184,25	M	1,0	6,38
I 9336,47	A	2	7,00	I 7151,28	A	1	7,69
I 9331,90	A	1	5,67	I 7069,84	M	1,2	6,38
I 9243,29	A	7	5,67	I 6989,91	A	1	6,99
I 9234,40	A	1	5,69	I 6942,52	M	1,2	6,97
I 9172,09	A	5	5,69	I 6931,13	A	1	6,99
I 9114,02	A	2	5,71	I 6887,76	A	1	7,01
I 9084,29	A	1	5,72	I 6833,92	A	1	4,89
I 8929,72	A	3	6,97	I 6605,53	A	1	6,31
I 8926,06	A	1	6,99	I 6586,34	A	1	6,31
I 8740,93	M	2,5	5,85	I 6519,37	A	1	5,67
I 8737,32	A	15	5,85	I 6491,71	M	2,0	5,67

	λ	B		eV		λ	B		eV
II	6446,28	C	2	14,12	I	4825,59	A	1	6,41
I	6440,97	M	1,4	5,69	I	4823,52	M	80	4,89
I	6413,95	A	1	5,69	I	4783,42	M	75	4,89
I	6384,67	M	0,6	5,72	I	4766,43	M	40	5,52
I	6382,17	A	1	5,72	I	4765,86	M	24	5,54
I	6378,96	A	1	5,71	I	4762,38	M	60	5,49
III	6273,71	C	10	—	I	4761,53	M	14	5,55
III	6238,64	C	10	—	I	4754,04	M	80	4,89
III	6231,21	C	20	—	I	4739,11	M	10	5,55
III	6197,48	C	15	—	I	4727,48	M	14	5,54
II	6128,72	C	3	12,21	II	4715,09	C	3	8,40
II	6125,85	C	4	12,21	I	4709,72	M	13	5,52
II	6122,44	C	6	12,21	II	4702,64	C	3	8,41
I	6021,80	M	24	5,13	I	4701,16	M	4	5,55
I	6016,64	M	17	5,13	I	4671,69	M	2,5	5,54
I	6013,50	M	12	5,13	I, II	4642,81	A	1	7,39; 10,41
III	5946,65	C	20	—	I	4626,54	M	6	7,41
III	5912,55	C	15	—		4625,38	H	2	—
I	5567,76	M	0,7	7,74		4619,30	H	2	—
I	5551,98	M	1,8	7,72		4609,93	H	2	—
I	5537,76	M	3,5	4,43	I	4607,63	A	1	5,58
I	5516,77	M	4	4,43	I	4605,36	M	6	7,42
I	5505,87	M	2,5	4,43	I	4586,11	A	2	7,36
I	5481,40	M	3,5	4,43; 5,40	I	4584,92	A	1	7,53
III	5474,68	C	20	—		4582,81	H	2	—
I	5470,64	M	5	4,43	I	4581,83	A	1	7,42
I	5457,47	M	1,0	4,44		4579,67	H	5	—
III	5454,07	C	15	—		4575,41	H	5	—
I	5433,42	A	5	7,65		4572,74	H	2	—
I	5432,55	M	3,0	2,28		4571,23	H	2	—
I	5420,36	M	7	4,43	III	4567,85	C	15	—
I	5413,69	M	3,0	6,14		4560,48	H	2	—
I	5407,42	M	8	4,44	III	4552,63	C	20	—
I	5399,49	M	4	6,14		4548,58	H	8	—
I	5394,67	M	8	2,30		4544,41	A	1	7,52
I	5377,63	M	8	6,14		4542,44	H	8	—
III	5365,59	C	10	—	I	4538,46	A	1	7,42
I	5349,88	M	1,6	7,70	I	4534,46	A	1	7,41
I	5344,44	A	3	7,70	I	4529,79	A	1	7,53
I	5341,07	M	13	4,44	I	4523,39	A	1	7,40
II	5302,32	C	4	12,20	I	4503,87	A	1	7,39
I	5255,33	M	7	5,49	I	4502,22	M	18	5,67
III	5252,23	C	10	—	I	4498,90	M	18	5,69
I	5196,59	M	4	5,52	I	4496,63	A	1	7,40
I	5150,89	M	4	5,54	I	4491,65	A	1	7,85
I	5149,16	A	3	5,54	I	4490,08	M	13	5,71
I	5117,94	M	5	5,55	I	4479,40	M	3,0	7,88
III	5117,03	C	10	—	I	4472,79	M	10	5,72
III	5079,20	C	20	—	I	4470,14	M	15	5,71
I	5004,91	M	1,6	5,39	I	4464,68	M	22	5,69
I	4965,88	M	3,0	5,38	I	4462,02	M	38	5,85
I	4862,05	A	1	6,40	I	4461,09	M	11	5,85
I	4814,61	A	1	6,41	I	4460,38	M	4	5,85
I	4844,32	M	2,0	6,40	I	4458,26	M	20	5,85
I	4838,24	A	1	6,42	I	4457,55	M	16	5,85

λ	B		eV	λ	B		eV
I 4457,05	M	4	5,85	I 4107,87	A	1	7,62
I 4455,82	M	8	5,85	I 4105,37	M	4	7,35
I 4455,32	M	12	5,85	I 4102,97	A	2	7,37
I 4455,01	M	10	5,85	I 4092,39	A	2	7,37
I 4453,01	M	12	5,72	I 4089,94	M	5	7,30
I 4451,59	M	60	5,67	I 4083,63	M	80	5,20
4447,15	H	6	—	I 4082,94	M	80	5,21
I 4436,35	M	16	5,71	I 4079,42	M	55	5,22
I 4419,78	M	4	7,51	I 4079,24	M	55	5,18
I 4414,88	M	26	5,69	I 4075,25	A	2	7,37
I 4411,88	M	4	7,51	I 4070,28	M	22	5,23
I 4410,49	A	1	7,13	I 4068,00	M	6	5,22
I 4408,09	A	1	7,42	I 4065,08	M	6	7,30
4389,75	H	5	—	I 4063,53	M	55	5,21
I 4388,08	A	1	7,55	I 4061,74	M	55	6,12
I 4382,63	A	2	6,20; 7,62	I 4059,39	M	11	6,12
I 4381,70	M	3,5	7,61	I 4058,93	M	80	5,23
I 4374,95	M	3,5	6,20	I 4057,95	M	16	6,12
I 4368,88	A	3	7,55	I 4055,54	M	140	5,20
4365,24	H	2	—	I 4052,47	M	5	7,41
I 4337,42	A	2	7,13	I 4048,76	M	80	5,22
II 4326,76	H	8	8,26	I 4045,20	A	3	7,30
4323,40	H	5	—	I 4045,11	A	16	7,39
4321,16	H	6	—	I 4041,36	M	420	5,18
I 4312,55	M	5	5,81	I 4035,73	M	110	5,21
II 4310,70	C	4	13,54	I 4034,49	M	800	3,08
I 4305,66	A	1	7,56	I 4033,07	M	1400	3,08
I 4300,20	A	2	7,51	I 4030,76	M	2000	3,08
I 4284,08	M	5	5,84	I 4026,44	M	11	6,20
I 4281,10	M	20	5,81	I 4018,10	M	110	5,20
I 4265,92	M	22	5,84	I 4003,26	A	1	7,73
I 4261,30	A	2	7,62	3992,49	H	4	—
I 4257,66	M	22	5,86	I 3991,60	A	1	6,87
III 4246,17	C	10	—	I 3987,10	M	11	6,24
I 4239,73	M	14	5,86	I 3986,83	M	14	6,23
I 4235,29	M	38	5,81	I 3985,24	M	11	6,24
I 4235,14	M	28	5,84	I 3984,18	A	1	6,24
II 4222,28	C	4	8,74; 8,27	I 3982,91	A	2	8,24
I 4220,61	A	3	7,13	I 3982,58	M	10	6,24
I 4211,75	M	5	7,20	I 3977,08	M	5	7,40
I 4201,76	M	5	7,20	I 3975,89	M	4	7,43
I 4189,98	M	9	7,20	I 3952,84	M	5	7,33
I 4176,60	M	11	7,20	I 3951,96	A	1	7,46
I 4157,02	A	3	7,62	I 3942,86	A	3	6,99
I 4155,53	A	2	6,36	I 3936,76	A	2	7,41
I 4148,80	M	6	7,25	I 3933,67	A	3	7,00
I 4147,53	M	4	6,36	I 3929,24	A	2	7,01
I 4141,06	M	6	7,25	I 3926,47	M	9	7,00
I 4137,26	A	2	6,38	I 3924,08	A	2	7,02
I 4135,04	M	9	7,25	I 3922,67	A	2	7,01
I 4131,12	M	11	7,24	I 3918,32	M	5	7,40
I 4114,38	A	1	7,37	I 3911,12	A	1	7,01
I 4113,88	A	1	7,36	I 3898,36	A	3	7,37
I 4113,24	A	1	6,39	I 3894,71	A	3	6,55
I 4110,90	M	15	7,35	I 3892,62	A	1	6,56

λ	B		eV	λ	B		eV
I 3889,45	A	1	8,53	I 3586,54	M	110	5,59
I 3856,54	A	3	6,58	I 3577,88	M	220	5,57
I 3853,47	A	2	7,85	3570,10	H	2	—
I 3843,98	M	26	5,41	I 3570,04	A	15	5,79
I 3841,08	M	50	5,40	I 3569,80	M	110	5,79
I 3839,78	M	26	5,41	I 3569,49	M	340	5,79
I 3834,36	M	100	5,39	I 3548,20	M	60	5,79
I 3833,86	M	36	5,41	I 3548,03	M	170	5,79
I 3829,68	M	15	5,41	I 3547,80	M	200	5,79
I 3823,89	M	44	5,40	III 3540,52	C	10	—
I 3823,51	M	240	5,38	I 3532,12	M	170	5,79
I 3816,75	M	10	5,41	I 3532,00	A	80	5,79
I 3809,59	M	80	5,39	I 3531,85	M	55	5,79
I 3809,48	A	1	6,39	II 3497,54	M	16	5,39
I 3806,72	M	360	5,37	II 3495,84	M	22	5,40
I 3801,91	M	6	6,39	II 3488,68	M	28	5,40
I 3800,55	M	12	7,10	II 3482,91	M	44	5,39
I 3799,26	M	6	5,40	II 3474,13	C	6	5,40
III 3796,12	C	10	—	II 3474,04	M	55	5,37
I 3790,22	M	30	5,38	II 3460,33	M	55	5,39
II 3778,32	C	4	8,56	II 3441,98	M	110	5,37
I 3776,53	A	2	5,39	II 3438,97	C	3	4,78
3763,80	H	4	—	I 3345,35	A	3	5,89
I 3763,38	A	2	6,24	I 3343,73	A	3	5,88
I 3756,64	A	2	7,56	I 3330,67	M	11	5,88
II 3750,76	A	3	6,24	I 3320,69	M	10	5,88
I 3746,62	A	2	7,55	I 3317,31	A	10	6,81
II 3743,39	C	3	9,57	I 3316,48	A	3	6,81
I 3736,90	A	3	7,55	I 3314,90	A	5	6,81
II 3732,74	C	10	10,18	I 3314,39	A	3	6,81
I 3731,93	M	15	8,45	I 3313,52	A	2	6,81
I 3728,89	M	6	6,24	I 3313,20	A	3	6,81
I 3718,93	M	15	7,60	I 3311,91	A	5	5,91
I 3706,08	M	24	7,60	I 3308,79	A	2	5,92
I 3701,73	M	8	5,49	I 3303,28	A	5	7,13
I 3696,57	M	20	6,23	I 3298,22	M	10	7,13
I 3693,67	M	32	7,58	I 3296,88	M	10	5,92
I 3692,81	A	2	5,52	I 3296,03	A	2	5,92
I 3682,09	M	8	8,04	III 3287,49	C	10	—
I 3676,96	M	11	8,04	I 3280,76	A	5	5,91
I 3675,67	A	1	8,06	I 3278,55	A	5	5,92
I 3670,52	M	11	5,49	I 3273,02	A	3	8,04
I 3669,84	A	3	5,52	I 3270,35	A	3	8,04
I 3660,40	M	16	8,02	I 3268,72	A	4	7,98
II 3656,05	C	7	9,57	I 3267,79	A	4	8,02
I 3641,39	A	2	7,73	I 3264,71	M	28	5,93
I 3629,74	M	22	5,57	I 3260,23	M	28	5,98
I 3623,79	M	34	5,59	I 3258,41	M	34	5,98
I 3619,28	M	44	5,61	I 3256,14	M	48	5,98
III 3615,95	C	10	—	I 3254,04	M	10	5,92
I 3610,30	M	55	5,61	I 3252,95	M	48	5,98
I 3608,49	M	65	5,59	I 3251,14	M	16	5,98
I 3607,54	M	65	5,57	I 3248,52	M	100	5,97
III 3601,72	C	15	—	3247,54	H	12	—
I 3595,12	M	44	5,61	I 3243,78	M	50	5,98

	λ	B		eV		λ	B		eV
I	3240,62	A	5	5,98	I	3007,66	M	5	7,26
I	3240,40	A	5	5,93	I	2986,00	A	1	6,32
I	3237,41	A	25	6,90	II	2978,57	C	4	9,73
I	3236,78	M	130	5,97	II	2976,86	C	3	9,10
I	3235,31	A	15	**6,90**	II	2976,48	C	4	9,10
I	3235,00	A	8	6,90	I	2963,61	A	1	6,33
I	3233,97	A	10	6,90	II	2958,71	C	3	9,57
I	3230,72	M	46	5,97	I	2956,10	A	1	6,34
II	3230,07	C	4	10,02	II	2951,17	C	4	9,13
I	3228,09	M	160	5,95	II	2949,21	M	240	5,37
I	3226,03	A	5	5,98	II	2943,89	C	4	9,15
I	3224,76	A	7	3,85	II	2943,14	C	4	9,15
I	3216,95	M	10	3,86	I	2941,04	M	8	7,36
I	3212,88	M	34	5,97	I	2940,48	A	1	6,53
I	3206,91	A	4	5,97	I	2940,39	M	32	6,54
I	3178,50	M	22	6,21	II	2939,30	M	190	5,40
I	3161,04	M	14	6,21	II	2936,38	C	4	12,48
I	3148,18	M	9	6,21	I	2935,66	A	1	7,37
I	3142,67	A	1	6,83	II	2934,42	C	3	10,17
I	3120,34	A	2	7,73	I	2934,02	M	3,5	7,37
I	3115,47	A	2	7,35	II	2933,06	M	140	5,41
I	3110,68	M	6	7,35	I, II	2930,25	C	4	6,35; 10,19
II	3109,26	C	6	12,73	II	2928,68	C	3	10,18
II	3108,82	C	4	12,73	I	2928,68	M	3,5	7,37
II	3105,89	C	3	12,73	II	2925,61	C	6	9,62
I	3101,56	A	2	7,37	I	2925,57	M	24	6,54
I	3100,30	A	1	7,38	II	2925,53	C	4	10,42
I	3097,06	M	6	7,38	I	2914,60	M	18	6,54
I	3082,05	M	3,5	6,18	II	2913,72	C	3	13,02
I	3081,33	M	8	6,19	II	2913,48	C	3	10,43
I	3079,63	M	14	6,20	I	2907,99	A	1	6,45
I	3073,13	M	20	6,20	I	2907,22	M	5	7,40
I	3070,27	M	22	6,19	I	2902,21	A	1	7,41; 6,45
I	3066,02	M	22	6,18	II	2900,89	C	3	12,51
I	3062,12	M	18	6,20	I	2900,55	A	1	7,41
II	3059,06	C	3	8,56	II	2900,15	C	14	8,77
I	3054,36	M	32	6,19	II	2898,70	C	14	8,40
II	3050,66	C	7	8,56	I	2892,66	A	1	6,47
I	3048,86	M	5	7,21	II	2892,39	C	4	8,41
I	3047,04	M	26	7,21	II	2891,33	C	4	8,79
I	3045,81	A	2	7,21	II	2889,58	M	20	8,41
I	3045,59	M	15	7,21	II	2889,53	C	14	8,41
I	3044,57	M	42	6,18	II	2886,67	C	7	8,42
I	3043,36	M	11	7,22	I	2882,90	M	5	6,47
I	3042,73	M	3,5	7,22	II	2879,49	C	4	8,41
I	3041,22	A	2	7,22	II	2873,13	C	4	12,73
I	3040,60	M	12	7,22	I	2872,58	A	2	6,48
II	3038,51	C	3	8,41	II	2861,54	C	3	12,73
II	3038,10	C	3	8,42	I	2840,00	A	1	6,47
II	3035,36	C	4	8,41	I	2830,79	M	10	6,56
II	3031,05	C	4	8,40	I	2828,76	A	1	6,57
I	3022,75	M	9	7,24	I	2821,45	M	7	6,57
I	3016,45	M	8	7,25	I	2818,92	A	1	6,59
I	3011,38	M	5	7,26	I	2818,77	M	5	6,59
I	3011,16	M	5	7,26	I	2817,97	M	11	6,54

λ		B	eV	λ		B	eV
II	2815,02	M 8	8,75	II	2667,01	M 6	8,72
I	2813,47	M 9	6,59		2666,77	H 1	—
I	2812,85	M 8	6,59	II	2662,54	C 1	9,17
I	2809,11	M 14	6,56	II	2652,49	C 2	8,75
I	2808,02	M 7	6,56	II	2650,99	M 3,5	10,19; 8,74
I	2806,14	M 8	7,56	II	2648,94	C 1	8,75
I	2801,08	M 480	4,43	I	2648,81	A 1	6,96
I	2799,84	M 28	6,54	II	2639,84	M 10	8,75
I	2798,27	M 650	4,43	II	2638,17	M 16	8,12
II	2796,11	C 7	9,24	II	2635,60	C 1	10,96
I	2794,82	M 800	4,44	II	2632,35	M 24	8,13
I	2790,36	M 8	6,59	I	2630,57	M 8	7,85
I	2782,73	A 3	6,57	I	2626,64	M 12	6,99
I	2780,00	M 4	7,36	II	2625,59	M 26	8,15
I	2778,56	A 3	6,61	I, II	2624,80	M 5	7,86; 8,15
I	2776,23	M 4	6,61	I	2624,04	M 19	7,86
III	2775,65	C 7	9,24; 12,57	I	2622,90	M 18	7,87
I	2771,44	M 4	6,59	I	2619,98	A 1	7,87
II	2762,09	C 7	9,24	I	2619,51	A 1	7,87
II	2761,01	C 4	10,25	I	2618,91	A 1	7,87
I	2760,93	M 6	6,61	II	2618,14	C 30	8,15
II	2756,18	C 3	10,68	II	2616,51	C 4	8,15
I	2752,32	A 1	7,87	II	2610,20	M 24	8,16
II	2740,78	C 4	10,33; 10,28	II	2605,69	M 550	4,75
I	2738,86	M 4	8,29	II	2602,74	C 4	10,50
II	2728,62	M 7	13,02	II	2596,84	C 2	10,17; 10,72
I	2726,14	A 5	6,87	I	2595,76	M 32	7,10
	2725,92	H 5	—	II	2593,73	M 800	4,77
II	2724,45	C 7	8,26	I	2592,94	M 32	7,09
II	2722,08	C 9	8,26	II	2589,71	M 6	8,85
I	2713,33	A 5	6,87		2588,96	H 8	—
II	2711,58	M 14	7,99	I	2584,31	M 70	7,12
II	2710,63	C 4	9,59	II	2582,98	C 4	10,19
II	2708,45	M 14	7,99		2579,67	H 12	—
II	2707,53	M 10	7,99	II	2576,10	M 1200	4,81
II	2705,74	M 16	7,99	I	2575,51	M 50	7,10
II	2704,47	C 3	9,60	I	2572,76	M 60	7,12
I	2703,92	A 3	6,87	II	2568,72	C 4	10,61
I	2703,66	A 3	6,90	II	2563,65	M 15	8,25
II	2701,70	M 20	8,00	II	2543,45	M 5	8,29
II	2695,36	M 7	8,31	II	2542,93	C 4	8,29
	2694,09	H 1	—	II	2541,11	C 4	8,30
I	2692,66	M 11	7,74	II	2535,65	C 2	8,31
II	2691,98	C 4	9,62	I	2533,06	M 8	8,03
II	2690,98	C 7	9,62		2529,13	H 8	—
II	2688,25	M 14	—		2527,44	H 15	—
I	2687,41	A 1	7,75	II	2510,66	C 3	8,26
II	2687,37	C 3	10,18		2491,16	H 10	—
I, II	2685,94	M 7	7,76; 8,39		2490,64	H 12	—
II	2684,55	M 7	8,75		2488,15	H 15	—
I	2681,73	M 5	—		2472,89	H 12	—
II	2681,25	C 2	10,44	II	2466,21	C 1	9,15
II	2673,37	M 7	8,71; 10,02	I	2461,01	A 3	8,17
II	2672,59	M 14	8,34	I	2460,89	A 2	8,18
	2671,81	H 5	—	I	2459,69	A 3	8,17

	λ		B	eV		λ		B	eV
II	2452,53	C	7	9,86	II	1827,08	C	7	13,68
II	2452,49	C	4	9,86	II	1823,70	C	4	13,61
II	2427,98	C	7	9,85	II	1801,27	C	7	13,78
II	2427,41	C	4	9,86	II	1789,29	C	1	12,51
III	2389,02		30	14,09	III	1653,57		40	21,68
I	2384,05	A	2	5,21	III	1647,49		25	21,41
I	2377,18	A	2	5,22	II	1636,75	C	4	12,38
II	2373,37	C	7	8,93	III	1620,62		200	21,47
II	2320,45	H	6	8,76	III	1614,17		100	21,44
	2310,96	H	3	—	III	1609,19		50	21,42
II	2305,00	C	1	5,37	III	1577,95		10	21,68
II	2298,95	C	1	5,39	II	1499,95	C	3	13,66
II	2269,84	C	1	9,16	II	1494,75	C	3	13,69
	2231,66	H	7	—	II	1478,80	C	3	13,78
	2229,97	H	6	—	II	1478,59	C	4	13,78
III	2227,49		100	14,51	II	1442,59	C	4	13,40
I	2221,84	M	81	5,58	II	1434,44	C	4	14,04; 14,02
III	2220,54		90	14,49	II	1432,78	C	6	14,05
III	2215,21		80	14,47	II	1419,61	C	6	13,54
I	2213,82	M	58	5,60	II	1415,75	C	5	14,13
III	2212,42		60	14,45	II	1414,40	C	4	13,54
I	2208,81	M	30	5,61	II	1410,91	C	4	13,54
I	2191,39	A	5	7,77	II	1377,94	C	2	10,77
I	2109,58	M	60	5,87	III	1371,65		1	14,45
I	2106,04	A	5	5,88	III	1369,42		40	14,47
III	2099,91		50	13,65	III	1365,21		80	14,49
III	2097,87		50	13,68	III	1360,70		100	14,51
III	2094,71		50	13,72	II	1335,27	C	4	14,09
I	2093,39	A	10	5,92	III	1291,60		30	15,01
I	2092,52	A	3	5,92	III	1287,58		40	15,03
I	2092,13	M	170	5,93	III	1283,57		50	15,06
III	2090,17		30	13,77	II	1275,97	C	6	13,77
III	2089,99		60	13,68	II	1236,15	C	4	13,45
III	2084,16		80	13,72	II	1235,87	C	4	13,45
III	2077,31		90	13,77	II	1235,46	C	4	13,43
III	2068,96		100	13,83	II	1234,87	C	4	13,45
III	2049,60		50	13,88	II	1233,95	C	4	13,46
III	2044,49		30	13,86	II	1229,65	C	4	13,78
III	2027,77		200	15,06	II	1226,40	C	4	13,52
III	2022,12		30	15,03	II	1224,73	C	4	13,54
I	2003,82	M	1900	6,18	II	1222,78	C	4	13,55
I	1999,51	M	1400	6,20	II	1204,62	C	4	13,71
I	1996,06	M	1000	6,21	II	1203,25	C	4	13,71
III	1985,72		30	14,00	II	1201,57	C	6	13,73
III	1956,55		30	14,09	II	1199,34	C	6	13,74
II	1953,23	C	4	13,25	II	1197,17	C	6	10,35
III	1952,43		100	14,20	II	1196,72	C	4	12,21
III	1952,28		50	14,16	II	1196,33	C	4	13,78
II	1952,06	C	1	11,04	II	1195,97	C	4	13,77
III	1943,13		80	14,16	II	1195,00	C	4	12,21
III	1941,23		50	14,20	II	1192,31	C	6	12,21
II	1921,25	C	4	8,26	II	1188,50	C	7	12,21
II	1892,01	C	1	13,46	III	1183,30		3	14,09
II	1853,27	C	4	8,47	II	1165,82	C	4	14,04
II	1834,57	C	4	13,66	II	1164,21	C	4	10,65

λ	B		eV	λ	B		eV
II 1163,32	C	6	10,65	II 1065,56	C	4	13,44
II 1162,02	C	7	10,67; 14,08	II 1062,51	C	4	13,44
II 1156,66	C	4	14,13	II 1000,96	C	4	13,55
II 1156,34	C	4	14,13	II 982,90	C	3	13,78
III 1113,17		1	14,48	III 894,63		1	13,87
III 1111,10		1	14,50	III 893,77		1	13,88
III 1108,16		2	14,52	III 892,38		2	13,90

42 Mo

λ	B		eV	λ	B		eV
I 8389,32	M	4	5,07	I 5650,13	M	14	3,58
I 8328,44	M	3,5	5,07	I 5632,47	M	20	3,56
I 8245,06	M	2,0	5,07	I 5570,45	M	150	3,56
I 7829,65	M	1,6	4,07	I 5533,05	M	320	3,57
I 7720,77	M	2,5	4,11	I 5506,49	M	480	3,58
I 7656,76	M	1,6	5,57	I 5473,37	M	0,8	4,76
I 7485,74	M	13	4,90	I 5364,28	M	7	5,58
I 7391,36	M	3,5	3,20	I 5360,56	M	34	5,58
I 7245,85	M	3,5	4,20	I 5280,86	M	13	5,18
I 7242,50	M	14	4,90	I 5259,04	M	9	4,94
I 7134,08	M	2,5	3,21	I 5242,81	M	7	5,57
I 7109,87	M	10	4,90	I 5240,88	M	14	5,57
I 7060,21	M	2,0	3,18	I 5238,20	M	28	5,57
I 6988,94	M	2,0	4,27	I 5174,18	M	10	5,57
I 6914,01	M	2,5	3,57	I 5172,94	M	14	5,57
I 6886,28	M	1,6	5,23	I 4999,91	M	7	5,50
I 6838,88	M	3,0	5,25	I 4979,12	M	13	3,82
I 6828,87	M	1,4	5,12	I 4957,54	M	9	4,77
I 6746,27	M	4	4,26	I 4950,62	M	7	4,75
I 6733,98	M	8	3,17	I 4903,81	M	5	3,87
I 6650,38	M	4	5,00	I 4868,00	M	28	5,14
I 6619,13	M	14	3,20	II 4853,63		5	7,42
I 6519,84	M	1,4	5,68	I 4839,59	M	1,4	—
I 6471,20	M	1,2	4,83	I 4830,51	M	32	5,20
I 6424,37	M	6	4,42	I 4819,25	M	32	5,20
I 6357,22	M	2,5	4,21	I 4811,06	M	7	6,36
I 6030,66	M	80	3,58	I 4764,42	M	6	4,90
I 5928,88	M	10	5,68	I 4760,19	M	60	5,25
I 5926,36	M	2,5	5,68	II 4742,61		5	7,56
I 5893,38	M	3,0	5,68	I 4731,44	M	55	5,22
5889,98	H	50	—	I 4717,92	M	17	5,12
I 5888,33	M	50	3,57	I 4707,26	M	50	5,12
I 5869,33	M	3,0	3,53	I 4627,48	M	8	4,96
I 5858,27	M	32	3,58	I 4626,47	M	36	4,21
I 5849,73	M	3,5	5,68	I 4621,38	M	8	4,96
I 5848,86	M	1,2	5,68	I 4609,88	M	28	4,95
I 5791,85	M	32	3,55	I 4595,16	M	13	4,08
I 5751,40	M	38	3,57	I 4576,50	M	20	4,13
I 5722,74	M	13	3,58	I 4536,80	M	38	6,25
I 5689,14	M	28	3,55	I 4526,37	M	8	5,04

λ	B	eV	λ	B	eV
I 4524,34	M 22	4,21	II 3857,20	5	8,16; 6,27
I 4491,28	M 22	5,01	I 3847,25	M 36	4,60
I 4474,65 ⎫	M 60	5,03	II 3837,20	1	7,73
I 4474,56 ⎭		4,82	I 3833,75	M 160	4,76
I 4468,28	M 18	4,85	II 3833,49	8	7,40
I 4457,36	M 46	4,85	I 3828,87	M 90	4,71
I 4434,95	M 95	4,85	I 3826,70	M 50	4,66
II 4433,49	10	5,86	I 3801,84	M 32	5,76
I 4412,77	M 10	5,08	I 3798,25	M 3200	3,26
I 4411,57	M 240	4,88	I 3797,30	M 28	4,62
I 4381,64	M 180	4,91	II 3786,37	5	7,25
II 4377,75	10	5,86	II 3782,06	6	7,37
II 4363,64	10	5,96	I 3781,59	M 40	4,66
I 4350,34	M 22	4,27	I 3770,45	M 40	5,37
I 4326,74	M 24	4,27	II 3755,50	5	6,42
I 4326,14	M 80	4,93	II 3748,12	3	6,90
I 4293,88	M 34	4,24	II 3744,42	4	7,94
I 4293,21	M 85	4,31	II 3742,33	6	7,81; 6,37
I 4292,13	M 65	4,27	I 3742,28	M 26	5,83
I 4288,64	M 130	4,36	I 3732,71	M 36	—
I 4284,60	M 8	—	I 3727,69	M 55	—
II 4279,02	5	5,96	II 3702,55	25	6,37
I 4277,24	M 110	4,43	I 3694,94	M 160	5,42
I 4276,91	M 85	4,96	II 3692,65	M 20	6,42
I 4269,28	M 26	5,55	I 3690,59	M 26	5,96
I 4251,87	M 16	6,42	II 3688,31	M 7	6,48
II 4250,69	3	6,06	I 3680,60	M 140	5,45
II 4244,72	5	7,42	I 3672,82	M 65	6,68
I 4232,59	M 140	5,01	II 3670,67	5	6,37
II 4209,65	6	6,06	I 3666,72	M 32	5,46
I 4188,32	M 240	—	I 3664,81	M 60	5,66
I 4185,83	M 46	6,12	I 3657,35	M 50	5,45
I 4143,55	M 280	—	II 3652,45	6	8,11; 8,77
I 4128,28	M 14	5,08	II 3652,31	6	7,56
II 4125,63	2	7,56	II 3651,10	15	6,47
II 4122,35	5	7,55	I 3635,43	M 130	5,48
I 4120,10	M 60	—	II 3635,14	M 3,5	6,55
II 4119,63	4	6,15	II 3627,35	6	8,64
II 4107,47	M 70	5,09	I 3626,18	M 42	4,95
I 4102,15	M 24	5,08	I 3624,46	M 170	5,50
I 4084,38	M 90	5,11	II 3623,74	2	7,91
I 4081,44	M 120	—	II 3623,68	3	6,84
I 4069,88	M 220	5,12	I 3608,37	M 26	4,85
I 4062,08	M 130	5,13	II 3606,91	6	7,42
I 4056,01	M 26	5,13	I 3602,94	M 34	5,95
II 3986,16	5	6,22	I 3598,88	M 26	6,61
II 3968,67	2	6,23	II 3596,36	15	6,41
II 3961,52	20	6,26	II 3591,65	6	8,68
II 3941,48	M 6	6,29	II 3585,67	5	7,81
II 3915,43	4	6,22	I 3581,89	M 170	5,54
I 3902,96	M 1800	3,17	I 3573,88	M 40	5,76
I 3886,82	M 55	4,66	I 3570,65	M 30	6,65
II 3871,45	5	7,91; 7,35	I 3566,05	M 38	5,97
I 3869,08	M 55	4,62	I 3563,14	M 50	4,95
I 3864,11	M 2800	3,20	I 3558,10	M 65	5,76

λ	B		eV	λ	B		eV
I 3542,17	M	40	5,76	I 3347,02	M	40	5,08
I 3537,28	M	80	—	II 3346,39	M	12	6,85
II 3537,12		1	8,14	I 3344,75	M	160	5,09
I 3524,98	M	30	5,78	I 3340,17	M	30	5,04
I, II 3524,65	M	24	6,72; 6,48	II 3332,52		8	8,44
I 3521,41	M	60	6,02	II 3329,21		10	6,78
I 3508,12	M	70	5,06	I 3327,30	M	45	5,08
I 3505,32	M	30	6,06	I 3325,67	M	45	5,06
I 3504,41	M	100	5,80	II 3325,22		5	7,32
II 3501,94		20	7,28	I 3323,95	M	80	5,26
II 3499,97		10	8,04	II 3320,90	M	24	6,85
II 3499,08		10	7,70	II 3313,63	M	13	7,32
I 3485,93	M	30	4,94	II 3312,89		8	7,32
II 3485,72		5	8,69	II 3307,42		4	8,39
II 3484,56		10	8,27	I 3307,12	M	40	5,22
I 3469,22	M	40	5,63	I 3305,56	M	40	5,08
I 3467,85	M	32	5,85	II 3297,68		6	6,78
I 3466,83	M	40	3,58	II 3296,57		5	7,36
I 3456,39	M	120	3,58	II 3292,31	M	24	6,91
I 3452,60	M	32	5,85	I, II 3290,82	M	120	5,24; 6,85
I 3451,75	M	38	—	I 3289,02	M	140	5,19
I 3449,07	M	80	5,06	II 3284,60		8	7,45
I 3447,12	M	400	5,14	II 3282,89		6	7,87
II 3446,09	M	16	7,70; 6,55; 7,58	II 3278,86		5	7,37
I 3443,26	M	32	5,02	II 3276,32		13	7,86; 7,21
I 3441,44	M	32	5,13	II 3274,62		5	7,91; 7,95
I 3438,87	M	32	4,96	II 3271,66		20	6,85
I 3437,22	M	80	5,69	I 3270,90	M	100	5,25
I 3435,45	M	40	6,79	II 3267,62		10	6,91
II 3435,38		6	7,37	II 3266,87		10	7,37
I 3434,79	M	48	5,07	I 3264,40	M	60	5,88
II 3432,23		7	7,78	I 3262,63	M	38	5,86
II 3422,77		20	7,21	II 3258,68		5	5,95
I 3422,31	M	32	6,12	I 3256,21	M	120	5,23
I 3421,25	M	24	4,96	II 3254,68		8	7,10
I 3420,04	M	32	5,90	II 3253,73		9	7,96; 7,57
I 3418,52	M	30	5,05	II 3250,75		10	6,78
I 3405,94	M	160	—	II 3240,72	M	8	5,95
I 3404,34	M	80	5,11	I 3237,08	M	120	6,34
II 3402,81	M	16	7,08	I 3233,14	M	140	5,90
II 3391,84		10	7,78	I 3229,79	M	70	5,37
I 3384,62	M	240	5,13	II 3229,68		4	7,55
II 3383,98		6	8,16	I 3228,22	M	110	5,26
II 3380,22		15	6,78	I 3221,74	M	44	6,11
I 3379,97	M	120	5,09	II 3216,07		10	7,95
II 3379,75		13	6,72	I 3215,07	M	70	5,24
II 3371,69		10	8,23	II 3214,39		9	7,45
II 3370,54		5	7,40	I 3210,97	M	30	5,93
II 3367,96		30	7,77	I 3208,83	M	380	3,87
I 3363,78	M	120	5,02	I 3205,88	M	110	5,40
II 3363,01		8	7,28	I 3205,22	M	42	5,23
I 3361,37	M	32	5,22	II 3204,93		5	7,47
I 3358,12	M	200	5,11	I 3195,96	M	36	5,95
II 3357,07		5	7,37	II 3195,86		2	7,97; 6,85
II 3347,25		8	6,73	I 3193,97	M	950	3,88

	λ	B		eV		λ	B		eV
II	3192,10		5	5,85	II	3004,45	M	5	7,40
II	3187,59		8	6,85	II	3000,29		6	7,73; 8,11
I	3185,10	M	46	5,36	II	2997,33		5	7,73
I	3183,03	M	46	5,97	II	2989,85		5	7,74; 7,37
II	3176,33		9	8,07	II	2987,96		5	7,75
II	3175,05		9	7,17	II	2987,35		5	—
II	3172,74	M	20	5,85	II	2986,90		5	7,75
I	3172,03	M	12	6,06	II	2986,15		10	7,87
I	3170,35	M	1100	3,91	II	2983,96		7	8,54; 7,75
I	3158,17	M	750	3,93	II	2977,76		5	7,76
II	3155,65	M	7	7,52	II	2975,39	M	10	7,85
II	3152,82	M	28	7,21	II	2972,61	M	32	6,27
II	3151,64		10	7,36	II	2971,90	M	9	7,40
II	3143,06		7	8,04	II	2965,28	M	26	5,78
II	3141,73		9	8,07	II	2963,79	M	32	5,72
II	3141,40		7	6,78; 7,18; 8,11	II	2961,33		6	6,29
II	3138,73	M	14	7,18	II	2960,23	M	12	5,85
II	3136,47		10	6,91	II	2956,92	M	9	8,54
I	3132,59	M	1800	3,96	II	2947,29	M	12	7,80
II	3122,00	M	36	7,28	II	2946,69	M	18	7,95; 8,41
II	3116,10		30	7,57	II	2945,95		10	7,97
I	3112,12	M	170	3,98	II	2944,81	M	19	8,56
II	3111,65		5	7,21	II	2941,21	M	14	7,96
II	3110,85		7	6,13; 8,09	II	2940,09	M	12	7,21; 7,58
I	3101,35	M	70	—	II	2934,29	M	100	7,82; 5,68
I	3094,66	M	70	6,08	II	2930,48	M	140	5,72
II	3092,09	M	24	5,95	II	2927,54	M	8	7,95
II	3087,63	M	34	7,38	II	2923,39	M	160	5,78
I	3085,63	M	100	6,10	II	2913,82	M	7	7,85; 8,45
II	3082,22		6	7,62; 6,15	II	2911,92	M	140	5,86
I	3080,41	M	26	6,10	II	2909,11	M	75	5,72
II	3077,66	M	11	8,41	II	2903,06	M	36	7,55
I	3074,37	M	100	6,11	II	2894,45	M	120	5,95
I	3070,90	M	32	6,11	II	2892,82	M	24	6,41
II	3067,64		7	7,80	II	2890,99	M	160	5,78
II	3065,05	M	32	8,76	II	2888,17	M	8	8,40
I	3064,28	M	100	6,12	II	2879,05	M	28	8,07
I	3061,59	M	20	6,12	II	2874,85		1	8,46
II	3057,86		5	7,28; 9,38	II	2872,88	M	11	8,44; 7,44
I	3055,32	M	26	6,13	II	2871,51	M	220	5,86
II	3053,47		5	7,80	II	2863,80	M	46	7,64
II	3052,32		5	7,37	II	2853,22	M	46	7,70
II	3048,89		5	8,42	I	2849,38	M	20	—
II	3047,50		1	7,80	II	2848,24	M	220	5,95
I	3047,31	M	26	6,15	I	2844,39	M	28	7,39
I	3046,81	M	19	6,15	II	2827,75	M	10	7,81
I	3041,70	M	38	6,15	I	2826,54	M	30	7,46
II	3033,33		20	8,80	II	2816,15	M	220	6,06
II	3027,77	M	12	6,22	II	2807,75	M	50	8,80; 5,95
I	3025,00	M	32	6,37	I	2801,47	M	28	5,76
II	3023,30		12	8,49	I	2797,93	M	30	5,85
II	3018,56		5	8,26	II	2791,55	M	5	8,16
II	3018,50		6	9,05	II	2784,99	M	50	6,55
II	3014,16		5	8,26	II	2780,02	M	110	6,06
I	3013,76	M	18	—	II	2775,39	M	220	6,13

λ		B	eV	λ		B	eV
II	2774,40	M 24	6,41; 8,15	II	2542,67	M 42	6,47
II	2769,76	M 30	7,83	II	2538,44	M 55	6,55
II	2763,63	M 28	6,36	II	2532,30	M 9	7,73
II	2756,07	M 14	—	II	2530,33	M 6	7,95
I	2751,47	M 40	5,96	II	2528,85	5	7,92
II	2750,03	4	8,27	II	2527,14	M 9	7,98
I	2743,07	M 30	5,90	II	2515,10	M 8	7,78
I	2733,39	M 32	5,95	II	2503,59	5	—
II	2730,21	M 10	7,82	II	2502,22	5	8,54
II	2729,68	M 17	6,08	II	2497,80	5	7,92
II	2726,98	M 11	7,77	II	2490,02	5	8,09
II	2717,36	M 36	6,48	II	2482,57	M 8	7,96
II	2704,93	M 4	8,68	II	2481,80	M 9	6,32
II	2701,41	M 60	6,08	II	2479,24	5	10,33; 8,23
II	2687,99	M 70	6,14	II	2477,57	M 9	8,40; 7,96; 8,23
II	2684,15	M 110	6,28	I	2471,97	M 19	6,35
II	2683,23	M 80	7,84; 6,07	II	2470,04	M 4	7,97
II	2681,37	M 12	7,57	II	2467,35	5	7,87
I	2679,85	M 130	6,15	II	2466,97	M 6	7,11
II	2673,27	M 32	7,42; 6,55	II	2466,68	M 6	7,86
II	2672,84	M 90	8,23; 6,25	II	2461,80	M 5	8,11
II	2671,86	M 7	6,55; 8,76	II	2459,76	7	8,44
II	2660,58	M 80	6,15	II	2457,77	10	8,27
I	2658,11	M 36	6,13	II	2443,19	5	8,04
I	2655,03	M 70	6,20	II	2435,94	M 8	7,92
II	2653,35	M 60	6,26	II	2429,39	5	7,95
I	2649,46	M 80	6,15	II	2423,99	M 9	8,07
II	2646,49	M 46	6,22	II	2422,18	4	8,40
II	2644,34	M 75	7,80; 6,28	II	2413,02	M 15	7,11; 8,09
I	2640,99	M 52	6,16	II	2407,15	5	7,98
II	2638,77	M 90	6,23	II	2404,68	M 10	8,19
I	2638,30	M 32	6,12	II	2403,60	M 17	8,11
II	2636,67	M 42	6,19	II	2390,78	5	—
II	2633,52	10	8,07	II, III	2386,96	8	8,23; —
II	2630,74	8	8,07	III	2359,76	10	—
I, II	2629,85	M 55	6,11; 8,39	II	2341,57	M 24	7,18
I	2627,55	M 40	6,10	II	2340,41	4	8,14
I	2616,78	M 50	6,12	II	2332,13	M 16	7,21
I	2613,08	M 36	6,16	III	2330,93	15	—
II	2609,21	5	8,82	II	2329,71	5	8,27
I	2607,37	M 32	6,13	II	2324,88	5	8,11
II	2606,60	5	—	II	2323,96	5	8,93
II	2605,08	M 5	8,07	II	2306,99	M 20	7,28
II	2602,80	M 32	7,80; 6,22	II, III	2304,26	M 20	8,80; —
II	2600,10	8	—	III	2294,97	20	—
II	2593,71	M 32	8,09; 6,27	II	2273,24	4	—
II	2593,38	5	7,56	II, III	2269,71	M 53	7,37
I	2582,16	M 32	6,13	III	2253,18	10	—
II	2578,91	5	8,23; 7,92	II	2239,42	5	8,42; 7,42
I	2572,34	M 40	6,35	II	2236,04	5	7,45
II	2570,85	5	—	II	2220,99	7	7,52
I	2567,05	M 32	6,16	III	2211,01	10	—
II	2555,42	M 8	7,80	II	2197,48	10	8,49
I	2548,22	M 42	6,20	II	2189,40	5	8,54
II	2547,34	5	7,92	II	2184,36	10	7,62

λ	B	eV	λ	B	eV
II 2165,19	8	8,68	II 1812,57	2	8,92
II 2125,92	8	8,68	II 1780,98	3	8,93
II 2116,77	6	7,80	V 1747,20	2	18,63
II 2108,04	M 170	8,76	II 1731,54	5	9,29
II 2104,29	M 190	7,80	V 1668,67	5	18,96
II 2100,84	M 340	7,81			
II 2093,11	M 500	7,84	V 1661,23	10	19,21
II 2092,50	M 280	7,82	V 1644,67	2	26,49
II 2089,52	M 300	7,81	V 1586,88	4	19,56
II 2081,68	M 600	5,95	V 1574,68	3	19,40
			V 1556,82	3	19,40
II 2045,98	M 2200	8,03; 6,06			
II 2038,46	M 2600	6,08			
II 2020,32	M 5000	6,13	III 1278,40	20	—
II 2015,12	M 2400	6,15	III 1274,36	10	—
IV 1994,67	10	13,86	V 1169,32	10	29,35
			V 725,75	2	18,46; 18,74
IV 1991,39	10	14,00			17,49
II 1987,97	2	6,23	V 721,83	2	18,63
IV 1977,20	50	14,21			
II 1977,17	2	6,27			
IV 1971,09	50	14,05	V 698,28	3	19,41
			V 692,26	3	19,58
II 1969,79	2	8,39; 7,74	V 690,55	3	19,41
IV 1966,08	10	13,85	V 688,42	3	19,47
II 1957,04	3	8,49	V 687,49	2	19,41
IV 1949,52	30	14,00			
II 1949,44	4	8,27			
			V 684,70	3	19,57
II 1946,06	2	8,26	VI 548,23	5	22,61
II 1939,54	3	8,54	VI 541,28	10	23,22
IV 1929,26	50	14,35	VIII 427,66	10	28,98
II 1927,69	3	8,56	VIII 262,40	5	47,24
IV 1926,26	50	14,36; 14,21			
II 1886,34	2	8,54	VIII 223,27	5	55,52
II 1857,66	2	9,62	VII 207,77	5	59,65
IV 1850,70	10	14,64	VII 198,84	8	62,34
IV 1821,64	10	14,58; 14,35	VIII 189,60	8	65,38
IV 1819,52	10	14,45	VII 140,96	4	87,94

7 N

λ	B	eV	λ	B	eV
I 17878,26	IE 4	13,69	I 12461,25	IE 27	12,99
I 17584,86	IE 4	13,69; 13,68	I 12438,40	IE 8	13,00
I 17516,58	IE 5	13,69	I 12381,65	IE 15	13,00
I 15582,27	IE 8	12,92	I 12328,76	IE 14	13,00
I 14966,60	IE 7	11,76	I 12298,55	IE 5	12,85
I 14868,87	IE 4	11,76	I 12288,97	IE 10	12,85; 13,00
I 14757,07	IE 12	11,76	I 12203,93	IE 6	12,85
I 13624,18	IE 14	13,03	I 12186,82	IE 19	12,86
I 13602,27	IE 8	13,03	I 12129,97	IE 7	12,86
I 13588,55	IE 5	12,91	I 12074,51	IE 15	13,03
I 13587,73	IE 8	12,92	I 11998,36	IE 4	13,03
I 13581,33	IE 48	11,60	I 11313,89	IE 5	12,85
I 13464,53	IE 7	11,84	I 11291,68	IE 5	12,86
I 13429,61	IE 26	11,60	I 10757,89	IE 7	13,00
I 12469,62	IE 54	13,00	I 10717,95	IE 6	13,00

λ	B		eV	λ	B		eV
I 10713,55	IE	8	13,00	II 8687,43	IE	5	22,10
I 10653,03	IE	8	13,00	I 8686,15	IE	14	11,75
I 10643,98	IE	6	13,00	I 8683,40	IE	16	11,76
I 10623,18	IE	5	13,00	I 8680,28	IE	17	11,76
I 10596,96	IE	6	14,89	II 8676,08	IE	7	26,58
I 10591,90	IE	5	14,89	I 8655,87	IE	14	12,12
I 10563,33	IE	5	13,02	I 8629,24	IE	16	12,12
I 10549,64	IE	8	13,02	I 8594,00	IE	15	12,12
I 10539,57	IE	10	13,02	I 8567,73	IE	14	12,12
I 10533,78	IE	5	13,01	II 8438,74	IE	11	23,57
I 10520,58	IE	8	13,02	I 8242,39	IE	13	11,84
I 10513,40	IE	7	13,01	I 8223,14	IE	13	11,84
I 10507,00	IE	8	13,02	I 8216,34	IE	15	11,84
I 10500,27	IE	6	13,02	I 8210,72	IE	11	11,84
I 10164,85	IE	7	12,98	I 8200,36	IE	10	11,83
I 10147,26	IE	8	12,98	I 8188,02	IE	13	11,84
I 10128,28	IE	7	12,97	I 8184,87	IE	13	11,84
II 10126,27	IE	5	27,42	I 8166,23	IE	8	13,87
I 10114,64	IE	13	12,99	I 7915,42	IE	7	13,92
I 10112,48	IE	12	12,98	I 7898,98	IE	8	13,92
I 10108,89	IE	11	12,98	II 7762,24	IE	10	23,19
I 10105,13	IE	10	12,97	IV 7702,96	IE	4	73,02
II 10070,12	IE	6	27,44	V 7618,46	IE	5	92,56
II 10065,15	IE	7	27,44	I 7468,31	IE	16	11,99
II 10035,45	IE	7	27,44	I 7442,30	IE	15	11,99
II 10023,27	IE	8	27,44	I 7423,64	IE	14	11,99
II 9969,34	IE	7	27,44	IV 7122,98	IE	5	52,07
II 9961,86	IE	6	27,44	IV 7109,40	IE	3	52,07
I 9931,47	IE	5	13,00	II 6941,75	IE	5	25,20
II 9891,09	IE	7	27,42	II 6887,83	IE	5	30,28
II 9887,39	IE	6	27,42	II 6834,09	IE	6	25,23
I 9872,15	IE	6	13,02	II 6809,99	IE	7	25,23
II 9868,21	IE	5	27,42	I 6758,60	A	4	13,67
II 9865,41	IE	6	27,42	I 6752,40	A	4	13,68
I 9863,33	IE	9	13,02	I 6733,48	A	6	13,68
I 9834,62	IE	6	13,02	I 6723,12	A	9	13,68
I 9822,75	IE	7	13,02	I 6708,81	A	4	—
I 9810,00	IE	5	13,01	I 6706,20	A	4	13,69
I 9798,45	IE	5	13,02	I 6653,46	A	5	13,62
I 9460,68	IE	10	12,00	I 6644,96	A	9	13,62
I 9392,79	IE	15	12,01	I 6636,94	A	4	13,62
I 9386,81	IE	14	12,00	II 6629,79	IE	7	25,06
I 9208,00	IE	8	13,70	II 6613,62	IE	5	26,26
I 9187,45	IE	3	13,70	II 6610,56	IE	13	23,46
I 9060,47	IE	10	12,97	II 6532,55	IE	5	25,13
I 9049,89	IE	12	13,72	II 6504,61	IE	6	25,15
I 9045,88	IE	13	13,72	I 6484,88	A	9	13,66
I 9028,92	IE	9	12,97	I 6482,74	A	9	13,67
I 8747,36	IE	9	11,75	II 6482,05	IE	13	20,41
I 8728,89	IE	10	11,75	I 6468,32	A	4	13,68; 13,67
I 8718,83	IE	14	11,76	III 6466,86	I	4	41,26
I 8711,70	IE	15	11,75	I 6441,70	A	5	13,68
II 8710,54	IE	6	27,43	I 6437,01	A	4	13,68
I 8703,25	IE	14	11,75	IV 6380,77	IE	8	50,15
II 8699,00	IE	5	26,56	II 6379,61	IE	9	20,41

λ	B		eV	λ	B		eV
II 6357,57	IE	5	25,18	II 5179,35	IE	7	30,37
II 6356,54	IE	6	25,19	II 5175,89	IE	6	30,13
II 6346,86	IE	5	25,19	II 5173,39	IE	5	30,12
II 6340,57	IE	7	25,20	II 5104,44	IE	5	24,53
II 6328,39	IE	5	25,20	II 5073,59	IE	5	20,94
II 6284,32	IE	6	23,57	II 5045,10	IE	11	20,94
II 6242,41	IE	7	25,46	II 5025,66	IE	9	23,13
IV 6219,89	IE	4	62,44	II 5023,05	IE	5	27,97
IV 6215,43	IE	3	62,44	II 5016,39	IE	9	23,11
II 6173,31	IE	7	25,13	II 5012,03	IE	6	27,97
II 6170,17	IE	6	25,13	II 5011,30	IE	5	27,97
II 6167,75	IE	8	25,15	II 5010,62	IE	10	20,93
I 6008,48	A	10	13,66	II 5007,32	IE	11	23,40
I 5999,47	A	6	13,67	II 5005,15	IE	14	23,13; 27,95
II 5954,28	IE	5	25,65	II 5002,70	IE	9	20,94
II 5952,39	IE	8	23,24	II 5001,48	IE	12	23,12
II 5941,65	IE	12	23,24	II 5001,14	IE	11	23,11
II 5940,24	IE	8	23,24	II 4994,36	IE	10	23,41; 27,63
II 5931,78	IE	11	23,24				27,95
II 5927,81	IE	9	23,24	II 4991,24	IE	5	27,97
				II 4987,37	IE	8	23,41
I 5829,53	A	6	13,97	V 4944,56	IE	9	90,93
II 5767,44	IE	7	20,64	I 4935,03	A	10	13,19
I 5752,64	A	4	14,00	I 4914,90	A	5	13,20
II 5747,30	IE	8	20,65	II 4895,11	IE	8	20,41
IV 5736,94	IE	4	61,77	III 4867,18	I	5	40,95
II 5730,65	IE	5	20,64	III 4861,33	I	4	40,95
II 5710,77	IE	10	20,64	II 4803,29	IE	10	23,24
II 5686,21	IE	10	20,64	II 4788,13	IE	8	23,23
II 5679,56	IE	14	20,66	II 4779,72	IE	7	23,23
II 5676,02	IE	11	20,64	IV 4707,31	IE	4	71,38
II 5666,63	IE	12	20,65	II 4694,64	IE	6	26,21
I 5623,20	A	4	13,96	II 4678,14	IE	6	26,22
I 5616,54	A	5	13,97	II 4674,91	IE	5	21,14
I 5564,37	A	9	—	II 4667,21	IE	5	21,15
II 5551,92	IE	5	27,73	II 4654,53	IE	5	21,16
II 5543,47	IE	5	27,71	II 4643,09	IE	11	21,15
II 5535,36	IE	8	27,71	III 4640,64	I	10	33,11
II 5530,24	IE	7	27,72	III 4634,16	I	8	33,11
II 5526,24	IE	5	27,73	II 4630,54	IE	14	21,15
II 5495,67	IE	10	23,40	II 4621,39	IE	10	21,14
II 5480,06	IE	7	23,42	V 4619,98	IE	10	59,23
II 5478,10	IE	7	23,41	II 4613,87	IE	9	21,14
II 5462,59	IE	7	23,41	II 4607,16	IE	10	21,14
II 5454,22	IE	7	23,42	IV 4606,33	IE	6	71,41
II 5452,08	IE	7	23,42	V 4603,73	IE	12	59,23
I 5411,88	IE	5	14,41	II 4601,48	IE	11	21,15
I 5401,45	IE	4	14,41	II 4552,53	IE	7	26,19
I 5356,77	A	5	13,24	II 4530,41	IE	9	26,20
I 5328,70	A	5	13,24	III 4523,60	I	4	38,39
IV 5245,61	IE	3	60,07	III 4514,89	I	7	38,40
IV 5226,69	IE	3	60,06	III 4510,92	I	6	38,40
IV 5205,15	IE	3	60,06	II 4507,56	IE	6	23,41
IV 5204,29	IE	5	60,09	I 4494,67	A	5	—
IV 5200,40	IE	4	60,07	I 4492,40	A	7	—
II 5179,52	IE	7	30,13; 30,37	II 4447,03	IE	12	23,19

λ	B		eV	λ	B		eV
II 4442,02	IE	6	26,21	I 3830,39	A	9	13,93
II 4433,48	IE	5	26,22	II 3829,79	IE	6	24,38
II 4432,73	IE	8	26,20	I 3822,07	A	6	13,92
II 4427,24	IE	5	26,22	III 3771,08	I	7	38,95
III 4379,09	I	10	42,53	III 3754,62	I	6	38,95
I 4358,27	A	10	—	IV 3747,54	IE	6	61,95
III 4348,36	I	5	41,26	III 3745,83	I	4	38,95
I 4336,48	A	5	—	I 3650,19	A	5	—
III 4335,53	I	4	41,26	II 3593,60	IE	5	24,38
I 4317,70	A	5	—	I 3532,65	A	4	—
I 4313,11	A	4	—	IV 3484,96	IE	13	50,33
I 4305,46	A	6	—	IV 3482,99	IE	14	50,33
I 4254,75	A	4	13,24	IV 3478,71	IE	15	50,33
I 4253,28	A	4	13,25	IV 3474,55	IE	3	61,28
II 4241,78	IE	10	26,15	IV 3463,37	IE	6	61,29
II 4237,05	IE	7	26,15	IV 3443,59	IE	3	61,29
II 4236,91	IE	8	26,19	I, II 3437,15	IE	9	—; 22,10
I 4230,35	A	4	13,26	II 3408,13	IE	5	22,10
II 4227,74	IE	8	24,53	III 3374,06	I	6	39,34
I 4224,74	A	4	13,26	III 3367,36	I	7	39,34
I 4223,04	A	5	13,26	III 3354,29	I	6	39,35
I 4214,73	A	5	13,27	III 3353,78	I	4	39,34
III 4200,02	I	6	39,80	II 3331,31	IE	6	24,37
II 4199,98	IE	5	26,19	II 3330,31	IE	5	24,36
III 4195,70	I	5	39,78	II 3329,70	IE	5	21,60
II 4179,67	IE	5	26,21	II 3328,73	IE	7	24,38
II 4176,16	IE	8	26,15	II 3324,57	IE	5	24,37
II 4171,61	IE	6	26,16	II 3318,10	IE	5	24,38
I 4151,46	A	12	13,31	V 3161,38	IE	3	88,01
II 4145,78	IE	6	28,48	V 3159,75	IE	2	88,01
I 4137,63	A	7	13,31	IV 3078,25	IE	6	68,72
II 4133,67	IE	5	28,49	II 3006,83	IE	7	24,53
I 4113,97	IE	3	13,70	V 2998,43	IE	5	92,56
I 4109,98	A	12	13,70	III 2983,58	I	6	42,48
III 4103,37	I	9	30,45	V 2981,31	IE	10	88,43
I 4099,95	IE	7	13,70	V 2980,78	IE	8	88,43
III 4097,31	I	10	30,45	III 2972,60	I	4	42,49
II 4082,27	IE	5	26,16	II 2885,27	IE	6	27,43
II 4073,04	IE	6	26,16	IV 2884,77	IE	4	73,01
IV 4057,76	IE	8	53,20	III 2862,26	I	4	44,03
II 4043,53	IE	9	26,18	V 2859,16	IE	5	88,42
II 4041,31	IE	11	26,21	V 2858,03	IE	4	88,42
II 4035,08	IE	9	26,18	II 2823,63	IE	5	25,06
II 4026,07	IE	7	26,20	II 2799,22	IE	5	26,02
II 3995,00	IE	15	21,59	III 2713,95	I	5	33,13
II 3955,85	IE	10	21,60	II 2709,84	IE	6	26,16
III 3938,52	I	4	41,47	III 2689,26	I	4	44,00
II 3919,00	IE	9	23,56	IV 2646,96	IE	12	68,72
I 3869,10	A	4	—	IV 2646,18	IE	11	68,72
II 3856,06	IE	6	24,37	IV 2645,65	IE	10	68,72
II 3855,10	IE	5	24,36	V 2591,44	IE	1	88,32
II 3847,41	IE	5	24,37	II 2590,94	IE	5	25,45
II 3842,18	IE	5	24,37	V 2590,81	IE	2	88,32
II 3838,37	IE	8	24,38	II 2522,23	IE	7	26,06
I 3834,24	A	4	13,92	II 2520,79	IE	6	26,07

λ	B		eV	λ	B		eV
II 2520,22	IE	5	26,06	V 1811,62	IE	1	90,93
II 2496,97	IE	4	28,10	V 1811,08	IE	0	90,93
II 2496,83	IE	5	26,11	III 1805,5	I	7	37,32
III 2484,56	I	4	46,46	III 1804,3	I	6	37,32
IV 2477,69	IE	8	68,80	III 1751,75	I	10	25,17
II 2461,27	IE	6	26,63	III 1751,24	I	6	25,17
III 2453,85	I	4	46,73	III 1747,86	I	9	25,17
IV 2430,41	IE	3	67,54	I 1745,25	C	30	10,67
IV 2421,65	IE	3	68,53	I 1742,72	C	60	10,68
IV 2402,05	IE	5	63,80	II 1740,31	S	4	20,66
III 2367,43	I	4	46,91	III 1730,04	I	8	48,11
IV 2318,09	IE	6	68,75	IV 1718,55	IE	20	23,41
II 2317,05	IE	8	26,00	V 1703,22	IE	4	83,54
II 2316,69	IE	6	25,99	V 1702,25	IE	3	83,54
II 2316,49	IE	7	25,99	IV 1702,01	IE	5	68,72
II 2288,44	IE	5	26,07; 26,56	III 1699,95	I	4	45,68; 45,69
II 2286,69	IE	6	26,58; 26,06	III 1699,32	I	5	45,71
III 2248,88	I	5	38,64	IV 1699,03	IE	4	68,72
III 2247,92	I	6	38,64	IV 1696,86	IE	3	68,72
II 2206,09	IE	6	26,02	IV 1688,11	IE	3	71,38
III 2188,27	I	5	48,14	II 1675,74	S	4	20,94
III 2147,27	I	4	46,73	V 1655,92	IE	2	84,08
II 2142,77	IE	6	5,80	V 1621,97	IE	1	84,26
II 2130,18	IE	5	27,41	V 1619,69	IE	12	84,27
II 2096,86	IE	5	26,56	V 1616,33	IE	9	84,27
II 2095,53	IE	6	26,58	V 1549,34	IE	6	84,26
IV 2080,34	IE	6	68,72	V 1548		—	84,26
III 2070,63	I	5	48,11	V 1495,5	IE	2	92,56
III 2068,25	I	6	48,12	I 1494,67	C	100	10,67
III 2063,99	I	10	48,13	I 1492,82	C	40	10,69
III 2063,50	I	10	48,12	I 1492,62	C	200	10,69
IV 2036,10	IE	4	68,53	IV 1446,11	IE	5	61,77
IV 2035,57	IE	5	68,53	IV 1438,37	IE	3	71,38
III 1949,81	I	4	45,69	I 1411,94	C	30	12,35
III 1949,22	I	6	45,71	V 1389,82	IE	2	84,08
III 1946,99	I	5	45,69	V 1389,51	IE	3	84,09
III 1921,49	I	4	48,14	III 1387,31	I	4	39,39
III 1920,86	I	8	48,15	III 1346,27	I	4	47,62
III 1908,11	I	7	47,96	III 1345,69	I	4	47,60
VI 1907,87	IE	2	426,22	I 1327,93	C	1	12,91
VI 1907,34	IE	2	426,22	I 1326,57	C	1	12,92
III 1907,28	I	4	47,97	I 1319,67	C	4	12,97
VI 1896,82	IE	3	426,26	I 1319,00	C	2	12,97
II 1887,40	I	4	25,06	I 1310,95	C	4	13,03
III 1885,25	I	10	39,69	I 1310,55	C	8	13,03
V 1882,92	IE	1	90,67	IV 1309,56	IE	4	59,61
V 1882,36	IE	0	90,67	IV 1296,60	IE	5	62,76
V 1860,37	IE	6	90,93	IV 1284,22	IE	3	62,85
II 1859,26	I	5	25,15	II 1275,04	S	4	21,16
V 1857,88	IE	3	90,93	IV 1273,47	IE	3	60,06
V 1857,69	IE	3	90,93	IV 1272,16	IE	4	60,07
III 1845,80	I	4	47,97	IV 1270,28	IE	5	60,09
III 1845,64	I	5	47,97	I 1243,31	C	15	12,35
I 1836,74	I	2	10,33	I 1243,18	C	25	12,35
III 1835,59	I	3	45,71	V 1242,80	IE	19	9,97

	λ		B	eV		λ		B	eV
V	1238,82	IE	20	10,01	IV	948,54	IE	5	63,40
I	1228,79	I	6	13,66	IV	948,24	IE	4	63,40
IV	1225,72	IE	4	60,45	IV	948,16	IE	2	63,40
I	1225,37	I	4	13,69	IV	924,28	IE	14	21,77
IV	1225,19	IE	3	60,45	IV	923,67	IE	14	21,76
I	1225,03	I	4	13,70	IV	923,22	IE	16	21,78
I	1200,71	C	60	10,32	IV	923,06	IE	14	21,77
I	1200,22	C	120	10,33	IV	922,52	IE	14	21,75
I	1199,55	C	240	10,33	IV	921,99	IE	14	21,78
IV	1188,01	IE	6	58,64	II	916,71	S	12	13,54
III	1184,04	I	8	28,56	II	916,02	S	11	13,54
III	1183,03	I	7	28,56	II	915,96	S	10	13,54
I	1177,69	C	1	12,90	II	915,61	S	10	13,54
I	1176,51	C	3	12,90	I	910,65		—	13,62
IV	1168,60	IE	3	62,68	I	910,28		—	13,62
I	1168,54	C	2	12,99	I	909,70		—	13,62
I	1167,45	C	5	13,00	I	906,43		—	13,68
I	1163,88	C	1	13,02	I	906,20		—	13,68
IV	1135,24	IE	3	57,68	V	778,17	IE	2	75,16
I	1134,98	C	20	10,92	V	777,71	IE	1	75,16
I	1134,42	C	10	10,92	II	775,96	S	12	17,87
I	1134,17	C	4	10,92	III	772,98	S	8	28,55
IV	1133,12	IE	4	57,71	III	772,89	S	9	28,56
I	1101,29	C	1	13,64	III	772,39	S	12	23,16
I	1100,36	C	1	13,65	III	771,90	S	11	23,16
I	1099,15	I	2	13,66	III	771,54	S	10	23,16
I	1098,26	I	3	13,67	IV	765,15	IE	15	16,20
I	1098,10	I	3	13,67	III	764,36	S	15	16,24
I	1097,25	I	4	13,68	III	763,34	S	14	16,24
I	1096,75	I	2	13,69	II	748,37	S	5	18,46
I	1096,32	I	2	13,69	V	748,29	IE	9	76,62
I	1095,94	I	4	13,70	V	748,20	IE	8	76,62
II	1085,70	S	12	11,44	II	746,98	S	8	18,49
II	1085,54	S	10	11,43	II	745,84	S	6	20,67
II	1084,57	S	11	11,43	V	713,86	IE	8	76,60
II	1083,99	S	10	11,43	V	713,52	IE	6	76,60
IV	1078,71	IE	6	64,69	III	686,33	S	14	18,08
I	1069,98	I	2,5	13,97	III	685,82	S	16	18,09
I	1068,48	I	3	14,00	III	685,51	S	15	18,08
I	1067,61	I	1	14,00	III	685,00	S	14	18,10
V	1049,65	IE	3	88,43	II	672,00	S	6	18,46
V	1048,20	IE	2	88,43	II	671,77	S	6	18,46
IV	1036,16	IE	8	64,03	II	671,63	S	6	18,46
III	1006,01	I	6	28,56	II	671,40	S	8	18,47
III	991,58	S	17	12,52	II	671,02	S	6	18,48
III	991,51	S	14	12,52	II	660,29	S	9	20,67
III	989,79	S	16	12,52	II	645,18	S	10	19,23
III	979,92	S	9	25,17	II	644,84	S	9	19,23
III	979,84	S	8	25,17	II	644,63	S	8	19,23
I	965,04	C	1	12,84	II	635,20	S	5	23,57
I	963,99	C	2	12,86	V	628,87	IE	3	76,25
IV	955,34	IE	20	29,18	V	628,74	IE	5	76,26
I	953,97	C	3	13,00	II	582,16	S	5	23,19
I	953,66	C	2	13,00	II	574,65	S	6	23,46
I	953,42	C	1	13,00	II	533,73	S	6	23,24

λ	B		eV	λ	B		eV
II	533,58	S	5	23,23	IV	315,05	S	8	62,76
II	529,87	S	5	23,40	III	314,88	S	6	39,39
V	511,83	IE	5	84,27	III	314,85	S	9	39,39
III	509,90	S	4	36,83	III	314,72	S	8	39,39
III	509,59	S	5	36,83	IV	303,16	S	4	62,67
III	472,39	S	5	42,48	IV	303,12	S	6	62,68
III	472,23	S	4	42,49	IV	303,08	S	4	62,67
IV	463,74	IE	3	50,15	IV	303,05	S	5	62,67
III	452,23	S	11	27,43	IV	303,01	S	4	62,67
III	451,87	S	10	27,43	IV	300,32	S	3	64,69
V	450,08	IE	3	84,09	IV	297,81	S	5	63,41
V	436,85	IE	4	88,43	IV	297,64	S	4	63,41; 63,42
III	434,28	S	6	35,65	IV	285,56	S	5	59,61
III	434,25	S	6	35,64	IV	283,58	S	12	52,07
III	434,13	S	5	35,65	IV	283,47	S	11	52,07
III	434,07	S	7	35,66	IV	283,42	S	10	52,07
III	434,01	S	6	35,65	IV	270,99	S	6	61,94
III	433,91	S	6	35,66	V	266,38	IE	9	56,54
III	428,24	S	5	41,47	V	266,20	IE	8	56,54
III	428,18	S	6	41,47	V	247,71	I	10	60,05
V	424,75	IE	2	88,42	V	247,56	I	8	60,05
V	424,61	IE	1	88,42	IV	247,20	S	10	50,15
III	418,91	S	6	42,12	IV	239,62	S	4	60,06; 60,07; 60,09;
III	418,71	S	7	42,12	IV	234,19	S	4	61,29
IV	387,35	S	4	48,20	IV	225,20	S	5	63,40
III	374,44	S	12	33,12	IV	225,14	S	4	63,40
III	374,20	S	11	33,13	V	209,31	I	8	59,23
III	362,98	S	6	41,26	V	209,27	I	8	59,23
III	362,95	S	8	41,26	V	190,25	I	3	75,16
III	362,88	S	8	41,26	V	190,16	I	2	75,16
III	362,83	S	7	41,25	V	186,15	I	6	76,60
III	358,58	S	6	41,68	V	186,06	I	5	76,60
III	358,51	S	5	41,69	V	168,59	I	1	83,54
III	358,47	S	5	41,68	V	166,95	I	5	84,26
III	358,36	S	5	41,69	V	166,87	I	4	84,26
III	358,33	S	5	41,69	V	162,56	I	5	76,26
IV	352,06	S	4	64,39	V	158,93	I	1	88,01
IV	351,93	S	5	58,64	V	158,09	I	4	88,42
IV	345,20	S	3	57,68	V	158,02	I	2	88,42
IV	345,11	S	3	57,69	V	153,69	I	1	90,67
IV	345,06	S	5	57,71	V	153,19	I	3	90,93
IV	345,02	S	3	57,69	V	153,14	I	2	90,93
IV	344,91	S	3	57,71	V	150,17	I	1	92,56
IV	335,05	S	11	53,20	V	148,17	I	1	93,67
III	323,62	S	6	38,33	V	147,42	I	2	84,09
III	323,49	S	5	38,32	V	140,36	I	2	88,32
IV	323,17	S	7	61,77	V	136,43	I	1	90,87
IV	322,72	S	9	46,77	V	134,00	I	1	92,51
IV	322,57	S	8	46,77	VI	28,79	—		430,62
IV	322,50	S	7	46,77	VI	24,90	—		497,88
					VI	23,77	—		521,49

λ	B		eV	λ	B		eV

11 Na

λ	B		eV	λ	B		eV
I 23379,13	—		4,28	I 4419,89	C	6	4,91
I 23348,41	—		4,28	I 4393,34	C	9	4,92
I 22083,67	—		3,75	I 4390,03	C	8	4,92
I 22056,44	—		3,75	I 4344,74	C	5	4,96
I 18465,25	—		4,29	I 4341,49	C	4	4,96
I 16388,85	—		4,51	I 4324,62	C	7	4,97
I 16373,85	—		4,51	I 4321,40	C	6	4,97
I 14779,73	—		4,59	I 4291,01	C	3	4,99
I 14767,48	—		4,59	I 4287,84	C	2	4,99
I 12679,17	—		4,59	I 4276,79	C	5	5,00
I 11403,78	C	12	3,20	I 4273,64	C	4	5,00
I 11381,45	C	11	3,20	I 4252,52	C	2	5,02
I 11197,21	C	2	4,86	I 4249,41	C	1	5,02
I 11190,19	C	1	4,86	I 4242,08	C	3	5,03
I 10834,87	C	8	4,76	I 4238,99	C	2	5,03
I 10749,29	C	9	4,35	II 4123,07	C	3	41,28
I 10746,44	C	10	4,35	II 3711,07	C	6	36,34
I 10572,28	C	3	4,93	II 3631,27	C	8	36,34
I 10566,00	C	1	4,93	II 3533,01	C	10	36,34
I 9961,28	C	7	4,86	I 3426,86	C	6	3,62
I 9465,94	C	6	4,93	I 3302,98	M	15	3,75
I 9153,88	C	4	4,97	I 3302,37	M	30	3,75
I 8942,96	C	2	5,00	II 3285,75	C	8	37,09
I 8650,89	C	6	4,62	II 3274,22	C	5	40,98
I 8649,92	C	7	4,62	II 3257,97	C	6	41,00
I 8194,82	M	220	3,61	II 3212,19	C	6	37,17
I 8183,26	M	110	3,61	II 3189,78	C	6	37,20
I 7810,24	C	3	4,78	II 3179,06	C	5	40,99
I 7809,78	C	4	4,78	II 3163,73	C	6	41,00
I 7373,49	C	1	4,87	II 3149,27	C	5	37,25
I 7373,23	C	2	4,87	II 3135,48	C	5	36,96
I 6160,74	M	6	4,12	II 3129,37	C	6	36,89
I 6154,22	M	3,0	4,12	II 3092,73	C	10	36,85
I 5895,92	M	1000	2,10	II 3078,32	C	6	41,10; 36,96
I 5889,95	M	2000	2,11	II 3074,33	C	6	41,11
I 5688,22	M	14	4,29	II 3056,16	C	6	36,89
I 5682,63	M	7	4,29	II 3053,66	C	6	41,25
I 5153,40	A	2	4,51	II 3045,59	C	5	41,23
I 5148,84	A	1	4,51	II 3037,07	C	5	41,24
I 4982,81	A	2	4,59	II 3029,07	C	6	41,29; 41,00
I 4978,54	A	1	4,59	II 3015,40	C	6	41,00
I 4751,82	A	2	4,71	II 2984,18	C	7	37,12; 41,10
I 4747,94	A	1	4,71	II 2979,66	C	5	41,06
I 4668,56	A	2	4,76	II 2974,99	C	6	37,17
I 4664,81	A	1	4,76	II 2951,23	C	8	41,04
I 4545,19	C	8	4,83	II 2947,44	C	5	41,29
I 4541,63	C	7	4,83	II 2937,72	C	5	41,11
I 4497,65	C	11	4,86	II 2919,05	C	5	41,09
I 4494,18	C	10	4,86	II 2917,52	C	5	37,09
I 4423,25	C	7	4,91	II 2904,91	C	7	37,20

λ	B		eV	λ	B		eV
II 2893,95	C	6	41,24	III 1951,21	E	40	51,74
I 2893,62	C	1	4,28	III 1946,43	E	20	60,98
II 2881,14	C	6	37,24	III 1933,87	E	30	57,43
II 2871,27	C	5	37,25	III 1926,27	E	45	57,45
II 2859,48	C	5	37,18	III 1856,73	E	20	57,08
I 2853,01	C	15	4,35	III 1850,24	E	20	61,31
I 2852,81	C	16	4,35	III 1849,58	E	35	57,06
II 2841,72	C	7	37,20	III 1844,36	E	20	57,08; 57,74
II 2809,51	C	5	37,25	III 1835,22	E	15	61,70
I 2680,43			4,62	III 1821,68	E	12	61,42
I 2680,34			4,62	III 1782,92	E	12	57,39
II 2678,09	C	5	40,98	III 1624,07	E	12	57,99
II 2671,83	C	6	40,99	III 1436,21	E	12	54,95
II 2661,00	C	7	41,00	VI 494,38	S	7	25,30
II 2611,82	C	7	41,08	V 463,26	S	12	26,76
I 2593,92			4,78	V 461,05	S	10	26,89
I 2593,87			4,78	V 459,90	S	7	26,95
III 2563,32	E	25	50,40	IV 412,24	S	8	30,21
III 2553,62	E	25	50,35	IV 411,33	S	7	30,33
I 2543,87			4,86	IV 410,54	S	6	30,33
I 2543,84			4,86	IV 410,37	S	10	30,21
II 2531,55	C	6	41,24	IV 409,61	S	8	30,39
I 2512,21			4,94	IV 408,68	S	8	30,33
I 2512,13			4,94	V 400,72	S	10	—
III 2510,38	E	20	50,44	III 380,11	S	8	32,78
III 2497,05	E	50	50,35	III 378,14	S	10	32,78
II 2493,15	C	5	38,29	II 376,37	S	3	32,93
I 2490,73			4,98	II 372,06	S	6	33,31
III 2474,70	E	40	50,40	VI 361,25	S	8	38,58
III 2468,88	E	30	51,47	V 360,37	S	8	—
III 2459,40	E	45	51,36	VII 353,29	S	8	35,35
III 2309,98	E	30	51,68	VII 352,28	S	6	35,19
III 2297,14	E	25	—	V 333,91	S	9	—
III 2296,64	E	25	54,88	V 332,55	S	8	—
III 2285,72	E	35	51,87	IV 319,64	S	10	—
III 2278,48	E	40	51,89	V 308,26	S	10	—
III 2251,44	E	45	51,10	V 307,15	S	8	—
III 2251,17	E	20	57,39	II 301,43	S	1	41,11
III 2246,67	E	40	51,02	II 300,15	S	1	41,29
III 2239,44	E	45	51,10	III 267,64	S	8	46,31
III 2232,17	E	40	51,87	III 250,52	S	8	49,50
III 2230,30	E	50	50,95	IV 190,84	S	8	65,09
III 2225,90	E	45	51,07	IV 190,44	S	10	65,09
III 2214,17	E	25	51,10	IV 181,76	S	3	68,20
III 2202,78	E	40	51,02	IV 168,08	S	10	73,74
III 2028,56	E	25	57,06	IV 162,45	S	8	—
III 2011,88	E	30	57,52	IV 156,54	S	8	79,20
III 2005,24	E	30	51,74; 57,65				
III 1985,58	E	30	51,74				
III 1960,76	E	20	57,39				

λ	B		eV	λ	B		eV
I 10563,7	A	1	—	I 7515,92	M	3,0	2,73
I 10419,54	A	1	—	I 7372,51	M	9	3,09
I 10203,44	A	1	—	I 7353,16	M	3,0	2,73
I 10181,33	A	1	3,45	I 7159,44	M	6	2,85
I 10067,4	A	1	2,41	I 7098,94	M	1,8	3,28
I 10042,54	A	1	2,81	I 7046,81	M	9	2,94
I 10003,85	A	1	2,36	I 6990,32	M	4	2,85
I 9957,29	A	1	2,85	I 6918,33	M	2,0	3,45
I 9912,26	A	1	2,33	I 6902,89	M	1,2	2,92
I 9910,35	A	1	—	I 6876,36	M	1,8	2,88
I 9676,75	A	1	2,36	I 6828,11	M	4	2,94
I 9650,97	A	1	2,81	I 6739,88	M	3,5	2,88
I 9631,11	A	1	2,33	I 6723,62	M	6	2,92
I 9626,88	A	2	2,41	I 6701,20	M	3,0	3,52
I 9595,06	A	1	2,47	I 6677,34	M	7	2,98
I 9408,60	A	1	2,36	I 6660,84	M	10	3,04
I 9323,54	A	1	2,41	I 6544,61	M	3,0	3,07
I 9197,60	A	1	2,98	I 6430,47	M	4	2,67
I 9186,96	A	1	2,92	I 5997,86	A	2	3,24
I 9141,31	A	1	3,45	I 5983,21	M	7	2,73
I 9061,43	A	1	2,98	I 5900,59	M	9	3,28
I 8967,76	A	1	—	I 5866,45	M	3,0	2,85
I 8959,75	A	1	3,28	I 5838,61	M	6	3,24
I 8905,78	M	1,6	2,88	I 5819,42	M	5	3,74
I 8815,56	M	1,4	2,58; 2,53	I 5787,52	M	4	2,41
I 8767,97	M	1,0	2,49	I 5760,33	M	5	3,23
I 8740,96	M	1,0	2,92	I 5729,19	M	6	2,36
I 8697,55	M	1,0	3,04	I 5706,47	M	4	3,21
I 8614,45	A	1	3,52; 2,53	I 5671,90	M	4	3,69
I 8575,86	M	0,8	2,98	I 5671,09	M	3	3,59
I 8560,54	M	0,8	2,53	I 5665,63	M	8	3,80
I 8547,25	M	0,6	2,49	I 5664,70	M	6	2,33
I 8526,99	M	1,2	2,81	I 5642,10	M	8	2,94
I 8475,98	M	0,8	2,58	I 5576,16	M	1,6	2,57; 3,98
I 8439,76	M	0,8	3,00	I 5551,34	M	4	2,85
I 8406,23	A	1	3,39	II 5545,63	S	5	4,79
I 8350,03	M	0,5	2,53	II 5487,60	S	7	4,88
I 8346,07	M	1,4	2,85	I 5437,27	M	5	2,94
I 8320,93	M	1,4	2,67	II 5365,89	S	6	4,97
I 8240,00	M	0,6	2,58	I 5350,72	M	16	2,58
I 8135,20	M	1,8	2,92	I 5344,16	M	22	2,67
I 8017,67	A	1	2,67	I 5334,86	M	3,5	3,44
I 7954,76	M	0,4	2,73	I 5318,60	M	12	2,53
I 7938,90	M	1,2	2,96	I 5276,20	M	6	3,52
I 7885,30	M	1,6	3,00	I 5271,53	M	13	2,49
I 7873,40	M	0,6	3,42	I 5232,81	M	7	3,52
I 7726,67	M	3,5	3,01	I 5219,09	M	4	3,55
I 7703,29	A	1	4,73	I 5193,08	M	8	2,58
I 7574,57	M	8	3,04	I 5189,20	M	9	2,52
I 7519,77	M	1,4	3,28	I 5186,99	M	5	2,41

λ	B		eV	λ	B		eV
I 5180,31	M	11	2,48	I 4300,99	M	60	2,88; 3,62
I 5164,37	M	12	2,67	I 4299,60	M	60	3,54
I 5160,33	M	12	2,45	I 4292,48	M	15	4,01
I 5152,62	M	3,5	3,53	I 4286,99	M	42	2,98
I 5134,75	M	10	2,43; 4,02	I 4270,69	M	30	4,02
I 5120,30	M	8	2,47	I 4266,02	M	44	3,98
I 5100,16	M	8	2,48	I 4262,06	M	80	3,04
I 5095,30	M	20	2,52	I 4255,44	M	26	4,27
I 5078,96	M	36	2,57	I 4253,70	M	15	4,03
I 5065,26	M	6	2,53	I 4252,98	M	17	4,09
I 5058,00	M	8	2,45	I 4229,15	M	44	4,10
I 5039,03	M	10	2,48	I 4217,95	M	44	3,02
I 5026,36	M	7	3,96	II 4214,81	S	2	5,46
I 5017,74	M	11	2,52	I 4214,73	M	36	3,07
I 4988,97	M	9	2,57	I 4205,31	M	90	2,99; 4,37
I 4967,78	M	6	4,11	I 4195,10	M	90	2,97; 4,50
I 4965,37	M	4	3,85	I 4190,89	M	120	3,09
I 4848,36	M	8	3,73	I 4184,44	M	32	3,01
I 4816,38	M	8	3,94; 3,97	I 4168,12	M	360	2,97
I 4810,58	M	6	3,75	I 4164,66	M	420	3,02
II 4789,96	M	5	5,03	I 4163,66	M	460	2,99
I 4749,71	M	17	4,04	II 4156,68	M	3,5	4,96
I 4733,89	M	8	3,74	I 4152,58	M	460	3,07
I 4713,50	M	11	2,98	I 4150,12	M	90	—
I 4708,28	M	20	3,99	I 4143,20	M	36	3,01
I 4706,13	M	10	—	I 4139,70	M	280	3,12
II 4699,58	S	5	5,17	I 4139,43	M	46	3,04
I 4685,13	M	24	4,01	I 4137,09	M	240	2,99
I 4675,37	M	40	2,92	I 4129,93	M	80	—
I 4672,10	M	44	3,00	I 4129,43	M	70	3,09
II 4670,10	S	5	4,32	I 4123,81	M	550	3,02
I 4666,25	M	26	4,05	II 4119,28	M	9	5,62
I 4663,83	M	34	2,85	I 4100,92	M	700	3,07; 4,65
I 4648,95	M	34	2,81	I 4100,39	M	46	3,07
I 4630,12	M	34	4,11	I 4079,73	M	1200	3,12
I 4616,16	M	18	2,88	I 4058,93	M	1700	3,18; 4,33
I 4606,76	M	120	3,04	I 4039,53	M	26	4,68
I 4581,62	M	50	4,25	I 4032,52	M	110	3,42
II 4579,45	M	2,5	4,40	II 4012,17	S	4	5,76
I 4573,08	M	75	2,98	II 4000,61	M	4	4,93
I 4564,53	M	38	4,21	I 3980,48	M	4	3,24
I 4546,82	M	50	2,92	II 3976,52	S	6	6,26
I 4523,40	M	55	2,88	II 3967,36	S	2	6,26
I 4503,04	M	16	3,41	I 3966,25	A	50	3,39
II 4492,96	M	2,0	5,36	II 3964,26	S	3	5,66
I 4471,29	M	14	3,93	II 3952,37	M	7	4,83
I 4447,18	M	30	3,53	II 3949,45	S	3	4,97
I 4437,22	M	24	—	I 3943,66	M	54	3,34
I 4410,21	M	34	3,43	II 3938,55	S	5	7,08
I 4368,43	M	22	3,99	I 3937,44	M	70	3,28
II 4367,97	M	4,0	4,53	II 3936,02	S	7	5,31
I 4359,87	M	7	3,96	II 3920,75	S	2	6,30
I 4331,37	M	40	3,48	I 3920,20	M	55	4,77
I 4326,32	M	36	4,04	II 3919,72	M	3,5	4,83
I 4311,27	M	40	4,50	I 3914,69	M	70	4,52

λ	B		eV	λ	B		eV
II 3898,29	M	11	4,88	I 3602,56	M	60	3,53
I 3894,04	M	5	4,55	I 3593,97	M	60	3,50
I 3891,30	M	60	3,27	II 3591,20	S	2	4,71
I 3885,69	M	70	4,58	I 3589,36	M	60	3,80
I 3885,45	M	110	4,62	I 3589,11	M	90	3,54
II 3879,35	M	7	5,03	I 3584,97	M	60	3,51
I 3877,56	M	55	3,33	I 3580,28	M	600	3,59
I 3875,77	M	18	3,34	I 3575,85	M	180	3,55
I 3867,92	M	28	3,33	II 3568,50	M	6	4,40
II 3865,02	M	7	4,83	II 3568,00	S	2	4,65
I 3863,38	M	36	3,86	I 3563,62	M	75	3,53
I 3858,95	M	30	3,23	I 3563,50	M	75	3,50
II 3855,50	S	3	4,83	II 3559,59	S	3	6,09
I 3855,45	M	7	3,21	I 3554,67	M	120	3,51
II 3831,84	M	18	4,93	I 3554,52	M	30	3,75
I 3824,88	M	70	3,32	I 3550,45	M	36	3,54
II 3818,86	M	22	4,83	I 3544,66	M	30	4,24
I 3815,51	M	55	3,33	I 3544,03	M	60	3,50
I 3810,50	M	70	4,68	II 3541,25	S	4	5,17
I, II 3804,73	M	55	4,65; 5,40	II 3540,96	M	30	4,53
I 3803,88	M	70	3,39	I 3537,48	M	150	3,55
I 3802,93	M	280	3,34	I 3535,30	M	240	3,50; 3,59
I 3798,13	M	280	3,31	II 3528,47	S	2	5,68
I 3791,21	M	360	3,39	II 3522,37	S	1	6,53
I 3790,14	M	140	3,40	II 3517,67	M	24	5,53
I 3787,06	M	180	3,29	II 3515,42	M	24	4,80
II 3781,38	M	11	4,97	II 3514,02	S	1	5,69
I 3781,02	M	90	3,33	I 3511,19	M	10	4,80; 5,20
I 3759,56	M	14	3,34	I 3511,13	A	2	3,73
I 3746,90	M	14	—	II 3510,26	M	24	5,52
I 3742,39	M	180	3,31	I 3507,96	M	55	3,55
II 3740,73	M	70	4,93	II 3499,93	S	2	5,98
I 3739,80	M	280	3,40	I 3498,63	M	60	4,20; 3,74
I 3726,24	M	280	3,34	I 3491,02	M	28	3,69
II 3722,55	S	4	5,77	II 3489,09	M	9	4,53
II 3720,46	M	9	5,03	II 3484,05	M	12	4,32
II 3719,63	S	3	4,74	II 3482,95	S	9	6,57
II 3717,06	S	90	5,03	II 3479,57	M	24	4,88
I 3713,02	M	340	3,46	II 3478,79	S	9	4,83
I 3711,34	M	34	3,34	II 3474,68	S	1	5,39
II 3709,29	M	20	4,75	II 3470,27	S	2	6,11
II 3707,96	S	20	4,69	II 3468,13	S	1	5,74
I 3697,85	M	160	3,40	I 3463,81	M	20	5,19
II 3696,68	S	3	4,53	II 3454,91	S	4	6,25
II 3695,90	M	10	5,17	II 3454,71	S	3	6,03
II 3687,97	M	12	5,52	II 3453,96	S	1	4,93
I 3664,69	M	100	3,47	I, II 3452,35	M	11	5,02; 5,41
I 3660,36	M	70	3,73	II 3450,77	S	4	5,41
II 3659,60	M	24	5,31	II 3448,22	S	3	5,41
II 3651,18	M	48	4,33	I 3445,67	M	11	5,13
I 3649,85	M	50	3,44	II 3440,59	M	22	4,62
II 3633,32	M	11	5,40	II 3439,92	M	11	4,58
II 3628,18	S	2	6,03	II 3438,41	S	5	5,76; 6,75
II 3619,73	M	6	5,40	I, II 3436,96	M	11	4,96; 5,53
II 3619,51	M	36	4,41	II 3432,71	M	22	5,62

λ	B		eV	λ	B		eV
I 3427,45	M	28	3,96	I 3277,68	M	19	3,98
II 3426,56	M	28	4,93; 4,78	II 3273,89	M	1	4,68
I 3425,86	M	16	5,23	II 3272,22	M	9	5,62
II 3425,43	M	28	4,99	II 3263,37	M	19	6,41
II 3421,16	S	1	5,03	II 3261,70	S	2	6,09
II 3420,63	M	11	4,55	II 3260,56	M	28	5,97
I 3415,98	M	22	4,80	II 3254,89	S	1	5,62
II 3412,93	M	28	4,53	II 3254,07	M	38	4,14
II 3409,19	M	22	4,33	II 3250,27	S	2	6,25
II 3408,68	M	28	4,41	I 3249,52	M	19	3,96
I 3405,42	M	28	4,82	II 3248,94	M	14	4,58
I 3403,01	M	10	—	II 3247,48	M	24	4,80
II 3402,02	S	1	6,16	II 3238,02	S	3	5,17
II 3397,32	S	1	—	II 3237,69	S	2	5,76
II 3396,37	S	2	6,27	II 3236,40	M	48	4,21
II 3394,98	M	5	5,17	II 3229,57	M	17	4,74
I 3390,62	M	10	4,83	II 3225,48	M	95	4,14
II 3389,94	S	2	4,97	II 3223,33	M	9	4,88
II 3386,24	M	20	4,88	II 3217,00	S	2	6,01
II 3380,93	S	10	5,66	II 3215,60	M	46	4,30
II 3379,30	S	3	5,68	II 3208,59	S	2	6,03
I 3374,93	M	42	4,77	II 3206,35	M	36	4,80
II 3372,56	M	8	5,03	II 3204,97	S	3	6,03
II 3370,15	S	2	6,82	II 3203,36	M	14	6,01
II 3369,16	M	15	5,66	II 3198,23	S	1	5,69
I 3366,96	M	40	4,84	II 3194,98	M	120	4,21
II 3365,59	M	15	4,71	II 3194,27	S	1	5,23
II 3362,17	S	1	6,30	II 3191,43	M	18	6,03
II 3360,90	S	3	5,98	II 3191,10	M	36	4,40
I 3358,42	M	200	4,04	II 3189,29	M	9	6,05
I 3354,74	M	40	4,04	II 3184,23	M	9	5,87
II 3349,35	S	3	5,53	II 3180,29	M	46	4,88
I 3349,07	M	200	3,97	II 3175,86	S	3	4,83; 6,03
II 3348,28	S	1	6,24	II 3173,20	M	9	5,74
II 3346,76	S	1	4,63	II 3163,40	M	140	4,30
I 3343,71	M	150	3,90	II 3154,82	S	3	6,09
I 3341,98	M	150	3,83	II 3152,16	M	8	6,54
II 3341,61	M	15	4,97	II 3150,41	S	2	5,75
I 3326,62	M	29	4,88	II 3145,40	M	46	4,97
II 3324,66	S	1	6,17	II 3140,51	M	9	5,53
II 3323,90	S	1	5,74	II 3130,78	M	180	4,40
II 3320,81	M	5	5,66	II 3127,53	M	32	6,12
II 3319,59	M	14	4,63	II 3099,18	M	17	4,33
I 3318,98	M	24	3,93	II 3097,12	S	1	5,41
I 3312,61	M	48	4,01	II 3094,17	M	220	4,52
II 3305,61	S	2	5,74	II 3080,35	M	13	5,37
II 3301,50	S	2	5,76	II 3076,88	M	48	4,41
II 3297,05	S	1	4,13	II 3071,55	M	13	5,45
I 3296,03	M	38	4,11	II 3069,68	M	13	5,66
II 3294,37	M	10	5,74	II 3065,26	M	9	5,39
II 3292,02	M	19	5,69	II 3064,53	M	26	5,32
II 3291,06	M	10	4,20	II 3063,78	M	9	5,74
I 3287,59	M	24	3,91	II 3055,52	M	12	6,05
I 3285,67	M	28	3,97	II 3049,53	S	2	5,41
II 3283,46	M	24	5,76	II 3048,21	S	3	5,39

λ		B	eV		λ		B	eV
II	3039,82	M	5	5,49	II	2780,24	M	40	4,97
II	3034,95	M	10	6,09	II	2768,12	M	36	4,53
II	3032,77	M	36	5,41	II	2758,78	M	4	5,84
II	3028,44	M	42	4,53	I	2758,61	M	42	4,76
II	3024,74	M	17	5,45	II	2754,52	M	10	4,55
II	3022,74	M	8	6,26	II	2753,13	M	11	6,41
II	3018,85	S	5	6,27	I	2753,01	M	28	—
II	3005,76	M	8	6,27	II	2745,73	M	10	5,70
II	3001,85	S	6	8,48	II	2740,18	M	13	5,73
II	2994,73	M	70	4,65	II	2739,24	S	1	6,53
II	2993,97	S	1	5,47	II	2737,08	M	16	4,58
II	2991,96	M	12	5,47	II	2734,36	M	3,0	5,46
II	2990,28	M	50	5,56	II	2733,74	S	1	6,16; 6,54
II	2985,04	M	8	5,78	II	2733,26	M	46	4,63
II	2982,10	M	30	4,53	II	2730,32	M	8	6,17
II	2980,72	M	14	5,68	II	2723,66	M	5	6,17
II	2978,94	M	9	6,31	II	2721,99	M	70	4,65
II	2977,67	M	32	5,49	II	2716,63	M	70	4,71
II	2974,09	M	48	5,53	II	2715,88	M	6	6,19
II	2972,57	M	60	5,58	II	2715,34	M	4	6,58
II	2950,88	M	170	4,71	II	2707,83	M	5	5,76
II	2945,89	M	16	5,56	II	2702,52	M	22	4,74
II	2941,54	M	130	4,65	II	2702,20	M	48	4,69
II	2937,70	S	5	—	II	2698,87	M	48	4,65
II	2932,66	M	5	5,57	II	2697,07	M	150	4,75
II	2932,13	S	1	7,38	II	2691,77	M	24	4,62
II	2931,46	M	16	4,55	II	2686,39	M	10	6,91
II	2927,80	M	170	4,75	II	2680,06	M	7	5,66
II	2917,05	M	10	5,58	II	2677,66	M	4	5,98
II	2911,74	M	70	4,58	II	2675,94	M	30	4,69
II	2910,58	M	100	4,63	II	2673,57	M	30	6,55
II	2908,24	M	70	4,55	II	2671,93	M	60	4,74
II	2899,23	M	60	4,71	II	2666,59	M	17	4,75
II	2897,80	M	70	4,65	II	2665,25	M	16	5,93
II	2888,82	M	42	4,58	III	2658,03	S	8	9,01
II	2883,17	M	85	4,74	II	2656,08	M	46	4,69
II	2880,71	M	15	5,65	I	2654,45	M	50	4,87
II	2877,03	M	80	4,63	II	2651,12	M	13	6,02
II	2876,95	M	40	4,75	I	2649,52	M	36	4,94
II	2875,39	M	120	4,69	I	2647,50	M	50	4,82
II	2868,52	M	75	4,65	II	2646,26	M	48	4,74
II	2861,09	M	36	4,62	II	2642,23	M	30	5,87
II	2859,04	M	6	5,68	I	2592,19	M	48	5,13
II	2849,56	M	11	4,41	II	2590,94	M	70	6,05
II	2846,28	M	24	4,65	II	2583,98	M	70	6,02
II	2842,64	M	42	4,69	I	2578,73	M	36	5,07
II	2841,14	M	38	4,74	II	2562,40	M	24	5,60
II	2835,11	M	14	4,75	II	2556,93	M	24	5,75
II	2829,75	M	6	4,51	II	2551,38	M	20	5,62
II	2827,08	M	28	4,40	III	2545,64	S	10	8,06
II	2816,68	M	4	6,09	II	2544,80	M	70	5,77
II	2810,81	M	11	5,45	II	2525,81	M	16	6,26
II	2797,69	M	9	5,84	II	2521,40	M	20	6,09
II	2793,04	M	17	4,88	II	2511,00	M	20	5,62
II	2791,74	M	12	5,66	III	2499,73	S	10	8,24

λ	B		eV	λ	B		eV
II 2477,38	M	20	5,77	II 2255,60	S	11	5,82
III 2469,41	S	6	9,36	I 2254,56	A	15	5,84
III 2468,74	S	8	8,41	II 2252,21	S	12	7,49
II 2462,05	S	2	6,31	II 2250,46	S	8	6,44
III 2460,40	S	10	8,32; 9,64	I 2250,31	A	10	5,70
II 2458,08	M	10	6,87	I 2248,00	A	8	5,86
III 2457,00	S	10	8,44	I 2246,18	A	9	—
II 2451,87	M	12	6,58	II 2242,58	S	5	5,68
II 2442,68	M	5	7,08	I 2238,52	A	8	5,80
II 2442,14	M	7	6,34	II 2237,50	S	8	—
II 2437,41	M	8	6,02	I 2232,55	A	8	5,75; 5,82
II 2435,95	M	7	6,31	II 2229,72	S	10	6,82
II 2433,79	M	14	6,27	I 2228,03	A	10	5,70; 5,83
III 2421,91	S	10	10,18	I 2227,71	A	15	5,91
II 2418,69	M	25	6,44	I 2225,34	A	5	5,77
II 2416,99	M	28	6,48	I 2223,67	A	6	5,77
III 2414,49	S	6	8,41	I 2220,18	A	7	5,72
III 2413,94	S	30	8,53	I 2211,46	A	10	—
II 2412,46	M	27	6,17	II 2203,64	S	8	—
II 2405,85	M	10	6,50	II 2160,27	S	8	—
II 2405,34	M	10	6,48	II 2131,18	M	280	6,14
III 2404,89	S	5	9,49	II 2126,54	M	190	6,27
II 2398,48	M	29	6,44	II 2125,21	M	300	6,21
III 2387,41	S	10	8,32	II 2109,43	M	360	—
II 2376,40	M	30	5,31	II 2032,99	M	550	6,53
III 2372,73	S	10	8,41	II 2029,33	M	600	—
II 2369,95	S	13	6,16	III 1938,84	S	10	8,87
III 2362,06	S	10	8,53	III 1892,92	S	10	9,01
III 2338,09	S	10	9,64	III 1707,14	S	10	8,48
II 2334,80	S	13	5,41	III 1705,44	S	10	8,88
III 2313,30	S	10	8,75	III 1682,77	S	10	9,01
II 2309,24	S	13	5,39	III 1590,21	S	10	9,01
II 2302,09	M	54	5,48	III 1524,91	S	10	9,77
II 2295,68	S	15	5,55	III 1501,99	S	10	8,32
III 2290,36	S	10	10,48	III 1495,94	S	10	8,53
II 2283,00	S	15	5,48	III 1456,68	S	10	8,75
III 2281,51	S	10	8,71	V 774,02	S	7	16,02
III 2275,23	S	10	8,64	V 763,75	S	15	16,46
II 2274,20	S	5	7,39	VII 470,59	S	15	26,34
II 2274,13	S	7	6,48	V 468,32	S	7	26,70
II 2273,57	S	10	5,55	V 464,56	S	5	26,68
II 2272,73	S	8	5,74	VI 325,80	S	12	38,05
II 2270,18	S	10	6,44	VI 248,72	S	12	49,84
II 2269,87	S	8	7,45	VI 238,18	S	20	52,05
II 2268,53	S	10	5,48	VII 224,18	S	15	55,29
II 2266,73	S	8	6,82	VII 219,75	S	25	56,41
II 2265,68	S	8	5,57	VII 217,94	S	15	56,88
III 2265,59	S	6	8,75	VII 215,44	S	20	57,54
II 2264,56	S	10	7,45				
I 2257,89	A	16	5,82				

λ	B		eV	λ	B		eV

60 Nd

λ	B		eV	λ	B		eV
II 6846,72	M	4	—	II 5225,15	M	14	3,12
II 6804,00	M	5	—	I 5214,28	E	7	2,52
II 6790,41	M	5	—	I 5213,23	M	17	2,67
II 6740,11	M	6	—	II 5212,37	M	34	2,58
I 6655,67	M	5	—	II 5200,12	M	36	—
II 6650,57	M	7	—	II 5192,62	M	70	3,52
I 6630,14	M	5	1,86	II 5191,45	M	55	2,59
I 6485,69	M	4	1,91	II 5182,60	M	13	3,14
I 6385,20	M	7	2,08	II 5181,17	M	14	3,25
I 6310,49	M	6	2,26	II 5165,14	M	19	3,08
I 6007,67	M	5	—	II 5132,33	M	19	—
II 5842,39	M	9	3,40	II 5130,60	M	75	3,72
II 5811,57	M	9	2,99	II 5123,79	M	38	—
II 5804,02	M	18	2,88	II 5107,59	M	40	3,25
I, II 5804,01	M	18	2,99; 2,88	II 5105,21	M	16	—
I 5800,08	E	9	3,45	II 5102,39	M	20	3,11
I 5729,29	M	11	2,46	II 5092,80	M	40	2,81
II 5718,12	M	9	3,58	II 5089,84	M	16	2,64
II 5708,28	M	18	3,03	II 5076,59	M	40	—
II 5706,21	M	9	3,10	II 5063,73	M	12	—
II 5688,53	M	24	3,16	II 5033,52	M	16	3,60
I 5675,97	M	15	2,32	II 4989,94	M	28	—
I, II 5620,54	M	24	2,21; 3,74	II 4961,39	M	16	3,13
II 5594,43	M	26	3,33	I 4959,13	M	32	2,59
I 5533,82	M	10	2,53	I 4954,78	M	32	2,48
II 5485,70	M	19	3,52	I 4944,84	M	22	2,65
II 5451,12	M	12	—	I 4924,53	M	40	2,51
II 5442,27	M	10	2,96	II 4920,69	M	28	2,58
II 5431,53	M	18	3,40	II 4914,37	M	14	2,90
II 5421,56	M	9	3,03	I 4913,42	M	16	—
II 5385,90	M	12	—	I 4901,84	M	18	—
II 5371,94	M	17	3,72	I 4896,93	M	24	2,67
II 5361,47	M	32	2,99	I 4891,07	M	20	—
II 5356,98	M	20	3,58	II 4890,70	M	19	—
II 5345,71	M	9	3,44	II 4889,10	M	12	—
II 5336,55	M	10	2,87	I 4883,82	M	30	2,99
II 5319,82	M	55	2,88	I 4866,74	M	16	2,55
II 5311,46	M	24	3,31	II 4859,03	M	24	2,87
II 5306,47	M	12	3,20	II 4832,28	M	11	—
II 5302,28	M	18	3,75	II 4825,48	M	30	2,75
II 5293,17	M	75	3,16	II 4820,34	M	12	2,78
I 5291,67	M	12	—	II 4811,34	M	20	2,64
II 5276,88	M	16	3,21	II 4789,41	M	14	—
II 5273,43	M	65	3,03	I 4731,77	M	12	2,76
II 5255,51	M	40	2,56	II 4724,35	M	16	—
II 5250,82	M	22	3,11	I 4719,03	M	20	—
II 5249,59	M	80	3,33	II 4715,59	M	16	2,83
II 5239,79	M	28	—	II 4709,71	M	16	2,81
II 5234,20	M	50	2,92	I 4706,96	M	12	2,77
II 5228,43	M	14	2,75	II 4706,54	M	40	2,63

λ	B		eV	λ	B		eV
II 4703,57	M	11	3,01	II 4252,44	M	50	—
I 4696,44	M	16	3,10	II 4247,37	M	120	2,92
I 4683,44	M	26	2,63	II 4239,84	M	17	—
II 4680,73	M	14	2,71	II 4235,24	M	17	—
II 4670,56	M	11	—	II 4234,19	M	15	3,11
I 4654,73	M	12	2,80	II 4232,38	M	75	2,99
I 4649,67	M	18	—	II 4227,73	M	26	3,40
4646,69	H	60	—	II 4220,25	M	17	3,26
I 4646,40	M	12	—	II 4211,29	M	28	3,15
II 4645,77	M	15	—	II 4205,60	M	28	3,58
I 4641,10	M	20	—	II 4184,98	M	15	—
I 4634,23	M	30	2,66	II 4179,59	M	38	3,15
I 4621,94	M	18	2,98	II 4178,64	M	12	—
II 4597,02	M	12	2,90	II 4177,32	M	140	3,03
I 4586,61	M	6	—	II 4175,61	M	48	3,60
II 4579,31	M	12	—	4168,00	M	24	—
II 4578,89	M	12	—	II 4160,57	M	20	—
II 4563,22	M	20	—	II 4156,08	M	180	3,16
I 4560,42	M	3,5	—	II 4135,53	M	30	—
II 4542,60	M	20	—	II 4133,36	M	28	3,32
I 4542,05	M	5	2,73	II 4123,88	M	24	3,39
II 4541,27	M	20	3,11	II 4113,83	M	18	3,19
II 4516,36	M	15	—	II 4110,48	M	30	3,01
II 4506,58	M	12	2,81	II 4109,46	M	150	3,34
II 4501,81	M	24	2,96	II 4109,08	M	80	3,08
II 4462,99	M	44	3,33	II 4098,18	M	13	—
II 4451,98	M	12	2,78	II 4096,13	M	16	—
II 4451,57	M	80	3,16	II 4061,09	M	280	3,52
II 4446,39	M	34	2,99	II 4040,80	M	180	3,25
II 4411,05	M	30	2,99	II 4012,25	M	220	3,71
II 4400,83	M	32	2,88	II 3994,68	M	65	—
II 4385,66	M	42	3,03	II 3991,74	M	60	3,10
II 4375,04	H	30	2,83	II 3990,10	M	85	3,57
II 4374,93	M	28	3,01	II 3963,11	M	80	3,59
II 4368,63	M	20	2,90	II 3958,00	M	35	3,19
II 4366,38	M	14	—	II 3957,47	M	14	—
II 4358,17	M	50	3,16	II 3953,53	M	19	—
II 4351,30	M	40	3,03	II 3952,19	M	48	3,13
I 4338,93	E	7	2,86	II 3951,15	M	120	3,32
II 4338,70	M	32	3,60	II 3941,51	M	120	3,20
I 4337,22	E	8	2,86	II 3938,86	M	30	—
II 4327,93	M	30	—	II 3936,11	M	24	—
II 4325,77	M	65	3,33	II 3934,82	M	36	—
II 4314,52	M	28	2,87	II 3927,11	M	30	—
II 4307,78	M	12	3,26	II 3920,96	M	65	—
II 4304,45	M	20	—	II 3919,92	M	13	—
II 4303,57	M	320	2,88	II 3915,95	M	36	—
II 4284,52	M	42	3,52	II 3915,13	M	26	—
II 4282,57	M	14	2,96	II 3913,69	M	20	—
II 4282,44	M	28	—	II 3912,23	M	50	—
II 4275,09	M	20	—	II 3911,16	M	120	—
II 4272,79	M	20	2,40	II 3907,84	M	30	—
II 4270,56	M	14	2,90	II 3905,89	M	100	—
II 4266,71	M	20	3,11	II 3901,84	M	75	—
II 4261,84	M	24	—	II 3900,21	M	120	—

λ	B		eV	λ	B		eV
II 3897,63	M	26	—	II 3775,50	M	80	—
II 3896,13	M	16	—	II 3769,64	M	30	3,49
II 3894,63	M	48	3,24	II 3763,47	M	55	—
II 3892,07	M	28	—	II 3759,79	M	18	—
II 3891,51	M	34	—	II 3758,95	M	55	—
II 3890,94	M	75	—	II 3757,82	M	30	—
II 3890,58	M	75	—	II 3755,60	M	22	—
II 3889,93	M	75	—	II 3752,67	M	22	3,30
II 3889,66	M	22	—	II 3752,49	M	34	—
II 3887,87	M	32	3,25	II 3741,42	M	16	—
II 3880,78	M	70	3,26	II 3738,06	M	60	—
II 3880,38	M	46	—	II 3737,10	M	26	—
II 3879,55	M	60	—	II 3735,64	H	10	—
II 3878,58	M	65	—	II 3735,54	M	60	—
II 3875,87	M	28	—	II 3732,78	M	16	—
II 3869,07	M	50	3,39	II 3730,58	M	28	—
II 3863,33	M	220	3,20	II 3728,13	M	42	—
II 3862,52	M	18	—	II 3724,87	M	24	—
3858,55	M	20	—	II 3723,50	M	46	—
3852,38	H	60	—	II 3721,35	M	24	—
II 3851,66	M	140	—	3718,54	M	24	—
II 3850,22	M	28	—	II 3715,68	M	28	—
II 3848,52	M	90	—	II 3715,04	M	15	—
II 3848,24	M	100	3,40	II 3714,73	M	38	—
3847,85	H	60	—	II 3714,20	M	22	—
3841,95	M	24	—	II 3713,70	M	28	—
II 3839,51	M	20	—	II 3697,56	M	24	—
II 3838,98	M	100	3,23	II 3689,69	M	24	—
II 3837,91	M	20	—	II 3687,30	M	26	—
II 3836,54	M	44	—	II 3685,80	M	70	—
3833,04	H	60	—	II 3678,18	M	14	—
II 3830,47	M	30	—	II 3673,54	M	34	—
II 3829,16	M	26	—	II 3672,36	M	32	—
II 3828,85	M	32	—	II 3665,18	M	32	—
II 3828,00	M	14	—	II 3662,26	M	28	—
II 3826,42	M	70	3,30	II 3653,15	M	24	—
II 3822,47	M	24	—	II 3650,42	M	14	—
3821,77	H	50	—	II 3648,20	M	20	—
II 3814,73	M	42	—	II 3645,78	M	14	—
II 3810,49	M	34	—	II 3640,24	M	14	—
II 3809,06	M	26	—	II 3637,23	M	14	—
II 3808,77	M	32	—	II 3637,00	M	14	—
II 3807,23	M	28	3,32	II 3634,30	M	20	—
II 3805,55	M	20	—	II 3631,02	M	18	—
II 3805,36	M	150	3,57	II 3609,79	M	19	—
II 3803,47	M	70	—	II 3600,91	M	18	—
3802,30	M	20	—	II 3598,02	M	20	—
II 3801,37	M	12	—	II 3592,60	M	18	—
3801,12	M	22	—	3590,35	H	400	—
II 3795,45	M	20	—	II 3587,51	M	28	—
II 3791,50	M	20	—	II 3568,87	M	20	—
II 3784,25	M	140	—	II 3560,75	M	24	—
II 3781,32	M	30	—	II 3555,72	M	12	—
II 3780,39	M	34	3,74	II 3543,35	M	17	—
II 3779,47	M	42	—	II 3393,63	M	17	—

λ	B		eV	λ	B		eV
II 3388,03	M	6	—	II 3275,22	M	19	—
3382,81	H	200	—	II 3265,12	M	13	—
II 3364,96	M	16	—	II 3259,24	M	13	—
II 3353,59	M	19	—	II 3134,90	M	13	—
II 3339,07	M	17	3,77	II 3133,60	M	17	—.
II 3334,48	M	17	3,89	II 3115,18	M	16	—
II 3331,57	M	15	—	II 3092,92	M	15	—
II 3328,27	M	24	3,72				
II 3300,15	M	18	—				
II 3285,16	M	17	—				

10 Ne

λ	B		eV	λ	B		eV
I 24366,4	G	95	20,19	I 10620,70	G	40	19,77
I 23978,4	G	68	20,71	I 10562,43	G	200	20,13
I 23951,3	G	119	20,29	I 10295,40	G	80	19,77
I 23709,4	G	62	20,21	I 10007,81	G	30	21,28
I 23636,3	G	205	20,18	I 10005,54	G	20	21,28
I 23372,1	G	62	20,29	I 9947,94	H	15	21,38
I 23101,0	G	62	20,29	I 9938,35	H	15	21,38
I 22529,7	G	105	20,21	I 9936,83	H	10	21,38
I 18597,30	G	120	20,70	I 9915,13	H	20	21,28
I 18422,43	G	110	20,80	I 9902,31	H	30	21,30
I 18390,10	G	180	20,80	I 9900,58	H	40	21,30
I 18385,17	G	160	20,80	I 9837,47	H	20	21,28
I 18304,00	G	140	20,70	I 9665,42	H	1000	19,66
I 18282,58	G	200	20,70	I 9547,40	H	300	20,02
I 18276,59	G	260	20,70	I 9534,17	H	500	20,02
I 18082,71	G	130	20,71	I 9486,68	H	500	19,68
I 12066,38	G	15	19,66	I 9459,21	H	300	20,03
I 11984,99	G	10	19,76	I 9452,08	H	10	21,35
I 11789,93	G	10	19,66	I 9432,94	H	40	20,03
I 11789,11	G	50	19,68	I 9425,38	H	500	20,02
I 11766,87	G	60	19,77	I 9373,28	H	200	20,02
I 11688,07	G	10	20,02	I 9326,52	H	600	20,03
I 11614,18	G	80	19,76	I 9313,98	H	300	20,03
I 11601,62	G	25	19,77	I 9310,58	H	150	20,02
I 11536,41	G	50	20,03	I 9300,85	H	600	20,03
I 11525,11	G	90	19,68	I 9275,53	H	100	20,03
I 11522,82	G	150	19,77	I 9226,67	H	200	20,03
I 11409,24	G	100	19,77	I 9221,88	H	15	20,04
I 11390,53	G	110	19,66	I 9221,59	H	200	20,04
I 11177,59	G	300	19,66	I 9220,05	H	400	20,04
I 11160,29	G	10	20,77	I 9201,76	H	600	20,03
I 11143,09	G	300	19,68	I 9148,68	H	600	20,04
I 11049,80	G	20	20,79	I 9121,14	H	20	21,40
I 11044,06	G	15	20,90	I 8988,58	H	200	19,76
I 11020,93	G	10	20,81	I 8929,24	H	10	21,05
I 10888,53	G	8	21,18	I 8919,50	H	300	20,02
I 10844,54	G	200	19,77	I 8892,22	H	10	21,05
I 10798,12	G	150	19,76	I 8865,76	H	500	19,77
I 10766,15	G	10	21,20	I 8865,33	H	100	20,03
I 10764,09	G	12	21,20	I 8853,87	H	700	20,03

λ	B	eV	λ	B	eV
I 8830,92	H 50	20,04	I 6738,06	H 70	20,80
I 8792,51	H 30	20,13	I 6717,04	H 70	18,69
I 8783,75	H 1000	20,13	I 6678,28	H 500	18,70
I 8782,01	H 50	20,04	I 6666,89	H 100	20,57
I 8780,62	H 1000	20,05	I 6652,09	H 150	18,71
I 8778,75	H 150	20,02	I 6602,91	H 100	20,56
I 8771,70	H 400	20,14	I 6598,95	H 1000	18,72
I 8767,55	H 15	20,02	I 6532,88	H 100	18,62
I 8704,15	H 200	20,03	I 6506,53	H 1000	18,57
I 8681,92	H 500	20,04	I 6444,72	H 150	20,56
I 8679,49	H 500	20,14	I 6421,71	H 100	20,65
I 8654,51	H 400	20,13	I 6409,75	H 150	20,57
I 8654,38	H 2000	20,15	I 6402,25	H 2000	18,55
I 8647,05	H 300	20,13	I 6401,08	H 100	20,66
I 8635,31	H 50	20,13	I 6382,99	H 1000	18,61
I 8634,65	H 600	20,05	I 6365,01	H 100	20,55
I 8591,26	H 400	20,13	I 6351,87	H 100	20,66
I 8582,91	H 60	20,13	I 6334,43	H 1000	18,57
I 8571,36	H 100	20,14	I 6330,90	H 150	20,56
I 8544,70	H 60	20,02	I 6328,17	H 300	20,66
I 8495,36	H 500	20,03	I 6313,69	H 150	20,65
I 8484,45	H 80	20,03	I 6304,79	H 100	18,63
I 8463,37	H 150	20,04	I 6293,77	H 100	20,66
I 8418,43	H 400	20,05	I 6276,04	H 50	20,70
I 8417,18	H 100	20,05	I 6273,02	H 70	20,70
I 8377,61	H 800	20,03	I 6266,49	H 1000	18,69
I 8376,41	H 200	20,03	I 6258,80	H 100	20,70
I 8365,75	H 150	20,03	I 6246,73	H 100	20,56
I 8301,54	H 150	20,04	I 6225,74	H 50	20,70
I 8300,33	H 600	20,05	I 6217,28	H 1000	18,61
I 8267,11	H 80	20,13	I 6213,88	H 150	20,57
I 8266,08	H 200	20,13	I 6205,79	H 100	20,71
I 8259,38	H 150	20,13	I 6193,08	H 50	20,70
I 8248,70	H 30	20,14	I 6189,08	H 70	20,70
I 8136,41	H 3300	20,13	I 6182,15	H 150	20,56
I 8128,93	H 60	20,13	I 6175,29	H 50	20,70
I 8118,55	H 100	20,14	I 6174,89	H 70	20,71
I 8082,46	H 200	18,38	I 6163,59	H 1000	18,72
I 7944,16	H 20	20,13	I 6156,15	H 50	20,70
I 7943,18	H 200	20,13	I 6150,30	H 100	20,70
I 7937,01	H 70	20,13	I 6143,06	H 1000	18,63
I 7839,08	H 30	20,13	I 6142,51	H 100	20,70
I 7544,05	H 100	20,02	I 6128,45	H 100	18,69
I 7535,77	H 300	20,02	I 6096,16	H 300	18,70
I 7488,87	H 500	20,03	I 6074,34	H 1000	18,71
I 7472,43	H 50	20,04	I 6064,55	H 50	20,65
I 7438,90	H 300	18,38	I 6046,16	H 50	20,66
I 7304,82	H 30	20,66	I 6030,00	H 1000	18,72
I 7245,17	H 1000	18,38	I 6000,95	H 100	20,70
I 7173,94	H 1000	18,57	I 5991,68	H 75	20,70
I 7059,11	H 200	20,13	I 5987,91	H 150	20,70
I 7051,29	H 70	20,14	I 5975,53	H 600	18,69
I 7032,41	H 1000	18,38	I 5974,63	H 500	20,71
I 7024,05	H 500	18,61	I 5966,17	H 35	20,80
I 6929,47	H 1000	18,63	I 5965,47	H 500	20,80

λ	B	eV	λ	B	eV
I 5961,63	H 70	20,80	I 5362,25	H 25	21,01
I 5944,83	H 500	18,70	I 5360,44	H 35	21,01
I 5939,32	H 50	20,66	I 5360,01	H 150	20,95
I 5934,46	H 75	20,70	I 5355,42	H 150	21,01
I 5922,71	H 25	20,70	I 5355,18	H 150	21,01
I 5918,91	H 250	20,80	I 5349,21	H 150	21,04
I 5913,63	H 250	20,71	I 5343,28	H 600	20,70
I 5906,43	H 50	20,71	I 5341,09	H 1000	20,70
I 5902,46	H 50	20,80	I 5333,32	H 50	21,01
I 5881,89	H 1000	18,72	I 5330,78	H 600	20,70
I 5872,83	H 35	20,80	I 5326,40	H 75	20,71
I 5872,15	H 75	20,80	I 5316,81	H 25	20,93
I 5868,42	H 75	20,80	I 5304,76	H 70	20,95
I 5852,49	H 2000	18,96	I 5298,19	H 150	21,04
I 5828,91	H 75	20,70	I 5280,09	H 50	21,04
I 5820,15	H 500	20,70	I 5274,04	H 40	21,04
I 5816,65	H 50	20,70	I 5234,03	H 50	20,94
I 5811,42	H 300	20,71	I 5222,35	H 50	20,95
I 5804,45	H 500	20,71	I 5214,34	H 35	21,01
I 5804,10	H 75	20,70	I 5210,57	H 50	21,01
I 5770,31	H 50	21,11	I 5208,86	H 70	21,01
I 5764,42	H 700	20,70	I 5203,90	H 150	21,02
I 5760,59	H 70	20,70	I 5193,22	H 150	21,11
I 5748,65	H 70	20,70	I 5193,13	H 150	21,11
I 5748,30	H 500	20,71	I 5191,33	H 35	21,11
I 5719,53	H 75	20,80	I 5188,61	H 150	20,94
I 5719,23	H 500	20,80	I 5158,89	H 50	21,11
I 5718,90	H 150	20,80	I 5156,66	H 50	21,01
I 5715,34	H 35	20,80	I 5154,42	H 50	21,02
I 5689,82	H 150	20,56	I 5151,96	H 75	21,02
I 5684,65	H 25	21,16	I 5150,08	H 35	21,04
I 5662,55	H 75	20,57	I 5145,12	H 35	21,11
I 5656,66	H 500	20,80	I 5145,01	H 500	21,11
I 5656,03	H 75	20,80	I 5144,94	H 500	21,11
I 5652,57	H 75	20,80	I 5122,34	H 150	21,11
I 5589,38	H 50	20,93	I 5122,26	H 150	21,11
I 5576,05	H 35	20,95	I 5120,51	H 25	21,11
I 5563,05	H 75	20,80	I 5117,01	H 35	20,80
I 5562,77	H 500	20,80	I 5116,50	H 150	20,80
I 5562,44	H 150	20,80	I 5113,68	H 75	20,80
I 5559,09	H 35	20,80	I 5104,71	H 35	21,04
I 5538,64	H 50	20,95	I 5099,04	H 25	21,03
I 5533,68	H 75	20,94	I 5083,97	H 25	21,01
I 5507,34	H 25	20,93	I 5080,38	H 150	21,01
I 5494,41	H 50	20,95	I 5076,58	H 35	21,01
I 5448,51	H 150	20,65	I 5074,20	H 35	21,02
I 5433,65	H 250	20,66	I 5052,93	H 25	21,14
I 5420,16	H 50	21,01	I 5037,75	H 500	21,01
I 5418,56	H 150	21,01	I 5035,99	H 35	21,01
I 5412,66	H 250	21,01	I 5031,35	H 250	21,02
I 5400,56	H 2000	18,96	I 5022,87	H 25	21,04
I 5383,26	H 25	21,01	I 5011,00	H 25	21,18
I 5374,98	H 50	21,02	I 5005,33	H 50	21,11
I 5372,31	H 75	20,94	I 5005,16	H 500	21,11
I 5366,22	H 25	21,01	I 4994,93	H 150	21,18

λ	B	eV	λ	B	eV
I 4974,76	H 50	21,18	I 4715,13	H 30	21,23
I 4973,54	H 100	21,18	I 4714,34	H 70	21,18
I 4957,12	H 150	21,11	I 4712,06	H 1000	21,18
I 4957,03	H 1000	21,11	I 4710,48	H 30	21,36
I 4955,38	H 150	21,11	I 4710,06	H 1000	21,01
I 4944,99	H 100	21,14	I 4708,85	H 1200	21,01
I 4939,04	H 100	21,14	I 4704,39	H 1500	21,01
I 4930,94	H 50	21,23	I 4702,53	H 150	21,01
I 4928,24	H 70	21,24	I 4687,67	H 100	21,28
I 4899,01	H 50	21,23	I 4683,76	H 30	21,35
I 4897,92	H 70	21,14	I 4681,20	H 50	21,28
I 4892,09	H 500	21,14	I 4680,36	H 100	21,28
I 4885,08	H 100	21,11	I 4679,14	H 150	21,28
I 4884,91	H 1000	21,23; 21,11	I 4678,60	H 50	21,28
I 4868,27	H 70	21,18	I 4678,22	H 300	21,28
I 4867,01	H 70	21,23	I 4670,88	H 70	21,35
I 4866,48	H 80	21,18	I 4667,36	H 100	21,38
I 4865,51	H 100	21,18	I 4663,09	H 40	21,35
I 4864,35	H 30	21,23	I 4661,10	H 150	21,04
I 4863,08	H 100	21,18	I 4656,39	H 300	21,04
I 4852,66	H 100	21,28	I 4653,70	H 50	21,36
I 4851,50	H 60	21,27	I 4649,90	H 70	21,24
I 4842,94	H 50	21,28	I 4645,42	H 300	21,27
I 4837,32	H 500	20,94	I 4644,83	H 40	21,27
I 4827,59	H 300	21,14	I 4640,44	H 70	21,38
I 4827,34	H 1000	20,95	I 4639,59	H 30	21,28
I 4825,53	H 50	21,26	I 4636,97	H 50	21,28
I 4823,37	H 50	21,18	I 4636,63	H 70	21,28
I 4823,17	H 100	21,27	I 4636,13	H 70	21,28
I 4821,92	H 300	21,14	I 4628,31	H 150	21,38
I 4819,94	H 70	21,18	I 4617,84	H 70	21,26
I 4818,79	H 150	21,18	II 4615,98	H 50	37,54
I 4817,64	H 300	21,18	I 4614,39	H 100	21,26
I 4814,34	H 50	21,28	I 4609,91	H 150	21,38
I 4810,63	H 100	21,27	I 4595,25	H 50	21,33
I 4810,06	H 150	21,28	I 4593,24	H 50	21,33
I 4800,11	H 15	21,28	II 4588,13	H 30	37,62
I 4790,73	H 30	21,27	I 4582,45	H 150	21,26
I 4790,22	H 50	21,28	I 4582,04	H 150	21,28
I 4789,60	H 100	21,27	II 4580,35	H 30	37,66
I 4788,93	H 300	21,14	I 4575,06	H 300	21,28
I 4780,88	H 30	21,28	I 4573,56	H 50	21,28
I 4780,34	H 50	21,28	II 4569,01	H 70	37,63
I 4758,73	H 150	21,24	I 4566,83	H 40	21,35
I 4754,44	H 100	21,18	I 4565,89	H 60	21,34
I 4752,73	H 1000	21,18	I 4554,82	H 40	21,45
I 4751,80	H 30	21,18	II 4553,16	H 50	37,54
I 4750,69	H 30	21,18	I 4552,60	H 30	21,33
I 4749,57	H 300	21,18	I 4544,50	H 50	21,43
I 4725,15	H 70	21,26	I 4540,38	H 50	21,28
I 4723,81	H 70	21,33; 21,35	I 4539,17	H 50	21,28
I 4721,54	H 70	21,26	I 4538,31	H 300	21,28
I 4717,61	H 70	21,23	I 4537,75	H 1000	21,11
I 4715,34	H 1500	21,18	I 4537,68	H 300	21,11
I 4715,25	H 30	21,18	I 4536,31	H 150	21,11

	λ	B		eV		λ	B		eV
I	4529,48	H	30	21,45	II	4217,15	H	30	37,54
I	4526,18	H	50	21,35	I	4198,10	H	70	21,33
I	4525,78	H	70	21,35	I	4175,49	H	40	21,35
II	4522,66	H	50	37,66	I	4175,22	H	60	21,35
I	4517,74	H	100	21,44	I	4174,37	H	70	21,35
I	4516,94	H	50	21,36	I	4166,09	H	30	21,36
II	4514,89	H	70	37,54	I	4164,80	H	50	21,36
II	4508,21	H	30	37,62	II	4133,65	H	30	37,62
I	4500,18	H	50	21,44	I	4131,05	H	70	21,38
II	4498,94	H	20	37,56	I	4080,15	H	50	21,42
I	4493,70	H	50	21,33	I	4064,04	H	50	21,43
I	4492,41	H	30	21,40	II	4062,90	H	30	37,66
I	4491,84	H	50	21,40	I	4042,64	H	50	21,45
I	4491,77	H	80	21,33	II	3829,77	H	40	34,74
I	4488,09	H	300	21,14	II	3818,44	H	25	34,77
I	4483,19	H	150	21,14	II	3800,02	H	18	34,77
I	4475,66	H	100	21,38	II	3777,16	H	75	30,54
II	4468,91	H	70	37,54	II	3766,29	H	75	30,52
I	4466,81	H	70	21,35	I	3754,22	H	50	20,15
I	4465,65	H	50	21,35	II	3753,83	H	18	34,81
I	4460,18	H	100	21,33	II	3751,26	H	18	30,57
II	4456,95	H	70	37,54	II	3744,66	H	12	34,83
II	4442,67	H	30	37,62	II	3734,94	H	40	30,54
I	4433,72	H	70	21,35	II	3727,08	H	125	31,17
II	4430,90	H	50	37,62	II	3713,08	H	250	31,11
II	4428,54	H	100	37,64; 37,54	II	3709,64	H	40	30,56
I	4427,76	H	30	21,49	I	3701,23	H	40	20,19
I	4425,40	H	150	21,18	II	3694,20	H	250	30,51
I	4424,80	H	300	21,18	I	3685,74	H	75	20,21
I	4422,52	H	300	21,18	I	3682,24	H	75	20,21
I	4421,56	H	50	21,18	II	3664,11	H	250	30,54
I	4416,82	H	50	21,38	I	3633,67	H	75	20,26
II	4413,20	H	50	37,64	I	3609,18	H	50	20,15
II	4409,30	H	150	37,64	I	3600,17	H	75	20,29
II	4397,94	H	100	37,54	I	3593,64	H	250	20,29
I	4395,56	H	50	21,39	I	3593,53	H	500	20,29
II	4391,94	H	150	37,61	II	3568,53	H	25	34,02
I	4381,22	H	30	21,38	II	3565,84	H	12	34,83
II	4379,50	H	100	37,62	II	3561,23	H	12	34,84
I	4372,16	H	30	21,45	II	3557,84	H	12	31,34
II	4369,77	H	70	37,66	II	3542,90	H	40	34,85
I	4363,52	H	70	21,39	I	3520,47	H	1000	20,37
I	4336,22	H	50	21,23	I	3515,19	H	150	20,19
I	4334,13	H	70	21,24	I	3510,72	H	50	20,15
I	4314,70	H	30	21,42	II	3503,61	H	18	34,87
I	4306,24	H	70	21,26	I	3501,22	H	150	20,21
II	4290,40	H	100	37,61	I	3498,06	H	75	20,21
I	4275,56	H	70	21,28	II	3481,96	H	25	31,33
I	4274,66	H	50	21,28	I	3472,57	H	500	20,19
I	4270,27	H	50	21,28	I	3466,58	H	150	20,29
I	4269,72	H	70	21,28	I	3464,34	H	75	20,19
I	4268,01	H	70	21,28	I	3460,53	H	75	20,29
II	4250,68	H	50	37,54	I	3454,19	H	75	20,26
II	4231,60	H	50	37,54	I	3450,77	H	50	20,21
II	4219,76	H	100	37,53	I	3447,70	H	150	20,21

λ	B		eV	λ	B		eV
II 3428,76	H	18	35,12	I 3017,35	H	50	20,78
I 3423,91	H	50	20,29	I 3012,96	H	50	20,77
I 3418,01	H	50	20,29	I 3012,13	H	50	20,79
I 3417,90	H	500	20,29	II 3001,66	H	25	31,35
II 3417,71	H	18	34,74	I 2992,43	H	150	20,76; 20,81
II 3416,87	H	12	34,74	I 2982,67	H	250	20,79
II 3406,88	H	18	38,02	I 2980,92	H	50	20,87
II 3404,77	H	12	38,02	I 2980,65	H	40	20,87
II 3392,78	H	20	31,50	I 2979,81	H	50	20,78
II 3388,46	H	25	34,83	I 2975,52	H	35	20,78
II 3378,28	H	18	31,52	I 2974,72	H	250	20,78
I 3375,65	H	50	20,29	II 2967,18	H	8	38,19
II 3371,87	H	12	34,85	II 2963,23	H	4	38,19
I 3369,91	H	700	20,29	II 2955,73	H	40	31,36
I 3369,81	H	500	20,29	I 2947,30	H	150	20,89
II 3367,20	H	25	34,79	I 2932,73	H	75	21,08
II 3360,63	H	18	30,95	II 2925,62	H	9	34,80
II 3344,43	H	18	30,97	I 2913,17	H	150	20,88
II 3334,87	H	250	30,87	I 2911,46	H	25	20,87
II 3329,20	H	12	34,60	II 2910,06	H	18	34,80
II 3327,16	H	18	30,95	II 2906,82	H	10	34,83
II 3323,75	H	40	31,51	II 2876,43	H	18	34,83
II 3319,75	H	7	34,28	I 2872,66	H	35	21,16
II 3309,78	H	7	31,52	I 2842,63	H	15	21,20
II 3297,74	H	40	30,92	I 2835,24	H	15	21,22
II 3244,15	H	18	34,74	I 2825,61	H	8	21,05
II 3232,38	H	7	34,38	I 2825,26	H	10	21,05
II 3230,16	H	18	34,38	II 2809,50	H	18	34,96
II 3224,82	H	12	37,85	I 2795,09	H	25	21,15
II 3218,21	H	75	34,73	I 2794,60	H	5	21,05
II 3214,38	H	18	34,81	II 2794,22	H	30	35,00
II 3198,62	H	20	34,80	I 2792,32	H	20	21,05
II 3194,61	H	12	34,83	II 2792,01	H	25	34,98
I 3167,57	H	50	20,76	II 2780,02	H	5	35,00
II 3165,70	H	12	34,84	I 2775,05	H	5	21,31
I 3153,40	H	50	20,77	I 2766,36	H	3	21,15
I 3148,60	H	75	20,78	II 2762,92	H	10	35,00
I 3147,70	H	25	20,79	II 2756,62	H	10	35,04
I 3126,19	H	150	20,81	I 2736,17	H	5	21,15
II 3118,02	H	12	34,85	I 2724,77	H	3	21,22
II 3094,08	H	12	35,12	III 2678,64	I	80	44,23
I 3079,18	H	75	20,87	III 2677,90	I	100	44,23
I 3078,88	H	75	20,87	I 2675,64	H	150	21,30
I 3076,97	H	150	20,87	I 2675,24	H	150	21,30
I 3063,70	H	150	20,75	I 2651,01	H	50	—
I 3057,39	H	250	20,90	I 2648,56	H	25	21,30
II 3054,69	H	18	34,63	I 2647,42	H	150	21,30
II 3047,57	H	25	34,61	I 2645,65	H	35	21,30
II 3045,56	H	12	34,64	I 2645,51	H	50	—
II 3037,73	H	12	34,63	III 2641,07	I	10	51,11
II 3034,48	H	18	34,60	III 2638,70	I	10	51,11
II 3030,79	H	4	35,04	I 2636,07	H	25	21,53
I 3030,31	H	50	20,75	I 2616,62	H	25	21,40
II 3028,86	H	12	31,36	III 2615,87	I	10	48,52
II 3027,01	H	12	34,61	I 2613,59	H	30	21,36

λ		B	eV	λ		B	eV
III	2613,41	I	20	48,52	II	1938,83	I	200	34,25
III	2610,03	I	30	48,53	II	1930,03	I	200	34,27
III	2595,68	I	50	—	II	1928,79	I	5	—
I	2595,21	H	50	—	II	1916,08	I	500	34,25
III	2593,60	I	100	—	II	1907,49	I	200	34,27
III	2590,04	I	200	—	II	1889,71	I	5	—
III	2473,40	I	10	—	II	1888,11	I	5	—
III	2413,78	I	10	49,36	II	1883,80	I	5	—
III	2412,94	I	20	49,36	II	1880,21	I	20	—
III	2412,73	I	30	49,36	II	1854,04	I	5	—
IV	2384,95	T	100	64,66	II	1688,36	I	10	34,25
IV	2372,16	T	100	64,61	II	1681,68	I	5	34,27
IV	2365,49	T	20	—	VIII	780,34	T	20	15,88
IV	2363,28	T	60	—	VIII	770,42	T	200	16,09
IV	2362,68	T	60	64,59	I	743,72	E	600	16,67
IV	2357,96	T	500	64,72	I	735,89	E	2000	16,84
IV	2352,52	T	200	64,66	I	629,74	E	60	19,68
IV	2350,84	T	60	64,61	I	626,82	E	60	19,78
V	2306,31	T	5	79,43	I	619,10	E	20	20,02
IV	2293,46	T	2	—	I	618,67	E	30	20,04
IV	2285,79	T	5	—	I	615,63	E	30	20,14
V	2282,61	T	2	79,38	I	602,72	E	20	20,57
V	2265,71	T	60	79,55	I	600,04	E	5	20,66
III	2264,91	T	10	53,99	I	598,89	E	2	20,70
IV	2264,54	T	20	—	I	598,71	E	5	20,71
V	2263,39	T	10	79,38	I	595,92	E	10	20,80
III	2263,21	T	20	54,00	V	572,34	S	80	21,80
IV	2262,08	T	30	—	VII	564,52	T	10	—
V	2259,57	T	10	79,45	VII	562,99	T	10	—
IV	2258,02	T	60	—	VII	561,73	T	20	—
VI	2253,17	T	10	—	VII	561,38	T	10	—
V	2245,48	T	10	—	VII	559,96	T	10	—
V	2236,29	T	5	—	VII	558,63	T	10	—
V	2232,41	T	20	—	IV	543,88	E	100	22,79
V	2227,42	T	10	—	IV	542,08	E	60	22,86
IV	2220,81	T	2	65,04	IV	541,12	E	30	22,90
III	2216,07	I	30	54,12	III	491,05	E	300	25,32
III	2213,76	I	20	54,12	III	490,31	E	100	25,39
III	2211,85	I	10	54,12	III	489,64	E	20	25,39
III	2209,35	I	10	—	III	489,50	E	500	25,32
IV	2203,88	T	5	65,08	III	488,87	E	100	25,43
III	2180,89	I	10	49,46	III	488,10	E	200	25,39
III	2163,77	I	30	49,45	VII	465,29	T	500	26,65
III	2161,22	I	10	—	II	462,39	T	100	26,89
III	2095,54	I	50	54,15	II	460,72	T	600	26,89
III	2092,44	I	20	54,16	VI	454,07	T	5	—
III	2089,43	I	30	54,16	VI	452,75	T	2	—
III	2086,96	I	10	54,17	VI	451,85	T	2	—
VI	2055,93	T	10	—	II	446,26	T	100	27,78
VI	2042,38	T	10	—	VI	435,64	T	10	28,61
IV	2022,19	T	20	—	VI	433,17	T	5	28,61
IV	2018,44	T	10	—	V	416,20	S	80	—
VII	1997,35	T	2	—	III	379,31	E	100	35,89
VII	1992,06	T	10	—	V	365,59	S	100	—
VII	1981,97	T	60	—	III	313,69	IE	100	39,60

	λ		B	eV		λ		B	eV
III	313,04	IE	100	39,60	VIII	103,10	T	60	136,4
III	283,69	IE	30	43,78	VIII	102,89	T	30	136,4
III	283,21	IE	60	43,78	VIII	98,27	T	100	142,2
VII	121,68	T	100	—	VIII	98,11	T	100	142,2
VII	116,66	T	100	—	VIII	97,54	T	100	127,1
VII	115,52	T	100	—	VII	95,86	T	100	—
VII	115,36	T	100	—	VIII	88,11	T	100	140,6
VII	110,60	T	100	—	VIII	73,55	T	20	184,6
VII	106,19	T	300	—	VIII	67,39	T	10	184,0
VII	106,07	T	300	—	VIII	65,89	T	5	204,2

28 Ni

	λ		B	eV		λ		B	eV
I	18040,6	A	1	—	I	7555,60	M	3,0	5,48
I	17986,8	A	1	—	I	7525,14	M	1,4	5,28
I	16999,6	A	2	6,05; 6,21	I	7522,78	M	2,0	5,30
I	16868,5	A	1	6,20	I	7422,30	M	3,5	5,30
I	16495,5	A	1	—	I	7414,51	M	0,8	3,65
I	16409,4	A	10	—	I	7409,39	M	2,5	5,47
I	16363,0	A	5	6,04	I	7393,63	M	2,5	5,28
I	16313,0	A	1	6,04	I	7386,21	A	4	7,02
I	14874,7	A	1	6,11	I	7385,24	M	0,6	4,42
I	14102,1	A	1	—	I	7381,94	A	2	7,04
I	13969,0	A	1	—	I	7327,67	A	1	5,48
I	13829,6	A	1	—	I	7291,48	M	0,7	3,63; 7,31
I	13722,6	A	2	—	I	7290,87	A	1	7,04
I	13553,7	A	1	6,26	I	7261,93	M	0,8	3,65
I	11588,73	A	1	5,30	I	7197,07	M	0,8	3,65
I	11196,70	A	1	3,85	I	7182,00	M	1,0	5,47
I	10979,87	A	2	5,28	I	7167,01	A	2	5,47
I	10530,53	A	1	5,28	I	7122,24	M	4	5,28
I	10378,62	A	2	5,28	I	7110,91	M	0,8	3,67
I	10330,23	A	1	5,30	I	7062,97	A	2	3,70
I	10302,61	A	1	5,47	I	7034,42	A	1	5,30
I	10193,25	A	2	5,30	I	7030,06	A	4	5,30
I	9520,00	A	2	5,47	I	7024,86	A	2	6,31
I	9396,57	A	1	—	I	7001,57	A	1	3,70
I	9106,40	A	1	6,72	I	6955,06	A	3	5,48
I	8968,20	A	1	6,72	I	6914,57	M	1,2	3,74
I	8965,94	A	1	5,49	I	6842,07	A	2	5,47
I	8862,58	M	1,4	5,48	I	6813,60	A	1	7,16
I	8809,47	M	0,3	5,30	I	6772,36	M	1,0	5,49
I	7917,48	M	0,3	5,30	I	6767,78	M	2,5	3,65
I	7863,79	A	1	6,11	I	6643,64	M	1,8	3,54
I	7797,62	M	2,0	5,48	I	6586,33	A	2	3,84
I	7788,95	M	1,6	3,54	I	6482,81	A	2	3,85
I	7748,94	M	3,0	5,30	I	6378,26	A	1	6,09
I	7727,66	M	3,0	5,28	I	6339,15	A	2	6,10
I	7715,63	M	0,8	5,30	I	6327,60	A	1	3,63
I	7714,27	M	2,5	3,54	I	6314,68	M	0,8	3,90
I	7619,21	M	1,4	5,30	I	6256,37	M	1,0	3,65
I	7617,00	M	3,5	5,28	I	6223,99	A	1	6,09
I	7574,08	M	1,2	5,47	I	6191,19	M	0,8	3,67

λ	B		eV	λ	B		eV
I 6186,74	A	1	6,10	I 5088,96	A	1	6,11
I 6176,81	M	0,8	6,09	I 5088,53	A	1	6,29
I 6175,42	A	6	6,09	I 5084,08	M	2,0	6,11
I 6163,42	A	3	6,11	I 5082,35	A	1	6,10
I 6116,18	A	4	6,11; 6,30	I 5081,11	M	5	6,29
I 6111,06	A	1	6,11	I 5080,52	M	8	6,09
I 6108,12	M	0,8	3,70	I 5079,96	A	1	4,27
I 6086,29	A	1	6,30	I 5058,03	A	1	6,08
I 6007,31	A	1	3,74	I 5051,53	A	1	6,10
I 5892,88	M	0,8	4,09	I 5048,85	M	1,2	6,31
I 5857,76	M	0,8	6,29	I 5048,08	A	1	6,29
I 5805,23	A	1	6,31	I 5042,20	A	1	6,11
I 5760,85	M	0,6	6,25	I 5041,08	A	1	6,29
I 5754,68	M	1,2	4,09	I 5039,26	A	1	6,09
I 5748,34	A	1	3,84	I 5038,60	A	1	6,30
I 5715,09	M	0,8	6,25	I 5035,96	A	1	6,11
I 5711,91	M	0,8	4,11	I 5035,37	M	8	6,09
I 5709,56	M	1,8	3,85	I 5018,29	A	1	6,31
I 5695,00	A	1	6,26	I 5017,59	M	4	6,00
I 5682,20	M	0,9	6,29	I 5014,24	A	1	6,89
I 5641,88	A	1	6,31	I 5012,46	M	1,4	6,17
I 5625,33	M	0,4	6,30	I 5010,96	A	1	6,10
I 5614,79	M	0,7	6,36	I 5010,05	A	1	6,24
I 5593,74	A	1	6,11	I 5003,75	A	1	4,16
I 5592,28	M	1,0	4,17	I 5000,34	M	1,2	6,11
I 5589,38	A	1	6,11	I 4998,23	A	1	6,08
I 5587,87	M	0,7	4,16	I 4996,85	A	1	6,11
I 5578,73	M	0,5	3,90	I 4984,13	M	3,5	6,29
I 5510,00	M	0,5	6,09	I 4980,16	M	3,5	6,09
I 5476,91	M	14	4,09	I 4971,35	A	1	7,03
I 5462,49	A	1	6,11	I 4953,20	A	1	6,24
I 5435,87	M	0,6	4,27	I 4945,46	A	1	6,31
I 5424,65	A	1	4,24	I 4937,34	A	2	6,11
I 5411,23	A	1	6,38	I 4935,83	M	1,2	6,45
I 5371,45	A	1	6,72	I 4925,58	A	1	6,17
I 5353,42	A	1	4,27	I 4918,36	M	2,0	6,36
I 5235,35	A	1	—	I 4913,97	A	1	6,26
I 5184,59	A	1	6,09	I 4912,03	A	1	6,29
I 5176,57	M	1,0	6,30	I 4904,41	M	3,5	6,06
I 5168,66	M	1,2	6,09	I 4886,99	A	1	6,17
I 5155,76	M	3,0	6,31	I 4874,81	A	1	6,08
I 5155,14	A	1	6,31	I 4873,44	M	1,6	6,24
I 5146,48	M	3,0	6,11	I 4870,85	A	1	6,29
I 5142,77	M	1,8	6,11	I 4866,27	M	3,0	6,08
I 5139,26	A	1	6,06	I 4864,28	A	1	6,29
I 5137,08	M	1,8	4,09	I 4857,38	A	1	6,29
I 5129,38	M	1,4	6,09	I 4855,41	M	4	6,09
I 5125,21	A	1	6,09	I 4852,56	A	1	6,09
I 5121,57	A	1	6,36	I 4843,17	A	1	4,24
I 5115,40	M	1,6	6,25	I 4838,65	A	1	6,73
I 5102,97	A	1	4,11	I 4832,70	A	1	6,36
I 5099,95	M	2,0	6,10	I 4831,18	M	1,8	6,17
I 5099,32	M	1,4	6,08	I 4829,03	M	2,0	6,10
I 5096,87	A	1	6,17	I 4821,14	A	1	6,73
I 5094,42	A	1	6,26	I 4808,86	A	l	6,29

λ		B	eV	λ		B	eV
I 4807,00	M	2,0	6,25	I 3831,69	M	12	3,65
I 4786,54	M	4	6,00	I 3807,14	M	70	3,67
I 4763,95	M	1,4	6,25	I 3793,61	A	4	3,54
I 4762,63	A	1	4,54	I 3792,34	A	3	3,54
I 4756,52	M	3,0	6,08	I 3783,53	M	70	3,70
I 4754,77	A	1	6,24	I 3778,06	A	2	3,30
I 4752,43	A	2	6,26	I 3775,57	M	60	3,71
I 4752,12	A	1	6,29	II 3769,46	S	1	6,39
I 4732,47	A	1	6,73	I 3749,05	A	4	3,30
I 4731,81	A	1	6,45	I 3739,23	M	6	3,48
I 4715,78	M	2,0	6,17	I 3736,81	M	15	3,73
I 4714,42	M	10	6,00	I 3730,75	A	1	3,59
I 4703,81	A	2	6,30	I 3722,48	M	12	3,54
I 4701,54	A	1	6,73	I 3693,93	M	8	3,46
I 4701,34	A	1	6,12	I 3688,42	M	16	3,63
I 4698,41	A	1	6,73	I 3674,15	M	24	3,80; 3,40
I 4686,22	M	2,5	6,24	I 3670,43	M	16	3,54
I 4667,77	A	1	6,36	I 3669,24	M	12	3,54
I 4666,99	A	1	6,45	I 3664,10	M	18	3,65
I 4655,66	A	1	6,36	I 3661,95	A	3	3,59
I 4648,66	M	8	6,08	I 3634,94	A	8	3,84
I 4606,23	M	2,0	6,29	I 3624,73	M	12	3,41
I 4604,99	A	4	6,17	I 3619,39	M	600	3,85
I 4600,37	M	2,0	6,29	I 3612,74	M	48	3,70
I 4592,53	M	4	6,24	I 3610,46	M	120	3,54
I 4547,23	A	1	6,36	I 3609,31	A	12	3,54
I 4546,93	A	2	6,89	I 3606,85	A	20	7,27; 7,04
I 4519,99	A	1	4,42	I 3602,28	A	12	3,60
I 4470,48	M	6	6,17	I 3597,71	M	120	3,65
I 4462,46	M	2,0	6,24	I 3587,93	M	12	3,48
I 4459,04	M	9	6,08	I 3571,87	M	90	3,63
I 4410,52	A	1	6,11	I 3566,37	M	460	3,90
I 4401,55	M	12	6,00	I 3561,75	M	6	3,48
I 4384,54	A	2	6,29	I 3553,48	A	4	3,59
I 4359,59	A	4	6,24	I 3551,53	M	5	3,65
I 4331,65	A	6	4,54	I 3548,19	M	30	3,71; 3,77
I 4325,61	A	3	6,17	I 3530,60	A	2	7,05
I 4295,89	A	4	6,73	I 3527,98	M	10	3,67
I 4288,01	A	7	6,73	I 3524,54	M	750	3,54
I 4284,68	A	3	6,08	I 3523,44	A	5	3,54
I 4201,72	A	2	7,04	I 3519,77	M	60	3,80
I 4200,46	A	2	6,25	I 3518,63	A	4	7,06
I 4195,53	A	1	7,04	I 3516,22	A	2	7,06
I 3993,95	A	1	6,78	I 3515,05	M	600	3,63
I 3984,14	A	3	6,79	I, II 3513,93	M	24	3,73; 6,39
I 3974,65	A	4	6,97	I 3510,34	M	240	3,74
I 3973,56	M	12	3,54	I 3507,69	M	5	3,69
I 3972,17	M	4	3,54	I 3502,60	M	6	3,53
I 3970,50	A	5	6,78	I 3500,85	M	60	3,70
I 3944,10	A	3	6,78	I 3492,96	M	500	3,65
I 3912,31	A	2	6,96	I 3485,89	M	12	3,77
I 3908,93	A	2	6,78	I 3483,77	M	50	3,84
I 3889,67	M	3,5	3,39	I 3472,55	M	150	3,67
I 3858,30	M	130	3,63	I 3469,49	M	22	3,85
I 3832,87	A	1	3,39	I 3467,50	M	18	3,73

λ		B	eV	λ		B	eV
I	3461,65	M 460	3,60	I	3209,91	A 2	7,17
I	3458,47	M 460	3,80	I	3202,14	M 5	7,06
I	3452,89	M 120	3,69	I	3200,42	A 2	3,90
I	3446,26	M 440	3,70	I	3197,11	M 14	4,09
I	3437,28	M 90	3,60	I	3195,57	M 5	4,16
I	3433,56	M 240	3,63	I	3184,37	M 9	4,17
I	3423,71	M 150	3,84	I	3183,25	A 2	5,84
I	3421,34	A 4	7,16	I	3181,74	M 5	5,83
I	3420,74	A 2	3,90	I	3145,72	M 5	4,11
I	3414,77	M 750	3,65	I	3134,11	M 260	4,17
I	3413,94	M 30	3,73	I	3129,31	A 4	4,24
I	3413,48	M 30	3,80; 7,16	I	3114,12	M 25	4,09
I	3409,58	M 12	3,63	I	3107,71	A 1	4,16
II	3407,30	S 2	6,72	I	3105,47	M 20	4,27
I	3403,43	A 4	7,06	I	3101,88	M 120	4,42
I	3401,17	A 4	7,06	I	3101,66	M 240	4,11
I	3392,99	M 300	3,67	I	3099,12	M 19	4,17
I	3391,05	M 120	3,65	I	3097,12	M 24	4,17
I	3380,85	M 22	3,94	II	3087,08	S 5	7,12
I	3380,57	M 300	4,09	I	3080,76	M 38	4,24
I	3376,33	A 2	7,15	I	3064,62	M 40	4,16
I	3374,64	M 12	7,05	I	3057,64	M 150	4,27
I	3374,22	M 24	3,69	I	3054,32	M 120	4,17
I	3371,99	M 36	3,84	I	3050,82	M 280	4,09
I	3369,57	M 260	3,67	I	3045,01	M 12	4,24
I	3367,89	M 6	3,70	I	3037,94	M 140	4,11
I	3366,81	M 6	7,06	I	3031,87	M 10	4,09
I	3366,17	M 30	3,85	I	3019,14	M 28	4,11
I	3365,77	M 30	4,11	I	3012,00	M 300	4,54
I	3363,61	A 2	7,16	I	3003,63	M 180	4,24
I	3362,81	A 3	3,90	I	3002,49	M 320	4,16
I	3361,56	M 30	3,80	I	2994,46	M 80	4,17
I	3359,11	A 4	7,17	I	2992,60	M 40	4,17
I	3322,31	M 28	4,16	I	2984,13	M 20	4,16
I	3320,26	M 30	3,90	I	2981,65	M 46	4,27
I	3315,66	M 60	3,85	II	2947,45	S 2	7,28
I	3312,32	A 5	7,16	I	2943,91	M 40	4,23
I	3310,20	A 2	4,17	I	2914,01	M 2,0	4,42
I	3304,95	A 3	7,17	II	2913,59	S 4	7,11
I	3286,95	A 4	3,80	I	2907,46	M 5	4,54
I	3282,83	A 2	7,25	II	2864,15	S 1	11,46
I	3282,70	M 11	3,94	II	2863,70	S 6	7,29
I	3281,88	A 2	7,32	II	2842,42	S 2	8,39
I	3271,12	M 9	3,90	I	2838,96	A 1	6,04
I	3250,74	M 11	4,24	I	2834,55	A 1	4,54
I	3249,44	A 3	4,09	II	2825,24	S 1	7,26
I	3248,46	M 9	3,84	I	2821,29	M 20	4,42
I	3243,06	M 55	3,85	II	2805,67	S 2	8,44
I	3234,65	M 26	3,94	I	2805,08	A 1	4,42
I	3232,96	M 100	3,84	I	2802,27	A 1	—
I	3226,98	A 2	3,84	I	2798,65	M 12	4,54
I	3225,02	M 19	4,27	II	2775,33	S 2	11,74
I	3221,65	M 14	3,85	II	2768,79	S 2	11,59
I	3221,27	M 9	7,68	II	2759,02	S 2	11,74
I	3217,83	M 16	7,04	I	2746,75	A 2	4,54

λ	B		eV	λ	B		eV
II 2742,99	S	4	11,59	II 2437,89	M	7	6,76
II 2708,79	S	2	11,44	I 2434,42	A	1	5,51
I 2696,49	M	3,0	5,02	II 2433,57	S	2	6,95
II 2690,64	S	1	11,59	II 2431,57	S	2	8,77
II 2684,41	S	5	11,37	I 2424,03	M	5	5,32
II 2679,24	S	2	11,59	I 2423,66	M	5	5,39
II 2670,33	S	1	8,30	I 2423,33	M	5	5,28
II 2665,25	S	1	8,25	I 2421,23	M	6	5,28
II 2655,91	S	1	11,66	II 2419,31	M	17	5,29
II 2655,47	S	1	11,74	II 2416,14	M	15	6,98
II 2648,72	S	1	6,54	II 2413,05	S	2	6,99
II 2647,06	S	1	11,44	I 2412,64	A	5	5,30
II 2632,89	S	1	11,58	II 2405,17	S	2	8,75
II 2631,52	S	1	11,66	II 2401,84	A	2	5,32
II 2630,28	S	2	6,39	II 2394,84	S	3	8,25
II 2626,56	S	1	11,44	II 2394,52	M	23	6,85
II 2615,19	S	4	11,59	II 2392,58	S	3	8,25
II 2611,65	S	1	8,77	II 2387,77	S	6	6,87
II 2610,09	S	6	11,39	I 2386,58	M	17	5,30
II 2606,39	S	2	11,74	II 2375,42	S	7	7,08
II 2605,35	S	1	11,58	II 2367,40	S	5	6,39
II 2601,13	S	2	11,39	II 2366,56	S	2	8,31
II 2588,31	S	1	8,39	I 2362,06	M	14	5,41
II 2584,01	S	2	8,46	I 2360,64	M	11	5,52
I 2578,47	A	1	5,02	I 2358,87	A	2	5,28
II 2566,08	S	4	11,44	I 2356,87	A	3	5,32
I 2561,42	A	1	5,00	II 2356,41	S	6	7,12
II 2560,30	S	3	11,66	I 2355,06	A	3	5,29
II 2555,13	S	3	11,58	II 2350,84	S	2	6,95
I 2553,38	A	1	5,02	I 2345,55	M	83	5,28
II 2549,56	S	2	8,46	II 2345,44	S	4	6,54
I 2547,41	A	1	5,29	II 2345,26	S	7	9,32
II 2547,19	S	1	8,89	II 2343,48	S	3	8,39
II 2545,90	S	5	6,72	II 2341,18	S	10	8,90
I 2540,02	A	1	5,30	I 2337,49	M	32	5,30
I 2532,08	A	1	5,00	II 2336,70	S	4	8,97
I 2528,05	A	1	5,32	II 2336,59	S	1	8,25
II 2525,39	S	2	11,44	II 2334,56	S	7	6,99
I 2524,22	A	2	5,02	II 2326,44	S	4	6,65
II 2510,87	S	8	6,61	I 2325,79	M	110	5,49
II 2505,84	S	5	8,55	I 2321,38	M	130	5,61
I 2501,13	A	1	—	I 2320,03	M	190	5,34
I 2491,19	A	2	—	II 2319,73	S	3	8,44
I 2490,70	A	2	—	II 2318,48	S	3	8,45
I 2489,51	A	1	5,00	I 2317,16	M	100	5,51
II 2484,33	S	2	11,38	II 2316,03	M	32	6,38
I 2483,29	A	3	—	I 2313,98	M	22	5,63
I 2476,87	M	6	5,00	II 2312,91	S	5	9,39
II 2473,15	S	4	6,87	I 2312,34	M	110	5,52
I 2466,96	A	1	5,45	I 2310,97	M	150	5,36
I 2465,26	A	1	5,30	II 2308,52	S	3	8,97
II 2455,51	S	2	6,73	II 2307,79	S	2	8,45
I 2453,99	M	6	5,32	II 2305,24	S	2	8,45
I 2450,47	A	1	5,48	II 2302,98	S	15	6,54
I 2441,83	A	3	5,29	II 2302,48	S	2	9,42

λ	B		eV	λ	B		eV
I 2300,77	M	43	5,41	I, II 2111,72	A	2	6,04; 8,98
II 2300,10	S	4	8,25	II 2107,94	S	4	9,91
II 2299,65	S	2	8,25	I 2095,73	A	2	6,07
II 2298,28	S	8	7,24	II 2093,55	S	2	7,08
II 2297,49	S	5	6,72	I 2088,98	A	3	6,04
II 2297,13	S	8	6,65	I 2082,87	A	2	6,12
II 2296,56	S	8	7,08	I 2069,50	A	3	6,10
I 2289,98	M	100	5,41	I 2069,04	A	3	—
II 2287,08	S	5	7,28	I 2064,39	A	2	6,22
II 2278,77	S	7	7,13	I 2063,39	A	2	6,11
II 2277,31	S	2	8,39	I 2060,20	A	2	6,12
II 2274,75	S	2	8,52	I 2059,92	A	4	6,04
II 2270,21	S	10	6,61	I 2055,50	A	5	6,30
I 2266,35	A	1	5,50	I 2052,04	A	4	6,04
II 2264,46	S	7	6,72	I 2047,35	A	3	6,08
I 2261,41	A	3	5,48	I 2035,07	A	5	6,12
I 2259,57	A	3	5,59	I 2034,44	A	3	6,30
II 2256,15	S	2	9,16	II 2029,19	S	3	9,21
I 2254,80	A	2	5,50	I 2026,62	A	5	6,12
II 2253,86	S	5	6,82	I 2025,40	A	3	6,28
I 2244,53	A	1	—	II 2020,97	S	3	9,21
II 2226,34	S	4	6,82	II 2019,04	S	3	9,21
II 2224,88	S	5	6,73	I 2014,25	A	4	6,36
II 2222,95	S	5	6,61	II 1965,37	S	2	9,42
II 2220,40	S	2	8,45	II 1953,43	S	2	9,21
II 2216,47	S	25	6,63	III 1952,54	S	4	15,16
II 2210,38	S	5	6,76	III 1858,75	S	6	17,30
II 2206,70	S	6	6,87	III 1854,15	S	16	14,29
I 2201,59	A	2	6,05	III 1847,26	S	13	14,60
II 2201,41	S	51	6,95	III 1830,00	S	8	14,53
I 2197,35	A	3	5,85	III 1823,06	S	16	14,38
I 2190,23	A	3	5,76	III 1807,25	S	6	16,98
II 2185,51	S	3	8,77	II 1804,48	S	5	6,86
II 2184,61	S	6	6,99	III 1794,90	S	4	13,67
II 2180,46	S	3	8,76	III 1791,65	S	4	13,79
II 2175,16	S	6	6,95	III 1790,93	S	5	17,11
II 2174,67	S	8	6,86	III 1790,40	S	4	16,30
I 2174,48	A	3	5,91	II 1788,50	S	50	7,12
II 2169,10	S	8	6,87	III 1788,30	S	4	16,38
II 2165,56	S	10	6,76	III 1776,07	S	8	16,29
II 2161,21	S	2	6,99	III 1769,64	S	40	13,67; 13,87; 16,38
II 2158,73	S	2	6,99	III 1767,94	S	10	13,78
I 2158,31	A	6	5,77	III 1764,68	S	16	13,68; 16,33
I 2157,83	A	3	5,85	III 1753,01	S	8	17,19
I 2147,80	A	8	5,88	III 1752,43	S	6	14,83; 17,47
II 2138,60	S	2	6,95	II 1751,92	S	12	7,08
I 2134,93	A	4	5,83	II 1748,37	S	2	7,28
II 2134,28	S	2	8,76	III 1747,01	S	11	13,86
I 2129,96	A	3	5,84	II 1741,63	S	2	7,12
II 2128,57	S	3	7,08	III 1739,78	S	6	16,51; 17,42
II 2125,12	S	2	6,99	III 1738,25	S	10	13,99
I 2124,81	A	1	6,25	III 1733,13	S	5	14,09
I 2124,11	A	1	—	III 1722,28	S	8	14,18
I 2121,40	A	2	5,87	III 1721,26	S	4	16,65
II 2113,51	S	3	9,89	III 1719,46	S	11	14,15

	λ	B		eV		λ	B		eV
III	1715,30	S	15	14,10	III	826,14	S	10	17,86
III	1709,90	S	20	14,02	III	811,57	S	10	18,14
II	1709,60	S	25	7,25	III	805,01	S	4	17,47
III	1707,43	S	4	16,57	III	788,30	S	4	17,47
III	1707,35	S	4	16,11; 16,64	III	788,04	S	6	17,79
III	1692,51	S	2	13,97	III	785,02	S	4	17,93; 17,53
III	1687,90	S	10	16,15	III	778,81	S	10	17,65
III	1661,79	S	4	17,73	III	772,04	S	4	17,80
III	1656,13	S	5	17,68	III	770,22	S	8	17,84
III	1653,12	S	4	18,14	III	758,73	S	5	16,34
III	1652,87	S	6	17,63	III	758,27	S	5	16,51
III	1604,54	S	6	16,54	III	757,80	S	6	16,52; 16,64
III	1451,50	S	4	22,23	III	752,02	S	4	16,65
III	1434,31	S	4	22,30	III	750,05	S	6	16,52
III	1428,87	S	4	22,70	III	749,68	S	4	16,54
II	1370,20	S	2	9,06	III	747,99	S	6	16,56
II	1317,38	S	4	9,42	III	738,26	S	4	16,96
III	979,59	S	8	14,72	III	732,16	S	6	17,21
III	973,79	S	6	14,82	III	731,70	S	8	17,11
III	870,85	S	4	14,40	III	730,11	S	5	16,98
III	869,70	S	4	14,53	III	729,82	S	10	16,98
III	867,51	S	6	14,30	III	725,20	S	5	17,26
III	863,22	S	6	14,64; 16,46	III	722,09	S	6	17,17
III	862,88	S	6	14,53	III	718,48	S	10	17,42
III	860,64	S	6	14,38	III	713,39	S	6	19,47
III	857,09	S	4	14,46	III	713,33	S	6	19,44; 17,38
III	847,43	S	6	14,91	III	700,17	S	4	19,44
III	845,24	S	8	14,82	III	676,94	S	10	—
III	842,14	S	10	14,72	III	662,37	S	4	26,32
III	826,50	S	4	16,74	III	637,54	S	4	19,44
					III	630,71	S	10	—

λ	B (S)	λ	B (S)	λ	B (S)

93 Np

λ	B (S)	λ	B (S)	λ	B (S)
4363,8	10	4279,6	20	4196,6	10
4351,9	10	4273,2	10	4192,7	10
4336,6	20	4269,6	10	4182,1	10
4333,9	10	4258,1	20	4172,0	10
4319,8	10	4256,7	20	4165,3	10
4307,8	20	4246,8	10	4164,5	50
4296,1	10	4234,8	10	4156,3	10
4290,9	50	4209,7	10	4136,9	10
4289,7	10	4208,5	10	4123,3	10
4281,4	10	4197,1	10	4121,2	10

λ	B (S)	λ	B (S)	λ	B (S)
4108,4	20	3794,9	20	2974,3	50
4098,8	10	3792,9	10	2971,1	20
4086,8	10	3780,6	10	2968,2	20
4077,4	10	3751,0	10	2957,9	50
4051,1	10	3730,7	10	2956,6	50
4050,1	10	3722,3	20	2888,5	10
4031,8	10	3716,2	10	2873,3	20
4031,6	10	3711,8	10	2869,8	20
4028,9	20	3708,3	20	2867,6	20
4015,5	10	3665,6	20	2866,9	10
4004,2	10	3590,6	20	2866,0	20
4000,4	10	3589,2	10	2865,5	20
3989,8	20	3402,5	20	2864,4	20
3988,6	20	3337,0	10	2864,1	20
3987,0	20	3315,7	10	2841,5	20
3967,4	10	3185,9	10	2841,0	20
3961,6	10	3171,6	20	2833,6	20
3954,4	10	3164,8	10	2789,8	20
3951,0	10	3092,5	20	2785,2	20
3949,7	10	3092,0	20	2734,5	20
3949,2	20	3090,4	20	2733,7	20
3932,2	10	3084,7	20	2678,2	20
3929,3	10	3078,0	50	2669,6	20
3888,2	20	3070,3	20	2655,0	20
3883,1	10	3057,5	20		
3870,9	10	3052,0	5G		
3865,2	20	3029,1	20		
3853,2	10	3027,3	20		
3832,3	20	3026,4	50		
3829,2	50	2974,9	50		

λ	B	eV	λ	B	eV

8 O

λ	B		eV	λ	B		eV
I 18243,63	IE	22	12,76	I 10675,94	IE	16	13,24
I 18021,21	IE	23	12,76	I 10675,72	IE	17	13,24
I 13165,11	IE	24	11,93	I 10167,25	IE	10	10,74
I 13164,85	IE	26	11,93	I 9891,74	IE	13	13,34
I 13163,89	IE	25	11,93	I 9826,00	IE	12	13,34
I 12570,04	IE	20	13,07	I 9825,85	IE	13	13,34
I 12464,02	IE	21	13,07	I 9266,01	IE	24	12,08
I 11302,38	IE	23	11,83	I 9265,94	IE	21	12,08
I 11297,68	IE	22	11,83	I 9262,77	IE	23	12,08
I 11295,10	IE	21	11,83	I 9262,67	IE	22	12,08
I 11287,32	IE	21	12,08	I 9262,58	IE	19	12,08
I 11287,02	IE	21	12,08	I 9260,93	IE	20	12,08
I 11286,91	IE	24	12,08	I 9260,84	IE	21	12,08
I 11286,34	IE	23	12,08	I 9260,81	IE	20	12,08
I 10753,53	IE	17	13,24	I 8446,76	IE	29	10,99

	λ	B		eV		λ	B		eV
I	8446,36	IE	30	10,99	I	5298,89	IE	4	13,33
I	8446,25	IE	27	10,99	I	5275,12	IE	4	13,34
I	7995,07	IE	15	12,54	I	5274,97	IE	2	13,34
I	7987,33	IE	11	12,53	II	5160,02	I	4	28,95
I	7986,98	IE	13	12,53	I	5020,22	IE	7	13,21
					I	5019,29	IE	6	13,21
I	7982,40	IE	11	12,54	I	5018,78	IE	5	13,21
I	7981,94	IE	10	12,54	I	4968,79	IE	8	13,23
I	7775,39	IE	26	10,74	I	4967,88	IE	7	13,23
I	7774,17	IE	27	10,74	I	4967,38	IE	6	13,23
I	7771,94	IE	28	10,74					
					II	4943,06	I	7	29,07
					II	4941,02	I	5	29,06
V	7609,6	IE	8	—	V	4930,39	IE	8	—
V	7591,9	IE	6	—	II	4924,50	I	6	28,82
V	7422,2	IE	5	91,25	II	4906,80	I	5	28,83
I	7254,53	IE	17	12,70					
I	7254,45	IE	20	12,70	II	4890,93	I	4	28,83
					II	4871,58	I	5	31,37
					II	4856,76	I	3	28,85
I	7254,15	IE	19	12,70	I	4802,98	IE	4	13,32
I	7002,23	IE	20	12,76	I	4802,13	IE	3	13,32
I	7001,91	IE	18	12,76					
II	6906,54	I	4	30,48	IV	4798,25	I	5	61,92
II	6895,29	I	5	30,49	IV	4783,43	I	4	61,93
					I	4773,75	IE	5	13,33
I	6726,54	IE	6	10,99	I	4772,91	IE	4	13,33
I	6726,28	IE	9	10,99	I	4772,45	IE	3	13,33
II	6721,35	I	5	25,28					
II	6640,90	I	4	25,28	II	4751,34	I	4	28,85
V	6500,19	IE	7	—	II	4710,04	I	5	28,85
					II	4705,32	I	8	28,88
					II	4699,21	I	5	31,14; 28,86
V	6466,03	IE	6	—	II	4676,25	I	8	25,64
V	6460,02	IE	5	—					
I	6455,98	IE	19	12,66	II	4673,75	I	4	25,63
I	6454,45	IE	18	12,66	II	4661,65	I	9	25,63
I	6453,60	IE	17	12,66	I	4655,36	IE	3	13,40
					I	4654,56	IE	2	13,40
					I	4654,12	IE	1	13,40
I	6158,18	IE	21	12,75					
I	6156,77	IE	20	12,75	II	4650,85	I	6	25,62
I	6155,98	IE	19	12,75	II	4649,15	I	10	25,65
I	6046,49	IE	10	13,04	II	4641,83	I	9	25,64
					II	4638,87	I	6	25,63
I	6046,44	IE	13	13,04	II	4609,42	I	4	31,75
I	6046,23	IE	12	13,04					
I	5958,58	IE	13	13,07	II	4596,13	I	8	28,36
I	5958,39	IE	12	13,07	II	4590,94	I	9	28,36
III	5592,37	I	6	36,07	II	4469,32	I	3	33,19; 31,59
I	5555,00	IE	9	13,22	II	4467,88	I	4	33,19
					II	4466,28	I	4	31,72
I	5554,83	IE	8	13,22					
I	5512,77	IE	8	13,23	II	4465,40	I	4	33,19
I	5512,60	IE	7	13,23	II	4452,38	I	6	26,22
I	5436,86	IE	11	13,02	II	4448,20	I	6	31,12
I	5435,77	IE	10	13,02	II	4443,05	I	5	31,14
					II	4416,97	I	8	26,21
I	5435,18	IE	9	13,02	II	4414,89	I	10	26,24
I	5330,74	IE	13	13,06	II	4395,95	I	7	29,07
I	5329,68	IE	12	13,06	II	4369,28	I	4	29,06
I	5329,10	IE	11	13,06	I	4368,30		10	12,36
I	5299,04	IE	5	13,33	II	4366,91	I	7	25,83

λ	B		eV	λ	B		eV
II 4351,28	I	6	28,51	II 3856,16	I	5	28,85
II 4349,44	I	8	25,84	II 3851,04	I	3	28,84
II 4347,43	I	5	28,51	II 3850,81	I	2	28,84
II 4345,57	I	7	25,82	II 3847,80	I	3	28,84
II 4342,00	I	4	31,73	VI 3834,24	S	1	82,56
II 4336,86	I	6	25,83	II 3830,45	I	4	29,79
II 4319,65	I	8	25,84	I 3825,25	G	4	15,77
II 4317,16	I	8	25,83	I 3825,09	G	3	15,77
II 4303,82	I	5	31,70	I 3823,47	G	10	15,77
II 4275,52	I	4	31,75	II 3821,68	I	4	29,79
II 4253,98	I	8	32,23	VI 3811,35	S	2	82,58
II 4253,74	I	4	34,23	II 3803,14	I	6	29,82
I 4233,32	G	5	15,28	III 3791,26	I	6	36,44
I 4222,78	G	3	15,29	II 3777,60	I	4	29,58.
I 4217,09	G	2	15,29	III 3774,00	I	6	36,43
II 4189,79	I	10	31,31	II 3762,63	I	5	29,59
II 4185,45	I	8	31,31	III 3759,87	I	9	36,46
II 4169,23	I	4	28,82	III 3757,21	I	5	36,43
II 4153,31	I	7	28,82	III 3754,67	I	7	36,43
II 4132,82	I	6	28,83	II 3749,49	I	9	26,29
V 4123,90	S	2	84,03	II 3739,92	I	6	29,62
II 4121,48	I	4	28,83	IV 3736,78	I	4	61,38
II 4120,27	I	3	28,85	IV 3729,03	I	3	61,37
II 4119,22	I	8	28,85	II 3727,30	I	8	26,29
II 4112,03	I	4	28,86	III 3715,08	I	6	40,58
II 4105,00	I	7	28,85	II 3712,74	I	7	26,29
II 4104,74	I	5	28,85	III 3707,24	I	6	40,56
II 4103,02	I	5	28,85	III 3703,37	I	5	45,35
II 4097,24	I	4	31,71; 28,85	III 3702,75	I	5	40,56
II 4092,94	I	5	28,69	III 3698,70	I	5	45,34
II 4089,27	I	4	31,73	I 3692,44		7	12,87
II 4085,12	I	3	28,68	III 3638,70	I	3	50,31
II 4078,86	I	4	28,67	II 3470,81	I	8	29,83
II 4075,87	I	10	28,70	II 3470,42	I	5	29,79
II 4072,16	I	8	28,69	III 3455,12	I	5	48,94
II 4069,90	I	6	28,68	III 3454,90	I	2	48,92
II 4069,63	I	4	28,68	III 3447,22	I	1	48,91
II 3982,73	I	5	26,55	III 3444,10	I	5	40,84
II 3973,27	I	10	26,56	IV 3441,76	I	4	51,99
III 3961,59	I	8	41,12	II 3409,84	I	6	32,14
I 3954,69	G	10	14,12	II 3407,38	I	7	32,14
I 3954,60	G	5	14,12	II 3390,25	I	8	28,94
II 3954,38	I	7	26,55	IV 3385,55	I	6	58,08
I 3947,61		4	12,28	IV 3381,28	I	4	58,05
I 3947,51		7	12,28	II 3377,20	I	7	28,95
I 3947,33		10	12,28	IV 3375,50	I	3	62,46
II 3945,04	I	5	26,56	III 3355,92	I	3	49,40
II 3919,29	I	6	28,82	III 3350,99	I	4	45,70
II 3911,95	I	10	28,83	IV 3349,11	S	3	59,86
II 3907,45	I	4	28,82	III 3340,74	I	6	36,89
II 3882,43	I	1	28,83	III 3312,30	I	5	36,89
II 3882,20	I	7	28,85	II 3306,60	I	6	29,58
II 3875,82	I	4	28,86	II 3305,15	I	6	29,59
II 3864,45	I	5	28,84	II 3295,13	I	4	29,59
II 3857,18	I	4	28,86	II 3290,13	I	5	29,59

λ	B		eV	λ	B		eV
II 3287,59	I	9	29,62	III 2542,68	I	5	45,44
II 3277,69	I	7	29,62	III 2534,08	I	6	45,47
II 3273,52	I	7	32,14	II 2530,30	I	5	31,13
II 3270,98	I	7	32,14	II 2526,91	I	4	31,46
III 3267,31	I	5	40,22	II 2517,97	I	4	31,14
III 3265,46	I	10	40,26	IV 2517,40	I	7	59,34
III 3260,98	I	8	40,24	IV 2509,23	I	8	59,35
III 3238,57	I	5	40,25	IV 2507,77	I	7	59,33
IV 3209,64	I	3	61,94	IV 2501,84	I	4	59,34
IV 3177,80	I	0	61,91	IV 2499,29	I	3	59,33
V 3176,84	IE	6	—	IV 2493,75	I	7	59,35
V 3172,31	IE	5	—	IV 2493,40	I	7	59,34
V 3168,14	IE	6	—	III 2454,99	I	8	38,89
V 3156,07	IE	8	—	IV 2450,06	I	10	—
V 3144,68	S	1	75,93	IV 2449,36	I	8	—
II 3139,77	I	4	29,58	II 2445,55	I	10	28,50
II 3138,44	I	8	29,60	II 2444,26	I	5	28,51
II 3134,82	I	10	29,62	II 2436,06	I	4	30,74
III 3132,86	I	6	40,84	II 2433,56	I	9	28,50
II 3129,44	I	7	29,60	III 2422,84	I	5	45,34
II 3122,62	I	6	29,61	II 2418,46	I	6	31,37
III 3121,71	I	5	40,86	II 2415,13	I	3	31,69
IV 3071,66	I	4	48,36	II 2411,60	I	3	30,79
IV 3063,46	I	6	48,37	II 2407,49	I	4	31,37
III 3059,30	I	6	37,22	II 2406,41	I	3	30,81
III 3047,13	I	8	37,24	III 2394,33	I	5	45,43
III 3043,02	I	5	37,21	III 2390,44	I	8	41,25
III 3024,57	I	4	37,22	III 2383,92	I	6	45,44
III 3023,45	I	5	37,24	III 2382,32	I	7	45,46
III 3017,63	I	5	40,58	II 2375,73	I	4	31,46
III 2983,78	I	9	38,00	II 2319,68	I	4	31,70
III 2959,68	I	5	40,25	II 2302,83	I	5	28,82
V 2941,49	IE	10	—	II 2300,35	I	8	28,82
IV 2921,43	I	3	62,18	II 2293,32	I	6	28,82
I 2883,78		3	15,28	II 2290,88	I	4	28,83
IV 2836,25	I	6	58,79	II 2182,64	I	4	31,98
IV 2816,53	I	4	58,79	III 2052,74	IE	6	47,29
V 2789,86	S	3	72,26	III 2045,67	IE	7	47,31
V 2787,03	S	4	72,26	III 2023,96	IE	6	47,26
V 2781,04	S	5	72,27	III 2013,27	IE	9	47,29
V 2769,69	S	1	85,50	II 1962,24	I	3	31,98
V 2755,13	S	2	85,52	III 1926,94	IE	5	47,29
II 2747,46	I	6	29,79	III 1923,82	IE	5	47,31
II 2733,34	I	10	29,82	III 1923,49	IE	7	47,29
V 2729,35	S	1	85,52	III 1921,52	IE	5	47,31
III 2695,49	I	6	49,63	III 1920,75	IE	5	47,31
III 2687,53	I	5	49,65	III 1920,04	IE	6	44,46
III 2686,14	I	10	46,62	III 1874,94	IE	8	47,19; 47,18
III 2674,57	I	8	46,62	III 1872,87	IE	8	47,18
III 2665,69	I	7	46,62	III 1872,78	IE	8	47,19
III 2605,41	I	6	45,61	III 1856,62	IE	5	47,26
III 2597,69	I	8	45,60	III 1848,26	IE	5	47,29
II 2575,30	I	6	31,36	III 1789,66	IE	7	47,18
II 2571,48	I	4	31,37	III 1784,85	IE	6	47,19
III 2558,06	I	8	45,96	III 1781,03	IE	6	47,18

λ	B		eV	λ	B		eV
III 1779,16	IE	7	47,19	III 898,96	S	8	36,96
III 1773,85	IE	5	47,26	I 879,55		3	14,12
III 1773,00	IE	5	44,23	I 879,10		4	14,12
III 1771,67	IE	9	47,25	I 879,02		2	14,12
III 1768,24	IE	11	47,26	I 878,98		3	14,12
III 1767,78	IE	13	47,28	I 877,88		10	14,12
III 1764,48	IE	7	44,27	III 835,29	S	16	14,89
III 1763,22	IE	7	47,25	III 835,09	S	14	14,89
III 1760,12	IE	7	47,29	II 834,46	S	15	14,86
V 1708,01	IE	7	100,22	III 833,74	S	16	14,89
V 1643,66	IE	10	—	II 833,33	S	15	14,88
V 1596,37	IE	5	100,28	III 832,93	S	14	14,89
III 1591,33	IE	6	44,23	II 832,76	S	14	14,89
III 1590,01	IE	8	44,27	IV 802,25	S	5	35,83
V 1506,71	IE	8	100,26	IV 802,20	S	6	35,83
III 1476,89	IE	6	44,46	II 796,66	S	10	20,59
V 1418,41	IE	5	99,99	I 792,97		4	15,66
V 1371,29	S	10	28,72	I 792,94		3	15,66
I 1358,51		3	9,15	I 792,51		2	15,66
I 1355,60		5	9,15	I 792,23		3	15,66
IV 1343,51	S	7	31,63	I 791,97		10	15,66
IV 1343,00	S	4	31,63	I 791,51		4	15,66
IV 1338,60	S	6	31,63	IV 790,20	S	16	15,73
I 1306,03		10	9,52	IV 790,10	S	13	15,73
I 1304,86		0	9,52	IV 787,71	S	15	15,73
I 1302,17		0	9,52	IV 779,91	S	10	31,62
I 1217,62		8	14,37	IV 779,82	S	9	31,63
I 1152,15		10	12,73	V 774,52	S	7	35,69
I 1041,69		4	11,93	V 762,00	S	10	26,52
I 1040,94		12	11,93	V 761,13	S	10	26,50
I 1039,23		20	11,93	V 760,44	S	12	26,56
VI 1037,61		9	11,95	V 760,23	S	10	26,52
VI 1031,91		10	12,01	V 759,44	S	10	26,52
I 1028,16		5	12,09	V 758,68	S	10	26,56
I 1027,43		15	12,09	V 728,74	IE	7	92,95
I 1025,76		25	12,09	II 718,57	S	16	20,59
I 990,80		5	12,55	II 718,48	S	17	20,59
I 990,20		10	12,55	V 716,55	IE	5	89,58
I 990,13		4	12,55	III 703,85	S	18	17,67
I 988,77		20	12,55	III 702,90	S	17	17,67
I 988,65		4	12,55	III 702,82	S	16	17,67
I 978,62		2	12,69	III 702,33	S	16	17,67
I 977,96		6	12,69	V 681,28	IE	8	—
I 976,45		10	12,69	II 673,77	S	7	23,44
I 973,89		3	12,76	II 672,95	S	8	23,46
I 973,23		9	12,76	II 644,15	S	12	24,28
I 971,74		15	12,76	V 629,73	S	15	19,68
I 952,94		1	13,04	V 627,63	IE	7	92,03
I 952,32		3	13,04	V 627,36	IE	5	92,03
I 950,73		2	13,07	IV 625,85	S	14	28,66
I 950,11		6	13,07	IV 625,13	S	14	28,66
I 948,69		10	13,07	IV 624,62	S	13	28,66
IV 923,35	S	6	35,83	II 617,06	S	6	23,44
IV 921,36	S	5	35,83	IV 617,03	S	7	35,83
IV 921,30	S	4	35,83	IV 616,93	S	8	35,83

	λ	B		eV		λ	B		eV
II	616,36	S	4	23,46	III	395,56	S	12	33,84
III	610,85	S	6	35,17	IV	379,78	S	4	48,38
III	610,75	S	8	35,17	III	374,07	S	10	33,21
III	610,04	S	7	35,20	III	374,00	S	8	33,15
IV	609,83	S	15	20,37	III	373,80	S	8	33,18
III	609,70	S	6	35,21	III	359,38	S	7	41,97
IV	608,40	S	14	20,37	III	359,22	S	8	41,99
V	604,41	IE	5	92,51	III	359,02	S	8	42,00
II	600,59	S	6	25,65	III	355,47	S	5	49,76
III	599,60	S	18	23,18	III	355,33	S	5	49,77
III	597,82	S	15	26,08	III	355,14	S	6	49,78
II	580,98	S	7	26,37	IV	346,37	S	4	56,16
II	580,40	S	6	26,40	III	345,31	S	10	41,24
IV	555,26	S	16	22,39	III	328,74	S	9	40,22
II	555,12	S	5	25,66	III	328,45	S	10	40,25
II	555,06	S	5	25,65	III	320,98	S	12	41,12
IV	554,52	S	18	22,42	IV	311,68	S	6	62,18
IV	554,07	S	17	22,39	IV	311,49	S	5	62,17
IV	553,33	S	16	22,42	IV	306,88	S	7	56,14
II	539,85	S	7	22,96	IV	306,62	S	8	56,17
II	539,55	S	8	22,96	III	305,84	S	8	40,57
II	539,09	S	8	22,99	III	305,77	S	10	40,58
II	538,32	S	7	26,35	III	305,70	S	8	40,56
II	538,26	S	5	26,34	III	305,66	S	9	40,57
II	537,83	S	9	26,37	III	305,60	S	8	40,57
V	529,20	IE	5	91,25	III	303,80	S	9	40,83
III	525,79	S	18	26,11	III	303,69	S	7	40,86
VI	519,72	S	2	107,49	II	303,62	S	7	40,84
VI	519,61	S	2	107,49	III	303,51	S	7	40,86
II	518,24	S	5	28,93	III	303,46	S	7	40,86
II	517,94	S	4	28,95	III	303,41	S	7	40,86
II	515,64	S	4	29,06	IV	299,85	S	4	63,74
II	515,50	S	5	29,05	III	295,72	S	6	49,40
III	508,18	S	18	24,43	III	295,66	S	6	49,41
III	507,68	S	17	24,43	V	286,45	S	6	72,01
III	507,38	S	16	24,43	IV	285,84	S	7	63,74
VI	498,43	S	1	107,46	IV	285,71	S	6	63,76
II	485,63	S	4	28,85	IV	279,94	S	11	44,33
II	485,51	S	5	28,86	IV	279,63	S	10	44,33
II	485,09	S	6	28,87	III	277,38	S	7	47,20
II	483,98	S	5	28,93	IV	272,31	S	6	54,38
II	483,75	S	4	28,95	IV	272,27	S	6	54,37
II	481,59	S	4	29,06	IV	272,17	S	7	54,39
V	481,12	IE	7	100,26	IV	272,13	S	7	54,42
II	470,41	S	4	31,37	IV	272,08	S	6	54,32
II	445,64	S	4	31,14	IV	271,99	S	6	54,42
II	445,60	S	4	31,14	III	267,03	S	7	46,46
II	442,05	S	4	31,37	III	266,98	S	7	46,44
II	442,01	S	4	31,37	IV	266,97	S	5	62,17
III	434,97	S	10	33,84	III	266,97	S	6	46,43
II	430,18	S	6	28,81	III	264,48	S	6	46,91
II	430,04	S	6	28,83	III	264,34	S	5	46,91
II	429,92	S	5	28,83	III	263,82	S	5	47,03
II	429,72	S	4	28,85	IV	260,56	S	9	63,31
II	429,65	S	5	28,85	IV	260,39	S	10	63,34

λ		B	eV	λ		B	eV
IV	255,25	S 5	64,30	V	202,39	S 7	87,75
IV	253,08	S 7	71,38	V	202,34	S 5	87,80
IV	252,95	S 6	71,38	V	202,28	S 5	87,78
IV	252,56	S 6	—	V	202,23	S 5	87,80
IV	249,36	S 4	72,11	V	202,19	S 5	87,81
V	248,46	S 6	69,58	V	202,16	S 5	87,80
IV	238,57	S 15	52,00	IV	196,01	S 8	63,29
IV	238,36	S 14	52,01	IV	195,86	S 7	63,29
IV	233,60	S 6	61,93	V	194,59	S 8	83,39
IV	233,56	S 8	61,93	V	192,91	S 14	74,48
IV	233,52	S 6	61,92	V	192,80	S 13	74,50
IV	233,50	S 7	61,93	V	192,75	S 12	74,50
IV	233,46	S 7	61,92	V	192,21	S 5	73,36
V	231,82	S 7	89,16	V	185,75	S 9	86,39
IV	231,30	S 7	62,46	VI	184,12	S 9	79,35
IV	231,24	S 6	62,47	VI	183,94	S 8	79,35
IV	231,20	S 6	62,46	IV	181,27	S 5	68,43
IV	231,10	S 6	62,48	VI	173,08	S 13	83,66
IV	231,07	S 7	62,47	VI	172,94	S 12	83,66
V	227,69	S 5	80,98	V	172,17	S 12	71,99
V	227,64	S 5	80,96	V	170,22	S 6	92,51
V	227,55	S 5	80,98	V	168,08	S 4	84,00
V	227,51	S 7	81,02	V	167,99	S 8	83,96; 83,99; 84,03
V	227,47	S 5	80,98	V	166,23	S 5	84,81
V	227,37	S 5	81,02	V	164,66	S 6	85,54
IV	225,30	S 5	70,76	V	164,58	S 5	85,54
IV	222,78	S 4	71,38	V	151,55	S 6	92,03
IV	222,76	S 5	71,38	V	151,48	S 5	92,03
IV	221,65	S 4	—	VI	150,12	S 9	82,57
V	220,35	S 13	75,95	VI	150,09	S 10	82,57
V	216,02	S 8	86,13	V	139,03	S 5	89,16
V	215,24	S 9	67,81	VI	132,31	S 2	105,70
V	215,10	S 8	67,83	VI	132,22	S 1	105,70
V	215,03	S 7	67,83	VI	129,87	S 6	107,45
IV	214,16	S 6	57,93	VI	129,79	S 5	107,46
IV	214,03	S 5	57,92	VII	128,50	—	665,06
V	207,79	S 10	88,36	VII	128,41	—	665,06
IV	207,24	S 7	59,86	VII	120,33	—	663,98
IV	207,18	S 6	59,83	VI	116,42	S 2	118,49
V	203,93	S 6	87,32	VI	116,35	S 1	118,49
V	203,89	S 8	87,30	VI	115,82	S 4	107,03
V	203,85	S 6	87,31	VI	110,22	S 1	124,48
V	203,82	S 7	87,32	VI	104,81	S 2	118,27
V	203,78	S 6	87,31				
IV	203,05	S 5	61,12				

76 Os

	λ		B	eV		λ		B	eV
I	7602,95	M	3,5	3,52; 7,38	I	6729,56	M	3,0	3,73
I	7253,49	M	0,8	4,05	I	6403,15	M	2,0	6,04
I	7148,91	A	1	7,27	I	6227,70	M	3,0	6,04
I	7145,54	M	3,0	3,64	I	5996,00	M	6	6,33
I	7060,67	M	2,0	3,64	I	5857,76	M	10	4,02

λ	B		eV	λ	B		eV
I 5800,60	M	3,5	4,02	I 4112,02	M	110	3,72
I 5780,82	M	15	4,05	I 4100,30	M	11	4,11
I 5721,93	M	15	2,80	I 4091,82	M	44	3,78
I 5584,44	M	7	4,11; 5,11	I 4088,44	M	6	4,92
I 5523,53	M	24	5,85	I 4074,68	M	20	4,88; 5,38
I 5443,31	M	5	4,02	I 4066,69	M	85	5,85
I 5416,69	M	4	2,80	I 4041,92	M	25	5,47; 3,78
I 5416,35	M	11	6,04	I 4037,84	M	9	3,78
I 5376,79	M	10	4,05; 4,77; 7,11	I 4018,26	M	14	4,74
I 5149,74	M	12	7,11; 4,31	I 4004,02	M	9	4,50; 6,82
I 5039,12	M	4	4,80	I 4003,48	M	13	5,00
I 4912,61	M	6	4,11	I 3998,93	M	5	5,56
I 4899,22	M	4	6,04	I 3996,81	M	3,5	3,10
I 4865,60	M	10	5,56; 6,34	I 3988,18	M	9	4,88
I 4815,96	M	4	6,33	I 3977,23	M	65	3,75; 5,73
I 4793,99	M	60	3,10	I 3975,44	M	10	4,70
I 4743,89	M	4	4,80	I 3969,67	M	13	4,96
I 4692,06	M	6	4,05	I 3964,97	M	9	3,46
I 4663,82	M	12	4,56	I 3963,63	M	90	3,64
I 4631,83	M	15	4,56	I 3961,02	M	18	4,97; 5,93
I 4616,78	M	15	4,05	I 3960,51	M	8	5,47; 6,14 6,24
I 4597,16	M	8	4,11	I 3949,78	M	9	6,86; 4,75
I 4595,04	M	8	6,34	I 3939,57	M	8	4,80
I 4551,30	M	12	4,56	I 3938,59	M	22	4,23
I 4550,41	M	48	4,56	I 3930,00	M	9	4,99
I 4548,66	M	10	4,56	I 3928,54	M	4	3,79
I 4539,92	M	6	3,44; 5,90	I 3901,71	M	17	4,26
I 4537,62	M	2,5	4,74	I 3900,39	M	12	3,52; 6,97
I 4529,67	M	6	4,35; 6,46	I 3881,86	M	22	4,45; 5,83
I 4524,87	M	6	4,11	I 3876,77	M	65	4,56
I 4488,60	M	3,5	3,10	I 3865,47	M	20	6,34
I 4484,76	M	11	4,02	I 3857,09	M	20	3,73
I 4479,81	M	8	4,35	I 3853,44	A	16	5,41
I 4447,35	M	20	4,56	I 3849,94	M	17	4,80
I 4436,32	M	26	3,13	I 3843,67	M	7	5,11
I 4420,47	M	440	2,80	I 3840,30	M	13	6,83
I 4402,74	M	14	6,33	I 3836,06	M	24	4,31
I 4394,86	M	46	4,23	I 3827,14	M	8	6,04
I 4370,66	M	10	4,74	I 3800,44	A	8	6,78
I 4365,67	M	19	4,45; 6,36	I 3790,73	M	17	5,11
I 4328,68	M	30	4,23; 4,77	I 3790,14	M	60	5,11
I 4311,40	M	50	3,51	I 3782,20	M	200	3,80
I 4293,95	M	50	4,73	I 3776,99	M	28	4,54
I 4260,85	M	440	2,91; 4,92	I 3776,25	M	12	4,90
I 4211,86	M	110	5,85	I 3774,62	M	11	4,90; 5,19
I 4202,06	M	22	4,73	I 3774,40	M	12	5,63
I 4195,14	M	5	4,70; 6,68	I 3768,14	M	12	4,70
I 4189,91	M	28	4,54	I 3766,30	M	13	4,70; 6,46
I 4175,63	M	55	4,05	I 3752,52	M	360	3,64
I 4173,23	M	110	3,60; 6,70	I 3746,47	M	17	5,08; 7,33
I 4172,57	M	16	4,23	I 3720,13	M	22	4,42; 6,49
I 4158,78	M	6	4,73	I 3719,52	M	20	5,17
I 4137,84	M	13	4,88; 6,01	I 3713,73	M	22	5,24
I 4135,78	M	220	3,51; 4,75	I 3712,84	M	8	5,25
I 4128,96	M	16	3,52	I 3706,56	M	12	5,63; 6,22

	λ	B		eV		λ	B		eV
I	3703,25	M	18	5,54	I	3290,26	M	130	4,10; 5,67
I	3689,06	M	24	4,73	I	3277,97	M	34	5,19; 4,48
I	3670,89	M	46	4,74	I	3275,20	M	55	4,50
I	3656,90	M	32	3,72	I	3269,21	M	65	4,50; 6,13
I	3654,49	M	22	5,30	I	3267,95	M	320	3,80
I	3648,81	M	5	5,41; 5,82	I	3264,69	A	16	6,40; 6,16
I	3640,33	M	44	5,25	I	3262,75	M	40	4,88
I	3619,43	M	13	5,33	I	3262,29	M	320	4,32
I	3616,57	M	26	4,69	I	3260,30	M	20	5,38; 4,88
II	3604,48	M	10	4,88	I	3256,92	M	20	5,17; 6,80
I	3601,83	M	20	4,70	I	3254,91	M	20	5,65
I	3598,11	M	65	3,78; 5,20	I	3252,01	A	8	5,39
I	3587,32	M	13	5,07; 6,56	I	3241,04	M	20	5,19
I	3569,78	M	32	4,88	I	3238,63	M	30	4,54
I	3562,34	M	13	4,56	I	3234,73	A	16	5,67
I	3560,86	M	130	4,57	I	3234,20	A	24	5,67; 6,83
I	3559,79	M	100	4,57	I	3232,54	A	24	5,67
I	3542,71	M	24	5,24	I	3232,06	M	200	4,35
I	3532,80	M	24	4,02	I	3231,42	A	24	5,74
I	3530,06	M	24	4,77	I	3229,21	A	20	6,20
I	3528,60	M	130	3,51	I	3227,28	A	20	5,62
I	3526,04	M	13	4,88	I	3223,86	A	16	6,31
I	3523,64	M	50	3,52	II	3213,31	M	16	5,49
I	3518,73	M	32	6,70	I	3195,38	M	20	5,25
I	3504,66	M	65	4,05	I	3194,69	A	8	5,77
I	3501,16	M	26	5,38	I	3194,23	M	32	5,63
I	3498,54	M	17	4,80	I	3189,46	M	32	4,97
I	3487,46	M	13	6,02	I	3187,34	M	6	5,54
I	3478,53	M	13	5,75	I	3186,98	M	32	5,30
I	3465,44	M	13	5,77	I	3185,33	M	24	4,23
I	3459,02	A	16	6,47	I	3182,57	M	18	5,64
I	3458,39	M	13	5,42	I	3181,88	M	24	5,67
I	3455,03	M	7	5,24	I	3178,24	A	13	5,51
I	3449,20	M	32	5,00	I	3178,07	M	44	4,41
I	3445,55	M	17	5,44	I, II	3173,93	M	19	7,43; 4,88
I	3444,46	M	13	5,44	I	3173,20	M	13	5,56
I	3427,67	M	16	4,70	I	3168,28	M	13	5,80; 6,53
I	3402,51	M	26	3,64	I	3166,51	M	32	6,82
I	3401,86	M	65	4,73; 7,28	I	3164,61	M	9	5,80; 5,93
I	3387,84	M	65	4,92	I	3161,73	M	12	5,00
I	3384,00	M	32	5,25	I	3161,45	M	13	6,28
I	3378,68	M	13	6,13	I	3157,24	M	14	6,83
I	3370,59	M	100	4,32	I	3156,78	M	26	6,83
I	3370,20	M	13	5,42	I	3156,25	M	320	4,57; 7,10
I	3364,12	M	20	4,02	I	3153,61	M	30	5,51
I	3361,15	M	26	4,77	I	3152,67	M	26	5,19; 5,54
I	3357,97	M	24	5,44	I	3152,07	M	10	7,03; 5,30
I	3351,74	M	11	4,45	I	3145,96	A	10	5,71
I	3336,15	M	100	4,23	I	3140,94	A	8	6,31
I	3327,43	M	32	5,56	I	3140,31	M	10	5,83
I	3324,33	M	26	5,38	I	3131,12	M	50	5,80
I	3315,42	M	13	4,45	I	3129,23	M	13	6,15
I	3310,91	M	65	5,11; 5,75	I	3118,33	M	32	7,11; 5,38
I	3306,23	M	26	5,33	I	3118,12	M	10	6,78
I	3301,56	M	800	3,76	I	3116,48	M	12	5,72

λ	B		eV	λ	B		eV
I 3114,81	M	12	5,56	I 2850,76	M	140	4,69
I 3111,09	M	26	5,24	I 2844,40	M	220	4,99
I 3109,38	M	65	4,74	I 2838,63	M	480	5,00
I 3108,98	M	32	4,70	I 2814,20	M	70	4,74; 6,15
I 3105,99	M	38	4,50	I 2806,91	M	260	4,42
I 3104,98	M	10	5,65; 6,00	I 2804,07	M	30	6,33
I 3101,53	M	32	5,41; 5,61	I 2796,73	M	50	4,77; 5,80
I 3093,59	M	28	5,75; 6,34	I 2761,42	M	65	5,00; 6,23
I 3090,49	M	12	5,85; 6,41	I 2732,81	M	55	5,17
I 3090,30	M	15	4,35	I 2721,86	M	80	5,07
I 3090,09	M	24	5,85	I 2720,04	M	120	4,90
I 3088,27	A	10	5,38	I 2714,64	M	280	4,57
I 3087,75	A	8	5,42	I 2706,70	M	55	4,92
I 3086,27	M	6	5,90	I 2699,59	M	48	5,96; 5,67; 4,91
I 3084,60	M	6	5,67; 6,36	I 2689,82	M	200	5,25
I 3078,38	M	24	4,54	I 2658,60	M	180	5,30
I 3078,11	M	38	4,74	I 2644,11	M	180	4,69
I 3077,72	M	120	5,11	I 2637,13	M	360	4,70
I 3077,44	M	30	5,39; 5,44	I 2613,06	M	170	5,38
I 3077,06	M	19	5,11	I 2590,76	M	95	5,30
I 3074,96	M	30	6,83	I 2581,96	M	70	5,44
I 3074,08	M	38	4,79; 6,31	II 2580,03	M	12	6,44
I 3069,94	M	22	4,75	I 2542,51	M	85	5,96
I 3066,12	M	8	5,93	II 2538,00	M	65	4,89
I 3062,19	M	60	4,56	I 2513,25	M	200	5,57
I 3060,31	M	30	4,56	I 2492,37	M	30	5,73; 7,25
I 3058,66	M	900	5,80; 4,05	I 2488,55	M	380	5,62
I 3055,21	M	16	5,80	I 2461,42	M	150	5,67
I 3054,97	M	10	5,42	I 2456,46	M	44	5,38
I 3051,17	M	12	4,70	I 2451,73	M	44	5,39
I 3050,39	M	22	6,86	I 2424,97	M	120	5,11
I 3049,46	M	24	4,82	II 2423,07	M	17	6,09
I 3044,91	M	16	5,44	I 2396,77	M	19	6,75
I 3044,41	M	6	5,73	I 2377,61	M	22	6,62
I 3043,64	M	12	5,33; 5,44	I 2377,03	M	230	5,85
I 3043,51	M	22	4,79	I 2371,18	M	42	6,31
II 3042,74	M	12	5,49	I 2369,24	M	25	6,31
I 3040,90	M	300	4,42	II 2367,35	M	42	5,72
I 3032,81	M	10	5,74	I 2362,77	M	73	5,25
I 3030,70	M	120	4,73	II 2350,23	M	19	5,96
I 3019,38	M	50	4,82	II 2336,80	M	61	5,75
I 3018,04	M	460	4,11	I 2283,67	M	71	5,94
I 3017,25	M	60	5,19	II 2282,26	M	120	5,43
I 3015,65	M	12	5,77	I 2270,17	M	84	5,80
I 3013,07	M	34	4,45	II 2255,85	M	170	5,49
I 3003,48	M	16	5,54	II 2194,39	M	72	6,09
I 2970,97	M	70	4,68	I 2188,97	A	8	6,00
I 2949,53	M	130	4,53	I 2167,75	M	92	5,71
I 2948,23	M	100	4,91	II 2164,85	S	8	6,45
I 2919,79	M	200	4,58; 6,13	I 2160,83	M	210	5,73
I 2912,33	M	200	4,77; 7,39	I 2159,98	A	10	6,49
I 2909,06	M	900	4,26	I 2158,53	M	100	6,08
I 2874,96	M	34	5,39	I 2137,11	M	450	6,30
I 2872,41	M	16	4,31	2119,79	M	550	—
I 2860,96	M	140	4,97	I 2117,96	M	380	5,85

λ	B	eV	λ	B	eV
I 2097,60	M 500	6,55	I 2034,44	M 1500	6,09
I 2079,97	M 1200	5,96	I 2028,23	M 1200	6,63
I 2076,95	M 600	5,97	I 2022,76	M 1200	6,47
II 2967,21	M 650	6,44	I 2020,26	M 2400	—
I 2061,69	M 1100	6,35	I 2018,14	M 2400	6,14
I 2058,78 }	M 720	6,54	I 2010,15	M 1400	—
I 2058,69 }		—	2004,78	M 750	—
I 2049,42	M 650	6,56	I 2003,73	M 1100	6,70
I 2048,28	M 650	6,39	I 2001,45	M 800	6,19
I 2045,36	M 2200	6,06			

15 P

λ	B	eV	λ	B	eV
I 10084,22	C 25	8,44	II 6435,32	C 250	12,81
I 9796,79	C 50	8,24	I 6388,59	C 70	10,07
I 9750,73	C 25	8,22	I 6378,43	C 50	10,06
I 9734,74	C 20	8,23	I 6375,68	C 90	10,10; 10,19
I 9593,54	C 25	8,23	I 6369,10	C 30	10,05
I 9525,78	C 30	8,28	II 6367,27	C 200	12,85
I 8872,17	C 50	9,47	II 6232,29	C 100	12,79
I 8741,54	C 250	9,38	I 6210,49	C 40	9,21
I 8637,62	C 150	9,40	I 6199,01	C 180	9,21
I 8613,85	C 100	9,52	I 6188,41	C 40	9,38
I 8531,46	C 100	9,53	I 6170,63	C 30	9,42
I 8367,84	C 150	9,64	II 6165,59	C 350	12,81
I 8351,14	C 80	—	I 6131,13	C 40	9,42
I 8287,32	C 60	—	I 6097,68	C 150	9,21
I 8278,07	C 120	—	II 6092,49	C 70	13,05
I 8250,86	C 50	9,94	II 6087,82	C 350	12,79
I 8171,87	C 30	9,94	I 6063,67	C 30	9,42
I 8046,79	C 70	9,70	II 6057,86	C 100	16,00
II 7845,63	C 250	12,60	II 6055,50	C 250	15,42
II 7735,06	C 80	15,42	II 6043,12	C 500	12,85
II 7683,84	C 40	16,28	II 6034,04	C 400	12,79
I 7516,19	C 40	—	II 6024,18	C 500	12,81
I 7505,76	C 100	9,90	I 5905,02	C 50	9,31
I 7459,80	C 40	9,89	II 5874,45	C 30	16,07
I 7439,50	C 50	—	II 5843,61	C 30	13,14
II 7232,98	C 40	16,38	II 5764,46	C 40	15,29
I 7176,66	C 120	9,86	II 5727,71	C 100	15,30
I 7175,12	C 150	9,88	II 5588,34	C 250	15,36
I 7165,45	C 100	9,84	II 5583,27	C 200	15,30
I 7158,37	C 80	9,84	II 5541,14	C 200	15,29
II 7112,86	C 50	16,41	I 5517,01	C 80	9,63
I 7102,21	C 40	9,90	I 5514,79	C 60	9,65
I 6717,42	C 120	9,81	II 5507,19	C 200	15,30
II 6713,28	C 150	12,60	II 5499,73	C 200	13,05
I 6678,71	C 60	9,82	II 5483,55	C 200	15,30
I 6669,23	C 40	10,11	I 5478,31	C 50	9,68
II 6507,97	C 600	12,79	I 5477,75	C 200	9,47
II 6503,46	C 600	12,81	II 5461,20	C 125	16,23
II 6459,99	C 600	12,85	I 5458,31	C 100	9,44
II 6436,31	C 130	15,30	II 5450,74	C 400	15,36

λ		B	eV	λ		B	eV
I	5447,14	C 30	9,68	II	4417,30	C 50	15,85
II	5437,38	C 50	16,24	II	4385,35	C 200	15,42
II	5425,91	C 400	13,08	II	4288,60	C 200	15,48
II	5409,72	C 200	13,04	IV	4249,57	60	31,92
II	5386,88	C 300	13,05	III	4246,68	150	17,52
II	5378,20	C 250	15,36	II	4244,63	C 50	16,23
I	5345,86	C 70	9,53	II	4224,52	C 30	16,24
II	5344,75	C 300	13,05	III	4222,15	150	17,54
II	5316,07	C 250	13,08	II	4178,48	C 100	12,59
II	5296,13	C 400	13,14	II	4109,28	C 40	16,32
I	5293,53	C 30	9,52	III	4080,04	150	17,52
II	5254,99	C 60	16,32	III	4059,27	100	17,54
II	5253,52	C 300	13,37	II	4044,61	C 50	16,37
II	5225,97	C 60	15,42	III	3978,27	S 200	25,26
II	5204,66	C 30	15,42	III	3957,77	S 100	26,07
III	5203,86	S 10	23,75	III	3895,17	S 100	26,07
II	5191,41	C 150	13,14	II	3827,43	C 25	16,14; 15,84
I	5162,28	C 40	9,39	III	3802,22	S 100	26,20
II	5152,23	C 70	13,14	III	3744,36	S 60	26,20
II	5141,45	C 40	15,79	III	3717,77	S 60	26,20
I	5109,62	C 40	9,41	IV	3717,62	S 60	39,68
I	5079,37	C 50	9,42	II	3706,13	C 30	16,24
II	5040,80	C 80	15,84	II	3617,13	C 30	16,32
II	4969,71	C 300	15,31	II	3566,51	C 40	16,38
II	4954,39	C 300	15,28	II	3562,57	C 30	16,38
II	4943,53	C 500	15,36	II	3559,97	C 35	16,38
II	4935,62	C 70	16,33	II	3556,49	C 25	16,39
II	4927,20	C 150	15,30	II	3530,33	C 30	16,41
II	4864,42	C 200	15,36	II	3507,45	C 80	16,38
II	4823,68	C 60	15,36	II	3503,07	C 60	13,05
II	4739,55	C 60	15,42	II	3490,51	C 40	16,41
II	4700,86	C 80	15,42	II	3472,98	C 40	13,08
II	4698,16	C 80	15,49	II	3426,26	C 50	13,14
II	4679,01	C 80	15,79	II	3425,00	C 100	13,14
II	4658,31	C 300	15,51	II	3419,34	C 125	13,14
II	4628,77	C 80	15,82	II	3404,43	C 50	16,38
II	4626,70	C 300	15,48	II	3377,58	C 40	16,41
II	4602,08	C 600	15,54	IV	3371,10	S 60	31,80
II	4595,51	C 30	15,84	IV	3364,43	S 100	31,81
II	4589,86	C 500	15,48	IV	3347,72	S 100	31,83
II	4588,04	C 500	15,51	II	3308,93	C 150	13,38
III	4587,91	S 200	24,84	III	3233,62	100	21,38
II	4581,71	C 120	15,30	III	3219,30	100	21,38
II	4565,27	C 80	15,85	V	3204,06	S 20	37,70
II	4558,07	C 120	15,85	V	3175,16	S 60	37,73
II	4554,83	C 120	15,86	III	2877,64	S 20	26,04
II	4530,81	C 120	15,79	III, IV	2739,42	S 60	26,07; 36,35
II	4499,24	C 200	16,13	I	2688,00	C 50	6,93
II	4483,68	C 40	15,82	I	2686,17	C 30	6,93
II	4475,26	C 200	15,85	I	2677,13	C 80	6,95
II	4467,98	C 120	15,82	I	2675,31	C 50	6,95
II	4466,13	C 80	15,85	II	2638,21	C 60	12,79
II	4463,00	C 150	15,86	II	2636,76	C 90	12,79
II	4452,46	C 100	15,84	III	2632,62	S 150	18,27
II	4420,71	C 400	13,82	II	2628,58	C 70	12,81

λ	B		eV	λ	B		eV
II 2626,18	C	100	12,81	III 1618,94	S	100	22,15
II 2624,73	C	40	12,81	III 1618,67	S	100	22,15
III 2611,05	S	100	18,26	I 1616,20	C	40	9,08
II 2606,06	C	150	12,85	I 1551,04	C	35	9,40
II 2603,69	C	30	12,85	I 1548,43	C	60	9,42
I 2554,90	C	500	7,18	II 1543,09	C	40	8,09
I 2553,25	C	600	7,18	II 1542,29	C	120	8,10
I 2535,61	C	700	7,22	II 1536,39	C	80	8,09
I 2533,99	C	500	7,22	II 1535,90	C	120	8,09
II 2500,96	C	40	13,04	II 1532,51	C	80	8,09
II 2497,37	C	70	13,05	II 1521,62	C	30	16,24
IV 2497,32	S	200	42,60	III 1504,72	S	300	17,53
II 2496,07	C	40	13,05	III 1502,27	S	500	17,54
II 2482,04	C	40	13,08	III 1501,55	S	150	17,54
V 2440,75	S	60	42,82	I 1492,99	C	40	9,71
II 2286,48	C	30	16,33	I 1491,36	C	50	9,72
II 2285,11	C	40	16,35	IV 1484,51	S	40	31,83
I 2235,73	C	50	6,95	II 1452,89	C	30	9,63
I 2154,08	C	100	8,08	I 1430,13	C	50	8,67; 10,08
I 2152,94	C	100	8,08	III 1381,63	S	200	18,26
I 2149,14	C	200	7,18	III 1381,11	S	500	18,26
I 2136,18	C	200	7,22	III 1380,46	S	500	18,26
I 2135,47	C	100	7,22	III 1344,90	S	500	9,29; 30,75
I 2033,47	C	150	8,42	III 1344,34	S	800	9,29; 30,75
I 2032,43	C	80	8,44	III 1334,87	S	500	9,29
I 2024,52	C	70	8,45	II 1310,70	C	60	9,52
I 2023,48	C	100	8,45	II 1309,87	C	25	9,52
I 1907,66	C	40	8,82	II 1305,48	C	35	9,52
I 1905,48	C	30	8,83	II 1304,47	C	20	9,52
IV 1888,55	S	200	19,60	II 1301,87	C	20	9,52
II 1879,62	C	25	16,23	II 1249,82	C	20	11,02
I 1864,37	C	35	8,97	V 1128,01	S	500	10,99
I 1859,43	C	150	8,08	V 1118,02	S	800	11,09
I 1858,91	C	150	8,08	II 1064,80	C	15	12,74
I 1852,09	C	40	9,02	IV 1035,54	S	150	20,48
I 1851,22	C	80	9,02	IV 1033,13	S	150	20,45
I 1849,84	C	35	9,03	IV 1030,54	S	200	20,53
I 1847,19	C	100	9,03	IV 1028,13	S	150	20,48
I 1787,68	C	180	6,94	IV 1025,58	S	150	20,48
I 1782,87	C	200	6,95	III 1003,59	S	500	12,43
I 1774,99	C	250	6,99	III 998,00	S	200	12,43
I 1754,40	C	30	8,48	IV 950,67	S	500	13,04
I 1719,31	C	30	9,53	III 921,86	S	60	13,52
I 1707,57	C	40	8,67	III 918,71	S	60	13,56
I 1706,41	C	60	8,67	III 917,13	S	40	13,52
I 1694,06	C	100	8,73	III 913,99	S	60	13,56
I 1689,25	C	35	9,66	IV 877,49	S	100	37,60
I 1685,99	C	120	8,77	IV 875,13	S	100	37,64
I 1679,71	C	300	7,38	V 871,42	S	800	25,31
I 1674,61	C	230	7,40	V 865,44	S	500	25,31
I 1672,48	C	90	8,82	II 865,44	C	40	15,42
I 1672,05	C	35	8,82	III 859,67	S	200	14,49
I 1671,68	C	180	7,42	III 855,62	S	60	14,49
I 1671,49	C	35	8,83	III 852,68	S	60	14,61
I 1671,07	C	70	8,83	IV 847,66	S	100	35,10

	λ		B	eV		λ		B	eV
IV	827,93	S	200	23,48	V	544,91	S	200	33,84
IV	824,73	S	150	23,48	V	542,57	S	150	33,84
IV	823,18	S	100	23,48	V	475,61	S	200	51,39
II	810,24	C	10	15,36	V	390,70	S	200	42,82
V	673,89	S	500	43,75	V	328,77	S	60	37,70
IV	631,77	S	100	28,13	V	328,46	S	60	37,74
IV	629,91	S	100	28,13	V	255,69	S	150	48,48
IV	628,98	S	60	28,13	V	255,60	S	150	48,50

91 Pa

	λ		B	eV		λ		B	eV
II	4433,44		—	2,80		4090,4	S	20	—
	4371,7	S	20	—		4089,4	S	20	—
	4369,3	S	10	—		4087,8	S	20	—
II	4362,04	S	10	2,84		4074,3	S	20	—
	4338,8	S	10	—		4070,4	S	50	—
	4329,2	S	10	—		4056,1	S	50	—
	4311,3	S	10	—		4051,8	S	20	—
	4304,0	S	10	—		4047,6	S	20	—
	4299,4	S	20	—		4046,9	S	20	—
	4298,4	S	10	—	II	4035,06		—	3,07
II	4291,34	S	50	2,89		4029,9	S	20	—
	4286,7	S	50	—		4018,2	S	50	—
II	4248,08	S	100	2,92		4012,9	S	50	—
	4231,0	S	10	—		4012,4	S	10	—
	4230,6	S	50	—		4009,4	S	10	—
	4225,0	S	10	—		4000,9	S	10	—
	4217,2	S	100	—	II	4000,27	S	10	3,10
	4210,9	S	10	—	II	3999,49	S	10	3,10
	4210,4	S	20	—		3997,7	S	10	—
	4205,3	S	20	—	II	3988,36	S	20	3,11
	4197,8	S	50	—		3983,3	S	20	—
	4196,9	S	50	—		3982,2	S	20	—
	4192,1	S	50	—		3980,3	S	10	—
	4189,0	S	10	—		3980,1	S	10	—
	4176,1	S	20	—		3979,5	S	10	—
	4164,2	S	50	—		3975,4	S	20	—
	4161,5	S	20	—		3970,0	S	50	—
	4161,0	S	20	—		3967,3	S	20	—
	4160,1	S	50	—		3965,7	S	10	—
	4159,2	S	10	—		3964,2	S	10	—
	4153,4	S	10	—		3962,9	S	10	—
	4139,6	S	20	—	II	3962,34	S	10	3,13
II	4129,09	S	20	3,00		3961,8	S	10	—
	4128,7	S	20	—		3961,5	S	50	—
	4117,1	S	10	—		3959,1	S	10	—
	4110,8	S	10	—		3957,8	S	100	—
	4108,4	S	20	—		3956,6	S	20	—
	4107,9	S	20	—		3953,4	S	10	—
	4102,1	S	50	—		3952,6	S	20	—
	4099,2	S	20	—		3945,9	S	20	—

λ	B		eV		λ	B		eV
3944,0	S	20	—		3679,8	S	20	—
3928,7	S	50	—		3674,9	S	20	—
3926,9	S	10	—		3668,4	S	10	—
3926,0	S	10	—		3666,3	S	10	—
3923,9	S	10	—		3665,6	S	10	—
3921,5	S	20	—		3663,2	S	20	—
3916,2	S	10	—		3643,8	S	20	—
3915,1	S	10	—		3632,4	S	50	—
3911,3	S	20	—	II 3626,68		—	3,42
3909,6	S	20	—	II 3584,40		—	3,46
3909,1	S	20	—	II 3547,94		—	3,49
3908,0	S	50	—		3545,0	S	50	—
3905,0	S	20	—		3488,9	S	10	—
3892,6	S	20	—	II 3480,98	S	10	3,56
3891,5	S	10	—		3471,1	S	10	—
3890,6	S	10	—		3468,2	S	10	—
3878,5	S	10	—	II 3455,42		—	3,59
II 3877,39		—	3,20		3452,8	S	10	—
3875,9	S	50	—		3448,4	S	10	—
3868,5	S	20	—	II 3430,89		—	3,61
3866,8	S	10	—	II 3403,73		—	3,64
3865,4	S	10	—		3394,4	S	10	—
3856,9	S	50	—	II 3346,66		—	3,70
3849,9	S	50	—	II 3338,02		—	3,71
3835,4	S	10	—		3332,8	S	20	—
3828,4	S	20	—	II 3331,71		—	3,72
3823,6	S	20	—	II 3316,26		—	3,74
3818,2	S	20	—		3299,74		—	3,76
3814,0	S	20	—		3240,5	S	20	—
3807,4	S	20	—	II 3237,67		—	3,83
3803,3	S	10	—		3221,9	S	20	—
3802,8	S	20	—		3214,0	S	50	—
3798,0	S	10	—		3205,9	S	10	—
3797,7	S	10	—		3205,4	S	20	—
3795,6	S	20	—		3204,2	S	20	—
3793,7	S	10	—		3203,1	S	10	—
3781,3	S	10	—		3179,6	S	20	—
3780,9	S	20	—		3178,2	S	20	—
3765,7	S	20	—		3175,9	S	10	—
3764,1	S	10	—		3171,5	S	20	—
3763,5	S	10	—		3170,8	S	20	—
3754,3	S	20	—		3157,6	S	20	—
3743,5	S	10	—	II 3148,34		—	3,94
3737,8	S	20	—		3136,9	S	20	—
3735,7	S	20	—	II 3132,96	S	—	3,96
3731,0	S	10	—		3131,2	S	20	—
3730,4	S	10	—		3117,7	S	20	—
3729,3	S	20	—		3111,7	S	50	—
3725,6	S	10	—		3105,9	S	50	—
3725,0	S	10	—		3103,8	S	20	—
3717,3	S	10	—		3093,2	S	50	—
3716,8	S	20	—		3092,6	S	20	—
3713,4	S	10	—		3083,2	S	50	—
3705,9	S	10	—		3082,3	S	20	—
3692,8	S	20	—		3081,3	S	10	—

	λ	B		eV		λ	B		eV
	3076,7	S	20	—		2954,6	S	50	—
	3075,6	S	20	—		2943,5	S	100	—
	3071,2	S	10	—		2943,0	S	50	—
	3070,3	S	20	—		2940,2	S	100	—
	3069,1	S	10	—		2934,3	S	50	—
	3068,4	S	10	—	II	2933,66		—	4,22
	3067,7	S	20	—		2932,9	S	20	—
	3066,4	S	50	—		2928,3	S	50	—
	3060,9	S	20	—		2923,4	S	10	—
	3060,3	S	20	—		2922,8	S	50	—
	3060,0	S	10	—	II	2917,54		—	4,25
	3059,1	S	20	—		2909,6	S	100	—
	3058,1	S	10	—	II	2909,03	S	50	4,26
	3057,9	S	20	—		2907,5	S	50	—
	3054,6	S	100	—		2906,9	S	50	—
	3053,5	S	100	—		2906,3	S	20	—
	3051,8	S	20	—		2893,0	S	100	—
II	3050,01		—	4,06	II	2891,14	S	20	4,29
	3045,6	S	50	—	II	2889,58		—	4,29
	3042,7	S	50	—		2873,3	S	50	—
	3042,0	S	100	—	II	2871,41	S	50	4,32
	3039,0	S	20	—	II	2870,00	S	50	4,32
	3036,7	S	20	—		2855,4	S	20	—
	3034,3	S	50	—	II	2854,11		—	4,34
	3033,6	S	50	—		2845,5	S	50	—
	3025,3	S	100	—		2843,3	S	50	—
	3023,5	S	50	—	II	2838,26		—	4,37
	3015,2	S	50	—		2835,5	S	50	—
II	3010,48		—	4,12		2832,6	S	50	—
	3009,5	S	50	—		2826,6	S	50	—
	3005,7	S	50	—	II	2823,28		—	4,39
	3004,6	S	100	—	II	2822,79		—	4,39
II	2998,32		—	4,13	II	2819,87		—	4,39
	2997,7	S	50	—		2815,4	S	20	—
II	2995,95		—	4,14		2811,5	S	50	—
	2994,9	S	50	—		2808,0	S	20	—
	2992,7	S	50	—	II	2803,42		—	4,42
	2991,6	S	20	—	II	2798,83		—	4,43
	2987,9	S	100	—		2796,2	S	100	—
	2987,0	S	20	—		2793,3	S	50	—
	2986,4	S	10	—	II	2791,95		—	4,44
	2985,3	S	10	—	II	2780,05		—	4,46
	2984,7	S	50	—	II	2775,08		—	4,47
	2983,4	S	20	—	II	2759,20		—	4,49
	2982,9	S	20	—		2755,9	S	20	—
	2981,9	S	20	—	II	2751,39		—	4,50
	2980,5	S	100	—		2743,9	S	200	—
	2977,2	S	20	—		2743,2	S	100	—
	2974,0	S	50	—		2732,2	S	100	—
	2972,4	S	20	—	II	2730,47		—	4,54
	2970,7	S	20	—	II	2714,96		—	4,56
	2969,0	S	50	—	II	2699,21		—	4,59
	2968,0	S	50	—		2697,5	S	5C	—
II	2959,65	S	100	4,19	II	2679,28		—	4,63
II	2955,77		—	4,19		2672,1	S	50	—

λ	B	eV	λ	B	eV
2670,5	S 50	—	II 2631,85	—	4,70
II 2660,76	—	4,66	II 2622,60	—	4,72
2651,6	S 20	—	II 2613,13	—	4,74
2644,9	S 20	—	II 2583,97	—	4,80
II 2641,83	—	4,69	II 2574,56	—	4,81
2640,3	S 100	—	II 2522,61	—	4,91
II 2636,36	—	4,70			

82 Pb[1])

λ	B	eV	λ	B	eV
I 13102	C 40	5,32	III 5063,1	3	21,96
I 12564	C 40	5,32	II 5049,3	C 9	12,74
I 10971	C 30	5,50	II 5042,5	C 50	11,69
I 10651	C 60	5,54	II 5032,2	C 6	14,16
I 10291	C 100	5,54	I 5005,43	M 9	6,13
II 9063,7	C 10	12,84	III 4760,98	6	—
II 9050,7	C 10	12,84	II 4582,34	C 10	14,17
II 8395,6	C 10	11,06	II 4579,15	C 10	14,17
II 7632,2	C 10	13,55	III 4571,72	7	24,53
II 7558,7	C 10	13,45	II 4386,58	C 20	11,47
I 7229,11	M 14	4,38	II 4352,7	C 10	13,87
II 7193,6	C 20	12,75	I 4340,43	C 2	6,51
II 7013,2	C 10	13,45	III 4272,63	8	21,96
II 6790,8	C 10	11,06	II 4245,00	C 20	11,47
II 6660,0	C 50	9,23	II 4242,47	C 9	11,47
I 6235,44	—	6,37	I 4168,05	M 13	5,63
II 6229,7	C 10	13,02	II 4152,93	C 10	12,56
II 6160,0	C 10	13,94	I 4062,14	M 55	5,71
II 6081,5	C 40	13,51	I 4057,82	M 3400	4,38
II 6075,8	C 40	13,51	IV 4049,84	E 30	26,01
I 6001,88	M 0,8	6,44	I 4019,64	M 40	5,75
I 5895,70	C 8	6,43	IV 3962,49	E 20	26,01
II 5876,7	C 10	11,69	III 3951,94	8	—
III 5857,67	6	—	III 3854,05	12	21,81
II 5767,9	C 10	13,93	III 3832,83	6	23,66
II 5713,8	C 4	13,98	II 3786,00	C 10	11,47
II 5608,8	C 10	9,58	I 3739,95	M 280	5,97
II 5544,6	C 10	11,81	II 3714,05	C 10	12,92
III 5523,5	5	—	III 3689,32	7	21,96
II 5472,4	C 7	14,19	I 3683,47	M 1400	4,34
II 5372,1	C 10	11,47	I 3671,50	M 34	6,03
II 5367,3	C 10	11,47	I 3639,58	M 550	4,38
II 5306,8	C 6	14,14	III 3589,92	7	—
I 5201,44	M 3,5	6,04	I 3572,73	M 110	6,12
III 5189,2	4	21,96	III 3455,49	8	—·
II 5163,8	C 7	9,58	III 3451,90	6	—
II 5155,8	C 7	14,19	I 3262,35	C 7	6,48
II 5111,9	C 10	13,45	I 3240,19	C 2	6,49
II 5074,6	C 10	13,91	IV 3221,22	E 40	27,01
II 5070,7	C 10	13,91	I 3220,54	M 3,0	6,50

[1] Classification of Pb I lines given by D. R. W o o d, K. L. A n d r e w, JOSA, **58**, 818 (1968).

λ	B		eV	λ	B		eV
III 3176,54		10	23,60	I 2022,02	M	640	6,13
III 3137,83		10	23,53	IV 1959,32	E	20	33,53
II 3117,7	C	10	13,56	I 1936,34	A	20	7,37
IV 3052,66	E	30	27,01	I 1907,70	A	20	7,47
III 3043,90		10	23,59	I 1904,76		4	6,52
II 3016,4	C	10	12,75	I 1898,85	A	50	7,50
IV 2978,20	E	25	31,17	II 1822,03	C	10	8,55
II 2948,72	C	10	12,75	I 1812,93		4	6,85
I 2873,32	M	280	5,63	I 1805,55	A	10	8,19
IV 2864,51	E	20	27,48	II 1796,68	C	10	8,65
IV 2864,26	E	20	27,21	II 1726,75	C	20	7,18
I 2833,07	M	950	4,37	I 1722,66	A	5	8,17
I 2823,19	M	410	5,70	II 1682,15	C	10	7,37
I 2802,00	M	1000	5,74	II 1671,53	C	10	9,16
I 2697,51	C	10	7,26	III 1553,1		20	7,98
I 2663,17	M	300	5,97	IV 1535,70	E	12	20,63
I 2657,11	M	1,6	5,63	II 1512,42	C	10	8,20
I 2650,4	A	5	7,34	II 1433,96	C	10	8,64
I, II 2628,26	M	24	6,03; 13,87	IV 1400,26	E	15	21,41
I 2614,18	M	700	5,71	V 1371,75	S	6	41,09
I 2613,65	M	50	5,71	II 1348,37	C	10	10,94
I 2577,26	M	110	6,13	II 1335,20	C	10	11,03
I 2476,38	M	130	5,98	II 1331,65	C	10	11,06
IV 2461,51	E	20	31,04	IV 1313,06	E	40	9,44
I 2446,19	M	68	6,04	V 1308,10	S	6	44,61
I 2443,84	M	37	6,04	III 1250,6		4	19,71
I 2428,63	M	2	7,76	II 1231,20	C	10	11,81
I 2411,74	M	14	6,46	II 1203,63	C	10	10,30
I 2401,95	M	65	6,13	III 1167,0		4	18,60
I 2399,58	M	3	6,48	II 1133,14	C	10	10,94
I 2393,79	M	170	6,50	II 1121,36	C	10	11,05
I 2388,77	M	3	6,51	II 1119,57	C	10	12,82
I 2332,43	M	8	6,63	II 1109,84	C	10	12,92
I 2253,95	C	3	6,82	II 1108,43	C	10	12,93
I 2246,89	M	20	6,48; 6,85	II 1103,94	C	10	12,98
I 2242,61	A	2	8,20	II 1060,66	C	10	11,69
I 2237,43		20	6,51	II 1050,77	C	10	13,54
I 2218,08	C	3	6,91	II 1049,82	C	10	13,55
II 2203,51	M	140	7,37	III 1048,9		12	11,82
I 2189,62		10	6,64	IV 1028,61	E	30	12,05
I 2187,85	C	2	6,63	II 1016,61	C	10	13,93
I 2175,58		20	7,02	V 1005,56	S	6	41,09
I 2169,99	M	480	5,71	II 995,89	C	10	14,19
I 2159,52	C	3	7,06	II 986,71	C	10	12,56
I 2115,02		20	6,83	II 967,23	C	10	12,82
I 2111,74		4	6,84	V 932,18	S	10	27,03
I 2088,43		10	7,26	IV 922,49	E	10	22,88
I 2087,58	C	2	6,90	V 857,65	S	7	32,05
I 2059,79	A	200	7,34	V 465,45	S	7	71,38
I 2053,27	M	690	6,04				

46 Pd

λ	B		eV	λ	B		eV
I 10890,26	A	1	4,63	I 4473,59	M	20	4,22
I 9793,76	A	1	6,08	I 4351,00		2	7,48
I 9380,32	A	1	5,00	I 4344,66		4	7,49
I 9223,85	A	5	4,45	I 4268,26		6	7,49
I 8761,39	M	7	6,05	I 4212,95	M	280	4,40
I 8644,48	A	1	6,49	I 4169,84	M	10	4,22
I 8599,13	M	1,8	6,08	I 4140,83		1	7,48
I 8582,10	A	1	6,51	I 4099,27		4	7,48
I 8532,76	M	2,0	6,51	I 4098,87		2	7,48
I 8353,58	M	1,0	6,49	I 4087,34	M	32	4,48
I 8300,82	M	5	6,08	I 4020,20		3	7,48
I 8132,81	M	6	4,63	I 3958,64	M	160	4,58
I 7961,03	M	2	5,05	I 3894,20	M	240	4,64
I 7915,79	M	5	6,51	I 3832,29	M	160	4,49
I 7786,63	M	3,0	6,08	I 3799,19	M	160	4,23
I 7763,99	M	13	6,05	I 3718,91	M	150	4,58
I 7486,93	M	1,8	6,05	I 3690,34	M	600	4,81
I 7391,92	M	3,0	6,50	I 3634,70	M	2200	4,23
I 7368,12	M	8	6,08	I 3609,55	M	2200	4,40
I 7310,08	M	1,4	6,51	I 3571,16	M	500	4,72
I 6916,52	A	1	6,80	I 3566,63		1	—
I 6833,41	M	0,4	6,82	I 3553,08	M	1300	4,94
I 6784,51	M	7	6,05	I 3516,94	M	1300	4,49
I 6774,53	M	2,5	4,94	I 3489,77	M	220	5,00
I 6130,56	A	1	6,51	I 3481,15	M	1100	4,81
I 5736,52	M	2,0	6,80	II 3468,54		1	9,09
I 5695,09	M	6	6,81	I 3460,77	M	850	4,40
I 5670,07	M	8	6,82	II 3451,35		1	8,09
I 5655,42	M	1,5	7,25	I 3441,40	M	700	5,05
I 5619,44	M	3,0	7,26	I 3433,45	M	550	5,06
I 5547,02	M	4	6,82	I 3421,24	M	1400	4,58
I 5542,80	M	6	6,82	I 3404,58	M	2600	4,46
I 5395,24	M	4	7,24	I 3380,67		20	6,78
I 5362,69		3	6,80	I 3373,00	M	550	4,64
I 5345,10	M	1,6	7,26	II 3327,23		1	8,83
I 5312,57	M	2,0	6,82	I 3302,13	M	400	5,00
I 5295,63	M	13	6,79	I 3287,25	M	50	4,58
I 5256,17		2	6,81	II 3272,56		1	8,69
I 5234,86	M	6	6,82	II 3267,35		1	8,44
I 5208,93		2	6,86	I 3258,78	M	380	5,05
I 5163,84	M	17	6,80	I 3251,64	M	300	5,06
I 5117,02	M	8	7,23	II 3243,13		1	8,09
I 5110,81	M	6	6,82	I 3242,70	M	1200	4,64
I 5063,40		2	7,26	I 3218,97		20	4,81
I 4875,43	M	4	6,76	II 3210,45		1	9,39; 14,26
I 4817,51	M	5	6,80	II 3161,95		1	8,69
I 4788,18	M	6	6,81	I 3142,81	M	30	7,06
I 4541,13		2	7,21	I 3114,04	M	220	4,94
I 4516,20		2	7,20	I 3075,17		2	7,52
I 4489,46		3	7,24	I 3066,10		3	7,73

λ	B		eV	λ	B		eV
I 3065,31	M	95	5,00	II 2577,10		2	8,81
II 3059,43		1	8,83	II 2576,40		1	10,22
II 3052,15		1	8,69	II 2575,49		1	9,31
II 3050,08		1	8,97	II 2569,56		5	9,09
II 3032,20		1	8,09	II 2565,51		8	8,83
I 3027,91	M	130	5,05	II 2551,84		8	10,39
II 3018,50		1	9,21; 9,52	II 2550,99		1	10,39
I 3009,78	M	4	7,23	II 2550,64		2	9,76
I 3002,65	M	55	4,94	II 2544,83		1	10,39
II 2999,55		2	8,63	II 2539,36		3	12,97
II 2980,66		3	8,44; 9,06	II 2537,97		1	9,52
II 2954,39		1	8,69	II 2537,17		1	9,52
I 2922,49	M	44	5,05	II 2534,60		4	9,52
II 2893,09		1	9,39	II 2514,48		3	10,04
II 2878,01		5	12,97	II 2505,74		8	9,21
II 2871,37		5	13,41	II 2498,78	M	3,5	8,96
II 2857,73		1	8,97	II 2496,69		2	9,87
II 2854,58	M	2,0	8,34	II 2489,61		4	10,39
II 2841,03		1	8,63	II 2488,92	M	8	8,09
II 2839,89		1	9,88	II 2486,53	M	3,0	8,34
II 2821,91		1	13,05	I 2476,42	M	100	5,00
II 2807,59		3	13,62	II 2472,51		3	10,46
II 2800,64		3	13,05	II 2471,15		5	9,02
II 2787,92		5	13,41	II 2470,01		4	9,52
II 2776,84		7	12,97	II 2469,25		8	9,52
I 2763,09	M	160	4,48	II 2457,76		3	9,31
II 2742,60		1	9,02	II 2457,29		5	8,63
II 2727,89		1	8,81	II 2448,16		4	9,06
II 2714,90		1	8,83	I 2447,91	M	65	5,06
II 2714,32		1	9,06	II 2446,71		4	10,17
II 2698,55		1	9,09	II 2446,18		8	8,44
II 2688,55		1	9,52	II 2435,32		5	9,09
II 2687,66		1	9,52	II 2433,10		5	10,61
II 2684,76		1	9,52	II 2430,94		5	8,81
II 2679,58		1	10,04	II 2426,87		5	8,69
II 2661,14		1	9,77	II 2424,48		4	8,83
II 2658,72		8	8,66	II 2418,73		4	9,39
II 2657,56		1	10,11	II 2414,73		3	9,77
II 2649,47		1	9,31	II 2408,74		1	10,56
II 2642,17		1	10,22	II 2406,74		2	10,67
II 2637,07		1	10,11	II 2401,47		2	13,79
II 2635,94		4	8,97	II 2388,29		2	10,30
II 2628,25		3	9,21	II 2385,01		1	14,21
II 2613,43		1	9,52	II 2383,40		2	14,16
II 2609,86		1	9,52	II 2372,15		3	8,81
II 2602,76		2	10,17	II 2367,96		4	8,34
II 2595,97		2	9,88	II 2362,31		2	8,83
II 2593,27		3	10,30	II 2357,61		2	8,97
II 2584,13		1	10,21	II 2351,34		3	8,63
II 2583,85		2	9,06	II 2336,43		1	9,02

λ	B		eV	λ	B		eV
II 2331,41		1	10,22	I 1968,33	A	10	7,75
II 2307,50		1	13,71	I 1960,75	A	7	7,14
II 2302,01		2	9,88	I 1945,99	A	10	7,33
II 2296,51		10	8,51	III 1941,64	S	20	12,95
II 2264,33		2	8,83	III 1930,33	S	10	13,26
II 2262,52		2	9,07	I 1929,55	A	5	7,24
I 2254,28		3	6,31	III 1926,77	S	5	13,47; 15,46
II 2231,59		5	8,66	I 1923,95	A	5	7,40
I 2225,28		2	—	III 1914,62	S	40	13,05
II 2218,15		1	—	I 1901,94	A	7	7,33
				III 1891,34	S	150	15,82
II 2214,03		1	9,31	I 1890,41	A	7	7,52
II 2212,14		3	8,96	III 1887,40	S	10	13,61
II 2202,36		1	9,21	III 1885,83	S	20	13,41
II 2198,24		1	11,15	III 1883,35	S	5	13,74
II 2182,35		2	9,39				
				III 1874,63	S	15	15,29
I 2178,29	A	10	6,50	III 1859,21	S	10	13,84
III 2176,93 ⎱	S	5	13,84	III 1852,27	S	20	13,53
III 2176,86 ⎰				III 1851,59	S	15	13,73
I 2172,95	A	3	6,66	III 1782,55	S	40	13,53
II 2162,27		2	9,09				
				III 1741,62	S	5	13,95
				III 1545,96	S	2	21,07
II 2152,76		1	10,39	II 1437,29		3	9,06
III 2149,14	S	5	13,53	II 1403,59		3	8,83
I 2142,11	A	2	7,24	II 1374,92		5	9,02
I 2105,87	A	10	7,14				
I 2092,63	A	5	6,73	II 1367,76		3	9,06
				II 1365,80		3	9,52
I 2087,98	A	3	6,90	II 1345,57		3	9,21
I 2082,24	A	2	7,20; 7,40	II 1320,05		4	9,39
I 2081,14	A	3	6,77	II 1254,59		2	9,88
III 2054,46	S	5	14,35				
II 2045,62		1	10,56	II 1204,00		3	10,30
				II 1183,45		2	10,91
				II 1174,37		2	10,56
III 2032,05	S	5	15,51	III 889,29	S	10	13,94
III 2026,71	S	5	15,86	III 888,84	S	5	14,35; 13,95
III 2022,02	S	5	14,44				
I 2019,82	A	10	7,39	III 880,59	S	5	14,49
I 2019,55	A	15	7,10	III 864,04	S	5	14,36
				III 856,47	S	5	16,69
				III 840,58	S	5	16,97
III 2014,23	S	5	14,24	III 825,34	S	5	15,03
III 2013,83	S	5	14,96				
I 2007,01	A	10	7,14	III 803,67	S	5	15,43; 15,83
III 2003,83	S	10	13,94	III 800,10	S	5	15,91
III 2001,52	S	8	13,95	III 800,02	S	5	16,09
				III 797,52	S	5	15,55
I 1993,20	A	2	7,18	III 794,08	S	5	16,20
I 1976,50	A	7	7,73				
I 1974,90	A	5	7,24; 7,54	III 781,02	S	20	15,89
I 1973,93	A	5	7,24	III 766,42	S	5	16,19
I 1972,74	A	15	7,10	III 763,06	S	5	17,52

λ	B	λ	B	λ	B

61 Pm

λ	B	λ	B	λ	B
8335,63	E 40	6623,14	50	6314,20	100
7821,91	E 120	6598,11	80	6306,56	50
7776,80	E 50	6614,45	40	6304,17	50
7704,71	E 50	6613,93	50	6289,93	80
7624,25	E 90	6598,11	80	6289,03	E 50
7512,12	E 120	6592,29	100	6274,51	40
7478,30	E 40	6586,39	100	6263,25	100
7358,40	E 80	6576,03	80	6251,64	40
I 7354,41	E 50	6567,27	100	6234,32	40
7257,72	E 40	6561,81	E 80	6227,07	E 70
7111,62	E 60	6558,48	100	6220,83	E 50
6900,37	E 40	6554,47	40	6208,91	200
6862,61	E 50	6553,24	40	6201,82	60
6858,58	50	6550,58	40	6184,52	100
6831,09	60	6544,33	50	I 6168,88	E 200
6828,13	E 60	6536,68	60	6163,19	E 80
6811,68	200	6529,49	60	6159,53	100
6802,95	40	6523,05	70	6152,00	40
6798,92	80	6520,37	50	6151,70	40
6796,87	100	II 6519,43	80	6114,90	100
6793,56	60	6499,86	E 100	6101,10	60
6783,09	100	6475,93	40	6100,16	60
6776,07	50	6474,31	80	6085,41	200
6772,29	300	6467,36	70	6076,40	100
6762,01	40	6453,23	E 50	6074,96	E 70
6756,45	200	6446,05	50	6074,68	70
6755,11	60	6438,05	E 80	6073,81	40
6749,91	50	6438,04	40	6069,84	50
6749,25	E 70	6436,57	100	6067,08	E 50
6732,17	40	I 6431,87	E 120	6067,00	100
6730,80	E 60	6430,92	50	6053,29	40
6729,40	40	6429,65	100	6052,57	150
6726,95	80	6428,61	60	6050,15	80
6714,81	50	6426,00	80	6047,22	40
6706,27	100	6425,71	40	6043,35	E 70
6705,67	E 80	6424,85	50	6038,31	50
6698,63	40	6422,59	50	6030,08	70
6696,39	40	6420,83	60	6027,11	200
6692,65	70	6415,98	50	6025,81	E 70
6690,09	150	6415,20	E 40	6025,70	80
6686,2	50	6413,15	40	6022,74	40
6680,89	200	6409,99	40	6018,29	50
6669,01	E 50	6401,28	60	6011,68	E 70
6668,94	90	6386,52	40	6003,50	40
6661,25	100	6383,74	60	5997,09	150
6659,05	400	6378,24	40	5992,44	40
6652,50	60	6366,00	50	5987,13	100
6649,97	80	6356,01	40	5982,40	40
6635,32	40	6334,02	60	5967,83	60
6625,54	100	6333,65	E 60	5963,00	150

λ	B	λ	B	λ	B
5960,08	100	5530,70	40	5145,11	80
5950,82	70	5528,59	40	5127,33	150
5946,49	400	5521,61	50	5121,44	250
5935,90	40	5516,41	100	5120,60	40
5927,72	40	5515,79	80	5100,73	50
5927,17	250	5513,30	60	5097,26	150
5917,39	60	5508,53	40	5094,80	60
5904,67	40	5498,86	40	5089,32	150
5904,16	40	5495,44	150	5085,79	40
5901,87	80	5491,65	50	5080,50	150
5899,76	150	5478,36	40	5067,32	100
5878,89	E 60	5467,62	100	5058,29	150
5878,76	100	5455,50	40	5045,28	60
5875,33	E 100	5453,03	50	5044,90	E 60
5875,31	200	5450,45	40	5044,30	50
5873,09	40	5429,03	150	5016,14	100
5868,90	E 80	5428,21	40	5010,33	40
5868,79	300	5424,76	180	4997,10	150
5862,05	40	5424,52	200	4975,36	80
5841,00	80	5410,43	200	4971,41	100
5835,70	40	5401,60	70	4959,45	80
5834,96	50	5397,32	80	4943,28	80
5827,84	80	5394,83	60	4932,99	50
5823,91	50	5390,48	50	4913,18	50
5823,24	E 80	5386,99	40	4892,51	50
5810,14	60	5386,79	50	4865,72	40
5806,29	50	5371,34	40	4860,73	100
5788,89	60	5365,87	40	4846,59	40
5780,75	40	5354,56	60	4840,69	50
5775,64	E 40	5348,26	80	4837,66	50
5772,19	100	5346,12	80	4829,48	50
5768,11	200	5319,80	80	4824,19	E 50
5765,36	60	5318,58	150	4824,15	80
5753,72	50	5314,24	40	4811,94	50
5747,12	40	5308,84	100	4801,33	70
5740,81	50	5302,01	80	4798,97	80
5712,42	80	5293,91	200	4789,26	40
5708,83	40	5281,40	40	4773,46	60
5657,55	40	5270,62	500	4762,57	150
5649,72	60	5262,40	150	4759,00	100
5641,28	200	5257,09	40	4739,08	100
5639,46	40	5251,84	50	4734,26	50
5638,32	50	5246,31	400	4728,37	40
5634,45	70	5236,64	300	4665,20	40
5610,90	70	5236,25	500	4628,70	70
5576,01	800	5225,10	250	4615,85	100
5571,03	40	5224,84	80	4602,03	E 40
5563,32	40	5215,95	150	4598,90	E 40
5561,72	200	5208,08	500	4578,60	50
5558,38	150	5194,03	300	4564,85	100
5556,86	120	5185,01	100	4556,60	40
5546,76	50	5171,57	500	4545,41	40
5546,09	800	5169,69	300	4535,69	30
5534,95	180	5153,82	400	4529,20	800
5531,61	80	5146,27	100	4525,19	600

λ	B	λ	B	λ	B
4522,65	80	4328,29	60	4122,45	50
4513,54	100	4325,88	250	4104,83	60
4509,37	100	4315,36	100	4100,03	50
4500,14	600	4313,12	50	4098,87	40
4492,05	250	4305,49	50	4096,19	50
4477,46	200	4303,86	200	4090,79	50
4475,31	50	4303,51	50	II 4086,10	500
4475,05	70	4297,75	E 80	4083,07	60
4473,23	300	4295,11	70	4082,49	100
4471,50	200	4293,38	40	4081,74	100
4465,80	50	4287,78	60	II 4075,85	600
4459,95	200	4277,52	100	4069,90	100
4458,94	50	4275,54	40	4069,08	50
4453,96	800	4259,12	40	4066,45	50
4452,84	100	4254,93	40	4065,65	150
4451,81	50	4254,78	60	4059,72	40
4446,90	600	4240,29	50	4058,07	60
4445,41	500	4239,98	30	4055,20	600
4443,67	150	4238,26	200	4052,93	40
4432,51	400	4234,14	150	4051,50	300
4423,99	50	4233,39	40	4049,36	70
4421,15	150	4230,87	40	4045,37	200
4419,35	100	4229,30	E 40	4044,75	40
4418,15	80	4228,35	100	4040,74	150
4417,98	1000	4225,06	80	4040,07	40
4414,09	100	4222,15	200	4036,48	50
4411,77	40	4216,30	100	4032,45	70
4404,26	100	4207,21	100	4028,84	50
4402,31	40	4204,10	50	4028,20	250
4389,68	40	4194,70	200	4026,60	40
4388,76	200	4192,92	300	4026,00	100
4387,05	50	4185,74	200	4023,70	150
4381,87	200	4179,66	50	4023,28	50
4381,17	180	4177,47	40	4022,90	80
4372,88	60	4172,79	70	4021,34	50
4372,52	40	4171,46	60	4019,34	200
4365,99	50	4162,03	60	4014,20	250
4365,07	100	4161,50	150	4012,71	200
4362,15	E 60	4161,21	100	4009,97	500
4362,06	40	4159,99	40	4005,94	40
4360,79	50	4156,07	50	3998,96	1000
4359,90	40	4151,60	100	3995,05	300
4354,16	60	4151,40	80	3992,99	50
4342,11	300	4142,87	100	3987,90	100
4340,52	150	4140,46	250	3986,09	20
4337,45	200	4139,72	150	3983,10	100
4336,53	300	4136,48	40	3980,73	500
4332,04	200	4135,11	90	3975,65	40
4330,60	50	4129,33	40	3973,49	50
4330,06	100	4123,97	150	3972,13	60

λ	B	λ	B	λ	B
3959,96	60	3835,76	40	3758,37	50
3959,74	70	3831,53	150	3754,88	40
3957,74	1000	3830,73	90	3753,76	100
3954,29	80	3830,46	80	3753,25	100
3952,13	60	3829,08	50	3751,59	60
3949,69	100	3828,34	80	3750,08	500
3947,22	150	3825,90	50	3748,54	40
3946,85	100	3824,83	100	3747,10	300
3944,23	300	3823,52	80	3745,86	500
3940,60	100	3821,44	40	3743,90	40
3940,13	80	3820,51	300	3743,42	40
3936,47	800	3820,07	50	3742,51	300
3931,55	100	3819,62	50	3741,40	40
3925,26	40	3819,26	200	3734,31	100
3921,80	150	3817,31	40	3732,51	100
3921,39	30	3815,82	100	3730,46	50
3919,09	1000	3813,73	100	3728,26	100
3917,12	70	3810,27	70	3727,79	40
3913,48	40	3809,04	50	3724,87	60
3910,26	1000	3806,06	250	3723,11	100
3909,51	250	3802,48	150	3721,96	80
3907,83	80	3802,28	70	3721,72	200
3907,25	50	3800,30	30	II 3718,88	100
3899,78	400	3799,49	50	3715,73	200
3899,36	40	3798,39	100	3711,72	80
3895,74	60	3798,17	150	3708,34	150
3894,11	40	3795,66	400	3704,53	150
3892,16	1000	3794,54	40	3702,64	400
3887,35	50	3791,20	150	3702,38	40
II 3886,56	150	3789,53	40	3701,65	40
3882,07	100	3784,71	40	3699,00	150
3881,37	180	3784,20	60	3698,39	40
3877,63	800	3782,39	50	3697,50	300
3875,34	80	3781,57	60	3694,78	100
3871,84	50	3778,75	60	3692,52	300
3869,83	70	3777,13	50	3691,70	100
3869,62	40	3776,62	100	3691,11	50
3868,55	60	3776,02	50	3689,78	400
3867,94	80	3775,65	60	3689,47	70
3866,33	40	3775,03	40	3687,65	200
3864,24	40	3774,58	100	3687,26	100
3863,62	120	3773,01	40	3686,77	80
3863,16	80	3771,98	120	3685,41	50
3862,72	40	3770,97	90	3683,67	60
3854,62	40	3769,21	40	3681,73	60
3848,74	150	3768,97	200	3680,89	40
II 3845,36	250	3767,49	50	3680,41	100
3844,33	40	3764,62	40	3678,63	180
3842,93	400	3763,46	70	3678,49	200
3840,52	80	3759,55	40	3673,08	40

λ	B	λ	B	λ	B
3669,86	60	3538,80	40	3117,22	100
3667,31	70	3536,64	40	3115,36	100
3666,26	100	3514,84	100	3108,11	150
3665,50	90	3482,65	40	3104,24	60
3660,03	40	3481,97	80	3099,46	40
3659,39	300	3480,62	200		
3658,40	100	3478,62	150	3091,86	150
3658,04	40	3467,20	50	3090,19	120
3657,59	80	3462,91	200	3088,37	40
3655,80	80	3460,25	250	0086,02	150
				3385,08	40
3652,13	80	3449,81	400		
3651,25	100	3441,16	120		
3649,98	100	3427,40	500		
3647,23	50	3418,71	50	3074,25	40
3642,26	40	3408,67	80	3072,41	300
				3066,34	50
				3061,20	60
3641,65	100	3408,06	100	3060,48	80
3634,26	300	3391,28	100		
3632,25	40	3384,68	60		
3629,85	200	3377,68	90		
3622,28	50	3366,05	50	3054,14	70
				3047,99	80
				3019,58	30
3621,79	40	3364,44	80	3018,47	80
3620,14	150	3360,21	80	3008,85	100
3613,29	150	3358,14	100		
3611,80	60	3352,23	40		
3611,21	40	3340,88	40		
				3004,59	100
3610,74	200	3321,21	150	2982,84	60
3610,21	40	3311,76	60	2952,25	50
3608,09	30	3310,66	80	2946,73	30
3607,00	80	3307,05	200	2885,08	50
3604,09	80	3305,39	40		
				2860,97	120
3600,56	50	3278,79	40	2857,46	200
3595,11	50	3239,62	60	2850,80	50
3585,70	60	3238,57	40	2848,21	80
3583,04	40	3236,63	60	2843,90	40
3582,41	30	3218,61	50		
3580,11	150	3211,79	50	2841,86	150
3578,06	40	3207,89	40	2840,82	100
3576,15	50	3205,67	40	2830,99	50
3573,86	40	3192,25	40	2822,15	80
3572,99	50	3187,20	80	2820,10	100
3565,32	200	3185,18	60		
3562,99	80	3183,88	80		
3562,13	70	3182,54	60	2808,05	40
3561,62	60	3174,51	60	2787,72	50
3559,47	100	3172,77	100	2671,05	100
				2638,46	70
				2632,00	150
3553,61	40	3169,08	60		
3551,13	50	3158,39	40		
3544,91	60	3157,27	60		
3544,03	50	3144,54	40	2608,24	40
3541,70	60	3118,76	100	2502,12	40

λ	B	eV	λ	B	eV

84 Po

	λ	B		eV		λ	B		eV
	9374,80	E	35	—	I	4543,48	E	175	7,79
I	9227,87	E	250	6,40		4513,3	E	50	—
	9051,9	E	15	—	I	4493,13	E	800	4,85
I	8618,26	E	500	6,28		4489,87		—	—
	8506,04	E	150	—		4452,26		—	—
I	8433,87	E	300	6,32		4443,27		—	—
	8193,0	E	50	—		4415,58	E	200	—
I	7962,62	E	600	6,40		4388,93	E	60	—
	7648,44	E	15	—		4381,13	E	20	—
	7391,56	E	100	—		4379,70	E	15	—
	7373,48	E	35	—		4350,89	E	50	—
	7314,82	E	25	—		4350,06	E	50	—
	7311,84	E	10	—		4319,76	E	20	—
	7236,44	E	25	—		4312,47		—	—
	6614,83		—	—		4287,48	E	150	—
	6255,68		—	—		4275,00		—	—
	6245,49	E	20	—		4274,95	E	50	—
	6163,29		—	—	I	4236,13	E	250	7,77
	6060,27		—	—	I	4232,00	E	60	7,78
I	5939,57	E	75	2,09	I	4227,35	E	30	7,99
I	5744,77	E	300	4,85	I	4213,73	E	125	7,79
	5679,08		—	—		4205,33		—	—
	5485,25		—	—		4187,75	E	20	—
I	5388,87	E	100	7,36	I	4170,45	E	1200	5,06
I	5323,40	E	300	7,39		4152,41		—	—
	5236,32	E	100	—		4132,52	E	25	—
I	5227,64	E	50	5,06		4132,26		—	—
	5071,94		—	—		4078,29	E	50	—
	5062,09	E	100	—		4065,79	E	5	—
	4991,95		—	—		4051,98	E	200	—
I	4946,91	E	450	7,35		4023,27	E	15	—
I	4931,34	E	100	7,36		3963,35	E	150	—
	4929,43		—	—		3950,05	E	100	—
	4914,57		—	—		3948,84	E	25	—
	4891,86		—	—	I	3940,58	E	35	7,99
I	4876,28	E	400	7,39		3891,95	E	35	—
	4867,17	E	200	—		3884,93	E	150	—
	4825,91	E	50	—		3881,91	E	75	—
	4780,47	E	35	—		3866,66	E	75	—
	4710,77		—	—	I	3861,93	E	500	5,29
	4698,72		—	—		3752,31	E	40	—
	4686,56		—	—		3736,25	E	75	—
	4684,68	E	50	—		3682,56	E	75	—
	4669,49		—	—		3671,36	E	200	—
I	4611,45	E	350	2,69		3615,72	E	50	—
	4594,72		—	—		3568,33	E	400	—
	4584,47		—	—		3551,09	E	40	—
	4581,80		—	—		3538,70	E	60	—
I	4564,69	E	100	7,78		3520,36	E	35	—
	4550,09		—	—		3493,65	E	200	—

λ	B		eV		λ	B		eV
3489,79	E	300	—	I	2824,13	E	250	7,08
3481,89	E	75	—	I	2800,24	E	400	6,51
3472,75	E	150	—		2777,90	E	100	—
3472,21	E	75	—	I	2761,91	E	600	6,58
3453,49	E	25	—	I	2671,69	E	200	6,73
3438,49	E	150	—		2663,33	E	700	—
3436,59	E	100	—	I	2645,36	E	300	7,37
3433,0	E	50	—		2637,03	E	200	—
3431,15	E	75	—	I	2587,63	E	400	6,88
3404,8	E	25	—		2583,54	E	100	—
3398,49	E	50	—		2578,79	E	300	—
3396,35	E	175	—		2562,31	E	400	—
3382,43	E	100	—	I	2558,01	E 1500		4,85
3381,58	E	10	—	I	2557,33	E	300	6,93
3373,29	E	20	—	I	2534,95	E	300	6,98
3365,47	E	25	—		2534,19	E	150	—
3364,67	E	10	—		2502,18	E	200	—
3346,66	E	35	—	I	2490,56	E	700	7,67
3342,39	E	75	—	I	2483,97	E	700	7,08
I 3328,61	E	600	6,41		2473,85	E	150	—
3319,77	E	100	—	I	2450,11	E 1500		5,06
I 3286,39	E	250	6,46	I	2426,13	E	300	7,80
3283,90	E	50	—	I	2421,74	E	250	7,81
3283,62	E	20	—	I	2344,63	E	250	7,37
3283,10	E	50	—		2336,42	E	7	—
3280,26	E	10	—		2325,39	E	50	—
3261,06		—	—		2284,22	E	200	
3260,06	E	20	—	I	2222,14	E	200	7,67
3257,62	E	50	—	I	2220,67	E	300	6,51
I 3240,23	E	600	6,51		2203,80	E	300	—
I 3189,01	E	400	6,58	I	2170,71	E	30	7,80
3115,95	E	200	—	I	2167,22	E	2	7,81
I 3069,29	E	450	6,73		2158,94	E	30	—
3048,64	E	150	—		2153,37	E	10	—
3034,26	E	50	—	I	2139,01	E	250	6,73
I 3003,21	E 2500		5,06	I	2050,48	E	100	6,98
I 2958,90	E	600	6,88	I	2016,97	E	35	7,08
I 2919,31	E	400	6,93		1942,2	E	5	—
I 2890,25	E	125	6,98	I	1933,8	E	5	6,41
I 2866,01	E	300	6,41	I	1919,4	E	3	6,46

59 Pr

	λ	B		eV		λ	B		eV
I	6798,68	M	6	—	II	6025,72	M	13	3,50
I	6747,17	M	4	—	II	6017,80	M	13	—
II	6673,78	M	8	—	II	5967,84	M	10	3,27
II	6656,83	M	8	—	II	5939,91	M	14	—
II	6566,75	M	4	—	II	5823,72	M	8	3,18
I	6359,04	M	5	—	II	5815,18	M	14	—
II	6281,31	M	10	—	I	5779,29	M	8	—
II	6165,95	M	24	2,93	I	5707,61	M	6	—
II	6161,19	M	17	3,06	I	5687,42	Ab	10	—
I	6055,13	M	12	—	I	5668,45	M	6	—

λ	B		eV	λ	B		eV
II 5623,05	M	10	—	I 4808,25	Ab	10	—
II 5535,18	M	13	—	II 4783,35	M	10	2,96
I 5530,21	Ab	10	—	II 4765,22	M	6	2,97
I 5523,89	Ab	10	—	II 4762,73	M	9	3,02
II 5509,15	M	6	2,73	II 4757,94	M	7	3,40
I 5479,86	Ab	12	—	II 4756,13	H	50	—
I 5460,27	Ab	10	—	4755,98	M	6	—
I 5432,89	Ab	10	—	II 4746,93	M	13	3,26
I 5395,83	Ab	12	—	II 4744,93	M	8	2,81
II 5381,26	M	1,6	2,81	I 4744,16	M	9	—
II 5352,40	M	18	2,79	I 4736,69	M	22	—
II 5322,78	M	38	2,81	II 4734,18	M	4	2,99
I 5316,56	Ab	12	—	I 4730,69	M	16	—
II 5298,11	M	20	2,97	I 4709,52	Ab	10	—
II 5292,63	M	30	2,99	II 4708,16	M	6	—
II 5292,10	M	30	2,97	II 4707,94	M	6	2,69
I 5285,64	Ab	10	—	II 4707,54	M	5	2,84
II 5263,88	M	16	2,84	I 4695,77	M	26	—
II 5259,74	M	60	2,99	I 4687,81	M	16	—
I 5228,01	M	10	—	II 4684,94	M	5	—
II 5220,11	M	50	3,17	II 4672,08	M	24	2,87
II 5219,05	M	32	3,17	II 4664,65	M	12	3,08
II 5207,90	M	13	3,17	II 4651,52	M	18	2,87
II 5206,56	M	32	3,33	II 4646,06	M	12	2,88
II 5195,31	M	18	3,18	II 4643,51	M	10	—
II 5195,11	M	13	3,50	I 4639,56	M	18	—
I 5194,41	M	11	—	I 4635,69	M	12	—
II 5191,34	M	18	—	I 4632,28	M	12	—
II 5173,90	M	55	3,36	II 4628,75	M	24	2,73
II 5161,74	M	18	2,88	II 4612,07	M	12	2,69
II 5135,13	M	24	3,36	II 4576,32	M	6	3,13
I 5133,42	M	24	—	II 4563,13	M	18	—
II 5129,52	M	36	3,06	I 4552,26	M	6	—
II 5110,77	M	50	3,57	II 4548,54	M	7	—
II 5110,38	M	32	2,93	I 4541,26	Ab	10	—
I 5087,11	M	16	—	II 4535,92	M	30	2,73
I 5053,40	M	14	—	II 4534,15	M	30	3,36
I 5045,53	M	28	—	I 4532,33	Ab	10	—
II 5034,42	M	24	3,57	II 4517,60	M	18	2,80
I 5026,97	M	18	—	II 4510,16	M	70	3,17
I 5019,76	M	18	—	II 4496,43	M	95	2,81; 2,97
I 5018,58	M	11	—	II 4477,26	M	12	2,97
II 4989,27	M	8	—	II 4468,71	M	85	2,99
I 4951,36	M	34	—	II 4465,98	M	9	—
I 4940,30	M	14	—	II 4458,34	M	8	3,33
I 4939,74	M	28	—	II 4454,70	M	12	—
I 4936,00	M	12	—	II 4454,38	M	6	2,84
I 4924,59	M	18	—	II 4451,95	M	12	—
I 4914,03	M	12	—	II 4449,87	M	65	2,99
I 4906,98	M	10	—	II 4446,99	M	8	—
II 4877,82	M	8	2,96	II 4438,18	M	8	—
II 4848,55	M	3,5	—	II 4432,34	M	10	—
II 4837,04	M	4	—	II 4429,24	M	110	3,17; 2,80
II 4832,07	M	3,5	—	II 4424,60	M	14	—
II 4822,98	M	8	—	II 4421,23	M	14	3,17

λ	B		eV	λ	B		eV
II 4419,67	M	17	—	II 4241,30	M	15	—
II 4419,06	M	14	—	II 4241,02	M	85	3,47
II 4413,77	M	36	3,02	II 4240,03	M	24	—
II 4412,16	M	7	3,18	II 4236,64	M	12	—
II 4408,84	M	150	2,81	II 4236,21	M	28	3,13
II 4405,85	M	38	3,36	II 4233,13	M	28	—
II 4403,61	M	15	3,44	I 4225,54	M	14	—
II 4399,33	M	16	—	II 4225,33	M	340	2,93
II 4396,12	M	24	—	II 4222,98	M	340	2,99
II 4395,79	M	16	3,24	II 4219,65	M	14	—
II 4395,01	M	16	—	II 4217,81	M	28	—
II 4382,42	M	14	—	II 4216,04	M	11	—
II 4380,32	M	ʌ10	—	II 4213,57	M	16	—
II 4379,34	M	3,5	—	II 4211,86	M	28	—
II 4374,41	M	11	—	II 4208,31	M	44	3,16
II 4371,61	M	28	—	II 4207,81	M	11	—
II 4368,33	M	110	2,84	II 4206,74	M	220	3,49
II 4362,98	M	9	—	II 4201,18	M	26	—
II 4359,80	M	36	3,47	II 4191,62	M	50	3,16
II 4359,11	M	12	—	II 4189,52	M	220	3,33
II 4354,91	M	40	—	II 4185,15	M	12	—
II 4351,85	M	100	3,06	II 4179,42	M	460	3,17
II 4350,40	M	30	—	II 4178,64	M	18	—
II 4347,49	M	42	3,27	II 4175,64	M	22	—
II 4344,33	M	55	—	II 4175,30	M	22	—
II 4338,69	M	32	3,27	II 4172,27	M	65	3,17
II 4335,75	M	18	—	II 4171,82	M	55	3,34
II 4333,91	M	120	3,06	II 4169,46	M	20	3,39
4330,44	M	5	—	II 4168,08	M	24	3,40
II 4329,42	M	24	3,08	II 4164,19	M	150	3,18
II 4328,99	M	14	—	II 4156,52	M	18	—
II 4328,42	M	16	—	II 4148,46	M	24	3,20
II 4323,55	M	19	3,49	II 4146,54	M	24	—
II 4316,06	M	7	—	II 4143,14	M	240	3,36
II 4311,10	M	7	—	II 4141,26	M	130	3,54
II 4305,76	M	130	2,93	II 4133,62	M	18	—
II 4303,59	M	26	—	II 4132,23	M	15	3,20
II 4302,10	M	9	3,30	II 4130,77	M	30	—
II 4298,92	M	40	—	II 4129,15	M	22	—
II 4297,76	M	100	2,88	II 4118,48	M	150	3,06
II 4282,44	M	70	3,44	II 4113,89	M	24	—
II 4280,11	M	42	—	II 4111,87	M	13	3,07
II 4278,04	M	11	—	II 4100,75	M	260	3,57
II 4276,19	M	11	—	II 4100,22	M	14	3,39
II 4272,27	M	70	3,27	II 4098,41	M	34	—
II 4271,76	M	14	—	II 4096,82	M	50	3,24
II 4269,10	M	28	—	II 4094,97	M	8	—
II 4263,81	M	24	3,28	II 4087,21	M	18	—
II 4262,31	M	17	—	II 4083,34	M	44	—
II 4261,80	M	12	3,33	II 4081,90	M	70	—
II 4254,42	M	44	3,54	II 4081,02	M	44	3,24
II 4251,49	M	14	—	II 4079,79	M	44	—
II 4250,40	M	17	—	II 4072,52	M	17	—
II 4247,66	M	75	2,97	II 4070,26	M	15	—
II 4243,53	M	30	3,34	II 4068,80	M	19	—

λ	B		eV	λ	B		eV
II 4062,82	M	300	3,47	II 3953,52	M	80	3,68
II 4062,23	M	20	—	II 3949,44	M	80	3,34
II 4058,78	M	40	—	II 3947,63	M	65	3,34
II 4056,54	M	200	3,68	II 3946,95	M	16	—
II 4054,85	M	200	3,27	II 3942,26	M	12	—
II 4051,15	M	40	—	II 3940,15	M	10	—
II 4048,14	M	16	—	II 3938,31	M	26	—
II 4047,10	M	30	—	II 3935,82	M	38	3,20
II 4046,64	M	20	—	II 3932,98	M	13	—
II 4045,71	M	20	—	II 3929,26	M	38	—
II 4044,82	M	120	3,06	II 3927,45	M	50	3,37
II 4039,36	M	42	3,27	II 3925,46	M	100	3,15
II 4038,47	M	65	3,07	II 3924,14	M	13	—
II 4038,19	M	20	—	II 3920,52	M	26	3,16
II 4034,30	M	20	3,29	II 3919,62	M	44	—
II 4033,86	M	85	3,44	II 3918,86	M	130	3,53
II 4032,97	M	13	—	II 3915,47	M	18	—
II 4032,49	M	20	—	II 3914,76	M	22	—
II 4031,76	M	65	3,28	II 3913,56	M	32	—
II 4031,09	M	13	—	II 3912,90	M	65	3,37
II 4029,73	M	32	—	II 3908,43	M	320	3,54
II 4026,84	M	20	—	II 3908,03	M	80	3,72
II 4025,55	M	32	—	II 3902,47	M	26	—
II 4022,74	M	42	—	II 3898,84	M	22	—
II 4020,99	M	55	—	II 3897,28	M	20	—
II 4015,39	M	65	3,30	II 3889,33	M	46	3,24
II 4010,64	M	55	—	II 3885,19	M	46	3,39
II 4008,71	M	170	3,72	II 3880,47	M	70	—
II 4006,70	M	13	—	II 3879,21	M	28	—
II 4004,71	M	65	—	II 3877,23	M	180	—
II 4000,19	M	55	3,30	II 3876,18	M	50	—
II 3999,19	M	28	—	II 3870,73	M	22	—
II 3997,05	M	50	3,47	II 3867,55	M	22	—
II 3995,85	M	24	—	II 3865,46	M	50	—
II 3994,83	M	140	3,15	II 3852,81	M	100	—
II 3992,18	M	30	—	II 3851,62	M	75	—
II 3991,89	M	20	—	II 3850,83	M	120	—
II 3989,72	M	120	3,16	II 3846,61	M	60	—
II 3982,06	M	190	3,53	II 3844,56	M	16	—
3976,29	M	5	—	II 3842,36	M	28	—
II 3974,86	M	28	—	II 3841,01	M	50	—
II 3972,16	M	55	3,17	II 3834,92	M	14	—
II 3971,69	M	28	—	II 3830,72	M	100	—
II 3971,16	M	44	3,54	II 3826,71	M	12	3,72
II 3968,16	M	14	—	II 3826,29	M	10	—
II 3967,13	M	14	—	II 3823,18	M	16	—
II 3966,57	M	50	3,49	II 3821,82	M	32	—
II 3965,26	M	100	3,33	II 3818,28	M	70	—
II 3964,83	M	140	3,18	II 3816,17	M	140	—
II 3964,26	M	50	3,34	II 3811,85	M	40	—
II 3963,15	M	14	—	II 3809,16	M	14	—
II 3962,45	M	42	3,34	II 3804,85	M	30	—
II 3960,60	M	8	—	II 3803,11	H	50	3,26
II 3959,41	M	17	—	II 3800,30	M	70	—
II 3956,76	M	34	—	3799,68	H	50	—

λ	B		eV	λ	B		eV
II 3794,95	M	20	—	I 2963,64	Ab	10	—
II 3792,52	M	22	—	I 2916,03	Ab	10	—
II 3786,88	M	16	—	I 2915,01	Ab	10	—
II 3785,50	M	15	—	I 2911,65	Ab	12	—
II 3780,66	M	18	—	I 2899,37	Ab	12	—
II 3777,63	M	14	—	I 2893,44	Ab	10	—
II 3774,06	M	18	—	I 2891,99	Ab	12	—
II 3772,76	M	18	—	I 2885,87	Ab	10	—
II 3768,93	M	24	—	I 2879,71	Ab	10	—
II 3764,81	M	24	—	I 2813,94	Ab	10	—
II 3761,87	M	70	—	I 2633,09	Ab	12	—
II 3759,61	M	14	—	2488,75	H	30	—
II 3751,00	M	20	—	IV 2379,66	S	10	18,01
II 3741,01	M	15	—	IV 2378,98	S	20	17,67
II 3739,19	M	42	—	IV 2205,13	S	10	8,49
II 3736,50	M	20	—	IV 2154,31	S	10	8,48
II 3735,76	M	26	—	IV 2083,23	S	20	8,10
II 3734,41	M	22	—	IV 2039,15	S	10	8,95
II 3714,06	M	30	—	IV 1884,87	S	100	9,33
II 3711,10	M	18	3,39	IV 1771,14	S	10	7,62
II 3706,77	M	24	—	IV 1766,88	S	10	8,25
II 3698,07	M	16	—	IV 1622,30	S	20	8,49
II 3687,20	M	18	—	IV 1618,03	S	10	8,89
II 3687,04	M	30	—	IV 1578,38	S	30	7,85
II 3685,27	M	3	—	IV 1575,10	S	50	8,14
II 3668,83	M	44	—	IV 1574,55	S	50	8,42
II 3660,38	M	18	—	IV 1520,98	S	20	8,42
II 3646,30	M	30	—	IV 1474,91	S	10	18,17
II 3645,66	M	30	—	IV 1435,56	S	50	17,96
II 3641,62	M	11	—	IV 1424,36	S	10	17,01
II 3630,97	M	20	—	IV 1400,96	S	10	17,34
II 3611,94	M	15	—	IV 1399,31	S	10	17,34
II 3584,26	M	24	—	IV 1382,62	S	10	17,38
I 3572,30	Ab	9	—	IV 1374,41	S	50	17,51; 17,97
I 3518,49	Ab	10	—	IV 1365,77	S	20	17,97
I 3500,32	Ab	10	—	IV 1364,81	S	10	16,96
II 3465,76	M	13	—	IV 1360,64	S	20	16,96
I 3432,04	Ab	10	—	IV 1354,66	S	50	17,01
II 3394,61	M	13	—	IV 1352,81	S	10	17,64
I 3386,04	Ab	10	—	IV 1347,07	S	10	17,34
II 3355,67	M	16	—	IV 1340,74	S	10	17,38; 17,73
II 3219,55	M	22	—	IV 1333,57	S	50	17,38
II 3196,04	M	24	—	IV 1321,36	S	50	16,96
II 3191,41	M	13	—	IV 1320,70	S	10	17,00
II 3168,24	M	32	—	IV 1295,28	S	50	18,01
II 3163,74	M	16	—	IV 1293,22	S	50	17,67
II 3121,57	M	14	—	IV 1292,30	S	10	18,01
II 3082,11	M	11	—	IV 1287,44	S	10	17,51
2985,77	H	25	—	IV 1278,65	S	10	17,64
2980,52	H	25	—	IV 1275,10	S	10	17,97
				IV 1228,59	S	20	17,67

78 Pt

λ	B		eV	λ	B		eV
I 8762,47	A	1	6,49	I 3663,10	A	3	5,06
I 8227,55	A	1	6,53	I 3643,17	M	7	5,70
I 8224,78	M	1,0	4,23	I 3638,79	M	7	4,66; 5,08
I 8204,47	A	1	6,49	I 3628,11	M	12	4,23
I 7786,77	A	1	7,04	I 3485,27	M	16	4,81
I 7780,53	A	1	—	I 3483,43	M	6	4,81
I 7486,03	A	1	4,38	I 3427,93	M	3,5	5,29
I 7217,57	A	1	6,53	I 3408,13	M	34	3,74
I 7113,73	M	2,0	4,04	I 3343,90	A	5	5,62
I 7094,78	A	1	—	I 3323,80	M	3,5	4,98
I 6842,61	M	6	6,49	I 3315,05	M	6	3,73
I 6760,01	M	2,0	6,49	I 3301,86	M	50	4,57
I 6710,41	M	1,0	6,53	I 3290,22	M	12	5,02
I 6648,32	A	1	6,49	I 3281,97	M	2,5	7,95
I 6523,45	M	0,9	6,53	I 3268,42	M	2,5	—
I 6326,58	M	0,8	4,68	I 3255,92	M	16	4,57
I 5840,12	M	2,0	4,04	I 3251,98	M	4	5,07
I 5478,50	M	1,4	7,04	I 3250,36	M	2,0	—
I 5475,77	M	1,4	6,49	I 3233,42	M	2,0	5,75
I 5390,79	M	1,2	6,53	I 3230,29	M	3,0	5,51
I 5368,99	M	1,2	4,23	I 3204,04	M	32	4,68
I 5301,02	M	4	6,90	I 3200,71	M	12	5,54
I 5227,66	M	3,5	4,04	I 3156,57	M	14	5,18
I 5059,48	M	3,0	6,49	3141,66	A	7	—
I 5044,04	M	1,4	4,38	I 3139,39	M	32	4,04
I 4879,53	M	1,2	7,04	I 3100,04	M	13	4,81
I 4552,42	M	3,5	6,90	I 3071,94	M	3,0	5,29
I 4520,90	M	1,2	7,42	I 3064,71	M	320	4,04
I 4498,76	M	2,5	6,49	I 3042,64	M	80	4,18
I 4445,55	M	1,4	4,04	I 3036,45	M	13	5,76
I 4442,55	M	8	4,04	II 3031,22	S	3	11,88
I 4391,83	M	1,8	5,54	I 3017,88	M	3,0	5,78
I 4327,07	M	1,8	7,04	I 3002,27	M	22	5,80; 4,23
I 4288,06	A	3	4,81	II 3001,17	S	3	6,37
I 4192,43	M	4	4,63	I 2997,97	M	180	4,23
I 4164,56	M	8	4,23	I 2960,75	M	6	—
I 4118,69	M	11	4,68	I 2959,10	M	2,5	6,11
II 4046,45	S	2	7,57	I 2944,75	M	3,0	5,02
I 3996,57	M	2,0	5,02	I 2942,76	M	3,0	7,95
I 3966,36	M	10	4,38	I 2929,79	M	170	4,23
I 3948,40	M	3,5	4,81	I 2921,38	M	3,0	5,06
I 3925,34	A	3	5,08	I 2919,34	M	17	5,92
I 3922,96	M	11	6,90	I 2913,54	M	12	5,51
I 3900,73	M	4	7,41	I 2912,26	M	12	5,51
I 3818,69	M	8	4,50	I 2905,90	M	6	5,08
3801,05	M	2,0	—	I 2897,87	M	30	4,38
I 3706,53	M	1,8	—	I 2893,87	M	60	4,38
I 3699,91	M	3,5	5,02	I 2888,20	M	2,5	5,54
I 3674,05	A	4	4,63	II 2877,52	S	10	11,88
I 3671,99	A	4	4,63	II 2875,85	S	4	12,54

λ	B		eV	λ	B		eV
II 2865,05	S	4	11,88	I 2505,93	M	5	—
II 2860,68	S	8	11,98	I 2504,04	A	3	6,20
I 2853,11	M	1,6	6,02	I 2498,50	M	24	5,06
I 2834,71	M	7	5,62	I 2495,82	M	16	5,78
I 2830,30	M	140	4,38	I 2490,13	M	20	5,08
II 2822,27	S	3	11,98	I 2487,17	M	100	4,98; 5,08
I 2818,25	M	5	4,50	I 2471,01	M	3,5	6,70
I 2803,24	M	14	5,18	II 2467,59	S	1	7,99; 9,10
II 2799,98	S	4	11,98	I 2467,44	M	44	5,02
II 2794,21	M	1,6	6,68; 6,08	I 2450,97	M	6	5,06
I 2793,27	M	5	6,12	II 2450,44	S	2	7,01
II 2774,78	S	5	7,55	II 2442,62	S	2	7,98
I 2774,00	M	2,0	5,72	I 2440,06	M	66	5,08
I 2773,24	M	4	6,14	I 2436,69	M	18	5,18
I 2771,67	M	50	4,57	II 2434,45	S	2	7,78
I 2769,84	M	3,0	5,29	I 2429,10	M	3	6,36
I 2754,92	M	20	5,76	I 2428,20	M	5	6,36
I 2753,86	M	8	5,76	I 2428,04	M	8	5,92
I 2747,61	M	7	6,18	II 2424,87	S	5	7,07
II 2743,49	S	2	12,54	I 2418,06	M	10	6,80
I 2738,48	M	7	5,78	I 2413,05	A	3	6,39
I 2734,50	A	5	6,20	II 2410,33	S	1	8,10
I 2733,96	M	180	4,63	II 2405,73	S	1	8,24
I 2729,92	M	13	5,35	I 2403,09	M	20	5,92
I 2719,04	M	130	4,66	I 2401,87	M	7	6,42
II 2717,62	S	2	7,64	II 2396,69	S	2	8,13
I 2713,13	M	6	5,82	I 2396,17	M	4	6,85
I 2705,89	M	160	4,68	I 2389,53	M	11	5,29
I 2702,40	M	200	4,68	I 2386,81	M	4	5,29
I 2698,43	M	20	5,35	II 2384,46	S	2	11,88
II 2679,13	S	2	7,57	I 2383,64	M	13	6,45
I 2677,15	M	44	4,63	II 2377,28	S	5	6,37
I 2674,57	M	4	5,45	I 2368,28	M	17	6,05
I 2659,45	M	280	4,66	II 2366,50	S	2	13,02
I 2658,17	M	2,0	5,92	I 2357,10	M	29	5,35
I 2650,86	M	50	4,78	I 2340,18	M	17	6,11
I 2646,89	M	100	4,68	II 2339,19	S	2	11,98
I 2639,35	M	13	5,51	II 2335,19	S	2	7,55
I 2628,03	M	110	4,81	I 2326,10	M	10	6,14
II 2625,33	S	3	6,37	II 2319,88	S	2	7,59
I 2619,57	M	5	5,54	I 2318,29	M	22	5,45
II 2616,76	S	3	7,64	I 2315,50	M	9	—
I 2603,14	M	7	6,02	II 2310,96	S	5	7,01
I 2596,00	M	5	6,69	I 2308,04	M	24	6,18
I 2552,25	M	5	6,12	I 2292,40	M	15	5,51
I 2549,46	M	1,8	6,53	I 2289,27	M	15	5,51
I 2539,21	M	16	4,98	II 2288,19	S	3	7,07
I 2536,49	M	5	6,13	II 2287,50	S	5	12,99
I 2529,41	M	4	6,57	I 2274,38	M	29	5,54
I 2524,30	M	14	5,72	II 2271,72	S	3	13,02
I 2515,58	M	24	5,02	I 2268,84	M	19	—
I 2515,03	M	6	6,18	II 2263,99	S	2	13,02
I 2514,07	M	5	6,18	II 2251,52	S	3	9,10
II 2513,88	S	3	7,01	I 2249,30	M	15	5,51
I 2508,50	M	12	5,76	II 2245,52	S	10	6,68

λ		B	eV	λ		B	eV
II	2233,11	S 5	13,19	II	1939,80	S 4	7,55
I	2222,61	M 31	6,39	II	1929,68	S 3	9,05
II	2209,57	S 2	13,19	II	1929,25	S 3	7,59
II	2202,58	S 5	13,18	II	1928,43	S 2	8,67
I	2202,22	M 42	5,72	II	1926,15	S 2	—
II	2190,32	S 3	7,90	II	1911,70	S 5	7,64
I	2180,46	A 1	5,78	II	1889,52	S 5	—
I	2174,67	M 150	—	II	1883,05	S 4	8,23
I	2165,17	M 62	5,72	II	1879,09	S 3	8,84
I, II	2144,24	M 190	5,78; 6,37	II	1870,40	S 2	7,79
II	2130,69	S 3	7,90	II	1867,12	S 2	8,72
I	2128,61	M 92	5,92	II	1835,06	S 2	8,84
II	2115,57	3	8,10	II	1781,86	S 3	7,55
I	2103,33	M 98	5,99	II	1779,20	S 2	9,05
II	2097,43	S 2	7,07	II	1777,09	S 5	7,57
I	2084,59	M 300	6,05	II	1775,01	S 2	8,03
I	2067,50	M 160	5,99	II	1751,70	S 3	9,32
I	2049,37	M 550	6,05	II	1723,13	S 5	7,79
II	2041,58	S 4	8,03	II	1659,48	S 2	—
II	2036,47	S 10	6,68	II	1621,66	S 5	7,64
I	2032,41	M 440	—	II	1530,19	S 5	8,10
I	2030,63	M 320	—	II	1505,24	S 5	8,23
II	2014,94	S 4	8,23	II	1439,16	S 2	—
I	1995,91	A 1	—	II	1429,52	S 5	8,67
I	1991,59	A 1	—	II	1402,24	S 5	8,84
II	1990,57	S 2	8,19	II	1305,31	S 3	9,50
I	1989,11	A 1	6,34	II	1281,34	S 2	9,67
II	1988,05	S 2	9,14	II	1248,60	C 4	12,17
II	1987,85	S 2	9,32	II	1186,22	C 3	12,10
II	1983,74	S 3	7,90	II	1169,74	C 4	12,25
I	1979,78	A 1	6,37	II	1168,28	C 4	12,69
I	1969,69	A 1	6,40	II	1164,41	C 2	12,30
II	1954,73	S 2	9,25	II	1143,29	C 2	12,49
II	1949,90	S 2	9,27	II	1128,84	C 2	12,63
II	1944,45	S 2	8,03	II	1087,13	C 2	12,56
				II	1084,69	C 2	12,47; 12,59
				II	1080,37	C 3	12,63
				II	1077,08	C 3	12,10

94 Pu

	λ		B	eV		λ		B	eV
	21126	E 8	—		I	13714	E 19	2,20
	20141	E 8	—			13306	E 8	—
	17304	E 8	—			13050	E 11	—
I	16897	E 40	2,58		I	12985	E 16	4,90
I	16731	E 13	2,58			12890	E 32	—
I	16433	E 10	2,53			12523	E 10	—
I	15377	E 16	2,85		I	12415	E 32	2,20
I	15128	E 12	2,87		I	12327	E 8	2,85
I	14945	E 8	2,61		I	12231	E 48	2,22
I	14427	E 24	3,98			12203	E 13	—

λ	B		eV	λ	B		eV
I 12144	E	27	2,32	I 8186,12	E	30	1,79
12038	E	9	—	I 8146,98	E	30	2,79
I 11341	E	16	2,30	8130,95	E	50	—
I 11115	E	12	2,32	I 8118,91	E	30	3,57
I 11098	E	8	2,20	I 8102,44	E	50	3,67
I 10846	E	16	1,67	I 8067,06	E	30	3,21
I 10798	E	13	2,65	I 8040,03	E	30	2,07
I 10662	E	9	4,90; 3,01	I 8011,17	E	30	3,25
10468	E	8	—	I 8005,18	E	30	3,60
I 10439	E	8	2,65	I 7953,09	E	30	4,16
I 10047	E	12	2,32; 4,22	I 7868,95	E	30	4,22; 3,28
I 9533,14	E	30	1,30	I 7758,15	E	30	3,12
I 8906,67	E	30	3,09	I 7689,37	E	30	3,12
I 8864,19	E	30	3,67	I 7663,15	E	30	1,89
I 8863,75	E	30	2,93	I 7655,57	E	30	2,38
I 8852,22	E	50	3,25	7609,83	E	50	—
8852,12	E	50	—	I 7572,95	E	50	2,17
I 8838,27	E	50	4,06	I 7571,93	E	50	1,91
I 8836,29	E	50	1,68	7564,57	E	50	—
I 8831,99	E	30	4,29	7547,37	E	50	—
I 8820,85	E	30	4,35	I 7526,95	E	50	2,41
I 8814,28	E	50	3,70	I 7513,59	E	30	3,42
I 8806,33	E	50	3,25	I 7507,84	E	50	2,18
I 8751,50	E	30	2,93	I 7499,59	E	50	2,79
I 8743,79	E	30	3,09	I 7487,60	E	30	4,22
I 8743,32	E	30	3,12	I 7431,16	E	30	2,63
I 8739,78	E	50	3,27	I 7331,64	E	50	2,85
I 8737,45	E	30	2,58	I 7325,93	E	50	2,66
I 8729,91	E	50	3,47	I 7322,27	E	50	1,97
I 8715,37	E	30	2,18	I 7312,66	E	30	2,96
I 8706,85	E	30	3,12	I 7307,49	E	30	3,47
I 8705,44	E	30	2,95	I 7274,36	E	30	2,87
I 8686,56	E	30	3,66	I 7258,04	E	50	2,98
I 8678,78	E	50	3,28	I 7116,82	E	30	2,27; 4,22
I 8671,94	E	30	4,90; 3,21	I 7092,44	E	30	2,89
I 8664,92	E	50	3,28	I 6887,63	K	30	2,58
8645,69	E	50	—	I 6880,10	K	30	2,07
I 8634,70	E	30	3,28	I 6785,34	K	30	—
I 8630,19	E	50	2,22	6772,39	K	30	—
I 8621,00	E	30	3,28	6767,16	K	30	—
I 8617,24	E	30	2,60	6740,38	K	20	—
I 8597,17	E	50	2,95	I 6673,07	K	30	—
I 8580,01	E	30	2,41	I 6627,91	K	40	2,63
I 8551,16	E	30	3,12	6621,31	K	10	—
I 8549,49	E	30	2,65	I 6619,02	K	10	2,65
I 8347,74	E	30	3,53	I 6614,45	K	0	4,86
I 8309,62	E	50	2,65	I 6608,86	K	70	2,41
I 8290,34	E	30	3,27	I 6580,16	K	20	2,64
I 8290,10	E	30	2,95	6576,35	K	20	—
I 8283,39	E	30	3,27	I 6565,53	K	0	3,09
I 8242,77	E	30	3,01	I 6544,24	K	40	2,65
I 8213,96	E	30	4,54	I 6535,30	K	60	2,17
I 8209,41	E	30	1,51	I 6527,33	K	10	—
I 8201,37	E	30	3,90	6498,73	K	10	—
I 8192,89	E	30	2,27	6489,43	K	80	—

	λ	B		eV		λ	B		eV
I	6488,84	A	50	1,91; 3,44	I	5937,07	C	30	4,36
I	6486,96	K	60	2,18		5925,81	K	20	—
	6481,45	K	10	—	I	5893,20	A	40	3,26
	6477,89	K	10	—		5880,95	A	40	—
	6476,62	K	10	—	I	5864,83	A	10	2,11
I	6473,83	K	20	—	I	5853,71	A	10	2,39
I	6462,90	K	10	3,69	I	5838,92	A	20	2,66
I	6449,95	K	30	4,55	I	5835,88	C	15	2,88
	6443,27	A	40	—	I	5807,17	C	30	2,67
	6439,43	K	20	—	I	5788,12	C	10	2,90
I	6432,42	K	10	3,77	I	5770,11	C	50	3,23
	6411,59	K	10	—		5768,09	A	60	—
	6325,49	K	10	—		5750,01	A	80	—
I	6321,93	C	10	3,46		5748,16	C	10	—
	6309,99	K	10	—	I	5733,02	C	50	3,25
I	6304,75	A	50	1,97	I	5712,30	C	30	2,17
	6298,90	A	40	—		5682,70	A	20	—
	6296,17	K	10	—	I	5667,51	C	30	3,27
	6286,27	K	10	—		5635,83	A	40	—.
	6278,90	K	10	—	I	5630,48	A	60	2,47
I	6273,82	C	20	4,05		5592,60	C	15	—
	6268,49	K	10	—		5590,78	K	30	—
	6256,34	K	30	—	I	5590,51	A	40	—
	6251,47	K	20	—		5580,86	K	10	—
I	6233,18	K	10	—		5570,68	C	25	—
	6224,29	K	10	—	I	5562,06	A	40	3,01
I	6214,64	K	10	2,53	I	5549,49	A	20	2,99
I	6195,89	C	30	—		5537,74	C	50	—
I	6192,63	A	70	2,27		5537,21	K	10	—
I	6176,21	A	40	3,22		5517,64	K	10	—
	6161,86	C	50	—	I	5510,78	A	30	—
	6155,56	K	20	—	I	5498,42	A	20	2,53
	6149,87	K	10	—	I	5486,32	C	15	2,53
I	6138,44	K	30	—		5482,10	A	20	—
	6121,93	K	30	—		5476,13	A	30	—
I	6119,25	A	40	3,70	I	5418,17	C	10	4,36
I	6102,79	K	10	3,66	I	5381,25	A	10	—
I	6100,32	A	50	4,86		5304,90	K	0	—
I	6091,92	A	40	—		5078,56	A	20	—
	6090,09	K	20	—	I	5044,57	C	60	3,62
I	6065,22	A	40	3,57	II	5023,28	A	50	—
I	6056,05	K	0	3,13		4999,48	C	10	—
	6050,48	A	40	—	I	4989,36	A	10	3,27
I	6032,17	K	10	4,33	I	4986,80	C	60	—
I	6012,74	A	10	3,26	I	4969,72	C	30	3,63; 4,77
	6000,42	K	20	—		4921,44	K	10	—
	5999,41	K	20	—		4917,26	C	12	—
I	5995,09	C	10	3,57		4906,84	A	40	—
I	5983,24	A	70	2,85	I	4893,91	K	10	3,29
I	5979,00	A	40	4,28	I	4870,68	K	0	4,22
I	5977,33	K	0	3,28	II	4823,04	A	70	—
I	5952,43	C	20	—	I	4814,46	C	30	3,11
I	5945,12	C	20	2,87		4811,17	C	10	—
	5944,05	K	10	—		4799,16	C	40	—
	5939,73	K	10	—		4781,15	C	20	—

λ	B		eV	λ	B		eV
4754,27	K	10	—	I 4433,71	A	30	3,07
I 4753,72	C	15	2,61	I 4424,88	A	20	3,58
4735,74	K	20	—	II 4419,34	A	60	—
I 4731,02	A	40	3,58	I 4415,62	K	10	4,08
I 4721,12	K	20	4,15	4414,31	K	20	—
I 4716,95	K	0	4,33	4409,50	K	20	—
4713,14	K	20	—	I 4406,73	A	80	4,49
II 4701,04	A	50	—	I 4404,90	K	40	3,60
4695,81	K	10	—	4402,81	K	30	—
4690,22	K	20	—	I 4398,42	A	10	4,32
I 4689,40	A	60	3,18	II 4396,31	A	80	—
I 4673,25	A	60	3,41	II 4393,87	A	80	—
II 4664,10	A	60	—	II 4392,73	A	40	—
I 4649,88	C	20	3,43	I 4391,99	A	10	3,58
I 4646,48	K	10	2,67	4385,37	A	80	—
I 4645,24	A	10	—	II 4381,13	A	20	—
I 4636,13	K	10	—	I 4379,91	A	60	3,36
I 4634,38	A	10	—	4374,46	A	10	—
II 4630,81	A	40	—	I 4367,31	A	30	3,62
I 4627,39	A	70	2,95	I 4366,20	C	10	3,37
I 4625,62	A	20	—	I 4358,00	S	20	—
4624,52	K	20	—	4352,59	S	50	—
I 4615,38	A	20	3,22	II 4337,10	S	20	—
4608,58	K	10	—	I 4335,91	S	10	4,77
4607,26	C	30	—	4333,25	K	10	—
4606,81	A	40	—	I 4330,54	S	20	4,07
I 4594,39	A	10	3,46	4320,36	A	10	—
4586,34	K	10	—	II 4316,61	S	10	—
I 4582,16	C	15	4,16	II 4314,28	S	10	—
I 4579,61	A	40	4,22	I 4310,81	K	20	3,41
I 4578,49	K	0	3,47	I 4310,21	A	10	3,15
I 4553,39	A	10	2,99	4298,14	S	10	—
I 4552,08	K	0	3,26	4297,78	S	10	—
I 4535,95	A	100	4,43	II 4289,10	S	20	—
4534,04	C	10	—	4283,72	S	10	—
4524,62	K	0	—	I 4281,11	A	20	3,43
4521,46	A	10	—	4280,12	S	20	—
I 4521,04	A	40	—	II 4278,70	S	10	—
4506,65	C	40	—	II 4278,22	S	10	—
II 4504,92	A	100	—	II 4273,22	S	100	—
4498,74	K	10	—	I 4269,64	A	20	3,18
II 4493,67	A	100	—	I 4261,83	S	10	3,18
4484,88	K	20	—	4260,99	K	10	—
4481,09	A	40	—	4260,83	K	10	—
I 4479,02	K	20	4,27	II 4257,80	S	20	—
II 4472,70	A	100	—	4256,00	S	20	—
II 4468,48	A	40	—	4254,76	S	20	—
II 4456,61	A	50	—	4254,28	S	20	—
I 4455,63	K	30	—	I 4250,53	C	12	4,22
4454,76	C	50	—	4247,17	S	10	—
I 4453,15	C	100	3,06	I 4238,24	K	30	3,46
II 4448,23	A	40	—	I 4235,34	A	10	3,46
I 4446,94	A	10	—	I 4232,17	A	10	—
II 4441,57	A	70	—	II 4229,63	S	20	—
4438,89	A	10	—	I 4224,11	C	40	3,21

	λ	B		eV		λ	B		eV
I	4221,77	A	30	3,47		4063,04	C	10	—
II	4218,87	S	10	—	I	4062,67	C	10	3,58
	4215,49	K	10	—		4059,37	A	20	—
II	4208,68	S	10	—	I	4056,58	A	50	—
I	4208,32	C	40	3,22	I	4055,50	A	30	—
	4208,10	A	30	—	I	4055,00	A	30	—
I	4206,45	C	200	2.95		4052,58	K	10	—
	4205,48	S	10	—		4052,14	A	10	—
	4204,58	S	10	—		4049,90	A	10	—
II	4196,16	S	50	—	II	4048,85	A	10	—
	4192,47	K	20	—		4048,44	A	20	—
II	4189,97	A	80	—		4047,21	A	30	—
	4183,79	K	30	—	II	4045,35	A	40	—
I	4182,80	C	30	4,05	I	4042,42	A	10	4,15
I	4181,23	C	30	3,50	II	4039,31	A	50	—
I	4178,22	A	50	4,43	I	4038,96	A	20	3,07
I	4177,04	C	30	4,13	I	4036,18	A	10	4,54
	4172,70	K	20	—	I	4035,51	A	50	3,85
	4171,14	K	30	—		4032,96	A	30	—
I	4167,57	A	50	4,86	I	4031,65	C	15	4,16
I	4159,87	A	40	4,14		4026,99	A	20	—
I	4157,59	C	12	4,49	II	4023,40	A	30	—
	4151,63	C	50	3,77	II	4021,39	S	50	—
I	4151,38	A	40	—	I	4019,89	C	40	4,29
II	4141,22	S	20	—	II	4017,00	A	10	—
I	4140,10	S	10	3,53	II	4015,79	S	20	—
	4135,27	A	20	—		4014,66	C	12	—
I	4132,92	A	10	—		4013,09	S	10	—
I	4119,57	K	30	3,54	I	4011,52	C	40	3,36
II	4116,48	A	40	—	I	4010,55	S	10	—
I	4114,92	A	10	—		4006,81	K	10	—
	4110,89	C	50	—	I	4006,17	A	10	4,06
	4107,26	S	10	—	I	3997,14	K	10	4,31
	4106,57	A	10	—		3992,17	S	20	—
II	4105,90	S	10	—		3991,48	S	20	—
	4104,4	S	10	—		3990,34	C	50	—
I	4102,47	A	10	3,29		3990,14	S	10	—
I	4101,91	A	50	—	II	3989,69	S	100	—
II	4100,92	S	20	—	I	3988,77	C	20	3,89
II	4097,51	A	40	—		3988,5	S	20	—
I	4097,07	A	20	—	II	3985,41	S	100	—
I	4095,46	C	20	3,79	I	3984,03	S	10	4,27
	4095,23	A	10	—	I	3983,03	A	20	3,89
I	4092,22	A	10	3,30		3980,71	A	10	—
	4090,23	K	10	—	II	3980,40	S	20	—
	4088,81	A	10	—		3979,83	S	10	—
I	4085,84	A	20	4,54		3977,09	A	10	—
I	4082,39	A	10	4,00	II	3975,91	S	20	—
	4078,00	S	20	—	II	3975,38	S	50	—
I	4075,06	C	30	3,31		3974,44	A	10	—
I	4072,97	C	30	—	II	3972,12	S	50	—
I	4070,22	A	20	3,83	I	3967,25	S	20	3,89
	4066,76	S	20	—	I	3964,93	S	10	3,89
I	4064,65	S	20	4,90	I	3963,61	S	20	3,91
	4063,56	C	20	—		3962,76	S	20	—

λ	B		eV		λ	B		eV
	3961,5	S	50	—	I	3851,12	A	100	3,22
	3960,53	C	20	—		3848,14	C	10	—
	3958,89	S	20	—		3847,10	C	20	—
I	3955,96	A	10	3,67	I	3846,05	C	10	3,98
	3953,05	S	20	—	I	3844,12	C	10	3,50
	3949,2	S	20	—		3842,08	S	10	—
	3947,08	S	10	—	I	3838,99	C	40	4,43
	3944,0	S	10	—		3836,94	C	30	—
	3942,94	A	10	—	I	3835,85	K	10	3,76
I	3941,48	A	20	3,68	I	3835,55	S	20	3,50
	3940,45	C	10	—		3834,66	A	20	—
	3939,93	C	12	—		3829,68	C	20	—
	3939,45	A	20	—		3829,05	C	15	—
I	3938,36	C	20	3,93	I	3827,61	S	20	4,00
I	3936,34	A	10	3,15		3824,05	S	20	—
	3931,17	A	20	—		3821,05	C	25	—
I	3928,5	S	20	3,43		3819,38	A	30	—
	3928,0	S	20	—		3816,40	C	30	—
	3925,70	K	10	—		3814,82	S	20	—
	3925,18	C	20	—		3813,49	C	25	—
I	3919,48	C	10	3,94		3812,21	S	20	—
I	3918,69	A	40	3,92		3811,59	A	60	—
	3916,29	C	20	—		3810,17	A	50	—
	3913,37	S	50	—	I	3809,33	A	50	3,53
	3912,52	S	50	—		3809,16	C	20	—
	3911,63	C	30	—	I	3808,26	C	12	3,25
	3911,16	C	40	—	I	3805,85	C	50	3,53
	3910,27	S	20	—		3803,58	A	50	—
I	3907,97	C	20	3,70		3802,21	A	20	—
	3907,17	S	100	—		3801,15	A	10	—
	3904,13	S	50	—		3799,50	A	40	—
	3898,09	C	10	—		3798,90	C	15	—
I	3895,87	A	70	3,18	I	3792,34	S	20	3,54
	3892,76	S	20	—		3790,48	C	15	—
	3887,45	S	20	—		3788,99	A	40	—
	3886,5	S	10	—		3787,21	A	40	—
	3886,29	S	10	—		3786,83	C	10	—
	3882,40	C	15	—		3779,70	A	30	—
	3881,62	C	25	—	I	3776,78	A	60	3,81
	3881,09	C	30	—		3775,71	A	30	—
I	3879,78	C	12	3,73		3774,40	A	30	—
I	3878,53	S	20	3,47		3773,64	A	40	—
	3874,12	S	20	—	I	3772,8	S	10	4,75
	3870,10	S	10	—		3771,16	A	10	—
	3869,7	S	10	—		3770,33	A	40	—
	3865,0	S	10	—		3768,22	A	30	—
	3864,7	S	10	—	I	3767,52	A	20	3,56
I	3864,45	S	10	4,48		3766,07	A	10	—
	3862,42	C	30	—	I	3764,73	A	20	4,07
	3860,85	C	10	—		3761,19	K	20	—
	3860,33	C	10	—	I	3760,67	K	20	4,06
	3859,12	C	20	—		3758,94	C	20	—
I	3856,69	C	30	3,21		3758,30	S	20	—
	3852,7	S	50	—		3757,93	A	30	—
	3851,9	S	10	—		3756,03	S	20	—

	λ		B	eV		λ		B	eV
I	3754,24	A	20	3,83	I	3632,24	S	20	4,50
I	3753,75	A	90	3,30		3627,5	S	10	—
	3748,96	A	30	—		3626,51	K	20	—
	3746,81	K	10	—		3621,02	K	10	—
	3744,89	A	60	—		3618,70	A	30	—
	3743,77	A	10	—		3616,84	K	10	—
	3743,18	S	10	—		3615,01	K	10	—
	3740,74	A	10	—		3614,22	K	10	—
	3739,31	A	40	—	I	3611,87	K	20	3,70
I	3732,18	S	20	4,08		3609,51	K	10	
	3728,62	A	30	—		3608,73	A	50	—
	3727,72	K	10	—		3607,42	K	10	—
	3726,78	S	50	—	I	3590,10	A	130	—
	3726,13	S	50	—	I	3587,99	K	10	3,73
	3725,89	K	10	—		3585,79	S	20	—
	3724,05	K	10	—		3567,90	A	50	—
I	3721,39	S	20	3,86	I	3555,77		—	4,27
	3720,64	S	20	—	I	3550,46	A	20	3,76
	3720,28	S	20	—		3540,77	A	30	—
	3719,09	K	10	—		3539,28	A	10	—
I	3718,56	K	10	4,09		3533,31	A	40	—
	3718,17	S	20	—	I	3517,33	K	0	4,31
	3714,84	A	30	—	I	3516,55	K	0	4,06
	3713,90	A	10	—	I	3498,50	A	20	4,32
I	3712,76	K	10	4,10		3497,72	K	10	—
	3709,12	S	20	—	I	3496,25	K	0	4,33
	3706,27	K	10	—		3491,44	K	10	—
	3705,89	A	20	—		3484,38	K	10	—
	3703,66	K	10	—	I	3478,37	K	10	4,35
	3700,85	A	50	—	I	3476,54	K	20	4,35
	3699,23	A	60	—		3473,67	S	10	—
	3698,69	K	10	—		3469,25	S	10	—
	3695,13	A	50	—		3465,00	S	10	—
	3692,25	K	10	—		3425,45	A	60	—
	3689,64	K	10	—		3418,78	A	40	—
I	3688,33	K	10	4,14		3401,13	S	20	—
	3683,62	K	20	—		3358,56	C	30	—
I	3678,39	K	10	4,15		3312,64	S	20	—
I	3677,50	K	20	4,15		3232,69	S	20	—
	3676,04	K	10	—		3231,78	S	20	—
	3671,59	K	20	—		3221,4	S	20	—
	3670,62	A	10	—		3220,91	S	10	—
	3667,15	A	30	—		3198,42	S	10	—
	3658,10	K	10	—		3179,3	S	20	—
	3656,84	K	10	—	I	3174,72	S	10	4,69
I	3654,33	K	10	3,92		3163,16	S	10	—
	3651,72	K	10	—		3161,5	S	10	—
	3648,02	A	50	—		3159,2	S	50	—
I	3645,34	K	10	3,93		3136,5	S	20	—
	3644,56	K	10	—		3124,04	S	20	—
I	3643,77	K	10	4,49		3118,5	S	10	—
I	3643,25	K	10	3,67		3118,05	S	10	—
	3641,64	K	10	—		3105,94	S	20	—
	3638,54	K	10	—		3104,99	S	20	—
	3637,49	K	10	—		3104,07	S	20	—

λ	B	eV	λ	B	eV
3093,3	S 20	—	2934,05	S 20	—
3092,7	S 50	—	2933,45	S 20	—
3091,9	S 20	—	2932,45	S 20	—
3091,39	S 20	—	2931,08	S 20	—
3090,41	S 10	—	2929,56	S 10	—
3089,6	S 10	—	2928,33	S 50	—
3069,32	S 20	—	2926,67	S 20	—
3060,36	S 10	—	2926,16	S 50	—
3043,14	S 20	—	2925,55	S 100	—
3042,63	S 20	—	2918,20	S 20	—
3029,98	A 40	—	2915,91	S 50	—
3028,85	S 20	—	2915,15	S 20	—
3009,6	S 50	—	2914,31	S 20	—
3009,05	S 50	—	2913,70	S 20	—
3000,65	S 100	—	2912,7	S 20	—
2996,49	S 100	—	2910,50	S 50	—
2994,09	S 100	—	2904,98	A 40	—
2991,36	S 20	—	2898,05	A 50	—
2988,25	S 100	—	2835,5	S 100	—
2987,03	S 20	—	2833,2	S 50	—
2981,30	S 20	—	2826,2	S 20	—
2980,16	S 50	—	2815,78	S 50	—
2978,44	S 20	—	2809,0	S 20	—
2977,8	S 50	—	2808,4	S 50	—
I 2976,96	S 20	4,44	2806,16	S 20	—
2972,51	S 100	—	2803,9	S 10	—
2970,48	S 50	—	2787,2	S 20	—
2969,07	S 50	—	2784,50	S 50	—
2967,60	S 20	—	2781,3	S 50	—
2966,96	S 20	—	2693,3	S 20	—
2964,71	S 20	—	2684,8	S 20	—
2954,54	S 100	—	2683,4	S 10	—
2951,88	S 50	—	2682,9	S 10	—
2950,14	S 20	—	2677,0	S 20	—
2946,03	S 50	—			
2945,36	S 50	—			
2941,47	S 50	—			
2939,12	S 100	—			
2938,70	S 10	—			
2937,71	S 50	—			

λ	B (C)	eV	λ	B (C)	eV

88 Ra

λ	B (C)	eV	λ	B (C)	eV
I 9932,21	50	3,32	I 8177,31	60	4,08
I 8693,94	40	3,99	II 8019,70	500	3,25
8335,07	50	—	8019,25	20	—
8269,03	30	—	8005,13	30	—
8248,70	30	—	7896,43	30	—

	λ	B (C)	eV		λ	B (C)	eV
	7877,08	20	—		5263,96	40	—
I	7838,12	200	3,32	I	5205,93	100	4,12
	7565,49	20	—		5097,56	100	—
	7499,87	20	—	I	5081,03	60	4,26
I	7310,27	100	3,32	II	5066,57	30	8,94
I	7225,16	200	3,83	I	5041,56	50	—
I	7141,21	500	1,74		4982,03	40	—
I	7118,50	200	3,47		4971,77	50	—
II	7078,02	50	3,25	II	4927,53	100	8,62
I	6980,22	200	3,47	I	4903,24	40	4,26
I	6903,1	30	3,91	II	4859,41	100	8,62
I	6758,2	40	3,95	I	4856,07	100	4,38
II	6719,32	100	7,95	I	4825,91	1000	2,57
	6653,33	20	—	I	4699,28	80	4,37
	6645,95	20	—	I	4682,28	1000	2,65
I	6599,47	30	4,00	II	4663,52	30	8,93
II	6593,34	100	7,95	I	4641,29	80	4,37
	6585,41	40	—	II	4533,11	300	5,38
	6545,93	30	—	II	4436,27	200	6,04
I	6532,08	30	3,97		4426,35	20	—
I	6528,92	20	3,97		4366,30	20	—
I	6487,32	200	3,73	II	4340,64	1000	6,10
I	6446,20	200	3,99	I	4305,00	40	4,70
I	6438,9	30	3,99	I	4265,12	30	—
I	6336,90	100	4,07	II	4244,72	80	9,05
II	6247,16	40	8,48	II	4195,56	20	9,23
I	6200,30	300	3,73	II	4194,09	80	9,03
I	6167,03	50	3,83	I	4177,98	40	4,70
I	6151,19	30	4,08	II	3894,55	50	9,29
	5957,67	50	—	II	3851,90	50	9,29
I	5823,49	30	3,95	II	3814,42	2000	3,25
II	5813,63	200	5,38		3771,57	30	—
I	5811,58	50	3,83	II	3686,16	10	9,47
I	5795,78	50	3,87	II	3649,55	1000	6,04
	5755,45	40	—	II	3514,8	20	9,60
II	5728,83	40	8,27	II	3423,1	20	9,69
I	5690,16	30	3,91	I	3101,80	50	—
II	5661,73	60	8,46	II	3033,44	100	7,33
I	5660,81	500	4,01	II	2836,46	60	6,07
II	5623,43	30	8,25	II	2813,76	300	6,11
I	5620,47	30	4,27	II	2795,21	100	7,68
I	5616,66	100	4,03	II	2708,96	200	6,07
I	5601,5	50	3,91	II	2643,73	100	7,33
I	5555,85	200	3,96	II	2595,15	20	6,27
I	5553,57	100	3,97	II	2586,61	80	6,49
	5544,25	30	—	II	2480,11	40	6,49
I	5505,50	40	3,95	II	2475,50	100	7,65
I	5501,98	100	3,87	II	2460,55	80	8,29
I	5488,32	40	3,99	II	2377,10	30	8,46
I	5482,13	80	4,00	II	2369,73	80	8,48
I	5406,81	200	4,12	II	2223,3	30	8,82
I	5400,23	200	4,03	II	2197,8	20	8,29
I	5399,80	100	4,00	II	2177,3	40	8,94
I	5320,29	100	4,03	II	2169,9	100	7,42
I	5283,28	100	3,97	II	2131,0	50	8,46

λ	B (C)	eV	λ	B (C)	eV
II 2107,6	40	7,38	II 1972,6	40	8,93
II 2070,6	20	9,23	II 1908,7	80	6,49
II 2012,75	30	7,86	II 1888,7	50	8,27
II 2006,4	20	8,82			
II 1976,0	20	6,27			

λ	B	eV	λ	B	eV

37 Rb

λ	B		eV	λ	B		eV
I 27905,37		—	2,94	I 6298,33	M	4	3,57
I 27313,50		13	2,95	I 6206,31	M	2,5	3,57
I 22931,15		40	2,94	II 6199,09	C	2	19,42
I 22528,80		70	2,95	I 6159,62	H	40	3,61
I 15290		—	2,40	I 6070,75	H	60	3,61
I 14754		—	2,40	I 5724,95	H	5	3,76
I 13665,05	A	24	2,50	I 5724,45	M	2,0	3,76
I 13444		—	3,32	II 5699,16	C	5	19,61
I 13235,27	A	30	2,50	I 5653,74	H	20	3,80
I 10284,8		4	3,70	I 5648,10	M	1,2	3,76
I 10082		—	3,63	II 5635,99	C	15	19,98
I 10076,1		500	3,63	I 5578,78	H	15	3,80
I 10055,2		30	3,63	II 5522,79	C	20	19,67
I 9540,8	H	5	3,70	I 5431,53	H	10	3,88
I 9523,4	H	10	3,70	I 5362,60	C	20	3,88
I 8869,7	A	10	3,80	II 5152,09	C	10	19,12
I 8861,5	H	2	3,80	II 4782,87	C	7	20,32
I 7947,60	M	1500	1,56	II 4776,41	C	1	19,13
I 7925,54	H	7	3,97	II 4776,00	C	20	19,13
I 7925,26	H	10	3,97	II 4648,56	C	5	20,45
I 7800,23	M	3000	1,59	II 4622,45	C	1	20,46
I 7759,43	M	2,0	3,20	II 4571,79	C	15	19,42
I 7757,65	M	11	3,20	4430,7	H	2	—
II 7698,57	C	30	19,61	4426,1	H	3	—
II 7664,43	C	50	19,68	4401,4	H	3	—
I 7618,93	M	7	3,20	4380,7	H	2	—
I 7408,17	M	5	3,28	4348,3	H	8	—
I 7280,00	M	3,5	3,28	II 4294,00	C	20	19,61
II 7042,45	C	2	19,61	II 4273,18	C	1	19,42
II 6805,65	C	1	19,61	II 4244,44	C	25	19,45
II 6775,06	C	15	19,67	I 4215,56	M	16	2,94
II 6555,63	C	2	19,67	I 4201,85	M	32	2,95
II 6458,35	C	8	19,13	II 4193,10	C	20	19,67
6310,04	H	5	—	II 4104,31	C	6	20,45
I 6299,23	H	30	3,57	II 3978,21	C	2	20,32

λ	B		eV		λ	B		eV
II 3940,57	C	50	19,67		3086,91	H	3	—
II 3801,93	C	5	20,46	I	3082,34	Ab		4,02
II 3796,82	C	50	19,98	I	3082,00	Ab		4,02
3600,68	H	2	—		3023,66	H	2	—
I 3591,59	H	8	3,46		2956,12	H	7	—
I 3587,08	H	20	3,47	II	2876,73	C	2	19,98
II 3531,60	C	6	20,44		2807,63	H	7	—
3492,77	H	30	—		2631,8	H	20	—
II 3461,57	C	2	23,01		2561,92	H	5	—
3434,72	H	4	—	III	769,03	S	25	16,12
II 3434,26		—	23,06	II	741,43	C	15	16,72
II 3393,11	C	7	19,61	II	711,17	C	9	17,43
I 3350,89	H	15	3,71	II	697,04	C	5	17,79
I 3348,72	H	10	3,71	III	611,77	S	30	21,18
II 3340,61	C	1	22,83	III	602,09	S	40	21,51
II 3321,55	C	8	20,45	III	594,93	S	25	20,84
II 3271,03	C	7	22,91	III	589,42	S	25	21,95
I 3229,16	H	5	3,84	III	581,26	S	30	21,33
I 3227,98	H	10	3,84	III	576,43	S	25	21,51
3198,77	H	6	—	III	546,56	S	25	22,68
I 3158,26	H	4	3,92	III	516,78	S	30	24,90
I 3157,53	H	10	3,92	III	500,25	S	30	25,69
I 3113,05	Ab		3,98	III	489,95	S	25	25,30
I 3112,57	Ab		3,98	III	482,45	S	30	25,69
3111,43	H	3	—					

75 Re

λ	B		eV		λ	B		eV
I 10639,45	A	10	3,57	I	8648,98	A	2	3,58
I 10332,55	A	1	6,32	I	8643,59	A	2	4,67
I 10206,32	A	2	4,95	I	8570,69	A	2	5,57
I 10175,68	A	2	6,32	I	8527,73	M	3,5	3,59
I 10169,85	A	10	6,32	I	8417,13	M	5	2,92
I 10128,78	A	2	4,92	I	8357,58	A	4	4,02
I 10064,02	A	1	5,02	I	8301,01	A	2	5,19
I 9955,45	A	6	6,32	I	8293,73	A	2	5,38
I 9949,90	A	20	6,32	I	8088,27	A	2	4,28
I 9943,70	A	2	5,14	I	8060,10	A	3	4,84
I 9872,38	A	2	4,95	I	8052,11		1	5,43
I 9842,65	A	2	5,22	I	7980,77	M	4	3,57
I 9762,65	A	2	4,63	I	7912,94	M	8	3,59
I 9710,52	A	5	5,06	I	7869,62	A	10	4,94
I 9470,15	A	3	4,67	I	7640,94	M	6	3,58
I 9423,45	A	2	5,34	I	7620,25	M	0,8	3,58
I 9380,24	A	1	5,19	I	7611,89	M	1,6	4,04; 5,10
I 9363,13	A	2	5,06	I	7578,73	M	5	3,59
I 9268,46	A	2	5,12	I	7352,04	A	5	5,22
I 9250,02	A	1	5,14	I	7292,72	M	1,6	5,28
I 8886,58	A	2	4,63	I	7273,84	A	15	5,28
I 8882,95	A	2	4,70	I	7246,80	A	10	4,96
I 8797,70	A	3	5,10	I	7246,49	A	15	3,57
I 8697,25	A	2	5,22	I	7024,15	M	8	3,57
I 8675,65	A	4	3,58	I	7006,63	M	4	3,58

	λ	B		eV		λ	B		eV
I	6971,53	M	10	3,59	I	4516,64	M	26	6,32
I	6829,90	M	28	3,58	I	4513,31	M	260	5,27
I	6813,41	M	20	3,58	I	4507,04	M	12	6,34
I	6751,22	M	3,5	—	II	4481,32	S	10	5,45
I	6652,39	M	30	3,57	I	4467,92	M	8	4,83
I	6623,91	M	3,0	5,46	I	4454,62	M	3,0	4,59
I	6605,19	M	10	3,59	I	4406,40	M	11	4,95; 4,83; 6,35
I	6592,52	M	4	5,46	I	4394,46	A	5	4,70
I	6577,11	M	3,5	5,46	I	4394,30	A	8	4,70
I	6511,47	M	5	4,04	I	4392,45	M	7	4,63
I	6350,87	A	20	5,54	I	4391,33	M	14	4,28
I	6350,64	A	30	5,54	I	4367,58	M	19	4,86
I	6321,90	M	20	5,54	I	4358,69	M	38	4,28
I	6307,91	A	20	5,54	I	4332,25	M	20	4,67
I	6307,70	M	20	5,54	I	4304,40	M	20	4,94
I	6243,24	M	3,5	5,56	I	4291,17	M	12	4,95
I	6146,82	M	5	4,04	I	4257,60	M	26	4,67
I	6145,81	M	3,5	5,38	I	4227,46	M	360	5,28
I	5943,24	M	6	4,04	I	4221,08	M	65	4,37
I	5834,31	M	55	3,58	I	4183,06	M	22	4,77
I	5815,92	M	1,0	4,27	I	4182,90	M	22	4,92
I	5776,83	M	11	3,58; 4,59	I	4170,40	M	16	6,38; 4,68
I	5752,93	M	11	3,59	I	4144,36	M	70	5,14
I	5740,32	A	1	5,22	I	4136,45	M	180	4,45
I	5667,88	M	10	4,14	I	4133,42	M	24	5,01
I	5563,24	M	5	4,04	I	4121,63	M	19	5,54
I	5532,68	M	5	4,94	I	4110,89	M	24	5,15
I	5377,10	M	10	4,45	I	4033,31	M	22	4,94
I	5331,90	M	2,0	4,28	I	4029,63	M	11	5,22; 6,88; 4,80
I	5327,46	M	5	4,04	I	3962,48	M	35	5,17
I	5278,24	M	10	4,37	I	3945,91	M	18	5,68; 4,90
I	5275,56	M	160	2,35	I	3936,90	M	14	5,10
I	5270,95	M	130	5,28	I	3929,85	M	55	4,91
I	5209,08	A	20	4,14	I	3917,27	M	38	5,22
I	5178,89	M	4	4,45	I	3876,86	M	24	5,15
I	5161,65	M	2,5	5,76; 4,60	I	3875,26	M	24	4,63
I	5104,66	A	2	5,49	I	3869,94	M	24	5,22
I	5096,50	M	7	4,46	I	3843,42	A	6	4,68
I	5058,56	M	4	4,16	I	3834,23	A	10	5,19
I	4985,98	A	20	4,63	II	3800,95	S	10	5,60
I	4956,77	M	5	4,95; 5,45	I	3796,59	M	16	4,70
I	4946,72	M	8	4,37	I	3787,52	M	70	5,14
I	4923,90	M	22	4,28	II	3742,26	M	13	5,45
I	4889,14	M	200	2,53	I	3740,10	M	90	5,07
I	4791,42	M	19	4,45	I	3735,31	M	80	6,25
I	4748,38	M	6	4,63	I	3725,76	M	400	6,26
II	4673,15	S	10	5,45	I	3717,29	M	36	5,48
I	4652,33	M	9	5,08; 4,45	I	3703,24	M	52	5,06
I	4630,82	M	8	4,70	I	3697,71	M	10	6,71
I	4614,66	M	2,5	4,83	I	3691,48	M	150	5,22; 5,39
I	4605,73	M	12	5,10; 4,46	I	3689,50	M	85	5,12
I	4545,17	M	10	4,68	I	3642,99	M	3,5	4,85
I	4529,95	M	12	6,33	I	3637,85	M	80	4,84
I	4523,88	M	12	6,32	I	3617,08	M	32	5,38
I	4522,73	M	50	6,32	I	3583,02	M	80	4,91

λ	B		eV	λ	B		eV
II 3580,15	M	80	5,60	I 3110,86	M	34	5,74
I 3579,13	M	36	5,42	I 3108,81	M	70	5,74
I 3558,94	M	16	4,94	I 3100,67	M	70	5,45; 6,03
I 3537,46	M	32	4,94	I 3093,64	M	20	5,72
I 3517,33	M	32	5,33	I 3088,76	M	34	7,07; 5,44
I 3516,65	M	32	5,24	I 3082,43	M	55	5,78
I 3512,28	M	10	5,59	I 3071,16	M	26	6,09
I 3503,06	M	56	5,49	I 3069,94	M	32	5,47
I 3480,85	M	32	5,37	I 3067,40	M	160	4,04
I 3480,38	M	40	5,62	I 3058,78	M	20	5,76
I 3467,96	M	40	5,34; 6,11	I 3030,45	M	38	5,85
I 3464,73	M 4000		3,57	I 3016,48	M	30	5,87
I 3460,47	M 5500		3,58	I 3016,02	M	50	5,56
I 3451,88	M 1600		3,59	I 2999,60	M	500	5,59
I 3449,37	M	40	5,47; 7,13	I 2992,36	M	160	4,14
I 3437,71	M	32	5,42	I 2976,29	M	28	4,16; 5,62
I 3427,61	M	30	5,48	I 2965,76	M	140	5,64
I 3424,62	M	800	5,08	I 2965,11	M	65	5,94
I 3419,41	M	80	5,39	II 2957,91	M	12	7,08
I 3408,67	M	24	5,44; 6,05	I 2943,14	M	40	5,97
I 3405,89	M	65	5,40	I 2930,61	M	24	6,09
I 3404,72	M	65	5,07; 6,70	I 2927,42	M	75	5,69
I 3399,30	M	400	5,10	I 2905,58	M	19	6,08
I 3379,70	M	32	5,10	I 2902,48	M	75	7,04; 6,63
II 3379,06	M	32	5,45	I 2896,01	M	44	4,28
I 3355,29	M	16	6,48; 6,44	I 2887,68	M	260	5,75
I 3346,20	M	32	5,42	I 2883,44	M	18	6,44
I 3344,32	M	80	6,24	II 2881,87	S	8	7,55
I 3342,25	M	160	6,24	I 2875,28	M	18	5,74
I 3338,18	M	200	6,24	I 2871,82	M	14	6,07
I 3335,36	M	16	5,15	I 2834,08	M	28	6,18
I 3322,48	M	60	5,18; 6,27	I 2819,95	M	80	5,84
I 3301,60	M	28	5,56	II 2819,78	M	7	6,53
I 3296,99	M	28	5,78	I 2814,68	M	20	5,84
I 3296,70	M	28	5,57; 6,12	I 2807,86	M	9	5,87
I 3261,56	M	20	5,68	I 2791,29	M	20	6,47
I 3259,55	M	60	5,24	I 2783,57	M	50	5,90
I 3258,85	M	60	5,82	I 2770,42	M	32	5,90
II 3246,31	S	12	5,60	I 2766,39	M	18	7,84
I 3235,94	M	38	5,54	I 2763,79	M	19	6,35
I 3212,94	M	12	5,62	I 2758,00	M	20	6,26; 6,30
I 3204,25	M	110	5,88	II 2753,64	M	10	6,87
I 3200,04	M	15	5,93	II 2750,56	S	12	8,59; 8,34
I 3194,50	M	20	5,74	II 2733,04	M	55	6,67
I 3185,57	M	110	6,24	II 2731,56	M	18	6,87
I 3184,76	M	110	6,24	I 2722,70	M	17	6,31
I 3182,87	M	60	6,24	I 2715,47	M	120	6,01
I 3177,71	M	44	5,34	I 2697,27	M	8	4,59
I 3168,37	M	70	5,93	I 2690,25	M	10	6,62
I 3158,31	M	36	5,38	I 2688,53	M	20	6,56
I 3153,79	M	33	5,38	I 2683,56	M	12	6,43; 7,36
I 3151,64	M	44	5,69	I 2674,34	M	85	4,63
I 3128,94	M	42	6,02	I 2671,84	M	14	6,09
I 3121,36	M	34	5,78	I 2670,79	M	10	6,40
I 3118,19	M	34	5,44	I 2663,63	M	20	6,11

	λ	B		eV		λ	B		eV
I	2654,13	M	36	6,10	I	2432,18	M	36	6,55
I	2651,90	M	60	4,67	I	2431,54	M	42	—
I	2649,05	M	24	6,44	I	2428,58	M	210	5,10
I	2647,12	M	14	4,68	I	2421,73	M	24	6,93
I	2642,75	M	24	6,14	I	2419,81	M	98	5,12
II	2637,01	M	17	7,06	I	2405,60	M	61	5,17
I	2636,64	M	50	4,70	I	2405,06	M	120	6,61
II	2635,83	M	28	6,84	II	2386,90	M	15	7,78
I	2631,57	M	8	6,14	I	2375,07	M	25	6,98
II	2628,26	S	10	—	II	2370,76	M	17	7,07
I	2623,29	M	8	6,18	I	2365,90	M	84	5,24
I	2620,34	M	15	7,43	I	2365,69	A	2	—
I	2620,03	M	15	6,49	I	2352,07	M	56	6,70
II	2616,72	M	14	7,07	I	2302,99	M	54	5,38
I	2614,56	M	14	6,55	II	2298,09	M	32	8,82
II	2608,50	M	60	6,53	I	2294,49	M	230	5,40
I	2601,87	M	8	6,78	I	2287,51	M	240	5,42
I	2599,86	M	26	6,50	I	2281,62	M	140	5,43
I	2595,23	M	16	4,77	II	2275,25	M	420	5,44
I	2592,84	M	8	6,21	I	2274,62	M	170	5,44
II	2588,58	S	8	7,39	I	2256,19	M	71	5,49
I	2586,79	M	34	6,25	I	2255,73	M	36	6,93
I	2573,77	M	12	6,58	II	2235,80	S	10	7,39
II	2571,81	M	30	6,67	I	2214,58	M	190	—
II	2568,64	M	44	6,67	II	2214,26	M	340	5,60
I	2564,19	M	28	6,27	I	2198,91	A	20	5,63
I	2558,06	M	12	7,00	I	2183,72	A	10	7,54
I	2556,51	M	85	6,61	II	2181,77	S	10	7,81
II	2554,63	M	30	7,39	II	2177,85	S	10	8,59
II	2553,59	M	12	6,99	I	2176,21	M	280	5,69
I	2552,02	M	24	6,61	I	2167,94	M	400	5,72
II	2550,09	M	13	7,40	I	2156,67	M	300	5,74
I	2545,49	M	30	6,32	II	2139,04	M	280	—
I	2544,74	M	60	6,30	II	2114,25	S	10	8,46
I	2534,80	M	30	6,34	I	2097,12	M	800	5,91
II	2534,10	M	12	6,67	II	2092,41	M	380	—
I	2521,50	M	44	6,72; 6,35	I	2085,59	M	850	5,94
I	2520,01	M	46	4,92	I	2083,92	M	300	5,95
I	2516,12	M	10	6,38	I	2074,70	M	340	5,97
I	2508,99	M	150	4,94	I	2049,08	M	2200	6,05
II	2504,60	M	19	7,08	II	2023,64	S	20	—
II	2502,35	M	46	7,55	I	2017,87	M	1300	6,14
I	2501,72	M	30	6,71	II	2009,92	S	10	8,54
I	2487,33	M	80	6,43	I	2003,53	M	2000	—
I	2486,78	M	10	6,43	I	1995,61		2	6,21
I	2485,81	M	32	7,00	II	1973,13	S	15	6,28
I	2483,92	M	100	6,44	I	1909,36		5	6,49
II	2478,99	S	12	7,97	I	1905,74		5	6,50
II	2469,36	M	12	7,35	I	1900,83		5	6,52
II	2467,57	M	16	6,87	II	1898,36	S	10	6,53
I	2461,20	M	32	6,49	I	1874,93		2	6,62
II	2455,83	M	16	6,83	II	1871,81	S	10	8,47
II	2449,03	M	7	7,40	II	1858,65	S	20	6,67
I	2446,98	M	52	6,93	I	1848,88		2	6,70
I	2441,47	M	27	5,08	II	1834,32	S	10	8,54
					II	1750,14	S	20	7,08
					II	1725,20	S	10	9,03
					I	1716,45		1	7,22

λ	B		eV	λ	B		eV

λ	B		eV	λ	B		eV
I 9757,11	A	3	5,24	I 4843,99	M	4	5,91
I 8425,59	M	1,4	5,68	I 4842,43	M	1,8	3,70
I 8136,18	M	2,5	3,36	I 4675,03	M	13	3,35
I 8045,36	M	5	5,24	I 4569,01	M	11	3,85
I 8036,09	A	4	5,51	I 4528,73	M	2,0	3,70
I 8029,93	A	7	5,19	I 4492,47	M	3,0	3,90
I 7846,52	M	2,5	3,58	I 4379,92	M	8	3,97
I 7830,04	M	2,5	—	I 4374,80	M	360	3,54
I 7824,92	M	9	5,19	I 4373,04	M	4	4,20
I 7791,65	M	5	5,51	I 4288,71	M	70	3,85
I 7772,91	M	3,0	5,26	I 4211,14	M	280	3,65
I 7495,22	M	2,0	5,19	I 4196,50	M	28	4,09
I 7475,71	M	2,0	5,51	I 4154,37	M	20	4,56
I 7442,39	M	3,0	5,24	I 4135,27	M	180	3,70
I 7271,93	M	2,0	3,70	I 4128,87	M	130	3,97
I 7270,85	M	6	5,24	I 4121,68	M	90	3,98
I 7268,23	M	3,0	3,54	I 4119,68	M	10	4,99
I 7104,45	M	2,5	3,57	I 4082,78	M	48	4,00
I 7101,60	M	3,0	5,51	I 3958,87	M	320	4,10
I 6965,64	M	8	3,35	I 3942,72	M	50	4,42
I 6752,34	M	5	5,19	I 3934,23	M	170	3,85
I 6630,11	M	1,6	3,70	I 3872,39	M	6	3,90
I 6519,60	M	1,6	4,00	I 3856,52	M	500	3,92
I 6414,67	M	1,0	5,51	I 3833,89	M	170	4,20
I 6319,53	M	2,5	3,54	I 3828,48	M	200	4,38
I 6102,72	M	3,0	3,60	I 3822,26	M	320	4,21
I 5983,60	M	11	3,65	I 3818,19	M	110	4,39
I 5831,58	M	3,0	3,70	I 3806,76	M	110	3,57
I 5806,91	M	3,5	3,96	I 3805,92	M	65	4,93
I 5686,38	M	3,5	3,85	I 3799,31	M	420	3,97
I 5599,42	M	14	3,35	I 3793,22	M	320	3,98
I 5544,59	M	1,8	5,94	I 3788,47	M	85	3,98
I 5535,04	M	2,5	5,94	I 3765,08	M	200	4,00
I 5424,07	M	5	5,93	I 3748,22	M	100	4,58
I 5404,73	M	2,0	5,94	I 3737,27	M	36	4,80
I 5390,44	M	8	6,50; 3,57	I 3735,28	M	55	4,99
I 5381,48	A	5	6,22	I 3713,02	M	80	3,76
I 5379,10	M	4	6,22	I 3700,91	M	650	3,53
I 5354,40	M	11	6,22	I 3695,53	M	80	5,34
I 5292,14	M	1,2	3,92	I 3692,36	M	800	3,35
I 5269,27	M	1,2	5,93	I 3690,70	M	160	3,76
I 5237,16	M	4	6,22	I 3666,22	M	110	3,70
I 5193,14	M	8	5,92	I 3657,99	M	700	3,57
I 5184,19	M	3,0	3,35	I 3639,51	M	26	4,77
I 5175,97	M	5	5,93	I 3626,59	M	150	4,56
I 5158,69	M	3,5	5,98	I 3612,47	M	260	3,87
I 5155,54	M	5	3,76	I 3597,15	M	500	3,86
I 5090,63	M	6	3,57	I 3596,19	M	400	3,77
I 4963,71	M	5	3,86	I 3583,10	M	400	3,64
4851,63	M	5	—	I 3570,18	M	100	3,90

λ	B		eV	λ	B		eV
I 3549,54	M	150	3,90	I 3189,05	M	12	4,21
I 3543,95	M	100	4,20	I 3185,59	M	7	5,03
I 3541,91	M	24	4,86	I 3179,73	M	6	4,86
I 3538,26	M	75	5,34	I 3155,78	M	11	5,07
I 3538,14	M	75	4,21	I 3152,60	M	4	4,63
I 3528,02	M	750	3,70	I 3151,36	M	4	5,77
I 3525,66	A	2	4,79	I 3137,71	M	8	4,38
I 3513,10	M	5	5,26	I 3130,79	M	3,0	4,39
I 3511,79	M	5	5,52	I 3123,70	M	20	3,96
I 3507,32	M	240	3,86	I 3121,76	M	12	4,38
I 3502,52	M	500	3,53	I 3114,91	M	6	4,39
I 3498,70	M	100	3,97	I 3083,97	M	14	4,21
I 3494,44	M	9	5,03	I 3067,31	M	5	5,62
I 3478,91	M	180	3,98	I 3028,43	M	4	4,79
I 3474,78	M	400	4,00	I 3023,91	M	10	4,80
I 3472,25	M	10	4,71	II 3019,78		2	7,69
I 3470,66	M	400	4,00	I 2986,99	M	7	4,85
I 3469,62	M	15	4,85	I 2986,20	M	36	4,56
I 3462,04	M	500	3,91	I 2977,68	M	13	4,86
I 3457,93	M	19	5,26	I 2968,66	M	18	4,58
I 3457,07	M	15	4,86	II 2963,54		4	7,59
I 3455,42	M	5	5,07	I 2931,94	M	10	4,93
I 3455,22	M	34	4,00	I 2929,11	M	10	4,93
I 3451,15	M	5	4,00	II 2926,80		2	8,76
I 3450,29	M	10	5,27	II 2924,10		4	7,85
I 3447,74	M	10	4,56	I 2924,02	M	14	4,56
I 3440,53	M	120	5,60	I 2915,42	M	7	4,96
I 3434,89	M	700	3,60	I 2912,62	M	6	4,96
I 3412,27	M	70	5,62	II 2910,17	M	5	7,40
I 3406,55	M	14	5,43	I 2907,21	M	13	4,58
I 3399,70	M	70	3,96	I 2899,96	M	5	5,55
I 3396,85	M	480	3,64	II 2897,63		2	7,69; 9,12
I 3372,25	M	95	4,00	I 2889,84	M	6	4,99
I 3368,38	M	36	4,00	I 2889,11	M	6	6,28; 4,47
I 3362,18	M	5	4,09	I 2880,76	A	4	4,71
I 3359,90	M	5	5,43	I 2878,66	M	9	4,71
I 3344,20	M	7	5,07	2873,62	M	2,5	—
I 3338,55	M	28	3,90	2871,35	M	4	—
I 3331,09	M	5	4,42	I 2864,40	M	5	4,73
I 3323,09	M	360	3,92	I 2862,94	M	22	5,03
I 3300,47	M	22	5,03	I 2856,16	M	4	4,77
I 3294,28	M	18	5,34	II 2845,73		2	7,85
I 3289,64	M	4	5,60	I 2836,69	M	6	5,07
I 3289,14	M	24	4,20	I 2834,12	M	6	5,74
I 3283,57	M	200	4,10	I 2827,31	M	2,5	4,79
I 3280,55	M	200	3,96; 4,21	I 2826,68	M	14	5,52
I 3271,61	M	44	4,20	II 2819,24		2	7,85; 9,48
I 3263,14	M	44	4,21	II 2802,30		2	8,95
I 3237,66	M	7	4,79	II 2797,01		2	9,23
I 3218,28	A	2	4,99	I 2796,63	M	6	5,79
I 3217,88	A	2	5,52	II 2792,78		2	7,59
I 3214,33	M	6	3,85	I 2791,16	M	2,0	4,85
I 3197,13	M	16	4,20	I 2783,03	M	10	4,86
I 3194,55	A	2	4,58	II 2781,80		2	8,98
I 3191,19	M	40	4,58	I 2779,54	M	6	5,74

	λ	B		eV		λ	B		eV
II	2778,15		2	8,04		2543,94		1	—
I	2778,06	M	4	5,94; 5,43		2542,16		1	—
II	2775,77		2	7,87	II	2537,73		2	7,52
I	2771,51	M	8	4,79	II	2537,04	M	9	9,12
I	2768,23	A	2	5,44	II	2534,57		2	8,04
I	2767,73	M	4	4,80	II	2520,53	M	10	7,00
II	2766,54		2	8,06	II	2517,52		2	9,49
II	2764,83		2	7,94	I	2515,75	M	16	5,35
II	2761,26		2	9,01	II	2510,66	M	4	7,23
I	2752,84	A	2	4,93	I	2509,70	M	28	5,26
II	2747,63		2	9,05	II	2505,10	M	3,0	7,40
II	2739,92		3	8,10	II	2503,84	M	1,2	7,52
II	2737,40		3	7,94		2501,27		1	—
I	2736,76	M	3,0	4,85		2495,95		1	—
I, II	2728,95	M	13	4,86; 8,85	I	2492,30	M	2,5	5,38
I	2720,52	M	2,5	6,28	II	2491,86		2	9,42
	2720,14	M	5	—	II	2490,77	M	8	7,07
I	2718,54	M	14	5,26		2487,47	M	12	—
II	2717,98		2	9,15	II	2485,82		2	9,82
I	2717,51	M	6	4,56	I	2483,33	M	4	5.43
I	2716,82	A	2	5,52	II	2482,73		2	9,05
II	2715,31	M	8	7,71	II	2475,63	M	1,2	8,95
I	2715,05	A	2	6,40	I	2473,09	A	3	5,20
I	2714,41	M	6	6,07	II	2471,89		2	10,11
I	2709,52	A	2	4,90		2471,77		1	—
I	2707,23	M	3,0	4,90	I	2471,47	M	7	5,35
II	2705,63	M	3,0	7,72	I	2470,39	M	6	5,42
I	2703,73	M	32	4,99		2467,23		1	—
II	2700,59		2	8,04	II	2466,15		1	9,82
	2691,12		1	—	II	2463,44		3	9,08
II	2689,62		2	8,06	II	2461,04	M	7	7,32
II	2684,21		2	8,20	II	2458,90	M	5	7,48
II	2683,56		3	9,71	II	2456,18		2	7,68
II	2681,60		6	9,14	II	2455,71	M	2,5	7,60
I	2680,63	M	8	5,03	II	2448,28		2	7,70
II	2676,25		2	9,15	II	2447,85		2	9,12
II	2674,44		2	8,04	II	2444,74		2	8,56
II	2659,11		2	9,50	I	2444,27	M	4	—
	2657,32		1	—	II	2444,06		1	9,66
I	2652,66	M	32	4,99	II	2443,71		1	8,56; 9,33
	2639,25		1	—		2438,79		1	—
II	2638,74	M	2,5	8,93	II	2436,86		2	8,58
II	2630,33		2	7,02	II	2433,30		6	7,41
II	2628,13		2	8,76	II	2431,85	M	3	7,73; 9,63
I	2625,88	M	18	5,43	II	2430,80		2	8,71
II	2625,41		3	7,87	II	2429,95		4	9,05
I	2622,58	M	12	5,42		2427,34		1	—
II	2609,17		2	8,95	II	2427,09	M	5	7,41
II	2603,32	M	2,5	8,80	II	2420,98	M	5	7,67
II	2597,07		2	9,31	II	2420,18	M	3	9,33
II	2587,29	M	3,0	8,18; 8,28	II	2417,41		6	8,59
II	2581,69		3	9,25	II	2415,84	M	10	7,58
I	2555,36	M	44	5,26	II	2411,94		4	9,34
	2545,70	M	28	—	II	2410,69		4	8,75
II	2545,35		2	8,81	II	2408,73		4	9,72

	λ	B		eV		λ	B		eV
I	2407,88	M	8	5,35	III	2167,33	S	80	12,50
II	2405,22		3	7,61	III	2163,19	S	80	12,50
II	2396,55		6	9,12	III	2159,11	S	25	12,81
II	2392,43		2	10,28	III	2158,17	S	80	12,69
	2390,62		1	—	III	2154,07	S	12	12,71
	2386,14	M	21	—	III	2152,23	S	25	12,89
II	2385,45		4	7,50	III	2144,28	S	8	13,97
II	2383,59		6	9,77	III	2143,97	S	10	13,87; 13,90
	2383,40	M	17	—	III	2139,43	S	25	15,01; 15,06
I	2382,89	M	21	5,20	III	2138,67	S	8	11,41
	2377,81		1	—	II	2132,24		2	10,33
I	2368,34	M	7	5,66	III	2130,61	S	8	14,79
II	2366,68		2	8,69	III	2129,28	S	8	11,51
II	2364,67		2	7,34	III	2120,05	S	8	13,89
	2359,57		1	—	II	2119,21		2	9,43
I, II	2359,18	M	4	5,44; 5,66; 9,30	III	2118,63	S	25	11,58
	2357,43		1	—	III	2118,53	S	25	12,81
II	2350,35		2	7,73	III	2116,87	S	12	12,63
II	2349,68		4	10,11	III	2113,70	S	2	13,89; 14,64
II	2346,44		4	9,85	III	2112,70	S	2	14,84
II	2336,84		3	9,25; 9,89	III	2111,69	S	5	13,66
II	2334,77	M	14	7,40		2104,89		1	—
I	2333,31		1	6,45	III	2102,45	S	2	11,51
II	2327,67		6	9,77		2100,52		1	—
II	2324,86		2	9,91	III	2098,99	S	8	11,41
I	2322,58	M	25	5,34	III	2097,94	S	8	13,67
II	2321,86		2	8,95	II	2091,07		2	9,08
II	2312,65		3	8,85; 9,92	III	2091,07	S	8	13,66; 13,89
II	2305,95		2	9,89	III	2085,58	S	10	11,63; 15,39
II	2298,26		3	8,98; 9,00	III	2076,83	S	20	11,58
	2295,12		1	—	III	2075,73	S	10	13,71
II	2294,12		4	8,90	III	2064,11	S	50	11,51; 14,76
II	2290,03		6	7,72	III	2060,96	S	12	13,76; 15,64
II	2284,08		3	9,96					14,85; 15,16
I	2276,96		1	5,44		2051,25		1	—
					III	2048,65	S	75	11,38
II	2276,89		3	8,90					
II	2276,20	M	11	8,85	III	2040,19	S	25	11,41
I	2264,14		2	5,66	III	2037,61	S	15	13,81
II	2263,43		1	7,94	III	2036,72	S	20	13,81
	2261,75		1	—	III	2028,53	S	12	13,86
					III	2023,74	S	8	14,50
II	2237,71		1	8,10					
II	2226,53		2	8,20	III	2017,45	S	12	12,91
II	2221,97		2	9,63; 9,89	III	2013,71	S	20	15,33
II	2221,42		2	10,11	III	2010,48	S	8	14,81
II	2206,35		2	7,72	III	2005,14	S	20	13,97
					III	1994,26	S	12	14,18
	2205,02		1	—					
II	2201,02		2	7,94	II	1975,71		2	8,58
II	2199,96		4	7,73	II	1974,15		2	9,44
II	2198,79		2	9,25	III	1970,04	S	8	15,74
II	2192,78		2	8,28; 9,15	III	1969,20	S	8	15,74; 15,05
					III	1965,16	S	20	14,50
II	2190,91		4	8,81					
III	2187,59	S	10	14,31	III	1954,25	S	20	14,54
III	2186,00	S	10	12,63	III	1947,80	S	8	15,81; 15,86
III	2184,53	S	8	14,31	III	1940,17	S	8	12,12; 14,79
II	2177,08		2	9,15	III	1938,45	S	8	12,12
					III	1932,24	S	8	12,10; 15,27

λ	B		eV	λ	B		eV
III 1931,79	S	18	14,15	II 1668,76		2	7,73
III 1930,40	S	8	14,85	II 1663,22		2	9,31
III 1930,07	S	8	14,82; 14,47	II 1637,88		4	7,87
III 1927,07	S	12	12,12	II 1634,72		4	7,59
III 1926,96	S	10	14,20	II 1632,96		2	8,04
III 1919,37	S	15	12,07	II 1628,94		10	8,06
III 1918,95	S	10	14,84	II 1624,47		4	7,94
III 1912,06	S	10	14,21	II 1623,01		2	8,94
III 1910,16	S	12	12,10	II 1621,18		2	9,50
III 1907,22	S	8	14,69	II 1607,86		2	7,72
III 1901,32	S	20	15,16; 15,74	II 1604,45		10	7,73
III 1888,62	S	18	14,31	II 1594,35		2	9,23
III 1887,94	S	10	14,33	II 1575,91		2	7,87
III 1887,36	S	12	12,10	II 1570,41		2	8,20
III 1884,91	S	12	15,75; 14,50	II 1563,48		2	7,94
II 1881,36		2	8,69	II 1542,74		2	8,04
III 1880,66	S	20	12,10	II 1530,91		2	8,10
III 1859,84	S	12	12,28	II 1500,74		2	10,11
III 1832,05	S	25	12,10	II 1471,10		2	10,28
II 1808,64		2	7,87	II 1412,74		2	9,08; 9,23
II 1785,42		2	8,28	II 1349,47		2	9,49
II 1768,42		2	7,02	II 1342,13		4	9,25
II 1749,58		2	8,10	III 1009,60	S	12	12,71; 12,28
II 1674,22		2	7,41	III 992,48	S	10	12,49
II 1670,19		2	7,87	III 991,62	S	12	12,50; 13,87

86 Rn

λ	B (G)	eV	λ	B (G)	eV
I 9327,02	500	8,27	I 7291,00	200	8,47
I 8807,75	100	9,62	I 7268,11	1000	8,64
I 8675,83	150	9,70	I 7247,23	50	10,36
I 8639,76	100	9,65	I 7055,42	2000	8,53
I 8600,07	1000	8,20	I 6998,90	100	10,19
I 8520,95	200	9,87	I 6944,07	50	10,31
I 8494,89	100	9,73	I 6891,16	100	10,32
I 8381,05	100	9,69	I 6837,57	80	10,46
I 8270,96	1000	8,27	I 6836,95	80	10,08
I 8099,51	1000	8,47	I 6808,38	50	10,36
I 7809,82	1000	8,53	I 6806,79	60	10,36
I 7746,64	200	10,13	I 6751,81	200	10,10
I 7738,43	100	9,87	I 6730,16	50	10,31
I 7657,48	100	9,89	I 6704,28	80	10,12
I 7483,13	80	10,20	I 6669,60	40	10,07
I 7470,89	80	9,87	I 6627,23	150	10,08
I 7468,92	50	10,36	I 6606,43	100	10,31
I 7450,00	3000	8,43	I 6594,56	50	10,31
I 7419,04	100	10,10	I 6557,49	100	10,09
I 7320,98	60	10,13	I 6502,53	50	10,12

	λ	B (G)	eV		λ	B (G)	eV
I	6472,15	50	10,44		4680,83	500	—
I	6448,32	50	10,19		4644,18	300	—
I	6421,48	50	10,20		4625,48	500	—
I	6380,45	60	10,36	I	4609,38	500	9,63
	6309	10	—		4604,40	200	—
I	6261,46	60	10,19	I	4577,72	500	9,65
I	6200,75	60	10,43		4546,8	35	—
I	6061,92	100	10,31		4527,70	10	—
	5977,4	20	—		4510,2	10	—
I	5969,80	40	10,51	I	4508,48	500	9,69
I	5951,57	50	10,29		4507,83	80	—
	5944,7	10	—		4503,72	20	—
I	5932,60	50	10,30	I	4459,25	500	9,55
I	5919,84	30	10,36		4439,71	10	—
I	5907,50	30	10,37	I	4435,05	400	9,56
I	5900,93	40	10,31		4383,30	35	—
	5888,6	80	—		4371,53	30	—
I	5877,56	20	10,32	I	4349,60	1000	9,62
I	5824,20	20	10,56	I	4335,78	70	9,63
I	5762,01	20	10,36	I	4307,76	800	9,65
I	5722,58	60	10,43	I	4227,3	30	9,88
	5715,9	80	—	I	4226,06	100	9,88
I	5711,88	40	10,44		4203,23	200	—
I	5643,05	20	10,46		4192,9	10	—
I	5606,91	30	10,42		4187,81	35	—
I	5595,45	40	10,43		4169,92	20	—
	5582,4	200	—		4166,43	500	—
I	5577,28	40	10,43		4114,56	80	—
I	5526,98	30	10,51		4088,0	10	—
I	5402,92	20	10,56		4051,0	10	—
	5394,2	20	—		4045,3	35	—
I	5390,40	10	10,51		4017,75	150	—
	5386,1	10	—	I	3994,76	40	9,88
	5371,3	10	—		3981,68	150	—
	5362,8	10	—	I	3978,97	50	9,89
	5119,3	20	—		3971,67	80	—
	5084,48	300	—		3964,9	5	—
	5044,8	35	—		3957,15	25	—
	4957,8	10	—	I	3952,36	100	10,07
	4950,0	35	—	I	3941,72	100	10,08
	4915,5	35	—		3931,82	250	—
	4891,1	35	—	I	3917,20	100	10,10
	4856,2	35	—	I	3814,70	50	10,19
	4829,2	35	—	I	3790,07	50	10,04
	4817,15	100	—	I	3782,66	50	10,05
	4793,0	10	—		3760,8	10	—
	4768,59	100	—	I	3753,65	200	10,07
I	4749,27	50	9,55	I	3739,89	100	10,08
I	4721,76	300	9,56		3717,2	10	—
	4701,70	50	—		3688,3	40	—

λ	B (G)	eV	λ	B (G)	eV
3679,0	30	—	3059,7	20	—
I 3673,41	30	10,31	3054,3	250	—
3664,81	25	—	3050,1	15	—
3657,2	10	—	3045,2	60	—
3634,8	250	—	3037,7	40	—
3629,7	10	—			
3626,5	25	—	3036,8	60	—
3621,0	250	—	3033,2	10	—
3615,0	30	—	3032,5	40	—
3612,61	20	—	3019,2	18	—
			3015,8	10	—
3605,6	10	—			
3582,6	18	—			
3541,2	10	—	3014,5	18	—
I 3514,60	50	10,30	3010,8	100	—
I 3508,22	40	10,31	3006,8	300	—
			2994,5	20	—
			2987,4	20	—
3486,6	10	—			
3479,5	30	—			
3440,7	18	—			
3435,4	18	—	2892,7	150	—
3422,4	18	—	2889,3	15	—
			2887,2	125	—
			2883,8	25	—
3388,6	10	—	2868,7	70	—
3377,2	30	—			
3372,7	18	—			
3330,0	40	—			
3312,8	100	—	2864,4	12	—
			2842,1	150	—
			2838,5	70	—
3254,5	30	—	2836,3	25	—
3247,8	10	—	2830,6	40	—
3241,5	40	—			
3216,3	15	—			
3206,8	18	—			
			2826,5	70	—
			2819,8	12	—
3196,9	30	—	2817,9	12	—
3192,0	30	—	2812,1	25	—
3187,9	10	—	2808,4	40	—
3185,5	10	—			
3175,6	40	—			
			2789,2	20	—
3169,7	30	—	2756,3	25	—
3159,8	18	—	2727,7	12	—
3157,8	10	—	2707,9	12	—
3120,4	20	—	2626,0	12	—
3114,6	50	—			
3106,7	30	—	2618,8	20	—
3105,7	60	—	2616,0	12	—
3104,9	10	—	2463,4	20	—
3097,2	18	—	2457,6	12	—
3093,0	18	—	2444,1	12	—
3091,4	10	—			
3082,3	10	—	2442,1	20	—
3077,7	30	—	2410,9	20	—
3068,9	100	—	I 1786,07	—	6,94
3064,6	40	—	I 1451,56	—	8,54

λ	B		eV	λ	B		eV
I 8264,95	M	2,0	5,11	I 5171,03	M	70	3,32
I 7924,45	M	1,8	5,32	I 5155,14	M	38	3,52
I 7890,40	M	1,8	5,33	I 5151,07	M	8	3,53
I 7881,47	M	9	5,11	I 5147,25	M	19	3,41
I 7847,81	M	3,5	5,33	I 5142,77	M	13	3,47
I 7791,81	M	2,5	5,48	I 5136,56	M	40	3,41
I 7722,89	M	2,0	3,53	I 5093,85	M	15	3,61
I 7621,52	M	2,0	5,57	I 5076,33	M	9	3,76
I 7559,62	M	3,0	5,34	I 5057,34	M	34	3,26
I 7499,74	M	8	5,18	I 5026,20	M	7	3,53
I 7485,75	M	3,0	5,44	I 4980,36	M	12	3,68
I 7475,40	M	1,4	—	I 4968,90	M	12	3,58
I 7468,91	M	2,0	5,50	I 4938,44	M	14	3,65
I 7393,93	M	1,8	5,34	I 4921,08	M	20	3,58
I 7238,90	M	4,0	5,18	I 4903,07	M	36	3,85
I 7027,95	M	3,0	5,34	I 4895,61	M	12	3,85
I 6981,98	A	10	5,18	I 4869,16	M	46	3,47
I 6923,21	M	12	5,11	I 4769,30	M	8	3,41
I 6911,46	M	3,0	5,44	I 4757,84	M	42	3,53
I 6824,17	M	2,0	5,34	I 4733,52	M	10	3,71
I 6690,01	M	5	5,11	I 4731,32	M	12	3,75
I 6663,16	M	2,0	5,33	I 4709,48	M	120	3,77
I 6444,84	M	2,0	5,33	I 4690,11	M	24	3,71
I 6295,22	M	1,4	4,87	I 4684,02	M	16	3,65
I 6225,22	M	2,0	3,41	I 4681,78	M	24	3,79
I 6199,42	M	2,0	4,11	I 4674,64	M	8	4,11
I 6192,55	A	10	5,85	I 4654,31	M	24	3,75; 3,79
I 6116,77	M	1,4	3,16	I 4647,61	M	60	3,67
I 6090,52	A	10	5,88	I 4645,09	M	17	5,15
I 5973,37	M	1,6	5,84	I 4635,68	M	14	3,86
I 5921,45	M	6	3,41	I 4599,08	M	30	4,01
I 5814,99	M	5	3,26	I 4592,51	M	14	4,01
I 5699,05	M	14	3,26	I 4591,10	M	10	3,84
I 5636,23	M	22	3,26	I 4584,44	M	160	3,70
I 5559,74	M	7	3,16	I 4554,51	M	500	3,53
I 5510,72	M	10	3,76	I 4530,86	M	6	4,60; 5,33
I 5484,32	M	6	3,26	I 4517,82	M	20	3,87
I 5454,81	M	6	6,14	I 4516,88	M	20	4,16
I 5427,61	M	4	5,82	I 4498,14	M	32	3,89
I 5401,40	M	3,0	3,99	I 4488,38	M	8	3,85
I 5377,84	M	5	5,84	I 4473,93	M	17	3,58
I 5361,79	M	10	—	I 4460,03	M	100	3,87
I 5335,92	M	8	3,41	I 4449,32	M	40	3,85
I 5334,72	M	3,5	—	I 4439,75	M	42	4,12
I 5309,26	M	20	3,26	I 4428,44	M	30	3,89
I 5304,85	M	6	3,53	I 4421,46	M	15	3,87
I 5284,09	M	10	3,16	I 4410,03	M	150	3,95
I 5251,66	M	4	3,95	I 4397,80	M	16	3,95
I 5223,55	M	5	3,89	I 4390,44	M	160	3,89
I 5195,02	M	14	3,47	I 4385,65	M	120	3,95

λ	B		eV	λ	B		eV
I 4385,39	M	80	3,76	I 3862,69	M	60	5,33
I 4372,20	M	220	3,77	I 3857,55	M	120	5,04
I 4361,21	M	80	3,65	I 3856,46	M	44	3,47
I 4342,07	M	50	3,99	I 3850,44	M	70	4,15
I 4307,60	M	85	4,01	I 3846,67	M	44	4,34
I 4297,71	M	340	3,89	I 3839,70	M	85	4,74
I 4284,33	M	70	4,02	I 3835,06	M	20	5,08
I 4243,06	M	70	3,85	I 3831,80	M	70	4,75
I 4241,06	M	70	4,01	I 3822,09	M	60	5,25
I 4230,31	M	50	4,00	I 3819,04	M	70	3,58
I 4220,68	M	34	4,67	I 3817,29	M	70	5,17
I 4217,26	M	85	3,74	I 3812,74	M	55	4,84
I 4214,44	M	70	4,63	I 3808,69	M	28	5,08
I 4212,06	M	500	3,75	I 3799,35	M	700	3,26
I 4206,02	M	140	3,95	I 3798,90	M	700	3,41
I 4199,89	M	700	3,77	I 3790,52	M	550	3,53
I 4198,86	M	50	3,95	I 3786,06	M	360	3,61
I 4197,57	M	50	4,02	I 3781,17	M	42	5,76
I 4196,86	M	14	4,68	I 3777,59	M	140	3,66; 4,62
I 4167,51	M	80	4,11	I 3767,35	M	55	4,99
I 4161,66	M	12	4,67	I 3761,51	M	55	4,99
I 4148,38	M	8	4,11	I 3760,02	M	34	3,68
I 4146,77	M	24	4,18	I 3759,84	M	110	4,22
I 4145,74	M	60	4,11	I 3755,94	M	80	4,89
I 4144,16	M	180	4,00	I 3753,55	M	70	4,89
I 4123,06	M	15	4,14	I 3745,59	M	260	4,82
I 4120,99	M	15	4,01	I 3742,80	M	80	5,24
I 4112,74	M	170	4,02	I 3742,29	M	320	3,65
I 4101,74	M	32	4,14	I 3737,41	M	26	4,44
I 4097,79	M	85	4,17	I 3730,43	M	650	3,58
I 4085,43	M	28	4,28; 5,11	I 3728,03	M	1000	3,32
I 4080,60	M	550	3,85	I 3726,93	M	800	3,47
I 4076,73	M	90	4,16	I 3726,10	M	50	4,84
I 4068,37	M	70	4,87	I 3719,32	M	24	5,45
I 4064,46	M	34	4,11	I 3717,00	M	38	4,40
I 4054,05	M	65	4,15	I 3700,98	M	12	5,47
I 4052,19	M	16	4,18	I 3696,58	M	24	4,67
I 4051,40	M	130	4,15	II 3690,03	S	7	5,76
I 4039,21	M	28	4,89	I 3669,55	M	60	4,89
I 4023,83	M	55	3,22	I 3663,38	M	80	4,31
I 4022,17	M	140	4,15	I 3661,36	M	600	3,53
I 3987,80	M	2,5	5,12	II 3657,57	S	3	5,79
I 3984,86	M	80	4,12	I 3634,93	M	300	3,67
I 3979,42	M	55	3,25	I 3626,74	M	36	5,54
I 3978,45	M	55	4,11	I 3625,20	M	34	4,74
I 3964,91	M	42	3,12	I 3599,77	M	130	4,53
I 3945,59	M	70	5,15	I 3596,18	M	650	3,70
I 3933,57	M	28	3,41	I 3593,03	M	700	3,79
I 3931,79	M	55	4,74; 4,34	I 3589,22	M	650	3,84
I 3925,93	M	300	3,15	I 3587,20	M	40	5,47
I 3923,49	M	140	4,75	I 3570,61	M	70	5,40
I 3909,08	M	70	4,87	I 3541,62	M	20	4,31
I 3901,26	M	14	3,32	I 3539,37	M	80	3,82
I 3892,23	M	60	4,18	I 3537,94	M	40	3,76
I 3867,84	M	120	4,02	I 3536,57	A	2	5,62

	λ	B		eV		λ	B		eV
I	3535,84	M	13	4,63	I	3373,99	A	3	4,01
I	3532,81	M	24	5,33	I	3371,86	M	10	4,79
I	3531,39	M	13	4,63	II	3369,29	S	2	6,37
I	3528,68	M	20	3,85	I	3368,45	M	38	4,02
I	3520,13	A	10	4,64	I	3362,34	A	2	5,70
I	3519,64	M	34	3,67	I	3362,00	M	6	5,11
I	3514,49	M	65	3,79	I	3359,10	A	7	3,95
I	3509,72	A	3	4,67	I	3353,65	A	3	5,01
II	3509,22	S	10	7,75	I	3351,93	A	3	4,84
I	3498,94	M	850	3,54	II	3350,25	S	5	7,75
I	3495,99	M	13	4,63	I	3348,70	A	3	3,85
I	3494,25	M	13	4,67	I	3348,02	A	2	5,44
I	3483,29	M	13	3,71	I	3347,62	A	3	5,40
I	3483,17	M	13	3,71	I	3345,32	A	3	4,63
I	3481,31	M	24	4,56	I	3344,53	M	6	3,71
I	3473,75	M	26	4,89	I	3341,66	M	24	4,84
I	3472,24	A	5	4,63	I	3341,09	A	2	5,44
I	3467,05	A	3	5,27	II	3339,79	S	4	6,35
I	3463,14	M	7	3,84	I	3339,55	M	95	4,80; 4,84
I	3456,62	M	7	4,55; 5,45	I	3337,83	A	2	4,84
I	3452,91	M	10	3,85	I	3336,63	A	2	5,54
I	3448,96	M	16	5,01	I	3335,69	M	12	5,18
I	3446,49	A	2	5,60	I	3332,64	A	8	4,53
I	3446,07	A	2	5,71	I	3332,05	M	4	7,59
I	3440,21	M	22	3,75; 4,52		3327,70	A	3	—
I	3438,37	M	26	4,60	I	3325,00	M	10	4,11
I	3436,74	M	650	3,75	I	3318,82	M	6	5,32; 5,56
I	3435,18	M	16	4,00	I	3317,88	M	6	4,79
I	3433,26	M	19	4,93	I	3316,91	A	1	5,25
I	3432,75	M	32	4,74	I	3316,38	M	30	5,08
I	3432,20	M	10	4,74	I	3315,25	M	30	3,89
I	3430,76	M	50	3,95	I	3315,05	M	6	4,74
I	3429,55	M	19	4,93	I	3307,98	A	3	5,21
I	3428,32	M	500	3,61	I	3306,18	M	22	4,84
I	3420,09	M	7	5,08	I	3304,79	A	2	3,74; 4,89
I	3417,33	M	320	3,89	I	3304,00	A	3	5,44
I	3416,19	A	3	5,08	I	3301,59	M	38	3,75
I	3414,64	A	3	4,56	I	3299,34	A	3	4,02
I	3412,80	A	3	3,89; 4,95	I	3298,41	A	1	5,18
I	3411,64	M	19	4,63	I	3297,96	M	6	4,89
I	3409,28	M	32	4,63	I	3297,26	A	3	5,49
I	3406,60	A	3	3,79	I	3296,65	A	3	5,07
I	3405,88	A	2	5,33	I	3296,12	M	6	4,89; 5,45
I	3401,74	M	32	4,84	II	3294,23	S	15	6,31
I	3399,38	A	2	5,47	I	3294,11	M	50	3,76
I	3392,53	M	38	3,65	I	3274,69	M	20	5,11
I	3391,89	M	6	5,49	I	3273,08	M	20	4,78
I	3389,50	M	10	4,00	II	3268,80	S	3	8,32
I	3388,71	M	13	5,08	I	3268,21	M	20	5,49
I	3385,70	A	2	5,40	I	3266,45	M	12	5,12
I	3385,16	M	13	5,17	I	3260,37	M	28	3,95
I	3380,17	M	13	4,66	I	3259,68	A	3	4,93
I	3379,61	M	10	4,99	II	3258,97	S	4	6,57
I	3378,06	M	12	3,67	I	3258,04	A	3	4,93
I	3374,66	M	13	4,67	I	3256,33	A	3	4,93

	λ	B		eV		λ	B		eV
I	3254,71	M	6	4,93	I	3106,84	A	2	5,07
I	3254,54	M	8	4,15	I	3105,41	A	2	5,06; 5,00
I	3243,51	M	12	4,63	I	3105,28	A	2	5,86
I	3242,16	A	1	5,29	II	3103,42	S	2	8,46
I	3241,24	M	12	4,95	I	3100,84	M	75	4,15
I	3239,59	A	1	5,14; 4,95	I	3099,28	M	85	4,15
I	3238,78	A	1	4,16	I	3096,57	M	34	5,32; 5,51
I	3238,54	M	22	5,69	II	3094,56	S	1	6,55
I	3232,75	A	3	4,84	II	3093,90	S	5	8,47
I, II	3228,53	M	22	4,83; 7,88	I	3091,87	M	6	4,34
I	3226,38	M	11	4,23	I	3090,23	M	6	6,13
I	3223,28	M	18	4,18	I	3089,80	M	12	5,01
II	3201,26	S	2	7,92	I	3089,15	M	17	5,14
I	3196,61	M	18	4,26	I	3086,08	M	6	5,43
II	3195,15	S	5	8,10	I	3083,15	A	2	5,14
I	3189,98	M	24	4,15	II	3081,40	S	1	8,15
I	3188,34	M	24	4,15	I	3080,90	M	9	5,48
I	3186,04	M	18	4,23	I	3076,77	A	2	4,84
II	3179,24	S	1	7,99	II	3073,55	S	2	8,08
II	3177,05	M	6	6,31	I	3073,34	M	9	5,45
I	3176,29	A	2	5,77	I	3068,26	M	9	—
II	3175,14	S	1	8,36	I	3064,83	M	40	5,17
I	3174,13	A	2	5,04	II	3060,50	S	2	8,57
I	3168,52	M	20	5,33; 5,60	II	3060,22	S	2	6,72
II	3167,46	S	4	8,36	II	3056,86	S	5	8,10
II	3163,19	S	5	8,44	I	3054,93	M	15	5,08
I	3159,94	M	30	4,18	II	3049,25	S	2	8,12
I	3158,90	M	6	5,08	I	3048,79	M	11	4,32
I	3156,82	A	1	5,01	I	3048,50	M	6	4,99
I	3153,83	M	12	4,93	I	3045,71	M	11	5,21; 5,18
I	3150,70	M	6	4,93	I	3042,83	M	6	5,41
II	3147,46	S	2	7,98	I	3042,48	M	22	4,46
I	3147,21	A	3	5,08	I	3040,32	M	20	4,22
I	3144,26	M	9	5,77	I	3038,17	M	6	5,08
II	3143,65	S	3	8,32	I	3037,96	A	1	5,13
I	3140,98	M	9	5,07	II	3036,46	S	4	8,12
I	3140,48	A	2	5,08	I	3035,47	M	6	5,20
I	3136,55	M	9	4,95	I	3034,06	M	7	5,21
II	3135,81	S	1	8,08	I	3033,45	M	26	5,01
II	3134,82	S	1	8,44	II	3027,78	S	2	6,78
I	3132,87	M	9	5,27	I	3020,87	M	34	4,44
I	3129,84	A	3	4,34	II	3017,82	S	2	8,33
I	3129,60	A	1	5,08	I	3017,24	M	36	4,49; 5,02
II	3126,61	S	1	8,18	II	3015,41	S	1	8,15; 8,42
I	3125,96	M	12	4,22	I	3013,35	M	6	5,12
I	3124,60	A	2	5,79	I	3012,92	M	6	5,18
I	3124,16	M	6	5,10; 4,20	I	3008,80	M	6	5,25
I	3118,69	A	3	5,43	I	3008,26	M	4	5,26
I	3118,07	A	3	5,39	I	3006,59	M	48	4,46; 5,71
I	3113,39	A	3	5,10	I	3004,60	A	2	5,99
I	3112,68	A	2	5,44	I	3001,63	M	6	5,19
I	3111,91	A	2	5,11	II	2999,80	S	3	8,18
I	3110,54	M	9	5,11	II	2998,89	S	4	6,82
I	3107,72	A	5	4,32	I	2998,35	M	10	—
II	3107,59	S	2	6,39	I	2996,89	M	6	5,26

	λ		B	eV		λ		B	eV
II	2996,00	S	1	8,32	I	2866,65	M	60	4,58
I	2994,97	M	50	4,40	I	2863,32	A	1	5,33
I	2993,27	M	12	5,14	II	2862,85	S	1	8,08
II	2991,62	M	4	6,78	I	2861,41	M	46	5,14; 5,65
I	2988,95	M	150	4,15	I	2860,01	M	20	4,67; 5,33
I	2981,93	M	6	4,49	II	2857,78	S	2	7,75
II	2980,97	S	1	8,62	II	2856,57	S	2	—
II	2979,95	S	4	6,79	II	2854,72	S	2	7,02
II	2978,64	S	2	8,21	I	2854,07	M	70	4,60
II	2977,47	S	1	8,20	II	2849,29	S	3	—
II	2977,22	M	5	6,85	I	2848,59	M	9	4,74
I	2976,92	M	60	4,31	II	2844,72	S	4	8,57
II	2976,58	M	15	6,57	II	2841,68	M	4	6,90
I	2973,98	M	4	5,34	II	2841,15	S	2	8,83
I	2968,95	M	9	5,18	I	2840,54	M	16	5,17
II	2965,55	M	18	6,72	I	2829,15	M	44	5,19
I	2965,17	M	60	4,44	II	2826,67	S	3	7,98
I	2963,71	M	6	4,98	II	2826,23	S	3	8,12
II	2963,40	M	2,0	6,81	II	2825,48	S	2	9,09
I	2961,69	M	8	5,58	II	2825,07	S	2	—
II	2961,54	S	1	8,56	II	2823,18	S	4	8,92
I	2958,00	M	8	5,19	II	2822,54	S	7	7,02
I	2955,35	A	2	5,89	I	2822,03	M	12	5,39
I	2954,48	M	16	5,31; 5,20	II	2821,34	S	5	8,44
I	2952,49	M	4	4,58	I	2818,95	M	4	5,48
I	2949,49	M	40	5,01	I	2818,36	M	38	4,40
I	2946,98	M	20	5,21	I	2817,09	M	8	4,74
II	2945,66	M	20	6,61	II	2813,69	S	3	7,94
II	2945,10	S	1	8,92	II	2813,31	S	5	7,74
I	2943,92	M	8	5,28	II	2810,65	S	12	8,90
II	2942,24	S	2	6,85	I	2810,03	M	38	4,67
I	2940,35	M	6	5,14	I	2808,22	A	2	5,83
II	2935,52	S	2	8,70	II	2806,77	M	4	7,10
II	2933,23	S	3	8,44	II	2804,90	S	2	8,47
II	2927,54	M	4	6,78	I	2803,54	A	1	—
I	2919,60	M	16	4,63	I	2802,81	M	15	5,48
II	2918,52	S	2	8,62	II	2799,93	S	1	8,61
I	2917,76	M	3,0	5,25	I	2792,64	M	4	5,43
I	2916,25	M	120	4,40	II	2792,32	S	5	7,92
I	2914,29	M	4	5,71	II	2788,73	S	1	8,58
II	2914,00	S	1	7,74	I	2787,82	M	12	5,79
I	2913,16	M	4	5,71	I	2785,65	M	6	5,59
II	2909,75	S	1	8,64	II	2784,52	S	2	7,92
I	2905,65	M	15	4,60	I	2782,23	A	3	5,45
II	2900,44	S	2	—	II	2778,98	S	2	7,87
II	2898,24	S	2	8,92	II	2778,39	M	11	5,86
II	2897,71	S	2	7,87	II	2777,48	S	2	7,92
I	2886,53	M	80	4,63	II	2777,40	S	2	8,93
II	2882,11	M	6	6,70	I	2775,90	A	3	5,59; 5,60
I	2879,76	M	24	5,11	II	2775,63	S	1	7,10
II	2879,08	S	1	8,62	I	2775,18	A	2	5,93; 6,16
I	2874,98	M	200	4,31	I	2774,48	M	4	5,53
I	2873,33	A	2	5,45	I	2772,61	A	3	5,93
I	2871,64	M	10	5,32	II	2772,46	S	5	7,75
II	2870,57	S	1	8,64	II	2771,06	S	2	7,94

	λ	B		eV		λ	B		eV
I	2770,70	A	3	5,58	II	2712,41	M	22	5,91
I	2770,30	A	2	5,54	II	2710,23	S	5	7,91
II	2768,93	M	10	5,91	I	2709,20	M	18	5,64
II	2766,56	S	4	9,31	I	2707,97	M	4	4,84
II	2765,89	S	1	8,26	II	2707,31	S	2	8,63
II	2765,43	M	4	7,02	II	2704,59	S	4	9,04
II	2765,13	S	1	8,09	I	2703,80	A	2	5,65
I	2764,71	A	2	5,48	I	2702,83	M	12	5,57
I	2763,41	M	28	4,63	I	2701,34	M	12	5,73
I	2762,30	M	4	5,48	I	2700,48	A	1	5,68
I	2757,80	A	3	6,19	II	2700,16	S	2	8,59
I	2754,60	A	2	5,64	I	2693,30	M	4	5,73
II	2753,51	S	1	7,91	II	2692,06	M	36	5,86
II	2752,76	M	8	6,90	I	2689,89	M	2,0	5,92
II	2752,45	M	8	5,76	II	2688,15	S	4	7,84
II	2752,11	S	1	7,99	II	2687,49	M	3,0	7,84
I	2750,35	A	2	6,10	I	2686,29	M	24	5,68
II	2749,64	S	1	8,27	II	2680,59	S	5	9,15
II	2746,07	S	1	5,91	II	2678,76	M	75	5,76
II	2745,83	S	2	7,75	II	2676,18	S	5	7,84; 9,07
II	2745,16	S	5	8,12	II	2675,54	S	1	9,34
I	2744,45	M	14	5,60	II	2674,22	S	1	7,92
I, II	2743,93	M	8	5,34; 5,86	I	2673,60	M	5	5,64
II	2742,40	S	1	8,12	I	2673,48	M	6	5,76
I	2739,22	M	18	5,59	II	2673,00	S	1	7,87
II	2737,78	S	1	7,99	II	2669,43	S	4	9,35
II	2737,61	S	1	9,17	I	2667,97	M	4	5,77
II	2736,83	S	3	8,12	II	2667,79	S	1	7,92
II	2736,46	S	2	8,75	II	2667,39	M	3,5	7,88
I	2735,73	M	200	4,53	I	2664,76	M	22	4,79
II	2734,35	M	34	5,79	I	2661,86	A	2	5,85
I	2733,58	M	5	5,73	II	2661,61	M	36	5,79
I	2731,90	A	1	5,62	II	2661,17	M	2,5	7,87
I	2730,93	M	10	5,68	I	2659,62	M	44	5,59
I	2730,33	M	6	4,80	II	2657,20	S	1	—
I	2729,46	M	2,5	5,58	II	2656,24	M	3,0	7,84
I	2728,84	M	6	5,67	II	2653,95	S	1	8,08
I	2726,97	A	2	6,37	I	2651,84	M	36	5,48
II	2725,47	M	15	5,95	I	2651,29	M	12	5,68
II	2724,86	S	5	8,59	I	2650,40	A	1	5,58
I	2724,07	M	8	5,73	I, II	2648,78	M	3,0	6,20; 7,92
II	2723,13	S	1	8,93	I	2647,31	M	12	5,82
I	2722,64	M	14	5,68; 5,96	II	2645,97	S	4	8,10
I	2721,56	M	10	5,68	II	2644,62	S	2	8,41
II	2719,72	S	1	8,15	I	2642,95	M	50	5,75
I	2719,51	M	75	5,48	II	2642,80	S	1	8,15
II	2717,86	S	1	8,05	II	2641,63	S	3	9,07
II	2717,45	S	4	7,80	I	2640,32	M	12	5,83
II	2716,58	S	1	8,03	I	2639,87	A	1	6,01
II	2716,13	S	2	8,32	I	2639,12	M	8	5,89
I	2715,77	A	3	4,95	I	2638,51	M	10	5,82
I	2713,73	A	2	5,49	I	2636,66	M	18	6,21
II	2713,58	S	2	7,98	II	2636,54	S	5	7,98
I	2713,19	M	8	5,76	II	2635,84	S	3	8,12
II	2713,07	S	2	9,09	II	2633,82	S	1	8,48

λ	B		eV	λ	B		eV
I 2633,45	M	3,0	6,12	I 2549,56	M	60	5,67
II 2632,73	S	1	8,46	I 2549,47	M	30	5,79
I 2632,50	M	5	5,80	II 2547,66	S	1	8,92
I 2632,13	M	5	6,02	I 2544,22	M	30	5,94
I 2631,57	M	6	5,83	II 2543,23	M	7	8,15; 8,10
II 2631,09	S	1	7,99	I 2541,28	M	5	5,96
I 2630,23	A	5	5,89	II 2540,29	S	5	8,12
II 2630,04	S	7	9,17	II 2539,71	S	5	8,12; 8,64
II 2628,75	S	4	9,18	II 2535,60	M	16	8,22
I 2627,65	M	6	5,64	II 2533,97	S	3	8,42
I 2626,48	A	2	5,53	I 2533,23	M	5	5,82
II 2626,41	S	1	8,18	I 2528,87	M	6	6,02
I 2626,21	A	1	5,65	II 2528,05	S	5	9,54
II 2623,82	M	3,0	6,73	II 2527,86	S	10	8,63
I 2620,61	M	9	5,73	I 2526,82	M	8	5,82
I 2619,67	M	10	5,87	II 2525,42	S	10	—
II 2619,35	S	3	8,46	I 2525,17	M	3,0	5,97
II 2617,08	S	2	8,22	II 2524,85	S	5	8,12
II 2615,05	S	4	8,47; 9,38	I 2521,61	M	6	6,04
I 2614,59	M	6	5,07	II 2519,20	S	4	8,52
I 2614,06	M	10	4,74; 4,89	II 2518,41	S	5	9,41
II 2612,52	S	2	8,88	I 2517,62	M	6	6,04
I 2612,06	M	90	5,67	II 2517,32	M	12	6,36
II 2611,50	S	2	8,03	I 2515,27	M	7	5,92
I 2611,05	M	9	5,87	II 2513,32	M	12	6,36
II 2610,09	S	1	8,08	I 2512,81	M	12	5,93
I 2609,06	M	40	5,75; 5,93	I 2509,07	M	12	6,08
I 2605,35	M	8	5,82	II 2508,67	S	5	9,40
II 2604,13	S	1	8,22	I 2508,27	M	14	5,87
II 2602,26	S	2	—	II 2507,00	M	28	6,34
II 2598,80	S	1	8,18	I 2501,48	M	8	6,08
II 2597,14	S	1	9,41	I 2499,78	M	9	—
II 2595,80	S	3	8,27	II 2498,58	M	15	6,30
I 2594,85	M	12	5,59	II 2498,41	M	15	6,36
I 2592,02	M	13	5,87	I 2497,68	A	1	5,96
I 2591,12	M	18	5,85	II 2495,69	M	9	8,37
II 2591,04	S	4	8,37	II 2494,48	M	5	6,36
I 2589,57	M	11	5,92	I 2494,02	M	9	6,09
II 2589,43	S	5	8,32	II 2493,68	M	7	8,20
I 2585,74	M	5	5,80	I 2489,92	M	3,5	5,79
I 2584,14	M	8	5,86	II 2481,11	M	3,0	8,59
I 2581,14	M	8	5,92	II 2478,93	M	30	6,34
I 2580,81	M	10	5,93	I 2476,87	M	11	6,00
II 2579,10	S	3	8,56	I 2476,32	A	2	6,09
II 2576,09	S	3	8,54	I 2475,40	M	12	5,93
II 2573,44	S	3	8,91	I 2474,03	M	3,5	6,20
II 2571,09	S	7	8,41	I 2464,70	M	9	6,02
I 2570,97	M	11	—	I 2462,94	M	6	6,09
I 2568,77	M	17	5,75	I 2458,62	M	7	5,97
I 2565,19	A	1	5,89	II 2456,57	M	40	6,31
I 2564,59	M	3,0	5,97	II 2456,44	M	16	6,39
I 2563,16	M	12	5,83	II 2455,53	M	20	6,31
I 2560,26	M	14	5,93	I 2454,93	M	7	6,05
I 2558,54	M	5	5,85	II 2449,58	S	10	10,85
I 2556,32	M	4	5,97	II 2439,69	S	7	—

	λ	B		eV		λ	B		eV
II	2435,51	S	10	8,33	I	2253,65	A	2	5,65
I	2434,88	A	1	6,09	I	2241,07	A	2	5,53
I	2432,92	M	7	5,90	I	2238,35	A	2	5,54
I	2429,59	M	5	6,16	II	2229,28	S	3	6,90
I	2422,93	M	5	—	II	2218,53	S	25	6,61
I	2422,57	A	2	6,24	II	2192,86	S	10	6,70
I	2420,83	M	14	—	II	2113,89	S	10	7,02
II	2414,82	M	6	6,39	II	2107,30	S	25	6,90
II	2407,92	M	17	6,55	I	2090,89	M	275	—
II	2402,72	M	85	6,29	I	2083,77	M	300	6,09
II	2396,71	M	11	6,31	I	2076,43	M	280	5,97
II	2393,84	S	10	8,46	II	2074,58	S	10	7,02
I	2392,42	M	19	5,56	II	2049,11	S	10	7,10
I	2387,88	A	3	6,19	III	2044,59		5	9,44
II	2381,99	S	20	6,55	III	2009,28		25	9,55
II	2375,63	M	9	6,65	II	1990,72	S	10	7,75
I	2375,27	M	28	5,55	II	1966,75	S	10	6,30
I	2370,17	M	20	5,56	II	1966,08	S	10	6,30
II	2367,22	S	7	8,99	II	1965,29	S	10	8,13
II	2359,10	S	7	8,47	III	1941,35		25	9,76
II	2358,79	S	20	6,66	II	1939,52	S	10	6,78
II	2357,91	M	20	6,39	II	1939,06	S	10	6,70
I	2351,33	M	37	5,53	II	1916,83	S	10	6,78
II	2350,53	S	10	9,08	II	1903,23	S	25	6,70
I	2349,34	M	22	5,42	II	1888,05	S	25	6,56
I	2348,32	A	3	5,54	II	1875,56	S	25	6,61
II	2346,38	S	7	6,30	II	1863,40	S	25	8,47
II	2342,85	M	22	6,55	II	1844,14	S	10	6,72
I	2342,72	A	3	5,44	III	1759,49		10	10,42
I	2340,70	M	28	5,55	III	1699,84		10	17,06
II	2336,83	S	10	—	III	1653,77		5	17,05
II	2333,89	S	10	6,66	II	1583,82	S	10	9,35
II	2333,57	S	7	6,85	II	1574,34	S	25	7,87
III	2331,06		15	10,42	II	1494,52	S	25	8,60
II	2329,02	S	7	6,34; 9,09	II	1489,14	S	25	8,63
I	2322,01	M	18	5,48	II	1488,86	S	50	8,33
I	2320,70	A	2	5,68	II	1488,62	S	10	—
II	2305,61	S	10	6,78; 8,59	II	1486,96	S	25	8,52
II	2304,82	S	10	6,72	II	1484,04	S	15	8,54
III	2304,63		5	10,48	II	1473,15	S	20	8,60
I	2302,53	M	38	5,53	II	1472,72	S	25	8,42
I	2300,35	A	2	5,65	II	1468,91	S	10	8,75
I	2299,29	A	2	5,73	II	1348,39	S	10	—
II	2296,18	S	7	8,63; 8,64	II	1278,54	S	15	—
I	2287,70	A	2	5,68	II	1273,34	S	10	—
III	2287,05		20	10,52	III	1211,31		15	10,52
I	2285,38	M	19	5,42	III	1209,77		25	10,48
II	2281,72	S	15	6,56	III	1207,17		20	10,42
I	2279,58	M	95	—	III	1204,88		10	10,52
I	2278,20	M	27	5,59	III	1200,07		25	10,48
II	2275,00	S	7	6,79	III	1190,51		40	10,42
I	2272,09	M	91	5,45					
II	2268,14	S	20	6,72					
II	2263,51	S	15	6,61					
I	2255,56	M	80	5,49					

16 S

λ	B	eV	λ	B	eV
I 10459,46	G 100	8,04	I 5700,24	G 20	10,04
I 10456,79	G 20	8,04	I 5696,63	G 5	10,04
I 10455,47	G 100	8,04	II 5664,73	G 60	15,84
I 9949,84	G 100	9,66	II 5659,93	G 60	15,86
I 9932,26	G 100	9,66	II 5646,98	G 60	16,19
I 9693,68	G 400	9,74	II 5645,51	G 40	15,86
I 9680,80	G 400	9,69	II 5640,37	G 60	15,89
I 9672,34	G 400	9,69	II 5639,98	G 60	16,26
I 9649,94	G 600	9,69	II 5606,10	G 200	15,94
I 9421,93	G 100	9,72	II 5578,86	G 40	15,89
I 9237,49	G 400	7,86	II 5564,93	G 80	15,89
I 9228,11	G 400	7,86	II 5555,87	G 40	15,84
I 9212,91	G 400	7,87	II 5526,15	G 60	15,94
I 9035,92	G 60	9,42	II 5509,67	G 100	15,86
I 8884,23	G 80	9,81	I 5507,01	G 20	10,12
I 8882,47	G 40	9,81	II 5473,63	G 200	15,84
I 8874,53	G 200	9,81	II 5453,88	G 100	15,94
I 8694,71	G 400	9,29	II 5432,83	G 60	15,89
I 8680,47	G 100	9,29	II 5428,69	G 40	15,86
I 8585,60	G 400	—	II 5345,66	G 60	17,38
I 8452,14	G 40	9,51	II 5320,70	G 60	17,39
I 8449,57	G 40	9,51	I 5278,91	G 10	9,21
II 8314,73	G 400	15,55	I 5278,61	G 2	9,21
II 7967,43	G 400	15,55	II 5219,37	G 60	—
I 7931,70	G 400	9,98	II 5212,61	G 60	17,44
I 7930,33	G 100	9,98	I 5201,00	G 60	17,45
I 7928,84	G 60	9,98	III 5160,11	G 60	—
I 7923,95	G 600	9,98	II 5103,29	G 40	16,10
I 7696,73	G 400	9,48	II 5032,39	G 80	16,13
I 7686,13	G 100	9,48	II 4993,51	G 30	—
I 7679,60	G 40	9,48	II 4991,90	G 40	16,10
I 7244,77	G 20	9,75	II 4925,32	G 60	16,10
I 6757,10	G 400	9,70	II 4924,08	G 40	16,13
I 6748,79	G 100	9,70	II 4917,21	G 40	16,52
I 6743,58	G 60	9,70	II 4815,52	G 40	16,24
I 6538,57	G 5	9,94	II 4716,25	G 20	16,24
II 6455,36	G 5	—	I 4696,25	G 60	9,16
II 6413,89	G 40	16,09	I 4695,45	G 100	9,16
II 6397,87	G 40	16,09	I 4694,13	G 400	9,16
II 6397,16	G 60	16,10	II 4656,75	G 10	16,24
II 6384,91	G 40	16,10	II 4552,38	G 80	17,78; 18,92
II 6312,68	G 60	16,19	II 4549,55	G 20	—
II 6305,51	G 60	16,13	II 4524,95	G 60	17,80
II 6287,06	G 60	16,27	II 4483,42	G 20	18,66
I 6052,63	G 400	9,91	II 4464,43	G 10	—
I 6046,04	G 40	9,91	II 4463,58	G 80	18,71
I 6041,93	G 10	9,91	III 4364,77	G 20	21,15
II 5996,14	G 40	16,13	III 4361,57	G 60	21,08
II 5819,14	G 40	16,19	III 4354,58	G 40	21,15
I 5706,11	G 60	10,04	III 4349,43	G 40	—

	λ	B		eV		λ	B		eV
III	4340,25	G	60	21,05	III	2508,15	G	10	26,02
III	4332,71	G	60	21,05	III	2499,08	G	10	26,00
II	4294,43	G	60	19,02	III	2496,24	G	20	26,12
III	4284,99	G	40	21,08	III	2460,45	G	20	26,12
II	4269,72	G	5	18,99	III	2336,28	G	60	—
II	4267,76	G	40	19,00	III	2332,64	G	40	—
III	4253,59	G	200	21,15	II, III	2296,96	G	60	—
II	4189,71	G	60	18,86	II	2236,87	G	40	—
II	4174,30	G	60	—	III	2229,37	G	20	—
II	4174,07	G	20	—	III	2124,4	G	20	—
II	4168,37	G	5	18,84	I	1914,68	S	50	6,53
II	4162,70	G	400	20,37; 18,92	I	1900,27	S	60	6,53
II	4153,10	G	400	18,88	I	1826,26	S	80	6,85
II	4145,10	G	200	18,86	I	1820,36	S	80	6,85
II	4142,29	G	100	18,84	I	1807,34	S	100	6,85
III	4111,52	G	20	—	I	1666,69	S	60	8,58
II	4032,77	G	40	19,32	I	1487,15	S	20	8,40
II	4028,79	G	70	19,02	I	1483,04	S	40	8,40
II	3998,74	G	10	19,34	I	1481,68	S	20	8,41
II	3993,53	G	20	17,39	I	1474,00	S	60	8,41
II	3990,90	G	5	19,00	I	1472,99	S	40	8,41
III	3985,95	G	20	21,40	I	1433,33	S	20	8,69
III	3983,75	G	20	21,42	I	1425,07	S	20	8,69
II	3933,29	G	200	19,41	I	1396,15	S	10	8,92
II	3931,90	G	5	17,38	I	1381,57	S	5	8,97
III	3928,62	G	60	21,46	I	1323,52	S	2	9,42
II	3923,43	G	20	19,35	I	1305,89	S	10	9,56
II	3892,32	G	40	19,32	I	1302,34	S	20	9,56
III	3838,32	G	60	21,46	II	1259,53	S	40	9,84
III	3717,78	G	60	21,56	II	1253,79	S	40	9,89
III	3709,37	G	40	21,08	II	1250,50	S	10	9,91
II	3669,05	G	20	17,44	II	1234,14	S	10	13,09
III	3632,02	G	60	21,15	III	1200,97	G	20	10,42
II	3616,92	G	20	19,69	III	1194,02	G	20	10,42
II	3613,14	G	2	16,52	II	1102,32	S	10	13,09
II	3595,99	G	40	16,54	III	1077,14	S	100	12,91
II	3594,59	G	40	17,45	IV	1072,99	S	60	11,68
III	3497,34	G	40	—	IV	1062,67	S	60	11,66
II	3445,44	G	60	—	III	1012,49	G	15	12,24
III	3387,10	G	40	21,40	VI	944,52	S	40	13,12
II	3385,85	G	40	—	II	937,69	S	30	15,06
III	3324,87	G	20	21,46	VI	933,38	S	20	13,28
III	3234,17	G	20	21,56	II	912,74	S	10	13,58
IV	3097,46	S	40	26,49	II	910,49	S	10	13,61
III	2985,98	G	5	25,61	II	906,87	S	10	13,66
III	2904,31	G	5	25,42	V	860,46	S	40	—
III	2863,40	G	20	25,48	V	857,87	S	40	—
III	2855,99	G	20	25,42	V	854,79	S	80	—
II	2847,73	G	10	17,44	V	852,19	S	40	—
III	2756,89	G	20	25,64	V	849,24	S	60	—
III	2731,10	G	10	25,61	III	836,32	S	20	18,18
III	2718,88	G	10	25,60	III	824,89	S	20	18,39
III	2665,40	G	20	26,12	IV	815,97	S	40	15,33
III	2644,60	G	20	—	IV	804,00	S	20	—
II	2629,1	S	10	17,80	IV	800,48	S	20	—

	λ		B	eV		λ		B	eV
III	796,69	S	20	16,96	III	679,11	G	10	18,29
III	788,98	S	20	17,11	IV	666,11	S	20	—
V	786,48	S	100	15,78	V	663,16	S	40	—
IV	753,75	S	40	16,56	IV	661,42	S	60	18,87
IV	750,23	S	40	16,65	V	659,85	S	20	—
IV	748,40	S	40	16,56	IV	657,34	S	40	18,85
IV	744,92	S	40	16,65	IV	655,55	S	20	—
III	738,47	S	20	18,18	IV	653,56	S	20	—
III	735,25	S	10	16,96	IV	551,17	S	5	22,49
III	732,38	S	10	16,96	VI	464,65	S	400	57,35
III	729,53	S	20	18,39	V	439,65	S	3	—
III	728,69	G	15	17,11	V	438,19	S	3	—
III	725,86	G	15	17,11	V	437,37	S	3	—
III	724,29	G	15	17,11	VI	390,86	S	100	44,99
VI	712,68	S	20	30,67	VI	388,94	S	60	44,99
VI	706,48	S	60	30,67	VI	328,61	S	60	68,41
III	700,29	G	15	17,74	VI	249,27	S	20	49,73
III	700,15	G	15	17,74	VI	248,99	S	20	49,78
V	680,94	S	40	—					
III	680,69	G	10	18,31					

51 Sb

	λ		B	eV		λ		B	eV
I	12116,06	A	1	6,72	II	6806,67	C	6	10,89
I	11863,37	A	3	7,90	II	6778,75	C	2	11,24
I	11266,23	A	15	6,92	II	6688,01	C	15	—
I	11189,61	A	3	—	II	6647,44	C	30	—
I	11108,52	A	5	8,02	I	6611,49	A	2	7,99
I	11104,84	A	5	6,94	II	6302,76	C	12	11,53
I	11084,98	A	3	7,64	II	6203,20	C	12	13,83
I	11079,95	A	4	—	II	6154,95	C	20	—
I	11012,79	A	30	7,11	II	6129,98	C	50	11,35
I	10879,55	A	40	6,83	II	6079,80	C	30	11,37
I	10868,58	A	20	7,26	II	6053,41	C	20	—
I	10839,73	A	60	6,84	II	6005,21	C	100	11,46
I	10794,11	A	8	8,00; 7,27	II	5895,09	C	15	—
I	10741,94	A	80	6,85	I	5830,34	A	6	8,29
I	10677,41	A	100	6,52	II	5639,74	C	30	11,53
I	10585,60	A	20	7,29	II	5635,18	C	10	14,03
I	10364,33	A	5	8,04	I, II	5632,02	A	10	7,56; 11,27
I	10261,01	A	30	7,20	I	5602,19	A	3	—
I	10078,49	A	20	6,93	II	5568,13	C	15	11,63
I	9949,14	A	40	6,94	I	5567,97	A	1	7,92
I	9866,78	A	3	7,89	I	5556,10	A	4	8,06
I	9518,68	A	40	7,28	I	5490,32	A	3	8,25
I	9132,21	A	3	6,72	II	5464,08	C	15	10,89
I	8619,55	A	10	7,26	II	5381,20	C	10	11,63
I	8572,64	A	15	7,27	II	5354,24	C	20	—
I	8411,69	A	6	6,83	II	5238,94	C	20	13,84
I	7969,55	A	4	—	II	5176,55	C	15	11,80
I	7924,65	A	20	6,93	II	5166,32	C	12	14,03
I	7844,44	A	8	6,94	II	5044,56	C	15	—
I	7648,28	A	3	—	II	5010,42	C	10	13,84

λ	B		eV	λ	B		eV
II 4947,40	C	15	13,74	I 3232,52	M	100	6,12
II 4877,24	C	20	13,74	II 3040,70	C	12	13,05
II 4843,74	C	10	13,93	V 3036,16	S	40	31,93
II 4832,82	C	20	13,93	II 3034,01	C	12	11,35
II 4802,01	C	20	11,20	I 3029,83	M	50	6,12
II 4784,03	C	30	13,97	II 3021,89	C	8	11,37
II 4765,36	C	20	13,84	II 2980,96	C	15	—
II 4757,81	C	20	13,97	II 2966,10	C	12	—
II 4711,26	C	40	11,20	II 2891,21	C	10	—
III 4692,91	S	30	14,22	I 2877,92	M	140	5,36
II 4675,74	C	20	—	I, II 2851,11	M	7	6,63; —
II 4657,95	C	10	11,63	II 2797,70	C	10	13,05
II 4647,32	C	30	11,24	III 2790,27	S	20	16,89
II 4612,92	C	10	11,10	II 2788,87	C	10	—
II 4604,77	C	15	13,93	I 2769,95	M	90	5,69
II 4599,09	C	20	—	IV 2740,99	S	10	26,74
II 4596,90	C	30	13,93	I 2727,23	M	5	6,83
III 4591,89	S	30	14,22	I 2718,90	M	17	6,84
II 4514,50	C	15	—	I 2692,25	M	5	6,63
II 4506,92	C	12	11,37	I 2682,76	M	14	6,90
II 4446,48	C	12	11,27	I 2670,64	M	38	5,69
II 4411,42	C	12	—	III 2669,39	S	20	16,89
III 4352,16	S	50	14,43	II 2656,55	C	12	—
II 4344,83	C	12	11,47	I 2652,60	M	32	6,95
II 4314,32	C	20	11,35	IV 2632,10	S	10	27,00
II 4271,54	C	10	14,14	I 2614,66	A	3	7,03
III 4265,09	S	40	14,43	I 2612,31	M	34	7,03
II 4219,07	C	20	11,35	I 2598,09 }	M	600	5,98
II 4200,49	C	10	11,52	I 2598,05 }			5,82
II 4195,17	C	15	11,37	I 2574,06	M	8	6,85
II 4140,54	C	15	11,24	II 2567,75	C	10	—
II 4133,63	C	20	—	I 2554,64	A	8	7,14
I, II 4033,55	M	4	5,36; —	I, II 2528,54	M	320	6,12; 15,93
II 3964,75	C	10	11,37	I 2520,14	A	5	7,20
II 3960,53	C	10	13,32	I 2514,56	A	4	6,97
II 3850,22	C	20	11,63	I 2510,54	M	3,0	5,98
III 3738,90	S	30	17,74	I 2481,74	A	4	7,28
I, II 3722,79	M	5	5,36; 13,84	I 2480,44	M	3,5	7,03
I, II 3637,83	M	10	5,69; —	I 2478,32	M	18	7,02
II 3596,96	C	10	—	I 2474,57	M	1,8	7,30
III 3566,25	S	40	20,37	I 2445,51	M	19	6,12
III 3559,18	S	40	20,37	I 2426,35	M	8	7,14
II 3520,47	C	12	—	I 2422,13	M	6	7,40
I 3504,48	A	5	5,82	I 2395,22	A	10	7,20
III 3504,07	S	50	17,96	I 2383,64	M	8	7,48
II 3498,46	C	15	13,05	I 2373,65	M	9	7,50
II 3473,50	C	9	—	I 2360,50	M	6	7,27
IV 3425,89	S	10	27,00	I 2352,21	A	5	7,56
I 3383,15	M	10	5,69	I 2329,10	A	5	7,61
II 3383,09	C	12	—	I 2315,89	A	15	7,63
V 3362,94	S	30	31,53	I 2311,47	M	250	5,36
III 3336,61	S	20	17,94	I 2306,46	M	20	7,40; 7,66
II 3303,90	C	10	—	I 2293,44	M	41	6,62
I 3267,51	M	85	5,82	I 2288,98	M	12	6,63
II 3241,28	C	20	—	I 2270,07	A	8	7,75

λ	B		eV	λ	B		eV
I 2262,51	M	57	7,50	I 1780,87	A	10	6,96
I 2224,93	M	32	6,62	I 1765,76	A	10	8,07
I 2221,98	A	10	7,61	I 1763,69	A	4	7,03
I 2220,73	M	68	6,63	I 1762,68	A	4	7,03; 8,09
I 2208,45	M	10	6,83	I 1757,79	A	5	8,27
I 2201,32	M	42	7,66	I 1736,19	A	10	7,14
II 2190,90	C	20	8,62	I 1723,43	A	15	8,25
I 2179,19	M	150	6,90	I 1703,45	A	3	—
I 2175,81	M	850	5,69	I 1691,02	A	3	8,55
I 2159,24	A	4	6,96	I 1688,06	A	3	—
I 2158,91	A	5	8,03	II 1657,04	C	20	—
I 2144,86	M	310	6,83	II 1606,98	C	10	8,42
2141,83	M	160	—	I 1599,86	A	8	7,75
I 2139,69	M	320	6,84	II 1584,57	C	15	9,42
I 2137,05	A	5	8,09	I 1582,46	A	4	7,83
I 2127,39	M	190	5,82	II 1576,11	C	8	8,24
I 2118,48	A	8	8,14	I 1574,41	A	3	7,87
I 2117,25	A	4	6,91	II 1565,51	C	6	8,62
I 2098,41	M	520	6,95	I 1557,29	A	3	7,96
I 2090,25	A	3	7,96	I 1535,06	A	8	8,07
I 2079,56	A	10	8,25	I 1532,74	A	12	8,09
I 2073,11	A	1	7,03	II 1513,26	C	10	8,57
I 2068,33	M	4200	5,98	I 1512,57	A	5	8,20
I 2063,43	A	5	8,04	II 1504,18	C	10	8,62
I 2049,57	M	1300	7,10	IV 1499,24	S	25	8,27
I 2039,77	M	510	7,30; 8,10	II 1498,53	C	8	8,98
I 2024,00	A	5	6,12	I 1491,36	A	4	8,31
I 1990,67	A	4	7,28	I 1468,76	A	6	—
I 1986,05	A	6	7,30	I 1456,62	A	3	—
I 1978,23	A	3	7,49	II 1438,11	C	15	8,62
I 1964,3	A	8	—	II 1436,45	C	15	9,34
I 1950,39	A	20	—	II 1407,83	C	6	9,51
I 1931,36	A	4	7,64	III 1404,18	S	20	9,64
I 1927,08	A	10	7,49	II 1384,70	C	8	9,33
II 1923,28	C	8	9,42	II 1327,40	C	8	9,72
I 1913,48	A	3	—	III 1306,69	S	20	9,49
V 1906,47	S	70	31,53	VI 1272,79	S	5	41,51
I 1899,39	A	7	7,75	II 1230,30	C	6	—
I 1891,28	A	7	7,61	V 1226,00	S	120	10,11
I 1882,56	A	15	7,64	III 1210,64	S	50	—
I 1871,15	A	30	6,62	III 1205,20	S	50	—
II 1869,13	C	5	8,22	IV 1192,92	S	25	19,39
I 1868,17	A	5	6,64	III 1157,74	S	40	11,52
II 1861,81	C	3	8,24	III 1151,49	S	30	11,58
I 1858,89	A	6	7,89	VI 1124,34	S	6	41,51
V 1833,65	S	80	31,93	IV 1115,05	S	25	19,39
I 1832,21	A	4	7,99	V 1104,32	S	80	11,22
I 1829,50	A	10	8,00	IV 1099,33	S	30	20,27
II 1814,97	C	5	8,42	III 1084,06	S	20	12,25
I 1814,20	A	8	6,83	III 1075,82	S	30	11,52
I 1810,50	A	5	6,85	II 1073,81	C	6	13,13
I 1805,40	A	3	8,09	III 1070,43	S	20	11,58
I 1800,18	A	15	8,11	III 1069,93	S	20	12,40
V 1796,89	S	50	31,93	III 1065,90	S	40	12,44
I 1788,24	A	10	7,99	II 1057,32	C	8	12,10

λ	B		eV	λ	B		eV
II 1056,27	C	8	13,33	II 983,57	C	6	12,98
II 1052,21	C	6	13,37	VI 940,26	S	8	43,33
IV 1042,21	S	75	11,89	IV 932,32	S	25	22,29
VI 1032,93	S	5	42,49	IV 888,40	S	25	22,22
IV 1032,88	S	30	20,27	IV 861,60	S	25	23,38
III 1011,94	S	40	12,25	IV 820,21	S	25	23,38
II 1009,43	C	6	12,98	III 732,33	S	15	17,74
II 1001,13	C	6	—	III 722,86	S	15	17,96
VI 999,70	S	9	42,55	VI 284,89	S	20	43,51
III 999,62	S	15	12,44	VI 279,76	S	15	44,30

21 Sc

λ	B		eV	λ	B		eV
I 7800,44	M	4	4,10	I 5342,96	M	11	2,32
I 7741,17	M	7	4,11; 4,68	I 5341,05	M	14	4,26
I 7697,73	M	4,0	4,78	I 5339,41	M	11	4,27
I 6835,03	M	6	—	I 5285,76	M	24	4,85
I 6829,54	M	3,5	4,42	I 5258,32	M	32	4,87
I 6819,52	M	6	4,43	II 5239,82	M	40	3,82
I 6817,08	M	4	—	I 5219,67	M	32	4,88
I 6737,87	M	8	—	I 5210,52	M	44	4,89
II 6604,60	M	7	3,23	I 5101,12	M	42	3,88
I 6413,35	M	10	1,96	I 5099,23	M	70	3,87
I 6305,67	M	85	1,99	I 5096,73	M	44	3,86
I 6258,96	M	28	2,00	I 5089,89	M	30	4,94
I 6249,96	M	12	4,28	I 5087,14	M	44	4,94
II 6245,63	M	14	3,49	I 5086,95	M	85	3,87
I 6239,78	M	36	2,00	I 5085,55	M	120	3,87
I 6239,41	M	10	1,99	I 5083,71	M	140	3,88
I 6210,68	M	70	2,00	I 5081,55	M	240	3,89
I 5988,42	M	10	4,18	I 5075,81	M	28	3,87
I 5724,08	M	20	3,60	I 5070,23	M	60	3,88
I 5717,28	M	26	3,61	I 5064,32	M	28	3,89
I 5711,75	M	100	3,59	II 5031,02	M	60	3,82
I 5708,61	M	22	3,62	I 4991,92	M	16	4,59
I 5700,23	M	120	3,60	I 4980,37	M	17	4,60
I 5686,83	M	140	3,61	I 4973,66	M	14	4,60
II 5684,20	M	11	3,69	I 4954,06	M	19	4,73
I 5671,81	M	170	3,63	I 4934,25	M	10	4,73
II 5657,87	M	28	3,69	I 4922,84	M	10	4,50
I 5591,33	M	12	4,20	I 4839,44	M	17	4,79
II 5526,81	M	75	4,01	I 4833,67	M	10	4,78
I 5520,50	M	75	4,11	I 4827,28	M	10	4,79
I 5514,22	M	65	4,10	I 4779,35	M	22	2,61
I 5484,62	M	60	4,11	I 4753,15	M	20	2,61
I 5482,00	M	85	4,13	I 4743,81	M	120	4,06
I 5451,34	M	13	4,27	I 4741,02	M	80	4,06
I 5446,20	M	30	4,28	I 4737,64	M	70	4,05
I 5392,08	M	42	4,28	I 4734,09	M	60	4,05
I 5375,35	M	30	4,27	I 4729,23	M	50	4,06
I 5356,10	M	60	4,18	I 4728,77	M	20	4,06
I 5355,75	M	24	4,27	I 4709,34	M	12	4,93
I 5349,29	M	40	4,17	I 4706,97	M	12	4,93

λ	B	eV	λ	B	eV
II 4670,40	M 36	4,01	II 3590,48	M 360	3,47
I 4573,99	M 14	5,37	II 3589,64	M 360	3,46
I 4557,24	M 11	5,37	II 3580,93	M 700	3,46
II 4431,37	M 4	3,40	II 3576,34	M 900	3,47
II 4415,56	M 80	3,40	II 3572,52	M 1200	3,49
II 4400,36	M 100	3,42	II 3567,70	M 550	3,47
II 4384,81	M 12	3,42	II 3558,54	M 600	3,49
II 4374,46	M 180	3,45	II 3535,73	M 240	3,82
I 4358,64	M 10	4,83	I 3498,91	M 18	5,53
II 4354,61	M 16	3,45	I 3471,13	M 10	5,56
II 4325,01	M 220	3,46	I 3469,65	M 12	5,56
II 4320,75	M 300	3,47	I 3462,19	M 16	5,58
II 4314,08	M 380	3,49	I 3457,45	M 24	5,59
II 4305,71	M 32	3,47	I 3435,56	M 48	5,59
II 4294,77	M 26	3,49	I 3431,36	M 24	5,58
II 4246,83	M 1400	3,23	I 3429,48	M 18	5,56
I 4238,05	M 36	4,93	I 3429,21	M 18	5,57
I 4233,61	M 18	4,93	I 3418,51	M 12	5,59
I 4219,73	M 10	4,92	II 3372,15	M 600	3,69
I 4218,26	M 10	4,92	II 3368,95	M 360	3,68
I 4165,19	M 100	4,96	II 3361,94	M 150	3,68
I 4152,36	M 65	4,95	II 3361,27	M 150	3,68
I 4140,30	M 48	4,95	II 3359,68	M 180	3,69
I 4133,00	M 40	4,94	II 3353,73	M 900	4,01
I 4087,16	M 36	5,04	II 3352,05	M 24	3,70
I 4086,67	M 18	5,03	II 3343,28	M 10	7,16
I 4082,40	M 550	3,05	I 3273,62	M 500	3,81
I 4078,57	M 14	5,02	I 3269,90	M 400	3,79
I 4074,97	M 14	5,03	I 3255,69	M 140	3,81
III 4068,70	S 200	16,97	II 3251,32	M 90	3,82
III 4061,24	S 200	16,97	II 3065,11	M 11	7,49
I 4056,59	M 20	5,04	II 3052,93	M 7	7,48
I 4054,55	M 500	3,06	II 3045,71	M 6	7,47
I 4049,95	M 11	5,06	II 3039,92	M 2,5	8,08
I 4047,79	M 240	3,08	I 3030,76	M 30	4,11
I 4046,48	M 18	5,06	I 3019,35	M 220	4,13
I 4043,80	M 20	5,03	I 3015,36	M 180	4,11
I 4031,39	M 13	5,03	I, II 2988,95	M 28	4,17; 7,38
I 4030,67	M 20	5,06	I 2980,75	M 120	4,18
I 4023,69	M 1800	3,10	I 2974,01	M 100	4,17
I 4020,40	M 1800	3,08	I 2965,86	M 28	4,18
II 4014,49	M 48	3,40	II 2826,69	M 5	7,87
I 3996,61	M 500	3,10	II 2822,17	M 3,0	7,87
I 3933,38	M 400	3,17	III 2734,00	S 400	7,70
I 3911,81	M 2100	3,19	I 2711,36	M 48	4,59
I 3907,48	M 1800	3,17	I 2707,95	M 17	4,60
II 3843,03	M 55	3,23	I 2706,78	M 30	4,58
II 3833,07	M 24	3,23	III 2699,11	M 5	7,75
II 3666,54	M 26	3,40	II 2563,21	M 85	4,83
II 3664,25	M 10	3,70	II 2560,26	M 170	4,85
II 3651,80	M 480	3,40	II 2555,82	M 42	4,85
II 3645,31	M 600	3,42	II 2552,38	M 220	4,88
II 3642,79	M 1200	3,40	II 2545,22	M 42	4,88
II 3630,74	M 1800	3,42	II 2273,10	H 10	6,91
II 3613,84	M 2500	3,45	III 2010,48	S 60	13,91

	λ	B		eV		λ	B		eV
III	1993,96	S	30	13,92	V	246,43	S	500	50,84
III	1610,25	S	400	7,71	V	243,88	S	500	50,82
III	1603,12	S	400	7,76	VI	222,85	S	80	61,73; 56,04
III	1598,06	S	200	7,76	VI	221,20	S	300	56,04
III	731,66	S	200	16,97	VI	218,84	S	150	59,30
III	730,60	S	100	16,97	IV	217,19	S	100	57,08
V	573,36	S	100	21,62	IV	215,32	S	50	57,57
VI	570,29	S	50	21,74	VI	213,12	S	80	58,58
VIII	494,30	S	200	25,77	VI	211,42	S	150	58,63
VIII	389,89	S	1000	34,89	VI	209,83	S	80	61,73
VIII	362,31	S	200	34,89	VII	193,00	S	150	—
IV	298,03	S	60	41,59	VII	192,61	S	80	—
IV	293,26	S	100	42,27	VII	191,60	S	80	—
V	253,74	S	400	49,39	VII	190,65	S	80	—
V	252,85	S	600	49,03	VII	185,81	S	100	—

34 Se

	λ	B		eV		λ	B		eV
I	10386,28	G	10	7,51	I	6679,43	G	5	9,20
I	10327,19	G	12	7,52	II	6534,95	C	15	15,03
I	10307,39	G	8	7,52	II	6490,48	C	15	14,17
I	9088,70	G	12	8,73	II	6488,34	C	6	15,05
I	9038,56	G	20	7,34	II	6483,06	C	6	17,77; 14,48
I	9001,93	G	20	7,35	II	6444,25	C	20	14,92
I	8918,80	G	30	7,36	II	6326,87	C	2	16,88
I	8742,29	G	15	9,08	I	6325,57	G	20	9,32
I	8450,47	G	15	9,34	III	6303,80	I	15	19,57
I	8440,55	G	15	9,18	II	6123,49	C	6	16,81
I	8194,61	G	12	9,37	II	6101,96	C	6	14,60
I	8182,93	G	15	9,37	II	6055,96	C	30	15,05
I	8163,08	G	18	8,88	I	5962,01	G	8	9,44
I	8157,73	G	20	9,18	II	5866,27	C	25	14,68
I	8152,02	G	15	9,18	II	5842,68	C	5	14,56
I	8149,28	G	18	8,88	I	5753,32	G	4	9,52
I	8094,69	G	15	8,88	II	5747,62	C	15	14,39
I	8093,19	G	15	9,18	II	5697,88	C	15	14,17
I	8081,14	G	12	8,88	II	5623,13	C	15	14,02
I	8065,31	G	12	8,88	I	5617,87	G	3	9,57
I	8060,91	G	12	9,18	II	5591,16	C	8	14,48; 15,66
I	8051,81	G	10	8,88	II	5566,93	C	15	14,22
I	8036,35	G	20	7,51	II	5522,42	C	15	14,48; 14,68
I	8000,96	G	30	7,52	II	5455,58	C	2	15,01
I	7606,81	G	12	9,15	I	5374,14	G	11	8,63
I	7592,19	G	15	9,16	I	5369,91	G	12	8,63
I	7583,37	G	25	9,16	I	5365,47	G	10	8,63
I	7575,08	G	20	9,15	II	5305,35	C	2	14,60
I	7062,06	G	30	9,12	II	5271,22	C	4	15,79
I	7013,85	G	15	9,12	II	5253,07	C	4	14,92
I	7010,82	G	20	9,12	II	5227,51	C	30	14,60
I	6990,65	G	12	9,12	II	5175,98	C	10	14,39
I	6831,27	G	15	9,34	II	5142,14	C	5	14,22
I	6746,43	G	8	9,20		5096,57	H	7	—
I	6699,56	G	7	9,20	II	5068,65	C	6	14,68

λ	B		eV	λ	B		eV
II 5031,26	C	4	17,07	III 3800,94	I	30	19,42
II 4992,75	C	3	14,48	III 3742,99	I	15	18,69
II 4975,66	C	5	14,93	III 3738,73	I	30	19,03
II 4844,96	C	20	14,79	III 3711,68	I	15	18,99
II 4840,63	C	15	14,56	III 3637,56	I	30	19,57
II 4763,65	C	10	14,60	III 3570,22	I	15	19,19
I 4742,25	G	30	8,59	III 3543,62	I	20	19,03
II 4740,97	C	6	15,05	III 3457,79	I	30	19,75
I 4739,03	G	40	8,59	III 3428,39	I	15	18,99
I 4730,78	G	50	8,59	III 3413,93	I	30	19,42
II 4648,44	C	6	14,48	III 3387,23	I	30	19,98
III 4637,91	I	10	18,99	III 3379,82	I	15	19,38
II 4618,77	C	5	14,68	III 3323,18	I	5	19,38
II 4604,34	C	10	14,93	III 3225,82	I	5	23,82
II 4563,95	C	6	15,03	II 3204,58	C	5	14,48
III 4523,52	I	15	—	III 3185,51	I	5	19,42
II 4516,25	C	4	14,56	II 3141,13	C	10	14,55
II 4467,60	C	15	15,01; 15,03	II 3134,42	C	6	16,39
II 4449,15	C	10	14,60	III 3094,27	I	4	19,38
II 4446,02	C	15	15,05	III 3069,93	I	5	19,57
II 4401,02	C	6	16,26	II 3041,31	C	10	14,79
II 4382,87	C	15	16,26	II 3038,66	C	10	14,48
I 4328,70	G	12	9,18	II 2963,91	C	6	14,79
II 4320,39	C	10	16,88	II 2952,28	C	6	14,59
II 4280,36	C	5	16,39	IV 2951,59	S	6	23,69
II 4248,00	C	10	17,47	II 2895,88	C	6	14,68
II 4212,58	C	6	14,92	III 2802,24	I	15	24,40
II 4182,20	C	1	17,64	III 2777,52	I	20	—
II 4180,94	C	30	17,57	III 2773,81	I	10	24,04
II 4175,32	C	20	17,36	III 2767,20	I	20	23,50
II 4169,25	C	2	17,65	IV 2724,33	S	8	23,54
III 4169,10	I	30	18,69	III 2685,78	I	10	24,04
II 4136,28	C	6	17,47	IV 2665,50	S	9	23,69
III 4127,01	I	20	19,98	I 2547,98	G	30	7,64
II 4126,57	C	7	17,17	III 2459,54	I	10	18,99
4108,83	H	16	—	I 2413,52	G	60	6,32
II 4091,95	C	6	17,62	I 2332,81	G	15	8,09
III 4083,21	I	10	18,69	I 2164,16	G	50	5,97
II 4070,16	C	15	17,64	IV 2136,65	S	8	29,49
II 4062,06	C	6	17,84	I 2074,79	G	50	5,97
III 4046,72	I	20	19,38	I 2062,79	G	40	6,32
II 4018,52	C	6	17,47	III 2056,84	I	15	19,98
III 4014,00	I	15	—	I 2039,85	G	50	6,32
III 4008,27	I	30	—	I 1995,11	G	15	9,00
II 4007,90	C	6	17,77	I 1960,90	G	50	6,32
III 3993,72	I	15	—	I 1919,19	G	30	7,64
III 3935,80	I	30	—	I 1913,79	G	35	7,66
III 3931,57	I	30	—	I 1898,55	G	40	7,71
III 3904,86	I	15	—	I 1858,84	G	25	7,85
III 3901,53	I	30	—	I 1855,20	G	30	7,87
II 3877,28	C	5	15,79	I 1795,28	G	30	8,09
III 3857,29	I	20	—	I 1793,29	G	25	8,10
III 3853,30	I	15	—	I 1690,70	G	25	7,64
III 3849,60	I	10	19,38	I 1675,27	G	25	7,64
III 3812,16	I	10	—	I 1671,15	G	25	7,66

	λ	B		eV		λ	B		eV
I	1643,39	G	15	7,86	III	953,74	I	15	13,21
I	1626,25	G	12	7,87	II	912,89	C	20	15,28
I	1621,21	G	15	7,65	II	906,63	C	15	13,67
I	1617,35	G	20	7,66	III	891,48	I	20	—
I	1606,46	G	25	7,71	II	890,59	C	6	16,88
I	1593,19	G	15	8,09					
I	1587,46	G	15	9,00	VI	886,82	S	5	13,98
I	1580,04	G	20	8,09	III	879,15	I	10	15,72
I	1579,49	G	15	8,09	V	845,75	S	9	26,43
I	1577,90	G	15	7,86	VI	844,15	S	5	14,68
					III	843,01	I	20	16,32
I	1575,26	G	15	7,87					
I	1560,28	G	12	8,26	V	839,49	S	10	26,54
I	1547,12	G	12	8,26	II	832,74	C	20	16,60
I	1531,84	G	20	8,09	V	830,30	S	9	26,25
I	1530,39	G	25	8,10	II	828,48	C	15	16,60
					VII	818,95	S	1	—
I	1500,91	G	15	8,25					
I	1456,31	G	12	8,82					
I	1449,16	G	15	8,79	VII	817,48	S	2	—
I	1435,75	G	12	8,88	V	814,77	S	7	26,54
I	1435,28	G	12	8,88	V	808,71	S	10	27,10
					IV	803,79	S	8	15,96
I	1406,60	G	10	8,81	III	798,10	I	10	—
I	1406,37	G	10	8,81					
I	1405,37	G	10	8,82	III	790,80	I	10	16,16
I	1395,88	G	10	8,87	VII	778,17	S	4	—
I	1395,43	G	10	8,88	III	777,31	I	15	16,16
					IV	776,46	S	8	15,96
I	1377,98	G	10	8,99	VII	759,79	S	2	—
II	1318,25	C	10	12,26					
IV	1314,43	S	8	28,47	V	759,07	S	10	16,33
II	1308,89	C	15	12,43	IV	746,39	S	10	17,15
II	1290,97	C	15	12,56	II	746,02	C	0	16,62
					III	741,94	I	10	—
II	1234,88	C	10	13,00	II	737,30	C	8	16,81
V	1227,58	S	10	26,43					
II	1205,69	C	10	13,14	III	737,23	I	10	18,43
II	1192,29	C	30	10,39	IV	734,58	S	8	16,87
II	1168,53	C	15	10,60	II, III	726,41	I	15	17,07; 17,28
					III	720,65	I	10	17,69
II	1156,91	C	15	10,71	II	709,57	C	10	17,47
II	1155,99	C	10	12,43					
II	1141,94	C	20	12,56	III	709,40	I	10	17,69
III	1119,17	I	30	11,29	III	709,16	I	10	17,70
III	1100,47	I	10	—	IV	671,86	S	8	18,99
					IV	670,10	S	10	19,04
III	1099,10	I	20	11,49	IV	654,16	S	8	19,49
II	1097,82	C	15	13,00					
V	1094,68	S	9	11,32					
III	1079,76	I	15	11,97	IV	652,66	S	9	18,99
II	1057,41	C	20	13,43	IV	635,95	S	8	19,49
					V	613,04	S	9	31,99
II	1049,65	C	30	11,80	VI	605,89	S	4	35,14
II	1033,60	C	30	11,98	VI	588,01	S	4	35,06
II	1014,01	C	20	13,93					
II	1013,40	C	20	12,23					
IV	996,68	S	10	12,98					
II	983,94	C	6	12,60					
III	974,84	I	20	13,20					
IV	959,57	S	9	12,92					
III	954,74	I	10	13,20	VII	172,92	S	35	71,69
III	954,44	I	10	13,20	VII	171,96	S	25	72,09

14 Si

λ		B	eV	λ		B	eV
I 22062,71	E	1	7,29	I 8728,01	E	40	7,60
I 21354,24	E	2	6,80	I 8648,46	E	50	7,63
I 20917,13	E	1	7,32	I 8595,96	E	25	7,63
I 19928,88	E	3	6,72	I 8556,78	E	120	7,32
I 19722,50	E	11	6,73	I 8536,16	E	40	7,63
I 19508,13	E	1	6,72	I 8502,22	E	60	7,33
I 19493,38	E	1	6,72	I 8501,55	E	40	7,33
I 19432,97	E	5	6,72	I 8443,98	E	40	7,34
I 19385,94	E	1	6,72	I 8306,71	E	25	7,11
I 18722,90	E	3	6,76	III 8269,32	S	30	28,15
I 17327,29	E	3	7,33	III 8262,57	S	60	28,15
I 16680,77	E	3	6,73	I 8230,64	E	35	7,12
I 16381,55	E	2	6,72	III 8191,68	S	30	30,06
I 16215,68	E	1	6,72	I 8171,29	E	25	7,61
I 16163,71	E	6	6,72	III 8103,45	S	110	30,08
I 16094,80	E	2	6,73	III 8102,86	S	60	30,08
I 16060,03	E	9	6,73	I 8093,24	E	70	7,39
I 15960,04	E	4	6,76	I 8071,29	E	25	7,63
I 15888,39	E	19	5,87	I 8070,60	E	25	7,62
I 13176,90	E	1	6,80	I 8035,62	E	35	7,52
I 12270,68	E	12	5,96	I 8026,95	E	25	7,80
I 12031,51	E	10	5,98	I 7970,31	E	35	7,52
I 11991,57	E	5	5,95	I 7944,00	E	140	7,54
I 11984,19	E	10	5,96	I 7932,35	E	120	7,52
I 11289,84	E	15	7,29	I 7918,39	E	90	7,52
I 11187,60	E	16	7,29	I 7913,43	E	25	7,43
I 11017,95	E	80	7,33	I 7849,97	E	30	7,77
I 10979,29	E	80	6,08	II 7849,72	C	500	14,10
I 10885,28	E	30	7,32	II 7848,80	C	400	14,10
I 10869,54	E	130	6,22	I 7800,01	E	30	7,77
I 10843,85	E	60	7,01	I 7742,71	E	40	7,81
I 10827,07	E	140	6,09	IV 7723,82	S	100	40,69
I 10786,84	E	80	6,07	IV 7718,78	S	50	40,69
I 10749,36	E	60	6,08	I 7680,27	E	100	7,47
I 10727,38	E	30	7,14	IV 7678,75	S	30	40,69
I 10694,22	E	30	7,12	IV 7654,56	S	30	39,51
I 10689,69	E	25	7,11	III 7612,36	S	120	28,22
I 10660,95	E	120	6,08	I 7482,19	E	25	7,52
I 10627,64	E	20	7,03	III 7466,32	S	60	26,65
I 10603,43	E	120	6,09	III 7462,62	S	30	26,65
I 10585,13	E	120	6,12	I 7455,36	E	25	7,62
I 10371,26	E	30	6,12	I 7424,60	E	85	7,29
I 10288,91	E	10	6,12	I 7423,50	E	425	7,29
I 9413,5	E	100	6,40	I 7415,95	E	275	7,29
II 9412,72	C	100	14,15	I 7415,35	E	40	7,29
I 8949,10	E	10	7,35	I 7409,08	E	200	7,29
I 8892,73	E	20	7,38	I 7405,77	E	375	7,29
I 8790,39	E	35	7,60	I 7373,00	E	35	7,66
I 8752,0	E	100	7,29	I 7290,26	E	55	7,32
I 8742,45	E	75	7,29	I 7289,17	E	400	7,32

λ	B		eV	λ	B		eV
I 7282,81	E	40	7,91	II 5868,40	S	300	16,63
I 7275,29	E	160	7,32	II 5846,13	S	50	16,62
I 7250,63	E	180	7,33	II 5806,74	S	200	16,62
I 7250,14	E	25	7,33	II 5800,47	S	150	16,63
I 7235,82	E	60	7,33	I 5797,86	E	100	7,09
I 7235,33	E	100	7,33	I 5793,07	E	90	7,07
I 7226,21	E	100	7,33	I 5780,38	E	70	7,06
I 7208,21	E	25	7,34	I 5772,15	E	70	7,23
I 7193,90	E	30	7,33	I 5762,98	E	45	7,77
I 7193,58	E	65	7,34	I 5754,22	E	45	7,11
I 7184,89	E	70	7,33	I 5753,63	E	45	7,77
I 7165,55	E	200	7,60	I 5747,67	E	45	7,77
I 7164,69	E	70	7,60	III 5739,73	S	250	21,88
IV 7068,41	S	30	37,89	III 5716,29	S	30	28,15
IV 7047,94	S	100	37,89	I 5708,40	E	100	7,12
I 7034,90	E	250	7,63	II 5706,37	S	100	16,34
I 7017,65	E	90	7,63	II 5701,37	S	200	16,35
I 7017,28	E	30	7,64	I 5701,11	E	90	7,10
I 7005,88	E	180	7,75	I 5690,43	E	100	7,11
I 7003,57	E	180	7,73	II 5688,81	S	300	16,36
I 6976,52	E	80	7,73	I 5684,48	E	120	7,13
I 6848,57	E	30	7,67	II 5669,56	S	1000	16,39
II 6829,82	C	50	14,69	I 5665,55	E	80	7,11
II 6818,45	C	30	14,69	II 5660,66	S	150	16,36
I 6741,64	E	30	7,82	I 5645,61	E	90	7,12
I 6721,85	E	100	7,71	II 5639,48	S	200	16,72
IV 6701,21	S	150	36,14	II 5632,97	S	100	16,39
II 6699,38	C	30	16,33	II 5576,66	S	150	16,72
II 6671,88	C	50	16,38	II 5540,74	S	100	16,72
IV 6667,56	S	50	36,14	I 5517,53	E	35	7,33
I 6555,46	E	45	7,87	II 5496,45	S	200	18,98
I 6527,20	E	45	7,77	I 5493,23	E	40	7,34
I 6526,61	E	45	7,77	II 5469,21	S	100	18,98
II 6371,36	C	400	10,06	II 5466,87	S	500	14,79
II 6347,10	C	500	10,07	II 5456,45	S	100	18,91
I 6331,95	E	45	7,04	II 5438,62	S	100	18,90
I 6254,85	E	20	7,60	II 5405,34	S	100	18,68
I 6254,19	E	180	7,60	II 5202,41	S	500	18,77; 18,73
I 6244,47	E	125	7,60	II 5192,86	S	200	18,75
I 6243,81	E	125	7,60	II 5185,54	C	100	15,23
II 6239,63	C	200	14,82	II 5185,25	S	100	18,74
I 6238,29	E	40	7,07	II 5181,90	S	100	18,73
I 6237,32	E	160	7,60	III 5114,12	S	30	30,97
I 6155,13	E	160	7,63	III 5091,42	S	100	30,98
I 6145,01	E	100	7,63	II 5056,31	C	500	12,52
I 6142,49	E	100	7,64	II 5041,03	C	500	12,52
I 6131,85	E	90	7,64	I 5006,06	E	40	7,56
I 6131,57	E	85	7,64	I 4947,61	E	30	7,59
I 6125,02	E	90	7,64	III 4828,97	S	200	28,55
II 5978,93	C	500	12,14	III 4819,72	S	160	28,55
II 5957,56	C	500	12,14	III 4813,33	S	150	28,55
I 5948,55	E	200	7,17	III 4800,43	S	30	28,35
II 5915,22	S	150	16,62	I 4792,32	E	80	7,54
III 5898,79	S	100	30,06	I 4792,21	E	35	7,51
I 5873,76	E	40	7,04	I 4782,99	E	50	7,54

	λ		B	eV		λ		B	eV
III	4716,65	S	160	27,96	IV	3165,78	S	300	30,98
II	4665,87	S	30	30,74	IV	3149,67	S	150	30,98
IV	4654,32	S	500	39,09	III	3096,83	S	160	21,72
IV	4631,24	S	300	39,09	III	3093,42	S	250	21,71
II	4621,72	C	150	15,20	III	3086,24	S	300	21,72
III	4574,76	S	250	21,71	II	3053,18	S	150	19,50
III	4567,82	S	350	21,71	II	3048,30	S	50	19,51
III	4552,62	S	500	21,72	II	3043,69	S	100	19,52
III	4406,72	S	30	30,96	III	3040,93	S	60	30,06
III	4377,63	S	30	28,22	III	3037,29	S	30	30,06
III	4341,40	S	30	32,10	II	3030,00	S	100	19,50
III	4338,50	S	60	21,88	I	3020,00	E	73	4,13
IV	4328,18	S	50	37,15	I	3006,74	E	50	4,13
IV	4212,41	S	150	39,08	I	2987,65	M	15	4,93
II	4198,13	C	100	16,44	I	2970,35	E	50	4,95
II	4130,96	C	500	12,83	II	2905,69	S	500	14,10
II	4128,11	C	400	12,83	II	2904,28	S	300	14,10
IV	4116,10	S	300	27,06	I	2881,58	M	260	5,08
I	4102,93	E	70	4,93	III	2817,11	S	60	30,38
III	4102,42	S	30	28,35	IV	2675,25	S	200	36,13
IV	4088,85	S	500	27,08	IV	2675,12	S	200	36,13
III	3924,47	S	250	28,55	III	2655,51	S	140	30,06
I	3905,53	M	11	5,08	III	2640,79	S	110	30,11
II	3862,51	C	300	10,06	I	2631,31	M	24	6,62
II	3856,09	C	400	10,07	I	2577,13	E	45	6,72
II	3853,66	C	200	10,07	I	2568,64	E	85	6,73
III	3806,54	S	500	24,98	I	2563,68	E	30	5,62
III	3796,12	S	300	24,98	III	2559,21	S	140	25,39
III	3791,41	S	250	24,98	III	2546,09	S	100	25,42
IV	3773,15	S	100	34,28	III	2541,82	S	300	15,14
IV	3762,44	S	200	34,29	I	2532,38	E	110	6,80
III	3622,54	S	30	30,38	I	2528,51	M	200	4,93
III	3590,47	S	250	25,32	I	2524,12	M	240	4,92
III	3569,67	S	30	30,07	I	2519,21	M	120	4,93
III	3525,94	S	60	30,11	IV	2517,51	S	150	36,43
III	3486,91	S	150	28,54	I	2516,11	M	360	4,95
II	3333,14	S	300	13,78	I	2514,32	M	160	4,93
III	3276,26	S	100	30,74	I	2506,90	M	170	4,95
III	3258,66	S	120	30,76	I	2452,14	E	70	5,08
III	3241,62	S	150	25,56	III	2449,48	S	110	30,05
III	3233,95	S	140	25,56	I	2443,36	E	65	5,08
III	3230,50	S	120	25,56	I	2438,77	E	65	5,08
II	3214,66	S	75	19,30	I	2435,15	M	31	5,87
III	3210,55	S	150	28,55	II	2356,29	S	100	19,46
II	3210,02	S	200	13,93	II	2334,61	S	30	5,34
II	3203,87	S	100	13,93	II	2334,40	S	30	5,31
II	3199,51	S	200	19,30	III	2308,19	S	100	30,06
III	3196,50	S	140	28,55	I	2303,06	E	55	7,29
II	3195,41	S	100	19,29	III	2300,93	S	30	30,06
II	3194,69	S	50	19,29	III	2296,87	S	100	34,58
II	3194,21	S	50	19,29	I	2291,03	E	35	6,19
II	3193,09	S	150	19,29	I	2289,61	E	20	7,32
II	3188,97	S	150	19,30	IV	2287,04	S	50	36,41
III	3186,02	S	130	28,55	I	2218,91	E	50	5,61
III	3185,12	S	160	25,77	I	2218,06	E	120	5,62

	λ		B	eV		λ		B	eV
I	2216,67	M	51	5,62	I	1839,99	E	4	7,53
I	2211,74	E	110	5,61	I	1836,52	E	200	6,76
I	2210,89	M	30	5,61	II	1817,45	S	100	6,86
I	2207,97	M	30	5,61	II	1816,94	S	200	6,86
I	2147,91	S	50	7,67	I	1814,09	E	250	7,61
II	2136,56	S	50	19,29	I	1809,05	E	100	7,63
IV	2127,47	S	30	32,90	II	1808,01	S	150	6,86
I	2124,12	M	240	6,62	I	1799,12	E	30	7,67
I	2122,99	E	70	6,62	I	1783,23	E	25	7,73
I	2114,63	S	30	5,87	I	1776,82	E	150	7,00
I	2103,21	S	30	7,80	I	1770,92	E	300	7,03
I	2084,47	E	50	6,73	I	1770,63	E	125	7,03
I	2082,02	E	60	6,73	I	1769,78	E	70	7,79
II	2072,70	S	200	12,84	I	1766,35	E	50	7,03
II	2072,02	S	200	12,74	I	1766,06	E	100	7,03
I	2065,52	S	30	10,15	I	1765,62	E	50	7,80
I	2061,19	S	40	10,14	I	1765,03	E	90	7,03
II	2059,01	S	50	12,87	I	1763,66	E	80	7,03
II	2058,65	S	50	12,88	I	1753,11	E	15	7,85
I	2058,13	E	600	6,80	I	1749,74	E	3	7,12
I	2054,83	S	50	10,13	I	1747,41	E	40	7,12
I	2010,97	S	30	6,19	I	1736,50	E	3	7,93
I	1991,85	S	50	7,00	IV	1727,38	S	50	27,06
I	1988,99	E	1000	6,26	IV	1722,53	S	100	27,08
I	1986,36	E	500	6,27	I	1704,44	E	100	7,31
I	1984,43	E	20	7,03	I	1702,81	E	70	7,30
I	1983,23	E	300	6,26	I	1700,63	E	80	7,29
I	1980,62	E	300	6,27	I	1700,42	E	90	7,32
I	1979,21	E	400	6,27	I	1697,96	E	250	7,33
I	1977,60	E	15	6,27	I	1696,20	E	200	7,32
I	1954,97	E	50	7,12	I	1695,51	E	90	7,32
II	1941,67	S	50	16,77	I	1693,47	E	60	7,36
II	1910,62	S	50	16,32	I	1693,30	E	125	7,32
I	1904,66	E	40	7,29	I	1690,79	E	60	7,34
II	1902,46	S	100	16,35	I	1689,29	E	60	7,35
I	1901,34	E	400	7,30	I	1686,82	E	100	7,36
I	1893,22	E	175	7,33	I	1682,67	E	70	7,36
I	1887,70	E	45	7,35	I	1676,80	E	15	7,40
I	1881,85	E	30	6,61	I	1675,21	E	200	7,43
I	1875,81	E	30	6,62	I	1672,60	E	80	7,44
I	1874,86	E	175	7,39	I	1668,52	E	70	7,44
I	1873,10	E	25	6,62	I	1667,63	E	70	7,44
I	1853,17	E	35	6,72	I	1666,38	E	60	7,44
I	1852,48	E	250	6,72	I	1633,98	E	90	7,61
I	1851,78	E	70	7,47	I	1631,17	E	70	7,60
I	1850,68	E	400	6,73	I	1629,96	E	100	7,64
I	1848,75	E	250	6,73	I	1629,47	E	100	7,64
I	1848,16	E	200	6,72	I	1625,70	E	70	7,62
I	1847,47	E	300	6,72	I	1622,88	E	90	7,67
I	1846,11	E	200	6,72	I	1620,40	E	60	7,68
I	1845,53	E	200	6,72	I	1616,58	E	70	7,68
I	1843,77	E	200	6,73	I	1615,95	E	50	7,68
III	1842,55	S	60	21,88	I	1597,96	E	60	7,78
I	1841,47	E	400	6,76	I	1594,95	E	70	7,80
I	1841,15	E	125	6,73	I	1594,57	E	70	7,80

λ		B		eV	λ		B		eV
I	1592,42	E	60	7,80	II	1246,73	S	100	15,25
I	1589,60	E	7	7,83	II	1229,39	S	200	15,42
I	1574,82	E	30	7,90	II	1228,75	S	150	15,40
I	1573,87	E	25	7,90	II	1227,60	S	100	15,43
II	1533,44	S	1000	8,13	II	1226,81	S	50	15,41
II	1526,70	S	500	8,13	III	1210,45	S	100	25,39
II	1516,91	S	60	18,59	III	1207,52	S	60	25,42
II	1512,07	S	50	15,05	III	1206,55	}	S 1000	20,55
II	1509,10	S	100	15,05	III	1206,50			10,27
III	1501,88	}			II	1197,39	S	100	10,39
III	1501,83	}	S 60	25,97	II	1194,50	S	75	10,42
III	1501,78	}			II	1193,28	S	200	10,39
III	1501,20	}	S 100	25,98	II	1190,42	S	100	10,41
III	1501,15	}			III	1178,01	}	S 30	26,65
III	1500,24	S	120	25,97	III	1177,94	}		26,65
II	1485,51	S	100	17,85	III	1161,58	S	30	26,80
II	1485,02	S	90	17,84	III	1145,15	}	S 30	28,54
III	1435,77	S	30	29,18	III	1145,12	}		28,54
III	1417,24	S	130	19,02	III	1144,31	S	30	26,96
IV	1402,73	S	600	8,84	IV	1128,33	S	500	19,88
IV	1393,73	S	1000	8,90	IV	1122,49	S	300	19,88
III	1365,34	}			III	1113,23	}	S 200	17,72
III	1365,29	}	S 30	26,80	III	1113,20	}		17,72
III	1365,25	}			III	1109,95	S	160	17,72
III	1361,60	S	30	28,12	III	1108,35	S	140	17,73
II	1353,72	S	100	14,50	IV	1066,62	S	200	31,50
II	1352,64	S	100	14,49	III	1033,92	S	30	28,12
II	1350,06	S	150	14,53	II	1023,69	S	50	12,14
II	1348,54	S	100	14,50	III	997,39	S	160	18,99
II	1346,87	S	100	14,53	III	994,79	S	130	18,99
III	1341,46	S	30	26,96	III	993,52	S	100	18,99
III	1312,59	S	130	19,72	II	992,68	S	200	12,52
III	1309,28	S	200	9,51	II	989,87	S	100	12,52
II	1304,37	S	100	9,50	III	967,94	S	60	27,96
III	1303,32	S	160	16,09	II	892,00	S	200	13,93
III	1301,15	S	140	16,07	II	889,72	S	100	13,93
III	1298,95	S	200	16,12	III	823,41	S	60	25,33
III	1298,89	S	150	16,09	IV	818,12	S	250	24,07
III	1296,72	S	140	16,09	IV	815,06	S	150	24,07
III	1294,55	S	190	16,12	IV	749,94	S	50	36,41
II	1265,04	S	200	9,85	III	653,33	S	30	25,56
II	1264,73	S	2000	9,84	IV	645,76	S	10	39,08
II	1260,42	S	1000	9,84	III	566,61	S	30	21,88
I	1258,80	E	50	9,87	IV	516,34	S	20	32,90
I	1256,49	E	40	9,87	IV	515,12	S	10	32,90
I	1255,28	E	10	9,87	IV	458,16	S	20	27,06
II	1251,16	S	200	15,25	IV	457,82	S	30	27,08
II	1250,43	S	150	16,76	VI	249,13	S	80	50,39
II	1250,09	S	100	16,76	VI	246,00	S	80	50,39
II	1248,40	S	150	15,25	V	118,97	S	30	104,21
					V	117,86	S	35	105,20

λ		B	eV	λ		B	eV

λ		B	eV	λ		B	eV
II	8913,66	M	15	2,88	II	7578,09	M	3,0	3,43
II	8717,89	M	5	3,01	II	7572,29	M	3,5	—
II	8632,83	M	3,5	3,18	II	7570,95	M	3,5	3,23
II	8510,90	M	5	3,05	II	7562,94	M	3,0	—
II	8485,99	M	7	3,14	I	7544,74	M	1,4	—
II	8305,79	M	6	3,29	II	7541,42	M	3,5	3,23
I	8230,33	M	1,4	—	II	7502,39	M	3,5	2,72
II	8161,90	M	4	2,78	I	7470,76	M	2,0	—
II	8068,46	M	7	3,28	I	7445,41	M	4	—
II	8048,70	M	6	3,28	I	7444,56	M	5	—
II	8026,32	M	3,5	3,29		7405,00	H	50	—
	7968,32	H	50	—	II	7376,69	M	4	3,17
II	7948,12	M	2,5	3,17	I	7371,51	H	50	4,04
	7940,31	H	150	—		7364,10	H	50	—
II	7937,09	M	3,0	3,15	I	7347,30	M	4	3,93
I	7931,92	M	1,4	3,74	I	7332,65	M	2,0	2,19
	7931,15	H	50	—	I	7290,23	M	2,0	—
II	7928,14	M	14	3,17	I	7279,25	M	2,0	2,09
I	7919,44	H	80	3,83	II	7240,90	M	9	3,17
II	7914,96	M	4	3,03	II	7218,09	M	4	2,78
	7913,49	H	60	—	I	7213,82	M	3,5	2,00
I	7895,96	M	2,5	3,66	II	7149,60	M	13	2,67
II	7880,07	M	1,6	2,93	I	7135,99	M	1,6	—
II	7863,65	M	3,0	3,33	I	7131,80	M	2,0	1,92
I	7859,53	M	1,0	3,93	II	7119,81	M	4	—
II	7844,82	M	1,6	3,33	I	7115,97	M	4	—
II	7837,27	M	4	3,17	I	7106,21	M	3,0	2,13
II	7835,08	M	6	3,38	I	7104,57	M	5	2,02; 3,93
II	7831,40	M	1,6	—	I	7096,37	M	2,5	1,78
II	7820,15	M	2,5	3,05	I	7095,51	M	5	1,93
II	7812,75	M	1,2	—	I	7091,22	M	2,5	2,25
I	7801,54	M	1,6	4,04	I	7088,30	M	4	1,85
I	7794,50	M	1,6	3,60	II	7082,37	M	14	2,63
I	7755,32	H	80	1,78	I	7074,67	M	3,0	—
II	7755,20	M	3,5	3,06	II	7051,52	M	14	2,69; 3,02; 3,37
II	7749,30	M	5	3,29	II	7042,23	M	14	2,83
II	7736,26	M	5	—	II	7039,22	M	14	2,76; 3,17
II	7728,56	M	5	3,29	I	7026,64	H	100	1,86
II	7712,04	M	3,5	3,36	II	7020,41	M	14	2,93
I	7695,78	M	1,6	—	II	6955,32	M	18	3,05
II	7678,79	M	1,6	2,78	II	6950,51	M	5	2,78
II	7672,49	M	1,2	—	II	6941,56	M	2,5	3,05
II	7667,20	M	3,0	3,28	II	6930,41	M	2,5	3,15
II	7655,78	M	1,6	3,23	II	6909,81	M	2,0	3,38
II	7648,02	M	3,0	3,14	II	6872,45	M	4	3,49
I	7645,82	M	1,8	—	II	6862,86	M	6	2,69
II	7645,09	M	7	2,68	II	6861,06	} M	17	3,18
II	7637,94	M	3,5	2,97	I	6860,93	}		1,84
I	7607,74	M	3,5	3,56	II	6856,07	M	11	2,88
II	7585,77	M	5	3,38	II	6854,56	M	2,0	3,22

λ	B		eV	λ	B		eV
II 6846,58	M	4	3,08	6357,19	M	4	—
II 6844,75	M	8	3,17	6353,49	M	3,0	—
II 6829,90	M	4	3,17	II 6327,51	M	10	3,22
II 6794,19	M	14	3,29	II 6325,58	M	2,5	—
II 6790,02	M	9	2,76	II 6321,77	M	3,5	—
II 6781,18	M	2,5	2,82	II 6307,10	M	5	3,03
II 6778,63	M	6	3,09	II 6301,15	M	3,0	3,23
II 6766,57	M	2,0	3,28	II 6300,19	H	50	3,33
II 6756,94	H	50	3,25	II 6291,85	M	7	3,38; 3,66
II 6754,68	M	2,5	3,30	II 6289,93	M	3,5	3,14
II 6734,81	M	6	3,33	II 6267,32	M	14	3,14
II 6734,06	M	10	3,22	II 6256,71	M	6	3,15; 3,34
II 6731,86	M	17	3,00	II 6246,75	M	6	3,05
II 6712,62	M	2,0	3,34	II 6237,66	M	4	3,48; 3,66
II 6707,47	M	3,0	2,78	6192,62	M	4	—
II 6693,55	M	10	3,54	II 6182,87	M	4	3,38
II 6687,79	M	2,5	—	II 6181,05	M	2,5	3,67
II 6681,60	M	2,5	3,27	I 6159,48	M	6	2,29
II 6679,25	M	10	2,93	II 6149,15	M	4	3,63
I 6671,51	M	7	2,36	II 6123,60	M	3,0	3,29
II 6667,21	M	2,5	3,12	I 6084,13	M	6	2,14
II 6656,21	M	4	3,03	I 6044,99	H	60	2,35
II 6651,62	M	3,0	3,32	II 6017,41	M	2,5	3,33
II 6649,04	M	3,0	—	II 6011,24	M	3,5	3,52
II 6637,17	H	60	3,36	6001,68	H	50	—
II 6632,23	M	6	2,94; 3,54	II 5997,32	H	50	3,00
II 6630,62	M	2,0	3,38	II 5994,67	M	3,5	3,48
II 6628,88	M	3,0	—	II 5965,70	M	9	3,42; 3,34
II 6614,82	H	50	2,76	II 5938,90	M	5	3,03
II 6604,61	M	14	3,67	II 5932,90	M	3,5	3,67
II 6601,85	M	6	3,37	II 5919,34	M	3,0	
II 6589,73	M	16	3,15	II 5897,38	M	6	3,59
I 6588,93	M	4	2,27	I 5874,21	M	7	2,21
II 6585,25	M	6	3,05	I 5867,80	M	9	2,50
II 6574,44	M	4	—	II 5836,38	M	6	3,38; 3,12
II 6570,77	M	5	2,88	II 5831,01	M	6	3,71
II 6569,34	M	20	3,38	I 5814,88	M	6	—
6562,94	H	50	—	I 5802,83	M	9	2,42
II 6549,81	M	2,5	2,96	I 5800,50	M	8	—
II 6542,84	M	7	3,06; 3,36	II 5787,01	M	10	3,83
II 6526,64	M	1,8	—	II 5781,90	M	6	—
II 6498,68	M	5	2,97	I 5779,26	M	6	2,33
II 6490,75	M	4	3,49	I 5778,34	M	8	—
II 6487,66	M	4	3,08	I 5773,77	M	10	—
II 6484,53	M	5	3,17	II 5759,49	M	6	3,76
II 6472,42	M	6	3,29	I 5741,19	M	1,4	2,26
II 6470,46	M	2,5	3,18	I 5732,95	M	7	2,66
II 6431,96	M	1,4	3,34	5719,12	M	2,0	—
II 6431,04	M	3,0	3,29	I 5696,73	M	16	—
II 6428,32	M	3,0	—	I 5686,73	M	4	—
II 6426,62	M	6	3,67	I 5659,85	M	20	2,29
II 6417,52	M	4	3,01; 3,34	I 5644,14	M	12	—
II 6390,84	M	3,5	3,00	II 5637,29	M	2,0	—
II 6389,88	M	4	3,11	I 5626,01	M	10	2,20
II 6368,28	M	3,0	3,54	I 5621,80	M	7	2,24

λ	B		eV	λ	B		eV
II 5603,19	H	100	3,96	II 4989,44	M	5	2,73
II 5600,86	M	7	3,67	II 4981,71	M	6	3,15; 4,07
I 5574,92	M	4	2,26	I 4975,99	M	24	2,49
I 5573,45	M	6	2,61	II 4972,19	M	8	3,42
I 5550,40	M	20	2,42	II 4964,58	M	6	2,68
II 5537,07	M	4	3,91	II 4961,94	M	24	2,93
I 5516,14	M	32	2,53; 2,28	II 4953,05	M	6	2,69
I 5512,12	M	11	2,35	II 4952,37	M	16	2,83
I 5498,23	M	11	2,29	II 4948,63	M	24	3,05
I 5493,74	M	32	2,36	I 4946,33	M	13	2,69
I 5466,73	M	19	2,45	II 4938,10	M	16	2,76
I 5453,02	M	30	2,66	II 4936,03	M	6	2,94
5416,05	H	100	—	II 4920,37	M	8	3,60
I 5405,24	M	18	2,33	I 4919,00	M	44	2,70
I 5387,98	M	5	—	II 4913,27	M	36	3,18
I 5368,36	M	20	2,81	I 4910,42	M	65	2,81
II 5364,36	M	3,0	—	I 4904,99	M	18	2,63
I 5341,28	M	15	2,36	M 4900,74	M	4	3,53
I 5321,87	M	2,5	—	II 4894,31	M	3,5	2,78
I 5320,61	M	26	2,60	II 4893,34	M	8	3,08
II 5312,23	M	5	2,67	I 4883,99	M	75	2,92
5302,91	H	50	—	I 4883,79	M	22	2,57
I 5282,91	M	34	2,53	II 4869,99	M	8	3,71
II 5272,82	M	3,5	—	II 4859,56	M	9	2,88
I 5271,39	M	55	2,45	II 4854,38	M	12	2,93
I 5251,89	M	36	2,64	I 4848,33	M	28	2,84
II 5234,18	M	6	—	II 4847,77	M	14	3,21
I 5228,78	M	8	—	II 4844,21	M	32	2,83
II 5202,73	M	8	2,72	I 4841,71	M	100	3,06
I 5200,59	M	34	2,57	II 4837,64	M	4	3,83
II 5178,06	M	10	—	II 4836,67	M	3,5	2,67
I 5175,43	M	65	—	II 4834,63	M	8	3,05
I 5172,76	M	34	2,68	II 4833,33	M	4	3,56
II 5169,60	M	7	—	II 4829,55	M	13	2,94
II 5166,06	M	11	3,77	II 4815,81	M	44	2,76
II 5155,04	M	50	3,48	II 4798,88	H	50	3,96
II 5154,27	M	8	—	II 4791,58	M	24	2,69
II 5124,83	M	7	—	I 4789,97	M	16	2,97
I 5122,15	M	48	2,81	I 4785,86	M	36	2,69
I 5117,17	M	70	—	I 4783,10	M	60	2,63
II 5116,71	M	19	3,35	II 4781,84	M	7	3,08
II 5112,32	H	125	3,31	II 4777,82	M	20	2,63
II 5104,51	M	20	3,42	II 4774,15	M	11	2,78
II 5103,10	M	36	3,59	I 4760,27	M	75	2,70
II 5100,20	M	24	3,92	II 4755,37	M	4	2,88
I 5071,21	M	75	—	I 4750,73	M	15	2,89
II 5069,47	M	24	3,71	II 4745,69	M	48	2,71
II 5057,73	M	9	3,53	I 4728,42	M	80	2,81
II 5052,77	M	28	3,83	II 4726,02	M	13	2,96
I 5044,28	M	55	2,64	II 4719,84	M	28	2,67
5036,21	H	50	—	II 4718,33	M	20	3,28
II 5028,47	M	20	3,96	II 4717,74	M	22	3,06
II 5023,51	M	8	2,72	I 4717,09	M	28	2,63
II 5016,63	M	6	3,35	I 4716,11	M	75	3,01
II 4992,03	M	10	3,48	II 4715,27	M	13	2,73

λ	B	eV	λ	B	eV
II 4714,64	M 8	3,01	II 4434,34	M 120	3,17
II 4713,07	M 28	3,17	II 4433,89	M 110	3,23
II 4710,66	M 6	3,29	I 4429,66	M 32	2,90
II 4704,40	M 55	2,63	II 4424,35	M 200	3,28
II 4699,36	M 12	2,97	II 4421,14	M 65	3,18
II 4693,63	M 13	2,82	II 4420,54	M 100	3,13
I 4688,75	M 38	2,92	I 4419,33	M 32	2,84
II 4687,20	M 38	2,68	II 4417,58	M 26	3,28
I 4681,56	M 22	2,83	II 4409,34	M 35	3,14
II 4676,92	M 70	2,69	II 4403,37	M 28	3,00
II 4674,60	M 110	2,83	II 4403,06	M 55	3,00
I 4670,75	M 32	2,84	I 4401,16	M 28	3,20
II 4669,65	M 42	2,93	II 4390,87	M 110	3,00
II 4669,40	M 50	2,76	II 4384,29	M 20	3,37
I 4663,55	M 20	2,94	I 4380,42	M 36	3,01
I 4649,49	M 26	2,77	II 4378,24	M 60	3,49
II 4646,69	M 20	2,94	II 4374,97	M 22	2,87
II 4642,23	M 60	3,05	II 4373,46	M 30	3,26
II 4615,71	M 32	2,87	II 4368,04	M 34	3,21
I 4611,26	M 5	2,79	II 4363,46	M 15	3,03
II 4604,18	M 15	2,73	I 4362,92	M 30	2,84
II 4595,31	M 38	3,18	II 4362,04	M 55	3,32
II 4593,54	M 26	3,07	II 4360,71	M 38	3,09
II 4591,82	M 20	2,88	II 4352,10	M 38	—
II 4584,84	M 38	3,14	II 4350,47	M 38	3,33
I 4581,73	M 30	3,20	II 4347,80	M 75	3,23
II 4577,69	M 40	2,95	II 4345,87	M 38	2,96
II 4566,22	M 32	3,04	I 4336,14	M 60	3,24
II 4560,42	M 16	2,76	II 4334,16	M 90	3,13
II 4554,45	M 18	2,82	I 4330,01	M 30	2,90
II 4552,65	M 28	2,97	II 4329,02	M 120	3,04
II 4543,96	M 55	3,06	II 4323,30	M 40	2,97
II 4542,05	M 26	—	I 4319,54	M 32	3,05
II 4537,96	M 48	3,21	II 4318,95	M 130	3,14
I 4532,45	M 5	2,92	II 4309,01	M 60	3,06
II 4523,93	M 44	3,17	II 4304,95	M 22	3,54
II 4523,04	M 30	2,78	I 4296,75	M 110	3,38
I 4522,53	M 4	2,92	II 4292,18	M 24	3,22
II 4519,65	M 60	3,28	II 4286,64	M 24	3,32
II 4515,11	M 30	—	II 4285,48	M 3,5	3,17
II 4511,85	M 38	2,93	I 4282,83	M 32	3,18
II 4499,48	M 25	3,00	I 4282,21	M 48	3,28
I 4499,11	M 25	2,94	II 4281,00	M 13	—
II 4478,67	M 50	—	II 4280,80	M 150	3,38
II 4473,01	M 42	3,05	II 4279,95	M 16	3,14
II 4472,42	M 32	2,96	II 4279,67	M 80	3,17
I 4470,88	M 55	3,05	II 4265,08	M 34	3,09
II 4467,34	M 150	3,43	II 4262,69	M 85	3,28
II 4458,53	M 70	2,88	II 4258,56	M 14	3,34
II 4454,65	M 80	3,32	II 4256,40	M 140	3,29
II 4452,71	M 90	3,06	II 4251,79	M 17	3,29
I 4445,15	M 48	3,18	II 4249,55	M 14	3,25
II 4444,27	M 48	—	II 4244,70	M 42	3,19
I 4442,28	M 30	2,89	II 4237,65	M 34	3,03
I 4441,81	M 36	2,97	II 4236,74	M 80	3,58

λ	B		eV	λ	B		eV
II 4234,59	M	42	3,36	I 3974,66	M	42	3,40
II 4229,70	M	50	2,97	II 3971,37	M	100	3,55
II 4225,33	M	70	3,12	II 3970,53	M	50	3,12
II 4223,75	M	10	3,27	II 3967,68	M	32	3,78
II 4220,66	M	50	3,12; 3,48	II 3966,05	M	42	3,37
II 4210,35	M	45	3,04	II 3963,00	M	100	—
II 4206,13	M	45	3,32	II 3959,52	M	25	—
II 4203,05	M	75	3,38	I 3951,89	M	32	—
II 4202,92	M	44	3,43	II 3948,10	M	50	3,24
II 4191,93	M	28	—	II 3946,51	M	34	3,32
II 4188,13	M	70	3,50	II 3943,24	M	42	3,25
II 4183,76	M	36	3,00	II 3941,87	M	85	3,14
II 4181,10	M	36	3,30	II 3935,76	M	32	3,43
II 4178,02	M	30	3,51	II 3933,59	M	20	3,58; 3,69
II 4171,57	M	28	3,40	II 3928,27	M	130	3,34
II 4169,48	M	55	3,22	I 3925,20	M	20	3,25
II 4155,22	M	38	3,53	II 3922,40	M	170	3,53
II 4153,33	M	36	3,64	II 3917,44	M	42	3,27
II 4152,21	M	80	3,17	II 3903,45	M	100	—
II 4149,83	M	55	3,09	II 3896,97	M	120	3,22
II 4147,71	M	22	3,03	II 3894,05	M	30	3,56
II 4123,96	M	48	3,49	II 3891,18	M	24	3,37
II 4121,36	M	28	3,39	II 3890,08	M	46	3,37
II 4118,57	M	130	3,66	II 3889,16	M	50	3,52
II 4113,90	M	28	3,20	II 3885,29	M	280	3,68
II 4109,40	M	28	3,29	II 3882,50	M	24	—
II 4107,28	M	55	3,12	II 3881,79	M	34	—
II 4106,61	M	6	3,56	II 3881,38	M	34	3,53
II 4092,27	M	70	3,04	II 3880,77	M	60	3,30
II 4084,41	M	15	3,37	I 3877,47	M	18	3,69
II 4082,60	M	28	3,70	II 3875,54	M	42	3,39
II 4075,84	M	55	3,58	II 3875,19	M	30	—
II 4068,33	M	48	3,48	II 3871,78	M	60	3,39
II 4066,74	M	55	3,32	II 3865,24	M	24	3,25
II 4064,58	M	95	3,29; 3,37	II 3862,23	M	26	3,54
II 4063,54	M	38	3,09	II 3862,05	M	50	3,31
II 4058,87	M	30	3,54	I 3858,74	M	30	3,49
II 4049,81	M	40	3,06	II 3857,91	M	36	3,49
II 4047,16	M	50	3,25	II 3855,90	M	60	3,25
II 4046,16	M	30	3,17	I 3854,56	M	36	3,40
II 4045,05	M	38	3,17	II 3854,20	M	200	—
II 4042,90	M	60	3,17	I 3853,30	M	40	3,60
II 4042,72	M	50	3,11	II 3851,88	M	32	3,49
II 4041,68	M	40	3,25	II 3848,81	M	48	—
II 4035,12	M	50	3,40	II 3847,51	M	40	3,56
II 4023,23	M	60	3,12	II 3843,50	M	120	3,66
II 4007,51	M	32	3,53	II 3840,45	M	30	3,27
II 3993,31	M	50	3,14	II 3838,94	M	38	3,56
I, II 3990,00	M	100	3,49; 3,11	3836,52	H	50	—
II 3987,43	M	25	3,39	II 3835,72	M	28	3,42
II 3986,68	M	50	3,29	II 3834,60	M	42	—
II 3983,15	M	50	3,49	I 3834,48	M	42	3,73
II 3979,21	M	65	3,65	II 3833,83	M	40	3,51
II 3976,43	M	70	3,45	II 3831,50	M	85	3,66
II 3976,27	M	65	3,22	II 3830,30	M	40	3,34

λ	B		eV	λ	B		eV
II 3826,20	M	120	3,78	II 3708,66	M	70	3,52
II 3824,18	M	40	3,43	II 3708,41	M	36	3,38
3820,82	M	70	—	II 3706,98	M	36	—
II 3814,63	M	32	3,53	II 3706,75	M	36	3,83
II 3813,63	M	36	—	II 3700,93	M	22	—
II 3812,07	M	38	3,36	II 3700,60	M	22	3,78
II 3810,43	M	32	—	II 3694,30	M	14	3,35
II 3809,88	M	24	3,36	II 3693,99	M	85	3,35
II 3809,75	M	24	3,59	II 3692,23	M	22	3,63
II 3808,46	M	32	3,59	II 3688,42	M	22	3,46
II 3805,63	M	24	3,36	I 3687,88	H	50	3,75
II 3800,89	M	60	3,53	II 3681,73	M	22	—
II 3799,54	M	38	3,45	II 3677,79	M	28	—
II 3797,73	M	120	—	II 3674,06	M	14	3,38
II 3797,28	M	32	3,37	II 3670,82	M	180	3,48
II 3793,97	M	120	3,38	II 3670,68	M	28	—
II 3788,12	M	110	3,53	II 3667,93	M	28	3,66
II 3787,20	M	24	3,31	II 3662,25	M	14	3,72
I 3783,81	H	50	3,56	II 3661,36	M	180	3,42
II 3780,93	M	32	3,66	II 3656,22	M	28	—
II 3780,76	M	50	—	II 3650,19	M	28	3,64
II 3778,15	M	85	—	II 3649,51	M	55	3,78
II 3774,29	M	22	3,56	II 3645,39	M	25	3,73
I 3773,33	M	28	—	II 3645,29	M	30	3,59
3771,35	M	6	—	II 3638,77	M	34	—
II 3770,73	M	10	3,95	II 3634,27	M	280	3,59
II 3767,76	M	36	—	II 3631,13	M	70	—
II 3767,36	M	36	3,77	II 3627,00	M	70	3,69
II 3764,37	M	85	3,63	II 3621,23	M	140	3,52
II 3762,59	M	50	3,53	II 3609,48	M	280	3,71
II 3760,69	M	140	3,49; 3,83	II 3604,28	M	140	3,93
II 3760,04	M	26	3,67	II 3601,69	M	28	3,63
II 3758,97	M	50	—	II 3592,62	M	350	3,83
II 3758,45	M	34	3,30	II 3583,39	M	26	3,64
II 3757,53	M	90	—	II 3580,94	M	32	—
II 3756,53	M	22	—	II 3577,79	M	22	3,46
I, II 3756,41	M	66	3,40; 3,73	II 3568,28	M	350	3,96
II 3755,28	M	60	3,63	II 3559,10	M	42	—
II 3747,62	M	36	3,58	II 3535,65	M	22	3,94
I 3745,46	M	70	3,49	II 3530,60	M	26	3,70
II 3743,87	M	90	3,64; 3,49	II 3511,23	M	28	3,63
II 3741,29	M	60	—	3445,62	H	150	—
II 3739,12	M	220	—	II 3418,52	M	36	4,11
II 3737,48	M	24	3,69	II 3418,15	M	22	—
II 3737,14	M	60	—	II 3408,68	M	70	—
II 3735,97	M	120	3,59	II 3402,46	M	50	4,02
II 3731,27	M	160	3,42	II 3396,19	M	34	4,08
II 3728,47	M	120	3,99	II 3389,32	M	34	4,20
II 3726,83	M	14	3,51	II 3384,66	M	42	4,04
II 3724,91	M	32	3,36	II 3382,40	M	100	3,85
II 3721,86	M	70	—	II 3371,21	M	28	4,22
II 3718,89	M	70	3,71	II 3369,46	M	28	4,01
II 3712,76	M	26	3,58	II 3368,57	M	28	3,96
II 3711,54	M	36	3,59	II 3365,86	M	100	—
II 3710,87	M	12	3,52	II 3354,18	M	34	4,07

λ	B		eV	λ	B		eV
II 3340,58	M	70	3,75	II 3250,36	M	60	3,82
II 3327,91	M	28	—	II 3241,15	M	44	3,87
II 3325,26	M	28	—	II 3239,64	M	60	4,31
II 3323,77	M	28	—	II 3236,64	M	60	—
II 3321,19	M	100	4,11	II 3233,68	M	36	—
II 3220,15	M	36	3,92	II 3231,53	M	30	3,94
II 3316,58	M	34	—	II 3230,54	M	60	4,02
II 3312,42	M	50	3,93	II 3228,78	M	22	4,38
II 3310,66	M	70	4,02	II 3226,86	M	22	—
II 3309,52	M	28	3,85	II 3218,60	M	50	—
II 3307,02	M	70	—	II 3216,85	M	44	3,96
II 3306,37	M	140	4,24	II 3215,24	M	22	4,24
II 3305,18	M	28	4,08	II 3211,75	M	50	—
II 3304,52	M	28	3,75	II 3207,18	M	30	3,87
II 3301,68	M	28	4,24	II 3196,18	M	30	4,26
II 3298,10	M	60	—	II 3193,01	M	30	—
II 3295,81	M	36	3,86	II 3187,79	M	30	4,17
II 3295,44	M	30	—	II 3187,22	M	36	4,27; 4,00
II 3290,28	M	60	—	II 3187,01	M	26	4,07
II 3286,23	M	36	4,26	II 3183,92	M	60	—
II 3280,84	M	22	—	II 3169,88	M	30	4,19
II 3276,74	M	36	4,27	II 3152,52	M	34	—
II 3273,48	M	36	—	II 3136,30	M	22	—
II 3272,81	M	36	4,17				
II 3272,48	M	36	—				
II 3264,94	M	36	4,07				
II 3262,28	M	30	4,13				
II 3254,39	M	70	3,85				
II 3253,93	M	22	4,19				
II 3253,49	M	30	—				

50 Sn

λ	B		eV	λ	B		eV
I 13608	A	7	5,78	I 9805,38	A	30	6,79
I 13460	A	18	5,38	I 9742,8	A	10	—
I 13018	A	9	4,87	I 9616,40	A	15	—
I 12982	A	9	5,25	I 9415,37	A	8	6,79
I 12888	A	4	6,48	I 8552,60	M	0,8	5,77
I 12313	A	5	6,48	I 8422,72	A	30	6,72
I 11933	A	3	5,83	I 8357,04	A	8	5,78
I 11836	A	1	—	I 8114,09	A	20	5,85
I 11825	A	1	5,38	I 8030,5	A	10	—
I 11740	A	8	5,38; 6,42	I 7910,46	A	1	—
I 11671	A	1	6,48	I 7808,23	A	1	7,00
I 11616	A	6	5,86	I 7754,97	A	10	5,92
I 11455	A	15	5,38	II 7741,80	C	13	8,97
I 11278	A	15	—	I 7685,30	A	3	6,47
I 11192	A	20	5,97	II 7387,79	C	10	8,97
I 10894	A	25	5,93; 6,50	II 7191,40	C	20	10,70
I 10808	A	5	6,99	II 6844,05	C	25	8,86
I 10457	A	8	5,97	II 6453,58	C	70	8,97
I 9856,26	A	1	7,08	I 6310,78	A	10	6,28
I 9850,52	A	50	—	I 6171,50	A	15	6,33

λ	B		eV	λ	B		eV
I 6154,60	A	20	6,87	II 2483,48	C	13	—
I 6149,71	A	40	6,34	I 2483,40	M	110	5,41
I 6073,46	A	10	6,37	I 2455,23	M	5	5,47
I 6069,00	A	25	6,33	II 2448,98	C	15	12,36
I 6054,86	A	20	6,83	I 2433,47	M	4	5,52
I 6037,70	A	15	6,83	I 2429,49	M	550	5,51
I 5970,30	A	10	6,86	I 2421,70	M	360	6,18
II 5799,18	C	15	11,07	I 2408,15	M	26	6,21
I 5631,71	M	4	4,33	I 2380,72	M	20	5,41
II 5588,92	C	25	11,07	II 2368,33	C	22	5,76
II 5561,95	C	20	11,20	I 2357,90	M	6	6,32
II 5332,36	C	10	11,18	I 2354,84	M	550	5,47
I 4524,74	M	40	4,87	I 2334,80	M	140	5,51
I 3801,02	M	280	4,33	I 2317,23	M	230	6,41
I 3655,78	M	40	5,52	I 2286,68	M	65	5,84
II 3575,45	C	11	12,44	I 2282,26	A	2	6,50
II 3472,46	C	10	12,43	I 2268,91	M	320	5,88
II 3351,97	C	60	11,07	I 2267,19	M	49	6,53
I 3330,62	M	110	4,79	I 2251,17	M	20	6,57
II 3283,21	C	50	11,07	I 2246,05	M	420	5,52
I 3262,34	M	550	4,87	I 2231,72	M	47	5,98
I 3223,57	A	1	4,91	IV 2229,13		30	26,09
I 3218,71	A	4	5,97	IV 2220,88		20	26,09
I 3175,05	M	550	4,33	I 2211,05	M	30	6,67
I 3141,84	M	4	6,06	I 2209,66	M	330	6,03
II 3047,50	C	12	11,44	I 2199,34	M	220	5,84
I 3034,12	M	850	4,30	I 2194,49	M	160	6,07
I 3032,80	M	40	6,21	I 2171,32	A	8	6,78
I 3009,14	M	700	4,33	I, II 2151,43	M	150	—
I 2913,54	M	24	6,38	I 2148,73	M	60	5,97
III 2896,06		30	20,19	I 2113,93	M	530	6,07
IV 2887,66		20	24,82	I 2100,93	M	160	6,32
I 2863,32	M	1000	4,32	I 2096,39	M	140	6,98
I 2850,62	M	170	5,41	I 2091,58	M	570	6,14
I 2839,99	M	1400	4,78	I 2073,08	M	480	5,98
I 2813,58	M	60	5,47	I 2072,89	A	10	7,05
I 2812,59	M	12	6,54	III 2069,98		20	15,91
I 2787,96	A	6	6,57	I 2068,58	A	8	6,41
I 2785,03	M	32	5,51	I 2040,66	M	820	6,50
I 2779,81	M	100	5,52	I 1984,20	M	1500	6,67
I 2761,78	M	11	4,91	I 1971,45	M	2600	6,50
I 2706,51	M	700	4,78	I 1952,15	A	15	6,77
I 2661,24	M	140	4,86	III 1941,86		50	22,29
III 2658,57		25	22,24	I 1925,31	A	8	6,65
III 2643,56		20	22,23	I 1909,30	A	5	—
I 2636,94	A	5	6,82	II 1899,89		100	7,05
III 2631,79		15	22,23	I 1891,40	A	10	6,98
I 2594,42	M	55	5,84	I 1886,05	A	8	6,57
I 2571,58	M	100	5,88	I 1860,32	A	20	—
I 2558,01	A	4	6,97	I 1848,75	A	5	6,92
I 2546,55	M	240	4,86	II 1831,75		10	7,30
I 2531,17	A	8	7,02	I 1823,00	A	12	—
I 2523,91	M	15	5,97	III 1811,71		50	6,85
I 2495,70	M	110	6,03	II 1811,20		20	7,37
II 2486,99	C	10	12,36	I 1804,60	A	8	—

	λ		B	eV		λ		B	eV
II	1757,90		100	7,06	V	1205,72		10	33,22
II	1699,42		20	7,30	III	1204,06		20	27,00
II	1574,42		20	14,17	V	1189,98	S	12	33,36
III	1570,37		100	17,82	III	1184,25		100	17,33
II	1475,01		20	8,93	V	1176,34	S	12	34,61
III	1449,77		20	15,91	II	1161,41		10	11,20
IV	1437,52		100	8,64	III	1161,09		20	17,54
III	1410,61		50	16,14	V	1160,81	S	15	33,31
II	1400,45		20	8,85	III	1158,33		100	17,56
III	1386,74		100	15,80	III	1139,29		100	17,54
III	1369,71		20	15,91	V	1132,79		10	33,88
III	1347,65		100	19,13	IV	1120,68		50	20,51
III	1346,05		20	26,75	IV	1119,34		100	20,52
III	1334,76		20	16,14	II	1108,13		10	11,19
III	1327,34		100	16,69	V	1100,74		20	33,31
IV	1314,55		100	9,44	IV	1096,92		50	32,28
III	1305,97		100	16,14	V	1089,40	S	12	34,01
V	1302,23	S	15	32,16	IV	1073,41		100	21,00
V	1294,34	S	12	32,52	IV	1058,38		40	32,70
II	1290,89		20	10,13	IV	1044,49		100	20,51
V	1283,81	S	10	33,40	IV	1019,72		50	21,61
III	1259,92		100	16,69	II	985,13		10	13,11
III	1251,38		200	9,91	IV	956,25		50	21,61
III	1243,63		50	17,33	III	910,92		20	23,54
II	1219,09		10	10,70	V	373,14	S	10	33,22
					V	361,55	S	15	34,29
					V	355,66	S	12	34,86

38 Sr

	λ		B	eV		λ		B	eV
I	30110		—	2,26	I	6878,38	M	48	3,59
I	29225		—	2,27	I	6791,05	M	18	3,59
I	27355		—	2,25	I	6643,54	M	8	4,13
I	26915		—	2,26	I	6617,26	M	30	4,13
I	26024		—	2,27	I	6550,26	M	17	4,58
I	20262	A	2	4,21	I	6546,79	M	10	4,17
II	12445		—	6,91	I	6504,00	M	55	4,17
II	12016		—	6,95	I	6465,79	M	2,5	4,61
I	11241,32	A	2	3,79	I	6446,68	M	2,5	4,19
II	10914,83	A	4	2,94	I	6408,47	M	90	4,21
II	10327,29	A	20	3,04	I	6388,24	M	6	4,20
II	10036,59	A	6	3,04	I	6386,50	M	9	4,21
II	9644,2		—	8,85	I	6380,75	M	10	4,20
I	7673,06	M	4	4,31	I	6369,96	M	3,5	4,20
I	7621,50	M	5	4,13	I	6363,94	M	2,5	4,20
I	7309,41	M	25	4,19	II	6349,00		—	9,51
I	7232,27	M	2,0	4,21	I	6345,75	M	2,5	4,21
I	7167,24	M	2,5	4,23	I	5970,10	M	2,0	4,77
I	7070,10	M	55	3,59	II	5650,54		—	8,81
I	6892,59	M	12	1,80	II	5622,94		—	8,81

λ	B		eV	λ	B		eV
I 5543,36	M	2,5	4,92	I 3940,80	M	3,0	4,92
I 5540,05	M	20	4,50	I 3865,46	A	4	5,05
I 5534,81	M	20	4,51	I 3807,38	A	4	5,05
I 5521,83	M	26	4,50	I 3548,08	A	4	5,33
I 5504,17	M	35	4,51	I 3499,67	A	4	5,33
I 5486,12	M	11	4,51	II 3474,89	M	12	6,61
I 5480,84	M	70	4,53	II 3464,46	M	95	6,62
I 5450,84	M	15	4,53	II 3380,71	M	65	6,61
II 5385,45		—	9,25	I 3366,33	M	3,0	5,53
II 5379,13		—	9,25	I 3351,25	M	4	5,54
I 5329,82	M	3,5	4,82	I 3330,00	M	3,0	5,52
II 5303,13		—	9,25	I 3322,23	A	5	5,53
I 5256,90	M	48	4,63	I 3307,53	A	4	5,54
I 5238,55	M	28	4,62	I 3301,73	M	3,0	5,53
I 5229,27	M	20	4,63	I 2931,83	M	2,0	4,23
I 5225,11	M	20	4,62	I 2569,47	M	1,2	4,82
I 5222,20	M	14	4,62	II 2471,60		2	8,05
I 5156,07	M	8	4,90	I 2428,10	M	2	5,10
I 4967,94	M	13	4,34	II 2423,60		1	8,05
I 4962,26	M	80	4,35	II 2324,52		1	8,37
I 4892,66	A	2	4,80	II 2322,36		2	8,37
I 4891,98	M	10	4,80	II 2282,00		2	8,37
I 4876,33	M	20	4,39	II 2165,96	M	150	7,56
I 4872,49	M	30	4,34	II 2152,84	M	140	7,56
I 4868,70	M	6	4,80	II 2051,88		1	9,08
I 4855,05	M	5	4,80	II 1778,39		9	8,80
I 4832,08	M	36	4,34; 4,36	II 1769,63		8	8,80
I 4811,88	M	48	4,42	II 1620,35		5	9,49
I 4784,32	M	14	4,39	II 1612,98		4	9,49
I 4741,92	M	22	4,39	II 1537,91		1	9,90
I 4722,28	M	32	4,42	II 1531,28		1	9,90
I 4607,33	M	650	2,69	IV 710,35	S	5	18,66
I 4438,04	M	3,5	4,64	IV 664,43	S	7	18,66
I 4361,71	A	4	4,64	IV 576,10	S	3	22,72
I 4337,89	A	4	5,13	IV 567,11	S	3	23,06
I 4319,12	A	3	5,13	IV 545,55	S	4	22,72
II 4312,74		—	9,49	IV 500,51	S	5	25,97
II 4305,45	M	34	5,91	IV 488,74	S	3	26,56
II 4296,82		—	9,49	IV 462,70	S	2	28,00
II 4215,52	M 3200		2,94	IV 442,77	S	2	28,00
II 4161,80	M	20	5,91	IV 419,81	S	2	29,53
II 4077,71	M 4600		3,04	IV 403,85	S	2	30,70
I 4030,38	M	13	4,92				
I 3970,04	M	3,0	4,92				
I 3969,26	M	6	4,92				

73 Ta

λ	B		eV	λ	B		eV
I 10099,41	A	2	2,43	I 7882,37	M	8	2,96
I 8447,62	M	2,0	3,12	I 7842,76	M	1,6	3,10
I 8281,62	M	6	2,73	I 7814,03	A	2	2,73
I 8026,50	M	6	2,29	I 7407,89	M	13	3,06
I 7950,19	M	2,5	3,21	I 7369,09	M	7	3,04

	λ	B		eV		λ	B		eV
I	7356,96	M	8	2,43	I	6101,58	M	8	4,81
I	7352,86	M	11	2,89	I	6090,82	M	2,5	5,16
I	7346,41	M	13	2,43	I	6053,64	M	2,0	3,25
I	7301,74	M	11	3,21	I	6047,25	M	8	3,56
I	7250,27	M	2,5	3,06	I	6045,39	M	20	3,44
I	7172,90	M	9	3,12	I	6020,72	M	8	3,26
I	7148,63	M	12	3,25	I	5997,23	M	15	3,72
I	7125,72	M	3,0	—	I	5944,02	M	19	3,32
I	7081,30	M	1,2	—	I	5939,77	M	10	3,29
I	7025,03	M	4	3,12	I	5918,95	M	7	3,33
I	7006,96	M	6	3,00	I	5901,91	M	7	3,49
I	7005,07	M	3,0	2,52	I	5882,30	M	10	5,03
I	6995,39	A	12	2,52; 3,08	I	5877,36	M	19	3,76
I	6966,13	M	14	3,29	I	5866,61	M	1,2	—
I	6953,88	M	3,5	3,92	I	5849,95	A	1	3,32
I	6951,26	M	4	3,44	I	5849,68	M	1,0	3,44
I	6928,54	M	11	3,44	I	5811,10	M	10	2,62
I	6927,38	M	11	3,44	I	5780,71	M	7	2,89
I	6902,10	M	12	3,00	I	5780,02	M	2,0	4,71
I	6900,55	M	3,0	5,03	I	5776,77	M	10	2,89
I	6875,27	M	14	3,04	I	5767,91	M	2,5	3,29
I	6866,23	M	17	3,32	I	5766,56	M	2,0	3,29
I	6813,25	M	13	2,96	I	5746,71	M	1,8	5,45
I	6789,00	A	2	3,34	I	5706,28	M	2,0	5,27
I	6774,25	M	3,0	3,04	I	5699,24	M	3,0	3,32
I	6771,74	M	6	3,06	I	5688,25	M	2,5	4,31
I	6740,73	M	6	3,49	I	5664,90	M	10	2,43
I	6675,53	M	14	3,25	I	5645,91	M	12	3,34
I	6673,73	M	8	3,06	I	5620,68	M	3,0	3,72
I	6621,30	M	6	2,62	I	5598,75	M	1,2	5,66
I	6611,95	M	9	3,26	I	5584,02	M	2,5	5,66
I	6574,84	M	8	3,12	I	5548,33	M	1,6	4,37
I	6516,10	M	8	3,29	I	5518,91	M	7	4,40
I	6514,39	M	8	3,29	I	5499,44	M	4	3,91
I	6505,52	M	5	—	I	5494,78	M	1,6	3,00
I	6485,37	M	30	3,55	I	5490,11	M	3,0	—
I	6450,37	M	16	3,43	I	5461,29	M	7	2,96
I	6430,79	M	20	3,44	I	5435,27	M	5	3,63
I	6389,45	M	7	4,56	I	5431,66	M	1,8	—
I	6373,06	M	3,0	4,76	I	5419,13	M	10	3,04
I	6360,84	M	5	3,34	I	5404,96	M	3,5	4,43
I	6356,14	M	6	3,10	I	5402,51	M	16	2,29
I	6341,17	M	5	—	I	5395,99	M	3,0	3,44
I	6332,91	M	4	2,71	I	5389,30	M	7	—
I	6325,08	M	6	2,71	I	5354,68	M	5	3,06
I	6309,58	M	12	3,32	I	5349,09	M	4	3,06
I	6281,33	M	5	3,33; 5,27	I	5342,25	M	2,0	3,56
I	6268,70	M	12	3,49	I	5341,05	M	11	2,81
I	6256,68	M	12	2,73	I	5279,82	M	1,4	—
I	6249,79	M	3,0	3,57	II	5237,53	M	2,5	4,18
I	6189,66	M	1,2	—	I	5230,80	M	3,0	3,12
I	6158,84	M	3,0	4,16	I	5212,74	M	9	2,38
I	6154,50	M	10	3,25	I	5161,81	M	6	3,63
I	6152,54	M	2,5	5,46	I	5156,56	M	26	3,10
I	6144,56	M	5	3,34	I	5136,47	M	2,5	3,16

λ	B		eV	λ	B		eV
I 5115,84	M	9	—	I 4556,35	M	9	—
II 5109,36	M	2,0	3,63	I 4553,69	M	5	4,11
I 5090,71	M	7	3,64	I 4551,95	M	14	3,21
I 5087,37	M	5	3,83	I 4547,15	M	3,0	3,96
I 5076,37	M	3,5	4,60	I 4530,85	M	20	3,49
I 5067,87	M	8	3,96	I 4527,50	M	7	—
II 5044,87		25	5,78	I 4521,09	M	6	3,43
I 5043,32	M	7	3,85	I 4511,50	M	8	3,44
I 5037,37	M	16	4,12	I 4510,98	M	38	3,44
I 5012,52	M	6	3,83	I 4509,29	A	8	4,66
I 4968,53	M	2,0	5,27	I 4496,50	M	4	3,00
I 4936,42	M	12	4,03	I 4494,97	M	4	—
I 4926,00	M	9	3,26	I 4480,93	M	5	5,86
I 4923,47	M	1,6	3,21	I 4441,68	M	8	4,11
I 4921,27	M	8	3,26	I 4441,03	M	6	4,02
I 4920,11	M	9	4,11	I 4415,74	M	14	3,55
I 4914,96	M	2,5	2,52	I 4402,50	M	19	3,96
I 4907,73	M	3,0	2,77	I 4386,07	M	16	3,57
I 4904,59	M	5	—	II 4374,21	M	3,0	5,13
I 4883,95	M	7	3,68	I 4355,15	M	12	5,66
I 4871,70	M	1,8	3,29	I 4302,98	M	17	4,02
II 4864,48		8	4,01	I 4286,38	M	7	5,27
I 4852,17	M	3,0	3,91	I 4279,06	M	10	2,89
I 4846,45	M	6	5,66	I 4268,26	M	14	4,81
I 4832,19	M	5	3,80	I 4206,40	M	13	—
I 4825,43	M	8	3,96	I 4205,88	M	32	3,43
I 4819,53	M	8	4,22	I 4175,21	M	22	4,11
I 4812,75	M	20	2,57	II 4162,67		10	4,18
I 4780,94	M	8	3,91	I 4136,20	M	24	3,48
I 4768,98	M	11	4,11	I 4129,38	M	22	3,25; 4,67
I 4756,51	M	20	3,10	I 4123,17	M	6	3,00
I 4740,16	M	14	3,85	I 4085,80	M	4	5,17
I 4730,12	M	8	4,21	I 4067,91	M	33	3,29
I 4722,88	M	4	2,62	I 4061,40	M	44	3,80
I 4706,09	M	6	4,02	I 4040,87	M	13	3,76
I 4701,32	M	6	3,99	I 4033,07	M	9	4,53
I 4693,35	M	8	5,45	I 4029,94	M	15	—
I 4691,90	M	12	3,85	I 4026,94	M	20	3,83
I 4685,27	M	3,5	3,79	I 3996,17	M	22	3,85
I 4684,87	M	4	3,34	I 3979,28	M	7	4,44
I 4681,88	M	42	2,89	I 3970,10	M	22	3,12
I 4669,14	M	12	3,80	I 3922,92	M	15	4,37
I 4661,12	M	8	4,31	I 3922,78	M	15	3,90
I 4633,06	M	4	3,91	II 3922,42	M	6	4,01
I 4622,96	M	3,0	3,91	I 3918,51	M	22	3,16
I 4619,51	M	28	3,83	II 3866,24		8	5,18
I 4604,85	M	3,5	5,66	II 3833,74	M	22	3,63
I 4602,19	M	5	3,89	II 3796,21		1	5,56
I 4601,42	M	4	4,66	I 3792,02	M	12	3,26
I 4583,17	M	2	3,85	I 3784,25	M	2	4,02
I 4580,69	M	3,0	3,91	II 3782,91		8	5,23
I 4574,31	M	36	2,71	II 3763,44		10	5,10; 6,15
I 4573,29	M	5	4,22	I 3731,02	M	16	3,32
I 4566,86	M	3,0	5,93	II 3694,50	M	7	5,15; 5,50
I 4565,85	M	18	3,92	II 3662,34	M	8	4,58

	λ	B		eV		λ	B		eV
II	3654,81	A	8	5,52	I, II	3331,01	M	44	5,24; —
I	3642,06	M	60	4,10	I	3325,74	A	11	5,08
II	3628,68		8	—	I	3318,84	M	90	3,98
I	3626,62	M	130	3,91	I	3318,53	M	9	4,43
I	3625,24	M	7	4,11	I	3317,93	M	28	4,22
I	3623,24	A	14	4,12	II	3314,06		8	6,03
II	3609,95		10	5,40	I	3311,16	M	140	4,44
I	3607,41	M	100	3,68	I	3309,78	M	10	3,99
I	3595,64	M	20	4,80	I	3304,38	M	9	4,98
I	3584,21	M	14	4,60	I	3302,77	A	10	4,98
II	3579,42		35	6,61	I	3299,77	M	16	4,50
II	3573,44	M	20	4,93	I	3295,33	M	18	5,15
I	3566,72	M	24	4,22	I, II	3293,93	M	5	—; 6,65
II	3565,63		30	6,70	I	3292,48	M	4	4,99
II	3551,12		10	5,78	II	3285,10		8	5,10
II	3542,22		12	—	I	3279,29	M	9	4,98
II	3541,88	M	13	3,63	I	3275,94	A	10	5,30
I	3527,07	M	7	4,91	II	3275,68	M	11	4,48
II	3523,16		15	4,18	II	3274,95	M	28	4,18; 6,08
II	3521,47		8	—	II	3273,13		3	4,99
I	3511,04	M	65	4,22	II	3271,19		8	6,08
I	3504,98	M	17	4,02	I	3269,14	A	14	4,99
I	3503,87	M	32	4,77	II	3265,51		8	5,00
I	3497,85	M	50	3,79	I	3263,76	A	14	5,15
I	3480,52	M	65	4,31	I	3260,18	M	9	—
II	3474,25		35	6,46; 5,53; 6,65	I	3259,87	A	10	5,39
II	3470,99		8	6,60	II	3256,85		4	6,84
I	3463,77	A	30	3,57	II	3253,12		8	5,49
II	3462,49		8	6,50	II	3252,26		10	5,61
II	3446,91	M	10	5,17	I	3250,36	M	5	4,56
II	3440,24	M	12	5,40	I	3248,52	M	5	5,20
II	3439,00		15	5,18	I	3245,28	A	14	5,02
I	3437,37	A	3	4,84	I	3242,83	M	26	4,31
I	3436,00	M	19	5,00	I	3242,05	M	26	4,31
I, II	3430,94	M	24	—; 4,01	II	3240,94	M	16	4,48
I	3419,75	M	10	4,11	I	3239,99	M	9	5,34
II	3415,27		12	5,93; 4,83	I	3237,85	A	11	3,82; 5,07
II	3414,13	M	18	4,48; 7,51	I, II	3234,69	M	11	—; 7,79
II	3407,40		9	5,40; 5,18	I	3230,86	M	16	5,35
I	3406,94	M	60	3,63	II	3229,88		16	5,63
II	3406,66	M	22	4,48	I	3229,24	M	30	—
I, II	3398,37	M	30	3,90; 5,23	I	3227,32	M	24	4,98
II	3390,20		8	—	II	3226,93		16	5,81
I	3385,05	M	48	4,16	I	3223,83	M	40	4,54
II	3379,52	M	18	4,18	I	3221,32	M	10	5,08
I, II	3376,49	M	6	5,06; 5,80	I	3216,92	M	20	4,60
I	3371,54	M	85	4,16	II	3216,15		12	5,32
I	3366,66	M	6	—	II	3213,91	M	26	5,81; 4,56
I	3361,64	M	23	5,34	II	3209,76		8	6,15
I	3358,53	M	30	5,08	I	3207,85	M	6	5,25
II	3349,21	M	17	5,93; 5,51	II	3206,39	M	20	4,56
II	3339,91	M	17	4,56	II	3200,18		15	6,76; 6,01
I	3337,80	M	9	3,96	II	3199,23		10	7,02
II	3332,68		8	4,93	II	3198,94		12	—
I	3332,41	M	11	4,86	I	3198,67	M	26	4,36

	λ	B		eV		λ	B		eV
II	3194,83		12	6,03	I	3063,56	M	24	4,74
I	3192,25	M	10	—	II	3060,65		8	5,51
I	3191,16	M	16	5,20	I	3060,29	M	19	4,54
I	3184,55	M	32	4,64	I	3058,64	M	19	4,80
I	3182,57	M	15	4,64	II	3057,23	M	14	5,72; 5,86
I	3180,95	M	80	3,89	I	3057,12	A	5	5,38
I	3176,29	M	26	4,65	II	3056,62	M	10	6,19
I	3173,59	M	36	3,90	II	3053,10		8	6,01
I	3172,87	M	10	5,30	II	3052,53		15	—
I	3170,29	M	42	5,43	I	3049,56	M	70	4,31
II	3168,18	M	9	5,86	I	3048,86	M	24	4,31
II	3166,71		8	5,46	I	3045,96	M	14	5,72
I	3163,13	M	19	5,15	II	3042,45	M	14	5,53
I	3162,72	M	10	5,15	II	3042,06	M	38	4,58
II	3157,95	M	10	4,58	I	3040,98	M	10	—
II	3157,64		8	—	II	3040,72	M	5	4,78
II	3156,74	M	5	5,40	II	3039,85		8	5,89
II	3155,24	M	5	4,78	II	3037,51	M	14	4,93; 5,75
II	3151,16		8	5,51	II	3036,61		8	7,16
I	3150,85	M	5	5,09	I	3028,78	M	12	5,33
I	3148,04	M	18	5,08	I	3027,51	M	38	5,61
I	3147,37	M	10	5,58	I	3025,16	M	24	5,30
II	3142,96	M	8	5,15	II	3022,56		8	5,86
II	3141,38		15	6,08	II	3021,80		12	6,24
II	3137,44	M	8	5,15; 5,76	II	3020,17		8	5,89
I, II	3135,89	M	24	5,16; 5,53	I, II	3012,54	M	240	4,11; 4,77
I	3132,64	M	36	4,44	I	3011,88	M	28	4,81
II	3131,85		15	5,53	I	3011,12	M	24	5,76
II	3131,60		15	6,89	I	3010,84	M	14	4,76; 6,07
I	3130,58	M	50	5,35	II	3004,92	M	9	5,32
I	3129,95	M	15	4,67	II	3002,98	M	4	5,81
I	3129,55	M	8	5,10	II	2999,38	M	8	5,93
II	3127,77	M	20	5,17	II	2997,28		9	6,08
I	3124,97	M	50	4,21	I	2991,25	M	12	4,89
II	3124,62		8	5,51	I	2989,50	M	22	4,89
I	3117,44	M	20	4,22	II	2986,81	M	14	4,48
I	3115,86	M	10	4,22	I	2978,75	M	20	—
I	3113,90	M	13	—	I, II	2978,18	M	12	5,51; 6,46; 6,42
II	3112,92		8	—	II	2976,99		8	5,73
II	3110,82	M	5	—	II	2976,26	M	10	5,74
II	3105,63		8	5,53	I	2975,56	M	50	4,66
I	3103,25	M	75	3,99	II	2974,54		8	5,84
II	3101,03	M	10	5,45	I	2969,90	M	8	5,83
I	3095,39	M	24	5,66	I	2969,47	M	40	4,66
I	3093,87	M	20	5,21	II	2968,29	M	4	5,63
I	3092,44	M	24	5,15	II	2965,92	M	11	4,18
II	3087,76	M	8	5,22	I	2965,55	M	90	4,43
I	3085,54	M	22	5,34	II	2965,13	M	90	4,18
II	3082,06		15	7,90; 7,82; 7,02	II	2964,02		8	5,98
I	3081,85	M	24	4,77	I	2963,91	M	14	5,33
I	3079,96	M	14	5,54	I	2963,32	M	180	4,43
I	3078,23	M	19	4,77	I	2957,60	M	20	4,89
I	3077,25	M	48	5,35	II	2956,84	M	14	6,14
I	3069,24	M	70	5,55	II	2955,32	M	12	7,42
II	3064,79		20	6,01	II	2952,99	M	12	5,40

λ	B		eV	λ	B		eV
I, II 2951,90	M	60	4,44; 6,14	I 2864,50	M	18	—
II 2949,92	M	4	6,01	II 2860,88	M	7	5,18
I 2946,91	M	18	5,35	I, II 2858,44	M	26	6,31; 5,00
II 2945,59		10	6,50	I 2857,28	M	12	5,54
II 2944,83		16	—	II 2856,68	M	8	5,89
II 2944,57		8	7,70; 6,37	II 2852,36	M	7	6,60
I 2942,14	M	28	4,70	I, II 2850,99	M	220	5,04; 6,15
I 2940,22	M	140	4,21	I 2850,49	M	170	—
I 2940,06	M	55	5,54	I 2849,82	M	12	5,74
I 2939,28	M	18	5,61	I 2848,53	M	65	4,84; 5,81
I 2938,43	M	4	5,80	I 2848,05	M	17	5,55
II 2938,02	M	4	6,51	I 2846,75	M	8	—
II 2936,95		8	5,89; 6,03	I 2845,35	M	34	5,05
I 2933,55	M	200	4,22	I 2844,76	M	20	—
I 2932,70	M	36	5,74	II 2844,46	M	34	4,48
I 2926,46	M	12	4,98	I 2844,25	M	75	5,11
I 2925,66	M	4	5,47	II 2843,51	M	8	6,61
I 2925,27	M	48	4,99; 5,75	I 2842,82	M	30	5,75
II 2922,85	M	8	—	II 2840,39	M	9	—
II 2918,96	M	11	6,38	II 2838,24	M	10	6,33
II 2917,56	M	4	6,01; 5,93	I 2836,62	M	4	4,37
I 2915,49	M	36	4,74	I 2833,64	M	20	5,61
I 2915,34	M	20	—	II 2832,70	M	8	5,22
II 2914,73		8	7,74	II 2828,58	M	18	8,26
I 2914,13	M	24	5,61	II 2827,59		10	4,78
I 2908,91	M	20	5,58	I 2827,18	M	11	5,08
I, II 2905,24	M	20	5,50; 4,78	I 2826,18	M	8	5,74
I 2904,07	M	18	5,58	I 2824,81	M	5	5,90
I 2902,05	M	65	5,92	I 2819,37	M	11	4,89
II 2901,87		8	5,86	II 2819,13	M	5	5,72
I 2901,05	M	5	5,47	I 2817,50	M	6	5,72
II 2900,75	M	7	5,85	I, II 2817,10	M	30	5,61; 5,10
I 2900,36	M	20	5,48	I 2815,12	M	11	5,16
II 2899,20		8	7,36	I 2815,01	M	11	4,65
I 2899,04	M	30	4,77	I 2814,80	M	11	5,16
I 2896,44	M	4	5,42	II 2814,31	M	12	5,17
I 2895,10	M	16	5,87	II 2811,72	M	8	6,70
I 2891,84	M	90	4,53	I 2810,92	M	16	5,92
I 2891,04	M	10	5,94	I 2806,58	M	60	4,66
II 2890,26	M	9	4,62; 5,96	I 2806,30	M	50	5,16
II 2882,33	M	4	5,51	I 2802,07	M	44	4,91
II 2881,60		8	4,96	I 2800,57	M	6	5,94
I 2880,02	M	44	4,99	I 2798,40	M	22	—
I 2879,74	M	14	4,79	II 2797,76	M	80	6,19; 4,56
I 2879,52	M	4	5,96	I 2796,57	M	9	5,66
II 2877,69	M	12	5,51	I 2796,34	M	80	4,68
I 2876,11	M	16	5,52; 5,90	II 2795,20	M	6	6,01
I 2874,17	M	24	5,06	I 2791,67	M	14	5,20
I 2873,56	M	30	4,57; 4,80	II 2791,37	M	16	5,10; 8,14
I 2873,36	M	32	4,31	I 2790,71	M	12	4,93
I 2871,42	M	55	4,56	I 2788,30	M	15	—
I 2868,65	M	36	4,81	I 2787,69	M	46	5,58
II 2867,41	M	12	6,55	II 2784,97	M	18	5,15
II 2865,70		8	—	II 2781,37	M	12	5,66
II 2865,32	M	9	6,46	II 2780,34	M	12	4,58

λ	B		eV	λ	B		eV
I 2779,10	M	12	4,95	I 2661,89	M	18	5,35
I 2775,88	M	90	4,46	I 2661,34	M	180	5,35
II 2775,55	M	4	6,72	II 2658,86	M	14	5,51
I, II 2775,11	M	15	5,82; 5,13	II 2658,14	M	6	6,24
I 2774,88	M	12	6,37	I 2656,61	M	220	4,66
II 2771,83	M	8	6,70	I 2653,27	M	300	4,91
II 2763,37	M	13	4,48	II 2651,22	M	32	5,22
II 2762,05	M	7	7,72; 7,64	I 2647,47	M	280	4,68
II 2761,68	M	50	4,62	I, II 2646,77	M	18	5,37; 6,15
I 2761,55	A	16	5,72	I 2646,37	M	70	4,93
I 2758,31	M	120	4,74	I 2646,22	M	60	—
II 2752,49	M	48	4,83	I, II 2645,10	M	14	6,29; 5,52
I 2752,30	M	18	5,83	II 2644,60	M	14	6,26; 5,01
II 2750,35	M	8	5,98	I 2643,89	M	20	5,44
I 2749,83	M	100	5,71	I 2636,90	M	100	5,39
I 2748,78	M	140	4,98	I 2636,67	M	55	5,20
I 2747,25	M	10	—	I 2635,93	M	8	4,95
I 2746,68	M	60	5,20	II 2635,59	M	140	4,83
II 2739,26	M	24	5,23	II 2633,79	M	10	6,96; 6,98
I 2736,25	M	36	4,77	II 2632,27	M	12	7,71
II 2735,26	M	12	5,73	II 2628,84	M	8	7,01
I 2732,92	M	8	4,53	I 2624,12	M	20	5,46
II 2730,74	M	6	8,01; 7,39	I 2616,66	A	10	4,99
I 2727,78	M	48	5,87	I 2615,66	M	36	4,97
II 2727,44	M	55	4,87; 5,20	I 2615,47	M	40	5,94
II 2725,42	M	13	—	II 2612,61	M	13	4,87
I 2721,83	M	20	5,30	I 2611,34	M	36	5,24
I 2720,76	M	55	4,80	I 2609,00	M	24	5,50
I 2718,38	M	17	5,31	I 2608,63	M	160	4,98
I 2717,18	M	28	5,06	II 2607,84	M	14	—
I 2714,67	M	300	4,56	II 2606,43	M	8	6,72
I 2710,13	M	140	5,06	II 2603,49	M	70	5,53
II 2709,27	M	36	5,78; 6,03	I 2601,06	M	16	5,51
I 2706,69	M	55	5,90	I 2600,14	M	26	4,76
I 2704,31	M	10	—	I 2599,40	A	20	6,10
I 2703,06	M	10	4,83	II 2598,19	M	12	7,02
I 2698,30	M	120	4,84	II 2596,45	M	36	5,10
I 2696,81	M	28	5,74	II 2595,59	M	14	4,77
I 2694,76	M	17	5,35	I 2595,26	M	65	5,47
II 2694,52	M	55	4,93	II 2593,66	M	48	5,33
I 2692,40	M	30	5,30	I 2593,09	M	50	5,46
I 2691,31	M	40	4,60	II 2592,54		8	6,46
II 2689,27	M	12	5,46	II 2584,49	M	16	6,46; 7,02
II 2685,11	M	180	4,62; 5,13	II 2584,03	M	40	—
I 2684,28	M	70	4,86	I 2580,16	M	24	5,05
I 2681,87	M	13	—	I 2579,62	M	12	4,80
II 2680,66	M	26	5,17	II 2579,05		7	6,35; 6,61
II 2680,06	M	32	5,33	I 2577,78	M	40	—
II 2675,90	M	90	5,18	I, II 2577,37	M	70	5,30; 6,20
II 2675,73		8	7,63	I 2575,47	M	18	5,96
II 2672,50	M	12	5,34	I 2574,38	M	18	6,05
I 2668,62	M	70	4,65	I 2573,79	M	46	5,06
I 2668,07	M	26	5,34	I 2573,54	M	50	4,81
II 2665,60	M	26	4,78	II 2571,51	M	40	5,48
II 2664,24	M	6	6,88	II 2569,13	M	14	5,15; 7,72

λ	B		eV	λ	B		eV
I 2563,70	M	14	4,83	I 2474,62	M	60	5,26
I 2563,33	M	8	5,08	I 2472,13	M	12	5,50
I 2562,10	M	46	5,33	II 2470,90	M	38	5,78
I 2560,68	M	18	—	I 2465,26	M	8	5,74
I 2559,43	M	120	4,84	II 2463,83	M	16	6,58
I, II 2557,71	M	18	6,30; 6,06	I 2460,55	M	10	6,20
I 2555,05	M	24	5,34	I 2454,48	M	10	5,54
II 2554,91	M	12	5,40	I 2454,21	M	8	—
II 2554,62	M	46	5,18	II 2444,67	M	9	—
I 2551,73	M	14	5,61	I 2443,94	A	12	5,82
I 2551,19	M	46	5,55	II 2432,70	M	48	5,86
I 2551,07	M	46	5,10	I 2427,64	M	36	5,11
I 2549,38	M	14	5,35	II 2421,85	M	15	6,92
I 2546,80	M	24	4,86	II 2416,89	M	33	5,45
II 2545,50	M	24	5,00	I 2406,55	M	14	5,40
II 2544,37		12	7,01	II 2400,62	M	240	5,93
II 2537,96	M	16	6,08	I 2396,30	M	8	5,87
I 2536,23	A	20	6,29	II 2387,06	M	140	5,74
II 2532,13	M	60	5,22	II 2381,14	M	44	5,53
I 2526,45	M	120	5,40	II 2250,76	M	120	5,63
I 2526,35	M	120	5,16	II 2239,48	M	140	5,86
II 2526,02	M	14	5,61	II 2227,85		8	5,89
I 2519,78	M	10	5,66	II 2210,19 ⎫	M	140	6,15
I 2512,65	M	24	4,93	II 2210,03 ⎬			5,61
II 2511,69	M	5	—	II 2199,67	M	150	5,63
II 2510,68	M	10	6,27; 6,89	II 2196,05	M	150	6,19
I 2507,45	M	60	5,19	II 2182,72	M	120	5,81
I 2504,45	M	60	5,44	II 2146,87	M	150	5,90
II 2503,01	M	10	—	II 2143,16		8	—
I, II 2488,70	M	60	6,22; 5,52; 6,65	II 2140,15	M	72	—
I 2488,40	A	12	6,36				
I 2484,95	M	50	4,98				
II 2482,58	M	10	8,79				
I 2478,22	M	15	5,00				
II 2475,32		8	7,26				

65 Tb

λ	B		eV	λ	B		eV
II 6896,37	M	5	—	II 5089,12	M	8	—
II 6794,58	M	12	—	I 5078,25	M	11	2,69
II 6677,94	M	9	—	I 5065,79	M	6	—
II 5967,34	M	8	—	I 4915,90	M	10	—
I 5851,07	M	7	—	II 4875,58	M	8	—
I 5803,13	M	8	—	I 4813,77	M	10	—
II 5785,18	M	2,5	—	I 4786,78	M	18	—
I 5747,58	M	9	—	II 4752,51	M	40	—
II 5685,74	M	3,0	—	II 4707,94	M	11	—
5516,24	H	5	—	II 4702,41	M	20	—
I 5514,54	M	5	—	II 4645,28	M	24	—
I 5375,98	M	8	2,31	II 4641,98	M	19	—
I 5369,72	M	8	2,33	II 4578,69	M	19	—
I 5319,23	M	11	2,33	II 4563,69	M	10	—
I 5228,12	M	12	—	I 4556,46	M	10	—

	λ	B		eV		λ	B		eV
I	4550,45	M	10	—	I	4105,37	M	60	3,02
I	4549,07	M	10	—	I	4100,90	M	12	—
I	4511,52	M	14	—	I	4081,24	M	36	—
I	4493,08	M	40	—	II	4066,22	M	36	—
I	4448,04	M	22	—	I	4061,59	M	120	3,07
I	4423,11	M	32	—	I	4060,40	M	38	3,08
I	4390,91	M	24	2,85	I	4054,12	M	40	3,08
I	4388,25	M	28	—	II	4052,87	M	28	—
I	4382,46	M	30	3,08	II	4051,86	M	28	—
I	4372,05	M	20	—	I	4036,24	M	32	3,71
I	4367,30	M	20	—	II	4033,06	M	190	—
I	4360,16	M	26	2,87	I	4032,34	M	80	3,32
I	4356,84	M	80	—	II	4031,66	M	48	—
I	4356,09	M	26	—	I	4024,79	M	34	3,11
II	4353,20	M	40	—	II	4020,47	M	50	—
I	4342,51	M	40	2,99	II	4019,14	M	34	—
I	4340,62	M	65	—	I	4013,27	M	30	3,34
I	4338,45	M	160	—	II	4012,75	M	70	—
I	4337,64	M	55	—	I	4010,06	M	28	3,22
I	4336,50	M	80	—	II	4005,57	M	180	—
I	4332,12	M	55	—	II	4002,59	M	90	—
I	4328,95	M	22	—	II	3999,40	M	32	—
I	4326,47	M	280	—	II	3983,85	M	28	—
II	4325,83	M	55	—	II	3981,89	M	170	—
I	4322,24	M	55	—	II	3976,84	M	200	—
I	4318,85	M	200	—	II	3958,36	M	32	—
I	4313,25	M	34	—	II	3957,97	M	26	—
I	4311,56	M	28	2,90	II	3946,89	M	60	—
I	4310,44	M	42	3,67	II	3939,52	M	75	—
I	4299,90	M	28	—	II	3935,24	M	60	—
I	4298,37	M	34	2,90	II	3925,45	M	70	—
I	4289,72	M	28	2,89	II	3922,74	M	44	—
II	4278,52	M	70	—	II	3922,10	M	28	—
II	4276,75	M	10	—	II	3919,52	M	44	—
I	4269,69	M	30	3,15	I	3915,43	M	60	—
I	4266,34	M	60	—	I	3913,48	M	26	3,30
I	4258,23	M	44	—	I	3909,54	M	30	3,20
I	4255,25	M	34	3,35; 3,27	I	3909,16	M	35	3,17
I	4235,35	M	28	2,93	I	3908,08	M	44	3,19; 3,49
I	4232,82	M	44	3,29	I	3901,35	M	150	3,43
II	4226,45	M	44	—	II	3899,20	M	220	—
I	4217,56	M	28	—	I	3897,89	M	30	3,21; 3,82
I	4215,13	M	44	2,94	II	3896,58	M	30	—
II	4214,42	M	28	—	II	3895,99	M	30	—
I	4213,50	M	28	—	I	3894,60	M	45	—
I	4206,49	M	55	3,71	I	3888,23	M	44	—
I	4203,72	M	60	3,20	II	3874,19	M	320	—
II	4201,00	M	42	—	II	3869,75	M	42	—
I	4196,73	M	36	3,38	II	3848,76	M	340	—
I	4187,16	M	28	—	II	3845,61	M	34	—
II	4178,98	M	14	—	II	3842,50	M	85	—
I	4158,53	M	32	2,98	I	3840,26	H	5	3,23
II	4144,46	M	100	—	I	3833,40	M	50	3,55
I	4143,49	M	26	3,02	II	3830,29	M	140	—
I	4112,50	M	28	3,04; 3,28	I	3806,85	M	70	4,02

	λ	B		eV		λ	B		eV
II	3801,80	M	30	—	II	3619,73	M	40	—
	3793,55	M	55	—	II	3617,88	M	40	—
I	3792,18	M	36	3,90	II	3616,58	M	34	—
	3789,92	M	38	—	II	3615,66	M	34	—
	3787,22	M	38	—	II	3614,63	M	34	—
I	3783,54	M	55	3,28	II	3611,41	M	28	—
	3779,22	M	30	—	II	3611,33	M	34	—
II	3776,49	M	190	—	II	3606,16	M	30	—
II	3767,50	M	18	—	II	3606,04	M	30	—
I	3765,14	M	160	3,32	II	3604,90	M	34	—
I	3761,12	M	32	3,55	II	3600,44	M	170	—
I	3759,35	M	60	3,32	II	3598,06	M	46	—
II	3757,90	M	40	—	II	3596,38	M	85	—
II	3757,44	M	40	—	II	3587,44	M	60	—
II	3747,34	M	80	—		3585,03	M	75	—
II	3747,17	M	80	—	II	3579,20	M	120	—
I	3745,07	M	60	3,44	II	3572,07	M	34	—
	3743,09	M	40	—	II	3568,98	M	170	—
II	3732,39	M	40	—	II	3568,51	M	440	—
II	3729,91	M	60	—	II	3567,35	M	85	—
II	3719,45	M	30	—		3565,74	M	60	—
II	3711,74	M	100	—	II	3562,90	M	50	—
II	3709,30	M	36	—	II	3561,74	M	340	—
II	3706,34	M	28	—	I	3559,39	M	30	—
II	3703,92	M	240	—		3558,77	M	48	—
I	3703,07	M	30	—	II	3551,96	M	34	—
II	3702,85	M	460	—		3551,03	M	32	—
I	3700,12	M	44	3,38		3546,52	M	30	—
II	3696,85	M	32	—	II	3543,86	M	85	—
II	3694,75	M	14	—	II	3543,23	M	30	—
I	3693,56	M	44	3,38	II	3540,24	M	120	—
II	3692,95	M	30	—	II	3537,94	M	60	—
II	3691,15	M	60	—	II	3536,32	M	46	—
II	3688,15	M	32	—	II	3525,61	M	46	—
II	3682,26	M	80	—	II	3525,14	M	40	—
II	3677,89	M	30	—	II	3523,66	M	140	—
II	3676,35	M	380	—	II	3519,76	M	60	—
I	3669,62	M	26	3,38	II	3515,04	M	30	—
II	3663,12	M	44	—	II	3513,86	M	30	—
II	3658,88	M	200	—	II	3513,10	M	34	—
II	3654,88	M	85	—	II	3510,10	M	40	—
II	3650,40	M	240	—	II	3509,17	M	600	—
II	3647,75	M	60	—	II	3507,45	M	60	—
I	3647,06	M	46	3,53	II	3505,90	M	28	—
II	3645,38	M	24	—	II	3500,84	M	85	—
II	3641,66	M	70	—	II	3495,36	M	28	—
II	3639,82	M	30	—	II	3494,21	M	28	—
II	3638,46	M	70	—	II	3489,51	M	30	—
II	3633,29	M	70	—	II	3480,17	M	40	—
II	3630,28	M	30	—	II	3472,82	M	85	—
II	3629,43	M	40	—	II	3472,37	M	28	—
II	3628,20	M	30	—	II	3471,73	M	28	—
II	3626,50	M	60	—	II	3468,03	M	65	—
II	3625,54	M	85	—	II	3460,38	M	40	—
II	3623,92	M	30	—	II	3454,06	M	85	—

λ	B		eV	λ	B		eV
II 3449,46	M	28	—	II 3285,04	M	110	—
II 3446,40	M	22	—	II 3283,10	M	55	—
II 3444,58	M	34	—	II 3281,40	M	80	—
II 3439,72	M	28	—	II 3280,28	M	80	—
II 3433,26	M	34	—	II 3274,33	M	26	—
II 3420,34	M	42	—	II 3274,19	M	26	—
II 3416,24	M	28	—	II 3266,40	M	42	—
II 3413,76	M	55	—	II 3252,34	M	50	—
II 3402,33	M	44	—	II 3219,95	M	130	—
II 3400,53	M	28	—	II 3218,93	M	120	—
II 3399,10	M	34	—	II 3199,56	M	50	—
II 3398,35	M	28	—	II 3195,60	M	40	—
II 3391,28	M	40	—	II 3188,03	M	30	—
II 3382,80	M	34	—	II 3187,25	M	50	—
II 3378,86	M	55	—	II 3180,54	M	40	—
II 3378,73	M	34	—	II 3174,66	M	40	—
II 3375,03	M	55	—	II 3167,52	M	40	—
II 3372,72	M	48	—	II 3162,93	M	30	—
II 3372,36	M	55	—	II 3148,71	M	32	—
II 3371,50	M	34	—	II 3147,13	M	32	—
II 3364,93	M	80	—	II 3147,04	M	32	—
II 3362,25	M	34	—	II 3139,64	M	46	—
II 3349,42	M	80	—	II 3119,62	M	30	—
II 3339,00	M	26	—	II 3117,89	M	30	—
II 3338,03	M	32	—	II 3102,97	M	50	—
II 3329,08	M	55	—	II 3089,58	M	50	—
II 3324,40	M	400	—	II 3082,36	M	50	—
II 3322,28	M	44	—	II 3078,86	M	70	—
II 3321,15	M	36	—	II 3072,60	M	28	—
II 3307,44	M	44	—	II 3053,55	M	48	—
II 3298,66	M	32	—	II 2897,46	M	34	—
II 3294,04	M	11	—	2891,41	H	50	—
II 3293,07	M	160	—	2885,14	H	7	—
II 3291,56	M	32	—	II 2809,32	M	26	—
II 3287,55	M	32	—	II 3802,75	M	26	—
				II 2769,53	M	28	—
				2658,91	H	50	—
				2540,12	H	5	—

λ	B (A)	eV	λ	B (A)	eV

43 Tc[1])

λ	B (A)	eV	λ	B (A)	eV
8829,80	10	—	8308,14	10	—
8707,21	9	—	8237,08	15	—
8543,63	8	—	8211,29	10	—
8531,07	7	—	8205,24	10	—
8309,17	10	—	8170,51	10	—

[1] Wavelengths of Tc lines refined by W. R. B o z m a n et al., J. Res. Nat. Bur. Standards, 71A, 547 (1967).

	λ	B (A)	eV		λ	B (A)	eV
I	8045,30	2	2,04	I	5923,35	10	3,46
	7999,68	10	—		5836,28	10	—
	7871,16	50	—	I	5831,45	30	3,43
	7861,36	30	—		5799,83	8	—
	7856,32	7	—		5794,62	9	—
I	7854,35	1	2,04		5771,45	40	—
	7817,67	150	—	I	5741,92	1	3,59
	7792,96	100	—	I	5737,52	1	3,46
	7697,36	80	—		5725,32	40	—
	7684,43	8	—	I	5696,03	2	3,65
	7624,49	7	—		5689,05	15	—
	7579,20	40	—		5687,31	15	—
	7573,99	15	—		5644,93	50	—
	7543,32	7	—		5642,12	100	—
	7540,19	100	—		5629,92	20	—
	7452,45	50	—		5620,45	200	—
	7434,08	10	—		5602,22	10	—
	7405,33	15	—	I	5596,53	1	3,65
	7396,79	8	—		5589,01	300	—
I	7338,18	3	2,09	I	5576,77	2	3,59
	7329,11	8	—	I	5550,51	3	3,71
	7322,34	10	—		5541,92	7	—
	7157,59	10	—		5506,85	9	—
	7141,23	8	—		5471,92	10	—
	7086,11	20	—	I	5455,94	3	3,71
	7002,33	7	—		5451,89	40	—
I	6990,22	1	2,09		5447,39	9	—
I	6687,03	3	2,17	I	5439,48	1	3,65
	6673,64	9	—	I	5411,92	2	3,59
	6625,54	40	—		5375,19	30	—
	6579,23	9	—		5358,63	15	—
	6526,79	15	—		5353,48	50	—
	6491,65	15	—	I	5334,79	15	3,80
	6470,25	7	—		5320,20	30	—
	6461,91	40	—	I	5318,16	1	3,79
	6455,88	100	—		5314,97	10	—
	6408,81	5	—		5285,06	30	—
	6356,71	10	—	I	5275,51	50	3,78
	6354,83	15	—	I	5231,22	1	3,79
	6312,15	10	—	I	5174,79	100	3,77
I	6244,17	50	4,90		5161,77	80	—
I	6192,65	100	4,90	I	5150,58	10	2,91
	6132,21	8	—	I	5139,25	10	2,91
	6130,81	60	—	I	5135,78	1	3,78
I	6120,67	150	4,90	I	5109,79	8	2,88
	6102,95	60	—	I	5104,33	30	2,91
	6099,38	20	—		5103,23	10	—
I	6093,71	2	3,51	I	5096,27	200	3,73
I	6085,22	100	2,04	I	5060,69	30	2,91
	6065,08	20	—		5055,27	9	—
I	6032,34	6	3,49	I	5032,44	3	3,77
I	6023,49	4	3,43	I	5026,79	5	2,91
I	5931,93	60	3,39		5026,23	15	—
	5926,29	15	—	I	4995,00	15	2,88
I	5924,57	100	2,09	I	4976,34	150	4,66

λ	B (A)	eV	λ	B (A)	eV
I 4948,06	8	2,91	I 4095,68	200	3,43
I 4913,01	15	3,96	I 4088,70	150	3,49
I 4909,55	100	4,00	I 4049,10	150	3,46
I 4908,50	40	4,00	4039,23	10	—
I 4891,89	150	3,97	I 4031,63	300	3,39
I 4866,71	250	3,92	4020,77	10	—
I 4853,57	400	3,86	3994,51	40	—
I 4835,40	30	4,00	I 3984,97	200	3,43
I 4834,36	30	4,00	II 3975,02	5	—
I 4831,33	3	2,88	3947,11	20	—
I 4820,75	150	4,66	3946,58	30	—
4816,79	9	—	3899,86	7	—
I 4791,62	4	3,96	II 3892,14	20	—
I 4771,53	150	3,97	3880,74	15	—
I 4740,59	200	3,92	3879,19	10	—
I 4719,28	100	4,66	3868,26	15	—
I 4717,76	10	4,00	3864,12	10	—
I 4716,76	1	4,00	3856,74	10	—
I 4669,30	100	3,96	3847,59	7	—
I 4660,21	30	4,13	3845,99	15	—
I 4648,34	70	4,10	3841,33	10	—
I 4637,51	90	4,04	3837,58	20	—
I 4630,57	20	4,15	3832,34	15	—
4593,36	20	—	3828,54	9	—
4578,46	10	—	3797,79	30	—
I 4564,57	30	4,15	3797,45	7	—
I 4539,54	100	4,10	3791,75	8	—
I 4522,85	200	4,04	3791,30	10	—
4515,98	10	—	3784,08	9	—
4495,03	10	—	3780,70	70	—
I 4487,05	40	4,13	I 3779,40	5	3,80
4481,52	10	—	3777,30	15	—
I 4429,60	30	4,10	I 3771,06	60	3,80
I 4358,49	3	4,28	I 3768,80	100	3,78
I 4336,87	10	4,33	3761,84	20	—
I 4297,06	500	2,88	3758,56	15	—
I 4278,91	40	4,33	I 3754,41	60	3,80
I 4274,95	3	4,37	I 3752,93	1	4,74
I 4262,67	100	4,28	3752,16	30	—
I 4262,26	400	2,91	3749,96	8	—
I 4238,19	300	2,91	I 3746,87	200	3,77
I 4218,61	30	4,37	I 3746,18	15	3,80
4206,58	9	—	I 3727,37	3	5,50
I 4186,52	50	4,33	I 3726,36	100	3,78
I 4176,28	100	3,46	I 3726,19	2	5,50
I 4172,53	80	3,43	I 3724,41	50	5,50
I 4170,28	50	3,49	3723,71	30	—
4169,67	10	—	I 3718,88	300	3,73
I 4165,62	80	4,28	3715,96	9	—
I 4145,02	80	3,39; 3,51	I 3712,28	20	3,80
I 4139,85	5	3,49	3703,86	15	—
4128,27	10	—	I 3684,78	100	3,77
I 4124,22	80	3,46	I 3681,71	1	4,74
I 4115,08	100	3,51	3680,34	10	—
4110,21	10	—	3679,18	30	—

	λ	B (A)	eV		λ	B (A)	eV
I	3678,41	2	4,74	I	3407,27	3	4,13
I	3664,94	4	3,78		3394,20	8	—
	3661,47	30	—		3366,76	10	—
I	3658,62	80	3,90		3363,04	3	—
	3651,50	10	—	I	3350,86	2	4,10
I	3648,06	70	3,89		3345,60	8	—
I	3640,23	10	5,50	I	3327,12	3	4,04
I	3639,41	30	5,50		3325,56	7	—
I	3638,24	40	5,50		3315,81	2	—
I	3636,10	400	3,73		3313,67	5	—
I	3635,18	80	3,90		3312,53	2	—
I	3627,38	30	3,73		3310,65	8	—
	3611,14	4	—		3305,91	6	—
I	3609,06	1	4,74		3301,98	4	—
I	3608,30	100	3,89		3298,85	15	—
I	3607,35	50	3,89		3297,36	2	—
I	3595,70	50	3,90		3287,18	5	—
I	3594,93	2	3,77		3282,41	20	—
	3594,60	8	—	I	3276,30	2	4,28
	3593,49	9	—		3269,68	2	—
I	3587,96	80	3,86		3266,92	15	—
I	3582,66	50	3,92; 5,50		3261,94	8	—
I	3582,10	15	5,50		3256,34	10	—
I	3581,27	20	5,50		3252,06	10	—
I	3580,08	20	3,96	I	3244,19	10	4,28
I	3568,87	20	3,97	II	3237,02	200	—
I	3560,90	1	4,00		3230,95	5	—
I	3560,34	10	4,00	II	3212,01	80	—
I	3550,66	100	3,89		3202,84	8	—
I	3549,74	150	3,89	I	3197,53	3	4,28
I	3541,78	50	3,96	II	3195,21	50	—
I	3538,70	10	4,00		3190,36	6	—
	3535,52	10	—	I	3183,12	30	3,89
	3526,19	7	—	I	3182,38	30	3,89
I	3525,84	30	3,92		3180,31	5	—
	3510,92	5	—	I	3173,30	40	3,90
	3505,39	4	—		3136,61	2	—
I	3502,73	50	3,86	I	3131,26	15	3,96
I	3501,26	4	4,00	I	3122,66	6	3,97
I	3500,72	20	4,00	I	3119,18	3	6,14
	3494,64	8	—		3105,13	2	—
	3493,41	8	—	I	3099,54	4	4,00
I	3486,25	50	3,96	I	3099,12	6	4,00
I	3475,60	20	3,97		3077,70	3	—
	3470,53	6	—		3069,97	5	—
I	3466,29	250	3,89	I	3057,34	2	6,14
	3457,25	15	—		3037,91	15	—
I	3456,86	6	4,04		3026,89	10	—
	3451,05	6	—		3017,25	6	—
I	3443,49	3	3,92	I	3016,31	1	6,14
I	3437,45	4	4,10		3007,00	4	—
	3434,71	6	—		3001,05	5	—
	3424,33	2	—		2984,40	5	—
	3419,12	6	—		2982,55	10	—
	3411,63	3	—		2976,57	15	—

	λ	B (A)	eV		λ	B (A)	eV
	2967,13	3	—		2833,60	15	—
	2966,19	3	—		2831,19	30	—
	2964,50	20	—	I	2828,07	15	4,78
	2962,09	3	—		2826,18	10	—
	2950,40	4	—		2825,35	15	—
	2948,64	20	—		2825,06	10	—
	2948,48	10	—		2821,62	10	—
	2942,92	10	—		2921,37	30	—
	2938,98	10	—		2817,62	3	—
	2936,93	4	—		2817,01	5	—
	2933,94	15	—	I	2814,88	20	4,81
	2931,14	3	—		2814,20	15	—
	2929,53	2	—		2813,80	10	—
	2928,45	4	—		2811,62	80	—
I	2928,20	10	4,75		2810,24	4	—
	2924,27	3	—		2809,66	20	—
	2923,35	20	—	I	2808,38	15	4,94
	2922,75	10	—		2803,03	5	—
I	2921,94	8	4,74		2796,72	15	—
	2921,52	4	—		2795,78	100	—
	2921,07	15	—	I	2794,55	4	4,93
I	2913,17	15	4,75		2794,24	15	—
	2910,23	20	—		2789,27	20	—
	2909,09	3	—	I	2785,60	15	4,94
	2906,63	6	—	I	2782,08	30	4,86
	2902,15	15	—		2778,93	5	—
	2900,69	5	—		2777,33	40	—
I	2896,36	15	4,74; 4,28		2775,61	10	—
I	2894,34	6	4,74		2773,79	15	—
	2892,78	10	—		2771,22	10	—
	2892,35	5	—		2766,90	10	—
	2890,81	20	—		2765,73	3	—
	2889,23	30	—		2763,25	2	—
	2888,48	10	—	I	2762,36	10	4,94
I	2887,76	20	4,75	I	2762,16	7	4,81
	2882,39	5	—		2755,77	10	—
	2880,43	20	—		2751,49	15	—
	2879,15	4	—		2749,30	3	—
	2878,70	3	—		2743,84	10	—
	2872,24	5	—		2741,17	3	—
	2869,30	6	—		2740,02	3	—
	2866,09	20	—		2738,83	40	—
I	2864,51	10	4,78		2737,69	4	—
	2861,70	2	—		2736,85	30	—
I	2860,98	2	4,33		2736,52	3	—
	2860,78	30	—		2736,23	8	—
I	2859,13	40	4,74		2735,16	3	—
I	2857,15	15	4,74		2732,89	10	—
I	2850,97	8	4,81	I	2730,53	20	4,86
	2846,74	5	—		2727,08	3	—
	2846,40	15	—		2726,70	30	—
	2840,38	30	—		2725,66	15	—
	2839,87	2	—		2724,20	10	—
	2838,56	8	—		2723,40	5	—
	2836,13	10	—		2719,31	10	—

λ	B (A)	eV		λ	B (A)	eV
2716,69	4	—	II	2610,00	400	—
2716,55	4	—	I	2608,88	30	4,75
2715,84	4	—		2608,15	3	—
2715,47	3	—		2607,26	3	—
2714,58	3	—		2605,41	10	—
2712,62	10	—		2604,88	5	—
2710,76	5	—		2602,55	3	—
2710,54	3	—		2602,11	10	—
2708,81	10	—		2597,21	15	—
2707,89	30	—		2596,78	5	—
2702,96	30	—		2593,06	6	—
2696,56	15	—		2592,82	6	—
2693,76	4	—	I	2589,88	6	4,78
2691,82	8	—		2588,93	3	—
2691,32	6	—		2585,91	3	—
2688,27	6	—		2582,22	3	—
2687,34	2	—		2581,00	3	—
2685,41	10	—		2578,78	15	—
2684,51	5	—		2578,31	15	—
2682,77	10	—		2577,87	10	—
2682,67	10	—		2576,30	10	—
2682,33	3	—		2575,24	5	—
2681,21	30	—		2575,08	5	—
2680,67	3	—		2574,45	6	—
2678,58	5	—		2569,89	5	—
2675,64	2	—		2567,74	3	—
2675,24	20	—		2567,04	30	—
2673,43	20	—		2566,03	3	—
2670,12	4	—		2558,62	40	—
2668,95	5	—		2558,22	10	—
2665,76	8	—		2556,10	3	—
2664,69	4	—		2550,05	3	—
2662,66	7	—		2547,94	20	—
2661,66	10	—		2544,42	4	—
2660,91	15	—	II	2543,24	500	—
2654,32	7	—		2534,59	5	—
2652,90	3	—		2532,97	4	—
2652,36	50	—		2532,04	2	—
2649,19	10	—		2531,38	3	—
2648,32	20	—		2530,35	15	—
II 2647,02	300	—		2527,63	3	—
2646,26	10	—		2523,41	5	—
2644,51	40	—		2522,50	4	—
2643,02	15	—		2519,17	10	—
2640,17	10	—		2517,15	5	—
2634,92	150	—		2516,85	5	—
2627,97	5	—		2507,99	3	—
2625,99	5	—		2507,14	15	—
2625,51	20	—		2505,04	2	—
2619,94	3	—		2503,98	5	—
2619,30	3	—		2497,24	10	—
2616,07	7	—		2496,77	100	—
I 2615,88	30	4,74		2485,59	3	—
I 2614,24	50	4,74		2474,11	3	—
2613,28	3	—		2464,48	3	—

λ	B (A)	eV		λ	B (A)	eV
2463,70	15	—		2398,67	7	—
2452,42	3	—		2384,66	4	—
2447,89	4	—		2382,05	6	—
2423,25	15	—		2376,05	7	—
2404,10	5	—	II	2298,14	4	—
			II	2285,47	1	—

52 Te

	λ		B	eV			λ		B	eV
I	10149,2	E	8	—		II	5974,68	E	15	12,68
I	10117,2	E	8	—		II	5765,25	E	15	13,95
I	10089,0	E	30	6,71		II	5755,85	E	15	12,41
I	10049,3	E	40	6,72		II	5708,12	E	20	12,78
I	9977,6	E	15	—		II	5666,20	E	15	12,55
I	9955,5	E	14	—		II	5651,75	E	15	—
I	9867,0	E	10	—		II	5649,26	E	20	11,92
I	9783,6	E	8	—		II	5576,35	E	15	13,98
I	9721,2	E	50	6,76		II	5487,95	E	15	12,41
I	9042,2	E	8	—		II	5479,08	E	15	13,02
I	9003,7	E	30	—		II	5465,16	E	15	14,95
I	8850,3	E	15	—		II	5449,84	E	15	12,88
I	8830,4	E	15	—		II	5410,45	E	15	12,55
I	8771,2	E	8	8,17		II	5367,16	E	15	—
I	8757,8	E	50	—		II	5311,13	E	15	13,09
I	8700,6	E	20	—		II	4866,24	E	15	15,33
II	8672,95	E	15	12,68; 15,13		II	4865,12	E	6	15,33
I	8521,4	E	12	8,17		II	4864,09	E	15	—
I	8500,8	E	8	—		II	4831,27	E	15	—
I	8492,2	E	8	8,17		II	4783,49	E	20	—
II	8446,73	E	30	—		III	4783,30	G	10	15,94
I	8355,8	E	15	—		II	4766,05	E	15	15,15
I	8291,1	E	10	—		II	4706,53	E	10	14,39
I	8276,6	E	10	—		II	4696,38	E	5	15,13
II	8273,53	E	15	11,65		II	4686,91	E	15	15,33
I	8251,5	E	10	—		II	4654,37	E	15	12,12
II	8186,44	E	20	12,41		III	4633,14	G	10	17,58
I	8082,5	E	10	8,45		II	4602,41	E	15	14,34
— I	8061,4	E	30	8,45		II	4557,78	E	5	15,06
I	7972,9	E	20	8,45		II	4478,63	E	15	15,45
II	7943,14	E	15	12,78		II	4364,00	E	9	15,14
II	7921,69	E	15	12,12		III	4355,70	G	10	17,31
II	7775,66	E	15	—		III	4302,12	G	10	17,35
II	7774,45	E	15	—		II	4261,11	E	10	—
II	7772,23	E	15	—		III	4181,42	G	10	15,94
I	7759,1	E	15	8,36		III	4097,38	G	10	16,38
I	7556,8	E	10	8,36		III	4062,01	G	10	16,40
II	7468,75	E	15	—		III	4054,89	G	10	16,38
II	7460,98	E	12	12,69		II	4048,88	E	30	12,35
II	6437,08	E	20	11,65		II	4047,17	E	20	15,55

λ		B		eV		λ		B		eV
II	4011,69	E	20	12,55	II	2861,00	E	20	14,59
II	4006,52	E	30	11,92		2858,29	E	30	—
III	3984,48	G	10	20,84	II	2841,17	E	20	—
II	3981,77	E	20	14,14	III	2797,97	G	10	20,83
II	3975,93	E	25	13,95	IV	2796,96	S	10	20,32
II	3969,22	E	40	13,88	II	2793,23	E	30	14,59
II	3947,98	E	15	15,63	I, II	2769,65	E	20	5,78; —
II	3918,53	E	20	13,92	II	2711,57	E	20	15,13
H	3905,67	E	20	—	I	2677,16	M	11	—
II	3797,22	E	40	12,55	II	2661,10	E	12	15,20
II	3775,72	E	15	12,57	II	2657,70	E	6	15,22
II	3725,67	E	15	15,63	II	2649,66	E	15	15,23
III	3647,53	G	10	16,38	IV	2564,58	S	9	25,16
III	3626,63	G	10	17,72	IV	2537,80	S	10	25,21
II	3617,57	E	30	12,88	I	2530,70	M	12	5,49
II	3611,78	E	5	15,23	III	2491,68	S	10	22,11
IV	3585,27	S	10	19,99	II	2438,69	E	10	15,23
II	3552,19	E	25	—	I	2431,71		3	—
II	3521,11	E	50	12,35	I	2420,10		3	—
III	3496,23	G	10	20,89	IV	2403,00	S	8	25,16
II	3480,32	E	15	14,59	I, II	2385,76	M	150	5,78; —
III	3474,67	G	10	17,72	I	2383,25	M	110	5,78
II	3456,88	E	20	12,41	II	2383,23	E	20	—
II	3455,12	E	20	14,61	I	2265,52		10	—
II	3442,25	E	15	12,88	I	2259,02	M	51	5,49
II	3406,79	E	30	15,14	I	2255,49		10	—
II	3362,79	E	20	—	III	2223,99	G	10	21,52
II	3352,10	E	20	15,20	I	2208,83		9	6,92
III	3325,52	G	10	21,07		2207,17	H	10	—
III	3313,81	G	10	—		2166,88	H	20	—
III	3307,02	G	10	—	I	2159,79	M	36	—
II	3278,71	E	20	14,14	I	2147,19	M	140	—
IV	3277,43	S	10	20,32	I	2142,75	M	1800	5,78
III	3264,78	G	10	20,17		2107,63	H	20	—
III	3260,91	G	10	17,31		2107,20	H	20	—
III	3213,26	G	10	21,21	I	2081,03	M	650	—
I	3175,11	M	10	—		2074,74	H	10	—
II	3073,56	E	15	14,59	I	2070,9	H	30	—
II	3053,16	E	15	12,88		2039,79	H	60	—
II	3047,00	E	70	14,61		2002,72	H	10	—
II	3023,31	E	20	15,13	I	2002,0	M	2600	—
II	3017,58	E	50	—		2001,59	H	120	—
II	3012,02	E	15	—	I	2000,2		8	—
II	3006,35	E	15	—	I	1994,8	M	1400	—
II	2997,04	E	15	15,63	I	1860,5		6	—
II	2975,90	E	50	—	I	1857,2		8	—
II	2973,67	E	20	15,66	I	1853,7		6	—
II	2967,29	E	50	—	I	1852,1		6	—
II	2956,48	E	15	15,22	I	1850,6		6	—
IV	2949,47	S	10	20,00	I	1825,5		6	—
II	2946,68	E	5	15,23	I	1822,4		10	—
II	2942,11	E	40	15,22	II	1796,11	C	9	—
II	2919,89	E	25	15,14	I	1796,3		0	—
II	2895,41	E	20	—	I	1795,7		6	—
II	2868,82	E	30	—	I	1751,0		6	—

λ	B		eV	λ	B		eV
I 1700,0		6	—	III 1004,47	G	8	13,35
II 1613,15	C	10	—	III 1000,43	G	10	12,98
II 1608,41	C	10	—	VII 996,90	S	25	50,74
II 1607,99	C	8	—	V 954,47	S	10	22,66
V 1549,28	S	2	21,84	VI 951,01	S	8	13,03
V 1406,56	S	10	22,66	VII 913,01	S	20	52,26
II 1374,80	C	10	10,56	IV 910,88	S	7	14,75
II 1366,73	C	8	10,61	III 910,56	G	8	15,77
II 1363,24	C	9	10,36	III 910,11	G	8	15,77
II 1324,92	C	10	10,90	III 903,70	G	10	14,30
II 1306,53	C	8	11,03; 10,76	IV 903,09	S	9	14,87
V 1281,67	S	25	9,67	V 895,20	S	60	13,85
II 1274,76	C	7	9,72	VII 877,59	S	20	52,42
II 1270,52	C	9	11,02	III 875,59	G	8	14,16
II 1253,62	C	9	11,43	III 874,57	G	8	15,19
V 1236,31	S	3	23,87	IV 840,37	S	9	15,89
II 1220,98	C	9	10,15	IV 840,27	S	8	14,75
II 1208,54	C	9	10,26	IV 833,64	S	7	14,87
III 1206,42	G	10	10,28	VII 827,06	S	30	53,29
II 1175,79	C	12	10,54	IV 804,92	S	7	16,54
II 1174,34	C	10	10,56	II 802,28	C	8	15,45
IV 1168,38	S	10	11,75	II 799,60	C	6	15,50
II 1161,42	C	10	—	IV 784,62	S	8	15,79
III 1151,23	G	10	11,78	V 763,41	S	15	26,90
III 1095,21	G	10	11,97	VI 752,27	S	6	29,51
III 1083,38	G	10	11,44; 12,44	VI 743,08	S	9	29,71
III 1081,29	G	10	—	V 724,04	S	10	26,79
IV 1077,91	S	8	11,50	VI 690,87	S	9	29,51
II 1077,66	C	8	11,50	VI 577,07	S	6	34,52
VI 1071,40	S	10	11,57	VII 232,34	S	40	53,35
II 1059,51	C	8	—	VII 227,82	S	35	54,41
V 1037,08	S	8	22,61				
V 1033,04	S	12	22,66				
III 1018,92	G	10	13,18				
V 1018,07	S	10	21,85				

90 Th[1])

λ	B		eV	λ	B		eV
IV 10875,05		—	1,14	III 6998,89	S	1	2,8
IV 9839,25		—	1,80	I 6989,66	M	9	—
I 8967,61	M	7	2,47	I 6943,61	M	6	3,00
III 8105,16	S	1	2,7	IV 6901,33	S	50	1,80
III 7872,26	S	1	2,7	III 6880,19	S	1	2,7
III 7808,06	S	2	2,8	I 6756,45	M	2,5	2,15
II 7525,51	M	8	—	I 6727,46	M	2,0	2,53
III 7461,88	S	30	2,3	I 6662,27	M	2,5	2,79
I 7208,01	M	6	2,81	III 6599,29	S	60	2,0
I 7168,90	M	5	—	I 6588,54	M	2,0	2,36

[1] The position of the lower level for one of the level systems of Th III is known with accuracy to a few hundredths of an electron volt. Therefore, the excitation potentials of lines corresponding to transitions within this system are rounded off to 0,1 eV.

	λ	B		eV		λ	B		eV
I	6531,34	M	4	2,69	I	5258,36	M	3,0	2,83
I	6462,62	M	4	—	II	5247,65	M	8	2,36
III	6460,47	S	10	2,8	II	5233,21	M	7	3,57
I	6457,28	M	5	—	I	5231,16	M	9	2,68
I	6413,61	M	2,0	3,58	II	5216,58	M	8	—
I	6411,90	M	2,5	2,86	I	5199,16	M	8	2,86
I	6342,86	M	3,0	3,04	II	5198,83	M	4	—
III	6335,17	S	60	2,7	I	5158,60	M	7	2,76
II	6279,16	M	2,5	3,57	II	5148,22	M	10	—
II	6274,11	M	4	2,49	II	5143,28	M	8	2,64
II	6261,06	M	1,8	2,49	III	5108,40	S	80	4,9
III	6242,96	S	50	2,7	III	5085,25	S	60	4,2
I	6182,61	M	4	2,36	III	5084,52	S	60	3,3
II	6120,55	M	2,5	—	I	5067,97	M	9	—
III	6119,06	S	12	2,4	II	5049,80	M	20	3,28
II	6112,83	M	3,5	2,26	II	5028,66	M	11	3,76
II	5989,07	M	7	2,26	II	5017,26	M	22	3,36
I	5975,07	M	2,5	2,86	II	4987,15	M	9	—
I	5973,67	M	2,5	2,53	II	4954,57	M	8	3,94
III	5883,52	S	60	3,3	III	4943,67	S	50	3,9
III	5843,00	S	35	3,6	IV	4937,82	S	2	17,34
II	5815,43	M	1,6	2,36	II	4921,62	M	5	3,65
I	5804,14	M	3,0	2,13	II	4919,82	M	19	3,28
I	5789,64	S	20	3,07	I	4894,95	M	3,5	2,53
I	5760,55	M	6	2,15	II	4882,45	S	10	—
III	5740,86	S	50	4,2	I	4878,73	M	2,0	2,86
I	5725,39	M	2,5	—	I	4872,93	M	3,0	3,33
I	5720,20	M	4	2,61	I	4865,48	M	3,5	4,19
III	5715,43	S	70	3,6	II	4863,17	M	22	3,38
II	5707,10	M	8	2,94	I	4840,84	M	4	2,92
II	5700,69	M	8	3,38	I	4789,39	M	3,0	3,04
I	5615,32	M	3,0	2,68	I	4766,60	M	1,0	3,08
I	5587,03	M	5	2,83	II	4761,11	M	5	—
I	5579,36	M	3,0	2,91	II	4752,41	M	11	—
I	5573,35	M	3,5	3,23	II	4740,53	M	15	3,37
I	5558,34	M	4	3,23	I	4723,78	M	9	3,56
I	5548,17	M	3,0	3,02	II	4705,76	M	10	—
II	5539,90	M	6	3,42	I	4703,99	M	4	2,63
I	5539,26	M	4	3,45	II	4694,09	M	11	2,64
I	5509,99	M	3,0	3,46	II	4689,20	M	8	3,47
I	5499,26	M	2,5	2,57	I	4686,19	M	1,2	3,00
III	5458,79	S	60	2,7	I	4668,17	M	7	3,58
III	5447,00	S	15	2,4	I	4663,20	M	1,8	3,01
II	5435,88	M	4	—	II	4651,56	M	11	3,57
I	5431,11	M	1,0	3,07	II	4631,76	M	11	3,94
II	5425,68	M	5	3,47	II	4619,52	M	8	—
I	5417,49	M	2,0	2,74	I	4595,42	M	6	3,15
II	5415,46	M	6	4,07	I	4593,65	M	1,5	—
II	5390,46	M	6	—	I	4555,81	M	5	3,20
I	5386,61	M	3,0	2,92	III	4555,70	S	20	3,6
III	5376,06	S	40	2,8	II	4537,08	M	5	4,50
I	5343,58	M	5	2,78	II	4533,29	M	12	3,94
I	5326,98	M	4	3,33	II	4510,53	M	20	4,05
II	5325,15	M	5	—	I	4498,96	M	8	3,44
II	5277,50	M	6	3,66	II	4496,32	M	3,0	—

	λ	B		eV		λ	B		eV
I	4493,33	M	12	2,76	II	4164,25	M	8	4,12
II	4488,68	M	10	2,99; 3,58	II	4163,64	M	12	4,18
II	4487,50	M	8	3,28	II	4162,68	M	10	4,74
I	4482,17	M	3,0	3,38	I	4158,54	M	8	4,19
II	4480,82	M	6	3,28	II	4156,52	M	24	4,17
II	4465,35	M	16	3,84	II	4149,99	M	32	4,30
I	4458,00	M	6	3,24	II	4148,18	M	16	3,96
II	4447,83	M	8	3,56	II	4142,70	M	18	2,99
II	4440,86	M	10	3,84	II	4142,48	M	12	—
	4440,58	M	3,0	—	II	4141,63	M	11	4,89
II	4439,12	M	10	4,17	II	4140,23	M	16	—
II	4432,96	M	18	—	I	4136,28	M	10	—
II	4416,24	M	6	4,12	II	4134,17	S	10	—
I	4408,88	M	6	3,27	I	4134,06	M	14	3,00
II	4391,11	M	80	3,38		4133,46	M	10	—
II	4381,86	M	90	3,66	II	4132,75	M	24	—
I	4378,18	M	4	3,19	I	4127,41	M	14	—
	4374,79	M	9	—	II	4116,71	M	75	3,76
I	4374,12	M	6	2,83	I	4112,75	M	17	3,02
II	4361,32	M	6	—	II	4108,42	M	60	3,57
III	4350,82	M	10	4,6	II	4105,34	M	19	3,89
	4344,60	M	12	—	II	4104,38	M	10	4,05
II	4344,32	M	9	2,85	II	4100,84	M	10	—
I	4337,23	M	9	2,86	I	4100,34	M	11	3,02
II	4335,70	M	12	4,22	II	4098,94	M	12	4,07
	4327,12	M	6	—	II	4094,75	M	50	3,03
II	4320,12	M	10	3,42	II	4086,52	M	50	3,03
II	4318,29	M	8	4,06	II	4085,04	M	50	4,30
I	4315,25	M	4	3,23	II	4069,20	M	65	3,86
I	4312,99	M	10	3,23	I	4067,45	M	4	3,40
II	4309,99	M	14	—	II	4063,40	M	18	4,51
II	4283,51	M	8	4,04	I	4059,25	M	10	3,84
II	4282,04	M	50	3,66	I	4053,52	M	10	—
II	4281,41	M	8	3,94	I	4050,89	M	8	—
II	4281,07	M	9	3,08	III	4048,80	S	10	5,5
II	4277,31	M	34	2,90	I	4043,39	M	8	3,68
II	4276,81	M	7	3,93	II	4041,20	M	17	—
II	4273,36	M	20	3,93	II	4036,56	M	17	3,30
I	4257,50	M	7	2,91	I	4036,05	M	18	3,07
II	4256,09	M	5	4,12	II	4034,25	M	10	3,84
II	4250,31	M	12	3,48	I	4030,84	M	18	3,43
II	4249,68	M	4	3,89	I	4027,01	M	10	—
II	4248,00	M	10	4,06	II	4026,16	M	12	4,12
II	4247,60	M	2,0	4,05	II	4025,65	M	15	4,28
I	4235,46	M	6	2,93	II	4022,08	M	15	—
I, II	4208,89	M	44	2,94; 3,76	II	4019,13	M	300	3,08
II	4201,85	M	12	3,94	I	4012,50	M	20	3,44
I	4193,02	M	9	3,96	I	4011,74	M	8	—
II	4179,96	M	11	4,17	I	4009,05	M	16	4,02
II	4179,71	M	18	3,15	I	4008,21	M	16	—
II	4178,06	M	44	3,87	II	4007,02	M	18	4,46
II	4171,34	M	8	—	II	4006,37	M	7	—
II	4170,47	M	16	4,12	II	4005,53	M	10	4,28
II	4168,63	M	12	—	II	4003,31	M	17	4,23
I	4165,77	M	10	—	II	4003,11	M	8	4,40

	λ	B		eV		λ	B		eV
I	4001,06	M	8	—	I	3845,09	S	1	—
II	3997,87	M	11	4,30	II	3841,96	M	20	4,43
II	3996,06	M	18	—	II	3839,74	M	60	4,05
	3994,55	M	38	—	I	3839,69	S	25	3,23
II	3992,28	M	4	4,25	I	3837,87	M	18	3,59
II	3988,85	M	5	3,94	I	3836,54	M	9	—
II	3988,01	M	14	4,24	I	3833,09	S	1	—
II	3981,11	M	14	—	II	3829,33	M	11	—
I	3980,09	M	11	—	I	3828,38	M	32	3,24
	3979,04	M	4	—	I	3824,75	S	1	—
II	3976,42	M	15	4,30	I	3823,07	S	1	—
I	3973,20	M	11	3,91	II	3822,15	M	12	4,43
I	3972,15	M	14	—	II	3821,43	M	12	4,63
I	3967,39	M	28	—	I	3820,79	S	12	—
II	3963,47	M	2,0	—	I	3817,37	S	7	—
II	3960,33	M	5	4,77	II	3813,07	M	24	4,39
II	3956,68	S	20	3,13	II	3811,35	S	2	—
II	3956,59	M	28	4,40	I	3809,12	S	1	—
II	3951,55	M	16	—	II	3808,13	S	7	—
II	3950,39	M	14	4,45	II	3807,87	M	26	4,39
II	3948,96	M	14	4,27	II	3805,81	M	8	4,09
II	3946,15	M	16	—	I	3803,08	M	42	3,26
II	3945,51	M	16	—	II	3795,68	S	1	—
II	3943,69	M	6	—	II	3795,38	M	6	—
II	3943,39	M	11	4,18	II	3794,31	S	1	4,30
II	3938,69	M	8	4,66	II	3794,15	M	7	4,65
II	3937,92	M	8	4,12	I	3793,82	S	1	—
II	3937,04	M	10	4,47	II	3793,50	S	1	4,13
II	3935,54	M	10	—	I	3790,79	M	14	—
I	3932,91	M	14	—	II	3789,11	M	22	3,50
II	3932,23	M	6	4,30	II	3787,11	S	1	—
II	3929,67	M	42	3,15	II	3786,88	M	5	4,18
II	3927,42	M	8	—	II	3785,60	M	24	4,04
II	3927,17	M	8	—	II	3783,29	M	10	3,28
I	3925,09	M	10	3,61	II	3783,01	M	12	—
I	3923,80	M	2,0	3,51	I	3780,97	M	3,5	—
II	3916,79	M	10	4,30	I	3778,75	S	1	—
II	3913,01	M	7	—	I	3777,18	S	1	—
II	3912,28	M	8	4,48	II	3775,90	M	5	5,06
II	3905,19	M	12	—	II	3775,31	S	1	4,46
II	3904,08	M	10	3,68	II	3773,74	M	12	4,59
I	3903,10	M	8	—	I	3771,37	M	14	3,28
II	3902,12	M	3,5	4,95	I	3770,05	M	13	3,98
II	3900,88	M	24	4,08	I	3767,90	M	14	—
I	3895,42	M	24	—	I	3765,24	M	8	4,38
II	3893,41	M	2,0	—	II	3763,32	M	3,5	—
II	3884,82	M	10	—	I	3762,93	S	10	3,75
I	3879,64	M	10	4,12	II	3762,88	M	36	4,05
I	3875,37	M	15	3,55	I	3761,10	M	5	—
I	3874,86	M	18	3,81	II	3760,28	M	3,5	—
I	3873,82	M	26	—	I	3759,31	M	9	—
II	3872,72	M	24	—	I	3757,70	M	10	—
I	3869,66	S	1	3,99	I	3756,29	M	3,5	—
II	3863,41	M	32	4,04	II	3754,59	M	9	3,30
II	3854,51	M	28	4,47	I	3754,03	M	4	—

λ	B		eV	λ	B		eV
II 3752,57	M	46	4,43	I 3649,73	M	12	4,09
I 3750,15	S	2	—	II 3649,25	M	22	4,29
II 3747,54	M	22	4,45	II 3648,42	M	10	—
II 3745,98	M	24	4,20	II 3647,65	M	11	—
II 3744,74	M	4	4,36	I 3642,25	M	22	3,40
I 3742,92	M	11	—	II 3639,45	M	24	4,16
II 3742,23	S	1	—	I 3635,94	M	19	—
II 3741,19	M	90	3,50	II 3635,42	M	14	—
II 3740,87	M	8	—	II 3635,24	M	10	—
II 3738,84	M	12	4,36	I 3634,58	M	17	—
II 3730,75	M	12	—	I 3632,83	M	10	—
I 3730,37	M	9	4,11	II 3625,89	M	14	—
I 3727,90	M	8	3,68	II 3625,63	M	28	3,61
II 3726,72	M	16	3,84	II 3624,90	M	19	4,25
II 3724,73	M	6	—	I 3622,80	M	8	3,88
II 3722,11	M	24	3,84	I 3622,33	M	10	4,11
II 3721,82	M	55	3,56	II 3621,12	M	19	4,73
II 3720,31	M	19	4,54	II 3620,37	M	14	—
II 3719,96	M	32	4,59	II 3617,02	M	48	5,32
I 3719,44	M	42	3,33	II 3615,13	M	34	3,94
II 3718,16	M	3,0	4,47	II 3614,01	M	10	—
II 3717,83	M	3,0	—	II 3613,78	M	10	3,94
II 3712,54	M	4	—	I 3612,43	M	14	3,43
II 3711,30	M	20	4,17	II 3610,79	M	14	3,94
I 3706,77	M	24	4,36	II 3610,39	M	12	—
II 3703,91	M	18	—	II 3610,04	M	17	—
I 3700,98	M	3,0	4,04	II 3609,44	M	70	3,94
II 3700,77	M	8	5,25	II 3609,22	M	14	—
II 3698,30	M	4	4,81	I 3608,38	M	12	—
II 3695,98	M	11	4,73	II 3603,21	M	24	4,64
II 3693,90	M	20	—	II 3601,04	M	28	—
I 3692,57	M	12	3,81	I 3598,12	M	19	3,44
III 3692,39	S	50	4,4	II 3593,88	M	10	4,76
I 3691,88	M	13	—	I 3592,78	M	19	—
II 3690,49	M	15	4,56	I 3591,45	M	10	3,91
II 3690,12	S	3	—	I 3589,75	M	12	4,38
II 3688,76	M	17	—	II 3589,36	M	14	4,28
I 3682,49	S	1	3,72	II 3588,22	M	12	3,68
II 3679,71	M	20	—	II 3585,76	M	19	4,64
II 3678,04	M	28	4,53; 4,36	I 3584,18	M	8	3,81
II 3675,57	M	50	3,56	II 3583,04	M	10	—
II 3673,79	M	14	4,28	II 3582,01	M	14	—
II 3673,26	M	10	—	II 3580,23	M	10	—
I 3669,97	M	20	4,38	II 3579,35	M	24	4,51
II 3663,70	M	24	4,55	II 3576,56	M	14	5,34
II 3663,20	M	16	4,82	II 3575,32	M	38	4,30
II 3661,62	M	14	—	II 3573,22	M	14	4,53
III 3661,47	S	20	4,9	II 3572,39	M	24	4,52
II 3659,51	M	40	—	I 3569,82	M	10	3,95
II 3658,06	M	30	4,25	I 3567,26	M	12	3,47
I 3656,69	S	1	3,74	I 3565,39	M	10	—
II 3656,20	M	7	4,59	II 3559,95	M	19	4,55
II 3652,54	M	10	4,36	II 3559,45	M	38	4,25
II 3652,17	M	26	—	II 3557,47	M	12	4,25
II 3650,77	M	12	4,52	I 3555,02	M	14	3,84

	λ		B	eV		λ		B	eV
II	3553,11	M	14	—	I	3437,31	M	24	3,96
I	3551,40	M	10	—	II	3436,71	M	19	4,75
I	3549,60	M	12	4,50	II	3435,98	M	55	3,60
I	3547,34	M	10	3,95	II	3434,00	M	70	3,84
II	3545,18	M	18	—	I	3429,00	M	14	3,93
I	3544,02	M	13	4,59	I	3423,99	M	19	3,62
II	3541,62	M	10	4,55	II	3422,65	M	14	4,13
II	3539,59	M	48	3,50	I	3421,21	M	28	3,98
II	3539,32	M	24	4,06	II	3419,27	M	19	—
III	3538,77	S	100	4,9; 6,0	II	3418,94	M	14	4,18
II	3537,15	M	14	4,65	II	3418,77	M	14	4,13
II	3531,92	M	10	—	I	3413,01	M	18	—
I	3531,44	M	10	4,12	II	3411,77	M	12	4,60
II	3528,95	M	19	—	II	3409,26	M	14	4,95
II	3528,82	M	10	—	II	3408,63	M	18	—
II	3521,92	M	24	—	I	3405,56	M	14	4,10
I	3518,40	M	10	3,88	II	3404,63	M	12	4,90
II	3516,83	M	10	4,52	II	3403,28	M	14	4,77
II	3516,36	M	10	4,56	II	3402,70	M	70	—
II	3514,53	M	14	4,69	I	3402,02	M	14	4,69
II	3512,75	M	10	4,73	II	3401,69	M	14	4,51
II	3511,56	M	48	4,09	I	3398,53	M	18	—
III	3507,57	S	50	4,3	I	3397,52	M	16	—
II	3505,48	M	10	—	I	3396,73	M	14	4,13
II	3503,61	M	10	—	II	3392,04	M	90	3,85
II	3502,77	M	14	4,66	II	3389,65	M	22	3,89
II	3501,46	M	10	—	I	3380,86	M	9	4,02
II	3499,98	M	14	4,53	III	3377,48	S	60	4,9
II	3498,00	M	14	—	II	3367,81	M	28	4,23
II	3493,52	M	19	4,52	II	3358,60	M	44	3,92
II	3486,54	M	28	—	II	3351,23	M	70	3,89
II	3485,20	M	14	4,59	III	3339,43	S	10	4,4
II	3482,55	M	9	4,75	II	3334,61	M	44	4,49
II	3479,17	M	18	4,39	I	3330,48	M	18	3,72
II	3478,13	M	9	4,70	II	3325,13	M	60	4,24
II	3476,54	M	12	4,40	II	3324,75	M	28	3,96
II	3473,03	M	9	4,69	II	3321,44	M	36	4,24
I	3471,21	M	12	4,05	II	3320,29	M	20	4,56
II	3469,92	M	95	4,08	II	3314,81	M	17	—
I	3469,34	M	12	—	III	3313,64	S	30	4,4
II	3468,22	M	28	—	II	3310,24	M	13	4,52
I	3466,52	M	19	4,19	I	3309,36	M	9	3,74
II	3465,77	M	32	4,40	I	3304,24	M	34	3,75
II	3463,72	M	19	5,22	II	3301,63	M	17	—
II	3462,85	M	24	4,78	II	3297,83	M	17	4,91
I	3461,22	M	19	4,20	II	3295,32	M	13	4,53
I	3461,02	M	14	3,58	II	3293,94	M	17	4,90
II	3452,68	M	19	4,36	II	3292,52	M	44	4,58
II	3451,70	M	9	4,05	II	3291,74	M	65	4,53
II	3449,64	M	12	4,90	III	3290,59	S	30	4,3
II	3445,73	M	14	5,43	II	3287,79	M	44	3,96
II	3445,21	M	14	—	II	3286,58	M	22	4,76
I	3442,58	M	8	4,21	II	3280,37	M	22	4,77
II	3439,72	M	38	—	II	3275,06	M	22	—
II	3438,95	M	24	5,25	II	3273,89	M	22	—

	λ		B	eV		λ		B	eV
II	3269,47	M	8	4,62	II	3131,07	M	11	3,96
II	3267,00	M	13	4,66	II	3127,21	M	6	5,16
II	3262,67	M	65	4,56	II	3125,74	M	10	—
I	3257,37	M	13	—	II	3125,51	M	34	—
II	3257,16	M	13	4,99	II	3125,21	M	16	—
II	3256,28	M	65	—	II	3124,39	M	26	4,73
II	3255,51	M	10	—	II	3122,97	M	36	4,73
II	3254,82	M	10	4,68	II	3119,52	M	36	4,49
II	3252,74	M	10	—	II	3117,69	M	10	4,81
I	3251,92	M	20	—	II	3116,48	M	7	—
I	3249,87	M	7	3,81	II	3116,28	M	18	—
II	3245,77	M	20	4,94	II	3115,74	S	30	—
II	3241,12	M	17	4,69	III	3112,40	S	100	4,9
II	3240,48	M	8	4,65	II	3111,83	S	3	5,12
II	3238,12	M	42	—	II	3110,02	M	18	4,81
II	3235,85	M	34	4,60	II	3108,30	M	36	—
III	3232,04	S	50	4,9	II	3107,03	M	14	4,83
II	3230,86	M	8	5,04	II	3106,68	M	3,5	—
II	3229,01	M	40	4,75	II	3105,75	M	20	—
II	3226,41	M	4	—	II	3105,05	S	40	—
II	3225,42	M	20	5,05	II	3102,67	M	14	4,75
II, III	3221,29	M	40	—; 4,3	II	3100,93	S	150	—
II	3220,35	M	12	4,36	II	3100,79	M	14	—
II	3217,45	M	12	5,02	III	3097,96	S	50	4,9
III	3216,63	S	100	4,9	II	3097,27	M	10	4,51
II	3213,58	M	12	4,61	II	3090,09	M	9	4,24
II	3210,31	M	12	—	II	3089,63	S	40	—
II	3208,03	M	4	5,38	II	3088,47	M	17	4,92
II	3198,23	M	8	—	I	3088,00	S	1	—
II	3190,07	M	19	5,07	II	3083,29	M	10	5,35
II	3188,23	M	55	4,12	II	3083,00	M	10	5,57
II	3184,95	M	22	4,45	II	3082,17	M	10	—
II	3182,64	M	8	5,02	II	3081,98	M	14	4,53
II	3181,19	M	8	4,80	II	3080,22	M	34	—
II	3180,20	M	75	4,09	III	3078,98	S	200	4,4
II	3179,05	M	19	—	II	3078,83	M	48	4,53
II	3175,73	M	30	4,73	II	3072,11	M	26	4,55
II	3174,20	M	8	4,13	II	3070,82	M	19	—
II	3169,32	M	8	4,68	I	3068,90	M	16	—
II	3166,09	M	10	4,47	II	3067,73	M	32	—
II	3164,48	M	8	4,75	III	3066,30	S	20	4,61
II	3162,84	M	8	5,12	II	3065,15	M	6	5,25
II	3156,39	M	7	—	II	3063,03	M	16	—
II	3155,83	M	7	—	II	3061,70	M	16	—
II	3154,77	M	22	4,76	II	3060,18	M	13	—
II	3154,30	M	22	4,11	II	3058,42	M	6	—
II	3151,65	M	7	—	II	3051,79	M	6	4,88
II	3150,46	M	11	—	II	3050,98	M	6	5,25
III	3148,06	A	20	4,61	II	3049,86	M	3,0	—
II	3146,04	M	22	4,70	II	3049,09	M	30	4,62
II	3142,84	M	30	—	II	3046,95	M	12	—
II	3141,84	M	15	4,85	II	3045,56	M	9	5,33
II	3139,30	M	30	—	II	3043,06	M	9	4,35
II	3134,43	M	11	—	II	3040,05	M	5	—
II	3133,62	M	6	5,14	II	3038,60	M	6	4,84

λ	B		eV	λ	B		eV
II 3035,11	M	12	—	II 2887,81	M	32	—
II 3034,06	M	26	5,13	II 2885,05	M	32	—
II 3028,57	M	9	4,91	II 2884,29	M	28	4,85
II 3026,57	M	11	—	II 2882,00	M	4	5,73
II 3025,45	M	3,0	—	II 2881,13	M	4	—
II 3022,10	M	8	5,01	II 2870,40	M	48	4,55
II 3019,41	M	8	5,14	II 2851,26	M	24	4,53
II 3017,13	M	6	5,43	II 2847,36	M	8	5,56
II 3015,72	M	6	—	II 2842,81	M	28	4,55
II 3012,70	M	6	4,88	II 2837,30	M	110	—
II 3009,76	M	5	4,12	II 2832,31	M	70	4,89
II 3008,50	M	13	4,89	II 2826,86	M	15	5,38
II 3006,93	M	8	—	III 2824,70	S	50	4,9
II 3002,39	M	16	4,36	II 2822,03	M	9	5,43
II 3001,27	M	13	5,16	II 2819,33	M	9	5,37
II 3000,94	M	5	—	II 2797,74	M	6	4,98
II 2999,09	M	16	—	II 2794,26	M	8	5,64
II 2996,99	M	10	5,26	II 2791,02	M	6	5,26
II 2993,81	M	14	4,91	II 2783,05	M	10	5,01
II 2991,05	M	13	—	II 2778,71	M	6	5,66
II 2988,23	M	32	4,69	II 2773,96	M	12	6,11
II 2985,24	M	14	4,66	II 2771,49	M	18	—
II 2983,80	M	12	—	II 2770,82	M	18	4,66
I 2982,03	M	2,5	—	II 2768,85	M	24	5,24
II 2981,48	M	14	—	III 2765,87	S	100	6,0
II 2981,33	M	14	4,92	II 2763,62	M	13	5,53; 5,26
II 2980,33	M	5	5,32	II 2760,40	M	11	5,56
III 2978,72	S	300	4,3	II 2752,17	M	36	4,69
II 2976,02	M	10	5,07	II 2747,16	M	46	4,51
II 2974,01	M	19	4,72	II 2743,07	M	16	4,52
II 2973,53	M	10	—	II 2734,42	M	14	5,05
II 2971,48	M	10	4,68	II 2732,82	M	22	4,53
II 2968,69	M	24	4,73	II 2729,33	M	22	5,66
II 2965,49	M	10	5,01	II 2722,38	M	15	4,53
II 2964,92	M	10	—	II 2721,70	M	20	5,32
II 2957,58	M	15	4,75	II 2716,32	M	8	5,56
II 2949,06	M	13	4,76	III 2708,34	S	100	5,46
II 2942,86	M	30	—	II 2708,18	M	15	4,76
II 2942,62	M	11	5,25	II 2703,96	M	24	4,77
II 2936,46	M	15	—	II 2695,56	M	10	—
II 2936,19	M	11	—	IV 2693,97	S	100	7,47
III 2932,52	S	10	4,9	II 2692,42	M	42	4,60
II 2928,25	M	22	5,27	II 2687,13	M	11	5,61
II 2925,05	M	22	—	III 2686,19	S	50	4,61
II 2921,56	M	14	—	II 2684,29	M	32	—
II 2919,84	M	12	4,80	III 2680,98	S	200	5,52
II 2917,41	M	14	—	II 2658,67	M	13	4,66
II 2910,60	M	18	4,77	II 2650,58	M	15	4,68
II 2908,36	M	7	4,81	II 2641,49	M	24	4,69
II 2899,72	M	22	5,03	II 2625,74	M	24	5,23
III 2898,95	S	10	4,4	II 2623,45	M	24	5,23
I 2897,07	M	6	—	II 2618,90	M	20	5,25
III 2896,76	S	100	5,50	III 2609,23	S	50	5,6
II 2895,14	M	11	4,51	II 2600,89	M	20	5,53
I 2891,25	M	14	—	III 2600,64	S	150	6,0

λ	B		eV	λ	B		eV
III 2597,33	S	200	6,0	III 2297,26	S	2	6,3
II 2597,05	M	20	4,77	IV 2296,08	S	1	—
II 2589,06	M	20	5,02	III 2291,65	S	15	5,90
III 2583,36	S	30	5,5	III 2287,60	S	3	5,5
II 2576,69	M	18	5,32	II 2284,27	S	3	—
III 2571,61	S	50	5,5	III 2281,55	S	20	6,31
III 2567,85	S	20	5,5	III 2278,82	S	3	6,41
II 2566,59	M	24	5,02	II 2276,51	S	1	—
II 2565,60	M	44	5,06	III 2257,54	S	1	6,0
III 2564,39	S	50	6,0	III 2228,90	S	2	—
III 2555,22	S	10	5,3	III 2223,61	S	2	6,86
III 2554,75	S	50	5,3	III 2221,09	S	5	6,88
III 2549,53	S	40	5,5	III 2206,65	S	7	6,19
III 2549,13	S	10	4,86	III 2199,75	S	10	6,86
II 2547,90	M	13	5,38	III 2198,63	S	5	6,31
II 2545,34	M	5	5,64	III 2192,33	S	5	6,88
III 2545,10	S	40	6,0	III 2162,82	S	5	6,41
III 2536,55	S	40	5,46	II 2153,56	S	1	—
III 2529,98	S	20	6,88	III 2149,21	S	5	6,57
III 2514,32	S	30	6,0	IV 2146,93	S	30	14,83
III 2512,71	S	30	5,3	III 2137,77	S	1	6,68
III 2501,12	S	40	6,0	III 2099,47	S	1	5,90
III 2497,56	S	40	6,19	II 2091,68	S	1	—
III 2497,24	S	40	5,46	III 2073,04	S	2	6,86
III 2475,31	S	15	5,58	IV 2066,74	S	100	15,05
III 2473,98	S	20	5,50	III 2040,33	S	1	6,57
III 2467,63	S	10	5,5	III 2029,28	S	1	6,68
III 2463,68	S	30	5,5	IV 2002,34	S	200	9,06
III 2441,26	S	20	6,0	III 1965,58	S	10	6,88
III 2431,74	S	30	6,0	III 1963,52	S	7	6,31
III 2427,98	S	20	5,5	IV 1959,02	S	200	7,47
III 2424,54	S	15	5,5	III 1943,48	S	3	—
III 2413,49	S	40	5,6	III 1941,88	S	5	6,88
III 2397,78	S	2	—	III 1888,12	S	30	8,55
III 2391,52	S	40	5,3	III 1753,17	S	10	8,55
III 2381,49	S	40	6,68	III 1707,88	S	5	8,55
III 2371,43	S	8	5,90	IV 1707,37	S	150	9,06
III 2368,96	S	4	6,0	IV 1684,01	S	30	14,83
III 2363,08	S	10	6,3	IV 1682,22	S	75	14,83
III 2357,21	S	5	6,0	IV 1565,85	S	100	9,06
III 2355,89	S	3	6,0	III 1554,64	S	5	8,55
III 2351,74	S	5	6,57	IV 854,02	S	1	15,05
III 2340,64	S	5	6,58	IV 835,55	S	10	14,83
III 2335,53	S	10	6,19	IV 797,53	S	4	17,34
III 2328,60	S	2	6,0				
III 2324,73	S	7	5,90				
III 2319,55	S	20	6,57				
III 2311,54	S	2	5,5				
III 2307,07	S	1	—				
III 2301,22	S	20	6,19				

λ	B		eV	λ	B		eV

22 Ti

λ	B		eV	λ	B		eV
I 11403,89	A	8	—	I 6261,10	M	28	3,40
I 11246,88	A	10	4,25	I 6258,70	M	36	3,44
I 11243,90	A	10	4,28	I 6258,10	M	36	3,42
I 10896,10	A	8	4,49	I 6221,41	M	6	4,65
I 10774,92	A	12	4,85; 1,97	I 6220,46	M	7	4,67
I 10732,89	A	8	1,98	I 6215,21	M	9	4,69
I 10726,33	A	18	1,97	I 6146,23	M	3,0	3,89
I 10689,52	A	15	4,88	I 6126,22	M	11	3,09
I 10677,04	A	10	2,00	I 6098,67	M	4	5,09
I 10661,61	A	20	1,98	I 6091,17	M	11	4,30
I 10607,78	A	10	2,02	I 6085,23	M	11	3,09
I 10584,66	A	25	2,00	I 6064,63	M	10	3,09
I 10496,14	A	30	2,02	I 5999,68	M	6	4,30
I 10460,07	A	10	3,45	I 5978,56	M	26	3,95
I 10396,85	A	25	2,04	I 5965,84	M	19	3,96
I 10120,90	A	10	3,40	I 5953,17	M	28	3,97
I 10048,78	A	12	2,68	I 5941,76	M	11	3,14
I 10034,45	A	15	2,69	I 5937,82	M	7	3,15
I 10011,72	A	15	3,39	I 5922,12	M	14	3,14
I 10003,02	A	25	3,40	I 5919,06	E	10	4,34
I 9997,94	A	15	3,11	I 5918,55	M	11	3,16
I 9927,35	A	20	3,13	I 5903,33	M	5	3,17
I 8518,32	M	5	3,34	I 5899,30	M	22	3,15
I 8435,70	M	32	2,31	I 5889,96	E	8	4,34; 6,01
I 8426,52	M	22	2,30	I 5880,31	M	6	3,16
I 7978,88	M	8	4,87; 3,45	I 5872,36	E	10	5,30; 5,47
I 7949,17	M	4	3,06	I 5866,46	M	38	3,18
I 7489,61	M	3,5	3,91	I 5847,12	E	10	3,19
I 7440,60	M	3,5	3,92	I 5838,03	E	12	5,18
I 7364,11	M	8	3,11	I 5819,96	E	8	3,87
I 7357,74	M	12	3,12	I 5807,23	E	8	5,31
I 7344,72	M	16	3,14	I 5804,27	M	6	5,47
I 7318,39	M	3,5	3,95	I 5785,98	M	7	5,46
I 7251,72	M	17	3,14	I 5785,66	E	25	5,43
I 7244,86	M	17	3,15	I 5774,54	E	13	4,39
I 7216,20	M	8	3,16	I 5774,05	M	7	5,45
I 7209,44	M	34	3,18	I 5766,35	M	5	5,44
I 7038,80	M	5	4,10	I 5762,27	M	4	5,43
I 6743,12	M	9	2,74	I 5745,07	E	8	4,47
I 6554,23	M	6	3,33	I 5739,51	M	8	4,41
I 6546,28	M	5	3,32	I 5734,24	E	10	5,36; 4,46
I 6366,35	M	3,5	3,40	I 5715,13	M	9	4,43
I 6359,88	A	8	2,00	I 5711,88	M	6	4,48
I 6336,10	M	3,0	3,39	I 5708,20	M	3,5	4,49
I 6325,22	A	10	1,98	I 5702,68	M	7	4,47
I 6318,03	M	2,5	3,39	I 5689,47	M	9	4,48
I 6312,24	M	5	3,42	I 5679,91	M	3,0	4,65
I 6303,75	M	6	3,40	I 5675,44	M	12	4,49
I 6296,66	A	12	1,97	I 5673,45	M	2,0	5,30
I 6273,39	A	6	2,00	I 5662,89	M	7	4,67

λ	B		eV	λ	B		eV
I 5662,16	M	18	4,50	I 5024,84	M	55	3,28
I 5654,78	E	8	4,85	I 5022,87	M	80	3,29
I 5648,58	M	7	4,69	I 5020,03	M	80	3,30
I 5644,14	M	24	4,46	I 5016,17	M	55	3,32
I 5638,52	E	12	6,06	I 5014,28	A	25	3,28
I 5565,49	M	10	4,46	I 5014,18	M	300	2,47
I 5514,54	M	30	3,68	I 5013,30	M	22	4,49
I 5514,35	M	26	3,67	I 5009,65	M	11	2,49
I 5512,53	M	32	3,70	I 5007,21	M	340	3,29
I 5503,90	M	10	4,83	I 5000,99	A	10	4,47
I 5490,15	M	14	3,72	I 4999,51	M	380	3,30
I 5488,20	M	8	4,65	I 4997,10	M	13	2,48
I 5481,45	M	10	4,67	I 4991,07	M	440	3,32
I 5477,71	M	11	4,69	I 4989,15	M	14	4,47
I 5474,28	M	8	3,72	I 4981,73	M	550	3,33
I 5471,19	M	7	3,71	I 4978,20	M	11	4,46
I 5429,15	M	7	4,63	I 4975,35	M	11	5,00
I 5409,61	M	10	4,18	I 4973,06	M	7	4,49
I 5397,09	M	8	4,18	I 4968,57	M	6	4,47
I 5351,08	M	7	5,09	I 4938,29	M	9	5,09
II 5336,81	M	2,5	3,91	I 4928,34	M	14	4,67
I 5297,26	M	11	4,21	I 4921,77	M	17	4,69
I 5295,79	M	6	3,40	I 4919,88	M	12	4,68
I 5283,45	M	13	4,23	I 4913,62	M	30	4,40
I 5265,98	M	14	4,24	II 4911,19	S	1	5,64
I 5255,81	M	7	4,48	I 4899,91	M	36	4,41
I 5252,11	M	10	2,41	I 4885,09	M	36	4,43
I 5238,58	M	11	4,46; 3,21	I 4870,14	M	22	4,79
II 5226,56	M	6	3,94	I 4868,26	M	18	4,78
I 5224,95	M	18	4,49	I 4856,01	M	26	4,81
I 5224,57	M	9	4,47	I 4848,47	M	6	4,73
I 5224,32	M	24	4,51	I 4840,87	M	42	3,46
I 5223,64	M	8	4,47	I 4836,13	M	3,5	4,83
I 5222,68	M	9	4,46	I 4820,42	M	18	4,08
I 5219,71	M	14	2,40	I 4805,43	M	10	4,92
I 5210,39	M	130	2,43	II 4805,10	M	2,5	4,64
I 5192,98	M	120	2,41	I 4799,80	M	10	4,85
II 5188,70	M	8	3,97	I 4796,22	M	4	4,92
I 5173,75	M	100	2,40	I 4792,49	M	10	4,92
I 5152,20	M	20	2,43	II 4779,95	S	1	4,64
I 5147,48	M	22	2,41	I 4759,28	M	28	4,86
I 5145,47	M	26	3,87	I 4758,12	M	28	4,85
I 5120,43	M	26	5,00	I 4742,79	M	15	4,85
I 5113,44	M	18	3,87	I 4733,43	M	4	4,78
I 5087,07	M	12	3,87	I 4731,17	M	5	4,79
I 5071,49	M	12	3,90	I 4723,18	M	6	3,69
I 5065,99	M	9	3,89	I 4722,62	M	6	3,67
I 5064,66	M	130	2,49	I 4710,19	M	10	4,81; 3,67
I 5062,11	M	10	4,61	I 4698,77	M	16	3,68
I 5052,87	M	10	4,63	I 4691,34	M	16	3,70
I 5039,95	M	110	2,48	I 4681,92	M	80	2,69
I 5038,40	M	70	3,89	I 4675,12	M	6	3,71
I 5036,47	M	80	3,91	I 4667,59	M	70	2,68
I 5035,91	M	110	3,92	I 4656,47	M	60	2,66
I 5025,58	M	28	4,51	I 4656,06	M	2,0	4,41

	λ	B		eV		λ	B		eV
I	4650,02	M	10	4,41	I	4422,83	M	10	3,87
I	4645,19	M	12	4,40	I	4421,76	M	10	5,04
I	4639,95	M	16	4,41	II	4417,72	M	5	3,97
I	4639,66	M	18	4,42	I	4417,28	M	18	4,69
I	4639,37	M	20	4,41	I	4416,54	M	5	4,68
I	4637,88	M	5	5,02	II	4411,08	S	15	5,90
I	4629,34	M	16	4,41	I	4404,28	M	20	5,06
I	4623,09	M	40	4,42	II	4399,77	M	5	4,06
I	4617,27	M	80	4,43	II	4395,04	M	28	3,91
II	4589,95	M	20	3,94	I	4393,93	M	14	5,09
II	4571,98	M	20	4,28	II	4386,85	S	10	5,42
II	4563,77	M	9	3,94	II	4367,67	S	15	5,43
I	4562,63	M	4	2,74	I	4360,49	M	8	5,02
I	4559,92	M	5	4,18	II	4344,29	M	2,0	3,94
I	4555,49	M	60	3,56	II	4337,92	M	13	3,94
I	4552,46	M	80	3,55	I	4326,36	M	13	3,68
II	4549,63	M	20	4,31	I	4325,13	M	16	5,11
I	4548,77	M	80	3,55	I	4321,67	M	15	5,10
I	4544,69	M	60	3,54	I	4318,64	M	30	5,12
I	4536,05	M	100	3,54	II	4314,98	S	40	4,03
I	4535,92	M	100	3,55	I	4314,80	M	100	3,70
I	4535,58	M	200	3,55	II	4312,87	M	7	4,06
I	4534,78	M	300	3,56	II	4307,91	M	15	4,04
II	4533,97	M	20	3,97	I	4305,92	M	500	3,72
I	4533,24	M	500	3,58	II	4301,93	M	7	4,04
I	4527,31	M	65	3,55	I	4301,09	M	340	3,71
I	4522,81	M	85	3,55	I	4300,57	M	240	3,70
I	4518,69	M	8	4,17	II	4300,05	M	17	4,07
I	4518,03	M	85	3,56	I	4299,64	M	17	3,70
I	4512,74	M	65	3,58	I	4299,23	M	17	4,63
II	4501,27	M	17	3,87	I	4298,67	M	170	3,70
I	4496,15	M	20	4,51	I	4295,76	M	70	3,68
I	4489,09	M	22	4,50	II	4294,12	M	12	3,97
II	4488,32	M	1,6	5,88	I	4290,94	M	70	3,70
I	4482,69	M	8	4,22	II	4290,23	M	10	4,06
I	4481,26	M	44	4,52	I	4289,07	M	80	3,70
I	4479,71	M	8	4,50	I	4287,41	M	70	3,72
I	4474,85	M	8	4,21; 4,87	I	4286,01	M	75	3,71
I	4471,24	M	20	4,51	I	4284,99	M	13	4,63
II	4468,50	M	20	3,90	I	4282,71	M	18	4,77
I	4465,81	M	24	4,52	I	4281,38	M	9	3,70
I	4463,55	M	5	4,66	I	4278,23	M	10	5,47
I	4463,39	M	6	4,66	I	4276,43	M	10	4,63
I	4457,43	M	90	4,24	I	4274,58	M	20	4,78; 3,71
I	4455,33	M	80	4,23	I	4270,14	M	6	5,22
I	4453,71	M	24	4,66	I	4263,13	M	28	4,79
I	4453,32	M	70	4,21	I	4261,60	M	6	5,21
I	4450,90	M	46	4,66	I	4258,54	M	6	5,20
I	4449,15	M	70	4,67	I	4256,04	M	11	5,23
II	4443,80	M	19	3,87	I	4249,12	M	7	5,21
I	4440,35	M	11	4,66	I	4237,88	M	11	5,43
I	4434,00	M	14	4,23; 4,67	I	4203,46	M	7	5,20
I	4430,37	M	7	4,24	I	4200,79	M	6	5,20
I	4427,10	M	75	4,30	I	4186,12	M	30	4,46
I	4426,06	M	10	4,68	I	4180,87	A	3	4,84

	λ	B		eV		λ	B		eV
II	4171,90	M	3,5	5,56	II	3913,46	M	42	4,28
I	4171,02	M	10	5,12	I	3911,19	M	9	5,21
I	4169,32	M	7	4,86	I	3904,79	M	220	4,08
I	4166,30	M	3,5	4,85	I	3900,96	M	15	3,20
II	4163,64	M	6	5,56	II	3900,54	M	44	4,31
I	4159,64	M	7	5,14	I	3898,49	M	7	3,20
I	4150,96	M	14	5,16	I	3895,24	M	17	5,22
I	4143,04	M	7	5,30	I	3889,95	M	6	3,19
I	4137,28	M	12	5,31	I	3882,89	M	42	5,23
I	4127,53	M	11	5,69	I	3882,32	M	14	5,21
I	4123,56	M	7	5,68	I	3875,29	M	22	3,20; 5,19
I	4122,14	M	7	5,67	I	3873,20	M	10	5,20
I	4112,71	M	18	3,06	I	3868,40	M	14	5,18
I	4099,17	M	7	5,20	I	3866,44	M	20	5,22
I	4082,46	M	24	4,11	I	3858,14	M	14	5,21
I	4079,70	A	6	5,20	I	3853,73	M	11	5,20
I	4078,47	M	70	4,11	I	3853,05	M	11	5,18
I	4065,10	M	17	4,10	I	3846,44	M	5	—
I	4064,21	M	17	4,11	I	3798,28	M	5	4,69
I	4060,26	M	34	4,11	I	3789,30	M	10	4,73
I	4058,14	M	7	5,37	I	3786,04	M	70	4,17
I	4055,01	M	24	4,11	II	3776,06	M	2,5	4,86
I	4035,83	M	9	5,24	I	3771,65	M	50	3,33
I	4033,90	M	3,5	5,23	II	3761,86	M	4	5,88
I	4030,51	M	16	5,22	II	3761,32	M	240	3,87
II	4028,35	M	3,5	4,97	II	3759,29	M	280	3,91
I	4026,54	M	16	5,19	II	3757,68	M	12	4,86
I	4024,57	M	100	3,12	I	3753,63	M	50	3,32
I	4021,82	M	12	5,18	I	3752,86	M	440	3,35
I	4017,77	M	10	5,17	I	3748,07	M	13	5,18
I	4016,28	M	3,0	5,22	II	3748,01	S	10	5,90
I	4015,37	M	6	5,17	II	3741,64	M	28	4,89
I	4013,59	M	15	5,22	I	3741,06	M	280	3,33
II	4012,39	M	6	3,67	I	3729,81	M	240	3,32
I	4009,66	M	16	3,11	I	3725,16	M	32	4,39
I	4008,93	M	80	3,11	I	3724,57	M	50	4,83
I	4008,05	M	6	5,21	I	3722,57	M	28	3,35
I	4005,96	M	3,0	5,20	II	3721,64	M	12	3,90
I	4003,79	M	6	5,23	I	3717,39	M	38	3,33
I	3998,64	M	650	3,14	I	3709,96	M	24	4,39
I	3989,76	M	480	3,12	I	3708,64	A	4	5,76
I	3982,48	M	48	3,11	I	3707,53	M	4	5,36
I	3981,76	M	400	3,11	II	3706,22	M	12	4,91
I	3964,27	M	80	3,14	I	3704,29	M	16	4,81
I	3962,85	M	80	3,12	I	3702,29	M	10	4,39
I	3958,21	M	440	3,18	I	3700,08	M	5	—
I	3956,33	M	380	3,15	I	3694,44	M	12	4,80
I	3948,67	M	380	3,14	I	3689,92	M	50	3,40
I	3947,77	M	90	3,16	II	3685,19	M	260	3,96
I	3934,23	M	6	3,20	I	3671,67	M	50	3,42
I	3929,88	M	75	3,15	I	3668,97	M	32	3,39
I	3926,32	M	9	5,73	II	3662,24	M	16	4,95
I	3924,53	M	90	3,18	I	3660,63	M	32	3,40
I	3921,42	M	24	3,16	II	3659,76	M	10	4,97
I	3914,33	M	42	3,21	I	3658,10	M	55	3,40

λ		B	eV	λ		B	eV
I	3654,59	M 24	3,39	I	3370,43	M 95	3,67
I	3653,50	M 600	3,44	I, II	3366,17	A 8	5,72; 4,92
I	3646,20	M 15	3,39	I	3361,82	M 10	3,71
I	3642,68	M 550	3,42	I	3361,26	A 125	3,70
II	3641,33	M 16	4,64	II	3361,21	M 600	3,71
I	3637,97	M 10	3,41	I	3361,00	M 24	3,71
I	3635,46	M 400	3,40	I	3358,47	A 8	6,01
I	3635,20	M 8	3,46	I	3358,26	M 24	3,69
II	3624,83	M 16	4,64	I	3354,63	M 340	3,71
I	3610,15	M 50	4,33	I	3352,92	M 10	3,72
I	3604,28	A 8	3,46	II	3349,40	M 1000	3,74
I	3598,71	M 16	4,35	II	3349,03	M 360	4,31
II	3596,05	M 20	4,06	II	3348,82	S 10	3,82
II	3587,13	M 5	4,06	II	3346,73	M 28	3,84
I	3574,24	M 5	5,73	II	3343,77	M 22	3,86
II	3573,72	M 10	4,04	I	3342,14	M 10	3,71
II	3566,00	S 6	4,64	I, II	3341,88	M 480	3,70; 4,28
I	3558,51	A 6	—	II	3340,34	M 95	3,83
II	3535,41	M 26	5,56	II	3337,85	S 2	4,95
II	3520,25	M 5	5,57	II	3335,20	M 150	3,84
II	3510,84	M 50	5,42	II	3332,11	M 46	4,96
I	3506,63	M 10	3,58	II	3329,46	M 180	3,86
II	3504,89	M 75	5,42	II	3326,77	M 32	3,84
II	3491,05	M 40	3,66	II	3322,94	M 240	3,88
I	3485,67	M 5	4,61	II	3321,70	M 46	4,96
II	3483,80	S 4	7,87	I	3321,58	A 8	4,80
I	3480,53	M 20	4,63	II	3318,03	M 28	3,86
I	3478,92	M 5	4,61	II	3315,32	M 24	4,96
II	3477,18	M 50	3,68	I	3314,50	A 8	4,79
I	3467,27	M 8	4,63	I	3314,42	M 70	4,80
II	3465,56	S 5	5,63	I	3309,71	M 5	5,86
II	3461,50	M 50	3,71	I	3309,50	M 22	4,80
I	3456,65	A 6	5,09	II	3308,81	M 18	3,88
II	3456,38	M 15	5,64	I	3308,39	M 18	4,79
II	3452,47	M 5	5,63	I	3306,87	M 14	5,88
II	3444,31	M 75	3,74	I	3299,41	M 14	4,66
I	3439,30	M 5	5,06	I	3294,89	A 6	6,08
II	3416,96	S 2	4,86	I	3292,08	M 24	4,66
II	3407,21	M 5	3,68	II	3287,66	M 44	5,66
II	3402,42	M 5	4,86	II	3282,33	M 18	5,00
I	3398,62	M 5	4,69	I	3278,92 ⎫	M 22	4,68
II	3394,57	M 95	3,66	II	3278,92 ⎭		4,86
I	3392,71	M 12	5,15	II	3278,29	M 17	5,01
I	3390,67	M 12	4,71	II	3276,77	S 5	4,96
II	3388,75	M 5	4,89	II	3275,29	S 3	4,86
II	3387,83	M 120	3,68	II	3272,08	M 26	5,01
I	3385,94	M 120	3,70	II	3271,65	M 26	5,03
II	3383,76	M 480	3,66	II	3263,69	S 4	4,96
II	3380,28	M 120	3,71	II	3261,61	M 100	5,69; 5,03
I	3379,20	M 24	3,72	II	3254,25	M 100	3,86
I	3377,58	A 30	3,69	II	3252,91	M 100	3,84
I	3377,48	M 240	3,72	II	3251,91	M 80	3,83
II	3372,79	M 480	3,68	I, II	3248,60	M 100	4,87; 5,06
II	3372,20	M 12	4,28	II	3241,99	M 220	3,83
I	3371,45	M 360	3,72	II	3239,66	M 18	4,91

λ	B		eV	λ	B		eV
II 3239,04	M	340	3,84	I 3114,09	A	20	5,98
II 3236,57	M	440	3,86	I 3112,48	M	4	5,03
II 3236,10	M	18	4,91	II 3112,05	S	10	5,20
I 3226,11	M	12	5,88	I 3111,28	A	10	5,96
II 3234,52	M	550	3,88	II 3110,62	M	4	5,21
II 3232,28	M	20	4,95	II 3110,11	S	8	5,57
II 3229,40	M	44	4,97	I 3109,58	A	8	—
II 3229,19	M	65	3,84	I 3107,45	A	12	5,96
II 3228,61	M	44	4,92	I 3106,80	M	6	5,04
II 3224,24	M	20	5,42	II 3106,23	M	22	5,23
I 3223,51	M	18	5,86	II 3105,08	M	19	5,21
II 3222,84	M	110	3,86	II 3103,80	M	19	5,88
I 3221,37	M	9	5,84	I 3100,67	M	15	5,06
I 3219,21	M	9	5,83	II 3097,19	M	15	5,23
II 3218,27	M	22	5,42	I 3090,13	A	8	5,06
I 3217,95	M	9	5,82	II 3090,05	S	8	7,77
II 3217,06	M	90	3,88	II 3089,40	M	15	5,90
II 3214,75	M	16	3,91	II 3088,03	M	300	4,07
I 3214,23	M	22	3,90	II 3078,65	M	190	4,06
I 3213,14	M	9	4,92; 5,99	II 3075,22	M	130	4,04
I 3204,87	M	4	4,92	II 3072,97	M	95	4,04
I 3203,82	M	20	3,89	II 3072,11	M	50	4,07
II 3202,54	M	65	4,95	II 3071,24	M	6	5,21
I 3199,92	M	320	3,92	II 3066,36	S	20	4,04
I 3191,99	M	260	3,91	II 3066,20	M	110	4,05
II 3190,87	M	85	4,97	II 3058,09	M	14	5,23
I 3186,45	M	200	3,89	II 3057,43	M	11	4,05
II 3181,84	S	8	7,87	II 3056,74	M	11	5,21
II 3174,80	S	5	—	II 3046,69	M	9	5,23
II 3168,52	M	130	4,07	II 3045,09	S	5	—
II 3164,91	S	8	—	II 3043,85	S	5	5,63
II 3162,57	M	85	4,06	II 3029,73	M	12	5,66
II 3161,77	M	65	4,04	II 3023,86	S	12	8,39
II 3161,21	M	42	4,04	II 3022,82	S	15	8,41
II 3155,65	M	20	4,06	II 3017,19	M	10	5,69
II 3154,20	M	20	4,04	I 3000,89	M	30	4,18
II 3152,25	M	20	4,06	I 2995,75	A	5	—
II 3148,04	M	20	3,94	II 2990,16	S	10	8,12
II 3143,76	M	18	3,97	III 2984,76	S	3	9,32
I 3143,34	A	12	5,98	I 2983,29	M	16	4,18
I 3141,67	M	8	6,08	II 2979,20	S	10	8,10
I 3141,51	M	12	4,84	II 2977,80	S	7	—
I 3139,87	A	10	5,96	I 2970,38	M	7	4,17
I 3135,05	A	8	5,95	I 2967,22	M	18	4,23
I 3132,71	A	6	5,95	II 2958,99	S	50	8,48
II 3130,80	M	120	3,97	I 2956,80	M	16	4,21
I 3130,16	A	8	5,94	I 2956,12	M	150	4,24
I 3127,67	A	8	5,93	II 2954,76	S	60	8,51
I 3123,76	A	20	6,01	I 2948,24	M	120	4,22
I 3123,07	M	16	4,87	II 2945,47	S	50	8,09
II 3119,80	S	15	5,21	II 2943,13	S	12	8,12
I 3119,73	M	60	5,47	II 2941,99	M	100	4,21; 8,07
I 3118,13	A	15	5,99	I 2941,96	A	50	4,21
II 3117,67	M	12	5,20	II 2941,39	S	8	—
I 3117,45	A	6	5,04	II 2938,70	S	15	8,06

	λ		B	eV		λ		B	eV
I	2937,30	M	14	4,24	I	2727,38	M	7	5,59
II	2936,17	S	30	8,05	I	2725,08	M	8	5,60
I	2933,53	M	17	4,22	II	2716,20	M	2,5	5,64
II	2931,26	S	40	8,10	II	2698,52	S	30	—
I	2928,32	M	32	5,73	I	2688,83	M	6	—
II	2926,75	S	10	8,12	I	2679,92	M	12	4,67
II	2924,01	S	8	—	I	2669,59	M	9	4,66
II	2916,10	S	10	—	I	2661,96	M	8	4,65
II	2913,33	S	10	—	I	2657,19	M	3,5	4,66
I	2912,08	M	42	5,15	I	2646,63	M	90	4,73
II	2906,68	S	20	—	II	2646,11	S	50	8,56
II	2891,07	M	5	4,89	I	2644,25	M	75	4,71
II	2890,61	S	8	—	II	2642,15	S	20	8,54
II	2888,92	M	6	4,86	I	2641,09	M	60	4,69
II	2888,63	S	10	—	II	2638,71	S	10	8,53
II	2884,11	M	26	5,42	I	2632,41	M	16	4,71
II	2877,44	M	17	5,42	I	2619,94	M	28	4,78
II	2875,79	S	10	—	I	2611,47	M	7	4,77
II	2875,39	S	15	—	I	2611,29	M	48	4,79
II	2870,04	S	25	—	I	2605,12	M	36	4,78
II	2868,73	M	5	4,89	I	2599,89	M	28	4,76
II	2862,31	M	9	5,57	I	2596,60	M	7	4,79
II	2861,99	S	20	—	II	2571,03	M	12	5,42
II	2858,40	S	8	4,91	III	2563,42	S	5	9,61
II	2857,81	S	15	—	II	2555,98	M	7	5,42
II	2856,24	S	25	8,09	IV	2546,85	S	4	29,27
II	2851,10	M	10	5,56	I	2541,92	M	20	4,92
II	2846,09	S	15	8,08	III	2540,02	S	5	9,61
II	2841,94	M	18	4,97	II	2535,87	M	14	5,00
II	2839,80	S	15	8,12	II	2534,62	M	20	5,01
II	2836,60	S	15	8,06	II	2531,25	M	20	5,03
II	2828,80	S	30	8,05	III	2527,80	S	5	9,65
II	2828,15	S	60	8,14	II	2525,60	M	38	5,06
II	2827,21	S	10	8,06	II	2524,64	M	8	5,03
II	2821,42	S	8	8,05	I	2520,54	M	15	4,92
II	2820,00	S	8	8,08	I	2519,07	M	4	4,92
II	2817,87	S	60	8,12	II	2517,43	M	8	5,06
II	2810,28	M	7	8,10	III	2516,01	S	7	9,70
I	2805,68	M	5	5,48	II	2478,65	S	5	5,01
II	2805,01	S	40	8,08	II	2450,44	M	2,5	6,64
I	2802,50	M	24	5,32	I	2440,98	M	7	5,12
II	2800,61	S	30	8,30	I	2433,23	M	4	5,11
II	2788,02	S	8	8,28	I	2424,25	M	10	5,16
II	2786,00	S	6	8,30	I	2421,30	M	8	5,14
II	2780,56	S	5	5,03	I	2418,36	M	6	5,12
II	2764,82	S	10	5,56	III	2413,97	S	5	10,30
I	2758,07	M	9	6,00	I	2378,15	A	3	5,23
I	2757,40	M	6	5,56	III	2375,02	S	2	10,39
II	2752,88	S	4	8,56	II	2349,97	S	3	6,50
II	2751,70	S	50	8,41	II	2346,35	S	1	6,52
II	2746,71	S	30	8,38	I	2305,69	M	20	5,42
I, II	2742,32	M	24	5,42; —	I	2302,75	M	15	5,40
I	2739,81	M	8	5,59	I	2299,86	M	16	5,39
I	2735,29	M	5	5,58	I	2280,00	M	20	5,48
I	2733,26	M	16	5,60	I	2276,71	M	14	5,46

λ	B		eV	λ	B		eV
I 2273,28	M	18	5,45	III 1298,95	S	13	9,56
IV 2103,08	S	3	15,85	III 1298,67	S	17	9,60; 9,55
IV 2067,50	S	5	15,95	III 1295,91	S	10	9,57
III 1499,17	S	7	9,60	III 1294,67	S	17	9,59
III 1498,65	S	10	9,32	III 1293,26	S	10	9,64
IV 1469,21	S	5	24,39	III 1291,64	S	7	9,60
IV 1467,25	S	10	24,42	III 1289,32	S	10	9,64
III 1455,22	S	13	10,30	III 1286,38	S	13	9,69
IV 1451,75	S	10	24,39	IV 781,78	S	7	15,85
III 1424,14	S	7	10,03	IV 779,14	S	7	15,95
III 1422,41	S	8	10,04	IV 776,82	S	3	15,95
III 1421,69	S	7	10,03				
III 1420,42	S	5	10,03				
III 1420,04	S	5	10,04				
III 1327,60	S	5	10,38				

81 Tl

λ	B		eV	λ	B		eV
71170	—		—	I 8474,27	A	1	5,82
I 70230	—		5,35	I 8373,6	A	2	5,71
I 55590	—		5,35	I 7815,80	A	1	5,82
I 51058	—		4,48	II 6966,43	C	10	14,82
39286	—		—	I 6713,80	M	0,6	5,12
39215	—		—	I 6549,84	M	1,6	5,17
I 38131	—		5,13	II 6378,32	C	10	17,11
I 35950	—		—	II 6179,98	C	10	17,13
I 35680	—		—	II 5949,48	C	25	15,13
I 33393	—		5,17	II 5410,97	C	10	17,11
I 27889	—		4,80	II 5409,92	C	7	17,11
27024	—		—	II 5384,85	C	15	17,10
I 21803	—		4,80	I 5350,46	M	1800	3,28
21397	—		—	II 5152,14	C	25	16,89
20486	—		—	II 5078,51	C	25	16,88
I 16340	—		5,25	II 4981,35	C	15	16,89
I 16123	—		5,25	II 4737,05	C	20	16,90
14598	—		—	II 4306,80	C	10	18,05
I 14593	—		5,21	II 4274,98	C	20	18,03
I 14515	—		5,21	III 4269,81	IE	6	23,17
I 13013,2	A	70	4,23	III 4109,85	IE	7	20,27
I 12736,4	A	15	5,21	III 3933,05	IE	6	24,92
I 12728,2	A	2	—	II 3901,53	C	4	18,31
I 12491,8	A	2	5,35	II 3887,15	C	10	18,32
I 11691	A	1	—	II 3832,30	C	10	18,40
I 11592,9	A	8	5,56	II 3793,95	C	8	17,70
I 11512,82	A	100	4,36	I 3775,72	M	1200	3,28
I 11483,7	A	5	5,56	I 3652,95	A	5	4,36
I 10496,4	A	8	5,54	II 3560,68	C	9	18,30
I 1492,5	A	5	5,54	I 3529,43	M	500	4,48
I 10292,3	A	6	4,49	I 3519,24	M	2000	4,49
I 9509,4	A	3	5,54	III 3456,34	IE	9	21,77
I 9170,7	A	2	—	II 3369,15	C	15	18,16
I 9130,5	A	2	5,71	II 3321,04	C	12	18,16
II 8664,1	C	10	16,56	II 3319,91	C	12	18,16

λ	B		eV	λ	B		eV
II 3291,01	C	15	18,16	I 2007,56	A	100	6,18
I 3229,75	M	120	4,80	II 1908,64	C	25	6,49
II 3187,74	C	15	18,16	II 1814,80	C	12	14,48
II 3186,56	C	15	18,16	II 1792,76	C	10	13,04
II 3185,51	C	15	18,16	I 1685,40	A	5	8,30
III 3163,53	IE	6	21,94	III 1660,05	IE	8	17,26
II 3091,56	C	20	13,39	I 1616	A	5	7,69
I 2945,04	A	20	5,17	II 1568,57	C	10	14,40
I 2921,52	M	44	5,21	II 1561,59	C	15	14,43
I 2918,32	M	280	5,21	III 1558,67	IE	8	7,95
II 2849,80	C	10	17,39	II 1507,82	C	10	17,60
I 2826,16	M	28	5,34	II 1499,30	C	10	14,40
I 2767,87	M	440	4,48	I 1489,65	A	8	8,31
I 2710,70	A	20	5,54	III 1477,14	IE	8	18,18
I 2709,23	M	42	5,54	II 1373,52	C	10	18,40
I 2665,57	M	8	5,63	IV 1337,10	S	40	18,57
I 2609,77	A	20	5,71	II 1321,72	C	25	9,38
I 2608,99	M	6	5,71	II 1307,50	C	15	17,13
I 2585,60	A	20	5,76	III 1266,33	IE	10	9,79
I 2580,14	M	70	4,80	III 1231,57	IE	7	18,02
I 2553,04	A	5	5,82	II 1194,84	C	12	18,03
I 2552,53	A	5	5,82	II 1183,41	C	10	16,97
I 2538,20	A	5	5,85	II 1167,43	C	10	17,11
II 2530,86	C	20	14,30	II 1162,55	C	15	18,32
I 2517,71			5,89	II 1130,17	C	10	17,10
	A	20					
I 2517,41			5,89	IV 1079,68	S	30	20,79
I 2507,90	A	3	5,91	IV 1070,47	S	20	23,56
I 2494,05	A	5	5,94	IV 1068,04	S	20	21,36
I 2493,83	A	10	5,94	IV 1057,56	S	10	23,33
I 2477,59	A	3	5,97	II 1049,73	C	10	18,30
I 2465,55	A	3	5,99	IV 1049,48	S	10	21,11
I 2456,51	A	3	6,01	IV 1036,61	S	20	23,56
I 2379,69	M	88	5,21	IV 1034,73	S	20	21,73
I 2315,98	M	14	5,34	IV 1028,69	S	40	21,36
II 2298,04	C	30	13,04	II 817,18	C	10	15,17
I 2237,85	A	60	5,53	II 792,40	C	4	15,64
I 2210,71	A	100	5,61	II 696,30	C	15	17,80
I 2209,75	A	2	6,58	IV 570,49	S	10	21,73
I 2206,97	A	20	6,20				
I 2168,59	A	20	5,71				
I 2151,86	A	5	5,76				
I 2129,26	A	5	5,54				
I 2118,92		—	5,85				
I 2104,60		—	5,89				
I 2088,06		—	5,94				

69 Tu

λ	B		eV	λ	B		eV
I 7930,88	M	16	4,01	I 7490,22	M	11	—
7927,53	M	8	—	I 7481,08	M	11	—
I 7856,10	M	6	4,03	I 6845,79	M	9	3,99
I 7731,54	M	12	4,03	I 6844,30	M	13	4,01
I 7558,36	M	20	—	I 6779,77	M	12	4,01

	λ		B	eV		λ		B	eV
I	6721,39	M	3,5	3,99	II	3995,58	M	32	3,13
I	6657,72	M	2,5	4,01	II	3958,10	M	110	3,13
I	6604,95	M	7	4,03	I	3949,27	M	110	4,23
I	6460,26	M	15	3,99	II	3929,58	M	42	4,27
II	6430,95	M	0,6	—	I	3916,47	M	260	4,25
II	6299,45	M	1,0	4,74	II	3900,79	M	50	4,27
II	6181,42	M	1,0	4,74	I	3896,62	M	32	3,18
I	5895,63	M	18	2,10	II	3890,53	M	32	3,19
II	5838,78	M	2,5	4,89	I	3887,35	M	400	3,19
II	5811,18	M	1,0	4,74	II	3883,43	M	130	3,22
I	5764,29	M	14	2,14	II	3883,13	M	500	3,19
II	5709,98	M	2,5	4,94	II	3848,02	M	750	3,22
II	5684,77	M	3,0	4,91	I	3840,87	M	24	—
I	5675,85	M	38	2,18	II	3838,20	M	110	4,34
I	5631,40	M	20	2,20	I	3826,38	M	24	3,24
II	5346,50	M	6	4,74	II	3817,40	M	46	3,25
I	5307,12	M	48	2,33	II	3810,72	M	32	4,33
I	5060,90	M	11	2,45	I	3807,72	M	50	3,26
II	5034,21	M	12	4,89	II	3798,75	M	20	4,37
II	5009,77	M	12	4,91	I	3798,54	M	65	—
II	4989,32	M	4	5,45	II	3795,77	M	600	3,29
II	4980,68	M	3,0	5,43	II	3795,17	M	32	3,29
II	4957,19	M	10	—	II	3783,56	M	22	4,39
II	4831,17	M	6	5,42	II	3761,92	M	400	3,29
I	4733,32	M	50	2,62	II	3761,33	M	500	3,29
I	4681,92	M	12	—	II	3756,86	M	26	4,39
II	4677,85	M	3,0	2,68	I	3751,82	M	140	3,31
II	4634,26	M	8	4,94	I	3744,07	M	420	3,31
II	4626,55	M	7	2,68	II	3734,13	M	200	3,34
II	4626,31	M	6	5,36	II	3725,07	M	75	3,33
II	4615,93	M	22	4,74	I	3717,92	M	650	3,33
I	4599,00	M	20	2,69	II	3704,85	M	28	4,43
II	4561,84	M	3,0	3,80	II	3701,36	M	320	3,34
II	4556,67	M	3,0	5,97	II	3700,26	M	400	3,37
II	4529,36	M	13	2,76	II	3699,87	M	14	—
II	4522,56	M	19	5,28	II	3694,73	M	34	—
I	4519,58	M	11	—	II	3683,20	M	12	—
II	4481,27	M	40	2,76	II	3678,86	M	38	4,48
I	4394,42	M	15	2,82	II	3677,98	M	34	4,91
I	4386,42	M	100	2,82	II	3668,08	M	90	3,37
I	4359,93	M	200	2,84	II	3665,81	M	42	4,47
I	4298,37	M	11	—	II	3653,61	M	50	4,48
I	4271,71	M	20	3,99	II	3647,73	M	20	—
II	4242,15	M	220	2,95	II	3647,23	M	12	4,94
I	4222,67	M	28	4,02	I	3646,70	M	15	3,40
I	4206,00	M	16	—	II	3643,65	M	80	6,17
I	4203,73	M	440	2,95	I	3638,41	M	32	3,41
II	4199,92	M	38	2,95	II	3619,97	M	15	—
I	4187,62	M	650	2,96	II	3609,54	M	24	5,70
I	4138,36	M	80	3,00	II	3608,77	M	200	3,43
I	4105,84	M	700	3,02	II	3607,35	M	12	—
I	4094,18	M	750	3,02	I	3598,62	M	16	—
I	4044,47	M	28	3,06	I	3590,73	M	12	—
I	4024,23	M	16	—	I	3586,07	M	26	—
II	3996,52	M	130	3,10	II	3574,06	M	26	—

λ		B		eV		λ		B		eV
I	3569,80	M	12	—		II	3323,21	M	15	—
I	3567,36	M	40	3,47		II	3316,88	M	38	3,77
II	3566,47	M	120	3,50		II	3310,60	M	60	
II	3565,90	M	46	—		II	3309,82	M	110	—
I	3563,88	M	40	3,48		II	3308,01	M	20	—
I	3560,92	M	32	—		II	3306,91	M	20	4,83
II	3557,80	M	40	4,57		II	3306,01	M	20	4,86
I	3555,82	M	20	—		II	3302,47	M	190	3,79
II	3548,48	M	13	—		II	3291,01	M	220	3,76
I	3537,91	M	40	—		II	3285,61	M	110	4,86
II	3536,57	M	80	3,50		II	3283,40	M	110	3,80
II	3566,21	M	46	5,56		II	3276,81	M	100	3,78
II	3535,52	M	160	—		II	3269,00	M	75	—
II	3534,85	M	24	—		II	3267,40	M	110	4,90
II	3522,43	M	16	4,61		II	3266,64	M	150	3,83
I	3517,72	M	13	—		II	3264,09	M	30	—
I	3517,60	M	24	3,52		II	3261,66	M	38	—
II	3513,02	M	24	—		II	3258,04	M	180	3,81
I	3503,36	M	12	—		II	3251,63	M	15	—
I	3499,95	M	32	3,54		II	3249,83	M	7	—
II	3492,58	M	20	—		II	3247,46	M	40	4,90
I	3487,38	M	40	3,55		II	3241,53	M	220	3,83
II	3487,08	M	16	—		II	3240,23	M	150	—
II	3481,75	M	32	4,65		II	3236,79	M	110	4,94
I	3480,98	M	32	—		II	3235,44	M	44	3,86
I	3476,59	M	32	—		II	3231,51	M	22	4,94
I	3467,51	M	20	—		II	3212,01	M	30	4,94
II	3462,21	M	800	3,58		II	3210,83	M	30	3,86
II	3453,67	M	460	3,61		II	3210,56	M	30	3,86
II	3449,76	M	16	—		II	3195,33	M	22	4,96
II	3447,26	M	16	4,71		II	3173,58	M	36	6,17
I	3443,00	M	16	—		II	3172,81	M	220	3,94
II	3441,51	M	460	3,63		I	3172,66	M	42	3,91
I	3435,35	M	18	—		II	3168,18	M	18	6,33
II	3431,21	M	40	4,72		II	3157,33	M	140	3,96
II	3429,97	M	80	—		II	3151,02	M	180	—
I	3429,33	M	32	3,61		II	3146,16	M	22	5,03
I	3428,62	M	16	—		II	3144,88	M	22	—
II	3425,64	M	90	3,61		II	3133,88	M	220	3,96
II	3425,10	M	600	3,64		II	3131,26	M	700	3,96
I	3421,80	M	16	—		II	3126,01	M	14	—
I	3416,59	M	32	3,63		I	3122,53	M	14	—
I	3412,59	M	32	3,63		II	3099,60	M	7	—
I	3410,05	M	80	3,63		II	3098,59	M	70	4,03
II	3399,96	M	40	4,76		II	3096,97	M	11	—
II	3398,02	M	16	—		II	3093,12	M	17	—
II	3397,51	M	160	3,64		II	3087,02	M	14	—
I	3393,19	M	16	—		I	3081,12	M	34	4,02
II	3384,98	M	40	—		II	3073,85	M	7	—
I	3380,53	M	16	—		II	3073,49	M	14	—
II	3374,51	M	46	4,78		II	3073,08	M	55	—
II	3369,64	M	15	—		II	3056,06	M	32	6,49
II	3362,62	M	380	3,72		II	3050,73	M	30	—
II	3354,88	M	22	—		II	3048,81	M	16	—
I	3349,99	M	2	3,70		II	3046,76	M	32	4,10

λ		B	eV		λ		B	eV
II	3042,35	M 26	4,10	II	2774,98	M 18	—
II	3026,07	M 34	—	II	2744,07	M 20	—
II	3017,10	M 28	—	III	2727,55	M 20	—
II	3015,30	M 150	4,14	II	2721,20	M 55	6,10
II	3014,65	M 44	4,14	III	2719,46	M 20	—
II	3013,71	M 24	—	II	2697,50	M 17	—
II	2993,26	M 20	—	II	2679,56	M 32	6,17
II	2990,54	M 65	4,17	II	2660,09	M 20	—
II	2986,52	M 36	—	II	2658,48	M 19	4,69
II	2981,49	M 55	5,70	II	2650,27	M 16	4,71
II	2973,39	M 16	—	II	2640,77	M 22	4,72
I	2973,22	M 50	4,17	II	2624,34	M 75	4,72
II	2965,87	M 44	6,05	II	2607,05	M 90	4,78
II	2959,64	M 18	—	II	2606,01	M 24	4,76
II	2951,26	M 36	—	I	2596,49	M 19	—
II	2935,99	M 65	—	II	2588,28	M 48	6,33
II	2926,75	M 70	—	II	2563,86	M 17	—
II	2925,64	M 28	—	II	2561,66	M 60	—
II	2918,27	M 22	—	II	2552,75	M 40	—
I	2914,83	M 17	4,25	II	2524,09	M 20	4,94
II	2894,47	M 17	—	II	2522,16	M 28	—
II	2890,93	M 65	—	II	2520,87	M 22	—
II	2869,23	M 160	5,86	III	2519,80	M 11	—
II	2868,01	M 16	—	II	2509,09	M 140	4,94
II	2861,74	M 20	—	II	2491,59	M 28	—
II	2860,12	M 20	—	II	2481,15	M 17	—
I	2854,16	M 20	—	II	2480,13	M 85	5,03
II	2844,66	M 32	4,39	II	2445,46	M 15	—
II	2838,93	M 16	—	II	2426,16	M 52	—
II	2831,55	M 20	—	II	2409,03	M 52	—
II	2827,92	M 60	—	III	2361,23	M 14	—
II	2827,01	M 26	—	III	2357,04	M 35	—
II	2818,47	M 26	—	III	2338,36	M 24	—
II	2808,42	M 17	4,44				
II	2807,98	M 18	—				
II	2797,28	M 75	5,97				
II	2794,61	M 70	—				
II	2792,15	M 18	4,47				
II	2785,08	M 36	4,48				
II	2779,55	M 28	4,46				

92 U[1])

	λ	B	eV		λ	B	eV
	21911	80	—		18856	60	—
I	21694	70	1,44	I	18634	70	1,44
	21100	70	—		18367	70	—
	20691	70	—		18137	70	—
	18875	60	—		17727	60	—

[1] Energies of lower levels of both systems of levels of U II equal zero. Lines corresponding to transitions within level system with lower level $5f^37s^2$ are indicated by an asterisk.

λ	B		eV		λ	B		eV
17451		80	—	I	6620,52	M	2,5	1,95
16906		60	—		6555,01	M	1,2	—
16541		60	—	I	6518,94	M	1,4	2,67
14597		60	—	I	6503,62	M	1,4	2,43
14379		60	—	I	6465,01	M	3,0	2,82
14279		80	—	I	6449,16	M	10	1,99
14156		60	—	I	6395,42	M	8	1,94
13961		70	—	I	6392,78	M	2,5	1,94
13853		60	—	I	6389,77	M	2,0	2,68
I 13380		60	1,67	I	6379,64	M	2,0	2,82
I 13306		70	1,94	I	6372,47	M	5	2,41
I 13295	E	60	1,94	I	6359,28	M	2,5	1,95
13257	E	60	—	I	6293,32	M	1,8	2,05
13185	E	70	—	I	6171,85	M	3,5	2,95
13088	E	80	—	I	6077,29	M	8	2,11
12722	E	60	—	I	5997,31	M	4	2,84
12571	E	60	—	I	5986,10	M	2,5	2,55
12250	E	60	—	I	5976,32	M	9	2,54
12241	E	60	—	I	5971,50	M	5	2,15
12164	E	60	—	I	5915,40	M	20	2,09
11909	E	70	—	*II	5870,95	M	3,0	2,78
11893	E	70	—		5845,27	M	3,0	—
11859	E	60	—	*II	5837,71	M	5	2,69
11503	E	60	—	I	5836,08	M	4	3,41
11410	E	60	—	I	5802,11	M	3,5	3,14
I 11384	E	70	2,09	*II	5798,55	M	6	2,81
I 11168	E	70	2,11	I	5780,59	M	6	2,92
I 11096	E	60	1,67	*II	5723,63	M	3,5	2,83; 2,96
11028	E	60	—	I	5669,42	M	2,5	2,26
10998	E	60	—	I	5620,78	M	5	3,28
10972	E	60	—	I	5610,89	M	5	2,98
I 10936	E	60	2,42		5570,68	M	3,5	—
10861	E	60	—	I	5564,17	M	6	2,70
10824	E	70	—	II	5527,85	M	6	2,21
10800	E	70	—	I	5511,49	M	4	2,32
10763	E	60	—	*II	5504,15	M	3,5	3,05
10699	E	60	—	*II	5492,97	M	14	2,26
10656	E	60	—	II	5482,55	M	4	3,59
I 10647	E	70	1,94	*II	5481,22	M	6	3,06
10631	E	60	—	II	5480,28	M	6	3,23
I 10555	E	80	1,95		5475,73	M	7	—
10517	E	60	—	*II	5311,88	M	3,5	2,88
I 10259	E	60	2,11	I	5308,54	M	3,5	2,81
10247	E	60	—	I	5280,38	M	6	2,36
10158	E	60	—	*II	5278,18	M	2,0	3,02
I 8607,94	M	17	1,44	*II	5257,04	M	4	3,06
I 8445,35	M	8	1,94	*II	5247,75	M	4	2,93
I 7881,91	M	11	2,35		5204,32	M	4	—
I 7784,13	M	3,0	1,67	*II	5184,59	M	5	3,06
I 7533,91	M	10	2,12	I	5164,14	M	5	3,41
I 7425,50	M	5	1,67	*II	5160,33	M	7	3,12
II 7379,70	M	3,0	—	I	5027,38	M	15	2,46
I 7128,89	M	7	1,81	*II	5008,22	M	10	2,69
I 7074,78	M	5	2,28	I	4928,44	M	3,5	3,04
I 6826,91	M	14	1,81	I	4910,35	M	4	3,30

λ	B		eV	λ	B		eV
*II 4899,29	M	8	2,64	4440,35	H	10	—
I 4885,15	M	3,5	2,54	II 4432,53	M	8	6,51
*II 4861,02	M	8	3,22	*II 4433,89	M	5	3,83
*II 4858,09	M	7	3,12	*II 4427,65	M	8	2,83
*II 4847,66	M	6	2,84	I 4426,94	M	5	2,80
*II 4819,54	M	4	3,12	*II 4426,68	M	5	3,38
*II 4772,70	M	8	2,88	4422,98	H	12	—
*II 4769,26	M	6	2,60	I 4418,47	H	15	3,58
*II 4755,73	M	8	2,60	*II 4415,24	M	10	2,81
*II 4731,60	M	10	3,18	I 4413,14	H	15	3,28
*II 4722,73	M	13	2,84	*II 4407,96	H	12	3,51
*II 4702,52	M	8	2,92	4399,63	H	15	—
*II 4689,07	M	14	2,64	I 4393,60	M	24	2,82
*II 4685,72	H	10	3,36	4387,32	H	15	—
*II 4671,41	M	8	3,22	I 4382,34	H	18	2,90
4669,31	H	8	—	*II 4373,41	M	8	3,05
*II 4666,86	M	11	2,69	I 4372,76	M	5	2,83
I 4663,75	M	4	2,73	*II 4372,57	M	12	2,95
*II 4646,60	M	18	2,78	I 4371,76	M	7	3,84
*II 4641,66	M	5	3,71	*II 4362,26	M	14	2,84
I 4631,62	M	17	2,67	I 4362,05	M	32	2,84
*II 4627,08	M	19	3,24	I 4355,75	M	32	2,92
*II 4622,43	M	3,0	3,33	4354,55	M	10	—
I 4620,23	M	22	3,45	*II 4347,19	M	11	2,96
*II 4618,39	H	5	3,46	*II 4341,69	M	50	2,89
4611,44	M	3,0	—	I 4335,73	M	9	2,86
4609,86	M	3,0	—	I 4328,73	H	20	2,94
*II 4605,15	M	4	3,41	4325,90	M	5	—
*II 4603,67	M	10	2,97	I 4316,48	H	15	3,87
*II 4601,13	M	4	2,81	4313,88	M	9	—
*II 4584,85	M	4	2,92	I 4313,13	M	11	3,34
4581,72	H	8	—	I 4306,78	M	4	—
*II 4579,64	H	12	3,27	4304,14	H	15	—
*II 4573,69	M	12	2,99	*II 4301,47	M	9	2,88
II 4569,91	M	10	2,75	*II 4297,11	M	11	2,92
4568,23	H	4	—	4295,35	H	10	—
*II 4567,69	M	7	2,93	4295,10	H	15	—
4559,65	H	15	—	I 4293,30	H	18	3,36
*II 4555,10	M	6	3,76	4290,89	H	15	—
I 4551,98	M	3,5	2,80	4289,88	H	12	—
*II 4549,85	H	12	3,41	I 4288,84	M	15	3,66
*II 4545,58	M	11	3,01	*II 4287,87	M	15	2,89
*II 4543,63	M	46	2,84	II 4282,45	M	12	3,46
*II 4538,19	M	14	2,95	*II 4282,03	M	15	2,93
I 4516,73	M	5	2,82	4280,66	H	18	—
*II 4515,28	M	18	2,78	4276,47	M	6	—
*II 4510,32	M	5	2,75	*II 4273,98	M	6	3,01
*II 4490,84	M	8	2,97	*II 4269,61	M	12	3,12
*II 4477,71	M	5	2,88	4268,85	M	6	—
*II 4472,34	M	44	2,81	4267,93	M	4	—
*II 4465,13	M	5	3,06	II 4267,30	M	10	6,34; 3,02
*II 4462,97	M	11	2,89	I 4266,32	M	4	2,90
*II 4462,33	H	15	2,99	4252,43	M	12	—
*II 4460,93	H	12	2,99	I 4246,26	M	19	2,92
I 4440,74	M	3,0	3,26	*II 4244,37	M	38	2,92

λ		B	eV	λ		B	eV
*II	4241,67	M 75	3,49	*II	4098,03	M 34	3,06
*II	4240,59	M 4	3,70		4096,35	M 16	—
	4239,74	H 10	—		4095,75	M 16	—
	4236,04	M 12	—		4091,52	M 16	—
	4234,53	H 18	—	II	4090,14	M 160	3,24
*II	4232,04	M 5	2,96	II	4088,25	M 20	3,03
I	4231,67	M 16	3,87	*II	4084,93	M 14	3,75
II	4228,76	M 6	3,51		4080,61	M 24	—
I	4222,36	M 26	3,41		4077,79	M 16	—
*II	4214,42	M 6	2,97		4076,72	M 24	—
	4213,88	M 10	—	II	4074,49	M 22	—
*II	4212,26	M 10	3,49		4071,11	M 30	—
II	4211,68	M 18	6,51	*II	4067,76	M 38	3,82
I	4211,60	H 18	3,72		4063,12	H 15	—
	4210,87	H 12	—	*II	4062,55	M 65	3,05
	4210,45	M 6	—		4058,16	M 32	—
	4209,49	H 15	—	*II	4054,31	M 22	3,83
	4206,41	H 10	—	*II	4053,03	M 13	3,27
*II	4204,37	M 13	2,95	*II	4051,91	M 40	3,71
I	4198,22	M 10	3,03	*II	4050,04	M 120	3,06
*II	4197,52	M 13	3,99	I	4047,62	M 30	3,14
*II	4189,28	M 22	2,99		4044,42	M 38	—
*II	4188,07	M 14	2,99	I	4042,76	M 75	3,14
I	4186,96	M 14	3,49		4039,78	M 16	—
*II	4179,00	M 10	3,53	I	4034,50	M 16	3,62
*II	4174,19	M 16	3,65		4033,73	M 14	—
*II	4172,97	M 10	3,75	*II	4033,43	M 12	3,62
*II	4171,59	M 100	3,18		4031,31	M 12	—
I	4169,06	M 12	3,98	*II	4026,02	M 6	3,36
*II	4165,68	M 20	3,01	*II	4018,99	M 22	3,12
*II	4163,68	M 26	2,97	II	4017,72	M 42	3,21
I	4162,43	M 18	3,45		4011,45	M 8	—
I	4156,66	M 28	3,06	*II	4009,17	M 9	3,87
*II	4155,41	M 20	3,76	I	4005,70	M 14	3,18
I	4153,97	M 65	2,98	I	4005,21	M 32	3,18
	4146,61	M 4	—	*II	4004,06	M 26	3,31
*II	4144,70	M 11	3,27		4002,34	M 9	—
*II	4141,23	M 34	4,03		3998,24	M 26	—
*II	4139,14	M 14	2,99	II	3995,97	M 14	3,56
	4138,66	M 7	—		3994,98	M 17	—
*II	4136,81	M 10	3,54	II	3992,54	M 28	3,23
I	4133,50	M 15	3,00	*II	3990,42	M 34	3,22
	4132,02	M 10	—	*II	3988,89	M 14	3,39
	4128,34	M 30	—	*II	3988,03	H 8	3,14
	4125,13	H 15	—	*II	3985,80	M 85	3,76
*II	4124,73	M 30	3,22	II	3983,91	M 17	3,56
	4123,96	H 20	—		3978,80	M 14	—
	4122,35	H 15	—		3973,94	H 15	—
*II	4116,10	M 60	3,01	II	3966,57	M 44	3,59
*II	4113,11	M 8	3,68; 3,01	II	3966,40	M 18	—
*II	4106,93	M 15	3,02; 3,56		3964,96	M 12	—
	4106,28	M 28	—		3964,67	M 18	—
	4103,12	M 14	—		3964,22	M 26	—
I	4101,91	M 15	4,03	*II	3962,79	M 14	3,71
I	4099,27	H 20	3,80		3957,81	H 10	—

λ	B		eV	λ	B		eV
	3955,38	M	18	—		3884,68	M	18	—
II	3954,66	M	40	3,59		3883,33	M	28	—
*II	3953,58	M	22	3,68		3883,10	M	18	—
	3952,95	H	15	—	*II	3882,36	M	36	3,41
I	3948,45	M	22	3,14	*II	3881,46	M	75	3,76
I	3947,50	H	10	3,61		3879,72	M	18	—
	3946,68	H	15	—	I	3879,53	M	18	3,75
*II	3944,13	M	18	3,71		3878,09	M	46	—
I	3943,82	M	90	3,14	I	3876,13	M	18	3,20
	3942,83	M	18	—		3875,34	H	12	—
*II	3942,55	M	14	3,14		3874,04	M	46	—
	3940,49	M	24	—		3871,38	H	3	—
	3935,38	M	36	—	I	3871,04	M	110	3,20
*II	3932,03	M	15	3,18		3870,05	M	18	—
	3931,49	H	25	—	I	3867,17	M	18	3,68
	3930,98	M	32	—		3866,80	M	28	—
	3930,43	M	12	—	*II	3865,92	M	140	3,49
	3928,83	M	9	—		3864,48	M	18	—
	3927,76	M	18	—		3864,30	M	18	—
I	3926,73	M	24	3,87		3861,16	M	36	—
I	3926,22	M	24	3,15		3860,63	H	15	—
*II	3924,27	M	14	3,72	*II	3859,58	M	360	3,24
I	3923,02	M	9	3,23	II	3854,66	M	180	3,21
	3921,55	M	14	—	I	3854,22	M	46	3,21
I	3917,25	M	18	4,17	I	3851,72	M	9	3,96
II	3915,88	M	28	3,63	*II	3849,85	M	15	3,22
	3915,22	H	15	—	*II	3848,62	M	36	—
	3914,73	H	12	—		3847,84	M	15	—
	3914,27	M	14	—	I	3846,55	M	18	3,69
	3914,20	M	14	—		3845,32	M	28	—
	3911,67	M	24	—		3844,23	M	9	—
	3910,89	M	18	—		3844,01	M	9	—
	3906,46	M	28	—		3842,99	M	9	—
	3904,85	M	9	—	I	3839,62	M	90	3,69
*II	3904,56	M	18	3,82		3838,15	M	15	—
I	3904,35	H	8	3,25		3837,27	M	9	—
II	3904,30	M	34	3,63		3836,52	H	6	—
	3902,49	M	30	—		3835,92	M	15	—
	3901,55	H	15	—		3835,14	M	18	—
*II	3899,78	M	46	3,46		3833,02	M	15	—
II	3899,42	M	18	—		3831,87	M	18	—
*II	3899,10	M	14	3,73	II	3831,47	M	150	3,23
	3897,27	M	14	—	I	3829,79	M	9	3,23
	3897,06	M	18	—		3829,39	M	14	—
*II	3896,78	M	36	3,75; 4,22	*II	3826,51	M	55	3,27
*II	3895,27	M	15	3,73		3825,03	H	15	—
I	3894,12	M	36	3,18		3822,56	M	9	—
	3893,82	H	10	—	I	3821,95	M	18	3,71
*II	3892,68	M	46	3,83		3818,06	M	12	—
	3892,41	M	18	—	I	3816,61	M	9	3,71
	3891,82	M	18	—	*II	3814,07	M	28	3,36; 3,71
*II	3891,09	H	10	3,87	*II	3813,79	M	28	3,53
*II	3890,36	M	160	3,22		3812,58	M	9	—
	3887,70	M	13	—	I	3812,00	M	140	3,25
	3887,45	M	13	—		3811,62	H	15	—

	λ	B		eV		λ	B		eV
	3811,48	H	15	—		3732,62	M	26	—
II	3809,92	H	15	—	I	3732,26	M	17	3,79
II	3809,22	M	28	—		3731,58	M	17	—
I	3808,93	M	28	4,03	I	3731,45	M	7	3,32
*II	3804,87	H	12	6,84; 3,82		3729,82	M	26	—
	3802,27	M	18	—		3725,65	M	9	—
	3801,96	H	15	—	*II	3724,99	M	26	3,54
I	3801,15	M	18	3,34		3722,68	M	17	—
	3799,55	M	18	—		3720,39	M	17	—
*II	3799,20	M	18	4,30		3718,61	M	12	—
	3798,84	M	18	—		3718,11	M	26	—
	3796,85	M	18	—		3717,42	M	22	—
	3796,54	M	18	—		3716,14	M	8	—
	3793,58	M	28	—		3715,47	M	17	—
	3793,28	M	28	—	*II	3714,76	M	17	3,62
*II	3793,10	M	42	3,83	I	3713,56	M	26	3,34
	3788,16	M	14	—		3707,29	M	17	—
	3787,23	M	14	—		3705,04	M	13	—
	3786,84	M	18	—		3704,10	M	17	—
	3785,35	H	15	—	I	3703,27	M	17	3,42
*II	3783,84	M	32	3,99	I	3702,62	M	17	3,88
*II	3782,84	M	140	3,31	*II	3701,52	M	80	4,03
*II	3780,72	M	28	3,39; 3,82	*II	3700,58	M	40	3,46
	3779,05	M	9	—		3697,93	M	16	—
	3776,48	M	22	—		3697,13	M	14	—
*II	3775,99	M	18	3,39		3693,71	M	24	—
I	3773,43	M	40	3,75	I	3685,78	M	11	3,44
	3772,81	M	14	—		3684,62	M	13	—
	3769,54	M	24	—		3683,59	M	13	—
I	3768,80	M	18	3,84		3682,04	M	13	—
I	3766,89	M	32	3,84		3680,88	M	14	—
I	3765,35	M	20	3,29		3679,81	M	16	—
	3764,57	M	36	—	I	3679,38	M	14	3,44
I	3763,27	M	24	4,16		3678,75	M	22	—
	3762,11	M	12	—		3677,67	M	11	—
	3761,96	M	12	—	I	3677,39	M	15	3,84
	3760,88	M	18	—	*II	3676,56	M	15	4,15
	3759,23	M	26	—		3674,99	M	11	—
I	3758,36	M	36	3,83		3673,39	M	11	—
	3756,92	M	18	—		3673,06	M	10	—
	3756,66	M	18	—		3672,58	M	11	—
	3755,48	M	26	—		3670,55	M	14	—
	3754,31	M	14	—	*II	3670,07	M	160	3,49
	3752,66	M	26	—		3667,98	M	6	—
	3751,72	M	18	—		3662,66	H	15	—
I	3751,18	M	44	3,78		3662,33	M	9	—
II	3748,68	M	70	3,44	I	3659,59	M	10	3,46
	3747,12	M	26	—	I	3659,16	M	55	3,46
*II	3746,41	M	50	3,99		3659,01	M	10	—
	3744,24	M	22	—		3657,32	M	7	—
	3742,35	M	14	—	I	3654,89	M	8	3,87
*II	3738,05	M	44	4,03		3652,07	M	28	—
	3737,25	M	17	—		3651,53	M	38	—
	3733,58	M	17	—		3649,41	M	10	—
	3733,07	M	26	—		3645,03	M	18	—

λ	B		eV	λ	B		eV
I, II 3644,24	M	24	3,47; 3,52	*II 3543,16	M	10	—
*II 3640,95	M	14	3,62	I 3542,57	M	13	4,03
3640,76	M	18	—	II 3540,47	M	22	3,63
I 3639,49	H	25	3,93	3539,65	M	10	—
I 3638,20	M	48	3,88	3537,28	M	10	—
3633,29	M	8	—	I 3534,33	M	13	3,51
3630,73	M	19	—	*II 3533,57	M	26	3,62
3625,98	M	5	—	3531,64	M	10	—
*II 3623,06	M	16	3,53	*II 3531,11	M	16	3,72
3622,70	M	13		3528,69	M	10	—
I 3620,08	M	13	3,42	3526,60	M	10	—
*II 3616,76	M	13	3,88	3525,65	M	10	—
I 3616,33	M	13	3,90	3525,14	M	10	—
3609,68	M	10	—	3523,57	M	10	—
3608,96	M	6	—	3519,96	M	16	—
II 3606,32	M	15	3,44	3516,85	M	6	—
I 3605,28	M	19	3,44	I 3514,61	M	65	3,52
3599,84	M	6	—	I 3513,68	M	13	3,53
3594,95	M	12	—	I 3511,44	M	10	3,53
3593,52	M	19	—	3509,67	M	16	—
I 3593,20	M	10	3,98	*II 3508,85	M	13	3,75
I 3591,74	M	16	3,53	I 3507,34	M	32	3,53
3591,56	M	6	—	I 3507,05	M	10	3,61
*II 3590,50	M	13	3,56	3505,07	M	13	—
*II 3590,32	M	12	4,10	3504,00	M	13	—
*II 3589,79	M	10	—	3502,24	M	10	—
I 3589,66	M	10	3,53	I 3500,07	M	26	3,54
3585,84	M	10	—	*II 3499,33	M	10	3,82
I 3584,88	M	130	3,46	*II 3496,42	M	22	3,76
3582,02	M	12	—	3494,84	M	13	—
II 3581,84	M	15	3,59	I 3493,99	M	14	3,62
3578,72	M	26	—	*II 3493,33	M	16	4,22
II 3578,33	M	10	6,68	3490,24	M	12	—
I 3577,92	M	15	3,46	I 3489,37	M	65	3,55
3577,08	M	6	—	3488,82	M	6	—
3576,22	M	10	—	3486,30	M	5	—
I 3574,76	M	13	3,47	3482,54	M	28	—
3569,06	M	22	—	3480,36	M	15	—
I 3566,60	M	95	3,55	3477,84	M	11	—
3565,75	H	15	—	3473,43	M	13	—
3564,59	M	10	—	3472,51	M	16	—
I 3563,66	M	16	3,48	I 3466,30	M	26	4,05; 3,58
3561,80	M	48	—	3463,54	M	19	—
I 3561,41	M	13	3,95	I 3462,21	M	13	3,58
I 3557,84	M	16	3,48	I 3459,92	M	15	3,58
I 3555,32	M	28	3,48	3458,17	M	10	—
3553,44	M	6	—	3457,71	M	13	—
3552,17	M	13	—	II 3457,05	M	13	3,72
*II 3550,82	M	48	3,49	3455,74	M	10	—
I 3549,20	M	13	3,96	3454,23	M	13	—
*II 3547,19	M	16	3,71	3453,57	M	15	—
3546,38	H	15	—	I 3442,96	M	11	3,60
3546,13	M	10	—	3436,78	M	6	—
3545,67	M	10	—	I 3435,49	M	24	3,68
3545,44	M	10	—	*II 3434,15	M	11	3,83

	λ	B		eV		λ	B		eV
	3430,48	M	3,0	—		3177,33	M	14	—
	3429,03	H	18	—		3176,21	M	14	—
*II	3424,56	M	24	3,83		3167,10	M	9	—
	3423,05	M	9	—		3165,28	M	4	—
	3422,35	M	3,0	—		3159,82	M	6	—
	3412,36	M	6	—		3157,86	M	8	—
	3412,10	M	12	—		3156,07	M	8	—
	3411,53	M	12	—		3155,86	M	11	—
	3403,55	M	12	—		3153,12	M	22	—
	3401,01	M	12	—		3149,21	M	28	—
	3399,00	M	3,0	—		3147,09	M	11	—
	3395,58	M	12	—	*II	3145,56	M	20	4,62
	3395,32	M	12	—		3144,96	M	17	—
*II	3394,78	M	14	4,30		3142,60	H	12	—
	3393,91	M	12	—		3141,54	H	5	—
	3390,39	M	30	—	*II	3139,56	M	22	4,53
	3386,13	M	9	—		3130,56	H	15	—
	3378,20	M	3,0	—		3129,73	M	8	—
	3375,78	M	9	—		3126,17	M	6	—
	3371,29	M	12	—	II	3124,90	M	28	7,53
	3363,43	H	12	—	*II	3119,35	M	22	4,62
	3361,73	M	6	—		3115,93	M	6	—
*II	3357,93	M	11	3,73		3112,25	M	10	—
	3342,68	M	12	—		3111,62	M	40	—
*II	3341,66	M	18	3,99		3104,16	M	19	—
*II	3337,79	M	16	3,75		3102,39	M	24	—
	3329,92	M	12	—		3099,05	H	12	—
II	3322,12	M	9	7,32	*II	3098,01	M	13	4,11
	3313,94	M	12	—		3095,75	M	13	—
*II	3311,72	M	12	4,39	*II	3095,23	M	8	4,28
*II	3305,93	M	44	3,75	*II	3095,04	M	12	4,22
*II	3303,60	M	12	3,78		3094,83	M	5	—
	3300,68	H	15	—		3093,01	M	24	—
	3299,06	M	11	—		3091,25	M	5	—
	3297,89	M	4	—		3088,99	M	10	—
	3293,59	M	3,0	—	*II	3084,24	M	5	4,30
	3291,34	M	30	—		3082,02	M	11	—
	3288,21	M	18	—	*II	3080,74	M	12	4,24
	3285,22	M	12	—		3079,95	M	11	—
*II	3270,12	M	18	3,82		3075,04	M	11	—
	3265,81	M	14	—		3073,81	H	15	—
I	3263,12	M	5	3,79		3072,78	M	24	—
	3261,72	M	12	—		3068,65	M	11	—
	3250,28	M	6	—		3062,54	M	26	—
	3244,17	M	18	—		3061,62	M	19	—
*II	3232,16	M	28	3,87		3057,91	M	26	—
	3229,50	M	30	—	*II	3055,59	M	10	4,06
	3226,17	M	10	—		3053,30	H	15	—
	3224,26	M	10	—		3052,91	M	10	—
	3206,05	M	14	—		3051,14	M	10	—
	3200,14	M	10	—		3050,20	M	24	—
	3190,70	M	6	—	I	3048,64	M	12	4,14
*II	3188,34	M	9	4,10		3047,57	M	10	—
	3185,71	M	11	—		3046,85	M	8	—
	3179,83	M	9	—		3044,16	M	20	—

λ	B		eV	λ	B		eV
	3043,79	M	8	—		2928,60	M	20	—
	3039,26	M	10	—	*II	2927,38	M	13	4,26
	3037,91	H	20	—		2925,57	M	11	—
	3035,97	M	5	—		2924,58	M	7	—
*II	3033,19	M	20	4,30		2923,50	M	11	—
II	3031,99	M	26	—		2921,68	M	18	—
	3030,83	M	5	—	II	2914,63	M	15	—
	3029,13	M	9	—	*II	2914,25	M	13	4,29
	3028,19	M	13	—		2913,96	H	4	—
I	3027,66	M	10	4,17		2909,25	M	8	—
II	3025,03	H	20	7,53		2908,28	M	32	—
	3024,51	M	13	—		2906,91	M	8	—
	3024,39	M	7	—		2906,80	M	32	—
II	3022,21	M	26	—	*II	2904,51	M	10	4,30
	3021,22	M	13	—		2901,23	M	8	—
	3019,29	H	15	—		2896,68	M	10	—
*II	3016,96	M	12	4,32		2894,51	M	17	—
	3013,37	M	10	—		2894,14	M	13	—
	3009,42	M	12	—	*II	2889,63	M	50	4,32
	3007,91	M	15	—		2888,26	M	17	—
	3004,15	M	10	—		2887,25	M	19	—
	3003,32	M	12	—	*II	2886,45	M	8	4,32
	3003,07	M	10	—	II	2882,93	M	10	7,53
	2992,72	M	17	—		2882,74	M	20	—
	2989,88	M	12	—		2880,49	H	12	—
	2988,71	M	10	—		2879,59	M	10	—
	2988,42	M	12	—	*II	2875,20	M	9	4,42
*II	2984,61	M	22	—		2874,08	M	9	—
II	2982,74	M	13	—		2870,97	M	14	—
	2978,14	M	10	—	*II	2865,68	M	40	4,32
	2977,27	M	12	—		2865,14	M	12	—
	2976,31	M	17	—		2864,28	M	6	—
	2975,88	M	12	—		2862,41	M	5	—
	2975,22	M	10	—		2861,13	M	7	—
	2973,26	M	12	—		2860,80	M	7	—
	2973,08	M	10	—		2860,47	M	16	—
	2971,06	M	24	—	II	2858,90	M	12	—
II	2967,89	M	24	—		2855,60	H	8	—
	2966,12	M	7	—	*II	2853,57	M	8	4,56
	2965,03	M	19	—		2853,42	M	8	—
	2964,25	M	10	—		2852,75	M	8	—
	2962,78	M	10	—		2850,49	M	8	—
	2960,94	H	25	—		2849,48	M	15	—
	2959,85	M	10	—		2847,34	M	4	—
	2956,06	M	24	—		2844,99	M	6	—
	2955,65	M	10	—		2844,52	H	12	—
	2954,77	M	16	—		2842,09	M	15	—
*II	2954,39	M	9	4,47	II	2839,89	M	19	—
	2948,94	M	12	—		2837,19	M	15	—
*II	2948,09	M	14	4,24		2833,82	M	9	—
	2947,43	M	11	—		2832,06	M	38	—
	2943,90	M	34	—		2828,90	M	28	—
*II	2942,85	M	11	4,32		2826,19	M	9	—
*II	2941,92	M	55	4,89	II	2824,37	M	16	—
	2930,81	H	30	—		2824,28	H	30	—

	λ	B		eV		λ	B		eV
	2822,73	H	10	—		2675,12	M	8	—
II	2821,12	M	36	—		2672,69	M	3,0	—
	2819,84	M	9	—		2669,17	M	20	—
II	2817,96	M	26	—		2664,15	M	10	—
	2813,04	M	7	—		2660,14	M	8	—
	2811,35	M	12	—		2652,83	M	12	—
	2809,95	M	9	—		2651,84	H	15	—
	2808,98	M	18	—	II	2649,07	M	15	—
II	2807,05	M	26	—		2645,47	M	28	—
II	2802,56	M	36	—		2641,93	M	6	—
	2801,65	H	10	—		2635,53	M	36	—
	2797,14	M	12	—		2632,98	M	14	—
	2795,23	M	8	—		2632,66	M	10	—
II	2793,94	M	34	—		2628,93	M	12	—
*II	2789,06	H	10	4,47		2609,26	M	4	—
II	2784,45	M	17	—		2608,20	M	8	—
	2770,04	M	16	—		2597,69	M	14	—
	2766,88	M	8	—		2593,57	M	9	—
	2765,40	M	12	—		2591,25	M	20	—
	2764,25	M	6	—		2587,07	M	6	—
	2762,85	M	20	—		2577,32	M	8	—
	2758,96	M	9	—		2572,65	H	15	—
	2755,13	M	8	—		2569,71	M	20	—
	2754,16	M	28	—		2565,41	M	26	—
	2751,93	H	20	—		2562,94	M	12	—
	2749,96	M	6	—		2561,58	H	6	—
	2748,45	M	10	—	*II	2556,19	M	16	4,85
	2746,16	M	8	—		2538,43	M	9	—
	2744,40	M	10	—		2521,80	H	5	—
	2743,40	H	20	—		2518,97	M	5	—
*II	2739,39	M	10	4,56		2513,33	H	20	—
	2733,97	M	22	—		2500,86	M	10	—
	2731,27	M	6	—		2489,78	H	15	—
	2730,31	M	10	—		2484,22	H	15	—
	2730,07	H	15	—		2484,01	M	3,0	—
	2725,94	M	8	—		2423,70	M	4	—
	2723,03	M	12	—		2412,69	H	15	—
	2713,49	H	15	—		2406,44	H	10	—
	2706,95	M	22	—		2397,32	H	20	—
	2705,19	M	12	—		2378,16	H	35	—
	2698,06	M	16	—		2351,87	H	20	—
	2695,49	M	12	—		2349,60	H	15	—
	2693,77	M	10	—		2324,80	H	20	—
	2692,36	M	12	—		2318,47	H	25	—
	2691,04	M	19	—		2306,91	H	25	—
	2685,98	M	16	—		2283,72	H	15	—
	2684,05	M	9	—		2282,78	H	25	—
	2683,28	M	28	—		2276,05	H	20	—
	2676,41	M	13	—		2273,36	H	15	—
*II	2675,88	M	8	4,85		2248,03	H	25	—
						2237,44	H	15	—
						2219,28	H	2	—

λ	B		eV	λ	B		eV

23 V

λ	B		eV	λ	B		eV
I 11107,7	A	1	3,62	I 8255,88	M	2,5	2,56
I 10993,4	A	1	3,63	I 8253,51	M	2,5	2,58
I 10848,0	A	1	3,64	I 8241,61	M	2,0	2,55
I 10203,45	A	1	2,92	I 8203,07	M	3,0	4,64
I 9865,44	A	1	2,96	I 8198,87	M	2,5	2,55
I 9738,50	A	1	3,21	I 8187,38	M	2,0	4,62
I 9708,36	A	1	3,22	I 8186,71	M	3,0	2,56
I 9691,58	A	2	3,22	I 8180,21	M	0,6	4,09
I 9614,68	A	2	3,22	I 8171,35	M	1,2	4,61
I 9611,60	A	4	3,24	I 8161,07	M	6	2,58
I 9476,14	A	1	3,88; 3,24	I 8154,59	M	0,8	4,61
I 9454,44	A	1	3,26	I 8144,59	M	2,5	2,56
I 9445,74	A	1	4,62	I 8136,79	M	0,9	4,60
I 9435,58	A	4	4,59	I 8116,80	M	10	2,61
I 9411,32	A	2	4,61	I 8109,88	A	1	4,60
I 9398,92	A	1	4,58	I 8109,10	M	10	4,61
I 9384,86	A	2	4,61	I 8108,59	M	1,0	4,64
I 9366,92	A	3	4,59	I 8102,44	M	0,7	—
I 9341,20	A	5	4,64	I 8093,45	M	1,2	2,58
I 9328,19	A	2	4,62	I 8028,24	A	1	—
I 9308,68	A	1	4,58	I 8027,39	M	2,5	2,61
I 9290,43	A	1	4,61	I 7937,92	M	2,0	4,62
I 9273,40	A	1	3,26	I 7624,81	M	2,0	4,74
I 9265,70	A	1	4,61	I 7363,20	M	2,0	3,81
I 9255,89	A	1	4,58	I 7361,39	M	2,0	3,80
I 9242,91	A	2	4,62	I 7356,54	M	3,0	3,82
I 9226,09	A	1	4,64	I 7338,92	M	3,5	3,83
I 9168,72	A	1	4,59	I 6753,03	M	5	2,91
I 9164,81	A	2	3,28	I 6296,52	M	12	2,27
I 9156,55	A	1	3,23	I 6292,86	M	14	2,26
I 9105,87	A	1	3,25	I 6285,17	M	14	2,25
I 9085,22	A	2	2,58	I 6274,65	M	12	2,24
I 9046,71	A	3	2,56	I 6268,82	M	9	2,28
I 9037,60	A	2	2,55	I 6251,82	M	20	2,27
I 9022,73	A	1	3,26	I 6243,11	M	50	2,29
I 9021,11	A	1	3,27	I 6230,74	M	30	2,26
I 8971,66	M	1,0	2,56	I 6224,51	M	9	2,28
I 8932,93	M	2,5	2,58	I 6216,37	M	32	2,27
I 8919,80	M	5	2,61	I 6213,87	M	9	2,30
I 8541,97	A	1	4,13	I 6199,19	M	32	2,29
I 8534,49	M	0,5	4,13	I 6119,52	M	42	3,09
I 8505,65	A	1	4,71	I 6111,62	M	20	3,07
I 8499,52	M	1,0	4,74	I 6090,18	M	90	3,11
I 8431,63	A	1	4,72	I 6081,44	M	34	3,09
I 8402,81	M	0,6	—	I 6077,36	A	1	2,03
I 8342,03	M	1,2	4,72	I 6058,14	M	7	3,09
I 8331,23	M	1,2	4,71	I 6039,69	M	32	3,11
I 8324,42	M	0,7	4,70	I 5980,78	M	1,4	3,26
I 8282,37	M	1,6	4,74	I 5978,91	M	2,0	3,93
I 8280,39	M	0,4	4,71	II 5928,86	S	4	4,61

λ	B		eV	λ	B		eV
I 5924,57	M	3,0	3,95	II 4884,06	S	2	6,29
I 5846,30	M	6	5,25	II 4883,42	S	4	6,33
I 5830,72	M	4	5,24	I 4881,56	M	55	2,61
II 5819,93	S	3	4,65	I 4875,48	M	46	2,58
I 5817,53	M	2,5	5,23	I 4864,74	M	36	2,56
I 5817,06	M	1,6	4,02	I 4851,49	M	24	2,55
I 5807,14	M	2,5	5,22	I 4832,43	M	9	2,56
I 5786,16	M	4	4,86	I 4831,65	M	11	2,58
I 5784,38	M	3,0	4,91	I 4827,46	M	10	2,61
I 5776,68	M	2,5	3,22	II 4813,95	S	2	6,33
I 5772,42	M	5	4,08	I 4807,53	M	10	4,70
I 5750,65	A	3	4,11	I 4796,92	M	10	4,68
I 5743,45	M	8	3,23	I 4786,51	M	8	4,66
I 5737,06	M	16	3,22	I 4670,49	M	12	3,73
I 5731,25	M	16	3,22	I 4619,77	M	18	2,72
I 5727,66	M	12	3,21	II 4600,19	S	7	4,96
I 5727,03	M	60	3,24	I 4594,11	M	100	2,76
I 5716,21	M	0,8	—	I 4586,36	M	65	2,74
I 5706,98	M	40	3,21	I 4580,40	M	50	2,72
I 5703,56	M	65	3,22	I 4577,17	M	40	2,71
I 5698,52	M	85	3,23	I 4571,78	M	16	4,66
I 5683,22	M	1,4	—	II 4564,59	S	10	4,98
I 5670,85	M	22	3,26	I 4560,71	M	22	4,67
I 5668,36	M	8	3,26	I 4545,39	M	28	4,68
I 5657,44	M	8	3,25	II 4528,51	S	7	5,01
I 5646,11	M	6	3,24	II 4512,72	S	2	6,54
II 5642,01	S	2	6,71	I 4488,89	M	30	4,61; 4,70
I 5627,64	M	28	3,28	I 4462,37	M	48	4,64
I 5626,01	M	4	3,24	I 4459,77	M	80	3,07
I 5624,90	M	5	3,25	I 4452,02	M	48	4,65
I 5624,60	M	14	3,26	I 4444,22	M	50	3,06
I 5604,95	M	5	3,25	I 4441,68	M	65	3,06
I 5592,42	M	7	3,26	I 4437,84	M	50	3,08
I 5584,49	M	10	3,28	I 4426,01	M	36	3,09
I 5507,75	M	5	3,96; 4,61	I 4421,57	M	50	3,08
I 5487,92	M	6	4,63	I 4416,48	M	50	3,07
I 5434,18	M	3,0	4,64	I 4408,51	M	360	3,08
I 5415,26	M	10	4,66	I 4408,21	M	280	3,09
I 5401,93	M	7	4,65; 4,98	I 4407,66	M	220	3,09
I 5393,18	A	6	4,17	I 4406,64	M	180	3,11
I 5353,41	M	3,0	4,68	I 4400,58	M	110	3,08
II 5241,19	S	4	6,88	I 4395,23	M	280	3,08
I 5240,87	M	8	4,74	I 4389,97	M	380	3,10
I 5194,82	M	8	4,65	I 4384,72	M	550	3,11; 2,88
I 5192,99	M	8	4,70	I 4379,24	M	950	3,13
I 5176,77	M	5	—	I 4352,89	M	80	2,92
I 5148,72	M	5	4,66	I 4342,83	M	4	4,73
I 5139,53	M	1,8	4,77	I 4341,01	M	60	2,89
I 5138,42	M	8	4,68	I 4332,82	M	40	2,88
I 5128,53	M	8	4,70	I 4330,02	M	36	2,86
I 5064,12	M	2,5	—	I 4309,80	M	13	2,92
II 5019,86	S	4	6,71	II 4278,89	S	2	6,90
I 5014,63	M	6	5,14; 4,84	I 4268,64	M	44	4,77
I 5002,33	M	5	4,84	II 4232,07	S	3	6,90
I 4925,66	M	6	3,73	II 4225,23	S	4	4,96

λ	B		eV	λ	B		eV
II 4205,08	S	6	4,98	I 3890,18	M	55	3,22; 5,44
II 4202,35	S	4	4,65	II 3884,85	S	5	4,98
II 4183,43	S	6	5,01	I 3879,66	A	10	5,14
II 4178,39	S	2	4,65	II 3878,71	M	14	5,01
I 4134,49	M	180	3,29	I 3876,09	M	60	3,26
I 4132,02	M	240	3,29	I 3875,91	M	44	3,21
I 4128,08	M	240	3,28	I 3875,08	M	160	3,23
I 4123,56	M	160	3,27	I 3871,08	M	18	4,58
I 4116,48	M	140	3,29	I 3867,60	M	24	3,24
I 4115,18	M	340	3,30	II 3866,74	S	3	4,63
I 4111,79	M	700	3,31	I 3864,86	M	140	3,22
I 4109,78	M	180	3,28	II 3863,81	M	14	4,56
I 4105,17	M	220	3,29	I 3862,22	M	16	3,22
I 4099,80	M	220	3,30	I 3858,69	M	7	4,27
I 4092,69	M	140	3,31	I 3855,84	M	320	3,28
I 4090,58	M	90	4,11	I 3855,37	M	130	3,21; 4,57
I 4067,75	A	3	4,94; 5,17	I 3851,17	M	8	4,28
II 4065,07	S	10	6,85	I 3849,32	M	12	—
II 4053,59	S	3	6,86	I, II 3847,33	M	34	3,23; 5,98
II 4051,34	M	25	5,20	I 3844,44	M	40	3,22
II 4046,27	S	2	6,19	I 3843,51	A	6	4,27
II 4036,78	S	2	4,55	I 3840,44	M	60	4,31
II 4035,63	M	12	4,86	I 3839,00	M	17	4,29
II 4023,39	M	9	4,88	I 3835,56	M	8	4,28
II 4005,71	M	13	4,91	I 3834,23	M	30	4,94
II 4002,94	S	4	4,52	I 3822,01	M	60	3,28
I 3998,73	M	34	4,97	I 3821,49	M	24	3,51
II 3997,13	M	4	4,58	I 3819,96	M	24	3,54
I 3992,80	M	20	4,96	I 3818,24	M	140	3,25
I 3990,57	M	42	4,96	II 3815,38	S	20	6,14
I 3988,83	M	7	4,97	I 3813,49	M	110	3,26; 3,52
I 3979,14	M	4	5,69	I 3809,60	M	24	3,52
II 3977,73	S	2	4,59	I 3808,52	M	55	3,25
II 3973,64	M	8	4,55	I 3807,51	M	32	3,51
II 3968,11	M	4	4,52	I 3803,47	M	60	3,54
II 3951,97	M	11	4,61	I 3799,91	M	60	3,52
I 3943,66	M	12	4,23	I 3794,96	M	120	3,56; 3,28
I 3937,53	M	4	5,01	II 3794,37	S	10	5,79
I 3934,01	M	20	4,23	I 3790,33	M	55	3,54
I 3930,02	M	20	4,53	I 3787,54	A	3	5,16
I 3927,93	M	16	5,01	II 3787,24	S	30	5,79
I 3922,43	M	18	4,23	I 3778,68	M	28	3,56
II 3916,42	M	8	4,59	II 3778,36	S	10	4,96
II 3914,33	M	11	4,96	I 3776,16	M	4	5,24
I 3912,21	M	17	4,21	II 3772,96	S	8	5,78
I 3909,89	M	55	4,52; 3,23	II 3770,97	M	22	4,96
I 3908,32	A	4	—	I 3763,14	M	9	5,22
I 3906,75	M	8	4,23	II 3760,24	S	14	4,98
II 3903,27	M	4	4,65	I 3759,32	M	4	5,87
I 3902,26	M	190	3,24	I 3755,70	M	4	5,58
I 3901,15	M	11	5,47	I 3751,78	M	4	4,37
I 3900,18	M	11	5,45	II 3751,22	S	7	5,79
II 3899,14	M	11	4,98	II 3750,88	M	22	4,98
II 3896,16	M	7	4,26	I 3747,98	M	4	5,20
I 3892,86	M	36	3,22	II 3745,81	M	24	4,86

	λ	B		eV		λ	B		eV
I	3741,50	M	10	5,59	I	3600,03	A	7	5,24
I	3740,24	M	4	5,20	II	3593,32	M	36	4,58
I	3738,76	M	9	5,21	II	3592,01	M	65	4,55
I	3737,99	M	5	5,16	II	3589,75	M	75	4,52
II	3736,02	S	7	5,84	I	3583,70	A	15	4,54
II	3732,76	M	30	4,88	I	3580,83	A	5	5,57
I	3729,04	M	6	5,18	II	3578,64	S	1	5,83
II	3728,34	M	5	5,83	I, II	3577,87	M	7	5,58; 5,84
II	3727,35	M	26	5,01	II	3574,34	S	8	5,84
I	3722,00	M	5	5,20	II	3573,56	S	6	5,84
II	3718,16	S	3	5,01	I, II	3566,18	M	15	4,54; 4,55
II	3715,48	M	34	4,91	II	3560,59	M	7	4,58
I	3713,96	M	4	3,40	II	3556,80	M	75	4,61
II	3711,12	S	3	5,83	I	3556,25	M	7	5,62
I	3708,72	M	14	5,23	I	3553,27	M	15	4,71
I	3706,04	M	10	5,21	II	3545,19	M	75	4,59
I	3705,04	M	60	3,62	I	3543,50	M	15	4,68
I	3704,70	M	190	3,63	II	3541,34	S	6	6,10
I	3703,58	M	400	3,64	II	3538,24	S	2	4,63
II	3700,34	S	20	5,86	II	3530,77	M	30	4,58
I	3695,87	M	110	3,37; 3,62	II	3524,71	M	15	4,61
I	3695,34	M	48	5,48	II	3521,84	S	4	5,79
I	3694,62	A	3	5,43; 4,53	II	3504,43	M	28	4,63
I	3692,23	M	160	3,63	II	3499,82	S	1	4,61
I	3690,28	M	110	3,62	II	3497,03	M	12	6,14
I	3688,07	M	140	3,64	II	3493,16	M	7	4,62
I	3686,26	M	20	4,74	II	3485,92	M	15	4,65
I	3683,13	M	60	3,63	I	3482,19	A	1	5,69
I	3680,11	M	32	5,44	II	3479,84	S	4	4,63
I	3677,09	A	2	3,37	II	3477,51	S	2	5,83
I	3676,68	M	18	5,49	II	3470,26	S	1	5,83
I	3675,70	M	30	3,64	II	3469,53	S	2	5,84
I	3673,40	M	30	5,43	II	3457,15	S	15	6,18
I	3672,40	M	10	5,47	II	3453,09	S	6	6,14
I	3671,21	M	18	4,73	II	3451,05	S	1	6,10
II	3669,41	M	12	5,90	II	3404,43	S	4	8,15
I	3667,74	M	26	5,42	I	3402,57	M	7	4,71
I	3665,14	M	8	5,45	I	3400,40	M	22	4,73
I	3663,59	M	26	5,41	I	3384,60	A	7	4,72
II	3661,38	S	20	6,71	II	3382,53	S	2	6,18
I	3656,71	M	12	5,44	I	3377,63	M	14	4,89
I	3648,96	M	12	5,43; 5,33	I	3377,40	M	7	4,86
I	3644,71	M	15	4,77	I	3376,06	M	7	4,87
I	3641,10	A	7	5,43	I	3365,55	M	14	4,87
I	3639,02	M	15	5,21	II	3361,51	S	3	6,05
I	3635,87	A	5	—	I	3356,35	M	12	4,89
II	3632,13	S	1	5,78	II	3353,78	S	1	6,18
I	3629,31	A	1	5,67	II	3345,90	S	4	8,22
II	3627,71	S	3	5,78	II	3337,85	S	10	6,84
II	3625,61	S	2	5,79	II	3335,48	S	1	6,48
II	3621,20	S	7	5,79	I	3329,86	M	14	4,94
II	3620,50	S	1	6,55	II	3321,54	M	7	6,10
II	3618,92	S	20	6,18	II	3318,91	S	1	6,29
I	3606,69	M	15	4,78	II	3317,91	S	1	6,25
II	3604,38	S	1	5,98	II	3316,87	S	1	6,27

λ	B		eV	λ	B		eV
II 3315,18	S	6	6,11	II 3146,23	M	6	6,50
II 3314,86	S	6	6,29	II 3144,70	S	1	6,47
II 3308,48	S	1	6,29	II 3143,48	S	1	6,46
II 3304,47	S	2	6,29	II 3142,48	M	26	6,16
II 3301,65	S	1	—	II 3141,49	S	2	6,55
II 3298,74	M	12	4,88	II 3139,73	M	20	6,46
I 3298,14	M	19	3,83	II 3138,05	S	1	7,71
II 3297,53	S	1	6,25	II 3136,50	M	20	6,47
II 3293,15	S	2	8,00	II 3134,93	M	28	6,48
II 3290,24	S	2	6,25	II 3133,33	M	55	4,29
II 3289,39	M	12	4,86	II 3130,26	M	70	4,31
II 3285,02	S	6	6,29	II 3128,69	S	1	6,34
I 3283,31	M	12	3,81	II 3128,29	S	1	6,34
II 3282,53	M	7	6,14	II 3126,22	M	34	4,33
II 3281,12	S	2	6,34	II 3125,28	M	200	4,29
II 3279,84	M	14	6,15	II 3125,01	S	1	6,34
II 3276,12	M	100	4,91	II 3122,89	M	20	6,87
II 3271,12	M	120	4,88	II 3121,14	M	50	4,36
II 3267,71	M	140	4,86	II 3120,73	M	10	6,53
II 3265,89	S	10	6,16	II 3118,38	M	260	4,31
II 3263,33	S	1	5,83	II 3113,56	M	12	6,88
I 3263,24	M	18	3,80	II 3110,71	M	340	4,33
II 3257,89	S	4	6,29	II 3109,37	S	1	7,11
I, II 3254,77	M	18	3,88; 5,83	II 3108,70	S	1	6,02
II 3251,87	M	5	6,34	II 3102,30	M	400	4,36
II 3250,78	M	7	6,71	II 3100,94	M	24	6,02
I 3249,57	M	7	3,88	I 3094,70	M	7	5,19
II 3237,88	M	20	5,86	II 3094,20	M	26	6,04
II 3233,77	S	3	6,11	II 3093,11	M	500	4,40
II 3231,95	S	4	6,09	I 3092,72	A	3	—
II 3226,92	S	2	6,96	I 3091,55	A	5	4,05
I, II 3217,11	M	28	3,90; 5,90	I 3089,13	M	6	5,21
II 3214,75	M	10	4,98	I 3088,13	M	12	5,21
I 3212,43	M	55	5,23	I 3084,38	A	8	5,24
II 3208,35	M	10	4,96	I 3083,54	A	12	5,24
I 3207,41	M	60	3,94	II 3083,21	S	2	6,54
I 3205,58	M	60	5,22	I 3082,11	M	20	4,09
I 3202,38	M	100	3,91	II 3081,25	S	1	6,29; 6,78
I 3198,01	M	70	3,90	I 3073,82	M	22	4,05; 4,08
I, II 3193,97	M	7	5,74; 6,10	I 3072,71	A	1	—
II 3190,69	M	100	5,01	II 3070,12	S	1	8,01
II 3188,51	M	70	4,98	I 3069,65	M	18	4,08
II 3187,72	M	55	4,96	I 3066,38	M	320	4,11
I 3185,40	M	500	3,96	II 3063,25	M	19	6,56
I 3183,98	M	700	3,90; 3,94	I 3060,46	M	190	4,09
I 3183,41	M	420	3,91	I 3056,33	M	160	4,07
II 3174,53	S	3	7,70	II 3055,94	S	1	6,58
II 3167,42	S	2	7,71	II 3053,89	M	9	6,10
II 3165,89	S	2	6,29	I 3053,65	M	60	4,05
II 3164,82	M	5	5,01	II 3053,39	M	24	5,86
II 3161,31	S	2	6,52	I 3052,19	M	9	4,08
II 3155,41	S	3	6,14	I 3050,88	M	22	4,06
II 3151,32	M	5	6,48	II 3050,73	S	1	6,34
II 3148,74	S	1	9,40	I 3050,40	M	6	5,44
II 3146,82	S	1	6,50	II 3048,89	M	12	6,10

λ	B		eV	λ	B		eV
II 3048,21	M	30	6,58	II 2919,99	M	28	4,60
I 3044,94	M	30	4,11	II 2917,37	M	16	4,58
I, II 3043,56	M	30	4,08; 6,10	I 2914,93	M	50	4,29; 6,30
I 3043,12	M	30	4,09	II 2911,05	M	75	4,60
II 3042,27	M	12	6,09	II 2910,38	M	70	4,58
II 3041,42	M	6	6,10	II 2910,01	M	95	4,59
II 3033,82	M	38	5,90	II 2908,81	M	320	4,65
II 3033,45	M	36	6,61	II 2907,46	M	65	4,63
II 3028,04	S	2	6,47	II 2906,45	M	120	4,60
II 3024,98	S	2	6,47	I 2906,13	M	20	4,28
II 3022,57	S	2	5,77	I 2904,13	M	11	4,31
II 3016,78	M	24	5,81	II 2903,07	M	48	4,59
II 3014,82	M	18	5,79	I 2899,60	M	15	4,27
II 3013,10	M	12	5,78	I 2899,21	M	12	4,29
II 3012,02	S	2	6,16	II 2896,20	M	48	4,61
II 3008,61	M	6	5,80	II 2893,31	M	190	4,65
II 3008,51	S	1	6,67	II 2892,65	M	120	4,63
II 3006,50	S	1	6,68	II 2892,43	M	70	4,65
II 3005,81	S	1	6,50	II 2891,64	M	120	4,62
II 3003,46	M	12	5,81	II 2889,61	M	50	4,61
II 3001,20	M	34	5,83	II 2888,24	M	19	6,11
II 2996,00	M	10	5,80	II 2884,79	M	50	4,62; 6,10
II 2994,54	M	10	7,94	II 2882,49	M	50	4,63
I 2990,95	A	4	5,32	II 2880,03	M	46	4,65
II 2988,03	M	12	5,83	II 2879,16	M	14	4,65
II 2985,18	S	3	7,95	II 2877,69	M	14	6,10
II 2983,56	S	4	5,83	II 2873,18	S	1	6,68
II 2982,75	S	2	5,83	I 2870,55	M	28	4,38
II 2981,20	M	8	6,54	II 2869,13	M	18	6,84
I 2977,54	M	32	4,23	I 2868,13	M	28	6,21
II 2976,52	M	50	5,85	I 2859,97	M	24	4,35
II 2976,20	M	16	5,83	I 2857,94	M	8	5,53
II 2972,26	M	16	6,54	I 2855,22	M	26	4,34
I 2962,77	M	55	4,23	II 2854,34	M	18	6,86
II 2957,52	M	34	4,52	I 2852,87	M	18	6,05
II 2955,58	S	1	7,95	II 2849,05	M	4	6,02
I 2954,33	M	16	4,21	II 2847,57	M	14	6,86
II 2952,07	M	85	4,55	I 2846,57	M	16	—
II 2950,34	M	40	4,52	II 2845,24	M	6	6,88
I 2949,62	M	30	4,22	II 2841,04	M	8	6,04
II 2949,17	M	8	6,96	II 2836,53	M	8	6,06
II 2948,08	S	3	7,96	II 2830,40	S	2	6,90
II 2944,57	M	140	4,58	II 2825,86	S	2	9,04
I 2943,20	M	30	4,21	II 2822,44	S	4	—
I 2942,35	M	30	4,28; 4,21	II 2817,51	M	8	6,66
II 2941,49	M	60	4,55	II 2810,27	M	12	6,68
II 2941,37	M	120	4,60	II 2810,16	M	12	6,68
II 2938,26	M	4	6,03	II 2803,47	M	16	6,10
II 2934,39	M	28	4,55	II 2802,80	M	12	6,10
II 2932,32	M	9	6,78	II 2799,45	M	12	6,10
II 2930,80	M	95	4,58	II 2798,76	M	11	6,48
II 2924,63	M	220	4,61	II 2797,80	M	10	6,47
II 2924,02	M	320	4,63	II 2797,02	M	9	6,46
I 2923,62	M	95	4,31	II 2784,25	S	3	—
II 2920,38	M	50	4,58	II 2781,48	S	5	9,08

λ		B	eV		λ		B	eV
II	2778,60	S	4	—	II	2649,37	S	8	9,00
II	2777,75	M	18	6,16	II	2648,47	S	2	8,01
II	2775,77	M	6	6,84	I	2647,71	M	12	4,68
II	2774,72	M	6	6,84	II	2645,84	M	11	6,48
II	2774,28	M	12	6,02	II	2644,36	M	6	8,99
II	2772,01	S	3	9,10	II	2640,86	S	4	8,98
II	2771,41	S	2	9,08	II	2630,67	M	19	6,53
II	2768,57	M	11	6,04	II	2629,72	S	3	9,11
II	2766,46	M	8	6,16	II	2628,75	S	1	—
II	2765,68	M	18	9,11; 6,06	II	2622,74	S	2	—
II	2760,71	M	12	6,87	I	2620,28	M	12	5,81
II	2753,41	M	19	6,88	II	2616,24	S	2	6,54
II	2747,46	M	8	6,88	II	2615,40	S	2	9,10
II	2739,71	M	13	4,52	III	2595,10	S	35	10,94
I	2731,35	M	24	5,91	III	2593,05	S	30	10,89
II	2728,64	M	32	4,55	II	2584,95	S	4	6,84
II	2726,54	S	2	6,10	II	2583,01	S	1	6,48
I	2722,56	M	20	5,90	I	2577,29	M	6	4,87
II	2715,68	M	85	4,60	II	2574,52	S	3	6,29
II	2714,20	M	16	4,59	I	2574,02	M	30	4,88
II	2713,05	M	8	4,58	II	2571,06	S	3	6,86
II	2711,74	M	22	4,61	I	2568,38	M	5	—
II	2710,17	S	1	6,15	I	2564,82	M	15	4,87; 6,70
II	2707,86	M	14	4,58	I	2562,13	M	28	4,87
II	2706,70	M	20	4,59	III	2554,23	S	32	11,03
II	2706,17	M	70	4,60	I	2552,65	M	16	4,87
II	2705,22	M	6	4,58	II	2548,69	M	8	6,29
II	2702,19	M	50	4,61	III	2548,22	S	30	10,98
II	2700,94	M	90	4,63	I	2545,98	M	8	4,86
I	2699,12	M	4	5,81	II	2534,52	M	4	6,29
I	2698,73	M	6	5,81	I	2530,18	M	32	4,97
I	2697,75	M	16	5,97	II	2528,83	M	20	6,46
I	2696,99	M	16	5,95	II	2528,47	M	16	6,46
II	2694,74	S	1	4,61	II	2527,90	M	28	6,48
II	2690,79	M	32	4,62	I	2526,22	M	55	4,97
II	2690,25	M	30	4,63	II	2524,00	S	5	6,46; 6,33
II	2689,88	M	20	4,61	III	2521,55	S	10	12,77
II	2688,72	M	22	4,65	III	2521,16	S	10	11,09
II	2687,96	M	140	4,65	I	2519,62	M	32	4,95
II	2683,09	M	24	4,62	I	2517,14	M	24	4,96
II	2682,87	M	24	4,63	III	2516,12	S	20	12,77
II	2679,33	M	50	4,65	I	2515,15	M	9	4,94
II	2678,57	M	36	4,65	II	2514,63	M	10	6,05
II	2677,80	M	50	4,63	I	2511,94	M	24	4,95
II	2673,25	M	5	—	I	2511,64	M	24	4,97
II	2672,00	M	38	4,65	I	2507,78	M	32	4,96
II	2670,24	S	2	6,86	I	2506,91	M	20	4,94
I	2665,96	M	4	4,65	II	2506,22	M	9	6,04
II	2663,25	S	12	9,05	I	2503,30	M	10	4,95
I	2661,42	M	24	4,72	II	2503,02	M	8	6,02
I	2656,22	M	20	4,71	I	2501,61	M	18	4,95
II	2655,68	M	7	9,02	II	2483,06	S	6	6,66
I	2653,82	M	6	6,54	II	2482,31	M	6	6,46
I	2652,92	M	6	6,56	II	2479,52	M	6	6,68
I	2651,90	M	19	4,69	II	2479,04	M	9	6,68

λ		B		eV	λ		B		eV
II	2475,87	S	1	6,68	III	2346,34	S	6	10,75
II	2475,45	S	1	6,68	III	2343,11	S	20	12,25
II	2465,27	S	7	6,84	II	2342,14	S	3	6,86
II	2458,29	S	2	6,47	I	2340,49	A	3	5,36
II	2453,35	S	**4**	6,86	III	2337,13	S	15	10,75
II	2447,61	S	1	6,88	II	2336,11	S	2	6,88
II	2446,70	S	2	6,54	I	2334,43	A	4	5,35
II	2444,97	S	3	6,86	III	2334,21	S	15	10,77
I	2441,89	M	4	5,14	III	2333,60	S	4	12,29
I	2439,10	M	7	5,15	III	2331,77	S	15	10,81
I	2435,52	M	14	5,16	III	2330,46	S	20	10,85
I	2432,01	M	10	5,14	I	2329,53	A	3	5,34
I	2428,27	M	14	5,14	III	2328,93	S	4	12,29
I	2423,37	M	5	5,13	I	2325,87	A	3	5,33
I	2421,97	M	13	5,16	III	2325,12	S	8	10,77
I	2421,05	M	13	5,13	I	2324,75	A	3	5,40
I	2420,12	M	13	5,19	III	2323,83	S	20	12,39
I	2417,35	M	12	5,14	III	2319,00	S	16	10,81
I	2416,75	M	16	5,19	III	2318,07	S	20	13,19
I	2415,33	M	16	5,13	I	2315,63	A	3	5,37
I	2413,92	A	10	10,60	III	2314,10	S	10	10,85
I	2413,03	M	9	5,14	I	2311,47	A	3	5,36
I	2412,69	M	12	5,18	III	2311,35	S	10	12,33
I	2407,90	M	14	5,16	III	2309,84	S	10	12,33
I	2406,75	M	17	5,19	III	2297,85	S	10	13,05
III	2404,18	S	20	10,60	II	2294,99	S	2	6,53
I	2401,90	A	6	5,18	III	2292,86	S	40	13,25
II	2400,89	S	2	—	III	2290,54	S	10	12,37
I	2399,95	M	9	5,16	II	2289,22	S	3	6,54
III	2399,68	S	15	10,69	II	2281,60	S	2	6,53; 7,70; 7,94
I	2397,78	M	9	5,24	II	2281,24	S	2	7,71
III	2393,58	S	25	10,64	II	2280,34	S	2	7,70
I	2392,90	M	11	5,48	IV	2268,30	S	20	17,97
I	2391,27	M	9	5,46	I	2250,67	A	3	5,52
I	2390,87	M	9	5,20	I	2245,76	A	3	5,52
II	2389,70	S	5	6,26	I	2241,85	A	4	5,60
I	2388,91	M	8	6,56	III	2241,54	S	16	11,03
I	2388,08	A	4	5,21	I	2237,23	A	5	5,61
I	2386,96	M	8	6,54	III	2232,91	S	20	11,08
II	2383,99	M	5	6,29	II	2229,99	S	3	6,69
III	2382,45	S	30	10,69	I	2229,74	A	2	5,59
II	2380,91	S	6	6,33	I	2225,42	A	3	5,58
II	2379,15	S	4	6,69	III	2222,70	S	2	12,59
III	2373,06	S	10	12,20	II	2220,21	S	4	6,68
II	2372,17	S	1	—	III	2218,43	S	6	11,04
III	2371,07	S	40	10,76	III	2217,41	S	6	11,06
III	2367,66	S	4	12,20	III	2216,03	S	6	11,09
III	2366,31	S	20	11,41	III	2214,02	S	6	12,66
III	2358,75	S	35	11,36	III	2209,22	S	2	11,06
II	2357,81	S	3	8,16	I	2202,72	A	6	5,69
II	2352,18	S	5	6,84	III	2201,67	S	6	12,66
III	2351,54	S	4	12,29	I	2196,40	A	4	5,68
III	2349,81	S	8	12,28	II	2185,39	S	2	7,70; 9,48
III	2348,25	S	10	10,81	I	2182,22	A	10	5,74
III	2347,15	S	6	10,78	I	2177,00	A	8	5,73

λ	B		eV	λ	B		eV
I 2173,15	A	6	5,72	I 1965,07	A	5	6,34
I 2170,74	A	5	5,71	I 1964,27	A	5	6,30
II 2151,81	S	2	—	I 1963,47	A	6	6,32
II 2151,03	S	2	—	IV 1963,13	S	14	18,23
II 2150,83	S	2	—	I 1961,69	A	4	6,31
II 2147,52	S	1	5,77	I 1959,97	A	3	6,32
III 2147,47	S	10	13,61	I 1957,90	A	4	6,37; 6,34
II 2143,04	S	2	5,80	IV 1951,48	S	16	18,30
II 2141,94	S	2	5,81	IV 1939,07	S	20	18,39
II 2140,06	S	6	5,83	II 1937,44	S	3	8,44
II 2139,80	S	4	5,80	II 1929,61	S	3	8,79
II 2138,17	S	3	5,80	II 1913,70	S	3	8,18
II 2137,31	S	5	5,81	II 1907,79	S	3	8,20
II 2134,12	S	10	5,83	III 1902,23	S	2	17,60
II 2133,04	S	3	—	II 1869,47	S	3	8,44; 8,66
II 2131,85	S	4	5,84	IV 1861,56	S	12	19,17
II 2123,34	S	3	5,88	III 1856,64	S	2	17,53
II 2103,70	S	4	7,71	III 1854,42	S	2	17,49
II 2101,17	S	2	7,70	II 1828,84	S	2	—
I 2094,71	A	3	5,95	IV 1825,85	S	10	18,78
I 2092,44	M	280	5,99	III 1812,19	S	6	17,60; 17,54
I 2088,56	A	3	5,95	III 1804,13	S	2	17,57
II 2076,87	S	3	—	III 1798,15	S	2	17,54
II 2068,80	S	3	8,54	II 1794,62	S	2	—
II 2054,85	S	3	—	III 1794,60	S	4	20,16
I 2041,00	A	5	6,11	III 1793,82	S	2	17,52
II 2039,29	S	3	7,78	III 1779,72	S	2	19,36
I 2038,85	A	8	6,14	III 1760,07	S	4	18,07; 17,99
II 2037,83	S	2	—	III 1757,73	S	2	17,93
I 2035,30	A	7	6,12	III 1694,78	S	4	18,16; 18,12
II 2035,06	S	3	—	II 1661,27	S	3	—
I 2034,06	A	8	6,10	III 1650,14	S	4	10,95
I 2032,27	A	5	6,09	III 1643,03	S	4	18,25
I 2029,36	A	4	6,14	II 1637,77	S	2	7,93
I 2028,42	A	3	6,11	II 1587,40	S	2	8,20
I 2027,62	A	3	6,13	III 1335,12	S	2	11,37
II 2023,56	S	2	8,63	III 1331,94	S	10	11,40
II 2016,53	S	3	7,96; 7,95	III 1287,87	S	2	11,08
II 2014,18	S	4	7,97; 8,53	III 1252,11	S	2	11,41
IV 2014,18	S	10	8,68; 18,15	III 1159,77	S	10	10,76
II 2006,88	S	4	8,54	III 1154,24	S	14	10,81
II 2004,78	S	4	8,70	III 1153,19	S	14	10,75
IV 2002,47	S	10	18,11	III 1152,18	S	16	10,77
IV 1999,32	S	12	18,15	III 1151,04	S	18	10,81
IV 1997,74	S	16	18,20	III 1149,94	S	20	10,85
I 1984,91	A	4	6,31	III 1006,46	S	2	12,39
II 1984,05	S	4	—	IV 737,84	S	20	19,17
I 1983,37	A	4	6,28	IV 684,44	S	10	18,15
I 1982,45	A	3	6,27	IV 684,38	S	16	18,20; 18,11
I 1982,06	A	3	6,25	IV 677,35	S	10	18,39
II 1976,62	S	3	8,54				
I 1967,98	A	7	6,36				
I 1966,76	A	5	6,37				
I 1966,52	A	5	6,34				
I 1965,26	A	5	6,32				

λ	B	eV	λ	B	eV

74 W

λ	B	eV	λ	B	eV
I 8613,26	M 0,7	3,89	I 5456,59	M 2,0	5,23
I 8594,37	M 0,9	3,70	I 5435,06	M 5	2,48
I 8585,06	M 2,5	4,22	I 5388,02	M 2,0	4,74
I 8123,79	M 1,2	3,78	I 5368,70	M 1,2	5,81
I 7940,93	M 0,8	3,26	I 5351,90	M 2,0	5,76
I 7688,94	M 1,2	4,06	I 5350,45	M 3,0	5,95
I 7296,58	M 1,4	4,08	I 5348,95	M 4	5,56
I 6404,20	M 3,0	3,78	I 5337,37	M 2,5	5,56
I 6292,03	M 4	3,61	I 5318,87	M 2,5	5,76
I 6285,90	M 2,5	4,42	I 5275,55	M 4	4,74
I 6203,51	M 1,8	4,45	I 5263,21	M 1,2	—
I 6154,86	M 1,8	4,39; 4,20	I 5259,36	M 6	5,76
I 6153,73	M 1,8	4,53; 4,39	I 5255,42	M 4	5,13
I 6128,27	M 2,0	5,52	I 5254,54	M 3,0	4,28
I 6081,48	M 2,0	4,30	I 5242,99	M 7	4,39
I 6021,54	M 3,5	4,30	I 5224,67	M 70	2,97
I 6012,81	M 5	4,49	I 5212,79	M 4	5,94
I 5972,52	M 2,5	2,48	I 5206,19	M 5	4,83
I 5965,86	M 5	4,42	I 5204,51	M 5	4,91
I 5947,58	M 5	3,78	I 5203,26	M 4	4,80
I 5902,67	M 3,5	4,47	I 5192,72	M 4	4,24
I 5880,22	M 1,2	6,34	I 5183,97	M 3,0	4,74
I 5864,63	M 2,0	4,56	I 5145,77	M 4	5,01
I 5856,62	M 1,0	4,71	I 5138,40	M 3,5	5,90
I 5851,57	M 2,6	5,38	I 5110,36	M 3,5	4,29
I 5845,26	M 1,6	5,76	I 5105,48	A 3	6,12
I 5838,99	M 1,2	4,24; 6,86	I 5071,73	M 11	—
I 5804,87	M 4	5,38	I 5069,15	M 19	2,85
I 5796,51	M 1,2	4,25	I 5055,53	M 2,5	5,23
I 5793,07	M 1,2	5,56	I 5054,61	M 19	2,65
I 5749,22	M 1,2	5,94	I 5053,30	M 75	2,66
I 5735,09	M 5	5,56	I 5040,36	M 5	4,11
I 5723,06	M 0,6	5,39	I 5015,32	M 20	3,06
I 5697,82	M 1,4	3,89	I 5013,46	A 2	5,07
I 5675,38	M 0,6	4,42	I 5007,23	A 2	4,91
I 5674,42	M 2,5	4,56	I 5006,16	M 30	3,24
I 5648,38	M 6	5,76; 4,54	I 5002,80	M 1,4	5,01
I 5642,04	M 0,7	4,39; 2,40	I 4994,10	M 1,4	—
I 5631,97	M 2,5	3,70	I 4989,09	M 2,0	—
I 5631,26	M 1,0	6,34	I 4986,94	M 6	4,35; 6,47
I 5568,07	M 1,2	—	I 4984,72	M 2,0	4,83
I 5531,38	M 1,4	4,47	I 4983,54	M 3,0	—
I 5514,70	M 20	2,66	I 4982,60	M 20	2,48
I 5503,45	M 2,5	5,96; 6,33	I 4979,85	M 5	4,75
I 5500,51	M 2,5	4,10; 4,72	I 4972,57	M 1,4	4,88
I 5492,32	M 6	5,94	I 4953,09	M 3,0	4,96
I 5487,79	M 0,9	2,85	I 4948,59	A 2	4,62
I 5486,01	M 1,4	6,15	I 4931,56	M 4	4,42
I 5477,80	M 3,5	3,43	I 4916,18	M 3,0	4,38
I 5475,11	M 1,0	5,76	I 4902,32	M 3,0	4,91

λ	B		eV	λ	B		eV
I 4892,44	M	3,0	5,32	I 4546,49	M	17	4,98
I 4890,29	M	1,6	6,03; 4,56	I 4543,51	M	17	5,38
I 4888,39	M	1,6	4,24	I 4542,89	M	4	4,64; 4,92
I 4886,91	M	38	3,30	I 4536,66	M	7	5,43
I 4878,28	M	2,5	4,78	I 4535,05	M	9	5,18
I 4858,61	A	2	4,25	I 4534,71	M	7	5,18
I 4854,09	M	4	4,20	I 4530,47	M	4	4,24
I 4843,83	M	80	2,97	I 4529,76	M	4	5,52
I 4835,02	M	2,5	5,10	I 4513,30	M	10	4,39
I 4807,37	M	5	4,08	I 4512,91	M	14	4,98
I 4799,92	M	8	5,02	I 4504,86	M	18	4,25
I 4797,55	M	2,5	5,03	I 4495,31	M	5	4,62
I 4788,43	M	2,0	4,62	I 4494,51	M	9	5,13
I 4787,94	M	2,5	4,24	I 4493,97	M	8	5,13
I 4773,91	M	3,5	4,30; 5,00	I 4484,19	M	70	2,96; 5,01
I 4758,21	M	2,0	5,56	I 4481,28	M	5	—
I 4757,78	M	2,5	4,46	I 4466,73	M	15	—
I 4757,55	M	14	4,98; 2,97	I 4466,35	M	15	4,42
I 4745,57	M	2,0	4,85	I 4463,50	M	8	5,74
I 4729,65	M	8	4,26	I 4460,50	M	15	4,47
I 4725,14	M	5	5,01	I 4458,09	M	5	4,42
I 4720,40	M	2,5	4,26	I 4456,11	M	4	—
I 4712,49	M	4	4,47	I 4455,47	M	4	5,16
I 4711,19	M	2,5	5,01	I 4449,01	M	10	4,29
I 4706,17	M	2,0	4,66	I 4445,15	M	10	4,64; 5,04
I 4702,47	M	3,0	4,98; 6,87	I 4441,81	M	8	4,91
I 4700,41	M	5	5,23; 3,40	I 4438,30	M	5	5,13; 6,67
I 4698,63	M	3,0	5,10	I 4436,90	M	18	5,39; 5,75
I 4693,73	M	10	5,94	I 4425,91	M	5	5,07
I 4683,55	M	4	5,10	I 4420,47	M	10	5,18
I 4680,52	M	65	3,24	I 4415,08	M	5	5,07
I 4679,04	M	3,0	4,91	I 4412,20	M	14	3,21; 3,40
I 4677,69	M	6	5,10	I 4408,28	M	22	6,12
I 4676,63	M	5	5,07	I 4403,95	M	11	—
I 4668,46	M	4	4,57	I 4394,08	M	9	5,06
I 4661,97	M	3,5	4,57	I 4389,84	M	6	5,28
I 4659,87	M	65	2,65	I 4384,86	M	20	4,73
I 4657,44	M	13	6,12	I 4378,49	M	22	3,43
I 4646,15	M	3,5	5,04	I 4372,53	M	17	3,23
I 4642,56	M	10	4,38	I 4364,79	M	17	3,25
I 4641,80	M	3,5	5,49; 3,26	I 4361,82	M	11	3,61
I 4634,81	M	6	4,71	I 4355,17	M	17	4,35
I 4620,55	M	3,5	5,10	I, II 4348,12	M	6	5,44; 4,48
I 4613,32	M	18	5,07; 3,44	I 4347,00	M	11	5,23
I 4609,92	M	15	4,60	I 4332,13	M	12	4,71
I 4600,44	M	3,5	4,96	I 4316,81	M	6	—
I 4599,96	M	15	5,76	I 4306,88	M	18	5,94
I 4592,58	M	6	4,35	I 4302,11	M	240	3,24
I 4592,42	M	8	5,13	I 4294,61	M	450	3,25
I 4588,75	M	19	5,94	I 4294,10	M	12	4,53
I 4586,85	M	7	3,88	I 4286,01	M	12	4,54
I 4570,66	M	15	5,56	I 4276,75	M	18	5,32
I 4563,59	M	8	5,17	I 4275,49	M	18	5,13
I 4556,87	M	4	5,68	I 4274,55	M	24	5,38
I 4551,85	M	16	4,38; 6,87	I 4269,78	M	12	5,16

	λ	B		eV		λ	B		eV
I	4269,39	M	150	3,26	I	3936,99	M	13	5,49
I	4266,54	M	6	5,86	II	3935,44	S	1	4,78
I	4263,32	M	22	5,76	II	3900,91	S	1	6.56
I	4260,29	M	22	5,15	I	3897,91	M	15	—
I	4259,36	M	32	5,56	I	3881,39	M	80	3,80
I	4258,53	M	6	5,02	I	3872,83	M	28	3,61; 5,63
I	4244,37	M	60	5,88; 3,69	I	3867,98	M	200	3,57
I	4241,45	M	32	4,83	I	3864,34	M	20	3,62
I	4234,35	M	16	5,30	II	3859,98	S	1	5,74
I	4226,92	M	6	5,38; 5,17	I	3859,29	M	16	5,46
I	4222,06	M	12	4,80	I	3855,54	M	16	4,92
I	4219,38	M	28	3,70	II	3851,57	M	3,0	4,85
I	4207,05	M	24	5,38	I	3847,49	M	28	3,22
I	4204,41	M	18	5,33	I	3846,21	M	80	3,42
I	4203,82	M	10	4,45	I	3838,50	M	32	4,74; 5,57
II	4175,58	S	1	4,78	I	3835,05	M	120	3,64
I	4171,19	M	50	3,56	I	3824,39	M	11	5,66
I	4170,54	M	18	5,23	I	3817,48	M	160	3,60
I	4168,66	M	10	5,23	I	3810,39	M	22	5,49
I	4157,04	S	1	5,21	I	3809,23	M	34	3,60
I	4154,68	M	18	5,38	I	3792,77	M	20	4,92
I	4145,16	M	15	4,64	I	3780,77	M	120	3,64
I	4142,26	M	12	5,23	II	3774,14	S	1	6,23
I	4138,02	M	17	4,64	I	3773,71	M	40	4,98
I	4137,46	M	60	3,41	I	3769,87	M	14	5,20
I	4126,80	M	17	5,39	I	3769,21	M	14	5,14
I	4109,76	M	16	4,66	I	3768,45	M	120	3,48
I	4102,70	M	110	3,80	I	3760,13	M	80	3,70
I	4095,70	M	11	5,13	I	3757,92	M	60	3,90; 5,32
I	4082,97	M	16	5,42	I	3756,87	A	20	5,88
II	4081,30	S	1	4,85	II	3745,56	S	4	6,05
I	4074,36	M	550	3,40	I	3742,69	M	9	6,08
I	4070,61	M	38	3,25	I	3741,71	M	14	5,16
I	4069,95	M	80	3,64	II	3736,21	M	6	5,55
I	4069,80	M	16	5,50	I	3722,25	M	10	5,76
I	4064,79	M	20	5,43	II	3716,08	M	7	5,21
I	4045,60	M	100	3,42	II	3712,21	S	1	6,09
I	4044,29	M	15	6,32	II	3708,51	S	6	5,88
I	4039,86	M	15	5,42	I	3707,93	M	95	3,70
I	4036,86	M	20	5,46	II	3694,51	S	4	5,30
I	4028,79	M	20	4,26	II	3691,88	S	4	5,75
I	4022,12	M	14	5,50	I	3688,07	M	70	5,80
I	4019,23	M	24	3,48	I	3683,94	M	20	5,79
I	4016,53	M	19	—	I	3683,31	M	50	5,63
I	4015,22	M	60	5,52	I	3682,09	M	80	4,14
I	4008,75	M	950	3,45	I	3675,56	M	20	4,88
II	4001,89	S	1	7,30	II	3672,59	S	2	5,78
I	3983,29	M	28	5,56	II	3657,88	S	4	5,24
I	3980,64	M	14	5,56	II	3657,59	M	10	4,48
I	3979,29	M	14	4,76	II	3646,53	M	10	5,21
I	3970,80	M	17	—	II	3645,60	S	10	5,25
I	3968,59	M	14	5,51	II	3641,41	M	30	4,48
I	3965,14	M	18	5,91	I	3631,95	M	40	3,61
I	3955,31	M	22	5,57	II	3628,93	S	3	6,52
I	3953,16	M	18	5,59	II	3628,41	S	3	5,99

	λ	B		eV		λ	B		eV
I	3628,38	A	10	5,80	II	3402,19	S	4	6,74
I	3627,24	M	16	5,07	II	3401,89	S	30	5,50
I	3622,34	M	20	5,81	II	3398,92	S	12	5,88
I	3617,52	M	240	3,80	II	3383,12	S	5	7,30
II	3613,79	M	10	5,24	II	3382,60	S	4	6,05
II	3611,86	S	2	7,63	II	3379,02	S	4	5,72
I	3606,07	M	30	3,64	II	3376,14	S	30	5,55
II	3596,18	S	3	6,70	II	3374,87	S	3	5,72
II	3592,42	M	10	4,85	I	3373,75	M	48	4,09
I	3575,23	M	20	5,57	I	3371,05	M	19	4,28
II	3572,48	M	10	4,78	II	3366,72	S	3	6,75
I	3570,66	M	30	3,89; 4,07	II	3363,72	S	3	5,50
I	3568,04	M	20	5,39	II	3361,11	S	10	4,78
II	3557,92	S	3	6,23	II	3358,60	S	20	5,74
II	3555,17	S	12	5,50	I	3354,45	M	18	4,29
II	3549,05	S	15	5,55	II	3350,63	S	3	6,23
I	3545,23	M	80	3,50	II	3348,88	S	4	6,49
I	3537,45	M	20	5,37	II	3348,29	S	8	6,96
II	3536,27	S	8	6,62	I, II	3345,86	M	9	5,36; 6,61
I	3535,55	M	20	5,15	II	3343,41	S	8	5,55
II	3529,56	S	10	5,56	II	3343,10	S	6	5,76
II	3527,04	S	3	6,09	II	3342,46	S	12	5,56
I, II	3526,85	M	20	5,17; 7,74	II	3339,03	S	3	5,76
II	3525,73	S	3	5,75	II	3338,62	S	3	5,57
I	3510,03	M	20	3,90	I	3331,67	M	55	4,08
I	3508,74	M	20	3,90	I	3326,19	M	55	4,50
II	3508,66	S	5	5,76	II	3317,40	S	2	6,62; 6,47
II	3503,66	S	3	6,61	I	3311,38	M	55	6,12; 4,10
I	3495,25	M	50	5,99	II	3308,34	S	6	6,99
II	3492,06	S	4	6,43	II	3304,55	S	8	6,23; 6,70
II	3490,93	S	5	5,21	I	3300,82	M	90	4,36
II	3490,31	S	4	5,57	II	3298,28	S	4	7,28
II	3486,12	S	5	5,57	I	3293,71	M	18	5,27
I	3477,95	M	20	—	II	3286,57	S	8	4,86
II	3475,29	S	8	7,36	I	3281,94	M	18	—
II	3463,51	S	15	5,24	II	3268,35	S	3	6,87
I	3463,25	M	10	3,94	II	3267,43	S	4	—
II	3460,42	S	1	5,99	I	3266,62	M	26	—
II	3455,02	S	3	6,84; 6,38	II	3262,28	S	6	7,35
II	3452,49	S	3	5,25	I	3259,66	M	26	4,40
II	3449,87	S	10	5,25	I	3259,44	M	17	6,05
I	3443,01	M	30	5,11	II	3255,01	S	3	7,19
II	3440,63	S	20	7,75	I	3254,36	M	26	5,68
I	3429,60	M	28	6,04	I	3252,29	M	17	—
I	3427,72	M	19	5,27	I, II	3251,23	S	4	5,32; 5,21
II	3424,45	S	5	6,05	II	3249,85	S	3	6,56
I	3422,43	M	19	—	II	3243,34	S	10	5,87
II	3421,13	S	4	6,70	II	3243,01	S	4	6,61
II	3416,62	S	10	—	I	3242,02	M	17	6,48
I	3413,54	M	19	4,00	II	3237,68	S	3	7,47
I	3412,96	M	19	4,23	I	3237,09	M	17	5,01
II	3412,74	S	3	5,98	I	3232,49	M	24	4,61
II	3410,17	S	3	6,75	I	3221,91	M	17	4,26
II	3406,82	S	4	4,95	I	3221,21	M	17	6,09
II	3406,59	S	2	7,27	II	3216,31	S	3	6,43; 7,49

λ		B	eV	λ		B	eV
II	3215,65	S 3	5,25	II	3100,74	S 5	6,05
I	3215,56	M 130	4,63	II	3095,87	S 5	6,23
II	3215,28	S 4	6,95; 8,06	I	3093,51	M 46	4,61
II	3209,96	S 8	6,61	II	3087,39	S 5	5,65
I	3208,28	M 17	4,28	I	3084,82	M 22	6,14
I	3207,25	M 65	4,23	II	3081,04	S 4	6,38
II	3206,41	S 6	5,88	II	3077,52	M 14	7,00
II	3204,40	S 3	6,61	I	3073,28	M 22	4,80
II	3203,43	S 3	5,72	II	3072,74	S 3	6,09
II	3203,34	S 1	5,75	II	3071,73	S 5	5,85
II	3201,58	S 6	4,96	II	3069,28	S 8	6,09
I	3198,84	M 48	4,47	II	3067,86	S 6	6,43
I	3191,57	M 48	3,88	II	3067,57	S 5	6,62
II	3189,24	M 8	5,76; 5,55	II	3066,98	S 6	6,05
II	3187,13	S 4	—	II	3063,97	S 3	6,10
I	3184,42	M 16	4,30	II	3063,41	S 1	6,95
I	3184,04	M 16	6,14	II	3051,29	S 25	5,72
II	3182,19	S 3	8,10	II	3049,85	S 5	5,88
I	3181,81	M 24	5,93	I	3049,69	M 100	4,43
II	3180,06	S 6	6,87	II	3048,60	S 4	6,43
II	3179,44	S 12	5,56	I	3046,45	M 35	4,28
I	3179,06	M 16	6,09	I	3043,81	M 34	4,67
II	3178,02	S 6	5,21	I	3041,74	M 55	5,99
II	3177,21	S 12	5,56	II	3039,58	S 2	6,09
I	3176,59	M 40	4,11	II	3036,66	S 5	5,74
II	3175,95	S 20	5,56	I	3033,58	M 20	5,59
I	3170,20	M 12	4,26	II	3026,68	M 38	6,55
I	3169,93	A 8	6,32; 5,94	I	3024,92	M 26	4,30
I	3165,38	M 16	6,16	II	3024,50	M 13	5,50
II	3164,79	S 3	6,87	II	3022,67	S 3	6,58
I	3164,44	M 16	5,57	II	3022,00	S 8	5,76
I	3163,42	M 36	5,78	I	3017,44	M 95	4,47
II	3160,03	S 20	5,76	II	3017,15	S 3	7,08
I	3155,10	M 8	6,18	I	3016,47	M 65	4,88
II	3152,47	S 10	6,84	II	3014,61	S 3	7,02
II	3151,29	S 12	6,81	I	3013,79	M 44	4,71
II	3149,85	M 8	5,56	II	3010,76	S 8	6,48
II	3145,77	S 20	5,99	I	3009,08	M 24	4,72
II	3144,49	S 3	6,30; 7,49	II	3008,95	S 3	7,64
I	3141,42	M 16	5,45	II	3002,28	S 4	6,62
I	3133,89	M 20	5,66	II	3000,62	S 5	5,98
II	3129,68	S 3	—	II	2998,69	S 5	—
II	3128,98	S 4	6,75	I	2997,79	M 24	4,55
II	3127,75	S 5	7,30	I	2995,26	M 30	4,74
II	3126,42	S 4	6,82	II	2994,70	S 6	5,20
I	3120,18	M 32	4,74	I	2993,61	M 50	4,91
I	3117,58	M 28	5,62	II	2987,29	S 6	5,24
II	3112,86	S 5	7,36	I	2979,72	M 90	—
I	3111,12	M 8	5,89	II	2977,58	S 4	7,96
II	3110,69	S 4	6,52	II	2976,48	S 5	5,24
II	3108,78	S 6	6,87	II	2974,38	S 3	5,57
I	3108,02	M 30	4,35	I	2964,52	M 55	4,55
I	3107,23	M 30	4,40	II	2961,02	S 5	5,50
II	3103,52	S 1	5,85	II	2952,29	M 26	5,51; 6,05
II	3102,20	S 5	6,43	II	2950,44	S 4	7,28

λ	B		eV	λ	B		eV
I 2946,98	M	300	4,57	I 2792,70	M	100	4,80
I 2944,40	M	300	4,57	I 2791,95	M	42	5,95
II 2940,20	S	6	5,88	II 2790,42	S	5	7,35
II 2939,76	S	4	5,85	I 2787,98	M	26	4,86
II 2936,67	M	6	7,08	II 2786,31	S	2	5,85; 6,99
I 2934,99	M	85	4,42	II 2785,63	S	5	6,81
II 2931,90	S	4	7,47	II 2782,14	S	8	6,62
II 2925,81	S	13	8,44	I, II 2780,28	M	10	6,88; 4,85
I 2925,12	M	28	6,15	II 2778,69	M	5	6,52
II 2924,98	S	4	6,81	II 2777,87	S	3	7,04
I 2923,54	M	28	4,61	II 2776,50	M	20	6,30
I 2923,10	M	44	4,84	I 2774,48	M	100	5,23
II 2918,63	M	6	5,65	II 2774,09	S	3	7,81
I 2918,25	M	44	5,02	I 2774,00	M	100	5,07
II 2914,27	S	3	6,79	I 2773,70	M	26	—
II 2913,75	S	3	6,30	I 2772,48	M	60	6,82
I 2911,00	M	34	4,26	I 2770,88	M	100	4,83
I 2910,48	M	28	4,67	I 2769,74	M	50	5,07
II 2904,07	S	8	6,81	I 2768,99	M	26	4,67
II 2903,50	S	5	7,61	II 2768,33	S	5	5,88
I 2896,45	M	190	4,63	II 2766,98	S	4	7,43
I 2896,01	M	55	4,49	II 2766,32	S	4	8,00
II 2889,77	S	5	7,36	II 2764,77	S	5	7,82
II 2886,90	S	4	5,21	II 2764,27	M	50	4,48
I 2879,39	M	75	4,30	I 2762,35	M	50	4,47
I 2879,11	M	75	4,67	II 2761,59	M	10	5,57
I 2878,72	M	28	4,72	II 2760,74	M	5	6,88
II 2878,32	S	4	7,28	II 2753,05	M	20	6,56
II 2868,73	S	8	6,38	II 2752,24	S	3	7,47
I 2866,06	M	80	4,73	I 2748,85	M	80	5,11
II 2859,48	S	3	5,65	I 2746,74	M	10	6,42
I 2856,03	M	80	4,55	II 2745,03	S	3	7,42
I 2853,49	M	10	6,24	II 2742,90	S	4	6,95
II 2852,10	S	7	8,14	II 2742,47	S	3	7,47
I 2848,03	M	100	4,71	II 2740,79	M	9	7,47
II 2847,13	S	2	6,58	II 2739,38	S	3	7,28
I 2835,64	M	26	4,74	II 2734,77	S	4	7,61
II 2834,21	S	5	6,43	II 2733,45	S	4	7,02
I 2833,63	M	100	5,13	I 2733,18	M	10	5,72
I 2831,38	M	200	4,73	II 2729,94	S	3	6,35
II 2831,24	S	4	6,43	II 2729,63	M	10	5,63
II 2830,06	S	8	6,23	I 2725,03	M	50	4,96
I 2829,83	M	32	6,02	I 2724,63	M	26	5,32
II 2822,57	M	20	6,05	I 2724,35	M	320	4,92
II 2821,80	S	4	6,78	II 2724,08	S	6	7,43
II 2819,05	S	1	6,25	II 2722,81	S	7	6,43
I 2818,06	M	100	5,16	I 2721,67	A	9	6,93
II 2814,80	S	3	6,81	II 2720,59	S	4	5,63
II 2812,25	M	5	6,07	II 2720,40	S	3	6,62
II 2808,94	S	5	7,16	I 2719,86	M	26	4,92
II 2808,47	S	4	6,99	I 2719,33	M	40	6,58
II 2805,92	M	16	6,43	I 2718,90	M	260	4,92
II 2801,05	M	20	6,09	II 2718,04	M	10	6,62
I 2799,92	M	50	4,84	II 2717,17	S	4	6,72
II 2799,03	M	10	6,30	II 2716,89	S	4	7,10

λ	B		eV	λ	B		eV
II 2716,32	M	10	6,38	II 2653,42	M	5	6,72
I 2715,50	M	50	5,33	II 2651,88	S	3	7,04
II 2715,34	S	8	6,62	II 2647,74	M	9	7,81
II 2712,70	S	5	7,52	I 2646,74	M	50	5,28
II 2710,79	M	5	6,58	I 2646,19	M	80	6,60; 5,10
II 2709,58	M	10	6,43	I 2645,69	M	26	6,55
I 2708,79	M	50	4,78	II 2643,29	S	3	6,35
I 2708,58	M	50	6,44	I, II 2643,12	M	20	6,40; 6,09
II 2707,02	M	5	8,21	I 2638,61	M	50	7,08
II 2706,70	S	5	5,50	II 2637,57	S	3	6,70
I 2706,58	M	50	6,23	I 2636,55	M	36	5,07
II 2705,60	S	4	7,16	II 2635,38	S	3	6,56
II 2703,46	S	12	8,44	II 2634,58	S	3	6,76
II 2703,06	S	6	7,46	II 2633,88	S	3	6,87
I 2702,52	M	26	7,01	I 2633,13	M	100	4,91
II 2702,11	S	25	7,00	I 2632,70	M	50	5,07
II 2701,48	S	6	6,43	I 2632,49	M	50	6,22
II 2700,31	S	5	7,47	II 2629,00	S	4	6,38
I 2700,01	M	50	6,08	I 2628,25	M	26	4,92
I 2699,59	M	80	5,36	I 2625,22	M	50	5,32
II 2697,71	M	26	4,78	II 2624,48	S	2	7,60
I 2697,51	M	16	4,96	II 2623,89	S	1	7,63
II 2696,90	S	4	—	II 2623,11	S	5	7,30
I 2695,67	M	80	5,00	I 2622,21	M	50	6,58
II 2694,99	S	3	6,61	II 2620,76	S	3	6,58
II 2694,59	S	7	7,57	I, II 2620,23	M	50	5,09; 7,52
II 2694,38	S	6	6,62	I 2619,18	M	26	6,58
I 2691,09	M	26	5,20	II 2618,08	S	1	7,81
II 2690,71	S	4	—	II 2615,45	M	7	6,62
I, II 2688,22	S	4	6,25; 6,62	I 2615,12	M	24	5,51
I 2687,37	M	10	6,96	I 2613,82	M	50	5,10
II 2686,99	S	17	7,36; 7,52	I 2613,07	M	100	5,15
II 2685,05	S	3	7,47	I 2612,19	M	19	7,18
II 2683,63	S	3	7,57	II 2609,25	S	4	7,61
II 2683,51	S	3	—	I 2608,32	M	38	5,52
I 2683,34	M	36	6,13	I 2607,38	M	33	4,96
I 2681,41	M	260	4,98	II 2606,47	S	4	7,63
II 2679,64	S	7	6,48	I 2606,39	M	70	4,76
I 2678,88	M	50	4,98	I 2603,54	M	28	5,36
II 2677,79	M	20	5,21	II 2603,02	M	8	6,81
I 2677,28	M	80	5,04	II 2602,51	M	8	—
II 2673,59	M	10	6,87	I 2601,96	M	38	5,35
I 2671,47	M	100	5,23	II 2601,43	S	3	6,43
II 2670,40	S	5	6,70	II 2598,74	M	11	5,85
I 2669,30	M	26	6,30	II 2596,86	S	1	7,35
II 2666,49	M	9	5,57	II 2595,57	S	1	8,27
II 2666,08	S	4	8,14	II 2589,17	M	40	5,55
I 2664,96	M	32	4,86	I 2586,94	M	12	6,30
II 2664,32	M	20	6,81	II 2585,96	S	3	7,16
I 2662,84	M	100	5,06	I 2584,38	M	40	6,90
II 2662,21	S	3	7,19	II 2581,20	M	4	5,56
II 2658,04	M	50	4,85	I 2580,49	M	90	5,01
I 2657,38	M	50	5,26	I 2580,33	M	30	5,17
I 2656,54	M	200	5,43; 5,02	II 2579,54	S	10	5,72
II 2653,57	M	10	5,25	II 2579,26	M	20	—

	λ	B		eV		λ	B		eV
I	2577,03	M	14	6,67	II	2499,22	S	2	7,35
II	2576,36	S	4	6,87	II	2497,48	M	10	5,72
II	2576,17	S	3	6,62	I, II	2496,64	M	24	6,61; 5,55
I	2573,53	M	20	6,46	I	2495,26	M	65	5,17
II	2571,45	M	55	5,21	II	2492,93	M	8	6,81
I, II	2569,25	M	20	6,32; 6,70	II	2489 23	M	40	5,56
II	2568,85	S	3	7,19	II	2488,77	M	28	5,90
II	2567,61	S	3	5,75	II	2488,12	S	3	7,04; 7,42
II	2563,91	M	11	6,24	I	2487,49	M	40	5,58; 5,39
II	2563,16	M	24	6,99	I	2486,30	M	13	—
I	2561,96	M	75	5,44	I	2484,74	M	60	6,48
I	2560,12	M	30	6,71	II	2484,40	M	3,0	7,47
II	2559,50	S	4	6,70	II	2484,00	S	2	6,87
I	2556,74	M	32	5,05	I	2482,10	M	50	5,36
II	2555,09	M	60	5,24	II	2481,55	S	3	7,05
I, II	2554,86	M	42	6,35; 4,85	I	2481,44	M	160	5,76; 5,59
II	2554,67	S	7	7,60; 7,82	I	2480,95	M	40	5,20
I	2553,82	M	46	5,45	I	2480,13	M	90	5,20
I, II	2553,16	M	18	5,45; 6,52	II	2477,80	M	30	5,76
II	2552,36	S	4	8,10	II	2475,59	S	5	—
I	2551,35	M	280	4,86	I	2474,15	M	120	5,78
I	2550,37	M	80	5,07	I	2472,51	M	50	5,60
I	2547,14	M	120	5,28	II	2471,74	S	4	7,55
II	2546,28	S	3	—	II	2470,80	M	8	7,59
I	2545,34	M	60	5,28	II	2468,41	S	1	7,09
II	2542,60	S	3	8,06	I	2466,85	M	140	5,43
II	2539,31	M	7	6,55; 7,30	II	2466,52	M	24	5,21
II	2537,15	S	3	7,96	II	2465,96	S	3	7,42
II	2536,00	S	4	6,52	II	2465,64	S	2	8,27
II	2534,83	M	5	7,47	I	2465,20	M	10	7,12
II	2534,14	S	3	7,30	II	2464,63	S	4	6,43
I	2533,98	M	3,0	6,80	I	2464,31	M	28	5,43
I	2533,63	M	80	5,10	I	2462,79	M	50	5,62; 5,23
I, II	2530,99	M	2,5	5,26; 7,47	II	2459,88	S	3	7,05
II	2528,91	S	2	6,76	I	2459,30	M	110	5,44
I	2527,77	M	44	—	II	2458,57	S	3	6,35
I	2523,41	M	80	5,51	I	2456,53	M	80	5,46
II	2522,04	M	28	5,50	II	2455,87	S	4	7,59
I	2521,32	M	80	5,28; 5,68	I	2455,50	M	80	5,82
I	2520,45	M	32	6,79	I	2454,97	M	65	5,64
I	2519,88	M	10	—	I	2454,71	M	44	6,90
II	2519,44	S	3	6,58	I	2452,00	M	90	5,04
II	2518,14	M	6	6,23	I, II	2451,48	M	80	5,26; 5,24
II	2515,32	S	3	6,33; 7,47	I	2451,34	M	28	6,56
II	2513,45	S	3	8,27	II	2449,69	S	2	7,63
II	2510,47	M	8	7,30	I	2448,39	M	28	6,57
I	2510,16	M	26	6,81	II	2448,22	S	5	7,92
II	2509,96	S	4	7,42	II	2446,39	M	16	5,98
II	2507,99	S	3	6,99	I	2444,06	M	57	5,26
II	2506,04	S	8	8,44	I	2443,62	M	10	7,18
I	2506,03	M	28	6,64; 5,36	II	2440,43	S	2	6,71
I	2504,70	M	70	5,15	I	2436,62	M	26	5,50
II	2500,11	M	4	7,19	I	2435,96	M	190	5.68
II	2499,69	M	14	5,88	II	2435,01	M	6	7,63
I	2499,44	M	10	6,60	I	2433,98	M	66	5 69

λ	B		eV	λ	B		eV
I 2431,08	M	65	5,51	II 2265,34	S	4	7,35
I 2424,22	M	91	5,70	II 2264,18	S	4	7,63
II 2420,99	M	4	6,78	II 2263,53	S	8	7,64
II 2419,35	M	4	7,61	I 2260,07	A	10	5,69
I 2415,68	M	51	5,33	II 2258,12	S	3	7,97
II 2414,81	S	3	7,36	II 2256,85	S	3	7,16
II 2411,81	S	3	6,95	II 2251,14	S	4	6,09
II 2409,49	S	2	—	II 2250,73	S	5	5,90
II 2409,23	S	2	6,46	II 2248,75	M	38	5,51
II 2408,28	S	2	7,63	II 2248,26	S	4	6,09
II 2407,79	S	1	6,99	II 2447,67	S	4	8,00
I 2405,69	A	3	5,74	II 2245,21	S	4	6,10
I 2405,58	M	140	5,36	II 2241,08	S	5	6,62
I 2405,26	M	4	6,80	II 2237,06	S	10	7,59
II 2404,24	M	6	6,26	II 2235,64	S	3	6,30
I 2402,44	M	9	6,86	II 2231,08	S	3	7,61
II 2401,86	S	1	7,04	II 2229,63	S	10	5,75
I 2397,98	M	47	5,58	II 2228,88	S	8	—
I 2397,72	M	47	5,58	II 2226,77	S	7	—
II 2397,09	M	65	5,56	II 2226,56	S	6	6,33
I, II 2392,93	M	9	6,82; 5,76	II 2225,89	S	8	5,57
II 2390,89	S	3	6,58	II 2220,94	S	6	7,42
II 2390,37	M	9	6,10	II 2219,72	S	2	7,63
I 2384,82	M	55	5,97	II 2216,01	S	4	5,98
I 2382,99	M	17	5,96	II 2208,81	S	4	8,04
II 2374,45	M	18	5,82; 7,23	II 2207,99	S	4	7,28
II 2372,61	S	3	7,28	II 2206,92	S	3	7,28
II 2370,60	S	1	7,59	II 2206,59	S	8	6,71
II 2370,04	S	1	7,77	II 2204,48	M	110	6,38
II 2364,22	M	5	7,10	II 2203,99	S	7	7,44
II 2363,91	S	3	7,61	II 2198,68	S	6	7,04
I 2363,06	M	68	5,44	II 2194,52	M	36	5,64
I 2360,43	M	50	5,65	II 2193,54	S	4	7,05
II 2358,81	M	5	5,64	II 2193,44	S	4	6,23
II 2341,37	S	4	5,88	II 2189,85	S	8	7,82
II 2339,16	S	3	6,61	II 2189,49	S	5	6,05
I, II 2337,74	A	5	5,89; 7,16	II 2189,36	S	4	5,85
II 2333,77	M	11	5,50	II 2189,19	S	3	6,74
I 2331,30	M	16	6,82	II 2186,73	S	4	6,43
II 2328,31	M	5	5,51	II 2185,75	S	4	8,21
II 2326,09	M	25	6,09	II 2185,42	S	5	7,73
II 2315,02	M	16	5,75	II 2183,32	S	4	7,91
II 2306,92	S	4	7,04	II 2182,23	S	4	6,07
II 2303,83	M	20	5,56	II 2180,46	S	4	7,74
II 2301,64	S	3	6,70	II 2178,92	S	3	7,92
II 2294,54	M	23	5,98	II 2178,72	S	5	7,74
II 2284,62	S	4	7,44	II 2173,54	S	2	6,78
II 2282,20	S	8	7,59	II 2169,94	S	4	5,90; 6,10
II 2280,30	S	3	7,92	I 2169,48	A	10	6,31
II 2278,11	S	3	6,52	II 2166,32	M	120	6,30
II 2277,98	S	4	7,50	II 2163,90	S	3	7,57
I 2277,58	M	41	5,43	II 2156,42	S	2	7,60
II 2270,24	M	15	5,64; 7,30	II 2152,14	S	3	6,84
II 2266,25	S	8	6,78	II 2138,15	S	3	6,55
II 2266,12	S	8	6,05	II 2135,04	S	2	7,47

λ	B		eV	λ	B		eV
II 2121,59	M	200	6,23	II 2049,63	M	440	6,23
II 2118,87	M	170	5,84	II 2043,52	S	3	7,73
II 2116,94	S	1	6,61	II 2037,58	S	4	7,94
II 2110,34	M	120	6,95	II 2035,03	M	220	—
II 2106,18	M	120	6,06	II 2029,98	M	1200	6,86
II 2100,67	M	180	5,90	II 2026,08	M	600	6,70
II 2098,60	M	200	6,09	II 2014,23	M	340	—
I 2098,25	A	7	6,67	II 2010,23	M	340	6,56
II 2098,22	S	3	7,57	II 2009,98	M	340	6,35
II 2094,75	M	500	6,10	II 2008,07	M	1100	6,76
II 2093,80	S	2	7,23	II 2001,70	M	480	6,58
II 2089,14	M	170	6,52	II 1989,41	S	3	6,99
II 2088,19	M	300	6,33	II 1962,14	S	4	6,71
II 2079,11	M	800	6,72	II 1951,06	S	4	6,35
II 2078,32	S	4	7,06	II 1949,55	S	4	7,28
II 2075,59	M	170	7,05	II 1948,35	S	3	6,75
II 2071,21	M	280	6,38	II 1895,94	S	3	7,30
II 2067,52	S	3	6,76	II 1848,10	S	3	7,47
II 2065,57	M	190	6,58	II 1821,06	S	3	7,57; 7,73
II 2054,68	S	5	6,61	II 1812,16	S	4	7,60

54 Xe

λ	B		eV	λ	B		eV
I 26511	G	30	10,40	I 10838,34	G	1000	9,57
I 26272	G	60	10,16	I 10758,86	G	100	11,07
I 24825	G	20	10,22	I 10706,78	G	150	10,98
I 23195	G	10	10,22	I 10549,76	G	20	11,58
I 21472	G	5	—	I 10527,84	G	40	11,00
I 16727,52	G	50	10,56	I 10515,15	G	10	11,07
I 16052,02	G	50	10,59	I 10251,07	G	20	11,00
I 15418,12	G	110	10,59	I 10188,36	G	10	11,04
I 14732,88	G	200	10,56	I 10125,47	G	20	11,14
I 14364,90	G	20	11,26	I 10107,34	G	80	11,27
I 14241,23	G	40	11,27	I 10084,79	G	20	11,16
I 14142,09	G	80	10,56	I 10060,96	G	10	11,27
I 13657,22	G	150	10,59	I 10023,72	G	50	11,28
I 13543,16	G	5	10,95	I 9966,58	H	10	11,07
I 12623,36	G	300	10,56	I 9923,20	H	2000	9,69
I 12235,14	G	80	10,59	I 9799,70	H	2000	9,57
I 12084,80	G	30	10,97	I 9718,16	H	100	11,07
I 11953,00	G	30	10,99	I 9700,99	H	20	11,00
I 11857,00	G	30	11,26	I 9685,32	H	150	11,10
I 11793,04	G	40	11,27	I 9585,14	H	20	10,98
I 11742,01	G	90	11,27	I 9513,38	H	200	11,02
I 11614,08	G	25	10,96	I 9505,78	H	10	11,26
I 11491,22	G	15	10,99	I 9497,07	H	40	11,27
I 11415,04	G	15	11,00	I 9445,34	H	80	11,27
I 11289,10	G	10	11,01	I 9442,68	H	20	11,28
I 11162,67	G	10	11,07	I 9441,46	H	20	11,00
I 11141,09	G	50	11,00	I 9412,01	H	60	11,04
I 11127,20	G	100	11,28	I 9374,76	H	100	11,27
I 11085,25	G	250	11,28	I 9374,02	H	10	11,27
I 10895,32	G	200	11,06	I 9306,64	H	40	10,90

	λ	B	eV		λ	B	eV
I	9301,95	H 30	11,28	I	7881,32	H 100	11,26
I	9211,38	H 25	11,26	I	7802,65	H 100	11,27
I	9203,20	H 30	11,27	II	7787,04	H 50	16,35
I	9167,52	H 100	11,04	I	7783,66	H 50	11,75
I	9162,65	H 500	9,79	I	7740,31	H 40	11,42
I	9152,12	H 20	11,28	II	7670,66	H 100	14,92
I	9096,13	H 50	11,58	I	7664,56	H 30	11,58
I	9045,45	H 400	9,69	I	7643,91	H 100	11,58
I	9032,18	H 50	11,26	I	7642,02	H 500	11,07
I	9025,98	H 30	11,16	II	7618,57	H 50	16,38
I	8987,57	H 200	11,07	I	7584,68	H 200	11,58
I	8981,05	H 100	11,10	I	7559,79	H 40	11,58
I	8952,78	H 50	10,95	II	7548,45	H 150	15,44
I	8952,25	H 1000	9,82	I	7501,13	H 20	11,34
I	8930,83	H 200	10,96	I	7492,23	H 20	11,38
I	8908,73	H 200	10,97	I	7474,01	H 25	11,58
I	8862,32	H 300	10,98	I	7472,01	H 40	11,58
I	8819,41	H 5000	9,72	I	7451,00	H 25	11,58
I	8758,20	H 100	11,10	I	7441,94	H 20	11,49
I	8739,37	H 300	11,00	I	7424,05	H 20	11,49
I	8709,64	H 40	11,58	I	7400,41	H 30	11,49
I	8696,86	H 200	11,58	I	7393,79	H 150	11,50
I	8692,20	H 100	11,00	I	7386,00	H 100	11,26
I	8648,54	H 200	11,00	I	7355,58	H 40	11,58
I	8624,24	H 80	11,26	II	7339,30	H 150	15,07
I	8576,01	H 200	11,02	I	7336,48	H 50	11,38
I	8530,10	H 30	11,28	I	7321,45	H 80	11,26
I	8522,55	H 30	10,90	I	7316,87	H 20	11,27
I	8409,19	H 2000	9,79	I	7316,27	H 70	11,27
I	8392,37	H 20	11,16	II	7301,80	H 100	15,27
I	8349,05	H 40	11,07	I	7285,30	H 60	11,49
I	8347,45	H 60	11,27	II	7284,34	H 50	15,07
II	8347,24	H 50	14,09	I	7283,96	H 40	11,28
I	8346,82	H 2000	11,06	I	7266,49	H 25	11,50
I	8324,58	H 20	11,42	I	7262,54	H 20	11,50
II	8297,55	H 50	—	I	7257,94	H 60	11,75
I	8280,12	H 5000	9,94	I	7244,94	H 20	11,75
I	8266,52	H 500	11,07	II	7164,83	H 300	15,97
I	8231,63	H 5000	9,82	II	7149,03	H 150	14,47
I	8206,34	H 700	10,96	II	7147,50	H 50	—
I	8171,02	H 100	11,34; 11,43	I	7119,60	H 500	11,46
II	8151,80	H 60	—	II	7082,15	H 100	15,97
I	8101,98	H 100	11,75	I	7047,37	H 30	11,58
I	8061,34	H 150	11,26	I	7035,53	H 20	11,58
I	8057,26	H 200	11,58	I	7019,02	H 30	11,49
II	8038,26	H 50	—	II	6990,88	H 700	14,09
II	8031,64	H 50	—	I	6982,05	H 30	11,50
I	8029,67	H 100	11,58	I	6976,18	H 100	11,50
II	8008,45	H 150	—	II	6942,11	H 400	—
II	7992,34	H 50	—	I	6935,62	H 50	11,75
II	7981,1	H 50	—	I	6925,53	H 100	11,75
I	7967,34	H 500	11,00	I	6910,82	H 30	11,58
II	7942,54	H 50	—	II	6910,22	H 50	14,92
I	7937,41	H 40	11,50	I	6882,15	H 300	11,49
I	7887,39	H 300	11,14	I	6872,11	H 700	11,75

λ	B		eV	λ	B		eV
I 6866,84	H	50	11,49	I 6292,65	H	50	11,69
I 6863,20	H	20	11,74	I 6286,01	H	100	11,91
I 6860,19	H	40	11,75	II 6284,41	H	50	17,38
I 6850,13	H	30	11,49	II 6277,54	H	200	13,88
I 6848,82	H	50	11,85	II 6270,82	H	250	15,97
I 6846,61	H	60	11,50	I 6265,30	H	40	11,43
I 6841,50	H	20	11,85	I 6261,21	H	50	11,70
I 6827,32	H	200	11,26	III 6238,24	G	60	20,38
II 6805,74	H	400	14,07	I 6224,17	H	40	11,81
II 6790,37	H	50	15,07	III 6221,66	G	25	20,38
II 6788,71	H	80	15,40	I 6206,30	H	20	11,68
I 6778,60	H	40	11,75	II 6206,16	H	100	—
I 6777,57	H	50	11,75	I 6200,89	H	60	11,82
I 6728,01	H	200	11,80; 11,42	I 6198,26	H	100	11,58
II 6702,25	H	50	16,07	II 6194,07	H	250	17,38
II 6694,32	H	200	13,85	I 6189,10	H	20	11,58
I 6681,04	H	20	11,75	I 6182,42	H	300	11,69
I 6678,97	H	25	11,43	I 6179,67	H	125	11,58
I 6668,92	H	150	11,44	I 6178,30	H	150	11,58
I 6666,97	H	60	11,58	I 6163,94	H	80	11,58
I 6657,92	H	20	11,68	I 6163,66	H	90	11,70
I 6632,46	H	50	11,70	I 6152,07	H	20	11,70
II 6620,02	H	100	14,92	II 6146,45	H	50	17,39
I 6607,41	H	30	11,92	I 6144,97	H	20	11,96
II 6598,84	H	50	16,12	II 6115,08	H	50	15,27
II 6597,25	H	200	15,07	I 6111,95	H	40	11,75
I 6595,56	H	100	11,70	I 6111,76	H	30	11,80
II 6595,01	H	400	—	II 6101,43	H	200	15,40
I 6583,27	H	20	11,45	II 6097,59	H	600	13,85
I 6559,97	H	25	11,85	II 6093,56	H	150	16,50
I 6554,20	H	50	11,85	II 6051,15	H	700	13,88
I 6546,12	H	20	11,68	II 6036,20	H	500	13,88
I 6543,36	H	40	11,58	II 6008,92	H	100	15,26
I 6533,16	H	100	11,58	I 6007,91	H	15	11,75
II 6528,65	H	100	16,11	I 5998,12	H	30	11,75
I 6521,51	H	40	11,70	I 5989,18	H	20	11,89
II 6512,83	H	150	15,27	II 5976,46	H	800	13,85
I 6504,18	H	200	11,48; 11,85	I 5974,15	H	40	11,89
I 6498,72	H	100	11,70	II 5971,13	H	150	16,07
I 6497,43	H	30	11,85	II 5945,53	H	200	14,09
I 6487,77	H	125	11,49	I 5934,17	H	100	11,81
I 6472,84	H	150	11,50	I 5931,24	H	80	11,67
I 6469,71	H	300	11,50	I 5922,55	H	20	11,82
I 6430,16	H	20	11,75	II 5905,13	H	100	15,02
I 6418,98	H	30	11,75; 11,85	I 5904,46	H	20	11,82
I 6418,41	H	30	11,85	I 5894,99	H	100	11,68
II 6397,99	H	50	14,47	II 5893,29	H	150	18,21; 16,07
II 6375,28	H	80	15,07	I 5889,12	H	20	11,89
II 6356,35	H	300	17,35	I 5875,02	H	100	11,69
I 6355,77	H	20	11,74	I 5830,63	H	20	11,94
II 6343,96	H	200	13,86	I 5824,80	H	150	11,81
I 6333,97	H	40	11,92	I 5823,89	H	300	11,57
I 6331,50	H	20	11,85	I 5820,52	H	25	11,85
I 6318,06	H	500	11,68	II 5815,96	H	50	15,45
II 6300,86	H	125	15,02	I 5814,51	H	60	11,82

λ	B		eV	λ	B		eV
I	5807,31	H	15	11,82	III	5223,66	G	20	20,38
II	5776,39	H	150	15,27	II	5192,10	H	50	17,46
II	5758,65	H	150	16,11	II	5191,37	H	200	14,92
II	5751,03	H	200	15,41	II	5188,11	H	100	17,65
II	5726,91	H	200	16,02; 16,38	II	5178,82	H	50	15,97
I	5722,14	H	15	11,85	I	5162,71	H	10	11,85
I	5716,25	H	80	11,89	II	5125,70	H	50	16,38
II	5716,19	H	50	18,55	II	5122,42	H	150	16,50
I	5715,72	H	70	11,75	III	5107,38	G	20	18,94
II	5699,61	H	100	15,97	II	5080,62	H	500	16,51
I	5696,48	H	80	11,75	II	5044,92	H	100	16,45
I	5695,75	H	100	11,75	I	5028,28	H	200	10,90
I	5688,37	H	40	11,75	II	5012,83	H	50	16,95
II	5667,56	H	300	14,09	III	5008,55	G	10	19,92
II	5659,38	H	150	15,44	II	4991,17	H	50	18,56
I	5618,88	H	80	11,89	II	4988,77	H	150	15,40
II	5616,67	H	150	15,26	II	4972,71	H	200	16,07
I	5612,65	H	15	11,89	II	4971,71	H	100	—
II	5591,61	H	50	18,56	I	4923,15	H	500	10,95
I	5581,78	H	50	11,80	II	4921,48	H	500	15,26
I	5579,28	H	40	11,94	II	4919,66	H	125	15,44
II	5572,19	H	50	—	I	4916,51	H	500	10,96
I	5566,62	H	100	11,81	II	4890,09	H	150	14,07
I	5552,39	H	80	11,81	II	4887,30	H	150	15,27
II	5531,07	H	300	14,09	II	4884,15	H	50	17,46
III	5524,39	G	40	21,32	II	4883,53	H	300	15,07
I	5488,56	H	20	11,94	II	4876,50	H	200	16,11
II	5472,61	H	500	14,09	III	4869,47	G	40	20,16
II	5460,39	H	200	14,09	II	4862,54	H	400	16,42
I	5460,04	H	15	11,85	II	4844,33	H	1000	14,09
II	5450,45	H	100	15,41	I	4843,29	H	300	11,00
II	5445,52	H	80	17,71	I	4829,71	H	400	11,00
I	5440,39	H	15	11,85	II	4823,41	H	150	16,42
I	5439,92	H	30	11,85	II	4818,02	H	100	14,47
II	5438,96	H	400	15,02	I	4807,02	H	500	11,02
II	5419,15	H	1000	14,09	III	4794,48	G	12	19,71
III	5413,56	G	12	20,69	I	4792,62	H	150	10,90
III	5401,04	G	50	20,69	II	4787,77	H	50	16,38
I	5394,74	H	20	11,88	II	4779,18	H	50	13,85
I	5392,80	H	100	11,75	II	4773,19	H	50	17,35
II	5372,39	H	200	14,09	II	4769,05	H	100	15,97
II	5368,07	H	100	15,43	I	4734,15	H	600	11,06
III	5367,06	G	30	19,92	II	4731,19	H	50	17,90
I	5364,63	H	30	11,89	III	4723,57	G	30	18,20
II	5363,27	H	80	17,71	II	4715,18	H	80	17,64
I	5362,24	H	15	11,89	II	4698,01	H	150	17,11
II	5339,35	H	500	13,85; 16,78	I	4697,02	H	300	10,95
II	5313,87	H	500	16,42	I	4690,97	H	100	10,96
II	5309,27	H	150	15,07	III	4683,53	G	60	18,22
II	5292,22	H	800	13,88	II	4676,46	H	100	—
II	5268,31	H	50	15,40	III	4673,66	G	30	20,38
II	5261,95	H	200	16,35	II	4672,20	H	50	16,50
II	5260,44	H	300	15,27	I	4671,23	H	2000	10,97
II	5247,75	H	50	—	II	4668,49	H	50	16,45
III	5238,95	G	60	20,69	II	4651,94	H	100	15,40

	λ	B		eV		λ	B		eV
I	4624,28	H	1000	11,00	I	4193,53	H	150	11,27
II	4617,50	H	50	18,09	II	4193,15	H	200	—
II	4615,50	H	100	16,07	I	4193,01	H	20	11,27
II	4615,06	H	50	16,54	II	4180,10	H	500	16,82
I	4611,89	H	700	11,00	III	4176,53	G	20	20,16
II	4603,03	H	300	14,47	II	4158,04	H	100	18,00
II	4592,05	H	150	17,77	III	4145,73	G	100	20,12
II	4585,48	H	200	16,79	III	4142,01	G	10	22,06
I	4582,75	H	300	11,15	I	4135,14	H	20	11,43
II	4577,06	H	100	16,79	I	4116,12	H	80	11,45
II	4555,94	H	100	17,19	III	4110,06	G	10	19,92
II	4545,23	H	200	16,79	I	4109,71	H	60	11,46
II	4540,89	H	200	18,13	III	4109,07	G	100	19,71
III	4537,33	G	30	19,92	II	4098,89	H	50	17,12
II	4532,49	H	100	16,12	I	4078,82	H	100	11,47
I	4524,68	H	400	11,06	III	4060,43	G	60	22,81
II	4524,21	H	100	15,27	II	4057,46	H	100	16,93
II	4521,86	H	50	19,09	III	4050,05	G	200	18,63
III	4503,46	G	10	22,81	III	4043,21	G	20	21,72
I	4500,98	H	500	11,07	II	4037,59	H	100	18,08
II	4480,86	H	200	17,24	II	4037,29	H	50	16,92
II	4462,19	H	500	—	III	4028,58	G	10	20,69
II	4448,13	H	200	—	III	3992,85	G	20	20,84
III	4434,16	G	50	19,92	I	3985,20	H	30	11,43
II	4416,07	H	80	18,21	I	3974,42	H	40	11,44
II	4414,84	H	150	16,38	I	3967,54	H	200	11,44
II	4406,88	H	100	18,09	I	3950,92	H	125	11,46
II	4395,77	H	200	17,04	III	3950,56	G	300	18,20
II	4393,20	H	200	17,90	I	3948,16	H	60	11,58
I	4385,77	H	70	11,27	III	3922,53	G	500	18,22
I	4383,91	H	100	11,27	II	3907,91	H	50	17,24
II	4373,78	H	50	17,30	III	3880,46	G	60	19,71
I	4372,29	H	20	11,27	III	3877,80	G	200	20,38
II	4369,20	H	100	16,92	III	3861,05	G	10	20,12
II	4330,52	H	500	16,93	III	3854,30	G	10	18,84
II	4310,51	H	200	18,13	III	3841,88	G	20	20,84
III	4308,00	G	10	22,57	III	3841,52	G	100	19,92
II	4296,40	H	200	16,74	III	3829,77	G	20	24,79
III	4285,89	G	30	20,63	I	3826,86	H	15	11,68
III	4272,60	G	20	20,65	I	3823,74	H	10	11,68
II	4251,57	H	50	18,35	I	3809,84	H	30	11,70
II	4245,38	H	200	16,79	I	3801,39	H	30	11,58
III	4240,24	G	10	21,32	I	3796,30	H	40	11,58
II	4238,25	H	200	16,80; 16,12	III	3791,67	G	12	20,39
II	4223,00	H	200	18,21	III	3780,98	G	300	18,85
III	4216,75	G	100	18,85	III	3776,30	G	40	22,06
II	4215,60	H	100	14,47	III	3772,53	G	20	23,04
III	4214,04	G	20	20,69	III	3765,85	G	10	22,06
II	4213,72	H	200	17,86	III	3745,72	G	25	21,32
III	4209,62	G	10	21,71	I	3745,38	H	10	11,75
II	4209,47	H	100	16,82	I	3693,49	H	40	11,67
II	4208,48	H	200	16,80	I	3685,90	H	40	11,68
I	4205,40	H	10	11,27	III	3676,63	G	50	18,94
III	4203,92	G	10	20,39	I	3669,91	H	10	11,82
I	4203,70	H	50	11,27	III	3654,63	G	20	20,84

λ		B	eV	λ		B	eV
III	3641,00	G 15	19,92	III	2968,56	G 10	24,79
III	3632,14	G 20	22,06	III	2966,97	G 10	24,79
III	3624,05	G 600	18,48	III	2964,98	G 15	24,30
III	3623,13	G 40	20,12	III	2948,06	G 40	20,12
I	3610,32	H 15	11,75	III	2947,53	G 40	20,62
III	3609,44	G 20	20,63	III	2945,25	G 60	24,36
III	3607,01	G 40	20,63	III	2940,22	G 40	24,33
III	3583,64	G 80	20,64	III	2939,13	G 10	24,37
III	3579,69	G 100	20,16	III	2932,74	G 25	18,20
III	3561,38	G 40	20,38	III	2930,29	G 20	20,65
I	3554,04	H 10	11,80	III	2923,51	G 25	20,62
III	3552,13	G 50	20,39	III	2917,59	G 20	20,38
I	3549,86	H 10	11,81	III	2914,12	G 20	19,71
III	3542,33	G 50	20,69	III	2911,90	G 40	18,20
III	3539,96	G 20	22,57	III	2906,56	G 50	20,65
III	3522,83	G 80	18,63	III	2896,63	G 30	18,22
III	3468,19	G 40	18,63	II	2895,22	H 80	18,50
III	3467,20	G 25	21,32	III	2891,71	G 25	19,92
II	3461,26	H 50	17,38	III	2871,68	G 30	20,16
III	3454,26	G 70	21,32	II	2871,24	H 25	—
III	3444,23	G 60	20,11	II	2864,73	H 100	17,38
II	3366,72	H 150	17,77	III	2862,41	G 30	18,20
III	3357,98	G 30	20,38	III	2847,66	G 40	18,21
III	3349,76	G 12	20,39	III	2827,45	G 30	18,21
III	3338,98	G 25	20,84	III	2826,05	G 20	22,60
III	3331,65	G 40	20,63	III	2815,94	G 40	22,62
III	3314,87	G 10	22,06	III	2814,47	G 30	22,62
III	3306,80	G 10	22,06	III	2807,25	G 10	24,79
III	3301,60	G 20	22,60	III	2800,22	G 20	22,62
III	3287,92	G 30	22,62	III	2794,86	G 20	22,62
III	3285,89	G 10	22,62	III	2783,37	G 12	24,37
III	3268,96	G 80	18,85	III	2776,96	G 10	19,92
III	3246,84	G 10	21,56	III	2772,41	G 10	22,66
III	3242,86	G 100	18,85	III	2761,60	G 12	20,63; 22,88
III	3236,84	G 25	18,94	III	2740,80	G 12	20,16
III	3196,51	G 25	18,63	II	2717,35	H 15	—
II	3196,22	H 12	—	II	2677,18	H 25	—
III	3185,24	G 40	24,28	III	2669,00	G 10	18,48
III	3151,82	G 10	20,84	II	2605,54	H 25	—
III	3150,69	G 20	22,57	II	2475,89	H 50	—
II	3121,87	H 150	17,35	I	1469,62	E 250	8,43
III	3114,46	G 12	24,36	I	1295,56	E 200	9,57
III	3106,33	G 30	21,72	I	1250,20	E 20	9,92
III	3091,06	G 50	19,92	II	1244,76	E 20	11,26
III	3083,54	G 40	20,16	III	1232,07	E 25	12,18
II	3082,62	H 12	17,39	I	1192,04	E 20	10,40
III	3073,49	G 10	22,81	II	1183,05	E 40	11,78
III	3054,49	G 15	22,06	I	1170,41	—	10,59
III	3023,80	G 100	22,57; 20,61	III	1130,34	E 30	12,18
II	3017,43	H 50	—	I	1129,31	—	10,98
III	3004,32	G 30	22,60	I	1110,71	—	11,16
III	3001,85	G 10	24,30	II	1100,43	E 100	11,26
III	2992,91	G 40	22,62	I	1099,72	—	11,27
III	2984,63	G 15	24,79	I	1085,44	—	11,42
II	2979,32	H 200	17,35	I	1078,58	—	11,49

λ	B		eV	λ	B		eV
II	1074,48	E	200	11,54	III	796,07	E	12	15,57
I	1070,41		—	11,58	III	779,13	E	25	17,12
I	1068,17		—	11,61	III	742,57	E	15	16,70
III	1066,39	E	12	12,84	VIII	740,44	E	60	16,76
II	1051,92	E	100	11,78	III	733,31	E	10	16,91
II	1048,27	E	60	11,83	III	731,03	E	15	19,08
III	1047,80	E	10	12,84	VII	723,71	T	10	—
II	1041,31	E	80	11,90	III	721,20	E	10	17,19
II	1037,68	E	30	13,25	III	705,10	E	12	19,70
III	1017,68	E	35	12,18	IX	700,96	T	5	—
III	1003,87	E	35	13,57	III	698,54	E	20	17,75
I	995,8	Ab		12,45	VII	698,02	T	100	17,76
VII	995,50	T	10	12,45	III	693,97	E	10	19,08
I	985,94	Ab		12,57	IX	686,88	T	5	—
II	976,68	E	30	14,00	V	682,56	T	10	—
II	972,77	E	40	12,74	IX	661,79	T	1	—
I	966,9	Ab		12,82	IX	658,12	T	5	—
III	965,54	E	10	12,84	VI	599,84	T	10	—
I	961,96	Ab		12,88	VII	566,04	T	5	—
I	952,1	Ab		13,02	VIII	562,55	T	5	38,79
III	896,00	E	20	13,83	VII	531,18	T	2	35,79
III	893,99	E	20	13,87	VIII	517,00	T	5	38,43
III	889,28	E	15	13,93	IX	165,31		—	74,98
VI	880,04	T	5	—	IX	161,73		—	76,65
VIII	858,59	T	10	14,44					
III	852,95	E	25	19,16					
III	824,88	E	30	15,02					
III	823,21	E	25	15,06					
III	801,98	E	15	15,46					
VI	800,84	T	5	—					

39 Y

λ	B		eV	λ	B		eV
I	10683,4		—	4,25	I	6736,00	M	3,5	4,25
II	10605,2		—	2,91	I	6700,72	M	6	4,14
II	10329,8		—	2,95	I	6687,60	M	13	1,86
II	10105,5		—	2,95	I	6650,62	M	3,5	4,27
I	9494,9		—	1,30	II	6613,74	M	8	3,62
II	9476,9		—	3,06	I	6538,60	M	6	4,19
II	9405,8		—	3,06	I	6435,00	M	70	1,99
I	8800,62	M	10	1,41	I	6222,59	M	20	1,99
II	7881,90	M	11	3,41	I	6191,72	M	80	2,00
II	7450,30	M	3,0	3,41	I	6138,41	M	10	2,09
I	7346,46	M	5	3,70	II	5728,88	M	5	4,01
II	7264,18	M	3,5	3,54	I	5706,72	M	11	4,18
I	7191,65	M	3,5	3,67	II	5662,92	M	50	4,14
I	6979,88	M	2,5	3,63	I	5644,68	M	8	3,59
II	6951,67	M	1,0	3,62	I	5630,12	M	38	3,55
I	6950,31	M	2,5	4,14	I	5581,87	M	42	3,59
I	6887,20	M	2,5	4,52	I	5577,42	M	12	4,19
I	6845,24	M	4	4,19	I, II	5544,62	M	8	4,14; 3,98
II	6795,40	M	6	3,56	I	5527,54	M	50	3,64
I	6793,70	M	16	1,89	II	5521,70	M	8	3,99

λ	B	eV	λ	B	eV
I 5521,63	M 8	4,14	II 3982,60	M 360	3,24
II 5509,90	M 17	3,24	II 3950,36	M 440	3,24
I 5503,47	M 20	4,22	II 3930,67	M 24	3,56
II 5497,40	M 16	4,01	II 3878,29	M 48	3,38
I 5466,47	M 48	3,69; 4,12	II 3832,89	M 460	3,41
I 5438,23	M 13	4,25	II 3818,34	M 150	3,37
II 5402,78	M 15	4,13	II 3788,70	M 850	3,37
I 5240,82	M 12	4,66	II 3776,56	M 160	3,41
II 5205,72	M 100	3,41	II 3774,33	M 1200	3,41
II 5200,41	M 65	3,37	II 3747,55	M 140	3,41
II 5123,21	M 30	3,41	II 3710,29	M 1500	3,52
II 5087,43	M 75	3,52	II 3668,49	M 5	6,90
II 4982,14	M 8	3,52	II 3664,61	M 350	3,56
II 4900,12	M 95	3,56	II 3633,12	M 1000	3,41
II 4883,69	M 160	3,62	II 3628,71	M 240	3,54
I 4859,85	M 28	3,91	I 3620,95	M 550	3,49
II 4854,87	M 75	3,54	II 3611,05	M 1000	3,56
I 4852,69	M 34	3,93	II 3601,92	M 800	3,54
I 4845,68	M 46	3,96	II 3600,73	M 1300	3,62
I 4839,87	M 65	3,99	I 3592,91	M 360	3,44
II 4823,31	M 16	3,56	I 3587,75	M 38	—
II 4786,58	M 13	3,62	II 3584,51	M 420	3,56
I 4760,97	M 34	2,67	I 3576,05	M 34	5,48
I 4728,53	M 14	3,93	I 3571,43	M 24	5,42
II 4682,33	M 22	3,05	I 3558,76	M 22	5,37
I 4674,85	M 170	2,72	I 3552,69	M 70	3,49
I 4643,70	M 170	2,67	II 3549,01	M 500	3,62
I 4527,79	M 44	4,17	II 3496,08	M 220	3,54
I 4527,24	M 90	4,17	II 3467,87	M 14	3,98
I 4505,95	M 50	4,13	II 3448,81	M 26	4,00
I 4487,47	M 30	4,12	II 3362,00	M 20	5,52
II 4422,59	M 90	2,90	II 3327,88	M 600	4,14
II 4398,01	M 180	2,95	II 3318,53	A 6	7,28
II 4374,94	M 1200	3,24	II 3280,91	M 40	5,53
I 4366,03	M 12	4,25	II 3242,28	M 800	4,01
II 4358,73	M 80	2,95	II 3216,68	M 500	3,99
I 4348,79	M 44	4,86	II 3203,32	M 280	3,98
II 4309,63	M 280	3,05	II 3200,27	M 280	4,01
I 4302,29	M 36	4,83	II 3195,62	M 300	3,99
I 4251,20	M 30	4,80	II 3179,42	M 28	4,00
I 4235,94	M 220	2,99	II 3173,05	M 14	7,42
II 4235,73	M 60	3,06	II 3129,93	M 10	7,37
I 4220,63	M 28	4,79	II 3112,03	M 6	3,98
II 4204,70	M 38	2,95	II 3086,86	M 7	7,26
II 4177,55	M 800	3,37	II 3055,22	M 7	7,68
I 4174,13	M 200	3,03	I 3045,37	M 22	4,14
I 4167,51	M 240	3,04	I 2995,26	M 8	4,21
I 4142,84	M 750	2,99	I 2984,25	M 85	4,22
I 4128,30	M 900	3,06	II 2980,69	A 2	7,68
II 4124,92	M 32	3,41	I 2974,59	M 55	4,17
I 4102,38	M 1000	3,08	I 2964,96	M 40	4,25
I 4083,71	M 200	3,03	I 2948,39	M 44	4,21
I 4077,37	M 950	3,04	III 2945,95	M 32	5,13
I 4047,63	M 240	3,06	I 2919,05	M 18	4,25
I 4039,83	M 95	3,07	I 2901,48	A 1	5,57

λ		B	eV		λ		B	eV
I	2886,49	M	11	5,70	III	2367,25	M	21	5,32
II	2856,32	M	3,0	7,29	II	2340,80	A	2	8,70
II	2854,45	M	8	7,40	III	2327,30	S	4	5,32
I	2822,56	M	5	5,69	III	2284,50	S	20	10,74
III	2817,03	M	44	5,32	II	2243,06	A	25	5,52
I	2813,64	M	3,0	4,47	III	2206,22	S	6	10,74
II	2460,62	M	6	8,09	III	2200,80	S	10	10,95
II	2422,19	M	68	5,52	III	2191,22	S	40	10,97
III	2414,68	M	24	5,13	III	2127,99	S	20	10,95
II	2398,14	A	2	8,07	III	996,37	S	20	12,53
					III	989,21	S	10	12,53

70 Yb

λ		B	eV		λ		B	eV
I	10770,10	E	20	—	II	6432,73	M	1,2	5,94
I	10321,68	E	5	—	II	6427,60	E	4	—
III	10110,60	E	20	—	I	6417,97	M	2,0	5,36
I	9799,88	E	4	—	I	6400,39	M	2,0	5,37
II	9760,37	E	10	—	III	6378,33	E	15	—
II	9349,27	E	3	—	II	6377,01	E	4	—
I	9304,44	E	10	—	II	6355,40	E	10	—
II	8922,61	M	7	6,90	II	6345,74	E	4	—
II	8607,49	E	4	—	III	6328,52	E	20	—
I	8053,41	E	5	—	II	6324,77	E	4	—
I	7895,12	M	0,7	4,64	II	6308,15	M	0,8	6,06
I	7758,03	E	5	—	II	6303,27	E	4	—
I	7699,49	M	75	4,06	II	6297,35	E	4	—
I	7527,56	M	3,0	4,77	II	6274,79	M	3,5	5,94
I	7448,28	M	2,5	4,73	II	6260,80	E	15	—
II	7377,73	E	4	—	II	6246,98	M	1,8	6,14
I	7350,04	M	1,6	—	II	6223,63	E	5	—
II	7342,30	E	4	—	II	6208,10	E	5	—
II	7043,78	M	1,0	7,67	II	6190,78	E	10	—
II	6999,87	M	2,0	—	II	6152,57	M	3,5	6,11
II	6934,05	M	1,4	5,94	II	6146,91	E	4	—
II	6802,47	E	4	—	II	6082,37	E	5	—
I	6799,61	M	55	4,06	I	6059,22	E	60	—
I	6768,70	M	2,0	4,94	II	6056,46	E	5	—
II	6745,23	E	6	—	II	6052,90	M	0,6	6,14
II	6727,63	M	2,0	5,94	II	6040,77	E	5	—
II	6699,36	E	10	—	II	6024,08	E	4	—
I	6678,17	M	1,2	5,29	II	6021,92	E	4	—
I	6667,85	M	14	4,97	II	6020,55	E	4	—·—
I	6643,55	M	1,6	5,31	II	6007,41	E	10	—
II	6617,06	E	10	—	II	5991,50	M	2,5	6,51
II	6585,41	E	10	—	I	5989,33	M	1,0	—
II	6571,44	E	4	—	II	5987,91	E	5	—
II	6541,38	E	4	—	II	5947,26	E	5	—
II	6503,01	E	5	—	II	5935,05	E	10	—
II	6492,74	E	7	—	II	5908,38	M	1,2	6,06
I	6489,12	M	20	4,06	II	5898,77	E	8	—
II	6474,74	E	15	—	II	5897,23	M	0,5	8,17
II	6463,13	M	1,0	—	II	5882,80	E	6	—
II	6440,79	E	4	—	II	5837,15	M	2,0	6,14

λ	B		eV	λ	B		eV
II 5834,00	M	2,0	—	II 4944,08	E	6	—
II 5819,43	M	0,6	7,91	II 4937,23	M	1,4	7,16
I 5803,44	M	0,6	—	I 4935,51	M	42	4,95
II 5730,02	E	15	—	II 4894,98	E	4	—
I 5720,01	M	13	5,59	II 4851,15	M	1,0	5,57
II 5713,73	E	5	—	II 4837,05	E	10	—
II 5693,69	E	4	—	II 4836,96	M	2,0	6,66
II 5686,53	M	0,4	—	II 4820,25	M	2,5	6,14
II 5652,00	M	3,5	5,94	I 4816,40	M	2,0	—
II 5637,81	E	6	—	II 4786,60	M	10	6,51
II 5620,19	E	7	—	I 4781,89	M	10	—
II 5588,47	M	2,5	6,66	II 4752,91	E	4	—
II 5580,79	E	7	—	II 4726,08	M	11	5,94
I 5568,11	M	1,2	—	II 4598,36	M	2,5	6,66
I 5556,48	M	140	2,23	I 4590,84	M	8	—
II 5547,16	E	5	—	I 4589,22	M	4	5,83
I 5539,08	M	5	—	I 4582,37	M	12	4,93
II 5505,49	M	2,5	5,29	I 4576,21	M	38	4,94
I 5481,94	M	3,5	5,29	I 4564,00	M	5	5,16
II 5478,52	M	0,8	7,23	II 4553,59	M	2,0	6,51
II 5471,17	E	4	—	II 4515,15	M	5	6,06
II 5449,29	M	2,5	6,62	I 4482,44	M	5	5,83
II 5432,73	M	0,8	8,19	I 4439,22	M	26	4,93
II 5426,87	E	9	—	II 4370,81	E	20	—
II 5399,71	E	5	—	II 4339,08	E	10	—
II 5389,87	M	1,0	6,56	II 4322,23	E	20	—
II 5368,28	E	4	—	II 4316,95	M	4	6,66
I 5363,66	M	1,8	—	I 4305,96	M	7	—
II 5358,65	M	1,8	6,66	I 4277,73	M	4	—
II 5352,96	M	9	6,06	II 4257,64	E	20	—
I 5351,33	M	1,8	5,38	II 4255,76	E	20	—
II 5347,22	M	3,5	6,66	II 4254,78	E	8	—
II 5345,85	E	9	7,39	II 4252,51	E	30	—
II 5345,68	M	1,8	6,66	II 4234,55	E	8	—
II 5335,15	M	10	6,11	I 4231,99	M	7	—
II 5300,95	M	1,0	6,99	II 4230,18	E	4	—
II 5279,54	M	2,0	6,66	II 4227,95	E	7	—
I 5277,08	M	9	5,38	II 4218,56	M	9	7,59
II 5257,51	M	2,5	6,62	III 4213,64	E	30	8,94
I 5244,11	M	6	5,43	II 4190,30	E	20	—
II 5240,52	M	2,0	6,11	II 4180,83	M	20	6,73
II 5211,59	M	5	5,51	I 4174,57	M	7	—
I 5200,54	E	5	—	I 4170,11	E	20	—
II 5196,09	M	3,5	—	I 4149,07	M	28	5,43
I 5184,15	M	1,2	6,56	II 4135,11	M	4	7,31
II 5147,02	M	0,8	7,16	II 4122,85	E	5	—
II 5135,99	M	1,2	6,51	II 4119,46	E	15	—
II 5104,43	E	4	—	II 4113,05	E	4	—
I 5076,75	M	3,0	5,55	II 4109,65	E	4	—
I 5074,33	M	13	5,52	II 4097,88	E	6	—
I 5069,15	M	4	—	I 4089,69	M	26	—
II 5067,30	E	8	—	II 4077,28	M	5	7,79
II 5021,13	E	4	—	II 4056,14	E	20	—
II 5009,52	M	1,4	6,56	I 4052,28	M	4	—
I 4966,91	M	8	4,94	II 4040,08	E	10	—

λ		B		eV		λ		B		eV
III	4028,15	S	10	9,69		II	3507,84	M	12	8,13
I	3990,89	M	55	5,55		II	3495,92	M	14	—
I	3987,99	M	1900	3,10		II	3488,79	E	7	—
III	3985,57	S	20	8,94		II	3485,76	M	12	7,57
II	3938,53	E	4	—		II	3478,84	M	70	7,31
II	3938,25	E	5	—		II	3476,31	M	70	3,57
I	3911,28	M	8	—		II	3474,82	E	4	—
II	3904,82	M	3,0	7,94		III	3469,96	S	15	10,23
I	3900,86	M	20	5,61		I	3464,37	M	340	3,58
I	3872,85	M	20	5,43		III	3463,51	S	15	8,99
II	3863,45	E	8	—		I	3460,27	M	50	—
I	3839,92	M	10	—		II	3458,28	M	26	8,54
II	3807,55	E	15	—		III	3456,18	S	10	9,83
I	3791,74	M	6	—		II	3454,07	M	70	6,90
II	3782,54	E	7	—		I	3452,41	M	12	—
I	3774,32	M	8	—		II	3446,89	M	5	7,61
II	3773,43	E	6	—		II	3438,83	M	14	7,57
I	3770,10	M	55	5,43		II	3438,73	M	11	7,88
II	3762,55	E	4	—		II	3436,45	E	7	—
II	3749,69	E	4	—		II	3434,61	M	6	—
I	3734,70	M	18	5,55		I	3431,14	M	34	—
II	3724,21	M	6	7,29		II	3428,47	M	11	7,92
II	3722,30	E	6	—		I	3426,06	M	50	—
II	3710,33	M	5	6,90		I	3418,40	M	20	—
II	3708,66	E	6	—		I	3412,45	M	7	—
I	3700,57	M	7	—		II	3404,10	M	5	8,08
II	3694,20	M	3200	3,35		III	3397,67	S	13	10,23
II	3690,56	M	5	7,67		II	3396,33	E	4	—
II	3675,07	M	14	7,16		II	3391,10	M	7	8,25
II	3670,69	M	5	8,13		I	3387,51	M	20	—
II	3669,71	M	24	6,73		III	3384,01	S	50	10,28
I	3655,73	M	9	5,62		II	3379,79	E	7	—
I	3648,13	M	7	—		II	3375,48	M	34	6,99
II	3644,24	E	4	—		II	3365,97	E	8	—
II	3637,76	M	24	6,06		II	3363,64	M	7	—
II	3620,99	E	4	—		II	3362,43	M	14	—
II	3619,82	M	20	6,99		II	3347,54	M	7	8,05
III	3613,89	E	20	9,67		II	3343,07	E	4	—
II	3611,31	M	7	8,08		II	3337,18	M	34	—
II	3610,23	M	5	7,35		II	3333,07	M	7	7,88
II	3606,47	M	13	7,59		III	3325,52	S	40	8,99
II	3600,74	E	3	—		I	3319,43	M	11	—
II	3585,47	M	50	6,11		II	3319,18	E	5	—
II	3572,50	M	7	—		II	3306,78	E	4	—
II	3570,57	M	12	7,57		II	3305,74	M	20	7,66
II	3567,13	E	5	—		I	3305,27	M	18	—
II	3563,94	M	7	7,39		II	3304,77	E	4	—
II	3560,71	M	24	7,80		II	3304,56	E	4	—
II	3560,33	M	28	6,14		II	3289,37	M	2600	3,77
I	3559,00	M	5	—		II	3275,80	E	2	—
II	3552,32	E	10	—		II	3261,51	M	18	7,59
III	3550,87	S	35	9,69		II	3259,10	E	5	—
II	3549,82	M	14	7,59		II	3254,20	E	3	—
II	3520,29	M	32	7,31		I	3239,60	M	5	—
I	3517,02	M	7	5,97		III	3228,57	S	70	10,23

λ	B		eV	λ	B		eV
II 3225,89	M	7	7,59	II 2867,07	M	28	8,07
II 3218,32	M	7	8,19	II 2859,81	M	60	6,99
II 3217,18	M	11	7,94	II 2851,12	M	50	7,66
II 3201,16	M	34	7,79	II 2847,17	M	32	7,71
II 3198,65	M	10	7,84	III 2842,96	S	50	9,69
II 3192,88	M	55	7,66	II 2830,98	M	26	8,17
III 3191,35	S	80	10,28	III 2818,75	S	90	8,99
II 3180,92	M	17	8,05	III 2816,91	S	50	10,23
II 3169,05	M	17	8,01	III 2808,52	S	15	9,67
II 3165,21	M	7	8,36	III 2807,22	S	15	11,03
II 3163,80	M	10	8,07	III 2803,43	S	60	9,83
I 3162,31	M	4	—	III 2803,32	S	20	11,08
II 3153,87	M	13	—	III 2795,59	S	60	9,77
III 3151,44	S	15	9,77	III 2788,24	S	20	11,03
II 3145,54	M	4	—	II 2776,28	M	24	8,78
II 3145,06	M	11	8,25	III 2765,49	S	20	10,86
II 3141,73	M	11	8,23	III 2756,76	S	20	9,83
II 3140,93	M	32	7,51	III 2755,93	S	20	11,08
III 3138,58	S	40	8,94	II 2750,48	M	180	7,16
II 3136,76	M	7	8,05	III 2749,91	S	50	9,77
III 3126,06	S	80	8,94	II 2748,66	M	32	8,42
II 3117,80	M	26	7,29	III 2712,32	S	50	9,83
II 3115,34	M	12	7,99	III 2691,01	S	60	8,94
II 3107,89	M	24	8,95	III 2677,39	S	70	10,23
II 3107,76	M	8	8,25	II 2672,65	M	55	7,29
I 3100,71	M	4	—	I 2671,98	M	55	—
II 3093,87	M	10	7,93	III 2666,98	M	12	8,94
III 3092,50	S	80	8,99	III 2666,11	M	12	8,99
II 3089,10	M	14	7,58	II 2665,02	M	28	8,57
II 3065,04	M	16	7,61	III 2664,90	S	60	11,03
II 3042,65	M	11	8,23	III 2659,98	S	60	10,86
II 3031,11	M	130	4,09	II 2653,74	M	140	7,33
III 3029,54	E	20	8,96	III 2652,23	S	90	10,23
II 3026,67	M	22	8,19	III 2651,72	S	90	10,28
II 3017,56	M	22	8,44	III 2643,62	S	30	11,08
II 3010,62	M	9	8,13	III 2642,54	M	11	8,99
II 3009,39	M	14	8,08	III 2640,49	S	70	9,67
II 3005,76	M	44	8,05	III 2638,09	S	80	9,69
II 3002,61	M	3,5	9,29	III 2627,07	S	60	10,28
III 2998,00	S	60	8,99	III 2621,13	S	80	10,97
II 2994,81	M	24	7,92	III 2599,16	S	70	9,69
II 2983,98	M	28	7,90	III 2597,23	S	40	9,77
II 2970,56	M	280	4,17	III 2579,58	S	70	8,94
II 2964,75	M	18	7,93	III 2567,61	S	70	9,67
III 2946,76	S	30	9,77	III 2555,29	S	50	9,83
II 2945,90	M	20	8,52	II 2538,67	M	38	4,88
I 2934,35	M	5	—	III 2516,82	S	30	4,92
III 2928,97	S	20	10,23	II 2512,05	M	20	7,59
II 2919,35	M	40	8,17	III 2490,42	E	20	9,83
II 2914,22	M	24	8,69	I 2464,50	M	65	5,03
III 2906,31	S	50	9,67	II 2365,43	E	20	—
III 2898,31	S	50	10,28	III 2337,97	S	50	10,86
II 2891,39	M	500	4,29	III 2314,48	S	40	9,69
III 2875,86	S	30	10,97	III 2309,28	S	30	10,97
I 2873,50	M	6	—	III 2305,33	S	30	9,67

λ	B		eV	λ	B		eV
III 2283,99	S	30	11,03	II 2161,60	M	52	—
III 2282,99	S	40	9,77	IV 2154,16	E	20	—
III 2265,68	S	60	9,77; 11,03	IV 2144,77	E	15	—
III 2262,27	S	80	11,08	IV 2139,98	E	10	—
III 2257,03	S	40	9,83	IV 2138,35	E	4	—
III 2244,29	S	40	11,08	II 2126,72	M	420	5,83
III 2240,11	S	30	9,83	II 2116,65	M	350	—
II 2224,45	M	90	5,57	II 2102,72	E	1	—
II 2185,69	M	120	5,66	III 2098,40	E	1	—
IV 2163,89	E	4	—	III 1998,82	S	50	6,20
				III 1873,91	S	80	6,61

30 Zn

λ	B		eV	λ	B		eV
I 7799,37	A	1	8,51	I 4292,89	A	8	6,92
II 7757,86	C	8	14,19	II 4119,38	C	7	15,60
II 7732,50	C	10	12,57	I 4113,21	A	12	8,81
II 7612,90	C	5	14,19	II 4078,14	C	5	15,60
II 7588,48	C	15	12,59	II 4057,71	C	12	—
II 7478,79	C	20	7,77	II 3989,23	C	24	—
I 6938,47	A	6	8,44	I 3965,43	A	15	8,92
I 6928,32	A	10	8,44	I 3883,34	A	3	8,99
II 6831,21	C	8	16,44	II 3842,26	C	6	15,82
II 6825,87	C	9	16,44	II 3840,34	C	15	15,82
II 6483,27	C	10	16,44	II 3806,38	C	10	15,82
II 6483,01	C	15	16,44	I 3799,00	A	3	9,06
I 6479,16	A	10	8,83	II 3793,91	C	1	—
I 6362,35	M	12	7,74	II 3739,99	C	1	—
I 6239,18	A	1	7,78	II 3683,47	C	12	—
I 6237,89	A	5	7,78	II 3639,53	C	6	—
II 6214,69	C	12	8,11	II 3624,07	C	1	—
II 6111,56	C	10	14,63	I 3345,93	M	6	7,78
II 6102,54	C	20	14,63	I 3345,57	M	30	7,78
II 6021,26	C	15	14,63	I 3345,02	M	140	7,78
II 5894,35	C	20	8,11	II 3305,96	C	7	15,77
I 5777,11	A	3	8,80	I 3302,94	M	28	7,78
I 5775,50	A	6	8,80	I 3302,59	M	90	7,78
I 5772,10	A	10	8,80	II 3299,39	C	6	15,77
I 5311,02	A	1	8,98	I 3282,33	M	20	7,78
I 5310,24	A	2	8,98	II 3196,29	C	6	16,47
I 5308,65	A	3	8,98	II 3172,18	C	5	16,47
I 5182,00	A	30	8,18	I 3075,90	M	26	4,03
II 4924,04	C	30	14,54	I 3072,06	M	10	8,11
II 4911,66	C	25	14,54	I 3035,78	A	35	8,11
I 4810,53	M	140	6,66	I 3018,35	A	30	8,11
I 4722,16	M	100	6,66	II 2801,79	C	4	16,44
I 4680,14	M	40	6,66	I 2801,06	M	9	8,50
I 4629,81	A	12	8,47	I 2800,87			8,50
I 4298,33	A	6	8,68	II 2782,82		1,5	12,57

λ		B	eV	λ		B	eV
I	2781,23	20	8,52	III	1581,54	S 100	17,52
I	2770,98 ⎫			II	1535,05	S 20	14,18
I	2770,87 ⎭	M 6	8,50	III	1515,84	S 30	18,00
I	2756,45	M 3,5	8,50	II	1514,75	10	14,18
III	2720,83	S 2	31,99	III	1505,95	S 30	17,91
I	2712,49	A 10	8,64				
I	2684,16	A 6	8,64	III	1500,47	S 10	18,29
I	2670,53	A 2	8,64	III	1499,49	S 10	18,09
I	2608,64	A 5	8,83	III	1498,84	S 2	18,28
I	2608,56	A 30	8,83	III	1491,02	S 20	18,34
				III	1473,43	S 30	18,09
I	2600,94	4	8,82				
I	2582,49	A 1	8,83	III	1464,26	S 2	18,29
I	2582,44	A 7	8,83	I	1457,57	40	8,50
II	2570,66	2	12,60	II	1457,40	10	14,63
I	2569,87	A 8	8,83	II	1456,90	50	14,63
				III	1456,77	S 40	18,35
II	2568,08	C 1	16,85				
I	2567,80	30	8,90	II	1439,10	30	14,63
II	2557,96	C 8	10,97	I	1404,19	20	8,83
I	2542,32	30	8,90	IV	1387,72	S 40	28,88
I	2530,09	10	8,90	IV	1377,64	S 40	24,96
				I	1376,87	10	9,00
I	2515,81	A 1	9,00				
II	2502,00	C 7	10,98				
I	2493,32	20	9,05	IV	1365,70	S 20	25,24
I	2491,48	30	9,00	IV	1362,54	S 25	25,44
I	2479,74	20	9,00	IV	1354,22	S 25	28,72
				IV	1352,90	S 30	29,11
I	2469,38	10	9,05	IV	1349,88	S 20	25,34
I	2463,47	20	9,11				
I	2449,72	5	9,13	IV	1347,95	S 20	25,54
I	2393,81	—	9,25	IV	1344,08	S 25	25,68
II	2390,04	C 10	—	IV	1343,82	S 25	28,88; 27,72
				IV	1340,19	S 30	28,02
II	2210,16	C 6	—	IV	1329,96	S 25	29,27
I	2138,56	M 1000	5,80				
II	2102,17	3	12,03	III	1328,34	S 2	26,85
II	2099,86	5	12,02	IV	1322,44	S 25	26,23
II	2064,25	7	12,03	IV	1322,34	S 25	25,54
				III	1319,13	S 2	26,83
II	2061,91	M 1000	6,01	IV	1317,98	S 20	26,26
II	2025,51	M 300	6,12				
II	1929,69	1	14,53	IV	1310,13	S 20	25,42
III	1839,40	S 1	17,09	II	1306,76	3	15,61
II	1833,48	5	14,53	III	1303,56	S 2	27,03
				III	1262,51	S 2	26,91
III	1767,75	S 20	17,37	III	1253,32	S 2	26,98
III	1749,66	S 40	17,44				
III	1706,67	S 10	17,09	IV	1228,47	S 20	30,04
III	1673,05	S 40	17,09	IV	1223,16	S 20	30,08
III	1651,74	S 30	17,52	I	1109,1	Ab 2	11,18
				I	1055,8	Ab 2	11,74
III	1644,81	S 50	17,37	II	986,54	1	12,57
III	1639,28	S 50	17,90				
I	1632,11	20	7,58	II	984,16	1	12,60
III	1629,17	S 50	17,44	I	809,92	Ab 1	15,32
III	1622,50	S 50	17,67	III	677,95	S 10	18,30
				III	677,61	S 10	18,29
III	1619,59	S 30	18,00	IV	425,87	S 25	29,11
III	1600,82	S 10	18,10				
III	1598,51	S 30	17,44				
I	1589,76	50	7,80				
III	1582,09	S 50	17,66				

λ	B		eV	λ	B		eV
I 10210,44	A	10	2,80	I 5385,14	M	22	2,82
I 10084,70	A	12	1,83	II 5350,41	M	2,5	4,09
I 9822,30	A	20	1,89	II 5311,80	H	2	4,09
I 9812,85	A	10	2,74	II 5191,56	M	8	4,14
I 9780,40	A	18	2,80	I 5155,45	M	24	3,99
I 9547,26	A	25	1,95	II 5112,28	M	4	4,09
I 9276,89	A	25	2,02	I 5078,25	M	38	3,88
I 9139,36	A	10	3,19	I 5064,91	M	29	3,93
I 9069,41	A	15	3,22	I 5046,59	M	20	3,99
I 9015,16	A	20	2,11	I 4824,29	M	24	3,22
II 8525,05	S	5	3,86	I 4815,63	M	60	**3,17**
I 8305,94	M	14	2,12	I 4805,87	M	22	3,27
I 8212,59	M	28	2,16	I 4772,31	M	75	3,22
I 8133,00	A	40	2,21	I 4739,48	M	120	3,26
I 8070,12	M	80	2,27	I 4732,33	M	26	3,25
I 7944,65	M	16	2,21	I 4710,08	M	160	3,31
I 7849,38	M	9	2,27	I 4688,45	M	44	2,80
I 7169,09	M	60	2,46	I 4687,80	M	200	3,37
I 7103,72	M	17	2,37	I 4683,42	M	22	4,18
I 7102,91	M	28	2,40	I 4633,99	M	60	2,74
I 7097,70	M	55	2,43	I 4602,57	M	32	4,57
I 6990,84	M	15	2,40	I 4575,52	M	44	2,71
I 6953,84	M	15	2,43	I 4542,22	M	44	3,36
II 6787,12	M	1,4	4,32	I 4535,75	M	55	3,25
I 6769,16	M	8	3,36	I 4507,12	M	50	3,29
I 6762,38	M	7	1,84	I 4470,56	M	17	4,36
II 6726,05	S	5	5,27	II 4442,99	M	13	4,28
II 6678,01	M	1,0	4,27	I 4420,46	M	22	4,17
I 6489,65	M	9	3,46	I 4366,45	M	32	4,20
I 6470,21	M	9	3,49	I 4360,81	M	28	3,36
I 6422,48	E	10	3,46	II 4359,74	M	26	4,08
I 6388,54	E	20	2,54	I 4347,89	M	95	3,84
I 6360,77	E	10	3,43	I 4341,13	M	50	4,25
II 6346,51	S	5	4,36	I 4302,89	M	28	3,61
II 6313,54	S	4	4,45	I 4294,79	M	50	3,57
I 6313,02	M	24	3,54	I, II 4282,20	M	50	3,54; 5,31
I 6299,66	M	10	3,50	I 4268,02	M	28	3,53
I 6295,61	E	15	—	I 4256,44	M	7	3,43
I 6292,88	E	15	4,36	I 4241,69	M	110	3,57
I 6267,70	E	1	4,34	I 4241,20	M	70	3,54
I 6197,52	E	10	—	I 4240,34	M	70	3,52
I 6143,20	M	36	2,09	I 4239,31	M	180	3,61
I 6134,55	M	28	2,02	I 4236,06	M	18	4,29
I 6127,44	M	55	2,18	I 4227,76	M	180	3,66
I 6121,91	M	14	3,02	I 4213,86	M	36	3,54
II 6028,65	S	4	4,49	II 4208,98	M	55	3,66
I 5879,80	M	28	2,26	I 4201,46	M	55	3,57
I 5797,74	M	13	2,21	I 4199,09	M	55	3,58
I 5680,90	M	10	2,72; 4,50	I 4194,76	M	36	4,35
I 5664,51	M	13	2,82	I 4187,56	M	60	4,40

λ		B	eV	λ		B	eV
I	4166,37	M 36	3,65	II	3751,60	M 110	4,28
II	4161,21	M 36	3,69	II	3745,97	M 70	5,07
II	4156,24	M 26	3,69	II	3731,26	M 34	5,08
II	4149,20	M 110	3,79	I	3714,13	M 24	3,49
I	4121,46	M 36	3,55	II	3709,26	M 90	4,15
I	4081,22	M 180	3,77	II	3698,17	M 120	4,36
I	4078,31	M 22	3,56	II	3697,46	M 48	3,82
I	4074,93	M 28	3,58	II	3674,72	M 100	3,69
I	4072,70	M 180	3,72	II	3671,27	M 48	4,09
I	4064,16	M 140	3,69	I	3663,65	M 140	3,53
I	4061,53	M 30	3,57	I	3661,20	M 32	3,46
I	4055,71	M 54	4,64	II	3636,45	M 28	3,88
I	4055,03	M 70	3,67	I	3634,15	M 50	3,56
II	4048,67	M 55	3,87	II	3630,02	M 28	3,77
II	4045,61	M 36	3,77	I	3623,87	M 180	3,49
I	4044,56	M 44	3,67	II	3614,77	M 180	3,79
I	4043,58	M 55	3,58	I	3613,70	M 22	3,95
I	4042,22	M 22	4,46	II	3613,10	M 180	3,47
I	4035,89	M 36	3,22	II	3611,89	M 110	5,17
I	4030,04	M 44	3,68	II	3607,38	M 26	4,67
II	4029,68	M 36	3,79	I	3601,19	M 550	3,59
I	4028,95	M 22	3,59	II	3588,32	M 28	3,86
I	4027,21	M 90	3,69	II	3587,98	M 70	3,77
I	4024,92	M 70	3,73	I	3586,28	M 140	3,45
I	4023,98	M 36	3,77	I	3577,55	M 28	4,46
II	3998,97	M 70	3,65	II	3576,85	M 200	3,88
II	3991,13	M 70	3,87	I	3575,79	M 170	3,53
I	3975,29	M 18	4,70	II	3573,08	M 34	3,79
I	3973,50	M 60	3,19	II	3572,47	M 340	3,46
I	3968,26	M 90	3,27	I	3566,10	M 170	3,62
I	3966,66	M 44	3,28	I	3558,96	M 24	4,11
II	3958,22	M 85	3,65	II	3556,60	M 340	3,95; 4,04
I	3929,53	M 110	3,22	II	3551,95	M 280	3,58
I	3921,79	M 55	3,23	I	3550,46	M 100	3,49
II	3915,94	M 28	3,69	I	3549,74	M 34	4,49
II	3914,34	M 3,5	5,58	I	3547,68	M 280	3,56
I	3900,52	M 36	3,17	II	3542,62	M 100	5,26
I	3891,38	M 180	3,34	I	3535,16	M 34	4,50
I	3890,32	M 260	3,34	I	3533,22	M 70	3,66
I	3885,41	M 140	3,19	II	3525,81	M 70	3,87
I	3877,60	M 90	4,19	I	3519,61	M 320	3,52
I	3864,34	M 70	3,36	II	3510,48	M 32	4,09
I	3863,88	M 260	3,27	I	3509,32	M 160	3,60
I	3849,25	M 50	3,22	II	3505,67	M 130	3,69
I	3847,01	M 50	3,29	II	3505,49	M 55	5,07
II	3843,03	M 50	3,58	II	3499,58	M 30	3,95
II	3836,76	M 160	3,78	II	3496,21	M 650	3,58
I	3835,96	M 280	3,23	II	3483,54	M 120	4,32
I	3822,41	M 70	3,24; 3,93	I	3483,01	M 30	4,56
II	3817,58	M 26	3,77	I	3482,81	M 30	3,63
I	3791,40	M 70	3,34	II	3481,15	M 200	4,36
I	3780,53	M 90	3,27	II	3479,39	M 190	4,28
II	3766,83	M 42	3,69	II	3479,02	M 28	4,09
I	3766,72	M 60	4,82	I	3478,79	M 32	4,10
I	3764,39	M 60	3,29	I	3471,18	M 95	3,57

λ		B	eV	λ		B	eV
II	3463,02	M 130	5,06	I	3234,12	M 100	3,98
I	3461,09	M 26	4,58	II	3231,69	M 100	3,87
II	3458,93	M 32	4,54	II	3228,81	M 32	4,64
II	3457,56	M 65	4,14	II	3214,19	M 120	3,94
I	3455,91	M 32	4,10	I	3212,02	M 85	3,92
I	3447,37	M 95	3,59	II	3191,90	M 34	4,68
I	3446,61	M 30	4,11	I	3191,23	M 85	3,88
I	3440,45	M 28	3,60	II	3182,86	M 140	4,45
II	3438,23	M 750	3,69	II	3181,58	M 30	4,83
II	3437,14	M 60	4,32	II	3178,09	M 30	4,86
II	3430,53	M 160	4,08	II	3165,97	M 140	4,08
I, II	3414,66	M 60	3,70; 4,64	II	3164,31	M 85	4,63
II	3410,25	M 120	4,05	I	3157,82	M 50	4,47; 4,56
II	3408,08	M 30	4,61	II	3155,67	M 46	4,86
II	3404,83	M 90	4,00	I	3148,82	M 28	4,48
II	3403,68	M 30	4,64	I	3139,80	M 22	4,58
II	3399,35	M 60	3,97	II	3138,66	M 110	4,05
II	3396,33	M 26	4,61	I	3136,96	M 28	4,58
II	3393,12	M 90	3,69	II	3133,49	M 55	4,90
II	3391,98	M 900	3,82	I	3132,07	M 55	4,50
II	3388,30	M 120	3,65	I	3131,11	M 22	4,48
II	3387,87	M 90	4,63	II	3129,76	M 80	4,00
II	3374,73	M 60	4,67	II	3129,18	M 80	4,49
II	3373,42	M 28	4,68	II	3125,92	M 50	3,96
I	3370,59	M 24	4,31	I	3120,74	M 55	4,49
I	3360,46	M 24	4,32	II	3110,88	M 34	4,08
II	3359,96	M 28	5,17	II	3106,58	M 110	4,99
II	3357,26	M 85	3,69	II	3099,23	M 44	4,00
II	3356,09	M 120	3,79	II	3095,07	M 40	4,04
II	3354,39	M 28	4,45	II	3054,84	M 110	5,07
II	3344,79	M 60	4,72	II	3036,50 ⎫	M 55	4,61
II	3340,56	M 120	3,87	II	3036,39 ⎭		4,64
II	3338,41	M 30	4,67	II	3030,92	M 28	4,09
II	3334,62	M 34	4,27	I	3029,52	M 140	4,25
II	3334,25	M 60	4,72	II	3028,04	M 80	5,06
II	3326,80	M 60	5,26	II	3020,47	M 55	4,63
II	3322,99	M 60	4,49	II	3019,84	M 26	4,14
II	3314,50	M 34	4,45	I	3011,75	M 130	4,19
II	3306,28	M 140	3,79	I	3005,50	M 26	5,12
II	3305,15	M 85	3,79	II	3003,74	M 50	4,68
II	3284,71	M 140	3,78	I	2985,39	M 130	4,15
I	3282,73	M 50	3,93	II	2981,02	M 26	4,72
II	3279,27	M 200	3,88	II	2979,18	M 36	4,52
II	3273,05	M 160	3,95	II	2978,05	M 50	4,57
II	3272,22	M 85	3,79	II	2969,63	M 36	4,49
I	3269,66	M 30	4,31	II	2968,96	M 50	4,64
I	3260,11	M 32	4,32	II	2962,68	M 50	4,54
I	3254,28	M 32	5,91	I	2960,87	M 50	4,18
I	3250,39	M 50	3,88	II	2955,78	M 36	5,93
II	3241,01	M 120	3,86	II	2948,94	M 36	5,17

λ		B	eV	λ		B	eV
II	2926,99	M 36	5,99	II	2532,47	M 12	4,99
II	2918,24	M 30	5,26	II	2496,48	M 3,0	5,93
II	2915,99	M 34	4,72	II	2487,28	M 5	5,99
I	2875,98	M 55	4,46	II	2457,43	M 1,4	5,60
II	2869,81	M 38	5,32	II	2449,83	M 10	5,59
II	2851,97	M 40	5,30	III	2448,86	S 100	7,49
I	2848,50	M 40	4,51	III	2444,57	S 50	7,40
II	2844,58	M 75	5,36	III	2420,65	S 75	7,40
I	2837,23	M 80	4,44	I	2405,52	M 3	5,30
I	2829,80	M 7	4,92	II	2387,17	12	5,99
II	2825,56	M 60	5,32	I	2374,43	M 4	5,22
I	2819,56	M 8	5,03; 4,40	I	2363,52	A 10	5,24
II	2818,74	M 44	5,36	II	2357,45	18	7,01; 6,92
I	2814,91	M 70	4,42	II	2330,38	18	7,07
I	2806,77	M 10	4,93	II	2324,77	15	7,07
I	2798,30	A 6	4,50	II	2317,27	15	7,01
I	2790,14	M 22	5,07	III	2308,12	S 75	7,70
II	2768,73	M 22	4,64	III	2301,60	S 100	—
II	2758,81	M 60	4,49	II	2294,08	12	7,17
II	2752,21	M 75	4,54	II	2291,15	15	7,08; 5,94
II	2745,86	M 75	4,61	IV	2286,66	S 200	10,17
II	2742,56	M 120	4,52	I	2285,25	A 6	—
II	2734,84	M 160	4,57	III	2231,00	S 60	6,64
II	2732,72	M 55	4,63	III	2206,33	S 60	13,01
II	2726,49	M 90	4,64	III	2191,15	S 100	13,07
II	2722,61	M 150	4,72	III	2175,83	S 100	13,19
II	2711,51	M 32	4,57	IV	2163,62	S 500	10,48
I	2706,15	M 10	4,58	II	2095,80	50	7,67
II	2700,13	M 85	4,68	IV	2092,40	S 150	25,65
III	2698,31	S 50	7,70	IV	2091,49	S 125	25,65
III	2690,49	S 50	6,88	III	2086,78	S 200	6,65
III	2686,28	S 50	6,89	III	2080,99	S 100	13,71
III	2682,16	S 100	6,95	III	2077,92	S 100	7,00
II	2678,63	M 200	4,79	III	2070,43	S 150	13,11
III	2664,26	S 100	7,77	III	2060,83	S 100	7,10
III	2656,46	S 100	7,00	III	2035,42	S 100	13,05
III	2643,79	S 200	7,12	III	2006,82	S 100	6,89
II	2630,91	M 17	5,27	III	2000,23	S 50	—
III	2628,26	S 60	7,00	III	1974,99	S 50	13,42
III	2620,56	S 100	7,16	III	1966,25	S 100	7,40
III	2593,65	S 100	7,12	III	1962,03	S 100	13,44
II	2589,02	M 9	5,31	III	1953,95	S 100	13,29
II	2583,38	M 5	5,35	III	1941,08	S 100	7,48
II	2571,42	M 140	4,91	III	1940,20	S 200	7,77
II	2568,85	M 110	4,99	III	1864,06	S 50	6,64
II	2567,62	M 38	4,83	IV	1846,42	S 100	24,95
II	2550,71	M 15	4,86	IV	1836,14	S 100	24,95
I	2550,50	M 3,0	4,93	III	1805,28	S 100	6,95
II	2542,10	M 15	4,91	III	1800,04	S 50	6,88
I	2539,62	M 6	4,95	III	1798,15	S 125	6,90

	λ	B		eV		λ	B		eV
III	1793,60	S	150	7,00	III	1378,93	S	30	15,94
III	1790,21	S	200	7,11	III	1320,81	S	30	10,38
III	1779,52	S	100	7,16	IV	1219,85	S	150	10,17
III	1773,95	S	50	7,70	IV	1201,77	S	250	10,48
III	1675,81	S	50	7,48	IV	1183,96	S	100	10,48
III	1638,32	S	30	9,85					
III	1612,38	S	100	10,12	III	919,59	S	25	14,85
IV	1608,02	S	100	18,18	IV	874,29	S	50	—
IV	1599,00	S	200	18,24	IV	855,69	S	30	—
III	1593,59	S	40	10,12	III	850,61	S	30	15,28
					III	823,69	S	35	15,23
IV	1546,19	S	150	18,18					
IV	1469,50	S	100	18,90	III	820,21	S	30	15,20
III	1420,12	S	35	15,73	III	690,39	S	50	17,96
IV	1417,73	S	40	18,90	IV	633,58	S	100	19,72
III	1403,48	S	40	15,94	IV	628,68	S	100	19,72

PART THREE
Auxiliary Tables

1. SENSITIVE LINES (BY ELEMENT)[1]

λ	B		[1]	λ	B		[1]
	A	S (E)			A	S (E)	
				2369,7	40R	20	—
89 Ac				2349,8	250R	18	U 3
				2288,1	250R	5	U 3
4183,1	500	20	—				
4180,0	1000	50	—				
4088,4	2000	3000	—	**85 At**			
2626,4	20	5000	—				
				2244,0	—	—	—
47 Ag				2162,2	—	—	—
5465,5	1000R	500R	U 4				
5209,1	1500R	1000R	U 3	**79 Au**			
3382,9	1000R	700R	U 2				
3280,7	2000R	1000R	U 1	2802,1	—	200	—
2437,8	60	500	V 2	2676,0	250R	100	U 2
				2428,0	400R	100	U 1
2246,4	25	300	V 3				
				5 B			
13 Al							
				3451,4		100	V 2
6243,4	—	800	V 3	2497,7	500	400	U 1
6231,8	—	35	—	2496,8	300	300	U 2
3961,5	3000	2000	U 1				
3944,0	2000	1000	U 2	**56 Ba**			
3092,7	1000	1000	U 3				
				5777,6	500R	100R	U 2
3082,2	800R	800R	U 4	5535,5	1000R	200R	U 1
2816,2	10	100	V 2	5519,0	200	60	U 3
2669,2	3	100	V 1	5424,6	100R	30R	U 4
2631,6	—	60	—	4934,1	400	400	V 2
				4554,0	1000R	200	V 1
95 Am				4130,7	50R	60	V 3
				3891,8	18	25	V 4
2969,3	—	1000	—	3071,6	100R	50R	U 5
2832,3	—	5000	—	2335,3	60R	100R	—
				2304,2	60R	80R	—
18 Ar							
				4 Be			
8115,3	—	(5000)	U 2				
7503,9	—	(700)	U 4	3321,3	1000R	30	U 2
7067,2	—	(400)	V 3	3321,1	100	15	U 3
6965,4	—	(400)	V 3	3321,0	50	—	U 4
				3131,1	200	150	V 2
33 As				3130,4	200	200	V 1
2898,7	25R	40	—				
2860,4	50R	50	—	2650,7	25	—	U 5
2780,2	75R	75	U 5	2348,6	2000R	50	U 1
2456,5	100R	8	U 4				
2370,8	50R	3	—				

[1] U1) most sensitive line of neutral atoms of given element; U2) next sensitive line, etc.; V1) most sensitive line of ionized atoms of given element; V2) next sensitive line, etc. When U1 or V1 is not given, the most sensitive lies in the region of 10,000–2000 Å.

λ	B		¹)	λ	B		¹)
	A	S (E)			A	S (E)	
				2265,0	25	300	V 2
				2144,4	50	200R	V 1
83 Bi							
4722,6	1000	100	—	**58 Ce**			
3067,7	3000R	2000	U 1				
2989,0	250	100	—	4186,6	80	25	—
2938,3	300	300	—	4165,6	40	6	—
2898,0	500R	500R	U 2	4137,6	25	12	—
				4133,8	35	8	—
2809,6	200	100	—	4040,8	70	5	—
2780,5	200	100	—				
2276,6	100R	40	—	4012,4	60	20	—
2061,7	300R	100	—	3801,5	25	3	—
				3560,8	300	2	—
97 Bk							
3711,2	—	1000	—	**98 Cf**			
3681,2	—	3000	—				
				3893,1	—	700	—
				3789,1	—	1000	—
35 Br				3785,6	—	700	—
4816,7	—	(300)	V 3				
4785,5	—	(400)	V 2	**17 Cl**			
4704,9	—	(250)	V 1				
				4819,5	—	(200)	V 4
				4810,1	—	(200)	V 3
6 C				4794,5	—	(250)	V 2
4267,3	—	500	V 2				
4267,0	—	350	V 3	**96 Cm**			
2837,6	—	40	V 5				
2836,7	—	200	V 4	4207,7	1000	—	—
2478,6	400	(400)	U 2	3019,6	500	—	—
2296,9	—	200	—	**27 Co**			
				4121,3	1000R	25	—
20 Ca				4118,8	1000R	—	—
				3995,3	1000R	20	—
4454,8	200	5	U 2	3529,8	1000R	30	U 3
4435,0	150	25	U 3	3502,3	2000R	20	—
4425,4	100	20	U 4				
4226,7	500R	50	U 1	3465,8	2000R	25	U 2
3968,5	500R	500R	V 2	3453,5	3000R	200	U 1
				3412,3	1000R	100	—
3933,7	600R	600R	V 1	3405,1	2000R	150	—
3179,3	100	400	V 3	2519,8	40	200	—
3158,9	100	300	V 4				
				2388,9	10	35	—
				2378,6	25	50	—
48 Cd				2363,8	25	50	—
				2307,9	25	50	—
6438,5	2000	1000	—	2286,2	40	300	V 1
4799,9	300	300	—				
3610,5	1000	500	—				
3466,2	1000	500	—	**24 Cr**			
3403,6	800	500	—				
				5208,4	500R	100	U 4
3261,1	300	300	—	5206,0	500R	200	U 5
2748,6	5	200	—	5204,5	400R	100	U 6
2572,9	3	150	—	4289,7	3000R	800R	U 3
2312,8	1	200	—	4274,8	4000R	800R	U 2
2288,0	1500R	300R	U 1				

λ	B A	S (E)	¹)	λ	B A	S (E)	¹)
4254,3	5000R	1000R	U 1				
3605,3	500R	400R	—		**26 Fe**		
3593,5	500R	400R	—				
3578,7	500R	400R	—	4404,8	1000	700	—
2860,9	60	100	V 5	4383,5	1000	800	—
2855,7	60	200	V 4	4325,8	1000	700	—
				4307,9	1000R	800R	—
2849,8	80	150R	V 3	4271,8	1000	700	—
2843,2	125	400R	V 2				
2835,6	100	400R	V 1	4063,6	400	300	—
				4045,8	400	300	—
				3748,3	500	200	U 4
	55 Cs			3745,9	150	100	U 5
				3745,6	500	500	U 3
8943,5	2000 R	—	U 2				
8521,1	5000 R	—	U 1	3737,1	1000R	600	U 2
4593,2	1000 R	50R	U 4	3734,9	1000R	600	—
4555,3	2000 R	100	U 3	3719,9	1000R	700	U 1
				3581,2	1000R	600R	—
				3020,6	1000R	600R	—
	29 Cu						
				2755,7	300	100	—
5218,2	700	—	U 3	2749,3	30	30	—
5153,2	600	—	U 4	2599,4	1000	1000	—
5105,5	500	—	U 5	2483,3	500R	50	—
3274,0	3000R	1500R	U 2	2413,3	60	100	V 5
3247,5	5000R	2000R	U 1				
				2410,5	50	70	V 4
2247,0	30	500	V 3	2404,9	50	100	V 3
2192,3	25	500	V 2	2395,6	50	100	V 2
2136,0	25	500	V 1	2382,1	40R	100R	V 1
	66 Dy						
					31 Ga		
4211,8	200	—	—				
4168,0	50	—	—	4172,1	2000R	1000R	U 1
4078,0	150 R	100	—	4033,0	1000R	500R	U 2
4046,0	150	12	—	2943,6	10	20R	U 3
4000,5	400	300	—	2874,2	10	15R	U 4
	68 Er				**64 Gd**		
3906,3	25	12	—	3768,4	20	20	—
3692,6	20	12	—	3646,2	200	150	—
3499,1	18	15	—				
	99 Es				**32 Ge**		
3602,4	—	1000	—	4226,6	200	50	—
3547,7	—	300	—	3269,5	300	300	U 3
				3039,1	1000	1000	U 2
				2754,6	30	20	—
	63 Eu			2709,6	30	20	—
4205,1	200	50	—	2651,6	30	20	—
4129,7	100	50R	—	2651,2	40	20	—
				2592,5	20	15	—
	9 F				**1 H**		
6902,5	—	(500)	U 3				
6856,0	—	(1000)	U 2	6 562,8	—	(3000)	U 2
5291,0	200	к CaF	—	4 861,3	—	(500)	U 3

λ	B		¹)	λ	B		¹)
	A	S (E)			A	S (E)	

2 He				**53 J**			
5875,6	—	(1000)	U 3	5464,6	—	(900)	—
4685,8	—	(300)	—	5161,2	—	(300)	—
3888,6	—	(1000)	U 2	2062,4	—	(900)	—
72 Hf				**19 K**			
4093,2	25	20	—				
3134,7	80	125	—	7699,0	5000R	200	U 2
3072,9	80	18	—	7664,9	9000R	400	U 1
2940,8	60	12	—	4047,2	400	200	U 4
2916,5	50	15	—	4044,1	800	400	U 3
2904,4	30	6	—				
2898,3	50	12	—	**36 Kr**			
2820,2	40	100	—				
2773,4	25	60	—	5870,9	—	(3000)	U 2
2641,4	40	125	—	5570,3	—	(2000)	U 3
2516,9	35	100	—				
2513,0	25	70	—	**57 La**			
				6249,9	300	—	U 1
				5930,7	100	—	U 2
80 Hg				5455,1	200	1	U 3
5460,7	—	(2000)	—	4123,2	500	500	V 4
4358,3	3000	500	—	4077,4	600	400	V 3
4046,6	200	300	—				
3663,3	500	400	U 5	3949,1	1000	800	V 2
3654,8	—	(200)	U 4				
3650,1	200	500	U 3	**3 Li**			
2536,5	2000R	1000R	U 2				
				6707,8	3000R	200	U 1
				6103,6	2000R	300	U 3
67 Ho				4602,9	800	—	U 4
3891,0	200	40	—	3232,7	1000R	500	U 2
3748,2	60	40	—				
				71 Lu			
49 In				4518,6	300	40	—
4511,3	5000R	4000R	U 1	3554,4	50	100	—
4101,8	2000R	1000R	U 2	3472,5	50	150	—
3258,6	500R	300R	U 5	3397,0	50	20R	—
3256,1	1500R	600R	U 3	2911,4	100	300	—
3039,4	1000R	500R	U 4				
				2894,8	60	200	—
77 Ir							
3513,6	100	100	U 2	**12 Mg**			
3437,0	20	15	—				
3220,8	100	30	U 1	5183,6	500	300	—
3133,3	40	2	—	5172,7	200	100	—
2924,8	25	15	—	5167,3	100	50	—
2849,7	40	20	—	3838,3	300	200	U 2
2824,4	20	15	—	3832,3	250	200	U 3
2694,2	150	50	—				
2664,8	200	50	—	3829,3	100	150	U 4
2639,7	100	15	—	2852,1	300R	100R	U 1
				2802,7	150	300	V 2
2544,0	200	100	—	2795,5	150	300	V 1

λ	B		¹)	λ	B		¹)
	A	S (E)			A	S (E)	

25 Mn

4034,5	250R	20	U 3
4033,1	400R	20	U 2
4030,8	500R	20	U 1
2801,1	600R	60	—
2798,3	800R	80	—
2794,8	1000R	5	—
2605,7	100R	500R	V 3
2593,7	200R	1000R	V 2
2576,1	300R	2000R	V 1

42 Mo

3903,0	1000R	500R	U 3
3864,1	1000R	500R	U 2
3798,2	1000R	1000R	U 1
2909,1	25	40	V 5
2891,0	30	50	V 4
2871,5	100	100	V 3
2848,2	125	200	V 2
2816,2	200	300	V 1

7 N

5679,6	—	(500)	V 2
5676,0	—	(100)	V 4
5666,6	—	(300)	V 3
4110,0	—	(1000)	U 2
4103,4	—	(70)	—
4099,9	—	(150)	U 3
4097,3	—	(100)	—

11 Na

5895,9	5000R	500R	U 2
5890,0	9000R	1000R	U 1
5688,2	300	—	—
5682,6	80	—	—
3303,0	300R	150R	
			U 4
3302,4	600R	300R	U 3

41 Nb

4137,1	100	60	U 5
4123,8	200	125	U 4
4100,9	300	200	U 3
4079,7	500	200	U 2
4058,9	1000	400	U 1
3580,3	100	300	—
3225,5	150	800	—
3195,0	30	300	—
3163,4	15	8	—
3130,8	100	100	—
3094,2	100	1000	V 1

60 Nd

4303,6	100	40	—
4177,3	15	25	—
3951,2	40	30	—

10 Ne

6402,2	—	(2000)	—
5852,5	—	(2000)	—
5400,6	—	(2000)	—

28 Ni

3619,4	2000R	150	—
3524,5	1000R	100	—
3515,0	1000R	50	—
3493,0	1000R	100	U 2
3461,6	800R	50	—
3414,8	1000R	50	U 1
3050,8	1000R	—	—
3002,5	1000R	100	—
2287,1	100	500	V 1
2270,2	100	400	V 2
2264,5	150	400	V 3
2253,9	100	300	V 4

93 Np

4290,9	—	50	—
3829,2	—	10	—

8 O

7775,4	—	(100)	U 4
7774,2	—	(300)	U 3
7771,9	—	(1000)	U 2

76 Os

4420,5	400R	100	—
4260,8	200	200	—
3301,6	500R	50	—
3267,9	400R	30	—
3262,3	500R	50	—
3058,7	500R	500	—
2909,1	500R	400	U 1

15 P

2554,9	—	500	—
2553,3	80	(600)	U 3
2535,6	—	(700)	U 2
2534,0	—	(500)	—

| λ | B | | ¹) | λ | B | | ¹) |
	A	S (E)			A	S (E)	

91 Pa

3957,8	—	100	—
3054,6	—	100	—
3053,5	—	100	—

82 Pb

5608,8	—	(40)	V 2
4057,8	2000R	300R	U 1
3683,5	300	50	U 2
3639,6	300	50	—
2833,1	500R	80R	—
2802,0	250R	100	—
2614,2	200R	80	—
2203,5	50	5000R	V 1
2170,0	1000R	1000R	—

46 Pd

3634,7	2000R	1000R	U 3
3609,5	1000R	700R	—
3516,9	1000R	500R	—
3421,2	2000R	1000R	U 2
3404,6	2000R	1000R	U 1
3242,7	2000	600R	—
2854,6	4	500	—
2658,7	20	300	—
2505,7	3	30	—
2498,8	4	150	—
2488,9	10	30	—

61 Pm

3999,0	—	1000	—
3957,7	—	1000	—
3919,1	—	1000	—
3910,3	—	1000	—
3892,2	—	1000	—

84 Po

3861,9	500	—	—
3003,2	2500	—	—
2663,3	700	—	—
2558,0	1500	—	—
2450,1	1500	—	—

59 Pr

4225,3	50	40	—
4189,5	100	50	—
4179,4	200	40	—
4062,8	150	50	—

78 Pt

3064,7	2000R	300R	U 1
2998,0	1000R	200R	—
2929,8	800R	200	—
2830,3	1000R	600R	—
2734,0	1000	200	—
2702,4	1000	300	—
2659,4	2000R	500R	U 2

94 Pu

| 3989,7 | — | 100 | — |
| 3907,2 | — | 100 | — |

88 Ra

4825,9	—	(800)	U 1
4682,3	—	(800)	V 2
3814,4	—	(2000)	V 1

37 Rb

7947,6	5000R	—	U 2
7800,2	9000R	—	U 1
4215,6	1000R	300	U 4
4201,8	2000R	500	U 3

75 Re

4889,1	2000	—	U 2
3464,7	7000R	5000	—
3460,5	1000R	—	U 1
3451,9	4000R	3000	—
3424,6	300	—	—

45 Rh

4374,8	1000	500	—
3692,4	500	150	—
3658,0	500	200	—
3528,0	1000	150	—
3502,5	1000	150	—
3434,9	1000R	200R	U 1
3396,8	1000	500	—
3323,1	1000	200	—

86 Rn

| 7450,0 | — | (600) | U 2 |
| 7055,4 | — | (400) | U 3 |

λ	B A	S (E)	¹)	λ	B A	S (E)	¹)

44 Ru

λ	A	S (E)	¹)
3799,4	3000R	150	—
3798,9	3000R	150	—
3728,0	9000R	300	—
3596,2	2000R	200	U 3
3498,9	6000R	600	U 1
3436,7	3000R	150	U 2
2976,6	50	200	—
2965,6	75	200	—
2945,7	100	500	—
2712,4	100	300	—
2692,1	250	400	—
2678,8	300	800	—

16 S

λ	A	S (E)	¹)
9237,5	—	(200)	U 6
9228,1	—	(200)	U 5
9212,9	—	(200)	U 4
4815,5	—	(800)	—
4696,2	—	(15)	U 9
4695,4	—	(30)	U 8
4694,1	—	(50)	U 7
4162,7	—	(600)	—

51 Sb

λ	A	S (E)	¹)
3267,5	150	150	—
3232,5	150	250	—
2877,9	250	150	—
2598,1	200	100	—
2528,5	300R	200	—
2311,5	150R	50	—
2175,8	300	40	U 2
2068,3	300R	3	U 1

21 Sc

λ	A	S (E)	¹)
4314,1	50	150	—
4246,8	80	500	—
4023,7	100	25	U 3
4020,4	50	20	U 4
3911,8	150	30	U 1
3907,5	125	25	U 2
3642,8	60	50	V 3
3630,7	50	70	V 2
3613,8	40	70	V 1
3572,5	30	50	—

34 Se

λ	A	S (E)	¹)
4742,2	—	(500)	U 6
4739,0	—	(800)	U 5
4730,8	—	(1000)	U 4
2062,8	—	(800)	U 3
2039,8	—	(1000)	U 2

14 Si

λ	A	S (E)	¹)
3905,5	20	15	—
2881,6	500	400	U 1
2528,5	400	500	U 2
2524,1	400	400	—
2516,1	500	500	U 3
2514,3	300	200	—
2506,9	300	200	U 4

62 Sm

λ	A	S (E)	¹)
4434,3	200	200	V 2
4424,4	300	300	V 1
4390,9	150	150	—

50 Sn

λ	A	S (E)	¹)
4524,7	500	50	—
3262,3	400	300	U 3
3175,0	500	400R	—
3034,1	200	150	—
3009,1	300	200	—
2863,3	300R	300R	U 2
2840,0	300R	300R	U 1

38 Sr

λ	A	S (E)	¹)
4962,3	40	—	U 4
4872,5	25	—	U 3
4832,1	200	8	U 2
4607,3	1000R	50R	U 1
4305,4	40	—	—
4215,5	300R	400	V 2
4077,7	400R	500	V 1
3474,9	80	50	—
3464,5	200	200	—
3380,7	150	200	—

73 Ta

λ	A	S (E)	¹)
3406,7	70	18	—
3318,8	125	35	—
3311,2	300	70	U 1
2714,7	200	8	—
2685,1	15	25	—
2675,9	150	200	—
2653,3	200	15	—
2647,5	200	10	—
2635,9	50	—	—

65 Tb

λ	A	S (E)	¹)
3874,2	200	200	—
3848,8	100	200	—
3561,7	200	200	—
3509,2	200	200	—

λ	B		¹)	λ	B		¹)
	A	S (E)			A	S (E)	

43 Tc

4297,1	500	300	—
4262,3	400	200	—
4238,2	300	150	—
3636,1	400	200	—
3237,0	200	400	—
3212,0	80	300	—
2647,0	300	600	—
2610,0	400	800	—
2543,2	500	1000	—

52 Te

2769,7	—	30	—
2530,7	—	(30)	—
2385,8	120	(60)	U 2
2383,2	100	(60)	U 3
2142,8	120	—	—

90 Th

4391,1	50	40	—
4381,8	30	30	—
4019,1	8	8	—
3741,2	80	80	—
3601,0	8	10	—
3538,8	—	50	—
3290,6	—	40	—
2837,3	15	10	—

22 Ti

5007,2	200	40	—
4999,5	200	80	—
4991,1	200	100	—
4981,7	300	125	U 1
4536,0	40	20	—
4535,9	40	20	—
4535,6	80	50	—
4534,8	100	40	—
4533,2	150	40	—
4305,9	300	150	—
3998,6	150	100	—
3653,5	500	200	U 2
3642,7	300	125	—
3635,5	200	100	—
3383,8	70	300R	—
3372,8	80	400R	V 3
3361,2	100	600R	V 2
3349,0	125	800R	V 1
3234,5	100	500R	—

81 Tl

5350,5	5000R	2000R	U 1
3775,7	3000	1000R	U 2
3519,2	2000R	1000R	U 3
3229,8	2000	800	—
2918,3	400R	200R	—
2767,9	400R	300R	—

69 Tu

3761,9	200	120	—
3761,3	250	150	—
3462,2	250	200	—

92 U

4241,7	40	50	—
4090,1	25	40	—
3859,6	20	30	—
3672,6	8	15	—
3670,1	15	18	—
3552,2	8	12	—

23 V

4408,5	30R	20R	—
4390,0	80R	60R	—
4384,7	125R	125R	—
4379,2	200R	200R	U 1
4111,8	100R	100R	—
3185,4	500R	400R	U 2
3184,0	500R	400R	—
3183,4	200R	100R	—
3125,3	80	200R	—
3118,4	70	200R	V 4
3110,7	70	300R	V 3
3102,3	70	300R	V 2
3093,1	100R	400R	V 1

74 W

4302,1	60	60	U 1
4294,6	50	50	U 2
4074,4	50	45	—
4008,8	45	45	U 3
3613,8	10	30	—
3215,6	10	9	—
2947,0	20	18	—
2944,4	30	20	—
2589,2	15	25	—
2397,1	18	30	—

λ	B		1)
	A	S (E)	
54 Xe			
4671,2	—	(2000)	U 2
4624,3	—	(1000)	U 3
4501,0	—	(500)	U 4
39 Y			
4674,9	80	100	U 1
4643,7	50	100	U 2
4374,9	150	150	—
4177,5	50	50	—
3788,7	30	30	—
3774,3	12	100	—
3710,3	80	150	V 1
3633,1	50	100	—
3600,7	100	300	—
3242,3	60	100	—
70 Yb			
3988,0	1000R	500R	—
3694,2	500R	1000R	—
3289,4	500R	1000R	—

λ	B		1)
	A	S (E)	
30 Zn			
6362,3	1000	500	—
4810,5	400	300	—
4722,2	400	300	—
4680,1	300	200	—
3345,0	800	300	U 2
3302,6	800	300	U 3
3282,3	500R	300	U 4
2558,0	10	300	V 3
2502,0	20	400	V 4
2138,6	800R	500	U 1
2061,9	100	100	V 2
2025,5	200	200	V 1
40 Zr			
4772,3	100	—	—
4739,5	100	—	—
4710,1	60	—	—
4687,8	125	—	U 4
3601,2	400	15	U 1
3572,5	60	80	V 4
3547,7	200	12	U 2
3519,6	100	10	U 3
3496,2	100	100	V 3
3438,2	250	200	V 2
3392,0	300	400	V 1

2. SENSITIVE LINES (BY WAVELENGTH)[1]

λ	El.	B		1)
		A	S (E)	
9237,5	S	I	—	(200)	U 6
9228,1	S	I	—	(200)	U 5
9212,9	S	I	—	(200)	U 4
8943,5	Cs	I	2000R	—	U 2
8521,1	Cs	I	5000R	—	U 1
8115,3	Ar	I	—	(5000)	U 2
7947,6	Rb	I	5000R	—	U 2
7800,2	Rb	I	9000R	—	U 1
7775,4	O	I	—	(100)	U 4
7774,2	O	I	—	(300)	U 3
7771,9	O	I	—	(1000)	U 2
7699,0	K	I	5000R	200	U 2
7664,9	K	I	9000R	400	U 1
7503,9	Ar	I	—	(700)	U 4
7450,0	Rn	I	—	(600)	U 2

λ	El.	B		1)
		A	S (E)	
7067,2	Ar	I	—	(400)	U 3
7055,4	Rn	I	—	(400)	U 3
6965,4	Ar	I	—	(400)	U 3
6902,5	F	I	—	(500)	U 3
6856,0	F	I	—	(1000)	U 2
6707,8	Li	I	3000R	200	U 1
6562,8	H	I	—	(3000)	U 2
6438,5	Cd	I	2000	1000	—
6402,2	Ne	I	—	(2000)	—
6362,3	Zn	I	1000	500	—
6249,9	La	I	300	—	U 1
6243,4	Al	II	—	800	V 3
6231,8	Al	II	—	35	—
6103,6	Li	I	2000R	300	U 3
5930,7	La	I	250	—	U 2

[1] Symbols U1, U2, V1, and V2 same as in Table 1.

| λ | El. | B | | [1] | λ | El. | B | | [1] |
		A	S (E)				A	S (E)	
5895,9	Na I	5000R	500R	U 2	4739,5	Zr I	100	—	—
5890,0	Na I	9000R	1000R	U 1	4739,0	Se I	—	(800)	U 5
5875,6	He I	—	(1000)	U 3	4730,8	Se I	—	(1000)	U 4
5870,9	Kr I	—	(3000)	U 2	4722,6	Bi I	1000	100	—
5852,5	Ne I	—	(2000)	—	4722,2	Zn I	400	300	—
5777,6	Ba I	500R	100R	U 2	4710,1	Zr I	60	—	—
5688,2	Na I	300	—	—	4704,9	Br II	—	(250)	V 1
5682,6	Na I	80	—	—	4696,2	S I	—	(15)	U 9
5679,6	N II	—	(500)	V 2	4695,4	S I	—	(30)	U 8
5676,0	N II	—	(100)	V 4	4694,1	S I	—	(50)	U 7
5666,6	N II	—	(300)	V 3	4687,8	Zr I	125	—	U 4
5608,8	Pb II	—	(40)	V 2	4685,8	He II	—	(300)	—
5570,3	Kr I	—	(2000)	U 3	4682,3	Ra II	—	(800)	V 2
5535,5	Ba I	1000R	200R	U 1	4680,1	Zn I	300	200	—
5519,0	Ba I	200	60	U 3	4674,8	Y I	80	100	U 1
5465,5	Ag I	1000R	500R	U 4	4671,2	Xe I	—	(2000)	U 2
5464,6	J II	—	(900)	—	4643,7	Y I	50	100	U 2
5460,7	Hg I	—	(2000)	—	4624,3	Xe I	—	(1000)	U 3
5455,1	La I	200	1	U 3	4607,3	Sr I	1000R	50R	U 1
5424,6	Ba I	100R	30R	U 4	4602,9	Li I	800	—	U 4
5400,6	Ne I	—	(2000)	—	4593,2	Cs I	1000R	50R	U 4
5350,5	Tl I	5000R	2000R	U 1	4555,3	Cs I	2000R	100	U 3
5291,0	CaF	200	—	—	4554,0	Ba II	1000R	200	V 1
5218,2	Cu I	700	—	U 3	4536,0	Ti I	40	20	—
5209,1	Ag I	1500R	1000R	U 3	4535,9	Ti I	40	20	—
5208,4	Cr I	500R	100	U 4	4535,6	Ti I	80	50	—
5206,0	Cr I	500R	200	U 5	4534,8	Ti I	100	40	—
5204,5	Cr I	400R	100	U 6	4533,2	Ti I	150	40	—
5183,6	Mg I	500	300	—	4524,7	Sn I	500	50	—
5172,7	Mg I	200	100	—	4518,6	Lu I	300	40	—
5167,3	Mg I	100	50	—	4511,3	In I	5000R	4000R	U 1
5161,2	J II	—	(300)	—	4501,0	Xe I	—	500	U 4
5153,2	Cu I	600	—	U 4	4454,8	Ca I	200	5	U 2
5105,5	Cu I	500	—	U 5	4435,0	Ca I	150	25	U 3
5007,2	Ti I	200	40	—	4434,3	Sm II	200	200	V 2
4999,5	Ti I	200	80	—	4425,4	Ca I	100	20	U 4
4991,0	Ti I	200	100	—	4424,4	Sm II	300	300	V 1
4981,7	Ti I	300	125	U 1	4420,5	Os I	400R	100	—
4962,3	Sr I	40	—	U 4	4408,5	V I	30R	20	—
4934,1	Ba II	400	400	V 2	4404,8	Fe I	1000	700	—
4889,1	Re I	2000	—	U 2	4391,1	Th II	50	40	—
4872,5	Sr I	25	—	U 3	4390,9	Sm II	150	150	—
4861,3	H I	—	(500)	U 3	4390,0	V I	80R	60R	—
4832,1	Sr I	200	8	U 2	4384,7	V I	125R	125R	—
4825,9	Ra I	—	(800)	U 1	4383,5	Fe I	1000	800	—
4819,5	Cl II	—	(200)	V 4	4381,9	Th II	30	30	—
4816,7	Br II	—	(300)	V 3	4379,2	V I	200R	200R	U 1
4815,5	S I	—	(800)	—	4374,9	Y II	150	150	—
4810,5	Zn I	400	300	—	4374,8	Rh I	1000	500	—
4810,1	Cl II	—	(200)	V 3	4358,3	Hg I	3000	500	—
4799,9	Cd I	300	300	—	4325,8	Fe I	1000	700	—
4794,5	Cl II	—	(250)	V 2	4314,1	Sc II	50	150	—
4785,5	Br II		(400)	V 2	4307,9	Fe I	1000R	800R	—
4772,3	Zr I	100	—	—	4305,9	Ti I	300	150	—
4742,2	Se I	—	(500)	U 6	4305,4	Sr II	40	—	—

| λ | El. | B | | 1) | A | El. | B | | 1) |
		A	S (E)				A	S (E)	
4303,6	Nd II	100	40	—	4079,7	Nb I	500	200	U 2
4302,1	W I	60	60	U 1	4078,0	Dy II	150R	100	—
4297,1	Tc I	500	300	—	4077,7	Sr II	400R	500	V 1
4294,6	W I	50	50	U 2	4077,4	La II	600	400	V 3
4290,9	Np	—	50	—	4074,4	W I	50	45	—
4289,7	Cr I	3000R	800R	U 3	4063,6	Fe I	400	300	—
4274,8	Cr I	4000R	800R	U 2	4062,8	Pr II	150	50	—
4271,8	Fe I	1000	700	—	4058,9	Nb I	1000	400	U 1
4267,3	C II	—	500	V 2	4057,8	Pb I	2000R	300R	U 1
4267,0	C II	—	350	V 3	4047,2	K I	400	200	U 4
4262,3	Tc I	400	200	—	4046,6	Hg I	200	300	—
4260,8	Os I	200	200	—	4046,0	Dy	150	12	—
4254,4	Cr I	5000R	1000R	U 1	4045,8	Fe I	400	300	—
4246,8	Sc II	80	500	—	4044,1	K I	800	400	U 3
4241,7	U II	40	50	—	4040,8	Ce II	70	5	—
4238,2	Tc I	300	150	—	4034,5	Mn I	250R	20	U 3
4226,7	Ca I	500R	50R	U 1	4033,1	Mn I	400R	20	U 2
4226,6	Ge I	200	50	—	4033,0	Ga I	1000R	500R	U 2
4225,3	Pr II	50	40	—	4030,8	Mn I	500R	20	U 1
4215,6	Rb I	1000R	300	U 4	4023,7	Sc I	100	25	U 3
4215,5	Sr II	300R	400	V 2	4020,4	Sc I	50	20	U 4
4211,8	Dy	200	—	—	4019,1	Th II	8	8	—
4207,7	Cm	1000	—	—	4012,4	Ce II	60	20	—
4205,0	Eu II	200R	50	—	4008,8	W I	45	45	U 3
4201,8	Rb I	2000R	500	U 3	4000,5	Dy	400	300	—
4189,5	Pr II	100	50	—	3999,0	Pm	—	1000	—
4186,6	Ce II	80	25	—	3998,6	Ti I	150	100	—
4183,1	Ac I	500	20	—	3995,3	Co I	1000R	20	—
4180,0	Ac I	1000	50	—	3989,7	Pu	—	100	—
4179,4	Pr II	200	40	—	3988,0	Yb I	1000R	500R	—
4177,5	Y II	50	50	—	3968,5	Ca II	500R	500R	V 2
4177,3	Nd	15	25	—	3961,5	Al I	3000	2000	U 1
4172,1	Ga I	2000R	1000R	U 1	3957,8	Pa	—	100	—
4168,0	Dy	50	—	—	3957,7	Pm	—	1000	—
4165,6	Ce II	40	6	—	3951,2	Nd II	40	30	—
4162,7	S II	—	(600)	—	3949,1	La II	1000	800	V 2
4137,6	Ce II	25	12	—	3944,0	Al I	2000	1000	U 2
4137,1	Nb I	100	60	U 5	3933,7	Ca II	600R	600R	V 1
4133,8	Ce II	35	8	—	3919,1	Pm	—	1000	—
4130,7	Ba II	50R	60	V 3	3911,8	Sc I	150	30	U 1
4129,7	Eu II	100R	50R	—	3910,3	Pm	—	1000	—
4123,8	Nb I	200	125	U 4	3907,5	Sc I	125	25	U 2
4123,2	La II	500	500	V 4	3907,2	Pu II	—	100	—
4121,3	Co I	1000R	25	—	3906,3	Er II	25	12	—
4118,8	Co I	1000R	—	—	3905,5	Si I	20	15	—
4111,8	V I	100R	100R	—	3903,0	Mo I	1000R	500R	U 3
4110,0	N I	—	(1000)	U 2	3893,1	Cf	—	700	—
4103,4	N III	—	(70)	—	3892,2	Pm	—	1000	—
4101,8	In I	2000R	1000R	U 2	3891,8	Ba II	18	25	V 4
4100,9	Nb I	300	200	U 3	3891,0	Ho	200	40	—
4099,9	N I	—	(150)	U 3	3888,6	He I	—	(1000)	U 2
4097,3	N III	—	(100)	—	3874,2	Tb	200	200	—
4093,2	Hf II	25	20	—	3864,1	Mo I	1000R	500R	U 2
4090,1	U II	25	40	—	3861,9	Po	500	—	—
4088,4	Ac II	2000	3000	—	3859,6	U II	20	30	—

λ	El.	B		[1]	λ	El.	B		[1]
		A	S (E)				A	S (E)	
3848,8	Tb	100	200	—	3605,3	Cr I	500R	400R	—
3838,3	Mg I	300	200	U 2	3602,4	Es	—	1000	—
3832,3	Mg I	250	200	U 3	3601,2	Zr I	400	15	U 1
3829,3	Mg I	100	150	U 4	3601,0	Th II	8	10	—
3829,2	Np	—	10	—	3600,7	Y II	100	300	—
3814,4	Ra II	—	(2000)	V 1	3596,2	Ru I	2000R	200	U 3
3801,5	Ce II	25	3	—	3593,5	Cr I	500R	400R	—
3799,4	Ru I	3000R	150	—	3581,2	Fe I	1000R	600R	—
3798,9	Ru I	3000R	150	—	3580,3	Nb I	100	300	—
3798,2	Mo I	1000R	1000R	U 1	3578,7	Cr I	500R	400R	—
3789,1	Cf	—	1000	—	3572,5	Sc II	30	50	—
3788,7	Y II	30	30	—	3572,5	Zr II	60	80	V 4
3785,6	Cf	—	700	—	3561,7	Tb	200	200	—
3775,7	Tl I	3000	1000R	U 2	3560,8	Ce II	300	2	—
3774,3	Y II	12	100	—	3554,4	Lu II	50	100	—
3768,4	Gd II	20	20	—	3552,2	U	8	12	—
3761,9	Tu II	200	120	—	3547,7	Es	—	300	—
3761,3	Tu II	250	150	—	3547,7	Zr I	200	12	U 2
3748,3	Fe I	500	200	U 4	3538,8	Th III	—	50	—
3748,2	Ho	60	40	—	3529,8	Co I	1000R	30	U 3
3745,9	Fe I	150	100	U 5	3528,0	Rh I	1000	150	—
3745,6	Fe I	500	500	U 3	3524,5	Ni I	1000R	100	—
3741,2	Th II	80	80	—	3519,6	Zr I	100	10	U 3
3737,1	Fe I	1000R	600	U 2	3519,2	Tl I	2000R	1000R	U 3
3734,9	Fe I	1000R	600	—	3516,9	Pd I	1000R	500R	—
3728,0	Ru I	9000R	300	—	3515,0	Ni I	1000R	50	—
3719,9	Fe I	1000R	700	U 1	3513,6	Ir I	100	100	U 2
3711,2	Bk	—	1000	—	3509,2	Tb	200	200	—
3710,3	Y II	80	150	V 1	3502,5	Rh I	1000	150	—
3694,2	Yb II	500R	1000R	—	3502,3	Co I	2000R	20	—
3692,6	Er II	20	12	—	3499,1	Er II	18	15	—
3692,4	Rh I	500	150	—	3498,9	Ru I	6000R	600	U 1
3683,5	Pb I	300	50	U 2	3496,2	Zr II	100	100	V 3
3681,2	Bk	—	3000	—	3493,0	Ni I	1000R	100	U 2
3672,6	U	8	15	—	3474,9	Sr II	80	50	—
3670,1	U II	15	18	—	3472,5	Lu II	50	150	—
3663,3	Hg I	500	400	U 5	3466,2	Cd I	1000	500	—
3658,0	Rh I	500	200	—	3465,8	Co I	2000R	25	U 2
3654,8	Hg I	—	(200)	U 4	3464,7	Re I	7000R	5000	—
3653,5	Ti I	500	200	U 2	3464,5	Sr II	200	200	—
3650,1	Hg I	200	500	U 3	3462,2	Tu II	250	200	—
3646,2	Gd II	200	150	—	3461,6	Ni I	800R	50	—
3642,8	Sc II	60	50	V 3	3460,5	Re I	1000	—	U 1
3642,7	Ti I	300	125	—	3453,5	Co I	3000R	200	U 1
3639,6	Pb I	300	50	—	3451,9	Re I	4000R	3000	—
3636,1	Tc I	400	200	—	3451,4	B II	—	100	V 2
3635,5	Ti I	200	100	—	3438,2	Zr II	250	200	V 2
3634,7	Pd I	2000R	1000R	U 3	3437,0	Ir I	20	15	—
3633,1	Y II	50	100	—	3436,7	Ru I	3000R	150	U 2
3630,7	Sc II	50	70	V 2	3434,9	Rh I	1000R	200R	U 1
3619,4	Ni I	2000R	150	—	3424,6	Re I	300	—	—
3613,8	Sc II	40	70	V 1	3421,2	Pd I	2000R	1000R	U 2
3613,8	W II	10	30	—	3414,8	Ni I	1000R	50	U 1
3610,5	Cd I	1000	500	—	3412,3	Co I	1000R	100	—
3609,5	Pd I	1000R	700R	—	3406,7	Ta	70	18	—

λ	El.	B		¹)	λ	El.	E		¹)
		λ	S (E)				A	S (E)	
3405,1	Co I	2000R	150	—	3158,9	Ca II	100	300	V 4
3404,6	Pd I	2000R	1000R	U 1	3134,7	Hf II	80	125	—
3403,6	Cd I	800	500	—	3133,3	Ir I	40	2	—
3397,0	Lu II	50	20R	—	3131,1	Be II	200	150	V 2
3396,8	Rh I	1000	500	—	3130,8	Nb II	100	100	—
3392,0	Zr II	300	400	V 1	3130,4	Be II	200	200	V 1
3383,8	Ti II	70	300R	—	3125,3	V II	80	200R	—
3382,9	Ag I	1000R	700R	U 2	3118,4	V II	70	200R	V 4
3380,7	Sr II	150	200	—	3110,7	V II	70	300R	V 3
3372,8	Ti II	80	400R	V 3	3102,3	V II	70	300R	V 2
3361,2	Ti II	100	600R	V 2	3094,2	Nb II	100	1000	V 1
3349,0	Ti II	125	800R	V 1	3093,1	V II	100R	400R	V 1
3345,0	Zn I	800	300	U 2	3092,7	Al I	1000	1000	U 3
3323,1	Rh I	1000	200	—	3082,2	Al I	800R	800R	U 4
3321,3	Be I	1000R	30	U 2	3072,9	Hf I	80	18	—
3321,1	Be I	100	15	U 3	3071,6	Ba I	100R	50R	U 5
3321,0	Be I	50	—	U 4	3067,7	Bi I	3000R	2000	U 1
3318,8	Ta I	125	35	—	3064,7	Pt I	2000R	300R	U 1
3311,2	Ta I	300	70	U 1	3058,7	Os I	500R	500	—
3303,0	Na I	300R	150R	U 4	3054,6	Pa	—	100	—
3302,6	Zn I	800	300	U 3	3053,5	Pa	—	100	—
3302,4	Na I	600R	300R	U 3	3050,8	Ni I	1000R	—	—
3301,6	Os I	500R	50	—	3039,4	In I	1000R	500R	U 4
3290,6	Th III	—	40	—	3039,1	Ge I	1000	1000	U 2
3289,4	Yb II	500R	1000R	—	3034,1	Sn I	200	150	—
3282,3	Zn I	500R	300	U 4	3020,6	Fe I	1000R	600R	—
3280,7	Ag I	2000R	1000R	U 1	3019,6	Cm	500	—	—
3274,0	Cu I	3000R	1500R	U 2	3009,1	Sn I	300	200	—
3269,5	Ge I	300	300	U 3	3003,2	Po I	2500	—	—
3267,9	Os I	400R	30	—	3002,5	Ni I	1000R	100	—
3267,5	Sb I	150	150	—	2998,0	Pt I	1000R	200R	—
3262,3	Sn I	400	300	U 3	2989,1	Bi I	250	100	—
3262,3	Os I	500R	50	—	2976,6	Ru II	50	200	—
3261,1	Cd I	300	300	—	2969,3	Am II	—	1000	—
3258,6	In I	500R	300R	U 5	2965,6	Ru II	75	200	—
3256,1	In I	1500R	600R	U 3	2947,0	W I	20	18	—
3247,5	Cu I	5000R	2000R	U 1	2945,7	Ru II	100	500	—
3242,7	Pd I	2000	600R	—	2944,4	W I	30	20	—
3242,3	Y II	60	100	—	2943,6	Ga I	10	20R	U 3
3237,0	Tc II	200	400	—	2940,8	Hf I	60	12	—
3234,5	Ti II	100	500R	—	2938,3	Bi I	300	300	—
3232,7	Li I	1000R	500	U 2	2929,8	Pt I	800R	200	—
3232,5	Sb I	150	250	—	2924,8	Ir I	25	15	—
3229,8	Tl I	2000	800	—	2918,3	Tl I	400R	200R	—
3225,5	Nb II	150	800	—	2916,5	Hf I	50	15	—
3220,8	Ir I	100	30	U 1	2911,4	Lu	100	300	—
3215,6	W I	10	9	—	2909,1	Mo II	25	40	V 5
3212,0	Tc II	80	300	—	2909,1	Os I	500R	400	U 1
3195,0	Nb II	30	300	—	2904,4	Hf I	30	6	—
3185,4	V I	500R	400R	U 2	2898,7	As I	25R	40	—
3184,0	V I	500R	400R	—	2898,2	Hf I	50	12	—
3183,4	V I	200R	100R	—	2898,0	Bi I	500R	500R	U 2
3179,3	Ca II	100	400	V 3	2894,8	Lu I	60	200	—
3175,0	Sn I	500	400	—	2891,0	Mo II	30	50	V 4
3163,4	Nb II	15	8	—					

λ	El.	B A	S (E)	¹)	λ	El.	B A	S (E)	¹)
2881,6	Si I	500	400	U 1	2664,8	Ir I	200	50	—
2877,9	Sb I	250	150	—	2663,3	Po	700	—	—
2874,2	Ga I	10	15R	U 4	2659,4	Pt I	2000R	500R	U 2
2871,5	Mo II	100	100	V 3	2658,7	Pd II	20	300	—
2863,3	Sn I	300R	300R	U 2	2653,3	Ta I	200	15	—
2861,0	Cr II	60	100	V 5	2651,6	Ge I	30	20	—
2860,4	As I	50R	50	—	2651,2	Ge I	40	20	—
2855,7	Cr II	60	200	V 4	2650,7	Be I	25	—	U 5
2854,6	Pd II	4	500	—	2647,5	Ta I	200	10	—
2852,1	Mg I	300R	100R	U 1	2647,0	Tc II	300	600	—
2849,8	Cr II	80	150R	V 3	2641,4	Hf II	40	125	—
2849,7	Ir I	40	20	—	2639,7	Ir I	100	15	—
2848,2	Mo II	125	200	V 2	2635,9	Ta I	50	—	—
2843,2	Cr II	125	400R	V 2	2631,6	Al II	—	60	—
2840,0	Sn I	300R	300R	U 1	2626,4	Ac III	20	5000	—
2837,6	C II	—	40	V 5	2614,2	Pb I	200R	80	—
2837,3	Th	15	10	—	2610,0	Tc II	400	800	—
2836,7	C II	—	200	V 4	2605,7	Mn II	100R	500R	V 3
2835,6	Cr II	100	400R	V 1	2599,4	Fe II	1000	1000	—
2833,1	Pb I	500R	80R	—	2598,1	Sb I	200	100	—
2832,3	Am II	—	5000	—	2593,7	Mn II	200R	1000R	V 2
2830,3	Pt I	1000R	600R	—	2592,5	Ge I	20	15	—
2824,4	Ir I	20	15	—	2589,2	W II	15	25	—
2820,2	Hf II	40	100	—	2576,1	Mn II	300R	2000R	V 1
2816,2	Al II	10	100	V 2	2572,9	Cd II	3	150	—
2816,2	Mo II	200	300	V 1	2558,0	Po I	1500	—	—
2809,6	Bi I	200	100	—	2558,0	Zn II	10	300	V 3
2802,7	Mg II	150	300	V 2	2554,9	P I	—	500	—
2802,1	Au II	—	200	—	2553,3	P I	80	(600)	U 3
2802,0	Pb I	250R	100	—	2544,0	Ir I	200	100	—
2801,1	Mn I	600R	60	—	2543,2	Tc II	500	1000	—
2798,3	Mn I	800R	80	—	2536,5	Hg I	2000R	1000R	U 2
2795,5	Mg II	150	300	V 1	2535,6	P I	—	(700)	U 2
2794,8	Mn I	1000R	5	—	2534,0	P I	—	(500)	—
2780,5	Bi I	200	100	—	2530,7	Te I	—	(30)	—
2780,2	As I	75R	75	U 5	2528,5	Sb I	300R	200	—
2773,4	Hf II	25	60	—	2528,5	Si I	400	500	U 2
2769,7	Te I	—	30	—	2524,1	Si I	400	400	—
2767,9	Tl I	400R	300R	—	2519,8	Co II	40	200	—
2755,7	Fe II	300	100	—	2516,9	Hf II	35	100	—
2754,6	Ge I	30	20	—	2516,1	Si I	500	500	U 3
2749,3	Fe II	30	30	—	2514,3	Si I	300	200	—
2748,6	Cd II	5	200	—	2513,0	Hf II	25	70	—
2734,0	Pt I	1000	200	—	2506,9	Si I	300	200	U 4
2714,7	Ta I	200	8	—	2505,7	Pd II	3	30	—
2712,4	Ru II	100	300	—	2502,0	Zn II	20	400	V 4
2709,6	Ge I	30	20	—	2498,8	Pd II	4	150	—
2702,4	Pt I	1000	300	—	2497,7	B I	500	400	U 1
2694,2	Ir I	150	50	—	2496,8	B I	300	300	U 2
2692,1	Ru II	250	400	—	2488,9	Pd II	10	30	—
2685,1	Ta	15	25	—	2483,3	Fe I	500R	50	—
2678,8	Ru II	300	800	—	2478,6	C I	400	(400)	U 2
2676,0	Au I	250R	100	U 2	2456,5	As I	100R	8	U 4
2675,9	Ta II	150	200	—	2450,1	Po I	1500	—	—
2669,2	Al II	3	100	V 1	2437,8	Ag II	60	500	V 2

λ	El.	B		1)	λ	El.	B		1)
		A	S (E)				A	S (E)	
2428,0	Au I	400R	100	U 1	2286,2	Co II	40	300	V 1
2413,3	Fe II	60	100	V 5	2276,6	Bi I	100R	40	—
2410,5	Fe II	50	70	V 4	2270,2	Ni II	100	400	V 2
2404,9	Fe II	50	100	V 3	2265,0	Cd II	25	300	V 2
2397,1	W II	18	30	—	2264,5	Ni II	150	400	V 3
2395,6	Fe II	50	100	V 2	2253,9	Ni II	100	300	V 4
2388,9	Co II	10	35	—	2247,0	Cu II	30	500	V 3
2385,8	Te I	120	(60)	U 2	2246,4	Ag II	25	300	V 3
2383,2	Te I	100	(60)	U 3	2244,0	At	—	—	—
2382,1	Fe II	40R	100R	V 1	2203,5	Pb II	50	5000R	V 1
2378,6	Co II	25	50	—	2192,3	Cu II	25	500	V 2
2370,8	As I	50R	3	—	2175,8	Sb I	300	40	U 2
2369,7	As I	40R	20	—	2162,2	At	—	—	—
2363,8	Co II	25	50	—	2170,0	Pb I	1000R	1000R	—
2349,8	As I	250R	18	U 3	2144,4	Cd II	50	200R	V 1
2348,6	Be I	2000R	50	U 1	2142,8	Te I	120	—	—
2335,3	Ba II	60R	100R	—	2138,6	Zn I	800R	500	U 1
2312,8	Cd II	1	200	—	2136,0	Cu II	25	500	V 1
2311,5	Sb I	150R	50	—	2068,3	Sb I	300R	3	U 1
2307,9	Co II	25	50	—	2062,8	Se I	—	(800)	U 3
2304,2	Ba II	60R	80R	—	2062,4	J	—	(900)	—
2296,9	C III	—	200	—	2061,9	Zn II	100	100	V 2
2288,1	As I	250R	5	U 3	2061,7	Bi I	300R	100	—
2288,0	Cd I	1500R	300R	U 1	2039,8	Se I	—	(1000)	U 2
2287,1	Ni II	100	500	V 1	2025,5	Zn II	200	200	V 1

3. LINES OF HYDROGEN ISOTOPES (BALMER SERIES)

H		D		T[1)	
6562,80	3889,06	6561,00	3887,99	6560,49	3887,69
4861,33	3835,40	4859,99	3834,35	4859,61	3834,05
4340,47	3797,91	4339,28	3796,87	4338,94	3796,57
4101,74	3770,63	4100,62	3769,62	4100,30	3769,33
3970,07	3750,15	3968,99	3749,15	3968,68	3748,86

4. WAVELENGTH STANDARDS

Fe

Wavelengths for 15°C and air pressure of 760 mm Hg

2100,795	2139,695	2163,368	2187,192	2240,627	2270,8601
2102,349	2141,715	2163,860	2191,202	2245,651	2271,781
2108,955	2145,188	2164,547	2196,040	2248,858	2272,0670
2110,233	2147,787	2165,861	2200,7227	2249,177	2274,0085
2112,966	2150,182	2172,581	2201,117	2253,1251	2276,0247
2115,168	2151,099	2173,212	2207,068	2255,861	2277,098
2130,962	2153,004	2176,837	2210,686	2259,511	2279,922
2132,015	2154,458	2180,866	2211,234	2260,079	2283,653
2135,957	2157,792	2183,979	2228,1704	2264,3894	2284,087
2138,589	2161,577	2186,890	2231,211	2265,053	2287,2477

[1] Wavelengths calculated by the formula for isotope shift relative to wavelengths of deuterium are given for tritium.

2287,632	2562,5348	2965,2551	3399,8343	5232,948	8085,200
2291,122	2575,7442	2981,4448	3401,5196	5266,564	8096,874
2292,5227	2576,1033	2987,2919	3407,4608	5371,493	8198,951
2293,8454	2584,5349	2990,3923	3413,1335	5405,779	8207,767
2294,4059	2585,8753	2999,5123	3427,1207	5434,527	8220,406
					8232,347
2296,9247	2598,3689	3003,0311	3443,8774	5455,613	8239,130
2297,785	2611,8725	3009,5698	3445,1506	5497,520	8248,151
2299,2180	2613,8240	3015,9129	3465,8622	5506,783	8293,527
2300,1397	2617,6160	3024,0330	3476,7035	5569,626	8327,063
2301,6818	2621,6690	3030,1491	3485,3415	5586,763	
					8331,941
2303,4225	2625,6663	3037,3891	3490,5746	5615,652	8339,431
2303,579	2628,2923	3040,4281	3497,8418	5658,825	8360,822
2308,9971	2635,8082	3047,6059	3513,821	5709,396	8365,642
2313,1022	2643,9972	3055,2631	3556,882	5763,013	8387,781
2320,3561	2647,5576	3057,4452	3606,682	5857,759Ni	
					8439,603
2327,3940	2651,7059	3059,0874	3640,392	5892,882Ni	8468,413
2331,3067	2662,0563	3067,2433	3676,314	6027,058	8514,075
2332,7972	2673,2127	3075,7204	3677,630	6065,489	8526,685
2338,0052	2679,0608	3083,7419	3724,381	6137,697	8582,267
2344,2802	2689,2117	3091,5777	3753,615	6191,563	
					8611,807
					8621,612
2354,8888	2699,1060	3116,6329	3805,346	6230,729	8661,908
2359,1039	2706,5812	3125,653	3843,261	6265,141	8674,751
2359,997	2711,6548	3134,1113	3850,820	6318,023	8688,633
2360,294	2714,413	3143,9896	3865,527	6335,338	
2362,019	2718,4352	3157,0388	3906,482	6393,606	8757,192
					8764,000
2364,8269	2723,5770	3160,6582	3907,937	6430,852	8793,376
2366,592	2727,540	3175,4465	3935,816	6494,985	8804,624
2368,595	2735,473	3178,0137	3977,744	6546,245	8824,227
2370,497	2739,5467	3184,8948	4021,870	6592,920	
2371,4285	2746,4833	3191,6583	4076,638	6677,994	8838,433
					8866,961
2374,517	2746,9823	3196,9288	4118,549	6750,157	8945,204
2375,193	2749,325	3200,4744	4134,680	7164,469	8975,408
2379,2756	2755,7366	3205,3992	4147,673	7187,341	8999,561
2380,7591	2763,1078	3215,9398	4191,436	7207,406	
2384,386	2767,5208	3217,3796	4233,609	7389,425	9012,098
					9079,599
2388,6270	2778,2205	3222,0682	4282,406	7401,689	9088,326
2389,9713	2781,8347	3225,7883	4315,087	7411,178	9089,413
2399,2396	2797,7751	3236,2226	4375,933	7418,674	9118,888
2404,430	2804,5200	3239,4362	4427,313	7445,776	
2406,6593	2806,9840	3244,1887	4466,556	7495,088	9147,800
					9210,030
					9258,30
2410,5172	2813,2861	3254,3628	4494,568	7511,045	9350,46
2411,0663	2823,2753	3257,5937	4531,152	7531,171	9359,420
2413,3087	2832,4350	3271,0014	4547,851	7568,925	
2431,025	2838,1193	3280,2613	4592,655	7583,796	9362,370
2438,1811	2845,5945	3284,5892	4602,945	7586,044	9372,900
					9430,08
2442,5674	2851,7970	3286,7538	4647,437	7620,538	9513,24
2443,8707	2863,864	3298,1328	4691,414	7661,223	9569,960
2447,7086	2869,3075	3305,971	4707,282	7664,302	
2453,4746	2874,1722	3306,356	4736,782	7710,390	9626,562
2457,5956	2877,3005	3314,7421	4789,654	7748,281	9653,143
					9738,624
2465,1479	2894,5050	3323,7374	4878,219	7780,586	9753,129
2468,8782	2895,0352	3328,8669	4903,318	7832,224	9763,450
2474,8131	2899,4156	3337,6655	4919,001	7912,866	
2487,0643	2912,1581	3340,5659	5001,872	7937,166	9763,913
2496,5324	2920,6906	3347,9262	5012,072	7945,878	9800,335
					9861,793
2507,8987	2929,0081	3355,2285	5049,825	7994,473	9889,082
2519,6279	2941,3430	3370,7845	5083,343	7998,972	10065,080
2530,6938	2953,9400	3380,1111	5110,414	8028,341	
2542,1007	2957,3654	3383,9808	5167,491	8046,073	10145,601
2551,0936	2959,9924	3396,9772	5192,353	8080,668	10216,351

He

2945,104	3888,646	4387,928	5047,736	10829,081
3187,743	3964,727	4471,479	5875,620	10830,250
3613,641	4026,189	4713,143	6678,149	10830,341
3705,003	4120,812	4921,928	7065,188	
3819,606	4143,759	5015,675	7281,349	

Ne

3369,8086	4540,376	4827,338	5210,573	6029,9968	8377,6069
3369,9081	4552,598	4827,587	5222,351	6074,3376	8418,4274
3375,6498	4565,888	4837,3118	5234,028	6096,1630	8495,3602
3417,9036	4573,759	4852,655	5298,190	6128,4507	8591,2584
3418,0066	4575,060	4863,074	5304,756	6143,0627	8634,6480
3423,9127	4582,035	4865,505	5326,396	6163,5937	8654,3835
3447,7029	4582,450	4866,476	5330,777	6182,146	8679,491
3450,7653	4609,910	4884,915	5341,092	6217,2812	8681,920
3454,1952	4614,391	4892,090	5343,284	6266,4952	8780,6221
3460,5245	4617,837	4928,235	5355,422	6304,7893	8783,755
3464,3389	4628,309	4939,041	5360,012	6334,4276	8853,866
3466,5786	4636,125	4944,987	5374,975	6382,9914	8865,759
3472,5711	4636,634	4957,0334	5400,5620	6402,247	9486,680
3498,0644	4645,416	4957,122	5433,649	6506,5277	9535,167
3501,2165	4649,904	4994,930	5448,508	6532,8824	9665,424
3510,7214	4656,3923	5005,160	5562,769	6598,9528	
3515,1908	4661,104	5011,003	5656,6585	6678,2766	
3520,4717	4670,884	5022,870	5662,547	6717,0430	
3593,5259	4678,218	5031,3484	5689,8164	6929,4679	
3593,6398	4679,135	5037,7505	5719,2254	7024,0508	
3600,1693	4687,671	5074,200	5748,299	7032,413	
3609,1793	4704,395	5080,383	5764,418	7059,109	
3633,6646	4708,854	5104,705	5804,4488	7173,9389	
3682,2428	4715,344	5113,675	5820,1550	7245,1668	
3685,7359	4725,145	5116,502	5852,4878	7438,8989	
3701,2250	4749,572	5122,257	5872,828	7488,872	
3754,2160	4752,7313	5144,9376	5881,8950	7535,775	
4466,807	4758,728	5151,963	5902,4634	7544,046	
4475,656	4780,338	5154,422	5906,429	7943,1802	
4483,190	4788,9258	5156,664	5913,633	8082,4582	
4488,0928	4790,218	5188,612	5944,8340	8118,5495	
4500,182	4800,111	5193,130	5965,474	8136,4059	
4517,736	4810,0625	5193,224	5974,628	8259,380	
4525,764	4817,636	5203,8950	5975,5343	8266,076	
4537,751	4821,924	5208,863	5987,9069	8300,3258	

Ar

3319,3446	3690,8957	4158,5906	4272,1690	4596,0970	5252,786
3373,481	3770,3688	4164,1800	4300,1011	4628,4410	5421,346
3393,7517	3781,3609	4181,8838	4333,5612	4702,3164	5451,650
3461,0780	3834,6785	4190,7127	4335,3380	4752,9381	5495,8720
3554,3061	3894,6602	4191,0296	4345,1682	4768,6716	5506,112
3567,6565	3947,5043	4198,3170	4363,7936	4876,2596	5558,702
3606,5224	3948,9788	4200,6751	4423,9936	4887,9465	5572,548
3632,6837	4044,4182	4251,1852	4510,7333	5162,2845	5606,732
3634,4605	4045,9658	4259,3618	4522,3238	5187,7458	5650,7034
3649,8324	4054,5254	4266,2867	4589,2884	5221,270	5739,517

5834,263	6170,183	7383,9800	8053,307	9354,218
5860,315	6173,106	7503,867	8103,6922	9657,7841
5888,592	6416,315	7514,652	8115,311	9784,5010
5912,084	6752,832	7635,1054	8264,5209	10470,051
5928,805	6965,4303	7723,760	8408,208	
6032,124	7030,262	7724,2064	8424,647	
6043,230	7067,2174	7891,075	8521,4407	
6052,721	7147,041	7984,1755	8667,9432	
6059,373	7272,9357	8006,1556	9122,9662	
6105,645	7372,117	8014,7856	9224,498	

Kr

3424,9433	3615,4755	3800,5437	4273,9696	4416,8838	5570,2872
3431,7217	3628,1570	3812,2155	4282,967	4418,7626	5870,9137
3434,1423	3632,4896	3837,7028	4302,4455	4425,1908	6456,290
3495,9900	3665,3259	3837,8162	4318,552	4453,9174	7587,414
3502,5537	3668,7363	3845,9778	4319,580	4463,690	7601,544
3503,8981	3679,5609	3982,1699	4355,478	4502,354	
3511,8963	3679,6111	3991,0797	4362,6422	4550,2985	
3522,6747	3698,0452	3991,2581	4376,122	4807,065	
3539,5416	3773,4241	4184,4726	4399,969	4812,6367	
3540,9538	3796,8839	4263,2881	4410,3685	5562,224	

5. PROVISIONAL WAVELENGTH STANDARDS IN VACUUM REGION

2000,352	Cu	II	1846,014	N	II	1745,249	N	I	1657,900	C	I
1989,861	Cu	II	1844,304	N	II	1743,322	N	II	1657,541	C	I
1979,963	Cu	II	1842,066	N	II	1742,730	N	I	1657,378	C	I
1973,4837	Ar	II	1839,995	Si	I	1741,581	Ni	III	1657,243	C	I
1970,497	Cu	II	1833,637	Mn	II	1740,321	N	II	1657,001	C	I
1965,456	Ni	II	1833,264	C		1736,582	Si	I	1656,923	C	I
1961,3610	Ar	II	1831,973	N	II	1735,714	Ni	III	1656,454	C	I
1944,601	Cu	II	1830,458	N	II	1733,537	Mn	II	1656,260	C	I
1942,273	Hg	II	1820,336	Hg	II	1732,142	Hg	II	1654,055	C	I
1941,0724	Ar	II	1816,921	Si	II	1730,874	N	I	1653,644	Hg	II
1930,897	Cl		1808,003	Si	II	1729,325	W		1649,932	Hg	II
1909,5689	Ar	II	1807,303	N	II	1727,332	Si	I	1640,474	He	II
1900,284	Hg	II	1803,888	Hg	II	1725,281	Mn	II	1640,342	He	II
1880,969	Si	I	1798,011	W		1724,575	W		1636,720	Mn	II
1870,547	Hg	II	1796,897	Hg	II	1721,081	C	II	1630,180	Si	I
1869,548	Hg	II	1791,622	Mn	II	1720,158	C	II	1629,931	Si	I
1867,590	N	II	1787,805	Si	I	1715,291	Ni	III	1629,830	N	II
1864,792	W		1782,817	Na	III	1714,388	Mn	II	1629,366	Si	I
1864,742	N	II	1782,373	Mn	II	1707,397	Hg	II	1613,251	He	II
1862,806	N	II	1777,051	W		1704,558	Si	I	1605,321	He	II
1861,750	Si	I	1775,677	Hg	I	1702,805	Si	I	1602,598	C	I
1859,406	Ni	I	1774,941	Si	I	1702,733	Hg	II	1592,245	Si	I
1857,956	Ni	I	1771,493	Ni	III	1700,898	Mn		1589,607	Si	I
1857,009	Mn	II	1769,658	Si	I	1700,522	Si	I	1574,035	N	II
1853,260	Si	I	1765,843	W		1693,756	Si	I	1561,433	C	I
1851,593	Mn	II	1760,8191	C	II	1689,593	Ni	III	1561,339	C	I
1850,665	Si	I	1760,3954	C	II	1676,913	Si	I	1560,687	C	I
1849,4918	Hg	I	1756,826	Ni	III	1676,041	Ni	III	1560,308	C	I
1849,380	Ni	I	1753,113	Si	I	1672,405	Hg	II	1550,790	C	IV
1848,237	Si	I	1749,771	Si	I	1658,123	C	I	1548,214	C	IV

λ	El.		λ	El.		λ	El.		λ	El.	
1515,819	W		1280,852	C	I	1177,691	N	I	1025,298	He	II
1515,124	W		1280,604	C	I	1176,626	N	I	1010,374	C	II
1509,760	W		1280,403	C	I	1176,370	C	III	1010,092	C	II
1504,474	Hg	III	1280,340	C	I	1176,504	N	I	1009,862	C	II
1494,670	N	I	1280,140	C	I	1175,986	C	III	999,494	O	I
1492,824	N	I	1279,897	C	I	1175,716	C	III	992,361	He	II
1492,630	N	I	1279,230	C	I	1175,582	C	III	990,797	O	I
1485,600	Si	II	1277,727	C	I	1175,259	C	III	990,207	O	I
1483,034	Ni	III	1277,551	C	I	1174,934	C	III	990,132	O	I
1481,760	C	I	1277,279	C	I	1170,276	N	I	989,804	N	III
1470,082	C	I	1276,754	N	II	1169,692	N	I	988,776	O	I
1469,844	C I; Ni III		1268,8246	198Hg		1168,537	N	I	988,661	O	I
1467,405	C	I	1265,001	Si	II	1168,334	N	I	977,967	O	I
1466,723	N	I	1261,561	C	I	1167,449	N	I	977,020	C	III
1463,838	C		1261,430	C	I	1164,322	N	I	972,532	H	
1463,346	C	I	1261,128	C	I	1163,884	N	I	972,109	He	II
1459,034	C	I	1261,000	C	I	1158,138	C	I	965,0415	N	I
1454,845	Ni	III	1260,930	C	I	1158,030	C	I	964,6258	N	I
1439,094	Si	II	1260,738	C	I	1152,149	O	I	963,9904	N	I
1435,5031	198Hg		1259,523	C	I	1141,745	C	II	958,696	He	II
1433,287	Mn	II	1259,2418	198Hg		1141,623	C	II	955,4376	N	I
1411,948	N	I	1253,816	C	I	1139,343	C	II	955,2647	N	I
1411,070	Mn	II	1251,164	Si	II	1134,981	N	I	953,658	N	I
1402,6190	198Hg		1250,5637	198Hg		1134,420	N	I	953,415	N	I
1393,322	Hg	III	1248,426	Si	II	1134,172	N	I	952,5231	N	I
1370,136	N	II	1247,387	C	III	1101,293	N	I	952,4151	N	I
1364,165	C	I	1246,738	Si	II	1100,362	N	I	952,3037	N	I
1361,267	Hg	II	1243,309	N	I	1099,259	Hg	II	950,114	O	I
1357,140	C	I	1243,179	N	I	1099,153	N	I	949,742	H	
1355,598	O	I	1235,8371	198Hg		1098,264	N	I	949,326	He	II
1354,292	C	I	1232,2293	198Hg		1098,103	N	I	945,566	C	I
1350,074	Hg	II	1229,172	N	I	1097,990	N	I	945,336	C	I
1335,7077	C	II	1228,790	N	I	1097,245	N	I	945,193	C	I
1335,6625	C	II	1228,410	N	I	1096,749	N	I	937,799	H	
1335,184	Hg		1225,372	N	I	1096,322	N	I	935,183	O	I
1334,5323	C	II	1225,028	N	I	1095,940	N	I	932,0528	Ar	II
1331,737	Hg	II	1222,3711	198Hg		1085,707	N	II	919,7815	Ar	II
1329,6001	C	I	1220,3672	198Hg		1085,546	N	II	916,708	N	II
1329,5777	C	I	1217,645	O	I	1085,442	N	II	915,612	N	II
1329,0999	C	I	1215,662	H		1084,970	He	II	910,6456	N	I
1329,0861	C	I	1215,167	He	II	1084,910	He	II	910,2785	N	I
1328,8332	C	I	1215,086	He	II	1084,580	N	II	909,6976	N	I
1327,927	N	I	1213,9035	198Hg		1083,990	N	II	906,722	N	I
1326,572	N	I	1212,6478	198Hg		1070,821	N	I	906,426	N	I
1323,94	C	II	1208,2242	198Hg		1069,984	N	I	906,202	N	I
1321,712	Hg	II	1207,3784	198Hg		1068,476	N	I	905,829	N	I
1319,684	N	I	1203,6237	198Hg		1067,607	N	I	904,4800	C	II
1319,003	N	I	1200,7113	N	I	1066,660	Ar	I	904,1415	C	II
1317,221	Ni	II	1200,2238	N	I	1066,138	C	II	903,9617	C	II
1316,287	N	I	1199,718	N	I	1065,895	C	II	903,6235	C	II
1311,365	C	I	1199,5491	N I; C I		1048,218	Ar	I	898,956	O	III
1310,952	N	I	1194,496	Si I; C I		1041,688	O	I	893,079	Hg	II
1310,548	N	I	1194,060	C	I	1040,941	O	I	888,363	N	I
1309,278	Si	II	1193,674	C	I	1039,233	O	I	888,019	N	I
1307,7509	198Hg		1193,388	C	I	1037,627	O	VI	887,404	Ar	III
1306,0286	O	I	1193,243	C	I	1037,0181	C	II	883,179	Ar	III
1304,8575	O	I	1193,013	C	I	1036,3367	C	II	879,622	Ar	III
1302,1686	O	I	1189,628	N	I	1028,162	O	I	878,728	Ar	III
1301,0103	198Hg		1189,244	N	I	1027,433	O	I	875,534	Ar	III
1288,430	C	I	1188,972	N	I	1025,728	H		875,092	N	I

λ			λ			λ			λ		
871,099	Ar	III	723,3607	Ar	II	599,594	O	III	576,7361	Ar	II
858,5590	C	II	718,0902	Ar	II	597,7003	Ar	II	573,3621	Ar	II
858,0919	C	II	697,9415	Ar	II	595,0244	C	II	572,0138	Ar	II
835,293	O	III	693,3015	Ar	II	595,0222	C	II	560,4387	C	II
834,467	O	II	691,0377	Ar	II	594,8000	C	II	560,4366	C	II
833,749	O	III	686,4888	Ar	II	583,4368	Ar	II	560,2396	C	II
833,332	O	II	636,2514	C	II	580,974	O	II	547,4603	Ar	II
832,762	O	II	635,9948	C	II	580,2634	Ar	II	543,2036	Ar	II
796,667	O	II	617,060	O	II	578,6046	Ar	II	530,4951	Ar	II
775,966	N	II	616,304	O	II	578,1068	Ar	II	528,6509	Ar	II
730,9290	Ar	II	602,8581	Ar	II	577,0859	C	II	526,4971	Ar	II
725,5480	Ar	II	600,585	O	II	576,8748	C	II	524,6805	Ar	II

6. ABSOLUTE VALUES OF OSCILLATOR STRENGTHS
FOR SOME LINES OF SELECTED ELEMENTS

λ	lg (gf)	λ	lg (gf)	λ	lg (gf)	λ	lg (gf)
1 H I		**3 Li I**		3321,2	—0,51	**5 B III**	
				2650,6	0,62		
18751,0	1,18	8126,4	—0,16	2494,6	0,15	4487,46	0,95
12818,1	0,43	6707,8	0,178			4243,60	0,48
10938,1	0,00	6103,6	0,60	**4 Be II**		2067,23 }	—0,14
10049,4	—0,30	4971,7	—1,13			2065,77 }	
6562,80	0,71	4602,9	—0,14	4673,46	1,01	758,60	—0,55
				4360,9	0,49		
4861,32	—0,02	4273,1	—1,60	3274,64	—0,86	677,09	0,59
4340,46	—0,45	4132,6	—0,57	3130,6	0,00	518,25	—0,52
4101,73	—0,75	3985,5	—1,92	1776,2	—0,40		
1215,67	—0,08	3232,63	—1,96				
1025,72	—0,80			1512,4	0,59	**6 C I**	
		3 Li II		1036,27	—0,79		
992,54	—1,24					10691,2	0,33
949,74	—1,55	5484,8	—0,03			10685,3	—0,29
		4881,3	—0,12	**5 B I**		10683,1	0,06
		4156,3	—0,57			9658,49	—0,30
		3684,1	—0,25	2497,72	—0,35	9111,83	—0,40
2 He I		2674,43	—0,73	2496,77	—0,66		
				2089,57	—0,07	9094,89	0,07
10830,34 }		199,28	—0,34	2088,84	—0,33	9088,57	—0,51
10830,25 }	0,21	178,02	—0,96			9078,32	—0,64
10830,09 }						9062,53	—0,51
7065,71	—0,20					9061,48	—0,40
5875,97 }		**4 Be I**		**5 B II**			
	0,74					5793,51	—2,08
5875,62 }		8254,10	—0,41	4121,95	1,14	2478,57	—1,03
5015,68	—0,82	4572,67	—0,24	3451,41	0,29	1930,90	—0,39
4471,48	0,05	4407,91	—1,58	1624,37	—0,39	1657,00	—0,19
3888,65	—0,71	3813,40	—0,60	1623,99	0,18	1561,43	—0,41
3187,74	—1,16	3515,54	—0,91	1362,46	0,04		

λ	lg (gf)	λ	lg (gf)	λ	lg (gf)	λ	lg (gf)
1481,77	—1,26	459,46	—0,38	3995,00	0,28	335,05	0,20
1463,33	—0,33	386,20	—0,59	1085,70	—0,15	322,72	—0,53
1431,60	—0,49	371,76	—0,23	1085,54	—0,90	283,58	0,44
1329,59	—0,84	371,69	—0,41	1084,57	—0,30	283,47	0,15
1329,11	—1,53			916,70	0,04		
						8 O I	
1277,62	—0,58	**7 N I**		916,00	—0,36		
1277,27	—0,85			915,96	—0,65	8820,45	0,33
945,57	0,13			915,60	—0,64	8232,99	—0,10
945,34	—0,10	7468,31	—0,27	660,28	0,18	8230,01	0,03
945,19	—0,57	7442,30	—0,45	645,17	0,06	8221,84	0,38
		6644,96	—0,91			7995,12	0,28
		5328,70	—2,06	644,82	—0,16		
6 C II		4935,03	—1,94	644,62	—0,64	7987,00	0,01
				574,65	0,08	7982,41	—0,34
7236,19	0,32	4151,46	—1,87			7952,12	0,17
7231,12	0,07	4109,96	—1,21			7950,83	0,34
6582,85	—0,21	1745,25	—0,75			7947,56	0,50
6578,03	0,10	1742,73	—0,40	**7 N III**			
4267,27	0,73	1494,67	—0,48			7775,40	—0,04
				4867,18	0,35	7774,18	0,19
4267,02	0,58	1492,62	—0,11	4861,33	0,18	7771,96	0,33
3920,68	—0,24	1326,63	—1,72	4858,88	0,00	7479,06	0,11
3880,59	—0,81	1319,72	—0,86	4858,74	—0,20	7476,45	0,38
3876,67	—0,62	1310,97	—0,87	4514,89	0,24		
3876,41	0,74	1310,54	—0,70			7156,80	0,26
				4510,92	0,10	6456,01	—0,98
3876,19	0,86	1200,71	—0,62	4200,02	0,20	6454,48	—1,13
3876,05	0,49	1200,23	—0,34	4195,70	—0,05	6453,64	—1,35
2836,71	—0,77	1199,55	—0,15	4103,37	—0,31	6158,20	—0,33
2512,03	—0,26	1134,98	—0,59	4097,31	—0,01		
2509,11	—0,50	1134,42	—0,71			6156,78	—0,48
				3367,36	0,09	6155,99	—0,70
1335,71	—0,02			2063,99	0,86	6046,34	—1,42
1334,53	—0,28	**7 N II**		2063,50	0,75	5436,83	—1,50
1335,66	—0,97			1885,25	0,95	5435,76	—1,65
1065,88	—0,31	6610,58	0,43	1751,75	—0,15		
1010,37	0,00	5941,67	0,32			5330,66	—1,01
		5931,79	0,05	1747,86	—0,40	5329,59	—1,20
1010,07	—0,18	5710,76	—0,48	1006,01	—0,26	5328,98	—1,37
1009,85	—0,48	5686,21	—0,47	991,58	—0,19	4368,30	—1,77
904,14	0,23			989,79	—0,43	3947,33	—1,94
858,60	—0,74	5679,56	0,28	772,89	—0,29		
687,36	—0,03	5676,02	—0,35			1217,64	—0,88
		5666,64	0,01	772,38	0,01	1152,16	—0,35
687,06	—0,28	5551,95	—0,22	764,36	—0,36	1025,77	—1,29
		5543,49	—0,12	374,44	0,14		
				374,20	—0,10	**8 O II**	
6 C III		5535,39	0,37				
		5530,27	0,08			4943,06	0,37
4651,35	—0,60	5045,10	—0,33			4941,12	0,08
4650,16	—0,12	5010,62	—0,52	**7 N IV**		4705,36	0,56
4647,40	0,10	5005,14	0,61			4701,23	0,06
2296,89	0,15			3484,90	—0,68	4676,23	—0,30
1176,35	—0,49	5002,69	—1,02	3482,98	—0,20		
		5001,47	0,45	3478,69	0,02	4661,64	—0,17
1175,97	—0,58	5001,13	0,28	1718,52	0,05	4650,84	—0,28
1175,70	—0,01	4643,09	—0,34	955,33	—0,66	4649,14	0,43
1175,57	—0,71	4630,54	0,13	924,27	—0,58	4641,81	0,18
1175,25	—0,58					4596,17	0,29
1174,92	—0,49	4621,39	—0,54	923,67	—0,67		
		4613,87	—0,73	923,21	—0,10	4590,97	0,45
977,02	—0,09	4607,16	—0,49	922,51	—0,67	4416,98	0,04
574,28	0,19	4601,48	—0,37	921,98	—0,57	4414,91	0,30
538,31	—0,81	4447,03	0,28	765,14	—0,19	4366,90	—0,24
459,63	0,31					4351,27	0,22
459,52	0,10						

λ	lg (gf)	λ	lg (gf)	λ	lg (gf)	λ	lg (gf)
4349,43	0,10	3350,68	—0,25			6382,99	—0,29
4347,43	0,03	3333,40	—0,25	**9 F II**		6334,43	—0,39
4345,56	—0,30	3333,00	—0,23			6304,79	—0,82
4319,63	—0,32	3267,31	0,14	4299,18	0,51	6266,50	—0,40
4317,14	—0,32	3265,46	0,47	4119,28	0,01	6217,28	—0,87
				4116,55	0,20		
4189,79	0,82	3260,98	0,31	4109,17	0,45	6169,59	—0,56
4185,46	0,71	3059,30	—0,45	4103,53	0,56	6143,06	—0,21
4153,30	0,08	3047,13	0,02			6128,45	—1,26
4132,81	—0,07	3043,02	—0,55	4103,09	0,29	6096,16	—0,33
4121,48	—0,32	3035,43	—0,67	4025,50	—0,04	6074,34	—0,47
				4025,01	—0,52		
4120,28	—0,17	3024,57	—0,55	4024,73	0,18		
4119,22	0,48	3023,45	—0,45	3851,67	—0,08	6030,00	—0,99
4105,00	—0,09	2983,78	0,18			5975,53	—1,16
4104,74	0,20	835,29	—0,21			5944,83	—0,56
4103,02	—0,20	835,09	—0,96	3849,99	0,15	5881,90	—0,70
				3847,09	0,29	5852,49	—0,43
4097,26	—0,20	833,74	—0,48	3641,99	—0,77		
4085,12	—0,14	832,93	—0,84	3640,89	—0,61		
4075,87	0,69	703,85	—0,04	3541,77	0,21	3520,47	—1,87
4072,16	0,53	702,90	—0,44			3472,57	—0,90
4069,90	0,35	702,82	—0,74			3454,19	—1,82
				3536,84	—0,06	735,89	—0,89
4069,64	0,14	702,33	—0,74	3505,61	0,68	743,70	—1,93
3973,26	0,08	597,82	—0,46	3503,10	0,39		
3911,96	0,07	525,79	0,10	3501,42	—0,28		
3138,44	—0,25	508,18	—0,02	3202,74	0,02		
3134,82	0,04	507,68	—0,24			**10 Ne II**	
				608,06	—0,16		
834,46	—0,08	507,39	—0,72	607,48	—0,26	4442,67	—1,08
833,33	—0,23	374,08	—0,52	606,81	0,33	4430,90	—0,08
832,75	—0,55	320,98	0,31	605,67	—0,15	4428,54	—0,24
718,56	—0,05	305,77	0,25			4413,20	0,55
718,48	0,14	305,66	—0,02			4409,30	0,68
				9 F III			
644,15	—0,05	303,80	—0,28			4397,94	—0,16
617,05	—0,69			3174,73	—0,08	4391,94	0,80
616,36	—1,39			3174,13	0,18	4379,50	—0,33
616,29	—0,44	**9 F I**		3154,39	0,09	4369,77	—1,21
				3142,78	—0,16	4290,40	0,92
		7800,22	0,02	3121,52	0,27		
		7754,70	0,27				
8 O III		7607,17	—0,67	3115,67	—0,01	4250,68	—0,84
		7573,41	—0,31	3039,75	0,33	4231,60	—0,45
3961,59	0,32	7552,24	—0,28	3039,25	0,48	4219,76	—0,15
3759,87	0,20					4217,15	—0,93
3754,67	—0,07	7489,14	—0,66			3829,77	0,06
3720,86	—0,28	7425,64	—0,31	**10 Ne I**			
3715,08	0,20	7398,68	0,09				
		7331,95	—0,27	8654,38	0,54	3777,16	—0,43
3712,48	—0,18	7311,02	—0,36	8495,36	0,43	3734,94	—0,78
3707,24	—0,07			8377,61	0,69	3727,08	—0,07
3704,50	—0,30			7488,87	0,17	3713,09	0,21
3703,37	0,31	7202,37	—0,65	7438,90	—1,14	3709,64	—0,34
3702,75	—0,42	7127,99	—0,35				
		7037,45	0,05	7245,17	—0,64	3694,22	0,07
3698,70	0,02	6909,82	—0,28	7173,94	—0,85	3664,09	—0,27
3638,70	0,29	6902,46	0,12	7032,41	—0,37	3568,53	0,30
3459,98	—0,20			6929,47	—0,16	3542,90	0,15
3455,12	0,52	6870,22	—0,27	6717,04	—0,32	3481,96	—0,36
3450,94	0,35	6856,02	0,40				
		6834,26	—0,17	6678,28	—0,10	3388,46	0,31
3448,05	0,16	6773,97	—0,24	6598,95	—0,31	3367,20	0,15
3446,73	—0,08	6413,66	—0,65	6532,88	—0,61	3355,05	0,13
3362,38	—0,23			6506,53	—0,13	3334,87	0,39
3355,92	—0,19	6348,50	—0,35	6402,25	0,27	3323,75	—0,02
3350,99	0,07	6239,64	—0,18				

λ	lg (gf)
3218,21	0,75
3047,57	0,17
3001,65	—0,37
2955,73	—0,22
462,39	—0,18
460,72	0,12

10 Ne III

λ	lg (gf)
2678,64	—0,11
2677,90	0,11
2613,41	0,18
2610,03	0,34
2595,68	—0,12
2593,60	0,10
2590,04	0,25
2412,94	0,20
2412,73	0,47
2163,77	0,62
2095,54	0,20
2092,44	—0,70
2089,43	—0,05
491,05	—0,50
490,31	—0,60
489,50	—0,03
480,10	—0,50

11 Na I

λ	lg (gf)
8194,82	0,48
8123,26	0,22
6160,75	—1,26
6154,23	—1,56
5895,92	—0,18
5889,95	0,12
5688,21	—0,42
5682,63	—0,67
5153,40	—1,76
5148,84	—2,06
4982,81	—0,95
4978,54	—1,21
4668,56	—1,30
4664,81	—1,55
3302,94	—2,02
3302,34	—1,73
2853,03	—2,83
2852,83	—2,53
2680,44 }	—2,84
2680,34 }	

13 Al I

λ	lg (gf)
13150,8	—0,03
13123,4	0,27
11254,9	0,43
11253,2	0,28
10891,7	—1,10

λ	lg (gf)
10873,0	—1,40
10786,8	—2,25
10782,0	—1,28
10768,4	—1,55
8925,50	—3,06
8923,56	—2,12
8912,90	—2,38
8841,28	—1,59
8828,91	—1,89
8773,90	—0,02
8772,87	—0,17
7836,13	—0,34
6698,67	—1,65
6696,02	—1,34
5557,95	—2,40
5557,06	—2,10
3961,52	—0,34
3944,01	—0,64
3092,84	—1,16
3092,71	—0,20
3082,15	—0,46
2660,39	—1,25
2652,48	—1,55
2575,40	—1,76
2575,10	—0,80
2567,98	—1,06
2373,35	—1,32
2373,12	—0,36
2367,05	—0,62
2269,09	—0,45
2263,46	—0,71
2210,06	—0,63
2204,67	—0,88

14 Si I

λ	lg (gf)
10869,5	0,30
10844,0	0,16
10827,1	0,16
10786,9	—0,41
10749,4	—0,54
10727,2	0,26
10694,1	0,15
10689,5	0,00
10661,0	—0,41
10603,4	—0,32
10585,1	—0,19
10371,2	—0,41
9413,59	—0,44
8752,17	0,06
8501,50	—1,12
7943,94	—0,38
7932,20	—0,45
7918,38	—0,59
7680,35	—0,56
7424,63	—1,27

λ	lg (gf)
7423,54	—0,22
7415,37	—1,26
7409,11	—0,38
7405,85	—0,54
7165,62	—1,26
7005,84	—0,84
7003,58	—0,90
5948,58	—1,24
3905,53	—1,00
2987,65	—2,05
2881,60	—0,18
2528,51	—0,71
2524,11	—0,80
2519,20	—0,92
2516,11	—0,24
2514,32	—0,80
2506,90	—0,71
2216,67	—0,55
2210,88	—0,82
2207,97	—1,17

14 Si II

λ	lg (gf)
4130,89	0,46
4128,07	0,31
3865,02	—0,65
3862,60	—0,90
1816,92	—1,63
1808,00	—1,89
1533,45	—0,28
1526,72	—0,59
1309,27	—0,44
1264,73	0,63
1260,42	0,38
1251,16	0,24
1248,43	0,07
1194,50	0,48
1193,28	0,09

22 Ti I

λ	lg (gf)
6743,12	—1,66
6599,11	—2,06
6556,07	—1,15
6554,23	—1,22
6303,75	—1,55
6261,10	—0,55
6258,70	—0,44
6258,10	—0,39
6220,49	—0,05
6215,28	0,00
6126,22	—1,41
6091,17	—0,23
6085,23	—1,43
5978,56	—0,36
5965,84	—0,32

λ*	lg (gf)
5953,17	—0,23
5941,76	—1,53
5922,12	—1,40
5899,30	—1,10
5866,46	—0,85
5804,27	0,64
5785,98	0,69
5766,35	0,60
5662,16	0,01
5644,14	0,17
5512,53	—0,43
5210,39	—1,03
5192,98	—1,11
5173,75	—1,26
5145,47	—0,46
5120,43	0,52
5064,66	—1,07
5039,95	—1,23
5038,40	—0,11
5036,47	0,00
5035,91	0,15
5025,58	0,16
5024,84	—0,72
5022,87	—0,56
5020,03	—0,51
5016,17	—0,69
5007,21	0,08
4999,51	0,18
4991,07	0,28
4989,15	—0,25
4981,73	0,43
4928,34	—0,07
4921,77	0,04
4913,62	0,04
4899,91	0,10
4885,09	0,18
4870,14	0,20
4868,26	0,13
4856,01	0,44
4840,87	—0,74
4820,42	—0,48
4759,28	0,45
4758,12	0,41
4742,79	0,14
4698,77	—1,00
4691,34	—0,92
4681,92	—1,23
4667,59	—1,33
4656,47	—1,50
4645,19	—0,56
4623,09	0,00
4617,27	0,24
4555,49	—0,60
4552,46	—0,40
4548,77	—0,48

λ	lg (gf)	λ	lg (gf)	λ	lg (gf)	λ	lg (gf)
4544,69	—0,60	3370,44	—0,16	3365,55	—0,13	4859,75	—0,35
4535,58	—0,04	3354,64	—0,16	3356,35	—0,16	4528,62	—0,12
4534,78	0,16	3199,92	0,06	3329,86	0,00	4494,57	—0,34
4533,24	0,39	3191,99	—0,08	3202,38	—0,30	4489,74	—3,60
4527,31	—0,65	3186,45	—0,22	3198,01	—0,42	4482,17	—3,01
4522,81	—0,43			3185,40	0,65	4476,02	0,09
4518,03	—0,41			3183,98	0,56	4466,55	0,15
4512,74	—0,55	**23 V I**		3183,41	0,39	4461,65	—2,84
4489,09	—0,13			3082,11	—0,68	4459,12	—0,62
4481,26	0,16	6199,19	—1,49	3066,38	0,45	4447,72	—0,55
		6081,44	—0,67				
4471,24	—0,17	6039,69	—0,68	3060,46	0,17	4443,19	—0,22
4465,81	—0,10	5737,06	—0,72	3056,33	0,05	4442,34	—0,54
4457,43	0,27	5731,25	—0,71			4430,62	—1,03
4455,33	0,20					4427,31	—2,62
4453,32	—0,01	5727,03	—0,05	**26 Fe I**		4422,57	—0,46
		5706,98	—0,32				
4450,90	0,33	5703,56	—0,15	6411,66	—0,17	4415,12	—0,20
4449,15	0,46	5698,52	0,05	6400,01	0,12	4404,75	0,15
4427,10	0,20	5668,36	—0,94	5658,82	—0,27	4383,55	0,38
4325,13	0,32			5624,55	—0,27	4375,93	—2,69
4314,80	—0,36	5657,44	—0,97	5615,65	0,42	4352,74	—0,72
		5646,11	—1,14				
4305,92	0,39	5627,64	—0,34	5586,76	0,30	4337,05	—1,33
4301,09	0,15	5626,01	—1,28	5572,85	0,16	4325,76	0,24
4300,57	0,06	4395,23	—0,01	5569,63	0,04	4315,09	—0,37
4298,67	—0,19			5393,18	—0,24	4307,90	0,23
4295,76	—0,51	4389,97	0,26	5339,94	—0,13	4299,24	0,09
		4379,24	0,71				
4289,07	—0,33	4134,49	—0,17	5324,18	0,42	4294,13	—0,75
4287,41	—0,48	4111,79	0,46	5302,31	—0,17	4282,41	—0,27
4286,01	—0,41	3998,73	0,76	5283,63	0,11	4271,76	0,10
4263,13	0,20			5281,80	—0,27	4271,16	0,20
4186,12	—0,14	3990,57	0,82	5270,36	—1,11	4260,48	0,58
		3988,83	0,02				
4078,47	—0,21	3864,86	—0,35	5269,54	—1,06	4250,79	—0,38
4030,51	0,34	3855,84	0,00	5266,56	0,05	4250,12	0,18
4026,54	0,26	3844,44	—1,02	5232,95	0,34	4233,61	0,03
4021,83	0,05			5227,19	—0,95	4222,22	—0,28
4017,77	—0,03	3740,24	0,08	5226,87	—0,15	4216,18	—2,97
		3708,72	0,43				
3998,64	—0,15	3705,04	—0,40	5217,40	—0,32	4210,35	—0,27
3989,76	—0,29	3704,70	0,04	5216,28	—1,69	4206,70	—3,45
3981,76	—0,42	3703,58	0,33	5215,19	—0,29	4203,99	—0,10
3958,21	—0,26			5208,60	—0,25	4202,03	—0,30
3956,34	—0,51			5192,35	0,09	4199,10	0,85
		3695,34	1,29				
3752,86	—0,16	3692,23	—0,10	5191,46	—0,06	4198,31	—0,01
3741,06	—0,34	3690,28	—0,34	5167,49	—0,91	4191,44	—0,04
3729,82	—0,46	3688,07	—0,17	5139,47	—0,12	4187,80	0,10
3725,17	—0,32	3686,26	0,08	5139,26	—0,37	4187,04	0,12
3722,57	—1,27			5083,34	—2,57	4184,89	—0,01
		3683,13	—0,57				
3689,91	—1,26	3680,11	1,06	5006,13	—0,24	4181,76	0,47
3671,67	—1,17	3676,68	0,88	4957,30	0,00	4175,64	0,03
3668,97	—1,41	3675,70	—0,90	4938,82	—0,48	4156,80	0,18
3658,10	—1,18	3673,40	1,04	4920,51	0,49	4154,50	0,14
3654,59	—1,49			4919,00	0,08	4147,67	—1,44
3653,50	0,04	3672,40	0,64	4903,31	—0,56	4143,87	—0,11
3642,68	—0,06	3671,21	—0,02	4891,50	0,27	4134,68	0,24
3635,46	—0,15	3665,14	0,61	4890,76	0,06	4132,06	—0,22
3610,16	—0,30	3663,59	0,92	4872,14	—0,13	4127,61	—0,13
3371,45	—0,01	3400,40	—0,18	4871,32	0,08	4109,80	—0,13

λ	lg (gf)	λ	lg (gf)	λ	lg (gf)	λ	lg (gf)
4107,49	0,14	3790,09	—1,29	3541,08	1,05	3083,74	—0,53
4071,74	0,33	3787,88	—0,60	3536,56	0,96	3075,72	—0,39
4063,59	0,36	3786,68	—1,72	3521,26	—0,67	3067,25	—0,22
4062,44	—0,04	3767,19	—0,17	3513,82	—0,75	3059,09	—0,60
4045,81	0,56	3765,54	1,14	3497,84	—1,57	3057,45	—0,04
4021,87	0,08	3763,79	—0,02	3497,11	0,08	3047,61	—0,49
4009,71	—0,33	3758,23	0,18	3490,57	—1,15	3042,67	—0,88
4005,24	—0,20	3753,61	—0,17	3476,70	—1,46	3042,02	—1,12
3997,39	0,36	3749,49	0,29	3475,45	—1,10	3040,43	—0,99
3981,77	—0,19	3748,26	—1,01	3465,86	—1,18	3037,39	—0,57
3977,74	—0,34	3745,90	—1,28	3445,15	0,42	3031,21	—0,74
3971,32	—0,10	3745,56	—0,77	3443,88	—1,34	3026,46	—0,71
3969,26	—0,07	3743,36	—0,50	3440,99	—1,02	3025,84	—0,64
3940,88	—2,15	3737,13	—0,60	3440,61	—0,58	3024,03	—1,28
3930,30	—1,43	3734,86	0,42	3424,28	0,31	3018,98	—0,55
3927,92	—1,44	3733,32	—1,35	3413,13	0,57	3017,63	—1,32
3922,91	—1,54	3727,62	—0,42	3407,46	0,64	3016,18	—0,97
3920,26	—1,59	3722,56	—1,19	3392,65	0,35	3009,57	—0,39
3917,18	—1,64	3719,94	—0,47	3383,98	0,07	3008,14	—0,63
3906,48	—2,02	3709,25	—0,39	3370,78	0,61	3003,03	—0,85
3902,95	—0,04	3705,57	—1,26	3369,55	0,46	3000,95	—0,50
3899,71	—1,46	3701,09	0,93	3355,23	0,56	2999,51	—0,25
3895,66	—1,60	3687,46	—0,60	3306,35	0,70	2994,43	—0,51
3886,28	—1,03	3683,05	—2,29	3305,97	0,67	2987,29	—0,87
3878,57	—1,30	3679,91	—1,48	3292,59	0,07	2983,57	—0,50
3878,02	—0,58	3669,52	0,63	3286,75	0,71	2981,45	—1,27
3872,50	—0,57	3651,47	0,93	3271,00	0,37	2970,10	—0,84
3865,53	—0,67	3640,39	0,84	3265,62	0,33	2966,90	—0,40
3859,91	—0,71	3631,46	0,07	3233,97	0,26	2965,26	—1,11
3852,57	—0,48	3618,77	0,15	3225,79	1,04	2957,37	—0,87
3850,82	—1,35	3610,16	0,87	3222,07	0,84	2953,94	—0,75
3849,97	—0,48	3608,86	0,08	3219,58	0,40	2947,88	—0,71
3841,05	0,30	3606,68	1,06	3215,94	0,26	2941,34	—1,35
3840,44	—0,35	3605,46	0,88	3210,83	0,19	2936,90	—0,77
3834,22	—0,05	3594,64	0,52	3205,40	0,33	2929,01	—1,20
3827,82	0,36	3586,98	—0,61	3199,52	0,34	2912,16	—1,29
3825,88	0,08	3585,71	—0,81	3196,93	0,78	2874,17	—1,77
3824,44	—1,32	3585,32	—0,60	3192,80	0,28	2869,31	—1,81
3820,43	0,24	3581,19	0,48	3180,22	0,41	2851,80	—0,31
3815,84	0,48	3570,10	0,24	3178,01	—0,16	2832,43	—0,22
3812,97	—0,75	3565,38	—0,04	3175,45	0,08	2823,28	—0,57
3807,54	—0,26	3558,52	—0,38	3160,66	—0,02	2813,29	—0,04
3799,55	—0,57	3556,88	0,92	3100,67	—0,60	2804,52	—0,76
3798,51	—0,83	3554,93	1,18	3100,30	—0,58	2788,10	0,16
3795,00	—0,46	3542,08	1,01	3091,58	—0,69	2750,14	—0,52
						2723,58	—0,56
						2720,90	—0,23

Selected values of log(gf), where g is the statistical weight of the level and f is the oscillator strength, are given in the table. The material was taken from W. L. W i e s e, M. W. S m i t h, B. M. C l e n n o n, Atomic Transition Probabilities, N.S.R.D.S.-4, Vols. 1 and 2. Washington (1964).

Dr. Wiese kindly sent us tables recently compiled in the United States for sodium, aluminum, and silicon, which were not included in the cited book and for which we thank him.

The data for titanium, vanadium, and iron were taken from tables compiled at the Crimean Astrophysical Observatory under the direction of V. K. Prokof'ev.

7. CORRECTION $\Delta\lambda$ FOR CONVERSION
FROM WAVELENGTH IN AIR (λ_{air})
TO WAVELENGTH IN VACUUM (λ_{vac})

$$\lambda_{vac} = \lambda_{air} + \Delta\lambda$$

λ_{air}, Å	$\Delta\lambda$, Å	λ_{air}, Å	$\Delta\lambda$, Å	λ_{air}, Å	$\Delta\lambda$, Å
15000	4,10	6800	1,87	3800	1,07
14000	3,83	6600	1,82	3600	1,02
13000	3,55	6400	1,77	3400	0,97
12000	3,28	6200	1,71	3200	0,92
11000	3,01	6000	1,66	3000	0,87
10000	2,74	5800	1,60	2800	0,82
9500	2,60	5600	1,55	2600	0,78
9000	2,46	5400	1,50	2400	0,73
8500	2,33	5200	1,44	2200	0,69
8000	2,20	5000	1,39	2000	0,65
7800	2,14	4800	1,34		
7600	2,09	4600	1,28		
7400	2,04	4400	1,23		
7200	1,98	4200	1,18		
7000	1,93	4000	1,13		

8. INVERSE LINEAR DISPERSION
OF PRISMATIC SPECTROGRAPHS

1) medium-dispersion quartz, 2) large autocollimating (Litrov type), 2a) with quartz optics, 2b) with glass optics, 3) three-prism glass, 3a) with chamber $f = 800$ mm, 3b) with auto-collimating chamber $f = 1300$ mm.

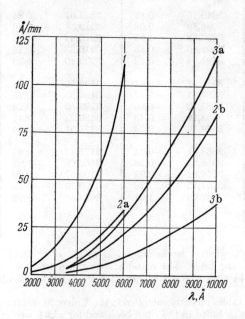

9. ORDER OF APPEARANCE OF LINES IN CARBON ARC
WHEN SAMPLE IS VAPORIZED
FROM CARBON–ANODE CHANNEL[1]

Series I. Metal Alloys

Hg, As, Cd, Zn, Te, Sb, Bi, Pb, Tl, Mn, Ag, Cu, Sn, Au, In, Ga, Ge, Fe, Ni, Co, V, Cr, Ti, Pt, U, Zr, Hf, Nb, Th, Mo, Re, Ta, W.

Series II. Noble-Metal Alloys

Ag, Au, Pd, Rh, Pt, Ru, Ir, Os.

Metals of the platinum group are in Series I between cobalt and molybdenum.

Series III. Oxides

← ———— Cs, Rb, K, Na, Li ————→

[Hg, As, Cd, Zn, Bi, Sb, B*, Pb, Tl, Mo*, Sn, W*, In, Ga, Ge], [Mn, Mg, Cu],
[Fe, Co, Ni, Ba, Sr, Ca, Si, Cr, Al, V, Be, Ti, U], [Sc, Mo*, Zr, Hf, Th, Nb, Ta, W*, B*].

←——— rare earths ———→

Series IV. Carbonates

[Cd, Zn (K, Na, Li), Pb, Tl], [Mn, Mg, Cu], [Fe, Co, Ni], [Ba, Sr, Ca].

Series V. Phosphates

(Cd, Zn, Bi, Sn, Pb, Na), (Mn, Mg, Cu), (Fe, Co, Ni), Ca, Al, Cr, (La, Y, Th, Zr).

Series VI. Sulfides

Hg, As, Ge, Sn, Cd, Pb, Sb, Bi, Zn, Tl, Mo*, Re*, In, Ag, Cu, Ni, Co, Mn, Fe, Mo*, Re*.

Series VII. Chlorides

(Li, Na, K, Rb, Cs), Mg, (Ca, Sr, Ba).

Elements with similar conditions of entry into arc are in parentheses.

The elements with an asterisk enter the arc along with the volatile components of the sample in the form of easily vaporized oxides or sulfides; after reduction of these compounds, the metals and oxides formed enter arc together with relatively involatile components of sample. Therefore, the lines of the elements noted with an asterisk appear in arc simultaneously with lines on both right and left of series.

With vaporization of phosphates, the phosphorus line always appears at first moments after striking arc.

The successive appearance of the lines of phosphorus and other elements is especially clear when phosphates of the elements in series V are vaporized.

When phosphates of the elements in the middle of series V are vaporized, the separation of the phosphorus line and the lines of these elements is less clear.

When ore is air-blasted into arc, the elements appear in the arc flame in the sequence below.

Series VIII. Oxides and Carbonates

[As, Hg, Tl, Sb, Mo, Pb, Cd, Bi, W, Zn, (K, Na, Li), B, In, Ga, Ge, Cu], [Fe, Co, Ni, Si],
[Ba, Sr, Ca, Mg, Al, Be, Sc, rare earths, Hf, Zr, Th].

Series IX. Sulfides

[As, Hg, Sb, Sn, Ge, Pb, Cd, Zn, Mo, Ag, Tl, In], [Cu, Fe, Co, Ni, Mn].

[1] A. K. R u s a n o v, V. M. A l e k s e e v a, V. G. K h i t r o v, Quantitative Spectral Determination of Rare and Trace Elements [in Russian], Gosgeoizdat (1960). (Table 9 is given by A. K. Rusanov in accordance with 1968 data.)

10. IONIZATION ENERGIES OF ATOMS AND IONS (IN ELECTRON VOLTS)[1]

El.	I	II	III	IV	V	El.	I	II	III	IV	V
1 H	13,595	—	—	—	—	46 Pd	8,33	19,42	32,92	—	—
2 He	24,581	54,403	—	—	—	47 Ag	7,574	21,48	34,82	—	—
3 Li	5,390	75,619	122,419	—	—	48 Cd	8,991	16,904	37,47	—	—
4 Be	9,320	18,206	153,850	217,657	—	49 In	5,785	18,86	28,03	54,4	—
5 B	8,296	25,149	37,920	259,298	340,127	50 Sn	7,342	14,628	30,49	40,72	72,3
6 C	11,256	24,376	47,871	64,476	391,986	51 Sb	8,639	16,5	25,3	44,1	56
7 N	14,53	29,593	47,426	77,450	97,863	52 Te	9,01	18,6	31	38	60
8 O	13,614	35,108	54,886	77,394	113,873	53 J	10,454	19,09	—	—	—
9 F	17,418	34,98	62,646	87,14	114,214	54 Xe	12,127	21,2	32,1	—	—
10 Ne	21,559	41,07	63,5	97,02	126,3	55 Cs	3,893	25,1	—	—	—
11 Na	5,138	47,29	71,65	98,88	138,37	56 Ba	5,210	10,001	—	—	—
12 Mg	7,644	15,031	80,12	109,29	141,23	57 La	5,61	11,06	19,17	—	—
13 Al	5,984	18,823	28,44	119,96	153,77	58 Ce	5,57	10,85	19,70	36,715	—
14 Si	8,149	16,34	33,46	45,13	166,73	59 Pr	5,42	10,55	—	—	—
15 P	10,484	19,72	30,156	51,354	65,007	60 Nd	5,45	10,73	—	—	—
16 S	10,357	23,4	35,0	47,29	72,5	61 Pm	5,55	10,90	—	—	—
17 Cl	13,01	23,80	39,90	53,5	67,80	62 Sm	5,6	11,07	—	—	—
18 Ar	15,755	27,62	40,90	59,79	75,0	63 Eu	5,64	11,25	—	—	—
19 K	4,339	31,81	46	60,90	82,6	64 Gd	6,16	12,1	—	—	—
20 Ca	6,111	11,868	51,21	67	84,39	65 Tb	5,98	11,52	—	—	—
21 Sc	6,54	12,80	24,75	73,9	92	66 Dy	5,93	11,67	—	—	—
22 Ti	6,82	13,57	27,47	43,24	99,8	67 Ho	6,02	11,80	—	—	—
23 V	6,74	14,65	29,31	48	65	68 Er	6,10	11,93	—	—	—
24 Cr	6,764	16,49	30,95	50	73	69 Tu	6,18	12,05	—	—	—
25 Mn	7,432	15,636	33,69	—	76	70 Yb	6,22	12,17	—	—	—
26 Fe	7,87	16,18	30,643	—	—	71 Lu	6,15	13,9	—	—	—
27 Co	7,86	17,05	33,49	—	—	72 Hf	6,8	14,9	—	—	—
28 Ni	7,633	18,15	35,16	—	—	73 Ta	7,88	16,2	—	—	—
29 Cu	7,724	20,29	36,83	—	—	74 W	7,98	17,7	—	—	—
30 Zn	9,391	17,96	39,70	—	—	75 Re	7,87	16,6	—	—	—
31 Ga	6,00	20,51	30,70	64,2	—	76 Os	8,73	17	—	—	—
32 Ge	7,88	15,93	34,21	45,7	93,4	77 Ir	9	—	—	—	—
33 As	9,81	18,63	28,34	50,1	62,6	78 Pt	9,0	18,56	—	—	—
34 Se	9,75	21,5	32	43	68	79 Au	9,22	20,5	—	—	—
35 Br	11,84	21,6	35,9	47,3	59,7	80 Hg	10,43	18,751	34,2	—	—
						81 Tl	6,106	20,42	29,8	50,7	—
36 Kr	13,996	24,56	36,9	—	—						
37 Rb	4,176	27,5	40	—	—	82 Pb	7,415	15,028	31,93	42,31	68,8
38 Sr	5,692	11,027	—	57	—	83 Bi	7,287	16,68	25,56	45,3	56,0
39 Y	6,51	12,23	20,5	—	77	84 Po	8,43	—	—	—	—
40 Zr	6,84	13,13	22,98	34,33	—	86 Rn	10,746	—	—	—	—
41 Nb	6,88	14,0	25,04	38,3	50	88 Ra	5,277	10,144	—	—	—
42 Mo	7,10	16,15	27,13	46,4	61,2	89 Ac	6,9	12,1	20?	—	—
43 Tc	7,28	15,26	—	—	—	90 Th	6,2	—	~20	28,6	—
44 Ru	7,364	16,76	28,46	—	—	92 U	~6,2	—	—	—	—
45 Rh	7,45	18,07	31,05	—	—	95 Am	6,0	—	—	—	—

[1] The ionization energies are given in electron volts. The ionization potentials of neutral atoms are given in column I; the ionization potentials of ions up to fourfold are given in columns II–V.

11. MELTING AND BOILING POINTS OF ELEMENTS AND THEIR OXIDES[1]

Elements and oxides	t_m, °C	t_b, °C	Elements and oxides	t_m, °C	t_b, °C
Ac	1050 ± 50	3300	Fe_2O_3	1565	—
Ag	960,8	2163; 2184	Ga	29,7	2230; 2244
Ag_2O	dis. 300	—	Ga_2O_3	1740 ± 25	—
Al	660,1	2348; 2486	Gd	1350 ± 20	1500
Al_2O_3	2010—2050	2700; 2980	Ge	936 ± 1; 958,5	2700; 2850
Am	< 1100; 1200	2606	GeO_2	1116 ± 4; 1086 ± 5	—
As_4	817; 36 atm	subl. 612	Hf	2222 ± 30	5400; 5700
As_2O_3	275; 278	457,2	Hg	—38,87	356,58
As_2O_5	dis. 315	—	HgO	dis. 500	—
At	subl.	227; 334	Ho	1500 ± 25	2380; 2700
Au	1063	2710; 2847	In	156,2; 156,4	2000 ± 100
B	2075	3860	In_2O_3	dis. > 850	—
B_2O_3	450	> 1700	Ir	2443	4180; 4500
Ba	710; 717	1634; 1640	Ir_2O_3	dis. 400	—
BaO	1920	2000	K	63,6	765; 776
Be	1280	2471; 2970	La	887; 920 ± 5	3370; 3470
BeO	2550 ± 30	3900; 4120	La_2O_3	2320	4200
Bi	271,3	1430; 1560; 1640	Li	179; 180	1350; 1370
Bi_2O_3	820	1890—1900	Li_2O	1570; > 1700	2600
C	> 3500; 3700	4200; 4800	Lu	1675 ± 25	2260; 2680
Ca	850; 851	1439; 1482	Mg	651	1103; 1107
CaO	2580 ± 20	2850	MgO	2640; 2800	3600
Cd	321,03	767; 770	Mn	1244; 1260	2120; 2152
CdO	dis. > 900	—	MnO	1650; 1785	—
Ce	785; 804; 815	2530	Mn_3O_4	1560; 1705	—
CeO_2	2500; > 2600	—	Mn_2O_3	dis. 1080	—
Co	1492	2255	MnO_2	dis. 535	—
CoO	dis. 1800	—	Mo	2550; 2620 ± 10	4800
Co_3O_4	dis. 900	—	MoO_3	795	1155; 1264
Co_2O_3	dis. 895	—	Na	97,5; 97,8	877; 900
Cr	1875; 1890	2480; 2570	Na_2O	1275	—
CrO	1550	—	Nb	2500	4840; 5100
Cr_2O_3	1990; 2265	—	Nb_2O_3	1780	—
CrO_3	196	dis.	Nb_2O_5	1512; 1520	—
Cs	28,5	688	Nd	1024 ± 5	3110; 3300
Cs_2O	dis. 360—400	—	Nd_2O_3	1900	—
CsO_2	600	dis.	Ni	1453	2140
Cu	1083	2580; 2877	NiO	1950; 1990	—
Cu_2O	1229; 1235	1800	Np	640 ± 1	—
CuO	dis. 1026	—	Os	2700	4610
Dy	1380 ± 20	2230; 2600	OsO_2	dis. 650	—
Er	1525 ± 25; 1550 ± 50	2400; 2600	P_4 (yellow)	44,1 comb. 34	275
Eu	900; 1150 ± 50	1430; 1470	P_4 (red)	590; 43 atm	subl. 416
Fe	1539	2730; 2770; 3000	Pa	1430	4230
FeO	1360; 1420	—	Pb	327,3	1751

[1] When there are data from two or three authors that differ greatly, all these data are given.

Elements and oxides	t_m, °C	t_b, °C	Elements and oxides	t_m, °C	t_b, °C
PbO	890	1473	Tb	1368 ± 10	2500; 2800
Pd	1552	3110	Tc	2140 ± 20	4700
PdO	dis. 750	—	Tc_2O_7	119,5	311 ± 2
Pm	1035; 1300	—	Te	452,5	1012
Po	252; 254	962	Th	1710; 1830	4200
PoO_2	—	subl. 885	ThO_2	3050	4400
Pr	935 ± 5	3017; 3450	Ti	1660; 1725	3170
Pt	1769	3710; 4120	TiO_2	1560; 1855	—
Pu	639	3235	Tl	303,5	1472
Ra	960	1140; 1536	Tl_2O	300	dis. 1865
Rb	38,8	705	Tl_2O_3	715 ± 5	trans. to Tl_2O 875
Re	3167 ± 60	5500; 5640; 5870	Tu	1600 ± 50	1720; 2400
Re_2O_7	300	360; 363	U	1133 ± 2	3490; 3860
Rh	1960	3670; 3880	UO_2	2800 ± 200	—
Ru	2430; 2500	4200	V	1900 ± 25	3330; 3390
S	112,8	444,6	VO	2000	—
Sb	627; 630,5	1625	V_2O_3	1970	—
Sb_2O_4	dis. 930	—	VO_2	> 1500	—
Sb_2O_3	656	1425; 1550	V_2O_5	670; 690	> 700 dis.
Sc	1538 ± 20	2430; 2700	W	3380	5370; 5900
Se_8	220	657; 685	WO_2	1270	1700
SeO_3	dis. 120	—	WO_3	1470	—
Si	—	2600	Y	1525 ± 25	2780; 3200
SiO_2	1670	—	Y_2O_3	2410	4300
Sn	231,91	2600; 2720	Yb	824 ± 25	1320; 1387
Sm	1050; 1072	1600	ZnO	419,505	913
Sr	757; 777	1357; 1383	ZnO	subl. 1800	—
SrO	2430	—	Zr	1830; 1852	4225; 4500
Ta	2850; 3000	5300			
Ta_2O_5	1470 dis.	—			